“十四五”国家重点出版物出版规划项目

湖南八大公山
国家级自然保护区
植物志

（第三卷）

主　编　邓　涛　谷志容

副主编　蒋　龙　张梦华
向建军　程宜清

山东科学技术出版社

·济南·

图书在版编目（CIP）数据

湖南八大公山国家级自然保护区植物志：全三卷 / 邓涛，谷志容主编. -- 济南：山东科学技术出版社，2024.9

ISBN 978-7-5723-1980-8

Ⅰ. ①湖… Ⅱ. ①邓… ②谷… Ⅲ. ①自然保护区－植物志－湖南 Ⅳ. ①Q948.526.4

中国国家版本馆 CIP 数据核字 (2024) 第 046618 号

湖南八大公山国家级自然保护区植物志（全三卷）

HUNAN BADAGONGSHAN GUOJIAJI ZIRAN BAOHUQU ZHIWUZHI (QUAN SAN JUAN)

责任编辑：陈　昕　张　琳

主管单位：山东出版传媒股份有限公司

出 版 者：山东科学技术出版社

地址：济南市市中区舜耕路 517 号

邮编：250003　电话：（0531）82098088

网址：www.lkj.com.cn

电子邮件：sdkj@sdcbcm.com

发 行 者：山东科学技术出版社

地址：济南市市中区舜耕路 517 号

邮编：250003　电话：（0531）82098067

印 刷 者：山东彩峰印刷股份有限公司

地址：潍坊市潍城经济开发区玉清西街 7887 号

邮编：261031　电话：（0536）8311811

规格：16 开（210 mm × 285 mm）

印张：138.5　**字数：**3090 千

版次：2024 年 9 月第 1 版　**印次：**2024 年 9 月第 1 次印刷

定价：1280.00 元（全 3 册）

《湖南八大公山国家级自然保护区植物志》
编委会

主　任　廖操元

副主任　蔡双林　黄　清　王　威　张娅妮　杨群英

顾　问　陈功锡　秦位强　严岳鸿

主　编　邓　涛　谷志容

副主编　蒋　龙　张梦华　向建军　程宜清

编　委　廖春林　向武凡　罗　舜　胡小东　谭红艳
向　鑫　黄　超　胡　位　谭　黎　杨　山
覃金科　苏　曼　贺　辉　程宜清　朱辉红
吴　情　廖　韦　尚　佳　向建军　张　云
鲁承虎　黎安根　王秀英　谷聪聪　刘　巍
杜昌永　李兴江　覃正秀　王武明　吴国荣
王卫红　刘文林　赵海滨　韦先雄　覃遵平
周天明　王家福　向国祥　谷志容　邓　涛
蒋　龙　张梦华　何贤勤　刘振华

摄　影　张代贵　周建军　秦位强　谷志容　向祖恒
向建军　程宜清

学术支持单位　中国科学院昆明植物研究所
吉首大学
湘西土家族苗族自治州林业局

第三卷编著者

谷志容（八大公山国家级自然保护区）

被子植物：山茱萸科、柿科、山茶科、山矾科、安息香科、猕猴桃科、鞘柄木科、海桐花科。

邓　涛（中国科学院昆明植物研究所）

被子植物：凤仙花科、杜鹃花科、茶茱萸科、杜仲科、丝缨花科、唇形科、菊科、五福花科、忍冬科、五加科、伞形科。

蒋　龙（湘西土家族苗族自治州林业局）

被子植物：石竹科、苋科、商陆科、紫茉莉科、粟米草科、落葵科、土人参科、马齿苋科、仙人掌科。

张梦华（吉首大学）

被子植物：五列木科、绣球科、报春花科、龙胆科、马钱科、夹竹桃科。

向建军（八大公山国家级自然保护区）

被子植物：紫草科、旋花科。

程宜清（八大公山国家级自然保护区）

被子植物：透骨草科、泡桐科、列当科、狸藻科、爵床科、紫葳科、马鞭草科、青荚叶科、桑寄生科、青皮木科。

张玉洁（吉首大学）

被子植物：茄科、木犀科、苦苣苔科、车前科、玄参科、母草科、芝麻科；拉丁名索引。

刘　群（中国科学院昆明植物研究所）

被子植物：冬青科、桔梗科。

彭敬宜（吉首大学）

统计、目录、中文名索引；被子植物：蓼科、茜草科。

一百零八、青皮木科 Schoepfiaceae

小乔木或灌木。单叶互生。花两性，成腋生聚伞或总状花序，花萼小，下部与子房基部合生，花冠筒状或钟状，4～6裂，雄蕊，着生于花冠管上，且与花冠裂片对生，子房半下位，柱头3浅裂。核果，果时与增大花萼合生。

3属55种，我国产1属4种，湖南产1属2种，八大公山产1属1种。

（一）青皮木属 **Schoepfia** Schreber

小乔木或灌木。单叶互生。花两性，成腋生聚伞或总状花序；萼小，下部与子房基部合生；花冠筒状或钟状，4～6裂；雄蕊与花冠裂片同数，着生于花冠管上，且与花冠裂片对生；子房半下位，半埋在肉质隆起的花盘中，下部3室、上部1室，柱头3浅裂。核果，果时与增大花萼合生。

约30种，我国产4种，湖南产2种，八大公山有1种。

1. 青皮木 Schoepfia jasminodora Siebold & Zuccarini

落叶小乔木。叶卵形，（3.5～10.0）cm×（2～5）cm，先端渐尖，基部截形，全缘，两面无毛。花常3～9朵排成聚伞状总状花序；花萼杯状；花冠钟形，白色或浅黄色，先端4～5裂；子房半下位，柱头3裂，常伸出花冠外。果椭圆形，成熟时紫黑色。花期3～5月，果期4～6月。

分布与生境：分布于八大公山各地，生于海拔500～1200 m的山坡林中。

用途：庭院观赏；幼枝入药。

青皮木 Schoepfia jasminodora

一百零九、桑寄生科 Loranthaceae

半寄生性灌木、亚灌木、稀小乔木，寄生于木本植物的茎或枝上，稀寄生于根部。单叶对生，稀互生或轮生，全缘或退化呈鳞片状；无托叶。花两性或单性，雌雄同株或异株，排成总状、穗状、聚伞状或伞形花序等，或单生；具苞片或小苞片；花托卵球形至坛状；具副萼；花被花瓣状，常 4 ~ 6 裂；雄蕊与花被片等数且对生，花药 2 ~ 4 室，纵裂。子房下位，1 室，内有胚珠 1 枚，花柱短或无。浆果，稀核果，种子 1。

60 ~ 73 属约 1000 种，我国产 8 属 51 种，湖南产 7 属 13 种，八大公山有 2 属 4 种。

分属检索表

1. 花冠无冠管，穗状花序或总状花序，或为单花……………………………… **1. 桑寄生属 Loranthus**
1. 花冠具冠管，花序伞形、总状或穗状……………………………………………… **2. 钝果寄生属 Taxillus**

（一）桑寄生属 Loranthus Jacquin

寄生性灌木，无毛。叶对生或近对生，羽状脉。穗状花序顶生或腋生，花序轴在花着生处通常稍下陷；花两性或单性，5 ~ 6 数，每朵花具苞片 1 枚；具环状副萼；花冠长不及 1 cm，花蕾时棒状或倒卵球形，直立，花瓣离生；雄蕊着生于花瓣上，花丝短，花药近球形或近双球形；子房 1 室，花柱柱状，柱头头状或钝。浆果卵球形或近球形，光滑。

约 10 种，我国产 6 种，湖南产 2 种，八大公山产 1 种。

1. 椆树桑寄生 Loranthus delavayi Tieghem

寄生灌木，全株无毛。小枝散生皮孔。叶对生，卵形至长椭圆形，（6 ~ 10）cm ×（3.0 ~ 3.5）cm，先端圆钝或钝尖，基部阔楔形；侧脉 5 ~ 6 对。穗状花序雌雄异株，1 ~ 3 个腋生，花单性，对生或近对生，黄绿色；苞片杓状，花托杯状，副萼环状；花瓣 6 枚。果椭圆状或卵球形，长约 5 mm，直径 4 mm，果皮平滑。花期 1 ~ 3 月，果期 9 ~ 10 月。

分布与生境：分布于八大公山各地，寄生于海拔 500 ~ 800 m 的白栎树枝上。

用途：茎叶入药。

椆树桑寄生 Loranthus delavayi

（二）钝果寄生属 Taxillus Tieghem

寄生性灌木，嫩枝、叶通常被茸毛。叶对生或互生，羽状脉。常伞形花序，腋生，具花 2 ~ 5 朵；花 4 ~ 5 数，每朵花具苞片 1 枚；花托椭圆状或卵球形，副萼环状；花冠在花蕾时管状，开花时顶部分裂，下面一裂缺较深，裂片 4 ~ 5 枚，反折；雄蕊着生于裂片的基部，花药 4 室；子房 1 室，花柱线状，柱头通常头状。浆果椭圆状或卵球形，稀近球形，顶端具宿存副萼。种子 1 颗。

约 25 种，我国产 15 种，湖南产 5 种，八大公山有 3 种。

分种检索表

1. 花蕾顶部卵球形，花冠裂片匙形。
  2. 成长叶两面无毛，嫩叶被毛……………………………………………………**1. 锈毛钝果寄生 T. levinei**
  2. 成长叶下面被茸毛，嫩叶和花密被叠生星状毛和星状毛…………… **2. 毛叶钝果寄生 T. nigrans**
1. 花蕾顶部椭圆状，花冠裂片披针形……………………………………… **3. 桑寄生 T. sutchuenensis**

1. 锈毛钝果寄生 Taxillus levinei (Merrill) H. S. Kiu

寄生性灌木。嫩枝、叶、花序和花均密被锈色星状毛。叶互生或近对生，革质，长圆形，（4 ~ 10）cm ×（2.0 ~ 4.5）cm，先端圆钝，基部近圆形，上面无毛，下面被茸毛。伞形花序，1 ~ 2 个腋生，具花 1 ~ 3 朵；花红色，花托卵球形；副萼环状；花冠花蕾时管状，长 2.0 ~ 2.2 cm，顶部卵球形。果卵球形，黄色。花期 9 ~ 12 月，果期翌年 4 ~ 5 月。

分布与生境：分布于八大公山各地，生于海拔 600 ~ 1500 m 的被子乔木树枝上。

用途：茎叶入药。

锈毛钝果寄生 Taxillus levinei

2. 毛叶钝果寄生 Taxillus nigrans (Hance) Danser

灌木。全体密被灰黄色至褐色的叠生星状毛。叶对生或互生，革质，长椭圆形或长卵形，下面被茸毛。总状花序，1～3（5）个簇生于叶腋或小枝已落叶腋部，具花2朵或3～5朵，密集排列呈伞形，花红黄色，花冠花蕾时管状，冠管稍膨胀，顶部卵球形，裂片4枚。果椭圆状，淡黄色，具疏生星状毛。花期8～11月，果期翌年4～5月。

分布与生境：分布于八大公山各地，生于海拔600～1500 m的乔木树枝上。

用途：茎枝入药。

毛叶钝果寄生 Taxillus nigrans

3. 桑寄生 Taxillus sutchuenensis (Lecomte) Danser

寄生性灌木。嫩枝、叶密被红褐色星状毛。叶近对生，卵形或椭圆形，先端圆钝，基部近圆形，上面无毛，下面被茸毛。总状花序，1～3个生于叶腋，具花2～5朵，密集呈伞形，密被褐色星状毛；花红色；花托椭圆状；副萼环状；花冠花蕾时管状。果椭圆状，果皮具颗粒状体。花期6～8月。

分布与生境：八大公山广布，寄生于海拔600～1900 m的多种植物树上。

用途：茎叶及果实入药。

桑寄生 Taxillus sutchuenensis

一百一十、蓼科 Polygonaceae

草本，稀灌木。茎直立或缠绕，节通常膨大。单叶互生，全缘，偶分裂；托叶常联合成膜质托叶鞘。花序各式，总状居多；花两性，稀单性，雌雄异株或雌雄同株，辐射对称；花梗通常具关节；花被 3 ~ 5 深裂；雄蕊常 6 ~ 9 枚，离生或基部贴生，子房上位，1 室，心皮通常 3 枚，合生，花柱 2 ~ 3 裂，胚珠 1 枚，直生。瘦果卵形或椭圆形，具 3 棱或双凸镜状，有时具翅或刺。

约 50 属 1120 种，我国产 14 属 213 种，湖南产 9 属 59 种，八大公山产 8 属 44 种。

分属检索表

1. 瘦果具翅……………………………………………………………………………… **8. 大黄属 Rheum**
1. 瘦果无翅。
  2. 花被片 6；柱阔头画笔状 ……………………………………………………… **7. 酸模属 Rumex**
  2. 花被片 5（4）；柱头头状。
    3. 花被片外面 3 片果时增大，背部具翅或龙骨状凸起。
      4. 茎缠绕；花两性；柱头头状……………………………………………… **4. 何首乌属 Fallopia**
      4. 茎直立；花单性，雌雄异株；柱头流苏状……………………………**6. 虎杖属 Reynoutria**
    3. 茎直立；花被果时不增大，稀增大呈肉质。
      5. 瘦果具 3 棱，明显比宿存花被长，稀近等长…………………………… **2. 荞麦属 Fagopyrum**
      5. 瘦果具 3 棱或凸镜状，比宿存花被短，稀较长。
        6. 花丝基部扩大…………………………………………………………………**5. 萹蓄属 Polygonum**
        6. 花丝基部不扩大。
          7. 托叶鞘顶端偏斜，无缘毛…………………………………………………… **3. 蓼属 Persicaria**
          7. 托叶鞘顶端截形，具缘毛…………………………………………………… **1. 拳参属 Bistorta**

（一）拳参属 Bistorta (Linnaeus) Adanson

多年生草本。根状茎粗壮。茎直立，不分枝，稀上部分枝；托叶筒状，顶端偏斜，无缘毛。总状花序呈穗状，紧密，顶生，花被 5 深裂；雄蕊 8; 花柱 3，细长。瘦果具 3 棱。

41 种，我国产 20 种，湖南产 3 种，八大公山有 3 种。

分种检索表

1. 茎分枝或不分枝；基生叶卵形。
  2. 根状茎横走，不为念珠状…………………………………………… **1. 抱茎蓼 B. amplexicaule**
  2. 根状茎通常呈念珠状……………………………………………………… **3. 支柱蓼 B. suffultum**
1. 茎不分枝；基生叶长圆形或披针形………………………………………… **2. 圆穗蓼 B. macrophyllum**

1. 抱茎拳参 Bistorta amplexicaulis (D. Don) Greene

多年生草本。根状茎粗壮，横走。基生叶卵形，（4 ~ 10）cm ×（2 ~ 5）cm，先端长渐尖，基部心形，边缘稍外卷，叶柄比叶片长或近等长；茎生叶较小；膜质托叶鞘筒状，无缘毛。穗状花序，苞片卵圆形，膜质，褐色；花被5深裂，花被片椭圆形，雄蕊8，花柱3。瘦果椭圆形，具3棱，两端尖，黑褐色，稍突出花被之外。

分布与生境：分布于八大公山天平山，生于海拔1600 ~ 1900 m的山坡草丛。

用途：全草入药；庭院观赏。

抱茎拳参 Bistorta amplexicaulis

2. 圆穗蓼 Bistorta macrophylla (D. Don) Sojak

多年生草本。根状茎粗壮。基生叶长圆形或披针形，（3 ~ 11）cm ×（1 ~ 3）cm，先端急尖，

圆穗蓼 Bistorta macrophylla

基部近心形，茎生叶较小，膜质托叶鞘筒状，顶端偏斜，无缘毛。顶生总状花序呈穗状，每苞片内具 2 ~ 3 花；花被 5 深裂，淡红色或白色；雄蕊 8 枚；花柱 3 裂，基部合生。瘦果卵形，具 3 棱。花期 7 ~ 8 月，果期 9 ~ 10 月。

分布与生境：分布于八大公山天平山、斗篷山，生于海拔 1400 ~ 1900 m 的山坡草丛或岩石缝中。

用途：根状茎入药。

3. 支柱蓼 **Bistorta suffulta** (Maxim.) H. Gross

分变种检索表

1. 花序紧密…………………………………………………**3a. 支柱蓼（原变种）B. suffultum** var. **suffultum**
1. 花序稀疏、细弱，下部间断…………………… **3b. 细穗支柱蓼（变种）B. suffultum** var. **pergracile**

3a. 支柱蓼（原变种）**Bistorta suffulta** (Maximowicz) H. Gross var. **suffultum**

多年生草本。根状茎粗壮，呈串珠状。茎花葶状。基生叶长卵形，（3 ~ 8）cm ×（2 ~ 5）cm，先端渐尖，基部心形，边缘全缘，茎生叶长卵形，具短柄；膜质托叶鞘筒状，顶端偏斜，无缘毛。顶生总状花序呈短穗状，每苞片内具 1 ~ 2 花；花被 5 深裂，白色或淡红色；雄蕊 8 枚；子房卵形，具 3 棱；花柱 3 裂，基部合生。花果期 5 ~ 11 月。

分布与生境：分布于八大公山天平山、斗篷山，生于海拔 1500 ~ 1900 m 的山坡草丛或岩石缝中。

用途：根状茎入药。

支柱蓼（原变种）Bistorta suffulta var. suffultum

3b. 细穗支柱蓼（变种）Bistorta suffulta subsp. **pergracilis** (Hemsley) Samuelsson

本变种与原变种的区别是花序稀疏，细弱，下部间断。

分布与生境：产于八大公山各地，生于海拔 1400 ~ 1900 m 的山坡草丛中。

用途：根状茎入药。

细穗支柱蓼（变种）Bistorta suffulta subsp. pergracilis

（二）荞麦属 Fagopyrum Miller

一年生或多年生草本，稀半灌木。茎直立，无毛或具短柔毛。叶三角形、心形、宽卵形、箭形或线形；托叶鞘膜质，偏斜，顶端急尖或截形。花两性，花序总状或伞房状；花被 5 深裂，果时不增大；雄蕊 8 枚，排成 2 轮，外轮 5 枚，内轮 3；花柱 3 裂，柱头头状，花盘腺体状。瘦果具 3 棱，比宿存花被长。

本属约 16 种，我国产 11 种，湖南产 4 种，八大公山亦产。

分种检索表

1. 根、茎显著木质化，形成块状…………………………………………………… **1. 金荞麦 F. dibotrys**
1. 一年生草本，根为须根。
  2. 瘦果平滑，棱角锐利，全缘。
    3. 花序紧密，不间断，花梗无关节………………………………………………**2. 荞麦 F. esculentum**
    3. 花序稀疏，间断；花梗顶部具关节…………………………………… **3. 细柄野荞麦 F. gracilipes**
  2. 瘦果为锥状三棱形，表面常有沟槽……………………………………………… **4. 苦荞麦 F. tataricum**

1. 金荞麦 Fagopyrum dibotrys (D. Don) Hara

多年生直立草本。根状茎木质化。叶三角形，（4 ~ 12）cm ×（3 ~ 11）cm，先端渐尖，基部近戟形，边缘全缘；叶柄长可达 10 cm；托叶鞘筒状，膜质。花序伞房状；苞片卵状披针形，每苞内具 2 ~ 4 花；花梗中部具关节；花被 5 深裂，白色，花被片长椭圆形，雄蕊 8 枚，花柱 3 裂。瘦果宽卵形，具 3 锐棱。花期 7 ~ 9 月，果期 8 ~ 10 月。

分布与生境：分布于八大公山各地，生于海拔 1000 m 以下的溪沟边、山坡林缘、田园。

用途：根茎入药；嫩茎叶可食，种子含淀粉，可供食用；庭院观赏。

金荞麦 Fagopyrum dibotrys

2. 荞麦 Fagopyrum esculentum Moench

一年生直立草本。叶三角形，（2.5 ~ 7.0）cm ×（2 ~ 5）cm，先端渐尖，基部心形，两面沿叶脉具乳头状突起；下部叶具长叶柄；托叶鞘膜质，短筒状。花序总状或伞房状，顶生或腋生；苞片卵形，每苞内具 3 ~ 5 花；花梗无关节，花被 5 深裂，白色或淡红色；雄蕊 8 枚，花柱 3 裂。瘦果卵形，具 3 锐棱，先端渐尖。花期 5 ~ 9 月，果期 6 ~ 10 月。

荞麦 Fagopyrum esculentum

分布与生境：原产地在贝加尔湖附近到中国的东北地区，八大公山有栽培。

用途：茎叶入药，亦可作饲料；果实淀粉可食；种子可作茶。

3. 细柄野荞麦 Fagopyrum gracilipes (Hemsley) Dammer ex Diels

一年生草本。全株疏被短糙伏毛。叶卵状三角形，（2～4）cm×（1.5～3.0）cm，先端渐尖，基部心形，托叶鞘膜质，具短糙伏毛。花序总状，极稀疏，花序梗细弱，俯垂；苞片漏斗状，每苞内具 2～3 花，花梗顶部具关节；花被 5 深裂，淡红色，果时花被稍增大；雄蕊 8 枚，花柱 3 裂。瘦果宽卵形，具 3 锐棱。花期 6～9 月，果期 8～10 月。

分布与生境：分布于八大公山斗篷山，生于海拔 800～1600 m 的旱地及路边荒地中。

用途：全草及种子入药。

细柄野荞麦 Fagopyrum gracilipes

4. 苦荞麦 Fagopyrum tataricum (Linnaeus) Gaertner

一年生草本。叶宽三角形，（2～7）cm×（2.5～8.0）cm；下部叶具长叶柄；托叶鞘偏斜。花

苦荞麦 Fagopyrum tataricum

序总状，花排列稀疏；苞片卵形，每苞内具 2 ~ 4 花，花梗中部具关节；花被 5 深裂，白色或淡红色；雄蕊 8 枚；花柱 3 裂，柱头头状。瘦果长卵形，具 3 棱及 3 条纵沟，上部棱角锐利，下部圆钝有时具波状齿。花期 6 ~ 9 月，果期 8 ~ 10 月。

分布与生境：原产地同荞麦，八大公山有栽培，亦有逸生。

用途：根及根状茎入药；果实淀粉可食；果实可作茶饮。

（三）蓼属 **Persicaria** (Linnaeus) Miller

草本，稀灌木。茎直立、平卧或上升，常节部膨大。叶互生，全缘，稀具裂片，托叶鞘膜质或草质，筒状，顶端截形或偏斜。花序穗状、总状、头状或圆锥状，花两性，簇生；苞片膜质：花梗具关节；花被 5，稀 4，宿存，花盘腺状、环状，雄蕊 8，稀 4~7；子房卵形，花柱 2~3，离生或中下部合生，柱头头状。瘦果卵形，无翅，具 3 棱或双凸镜状，比宿存花被短。

230 种，我国产 113 种，湖南产 41 种，八大公山有 24 种。

分钟检索表

1. 花柱 3 或 2，果时不伸长，不硬化，顶端不呈钩状，早落。
 3. 茎、叶柄具倒生皮刺。
  4. 托叶鞘叶状或边缘具叶状翅。
   5. 叶柄盾状着生……………………………………………………… **18. 杠板归 P. perfoliatum**
   5. 叶柄不为盾状着生……………………… **24. 大箭叶蓼 P. Persicaria senticosa** var. **sagittifolia**
  4. 托叶鞘不为叶状，边缘无叶状翅。
   6. 托叶鞘顶端偏斜，顶端具短缘毛或无毛。
    7. 苞片漏斗状，包围花序轴……………………………………… **5. 稀花蓼 P. dissitiflorum**
    7. 苞片椭圆形，不包围花序轴…………………………………… **23. 箭头蓼 P. sagittatum**
   6. 托叶鞘顶端截形，具长缘毛。
    8. 叶披针形或狭椭圆形，花梗比苞片长……………………… **7. 长箭叶蓼 P. hastatosagittatum**
    8. 叶卵形或长圆状卵形，花梗比苞片短………………………… **14. 小蓼花 P. muricatum**
 3. 茎、叶柄无倒生皮刺。
  9. 花序头状。
   10. 一年生草本 ………………………………………………… **16. 尼泊尔蓼 P. nepalense**
   10. 多年生草本。
    11. 托叶鞘无毛，无缘毛，花被果时增大呈肉质 ……………………… **3. 火炭母 P. chinense**
    11. 托叶鞘具腺或柔毛，具缘毛，花被果时不增大。
     12. 茎平卧或匍匐 ……………………………………………… **2. 头花蓼 P. capitatum**
     12. 茎直立或外倾。
      13. 叶基部具小裂片 ………………………………………… **21. 羽叶蓼 P. runcinatum**

13. 叶不分裂 ………………………………………………………… **4. 蓼子草 P. rcriopolitana**

9. 花序圆锥状、总状或呈穗状。

14. 多年生草本 ……………………………………………………………… **9. 蚕茧草 P. japonicum**

14. 一年生草本。

15. 花序梗被腺毛或腺体。

16. 花序梗被短腺毛 ………………………………………………………… **13. 春蓼 P. maculosa**

16. 花序梗被短腺体。

17. 花被 5 深裂，果三棱形 ………………………………………………… **25. 粘蓼 P. viscoferum**

17. 花被 4 深裂，果双凸透镜形 ………………………… **11. 酸模叶蓼 P. lapathifolium**

15. 花序梗无腺毛或腺体。

18. 托叶鞘顶端具绿色的叶状翅 ………………………………………… **17. 红蓼 P. orientale**

18. 托叶鞘顶端无翅。

19. 叶干后呈暗蓝绿色 ……………………………………………… **1. 阿萨姆蓼 P. assamica**

19. 叶干后不为暗蓝绿色。

20. 花被有腺点。

21. 茎无毛；花被上部白色或淡红色 ………………………… **8. 水蓼 P. hydropiper**

21. 茎无毛；花被上部白色或淡红色 ……………………… **20. 伏毛蓼 P. pubescens**

20. 花被无腺点。

22. 花序细弱，间断或下部间断。

23. 叶卵状披针形或卵形 ………………………………………… **19. 丛枝蓼 P. posumbu**

23. 叶披针形至宽披针形 ……………………………………… **12. 长鬃蓼 P. longisetum**

22. 花序紧密，不间断 ………………………………………………… **10. 愉悦蓼 P. jucundum**

1. 阿萨姆蓼 Persicaria assamica (Meisner) Soják

一年生草本。茎上升或外倾，无毛。叶椭圆状卵形或宽披针形，（2.5~6）cm×（1~2）cm，顶端急尖，基部宽楔形，上面无毛，下面沿叶脉具短硬伏毛，边缘具缘毛，乾后呈蓝绿色；托叶鞘筒状，膜质，沿脉疏生硬伏毛，顶端截形，具长缘毛。总状花序呈穗状单生或数个组成圆锥状，花稀疏，下部通常间断；苞片草质，绿色，具缘毛，每苞内具 1~3 花；花被 5 深裂，红色，花被片椭圆形；雄蕊 5~6；花柱 2，柱头头状。瘦果卵形，双凸镜状，包于宿存花被内。花期 6~7 月，果期 8~9 月。

分布与生境：分布于八大公山五道水（芭茅溪），生于海拔 300 m 的路边荒地上。

2. 头花蓼 Persicaria capitata (Buch.-Ham. ex D. Don) H. Gross

多年生草本。茎丛生，匍匐。叶卵形或椭圆形，（1.5 ~ 3.0）cm×（1.0 ~ 2.5）cm，先端尖，基部楔形，全缘，边缘具腺毛，两面疏生腺毛，上面有时具黑褐色新月形斑点；叶柄基部有时具叶耳；膜质托叶鞘筒状，有缘毛。花序头状顶生；花被5深裂，淡红色；雄蕊8枚；花柱3裂。瘦果长卵形，具3棱，包于宿存花被内。花期6～9月，果期8～10月。

分布与生境：分布于八大公山各地，生于海拔200～300 m的溪边悬崖石壁上。

用途：全草入药；庭院观赏。

阿萨姆蓼 Persicaria assamica

头花蓼 Persicaria capitata

3. 火炭母 Persicaria chinensis (L.) H. Gross

多年生草本，基部近木质。茎无毛，多分枝。叶卵形，（4～10）cm×（2～4）cm，先端渐尖，基部截形或宽心形，全缘，叶背沿叶脉疏生短柔毛，下部叶柄长1～2 cm，基部常具叶耳；托叶鞘膜质，无缘毛。数个头状花序成圆锥状；每苞具1～3花；花被5深裂，白色或淡红色；雄蕊8枚；花柱3裂，中下部合生。瘦果宽卵形，具3棱。花期7～9月，果期8～10月。

分布与生境：分布于八大公山各地，生于海拔200～500 m的溪边沙滩中及河滩草丛中。

用途：全草入药。

火炭母 Persicaria chinensis

4. 蓼子草 Persicaria criopolitana (Hance) Migo

一年生草本。茎平卧，丛生，节部生根。叶狭披针形或披针形，（1 ~ 3）cm ×（3 ~ 8）mm，顶端急尖，基部狭楔形，两面被糙伏毛，边缘具缘毛及腺毛；叶柄极短或近无柄；托叶鞘膜质，密被糙伏毛，顶端截形，具长缘毛。花序头状，顶生，花序梗密被腺毛；苞片卵形，密生糙伏毛，具长缘毛，每苞内具 1 花；花梗比苞片长，密被腺毛，顶部具关节；花被 5 深裂，淡紫红色，花被片卵形，雄蕊 5，花药紫色；花柱 2，中上部合生，瘦果椭圆形，双凸镜状，有光泽，包于宿存花被内。花期 7 ~ 11 月，果期 9 ~ 12 月。

分布与生境：分布于八大公山各地，生于海拔 200 ~ 500 m 的河滩草丛中。

用途：全草入药。

蓼子草 Persicaria criopolitana

5. 稀花蓼 Persicaria dissitiflora (Hemsl.) H. Gross ex T. Mori

一年生草本。茎疏生皮刺。叶卵状椭圆形，（4 ~ 14）cm ×（3 ~ 7）cm，先端渐尖，基部戟形或心形，边缘具缘毛，两面疏生星状毛，下面沿中脉具倒生皮刺，托叶鞘具缘毛。花序圆锥状，花稀疏；苞片漏斗状，每苞内具 1 ~ 2 花；花被 5 深裂，淡红色；雄蕊 7 ~ 8 枚；花柱 3 裂，中下部合生。瘦果近球形，顶端微具 3 棱。花期 6 ~ 8 月，果期 7 ~ 9 月。

分布与生境：分布于八大公山各地，生于海拔 800 ~ 1000 m 的草丛中。

用途：全草入药。

稀花蓼 Persicaria dissitiflora

6. 金线草 Persicaria filiformis (Thunb.) Nakai

多年生草本。根状茎粗壮。茎具糙伏毛，节部膨大。叶椭圆形，（6 ~ 15）cm ×（4 ~ 8）cm，先端渐尖，基部楔形，全缘，两面均具糙伏毛，托叶鞘筒状。总状花序呈穗状，通常数个，花排列稀疏；花被 4 深裂，红色，花被片卵形，果时稍增大；雄蕊 5 枚；花柱 2 裂，宿存。瘦果卵形，褐色，长约 3 mm，包于宿存花被内。花期 7 ~ 8 月，果期 9 ~ 10 月。

分布与生境：分布于八大公山各地，生于海拔 200 ~ 1600 m 以下的山坡林下。

用途：根状茎入药。

7. 长箭叶蓼 Persicaria hastatosagittata (Makino) Nakai ex T. Mori

一年生草本。茎直立或下部近平卧，具纵棱，沿棱具倒生短皮刺。叶披针形或椭圆形，（3 ~ 7）cm ×（1 ~ 3）cm，基部箭形或近戟形，沿脉中脉具倒生皮刺，边缘具短缘毛；托叶鞘筒状，膜质，顶端截形，具长缘毛。总状花序呈短穗状，花被 5 深裂，淡红色，花被片宽椭圆形。瘦果卵形，具 3 棱，深褐色，具光泽。花期 8 ~ 9 月，果期 9 ~ 10 月。

分布与生境：分布于八大公山各地，生于海拔 800 ~ 1000 m 的湿润草丛中。

用途：全草入药。

金线草 *Persicaria filiformis*

长箭叶蓼 *Persicaria hastatosagittata*

8. 水蓼 *Persicaria hydropiper* (Linnaeus) Spach

一年生草本。茎直立。叶椭圆状披针形，（4 ~ 8）cm ×（0.5 ~ 2.5）cm，先端渐尖，基部楔形，全缘，具缘毛，两面无毛；叶柄长 4 ~ 8 mm；膜质托叶鞘筒状，具伏毛，顶端具短缘毛。总状花序呈穗状，长 3 ~ 8 cm，花稀疏，下部间断；每苞内具 3 ~ 5 花；花被 5 深裂，白色或淡红色；雄蕊 6 枚；花柱 2 ~ 3 裂。瘦果卵形，包于宿存花被内。花期 5 ~ 9 月，果期 6 ~ 10 月。

分布与生境：分布于八大公山各地，生于海拔 200 ~ 1800 m 的河滩、水沟边、山谷湿地。

用途：全草入药。

水蓼 Persicaria hydropiper

9. 蚕茧草 *Persicaria japonica* (Meisn.) H. Gross ex Nakai

蚕茧草 Persicaria japonica

多年生草本。叶披针形，（7～15）cm×（1～2）cm，两面疏生短伏毛，边缘具刺状缘毛，膜质托叶鞘筒状，具长缘毛。顶生总状花序呈穗状，每苞内具 3～6 花，雌雄异株，花被 5 深裂，白色或淡红色，雄蕊 8 枚；雌花具花柱 2～3 裂，中下部合生。瘦果卵形。花期 8～10 月，果期 9～11 月。

分布与生境：分布于八大公山各地，生于海拔 200～1000 m 的荒草地中。

用途：全草入药。

10. 愉悦蓼 Persicaria jucunda (Meisn.) Migo

一年生草本。叶椭圆状披针形，（6～10）cm×（1.5～2.5）cm，两面疏生硬伏毛或近无，膜质托叶鞘筒状，顶端具缘毛。总状花序呈穗状，长 3～6 cm，花排列紧密，每苞内具 3～5 花；花被 5 深裂；雄蕊 7～8 枚；花柱 3 裂，下部合生。瘦果卵形，具 3 棱。花期 8～9 月。

分布与生境：分布于八大公山各地，生于海拔 1000 m 以下的荒地中。

用途：全草入药。

愉悦蓼 Persicaria jucunda

11. 酸模叶蓼 Persicaria lapathifolia (Linnaeus) S. F. Gray

一年生草本。茎无毛，节部显著膨大。叶披针形，5～15 cm，宽 1～3 cm，先端渐尖，基部楔形，上面常具 1 黑褐色新月形斑点，两面沿中脉被短硬伏毛，全缘，边缘具缘毛；叶柄短；膜质托叶鞘筒状，无缘毛。总状花序穗状，花紧密；苞片漏斗状；花被淡红色或白色，常 4 深裂；雄蕊 6 枚。瘦果宽卵形。花期 6～8 月，果期 7～9 月。

分布与生境：分布于八大公山各地，生于海拔 300～1800 m 的路边或荒地中，耕地中常能形成单一草丛。

用途：全草入药。

酸模叶蓼 Persicaria lapathifolia

12. 长鬃蓼 Persicaria longiseta (Bruijn) Moldenke

一年生草本。叶披针形，（5～13）cm×（1～2）cm，先端狭尖，基部楔形，下面沿叶脉具短伏毛，边缘具缘毛；叶柄短或无；托叶鞘筒状，具长缘毛。总状花序穗状，下部间断，直立，苞片漏斗状，每苞具 5～6 花；花被 5 深裂，淡红色或紫红色；雄蕊 8 枚；花柱 3 裂，中下部合生。瘦果宽卵形，具 3 棱。花期 6～8，果期 7～9 月。

分布与生境：分布于八大公山各地，生于海拔 200～700 m 的沟边、路边、溪边草丛。

用途：全草入药。

长鬃蓼 Persicaria longiseta

13. 春蓼 Persicaria maculosa (Lam.) Holub

一年生草本。叶披针形，（4～15）×（1.0～2.5）cm，先端渐尖，基部狭楔形，两面疏生短硬伏毛，下面中脉上毛较密，边缘具缘毛，膜质托叶鞘筒状，顶端具缘毛。总状花序穗状，较紧密，苞片漏斗状，每苞具 5～7 花；花被片 5 深裂，紫红色；雄蕊常 6 枚；花柱 2 裂，中下部合生；瘦果近圆形。花期 6～9 月，果期 7～10 月。

分布与生境：分布于八大公山各地，生于海拔 200～1200 m 溪边或沼泽地中。

用途：全草入药。

春蓼 Persicaria maculosa

14. 小蓼花 Persicaria muricata (Meisn.) Nemoto

一年生草本。茎沿棱具稀疏倒生皮刺。叶卵形或长圆状卵形，（2.5～6.0）cm×（1.5～3.0）cm，基部宽截形至近心形，下面沿中脉具倒生短皮刺，边缘具缘毛，膜质托叶鞘筒状，具长缘毛。总状花序呈穗状，每苞片内具 2 朵花；花被 5 深裂，白色或淡红色；雄蕊 6～8 枚；花柱 3 裂。瘦果卵形，具 3 棱。花期 7～8 月，果期 9～10 月。

分布与生境：分布于八大公山各地，生于海拔 1500～1900 m 的路边潮湿地。

用途：全草入药。

15. 短毛金线草 Persicaria neofiliformis (Nakai) Ohki

多年生草本。茎直立，节部膨大。叶椭圆形，顶端长渐尖，基部楔形，两面疏生短糙伏毛；膜质托叶鞘筒状，褐色。总状花序呈穗状，花被 4 深裂，红色；雄蕊 5，花柱 2，顶端呈钩状，宿存；瘦果卵形，双凸镜状，褐色。

分布与生境：分布于八大公山各地，生于海拔 1600 m 以下的山坡林下。

用途：根状茎入药。

小蓼花 Persicaria muricata

短毛金线草 Persicaria neofiliformis

16. 尼泊尔蓼 Persicaria nepalensis (Meisn.) H. Gross

一年生草本。叶三角状卵形，(3 ~ 5)cm × (2 ~ 4)cm，先端急尖，基部宽楔形，沿叶柄下延成翅；茎上部叶较小；叶柄抱茎；托叶鞘筒状，基部具刺毛。花序头状，基部常具 1 叶状总苞片；苞片椭圆形，每苞具 1 花；花被常 4 裂，淡紫红色或白色；雄蕊 5 ~ 6 枚；花柱 2 裂，下部合生。瘦果宽卵形，双凸镜状，包于宿存花被内。花期 5 ~ 8 月，果期 7 ~ 10 月。

分布与生境：分布于八大公山各地，生于海拔 300 ~ 1800 m 的山坡荒地中。

用途：全草入药。

尼泊尔蓼 Persicaria nepalensis

17. 红蓼 Persicaria orientalis (L.) Spach

一年生草本，高可达 2 m，密被长柔毛。叶卵状披针形，(10 ~ 20) cm × (5 ~ 12) cm，先端渐尖，基部圆形或近心形，全缘，密生缘毛，两面密生柔毛，膜质托叶鞘筒状，具长缘毛，常扩大成叶质状翅。总状花序呈穗状；苞片宽漏斗状，每苞内具 3 ~ 5 花；花被 5 深裂，淡红色或白色；雄蕊 7 枚；花柱 2 裂，中下部合生。瘦果近圆形。花期 6 ~ 9 月，果期 8 ~ 10 月。

分布与生境：分布于八大公山各地，生于海拔 800 ~ 1500 m 的路边荒地中。

红蓼 Persicaria orientalis

用途：果实入药；庭院观赏。

18. 扛板归 *Persicaria perfoliata* (L.) H. Gross

一年生攀缘草本，多分枝，沿棱具稀疏的倒生皮刺。叶三角形，(3～7)cm×(2～5)cm，先端钝，基部截形或微心形，下面沿叶脉疏生皮刺；叶柄盾状着生，具倒生皮刺；托叶鞘叶状，圆形，穿叶。总状花序呈短穗状；苞片卵圆形，每苞片内具花2～4朵；花被5深裂，白色或淡红色；雄蕊8枚；花柱3裂，中上部合生。瘦果球形，包于宿存花被内。花期6～8月，果期7～10月。

分布与生境：产于八大公山各地，生于海拔200～1200 m的山坡草丛。

用途：全草入药。

扛板归 *Persicaria perfoliata*

19. 丛枝蓼 *Persicaria posumbu* (Buch.-Ham. ex D. Don) H. Gross

一年生草本，无显明主茎。叶卵状披针形，(3～8)cm×(1～3)cm，先端尾状，基部宽楔形，两面疏生硬伏毛或无，边缘具缘毛，膜质托叶鞘筒状，具硬伏毛，顶端具长缘毛。总状花序呈穗状，下部间断，花稀疏；苞片漏斗状，每苞片含3～4花；花被5深裂，淡红色；雄蕊8枚；花柱3裂，下部合生。瘦果卵形，具3棱。花期6～9月，果期7～10月。

分布与生境：产于八大公山各地，生于海拔200～1700 m的山坡、路旁。

用途：全草入药。

20. 伏毛蓼 *Persicaria pubescens* (Blume) H. Hara

一年生草本。茎疏生短硬伏毛，带红色，中上部多分枝，节部明显膨大。叶卵状披针形或宽披针形，(5～10)cm×(1.0～2.5)cm，顶端渐尖或急尖，基部宽楔形，上面绿色，中部具黑褐色斑点，两面密被短硬伏毛，边缘具缘毛；无辛辣味，叶腋无闭花受精花。托叶鞘筒状，膜质，顶端截形，具粗壮的长缘毛。总状花序呈穗状，顶生或腋生，花稀疏，上部下垂，下部间断；苞片漏斗状，绿色，边缘近膜质，具缘毛，每苞内具 3 ~ 4 花；花梗细弱，比苞片长；花被 5 深裂，绿色，上部红色，密生淡紫色透明腺点，花被片椭圆形，雄蕊 8，比花被短；花柱 3，中下部合生。瘦果卵形，具 3 棱，黑色，密生小凹点，无光泽。花期 8 ~ 9 月，果期 8 ~ 10 月。

分布与生境：产于八大公山各地，生于海拔 600 ~ 1500 m 林下沟边草丛中。

用途：全草入药。

丛枝蓼 Persicaria posumbu

伏毛蓼 Persicaria pubescens

21. 羽叶蓼 Persicaria runcinata (Buch.-Ham. ex D. Don) H. Gross

分变种检索表

1. 头状花序直径 10 ~ 15 mm，通常 2 花呈聚伞状 ………………………………………………………………… **21a. 羽叶蓼（原变种）P. runcinatum** var. **runcinatum**

1. 头状花序直径 5 ～ 7 mm，数个再集成圆锥状 … **21b. 赤胫散（变种） P. runcinatum** var. **sinense**

21a. 羽叶蓼（原变种） Persicaria runcinata (Buch.-Ham. ex D. Don) H. Gross var. **runcinatum**

多年生草本。节部常具倒生伏毛。叶大头羽裂，（4～8）cm×（2～4）cm，先端渐尖，基部具极小的裂片 1 对，两面疏生糙伏毛，边缘具短缘毛，下部叶柄具狭翅，基部有耳；膜质托叶鞘筒状，具缘毛。花序头状，紧密，花被 5 深裂，淡红色或白色；雄蕊常 8 枚；花柱 3 裂，中下部合生。瘦果卵形，具 3 棱，包于宿存花被内。花期 4～8 月，果期 6～10 月。

分布与生境：产于八大公山各地，生于海拔 600～1500 m 林下沟边草丛中。

用途：全草入药。

羽叶蓼（原变种） Persicaria runcinata var. runcinatum

21b. 赤胫散 Persicaria runcinata var. **sinensis** (Hemsl.) Bo Li

赤胫散 Persicaria runcinata var. sinensis

多年生草本。叶羽裂，（4～8）cm×（2～4）cm，先端渐尖，具裂片1～3对，边缘具短缘毛；下部叶柄具狭翅，叶基部通常具1对裂片；膜质托叶鞘筒状，具缘毛。头状花序较小，直径5～7 mm，数个再集成圆锥状；花被5深裂，淡红色或白色；雄蕊常8枚；花柱3裂，中下部合生。瘦果卵形，具3棱，包于宿存花被内。花期4～8月，果期6～10月。

分布与生境：产于八大公山各地，生于海拔200～500 m沟边草丛中，民间也有栽培。

用途：全草入药。

22. 箭头蓼 Persicaria sagittata (Linnaeus) H. Gross ex Nakai

多年生草本。茎浅绿色至绿色，在成熟时通常变成紫红色。叶片宽披针形到长圆形。花序生于茎顶部或在上部叶的腋部，细长，花束通常2或3花；苞片披针形到狭椭圆形，花梗短，包裹在小苞片内。花被白色到绿色白色，通常带红色，花被片宽椭圆形，雄蕊8。瘦果深褐色到黑色，钝至有光泽，通常卵球。

分布与生境：分布于八大公山各地，生于海拔200～1300 m的溪边湿地中。

用途：根状茎入药。

箭头蓼 Persicaria sagittata

23. 大箭叶蓼 Persicaria senticosa var. **sagittifolia** (H. Lév. et Vaniot) Yonekura et H. Ohashi

一年生草本。茎蔓生，疏生皮刺。叶三角状箭形，（4～10）cm×（3～5）cm，先端渐尖，基部箭形，边缘疏生缘毛，下面沿中脉疏生皮刺；叶柄长3～6 cm，具倒生皮刺；托叶鞘筒状，边缘具1对叶状耳。总状花序头状，花序梗具倒生皮刺；每苞内常具2花；花被5深裂，白色或淡红色；雄蕊8枚；花柱3裂，中下部合生。瘦果近球形。花期6～8月，果期7～10月。

分布与生境：分布于八大公山各地，生于海拔200～500 m的溪边、路边草丛中。

用途：全草入药。

大箭叶蓼 Persicaria senticosa var. sagittifolia

24. 粘蓼 Persicaria viscofera (Makino) H. Gross ex Nakai

一年生草本。茎直立，通常自基分枝，茎先端有黏质腺体。叶披针形或宽披针形，(4～10)cm×(1～2)cm，边缘具长缘毛，两面疏生糙硬毛和黏质腺体，叶柄极短或近无柄，托叶鞘膜质，顶端截形，具长缘毛。总状花序呈穗状，细弱，分泌黏液的腺体，每苞内含花3～5，花被4～5深裂，淡绿色，花被片椭圆形，花柱3，中下部合生。瘦果椭圆形，具3棱，黑褐色，平滑，有光泽，包于宿存花被内。花期7～9月，果期8～10月。

分布与生境：分布于八大公山斗篷山，生于海拔1000～1900 m的荒地中。

粘蓼 Persicaria viscofera

（四）何首乌属 Pleuropterus Turcz.

一年生或多年生草本，稀半灌木。茎缠绕；叶互生、卵形或心形，具叶柄；托叶鞘筒状，顶端截形或偏斜。花序总状或圆锥状，顶生或腋生；花两性，花被5深裂，外面3片具翅或龙骨状突起，果时增大，雄蕊通常 8 枚，花丝丝状，花药卵形；子房药卵形，具 3 棱，花柱 3 裂，较短，柱头头状。瘦果卵形，具 3 棱，包于宿存花被内。

约 9 种，我国产 8 种，湖南产 3 种，八大公山产 2 种。

分种检索表

1. 叶背面光滑，无小凸起……………………………………………………………… **1. 何首乌 P. multiflora**
1. 叶背面沿脉具小凸起…………………………………………………………… **1. 毛脉首乌 P. cillinerve**

1. 何首乌 Pleuropterus multiflorus (Thunb.) Nakai

多年生缠绕藤本，块根肥厚。叶卵形或长卵形，（3 ~ 7）cm ×（2 ~ 5）cm，先端渐尖，基部心形，全缘，托叶鞘膜质。花序圆锥状，分枝开展；苞片三角状卵形，每苞内具 2 ~ 4 花；花梗下部具关节，果时延长；花被 5 深裂，白色或淡绿色；雄蕊 8 枚；花柱 3 裂。瘦果卵形，具 3 棱，包于宿存花被内。花期 8 ~ 9 月，果期 9 ~ 10 月。

分布与生境：分布于八大公山各地，生于海拔 200 ~ 800 m 的山坡林缘、地边、房前。

用途：块根、藤茎入药；嫩茎叶可作蔬菜。

何首乌 Pleuropterus multiflorus

2. 毛脉首乌 Pleuropterus ciliinervis Nakai

本种具扁圆形的根茎而不具块根，叶上面被短柔毛，下面沿叶脉具乳头状突起，与何首乌区别明显。

分布与生境：分布于八大公山各地，生于海拔 800 ~ 1200m 的屋边、路边。

用途：根茎入药。

毛脉首乌 Pleuropterus ciliinervis

（五）萹蓄属 **Polygonum** Linnaeus

一年生或多年生草本、稀半灌木或小灌木。茎直立或平卧；叶基部具关节；托叶鞘通常 2 裂或以后撕裂。花簇生或单生，生于叶腋，稀于茎、枝上部组成稀疏的总状花序；雄蕊 8，稀 5 ~ 6，花丝基部扩大或内侧者扩大；花柱 3，极短。瘦果具 3 棱稀双凸镜状。

170 种，我国产 27 种，湖南省产 4 种，八大公山有 3 种。

分种检索表

1. 叶柄具关节；花单朵或数朵成簇生于叶腋。
  2. 花梗顶部具关节，瘦果密被条纹点，无光泽……………………………………**1. 萹蓄 P. aviculare**
  2. 花梗中部具关节，瘦果平滑有光泽…………………………………………… **2. 习见蓼 P. plebeium**
1. 叶柄无关节，茎、叶柄具倒生皮刺……………………………………………**3. 戟叶蓼 P. thunbergia**

1. 萹蓄 Polygonum aviculare Linnaeus

一年生草本。叶椭圆形或披针形，（1 ~ 4）mm ×（3 ~ 12）mm，叶柄短或近无柄，基部具关节；托叶鞘膜质，撕裂脉明显。花单生或数朵簇生于叶腋；花梗顶部具关节；花被 5 深裂，绿色；雄蕊 8 枚；花柱 3 裂，柱头头状。瘦果卵形，具 3 棱，与宿存花被近等长或稍超过。花期 5 ~ 7 月，果期 6 ~ 8 月。

分布与生境：产于八大公山各地，生于海拔 400 ~ 1500 m 的路边、田坎、荒地中。

用途：全草入药。

2. 习见蓼 Polygonum plebeium R. Brown

一年生草本。茎平卧，通常小枝的节间比叶片短。叶狭椭圆形或倒披针形，两面无毛，侧脉不明显，叶柄极短或近无柄；托叶鞘膜质，白色，透明。花 3 ~ 6 朵簇生于叶腋，遍布于全植株，花梗中部具关节，花被片绿色，边缘白色或淡红色，雄蕊 5，花柱 3，稀 2。瘦果宽卵形，黑褐色，平滑，有光泽，包于宿存花被内。花期 5 ~ 8 月，果期 6 ~ 9 月。

分布与生境：分布于八大公山各地，生于海拔 200 ~ 800 m 的河边荒地或新堆放的土堆中。

用途：全草入药。

萹蓄 Polygonum aviculare

习见蓼 Polygonum plebeium

3. 戟叶蓼 **Polygonum thunbergii** Siebold & Zuccarini

一年生草本。具匍匐根状茎，根状茎先端常有白色珠芽。茎沿棱具倒生皮刺。叶戟形，（4 ~ 8）cm ×（2 ~ 4）cm，先端渐尖，基部截形或近心形，两面疏生刺毛，托叶鞘膜质，边缘具叶状翅，具粗缘毛。花序头状，每苞内具 2 ~ 3 花；花被 5 深裂，淡红色或红色或白色；雄蕊 8 枚；花柱 3 裂，中下部合生。瘦果宽卵形，具 3 棱。花期 7 ~ 9 月，果期 8 ~ 10 月。

分布与生境：分布于八大公山各地，生于海拔 800 ~ 1800 m 的山坡林下或路边。

用途：根状茎或全草入药。

戟叶蓼 Polygonum thunbergii

（六）虎杖属 **Reynoutria** Houttuyn

多年生草本。根状茎横走。茎直立，中空。叶互生，卵形或卵状椭圆形，全缘，具叶柄；托叶鞘膜质，偏斜，早落。花序圆锥状，腋生；花单性，雌雄异株，花被 5 深裂；雄蕊 6 ~ 8；花柱 3 裂，柱头流苏状。雌花花被片，外面 3 片果时增大，背部具翅。瘦果卵形，具 3 棱。

2 种，我国产 1 种，湖南产 1 种，八大公山亦有分布。

1. 虎杖 **Reynoutria japonica** Houttuyn

茎高大直立，高 1 ~ 2m。茎空心，散生紫红斑点。叶宽卵形或卵状椭圆形，（5 ~ 12）cm × 4 ~ 9 cm，托叶早落。花序圆锥状，雌雄异株；苞片漏斗状，每苞具 2 ~ 4 花；雌花花被片外面 3 片背部具下延翅，果时增大，花柱 3 裂。花期 8 ~ 9 月，果期 9 ~ 10 月。

分布与生境：分布于八大公山各地，生于海拔 200 ~ 1500 m 的山谷、河边。

用途：根状茎入药；嫩茎可食。

虎杖 Reynoutria japonica

（六）大黄属 **Rheum** Linnaeus

多年生草本，根粗壮。根状茎顶端常残存有棕褐色膜质托叶鞘。基生叶密集成莲座状，茎生叶互生；托叶鞘发达；叶片宽大。花小，排成圆锥、穗状及头状花序，花梗具关节；花被片 6 枚，雄蕊 9 枚；雌蕊 3 心皮，1 室，每室 1 胚珠；花柱 3 裂。瘦果三棱状。

约 60 种，我国产 38 种，湖南产 3 种，八大公山产 1 种。

1. 药用大黄 Rheum officinale Baillon

多年生草本。茎粗壮，中空，高达 2 m。基生叶大型，近圆形，直径 30 ~ 50 cm，先端近急尖，基部近心形，掌状浅裂，基出脉 5 ~ 7 条，叶下面具黄褐色柔毛，叶柄与叶片近等长，茎生叶向上逐渐变小，托叶鞘宽大，长达 15 cm。大型圆锥花序，花梗中下部具关节，花被片 6 枚，雄蕊 9 枚，子房卵形，花柱反曲。果实长圆状椭圆形，具翅。花期 5 ~ 6 月，果期 8 ~ 9 月。

分布与生境：原产我国，八大公山有栽培。

用途：根及根状茎入药；庭院观赏。

药用大黄 Rheum officinale

（七）酸模属 **Rumex** Linnaeus

一年生或多年生草本，稀为灌木。根通常粗壮。叶基生和茎生，茎生叶全缘或波状，托叶鞘膜质，易破裂而早落。花序圆锥状，多花簇生成轮。花两性，稀单性异株。花梗具关节；花被片 6 枚，外轮 3 片果时不增大，内轮 3 片果时增大，边缘具齿或针刺；雄蕊 6 枚；子房 1 室，卵形，具 3 棱，具 1 枚胚珠，花柱 3 裂，柱头画笔状。瘦果 3 棱形。

本属约 200 种，我国产 27 种，湖南产 10 种，八大公山产 6 种。

分种检索表

1. 多年生草本。
  2. 花单性异株；基生叶和下部茎生叶基部戟形或箭形…………………………… **1. 酸模 R. acetosa**
  2. 花两性；基生叶和下部茎生叶基部为其他形状。
    3. 内花被片有明显的牙齿，果时全部具瘤状凸起……………………………… **3. 羊蹄 R. japonicus**
    3. 内花被片果时一部或全部具瘤状凸起，边缘具刺状齿。
      4. 内花被片果时齿长 0.8 ~ 1.5mm ………………………………… **5. 钝叶酸模 R. obtusifolius**
      4. 内花被片果时刺状齿长 2 ~ 3mm ………………………………… **4. 尼泊尔酸模 R. nepalensis**
1. 一年或二年生草本。
  5. 内花被片果时边缘具 1 对长约 4mm 的针刺 …………………………… **6. 长刺酸模 R. trisetifer**
  5. 内花被片果时具边缘具 3 ~ 5 对刺状齿……………………………………… **2. 齿果酸模 R. dentatus**

1. 酸模 **Rumex acetosa** Linnaeus

多年生草本。基生叶和茎下部叶箭形，（3 ~ 12）cm ×（2 ~ 4）cm，先端急尖或圆钝，基部裂片急尖，全缘或微波状，茎上部叶较小，具短柄或无柄；托叶鞘膜质。花序狭圆锥状，顶生，花单性，雌雄异株，花梗中部具关节，花被片 6 枚，雄蕊 6 枚，雌花内花被片果时增大，外花被片反折。瘦果椭圆形，具 3 锐棱。花期 5 ~ 7 月，果期 6 ~ 8 月。

分布与生境：分布于八大公山各地，生于海拔 400 ~ 1900 m 以上的山坡草丛。

用途：全草入药。

酸模 Rumex acetosa

2. 羊蹄 Rumex japonicus Houttuyu

多年生草本。茎直立，高 50 ~ 100 cm。基生叶长圆形或披针状长圆形，（8 ~ 25）cm×（3 ~ 10）cm，顶端急尖，基部圆形或心，边缘微波状；茎上部叶狭长圆形；叶柄长 2 ~ 12 cm；托叶鞘膜质。花序圆锥状，花两性，花轮生；花梗中下部具关节；花被片 6 枚，外花被片椭圆形，内花被片果时增大。瘦果宽卵形，具 3 锐棱，两端尖，暗褐色，有光泽。花期 5 ~ 6 月，果期 6 ~ 7 月。

分布与生境：产于八大公山各地，生于海拔 200 ~ 1000 m 路边荒地中。

用途：根和叶可入药；叶作饲料。

羊蹄 Rumex japonicus

3. 尼泊尔酸模 Rumex nepalensis Sprengel

多年生草本。基生叶长圆状卵形，长 15 ~ 30 cm，宽 6 ~ 15 cm，先端钝圆或稍尖，基部心形，边缘微波状，上面无毛，下面疏生小突起；叶柄长 6 ~ 12 cm；托叶鞘膜质；茎生叶较小。花序圆锥状具叶；花两性，密集成轮；花梗中下部具明显关节；外花被片狭长圆形，内花被片果时增大，狭三角状卵形，边缘每侧具 2 ~ 3 个刺齿。瘦果卵形，具 3 棱。花期 5 ~ 6 月，果期 6 ~ 7 月。

分布与生境：产于八大公山各地，生于海拔 800 ~ 1900 m 的山坡沟边草丛中。

用途：根入药。

4. 齿果酸模 Rumex dentatus Linnaeus

一年生草本。茎下部叶长圆形，（4 ~ 12）cm×（1.5 ~ 3.0）cm，先端圆钝或急尖，基部圆形或近心形，边缘浅波状，茎生叶较小。总状花序顶生和腋生，再组成圆锥状花序，花轮状排列，间断；花梗中下部具关节；外花被片椭圆形，内花被片果时增大，三角状卵形，全部具小瘤，边缘每侧具 3 ~ 5 对刺齿。瘦果卵形，具 3 棱。花期 5 ~ 6 月，果期 6 ~ 7 月。

分布与生境：产于八大公山各地，生于海拔 400 ~ 800 m 以上的山坡草丛。

用途：全草入药。

尼泊尔酸模 Rumex nepalensis

齿果酸模 Rumex dentatus

5. 钝叶酸模 Rumex obtusifolius Linnaeus

多年生草本。基生叶长圆状卵形或长卵形，（15～30）cm×（6～15）cm，顶端钝圆或稍尖，基部心形，边缘微波状，上面无毛，下面疏生小突起；茎生叶长卵形，较小，叶柄较短；托叶鞘膜质，易破裂。花序圆锥状具叶，花两性，密集成轮；花梗细弱，丝状，中下部具关节，关节明显；外花被片狭长圆形，内花被片果时增大，狭三角状卵形，顶端稍钝，基部截形，边缘每侧具2～3个刺状齿，通常1片具小瘤。瘦果卵形，具3锐棱，暗褐色，有光泽。花期5～6月，果期6～7月。

分布与生境：产于八大公山各地，生于海拔400～800 m以上的山坡草丛。

用途：全草入药。

钝叶酸模 Rumex obtusifolius

6. 长刺酸模 Rumex trisetifer Stokes

一年生草本，高 30 ~ 80 cm。茎下部叶长圆形，（8 ~ 20）cm ×（2 ~ 5）cm，先端急尖，基部楔形，边缘波状，上部叶较小。总状花序组成大型圆锥状花序。花两性，轮生；花梗近基部具关节；花被片 6 枚，外花被片披针形，内花被片果时增大，狭三角状卵形，全部具小瘤，每侧具 1 个针刺，针刺长 3 ~ 4 mm。瘦果椭圆形，具 3 棱。花期 5 ~ 6 月，果期 6 ~ 7 月。

分布与生境：产于八大公山各地，生于海拔 1300 m 以下的河边、稻田中。

用途：全草入药。

长刺酸模 Rumex trisetifer

一百一十一、石竹科 Caryophyllaceae

一年生或多年生草本，稀亚灌木。茎节通常膨大，具关节。单叶对生，全缘，基部常合生。花辐射对称，两性，稀单性，排列成聚伞花序或聚伞圆锥花序，稀单生；萼片 4 ~ 5 枚，宿存；花瓣与萼片同数，稀无；雄蕊 4 ~ 10 枚；子房上位，1 室或在基部他隔为不完全的 3 ~ 5 室；特立中央胎座或基底胎座，每室具 1 至多数胚珠；花柱 2 ~ 5 裂，离生或基部合生。蒴果顶端齿裂或瓣裂，稀为浆果状、不规则开裂或为瘦果。种子弯生，1 至多数。

70 ~ 80 属 2000 种，我国有 30 属 390 种，湖南有 13 属 35 种，八大公山有 9 属 22 种。

分属检索表

1. 萼片离生，少数基部连合，花瓣近无爪，少数无花瓣；果实为蒴果。
  2. 花多单生，少数为聚伞花序；蒴果果瓣先端不再裂……………………………**6. 漆姑草属 Sagina**
  2. 花通常排成聚伞花序，少数单生；蒴果果瓣先端稍 2 裂。
    3. 花瓣先端不裂。
      4. 种脐旁无附属体……………………………………………………**1. 无心菜属 Arenaria**
      4. 种脐旁有附属体……………………………………………………**4. 种阜草属 Moehringia**
    3. 花瓣先端深 2 裂，有时浅 2 裂，极少数全缘或无花瓣。
      5. 花柱 2~5，如为 5，则必与萼片互生。
        6. 花不为二型……………………………………………………**8. 繁缕属 Stellaria**
        6. 花二型。
          7. 植株具块根……………………………………………**5. 孩儿参属 Pseudostellaria**
          7. 植株无块根……………………………………………**9. 浅裂繁缕属 Nubelaria**
      5. 花柱 5，少数 3~4，与萼片对片 ……………………………………**2. 卷耳属 Cerastium**
1. 萼片合生，花瓣通常有爪；果实为蒴果或浆果。
  8. 花柱 3 或 5 ……………………………………………………………**7. 蝇子草属 Silene**
  8. 花柱 2 …………………………………………………………………**3. 石竹属 Dianthus**

（一）无心菜属 **Arenaria** Linnaeus

一年生或多年生草本。茎直立，常丛生。单叶对生，全缘。花单生或多数，常为聚伞花序；花 5（4）数；花瓣全缘或顶端齿裂至燧裂；雄蕊 10，稀 8 或 5；子房 1 室，花柱 3，稀 2。蒴果卵形。种子稍扁，具疣状凸起，平滑或具狭翅。

约 300 种，我国产 102 种，湖南产 1 种，八大公山产 1 种。

1. 无心菜 **Arenaria serpyllifolia** Linnaeus

一至二年生草本。茎丛生，铺散状，密生白色短柔毛。叶片卵形，（4 ~ 12）mm ×（3 ~ 7）mm，无柄，具缘毛，先端急尖，两面疏生柔毛，具 3 脉。聚伞花序，萼片 5 枚，具 3 脉，花瓣 5，白色，雄蕊 10 枚；子房卵圆形，花柱 3 裂，线形。蒴果卵圆形。花期 6 ~ 8 月，果期 8 ~ 9 月。

分布与生境：分布于八大公山各地，生于海拔 200 ~ 1800 m 的路边、田野及沟旁。

用途：全草入药。

无心菜 *Arenaria serpyllifolia*

（二）卷耳属 **Cerastium** Linnaeus

一年生或多年生草本，多数被柔毛或腺毛。叶对生，叶片卵形或长椭圆形至披针形。二歧聚伞花序，顶生；萼片 5（4）枚，离生；花瓣 5（4）枚，白色，顶端 2 裂，稀全缘或微凹；雄蕊 10（5）枚，花丝无毛或被毛；子房 1 室，具多数胚珠；花柱通常 5（3）裂，与萼片对生。蒴果圆柱形，露出宿萼外，顶端裂齿为花柱数的 2 倍。种子多数，近肾形，稍扁，常具疣状凸起。

约 100 种，我国产 23 种，湖南产 4 种，八大公山产 2 种。

分种检索表

1. 花瓣长等于或短于萼片…………………………………… **1. 簇生泉卷耳 C. fontanum** subsp. **vulgare**

1. 花瓣明显长于萼片……………………………………………………………… **2. 卵叶卷耳 C. wilsonii**

1. 簇生泉卷耳 **Cerastium fontanum** subsp. **vulgare** (Hartman) Greuter & Burdet

二年生草本。基生叶近匙形或倒卵状披针形，茎生叶卵形或披针形，两面均被短柔毛，边缘具缘毛。聚伞花序顶生，萼片 5，长圆状披针形，外面密被长腺毛，花瓣 5，白色，倒卵状长圆形，等长或微短于萼片，顶端 2 浅裂。蒴果圆柱形。种子褐色，具瘤状凸起。花期 5 ~ 6 月，果期 6 ~ 7 月。

分布与生境：分布于八大公山各地，生于海拔 200 ~ 1200 m 以下的路边荒地中。

用途：全草入药。

簇生泉卷耳 Cerastium fontanum subsp. vulgare

2. 卵叶卷耳 Cerastium wilsonii Takeda

多年生草本。茎近无毛。基生叶叶片匙形，茎生叶叶片卵状椭圆形，先端急尖，基部渐狭成长柄状，（1.5 ~ 2.5）mm ×（8 ~ 12）mm。聚伞花序顶生，萼片 5 枚，花瓣 5 枚，白色，2 裂至中部，雄蕊稍长于萼片，花柱 5 裂，线形。蒴果圆柱形，裂齿 10。种子近三角状球形，稍扁，具疣状凸起。花期 4 ~ 5 月，果期 6 ~ 7 月。

分布与生境：分布于八大公山各地，生于海拔 800 ~ 1500 m 的沟边草丛中。

用途：全草入药；庭院观赏。

卵叶卷耳 Cerastium wilsonii

（三）石竹属 Dianthus Linnaeus

一年或多年生草本。叶对生，全缘，无托叶。花单生或成聚伞花序，有时簇生成头状；花萼圆筒状，5齿裂，基部贴生苞片1～4对；花瓣5枚，具长爪，瓣片边缘具齿或隧状细裂，稀全缘；雄蕊10枚；花柱2裂，子房1室，具多数胚珠。蒴果圆筒形或长圆形，顶端4齿裂或瓣裂。种子多数，圆形或盾状。

约600种，我国产16种，湖南产6种，八大公山产2种。

分种检索表

1. 花瓣上部边缘具不规则齿裂……………………………………………………………… **1. 石竹 D. chinensis**
1. 花瓣上部边缘流苏状……………………………………………………………………… **2. 瞿麦 D. superbus**

1. 石竹 Dianthus chinensis Linnaeus

多年生草本。茎无毛。叶片线状披针形，（3～5）cm×（2～4）mm，先端渐尖，基部稍狭，全缘或有细小齿。花单生枝端或数花集成聚伞花序，苞片4枚；花萼圆筒形，萼齿5枚；花瓣5枚，具长爪，花多色；雄蕊露出喉部外；子房长圆形，花柱线形。蒴果圆筒形，包于宿存萼内，顶端4裂。种子扁圆形。花期5～6月，果期7～9月。

分布与生境：原产于我国北方，八大公山各地栽培。

用途：根和全草入药；花供观赏。

石竹 Dianthus chinensis

2. 瞿麦 Dianthus superbus Linnaeus

多年生草本。茎直立，无毛。叶片线状披针形，（5～10）cm×（3～5）mm，先端锐尖，基部合生成鞘状。花1或2朵生枝端；苞片2～3对，约为花萼1/4；花萼圆筒形，常紫红色色；花瓣长4～5 cm，具长爪，常淡红色或带紫色，喉部具丝毛状鳞片；雄蕊和花柱微外露。蒴果圆筒形，与宿存萼等长或微长，顶端4裂。种子扁卵圆形。花期6～9月，果期8～10月。

分布与生境：分布于八大公山各地，生于海拔800～1000 m的山坡草丛中。

用途：庭院观赏；全草入药。

瞿麦 Dianthus superbus

（四）种阜草属 **Moehringia** Linnaeus

一年生或多年生草本。茎纤细，丛生。叶线形、长圆形至倒卵形或卵状披针形，无柄或具短柄。花两性，单生或数花集成聚伞花序；萼片 5；花瓣 5，白色，全缘；雄蕊通常 10；子房 1 室，具多数胚珠；花柱 3。蒴果椭圆形或卵形，6 齿裂；种子平滑，光泽，种脐旁有白色、膜质种阜，有时种阜可达种子周围 1/3。

本属约 25 种。我国产 3 种，湖南产 1 种，八大公山也产。

1. 三脉种阜草 **Moehringia trinervia** (Linnaeus) Clairville

多年生草本。全株被短柔毛。茎丛生，近直立，细弱，基部多分枝。叶片卵形至宽卵形，有时近圆形，（1.0 ~ 2.5）cm ×（5 ~ 12）mm，顶端急尖或微凸尖，基部楔形，近无柄或下部叶具柄，

三脉种阜草 Moehringia trinervia

边缘具短缘毛，具3基出脉。聚伞花序顶生，具多数花；苞片卵形至披针形，草质，被柔毛；花梗细；萼片披针形；花瓣倒卵状长圆形，全缘，长为萼片的1/3~1/2；雄蕊长短不一；花柱3条，线形。蒴果狭卵圆形，3瓣裂，裂瓣顶端2齿裂，裂齿外卷；种子球形，黑色，有光泽，种脐旁有白色膜质种阜。花期5~6月，果期6~7月。

分布与生境：分布于八大公山斗篷山，生于海拔1900 m的山坡林缘草丛中。

（五）孩儿参属 **Pseudostellaria** Pax

多年生小草本，具块根。叶对生，无托叶。花两型；生于顶部的花有花瓣，单生或数朵成聚伞花序，常不结实；萼片5（4）枚；花瓣5（4）覆盖，白色；雄蕊10（8）枚；花柱通常3裂，稀2~4裂；生于茎下部叶腋的花较小，闭花受精，萼片4枚，花瓣无，雄蕊退化；子房具多数胚珠，花柱2裂。蒴果2~4瓣裂，裂瓣再2裂。种子稍扁平。

本属约18种，我国产9种，湖南产4种，八大公山产1种。

1. 孩儿参 **Pseudostellaria heterophylla** (Miquel) Pax

多年生草本。块根纺锤形。茎单生，具2列柔毛。茎中部以下叶片倒披针形，先端尖，基部渐狭成柄；中部以上的叶片倒卵状披针形，（2.0~2.5）cm×（0.8~1.2）cm，具短柄，基部疏生缘毛。开花受精花顶生或腋生，萼片5枚，花瓣5枚，白色，雄蕊10枚，花柱2~3裂；闭花受精花腋生，无花瓣。蒴果卵圆形，4瓣裂。种子肾形，表面具极低瘤状凸起。花期5~6月，果期7~8月。

分布与生境：分布于八大公山各地，生于海拔1400~1900 m的山坡林下。

用途：块根入药。

孩儿参 Pseudostellaria heterophylla

（六）漆姑草属 Sagina Linnaeus

一年生或多年生小草本。茎多丛生。叶线形或线状锥形，基部合生成鞘状；托叶无。花小，单生叶腋或顶生成聚伞花序，通常具长梗；萼片4～5枚；花瓣白色，4～5枚，有时无花瓣，全缘或顶端微凹缺；雄蕊4～5枚，有时为8或10枚；子房1室，含多数胚珠；花柱4～5裂，与萼片互生。蒴果卵圆形，4～5瓣裂，裂瓣与萼片对生。种子细小，肾形，表面有小凸起或平滑。

本属约30种，我国产4种，湖南产2种，八大公山产1种。

1. 漆姑草 Sagina japonica (Swartz) Ohwi

一年生小草本。叶片线形，（5～20）mm×（0.8～1.5）mm，先端急尖。花小形，单生枝端；花梗细，萼片5枚，卵状椭圆形，花瓣5枚，狭卵形，白色，顶端圆钝，全缘，雄蕊5枚，子房卵圆形，花柱5枚，线形。蒴果卵圆形，5瓣裂。种子细，圆肾形，表面具尖瘤状凸起。花期3～5月，果期5～6月。

分布与生境：分布于八大公山各地，生于海拔1300 m以下的路边、房边、墙角。

用途：全草入药。

漆姑草 Sagina japonica

（七）蝇子草属 Silene Linnaeus

一、二年生或多年生草本，稀亚灌木。单叶对生，全缘，无托叶。花常两性，单生或成聚伞、圆锥花序，稀呈头状；萼钟状或圆柱状，5裂，具10至多条肋棱；花瓣5枚，具爪，全缘；花冠喉部具10片状或鳞片状副花冠；雄蕊10枚；子房1、3或5室，具多数胚珠；花柱3（5）裂。蒴果，顶端齿裂。种子肾形，种皮表面具短线条纹或小瘤。

约600种，我国约产110种，湖南产10种，八大公山产5种。

分种检索表

1. 子房基部具隔膜或部分隔膜……………………………………………………… **2. 剪春罗草 S. banksia**
1. 子房基部无隔膜。
   2. 花萼圆锥形，具20～30条平行脉………………………………………………**3. 麦瓶草 S. fortun**
   2. 花萼非圆锥形，具10条平行脉。
      3. 花序为聚伞圆锥式……………………………………………………………**4. 鹤草 S. fortun**
      3. 花序为二歧或单歧聚伞式。
         4. 蒴果假浆果状，黑色，不规则开裂……………………………………… **1. 狗筋蔓 S. baccifera**
         4. 蒴果，先端开裂成齿状………………………………………………… **5. 石生蝇子草 S. tatarinowi**

1. 狗筋蔓 Silene baccifera (Linnaeus) Roth

多年生草本。全株被逆向短绵毛。根簇生，长纺锤形。叶片卵形至长椭圆形，（1.5～5.0）cm×（0.8～2.0）cm，基部渐狭成柄状，先端急尖，边缘具短缘毛。圆锥花序疏松，花萼宽钟形，顶端5裂，后期膨大呈半圆球形，纵脉10条，花瓣5枚，白色，副花冠片不明显微呈乳头状，雄蕊10枚。蒴果圆球形，成熟时黑色。种子圆肾形。花期6～8月，果期7～10月。

分布与生境：分布于八大公山各地，生于海拔600～1800 m的山坡林下。

用途：根或全草入药；庭院观赏。

狗筋蔓 Silene baccifera

2. 剪春罗 Lychnis coronata Thunberg

多年生草本。全株近无毛。茎单生，直立。叶片椭圆状或卵状倒披针形，（8～15）cm×（2～5）cm，先端渐尖，基部楔形。二歧聚伞花序常具多花，苞片披针形；花萼筒状，萼齿披针形，花瓣橙红色，花瓣倒卵形，副花冠片椭圆状；雄蕊不外露。蒴果长椭圆形。花期6～7月，果期8～9月。

分布与生境：原产我国华中地区，八大公山有栽培。

用途：根或全草入药；庭院观赏。

剪春罗 Lychnis coronata

3. 麦瓶草 Lychnis conoidea Linnaeus

一年生草本，全株被短腺毛。茎直立，不分枝或分枝。花两性，成二歧聚伞花序，稀过渡呈单歧聚伞花序；花萼圆锥形，口收缩，具20～30条凸起纵脉，后期花萼下部明显膨大，萼齿钻形；雌雄蕊柄极短；花瓣红色，稀变白色，全缘、凹缺或浅2裂；有副花冠；花柱3；种子肾形，表面具线条纹，脊具槽。花期5～6月，果期6～7月。

分布与生境：分布于八大公山五道水，生于海拔200～800 m的麦田中。

用途：全草入药；庭院观赏。

麦瓶草 Lychnis conoidea

4. 鹤草 Silene fortunei Visiani

多年生草本。茎丛生，被短柔毛或近无毛，分泌黏液。基生叶披针形，（3～8）mm×（7～

12）mm，基部渐狭成柄状，先端急尖，边缘具缘毛。聚伞状圆锥花序，有粘质，花萼长筒状，果期上部微膨大呈筒状棒形，具 10 条纵脉，雌雄蕊柄无毛，花瓣淡红色，雄蕊 10 枚，花柱微外露。蒴果长圆形，种子圆肾形。花期 6～8 月，果期 7～9 月。

分布与生境：分布于八大公山各地，生于海拔 600～1400 m 的山坡草丛中。

用途：全草入药；庭院观赏。

鹤草 Silene fortunei

5. 石生蝇子草 Silene tatarinowii Regel

石生蝇子草 Silene tatarinowii

多年生草本。全株被短柔毛。根圆柱形或纺锤形。叶片披针形，（2~5）mm×（5~15）mm，基部宽楔形或渐狭成柄状，先端长渐尖，两面被疏短柔毛，具1或3条基出脉。二歧聚伞花序疏松；花萼筒状棒形，具10条纵脉，顶端具5萼齿；花瓣5枚，白色；副花冠片椭圆状，全缘；雄蕊10枚；花柱明显外露。蒴果卵形。种子肾形。花期7~8月，果期8~10月。

分布与生境：分布于八大公山斗篷山，生于海拔1500~1800 m的田间、路边。

用途：全草入药。

（八）繁缕属 **Stellaria** Linnaeus

一年生或多年生草本。叶扁平，有各种形状，但很少针形。花小，多数组成顶生聚伞花序，稀单生叶腋；萼片5枚，稀4；花瓣5（4）枚，白色，2深裂，有时无花瓣；雄蕊10枚，有时少数；子房1室，稀3室，胚珠多数，稀仅数枚，1~2枚成熟；花柱3裂，稀2裂。蒴果圆球形或卵形，裂齿数为花柱数的2倍。种子多数，稀1~2枚，近肾形，微扁。

约190种，我国产64种，湖南产11种，八大公山产8种。

分种检索表

1. 蒴果具多数种子。
  2. 萼片基部合生成倒圆锥形；雄蕊周位。
    3. 叶片较宽，通常狭卵形至披针形……………………………………………… **1. 雀舌草 S.alsine**
    3. 叶片较狭，线形至线状披针形……………………………………………**7. 柳叶繁缕 S.salicifolia**
  2. 萼片离生；雄蕊下位或周位。
    4. 叶无柄或近无柄，基部有时稍抱茎；植株被毛………………………**4. 峨眉繁缕 S.omeiensis**
    4. 全部叶或仅茎下部叶具柄。
      5. 植株绝不被星状毛或腺毛。
        6. 花柱3 …………………………………………………………………… **5. 繁缕 S.media**
        6. 花柱5 ……………………………………………………………… **2. 鹅肠菜 S.media**
      5. 植株全部被星状毛或部分被柔毛、无毛。
        7. 植株被星状毛…………………………………………………………… **8. 箐姑草 S.vestita**
        7. 植株具柔毛或仅叶柄具柔毛，少无毛…………………………… **3. 中国繁缕 S.chinensis**
1. 蒴果具1或2粒种子……………………………………… **6. 皱叶繁缕 S.monosperma** var. **japonica**

1. 雀舌草 **Stellaria alsine** Grimm

二年生草本。全株无毛。叶无柄，披针形至长圆状披针形，（5~20）mm×（2~4）mm，基部楔形，半抱茎，边缘微波状。聚伞花序通常具3~5花，顶生或花单生叶腋；花梗细，果时稍下弯；萼片5枚；花瓣5枚，白色，2深裂几达基部；雄蕊5（10）枚；子房卵形，花柱3（2）裂，短线形。蒴果卵圆形，6齿裂。含多数种子，种子肾脏形。花期5~6月，果期7~8月。

分布与生境：分布于八大公山各地，生于海拔 200 ~ 1800 m 的旱地溪边草丛中。

用途：全草入药。

雀舌草 Stellaria alsine

2. 鹅肠菜 Stellaria aquatica (L.) Scop.

二年生或多年生草本。茎下部匍匐，无毛，上部直立，被腺毛。叶对生。花两性，白色，排列成顶生二歧聚伞花序；萼片 5 枚；花瓣 5 枚，比萼片短，2 深裂至基部；雄蕊 10 枚；子房 1 室，心皮 5 枚，花柱 5 裂。蒴果卵形，比萼片稍长，5 瓣裂至中部，裂瓣顶端再 2 齿裂。种子肾状圆形，

鹅肠菜 Stellaria aquatica

种脊具疣状凸起。花期 3 ~ 5 月，果期 5 ~ 6 月。

分布与生境：分布于五峰各地，生于海拔 200 ~ 1000 m 的山坡路旁、田间、沟边等。

用途：全草入药；嫩苗可食。

3. 中国繁缕 Stellaria chinensis Regel

多年生草本。茎细弱，具四棱，无毛。叶片卵形至卵状披针形，（3 ~ 4）cm×（1.0 ~ 1.6）cm，先端渐尖，基部宽楔形或，全缘，两面无毛，有时带粉绿色；叶柄短或近无。聚伞花序疏散，具细长花序梗，花瓣 5 枚，白色，2 深裂；雄蕊 10 枚；花柱 3 裂。蒴果卵萼形，比宿存萼稍长或等长，6 齿裂。种子卵圆形，稍扁。花期 5 ~ 6 月，果期 7 ~ 8 月。

分布与生境：分布于八大公山各地，生于海拔 800 ~ 1200 m 的山坡沟边林下。

用途：全草入药。

中国繁缕 Stellaria chinensis

4. 峨眉繁缕 Stellaria omeiensis C.Y.Wu & Y.W.Tsui ex P.Ke

一年生草本。茎被疏长柔毛。叶片圆卵形或卵状披针形，（1.5 ~ 2.5）mm×（8 ~ 12）mm，先端渐尖，基部圆形，无柄，边缘基部具缘毛，下面被疏毛，沿中脉毛较密。聚伞花序顶生，疏散，萼片 5 枚；花瓣 5 枚，白色，顶端 2 深裂；雄蕊 10 枚，短于花瓣；花柱 3 裂。蒴果长圆状卵形，长为宿存萼的 1.5 倍，6 齿裂。种子扁圆形。花期 4 ~ 7 月，果期 6 ~ 8 月。

分布与生境：分布于八大公山杉木界，生于海拔 1000 ~ 1500 m 的山坡林下。

用途：全草入药。

5. 繁缕 Stellaria media (Linnaeus) Villars

一年或二年生草本。茎被 1 ~ 2 列毛。叶片卵形，（1.5 ~ 2.5）cm×（1.0 ~ 1.5）cm，先端渐尖，基部渐狭或近心形，基生叶具长柄。疏聚伞花序顶生，花梗具 1 列短毛；萼片 5 枚；花瓣 5 枚，白色，比萼片短，深 2 裂达基部；雄蕊 3 ~ 5 枚；花柱 3 裂，线形。蒴果卵形，顶端 6 裂。种子多数，卵圆形至近圆形，稍扁，表面具半球形瘤状凸起。花期 6 ~ 7 月，果期 7 ~ 8 月。

分布与生境：分布于八大公山各地，生于海拔 200 ~ 1900 m 的路旁、旱地中。

用途：全草入药。

峨眉繁缕 Stellaria omeiensis

繁缕 Stellaria media

6. 皱叶繁缕 **Stellaria monosperma** var. **japonica** Maximowicz

多年生草本。叶片长圆状披针形、宽披针形或倒披针形，边缘皱波状弯曲。子房幼时3室，成熟时1室，具3~4胚珠；蒴果仅1~2粒种子成熟。花期7月，果期11月。

分布与生境：产于八大公山天平山，生于海拔1500~1600 m山坡密林下。

皱叶繁缕 Stellaria monosperma var. japonica

7. 柳叶繁缕 **Stellaria salicifolia** Y. W. Tsui ex P. Ke

多年生草本。叶片披针形，（3~6）cm×（4~12）mm，顶端渐尖，基部楔形，微抱茎。疏散的聚伞花序顶生，花梗纤细，长1.0~2.5 cm，无毛；萼片披针形，长4~5 mm，具明显的3脉，顶端长渐尖，基部稍圆形，边缘透明，膜质；花瓣白色，微短于萼片，2深裂几达基部，裂片狭线形；雄蕊10，略短于花瓣；子房卵圆形，花柱3，线形。蒴果卵圆形，与宿存萼等长或稍短，顶端6裂；种子长卵圆形，深褐色，具皱纹。花期5~6月，果期7~8月。

分布与生境：分布于八大公山斗篷山，生于海拔1200~1400 m的林下、路边和沟边。

柳叶繁缕 Stellaria salicifolia

8. 箐姑草 **Stellaria vestita** Kurz

多年生草本。全株被星状毛。叶片卵形或椭圆形，（1.0~3.5）cm×（8~20）mm，先端急尖，基部圆形，全缘，两面均被星状毛，下面中脉明显。聚伞花序疏散，具长花序梗，密被星状毛；花梗细，密被星状毛；萼片5枚；花瓣5枚，2深裂近基部；雄蕊10枚；花柱3（4）裂。蒴果卵萼形，6齿裂。种子多数，肾脏形。花期4~6月，果期6~8月。

分布与生境：分布于八大公山各地，生于海拔200~1900 m的林下、路边和沟边。

用途：全草药用。

箐姑草 Stellaria vestita

（九）浅裂繁缕属 **Nubelaria** M. T. Sharples & E. A. Tripp

本属花的构造多变，花部的变化大，雄蕊数目 7、8 或 10 或无雄蕊，非常接近孩儿参属 **Pseudostellaria** Pax，但只具须根而未发现块根。

2 种，我国产 2 种，湖南产 1 种，八大公山有 1 种。

1. 巫山浅裂繁缕 Nubelaria wushanensis (F. N. Williams) M. T. Sharples & E. A. Tripp

一年生草本。叶片卵状心形至卵形，（2.0 ~ 3.5）cm ×（1.5 ~ 2.0）cm，先端尖，基部近心形。聚伞花序有花 1 ~ 3 朵，萼片 5 枚，花瓣 5 枚，顶端 2 裂深达花瓣 1/3，雄蕊 10 枚，短于花瓣，花柱 2 ~ 4 裂，线形，中下部雌花有时无花瓣和雄蕊。蒴果卵圆形。种子圆肾形，具尖瘤状凸起。花期 4 ~ 6 月，果期 6 ~ 7 月。

分布与生境：分布于八大公山各地，生于海拔 1000 m 以下的山沟阴湿地。

用途：全草入药；庭院观赏。

巫山浅裂繁缕 Nubelaria wushanensis

一百一十二、苋科 Amaranthaceae

一年或多年生草本，稀藤本或灌木。叶互生或对生，常全缘，无托叶。花小，两性，稀单性或杂性，花单一或花序各式。苞片 1 枚及小苞片 2 枚，干膜质。花被片（1）3 ~ 5 枚。雄蕊常和花被片等数且对生，花丝分离或基部合生成筒状，常有退化雄蕊，花药 2 室或 1 室。子房上位，1 室，胚珠 1 个或多数，花柱 1 ~ 3，宿存。果实为胞果或小坚果，少数为浆果，不裂、不规则开裂或顶端盖裂。种子 1 至多数，凸镜状或近肾形。

约 160 属 2250 种，我国产 45 属 229 种，湖南有 13 属 39 种，八大公山有 9 属 18 种。

分属检索表

1. 苞及花被通常为干膜质；雄蕊通常基部合生。
  2. 叶互生。
    3. 花单性，雌雄同株或杂性，花丝离生，子房内只有 1 胚珠……………… **4. 苋属 Amaranthus**
    3. 花两性，花丝下部连合成筒状，子房内有胚珠 2 ~ 8 ……………………… **5. 青葙属 Celosia**
  2. 叶对生。
    4. 茎圆柱状；花排成顶生或腋生的头状花序；花药 1 室…………… **3. 莲子草属 Alternanthera**
    4. 茎四方形；花排成顶生及腋生的穗状花序，花药 2 室………………… **1. 牛膝属 Achyranthes**
1. 苞及花被通常为草质或肉质，不为干膜质；雄蕊通常分离。
  5. 果实为盖果，花序分枝末端成刺状……………………………………… **2. 千针苋属 Acroglochin**
  5. 果实为胞果，花序分枝末端不成刺状。
    6. 花单性，雌雄异株……………………………………………………………… **9. 菠菜属 Spinacia**
    6. 花两性或杂性。
      7. 叶常线形或线状披针形………………………………………………… **8. 地肤属 Kochia**
      7. 叶非线形。
        8. 植物体被腺毛………………………………………………………… **7. 腺毛藜属 Dysphania**
        8. 植物体被粉粒或囊状毛……………………………………………… **6. 藜属 Chenopodium**

（一）牛膝属 **Achyranthes** Linnaeus

草本或亚灌木；茎具显明节。单叶对生。穗状花序顶生或腋生；花两性，单生，每花具 1 苞片和有 2 小苞片，小苞片刺状；花被片 4 ~ 5 枚，花后包裹果实；雄蕊 5 枚，稀 4 或 2 枚，花丝基部连合成一短杯，花药 2 室；子房长椭圆形，1 室，具 1 枚胚珠，花柱宿存，柱头头状。胞果卵状矩圆形或近球形；有 1 种子，矩圆形。

约 15 种，我国产 3 种，湖南产 5 种，八大公山产 2 种。

分种检索表

1. 叶倒卵形、椭圆形或矩圆形；退化雄蕊顶端有缘毛或细锯齿………………… **1. 牛膝 A. bidentata**
1. 叶披针形或宽披针形；退化雄蕊顶端有不明显牙齿………………… **2. 柳叶牛膝 A. longifolia**

1. 牛膝 Achyranthes bidentata Blume

多年生草本。根圆柱形；茎被白色柔毛，分枝对生。叶片椭圆形或卵形，（4.5 ~ 12.0）cm ×（2.0 ~ 7.5）cm，先端尾尖，基部楔形，两面有柔毛；叶柄长 5 ~ 30 mm。穗状花序顶生及腋生，花多数，密生；每花具 1 枚苞片和小苞片 2 枚；花被片 5 枚；雄蕊 5 枚，退化雄蕊顶端平圆，稍有缺刻状细锯齿。胞果矩圆形，种子矩圆形。花期 7 ~ 9 月，果期 9 ~ 10 月。

分布与生境：分布于八大公山各地，生于海拔 200 ~ 1700 m 的沟边、路边草丛中。

用途：根可入药。

牛膝 Achyranthes bidentata

2. 柳叶牛膝 Achyranthes longifolia (Makino) Makino

本种和牛膝相近，区别为：叶片披针形或宽披针形，（10 ~ 20）cm ×（2 ~ 5）cm，顶端尾尖；

柳叶牛膝 Achyranthes longifolia

小苞片针状，长 3.5 mm，基部有 2 耳状薄片，仅有缘毛；退化雄蕊方形，顶端有不显明牙齿。花果期 9 ~ 11 月。

分布与生境：分布于八大公山各地，生于海拔 200 ~ 600 m 的田园、路旁。

用途：根可入药；庭院观赏。

（二）千针苋属 **Acroglochin** Schrader

一年生草本。叶互生，卵形，边缘具不整齐锯齿。复二歧聚伞状花序腋生，最末端的分枝针刺状。花两性，无花梗，不具苞片和小苞片，花被草质，5 深裂，雄蕊 1 ~ 3，子房近球形，花柱短，柱头 2，钻状。果实为盖果，果皮革质，周围具稍加厚的环边，成熟时由环边盖裂。种子双凸镜形或略呈肾形，黑色，有光泽。花、果期 6 ~ 11 月。

单种属，八大公山有分布。

1. 千针苋 Acroglochin persicarioides (Poiret) Moquin-Tandon

特征见属的描述。

分布与生境：分布于八大公山斗篷山，生于路边、荒地草丛中。

千针苋 Acroglochin persicarioides

（三）莲子草属 **Alternanthera** Forsskål

匍匐或上升草本，茎多分枝。叶对生，全缘。花两性，多数聚生成有或无总花梗的头状花序，单生在苞片腋部；苞片及小苞片宿存；花被片 5 枚，常不等；雄蕊 2 ~ 5 枚，花丝基部连合成管状或短杯状，花药 1 室，子房球形或卵形，胚珠 1 枚，花柱短或长，柱头头状。胞果球形或卵形，不裂，边缘翅状。种子凸镜状。

约 200 种，我国产 5 种，湖南产 4 种，八大公山产 2 种。

分种检索表

1. 叶椭圆形或倒卵状披针形；头状花序有总梗…………………………**1. 喜旱莲子草 A. philoxeroides**

1. 叶倒卵状长椭圆形至线状披针形；头状花序无总梗……………………………… **2. 莲子草 A. sessilis**

1. 喜旱莲子草 **Alternanthera philoxeroides** (C. Martius) Grisebach

多年生草本。茎基部匍匐，中空。叶椭圆形或倒卵状披针形，（3 ~ 5）cm ×（1.0 ~ 2.5）cm，先端急尖或圆钝，具短尖，基部渐狭，全缘。花密生成具总花梗的头状花序，单生在叶腋；花被片5枚，雄蕊5枚，基部连合成杯状。花期5 ~ 10月。

分布与生境：原产巴西，八大公山各地逸生，生于海拔200 ~ 1500 m以下的田边、地边、路边。

用途：嫩叶可食或作饲料，也可入药；庭院观赏（草坪）。

喜旱莲子草 Alternanthera philoxeroides

2. 莲子草 **Alternanthera sessilis** (Linnaeus) R.Brown ex Candolle

莲子草 Alternanthera sessilis

多年生草本。茎匍匐，节处有一行横生柔毛。叶形变化较大，倒卵状长椭圆形至线状披针形，（1～8）cm×（2～20）mm，先端急尖、圆形或圆钝，基部渐狭，全缘或有不显明锯齿。头状花序1～4个，腋生，无总花梗；花密生，具苞片和小苞片；花被片5枚；雄蕊3，基部连合成杯状；花柱极短。胞果倒心形，种子卵球形。花期5～7月，果期7～9月。

分布与生境：分布于八大公山各地，生于海拔200～1000 m的田边、沟渠。

用途：全草入药。

（四）苋属 **Amaranthus** Linnaeus

一年生草本。叶互生柄。花单性，雌雄同株或异株，或杂性，成无梗花簇，腋生或顶生，再集合成单一或圆锥状穗状花序，每花有1枚苞片及2枚小苞片，花被片常5枚。雄蕊常5枚，花基部离生，花药2室，无退化雄蕊。子房具1胚珠，花柱极短，宿存。胞果球形或卵形，常为花被片包裹，或不裂。种子球形，凸镜状，侧扁。

约40种，我国产13种，湖南产11种，八大公山产6种。

分种检索表

1. 花被片5；雄蕊5；果实环状横裂。
  2. 叶柄处有2刺；苞片常变形成2锐刺…………………………………………**4. 刺苋 A. spinosus**
  2. 叶柄旁无刺；苞片不变形成刺。
    3. 植物体无毛或近无毛………………………………………………**2. 老枪谷 A. caudatus**
    3. 植物体有毛…………………………………………………………**3. 绿穗苋 A. hybridus**
1. 花被片2 ～ 4；雄蕊3；果实不裂或横裂。
  4. 果实不裂。
    5. 茎通常直立，稍分枝；胞果皱缩…………………………………**6. 皱果苋 A. viridis**
    5. 茎通常伏卧上升，从基部分枝；胞果近平滑……………………**1. 凹头苋 A. blitum**
  4. 果实环状横裂……………………………………………………………**5. 苋 A. tricolor**

1. 凹头苋 *Amaranthus blitum* Linnaeus

一年生草本。全株无毛，茎伏卧而上升。叶片卵形或菱状卵形，（1.5～4.5）cm×（1～3）cm，顶端凹缺，有1芒尖。花成腋生花簇，生在茎端和枝端者成直立穗状花序或圆锥花序；苞片及小苞片长不及1 mm；花被片5裂，雄蕊5枚，柱头3（2）裂。胞果扁卵形，近平滑片。种子环形。花期7～8月，果期8～9月。

分布与生境：分布于八大公山各地，生于海拔200～1000 m的路边、房前屋后、旱地中。

用途：全草入药；嫩苗可食。

2. 老鸦谷 *Amaranthus cruentus* Linnaeus

圆锥花序直立或以后下垂，花穗顶端尖；苞片及花被片顶端芒刺显明；花被片和胞果等长。

又和千穗谷相近，区别为：雌花苞片为花被片长的一倍半，花被片顶端圆钝。花期 6 ~ 7 月，果期 9 ~ 10 月。

分布与生境：分布于八大公山各地，生于海拔 200 ~ 1700 m 的旱地中，亦有栽培。

用途：根入药；嫩叶供蔬食；种子可饲料。

凹头苋 Amaranthus blitum

老鸦谷 Amaranthus cruentus

3. 绿穗苋 Amaranthus hybridus Linnaeus

一年生草本。茎具开展柔毛。叶片卵形或菱状卵形，（3.0 ~ 4.5）cm ×（1.5 ~ 2.5）cm，先端急尖或微凹，基部楔形。圆锥花序顶生，细长，由穗状花序而成；花被片 5 枚，雄蕊 5 枚，柱头 3 裂。胞果卵形，环状横裂，超出宿存花被片。花期 7 ~ 8 月，果期 9 ~ 10 月。

分布与生境：产于八大公山各地，生于海拔 200 ~ 2000 m 的田园荒地中。

用途：全草入药；嫩叶可作野菜。

绿穗苋 Amaranthus hybridus

4. 刺苋 Amaranthus spinosus Linnaeus

一年生草本。叶片菱状卵形或卵状披针形，（3～12）cm×（1.0～5.5）cm，先端圆钝。叶柄旁边有 2 根刺，刺长 5～10 mm。花单性或杂性，排成顶生的圆柱形穗状花序；萼片 5 枚，绿色。雄蕊 5 枚。雌花花柱 2～3 裂。胞果近球形，盖裂，包在宿存萼片内，种子近球形，黑色或带棕黑色。花果期 7～11 月。

分布与生境：分布于八大公山各地，生于海拔 200～400 m 的河流和溪边。

用途：嫩茎叶可食；全草入药。

刺苋 Amaranthus spinosus

5. 苋 Amaranthus tricolor Linnaeus

一年生草本。叶片卵形、菱状卵形或披针形，（4~10）cm×（2~7）cm，绿色或红色，紫色或黄色等。花簇腋生，雄花和雌花混生；苞片及小苞片卵状披针形，花被片5枚，雄蕊5枚。胞果卵状矩圆形，包裹于宿存花被片内。花期5~8月，果期7~9月。

分布与生境：原产印度，八大公山各地栽培。

用途：全草及种子可入药；嫩叶为夏季常见蔬菜；彩叶品种可供观赏。

苋 Amaranthus tricolor

6. 皱果苋 Amaranthus viridis Linnaeus

一年生草本，全株无毛。叶片卵形、卵状矩圆形，（3~9）cm×（2.5~6.0）cm，全缘或微呈波状缘。圆锥花序顶生，花被片5枚，雄蕊5枚，比花被片短；柱头3（2）裂。胞果扁球形，不裂，

皱果苋 Amaranthus viridis

极皱缩，超出花被片。种子近球形。花期 6 ~ 8 月，果期 8 ~ 10 月。

分布与生境：原产于热带非洲，八大公山各地逸生，生于海拔 200 ~ 1500 m 的田园荒地中。

（五）青葙属 Celosia Linnaeus

一年或多年生草本、亚灌木或灌木。叶互生，全缘。花两性，顶生和腋生，密集或间断的穗状花序，简单或排列成圆锥花序；每花有 1 枚苞片和 2 枚小苞片，宿存；花被片 5 枚，直立开展；雄蕊 5 枚，花丝基部连合成杯状，子房 1 室，具 2 至多数胚珠，花柱 1 枚，宿存，柱头头状，反折。胞果卵形或球形，盖裂。种子肾形。

约 60 种，我国产 3 种，湖南产 2 种，八大公山均产。

分种检索表

1. 单个花序塔状或圆柱状，无分枝……………………………………………… **1. 青葙 C. argente**
1. 单个花序鸡冠状或卷冠状，多分枝…………………………………………… **2. 鸡冠花 C. cristata**

1. 青葙 Celosia argentea Linnaeus

一年生草本。叶片矩圆状或条形披针状，（5 ~ 8）cm ×（1 ~ 3）cm，常带红色，先端渐尖，基部渐狭。花多数，密生，单个穗状花序为圆柱状，长 3 ~ 10 cm，苞片及小苞片披针形，白色，花被片矩圆状披针形，白色顶端带红色，或全部粉红色。胞果卵形，包裹在宿存花被片内。种子凸透镜状。花期 5 ~ 8 月，果期 6 ~ 10 月。

分布与生境：分布于八大公山各地，生于海拔 200 ~ 1400 m 的河边、田园荒地中。

用途：种子、花序、茎叶能入药；幼叶可食。

青葙 Celosia argentea

2. 鸡冠花 Celosia cristata Linnaeus

一年生草本。茎通常红色或紫红色。叶片卵形至披针形，（5 ~ 15）cm ×（2 ~ 6）cm；花多数，极密生，成扁平肉质鸡冠状、卷冠状或羽毛状的穗状花序，一个大花序下面有数个较小的分枝，花被片红色、紫色、黄色、橙色或红色黄色相间。花果期 7 ~ 9 月。

分布与生境：园艺品种，八大公山各地有栽培。

用途：花、种子可入药；庭院观赏。

鸡冠花 Celosia cristata

（六）藜属 Chenopodium Linnaeus

一年生或多年生草本。全株被粉粒或囊状毛。叶互生，有柄。花小，两性，聚集成团伞花序再组成顶生或腋生的穗状、聚伞或圆锥花序。花被 5 裂，背面中央稍肥厚，果时花被不变化。雄蕊 5 枚，子房球形，顶基稍扁，柱头 2 裂，花柱不明显极少有短花柱。胞果卵形，双凸镜形或扁球形。

约 170 种，我国产 15 种，湖南产 5 种，八大公山产 2 种。

分种检索表

1. 下部叶片不 3 裂……………………………………………………………………**1. 藜 C. album**
1. 下部叶片边缘明显 3 浅裂………………………………………………………… **2. 小藜 C. ficifolium**

1. 藜 Chenopodium album Linnaeus

一年生直立草本。茎粗壮，具条棱。叶片菱状卵形至宽披针形，（3 ~ 6）cm ×（2.5 ~ 5.0）cm，嫩叶的上面有紫红色粉，边缘具锯齿。花两性，花簇于枝上部排列成穗状圆锥状或圆锥状花序。花被裂片 5，雄蕊 5 枚，柱头 2 裂。果皮与种子贴生。花果期 5 ~ 10 月。

分布与生境：分布于八大公山各地，生于海拔 200 ~ 1800 m 的田间及路旁草丛中。

用途：全草入药；嫩叶可作野菜；种子磨粉可食。

藜 Chenopodium album

2. 小藜 **Chenopodium ficifolium** Smith

一年生草本。茎具条棱及绿色色条。叶片卵状矩圆形，（2.5 ~ 5.0）cm ×（1.0 ~ 3.5）cm，通常 3 浅裂，边缘具深波状锯齿。花两性，在上部团集成开展的顶生圆锥状花序，花被 5 深裂，不开展。雄蕊 5 核算，开花时外伸。柱头 2 裂。胞果包在花被内，果皮与种子贴生。种子双凸镜状。4 ~ 5 月开花，果期 7 ~ 9 月。

分布与生境：分布于八大公山各地，生于海拔 200 ~ 1000 m 的田间、路旁草丛中。

用途：全草入药。

小藜 Chenopodium ficifolium

（七）腺毛藜属 Dysphania R. Brown

一年生或短命多年生草本。通常芳香，被具柄的腺毛状体或无柄腺体和多细胞毛状体，有时后脱落。叶互生，单叶。花序顶生和腋生，单或复合聚伞花序，穗状或密集的聚伞花序，苞片无，通常被叶状苞片包裹。花两性（很少功能性单性），花被裂片 1 ~ 5，通常仅在基部合或近离生，在某些种融合形成一囊围绕胞果。雄蕊 1 ~ 5，子房上位，具 1 胚珠，花柱 1 ~ 3，柱头 1 ~ 3，丝状。胞果，通常被花被包围。种子 1，凸透镜状。

约 30 种，我国有 4 种，湖南有 1 种，八大公山也有分布。

1. 土荆芥 Dysphania ambrosioides (Linnaeus) Mosyakin & Clemants

一年生或多年生草本。有强烈香味。茎直立，多常被腺毛。叶片矩圆状披针形，先端渐尖，边缘具稀疏不整齐的大锯齿，基部渐狭具短柄，上面平滑无毛，下面有散生油点并沿叶脉稍有毛。花常 3 ~ 5 个团集，生于上部叶腋；花被裂片 5，绿色，果时通常闭合。胞果扁球形，完全包于花被内。

分布与生境：产于八大公山各地，生于海拔 200 ~ 800 m 的河边荒地或旱地中。

用途：全草入药。

土荆芥 Dysphania ambrosioides

（八）地肤属 Kochia Roth

一年生或多年生草本，稀亚灌木。叶线形互生，全缘，无托叶。花两性，有时兼有雌性，无花梗，单生或簇生叶腋，无小苞片；花被片 5 枚，内曲，果期发育成平展的翅。雄芯 5 枚，伸出于花被外；子房宽卵形，花柱纤细，柱头 2 ~ 3 核算，线形。胞果扁球形，包被于革质的花被内。种子横生，扁圆形。

10 ~ 15 种，我国产 7 种，湖南产 1 种，八大公山产 1 种。

1. 地肤 Kochia scoparia (Linnaeus) Schrader

一年生草本。单叶互生，披针形或线状披针形，（2 ~ 5）mm ×（3 ~ 7）mm，先端短渐尖，基部渐狭。花两性或雌性，通常 1 ~ 3 个生于上部叶腋，构成穗状花序；花被 5 裂，雄蕊 5 枚，柱头 2 枚，花柱极短。胞果扁球形。种子卵形。花期 6 ~ 9 月。果期 7 ~ 10 月。

分布与生境：分布于八大公山各地，生于海拔 1800m 以下的路边、旱地边草丛中，也有栽培。

用途：果实和嫩茎可入药；老茎叶可作扫帚；嫩茎叶可食。

地肤 Kochia scoparia

（九）菠菜属 Spinacia Linnaeus

一年生无毛直立草本。叶互生，有叶柄；叶片三角状卵形或戟形，全缘或具缺刻。花单性，团伞花序，雌雄异株。雄花通常成顶生有间断的穗状圆锥花序；花被 4 ~ 5 深裂；雄蕊与花被裂片同数。雌花生于叶腋，无花被，苞片在果时革质或硬化；子房近球形，柱头 4 ~ 5，丝状。胞果扁，圆形；果皮膜质，与种皮贴生。

3 种，我国仅有 1 栽培种，湖南及八大公山也有栽培。

1. 菠菜 Spinacia oleracea Linnaeus

二年生草本。茎直立，中空，脆弱多汁。叶戟形至卵形，柔嫩多汁，全缘或有少数牙齿状裂片。雄花集成球形团伞花序，于枝和茎的上部排列成有间断的穗状圆锥花序，花被片通常 4 枚，雌花团集于叶腋，小苞片两侧稍扁，子房球形，柱头 4 或 5 枚。胞果卵形或近圆形，两侧扁；果皮褐色。

分布与生境：原产伊朗，八大公山各地栽培。

用途：为常见蔬菜；全草和果实还可入药。

菠菜 Spinacia oleracea

一百一十三、商陆科 Phytolaccaceae

草本或灌木，稀为乔木。单叶互生，全缘。花小，两性或有时退化成单性，辐射对称，排列成各式花序，花被片 4～5，叶状或花瓣状，宿存；雄蕊数目变异大，4～5 枚或多数，子房上位，间或下位，球形，心皮 1 枚至多数，分离或合生，每心皮有 1 枚胚珠，花柱短或无，与心皮同数，宿存。果实肉质，浆果或核果，稀蒴果。种子小，侧扁。

17 属约 70 种，我国产 2 属 6 种，湖南产 1 属 4 种，八大公山有 1 属 3 种。

（一）商陆属 Phytolacca Linnaeus

草本或灌木，稀乔木，常具肥大的肉质根。单叶互生，全缘，无托叶。花两性，稀单性或雌雄异株，排成各式花序；花被片 4～5 枚，花瓣状或叶状，开展或反折；雄蕊 5 枚至多数，着生花被基部；子房近球形，上位，心皮 5～16 枚，每心皮有 1 胚珠，花柱钻形，直立或下弯。浆果，肉质多汁，扁球形。种子肾形，扁压。

约 25 种，我国有 6 种，湖南有 4 种，八大公山有 3 种。

分种检索表

1. 花序和果序直立。
  2. 心皮离生……………………………………………………………………… **1. 商陆 P. acinosa**
  2. 心皮合生……………………………………………………………………… **2. 日本商陆 P. japonica**
1. 花序半下垂，果序下垂……………………………………………………… **2. 垂序商陆 P. americana**

1. 商陆 Phytolacca acinosa Roxburgh

多年生草本。肉质根肥大，倒圆锥形。茎绿色或红紫色。叶片薄纸质，椭圆形，（10～30）cm×（4.5～15.0）cm，先端渐尖，基部楔形。总状花序圆柱状，直立，密生多花；花两性，花被片 5 枚，白色、黄绿色；雄蕊 8～10 枚，心皮通常为 8 枚；花柱短，直立。果序直立；浆果扁球形，熟时黑色。种子肾形。花期 5～8 月，果期 6～10 月。

分布与生境：产于八大公山各地，生于海拔 400～1200 m 以下的溪边林下。

用途：根可药用。

2. 垂序商陆 Phytolacca americana Linnaeus

多年生草本。根粗壮，肥大，倒圆锥形。叶片椭圆状卵形或卵状披针形，（9～18）cm×（5～10）cm，先端急尖，基部楔形。总状花序长 5～20 cm；花白色，微带红晕；花被片 5 枚，雄蕊、心皮及花柱通常均为 10 枚，心皮合生。果序下垂；浆果扁球形，熟时紫黑色。种子肾圆形。花期 6～8 月，果期 8～10 月。

分布与生境：原产美洲，八大公山各地逸生，常生于海拔 200～1000 m 的荒地中。

用途：根、叶及种子入药。

商陆 Phytolacca acinosa

垂序商陆 Phytolacca americana

3. 日本商陆 Phytolacca japonica Makino

多年生草本。叶片长圆形至卵状长圆形，顶端渐尖或急尖，基部楔形，（15 ~ 32）cm ×（5 ~ 10）cm。总状花序直立，花淡红色，雄蕊 10，心皮 6 ~ 10，合生。浆果扁球形，直径 8 mm，熟时黑色，柱头宿存。种子肾圆形，亮黑色，具纤细同心条纹。花果期 6 ~ 8 月。

分布与生境：分布于八大公山各地，生于海拔 300 ~ 600 m 的山坡林下。

日本商陆 *Phytolacca japonica*

一百一十四、紫茉莉科 Nyctaginaceae

草本、灌木或乔木。单叶，对生、互生或假轮生，全缘，无托叶。花辐射对称，两性，稀单性或杂性；单生、簇生或成聚伞花序；常具苞片或小苞片，苞片有时色彩鲜艳；花被 1 层，花萼合生，常呈花瓣状，萼管圆筒状或漏斗状，有时钟状，顶端 3 ~ 10 裂，宿存而包围果实。果为不开裂的瘦果，有棱或具翅。

约 30 属 300 种，我国产 6 属 13 种，湖南产 2 属 3 种，八大公山产 1 属 1 种。

（一）紫茉莉属 **Mirabilis** Linnaeus

一年生或多年生草本。根肥粗，常呈倒圆锥形。单叶，对生。花两性，1 至数朵簇生枝端或腋生；每花基部包以 1 个 5 深裂的萼状总苞；花被各色，花被筒伸长，在子房上部稍缢缩，顶端 5 裂；雄蕊 5 ~ 6 枚；子房卵球形或椭圆体形，柱头头状。瘦果球形。

约 50 种，我国栽培 1 种，八大公山也有栽培。

1. 紫茉莉 Mirabilis jalapa Linnaeus

一年生草本。叶片卵形或卵状三角形，（3～15）cm×（2～9）cm，先端渐尖，基部截形或心形，全缘，两面无毛。花数朵簇生枝端；总苞钟形，5 裂，果时宿存；花被紫红色、黄色、白色或杂色，高脚碟状，筒部檐部 5 浅裂；雄蕊 5 枚，常伸出花外。瘦果球形，黑色。花期 6～10 月，果期 8～11 月。

分布与生境：原产热带美洲，八大公山各地有栽培或逸生。

用途：庭院观赏；根、叶可供药用。

紫茉莉 Mirabilis jalapa

一百一十五、粟米草科 Molluginaceae

一年生或多年生草本、亚灌木或灌木。单叶互生，稀对生，通常莲座状。聚伞花序顶生或腋生，稀单生；花两性，稀单性，辐射对称；花萼 5（4）枚，离生或基部合生成管；花瓣无或少至多数；雄蕊 3～5 枚或多数；子房上位，心皮 2～5 枚或多数，中轴胎座；柱头与心皮同数，每心皮具 1 至多枚胚株。蒴果。

约 14 属 120 种，我国产 3 属 8 种，湖南产 1 属 1 种，八大公山亦有。

（一）粟米草属 Mollugo Linnaeus

一年生草本。茎铺散、斜升或直立。单叶，基生、近对生或假轮生，全缘。花小，顶生或腋生，簇生或成聚伞花序、伞形花序；花被片 5 枚，离生；雄蕊 3（4、5），心皮 3（5）枚，合生，子房上位，3（5）室，每室有多数胚珠，着生中轴胎座上，花柱 3（5）枚。蒴果球形，部分或全部包于宿存花被内。种子多数，肾形。

本属约 20 种，我国有 4 种，湖南有 1 种，八大公山亦产。

1. 粟米草 Mollugo stricta Linnaeus

茎铺散，纤细，多分枝，无毛。叶 3 ~ 5 片假轮生或对生，叶片披针形，（1.5 ~ 4.0）mm ×（2 ~ 7）mm，先端渐尖，基部渐狭，全缘，叶柄短或近无。花极小，花被片 5 枚，淡绿色，雄蕊常 3 枚，子房，3 室，花柱 3 枚。蒴果近球形。花期 6 ~ 8 月，果期 8 ~ 10 月。

分布与生境：产于八大公山各地，生于海拔 800 m 以下的旱地中。

用途：全草入药。

粟米草 Mollugo stricta

一百一十六、落葵科 Basellaceae

缠绕草质藤本。单叶，互生，全缘，稍肉质。花小，两性，稀单性，辐射对称，通常成穗状花序、总状花序或圆锥花序，稀单生；苞片 3，早落，小苞片 2 枚，宿存；花被片 5 枚，通常白色或淡红色，宿存；雄蕊 5 枚，雌蕊由 3 心皮合生，子房上位，1 室，胚珠 1 枚，着生子房基部。胞果，通常被宿存的小苞片和花被包围，不开裂。种子球形。

约 4 属 25 种，我国栽培 2 属，3 种，湖南栽培，2 属 3 种，八大公山栽培，1 属 1 种。

（一）落葵薯属 Anredera Jussieu

多年生草质藤本。叶互生，稍肉质。总状花序腋生；花被片基部合生，裂片薄，开花时伸展，包裹果实；花柱 3 裂，柱头球形或棍棒状。果实球形，外果皮肉质或似羊皮纸质。种子双凸镜状。

5 ~ 10 种，我国引入 2 种，湖南栽培 2 种，八大公山栽培 1 种。

1. 落葵薯 Anredera cordifolia (Tenore) Steenis

缠绕藤本，根状茎粗壮。叶具短柄，叶片卵形至近圆形，（2 ~ 6）cm ×（1.5 ~ 5.5）cm，顶端急尖，基部圆形或心形，稍肉质，叶腋生不规则球形的珠芽。总状花序具多花，花序轴纤细，下垂，花梗长 2 ~ 3 mm，花被片薄，白色，柱头 3 裂。果实球形。花期 6 ~ 10 月。

分布与生境：原产于南美热带和亚热带地区，八大公山各地有栽培，有时逸生。

用途：珠芽、叶及根供药用。

落葵薯 Anredera cordifolia

一百一十七、土人参科 Talinaceae

一年或多年生草本，或半灌木。茎直立，肉质，无毛。叶互生或部分对生，叶片全缘，无托叶。花小，成顶生总状花序或圆锥花序；萼片 2；花瓣 5，稀多数，红色，常早落；雄蕊 5 至多数，通常贴生花瓣基部；子房上位，1 室，特立中央胎座，胚珠多数，花柱顶端 3（2）裂。蒴果常俯垂，球形、卵形或椭圆形，3 瓣裂。种子近球形或扁球形。

1 属约 50 种，我国有 1 属 1 种，湖南有 1 属 1 种，八大公山亦有。

（一）土人参属 Talinum Adanson

特征、种数见土人参科的描述。

1. 土人参 Talinum paniculatum (Jacquin) Gaertner

一年或多年生草本。全株无毛。主根粗壮，圆锥形。叶互生或近对生，叶片稍肉质，倒卵状长椭圆形，（5 ~ 10）cm ×（2.5 ~ 5.0）cm，顶端急尖，基部狭楔形，全缘。圆锥花序顶生或腋生，花小而多数，花梗细长，萼片 2 枚，花瓣 5 枚，淡紫红色，雄蕊 10 ~ 20 枚，子房卵球形。蒴果近球形，3 瓣裂。种子多数，扁圆形。花期 6 ~ 8 月，果期 9 ~ 11 月。

分布与生境：原产于热带美洲，八大公山有栽培或逸生于村边。

用途：庭院观赏；根入药，滋补强壮；根、叶均可食用。

土人参 Talinum paniculatum

一百一十八、马齿苋科 Portulacaceae

一年生或多年生草本，稀亚灌木。单叶，互生或对生，全缘，常肉质。花两性，单生簇生或成各式花序；萼片 2（5）枚；花瓣 4 ~ 5 枚，常有鲜艳色；雄蕊与花瓣同数，雌蕊 3 ~ 5 枚心皮合生，子房上位或半下位，1 室，胚珠 1 枚至多数，花柱线形，柱头 2 ~ 5 裂。蒴果，盖裂或 2 ~ 3 瓣裂，稀为坚果。种子肾形或球形。

约 18 属 450 种，我国产 1 属 5 种，湖南产 1 属 3 种，八大公山产 1 属 1 种。

（一）马齿苋属 Portulaca Linnaeus

一年生或多年生肉质草本。茎铺散，平卧或斜升。叶互生或近对生或在茎上部轮生，叶片圆柱状或扁平。花单生或簇生枝顶，花梗有或无；常具数片叶状总苞；萼片 2 枚，筒状；花瓣 4 或 5 枚，离生或下部连合；雄蕊 4 枚至多数；子房半下位，1 室，胚珠多数，花柱线形。蒴果盖裂。种子细小，多数，肾形或圆形，具疣状凸起。

约 150 种，我国产 5 种，湖南产 3 种，八大公山产 1 种。

1. 马齿苋 Portulaca oleracea Linnaeus

一年生草本。叶互生或近对生，叶片扁平，肥厚，倒卵形，似马齿状，（1 ~ 3）cm ×（0.6 ~ 1.5）cm，顶端圆钝，基部楔形，全缘。花无梗，直径 4 ~ 5 mm，常 3 ~ 5 朵簇生枝端，花瓣 5 枚，黄色。蒴果卵球形，盖裂。种子细小。花期 5 ~ 8 月，果期 6 ~ 9 月。

分布与生境：产于八大公山各地，生于海拔 200 ~ 600 m 的路边、旱地中。

用途：全草和种子入药；幼嫩植株可作蔬菜。

马齿苋 Portulaca oleracea

一百一十九、仙人掌科 Cactaceae

肉质草本。常有刺和刺毛，茎肉质、圆柱状、球形或扁平，常收缩成节。叶常缺。花两性，花被有管或无管；雄蕊多数。子房 1 室，下位，胚珠多数。侧膜胎座；浆果肉质，多汁，有刺或刺毛。

110 属 1000 种，我国栽培 60 属，600 种，湖南栽培 5 属，8 种，八大公山有 1 属 1 种。

（一）仙人掌属 Opuntia Miller

肉质植物；根纤维状或有时肉质；茎由扁平、圆柱形或球形的节组成，常肉质；刺单生或簇生，有时缺；刺毛无数；叶通常小，圆柱形而早落；花生于茎节的上部；萼片多数，向内渐呈花瓣状；花冠绿色、黄色或红色；雄蕊比花瓣遥短；子房下位，1 室，有胚珠多数生于侧膜胎座上。浆果。

90 种，我国引种栽培约 30 种，湖南栽培 4 种，八大公山常见栽培 1 种。

1. 匍地仙人掌 Opuntia humifusa Raf.

肉质灌木。植株匍匐或稍上升，常密集群生或丛生。叶状茎圆形或椭圆形，（9 ~ 15）cm ×（5.7 ~ 8.3）cm，厚 9.6 ~ 15.7 mm，其表面于秋冬季节常形成褶皱。小窠疏生，具短棉毛和倒刺刚毛多数，成株无针状刺，每小窠具针状刺 5 ~ 10。花辐状，花托倒卵形，先端截形，凹陷；萼状花被片深黄色。浆果梨形或倒卵球形，紫红色。花期 4 ~ 8 月。

分布与生境：原产南美洲，八大公山有栽培。

用途：庭院观赏。

匍地仙人掌 Opuntia humifusa

一百二十、蓝果树科 Cornaceae

落叶乔木，稀灌木。单叶互生，无托叶。花序头状、总状或伞形；花单性或杂性，异株或同株。雄花：花萼小或不发育；雄蕊常为花瓣的2倍或较少，常排列成2轮，花盘肉质，垫状，无毛。雌花：花萼的管状部分常与子房合生，上部裂成齿状的裂片5；花瓣小，5或10，花盘垫状，有时不发育；子房下位，花柱钻形。果实为核果或翅果，顶端有宿存的花萼和花盘。

5属24种，我国产5属11种，湖南产4属5种，八大公山产3属3种。

分属检索表

1. 果为核果状。
  2. 头状花序具2 ~ 3白色大苞片……………………………………………… **2. 珙桐属 Davidia**
  2. 头状花序具多数小苞片……………………………………………………… **3. 蓝果树属 Nyssa**
1. 果为翅果状，多集成头状花序……………………………………………… **1. 喜树属 Camptotheca**

（一）喜树属 Camptotheca Decne

落叶乔木。单叶互生，纸质，长卵形至卵形，先端较尖，基部宽楔形，全缘或微呈波状。花单性同株，集成球形头状花序，雌花顶生，雄花腋生。瘦果狭长圆形，长2.0 ~ 2.5 cm，顶有宿存花柱，边有狭翅。

单种属，我国特有，八大公山有分布。

1. 喜树 Camptotheca acuminata Decne

形态特征同喜树属。

喜树 Camptotheca acuminata

分布与生境：分布于八大公山各地，生于海拔 200 ~ 1200 m 的山坡林中，也有栽培。

用途：树皮、树枝、叶、果实入药；庭院观赏；用材树种。

（二）珙桐属 **Davidia** Baill

落叶乔木。单叶互生，边缘有具腺的粗锯齿，叶柄细长。花杂性同株，头状花序顶落叶乔木。单叶互生，边缘有具腺的粗锯齿，叶柄细长。花杂性同株，头状花序顶生，下有白色叶状苞片 2 ~ 3；雄花无花被，雄蕊 1 ~ 12；两性花无花被，雄蕊 5 ~ 10；子房下位，多室，每室具悬垂胚珠 1。核果 3 ~ 5 室，以脱落的背部裂瓣自顶部向中部开裂。

单种属，我国特有，八大公山有分布。

1. 珙桐 Davidia involucrata Baillon

特征见珙桐属的描述。

分布与生境：分布于八大公山斗篷山、天平山，生于海拔 800 ~ 1600 m 的山坡林中。

用途：花供观赏；根和叶入药。

珙桐 Davidia involucrata

（三）蓝果树属 **Nyssa** Linnaeus

乔木。叶互生，全缘，稀具齿。花单性或杂性异株，绿白色，伞房状或伞形状聚伞花序，或头状花序；雄花多数，腋生，具梗，萼 5，齿裂，花瓣 5，雄蕊 5 ~ 12；雌花及两性花头状花序，花无梗，基部有小苞叶，萼 5 齿裂。花瓣小，5 ~ 8 枚，雄蕊与花瓣同数而互生；子房下位，1 ~ 2 室，具花盘。核果。具 1 种子。

约 10 种，我国产 6 种，湖南产 1 种，八大公山亦产。

1. 蓝果树 Nyssa sinensis Oliver

落叶乔木。皮孔明显。叶互生，椭圆形或长卵形，先端渐尖，基部楔形。花雌雄异株，聚伞状短总状花序；萼 5 裂，花瓣 5，雄蕊 5～10，生于肉质花盘周围；雌花有小苞片，花柱细长。核果长圆形或倒卵形，紫绿色或暗绿色。花期 5～6 月，果期 6～8 月。

分布与生境：产于八大公山各地，生于海拔 600～1800 m 的山坡林中。

用途：庭院观赏；用材树种；根入药。

蓝果树 Nyssa sinensis

一百二十一、绣球科 Hydrangeaceae

灌木或草本，稀小乔木。单叶对生，稀互生或轮生。花两性或兼具不孕花，二型或一型；花萼裂片和花瓣均 4～5，稀 8～10；雄蕊为花瓣数的两倍至多倍；子房下位或半下位，稀上位，4～5 室。蒴果，稀浆果；种子多数，细小。

约 10 属，242 余种。我国有 10 属 144 种，湖南有 9 属 37 种，八大公山有 8 属 19 种。

分属检索表

1. 草本…………………………………………………………………… **1. 草绣球属 Cardiandra**

1. 灌木、小乔木、乔木或木质藤本。

  2. 木质藤本。

    3. 花序无白色装饰花………………………………………………………………… **7. 冠盖藤属 Pileostegia**

    3. 花序有白色装饰花……………………………………………………………… **8. 钻地风属 Schizophragma**

  2. 乔木、灌木或亚灌木。

    4. 果为浆果……………………………………………………………………………… **4. 常山属 Dichroa**

    4. 果为蒴果。

      5. 花序有白色装饰花………………………………………………………………… **5. 绣球属 Hydrangea**

      5. 花序无白色装饰花。

        6. 花 7 ~ 10 数 …………………………………………………………………… **2. 赤壁木属 Decumaria**

        6. 花 4 ~ 5 数。

          7. 花 4 数，无星状毛…………………………………………………………… **6. 山梅花属 Philadelphus**

          7. 花 5 数，有星状毛……………………………………………………………… **3. 溲疏属 Deutzia**

（一）草绣球属 **Cardiandra** Siebold & Zuccarini

亚灌木或灌木。叶互生。伞房状聚伞花序；花二型，不育花生于花序外侧；萼片 2 ~ 3 片，花瓣状；孕性花小，生于花序内侧，萼杯状；花瓣 5；雄蕊多数；子房下位，具不完全的 2 ~ 3 室；花柱 2 ~ 3。蒴果卵球形，顶端具宿存的萼齿。种子多数，两端具翅。

5 种，我国产 3 种，湖南产 2 种，八大公山产 1 种。

1. 草绣球 **Cardiandra moellendorffii**（Hance）Migo

亚灌木。叶椭圆形或倒长卵形，基部沿叶柄两侧下延成楔形，边缘有粗长牙齿状锯齿，两面被短糙伏毛。花序顶生，苞片和小苞片宿存，不育花萼片 2 ~ 3，白色或粉红色，孕性花淡红色或白色。蒴果近球形或卵球形。种子两端具翅。花期 7 ~ 8 月，果期 9 ~ 10 月。

分布与生境：分布于八大公山斗篷山，生于海拔 1500 ~ 1800 m 的山坡林下。

用途：根状茎药用；庭院观赏。

草绣球 Cardiandra moellendorffii

（二）赤壁木属 Decumaria Linnaeus

常绿攀缘灌木，常具气生根。叶对生，易脱落，具柄。伞房花序，顶生；花两性；萼、花瓣 7 ~ 10；雄蕊 20 ~ 30；花药 2 室，药室纵裂；子房下位，5 ~ 10 室，胚珠多数。蒴果室背棱脊间开裂。种子两端有膜翅。

2 种，1 种产于我国，另 1 种产于美国东南部，湖南有 1 种，八大公山亦产。

1. 赤壁木 Decumaria sinensis Oliver

攀缘灌木。嫩枝疏被长柔毛，节稍肿大。叶薄革质，倒卵形、或椭圆形，边全缘或上部有时具疏离锯齿或波状，嫩叶疏被长柔毛。伞房花序；花白色；萼筒陀螺形；花瓣长圆状椭圆形；雄蕊 20 ~ 30；柱头扁盘状，7 ~ 9 裂。蒴果，具宿存花柱和柱头，有隆起的脉纹或棱条。种子两端尖，有白翅。花期 3 ~ 5 月，果期 8 ~ 10 月。

分布与生境：分布于八大公山各地，生于海拔 200 ~ 700 m 的湿润石壁或沟边林下。

用途：叶入药；庭院观赏。

赤壁木 Decumaria sinensis

（三）溲疏属 Deutzia Thunberg

灌木，通常被星状毛。叶对生，边缘具锯齿。花两性，组成圆锥花序，伞房花序、聚伞花序或总状花序；萼筒钟状，与子房壁合生，裂片 5，果时宿存；花瓣 5，白色，粉红色或紫色；雄蕊 10（12 ~ 15），常成形状和大小不等的两轮，花丝常具翅，先端齿状；子房下位，3 ~ 5 室，中轴胎座；花柱 3 ~ 5，离生。蒴果，室背开裂。种子极多。

约 60 种，我国产 53 种，湖南产 5 种，八大公山产 4 种。

分种检索表

1. 花丝内外轮形状相同，先端均具齿。
   2. 聚伞花序……………………………………………………………………… **1. 异色溲疏 D. discolor**
   2. 圆锥、总状或聚伞状圆锥花序。
      3. 叶下面灰白色，被极密星状毛………………………………………… **2. 宁波溲疏 D. ningpoensis**
      3. 叶下面绿色，疏被星状毛…………………………………………… **3. 长江溲疏 D. schneideriana**
1. 花丝内外轮形状不同，仅外轮先端具齿………………………………… **4. 四川溲疏 D. setchuenensis**

1. 异色溲疏 **Deutzia discolor** Hemsley

灌木。叶卵状披针形或椭圆状披针形，上面疏被 3 ~ 5 辐线星状毛，下面具白粉。伞房花序有花 5 ~ 15 朵；萼筒杯状，被星状毛，花瓣白色或先端稍粉红色，外面被星状毛；外轮雄蕊花丝先端 2 齿，花药具短柄，内轮雄蕊线形，先端钝或浅 2 裂，花药生于花丝内侧近中部；花柱 3。蒴果半球形，被毛。花期 5 ~ 7 月，果期 8 ~ 10 月。

分布与生境：分布于八大公山斗篷山，生于海拔 1700 ~ 1900 m 的山坡灌木丛中。

用途：花供观赏；枝叶入药。

异色溲疏 Deutzia discolor

2. 宁波溲疏 **Deutzia ningpoensis** Rehder

灌木。叶厚纸质，卵状长圆形或卵状披针形，边缘具疏离锯齿或近全缘。聚伞状花序，疏被星状毛，萼筒杯状，均密被星状毛，花瓣白色，外面被星状毛；外轮雄蕊长 3 ~ 4 mm，内轮雄蕊较短，两轮形状相同，花丝先端 2 短齿，花药，具短柄，从花丝裂齿间伸出，花柱 3 ~ 4。蒴果半球形，密被星状毛。花期 5 ~ 7 月，果期 9 ~ 10 月。

分布与生境：分布于八大公山各地，生于海拔 800 ~ 1800 m 的山坡灌丛中。

用途：花供观赏；叶及根入药。

宁波溲疏 Deutzia ningpoensis

3. 长江溲疏 Deutzia schneideriana Rehder

灌木。老枝灰褐色，无毛，表皮薄片状脱落。花枝长 8 ~ 12 cm，具 4 ~ 6 叶。叶纸质，卵形或椭圆状卵形，（3.5 ~ 7.0）cm ×（1.5 ~ 3.0）cm，先端急尖或急渐尖，基部圆形或阔楔形，边缘具细锯齿，密被星状毛。聚伞状圆锥花序，萼筒浅杯状，密被灰绿色星状毛，裂片三角形，花瓣白色，

长江溲疏 Deutzia schneideriana

长圆形。蒴果半球形，灰黑色，被星状毛。花期 5 ~ 6 月，果期 8 ~ 10 月。

分布与生境：分布于八大公山各地，生于海拔 500 ~ 1600 m 的山坡灌丛中。

用途：花供观赏。

4. 四川溲疏 Deutzia setchuenensis Franchet

灌木。叶卵形、卵状披针形，下面被 4 ~ 7（8）辐线星状毛。聚伞花序，有花 6 ~ 20 朵；花瓣白色，萼筒杯状，密被 10 ~ 12 辐线星状毛，外面密被星状毛，外轮雄蕊长 5 ~ 6 mm，花丝先端 2 齿，花药具短柄，从花丝裂齿间伸出，内轮雄蕊较短，花丝先端 2 浅裂；花柱 3。蒴果，宿存萼裂片内弯。花期 4 ~ 7 月，果期 6 ~ 9 月。

分布与生境：分布于八大公山各地，生于海拔 200 ~ 700 m 的山坡灌丛中。

用途：枝叶入药。

四川溲疏 Deutzia setchuenensis

（四）常山属 Dichroa Loureiro

灌木。叶对生，稀上部互生。花两性，伞房状圆锥花序或聚伞花序；萼筒倒圆锥形，贴生于子房上，萼裂片 5 ~ 6；花瓣 5 ~ 6，分离；雄蕊 4 ~ 5 或 10 ~ 20；子房半下位，上部一室，下部有不连接或近连接的隔膜 4 ~ 6，侧膜胎座；花柱（2）3 ~ 6，分离或仅基部合生。浆果。种子具网纹。

12 种，我国产 6 种，湖南产 2 种，八大公山产 1 种。

1. 常山 Dichroa febrifuga Loureiro

灌木。叶常椭圆形至披针形，先端渐尖，基部楔形，边缘具锯齿或粗齿，无毛或仅叶脉被皱卷短柔毛，稀下面被长柔毛。伞房状圆锥花序顶生，花蓝色或白色，花萼倒圆锥形，4 ~ 6 裂；花瓣长圆状椭圆形，稍肉质，花后反折；雄蕊 10 ~ 20；花柱 4（5 ~ 6），棒状，子房下位。浆果，蓝色，干时黑色。种子具网纹。花期 2 ~ 4 月，果期 5 ~ 8 月。

分布与生境：分布于八大公山各地，生于海拔 200 ~ 600 m 的山坡林下或沟边灌丛中。

用途：根入药；庭院观赏。

常山 Dichroa febrifuga

（五）绣球属 **Hydrangea** Linnaeus

亚灌木、灌木或小乔木。叶对生。聚伞花序，顶生；花二型，极少一型，不育花存在或缺，生于花序外侧，花瓣和雄蕊缺或极退化，萼片花瓣状，分离，偶有基部稍连合；孕性花较小，生于花序内侧，花萼筒状，与子房贴生，萼齿 4 ~ 5；花瓣 4 ~ 5，或少数种类连合成冠盖状；雄蕊通常 10，着生于花盘边缘；子房上位或下位，2 ~ 5 室，胚珠多数，花柱 2 ~ 5，分离或基部连合，宿存。蒴果。种子具翅或无翅。

73 种，我国产 46 种，湖南产 18 种，八大公山产 9 种。

分种检索表

1. 子房 1/3 ～ 2/3 上位；蒴果顶端凸出。
  2. 种子无翅或罕有极短的翅；雄蕊近等长。
    3. 蒴果顶端 2/3 或 1/2 突出于萼筒 ………………………………………… **3. 中国绣球 H. chinensis**
    3. 蒴果近 1/3 或超过 1/3 突出于萼筒 ………………………………………… **5. 绣球 H. macrophylla**
  2. 种子两端具长翅；雄蕊不等长。
    4. 圆锥花序，叶 2 ～ 3 片轮生……………………………………………… **7. 圆锥绣球 H. paniculata**
    4. 伞房花序，叶 2 片对生………………………………………………… **4. 白背绣球 H. hypoglauca**
1. 子房完全下位；蒴果顶端截平。

5. 攀缘藤本；花瓣连合成冠盖状；种子周边具翅……………………………**1. 冠盖绣球 H. anomala**

5. 直立灌木；花瓣分离，基部截平；种子两端具翅。

6. 叶下面密被颗粒状腺体。

7. 花柱多数 3，少有 2 …………………………………………………… **2. 马桑绣球 H. aspera**

7. 花柱 2 ……………………………………………………………………… **10. 蜡莲绣球 H. strigosa**

6. 叶下无颗粒状腺体。

8. 伞房状聚伞花序分枝密集，紧靠……………………………………………**6. 莼兰绣球 H. longipes**

8. 伞房状聚伞花序分枝疏散，远离，彼此间隔较长……………… **9. 紫彩绣球 H. sargentiana**

1. 冠盖绣球 Hydrangea anomala D.Don

附生藤本。叶椭圆形或长卵形，基部楔形，有时浅心形。聚伞花序，不育花萼片 4，孕性花多数，密集，萼筒钟状，花瓣连合成冠盖状，雄蕊 9 ~ 18，子房下位，花柱 2，少有 3。蒴果坛状，顶端截平。种子淡褐色，周边具薄翅。花期 5 ~ 6 月，果期 9 ~ 10 月。

分布与生境：分布于八大公山各地，生于海拔 1000 ~ 1800 m 的沟谷林下，攀缘在树上。

用途：叶入药。

冠盖绣球 Hydrangea anomala

2. 马桑绣球 Hydrangea aspera D. Don

落叶灌木。叶纸质，长卵形或长椭圆形。伞房状聚伞花序顶端弯拱，分枝疏散，不育花萼片 4，阔卵形，绿白色；孕性花萼筒钟状，花瓣长卵形，子房下位，花柱多数 3，少有 2，外弯，柱头略增大。蒴果坛状，基部略尖，具棱；种子褐色，两端各具翅。花期 8 ~ 9 月，果期 10 ~ 11 月。

分布与生境：分布于八大公山各地，生于海拔 300 ~ 1600 m 的山坡疏林或灌丛中。

用途：庭院观赏。

马桑绣球 Hydrangea aspera

3. 中国绣球 Hydrangea chinensis Maximowicz

灌木。叶薄纸质至纸质，长圆形或狭椭圆形，有时近倒披针形，侧脉 6 ~ 7 对。伞形状或伞房状聚伞花序顶生，分枝 5 或 3；不育花萼片 3 ~ 4，椭圆形或扁圆形，孕性花萼筒杯状，花瓣黄色，椭圆形或倒披针形，雄蕊 10 ~ 11 枚，近等长，子房近半下位，花柱 3 ~ 4。蒴果卵球形。花期 5 ~ 6 月，果期 9 ~ 10 月。

分布与生境：分布于八大公山各地，生于海拔 300 ~ 500 m 的山坡林下。

用途：庭院观赏。

中国绣球 Hydrangea chinensis

4. 白背绣球 Hydrangea hypoglauca Rehder

灌木。叶卵形或长卵形，下面灰绿白色，有密集的颗粒状小腺体。伞房状聚伞花序；不育花萼片 4，少有 3，白色；孕性花密集，萼筒钟状；花瓣白色；雄蕊不等长，短的与花瓣近等长；子房半下位，花柱 3。蒴果，顶端突出部分圆锥形，等于或略短于萼筒。种子淡褐色，具纵脉纹，两端具狭翅。花期 6 ~ 7 月，果期 9 ~ 10 月。

分布与生境：分布于八大公山斗篷山，生于海拔 1500 ~ 1800 m 的山坡林中。

用途：庭院观赏。

白背绣球 Hydrangea hypoglauca

5. 绣球 Hydrangea macrophylla（Thunberg）Seringe

灌木。叶纸质或近革质，倒卵形或阔椭圆形，先端骤尖，边缘于基部以上具粗齿。伞房状聚伞花序；花二型；不育花萼片 4，粉红色、淡蓝色或白色；孕性花极少数；花瓣长圆形；雄蕊 10 枚，不突出或稍突出，花药长圆形；子房下位，花柱 3，半环状。蒴果，长陀螺状。花期 6 ~ 8 月。

分布与生境：原产我国，八大公山有栽培。

用途：观赏灌木；根、叶、花入药。

绣球 Hydrangea macrophylla

6. 莼兰绣球 Hydrangea longipes Franchet

灌木。叶膜质或薄纸质，卵形，上面疏被糙伏毛，下面被短而近贴伏的细柔毛。伞房状聚伞花序顶生，密集，密被短粗毛；不育花白色，萼片 4，具短爪；孕性花白色；早落；雄蕊 10，不等长；子房下位，花柱 2。蒴果杯状，顶端截平；种子淡棕色，具凸起的纵脉纹，两端具短翅。花期 7 ~ 8 月，果期 9 ~ 10 月。

分布与生境：分布于八大公山各地，生于海拔 1000~1800 m 的山坡林下、沟边。

用途：观赏灌木；叶入药。

莼兰绣球 Hydrangea longipes

7. 圆锥绣球 Hydrangea paniculata Siebold

灌木或小乔木。叶纸质，2 ~ 3 片对生或轮生，卵形或椭圆形，（5 ~ 14）cm ×（2.0 ~ 6.5）cm，先端渐尖或急尖，基部圆形或阔楔形。圆锥状聚伞花序尖塔形，不育花较多，白色；萼片 4，阔椭圆形或近圆形，不等大；孕性花萼筒陀螺状，花瓣白色，雄蕊不等长，子房半下位，花柱 3。蒴果椭圆形，顶端突出部分圆锥形，其长约等于萼筒；种子两端具翅。花期 7 ~ 8 月，果期 10 ~ 11 月。

分布与生境：分布于八大公山各地，生于海拔 1000 ~ 1600 m 的山坡灌丛中。

用途：花供观赏。

8. 紫彩绣球 Hydrangea sargentiana Rehder

灌木或小乔木。叶阔卵形至长卵形或椭圆形至阔椭圆形，上面疏被糙伏毛，下面密被灰白色和淡褐色短粗毛。伞房状聚伞花序，密被淡褐色粗毛；不育花淡紫色或白色；萼片 4 ~ 5；孕性花瓣紫色；子房下位，花柱 2。蒴果杯状，顶端截平；种子红褐色，具稍凸起的纵脉纹，两端具翅。花期 7 ~ 8 月，果期 9 ~ 11 月。

分布与生境：分布于八大公山斗篷山，生于海拔 1500 ~ 1800 m 的山坡林下。

圆锥绣球 Hydrangea paniculata

紫彩绣球 Hydrangea sargentiana

9. 蜡莲绣球 Hydrangea strigosa Rehder

灌木。叶长圆形、卵状披针形，下面密被灰棕色颗粒状腺体和灰白色糙伏毛。聚伞花序；不育花萼片 4 ~ 5，基部具爪，边全缘或具数齿，白色或淡紫红色；孕性花淡紫红色，萼筒钟状；花瓣初时顶端稍连合，后分离，早落，子房下位，花柱 2。蒴果坛状，顶端截平。种子褐色，两端具翅。花期 7 ~ 8 月，果期 11 ~ 12 月。

分布与生境：八大公山各地广布，生于海拔 200 ~ 900 m 的山坡林下。

用途：观赏灌木；根入药。

蜡莲绣球 Hydrangea strigosa

（六）山梅花属 Philadelphus Linnaeus

灌木。叶对生，离基 3 或 5 出脉。总状花序，常下部分枝呈聚伞状或圆锥状，花白色，芳香；萼片和花瓣 4（5 ~ 6）；雄蕊 13 ~ 90；子房下位或半下位，4（ ~ 5）室，胚珠多数，中轴胎座；花柱 4（3 ~ 5），合生，稀部分或全部离生。蒴果 4（ ~ 5），瓣裂，外果皮纸质，内果皮木栓质；种子极多，种皮前端冠以白色流苏，末端延伸成尾或渐尖。

约 75 种，我国产 22 种，湖南产 2 种，八大公山产 1 种。

1. 绢毛山梅花 Philadelphus sericanthus Koehne

灌木。叶卵形或阔卵形，边缘具疏锯齿，上面被刚毛，下面密被白色长粗毛，叶脉离基出 3 ~ 5 条。总状花序，疏被长柔毛或无毛，花萼外面密被紧贴糙伏毛，花冠盘状，花瓣白色，雄蕊 30 ~ 35，具花盘，

绢毛山梅花 Philadelphus sericanthus

花柱先端稍分裂，柱头棒形。蒴果。种子具短尾。花期 5 ~ 6 月，果期 7 ~ 8 月。

分布与生境：分布于八大公山各地，生于海拔 600 ~ 1400 m 的山坡灌木丛中。

用途：茎、叶入药；花供观赏。

（七）冠盖藤属 **Pileostegia** J. D. Hooker & Thomson

木质藤本，具气生根。叶对生。圆锥花序；花两性；花冠同型，无不孕花；萼裂片 4 ~ 5；花瓣 4 ~ 5，花蕾时覆瓦状排列；雄蕊 8 ~ 10；子房下位，4 ~ 6 室，柱头圆锥状，4 ~ 6 浅裂。蒴果陀螺状，具宿存花柱，沿棱脊间开裂；种子纺锤状，一端或两端具膜质翅。

2 种，我国均产，湖南产 2 种，八大公山产 1 种。

1. 冠盖藤 **Pileostegia viburnoides** J. D. Hooker & Thomson

叶对生，椭圆状倒披针形或长椭圆形，全缘或稍波状，常稍背卷，主脉和侧脉交接处具长柔毛。圆锥花序顶生，无毛或稍被褐锈色微柔毛；苞片和小苞片线状披针形；花白色；萼裂片三角形；花瓣卵形；雄蕊 8 ~ 10。蒴果陀螺状，具 5 ~ 10 肋纹或棱。花期 7 ~ 8 月，果期 9 ~ 12 月。

分布与生境：产于八大公山各地，生于海拔 200 ~ 800 m 以下的山坡林中，附生在大树上或石壁上。

用途：根、藤、叶、花入药；庭院观赏。

冠盖藤 Pileostegia viburnoides

（八）钻地风属 Schizophragma Siebold & Zuccarini

木质藤本。叶对生，全缘或稍有小齿或锯齿。聚伞花序顶生，花二型或一型，不育花存在或缺，萼花瓣状，孕性花小，萼筒与子房贴生，萼齿三角形，宿存；花瓣分离，雄蕊 10 枚，子房下位，倒圆锥状或陀螺状，4～5 室，胚珠多数，柱头 4～5 裂。蒴果，具棱，顶端突出于萼筒外或截平，突出部分常呈圆锥状。种子纺锤状，两端具狭长翅。

10 种，我国产 9 种，湖南产 4 种，八大公山产 1 种。

1. 钻地风 Schizophragma integrifolium Oliver

木质藤本。叶椭圆形或阔卵形，先端渐尖或急尖，基部阔楔形至浅心形，叶全缘或有极疏的小齿，下面沿脉被疏短柔毛，后渐变近无毛，脉腋间常具髯毛。聚伞花序，不育花萼片卵状披针形，黄白色；孕性花绿色，萼片 4～5，花瓣 4～5，雄蕊 10。蒴果，钟状或陀螺状，顶端突出部分短圆锥形。种子两端具翅。花期 6～7 月，果期 10～11 月。

分布与生境：分布于八大公山各地，生于海拔 1000～1600 m 的山坡林中。

用途：根皮入药；庭院观赏。

钻地风 Schizophragma integrifolium

一百二十二、山茱萸科 Cornaceae

乔木或灌木。单叶，对生，稀互生或轮生。花两性或单性。聚伞、圆锥、伞房或伞形花序，顶生。花 4～5 基数或缺。花盘肉质。雄蕊与花瓣同数互生，雄蕊与花瓣着生于花盘的基部。子房下位；1～4 室；每室胚珠 1 枚；花柱单一。浆果状核果。

7 属约 115 种，我国产 7 属 48 种，湖南产 2 属 28 种，八大公山产 2 属 12 种。

分属检索表

1. 枝圆柱形，有时略呈“之”字形；叶基部不对称、偏斜…………………… **1. 八角枫属 Alangium**
1. 枝不呈“之”字形；叶基部对称…………………………………………………… **2. 山茱萸属 Cornus**

（一）八角枫属 **Alangium** Lamarck

乔木或灌木。单叶互生，全缘或掌状分裂，基部两侧常不对称。花序多聚伞状，腋生；花萼管状钟形；花瓣 4～10，线形，常向外反卷；雄蕊与花瓣同数互生或为花瓣的 2～4 倍，花丝线形，内侧常有微毛，花药线形；花盘肉质；子房下位，柱头头状或棒状，胚珠 1 枚。核果椭圆形，卵形或近球形，顶端有宿存的萼齿和花盘。

30 种，我国产 9 种，湖南产 9 种，八大公山产 4 种。

分种检索表

1. 花较大，花瓣长 1 cm 以上。
  2. 雄蕊的药隔无毛。
    3. 叶基部两侧常不对称，阔楔形、截形，稀近心形…………………………**1. 八角枫 A. chinense**
    3. 叶片基部近于心脏形或圆形………………………… **4. 三裂瓜木 A. platanifolium** var. **trilobum**
  2. 雄蕊的药隔有长柔毛………………………………………………………………**3. 毛八角枫 A. kurzii**
1. 花较小，花瓣长 1 cm 以下 ……………………………………………………… **2. 小花八角枫 A. faberi**

1. 八角枫 Alangium chinense (Loureiro)Harms

分亚种检索表

1. 植株被毛…………………………………………… **1a. 八角枫（原亚种） A. chinense** subsp. **chinense**
1. 植株无毛……………………………………… **1b. 稀花八角枫（亚种） A. chinense** subsp. **pauciflorum**

1a. 八角枫（原亚种）Alangium chinense (Loureiro) Harms subsp. **chinense**

落叶乔木或灌木。叶纸质，近圆形或椭圆形，基部两侧常不对称，不分裂或 3～7 裂，下面脉腋有丛状毛。聚伞花序腋生，有 7～30 花；小苞片线形或披针形；总花梗常分节；花冠圆筒形，花瓣 6～8 枚，上部反卷，有微柔毛；雄蕊 6～8 枚，花丝有短柔毛；花盘球形。核果卵圆形，顶端有宿存的萼齿和花盘。花期 6 ~ 7 月，果期 6 ~ 9 月。

分布与生境：分布于八大公山各地，生于海拔 200 ~ 1500 m 的沟谷或山坡林中。

用途：根、叶、花入药；叶可作饲料；木材可作小型用材；树皮纤维可编绳索；庭院观赏。

八角枫（原亚种）Alangium chinense subsp. chinense

1b. 稀花八角枫（亚种）Alangium chinense subsp. **pauciflorum** W.P.Fang

灌木或小乔木。叶较小，卵形，顶端锐尖，常不分裂，稀 3 或 5 微裂；花较稀少，每花序仅 3 ~ 6 花；花瓣、雄蕊均 8 枚，花丝有白色疏柔毛。核果，顶端有宿存的萼齿和花盘。花期 6 ~ 7 月，果期 7 ~ 8 月。

稀花八角枫（亚种）Alangium chinense subsp. pauciflorum

分布与生境：分布于八大公山各地，生于海拔 800 ~ 1500 m 的山坡疏林要或林缘。

用途：根、叶、花入药；庭院观赏。

2. 小花八角枫 Alangium faberi Oliver

落叶灌木。叶片矩圆形或阔椭圆形，叶不裂或掌状三裂，幼时有稀疏的小硬毛或粗伏毛。聚伞花序有 5 ~ 10 花；花萼近钟形，外面有粗伏毛；花瓣 5 ~ 6，外面有紧贴的粗伏毛，内面疏生疏柔毛，开花时向外反卷；雄蕊 5 ~ 6，花药基部有刺状硬毛；花盘近球形。

分布与生境：分布于八大公山，生于海拔 200 ~ 500 m 的沟谷灌林中。

用途：枝叶、根入药。

小花八角枫 Alangium faberi

3. 毛八角枫 Alangium kurzii Craib

落叶小乔木。当年生枝有淡黄色茸毛和短柔毛。叶互生，近圆形或阔卵形，基部心脏形或近心脏形，两侧不对称，全缘，下面淡绿色，有黄褐色丝状微茸毛。聚伞花序有 5 ~ 7 花，花瓣 6 ~ 8，线形，基部粘合，上部开花时反卷。核果椭圆形或矩圆状椭圆形，成熟后黑色，顶端有宿存的萼齿。

分布与生境：分布于八大公山各地，生于海拔 400 ~ 700 m 的山坡林中。

用途：木材可作小型用材；种子可榨油，供工业用。

4. 三裂瓜木 Alangium platanifolium var. **trilobum** (Miquel) Ohwi

落叶灌木或。叶互生，多不分裂，幼时有长柔毛或疏柔毛，基出脉 3 ~ 5 条。聚伞花序有 1 ~ 7 花；花瓣 6 ~ 7，上部反卷；雄蕊 6 ~ 7，花丝有短柔毛。核果，顶端有宿存的花萼。花期 5 ~ 6 月，果期 7 ~ 9 月。

分布与生境：分布于八大公山各地，生于海拔 800 ~ 2200 m 的山坡林中。

用途：根及根皮入药；庭院观赏。

毛八角枫 Alangium kurzii

三裂瓜木 Alangium platanifolium var. trilobum

（二）山茱萸属 **Cornus** Linnaeus

灌木、乔木。幼枝被短柔毛。冬芽顶生或腋生。叶片狭椭圆形、椭圆形或卵形，无毛至密被短柔毛，侧脉掌状，通常背面突起。总苞有或无。萼片 4；萼齿缺，花瓣 4，分离，长圆形至圆形，镊合状。花丝丝状或芒状，长于花柱，长或短于花瓣；花药白色或黄色，稀蓝色、红色或紫色，椭圆形至狭椭圆形或长圆形，2 室。子房倒卵球形。果球状，卵球形，长圆形，或椭圆形，被宿存花萼、花盘和花柱；果核球状，卵球形，椭圆形，长圆形，有时不对称，表面光滑或具肋，少数先端凹陷。

约 55 种，我国产 25 种，湖南产 19 种，八大公山产 8 种。

分种检索表

1. 头状花序有大的白色花瓣状苞片 4；聚合果。

  2. 叶纸质，卵形或卵状椭圆形………………………………… **4. 四照花 C. kousa** subsp. **chinensis**

2. 叶革质，椭圆形…………………………………………………………… **3. 尖叶四照花 C. elliptica**

1. 伞形、圆锥状、伞房状聚伞花序，苞片不艳丽；每花序果实分离。

3. 花序伞形；果长圆形，红色或黑红色……………………………… **1. 川鄂山茱萸 C. chinensis**

3. 圆锥状或伞房状聚伞花序；果球形或卵形，白色、蓝色或黑色。

4. 叶互生；果核先端明显凹陷……………………………………………… **2. 灯台树 C. controversa**

4. 叶对生或近对生。

5. 花柱圆柱形而非棍棒状……………………………………………… **8. 光皮梾木 C. wilsoniana**

5. 花柱棍棒状。

6. 叶大，二歧聚伞花序圆锥状………………………………………………… **5. 梾木 C. macrophylla**

6. 叶较小，伞房状聚伞花序。

7. 灌木，叶侧脉 2 ~ 3 对…………………………………………… **6. 小梾木 C. paucinervis**

7. 乔木，叶侧脉 4 ~ 5 对………………………………………………………… **7. 毛梾 C. walteri**

1. 川鄂山茱萸 Cornus chinensis Wangerin

落叶乔木。大树树皮斑块状脱落。叶对生，卵状披针形至长圆椭圆形，先端渐尖，基部楔形或近于圆形，全缘，上面近于无毛。伞形花序侧生，有总苞片 4；花两性，先于叶开放，有香味，花盘垫状；子房下位。核果长椭圆形，紫褐色至黑色；核骨质，长椭圆形有几条肋纹。花期 4 月，果期 9 月。

分布与生境：分布于八大公山各地，生于海拔 1600 ~ 1800 m 的山坡林中。

用途：庭院观赏；用材树种；果肉入药。

川鄂山茱萸 Cornus chinensis

2. 灯台树 Cornus controversa Hemsley

落叶乔木。树皮光滑，暗灰色或带黄灰色。叶互生，阔卵形、阔椭圆状卵形或披针状椭圆形，下面灰绿色，密被淡白色平贴短柔毛；叶柄紫红绿色。伞房状聚伞花序，顶生，花白色，花盘垫状。核果球形，成熟时紫红色至蓝黑色。核骨质，顶端有一个方形孔穴。花期 5 ~ 6 月，果期 7 ~ 8 月。

分布与生境：分布于八大公山各地，生于海拔 300 ~ 2400 m 的山坡林中。

用途：庭院观赏；根、叶、树皮果可入药；用材树种；果实可以榨油；蜜源植物。

灯台树 Cornus controversa

3. 尖叶四照花 Cornus elliptica (Pojarkova) Q.Y.Xiang & Boufford

常绿小乔木。幼枝被白色贴生短柔毛。叶薄革质，椭圆形、卵状椭圆形或披针形，先端渐尖或尾尖，基部楔形或宽楔形，上面微生细伏毛，下面灰绿色，密被贴生白色短柔毛，侧脉每边 3 ~ 4 条，在两面均稍凸起。总苞片长卵形至倒卵形，初时淡黄色，花淡黄色。果序球形，熟时红色。花期 6 ~ 7 月，果期 10 ~ 11 月。

分布与生境：分布于八大公山各地，生于海拔 300 ~ 1000 m 的山坡林中。

用途：庭院观赏；果实入药；果实可鲜食；用材树种。

4. 四照花 Cornus kousa subsp. **chinensis** (Osborn) Q.Y.Xiang

落叶乔木。叶对生，卵形或卵状椭圆形，先端渐尖，基部宽楔形或圆形，背面被白色贴生短柔毛，脉腋具黄色的绢状毛，中脉在上面明显，下面凸出。头状花序，40 ~ 50 朵花；总苞片 4，白色；花小，花萼内侧有一圈褐色短柔毛，花盘垫状，子房下位。果序球形，成熟时红色。花期 5 ~ 7 月，果期 9 ~ 10 月。

分布与生境：分布于八大公山，生于海拔 1200 ~ 2200 m 的山坡林中。

用途：庭院观赏；果实入药；果实可鲜食。

尖叶四照花 Cornus elliptica

四照花 Cornus kousa subsp. chinensis

5. 梾木 Cornus macrophylla Wall

落叶乔木。叶对生，阔卵形或卵状长圆形，先端锐尖或短渐尖，基部圆形，边缘略有波状小齿。伞房状聚伞花序顶生；总花梗红色，花白色，有香味。核果近于球形，成熟时黑色；核骨质，扁球形，两侧各有 1 条浅沟及 6 条脉纹。花期 6 ~ 7 月，果期 8 ~ 9 月。

分布与生境：分布于八大公山各地，生于海拔 600 ~ 1800 m 的山坡林中。

用途：心材、树皮入药；庭院观赏；种子可榨油；木材可作小型用材。

株木 Cornus macrophylla

6. 小梾木 Cornus paucinervis Hance

灌木。叶对生，椭圆状披针形、披针形，先端钝尖或渐尖，基部楔形，全缘。伞房状聚伞花序顶生，被灰白色贴生短柔毛；花白色至淡黄白色。核果圆球形，成熟时黑色；核近于球形，骨质，有 6 条不明显的肋纹。花期 6 ~ 7 月。果期 10 ~ 11 月。

分布与生境：分布于八大公山各地，生于海拔 600 m 以下的溪边或山坡灌丛中。

用途：全株入药；庭院观赏。

小梾木 Cornus paucinervis

7. 毛梾 Cornus walteri Wangerin

落叶乔木。树皮黑褐色，纵裂而又横裂成块状。叶对生，椭圆形、长圆椭圆形或阔卵形，先端渐尖，基部楔形，下面密被灰白色贴生短柔毛。伞房状聚伞花序顶生，花白色，有香味，被灰白色短柔毛；

花盘明显。核果球形，成熟时黑色；核骨质，扁圆球形，有不明显的肋纹。花期 5 月，果期 9 月。

分布与生境：分布于八大公山各地，生于海拔 1000 ~ 1500 m 的山坡林中。

用途：枝叶入药；用材树种。

毛梾 Cornus walteri

8. 光皮梾木 Cornus wilsoniana Wangerin

落叶乔木。树皮灰色至青灰色，块状剥落；幼枝绿色。叶对生，纸质，椭圆形或卵状椭圆形，（6 ~ 12）cm ×（2.0 ~ 5.5）cm，边缘波状，微反卷。顶生圆锥状聚伞花序，花小，白色，花萼裂片 4，三角形，花瓣 4，长披针形。核果球形，成熟时紫黑色至黑色。

分布与生境：分布于八大公山各地，生于海拔 400 ~ 900 m 的山坡林中。

用途：庭院观赏；用材树种；种子油可供食用。

光皮梾木 Cornus wilsoniana

一百二十三、凤仙花科 Balsaminaceae

一年生或多年生草本。单叶，叶互生或对生，少数轮生，不具托叶，或叶柄基部带有托叶状腺体。花两性，具花葶，排成腋生或近顶生的总状花序或假伞形花序；萼片 2 或 4，绿色；花瓣 4，少有 6，旗瓣大，离生，翼瓣 2，常 2 裂，唇瓣大，在基部延伸成距；雄蕊 5；子房上位，长圆形，4 或 5 室；胚珠 2 至多数倒生，排在中轴胎座上，每室 1 裂。果为蒴果，弹性开裂成扭曲的 5 片，少数为浆果。种子从开裂的裂瓣中弹出。

2 属 1001 种，我国产 2 属 271 种，湖南产 1 属 36 种，八大公山产 1 属 15 种。

（一）凤仙花属 Impatiens Linnaeus

一年生或多年生肉质草本。叶对生、互生，无托叶，或叶柄基部带有托叶状腺体。花腋生，束生或单生；花大形，红色、紫色、白色或黄色，花冠左右对称；萼片 2 或 4，侧生 2 片扁平；花瓣 4（6），旗瓣大，离生，翼瓣 2，常 2 裂，唇瓣大，在基部延伸成距；雄蕊 5；子房上位，4 或 5 室；胚珠 2 至多数倒生。蒴果长或短，胞背开裂。

1000 种，我国产 270 种，湖南产 36 种，八大公山产 15 种。

分种检索表

1. 果椭圆形……………………………………………………………………… **1. 凤仙花 I. balsamina**
1. 果长纺锤形。
  2. 翼瓣基部裂片顶端钝，不伸长成细丝状。
    3. 全部花梗基部具苞片，或者全部花梗基部无苞片。
      4. 总花梗常具多数花，花总状排列。
        5. 花黄色……………………………………………………………… **13. 黄金凤 I. siculifer**
        5. 花紫色………………………………………………………… **3. 蓝花凤仙花 I. cyanantha**
      4. 总花梗具 1 ～ 2 花，稀具多数花。
        6. 唇瓣檐部漏斗状………………………………………… **12. 翼萼凤仙花 I. pterosepala**
        6. 唇瓣角状或舟状。
          7. 茎基部膨大成块状。
            8. 旗瓣背面中肋顶端以下具明显的喙……………… **11. 块节凤仙花 I. piufanensi**
            8. 中肋背面增厚，具龙骨状突起……………………… **10. 红雉凤仙花 I. oxyanthera**
          7. 茎基部膨大成块状……………………………………… **6. 川萼凤仙花 I. fargesii**
    3. 花序最下面的花梗无苞片。
      9. 侧生萼片 4 ………………………………………… **14. 窄萼凤仙花 I. stenosepala**
      9. 侧生萼片 2。
        10. 花药尖。
          11. 侧生萼片卵形或宽卵形 ……………………………… **9. 水金凤 I. nolitangere**

11. 侧生萼片宽卵形或近心形 ………………………………… **8. 长翼凤仙花 I. longialata**

10. 花药钝。

12. 植株通常被毛 ……………………………………………………**7. 细柄凤仙花 I. leptocaulon**

12. 植株无毛。

13. 侧生萼片或多或少具齿 ……………………………… **2. 睫毛萼凤仙花 I. blepharosepala**

13. 侧生萼片全缘 ……………………………………………… **15. 泰顺凤仙花 I. taishunensis**

2. 翼瓣基部和上部裂片渐尖，顶端均伸长成细丝状。

14. 侧生萼片具粗齿或至少一侧边缘具 4 ～ 5 尖齿 …………………………**4. 牯岭凤仙花 I. davidii**

14. 侧生萼片全缘 ………………………………………………………………… **5. 齿萼凤仙花 I. dicentra**

1. 凤仙花 Impatiens balsamina Linnaeus

一年生草本。叶互生，披针形，（4 ~ 12）cm ×（1 ~ 3）cm，先端尖或渐尖，边缘有锐锯齿，两侧具数对具柄腺体。花单生或数朵簇生叶腋，白色、紫色或粉红色，单瓣或重瓣；萼片 2，侧生，旗瓣圆，先端微凹，背面中肋有龙骨突；翼瓣宽大；雄蕊 5，花丝线形。蒴果纺锤形，密生柔毛。种子多数，球形，黑褐色。花期 8 月，果期 9 月。

分布与生境：原产于我国和印度，八大公山广为栽培，也有逸生。

用途：全草及种子入药；庭院观赏。

凤仙花 Impatiens balsamina

2. 睫毛萼凤仙花 Impatiens blepharosepala E. Pritzel

一年生草本。叶互生，矩圆形或矩圆状披针形，长（6 ~ 12）cm ×（2.5 ~ 4.0）cm，先端渐尖或尾状渐尖，基部楔形，有 2 枚球状腺体。总花梗腋生，紫色；花梗中上部具 1 条形苞片；萼片 2，侧生；旗瓣先端凹，近肾形，背面中肋有狭翅，翅端具喙；翼瓣2裂，上部裂片大，基部裂片矩圆形；唇瓣宽漏斗状。蒴果条形。花果期5～11月。

分布与生境：分布于八大公山各地，生于海拔500～1400 m的山沟阴湿处。

用途：庭院观赏。

睫毛萼凤仙花 Impatiens blepharosepala

3. 蓝花凤仙花 Impatiens cyanantha J. D. Hooker

一年生草本。全株无毛。叶互生，卵状披针形或卵状长圆形，（7～15）cm×（3～5）cm，顶端尾状渐尖，基部狭楔形，下延至叶柄，具2球形腺体，边缘具圆齿状锯齿，齿间具小刚毛，侧脉7～8对。总花梗生于茎枝上部叶腋，花紫堇色，侧生萼片2，旗瓣宽倒卵形，顶端微凹，背面中肋增厚，具龙骨状突起；翼瓣无柄，2裂，唇瓣檐部宽漏斗状，基部渐狭成长18～20 mm的直距。蒴果线形，顶端喙尖。花期9～10月。

分布与生境：分布于八大公山各地，生于海拔1000～1200 m的路边阴湿处。

用途：庭院观赏。

蓝花凤仙花 Impatiens cyanantha

4. 牯岭凤仙花 **Impatiens davidii** Franchet

一年生草本。茎粗壮，肉质，无毛，下部节膨大。叶互生，叶片卵状长圆形或卵状披针形，（5～10）cm×（3～4）cm，先端尾状渐尖，基部楔形或尖，边缘有粗圆齿状齿，齿端具小尖，侧脉5～7对，弧状弯曲。花序仅具总1花，中上部有2枚苞片；苞片卵状披针形，宿存；花淡黄色；侧生2萼片膜质，宽卵形，全缘，旗瓣背面中肋具绿色鸡冠状突起，顶端具短喙尖；翼瓣下部裂片先端渐尖成长尾状；唇瓣囊状，具黄色条纹，基部急狭成长约8mm钩状的距，距端2浅裂。蒴果线状圆柱形。

分布与生境：分布于八大公山各地，生于海拔500～1000 m的路边阴湿处。

用途：庭院观赏。

牯岭凤仙花 Impatiens davidii

5. 齿萼凤仙花 **Impatiens dicentra** Franchet ex J.D.Hooker

一年生草本。叶互生，长圆形或长圆状披针形，（6～12）cm×（2～4）cm，基部楔形，有2枚球状腺体，边缘有圆齿。总花梗腋生；花梗中上部有卵形苞片；花黄色；萼片2；旗瓣先端凹，背面中肋龙骨突呈喙状；翼瓣2裂，下部裂片长圆形，上部裂片斧形；唇瓣宽漏斗状。蒴果条形。花期5～11月。

齿萼凤仙花 Impatiens dicentra

分布与生境：分布于八大公山各地，生于海拔 500 ~ 1000 m 的路边阴湿处。

用途：庭院观赏。

6. 川鄂凤仙花 Impatiens fargesii J. D. Hooker

一年生草本。全株无毛。茎直立，枝及小枝开展。叶多密集于茎端，互生，具柄，叶片膜质，卵形，卵状披针形或长圆形，（5 ~ 10）cm×（2 ~ 3）cm，顶端急尖或渐尖，基部尖，急狭成长 2 ~ 7 cm 的叶柄，边缘具小圆齿或圆齿状锯齿，侧脉 7 ~ 8 对，纤细。总状花序具 2 ~ 4 花；花梗丝状，基部有苞片；苞片卵状披针形，长仅 1.0 ~ 2.5 mm，迟脱落。花小，黄色，侧生萼片 2，宽卵形，长 4 mm，中肋背面具龙骨状突起；旗瓣圆形，中肋背面中部具短角，较上部边缘具小钩；翼瓣近无柄，上部裂片长圆形或窄斧形，近尖，背部顶端以下具深裂，背面具小耳。唇瓣檐部舟状，基部狭成长 15 mm 内弯或旋卷的距。蒴果纤细，直立，尖，具少数种子，种子长圆形。花期 8 ~ 9 月。

分布与生境：分布于八大公山斗篷山，生于海拔 1200 ~ 1500 m 的路边阴湿处。

川鄂凤仙花 Impatiens fargesii

7. 细柄凤仙花 Impatiens leptocaulon J. D. Hooker

一年生草本。茎纤弱，直立，不分枝或分枝，节和上部生褐色柔毛。叶互生，卵形或卵状披针形，（5 ~ 10）cm×（2 ~ 3）cm，先端尖或渐尖，基部狭楔形，有几个腺体，边缘有小圆齿或小锯齿，无毛，叶脉 5 ~ 8 对。总花梗细，有 1 或 2 朵花；花梗短，中上部有披针形苞片；花红紫色；侧生萼片 2 片，半卵形，长突尖，不等侧，一边透明，有细齿；旗瓣圆形，中肋龙骨状，先端有小喙；翼瓣无柄，基部裂片小，圆形，上部裂片倒卵状矩圆形，背面有钝小耳；唇瓣舟形，下延长成内弯的长矩；花药钝。蒴果条形。

分布与生境：分布于八大公山斗篷山，生于海拔 1200 ~ 1500 m 的路边阴湿处。

用途：全草入药。

8. 长翼凤仙花 Impatiens longialata E. Pritz. ex Diels

此种外形近似水金凤 I. noli-tangere，但叶椭圆形，具短柄基部心形或圆形；侧生萼片宽卵形或近心形，具绿色脉及小尖头；翼瓣具长柄，上部裂片长椭圆形；唇瓣具紫色斑点，与后者容易区别。

分布与生境：分布于八大公山斗篷山，生于海拔 1200 ~ 1800 m 的路边阴湿处。

用途：全草入药。

细柄凤仙花 Impatiens leptocaulon

长翼凤仙花 Impatiens longialata

9. 水金凤 Impatiens noli-tangere Linnaeus

一年生草本。叶互生，卵形或椭圆形，（6 ~ 10）cm ×（2.5 ~ 5.0）cm，先端钝；基部阔楔形。总花梗腋生；花喉部常有红色斑点，黄色；萼片 2，侧生，宽卵形；旗瓣圆形，背部中肋有龙骨突，先端有小喙；翼瓣 2 裂，上部裂片大，下部裂片长圆形，宽斧形，带红色斑点；唇瓣宽漏斗状，喉部散生橙红色斑点。蒴果长圆形。花期 8 ~ 9 月。

分布与生境：分布于八大公山各地，生于海拔 800 ~ 1500 m 的路边阴湿处。

用途：根及全草入药；庭院观赏。

水金凤 Impatiens noli-tangere

10. 红雉凤仙花 Impatiens oxyanthera J. D. Hooker

此种茎下部或基部常肿大成块状，具多数须根与块节凤仙花 I. pinfanensis Hook. f. 近似，但后者总花梗仅具 1 花，向上部具苞片；花较大，粉红色，旗瓣背面中肋顶端以下具明显的喙，与本种有别。

分布与生境：分布于八大公山斗篷山，生于海拔 500 ~ 1000 m 的路边阴湿处。

用途：庭院观赏。

红雉凤仙花 Impatiens oxyanthera

11. 块节凤仙花 Impatiens piufanensis J.D.Hooker

分变种检索表

1. 植株被粗柔毛…………………………………… **11a. 块节凤仙花（原变种）I.piufanensis** var.**piufanensis**
1. 植株被粗柔毛………………………………………… **11b. 多毛块节凤仙花（变种）I.siculifer** var.**villosa**

11a. 块节凤仙花（原变种） Impatiens piufanensis J.D.Hooker var. piufanensis

一年生草本。茎基部匍匐，茎节膨大，形成球状块茎，上着生不定根。单叶互生，卵形，长卵形或披针形，（3～6）cm×（1.5～2.5）cm，先端渐尖，基部楔形，边缘具粗锯齿，齿尖有小刚毛。仅1花，中上部具1狭长披针形小苞片；花红色，中等大，侧生萼片2，旗瓣圆形或倒卵形，背面中肋有龙骨突，翼瓣2裂，上裂片斧形，先端圆，唇瓣漏斗状，基部下延为弯曲的细距。蒴果线形。花期6～8月，果期7～10月。

分布与生境：分布于八大公山各地，生于海拔500～1000 m的路边阴湿处。

用途：全草入药；庭院观赏。

块节凤仙花（原变种）Impatiens piufanensis var. piufanensis

11b. 多毛块节凤仙花 Impatiens piufanensis var. villosa G. W. Hu, S. X. Ding & S. Peng

多毛块节凤仙花 Impatiens piufanensis var. villosa

本变种与原变种的区别在于茎、叶、花萼被淡黄色硬毛。花期 6~8 月，果期 7~10 月。

分布与生境：分布于八大公山杉木界（庄耳坪），生于海拔 1000~1200 m 的路边阴湿处。

12. 翼萼凤仙花 Impatiens pterosepala J. D. Hooker

一年生草本。叶互生，矩圆状卵形或卵形，（3 ~ 10）cm ×（2 ~ 4）cm，先端渐尖，基部楔形，常有两枚球状腺体，边缘具圆齿状锯齿。总花梗腋生，紫红色或淡紫色；2 萼片侧生，背面中肋有不明显的翼；旗瓣圆形，有鳞片状附属物，背部中肋有翼；唇瓣狭漏斗状。子房五角状，纺锤形。蒴果条形。种子长圆形，栗色。花期 6 ~ 10 月。

分布与生境：分布于八大公山各地，生于海拔 200 ~ 700 m 的路边阴湿处。

用途：庭院观赏。

翼萼凤仙花 Impatiens pterosepala

13. 黄金凤 Impatiens siculifer J. D. Hooker

一年生草本。叶互生，（5 ~ 12）cm ×（2 ~ 5）cm，先端渐尖或急尖，基部楔形，边缘有粗圆齿，齿间有小刚毛。总状花序花由 5 ~ 8 小朵组成；花黄色；萼片 2；旗瓣近圆形，中肋背面增厚成狭翅；翼瓣 2 裂，上部裂片线性，下部裂片近三角形，唇瓣狭漏斗状，顶端有喙状短尖，基部延长成下弯或内弯的长距。蒴果棍棒状。花期 6 ~ 9 月。

分布与生境：分布于八大公山各地，生于海拔 200 ~ 1500 m 的路边阴湿处。

用途：庭院观赏。

14. 窄萼凤仙花 Impatiens stenosepala E. Pritzel

一年生草本。叶互生，长圆状披针形或长圆形，（5 ~ 15）cm ×（3 ~ 6）cm，先端尾状渐尖，基部楔形，有少数缘毛状腺体。总花梗腋生；花紫红色；萼片 4；旗瓣宽肾形，背部中肋有龙骨状突起，中上部有小喙；翼瓣 2 裂，上部裂片长圆状斧形，下部裂片椭圆形，背面有近圆形的耳；唇瓣基部圆形，囊状。蒴果线性。花期 7 ~ 9 月。

分布与生境：分布于八大公山各地，生于海拔 500 ~ 1500 m 的路边阴湿处。

用途：庭院观赏。

黄金凤 Impatiens siculifer

窄萼凤仙花 Impatiens stenosepala

15. 泰顺凤仙花 Impatiens taishunensis Y. L. Chen et Y. L. Xu

一年生草本。全体无毛。叶膜质，上部叶互生，下部叶对生，叶片卵状披针形，（1 ~ 4）cm ×（0.7 ~ 2.0）cm，先端渐尖，基部楔形，无腺体，叶缘具粗锯齿，侧脉 3 ~ 5 对。总花梗具单花，单生于上部叶腋，中上部具 1 枚苞片，椭圆形，长约 2 mm，宿存，有时在对面有 1 枚刚毛状细小苞片。花粉红色，侧生萼片 2 个，卵圆形，全缘；旗瓣近圆形，背面中肋具狭龙骨状突起；唇瓣狭漏斗状，基部渐狭成长约 1.2 cm 内弯的距。花期 4 月。

分布与生境：分布于八大公山各地，生于海拔 200 ~ 1500 m 的路边阴湿处。

泰顺凤仙花 Impatiens taishunensis

一百二十四、五列木科 Pentaphylacaceae

常绿乔木或灌木；具芽鳞。单叶，互生，羽状脉。花小，两性，单性或杂性排列成腋生假穗状或总状花序；花瓣 5，雄蕊多数，稀仅 5。浆果，稀蒴果，胚弯曲。

12 属约 350 种，我国产 7 属 130 种，湖南产 6 属 59 种，八大公山产 3 属 11 种。

分属检索表

1. 种子无红色假种皮。
  2. 花两性，单生或 2 ~ 3 簇生叶腋，花药有短芒……………………………… **1. 红淡比属 Cleyera**
  2. 花单性，数花腋生，花药无毛亦无芒………………………………………… **2. 柃木属 Eurya**
1. 种子具红色假种皮……………………………………………………………… **3. 厚皮香属 Ternstroemia**

（一）红淡比属 Cleyera Thunberg

常绿乔木或灌木。嫩枝和顶芽均无毛。叶互生，全缘或有时有锯齿。花两性，白色，较小，单生或 2 ~ 3 朵簇生于叶腋，苞片 2，细小，着生于花梗近顶端，紧贴在萼片之下；萼片 5，宿存；花瓣 5，基部稍合生，花后略反卷；雄蕊 25 ~ 30 枚，离生，子房无毛，花柱长，合生，顶端 2 ~ 3 浅裂。果为浆果状，花萼宿存；种子少数，胚弯曲。

20 种，我国产 9 种，湖南产 5 种，八大公山产 3 种。

分种检索表

1. 叶全缘……………………………………………………………………………**1. 红淡比 C. japonica**
1. 叶有锯齿。
   2. 叶侧脉 10 ~ 12 对……………………………………………………………**2. 齿叶红淡比 C. lipingensis**
   2. 叶侧脉 20 ~ 28 对……………………………………………………………**3. 厚叶红淡比 C. pachyphylla**

1. 红淡比 Cleyera japonica Thunberg

常绿乔木。叶革质，长圆形，（10 ~ 15）cm×（4 ~ 6）cm，顶端急渐尖，基部楔形或阔楔形，全缘，侧脉 6 ~ 8（10）对。花常 1 ~ 3（5）朵腋生，萼片 5，卵圆形或圆形，顶端圆，边缘有纤毛；花瓣 5，白色，倒卵状长圆形，花药的药隔顶端有小尖头，子房无毛，花柱顶端 2 浅裂。果实圆球形，成熟时紫黑色。花期 5 ~ 6 月，果期 10 ~ 11 月。

分布与生境：分布于八大公山，生于海拔 600 ~ 1200 m 的山坡林中。

用途：庭院观赏。

红淡比 Cleyera japonica

2. 齿叶红淡比 Cleyera lipingensis (Handel-Mazzetti) T. L. Ming

常绿乔木。本种与红淡比近似，但叶片较大，（10 ~ 15）cm×（4 ~ 6）cm，顶端急短尖，尖头钝；花通常 1 ~ 5 朵簇生，花梗也较长，长可达 2. 5 ~ 3.0 cm。

分布与生境：分布于八大公山各地，生于海拔 600 ~ 1200 m 的山坡林中。

用途：庭院观赏。

齿叶红淡比 Cleyera lipingensis

3. 厚叶红淡比 *Cleyera pachyphylla* Chun ex Hung T. Chang

常绿乔木。全株无毛。叶互生，厚革质，长圆形，边缘疏生细锯齿，中脉在上面稍凹下，下面隆起；侧脉 20 ~ 28 对。花 1 ~ 3 朵腋生；苞片 2；萼片 5，卵状长圆形或长圆形；花瓣 5，椭圆状长圆形或椭圆状倒卵形，子房圆球形，无毛。果实圆球形，成熟时黑色，宿存萼片卵状长圆形。花期 6 ~ 7 月，果期 10 ~ 11 月。

分布与生境：分布于八大公山各地，生于海拔 600 ~ 1600 m 的山坡林中。

用途：庭院观赏。

厚叶红淡比 Cleyera pachyphylla

（二）柃木属 **Eurya** Thunberg

灌木或小乔木，嫩枝或具棱。叶革质或膜质，边缘具齿或全缘。花较小，雌雄异株，腋生。雄花萼片宿存；雄蕊 5 ~ 35，排成一轮，与花瓣基部相连或分离，花药具 2 ~ 9 分格或不具分格，药隔顶端具小尖头。雌花或具退化雄蕊 5；子房上位，中轴胎座，花柱 2 ~ 5，分离或结合，柱头线形。浆果。种皮黑褐色。

约 130 种，我国产 83 种，湖南产 36 种，八大公山产 7 种。

分种检索表

1. 花药具分格……………………………………………………………… **7. 四角柃 E. tetragonoclada**
1. 花药不具分格，子房无毛。
  2. 花柱长 2~4mm。
    3. 嫩枝和顶芽均被毛；萼片卵形或卵圆形……………………………… **4. 细枝柃 E. loquaiana**
    3. 嫩枝和顶芽均无毛；萼片圆形 .
      4. 嫩枝和顶芽均无毛；叶边缘具钝齿或疏钝齿………………………… **5. 细齿叶柃 E. nitida**
      4. 嫩枝和顶芽常被短柔毛；叶边缘密生细锯齿………………………… **2. 米碎花 E. chinensis**
  2. 花柱长 0.5~1mm，稀 1.5~2mm。
    5. 花柱分离………………………………………………………………… **1. 短柱柃 E. brevistyla**
    5. 花柱 3 浅裂。
      6. 顶芽被微毛和黄褐色短柔毛………………………………………… **6. 钝叶柃 E. obtusifolia**
      6. 顶芽被微毛………………………………………………………………**3. 微毛柃 E. hebeclados**

1. 短柱柃 **Eurya brevistyla** Kobuski

灌木或小乔木。嫩枝略具 2 棱。叶革质，先端短渐尖至急尖，边缘有锯齿。花 1 ~ 3 朵腋生。

短柱柃 Eurya brevistyla

雄花萼片膜质，顶端有小突尖或微凹，边缘有纤毛；花瓣白色；雄蕊 13 ~ 15，花药不具分格。雌花花瓣卵形；子房 3 室，花柱 3 枚极短，离生。果实圆球形，蓝黑色。花期 10 ~ 11 月，果期次年 6 ~ 8 月。

分布与生境：分布于八大公山各地，生于海拔 200 ~ 1000 m 的山坡林中。

用途：花为优良的冬季蜜源植物；种子可榨油，可供食用。

2. 米碎花 Eurya hebeclados Y. Ling

常绿灌木。嫩枝具 2 棱，被短柔毛，顶芽披针形，密被黄褐色短柔毛。叶薄革质，倒卵形或倒卵状椭圆形，（2.0 ~ 5.5）cm ×（1 ~ 2）cm，顶端钝而有微凹或略尖，偶有近圆形，基部楔形，边缘密生细锯齿。花 1 ~ 4 朵簇生于叶腋。雄花：萼片 5，卵圆形或卵形，顶端近圆形，无毛；花瓣 5，白色，倒卵形，雄蕊约 15 枚，花药不具分格，雌花的小苞片和萼片与雄花同，但较小，花柱长 1.5 ~ 2.0 mm，顶端 3 裂。果实圆球形，成熟时紫黑色，直径 3 ~ 4 mm。花期 11 ~ 12 月，果期次年 6 ~ 7 月。

分布与生境：分布于八大公山各地，生于海拔 200 ~ 1000 m 的山坡林中。

用途：花为优良的冬季蜜源植物。

米碎花 Eurya hebeclados

3. 微毛柃 Eurya hebeclados Y. Ling

常绿灌木或小乔木。嫩枝圆柱形，密被灰色微毛，老枝无毛或几无毛；顶芽被微毛。叶革质，椭圆形或长圆状倒卵形，（4 ~ 9）cm ×（1.5 ~ 3.5）cm，顶端急窄缩呈短尖，尖头钝，基部楔形，边缘除顶端和基部外均有浅细齿，齿端紫黑色，两面均无毛。花 4 ~ 7 朵簇生于叶腋，雄花的雄蕊约 15 枚，花药不具分格，雌花的子房卵圆形，无毛，花柱长约 1 mm，顶端 3 深裂。果实圆球形，成熟时蓝黑色，宿存萼片几无毛。花期 12 月至次年 1 月，果期 8 ~ 10 月。

分布与生境：分布于八大公山各地，生于海拔 200 ~ 1000 m 的山坡林中。

用途：花为优良的冬季蜜源植物；全株入药。

微毛柃 Eurya hebeclados

4. 细枝柃 *Eurya loquaiana* Dunn

灌木或小乔木。嫩枝密被微毛。顶芽密被微毛和黄褐色短柔毛。叶薄革质，先端长渐尖，中脉在表面凹下，背面隆起，被微毛；叶柄被微毛。花单性，雌雄异株，1~4 朵腋生。雄花萼片外被微毛或近无毛；花瓣白色；雄蕊 10~15，花药不具分格。雌花花瓣卵形；子房 3 室，花柱顶端 3 裂。果实圆球形，黑色。花期 10~12 月，果期次年 7~9 月。

分布与生境：分布于八大公山各地，生于海拔 200~500 m 的山坡林中。

用途：花为优良的冬季蜜源植物；茎、叶入药。

细枝柃 Eurya loquaiana

5. 细齿叶柃 Eurya nitida Korthals

灌木或小乔木。嫩枝具2棱。叶薄革质，边缘密生锯齿或细钝齿，中脉上稍凹下下凸起。花单性，雌雄异株，1～4朵腋生。雄花萼片膜质，顶端圆；花瓣白色；雄蕊14～17，花药不具分格。雌花花瓣基部稍合生；花柱顶端3浅裂。果实圆球形，蓝黑色。花期11月至次年1月，果期次年7～9月。

分布与生境：分布于八大公山各地，生于海拔500～1500 m的山坡林中。

用途：花为优良的冬季蜜源植物。

细齿叶柃 Eurya nitida

6. 四角柃 Eurya tetragonoclada Merrill & Chun

灌木或乔木。嫩枝具4棱。叶革质，边缘有细钝齿。花1～3朵腋生。雄花萼片顶端圆；花瓣白色；雄蕊约15，花药具分格，退化子房无毛。雌花子房卵圆形，花柱顶端3裂。果实紫黑色。种子肾圆形，表面具密网纹。花期11～12月，果期次年5～8月。

分布与生境：分布于八大公山各地，生于海拔200～1000 m的山坡林中。

用途：花为优良的冬季蜜源植物。

7. 钝叶柃 Eurya obtusifolia Hung T. Chang

本种和微毛柃 E. hebeclados 极为近似，区别在于顶芽除被微毛外，尚有短柔毛疏生，萼片卵圆形或长圆状卵形，顶端无微凹，外面常有短柔毛，边缘无纤毛，雄蕊约10枚以及叶片较小。花期12月至次年1月，果期次年8～10月。

分布与生境：分布于八大公山各地，生于海拔200～1000 m的山坡林中。

用途：花为优良的冬季蜜源植物。

四角柃 *Eurya tetragonoclada*

钝叶柃 *Eurya obtusifolia*

（三）厚皮香属 **Ternstroemia** Mutis ex Linnaeus f.

常绿乔木或灌木。单叶，螺旋状互生，常聚生于枝条近顶端，呈假轮生状。花两性、杂性或单性和两性异株，通常单生于叶腋，花梗上有小苞片 2，萼片 5，花瓣 5，基部合生，覆瓦状排列；雄蕊 30 ~ 50 枚，花丝短，基部合生，花药的药隔先端伸长或不延伸；子房上位，2 ~ 4 室。果为不开裂的浆果，假种皮成熟时通常鲜红色。

约 90 种，我国产 13 种，湖南产 8 种，八大公山产 1 种。

1. 厚皮香 Ternstroemia gymnanthera (Wight & Arnott) Beddome

常绿灌木或小乔木。全株无毛。叶通常聚生于枝端，呈假轮生状，椭圆形至长圆状倒卵形，（5.5 ~ 9.0）cm ×（2.0 ~ 3.5）cm，顶端短渐尖或急窄缩成短尖，尖头钝，基部楔形，边全缘，稀在上半部疏生浅疏齿，侧脉 5 ~ 6 对，两面均不明显。花两性或单性，萼片 5，卵圆形或长圆卵形，长花瓣 5，白色，凋谢时变黄，雄蕊约 50 枚，小苞片和萼片均宿存。浆果红色，种子肾形。花期 5 ~ 7 月，果期 8 ~ 10 月。

分布与生境：分布于八大公山各地，生于海拔 200 ~ 800 m 的山坡疏林或灌丛中。

用途：果实和叶入药；庭院观赏；木材可用小型用材。

厚皮香 Ternstroemia gymnanthera

一百二十五、柿科 Ebenaceae

乔木，稀灌木，常有枝刺。叶为单叶，互生，全缘，无托叶。通常雌雄异株，或为杂性，雌花腋生，单生，雄花常生在小聚伞花序上或簇生，花萼 3 ~ 7 裂，在雌花或两性花中宿存，常在果时增大；花冠 3 ~ 7 裂，早落，裂片旋转排列；雄蕊离生，常为花冠裂片数的 2 ~ 4 倍，子房上位，2 ~ 16 室，花柱 2 ~ 8 枚，分离或基部合生。浆果多肉质。

4 属 548 种，我国有 1 属 60 种，湖南有 1 属 14 种，八大公山有 1 属 6 种。

（一）柿属 **Diospyros** Linnaeus

落叶或常绿乔木或灌木。花单性，雌雄异株或杂性；雄花常较雌花为小，组成聚伞花序，雌花常单生叶腋；萼通常深裂，3 ~ 7 裂，绿色，雌花的萼结果时常增大；花冠壶形或管状，3 ~ 7 裂，裂片向右旋转排列；雄蕊常 16 枚，常 2 枚连生成对而形成两列；子房 2 ~ 16 室。浆果肉质，基部通常有增大的宿存萼。

548 种，我国有 60 种，湖南有 14 种，八大公山有 6 种。

分种检索表

1. 常绿乔木或灌木。
  2. 幼树具枝刺，叶脉在叶面平…………………………………………… **1. 乌柿 D. cathayensis**
  2. 幼树无枝刺，叶脉在叶面凹陷………………………………………… **5. 苗山柿 D. miaoshanica**
1. 落叶乔木。
  3. 小枝无毛，极少稍被毛。
    4. 果有短柄，柄长 2 ~ 3 mm …………………………………………**2. 山柿 D. japonica**
    4. 果无柄或近无柄……………………………………………………… **4. 君迁子 D. lotus**
  3. 小枝或嫩枝通常明显被毛。
    5. 果实无毛，熟时红色………………………………………………………… **3. 柿 D. kaki**
    5. 果实具长柔毛，熟时黑色…………………………………………………… **6. 油柿 D. oleifera**

1. 乌柿 Diospyros cathayensis Steward

常绿乔木。叶薄革质，长圆状披针形，上面光亮。雄花生聚伞花序上；花萼 4 深裂，裂片三角形；花冠壶状，4 裂，裂片宽卵形，反曲；雄蕊 16 枚。雌花单生，腋外单生，白色，芳香；花萼 4 深裂；花冠壶状，4 裂，裂片反曲，退化雄蕊 6 枚；子房球形。6 室。果球形或卵形。花期 4 ~ 5 月，果期 8 ~ 10 月。

分布与生境：分布于八大公山各地，生于海拔 200 ~ 800 m 的山坡林中。

用途：庭院观赏。

乌柿 Diospyros cathayensis

2. 山柿 Diospyros japonica Siebold & Zuccarini

落叶乔木。叶宽椭圆形、卵形或卵状披针形，（7.5 ~ 17.5）cm ×（3.5 ~ 7.5）cm，下面粉绿色，无毛或疏生贴伏柔毛，侧脉每边 7 ~ 9 条。花雌雄异株；雄花集成聚伞花序，通常有 3 朵，雌花单生或 2 ~ 3 朵丛生，腋生，花萼 4 浅裂，花冠带黄色，壶形，4 裂，近无花梗。果球形或扁球形，

山柿 Diospyros japonica

熟时红色，被白霜；宿存萼花后增大，裂片长 5 ~ 8 mm，长 2 ~ 3 mm，有短硬毛。花期 4 ~ 5（7）月，果期 9 ~ 10 月。

分布与生境：分布于八大公山各地，生于海拔 400 ~ 1200 m 的山坡林中。

用途：本种可用作栽培柿树的砧木；未熟果可提取柿漆，用途和柿树相同；果蒂亦入药；木材可作家具等用材。

3. 柿 Diospyros kaki Thunberg

分变种检索表

1. 叶较大，叶片下面的毛较少，花较大································ **3a. 柿（原变种） D. kaki** var. **kaki**

1. 叶较小，叶片下面的毛较多，花较小························· **3b. 野柿（变种） D. kaki** var. **silvestris**

3a. 柿（原变种）Diospyros kaki Thunberg var. **kaki**

落叶乔木。叶纸质，卵形或近圆形，老叶上面有光泽。花常雌雄异株；雄花成聚伞花序；雄花小，花萼钟状，深 4 裂；花冠钟状，黄白色，4 裂；雄蕊 16 ~ 24 枚，连生成对，花药长圆形。雌花单生叶腋，花萼绿色，深 4 裂，萼管近球状钟形，肉质；花冠壶形，4 裂；退化雄蕊 8 枚；子房近扁球形 8 室。果无毛。花期 5 ~ 6 月，果期 9 ~ 10 月。

分布与生境：原产我国长江流域，八大公山各地栽培。

用途：我国传统果树，果供鲜食或加工制成柿饼；果实还可提取柿漆；果实和宿存花萼入药；庭院观赏；木材可作用材。

柿（原变种）Diospyros kaki var. kaki

3b. 野柿 Diospyros kaki var. **silvestris** Makino

本变种与原变种的区别在于小枝及叶柄常密被黄褐色柔毛，叶较小，叶片下面的毛较多，花较小，果亦较小。

分布与生境：分布于八大公山各地，生于海拔 200 ~ 1200 m 的山坡林中。

用途：果供鲜食或加工成柿饼；果实还可提取柿漆；果实和宿存花萼入药；庭院观赏。

野柿 Diospyros kaki var. silvestris

4. 君迁子 Diospyros lotus Linnaeus

落叶乔木。叶近膜质，椭圆形。雄花 1 ~ 3 朵腋生，花萼钟形，常 4 裂；花冠壶形，4 裂，雌花单生，几无梗，淡绿色或带红色；花萼 4 裂，深裂；花冠壶形，常 4 裂，裂片反曲。果球形。花期 5 ~ 6 月，果期 10 月。

分布与生境：分布于八大公山各地，生于海拔 700 ~ 1800 m 的山坡林中。

用途：成熟果实可供食用，亦可制成柿饼或入药；未熟果实可提制柿漆，供医药和涂料用；木材可作用材；树皮可供提取单宁和制人造棉。

5. 苗山柿 Diospyros miaoshanica S. Lee

常绿灌木或小乔木；树皮黑褐色或黄褐色，嫩枝有灰黄色茸毛。叶革质，长圆形或长椭圆形，（7 ~ 17）cm ×（3.0 ~ 5.3）cm，先端渐尖，基部宽楔形至近圆形，下面淡绿色，中脉和侧脉上疏生长伏毛，中脉在上面凹下，下面明显凸起。果球形，熟时橙黄色，初时密被伏柔毛，成熟时毛渐脱落。果期 10 月。

分布与生境：分布于八大公山各地，生于海拔 200～300 m 的山坡林下。

用途：庭院观赏。

君迁子 Diospyros lotus

苗山柿 Diospyros miaoshanica

6. 油柿 Diospyros oleifera Cheng

落叶乔木。树皮成薄片状剥落，内皮白色。全体被灰色长柔毛。叶长圆形至长圆状倒卵形，（6.5 ~ 20.0）cm ×（3.5 ~ 12.0）cm，基部圆形，中脉和侧脉在上面稍凸起，下面微凸起。花雌雄异株或杂性，雄花的聚伞花序生当年生枝下部，或中央 1 朵为雌花，且能发育成果。果卵形、卵状长圆形、球形或扁球形，嫩时绿色，成熟时暗黑色。花期 4 ~ 5 月，果期 8 ~ 10 月。

分布与生境：分布于八大公山各地，生于海拔 200 ~ 1200 m 的山坡林中。

用途：果可供食用；果蒂（宿存花萼）入药；未成熟果实供取柿漆用。

油柿 Diospyros oleifera

一百二十六、报春花科 Primulaceae

草本、灌木、乔木或藤本。叶互生、对生或轮生，基部常形成莲座状。花单生或组成总状、伞形或穗状花序；花两性，花萼4或5，宿存；花冠4或5，下部合生，辐射对称，雄蕊多少贴生于花冠筒上，与花冠裂片同数且对生，子房上位，1室；花柱单一；胚珠多数，生于特立中央胎座上。蒴果、浆果或核果。

58属2590种，我国有17属652种，湖南有11属126种，八大公山有7属42种。

分属检索表

1. 乔木、灌木或稀为藤本；花辐射对称；浆果状核果或肉质浆果或干果，稀蒴果。
  2. 子房上位；果有1种子。
    3. 花冠裂片在花蕾时旋转状排列；花两性……………………………… **2. 紫金牛属 Ardisia**
    3. 花冠裂片覆瓦状或镊合状排列；花单性或两性。
      4. 攀缘灌木……………………………………………………………………… **3. 酸藤子属 Embelia**
      4. 灌木或乔木………………………………………………………………………… **6. 铁仔属 Myrsine**
  2. 子房半下位或近下位；果有多数种子…………………………………………**5. 杜茎山属 Maesa**
1. 草本；花辐射对称，稀为左右对称，雄蕊5，稀再有与萼片对生的退化雄蕊；蒴果。
  5. 花冠裂片在花蕾中覆瓦状排列。
    6. 花冠筒长于花冠裂片………………………………………………………… **7. 报春花属 Primula**
    6. 花冠筒短于花冠裂片……………………………………………………… **1. 点地梅属 Androsace**
  5. 花冠裂片在花蕾中旋转状排列………………………………………………**4. 珍珠菜属 Lysimachia**

（一）点地梅属 Androsace Linnaeus

多年生或一、二年生草本。叶同型或异型，基生或簇生于根状茎或根出条端，形成莲座状叶丛，叶丛单生、数枚簇生或多数紧密排列，使植株成为半球形的垫状体。花5基数，在花葶端排成伞形花序，花萼钟状至杯状，花冠白色、粉红色，少有黄色，筒部通常呈坛状，约与花萼等长，喉部常收缩成环状突起。蒴果球形。

169种，我国产73种，湖南产4种，八大公山产4种。

分种检索表

1. 叶片圆形或肾形，基部心形。
  2. 花萼分裂仅达中部。
    3. 花萼分裂仅达中部………………………………………………………………**1. 莲叶点地梅 A. henryi**
    3. 叶片小型，边缘具圆钝粗锯齿…………………………………………… **2. 峨眉点地梅 A. paxiana**
  2. 花萼分裂几达基部…………………………………………………………………… **4. 点地梅 A. umbellata**
1. 叶椭圆形至椭圆状倒卵形，基部楔形至近圆形…………………………… **3. 异叶点地梅 A. runcinata**

1. 莲叶点地梅 **Androsace henryi** Oliver

多年生草本。叶基生，圆形至圆肾形，先端圆形，基部浅心形，边缘具粗锯齿，两面被短伏毛，具3(~ 5)基出脉。花常2 ~ 4枚自叶丛中抽出，花萼漏斗状，分裂达中部，花冠白色，裂片倒卵状心形。花期4 ~ 5月，果期5 ~ 6月。

分布与生境：分布于八大公山各地，生于海拔1000 ~ 1900 m的山坡林下。

用途：全草入药；庭院观赏。

莲叶点地梅 Androsace henryi

2. 峨眉点地梅 **Androsace paxiana** R. Knuth

多年生草本。叶丛生根茎端，叶片圆形，直径1.5 ~ 4.0 cm，基部浅心形，边缘具波状圆齿，上面被贴伏的短硬毛，下面毛较长且密，叶脉极明显，呈白色。花葶通常2 ~ 4枚自叶丛中抽出，伞形花序8 ~ 14花；苞片线形，花萼狭钟状，分裂达中部，花冠白色，裂片倒卵状长圆形，先端微凹。蒴果倒卵形。花期4 ~ 5月，果期6月。

分布与生境：分布于八大公山芭茅溪，生于海拔300 ~ 400 m的悬崖石缝中。

峨眉点地梅 Androsace paxiana

3. 异叶点地梅 **Androsace runcinata** Handel-Mazzetti

多年生草本。叶椭圆形至椭圆状倒卵形，（3 ~ 13）cm ×（2 ~ 5）cm，先端钝圆，基部楔形至近圆形，边缘极狭内卷，具不规则的波状浅圆齿，近基部有时羽状深裂，坚纸质，上面深绿色，疏被小刚毛，下面灰绿色，沿中肋被小刚毛，其余部分被极稀疏的小刚毛或近于无毛。伞形花序无毛，有 8 ~ 12 花；苞片线状钻形，花萼倒圆锥形，微具 5 棱，分裂约达全长的 1/3，裂片三角形，先端稍厚；花冠淡紫红色，裂片长圆形，全缘或先端微凹。蒴果小，短于萼筒。花期 4 ~ 5 月。

分布与生境：分布于八大公山五道水，生于海拔 200 ~ 500 m 的林缘。

用途：庭院观赏。

异叶点地梅 Androsace runcinata

4. 点地梅 Androsace umbellata (Loureiro) Merrill

一年生或二年生草本。主根不明显，具多数须根。叶全部基生，叶片近圆形或卵圆形，先端钝圆，

点地梅 Androsace umbellata

基部浅心形至近圆形，边缘具三角状钝牙齿，两面均被贴伏的短柔毛。花葶通常数枚自叶丛中抽出，花萼杯状，分裂近达基部，花冠白色，喉部黄色，裂片倒卵状长圆形。花期 2 ~ 4 月，果期 5 ~ 6 月。

分布与生境：分布于八大公山各地，生于海拔 200 ~ 1000 m 的荒土中、路边。

用途：全草或果实入药。

（二）紫金牛属 Ardisia Swartz

多为常绿灌木，或半灌木状。叶有锯齿或全缘，常互生。有腺点。花序顶生或腋生，圆锥状、总状或近伞状；花两性，多 5 基数；萼片分离或基部短合生；花瓣基部合生，裂片右旋覆瓦状，在芽中旋转；雄蕊着生在花冠喉部，花丝短而宽，花药大；花柱细，柱头小。果为浆果，球形，种子 1 枚。

815 种，我国产 73 种，湖南产 21 种，八大公山产 5 种。

分种检索表

1. 叶互生，全缘或微波状。
  2. 叶下面及叶柄被微锈毛……………………………………………………**1. 九管血 A. brevicaulis**
  2. 叶下面及叶柄无毛或几无毛。
    3. 叶厚纸质，叶下面有明显黑腺点…………………………………………**2. 朱砂根 A. crenata**
    3. 叶膜质，背面常有微细鳞片………………………………………………**3. 百两金 A. crispa**
1. 叶对生或轮生，叶缘有锯齿。
  4. 植物体密被锈色卷曲长柔毛…………………………………………………**4. 月月红 A. faberi**
  4. 植物体疏被灰色短柔毛或近无毛……………………………………………**5. 紫金牛 A. japonica**

1. 九管血 Ardisia brevicaulis Diels

九管血 Ardisia brevicaulis

半灌木，有匍匐根状茎。叶纸质，狭卵圆形至披针形，先端尖，基部钝圆，全缘，稍有腺体，叶两面均有黑点，边缘尤多，侧脉在背面隆起。花序伞形，顶生或腋生；花紫色；萼片披针形或狭卵形，急尖，基合生，有黑色斑点；花瓣卵形，先端急尖，背面有黑色斑点；雄蕊较花瓣短，先端有黑色斑点；雌蕊与花瓣略等长。果红色，疏被斑点。花期 6 ~ 7 月，果期 10 ~ 12 月。

分布与生境：分布于八大公山各地，生于海拔 200 ~ 1000 m 的荒土中、路边。

用途：全株入药；庭院观赏。

2. 朱砂根 Ardisia crenata Sims

常绿灌木。小枝灰棕色。叶椭圆状披针形或倒披针形，先端急尖至渐尖，边缘呈皱波状或波状；花序伞形或伞房状，顶生或腋生；花白色或粉红色；萼片长圆卵形，先端圆钝，疏具斑点；花瓣卵形，先端急尖，有斑点；雄蕊较花冠裂片为短；雌蕊与花冠裂片约同长。果暗红色，有斑点。花期 5 ~ 6 月，果期 10 ~ 12 月。

分布与生境：分布于八大公山各地，生于海拔 200 ~ 600 m 的山坡林下，也有栽培。

用途：根入药；庭院观赏。

朱砂根 Ardisia crenata

3. 百两金 Ardisia crispa (Thunberg) A. de Candolle

常绿小灌木。根状茎横走。叶椭圆状披针形或狭长圆状披针形，先端急尖至长渐尖，基部急尖，全缘或波状，反卷；下面常被有细鳞片，或有时有隆起的斑点。花序近伞形，顶生或腋生；或顶端被鳞片或有微毛；花白色或淡绿色；萼片有 3 脉；花瓣卵形。雌蕊与花冠裂片等长。果暗红色或黑色。花期 5 ~ 6 月，果期 10 ~ 12 月。

分布与生境：分布于八大公山各地，生于海拔 200 ~ 700 m 的山坡林下。

用途：根入药；庭院观赏。

百两金 Ardisia crispa

4. 月月红 Ardisia faberi Hemsley

常绿小灌木或亚灌木，具匍匐生根的根茎，近蔓生，全体密被锈色卷曲长柔毛。叶对生或近轮生，卵状椭圆形或披针状椭圆形，顶端渐尖，基部楔形，（5～10）cm×（2.5～4.0）cm，边缘具粗锯齿。伞形花序腋生或生于节间互生的钻形苞片腋间，花萼基部几分离，萼片狭披针形或线状披针形，花瓣白色至粉红色，子房卵珠形，无毛。果球形，红色，无腺点，无毛或被微柔毛。花期 5～7 月，果期 5～11 月。

分布与生境：分布于八大公山各地，生于海拔 200～300 m 的山坡林下阴湿地。

用途：全草入药；庭院观赏。

月月红 Ardisia faberi

5. 紫金牛 Ardisia japonica (Thunberg) Blume

半灌木。无匍匐根状茎。幼时被毛。叶对生，椭圆状卵形至宽椭圆状披针形，两端均急尖，边缘有细锯齿，中脉有时被微柔毛，多少有斑点。花序腋生或近顶生，近伞形，少花；苞片披针形，花粉红至白色；萼片先端钝或急尖，有缘毛，有时有斑点；花瓣先端急尖，密被黑斑点；花药背面有黑斑。果红色。花期 5 ~ 6 月，果期 11 ~ 12 月。

分布与生境：分布于八大公山各地，生于海拔 200 ~ 300 m 的山坡林下阴湿地。

用途：全草入药；庭院观赏。

紫金牛 Ardisia japonica

（三）酸藤子属 Embelia N.L.Burman

攀缘灌木。叶互生。花小，常单性异株，4 ~ 5 数，为顶生或侧生的伞形花序或延长的总状或圆锥花序；萼片分离，宿存；花瓣分离或基部合生，复瓦状排列；雄蕊着生于花瓣上；子房在雌花中球形或卵形，柱头头状。浆果状核果，种子 1 粒。

133 种，我国产 14 种，湖南产 5 种，八大公山产 2 种。

分种检索表

1. 叶全缘……………………………………………………………… **1. 平叶酸藤子 E. undulata**
1. 叶缘具细锯齿………………………………………………………**2. 密齿酸藤子 E. vestita**

1. 平叶酸藤子 Embelia undulata (Wallich) Mez

常绿藤状灌木，小枝密布瘤状皮孔。叶互生，长椭圆形或椭圆形，坚纸质至革质，全缘，边缘及顶部密生腺点。总状花序腋生；花 5 数，稀 4 数；萼片三角形；花瓣白色或淡绿色，分离；雄蕊在雌花中退化，雌蕊在雄花中退化；小苞片、萼片、花瓣、花药均具腺点，花瓣中更多。子房卵形，柱头头状或浅裂。果球形，红色，花柱宿存，宿萼反卷。花期 11 月至翌年 1 月，果期 3 ~ 5 月。

分布与生境：分布于八大公山五道水，生于海拔 200 ~ 400 m 的山谷林缘。

用途：全株入药；庭院观赏。

平叶酸藤子 Embelia undulata

2. 密齿酸藤子 Embelia vestita Roxburgh

攀缘灌木，小枝无毛或嫩枝被极细的微柔毛，具皮孔。叶卵形至卵状长圆形。叶具两面隆起的腺点。总状花序腋生；花 5 数，萼片基部联合；花瓣白色或粉红色；雄蕊在雌花中退化，在雄花中伸出花瓣，雌蕊在雌花中与花瓣近等长；花瓣内面密被乳头状突起和明显的腺点；花柱常下弯，柱头微裂。果球形或略扁，红色，具腺点。花期 10 ~ 11 月，果期 11 月至次年 2 月。

分布与生境：分布于八大公山各地，生于海拔 200 ~ 1000 m 的山坡林下。

用途：全株入药。

密齿酸藤子 Embelia vestita

（四）珍珠菜属 Lysimachia Linnaeus

直立或匍匐草本，通常有腺体。叶互生、对生或轮生，全缘。花单出腋生或排成顶生或腋生的总状花序或伞形花序；总状花序常缩短成近头状，稀复出成圆锥花序。花萼通常5深裂；花冠白色或黄色，5深裂，雄蕊与花冠裂片同数且对生，花丝分离或基部合生成筒，多少贴生于花冠上。蒴果近球形，通常5瓣开裂。

约180种，我国产138种，湖南产34种，八大公山产22种。

分种检索表

1. 花黄色，花丝下半部合生成筒或浅环并与花冠筒基部合生。
  2. 花丝粗短，长不超过花药的1/2，下部合生成环。
    3. 花药近线形…………………………………………………………… **4. 细梗香草 L. capillipes**
    3. 花药较短而宽，多少呈钝圆锥形。
      4. 叶基部楔形或阔楔形……………………………………………**11. 灵香草 L. foenum-graecum**
      4. 叶基部圆形至浅心形…………………………………………… **21. 鄂西香草 L. pseudotrichopoda**
  2. 花丝比花药长或植物体具有色的腺条。
    5. 叶柄基部明显扩展成耳状。
      6. 花冠基部联合成漏斗状………………………………………………… **1. 展枝过路黄 L. brittenii**
      6. 花冠从基部分裂成幅状……………………………………………… **15. 琴叶过路黄 L. ophelioides**
    5. 叶柄纤细或无柄，不呈耳状。
      7. 花单出腋生或在茎端排成疏松的总状花序……………… **14. 山萝过路黄 L. melampyroides**
      7. 花密集于茎端成近头状或伞形花序，如单出腋生则茎匍匐长蔓延。
        8. 植物体不具有色腺点，仅叶轮生种类有时具稀疏的棕色或黑色腺点。
          9. 茎直立。
            10. 叶对生，茎端2对常密聚，但非轮生；花序近头状。
              11. 叶卵形或卵状椭圆形，被毛。
                12. 茎直立；叶密被短糙伏毛 ……………………… **20. 疏头过路黄 L. pseudohenryi**
                12. 茎自匍匐的基部上升；叶密被长糙伏毛 …… **17. 叶头过路黄 L. phyllocephala**
              11. 叶椭圆形或椭圆状披针形，无毛 ……………………… **10. 管茎过路黄 L. fistulosa**
            10. 叶4至多叶在茎端轮生状；花序伞房状 ……………… **16. 落地梅 L. paridiformis**
          9. 茎长蔓延………………………………………………………… **17. 巴东过路黄 L. patungensis**
        8. 植物体具有色的腺点或腺条。
          13. 花集生于茎端或枝端。
            14. 植物有黑色或紫色腺点。
              15. 腺点黑色，在叶片、花萼上极密 ……………………… **19. 点叶过路黄 L. punctatilimba**
              15. 叶片上的腺点紫色，较稀疏或仅见于边缘 ………… **8. 临时救 L. congestiflora**

14. 植物有黑色腺条 ······························ **22. 显苞过路黄 L. rubiginosa**

13. 花单出或双出腋生。

16. 植株体具紫色或黑色腺点 ························ **13. 点腺过路黄 L. hemsleyana**

16. 植株体无紫色或黑色腺条。

17. 叶脉和叶肉同色 ······························ **5. 过路黄 L. christiniae**

17. 叶脉白色，在叶面形成花叶 ························ **2. 美脉过路黄 L. caloneura**

1. 花白色、淡红色或淡紫色，花丝分离，贴生于花冠筒中部或花冠裂片基部。

18. 花柱短，长仅达花冠裂片的中部，比果短或近等长。

19. 叶互生，有柄。

20. 花序粗壮，花密集 ······························ **7. 矮桃 L. clethroides**

20. 花序细瘦，花稍稀疏 ······························ **12. 星宿菜 L. fortunei**

19. 叶对生，仅茎上部叶有互生状态 ························ **6. 露珠珍珠菜 L. circaeoides**

18. 花柱伸出花冠之外或达到近同等高度，比果长。

21. 花冠阔钟形或裂片开展而合生部分很短 ························ **9. 延叶珍珠菜 L. decurrens**

21. 花冠狭钟形，合生部分约为全长的 1/2 ························ **3. 泽珍珠菜 L. candida**

1. 展枝过路黄 Lysimachia brittenii R. Knuth

多年生草本。茎基部常带暗紫色，枝纤细，通常近水平伸展。叶对生，披针形至长圆状披针形，基部楔形，下延，叶柄具狭翅，基部扩展成小耳状抱茎。花 6 至多朵在茎端和枝端排成伞形花序，在花序下方的 1 对叶腋中，偶有少数花（2 ~ 4 朵）生于不发育的短枝端。蒴果近球形。花期 5 月，果期 8 月。

展枝过路黄 Lysimachia brittenii

分布与生境：分布于八大公山各地，生于海拔 200 ~ 500 m 的山谷林缘。

用途：全草入药；庭院观赏。

2. 美脉过路黄 Lysimachia caloneura G.Hao, X.L.Yu & A.Liu

多年生草本。本种与过路黄近似，唯叶片近圆形，叶脉白色，在叶面形成花叶。

分布与生境：分布于八大公山五道水，生于海拔 200 ~ 500 m 的林下湿润草地上。

用途：庭院观赏。

美脉过路黄 Lysimachia caloneura

3. 泽珍珠菜 Lysimachia candida Lindley

一年生或二年生草本，全体无毛。基生叶匙形或倒披针形；茎叶互生，很少对生，无柄或近于无柄，倒卵形、倒披针形或线形，先端渐尖或钝，基部渐狭，两面均有深色腺点。总状花序顶生，初时花密集而呈阔圆锥形；苞片线形；花梗长约为苞片的 2 倍；花萼裂片披针形，背面有黑色短腺

泽珍珠菜 Lysimachia candida

条；花冠白色，裂片矩圆形；雄蕊稍短于花冠；花丝贴生至花冠的中下部。

分布与生境：分布于八大公山各地，生于海拔 200 ~ 500 m 的水沟边湿润草地上。

用途：全草入药。

4. 细梗香草 Lysimachia capillipes Hemsley

多年生草本。茎具棱或有狭翅。叶互生，叶片卵形至披针形，基部短渐狭或钝。花单生于叶腋；花萼裂片卵形至披针形，先端渐尖至钻形；花冠黄色，深裂，裂片狭矩圆形至线形，先端钝；花丝基部合生成高约 0.5 mm 的环；花药基着，顶孔开裂。蒴果直径 3 ~ 4 mm，瓣裂。

分布与生境：分布于八大公山各地，生于海拔 200 ~ 800 m 的溪边湿润草地上。

用途：全草入药。

细梗香草 Lysimachia capillipes

5. 过路黄 Lysimachia christiniae Hance

多年生草本。茎下部常匍匐，上部曲折上升。叶对生，叶片卵形至卵状椭圆形，先端锐尖或稍钝而具骤尖头，基部阔楔形，两面均被具节糙伏毛。花序顶生，近头状，多花，花萼分裂近达基部，裂片披针形，花冠黄色，基部合生，先端 5 裂，裂片倒卵形，有透明腺点，雄蕊 5，花丝基部合生成筒，上部分离。花期 5 ~ 6 月，果期 8 ~ 9 月。

分布与生境：分布于八大公山各地，生于海拔 200 ~ 1200 m 的山坡林缘草丛中。

用途：全草入药。

6. 露珠珍珠菜 Lysimachia circaeoides Hemsley

多年生草本，全体无毛。茎四棱形。叶对生，在茎上部有时互生，近茎基部的 1 ~ 2 对较小，椭圆形或倒卵形，上部茎叶长圆状披针形至披针形，先端锐尖，基部楔形，下延，下面较有红色小腺点，近边组有稀疏暗紫色或黑色祖腺点和腺条，侧脉 6 ~ 7 对。总状花序生于茎端，花冠白色，花药药隔顶端有红色粗腺体。花期 5 ~ 6 月，果期 7 ~ 8 月。

分布与生境：分布于八大公山各地，生于海拔 200 ~ 800 m 的路边湿润草地上。

用途：全草入药。

过路黄 Lysimachia christiniae

露珠珍珠菜 Lysimachia circaeoides

7. 矮桃 Lysimachia clethroides Duby

多年生草本。全株多少被褐色卷曲柔毛，具横走的根茎。叶互生；叶片矩圆形或阔披针形，先端渐尖，基部渐狭，两成散生黑色腺点。总状花序顶生；苞片线状钻形，稍长于花梗；花萼裂片卵状椭圆形，先端圆钝，有腺状缘毛；花冠白色，裂片狭矩圆形；雄蕊内藏；花丝下部 1 mm 贴生于花冠基部。

分布与生境：分布于八大公山各地，生于海拔 300 ~ 1800 m 的路边、林缘草地上。

用途：全草入药；庭院观赏。

8. 临时救 Lysimachia congestiflora Hemsley

多年生草本。茎下部匍匐，节上生根，茎密被多细胞卷曲柔毛。叶对生，茎端的 2 对间距短，近密聚，叶片卵形、阔卵形以至近圆形，近等大，先端锐尖或钝，基部近圆形或截形，近边缘有暗红色或有时变为黑色的腺点，侧脉 2 ~ 4 对。花 2 ~ 4 朵集生茎端和枝端成近头状的总状花序，在花序下方的 1 对叶腋有时具单生之花，花冠黄色，内面基部紫红色。花期 5 ~ 6 月，果期 7 ~ 10 月。

分布与生境：分布于八大公山各地，生于海拔 200 ~ 1500 m 的路边、林缘草地上。

用途：全草入药；庭院观赏。

矮桃 Lysimachia clethroides

临时救 Lysimachia congestiflora

9. 延叶珍珠菜 *Lysimachia decurrens* G.Forster

一年生草本。全体无毛。茎直立。叶互生，卵状披针形或椭圆形，先端渐尖，基部渐狭，边缘和先端有暗紫色或黑色粗腺条。总状花序顶生，疏花，花序最下方的苞片叶状，上部的渐次缩小成钻形，花冠白色，比花萼长，花丝贴生于花冠裂片的基部。蒴果球形。花期 5 ~ 7 月，果期 8 月。

分布与生境：分布于八大公山各地，生于海拔 400 ~ 900 m 的田边、塘边或沟边。

用途：全草入药。

延叶珍珠菜 Lysimachia decurrens

10. 管茎过路黄 Lysimachia fistulosa Handel-Mazzetti

多年生草本。茎钝四棱形。叶对生，茎端的 2 ~ 3 对密聚成轮生状，常较下部叶大 2 ~ 3 倍，叶片披针形，先端多少渐尖，基部渐狭，下延，下部叶具较长的柄。缩短的总状花序生于茎端和枝端，

管茎过路黄 Lysimachia fistulosa

成头状花序状，花冠黄色，裂片倒卵状长圆形，先端圆钝或具小尖头，花丝基部合生成筒，子房密被柔毛。蒴果球形。花期 5～7 月，果期 7～10 月。

分布与生境：分布于八大公山各地，生于海拔 400～900 m 的田边、塘边或沟边。

用途：全草入药。

11. 灵香草 Lysimachia foenum-graecum Hance

多年生草本。植株干后有浓郁香气。茎上升或近直立，具棱，棱边呈狭翅状。叶互生，位于茎端的通常较下部的大 1～2 倍，叶片广卵形至椭圆形，（4～11）cm×（2～6）cm，先端锐尖，基部渐狭或为阔楔形，边缘微皱呈波状。花单出腋生，花梗纤细，花萼深裂近达基部，花冠黄色，分裂近达基部，裂片先端圆钝；花丝基部与花冠合生约 0.5 mm，分离部分极短。蒴果近球形，灰白色。花期 5 月；果期 8～9 月。

分布与生境：分布于八大公山五道水，生于海拔 200～500 m 的山坡林缘、林下。

用途：全草入药；全草含芳香油，可提炼香精，用作烟草及香脂等香料；干品入箱中可防虫蛀衣物。

灵香草 Lysimachia foenum-graecum

12. 星宿菜 Lysimachia fortunei Maximowicz

多年生草本，全株无毛。根状茎横走，紫红色。茎直立，基部紫红色。叶互生，近于无柄，叶片长圆状披针形至狭椭圆形，（4～11）cm×（1.0～2.5）cm，两面均有黑色腺点。总状花序顶生，细瘦，花萼分裂近达基部，裂片卵状椭圆形，花冠白色，基部合生，裂片椭圆形或卵状椭圆形，先端圆钝，有黑色腺点。蒴果球形。花期 6～8 月；果期 8～11 月。

分布与生境：分布于八大公山各地，生于海拔 200～1000 m 的山坡草地及灌丛周边。

用途：全草入药。

星宿菜 Lysimachia fortunei

13. 点腺过路黄 Lysimachia hemsleyana Maximowicz ex Oliver

多年生草本。茎匍匐，鞭状伸长，密被柔毛。叶对生，叶片卵形或阔卵形，基部近圆形至浅心形，先端锐尖，两面均有深色腺点。花单生于叶腋；花萼裂片狭披针形，背面被疏毛，散生褐色腺点；花冠黄色，筒部长约 2 mm，裂片椭圆形至椭圆状披针形，散生暗红色或褐色腺点；花丝下中合生成高约 2 mm 的筒。

分布与生境：分布于八大公山各地，生于海拔 200 ~ 800 m 的山坡林下、溪边灌丛下。

用途：全草入药；庭院观赏。

点腺过路黄 Lysimachia hemsleyana

14. 山萝过路黄 Lysimachia melampyroides R. Knuth

多年生草本。茎直立或上升，密被褐色小糙伏毛。叶对生，茎下部具基部扩展成耳状的柄，茎上部叶卵状披针形至狭披针形，两面均密布粒状透明腺点。花通常单生于茎中部以上叶腋，有时在茎端和枝端稍密聚成总状花序状，花萼分裂近达基部，有透明腺点，花冠黄色，基部合生，花柱下部和子房顶端均被铁锈色柔毛。蒴果近球形，褐色。花期 5 ~ 6 月；果期 7 ~ 11 月。

分布与生境：分布于八大公山各地，生于海拔 200 ~ 800 m 的溪边灌丛下或巨石上。

用途：全草入药；庭院观赏。

山萝过路黄 Lysimachia melampyroides

15. 琴叶过路黄 Lysimachia ophelioides Hemsley

茎通常簇生，圆柱形，被细密短柔毛，中部以上分枝。叶对生，无柄，叶片披针形至狭披针形，

琴叶过路黄 Lysimachia ophelioides

（1～6）cm×（4～13）mm，先端长渐尖，下部收缩，至基部再扩展成耳状抱茎，上面绿色，无毛，下面淡绿色，沿叶脉被细密短柔毛，两面均有透明腺点。花通常4～6朵单生于茎端和枝端叶腋，花萼长4～5 mm，分裂近达基部，裂片披针形，宽约2 mm，先端渐尖成钻形，背面中肋明显隆起；花冠黄色，基部合生部分长1～2 mm，裂片椭圆形，有透明腺点；花丝基部合生成短筒。花期6月。

分布与生境：分布于八大公山各地，生于海拔200～800 m的山坡林下。

用途：全草入药；庭院观赏。

16. 落地梅 Lysimachia paridiformis Franchet

多年生草本。茎直立，无毛。叶4～6片在茎端轮生，无柄或近于无柄；叶片倒卵形至椭圆形，基部楔形，先端渐尖，无毛，两面通常散生黑色腺条。花集于茎端成伞形花序；花萼裂片披针形，无毛或具稀疏缘毛；花冠黄色，裂片狭矩圆形，先端钝或圆形，花丝下部合生成高约2mm的筒。花期4～5月；果期7～8月。

分布与生境：分布于八大公山各地，生于海拔200～800 m的山坡林下。

用途：全草入药；庭院观赏。

落地梅 Lysimachia paridiformis

17. 巴东过路黄 Lysimachia patungensis Handel-Mazzetti

多年生草本。茎纤细，匍匐伸长，节上生根，密被铁锈色多细胞柔毛。叶对生，茎端的2对（其中1对常缩小成苞片状）密聚，呈轮生状，叶片阔卵形或近圆形，两面密布具节糙伏毛。花2～4

巴东过路黄 Lysimachia patungensis

朵集生于茎和枝的顶端，花冠黄色，内面基部橙红色，先端有少数透明粗腺条，花丝下部合生成筒，子房上部被毛。蒴果球形。花期 5 ~ 6 月，果期 7 ~ 8 月。

分布与生境：分布于八大公山各地，生于海拔 200 ~ 500 m 的山坡林下。

用途：全草入药；庭院观赏。

18. 叶头过路黄 Lysimachia phyllocephala Handel-Mazzetti

多年生草本。茎基部膝曲，上部直立。叶对生，茎端的 2 对间距小，密聚成轮生状，常较下部叶大 1 ~ 2 倍，两面均被糙伏毛，叶柄密被柔毛。花序顶生，近头状，多花，花萼分裂，花冠黄色，基部合生，裂片倒卵形或长圆形，花丝基部合生成高 3 ~ 4 mm 的筒。花期 5 ~ 6 月，果期 8 ~ 9 月。

分布与生境：分布于八大公山各地，生于海拔 800 ~ 1500 m 的山坡林下。

用途：全草入药；庭院观赏。

叶头过路黄 Lysimachia phyllocephala

19. 点叶落地梅 Lysimachia punctatilimba C. Y. Wu

茎圆柱形，肥厚多汁，下部光滑，上部密被秕鳞状腺体。叶对生，近等大，茎端的 2 对间距短，有时近密聚，叶片卵圆形或卵状椭圆形，（3.5 ~ 8.0）cm ×（1.8 ~ 5.0）cm，先端锐尖，基部阔楔形至近圆形，上面绿色，疏被具节糙伏毛或近于无毛，下面淡绿色，无毛，两面密布黑色腺点。花 2 ~ 6 朵在茎端簇生成头状花序状；花萼分裂近达基部，密布黑色腺点；花冠黄色，基部合生部分长约 5mm，裂片长圆形，内面被秕鳞状腺体。花期 5 ~ 7 月。

分布与生境：分布于八大公山各地，生于海拔 200 ~ 800 m 的山坡林下。

用途：全草入药；庭院观赏。

20. 疏头过路黄 Lysimachia pseudohenryi Pampanini

多年生草本。茎直立或膝曲直立，密被柔毛。叶对生，茎端的 2 ~ 3 对通常稍密聚；叶片卵形，稀为卵状披针形，基部近圆形或部长楔形，先端锐尖或稍钝，两面密被小糙伏毛，散生粒状半透明腺点。总状花序顶生，缩短成近头状；花梗果时下弯；花萼裂片披针形，背面被柔毛；花冠黄色；花丝下部合生成高 2 ~ 3 mm 的筒。

分布与生境：分布于八大公山各地，生于海拔 200 ~ 800 m 的山坡林下。

用途：全草入药；庭院观赏。

点叶落地梅 Lysimachia punctatilimba

疏头过路黄 Lysimachia pseudohenryi

21. 鄂西香草 Lysimachia pseudotrichopoda Handel-Mazzetti

多年生草本，干后有香气。茎纤细。叶互生，阔卵形或近菱形，茎端的较大，常较下部叶大 2～3 倍，先端锐尖，基部楔状短渐狭或近圆形以至截形，边缘微呈皱波伏，侧脉 4～5 对。花单生茎端叶腋，花梗纤细，花冠黄色。花期 5 月。

分布与生境：分布于八大公山天平山，生于海拔 700～1300 m 的山沟溪边潮湿地。

鄂西香草 Lysimachia pseudotrichopoda

22. 显苞过路黄 Lysimachia rubiginosa Hemsley

茎直立或基部倾卧生根，多少被铁锈色柔毛。叶对生，卵形至卵状披针形，先端锐尖或短渐尖，基部近圆形或阔楔形，边缘具缘毛。花 3 ~ 5 朵，单生于枝端密集的苞腋，极少生于茎端；苞片叶状，卵形或近圆形，稍短于花或有时较长。蒴果直径约 3 mm。花期 5 月；果期 7 ~ 8 月。

分布与生境：分布于八大公山各地，生于海拔 200 ~ 500 m 的山坡林下。

用途：全草入药；庭院观赏。

显苞过路黄 Lysimachia rubiginosa

（五）杜茎山属 **Maesa** Forsskål

常绿小乔木或直立或极叉开的灌木。花序腋生或侧生，总状或圆锥状；花两性或单性，5 基数，在花梗或在其顶端有小苞片 2 枚；萼与子房的下半部或更多处合生，萼片宿存；花瓣合生成筒；雄蕊着生花冠筒上，花丝分明，伸长，与花药同长，花药卵形或肾形；花柱细，柱头不分裂或 3 ~ 5 裂；胚珠多数。浆果肉质，球形或卵形，花柱或基部宿存，萼片宿存。种子多数，有角棱。

34 种，我国产 29 种，湖南产 6 种，五八大公山产 3 种。

分种检索表

1. 植株无毛。
2. 小苞片钻形至披针形，花冠筒与花冠裂片几等长…………………… **1. 湖北杜茎山 M. hupehensis**
2. 小苞片宽卵形至肾形，花冠筒部显著长于花冠裂片……………………… **3. 杜茎山 M. japonica**
1. 植株无毛……………………………………………………………………… **2. 毛穗杜茎山 M. insignis**

1. 湖北杜茎山 Maesa hupehensis Rehder

常绿灌木。叶纸质，披针形至长圆状披针形，先端长渐尖，基部圆形，全缘，上面暗绿色，下面灰绿色，并有腺条，花序腋生，总状，或有时圆锥状；小苞片钻形至披针形；萼片卵形，密被腺条；花冠被腺条，裂片与筒部几同长。果球形至卵形，黄色，多少被腺条。花期 5 ~ 6 月，果期 10 ~ 12 月。

分布与生境：分布于八大公山各地，生于海拔 200 ~ 600 m 的山坡或沟边阴湿处。

用途：根入药。

湖北杜茎山 Maesa hupehensis

2. 毛穗杜茎山 Maesa insignis Chun

常绿灌木。小枝密被长硬毛。叶片椭圆形或椭圆状卵形，顶端渐尖或近尾尖，基部圆形或钝，（12 ~ 19）cm ×（4 ~ 7）cm，边缘具锐锯齿或三角状锯齿，两面被糙伏毛。总状花序，腋生，总梗、苞片、花梗、花萼及小苞片均被长硬毛；花冠黄白色，钟形，裂片为花冠管长的 1/2 或略短。果球形，白色，略肉质，被长硬毛，腺点及纵行肋纹不甚明显，宿存萼包果顶端，常冠以宿存花柱。花期 1 ~ 2 月，果期约 11 月。

分布与生境：分布于八大公山五道水，生于海拔 200 ~ 300 m 的山坡或沟边阴湿处。

毛穗杜茎山 Maesa insignis

3. 杜茎山 Maesa japonica (Thunberg) Moritzi & Zollinger

灌木，有时攀缘状。叶椭圆形、椭圆状披针形或矩圆状卵形，先端渐尖、急尖或钝，全缘或近基部全缘，或中部以上有疏、尖锯齿。总状花序或近基部有分枝，腋生；小苞片宽卵形至肾形，有腺条纹；花冠有腺条纹，裂片长为花冠筒的 1/3。果球形，有腺条纹。花期 4 月，果期 10 月。

杜茎山 Maesa japonica

分布与生境：分布于八大公山各地，生于海拔 200 ~ 1500 m 的山坡或沟边阴湿处。

用途：根入药。

（六）铁仔属 **Myrsine** Linnaeus

灌木或小乔木。叶全缘或有锯齿。花序花少数，伞形，生于具多疣的短枝上，腋生，或生于二年生枝上；花雌雄异株，4 或 5 基数；萼片分离或合生；花瓣几分离；雄蕊着生花瓣基部；雌蕊花柱短，柱头点状或扁平流苏状或有缺刻。果为浆果，种子 1 粒，内果皮硬壳质。

104 种，我国产 11 种，湖南有 7 种，八大公山有 4 种。

分种检索表

1. 叶缘有齿，花着生于有叶的小枝上。

2. 叶长不及 3cm，叶缘锯齿非针刺状……………………………………………… **1. 铁仔 M. atricana**

2. 叶长 3cm 以上，叶缘锯齿针刺状 …………………………………………… **3. 针齿铁仔 M. semiserrata**

1. 叶全缘，花着生于无叶的多年生小枝上。

3. 叶片长圆状倒披针形至倒披针形……………………………………………… **2. 密花树 M. seguinii**

3. 叶片倒披针形或椭圆状披针形………………………………………… **4. 瘤枝密花树 M. verruculosa**

1. 铁仔 **Myrsine africana** Linnaeus

灌木或小乔木。叶椭圆形、倒卵形或披针形，先端圆至急尖，基部钝或急狭，中部以上有锯齿，叶下面常有斑点，叶纸质至革质；几无柄。花序腋生；花 4 基数；萼片常有缘毛，多少有黑斑；雌花的花瓣长为萼片的 2 倍，下半部合生，裂片鳞片状，有黑斑，雄花花瓣基部合生，裂片披针形；

铁仔 Myrsine africana

雄蕊长为花瓣 2 ~ 3 倍，花药紫色；雌花柱头盘状，边缘分裂或线裂。果球形，红色。花期 5 ~ 8 月，果期 10 月。

分布与生境：分布于八大公山各地，生于海拔 200 ~ 1500 m 的山坡或沟边阴湿处。

用途：全株入药；庭院观赏。

2. 密花树 Myrsine seguinii H. Léveillé

常绿小乔木。叶革质，长圆状倒披针形至倒披针形，先端急尖或钝，基部楔形，多少下延，全缘，伞形花序花 3 ~ 10 朵；苞片宽卵形，有疏缘毛；萼片卵形，有缘毛，花瓣基部合生，有腺点，内面有腺毛；雄蕊在雄花中着生花冠中部；雌蕊与花瓣稍同长；子房卵形，柱头伸长，顶端扁平。果球形或近卵形，有时熟后黑色。花期 4 ~ 5 月，果期 10 ~ 12 月。

分布与生境：分布于八大公山各地，生于海拔 200 ~ 700 m 的山顶干旱的阔叶林下。

用途：叶和根皮入药。

密花树 Myrsine seguinii

3. 针齿铁仔 Myrsine semiserrata Wallich

灌木或小乔木。小枝稍有角棱。叶椭圆形至披针形，先端急尖至长渐尖，基部渐狭，叶下面有斑点。花序腋生、束生或伞形，3 ~ 7 花；花黄绿色，4 基数，萼片卵圆形至椭圆形，有腺斑；花瓣几分离，长为萼片的 3 ~ 4 倍，两面有腺斑，先端有时有腺毛；雄蕊长与花瓣同，花药橙紫色，雌蕊在雄花中较雄蕊为短；柱头边缘撕裂。果球形，赤色，后变为蓝黑色或紫色，有斑点。花期 2 ~ 4 月，果期 10 ~ 12 月。

分布与生境：分布于八大公山五道水、楠木坪，生于海拔 200 ~ 500 m 的溪边灌丛中。

4. 瘤枝密花树 Myrsine verruculosa (C. Y. Wu) Pipoly & C. Chen

常绿灌木。植株分枝多。叶通常聚于小枝顶端，叶片倒披针形或椭圆状披针形，顶端圆形或广钝，有时急尖且微凹，两面无毛。花簇生或成伞形花序，花瓣白色或淡绿色。果球形，紫黑色，常具皱纹，多少具腺点。花期12月至翌年1月，果期7~9月或11月。

分布与生境：分布于八大公山芭茅溪、龙潭坪，生于海拔200~500 m的山坡林缘石壁上。

用途：叶和根皮入药。

针齿铁仔 Myrsine semiserrata

瘤枝密花树 Myrsine verruculosa

（七）报春花属 **Primula** Linnaeus

多年生草本。叶全部基生，莲座状。花5基数，通常在花葶端排成伞形花序，较少为总状花序、短穗状或近头状花序，花萼钟状或筒状，具浅齿或深裂；花冠漏斗状或钟状，喉部不收缩，筒部通常长于花萼，裂片全缘、具齿或浅裂；雄蕊贴生于冠筒上，花药先端钝，花丝极短；子房上位，近球形，花柱常有长短2型。蒴果球形至筒状。

329种，我国产300种，湖南产13种，八大公山产2种。

分种检索表

1. 植株无粉，被多细胞毛，少数种类被粉亦被毛……………………………………**1. 鄂报春 P. obconica**
1. 植株多少被粉，如无粉则无毛………………………………………………… **2. 卵叶报春 P. ovalifolia**

1. 鄂报春 *Primula obconica* Hance

多年生草本，全体被柔毛。叶丛生；叶片卵圆形至矩圆形，先端圆形。花葶 1 至数个；伞形花序 2 ~ 13 花；花萼杯状或阔钟状，具 5 脉，裂片阔三角形或半圆形而具骤尖头；花冠玫瑰红色，稀白色，冠筒长于花萼 0.5 ~ 1 倍，裂片倒卵形，先端 2 裂。蒴果球形。

分布与生境：分布于八大公山各地，生于海拔 300 ~ 500 m 的悬崖石壁上。

用途：根可入药；庭院观赏。

鄂报春 Primula obconica

2. 卵叶报春 *Primula ovalifolia* Franchet

多年生草本，全株无粉。叶片阔椭圆形至阔倒卵形，边缘具圆齿，上面沿中肋被柔毛，下面密被短柔毛。花萼裂片卵形至卵状披针形，花冠紫色或牙紫色，冠筒长于萼 0.2 ~ 0.5 倍，裂片先端具深凹缺。蒴果球形，藏于萼筒中。花期 3 ~ 4 月。

分布与生境：分布于八大公山斗篷山、天平山、杉木界，生于海拔 1300 ~ 1500 m 的悬崖石壁上。

用途：根可入药；庭院观赏。

卵叶报春 Primula ovalifolia

一百二十七、山茶科 Theaceae

乔木或灌木。叶互生，叶片革质，无托叶。花两性，稀单性，单生或数花簇生；萼片5至多数，脱落或宿存；花瓣5至多数；雄蕊多数，花丝分离或基部合生，子房上位，稀半下位，2～10室；花柱分离或连合。蒴果。种子球形、半球形或多面体形。

9属250种，我国产6属145种，湖南产5属71种，八大公山有4属12种。

分属检索表

1. 萼片常多于5，宿存或脱落；种子大，无翅。
  2. 蒴果有中轴……………………………………………………………**1. 山茶属 Camellia**
  2. 蒴果无中轴或有中轴但从下向上开裂，果爿悬挂于中轴顶端…………… **2. 核果茶属 Pyrenaria**
1. 萼片5，宿存；种子较小，有翅或无翅。
  3. 蒴果的宿萼小，不包着果实，种子周围有………………………………………… **3. 木荷属 Schima**
  3. 蒴果的宿萼大，包着或托住果实，种子有翅……………………………………… **4. 紫茎属 Stewartia**

（一）山茶属 **Camellia** Linnaeus

灌木或乔木。叶革质，互生。花两性，顶生或腋生，单花或2～3朵并生；苞片2～6或多数；萼片5～6，分离或基部连生，脱落或宿存；花冠白色、红色或黄色，花瓣5～12或为重瓣，基部连合；雄蕊多数2～6轮；子房上位。蒴果。种子圆球形或半圆形。

120种，我国有97种，湖南有49种，八大公山产7种。

分种检索表

1. 苞片未分化，花开放时即脱落；花大，直径5 ～ 10 cm，花无柄。
  2. 花白色，单瓣………………………………………………………………………… **4. 油茶 C. oleifera**
  2. 花红色，稀白色重瓣品种。
    3. 子房无毛………………………………………………………………………**3. 山茶 C. japonica**
    3. 子房被柔毛……………………………………………………………… **5. 西南红山茶 C. pitardii**
1. 苞明显分化，苞片宿存或脱落；花较小，直径2 ～ 5 cm，花有柄。
  4. 子房仅1室发育，子房无毛。
    5. 叶长大于7 cm；嫩枝及花的各部分均无毛 ……………………… **2. 连蕊茶 C. cuspidata**
    5. 叶长2 ～ 7 cm，嫩枝有毛，稀无毛。
      6. 萼片背面无毛或仅有睫毛…………………………………… **6. 川鄂连蕊茶 C. rosthorniana**
      6. 萼片背面有长茸毛或短柔毛…………………………………………… **1. 川鄂连蕊茶 C. costei**
  4. 子房3室均能育，子房有毛……………………………………………………………… **7. 茶 C. sinensis**

1. 贵州连蕊茶 Camellia costei H. Leveille

常绿灌木。本种识别特征为嫩枝有毛，花大小不一，花柄极短，萼片短小，长不过 2.5 mm，雄蕊有短花丝管，无毛，子房亦无毛。花期 1 ~ 2 月。

分布与生境：分布于八大公山各地，生于海拔 300 ~ 600 m 的山坡林下。

用途：根入药；庭院观赏；种子榨油供食用。

贵州连蕊茶 Camellia costei

2. 连蕊茶 Camellia cuspidata (Kochs) H. J. Veitch

常绿灌木。叶革质，卵状披针形或椭圆形，边缘具细锯齿，叶柄具短毛。花白色，顶生或腋生；

连蕊茶 Camellia cuspidata

苞片卵形；花萼杯状，萼片 5；花瓣 6～7；雄蕊多数；花柱顶端 3 浅裂。蒴果圆球形，苞片和萼片宿存。花期 4～7 月。

分布与生境：分布于八大公山各地，生于海拔 300～1000 m 的山坡林下。

用途：根入药；庭院观赏；种子榨油供食用。

3. 山茶 Camellia japonica Linnaeus

灌木或小乔木。叶革质，椭圆形，边缘有细锯齿。花两性，顶生，红色；苞片及萼片组成杯状苞被，外被白色柔毛；花瓣 5～7，外侧有毛；雄蕊多数，3 轮；花柱先端 3 裂。蒴果圆球形。种子有角棱。花期 4～5 月，果期 9～10 月。

分布与生境：原产我国及日本，八大公山各地栽培。

用途：庭院观赏；花可入药；种子榨油，供工业用及食用。

山茶 Camellia japonica

4. 油茶 Camellia oleifera C. Abel

常绿灌木或小乔木，嫩枝有粗毛。叶革质，边缘有细钝锯齿。花两性，顶生或腋生；萼片 5，背面有柔毛或绢毛；花瓣白色，外侧有毛；雄蕊多数；子房有长毛，花柱先端 3 裂。蒴果球形或卵圆形。种子 1～2。花期 10～11 月，果期次年 10 月。

分布与生境：分布于八大公山各地，生于海拔 200～800 m 的山坡林下。

用途：根入药；庭院观赏；种子榨油供食用。

5. 西南红山茶 Camellia pitardii Cohen-Stuart

灌木至小乔木。嫩枝无毛。叶革质，披针形或长圆形，（8～12）cm×（2.5～4.0）cm，先端渐尖或长尾状，基部楔形，两面无毛，边缘有尖锐粗锯齿。花顶生，红色，无柄；苞片及萼片 10 片，最下半 1～2 片半月形，内侧的近圆形，背面有毛，脱落；花瓣 5～6 片，基部与雄蕊合生；雄蕊无毛，外轮花丝连生，子房有长毛。蒴果扁球形，3 室，3 爿裂开，果爿厚。花期 2～5 月。

分布与生境：分布于八大公山各地，生于海拔 200～800 m 的山坡林下。

用途：种子可榨油供食用；庭院观赏。

油茶 Camellia oleifera

西南红山茶 Camellia pitardii

6. 川鄂连蕊茶 Camellia rosthorniana Handel-Mazzetti

常绿灌木。嫩枝密被褐色茸毛，叶薄革质，表面光亮，叶缘有锯齿，叶尖钝尖、基部楔形或狭椭圆形。花白色，腋生或顶生；苞片先端有睫毛；花萼杯状，萼片 5，边缘有睫毛；花冠白色；花柱先端极短 3 裂。蒴果圆球形，有宿存苞片及萼片。花期 4 月。

分布与生境：分布于八大公山各地，生于海拔 200 ~ 800 m 的山坡林下。

川鄂连蕊茶 Camellia rosthorniana

7. 茶 Camellia sinensis (Linnaeus) Kuntze

常绿灌木。叶革质，长圆形或椭圆形，下面无毛或有柔毛，边缘有锯齿。花两性，白色，腋生；萼片具睫毛，宿存；花瓣背面无毛或有短柔毛；雄蕊多数；子房上位，被茸毛；花柱 1，先端 3 裂。蒴果。花期 10 ~ 11 月，果期次年 10 ~ 11 月。

分布与生境：原产我国，八大公山各地栽培或逸生。

用途：叶、果实可作饮料；芽叶、根、果实、花还可入药；种油供工业用及食用。

茶 Camellia sinensis

（二）核果茶属 Pyrenaria Blume

常绿灌木或小乔木。叶缘有锯齿。单花腋生，有柄或近无柄：萼片 5，不等大，花瓣 5，基部略连生，雄蕊多数，子房 3 ~ 5 室，花柱 3 ~ 5，离生或基部合生。果实为沿室背自下而上开裂的蒴果或不开裂的核果，每室通常 2 种子。种子纵向压扁，无翅。

26 种，我国产 13 种，湖南产 3 种，八大公山产 1 种。

1. 粗毛石笔木 Pyrenaria hirta (Handel-Mazzetti) H. Keng

常绿乔木。嫩枝有褐色粗毛。叶革质，长圆形，（6 ~ 13）cm ×（2.5 ~ 4.0）cm，先端尖锐，基部楔形，侧脉 8 ~ 13 对，边缘有细锯齿。花直径 2.5 ~ 4.5 cm，白色或淡黄色，苞片卵形，萼片 10，近圆形，外面有毛，内面秃净；花瓣外面有毛；子房 3 室，每室有胚珠 2 ~ 3 个。蒴果纺锤形。

分布与生境：分布于八大公山五道水，生于海拔 300 ~ 600 m 的山坡林下。

用途：庭院观赏；种子榨油供食用。

粗毛石笔木 Pyrenaria hirta

（三）木荷属 Schima Reinwardt

乔木。叶全缘或有锯齿。花大，两性，腋生，白色；苞片 2 ~ 7；萼片 5，离生或基部连生，宿存；花瓣 5，最外 1 片呈风帽状，另 4 片卵圆形，离生；雄蕊多数，花丝扁平；子房被毛，柱头头状或 5 裂。蒴果球形，木质；中轴宿存，五角形。种子周围有薄翅。

约 20 种，我国产 13 种，湖南产 7 种，八大公山产 3 种。

分种检索表

1. 叶椭圆形，下面无毛。
  2. 叶片全缘…………………………………………………………………… **1. 银木荷 S. argentea**
  2. 叶片边缘有锯齿…………………………………………………………… **2. 木荷 S. sinensis**
1. 叶披针形或长圆形，下面有毛，至少中脉有毛…………………………… **3. 小花木荷 S. parviflora**

1. 银木荷 Schima argentea E. Pritzel

常绿大乔木。嫩枝有柔毛，老枝有白色皮孔。叶厚革质，长圆形或长圆状披针形，（8 ~ 12）cm ×（2.0 ~ 3.5）cm，先端尖锐，基部阔楔形，下面有银白色蜡被，有柔毛或秃净，边缘全缘。花数朵生枝顶，苞片 2，卵形，萼片圆形，外面有绢毛；花瓣长 1.5 ~ 2.0 cm，最外 1 片较短，有绢毛，子房有毛。花期 7 ~ 8 月。

分布与生境：分布于八大公山各地，生于海拔 300 ~ 600 m 的山坡林下。

用途：根入药；庭院观赏。

银木荷 Schima argentea

2. 木荷 Schima superba Gardner & Champion

乔木。叶片革质或薄革质，卵状椭圆形、长圆形或卵状椭圆形，边缘有钝齿；叶柄长 1 ~ 2 cm。花白色，腋生或顶生；萼片半圆形，内有白色绢毛；花瓣基部及缘部有毛；子房上位，基部密被绢毛；柱头 5 裂。蒴果木质，疏生细毛。花期 4 ~ 5 月，果熟期 9 ~ 10 月。

分布与生境：原产我国，八大公山有栽培。

用途：庭院观赏；防火林带树种；木材可作用材。

3. 小花木荷 Schima parviflora W. C. Cheng & H. T. Chang

常绿大乔木，嫩枝被柔毛。叶片长圆形或披针形，下面有短柔毛，边缘有细钝齿，叶柄被柔毛。花小，白色，4 ~ 8 朵生于枝顶呈总状，花柄有柔毛；萼片背面有毛；花瓣倒卵形，外面有毛；子房被毛，花柱短。蒴果近球形。花期 6 ~ 8 月。

分布与生境：分布于八大公山五道水、杉木界，生于海拔 700 m 的以下山坡林中。

用途：庭院观赏；用材树种。

木荷 Schima superba

小花木荷 Schima parviflora

（四）紫茎属 Stewartia Linnaeus

乔木，芽有鳞苞。叶薄革质。花单生于叶腋，有短柄；萼片宿存；花瓣白色，基部连生；雄蕊多数，花丝下半部合生，花丝管上端有毛；子房5室，胚珠基底着生，柱头5裂。蒴果，先端尖，略有棱，室背5裂，木质，每室种子1～2。种子周围有狭翅，宿萼大，常包着蒴果。

20种，我国有15种，湖南产7种，八大公山有1种。

1. 紫茎 Stewartia sinensis Rehder & Wilson

灌木或小乔木，冬芽苞被短柔毛。叶纸质，边缘有粗齿，叶腋有簇生毛丛；叶柄有沟槽。萼片基部合生，有毛；花瓣白色，基部合生，外有绢毛；雄蕊多数，基部合生，花药被毛；子房上位，5室，有毛；柱头5裂。蒴果木质。种子有狭翅。花期6月，果期9～10月。

分布与生境：分布于八大公山，生于海拔1400～1800 m的山地杂木林中。

用途：庭院观赏；根或果入药。

紫茎 Stewartia sinensis

一百二十八、山矾科 Symplocaceae

灌木或乔木。冬芽上下叠生。单叶互生，无托叶。花辐射对称，多为两性，生于叶腑或排成花序，花萼3～5裂，常宿存；花冠分裂至基部或中部，通常5裂，雄蕊通常多数，子房下位或半下位，顶端常具花盘和腺点，2～5室，花柱1，柱头小。果为核果，顶端冠以宿存的萼裂片。

2属320种，我国产1属42种，湖南产2属35种，八大公山产1属7种。

（一）山矾属 Symplocos Jacquin

常绿稀为落叶的乔木或灌木。叶通常具锯齿、腺质锯齿或全缘，无托叶。穗状花序、总状花序或圆锥花序，稀单生；花通常为1枚苞片和2枚小苞片所承托；萼筒通常漏斗状，通常5裂，常宿存；

花冠裂片通常为5，覆瓦状排列；雄蕊通常多数，着生于花冠筒上，子房下位或半下位，2～5室，每室胚珠2～4颗，花柱1，柱头小，头状或2～5裂。

318种，我国产42种，湖南产34种，八大公山产7种。

分种检索表

1. 叶片的中脉在叶面凸起或微凸起；子房顶端的花盘有毛…………………… **1. 薄叶山矾 S. anomala**

1. 叶片的中脉在叶面凹下或平坦；花盘无毛，很少有柔毛。

  2. 花集成圆锥花序；子房2室，落叶性…………………………………… **4. 日本白檀 S. paniculate**

  2. 花单生或集成总状花序、穗状花序、团伞花序；子房通常3室，通常常绿性。

    3. 核果坛形、卵形；花排成总状花序，很少排成穗状花序。

      4. 花序有毛……………………………………………………………… **5. 多花山矾 S. ramosissima**

      4. 花序无毛。

        5. 核果坛形…………………………………………………………… **7. 山矾 S. sumuntia**

        5. 核果圆柱形或卵形…………………………………………………… **3. 光亮山矾 S. lucida**

    3. 核果球形或圆柱形；花排成穗状花序或团伞花序。

      6. 叶纸质或近膜质，边缘无骨质边………………………………… **2. 光叶山矾 S. lancifolia**

      6. 叶厚革质，边缘有透明的骨质边………………………………………… **6. 老鼠矢 S. stellaris**

1. 薄叶山矾 Symplocos anomala Brand

小乔木或灌木。叶薄革质，狭椭圆形、椭圆形或卵形，全缘或具锐锯齿。总状花序腋生；花萼

薄叶山矾 Symplocos anomala

被微柔毛，裂片半圆形；花冠白色，有桂花香，5深裂几达基部；雄蕊20~100枚，花丝基部稍合生；花盘环状；子房3室。核果褐色，长圆状球形，被短柔毛，有明显的纵棱。花果期4~12月。

分布与生境：分布于八大公山各地，生于海拔500~1200 m的山坡林中。

用途：庭院观赏；蜜源植物。

2. 光叶山矾 Symplocos lancifolia Siebold & Zuccarini

小乔木。叶纸质或近膜质，干后有时呈红褐色，卵形至阔披针形，边缘具稀疏的浅钝锯齿。穗状花序；花萼5裂，裂片卵形；花冠淡黄色，5深裂几达基部，裂片椭圆形；雄蕊15~40枚，花丝基部稍合生；子房3室。核果近球形，顶端宿萼裂片直立。花期3~11月，果期6~12月。

分布与生境：分布于八大公山各地，生于海拔500~1200 m的山坡林中。

光叶山矾 Symplocos lancifolia

3. 光亮山矾 Symplocos lucida (Thunberg) Siebold & Zuccarini

光亮山矾 Symplocos lucida

常绿小乔木。小枝粗壮，黄绿色，无毛。叶革质，边缘具波状浅锯齿，中脉和侧脉在叶面均凸起，侧脉每边 8 ~ 12 条。穗状花序与叶柄等长或稍短，基部分枝，花序轴具短柔毛，花萼裂片长圆形。花冠 5 深裂几达基部。核果椭圆形，顶端有直立的宿萼裂片。花期 3 ~ 4 月，果期 6 ~ 8 月。

分布与生境：分布于八大公山各地，生于海拔 500 ~ 1200 m 的山坡林中。

用途：庭院观赏；蜜源植物。

4. 日本白檀 Symplocos paniculata (Thunberg) Miquel

落叶灌木或小乔木。叶膜质或薄纸质，卵形，边缘有细尖锯齿。圆锥花序；花萼萼筒褐色，裂片半圆形或卵形，淡黄色，有纵脉纹，边缘有毛；花冠白色，5 深裂几达基部；雄蕊 25 ~ 60 枚，子房 2 室，花盘具 5 凸起的腺点。核果熟时蓝色，卵状球形，稍偏斜。花期 4 ~ 6 月，果期 9 ~ 11 月。

分布与生境：分布于八大公山各地，生于海拔 500 ~ 1200 m 的山坡林中。

用途：庭院观赏；种子可榨油供食用。

日本白檀 Symplocos paniculata

5. 多花山矾 Symplocos ramosissima Wallich ex G. Don

灌木或小乔木。叶膜质，椭圆状披针形或卵状椭圆形，（6 ~ 12）cm ×（2 ~ 4）cm，先端具尾状渐尖，基部楔形或圆，边缘有腺锯齿；中脉在叶面凹下，侧脉每边 4 ~ 9 条。总状花序长 1.5 ~ 3 cm，基部分枝，被短柔毛，苞片卵形，近基部边缘有 2 腺点；花萼被短柔毛，裂片阔卵形，顶端圆，稍短于萼筒；花冠白色，5 深裂几达基部；雄蕊 30 ~ 40 枚，长短不一，稍伸出花冠，花丝基部稍合生；花盘无毛，有 5 枚腺点；子房 3 室。核果长圆形，有微柔毛，嫩时绿色，成熟时黄褐色，有时蓝黑色，顶端宿萼裂片张开。花期 4 ~ 5 月，果期 5 ~ 6 月。

分布与生境：分布于八大公山各地，生于海拔 500 ~ 1200 m 的山坡林中。

多花山矾 Symplocos ramosissima

6. 老鼠矢 Symplocos stellaris Brand

常绿乔木。小枝粗，髓心中空，具横隔；芽、嫩枝、嫩叶柄、苞片和小苞片均被红褐色茸毛。叶厚革质，叶面有光泽，叶背粉褐色，披针状椭圆形或狭长圆状椭圆形，全缘，叶缘具透明骨质边。团伞花序着生于二年生枝的叶痕之上；苞片圆形，花萼裂片半圆形，有长缘毛；花冠白色，5深裂几达基部，裂片椭圆形，顶端有缘毛，雄蕊18～25枚，花丝基部合生成5束。核果狭卵状圆柱形，顶端有宿萼。花期4～5月，果期6月。

分布与生境：分布于八大公山各地，生于海拔500～1200 m的山坡林中。

用途：庭院观赏；木材可作小型用材。

老鼠矢 Symplocos stellaris

7. 山矾 Symplocos sumuntia Buchanan-Hamilton ex D. Don

乔木。叶薄革质，卵形或椭圆形，边缘具浅锯齿或波状齿，有时近全缘。总状花序；花萼萼筒倒圆锥形，裂片三角状卵形；花冠白色，5 深裂几达基部，裂片背面有微柔毛；雄蕊 23 ~ 40 枚，花丝基部稍合生；花盘环状；子房 3 室。核果卵状坛形。花期 2 ~ 3 月，果期 6 ~ 7 月。

分布与生境：分布于八大公山各地，生于海拔 500 ~ 1200 m 的山坡林中。

用途：庭院观赏；蜜源植物。

山矾 Symplocos sumuntia

一百二十九、安息香科 Styracaceae

乔木或灌木。全休常被星状毛。单叶，互生，无托叶。总状花序、聚伞花序或圆锥花序，花两性，很少杂性，花萼杯状或钟状，通常顶端 4 ~ 5 齿裂；花冠合瓣，极少离瓣，裂片常 4 ~ 5；雄蕊常为花冠裂片的 2 倍，花丝部分或大部分合生成管，常贴生于花冠管上；子房 3 ~ 5 室，中轴胎座。核果而有肉质外果皮或为蒴果，稀浆果，具宿存花萼。

11 属 180 种。我国产 10 属 54 种，湖南产 8 属 34 种，八大公山产 5 属 11 种。

分属检索表

1. 果实的一部分或大部分与宿存花萼合生；子房下位。

  2. 伞房状圆锥花序；花梗极短；果皮较薄，脆壳质………………………… **3. 白辛树属 Pterostyrax**

  2. 总状聚伞花序，开展；花梗长；果皮厚。

3. 外果皮肉质，无棱，光滑无毛……………………………………… **4. 秤锤树属 Sinojackia**

3. 外果皮木质，具棱，被星状毛…………………………………… **2. 长果安息香属 Changiostyrax**

1. 果实与宿存花萼分离或仅基部稍合生；子房上位或近上位。

4. 花萼与花梗之间具关节…………………………………………… **1. 赤杨叶属 Alniphyllum**

4. 花萼与花梗之间无关节……………………………………………… **5. 安息香属 Styrax**

（一）赤杨叶属 Alniphyllum Matsumura

落叶乔木。叶互生，边缘有锯齿，无托叶。总状花序或圆锥花序，花两性，花梗与花萼之间有关节；花萼杯状，顶端有 5 齿；花冠钟状，5 深裂；裂片在花蕾时作覆瓦状排列；雄蕊 10 枚，5 长 5 短，相间排列；花药卵形；子房卵形，近上位，5 室，每室有胚珠 8 ~ 10 枚；花柱线形，柱头不明显 5 裂。蒴果长圆形，成熟时室背纵裂成 5 果瓣。

3 种。我国全产，湖南产 1 种，八大公山亦产。

1. 赤杨叶 Alniphyllum fortunei (Hemsley) Makino

落叶乔木。叶椭圆形，边缘具疏离硬质锯齿，两面被毛。总状花序或圆锥花序；花白色或粉红色，花萼杯状，萼齿卵状披针形；花冠裂片长椭圆形，雄蕊 10 枚，花丝膜质；子房密被黄色长茸毛。果实长圆形或长椭圆形。花期 4 ~ 7 月，果期 8 ~ 10 月。

分布与生境：分布于八大公山各地，生于海拔 500 ~ 1200 m 的山坡林中。

用途：庭院观赏；用材树种；根入药。

赤杨叶 Alniphyllum fortunei

（二）长果安息香属 Changiostyrax (C. J. Qi) C. T. Chen

落叶乔木。叶卵状长圆形或卵状披针形，（8 ~ 13）cm ×（3.5 ~ 4.8）cm，顶端渐尖，基部宽楔形或圆形，边缘有细锯齿，下面疏生长柔毛。总状聚伞花序生于侧生小枝上，花萼陀螺形，顶端截平，被灰色绵毛状长柔毛；花冠 4 深裂，裂片椭圆状长圆形，雄蕊 8，花丝下部宽扁，联合成管，子房 4 室，每室有胚珠 8 颗。果实倒圆锥形，具 8 条纵脊，密被灰褐色长柔毛和极短的星状毛，外果皮与木栓质的中果皮合生，内果皮木质，坚硬，4 室，每室有种子 1 颗。

1 种，我国特有，八大公山也有分布。

1. 长果安息香 Changiostyrax dolichocarpus (C. J. Qi) C. T. Chen

特征见长果安息香属的描述。

分布与生境：分布于八大公山五道水、楠木坪，生于海拔 300 ~ 800 m 的沟谷林中。

用途：庭院观赏；用材树种。

长果安息香 Changiostyrax dolichocarpus

（三）白辛树属 **Pterostyrax** Siebold et Zuccarini

乔木或灌木。叶互生，有叶柄，边缘有锯齿。伞房状圆锥花序；花梗与花萼之间有关节；花萼钟状，5 脉，顶端 5 齿，萼管全部贴生于子房上；花冠 5 裂，裂片常基部稍合生；雄蕊 10 枚，伸出，1 列，花药卵形；子房近下位，常 3 室，胚珠每室 4 枚，花柱棒状，延伸，柱头不明显 3 裂。核果干燥，几全部为宿存的花萼所包围。

4 种，我国产 2 种，湖南产 2 种，八大公山全产。

分种检索表

1. 叶下面淡绿色，成长叶下面稍被星状柔毛；果有 5 狭翅…………… **1. 小叶白辛树 P. corymbosus**
1. 叶下面灰白色，成长叶下面密被灰色星状茸毛；果有 5 ~ 10 棱 ……… **2. 白辛树 P. psilophyllus**

1. 小叶白辛树 Pterostyrax corymbosus Siebold & Zuccarini

落叶乔木。嫩枝密被星状短柔毛。叶倒卵形至椭圆形，（6 ~ 14）cm ×（3.5 ~ 8.0）cm，顶端急渐尖或急尖，基部楔形或宽楔形，边缘有锐尖的锯齿，嫩叶两面均被星状柔毛，成长后下面稍被星状柔毛，侧脉每边 7 ~ 9 条。圆锥花序伞房状，花白色，花萼钟状，顶端 5 齿；萼齿披针形，花冠裂片长圆形，雄蕊 10 枚，5 长 5 短，花丝中部以下联合成管。果实倒卵形，5 翅，密被星状茸毛，顶端具长喙，喙圆锥状。花期 3 ~ 4 月，果期 5 ~ 9 月。

分布与生境：分布于八大公山五道水，生于海拔 300 ~ 800 m 的沟谷林中。

用途：庭院观赏；用材树种。

小叶白辛树 Pterostyrax corymbosus

2. 白辛树 Pterostyrax psilophyllus Diels ex Perkins

落叶乔木。叶长椭圆形或倒卵形，边缘具细锯齿，有时顶端浅裂。圆锥花序顶生或腋生，第二

白辛树 Pterostyrax psilophyllus

次分枝几成穗状；花白色；花萼钟状，5 脉，萼齿披针形；花瓣匙形；雄蕊 10 枚，近等长，子房密被灰白色粗毛，柱头稍 3 裂。果近纺锤形，5 ~ 10 棱，密被硬毛。花期 4 ~ 5 月，果期 8 ~ 10 月。

分布与生境：分布于八大公山各地，生于海拔 800 ~ 1200 m 的山坡林中。

用途：庭院观赏；用材树种；根、心材入药。

（四）秤锤树属 Sinojackia Hu

落叶小乔木或灌木。叶互生。总状聚伞花序生于侧生小枝顶端；花白色，常下垂；花梗与花萼之间有关节；萼管倒圆锥状或倒长圆锥状，几全部与子房合生，萼齿 4 ~ 7，宿存；花冠 4 ~ 7 裂，花丝下部联合成短管，上部分离，子房下位，3 ~ 4 室，每室有胚珠 6 ~ 8 颗。果实外果皮肉质，不开裂，中果皮木栓质，内果皮坚硬，木质。

4 种，我国产 2 种，湖南产 4 种，八大公山栽培 1 种。

1. 秤锤树 Sinojackia xylocarpa Hu

落叶灌木。叶倒卵形或椭圆形，（3 ~ 9）cm ×（2 ~ 5）cm，基部楔形或近圆形，边缘具硬质锯齿，生于具花小枝基部的叶较小，基部圆形或稍心形。总状聚伞花序生于侧枝顶端，有花 3 ~ 5 朵，萼管倒圆锥形，萼齿 5，披针形，花冠裂片长圆形，顶端钝，雄蕊花丝下部宽扁，联合成短管。果实卵形，连喙长 2.0 ~ 2.5 cm，宽 1.0 ~ 1.3 cm，红褐色，有浅棕色的皮孔，无毛，顶端具圆锥状的喙，外果皮肉质，不开裂。种子 1 颗，长圆状线形。花期 3 ~ 4 月，果期 7 ~ 9 月。

分布与生境：原产我国，八大公山有栽培。

用途：庭院观赏。

秤锤树 Sinojackia xylocarpa

（五）安息香属 Styrax Linnaeus

乔木或灌木。单叶互生。总状花序或聚伞花序，极少单花或数花聚生；花萼杯状或钟状，与子房基部完全分离或稍合生，顶端常 5 齿；花冠常 5 深裂，花冠管短；雄蕊 10 枚，子房上位，上部 1 室，下部 3 室，每室有胚珠 1 ~ 4 颗。核果肉质，干燥，不开裂或不规则 3 瓣开裂。

130 种，我国有 31 种，湖南有 18 种，八大公山有 6 种。

分种检索表

1. 花冠裂片边缘平坦，在花蕾时作覆瓦状排列。
  2. 花梗较长或等长于花…………………………………………………………… **4. 野茉莉 S. japonicus**
  2. 花梗短于花。
    3. 小枝最下 2 叶近对生……………………………………………………… **3. 老鸹铃 S. hemsleyanus**
    3. 叶全为互生……………………………………………………………… **5. 芬芳安息香 S. odoratissimus**
1. 花冠裂片边缘常狭内折，花蕾时作镊合状排列，有时为稍内向镊合状或稍内向覆瓦状排列。
  4. 叶下面密被星状茸毛…………………………………………………… **6. 栓叶安息香 S. suberifolius**
  4. 叶下面无毛或疏被星状柔毛。
    5. 圆锥花序，果直径 5 ~ 7 mm ……………………………………………**2. 垂珠花 S. dasyanthus**
    5. 总状花序，果直径 8 ~ 15 mm ……………………………………………**1. 赛山梅 S. confusus**

1. 赛山梅 Styrax confusus Hemsley

落叶小乔木。叶互生，椭圆形至倒卵状椭圆形，（4 ~ 14） cm ×（2.5 ~ 7.0） cm，顶端急尖或钝渐尖，基部圆形或宽楔形，边缘有细锯齿，侧脉每边 5 ~ 7 条，叶柄长 1 ~ 3 mm。总状花序顶生，有花 3 ~ 8 朵，下部常有 2 ~ 3 花聚生叶腋，花序梗、花梗和小苞片均密被灰黄色星状柔毛；花白色，花萼杯状，密被黄色或灰黄色星状茸毛和星状长柔毛，萼齿三角形，雄蕊花丝扁平，下部联合成管，上部分离，分离部分的下部扩大并密被白色长柔毛。果实近球形或倒卵形，直径 8 ~ 15 mm，外面密被灰黄色星状茸毛和星状长柔毛。花期 5 ~ 6 月，果期 7 ~ 8 月。

赛山梅 Styrax confusus

分布与生境：分布于用八大公山各地，生于海拔 800 ~ 1200 m 的山坡林中。

用途：庭院观赏。

2. 垂珠花 Styrax dasyanthus Perkins

落叶乔木。嫩枝圆柱形，密被灰黄色星状微柔毛，成长后无毛，紫红色。叶倒卵形至椭圆形，7 ~ 14（16）× 3.5 ~ 6.5（8）cm，顶端急尖或钝渐尖，尖头常稍弯，基部楔形或宽楔形，边缘上部有稍内弯角质细锯齿。总状花序或组成圆锥花序，下部常 2 至多花聚生叶腋，花白色，花萼杯状，外面密被黄褐色星状茸毛和星状长柔毛，萼齿 5，花冠裂片花蕾时作镊合状排列或稍内向覆瓦状排列。果实卵形或球形，顶端具短尖头，密被灰黄色星状短茸毛。花期 3 ~ 5 月，果期 9 ~ 12 月。

分布与生境：分布于八大公山斗篷山，生于海拔 1000 ~ 1500 m 的山坡林中。

用途：庭院观赏；叶药用；种子可榨油，可作油漆及制肥皂。

垂珠花 Styrax dasyanthus

3. 老鸹铃 Styrax hemsleyanus Diels

落叶乔木。叶纸质，生于小枝下部的 2 叶近对生，长圆形，上部边缘具锯齿或有时近全缘。总状花序；花白色，芳香；花萼杯状，顶端 5 齿，萼齿钻形或三角形，边缘和顶端常具褐色腺体；花冠裂片椭圆形，两面均密被茸毛；雄蕊较花冠裂片短，花药长圆形。果实球形至卵形，顶端具短尖头，稍具皱纹。花期 5 ~ 6 月，果期 7 ~ 9 月。

分布与生境：分布于八大公山各地，生于海拔 800 ~ 1700 m 的山坡林中。

用途：庭院观赏；木材可作用材；种子可榨油，可作油漆及制肥皂。

4. 野茉莉 Styrax japonicus Siebold & Zuccarini

灌木或小乔木。树皮平滑。叶互生，纸质或近革质，椭圆形。总状花序顶生，有花 5 ~ 8 朵；有时下部的花生于叶腋；花白色，开花时下垂；小苞片线形；花萼漏斗状，膜质，萼齿短而不规则，无毛；花冠裂片卵形，两面均被柔毛；花丝扁平，花药长圆形。果实卵形，顶端具短尖头，有不规则皱纹。花期 4 ~ 7 月，果期 9 ~ 11 月。

分布与生境：分布于八大公山各地，生于海拔 500 ~ 1000 m 的山坡林中。

用途：庭院观赏；花、虫瘿内白粉、叶、果均有入药；种子油可作油漆及制肥皂。

老鸹铃 Styrax hemsleyanus

野茉莉 Styrax japonicus

5. 芬芳安息香 Styrax odoratissimus Champion ex Bentham

小乔木。叶互生，薄革质至纸质，卵形或椭圆形，边全缘或上部有疏锯齿。总状或圆锥花序，顶生，下部的花常生于叶腋；花白色，小苞片钻形；花萼膜质，杯状；花冠裂片膜质，椭圆形；雄蕊较花冠短，花丝中部弯曲，花药披针形；花柱被白色星状柔毛。果实近球形，顶端骤缩而具弯喙，密被茸毛。花期 3 ~ 4 月，果期 6 ~ 9 月。

分布与生境：分布于八大公山各地，生于海拔 500 ~ 1000 m 的山坡林中。

用途：庭院观赏；木材可用用材；种子油可作油漆及制肥皂。

芬芳安息香 Styrax odoratissimus

6. 栓叶安息香 Styrax suberifolius Hooker & Arnott

乔木。树皮粗糙。叶互生，革质，椭圆形或椭圆状披针形，近全缘，下面密被褐色星状茸毛。总状花序或圆锥花序；花白色，小苞片钻形或舌形；花萼杯状，萼齿三角形或波状；花冠 4 ~ 5 裂，裂片披针形或长圆形，边缘常狭内褶，花冠管短；雄蕊 8 ~ 10 枚，较花冠稍短，花药长圆形；花柱约与花冠近等长，无毛。果实卵状球形，密被茸毛。花期 3 ~ 5 月，果期 9 ~ 11 月。

分布与生境：分布于八大公山各地，生于海拔 300 ~ 800 m 的山坡林中。

用途：庭院观赏；木材可作用材；种子油可制肥皂或油漆；根和叶可供药用。

栓叶安息香 Styrax suberifolius

一百三十、猕猴桃科 Actinidiaceae

乔木、灌木或藤本，被毛。单叶，互生。花序腋生，聚伞状或总状，或1花单生；花两性或雌雄异株；萼片覆瓦状排列，稀镊合状排列；花瓣覆瓦状排列，分离或基部合生；雄蕊10～13枚，2轮排列，或多数；花药纵缝开裂或顶孔开裂；花柱分离或合生为一体；子房多室或3室，中轴胎座。果为浆果或蒴果，种子多数或1颗，具肉质假种皮。

3属357种，我国产3属66种，湖南产2属42种，八大公山产2属10种。

分属检索表

1. 花雌雄异株，雄蕊多数，花柱分离；浆果无棱；种子多数……………………**1. 猕猴桃属 Actinidia**
1. 花两性，雄蕊10，花柱合生；果为蒴果，具5棱；种子5……………**2. 藤山柳属 Clematoclethra**

（一）猕猴桃属 **Actinidia** Lindley

本质藤本，无毛或被毛。单叶互生，具锯齿或近全缘。花单生或成聚伞花序，腋生或生于短花枝下部，雌雄异株；萼片5（2～4），分离或基部合生；雄蕊多数；子房上位，无毛或有毛，中轴胎座；雄花中有退化子房。浆果，有或无斑点。种子多数。

55种，我国产52种，湖南产40，八大公山产9种。

分种检索表

1. 植物体无毛或有少数毛。
  2. 子房圆状或瓶状；果实无斑点，先端有喙或无喙。
    3. 髓片层状，白色至褐色。
      4. 叶背面非粉绿色……………………………………………… **1. 软枣猕猴桃 A. arguta**
      4. 叶背面粉绿色或浅粉绿色………………………………… **5. 黑蕊猕猴桃 A. melanandra**
    3. 髓实心，白色。
      5. 花瓣5片，萼片大多5片，少见4片……………………… **6. 葛枣猕猴桃 A. polygama**
      5. 花瓣5～12片，萼片2～3片，少见4片 ………………………… **9. 对萼猕猴桃 A. valvata**
  2. 子房圆柱形或圆球形；果实有斑点，先端无喙。
    6. 髓实心…………………………………………………………**7. 红茎猕猴桃 A. rubricaulis**
    6. 髓片层状。
      7. 叶背面非粉绿色…………………………………**2. 京梨猕猴桃 A. callosa** var. **henryi**
      7. 叶背面粉绿色或浅粉绿色……………………………**8. 毛蕊猕猴桃 A. trichogyna**
1. 植物体密被茸毛。
  8. 花序一回分歧……………………………………………… **3. 中华猕猴桃 A. chinensis**
  8. 花序二至四回分歧………………………………………………… **4. 阔叶猕猴桃 A. latifolia**

1. 软枣猕猴桃 Actinidia arguta (Siebold & Zuccarini) Planchon ex Miquel

藤本，小枝基本无毛，髓片层状。单叶互生，阔椭圆形或阔倒卵形，先端突尖或短尾尖，基部圆形或心形，边缘有锐锯齿；背面仅脉腋上有白色髯毛。花序聚伞状腋生；花单性，花药暗紫色。果成熟时绿黄色，球圆形至柱状长圆形，无斑点，顶端有钝喙。花期 6 ~ 7 月，果期 9 月。

分布与生境：分布于八大公山各地，生于海拔 800 ~ 1800 m 的山坡林中。

用途：果药用还可生食，也可制果酱、蜜饯、罐头、酿酒等；花为蜜源，也可提芳香油；庭院观赏。

软枣猕猴桃 Actinidia arguta

2. 京梨猕猴桃 Actinidia callosa var. **henryi** Maximowicz

藤本，小枝无毛或有极少量硬毛。髓呈隔片状。叶片薄革质或纸质，卵形、阔卵形，基部圆形至楔形，边缘具细锯齿，叶背面脉腋内有白色髯毛。花序聚伞状腋生；花单性，萼片 5，花瓣 5；雄蕊多数，花药先端具喙；子房密被长柔毛。浆果乳头状至矩圆圆柱状。花期 5 ~ 6 月，果期 9 ~ 10 月。

分布与生境：分布于八大公山各地，生于海拔 800 ~ 1800 m 的山坡林中。

用途：果可食用。

京梨猕猴桃 Actinidia callosa var. henryi

3. 中华猕猴桃 **Actinidia chinensis** Planchon

分变种检索表

1. 果实仅被茸毛………………………………… **3a. 中华猕猴桃（原变种）A. chinensis** var. **chinensis**
1. 果实被茸毛、长硬毛或刺毛状长硬毛………… **3b. 美味猕猴桃（变种）A. chinensis** var. **deliciosa**

3a. 中华猕猴桃 **Actinidia chinensis** Planchon var. **chinensis**

藤本。幼枝被柔毛。髓白色，片层状。叶纸质，倒阔卵形、卵圆形或圆形，边缘具睫状小齿，背面被灰白或淡褐色茸毛。花单性，淡黄色；萼片 5，密被黄褐色茸毛，子房被金黄色糙毛，花柱狭条形。浆果被软茸毛，成熟时具淡褐色斑点及宿存萼片。花期 6～7 月，果期 8～9 月。

分布与生境：分布于八大公山各地，生于海拔 800～1800 m 的山坡林中。

用途：果、根、根皮、枝叶可入药；果可食用；庭院观赏。

中华猕猴桃 Actinidia chinensis var. chinensis

3b. 美味猕猴桃（变种）**Actinidia chinensis** var. **deliciosa** (A. Chevalier) A. Chevalier

本变种与原变种的区别在于果较大，黄褐色，近球形、圆柱形、倒卵形或椭圆形，被茸毛、长硬毛或刺毛状长硬毛。

分布与生境：分布于八大公山各地，生于海拔 800～1800 m 的山坡林中。

用途：果、根、根皮、枝叶可入药；果可食用；庭院观赏。

美味猕猴桃（变种）Actinidia chinensis var. deliciosa

4. 阔叶猕猴桃 Actinidia latifolia (Gardner & Champion) Merrill

大型落叶藤本。髓白色，片层状或中空或实心。叶坚纸质，通常为阔卵形，腹面无毛，背面密被灰色至黄褐色短度的紧密的星状茸毛。花序为 3 ~ 4 歧多花的大型聚伞花序，雄花花序远较雌性花的为长，花有香气，萼片 5 片，淡绿色，瓢状卵形，花开放时反折，花瓣 5 ~ 8 片，开放时反折；子房圆球形，密被污黄色茸毛。果暗绿色，圆柱形或卵状圆柱形，具斑点，无毛或仅在两端有少量残存茸毛。

分布与生境：分布于八大公山各地，生于海拔 200 ~ 450 m 的山坡疏林中。

用途：果可食用；庭院观赏。

阔叶猕猴桃 Actinidia latifolia

5. 黑蕊猕猴桃 Actinidia melanandra Franchet

落叶藤本。小枝洁净无毛，髓褐色，片层状。叶椭圆形或狭椭圆形，5~11 × 2.5~5 cm，顶端急尖至短渐尖，基部圆形或阔楔形，背面灰白色至苍绿色，侧脉腋上有髯毛或无。聚伞花序，有花1~7 朵，花绿白色，萼片 5 片，有时 4 片，卵形至长方卵形，除边缘有流苏状缘毛外，花瓣 5 片，有时 4 片或 6 片，匙状倒卵形，花药黑色，子房瓶状，洁净无毛。果瓶状卵珠形，无毛，无斑点，顶端有喙，基部萼片早落。花期 5~6 月，果熟期 9~10 月。

分布与生境：分布于八大公山各地，生于海拔 1200~1600m 的山坡疏林中。

用途：果可食用；庭院观赏。

黑蕊猕猴桃 Actinidia melanandra

6. 葛枣猕猴桃 Actinidia polygama (Siebold & Zuccarini) Maximowicz

藤本。髓实心。叶膜质或薄纸质，椭圆卵形，边缘有细锯齿，腹面略被小刺毛，背面略被微柔

葛枣猕猴桃 Actinidia polygama

毛或小刺毛。花 1 ~ 3 朵，白色；萼片 5，薄被微茸毛或近无毛；花瓣 5，略被微茸毛；花丝线形。浆果，卵珠形或柱状卵珠形，顶端有喙，基部有宿存萼片。花期 6 ~ 7 月中上旬，果熟期 9 ~ 10 月。

分布与生境：分布于八大公山各地，生于海拔 1200 ~ 2000 m 的山坡疏林中。

用途：果可食用；庭院观赏。

7. 红茎猕猴桃 Actinidia rubricaulis Dunn

分变种检索表

1. 花白色……………………………………… **7a. 红茎猕猴桃（原变种）A. rubricaulis** var. **rubricaulis**
1. 花红色…………………………………………… **7b. 革叶猕猴桃（变种）A. rubricaulis** var. **coriacea**

7a. 红茎猕猴桃（原变种） Actinidia rubricaulis Dunn var. **rubricaulis**

半常绿藤本；除子房外，全体洁净无毛；着花小枝较坚硬，红褐色，皮孔较显著，髓污白色，实心； 隔年枝深褐色，具纵行棱脊。叶坚纸质至革质，长方披针形至倒披针形，腹面深绿色，背面淡绿色；叶柄水红色。花白色或红色；萼片卵圆形至矩卵形；花瓣 5 片，瓢状倒卵形；子房柱球形，被茶褐色短茸毛。果暗绿色，卵圆形至柱状卵珠形。花期 4 月中旬至 5 月下旬。

分布与生境：分布于八大公山各地，生于海拔 200 ~ 1200 m 的山坡疏林中。

红茎猕猴桃（原变种）Actinidia rubricaulis var. rubricaulis

7b. 革叶猕猴桃 Actinidia rubricaulis var. **coriacea** C. F. Liang

藤本，枝具淡白色线状皮孔。髓实心。叶片革质，倒披针形或长圆状披针形，具粗大锯齿。花 1 或 2 ~ 4，花被 5；萼片内有白色短柔毛；雄蕊多数；子房密生白色短茸毛，花柱丝状。浆果，褐色，成熟时无毛，有白色斑点。花期 5 ~ 6 月，果期 9 ~ 10 月。

分布与生境：分布于八大公山各地，生于海拔 1200 ~ 2000 m 的山坡疏林中。

用途：果可食用；庭院观赏。

8. 毛蕊猕猴桃 Actinidia trichogyna Franchet

落叶藤本；叶卵形至长卵形，（5 ~ 10）cm ×（3 ~ 6）cm，顶端急尖至渐尖，基部钝形至圆形乃至浅心形。花序 1 ~ 3 花，萼片 5 片，长圆形；花瓣 5 片，倒卵形，子房柱状近球形，薄被灰黄

革叶猕猴桃 Actinidia rubricaulis var. coriacea

毛蕊猕猴桃 Actinidia trichogyna

色茸毛，花柱比子房稍短。果成熟时暗绿色，秃净具褐色斑点，近球形、卵珠形或柱状长圆形。花期 5 月下旬至 7 月上旬，果期 10 月。

分布与生境：分布于八大公山，海拔 700 ~ 1100 m 的山坡林中。

用途：果可鲜食。

9. 对萼猕猴桃 Actinidia valvata Dunn

落叶藤本。髓白色，实心。叶阔卵形至长卵形，边缘有细锯齿，两面均无毛。花序 2 ~ 3 花或 1 花单生，萼片 2 ~ 3 片，卵形至长方卵形；花瓣 7 ~ 9 片，白色，长方倒卵形，子房瓶状，洁净无毛。果成熟时橙黄色，卵珠状，稍偏肿，无斑点。

分布与生境：分布于八大公山，海拔 300 ~ 500 m 的山坡疏林中。

用途：全株可供观赏；果实及藤茎药用；可作嫁接耐湿的猕猴桃砧木。

对萼猕猴桃 Actinidia valvata

（二）藤山柳属 Clematoclethra Maximowicz

木质藤本，小枝无毛或被毛。单叶互生，无托叶，叶有毛或无毛。花单生或聚伞状；花瓣及萼片覆瓦状；萼片基部连合，有或无毛，果时宿存；雄蕊 10 枚，花药卵形，基部 2 裂；子房上位，具 5 棱，中轴胎座，花柱有 5 细条纹。蒴果，具 5 棱，不开裂，顶端有宿存柱头；种子倒三角形。

单种属，八大公山也有分布。

1. 繁花藤山柳 Clematoclethra scandens subsp. **hemsleyi** (Baillon) Y. C. Tang & Q. Y. Xiang

藤本。幼枝被棕褐色茸毛，后变无毛，茎皮具密皮孔。叶薄革质，卵形或卵状椭圆形，先端渐尖，基部圆形或近心形，边缘具细锯齿，叶下沿叶脉被棕褐色茸毛。聚伞花序腋生，总花梗细，具 6 ~ 12 朵花，被茸毛；萼片 5，椭圆形，宿存；花瓣 5，宽椭圆形；雄蕊 10，短于花瓣；子房 5 室，无毛。果球形，黑色。花期 7 ~ 8 月，果期 8 ~ 9 月。

分布与生境：分布于八大公山斗篷山、天平山，海拔 1100 ~ 1600 m 的山坡林中。

繁花藤山柳 Clematoclethra scandens subsp. hemsleyi

一百三十一、桤叶树科 Clethraceae

灌木或乔木；嫩枝和嫩叶常有星状毛或单毛。单叶互生，往往集生枝端，脱落，稀常绿，无托叶。花两性，单总状花序或分枝成圆锥状或近于伞形状的复总状花序，花序轴和花梗有星状毛、簇状毛，花梗基部有1苞片，早落或有时宿存；花萼碟状，萼片覆瓦状排列，宿存；花瓣分离，花柱圆柱形，细长。果为蒴果，近球形，有宿存的花萼及宿存的花柱。种子多而小，无翅或有翅。

2属75种，我国有1属7种，湖南有1属7种，八大公山有1属3种。

（一）桤叶树属 Clethra Linnaeus

灌木或乔木。单叶互生，往往集生枝端，无托叶。花两性，稀单性，整齐，单总状花序或分枝成圆锥状或近于伞形状的复总状花序；花萼碟状，5~6深裂，宿存；花瓣5~6枚，分离，顶端往往有微缺或为流苏状；雄蕊10~12，分离，子房上位，被毛，3室。果为蒴果，近球形，有宿存的花萼及宿存的花柱，室背开裂成3果瓣。

65种，我国有7种，湖南有4种，八大公山产3种。

分种检索表

1. 总状花序分枝成圆锥状或伞形状的复总状花序。
  2. 花丝有毛……………………………………………………**1. 髭脉桤叶树 C.barbinervis**
  2. 花丝无毛……………………………………………………**2. 城口桤叶树 C.fargesii**
1. 总状花序单一或间有分枝…………………………………**3. 湖南桤叶树 C.sleumeriana**

1. 髭脉桤叶树 Clethra barbinervis Siebold & Zuccarini

落叶灌木或乔木。树皮灰色，平滑；嫩枝密被星状茸毛。叶倒卵状椭圆形或倒卵形，（6 ~ 15）cm ×（3.0 ~ 6.5）cm，先端骤然短尖至渐尖，基部窄楔形，嫩叶上面被星状柔毛，下面密被星状柔毛及平展或稍卷曲的疏柔毛，侧脉 10 ~ 16 对。总状花序 3 ~ 6 枝成圆锥花序，花序轴和花梗均密被锈色星状茸毛及混杂于其中成簇的密或稀疏的微硬毛；萼 5 深裂，裂片卵形，花瓣 5，白色，芳香，倒卵状长圆形，顶端近于圆形，中部微凹并呈流苏状，雄蕊 10，子房密被紧贴的星状茸毛及锈色绢状长硬毛。蒴果近球形，疏被长硬毛及星状茸毛，宿存花柱长 5 ~ 6 mm；果梗长 6 ~ 8 mm。花期 7 ~ 8 月，果期 9 月。

分布与生境：分布于八大公山各地，生于海拔 1000 ~ 1800 m 的山坡疏林中。

用途：木材可作用材；庭院观赏。

髭脉桤叶树 Clethra barbinervis

2. 城口桤叶树 Clethra fargesii Franchet

落叶小乔木。叶披针状椭圆形或披针形，边缘具锐尖锯齿。总状花序 3 ~ 7 枝，成近伞形圆锥花序，萼 5 深裂，裂片卵状披针形；花瓣 5，白色，倒卵形，顶端近于截平，稍具流苏状缺刻；雄蕊 10，花柱顶端 3 深裂。蒴果近球形，向顶部有长毛。花期 7 ~ 8 月；果期 9 ~ 10 月。

分布与生境：分布于八大公山各地，生于海拔 1000 ~ 1800 m 的山坡疏林中。

用途：庭院观赏。

3. 湖南桤叶树 Clethra sleumeriana Hao

落叶灌木或小乔木。小枝褐色，嫩时疏被星状茸毛，很快变为无毛。叶片卵状长圆形，（8 ~ 12）cm ×（3.5 ~ 5.0）cm，先端渐尖或短尖，基部宽楔形，有时近于圆形。总状花序有 4 ~ 5 枝，成圆锥花序，有时单生，花序轴和花梗均密被灰白色至灰黄色成簇短毛；花梗在花期长 8 ~ 10 mm，果时略为伸长，顶部钩状下弯；萼 5 深裂，裂片卵状披针形，花瓣 5，淡黄色，长圆状匙形，雄蕊 10，花丝疏被长柔毛，子房密被锈色绢状微硬毛。蒴果近球形，宿存花柱长 12 mm。花期 7 ~ 8 月；果期 9 ~ 10 月。

分布与生境：分布于八大公山各地，生于海拔 1000 ~ 1800 m 的山坡疏林中。

用途：庭院观赏。

城口桤叶树 *Clethra fargesii*

湖南桤叶树 *Clethra sleumeriana*

一百三十二、杜鹃花科 Ericaceae

通常为木本或草本植物，有时缺乏叶绿素。叶螺旋状，有时交互对生，边缘通常有齿。花序为总状花序；小苞片成对。花（4）5 基数。花萼覆瓦状排列。花冠合生，覆瓦状排列。雄蕊 10，有时具距或芒，孔裂，花粉为四分体，稀单分体。子房上位或下位，中轴胎座，稀侧膜胎座，通常每室多胚珠。花柱与花冠近等长，纤细。蒴果或浆果，稀核果，花萼宿存。

124 属 4100 种，我国有 23 属 837 种，湖南有 10 属 118 种，八大公山有 9 属 30 种。

分属检索表

1. 木本；花被合生。
  2. 果实肉质…………………………………………………………………… **9. 越橘属 Vaccinium**
  2. 果实为干质。
    3. 蒴果室间开裂；花药无附属物………………………………………… **8. 杜鹃属 Rhododendron**
    3. 蒴果室背开裂；花药附属物有或无。
      4. 花药具芒刺，花丝直；叶片边缘通常有锯齿。
        5. 花药芒反折；花序圆锥状………………………………………………… **6. 马醉木属 Pieris**
        5. 花药芒直立或平展；花序总状、伞形或伞房状……………………**2. 吊钟花属 Enkianthus**
      4. 花药没有附属物；花丝曲；叶片边缘全缘………………………………**4. 珍珠花属 Lyonia**
1. 草本；花被分离。
  6. 绿色有叶植物；花药顶端孔裂，在花芽内反折。
    7. 叶全为基生……………………………………………………………………**7. 鹿蹄草属 Pyrola**
    7. 叶为茎生…………………………………………………………………… **1. 喜冬草属 Chimaphila**
  6. 无叶绿素腐生肉质植物。
    8. 花单一…………………………………………………………………………**5. 水晶兰属 Monotropa**
    8. 花多数，聚成总状花序……………………………………………………… **3. 松下兰属 Hypopitys**

（一）喜冬草属 **Chimaphila** Pursh

小型草本状半灌木。叶对生或轮生。花聚生于茎之顶端，为伞形花序或伞房花序，有时单生；萼片 5，宿存；花瓣 5；雄蕊 10，花丝短，下半部特膨大（断面近三角形），花药有小角，短，顶孔开裂；花柱极短或近无花柱，柱头宽圆成盾状；花盘杯状。蒴果直立，由顶部向下 5 纵裂，裂瓣的边缘无毛。

5 种，我国有 3 种，湖南产 1 种，八大公山也有分布。

1. 喜冬草 **Chimaphila japonica** Miquel

常绿半灌木。叶对生或 3 ~ 4 枚轮生，革质，阔披针形，（1.6 ~ 3.0）cm ×（0.6 ~ 1.2）cm，先端急尖，基部圆楔形或近圆形，边缘有锯齿，上面绿色，下面苍白色，鳞片状叶互生，褐色，卵状长圆形或卵状披针形。花葶有 1 ~ 2 枚长圆状卵形苞片，花单 1，有时 2，顶生或叶腋生，半下垂，白色，花瓣倒卵圆形，雄蕊 10，花丝下半部膨大并有缘毛。蒴果扁球形。花期 6 ~ 7 月；果期 8 ~ 10 月。

分布与生境：分布于八大公山斗篷山，生于海拔 1400 ~ 1800 m 的山坡林下。

用途：全草可入药；庭院观赏。

喜冬草 Chimaphila japonica

（二）吊钟花属 **Enkianthus** Loureiro

落叶灌木，枝常轮生。叶互生，全缘或具锯齿，常聚生枝顶，具柄。单花或为顶生、下垂的伞形花序或伞形总状花序；花梗细长，基部具苞片；花萼 5 裂，宿存；花冠钟状或坛状，5 浅裂；雄蕊 10 枚，分离，通常内藏、花丝短，花药卵形，顶端通常呈羊角状叉开，每室顶端具 1 芒；子房上位，5 室。5 爿裂的蒴果椭圆形，室背开裂。

12 种。我国有 7 种，湖南有 5 种，八大公山有 2 种。

1. 灯笼吊钟花 Enkianthus chinensis Franchet

落叶灌木或小乔木。叶常聚生枝顶，纸质，长圆形至长圆状椭圆形，（3 ~ 5）cm ×（2.0 ~ 2.5）cm，先端钝尖，具短凸尖头，基部宽楔形或楔形，边缘具钝锯齿，两面无毛，叶柄暗红色。花多数组成伞形花序状总状花序，花下垂，花萼 5 裂，裂片三角形，花冠阔钟形，肉红色，口部 5 浅裂；雄蕊 10 枚，花药 2 裂，芒长约 1 mm。蒴果卵圆形，果梗下垂，果实上举。种子有翅。花期 5 月，果期 6 ~ 10 月。

分布与生境：分布于八大公山各地，生于海拔 1000 ~ 2400 m 的山坡林中。

用途：花、种子入药；花供观赏。

2. 齿缘吊钟花 Enkianthus serrulatus (E. H. Wilson) C. K. Schneider

落叶灌木。叶密集枝顶，厚纸质，长圆形。伞形花序顶生。花下垂；花梗结果时直立，变粗壮；花萼绿色，萼片 5，三角形；花冠钟形，白绿色，口部 5 浅裂，裂片反卷；雄蕊花药具 2 反折的芒；子房圆柱形。蒴果椭圆形，具棱，顶端有宿存花柱。花期 4 月，果期 5 ~ 10 月。

分布与生境：分布于八大公山各地，生于海拔 700 ~ 2100 m 的山坡林中。

用途：根可入药；花供观赏。

灯笼吊钟花 Enkianthus chinensis

齿缘吊钟花 Enkianthus serrulatus

（三）松下兰属 Hypopitys Hill

多年生腐生草本。无叶绿素，白色或淡黄色，肉质。叶鳞片状。总状花序有 3 ~ 7 花，花有苞片；萼片长圆状卵形，花瓣 4 ~ 5，雄蕊 8 ~ 10，子房无毛，中轴胎座，4 ~ 5 室。蒴果。

3 种，我国产 1 种，湖南产 1 种，八大公山亦产。

1. 松下兰 Hypopitys monotropa Crantz

植株无叶绿素，白色或淡黄色，肉质。叶鳞片状，直立，互生，上部较稀疏，下部较紧密，卵状长圆形或卵状披针形，（1.0 ~ 1.5）cm ×（0.5 ~ 0.7）cm，先端钝头，边缘近全缘，上部的常有不整齐的锯齿。总状花序有 3 ~ 8 花；花初下垂，后渐直立。蒴果椭圆状球形，长 7 ~ 10 mm，直径 5 ~ 7 mm。花期 6 ~ 7（8）月；果期 7 ~ 8（9）月。

分布与生境：分布于八大公山斗篷山，生于海拔 1700 m 的山坡林下。

用途：全草入药。

松下兰 Hypopitys monotropa

（四）珍珠花属 Lyonia Nuttall

落叶灌木。单叶，互生。总状花序顶生或腋生；花萼 4 ~ 8 裂，花后宿存，但不增大，与花梗之间有关节；花冠筒状或坛状，白色，5 浅裂；雄蕊常 10 枚，内藏，子房上位，4 ~ 8 室，柱头截平至头状，每室胚珠多数。蒴果室背开裂，缝线通常增厚。

35 种，我国产 5 种，湖南产 1 种，八大公山亦产。

1. 小果珍珠花 Lyonia ovalifolia var. **elliptica** (Siebold & Zuccarini) Handel-Mazzetti

落叶灌木。叶椭圆形或卵形，无毛。总状花序着生叶腋，有叶状苞片。花萼深 5 裂，花冠圆筒状，上部浅 5 裂，裂片向外反折，先端钝圆；雄蕊花丝线形，顶端有 2 枚距状附属物；子房近球形。蒴果球形，较小，缝线明显增厚。花期 5 ~ 6 月，果期 7 ~ 9 月。

分布与生境：分布于八大公山各地，生于海拔 800 ~ 2400 m 的山坡林中。

用途：枝叶、果实入药；花供观赏。

（五）水晶兰属 Monotropa Linnaeus

多年生腐生草本。全株无叶绿素。茎肉质不分枝。叶退化成鳞片状，互生。花单生或多数聚成总状花序，花初下垂，后直立，苞片鳞片状，萼片 4 ~ 5，鳞片状，花瓣 4 ~ 6，长圆形，雄蕊 8 ~ 12，子房为中轴胎座，4 ~ 5 室。蒴果直立，4 ~ 5 室；种子有附属物。

3 种。我国有 2 种，湖南有 1 种，八大公山也产。

小果珍珠花 Lyonia ovalifolia var. elliptica

1. 水晶兰 Pieris formosa (Wallich) D.Don

多年生草本，腐生。茎直立，白色，肉质。叶鳞片状，直立，互生，长圆形或宽披针形，边缘近全缘。花单一，顶生，花冠筒状钟形；萼片 3 ~ 5，鳞片状；花瓣 5 ~ 6，离生，楔形或长圆形；雄蕊 10 ~ 12；花盘 10 齿裂；子房 5 室；蒴果椭圆状球形。花期 8 ~ 9 月，果期 9 ~ 11 月。

分布与生境：分布于八大公山各地，生于海拔 800 ~ 2400 m 的山坡密林下。

用途：全草入药。

水晶兰 Pieris formosa

（六）马醉木属 **Pieris** D.Don

常绿灌木或小乔木。单叶，互生，革质，边缘有圆锯齿或钝齿。圆锥花序或总状花序，具苞片、小苞片。花萼 5 裂，萼片在芽中呈镊合状排列，通常宿存；花冠坛状或筒状坛形，顶端 5 浅裂；雄蕊 10，不伸出花冠外，花药背部有 1 对下弯的距位于与花丝相接处；子房上位，5 室，每室胚珠多数。蒴果近于球形，室背开裂。

7 种，我国产 3 种，湖南产 2 种，八大公山产 1 种。

1. 美丽马醉木 **Pieris formosa** (Wallich) D.Don

常绿灌木或小乔木。叶革质，披针形至长圆形，边缘具细锯齿。总状花序簇生于枝顶的叶腋，或有时为顶生圆锥花序。萼片宽披针形；花冠白色，坛状，上部浅 5 裂；雄蕊 10，花丝线形；子房扁球形，柱头小，头状。蒴果卵圆形，无毛。花期 5 ~ 6 月，果期 7 ~ 9 月。

分布与生境：分布于八大公山各地，生于海拔 800 ~ 2400 m 的山坡林中。

用途：枝叶、果实入药；花供观赏。

美丽马醉木 Pieris formosa

（七）鹿蹄草属 **Pyrola** Linnaeus

多年生草本或半灌木状。根茎细长。叶常基生，稀聚集在茎下部互生或近对生。花聚成总状花序；花萼 5 浅裂，宿存；花瓣 5，脱落性；雄蕊 10，花丝扁平，无毛，花药有极短小角，成熟时顶端孔裂，子房上位，中轴胎座，5 室，花柱单生，顶端在柱头下有环状突起或无，柱头 5 裂。蒴果下垂，由基部向上 5 纵裂，裂瓣的边缘常有蛛丝状毛。

约 30 种，我国产 16 种，湖南产 4 种，八大公山产 2 种。

分种检索表

1. 叶上面无淡绿白色脉纹，或不明显……………………………………………… **1. 鹿蹄草 P. calliantha**
1. 叶上面有明显的淡绿白色脉纹……………………………………………… **2. 普通鹿蹄草 P. decorata**

1. 鹿蹄草 Pyrola calliantha Andres

常绿草本状小半灌木。根茎横生，有分枝。叶 4 ~ 7，基生，革质；椭圆形或圆卵形，边缘近全缘或有疏齿，上面绿色，下面常有白霜。总状花序有 9 ~ 13 花，密生，花白色，有时稍带淡红色；萼片舌形；花瓣椭圆形或倒卵形；雄蕊花药长圆柱形，有小角；花柱常带淡红色，倾斜，顶端增粗。蒴果扁球形。花期 6 ~ 8 月，果期 8 ~ 9 月。

分布与生境：分布于八大公山各地，生于海拔 800 ~ 2400 m 的山坡林中。

用途：全草入药；花供观赏。

长叶鹿蹄草（李丙贵 750278）我们认为很难与本种分开，暂作本种处理。

鹿蹄草 Pyrola calliantha

2. 普通鹿蹄草 Pyrola decorata Andres

常绿草本状小半灌木。根茎横生，有分枝。叶 3 ~ 6，近基生，薄革质，长圆形或匙形，边缘有疏齿。总状花序有 4 ~ 10 花，花倾斜，半下垂，花冠碗形，淡绿色或近白色；萼片卵状长圆形；花瓣倒卵状椭圆形；雄蕊花药具小角；花柱倾斜，上部弯曲，顶端有环状突起，伸出花冠。蒴果扁球形。花期 6 ~ 7 月，果期 7 ~ 8 月。

分布与生境：分布于八大公山各地，生于海拔 800 ~ 2400 m 的山坡林中。

用途：全草入药；花供观赏。

普通鹿蹄草 Pyrola decorata

（八）杜鹃属 **Rhododendron** Linnaeus

灌木或乔木。叶互生，全缘。伞形、总状或短总状花序通常顶生；花萼 5 ~ 8 裂或环状无明显裂片，宿存；花冠漏斗状、钟状、管状或高脚碟状，5 ~ 8 裂，裂片在芽内覆瓦状排列；雄蕊 5 ~ 10（27），着生花冠基部，花药无附属物；花盘多少增厚而显著，5 ~ 10（14）裂；子房通常 5（18）室，花柱宿存。蒴果自顶部向下室间开裂，果瓣木质。种子极小，有翅。

约 1000 种，我国产 590 种，湖南产 78 种，八大公山产 16 种。

分种检索表

1. 花序顶生，有时紧接顶生花芽之下有侧生花芽，有极少种类花序出自上部叶腋。
  2. 花和新的叶枝出自同一顶芽，茎、叶、花序及蒴果通常有扁平糙状毛。
    3. 叶轮状簇生于枝顶……………………………………………………………**4. 丁香杜鹃 R. farrerae**
    3. 叶在幼枝上散生。
      4. 雄蕊 7~10。
        5. 雄蕊比花冠短或部分与花冠等长……………………………………**11. 锦绣杜鹃 R. ×pulchrum**
        5. 雄蕊与花冠等长或比花冠长……………………………………………………**13. 杜鹃 R. simsii**
      4. 雄蕊 5 …………………………………………………………………………**2. 金萼杜鹃 R. chrysocalyx**
  2. 花出自顶芽；新的叶枝出自侧芽，无毛或有各式毛，但无扁平糙状毛。
    6. 幼枝、叶柄通常有刚毛或腺头状刚毛……………………………………**1. 耳叶杜鹃 R. auriculatum**

6. 幼枝无毛，稀具有柄腺体或茸毛，无刚毛。
7. 花冠 5 裂；叶较小。
8. 叶下面有银白色或灰白色毛。
9. 花梗有毛和腺体……………………………… **8. 金山杜鹃 R.longipes** var. **chienianum**
9. 花梗无毛和腺体………………………………………**16. 天门山杜鹃 R.tianmenshanense**
8. 叶下面有淡棕色或泥灰色毛被。
10. 叶革质，先端钝尖至锐尖 ………………………………………………**6. 光枝杜鹃 R.haofui**
10. 叶革质，先端钝尖至锐尖 ……………………………………………**12. 猴头杜鹃 R.simiarum**
7. 花冠（5）7~8（10）裂；叶大型。
11. 子房及花柱无毛。
12. 花梗长 1.0~1.3 cm，被白色微柔毛 ……………………… **15. 四川杜鹃 R. sutchuenense**
12. 花梗长 1.5~3.0 cm，无毛 ……………………………… **10. 早春杜鹃 R. praevernum**
11. 子房密被腺体。
13. 叶基部圆形或截形，叶柄圆柱形，长 1.8~4.0 cm …………… **5. 云锦杜鹃 R.fortunei**
13. 叶基部楔形，稀略近心形，叶柄粗壮，长 1.5~2.5 cm ……… **3. 喇叭杜鹃 R.discolor**
1. 花序腋生，通常生于枝顶叶腋，有时因叶早落或退化而成假顶生，或生于去年生枝下部叶腋。
14. 雄蕊 5；花萼裂片大而阔 ……………………………………………………… **9. 马银花 R.ovatum**
14. 雄蕊 10；花萼裂片不明显或少有发育为狭披针形。
15. 花序呈伞形状，具数花 ……………………………………………… **14. 长蕊杜鹃 R.stamineum**
15. 雄蕊等于或短于花冠 ……………………………………………… **7. 鹿角杜鹃 R.latoucheae**

1. 耳叶杜鹃 Rhododendron auriculatum Hemsley

常绿灌木或小乔木。叶革质，长圆形或披针形，基部圆形或耳状。顶生伞形花序；花萼小，盘状，裂片 6，不整齐，膜质；花冠漏斗形，白色、乳白色或玫瑰色，有香味，裂片 7，卵形；雄蕊 14 ~ 16，不等长，子房 8 室，卵球形，柱头盘状，有 8 枚浅裂片。蒴果长圆柱形，微弯曲，有棱。花期 7 ~ 8 月，果期 9 ~ 10 月。

分布与生境：分布于八大公山各地，生于海拔 1000 ~ 1800 m 的山坡林中。

用途：庭院观赏。

2. 金萼杜鹃 Rhododendron chrysocalyx H. Leveille et Vaniot

常绿灌木。叶密集于枝端，披针形至倒披针形，（1.5 ~ 6.0）cm ×（0.5 ~ 1.3）cm，边缘反卷，具细圆齿，上面中脉和侧脉疏被糙伏毛，下面散生棕褐色糙伏毛。伞形花序顶生，有花 4 ~ 7 朵；花萼被淡黄棕色糙伏毛；花冠狭漏斗形，紫色，5 裂，雄蕊 5，伸出花冠外很长，子房近于卵球形，密被亮色、淡黄棕色长糙伏毛，花柱长过雄蕊。蒴果长卵球形。花期 3 ~ 5 月，果期 6 ~ 10 月。

分布与生境：分布于八大公山各地，生于海拔 200 ~ 400 m 的溪边灌丛中。

用途：庭院观赏。

耳叶杜鹃 Rhododendron auriculatum

金萼杜鹃 Rhododendron chrysocalyx

3. 喇叭杜鹃 **Rhododendron discolor** Franchet

常绿灌木或小乔木。叶革质，长椭圆形至披针形，边缘反卷。顶生短总状花序；花萼小，裂片 7，波状三角形或卵形；花冠漏斗状钟形，淡粉红色至白色，裂片 7；雄蕊 14 ~ 16，不等长，子房密被淡黄白色短柄腺体。蒴果长圆柱形，微弯曲。花期 6 ~ 7 月，果期 9 ~ 10 月。

分布与生境：分布于八大公山各地，生于海拔 800 ~ 1500 m 的山坡林下。

用途：庭院观赏。

喇叭杜鹃 Rhododendron discolor

4. 丁香杜鹃 Rhododendron farrerae Sweet

落叶灌木。叶厚纸质，常集生枝顶，椭圆形或披针形，边缘微反卷。花通常 2 朵顶生，先花后叶；花萼环状，5 浅裂，密被柔毛；花冠漏斗形，紫红色，裂片 5，深裂，长圆形，上方裂片具紫红色斑点；雄蕊 8 ~ 10，不等长，花丝扁平；子房卵球形。蒴果椭圆状卵球形，密被长柔毛。花期 4 ~ 5 月，果期 6 ~ 11 月。

分布与生境：分布于八大公山各地，生于海拔 500 ~ 1200 m 的山坡林缘、疏林下。

用途：叶入可药；庭院观赏。

丁香杜鹃 Rhododendron farrerae

5. 云锦杜鹃 Rhododendron fortunei Lindley

常绿灌木或小乔木。叶厚革质，长圆形至长圆状椭圆形，（8.0 ~ 14.5）cm ×（3.0 ~ 9.2）cm，先端钝至近圆形，基部圆形或截形。顶生总状伞形花序疏松，有花 6 ~ 12 朵，花萼小，花冠漏斗状钟形，粉红色，雄蕊 14，不等长，花丝无毛，子房密被腺体。蒴果直或微弯曲。花期 4 ~ 5 月，果期 8 ~ 10 月。

分布与生境：分布于八大公山天平山，生于海拔 800 ~ 1300 m 的山坡林下。

用途：庭院观赏。

云锦杜鹃 Rhododendron fortunei

6. 光枝杜鹃 Rhododendron haofui Chun et W. P. Fang

常绿灌木。小枝无毛。叶革质，披针形或倒卵状披针形，（7 ~ 10）cm ×（3 ~ 4）cm，下面密被黄色毡茸毛。总状伞形花序，有 5 ~ 9 花；总轴长 0.5 ~ 1.0 cm，花梗长 2.5 ~ 3.5 cm，花萼小，5 齿裂，花冠宽钟状，白色带粉红色，5 裂，雄蕊 18 ~ 20，花丝基部被柔毛，子房密被白色绵毛。蒴果圆柱状，被黄色绵毛。花期 5 月，果期 10 月。

分布与生境：分布于八大公山各地，生于海拔 800 ~ 1300m 的山坡林下。

7. 鹿角杜鹃 Rhododendron latoucheae Franchet

常绿灌木。叶革质，常轮生枝顶，披针形，边缘微反卷。花序侧生枝端叶腋，具花 1 ~ 2 朵；花萼裂片不明显，常呈三角状小齿；花冠漏斗形，粉红色至白色，5 裂，裂片长卵形；雄蕊 10，花丝扁平；子房圆柱形，花柱褐色，伸出于冠外，无毛。蒴果圆柱形，先端截平，无毛。花期 4 ~ 5 月，果期 9 ~ 10 月。

分布与生境：分布于八大公山各地，生于海拔 500 ~ 1200 m 的山坡林缘、疏林下。

用途：花、叶入药；全株供观赏。

光枝杜鹃 Rhododendron haofui

鹿角杜鹃 Rhododendron latoucheae

8. 金山杜鹃 Rhododendron longipes var. **chienianum** (W. P. Fang) D. F. Chamberlain

常绿小乔木。叶多密生于枝顶，革质，长椭圆形或椭圆状披针形，（7 ~ 13）cm ×（2.0 ~ 3.5）cm，下面有淡棕色的薄毛被。总状伞形花序，有 8 ~ 12 花；总轴细长，长 1.2 ~ 1.5 cm，有疏柔毛；花梗长 2.5 ~ 3.5 cm，有稀疏腺体；花萼有 5 个三角形的齿，无毛；花冠漏斗状钟形，粉红色或淡紫色，筒部有深紫红色斑点，5 裂，雄蕊 10 ~ 12，花丝无毛；子房卵圆形，被棕色茸毛，花柱无毛，柱头微膨大。花期 5 月。

分布与生境：分布于八大公山斗篷山，生于海拔 1500 ~ 1600 m 的山坡林中。

用途：全株供观赏。

9. 马银花 Rhododendron ovatum (Lindley) Planchon ex Maximowicz

常绿灌木。叶散生，薄革质，卵形或卵状椭圆形，边缘浅波状。花 1 朵侧生于上部枝条叶腋；花萼 5 深裂，裂片钝头，具条纹；花冠紫色，辐状，5 深裂，裂片阔倒卵形，上方 3 裂片有深红色斑点；

雄蕊 5，不等长，花丝扁平，花药长圆形；花柱微弯曲，伸出于花冠外。蒴果卵球形，密被短柄腺毛。花期 4 ~ 5 月，果期 6 ~ 10 月。

分布与生境：分布于八大公山各地，生于海拔 300 ~ 800 m 的山坡林下。

用途：庭院观赏。

金山杜鹃 Rhododendron longipes var. chienianum

马银花 Rhododendron ovatum

10. 早春杜鹃 Rhododendron praevernum Hutch.

常绿灌木至小乔木。幼枝圆柱形，被灰色微柔毛，不久脱净。叶革质，椭圆状倒披针形，[（9）10.0 ~ 19.5] cm × [（2）3.3 ~ 5.0] cm，先端钝尖或短急尖，基部楔形至宽楔形，下面淡绿色，无毛，中脉在上面凹入较深，下面凸出，侧脉 14 ~ 20 对。顶生短总状伞形花序，有花 7 ~ 10 朵；总轴长 1.3 cm，具有散生灰色微柔毛；花梗无毛；花萼小，无毛，裂片 5，宽三角形；花冠钟形，白色或带蔷薇色，内面近基部有淡灰色微柔毛，上方有一枚紫红色的大斑块和许多小斑点，裂片 5，扁圆形；雄蕊 15 ~ 16，三分之二以下密被白色微柔毛；子房圆锥形，无毛，花柱细圆柱形，无毛。蒴果长圆柱形。花期 3 ~ 4 月，果期 9 ~ 10 月。

分布与生境：分布于八大公山斗篷山，生于海拔 1500 ~ 1600 m 的山坡林中。

用途：全株供观赏。

早春杜鹃 Rhododendron praevernum

11. 锦绣杜鹃 Rhododendron × pulchrum Sweet

常绿灌木。幼枝密被淡棕色扁平糙伏毛。叶椭圆形或椭圆披针形，长 2 ~ 6 cm，下面被微柔毛及糙伏毛。顶生伞形花序有 1 ~ 5 花，花萼 5 裂，裂片披针形，被糙伏毛；花冠漏斗形，玫瑰色，稀为白色或其它颜色，有深紫红色斑点，5 裂；雄蕊 6 ~ 7，花丝下部被柔毛；子房被糙伏毛。花期 4 ~ 5 月。

分布与生境：园艺杂交种，八大公山各地栽培。

用途：庭院观赏。

12. 猴头杜鹃 Rhododendron simiarum Hance

常绿乔木。叶片倒卵状披针形至椭圆状披针形，（5 ~ 10）cm ×（2.0 ~ 4.5）cm，先端钝尖或钝圆，下面被淡棕色或淡灰色的薄层毛被，侧脉 10 ~ 12 对。顶生总状伞形花序有花 3 ~ 8 朵，花梗被疏柔毛，花萼裂片 5，裂片半圆形，花冠钟状，乳白色至粉红色，喉部有紫红色斑点，裂片 5，雄蕊 10 ~ 12，不等长，花丝基部有开展的柔毛，子房圆柱状，被淡黄色分枝的茸毛及腺体。蒴果圆筒状，长椭圆形。花期 4 ~ 5 月，果期 7 ~ 9 月。

分布与生境：分布于八大公山斗篷山，生于海拔 800 ~ 1200 m 的山坡林缘、疏林中。

锦绣杜鹃 Rhododendron × pulchrum

猴头杜鹃 Rhododendron simiarum

13. 杜鹃 Rhododendron simsii Planchon

落叶灌木。叶革质，常集生枝端，卵形至倒披针形，边缘微反卷，具细齿。花 2 ~ 6 朵簇生枝顶；花萼 5 深裂，裂片长卵形，被糙伏毛，边缘具睫毛；花冠阔漏斗形，红色，裂片 5，倒卵形，上方裂片具深红色斑点；雄蕊 10，花丝线状；子房卵球形，10 室。蒴果卵球形，密被糙伏毛。花期 4 ~ 5 月，果期 6 ~ 8 月。

分布与生境：分布于八大公山各地，生于海拔 400 ~ 1500 m 的山坡林缘及疏林中。

用途：全株供药用；庭院观赏。

杜鹃 Rhododendron simsii

14. 长蕊杜鹃 Rhododendron stamineum Franchet

常绿灌木或小乔木。叶常轮生枝顶，革质，椭圆形或披针形，边缘微反卷。花常 3 ~ 5 朵簇生枝顶叶腋；花萼小，微 5 裂，裂片三角形；花冠常白色，漏斗形，5 深裂，裂片倒卵形，上方裂片内侧具黄色斑点；雄蕊 10，伸出于花冠外很长；子房圆柱形。蒴果圆柱形，微拱弯，具 7 条纵肋，无毛。花期 4 ~ 5 月，果期 7 ~ 10 月。

分布与生境：分布于八大公山各地，生于海拔 600 ~ 1500 m 的山坡林缘及疏林中。

用途：庭院观赏。

15. 四川杜鹃 Rhododendron sutchuenense Franchet

常绿灌木或小乔木。叶革质，倒披针状长圆形，边缘反卷。顶生短总状花序；花萼小，无毛，裂片 5，宽三角形或齿状；花冠漏斗状钟形，蔷薇红色，内面上方有深红色斑点，裂片 5 ~ 6，近圆形，雄蕊 16，不等长，花药紫红色，长圆形；子房圆锥形，12 室，柱头盘状。蒴果长圆状椭圆形。花期 4 ~ 5 月，果期 8 ~ 10 月。

分布与生境：分布于八大公山各地，生于海拔 400 ~ 1500 m 的山坡林缘及疏林中。

用途：庭院观赏。

长蕊杜鹃 Rhododendron stamineum

四川杜鹃 Rhododendron sutchuenense

16. 天门山杜鹃 Rhododendron tianmenshanense C. L. Peng & L. H. Yan

常绿灌木或小乔木。当年生小枝黄褐色，无毛。叶革质，长圆状椭圆形，（4.8 ~ 6.2）cm ×（1.8 ~ 2.5）cm，先端急尖，基部宽楔型，边缘全缘反卷，上面暗绿色，无毛，略有皱纹，下面具毛被2层，上层薄海绵状，银白色，下层紧贴叶片。花常5～7朵组成短总状花序顶生，花萼小，杯状，5裂，被腺毛。花冠漏斗状钟形，淡红色或白色，内部上方具有紫红斑点，裂片近圆形，雄蕊10枚，不等长。蒴果圆柱状。花期4～5月，果期8～9月。

分布与生境：分布于八大公山天平山、斗篷山，生于海拔1700～1800 m的山坡林中。

用途：庭院观赏。

天门山杜鹃 Rhododendron tianmenshanense

（九）越橘属 **Vaccinium** Linnaeus

灌木或小乔木。叶常绿，少数落叶，互生。总状花序、花少数簇生叶腋或花单生；花萼（4～）5裂；花冠坛状、钟状或筒状，5裂，裂片具齿或浅裂；雄蕊10或8，稀4，内藏稀外露，花丝分离，花药顶部形成2直立的管，背部有2距；花盘环状状；子房下位，4～5室，或因假隔膜而成8～10室，每室有多数胚珠。浆果球形。种子小，卵形。

500种，我国有92种，湖南有20种，八大公山产5种。

分种检索表

1. 叶常绿；花梗与萼筒相接有关节。
  2. 花序有苞片，通常宿存…………………………………………………… **1. 南烛 V. bracteatum**
  2. 花序无苞片或苞片，早落。
    3. 植株各部分均不被毛……………………………………………… **5. 江南越橘 V. mandarinorum**
    3. 幼枝或叶柄、花序轴、花梗以至萼筒被毛……………………… **3. 黄背越橘 V. iteophyllum**

1. 叶冬季脱落；花梗与萼筒相连有或无关节。

4. 小枝灰黄色，有长柔毛…………………………………………………………**2. 无梗越橘 V. henryi**

4. 小枝绿色，光亮无毛………………………………………………**4. 扁枝越橘 V. japonicum** var. **sinicum**

1. 南烛 Vaccinium bracteatum Thunberg

常绿灌木或小乔木。叶片薄革质，椭圆形至披针形，边缘有细锯齿，两面无毛。总状花序；萼齿短小，三角形；花冠白色，筒状，口部裂片短小，三角形，外折；雄蕊内藏，花丝细长，药室背部无距；花盘密生短柔毛。浆果熟时紫黑色，常常被短柔毛。花期 6 ~ 7 月，果期 8 ~ 10 月。

分布与生境：分布于八大公山各地，生于海拔 400 ~ 800 m 的山坡林中。

用途：枝、叶、根、种子入药；庭院观赏。

南烛 Vaccinium bracteatum

2. 无梗越橘 Vaccinium henryi Hemsley

落叶灌木。叶片纸质，卵形或长圆形，边缘全缘。花单生叶腋，有时在枝端形成假总状花序；萼齿 5，宽三角形；花冠黄绿色，钟状，5 浅裂，裂片三角形，顶端反折；雄蕊 10 枚，花丝扁平，药室背部无距。浆果球形，略呈扁压状，熟时紫黑色。花期 6 ~ 7 月，果期 9 ~ 10 月。

分布与生境：分布于八大公山各地，生于海拔 400 ~ 800 m 的山坡林中。

用途：枝、叶、果实入药。

3. 黄背越橘 Vaccinium iteophyllum Hance

常绿灌木或小乔木，被毛。叶片革质，卵形至披针形，边缘有疏浅锯齿，有时近全缘。总状花序生枝条下部和顶部叶腋；萼齿三角形；花冠白色，有时带淡红色，筒状或坛状，裂齿短小，三角形；雄蕊药室背部有细长的距；花柱不伸出。浆果球形被短柔毛。花期 4～5 月，果期 6 月以后。

分布与生境：分布于八大公山各地，生于海拔 400～600 m 的山坡林中。

用途：枝、叶、果实入药。

无梗越橘 Vaccinium henryi

黄背越橘 Vaccinium iteophyllum

4. 扁枝越橘 Vaccinium japonicum var. **sinicum** (Nakai) Rehder

落叶灌木。小枝条扁平，绿色，无毛。叶散生枝上，纸质，卵形至卵状披针形，顶端锐尖至长渐尖，基部宽楔形，边缘有细锯齿。花单生叶腋，下垂，花冠白色，有时带淡红色，未开放时筒状，4 深裂至下部 1/4，裂片线状披针形，花开后向外反卷，花冠管长为萼裂片的 2 倍。浆果绿色，成熟后转红色。花期 6 月，果期 9～10 月。

分布与生境：分布于八大公山各地，生于海拔 600～2800 m 的山坡林下。

用途：庭院观赏。

扁枝越橘 Vaccinium japonicum var. sinicum

5. 江南越橘 Vaccinium mandarinorum Diels

常绿灌木或小乔木。叶片厚革质，卵形或披针形，边缘有细锯齿，两面无毛。总状花序腋生和生枝顶叶腋；萼齿三角形或半圆形；花冠白色或粉红色，微香，筒状，裂齿三角形；雄蕊内藏，药室背部有短距花丝扁平；花柱内藏或微伸出花冠。浆果熟时紫黑色，无毛。花期 4 ~ 6 月，果期 6 ~ 10 月。

分布与生境：分布于八大公山各地，生于海拔 400 ~ 1000 m 的山坡灌丛中或林下。

用途：果实入药；庭院观赏。

江南越橘 Vaccinium mandarinorum

一百三十三、茶茱萸科 Icacinaceae

乔木、灌木或藤本。单叶互生，全缘，羽状脉，稀掌状脉。花两性，有时退化成单性而雌雄异株，极稀杂性；辐射对称，集成穗状、总状、圆锥或聚伞花序；萼小，常 4 ~ 5 裂，裂片常宿存；花瓣 3 ~ 5 片，先端多半内折；雄蕊与花瓣同数，花药常内向，花丝在花药下方的部分常有毛；子房上位，1（3 ~ 5）室，花柱常不发育或有 1 条，柱头 2 ~ 3 裂，或合生成头状至盾状。核果或翅果。

24 ~ 25 属 149 ~ 150 种，我国有 10 属 19 种，湖南有 3 属 3 种，八大公山有 2 属 2 种。

分属检索表

1. 藤本，叶具齿……………………………………………………………………**1. 无须藤属 Hosiea**
1. 乔木或灌木；叶全缘……………………………………………………**2. 假柴龙树属 Nothapodytes**

（一）无须藤属 **Hosiea** Hemsley & Wilson

藤本。茎不具卷须，小枝有皮孔。叶互生，叶柄长，叶片卵形，两面被短柔毛，边缘具齿。聚伞花序腋生，被柔毛；花两性，绿色，萼小，5 裂，花瓣 5 片，基部连合，远比花萼长，两面均被柔毛；雄蕊与花瓣同数互生，花丝粗，花药极小，背着，每 2 雄蕊之间有 1 肉质腺体；子房 1 室，胚珠 1 ~ 2 枚，花柱显著，柱头 4 裂。核果，扁圆形，具不增大的宿萼。种子 1 枚。

2 种，我国产 1 种，八大公山也有分布。

1. 无须藤 Hosiea sinensis (Oliver) Hemsley & E. H. Wilson

藤本。小枝具稀疏圆形皮孔及黄褐色微柔毛。叶片卵形、三角状卵形，先端长渐尖，基部心形；上面有密集微颗粒状突起，边缘疏具尖锯齿或粗齿，侧脉与中脉在上面隆起，下面微凹；叶柄较

无须藤 Hosiea sinensis

叶短。聚伞花序和花萼均被黄褐色柔毛，花瓣绿色，披针形，先端渐尖成外折的尾，果熟时红色或红棕色。花期 4 ~ 5 月，果期 6 ~ 8 月。

分布与生境：分布于八大公山各地，生于海拔 700 ~ 1500 m 的山坡密林中。

用途：庭院观赏。

（二）假柴龙树属 Nothapodytes Blume

乔木或灌木。叶多互生，全缘；聚伞或伞房花序顶生，花有臭气，花柄在萼下有关节。花瓣 5，内被长柔毛，先端反折；花丝肉质，常扁平，花药背面基部具多少与花丝贴生的垫状附属物；花盘叶状，环形，5 ~ 10 裂；子房常被硬毛，1 室，花柱丝状至短锥形，柱头常头状。浆果状核果。

7 种，我国 5 ~ 6 种，湖南有 1 种，八大公山也有分布。

1. 马比木 Nothapodytes pittosporoides (Oliver) Sleumer

常绿灌木。叶片长圆或倒披针形，侧脉弧曲上升，叶片上面 光亮。聚伞花序顶生，花序轴常平扁；萼短，膜质，5 裂，裂片具缘毛，花瓣黄色；花盘肉质，有不整齐裂片或深圆齿。果顶具鳞脐。花期 4 ~ 6 月，果期 6 ~ 8 月。

分布与生境：分布于八大公山各地，生于海拔 200 ~ 700 m 的山坡密林中。

用途：庭院观赏；根可入药。

马比木 Nothapodytes pittosporoides

一百三十四、杜仲科 Eucommiaceae

落叶乔木。叶互生，单叶，边缘有锯齿，无托叶。花雌雄异株，无花被，先叶开放，或与新叶同时从鳞芽长出。雄花簇生，具小苞片；雄蕊 5 ~ 10 个，线形，花丝极短，纵裂。雌花单生于小枝下部，有苞片，子房 1 室，由合生心皮组成，有子房柄，柱头 2 裂，胚珠 1。翅果，先端 2 裂；种子 1。

单种科，我国特有，八大公山有分布。

（一）杜仲属 **Eucommia** Oliver

形态特征见杜仲科的描述。

单种属，我国特有，八大公山有分布。

1. 杜仲 **Eucommia ulmoides** Oliver

形态特征见杜仲科的描述。

分布与生境：分布于八大公山各地，生于海拔 600 ~ 800 m 的山坡林中。

用途：树皮、叶可入药；全株可提取硬性橡胶；木材可作用材；庭院观赏；雄花可做茶；叶可做饲料。

杜仲 Eucommia ulmoides

一百三十五、丝缨花科 Garryaceae

乔木或灌木。单叶对生，基部合生，全缘或有齿。雌雄异株，花序顶生，圆锥或总状，花 4 基数，雄蕊与花瓣互生，子房下位，心皮 1 室。浆果或核果，种子具肉质种皮。

2 属 17 种，我国有 1 属 10 种，湖南有 1 属 4 种，八大公山有 1 属 3 种。

（一）桃叶珊瑚属 Aucuba Thunberg

常绿小乔木或灌木。叶对生，叶缘锯齿、腺齿。雄花序总状或圆锥花序。雌花序为圆锥花序。花萼裂片小，三角形或稍圆形；花瓣离生，紫红色、黄色绿色。雄花花丝钻形；子房室 2，很少 1 室；花盘肉质，稍 4 裂。雌花萼片和花瓣在子房的基部联合，有 1 或 2 小苞片。果圆柱形或卵形。

10 种，我国全产，湖南 1 属，4 种，八大公山有 1 属 3 种。

分种检索表

1. 雄花序呈圆锥花序，雌花序为短圆锥花序；花瓣先端具短尖头………… **1. 桃叶珊瑚 A. chinensis**
1. 雄、雌花序为总状圆锥花序；花瓣先端具长尖尾。
  2. 叶常呈长椭圆形，稀长圆披针形…………………………………… **2. 喜马拉雅珊瑚 A. himalaica**
  2. 叶为倒心脏形或倒卵形……………………………………………… **3. 倒心叶珊瑚 A. obcordata**

1. 桃叶珊瑚 Aucuba chinensis Bentham

常绿小乔木或灌木。小枝绿色。叶革质，椭圆形或至倒卵状椭圆形，先端锐尖或钝尖，基部阔楔形或楔形。圆锥花序顶生，花序梗被柔毛；花瓣 4，长圆形或卵形。幼果绿色，成熟为鲜红色，

桃叶珊瑚 Aucuba chinensis

圆柱状或卵状，萼片、花柱及柱头均宿存于核果上端。花期 1 ~ 2 月；果熟期达翌年 2 月，常与一二年生果序同存于枝上。

分布与生境：分布于八大公山各地，生于海拔 500 ~ 1500 m 的山坡林中。

用途：庭院观赏。

2. 喜马拉雅珊瑚 Aucuba himalaica J. D. Hooker et Thomson

分变种检索表

1. 叶椭圆形或长圆状披针形，背面密被短柔毛。

  2. 叶背面仅脉上短柔毛…………………… **2a. 喜马拉雅珊瑚（原变种） A. himalaica** var. **himalaica**

  2. 叶背面密被短柔毛…………………………**2d. 密毛桃叶珊瑚（变种） A. himalaica** var. **pilossima**

1. 叶倒披针形，狭披针形，或披针形。

  3. 叶片为窄披针形或披针形………………… **2b. 长叶珊瑚（变种） A. himalaica** var. **dolichophylla**

  3. 叶片为倒披针形……………………… **2c. 倒披针叶珊瑚（变种） A. himalaica** var. **oblanceolata**

2a. 喜马拉雅珊瑚（原变种） Aucuba himalaica J. D. Hooker & Thomson var. **himalaica**

常绿灌木。叶长椭圆形，边缘 1/3 以上具 7 ~ 9 对细锯齿。雄花序为总状圆锥花序，生于小枝顶端，各部分均为紫红色；雌花序为圆锥花序，密被柔毛，子房下位，被粗毛，柱头微 2 裂。幼果被疏毛，熟后深红色，花柱及柱头宿存。花期 3 ~ 5 月，果期几乎全年。

分布与生境：分布于八大公山各地，生于海拔 600 ~ 1200 m 的山坡林下。

用途：根、叶、果实入药；庭院观赏。

喜马拉雅珊瑚（原变种）Aucuba himalaica var. himalaica

2b. 长叶珊瑚（变种） **Aucuba himalaica** var. **dolichophylla** W. P. Fang et T. P. Soong

本变种与原变种的区别在于叶片为窄披针形或披针形，（9 ~ 18）cm ×（1.5 ~ 3.5）cm，下面无毛或仅中脉被短柔毛，边缘具细锯齿 4 ~ 7 对。

分布与生境：分布于八大公山各地，生于海拔 400 ~ 800 m 的山坡林下。

用途：同桃叶珊瑚。

长叶珊瑚（变种）Aucuba himalaica var. dolichophylla

2c. 倒披针叶珊瑚（变种） **Aucuba himalaica** var. **oblanceolata** W. P. Fang et T. P. Soong

本变种与原变种的区别在于叶片为窄披针形或披针形，（11 ~ 17）cm ×（3 ~ 5）cm，基部楔形，叶下面密被短柔毛。

分布与生境：分布于八大公山各地，生于海拔 400 ~ 800 m 的山坡林下。

倒披针叶珊瑚（变种）Aucuba himalaica var. oblanceolata

用途：同桃叶珊瑚。

2d. 密毛桃叶珊瑚（变种）Aucuba himalaica var. **pilossima** W. P. Fang et T. P. Soong

本变种与原变种的区别在于叶片呈披针形或长圆披针形，先端锐尖或急尖，基部楔形或阔楔形，下面密被短柔毛及硬毛，沿叶脉较密，边缘具稀疏锯齿。

分布与生境：分布于八大公山各地，生于海拔 400 ~ 800 m 的山坡林下。

用途：同桃叶珊瑚。

密毛桃叶珊瑚（变种）Aucuba himalaica var. pilossima

3. 倒心叶珊瑚 Aucuba obcordata (Rehder) Fu ex W.K.Hu & T.P.Soong

常绿灌木或小乔木。叶厚纸质，稀近于革质，常为倒心形或倒卵形，先端截形或倒心形，基部

倒心叶珊瑚 Aucuba obcordata

窄楔形；上面侧脉微下凹，下面突出，边缘具缺刻状粗锯齿；叶柄被粗毛。雄花序为总状圆锥序，花较稀疏，紫红色；花瓣先端具尖尾；雄蕊花丝粗壮；雌花序短圆锥状，花瓣近于雄花瓣。果较密集，卵圆形。花期 3 ~ 4 月；果熟期 11 月以后。

分布与生境：分布于八大公山各地，生于海拔 800 ~ 1500 m 的山坡林下。

用途：同桃叶珊瑚。

一百三十六、茜草科 Rubiaceae

乔木、灌木或草本。叶对生或轮生，通常全缘。花序各式，均由聚伞花序复合而成；花两性、单性或杂性，通常花柱异长；萼通常 4 ~ 5 裂；花冠合瓣，通常 4 ~ 5 裂；雄蕊与花冠裂片同数而互生，着生在花冠管的内壁上，花药 2 室；雌蕊通常由 2 心皮，合生，子房下位，通常为中轴胎座或有时为侧膜胎座，花柱顶生；胚珠每子房室 1 至多数。浆果、蒴果或核果，或为分果。

614 属 13150 种，我国有 103 属 743 种，湖南有 31 属 68 种，八大公山有 24 属 41 种。

分属检索表

1. 花极多，密集于球形花托上形成球状的头状花序。
  2. 木质藤本；枝条上具未发育的花序形成的钩刺……………………………**24. 钩藤属 Uncaria**
  2. 乔木或灌木；枝上无钩。
    3. 托叶深 2 裂达全长的 2/3 或过之 ……………………………………… **1. 水团花属 Adina**
    3. 托叶全缘或有时微凹…………………………………………………**23. 鸡仔木属 Sinoadina**
1. 花非上述方式排列，稀成头状。
  4. 萼裂片有部分扩大成叶状，白色，稀红色。
    5. 花冠高脚碟状，黄色；果为浆果……………………………… **14. 玉叶金花属 Mussaenda**
    5. 花冠喇叭状，白色；果为蒴果……………………………… **6. 香果树属 Emmenopterys**
  4. 萼裂片无扩大部分。
    6. 子房每室有多数胚珠。
      7. 果干燥，蒴果。
        8. 花单生或组成聚伞花序、伞房花序、伞形花序或圆锥花序。
          9. 种子无翅。
            10. 果实宽栾生状倒卵形 ……………………………………**18. 蛇根草属 Ophiorrhiza**
            10. 果实近球形或矩圆形。
              11. 果成熟时不开裂或仅顶端开裂。
                12. 果成熟时顶端不开裂 ……………………………………………**9. 耳草属 Hedyotis**

12. 果成熟时顶端室背开裂 ………………………………… **21. 蛇舌草属 Hedyotis**

11. 果成熟时开裂 ………………………………………… **16. 新耳草属 Neanotis**

9. 种子有翅，自下向上覆瓦状叠生………………………… **3. 流苏子属 Coptosapelta**

8. 花组成圆球形头状花序………………………………… **12. 黄棉木属 Metadina**

7. 果肉质。

13. 花冠裂片镊合状排列 ………………………………… **15. 密脉木属 Myrioneuron**

13. 花冠裂片旋转状排列或覆瓦状排列。

14. 子房 1 室，具侧膜胎座 …………………………… **8. 栀子属 Gardenia**

14. 子房通常 2 室或偶有多于 2 室。

15. 花两性 ………………………………………………… **2. 茜树属 Aidia**

15. 花杂性异株 ………………………………………… **5. 狗骨柴属 Diplospora**

6. 子房每室有 1 胚珠。

16. 灌木或木质藤本。

17. 花多朵聚合成头状。

18. 萼筒彼此黏合形成聚合果 …………………………… **13. 巴戟天属 Morinda**

18. 萼筒彼此分离形成核果 ……………………………… **10. 粗叶木属 Lasianthus**

17. 圆锥花序。

19. 子房 4 ~ 9 室 ………………………………………… **11. 野丁香属 Leptodermis**

19. 子房 2 或不完全 4 室。

20. 灌木；核果或浆果。

21. 萼裂片小，短于萼筒 ………………………………… **4. 虎刺属 Damnacanthus**

21. 萼裂片钻形，长于萼筒 ……………………………… **22. 白马骨属 Serissa**

20. 木质藤本；坚果 ……………………………………… **19. 鸡矢藤属 Paederia**

16. 草本或草质藤本。

22. 花 4 数。

23. 林下生植物，托叶与茎生叶相似 …………………… **7. 拉拉藤属 Galium**

23. 溪流中石生植物，托叶小，不呈叶形 ……………… **17. 薄柱草属 Nertera**

22. 花 5 数 ………………………………………………… **20. 茜草属 Rubia**

（一）水团花属 Adina Salisbury

灌木或小乔木。叶对生；托叶窄三角形。头状花序不分枝，或为二歧聚伞状分枝，或为圆锥状排列；花 5 基数；花萼管相互分离，萼裂片多形，宿存；花冠高脚碟状至漏斗状；雄蕊着生于花冠管的上部，突出冠喉外；花柱伸出，柱头球形。小蒴果具硬的内果皮，宿存萼裂片留附于蒴果的中轴上。种子卵球状至三角形。

4 种，我国产 3 种，湖南产 2 种，八大公山产 1 种。

1. 细叶水团花 Adina rubella Hance

落叶小灌木。叶对生，薄革质，卵状披针形，全缘。头状花序，单生；花萼管疏被短柔毛，萼裂片匙形或匙状棒形；花冠 5 裂，裂片三角状，紫红色。小蒴果长卵状楔形。花、果期 5 ~ 12 月。

分布与生境：分布于八大公山各地，生于海拔 200 ~ 500 m 的溪旁或山坡潮湿的灌丛中。

用途：枝叶入药；庭院观赏。

细叶水团花 Adina rubella

（二）茜树属 Aidia Loureiro

无刺灌木或乔木。叶对生。聚伞花序腋生或与叶对生，花两性；萼管杯形或钟形，顶端 4 ~ 5 裂，裂片常小；花冠高脚碟状，喉部有毛，冠管圆柱形，花冠裂片 5，旋转排列；雄蕊 4 ~ 5 枚，花药长圆形或线状披针形，伸出；子房 2 室，花柱细长，柱头棒形或纺锤形，2 裂。浆果平滑或具纵棱。种子形状多样，常具角，并与果肉胶结。

约 50 种，我国产 8 种，湖南产 1 种，八大公山亦产。

1. 茜树 Aidia cochinchinensis Loureiro

无刺灌木或小乔木。叶革质或纸质，对生，长圆状披针形或狭椭圆形。聚伞花序；花萼无毛，萼管杯形，檐部扩大，顶端 4 裂，裂片三角形；花冠黄色或白色，花冠裂片 4，长圆形，开放时反折；花药线状披针形；柱头纺锤形，伸出。浆果球形，紫黑色。花期 3 ~ 6 月，果期 5 月至翌年 2 月。

分布与生境：分布于八大公山各地，生于海拔 200 ~ 1000 m 的山谷溪边的灌丛或林中。

用途：庭院观赏。

茜树 Aidia cochinchinensis

（三）流苏子属 Coptosapelta Korthals

藤本或攀缘灌木。叶对生，具柄；托叶小，在叶柄间，三角形或披针形，脱落。花单生于叶腋或为顶生的圆锥状聚伞花序；萼管卵形或陀螺形。萼檐短，5 裂，宿存；花冠高脚碟状，裂片 5，旋转排列；雄蕊 5，着生在花冠喉部，子房 2 室，每室有胚珠多数，柱头纺锤形，伸出。蒴果近球形，2 室，室背开裂；种子小，种皮周围扩展成流苏状的翅。

13 种，我国产 1 种，湖南产 1 种，八大公山产 1 种。

1. 流苏子 Coptosapelta diffusa (Champion ex Bentham) Steenis

流苏子 Coptosapelta diffusa

常绿藤本或攀缘灌木。幼嫩时密被黄褐色倒伏的硬毛。叶卵形、卵状长圆形至披针形，（2 ~ 9.5）cm×（0.8 ~ 3.5）cm，顶端短尖至尾状渐尖，基部圆形，两面无毛或稀被长硬毛。花单生于叶腋，常对生，花冠白色或黄色，高脚碟状，外面被绢毛。蒴果稍扁球形，中间有 1 浅沟，淡黄色，果皮硬，木质，顶有宿存萼裂片，种子多数，近圆形，薄而扁，棕黑色，边缘流苏状。花期 5 ~ 7 月，果期 5 ~ 12 月。

分布与生境：分布于八大公山五道水、楠木坪，生于海拔 200 ~ 800 m 的山坡林中。

用途：根入药。

（四）虎刺属 Damnacanthus C.F.Gaertner

灌木。叶对生，全缘。花两俩成束腋生；萼小，杯状或钟状，檐部具萼齿 4 ~ 5，宿存；花冠白色，管状漏斗形，内面喉部密生柔毛，檐部 4 裂；雄蕊 4，着生于冠管上部，花丝短；子房 2 或 4 室，每室具胚珠 1 颗。核果红色；种子角质，腹面具脐。

13 种，我国产 11 种，湖南产 4 种，八大公山产 4 种。

分种检索表

1. 托叶腋具针刺，嫩枝被短粗毛或微毛。
  2. 针刺长 1 ~ 4 mm ························ **1. 短刺虎刺 D. giganteus**
  2. 针刺长 6 ~ 25 mm ························ **2. 虎刺 D. indicus**
1. 托叶腋无刺；嫩枝无毛。
  3. 叶披针状线形（柳叶状）························ **3. 四川虎刺 D. officinarum**
  3. 叶椭圆形或长圆状披针························ **4. 四川虎刺 D. officinarum**

1. 短刺虎刺 Damnacanthus indicus C. F. Gaertner

常绿灌木。根肉质，链珠状。托叶刺极短，通常仅见于顶节托叶腋，其余节无刺。叶革质，披针形或长圆状披针形，（4 ~ 15）cm×（2 ~ 5）cm；托叶生叶柄间。花两俩成对腋生于短总梗上，花萼钟状，檐部 4 裂，裂齿三角形；花冠白色，革质，管状漏斗形，檐部 4 裂，子房 4 室。核果红色，近球形，分核 2 ~ 4。花期 3 ~ 5 月，果熟期 11 月至次年 1 月。

分布与生境：分布于八大公山各地，生于海拔 200 ~ 800 m 的山坡密林下。

用途：根入药；庭院观赏。

2. 虎刺 Damnacanthus indicus C. F. Gaertner

具刺灌木。具肉质链珠状根。叶常大小叶对相间，卵形、心形或圆形。花两性，1 ~ 2 朵生于叶腋，2 朵者花柄基部常合生；花萼钟状，绿色或具紫红色斑纹，裂片 4，常不等大；花冠白色，管状漏斗形，檐部 4 裂，裂片椭圆形；雄蕊花药紫红色；子房 4 室，顶部 3 ~ 5 裂。核果近球形。花期 3 ~ 6 月，果熟期冬季至次年 1 月。

分布与生境：分布于八大公山楠木坪，生于海拔 200 ~ 800 m 的山坡密林下。

用途：根入药；庭院观赏。

短刺虎刺 Damnacanthus indicus

虎刺 Damnacanthus indicus

3. 柳叶虎刺 Damnacanthus labordei (H. Lév.) H. S. Lo

无刺小灌木。根肉质、链珠状。叶披针形至披针状线形，（5 ~ 21）cm ×（0.6 ~ 2.1）cm，顶端渐尖，基部楔形，边全缘或具波状细齿，侧脉多数，通常超过 14 对。花 1 ~ 2 对生于叶腋的短总梗上，花萼钟状，檐部近截平，具裂齿 3 ~ 4，钝三角形，宿存；花冠管状漏斗形，革质，白色，檐部具裂片 4，卵形；雄蕊 4；子房 4 室，每室胚珠 1 颗，花柱内藏或外伸，顶部 4 深裂。核果红色，近球形。花期 2 ~ 3 月，果期 9 ~ 12 月。

分布与生境：分布于八大公山杉木界，生于海拔 200 ~ 800 m 的山坡密林下。

用途：根入药；庭院观赏。

柳叶虎刺 Damnacanthus labordei

4. 四川虎刺 Damnacanthus officinarum Huang

无刺灌木。具链珠状肉质根。叶革质，上部叶常呈椭圆形，茎下部近地面叶常线形，托叶生叶柄间，早落。花通常 1 对，着生于叶腋和顶部叶腋的总梗上，花萼杯状，花冠淡绿色，外面无毛，

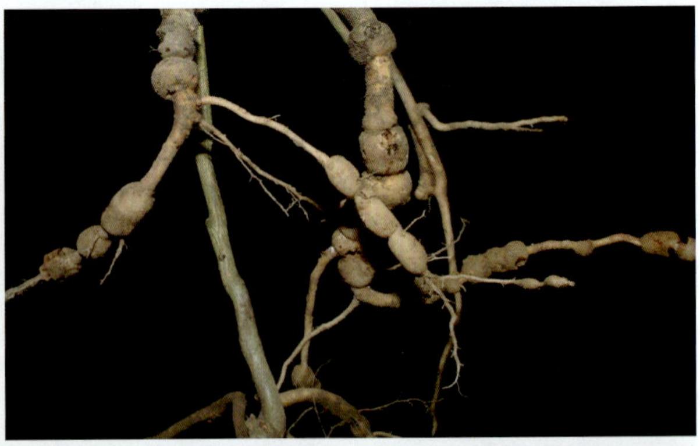

四川虎刺 Damnacanthus officinarum

内面喉部密被柔毛，檐部4裂；雄蕊4，着生于冠管中部，子房4室，花柱内藏。核果红色，近球形。花期冬季至次年春季，果熟期10~12月。

分布与生境：分布于八大公山，生于海拔200~800 m的山坡密林下。

用途：根入药；庭院观赏。

（五）狗骨柴属 Diplospora Candolle

灌木或小乔木。叶交互对生；托叶具短鞘和稍长的芒。聚伞花序腋生和对生，多花，密集；花4~5数，小，两性或单性（杂性异株的植物）；萼管短，萼裂片常三角形，花冠高脚碟状，白色，淡绿色或淡黄色，花冠裂片旋转排列，子房2室，花柱2裂。核果淡黄色至红色，近球形或椭圆球形。

20种，我国产3种，湖南产1种，八大公山也有分布。

1. 毛狗骨柴 Diplospora fruticosa Hemsley

落叶灌木或乔木；嫩枝有短柔毛。叶纸质或薄革质，长圆形、长圆状披针形或狭椭圆形；叶柄常有短刚毛；托叶基部合生，披针形，被柔毛。伞房状的聚伞花序腋生，多花，总花梗很短；花有短花梗；花萼被短柔毛，萼管陀螺形，萼檐浅4裂，裂片三角形；花冠白色，少黄色，冠喉部被柔毛，裂片长圆形，比冠管长，外反；雄蕊伸出；柱头2裂，伸出。果近球形，有短柔毛或无毛，成熟时红色。花期3~5月，果期6月至翌年2月。

分布与生境：分布于八大公山各地，生于海拔300~500 m的山谷林下。

用途：庭院观赏。

毛狗骨柴 Diplospora fruticosa

（六）香果树属 Emmenopterys Oliver

落叶大乔木。叶纸质或革质，椭圆形。圆锥状聚伞花序顶生；花芳香；萼管裂片近圆形，具缘毛，脱落，变态的叶状萼裂片白色、粉红色或淡黄色，匙状卵形或广椭圆形；花冠漏斗形，白色或黄色，被茸毛，裂片近圆形；花丝被茸毛。蒴果长圆状卵形或近纺锤形，有纵细棱。

单种属，我国特有，八大公山也有分布。

1. 香果树 Emmenopterys henryi Oliver

形态特征见香果树属的描述。

分布与生境：分布于八大公山各地，生于海拔 200 ~ 1500 m 的山坡林中 .

用途：用材树种；庭院观赏。

香果树 Emmenopterys henryi

（七）拉拉藤属 Galium Linnaeus

一年生或多年生草本。茎常具 4 角棱。叶 3 至多片轮生。花小，两性，组成腋生或顶生的聚伞花序，常再排成圆锥花序式；萼管卵形或球形，萼檐不明显；花冠辐状，通常深 4 裂，裂片镊合状排列；子房下位，2 室，每室有胚珠 1 颗，柱头头状。果为小坚果。种子附着在外果皮上，背面凸，腹面具沟纹。

600 余种。我国产 63 种，湖南产 15 种，八大公山产 7 种。

分种检索表

1. 叶具 3 ~ 5 脉或不明显地具 3 脉，如具 1 脉时，常有 2 对纤细的羽状侧脉。

  2. 花两性或单性；叶具 1 ~ 3 脉，稀 5 脉………………………………… **6. 林猪殃殃 G. paradoxum**

  2. 花两性；叶具 3 脉…………………………………………………………… **5. 显脉拉拉藤 G. kinuta**

1. 叶具 1 脉。
   3. 花单生或为聚伞花序，花序较少而少花……………………………………… **4. 六叶葎 G. hoffmeisteri**
   3. 花组成聚伞花序，花序较多，分枝，分枝常多而扩展，有时呈圆锥花序式排列。
      4. 叶每轮通常 4，有时 5 ~ 6，叶顶端钝圆或尖，但不具小凸尖 ………… **2. 四叶葎 G. bungee**
      4. 叶每轮 4 ~ 8，叶顶端锐尖或微凹而有小凸尖；花冠 4 裂。
         5. 果较大，直径达 5.5 mm；果柄较粗壮，直立或弓形下弯，长达 2.5 cm。
            6. 聚伞花序下垂；果柄丝状……………………………………………… **3. 线梗拉拉藤 G. comari**
            6. 聚伞花序直立；果柄非丝形…………………………………………………**7. 猪殃殃 G. spurium**
         5. 果较小，直径 1.0 ~ 2.2 mm；果柄较纤细，常呈毛发状，长达 1.5 cm ……………………
            ……………………………………………………… **1. 小叶葎 G. asperifolium** var. **sikkimense**

1. 小叶葎 Galium asperifolium var. **sikkimense** (Gandoger) Cufo-dontis

本种识别特征为：植株细弱，常直立；茎无刺或在棱上有倒向的小皮刺，无毛或被疏柔毛或刚毛；叶较小，不为楔状长圆形，在下面被疏毛或沿中脉和边缘有倒向的小刺毛。花期 6 ~ 9 月，果期 7 ~ 10 月。

分布与生境：分布于八大公山杉木界，生于海拔 800 ~ 1200 m 的山坡草丛中或路旁、林下阴湿地。

小叶葎 Galium asperifolium var. sikkimense

2. 四叶葎 Galium bungei Steudel

分变种检索表

1. 叶卵状披针形至线状披针形。
   2. 在下部的叶常卵状披针形，上部的叶常渐狭……… **2a. 四叶葎（原变种）G. bungee** var. **bungei**
   2. 叶狭披针形或线状披针形………………… **2b. 狭叶四叶葎（变种）G. bungee** var. **angustifolium**
1. 叶均为阔椭圆形、倒卵形或阔披针形。
   3. 茎无毛或仅被疏毛……………………… **2d. 阔叶四叶葎（变种）G. bungee** var. **trachyspermum**
   3. 茎被柔毛……………………………………… **2c. 毛四叶葎（变种）G. bungee** var. **punduanoides**

2a. 四叶葎（原变种）Galium bungei Steudel var. **bungei**

多年生丛生直立草本，有红色丝状根。叶纸质，4 片轮生，叶形变化较大，常在同一株内上部与下部的叶形均不同，卵状长圆形至线状披针形。聚伞花序，常 3 歧分枝，再形成圆锥状花序；花冠黄绿色或白色，辐状，花冠裂片卵形。果爿近球状，通常双生，有小疣点、小鳞片或短钩毛。花期 4 ~ 9 月，果期 5 至翌年 1 月。

分布与生境：分布于八大公山各地，生于海拔 200 ~ 800 m 的山坡草丛中或路旁、田旁、林下阴湿地。

用途：全草入药。

四叶葎（原变种）Galium bungei var. bungei

2b. 狭叶四叶葎（变种）Galium bungei var. **angustifolium** (Loesener) Cufodontis

狭叶四叶葎（变种）Galium bungei var. angustifolium

多年生丛生直立草本，有红色丝状根。叶纸质，4片轮生，叶为狭披针形。聚伞花序，常3歧分枝，再形成圆锥状花序；花冠黄绿色或白色，辐状，花冠裂片卵形。果爿近球状，通常双生，有小疣点、小鳞片或短钩毛。花期6～7月，果期8～10月。

分布与生境：分布于八大公山各地，生于海拔200～1200 m的悬崖石壁上。

2c. 毛四叶葎（变种）Galium bungei var. **punduanoides** Cufodontis

本变种与原变种四叶葎不同的是：茎被柔毛，毛的长度比茎的直径较长。花期4～6月，果期5～9月。

分布与生境：分布于八大公山各地，生于海拔200～800 m的悬崖石壁上。

毛四叶葎（变种）Galium bungei var. punduanoides

2d. 阔叶四叶葎（变种）Galium bungei var. **trachyspermum** (A. Gray) Cufodontis

本变种与原变种四叶葎不同的是：茎被柔毛，毛的长度比茎的直径较短。花期4～6月，果期5～9月。

阔叶四叶葎（变种）Galium bungei var. trachyspermum

分布与生境：分布于八大公山各地，生于海拔 200 ~ 800 m 的悬崖石壁上。

3. 线梗拉拉藤 Galium comari H. Léveillé & Vaniot

多年生草本，常披散；茎柔弱，分枝，近直立或攀缘，具 4 角棱，沿棱具倒向的疏小刺。叶纸质或革质，每轮 4 ~ 8 片，长圆状倒卵形至线状长圆形，（0.7 ~ 3.0）cm×（0.2 ~ 1.1）cm，顶端锐尖或钝而有小凸尖，1 脉。聚伞花序腋生和顶生，多而开展，多花；总花梗纤细，稍长而多分枝，与花梗均无毛；苞片线形；花疏散；花梗纤细似线，极叉开；花冠白色，辐状，花冠裂片三角形。果爿近球形，双生或单生，无毛；果柄纤细。花果期 7 ~ 10 月。

分布与生境：分布于八大公山斗篷山，生于海拔 800 ~ 1200 m 的山坡林下。

线梗拉拉藤 Galium comari

4. 六叶葎 Galium hoffmeisteri (Klotzsch) Ehrendorfer & Schönbeck-Temesy ex R. R. Mill

一年生草本，有红色丝状的根。叶片纸质或膜质，生于茎中部以上的常 6 片轮生，生于茎下部的常 4 ~ 5 片轮生，倒披针形或椭圆形。聚伞花序顶生和生于上部叶腋，2 ~ 3 次分枝，常广歧式叉开；花冠白色或黄绿色，裂片卵形；雄蕊伸出；花柱顶部 2 裂。果爿近球形，单生或双生，密被钩毛。花期 4 ~ 8 月，果期 5 ~ 9 月。

分布与生境：分布于八大公山各地，生于海拔 500 ~ 1500 m 的山坡林下阴湿地。

5. 显脉拉拉藤 Galium kinuta Nakai & H. Hara

多年生草本。叶较薄，4 片轮生，披针形或卵状披针形至卵形，（2 ~ 8）cm×（0.4 ~ 2.0）cm，顶端渐尖或长渐尖，基部钝圆至短尖。圆锥花序式的聚伞花序，总花梗纤细，无毛，苞片线形或卵形，花梗纤细，花冠白色或紫红色，裂片 4，卵形，顶端渐尖，3 脉，无毛；雄蕊 4 枚，子房球形，无毛。果无毛，果爿近球形。花期 6 ~ 7 月，果期 8 ~ 9 月。

分布与生境：分布于八大公山各地，生于海拔 800 ~ 1800 m 的悬崖石缝中。

六叶葎 Galium hoffmeisteri

显脉拉拉藤 Galium kinuta

6. 林猪殃殃 Galium paradoxum Maximowicz

多年生矮小草本，有红色丝状根。叶膜质，4 片轮生，其中 2 片较大，其余小的常缩小而成为托叶状，卵形至卵状披针形。聚伞花序顶生和生于上部叶腋，常三歧分枝，分枝常叉开；花萼密被黄棕色钩毛；花冠白色，辐状，裂片卵形；花柱顶端 2 裂。果爿单生或双生，近球形，密被黄棕色钩毛。花期 5 ~ 8 月，果期 6 ~ 9 月。

分布与生境：分布于八大公山各地，生于海拔 1000 ~ 1800 m 的山坡林下。

用途：全草入药。

林猪殃殃 Galium paradoxum

7. 猪殃殃 Galium spurium Linnaeus

多枝、蔓生或攀缘状草本。茎有 4 棱角；棱上、叶缘、叶脉上均有倒生的小刺毛。叶纸质或近膜质，6 ~ 8 片轮生，带状倒披针形或长圆状倒披针形，（1.0 ~ 5.5）cm×（1 ~ 7）mm，顶端有针状凸尖头，基部渐狭，两面常有紧贴的刺状毛，常萎软状，干时常卷缩，1 脉，近无柄。聚伞花序腋生或顶生，少至多花，花小，4 数，花萼被钩毛，花冠黄绿色或白色，辐状，裂片长圆形；子房被毛，花柱 2 裂至中部，柱头头状。果干燥，有 1 或 2 个近球状的分果爿，密被钩毛，果柄直。花期 3 ~ 7 月，果期 4 ~ 11 月 。

猪殃殃 Galium spurium

分布与生境：分布于八大公山各地，生于海拔 200 ~ 1800 m 的路边、荒地、沟边。

用途：全草入药。

（八）栀子属 **Gardenia** J. Ellis

灌木或很少为乔木。叶对生，少有 3 片轮生或与总花梗对生的 1 片不发育。花大，腋生或顶生，单生、簇生或很少组成伞房状的聚伞花序；花冠高脚碟状，裂片 5 ~ 12。浆果常大，平滑或具纵棱，革质或肉质；种子多数，常与肉质的胎座胶结而成一球状体。

约 250 种，我国产 5 种，湖南产 1 种，八大公山也有分布。

1. 栀子 **Gardenia jasminoides** J. Ellis

常绿灌木。叶对生，革质，叶形多样，通常为长圆状披针形或椭圆形；托叶膜质。花芳香，通常单朵生于枝顶；萼管有纵棱，萼檐管形，膨大，裂片披针形，宿存；花冠白色或乳黄色，高脚碟状，通常 6 裂，裂片广展，倒卵形；花药线形，伸出；花柱粗厚，柱头纺锤形。果卵形或长圆形，有翅状纵棱 5 ~ 9 条。花期 3 ~ 7 月，果期 5 月至翌年 2 月。

分布与生境：分布于八大公山各地，生于海拔 200 ~ 700 m 的山坡密林下。栽培亦广。

用途：果实、根、叶、花入药；花可食，果实可提取黄色素；庭院观赏。

栀子 Gardenia jasminoides

（九）耳草属 **Hedyotis** Linnaeus

草本、亚灌木或灌木。叶对生。花序顶通常为聚伞花序或聚伞花序再复合成各式花序；萼管通常陀螺形，萼檐宿存，通常 4 裂；花冠管状、漏斗状或辐状，檐部 4 或 5 裂，裂片镊合状排列；雄蕊与花冠裂片同数；子房2室，花柱线形，内藏或伸出，胚珠每子房室少数或多数。果小，膜质、脆壳质。种子小，具棱角或平凸。

约500种，我国产67种，湖南产7种，八大公山产1种。

1. 金毛耳草 *Hedyotis chrysotricha* (Palibin) Merrill

多年生披散草本，基部木质，被金黄色硬毛。叶对生，薄纸质，阔披针形或卵形；托叶短合生。聚伞花序腋生，花萼被柔毛，萼管近球形，萼檐裂片披针形；花冠白色或紫色，漏斗形，上部深裂，裂片线状长圆形；雄蕊内藏缺；柱头棒形，2裂。果近球形，被扩展硬毛，成熟时不开裂。花果期几乎全年。

分布与生境：分布于八大公山各地，生于海拔200 ~ 600 m的山坡林缘草丛中。

用途：全草入药。

金毛耳草 Hedyotis chrysotricha

（十）粗叶木属 Lasianthus Jack

灌木，常有臭气；枝和小枝圆柱形，节部压扁。叶对生，叶片纸质或革质。花小，数朵至多朵簇生叶腋，或组成腋生、具总梗的聚伞状或头状花序，通常有苞片和小苞片；花冠漏斗状或高脚碟状。核果小，外果皮肉质，成熟时常为蓝色，内含3 ~ 9分核，分核具三棱，软骨质或革质，内含略弯的种子1颗，种皮膜质。

约150种，我国产34种，湖南产3种，八大公山有1种。

1. 日本粗叶木 *Lasianthus japonicus* Miquel

常绿灌木。小枝无毛或嫩部被柔毛。叶近革质或纸质，长圆形或披针状长圆形，长（9 ~ 15）cm ×（2.0 ~ 3.5）cm，顶端骤尖或骤然渐尖，基部短尖，上面无毛或近无毛，但摸之粗糙，下面脉上被贴伏的硬毛。花无梗，常2 ~ 3朵簇生在一腋生、很短的总梗上，有时无总梗，萼钟状，被柔毛，萼齿三角形，花冠白色，管状漏斗形，外面无毛，里面被长柔毛，裂片5。核果球形，内含5个分核。

分布与生境：分布于八大公山各地，生于海拔200 ~ 600 m的山坡林下。

用途：全草入药。

日本粗叶木 *Lasianthus japonicus*

（十一）野丁香属 **Leptodermis** Wallich

灌木，通常多分枝。叶对生；托叶小，刺状尖，宿存。花 3 至多朵，簇生或密集成头状；萼管倒圆锥状，裂片 5，革质，宿存；花冠白色或紫色，通常漏斗形，裂片 5，镊合状排列；雄蕊 5，着生于花冠喉部，花丝短，花药线状长圆形；子房常 5 室，花柱线形，柱头 5 或 3，线形；胚珠每子房室 1 颗。蒴果 5 爿裂至基部。种子直立，种皮薄。

约 40 种，我国产 34 种，湖南产 2 种，八大公山有 1 种。

1. 野丁香 **Leptodermis potaninii** Batalin

野丁香 *Leptodermis potaninii*

灌木。叶较薄，卵形或披针形。聚伞花序顶生；萼管狭倒圆锥形，裂片5或6，狭三角形，顶端短尖；花冠漏斗形，内面上部及喉部密被硬毛，冠檐伸展，花冠裂片5或6，具膜质边檐，无色，无毛；雄蕊花药线状长圆形；雌蕊子房3室。蒴果自顶5裂至基部，其裂片冠以宿萼裂片。花期5月，果期秋冬季。

分布与生境：分布于八大公山各地，生于海拔200～1800 m的溪边或山坡石壁上。

用途：全草入药。

（十二）黄棉木属 Metadina Bakh.f.

常绿乔木。叶对生；托叶三角形至窄三角形，早落。花序顶生，由多数头状花序组成，花序梗1～3，有苞片。花5基数，近无梗；花萼管彼此分离，萼裂片宿存；花冠高脚碟状或窄漏斗状，花柱伸出，子房2室。果序疏松；小蒴果的内果皮硬，室背室间4爿开裂；宿存萼裂片留附于蒴果中轴上；种子不具翅。

单种属。八大公山也有分布。

1. 黄棉木 Metadina trichotoma (Zollinger et Moritzi) Bakhuizen f.

形态特征见属的描述。

分布与生境：分布于八大公山五道水，生于海拔200～600 m的山坡林下。

用途：木材可作用材。

黄棉木 Metadina trichotoma

（十三）巴戟天属 Morinda Linnaeus

藤本，藤状灌木或小乔木。叶对生；托叶分离或2片合生成筒状。头状花序桑果形或近球形，木本种花序单1腋生，藤本种为数花序伞状排于枝顶；花两性；花萼下部彼此粘合，上部环状；

花冠白色，漏斗状；雄蕊与花冠裂片同数，着生于喉部或裂片侧基部；雌蕊子房 2 ~ 4 室，每室具胚珠 1。聚花核果桑果形或近球形。种子长圆形。

约 100 种，我国产 27 种，湖南产 10 种，八大公山产 1 种。

1. 羊角藤 Morinda umbellata subsp. **obovata** Ruan

藤本。叶卵形、倒卵状披针形或倒卵状长圆形，全缘，上面常具蜡质；托叶筒状，干膜质。花序 3 ~ 11 伞状排列于枝顶；花萼顶端平，无齿；花冠白色，稍呈钟状，檐部 4 ~ 5 裂，裂片长圆形，顶部向内钩状弯折；花柱通常不存在，柱头圆锥状，常 2 裂，子房下部与花萼合生。聚花核果近球形或扁球形。花期 6 ~ 7 月，果熟期 10 ~ 11 月。

分布与生境：分布于八大公山各地，生于海拔 200 ~ 1800 m 的山坡、林缘或山谷沟边灌丛中。

用途：根、根皮、叶入药。

羊角藤 Morinda umbellata subsp. obovata

（十四）玉叶金花属 **Mussaenda** Linnaeus

乔木、灌木或缠绕藤本。叶对生或轮生；托叶全缘或 2 裂。聚伞花序顶生；花萼管长圆形或陀螺形，萼裂片 5 枚，其中有些花的萼裂片中有 1 枚极发达呈花瓣状；花冠裂片 5 枚；雄蕊 5 枚，内藏，花药线形；子房 2 室，花柱丝状，2 型，内藏或伸出，柱头 2 个，细小。花盘大，环形。浆果肉质。种子小，种皮有小孔穴状纹。

约 200 种，我国产 29 种，湖南产 4 种，八大公山产 2 种。

分种检索表

1. 花萼裂片线形……………………………………………………………… **1. 玉叶金花 M. pubescens**
1. 花萼裂片披针形至卵形………………………………………………… **2. 大叶白纸扇 M. shikokiana**

1. 玉叶金花 Mussaenda pubescens W. T. Aiton

攀缘灌木。叶膜质或薄纸质，卵状长圆形或卵状披针形；托叶三角形，裂片钻形。聚伞花序顶生；花萼管陀螺形，萼裂片线形，花叶阔椭圆形；花冠白色或黄色，花冠裂片长圆状披针形，内面密生金黄色小疣突；花柱短，内藏。浆果近球形，顶部有萼檐脱落后的环状疤。花期 4 ~ 7 月，果期 6 ~ 12 月。

分布与生境：分布于八大公山各地，生于海拔 200 ~ 300 m 的山谷沟边灌丛中。

用途：根、根皮、叶入药；庭院观赏。

玉叶金花 Mussaenda pubescens

2. 大叶白纸扇 Mussaenda shikokiana Makino

直立或攀缘灌木。叶对生，薄纸质，广卵形；托叶卵状披针形，常 2 裂。聚伞花序顶生；花萼管陀螺形，萼裂片近叶状，白色，披针形，花叶倒卵形；花冠黄色，花冠裂片卵形，内面密被黄色小疣突；雄蕊花药内藏；花柱无毛，柱头 2 裂，略伸出花冠外。浆果近球形。花期 5 ~ 7 月，果期 7 ~ 10 月。

分布与生境：分布于八大公山各地，生于海拔 200 ~ 500 m 的山谷、沟边灌丛中。

用途：根、根皮、叶入药；庭院观赏。

大叶白纸扇 Mussaenda shikokiana

（十五）密脉木属 Myrioneuron R. Brown

小灌木或高大草本。叶和托叶均较大。花序为多花的头状花序或伞房状聚伞花序；花二型，具花柱异长花；萼管卵圆形，裂片5，质坚，宿存；花冠管状，裂片5；雄蕊5，生于花冠管的内壁上；子房2室，每室有多数胚珠。浆果卵球状，干燥或肉质。种子多数，细小，有棱角，表面散布洼点。

14种，我国产4种，湖南产1种，八大公山亦产。

1. 密脉木 Myrioneuron faberi Hemsl.

密脉木 Myrioneuron faberi

高大草本或灌木状。叶常聚于小枝上部，纸质，倒卵形，边全缘或微波状。花序顶生，密集成球状；萼管球状至倒圆锥状，裂片钻形；花冠黄色，管状，裂片近三角形，反折；雄蕊 5，长柱花的着生冠管近基部，内藏，短柱花的生喉部，稍伸出；花柱深 2 裂，长柱花的稍伸出，短柱花的内藏。果近球形，宿存萼片 5。花期 8 月，果期 10 ~ 12 月。

分布与生境：分布于八大公山五道水，生于海拔 200 ~ 300 m 的山沟边灌丛中。

用途：全株入药；庭院观赏。

（十六）新耳草属 Neanotis W. H. Lewis

直立或平卧草本。叶对生，卵形或披针形；托叶生于叶柄间。花细小，组成腋生或顶生松散的聚伞花序或头状花序；花盘不明显；子房 2 室，罕有 3 或 4 室，花柱线形，柱头 2 ~ 4。蒴果双生，侧面压扁，革质或膜质，顶部冠以宿存的萼檐裂片，成熟时室背开裂，罕有不开裂，每室有 1 至数粒种子，罕有多粒；种子盾形、舟形或平凸形。

30 种，我国产 8 种，湖南产 2 种，八大公山均产。

分种检索表

1. 平卧或披散草本……………………………………………………………… **1. 薄叶新耳草 N. hirsuta**
1. 直立草本，有时近基部处匍匐状………………………………………… **2. 臭味新耳草 N. ingrata**

1. 薄叶新耳草 Neanotis hirsuta (Linnaeus f.) W. H. Lewis

匍匐草本，下部常生不定根；茎柔弱，具纵棱。叶卵形或椭圆形，（2 ~ 4）cm ×（1.0 ~ 1.5）cm，顶端短尖，基部下延至叶柄，两面被毛或近无毛。花序腋生或顶生，有花 1 至数朵，常聚集成头状；

薄叶新耳草 Neanotis hirsuta

花白色或浅紫色，近无梗或具极短的花梗；花冠漏斗形，裂片阔披针形。蒴果扁球形，顶部平，宿存萼檐裂片长约 1.2 mm。花、果期 7 ~ 10 月。

分布与生境：分布于八大公山各地，生于海拔 200 ~ 300 m 的山沟边灌丛中。

2. 臭味新耳草 Neanotis ingrata (Wallich ex J. D. Hooker) W. H. Lewis

多年生草本。全株有臭味；茎有明显的直棱或槽。叶卵状披针形，很少卵形或长椭圆形，（4 ~ 9）cm ×（1.4 ~ 3.4）cm，顶端渐尖，基部渐狭。花序顶生或近顶生，为多歧聚伞花序，有总花梗；花冠白色，裂片长圆形，顶端钝。蒴果近扁球状，通常无毛，每室有种子数粒；种子小，黑褐色，平凸，有小疣点。花期 6 ~ 9 月。

分布与生境：分布于八大公山各地，生于海拔 200 ~ 300 m 的山沟边灌丛中。

用途：全株入药；庭院观赏。

臭味新耳草 Neanotis ingrata

（十七）薄柱草属 Nertera Banks ex Gaertner

柔弱小草本，匍匐状，无毛或被疏毛。叶对生，托叶小，生于叶柄间，全缘或具 2 齿或合生成一鞘形。花细小，腋生或顶生，无梗或梗极短；萼管卵形，萼檐短管形，顶端全缘或 4 ~ 6 齿裂或分裂，宿存；花冠管漏斗形，喉部无毛，裂片 4，近直立，芽时镊合状排列；雄蕊 4，子房 2 室，花柱 2 分叉，分枝从基部分离，线形，胚珠每室 1 颗。核果，有小核 2 ~ 4。

16 种，我国产 3 种，湖南产 1 种，八大公山也有。

1. 薄柱草 Nertera sinensis Hemsley

簇生小草七，无毛；茎纤细，柔弱，长 5 ~ 10 cm，近匍匐，节上生根。叶小，具柄，纸质，长圆状披针形，（7 ~ 16）mm ×（3.5 ~ 5.0）mm，顶端短尖或微锐尖，基部楔形，两面均有微小秕鳞。花小，单朵顶生，无花梗，具总苞；总苞小，杯形，有 2 尖头；萼檐裂片细小，截头形；花冠浅绿色，辐形，顶部 4 裂，裂片钝；雄蕊 4 枚，伸出冠管外；花柱 2，深裂。核果深蓝色，球形，内有小核 4 颗。花期 7 ~ 8 月。

分布与生境：分布于八大公山各地，生于海拔 200 ~ 300 m 的山沟溪流中石上。

用途：庭院观赏。

薄柱草 Nertera sinensis

（十八）蛇根草属 Ophiorrhiza Linnaeus

多年生草本。叶对生，全缘；托叶不分裂至 2 深裂。聚伞花序顶生，通常螺状，或具螺状分枝。花通常二型；花萼通常小，萼檐 5 裂，偶有 6 裂；花冠管常狭长，冠檐 5 裂，偶有 6 裂；雄蕊 5 或偶有 6，长柱花中着生冠管中部以下，短柱花中着生在喉部；子房 2 室，每室有多数胚珠。蒴果侧扁。种子小而有角。

200 ~ 300 种，我国产 70 种，湖南产 7 种，八大公山产 3 种。

分种检索表

1. 无小苞片，或小苞片很小且很快脱落…………………………………… **1. 中华蛇根草 O. chinensis**

1. 小苞片明显存在，且于结果时宿存。

2. 全株密被红褐色柔毛…………………………………………………… **2. 贵州蛇根草 O. guizhouensis**

2. 全株疏被白色柔毛………………………………………………………………**3. 日本蛇根草 O. japonica**

1. 中华蛇根草 Ophiorrhiza chinensis H.S. Lo

草本或亚灌木。叶纸质，披针形至卵形。花序顶生；萼管近陀螺形，有5棱，裂片5，近三角形；花冠白色或微染紫红色，管状漏斗形，裂片5，三角状卵形，顶端内弯，兜状，有喙，背面有龙骨状狭翅，近顶部有角状附属体；雄蕊5；柱头深2裂。花期冬春季，果期春夏季。

分布与生境：分布于八大公山各地，生于海拔200 ~ 800 m的山坡林下阴湿地。

用途：庭院观赏；全草入药。

中华蛇根草 Ophiorrhiza chinensis

2. 贵州蛇根草 Ophiorrhiza guizhouensis C. D. Yang & G. Q. Gou

本种在形态上与日本蛇根草相似，但不同的是：本种茎圆柱状，被密毛，通常具有宿存的缘毛托叶，托叶基部内有发育良好的导管；花冠管较短，雄蕊和花柱较短。

分布与生境：分布于八大公山各地，生于海拔200 ~ 500 m的山坡林下阴湿地。

用途：庭院观赏。

贵州蛇根草 Ophiorrhiza guizhouensis

3. 日本蛇根草 **Ophiorrhiza japonica** Blume

草本。叶片卵形或披针形。花序顶生，有花多朵；萼管近陀螺状，有5棱，裂片三角形或近披针形；花冠白色或粉红色，近漏斗形，喉部扩大，裂片5，三角状卵形，顶端内弯，喙状，背面有翅，翅的顶部向上延伸成新月形；雄蕊花药线形；柱头2裂。蒴果近僧帽状。花期冬春，果期春夏。

分布与生境：分布于八大公山各地，生于海拔200~1200 m的山坡林下阴湿地。

用途：庭院观赏；全草入药。

日本蛇根草 Ophiorrhiza japonica

（十九）鸡矢藤属 **Paederia** Linnaeus

柔弱缠绕灌木或藤本，揉之发出强烈的臭味。叶对生；托叶在叶柄内，三角形。花排成圆锥花序式的聚伞花序；萼管陀螺形或卵形，萼檐4~5裂，裂片宿存；花冠管漏斗形或管形，顶部4~5裂，裂片扩展，镊合状排列，边缘皱褶；雄蕊4~5，生于冠管喉部，内藏；花盘肿胀；子房2室，胚珠每室1颗。果球形，分裂为2小坚果。种子与小坚果合生。

30种，我国产9种，湖南有5种，八大公山有1种。

1. 鸡矢藤 Paederia foetida Linnaeus

藤本。叶对生，纸质或近革质，形状变化很大，卵形至披针形。圆锥花序式的聚伞花序腋生或顶生；萼管陀螺形，萼檐裂片5，裂片三角形；花冠浅紫色，外面被粉末状柔毛，里面被茸毛，顶部5裂；花丝长短不齐。果球形，成熟时近黄色，有光泽，平滑，顶冠以宿存的萼檐裂片和花盘。花期5~10月，果期7~12月。

分布与生境：分布于八大公山各地，生于海拔200~1500 m的山坡林下阴湿地。

用途：全草入药；嫩叶可作蒿菜粑。

鸡矢藤 Paederia foetida

（二十）茜草属 Rubia Linnaeus

直立或攀缘草本，基部有时带木质，茎上有糙毛或小皮刺。叶轮生。花小，通常两性，聚伞花序；萼檐不明显；花冠冠檐部5或稀4裂，裂片镊合状排列；雄蕊5或有时4，生冠管上；花盘小，肿胀；子房2室或有时退化为1室，花柱2裂，胚珠每室1颗。果2裂，肉质浆果状。种子和果皮贴连，种皮膜质。

约80种我国产38种，湖南产5种，八大公山产4种。

分种检索表

1. 花冠裂片不反折，向外伸展或近直立、内弯。
  2. 叶狭窄，线形或披针状线形，长为宽的5 ~ 10倍 ································ **1. 金剑草 R. alata**
  2. 叶较阔，非线形，长不及宽的3倍。
    3. 掌状叶脉上有倒生皮刺；花冠白色、紫红或黄色····················· **4. 多花茜草 R. wallichiana**

3. 叶脉上无皮刺；花冠紫红色…………………………………………… **2. 金线草 R. membranacea**

1. 花冠裂片明显反折…………………………………………………………… **3. 卵叶茜草 R. ovatifolia**

1. 金剑草 Rubia alata Wallich in Roxburgh

草质攀缘藤本。叶 4 片轮生，叶片膜状纸质或薄纸质，披针形或近卵形，边缘通常生有极小的皮刺。聚伞花序有花 3 朵或排成圆锥花序式；萼管浅 2 裂；花冠紫红色，辐状，冠檐裂片 5，伸展，不反折；雄蕊 5，生冠管近基；花柱 2 裂至基部，柱头头状。浆果近球形，有时 2 个并生，成熟时黑色。花期 5 ~ 6 月，果期 8 ~ 10 月。

分布与生境：分布于八大公山各地，生于海拔 200 ~ 1200 m 的山坡林下或林缘。

用途：根及根状茎入药。

金剑草 Rubia alata

2. 金线草 Antenoron filiforme (Thunberg) Roberty & Vautier

多年生直立草本，高达 80 cm。根状茎粗壮。茎具糙伏毛，节部膨大。叶椭圆形，长（6 ~ 15）mm ×（4 ~ 8）cm，先端渐尖，基部楔形，全缘，两面均具糙伏毛，托叶鞘筒状。总状花序呈穗状，通常数个，花排列稀疏；花被 4 深裂，红色，花被片卵形，果时稍增大；雄蕊 5 枚；花柱 2 裂，宿存。瘦果卵形，褐色，包于宿存花被内。花期 7 ~ 8 月，果期 9 ~ 10 月。

分布与生境：分布于八大公山斗篷山，生于海拔 200 ~ 1500 m 的山坡林缘。

用途：根及根状茎入药。

金线草 Antenoron filiforme

3. 卵叶茜草 **Rubia ovatifolia** Z. Y. Zhang ex Q. Lin

攀缘草本。叶 4 片轮生，叶片薄纸质，卵状心形至圆心形。聚伞花序排成疏花圆锥花序式；萼管近扁球形，微 2 裂；花冠淡黄色或白色，质稍薄，裂片 5，明显反折，卵形，里面覆有许多微小颗粒；雄蕊 5，生冠管口部。浆果球形，有时双球形，成熟时黑色。花期 7 月，果期 10 ~ 11 月。

卵叶茜草 Rubia ovatifolia

分布与生境：分布于八大公山各地，生于海拔 200 ~ 1200 m 的山坡林下或林缘。

用途：根及根状茎入药。

4. 多花茜草 Rubia wallichiana Decaisne

草质攀缘藤木。根状茎和其节上的须根均红色。叶通常 4 片轮生，纸质至厚纸质，披针形，边缘有齿状皮刺。聚伞花序多回分枝，花序和分枝均细瘦；花冠淡黄色或绿黄色，干时淡褐色，花冠裂片近卵形，微伸展。果球形，成熟时橘黑色。花期 8 ~ 9 月，果期 10 ~ 11 月。

分布与生境：分布于八大公山各地，生于海拔 200 ~ 1500 m 的山坡林缘或旷野草地中。

用途：根及根状茎入药。

多花茜草 Rubia wallichiana

（二十一）蛇舌草属 Scleromitrion (Wight & Arn.) Meisn.

散生、分枝草本，通常柔弱；托叶分裂成刺状；花冠管短，罕有延长；花药通常伸出。蒴果细小，通常膜质，双生，平滑，顶端室背开裂；种子具棱，光滑。

4 种，我国产 4 种，湖南有 1 种，八大公山产 1 种。

1. 白花蛇舌草 Scleromitrion diffusum (Willd.) R. J. Wang

一年生无毛纤细披散草本。叶对生，无柄，线形，（1 ~ 3）cm ×（1 ~ 3）mm，中脉在上面下陷，侧脉不明显；托叶基部合生，顶部芒尖。花 4 数，单生或双生于叶腋；花冠白色，管形，花冠裂片卵状长圆形，顶端钝。蒴果膜质，扁球形，宿存萼檐裂片长 1.5 ~ 2.0 mm，成熟时顶部室背开裂。花期春季。

分布与生境：分布于八大公山各地，生于海拔 200 ~ 500 m 的水沟及旱地边。

用途：全草入药。

白花蛇舌草 Scleromitrion diffusum

（二十二）白马骨属 Serissa Commerson

落叶小灌木。茎多分枝，揉之发出臭气。叶对生，卵形。花腋生或顶生，单朵或多朵丛生，无梗；萼管倒圆锥形，萼檐 4 ~ 6 裂，裂片锥形，宿存；花冠漏斗形，顶部 4 ~ 6 裂，雄蕊 4 ~ 6 枚，子房 2 室，花柱线形，2 分枝。核果，球形。

2 种，我国产 2 种，湖南有 2 种，八大公山产 1 种。

1. 六月雪 Serissa japonica (Thunb.) Thunb.

小灌木。叶革质，卵形至倒披针形，边全缘，无毛。花单生或数朵丛生于小枝顶部或腋生；萼檐裂片细小，锥形，被毛；花冠淡红色或白色，裂片扩展，顶端 3 裂；雄蕊突出冠管喉部外；花柱长突出，柱头 2，直，略分开。花期 4 ~ 7 月，果期 6 ~ 11 月。

分布与生境：分布于八大公山各地，生于海拔 200 ~ 1000 m 的溪边灌丛中。

用途：全株入药；庭院观赏。

（二十三）鸡仔木属 Sinoadina Ridsdale

半常绿或落叶乔木。叶对生；托叶窄三角形，跨褶。花序顶生，聚伞状圆锥花序式，由头状花序组成；花 5 基数；花萼管彼此分离，宿存；花冠高脚碟状或窄漏斗形，花冠裂片镊合状排列，但在顶端近覆瓦状；雄蕊着生于花冠管的上部；花柱伸出，子房 2 室，每室有胚珠多颗。小蒴果内果皮硬，宿存萼裂片留附在蒴果中轴上。种子三角形，两侧略压扁。

六月雪 Serissa japonica

我国特有的单种属。八大公山有分布。

1. 鸡仔木 Sinoadina racemosa (Siebold et Zuccarini) Ridsdale

形态特征见鸡仔木属的描述。

分布与生境：分布于八大公山各地，生于海拔 200 ~ 500 m 的山坡林中。

用途：用材树种；庭院观赏。

鸡仔木 Sinoadina racemosa

（二十四）钩藤属 Uncaria Schreber

木质藤本。未以育的花枝常变态成钩刺。叶对生，侧脉脉腋通常有窝陷；托叶全缘或有缺刻。头状花序顶生于侧枝上，花 5 基数；花萼管短，萼裂片三角形至卵状长圆形；花冠高脚碟状或近漏斗状，花冠裂片近覆瓦状排列；雄蕊着生于花冠管近喉部；花柱伸出，子房 2 室，胚珠多数。小蒴果外果皮厚，纵裂。种子小，两端有长翅。

约 34 种，我国产 12 种，湖南产 2 种，八大公山均产。

分种检索表

1. 托叶明显 2 裂，裂片狭三角形、狭卵形或三角状卵形……………………… **1. 钩藤 U. rhynchophylla**
1. 托叶全缘或微缺，阔三角形或半圆形…………………………………………… **2. 华钩藤 U. sinensis**

1. 钩藤 Uncaria rhynchophylla (Miquel) Miquel ex Haviland

藤本。叶纸质，椭圆形或长圆形。头状花序单生叶腋，或成单聚伞状排列；花萼管疏被毛，萼裂片近三角形；花冠管外面无毛，花冠裂片卵圆形；花柱伸出冠喉外，柱头棒形。小蒴果被短柔毛，宿存萼裂片近三角形，星状辐射。花、果期 5 ~ 12 月。

分布与生境：分布于八大公山各地，生于海拔 200 ~ 1000 m 的山坡或沟谷林中。

用途：带钩藤茎入药。

钩藤 Uncaria rhynchophylla

2. 华钩藤 Uncaria sinensis (Oliver) Haviland

藤本。叶薄纸质，椭圆形。头状花序单生叶腋，或成单聚伞状排列；花萼管外面有苍白色毛，萼裂片线状长圆形；花冠裂片外面有短柔毛；花柱伸出冠喉外，柱头棒状。小蒴果有短柔毛。花、果期 6 ~ 10 月。

分布与生境：分布于八大公山各地，生于海拔 200 ~ 1000 m 的山坡或沟谷林中。

用途：带钩藤茎入药；庭院观赏。

华钩藤 Uncaria sinensis

一百三十七、龙胆科 Gentianaceae

一年生或多年生草本。茎直立或斜升，稀缠绕。单叶，对生，全缘，基部合生，筒状抱茎，无托叶。聚伞花序或复聚伞花序，花两性，辐射对称，花萼筒状、钟状或辐状，花冠裂片在花蕾期右向旋转排列，子房上位，1 室，柱头全缘或 2 裂，子房基部或花冠具腺体或腺窝。蒴果 2 瓣裂，稀浆果状不裂。

99 属 1736 种，我国产 22 属 420 种，湖南产 7 属 32 种，八大公山产 4 属 15 种。

分属检索表

1. 茎直立或斜升。
  2. 腺体轮生于子房基部……………………………………………………………**1. 龙胆属 Gentiana**
  2. 腺体生于花冠筒或裂片，或无腺体。
    3. 花冠裂片基部有 1 花距………………………………………………………… **2. 花锚属 Halenia**
    3. 花冠裂片基部有 1 ~ 2 腺洼或流苏……………………………………… **3. 獐牙菜属 Swertia**
1. 茎缠绕…………………………………………………………………… **4. 双蝴蝶属 Tripterospermum**

（一）龙胆属 Gentiana Linnaeus

一年生或多年生草本。茎四棱形，直立、斜生或铺散。叶对生。复聚伞花序，稀单生，花两性，花萼筒状或钟形，浅裂，萼筒内具萼内膜，花冠筒状、漏斗形或钟形，常浅裂，裂片间具褶，裂片在花蕾期右向旋卷，雄蕊生于冠筒，与裂片互生，花丝基部稍宽向冠筒下延成翅，子房 1 室，花柱较短或丝状。蒴果 2 裂。

358 种，我国产 237 种，湖南产 13 种，八大公山产 5 种。

分种检索表

1. 多年生草本，具略肉质的根及莲座叶丛……………………………………… **1. 五岭龙胆 G. sadavidii**
1. 一年生草本，具细瘦的木质主根，无莲座叶丛。
  2. 蒴果长而窄；基生叶小，茎生叶愈向茎上部愈大………………………… **2. 红花龙胆 G.rhodantha**
  2. 蒴果短而宽；基生叶发达，茎生叶近等大。
    3. 花萼裂片常极狭窄，丝状或丝状锥形。
      4. 花萼裂片常极狭窄，丝状或丝状锥形………………………………… **3. 深红龙胆 G. rubicunda**
      4. 裂片三角形或三角状披针形………………………………………**4. 小繁缕龙胆 G. samolifolia**
  2. 花萼裂片较宽，三角形、卵形或披针形………………………………………… **5. 灰绿龙胆 G. yokusai**

1. 五岭龙胆 Gentiana davidii Franchet

多年生草本。须根略肉质。主茎粗壮，发达，有多数较长分枝。花枝多数，丛生，斜升。叶线状披针形或椭圆状披针形，先端钝，基部渐狭，边缘微外卷，有乳突，叶脉 1 ~ 3 条，在两面均明显，并存下面突起；莲座丛叶（3 ~ 9）cm×（0.6 ~ 1.2）cm，茎生叶多对，（1.3 ~ 5.5）cm×（0.3 ~ 0.8）cm，愈向茎上部叶愈大，柄愈短。花多数，簇生枝端呈头状，被包围于最上部的苞叶状的叶丛中；花冠蓝色，无斑点和条纹，狭漏斗形，裂片卵状三角形，褶偏斜，截形或三角形，全缘或边缘有不明显波状齿。蒴果内藏或外露，狭椭圆形或卵状椭圆形。花果期（6）8～11月。

分布与生境：分布于八大公山斗篷山，生于海拔1000～1500 m的山坡林缘草丛中。

用途：全草入药；花供观赏。

五岭龙胆 Gentiana davidii

2. 红花龙胆 Gentiana rhodantha Franchet

多年生草本。茎直立，生于石上的下垂。基生叶呈莲座状，椭圆形、倒卵形或卵形，茎生叶宽卵形或卵状三角形，基部圆形或心形，边缘浅波状，叶脉3～5条，叶柄基部连合成短筒抱茎。花单生茎顶，无花梗，花冠淡红色，先端具细长流苏。蒴果内藏或仅先端外露。花果期10月至翌年2月。

分布与生境：分布于八大公山各地，生于海拔500～1200 m的山坡悬崖石壁上。

用途：全草入药；花供观赏。

红花龙胆 Gentiana rhodantha

3. 深红龙胆 Gentiana rubicunda Franchet

一年生草本。茎直立，光滑。叶先端钝或钝圆，基部钝，边缘具乳突，上面具极细乳突，下面光滑，叶脉 1 ~ 3 条，细，在下由明显，基生叶数枚或缺如，卵形或卵状椭圆形，疏离。花单生于小枝顶端，花冠紫红色，有时冠筒上具黑紫色条纹和斑点。蒴果外露，矩圆形。花果期 3 ~ 10 月。

分布与生境：分布于八大公山各地，生于海拔 200 ~ 1800 m 的溪边和山坡草地。

用途：全草药用；花供观赏。

深红龙胆 Gentiana rubicunda

4. 水繁缕叶龙胆 Gentiana samolifolia Franchet

一年生草本。茎直立，从基部起分枝。叶先端圆形或钝圆；基生叶大，卵圆形或宽卵形，（10 ~ 25）mm ×（7 ~ 13）mm；茎生叶小，疏离；远短于节间，卵圆形、倒卵形至倒卵状矩圆形，愈向茎上部叶变小。花多数，单生于小枝顶端，常 2 ~ 6 个小枝密集呈伞形；花冠内面蓝色，外面黄绿色。蒴果，矩圆状匙形或倒卵形，有宽翅。种子褐色，有光泽，表面具细网纹。花果期 4 ~ 6 月。

分布与生境：产于后八大公山各地，生于海拔 1200 ~ 2000 m 的山坡草地。

附注：本种在《中国植物志》与深红龙胆分属不同的系，显然不能作为其变种处理。

5. 灰绿龙胆 Gentiana yokusai Burkill

一年生草本。叶略肉质，卵形，先端钝；基生叶在花期不枯萎，常与下部叶等大，稀更大，茎生叶开展，（4 ~ 12）mm ×（3 ~ 6）mm。花多数，单生于小枝顶端，小枝常 2 ~ 5 个密集呈头状；花萼倒锥状筒形，卵形或披针形；花冠蓝色、紫色或白色，漏斗形。蒴果，卵圆形或倒卵状矩圆形，两侧边缘具狭翅；种子淡褐色。花果期 3 ~ 9 月。

分布与生境：分布于八大公山各地，生于海拔 200 ~ 600 m 潮湿的沟边草地。

水繁缕叶龙胆 Gentiana samolifolia

灰绿龙胆 Gentiana yokusai

（二）花锚属 **Halenia** Borkhausen

一年生草本。叶对生。聚伞花序排成圆锥花序，花冠钟形，4 深裂，裂片基部有腺窝孔并延伸成一长矩，矩内有蜜腺，雄蕊 4。花柱短，圆筒状，柱头 2 裂。蒴果无柄，卵形。种子平滑，淡黄色。

100 种，我国产 2 种，湖南产 1 种，八大公山亦产。

1. 椭圆叶花锚 **Halenia elliptica** D. Don

一年生草本。茎近四棱形。基生叶倒卵形或椭圆形，先端圆或钝尖，基部楔形，通常早枯萎；茎生叶椭圆状披针形或卵形，先端渐尖，基部宽楔形或近圆形，全缘，叶脉 3 条，叶无柄或具极短而宽扁的叶柄。聚伞花序，花冠钟形，深裂，裂片基部有窝孔并延伸成一长距。花果期 7 ~ 9 月。

分布与生境：分布于八大公山各地，生于海拔 1600 ~ 1900 m 的山坡草地及林缘。

用途：全草入药。

椭圆叶花锚 Halenia elliptica

（三）獐牙菜属 **Swertia** Linnaeus

一年生或多年生草本。根草质、木质或肉质，常具主根。叶对生，多年生种类营养枝之叶常呈莲座状。复聚伞花序、聚伞花序，花 4 或 5 数，辐状，花冠裂至近基部，冠筒短，裂片基部或中部具腺窝或腺斑，腺窝边缘常具流苏或鳞片，子房 1 室，花柱短，柱头 2 裂。蒴果常包于宿存花被中。

约 150 种，我国产 75 种，湖南产 9 种，八大公山产 5 种。

分种检索表

1. 茎光滑。
  2. 花冠裂片中部或基部具深色腺斑……………………………………………**1. 獐牙菜 S. bimaculata**
  2. 花冠裂片基部具腺窝。
    3. 花冠裂片基部具 1 个腺窝………………………………………………**4. 显脉獐牙菜 S. nervosa**
    3. 花冠裂片基部具 2 腺窝。
      4. 花冠裂片先端无芒尖…………………………………………**3. 大籽獐牙菜 S. macrosperma**
      4. 花冠裂片先端具明显的芒尖……………………………………**5. 紫红獐牙菜 S. punicea**
1. 茎上有褶皱的翼…………………………………………………………………**2. 川东獐牙菜 S. davidii**

1. 獐牙菜 Swertia bimaculata (Siebold & Zuccarini) J. D. Hooker & Thomson ex C. B. Clarke

一年生草本。根细，黄色。茎直立，圆形，中空，基生叶花期枯萎，茎生叶无柄或具短柄，叶片椭圆形至卵状披针形，先端长渐尖，基部钝，叶脉 3 ~ 5 条，弧形，最上部叶苞叶状。大型圆锥状复聚伞花序，花冠白色，上部具多数紫色小斑点，花冠裂中部具 2 个黄绿色、半圆形的大腺斑。蒴果无柄，狭卵形。花果期 6 ~ 11 月。

分布与生境：分布于八大公山各地，生于海拔 800 ~ 1500 m 的山坡草地。

用途：全草入药。

獐牙菜 Swertia bimaculata

2. 川东獐牙菜 Swertia davidii Franchet

多年生草本。基生叶及茎下部叶具长柄，狭椭圆形，连柄（1.3 ~ 7.0）cm ×（0.15 ~ 0.5）cm，先端钝尖，全缘，基部渐狭成柄。圆锥状复聚伞花序长达 36 cm，稀为聚伞花序，具少数花；花后

川东獐牙菜 Swertia davidii

期伸长；花 4 数；花萼绿色；花冠淡蓝色，具蓝紫色脉纹；子房无柄，狭椭圆形，柱头 2 裂。花期 9 ~ 11 月。

分布与生境：分布于八大公山各地，生于海拔 200 ~ 1200 m 的河边潮湿地。

用途：全草入药。

3. 大籽獐牙菜 Swertia macrosperma (C. B. Clarke) C. B. Clarke

一年生草本。基生叶及茎下部叶在花期常枯萎，叶片匙形，连柄长（2.0 ~ 6.5）cm × 1.5 cm，先端钝，全缘或边缘有不整齐的小齿，基部渐狭；茎中部叶无柄，叶片矩圆形或披针形，稀倒卵形，（0.4 ~ 4.5）cm ×（0.3 ~ 1.5）cm，愈向茎上部叶愈小，先端急尖，基部钝，具 3 ~ 5 脉。圆锥状复聚伞花序多花，开展；花 5 数，稀 4 数，花萼绿色；花冠白色或淡蓝色。蒴果卵形；种子 3 ~ 4 个，较大，矩圆形，褐色，表面光滑。花果期 7 ~ 11 月。

分布与生境：分布于八大公山斗篷山，生于海拔 1500 ~ 1900 m 的山坡林下草丛中。

用途：全草入药。

大籽獐牙菜 Swertia macrosperma

4. 显脉獐牙菜 Swertia nervosa (G. Don) Wall. ex C. B. Clarke

一年生草本。茎直立，四棱形，棱上有宽翅。叶具极短的柄，叶片椭圆形狭椭圆形至披针形，（1.6 ~ 7.5）cm ×（0.4 ~ 2.3）cm，愈向茎上部叶愈小，两端渐狭，叶脉 1 ~ 3 条，在下面明显突起。圆锥状复聚伞花序多花，开展；花 4 数，花萼绿色，叶状，长于花冠，裂片线状披针形，花冠黄绿色，中部以上具紫红色网脉，裂片椭圆形，先端钝，具小尖头，下部具 1 个腺窝，腺窝深陷，半圆形，上半部边缘具短流苏。蒴果卵形。花果期 9 ~ 12 月。

分布与生境：分布于八大公山斗篷山，生于海拔 1200 ~ 1700 m 的山坡草丛中。

用途：全草入药。

5. 紫红獐牙菜 Swertia punicea Hemsley

多年生草本。茎中空，近圆形，具条棱。基生叶和茎下部叶具柄，匙形或矩圆状匙形，先端圆形或钝，基部楔形，渐狭成柄，叶脉 5 ~ 7，明显，弓形，其中 3 ~ 5 脉于顶端联结，茎中上部叶无柄，卵形成矩圆形，半抱茎。圆锥状复聚伞花序具，花 5 数，花冠黑紫色，裂片中下部具 2 个腺窝，腺窝圆形，边缘具流苏。花期 8 ~ 9 月。

分布与生境：分布于八大公山各地，生于海拔 200 ~ 1500 m 的山坡草地。

用途：全草入药。

显脉獐牙菜 Swertia nervosa

紫红獐牙菜 Swertia punicea

（四）双蝴蝶属 Tripterospermum Blume

多年生缠绕草本，稀为直立草本。茎圆柱形。叶对生。聚伞花序或花腋生及顶生。花 5 数；萼筒钟形，脉 5 条突起成翅，稀无翅；花冠钟形或筒状钟形，裂片间具褶；雄蕊生于冠筒，不整齐，顶端向一侧弯曲，花丝线形；子房1室，胚珠多数，腺体成环状花盘。浆果或蒴果2瓣裂。种子多数，三棱形，无翅，或扁平具盘状宽翅。

25种，我国产19种，湖南产5种，八大公山产4种。

分种检索表

1. 蒴果；种子扁平，具宽翅。
  2. 萼筒通常具翅……………………………………………………………… **1. 双蝴蝶 T. chinense**
  2. 萼筒通常无翅或具狭翅…………………………………………………… **3. 湖北双蝴蝶 T. discoideum**
1. 浆果；种子三棱形，无翅。
  3. 浆果具长柄，长超过10 mm ………………………………………………… **4. 细茎双蝴蝶 T. filicaule**
  3. 浆果近无柄或具极短的柄，长不超过5 mm ……………………………… **2. 峨眉双蝴蝶 T. cordatum**

1. 双蝴蝶 Tripterospermum chinense (Migo) H. Smith

多年生缠绕草本。基生叶通常2对，着生于茎基部，紧贴地面，密集呈双蝴蝶状，上面绿色，有白色或黄绿色斑纹或否；茎生叶通常卵状披针形，向上部变小呈披针形，（5～12）cm×（2～5）cm，先端渐尖或呈尾状，基部心形或近圆形。花2～4朵呈聚伞花序，花萼钟形，具狭翅或无翅，裂片线状披针形，花冠蓝紫色，褶色较淡或呈乳白色，钟形，裂片卵状三角形，褶半圆形。蒴果内藏或先端外露。种子具盘状双翅。花果期10～12月。

双蝴蝶 Tripterospermum chinense

分布与生境：分布八大公山各地，生于海拔 600 ~ 1800 m 的山坡林下。

用途：全草入药；庭院观赏。

2. 峨眉双蝴蝶 Tripterospermum cordatum (C. Marquand) Harry Smith

多年生缠绕草本。叶心形至卵状披针形，（3.5 ~ 12.0）cm ×（2 ~ 5）cm，基部心形或圆形，边缘膜质，细波状，叶脉 3 ~ 5 条。花单生或成对着生于叶腋，有时 2 ~ 6 朵呈聚伞花序；花萼钟形，裂片线状披针形，花冠紫色，钟形，裂片卵形三角形，褶宽三角形，子房椭圆形，通常近无柄或具长不超过 5 mm 的短柄。浆果紫红色，内藏，长椭圆形，两端急狭呈圆形。种子椭圆形或卵形，无翅。花果期 8 ~ 12 月。

分布与生境：分布于八大公山各地，生于海拔 1000 ~ 1800 m 的山坡林下。

用途：全草入药。

峨眉双蝴蝶 Tripterospermum cordatum

3. 湖北双蝴蝶 Tripterospermum discoideum (C. Marquand) Harry Smith

多年生草本。茎缠绕，叶卵状披针形或卵形，基部近圆形或心形。单花腋生呈聚伞花序；花萼钟形，无翅或具狭翅，花冠淡紫色或蓝色，钟形，雄蕊着生于冠筒的下半部。蒴果淡褐色，长椭圆形。种子棕褐色，圆形，具盘状双翅。花果期 8 ~ 10 月。

分布与生境：分布八大公山各地，生于海拔 600 ~ 1800m 的山坡林下。

用途：全草入药；庭院观赏。

4. 细茎双蝴蝶 Tripterospermum filicaule (Hemsley) Harry Smith

多年生缠绕草本。基生叶通常 2 对，紧贴地面，密集呈双蝴蝶状，卵形、倒卵形或椭圆形，先端急尖或呈圆形，基部圆形，近无柄或具极短的叶柄，茎生叶通常卵状披针形，少为卵形，向上部变小呈披针形。具多花，2 ~ 4 朵呈聚伞花序，花萼钟形，具狭翅或无翅，花冠蓝紫色。蒴果内藏或先端外露。花果期 10 ~ 12 月。

分布与生境：分布于八大公山各地，生于海拔 1000 ~ 1800 m 的山坡林下。

用途：全草入药。

湖北双蝴蝶 Tripterospermum discoideum

细茎双蝴蝶 Tripterospermum filicaule

一百三十八、马钱科 Loganiaceae

乔木、灌木、藤本或草本。单叶对生或轮生，稀互生，全缘或有锯齿。花通常两性，辐射对称，单生或孪生，或组成 2 ~ 3 歧聚伞花序，再排成无限花序；有苞片和小苞片；花萼 4 ~ 5 裂；合瓣花冠，4 ~ 5 裂，裂片在花蕾时为镊合状或覆瓦状排列，少数为旋卷状排列；雄蕊通常着生于花冠管内壁上，与花冠裂片同数，且与其互生；子房上位，稀半下位，通常 2 室，花柱通常单生，柱头头状，胚珠每室多颗。果为蒴果、浆果或核果。种子通常小而扁平，有时具翅。

15 属 400 种。我国产 5 属 28 种，湖南产 3 属 4 种，八大公山有 2 属 3 种。

分属检索表

1. 木质藤本；浆果，果皮不开裂…………………………………………………… **1. 蓬莱葛属 Gardneria**
1. 多年生小草本；蒴果，室间开裂成 2 果瓣……………………………………… **2. 度量草属 Mitreola**

（一）蓬莱葛属 **Gardneria** Wallich

木质藤本。枝条通常圆柱形。单叶对生，全缘，羽状脉。花单生、簇生或组成 2 ~ 3 歧聚伞花序；苞片小；花萼 4 ~ 5 深裂；花冠辐状，4 ~ 5 裂；雄蕊 4 ~ 5，着生于花冠管内壁上，花药伸出花冠管之外；子房卵形或圆球形，2 室，每室有胚珠 1 ~ 4 颗，花柱伸长，柱头头状或浅 2 裂。浆果球状，常有 1 种子。

5 种，我国全产，湖南产 2 种，八大公山均产。

分种检索表

1. 叶片长圆形、线状披针形或披针形；花单生或双生…………………… **1. 柳叶蓬莱葛 G. lanceolata**
1. 叶通常卵形或椭圆形；花多朵组成二至三歧聚伞花序……………………… **2. 蓬莱葛 G. multiflora**

1. 柳叶蓬莱葛 Gardneria lanceolata Rehder & E. H. Wilson

攀缘灌木。叶片近革质，披针形。花 5 基数，白色，单生于叶腋内；花萼杯状，裂片圆形；花冠裂片披针形；雄蕊花丝极短，子房圆球形，柱头浅 2 裂，每室有胚珠 1 颗。浆果圆球状，成熟后橘红色，顶端常宿存有花柱。花期 6 ~ 8 月，果期 9 ~ 12 月。

分布与生境：分布于八大公山各地，生于海拔 500 ~ 1000 m 的山坡林中或林缘。

用途：根能入药。

2. 蓬莱葛 Gardneria multiflora Makino

木质藤本。叶片纸质至薄革质，椭圆形或卵形。花很多而组成腋生的 2 ~ 3 歧聚伞花序；花 5 数；花萼裂片半圆形；花冠辐状，黄色或黄白色，花冠管短，花冠裂片披针形，厚肉质；雄蕊花丝短，花药彼此分离；子房卵形 2 室，每室有胚珠 1 颗，柱头顶端浅 2 裂。浆果圆球状，果成熟时淡黑色。花期 3 ~ 7 月，果期 7 ~ 11 月。

分布与生境：分布于八大公山各地，生于海拔 300 ~ 1200 m 的山坡林下。

用途：根、种子入药。

柳叶蓬莱葛 Gardneria lanceolata

蓬莱葛 Gardneria multiflora

（二）度量草属 **Mitreola** Linnaeus

一年生或多年生草本。单叶对生，膜质至纸质，羽状脉。花小，通常偏生于 2 ~ 3 歧聚伞花序分枝的一侧；花萼钟状，裂至中部；花冠钟状或坛状，花冠裂片 5；雄蕊 5，着生于花冠管内壁上，内藏；子房半下位，2 室，每室有胚珠多颗，花柱 2，通常下部分离，上部合生。蒴果，近圆球形，顶端有内弯的 2 角。

7 种，我国产 4 种，湖南产 1 种，八大公山亦产。

1. 大叶度量草 Mitreola pedicellata Bentham

多年生草本，茎下部匍匐状。叶片膜质，椭圆形或披针形。三歧聚伞花序，着花多朵；花萼 5 深裂，裂片卵状披针形；花冠白色，坛状，花冠裂片 5，卵形；雄蕊 5，着生于花冠管近中部；子房近圆球形，光滑，柱头头状。蒴果近球状，基部有宿存花萼。花期 3～5 月，果期 6～7 月。

分布与生境：分布于八大公山各地，生于海拔 200～600 m 的山坡阴湿的石缝中。

用途：全草入药。

大叶度量草 Mitreola pedicellata

一百三十九、夹竹桃科 Apocynaceae

乔木，直立灌木，木质藤木或草本，具乳汁或水液。单叶对生、轮生，全缘，羽状脉。花两性，辐射对称，单生或多杂组成聚伞花序；花萼裂片（4）5 枚，基部合生成筒状或钟状；花冠合瓣，高脚碟状、漏斗状、钟状，裂片（4）5 枚，覆瓦状排列，其基部边缘向左或向右覆盖；雄蕊（4）5 枚，花丝分离；子房上位，稀半下午，1～2 室，柱头顶端通常 2 裂；胚珠 1 至多颗，着生于腹面的侧膜胎座上。果为浆果、核果、蒴果或蓇葖果。种子通常一端被毛。

约 366 属 5100 种，我国有 87 属 423 种，湖南有 20 属 70 种，八大公山有 14 属 24 种。

分属检索表

1. 花具副花冠。
  2. 小乔木、灌木或半灌木；花冠筒喉部有副花冠…………………………… **9. 夹竹桃属 Nerium**
  2. 木质藤本；花冠筒喉部无副花冠。
    3. 果为浆果状…………………………………………………………………… **1. 链珠藤属 Alyxia**
    3. 果为蓇果。
      4. 花药顶端被长柔毛……………………………………………………… **12. 毛药藤属 Sindechites**
      4. 花药顶端无毛………………………………………………………… **3. 络石属 Trachelospermum**
1. 花无副花冠。
  5. 四合花粉，承载在匙形的载粉器上；花丝离生……………………………… **11. 杠柳属 Periploca**
  5. 花粉粒联结成块状，通常通过花粉块柄系结于着粉腺上；花丝合生成筒状。
    6. 花药顶端无膜片；花冠裂片不张开，顶端黏合………………………… **3. 吊灯花属 Ceropegia**
    6. 花药顶端具膜片；花冠裂片张开。
      7. 花粉块下垂。
        8. 副花冠裂片缺失或退化为鳞片状…………………………………… **6. 黑鳗藤属 Jasminanthes**
        8. 副花冠发育良好。
          9. 副花冠成 5 小叶状，极短，不到合蕊冠 1/2 ………………………… **2. 秦岭藤属 Biondia**
          9. 副花冠杯状或环状。
            10. 花直径 1cm 以下 ………………………………………………… **4. 鹅绒藤属 Cynanchum**
            10. 花直径 1cm 以上 ………………………………………………… **8. 萝藦属 Metaplexis**
      7. 花粉块直立或平展。
        11. 副花冠低矮或完全退化 ……………………………………… **10. 石萝藦属 Pentasacme**
        11. 副花冠发育。
          12. 花冠高脚碟状 ………………………………………………… **7. 牛奶菜属 Marsdenia**
          12. 花冠辐状或坛状。
            13. 花粉块长圆状伸长 …………………………………… **5. 马兰藤属 Dischidanthus**
            13. 花粉块球状或长圆状 ………………………………………**14. 娃儿藤属 Tylophora**

（一）链珠藤属 **Alyxia** Banks ex R. Brown

藤状灌木，具乳汁。叶对生，或 3～4 枚轮生。花小；总状式聚伞花序，具小苞片；花萼 5 深裂，花萼内无腺体；花冠高脚碟状，花冠筒圆筒状，顶部稍收缩，喉部无鳞片；花冠裂片 5 枚，向左覆盖；雄蕊 5 枚，着生在花冠筒中部之上，花药内藏；无花盘；子房为 2 枚离生心皮组成，花柱丝状，柱头头状，顶端 2 裂或全缘；每心皮有胚珠 4～6 颗，2 排。核果，卵形或长椭圆形，通常连结成链珠状，稀单生或对生

112 种，我国产 18 种，湖南有 5 种，八大公山有 1 种。

1. 链珠藤 Alyxia sinensis Champion ex Bentham

藤状灌木，具乳汁。叶革质，对生或 3 枚轮生，通常圆形或卵圆形、倒卵形，顶端圆或微凹，（1.5 ~ 3.5）cm ×（0.8 ~ 2.0）cm，边缘反卷；侧脉不明显。聚伞花序腋生或近顶生，花小，花萼裂片卵圆形，近钝头，花冠先淡红色后退变白色，花冠筒内面无毛，近花冠喉部紧缩，喉部无鳞片，花冠裂片卵圆形，子房具长柔毛。核果卵形，长约 1 cm，直径 0.5 cm，2 ~ 3 颗组成链珠状。花期 4 ~ 9 月，果期 5 ~ 11 月。

分布与生境：分布于八大公山楠木坪，生于海拔 300 ~ 400 m 的山地杂木林中。

用途：根及全株药用。

链珠藤 Alyxia sinensis

（二）秦岭藤属 Biondia Schlechter

多年生草质藤本；茎柔弱，缠绕。叶对生，具柄，羽状脉。聚伞花序伞形式，腋生，花萼 5 深裂，裂片镊合状排列，花萼内面基部有 5 个腺体；花冠坛状或近钟状；副花冠着生于合蕊冠基部，端部 5 浅裂，稀齿状；合蕊冠极短；花粉块每室 1 个，长圆形，下垂；子房由 2 枚离生心皮所组成。蓇葖常单生；种子线形，顶端具白色绢质种毛。

13 种，我国产 13 种，湖南产 4 种，八大公山产 1 种。

1. 祛风藤 Biondia microcentra (Tsiang) P. T. Li

祛风藤 Biondia microcentra

多年生草质藤本。叶薄纸质，披针形。聚伞花序伞形状，腋外生；花萼裂片卵状椭圆形；花冠钟状，裂片卵形；副花冠顶端5浅裂；花药覆盖柱头；子房无毛。蓇葖果单生，狭披针形。花期5月，果期10月。

分布与生境：分布于八大公山五道水，生于海拔300~400 m的山地杂木林中或路旁。

用途：全草入药。

（三）吊灯花属 **Ceropegia** Linnaeus

多年生草木，有时基部近木质，根部经常成块茎；茎近肉质，缠绕或直立。叶薄膜质或近肉质。聚伞花序具花序梗或无梗，着花甚多或仅具单花，通常近伞形；花萼深5裂；花冠筒状，基部略作一面膨胀，近漏斗状，裂片舌状，直立，经常弧形，顶端经常粘合，具缘毛，基部为镊合状排列；雄蕊着生的副花冠为两轮，钟状或辐状，5、10或15裂，裂片比花药略为长，舌状；柱头扁平。蓇葖圆筒状，平滑；种子顶端具种毛。

约170种，我国产17种，湖南产2种，八大公山产1种。

1. 巴东吊灯花 Ceropegia driophila C. K. Schneider

攀缘半灌木。叶薄膜质，长圆形。聚伞花序；花萼裂片线形渐尖；花冠暗红色，向基部椭圆状膨胀略为偏斜，向上渐狭成筒直至喉部扩大，裂片舌状长圆形，顶端粘合；副花冠外轮杯状，内轮线形；花粉块柄短。花果期6~7月。

分布与生境：分布于八大公山各地，生于海拔300~1200 m的山地林缘灌丛中。

用途：全草入药；庭院观赏。

巴东吊灯花 Ceropegia driophila

（四）鹅绒藤属 Cynanchum Linnaeus

灌木或多年生草本，直立或攀缘。叶对生，稀轮生。聚伞花序多数呈伞形状，多花着生，花小形或稀中形，各种颜色；花萼5深裂，基部内面有小腺5~10个或更多或无；副花冠膜质或肉质，5裂或杯状或筒状，其顶端具各式浅裂片或锯齿，在各裂片的内面有时具有小舌状片；柱头基部膨大，五角，顶端全缘或2裂。蓇葖双生或1个不发育，长圆形或披针形，外果皮平滑，稀具软刺，或具翅；种子顶端具种毛。

约200种，我国产57种，湖南产17种，八大公山产7种。

分种检索表

1. 着生于雄蕊上的副花冠成双轮。
  2. 花序伞房状，花序梗比花梗长5 ~ 10倍，花冠开放后反折 ………… **2. 牛皮消 C. auriculatum**
  2. 花序伞形，花序梗比花梗长3 ~ 5倍，花冠开放后辐状…………………… **4. 朱砂藤 C. officinale**
1. 着生于雄蕊上的副花冠仅单轮。
  3. 副花冠内面不成龙骨状……………………………………………………………**7. 隔山消 C. wilfordii**
  3. 副花冠内面成龙骨状。
    4. 花冠内面全部或基部或在花冠筒喉部有毛……………………………… **6. 柳叶白前 C. stauntonii**
    4. 花冠内面全部无毛。
      5. 叶线形或狭椭圆形或长圆状披针形……………………………………… **5. 徐长卿 C. paniculatum**
      5. 叶卵形或卵状长圆形或宽椭圆形。
        6. 花黄色或黄绿色；叶卵形，基部近心形……………………………… **3. 竹灵消 C. inamoenum**
        6. 花紫红色；叶基部宽楔形…………………………………………………… **1. 白薇 C. atratum**

1. 白薇 Cynanchum atratum Bunge

直立多年生草本。叶卵形。伞形状聚伞花序；花深紫色；花萼外面有茸毛；花冠辐状；副花冠5裂，裂片盾状，圆形；花粉块长圆状；柱头扁平。蓇葖果单生，纺锤形或披针形，向端部渐尖，中间膨大。花期4~8月，果期6~10月。

分布与生境：分布于八大公山各地，生于海拔200~600 m的山坡草丛或荒地。

用途：根及根状茎入药；庭院观赏。

2. 牛皮消 Cynanchum auriculatum Royle ex Wight

蔓性半灌木，宿根肥厚。叶对生，膜质，宽卵形至卵状长圆形。聚伞花序伞房状；花萼裂片卵状长圆形；花冠白色，辐状，裂片反折；副花冠浅杯状，裂片椭圆形，肉质；柱头圆锥状，顶端2裂。蓇葖果双生，披针形。花期6~8月，果期8~12月。

分布与生境：分布于八大公山各地，生于海拔200~1500 m以下的林缘或沟边湿地。

用途：带根全草入药。

白薇 Cynanchum atratum

牛皮消 Cynanchum auriculatum

3. 竹灵消 Cynanchum inamoenum (Maximowicz) Loesener

直立草本，根须状。叶薄膜质，广卵形。伞形聚伞花序，近顶部互生；花黄色；花萼裂片披针形；花冠辐状，裂片卵状长圆形；副花冠较厚，裂片三角形；花药在顶端具1圆形的膜片；柱头扁平。蓇葖果双生，稀单生，线状披针形。花期5～7月，果期7～10月。

分布与生境：分布于八大公山斗篷山，生于海拔1500～1900 m的山坡灌丛、林缘及路边草地。

用途：根及根状茎入药。

4. 朱砂藤 Cynanchum officinale (Hemsley) Tsiang & Zhang

藤状。主根圆柱状。叶对生，卵形。聚伞花序腋生，花萼裂片外面具微毛；花冠淡绿色或白色；

副花冠肉质，深5裂，裂片卵形，内面中部具1圆形的舌状片；花粉块长圆形；柱头顶端2裂。蓇葖果通常仅1枚发育。花期5～8月，果期7～10月。

分布与生境：分布于八大公山各地，生于海拔800～1200 m的山坡林缘及路边荒草地。

用途：根入药。

竹灵消 Cynanchum inamoenum

朱砂藤 Cynanchum officinale

5. 徐长卿 Cynanchum paniculatum (Bunge) Kitagawa

多年生直立草本，根须状。叶对生，纸质，披针形至线形。圆锥状聚伞花序生于顶端的叶腋内；花冠黄绿色，近辐状；副花冠裂片5，基部增厚，顶端钝；子房椭圆形；柱头五角形，顶端略为突起。

蓇葖果单生，披针形。花期 5 ~ 7 月，果期 8 ~ 12 月。

分布与生境：分布于八大公山各地，生于海拔 500 ~ 1400 m 的砾石山坡草丛中。

用途：全草入药。

徐长卿 Cynanchum paniculatum

6. 柳叶白前 Cynanchum stauntonii (Decaisne) Schlechter ex H. Léveillé

直立半灌木。叶对生，狭披针形。伞形聚伞花序腋生；花萼 5 深裂；花冠紫色，稀绿黄色，辐状，内面具长柔毛；副花冠裂片盾状，隆肿；花粉块长圆形；柱头微凸。蓇葖果单生，线状披针形。花期 5 ~ 8 月，果期 9 ~ 10 月。

柳叶白前 Cynanchum stauntonii

分布与生境：分布于八大公山各地，生于海拔 200 ~ 700 m 的溪边浅水处。

用途：根状茎、根入药。

7. 隔山消 Cynanchum wilfordii (Maximowicz) J. D. Hooker

多年生草质藤本，肉质根近纺锤形。叶对生，薄纸质，卵形。近伞房状聚伞花序半球形；花萼外面被柔毛，裂片长圆形；花冠淡黄色，辐状，裂片长圆形；副花冠裂片近四方形。蓇葖果单生，披针形。花期 5 ~ 9 月，果期 7 ~ 11 月。

分布与生境：分布于八大公山各地，生于海拔 700 ~ 1200 m 的山坡林缘。

用途：块根入药。

隔山消 Cynanchum wilfordii

（五）马兰藤属 Dischidanthus Tsiang

柔弱藤本；茎灰褐色，被 2 列柔毛。叶薄革质，除中脉外无毛，卵圆形至卵圆状披针形，（1.5 ~ 5.0）cm ×（1.5 ~ 4.0）cm，顶端急尖，基部圆形，叶柄顶端具丛生腺体。团集聚伞花序腋生，比叶为短，着花 8 ~ 10 朵；花萼裂片卵圆形，花萼内面基部有 5 个腺体；花冠坛状，裂片短，顶端急尖；副花冠位于花冠裂片的湾缺处。蓇葖双生，线状圆柱形。种子卵圆状长圆形，顶端具白色绢质种毛。

单种属，分布我国及南亚，八大公山也有分布。

1. 马兰藤 Dischidanthus urceolatus (Decaisne) Tsiang

形态特征见马兰藤属的描述。

分布与生境：分布于八大公山五道水，生于海拔 300 ~ 500 m 的山坡林缘。

用途：全株入药。

马兰藤 Dischidanthus urceolatus

（六）黑鳗藤属 Jasminanthes Blume

藤状灌木，具乳汁。叶对生，具柄，羽状脉。聚伞花序伞形状，一至二歧，腋生；花萼 5 深裂，裂片近叶状，花较大，花冠高脚碟状或近漏斗状，花冠筒圆筒状，内面基部具有 5 行两列柔毛，裂片 5，向右覆盖；副花冠 5 裂，着生于雄蕊背面，裂片顶端离生。蓇葖粗厚，钝头或渐尖；种子顶端具白色绢质种毛。

约 15 种，我国产 4 种，湖南有 3 种，八大公山有 1 种。

1. 假木藤 Jasminanthes chunii (Tsiang) W. D. Stevens et P. T. Li

假木藤 Jasminanthes chunii

藤状灌木；嫩枝被微毛。叶卵形或宽卵状长圆形，（7.0 ~ 10.5）cm ×（4.0 ~ 6.5）cm，端部渐尖，基部心形，嫩叶被微毛，叶柄顶端具丛生腺体。聚伞花序伞形状，腋生，比叶为短，着花多至 11 朵，花萼裂片长圆形，钝头，花萼内面基部具有许多腺体；花冠白色，高脚碟状，有香味，含有丰富的黑色液汁，花冠筒圆筒形，子房无毛，心皮 2 枚离生。蓇葖果张开为平角。花期 5 ~ 6 月，花期 8 ~ 9 月。

分布与生境：分布于八大公山五道水，生于海拔 300 ~ 400 m 的山坡林缘。

用途：全株入药。

（七）牛奶菜属 **Marsdenia** R. Brown

攀缘灌木，稀直立灌木或半灌木。叶对生。聚伞花序伞形状，单生或分歧，顶生或腋生；花中等或小形；花萼深 5 裂，裂片双盖覆瓦状排列，基部内面有腺体，稀缺；花冠钟状、坛状或高脚碟状，裂片狭窄或宽阔；与雄蕊合生的副花冠，裂片 5 枚；子房由 2 个心皮所组成，柱头长喙状或凸起，高出于花药之上。蓇葖披针形或匕首状；种子顶端具白色绢质的种毛。

约 100 种，我国产 25 种，湖南产 5 种，八大公山产 1 种。

1. 牛奶菜 **Marsdenia sinensis** Hemsley

粗壮木质藤本。叶卵圆状心形。伞形状聚伞花序腋生；花冠白色或淡黄色，内面被茸毛；副花冠短；花粉块肾形；柱头基部圆锥状，顶端 2 裂。蓇葖果纺锤状，外果皮被黄色茸毛。花期 4 ~ 7 月，果期 8 ~ 11 月。

分布与生境：分布于八大公山各地，生于海拔 200 ~ 500 m 的山坡林缘。

用途：根、全株入药；庭院观赏。

牛奶菜 Marsdenia sinensis

（八）萝藦属 Metaplexis R. Brown

藤本或藤状半灌木，具乳汁。叶对生，卵状心形，具柄。聚伞花序总状式，腋生；花中等大或小；花萼5深裂，裂片双盖覆瓦状排列，花萼内面基部具有5个小腺体；花冠近辐状，花冠筒短，裂片5；副花冠环状，着生于合蕊冠上，5短裂，裂片兜状。蓇葖叉生，纺锤形或长圆形，外果皮粗糙或平滑；种子顶端具白色绢质种毛。

约6种，我国产2种，湖南产2种，八大公山产1种。

1. 华萝藦 Metaplexis hemsleyana Oliver

多年生草质藤本。叶膜质，卵状心形。总状式聚伞花序腋生，一至三歧；花白色，芳香；花蕾阔卵状；花萼裂片披针形；花冠近辐状，花冠筒短，裂片宽长圆形；副花冠环状，着生于合蕊冠基部，5深裂，裂片兜状；花药近方形；花粉块长圆形；柱头延伸成1长喙，顶端2裂。蓇葖果长圆形，外果皮粗糙被微毛。花期7~9月，果期9~12月。

分布与生境：分布于八大公山各地，生于海拔300~700 m的山谷、路旁灌丛中。

用途：全草入药。

华萝藦 Metaplexis hemsleyana

（九）夹竹桃属 Nerium Linnaeus

常绿直立大灌木。叶3~4枚轮生，稀为对生，窄披针形，叶缘反卷。聚伞花序顶生；花萼裂片红色，披针形；花冠深红色或粉红色，栽培演变有白色或黄色，花冠裂片倒卵形；雄蕊花药箭头状，内藏，与柱头连生；心皮被柔毛；每心皮有胚珠多颗。蓇葖果具细纵条纹；种子长圆形。花期夏季。

单种属，我国栽培，八大公山也有栽培。

1. 夹竹桃 Nerium oleander Linnaeus

形态特征同夹竹桃属。

分布与生境：原产印度，八大公山有栽培。

用途：全株有毒，供庭院观赏。

夹竹桃 Nerium oleander

（十）石萝藦属 Pentasacme Wallich ex Wight

多年生直立草本或灌木状，无毛。伞形式聚伞花序腋生，花序梗极短；花萼 5 裂，裂片内面基部有腺体；花冠近钟状或辐状，花冠筒短，裂片 5 枚，副花冠鳞片 5 枚，着生于花冠湾缺处，与花冠裂片互生，顶端具细齿；子房由 2 枚离生心皮组成，花柱极短，柱头盘状五角形，顶端 2 裂。蓇葖双生，圆柱状披针形；种子顶端具白色绢质种毛。

6 种，我国有 3 种，湖南有 1 种，八大公山有 1 种。

1. 石萝藦 Pentasachme caudatum Wallich ex Wight

常绿灌木，全体无毛。叶膜质，狭披针形，（4 ~ 6）cm ×（0.5 ~ 1.5）cm，顶端长尖，基部急尖；

石萝藦 Pentasachme caudatum

中脉两面凸起，侧脉不明显；叶柄极短。伞形状聚伞花序腋生，比叶为短，着花 4 ~ 8 朵；花序梗极短或近无梗；花萼裂片狭披针形，花冠白色，裂片狭披针形，远比花冠筒长，副花冠成 5 鳞片，顶端具细齿，着生于花冠湾缺处，与花冠裂片互生。蓇葖双生，圆柱状披针形；种子小，顶端具白色绢质种毛。花期 4 ~ 10 月，果期 7 月 ~ 翌年 4 月。

分布与生境：分布于八大公山楠木坪，生于海拔 300 m 的河谷灌丛中。

用途：全株入药。

（十一）杠柳属 **Periploca** Linnaeus

藤状灌木，具乳汁；叶对生，具柄，羽状脉。聚伞花序疏松，顶生或腋生；花萼 5 深裂，花萼内面基部有 5 个腺体；花冠辐状，花冠筒短，裂片 5，通常被柔毛，向右覆盖；副花冠异形，环状；雄蕊 5，生在副花冠的内面；花粉器匙形，四合花粉藏在载粉器内，基部的粘盘粘在柱头上；子房由 2 枚离生心皮所组成，花柱极短，柱头盘状，顶端凸起，2 裂，每心皮有胚珠多个。蓇葖双生，长圆柱状；种子长圆形，顶端具白色绢质种毛。

约 10 种，我国产 5 种，湖南产 2 种，八大公山产 1 种。

1. 青蛇藤 Periploca calophylla (Wight) Falconer

藤状灌木。叶近革质，椭圆状披针形。聚伞花序腋生；花萼裂片卵圆形；花冠深紫色，辐状，花冠筒短，裂片长圆形；副花冠环状，5 ~ 10 裂，其中 5 裂延伸为丝状；雄蕊花药卵圆形；子房无毛，花柱短，柱头短圆锥状，顶端 2 裂。蓇葖果双生，长箸状。花期 4 ~ 5 月，果期 8 ~ 9 月。

分布与生境：分布于八大公山各地，生于海拔 200 ~ 700 m 以下的山谷杂木林中。

用途：茎入药。

青蛇藤 Periploca calophylla

（十二）毛药藤属 **Sindechites** Oliver

木质藤本，具乳汁。叶对生，具柄，羽状脉，叶片披针形或或卵圆形，具渐尖头。圆锥状聚伞花序顶生；花萼小，5 裂，裂片卵圆形，内面基部具腺体；花冠高脚碟状，顶端裂片 5 枚，向右覆盖；雄蕊 5 枚，着生在花冠筒中部以上；子房由 2 枚离生心皮组成，花柱丝状，柱头棍棒状顶端 2 裂；花盘环状，5 裂。蓇葖果双生，线状长圆形，无毛。

2 种，我国产 2 种，湖南产 1 种，八大公山亦产。

1. 毛药藤 **Sindechites henryi** Oliver

木质藤本。叶薄纸质，披针形。聚伞花序顶生；花白色；花萼小，裂片卵圆形；花冠筒圆筒形，喉部膨大，裂片卵圆形；雄蕊花丝短，花药卵圆形，内藏；子房由 2 枚离生心皮组成，藏于花盘之中，每心皮有胚珠多颗。蓇葖果双生，一长一短，线状圆柱形，渐尖；种子扁平。花期 5 ~ 7 月，果期 7 ~ 10 月。

分布与生境：分布于八大公山五道水，生于海拔 200 ~ 600 m 的山地林缘。

用途：根入药。

毛药藤 Sindechites henryi

（十三）络石属 **Trachelospermum** Lemaire

攀缘灌木，全株具白色乳汁。叶对生，具羽状脉。花序聚伞状，花白色或紫色；花萼 5 裂，内具腺体；花冠高脚碟状，花冠筒圆筒形，5 棱，在雄蕊着生处膨大，喉部缢缩，顶端 5 裂，向右覆盖；雄蕊 5 枚，着生在花冠筒膨大之处，通常隐藏；花盘环状，5 裂；子房由 2 枚离生心皮所组成。蓇葖果双生，长圆形或披针形。

15 种，我国产 6 种，湖南产 7 种，八大公山有 4 种。

分种检索表

1. 花冠筒中部、喉部或近喉部膨大。
   2. 花药先端伸出花冠筒……………………………………………………… **1. 亚洲络石 T. asiaticum**
   2. 花药先端内藏………………………………………………………………… **4. 络石 T. jasminoides**
1. 花冠筒近基部或基部膨大。
   3. 蓇葖无毛………………………………………………………………… **2. 紫花络石 T. axillare**
   3. 蓇葖被柔毛……………………………………………………………… **3. 锈毛络石 T. dunnii**

1. 亚洲络石 Trachelospermum asiaticum (Siebold & Zuccarini) Nakai

木质藤本。叶片椭圆形，狭卵形，或近倒卵形，膜质或纸质。聚伞花序顶生和腋生。萼片紧贴花冠筒，基部有腺体。花冠白色，冠筒在喉部膨大，花冠裂片卵形。雄蕊着生在花冠喉，子房无毛。蓇葖果线形。花期 4 ~ 7 月，果期 8 ~ 11 月。

分布与生境：分布于八大公山各地，生于海拔 200 ~ 500 m 的山地林缘。

用途：全株入药；庭院观赏。

亚洲络石 Trachelospermum asiaticum

2. 紫花络石 Trachelospermum axillare J. D. Hooker

粗壮木质藤本。叶厚纸质，倒披针形或长椭圆形。聚伞花序近伞形；花紫色；花萼裂片紧贴于花冠筒上，卵圆形、钝尖；花冠高脚碟状，花冠裂片倒卵状长圆形；雄蕊着生于花冠筒的基部；子房卵圆形，无毛，花柱线形，柱头近头状。蓇葖果圆柱状长圆形，平行，粘生，无毛。种子暗紫色。花期 5 ~ 7 月，果期 8 ~ 10 月。

分布与生境：分布于八大公山各地，生于海拔 200 ~ 500 m 的山地林缘。

用途：全株入药；庭院观赏。

紫花络石 Trachelospermum axillare

3. 锈毛络石 Trachelospermum dunnii (H. Léveillé) H. Léveillé

常绿木质藤本，幼嫩部分密被锈色柔毛，老时渐无毛。叶近革质，长圆形至椭圆状披针形，

锈毛络石 Trachelospermum dunnii

（6～9）cm ×（2～3）cm，叶面无毛或仅中脉有柔毛，叶背密被锈色柔毛。聚伞花序近伞形，花白色，外面密被锈色柔毛，花萼裂片长圆状披针形，略展开，外面有锈色长柔毛，雄蕊着生于花冠筒近基部。蓇葖 2 个平行粘生，被茸毛。花期 3～8 月，果期 7～12 月。

分布与生境：分布于八大公山各地，生于海拔 200～1200 m 的山地林缘、林下。

用途：叶芽供药用；乳汁丰富可提制橡胶 。

4. 络石 Trachelospermum jasminoides (Lindley) Lemaire

常绿木质藤本。叶革质，椭圆形或宽倒卵形。二歧聚伞花序组成圆锥状；花白色，芳香；花萼 5 深裂，裂片线状披针形，顶部反卷；花冠筒圆筒形，中部膨大；雄蕊腹部粘生在柱头上；子房无毛，花柱圆柱状，柱头卵圆形；每心皮有胚珠多颗。蓇葖果双生，叉开，无毛，线状披针形。种子褐色线形。花期 3～7 月，果期 7～12 月。

分布与生境：分布于八大公山各地，生于海拔 200～1200 m 的山地林缘、林下。

用途：茎藤、果实入药；庭院观赏。

络石 Trachelospermum jasminoides

（十四）娃儿藤属 Tylophora R. Brown

缠绕或攀缘灌木。伞形或短总状式的聚伞花序，腋生，花小；花萼 5 裂，内面基部有腺体或缺；花冠 5 深裂，辐状；副花冠由 5 枚肉质、膨胀的裂片组成，贴生于合蕊冠的基部，子房由 2 枚离生心皮所组成，花柱短，柱头扁平、凹陷或凸起，通常比花药低。蓇葖双生，稀单生，通常平滑，长圆状披针形，顶端渐尖；种子顶端具白色绢质种毛。

约 60 种，我国产 35 种，湖南产 8 种，八大公山产 2 种。

分种检索表

2. 叶脉为羽状脉…………………………………………………………………………………**1. 七层楼 T. floribunda**
2. 叶脉为基部三出脉……………………………………………………………………………**2. 贵州娃儿藤 T. silvestris**

1. 七层楼 Tylophora floribunda Miquel

多年生缠绕藤本，具乳汁；根须状，黄白色；全株无毛；茎纤细，分枝多。叶卵状披针形，（3～5）cm×（1.0～2.5）cm，顶端渐尖或急尖，基部心形，叶面深绿色，叶背淡绿色，密被小乳头状凸起；侧脉每边3～5条。聚伞花序广展，腋生或腋外生，比叶为长；花淡紫红色，小，花萼裂片长圆状披针形，花萼内面基有5个腺体；花冠辐状，裂片卵形；副花冠裂片卵形，贴生于合蕊冠基部，钝头。蓇葖双生，叉开为钝角，线状披针形，无毛。

分布与生境：分布于八大公山各地，生于海拔600～1500 m的山地林下。

用途：根可药用。

七层楼 Tylophora floribunda

2. 贵州娃儿藤 Tylophora silvestris Tsiang

攀缘灌木。叶近革质，长圆状披针形，（5.0～7.5）cm×（1.0～1.2）cm，顶端急尖，基部圆形，基脉3条，侧脉每边1～2条，网脉不明显，边缘外卷。聚伞花序假伞形，腋生，比叶为短，不规则两歧，着花10余朵；花紫色；花萼5深裂，内面基部具5个腺体；花冠辐状，花冠筒裂片卵形，副花冠裂片卵形，肉质肿胀。蓇葖披针形，种子顶端具白色绢质种毛。

分布与生境：分布于八大公山各地，生于海拔300～800 m的石灰岩山地林下。

贵州娃儿藤 Tylophora silvestris

一百四十、紫草科 Boraginaceae

一至多年生草本，常被刚毛、硬毛或糙伏毛。单叶，基生叶丛生，茎生叶互生，稀对生或轮生；无托叶。聚伞花序或蝎尾状聚伞花序，花两性，辐射对称，花萼（3～）5，常宿存，花冠筒状、钟状、漏斗状或高脚碟状，冠檐（4）5 裂，喉部或筒部具 5 个梯形或半月形附属物，雄蕊 5，子房 2 室。核果，或为 4 个小坚果，果皮干燥，稀多汁。

156 属 2500 种，我国 47 属，约 300 种，湖南有 8 属 20 种，八大公山有 8 属 13 种。

分属检索表

1. 落叶乔木……………………………………………………………………………… **3. 厚壳树属 Ehretia**
1. 草本。
  2. 小坚果着生面凹下并有脐状组织，周围具环状凸起…………………… **6. 聚合草属 Symphytum**
  2. 小坚果着生面不凹下，无脐状组织和环状凸起。
    3. 花药先端有小尖头………………………………………………………… **4. 紫草属 Lithospermum**
    3. 花药先端有小尖头。
      4. 小坚果无锚状刺。
        5. 雄蕊外露………………………………………………………… **5. 车前紫草属 Sinojohnstonia**

5. 雄蕊内藏。
6. 小坚果背面有碗状、盘状或杯状凸起…………………………… **7. 盾果草属 Thyrocarpus**
6. 小坚果背面无凸起。
7. 小坚果肾形，密生小疣状凸起……………………………… **1. 斑种草属 Bothriospermum**
7. 小坚果无小疣状凸起………………………………………………… **8. 附地菜属 Trigonotis**
4. 小坚果具锚状刺…………………………………………………………… **2. 琉璃草属 Cynoglossum**

（一）斑种草属 **Bothriospermum** Bunge

一年生或二年生草本。叶互生。花小，白色或淡蓝色，萼 5 深裂，花冠管圆柱形，喉部为 5 个钝鳞片所封闭，花药内藏，子房 4 裂，柱头头状。果为 4 个分离的小坚果，背部有小疣点，腹部凹陷，基部着生于平的花托上。

5 种。我国均产，湖南产 1 种，八大公山也产。

1. 柔弱斑种草 Bothriospermum zeylanicum (J. Jacquin) Druce

一年生草本。茎丛生，多分枝，被向上贴伏的糙伏毛。叶椭圆形或狭椭圆形，先端钝，基部宽楔形，两面被硬毛。花序柔弱，细长，花冠蓝色或淡蓝色，喉部有 5 个梯形的附属物。小坚果肾形，腹面具纵椭圆形的环状凹陷。花果期 2 ~ 10 月。

分布与生境：分布于八大公山各地，生于海拔 400 ~ 1500 m 的荒地中。

用途：全草入药。

柔弱斑种草 Bothriospermum zeylanicum

（二）琉璃草属 **Cynoglossum** Linnaeus

多年生草本。茎密被糙伏毛。具基生叶，茎生叶无柄或具短柄。总状花序排成圆锥状，单个总状花序蝎尾状，花偏于一侧，无苞片，花萼果期宿存，花蓝色或白色，花冠筒较短，喉部有 5 鳞片，雄蕊 5，内藏于鳞片之下，子房 4 深裂。小坚果 4，密被锚状刺。

约 75 种，我国产 12 种，湖南产 2 种，八大公山产 2 种。

分种检索表

1. 花蓝色，直径 4 ~ 6 mm ········· **1. 琉璃草 C. furcatum**
1. 花白色或蓝色，直径 2 ~ 2.5 mm ········· **2. 小花琉璃草 C. lanceolatum**

1. 琉璃草 Cynoglossum furcatum Wallich

多年生草本。茎直立，被向下贴伏的柔毛。基生叶和茎下部叶长圆状披针形或披针形，（7 ~ 15）cm ×（2 ~ 4）cm，先端钝或渐尖，基部渐狭成柄，上下面均密生贴伏的短柔毛，茎中部及上部叶无柄。花序顶生及腋生，花冠蓝紫色，深裂至下 1/3，裂片卵圆形，先端微凹，喉部有 5 个梯形附属物。小坚果卵形，密生锚状。花期 6 ~ 7 月，果期 8 月。

分布与生境：分布于八大公山各地，生于海拔 400 ~ 1200 m 的山坡林缘、路边。

用途：根叶入药。

琉璃草 Cynoglossum furcatum

2. 小花琉璃草 Cynoglossum lanceolatum Forsskål

多年生草本。茎密被糙伏毛。基生叶长圆形或长圆状披针形，先端渐尖，基部渐窄，两面被长糙伏毛；茎生叶披针形，基部渐窄，无柄或具短柄。花序分枝呈钝角开展，花梗极短；花萼被毛；花冠钟状，淡蓝色。小坚果密被锚状刺。花果期 6 ~ 9 月。

分布与生境：分布于八大公山各地，生于海拔 400 ~ 800 m 的山坡草地或路边。

用途：全草入药。

小花琉璃草 Cynoglossum lanceolatum

（三）厚壳树属 Ehretia P. Browne

乔木或灌木。叶互生，全缘或具锯齿，有叶柄。聚伞花序呈伞房状或圆锥状；花萼小，5 裂；花冠筒状或筒状钟形，稀漏斗状，白色或淡黄色，5 裂，裂片开展或反折；花药卵形或长圆形，花丝细长，通常伸出花冠外；子房圆球形，2 室，每室含 2 粒胚珠，花柱顶生，中部以上 2 裂，柱头 2，头状或伸长。核果近圆球形，多为黄色、橘红色或淡红色，无毛，内果皮成熟时分裂为 2 个具 2 粒种子或 4 个具 1 粒种子的分核。

50 种，我国产 14 种，湖南产 2 种，八大公山全产。

分种检索表

1. 叶缘齿尖内弯；枝条具毛……………………………………………………………… **1. 厚壳树 E. acuminata**
1. 叶缘齿尖不内弯，枝无毛…………………………………………………………… **2. 粗糠树 E. macrophylla**

1. 厚壳树 Ehretia acuminata R. Brown

落叶乔木。小枝无毛，暗褐色。叶椭圆形或长圆状倒卵形，先端尖，基部宽楔形，具不整齐细锯齿，齿端内弯，上面无毛，下面疏被毛。圆锥状聚伞花序顶生，近无毛。花冠白色。核果球形，黄色，裂为 2 个具 2 种子分核。花期 4 ~ 6 月，果期 8 ~ 9 月。

分布与生境：分布于八大公山各地，生于海拔 800 m 以下的丘陵、山坡或河谷。

用途：叶、心材、树枝入药；庭院观赏。

2. 粗糠树 Ehretia dicksonii Hance

落叶乔木。小枝淡褐色，被糙毛。叶椭圆形或倒卵形，先端骤尖，基部宽楔形或近圆，具细锯齿，上面密被具基盘糙伏毛，下面被短柔毛。伞房状聚伞花序顶生，花冠白色。核果近球形，黄色，内果皮裂为 2 个具 2 种子分核。花果期 4 ~ 7 月。

分布与生境：分布于八大公山各地，生于海拔 1000 m 以下的山坡林缘。

用途：树皮入药。

厚壳树 Ehretia acuminata

粗糠树 Ehretia dicksonii

（四）紫草属 **Lithospermum** Linnaeus

多年生草本，被短糙伏毛。叶互生。花单生叶腋或为顶生蝎尾状聚伞花序，花萼 5 裂至基部，裂片果时稍增大，花冠漏斗状或高脚碟状，喉部具附属物，冠筒具 5 条毛带或纵褶，冠檐 5 浅裂，雄蕊 5，内藏，子房 4 裂，花柱丝形，内藏，柱头头状。小坚果桃形。

约 50 种，我国产 5 种，湖南产 3 种，八大公山产 1 种。

1. 梓木草 **Lithospermum zollingeri** A. de Candolle

多年生草本。茎匍匐，被开展糙伏毛。基生叶倒披针形或匙形，两面被短糙伏毛，茎生叶较小，近无柄。具1花至数花，花萼片线状披针形，两面被毛；花冠蓝或蓝紫色。小坚果斜卵球形。花果期5～8月。

生境：分布于八大公山各地，生于海拔500～800 m的山坡草丛中。

用途：果实入药；庭院观赏。

梓木草 Lithospermum zollingeri

（五）车前紫草属 Sinojohnstonia H. H. Hu

多年生草本，被短糙伏毛。基生叶卵状心形，具长柄，茎生叶较小，互生，具短柄。蝎尾状聚伞花序总状或圆锥状，生于茎及枝端，花萼5裂近基部，果期囊状，花冠筒状或漏斗状，冠檐5裂，平展或直伸，喉部具5个2浅裂附属物，雄蕊5，生于花冠筒中部以上或喉部附属物之间，伸出或内藏，子房4裂。小坚果四面体形，背面边缘碗状突起。

我国特有属，3种，湖南产3种，八大公山产2种。

分种检索表

1. 花白色，雄蕊伸出花冠……………………………………………**1. 浙赣车前紫草 S. chekiangensis**
1. 叶缘齿尖不内弯，枝无毛…………………………………………**2. 短蕊车前紫草 S. moupinensis**

1. 浙赣车前紫草 Sinojohnstonia chekiangensis (Migo) W. T. Wang

多年生草本。茎细弱，平卧或斜升。基生叶数个，长卵形，基部心形，茎生叶较小。花序含多数花，花萼5裂至基部，裂片线状披针形，背面有密短伏毛，腹面稍有毛；花冠漏斗状，白色或稍带淡红色，筒部比萼长，檐部比筒部短2倍，雄蕊5，着生花冠筒上部，稍外伸，子房4裂。小坚果 4，碗状突起的边缘内折。花果期 4 ~ 5 月。

分布与生境：分布于八大公山各地，生于海拔 400 ~ 800 m 的山坡林下阴湿处。

用途：庭院观赏。

浙赣车前紫草 Sinojohnstonia chekiangensis

2. 短蕊车前紫草 Sinojohnstonia moupinensis (Franchet) W. T. Wang

多年生草本。茎疏被短伏毛。基生叶卵形，两面被糙伏毛及短伏毛，先端短渐尖，基部心形。花序密被短伏毛。花萼片披针形，两面被毛；花冠白色，冠筒较花萼筒长，裂片倒卵形。花期 3 月。

分布与生境：分布于八大公山各地，生于海拔 400 ~ 800 m 的山坡林下阴湿处。

用途：我院观赏。

短蕊车前紫草 Sinojohnstonia moupinensis

（六）聚合草属 **Symphytum** Linnaeus

多年生草本，有硬毛或糙伏毛。镰状聚伞花序在茎的上部集呈圆锥状，无苞片。花萼 5 裂至

1/2 或近基部，花冠筒状钟形，檐部 5 浅裂，裂片三角形至半圆形，先端有时外卷，喉部具 5 个披针形附属物，雄蕊 5，着生于喉部，不超出花冠檐，花柱丝形，通常伸出花冠外。小坚果卵形，着生面在基部，碗状，边缘常具细齿。

约 20 种。我国栽培 1 种，八大公山也有栽培。

1. 聚合草 Symphytum officinale Linnaeus

多年生丛生草本。基生叶及下部茎生叶带状披针形、卵状披针形或卵形，稍肉质，先端渐尖，具长柄；茎中部及上部叶较小，基部下延，无柄。花序具多花。花萼裂至近基部；花冠淡紫、紫红或黄白色，裂片三角形，先端外卷，喉部具附属物。小坚果斜卵圆形，黑色，平滑，有光泽。花期 5 ~ 10 月。

分布与生境：原产俄罗斯，八大公山各地均有种植。

用途：优质高产的畜禽饲料作物；全草可作药用；庭院观赏。

聚合草 Symphytum officinale

（七）盾果草属 Thyrocarpus Hance

一年生草本。叶互生，无柄或有短柄。镰状聚伞花序具苞片；花萼 5 裂至基部，果期稍增大；花冠钟状，檐部 5 裂，裂片宽卵形，喉部具 5 个宽线形或锥形附属物；雄蕊着生花冠筒中部，内藏，子房 4 裂，花柱短，不伸出花冠外。小坚果卵形，背腹稍扁，密生疣状突起，着生面在腹面顶部。

约 3 种，我国产 2 种，湖南产 1 种，八大公山也有分布。

1. 盾果草 Thyrocarpus sampsonii Hance

多年生草本。茎被开展长硬毛及短糙毛。基生叶两面被具基盘长硬毛及短糙毛，具短柄；茎生叶长圆形或倒披针形，无柄。聚伞花序，苞片窄卵形或披针形，花冠淡蓝或白色。小坚果黑褐色。花果期 5 ~ 7 月。

分布与生境：分布于八大公山各地，生于海拔 400 ~ 1800 m 的山坡草丛或灌丛中。

用途：全草入药。

盾果草 Thyrocarpus sampsonii

（八）附地菜属 Trigonotis Steven

多年生草本。叶基生及茎生，茎生叶互生。蝎尾状聚伞花序，花小，花萼 5 裂，花冠筒状，蓝色或白色，冠筒常较萼短，冠檐具 5 裂片，喉部具 5 个半月形或梯形附属物，雄蕊生于花冠筒，内藏，子房 4 深裂。小坚果 4，四面体形，被毛或无毛，常有光泽，背面平或凸，具棱或棱翅，腹面具 3 个面，着生面位于三面交汇处，无柄或具短柄。

约 58 种，我国产 39 种，湖南产 4 种，八大公山产 3 种。

分种检索表

1. 叶较大，长 3cm 以上 ………………………………………………… **1. 西南附地菜 T. cavaleriei**
1. 叶较小，长 2cm 以下。
  2. 叶圆形，基部圆钝不下延………………………………………………… **2. 湖北附地菜 T. mollis**
  2. 叶卵形，基部楔形下延………………………………………………… **3. 附地菜 T. peduncularis**

1. 西南附地菜 Trigonotis cavaleriei (H. Léveillé) Handel-Mazzetti

分变种检索表

1. 叶较大，长 3cm 以上 ……………………… **1a. 西南附地菜（原变种） T. cavaleriei** var. **cavaleriei**
1. 叶片狭窄，呈披针形……………………… **1b. 窄叶西南附地菜（变种） T. cavaleriei** var. **angustifolia**

1a. 西南附地菜（原变种） Trigonotis cavaleriei (H. Léveillé) Handel-Mazzetti var. **cavaleriei**

多年生草本。基生叶有长柄，花后枯萎，叶片宽卵形或椭圆形，茎上部叶较小，通常狭卵形，具短柄。花序无苞片；花萼5浅裂，裂片宽卵形；花冠蓝色或白色，筒部短，裂片近圆形，喉部附属物5。小坚果4，倒三棱锥状四面体形。花果期5～8月。

分布与生境：产于八大公山五道水，生于海拔200～800 m的石壁凹处潮湿地。

西南附地菜（原变种） Trigonotis cavaleriei var. cavaleriei

1b. 窄叶西南附地菜（变种） Trigonotis cavaleriei var. **angustifolia** C. J. Wang

与原变种的区别是叶片狭窄，呈披针形，（4.5～8.0）cm×（5～3）cm，先端渐尖，基部渐狭呈狭楔形。

分布与生境：产于八大公山五道水，生于海拔200～800 m的石壁凹处潮湿地。

窄叶西南附地菜（变种） Trigonotis cavaleriei var. angustifolia

2. 湖北附地菜 Trigonotis mollis Hemsley

多年生草本。茎纤细而柔软，斜升，密被开展的柔毛。叶片柔软，近膜质，宽卵形或近圆形，直径 0.5 ~ 1.5 cm，先端圆或尖，基部圆或宽楔形，两面密被灰色柔毛。花序顶生，细而柔软，花梗细丝状，花萼裂片倒卵状匙形，先端圆钝，花冠淡蓝色。小坚果 4，半球状四面体形。

分布与生境：分布于八大公山各地，生于海拔 200 ~ 500 m 的悬崖底部干燥处。

用途：全草入药。

湖北附地菜 Trigonotis mollis

3. 附地菜 Trigonotis peduncularis (Trevisan) Bentham ex Baker & S. Moore

二年生草本。基生叶卵状椭圆形或匙形，先端钝圆，基部渐窄成叶柄，两面被糙伏毛，具柄；

附地菜 Trigonotis peduncularis

茎生叶长圆形或椭圆形，具短柄或无柄。花序顶生，无苞片或花序基部具 2 ~ 3 苞片。花冠淡蓝或淡紫红色，喉部附属物白或带黄色。小坚果斜三棱锥状四面体形，被毛，稀无毛。花果期 4 ~ 7 月。

分布与生境：八大公山广布，生于海拔 200 ~ 1500 m 的渠边、村旁荒地或田间。

用途：全草入药。

一百四十一、旋花科 Convolvulaceae

草本、亚灌木或灌木。常有乳汁，稀具肉质块根。茎缠绕或攀缘、平卧或匍匐，稀直立。单叶互生，全缘、掌状或羽状分裂或复出，基部常心形或戟形。花两性，辐射对称，常 5 数，单花或组成聚伞状、总状、圆锥状或头状花序，苞片成对，萼片分离或基部连合，宿存，有些种类果期增大成翅状，花冠漏斗状或高脚碟状，蕾期旋转状，子房上位，2 心皮。蒴果或浆果。

58 属 1650 种。我国产 20 属 129 种，湖南产 8 属 30 种，八大公山有 6 属 11 种。

分属检索表

1. 寄生植物；无叶绿素………………………………………………………… **2. 菟丝子属 Cuscuta**
1. 自养植物；叶绿色。
  2. 子房 2 深裂，花柱 2，基生 ……………………………………………… **3. 马蹄金属 Dichondra**
  2. 子房不裂，花柱 1 或无花柱，顶生。
    3. 萼片果期增大成翅状。
      4. 子房具 4 胚珠，柱头圆球头状…………………………………… **6. 三翅藤属 Tridynamia**
      4. 子房具 2 胚珠，柱头棒状……………………………………………… **4. 飞蛾藤属 Dinetus**
    3. 萼片果期不增大，若增大则不成翅状。
      5. 花萼包藏在 2 大苞片内，柱头 2 ………………………………… **1. 打碗花属 Calystegia**
      5. 花萼不为总苞所包，若有苞片则柱头 1 ………………………………… **5. 虎掌藤属 Ipomoea**

（一）打碗花属 Calystegia R. Brown

茎缠绕。具根状茎。叶长圆形、戟形或箭形。聚伞花序或单花腋生。小苞片 2，萼片状，包被花萼，或与花萼分离，钻状或叶状，宿存；萼片 5，近相等，宿存；花冠漏斗状，具 5 条瓣中带，冠檐浅裂或近全缘；雄蕊 5，内藏，近等长，子房 1 室，胚珠 4，花柱 1，内藏，柱头 2。蒴果卵球形，为增大宿萼及小苞片包被。

25 种，我国产 6 种，湖南产 3 种，八大公山产 1 种。

1. 打碗花 *Calystegia hederacea* Wallich

多年生草本。全株无毛。茎平卧，具细棱。茎上部叶三角状戟形，侧裂片常2裂，中裂片披针状或卵状三角形。花单生叶腋，苞片2，卵圆形，包被花萼，宿存；萼片长圆形；花冠漏斗状，粉红色。蒴果卵圆形。种子黑褐色，被小疣。

分布与生境：分布于八大公山各地，生于海拔200～1900 m的荒地、路边、田野。

用途：花、根、茎叶入药；幼叶可食；庭院观赏。

打碗花 *Calystegia hederacea*

（二）菟丝子属 *Cuscuta* Linnaeus

寄生草本，无根，全株无毛。茎细长缠绕，黄或带红色，具吸器吸取寄主营养。叶退化成小鳞片。花小，无梗或具短梗，组成球形、穗状、总状或聚伞状簇生花序，4或5基数，花萼合生，深裂或全裂，花冠白色或乳黄色，花冠筒内面基部有鳞片，花丝极短，子房2室，每室2胚珠，花柱1或2，柱头2。蒴果球形或卵圆形，果皮干或稍肉质。

170种，我国产11种，湖南产3种，八大公山产2种。

分种检索表

1. 花柱2；茎黄色，纤细成丝状 ……………………………………………… **1. 南方菟丝子 *C. australis***
1. 花柱1；茎淡红色，较粗 ………………………………………………………… **2. 金灯藤 *C. japonica***

1. 南方菟丝子 *Cuscuta australis* R. Brown

一年生寄生草本。茎细，橙黄色，缠绕，无叶。花序球形，苞片披针形，花淡黄色，有短梗，花萼杯状，鳞片小，全缘或 2 裂，上部短流苏状，子房 2 室，花柱 2，不等长，柱头在果期开叉。蒴果近球形，不规则开裂。花期 6 ~ 8 月，果期 7 ~ 10 月。

分布与生境：分布于八大公山各地，寄生于海拔 200 ~ 600 m 的山谷、溪边的杂草间。

用途：种子连同花序入药。

南方菟丝子 *Cuscuta australis*

2. 金灯藤 *Cuscuta japonica* Choisy

一年生寄生缠绕草本。茎肉质，黄色，常被紫红色瘤点，无毛，无叶。穗状花序，花无梗或近无梗；苞片及小苞片鳞状卵圆形，花萼碗状，肉质，5 裂几达基部，裂片卵圆形，常被紫红色瘤点；花冠淡红或白色。蒴果卵圆形，种子 1 ~ 2，光滑，褐色。花期 8 月，果期 9 月。

分布与生境：分布于八大公山各地，生于海拔 200 ~ 1500 m 的山坡林缘或灌丛间。

用途：全草入药。

金灯藤 *Cuscuta japonica*

（三）马蹄金属 **Dichondra** J. R. & G. Forster

草本，匍匐或蔓生。叶小，肾形或圆形，全缘。花单生叶腋；苞片小。萼片5，基部连合，果期增大；花冠钟状，5深裂至花冠中部或中部以下；雄蕊内藏，花药小；子房2深裂，2室，每室2胚珠；花柱2，丝状，生于子房基部，柱头头状。蒴果，不规则2瓣裂或不裂；每室种子1～2。种子近球形，光滑。

5种，我国产1种，八大公山也有。

1. 马蹄金 **Dichondra micrantha** Urban

多年生匍匐小草本。茎细长，节上生根。叶肾形至圆形，先端宽圆形或微缺，基部阔心形，全缘，具长柄。花单生叶腋，花柄短于叶柄，丝状，萼片倒卵状长圆形至匙形，钝，花冠钟状，黄色，深5裂，裂片长圆状披针形，雄蕊5，子房2室，具4枚胚珠，花柱2。蒴果近球形，小，短于花萼。

分布与生境：分布于八大公山各地，生于海拔200～600 m的屋边或路旁草地上。

用途：全草入药；草坪观赏草种。

马蹄金 Dichondra micrantha

（四）飞蛾藤属 **Dinetus** Buchanan-Hamilton ex Sweet

草质藤本或攀缘灌木。叶草质，基部心形，掌状脉，稀羽状，全缘，稀分裂。总状或圆锥花序，苞片叶状、钻形或缺，萼片5，形小，果期全部或3个外萼片增大成翅状，膜质，具网脉，与果脱落，花冠钟状或漏斗状，冠檐近全缘或5裂，雄蕊5，着生花冠筒中下部或近基部，子房1～2室，每室2胚珠，花柱1，不裂或不等长2尖裂。

8种，我国产6种，湖南产2种，八大公山产1种。

1. 飞蛾藤 Dinetus racemosus (Wallich) Sweet

一年生草质藤本。叶宽卵形，先端渐尖或尾尖，基部深心形，两面被短柔毛或茸毛，基出脉 7。圆锥花序腋生，苞叶叶状。花梗长 3 ~ 7 mm；小苞片 2，钻形；萼片线状披针形，花冠白色，冠筒带黄色，漏斗形，冠檐 5 裂至中部，裂片长圆形，开展；雄蕊内藏，花丝短于花药；子房无毛，柱头棒状，顶端微缺。蒴果卵圆形。

生境：分布于八大公山各地，生于海拔 200 ~ 1000 m 的旷野、林缘、溪边、屋边。

用途：根及全草入药；庭院观赏；叶可作饲料。

飞蛾藤 Dinetus racemosus

（五）虎掌藤属 **Ipomoea** Linnaeus

草本或灌木。茎常缠绕，有时平卧或直立。叶全缘或分裂。花单生或组成聚伞状、伞状或头状花序，稀圆锥状，具苞片。萼片 5，宿存，果期稍增大；花冠白、淡红或紫色，稀黄色，漏斗状、钟状或高脚碟状，冠檐 5 裂或全缘；雄蕊 5，内藏或伸出，花丝丝状，常不等长，子房 2 ~ 4 室，花柱 1，丝状，内藏或伸出，柱头头状，或裂成 2 ~ 3 小球状。

约 500 种，我国产 29 种，湖南产 7 种，八大公山有 5 种。

分种检索表

1. 萼片顶端钝至锐尖；子房 2 室或者 4 室，有 4 胚珠。

  2. 萼片外面无毛……………………………………………………………… **1. 蕹菜 I. aquatica**

  2. 萼片外面被毛。

    3. 植株有块根，花冠长 3 ~ 4cm……………………………………………… **2. 番薯 I. batatas**

3. 植株无块根，花冠长 1.5cm ……………………………………………… **5. 三裂叶薯 I. triloba**

1. 萼片顶端长渐尖；子房 3 室，有 6 胚珠。

4. 叶 3 裂…………………………………………………………………………… **3. 牵牛 I. nil**

4. 叶不裂…………………………………………………………………… **4. 圆叶牵牛 I. purpurea**

1. 蕹菜 Ipomoea aquatica Forsskål

一年生蔓生草本。匍匐地上或漂浮水中。茎圆中空，无毛。叶三角状长椭圆形，长 6 ~ 15 cm，基部心形或戟形，全缘或波状，无毛；叶柄长 3 ~ 14 cm。聚伞花序腋生，花序梗长 3 ~ 6 cm。萼片卵圆形，先端钝，无毛；花冠白、淡红或紫色，漏斗状。蒴果卵球形或球形，种子被毛。

分布与生境：原产东亚地区，八大公山各地栽培。

用途：全草入药；茎叶为蔬菜或饲料。

蕹菜 Ipomoea aquatica

2. 番薯 Ipomoea batatas (Linnaeus) Lamarck

多年生草质藤本，具乳汁。块根白、红或黄色。茎匍匐地面。叶形及色泽因栽培品种不同而异。聚伞花序具 1、3、7 花组成伞状，苞片披针形，先端芒尖或骤尖。萼片长圆形，先端骤芒尖，花冠粉红、白、淡紫或紫色，无毛；雄蕊及花柱内藏。蒴果卵形或扁圆形。种子 2（1 ~ 4），无毛。

分布与生境：原产南美洲，八大公山有栽培。

番薯 Ipomoea batatas

用途：根及藤入药；块根、茎叶可食或作饲料；花叶品种供观赏。

3. 牵牛 Ipomoea nil (Linnaeus) Roth

一年生缠绕草本。茎被长硬毛。叶宽卵形或近圆形，深或浅的 3 裂，偶 5 裂，基部圆，心形，中裂片长圆形成卵圆形，渐尖或骤尖，侧裂片较短，三角形，裂口锐或圆。花腋生，单一或 2 朵着生于花序梗顶，花冠漏斗状，蓝紫色或紫红色。种子黑褐色或黄色，被褐色短茸毛。

分布与生境：原产热带美洲，八大公山各地栽培或逸生。

用途：庭院观赏；种子为常用中药。

牵牛 Ipomoea nil

4. 圆叶牵牛 Ipomoea purpurea (Linnaeus) Roth

一年生缠绕草本。茎上被倒向的短柔毛杂有倒向或开展的长硬毛。叶圆心形或宽卵状心形，基部圆至心形，顶端说尖、骤尖或渐尖，通常全缘，偶有 3 裂，两面疏或密被刚伏毛；叶柄被毛与茎

圆叶牵牛 Ipomoea purpurea

同。花腋生，单一或2～5朵着生于花序梗顶端成伞形聚伞花序，花序梗被毛与茎相同；花冠紫红色、红色或白色。蒴果近球形。

分布与生境：原产热带美洲，八大公山各地栽培或逸生。

用途：庭院观赏；种子为常用中药。

5. 三裂叶薯 Ipomoea triloba Linnaeus

一年生草质藤本。茎缠绕。叶宽卵形至圆形，全缘或有粗齿或深3裂，基部心形，两面无毛或散生疏柔毛。花序腋生，花序梗明显有棱角，顶端具小疣，1至数朵花成伞形状聚伞花序，苞片小，萼片近相等或稍不等，背部散生疏柔毛；花冠漏斗状，长约1.5 cm，淡红色或淡紫红色，雄蕊内藏，花丝基部有毛。蒴果近球形，4瓣裂。

分布与生境：原产热带美洲，八大公山有逸生。

三裂叶薯 Ipomoea triloba

（六）三翅藤属 Tridynamia Gagnepain

攀缘灌木。总状花序腋生，子房具4胚珠，柱头多少圆球头状，雄蕊着生于花冠基部几同一高度，花丝分离，等长或不等长，花冠多少呈钟状或狭漏斗状。

4种，我国产2种，湖南产1种，八大公山也有分布。

1. 大果三翅藤 Tridynamia sinensis (Hemsley) Staples

木质藤本。幼枝被短柔毛，老枝无毛。叶宽卵形基部心形，上面疏被毛，下面密被锈黄色短柔毛，基出脉5。总状花序腋生，花梗密被茸毛，萼片被茸毛，花冠淡蓝或紫色，蒴果卵状椭圆形。

分布与生境：分布于八大公山各地，生于海拔200～600 m的山谷石壁上灌丛间。

用途：藤茎入药；庭院观赏。

大果三翅藤 Tridynamia sinensis

一百四十二、茄科 Solanaceae

草本、灌木或小乔木，直立或攀缘。茎有时具皮刺。叶互生，单叶或羽状复叶，全缘，具齿、浅裂或深裂。花序顶生、腋生或腋外生，总状、圆锥状或伞形，或单花腋生或簇生。花两性，花萼5～10裂，稀平截，花后不增大或增大，宿存，稀基部宿存，花冠筒辐状、漏斗状、高脚碟状、钟状或坛状，花药2，子房2室。浆果或蒴果。

102属2460种，我国产20属102种，湖南连栽培有15属31种，八大公山连栽培共12属21种。

分属检索表

1. 花少数至多数组成花序。
  2. 花冠筒长于裂片，花萼不增大……………………………………………… **8. 烟草属 Nicotiana**
  2. 花冠筒短于裂片，花萼常增大或稍增大。
    3. 花药纵裂……………………………………………………………… **7. 番茄属 Lycopersicon**
    3. 花药孔裂……………………………………………………………………… **11. 茄属 Solanum**
1. 花1～3腋生。
  4. 果为宿萼包被。
    5. 蒴果…………………………………………………………………… **2. 天蓬子属 Atropanthe**
    5. 浆果。

6. 宿萼顶端不闭合……………………………………………… 9. 散血丹属 Physaliastrum

6. 宿萼膀胱状，全包浆果，顶端闭合。

7. 花冠白色，辐状………………………………………………………… 1. 酸浆属 Alkekengi

7. 花冠黄色，辐状钟形………………………………………………… 10. 洋酸浆属 Physalis

4. 果不为宿萼包被。

8. 蒴果……………………………………………………………………………… 4. 曼陀罗属 Datura

8. 浆果。

9. 花冠漏斗状，雄蕊伸出……………………………………………………… 6. 枸杞属 Lycium

9. 花冠钟状、辐状或星状，雄蕊内藏。

10. 花萼常具 10 齿…………………………………………………… 5. 红丝线属 Lycianthes

10. 花萼具 5 ~ 7 小齿。

11. 花冠宽钟状，黄色，花萼顶端平截或近全缘 ……………… 12. 龙珠属 Tubocapsicum

11. 花冠辐状，白色或带紫色，花药纵裂 ………………………… 3. 辣椒属 Capsicum

（一）酸浆属 Alkekengi Mill.

多年生草本。根状茎白色，横卧地下，多分枝，节部有不定根。叶互生，每节生有 1 ~ 2 片叶，叶有短柄，叶片卵形，先端渐尖，基部宽楔形，边缘有不整齐的粗锯齿或呈波状，无毛。花单生于叶腋内，花萼绿色，5 浅裂，花后自膨大成卵囊状，基部稍内凹，薄革质，成熟时橙红色或火红色，花冠辐射状，白色，雄蕊 5，花药黄色。萼内浆果橙红色。

单种属。八大公山也有分布。

1. 挂金灯（变种） Physalis alkekengi var. franchetii (Masters) Makino

一年生草本。茎节肿大。叶仅具缘毛。花梗近无毛或疏被柔毛，花萼裂片，毛较密，萼筒毛稀疏，

挂金灯（变种） Physalis alkekengi var. franchetii

宿萼无毛。果实无毛。

分布与生境：分布于八大公山各地，生于海拔 500 ~ 1000 m 的山坡林下阴湿地。

用途：根及果实入药。

（二）天蓬子属 **Atropanthe** Pascher

多年生草本或亚灌木。单叶，互生或大小不等双生。花单生，腋生或侧生，花梗长而俯垂；花萼钟状，裂片 5；花冠左右对称，漏斗状筒形；雄蕊 5，着生于花冠筒基部，花丝基部被毛，雌蕊较花冠略长，子房圆锥形，花柱上部微弯，柱头头状或盘状，微裂。萼果扁球状，俯垂，果萼顶端缢缩，基部膨大，呈圆锥状，比果实大很多。

我国特有的单种属，八大公山有分布。

1. 天蓬子 **Atropanthe sinensis** (Hemsley) Pascher

形态特征见天蓬子属的描述。

分布与生境：分布于八大公山各地，生于海拔 1000 ~ 1600 m 的山坡林下阴湿处。

用途：根药用。

天蓬子 Atropanthe sinensis

（三）辣椒属 **Capsicum** Linnaeus

灌木或一年生草本。单叶互生。花单生、双生或有时数朵簇生，花梗直立或俯垂。花萼阔钟状至杯状，果时稍增大宿存；花冠辐状，5 中裂，裂片镊合状排列；雄蕊 5，贴生于花冠筒基部，子房 2（3）室，胚珠多数。果实俯垂或直立，浆果无汁，果皮肉质或近革质。种子扁圆盘形。

20 ~ 27 种，我国栽培或逸生 2 种，湖南栽培 1 种，八大公山也有栽培。

1. 辣椒 Capsicum annuum Linnaeus

一年生草本。单叶互生，卵形至狭披针形。花白色或绿白色，1 ~ 3 朵聚生。果实为浆果，果皮肉质或近革质，颜色和形状种种，常有辛辣味。种子多数，扁圆盘形。

分布与生境：原产南美洲，八大公山各地栽培。

用途：果实入药；果和叶可作蔬食；庭院观赏；果实可提取食用色素。

辣椒 Capsicum annuum

（四）曼陀罗属 Datura Linnaeus

草本或亚灌木状，植株无毛或幼嫩部分被短柔毛。单叶，互生，全缘或波状不规则浅裂。花大，单生叶腋，直立，萼长管状，顶端 5 裂或呈佛焰苞状，果期基部宿存，花冠喇叭形，白色至淡紫色，冠檐折扇状，浅 5 裂，裂片渐尖。蒴果卵圆形，淡黄色，直立，有刺或平滑，顶部 4 裂。种子卵圆形，黑色。

11 种，我国连栽培有 5 种，湖南产 3 种，八大公山有 1 种。

1. 曼陀罗 Datura stramonium Linnaeus

草本或亚灌木状，植株无毛或幼嫩部分被短柔毛。叶宽卵形，先端渐尖，基部不对称楔形，侧

曼陀罗 Datura stramonium

脉 3 ~ 5 对。花冠下部淡绿色，上部白或淡紫色。蒴果卵圆形，淡黄色。种子卵圆形，黑色。花期 6 ~ 10 月，果期 7 ~ 11 月。

分布与生境：分布于八大公山五道水，生于海拔 200 ~ 400 m 的荒地、垃圾场、路边。

用途：庭院观赏；种子药用；种子油可供工业用。

（五）红丝线属 Lycianthes (Dunal) Hassler

灌木或亚灌木，稀草本。小枝被柔毛或 2 至多分枝茸毛。单叶，全缘，上部叶常双生，大小不等。花单生或 2 ~ 10（30）簇生叶腋，萼筒杯形，萼筒边缘平截，具 10 齿，稀 5 齿或近无齿，萼齿钻状线形，花冠辐状或星状，白或紫蓝色，5 中裂，雄蕊 5，着生花冠筒喉部，子房 2 室，胚珠多数。浆果小，球形，红或红紫色。

约 180 种，我国产 9 种，湖南产 3 种，八大公山产 2 种。

分种检索表

1. 灌木；花序具 2 ~ 4 花……………………………………………………**1. 鄂红丝线 L. hupehensis**
1. 多年生草本；具匍匐茎；花单生，稀 2 花并生……………………… **2. 单花红丝线 L. lysimachioides**

1. 鄂红丝线 Lycianthes hupehensis (Bitter) C. Y. Wu & S. C. Huang

灌木或亚灌木。上部的叶假双生，大小不相等，大叶片长椭圆状斜披针形，先端渐尖，基部楔形下延到叶柄而成窄翅，小叶片近圆卵形，先端钝，基部圆形到叶柄处聚窄而下延，两例稍不相等，侧脉每边 7 ~ 8 条。花序无柄，通常 2 ~ 4 花着生于叶腋内，花萼紫色，萼齿 10，花冠紫蓝色，顶

鄂红丝线 Lycianthes hupehensis

端深 5 裂。浆果红色，球状。花期秋季，果期冬季。

分布与生境：分布于八大公山五道水、杉木界，生于海拔 200 ~ 300 m 的山谷林下。

用途：全草入药；庭院观赏。

2. 单花红丝线 Lycianthes lysimachioides (Wallich) Bitter

分变种检索表

1. 花白色…………………………… **2a. 单花红丝线（原变种） L. lysimachioides** var. **lysimachioides**
1. 花紫色……………………………… **2b. 紫单花红丝线（变种） L. lysimachioides** var. **purpuriflora**

2a. 单花红丝线（原变种） Lycianthes lysimachioides (Wallich) Bitter var. **lysimachioides**

多年生草本。茎匍匐。叶卵形、椭圆形或卵状披针形，两面疏被柔毛。花 1（2）腋生，花冠白、粉红或淡紫色，浆果红色，球形。种子卵状三角形。

分布与生境：分布于八大公山各地，生于海拔 500 ~ 1000 m 的山谷林下或溪边潮湿处。

用途：全草入药。

单花红丝线（原变种）Lycianthes lysimachioides var. lysimachioides

2b. 紫单花红丝线（变种） Lycianthes lysimachioides var. **purpuriflora** C. Y. Wu et S. C. Huang

本变种与原变种的区别是：植株的毛被极少，叶卵形至椭圆状卵形，先端渐尖至急尖，基部圆形至楔形，两面均被膜质透明具节的单毛或近无毛。花冠淡紫色至暗紫色，花梗近无毛。花期夏秋间。

分布与生境：分布于八大公山各地，生于海拔 500 ~ 1000 m 的山谷林下或溪边潮湿处。

用途：全草入药。

紫单花红丝线（变种）Lycianthes lysimachioides var. purpuriflora

（六）枸杞属 Lycium Linnaeus

落叶灌木，通常有棘刺。单叶互生或因侧枝极度缩短而数枚簇生，有叶柄或近于无柄。花有梗，单生于叶腋或簇生于极度缩短的侧枝上，花萼钟状，具不等大的 2～5 萼齿或裂片，花后宿存；花冠漏斗状，雄蕊 5，子房 2 室，花柱丝状，柱头 2 浅裂。浆果，具肉质的果皮。

约 80 种，我国产 7 种，湖南连栽培共 2 种，八大公山有 1 种。

1. 枸杞 Lycium chinense Miller

多分枝灌木。叶卵形、卵状菱形、长椭圆形或卵状披针形，先端尖，基部楔形。花在长枝 1～2

枸杞 Lycium chinense

腋生，在短枝簇生。花冠漏斗状，淡紫色。浆果卵圆形，红色。种子扁肾形，黄色。花期 5 ~ 9 月，果期 8 ~ 11 月。

分布与生境：分布于八大公山各地，生于海拔 200 ~ 1400 m 的溪边灌丛中。

用途：根皮、果实入药；嫩叶可作蔬菜。

（七）番茄属 **Lycopersicon** Miller

一年生或多年生草本、或为亚灌木。圆锥式聚伞花序，腋外生。花萼辐状，有 5 ~ 6 裂片，果实不增大或稍增大，开展，花冠辐状，筒部短，5 ~ 6 裂，雄蕊花丝极短，花药伸长向顶端渐尖，靠合成圆锥状。浆果多汁，扁球状或近球状。种子扁圆形。

9 种，我国有 1 种，栽培或逸生，湖南有 1 种，八大公山亦有。

1. 番茄 **Lycopersicon esculentum** Miller

一年生草本。植株被黏质腺毛。茎直立或平卧。羽状复叶，小叶极不等大，有锯齿或分裂，羽状复叶或羽状深裂，卵形或长圆形。花冠黄色。浆果扁球形或近球形，橘黄或鲜红色，光滑。种子黄色，被柔毛。

分布与生境：原产中南美洲，八大公山有栽培或逸为野生。

用途：果实能入药；果实供蔬食；庭院观赏。

番茄 Lycopersicon esculentum

（八）烟草属 **Nicotiana** Linnaeus

草本、灌木或小乔木，常有黏质柔毛。叶互生，单叶。花排成顶生的圆锥花序或偏于一侧的总状花序，萼管状钟形，5 裂，果实常宿存并稍增大，不完全或完全包围果实，花冠筒状、漏斗状或高脚碟状，管檐 5 裂；雄蕊 5，着生于花冠筒中部以下，子房 2 室，花柱具 2 裂的柱头。蒴果，2 裂。种子微小，多数。

60 ~ 95 种。我国栽培 4 种，湖南栽培 1 种，八大公山也有栽培。

1. 烟草 **Nicotiana tabacum** Linnaeus

一年生草本。植株被腺毛。叶长圆状披针形、披针形、长圆形或卵形。花序圆锥状，顶生，花冠漏斗状，淡黄、淡绿、红或粉红色。蒴果卵圆形或椭圆形。种子圆形或宽长圆形，褐色。花果期夏秋季。

分布与生境：原产南美洲，八大公山广为栽培。

用途：叶为烟草工业的原料；全株也可作农药杀虫剂；亦可药用。

烟草 Nicotiana tabacum

（九）散血丹属 Physaliastrum Makino

多年生草本。根多条簇生，肉质。茎、枝上部叶二叶簇生，大小不相等。花单生或数朵聚生，花梗细长，俯垂，花萼短 5 裂，果实增大贴于或包被浆果，花冠阔钟状，白色，具羽状脉纹。浆果球形，果萼与果略短而露出果实顶端，顶口不闭合。

9 种，我国产 7 种，湖南产 2 种，八大公山产 2 种。

分种检索表

1. 果萼紧包浆果，不呈膀胱状，无纵肋…………………………………… **1. 江南散血丹 P. heterophyllum**
1. 果萼呈膀胱状包围浆果，具 10 纵肋 ……………………………… **2. 广西地海椒 P. chamaesarachoides**

1. 江南散血丹 Physaliastrum heterophyllum (Hemsley) Migo

多年生草本。根多条簇生，肉质。茎、枝上部叶二叶簇生，大小不相等，阔椭圆形或卵状椭圆形，顶端短渐尖，基部不对称，变狭而成 0.5 ~ 1.0 cm 长的叶柄，边缘略呈波状。花单生或成双生，花梗细长，俯垂，花冠阔钟状，白色，具羽状脉纹。浆果球形，包被在增大的草质而带肉质的宿存萼内，果萼与果略短而露出果实顶端，表面具尖瘤状突起和白色硬毛。5 月开花，8 月果熟。

分布与生境：分布于八大公山各地，生于海拔 1000 ~ 1500 m 的山坡林下。

用途：根入药。

2. 广西地海椒 Physaliastrum chamaesarachoides (Makino) Makino

多年生草本。叶互生，具柄，由于返茎现象而生于下一个茎节处并面对枝腋，生于小枝上部者由于二分枝之一未发育而大小不等双生或三出。叶片草质，阔椭圆形或卵形，基部歪斜、圆或阔楔形，边缘有少数牙齿。花萼在果时极为膀胱状膨大，下垂，球状卵形，几乎为干膜质，具 10 纵向的，翅具三角形牙齿，基部圆，顶端逐渐缢缩，顶口张开。浆果单独生或 2 个近簇生，球状，远较果萼为小。花期 7 ~ 9 月，果期 8 ~ 11 月。

分布与生境：分布于八大公山各地，生于海拔 200 ~ 500 m 的溪边林下、路边阴湿处。

江南散血丹 Physaliastrum heterophyllum

广西地海椒 Physaliastrum chamaesarachoides

（十）洋酸浆属 Physalis Linnaeus

一年生或多年生草本。叶不裂或具不规则波状牙齿，稀羽状深裂，互生或在枝上端大小不等二叶双生。花单生叶腋或枝腋。花萼钟状，5 浅裂或中裂；花冠白或黄色，辐状或辐状钟形，雄蕊 5，子房 2 室，柱头 2 浅裂。浆果球形，膀胱状，多汁，具 10 纵肋，5 棱或 10 棱，膜质或革质，顶端闭合，基部常凹下。

120 种，我国产 5 种，湖南产 3 种，八大公山产 2 种。

分种检索表

1. 全体近无毛或仅生稀疏的柔毛…………………………………………………… **1. 苦蘵 P. angulata**
1. 全体密生柔毛…………………………………………………………………… **2. 小酸浆 P. minima**

1. 苦蘵 Physalis angulata Linnaeus

一年生草本。茎疏被短柔毛或近无毛。叶卵形或卵状椭圆形，先端渐尖或尖，基部宽楔形或楔形，全缘或具不等大牙齿，两面近无毛。花梗被短柔毛；花萼被短柔毛，裂片披针形，具缘毛；花冠淡黄色，喉部具紫色斑纹，花药蓝紫或黄色。宿萼卵球状，薄纸质。浆果。种子盘状。花期 5 ~ 7 月，果期 7 ~ 12 月。

分布与生境：分布于八大公山各地，生于海拔 200 ~ 1000 m 的村旁、荒地。

用途：全草入药。

苦蘵 Physalis angulata

2. 小酸浆 Physalis minima Linnaeus

一年生草本。与苦蘵相近，区别在于不同于原变种在全体密生长柔毛、果时不脱落。

分布与生境：分布于八大公山各地，生于海拔 200 ~ 1000 m 的村旁、荒地。

用途：全草入药。

小酸浆 Physalis minima

（十一）茄属 **Solanum** Linnaeus

草本、亚灌木、灌木或小乔木，稀藤本。单叶互生，稀双生，全缘，波状或分裂，稀复叶。花序顶生、侧生、腋生、腋外生或对叶生，稀单花。花两性，全部能孕或仅花序下部的能孕，花萼 4 ~ 5 裂，果实稍增大，宿存，花冠辐状，白色，有时青紫、红紫或黄色，花冠筒短，雄蕊（4）5 枚，花丝短，花药常靠合成圆筒。

1200 余种。我国产 41 种，湖南产 11 种，八大公山产 7 种。

分种检索表

1. 植株被星状毛，具刺。
  2. 果径 2 ~ 3 cm，球形，黄色 ………………………………………… **1. 喀西茄 S. aculeatissimum**
  2. 果形状多变异，绿色、白色、黑紫色、粉红色或近褐色……………………… **3. 茄 S. melongena**
1. 植株无毛或被单毛。
  3. 奇数羽状复叶…………………………………………………………………… **7. 阳芋 S. tuberosum**
  3. 单叶全缘或分裂。
    4. 花序总状，或兼具单花或双花………………………………………… **6. 珊瑚樱 S. pseudocapsicum**
    4. 花序伞形或圆锥状。
      5. 花序伞形……………………………………………………………………… **4. 龙葵 S. nigrum**

5. 花序圆锥状。

6. 植株无毛或几无毛…………………………………………… **5. 海桐叶白英 S. pittosporifolium**

6. 茎叶被长柔毛……………………………………………………………… **2. 白英 S. lyratum**

1. 喀西茄 Solanum aculeatissimum Jacquin

草本至亚灌木。全株被硬毛、腺毛及皮刺。叶阔卵形，长宽 6 ~ 12 cm，先端渐尖，基部戟形，5 ~ 7 深裂，裂片边缘又作不规则的齿裂及浅裂。蝎尾状花序腋外生，花单生或 2 ~ 4 朵，花萼钟状，5 裂，花冠筒淡黄色，冠檐白色，5 裂，开放时先端反折。浆果球状，初时绿白色，具绿色花纹，成熟时淡黄色。花期春夏，果熟期冬季。

分布与生境：可能原产巴西，八大公山各地逸生，生于海拔 200 ~ 1000 m 的山谷林缘、村旁、荒地。

用途：果实入药。

喀西茄 Solanum aculeatissimum

2. 白英 Solanum lyratum Thunb

多年生草质藤本。茎及小枝密被长柔毛。叶椭圆形或琴形，基部心形或戟形，两面被白色长柔毛，侧脉 5 ~ 7 对，叶柄被长毛。圆锥花序顶生或腋外生，花序梗被长柔毛，花梗被毛，花冠蓝紫或白色。浆果球状，红黑色。种子近盘状。花期 6 ~ 10 月，果期 10 ~ 11 月。

分布与生境：分布于八大公山各地，生于海拔 200 ~ 1200 m 的路边荒地、山坡林缘。

用途：叶可作饲料；全株入药；果供观赏。

白英 Solanum lyratum

3. 茄 Solanum melongena Linnaeus

草本或亚灌木状。小枝、叶、叶柄、花梗、花萼、花冠、子房顶端及花柱中下部均被星状毛。叶卵形或长圆状卵形，先端钝，基部不对称，浅波状或深波状圆裂，侧脉 4 ~ 5 对。花多单生，稀总状花序。花白或紫色，果球形或圆柱状，白、红、紫等色。

分布与生境：原产地为亚洲或非洲热带地区，八大公山普遍栽培。

用途：果作蔬菜；根、茎、叶、种子入药；果生食可解食菌中毒。

茄 Solanum melongena

4. 龙葵 Solanum nigrum Linnaeus

一年生草本。茎近无毛或被微柔毛。叶卵形，先端钝，基部楔形或宽楔形，下延，全缘或具 4 ~ 5 对不规则波状粗齿，两面无毛或疏被短柔毛，叶脉 5 ~ 6 对。伞形状花序腋外生，具 3 ~ 6（10）花，花梗近无毛或被短柔毛，花冠白色。浆果球形，黑色。种子近卵圆形。花期 5 ~ 8 月，果期 7 ~ 11 月。

分布与生境：分布于八大公山各地，生于海拔 200 ~ 1000 m 的田边、荒地及村庄附近。

用途：全草入药；叶及幼果可作野菜。

龙葵 Solanum nigrum

5. 海桐叶白英 Solanum pittosporifolium Hemsley

落叶蔓生灌木。植株无毛或疏被短柔毛。叶互生， 披针形或卵状披针形，先端渐尖，基部圆或楔形，两面无毛，侧脉 6 ~ 7 对。花序圆锥状腋外生，花冠白色或淡紫色。浆果球形，红色。花期 6 ~ 8 月，果期 9 ~ 12 月。

分布与生境：分布于八大公山各地，生于海拔 400 ~ 800 m 的山坡林缘。

用途：果供观赏。

海桐叶白英 Solanum pittosporifolium

6. 珊瑚樱 Solanum pseudocapsicum Linnaeus

常绿灌木。植株无毛。叶窄长圆形或披针形，基部窄楔形下延，全缘或波状，侧脉4～7对。花单生，稀双生或成短总状花序与叶对生或腋外生，花序梗无或极短。花白色。浆果橙红色。种子盘状。花期初夏，果期秋末。

分布与生境：原产南美洲，八大公山各地栽培或逸生。

用途：根入药；果供观赏。

珊瑚樱 Solanum pseudocapsicum

7. 阳芋 Solanum tuberosum Linnaeus

多年生草本。叶为奇数不相等的羽状复叶，小叶常大小相间，长10～20 cm，小叶6～8对，卵形至长圆形，最大者长可达6 cm，宽达3.2 cm，最小者长宽均不及1 cm。伞房花序顶生，后侧生，

阳芋 Solanum tuberosum

花白色或蓝紫色；萼钟形，5裂，裂片披针形；花冠辐状，花冠筒隐于萼内。浆果圆球状，光滑。花期夏季。

分布与生境：原产热带美洲的山地，八大公山普遍种植。

用途：块茎食用。

（十二）龙珠属 Tubocapsicum (Wettstein) Makino

多年生草本，根粗壮。叶互生或在枝上端大小不等2叶双生，全缘或浅波状。花2至数朵簇生于叶腋或枝腋；花梗细长，俯垂。花萼短，皿状，顶端平截而近全缘，果时稍扩大；花冠黄色，阔钟状，5裂，裂片镊合状排列；雄蕊5枚，插生于花冠中部，子房2室，花柱细长，胚珠多数。浆果俯垂，多浆汁，球状，红色，果皮薄。

2种。我国有1种，八大公山也有分布。

1. 龙珠 Tubocapsicum anomalum (Franchet & Savatier) Makino

全体无毛。叶薄纸质，卵形、椭圆形或卵状披针形，（5～18）cm×（3～10）cm，顶端渐尖，基部歪斜楔形，下延到叶柄，侧脉5～8对。花2～6朵簇生，俯垂，花梗细弱，顶端增大，果时稍增大而宿存，花冠裂片卵状三角形，顶端尖锐，向外反曲，有短缘毛；雄蕊稍伸出花冠。浆果熟后红色。种子淡黄色。花果期8～10月。

分布与生境：分布于八大公山各地，生于海拔400～800 m的山坡林缘。

用途：全草入药；果供观赏。

龙珠 Tubocapsicum anomalum

一百四十三、木犀科 Oleaceae

乔木，直立或藤状灌木。叶对生，稀互生或轮生，单叶、三出复叶或羽状复叶，稀羽状分裂。花辐射对称，两性，稀单性或杂性，聚伞花序排列成各式花序，稀花单生；花萼常 4 裂，稀无花萼；花冠 4 裂，稀无花冠；雄蕊 2 枚，稀 4 枚，着生于花冠管上或花冠裂片基部，子房上位，由 2 心皮组成 2 室，每室具胚珠 2 枚。果为翅果、蒴果、核果或浆果状核果。

24 属 615 种，我国产 10 属 160 余种，湖南产 8 属 42 种，八大公山产 4 属 14 种。

分属检索表

1. 子房每室具下垂胚珠 2 或多数，胚珠着生于子房上部。
  2. 果为翅果或蒴果……………………………………………………………………**1. 梣属 Fraxinus**
  2. 果为核果或浆果状核果。
    4. 浆果状核果或核果状而开裂；花序顶生，稀腋生………………………… **3. 女贞属 Ligustrum**
    4. 核果；花序多腋生，少数顶生……………………………………………**4. 木犀属 Osmanthus**
1. 子房每室具向上胚珠 1 ～ 2，胚珠着生于子房基部或近基部 ………………… **2. 素馨属 Jasminum**

（一）梣属 **Fraxinus** Linnaeus

落叶乔木。叶对生，奇数羽状复叶，叶柄基部常增厚。花小，单性、两性或杂性；圆锥花序生于枝端，花芳香，花萼小，钟状或杯状，萼齿 4 枚；花冠 4 裂至基部，白色至淡黄色，裂片线形或匙形；雄蕊通常 2 枚，与花冠裂片互生，子房 2 室，每室胚珠 2 枚，花柱较短，柱头 2 裂。果为坚果，并形成单翅果。

约 60 余种。我国产 22 种，湖南产 7 种，八大公山产 3 种。

分种检索表

1. 花无花冠，与叶同时开放……………………………………………………**1. 白蜡树 F. chinensis**
1. 花具花冠，先叶后花。
  2. 花序具苞片，宿存…………………………………………………………… **2. 光蜡树 F. griffithii**
  2. 花序无苞片或苞片早落……………………………………………………… **3. 苦枥木 F. insularis**

1. 白蜡树 **Fraxinus chinensis** Roxburgh

落叶乔木。羽状复叶；小叶 5 ~ 7 枚，硬纸质或近革质，卵形至披针形，叶缘具整齐锯齿。圆锥花序生枝梢；花雌雄异株；雄花密集，花萼小，钟状；无花冠；雌花疏离，花萼大，桶状，4 浅裂，花柱细长，柱头 2 裂。翅果匙形，坚果圆柱形。花期 4 ~ 5 月，果期 7 ~ 9 月。

分布与生境：分布于八大公山各地，生于海拔 300 ~ 1500 m 的山坡林中。

用途：树皮、叶、花入药。

白蜡树 Fraxinus chinensis

2. 光蜡树 Fraxinus griffithii C. B. Clarke

半落叶乔木。羽状复叶，小叶 5 ~ 7（11) 枚，革质或薄革质，干后呈褐色或橄榄绿色，卵形至长卵形，（2 ~ 14）cm ×（1 ~ 5）cm，下部 1 对小叶通常略小。圆锥花序顶生于当年生枝端，长 10 ~ 25 cm，伸展，多花；花冠白色；两性花的花冠裂片与雄蕊等长。翅果阔披针状匙形，钝头，翅下延至坚果中部以下，坚果圆柱形。花期 5 ~ 7 月，果期 7 ~ 11 月。

分布与生境：分布于八大公山各地，生于海拔 300 ~ 500 m 的山坡疏林中。

用途：用材树种；庭院观赏。

光蜡树 Fraxinus griffithii

3. 苦枥木 Fraxinus insularis Hemsley

落叶大乔木。羽状复叶，叶柄基部稍增厚，变黑色；小叶 5 ~ 7 枚，嫩时纸质，后期变硬纸质或革质，长圆形或椭圆状披针形，叶缘具浅锯齿。圆锥花序，多花，叶后开放，花芳香；花萼钟状，齿截平；花冠白色，裂片匙形；雄蕊伸出花冠外；雌蕊柱头 2 裂。翅果长匙形，坚果近扁平；花萼宿存。花期 4 ~ 5 月，果期 7 ~ 9 月。

分布与生境：分布于八大公山各地，生于海拔 700 ~ 1200 m 的山坡上。

用途：枝及叶入药。

苦枥木 Fraxinus insularis

（二）素馨属 **Jasminum** Linnaeus

直立或攀缘状灌木。叶对生或互生，单叶或奇数羽状复叶。花两性，排成聚伞花序，再排列多种花序；花萼钟状或漏斗状，具齿 4 ~ 12 枚；花冠常高脚碟状或漏斗状，裂片 4 ~ 12 枚；雄蕊 2 枚，内藏，着生于花冠管上；子房 2 室，每室具胚珠 1 ~ 2 枚，花柱常异长。浆果双生或其中一个不育而成单生。

约 200 余种。我国约产 43 种，湖南产 5 种，八大公山产 4 种。

分种检索表

1. 叶对生或轮生，单叶或为三出复叶，叶柄多数具关节。
  2. 顶生小叶片与侧生小叶片等大或略大……………………………… **1. 清香藤 J. lanceolaria**
  2. 顶生小叶片远较侧生小叶片为大…………………………………… **3. 华素馨 J. sinense**
1. 叶互生或对生，三出复叶或羽状复叶，稀为单叶，叶柄无关节。

3. 花萼裂片非叶状；花冠白色、红色、粉红色或紫色…………………… **4. 川素馨 J. urophyllum**

3. 花萼裂片叶状；花冠黄色……………………………………………………… **2. 野迎春 J. mesnyi**

1. 清香藤 Jasminum lanceolaria Roxburgh

大型攀缘灌木。叶对生或近对生，三出复叶，小叶片椭圆形或披针形。复聚伞花序常排列呈圆锥状，有花多朵，密集；苞片线形；花芳香；花萼筒状，果时增大，萼齿三角形，不明显；花冠白色，高脚碟状，花冠管纤细，裂片 4 ~ 5 枚；花柱异长。果球形或椭圆形，黑色，干时呈橘黄色。花期 4 ~ 10 月，果期 6 月至翌年 3 月。

分布与生境：分布于八大公山各地，生于海拔 200 ~ 1000 m 的山坡和岩石边。

用途：根及茎入药；花供观赏。

清香藤 Jasminum lanceolaria

2. 野迎春 Jasminum mesnyi Hance

常绿藤状灌木。叶对生，三出复叶或小枝基部具单叶；叶片和小叶片近革质，叶缘反卷；小叶片长卵形或长卵状披针形；单叶为椭圆形。花通常单生于叶腋；花萼钟状，裂片 5 ~ 8 枚，小叶状，披针形；花冠黄色，漏斗状，裂片 6 ~ 8 枚，卵形或长圆形。果椭圆形。花期 11 月至翌年 8 月，果期 3 ~ 5 月。

分布与生境：原产于我国云南，八大公山各地栽培。

用途：全株入药；花供观赏。

3. 华素馨 Jasminum sinense Hemsley

缠绕藤本。叶对生，三出复叶；小叶片纸质，卵形或卵状披针形，叶缘反卷。聚伞花序常呈圆锥状排列；花芳香；花萼被柔毛，裂片线形或尖三角形，果时稍增大；花冠白色或淡黄色，高脚碟状，花冠管细长，裂片 5 枚，长圆形或披针形；花柱异长。果长圆形或近球形，呈黑色。花期 6 ~ 10 月，果期 9 月至翌年 5 月。

分布与生境：分布于八大公山各地，生于海拔 200 ~ 600 m 的山谷混交林中。

用途：全株入药；花供观赏。

野迎春 Jasminum mesnyi

华素馨 Jasminum sinense

4. 川素馨 **Jasminum urophyllum** Hemsley

攀缘灌木。叶对生，三出复叶，小叶片卵形至披针形，叶缘反卷，基出脉 3 条，直达小叶片顶端。伞房状聚伞花序，有花 3 ~ 10 朵；苞片线形，花萼萼齿三角形；花冠白色，裂片 5 ~ 6 枚，卵形。果椭圆形或近球形，成熟时呈紫黑色。花期 5 ~ 10 月，果期 8 ~ 12 月。

分布与生境：分布于八大公山各地，生于海拔 900 ~ 1500 m 的山地林下。

用途：枝入药；花供观赏。

川素馨 Jasminum urophyllum

（三）女贞属 **Ligustrum** Linnaeus

灌木或乔木。单叶，对生，叶片全缘。聚伞花序常排列成圆锥花序，多顶生，稀腋生；花两性；花萼钟状；花冠白色，近辐状、漏斗状或高脚碟状，裂片 4 枚，花蕾时呈镊合状排列；雄蕊 2 枚，着生于近花冠管喉部；子房近球形，2 室，每室具下垂胚珠 2 枚，花柱丝状，柱头肥厚，常 2 浅裂。果为浆果状核果，内果皮膜质或纸质。

约 45 种，我国产 27 种，湖南产 12 种，八大公山产 4 种。

分种检索表

1. 花冠管约为裂片长的 2 倍或更长。
  2. 果近肾形，明显弯曲……………………………………………………………**1. 丽叶女贞 L. henryi**
  2. 果非肾形，也不弯曲……………………………………………………… **2. 蜡子树 L. leucanthum**
1. 花冠管与裂片近等长。
  3. 果非球形，略弯曲…………………………………………………………………… **3. 女贞 L. lucidum**
  3. 果近球形…………………………………………………………………………………… **4. 小蜡 L. sinense**

1. 丽叶女贞 **Ligustrum henryi** Hemsley

常绿灌木。叶片宽卵形或近圆形，叶缘平或微反卷，上面光亮。圆锥花序圆柱形，顶生；花序基部苞片有时呈小叶状，小苞片呈披针形；花萼无毛；花柱内藏，柱头微 2 裂。果近肾形，弯曲，黑色或紫红色。花期 5 ~ 6 月，果期 7 ~ 10 月。

分布与生境：分布于八大公山各地，生于海拔 200 ~ 1000 m 的山坡和沟谷。

用途：叶入药；庭院观赏。

丽叶女贞 Ligustrum henryi

2. 蜡子树 Ligustrum leucanthum (S. Moore) P. S. Green

落叶灌木。叶片纸质至近革质，椭圆形至披针形，大小较不一致。圆锥花序着生于小枝顶端；花萼被微柔毛或无毛，截形或萼齿呈宽三角形；花冠裂片卵形，近直立；花药宽披针形。果近球形至宽长圆形，蓝黑色。花期 6 ~ 7 月，果期 8 ~ 11 月。

分布与生境：分布于八大公山各地，生于海拔 500 ~ 1500 m 的山坡疏林中。

用途：叶入药。

蜡子树 Ligustrum leucanthum

3. 女贞 Ligustrum lucidum W. T. Aitonm

灌木或乔木。叶片常绿，革质，卵形至宽椭圆形，叶缘平坦，上面光亮。圆锥花序顶生；花萼无毛，齿不明显或近截形；花冠裂片反折；雄蕊花药长圆形；雌蕊柱头棒状。果肾形或近肾形，成熟时呈红黑色，被白粉。花期 5 ~ 7 月，果期 7 月至翌年 5 月。

分布与生境：分布于八大公山各地，生于海拔 200 ~ 1600 m 的混交林中，也有栽培。

用途：园林观赏；果实入药。

女贞 Ligustrum lucidum

4. 小蜡 Ligustrum sinense Loureiro

分变种检索表

1. 幼时被淡黄色短柔毛或柔毛，老时近无毛………………… **4a. 小蜡（原变种） L. sinense** var. **sinense**

1. 幼枝、花序轴和叶柄密被黄棕色柔毛或硬毛… **4b. 光萼小蜡（变种） L. sinense** var. **myrianthum**

4a. 小蜡 Ligustrum sinense Loureiro var. **sinense**

落叶灌木或小乔木。小枝圆柱形，幼时被柔毛或硬毛。叶片纸质或薄革质，卵形至披针形。圆锥花序，塔形；花萼无毛，先端呈截形或呈浅波状齿；花冠裂片椭圆形；雄蕊花药长圆形。果近球形。花期 3 ~ 6 月，果期 9 ~ 12 月。

分布与生境：分布于八大公山各地，生于海拔 400 ~ 1000m 的山地疏林中。

用途：果实可酿酒；种子榨油供制肥皂；树皮和叶入药等；庭院观赏。

4b. 光萼小蜡 Ligustrum sinense var. **myrianthum** (Diels) Hoefker

本变种与原变种区别：幼枝、花序轴和叶柄密被锈色柔毛或硬毛，叶片革质，长椭圆状披针形、椭圆形至卵状椭圆形，上面疏被短柔毛，下面密被锈色或黄棕色柔毛，尤以叶脉为密，稀近无毛；花序腋生，基部常无叶。花期 5 ~ 6 月，果期 9 ~ 12 月。

分布与生境：分布于八大公山各地，生于海拔 400 ~ 1000 m 的山地疏林中。

用途：果实可酿酒；种子榨油供制肥皂；树皮和叶入药等；庭院观赏。

小蜡 Ligustrum sinense var. sinense

光萼小蜡 Ligustrum sinense var. myrianthum

（四）木犀属 Osmanthus Loureiro

常绿灌木或小乔木。叶对生，单叶，叶片革质，两面通常具腺点。花两性，通常雌蕊或雄蕊不育而成单性花，聚伞花序簇生于叶腋，或再组成腋生或顶生的短小圆锥花序；苞片 2 枚，基部合生；

花萼钟状，4 裂；花冠白色或黄白色，呈钟状或坛状，裂片 4 枚；雄蕊 2 枚，稀 4 枚，子房 2 室。果为核果，椭圆形。

约 30 种，我国产 23 种，湖南产 9 种，八大公山产 3 种。

分种检索表

1. 小枝、叶柄和叶片上面的中脉多少被毛…………………………………………**1. 红柄木犀 O. armatus**

1. 小枝、叶柄和叶片上面的中脉常无毛。

 2. 叶边缘无锯齿，幼叶亦无………………………………………………… **2. 宁波木犀 O. cooperi**

 2. 叶边缘有锯齿，至少幼叶如此……………………………………………**3. 木犀 O. fragrans**

1. 红柄木犀 **Osmanthus armatus** Diels

常绿灌木或乔木。叶片厚革质，披针形至椭圆形，叶缘具硬而尖的刺状牙齿 6 ~ 10 对。聚伞花序簇生于叶腋，每腋内有花 4 ~ 12 朵；花芳香；花萼裂片大小不等；花冠白色，花冠管与裂片等长；雄蕊药隔在花药先端延伸成一明显小尖头。果黑色。花期 9 ~ 10 月，果期翌年 4 ~ 6 月。

分布与生境：分布于八大公山各地，生于海拔 900 ~ 1700 m 的山坡或山脊林中。

用途：庭院观赏；根入药。

红柄木犀 Osmanthus armatus

2. 宁波木犀 **Osmanthus cooperi** Hemsley

常绿乔木。小枝灰白色，幼枝黄白色，具较多皮孔。叶片软革质，椭圆形或倒卵形，（6 ~ 8）cm ×（3 ~ 4）cm，全缘，腺点在两面呈针尖状突起，侧脉 7 ~ 8 对，在两面均极不明显。花序簇生于叶腋，每腋内有花 4 ~ 12 朵；苞片宽卵形，花萼裂片圆形，花冠白色，花药长 1.0 ~ 1.5 mm，药隔延伸成明显的小尖头。果长 1.5 ~ 2.0 cm，熟时黑色。花期 9 ~ 10 月，果期翌年 5 ~ 6 月。

分布与生境：分布于八大公山天平山，生于海拔 400 ~ 500 m 的山坡林中。

用途：庭院观赏。

宁波木犀 Osmanthus cooperi

3. 木犀 Osmanthus fragrans Loureiro

常绿乔木或灌木。叶片革质，椭圆形或椭圆状披针形，全缘或通常上半部具细锯齿，腺点在两面连成小水泡状突起。聚伞花序簇生于叶腋，或近于帚状，每腋内有花多朵；花极芳香；花萼裂片稍不整齐；花冠黄白色、黄色或橘红色；花丝极短；果歪斜，椭圆形，呈紫黑色。花期 9 ~ 10 月，果期翌年 3 月。

分布与生境：分布于八大公山各地，生于海拔 500 ~ 1000 m 的山坡林中，也有栽培。

用途：园林观赏树木；花、根、果实入药；花可供食用或提取香精。

木犀 Osmanthus fragrans

一百四十四、苦苣苔科 Gesneriaceae

多年生草本，稀为灌木或藤本。单叶，对生或轮生。花序通常为聚伞花序，稀为总状花序，苞片2，花两性，通常唇形，少辐射对称，花冠紫色、白色或黄色，辐状或钟状，檐部（4）5裂，上唇2裂，下唇3裂，雄蕊4～5，通常有1或3枚退化，较少全部能育，雌蕊由2枚心皮构成，子房上位，半下位或完全下位，1室。蒴果，直或螺旋状卷曲。

133属3000种，我国有58属446种，湖南有17属78种，八大公山产13属24种。

分属检索表

1. 种子两端有钻状或毛状附属物……………………………………………… **7. 吊石苣苔属 Lysionotus**
1. 种子无附属物。
  2. 蒴果螺旋状卷曲。
    3. 叶下面密被彼此交织的毡毛……………………………………………… **9. 蛛毛苣苔属 Paraboea**
    3. 叶被不交织的柔毛。
      4. 花萼5裂至基部……………………………………………………………**2. 套唇苣苔属 Damrongia**
      4. 花萼5裂至中部……………………………………………………………**3. 旋蒴苣苔属 Dorcoceras**
  2. 蒴果直。
    5. 具明显的茎，叶茎生。
      6. 对生两片叶大小近相等…………………………………………………… **5. 半蒴苣苔属 Hemiboea**
      6. 对生两片叶大小差异极大……………………………………………… **13. 异叶苣苔属 Whytockia**
    5. 植株为根状茎，叶基生。
      7. 能育雄蕊4。
        8. 雄蕊分生……………………………………………………………………**8. 马铃苣苔属 Oreocharis**
        8. 雄蕊花药成对或全部连着。
          9. 花冠筒较粗，直径1～2.2cm …………………………………………… **4. 光叶苣苔属 Glabrella**
          9. 花冠筒较细，直径小于1cm……………………………………………**1. 珊瑚苣苔属 Corallodiscus**
      7. 能育雄蕊2。
        10. 花药2室平等，顶端不汇合 ………………………………………………**11. 石蝴蝶属 Petrocosmea**
        10. 花药2室叉开，顶端汇合。
          11. 花序仅具1（3）朵花 ……………………………………………… **6. 汉克苣苔属 Henckelia**
          11. 花序具3至多朵花。
            12. 柱头片状 ……………………………………………………………… **4. 报春苣苔属 Primulina**
            12. 柱头扁球形、截形或盘形 ………………………………………… **10. 石山苣苔属 Petrocodon**

（一）珊瑚苣苔属 Corallodiscus Batalin

多年生草本。叶无柄，旋叠状，背面被白毛。花单生于花茎上，无苞片，萼深裂达基部，花冠圆柱状钟形，裂片内面密被白色茸毛，雄蕊 4，2 长 2 短，着生于花冠管的近中部，花丝在花药开裂后螺旋状弯曲。蒴果长，裂为 2 果瓣。

3 ~ 5 种，我国产 3 种，湖南产 1 种，八大公山也有分布。

1. 珊瑚苣苔 Corallodiscus lanuginosus (Wallich ex R. Brown) B. L. Burtt

多年生草本。叶全部基生，莲座状，外层叶具柄；叶片革质，卵形，长圆形，顶端圆形，基部楔形，边缘具细圆齿，上面平展，有时具不明显的皱褶，疏被谈褐色长柔毛至近无毛，下面多为紫红色，近无毛，侧脉每边约 4 条。聚伞花序；苞片不存在；花萼 5 裂至近基部，裂片长圆形至长固状披针形，外面疏被柔毛至无毛，内面无毛。花冠筒状，淡紫色、紫蓝色。蒴果线形。花期 6 月，果期 8 月。

分布与生境：分布于八大公山各地，生于海拔 400 ~ 1400 m 的山坡岩石上。

用途：全草药用。

珊瑚苣苔 Corallodiscus lanuginosus

（二）套唇苣苔属 Damrongia Kerr ex Craib

多年生草本。叶对生，有时螺旋状，被单细胞长柔毛。聚伞花序伞状，腋生，花萼钟状，5 裂至中部；花冠白色、蓝色、紫色，狭钟形，5 裂近相等或明显二唇形，上唇 2 裂，下唇 3 裂，雄蕊 2，花药椭圆形，顶端连着，药室 2，汇合，极叉开，花柱细，柱头头状。蒴果螺旋状卷曲。

11 种，我国产 2 种，湖南产 1 种，八大公山也有。

1. 大花套唇苣苔 Damrongia clarkeana (Hemsl.) C. Puglisi

多年生无茎草木。叶全部基生，具柄；叶片宽卵形，顶端圆形，基部宽楔形或偏斜，边缘具细圆齿，两面被灰白色短柔毛。聚伞花序伞状。花萼钟状，5 裂至中部，裂片相等；花较大，直径 1.2 ~

1.8 cm，淡紫色。蒴果长圆形，外面被短柔毛，螺旋状卷曲，干时变黑色。花期 8 月，果期 9 ~ 10 月。

分布与生境：分布于八大公山各地，生于海拔 400 ~ 1000 m 的山坡岩石缝中。

用途：全草药用；庭院观赏。

大花套唇苣苔 Damrongia clarkeana

（三）旋蒴苣苔属 Dorcoceras Bunge

多年生草本。叶对生，有时螺旋状，被单细胞长柔毛。聚伞花序伞状，腋生，花萼钟状，5 裂至基部；花冠白色、蓝色、紫色，狭钟形，5 裂近相等或明显二唇形，上唇 2 裂，下唇 3 裂，雄蕊 2，花药椭圆形，顶端连着，药室 2，汇合，极叉开，花柱细，柱头头状。蒴果螺旋状卷曲。

11 种，我国产 3 种，湖南产 1 种，八大公山也有。

1. 旋蒴苣苔 Dorcoceras hygrometricum Bunge

多年生草本。叶全部基生，莲座状，无柄，近圆形、圆卵形或卵形，上面被白色贴伏长柔毛，下面被白色或淡褐色贴伏长茸毛，顶端圆形。聚伞花序伞状，每花序具 2 ~ 5 花，苞片 2，极小或不明显，花萼钟状，5 裂至近基部，花冠淡蓝紫色。蒴果长圆形，螺旋状卷曲。花期 7 ~ 8 月，果期 9 月。

分布与生境：分布于八大公山各地，生于海拔 200 ~ 800 m 的山坡岩石缝中。

用途：全草药用；庭院观赏。

旋蒴苣苔 Dorcoceras hygrometricum

（四）光叶苣苔属 Glabrella Mich. Moeller & W. H. Chen

多年生草本。根状茎短而粗。叶全部基生，似莲座状。聚伞花序，苞片 2，花萼钟状，5 裂至近基部，花冠粗筒状，下方肿胀，蓝紫色或淡紫色，檐部二唇形，上唇 2 裂，下唇 3 裂，裂片近相等，能育雄蕊 4，2 强，内藏，着生于花冠筒基部，花药顶端成对连着，药室 2，基部略叉开。蒴果披针状长圆形或倒披针形，褐黄色。种子两端无附属物。

3 种，我国特有属，湖南产 1 种，八大公山也有。

1. 光叶苣苔 Glabrella mihieri (Franch.) Mich. Möller & W. H. Chen

多年生草本。叶片革质，狭倒卵形，倒卵形成椭圆形，顶端圆钝，基部楔形，边缘具波状牙齿或小牙齿，两面无毛，叶脉不明显；叶柄盾状着生，无毛，干时暗红色。聚伞花序，花萼 5 裂至近基部；花冠粗筒状，下方肿胀，蓝紫色或淡紫色。蒴果倒披针形，近无毛。花期 10 月，果期 11 月。

分布与生境：分布于八大公山五道水，生于山谷阴湿岩壁上。

用途：全草入药；庭院观赏。

光叶苣苔 Glabrella mihieri

（五）半蒴苣苔属 Hemiboea C. B. Clarke

多年生草本。具匍匐枝，上部直立。叶对生。花序假顶生或腋生，总苞球形，顶端具小尖头，开放后呈船形、碗形或坛状，花萼 5 裂，花冠漏斗状筒形，白色、淡黄色或粉红色，内面常具紫斑，檐部二唇形，上唇 2 裂，下唇 3 裂，能育雄蕊 2，药室平行，顶端不汇合，一对花药以顶端或腹面连着。蒴果长椭圆状披针形至线形。

23 种，我国均产，湖南产 4 种，八大公山有 3 种。

分种检索表

1. 对生的叶柄基部不合生。
    2. 植株无毛……………………………………………………………… **1. 纤细半蒴苣苔 H. gracilis**
    2. 萼片具柔毛…………………………………………………………… **2. 柔毛半蒴苣苔 H. mollifolia**
1. 对生的叶柄基部合生成船形……………………………………………… **3. 半蒴苣苔 H. subcapitata**

1. 纤细半蒴苣苔 **Hemiboea gracilis** Franchet

多年生草本。茎细弱，散生紫揭色斑点。叶倒卵状披针形或椭圆状披针形，全缘或具疏的波状浅钝齿，基部常不对称，上面疏生短柔毛，背面无毛，蠕虫状石细胞少量嵌生于维管束附近。聚伞花序假顶生或腋生，总苞球形，无毛，开放后呈船形，萼片 5，线状披针形，无毛。花冠粉红色，具紫色斑点。蒴果线状披针形。花期 8 ~ 10 月，果期 10 ~ 11 月。

分布与生境：分布于八大公山核心区，生于海拔 400 ~ 1200 m 的山坡林下。

纤细半蒴苣苔 Hemiboea gracilis

2. 柔毛半蒴苣苔 **Hemiboea mollifolia** W. T. Wang

多年生草本。全株被柔毛。同一对叶不等大，叶片椭圆状卵形或长圆形，两侧常不相等，石细胞嵌生于维管束附近。聚伞花序，总苞近球形，外面被柔毛，内面无毛，开放时呈碗状，萼片 5，线状倒披针形，外面疏被短柔毛，边缘具腺状短柔毛。花冠粉红色。蒴果线状披针形，无毛。花期 8 ~ 10 月，果期 9 ~ 11 月。

分布与生境：分布于八大公山杉木界、五道水，生于海拔 200 ~ 800 m 的山坡林下。

用途：庭院观赏。

柔毛半蒴苣苔 Hemiboea mollifolia

3. 降龙草 Hemiboea subcapitata C. B. Clarke

多年生草本。茎肉质，无毛或疏生白色短柔毛，散生紫褐色斑点。叶对生，叶片稍肉质，椭圆形至倒卵状被针形，顶端急尖或渐尖，基部楔形或下延。聚伞花序，无毛；总苞球形，开裂后呈船形；花梗无毛。萼片 5，反椭圆形，长 6 ~ 9 mm。花冠紫色，具紫斑。蒴果线状披针形，多少弯曲，无毛。花期 9 ~ 10 月，果期 10 ~ 12 月。

分布与生境：分布于八大公山各地，生于海拔 400 ~ 1200 m 的山坡林下。

用途：庭院观赏；嫩茎叶可作野菜；全草入药。

降龙草 Hemiboea subcapitata

（六）汉克苣苔属 Henckelia Spreng

多年生草本。多年生草本，无地上茎。叶簇生于根状茎顶端。花形成具梗的聚伞花序。柱头 2 裂。

66 种，我国产 38 种，湖南产 1 种，八大公山也有分布。

1. 单花汉克苣苔 Henckelia monantha (W. T. Wang) D. J. Middleton & Mich. Möller

多年生草本。叶约 4 枚，均基生，叶片草质，两侧不相等，椭圆形或椭圆状卵形，(4.5 ~ 7.0) cm × (2.3 ~ 4.5)cm，顶端钝，基部斜，圆形或浅心形，边缘自基部之上有牙齿，两面疏被短柔毛。花萼钟状，5 深裂，外面疏被短柔毛，内面无毛，裂片三角状披针形；花冠淡紫色，无毛；筒细漏斗状，上唇 2 裂，下唇 3 裂；雄蕊稍膝状弯曲，顶部有短腺毛；退化雄蕊 2，子房及花柱疏被短腺毛，柱头轮廓扇形，2 裂。

分布与生境：分布于八大公山各地，生于海拔 400 ~ 1200 m 的山坡林下。

用途 : 庭院观赏。

单花汉克苣苔 Henckelia monantha

（七）吊石苣苔属 Lysionotus D. Don

小灌木或亚灌木，通常附生。叶对生或轮生。聚伞花序常具细花序梗，苞片对生，线形或卵形、常较小。花萼 5 裂达或接近基部，稀 5 浅裂。花冠白色、紫色或黄色，筒细漏斗状，檐部二唇形，比筒短，上唇 2 裂，下唇 3 裂。雄蕊下（前）方 2 枚能育，内藏，花药连着，二室近平行，子房线形，花柱常较短，柱头盘状或扁球形。蒴果线形。

约 25 种，我国产 23 种，湖南产 2 种，八大公山产 4 种。

分种检索表

1. 花萼 5 浅裂或 5 裂至中部，有明显萼筒…………………………… **4. 桑植吊石苣苔 L. sangzhiensis**

1. 花萼 5 深裂至基部。

2. 花药无附属物。

3. 叶小，长 3.5 ～ 11 mm ……………………………………………… **2. 小叶吊石苣苔 L. microphyllus**

3. 叶较大，长 15 mm 以上 ………………………………………… **1. 圆苞吊石苣苔 L. involucratus**

2. 花药药隔背面有 1 突起的附属物……………………………………………**3. 吊石苣苔 L. pauciflorus**

1. 圆苞吊石苣苔 Lysionotus involucratus Franchet

小灌木。叶数个在枝条顶部节上近轮生；叶片楔状倒披针形或狭长圆形，（1.2 ~ 1.8）cm ×（5 ~ 7）mm，顶端微钝或有时近截形，基部楔形，边缘有 3 ~ 4 个牙齿，两面无毛。花序生枝顶端叶腋，有 1 花：花序梗丝形，苞片 2，圆卵形。花萼钟状，5 裂达基部，无毛，花冠筒细漏斗状，上唇 2 浅裂，下唇 3 裂至中部。雌蕊子房具柄，疏被短粗毛。蒴果线形。

分布与生境：分布于八大公山天平山，生于海拔 1300 ~ 1400 m 的林下石上。

圆苞吊石苣苔 Lysionotus involucratus

2. 小叶吊石苣苔 Lysionotus microphyllus W. T. Wang

常绿亚灌木。叶小，3 枚轮生、对生或互生；叶片倒卵形、狭倒卵形或近椭圆形，（3.5 ~ 8.5）mm ×（3 ~ 5）mm，边缘中部之上有 1（2）小齿，无毛，脉不明显。花序生茎顶端叶腋，有 1 花，花萼 5 裂至基部，无毛，裂片三角形，花冠外面无毛，内面下部被短柔毛。雌蕊无毛，子房线形，花柱长 2 mm，柱头截形。蒴果近线形，无毛。种子纺锤形。花期 7 月。

小叶吊石苣苔 Lysionotus microphyllus

分布与生境：分布于八大公山各地，生于海拔 800 ~ 1400 m 的山坡林下岩壁上。

用途：庭院观赏；全草入药。

3. 吊石苣苔 Lysionotus pauciflorus Maximowicz

常绿小灌木。茎无毛或上部疏被短毛。叶 3 枚轮生，具短柄或近无柄；叶片革质，形状变化大，线形、线状倒披针形至倒卵状长圆形顶端急尖或钝，基部钝至近圆形，边缘有少数牙齿或小齿，有时近全缘，两面无毛。花序有 1 ~ 2（5）花。花冠白色带淡紫色条纹或淡紫色，无毛；花药药隔背面有一突起的附属物。蒴果线形，无毛。花期 7 ~ 10 月。

分布与生境：分布于八大公山各地，生于海拔 800 ~ 1400 m 的林下石崖或树上。

用途：地上部分入药；庭院观赏。

吊石苣苔 Lysionotus pauciflorus

4. 桑植吊石苣苔 Lysionotus pauciflorus Maximowicz

小灌木。茎平卧石上。叶 3 枚轮生或对生，具短柄；叶片倒披针形、倒披针状楔形或狭长圆形，（0.9 ~ 3.1）cm ×（3 ~ 7）mm，顶端微尖或截形，基部渐狭，边缘上部有小牙齿，无毛。花单生枝顶叶腋，花萼钟状，无毛，5 浅裂，裂片三角形。花冠粉红色，无毛；上唇 2 裂近基部，下唇 3 浅裂。花期 8 月。

分布与生境：分布于八大公山天平山、斗篷山，生于海拔 800 ~ 1400 m 的林下石崖或树上。

（八）马铃苣苔属 Oreocharis Bentham

无茎草本，被锈色绵毛。叶具柄，卵形或椭圆形，背面有明显的网脉。花茎延长。花多数，排成伞房花序或伞形花序，萼小，分裂达基部，花冠管状，檐近 2 唇形，裂片 5，雄蕊 4，花丝着生于冠管的近基部，2 长 2 短，子房上位，线形。蒴果线形。

139 种，我国产 128 种，湖南产 3 种，八大公山均有 1 种。

桑植吊石苣苔 Lysionotus pauciflorus

1. 长瓣马铃苣苔 **Oreocharis auricula** (S. Moore) C. B. Clarke

多年生草本。叶基生或对生，单叶，常不等大。花为聚伞花序，萼管状，5 裂，花冠合瓣，多少 2 唇形，上部偏斜，通常 5 裂；雄蕊着生于花冠上，通常 4 枚，2 长 2 短，或其中 2 枚为退化雄蕊，子房上位或下位，1 室或不完全的 2 ~ 4 室；胚珠多数，生于侧膜胎座上。果为蒴果，果瓣常旋卷。

长瓣马铃苣苔 Oreocharis auricula

分布与生境：分布于八大公山各地，生于海拔 300 ~ 500 m 山坡林缘岩石缝中。

用途：全草入药；庭院观赏。

（九）蛛毛苣苔属 **Paraboea** (Clarke) Ridley

多年生草本，根状茎木质化，稀为亚灌木，幼时被蛛丝状绵毛。叶对生。聚伞花序腋生或组成顶生圆锥状聚伞花序，苞片 1 ~ 2 枚。花萼钟状，5 裂达基部，花冠斜钟状，稍二唇形，上唇 2 裂，下唇 3 裂。雄蕊 2，药室汇合，极叉开；退化雄蕊 1 ~ 3，稀不存在。子房卵圆形或长圆形，向上渐细成花柱，柱头小，头状。蒴果通常筒形，不卷曲或稍螺旋状卷曲。种子小，多数，无附属物。

87 种，我国产 18 种，湖南产 2 种，八大公山亦产。

分种检索表

1. 植株无明显的地上茎，侧脉在叶面平 ………………………………… **1. 厚叶蛛毛苣苔 P. crassifolia**
1. 植株具明显的地上茎，侧脉在叶面凹下 ……………………………………… **2. 蛛毛苣苔 P. sinensis**

1. 厚叶蛛毛苣苔 **Paraboea crassifolia** (Hemsley) B. L. Burtt

多年生草本。根状茎圆柱形，无地上茎或极短。叶全部基生，近无柄，叶片倒卵状匙形，顶端圆形或钝，基部渐狭，边缘向上反卷，具不整齐锯齿，上面被灰白色绵毛，下面被淡褐色蛛丝状绵毛。聚伞花序伞状，苞片 2，钻形，花冠紫色，檐部 2 唇形。花期 6 ~ 7 月。

分布与生境：分布于八大公山五道水，生于海拔 200 ~ 500 m 的山坡林下陡崖上。

用途：全草入药；庭院观赏。

厚叶蛛毛苣苔 Paraboea crassifolia

2. 蛛毛苣苔 Paraboea sinensis (Oliver) B. L. Burtt

小灌木。幼枝具褐色毡毛，节间短。叶对生，叶片长圆形至披针形，顶端短尖，基部楔形或宽楔形，边缘生小钝齿或近全缘。聚伞花序顶生或近顶腋生，呈伞状；苞片顶端钝，基部合生，全缘；花萼绿白色，常带紫色，倒披针状匙形；花冠紫蓝色。蒴果线形，无毛，螺旋状卷曲。花期 6 ~ 7，果期 8 月。

分布与生境：分布于八大公山各地，生于海拔 200 ~ 1000 m 的山坡林下石缝中。

用途：全草药用；庭院观赏。

蛛毛苣苔 Paraboea sinensis

（十）石山苣苔属 Petrocodon Hance

多年生草本，具根状茎。叶均基生，具柄，长圆形，具羽状脉。聚伞花序有 2 苞片，花萼钟状，5 裂达基部，裂片线形。花冠白色，坛状粗筒形，檐部不明显二唇形，上唇比下唇稍短，2 深裂，下唇 3 深裂。下（前）方 2 雄蕊能育，内藏，着生于花冠筒中部之下，花丝狭线形或线形，直，花药连着，2 室近极叉开，顶端汇合；退化雄蕊 2 ~ 3，着生于花冠上（后）方。蒴果线形，室背开裂成 2 瓣。

32 种，我国有 29 种，湖南有 5 种，八大公山产 2 种。

分种检索表

1. 花冠漏斗状…………………………………………………………………… **1. 石山苣苔 P. dealbatus**
1. 花冠壶状………………………………………………………………… **2. 壶状石山苣苔 P. urceolatus**

1. 石山苣苔 Petrocodon dealbatus Hance

多年生草本。根状茎直。叶具柄；叶片纸质或薄革质，椭圆状倒卵形至长圆形，顶端微尖或渐尖，基部宽楔形或楔形，边缘在中部之上有小浅齿，或呈波状近全缘，或有时有小牙齿，上面疏被短伏毛，下面沿脉密被短伏毛。聚伞花序；花冠白色，坛状粗筒形，外面上部被短柔毛，内面无毛；子房有短柄，柱状小。蒴果无毛。

分布与生境：分布于八大公山各地，产于海拔 200 ~ 500 m 的溪边岩壁上。

用途：全草药用。

石山苣苔 Petrocodon dealbatus

2. 壶状石山苣苔 Petrocodon urceolatus F.Wen, H.F.Cen & L.F.Fu

壶状石山苣苔 Petrocodon urceolatus

多年生小草本。叶具长柄；叶片纸质，两侧不相等，椭圆形或狭倒卵形，（3～6）cm×（1.5～2.5）cm，顶端急尖，基部楔形或宽楔形，边缘在基部之上有不规则浅齿，上面疏被短伏毛，下面沿中脉及侧脉疏被短曲毛。聚伞花序有8～10花，花萼5全裂，裂片披针状线形，顶端微钝。花冠白色，外面被疏柔毛，内面无毛，在中部之上稍变细，5裂，裂片狭三角形，雄蕊5，着生于花冠近基部处。蒴果线状披针形。

分布与生境：分布于八大公山五道水，产于海拔200～500 m的溪边岩壁上。

用途：全草药用。

（十一）石蝴蝶属 Petrocosmea Oliver

多年生草本。具短而粗的根状茎。叶均基生。聚伞花序腋生，有2苞片，花萼通常辐射对称，5裂达基部，裂片线状披针形，稀卵形。花冠蓝紫色或白色，檐部比筒长，二唇形，上唇2裂，与下唇近等长或比下唇短约2倍，下唇3裂。下（前）方2雄蕊能育，2药室平行，顶端不汇合或汇合；退化雄蕊3或2，位于上（后）方，小，稀不存在。蒴果长椭圆球形，室背开裂为2瓣。种子小，椭圆形，光滑。

27种，我国产24种，湖南产1种，八大公山亦产。

1. 中华石蝴蝶 Petrocosmea sinensis Oliver

多年生草本。叶具长柄；叶片宽菱形、宽菱状倒卵形或近圆形，（0.9～2.5）cm×（0.7～1.8）cm，顶端圆形或钝，基部宽楔形或圆形，边缘全缘或在中部之上有不明显波状浅齿。苞片生花葶中部稍上处，狭线形，花萼5裂达基部，花冠蓝色或紫色。蒴果椭圆球形，被短柔毛。

中华石蝴蝶 Petrocosmea sinensis

分布与生境：分布于八大公山五道水，生于海拔 250 m 的溪边石壁上。

用途：庭院观赏。

（十二）报春苣苔属 Primulina Hance

多年生或一年生草本。叶为单叶，簇生，具羽状脉。聚伞花序腋生，有时多少与叶柄愈合，苞片 2，对生，分生，稀合生，花萼 5 裂达基部，花冠紫色、蓝色或白色，筒状漏斗形、筒状或细筒状，檐部二唇形，上唇 2 裂，下唇 3 裂，能育雄蕊 2，花丝着生于花冠筒中部或上部，花药以整个腹面连着或只在顶端连着，2 药室极叉开，在顶端汇合。

240 种，我国产 229 种，湖南产 12 种，八大公山产 5 种。

分种检索表

1. 花萼裂片有齿。
  2. 花萼长 4 ～ 5 mm ……………………………………………………**3. 钝齿报春苣苔 P. obtusidentata**
  2. 花萼长 7 ～ 17 mm ……………………………………………………**2. 蚂蝗七 P. fimbrisepala**
1. 花萼裂片全缘。
  3. 叶卵形或窄卵形，较大，侧脉约 4 对，明显。
    4. 苞片卵形至圆卵形……………………………………………………**1. 牛耳朵 P. eburnean**
    4. 苞片线状披针形……………………………………………………**4. 粉花唇柱苣苔 P. roseoalba**
  3. 叶圆卵形或近圆形，较小，侧脉 1 对，不明显…………………**5. 神农架唇柱苣苔 P. tenuituba**

1. 牛耳朵 Primulina eburnea (Hance) Yin Z. Wang

多年生草本。具粗根状茎。叶均基生，肉质；叶片卵形或狭卵形，顶端微尖或钝，基部渐狭或宽楔形，边组全缘，两面均被贴伏的短柔毛，侧脉约 4 对。聚伞花序；苞片 2，对生，卵形至圆卵形；花冠紫色或淡紫色。蒴果长 4 ~ 6 cm 被短柔毛。花期 4 ~ 7 月。

分布与生境：分布八大公山斗篷山，生于海拔 1200 m 悬崖石壁上。

用途：全草药用；庭院观赏。

2. 蚂蝗七 Primulina fimbrisepala (Hand.-Mazz.) Yin Z. Wang

多年生草本，具粗根状茎。叶均基生；叶片两侧不对称，卵形、宽卵形或近圆形，（4 ~ 10）cm ×（3.5 ~ 11.0）cm，顶端急尖或微钝，基部斜宽楔形或截形，或一侧钝或宽楔形，另一侧心形，边缘有小或粗牙齿，上面密被短柔毛并散生长糙毛，下面疏被短柔毛，侧脉在狭侧 3 ~ 4 条。聚伞花序 2 ~ 5 花；苞片狭卵形至狭三角形，花萼 5 裂至基部，花冠淡紫色或紫色，子房及花柱密被短柔毛，柱头 2 裂。蒴果被短柔毛。花期 3 ~ 4 月。

分布与生境：分布八大公山各地，生于海拔 200 ~ 400 m 的潮湿的石壁上。

用途：全草药用；庭院观赏。

牛耳朵 Primulina eburnea

蚂蝗七 Primulina fimbrisepala

3. 钝齿报春苣苔 Primulina obtusidentata (W. T. Wang) Mich. Möller & A. Weber

多年生草本。根状茎短，叶均基生：叶片卵形或椭圆状卵形，（6.5 ~ 13.0）cm ×（3.8 ~ 7.0）cm，顶端钝，基部宽楔形，边缘有钝牙齿或浅牙齿，两面被疏柔毛，侧脉每侧 4 ~ 5 条。花序 3 ~ 4 条，2 回分枝，苞片对生，宽卵形或近圆形，边缘有浅齿，花萼 5 裂达基部，裂片线形，花冠蓝色，子房和花柱均密被短柔毛及短腺毛，柱头线形。花期 6 月。

分布与生境：分布八大公山各地，生于海拔 200 ~ 400 m 的林缘石上。

用途：全草药用；庭院观赏。

4. 粉花报春苣苔 Primulina roseoalba (W. T. Wang) Mich. Möller & A. Weber

多年生草本。叶均基生；叶片卵形，两侧稍不对称，（6.8 ~ 12.5）cm ×（4 ~ 8）cm，顶端钝，基部斜宽楔形，边缘有小浅钝齿或疏牙齿，两面疏被短糙伏毛，侧脉每侧 3 ~ 4 条。花序有 3 ~ 6 花；苞片线状披针形，花萼 5 裂至基部；裂片线状披针形。花冠白色带粉红色，雌蕊子房密被短柔毛，花柱被短腺毛，柱头 2 裂。花期 7 月。

分布与生境：分布于八大公山各地，生于海拔 200 ~ 700 m 悬崖岩石缝中。

用途：全草入药；庭院观赏。

钝齿报春苣苔 Primulina obtusidentata

粉花报春苣苔 Primulina roseoalba

5. 神农架报春苣苔 **Primulina tenuituba** (W. T. Wang) Yin Z. Wang

多年生小草本。叶约 5，均基生，具短柄；叶片纸质，卵形、圆卵形或近圆形，顶端钝，基部宽楔形，边缘全缘或有少数浅波状钝齿，两面被贴伏柔毛，侧脉约3条。花冠紫色，外面疏被短柔毛，内面在下唇之下被短柔毛，内面无毛，子房柱头均密被短柔毛。蒴果线形，长2.0~2.8 cm。花期3~5月。

分布与生境：分布于八大公山各地，生于海拔200~700 m悬崖岩石缝中。

用途：全草入药；庭院观赏。

神农架报春苣苔 Primulina tenuituba

（十三）异叶苣苔属 Whytockia W.W.Sm.

多年生草本。茎直立或渐升，下部在节上生根。叶对生，同一对叶极不相等。聚伞花序具梗，生正常叶腋部，有少数花，无苞片。花萼5裂近基部，裂片卵形，有多条纵分泌沟。花冠白色、淡红色或淡紫色，筒状漏斗形，檐部二唇形，比筒短，上唇2裂，下唇比上唇长，3裂。能育雄蕊4，二强，内藏，着生于花冠基部之上，后方2枚较短，前方2枚较长；子房近球形或卵球形，2室，有中轴胎座，花柱细，柱头2，分生或合生呈盘状椭圆形或近圆形。蒴果近球形。种子多数，小，近椭圆球形。

3种，我国特有，湖南产1种，八大公山亦产。

1. 白花异叶苣苔 Whytockia tsiangiana (Handel-Mazzetti) A. Weber

多年生草本。正常叶具短柄或近无柄；叶片薄草质或膜质，斜长圆形或卵状长圆形，（3.2~8.8）cm×（1~3）cm，顶端急尖或渐尖，基部在狭侧楔形，在宽侧近心形、圆形或宽楔形，边缘有不明显小齿，退化叶无柄，宽卵形或圆卵形，长0.4~1.4 cm。花冠白色，外面无毛，内面下部及下唇之下有疏柔毛；上唇2裂近基部，下唇3深裂有。雌蕊无毛，子房卵圆球形，柱头椭圆形。花期8~10月。

分布与生境：分布于八大公山五道水、楠木坪，生于海拔250 m的溪边草丛中。

用途：庭院观赏。

白花异叶苣苔 Whytockia tsiangiana

一百四十五、车前科 Plantaginaceae

草本，稀为小灌木。茎通常变态成紧缩的根茎，或具直立及匍匐的地上茎。叶螺旋状互生，或于地上茎上互生、对生或轮生，无托叶。穗状或为总状花序，花小，两性，稀杂性或单性，花萼4裂，花冠白色、紫色或蓝色，高脚碟状或筒状，筒部合生，檐部3～4裂，辐射对称，雄蕊4，子房上位，2室。果通常为蒴果。

90属约1900种。我国产21属165种，湖南产11属32种，八大公山产5属18种。

分属检索表

1. 植株有地上茎，具茎生叶。
  2. 水生或沼生植物，叶对生或轮生……………………………………………… **1. 水马齿属 Callitriche**
  2. 叶互生或至少在茎上有互生叶。
    3. 顶端开裂的肉质果；叶二型…………………………………………… **2. 鞭打绣球属 Hemiphragma**
    3. 果为干燥蒴果或核果；叶同型。
      4. 花萼裂片近等长…………………………………………………………… **5. 腹水草属 Veronicastrum**
      4. 花萼裂片4，如5则后方1裂片小得多 ……………………………………… **5. 婆婆纳属 Veronica**
1. 植株无地上茎，仅具莲座状基生叶而无茎生叶……………………………………… **4. 车前属 Plantago**

（一）水马齿属 Callitriche Linnaeus

水生或陆生草本。茎纤细柔弱。叶对生，水生种类水面上的叶呈莲座状，叶线形；花极小，单性同株，腋生。无花萼、花冠。雄花仅一枚雄蕊和两枚小苞片，花丝细长。雌花外有 2 枚小苞片，子房柄极短，4 室，顶 4 裂，每室 1 胚珠，花柱 2，伸长，表面具小乳头。果 4 裂，裂片具边或翅。

25 种，我国产 4 种，湖南仅产 1 种，八大公山亦产。

1. 水马齿 Callitriche palustris Linnaeus

水生草本。茎纤细，多分枝。叶对生，常在茎顶集成莲座状，浮于水面，叶倒卵形或倒卵状匙形，两面疏生褐色细小斑点，具 3 脉；茎生叶匙形或线形，无柄。花单性同株，单生叶腋，无花被，具 2 小苞片。雄花具 1 雄蕊，花丝细长，花药小，心形。雌花子房倒卵形，花柱 2，纤细。果倒卵状椭圆形，上部边缘有翅，基部具短柄。

分布与生境：分布于八大公山各地，生于海拔 400 ~ 1200 m 的沼泽、水田沟旁。

用途：全草入药。

水马齿 Callitriche palustris

（二）鞭打绣球属 Hemiphragma Wallich

多年生匍匐草本。全体被短柔毛。茎纤细，节上生根。叶二型；主茎是的叶对生，叶柄短，叶片圆形至肾形，顶端钝或渐尖，基部截形宽楔形，边缘共有锯齿；分枝上的叶腋生，针形。花单生；花冠裂片 5 近于相等；花冠白色至玫瑰色，辐射对称。果实卵球形，红色，近于肉质。种子卵形，浅棕黄色。花期 4 ~ 6 月，果期 6 ~ 8 月。

单种属，八大公山有分布。

1. 鞭打绣球 Hemiphragma heterophyllum Wallich

特征见鞭打绣球属的描述。

分布与生境：分布于湾潭独岭，生于海拔 1500 ~ 2100 m 的山坡草甸中。

用途：全草或根入药。

鞭打绣球 Hemiphragma heterophyllum

（三）车前属 Plantago Linnaeus

多年生草本。根为直根系或须根系，叶螺旋状互生，紧缩成莲座状，叶片宽卵形至倒披针形，叶柄基部常扩大成鞘状。穗状花序 1 至多数，出自莲座叶丛或茎生叶的腋部，花两性，花冠高脚碟状或筒状，至果期宿存而包裹蒴果，雄蕊 4，子房 2 ~ 4 室，具 2 ~ 40 多个胚珠。蒴果。

190 余种。我国产 20 种，湖南产 5 种，八大公山产 3 种。

分种检索表

1. 主根不明显，须根状。
  2. 花具短梗；鲜艳花药白色，蒴果于基部上方周裂……………………………… **1. 车前 P. asiatica**
  2. 花无梗；新鲜花药淡紫色，稀白色；蒴果于中部或稍低处周裂……………… **3. 大车前 P. major**
1. 主根明显，圆柱状………………………………………………………………………… **2. 平车前 P. depressa**

1. 车前 Plantago asiatica Linnaeus

分亚种检索表

1. 叶边缘波状，穗状花序下部常间断…………………… **1a. 车前（原亚种） P. asiatica** subsp. **asiatica**
1. 叶边缘具数对浅羽裂片，穗状花序稀疏、间断…… **1b. 疏花车前（亚种） P. asiatica** subsp. **erosa**

1a. 车前（原亚种） Plantago asiatica Linnaeus subsp. **asiatica**

二年生或多年生草本。须根多数。叶基生呈莲座状，叶宽卵形至宽椭圆形，先端钝圆至急尖，边缘波状、全缘或中部以下具锯齿、牙齿或裂齿，基部宽楔形或近圆形，多少下延，两面疏生短柔毛，脉 5 ~ 7 条，叶柄基部扩大成鞘。穗状花序细圆柱状，下部常间断，花具短梗，花冠白色，无毛。花期 4 ~ 8 月，果期 6 ~ 9 月。

分布与生境：分布于八大公山各地，生于海拔 200 ~ 1500 m 的草地、沟边、河岸湿地、田边、路旁或村边空旷处。

用途：全草和种子入药；嫩苗可食。

车前（原亚种）Plantago asiatica subsp. asiatica

1b. 疏花车前（亚种） Plantago asiatica subsp. **erosa** (Wallich) Z. Yu Li

多年生草本。本种叶两面被白色柔毛，叶基部有不规则的小裂片，叶脉 3 ~ 5 条。穗状花序通常稀疏、间断，花萼龙骨突通常延至萼片顶端，花冠裂片较小。蒴果圆锥状卵形，长 3 ~ 4 mm。花期 5 ~ 7 月，果期 8 ~ 9 月。

分布与生境：分布于八大公山各地，生于海拔 200 ~ 1800 m 的路旁或溪边潮湿地。

用途：全草可代车前入药。

分类学讨论：《中国植物志》将本种处理为车前的亚种，本种的近缘种为丰都车前而非车前，栽培实验证实二者还可以形成种间杂交种。

疏花车前（亚种）Plantago asiatica subsp. erosa

2. 平车前 Plantago depressa Willdenow

一年生或二年生草本。直根长，具多数侧根，多少肉质。根茎短。叶基生呈莲座状，平卧、斜展或直立；叶片纸质，椭圆形、椭圆状披针形或卵状披针形，叶柄基部扩大成鞘状。穗状花序细圆柱状，花萼无毛，花冠白色，无毛。蒴果卵状椭圆形至圆锥状卵形。种子 4 ~ 5，椭圆形，腹面平坦，黄褐色至黑色。花期 5 ~ 7 月，果期 7 ~ 9 月。

分布与生境：分布于八大公山各地，生于海拔 200 ~ 1800 m 的山坡或路旁草丛中。

用途：全草入药。

平车前 Plantago depressa

3. 大车前 **Plantago major** Linnaeus

多且生草本。本种外形与车前近似，但苞片宽卵状三角形，宽等于或略超过长，花无梗，花药新鲜时常淡紫色。蒴果于中部或稍低处开裂，上果盖长宽相等或长不及宽。种子数量多而且较小。

分布与生境：分布于湾潭香党坪，生于海拔 1000 ~ 1800 m 的地边、路旁空旷处。

用途：全草和种子入药；嫩苗可食。

大车前 Plantago major

（四）婆婆纳属 **Veronica** Linnaeus

一、二年生或多年生草本。叶多数为对生，少轮生和互生。总状花序顶生或侧生叶腋，花密集成穗状或头状，花萼深裂，裂片 4 或 5 枚，如 5 枚则后方(近轴面)那一枚小得多，花冠具很短的筒部，近于辐状，裂片 4 枚，常开展，不等宽，后方一枚最宽，前方一枚最窄，有时稍稍 2 唇形，雄蕊 2，药室叉开或并行，顶端汇合，花柱宿存，柱头头状。

250 种，我国产 53 种，湖南产 14 种，八大公山产 9 种。

分种检索表

1. 总状花序顶生。
  2. 多年生草本，具根茎…………………………………………………… **7. 小婆婆纳 V. serpyllifolia**
  2. 一年生草本，根细，不具根茎。
    3. 花梗比苞片短。
      4. 植株无毛……………………………………………………………… **4. 蚊母草 V. peregrine**
      4. 有两列多细胞白色长柔毛………………………………………… **4. 直立婆婆纳 V. arvensis**
    3. 花梗长，与苞片近等长或过之。
      5. 花梗比苞片稍短，蒴果无明显网纹，凹口的角度近直角………………… **6. 婆婆纳 V. polita**

5. 花梗比苞片长，蒴果具明显网纹，凹口大于 90° 角 ………… **5. 阿拉伯婆婆纳 V. persica**

1. 总状花序侧生于叶腋，往往成对。

6. 陆生草本，茎草质。

7. 总状花序少花而短…………………………………………………… **8. 四川婆婆纳 V. szechuanica**

7. 总状花序通常长而多花。

8. 蒴果倒心形，最宽在上部或中上部……………………………………**3. 疏花婆婆纳 V. laxa**

8. 蒴果折扇状菱形，最宽在基部或中下部………………………………**2. 华中婆婆纳 V. henryi**

6. 水生或沼生草本，茎多少肉质…………………………………………………**9. 水苦荬 V. undulata**

1. 直立婆婆纳 *Veronica arvensis* Linnaeus

一年生小草本。茎直立上升，有两列多细胞白色长柔毛。叶常 3 ~ 5 对，下部的有短柄，中上部的无柄，卵形至卵圆形，（5 ~ 15）mm ×（4 ~ 10）mm，具 3 ~ 5 脉，边缘具圆或钝齿，两面被硬毛。总状花序长而多花，各部分被多细胞白色腺毛；苞片下部的长卵形而疏具圆齿至上部的长椭圆形而全缘；花冠蓝紫色或蓝色，裂片圆形至长矩圆形；雄蕊短于花冠。蒴果倒心形，强烈侧扁，边缘有腺毛，凹口很深，几乎为果半长，裂片圆钝，宿存的花柱不伸出凹口。花期 4 ~ 5 月。

分布与生境：分布于八大公山各地，生于海拔 200 ~ 1800 m 的地边、路旁空旷处。

直立婆婆纳 *Veronica arvensis*

2. 华中婆婆纳 *Veronica henryi* T. Yamazakii

茎直立、上升或中下部匍匐，着地部分节外出生根，下部近无毛，上部被细柔毛，常红紫色。叶片薄纸质，卵形至长卵形，基部通常楔形，顶端常急尖。总状花序，侧生于茎上部叶腋，有疏生的花数朵；花冠白色或淡红色，具紫色条纹。蒴果折扇状菱形，有的几乎平截形，上缘疏生多细胞腺质硬睫毛。花期 4 ~ 5 月。

分布与生境：分布于八大公山各地，生于海拔 400 ~ 1800 m 的山坡林下草丛中。

用途：全草入药。

华中婆婆纳 Veronica henryi

3. 疏花婆婆纳 Veronica laxa Bentham

全体被白色多细胞柔毛。茎直立或上升，不分枝。叶无柄或具极短的叶柄，叶片卵形或卵状三角形，边缘具深刻的粗锯齿，多为重锯齿。总状花序单支或成对；花冠辐状，紫色或蓝色；雄蕊与花冠近等长。蒴果倒心形，基部楔状浑圆，有多细胞睫毛。种子南瓜子形。花期 6 月。

分布与生境：分布于八大公山各地，生于海拔 600 ~ 1800 m 的山坡林下、旷野草丛中。

用途：全草入药。

疏花婆婆纳 Veronica laxa

4. 蚊母草 Veronica peregrina Linnaeus

主茎直立，全体无毛或疏生柔毛。叶无柄，下部的倒披针形，上部的长矩圆形，全缘或中上端有三角状锯齿。总状花序，花萼裂片长矩圆形至宽条形；花冠白色或浅蓝色，裂片长短圆形至卵形；雄蕊短于花冠。蒴果倒心形，明显侧扁，边缘生短腺毛，宿存的花柱不超出凹口。种子矩圆形。花期 5 ~ 6 月。

分布与生境：分布于八大公山各地，生于海拔 200 ~ 1200 m 的潮湿的荒地、路边。

用途：带虫瘿果实的全草药用。

蚊母草 Veronica peregrina

5. 阿拉伯婆婆纳 Veronica persica Poiret

铺散多分枝草本。茎密生两列多细胞柔毛。叶具短柄，卵形或圆形，基部浅心形，平截或浑园，边缘具钝齿，两而疏生柔毛。总状花序；花冠蓝色、紫色或蓝紫色，裂片卵形至圆形；花梗比苞片长。

阿拉伯婆婆纳 Veronica persica

蒴果肾形，被腺毛，成熟后几乎无毛，网脉明显，裂片钝，宿存的花柱超出凹口，蒴果具明显网纹。种子背面具深的横纹。花期 3 ~ 5 月。

分布与生境：分布于八大公山各地，生于海拔 200 ~ 1200 m 的潮湿的荒地、路边。

用途：带虫瘿果实的全草药用。

6. 婆婆纳 Veronica polita Fries

铺散多分枝草本。多少被长柔毛。叶仅 2 ~ 4 对，具短柄，叶片心形至卵形，两面被白色长柔毛。总状花序；花梗比苞片略短；花冠淡紫色、蓝色、粉色或白色，裂片圆形至卵形；雄蕊比花冠短。蒴果近于肾形，密被腺毛，略短于花萼，裂片顶端圆，脉不明显，宿存的花柱与凹口齐或略过之。种子背面具横纹。花期 3 ~ 10 月。

分布与生境：分布于八大公山各地，生于海拔 200 ~ 1200 m 的潮湿的荒地、路边。

用途：全草药用。

婆婆纳 Veronica polita

7. 小婆婆纳 Veronica serpyllifolia Linnaeus

茎多支丛生，下部匍匐生根，中上部直立，高 10 ~ 30 cm，被多细胞柔毛，上部常被多细胞腺毛。叶无柄，卵圆形至卵状矩圆形，边缘具浅齿缺，极少全缘。总状花序；花冠蓝色、紫色或紫红色。蒴果肾形或肾状倒心形，基部圆或几乎平截，边缘有一圈多细胞腺毛。花期 4 ~ 6 月。

分布与生境：分布于八大公山各地，生于海拔 1000 ~ 1800 m 的山坡路边潮湿地。

用途：果实中具虫瘿的全草入药。

8. 四川婆婆纳 Veronica szechuanica Batalin

一年生草本。叶片卵形，边缘具尖锯齿或钝齿。总状花序有花数朵，极短，侧生于茎顶端叶腋，茎顶端节间缩短，故花序集成伞房状，苞片条形，与花梗近等长，边缘有睫毛，有时位于花梗中下部，花冠白色，少淡紫色。蒴果倒心状三角形，边缘生多细胞睫毛。花期 7 月。

分布与生境：分布于八大公山各地，生于海拔 1900 m 的山坡林缘或草丛中。

用途：全草入药。

小婆婆纳 Veronica serpyllifolia

四川婆婆纳 Veronica szechuanica

9. 水苦荬 Veronica undulata Wallich ex Jack

多所生草本。通常全体无毛，叶片有时为条状披针形，通常叶缘有尖锯齿。茎、花序轴、花梗、花萼和蒴果上多少有腺毛。花梗在果期挺直，横叉开，与花序轴几乎成直角，因而花序宽过 1 cm，可达 1.5 cm；花柱也较短，长 1.1 cm。

分布与生境：分布于八大公山各地，生于海拔海拔 400 ~ 1500 m 的水边及沼地。

用途：全草入药。

水苦荬 Veronica undulata

（五）腹水草属 **Veronicastrum** Heister ex Fabricius

多年生草本。根幼嫩时通常密被黄色茸毛。茎直立或象钓鱼杆一样弓曲而顶端着地生根。叶互生、对生或轮生。穗状花序顶生或腋生，花通常极为密集，花萼深裂，裂片5枚，花冠管伸直或稍稍弓曲，辐射对称或多少2唇形，裂片不等宽，雄蕊2枚。蒴果卵圆状至卵状。种子多数，椭圆状或矩圆状，具网纹。

20种，我国产13种，湖南产6种，八大公山产4种。

分种检索表

1. 茎弓曲，无翅，仅具棱。
  2. 茎有由叶柄下延形成的狭棱……………………………………………… **1. 爬岩红 V. axillare**
  2. 茎无棱。
    3. 叶卵圆形至圆形，顶端短渐尖……………………………………… **3. 宽叶腹水草 V. latifolium**
    3. 叶长卵形至披针形，顶端长渐尖……………………………… **4. 细穗腹水草 V. stenostachyum**
  2. 花冠裂片长，占花冠的1/3 ~ 1/4。
1. 茎直立，有翅………………………………………………………………………… **2. 四方麻 V. caulopterum**

1. 爬岩红 Veronicastrum axillare (Siebold&Zuccarini)T. Yamazaki

多年生草本。根状茎短而横走；茎弓曲，顶端着地生根。叶互生，叶片纸质，无毛，卵形至卵状披针形。花序腋生，极少顶生于侧枝上，苞片和花萼裂片条状披针形至钻形，花冠紫色或紫红色，雄蕊略伸出花冠。蒴果卵球状。花期 7 ~ 9 月。

分布与生境：分布于八大公山各地，生于海拔 200 ~ 800 m 的山坡林缘。

用途：全草入药。

爬岩红 Veronicastrum axillare

2. 四方麻 Veronicastrum caulopterum (Hance) T. Yamazaki

多年生草本；直立草本。全体无毛。茎有翅。叶互生，叶片矩圆形，卵形至披针形。花序顶生；

四方麻 Veronicastrum caulopterum

花冠血红色、紫红色或暗紫色，筒部约占一半长，后方裂片卵圆形至前方裂片披针形。蒴果卵状或卵圆状。花期 8～11 月。

分布与生境：分布于八大公山各地，生于海拔 200～1500 m 的山坡林下阴湿处。

用途：全草入药。

3. 宽叶腹水草 Veronicastrum latifolium (Hemsley) T. Yamazaki

本种与腹水草极近，体态和花冠几乎一致，但本种叶片短而宽，顶端短渐尖而非长渐尖，多少被毛，叶缘具三角状锯齿，茎大多数被短曲毛，与细穗腹水草异域分布而形态上可分，与细穗腹水草几乎同域，但形态上差别虽不大而却稳定且清楚可分，看来还是两个比较自然的种。

分布与生境：分布于八大公山各地，生于海拔 200～1000 m 的山坡林缘。

用途：全草入药。

宽叶腹水草 Veronicastrum latifolium

4. 细穗腹水草 Veronicastrum stenostachyum (Hemsley) T. Yamazaki

根茎短而横走。茎圆柱状，有条棱，多弓曲，顶端着地生根，少近直立而顶端生花序，无毛。叶互生，具短柄，叶片纸质至厚纸质，长卵形至披针形，（7～20）cm×（2～7）cm，顶端长渐尖，边缘为具突尖的细锯齿，下面无毛，上面仅主脉上有短毛。花序腋生，有时顶生于侧枝上，也有兼生于茎顶端的，苞片和花萼裂片通常短于花冠，花冠白色、紫色或紫红色，裂片近于正三角形。蒴果卵状。

分布与生境：分布于八大公山各地，生于海拔 200～1000 m 的山坡林缘。

用途：全草入药。

细穗腹水草 Veronicastrum stenostachyum

一百四十六、玄参科 Scrophulariaceae

草本、灌木或少有乔木。叶互生、下部对生而上部互生、或全对生、或轮生，无托叶。花序总状、穗状或聚伞状，常合成圆锥花序。花 5 少有 4 基数；花冠 4～5 裂，裂片多少不等或作二唇形；雄蕊常 4 枚，而有一枚退化；子房 2 室，极少仅有 1 室；花柱简单，柱头头状或 2 裂或 2 片状。果为蒴果，少有浆果状；种子细小，有时具翅或有网状种皮，脐点侧生或在腹面，胚乳肉质或缺少；胚伸直或弯曲。

9 属 510 种，我国产 8 属 68 种，湖南产 3 属 11 种，八大公山产 2 属 5 种。

分属检索表

1. 灌木或小乔木……………………………………………………………………**1. 醉鱼草属 Buddleja**

1. 草本…………………………………………………………………………**2. 玄参属 Scrophularia**

（一）醉鱼草属 **Buddleja** Linnaeus

多为灌木或小乔木，植株通常被毛。枝条通常对生。单叶对生；羽状脉。花多朵组成各式无限花序；花 4 数；花萼钟状；花冠高脚碟状或钟状，花冠管圆筒形，花冠裂片辐射对称，在花蕾时为覆瓦状排列；雄蕊着生于花冠管内壁上，花丝极短，通常内藏；子房 2 室。蒴果或浆果。种子多颗，细小。

约 100 种，我国产 20 种，湖南产 6 种，八大公山产 4 种。

分种检索表

1. 花冠管直立。
  2. 叶片边缘具明显锯齿。
    3. 雄蕊着生于花冠管喉部或近喉部……………………………………………………**1. 巴东醉鱼草 B. albiflora**
    3. 雄蕊着生于花冠管内壁中部至基部…………………………………………………**2. 大叶醉鱼草 B. davidii**
  2. 叶片全缘或边缘不明显波状，稀兼有小锯齿……………………………………………**4. 密蒙花 B. officinalis**
1. 花冠管弯曲……………………………………………………………………………………**3. 醉鱼草 B. lindleyana**

1. 巴东醉鱼草 Buddleja albiflora Hemsley

小乔木或灌木。叶纸质，披针形，边缘有重锯齿。聚伞状圆锥花序顶生，长可达 24 cm；花冠白色，喉部橙黄色，芳香；雄蕊着生于花冠管喉部，花丝极短，花药长圆形；子房卵形，柱头棍棒状。蒴果椭圆状，种子两端具长翅。花期 7～8 月，果期 9～10 月。

分布与生境：分布于八大公山斗篷山，生于海拔 1700～1800 m 的山地灌丛中或林缘。

用途：花蕾入药；花供观赏。

巴东醉鱼草 Buddleja albiflora

2. 大叶醉鱼草 Buddleja davidii Franchet

落叶灌木。叶对生，叶片狭卵形至披针形，边缘具细锯齿。总状或圆锥状聚伞花序顶生；花萼裂片披针形，膜质；花冠淡紫色，芳香；雄蕊着生于花冠管内壁中部，子房卵形，柱头棍棒状。蒴果狭椭圆形，2 瓣裂，基部有宿存花萼。种子两端具尖长翅。花期 5～10 月，果期 9～12 月。

分布与生境：分布于八大公山各地，生于海拔 200 ~ 1800 m 的山地灌丛中或林缘。

用途：花入药；花供观赏。

大叶醉鱼草 Buddleja davidii

3. 醉鱼草 Buddleja lindleyana Fortune

灌木。叶对生，叶片膜质，卵形至长圆状披针形，边缘全缘或具波状齿。穗状聚伞花序顶生；花萼钟状，花萼裂片宽三角形；花冠紫色，芳香，花冠管弯曲；雄蕊着生于花冠管下部，花丝极短，花药卵形；子房卵形，柱头卵圆形。果序穗状，蒴果长圆状，有鳞片，基部常有宿存花萼。种子具

醉鱼草 Buddleja lindleyana

狭翅。花期 4 ~ 10 月，果期 8 月至翌年 4 月。

分布与生境：分布于八大公山各地，生于海拔 400 ~ 1500 m 的山坡路旁、河边灌木丛中或林缘。

用途：花、叶和根入药；花供观赏。

4. 密蒙花 Buddleja officinalis Maximowicz

灌木。叶对生，狭椭圆形或披针形，通常全缘。花多而密集，组成顶生聚伞圆锥花序；花萼钟状，花冠粉红色，后变淡黄白色，喉部橘黄色，花冠管圆筒形。蒴果椭圆状，基部有宿存花被。种子具翅。花期 3 ~ 4 月，果期 5 ~ 8 月。

分布与生境：分布于八大公山五道水、龙潭坪，生于海拔 200 ~ 400 m 的河边或林缘。

用途：花蕾入药；花供观赏；花还可提取食用黄色素。

密蒙花 Buddleja officinalis

（二）玄参属 Scrophularia Linnaeus

一年生或多年生草本，常有臭味。叶对生或上部的互生，常有透明的斑点；花排成圆锥花序式或密锥花序式的聚伞花序，绿紫色或黄色；萼片 5，短，平坦，上面 4 枚直立，下面 1 枚广展；雄蕊 4，2 长 2 短，第 5 枚退化或缺，花药汇合成 1 室，横生于花丝顶部；花盘偏斜；子房 2 室，有胚珠多颗。

200 种，我国产 36 种，湖南产 4 种，八大公山产 1 种。

1. 玄参 Scrophularia ningpoensis Hemsley

多年生草本。根纺锤形或胡萝卜状膨大。茎四棱形，有浅槽，无翅或有极狭的翅，无毛或多少有白色卷毛。叶在茎下部多对生具柄，上部的有时互生而柄极短，叶片多变化，多为卵形，边缘具细锯齿。花序为疏散的大圆锥花序。蒴果卵圆形，连同短喙长 8 ~ 9 mm。花期 6 ~ 10 月，果期 9 ~ 11 月。

分布与生境：原产我国，八大公山各地栽培。

用途：根药用。

玄参 Scrophularia ningpoensis

一百四十七、母草科 Linderniaceae

一年生或多年生草本，茎直立、倾卧或匍匐。叶对生，常有齿，稀全缘。花生于叶腋或在茎枝顶端排成总状花序，有时短缩而成假伞形花序，无小苞片，萼具5齿，花冠紫色、黄色或白色，二唇形，能育雄蕊4枚，或1对退化而无药，其花丝常有附属物。蒴果，为宿萼所包藏。

17属255种，我国产4属19种，湖南产2属12种，八大公山产2属10种。

分属检索表

1. 花萼具5棱，不呈唇形；蒴果隔膜宿存………………………………………… **1. 母草属 Lindernia**
1. 花萼具明显5翅，多少呈唇形；蒴果隔膜不宿存…………………………… **2. 蝴蝶草属 Torenia**

（一）母草属 **Lindernia** Allioni

一年生草木，茎直立、倾卧或匍匐。叶对生，边缘常有齿，稀全缘，脉羽状或掌状。花生于叶腋或在茎顶端排成总状花序，有时短缩而成假伞形花序，无小苞片，萼具5齿，齿相等或微不等，花冠紫色、蓝色或白色，二唇形，上唇微2裂，下唇3裂，能育雄蕊4枚，或1对退化而无药，其花丝常有附属物。蒴果。

70 种，我国产 29 种，湖南产 9 种，八大公山产 8 种。

分种检索表

1. 雄蕊 4，全育。
  2. 花萼半裂或浅裂。
    3. 花萼半裂，叶边缘有浅圆钝齿或波状齿……………………………**5. 宽叶母草 L. nummularifolia**
    3. 宽萼浅裂，叶边缘有明显锯齿……………………………………………………**3. 母草 L. crustacean**
  2. 花萼深裂，仅基部联合。
    4. 叶全缘，脉并行……………………………………………………………… **6. 陌上菜 L. procumbens**
    4. 叶具齿，脉羽状。
      5. 蒴果条状圆柱形，比萼长 1 ~ 3 倍。
        6. 叶片三角状卵形、卵形或矩圆形……………………………………**1. 长蒴母草 L. anagallis**
        6. 叶片条状披针形至披针形或条形…………………………………… **4. 狭叶母草 L. micranth**
      5. 纺锤状卵圆形，比萼短………………………………………………… **8. 刺毛母草 L. setulosa**
1. 雄蕊仅后方 1 对能育。
  7. 叶边缘有浅而不整齐的锯齿…………………………………………………**2. 泥花母草 L. antipoda**
  7. 叶边缘密生有整齐而急尖的锯齿………………………………………… **7. 旱田草 L. ruellioides**

1. 长蒴母草 Lindernia anagallis (Burm.f.) Pennell

一年生草本。茎下部匍匐长蔓，节上生根，无毛。叶仅下部者有短柄；叶片三角状卵形、卵形

长蒴母草 Lindernia anagallis

或矩圆形，（4～20）mm×（7～12）mm，顶端圆钝或急尖，基部截形或近心形，边缘有不明显的浅圆齿，上下两面均无毛。花单生于叶腋，萼仅基部联合，齿5，狭披针形，无毛；花冠白色或淡紫色，雄蕊4，全育。蒴果条状披针形，比萼长约2倍。花期4～9月，果期6～11月。

分布与生境：产于八大公山各地，生于海拔300～700 m的稻田中、路边水湿地。

2. 泥花母草 Lindernia antipoda (Linnaeus) Alston

一年生草本。叶片矩圆形至圆形，顶端圆钝或急尖，基部宽楔形，边缘除基部外密生整齐而急尖的细锯齿，但无亡刺，两面有粗涩的短毛或近于无毛。顶生总状花序，花冠紫红色。蒴果圆柱形，向顶端渐尖。种子椭圆形，褐色。花期6～9月，果期7～11月。

分布与生境：产于八大公山各地，生于海拔300～700 m的稻田中、路边水湿地。

用途：全草入药。

泥花母草 Lindernia antipoda

3. 母草 Lindernia crustacea (Linnaeus) F. Mueller

一年生草本。叶片三角状卵形或宽卵形，顶端钝或短尖，基部宽楔形或近圆形，边缘有浅钝锯齿，下面沿叶脉有稀疏柔毛。花单生，花冠紫色。蒴果椭圆形，与宿萼近等长；种子近球形。花、果期全年。

分布与生境：产于八大公山各地，生于海拔400～1200 m的田边、草地、路边等低湿处。

用途：全草入药用。

4. 狭叶母草 Lindernia micrantha D. Don

一年生草本。叶几无柄，叶片条状披针形至披针形或条形，全缘或有少数不整齐的细圆齿，脉自基部发出3～5条，两面无毛。花单生于叶腋，有长梗；萼齿5，仅基部联合，狭披针形，花冠紫色、蓝紫色或白色；雄蕊4，花柱宿存，形成细喙。蒴果条形，比宿萼长约2倍。花期5～10月，果期7～11月。

分布与生境：分布于八大公山各地，生于海拔300～700 m的田边、路边湿地。

母草 Lindernia crustacea

狭叶母草 Lindernia micrantha

5. 宽叶母草 Lindernia nummulariifolia (D. Don) Wettstein

一年生草本。叶近无柄，叶片宽卵形或近圆形，顶端圆钝，基部宽楔形或近心形，边缘和下面中肋有极稀疏的毛或近于无毛。花少数，花冠紫色，少有蓝色或白色。蒴果长椭圆形，顶端渐尖，比宿萼长约 2 倍；种子棕褐色。花期 7 ~ 9 月，果期 8 ~ 11 月。

分布与生境：分布于八大公山各地，生于海拔 300 ~ 700 m 的田边、沟旁等湿润处。

用途：全草入药。

6. 陌上菜 Lindernia procumbens (Krocker) Borbas

一年生草本。叶无柄，椭圆形至矩圆状菱形，（1.0 ~ 2.5）mm ×（6 ~ 12）mm，顶端钝至圆头，全缘或有不明显的钝齿，两面无毛，叶脉并行，自叶基发出 3 ~ 5 条。花单生于叶腋，萼仅基部联合，萼齿 5，条状披针形，花冠粉红色或紫色，雄蕊 4，全育。蒴果球形或卵球形，与萼近等长或略过之。花期 7 ~ 10 月，果期 9 ~ 11 月。

分布与生境：分布于八大公山各地，生于海拔 300 ~ 700 m 的田边、沟旁等湿润处。

用途：全草入药。

宽叶母草 Lindernia nummulariifolia

陌上菜 Lindernia procumbens

7. 旱田草 Lindernia ruellioides (Colsmann) Pennell

一年生草本。茎枝有沟纹，无毛。叶片矩圆形至条状披针形，顶端急尖或圆钝，边缘有少数不明显的锯齿至有明显的锐锯齿或近于全缘，两面无毛。花总状着生，花冠紫色、紫白色或白色。蒴果圆柱形，顶端渐尖；种子为不规则三棱状卵形。花、果期春季至秋季。

分布与生境：分布于八大公山各地，生于海拔 400 ~ 1500 m 的田边及潮湿的草地中。

用途：全草入药。

旱田草 Lindernia ruellioides

8. 刺毛母草 Lindernia setulosa (Maximowicz) Tuyama ex H. Hara

一年生草本。叶片宽卵形，（4 ~ 13）mm ×（3 ~ 4）mm，边缘有明显的齿 4 ~ 6 对，上面被粗毛，

刺毛母草 Lindernia setulosa

下面较少或沿叶脉和近缘处有毛。花单生于叶腋，常占茎枝的大部而形成疏总状，仅在茎枝顶端有时叶几全缘而为苞片状；萼仅基部联合，萼齿 5，条形，中肋明显，肋上及边缘有硬毛，花时开展，果时内弯而包裹蒴果；花冠大，白色或淡紫色。蒴果纺锤状卵圆形，比萼短。花期 5 ~ 8 月，果期 7 ~ 11 月。

分布与生境：分布于八大公山各地，生于海拔 400 ~ 1500 m 的田边及潮湿的草地中。

用途：全草入药。

（二）蝴蝶草属 Torenia Linnaeus

一年生草本。叶对生，具齿。花具梗，排列成总状或伞形花序，抑或单朵腋生或顶生，无小苞片，花萼具棱或翅，萼齿通常 5 枚，花冠筒状，上部常扩大，5 裂，裂片成二唇形，上唇直立，先端微凹或 2 裂，下唇开展，裂片 3 枚，雄蕊 4，均发育，后方 2 枚内藏花丝基部各具 1 枚附属物，稀不具附属物，花药成对紧密靠合，药室顶部常汇合。蒴果矩圆形，为宿萼所包藏。

50 种，我国产 10 种，湖南产 4 种，八大公山产 2 种。

分种检索表

1. 花丝附属物长 1 ~ 2 mm ·· **1. 长叶蝴蝶草 T. asiatica**
1. 花丝无附属物··· **2. 紫萼蝴蝶草 T. violacea**

1. 长叶蝴蝶草 Torenia asiatica Linnaeus

一年生草本。节上生根；分枝多。叶三角状卵形至卵圆形，边缘具带短尖的圆锯齿；基部突然收缩，多少截形或宽楔形，无毛或疏被柔毛。单朵腋生或顶生，抑或排列成伞形花序；花冠紫红色

长叶蝴蝶草 Torenia asiatica

或蓝紫色；前方一对花丝各具 1 枚长 1 ~ 2 mm 之线状附属物。花果期 5 月至次年 1 月。

分布与生境：分布于八大公山各地，生于海拔 200 ~ 1500 m 的山坡、路旁或阴湿处。

用途：全草入药。

2. 紫萼蝴蝶草 Torenia violacea (Azaola ex Blanco) Pennell

一年生草本。叶片卵形或长卵形，先端渐尖，基部楔形成多少截形，向上逐渐变小，边缘具略带短尖的锯齿，两面疏被柔毛。花分枝顶部排成伞形花序或单生叶腋，稀可同时有总状排列的存在；花冠淡黄色或白色。花丝不具附属物。花果期 8 ~ 11 月。

分布与生境：分布八大公山各地，生于海拔 400 ~ 1500 m 的林下、田边及路旁潮湿处。

用途：全草入药。

紫萼蝴蝶草 Torenia violacea

一百四十八、芝麻科 Pedaliaceae

草本，稀灌木，具腺毛。单叶对生，最上的有时互生，全缘或浅裂，无托叶。花出于叶腋，单生或聚伞花序，1 ~ 2 特殊腺体（变形的花），两性，萼片 5，基部结合，花冠常广筒形，5 裂，稍二唇形，雄蕊 4，二强，着生于花冠。子房上位，2 室，或因假隔膜隔成 4 室，中轴胎座。蒴果室背裂开，或坚果。种子平滑。

13 ~ 14 属，62 ~ 85 种。我国栽培 1 属 1 种，八大公山也有栽培。

（一）芝麻属 **Sesamum** Linnaeus

草本。叶生于下部的对生，其他的互生或近对生。花白色或淡紫色，单生于叶腋内，萼 5 裂，花冠二唇形，5 裂，雄蕊 4，2 长 2 短，着生于冠管近基部处，子房 2 室，每室内由 1 假隔膜分隔为 2。蒴果长椭圆形，成熟时从顶部向下开裂。

21 种，我国栽培 1 种，八大公山也有栽培。

1. 芝麻 **Sesamum indicum** Linnaeus

一年生直立草本。茎四棱形。叶矩圆形或卵形，下部叶常掌状 3 裂，中部叶有齿缺，上部叶近全缘。花单生或 2~3 朵同生于叶腋内，花冠筒状，白色而常有紫红色或黄色的彩晕，雄蕊 4，内藏，子房上位，4 室，被柔毛。蒴果矩圆形，有纵棱，直立，被毛，熟后开裂至中部或至基部。种子黑或白色。花期夏末秋初。

分布与生境：原产印度，八大公山广为栽培。

用途：种子油除供食用及妇女涂头发之用，亦供药用；花和茎可榀香料；种子可食；芝麻的茎杆可做燃料；芝麻饼粕是很好的精饲料。

芝麻 Sesamum indicum

一百四十九、爵床科 Acanthaceae

草本、灌木或藤本。叶对生，无托叶，叶片和小枝上常有条形的钟乳体。花两性，左右对称，通常组成总状花序、穗状花序或聚伞花序，有时单生或簇生；苞片通常大；花萼通常 5 裂或 4 裂；花冠合瓣，具冠管，高脚碟形、漏斗形或钟形；发育雄蕊 4 或 2，通常为 2 强；子房上位，其下常有花盘，2 室，中轴胎座。蒴果室背开裂为 2 果爿，或中轴连同爿片基部一同弹起。

约 250 属 4000 种，我国有 40 属 310 种，湖南有 13 属 30 种，八大公山有 5 属 13 种。

分属检索表

1. 花冠裂片为覆瓦状排列或双盖覆瓦状排列。
  2. 花冠 5 裂，裂片近相等……………………………………………………**1. 十万错属 Asystasia**
  2. 花冠显著为二唇形。
    3. 聚伞花序下部 2 ~ 4 苞片总苞状，内有 1 ~ 4 花……………………… **4. 观音草属 Peristrophe**
    3. 花序下部苞片不为总苞状……………………………………………………… **3. 爵床属 Justicia**
1. 冠裂片为旋转排列，裂片相等或近相等。
  4. 子房每室具多数种子…………………………………………………………**2. 水蓑衣属 Hygrophila**
  4. 房每室具 2 ~ 4 种子………………………………………………………… **5. 马蓝属 Strobilanthes**

（一）十万错属 Asystasia Blume

草本或灌木。叶蓝色或变化于黄蓝色之间，全缘或稍有齿。花排列成顶生的总状花序，或圆锥花序；萼 5 裂至基部，裂片相等；花冠通常钟状，近漏斗形，冠檐近于 5 等裂，上面的细长裂片略凹；雄蕊 4，2 强，内藏，基部成对连合；花柱头状，2 浅裂或 2 齿，胚珠每室 2 颗。蒴果长椭圆形，基部扁，上部略凹四棱形。

约 40 种，我国产 4 种，湖南产 1 种，八大公山亦产。

1. 白接骨 Asystasia neesiana (Wallich) Nees

草本，富粘液。竹节形根状茎。叶纸质，卵形至矩圆形，边缘微波状至具浅齿。总状花序或基

白接骨 Asystasia neesiana

部有分枝，顶生，花萼裂片 5，花冠淡紫红色，漏斗状，花冠筒细长，裂片 5，略不等，雄蕊 2 强，着生于花冠喉部。蒴果，上部具 4 粒种子，下部实心细长似柄。花期 7 ~ 9 月，果期 10 月至次年 1 月。

分布和生境：分布于八大公山各地，生于海拔 200 ~ 1400 m 的林下潮湿处。

用途：根状茎、全草入药；庭院观赏。

（二）水蓑衣属 **Hygrophila** R. Brown

灌木或草本。叶对生，全缘或具不明显小齿。花 2 至多朵簇生于叶腋；花萼圆筒状，萼管中部 5 深裂；冠管筒状，喉部常一侧膨大，冠檐 2 唇形，上唇直立，2 浅裂，下唇近直立，有喉凸，浅 3 裂，裂片旋转状排列；雄蕊 4，2 强，花丝基部常有下沿的膜相连；子房每室有 4 至多数胚珠。蒴果圆筒状。种子宽卵形，两侧压扁，被白毛。

约 100 种，我国产 6 种，湖南产 1 种，八大公山亦产。

1. 水蓑衣 **Hygrophila ringerns** (Linnaeus) R. Brown ex Sprengel

草本，茎 4 棱形。叶长椭圆形至线形。花簇生于叶腋；花萼圆筒状，5 深裂至中部，裂片稍不等大；花冠淡紫色或粉红色，上唇卵状三角形，下唇长圆形，喉凸上有疏而长的柔毛；后雄蕊的花药比前雄蕊的小一半；花柱线状，柱头 2 裂。蒴果无毛。花期 8 ~ 10 月，果期 12 月。

分布和生境：分布于八大公山五道水，生于海拔 200 ~ 600 m 的溪边草丛中。

用途：全草入药。

水蓑衣 Hygrophila ringerns

（三）爵床属 **Justicia** Linnaeus

草本。叶表面散布钟乳体。花组成顶生穗状花序；苞片交互对生；花萼不等大 5 裂或等大 4 裂；花冠短，2 唇形，上唇平展，浅 2 裂，具花柱槽，下唇有隆起的喉凸，裂片覆瓦状排列；雄蕊 2 枚，花药 2 室；花盘坛状，每侧有方形附属物；子房被丛毛，柱头 2 裂，裂片不等长。蒴果小，基部具坚实的柄状部分。种子每室2粒，两侧呈压扁状。

约600种，我国产44种，湖南产3种，八大公山均产。

分种检索表

1. 花萼均等5裂。
    2. 苞片紫色……………………………………………………………………………… **1. 紫苞爵床 J. latiflora**
    2. 苞片绿色………………………………………………………………………………**3. 杜根藤 J. quadrifaria**
1. 花萼均等4裂或不等5裂……………………………………………………………… **2. 爵床 J. procumbens**

1. 紫苞爵床 Justicia latiflora Hemsley

灌木。茎下部倾卧，扭曲上升，4棱。叶片几膜质，披针形，卵形或介于近圆形，长渐尖，基部楔形，有时变狭，两面沿中肋和脉上多少被硬毛，侧脉每边8~10条。花美丽，生于长5 cm顶生的密穗状花序上，具苞片的总花梗极短，苞片有色，被微柔毛，宽大，卵形或椭圆形，突然短渐尖，花萼较苞片短，仅为苞片一半长；花萼被微毛，近不等5浅裂，裂片披针形，急尖，花冠淡白红色，有条纹，外面被微柔毛。

分布和生境：分布于八大公山各地，生于海拔200~400 m的溪边阴湿地。

紫苞爵床 Justicia latiflora

2. 爵床 Justicia procumbens Linnaeus

草本。叶椭圆形至长圆形。穗状花序顶生或生上部叶腋；花萼裂片4，线形，有膜质边缘和缘毛；花冠粉红色或白色，2唇形，下唇3浅裂；雄蕊2，药室不等高，下方1室有距。蒴果上部具4粒种子，下部实心似柄状。花果期全年。

分布和生境：分布于八大公山各地，生于海拔 200～1800 m 的旷野、屋边、路旁。

用途：全草入药。

爵床 Justicia procumbens

3. 杜根藤 **Justicia quadrifaria** (Nees) T.Anderson

草本。叶片矩圆形或披针形，边缘常具有间距的小齿，叶片干时黄褐色。花序腋生；花萼裂片线状披针形，被微柔毛。花冠白色，具紫色斑点，被疏柔毛；上唇直立，2 浅裂，下唇 3 深裂，开展；雄蕊 2，花药 2 室，上下叠生，下方药室具距。蒴果无毛。

分布和生境：分布于八大公山各地，生于海拔 200～600 m 的林缘、路旁及沟溪边。

用途：全草入药。

杜根藤 Justicia quadrifaria

（四）观音草属 Peristrophe Nees

草本或灌木。常由 2 至数个聚伞花序组成其他花序；花萼小，5 深裂，裂片等大；花冠大，扭转，冠管细长，圆柱状，喉部短，稍扩大，内弯，冠檐 2 唇形，上唇常伸展，下唇常直立，齿状 3 裂；雄蕊 2 枚，着生于花冠喉部两侧；子房每室有胚珠 2 粒。蒴果开裂时胎座不弹起。种子每室 2 粒，阔卵形，表面有多数小凸点。

约 40 种，我国产 10 种，湖南产 2 种，八大公山产 1 种。

1. 九头狮子草 Peristrophe japonica (Thunberg) Bremekamp

多年生草本。叶卵状矩圆形。花序生于上部叶腋，由 2 ~ 8 聚伞花序组成；花萼裂片 5，钻形；花冠淡粉红色至淡紫色，2 唇形，下唇 3 裂；雄蕊 2，花丝细长，伸出。蒴果疏生短柔毛，上部具 4 粒种子，下部实心。花期 7 月至次年 2 月，果期 7 ~ 10 月。

分布和生境：分布于八大公山各地，生于海拔 400 ~ 600 m 的沟边草地。

用途：全草入药；庭院观赏。

九头狮子草 Peristrophe japonica

（五）马蓝属 Strobilanthes Blume

多年生草本或灌木，一次性开花结实植物。叶等大或不等大，通常向基部骤变狭成翅状假叶柄。花序穗状或假穗状；花单生于苞腋；萼 5 裂，裂片线形；花冠紫堇色，冠管圆筒状，扭弯，喉部钟状，一面膀胱状膨大，内面有两列支撑花柱的毛，冠檐裂片圆形，近相等；雄蕊 4，2 强，内藏；子房被毛，每室具 2 胚珠。蒴果纺锤状，具 4 枚种子。

约 400 种，我国产 130 种，湖南产 13 种，八大公山产 7 种。

分种检索表

1. 小草本，有时蔓生；叶常等大；花冠无明显弯曲……………………………… **6. 少花马蓝 S. oligantha**

1. 草本或亚灌木、灌木；叶等大或不等大；花冠通常强烈弯曲。

  2. 灌木，茎基部产生支柱气生根…………………………………………………… **2. 湖南马蓝 S. biocullata**

  2. 草本或亚灌木，无支柱气生根。

    3. 叶同型。

      4. 植株被长柔毛…………………………………………………………………**5. 薄叶马蓝 S. dimorphotricha**

      4. 植株无毛……………………………………………………………………………… **7. 安龙马蓝 S. sinica**

    3. 叶异型。

      5. 花序紧密，苞片较萼长大…………………………………………………… **3. 奇瓣马蓝 S. cognata**

      5. 花序疏松。

        6. 花序头状或近头状，花密集簇生在 4 组以上………………**4. 球花马蓝 S. dimorphotricha**

        6. 花序穗状或成对排列成圆锥花序或单生于叶腋………………**1. 翅柄马蓝 S. atropurpurea**

1. 翅柄马蓝 Strobilanthes atropurpurea Nees

多年生草本。叶卵形或卵状椭圆形，略具不等叶性，边缘具圆锯齿；叶柄向叶片具翅。穗状花序偏向一侧，通常“之”字形曲折；花萼，5 裂，裂片线形；花冠淡紫色或蓝紫色，近于直伸，冠管圆柱形，冠檐裂片 5，短小，圆形；花丝与花柱无毛。蒴果无毛，具 4 粒种子。花期 6 ~ 9 月。

分布与生境：分布于八大公山各地，生于海拔 200 ~ 600 m 的山坡林中。

用途：全草入药；庭院观赏。

翅柄马蓝 Strobilanthes atropurpurea

2. 湖南马蓝 Strobilanthes biocullata Y. F. Deng et J. R. I. Wood

常绿灌木。植株 8 ~ 10 年开花，结果后死亡米。根茎粗壮，有气生根坡支柱作用。单叶对生，叶片卵状椭圆形。花无梗，对生，组成腋生或顶生的穗状花序，苞片对生，叶状，具短柄，最下部的比花萼长。花萼不等 5 深裂，裂片线形，后裂片较大，花冠玫瑰红色，花冠圆筒形，顶端内弯，喉部扩大呈窄钟形，稍弯曲，花冠筒短圆柱形，喉窄钟形，长为花冠筒的两倍，支撑花柱的毛排列成 2 列，冠檐 5 裂，裂片等大，倒心形，旋转状排列，雄蕊 2 长 2 短，内藏，子房上半部被毛，每室有胚珠 2 粒，花柱无毛。蒴果棒状，种子卵圆形。花期 7 月。

分布与生境：分布于八大公山五道水，生于海拔 200 ~ 600 m 的山坡林中。

用途：庭院观赏。

湖南马蓝 Strobilanthes biocullata

3. 奇瓣马蓝 Strobilanthes cognata Benoist

外倾草本。茎 4 棱，粗壮，光滑无毛。叶具柄，叶片矩圆形，披针形，（8 ~ 12）cm ×（3.0 ~ 4.5）cm，顶端渐尖，基部楔形，边缘具圆锯齿，两面光滑无毛，两侧脉 9 条。花密集顶生穗状花序，苞片披针形，渐尖，稀被柔毛；小苞片长圆形，急尖，被腺柔毛。花萼条形，急尖，顶端被腺柔毛，花冠堇色，冠管基部长圆柱形，上部扩大，漏斗形，斜平截。雄蕊 4，花丝直立，花药长圆形。子房光滑无毛，向顶端被柔毛。

分布与生境：分布于八大公山天平山，生于海拔 1400 m 的山坡林中。

用途：庭院观赏。

4. 球花马蓝 Strobilanthes dimorphotricha Hance

多年生草本。茎近梢部多作“之”字形曲折。叶不等大，椭圆形或椭圆状披针形，先端长渐尖，基部楔形渐狭，两面有不明显的钟乳体，无毛，大叶（4 ~ 15）cm ×（1.5 ~ 4.5）cm。花序头状，近球形，为苞片所包覆，1 ~ 3 个生于一总花梗，每个头状花序具 2 ~ 3 朵花；苞片近圆形或卵状椭圆形，花萼裂片 5，条状披针形，有腺毛。花冠紫红色，冠檐裂片 5。蒴果长圆状棒形，有腺毛。种子 4 粒，有毛。

分布与生境：分布于八大公山各地，生于海拔 200 ~ 600 m 的山坡林中。

用途：全草入药；庭院观赏。

奇瓣马蓝 Strobilanthes cognata

球花马蓝 Strobilanthes dimorphotricha

5. 薄叶马蓝 Strobilanthes labordei H. Leveille

生根植物，铺散和平卧，被长柔毛，分枝；叶具柄，小卵形，长 2 ~ 3 cm，宽 15 ~ 20 mm。下面灰白色，渐尖具稀疏圆齿；不发达的头状花序；花萼明显与被白色硬毛；花蓝色或堇色；雄蕊 4。

分布和生境：分布于八大公山各地，生于海拔 800 ~ 1200 m 的林下潮湿的草丛中。

用途：全草入药。

薄叶马蓝 Strobilanthes labordei

6. 少花马蓝 Strobilanthes oligantha Miquel

多年生草本。茎基部节膨大膝曲，上面的 4 棱，具沟槽。疏被白色，有时倒向毛。叶片宽卵形至椭圆形，（4 ~ 10）cm ×（2 ~ 4）cm，顶端渐尖，基部宽楔形，边具疏锯齿，侧脉每边 4 ~ 6 条，上面白色钟乳体密而明显。花数朵集生成头状的穗状花序；苞片叶状，小苞片条状匙形，苞片与小苞片均被多节的白色柔毛，花萼 5 裂，裂片条形，花冠管圆柱形，稍弯曲，向上扩大成钟形，雄蕊 4，2 强，花丝基部有膜相连。蒴果近顶端有短柔毛；种子 4 粒。

分布和生境：分布于八大公山各地，生于海拔 200 ~ 1000 m 的林下或溪边草丛中。

用途：全草入药。

7. 安龙花 Strobilanthes sinica (H. S. Lo) Y. F. Deng

矮小多分枝草本。茎斜倚地面，近基部常节上生根，小枝方柱形，无毛。叶长圆状披针形，（0.7 ~ 3.0）cm ×（3 ~ 7）mm，顶端钝，基部楔尖，边全缘或上部有不很明显的小锯齿，干时变黑，两面无毛；侧脉稀疏，约 3 对；叶柄短。花单生于近枝顶的叶腋内；花萼 5 深裂几及基部，裂片线状披针形，花冠淡紫色。蒴果有种子 4 粒。

分布和生境：分布于八大公山各地，生于海拔 200 ~ 1000 m 的溪边草丛中。

用途：全草入药。

少花马蓝 Strobilanthes oligantha

安龙花 Strobilanthes sinica

一百五十、紫葳科 Bignoniaceae

落叶乔木或藤本，稀草本。羽状复叶，少单叶，对生或轮生。花常大形，艳丽，常不整齐，花冠合瓣，5 裂，漏斗形或钟形，有时唇状，上唇 2 裂，下唇 3 裂，雄蕊 5，能育雄蕊 2 或 4，生冠筒上，雌蕊 2 心皮合成，花柱细长，柱头 2，子房上位，2 室，每室胚珠多数。蒴果，常细长下垂。种子小，扁平，常具毛或翅。

110 属 800 种，我国连栽培共有 22 属 49 种，湖南有 3 属 4 种，八大公山有 2 属 3 种。

分属检索表

1. 藤本；一回羽状复叶……………………………………………………………… **1. 凌霄花属 Campsis**
1. 乔木；单叶或多回复叶………………………………………………………………… **2. 梓属 Catalpa**

（一）凌霄花属 Campsis Loureiro

落叶藤本，以气生根攀缘。叶对生，为奇数一回羽状复叶，小叶有粗锯齿。花大，红色或橙红色，组成顶生花束或短圆锥花序。花萼钟状，近革质，不等的 5 裂。花冠钟状漏斗形，檐部微呈二唇形，裂片 5，大而开展，半圆形。雄蕊 4，2 强，弯曲，内藏。蒴果。种子多数，扁平，有半透明的膜质翅。

2 种，我国含引种的共 2 种，湖南产 1 种，八大公山也有。

1. 凌霄 Campsis grandiflora (Thunberg) Schumann

攀缘木质藤本。以气生根攀附于它物之上。落叶，叶对生，为奇数羽状复叶，卵形至卵状披针形，顶端尾状渐尖，基部阔楔形，两面无毛，边缘有粗锯齿。短圆锥花序；花萼钟状，分裂至中部，裂片被针形；花冠大，内面鲜红色，外面橙黄色，裂片半圆形；雄蕊着生于花冠筒近基部，花丝线

凌霄 Campsis grandiflora

形，细长。蒴果顶端钝。花期 5 ~ 8 月。

分布和生境：分布于八大公山各地，生于海拔 200 ~ 600 m 的山谷及山坡林下，多攀附在墙上、巨石或树干上。

用途：花、根、茎、叶入药；花供观赏。

（二）梓属 **Catalpa** Scopoli

落叶乔木。单叶，大形，全缘或偶分裂，掌状脉 3 ~ 5 出，下面脉胶常有腺斑，具长叶柄。顶生圆锥花序，萼 2 裂，花冠钟状，裂片唇形，下唇大，3 裂，上唇 2 裂，能育雄蕊 2，内藏。蒴果细长，线形。种子多数，两端有白色长毛。

10 种，我国产 6 种，湖南产 3 种，八大公山产 2 种

分种检索表

1. 伞房状总状花序；花淡红色或紫色…………………………………………………… **1. 灰楸 C. fargesii**

1. 聚伞圆锥花序或圆锥花序；花淡黄色………………………………………………………… **2. 梓 C. ovata**

1. 灰楸 Catalpa fargesii Bureau

落叶乔木。枝无毛。叶卵形成三角状心形，顶端渐尖，基部截形或微心形，叶幼时表面微有分枝毛，背面较密，以后变无毛。顶生伞房状总状花序，花冠淡红色至淡紫色，内面具紫色斑点，钟状。蒴果线形，下垂，长达 1 m。种子椭圆状线形，两端具丝状种毛。花期 3 ~ 5 月，果期 6 ~ 11 月。

灰楸 Catalpa fargesii

分布与生境：分布于八大公山各地，生于海拔 200 ~ 800 m 的村庄边、疏林地。

用途：果、根皮可入药；观赏树木；木材为优良用材。

2. 梓 Catalpa ovata G. Don

落叶乔木。树冠伞形，主干通直，嫩枝具稀疏柔毛。叶对生成近于对生，有时轮生，阔卵形，长宽近相等，顶端渐尖，基部心形，全缘或浅波状；叶片上面及下面均粗糙。顶生圆锥花序；花冠钟状，淡黄色，内面具 2 黄色条纹及紫色斑点。蒴果线形，下垂。种子长椭圆形，两端具有平展的长毛。

分布和生境：原产我国及日本，八大公山各地栽培。

用途：木材可做用材；嫩叶可食；叶或树皮可作农药；果实入药。

梓 Catalpa ovata

一百五十一、狸藻科 Lentibulariaceae

一年生或多年生食虫草本，陆生、附生或水生。茎及分枝常变态成根状茎、匍匐枝、叶器和假根，仅少数属具叶，其余无真叶而具叶器。除捕虫堇属外均有捕虫囊。花单生或排成总状花序，花两性，虫媒或闭花受精，花萼 2、4 或 5 裂，裂片镊合状或覆瓦状排列，宿存并常于花后增大，花冠合生，左右对称，檐部二唇形。蒴果球形，室背开裂或兼室间开裂。种子细小，种皮具突起、疣突、棘刺或倒刺毛，稀平滑。

3 属 290 种，我国产 2 属 27 种，湖南产 2 属 6 种，八大公山产 1 属 1 种。

（一）狸藻属 **Utricularia** Linnaeus

一年生或多年生草本。水生、沼生或附生。无真正的根和叶。茎枝变态成匍匐枝、假根和叶器。叶器基生呈莲座状或互生于匍匐枝上，全缘或一至多回深裂，末回裂片线形至毛发状。捕虫囊生于叶器，匍匐枝及假根上，卵球形或球形，多少侧扁。花序总状，有时简化为单花，花萼 2 深裂，花冠二唇形，距囊状、圆锥状、圆柱状或钻形。蒴果球形。种子通常多数。

220 种，我国有 25 种，湖南有 5 种，八大公山产 1 种。

1. 圆叶挖耳草 **Utricularia striatula** Smith

陆生小草本。匍匐枝丝状，具分枝。叶器多数，于花期宿存，簇生成莲座状和散生于匍匐枝上，倒卵形、圆形或肾形，具细长的假叶柄，膜质，无毛，（3 ~ 10）mm ×（2 ~ 6）mm。捕虫囊多数，散生于匍匐枝上，斜卵球形，侧扁。花序直立，上部具 1 ~ 10 朵疏离的花，花冠白色、粉红色或淡紫色，喉部具黄斑。蒴果斜倒卵球形，背腹扁。种子梨形或倒卵球形，种皮具纵向延长的网褶和倒钩毛。花期 6 ~ 10 月，果期 7 ~ 11 月。

分布与生境：分布于八大公山五道水，生于海拔 450 m 的悬崖潮湿的石壁上。

圆叶挖耳草 Utricularia striatula

一百五十二、马鞭草科 Verbenaceae

一年生、多年生草本或亚灌木。茎直立或匍匐。叶对生，边缘有齿至羽状深裂，极少无齿。花常排成顶生穗状或头状花序，花冠蓝色或淡红色，花冠管直或弯，向上扩展成开展的 5 裂片，雄蕊 4，着生于花冠管的中部。果干燥，包藏于萼内。

31 属 918 种，我国产 5 属 5 种，湖南产 2 属 2 种，八大公山产 1 属 1 种。

（一）马鞭草属 Verbena Linnaeus

一年生、多年生草本或亚灌木。茎直立或匍匐。叶对生，边缘有齿至羽状深裂，极少无齿。花常排成顶生穗状花序，花冠蓝色或淡红色，花冠管直或弯，向上扩展成开展的 5 裂片，雄蕊 4，着生于花冠管的中部，2 枚在上，2 枚在下，花柱短，柱头 2 浅裂。果干燥，包藏于萼内。

250 种，我国连栽培共 5 种，湖南连栽培共 2 种，八大公山有 1 种。

1. 马鞭草 *Verbena officinalis* Linnaeus

多年生草本。茎四方形，近基部为圆形。叶片卵圆形至倒卵形或长圆状披针形，基生叶的边缘通常有粗锯齿和缺刻，茎生叶多数 3 深裂，裂片边缘有不整齐锯齿，两面均有硬毛。穗状花序顶生和腋生，花小，花冠淡紫至蓝色，外面有微毛。果长圆形，外果皮薄，成熟时 4 瓣裂。花期 6 ~ 8 月，果期 7 ~ 10 月。

分布和生境：分布于八大公山各地，生于海拔 200 ~ 1100 m 的旷野、房前屋后的荒地中。

用途：地上部分入药。

马鞭草 *Verbena officinalis*

一百五十三、唇形科 Lamiaceae

一年生或多年生草本，稀为灌木，常有气味。茎多为四棱形。叶对生，无托叶。聚伞花序常组成轮伞花序。花两性，花萼宿存，具5齿，上唇3齿或全缘，下唇2或4齿，萼筒内有时具毛环，花冠冠檐常二唇形，上唇2裂，下唇3裂，稀上唇全缘而下唇4裂，雄蕊4或2，离生，花药1～2室，花柱近基生，柱头2浅裂，花盘宿存。果常为4枚小坚果。

约236属7173种，我国有96属970种，湖南有50属204种，八大公山有36属93种。

分属检索表

1. 茎四棱形；子房4深裂。
  2. 花柱不着生于子房基部，花冠单唇或假单唇，稀二唇或近辐射对称。
    3. 花冠单唇，若二唇则雄蕊伸出花冠。
      4. 花冠二唇形，花丝较花冠筒长2～3倍，花后直伸………………… **13. 动蕊花属 Kinostemon**
      4. 花冠单唇，花丝长不及冠筒2倍，花后多弓曲……………………… **35. 香科科属 Teucrium**
    3. 花冠二唇形，雄蕊内藏，稀伸出花冠……………………………………… **1. 筋骨草属 Ajuga**
  2. 花柱着生于子房基部，花冠二唇。
    5. 花萼2裂，上唇具盾片或囊状凸起，早落，子房具柄………………… **32. 黄芩属 Scutellaria**
    5. 花萼无盾片，子房无柄。
      6. 雄蕊上升、伸展或伸出，花冠筒常伸出萼外。
        7. 花药非球形，药室平行或叉开，顶端不或稀近汇合。
          8. 花冠二唇，上唇外凸，弧状、镰状或盔状。
            9. 雄蕊4，花药卵球形。
              10. 后对雄蕊长于前对雄蕊。
                11. 药室叉开或平行；叶先端稍钝圆；花长不及3 cm …… **9. 活血丹属 Glechoma**
                11. 药室平行；叶先端尖或短渐尖；花长3 cm以上……… **18. 龙头草属 Meehania**
              10. 后对雄蕊短于前对雄蕊。
                12. 花萼二唇形，喉部果期稍缢缩闭合 …………………… **28. 夏枯草属 Prunella**
                12. 萼齿近等大，喉部果期张开。
                  13. 植物体具分枝毛。
                    14. 小坚果先端具外弯的喙 ……………………… **29. 钩子木属 Rostrinucula**
                    14. 小坚果先端无喙。
                      15. 雄蕊伸出花冠很多 ……………………… **7. 绵穗苏属 Comanthosphace**
                      15. 雄蕊不伸出或微伸出花冠。
                        16. 柱头裂片不等长，后裂片较前裂片短 …………**26. 糙苏属 Phlomis**
                        16. 柱头裂片近等长或等长 ……………………………**34. 水苏属 Stachys**
                  13. 植物体不具分枝毛。

17. 花萼裂片三角形 …………………………………… **4. 铃子香属 Chelonopsis**

17. 花萼裂片披针形或锥状。

18. 花冠上唇外凸或盔状，被密毛。

19. 小坚果稍三棱形，顶端不平截。

20. 花冠筒伸长，喉部膨大，萼齿不为刺状。

21. 花冠下唇侧裂片较发达，边缘无尖齿 ……………………………………………………………… **16. 小野芝麻属 Matsumurella**

21. 花冠下唇侧裂片不发达，边缘常有 1 小而尖锐的齿 …………………………………………………………… **14. 野芝麻属 Lamium**

20. 花冠筒稍伸出，喉部不膨大，萼齿先端针状 ………………………………………………………………………… **15. 益母草属 Leonurus**

19. 小坚果卵球形，顶端圆 ……………………**24. 假糙苏属 Paraphlomis**

18. 花冠上唇短而扁平，无毛或略有毛 ………… **21. 冠唇花属 Microtoena**

9. 雄蕊 2，花药线形 ………………………………………………… **30. 鼠尾草属 Salvia**

8. 花冠近辐射对称，裂片近相似，或稍分化。

22. 后对雄蕊自花冠上唇 2 裂片间伸出 ………………… **11. 异野芝麻属 Heterolamium**

22. 雄蕊及花特征不同上述。

23. 雄蕊上升于花冠上唇之下；花冠二唇；花萼 13 脉。

24. 花冠筒稍伸出，中部以下向后折出，萼筒，在中部下弯 **19. 蜜蜂花属 Melissa**

24. 花冠筒直伸或稍弯，内藏或稍伸出 ………………… **6. 风轮菜属 Clinopodium**

23. 雄蕊直伸，凸出；花萼 10 ～ 13(～ 15) 脉。

25. 雄蕊 4（地笋属除外），近等长，花丝直伸。

26. 花冠 2/3 式，上唇微凹或凹缺； 花萼 5 齿相等，15 脉 **23. 牛至属 Origanum**

26. 花冠近辐射对称，冠檐 4 裂；花萼 10 ～ 13 脉。

27. 能育雄蕊 4，近等大；小坚果顶端圆 ………………**20. 薄荷属 Mentha**

27. 能育雄蕊 2（前对），后对为棒状退化雄蕊或缺 … **17. 地笋属 Lycopus**

25. 雄蕊 2 或 2 长 2 短，直伸；花萼 10 脉。

28. 能育雄蕊 4，花丝直伸；花冠筒短，5 裂…………………… **25. 紫苏属 Perilla**

28. 能育雄蕊 2（后对），前对为线形退化雄蕊；花冠近二唇 ……………………………………………………………………………………… **22. 石荠苎属 Mosla**

7. 花药球形，药室叉开，顶端汇合为～室，花粉散后则平展；花冠筒内藏。

29. 萼齿近相等，果时增大成二唇 ……………………………… **33. 筒冠花属 Siphocranion**

29. 花萼 5 齿相等或近相等，果时不成二唇形 ………………………… **8. 香薷属 Elsholtzia**

6. 雄蕊下倾，平卧于花冠下唇或内藏。

30. 花萼多为 4/1 式，稀 3/2 式二唇 ………………………………… **12. 香茶菜属 Isodon**

30. 花萼 5 齿近相等，后齿稍大 ………………………………………… **10. 四轮香属 Hanceola**

1. 茎圆柱形，稀为四棱形；子房不裂。

31. 草本；茎具 4 翅棱 ………………………………………………… **31. 四棱草属 Schnabelia**

31. 木本、稀为草本；茎上无棱。

32. 果常 4 ～ 5 深裂；花萼绿色，5 ～ 6 齿裂 …………………………… **3. 莸属 Caryopteris**

32. 果不深裂，如 4 深裂，则宿萼常有艳色。

33. 花萼果时增大，常有艳色 …………………………………………… **5. 大青属 Clerodendrum**

33. 花萼果时不增大或稍增大，常绿色。

34. 花辐射对称；植株被星状毛；果红色、白色或紫色 ……………… **2. 紫珠属 Callicarpa**

34. 花两侧对称；植株常被单毛；果黑色。

35. 叶常掌状分裂，稀单叶 ………………………………………………… **36. 牡荆属 Vitex**

35. 叶为单叶，不分裂 ………………………………………………… **27. 豆腐柴属 Premna**

（一）筋骨草属 **Ajuga** Linnaeus

多年生草本。单叶。轮伞花序具 2 至多花，组成穗状花序。花近无梗，花萼具 10 脉，5 副脉有时不明显，萼齿 5，近整齐；花冠常宿存，冠筒内具毛环，稀无，冠檐二唇形；雄蕊 4，二强，前对较长，常自上唇间伸出，花药 2 室，横裂汇合为 1 室；柱头 2 浅裂，裂片钻形，花盘小。

40 ~ 50 种，我国产 18 种，湖南产 4 种，八大公山产 4 种。

分种检索表

1. 花冠筒直伸或微弯，不为囊状或曲膝状。

2. 花萼外面仅在上部沿肋及齿缘上具缘毛或仅在齿上被长柔毛或微柔毛…………………………
……………………………………………………………… **1. 微毛筋骨草 A. ciliata** var. **glabrescens**

2. 花萼外面全面被糙伏毛、长柔毛或绵毛状长柔毛，以齿上毛最密… **3. 多花筋骨草 A. multiflora**

1. 花冠筒在毛环上方稍膨大，浅囊状或曲膝状。

3. 植株花时具基生叶……………………………………………………… **2. 金疮小草 A. decumbens**

3. 植株花时常无基生叶…………………………………………………… **4. 紫背金盘 A. nipponensis**

1. 微毛筋骨草 **Ajuga ciliata** Bunge var. **glabrescens** Hemsley

多年生草本。叶柄绿黄色或紫红色，被毛。叶薄，阔椭圆形或椭圆状卵形。花白色至红色，花萼被疏微柔毛或几无毛。小坚果长圆状或卵状三棱形，背部具网状皱纹。花期 4 ~ 8 月，果期 7 ~ 9 月。

分布与生境：分布于八大公山各地，生于海拔 1500 ~ 1900 m 的山坡林下草丛中。

用途：全草入药；庭院观赏。

微毛筋骨草 Ajuga ciliata var. glabrescens

2. 金疮小草 Ajuga decumbens Thunberg

多年生草本，具匍匐茎。叶片薄纸质，基部渐狭，下延，具缘毛，两面被毛，尤以脉上为密，侧脉 4 ~ 5 对，斜上升，与中脉在上面微隆起，下面十分突起。轮伞花序多花。小坚果倒卵状三棱形，背部具网状皱纹。花期 3 ~ 7 月，果期 5 ~ 11 月。

金疮小草 Ajuga decumbens

分布与生境：分布于八大公山各地，生于海拔 1000～2100 m 的田边、路旁及湿润地。

用途：全草入药。

3. 多花筋骨草 *Ajuga multiflora* Bunge

年生草本。茎直立，不分枝，四棱形，密被灰白色绵毛状长柔毛。基生叶具柄，茎上部叶无柄；叶片均纸质，椭圆状长圆形或椭圆状卵圆形，（1.5～4.0）×（1.0～1.5）cm，先端钝或微急尖，基部楔状下延，抱茎，边缘有不甚明显的波状齿或波状圆齿。轮伞花序自茎中部向上渐靠近，至顶端呈一密集的穗状聚伞花序；苞叶大，下部者与茎叶同形，向上渐小，呈披针形或卵形，渐变为全缘。花萼宽钟形，外面被绵毛状长柔毛，以萼齿上毛最密，内面无毛。花冠蓝紫色或蓝色，筒状，内外两面被微柔毛。小坚果倒卵状三棱形，背部具网状皱纹。花期 4～5 月，果期 5～6 月。

分布与生境：分布于八大公山各地，生于海拔 200～500m 的田边、林内及向阳坡地。

用途：全草入药。

多花筋骨草 *Ajuga multiflora*

4. 紫背金盘 *Ajuga nipponensis* Makino

多年生草本。茎基部常带紫色。叶片纸质，先端钝，基部楔形下延，具缘毛，两面被毛，侧脉 4～5 对，轮伞花序多花。小坚果卵状三棱形，具网状皱纹。花期 12 月至翌年 3 月，果期 1～5 月。

分布与生境：分布于八大公山各地，生于海拔 200～500 m 的田边、林内及向阳坡地。

用途：全草入药。

紫背金盘 Ajuga nipponensis

（二）紫珠属 **Callicarpa** Linnaeus

灌木，稀攀缘或小乔木。小枝被毛。叶对生，常被毛及腺点。聚伞花序腋生；花小，整齐，花萼杯状或钟状，4裂，宿存；花冠紫、红或白色，4裂；雄蕊4，着生花冠筒基部，花丝与花冠筒等长或伸出，花药卵圆形或长圆形，药室纵裂或孔裂；子房不完全2室，每室2胚珠。浆果状核果，具4分核。

140种，我国产48种，湖南产19种，八大公山产11种。

分种检索表

1. 落叶灌木。
  2. 花萼管状，深4裂至中部以下……………………………………………… **7. 枇杷叶紫珠 C. kochiana**
  2. 花萼杯状或钟状，在中部以上具深浅不等4裂至截头状。
    3. 花丝较花冠长2倍或以上，花药卵圆形或椭圆形，药室纵裂。
      4. 叶片基部楔形、钝或圆形，中部以上渐狭。
        5. 叶及花各部被红色腺点，不脱落或脱落后无凹点…………………… **1. 紫珠 C. bodinieri**
        5. 叶及花常被黄色腺点，脱落后留有凹点。
          6. 花萼有毛……………………………………………………………… **3. 老鸦糊 C. giraldii**
          6. 花萼无毛……………………………………………………………… **9. 尖尾枫 C. longissima**
      4. 叶片基部心形，叶基部耳状…………………………………………… **10. 红紫珠 C. rubella**
    3. 花丝短于花冠，稀等于或稍长于花冠，花药长圆形，药室孔裂。
      7. 叶及花被红色腺点………………………………………………………… **2. 华紫珠 C. cathayana**
      7. 叶及花被黄色腺点。

8. 叶片披针形或狭椭圆状披针形…………………………………… **8. 广东紫珠 C. kwangtungensis**

8. 叶片倒卵形或倒卵状披针形。

9. 叶片倒卵状披针形，基部狭楔形……………………………… **6. 窄叶紫珠 C. membranacea**

9. 叶倒卵形，基部楔形或钝…………………………………………………**5. 日本紫珠 C. japonica**

1. 常绿灌木或藤本。

10. 藤本或蔓性灌木，全株被黄褐色星状毛 ……………… **4. 藤紫珠 C. integerrima** var. **chinensis**

10. 灌木，成熟的枝叶无毛 …………………………………………… **11. 常绿紫珠 C. viridescens**

1. 紫珠 Callicarpa bodinieri H. Léveillé

落叶灌木。小枝、叶柄和花序均被粗糠状星状毛。叶片卵状长椭圆形至椭圆形，顶端长渐尖至短尖，基部楔形，边缘有细锯齿，表面干后暗棕褐色，有短柔毛，背面灰棕色，密被星状柔毛。聚伞花序，花冠紫色，被星状柔毛和暗红色腺点。果实球形，熟时紫色，无毛。花期 6 ~ 7 月，果期 8 ~ 11 月。

分布与生境：分布八大公山各地，生于海拔 200 ~ 1200 m 的山坡林缘及灌丛中。

用途：根或全株入药；庭院观赏。

紫珠 Callicarpa bodinieri

2. 华紫珠 Callicarpa cathayana H. T. Chang

落叶灌木。小枝纤细，幼嫩稍有星状毛，老后脱落。叶片椭圆形或卵形，顶端渐尖，基部楔形，两面近于无毛，而有显著的红色腺点。聚伞花序，3 ~ 4 次分歧，略有星状毛，花冠紫色，疏生星状毛，有红色腺点。果实球形，紫色。花期 5 ~ 7 月，果期 8 ~ 11 月。

分布与生境：分布八大公山各地，生于海拔 400 ~ 1000 m 的山坡林中、林缘及灌丛中。

用途：枝叶入药。

华紫珠 Callicarpa cathayana

3. 老鸦糊（原变种）Callicarpa giraldii Hesse ex Rehder

分变种检索表

1. 花的各部分均疏被星状毛和细小黄色腺点……………**3a. 老鸦糊（原变种）C. giraldii** var. **giraldii**
1. 花的各部分均密被灰白色星状柔毛……… **3b. 毛叶老鸦糊（原变种）C. giraldii** var. **subcanescens**

3a. 老鸦糊（原变种）Callicarpa giraldii Hesse ex Rehder var. **giraldii**

老鸦糊（原变种）Callicarpa giraldii var. giraldii

落叶灌木。小枝圆柱形，灰黄色，被星状毛。叶片纸质宽椭圆形至披针状长圆形顶端渐尖，边缘有锯齿，表面黄绿色，稍有微毛，背面谈绿色，疏被星状毛和细小黄色腺点。聚伞花序，花冠紫色，稍有毛，具黄色腺点。果实球形，初时疏被星状毛，熟时无毛，紫色。花期 5 ~ 6 月，果期 7 ~ 11 月。

分布与生境：分布于八大公山各地，生于海拔 300 ~ 1000 m 的疏林和灌丛中。

用途：全株入药；庭院观赏。

3b. 毛叶老鸦糊（变种）Callicarpa giraldii var. **subcanescens** Rehder

落叶灌木。本变种与原变种的区别在于叶片宽卵形至椭圆形，（10 ~ 17）cm ×（4 ~ 10）cm；叶片背面、花萼和花冠均密被灰白色星状毛。

分布与生境：分布于八大公山各地，生于海拔 300 ~ 1000 m 的疏林和灌丛中。

用途：全株入药；庭院观赏。

毛叶老鸦糊（变种）Callicarpa giraldii var. subcanescens

4. 藤紫珠 Callicarpa peichieniana Chun & S. L. Chen

藤本或蔓性灌木。小枝棕褐色，圆柱形。叶片宽卵形至椭圆形，基部宽楔形至浑圆，全缘，表面深绿色，背面密生灰黄色厚茸毛。聚伞花序，花柄及萼筒无毛，花冠紫色，无毛，子房有星状毛。果实近球形，紫色，初被星状毛，成熟后脱落。花期 6 ~ 7 月，果期 8 ~ 11 月。

分布与生境：分布于八大公山各地，生于海拔 200 ~ 500 m 的溪边疏林和灌丛中。

用途：枝叶入药；庭院观赏。

5. 日本紫珠 Callicarpa japonica Thunberg

落叶灌木。小枝无毛。叶片倒卵形、卵形或椭圆形，两面通常无毛，边缘上半部有锯齿。聚伞花序细弱而短小，2 ~ 3 次分歧，花萼杯状，无毛，萼齿钝三角形，花冠白色或淡紫色。果实球形。花期 6 ~ 7 月，果期 8 ~ 10 月。

分布与生境：分布于八大公山各地，生于海拔 200 ~ 800 m 的山坡疏林和灌丛中。

用途：枝叶入药；庭院观赏。

藤紫珠 Callicarpa peichieniana

日本紫珠 Callicarpa japonica

6. 窄叶紫珠 Callicarpa membranacea Chang

落叶灌木。叶片质地较薄，倒披针形或披针形，绿色或略带紫色，（6 ~ 10）cm ×［2 ~ 3（4）］cm，两面常无毛，有不明显的腺点，侧脉 6 ~ 8 对，边缘中部以上有锯齿；叶柄长不超过 0.5 cm。聚伞花序宽约 1.5 cm，花序梗长约 6 mm；萼齿不显著，花冠长约 3.5 mm。果实径约 3 mm。花期 5 ~ 6 月，果期 7 ~ 10 月。

分布与生境：分布于八大公山五道水，生于海拔 300 ~ 600 m 的山坡疏林和灌丛中。

用途：枝叶入药；庭院观赏。

窄叶紫珠 Callicarpa membranacea

7. 枇杷叶紫珠 Callicarpa kochiana Makino

落叶灌木。本种花近无柄，密集于花序分枝的顶端；花萼管状，几全部包被果实，萼齿尖长等特征易于识别。花期 7 ~ 8 月，果期 9 ~ 12 月。

枇杷叶紫珠 Callicarpa kochiana

分布与生境：分布于八大公山五道水，生于海拔 300 ~ 600 m 的山坡疏林和灌丛中。

用途：枝叶入药；庭院观赏。

8. 广东紫珠 Callicarpa kwangtungensis Chun

落叶灌木。幼枝略被星状毛，常带紫色，老枝黄灰色，无毛。叶片狭椭圆状披针形至线状披针形，顶端渐尖，基部楔形，两面通常无毛，背面密生显著的细小黄色腺点。聚伞花序，3 ~ 4 次分歧，具稀疏的星状毛，花冠白色或带紫红色，可稍有星状毛。果实球形。花期 6 ~ 7 月，果期 8 ~ 10 月。

分布与生境：分布于八大公山各地，生于海拔 200 ~ 800 m 的山坡疏林和灌丛中。

用途：枝叶入药；庭院观赏。

广东紫珠 Callicarpa kwangtungensis

9. 尖尾枫 Callicarpa longissima (Hemsley) Merrill

常绿灌木。小枝、花序和叶柄均被黄褐色星状茸毛。叶片长椭圆形，（9 ~ 20）cm ×（3 ~ 6）cm，

尖尾枫 Callicarpa longissima

顶端尖或尾状尖，基部楔形或下延成狭楔形，边缘有针齿，表面无毛，背面有黄褐色星状毛和细小鳞片状黄色腺点。聚伞花序宽 4 ~ 5 次分歧，花序梗纤细，花萼杯状，萼齿不明显或近截形；花冠紫色，雄蕊长为花冠的 2 ~ 3 倍。果实球形，被毛。花期 5 ~ 8 月，果期 8 ~ 12 月。

分布与生境：分布于八大公山五道水、龙潭坪，生于海拔 300 ~ 500 m 的沟谷林缘。

10. 红紫珠 Callicarpa rubella Lindley

分变种检索表

1. 小枝、叶片、花序和花萼、花冠均被毛…………… **10a. 红紫珠（原变种） C. rubella** var. **rubella**
1. 小枝、叶片、花序和花萼、花冠均无毛………… **10b. 秃红紫珠（变种） C. rubella** var. **subglabra**

10a. 红紫珠（原变种） Callicarpa rubella Lindley var. **rubella**

灌木。小枝被黄褐色星状毛和腺毛。叶片倒卵形或倒卵状椭圆形，［10 ~ 14（21）］cm×［4 ~ 8（10）］cm，顶端尾尖或渐尖，基部心形，边缘具细锯齿或不整齐的粗齿，背面被星状毛并杂有单毛和腺毛，有黄色腺点，叶柄极短或近于无柄。聚伞花序被毛与小枝同，萼齿钝三角形或不明显；花冠紫红色、黄绿色或白色。花期 5 ~ 7 月，果期 7 ~ 11 月。

分布与生境：分布于八大公山各地，生于海拔 300 ~ 800 m 的山坡林下。

用途：全草入药；庭院观赏。

红紫珠（原变种） Callicarpa rubella var. rubella

10b. 秃红紫珠（变种） Callicarpa rubella var. **subglabra** (P'ei) Chang

与原变种的区别是：小枝、叶片、花序和花萼、花冠均无毛。花期 6 ~ 7 月，果期 7 ~ 9 月。

分布与生境：分布于八大公山各地，生于海拔 300 ~ 1000 m 的山坡林下。

用途：全草入药；庭院观赏。

秃红紫珠（变种）Callicarpa rubella var. subglabra

11. 常绿紫珠 Callicarpa viridescens Daigui-Zhang et Qun-Liu al.

常绿灌木。本种与窄叶紫珠相近，但本种为常绿灌木，叶片卵状披针形或椭圆状披针形，对生、

常绿紫珠 Callicarpa viridescens

近对生或互生，顶端长尾尖或渐尖，基部楔形，长下延至叶柄，边缘具细锯齿，背面无毛，腺点不明显，侧脉主脉、侧脉和细脉在背面稍隆起。花冠白色或淡红色。果实紫红色或白色。花期 5~7 月，果期 7 月至翌年 3 月。

分布与生境：分布于八大公山楠木坪、杉木界，生于海拔 200~400m 的沟谷林缘。

（三）莸属 **Caryopteris** Bunge

直立或披散灌木，稀草本。单叶对生，通常具黄色腺点。聚伞花序腋生或顶生，常再排列成伞房状或圆锥状；萼宿存，钟状，通常 5 裂，花冠通常 5 裂，二唇形，下唇中间 1 裂片较大，全缘至流苏状；雄蕊 4 枚，2 长 2 短，伸出于花冠管外，花丝通常着生于花冠管喉部；子房不完全 4 室，每室具 1 胚珠；花拄线形，柱头 2 裂。蒴果小，通常球形。

10 种，我国均产，湖南产 2 种，八大公山产 1 种。

1. 兰香草 Caryopteris incana (Thunberg ex Houttuyn) Miquel

小灌木。嫩枝圆柱形，略带紫色，被灰白色柔毛，老枝毛渐脱落。叶片厚纸质，拉针形至长圆形，顶端钝或尖，基部楔形或近圆形至截平，边缘有粗齿，很少近全缘，被短柔毛，表面色较淡，两面有黄色腺点，背脉明显；叶柄被柔毛。聚伞花序，花冠淡紫色或淡兰色。蒴果倒卵状球形，被粗毛，果瓣有宽翅。花果期 6 ~ 10 月。

分布与生境：分布于百溪河至核心区，生于海拔 600 ~ 1500 m 的干旱的悬崖石壁上。

用途：全草入药。

兰香草 Caryopteris incana

（四）铃子香属 **Chelonopsis** Miquel

草本或半灌木至灌木。叶具锯齿、圆齿或犬齿乃至重锯齿。轮伞花序腋生，疏花，2 ~ 10 花；花大，美丽，白色，黄色至紫红色；花叶与茎叶同形。花萼膜质，钟形，花后膨大，10 脉，齿 4 ~ 5，三角形，等大或近等大，或明显呈二唇形。花冠筒内面无毛环，冠檐二唇形，唇片短而宽，上唇短小，下唇较长，近开展，3 裂，中裂片最大，先端微凹或边缘波状至牙齿。小坚果背腹扁平，顶端具斜向伸长的翅。

16 种，我国产 13 种，湖南产 2 种，八大公山有 1 种。

1. 毛药花 **Chelonopsis deflexa** (Benth.) Diels

直立草本。叶几无柄，长披针形，具锯齿。聚伞花序腋生，二歧，蝎尾状，具（5）7 ~ 11 花，具总梗，花后下倾；花具梗，略大。花萼陀螺状钟形，具不明显的 10 脉。花冠淡紫红色，较花萼长许多；花药近球形，密被毛束。花柱丝状，先端相等的 2 浅裂。花盘粗厚，平顶。子房 4 裂，无毛。小坚果每花仅 1 枚成熟，核果状，黑色，近球形，外果皮肉质而厚，干时角质。花期 7 ~ 9 月，果期 9 ~ 11 月。

分布与生境：分布于八大公山各地，生于海拔 600 ~ 1500 m 的路边或林缘草丛中。

用途：全草入药。

毛药花 Chelonopsis deflexa

（五）大青属 **Clerodendrum** Linnaeus

灌木或小乔木，直立。单叶对生，稀 3 ~ 5 叶轮生。聚伞花序或组成伞房状、圆锥状或近头状花序；苞片宿存或早落；花萼色艳，钟状或杯状，宿存，花冠高脚杯状或漏斗状，5 裂；雄蕊 4，着生花冠筒上部，伸出花冠，子房 4 室，每室 1 胚珠。浆果状核果，具 4 分核，有时分裂为 2 或 4 个分果爿。

约 400 种，我国产 34 种，湖南产 5 种，八大公山产 5 种。

分种检索表

1. 花序头状……………………………………………………………………… **1. 臭牡丹 C. bungei**

1. 花序伞房状。

  2. 叶片长圆形或卵状披针形，长为宽的 4 倍以上。

    3. 叶片两面无腺点………………………………………………………… **2. 大青 C. cyrtophyllum**

    3. 叶片两面密具腺点…………………………………………………… **3. 黄腺大青 C. luteopunctatum**

  2. 叶片卵形、宽卵形、椭圆形、心脏形，长为宽的 2 倍以下。

    4. 叶下面密被灰白色茸毛………………………………………………… **4. 海通 C. mandarinorum**

    4. 叶下面被微柔毛或白色柔毛…………………………………………… **5. 海州常山 C. trichotomum**

1. 臭牡丹 Clerodendrum bungei Steudel

落叶灌木。植株有臭味。小枝近圆形，皮孔显著。叶片纸质，表面散生短柔毛基部脉腋有数盘状腺体。伞房状聚伞花序，披针形或卵状披针形，花冠淡红色、红色或紫红色。核果近球形，成熟时蓝黑色。花果期 5 ~ 11 月。

分布与生境：分布于八大公山各地，生于海拔 600 ~ 1500 m 的沟谷、路旁。

用途：根、茎及叶入药；花供观赏。

臭牡丹 Clerodendrum bungei

2. 大青 Clerodendrum cyrtophyllum Turczaninow

落叶灌木。叶片椭圆形至长圆状披针形，（6 ~ 20）cm ×（3 ~ 9）cm，基部圆形或宽楔形，通常全缘，背面常有腺点。伞房状聚伞花序，苞片线形，萼杯状，花冠白色，花冠管细长，裂片卵形。

果实球形或倒卵形，成熟时蓝紫色，宿萼红色。花果期 6 月至次年 2 月。

分布与生境：分布于八大公山各地，生于海拔 300 ~ 500 m 的山坡疏林下、林缘。

用途：根、茎及叶入药；花供观赏。

大青 Clerodendrum cyrtophyllum

3. 黄腺大青 Clerodendrum luteopunctatum P'ei et S. L. Chen

黄腺大青 Clerodendrum luteopunctatum

落叶灌木。幼枝及花序轴密被锈色短茸毛。叶片纸质，长圆状披针形，（7 ~ 15）cm ×（2.5 ~

5.0）cm，顶端长渐尖或尾尖，基部宽楔形或圆形，两面疏被短柔毛，并密生黄色腺点，全缘，叶缘密生睫毛。聚伞花序组成伞房状或短圆锥状，苞片与花萼呈紫色，花冠白色，花冠管顶端 5 裂，裂片长圆形。果实近球形，包藏于紫红色的花萼中。花果期 6 ~ 10 月。

分布与生境：分布于八大公山五道水，生于海拔 400 ~ 600 m 的山坡疏林中。

用途：庭院观赏。

4. 海通 Clerodendrum mandarinorum Diels

落叶乔木。幼枝密被黄褐色茸毛，髓具明显的黄色薄片状横隔。叶片近革质，卵状椭圆形至心形，基部截形或近心形，稍偏斜，背面密被灰白色茸毛。伞房状聚伞花序，花冠白色，有香气。核果近球形，成熟后蓝黑色，宿萼红色。花果期 7 ~ 10 月。

分布与生境：分布于八大公山各地，生于海拔 400 ~ 600 m 的山坡疏林中。

用途：枝叶可入药；庭院观赏。

海通 Clerodendrum mandarinorum

5. 海州常山 Clerodendrum trichotomum Thunberg

落叶灌木或小乔木。叶片纸质，顶端斯尖，基部宽楔形至截形，表面深绿色，背面谈绿色。伞房状聚伞花序，顶生成腋生，通常二歧分枝；花香，花冠白色或带粉红色。核果近球形，包藏于增大的宿萼内，成熟时外果皮蓝紫色。花果期 6 ~ 11 月。

分布与生境：分布于八大公山各地，生于海拔 600 ~ 1800 m 的山坡林缘或灌丛中。

用途：嫩枝及叶、花、果实、根入药；庭院观赏。

海州常山 Clerodendrum trichotomum

（六）风轮菜属 **Clinopodium** Linnaeus

多年生草本。叶具齿，苞片状。轮伞花序近球形，组成圆锥花序。花萼管形，喉部稍缢缩，基部一边肿胀，喉部内面疏被毛，萼檐上唇 3 齿，下唇 2 齿，齿具芒尖及缘毛；花冠被微柔毛，冠筒伸出，上唇直伸，下唇 3 裂；雄蕊 4，前对较长，药室 2，叉开；柱头不等 2 裂，前裂片披针形，后裂片不显著。小坚果无毛，果脐小，基生。

约 20 种，我国产 11 种，湖南产 6 种，八大公山产 3 种。

分种检索表

1. 轮伞花序总梗多分枝，偏向一侧……………………………………………………**1. 风轮菜 C. chinense**

1. 轮伞花序无总梗或总梗少分枝，不偏向一侧。

  2. 花萼长不及 5 mm ……………………………………………………………… **2. 细风轮菜 C. gracile**

  2. 花萼长 5 mm 以上 …………………………………………………………… **3. 匍匐风轮菜 C. repens**

1. 风轮菜 **Clinopodium chinense** (Bentham) Kuntze

多年牛草本。叶卵圆形，不偏斜，先端急尖或钝，基部圆形呈阔楔形，坚纸质，上面榄绿色，密被平伏短硬毛，下面灰白色，被疏柔毛，侧脉 5 ~ 7 对。轮伞花序，花冠紫红色。小坚果倒卵形，黄褐色。花期 5 ~ 8 月，果期 8 ~ 10 月。

分布于八大公山各地，生于海拔 200 ~ 1200 m 的山坡、荒地中。

用途：全草入药。

风轮菜 Clinopodium chinense

2. 细风轮菜 Clinopodium gracile (Bentham) Matsumura

多年生草本。茎四棱形。最下部的叶圆卵形，先端钝，基部圆形，边缘具疏圆齿，较下部或全部叶均为卵形，先端钝，基部圆形或楔形，薄纸质，上面榄绿色，近无毛，下面较淡，脉上被硫短硬毛，侧脉 2 ~ 3 对。轮伞花序，花冠白至紫红色。小坚果卵球形，褐色，光滑。花期 3 ~ 5 月，果期 6 ~ 8 月。

分布于八大公山各地，生于海拔 200 ~ 1200 m 的山坡、荒地中。

用途：全草入药。

细风轮菜 Clinopodium gracile

3. 匍匐风轮菜 Clinopodium repens (Buchanan-Hamilton ex D. Don) Bentham

多年生草本。叶卵形，基部宽楔形或近圆，疏生圆齿状牙齿，两面被糙伏毛。轮伞花序具多花，球形，组成圆锥花序；苞片针状，长，花萼喉部疏被糙硬毛，果萼基部一边肿胀，花冠紫红色，被微柔毛，冠筒伸出，上唇直伸，先端微缺，下唇3裂。小坚果褐色，平滑。花期7～8月，果期9月。

分布与生境：分布于八大公山核心区，生于海拔1000～1800 m溪沟边草丛中。

用途：全草入药。

匍匐风轮菜 Clinopodium repens

（七）绵穗苏属 Comanthosphace S. Moore

多年生草本或半灌木。根茎密生须根。茎单一，通常不分枝，直立。叶具柄或近无柄，具齿。轮伞花序少花，6～10花，在茎及侧枝顶上多数组成长穗状花序，苞片叶状或鳞片状，早落；小苞片不显著，微小。花萼管状钟形，10脉，萼齿5。花冠淡红至紫色，外面在伸出萼筒部分被茸毛或近于无毛。子房褐色，无毛，具腺点。小坚果三棱状椭圆形，黄褐色，具金黄色腺点。

6种，我国产3种，湖南产1种，八大公山也产。

1. 绵穗苏 Comanthosphace ningpoensis (Hemsley) Handel-Mazzetti

多年生草本。根茎木质。茎下部圆柱形，上部钝四棱形。叶卵圆状长圆形或椭圆形，［7～13（20）］cm×［4～8（9.5）］cm，基部阔楔形渐狭，边缘在基部以上具胼胝尖的锯齿，下面疏被星状毛。穗状花序于主茎及侧枝上顶生，在茎顶常呈三叉状。花萼管状钟形或钟形，外面密被白色星状茸毛，花冠淡红至紫色，子房褐色，无毛，具腺点。成熟小坚果未见。花、果期8～10月。

分布与生境：分布于八大公山各地，生于海拔 1000～1800 m 溪沟边草丛中。

用途：全草入药。

绵穗苏 Comanthosphace ningpoensis

（八）香薷属 Elsholtzia Willdenow

草本至灌木。轮伞花序组成穗状至圆锥花序；苞片披针形至扇形，覆瓦状排列。花喉部无毛，萼齿 5；花冠白至淡紫色，常被毛及腺点，冠筒漏斗形，冠檐上唇直伸，下唇 3 裂，侧裂片全缘；雄蕊 4，伸出，前对较长，分离，花丝无毛，药室 2；子房无毛，柱头 2 裂，近等长。

约 40 种，我国产 33 种，湖南产 8 种，八大公山产 4 种。

分种检索表

1. 苞片扇形、近圆形或阔卵形。
  2. 苞片外面被白色柔毛……………………………………………………………… **1. 紫花香薷 E. argyi**
  2. 苞片仅边缘具缘毛，余无毛………………………………………………………… **2. 香薷 E. ciliata**
1. 苞片披针形、钻形或线形。
  3. 叶卵形至长圆形，穗状花序开花时粗 0.8 ～ 1cm ……………………………… **3. 野香草 E. cyprianii**
  3. 叶菱状卵圆形，穗状花序开花时粗可达 8mm，通常粗 5mm ………… **4. 穗状香薷 E. stachyodes**

1. 紫花香薷 Elsholtzia argyi H. Léveillé

一年生草本。叶卵状三角形至长圆状披针形或披针形，先端渐尖，基部或阔或狭楔形，上面绿色，疏被小纤毛，下面较淡。穗状花序顶生，花冠玫瑰红紫色。小坚果长圆形，黑棕色。花、果期 9～11 月。

分布与生境：分布于八大公山各地，生于海拔 500 ~ 1000 m 的山坡路旁或草丛中。

用途：全草入药。

紫花香薷 Elsholtzia argyi

2. 香薷 Elsholtzia ciliata (Thunberg) Hylander

一年生草本。叶卵形或椭圆状披针形，先端渐尖，基部楔状下延成狭翅，上面绿色，疏被小硬毛、下面淡绿色，侧脉 6 ~ 7 对，叶柄疏被小硬毛。穗状花，花冠淡紫色。小坚果长圆形，棕黄色，光滑。花期 7 ~ 10 月，果期 10 月至翌年 1 月。

分布与生境：分布于八大公山各地，生于海拔 200 ~ 1500 m 山坡路旁、荒地。

用途：全草入药。

香薷 Elsholtzia ciliata

3. 野香薷 Elsholtzia cyprianii (Pavolini) S. Chow ex P. S. Hsu

一年生草本。叶卵形至长圆形，先端急尖，基部宽楔形，草质，上面深绿色，被微柔毛，下面淡绿色，密被短柔毛及腺点，侧脉 5 ~ 6 对。穗状花序，花冠玫瑰红色。小坚果长圆状椭圆形，黑褐色，略被毛。花、果期 8 ~ 11 月。

分布与生境：分布于八大公山各地，生于海拔 200 ~ 1800 m 的田边、路旁、旱地中。

用途：全草入药。

野香薷 Elsholtzia cyprianii

4. 穗状香薷 Elsholtzia stachyodes (Link) C. Y. Wu

一年生草本。茎直立，钝四棱形，多分枝，分枝具花序。叶菱状卵圆形，（2.5 ~ 6.0）cm ×（1.5 ~ 3.5）cm，先端骤渐尖，基部楔形或阔楔形，下延至叶柄成狭翅，边缘具缺刻状锯齿。穗状花序顶生及腋生，位于茎、枝顶上者较长，开花时粗可达 8 mm，通常粗 5 mm，花萼钟形，外面密被白色柔毛，花冠白色，有时为紫红色。小坚果椭圆形，淡黄色。花、果期 9 ~ 12 月。

穗状香薷 Elsholtzia stachyodes

分布与生境：分布于八大公山各地，生于海拔 200 ~ 1500 m 的山坡路旁、荒地。

用途：全草入药。

（九）活血丹属 Glechoma Linnaeus

多年生草本，具匍匐茎。叶具长柄，基部心形。轮伞花序腋生，具 2 ~ 6 花。花萼近喉部微弯，15 脉，3/2 式；花冠管形，上部膨大，上唇直伸，下唇平展，3 裂；雄蕊 4，花丝无毛，雌花雄蕊不育，药室长圆形；子房无毛，花柱纤细，柱头 2 浅裂。小坚果深褐色，长圆状卵球形，无毛。

约 8 种，我国产 5 种，湖南产 3 种，八大公山产 2 种。

分种检索表

1. 花冠被毛，萼齿狭三角形，先端具长芒状细尖…… **1. 狭萼白透骨消 G. biondiana** var. **angustituba**
1. 花冠无毛，萼齿卵状三角形，先端细尖…………………………………………… **2. 活血丹 G. longituba**

1. 狭萼白透骨消（变种）**Glechoma biondiana** var. **angustituba** C. Y. Wu et C. Chen

多年生草本。全体被稀疏的长柔毛，具较长的匍匐茎。叶草质，心脏形，基部心形，下面紫色，被长柔毛。聚伞花序，通常 9 花，稀为 6 花，花冠粉红至淡紫色，花萼管状，微弯，口部比基部稍宽。成熟小坚果长圆形，深褐色。花期 4～5 月，果期 5～6 月。

分布与生境：分布于八大公山各地，生于海拔 700～1800 m 的林缘、溪边等阴湿处。

用途：全草入药。

狭萼白透骨消（变种）Glechoma biondiana var. angustituba

2. 活血丹 **Glechoma longituba** (Nakai) Kuprianova

多年生草本。具匍匐茎，四棱形，基部淡紫红色，几无毛，幼嫩部分被疏长柔毛。叶草质，基部心形，叶脉不明显，下面紫色，被疏柔毛或长硬毛，叶柄被长柔毛。轮伞花序通常 2 花，稀具 4～6 花。花冠淡蓝至紫色。成熟小坚果深褐色，长圆状卵形。花期 4～5 月，果期 5～6 月。

分布与生境：分布于八大公山各地，生于海拔 200～800 m 的山坡林缘或疏林下、旱地中、溪边等阴湿处。

用途：地上部分入药。

活血丹 Glechoma longituba

（十）四轮香属 **Hanceola** Kudô

多年生草本。轮伞花序 2 ~ 6 花，具梗，多数在主茎或侧生花枝顶端组成伸长的总状花序。花萼小，近钟形，萼齿 5，果时花萼极为增大。冠筒直或弧曲，长长地伸出花萼，基部狭小，向上渐宽大，冠檐偏向二唇形，上唇 2 裂，裂片短而圆形，下唇 3 裂，中裂片较长。小坚果长圆形，先端浑圆，基部有一白痕，褐色，具数条纹，无毛。

8 种，均产我国，湖南 1 种，八大公山也有分布。

1. 出蕊四轮香 Isodon inflexus (Thunberg) Kudô

多年生草本，根茎匍匐横走。叶卵形至披针形，顶端锐尖或渐尖，中部以下渐渐地楔状延长成具宽翅的柄，边缘有具胼胝尖的锐锯齿。总状花序顶生于枝上，聚伞花序 1 ~ 3 花，通常 1 花，花

出蕊四轮香 Isodon inflexus

萼钟形，萼齿 5，近等大，三角形，花冠紫蓝色，漏斗状管形，冠檐二唇形。雄蕊 4，下倾，插生于喉部，显然伸出。花期 9 ~ 10 月。

分布与生境：分布于八大公山斗篷山，生于海拔 500 ~ 1000 m 的溪边草丛中。

（十一）异野芝麻属 Heterolamium C. Y. Wu

多年生草本。叶卵状心形。花序为顶生狭窄的开向一面的总状圆锥花序，由 1 ~ 5 花的具短总梗的密生小聚伞花序组成，花萼管状，具 15 脉，二唇形，上唇 3 齿，中齿大，卵状正圆形，下唇 2 齿钻状三角形，花冠深紫色，冠筒长出萼外，内面无毛，上唇直立，深 2 裂，裂片卵圆形，平展，先端圆，下唇 3 裂，中裂片大，正圆形，全缘，微内凹。

我国特有单种属，1 种，八大公山也有分布。

1. 异野芝麻 Heterolamium debile (Hemsley) C. Y. Wu

分变种检索表

1. 叶背绿色，花白色……………………………………………**1a. 异野芝麻（原变种） H. debile** var. **debile**

1. 叶背紫色，花紫色………………………………… **1b. 细齿异野芝麻（变种） H. debile** var. **cardiophyllum**

1a. 异野芝麻（原变种） Heterolamium debile (Hemsley) C. Y. Wu var. **debile**

特征见异野芝麻属的描述。

分布与生境：分布于八大公山各地，生于海拔 600 ~ 1800 m 的山坡林缘。

异野芝麻（原变种）Heterolamium debile var. debile

用途：全草入药。

1b. 细齿异野芝麻（变种） Heterolamium debile var. **cardiophyllum** (Hemsley) C. Y. Wu

本变种与原变种的区别在于叶背及花为紫色。

分布与生境：分布于八大公山天平山，生于海拔 1000 ~ 1800 m 的山坡林缘。

用途：全草入药；庭院观赏。

细齿异野芝麻（变种） Heterolamium debile var. cardiophyllum

（十二）香茶菜属 Isodon (Schrader ex Bentham) Spach

多年生草本或灌木。叶具齿及柄。聚伞花序具 1 ~ 3 至多花。萼齿近等大，或上唇具 3 齿，下唇具 2 齿；花冠筒伸出，具 4 圆裂，下唇全缘，内凹，舟状；雄蕊 4，药室 2，顶端常汇合；柱头 2 浅裂。小坚果近球形，稀长圆形或卵球形，平滑。

约 150 种，我国产 77 种，湖南产 11 种，八大公山产 5 种。

分种检索表

1. 果萼直立，具 5 相等的萼齿。
  2. 叶披针形至狭披针形……………………………………………………… **2. 显脉香茶菜 I. nervosus**
  2. 叶宽倒卵形至卵状披针形……………………………………………………… **5. 溪黄草 I. serra**
1. 果萼下倾，萼齿近相等或唇形。
  3. 聚伞花序疏散多花，常具发达的总梗及花梗。
    4. 萼 5 齿相等或微呈 3/2 式或二唇形 ……………………………………… **4. 碎米桠 I. rubescens**

4. 萼 5 齿明显呈 3/2 式或二唇形 ………………………………………… **3. 总序香茶菜 I. racemosus**

3. 聚伞花序少花，腋生，形成疏离的轮伞花序……………………… **1. 总序香茶菜 I. lungshengensis**

1. 龙胜香茶菜 Isodon lungshengensis (C. Y. Wu & H. W. Li) H. Hara

多年生草本；根茎木质。茎上升直立，皮层剥落，麦秆色，钝四棱形，具极浅四槽，极密被短柔毛。茎叶对生，在茎中部者常靠近，狭披针形或椭圆形，（5.5 ~ 7.5）cm ×（1.5 ~ 2.0）cm，先端长渐尖，基部狭楔形，边缘在中部以上具粗锯齿。圆锥花序顶生及腋生，顶生者宽大，总梗、花梗及序轴均密被微柔毛；花萼紫绿色，钟形，果时增大，基部圆球形，全萼呈壶状钟形。花冠淡紫色，基部上方浅囊状。成熟小坚果卵球形，淡黄褐色，无毛。花、果期 11 月。

分布与生境：分布于八大公山各地，生于海拔 200 ~ 800 m 的溪边草丛中。

龙胜香茶菜 Isodon lungshengensis

2. 显脉香茶菜 Isodon nervosus (Hemsley) Kudô

多年生草本。根茎稍增大呈结节块状。茎四棱形，明显具槽。叶披针形至狭披针形，先端长渐尖，基部楔形至狭楔形，边缘有具胼胝质的粗浅齿，侧脉 4 ~ 5 对，在两面隆起。聚伞花序于茎顶组成疏散的圆锥花序，萼齿 5，近相等，花冠蓝色。小坚果卵圆形。花期 7 ~ 10 月，果期 8 ~ 11 月。

分布与生境：分布于八大公山各地，生于海拔 200 ~ 800 m 的溪边草丛中。

用途：茎及叶入药。

3. 总序香茶菜 Isodon racemosus (Hemsley) H. W. Li

多年生草本。茎叶菱状卵圆形，先端长渐尖，基部楔形，坚纸质或近膜质，上面深绿色，下面淡绿色，侧脉约 3 对，叶柄被短柔毛。总伏或假总伏花序，花冠白色或微红。成熟小坚果倒卵珠形，淡黄褐色，无毛。花期 8 ~ 9 月，果期 9 ~ 10 月。

分布与生境：分布于八大公山各地，生于海拔 200 ~ 500 m 的溪边灌丛中。

显脉香茶菜 Isodon nervosus

总序香茶菜 Isodon racemosus

4. 碎米桠 Isodon rubescens (Hemsley) H. Hara

小灌木。茎叶对生，卵圆形或菱状卵圆形，先端锐尖或渐尖，基部宽楔形，骤然渐狭下延成假翅，膜质至坚纸质，上面榄绿色，下面谈绿色，密被灰白色短茸毛至近无毛，侧脉 3 ~ 4 对。聚伞花序 3 ~ 5 花，有时多至 7 花。小坚果倒卵状三棱形，淡褐色无毛。花期 7 ~ 10 月，果期 8 ~ 11 月。

分布与生境：分布于八大公山各地，生于海拔 200 ~ 1000 m 的溪边、林缘灌丛中。

用途：地上部分入药。

碎米桠 Isodon rubescens

5. 溪黄草 Isodon serra (Maximowicz) Kudô

多年生草本。根茎粗壮，有时呈疙瘩伏。茎叶对生，卵状披针形或披针形，先端近渐尖，基部楔形，边缘具粗大内弯的锯齿，侧脉每侧 4 ~ 5，与中脉在两面微隆起。圆锥花序生于茎及分枝顶上，萼齿 5，长三角形，近等大，花冠紫色。成熟小坚果阔卵圆形。花、果期 8 ~ 9 月。

分布与生境：分布于八大公山各地，生于海拔 400 ~ 600 m 的溪旁、河岸草丛中。

用途：全草入药。

溪黄草 Isodon serra

（十三）动蕊花属 Kinostemon Kudo

多年生草本。叶具短柄。轮伞花序具 2 花；苞片披针形。花萼钟形，10 脉，二唇形，上唇 3 齿，中齿大，具网脉，侧齿小，下唇 2 齿；花冠二唇形，2/3 式，中裂片最大；雄蕊 4，自花冠上唇伸出，直伸，前对较花冠筒长2倍；花丝丝状；药室稍叉开，顶端汇合；子房4浅裂，顶端平截。小坚果倒卵球形，4枚，背部微具网纹，合生面达果长1/2。

我国特有属，3种，湖南均产，八大公山产2种。

分种检索表

1. 植物体被平展长柔毛；花冠上唇2裂片扁圆形………………………… **1. 粉红动蕊花 K. alborubrum**
1. 植物体无毛；花冠上唇2裂片斜三角状卵形……………………………… **2. 动蕊花 K. ornatum**

1. 粉红动蕊花 Kinostemon alborubrum (Hemsley) C. Y. Wu & S. Chow

多年生草本。茎基部近圆柱形，上部四棱形，密被平展白色长柔毛。叶片卵圆形或卵圆状披针形，上面被疏柔毛，下面脉上密生长柔毛，余部为疏柔毛。花冠粉红色，外被白色绵状长柔毛及淡黄色腺点，花冠上唇2裂片扁圆形。花期7月。

分布与生境：分布于八大公山各地，生于海拔400～1200 m的山坡林下。

用途：庭院观赏。

粉红动蕊花 Kinostemon alborubrum

2. 动蕊花 Kinostemon ornatum (Hemsley) Kudo

多年生草本。茎四棱形，光滑无毛。叶片卵状披针形或长圆状线形，尾状渐尖，基部楔状下延，两面光滑无毛。花冠紫红色，外面极疏被微柔毛及淡黄色腺点，花冠上唇2裂片斜三角状卵形。坚果。花期6～8月，果期8～11月。

分布与生境：分布于八大公山各地，生于海拔400～1200 m的山坡密林下。

用途：全草入药。

（十四）野芝麻属 Lamium Linnaeus

草本。茎叶具圆齿或牙齿状锯齿。轮伞花序具4～14花；苞叶似茎叶，较轮伞花序长，苞片早落。花萼稍被毛，萼齿5，近等大，锥尖；花冠二唇形，较花萼长2倍，被毛，上唇直伸，长圆形，稍盔状，

动蕊花 Kinostemon ornatum

下唇 3 裂，中裂片倒心形，侧裂片半圆形；雄蕊 4，被毛，药室 2，叉开，被毛；子房裂片顶端平截；柱头近相等 2 浅裂。

约 40 种，我国产 4 种，湖南产 2 种，八大公山均产。

分种检索表

1. 花冠紫红色或粉红色……………………………………………………**1. 宝盖草 L. amplexicaule**
1. 花冠白色或浅黄色…………………………………………………………**2. 野芝麻 L. barbatum**

1. 宝盖草 Lamium amplexicaule Linnaeus

一年生或二年生草本。茎四棱形，几无毛，中空。茎下部叶具长柄，上部叶无柄，叶片均圆形或肾形，基部截形或截状阔楔形，两面均疏生小糙伏毛。轮伞花序 6 ~ 10 花，花冠紫红或粉红色。小坚果倒卵圆形，淡灰黄色。花期 3 ~ 5 月，果期 7 ~ 8 月。

分布与生境：分布于八大公山各地，生于海拔 600 ~ 800 m 的路旁、林缘及宅旁等地。

用途：全草入药。

2. 野芝麻 Lamium barbatum Siebold & Zuccarini

多年生草本。根茎有长地下匍匐枝。茎四棱形，中空，几无毛。茎下部的叶卵圆形或心脏形，基部心形，茎上部的叶卵圆状披针形，草质，两面均被短硬毛。轮伞花序 4 ~ 14 花，花冠白或浅黄色，花药深紫色。小坚果倒卵圆形，淡褐色。花期 4 ~ 6 月，果期 7 ~ 8 月。

分布与生境：分布于八大公山各地，生于海拔 200 ~ 1400 m 的山坡溪旁草丛中。

用途：花及全草入药。

宝盖草 Lamium amplexicaule

野芝麻 Lamium barbatum

（十五）益母草属 **Leonurus** Linnaeus

一年生或二年生草本。茎钝四棱形。叶掌状 3 裂，裂片呈长圆状菱形至卵圆形，裂片上再分裂，有糙伏毛，花冠粉红至淡紫红色。小坚果长圆状三棱形，基部楔形，淡褐色，光滑。

20 种，我国产 12 种，湖南产 2 种，八大公山产 2 种。

分种检索表

1. 花冠长不及 1cm，冠筒内无毛环，被微柔毛…………………………… **1. 假鬃尾草 L. chaiturοides**
1. 花冠长 1cm 以上，冠筒内具近水平向毛环 ……………………………… **2. 益母草 L. japonicus**

1. 假鬃尾草 Leonurus chaituroides C. Y. Wu & H. W. Li

一年生或二年生草本。根茎匍匐生长。茎钝四棱形。叶长圆形至卵圆形，基部楔形，草质，侧脉 2 ~ 4 对，叶柄短或近于无柄。轮伞花序腋生，具 2 ~ 12 花，组成长穗状花序。小坚果卵圆状三棱形，栗褐色。花期 9 月，果期 10 月。

分布与生境：分布于八大公山各地，生于海拔 300 ~ 800 m 的河边草丛中。

用途：全草入药。

假鬃尾草 Leonurus chaituroides

2. 益母草 Leonurus japonicus Houttuyn

一年生或二年生草本。茎钝四棱形。叶掌状 3 裂，裂片呈长圆状菱形至卵圆形，裂片上再分裂，有糙伏毛，花冠粉红至淡紫红色。小坚果长圆状三棱形，基部楔形，淡褐色，光滑。花期通常在 6 ~ 9 月，果期 9 ~ 10 月。

分布与生境：分布于八大公山各地，生于海拔 300 ~ 600 m 的河边草丛中。

用途：全草入药。

益母草 Leonurus japonicus

（十六）小野芝麻属 **Matsumurella** Makino

一年生或多年生草本。轮伞花序具 2 ~ 8 花，花萼钟形，萼齿 5，披针形，后 3 齿略大于前 2 齿。花冠紫红色或粉红色，伸出，长为花萼 1.5 ~ 2 倍，外面被各式毛被，通常在上唇上的较密，冠筒略超出花萼，内面有毛环，冠檐二唇形。雄蕊 4，前对较长，花药卵圆形，2 室，室叉开。小坚果三棱状长圆形、倒卵圆形至倒锥形，顶端近截形，基部渐狭，无毛或顶端被短毛。

6 种，我国产 5 种，湖南产 1 种，八大公山产 1 种。

1. 小野芝麻 Matsumurella chinense (Benth.) C. Y. Wu

一年生草本。茎四棱形，具槽，密被污黄色茸毛。叶卵圆形至阔披针形，基部阔楔形，草质。

小野芝麻 Matsumurella chinense

轮伞花序 2 ~ 4 花，花冠粉红色，外面被白色长柔毛。小坚果三棱状倒卵圆形。花期 3 ~ 5 月，果期在 6 月以后。

分布与生境：分布八大公山各地，生于海拔 200 ~ 600 m 的路边、地边或林缘草丛中。

用途：全草药用。

（十七）地笋属 Lycopus Linnaeus

多年生、沼泽或湿地生草本，通常具肥大的根茎；叶具锐齿或羽状分裂。轮伞花序腋生，多花密集，花萼钟形，萼齿 4 ~ 5，等大或有 1 枚特大，冠筒内藏或略伸出，钟形，内面在喉部有交错的柔毛，冠檐二唇形，上唇全缘或微缺，下唇 3 裂，中裂片稍大。

10 种，我国产 4 种，湖南产 2 种，八大公山产 1 种。

1. 硬毛地笋 Lycopus lucidus var. **hirtus** Regel

多年生草本。茎棱上被向上小硬毛，节上密集硬毛。叶披针形，上面密被细则毛伏硬毛，侧脉 6 ~ 7 对，叶缘具缘毛，下面主要在肋及脉上被刚毛状硬毛，两端渐狭，边缘具锐齿。轮伞花序无梗，圆球形，花冠白色。小坚果倒卵圆状四边形，褐色，有腺点。花期 6 ~ 9 月，果期 8 ~ 11 月。

分布与生境：分布于八大公山各地，生于海拔 700 ~ 1500 m 的沟边沼泽地。

用途：茎叶、根茎入药。

硬毛地笋 Lycopus lucidus var. hirtus

（十八）龙头草属 Meehania Britton

多年生草本。具匍匐茎，茎节被毛。轮伞花序具少花，组成总状花序，苞片披针形，小苞片 2，钻形或刚毛状。花萼钟形或管状钟形，15 脉，二唇形，萼齿卵状三角形或披针形，3/2 式；花冠紫色，内面无毛环，冠檐二唇形。小坚果长圆形，被毛。

约 7 种，我国产 5 种，湖南产 3 种，八大公山产 2 种。

分种检索表

1. 花成对近顶部腋生；花萼钟形或近管形…………………………………… **1. 华西龙头草 M. fargesii**
1. 轮伞花序组成总状花序；花萼窄，管形………………………………………… **2. 龙头草 M. henryi**

1. 华西龙头草 Meehania fargesii (H. Léveillé) C. Y. Wu

分变种检索表

1. 茎高大、粗状，但不具匍匐的分枝…… **2a. 梗花华西龙头草（变种）M. fargesii** var. **pedunculata**
1. 常具匍匐茎…………………………………… **2b. 走茎华西龙头草（变种）M. fargesii** var. **radicans**

1a. 梗花华西龙头草 Meehania fargesii var. pedunculata (Hemsley) C. Y. Wu

与原变种不同在于茎多分枝，不形成匍匐状的分枝；聚伞花序形成具明显的短或长梗的轮伞花序，在茎的上部常形成顶生假总状花序；叶较原变种为大。

分布与生境：分布于八大公山各地，生于海拔 1500 ~ 1800 m 常绿 - 落叶混交林下。

用途：根及叶入药。

梗花华西龙头草 Meehania fargesii var. pedunculata

1b. 走茎华西龙头草 Meehania fargesii var. radicans (Vaniot) C. Y. Wu

与原变种不同在于茎较粗壮而长，通常超过 30 cm，有多分枝，常形成匍匐生根的走茎；叶常为长圆状卵形，长 3 ~ 15 cm，具圆锯齿，基部心形；花通常为腋生双花，总梗极短，常着生于茎最上部的 1 ~ 3 节上。

分布与生境：分布于八大公山各地，生于海拔 1800 ~ 1900 m 常绿落叶混交林下。

用途：根及叶入药。

走茎华西龙头草 Meehania fargesii var. radicans

2. 龙头草 Meehania henryi (Hemsley) Sun ex C. Y. Wu

多年生草本。茎四棱形。叶具长柄，向上渐变短或几无柄，叶基部心形。聚伞花序组成假总状花序，花冠淡红紫或淡紫色。小坚果圆状长圆形，平滑，密被短柔毛。花期 9 月。

龙头草 Meehania henryi

分布与生境：分布于八大公山各地，生于海拔 300 ~ 1200 m 常绿阔叶林下。

用途：根及叶入药。

（十九）蜜蜂花属 **Melissa** Linnaeus

多年生草本。轮伞花序腋生，花萼钟形，，花冠白，黄白，黄或淡红色，冠筒稍伸出或不伸出，在喉部稍扩大，雄蕊 4，前对较长，紧靠上唇，不伸出或稍伸出。小坚果卵圆形，光滑。

约 4 种，我国产 3 种，湖南产 1 种，八大公山也产。

1. 蜜蜂花 **Melissa axillaris** (Bentham) R. Bakhuizen

多年生草本。叶具柄，密被短柔毛，叶片卵圆形，先端急尖或短渐尖，基部圆形、钝、近心形或急尖，草质，上面绿色，疏被短柔毛，下面淡绿色，侧脉 4 ~ 5 对。轮伞花序，花冠白色或淡红色，小坚果卵圆形。花、果期 6 ~ 11 月。

分布与生境：分布于八大公山各地，生于海拔 500 ~ 1200 m 的山谷潮湿地。

用途：全草入药。

蜜蜂花 Melissa axillaris

（二十）薄荷属 **Mentha** Linnaeus

多年生草本。上部茎叶靠近花序者大都无柄或近无柄。轮伞花序稀 2 ~ 6 花，通常为多花密集，花萼钟形，漏斗形或管状钟形，10 ~ 13 脉，萼齿 5，相等或近 3/2 式二唇形，内面喉部无毛或具毛，花冠漏斗形，大都近于整齐或稍不整齐，冠筒通常不超出花萼，冠檐具 4 裂片，上裂片大都稍宽，全缘或先端微凹或 2 浅裂，其余 3 裂片等大，全缘。

约 30 种，我国产 6 种，湖南连栽培共 3 种，八大公山产 1 种。

1. 薄荷 **Mentha canadensis** Linnaeus

多年生草本。叶片长圆状披针形至卵状被针形，稀长圆形，先瑞锐尖，基部楔形至近圆形，侧脉 5～6 对。轮伞花序腋生，球形，花冠淡紫。小坚果卵珠形，黄褐色。花期 7～9 月，果期 10 月。

分布与生境：分布于八大公山各地，生于海拔 200～1200 m 的水塘、水沟、水田边。

用途：全草入药；茎叶可提取香精。

薄荷 Mentha canadensis

（二十一）冠唇花属 Microtoena Prain

多年生或一年生草本。聚伞花序常呈二歧状，腋生，或组成顶生圆锥花序，花萼钟形，具不明显的 10 脉，齿 5，近相等，或后齿较前齿长许多，果时花萼常呈囊状增大，花冠黄色，稀白色，上唇常为紫红或褐色，冠筒十分伸出，直伸，基部狭，自中部以上扩展，内无毛环，冠檐二唇形，上唇直立，盔状，先端微缺或全缘。

24 种，我国产 20 种，湖南产 2 种，八大公山产 1 种。

1. 南川冠唇花 Microtoena prainiana Diels

多年生草本。叶卵圆形或心状卵圆形，先端长渐尖，基部心形、截形或有时为楔形，边缘具粗锯齿，两面被稀疏的小糙伏毛。花黄色，芳香，具短梗，被微柔毛，组成略松散的聚伞状圆锥花序，花萼齿钻形，花时后面 1 齿较其余 4 齿长 1 倍，花萼于花后膨大，坚硬。小坚果褐色，光亮。

分布与生境：分布于八大公山天平山，生于海拔 600～1000 m 的山坡林缘或疏林下。

南川冠唇花 Microtoena prainiana

（二十二）石荠苎属 **Mosla** (Bentham) Buchanan-Hamilton ex Maximowicz

一年生草本。叶下面被腺点。轮伞花序 2 花，组成顶生总状花序，花萼钟形，10 脉，喉部被毛，萼檐具 5 齿或二唇形，上唇 3 齿，下唇 2 齿披针形；花冠檐近二唇形，上唇微缺，下唇 3 裂；雄蕊 4，后对能育，花药 2 室叉开，前对退化。小坚果近球形。

约 22 种，我国产 12 种，湖南产 4 种，八大公山产 4 种。

分种检索表

1. 苞片倒卵圆形，花萼 5 齿近等大；小坚果被深洼雕纹……………………… **2. 石香薷 M. chinensis**
1. 苞片卵状披针形、披针形或针形，花萼二唇形；小坚果被疏网纹，稀被深洼雕纹。
  2. 花萼上唇具尖齿……………………………………………………………… **4. 石荠苎 M. scabra**
  2. 花萼上唇具钝齿。
    3. 花小，长约 2.5 mm ………………………………………………… **1. 小花荠苎 M. cavaleriei**
    3. 花大，长 4 ~ 5 mm ………………………………………………… **3. 小鱼仙草 M. dianthera**

1. 小花荠苎 Mosla cavaleriei H. Léveillé

一年生草本。茎四棱形，具槽，被稀疏的具节长柔毛及混生的微柔毛。叶卵形或卵状披针形，（2 ~ 5）cm ×（1.0 ~ 2.5）cm，基部圆形至阔楔形，边缘具细锯齿，近基部全缘。总状花序小，顶生于主茎及侧枝上，苞片极小，卵状披针形，花萼略二唇形，上唇 3 齿极小，下唇 2 齿稍长于上唇，披针形，果时花萼增大。花冠紫色或粉红色。小坚果灰褐色，球形。花期 9 ~ 11 月，果期 10 ~ 12 月。

分布与生境：分布于八大公山各地，生于海拔 200 ~ 1200 m 的水塘、水沟、水田边。

用途：全草入药。

小花荠苎 Mosla cavaleriei

2. 石香薷 Mosla chinensis Maximowicz

一年生草本。茎被白色疏柔毛。叶线状长圆形至线状披针形，先端渐尖或急尖，基部渐狭或楔形，两面均被疏短柔毛及棕色凹陷腺点，被硫短柔毛。总状花序头状，花冠紫红、淡红至白色。小坚果球形，灰褐色，无毛。花期 6 ~ 9 月，果期 7 ~ 11 月。

分布与生境：分布于八大公山各地，生于海拔 600 ~ 1400 m 的林缘草丛或路边灌丛中。

用途：全草入药。

石香薷 Mosla chinensis

3. 小鱼荠苎 Mosla dianthera (Buchanan-HamiltonexRoxburgh) Maximowicz

一年生草本。叶卵状披针形或菱状披针形，有时卵形，先端渐尖或急尖，基部渐狭，边缘具锐尖的疏齿，近基部全缘，纸质，上面榄绿色，无毛或近无毛，下面灰白色，无毛，散布凹陷腺点。总状花序，花冠淡紫色。小坚果灰褐色，近球形，具疏网纹。花、果期 5 ~ 11 月。

分布与生境：分布于八大公山各地，生于海拔 200 ~ 1300 m 的旱地中或水边草丛中。

用途：全草入药。

小鱼荠苎 Mosla dianthera

4. 石荠苎 Mosla scabra (Thunberg) C. Y. Wu & H. W. Li

石荠苎 Mosla scabra

一年生草本。茎密被短柔毛。叶卵形或卵状披针形，先端急尖或钝，基部圆形或宽楔形，纸质，下面灰白，密布凹陷腺点，叶柄被短柔毛。总状花序，花冠粉红色。小坚果黄褐色，球形。花期 5 ~ 11 月，果期 9 ~ 11 月。

分布与生境：分布于八大公山各地，生于海拔 400 ~ 1200 m 的旱地、荒田或河滩草丛中。

用途：全草入药。

（二十三）牛至属 **Origanum** Linnaeus

多年生草本或半灌木。叶大多卵形或长圆状卵形，全缘或具疏齿。常为雌花、两性花异株。小穗状花序圆形或长圆形，雄蕊 4，在两性花中通常短于上唇或稍超过上唇，在雌性花中则内藏。花柱伸出花冠，先端不相等 2 浅裂。花盘平顶。小坚果干燥，卵圆形，略具棱角，无毛。

15 ~ 20 种，我国产 1 种，湖南产 1 种，八大公山也有分布。

1. 牛至 **Origanum vulgare** Linnaeus

多年生草木。叶具柄，腹面具槽，背面近圆形，叶片卵圆形或长圆状卵圆形，先端钝或圆钝，基部宽楔形至近圆形或微心形，全缘或有远离的小锯齿，上面亮绿色，下面淡绿色，侧脉 3 ~ 5 对。伞房状圆锥花序，花冠紫红、淡红至白色。小坚果卵圆形，褐色，无毛。花期 7 ~ 9 月，果期 10 ~ 12 月。

分布与生境：分布于八大公山各地，生于海拔 200 ~ 800 m 的石灰岩山坡草丛中。

用途：全草入药；植株可提芳香油。

牛至 Origanum vulgare

（二十四）假糙苏属 **Paraphlomis** (Prain) Prain

草本或亚灌木，具根茎。轮伞花序腋生，花萼 5 ~ 10 脉，萼齿 5，宽三角形或钻形；花冠二唇形，冠筒内具毛环，上唇扁平，密被毛，下唇近水平开展，3 裂，中裂片较大；雄蕊 4，前对较长，花丝丝状，扁平，稍被毛，药室 2；子房顶部平截，柱头 2 浅裂，裂片钻形。小坚果倒卵球形或三棱状长圆形。

24 种，我国产 23 种，湖南产 5 种，八大公山产 3 种。

分种检索表

1. 花萼管形或管状钟形。
   3. 叶背粉白色……………………………………………………… **1. 绒毛假糙苏 P. albotomentosa**
   3. 叶背绿色…………………………………………………………………… **2. 小叶假糙苏 P. coronata**
1. 花萼倒圆锥形……………………………………………………………… **3. 纤细假糙苏 P. gracilis**

1. 绒毛假糙苏 Paraphlomis albotomentosa C. Y. Wu

多年生草本，具匍匐枝。茎下部叶早落，上部叶阔三角状卵圆形，脉上密被余部疏被平伏毛，下面呈白色，脉上被平伏毛余部密被单毛状的茸毛。轮伞花序具 4 ~ 8 花，总梗长约 5 mm，花梗无。花冠白色，密被平伏毛。花期 7 月。

分布与生境：分布于八大公五道水，生于海拔 200 ~ 400 m 的山坡林下草丛中。

绒毛假糙苏 Paraphlomis albotomentosa

2. 小叶假糙苏 Paraphlomis coronata (Vaniot) Y. P. Chen & C. L. Xiang

多年生草本。茎钝四棱形。叶卵圆状披针形直至狭长披针形，基部圆形或近楔形，侧脉 5 ~ 6 对，具极不显著的细圆齿。轮伞花序多花，轮廓为圆球形，花冠通常黄或淡黄或白色，萼齿尖明显针状，具细刚毛。小坚果倒卵珠状三棱形，黑色。花期 6 ~ 8 月，果期 8 ~ 12 月。

分布与生境：分布于八大公山各地，生于海拔 200 ~ 400 m 的沟谷林下。

小叶假糙苏 Paraphlomis coronata

3. 纤细假糙苏 Paraphlomis gracilis (Hemsley) Kudô

多年生草本，具匍匐枝。茎被倒向的糙伏毛。叶披针形，基部渐狭而延伸至微具狭翅的叶柄，边缘在基部以上有圆齿状锐齿，近薄纸质，侧脉 4～5 对，叶柄具狭翅，向叶基渐宽。轮伞花序通常具 4～8 花，花梗极短，花冠白色。花果、期 6～9 月。

分布与生境：分布于八大公山各地，生于海拔 200～600 m 的河边草地。

纤细假糙苏 Paraphlomis gracilis

（二十五）紫苏属 **Perilla** Linnaeus

一年生草本。茎密被长柔毛。叶阔卵形或圆形，先端短尖或突尖，基部圆形或阔楔形，两面绿色或紫色，或仅下面紫色，两面被柔毛，侧脉 7 ~ 8 对。轮伞花序 2 花，组成顶生及腋生总状花序，花冠白色至紫红色。小坚果近球形，具网纹。

单种属，八大公山也有分布。

1. 紫苏 Perilla frutescens (Linnaeus) Britton

分变种检索表

1. 叶边缘具粗锯齿。
  2. 叶、花萼和种子较大；毛被较密………………… **1a. 紫苏（原变种） P. frutescens** var. **frutescens**
  2. 叶、花萼和种子较小；毛被稀疏………… **1c. 野生紫苏（变种） P. frutescens** var. **purpurascens**
1. 叶边缘皱波状……………………………………………… **1b. 回回苏（变种） P. frutescens** var. **crispa**

1a. 紫苏 Perilla frutescens (Linnaeus) Britton var. **frutescens**

特征见紫苏属的描述。

分布与生境：分布于八大公山各地，生于海拔 200 ~ 1800 m 的路边、屋旁，也有栽培。

用途：嫩茎叶可食；全草、果实入药；种子可榨油供食用和工业用。

紫苏 Perilla frutescens var. frutescens

1b. 回回苏 Perilla frutescens var. **crispa** (Bentham) Deane ex Bailey

本变种与原变种不同之处在于叶边缘皱波状。

分布与生境：分布于八大公山各地，生于海拔 200 ~ 1800 m 的路边、屋旁，也有栽培。

用途：用途同紫苏。

回回苏 Perilla frutescens var. crispa

1c. 野生紫苏（变种） Perilla frutescens var. **purpurascens** (Hayata) H. W. Li

一年生草本。本变种与原变种不同在于果萼小，叶较小，卵形，两面被疏柔毛，小坚果较小，土黄色。

分布与生境：分布于八大公山各地，生于海拔 200 ~ 1800 m 的路边、屋旁，也有栽培。

用途：用途同紫苏。

野生紫苏（变种） Perilla frutescens var. purpurascens

（二十六）糙苏属 Phlomis Linnaeus

多年生草本。轮伞花序腋生；苞叶与茎叶相似。花无梗；花萼喉部不偏斜，脉 5（10 ~ 11），凸起，萼齿5，等长，齿间弯缺具三角形齿；花冠二唇形，内面常具毛环，下唇3裂，中裂片较侧裂片宽；雄蕊二强，前对较长，后对花丝基部常具附属物，花药成对靠近，药室2，极叉开，后先端汇合；柱头裂片钻形。小坚果卵状三棱形。

约100种，我国产43种，湖南产2种，八大公山产1种。

1. 糙苏 Phlomis umbrosa Turczaninow

多年生草本。茎多分枝，四棱形。叶近圆形、圆卵形至卵状长圆形，先端急尖，稀渐尖，基部浅心形或圆形。轮伞花序通常4～8花，花冠通常粉红色，花萼多密生星状毛，稀无毛。小坚果无毛。花期6～9月，果期9月。

分布与生境：分布于八大公山各地，生于海拔700～900 m的山坡疏林下。

用途：根及全草入药。

糙苏 Phlomis umbrosa

（二十七）豆腐柴属 Premna Linnaeus

乔木或灌木。有时攀缘。单叶对生，全缘或有锯齿，无托叶。花序由聚伞花序组成紧密球或开展的各式花序，苞片通常呈锥形，花萼呈杯状或钟状，宿存，花后常稍增大，冠外部通常有毛，多少呈二唇形，雄蕊4枚，通常2长2短。核果球形。

200种，我国产46种，湖南产3种，八大公山产2种。

分种检索表

1. 乔木，叶大，（9～15）cm×（5～9）cm …………………………… **1. 黄药豆腐柴 P. cavaleriei**

1. 乔木，叶较小，（2.5～11.0）cm×（1.5～5.5）cm …………………………**2. 狐臭柴 P. puberula**

1. 黄药豆腐柴 Premna cavaleriei H. Leveille

落叶乔木。枝幼时赤褐色，密生短茸毛。叶片薄纸质，卵形或卵状长椭圆形，（9 ~ 15）cm ×（5 ~ 9）cm，同对叶常不同形，全缘，顶端渐尖至钝，基部阔楔形或近心脏形，两面疏生茸毛或近无毛。圆锥状聚伞花序顶生，密生茸毛，有疏散开展的分枝，花萼钟状，外面密生茸毛和不明显的腺点，顶端 5 裂，略呈二唇形，裂齿钝三角形；花冠淡黄色，4 裂近二唇形，裂片向外开展，外面疏生茸毛和密生腺点，雄蕊 4，2 长 2 短；子房无毛，顶端密生黄色腺点。核果卵球形，径约 2 mm。花果期 5 ~ 7 月。

分布与生境：分布于八大公山五道水，生于海拔 200 ~ 500 m 的山坡林中。

黄药豆腐柴 Premna cavaleriei

2. 狐臭柴 Premna puberula Pampanini

狐臭柴 Premna puberula

落叶灌木。枝微四棱形。叶揉之有臭味，卵状披针形至倒卵形，顶端急尖至长渐尖，基部渐狭窄下延至叶柄两侧，全缘至有不规则粗齿。聚伞花序组成项生塔形的圆锥花序，花冠淡黄色，外有柔毛和腺点。核果紫色，球形至倒卵形。花果期 5 ~ 10 月。

分布与生境：分布于八大公山各地，生于海拔 200 ~ 800 m 的山坡林缘、灌丛中。

用途：叶、根入药；叶可制凉粉供食用；叶还可做饲料。

（二十八）夏枯草属 **Prunella** Linnaeus

多年生草本。轮伞花序 6 花，多数聚集成卵状或卵圆状穗状花序，其下承以宽大、膜质、具脉的苞片，花萼管状钟形，二唇形，果时花萼缢缩闭合，花冠筒内面近基部有短毛及鳞片的毛环，冠檐二唇形，上唇直立，盔状，下唇 3 裂，中裂片较大，内凹，具齿状小裂片，侧裂片反折下垂。小坚果圆形、卵形至长圆形，光滑或具瘤。

7 种，我国产 4 种，湖南产 1 种，八大公山亦产。

1. 夏枯草 Prunella vulgaris Linnaeus

多年生草本。根茎匍匐。茎钝四棱形，紫红色。叶草质，侧脉 3 ~ 4 对。轮伞花序密集组成顶生长 2 ~ 4 cm 的穗状花序，花冠紫、蓝紫或红紫色。小坚果黄褐色，长圆状卵珠形。花期 4 ~ 6 月，果期 7 ~ 10 月。

分布与生境：分布于八大公山各地，生于海拔 200 ~ 1500 m 的荒坡、草地、溪边及路旁等湿润处。

用途：果穗入药。

夏枯草 Prunella vulgaris

（二十九）钩子木属 **Rostrinucula** Kudo

灌木。茎幼嫩部分密被星状茸毛。穗状花序顶生，下垂，圆柱形，由多数密集的轮伞花序组成，轮伞花序具 6 ~ 10 花，其下承以成对交互对生的苞片及小苞片，花萼钟形，具 10 脉，外被星状茸毛，内面无毛，萼齿 5，近等大，花冠粉红至紫红。子房 4 裂，被星状毛及腺点。小坚果三棱状椭圆形，疏被星状茸毛及腺点，先端具喙。

2 种，我国均产，湖南产 1 种，八大公山也有分布。

1. 长叶钩子木 **Rostrinucula sinensis** (Hemsley) C. Y. Wu

落叶灌木。叶片坚纸质，长圆形至长圆状披针形，上面绿色，无毛，下面密被白色星状茸毛，侧脉 5 ~ 9；叶柄短，具沟，密被白色星状茸毛。穗状花序顶生，纤长下垂或俯垂，密被白色星状茸毛，圆柱形，长 8 ~ 25 cm，由轮伞花序密集组成，轮伞花序具 6 ~ 10 花；未成熟小坚果三棱状长圆形，黄褐色，具腺点。花期 10 月。

分布与生境：产于八大公山各地，生于海拔 200 ~ 800 m 的溪边灌丛中或山坡湿润处。

长叶钩子木 Rostrinucula sinensis

（三十）鼠尾草属 **Salvia** Linnaeus

多年生或二年生草本。单叶或羽状复叶。轮伞花序 2 至多花，稀单花腋生；小苞片细小。花萼二唇形，上唇全缘，2 ~ 3 齿，下唇 2 齿；花冠二唇形，下唇开展，3 裂，中裂片宽大；能育雄蕊 2，花丝短，药隔线形，具斧形关节与花丝相连，成 T 字形，退化雄蕊 2；柱头 2 浅裂。小坚果卵球状三棱形或长圆状三棱形，无毛。

900 ~ 1100 种，我国产 84 种，湖南产 15 种，八大公山产 8 种。

分种检索表

1. 药隔下臂连生。
  2. 二年生草本；植株多分枝；全为单叶……………………………………………… **5. 荔枝草 S. plebeia**
  2. 多年生草本；植株不分枝或少分枝；单叶或奇数羽状复叶。
    3. 花冠筒内无长梗毛环，长管状，直伸，较花萼长 2 ~ 3 倍… **6. 长冠鼠尾草 S. plectranthoides**
    3. 花冠筒弯，内有完全或不完全的毛环。
      4. 花冠长不及 1.5 cm…………………………………………………………… **2. 贵州鼠尾草 S. cavaleriei**
      4. 花冠大型，长 1.5 cm 以上 ………………………………………………………… **1. 南丹参 S. bowleyana**
1. 药隔下臂分离。
  5. 花萼筒内具完全或不完全的毛环。
    6. 叶为单叶或具 3 小叶……………………………………………………………**3. 华鼠尾草 S. chinensis**
    6. 叶为三回至四回羽状复叶，裂片极多……………………………………… **4. 蕨叶鼠尾草 S. filicifolia**
  5. 花萼筒内无毛环。
    7. 茎生叶几全部为三出叶………………………………………………… **8. 佛光草 S. substolonifera**
    7. 茎生叶几单叶…………………………………………………………………… **7. 地梗鼠尾草 S. sscapiformis**

1. 南丹参 Salvia bowleyana Dunn

多年生草本；根肥厚，外表红赤色，切面淡黄色。茎粗大，钝四棱形。叶为羽状复叶，有小叶（5）7 片，边缘具圆齿状锯齿或锯齿，侧脉 5 ~ 6 对；叶柄被长柔毛。轮伞花序 8 至多花，组成顶

南丹参 Salvia bowleyana

生总状花序或总状圆锥花序；苞片披针形，具缘毛，花萼筒形。花冠淡紫、紫至蓝紫色。能育雄蕊 2，伸至上唇片，花丝扁平，药隔长约 19 mm。小坚果椭圆形，褐色。花期 3 ~ 7 月。

分布与生境：分布于八大公山杉木界，生于海拔 200 ~ 400 m 的山坡林缘或路边潮湿地。

用途：根入药；花供观赏。

2. 贵州鼠尾草 Salvia cavaleriei H. Léveillé

分变种检索表

1. 叶为羽状复叶，至少茎生叶如此……………**2a. 贵州鼠尾草（原变种）S. cavaleriei** var. **cavaleriei**
1. 叶为单叶，至少基生叶如此……………………**2b. 血盆草（变种）S. cavaleriei** var. **simplicifolia**

2a. 贵州鼠尾草（原变种）Salvia cavaleriei H. Léveillé var. **cavaleriei**

多年生草本。茎四棱形，下部无毛。叶形状不一，下部的叶为羽状复叶，顶生小叶长卵圆形或披针形，基部楔形或圆形而偏斜，草质，上面绿色，下面紫色。轮伞花序 2 ~ 6 花，组成顶生总状花序，花冠蓝紫或紫色。小坚果长椭圆形，黑色，无毛。花期 7 ~ 9 月。

分布与生境：产于八大公山各地，生于海拔 200 ~ 700 m 的山坡林下或溪边潮湿地。

用途：全草入药；庭院观赏。

贵州鼠尾草（原变种）Salvia cavaleriei var. cavaleriei

2b. 血盆草 Salvia cavaleriei var. **simplicifolia** E. Peter

多年生草本。本变种与原变种的区别在于叶为单叶，基部楔形或圆形而偏斜，草质，上面绿色，下面紫色。花、果期 6 ~ 8 月。

分布与生境：分布于八大公山各地，生于海拔 300 ~ 800 m 的山坡林下潮湿地。

用途：全草入药。

血盆草 Salvia cavaleriei var. simplicifolia

3. 华鼠尾草 **Salvia chinensis** Bentham

多年生草本。茎直立或基部平卧。茎上部叶为单位叶，卵形或卵状椭圆形，先端钝尖，基部心形或圆，茎下部为 3 小叶复叶。轮伞花序具 6 花，花萼钟形，喉部内面具长硬毛环，花冠蓝紫或紫色，冠筒内具斜向柔毛环，下唇中裂片倒心形。花期 8～10 月。

华鼠尾草 Salvia chinensis

分布与生境：分布于八大公山五道水，生于海拔 200 ~ 600 m 的溪边灌丛中。

用途：全草入药。

4. 蕨叶鼠尾草 Salvia filicifolia Merrill

一年生或二年生草本。叶为三回或四回羽状复叶，叶柄长 7 ~ 10 cm，腹凹背凸，纤细，被极细的短柔毛或变无毛，叶片轮廓呈阔卵圆形，长和宽均约为 7 cm，裂片极多，呈狭椭圆形至线状披针形或倒披针形，全缘或具少数小裂片。轮伞花序 6 ~ 10 花，组成顶生或腋生的总状花序，基部渐狭，花冠黄色或白色。小坚果椭圆形，褐色，无毛。花期 7 ~ 8 月。

分布与生境：分布于八大公山五道水，生于海拔 400 ~ 800 m 的河边岩石上。

蕨叶鼠尾草 Salvia filicifolia

5. 荔枝草 Salvia plebeia R. Brown

一年生或二年生草本。叶椭圆状卵圆形或椭圆状披针形，先端钝或急尖，基部圆形或楔形，草质，上面被稀疏的微硬毛，下面被短疏柔毛。轮伞花序 6 花，组成总状或总状圆锥花序，基部渐狭，花冠淡红至蓝色，稀白色。小坚果倒卵圆形，光滑。花期 4 ~ 5 月，果期 6 ~ 7 月。

分布与生境：分布于八大公山各地，生于海拔 200 ~ 1200 m 的田野、河边潮湿处。

用途：全草人药。

6. 长冠鼠尾草 Salvia plectranthoides Griffith

一年生或二年生草本。叶椭圆状卵圆形或椭圆状披针形，先端钝或急尖，基部圆形或楔形，草质，上面被稀疏的微硬毛，下面被短疏柔毛。轮伞花序 6 花，组成总状或总状圆锥花序，基部渐狭，花冠淡红至蓝色，稀白色。小坚果倒卵圆形，光滑。花期 4 ~ 5 月，果期 6 ~ 7 月。

分布与生境：分布于八大公山各地，生于海拔 400 ~ 800 m 的河边岩石上。

用途：全草入药。

荔枝草 Salvia plebeia

长冠鼠尾草 Salvia plectranthoides

7. 地埂鼠尾草 Salvia scapiformis Hance

一年生或二年生草本。叶常为根出叶或近根出叶，稀有茎生叶，根出叶多为单叶；间或有分出一片或一对小叶而成复叶，叶片心状卵圆形，复叶的顶生小叶较大，侧生小叶小或成狭片或近于减退，茎生叶很少，间有 1 ~ 2 对，叶柄短或近于无柄，叶片与根出叶者相同，但较小。轮伞花序 6 ~ 10 花，组成总状或总状圆锥花序，基部渐狭，花冠花冠紫色或白色。小坚果倒卵圆形，光滑。花期 4 ~ 5 月，果期 6 ~ 7 月。

分布与生境：分布于八大公山各地，生于海拔 400 ~ 800 m 的河边岩石上。

用途：全草入药。

地埂鼠尾草 Salvia scapiformis

8. 佛光草 Salvia substolonifera E. Peter

多年生草本。茎基部具数条匍匐枝。根出叶大多数为单叶，茎生叶为单叶或三出叶或 3 裂，单叶叶片卵圆形，两面近无毛或仅沿脉上被微硬毛，三出叶或三裂时，顶生的较大，卵圆形至近圆形。轮伞花序 2 ~ 8 花，花萼钟形，果时增大。花冠淡红或淡紫色。小坚果卵圆形。花期 3 ~ 5 月。

分布与生境：分布于八大公山各地，生于海拔 200 ~ 500 m 的河边潮湿的草丛中。

用途：全草入药。

佛光草 Salvia substolonifera

（三十一）四棱草属 **Schnabelia** Handel-Mazzetti

多年生草本。具稍膨大的根茎；茎绿色，四棱形，棱角上具翅。叶通常早落。花二型，具开花和闭花授粉型的花。开花授粉的花：花冠大，花冠筒细长，花蕾时上部成球状，几乎全藏于萼筒，开花时伸出；闭花授粉的花：花但花冠极小，内藏，早落，冠檐闭合，从不开放。小坚果倒卵珠形，被短柔毛。

5 种，我国特有，湖南产 3 种，八大公山产 1 种。

1. 三花莸 *Schnabelia terniflora* (Maxim.) P. D. Cantino

直立亚灌木。常自基部即分枝。茎方形，密生灰白色向下弯曲柔毛。叶片纸质，卵圆形至长卵形，顶端尖，基部阔楔形至圆形，两面具柔毛和腺点，以背面较密，边缘具规则钝齿。聚伞花序，花冠紫红色或淡红色，外面疏被柔毛和腺点。蒴果成熟后四瓣裂，果瓣倒卵状舟形，无翅，表面明显凹凸成网纹，密被糙毛。花果期 6～9 月。

分布与生境：分布于八大公山各地，生于海拔 600～1500 m 的路边或林缘草丛中。

用途：全草入药。

三花莸 Schnabelia terniflora

（三十二）黄芩属 **Scutellaria** Linnaeus

草本或亚灌木。花腋生。花萼短筒形，二唇，唇片全缘，果时闭合沿缝线开裂达基部，上唇早落，下唇片宿存；花冠二唇，冠筒内无明显毛环，上唇盔状，下唇 3 裂，中裂片宽扁，2 侧裂片和上唇稍靠合；雄蕊 4，二强，前对长，花药成对靠近，后对花药 2 室，药隔稍尖，前对花药败育为 1 室；子房具柄，柱头不等 2 浅裂。

约 350 种，我国产 98 种，湖南产 15 种，八大公山产 8 种。

分种检索表

1. 总状或穗状花序顶生，多具小苞叶。
  2. 茎叶通常离基 1/3 以上具少数波状浅齿至近全缘 …………………… **8. 红茎黄芩 S. yunnanensis**
  2. 茎叶边缘明显具齿。
    3. 中等大至高大直立或蔓性草本…………………………………………… **4. 变黑黄芩 S. nigricans**
    3. 通常矮小上升或披散草本。
      4. 叶边缘具整齐的圆齿………………………………………………………… **3. 韩信草 S. indica**
      4. 叶边缘具牙齿或牙齿状锯齿………………………………………… **7. 英德黄芩 S. yingtakensis**
1. 单花或总状花序腋生，如为顶生花序，其花多具苞叶；苞叶与茎叶同形，并渐呈苞片状。
  5. 花枝十分伸长，花生于叶腋内…………………………………………**2. 湖南黄芩 S. hunanensis**
  5. 花枝缩短，仅上部具花。
    6. 花冠下唇中裂片近全缘或微缺，不呈蝶形相等 4 小裂。
      7. 叶缘全部具圆齿或重锯齿……………………**5. 锯叶峨眉黄芩 S. omeiensis** var. **serratifolia**
      7. 叶全缘或仅下部具 3~4 粗齿 ………………………………………… **1. 岩藿香 S. franchetiana**
    6. 花冠下唇中裂片呈蝶形相等 4 小裂……………………………… **6. 巫山黄芩 S. wushanensis**

1. 岩藿香 Scutellaria franchetiana H. Léveillé

多年生草本。根茎横行，密生须根，在节上生匍枝。茎锐四棱形，紫色。茎叶具柄，被微柔毛，

岩藿香 Scutellaria franchetiana

叶片草质，卵圆形至卵圆状披针形，基部宽楔形、近截形至心形，侧脉 2 ~ 3 对，中脉在上面不明显下面多少显著。总状花序，花冠紫色，花萼散步腺点。小坚果黑色，卵球形。花期 6 ~ 7 月。

分布与生境：分布于八大公山各地，生于海拔 1000 ~ 1700 m 的山坡林缘草地上。

用途：全草入药。

2. 湖南黄芩 Scutellaria hunanensis C. Y. Wu

多年生草本。茎密被腺状柔毛。叶三角状卵形，先端尖，基部心形或近平截，具圆齿状重锯齿，两面密被微柔毛，下面脉上毛较密。总状花序，苞片和花梗密被腺状柔毛，花冠暗紫色，疏被腺状柔毛。花期 6 ~ 7 月，果期 6 ~ 8 月。

分布与生境：分布于八大公山五道水，生于海拔 500 ~ 1000 m 的林下阴湿地。

用途：全草入药。

湖南黄芩 Scutellaria hunanensis

3. 韩信草 Scutellaria indica Linnaeus

多年生草本。茎四棱形，暗紫色，被微柔毛。叶草质至近坚纸质，心状卵圆形或圆状卵圆形至椭圆形，先端钝或圆，基部圆形、浅心形至心形，总状花序，对生，花冠蓝紫色。成熟小坚果栗色或暗褐色，卵形。花果期 2 ~ 6 月。

分布与生境：分布于八大公山各地，生于海拔 200 ~ 600 m 的山地林缘、路旁草丛中。

用途：全草入药。

4. 变黑黄芩 Scutellaria nigricans C. Y. Wu

一年生草本。根茎匍匐，纤细。茎直立上升，柔弱，无毛。叶卵圆形，茎中部者（6 ~ 7）cm ×（3.2 ~ 3.5）cm，茎下部者变小，干时两面变黑色，边缘疏生 6 ~ 8 对粗大圆齿。花对生，于茎或枝顶排列成长达 11 cm 的总状花序，花萼密被具腺的有节的微柔毛，盾片高 0.75 mm。花冠紫色或淡紫蓝色，冠筒直伸，基部前方稍囊状膨大不呈曲膝状。子房光滑，4 裂。花期 4 ~ 6 月。

分布与生境：分布于八大公山五道水（红鱼洞），生于海拔 200 ~ 500 m 的山坡林缘。

用途：全草入药。

韩信草 Scutellaria indica

变黑黄芩 Scutellaria nigricans

5. 锯叶峨眉黄芩 Scutellaria omeiensis var. **serratifolia** C. Y. Wu & S. Chow

多年生草本。茎锐四棱形，棱上微具翅，常呈紫色。叶片卵圆形，先端短渐尖至尾状渐尖，基部平截而下延，边缘具圆齿。花序总状，顶生或腋生，苞片卵圆形，由茎叶逐渐过渡而成，花萼盾片极发达，呈倒卵形，花冠黄色至紫红色，外被短柔毛，冠筒基部前方稍膝曲状膨大。花期 6 ~ 7 月，果期 7 ~ 8 月。

分布与生境：分布于八大公山天平山，生于海拔 1500 m 的山坡林缘。

用途：全草入药。

锯叶峨眉黄芩 Scutellaria omeiensis var. serratifolia

6. 巫山黄芩 Scutellaria wushanensis H.P. Deng & H. Zhang

多年生草本。根茎横卧，在节上生匍枝。茎直立，被白色微柔毛至疏柔毛，常在中部以上具腋出分枝。叶具长柄，叶片卵圆形，茎中部者长 4.0 cm × 2.6 cm，趋向茎的两端者渐小，先端钝或急尖，

巫山黄芩 Scutellaria wushanensis

基部平截或圆形而稍稍下延。花单生于叶腋，在茎及腋出分枝的上部逐渐过渡成疏松或稍密的长总状花序，花序下部的苞片与茎叶同形，花萼，沿脉上及萼缘被短柔毛，余无毛，盾片明显。花冠黄色，有紫色条纹，外密被具腺短柔毛。花期 6 ~ 8 月。

分布与生境：分布于八大公山天平山，生于海拔 1400 ~ 1500 m 的溪边湿润草地上。

7. 英德黄芩 Scutellaria yingtakensis Sun ex C. H. Hu

多年生草本。茎四棱形，具槽，疏被上曲短柔毛，下部常无叶，分枝，枝条近直升、具花。叶狭卵圆形至狭三角状卵圆形，先端急尖，基部宽楔形至近截形，边缘疏生 4 ~ 6 对浅牙齿。花对生，在茎及枝条顶上排列成长达 7 cm 的总状花序；苞片长圆形，先端钝，基部渐狭，无柄，最下一对稍大，边缘具 1 ~ 2 对浅牙齿，其余渐小。花冠淡红色至紫红色。小坚果深褐色，光滑。花期 4 ~ 5 月。

分布与生境：分布于八大公山各地，生于海拔 300 ~ 400 m 的溪边湿润草地上。

英德黄芩 Scutellaria yingtakensis

8. 红茎黄芩 Scutellaria yingtakensis Sun ex C. H. Hu

多年生草本。茎直立，具槽，常呈水红色，几无毛或略被短柔毛，大都不分枝或具少数短分枝。叶通常 4 对，卵圆形或椭圆状卵圆形，先端渐尖或短渐尖，基部圆形，边缘疏生极不明显的小齿或浅波状或近全缘，两面无毛，上面深绿色，下面较淡，带红色，密生小凹腺点，侧脉约 4 对，与中脉在上面凹陷下面突出；叶柄常呈水红色。花对生，排列成顶生或间有少数腋生的总状花序，苞片退化。花冠于冠檐紫红色但筒部色淡或白色。小坚果成熟时暗褐色，三棱状卵圆形。花期 4 月，果期 5 月。

分布与生境：分布于八大公山五道水，生于海拔 300 ~ 400 m 的溪边湿润草地上。

红茎黄芩 Scutellaria yingtakensis

（三十三）筒冠花属 **Siphocranion** Kudô

多年生草本，根茎匍匐。花序总状通常单生于茎顶，。花萼阔钟形，雄蕊 4，内藏于冠筒中，前对较长，花丝无毛，花药 2 室，室汇合。花柱先端相等 2 浅裂。花盘前方呈指状膨大，其长度超过子房。子房无毛。小坚果长圆形或卵圆形，褐色，具点，基部有一小白痕。

2 种，我国均产，湖南产 1 种，八大公山也有分布。

1. 光柄筒冠花 **Siphocranion nudipes** (Hemsley) Kudô

多年生草本。叶披针形，先端锐尖及长渐尖，基部楔形下延至叶柄，边缘有细锐锯齿，近膜质，上面绿色，下面较淡，侧脉 5 ~ 6 对。总状花序，花冠筒部白色上部紫红色。小坚果长圆形，褐色。花期 7 ~ 9 月，果期 10 ~ 11 月。

分布与生境：分布于八大公山各地，生于海拔 800 ~ 1400 m 的山坡林下。

用途：茎叶入药。

（三十四）水苏属 **Stachys** Linnaeus

草本，稀亚灌木或灌木。轮伞花序具 2 至多花，组成顶生穗状花序。花萼管状钟形，萼齿 5；花冠筒圆柱形，内面具毛环，稀无，筒上部内弯，喉部不增大，冠檐二唇形，下唇较上唇长，3 裂；雄蕊 4，上升至上唇片之下，前对较长，常在喉部向二侧方弯曲，药室 2；柱头近相等 2 浅裂，裂片钻形。

光柄筒冠花 Siphocranion nudipes

300 种，我国产 18 种，湖南产 6 种，八大公山产 3 种。

分种检索表

1. 叶卵形、长圆状卵形或心形。
    2. 萼齿正三角形或长三角形，直伸………………………………………… **1. 地蚕 S. geobombycis**
    2. 萼齿线状披针形，反折……………………………………………… **3. 狭齿水苏 S. pseudophlomis**
1. 叶狭长，披针形或长圆状披针形…………………………………………… **2. 针筒菜 S. oblongifolia**

1. 地蚕 Stachys geobombycis C. Y. Wu

多年生草本。根茎横走，肉质，肥大。茎叶长圆状卵圆形，基部浅心形或圆形，上面绿色，散布疏柔毛状刚毛，轮伞花序腋生，花冠淡紫至紫蓝色。花期 4～5 月。

分布与生境：分布于八大公山各地，生于海拔 400～1000 m 的荒地、路边草丛中。

用途：根茎入药。

2. 针筒菜 Stachys oblongifolia Wallich ex Bentham

多年生草本。茎锐四棱形，不分枝或少分枝。茎生叶长圆状披针形，基部浅心形，上面绿色，疏被微柔毛及长柔毛，下面灰绿色，至近于无柄，密被长柔毛。轮伞花序通常 6 花，花冠粉红色或粉红紫色。小坚果卵珠状，褐色，光滑。

分布与生境：分布于八大公山各地，生于海拔 200～1200 m 的荒地及溪边湿地中。

用途：全草及根入药。

地蚕 Stachys geobombycis

针筒菜 Stachys oblongifolia

3. 狭齿水苏 **Stachys oblongifolia** Wallich ex Bentham

多年生草本。根茎肥大，在节上密生纤维状须根。茎劲直，上升，不分枝或多分枝，四棱形，具四槽，密被倒向疏柔毛。茎叶卵圆状心形，先端渐尖，基部心形，边缘有规则的细圆齿状锯齿，膜质，上面密被绢质糙伏毛，下面沿中肋及侧脉上密被平展疏柔毛。轮伞花序腋生，具 2 ~ 6 花，远离；花萼管状钟形，花冠紫色或红色。子房褐色，无毛。花期 7 ~ 8 月。

分布与生境：分布于八大公山各地，生于海拔 200 ~ 1200 m 的荒地及路边湿地中。

狭齿水苏 *Stachys oblongifolia*

（三十五）香科科属 **Teucrium** Linnaeus

单叶具羽状脉。轮伞花序具 2 ~ 3 花。花萼 10 脉，萼筒基部前面臌胀，萼檐具 5 齿或二唇形，3/2 式；花冠单唇，冠檐具 5 裂片，两侧裂片短小；雄蕊 4，前对稍长，花丝长不及冠筒 2 倍，花后多弓曲，花药药室极叉开；子房球形，花柱与花丝等长或稍长，柱头 2 浅裂。小坚果倒卵状球形，无毛，合生面约为果长 1/2。

约 260 种，我国产 18 种，湖南产 6 种，八大公山产 4 种。

分种检索表

1. 花萼二唇形；雄蕊较花冠筒长 1 倍以上；小坚果具网纹。
  2. 植物体几无毛……………………………………………………… **1. 二齿香科科 *T. bidentatum***
  2. 植物体密被白色倒向短柔毛……………………………………………**3. 庐山香科科 *T. pernyi***
1. 花萼二唇形不明显或明显；雄蕊稍露出至伸出部分与花冠筒等长；小坚果无网纹。
  3. 茎无毛，稀近节处疏被长柔毛………………………………………… **2. 穗花香科科 *T. japonicum***
  3. 茎被白或淡黄色长达 3 mm 的长柔毛 ………………………………… **4. 长毛香科科 *T. pilosum***

1. 二齿香科科 *Teucrium bidentatum* Hemsley

多年生草木。茎部近圆柱形，上部四棱形，具微柔毛。叶柄被微柔毛；叶片卵圆形至披针形，侧脉 4 ~ 6 对，先端渐尖或尾状渐尖，基部楔形或阔楔形。花冠白色，花萼二唇形，雄蕊较花冠筒长 2 倍以上。小坚果卵圆形，具网纹，黄棕色 .

分布与生境：分布于八大公山各地，生于海拔 200 ~ 600 m 的山地林下。

用途：根入药。

二齿香科科 Teucrium bidentatum

2. 穗花香科科 Teucrium japonicum Willdenow

多年生草本，具匍匐茎。茎四棱形，平滑无毛。叶片卵圆状长圆形至卵圆状披针形，基部心形至平截。花萼钟形，萼齿5，上3齿正三角形，下2齿锐三角形，与上3齿等长。花冠白色或淡红色，小坚果倒卵形，栗棕色，疏被白色波状毛。花期7～9月。

穗花香科科 Teucrium japonicum

分布与生境：分布于八大公山各地，生于海拔 600 ~ 1200 m 的山地林下阴湿处。

用途：全草入药。

3. 庐山香科科 **Teucrium pernyi** Franchet

多年生草本。具匍匐茎。茎直立，被白色向下弯曲的短柔毛。叶片卵圆状披针形，（3.5 ~ 5.3）cm ×（1.5 ~ 2.0）cm，先端短渐尖或渐尖，基部圆形或阔楔形下延，边缘具粗锯齿，两面被微柔毛。轮伞花序常 2 花，松散，偶达 6 花，于茎及短于叶的腋生短枝上组成穗状花序；花萼钟形，花冠白色，冠筒稍稍伸出，子房球形，密被泡状毛。小坚果倒卵形。

分布与生境：分布于八大公山各地，生于海拔 300 ~ 700 m 的山地林下阴湿处。

用途：全草入药。

庐山香科科 Teucrium pernyi

4. 长毛香科科 **Teucrium pilosum** (Pampanini) C. Y. Wu & S. Chow

多年生草本，具匍匐茎。茎直立，常不分枝，被白色长柔毛。叶片卵圆状披针形或长圆状披针形，偶为卵圆状长圆形，（5 ~ 8）cm ×（1.5 ~ 2.5）cm，基部截平或近心形，密被柔毛。假穗状花序顶生于主茎及分枝上，花萼钟形，外被长柔毛，夹有浅黄色腺点，10 脉，花冠淡红色见。花期 7 ~ 8 月，果期 10 月。

分布与生境：分布于八大公山各地，多生于海拔 200 ~ 1500 m 的荒地中。

用途：全草入药。

长毛香科科 Teucrium pilosum

（三十六）牡荆属 **Vitex** Linnaeus

乔木或灌木。小枝常四棱形。掌状复叶，对生，小叶 3 ~ 8，稀单叶。圆锥状聚伞花序；苞片小；花萼钟状或管状，近平截或具 5 小齿，有时稍二唇形，常被微柔毛及黄色腺点；花冠白、淡蓝、淡蓝紫或淡黄色，稍长于花萼，二唇形，上唇 2 裂，下唇 3 裂，中裂片较大。核果球形或倒卵圆形，外包宿萼。

250 种，我国产 14 种，湖南产 4 种，八大公山产 2 种。

分种检索表

1. 灌木，小叶两面被柔毛，萼齿不明显……………………………………………… **2. 黄荆 V. negundo**
1. 乔木，叶背密被白色柔毛，萼齿明显………………………………………… **1. 灰毛牡荆 V. canescens**

1. 灰毛牡荆 **Vitex canescens** Kurz

落叶乔木。小枝密被灰黄色细柔毛。掌状复叶，小叶 3 ~ 5，小叶片卵形，椭圆形或椭圆状披针形，侧生的小叶基部常不对称，全缘，背面密生灰黄色柔毛和黄色腺点。圆锥花序顶生，花序梗密生灰黄色细柔毛，花萼顶端有 5 小齿，外面密生柔毛和腺点，花冠黄白色。核果近球形或长圆状倒卵形，宿萼外有毛。花期 5 ~ 6 月，果期 9 ~ 10 月。

分布与生境：分布于八大公山各地，生于海拔 300 ~ 500 m 的山坡疏林中。

用途：木材可作用材；成熟果实入药。

灰毛牡荆 Vitex canescens

2. 黄荆 Vitex negundo Linnaeus

分变种检索表

1. 小叶全缘，偶具少数锯齿……………………………**2a. 黄荆（原变种） V. negundo** var. **negundo**
1. 小叶具锯齿…………………………………………… **2b. 牡荆（变种） V. negundo** var. **cannabifolia**

2a. 黄荆（原变种） Vitex negundo Linnaeus var. **negundo**

灌木或小乔木。小枝四棱形，密生灰白色茸毛。掌状复叶，小叶片长圆状披针形至披针形，顶端渐尖，基部楔形，全缘或每边有少数粗锯齿，表面绿色，背面密生灰白色茸毛。聚伞花序排成圆锥花序式，花序梗密生灰白色茸毛；花冠淡紫色，外有微柔毛。核果近球形。花期 4 ~ 6 月，果期 7 ~ 10 月。

分布与生境：八大公山各地广布，生于海拔 200 ~ 500 m 山坡路旁或灌木丛中。

用途：果实、枝、叶入药。

2b. 牡荆（变种） Vitex negundo var. **cannabifolia** (Siebold & Zuccarini) Handel-Mazzetti

本变种与原变种的区别在于小叶片边缘有粗锯齿。花期 6 ~ 7 月，果期 8 ~ 11 月。

分布与生境：分布于八大公山各地，生于海拔 200 ~ 1300 m 的山坡灌丛中。

用途：果实、枝、叶入药。

黄荆（原变种）Vitex negundo var. negundo

牡荆（变种）Vitex negundo var. cannabifolia

一百五十四、通泉草科 Mazaceae

矮小草本，茎圆柱形，直立或倾卧。叶以基生为主，多为莲座状或对生，茎上部的多为互生。花小，排成顶生稍偏向一边的总状花序，花萼漏斗状或钟形，萼齿 5 枚；花冠 2 唇形，上唇直立，2 裂，下唇较大，扩展，3 裂，有褶襞 2 条，从喉部通至上下唇裂口，雄蕊 4 枚，2 强，着生在花冠筒上，子房有毛或无毛，花柱无毛，柱头 2 片状。蒴果被包于宿存的花萼内，种子小，极多数。

3 属 33 种，我国产 3 属 28 种，湖南产 1 属 10 种，八大公山产 1 属 6 种。

（一）通泉草属 Mazus Loureiro

多年生生草本，稀为常绿灌木。叶以基生为主，多为莲座状，茎下部叶对生，上部叶多为互生，叶边缘有锯齿，少全缘或羽裂。花小，排成顶生稍偏向一边的总状花序，花萼漏斗状或钟形，萼齿 5 枚，花冠 2 唇形，紫白色，上唇直立，2 裂，下唇较大，3 裂，推蕊 4 枚，2 强，着生在花冠筒上。蒴果被包于宿存的花萼内。

35 种，我国有 25 种，湖南有 10 种，八大公山产 6 种。

分种检索表

1. 有匍匐茎或茎倾卧上升。
  2. 叶具基生，茎生叶多数。
    3. 茎匍匐或兼具匍匐茎和直立茎……………………**1. 匍茎通泉草 M. miquelii**
    3. 茎倾卧上升……………………**4. 通泉草 M. pumilus**
  2. 叶全为基生，无茎生叶。
    4. 花冠裂片上唇不规则齿裂……………………**3. 美丽通泉草 M. pulchellus**
    4. 花冠裂片上唇二中裂后裂片再不规则齿裂……………………**2. 岩白翠 M. omeiensis**
1. 无长蔓匍匐茎；子房被毛。
  5. 植株细瘦，基部倾卧，节上常生不定根……………………**5. 毛果通泉草 M. spicatus**
  5. 植株粗壮，直立，节上不生根……………………**6. 弹刀子菜 M. stachydifolius**

1. 匍茎通泉草 Mazus miquelii Makino

多年生草本。无毛或少有疏柔毛。茎有直立茎和匍匐茎，匍匐茎长达 15 ~ 20 cm，有时不发育。基生叶常多数成莲座伏，倒卵状匙形，边缘具组锯齿多互生，在匍匐茎上的多对生，具短柄，卵形或近圆形，具疏锯齿。总状花序顶生；花冠紫色或白色而有紫斑，长 1.55 ~ 2.0 cm。蒴果圆球形，稍伸出于萼筒。花果期 2 ~ 8 月。

分布与生境：分布于八大公山各地，生于海拔 200 ~ 800 m 林中潮湿处。

2. 岩白翠 Mazus omeiensis H. L. Li

多年生草本。植株密被白色柔毛。花茎无叶。叶全为基生，莲座状，倒卵状匙形至矩圆状匙形，长可达 20 cm，顶端圆形，基部渐狭窄成有翅的柄，边缘有缺刻状锯齿、重锯齿至不整齐的羽裂。总状花序，苞片窄披针形，花萼钟状，萼齿远较萼筒短，长卵形，顶端锐尖；花冠红色、紫色或深紫堇色，上唇直立而短，2 裂，裂片近圆形，端截形，上有流苏状细齿，下唇 3 裂，裂片顶端均多少有流苏状细齿；子房无毛。蒴果卵圆形。花果期 3 ~ 6 月。

分布与生境：分布于八大公山五道水，生于海拔 300 m 的潮湿岩壁上。

用途：庭院观赏。

匍茎通泉草 Mazus miquelii

岩白翠 Mazus omeiensis

3. 美丽通泉草 Mazus pulchellus Hemsley

多年生草本，幼时密被白色或锈色短柔毛，后变无毛。无叶。叶全为基生，莲座状，倒卵状匙形至矩圆状匙形，质地较薄，薄纸质至纸质，基部渐狭窄成有翅的柄，边缘有缺刻状锯齿、重锯齿至不整齐的羽裂。总状花序，多花，花疏稀；花梗长而纤细；苞片窄披针形；花萼钟状，萼齿远较萼筒短，长卵形，顶端锐尖；花冠红色、紫色或深紫堇色，上唇直立而短，2 裂；子房无毛。蒴果卵圆形。

分布与生境：分布于八大公山五道水、龙潭坪，生于海拔 200 ~ 400 m 的滴水或潮湿岩壁上。

用途：庭院观赏。

美丽通泉草 Mazus pulchellus

4. 通泉草 Mazus pumilus (N. L. Burman) Steenis

一年生草本。无毛或疏生短柔毛。本种在体态上变化幅度很大，茎直立，上升或倾卧状上升，着地部分节上长不定根，分枝多而披散。基生叶少到多数，倒卵状匙形至卵状倒披针形。总状花序，花萼钟状，果期多少增大；花冠白色、紫色或蓝色，于房无毛。蒴果球形。花果期 4 ~ 10 月。

分布与生境：分布于八大公山各地，生于海拔 400 ~ 1200 m 的湿润的草坡、沟边、路旁。

用途：全草入药。

5. 毛果通泉草 Mazus spicatus Vaniot

多年生草本。全体被长柔毛。茎圆柱形，细瘦，基部木质化，直立或倾卧状上升，着地部分节上常生不定根。叶倒卵形至倒卵状匙形，膜质，基部渐狭成有翅的柄，边缘有锯齿。总状花序顶生；花萼钟状，花冠白色或谈紫色，子房被长硬毛。蒴果小，卵球形，淡黄色，被长硬毛。花期 5 ~ 6 月，果期 7 ~ 8 月。

分布与生境：分布于八大公山各地，生于海拔 200 ~ 800 m 的悬崖石壁上。

用途：全草入药。

通泉草 Mazus pumilus

毛果通泉草 Mazus spicatus

6. 弹刀子菜 Mazus stachydifolius (Turczaninow) Maximowicz

多年生草本。全体被长柔毛。根状茎短。茎直立，圆柱形，老时基部木质化。基生叶匙形，茎生叶对生，无柄，长椭圆形至倒卵状披针形，纸质，边缘具不规则锯齿。总状花序顶生，花萼漏斗状，果时增长大；花冠蓝紫色，子房上部被长硬毛。蒴果扁卵球形。花期 4 ~ 6 月，果期 7 ~ 9 月。

分布与生境：分布于八大公山各地，生于海拔 200 ~ 900 m 的溪边湿润草丛中。

用途：全草入药。

弹刀子菜 Mazus stachydifolius

一百五十五、透骨草科 Phrymaceae

草本，稀亚灌木或灌木。茎4棱形。叶为单叶，对生，具齿，无托叶。穗状花序生茎顶及上部叶腋，纤细，具苞片及小苞片，有长梗。花两性，左右对称。花萼合生成筒状，具5棱，檐部2唇形；花冠合瓣，漏斗状筒形，檐部2唇形，上唇直立，下唇开展；雄蕊（2）4，着生于冠筒内面；子房上位，1～2室，基底胎座，有1直生胚珠；花柱1，顶生，柱头2唇形。果为瘦果、蒴果或浆果状，狭椭圆形，包藏于宿存萼筒内，含1基生种子。

约13属180种，我国产4属8种，湖南产2属3种，八大公山产2属3种。

分属检索表

1. 萼筒有棱翅……………………………………………………………………**1. 沟酸浆属 Mimulus**

1. 萼筒光滑………………………………………………………………………**2. 透骨草属 Phryma**

（一）沟酸浆属 Erythranthe Spach.

一年生或多年生。茎直立或铺散状平卧，圆柱形或四方形而具窄翅。叶对生。花单生叶腋内或为顶生的总状花序，有小苞片或无，花萼筒状或钟状，果期有时膨大成囊泡状，具5肋，萼齿5，花冠二唇形，花冠筒筒状，上唇2裂，直立或反物，下唇3裂，雄蕊4，2强，着生于花冠筒内，内藏，子房2室。蒴果被包于宿存的花萼内或伸出。

150种，我国产5种，湖南产2种，八大公山产2种。

分种检索表

1. 萼口斜截，萼齿长短不齐，后方的1枚较大……………………… **1. 四川沟酸浆 E. szechuanensis**
1. 萼口平截或稍斜，萼齿短而齐或后方的1枚较大……………………………… **2. 沟酸浆 E. tenellus**

1. 四川沟酸浆 Erythranthe szechuanensis (Y. Y. Pai) G. L. Nesom

多年生草本。根状茎长，节上生须根。茎直立，四方形，有狭翅。叶卵形，（2～6）cm×（1～3）cm，顶端锐尖，基部宽楔形，渐狭成长至1.5 cm的短柄，边缘有疏齿，羽状脉。花单生于茎枝近顶端叶腋，萼圆筒形，果期膨大成囊泡状，长肋有狭翅，萼口斜形，肋与边缘均被多细胞柔毛，萼齿5，刺状，后方一枚较大；花冠黄色，喉部有紫斑。蒴果长椭圆形，被包于宿存的萼内。花期6～8月。

分布与生境：分布于八大公山各地，生于海拔600～1800 m的水边、林下湿地。

用途：全草入药。

四川沟酸浆 Erythranthe szechuanensis

2. 沟酸浆 Erythranthe tenella (Bunge) G. L. Nesom

多年生柔弱草本。常铺散状，无毛。茎多分枝，下部匍匐生根，四方形，角处具窄翅。叶卵形至卵状矩圆形，顶端急尖，基部截形，边缘具明显的疏锯齿。花单生叶腋；花萼圆筒形，萼口平截，萼齿5，细小，刺状；花冠漏斗状，黄色，喉部有红色斑点。蒴果椭圆形。种子卵圆形，具细微的乳头状突起。花果期6～9月。

分布与生境：分布于八大公山各地，生于海拔600～1500 m的水边、林下湿地。

用途：全草入药。

沟酸浆 Erythranthe tenella

（二）透骨草属 **Phryma** Linnaeus

多年生草本。茎直立，4 棱形。叶片长圆形至披针形，草质。穗状花序生茎顶及侧枝顶端；苞片钻形至线形；小苞片 2。花通常多数，疏离，出自苞腋；花萼筒状，有 5 纵棱，萼齿直立；花冠漏斗状筒形；雄蕊 4，无毛；雌蕊无毛。瘦果狭椭圆形。种子 1。花期 6 ~ 10 月，果期 8 ~ 12 月。

单种属。八大公山有分布。

1. 透骨草 **Phryma leptostachya** subsp. **asiatica** (Hara) Kitamura

特征见透骨草属的描述。

分布与生境：分布于八大公山各地，生于海拔 800 ~ 1200 m 的杂木林下湿润处。

用途：全草入药。

透骨草 Phryma leptostachya subsp. asiatica

一百五十六、泡桐科 Paulowniaceae

落叶乔木。嫩枝常有粘质腺毛。叶对生，大而有长柄，心形至长卵状心形，基部心形。花 3 ~ 5 朵成小聚伞花序，再组成大型圆锥花序，萼齿 5，稍不等，花冠大，紫色或白色，花冠漏斗状钟形至管状漏斗形，内面常有深紫色斑点，檐部二唇形，上唇 2 裂，下唇 3 裂。蒴果卵圆形至长圆形。种子小而多，有膜质翅。

2 属 9 种，我国产 2 属 7 种，湖南产 1 属 5 种，八大公山产 1 属 3 种。

（一）泡桐属 **Paulownia** Siebold & Zuccarini

落叶乔木。叶对生，大而有长柄，心形至长卵状心形，基部心形，全缘、波状或 3 ~ 5 浅裂。花 3 ~ 5 朵成小聚伞花序，再组成大型圆锥花序，萼齿 5，稍不等，花冠大，紫色或白色，花冠漏斗状钟形至管状漏斗形，内面常有深紫色斑点，檐部二唇形，上唇 2 裂，下唇 3 裂。蒴果卵圆形至长圆形。种子小而多，有膜质翅。

7 种，我国产 6 种，湖南产 5 种，八大公山产 3 种。

分种检索表

1. 小聚伞花序，有明显的总梗。
  2. 果长圆形或长椭圆形；花冠白色或浅紫色……………………………… **1. 白花泡桐 P. fortunei**
  2. 果卵圆形；花冠紫色或浅紫色……………………………………………… **3. 毛泡桐 P. tomentosa**
1. 小聚伞花序，除下部的花序处无明显的总梗……………………………… **2. 台湾泡桐 P. kawakamii**

1. 白花泡桐 Paulownia fortunei (Seemann) Hemsley

落叶乔木。主干直，树皮灰褐色；幼枝、叶、花序各部和幼果均被黄褐色星状茸毛，但叶柄、叶片上面和花梗渐变无毛。叶片长卵状心脏形或为卵状心脏形，顶端长渐尖或锐尖头。花序狭长几成圆柱形，花冠白色仅背面稍带紫色或浅紫色。蒴果长圆形或长圆状椭圆形，果皮木质。种子连翅长 6 ~ 10 mm。花期 3 ~ 4 月，果期 7 ~ 8 月。

分布与生境：分布于八大公山各地，生于海拔 200 ~ 600 m 的山坡、路边、山谷及荒地。

用途：庭园观赏；叶、花、果入药；用材树种。

2. 台湾泡桐 Paulownia kawakamii T. Ito

落叶小乔木。叶片心形，全缘或 3 ~ 5 裂，两面均有黏毛。花序枝的侧枝发达而几与中央主枝等势或稍短，故花序为宽大的圆锥形，小聚伞花序无总梗或具短总梗，花萼有茸毛，具明显的凸脊，深裂至一半以上，萼齿狭卵圆形，花冠近钟形，浅紫色至蓝紫色。蒴果卵圆形，顶端有短喙，宿萼辐射状，常强烈反卷。花期 4 ~ 5 月，果期 8 ~ 9 月。

分布与生境：分布于八大公山各地，生于海拔 200 ~ 600 m 的山坡、路边、山谷及荒地。

用途：庭园观赏；叶、根皮入药。

白花泡桐 Paulownia fortunei

台湾泡桐 Paulownia kawakamii

3. 毛泡桐 Paulownia tomentosa (Thunberg) Steudel

落叶乔木。树冠宽大伞形，树皮褐灰色；小枝有明显皮孔，幼时常具黏质短腺毛。叶片心脏形，顶端锐尖头，全缘或波状浅裂，上面毛稀疏，下面毛密或较疏。花序枝的侧枝不发达，花序为金字塔形或狭圆锥形，花冠紫色。蒴果卵圆形，幼时密生黏质腺毛，宿萼不反卷。花期 4 ~ 5 月，果期 8 ~ 9 月。

分布与生境：分布八大公山各地，生于海拔 600 ~ 1400 m 的山谷疏林或村寨边。

用途：茎皮、嫩根、根皮、叶、果实、花入药；庭院观赏；用材树种。

毛泡桐 Paulownia tomentosa

一百五十四、列当科 Orobanchaceae

寄生草本。叶鳞片状，螺旋状排列，或在茎的基部排列密集成近覆瓦状。花多数，沿茎上部排列成总状或穗状花序，苞片1枚，常与叶同形，在苞片上方有2枚小苞片，小苞片贴生于花萼基部或生于花梗上，花萼筒状、杯状或钟状，顶端4～5浅裂或深裂，花冠二唇形，上唇微凹或2浅裂，下唇3裂，或花冠筒状钟形或漏斗状，顶端5裂而裂片近等大；雄蕊4，2强。蒴果，常2瓣裂。

99属2060种，我国产35属500种，湖南产19属31种，八大公山产7属11种。

分属检索表

1. 腐生植物；全体无叶绿素……………………………………………………… **1. 野菰属 Aeginetia**

1. 自养植物；植株具绿色叶片。

  2. 灌木；茎叶幼嫩时常被星状毛…………………………………………… **2. 来江藤属 Brandisia**

  2. 草本；茎叶无星状毛。

    3. 花冠上唇多少向前方弓曲成盔状或为窄长的倒舟状。

      4. 花萼下无小苞片。

        5. 花冠上唇边缘向外翻卷…………………………………… **4. 松蒿属 Phtheirospermum**

5. 花冠上唇常延长成喙，边缘不外卷……………………………………**3. 马先蒿属 Pedicularis**

4. 花萼下有 1 对小苞片………………………………………………………**6. 阴行草属 Siphonostegia**

3. 花冠上唇伸直或向后翻卷，不成盔状。

6. 叶有腺毛，植株除基生叶外多少还有茎生叶………………………………**5. 地黄属 Rehmannia**

6. 叶无腺毛，被棉毛，植株仅有基生叶，花莛上无叶…………………**7. 呆白菜属 Triaenophora**

（一）野菰属 Aeginetia Linnaeus

寄生草本。叶退化成鳞片状，生于茎的近基部。花大，单生茎端或数朵簇生于茎端成缩短的总状花序。花萼佛焰苞状，一侧开裂至近基部。花冠筒状或钟状，不明显地二唇形，上唇 2 裂，下唇 3 裂，全部裂片近圆形。雄蕊 4 枚，2 强，内藏，花药成对粘合，仅 1 室发育，下方一对雄蕊的药隔基部延长成距或距状物。雌蕊由 2 合生心皮组成，子房通常 1 室。蒴果 2 瓣开裂。

4 种，我国产 3 种，湖南有 1 种，八大公山也有分布。

1. 野菰 Aeginetia indica Linnaeus

一年生寄生草本。根稍肉质，具树状细小分枝。茎黄褐色或紫红色。叶肉红色，卵状披针形或披针形。花常单生茎端，稍俯垂；花梗无毛，常具紫红色的条纹；花萼一侧裂开至近基部，紫红色、黄色或黄白色，具紫红色条纹，两面无毛。花冠带黏液，常与花萼同色，或有时下部白色，上部带紫色。蒴果圆锥状或长卵球形，2 瓣开裂。种子多数，细小，椭圆形，黄色，种皮网状。花期 4～8 月，果期 8～10 月。

分布与生境：分布于八大公山各地，生于海拔 300～600 m 的山坡林缘，寄生在禾本科植物芒（Miscanthus sinensis）的根上。

用途：全草入药。

野菰 Aeginetia indica

（二）来江藤属 **Brandisia** J. D. Hooker & Thomson

直立、攀缘或藤状灌木。常有星状茸毛。叶对生，稀亚对生。花腋生，单个或成对，花梗上生2小苞片，萼钟状，外面有星状毛，花冠具长短不等的管部，雄蕊4，二强，多少伸出或包于花冠之内，子房卵圆形，有毛。蒴果质厚，卵圆形，室背开裂。种子子线形，种皮有薄翅，膜质而有网纹。

11种，我国产8种，湖南产1种，八大公山也有分布。

1. 来江藤 **Brandisia hancei** J. D. Hooker

落叶灌木。全体密被锈黄色星状茸毛，植及叶上面逐渐变无毛。叶片卵状披针形，顶端锐尖头，基部近心脏形，稀圆形，全缘，很少具锯齿；叶柄短，有锈色茸毛。花单生于叶腋，花冠橙红色，外面有星状茸毛，子房卵圆形，与花柱均被星毛。蒴果卵圆形，略扁平，有短喙，具星状毛。花期11月至翌年2月，果期3～4月。

分布与生境：分布于八大公山各地，生于海拔200～600 m的山坡林缘或灌丛石壁上。

用途：根及全株入药；庭院观赏。

来江藤 Brandisia hancei

（三）假野菰属 **Christisonia** Gardner

低矮寄生草本，常数株簇生在一起。茎短，不分枝。叶鳞片状，螺旋排列于茎基部。花簇生茎端或排列成总状或穗状花序，花萼筒状，花冠筒状钟形或漏斗状，顶端5裂，裂片近等大；雄蕊4枚，内藏或稍伸出，花药1室发育，另1室不存在或退化成距或距状物，极少两室全部发育。蒴果卵形或近球形，室背开裂。种子多数。

16种，我国产1种，八大公山也有分布。

1. 假野菰 *Christisonia hookeri* C. B. Clarke

植株常数株簇生，无毛。茎极短，不分枝。叶少数，卵形。花常 2 至数朵簇生于茎的顶端；苞片长圆形或卵形，花萼筒状，顶端 2 裂，裂片卵状三角形，花冠筒状，白色，顶端 5 裂，裂片近圆形，全缘；雄蕊 5 枚，内藏，花丝着生于筒的近基部，花药粘合，上方的两枚雄蕊 1 室，发育，下方的两枚雄蕊 1 室发育，另一室退化成棍棒状附属物。花期 5 ~ 8 月，果期 8 ~ 9 月。

分布与生境：分布于黄粮坪至湾潭香党坪一线，生于海拔 1600 ~ 1800 m 的山坡林下，寄生在禾本科箭竹属 Fargesia 植物的根上。

用途：全草入药。

假野菰 Christisonia hookeri

（三）马先蒿属 **Pedicularis** Linnaeus

多年生草本。叶互生、对生或 3 ~ 5 轮生，全缘或羽状分裂。花序总状或穗状，顶生，苞片叶状，花萼管状，2 ~ 5 齿裂，花冠管圆柱状，2 唇形，上唇盔状，下唇 3 裂，雄蕊 4，2 强，花药包藏于盔瓣中，子房 2 室，花柱细长。蒴果。

600 余种。我国产 352 种，湖南产 5 种，八大公山产 4 种。

分种检索表

1. 茎直立。
  2. 花多少呈头状花序………………………………………………… **1. 法氏马先蒿 P. fargesii**
  2. 花多少呈总状花序。
    3. 叶羽状深裂至全裂……………………………………………………**2. 亨氏马先蒿 P. henryi**
    3. 叶缘具重锯齿，有时全缘……………………………………… **4. 返顾马先蒿 P. resupinata**
1. 茎常铺散地面………………………………………………………… **3. 蔊菜叶马先蒿 P. nasturtiifolia**

1. 法氏马先蒿 Pedicularis fargesii Franchet

多年生草本。叶少数，叶片卵状长圆形至椭圆状长圆形，花序顶生，苞片下部膜质而宽，上部叶状，有锐重锯齿，略有细毛；萼卵状短圆筒形，前方稍开裂，花冠白色，裂片圆形，花丝两对上部均被长毛；柱头常伸出。蒴果未见。花期 6 ~ 7 月。

分布与生境：分布于八大公山斗篷山，生于海拔 1700 ~ 1800 m 的山坡林缘草丛中。

法氏马先蒿 Pedicularis fargesii

2. 亨氏马先蒿 Pedicularis henryi Maximowicz

多年生草本。茎中空，上部略有棱角，密被锈褐色污毛。叶互生，被短柔毛，长圆状披斜形至线状长圆形，两面均被短毛，羽状全裂。花梗细长，密被短毛；萼圆筒形，前方深裂至一半或大半，

亨氏马先蒿 Pedicularis henryi

齿 5 枚，或有时退化为 3 枚；花冠浅紫红色。蒴果斜披针状卵形。种子卵形而尖，形如桃，有整齐的纵条纹，褐色。花期 5 ~ 9 月，果期 8 ~ 11 月。

分布与生境：分布于八大公山斗篷山、天平山，生于海拔 1500 ~ 1800 m 的林缘草丛中。

用途：根入药。

3. 蔊菜叶马先蒿 Pedicularis nasturtiifolia Franchet

多年生草本。干时不变黑色。茎叶疏生直达顶端，对生或亚对生，叶片卵形至椭圆形，羽状全裂。花均腋生，梗纤细，萼圆筒状倒圆锥形，萼齿 5 枚，稍不相等，上部膨大叶状花冠玫瑰色，管略少于萼的两倍，下唇很大，圆形，微有缘毛，侧裂较大，半圆形，中裂几不向前凸出，狭卵形而尖。

分布与生境：分布八大公山斗篷山，生于海拔 1000 ~ 1400 m 的山坡林缘。

用途：全草入药。

蔊菜叶马先蒿 Pedicularis nasturtiifolia

4. 返顾马先蒿 Pedicularis resupinata Linnaeus

分亚种检索表

1. 花多少呈头状花序……………………… **4a. 返顾马先蒿（原亚种） P. resupinata** subsp. **resupinata**
1. 叶缘具重锯齿，有时全缘………… **4b. 粗茎返顾马先蒿（亚种） P. resupinata** subsp. **crassicaulis**

4a. 返顾马先蒿（原亚种） Pedicularis resupinata Linnaeus subsp. **resupinata**

多年生草木。茎直立，干时不变黑色叶互生或有时下部甚或中部者对生，叶柄短，无毛或有短毛；卵形至长图状披针形，先端渐狭，基部广楔形或圆形。花单生，萼齿仅 2 枚，宽三角形。花冠淡紫红色，花冠筒基部向右扭旋，下唇及上唇成返顾状，喙较长；下唇有缘毛。蒴果斜长圆状披针形。花期 6 ~ 8 月，果期 7 ~ 9 月。

分布与生境：分布于八大公山斗篷山，生于海拔 1500 ~ 1800 m 的山坡林缘草地上。

用途：根入药；庭院观赏。

返顾马先蒿（原亚种）Pedicularis resupinata subsp. resupinata

4b. 粗茎返顾马先蒿（亚种）Pedicularis resupinata subsp. **crassicaulis** (Vaniot ex Bonati) P. C. Tsoong

多年生草本。与原亚种的区别，在于其叶质较薄，无毛，柄长达 12 mm，边缘的锯齿有刺尖而无胼胝，花冠带黄色，其果狭长而为斜线状披针形，长于其萼两倍或更多。

分布与生境：分布于八大公山斗篷山，生于海拔 1500 ~ 1800 m 的山坡林缘草地上。

粗茎返顾马先蒿（亚种）Pedicularis resupinata subsp. crassicaulis

（四）松蒿属 Phtheirospermum Bunge ex Fischer & C. A. Meyer

一年生或多年生。叶对生，一至三回羽状分裂。花腋生，单生，无柄或具短柄。花萼钟状，5 裂，裂片短，花冠二唇形，上唇极短，直立，裂片 2，背折，下唇较长且阔，2 裂，雄蕊 4，2 长 2 短，花药基部有小尖；柱头匙状，2 短裂。蒴果压扁，有喙，室裂。

3 种，我国产 2 种，湖南产 1 种，八大公山产 1 种。

1. 松蒿 Phtheirospermum japonicum (Thunberg) Kanitz

一年生草本。植体被多细胞腺毛。叶片长三角状卵形，近基部的羽状全裂，向上则为羽状深裂，小裂片长卵形成卵圆形，多少歪斜，边缘具重锯齿或深裂。萼齿5枚，叶状，披针形，羽状浅裂至深裂，花冠紫红色至淡紫红色。蒴果卵球形。种子卵圆形，扁平。花果期6~10月。

分布与生境：分布于八大公山各地，生于海拔600~1800 m的山坡灌丛间。

用途：全草入药。

松蒿 Phtheirospermum japonicum

（五）地黄属 Rehmannia Liboschitz ex Fischer & C. A. Meyer

多年生草本。全株被多细胞长柔毛及腺毛。叶互生。花大，具短柄，生于叶腋内或排成顶生的总状花序；萼钟形，顶部5裂，裂片不等长，通常后方一枚最长，全缘或再分裂；花冠2唇形，稍弯曲，管一侧肿胀，裂片偏斜；雄蕊4，有时5枚，但1枚较小，内藏；子房基部托有一环状或浅杯状花盘，2室；胚珠多数。蒴果具宿萼，室背开裂。

6种，我国全产，湖南产4种，八大公山产1种。

1. 天目地黄 Rehmannia chingii Li

多年生草本。根稍肉质，淡黄色。植体被多细胞长柔毛。叶片长椭圆形，羽状开裂，裂片略成三角形，边缘具三角状带短尖的齿，两面均被白色柔毛。花单生上部叶腋；小苞片2枚，与叶同形，但不具柄，着生于花梗基部，萼齿5枚，开展，彼此不等；最后方一枚披针形，狭长而渐尖，其余4枚卵状披针形；花冠紫红色，花冠筒前端扩大，多少囊状，外面被长柔毛或无毛。花期5~9月。

分布与生境：分布于八大公山五道水，生于海拔200~700 m的路边石壁上。

用途：全草入药；庭院观赏。

天目地黄 Rehmannia chingii

（六）阴行草属 Siphonostegia Bentham

一年生草本。全株密被短毛或腺毛。下部叶为假对生，上部叶互生。总状花序生于茎枝顶端，苞片不裂或羽状分裂，萼管状钟形而长，具10条脉，花冠2唇形，花管细而直，盔(上唇)弓曲，额部圆，下唇3裂，裂片近相等，雄蕊4，2强，花药开裂后常成新月状弯曲，子房2室。蒴果黑色，包于宿存的萼管内。

4种，我国产2种，湖南产2种，八大公山产2种。

分种检索表

1. 全体密被无腺短毛······························**1. 阴行草 S. chinensis**

1. 全体密被腺毛······························**2. 腺毛阴行草 S. laeta**

1. 阴行草 Siphonostegia chinensis Bentham

一年生草本。茎中空，枝对生，稍具棱角，密被无腺短毛。叶对生，广卵形，两面密被短柔毛，二回羽状全裂。总状花序；花萼管部很长，厚膜质，萼齿5，绿色，密被短毛；花冠上唇红紫色，下唇黄色，外面密被长纤毛，内面被短毛。蒴果被包于宿存萼内，披针状长圆形，黑褐色。种子多数，黑色，长卵圆形。花期6~8月。

分布与生境：分布于八大公山各地，生于海拔200~1600m的山坡草地。

用途：全草入药。

2. 腺毛阴行草 Siphonostegia laeta S. Moore

一年生草本。本种与阴行草相近，区别在于全体密被腺毛；叶片长卵形，亚掌状三深裂；萼管的主脉较细，仅微凸，脉间的膜质部分不褶迭凹陷成沟，萼齿长约为萼管的 1/2 ~ 2/3；花冠下唇褶襞不高凸成瓣状，密被多细胞长卷毛；盔背部无特长的毛；花丝全部被毛。

分布与生境：分布于八大公山各地，生于海拔 200 ~ 1600m 的山坡草地。

用途：全草入药。

阴行草 Siphonostegia chinensis

腺毛阴行草 Siphonostegia laeta

（七）呆白菜属 Triaenophora Solereder

多年生草本。全体密被白色绵毛。基生叶略排成莲座状，卵状矩圆 形或长椭圆形，叶片两面被白色绵毛或几无毛，边缘具齿或浅裂，有时全缘，具柄；茎生叶与基生叶相似，往上渐变小。总状花序。花具短梗，小苞片 2 枚，条形，花萼筒状或近钟状，萼齿 5 枚，花冠筒状，裂片 5 枚，略成唇形，雄蕊 4 枚，2 强，花丝基部被长柔毛；子房卵形，无毛，花柱稍长于雄蕊，柱头 2 裂。蒴果矩圆形。种子多数，矩圆形。

2 种，我国特有，湖南产 1 种，八大公山产 1 种。

1. 呆白菜 Triaenophora rupestris (Hemsley) Solereder

多年生草本。植株密被白色绵毛。基生叶较厚，叶片卵状矩圆形，长椭圆形，两面被白色绵毛边缘具粗锯齿或为多少带齿的浅裂片，顶部钝圆，基部近于圆形或宽楔形。总状花序，小苞片条形，着生于花梗中部，花冠紫红色，狭筒状，伸直或稍弯曲，外面被多细胞长柔毛，房卵形，无毛。花期 7 ~ 9 月。

分布与生境：分布于八大公山斗篷山，生于海拔 300 ~ 1200m 的干燥悬岩石缝中。

用途：全草入药。

呆白菜 Triaenophora rupestris

一百五十八、青荚叶科 Helwingiaceae

落叶或常绿灌木。单叶互生，有腺状锯齿，托叶 2，早落。花单性，雌雄异株，雄花 4 ~ 20 排成伞形花序，雌花 1 ~ 4 呈伞形花序，通常着生于叶上面中脉上，雄花具 3 ~ 4（5）雄蕊，雌花子房 3 ~ 4（5）室，花柱短，柱头 3 ~ 4 裂。浆果状核果，卵圆形或长圆形，具分核 1 ~ 4。

1 属 4 种，我国全产，湖南产 1 属 4 种，八大公山产 1 属 3 种。

（一）青荚叶属 Helwingia Willdenow

特征同科。

4 种，我国均产，湖南产 4 种，八大公山产 3 种。

分种检索表

1. 叶倒披针形至线状披针形，托叶不分枝…………………………………… **1. 中华青荚叶 H. chinensis**
1. 叶卵形，托叶分枝。
    2. 叶厚纸质，长椭圆形或长圆披针形……………………………………… **2. 西域青荚叶 H. himalaica**
    2. 叶纸质，卵形、卵圆形或阔椭圆形……………………………………………**3. 青荚叶 H. japonica**

1. 中华青荚叶 Helwingia chinensis Batalin

常绿灌木。叶革质或近革质，线状披针形或披针形，先端长渐尖，基部近圆形，边缘具疏细齿，两面无毛，侧脉每边 6 ~ 8 条。雄花 4 ~ 5 成伞形花序，雌花 1 ~ 3 生于叶面中脉下部，花梗极短。

中华青荚叶 Helwingia chinensis

果实长圆形，成熟后黑色，具 3 ~ 5 分核。花期 4 ~ 5 月，果期 8 ~ 10 月。

分布和生境：分布于八大公山各地，生于海拔 600 ~ 1400 m 的山坡或沟边。

用途：叶、果实、根、茎髓入药；庭院观赏。

2. 西域青荚叶 Helwingia himalaica J.D.Hooker & Thomson ex C.B.Clarke

常绿灌木。叶长圆状披针形，先端尾状渐尖，基部阔楔形，边缘有腺状细锯齿，两面无毛，侧脉每边 6 ~ 9 条。雄花成伞形花序生于叶上面中脉上，雌花 1 ~ 3，亦生于叶上面中脉上。果 1 ~ 3 生于叶面中脉上，果近球形。花期 4 ~ 5 月，果期 8 ~ 10 月。

分布和生境：分布于八大公山各地，生于海拔 500 ~ 1700 m 的山坡林中。

用途：根和茎髓入药；庭院观赏。

西域青荚叶 Helwingia himalaica

3. 青荚叶 Helwingia japonica (Thunberg) F.Dietrich

分变种检索表

1. 叶背面绿色……………………………………… **3a. 青荚叶（原变种）H. japonica** var. **japonica**
1. 叶背面粉绿色…………………………………**3b. 白粉青荚叶（变种）H. japonica** var. **hypoleuca**

3a. 青荚叶（原变种）Helwingia japonica (Thunberg) F.Dietrich var. **japonica**

落叶灌木。叶卵形、卵圆形或阔椭圆形，先端渐尖或尾状尖，基部阔楔形成近于圆形，边缘具刺状细锯齿，下面淡绿色，两面无毛。雄花 4 ~ 12，成伞形花序，雌花 1 ~ 3，生于叶上面中脉近中部。果近球形，熟时黑色，具 3 ~ 5 分核。花期 4 ~ 5 月，果期 8 ~ 9 月。

分布和生境：分布于八大公山各地，生于海拔 600 ~ 1500 m 的山坡林中。

用途：全株和茎髓入药；庭院观赏。

青荚叶（原变种）Helwingia japonica var. japonica

3b. 白粉青荚叶（变种）Helwingia japonica var. **hypoleuca** Hemsley ex Rehder

本变种与原变种的区别在于叶下面被白粉，常呈灰白色或粉绿色。

分布和生境：分布于八大公山各地，生于海拔 1200 ~ 2100 m 的山坡林中。

用途：根和茎髓入药；庭院观赏。

白粉青荚叶（变种）Helwingia japonica var. hypoleuca

一百五十九、冬青科 Aquifoliaceae

乔木或灌木，多数常绿。芽小，外具3鳞片。叶互生，少数对生，全缘或有锯齿，常革质。花白色、紫色或黄色，成腋生的聚伞花序或簇生，少数为单生，单性异株；萼片4~8裂；花瓣4~6；雄蕊着生于花瓣的基部或分离，子房上位，3至多室，每室有倒生胚珠1~2，花柱极短或缺，柱头头状、盘状、圆柱状或浅裂。果通常球形，有2~6分核。

1属420种，我国产1属204种，湖南产1属65种，八大公山产1属22种。

（一）冬青属 Ilex Linnaeus

形态特征见冬青属的描述。

420种，我国产204种，湖南产49种，八大公山产22种。

分种检索表

1. 常绿乔木或灌木；枝无短枝，当年生枝无明显的皮孔。
  2. 雌花序单生于当年生或二年生枝叶腋内。
    3. 雄花序单生于当年生枝的叶腋内；分核背部具单沟或3条纹及2沟。
      4. 分核背部具单沟；花序聚伞状；叶片通常具圆齿、锯齿，稀全缘。
        5. 果椭圆形……………………………………………………………**3. 冬青 I. chinensis**
        5. 果球形。
          6. 叶片具圆齿、锯齿或圆齿状锯齿……………………………………**18. 香冬青 I. suaveolens**
          6. 叶片全缘………………………………………………………**6. 显脉冬青 I. editicostata**
      4. 分核背部具3条纹及2沟；花序通常伞状，稀聚伞状。
        7. 植株无毛…………………………………………………………**17. 铁冬青 I. rotunda**
        7. 小枝、小叶两面、叶柄被锈色硬毛……………………………………**9. 硬毛冬青 I. hirsuta**
    3. 雄花序簇生于二年生枝的叶腋内，稀单生于当年生枝叶腋内，分核平滑，或具条纹而无沟。
      8. 叶片背面无腺点……………………………………………………**14. 具柄冬青 I. pedunculosa**
      8. 叶片背面有腺点。
        9. 小枝常呈之字形，顶芽弱或不发育……………………………………**20. 三花冬青 I. triflora**
        9. 小枝直，不为之字形，顶芽发育良好。
          10. 花4 ~ 7基数 ……………………………………………**19. 四川冬青 I. szechwanensis**
          10. 花4基数 ………………………………………………………**21. 绿叶冬青 I. viridis**
  2. 雌花序及雄花序均簇生于二年生，甚至老枝的叶腋内。
    11. 雌花序的个体分枝具1花；分核4，稀较少；内果皮石质或木质。
      12. 叶具刺或全缘而先端具1刺。
        13. 分核4。
          14. 叶缘具1 ~ 3刺状粗齿 …………………………………………**16. 猫儿刺 I. pernyi**

14. 叶缘具多数刺状小齿 ………………………………………… **2. 华中枸骨 I. centrochinensis**

13. 分核 1 ~ 3 ……………………………………………………………… **1. 刺叶冬青 I. bioritsensis**

12. 成熟叶片绝无刺，全缘或具锯齿、圆齿状锯齿。

15. 果较大，直径 8 ~ 12mm ………………………………………**15. 五棱苦丁茶 I. pentagona**

15. 果较小，直径 4 ~ 6mm。

16. 叶面具凹陷的网状细脉；果梗长 4 ~ 7mm ……………………… **7. 狭叶冬青 I. fargesii**

16. 网状细脉在叶面不明显或平坦，绝不凹陷；果梗长 2 ~ 4mm。

17. 叶片边缘波状，具细齿状锯齿 ……………………………… **4. 珊瑚冬青 I. corallina**

17. 叶片边缘不呈波状，具不规则的细圆齿状锯齿。

18. 叶基部宽楔形，边缘有细锯齿 ………………………… **8. 榕叶冬青 I. ficoidea**

18. 叶基部狭楔形，边缘有锐尖刺状齿 ……………………**5. 龙里冬青 I. dunniana**

11. 雌花序的单个分枝伞形状或具单花；分核 6 或 7，稀较少或更多，内果皮革质或近木质。

19. 果实具柱状或头状宿存柱头 ……………………………………**12. 河滩冬青 I. metabaptista**

19. 果实具薄盘状柱头 …………………………………………………… **22. 尾叶冬青 I. wilsonii**

1. 落叶灌木或乔木；有长枝和短枝，当年生枝有明显的皮孔。

20. 果成熟后黑色。

21. 核果有宿存柱头，柱头柱状 ………………………………………… **10. 大果冬青 I. macrocarpa**

21. 核果无宿存花柱，柱头盘状 ………………………………………… **11. 大柄冬青 I. macropoda**

20. 果成熟后红色 ……………………………………………………………… **13. 小果冬青 I. micrococca**

1. 刺叶冬青 Ilex bioritsensis Hayata

常绿灌木或小乔木。叶片革质，卵形至菱形，长（2.5 ~ 5.0）cm ×（1.5 ~ 2.5）cm，先端渐尖，且具 1 长 3 mm 的刺，基部圆形或截形，边缘波状，具 3 或 4 对硬刺齿，叶面深绿色，具光泽，背面淡绿色，无毛，主脉在叶面凹陷，被微柔毛，背面隆起，无毛。花簇生于二年生枝的叶腋内，2 ~ 4 基数，淡黄绿色。果椭圆形，成熟时红色，宿存花萼平展，宿存柱头盘状；分核 2，背腹扁，卵形或近圆形，背部稍凸。花期 4 ~ 5 月，果期 8 ~ 10 月。

分布和生境：产于八大公山各地，生于海拔 700 ~ 1500 m 的山坡林中。

用途：庭院观赏。

2. 华中枸骨 Ilex centrochinensis S.Y.Hu

常绿灌木。叶革质，椭圆状披针形，稀卵状椭圆形，先端渐尖，基部近圆形或阔楔形，具刺状尖头。雄花序在二年生的叶腋内簇生，中部有 2 小苞片，具缘毛；花萼盘状，深裂，具缘毛；雌花未见。果实球形，宿存花萼基部平展，裂片有缘毛，柱头顶端宿存，薄盘状；分核 4，背部具 1 中央纵脊。花期 3 ~ 4 月，果期 8 ~ 9 月。

分布和生境：产于八大公山各地，生于海拔 700 ~ 1500 m 的山坡林中。

用途：庭院观赏；用材树种。

刺叶冬青 Ilex bioritsensis

华中枸骨 Ilex centrochinensis

3. 冬青 **Ilex chinensis** Sims

常绿乔木。叶薄革质至革质，披针形或椭圆形，先端渐尖，基部钝或楔形，边缘具圆齿。雄花序 3～4 回分枝，每枝有花 7～24 朵，紫红色，花萼浅杯状，具缘毛；雌花花序 1～2 回分枝，有花 3～7 朵；子房卵球形，厚盘状。果实长球形，红色；分核 4～5，凹形，背面平滑。花期 4～6 月，果期 7～12 月。

分布和生境：分布于八大公山各地，生于海拔 200～1000 m 的山坡常绿阔叶林中。

用途：庭院观赏；根皮、树皮、叶、果实可入药；叶可提取芳香油；用材树种。

冬青 Ilex chinensis

4. 珊瑚冬青 Ilex corallina Franchet

常绿乔木或灌木。叶薄革质，边缘有稀疏钝锯齿，齿端刺状；先端急尖或渐尖，叶柄上面有沟，下面多皱折。花黄绿色，近无柄，花序簇生二年生枝的叶腋内，雄花由具1~3花的分枝组成聚伞花序，雌花由具单花的分枝组成。簇生于二年生至叶腋内。果近球形，紫红色，宿存花萼平展；分核4，背面具不明显的掌状纵棱及浅沟。花期4~5月，果熟期9~10月。

分布和生境：分布于八大公山各地，生于海拔200~600 m的溪边灌丛中或林缘。

用途：根、叶可入药；庭院观赏。

珊瑚冬青 Ilex corallina

5. 龙里冬青 Ilex dunniana H. Leveille

常绿乔木。叶片厚革质，阔椭圆形至披针形，（8 ~ 13）cm ×（2.5 ~ 7.0）cm，先端渐尖，基部钝或楔形，边缘具粗而锐的锯齿，背面淡绿色，两面无毛，侧脉 8 ~ 10 对。花序簇生于二年生枝的叶腋内，雄花序由 1 ~ 3 花组成聚伞花序，簇生或排成假圆锥花序，花 4 基数，绿色。雌花组成假总状花序，腋生，花萼盘状，4 裂，子房近球形，柱头盘状，4 裂。果序轴较粗，果球形或扁球形，宿存花萼平展，宿存柱头厚盘状，分核 4。花期 4 ~ 5 月，果期 8 ~ 10 月。

分布和生境：分布八大公山核心区，生于海拔 500 ~ 1350 m 的山坡林中。

用途：庭院观赏；用材树种。

龙里冬青 Ilex dunniana

6. 显脉冬青 Ilex editicostata Hu et Tang

常绿灌木至小乔木。叶仅生于当年生至二年生枝上，叶片厚革质，披针形或长圆形，先端渐尖，基部楔形，全缘，反卷，叶面绿色，背面淡绿色，两面无毛。花期 5 ~ 6 月，果期 8 ~ 11 月。本种以叶全缘，厚革质，较大（长 10 ~ 17 cm，宽 3.0 ~ 8.5 cm），无毛，主脉于叶面明显凸起，叶柄粗壮而易鉴别。

分布和生境：分布于八大公山天平山，生于海拔 1500 m 的山地林中。

用途：庭院观赏。

7. 狭叶冬青 Ilex fargesii Franchet

常绿乔木，全株无毛；小枝褐色或栗褐色，圆柱形，无毛，花萼盘状，果球形，成熟时红色，具纵条纹，宿存柱头薄盘状，宿存花萼平展；内果皮木质。花期 5 月，果期 9 ~ 10 月。

分布和生境：分布于八大公山杉木界，生于海拔 1500 ~ 2200 m 的山地林中。

用途：庭院观赏。

显脉冬青 Ilex editicostata

狭叶冬青 Ilex fargesii

8. 榕叶冬青 Ilex ficoidea Hemsley

常绿乔木。叶革质，长圆状椭圆形，长 4 ~ 9 cm，宽 1.0 ~ 3.5 cm，先端尾状长尖，基部楔形、钝或近圆形，边缘有稀疏的浅圆锯齿。花淡黄绿色或白色，聚伞花序或单花簇生叶腋。果球形或近球形，红色，宿存柱头薄盘状，4 裂；分核 4，长圆形，背部具掌状条纹，侧面具皱条纹及洼点。花期 4 ~ 5 月，果期 8 ~ 10 月。

分布和生境：分布于八大公山各地，生于海拔 700 ~ 1100 m 的山坡或沟旁林中。

用途：用材树种；根入药；庭院观赏。

9. 硬毛冬青 Ilex hirsuta C. J. Tseng ex S. K. Chen et Y. X. Feng

常绿小乔木。叶片革质，椭圆形或长圆状椭圆形，（6 ~ 7）cm ×（2.5 ~ 4.0）cm，先端急尖或短渐尖，基部钝，叶缘疏生细圆锯齿，两面密被硬毛。具 1 ~ 3 个果的聚伞状果序单生于叶腋，果序梗和果梗被硬毛。成熟果球形或椭圆状球形，宿存花萼 4 ~ 5 裂，裂片半圆形或三角形，具缘毛，宿存柱头盘状，4 ~ 5 裂；分核 4 ~ 5，长圆状椭圆形，背部具 1 条宽纵沟，内果皮近木质。花期 5 月。

分布和生境：分布于八大公山各地，生于海拔 1000 ~ 1800 m 的山地林中。

用途：果实、叶入药；庭院观赏。本种枝、叶、果梗及宿存萼片均被黄锈色粗毛，极易识别。

榕叶冬青 Ilex ficoidea

硬毛冬青 Ilex hirsuta

10. 大果冬青 Ilex macrocarpa Oliver

落叶乔木。叶纸质或膜质，卵形或卵形椭圆形，（6 ~ 14）cm ×（4 ~ 7）cm，先端短渐尖，基部圆形或阔楔形，边缘具细锯齿。花白色，雄花单生或 2 ~ 5 花成聚伞花序于叶腋内；雌花单生叶腋或鳞片腋内。子房圆锥状卵形。果球形，宿存花萼平展，黑色；分核 7 ~ 9，两侧压扁，侧面具网状棱纹。花期 4 ~ 5 月，果熟期 10 ~ 11 月。

分布和生境：分布于八大公山各地，生于海拔 200 ~ 1000 m 的山坡林中。

用途：根、枝、叶入药。

大果冬青 Ilex macrocarpa

11. 大柄冬青 Ilex macropoda Miquel

落叶乔木；树皮灰褐色，叶在长枝上互生，在短枝上 3 ~ 5 叶簇生于枝顶部，叶片纸质或膜质，

大柄冬青 Ilex macropoda

卵形或阔椭圆形，果球形，成熟时红色，基部具宿存的平展花萼，顶端具盘状宿存柱头，柱头凸起，5 或 6 浅裂，具分核 5 粒；分核轮廓长圆形，内果皮骨质。花期 5 ~ 6 月，果期 10 ~ 11 月。

分布和生境：分布于八大公山斗篷山，生于海拔 1500 ~ 1900 m 的山地林中。

用途：木材可作细木工原料；树皮可提栲胶；亦可作园林绿化树种。

12. 河滩冬青 Ilex metabaptista Loesener

常绿灌木。当年生幼枝具纵棱槽和长柔毛。叶片披针形或倒披针形，（3 ~ 6）cm ×（0.5 ~ 1.4）cm，近全缘，常在先端具 1 ~ 2 细齿。花序簇生于二年生枝的叶腋内，雄花序：花 5 ~ 6 基数，花萼杯状，5 ~ 6 深裂，花冠辐状，雌花序：由单花，稀为具 2 或 3 花的聚伞花序簇生于二年生枝的叶腋内，花 5 ~ 8 基数，子房卵球形，花柱明显，柱头头状。果卵状椭圆形，成熟后红色，分核 5 ~ 8。花期 5 ~ 6 月，果期 7 ~ 10 月。

分布和生境：分布于八大公山各地，生于海拔 200 ~ 600 m 的溪边灌木林中。

用途：庭院观赏。

河滩冬青 Ilex metabaptista

13. 小果冬青 Ilex micrococca Maximowicz

落叶乔木。叶纸质或膜质，（7 ~ 16）cm ×（3 ~ 5）cm，先端常渐尖，基部阔楔形或圆形。花白色，伞房状 2 ~ 3 回聚伞花序单生于叶腋内；雄花 5 ~ 6 基数，花萼盘状；雌花 6 ~ 8 基数，花萼 6 深裂，具缘毛；核果球形，红色，宿存花萼平展，柱头凸起盘状；分核 6 ~ 8，末端钝，椭圆形，具纵向单沟。花期 5 ~ 6 月，果期 9 ~ 10 月。

分布和生境：产于八大公山各地，生于海拔 500 ~ 1000 m 的山林中。

用途：根、叶入药。

小果冬青 Ilex micrococca

14. 具柄冬青 Ilex pedunculosa Miquel

常绿小乔木或灌木。树皮灰褐色。叶革质，卵状椭圆形或卵形，先端短渐尖，基部钝或圆形。雄花 3 ~ 9 朵排成腋生聚伞花序，花白色或黄白色。花萼盘状；雌花单生叶腋内，偶成 3 花的聚伞花序；子房阔圆锥状。果球形，红色，平滑；分核 5，背中间具单条纵纹。花期 5 月，果期 7 ~ 11 月。

分布和生境：分布于八大公山各地，生于海拔 700 ~ 1800 m 的山地林中。

用途：叶、树皮入药。

具柄冬青 Ilex pedunculosa

15. 五棱苦丁茶 *Ilex pentagona* S. K. Chen et al.

常绿乔木。当年生小枝粗壮，具纵的 4 ~ 5 锐棱角。叶片厚革质，椭圆形，（9 ~ 20）cm ×（5.0 ~ 7.5）cm，先端钝或急尖，基部楔形至钝圆，边缘具疏而小的浅锯齿，两面无毛，主脉在叶面深的狭凹陷，背面呈龙骨状凸起，侧脉 12 对。花黄色。果序假总状，着生于 1 ~ 2 年生枝的叶腋内，果球形，直径 6 ~ 8 mm，成熟后红色，干时皱缩，宿存柱头薄盘状，分核 4。果期 5 月。

分布和生境：分布于八大公山各地，生于海拔 200 ~ 800 m 的山地林中。

用途：叶可作茶饮；庭院观赏；用材树种。

五棱苦丁茶 Ilex pentagona

16. 猫儿刺 *Ilex pernyi* Franchet

常绿灌木或小乔木。叶革质，卵状披针形或卵形，先端三角形渐尖，边缘通常有 2 对大刺齿，有光泽。花淡黄色，成密生无梗花族，腋生于二年生枝的叶腋内，每分枝仅具 1 花。果球形或扁球形，宿存花萼四角形，具缘毛。柱头厚盘状，4 裂；分核 4，三角形，背部具网状条纹。花期 5 月，果熟期 10 月。

分布和生境：分布于八大公山各地，生于海拔 1400 ~ 2400 m 的山坡林中。

用途：根、叶入药；庭院观赏。

17. 铁冬青 *Ilex rotunda* Thunberg

常绿乔木。叶片薄革质，卵形、倒卵形或椭圆形，（4 ~ 9）cm ×（1.8 ~ 4.0）cm，全缘，两面无毛。伞形状花序具 4 ~ 13 花，单生于当年生枝的叶腋内。花白色，4 基数，花萼盘状，4 浅裂，花冠辐状。雌花序具 3 ~ 7 花，花萼浅杯状，5 浅裂，裂片三角形，子房卵形，柱头头状。果球形，成熟时红色，分核 5 ~ 7，背面具 3 纵棱及 2 沟。花期 4 月，果期 8 ~ 12 月。

分布和生境：分布于八大公山各地，生于海拔 400 ~ 800 m 的山坡林中。

用途：根、叶入药；庭院观赏；用材树种。

猫儿刺 Ilex pernyi

铁冬青 Ilex rotunda

18. 香冬青 Ilex suaveolens (H. Leveille) Loesener

常绿乔木。当年生小枝具棱角。叶片革质，卵形或椭圆形，（5.0 ~ 6.5）cm ×（2.0 ~ 2.5）cm，基部宽楔形，下延，叶缘疏生小圆齿，两面无毛，叶柄具翅。具 3 个果的聚伞状果序单生于叶腋，果序梗和果梗具棱，无毛，成熟果红色，长球形，宿存花萼 5 裂，裂片阔三角形，无缘毛，宿存柱头乳头状；分核 4，长圆形。

分布和生境：分布于八大公山各地，生于海拔 1200 ~ 1800 m 的山坡林中。

用途：庭院观赏；用材树种。

香冬青 Ilex suaveolens

19. 四川冬青 Ilex szechwanensis Loesener

常绿灌木或小乔木。幼枝被微柔毛。叶片革质，卵状椭圆形，先端渐尖，基部楔形至钝，主脉在叶面平坦或稍凹入，密被短柔毛，在背面隆起，无毛或被微柔毛，侧脉 6 ~ 7 对。雄花 1 ~ 7 朵排成聚伞花序，雌花单生于当年生枝的叶腋内。果球形，成熟后黑色，分核 4，长圆形或近球形，平滑，无沟槽。花期 5 ~ 6 月，果期 8 ~ 10 月。

分布和生境：分布于八大公山斗篷山，生于海拔 800 ~ 1350 m 的山坡林中。

用途：茎皮、叶、根入药；庭院观赏。

四川冬青 Ilex szechwanensis

20. 三花冬青 Ilex triflora Blume

常绿灌木。幼枝近四棱形，密被短柔毛。叶片近革质，椭圆形或卵状椭圆形，（2.5 ~ 10.0）cm ×（1.5 ~ 4.0）cm，边缘具近波状浅齿，背面具腺点，疏被短柔毛，叶片下延在叶柄上成狭翅。雄花1 ~ 3朵排成聚伞花序，1 ~ 5聚伞花序簇生于叶腋内，花4基数，白色或淡红色；花萼盘状，4深裂，裂片近圆形，具缘毛。雌花1 ~ 5朵簇生于当年生或二年生枝的叶腋内，子房卵球形，柱头厚盘状，4浅裂。果球形，成熟后黑色，分核4。花期5 ~ 7月，果期8 ~ 11月。

分布和生境：分布于八大公山各地，生于海拔600 ~ 1500 m的山坡林中。

用途：根可入药。

三花冬青 Ilex triflora

21. 绿叶冬青 Ilex viridis Champion ex Bentham

常绿灌木。幼枝近四棱形，具纵棱角及沟，沟内被短柔毛。叶片倒卵形至阔椭圆形，（2.5 ~ 7.0）cm ×（1.5 ~ 3.0）cm，边缘具细圆齿状锯齿，叶面绿色，光亮，叶柄两侧具叶片下延形成的狭翅。雄花1 ~ 5朵排成聚伞花序，单生于当年生枝的鳞片腋内或下部叶腋内，雌花单花生于当年生枝的叶腋内，柱头盘状突起。果球形或略扁球形，成熟时黑色，分核4。花期5月，果期10 ~ 11月。

分布和生境：分布于八大公山各地，生于海拔800 ~ 1500 m的山坡林中。

用途：叶、根入药。

22. 尾叶冬青 Ilex wilsonii Loesener

常绿小乔木或灌木。叶革质或厚革质，倒卵形或长圆形，（4 ~ 8）cm ×（2 ~ 3）cm，先端骤然尾状渐尖，基部楔形，全缘，无毛。花序簇生二年生枝的叶腋内，苞片三角形；花白色；子房卵球形。果球形，平滑，红色，宿存柱头厚盘状，宿存花萼平展；分核4，背具3条明显的纵棱，侧面平滑，内果皮革质。花期 5 ~ 6 月，果期 8 ~ 10 月。

分布和生境：产于八大公山各地，生于海拔 1000 ~ 1500 m 的山坡林中。

用途：根、叶入药；庭院观赏。

绿叶冬青 Ilex viridis

尾叶冬青 Ilex wilsonii

一百六十、桔梗科 Campanulaceae

草本，稀为灌木，小乔木或草质藤本。具乳汁。单叶互生，少对生或轮生。花常常集成聚伞花序，有时聚伞花序演变为其他花序；花两性，稀单性，通常 5 基数，辐射对称或两侧对称；花萼 5 裂，常宿存；花冠为合瓣的，浅裂或深裂至基部而成为 5 个花瓣状的裂片；雄蕊 5 枚，通常与花冠分离，花丝基部常扩大成片状；子房下位，或半上位，稀完全上位，胚珠多数，大多着生于中轴胎座上。果通常为蒴果或为不规则撕裂的干果，少为浆果。

84 属 2380 种，我国产 14 属 159 种，湖南产 8 属 19 种，八大公山产 8 属 15 种。

分属检索表

1. 花冠两侧对称；雄蕊合生；子房完全下位，仅有 2 室…………………………… **5. 半边莲属 Lobelia**
1. 花冠辐射对称；雄蕊离生，稀有合生倾向；子房下位或上位，3 ~ 6 室，少为 2 室。
  2. 果为在侧面的基部或上部孔裂的蒴果，或为在侧面撕裂或孔裂的干果。
    3. 果为不规则撕裂的干果……………………………………………………… **6. 袋果草属 Peracarpa**
    3. 果为规则孔裂的蒴果…………………………………………………………… **1. 沙参属 Adenophora**
  2. 果为在顶端瓣裂的蒴果，或为不裂的浆果。
    4. 果为浆果；子房和果实顶端近于平截形，或仅子房顶端有小而短的突尖，延成花柱。
      5. 草质藤本；花萼裂片卵状三角形或卵状披针形，全缘………… **2. 金钱豹属 Campanumoea**
      5. 直立草本；花萼裂片条形或条状披针形，边缘有齿……………… **4. 轮钟花属 Cyclocodon**
    4. 果为蒴果；子房和果实 2 ~ 5 室，顶端圆锥状渐尖。
      6. 柱头裂片宽，卵形或矩圆形；茎直立、蔓生或缠绕……………………**3. 党参属 Codonopsis**
      6. 柱头裂片窄，条形；茎直立或上升。
        7. 高大草本；叶轮生或对生，极少互生子房和蒴果 5 室……………**7. 桔梗属 Platycodon**
        7. 小草本；叶互生；子房和蒴果 2 ~ 5 室……………………………… **8. 蓝花参属 Wahlenbergia**

（一）沙参属 Adenophora Fischer

多年生草本。有白色乳汁。叶大多互生，少数种的叶轮生。花序的基本单位为聚伞花序，有时退化为单花；花萼筒部的形状各式，花萼裂片 5 枚；花冠常紫色或蓝色，5 浅裂，最深裂达中部；雄蕊 5 枚，花丝下部围成筒状，包着花盘；柱头 3 裂，裂片狭长而卷曲；子房下位，3 室，胚珠多数。蒴果在基部 3 孔裂。种子椭圆状，有一条狭棱或带翅的棱。

62 种，我国产 38 种，湖南产 8 种，八大公山产 5 种。

分种检索表

1. 花盘细长，花柱强烈伸出花冠………………………………………………… **1. 丝裂沙参 A. capillaris**
1. 花盘较短，花柱不强烈伸出花冠。
  2. 茎生叶有叶柄，很少近无柄……………………………… **3. 杏叶沙参 A. petiolata** subsp. **hunanensis**

2. 茎生叶无叶柄。

3. 花萼裂片全缘。

4. 花萼筒部圆球状，无毛……………………………………………**2. 湖北沙参 A. longipedicellata**

4. 花萼筒部倒卵状，常有毛………………………… **4. 无柄沙参 A. stricta** subsp. **sessilifolia**

3. 花萼裂片边缘有齿……………………………………………………………… **5. 聚叶沙参 A. wilsonii**

1. 丝裂沙参 Adenophora capillaris Hemsley

多年生草本。枝叶冬季枯萎。茎单生。茎生叶常为卵形，卵状披针形。花序具长分枝，常组成大而疏散的圆锥花序；花萼筒部球状，裂片毛发状，花冠细，近于筒状或筒状钟形，裂片狭三角形；花盘细筒状。蒴果多为球状，极少为卵状。花果期 8 ~ 10 月。

分布和生境 : 分布于八大公山各地，生于海拔 1400 ~ 1600 m 的山坡悬崖石缝中。

用途：根入药。

丝裂沙参 Adenophora capillaris

2. 湖北沙参 Adenophora longipedicellata Hong

多年生草本。基生叶卵状心形；茎生叶叶片卵状椭圆形至披针形，边缘具齿，薄纸质。大圆锥花序；花萼筒部圆球状，裂片钻状披针形；花冠钟状，裂片三角形；花盘环状；花柱几乎与花冠等长或稍伸出。幼果圆球状。花期 8 ~ 10 月。

分布和生境：分布于八大公山各地，生于海拔 1200 ~ 1800 m 的山坡灌丛或峭壁石缝里。

用途：根入药；庭院观赏；嫩叶可作野菜。

3. 杏叶沙参 Adenophora petiolata subsp. **hunanensis** (Nannfeldt) D. Y. Hong & S. Ge

多年生草本。茎生叶全部具长柄，叶片卵形，边缘具粗锯齿。圆锥花序或假总状花序；花萼筒部在花期为倒圆锥状或倒卵状圆锥形，裂片卵状披针形至狭三角状披针形；花冠钟状，裂片长，卵状三角形；花盘短筒状；花柱与花冠近等长。蒴果卵状椭圆形。花期 7 ~ 8 月。

分布和生境：分布于八大公山各地，生于海拔 800 ~ 1500 m 以下的山坡草丛或灌丛中。

用途：根入药；庭院观赏；嫩叶可作野菜。

湖北沙参 Adenophora longipedicellata

杏叶沙参 Adenophora petiolata subsp. hunanensis

4. 无柄沙参 Adenophora stricta subsp. **sessilifolia** Hong

多年生草本。基生叶心形，大而具长柄；茎生叶无柄，叶片椭圆形或狭卵形，边缘有锯齿。假总状花序或极狭的圆锥花序；花萼筒部常倒卵状，裂片狭长，多为钻形；花冠宽钟状，裂片三角状卵形；花盘短筒状；花柱常略长于花冠。蒴果椭圆状球形。花期 8 ~ 10 月。

分布和生境：产于八大公山各地，生于海拔 600 ~ 1800 m 的山坡草地或疏林下。

用途：根入药。

无柄沙参 Adenophora stricta subsp. sessilifolia

5. 聚叶沙参 Adenophora wilsonii Nannfeldt

多年生草本。茎直立，常 2 至数支发自一条茎基上。叶条状椭圆形或披针形，厚纸质，边缘具齿。

聚叶沙参 Adenophora wilsonii

花序圆锥状；花萼筒部倒卵状或倒卵状圆锥形，裂片钻形或条状披针形，边缘具 1 ~ 2 对瘤状小齿；花冠漏斗状钟形，裂片卵状三角形；花盘环状或短筒状；花柱伸出花冠。蒴果球状椭圆形。花期 8 ~ 10 月，果期 9 ~ 10 月。

分布和生境：分布于八大公山各地，生于海拔 200 ~ 600 m 的溪沟边岩石缝中。

用途：根入药；庭院观赏。

（二）金钱豹属 Campanumoea Blume

多年生草本。具胡萝卜状根。茎缠绕。叶常对生，少互生。花单朵腋生或顶生，或在枝顶集成有 3 朵花的聚伞花序；花萼裂片宽大，卵状三角形或卵状披针形，全缘；花冠上位，具明显的筒部，檐部 5（6）裂；雄蕊 5 枚；子房完全下位，或仅对花冠言为下位，3 ~ 6 室。果为浆果，球状，顶端平钝。种子多数。

2 种，我国产 2 种，湖南产 1 种，八大公山亦产。

1. 金钱豹 Campanumoea javanica Blume

草质缠绕藤本。具胡萝卜状根。茎多分枝。叶对生，极少互生的，具长柄，叶片心形或心状卵形，边缘有浅锯齿。花单朵生叶腋，花萼与子房分离，5 裂至近基部，裂片卵状披针形或披针形；花冠上位，白色或黄绿色，内面紫色，钟状，裂至中部；雄蕊 5 枚；柱头 4 ~ 5 裂。浆果绿白色、淡红色，球状。花期 8 ~ 9 月。

分布和生境：产于八大公山各地，生于海拔 600 ~ 1200 m 的山谷林下。

用途：根入药。

金钱豹 Campanumoea javanica

（三）党参属 Codonopsis Wallich

多年生草本。有乳汁。根常肥大。叶互生，对生，簇生或假轮生。花单生于主茎与侧枝顶端；花萼 5 裂，筒部与子房贴生，筒部常有 10 条明显辐射脉；花冠上位，5 浅裂或 5 全裂而呈辐状，常有明显花脉或晕斑；雄蕊 5，花丝基部常扩大；子房下位，通常 3 室，中轴胎座肉质，每室胚珠多数。果为蒴果，带有宿存的萼裂片。种子多数。

46 种，我国产 44 种，湖南产 5 种，八大公山产 2 种。

分种检索表

1. 叶假轮生，3 或 4 叶成束在侧枝的顶端 …………………………………………… **1. 羊乳 C. lanceolata**

1. 叶互生或对生，不假轮生……………………………………………………………………… **2. 党参 C. pilosula**

1. 羊乳 Codonopsis lanceolata (Siebold & Zuccarini) Trautvetter

茎缠绕，常有多数短细分枝。叶在主茎上的互生，披针形或菱状狭卵形，在小枝顶端通常 2 ~ 4 叶簇生。花单生或对生于小枝顶端；花萼贴生至子房中部，筒部半球状，裂片卵状三角形；花冠阔钟状，浅裂，裂片三角状，反卷，黄绿色或乳白色内有紫色斑点；花盘肉质；子房下位。蒴果下部半球状，上部有喙。花果期 7 ~ 8 月。

分布和生境：分布于八大公山各地，生于海拔 500 ~ 1500 m 山地林中。

用途：根入药。

羊乳 Codonopsis lanceolata

2. 川党参（亚种） Codonopsis pilosula subsp. **tangshen** (Oliver) D. Y. Hong

茎缠绕。有多数分枝。叶在主茎及侧枝上的互生，在小枝上的近于对生，叶片卵形或狭卵形，边缘具波状钝锯齿。花单生于枝端，与叶柄互生或近于对生；花萼贴生至子房中部，筒部半球状，裂片宽披针形或狭矩圆形；花冠上位，阔钟状，黄绿色，内面有明显紫斑，浅裂，裂片正三角形；柱头有白色刺毛。蒴果下部半球状，上部短圆锥状。花果期 7 ~ 10 月。

分布与生境：分布于八大公山斗篷山，生于海拔 1200 ~ 1800 m 的山地林缘及灌丛中。

用途：根入药。

川党参（亚种）Codonopsis pilosula subsp. tangshen

（四）轮钟花属 Cyclocodon Griffith

多年生草本。具胡萝卜状根。茎直立。叶常对生，少互生。花单朵腋生或顶生，或与叶对生，或在枝顶集成有 3 朵花的聚伞花序；花萼裂片条形或条状披针形，边缘有齿，稀全缘；花冠上位，具明显的筒部，檐部 5（6）裂；雄蕊 5 枚；子房下位或半下位，3～6 室。浆果球状，顶端平钝。种子多数。

3 种，我国产 3 种，湖南产 1 种，八大公山亦产。

1. 轮钟花 Cyclocodon lancifolius (Roxburgh) Kurz

直立草本。有乳汁。叶对生，稀 3 枚轮生，具短柄，叶片卵形，卵状披针形至披针形，边缘具齿。花通常单朵顶生兼腋生，有时 3 朵组成聚伞花序；花萼仅贴生至子房下部，裂片常 5 枚，相互间远离，丝状或条形；花冠白色或淡红色，管状钟形，裂片卵形至卵状三角形；雄蕊 5～6 枚；柱头 5～6 裂；子房（4）5～6 室。浆果紫黑色，球状。花果期 7～11 月。

轮钟花 Cyclocodon lancifolius

分布和生境：分布于八大公山各地，生于海拔 300 ~ 800 m 的沟边、林缘草地中。

用途：根入药；果实可食。

（五）半边莲属 Lobelia Linnaeus

乔木、灌木或草本。叶互生，排成两行或螺旋状。花单生叶腋，或总状花序顶生，或由总状花序再组成圆锥花序；花两性，稀单性；花萼筒卵状、半球状或浅钟状，果期宿存；花冠两侧对称，檐部单唇、二唇形或近二唇形，上唇裂片 2，下唇裂片 3；雄蕊筒包围花柱；子房下位、半下位，2 室，胚珠多数。蒴果，成熟后顶端 2 裂。

414 种，我国有 23 种，湖南有 3 种，八大公山均产。

分种检索表

1. 茎纤细或很少稍粗壮，草质或很少亚灌木状；花冠通常二唇形或近二唇形。
  2. 叶片椭圆状披针形至线形…………………………………………………… **1. 半边莲 L. chinensis**
  2. 叶卵形或宽卵形………………………………………………………… **3. 铜锤玉带草 L. dummularia**
1. 茎粗壮，草质或木本；花冠单唇形或近二唇形，很少二唇形…………… **2. 江南山梗菜 L. davidii**

1. 半边莲 Lobelia chinensis Loureiro

多年生草本。叶互生，无柄或近无柄，椭圆状披针形至条形，全缘或顶部有明显的锯齿。花通常 1 朵，生分枝的上部叶腋；花萼筒倒长锥状，裂片披针形；花冠粉红色、淡蓝色或白色，裂片全部平展于下方，呈一个平面；雄蕊花丝中部以上连合。蒴果倒锥状。种子椭圆状，稍扁压。花果期 5 ~ 10 月。

半边莲 Lobelia chinensis

分布和生境：分布于八大公山各地，生于海拔 200 ~ 1000 m 水田边、沟边、山坡或路旁。花果期 5 ~ 10 月。

用途：带根全草入药。

2. 江南山梗菜 Lobelia davidii Franchet

多年生草本。叶螺旋状排列，叶片卵状椭圆形至长披针形，叶柄两边有翅。总状花序顶生；花萼筒倒卵状，裂片条状披针形，边缘有小齿；花冠紫红色，近二唇形；雄蕊在基部以上连合成筒。蒴果球状，底部常背向花序轴。种子黄褐色，稍压扁，椭圆状，一边厚而另一边薄。花果期 8 ~ 10 月。

分布和生境：分布于八大公山各地，生于海拔 1400 ~ 1800 m 的山坡路旁、山地林缘。

用途：根、全草入药。

江南山梗菜 Lobelia davidii

3. 铜锤玉带草 Lobelia nummularia Lamarck

铜锤玉带草 Lobelia nummularia

多年生草本，有白色乳汁。叶互生，叶片圆卵形、心形或卵形，边缘有牙齿。花单生叶腋；花萼筒坛状，裂片条状披针形，伸直；花冠紫红色或黄白色，檐部二唇形，裂片5；雄蕊在花丝中部以上连合。果为浆果，紫红色，椭圆状球形。种子多数。花果期几乎全年。

分布和生境：分布于八大公山各地，生于海拔500～2300 m的潮湿草地、田边及路旁。

用途：全草入药；植株可作野菜。

（六）袋果草属 **Peracarpa** J. D. Hooker

纤细草本。茎肉质。叶多集中于茎上部，叶片膜质或薄纸质，卵圆形或圆形，边缘波状；茎下部的叶疏离而较小。花萼筒部倒卵状圆锥形，裂片三角形至条状披针形；花冠白色或紫蓝色，有时淡蓝色，裂片条状椭圆形。果倒卵状。种子棕褐色。

单种属，八大公山也有分布。

1. 袋果草 Peracarpa carnosa (Wallich) J. D. Hooker & Thomson

形态特征见袋果草的描述。

分布和生境：分布于八大公山各地，生于海拔400～1800 m的林下多石的草地中。

用途：全草入药。

袋果草 Peracarpa carnosa

（七）桔梗属 **Platycodon** A. Candolle

多年生草本。叶全部轮生，部分轮生至全部互生，无柄或有极短的柄，叶片卵形，卵状椭圆形至披针形，边缘具细锯齿。花单朵或数朵集成假总状或圆锥花序；花萼筒部半圆球状或圆球状倒锥形，被白粉，裂片三角形；花冠大，蓝色或紫色，稀粉红色或白色。蒴果球状或球状倒圆锥形。

1种。八大公山亦有分布。

1. 桔梗 Platycodon grandiflorus (Jacquin) A. Candolle

形态特征见种的描述。

分布和生境：分布于八大公山各地，生于海拔1800 m以下的山坡林缘，多为栽培。

用途：根入药，亦供蔬食；庭院观赏。

桔梗 Platycodon grandiflorus

（八）蓝花参属 **Wahlenbergia** Schrader ex Roth

一年生或多年生草本，少为亚灌木。叶互生，稀对生。花与叶对生，集成疏散的圆锥花序；花萼贴生至子房顶端；花冠钟状，3～5浅裂，有时裂至近基部；雄蕊与花冠分离，花丝基部常扩大，花药长圆状；子房下位，2～5室，柱头2～5裂，裂片窄。蒴果2～5室，在宿存的花萼以上的顶端部分2～5室背开裂。种子多数。

约260种，我国产2种，湖南产1种，八大公山亦产。

1. 蓝花参 **Wahlenbergia marginata** (Thunberg) A. Candolle

多年生草本。有白色乳汁。叶互生，常在茎下部密集，下部的匙形或椭圆形，上部的条状披针形或椭圆形。花萼筒部倒卵状圆锥形，裂片三角状钻形；花冠钟状，蓝色，裂片倒卵状长圆形。蒴

蓝花参 Wahlenbergia marginata

果倒圆锥状或倒卵状圆锥形，有 10 条不甚明显的肋。种子矩圆状或椭圆状，光滑，黄棕色。花果期 2～5 月。

分布和生境：分布于八大公山各地，生于海拔 200～500 m 的溪边或山坡灌草丛中。

用途：根或带根全草入药。

一百六十一、菊科 Asteraceae

草木、亚灌木或灌木，稀为乔木。叶通常互生，稀对生或轮生。花两性或单性，整齐或左右对称，五基数，少数或多数密集成头状花序，为 1 层或多层总苞片组成的总苞所围绕，头状花序单生或数个至多数排列成总状、聚伞状、伞房状或圆锥状，花冠辐射对称，管状，或左右对称，两唇形，或舌状，头状花序盘状或辐射状，有同形的小花，全部为管状花或舌状花，或有异形小花，即外围为雌花，舌状，中央为两性的管状花；花柱上端两裂，子房下位。瘦果。

1000 属 25000～30000 种，我国产 200 余属 2000 多种，湖南产 79 属 275 种，八大公山产 70 属 151 种。

分属检索表

1. 头状花序有同形或异形的小花，中央花非舌状；植物无乳汁。
  2. 花药的基部钝或微尖。
    3. 花柱分枝上端有棒锤状或钝的附器，头状花序盘状，有同形的管状花；叶通常对生（泽兰族）。
      4. 花药上端截形，无附片……………………………………………… **3. 下田菊属 Adenostemma**
      4. 花药上端尖，有附片。
        5. 冠毛膜片状，下部宽，上部细长……………………………………… **4. 藿香蓟属 Ageratum**
        5. 冠毛毛状，多数，分离……………………………………………… **27. 泽兰属 Eupatorium**
    3. 花柱分枝上端非棒锤状或稍扁而钝，头状花序辐射状，边缘常有舌状花，或盘状而无舌状花。
      6. 花柱分枝通常一面平一面凸形，上端有尖或三角形附器，有时上端钝（紫菀族）。
        7. 头状花序辐射状，舌状花黄色………………………………… **60. 一枝黄花属 Solidago**
        7. 头状花序辐射状，舌状花白色、红色或紫色，或头状花序盘状，无舌状花。
          8. 头状花序小，盘状，有 2 至多层筒状雌花……………… **22. 鱼眼草属 Dichrocephala**
          8. 头状花序较大，辐射状，有舌状雌花，或头状花序盘状而有细管状雌花。
            9. 雌花 2 至多层；瘦果有喙……………………………………… **44. 粘冠草属 Myriactis**
            9. 雌花通常 1 层；瘦果无喙。
              10. 总苞片多层；花柱分枝顶端披针形。
                11. 内层总苞片狭方形或狭卵形 ………………………………… **9. 紫菀属 Aster**

11. 内层总苞片线状钻形 ……………………………62. **联毛紫菀属 Symphyotrichum**
10. 总苞片 2 ~ 3 层，狭长，等长；花柱分枝顶端三角形。
12. 头状花序有显著开展的舌状雌花，或有时无雌花 ……… **25. 飞蓬属 Erigeron**
12. 头状花序有细管状的雌花 ………………………… **26. 白酒草属 Eschenbachia**
6. 花柱分枝通常截形，无或有尖或三角形附器，有时分枝钻形。
13. 冠毛不存在，或鳞片状，或芒状，或冠状。
14. 总苞片叶质。
15. 花序托无托片；头状花序辐射状（堆心菊族） ……………… **65. 万寿菊属 Tagetes**
15. 花序托通常有托片；头状花序通常辐射状，极少冠状（向日葵族）。
16. 植株具肉质块根 ………………………………………… **21. 大丽花属 Dahlia**
16. 植株无肉质块根。
17. 内层总苞片结合成蒴果状，具喙和钩刺 …………………**68. 苍耳属 Xanthium**
17. 内层总苞片不结合成蒴果状，也不具喙和钩刺。
18. 舌状花宿存于果实上而随果实脱落 …………………… **70. 百日菊属 Zinnia**
18. 舌状花不宿存于果实上而随果实脱落。
19. 冠毛不存在，或芒状，或短冠状，或具倒刺的芒状，或小鳞片状。
20. 瘦果全部肥厚，或舌状花瘦果有 3 棱，管状花瘦果侧面压扁。
21. 瘦果为内层总苞片（或外层托片）所包裹 … **57. 稀莶属 Sigesbeckia**
21. 瘦果不为内层总苞片所包裹。
22. 托片平、狭 ………………………………………… **24. 鳢肠属 Eclipta**
22. 托片内凹或对折，多少包裹小花。
23. 无冠毛 …………………………………… **53. 金光菊属 Rudbeckia**
23. 冠毛鳞片状 ……………………………… **32. 向日葵属 Helianthus**
20. 瘦果多少背面扁压 …………………………………… **11. 鬼针草属 Bidens**
19. 冠毛有多数分离栉状、羽状大鳞片或芒 …………**28. 牛膝菊属 Galinsoga**
14. 总苞片全部或边缘干膜质；头状花序盘状或辐射状（春黄菊族）。
24. 花托有托片 ………………………………………………………… **1. 蓍属 Achillea**
24. 花托无托片。
25. 头状花序单生或排成伞房状或头状。
26. 雌花 1 层或不存在 ……………………………………**16. 菊属 Chrysanthemum**
26. 雌花 2 至多层 ………………………………………………**15. 石胡荽属 Centipeda**
25. 头状花序排成总状或复总状 ………………………………… **8. 蒿属 Artemisia**
13. 冠毛通常毛状；头状花序辐射状或盘状（千里光族）。
27. 花药颈部圆柱形或倒锥形，边缘基生细胞不增大。
28. 花药室内壁组织细胞壁增厚，两极排列。

29. 内层小花雌性，花早熟 ……………………………………………… **49. 蜂斗菜属 Petasites**

29. 内层小花两性，花非早熟。

30. 叶基部具鞘，瘦果无喙 ……………………………………………… **43. 橐吾属 Ligularia**

30. 叶基部无叶鞘，瘦果具喙或无喙。

31. 头状花序辐射状，根状茎肿大成块茎状 ……………… **58. 华蟹甲属 Sinacalia**

31. 头状花序盘状，根状茎非块茎状 …………………… **47. 蟹甲草属 Parasenecio**

28. 花药室内壁组织细胞壁增厚，两极分散或辐射状排列 … **59. 蒲儿根属 Sinosenecio**

27. 花药颈部杆柱状、倒卵状或倒梨形，边缘基生细胞增大。

32. 花药基部具不育的尾状耳 ……………………………………………… **63. 合耳菊属 Synotis**

32. 花药基部无尾状耳，钝或箭头状。

33. 花柱分枝外弯，顶端无钻状长乳头状的附器。

34. 花柱分枝顶端无乳头状毛的中央附器 ……………………… **56. 千里光属 Senecio**

34. 花柱分枝顶端具乳头状毛的中央附器 ………… **18. 野茼蒿属 Crassocephalum**

33. 花柱分枝直立，顶端有钻状长乳头状的附器 ………………**31. 菊三七属 Gynura**

2. 花药基部锐尖，戟形或尾形。

35. 花柱分枝细长，钻形（斑鸠菊族）。

36. 瘦果具 10 条肋或条纹，或少有 7 ～ 8 条肋………………………… **67. 斑鸠菊属 Vernonia**

36. 瘦果具 2 ～ 5 条肋或无肋 …………………………………………… **20. 夜香牛属 Cyanthillium**

35. 花柱分枝非细长钻形。

37. 花柱先端无被毛的节；分枝先端截形，无附器，或有三角形附器。

38. 头状花序的管状花浅裂，不作二唇状（旋覆花族）。

39. 雌花花冠细管状或丝状，雌花花柱较花冠长。

40. 总苞片草质、干质或厚质 ……………………………………………**29. 艾纳香属 Blumea**

40. 总苞片干膜质，或膜质透明 。

41. 两性花不结实，两性花花柱不分枝或浅裂。

42. 冠毛基部结合成环状。

43. 冠毛一型 ………………………………………………**29. 合冠鼠麴草属 Gamochaeta**

43. 冠毛二型 ………………………………………………… **42. 火绒草属 Leontopodium**

42. 冠毛基部分离，分散脱落 ……………………………………… **6. 香青属 Anaphalis**

41. 两性花全部或大部结果实，两性花花柱有分枝。

44. 头状花序排成伞房花序，总苞片膜质 …… **51. 拟鼠麹草属 Pseudognaphalium**

44. 头状花序密集成球状或总状，总苞片草质 …………**30. 鼠麴草属 Gnaphalium**

39. 雌花花冠舌状或管状，雌花花柱较花冠短。

45. 有冠毛。

46. 边缘小花 1 至数层，舌片长 10 ～ 45 mm ……………………**36. 旋覆花属 Inula**

46. 边缘小花 1 层，舌片长 1 ～ 15 mm ……………………… **23. 羊耳菊属 Duhaldea**
45. 无冠毛。
47. 两性花和雌花都结果实，果有纵肋 …………………… **14. 天名精属 Carpesium**
47. 两性花不结果实，果无纵肋 ……………………………… **2. 和尚菜属 Adenocaulon**
37. 头状花序盘状或辐射状，花冠不规则深裂成二唇形（帚菊木族）。
48. 两性花花冠 5 深裂，为不明显二唇形。
49. 冠毛有细糙毛 ………………………………………………**5. 兔儿风属 Ainsliaea**
49. 冠毛羽毛状 …………………………………………………… **48. 帚菊属 Pertya**
48. 两性花花冠明显 2 唇形 ……………………………………**41. 大丁草属 Leibnitzia**
38. 花柱先端有稍胀大而被毛的节，头状花序有同形管状花，有时有不结果实的舌状花。
50. 瘦果有平整的基底着生面。
51. 瘦果密被柔毛，顶端平截（刺苞菊族） ……………………**10. 苍术属 Atractylodes**
51. 瘦果无毛，顶端有凸起的齿状果缘（飞廉族）。
52. 总苞片有钩状刺毛 …………………………………………… **7. 牛蒡属 Arctium**
52. 总苞片无钩状刺毛。
53. 总苞片有刺，叶有刺。
54. 全部冠毛羽毛状 ……………………………………………… **17. 蓟属 Cirsium**
54. 全部冠毛刚毛状 …………………………………………… **13. 飞廉属 Carduus**
53. 总苞片无刺，叶无刺或有短刺。
55. 瘦果具 15 纵棱……………………………………… **33. 泥胡菜属 Hemisteptia**
55. 瘦果 4 棱或近圆形。
56. 瘦果顶端有具齿的小冠 ………………………… **34. 须弥菊属 Himalaiella**
56. 瘦果顶端无小冠 ……………………………………**54. 风毛菊属 Saussurea**
50. 瘦果有歪斜或侧面的基底着生面。
57. 总苞片顶端渐尖，无褐色膜质附属物 ……………………… **64. 山牛蒡属 Synurus**
57. 冠总苞片顶端圆形，有浅褐色膜质附属物 ……………… **52. 漏芦属 Rhaponticum**
1. 头状花序全部为舌状花；花柱分枝细长线形；植物体富有乳汁（舌状花亚科，菊苣族）。
58. 冠毛鳞片状或同时鳞片状及毛状，或无冠毛 ………………………… **40. 稻槎菜属 Lapsana**
58. 冠毛有羽毛状或简单的毛。
59. 冠毛刚毛羽毛状。
60. 冠毛多层，瘦果无横皱缩 ………………………………… **55. 鸦葱属 Scorzonera**
60. 冠毛 1 层，瘦果有横皱缩 ………………………………………**50. 毛连菜属 Picris**
59. 冠毛刚毛单毛状或糙毛状。
61. 瘦果至少在上部具小瘤突或小刺 ……………………… **66. 蒲公英属 Taraxacum**
61. 瘦果平滑。

62. 头状花序有 80 以上的小花…………………………………………… **61. 苦苣菜属 Sonchus**

62. 头状花序有较少的小花。

63. 瘦果顶端无喙，仅假福王草属有短喙状物。

64. 舌状小花黄色。

65. 总苞片覆瓦状排列，向内者渐长或近等长 …………… **35. 山柳菊属 Hieracium**

65. 总苞片不呈覆瓦状排列，向内者渐长。

66. 瘦果顶端有收缢 ……………………………………………… **69. 黄鹌菜属 Youngia**

66. 瘦果顶端无收缢 …………………………………**19. 假还阳参属 Crepidiastrum**

64. 舌状小花紫红色。

67. 舌状小花 7 以上 ………………………………… **46. 假福王草属 Paraprenanthes**

67. 舌状小花 5 ～ 7 ……………………………………………… **45. 紫菊属 Notoseris**

63. 瘦果顶端有喙。

68. 喙长于或等于瘦果本体 ……………………………………………**39. 莴苣属 Lactuca**

68. 喙短于瘦果本体。

69. 瘦果有 10 高起的尖翅肋…………………………………………**38. 苦荬菜属 Ixeris**

69. 瘦果有 9 ～ 12 高起的钝翅肋……………………………… **37. 小苦荬属 Ixeridium**

（一）蓍属 **Achillea** Linnaeus

多年生草本。叶互生，多为羽状浅裂至全裂，稀不分裂而仅有锯齿。头状花序小，异型多花，排成伞房状花序，总苞矩圆形、卵形或半球形；总苞片 2～3 层，边花雌性，通常 1 层，舌状，盘花两性，多数，花冠管状，5 裂。瘦果小，腹背压扁，顶端截形，光滑，无冠状冠毛。

约 200 种，我国产 10 种，湖南有 1 种，八大公山也有分布。

1. 云南蓍 Achillea wilsoniana (Heimerl ex Handel-Mazzetti) Heimerl

多年生草本。叶互生，羽状浅裂至全裂或不分裂而仅有锯齿。头状花序小，排成伞房状花序，边花雌性，舌片白色；盘花两性，花冠管状 5 裂。瘦果小，光滑，无冠状冠毛。花果期 7～9 月。

分布与生境：原产我国长江流域，八大公山有栽培。

用途：全草入药。

云南蓍 Achillea wilsoniana

（二）和尚菜属 **Adenocaulon** Hooker

多年生草本。茎直立，分枝，上部常有腺毛。头状花序小，在茎和分枝顶端排列成圆锥花序，有异型小花，外围有 7 ~ 12 个结实的雌花，中央有 7 ~ 18 个不育的两性花，总苞宽钟状或半球形，总苞片少数，近 1 层，等长，草质，花托短圆锥状或平，无托片，花冠全部管状。瘦果棍棒形，有不明显纵肋，被头状粘质腺毛，无冠毛。

约 5 种，我国产 1 种，湖南产 1 种，八大公山产 1 种。

1. 和尚菜 **Adenocaulon himalaicum** Edgeworth

多年生草本。叶互生，下面被白色茸毛。头状花序小，在茎和分枝顶端排列成圆锥花序，外围有 7 ~ 12 个结实的雌花，中央有 7 ~ 18 个不育的两性花，总苞片少数，近 1 层，等长，花冠全部管状。瘦果长椭圆状棍棒形，具腺毛，无冠毛。

分布和生境：分布于八大公山斗篷山、天平山，生于海拔 1400 ~ 1900 m 的山坡潮湿的林下。

用途：全草入药。

和尚菜 Adenocaulon himalaicum

（三）下田菊属 **Adenostemma** J. R. Forster & G. Forster

一年生草本。叶对生，三出脉，边缘有锯齿。头状花序多数或少数在假轴分枝的顶端排列成伞房状或伞房状圆锥花序。总苞钟状或半球形；总苞片草质，2 层，全部为结实的两性花，花冠白色，管状。瘦果顶端钝圆，通常有 3 ~ 5 棱，冠毛毛状，3 ~ 5 个，坚硬。

20 种，我国产 1 种，八大公山也有分布。

1. 下田菊 **Adenostemma lavenia** (Linnaeus) Kuntze

一年生草本。茎中部的茎叶较大，长椭圆状披针形，顶端急尖或钝，基部宽或狭楔形，叶柄有狭翼，边缘有圆锯齿，上部和下部的叶渐小。头状花序小，排列成松散伞房状或伞房圆锥状花序，花冠下部被粘质腺毛，上部扩大，有 5 齿，被柔毛。瘦果倒披针形，熟时黑褐色，冠毛约 4 枚，棒状，基部结合成环状，有粘液。花果期 8 ~ 10 月。

分布和生境：产于八大公山各地，生于海拔 400 ~ 1600 m 的水沟边和林缘阴湿地。

用途：全草药用。

下田菊 Adenostemma lavenia

（四）藿香蓟属 Ageratum Linnaeus

一年生或多年生草本。叶对生或上部叶互生。头状花序小，同型，有多数小花，在茎枝顶端排成紧密伞房状花序；总苞钟状，总苞片 2 ~ 3 层，线形，草质，不等长；花全部管状，檐部顶端 有 5 齿裂。瘦果有 5 纵棱。冠毛膜片状或鳞片状，5 个，急尖或长芒状渐尖，分离或联合成短冠状。

30 余种，我国产 2 种，湖南产 1 种，八大公山也有分布。

用途：全草入药。

1. 藿香蓟 **Ageratum conyzoides** Linnaeus

一年生或多年生草本。叶对生或上部叶互生。头状花序小，同型，有多数小花，在茎枝顶端排成紧密伞房状花序，少有排成疏散圆锥花序的，总苞钟状，总苞片 2 ~ 3 层，线形，草质，不等长；花全部管状，顶端有 5 齿裂。瘦果有 5 纵棱，冠毛膜片状或鳞片状，5 个，分离或联合成短冠状。

分布和生境：原产美洲，八大公山逸生于荒地中。

用途：全草入药，园艺品种可供观赏。

藿香蓟 Ageratum conyzoides

（五）兔儿风属 **Ainsliaea** Candolle

多年生草本。叶互生，具柄，边全缘，具齿或中裂。头状花序狭，同型，全为两性能育的小花；总苞狭，圆筒形，总苞片多层，覆瓦状排列，向内各层渐次较长，管状花呈二唇形。瘦果圆柱状或两端稍狭而近纺锤形，近压扁，常具 5 ~ 10 棱，极少无棱，通常被毛，冠毛 1 层，近等长，羽毛状。

约 70 种，中国 44 种，湖南有 13 种，八大公山有 6 种。

分种检索表

1. 叶聚生于茎基部，呈莲座状。
  2. 叶基部心形。
    3. 叶基部渐狭，叶柄具宽翅…………………………………………………… **6. 宽叶兔儿风 A. latifolia**
    3. 叶基部心形，叶柄无翅…………………………………………………… **1. 杏香兔儿风 A. fragrans**
  2. 叶基部楔形，下延至叶柄上形成窄翅…………………………………………**4. 长穗兔儿风 A. henryi**
1. 叶聚生于茎中部，呈莲座状，或在茎基部至中部之间互生。
  4. 叶聚生于茎中部，呈莲座状。
    5. 叶柄无翅，花冠裂片与花冠管近等长…………………………………**5. 阿里山兔儿风 A. kawakamii**
    5. 叶柄上部具狭翅，花冠裂片为花冠管 1 / 2 长………………… **3. 粗齿兔儿风 A. grossedentata**
  4. 叶在茎基部至中部之间互生……………………………… **2. 四川兔儿风 A. glabra** var. **sutchuenensis**

1. 杏香兔儿风 **Ainsliaea fragrans** Champion ex Bentham

多年生草本。叶基生，基出脉 5 条，在下面明显凸起。头状花序通常有小花 3 朵，花序轴被深褐色的短柔毛，总苞圆筒形，总苞片约 5 层，背部有纵纹。瘦果棒状圆柱形或近纺锤形。花、果期 10 ~ 12 月。

分布和生境：八大公山广布，生于海拔 400 ~ 800 m 的山坡下。

用途：全草入药。

杏香兔儿风 Ainsliaea fragrans

2. 四川兔儿风（变种） Ainsliaea glabra var. **sutchuenensis** (Franchet) S. E. Freire

多年生草本。根状茎粗短。茎粗壮，直立，常呈紫红色，无毛，花序之下不分枝。头状花序具花 3 朵，为两性管状花，花冠很小，狭圆筒形，顶端不裂，深藏于冠毛之中。总苞圆筒形；总苞片

四川兔儿风（变种）Ainsliaea glabra var. sutchuenensis

约 5 层，背部具 1 条明显的脉。瘦果纺锤形，具 10 纵棱。冠毛黄白色，羽毛状。花期 7 ~ 9 月。

分布和生境：产于八大公山石灰岩地区，生于海拔 200 ~ 800 m 流水石壁上、溪边石缝中。

用途：全草入药。

3. 粗齿兔儿风 Ainsliaea grossedentata Franchet

多年生草本。叶聚生于茎的中部之下，叶片纸质，卵形或卵状披针形，边缘具粗齿或深波状，齿端具胼胝状细尖齿，叶柄上部具极狭的翅。头状花序具花 3 朵，于茎顶排成稀疏的总状花序，总苞圆筒形，花冠白色。冠毛淡褐色，羽毛状。花期 9 ~ 10 月。

分布和生境：分布于八大公山斗篷山，生于海拔 1500 ~ 1800 m 的山坡林下。

用途：全草入药。

粗齿兔儿风 Ainsliaea grossedentata

4. 长穗兔儿风 Ainsliaea henryi Diels

多年生草本。叶基生，莲座状，叶片长卵形或长圆形，基部楔状渐狭而成的翅柄，边缘具波状圆齿，茎生叶极少而小，苞片状，卵形。头状花序含花 3 朵，2 ~ 3 朵聚集成小聚伞花序，总苞圆筒形。冠毛污白至污黄色，羽毛状。花期 7 ~ 9 月。

分布和生境：产八大公山天平山，生于海拔 1000 ~ 1400 m 的山坡林下。

5. 阿里山兔儿风 Ainsliaea kawakamii Hayata

多年生草本。根状茎短，直或曲膝状。茎直立或有时下部平卧，单一，不分枝，下部无叶，密被长柔毛或有时脱毛，基出脉 3 条，中部有 1 对明显的侧脉。头状花序具小花 3 朵，无梗或有短梗，单生或 2 ~ 5 聚生，总苞圆筒形，总苞片约 6 层。瘦果近圆柱形，有纵棱。花、果期 8 ~ 11 月。

分布和生境：产于八大公山各地，生于海拔 400 ~ 800 m 的山坡林下。

用途：全草入药。

长穗兔儿风 Ainsliaea henryi

阿里山兔儿风 Ainsliaea kawakamii

6. 宽叶兔儿风 Ainsliaea latifolia (D. Don) Schultz Bipontinus

多年生草本。根状茎粗壮。叶卵形或狭卵形，边缘有胼胝体状细齿，叶柄与叶片几等长，具翅，背面被白色绵毛。头状花序具花 3 朵，花序轴粗挺，被蛛丝状绵毛，总苞圆筒形，总苞片约 5 层，花全为两性，花冠管状。瘦果近纺锤形。

分布和生境：产于八大公山各地，生于海拔 300 ~ 700 m 的山地林下、路边。

用途：叶入药。

宽叶兔儿风 Ainsliaea latifolia

（六）香青属 **Anaphalis** Candolle

多年生草本。被白色或灰白色棉毛或腺毛。叶互生，全缘。头状花序排成伞房或复伞房花序，有多数同型或异型的花，即外围有多层雌花而中央有少数或 1 个雄花，或中央

有多层雄花而外围有少数雌花或无雌花，仅雌花结果实，总苞钟状、半球状或球状，总苞片多层，上部常干膜质，白色、黄白色稀红色。瘦果长圆形或近圆柱形。

80 种，我国产 50 余种，湖南产 5 种，八大公山产 2 种。

分种检索表

1. 叶基不下延成翅……………………………………………………**1. 珠光香青 A. margaritacea**
1. 叶基沿茎下延成翅………………………………………………………………**2. 香青 A. sinica**

1. 珠光香青 **Anaphalis margaritacea** (Linnaeus) Bentham & J. D. Hooker

分变种检索表

1. 叶线状披针形………………………… **1a. 珠光香青（原变种）A. margaritacea** var. **margaritacea**
1. 叶线形…………………………………… **1b. 线叶珠光香青（变种）A. margaritacea** var. **angustifolia**

1a. 珠光香青（原变种）**Anaphalis margaritacea** (Linnaeus) Bentham & J. D. Hooker var. **margaritacea**

多年生草本。根状茎横走或斜升，木质，具褐色鳞片的短匍枝。茎被灰白色棉毛，下部木质。头状花序极多数，在枝端密集成复伞房状。总苞宽钟状或半球状；总苞片 5 ~ 7 层，上部白色，外层长达总苞全长的三分之一；花托蜂窝状；冠毛较花冠稍长，雌花细丝状。花果期 8 ~ 11 月。

分布和生境：分布于八大公山高山地区，生于海拔 1200 ~ 1900 m 的山坡向阳草丛。

1b. 线叶珠光香青（变种）**Anaphalis margaritacea** var. **angustifolia** (Franchet & Savatier) Hayata

多年生草本。本变种与原变种的区别在于叶为线形。

分布和生境：分布于八大公山高山地区，生于海拔 1200～1900 m 的山坡向阳草丛。

珠光香青（原变种）Anaphalis margaritacea var. margaritacea

线叶珠光香青（变种）Anaphalis margaritacea var. angustifolia

2. 香青 *Anaphalis sinica* Hance

多年生草本。根状茎细或粗壮，木质。茎直立，被白色或灰白色棉毛。下部叶在下花期枯萎，中部叶长圆形。头状花序密集成复伞房状或多交复伞房状；总苞片 6～7 层；雄株的总苞片常较钝，雌株头状花序有多层雌花；冠毛常较花冠稍长。瘦果被小腺点。花期 6～9 月，果期 8～10 月。

分布与生境：分布于八大公山各地，生于海拔 800～1900 m 的山地灌草丛。

香青 Anaphalis sinica

（七）牛蒡属 Arctium Linnaeus

多年生草本。叶互生，通常大型，不分裂，基部通常心。头状花序在茎枝顶端排成伞房状或圆锥状花序，同型，含有多数两性管状花，总苞卵形或卵球形，总苞片多层，具黏毛，顶端有钩刺。瘦果压扁，倒卵形或长椭圆形，冠毛多层，短，糙毛状。

约 10 种，我国产 2 种，湖南产 1 种，八大公山也产。

1. 牛蒡 Arctium lappa Linnaeus

二年生或多年生草本。有粗状的根。叶互生，心形，具长柄，背面被白色绵毛。头状花序同性，

牛蒡 Arctium lappa

多数，簇生；花全部管状，两性，紫色至白色，总苞球形或壶形，苞片先端有钩刺。瘦果光滑无毛。花果期 6 ~ 9 月。

分布和生境：八大公山广布，生于海拔 500 ~ 1500 m 的山坡荒地、路边，也有栽培。

用途：嫩根可作泡菜；根、茎叶、果实入药。

（八）蒿属 **Artemisia** Linnaeus

草本，半灌木或小灌木。叶互生，常有假托叶。头状花序小，基部常有小苞叶；花序托半球形或圆锥形，花异型，花柱线形，伸出花冠外，先端 2 叉，伸长或向外弯曲，子房下位，2 心皮，1 室，具 1 枚胚珠，中央花两性，雄蕊 5 枚，2 室，纵裂，孕育的两性花开花时花柱伸出花冠外，上端 2 叉，柱头具睫毛及小瘤点，花柱极短，先端不叉开。瘦果小，无冠毛。

约 200 多种，我国产 186 种，湖南产 22 种，八大公山产 10 种。

分种检索表

1. 中央花为两性花，结实，开花时两性花的花柱与花冠等长、近等长或略长于花冠，子房明显。
  2. 外、中层总苞片背面革质，有毛或无毛，常有绿色中肋，边缘膜质。
    3. 头状花序通常球形，稀少半球形或卵球形。
      4. 一至二年生草本……………………………………………………………**1. 黄花蒿 A. annua**
      4. 植株呈灌木状……………………………………………………… **10. 白莲蒿 A. stechmanniana**
    3. 头状花序椭圆形、长圆球形或长卵球形，稀半球形、近球形或卵钟形。
      5. 叶上面具密而明显的白色腺点或小凹点。
        6. 茎中部叶一至二回羽状深裂或半裂或浅裂……………………………………… **2. 艾 A. argyi**
        6. 茎中部叶一至二回羽状全裂或至少一回为羽状全裂。
          7. 茎中部叶宽 3 ~ 8 cm，叶的小裂片宽 3 mm 以上 ……… **8. 野艾蒿 A. lavandulifolia**
          7. 茎中部叶宽在 4 cm 以下，叶的小裂片宽不及 3 mm ……………………**7. 矮蒿 A. lancea**
      5. 叶上面无白色腺点，或疏被腺点，无小凹点。
        8. 茎中部叶每侧具 3 ~ 4 裂片，基部裂片小……………………………………**4. 五月艾 A. indica**
        8. 茎中部叶每侧具 2 ~ 3 裂片，基部裂片较大…………………………………**9. 魁蒿 A. princeps**
  2. 外、中、内层总苞片全为半透明、膜质，背面无毛亦无绿色中肋……… **6. 白苞蒿 A. lactiflora**
1. 中央花两性，但不孕育，开花时花柱不伸长，长仅及花冠中部或中上部，子房细小或不存在。
  9. 叶的小裂片线形…………………………………………………………… **3. 茵陈蒿 A. capillaris**
  9. 叶的小裂片宽线形至近圆形……………………………………………………**5. 牡蒿 A. japonica**

1. 黄花蒿 **Artemisia annua** Linnaeus

一年生草本。植株有浓烈的挥发性香气。茎单生，有纵棱。茎下部叶宽卵形或三角状卵形，三至四回栉齿状羽状深裂；中部叶二至三回栉齿状羽状深裂；上部叶与苞片叶一至二回栉齿状羽状深裂。头状花序球形；总苞片 3 ~ 4 层。瘦果椭圆状卵形。花果期 8 ~ 11 月。

分布和生境：八大公山广布，生于海拔 200 ~ 1900 m 的荒地、河滩、屋旁、旷野。

用途：全草入药。

黄花蒿 Artemisia annua

2. 艾 Artemisia argyi H. Léveillé & Vaniot

多年生草本。植株有浓烈香气。主根明显，略粗长。茎单生，有明显纵棱，褐色或灰黄褐。茎、枝均被灰色蛛丝状柔毛。茎下部叶近圆形或宽卵形，羽状深裂；中部叶一至二回羽状深裂至半裂；上部叶与苞片叶羽状半裂、浅裂。头状花序椭圆形；总苞片 3 ~ 4 层。瘦果长卵形或长圆形。花果期 7 ~ 10 月。

艾 Artemisia argyi

分布和生境：八大公山广布，生于海拔 200 ~ 1900 m 的山地草丛、荒坡。

用途：全草入药；干草燃烧可驱蚊。

3. 茵陈蒿 Artemisia capillaris Thunberg

半灌木状草本。主根明显木质；根茎直径。茎单生或少数，红褐色或褐色，基部木质。营养枝端有密集叶丛，茎下部叶卵圆形或卵状椭圆形；中部叶宽卵形、近圆形或卵圆形；上部叶与苞片叶羽状 5 全裂或 3 全裂。头状花序卵球形；总苞片 3 ~ 4 层；花序托小；两性花柱短。瘦果长圆形或长卵形。花果期 7 ~ 10 月。

分布和生境：八大公山各地均有分布，生于海拔 200 ~ 1000 m 的荒坡草丛或沟边石上。

用途：幼叶药用。

茵陈蒿 Artemisia capillaris

4. 五月艾 Artemisia indica Willdenow

半灌木状草本。主根明显；根状茎稍粗短，常有短匍茎。茎单生，褐色或上部微带红色，纵棱

五月艾 Artemisia indica

明显；叶上面初时被灰白色或淡黄色茸毛；基生叶与茎下部叶卵形或长卵形；中部叶卵形、长卵形；上部叶羽状全裂。苞片叶3全裂或不分裂；头状花序卵形、长卵形或宽卵形；总苞片3~4层。瘦果长圆形或倒卵形。

分布和生境：八大公山广布，生于海拔200~1400 m的山坡灌草丛、路边。

用途：全草入药。

5. 牡蒿 Artemisia japonica Thunberg

多年生草本。主根稍明显，常有块根；根茎直立或斜向上。茎单生或少数，紫褐色或褐色。营茎、枝初时被微柔毛，后渐稀疏或无毛。基生叶与茎下部叶倒卵形或宽匙形；中部叶匙形；上部叶上端具3浅裂或不分裂。头状花序卵球形或近球形；总苞片3~4层，背面无毛。瘦果倒卵形。

分布和生境：八大公山各地均有分布，生于海拔200~1000 m的山坡草丛。

用途：全草入药。

牡蒿 Artemisia japonica

6. 白苞蒿 Artemisia lactiflora Wallich ex Candolle

多年生草本。茎直立。叶纸质；基生叶与茎下部叶宽卵形或长卵形，二回或一至二回羽状全裂；中部叶卵圆形或长卵形，二回或一至二回羽状全裂。头状花序长圆形；总苞片3~4层；两性花花冠管状，花药椭圆形，有睫毛。瘦果倒卵形或倒卵状长圆形。

分布和生境：分布于八大公山各地，生于海拔400~1500 m的山地林下。

用途：全草入药；嫩叶可食。

7. 矮蒿 Artemisia lancea Vaniot

多年生草本。茎、枝初时微被蛛丝状微柔毛，后毛渐脱落。叶上面初时微有蛛丝状短柔毛及白色腺点，后毛与腺点渐脱落，背面密被灰白色或灰黄色蛛丝状毛；基生叶与茎下部二回羽状全裂，每侧有裂片 3 ~ 4 枚，基部裂片再次羽状深裂，每侧具小裂片 2 ~ 3 枚，小裂片线状披针形。头状花序多数，花冠狭管状。瘦果长圆形。花果期 8 ~ 10 月。

分布和生境：八大公山各地均有分布，生于海拔 500 ~ 1500 m 的山坡林缘或草丛。

用途：根入药。

白苞蒿 Artemisia lactiflora

矮蒿 Artemisia lancea

8. 野艾蒿 *Artemisia lavandulifolia* Candolle

多年生草本。主根稍明显，侧根多。叶纸质，上面绿色，背面除中脉外密被灰白色密绵毛；基生叶与茎下部叶宽卵形或近圆形，二回羽状全裂；中部叶卵形、长圆形，一至二回羽状全裂；上部叶羽状全裂。头状花序多椭圆形或长圆形；总苞片 3 ~ 4 层。瘦果长卵形或倒卵形。花果期 8 ~ 10 月。

分布和生境：分布于八大公山各地，生于海拔 500 ~ 1900 m 的山坡草丛中。

用途：全草药用。

野艾蒿 Artemisia lavandulifolia

9. 魁蒿 Artemisia princeps Pampanini

多年生草本。主根稍粗。茎少数，成丛或单生，纵棱明显。叶厚纸质或纸质，叶面深绿色，无毛；下部叶卵形或长卵形，一至二回羽状深裂；中部叶卵形或卵状椭圆形；上部叶羽状深裂或半裂。头状花序长圆形或长卵形；总苞片 3 ~ 4 层；两性花花柱与花冠近等长。瘦果椭圆形或倒卵椭圆形。花果期 7 ~ 11 月。

分布和生境：分布于八大公山各地，生于海拔 400 ~ 1500 m 的山坡灌丛、林缘及沟边。

用途：全草药用；嫩叶可食。

魁蒿 Artemisia princeps

10. 白莲蒿 Artemisia stechmanniana Besser

落叶半灌木状草本。根稍粗大，木质，垂直；根状茎粗壮。茎褐色或灰褐色，具纵棱，下部木质；茎下部与中部叶长卵形、三角状卵形或长椭圆状卵形；苞片叶栉齿状羽状分裂或不分裂。头状花序近球形；总苞片 3 ~ 4 层；雌花花冠狭管状或狭圆锥状；两性花花冠状。瘦果狭椭圆状卵形或狭圆锥形。花果期 8 ~ 10 月。

分布和生境：分布于八大公山各地，生于海拔 400 ~ 800 m 瘠薄的山坡草地。

用途：全草入药。

白莲蒿 Artemisia stechmanniana

（九）紫菀属 Aster Linnaeus

多年生草本。茎直立。叶互生，有齿或全缘。头状花序作伞房状或圆锥伞房状排列，外围有 1 ~ 2 层雌花，中央有两性花，结实；总苞半球状，钟状或倒锥状；总苞片 2 至多层，外层渐短，边缘膜质；雌花花冠舌状，狭长，白色，浅红色、紫色或蓝色；两性花花冠管状，黄色或顶端紫褐色，有 5 等形裂片；冠毛宿存，白色或红褐色。瘦果长圆形或倒卵圆形。

152 种，我国产 123 种；湖南产 19 种，八大公山产 4 种。

分种检索表

1. 果无喙，雌花通常 1 层。
2. 冠毛长，毛状。
3. 多年生草本……………………………………………………… **1. 三脉紫菀 A. ageratoides**
3. 灌木……………………………………………………………… **2. 小舌紫菀 A. albescens**
2. 冠毛短，膜片状或芒状……………………………………………… **3. 马兰 A. indicus**
1. 果有喙，雌花 2 至多层………………………………………… **4. 秋分草 A. verticillatus**

1. 三脉紫菀 Aster ageratoides Turczaninow

分变种检索表

1. 植株具匍匐枝……………………………… **1a. 狭叶三脉紫菀（变种）A. ageratoides** var. **gerlachii**
1. 植株无匍匐枝。
  2. 头状花序较小，总苞片 3 ~ 4 mm … **1d. 小花三脉紫菀（变种）A. ageratoides** var. **micranthus**
  2. 头状花序较大。
    3. 茎被黄褐色或灰白密茸毛………… **1b. 毛枝三脉紫菀（变种）A. ageratoides** var. **lasiocladus**
    3. 茎和叶不被黄褐色或灰色密茸毛。
      4. 叶下面密被短柔毛和腺点……… **1e. 微糙三脉紫菀（变种）A. ageratoides** var. **scaberulus**
      4. 叶下面毛被和腺点较疏或无… **1c. 宽伞三脉紫菀（变种）A. ageratoides** var. **laticorymbus**

1a. 狭叶三脉紫菀（变种）Aster ageratoides var. **gerlachii** (Hance) C. C. Chang ex Y.Ling

多年生草本。茎基部具匍匐枝，叶狭披针形。总苞倒锥状或半球形，舌状花的舌片白色，筒状花黄色。瘦果冠毛浅红褐色或污白色。

分布和生境：分布于八大公山五道水，生于海拔 200 ~ 500 m 的溪边草丛中。

用途：带根全草可用。

狭叶三脉紫菀（变种）Aster ageratoides var. gerlachii

1b. 毛枝三脉紫菀（变种）Aster ageratoides var. **lasiocladus** (Hayata) Handel-Mazzetti

多年生草本。茎被黄褐色或灰色密茸毛；叶长圆披针形，常较小，边缘有浅齿，顶端钝或急尖，质厚，上面被密糙毛，或两面被密茸毛，沿脉常有粗毛；总苞片厚质，被密茸毛。舌状花白色。

分布与生境：分布于八大公山各地，生于海拔 300 ~ 1200 m 的山坡林下。

用途：带根全草可药用。

毛枝三脉紫菀（变种）Aster ageratoides var. lasiocladus

1c. 宽伞三脉紫菀（变种） Aster ageratoides var. **laticorymbus** (Vaniot) Handel-Mazzetti

多年生草本。茎多分枝，中部叶长圆披针形或卵圆披针形，下部渐狭，有 7 ~ 9 对锯齿，下面常脱毛，枝部叶小，卵圆形或披针形，全缘或有齿；总苞片较狭，上部绿色；舌状花常白色。

分布与生境：分布于八大公山各地，生于海拔 600 ~ 1800 m 的山坡林缘或草地。

用途：带根全草可药用。

宽伞三脉紫菀（变种）Aster ageratoides var. laticorymbus

1d. 小花三脉紫菀（变种） Aster ageratoides var. **micranthus** Y. Ling

多年生草本。与三脉紫菀不同在于花较小，长 2 ~ 3 mm；叶被极疏具节微硬毛，下面常带紫色。

分布与生境：分布于八大公山各地，生于海拔 200 ~ 500 m 的山坡石壁上。

用途：带根全草可药用。

1e. 微糙三脉紫菀（变种） Aster ageratoides var. **scaberulus** (Miquel) Y. Ling

多年生草本。叶卵圆形或卵圆披针形，有 6 ~ 9 对浅锯齿，下部渐狭或急狭成具狭翅或无翅的短柄，质较厚，上面密被微糙毛，有明显的腺点，且沿脉常有长柔毛，或下面后脱毛；总苞较大，总苞片上部绿色；舌状花白色或带红色。

分布与生境：分布于八大公山各地，生于海拔 400 ~ 1500 m 的山坡林缘或草地。

用途：带根全草可药用。

小花三脉紫菀（变种）Aster ageratoides var. micranthus

微糙三脉紫菀（变种）Aster ageratoides var. scaberulus

2. 小舌紫菀 Aster albescens (Candolle) Wallich ex Handel-Mazzetti

落叶灌木。叶卵圆形或长圆状，基部楔形或近圆形，全缘或有浅齿，顶端尖或渐尖。头状花序在茎和枝端排列成复伞房状；花梗有钻形苞叶；总苞倒锥状；总苞片 3 ~ 4 层，被疏柔毛或茸毛或近无毛；舌片白色，浅红色或紫红色；管状花黄色；花柱附片宽三角形；冠毛有近等长微糙毛。瘦果被白色短绢毛。

分布与生境：分布于八大公山各地，生于海拔 1000 ~ 1500 m 的山地疏林下。

3. 马兰 Aster indicus Linnaeus

多年生草本。叶互生。头状花序单生于枝端或疏散伞房状排列，外围有 1 ~ 2 层雌花，中央两性花，结实；总苞片 2 ~ 3 层，覆瓦状；雌花花冠舌状，白色或紫色；两性花花冠钟状，有分裂片。冠毛极短或膜片状，分离或基部结合成杯状。瘦果稍扁，倒卵圆形，边缘有肋，无毛或被疏毛。花果期 6 ~ 10 月。

分布和生境：八大公山各地均有分布，生于海拔 200 ~ 1800 m 的山地林缘、草丛及田埂。

用途：全草及根入药。

小舌紫菀 Aster albescens

马兰 Aster indicus

4. 秋分草 Aster verticillatus (Reinwardt) Brouillet

多年生草本。叶互生。头状花序小，单生于叶腋或分枝顶端，无花序梗或有短花序梗。总苞小，钟状或半球形；总苞片 3 ~ 3 层，覆瓦状，边缘膜质；雌花 2 ~ 3 层，中央有多数两性花；雌花花冠舌状，白色；两性花管状，顶端有 5 稀 4 齿裂；花药基部钝，全绿。瘦果压扁；冠毛纤细。花果期 8 ~ 11 月。

分布和生境：分布于八大公山各地，生于海拔 300 ~ 600 m 的山地林缘及沟边。

用途：全草药用。

秋分草 Aster verticillatus

（十）苍术属 Atractylodes Candolle

多年生草本。具块状根茎。叶互生，全缘或羽状分裂，边缘有小针刺。头状花序单生枝端，为羽状分裂的苞叶所包围；总苞钟状或筒状；总苞片多层；花序托平坦，有刺毛；小花全部管状，两性，5 裂。瘦果回柱状，被柔毛；冠毛多数，羽毛状。

7 种，我国产 5 种，湖南产 3 种，八大公山有 1 种。

1. 白术 Atractylodes macrocephala Koidzumi

多年生草本。根状茎结节状。叶片通常 3 ~ 5 羽状全裂，侧裂片 1 ~ 2 对，接花序下部的叶不裂。头状花序单生茎枝顶端，苞叶针刺状，羽状全裂，总苞大，宽钟状，总苞片 9 ~ 10 层，覆瓦状排列，顶端紫红色，花紫红色。瘦果倒圆锥状，冠毛刚毛羽毛状，污白色。花果期 8 ~ 10 月。

分布和生境：原产我国华中，八大公山有栽培。

用途：块根入药。

白术 Atractylodes macrocephala

（十一）鬼针草属 Bidens Linnaeus

一年生或多年生草本。茎通常有纵条纹。叶对生成有时在茎上部互生。总苞钟状或近半球形；苞片通常 1～2 层，基部常合生外层草质，短或伸长为叶状，内层通常膜质，近扁平，干膜质。花杂性；盘花筒状，两性，可育，冠筒壶状，整齐，4～5 裂。花柱枝扁，被细毛。瘦果扁平或具四棱，有芒刺 2～4 枚，其上有倒刺状刚毛，果体褐色或黑色，光滑或有刚毛。

235 种，我国产 10 种，湖南产 6 种，八大公山有 5 种。

分种检索表

1. 瘦果条形，先端渐狭。
  2. 总苞外层苞片披针形；叶二至三回羽状分裂，两面被柔毛；舌状花黄色。
    3. 顶生裂片狭窄，先端斩尖，边缘具不整齐的稀疏锯齿…………………… **1. 婆婆针 B. bipinnata**
    3. 顶生裂片卵形，先端短斩尖，边缘具密而均匀的锯齿……………… **2. 金盏银盘 B. biternata**
  2. 总苞外层苞片匙形；叶为三出复叶；舌状花白色或无舌状花………………… **4. 鬼针草 B. pilosa**
1. 瘦果较宽，楔形或倒卵状楔形，顶端截形。
  4. 茎中部叶为羽状复叶，盘花花冠 5 裂……………………………………**3. 大狼杷草 B. frondosa**
  4. 茎中部叶羽状深裂，盘花花冠 4 裂………………………………………… **5. 狼杷草 B. tripartita**

1. 婆婆针 Bidens bipinnata Linnaeus

一年生草本植物。中部叶三出，小叶 3 枚，很少为具 5～7 小叶的羽状复叶，两侧小叶椭圆形或卵状椭圆形。头状花序总苞苞片 7～8 枚，外层托片披针形，干膜质，背面褐色，具黄色边缘，内层较狭，条状披针形，无舌状花，盘花筒状。瘦果黑色，条形，略扁，具棱，上部具稀疏瘤状突

婆婆针 Bidens bipinnata

起及刚毛，顶端芒刺 3 ~ 4 枚。

分布与生境：分布于八大公山各地，生于海拔 200 ~ 1500 m 的荒地或路边草丛中。

用途：全草入药。

2. 金盏银盘 Bidens biternata (Loureiro) Merrill & Sherff

一年生草本。茎直立，略具四棱，无毛或被稀疏卷曲的短柔毛。叶为一回羽状复叶，顶生小叶卵形至长圆状卵形或卵状披针形，边缘具稍密且近于均匀的锯齿。总苞基部有短柔毛，外层苞片 8 ~ 10 枚，条形，内层苞片长椭圆形或长圆状披针形；舌状花通常 3 ~ 5 朵，舌片淡黄色。瘦果条形，黑色，四棱，具倒刺毛。

分布与生境：分布于八大公山各地，生于海拔 200 ~ 1500 m 的荒地或路边草丛中。

用途：全草入药。

金盏银盘 Bidens biternata

3. 大狼杷草 Bidens frondosa Linnaeus

一年生草本。茎直立，分枝，被疏毛或无毛，常带紫色。叶对生，具柄，为一回羽状复叶，披针形，边缘有粗锯齿，常背面被稀疏短柔毛。头状花序单生茎端和枝端，总苞钟状或半球形，外层苞片披针形或匙状倒披针形，内层苞片长圆形。瘦果扁平，狭楔形，顶端芒刺 2 枚，有倒刺毛。

分布与生境：原产北美洲，八大公山低海拔地区有逸生，生于田间或水沟边湿润处。

用途：全草入药。

4. 鬼针草 Bidens pilosa Linnaeus

一年生草本。茎直立，钝四棱形，无毛或上部被极稀疏的柔毛。茎下部叶 3 裂或不分裂，中部叶具无翅的柄，小叶 3 枚，很少为具 5 ~ 7 小叶的羽状复叶，两侧小叶椭圆形或卵状椭圆形；总苞基部被短柔毛，苞片 7 ~ 8 枚，条状匙形，边缘疏被短柔毛或无毛；无舌状花，盘花筒状，冠檐 5 齿裂。瘦果黑色，具倒刺毛。

分布与生境：分布于八大公山各地，生于海拔 200 ~ 1500 m 的荒地或路边草丛中。

用途：全草入药。

大狼杷草 Bidens frondosa

鬼针草 Bidens pilosa

5. 狼杷草 Bidens tripartita Linnaeus

一年生草本。茎圆柱状或具钝棱而稍呈四方形，绿色或带紫色。叶对生，不分裂，边缘具锯齿，中部叶具柄，有狭翅；上部叶较小，披针形，3 裂或不分裂。头状花序单生茎端及枝端，具较长花序梗；总苞盘状，外层苞片条形或匙状倒披针形，内层苞片长椭圆形或卵状披针形。瘦果扁，楔形或倒卵状楔形。

分布和生境：分布于八大公山各地，生于海拔 200 ~ 1200 m 的荒田中及水边湿地。

用途：全草、根入药。

狼杷草 Bidens tripartita

（十二）艾纳香属 **Blumea** Candolle

一年或多年生草本，亚灌木或藤本，常有香气。叶互生。头状花序有多数异形小花，外围的雌花多层，中央的两性花能育或极少不完全发育，黄色或紫红色。总苞半球形、圆柱形或钟状，总苞片多层，绿色或紫红色，外层极短，叶质或边缘干膜质，背面被毛，内层狭窄，具狭或宽的膜质边缘。雌花花冠细管状，檐部 2 ~ 4 齿裂；两性花花冠管状，向上渐扩大，檐部 5 浅裂或少有 6 浅裂。瘦果小，圆柱形或近纺锤形，有或无棱，无毛或被短柔毛。冠毛 1 层，脱落或不易脱落，糙毛状，白色、淡红色或黄褐色。

53 种，我国有 31 种，湖南有 7 种，八大公山有 2 种。

分种检索表

1. 外层总苞片线形、线状披针形或长圆形……………………………… **1. 台北艾纳香 B. formosana**
1. 外层总苞片卵形或卵状长圆形………………………………………………… **2. 东风草 B. megacephala**

1. 台北艾纳香 **Blumea formosana** Kitamura

多年生草本。茎直立，有明显的条棱，被白色长柔。中部叶近无柄，纸质或薄纸质，狭或宽倒卵状长圆形，（12 ~ 20）cm ×（4.0 ~ 6.5）cm，边缘有疏生的点状细齿或小尖头，上面被短柔毛，下面被紧贴的白色茸毛，杂有密腺体；上部叶渐小，长圆形或长圆状披针形；最上部叶苞片状。头状花序排列成顶生的圆锥花序，总苞片 4 层，近膜质，绿色，外层线状披针形，中层线状长圆形，内层线形。花黄色，雌花多数，檐部 3 齿裂，两性花较少数，花冠管状，檐部 5 浅裂。瘦果圆柱形，有 10 条棱，被白色腺状粗毛。冠毛污黄色或黄白色，糙毛状。花期 8 ~ 11 月。

分布和生境：分布于八大公山各地，生于海拔 400 ~ 1500 m 的山坡荒地、路边。

用途：全草及根入药。

台北艾纳香 Blumea formosana

2. 东风草 **Blumea megacephala** (Randeria) Chang et Tseng

攀缘状草质藤本或基部木质。茎直立，有明显的沟纹，嫩枝叶被紫红色的短柔毛。中部叶叶片卵形、卵状长圆形或长椭圆形，（7 ~ 10）cm ×（2.5 ~ 4.0）cm，边缘有疏细齿或点状齿，上部叶渐小。头状花序排列成顶生的圆锥花序，总苞半球形，总苞片 5 ~ 6 层，外层厚质，卵形，基部常弯曲中层质稍薄，带干膜质，线状长圆形，内层长于最外层的三倍。花黄色，雌花多数，细管状，檐部 2 ~ 4 齿裂，两性花花冠管状，檐部 5 齿裂，裂片三角形，顶端钝。瘦果圆柱形，有 10 条棱，被疏毛。

东风草 Blumea megacephala

冠毛白色，糙毛状。花期 8 ~ 12 月。

分布和生境：分布于八大公山五道水、楠木坪，生于海拔 400 ~ 1500 m 的山坡荒地、路边。

（十三）飞廉属 **Carduus** Linnaeus

一年生至多年生草本。茎有翼。叶互生，边缘及顶端有针刺。头状花序同型同色，总苞卵状至扁球形，总苞片顶端有刺尖，小花红色、紫色或白色。瘦果压扁，具多数纵细线纹，有果缘，冠毛多层，基部连合成环。

约 95 种，我国产 35 种，湖南产 2 种，八大公山有 1 种。

1. 节毛飞廉 **Carduus acanthoides** Linnaeus

一年生或二年生直立草本。茎有翼。叶互生，常下延，不分裂至全裂，边缘及顶端有针刺，茎生叶两面绿色。头状花序同型同色，单生，全部小花两性，结实，总苞片多层，覆瓦状排列，直立，紧贴，向内层渐长，最内层苞片膜质；花冠管状或钟状，檐部 5 深裂，花冠裂片其中 1 片较其他 4 裂片为长。瘦果平滑或具 6 ~ 10 棱，冠毛多层，不等长，基部连合成环。

分布和生境：分布于八大公山各地，生于海拔 400 ~ 1500 m 的山坡荒地、路边。

用途：全草及根入药。

节毛飞廉 Carduus acanthoides

（十四）天名精属 **Carpesium** Linnaeus

多年生草本。茎直立，多有分枝；叶互生。头状花序顶生或腋生，通常下垂；苞片 3 ~ 4 层，干膜质或外层的草质，呈叶状。花黄色，异型，外围的雌性，结实，花冠筒状，顶端 3 ~ 5 齿裂，盘花两性，花冠筒状或上部扩大呈漏斗状，通常较大，5 齿裂。瘦果细长，有纵条纹，先端收缩成喙状，顶端具软骨质环状物，无冠毛。

约 20 种，我国产 16 种，湖南产 9 种，八大公山有 8 种。

分种检索表

1. 外层总苞片草质或叶状，比内层苞片长或至少等长，常与苞叶无明显区别。
  2. 花冠无毛……………………………………………………………… **2. 烟管头草 C. cernuum**
  2. 花冠有毛…………………………………………………**7. 棉毛尼泊尔天名精 C. nepalense** var. **lanatum**
1. 外层总苞片短，向内层逐渐增长，常与苞叶有明显区别。
  3. 花冠被稀疏的柔毛………………………………………………………… **3. 金挖耳 C. divaricatum**
  3. 花冠无毛。
    4. 头状花序较小，钟状，直径 3 ~ 6mm，花序梗纤细。
      5. 下部茎叶椭圆形或椭圆状披针形，头状花序具长梗……………………**6. 小花金挖耳 C. minus**
      5. 下部茎叶卵圆形或卵状披针形，头状花序无梗或具短梗……………**4. 中日天名精 C. faberi**
    4. 头状花序较大，卵球形或扁球形，直径 6 ~ 8mm，花序梗较粗。
      6. 下部茎叶卵形，基部浅心形；外层苞片先端锐尖……………**8. 四川天名精 C. szechuanense**
      6. 下部茎叶椭圆形或披针形，基部渐狭；外层苞片干膜质，先端钝。
        7. 下部茎叶长圆状披针形至被针形，近于无毛……………… **5. 长叶天名精 C. longifolium**
        7. 下部茎叶广椭圆形至长椭圆形，密被短柔毛…………………… **1. 天名精 C.abrotanoides**

1. 天名精 *Carpesium abrotanoides* Linnaeus

多年生草本。茎圆柱形，下部木质，有明显的纵条纹。茎下部叶广椭圆形或长椭圆形，先端钝或锐尖，密被短柔毛，边缘具不规整的钝齿。头状花序多数，生茎端及沿茎、枝生于叶腋，成穗状花序式排列，着生于茎、枝端者具椭圆形或披针形的苞叶 2 ~ 4 枚；总苞钟球形；苞片 3 层。雌花狭筒状，两性花筒状。

天名精 Carpesium abrotanoides

分布和生境：八大公山广布，生于海拔 200 ~ 1500m 的山地草丛及村边荒地。

用途：全草、果实入药。

2. 烟管头草 Carpesium cernuum Linnaeus

多年生草本。茎下部密被白色长柔毛及卷曲的短柔毛。基部叶于开花前凋萎，茎下部叶较大，具长柄，叶片长椭圆形或匙状长椭圆形；中部叶椭圆形至长椭圆形，上部叶渐小，椭圆形至椭圆状披针形，近全缘。头状花序单生茎端及枝端，开花时下垂；总苞壳斗状；苞片 4 层，外苞片叶状披针形。

分布和生境：八大公山广布，生于海拔 200 ~ 1800m 的山谷、林缘及路边。

用途：根及全草入药。

烟管头草 Carpesium cernuum

3. 金挖耳 Carpesium divaricatum Siebold & Zuccarini

多年生草本。叶互生，茎下部叶大，卵状长圆形，边缘有不整齐锯齿，茎上部叶小，愈上则愈小，披针形，几乎全缘。头状花序，单生于茎端或分枝的顶端，下垂，总苞扁球形，外层苞片长披针形，内层苞片膜质，椭圆状披针形，全部管状花，黄色，外围数层为雌性花，中央为两性花。瘦果细长，无冠毛。花期秋季。

分布和生境：产于八大公山各地，生于海拔 400~800m 的油茶林下及针叶林缘。

用途：全草入药。

4. 中日天名精 Carpesium faberi C. Winkler

多年生草本。基叶于开花前枯萎，茎下部叶卵形至卵状披针形，先端渐尖，基部阔楔形或近圆形，稍下延，边缘具疏齿，两面被柔毛，上部由于叶基下延而具狭翅，中部叶披针形，上部叶渐变小，披针形至条状披针形，近全缘。头状花序多数，生茎、枝端及生于下部枝条的叶腋，几无梗，苞片 2 ~ 3 枚，椭圆形至椭圆状披针形，总苞钟状。

分布和生境：产于八大公山各地，生于海拔 400 ~ 600 m 的溪边旷地及林缘湿地。

用途：全草入药。

金挖耳 Carpesium divaricatum

中日天名精 Carpesium faberi

5. 长叶天名精 Carpesium longifolium F. H. Chen & C. M. Hu

多年生草本。茎直立，圆柱形，基部木质，有明显纵条纹。基叶于开花前枯萎，茎下部及中部叶椭圆形或椭圆状披针形；上部叶披针形至狭披针形。头状花序穗状花序式，通常无苞叶，着生于茎、枝端者具苞叶，苞叶 2 ~ 4 枚；总苞半球形；苞片 4 层。

分布和生境：生于八大公山核心区海拔 1400 ~ 1900 m 的山地林下、灌丛。

用途：全草入药。

长叶天名精 Carpesium longifolium

6. 小花金挖耳 Carpesium minus Hemsley

多年生草本。茎下部叶椭圆形或椭圆状披针形，先端锐尖或钝，基部渐狭，上面深绿色，下面淡绿色，边缘中上部有不明显的疏锯齿，齿端有腺体，上部叶较小，披针形或条状披针形，近全缘，具短柄或无柄。头状花序单生茎枝顶端，具长柄，直立或下垂，苞叶 2 ~ 4 枚，2 枚较大，条状披针形，苞片 3 ~ 4 层，外层较短，卵形至卵状披针形，内层条状披针形。

分布和生境：产于八大公山五道水，生于海拔 300 ~ 500 m 的溪边阴湿的灌丛下。

用途：全草入药，用于治疗蛇伤。

小花金挖耳 Carpesium minus

7. 棉毛尼泊尔天名精 Carpesium nepalense var. **lanatum** (J. D. Hooker & Thomson ex C. B. Clarke) Kitamura

多年生草本。茎被稀薄棉毛。茎下部叶卵形至卵状椭圆形，基部圆形或心形，中部叶椭圆形或椭圆状披针形，上部叶渐小，披针形，先端渐尖，基部楔形，几无柄。头状花序单生茎、枝端，开花时下垂；苞叶 4 ~ 6 枚，椭圆形或披针形，大小不等。总苞盘状，苞片 4 层，外层草质，披针形，中层干膜质，先端稍带绿色，内层干膜质，先端有不规整的小齿。

分布和生境：产于八大公山斗篷山，生于海拔 1200 ~ 1800 m 的路边草丛中。

用途：全草入药。

棉毛尼泊尔天名精 Carpesium nepalense var. lanatum

8. 四川天名精 Carpesium szechuanense F. H. Chen & C. M. Hu

多年生草本。基叶于开花前枯萎，茎下部及中部叶广卵形，基部心形或截形；上部叶椭圆形或椭圆状披针形，近全缘，具短柄或近无柄。头状花序穗状花序式排列，生茎、枝端者具苞叶，苞叶 2 ~ 4 枚，大小不等，总苞半球形；苞片 4 层。雌花狭筒状，两性花筒状。

四川天名精 Carpesium szechuanense

分布和生境：产于八大公山斗篷山，生于海拔 1000 ~ 1500 m 的山坡林缘草丛中。

用途：全草入药。

（十五）石胡荽属 **Centipeda** Loureiro

一年生匍匐状小草本。头状花序小，单生叶腋，无梗或有短梗，异型，盘状；总苞半球形；总苞片 2 层，平展矩圆形，近等长，具狭的透明边缘；边缘花雌性能育，多层，花冠细管状，顶端 2 ~ 3 齿裂；盘花两性，能育，数朵，花冠宽管状。瘦果 4 棱形，棱上有毛，无冠状冠毛。

6 种，我国产 1 种，八大公山也产。

1. 石胡荽 Centipeda minima (Linnaeus) A. Braun & Ascherson

一年生小草本。茎多分枝，匍匐状，微被蛛丝状毛或无毛。叶互生，楔状倒披针形，顶端钝，基部楔形，边缘有少数锯齿。头状花序小，扁球形，单生于叶腋，无花序梗或极短，总苞半球形，总苞片 2 层，椭圆状披针形，绿色，边缘透明膜质，外层较大，边缘花雌性，多层，花冠细管状，盘花两性，花冠管状。瘦果椭圆形，具 4 棱，棱上有长毛，无冠毛。花果期 6 ~ 10 月。

分布和生境：产于八大公山低海拔地区，生于房前坪院、路边。

用途：全草入药。

石胡荽 Centipeda minima

（十六）菊属 **Chrysanthemum** Linnaeus

多年生草本。头状花序异型。边缘花雌性，舌状，1 层（在栽培品种中多层），中央盘花两性管状。总苞浅碟状，极少为钟状；总苞片 4 ~ 5 层。花托突起，半球形或圆锥状，无托毛；舌状花黄色、白色或红色；管状花全部黄色，顶端 5 齿裂；花柱分枝线形，顶端截形；花药基部钝，顶端附片披针状卵形或长椭圆形。全部瘦果同形，近圆柱状而向下部收窄，有 5 ~ 8 条纵脉纹，无冠状冠毛。

约 37 余种；我国产 22 种；湖南产 4 种；八大公山产 2 种。

分种检索表

1. 野生植物。叶裂片顶端尖……………………………………………………………… **1. 野菊 C. indicum**
1. 栽培植物，叶裂片顶端圆或钝…………………………………………………… **2. 菊花 C. morifolium**

1. 野菊 Chrysanthemum indicum Linnaeus

多年生草本。茎直立或铺散。茎枝被稀疏的毛。基生叶和下部叶花期脱落；中部茎叶卵形、长卵形或椭圆状卵形；基部截形或稍心形或宽楔形。头状花序在茎枝顶端排成疏松的伞房圆锥花序或少数在茎顶排成伞房花序；总苞片 5 层，全部苞片边缘白色或褐色宽膜质，顶端钝或圆。舌状花黄色。花果期 6 ~ 11 月。

分布和生境：分布于八大公山各地，生于海拔 200 ~ 1900 m 的山地疏林下、灌丛中。

用途：花序入药；花供观赏。

野菊 Chrysanthemum indicum

2. 菊花 Chrysanthemum morifolium Ramatuelle

多年生草本。茎直立，分枝或不分枝，被柔毛。叶卵形至披针形，羽状浅裂或半裂，有短柄，叶下面被白色短柔毛。头状花序大小不一。总苞片多层，外层外面被柔毛。舌状花颜色各种。管状花黄色。花期多为秋冬季。

分布和生境：原产我国，八大公山各地栽培。

用途：传统观赏花卉；花、叶可入药。

菊花 Chrysanthemum morifolium

（十七）蓟属 Cirsium Miller

多年生草本。茎直立，全部茎枝有条棱，被稠密或稀疏的多细胞长节毛。基生叶全形卵形、长倒卵形或长椭圆形；全部茎叶两面同色，绿色。头状花序直立；总苞钟状；总苞片约 6 层；全部苞片外面有微糙毛并沿中肋有黏腺。瘦果偏斜楔状倒披针状；冠毛浅褐色；冠毛刚毛长羽毛状。花果期 4 ~ 11 月。

250 ~ 300 种，我国产 50 余种，湖南产 10 种，八大公山有 7 种。

分种检索表

1. 雌雄异株；果期冠毛通常长于小花花冠……………………… **1. 刺儿菜 C. arvense** var. **integrifolium**
1. 雌雄同株；果期冠毛与小花花冠等长或短于小花花冠。
  2. 全部总苞片顶端不扩大，边缘无膜质的撕裂边。
    3. 总苞近等长………………………………………………………………… **2. 等苞蓟 C. fargesii**
    3. 总苞向内渐长。
      4. 叶基部扩大耳状半抱茎…………………………………………… **3. 梵净蓟 C. ffanjingshanense**
      4. 叶具短柄，基部不扩大耳状半抱茎。
        5. 叶两面同色，绿色……………………………………………………………… **5. 蓟 C. japonicum**
        5. 叶两面异色，上面绿色，下面灰白色。
          6. 管状花紫色，基生叶羽状中裂………………………………… **7. 总序蓟 C. racemiforme**
          6. 管状花淡紫色至灰白色，基生叶全缘或羽状浅裂…… **4. 壶瓶山蓟 C. hupingshanicum**
  2. 全部总苞片顶端膜质扩大，边缘有膜质的撕裂边…………………………… **6. 线叶蓟 C. lineareum**

1. 刺儿菜 Cirsium arvense var. **integrifolium** Wimmer & Grabowski

多年生草本。茎直立，花序分枝有薄茸毛。基生叶和中部茎叶椭圆形、长椭圆形；叶缘有细密的针刺，针刺紧贴叶缘，或叶缘有刺齿。头状花序单生茎端；总苞卵形或长卵形或卵圆形；总苞片约 6 层。瘦果淡黄色，椭圆形或偏斜椭花圆形；冠毛污白色。

分布和生境：分布于八大公山各地，生于海拔 200 ~ 1900 m 山坡、河旁及荒地中。

用途：全草及根入药。

刺儿菜 Cirsium arvense var. integrifolium

2. 等苞蓟 Cirsium fargesii (Franchet) Diels

多年生草本。中部茎叶椭圆形，羽状深裂，无柄，基部耳状扩大半抱茎，基部或下部两侧边缘有 1 ~ 3 个三角形刺齿，齿顶有针刺或 1 ~ 3 个长针刺，上部茎叶与中部茎叶同形或渐小。头状花序在茎枝顶端排成圆锥状花序，总苞宽钟状至半球形，全部苞片线状钻形边缘无针刺，小花白色或淡黄色。瘦果褐色。花果期 7 ~ 10 月。

分布和生境：产于八大公山天平山、斗篷山，生于海拔 1200 ~ 1800 m 的山谷沟边。

用途：全草及根入药。

3. 梵净蓟 Cirsium hupingshanicum Z.C.Jin & Y.S.Chen

多年生草本。上部茎叶宽椭圆形、倒卵形或状椭圆形，（8 ~ 16）cm ×（5 ~ 9）cm，无柄，基部扩大耳状半抱茎，顶端急尖或钝，不分裂，边缘大锯齿或重粗锯齿，齿顶及齿缘有极短的针刺及稀疏的针刺。全部叶两面同色，绿色，两面无毛。头状花序少数，生长分枝顶端，并不形成明显的伞房花序式排列。总苞宽钟状，无毛。总苞片约 6 层，覆瓦状排列，向内层渐长，外层和中层卵状披针形、长椭圆形或披针形，最内层苞片宽线形。冠毛污白色，多层，基部连合成环，整体脱落；冠毛刚毛长羽毛状。花期 7 月。

分布和生境：分布于八大公山天平山，生于海拔 1400 ~ 1500 m 山坡林缘。

等苞蓟 Cirsium fargesii

梵净蓟 Cirsium hupingshanicum

4. 壶瓶山蓟 *Cirsium hupingshanicum* Z.C.Jin & Y.S.Chen

多年生草本。基生叶全缘或羽状浅裂。全部叶质地厚，两面异色，上面异色，被多细胞短节毛，下面灰白色，被密厚茸毛。头状花序直立，4~8 个在枝端排成总状花序；总苞卵形或长卵形；总苞片约 6 层，花淡紫色或灰白色。瘦果冠毛浅褐色或污褐色，多层，基部连合成环，整体脱落；冠毛刚毛长羽毛状，顶端稍纺锤状扩大。花期 4~6 月。

分布和生境：分布于八大公山五道水，生于海拔 300~600 m 的山坡林缘及路边。

壶瓶山蓟 Cirsium hupingshanicum

5. 蓟 Cirsium japonicum Candolle

多年生草本。茎直立，全部茎枝有条棱，被稠密或稀疏的多细胞长节毛。基生叶全形卵形、长倒卵形或长椭圆形；全部茎叶两面同色，绿色。头状花序直立；总苞钟状；总苞片约 6 层；全部苞片外面有微糙毛并沿中肋有黏腺。瘦果偏斜楔状倒披针状；冠毛浅褐色；冠毛刚毛长羽毛状。

用途：地上部分或根入药。

分布和生境：八大公山各地广布，生于海拔 400 ~ 1800 m 的山坡林中及路边。

蓟 Cirsium japonicum

6. 线叶蓟 Cirsium lineare (Thunberg) Schultz Bipontinus

多年生草本。根直伸；茎直立，有条棱，全部茎枝被稀疏的蛛丝毛及多细胞长节毛。下部和中部茎叶长椭圆形、披针形或倒披针形；边缘有细密的针刺，针刺内弯。头状花序生花序分枝顶端；总苞卵形或长卵形；总苞片约 6 层。瘦果倒金字塔状；冠毛刚毛长羽毛状。

分布和生境：八大公山各地广布，生于海拔 400 ~ 1600 m 的山坡、路旁。

用途：全草入药。

线叶蓟 Cirsium lineare

7. 总序蓟 Cirsium racemiforme Ling et Shih

多年生草本。根直伸；茎直立。全部叶质地厚，两面异色，上面异色，被多细胞短节毛，下面

总序蓟 Cirsium racemiforme

灰白色，被密厚茸毛。头状花序直立，4～8个在枝端排成总状花序；总苞卵形或长卵形；总苞片约6层。瘦果倒金字塔状；冠毛浅褐色或污褐色，多层，基部连合成环，整体脱落；冠毛刚毛长羽毛状，顶端稍纺锤状扩大。花期4～6月。

分布和生境：八大公山各地广布，生于海拔200～1600 m的山坡、路旁。

用途：全草入药。

（十八）野茼蒿属 Crassocephalum Moench

一年生或多年生草本。叶互生，头状花序盘状或辐射状，中等大，在花期常下垂。小花同形，多数，全部为管状，两性，总苞片1层，近等长，线状披针形，边缘狭膜质，花期直立，黏合成圆筒状，后开展而反折，基部有数枚不等长的外苞片。

21种，我国产1种，湖南产1种，八大公山也产。

1. 野茼蒿 Crassocephalum crepidioides (Bentham) S. Moore

一年生草本。茎具紫色斑点，无毛。叶椭圆形或长圆状椭圆形，边缘有不规则锯齿或重锯齿，或有时基部羽状裂，两面无或近无毛。头状花序数个在茎端排成伞房状，总苞钟状，小花全部管状，两性，花冠红褐色。瘦果狭圆柱形，赤红色，有肋，被毛；冠毛极多数，白色，绢毛状，易脱落。花期7～12月。

分布和生境：八大公山广布，生于海拔200～1500 m山坡灌草丛及路旁。

用途：全草入药；嫩茎叶可食。

野茼蒿 Crassocephalum crepidioides

（十九）假还阳参属 Crepidiastrum Nakai

一年生或二年生草本。叶互生，基生叶花期枯萎，极少生存。头状花序同型；总苞圆柱状，外层小，卵形，内层长，基部沿中脉海绵质增厚或无海绵质增厚；花托平，无托毛；舌状小花 5 ~ 19 枚，黄色或橘黄色；花柱分枝细，花药基部附属物箭头状。瘦果黑色或褐色，有 10 ~ 12 条高起纵肋，上部沿肋有小刺毛，顶端渐尖成粗碌，冠毛白色，糙毛状，1 层，易脱落。

约 15 种，我国产 9 种，湖南产 3 种，八大公山均产。

分种检索表

1. 瘦果顶端急尖成粗喙。
   2. 茎直立；叶无柄，耳状抱茎…………………………………………**1. 黄瓜假还阳参 C. denticulatum**
   2. 茎倾卧；叶有长柄，不抱茎………………………………………… **2. 心叶假还阳参 C. humifusum**
1. 瘦果顶端急尖成细丝状的喙…………………………………………**3. 尖裂假还阳参 C. sonchifolium**

1. 黄瓜假还阳参 Crepidiastrum denticulatum (Houttuyn) Pak & Kawano

二年生草本。根垂直直伸。茎单生，直立，上部或中部伞房花序状分枝，全部茎枝无毛。基生叶及下部茎叶花期枯萎脱落；上部及最上部茎叶与中下部茎叶同形，边缘大锯齿或重锯齿或全缘。总苞圆柱状；总苞片 2 层，卵形。舌状小花黄色。瘦果长椭圆形，黑色或黑褐色，上部沿脉有小刺毛。

分布和生境：八大公山广布，生于海拔 400 ~ 1500 m 的山坡坎上、石缝中。

用途：全草入药。

黄瓜假还阳参 Crepidiastrum denticulatum

2. 心叶假还阳参 Crepidiastrum humifusum (Dunn) Sennikov

多年生草本。茎直立，近基部有细长匍匐枝，全部茎枝被稀疏的多细胞节毛。基生叶花期生存，有极狭的翼，侧裂片极小，对生或互生。总苞圆柱状。总苞片 3 层，卵形，全部苞片外无毛。瘦果椭圆形，褐色。

分布和生境：产于八大公山天平山，生于海拔 1000 ~ 1500 m 的山坡密林下。

用途：全草入药。

心叶假还阳参 Crepidiastrum humifusum

3. 尖裂假还阳参 Crepidiastrum sonchifolium (Maximowicz) Pak & Kawano

尖裂假还阳参 Crepidiastrum sonchifolium

多年生草本。根垂直直伸。根状茎极短；茎单生，直立，全部茎枝无毛。基生叶莲座状，匙形、长倒披针形或长椭圆形；中下部羽状浅裂或半裂，极少大头羽状分裂；上部茎叶极少有锯齿或小锯齿。总苞圆柱状；总苞片 3 层，卵形或长卵形。瘦果黑色，纺锤形。

分布和生境：八大公山低海拔地区广布，生于海拔 200 ~ 1000 m 的山地疏林下、草丛、石壁上。

用途：全草入药。

（二十）夜香牛属 **Cyanthillium** Blume

一年生草本。叶互生，羽状脉。具同型的两性花，全部结实，总苞钟状，总苞片顶端钝，向外渐短，常具腺，花粉红色或紫色，花冠管状，常具腺，管部细，檐部钟状或钟状漏斗状，上端具 5 裂片。瘦果瘦果具 4 ~ 5 棱，或无肋；总苞片尖或芒状渐尖 ；冠毛通常 2 层，内层细长，糙毛状。

3 种，我国均产，湖南产 2 种，八大公山产 1 种。

1. 夜香牛 Vernonia cinerea (Linnaeus) Lessing

一年或多年生草本。根垂直，多少木质，分枝。茎直立，被灰色贴生短柔毛，具腺。下部和中部叶菱状卵形、菱状长圆形或卵状，边缘具小尖的疏锯齿，被疏短毛，下面特别沿脉被灰白色或淡黄色短柔毛；上部叶渐尖，狭长圆状披针形或线形。总苞钟状；总苞片 4 层。瘦果圆柱形。花期全年。

分布和生境：产于八大公山各地，生于海拔 200 ~ 600 m 的山地荒地及路田边。

用途：全草入药。

夜香牛 Vernonia cinerea

（二十一）大丽花属 **Dahlia** Cavanilles

多年生草本。有块根。叶对生，一至三回羽状复叶。头状花序异性，放射状，具长柄，总苞片 2 列，盘花两性而结实，黄色，缘花舌状，中性或雌性，红色、紫色或白色。瘦果压扁，冠毛缺或为不明显的小齿。

约 15 种，我国栽培 1 种，八大公山也有栽培。

1. 大丽花 Dahlia pinnata Cavanilles

多年生草本。茎直立，粗壮。叶互生，一至三回羽状分裂。头状花序大，有长花序梗，外围有无性或雌性小花，中央有多数两性花；总苞半球形；总苞片 2 层。花托平，半抱雌花；无性花或雌花舌状，舌片全缘或先端有 3 齿，两性花管状；花柱分枝顶端有线形或长披针形而且硬毛的长附器。瘦果长圆形或披针形。

分布和生境：原产墨西哥，八大公山广为栽培。

用途：根入药；花供观赏。

大丽花 Dahlia pinnata

（二十二）鱼眼草属 Dichrocephala L’Héritier ex Candolle

一年生草本。叶互生或大头羽状分裂。头状花序小，异型，球状或长圆状，排成圆锥或总状花序；总苞小，总苞片近 2 层；全部花管状，结实；边花多层，雌性，顶端 2 ~ 4 齿裂；中央两性花紫色或淡紫色，檐部狭钟状，顶端 4 ~ 5 齿裂。瘦果压扁，无冠毛或两性花瘦果有 1 ~ 2 个极短的刚毛状冠毛。

4 种，我国产 3 种，湖南产 2 种，八大公山产 1 种。

1. 鱼眼草 Dichrocephala integrifolia (Linnaeus f.) Kuntze

一年生草本。叶互生或大头羽状分裂。头状花序小，异型，球状或长圆状，总苞小，近2层，花管状，结实；边花多层，雌性；中央为两性花，檐部狭钟状，顶端4~5齿裂。瘦果无冠毛或两性花瘦果有1~2个极短的刚毛状冠毛。

分布和生境：产于八大公山各地，生于海拔200~1400 m的路边及田沟边。

用途：全草入药。

鱼眼草 Dichrocephala integrifolia

（二十三）羊耳菊属 Duhaldea de Candoll

灌木或草本。叶互生。头状花序辐射状或假盘状，花托无苞片，冠毛多数，刺毛状，边缘小花1层，舌片长1~15mm，雌性，中央花两性，裂片短，花药顶端附片截形，药室内壁组织两极化排列，花柱分叉以上具尖扫粉毛。果被毛。

15种，我国产7种，湖南产1种，八大公山也产。

1. 羊耳菊 Duhaldea cappa (Buchanan-Hamilton ex D. Don) Pruski et Anderberg

落叶灌木。叶互生，长圆形或长圆状披针形，长10~16 cm，上部叶渐小近无柄，边缘有小尖头状细齿或浅齿，上面被基部疣状的密糙毛，沿中脉被较密的毛，下面被白色或污白色绢状厚茸毛。头状花序倒多数密集于茎和枝端成聚伞圆锥花序，总苞近钟形，总苞片约5层，线状披针形，外面被污白色或带褐色绢状茸毛。瘦果长圆柱形，被白色长绢毛。花期6~10月，果期8~12月。。

分布和生境：分布于八大公山各地，生于海拔400~1500 m的山坡林缘。

用途：根及全草药用。

羊耳菊 Duhaldea cappa

（二十四）鳢肠属 **Eclipta** Linnaeus

一年生草本。茎匍匐状，被粗毛。叶对生，全缘或稍有齿缺。头状花序小，异型，放射状，腋生和顶生，具柄，缘花舌状，白色，雌性，2 列，盘花管状，两性，极多数，总苞钟形，有苞片数枚。瘦果压扁，顶部全缘或有 2 芒刺，无冠毛。

4 种，我国产 1 种，湖南产 1 种，八大公山也产。

1. 鳢肠 Eclipta prostrata (Linnaeus) Linnaeus

一年生草本。叶对生，全缘或具齿。头状花序小，常生于枝端或叶腋，放射状；总苞钟状，总

鳢肠 Eclipta prostrata

苞片 2 层；花托凸起，披针形或线形。外围的雌花 2 层，花冠舌状白色，开展，舌片短而狭，全缘或 2 齿裂中央的两性花多数，顶端具 4 齿裂，花药基部具极短 2 浅裂；花柱分枝扁；瘦果三角形或扁四角形。

分布和生境：八大公山广布，生于海拔 200 ~ 1000 m 的田边、路边阴湿地。

用途：全草药用。

（二十五）飞蓬属 Erigeron Linnaeus

一年生或二年生草本。叶互生，基生叶花期枯萎，极少生存。头状花序同型；总苞圆柱状，外层小，卵形，内层长，基部沿中脉海绵质增厚或无海绵质增厚；花托平，无托毛；舌状小花 5 ~ 19 枚，黄色或橘黄色；花柱分枝细，花药基部附属物箭头状。瘦果黑色或褐色，有 10 ~ 12 条高起纵肋，上部沿肋有小刺毛，顶端渐尖成粗碌，冠毛白色，糙毛状，1 层，易脱落。

约 15 种，我国产 9 种，湖南产 6 种，八大公山产 4 种。

分种检索表

1. 头状花序有显著开展的舌状雌花，或有时无雌花…………………………………… **1. 一年蓬 E. annuus**

1. 头状花序有细管状的雌花，有时雌花的花冠有直立的小舌片。

  2. 植株灰绿色，头状花序直径径 5 ~ 10 mm。

    3. 茎叶线形或狭披针形，冠毛红褐色………………………………………… **2. 香丝草 E. bonariensis**

    3. 茎叶狭倒披针形或宽线形，冠毛黄褐色………………………………… **4. 香丝草 E. sumatrensis**

  2. 植株绿色，头状花序小，径 3 ~ 4mm ………………………………………… **3. 小蓬草 E. canadensis**

1. 一年蓬 Erigeron annuus (Linnaeus) Persoon

一至多年生草本。叶基生及互生。头状花序成圆锥状花序；总苞半球形或钟形，总苞片数层，具 1 红褐色中脉，狭长，近等长，雌花多层，舌状，舌片狭小，白色，两性花管状，檐部狭，管状至漏斗状，上部具 5 裂片，花药线状长圆形，基部钝，顶端具卵状披针形附片。瘦果长圆状披针形，扁压，常有边脉；冠毛 2 层，有时雌花冠毛退化而成少数鳞片状膜片的小冠。

分布和生境：分布于八大公山各地，生于海拔 200 ~ 1800 m 的荒草地及田边。

用途：全草药用。

2. 香丝草 Erigeron bonariensis Linnaeus

一至二年草本。叶密集，下部叶倒披针形或长圆状披针形，基部渐狭成长柄，中、上部叶具短柄或无柄。头状花序在茎端排列成总状或总状圆锥花序；总苞椭圆状卵形，总苞片 2 ~ 3 层；花托稍平，有蜂窝孔；雌花多层，白色，无舌片或顶端仅有 3 ~ 4 个细齿；两性花淡黄色，上端 5 齿裂。冠毛 1 层，淡红褐色。

分布和生境：分布于八大公山各地，生于海拔 200 ~ 1000 m 的山坡荒地、路旁、田边。

用途：全草药用。

一年蓬 Erigeron annuus

香丝草 Erigeron bonariensis

3. 小蓬草 Erigeron canadensis Linnaeus

一年生草本。根纺锤状，具纤维状根。叶顶端尖或渐尖，基部渐狭成柄。头状花序，排列成顶生的大圆锥花序；总苞近圆柱状；总苞片 2 ~ 3 层，淡绿色，线状披针形或线形，顶端渐尖；雌花多数，白色，顶端具 2 个钝小齿；两性花淡黄色。瘦果线状披针形。花期 5 ~ 9 月。

分布和生境：分布于八大公山各地，生于海拔 200 ~ 1200 m 的荒地及田边、村寨边。

用途：全草入药。

小蓬草 Erigeron canadensis

4. 苏门白酒草 Erigeron sumatrensis Retzius

一年生或二年生草本，根纺锤状，直或弯，具纤维状根。叶密集，基部叶花期凋落，下部叶倒披针形或披针形，（6 ~ 10）cm ×（1 ~ 3）cm，边缘上部每边常有 4 ~ 8 个粗齿，基部全缘，中部和上部叶渐小，两面特别下面被密糙短毛。头状花序多数，总苞卵状短圆柱状，总苞片 3 层，灰绿色，线状披针形或线形，雌花多层，舌片淡黄色或淡紫色，花冠淡黄色。瘦果线状披针形，冠毛 1 层，初时白色，后变黄褐色。花期 5 ~ 10 月。

分布和生境：分布于八大公山各地，生于海拔 200 ~ 1200 m 的荒地及田边、村寨边。

用途：全草入药。

苏门白酒草 Erigeron sumatrensis

（二十六）白酒草属 Eschenbachia Moench

草本，稀灌木。茎直立或斜升。叶互生，全缘或具齿，或羽状分裂。头状花序异形，常排成总状、伞房状或圆锥状花序：花托半球状；冠毛白色或红色；总苞半球形至圆柱形，3~4层，常草质：花全部结实，外围的雌花退化至丝管状。瘦果长圆形或披针形，极扁，2肋。

约10种，我国产7种，湖南产1种，八大公山也产。

1. 白酒草 Eschenbachia japonica (Thunberg) J. Koster

一年生或二年生草本。叶通常密集于茎较下部，呈莲座状，基部叶倒卵形或匙形，顶端圆形，基部长渐狭，基部楔形，常下延成具宽翅的柄，边缘有圆齿或粗锯齿，有4~5对侧脉，两面被白色长柔毛，上部叶渐小，披针形或线状披针形。头状花序通常在茎及枝端密集成球状或伞房状，总苞半球形，总苞片3~4层，覆瓦状，外层卵状披针形，内层线状披针形，边缘膜质或多少变紫色。花全部结实，黄色，外围的雌花极多数，花冠丝状，中央的两性花少数花冠管状瘦果长圆形，黄色，冠毛污白色或稍红色，糙毛状。花期5~9月。

分布和生境：分布于八大公山杉木界，生于海拔200~1000 m的荒地及田边。

用途：根或全草药用。

白酒草 Eschenbachia japonica

（二十七）泽兰属 Eupatorium Linnaeus

多年生草本。叶对生，少有互生，具锯齿或三裂。头状花序在茎枝顶端排成复伞房花序，花两性，管状，结实，花多数，少有1~4个；总苞长圆形，卵形，钟形或半球形，总苞片多层或1~2层，覆瓦状排列，外层渐小或全部苞片近等长，花紫红色或白色，花冠钟状，顶端5裂或5齿。瘦果5棱，顶端截形，冠毛多数，刚毛状，1层。

600种，我国有14种，湖南有6种，八大公山有5种。

分种检索表

1. 叶两面无毛、无腺点，或下面有极稀疏的短柔毛；瘦果无毛、无腺点………… **2. 佩兰 E. fortunei**

1. 叶两面有柔毛或茸毛，两面或至少叶下面有腺点；瘦果被毛或无毛而有腺点。

  2. 总苞片顶端急尖……………………………………………………………… **5. 林泽兰 E. lindleyanum**

  2. 总苞片顶端钝或圆形。

    3. 叶不分裂，基部圆形，无柄或有极短的柄……………………………………**1. 多须公 E. chinense**

    3. 叶分裂，基部楔形，叶柄长 1 ～ 2cm。

      4. 叶两面被白色短茸毛，边缘锯齿缺刻状……………………… **3. 异叶泽兰 E. heterophyllum**

      4. 叶两面粗涩，被稀疏短柔毛，边缘有细尖齿………………………… **4. 白头婆 E. japonicum**

1. 多须公 *Eupatorium chinense* Linnaeus

多年生草本。茎草质，基部、下部或中部以下茎木质。全部茎枝被污白色短柔毛，叶对生无柄或几无柄，中部茎叶卵形、宽卵形，羽状脉 3 ~ 7 对，被白色短柔及黄色腺点，茎叶边缘有规则的圆锯齿。头状花序在茎顶及枝端排成大型疏散的复伞房花序。花白色、粉色或红色，外被稀疏黄色腺点。瘦果淡黑褐色。

分布和生境：八大公山广布，生于海拔 200 ~ 1800 m 的山坡草丛、疏林及村庄田边。

用途：全草有毒；根入药。

多须公 Eupatorium chinense

2. 佩兰 *Eupatorium fortunei* Turczaninow

多年生草本。根茎横走，淡红褐色。茎直立，绿色或红紫色，分枝少或仅在茎项有伞房状花序分枝。全部茎叶两面光滑，边缘有粗齿或不规则的细齿。头状花序多数在茎顶及枝端排成复伞房花序；总苞钟状，总苞片 2 ~ 3 层，覆瓦状排列，长椭圆形；花白色或带微红色。瘦果黑褐色。花果期 7 ~ 11 月。

分布和生境：产于八大公山各地，生于海拔 600 ~ 1400 m 的水边草地。

用途：全草药用。

佩兰 Eupatorium fortunei

3. 异叶泽兰 Eupatorium heterophyllum Candolle

多年生草本。小半灌木状，中下部木质。茎枝直立，被白色或污白色短柔毛，花序分枝及花梗上的毛较密。叶两面被稠密的黄色腺点，羽状脉 3 ~ 7 对，在叶下面稍突起，边缘有深缺刻状圆钝齿；总苞钟状，全部苞片紫红色或淡紫红色。花白色或微带红色。瘦果黑褐色，长椭圆形。花果期 4 ~ 10 月。

分布和生境：八大公山广布，生于海拔 300 ~ 2000 m 的山坡常绿阔叶混交林下。

用途：全草入药。

异叶泽兰 Eupatorium heterophyllum

4. 白头婆 Eupatorium japonicum Thunberg

多年生草本。根茎短，茎直立，通常不分枝，全部茎枝被白色皱波状柔毛。叶对生，有叶柄；

全部茎叶两面粗涩，边缘有粗或重粗锯齿。头状花序在茎顶或枝端排成紧密的伞房花序；苞片绿色或带紫红色，顶端钝或圆形；花白色或带红紫色或粉红色，外有较稠密的黄色腺点。冠毛白色。花果期 6 ~ 11 月。

分布和生境：八大公山广布，生于海拔 400 ~ 1800 m 的山坡草丛、疏林下。

用途：全草或根入药。

白头婆 Eupatorium japonicum

5. 林泽兰 Eupatorium lindleyanum Candolle

多年生草本。全部茎枝被稠密的白色长或短柔毛，茎叶基出三脉，边缘有深或浅犬齿，无柄或几乎无柄。头状花序多数在茎顶或枝端排成紧密的伞房花序，紫色；总苞钟状，含 5 个小花，苞片绿色或紫红色；花白色、粉红色或淡紫红色，外面散生黄色腺点。花果期 5 ~ 12 月。

分布和生境：产于八大公山各地，生于海拔 400 ~ 1500 m 的山坡林下。

用途：枝叶入药。

林泽兰 Eupatorium lindleyanum

（二十八）牛膝菊属 Galinsoga Ruiz & Pavon

一年生草本。叶对生。头状花序小，具柄，近顶生和腋生，异性，放射状，舌状花少数，雌性，1列，舌片白色，盘花两性，管状，5裂，总苞片少数，1～2列，花序托圆锥状或长形，有托片。瘦果有角，顶冠以全缘或睫毛状的鳞片。

约5种，我国产2种，湖南产2种，八大公山产1种。

1. 粗毛牛膝菊 Galinsoga quadriradiata Ruiz & Pavon

一年生草本。叶对生，全缘或有锯齿。头状花序小，放射状，顶生或腋生，多数头状花序在茎枝顶端排疏松的伞房花序；雌花1层，舌状，白色，盘花两性，黄色；总苞宽钟状或半球形，卵形或卵圆形；花托圆锥状或伸长。瘦果有棱，管状花瘦果冠毛膜片状，舌状花瘦果冠毛毛状。

分布和生境：原产南美洲，在八大公山逸生，生于荒地及路边。

用途：全草入药。

粗毛牛膝菊 Galinsoga quadriradiata

（二十九）合冠鼠麹草属 Gamochaeta Weddell

本属植物外部形态与鼠麴草属 Gnaphalium 极为相似，唯头状花序排成紧密或疏松的穗状花序，总苞片草质或稀为膜质，冠毛由细毛或刚毛所组成，基部联合成环而相区别。

41种，我国有7种，湖南有1种，八大公山产1种。

1. 匙叶合冠鼠麴草 Gamochaeta pensylvanica (Willdenow) Cabrera

一年生草本。茎有沟纹，被白色棉毛。下部叶无柄，倒披针形或匙形，上面被疏毛，下面密被灰白色棉毛，中部叶倒卵状长圆形或匙状长圆形，上部叶小，与中部叶同形。头状花序多数，排列成顶生或腋生的穗状花序，总苞卵形，总苞片2层，雌花花冠丝状，两性花花冠管状。瘦果长圆形，冠毛绢毛状，污白色，基部连合成环。花期12月至翌年5月。

分布和生境：产于八大公山各地，生于海拔500～1700 m田野或荒地中。

用途：全草入药；嫩茎叶可食。

匙叶合冠鼠麴草 *Gamochaeta pensylvanica*

（三十）鼠麴草属 **Gnaphalium** Linnaeus

多年生草本。叶互生，全缘，无或具短柄。头状花序小，排列成聚伞花序或开展的圆锥状伞房花序，花异性，外围雌花多数，中央两性花少数，全部结实，总苞片 2～4 层，覆瓦状排列，金黄色、淡黄色或黄褐色，顶端膜质或几乎全部膜质，背面被棉毛。瘦果无毛或罕有疏短毛或有腺体，具冠毛。

约 80 种，我国产 7 种，湖南产 1 种，八大公山产 1 种。

1. 细叶鼠麴草 ***Gnaphalium japonicum*** Thunberg

多年生草本。茎稍直立，不分枝，基部有细沟纹。基生叶在花期宿存，线状剑形或线状倒披针形，边缘多少反卷，上面绿色，下面白色，厚被白色棉毛，叶脉 1 条；头状花序少数，在枝端密集成球状，作复头状花序式排列；总苞近钟形；总苞片 3 层，带红褐色。瘦果纺锤状圆柱形，密被棒状腺体。花期 1～5 月。

细叶鼠麴草 *Gnaphalium japonicum*

分布和生境：产于八大公山各地，生于海拔 500 ~ 1500 m 的山地阳坡草丛。

用途：全草入药。

（三十一）菊三七属 **Gynura** Cassini

多年生草本。常具粗根状茎。叶互生，全缘或羽状分裂。头状花序单生或排成圆锥状，基部有小苞片。花同型，筒状，两性，结实。总苞圆柱形或近钟形，10 ~ 12 片，1 层，等长，边缘膜质。瘦果狭，有纵肋，冠毛白色，多层。

约 40 种，我国产 10 种，湖南产 2 种，八大公山产 1 种。

1. 菊三七 **Gynura japonica** (Thunberg) Juel

多年生草本。叶互生。头状花序盘状，具同形的小花，单生或数个至多数排成伞房状，基部有多数线形小苞片；总苞片 1 层，9 ~ 13 个，披针形，等长，覆瓦状，具干膜质的边缘；花序托平；小花全部两性，结实；花冠管状，管部细长；花药基部全缘或近具小耳；花柱分枝细，顶端有钻形的附器，被乳头状微毛。瘦果圆柱形，具 10 条肋，两端截平；冠毛细，白色绢毛状。

分布和生境：原产我国，八大公山有栽培。

用途：根状茎入药；嫩茎叶可食。

菊三七 Gynura japonica

（三十二）向日葵属 **Helianthus** Linnaeus

一年或多年生草本。茎被短糙毛或白色硬毛。叶对生，或上部成全部互生，有柄，常有离基三出脉。头状花序大，各有多数异形的小花，外围有一层无性的舌状花；花托平或稍凸起；舌状花的舌片开展，黄色；管状花的管部短，上部钟状，有5裂片。瘦果稍扁或只4厚棱；冠毛膜片状，具2芒、有时附有2~4个较短的芒刺，脱落。

约100种，我国栽培3种，湖南栽培2种，八大公山也有栽培。

分种检索表

1. 一年生草本；花序极大，管状花棕色或紫色…………………………………… **1. 向日葵 H. annuus**

1. 多年生草本，有块状地下茎；头状花序较小，管状花黄色……………………… **2. 菊芋 H. tuberosus**

1. 向日葵 Helianthus annuus Linnaeus

一年生高大草本。茎直立，粗壮，被白色粗硬毛。叶互生，心状卵圆形或卵圆形，顶端急尖或渐尖，有三基出脉，边缘有粗锯齿，两面被短糙毛。头状花序极大，单生于茎端或枝端，常下倾；总苞片多层，卵形至卵状披针形。舌状花黄色、舌片开展，长圆状卵形或长圆形。瘦果倒卵形或卵状长圆形。

分布和生境：原产北美，八大公山广为栽培。

用途：全株入药；瘦果可食或榨油。

向日葵 Helianthus annuus

2. 菊芋 Helianthus tuberosus Linnaeus

多年生直立草本。茎直立，被白色短糙毛或刚毛。叶通常对生，有叶柄，但上部叶互生；下部叶卵圆形或卵状椭圆形，基部宽楔形或圆形，边缘有粗锯齿；上部叶长椭圆形至阔披针形，基部

菊芋 Helianthus tuberosus

渐狭；头状花序较大，单生于枝端。总苞片多层，披针形；舌片黄色，开展，长椭圆形。管状花花冠黄色。瘦果小，楔形。

分布和生境：原产北美，八大公山多有栽培。

用途：块根入药；亦可作蔬菜。

（三十三）泥胡菜属 **Hemisteptia** Bunge ex Fischer & C. A. Meyer

二年生草本。茎单生，直立，上部有长花序分枝。叶大头羽状分裂，两面异色，上面绿色，无毛，下面灰白色，被密厚茸毛。头状花序小，多数在茎枝顶端排列成疏松伞房花序；总苞宽钟状或半球形；总苞片多层，覆瓦状排列；花托平，被稠密的托毛；全部小花两性，结实，花冠红色或紫色。瘦果小，楔形或偏斜楔形；冠毛 2 层；外层冠毛刚毛羽毛状，内层冠毛刚毛鳞片状，宿存。

1 种，我国产 1 种，湖南产 1 种，八大公山也有。

1. 泥胡菜 Hemisteptia lyrata (Bunge) Fischer & C. A. Meyer

叶大头羽状分裂，两面异色，上面绿色，无毛，下面灰白色，被密厚茸毛。头状花序小，多数在茎枝顶端排列成疏松伞房花序；总苞宽钟状或半球形；总苞片多层，覆瓦状排列；花托平，被稠密的托毛；全部小花两性，结实，花冠红色或紫色。瘦果小，楔形或偏斜楔形；冠毛 2 层；外层冠毛刚毛羽毛状，内层冠毛刚毛鳞片状，宿存。

分布和生境：八大公山低海拔地区广布，生于田中或荒地。

用途：全草入药。

泥胡菜 Hemisteptia lyrata

（三十四）山柳菊属 **Hieracium** Linnaeus

多年生草本。头状花序同型，总苞钟状或圆柱状，总苞片 3 ~ 4 层，覆瓦状排列，向内层渐长，舌状小花多数，黄色，舌片顶端截形，5 齿裂。瘦果圆柱形或椭圆形，有 8 ~ 14 条椭圆状高起的等粗的纵肋，顶端截形，无喙，近顶端亦无收缢；冠毛 1 ~ 2 层，污黄白色，易折断。

约 1000 种，我国产 9 种，湖南产 1 种，八大公山产 1 种。

1. 山柳菊 **Hieracium umbellatum** Linnaeus

多年生草本。茎单生或少数茎簇生，分枝或不分枝。叶不分裂，边缘有各式锯齿或全缘。头状花序同型，舌状；总苞钟状或圆柱状；总苞片 3 ~ 4 层，覆瓦状排列，向内层渐长；花托平，蜂窝状，孔缘有明显的小齿或无小齿；舌状小花黄色，圆柱形。瘦果圆柱形或椭圆形；冠毛 1 ~ 2 层。

分布和生境：产于八大公山各地，生于海拔 1400 ~ 1800 m 的山坡草灌丛。

用途：根、叶入药。

山柳菊 Hieracium umbellatum

（三十五）须弥菊属 **Himalaiella** Raab-Straube

二年生草本。茎直立，被稠密的锈色多细胞节毛及稀疏或稠密的蛛丝状或蛛丝状棉毛，有棱。全部叶两面异色，上面绿色，粗糙。头状花序大，下垂或歪斜，有长花梗；总苞半球形或宽钟状，被稀疏蛛丝状毛；总苞片 5 ~ 7 层；小花淡紫红色或白色。瘦果倒圆锥状，黑色；冠毛 1 层，白色。花果期 5 ~ 11 月。

13 种，我国产 7 种，湖南产 1 种，八大公山产 1 种。

1. 三角叶须弥菊 Himalaiella deltoidea (Candolle) Raab-Straube

二年生草本。茎直立，被稠密蛛丝状棉毛，有棱。全部叶两面异色，上面绿色，粗糙，下面被稠密蛛丝状棉毛，白色。头状花序大，下垂或歪斜，有长花梗，总苞半球形或宽钟状，被稀疏蛛丝状毛，总苞片 5 ~ 7 层，小花淡紫红色或白色。瘦果倒圆锥状，黑色，冠毛 1 层，白色。花果期 5 ~ 11 月。

分布和生境：产于八大公山高海拔地区，生于山坡林下。

用途：根入药。

三角叶须弥菊 Himalaiella deltoidea

（三十六）旋覆花属 Inula Linnaeus

多年生草本。叶互生或仅生于茎基部。头状花序多数，雌雄同株；中央有多数两性花；总苞片多层，覆瓦状排列，内层常狭窄，干膜质；最外层有时较长大，叶质；花托平或稍凸起，有蜂窝状孔或浅窝孔，无托片；花药上端圆形或稍尖，有细长渐尖的尾部；冠毛 1 ~ 2 层稀较多层。瘦果近圆柱形，有 4 ~ 5 个多少显明的棱或更多的纵肋或细沟。

约 100 种，我国产 14 种，湖南产 3 种，八大公山产 1 种。

1. 旋覆花 Inula japonica Thunberg

多年生草本。根状茎短。茎直立，单生或 2 ~ 3 个簇生；基部叶长椭圆形或披针形；中部叶长椭圆形；中脉和侧脉被较密的长柔毛；上部叶渐小。头状花序 1 ~ 5 个，生于茎端或枝端；总苞半球形；总苞片 4 ~ 5 层，外层线状披针形，基部稍宽；舌状花舌片线形，黄色。冠毛 1 层，白色。瘦果圆柱形。花期 7 ~ 9 月。

分布和生境：产于八大公山低海拔山区，生于海拔 200 ~ 1000 m 的土边、路旁。

用途：全草或花序入药；花供观赏。

旋覆花 Inula japonica

（三十七）小苦荬属 Ixeridium (A. Gray) Tzvelev

多年生草本。茎直立，上部伞房花序状分枝，或有时自基部分枝 . 基生叶花期生存，极少枯茎脱落。头状花序多数或少数，在茎枝顶端排成伞房状花序，同型，舌状；总苞圆柱状；总苞片 2 ~ 4 层，外层及最外层短，内层长。舌状小花 7 ~ 27 枚，黄色，极少白色或紫红色；花柱分枝细，花药基部附属物箭头形。瘦果压扁或几压扁，褐色，少黑色，有 8 ~ 10 条高起的钝肋，上部通常罚上指的小硬毛；冠毛白色或褐色，不等长，糙毛状。

约 15 种，我国产 8 种，湖南产 3 种，八大公山产 2 种。

分种检索表

1. 叶线形、狭线形、线状长椭圆形，边缘无锯齿……………………………… **1. 细叶小苦荬 I. gracile**

1. 叶长椭圆形、椭圆形或倒披针形，边缘有锯齿或羽状深裂…………………… **2. 小苦荬 I. dentatum**

1. 细叶小苦荬 Ixeridium gracile (Candolle) Pak & Kawano

多年生草本。根状茎极短；茎直立，上部伞房花序状分枝或自基部分枝。基生叶基部有长或短的狭翼柄；茎生叶少，狭披针形、线状披针形或狭线形。头状花序梗极纤细；总苞圆柱状；总苞片 2 层，卵形。瘦果褐色，长圆锥状，喙弯曲；冠毛褐色或淡黄色。花果期 3 ~ 10 月。

分布和生境：八大公山广布，生于山坡山谷林下、草丛。

用途：全草入药。

2. 小苦荬 Ixeridium dentatum (Thunberg) Tzvelev

多年生草本。根状茎缩短；茎直立，单生，上部伞房花序状分枝或自基部分枝。基生叶通常在中下部边缘或仅基部边缘有稀疏的缘毛状或长尖头状锯齿；茎生叶等于或大于基生叶。头状花序梗纤细；总苞圆柱状；总苞片 2 层，外层宽卵形。瘦果纺锤形，喙细丝状；冠毛麦秆黄色或黄褐色。

分布和生境：八大公山广布，生于山坡林下、潮湿处。

细叶小苦荬 Ixeridium gracile

小苦荬 Ixeridium dentatum

（三十八）苦荬菜属 **Ixeris** (Cassini) Cassini

多年生草本。头状花序同性，排成疏散的圆锥花序或伞房花序式，全由舌状花组成；内层总苞片近等长，狭窄，草质，外层的小或极小；花序托平坦，秃裸；花冠舌状，顶部具截平形的 5 齿裂。

瘦果狭窄或阔，有等形的锐纵肋，上端狭窄而成一明显的喙，喙顶有冠毛。

约 8 种，我国产 46 种，湖南产 3 种，八大公山产 2 种。

分种检索表

1. 瘦果有 9 ～ 12 条高起的钝纵肋 ································ **1. 多色苦荬 I. chinensis** subsp. **versicolor**

1. 瘦果有 10 条高起的尖翅肋 ·· **2. 苦荬菜 I. Ixeris polycephala**

1. 多色苦荬 Ixeris chinensis subsp. **versicolor** (Fischer ex Link) Kitamura

一年生草本。根垂直。茎直立，自基部或上部分枝，全部茎枝无毛。基生叶簇生，莲座状，长圆披针形至宽线形，基部渐狭成柄或翼柄，边缘有刺齿，刺齿并生，成双排列，极少边缘无并生刺齿；茎叶 2 ~ 4 枚，与基生叶同形，基部无柄或有短柄，上部茎叶基部常扩大半抱茎。头状花序多数在茎枝顶端排成伞房状花序或伞房圆锥花序，舌状小花淡黄色。花果期 6 ~ 10 月。

分布和生境：产于八大公山各地，生于海拔 400 ~ 1200 m 的荒地或路边。

用途：全草入药。

多色苦荬 Ixeris chinensis subsp. versicolor

2. 苦荬菜 Ixeris polycephala Cassini ex Candolle

一年生草本。根垂直直伸。茎直立，上部伞房花序状分枝，全部茎枝无毛。基生叶花期生存，线形或线状披针形，顶端急尖，基部渐狭成长或短柄；中下部茎叶披针形或线形，（5 ~ 15）cm ×（1.5 ~ 2.0）cm，顶端急尖，基部箭头状半抱茎，向上或最上部的叶渐小。头状花序多数，在茎枝顶端排成伞房状花序，总苞圆柱状，总苞片 3 层。舌状小花黄色，极少白色。瘦果压扁，褐色，长椭圆形，有 10 条高起的尖翅肋，顶端急尖成长 1.5 mm 的喙，喙细，细丝状。冠毛白色。花果期 3 ~ 6 月。

分布和生境：产于八大公山各地，生于海拔 400 ~ 1200m 的荒地或路边。

用途：全草入药。

苦荬菜 Ixeris polycephala

（三十九）莴苣属 Lactuca Linnaeus

一年生或多年生草本。总苞卵球形，总苞片 4 ~ 5 层，向内层渐长，覆瓦状排裂，绿色；舌状小花 9 ~ 25 枚，黄色，极少白色，舌片顶端截形，顶端 5 齿裂，喉部有白色柔毛；花药基部附属物箭头形；花柱分枝细。瘦果倒卵形、椭圆形或长椭圆形，黑色，压扁或黑棕色、棕红色，黑褐色，边缘有宽厚或薄翅，顶端有组短晓，极少有细丝状晓；冠毛 2 层，白色。

50 ~ 70 种，我国产 12 种，湖南产 4 种，八大公山均产。

分种检索表

1. 头状花序果期卵球形，总苞片质地厚；瘦果边缘加宽成厚翅。
  2. 瘦果每面有 3 细脉纹…………………………………………………… **3. 毛脉翅果菊 L. raddeana**
  2. 瘦果每面有 1 细脉纹。
    3. 叶不分裂，线形至长椭圆形；果喙粗短……………………………………**2. 翅果菊 L. indica**
    3. 叶羽状分裂；果喙细长…………………………………………………**1. 台湾翅果菊 L. formosana**
1. 头状花序果期不为卵球形，总苞片质地薄；瘦果边缘不加宽成厚翅………………**4. 莴苣 L. sativa**

1. 台湾翅果菊 Lactuca formosana Maximowicz

一年生草本。茎直立，单生，上部伞房花序状分枝。下部及中部茎叶全形椭圆、披针形；上部茎叶与中部茎叶同形并等样分裂或不裂而披针形。头状花序在茎枝顶端排成伞房状花序；总苞果期卵球形；总苞片 4 ~ 5 层，外层宽卵形。瘦果椭圆形，棕黑色，每面有 1 条高起的细脉纹；冠毛 2 层。

分布和生境：于八大公山各地，生于海拔 200 ~ 1000 m 的山地疏林、旷野、房边。

用途：全草入药。

台湾翅果菊 Lactuca formosana

2. 翅果菊 Lactuca indica Linnaeus

二年生草本。根垂直直伸。茎直立，单生，全部茎枝无毛，线形，中部茎叶边缘大部全缘，中下部茎叶边缘有三角形锯齿或偏斜卵状大齿。头状花序果期卵球形；总苞片 4 层，外层卵形或长卵形，全部苞片边缘染紫红色。瘦果椭圆形，黑色，每面有 1 条细纵脉纹；冠毛 2 层，白色。花果期 6 ~ 10 月。

分布和生境：八大公山广布，生于海拔 200 ~ 1500 m 的荒地、山坡草地。

用途：根入药；嫩茎叶可作蔬菜。

翅果菊 Lactuca indica

3. 毛脉翅果菊 Lactuca raddeana Maximowicz

多年生草本。茎直立，单生，紫红色或带紫红色斑纹，上部狭圆锥花序状或总状圆锥花序状分枝。向上的叶与中下部茎形同形或披针形，有宽短宽或几无翼柄；全部叶两面粗糙，边缘有锯齿或无齿。头状花序果期卵球形；总苞片 4 层，外层卵形。瘦果椭圆形或长椭圆形，黑褐色；冠毛纤细。花果期 6 ~ 10 月。

分布和生境：八大公山广布，生于海拔 800 ~ 1500 m 的山地疏林下。

用途：根入药。

毛脉翅果菊 Lactuca raddeana

4. 莴苣 Lactuca sativa Linnaeus

二年生草本。根垂直直伸。茎直立，单生，上部圆锥状花序分枝，全部茎枝白色。基生叶及下部茎叶大，不分裂。头状花序多数，在茎枝顶端排成圆锥花序；总苞果期卵球形；总苞片 5 层；舌状小花约 15 枚。瘦果倒披针形，喙细丝状，与瘦果几等长；冠毛 2 层，纤细。

莴苣 Lactuca sativa

分布和生境：原产中国华中或华北，八大公山广为栽培。

用途：茎、叶、种子入药；茎叶可供蔬食。

（四十）稻槎菜属 **Lapsana** Linnaeus

草本。叶互生，齿状或下部的羽状 分裂。头状花序小，同性，黄色，排成疏散、伞房花序式或圆锥花序式；花全部舌状，黄色，外层的总苞片小，少数，内层的草质，结果时稍硬；花序托平坦，秃裸；瘦果倒披针形，有棱 20 ~ 30 条，无冠毛。

约 10 种，我国产 4 种，湖南产 1 种，八大公山产 1 种。

1. 稻槎菜 **Lapsanastrum apogonoides** (Maximowicz) Pak & K. Bremer

一年生或多年生草本。叶边缘有锯齿或羽状深裂或全裂。头状花序同型，舌状，在茎枝顶裂排列成硫松的伞房状花序或圆锥状花序；总苞圆柱状钟形或钟形；总苞片 2 层，3 ~ 5 枚，卵形；舌状小花黄色，两性。瘦果长椭圆形、长椭圆状披针形或圆柱状，有 12 ~ 20 条细小纵肋，顶端无冠毛。

分布和生境：产于八大公山各地，生于海拔 1500 m 下的田间湿地中。

用途：全草入药。

稻槎菜 Lapsanastrum apogonoides

（四十一）大丁草属 **Leibnitzia** Cassini

多年生草本。具根状茎。叶基生，呈莲座状。花葶挺直，无苞叶或具线形、钻状或鳞片状苞叶，被茸毛或绵毛；头状花序单生于花葶之顶，异型，有多数异型的小花，外围雌花，中央两性花，二者均能结实；总苞片 2 至多层。瘦果圆柱形或纺锤形，具棱，通常被毛，顶端钝或渐狭成长短不等的喙；冠毛粗糙，刚毛状，宿存。

6 种，我国产 4 种，湖南产 1 种，八大公山产 1 种。

1. 大丁草 Leibnitzia anandria (Linnaeus) Turczaninow

多年生草本。植株具春秋二型。叶基生，常具齿缺或羽状分裂，背面被茸毛或绵毛，或两面均无毛。头状花序单生于花葶之顶，总苞陀螺状或钟形，总苞片 2 至多层，卵形、披针形成线形，顶端尖，雌花花冠具开展的舌片，长伸出于冠毛之外。瘦果圆柱形或纺锤形，具棱，冠毛粗糙，刚毛状。花期春、秋二季。

分布和生境：八大公山广布，生于海拔 400 ~ 800 m 的山坡林缘土坎上。

用途：全草入药。

大丁草 Leibnitzia anandria

（四十二）火绒草属 Leontopodium R. Brown ex Cassini

多年生草本或亚灌木，有时垫状。全株被白色、灰色或黄褐色棉毛或茸毛。叶互生，全缘，苞叶围绕花序开展，形成星状苞叶群。头状花序多数，排列成密集或较疏散的伞房花序，各有多数同形或异形的小花；或雌雄同株，即中央的小花雄性，外围的小花雌性，雌雄异株时，全部头状花序仅有雄性或雌性小花；总苞片中部草质，顶端及边缘褐色或黑色，膜质或几干膜质，外层总苞片被棉毛或柔毛。瘦果具冠毛。

约 56 种，我国产 40 余种，湖南产 3 种，八大公山产 1 种。

1. 薄雪火绒草 Leontopodium japonicum Miquel

多年生草本。根状茎分枝稍长，有数个簇生的花茎和幼茎。茎直立，不分枝或有伞房状花序枝，叶狭披针形，或下部叶倒卵披针形； 苞叶多数，较茎上部叶短小，卵圆形或长圆形，排列成疏散的苞叶群，或有长花序梗而开展成复苞叶群；总苞钟形或半球形；总苞片 3 层，顶端钝，无毛。花期 6 ~ 9 月。

分布和生境：分布于八大公山斗篷山，生于山顶草丛、林缘及荒坡。

用途：花入药。

薄雪火绒草 Leontopodium japonicum

（四十三）橐吾属 Ligularia Cassini

多年生草本。茎直立，常单生。不育茎的叶丛生、发达，具长柄，基部膨大成鞘；茎生叶互生，少数。头状花序辐射状或盘状，排列成总状或伞房状花序或单生；总苞片 2 层，分离；覆瓦状排列；中央花两性，管状；花药顶端三角形成卵形花丝光滑，近花药处膨大；花柱分枝细，先端钝或近圆形。瘦果光滑，有肋；冠毛 2～3 层，刚毛状，长或极短，稀无冠毛。

约 130 种，我国产 111 种，湖南产 10 种，八大公山产 8 种。

分种检索表

1. 头状花序排成伞房状或复伞房状花序。
  2. 具 1 ～ 2 外层总苞片，线形……………………………………………… **3. 鹿蹄橐吾 L. hodgsonii**
  2. 无外层总苞片…………………………………………………………………… **2. 齿叶橐吾 L. dentata**
1. 头状花序排成总状花序。
  3. 茎生叶有膨大的鞘，叶脉掌状。
    4. 冠毛与管状的花冠等长。
      5. 苞片卵形或卵状披针形，边缘有齿………………………………………… **5. 橐吾 L. sibirica**

5. 苞片线形，全缘……………………………………………… **1. 大老岭橐吾 L. dalaolingensis**

4. 冠毛与管状的管部等长或稍短。

6. 苞片卵形，边缘常有齿……………………………………………… **8. 离舌橐吾 L. veitchiana**

6. 苞片线形或线状披针形，全缘。

7. 总苞狭筒形……………………………………………………………… **6. 窄头橐吾 L. stenocephala**

7. 总苞钟形或宽钟形……………………………………………………… **4. 狭苞橐吾 L. intermedia**

3. 茎生叶无膨大的鞘，叶脉羽状……………………………………………… **7. 簇梗橐吾 L. tenuipes**

1. 大老岭橐吾 Ligularia dalaolingensis W. Q. Fei & L. Wang

多年生草本。丛生叶与茎下部叶肾形，叶脉掌状，网脉在下面明显，茎中部叶与下部者同形，较小，茎上部叶减缩。总状花序，苞片丝状，向上渐短，小苞片丝状钻形，极或不显，总苞钟状陀螺形，舌状花 5～6，舌片长圆形，管状花多数，冠毛白色与花冠等长。花期 7～9 月。

分布和生境：产于八大公山天平山，生于海拔 1500 m 的潮湿之地。

用途：根茎入药。

大老岭橐吾 Ligularia dalaolingensis

2. 齿叶橐吾 Ligularia dentata (A. Gray) H. Hara

多年生草本。茎直立，被白色蛛丝状柔毛和黄色有节短柔毛或下部光滑。丛生叶与茎下部叶具柄，被白色蛛丝柔毛，有细棱；叶片肾形，先端圆形，边缘具整齐的齿。头状花序辐射状；总苞半球形，宽大于长。舌状花黄色，舌片狭长圆形，冠毛红褐色。瘦果圆柱形，有肋，光滑。花果期 7～10 月。

分布和生境：分布于八大公山天平山、斗篷山，生于海拔 1400～1800 m 的山坡湿润的草地。

用途：根入药；花供观赏。

3. 鹿蹄橐吾 Ligularia hodgsonii J. D. Hooker

多年生草本。根肉质。茎直立，上部及花序被白色蛛丝状柔毛和黄褐色有节短柔毛，具棱。丛生叶与茎下部叶具柄，柄细棱，叶片肾形或心状肾形，边缘具三角状齿或圆齿。头状花序辐射状，排列成伞房状或复伞房状花序；总苞宽钟形，长大于宽；舌片长圆形。瘦果圆柱形，光滑。

分布和生境：在八大公山只见栽培，未见野生。

用途：根、根状茎、叶入药。

齿叶橐吾 Ligularia dentata

鹿蹄橐吾 Ligularia hodgsonii

4. 狭苞橐吾 Ligularia intermedia Nakai

多年生草本。丛生叶与茎下部叶具柄，叶片肾形或心形，边缘有整齐的有小尖头的三角状齿或小齿；茎中上部叶与下部叶同形。苞片线形或线状披针形；头状花序辐射状；总苞片 6 ~ 8，长圆形，冠毛紫褐色，有时白色，比花冠部短。瘦果圆柱形。

分布和生境：产于八大公山各地，生于海拔 1200 ~ 1800 m 的山坡林下、草地。

用途：根茎入药。

狭苞橐吾 Ligularia intermedia

5. 橐吾 *Ligularia sibirica* (Linnaeus) Cassini

多年生草本。茎下部叶卵状心形至宽心形，先端圆形或钝，边缘具整齐的细齿，基部心形，两侧裂片长圆形成近圆形，叶脉掌状，茎中部叶与下部者同形，具短柄，鞘状膨大。总状花序，苞片卵形或卵状披针形，总苞宽钟形，舌状花 6 ~ 10，黄色，舌片倒披针形或长圆形。瘦果长圆形，冠毛白色。花果期 7 ~ 10 月。

橐吾 Ligularia sibirica

分布和生境：分布于八大公山斗篷山，生于海拔 1800 ~ 1900 m 的山坡草丛中。

用途：根及根茎入药。

6. 窄头橐吾 *Ligularia stenocephala* (Maximowicz) Matsumura & Koidzumi

多年生草本。根肉质，细而长。茎直立，光滑，叶片心状戟形、肾状戟形或罕为箭形。苞片卵状披针形或线形；总苞狭筒形至宽筒形，总苞片 5 ~ 7，长圆形，先端三角形，急尖，背部光滑；冠毛白色、黄白色或有时为褐色。瘦果倒披针形。花果期 7 ~ 12 月。

分布和生境：产于八大公山各地，生于海拔 1200 ~ 1800 m 的山坡林下。

用途：根、全草及叶入药。

窄头橐吾 Ligularia stenocephala

7. 簇梗橐吾 *Ligularia tenuipes* (Franchet) Diels

多年生草本。茎高大，上部被白色蛛丝状柔 毛和黄褐色有节短柔毛。丛生叶和茎下部叶具柄，叶片盾状着生，肾形，叶脉掌状，茎上部叶具极度膨大的鞘。复伞房状聚伞花序开展，分枝极多，花序梗黑紫色，总苞狭筒形，背部光滑，内层具宽的褐色或黄色膜质边缘。花期 7 ~ 9 月。

分布与生境：产于八大公山天平山、斗篷山，生于海拔 1700 ~ 1900 m 的山坡溪边潮湿地。

用途：根可入药；花供观赏。

8. 离舌橐吾 *Ligularia veitchiana* (Hemsley) Greenman

多年生草本。根肉质，多数。茎直立。舌状花黄色，疏离，舌片狭倒披针形，管状花多数，檐部裂片先端被密的乳突，冠毛黄白色，有时污白色。瘦果光滑。花期 7 ~ 9 月。

分布和生境：主要分布在八大公山天平山，生于海拔 1600 ~ 1800 m 的山坡林下。

用途：根茎入药。

簇梗橐吾 Ligularia tenuipes

离舌橐吾 Ligularia veitchiana

（四十四）粘冠草属 **Myriactis** Lessing

总苞半球形；总苞片 2 层；花托突起，半圆球形或匙状圆球状，无托片；边花雌性，2 至多层，舌状，中央两性花管状，檐部狭钟状，顶端 5 齿裂；花药基部钝，两性花花柱分枝扁平，顶端有披针形的附片；花全部结实。瘦果扁平，边缘脉状加厚，顶端有短喙或钝而无喙；无冠毛，但果顶全有粘质分泌物。

约 10 种，我国产 5 种，湖南产 2 种，八大公山有 1 种。

1. 圆舌粘冠草 Myriactis nepalensis Lessing

一年生或多年生草本。叶互生。头状花序小，异型，在茎枝顶端排列成伞房状或圆锥状花氏有长花梗；总苞半球形，总苞片 2 层；花托突起，半圆球形或匙状圆球状，无托片；边花雌性，2 至多层，舌状，中央两性花管状，顶端 5 齿裂；花药基部钝，两性花花柱分枝扁平；花全部结实。瘦果扁平；无冠毛。

分布和生境：产于八大公山各地，生于海拔 1200 ~ 1800 m 的山地林下、灌丛中。

用途：根茎入药。

圆舌粘冠草 Myriactis nepalensis

（四十五）紫菊属 Notoseris C. Shih

多年生草本。茎上部通常圆锥状花序分枝。叶分裂或不分裂。头状花序同型，舌状，有 3 ~ 5 枚舌状小花，总苞狭钟状，总苞片 3 ~ 5 层，紫红色，舌状小花紫红色，舌片顶端 5 齿裂，花冠筒喉部有白色柔毛。瘦果长倒披针形，压扁，紫色，顶端截形，无喙，每面有 6 ~ 9 条椭圆状高起的纵肋，被糙毛。冠毛 2 层，白色。

全属 11 种，我国有 10 种，湖南有 2 种，八大公山产 1 种。

1. 紫菊 Notoseris macilenta (Vaniot et H. Leveille) N. Kilian

多年生草本。茎直立，上部圆锥花序状分枝，被棕褐色多细胞节毛。中下部茎叶大头羽状浅裂或深裂，顶裂片三角状戟形，侧裂片 2 对，叶柄及羽轴有翼。头状花序排成长圆锥状花序，花序分枝及花序梗被棕褐色的多细胞节毛，总苞圆柱状，外面紫色，无毛，舌状小花 5 枚，紫色。瘦果紫色，冠毛白色。花果期 7 月。

分布和生境：八大公山各地均有分布，生于海拔 1000 ~ 1700 m 山坡林下。

紫菊 Notoseris macilenta

（四十六）假福王草属 **Paraprenanthes** C. C. Chang ex C. Shih

一年生或多年生草本。茎直立。叶不分裂或羽状分裂。头状花序小，同型，舌状，含 4 ~ 15 枚舌状小花，多数或少数在茎枝顶端排成圆锥状或伞房状花序。总苞圆柱状，总苞片 3 ~ 4 层，外层及最外层小，全部总苞片外面通常淡红紫色。舌状小花红色或紫色，舌片顶端 5 齿裂。瘦果黑色，无喙或有不明显喙状物，每面有 4 ~ 6 条高起的纵肋。

15 种，我国全产，湖南 3 种，八大公山产 2 种。

分种检索表

1. 叶三角状戟形……………………………………………………………**1. 林生假福王草 P. diversifolia**
1. 叶大头羽状分裂……………………………………………………………**2. 假福王草 P. sororia**

1. 林生假福王草 Paraprenanthes diversifolia (Vaniot) N. Kilian

多年生草本。基生叶及中下部茎叶三角状戟形或卵状戟形，不分裂，全部叶两面光滑无毛。总苞片 4 层，外层及最外层最短，卵状三角形或长三角形，舌状小花约 11 枚，紫红色或紫蓝色。瘦果粗厚，纺锤状，顶端白色，无喙，每面有 5 ~ 6 条不等粗的细肋。冠毛白色。花果期 2 ~ 8 月。

分布和生境：分布于八大公山各地，生于海拔 500 ~ 1400 m 的山谷、山坡林下潮湿地。

2. 假福王草 Paraprenanthes sororia (Miquel) C. Shih

一年生草本。全部茎枝光滑无毛。基生叶花期枯萎；下部及中部茎叶大头羽状半裂或深裂或几全裂，极少羽状深裂或几全裂，顶裂片大，顶端急尖，边缘有大或小锯齿或重锯齿，齿顶及齿缘有小尖头，基部戟形或心形或平截，极少顶裂片与侧裂等大或几等大，披针形或不规则菱状披针形，上部茎叶小，不裂。头状花序多数，沿茎枝顶端排成圆锥状花序。总苞圆柱状，外层及最外层短，卵形至披针形，全部苞片外面无毛，有时淡紫红色。舌状小花粉红色，约 10 枚。瘦果黑色，稍粗厚，见压扁，纺锤状，顶端窄，淡黄白色，每面有 5 条高起纵肋。冠毛 2 层，白色，微糙毛状。花果期 5 ~ 8 月。

分布和生境：分布八大公山海拔 500 ~ 1500 m 的山坡溪边。

林生假福王草 Paraprenanthes diversifolia

假福王草 Paraprenanthes sororia

（四十七）蟹甲草属 Parasenecio W. W. Smith et J. Small

多年生草本。根状茎粗壮，直立或横走。茎单生，直立。叶互生，具叶柄，不分裂或掌状或羽状分裂，盘状，有同形的两性花；小花全部结实，少数至多数，在茎端或上部叶腋排列成总状或圆锥状花序，下部常有小苞片；总苞圆柱形或狭钟形，稀钟状；总苞片1层，离生。瘦果圆柱形，无毛而具纵肋；冠毛刚毛状，1层，白色。

约60余种。我国产51种，湖南产5种，八大公山均产。

分种检索表

1. 叶下面无毛或被柔毛。
  2. 头状花序极多数，花冠较小……………………………………………… **1. 兔儿风蟹甲草 P. ainslaeflorus**
  2. 头状花序多数，花冠大或较大，花冠白色或紫色。
    3. 叶柄具窄翅或不明显的翅，基部不扩大成耳……………………………… **2. 无毛蟹甲草 P. albus**
    3. 叶柄具宽翅，基部扩大成耳………………………………………………… **4. 耳翼蟹甲草 P. otopteryx**
1. 叶下面密被蛛丝状毛或棉毛。
  4. 叶片卵状三角形、卵形或心形，基出脉3 ……………………………**5. 深山蟹甲草 P. profundorum**
  4. 叶片宽卵圆形或心形，基出脉5 ～ 7 ………………………………… **3. 珠芽蟹甲草 P. bulbiferoides**

1. 兔儿风蟹甲草 Parasenecio ainsliaeiflorus (Franchet) Y. L. Chen

多年生草本。茎单生，上部和花序分枝被黄褐色短毛。下部叶在花期凋落，下部叶具长柄，叶片心状肾形或圆肾形，常有5～7个三角形裂片，边缘有不规则锯齿，上部叶与下部叶同形，但较小，宽卵形，具3～5浅裂。头状花序小，多数，在茎端或上部叶腋排列成总状或复总状花序，总苞圆柱形，

兔儿风蟹甲草 Parasenecio ainsliaeiflorus

总苞片线形或线状披针形。瘦果圆柱形，无毛。花期 7 ~ 8 月，果期 9 ~ 10 月。

分布和生境：产于八大公山各地，生于海拔 1800 ~ 1900 m 的山坡林下阴湿地。

用途：根入药。

2. 无毛蟹甲草 Parasenecio albus Y. S. Chen

多年生草本。茎有多数纵棱条，除花序分枝外近无毛，向顶端近弯曲，基部叶在花期枯萎凋落，下部茎叶叶片三角状戟形，顶端长急尖或渐尖，基部宽心形或近心形，短下延，边缘具细或粗齿，上部茎叶同形，渐小，最上部茎叶，具短柄，有时卵形或狭卵形，叶柄无翅，被细硬毛，基部略扩大，但无耳。头状花序多数，在端茎和上部叶腋排列成塔状圆锥花序，总苞圆柱形，总苞片 5，线状披针形，小花 5 ~ 6，花冠黄色。瘦果圆柱形，无毛，具肋；冠毛白色，长达花冠裂片。花期 7 月，果期 9 ~ 10 月。

分布和生境：产于八大公山各地，生于海拔 1400 ~ 1900 m 的山地林下、林缘。

无毛蟹甲草 Parasenecio albus

3. 珠芽蟹甲草 Parasenecio bulbiferoides (Handel-Mazzetti) Y. L. Chen

多年生草本。茎单生，具束生的须根，直立坚硬。叶疏生，具叶柄，叶片宽三角状卵形或宽卵状心形，顶端钝或短尖，基部直角状心形，边缘具波状粗圆齿或 9 ~ 11 小裂片，无翅，上部的叶柄渐短，全部叶腋有卵圆形，下部的苞片仅有极疏的小芽，顶端钝，边缘狭膜质，外面无毛；花药伸出花冠，干时紫色，基部具尾；花期 9 月。

分布和生境：产于八大公山天平山海拔 1000 ~ 1600 m 的山地林下、林缘。

4. 耳翼蟹甲草 Parasenecio otopteryx (Handel-Mazzetti) Y. L. Chen

多年生草本。根状茎平卧；茎单生，直立或常弯曲，具纵槽棱。下部茎叶片肾形；上部茎叶片肾形至三角肾形，基部深凹或微凹。头状花序在茎端排列成疏散的狭总状花序；总苞圆柱形，紫色或紫绿色；总苞片 5，稀 4，长圆形；小花花冠黄色。瘦果圆柱形，淡黄色，无毛，具肋；冠毛白色。花期 6 ~ 7 月。

分布和生境：产于八大公山各地，生于海拔 1400 ~ 1800 m 的山地林下、林缘。

用途：全草入药。

珠芽蟹甲草 Parasenecio bulbiferoides

耳翼蟹甲草 Parasenecio otopteryx

5. 深山蟹甲草 Parasenecio profundorum (Dunn) Y. L. Chen

多年生草本。茎单生，直立，下部常裸露，具纵条棱。叶片膜质，宽卵形或卵状菱形，上面被疏短糙毛，下面被疏蛛丝状毛。头状花序在茎端排列成疏散的圆锥花序。总苞圆柱形；总苞片 5，线状披针形，被微毛。小花花冠黄色，花药伸出花冠。瘦果圆柱形，无毛，冠毛白色。花果期 8 ~ 9 月。

分布和生境：产于八大公山斗篷山，生于海拔 1400 ~ 1800 m 的山坡或山谷阴湿地。

用途：全草入药。

深山蟹甲草 Parasenecio profundorum

（四十八）帚菊属 **Pertya** Schultz Bipontinus

灌木、亚灌木或多年生草本。枝纤细，斜展呈帚状或罕有近攀缘状。叶在长枝上的互生，在短枝上的数片簇生，或叶全为互生。头状花序腋生、顶生或生于簇生叶丛中，单生、双生至排成伞房花序，全为两性能育的小花，总苞钟形、狭钟形或圆筒状，花冠管状，冠檐 5 深裂，裂片狭而长，外卷。瘦果具 5 ~ 10 纵棱，被柔毛。冠毛为具细齿的糙毛，1 层，白色、污白色至褐色。

24 种，我国有 17 种，湖南有 4 种，八大公山有 1 种。

1. 华帚菊 **Pertya sinensis** Oliver

落叶灌木。枝有长短枝之别，长枝纤细，具显著纵棱和沟槽，老枝的皮易开裂。长枝上的叶互生，短枝上的叶 4 ~ 6 片簇生，大小常不等。头状花序单生于短枝簇生叶丛中，雌雄异株，雌花花冠管状，雄花花冠檐部扩大呈钟状。瘦果纺锤形，具 10 纵棱，密被粗毛。花期 7 ~ 8 月。

分布和生境：产于八大公山天平山、斗篷山，生于海拔 1500 ~ 1800 m 山坡林中。

华帚菊 Pertya sinensis

（四十九）蜂斗菜属 **Petasites** Miller

多少被白色茸毛或绵毛，有根茎。叶基生，常大，心形或肾形。头状花序异性，放射状或盘状，花雌雄异株，总状花序式或聚伞圆锥花序式排列于花茎之顶，雌花多数，全部结实，雄花或两性花不结实；总苞钟状或圆柱状，总苞片1列，外面常附加有较小的苞片；花序托平坦，秃裸；雌花冠丝状，顶部截平形或多少延伸成一短舌，两性花冠辐射对称，管状，5裂。瘦果线形，5～10棱；冠毛丰富。

18种，我国产6种，湖南产2种，八大公山有1种。

1. 毛裂蜂斗菜 **Petasites tricholobus** Franchet

多年生草本。根状茎与茎同粗或较粗。基生叶具长柄，叶片宽心形或肾状心形；茎生叶苞片状，无柄。头状花序近雌雄异株，辐射状或盘状。总苞钟状；总苞片1～5层，等长；花序托平，无毛，锯盾状；雌花花冠丝状，顶端截形；两性花不结实，花冠管状，顶端5裂，花药基部全缘或钝；花柱顶端棒状、锥状，2浅裂；雌花的花柱丝状。瘦果圆柱状；冠毛白色糙毛状。

分布和生境：八大公山各地广布，生于海拔800～1800 m的山地林下、沟边。

用途：根茎入药。

毛裂蜂斗菜 Petasites tricholobus

（五十）毛连菜属 **Picris** Linnaeus

全部茎枝被钩状硬毛或硬刺毛。头状花序同型，在茎技顶端成伞房花序或圆锥花序式排列或不呈明显的花序式排；总苞片约3层，覆瓦状排列或不明显；小花舌状，黄色；花药基部箭头形。瘦果椭圆形或纺锤形，有5～14条高起的纵肋，但无喙或喙极短；冠毛2层，外层短或极短。

约40种，我国产5种，湖南产2种，八大公山产1种。

1. 毛连菜 Picris hieracioides Linnaeus

二年生草本。茎被亮色分叉的钩状硬毛。基生叶花期枯萎脱落，下部茎叶长椭圆形或宽披针形，中部和上部茎叶披针形或线形，无柄，基部半抱茎，全部茎叶两面特别是沿脉被亮色的钩状分叉的硬毛。头状花序总苞圆柱状钟形，舌状小花黄色，冠筒被白色短柔毛。瘦果纺锤形，有纵肋，肋上有横皱纹。冠毛白色，羽毛状。花果期 6 ~ 9 月。

分布和生境：八大公山各地广布，生于海拔 1500 ~ 1900 m 的山坡山谷林下、草丛。

用途：根及全草入药。

毛连菜 Picris hieracioides

（五十一）拟鼠麹草属 **Pseudognaphalium** Kirpicznikov

一年生草本。茎被白色棉毛或茸毛。叶互生，全缘。头状花序小，排列成聚伞花序或开展的圆锥状伞房花序，顶生或腋生，异型，盘状，外围雌花多数，中央两性花少数，全部结实；总苞卵形或钟形，总苞片 2 ~ 4 层，覆瓦状排列，背面被棉毛。花冠黄色或淡黄色；雌花花冠丝状，顶端 3 ~ 4 齿裂；两性花花冠管状，檐部稍扩大，5 浅裂。花药基部箭头形，有尾部；两性花花柱分枝近圆柱形，有乳头状突起。冠毛 1 层。

近 90 种。我国产 6 种，湖南产 3 种，八大公山均产。

分种检索表

1. 总苞片为黄白色或亮褐色……………………………………………………**1. 宽叶拟鼠麹草 P. adnatum**
1. 总苞片为金黄色或黄色。
    2. 叶匙状倒披针状形或倒卵状匙形，基部渐狭成柄………………………… **2. 拟鼠麹草 P. affine**
    2. 叶线状针状形或，基部无柄，抱茎……………………………… **3. 秋拟鼠麹草 P. hypoleucum**

1. 宽叶拟鼠麹草 Pseudognaphalium adnatum (Candolle) Y. S. Chen

多年生草本。茎高大直立，密被紧贴的白色棉毛。基生叶花期凋落，中部及下部叶倒披针状长圆形或倒卵状长圆形，叶柄下延抱茎，两面密被白色棉毛，上部花序枝的叶小，线形。头状花序在茎上部排成大的伞房花序，总苞近球形，总苞片 3 ~ 4 层，干膜质，淡黄色或黄白色。瘦果圆柱形，冠毛白色。花期 8 ~ 10 月。

分布和生境：产于八大公山各地，生于海拔 300 ~ 800 m 的山坡林缘。

用途：叶入药。

宽叶拟鼠麹草 Pseudognaphalium adnatum

2. 拟鼠麹草 Pseudognaphalium affine (D. Don) Anderberg

粗壮草本。茎直立。基生叶花期凋落；中部及下部叶倒披针状长圆形或倒卵状长圆形；上部花序枝的叶小，线形，两面密被白色棉毛。头状花序，在茎上部排成大的伞房花序；总苞近球形；总

拟鼠麹草 Pseudognaphalium affine

苞片 3 ~ 4 层，淡黄色或黄白色。雌花多数，两性花较少。瘦果圆柱形，具乳头状突起；冠毛白色。花期 8 ~ 10 月。

分布和生境：八大公山广布，生于海拔 200 ~ 800 m 的林缘草丛中。

用途：全草入药；嫩叶可食。

3. 秋拟鼠麹草 Pseudognaphalium hypoleucum (Candolle) Hilliard & B. L. Burtt

一年生草本。茎直立，基部通常木质；上部有斜升的分枝，有沟纹；下部叶线形，无柄，上面有腺毛，下面厚被白色棉毛。头状花序，在枝端密集伞房花序；花黄色；总苞球形；总苞片 4 层，全部金黄色或黄色；雌花多且顶端 3 裂；两性花少且檐部 5 浅裂。瘦果卵形或卵圆柱形；冠毛绢毛状。花期 8 ~ 12 月。

分布和生境：分布于八大公山各地，生于海拔 700 ~ 1500 m 的山坡草丛、溪边、田边荒地。

用途：全草入药。

秋拟鼠麹草 Pseudognaphalium hypoleucum

（五十二）漏芦属 Rhaponticum Vaillant

多年生草本。头状花序同型，单生茎端或茎枝顶端，总苞半球形，总苞片多层，向内层渐长，覆瓦状排列，顶端有膜质附属物，全部小花两性，管状，花冠紫红色，花冠 5 裂，裂片线形。瘦果长椭圆形，压扁，4 棱，冠毛 2 至多层，基部连合成环。

约 26 种，我国产 4 种，湖南产 1 种，八大公山产 1 种。

1. 华漏芦 Rhaponticum chinense (S. Moore) L. Martins & Hidalgo

多年生草本。头状花序单生茎端或茎枝顶端，全部小花两性，管状，花冠 5 裂，裂片线形。瘦果长椭圆形，压扁，4 棱，棱间有细脉纹，顶端有果缘，侧生着生面；冠毛 2 至多层，外层较短，向内层渐长，褐色，基部连合成环，整体脱落，冠毛刚毛糙毛状或短羽毛状。

分布和生境：产于八大公山各地，生于海拔 200 ~ 800 m 的山谷或溪边潮湿地。

用途：根入药。

华漏芦 Rhaponticum chinense

（五十三）金光菊属 Rudbeckia Linnaeus

多年生草本。叶互生，稀对生，全缘或羽状分裂。头状花序大或较大，有多数异形小花，周围有一层不结实的舌状花，中央有多数结实的两性花。舌状花黄色，管状花黄色或黑色。瘦果具 4 棱或近圆柱形。冠毛短冠状或无冠毛。

45 种，我国栽培 10 余种，湖南有 2 种，八大公山有 1 种。

1. 金光菊 Rudbeckia laciniata Linnaeus

多年生草本。叶互生，羽状 5 ~ 7 深裂。头状花序单生于枝端，径 7 ~ 12 cm。舌状花金黄色，管状花黄色或黄绿色。瘦果无毛，稍有 4 棱，顶端有具 4 齿的小冠。花期 7 ~ 10 月。

分布和生境：原产北美，八大公山庭园常见栽培。

用途：叶可入药；花供观赏。

金光菊 Rudbeckia laciniata

（五十四）风毛菊属 **Saussurea** Candolle

一年或多年个草本。叶互生，全缘或有锯齿至羽状分裂。头状花序具多数同型小花；总苞片多层，覆瓦状排列，紧贴，花托平或突起；全部小花两性，管状，结实。花冠紫红色或淡紫色，极少白色。瘦果椭圆状，具钝 4 肋或多肋，平滑或有横皱纹，顶端截形；冠毛 1 ~ 2 层，外层短，糙毛状或短羽毛状，易脱落，内层长，羽毛状，基部连合成环，整体脱落。

400 余种。我国产 264 种，湖南产 9 种，八大公山产 6 种。

分种检索表

1. 总苞片顶端无扩大的染色的膜质附属物。
  2. 根及根状茎不纤维状撕裂。
    3. 叶基部通常心形。
      4. 总苞片顶端无附属物……………………………………………………… **1. 庐山风毛菊 S. bullockii**
      4. 总苞片自中部以上有明显的附属物。
        5. 中下部茎叶心形；茎无毛……………………………………… **2. 心叶风毛菊 S. cordifolia**
        5. 中下部茎叶卵状心形或近戟形；茎有稀疏的节毛或后变无毛 **5. 少花风毛菊 S. oligantha**
    3. 叶基部绝不为心形，有抱茎小耳……………………………………… **4. 利马川风毛菊 S. leclerei**
  2. 根及根状茎纤维状撕裂或被纤维…………………………………… **6. 多头风毛菊 S. polycephala**
1. 总苞片顶端有扩大的染色的膜质附属物…………………………………………… **3. 风毛菊 S. japonica**

1. 庐山风毛菊 **Saussurea bullockii** Dunn

多年生草本。茎被薄棉毛或蛛丝状毛。叶柄基扩大半抱茎，叶片三角状心形，下面被薄蛛丝状棉毛。头状花序多数，在茎枝顶端排成伞房圆锥花序，总苞倒圆锥状，总苞片 5 ~ 6 层，顶端及边缘常带紫色，小花紫色。瘦果圆柱状，有棱，无毛，顶端有小冠，冠毛 2 层，糙毛状。花果期 7 ~ 10 月。

分布和生境：产于八大公山各地，生于海拔 1500 ~ 1800 m 的山坡草丛中。

庐山风毛菊 Saussurea bullockii

2. 心叶风毛菊 Saussurea cordifolia Hemsl.

多年生草本。根状茎粗厚；茎直立，无毛，上部伞房状或伞房圆锥花序状分枝，下部与中部茎叶有长柄。叶片心形。头状花序数个或多数在茎枝顶端成疏松伞房或伞房圆锥花序状；总苞钟状；总苞片 5 层，中部上有短附物。瘦果圆柱状，褐色；冠毛浅褐色，2 层，单毛状。

分布和生境：产于八大公山各地，生于海拔 300 ~ 600 m 的山坡密林下。

用途：根可入药。

心叶风毛菊 Saussurea cordifolia

3. 风毛菊 *Saussurea japonica* (Thunberg) Candolle

一年生草本。茎直立，被稀疏的短柔毛及金黄色的小腺点。基生叶与下部的茎生叶椭圆形或披针形。头状花序在茎顶端排成伞房状或伞房圆锥花序；总苞圆柱状，被白色稀疏的蛛丝状毛；总苞片 6 层。瘦果深褐色，圆柱；冠毛白色。

分布和生境：产于八大公山各地，生于海拔 300 ~ 1500 m 的山坡林下、草地。

用途：全草入药。

风毛菊 Saussurea japonica

4. 利马川风毛菊 *Saussurea leclerei* H. Léveillé

多年生草本。叶片长圆形，顶端尾状渐尖，最上部叶更小，披针形或长披针形，全部叶两面异

利马川风毛菊 Saussurea leclerei

色。头状花序小，多数，在茎枝顶端排列成圆锥花序，总苞小，钟状，小花紫色。瘦果圆柱状，无毛。冠毛淡褐色，2层，羽毛状。花果期8月。

分布和生境：产于八大公山斗篷山，生于海拔1500～1800 m的山坡林缘。

5. 少花风毛菊 Saussurea oligantha Franchet

多年生草本。茎直立，有棱，被稀疏的多细胞节毛或后变无毛。基生叶花期脱落；下部与中部茎叶有叶柄，柄基扩大，稍抱茎，叶片宽卵状心形，长宽各5～11 cm，顶端渐尖，基部心形或戟形，边缘有粗锯齿；上部茎叶渐小，无柄，叶片长卵形或披针形。头状花序2～8个在茎枝顶端排成伞房花序或圆锥花序。总苞倒圆锥状或钟状；总苞片4～6层，顶部有附属物，附属物绿色，渐尖，反折或直立，草质。小花紫色。瘦果长圆形，无毛。冠毛污白色，2层，糙毛状。花果期7～9月。

分布和生境：产于八大公山斗篷山，生于海拔1500～1800 m的山坡密林下。

用途：根及根茎入药。

少花风毛菊 Saussurea oligantha

6. 多头风毛菊 Saussurea polycephala Hand.-Mazz.

多年生草本。茎直立，单生，被稀疏蛛丝毛或无毛；基生叶及下部茎叶花期脱落；中部茎叶有叶柄叶。片披针形、长椭圆形。头状花序10～15个在茎枝顶端排成伞房花序；总苞钟状；总苞片6层，中层长椭圆形。瘦果褐色，圆柱状；冠毛白色，2层。

分布和生境：产于八大公山斗篷山，生于海拔1500～1800 m的山坡密林下。

用途：根及根茎入药。

（五十五）鸦葱属 Scorzonera Linnaeus

多年生草本。叶不分裂，全缘，叶脉平行。头状花序同型，舌状，单生茎顶或少数头状花序在茎枝顶端排成花序，总苞圆柱状或长椭圆状或楔状，总苞片多层，覆瓦状排列，舌状小花黄色。瘦果圆柱状或长椭圆状，具冠毛。

约175种，我国产23种，湖南产1种，八大公山也有。

多头风毛菊 Saussurea polycephala

1. 华北鸦葱 **Scorzonera albicaulis** Bunge

华北鸦葱 Scorzonera albicaulis

多年生草本。叶线形至线状长椭圆形，不分裂，全缘。头状花序单生茎顶或少数头状花序在茎枝顶端排成伞房花序，总苞圆柱状总苞片多层，舌状小花黄色，顶端截形，5 齿裂。瘦果圆柱状或长椭圆状，有多数钝纵肋，冠毛中下部或大部羽毛状。

分布和生境：产于八大公山各地，生于海拔 300 ~ 800 m 的山地疏林下或草丛中。

用途：茎叶入药。

（五十六）千里光属 **Senecio** Linnaeus

多年生草本。茎通常具叶。叶不分裂。头状花序通常少数至多数，排列成顶生简单或复伞房花序或圆锥聚伞花序，总苞具外层苞片，舌片黄色，通常明显，有时极小，顶端通常具 3 细齿；管状花 3 至多数，花冠黄色，裂片 5，花药长圆形至线形，基部通常钝，花药颈部柱状，花柱分枝截形或多少凸起，中央有或无较长的乳头状毛。瘦果圆柱形，具肋；冠毛毛状，顶端具叉状毛。

约 1000 种，我国产 63 种，湖南产 6 种，八大公山产 2 种。

分种检索表

1. 直立草本……………………………………………………………**1. 林荫千里光 S. nemorensis**
1. 蔓生草本……………………………………………………………………**2. 千里光 S. scandens**

1. 林荫千里光 Senecio nemorensis Linnaeus

多年生草本。茎单生或有时数个，直立，花序上不分枝，被疏柔毛或近无毛。基生叶和下部茎叶在花期凋落；中部茎叶披针形或长圆状披针形，边缘具密锯齿。头状花序具舌状花，在茎或枝端或上部叶腋排成复伞房花序；总苞片 12 ~ 18，长圆形，被褐色短柔毛；舌片黄色，线状长圆形。瘦果圆柱形；冠毛白色。

分布和生境：产于八大公山天平山，生于海拔 1500 ~ 1800 m 的山坡疏林或草丛中。

林荫千里光 Senecio nemorensis

用途：全草入药；花供观赏。

2. 千里光 Senecio scandens Buchanan-Hamilton ex D. Don

多年生草本。茎藤蔓状。叶具柄，叶片卵状披针形至长三角形，上部叶披针形或线状披针形。头状花序在茎、枝端排成复聚伞圆锥花序；总苞圆柱状钟形；总苞片线状披针形，舌片黄色，长圆形。瘦果圆柱形。

分布和生境：分布于八大公山各地，生于海拔 200 ~ 1800 m 的山坡疏林下。

用途：全草入药。

千里光 Senecio scandens

（五十七）豨莶属 Sigesbeckia Linnaeus

一年生草本。叶对生。头状花序小，排列成疏散的圆锥花序，有多数异型小花，外围有 1 ~ 2 层雌性舌状花，中央有多数两性管状花，全结实或有时中心的两性花不育；总苞片 2 层，背面被头状具柄的腺毛，雌花花冠舌状，舌片顶端 3 浅裂；两性花花冠管状，顶端 5 裂。瘦果四棱形，顶端截形，黑褐色，无冠毛，外层瘦果通常内弯。

约 4 种，我国产 3 种，湖南产 3 种，八大公山有 2 种。

分种检索表

1. 花梗和枝上部无紫褐色头状具柄的腺毛和长柔毛…………………………………… **1. 豨莶 S. orientalis**
1. 花梗和分枝的上部被紫褐色头状具柄的密腺毛和长柔毛………………… **2. 腺梗豨莶 S. pubescens**

1. 豨莶 Sigesbeckia orientalis Linnaeus

一年生草本。茎直立，上部分枝常成复二歧状；全部分枝被灰白色短柔毛。中部叶三角状卵圆形或卵状披针形，基部阔楔形，边缘有规则的浅裂或粗齿；上部叶卵状长圆形，边缘浅波状或全缘。头状花序多聚生于枝端；总苞阔钟状；总苞片 2 层。瘦果倒卵圆形，4 棱，顶端有灰褐色环状突出。花期 4 ~ 9 月。

分布和生境：八大公山广布，生于海拔 200 ~ 1200 m 的荒地、田野及林下。

用途：全草药用。

豨莶 Sigesbeckia orientalis

2. 腺梗豨莶 Sigesbeckia pubescens (Makino) Makino

一年生草本。茎被开展的灰白色长柔毛和糙毛。基部叶花期枯萎；中部叶卵圆形或卵形，基部阔楔形，边缘有头状规则或不规则的齿；上部叶披针形或卵状披针形，全部叶上深绿色，下淡绿色，沿脉有长柔毛。总苞宽钟状；总苞片 2 层，外层线状匙形或宽线形。瘦果倒卵圆形。

分布和生境：八大公山广布，生于海拔 200 ~ 1500 m 的山坡草丛、疏林及旷野。

用途：全草入药。

腺梗豨莶 Sigesbeckia pubescens

（五十八）华蟹甲属 **Sinacalia** H. Robinson & Brettell

多年生直立草本，具粗大地下块状根状茎。头状花序单生或多数排列成复圆锥状花序，总苞狭圆柱形至倒锥状钟形，总苞片线状长圆形至线状披针形，舌片黄色，长圆形或线状长圆形，顶端具2或3小齿。瘦果圆柱形，具肋，无毛，冠毛丝状，宿存。

4种，均为我国特有，湖南产1种，八大公山亦有。

1. 华蟹甲 **Sinacalia tangutica** (Franchet) B. Nordenstam

叶互生，叶片卵形至近圆形，基部心形互近截形，具明显羽状脉。头状花序排列圆锥状花序，总苞狭圆柱状，总苞片5个，1层，舌状花2～3，舌片黄色，顶端具2小齿。瘦果圆柱形，具肋，无毛，冠毛丝状，宿存冠毛糙毛状。花期7～9月。

分布和生境：产于八大公山各地，生于海拔1000～1800 m的山坡林下或荒地。

用途：根入药。

华蟹甲 Sinacalia tangutica

（五十九）蒲儿根属 **Sinosenecio** B. Nordenstam

多年生草本。基生叶莲座状；叶具齿，棱角或近全缘，茎叶叶柄下部有具翅。头状花序单生至多数排列成顶生近伞形简单或复伞房状聚伞花序，具异形小花，辐射状，具花序梗；总苞片草质；小花全部结实，舌状花雌性，舌片黄色；管状花多数，两性，花冠黄色，檐部钟状，5裂；花药内壁细胞壁增厚两极状。瘦果圆柱形或倒卵状，具肋；冠毛同形，白色；全部小花的瘦果有冠毛，或舌状花或全部小花无冠毛。

36种，我国产35种，湖南产15种，八大公山产3种。

分种检索表

1. 全部瘦果或至少舌状花瘦果无冠毛。
   2. 全部瘦果无冠毛……………………………………………………………… **1. 匍枝蒲儿根 S. globiger**
   2. 舌状花瘦果无冠毛，管状花瘦果有冠毛…………………………………… **3. 蒲儿根 S. oldhamianus**
1. 全部瘦果或至少幼时均具冠毛………………………………………………… **2. 毛柄蒲儿根 S. eriopodus**

1. 黔蒲儿根 Sinosenecio bodinieri (Vaniot) B. Nordenstam

多年生草本。根状茎直立或斜升，无匍匐细枝。基生叶数个，莲座状，具长柄；叶片卵形或近圆形，顶端圆形，基部心形至近截形，叶柄基部稍扩大。茎叶 3 ~ 5，与基生叶同形，上部叶渐小且具短柄。头状花序 3 ~ 9 个排列成伞房花序；总苞倒锥状，无外层苞片；总苞片草质，披针形，顶端尖或渐尖，紫色或红紫色，被缘毛。舌状花约 13 个。瘦果圆柱形，无冠毛。花期 4 ~ 5 月。

分布和生境：产于八大公山天平山，生于海拔 1400 m 的山坡林下阴湿地。

用途：庭院观赏。

黔蒲儿根 Sinosenecio bodinieri

2. 毛柄蒲儿根 Sinosenecio eriopodus C. Jeffrey & Y. L. Chen

多年生草本。茎单生，花葶状。叶少数，基生，具长柄；叶片卵状心形，顶端尖至近钝，具硬小尖头，基部心形，上面被疏绢状长柔毛及贴生密短柔毛，下面被黄褐色绢状绵毛。头状花序排成伞房状花序，总苞宽钟状，总苞片 1 层，8 个，舌状花 6 ~ 8 个。瘦果圆柱形，无毛，具肋。冠毛白色。花期 4 ~ 7 月。

分布和生境：分布八大公山各地，生于海拔 700 ~ 1000 m 的山坡石缝中。

用途：花供观赏。

3. 蒲儿根 Sinosenecio oldhamianus (Maximowicz) B. Nordenstam

多年生或二年生草本。基部叶在花期凋落，下部茎叶片卵状圆形或近圆形，下被白蛛丝状毛。头状花序排列成顶生复伞房状花序；总苞片长圆状披针形。瘦果圆柱形，舌状花瘦果无毛，在管状花被短柔毛；冠毛在舌状花缺。花期 1 ~ 12 月。

分布和生境：八大公山广布，生于海拔 200 ~ 1800 m 的路边、屋边、溪沟边。

用途：全草入药；花供观赏。

毛柄蒲儿根 Sinosenecio eriopodus

蒲儿根 Sinosenecio oldhamianus

（六十）一枝黄花属 **Solidago** Linnaeus

多年生草本。叶互生。头状花序小或中等大小，异型，辐射状，多数在茎上部排列成各式花序。总苞狭钟状或椭圆状，总苞片多层，覆瓦状；边花雌性，舌状 1 层，或边缘雌花退化而头状花序同型，盘花两性，管状，顶端5齿裂；全部小花结实。瘦果近圆柱形，有8~12个纵肋，冠毛多数，细毛状，1~2层。

120余种。我国产4种，湖南产1种，八大公山也产。

1. 一枝黄花 Solidago decurrens Loureiro

多年生草本。叶互生。头状花序小或中等大小，异型，辐射状；总苞狭钟状或椭圆状，总苞片多层，覆瓦状；花托小，通常蜂窝状；边花雌性，1层；盘花两性，管状，顶端5齿裂。小花结实，花药基部钝；两性花花柱分枝扁平，顶端有披针形附片。瘦果圆柱形，有8~12个纵肋。

分布和生境：分布于八大公山各地，生于海拔300~1000 m的山坡草丛、疏林及空旷地。

用途：带根全草入药；花供观赏。

一枝黄花 Solidago decurrens

（六十一）苦苣菜属 Sonchus Linnaeus

一年或多年生草本。叶互生。头状花序稍大，含多数同型舌状小花，在茎枝顶端排成伞房花序或伞房圆锥花序，总苞卵状至碟状，花后常下垂。总苞片3~5层，覆瓦状排列，花黄色，两性，结实，舌状顶端截形，5齿裂。瘦果卵形或椭圆形，极压扁或粗厚，无喙。冠毛多层，白色。

约50种，我国产8种，湖南产4种，八大公山产3种。

分种检索表

1. 瘦果无横皱纹……………………………………………………………… **1. 花叶滇苦菜 S. asper**
1. 瘦果有横皱纹。
    2. 瘦果每面有3细纵肋…………………………………………………… **2. 苦苣菜 S. oleraceus**
    2. 瘦果每面有5条细纵肋………………………………………………… **3. 苣荬菜 S. wightianus**

1. 续断菊 Sonchus asper (Linnaeus) Hill

一年生草本。根倒圆锥状，垂直直伸。茎单生或少簇生，茎直立，有纵棱或条纹。基生叶与茎生叶同型；上部茎叶披针形，不裂；下部茎或全部茎叶羽状浅裂或半深裂或深裂；全部叶或裂片秘抱茎的圆耳边缘有急尖齿刺。总苞宽钟状；总苞片 3 ~ 4 层，向内层渐长。瘦果倒披针形，褐色，两面各有 3 条细纵肋。

分布和生境：产于八大公山各地，生于海拔 800 ~ 1500 m 的山坡林缘、路边。

用途：全草可入药。

续断菊 Sonchus asper

2. 苦苣菜 Sonchus oleraceus Linnaeus

一年生草本。基生叶羽状深裂；中下部茎叶羽状深裂或大头状羽状深裂，椭圆形或披针形；全部叶或裂片边缘有大小不等的急尖锯齿或大锯齿。总苞宽钟状；总苞片 3 ~ 4 层，覆瓦状排列，向内层渐长；瘦果褐色，长椭圆形或长椭圆状倒披针形，冠毛白色。

分布和生境：分布于八大公山各地，生于海拔 200 ~ 1000 m 的山坡草地、路旁。

用途：全草药用。

3. 苣荬菜 Sonchus wightianus Candolle

多年生草本。基生叶与中下部茎叶全形倒披针形或条椭圆形；全部叶基部渐窄成长或短翼柄。头状花序在茎枝顶端排成伞房状花序；总苞钟状；总苞片 3 层，外层披针形，全部总苞片顶端渐尖。瘦果长椭圆形；冠毛白色。花果期 1 ~ 9 月。

分布和生境：八大公山广布，生于海拔 200 ~ 1500 m 的山坡草地、路旁。

用途：全草入药。

苦苣菜 Sonchus oleraceus

苣荬菜 Sonchus wightianus

（六十二）联毛紫菀属 **Symphyotrichum** Nees

草本。具地下根状茎或直根。茎少数顶端分枝。叶互生。头状花辐射状或丝管状，多数呈圆锥、总状或伞房花序，有时单生；花托平或微凸，无托片冠毛白色或棕色，4层，多数近等长；总苞3～6层，不等长；全部小花可育，舌状花花1层，极少4或5层，白色、粉红色、蓝色或紫色。瘦果倒卵形或倒锥形。

90种，我国有3种，湖南有1种，八大公山也有。

1. 钻叶紫菀 Symphyotrichum subulatum (Michaux) G. L. Nesom

多年生草本。茎直立，单生，上部多分枝，全株无毛。叶线状披针形。头状花序排成圆锥花序，总苞锥形，外层总苞片绿色，披针形，花冠淡紫色或白色。

分布与生境：原产北美，八大公山各地逸生，生于海拔 200 ~ 1500 m 的荒野、路边、沟边、洼地。

钻叶紫菀 Symphyotrichum subulatum

（六十三）合耳菊属 Synotis (C. B. Clarke) C. Jeffrey & Y. L. Chen

直立灌木状草本。根状茎木质。茎在花期下部通常无叶，上部具叶或花序基部具莲座状叶，叶不分裂。头状花序少数至多数，具花序梗或有时近无梗，总苞钟状或圆柱状，具外层苞片；管状花 1 至多数，两性，黄色，裂片 5，花药线状长圆形或线形。瘦果圆柱形，具肋，无毛，或稀被柔毛，冠毛毛状，同形，白色，禾秆黄色或变红色。

54 种，我国有 43 种，湖南有 3 种，八大公山产 2 种。

分种检索表

1. 叶近基生，近莲座状…………………………………………………………… **1. 褐柄合耳菊 S. fulvipes**
1. 叶在茎上均匀互生…………………………………………………………… **2. 锯叶合耳菊 S. nagensium**

1. 褐柄合耳菊 Synotis fulvipes (Y. Ling) C. Jeffrey et Y. L. Chen

多年生草本。茎花葶状，被密红褐色茸毛。叶近基生，近莲座状，近无柄或具短柄，倒卵状披针形或近匙形，（6 ~ 13）cm ×（2.0 ~ 5.5）cm，顶端钝或短尖，基部楔状渐狭，边缘具疏粗深波状锯齿或波状齿；上面被疏生细刚毛，下面被疏蛛丝状茸毛，或后变无毛，茎叶少数，小，或退化成狭苞片。头状花序在茎端排成伞房状，总苞钟状，外层苞片 10 ~ 12，总苞片 13 ~ 15，长圆状线形，舌状花 6 ~ 10，舌片黄色，椭圆状长圆形，具 3 细齿。瘦果圆柱形，无毛；冠毛白色。花期 8 ~ 10 月。

分布和生境：产于八大公山各地，生于海拔 300 ~ 800 m 的山坡林下。

褐柄合耳菊 Synotis fulvipes

2. 锯叶合耳菊 Synotis nagensium (C. B. Clarke) C. Jeffrey & Y. L. Chen

锯叶合耳菊 Synotis nagensium

多年生草本。茎直立，不分枝或上部具花序枝。叶倒卵状椭圆形至椭圆形。头状花序盘状，通常无舌状花，或稀边缘花具极小的舌片，总苞片线形，外面被极密的茸毛。瘦果圆柱形，被疏柔毛，冠毛白色。花期 8 月至次年 3 月。

分布和生境：产于八大公山各地，生于海拔 300 ~ 800 m 的山坡林下。

（六十四）山牛蒡属 Synurus Iljin

多年生草本。叶卵形或心形等，两面异色，上面绿色，下面灰白色，被密厚茸毛。头状花序大，下垂，同型；总苞球形，被稠密的蛛丝毛；总苞片 13 ~ 15 层，披针形或线状披针形；花托有长托毛；全部小花两性，管状，花冠紫色；花丝分离，无毛；花柱短 2 裂，贴合。瘦果长椭圆形，光滑，顶端有果线；冠毛多层不等长；冠毛刚毛糙毛状。

单种属。我国产 1 种，湖南产 1 种，八大公山产 1 种。

1. 山牛蒡 **Synurus deltoides** (Aiton) Nakai

多年生草本。叶大型，卵形或心形等，两面异色，下面灰白色，被密厚茸毛。头状花序大，下垂，同型；总苞球形，被稠密的蛛丝毛；总苞片 13 ~ 15 层，披针形或线状披针形；花托有长托毛；全部小花两性，管状，花冠紫色；花丝分离，无毛；花柱短 2 裂，贴合。瘦果长椭圆形，光滑，顶端有果线；冠毛多层不等长；冠毛刚毛糙毛状。

分布和生境：产于八大公山各地，生于海拔 1200 ~ 1800 m 的山坡林缘、林下。

用途：根入药。

山牛蒡 Synurus deltoides

（六十五）万寿菊属 **Tagetes** Linnaeus

一年生草本。茎直立，有分枝，无毛。叶通常对生，少有互生，羽状分裂，具油腺点。头状花序通常单生，少有排列成花序，圆柱形或杯形，总苞片1层，几全部连合成管状或杯状，有半透明的油点；花托平，无毛；舌状花1层，雌性，金黄色，橙黄色或褐色；管状花两性，金黄色、橙黄色或褐色；全部结实；瘦果线形或线状长圆形，冠毛有具3～10个不等长的鳞片或刚毛，其中一部分连合，另一部分多少离生。

62种，我国栽培6种，湖南栽培1种，八大公山也有栽培。

1. 万寿菊 **Tagetes erecta** Linnaeus

一年生草本。茎直立，粗壮，具纵细条棱。叶羽状分裂，裂片长椭圆形或披针形，边缘具锐锯齿，上部叶裂片的齿端有长细芒。头状花序单生，花序梗顶端棍棒状膨大；总苞片杯状，顶端具齿尖；舌状花黄色或暗橙色；舌片倒卵形，基部收缩成长爪，顶端微弯缺；管状花花冠黄色。瘦果线形，黑色或褐色。

分布和生境：原产墨西哥，八大公山多有栽培。

用途：花序、叶入药；花供观赏。

万寿菊 Tagetes erecta

（六十六）蒲公英属 **Taraxacum** F. H. Wiggers

多年生葶状草本，具白色乳状汁液。茎花葶状。花葶1至数个，直立、中空，无叶状苞片叶。叶基生，密集成莲座状。头状花序单生花葶顶端，总苞钟状或狭钟状，总苞片数层，有时先端背部增厚或有小角，全为舌状花，两性、结实，舌片通常黄色。瘦果纺锤形或倒锥形，有纵沟，果体上部或几全部有刺状或瘤状突起，冠毛多层，白色。

约2000种，我国产70种，湖南产2种，八大公山产1种。

1. 蒲公英 **Taraxacum mongolicum** Handel-Mazzetti

多年生草本。具白色乳状汁液。茎花葶状，无叶状苞片叶，上部被蛛丝状柔毛或无毛。叶基生，叶片匙形或披针形。头状花序单生花葶顶端；总苞钟状或狭钟状，外层总苞片短于内层总苞片；花序托有小窝孔，无托片；舌状花，两性、结实；雄蕊 5，呈筒状；花柱细长，伸出聚药雄蕊外，柱头 2 裂，裂瓣线形。瘦果纺锤形或倒锥形，有纵沟，果体上部或几全部有刺状或瘤状突起。

分布和生境：八大公山广布，生于海拔 200 ~ 1900 m 的荒野、田间空地、路旁。

用途：全草入药；嫩苗可食。

蒲公英 Taraxacum mongolicum

（六十七）铁鸠菊属 **Vernonia** Schreber

草本或乔木。叶互生，羽状脉。具同型的两性花，全部结实，总苞钟状，总苞片顶端钝，向外渐短，常具腺，花粉红色或紫色，花冠管状，常具腺，管部细，檐部钟状或钟状漏斗状，上端具 5 裂片；花药顶端尖，基部箭形或钝；花柱分枝细，钻形，顶端稍尖，被微毛。瘦果圆柱状或陀螺状，具棱，或具肋，顶端截形，常具腺；冠毛通常 2 层，内层细长，糙毛状。

562 种，我国产 27 种，湖南产 2 种，八大公山产 1 种。

1. 南漳斑鸠菊 **Vernonia nantcianensis** (Pampanini) Handel-Mazzetti

一年生草本。茎直立或斜升，具明显条纹，被疏糙短毛和无柄的腺毛；叶卵状或披针状椭圆形，边缘中部或中部以上有疏锯齿；头状花序在枝端或叶腋单生；总苞宽钟状；总苞片 5 ~ 6 层，卵形至卵状长圆形；花托稍凸起，边缘具小窝孔；花冠管状，粉紫色；瘦果圆柱形，暗褐色；冠毛淡黄褐色。花果期 8 ~ 10 月。

分布和生境：分布于八大公山五道水，生于海拔 200 ~ 380 m 山谷沟林下潮湿地。

用途：全草入药。

南漳斑鸠菊 Vernonia nantcianensis

（六十八）苍耳属 **Xanthium** Linnaeus

一年生草本。根纺锤状或分枝。茎直立，有时具刺。叶互生，全缘或多少分裂。头状花序单性，雌雄同株，在叶腋单生或密集成穗状，有时成束聚生于茎枝的顶端；雄性头状花序着生于茎枝的上端，球形；总苞宽半球形，总苞片 1 ~ 2 层，分离，椭圆状披针形；花托柱状，托片披针形；雌花无 花冠，裂片线形，伸出总苞的喙。瘦果 2 枚，倒卵形，藏于总苞内，无冠毛。

25 种，我国产 3 种，湖南产 1 种，八大公山也产。

1. 苍耳 **Xanthium strumarium** Linnaeus

叶三角状卵形或心形，具不明显浅裂 3 ~ 5 枚，顶端尖或钝，基部稍心形或截形。雄性头状花序球形，雌性头状花序椭圆形；外层总苞片小，披针形，内层总苞片连合成囊状，宽卵形或椭圆形，在瘦果成熟时变坚硬，外面疏生具钩状的刺。瘦果 2 枚，倒卵形。花期 7 ~ 8 月，果期 9 ~ 10 月。

分布和生境：分布于八大公山五道水，生于海拔 200 ~ 380 m 山谷沟林下潮湿地。

用途：全草入药。

（六十九）黄鹌菜属 **Youngia** Cassini

一年生或多年生草本。头状花序小，同型，舌状；总苞圆柱状至宽圆柱状；总苞 3 ~ 4 层，外层及最外层短，顶端急尖，内层及最内层长；花托平，蜂窝状，无托毛；舌状小花两性，黄色，1层，

苍耳 Xanthium strumarium

舌片顶端截形，5 齿裂；花柱分枝细，花药基部附属物箭头形。瘦果纺锤形，向上收窄，近顶端有收缢；冠毛白色，少数灰色，1 ~ 2 层；单毛状或糙毛状，有时基部连合成环。

约 40 种，我国产 37 种，湖南产 10 种，八大公山产 4 种。

分种检索表

1. 头状花序较大，总苞长 6 ～ 8 mm。
  2. 瘦果顶端收窄成粗短的喙状物……………………………………… **1. 红果黄鹌菜 Y. erythrocarpa**
  2. 瘦果顶端截形，不收窄成粗短的喙状物。
    3. 基生叶大头羽状深裂或几全裂…………………………………… **4. 戟叶黄鹌菜 Y. longipes**
    3. 基生叶及部分茎叶不分裂，心状戟形或卵形…………………… **2. 异叶黄鹌菜 Y. heterophylla**
1. 头状花序较小，总苞长 4 ～ 6 mm ………………………………………… **3. 黄鹌菜 Y. japonica**

1. 红果黄鹌菜 Youngia erythrocarpa (Vaniot) Babcock & Stebbins

一年生草本。全部茎枝无毛。基生叶全形倒披针形，6 cm × 3 cm，大头羽状全裂，有长达 5 cm 的叶柄，顶裂片宽卵状三角形或三角状戟形，顶端急尖或钝，边缘有锯齿；茎生叶多数，与基生叶同形并等样分裂，基部有短柄；接花序分枝处的叶不裂，长椭圆形，向两端收窄，基部无柄或有短柄。头状花序多数在茎枝顶端排成伞房圆锥花序，总苞圆柱状，总苞片 4 层，外层及最外层极小，卵形或宽卵形，内层及最内层披针形，边缘白色狭膜质，舌状小花黄色，花冠管外面有白色短柔毛。

瘦果红色，纺锤形，向顶渐窄成粗短的喙状物有 11 ~ 14 条粗细不等纵肋。冠毛白色，微糙毛状。花果期 4 ~ 8 月。

分布和生境：产于八大公山各地，生于海拔 200 ~ 800 m 的路边、房边荒地。

红果黄鹌菜 Youngia erythrocarpa

2. 异叶黄鹌菜 Youngia heterophylla (Hemsley) Babcock & Stebbins

异叶黄鹌菜 Youngia heterophylla

一年生或二年生草本。全部茎枝有稀疏的多细胞节毛。基生叶大头羽状深裂或几全裂，基部与羽轴宽融合或基部收窄成宽短的翼柄；全部基生叶的叶柄及叶两面有稀疏的短柔毛；中下部茎叶与基生叶同形并等样分裂或戟形，不裂。总苞圆柱状；总苞片 4 层。瘦果纺锤形，黑褐色。

分布和生境：八大公山广布，生于海拔 200 ~ 1000 m 的山地疏林、灌丛中。

用途：全草入药。

3. 黄鹌菜 Youngia japonica (Linnaeus) Candolle

一年生草本。茎直立，单生或少数茎成簇生，粗壮或细，顶端伞房花序状分枝或下部有长分枝。基生叶大头羽状深裂或全裂，全部侧裂片边缘有锯齿或细锯齿或边缘有小尖头；全部叶及叶柄被皱波状长或短柔毛。总苞圆柱状；总苞片 4 层，外层短，内层长；舌状小花黄色。瘦果纺锤形，褐色或红褐色。

分布和生境：八大公山广布，生于海拔 200 ~ 500 m 的荒地、疏林、灌丛中。

用途：全草入药。

黄鹌菜 Youngia japonica

4. 戟叶黄鹌菜 Youngia longipes (Hemsley) Babcock & Stebbins

一年生草本。基生叶倒披针形，大头羽状全裂，茎生叶与基生叶同形并等样分裂，全部叶两面被毛。头状花序多数或极多数，在茎枝顶端排成伞房圆锥花序，花序梗纤细，总苞圆柱状，总苞片 4 层，全部总苞片外面无毛。舌状小花黄色。瘦果红色，纺锤形，顶渐窄成粗短的喙状物，冠毛白色。花果期 4 ~ 8 月。

分布和生境：分布于八大公山各地，生于海拔 500 ~ 800 m 的林下石缝中。

戟叶黄鹌菜 Youngia longipes

（七十）百日菊属 **Zinnia** Linnaeus

草本。叶对生，全缘，无柄。头状花序小或大，单生于茎顶或二歧式分枝枝端。头状花序辐射状；外围有 1 层雌花，中央有多数两性花；总苞钟状或狭钟状；总苞片 3 至多层，覆瓦状，宽大。雌花舌状，舌片开展；两性花管状，顶端 5 浅裂；花柱分枝顶端尖或近截形。雌花瘦果扁三棱形；雄花瘦果扁平或外层的三棱形；冠毛有 1 ~ 3 个芒或无冠毛。

40 种，我国栽培 6 种，湖南栽培 2 种，八大公山有 1 种。

1. 百日菊 Zinnia elegans Jacquin

一年生草本。茎直立，被糙毛或长硬毛。叶宽卵圆形或长圆状椭圆形，两面粗糙，下面被密的短糙毛，基出三脉。头状花序单生枝端，总苞宽钟状；总苞片多层，宽卵形或卵状椭圆形。舌状花深红色、玫瑰色、紫堇色或白色，舌片倒卵圆形，先端 2 ~ 3 齿裂或全缘；管状花黄色或橙色，上面被黄褐色密茸毛。雌花瘦果倒卵圆形，管状花瘦果倒卵状楔形。花期 6 ~ 9 月，果期 7 ~ 10 月。

分布和生境：原产墨西哥，八大公山各地栽培。

用途：全草入药；花供观赏。

百日菊 Zinnia elegans

一百六十二、五福花科 Adoxaceae

灌木，稀多年生草本或小乔木。叶对生，单叶或复叶。花序为顶生圆锥花序或伞形花序，穗状花序，或头状的聚伞花序；花两性；花萼和花冠均合生，3～5裂；雄蕊5，4，或3，着生于花冠筒上；雄蕊的花丝裂成2瓣；花药1室，盾形，外向，纵向开裂；雌蕊子房半下位至下位，1或3～5室；花柱5，4，或3，合生或离生，或无；柱头头状或2～3裂。核果。种子1或3枚。

4属220种，我国产4属81种，湖南产2属28种，八大公山产2属24种。

分属检索表

1. 复叶，子房3～5室；核果通常具3～5种子……………………………… **1. 接骨木属 Sambucus**
1. 单叶，子房1室；核果具1种子……………………………………………… **2. 荚蒾属 Viburnum**

（一）接骨木属 Sambucus Linnaeus

落叶乔木或灌木，稀多年生高大草本。茎干常有皮孔。单数羽状复叶，对生；托叶叶状或退化成腺体。花序由聚伞合成顶生的复伞式或圆锥式；花小，整齐；萼筒短，萼齿5枚；花冠辐状，5裂；雄蕊5，开展，稀直立；子房3～5室，柱头2～3裂。浆果状核果红黄色或紫黑色，具3～5枚核。种子三棱形或椭圆形。

约10种，我国产4种，湖南产3种，八大公山产2种。

分种检索表

1. 多年生高大草本；嫩枝具棱条；聚伞花序平散，伞形……………………… **1. 接骨草 S. chinensis**
1. 灌木或小乔木；枝具明显的皮孔；聚伞花序圆锥形………………………… **2. 接骨木 S. williamsii**

1. 接骨草 Sambucus chinensis Blume

高大草本或半灌木。茎有棱条。羽状复叶小叶2～3对，互生或对生，狭卵形，边缘具细锯齿，近基部或中部以下边缘常有1或数枚腺齿。复伞形花序顶生，大而疏散，分枝3～5出；杯形不孕性花不脱落，可孕性花小；萼筒杯状，萼齿三角形；花冠白色，仅基部联合；花药黄色或紫色。果实红色，近球形。花期4～5月，果期8～9月。

分布与生境：分布于八大公山各地，生于海拔300～1700 m的山坡林下、沟边或灌丛中。

用途：全草或根、果实入药。

2. 接骨木 Sambucus williamsii Hance

落叶灌木或小乔木。羽状复叶有小叶2～3对，小叶片卵圆形至披针形，边缘具不整齐锯齿；托叶狭带形，或退化成带蓝色的突起。花与叶同出，圆锥形聚伞花序顶生；花小而密；萼筒杯状，萼齿三角状披针形；花冠蕾时带粉红色，开后白色或淡黄色；雄蕊与花冠裂片等长，开展；子房3室，花柱短，柱头3裂。果实红色。花期4～5月，果期9～10月。

分布与生境：分布于八大公山各地，生于海拔540～1900 m的山坡林下、灌丛、沟边、路旁及宅边。

用途：茎枝、根及根皮、叶、花入药；果供观赏。

接骨草 Sambucus chinensis

接骨木 Sambucus williamsii

（二）荚蒾属 **Viburnum** Linnaeus

灌木或小乔木。单叶，对生，稀 3 枚轮生；托叶通常微小，或不存在。花小，两性，整齐；花序由聚伞合成顶生或侧生的伞形式、圆锥式或伞房式，有时具白色大型的不孕边花或全部由大型不孕花组成；萼齿 5，宿存；花冠裂片 5 枚；雄蕊 5 枚，着生于花冠筒内；子房 1 室。果实为核果，冠以宿存的萼齿和花柱；内含 1 颗种子。

约 200 种，我国产 73 种，湖南产 26 种，八大公山产 22 种。

分种检索表

1. 冬芽裸露；植物体被簇状毛而无鳞片；果实成熟时由红色转为黑色。
  2. 花序无总梗；果核有 1 背沟和 1 深腹沟；胚乳深嚼烂状…………… **20. 合轴荚蒾 V. sympodiale**
  2. 花序有总梗；果核有 2 背沟和 1 ~ 3 条腹沟，或有时背沟退化而不明显；胚乳坚实。
    3. 叶下面、叶柄、花序密被簇状毛组成的茸毛。
      4. 叶的侧脉近叶缘时虽分枝，但直达齿端………………………………………**10. 聚花荚蒾 V. glomeratum**
      .4. 叶的侧脉近叶缘时互相网结而非直达齿端 …………… **13. 绣球荚蒾 V. macrocephalum**
    3. 叶柄、小枝、花序疏被簇毛，叶下面仅叶腋有簇毛。
      5. 萼筒无毛；叶上面小脉不凹陷…………………………………………………… **22. 烟管荚蒾 V. utile**
      5. 萼筒多少被簇状毛。
        6. 花冠外面疏被簇状毛………………………………………………**3. 金佛山荚蒾 V. chinshanense**
        6. 花冠外面几无毛…………………………………………………… **18. 皱叶荚蒾 V. rhytidophyllum**
1. 冬芽有 1 ~ 2 对；如为裸露，则芽、幼枝、叶下面、花序、萼、花冠及果实均被鳞片状毛。
  7. 果核圆形，果实成熟时蓝黑色………………………………………………**16. 球核荚蒾 V. propinquum**
  7. 果核不如上述，果实成熟时红色，或由红色转为黑色或酱黑色，少有黄色。
    8. 花序有大型的不孕花；果核腹面有一上宽下窄的沟。
      9. 叶卵形或倒卵形………………………………………………………………… **15. 粉团 V. plicatum**
      9. 叶卵状披针形……………………………………………………………… **11. 蝶花荚蒾 V. hanceanum**
    8. 花序种种，不具大型不孕花；果核通常不如上述。
      10. 花序为由穗状或总状花序组成圆锥花序，或因圆锥花序的主轴缩短而近似伞房式。
        11. 花冠辐状 1，裂片长于筒。
          12. 叶的侧脉至少一部分直达齿端。
            13. 花序圆锥状 ……………………………………………………… **12. 巴东荚蒾 V. henryi**
            13. 花序伞房状 ……………………………………………… **4. 伞房荚蒾 V. corymbiflorum**
          12. 叶的侧脉近叶缘时弯拱而互相网结，不直达齿端。
            14. 叶背面在显微镜下可见鳞片状腺点 …………………… **17. 鳞斑荚蒾 V. punctatum**
            14. 叶背面无腺点。
              15. 萼和花冠均无毛 …………………… **14. 日本珊瑚树 V. odoratissimum** var. **awabuki**
              15. 萼和花冠或至少萼外面被簇状短毛 ……………… **2. 短序荚蒾 V. brachybotryum**
        11. 花冠漏斗形或高脚蝶形，裂片短于筒 …………………………… **8. 红荚蒾 V. erubescens**
      10. 花序复伞形式或稀可为由伞形花序组成的尖塔形圆锥花序。
        16. 冬芽有 1 对鳞片，极少裸露。
          17. 花冠钟状 …………………………………………………………… **5. 水红木 V. cylindricum**
          17. 花冠辐状 ……………………………………………………… **21. 三叶荚蒾 V. ternatum**
        16. 冬芽有 2 对鳞片。

18. 叶的侧脉 2 ~ 4 对 ………………………… **9. 直角荚蒾 V. foetidum** var. **rectangulatum**

18. 叶的侧脉 5 对以上。

19. 花冠外面被疏或密的簇状短毛 ……………………………………… **6. 荚蒾 V. dilatatum**

19. 花冠外面无毛，极少蕾时有毛而花开后变秃净。

20. 花序或果序下垂 ………………………………………………**19. 茶荚蒾 V. setigerum**

20. 花序或果序不下垂。

21. 总花梗的第一级辐射枝通常 7 出 …………………… **1. 桦叶荚蒾 V. betulifolium**

21. 总花梗的第一级辐射枝通常 5 出 ……………………… **7. 宜昌荚蒾 V. erosum**

1. 桦叶荚蒾 Viburnum betulifolium Batalin

落叶灌木或小乔木。叶厚纸质或薄革质，卵形，近基部常有 1 对钻形小托叶。复伞形式聚伞花序顶生或生于具 1 对叶的侧生短枝上；萼筒有黄褐色腺点，萼齿小，宽卵状三角形；花冠白色，辐状，裂片圆卵形；雄蕊常高出花冠，花药宽椭圆形；柱头高出萼齿。果实红色，近球形。花期 6 ~ 7 月，果熟期 9 ~ 10 月。

分布与生境：分布于八大公山各地，生于海拔 800 ~ 3000 m 的山谷林中。

用途：根入药；果供观赏。

桦叶荚蒾 Viburnum betulifolium

2. 短序荚蒾 Viburnum brachybotryum Hemsley

常绿灌木或小乔木。叶革质，倒卵形或矩圆形。圆锥花序通常尖形；苞片和小苞片宿存；花雌雄异株，生于序轴的第二至第三级分枝上；萼筒筒状钟形，萼齿卵形；花冠白色，辐状，裂片开展，卵形；雄蕊花药宽椭圆形；柱头头状，3 裂。果实黄色，成熟时鲜红色，卵圆形。花期 11 月至次年 2 月，果期 5 ~ 8 月。

分布与生境：分布于八大公山各地，生于海拔 200 ~ 600 m 的山坡或沟谷林下。

用途：根、叶、花入药；果供观赏；木材可作小型用材。

短序荚蒾 Viburnum brachybotryum

3. 金佛山荚蒾 Viburnum chinshanense Graebner

灌木。叶纸质至厚纸质，矩圆形，全缘。聚伞花序；萼筒矩圆状卵圆形，萼齿宽卵形；花冠白色，

金佛山荚蒾 Viburnum chinshanense

辐状；裂片圆卵形或近圆形；雄蕊略高出花冠，花药宽椭圆形；花柱略高出萼齿，红色。果实红色，成熟时变黑色，长圆状卵圆形。花期 4 ~ 5 月，果期 7 月。

分布与生境：分布于八大公山各地，生于海拔 200 ~ 1200 m 的疏林内或灌丛中。

用途：全株药用；庭院观赏。

4. 伞房荚蒾 Viburnum corymbiflorum Hsu et S. C. Hsu

常绿灌木或小乔木。冬芽有 1 对鳞片。叶矩圆形至矩圆状披针形，顶端急尖，基部圆形至宽楔形，边缘离基部 1/3 以上疏生外弯的尖锯齿，上面深绿色有光泽，侧脉 4 ~ 6 对，大部直达齿端。圆锥花序因主轴缩短而成圆顶的伞房状，花芳香，萼筒筒状，无毛或几无毛，萼齿狭卵形，花冠白色，辐状，筒长不足 1 mm，裂片矩圆形，长约 3 mm。果实红色，椭圆形，有 1 条深腹沟。花期 4 月，果熟期 6 ~ 7 月。

分布与生境：分布于八大公山各地，生于海拔 600 ~ 1000 m 的山坡林下。

用途：庭院观赏。

伞房荚蒾 Viburnum corymbiflorum

5. 水红木 Viburnum cylindricum Buchanan-Hamilton ex D. Don

常绿灌木或小乔木。叶革质，椭圆形至矩圆形，全缘或中上部疏生浅齿，叶表面有薄蜡质层，折断有白色裂纹。聚伞花序伞形式，顶圆形；萼筒卵圆形或倒圆锥形，有微小腺点，萼齿极小而不显著；花冠白色或有红晕，钟状，有微细鳞腺，裂片圆卵形，直立；雄蕊高出花冠，花药紫色，矩圆形。果实红色，成熟时变蓝黑色，卵圆形。花期 6 ~ 7 月，果期 8 ~ 10 月。

分布与生境：分布于八大公山各地，生于海拔 500 ~ 1600 m 的阳坡疏林或灌丛中。

用途：根、叶、花入药。

水红木 Viburnum cylindricum

6. 荚蒾 Viburnum dilatatum Thunberg

落叶灌木。叶纸质，宽卵形，边缘有牙齿状锯齿；无托叶。复伞形式聚伞花序稠密，生于具 1 对叶的短枝之顶；萼筒狭筒状，有暗红色微细腺点，萼齿卵形；花冠白色，辐状，裂片圆卵形；雄蕊明显高出花冠，花药小，宽椭圆形；花柱高出萼齿。果实红色，椭圆状卵圆形。花期 5 ~ 7 月，果熟期 9 ~ 11 月。

分布与生境：产于八大公山各地，生于海拔 200 ~ 800 m 的山坡林下、林缘及灌丛中。

用途：根、枝、叶入药；庭院观赏。

荚蒾 Viburnum dilatatum

7. 宜昌荚蒾 Viburnum erosum Thunberg

落叶灌木。叶纸质，形状变化很大，不分裂，边缘有波状小尖齿。复伞形式聚伞花序生于具 1 对叶的侧生短枝之顶；萼筒筒状，萼齿卵状三角形；花冠白色，辐状，裂片圆卵形；雄蕊略短于至长于花冠，花药黄白色，近圆形；花柱高出萼齿。果实红色，宽卵圆形。花期 4 ~ 5 月，果期 8 ~ 10 月。

分布与生境：分布于八大公山各地，生于海拔 300 ~ 1800 m 的山坡林下或灌丛中。

用途：茎、叶及根入药；庭院观赏植物。

宜昌荚蒾 Viburnum erosum

8. 红荚蒾 Viburnum erubescens Wallich

落叶灌木或小乔木。叶椭圆形至狭矩圆形，边缘基部除外具细锐锯齿。圆锥花序生于具 1 对叶的短枝之顶；萼筒筒状，有时具红褐色微腺，萼齿卵状三角形；花冠白色或淡红色，高脚碟状，裂片开展；雄蕊生于花冠筒顶端；花柱高出萼齿。果实紫红色，后转黑色，椭圆形。花期 4 ~ 6 月，果期 8 月。

分布与生境：分布于八大公山各地，生于海拔 1500 ~ 2400 m 的山坡林中。

用途：根入药。

9. 直角荚蒾 Viburnum foetidum var. **rectangulatum** (Graebner) Rehder

木质藤本。叶纸质至厚纸质，卵形至矩圆状菱形，边缘有少数疏浅锯齿或近全缘；通常无托叶。复伞形式聚伞花序生于侧生小枝之顶，花序梗长 0 ~ 2 cm；萼筒筒状，萼齿卵状三角形，极短；花冠白色，辐状，裂片圆卵形，有极小腺缘毛；雄蕊花药黄白色，椭圆形；花柱高出萼齿。果实红色，卵状椭圆形，扁。花期 5 ~ 8 月，果熟期 8 ~ 10 月。

分布与生境：分布于八大公山各地，生于海拔 200 ~ 1400 m 的山坡中或灌丛中。

用途：嫩枝、叶、果实入药。

红荚蒾 Viburnum erubescens

直角荚蒾 Viburnum foetidum var. rectangulatum

10. 聚花荚蒾 *Viburnum glomeratum* Maximowicz

落叶灌木或小乔木。叶纸质，卵形，边缘有牙齿。聚伞花序；萼筒被白色簇状毛，萼齿卵形；花冠白色，辐状，裂片卵圆形；雄蕊稍高出花冠裂片，花药近圆形。果实红色，成熟时变黑色；核长圆状球形。花期 4 ~ 6 月，果期 7 ~ 9 月。

分布与生境：分布于八大公山各地，生于海拔 900 ~ 1800 m 的山坡密林中。

用途：根入药；果供观赏。

11. 蝶花荚蒾 Viburnum hanceanum Maximowicz

落叶灌木；当年小枝、叶柄和总花梗被黄褐色茸毛。叶纸质，圆卵形、近圆形或椭圆形，边缘基部除外具整齐而稍带波状的锯齿，齿端具微凸尖，有时牙齿状，两面被黄褐色簇状短伏毛，脉上毛较密，下两毛被有时绒状；聚伞花序伞形式，自总梗向上逐渐变无毛，花稀疏，外围有白色、大型的不孕花；可孕花花冠黄白色；果实红色，稍扁，卵圆形；花期 4 ~ 5 月，果熟期 8 ~ 9 月。

分布与生境：产于八大公山各地，生海拔 200 ~ 400 m 的溪边灌丛中。

用途：全株可供观赏。

聚花荚蒾 Viburnum glomeratum

蝶花荚蒾 Viburnum hanceanum

12. 巴东荚蒾 *Viburnum henryi* Hemsley

灌木或小乔木。叶亚革质，矩圆形，边缘除中部或中部以下处全缘外有浅的锐锯齿。圆锥花序顶生；苞片和小苞片迟落或宿存而显著，条状披针形，绿白色；萼筒筒状至倒圆锥筒状，萼檐波状或具宽三角形的齿；花冠白色，辐状，裂片卵圆形；雄蕊花药黄白色，矩圆形；柱头头状。果实红色，成熟时变紫黑色，椭圆形。花期 6 月，果熟期 8 ~ 9 月。

分布与生境：分布于八大公山各地，生于海拔 900 ~ 1800 m 的山坡密林中。

用途：根、枝、叶入药；果供观赏。

巴东荚蒾 Viburnum henryi

13. 绣球荚蒾 *Viburnum macrocephalum* Fortune

绣球荚蒾 Viburnum macrocephalum

落叶或半常绿灌木。叶临冬至翌年春季逐渐落尽，纸质，卵形至椭圆形，边缘有小齿。聚伞花序全部由大型不孕花组成；萼筒筒状，矩圆形；花冠白色，辐状，裂片圆状倒卵形；雄蕊花药小，近圆形。果实红色，成熟时黑色，椭圆状。花期 4 ~ 5 月，果期 9 ~ 10 月。

分布与生境：原产我国，八大公山有栽培。

用途：茎入药；庭院观赏植物。

14. 日本珊瑚树 Viburnum odoratissimum var. **awabuki** (K.Koch) Zabel ex Rümpler

常绿灌木或小乔木。叶倒卵状矩圆形至矩圆形，边缘常有较规则的波状浅钝锯齿。圆锥花序通常生于具两对叶的幼枝顶。果核通常倒卵圆形至倒卵状椭圆形。花期 5 ~ 6 月，果熟期 9 ~ 10 月。

分布与生境：原产日本，八大公山有栽培。

用途：根、叶入药；庭院观赏植物。

日本珊瑚树 Viburnum odoratissimum var. awabuki

15. 粉团 Viburnum plicatum Thunberg

粉团 Viburnum plicatum

落叶灌木。叶纸质，宽卵形或倒卵形，边缘有不整齐三角状锯；无托叶。聚伞花．序伞形式，球形，全部由大型的不孕花组成或由能育花与 6 ~ 8 朵大型不孕花组成；萼筒倒圆锥形，萼齿卵形；花冠白色，辐状，裂片有时仅 4 枚，倒卵形或近圆形。果红色，成熟时黑色，阔卵球形。花期 4 ~ 5 月，果期 8 ~ 9 月。

分布与生境：分布于八大公山各地；生于海拔 500 ~ 2000 m 的山坡林下，重瓣（花序全为不孕花）多有栽培。

用途：根、枝入药；庭院观赏。

16. 球核荚蒾 Viburnum propinquum Hemsley

常绿灌木。幼叶带紫色，成长后革质，卵形至矩圆形，边缘通常疏生浅锯齿。聚伞花序；萼齿宽三角状卵形；花冠绿白色，辐状，裂片宽卵形；雄蕊常稍高出花冠，花药近圆形。果实蓝黑色，有光泽，近球形或卵圆形。

分布与生境：分布于八大公山各地，生于海拔 200 ~ 1300 m 的山谷林中或灌丛中。

用途：根皮、叶、全株入药；庭院观赏；叶可作牛羊越冬饲料。

球核荚蒾 Viburnum propinquum

17. 鳞斑荚蒾 Viburnum punctatum Buch.-Ham. ex D. Don

常绿灌木或小乔木。幼枝、芽、叶下面、花序、苞片和小苞片、萼筒、花冠外面及果实均密被锈色小鳞片。叶硬革质，矩圆状椭圆形或矩圆状卵形，全缘或有时上部具少数不整齐浅齿。聚伞花序复伞形式，花冠白色，辐状。果实先红色后转黑色，核扁，两端圆形，有 2 条背沟和 3 条浅腹沟。花期 4 ~ 5 月，果熟期 10 月。

分布与生境：分布于八大公山楠木坪，生于海拔 200 ~ 300 m 的山谷林中。

鳞斑荚蒾 Viburnum punctatum

18. 皱叶荚蒾 *Viburnum rhytidophyllum* Hemsley

常绿灌木或小乔木。叶革质，卵状矩圆形至卵状披针形，全缘或有不明显小齿。聚伞花序稠密；萼筒筒状钟形，萼齿微小，宽三角状卵形；花冠白色，在芽时和花瓣背面粉红色，辐状，裂片圆卵形；雄蕊花药宽椭圆形。果实红色，成熟时变黑色，宽椭圆形。花期 4 ~ 5 月，果期 9 ~ 10 月。

分布与生境：产于八大公山各地，生于海拔 800 ~ 1800 m 的山坡林下、林缘。

用途：根、茎、叶入药；果供观赏。

皱叶荚蒾 Viburnum rhytidophyllum

19. 茶荚蒾 *Viburnum setigerum* Hance

落叶灌木。叶纸质，卵状矩圆形至卵状披针形，边缘基部除外疏生尖锯齿。复伞形式聚伞花序，有极小红褐色腺点；萼齿卵形；花冠白色，干后变茶褐色或黑褐色，辐状，裂片卵形；雄蕊花药圆形，极小；花柱不高出萼齿。果序弯垂，果实红色，卵圆形。花期 4 ~ 5 月，果熟期 9 ~ 10 月。

分布与生境：分布于八大公山各地，生于海拔 500 ~ 1650 m 的坡疏林或灌丛中。

用途：根、果实入药；果实可食；庭院观赏；民间还用来织成树篱围园。

20. 合轴荚蒾 *Viburnum sympodiale* Graebner

落叶灌木或小乔木。叶纸质，卵形，边缘有不规则牙齿状尖锯齿。聚伞花序，周围有大型、白色的不孕花，芳香；萼筒近圆球形，萼齿卵圆形；花冠白色或带微红，辐状，裂片卵形；雄蕊花药宽卵圆形，黄色；花柱不高出萼齿。果实红色，成熟时变紫黑色，卵圆形。花期4～5月，果期8～9月。

分布与生境：分布于八大公山各地，生于海拔500～2000 m的山坡林下、林缘、灌丛中。

用途：根入药；庭院观赏。

茶荚蒾 Viburnum setigerum

合轴荚蒾 Viburnum sympodiale

21. 三叶荚蒾 *Viburnum ternatum* Rehder

落叶灌木或小乔木。叶3枚轮生，在较细弱枝上对生，皮纸质，卵形至长圆状倒卵形。复伞形式聚伞花序松散；萼筒倒圆锥形，萼齿微小而不显著，具缘毛；花冠白色，辐状，裂片半圆形；雄蕊花丝在蕾中折叠，花药黄白色，宽椭圆形。果实红色，宽椭圆状矩圆形。花期6～7月，果期9月。

分布与生境：分布于八大公山五道水、楠木坪、龙潭坪，生于海拔200～400 m的山谷林中。

用途：根、叶入药；庭院观赏。

22. 烟管荚蒾 Viburnum utile Hemsley

常绿灌木。叶革质，卵圆形至卵圆状披针形，全缘或很少有少数不明显疏浅齿，边稍内卷。聚伞花序；萼筒筒状，萼齿卵状三角形；花冠白色，花蕾时带淡红色，辐状，裂片圆卵形；雄蕊与花冠裂片几等长，花药近圆形；花柱与萼齿近于等长。果实红色，成熟时变黑色，椭圆形。花期 3 ~ 4 月，果期 8 月。

分布与生境：分布于八大公山各地，生于海拔 200 ~ 1200m 的山坡林缘或灌丛中。

用途：根、全株、花入药；庭院观赏。

三叶荚蒾 Viburnum ternatum

烟管荚蒾 Viburnum utile

一百六十三、忍冬科 Caprifoliaceae

灌木或木质藤本，稀小乔木或草本。叶对生，稀轮生，不分裂或羽状半裂，对折或内卷在幼叶卷叠式；叶柄间托叶缺如或稀发达。花序为聚伞圆锥花序，腋生或顶生，聚伞花序 1 ~ 3 花，有时为一对花。花两性，辐射对称或左右对称；花萼 4 或 5 裂；花冠上位，合瓣，裂片 4 或 5，平展，有时二唇形。雄蕊（4 或）5，二强雄蕊；子房下位，心皮 2 ~ 8，融合，中轴胎座。果为浆果，核果或革质瘦果。1 至多枚种子。

36 属 980 种，我国有 18 属 176 种，湖南有 13 属 51 种，八大公山有 9 属 30 种。

分属检索表

1. 灌木或木质藤本。
  2. 子房由能育和败育的心皮构成；果实具 1 ～ 3 种子。
    3. 两苞片果期增大并且变为翅状；4 室子房中 2 室可育 …………………… **2. 双盾木属 Dipelta**
    3. 苞片在果期不变为翅状；子房 3 或 4 室，可育室 1 或 2。
      4. 相对叶的叶柄不膨大，腋芽外露……………………………………………… **1. 糯米条属 Abelia**
      4. 相对叶的叶柄扩大并且基部合生，包围腋芽………………………………… **9. 六道木属 Zabelia**
  2. 子房心皮全部能育；果实具多数种子。
    5. 果为圆柱状蒴果………………………………………………………………………… **8. 锦带花属 Weigela**
    5. 果为球状浆果…………………………………………………………………………… **4. 忍冬属 Lonicera**
1. 草本。
  6. 小苞片和花萼先端变为刺状……………………………………………………………… **3. 川续断属 Dipsacus**
  6. 小苞片和花萼先端不为刺状。
    7. 瘦果贴生于果时增大的膜质苞片上。
      8. 萼齿直立或外展，果时不为冠毛状…………………………………………… **5. 败酱属 Patrinia**
      8. 花萼多裂，开花时内卷，果期成羽毛状冠毛………………………………… **7. 缬草属 Valeriana**
    7. 瘦果包藏在囊状小总苞内………………………………………………………… **6. 双参属 Triplostegia**

（一）糯米条属 **Abelia** R.Brown

落叶或半常绿灌木，枝节不膨大。叶对生，全缘或圆锯齿，无托叶。具单花、双花或多花的圆锥花序生于叶腋；双生花有 6 枚苞片，单生花在子房基部有 4 枚苞片，苞片不增大；萼片 2 ~ 5，狭长圆形、椭圆形，宿存；花冠 5 裂，白色、黄色、粉红色或红色，筒状或二唇形，挺直或弯曲，基部两侧不等或一侧膨大成浅囊；雄蕊 4 枚，二强；子房 3 室，花柱丝状，柱头头状。果实为革质瘦果，长圆形。

5 种，我国均产，湖南产 4 种，八大公山有 2 种。

分种检索表

1. 叶较大，卵形，基部钝；幼枝光滑无毛……………………………… **1. 二翅糯米条 A. macrotera**
1.. 叶较小，矩圆形或近菱形，基部渐狭；幼枝被短柔毛 ……………………… **2. 蓪梗花 A. uniflora**

1. 二翅糯米条 Abelia macrotera (Graebner & Buchwald) Rehder

落叶灌木。叶卵形，边缘具疏锯齿及睫毛。圆锥花序；花大；苞片红色，披针形或卵形；萼裂片 2 枚，椭圆形；花冠 5 裂，浅紫红色，漏斗状，略呈二唇形；雄蕊 4 枚，二强；花柱与花冠筒等长，柱头头状。瘦果冠以 2 枚宿存而略增大的萼裂片。花期 5 ~ 6 月，果期 8 ~ 10 月。

分布与生境：分布于八大公山各地，生于海拔 400 ~ 1500 m 的山坡灌丛中。

用途：根、枝、叶、花、果入药。

二翅糯米条 Abelia macrotera

2. 蓪梗花 Abelia uniflora R. Brown

落叶灌木。叶圆卵形至披针形，边缘具稀疏锯齿。圆锥花序；萼筒细长，萼片 2，椭圆形；花冠 5 裂，红色，狭钟形，稍呈二唇形，具浅囊；雄蕊 4 枚，花丝白色；花柱与雄蕊等长，柱头头状。瘦果长圆柱形，冠以 2 枚宿存萼裂片。花期 5 ~ 6 月，果熟期 8 ~ 9 月。

分布与生境：分布于八大公山各地，生于海拔 500 ~ 800 m 的山坡灌丛中或沟边。

用途：果实或花、根入药。

蓪梗花 Abelia uniflora

（二）双盾木属 **Dipelta** Maximowicz

落叶直立灌木。叶对生，全缘或顶端具不明显的浅波状牙齿。花单生或组成圆锥花序，子房基部有 4 枚不等大的苞片；萼筒长柱形，萼片 5，线形或披针形，基部合生；花冠二唇形；雄蕊 4 枚，二强；子房 4 室，花柱略短于花冠。瘦果冠以宿存萼裂片，基部有 2 枚增大的膜质翅状苞片。

3 种，我国均产，湖南产 2 种，八大公山产 1 种。

1. 双盾木 **Dipelta floribunda** Maximowicz

落叶灌木或小乔木。叶卵状披针形或卵形，全缘，有时顶端疏生 2～3 对浅齿。花序梗长约

双盾木 Dipelta floribunda

1 cm，子房有 4 枚在基部紧密连合的苞片；苞片不等大，盾形、卵形或狭椭圆形；花萼 5 裂，被腺毛，萼片线形，长 5 ~ 7 mm；花冠白色或粉红色，筒中部以下狭细圆柱形，上部开展呈钟形。果实冠以宿存萼裂片，被 2 枚增大的盾形、膜质翅状苞片包被。花期 4 ~ 7 月，果熟期 8 ~ 9 月。

分布与生境：分布于八大公山各地，生于海拔 350 ~ 1200 m 的山地杂木林间。

用途：根入药；庭院观赏。

（三）川续断属 Dipsacus Linnaeus

二年生或多年生草本。基生叶具长柄，叶缘常具齿或浅裂；茎生叶对生，常 3 ~ 5 裂。头状花序呈长圆形、球形或卵状球形，顶生，基部具叶状总苞片 1 ~ 2 层；花萼整齐，浅盘状，顶端 4 裂；花冠基部常紧缩成细管状，顶端 4 裂，裂片不等；雄蕊 4，着生于花冠管上；雌蕊由 2 心皮组成，子房下位，花柱线形。瘦果藏于革质的囊状小总苞内，小总苞具 4 ~ 8 棱。

约 20 种，我国产 7 种，湖南产 3 种，八大公山产 2 种。

分种检索表

1. 花白色或黄白色，花冠管窄漏斗状……………………………………………… **1. 川续断 D. asperoides**
1. 花常为紫红色，花冠漏斗状………………………………………………… **2. 日本续断 D. japonicus**

1. 川续断 Dipsacus asperoides Wallich ex C. B. Clarke

多年生草本。基生叶稀疏丛生，叶片琴状羽裂；茎生叶在茎之中下部为羽状深裂，上部叶披针形，不裂或基部 3 裂。头状花序球形；总苞片 5 ~ 7 枚，叶状，披针形或线形；小苞片倒卵形；花萼 4 棱、

川续断 Dipsacus asperoides

皿状；花冠淡黄色或白色；雄蕊 4，花药椭圆形，紫色；柱头短棒状。瘦果长倒卵柱状，包藏于小总苞内。花期 7 ~ 9 月，果期 9 ~ 11 月。

分布与生境：分布于八大公山各地，生于海拔 500 ~ 1900 m 的山坡草丛、路旁、沟边或林缘。

用途：根入药。

2. 日本续断 *Dipsacus japonicus* Miquel

多年生草本。基生叶具长柄，叶片长椭圆形；茎生叶对生，叶片椭圆状卵形至长椭圆形。头状花序顶生，圆球形；总苞片线形；小苞片倒卵形；花萼盘状，4 裂；花冠管基部细管明显；雄蕊稍伸出花冠外；子房下位，包于囊状具 4 棱小总苞内。瘦果长圆楔形。花期 8 ~ 9 月，果期 9 ~ 11 月。

分布与生境：分布于八大公山各地，生于海拔 200 ~ 400 m 的河谷两岸、沟边草丛中。

用途：根入药。

日本续断 *Dipsacus japonicus*

（四）忍冬属 *Lonicera* Linnaeus

直立灌木或矮灌木，有时为缠绕藤本。叶对生，稀 3 ~ 4 枚轮生，纸质、厚纸质至革质，常全缘。花通常成对生于腋生的总花梗顶端，简称“双花”，或花无柄而呈轮状排列于小枝顶；花萼萼檐 5 裂或有时口缘浅波状或环状；花冠钟状、筒状或漏斗状，基部常一侧肿大或具囊；雄蕊 5，花药丁字着生；子房 2 ~ 3（5）室，柱头头状。果实为浆果。

约 180 种，我国产 57 种，湖南产 23 种，八大公山产 14 种。

分种检索表

1. 花序下的 1 ~ 2 对叶基部相连成盘状……………………………………… **14. 盘叶忍冬 *L. tragophylla***

1\. 对生二叶的基部均不相连成盘状。
  2\. 缠绕或匍匐灌木。
    3\. 匍匐灌木；叶革质……………………………………………………… **2. 匍匐忍冬 L. crassifolia**
    3\. 缠绕灌木。
      4\. 至少幼叶下面被毡毛，毛之间无空隙。
        5\. 幼枝密被绒状或薄绒状短柔毛…………………………………………**8. 大花忍冬 L. macrantha**
        5\. 幼枝除密被短柔毛外，还有开展的淡黄褐色长糙毛…………… **12. 细毡毛忍冬 L. similis**
      4\. 叶下面无毛或被疏或密的糙毛、短柔毛或短糙毛，但不密集成毡毛，毛之间有空隙。
        6\. 苞片大，叶状，卵形…………………………………………………………**5. 忍冬 L. japonica**
        6\. 苞片小，非叶状；如为叶状，则总花梗极短或几缺。
          7\. 萼齿无毛或仅有缘毛………………………………………………… **1. 淡红忍冬 L. acuminata**
          7\. 萼齿外面和边缘都有毛……………………………………………… **10. 短柄忍冬 L. pampaninii**
  2\. 直立灌木，很少枝匍匐，但决非缠绕；如为匍匐灌木，则叶膜质而非革质。
    8\. 小枝具黑褐色的髓，后因髓消失而变中空………………………………… **7. 金银忍冬 L. maackii**
    8\. 小枝具白色、密实的髓。
      9\. 冬芽仅具 1 对外芽鳞………………………………… **3. 苦糖果 L. fragrantissima** var. **lancifolia**
      9\. 冬芽有数对至多对外芽鳞。
        10\. 萼檐有下延的帽边状凸起。
          11\. 叶顶端渐尖。
            12\. 叶纸质，顶端长渐尖 ……………………………………**4. 蕊被忍冬 L. gynochlamydea**
            12\. 叶薄革质或革质，顶端钝或圆 ……………………………… **6. 女贞叶忍冬 L. ligustrina**
          11\. 叶顶端圆钝 ……………………………………………………………… **7. 蕊帽忍冬 L. pileata**
        10\. 萼檐无下延的帽边状凸起。
          13\. 花冠具 5 近于相等的裂片 ……………………………… **13. 唐古特忍冬 L. tangutica**
          13\. 花冠唇形 ………………………………………………………………… **9. 下江忍冬 L. modesta**

1. 淡红忍冬 Lonicera acuminata Wallich

落叶或半常绿藤本。叶薄革质至革质，矩圆形至披针形。苞片钻形；萼筒椭圆形或倒壶形，萼齿卵形至披针形；花冠黄白色而有红晕，漏斗状，唇形，基部有囊，上唇直立，下唇反曲；雄蕊略高出花冠；花柱除顶端外均有糙毛。果实蓝黑色，卵圆形。花期 5 ~ 7 月，果熟期 10 ~ 11 月。

分布与生境：分布于八大公山各地，生于海拔 1200 ~ 1800 m 的山坡林间或林缘。

用途：花蕾、茎叶入药；庭院观赏。

2. 匍匐忍冬 Lonicera crassifolia Batalin

常绿匍匐灌木。叶通常密集于当年小枝的顶端，革质，宽椭圆形至矩圆形，两端稍尖至圆形，顶端有时具小凸尖或微凹缺，除上面中脉有短糙毛外，两面均无毛，边缘背卷，密生糙缘毛。双花生于小枝梢叶腋，苞片三角状披针形，顶端稍钝，长为萼筒的1/2～2/3，花冠白色。果实黑色；圆形。花期6～7月，果熟期10～11月。

分布与生境：分布于八大公山天平山，生于海拔1000～1500 m的林缘灌丛中。

用途：花蕾、叶入药；庭院观赏。

淡红忍冬 Lonicera acuminata

匍匐忍冬 Lonicera crassifolia

3. 苦糖果（变种） Lonicera fragrantissima var. lancifolia (Rehder) Q. E. Yang

落叶灌木。小枝和叶柄有时具短糙毛。叶卵形、椭圆形或卵状披针形，通常两面被刚伏毛及短腺毛或至少下面中脉被刚伏毛。花先于叶或与叶同时开放，芳香，生于幼枝基部苞腋，苞片披针形至近条形，相邻两萼筒约连合至中部，花冠白色或淡红色。果实鲜红色，矩圆形，部分连合。花期 1～4 月，果熟期 4～6 月。

分布与生境：分布于八大公山各地，生于海拔 300～1500 m 的山坡灌丛中。

用途：根、嫩枝、叶入药；庭院观赏。

苦糖果（变种）Lonicera fragrantissima var. lancifolia

4. 蕊被忍冬 Lonicera gynochlamydea Hemsley

落叶灌木。叶纸质，披针形，上面散生暗紫色腺。苞片钻形；杯状小苞包围 2 枚分离的萼筒，

蕊被忍冬 Lonicera gynochlamydea

顶端为一由萼檐下延而成的帽边状突起所覆盖；萼齿小而钝，三角形或披针形，有睫毛；花冠白带淡红色或紫红色，唇形，基部具深囊；雄蕊稍伸出；花柱比雄蕊短，全部有糙毛。果实紫红色至白色。花期 5 月，果期 8 ~ 9 月。

分布与生境：分布于八大公山各地，生于海拔 1200 ~ 2400 m 的沟谷灌丛、山坡或林中。

用途：花蕾入药；庭院观赏。

5. 忍冬 Lonicera japonica Thunberg

半常绿藤本。叶纸质，卵形。苞片大，叶状；花萼萼齿三角形；花冠白色，有时基部向阳面呈微红，后变黄色，唇形，筒稍长于唇瓣，上唇裂片顶端钝形，下唇带状而反曲；雄蕊和花柱均高出花冠。果实圆形，熟时蓝黑色，有光泽。花期 4 ~ 6 月（秋季亦常开花），果期 10 ~ 11 月。

分布与生境：分布于八大公山各地，生于海拔 200 ~ 1500 m 的各种生境。

用途：花蕾、藤茎入药；庭院观赏。

忍冬 Lonicera japonica

6. 女贞地忍冬 Lonicera ligustrina Wallich

分变种检索表

2. 叶披针形或卵状披针形……………………… **6a. 女贞叶忍冬（原变种）L. ligustrina** var. **ligustrina**

2. 叶近圆形、卵形至矩圆形…………………… **6b. 亮叶忍冬（变种）L. ligustrina** var. **yunnanensis**

6a. 女贞叶忍冬（原变种）Lonicera ligustrina var. **ligustrina** Wallich

常绿或半常绿灌木。叶薄革质或纸质，披针形，上面有光泽。苞片钻形；相邻两萼筒分离，萼齿大小不等，卵形，顶钝，有缘毛和腺；花冠黄白色，稀紫红色，漏斗状，筒基部有囊肿，裂片稍不相等，卵形；花丝伸出。果实紫红色，后转黑色，圆形。花期 5 ~ 6 月，果期 8 ~ 12 月。

分布与生境：分布于八大公山各地，生于海拔 250 ~ 1000 m 的山坡灌丛及常绿阔叶林中。

用途：花蕾入药。

女贞叶忍冬（原变种）Lonicera ligustrina var. ligustrina

6b. 亮叶忍冬 Lonicera ligustrina var. **yunnanensis** Franchet

本变种叶革质，近圆形至宽卵形，有时卵形、矩圆状卵形或矩圆形，顶端圆或钝，上面光亮，无毛或有少数微糙毛，花较小，花冠长（4）5 ~ 7 mm，筒外面密生红褐色短腺毛，与原变种区别明显。花期 4 ~ 6 月，果熟期 9 ~ 10 月。

分布与生境：分布于八大公山天平山、芭茅溪，生于海拔 800 ~ 1200 m 的溪边灌丛中。

用途：庭院观赏。

亮叶忍冬 Lonicera ligustrina var. yunnanensis

7. 金银忍冬 Lonicera maackii (Ruprecht) Maximowicz

落叶灌木。叶纸质，形状变化较大，通常椭圆形至披针形。花芳香，生于幼枝叶腋，苞片条形；相邻两萼筒分离，萼檐钟状，干膜质，萼齿宽三角形或披针形；花冠先白色后变黄色，唇形；花丝中部以下和花柱均有向上的柔毛。果实暗红色，圆形。花期 5 ~ 6 月，果期 8 ~ 10 月。

分布与生境：分布于八大公山各地，生于海拔 400 ~ 1800 m 的山坡林中或林缘。

用途：根、茎叶、花入药；庭院观赏。

金银忍冬 Lonicera maackii

8. 大花忍冬 Lonicera macrantha (D. Don) Sprengel

半常绿藤本。幼枝、叶柄和总花梗均被糙毛。小枝红褐色或紫红褐色，老枝赭红色。叶近革质或厚纸质，卵形至卵状矩圆形或长圆状披针形至披针形，边缘有长糙睫毛，下面网脉隆起。双花

大花忍冬 Lonicera macrantha

腋生，常于小枝稍密集成多节的伞房状花序；花冠白色，后变黄色。果实黑色，圆形或椭圆形；花期 4 ~ 5 月，果熟期 7 ~ 8 月。

分布与生境：分布于八大公山各地，生于海拔 200 ~ 800 m 的山坡林缘。

用途：花蕾及藤茎入药；庭院观赏。

9. 下江忍冬 Lonicera modesta Rehder

落叶灌木。叶厚纸质，椭圆形。苞片钻形，有缘毛及疏腺；相邻两萼筒合生至 1/2 ~ 2/3，上部具腺，萼齿条状披针形；花冠白色，基部微红，后变黄色，唇形，基部有浅囊；雄蕊长短不等；花柱长约等于唇瓣，全有毛。相邻两果实几全部合生，由橘红色转为红色。花期 5 ~ 6 月，果期 7 ~ 10 月。

分布与生境：分布于八大公山天平山，生于海拔 500 ~ 800 m 的杂木林缘或灌丛中。

用途：茎、叶、花蕾入药；庭院观赏。

下江忍冬 Lonicera modesta

10. 短柄忍冬 Lonicera pampaninii H. Léveillé

藤本。叶薄革质，披针形。花芳香；苞片披针形，有时呈叶状；萼筒短，萼齿三角形，比萼筒短；花冠白色而常带微紫红色，后变黄色，唇形，唇瓣略短于筒，上下唇均反曲；雄蕊和花柱略伸出；花柱无毛。果实圆形，蓝黑色或黑色。花期 5 ~ 6 月，果期 10 ~ 11 月。

分布与生境：产于八大公山各地，生于海拔 150 ~ 1400 m 的林下或灌丛中。

用途：花蕾入药；庭院观赏。

Flora of China 第 19 卷的作者将本种并至淡红忍冬 L. acuminata 下作异名，本书作者认为这样处理是不合理的。

11. 蕊帽忍冬（变种）Lonicera pileata Oliver

常绿灌木。叶革质，形状变异很大，通常卵形至矩圆状披针形。苞片钻形或条状披针形；杯状小苞包围 2 枚分离的萼筒，顶端为由萼檐下延而成的帽边状突起所覆盖，萼齿小而钝，卵形；花冠白色，漏斗状，基部具浅囊，裂片卵形；雄蕊与花柱均略伸出。果实透明蓝紫色，圆形。花期 4 ~ 6 月，果期 9 ~ 12 月。

分布与生境：分布于八大公山各地，生于海拔 200 ~ 1200 m 的溪边灌丛间。

用途：花蕾入药；植株可制作盆景供观赏。

短柄忍冬 Lonicera pampaninii

蕊帽忍冬（变种）Lonicera pileata

12. 细毡毛忍冬 Lonicera similis Hemsley

常绿藤本，全体近无毛。本种的叶下面有一层薄薄的、由细短柔毛组成的毡毛，明显不同于大花忍冬。花期 5 ~ 6 月；果期 9 ~ 10 月。

分布与生境：分布于八大公山各地，生于海拔 200 ~ 1200 m 的溪边灌丛间。

用途：花蕾入药；庭院观赏。

细毡毛忍冬 Lonicera similis

13. 唐古特忍冬 Lonicera tangutica Maximowicz

落叶灌木。叶纸质，倒披针形至椭圆形。苞片狭细，有时叶状；相邻两萼筒中部以上至全部合生，椭圆形或矩圆形，萼檐杯状；花冠白色、黄白色或有淡红晕，筒状漏斗形，筒基部稍一侧肿大或具浅囊，裂片近直立，圆卵形；雄蕊花药内藏；花柱高出花冠裂片。果实橙色或红色。花期 5 ~ 8 月，果熟期 7 ~ 9 月。

分布与生境：分布于八大公山各地，生于海拔 1100 ~ 2200 m 的山坡或沟谷。

用途：根及根皮、去皮枝条入药；庭院观赏。

唐古特忍冬 Lonicera tangutica

14. 盘叶忍冬 Lonicera tragophylla Hemsley

落叶藤本。叶纸质，矩圆形，花序下方 1 ~ 2 对叶连合成近圆形或圆卵形的盘。由 3 朵花组成的聚伞花序密集成头状花序生小枝顶端；萼筒壶形，萼齿小，三角形或卵形；花花冠黄色至橙黄色，唇形，筒稍弓弯；雄蕊着生于唇瓣基部；花柱伸出，无毛。果实成熟由黄色变红黄色或深红色，近圆形。花期 5 ~ 7 月，果期 7 ~ 10 月。

分布与生境：分布于八大公山各地，生于海拔 900 ~ 1850 m 的山坡林缘。

用途：花蕾入药；花供观赏。

盘叶忍冬 Lonicera tragophylla

（五）败酱属 Patrinia Jussieu

多年生，稀二年生草本。基生叶丛生，茎生叶对生，边缘常具粗锯齿或牙齿。花序为二歧聚伞花序组成的伞房花序或圆锥花序，具叶状总苞片；花小，萼齿 5，宿存；花冠黄色、淡黄色或白色，裂片 5，稍不等形；雄蕊（1）4，常伸出花冠，花药长圆形，花丝不等长；花柱单一，有时上部稍弯曲，柱头头状或盾状。瘦果，卵形或卵状长圆形。

20 种，我国产 11 种，湖南产 6 种，八大公山产 4 种。

分种检索表

1. 果无翅状苞片；花序梗仅上方一侧被开展的白色粗糙毛……………………**3. 败酱 P. scabiosaefolia**

1. 果有增大的翅状苞片；花序梗四周被毛或仅二侧具毛。

  2. 花序梗被微糙毛或短糙毛…………………………………………………… **1. 墓回头 P. heterophylla**

  2. 花序梗被较长的粗毛。

    3. 花冠淡黄色，较小，盛开时直径常 1 ~ 4mm ………………………… **2. 少蕊败酱 P. monandra**

    3. 花冠白色，盛开时直径常 4 ~ 5mm ………………………………………… **4. 攀倒甑 P. villosa**

1. 墓回头 Patrinia heterophylla Bunge

多年生草本。基生叶莲座状，不分裂或羽状分裂至全裂；茎生叶对生，羽状全裂。花黄色，组成顶生伞房状聚伞花序；总苞叶常具 1 或 2（4）对线形裂片；萼齿 5；花冠钟形，裂片卵形；雄蕊 4 伸出，花丝 2 长 2 短；子房倒卵形或长圆形，花柱稍弯曲。瘦果长圆形或倒卵形，顶端平截；翅状果苞干膜质。花期 7～9 月，果期 8～10 月。

分布与生境：分布于八大公山各地，生于海拔 300～1600 m 的山地岩缝中。

用途：根或全草能入药。

墓回头 Patrinia heterophylla

2. 少蕊败酱 Patrinia monandra C. B. Clarke

二年生或多年生草本。单叶对生，长圆形，不分裂或大头羽状深裂。花序圆锥状或伞房状；总苞叶线状披针形或披针形；花萼小，5 齿状；花冠黄色或淡黄色，稀白色，漏斗形，基部一侧囊肿不明显，花冠裂片卵形至卵状长圆形；雄蕊 1～4 枚，常 1 枚最长，伸出花冠外；子房倒卵形。瘦果卵状球形；果苞薄膜质。花期 8～9 月，果期 9～10 月。

分布与生境：分布于八大公山各地，生于海拔 300～1200 m 的山坡草丛、林下或路旁。

用途：全草入药；叶可作饲料。

3. 败酱 Patrinia scabiosaefolia Link

多年生草本。基生叶莲座状，卵形或椭圆状披针形，不分裂至全裂，边缘具粗锯齿；茎生叶对生，宽卵形至披针形，常羽状深裂或全裂。花序为聚伞花序组成的大型伞房花序，顶生，具 5～7 级分枝；总苞线形，甚小；花小，萼齿不明显；花冠钟形，黄色，基部一侧囊肿不明显，花冠裂片卵形。瘦果长圆形，具 3 棱。花期 7～9 月，果期 9～10 月。

分布与生境：分布于八大公山各地，生于海拔 400～1500 m 的山坡草地、路边或田边。

用途：根、全草入药。

少蕊败酱 Patrinia monandra

败酱 Patrinia scabiosaefolia

4. 攀倒甑 Patrinia villosa (Thunberg) Dufresne

二年生或多年生草本。基生叶莲座状，叶片卵形至长圆状披针形；茎生叶对生，与基生叶同形，或菱状卵形，边缘具粗齿。圆锥花序或伞房花序顶生，分枝达 5 ~ 6 级；总苞叶苞叶卵状披针形至线形；花萼小，萼齿 5，浅波状或浅钝裂状；花冠钟形，白色，5 深裂，裂片不等形，卵形、卵状长圆形或卵状椭圆形。瘦果倒卵形，与宿存增大苞片贴生。花期 8 ~ 10 月，果期 9 ~ 11 月。

分布与生境：分布于八大公山各地，生于海拔 400 ~ 1000 m 的山地林缘、灌丛间或路旁。

用途：根状茎、带根全草入药；庭院观赏。

攀倒甑 Patrinia villosa

（六）双参属 **Triplostegia** Wallich ex Candolle

多年生直立草本。叶交互对生，无托叶；基生叶成假莲座状；茎生叶和基生叶同形。花成二歧疏松聚伞圆锥花序，分枝处有一对苞片；小总苞两层，4裂，顶端具钩。花小，两性，五数，近辐射对称；萼细小，坛状，具4～5齿；花冠筒状漏斗形，顶端4～5裂，裂片几相等；雄蕊4，等长；子房下位，1室。瘦果具1种子，包藏在囊状小总苞内。

2种，我国产2种，湖南产1种，八大公山亦产。

1. 双参 **Triplostegia glandulifera** Wallich ex Candolle

柔弱多年生直立草本，茎方形。叶近基生，成假莲座状，叶片倒卵状披针形，二至四回羽状中裂；茎上部叶渐小，浅裂，无柄。花在茎顶端成疏松窄长圆形聚伞圆锥花序；各分枝处有苞片1对。

双参 Triplostegia glandulifera

小总苞裂片披针形；萼筒壶状，具 8 条肋棱；花冠白色或粉红色，5 裂；雄蕊 4，着生于花冠近口部。瘦果包于囊状小总苞内。花果期 7 ~ 10 月。

分布与生境：分布于八大公山斗篷山，生于海拔 1500 ~ 1900 m 的山坡林缘草丛中。

用途：根入药。

（七）缬草属 **Valeriana** Linnaeus

多年生草本。叶对生，羽状分裂，稀不裂。花序圆锥状或伞房状；花两性，有时杂性；花萼裂片在花时向内卷曲，不显著；花小，白色或粉红色，花冠筒基部一侧偏突成囊距状，花冠裂片 5 枚；雄蕊 3，着生花冠筒上；子房下位，3 室。果为 1 扁平瘦果，前面 3 脉、后面 1 脉，顶端有冠毛状宿存花萼。

约 300 种，我国产 21 种，湖南产 4 种，八大公山均产。

分种检索表

1\. 根茎块茎状……………………………………………… **3. 蜘蛛香 V. jatamansi**

1\. 根茎其它形状。

　2. 花序开花后向四周疏展…………………………………… **4. 缬草 V. officinalis**

　2. 花序在开花后向上延伸，果序长而疏展。

　　3. 植株较粗壮，根茎短缩呈块柱状…………………… **2. 长序缬草 V. hardwickii**

　　3. 植株较柔细，根茎细柱状…………………………… **1. 柔垂缬草 V. flaccidissima**

1. 柔垂缬草 **Valeriana flaccidissima** Maximowicz

细柔草本。基生叶与匍枝叶同形，有时 3 裂。茎生叶卵形，羽状全裂。花序圆锥状，顶生，或

柔垂缬草 Valeriana flaccidissima

有时自上部叶腋出；苞片和小苞片线形。花冠淡红色、紫色或白色，漏斗状，裂片长圆形至卵状长圆形；雌雄蕊常伸出于花冠之外。瘦果线状卵形。花期 4 ~ 6 月，果期 5 ~ 8 月。

分布与生境：分布于八大公山各地，生于海拔 400 ~ 1900 m 的溪边等水湿环境中。

用途：全草入药。

2. 长序缬草 Valeriana hardwickii Wallich

多年生草本。基生叶多为 3 ~ 5（7）羽状全裂或浅裂；茎生叶与基生叶相似。花序圆锥状，顶生或腋生；苞片线状钻形。花小，白色、粉红白色或紫色，花冠漏斗状或钟形，裂片卵形；雌雄蕊常与花冠等长或稍伸出。果序极度延展。瘦果宽卵形至卵形。花期 6 ~ 8 月，果期 7 ~ 10 月。

分布与生境：分布于八大公山各地，生于海拔 500 ~ 1300 m 的山坡林缘或溪边草地。

用途：根或全草入药。

长序缬草 Valeriana hardwickii

3. 蜘蛛香 Valeriana jatamansi W. Jones

多年生草本。基生叶发达，叶片心状圆形至卵状心形，边缘具疏浅波齿；茎生叶不发达。花序伞房状，苞片和小苞片长钻形。花白色或微红色，杂性；雌花小，不育花药着生在极短的花丝上，位于花冠喉部；雌蕊伸长于花冠之外，柱头深 3 裂；两性花较大。瘦果长卵形。花期 5 ~ 7 月，果期 6 ~ 9 月。

分布与生境：分布于八大公山各地，生于海拔 500 ~ 1900 m 的山坡草地、山沟草地、溪边等阴湿肥沃土壤中。

用途：根状茎、根或全草入药；根可提取芳香油。

4. 缬草 Valeriana officinalis Linnaeus

多年生高大草本。茎生叶卵形至宽卵形，羽状深裂，裂片 7 ~ 11。花序顶生，成伞房状；小苞片中央纸质，两侧膜质。花冠淡紫红色、粉红色或白色，漏斗状，裂片椭圆形；雌雄蕊约与花冠等长。瘦果长卵形，基部近平截。花期 5 ~ 7 月，果期 6 ~ 10 月。

分布与生境：产于八大公山各地，生于海拔 500 ~ 1800 m 的山坡草地。

用途：根及根状茎入药；根可提取芳香油；花供观赏。

蜘蛛香 Valeriana jatamansi

缬草 Valeriana officinalis

（八）锦带花属 Weigela Thunberg

落叶灌木。叶对生，边缘有锯齿，无托叶。花单生或由 2 ~ 6 花组成聚伞花序生于侧生短枝上部叶腋或枝顶；萼筒长圆柱形，萼檐 5 裂；花冠白色、粉红色至深红色，钟状漏斗形，5 裂，筒长于裂片；雄蕊 5 枚，内藏，花药内向；子房上部一侧生 1 球形腺体，花柱细长，柱头头状。蒴果圆柱形，2 瓣裂。

约 10 种，我国产 2 种，湖南产 2 种，八大公山产 1 种。

1. 半边月 **Weigela japonica** var. **sinica** (Rehd.) Bailey

落叶灌木。叶长卵形，边缘具锯齿。单花或具 3 朵花的聚伞花序生于短枝的叶腋或顶端；萼齿条形，深达萼檐基部；花冠白色或淡红色，花开后逐渐变红色，漏斗状钟形；花丝白色，花药黄褐色；花柱细长，柱头盘形，伸出花冠外。果实顶端有短柄状喙。花期 4 ~ 5 月，果期 8 ~ 10 月。

分布与生境：分布于八大公山各地，生于海拔 600 ~ 1900 m 的山顶灌丛中。

用途：根入药；花供观赏。

半边月 Weigela japonica var. sinica

（九）六道木属 Zabelia (Rehder) Makino

落叶灌木，枝节膨大。叶对生，全缘或有牙齿，无托叶。具单花、双花或多花的总花梗顶生或生于侧枝叶腋；萼筒狭长，长圆形，萼檐 5、4 或 2 裂，裂片扁平，宿存；花冠白色或淡玫瑰红色，有时淡红色，漏斗形，挺直或弯曲，基部两侧不等或一侧膨大成浅囊，4～5裂；雄蕊4枚；子房通常3室，花柱丝状，柱头头状。果实为革质瘦果，长圆形。

6种，我国产3种，湖南产2种，八大公山产1种。

1. 南方六道木 Zabelia dielsii (Graebner) Makino

落叶灌木。叶长卵形至披针形，变化幅度很大，全缘或有1～6对牙齿。花2朵生于侧枝顶部叶腋；苞片3枚；萼檐4裂，裂片卵状披针形或倒卵形；花冠白色，后变浅黄色，4裂，裂片圆；雄蕊4枚，二强，内藏，花丝短；花柱细长，柱头头状。花期4～6月，果期8～9月。

分布与生境：分布于八大公山杉木界、龙潭坪，生于海拔1800～1900 m的落叶阔叶林中、山坡灌丛中。

用途：果实入药；庭院观赏。

南方六道木 Zabelia dielsii

一百六十四、鞘柄木科 Toricelliaceae

乔木或灌木。单叶互生，叶柄基部扩大成鞘；叶片阔心形至近圆形，无毛或被短柔毛，掌状脉 5～7（9）条。总状圆锥花序，顶生。花单性。雄花花萼 5 齿，不等；花瓣 5，先端内折；雄蕊 5。雌花萼裂片 3～5，不等长，锐三角形；花瓣缺；下位子房，3～4 室，胚珠 1 枚；柱头 3，常弯曲且向下延伸。果核果状，紫红色或黑色，具宿存的花萼和花柱。

1 属 2 种，我国均产，湖南产 1 属 1 种，八大公山也有。

（一）鞘柄木属 Toricellia de Candolle

形态特征及地理分布同本科。

2 种，我国全产，湖南产 1 种，八大公山亦产。

1. 角叶鞘柄木 Toricellia angulata Oliver

小乔木。叶互生，阔卵形或近于圆形，有裂片 5～7，近基部的裂片较小，掌状叶脉 5～7 条，在两面均凸起。总状圆锥花序顶生，下垂，雄花序长 5～30 cm，密被短柔毛；雌花序较长，花较稀疏。果实核果状，卵形，花柱宿存。花期 4 月；果期 6 月。

分布与生境：分布八大公山各地，生于海拔 200～1000 m 的山地林缘或溪边。

用途：根、根皮及叶入药；民间常用于做篱笆；叶可作绿肥或饲料。

角叶鞘柄木 Toricellia angulata

一百六十五、海桐花科 Pittosporaceae

常绿灌木或小乔木。枝条近轮生。单叶互生，有时在枝顶簇生，全缘，边缘反卷，厚革质，表面浓绿有光泽。花白色或淡黄色，成顶生伞形花序，花 5 基数，花萼钟状或辐状，雄蕊与花辨对生，子房上位。蒴果或浆果，成熟时三瓣裂，种子红色。

9 属约 200 种。我国产 1 属约 40 种，湖南产 1 属 9 种，八大公山产 1 属 7 种。

（一）海桐花属 Pittosporum Banks ex Gaertner

乔木或灌木，被毛或秃净。叶互生，全缘或有波状浅齿。花两性，单生或排成伞形、伞房或圆锥花序，生于枝顶或枝顶叶腋；萼片 5 个，雄蕊 5 个，子房上位，心皮 2 ~ 3 个，胚珠 1 至多数。蒴果。种子有粘质或油状物包着。

约 160 种，我国约产 40 种，湖南产 9 种，八大公山有 7 种。

分种检索表

1. 胎座 2 个，2 片裂开。
  2. 花序为单伞形………………………… **1. 大叶海桐 P. daphniphylloides** var. **adaphniphylloides**
  2. 花序为单伞形…………………………………………………………… **7. 崖花子 P. truncatum**
1. 胎座 3 ~ 5，稀 2；蒴果片（2）3 ~ 5。
  3. 果片木质…………………………………………………………………………… **5. 海桐 P. tobira**
  3. 果片薄革质。
    4. 蒴果圆球形，或略呈三角球形…………………………………… **3. 海金子 P. illicioides**
    4. 蒴果椭圆形、倒卵形或长筒形。
      5. 子房无毛，或仅有稀疏微毛……………………………… **2. 光叶海桐 P. glabratum**
      5. 子房密被柔毛。
        6. 蒴果有长 5 mm 的子房柄 ………………………………… **4. 柄果海桐 P. podocarpum**
        6. 蒴果有长 1 ~ 2 mm 的子房柄 ……………………… **6. 棱果海桐 P. trigonocarpum**

1. 大叶海桐 Pittosporum daphniphylloides var. **adaphniphylloides** (Hu et F. T. Wang) W. T. Wang

常绿小乔木。本种是国产海桐花属当中叶片最大而且厚的种类，复伞房花序生枝顶叶腋，多枝排成复伞形，长 4 ~ 6 cm，花瓣长 7 mm，子房被毛，蒴果扁球形，长 9 mm，有种子 17 ~ 23 个。

分布与生境：分布于八大公山各地，生于海拔 200 ~ 800 m 的山坡林中。

用途：庭院观赏。

2. 光叶海桐 Pittosporum glabratum Lindley

分变种检索表

1. 叶窄矩圆形，或为倒披针形………………… **2a. 光叶海桐（原变种）P. glabratum** var. **glabratum**
1. 叶带状或狭披针形……………………………… **2b. 狭叶海桐（变种）P. glabratum** var. **neriifolium**

大叶海桐 Pittosporum daphniphylloides var. adaphniphylloides

2a. 光叶海桐（原变种）**Pittosporum glabratum** Lindley var. **glabratum**

常绿灌木。叶聚生于枝顶，薄革质，窄矩圆形或倒披针形，（5 ~ 10）cm ×（2.0 ~ 3.5）cm，先端尖锐，基部楔形，上面绿色，发亮，下面淡绿色，无毛，侧脉 5 ~ 8 对，与网脉在上面不明显，在下面隐约可见。花序伞形，1 ~ 4 枝簇生于枝顶叶腋，花瓣分离。蒴果椭圆形，有时为长筒形，3 片裂开，种子大，近圆形，红色。

光叶海桐（原变种）Pittosporum glabratum var. glabratum

分布与生境：分布于八大公山各地，生于海拔 200 ~ 800 m 的山坡林中。

用途：叶可入药；庭院观赏。

2b. 狭叶海桐（变种）Pittosporum glabratum var. **neriifolium** Rehder & E. H. Wilson

常绿灌木。嫩枝无毛，叶带状或狭窄披针形，（6 ~ 18）cm ×（1 ~ 2）cm，无毛。伞形花序顶生，有花多朵，花梗长约 1 cm，有微毛，萼片长 2 mm，有睫毛；花瓣长 8 ~ 12 mm；雄蕊比花瓣短；子房无毛。蒴果长 2.0 ~ 2.5 cm，子房柄不明显，3 片裂开，种子红色，长 6 mm。

分布与生境：分布于八大公山各地，生于海拔 200 ~ 800 m 的山坡林中。

用途：根可入药。

狭叶海桐（变种）Pittosporum glabratum var. neriifolium

3. 海金子 Pittosporum illicioides Makino

灌木。老枝有皮孔。叶生于枝顶，3 ~ 8 片簇生呈假轮生状，倒卵状披针形或倒披针形，先端渐尖，基部窄楔形，常向下延；侧脉 6 ~ 8 对，边缘平展，或略皱折。伞形花序顶生，有花 2 ~ 10 朵；苞

海金子 Pittosporum illicioides

片细小，早落；萼片卵形；子房被糠粃或有微毛，子房柄短；侧膜胎座，胚珠 5 ~ 8 个。蒴果，有 3 纵沟 3，3 片裂开，果片薄木质。

分布与生境：分布于八大公山各地，生于海拔 200 ~ 1400 m 的山坡林下。

用途：根、叶、种子入药；庭院观赏。

4. 柄果海桐 Pittosporum podocarpum Gagnepain

分变种检索表

1. 叶倒卵形或倒卵状披针形………………… **4a. 柄果海桐（原变种）P. podocarpum** var. **podocarpum**
1. 叶线状披针形……………………………… **4b. 线叶柄果海桐（变种）P. podocarpum** var. **angustatum**

4a. 柄果海桐（原变种）Pittosporum podocarpum Gagnepain var. **podocarpum**

常绿灌木，叶簇生于枝顶，薄革质，倒卵形或倒披针形，蒴果梨形或椭圆形，果片薄，革质，外表粗糙，内侧有横格，每片有种子 3 ~ 4 个；种子扁圆形，干后淡红色。

分布与生境：分布于八大公山各地，生于海拔 500 ~ 1500 m 的山坡林下。

用途：根皮和种子入药；庭院观赏。

柄果海桐（原变种）Pittosporum podocarpum var. podocarpum

4b. 线叶柄果海桐（变种）Pittosporum podocarpum var. **angustatum** Gowda

本变种具线形的叶片，子房 3 个胎座，被柔毛，与原变种稍有区别，它和狭叶海桐 亦非常接近，只是子房被毛。

分布与生境：分布于八大公山各地，生于海拔 500 ~ 1500 m 的山坡林下。

用途：根皮和种子入药；庭院观赏。

线叶柄果海桐（变种） Pittosporum podocarpum var. angustatum

5. 海桐 Pittosporum tobira (Thunberg) W.TAiton

常绿灌木或小乔木。叶聚生于枝顶，倒卵形，先端圆形或钝，基部窄楔形。伞形花序；花白色，芳香，雄蕊 2 型，具退化雄蕊和正常雄蕊，子房密被柔毛。蒴果圆球形，3 爿裂开，果爿木质；种子多数，多角形，红色，种皮有黏液。花期 3～5 月，果熟期 9～10 月。

海桐 Pittosporum tobira

生境：原产于中国东南沿海地区及朝鲜、日本，八大公山有栽培。

用途：园林观赏。

6. 棱果海桐 Pittosporum trigonocarpum H. Leveille

常绿灌木。叶簇生于枝顶，革质，倒卵形或矩圆倒披针形，（7～14）cm×（2.5～4.0）cm，先端急短尖，基部窄楔形，下面浅褐色。伞形花序 3～5 枝，花多数；花梗长 1～2.5 cm，纤细，无毛；花瓣长 1.2 cm，分离，或部分联合，子房有柔毛，侧膜胎座 3 个，胚珠 9～15 个。蒴果常单生，椭圆形，有毛，子房柄短，长不过 2 mm，有柔毛，3 片裂开。

分布与生境：分布于八大公山各地，生于海拔 200～800 m 的山坡林下。

用途：根皮可入药。

棱果海桐 Pittosporum trigonocarpum

7. 崖花子 Pittosporum truncatum Pritzel

灌木，叶簇生于枝顶，呈对生或轮生状，革质，狭窄倒披针形，花序伞形，顶生或近于顶生，萼片卵形，果序有蒴果 1～2 个，蒴果近于长球形。本种的关键特征是叶倒卵形或菱形，中部以上最宽，先端短急尖，有时有浅裂、侧脉 7～9 条，伞形花序顶生，子房有毛，胚珠 16～18 个。

分布与生境：分布于八大公山各地，生于海拔 200～600 m 的石灰岩山坡林下。

用途：种子油可制肥皂；茎皮纤维可制纸；根、叶及种子可入药。

崖花子 Pittosporum truncatum

一百六十六、五加科 Araliaceae

多为木本。茎常具刺。单叶、羽状或掌状复叶，互生，常具托叶。花小，辐射对称，两性或杂性，稀单性异株；伞形或头状花序，常集成圆锥状复花序；萼齿 5；花瓣 5，稀 10，常分离；雄蕊与花瓣同数，常着生在花盘的边缘；上位花盘；心皮 2 ~ 15，常合生，通常 2 ~ 5 室，子房下位。浆果或核果。

50 属 1350 多种。我国产 23 属 180 种，湖南产 16 属 42 种，八大公山产 13 属 22 种。

分属检索表

1. 叶互生。
  2. 藤本植物，茎上具气生根………………………………………………………… **6. 常春藤属 Hedera**
  2. 乔木或灌木，少数蔓生状灌木或草本。
    3. 木本；叶为单叶、掌状复叶或羽状复叶。
      4. 茎无刺。
        5. 叶为单叶。

6. 植株全体被茸毛……………………………………………… **13. 通脱木属 Tetrapanax**
6. 植株光滑无毛…………………………………………………**3. 树参属 Dendropanax**
5. 叶为掌状复叶或羽状复叶。
7. 叶为掌状复叶。
8. 花梗有关节，植株无毛或仅具疏柔毛。
9. 伞房状圆锥花序主轴短，长约 1cm……………………… **2. 人参木属 Chengiopanax**
9. 伞房状圆锥花序主轴长于 1cm。
10. 花柱仅合生至中部 ……………………………… **11. 梁王茶属 Metapanax**
10. 花柱全部合生成柱状 ………………………………**10. 大参属 Macropanax**
8. 花梗无关节，植株多具星状毛…………………………… **7. 鹅掌柴属 Heptapleurum**
7. 叶为 3 出羽状复叶…………………………………………**5. 荚叶五加属 Gamblea**
4. 茎具刺。
11. 叶为单叶，掌状分裂 …………………………………………… **9. 刺楸属 Kalopanax**
11. 叶为掌状或羽状复叶。
12. 叶为二回羽状复叶 ……………………………………………… **1. 楤木属 Aralia**
12. 叶为掌状复叶，小叶 3 ～ 5 ……………………………… **4. 五加属 Eleutherococcus**
3. 草本………………………………………………………… **8. 天胡荽属 Hydrocotyle**
1. 草本植物；叶轮生，掌状复叶………………………………………… **12. 人参属 Panax**

（一）楤木属 Aralia Linnaeus

小乔木、灌木或多年生草本，通常有刺。叶大，一至数回羽状复叶；托叶和叶柄基部合生。花杂性，聚生为伞形花序，稀为头状花序，再组成圆锥花序；花梗有关节；萼筒边缘有 5 小齿；花瓣 5，在花芽中覆瓦状排列；雄蕊 5；子房 5 室，稀 4 ~ 2 室；花柱 2 ~ 5，离生或基部合生；花盘小。果实球形，具棱。种子白色。

40 种，我国产 29 种，湖南产 9 种，八大公山产 5 种。

分种检索表

1. 草本，无刺。
2. 小叶上面无毛，下面脉上疏生短柔毛……………………………… **2. 食用土当归 A. cordata**
2. 小叶两面脉上有毛……………………………………………**5. 柔毛龙眼独活 A. henryi**
1. 灌木或小乔木。
3. 花明显有花梗，聚生为伞形花序，再组成圆锥花序。
4. 圆锥花序的主轴长，一级分枝在主轴上总状排列…………………… **3. 棘茎楤木 A. echinocaulis**
4. 圆锥花序的主轴短，一级分枝在主轴上指状或伞房状排列……………………… **4. 楤木 A. elata**
3. 花无梗或几无梗，聚生为头状花序，再组成圆锥花序…………………… **1. 黄毛楤木 A. chinensis**

1. 黄毛楤木 Aralia chinensis Linnaeus

灌木；茎皮灰色，有刺。叶为二回羽状复叶，疏生细刺和黄棕色茸毛；托叶和叶柄基部合生；小叶片革质，卵形至长圆状卵形，小叶无柄或有长达 5 mm 的柄。圆锥花序大；伞形花序直径约 2.5 cm，有花 30 ~ 50 朵；苞片线形；小苞片宿存；花淡绿白色；萼无毛；花瓣卵状三角形；雄蕊 5。果实球形，黑色，有 5 棱，直径约 4 mm。花期 6 ~ 9 月，果期 9 ~ 10 月。

分布与生境：分布于八大公山各地，生于海拔 1200 ~ 1600 m 的山坡林下草丛中。

用途：根入药；叶可作野菜。

黄毛楤木 Aralia chinensis

2. 食用土当归 Aralia cordata Thunberg

草本。茎具纵条纹。叶为二回或三回羽状复叶；无毛或疏生短柔毛；托叶和叶柄基部合生，；羽片有小叶 3 ~ 5；长卵形至长圆状卵形，先端突尖，基部圆形至心形，上面无毛，下面脉上疏生短柔毛。圆锥花序大，有短柔毛；花白色；萼无毛；花瓣 5，开花时反曲；雄蕊 5；子房下位，5 室；花柱 5，离生。果实球形，有 5 棱；宿存花柱长约 2 mm。花期 6 ~ 9 月，果期 9 ~ 10 月。

分布与生境：分布于八大公山各地，生于海拔 1200 ~ 1600 m 的山坡林下草丛中。

用途：根入药；叶可作野菜。

3. 棘茎楤木 Aralia echinocaulis Handel-Mazzetti

小乔木。小枝密生细长直刺。叶为二回羽状复叶，疏生短刺；托叶和叶柄基部合生；羽片有小叶 5 ~ 9，长圆状卵形至披针形，先端长渐尖，无毛，下面灰白色，边缘疏生细锯齿，侧脉 6 ~ 9 对，上面较下面明显，网脉在上面略下陷。圆锥花序顶生；主轴和分枝有糠屑状毛；苞片卵状披针形，小苞片披针形；花白色；5基数；子房下位，5室；花柱5，离生。果实球形，有5棱；宿存花柱基部合生。花期6~8月，果期9~10月。

分布与生境：分布于八大公山各地，生于海拔200~1000 m的山地林缘及灌丛中。

用途：根皮入药；幼叶可作野菜。

食用土当归 *Aralia cordata*

棘茎楤木 *Aralia echinocaulis*

4. 楤木 Aralia elata Linnaeus

灌木或乔木，疏生直刺。小枝有黄棕色茸毛。二回或三回羽状复叶；托叶与叶柄基部合生，羽片有小叶 5 ~ 11 枚；小叶卵形、阔卵形或长卵形，先端渐尖或短渐尖，上面疏生糙毛，下面有淡黄色或灰色短柔毛，脉上更密，圆锥花序密生淡黄棕色或灰色短柔毛；伞形花序密生短柔毛；苞片锥形，外面有毛；花瓣 5；雄蕊 5 枚；子房下位，5 室；花柱离生或基部合生。果实球形，有 5 棱；宿存花柱。花期 7 ~ 8 月，果期 8 ~ 9 月。

分布与生境：分布于八大公山各地，生于海拔 400 ~ 1000 m 的山地灌丛中。

用途：根皮入药；幼叶可作野菜。

楤木 Aralia elata

5. 柔毛龙眼独活 Aralia henryi Harms

柔毛龙眼独活 Aralia henryi

草本。有肉质纺锤根 1 ~ 2 条。茎上部叶为一回或二回羽状复叶，下部叶为二回或三回羽状复叶；羽片有小叶 3 ~ 5；阔卵形或长圆状卵形，先端渐尖，基部心形，两面脉上有糙毛，下面沿脉有短柔毛，边缘有重锯齿，侧脉 5 ~ 6 对。伞房状圆锥花序，无毛或疏生糙毛；基部有叶状总苞；花梗密生糙毛；花紫色；萼被疏生糙毛；花瓣 5；雄蕊 5；子房 5 室；花柱离生。果实近球形，有 5 棱。花期 6 ~ 8 月，果期 7 ~ 9 月。

分布与生境：分布于八大公山天平山，生于海拔 1200 ~ 1500 m 的山坡林下阴湿处。

用途：根及根茎入药。

（二）人参木属 Chengiopanax C.B.Shang & J.Y.Huang

落叶乔木。植株无刺。 掌状复叶互生，小叶 3 ~ 9，具细齿，托叶小，与叶柄连合。伞形花序组成伞房状圆锥花序，花两性，花序轴短，苞片早落，花梗无关节，花萼具 5 小齿，花瓣 5，镊合状排列，雄蕊 5，药背着，纵裂，子房 2 室，花柱 2，连成柱状。果扁球形，浆果状。

2 种，我国产 1 种，八大公山也产。

1. 人参木 Chengiopanax fargesii (Franchet) C. B. Shang et J. Y. Huang

落叶乔木。小枝无刺。叶有小叶 3 ~ 5，小叶片纸质或薄革质，披针形或长圆形，（4.5 ~ 11.0）cm ×（1.6 ~ 4.5）cm，两面均无毛，边缘疏生细锯齿。伞房状圆锥花序顶生，主轴短，长约 1 cm。果实扁球形，直径 4 ~ 5 mm，2 室，有 5 个三角形萼齿；宿存花柱合生成柱状，柱头 2 裂。果期 9 月。

分布与生境：分布于八大公山天平山 ，生于海拔 1400 ~ 1500 m 的山坡林中。

人参木 Chengiopanax fargesii

（三）树参属 Dendropanax Decne. & Planch.

直立无刺无毛灌木或乔木。叶为单叶或有时掌状 2 ~ 5 深裂，常有腺点。伞形花序单生或数个聚生成复伞形花序；花两性或杂性；小苞片很小；花梗无关节；萼筒全缘或有 5 小齿；花瓣 5，在花芽中镊合状排列，顶端有内弯的凸头；雄蕊 5，子房 5 室，稀 4 ~ 2 室；花柱离生，或基部合生而顶端离生，或全部合生成柱状。果实球形或长圆形，有明显至不明显的棱，稀平滑。

2 种，我国产 1 种，八大公山也产。

1. 树参 Dendropanax dentiger (Harms) Merrill

常绿灌木。叶片厚纸质或革质，密生粗大半透明红棕色腺点，叶形变异很大，不分裂叶片通常为椭圆形，也有椭圆状披针形、披针形或线状披针形，分裂叶片倒三角形，掌状 2 ~ 3 深裂或浅裂，稀 5 裂，两面均无毛，边缘全缘，基脉三出。伞形花序顶生，单生或 2 ~ 5 个聚生成复伞形花序，花萼边缘近全缘或有 5 小齿；花瓣 5，子房 5 室；花柱 5，长不及 1 mm，基部合生，顶端离生。果实长圆状球形。花期 8 ~ 10 月，果期 10 ~ 12 月。

分布与生境：分布于八大公山各地，生于海拔 400 ~ 1000 m 的山坡林中。

用途：根、茎、叶入药。

树参 Dendropanax dentiger

（四）五加属 Eleutherococcus Maxim.

灌木或小乔木，常有刺。掌状复叶，有小叶 3 ~ 5。花两性或杂性；伞形花序或头状花序通常组成复伞形花序或圆锥花序；花萼 5 齿裂，花瓣 5，稀 4；雄蕊与花瓣同数；子房下位，2 ~ 5 室，花柱分离或合生成柱，宿存。果近球形，核果状，有 5 ~ 2 棱。

40 种，我国产 18 种，湖南产 12 种，八大公山产 3 种。

分种检索表

1. 子房 2 或 4 室。

2. 叶有小叶 5 ·· **1. 细柱五加 E. gracilistylus**

2. 叶有小叶 3 ………………………………………………………………………… **3. 白簕 E. trifoliatus**

1. 子房 5 室，稀 3 ～ 4 室…………………………………………………………… **2. 藤五加 E. leucorrhizus**

1. 藤五加 Eleutherococcus leucorrhizus Oliver

分变种检索表

1. 小叶两面均无毛……………………………… **1a. 藤五加（原变种） E. leucorrhizus** var. **1eucorrhizus**

1. 小叶上面和下面叶脉上有毛……………… **1b. 糙叶藤五加（变种） E. leucorrhizus** var. **fulvescens**

1a. 藤五加（原变种） Eleutherococcus leucorrhizus Oliver var. **leucorrhizus**

落叶灌木。叶有小叶 3 ~ 5，无毛，叶片长圆形至披针形，先端渐尖，基部楔形，两面无毛，边缘有锐重锯齿，侧脉 6 ~ 10 对。伞形花序数个组成短圆锥花序，花绿黄色，花瓣 5，开花时反曲，花柱全部合生成柱状。果实卵球形。花期 7 ~ 8 月，果期 8 ~ 10 月。

分布与生境：分布于八大公山斗篷山，生于海拔 1000 ~ 1800 m 的山坡林下阴湿处。

用途：根及根茎入药。

藤五加（原变种） Eleutherococcus leucorrhizus var. leucorrhizus

1b. 糙叶藤五加（变种） Eleutherococcus leucorrhizus var. **fulvescens** (Harms & Rehder) Nakai

落叶灌木。本变种与原变种的区别在于小叶片边缘有锐利锯齿，稀重锯齿状，上面有糙毛，下面脉上有黄色短柔毛，小叶柄密生黄色短柔毛。花期 6 ~ 8 月，果期 9 ~ 10 月。

分布与生境：分布于八大公山各地，生于海拔 1700 ~ 1800 m 的山坡疏林中。

用途：茎皮及根皮入药。

糙叶藤五加（变种） Eleutherococcus leucorrhizus var. fulvescens

2. 细柱五加 Eleutherococcus nodiflorus (Dunn) S. Y. Hu

落叶灌木。小枝、叶常有疏生反曲的扁刺。掌状复叶，在长枝上互生，在短枝上簇生；小叶常5枚；叶无毛或仅在叶脉上疏生刚毛。伞形花序，腋生或顶生于短枝上；花黄绿色；花柱2，丝状，分离。浆果近球形，熟时黑色。花期6～7月，果期8～10月。

分布与生境：分布于八大公山各地，生于海拔200～1200 m的山坡林缘或灌丛中。

用途：根皮入药；幼叶可作蔬菜。

细柱五加 Eleutherococcus nodiflorus

3. 白簕 Eleutherococcus trifoliatus（Linnaeus）S. Y. Hu

落叶灌木。枝疏生下向刺，先端钩曲。叶有小叶 3，稀 4 ~ 5；椭圆状卵形，两面无毛，或上面脉上疏生刚毛，边缘有细锯齿或钝齿，侧脉 5 ~ 6 对。伞形花序组成顶生复伞形花序，花瓣 5，开花时反曲，花柱基部或中部以下合生。果实扁球形，黑色。花期 8 ~ 11 月，果期 9 ~ 12 月。

分布与生境：分布于八大公山各地，生于海拔 200 ~ 1300 m 的山坡林缘或灌丛中。

用途：根及根皮入药；幼叶可作蔬菜。

白簕 Eleutherococcus trifoliatus

（五）萸叶五加属 Gamblea C. B. Clarke

落叶灌木或乔木。植株各部 无刺。互生的掌状复叶，小叶 3 ~ 5，稀单叶，具芒状齿。花两性，伞形花序单生或簇生成复伞形，或组成伞房状，常着生短枝顶端，花梗无关节，萼近全缘或具 4（5）小齿，花瓣 4（5），镊合状排列，雄蕊 4（5），子房 2 ~ 4（5）室，花柱 2 ~ 4，常中下部连合，上部离生，反曲。浆果状核果。

4 种，我国均有，湖南产 1 种，八大公山亦产。

1. 萸叶五加 Gamblea ciliata C. B. Clarke

落叶小乔木。枝无毛，无刺。叶有 3 小叶，在长枝上互生，在短枝上簇生，小叶片纸质中央小叶片椭圆形至或卵形，两侧小叶片基部歪斜，较小，上面无毛，下面脉腋有簇毛，边缘全缘或有锯齿，小叶无柄或有短柄。伞形花序有多数或少数花，通常几个组成顶生复伞形花序，花萼无毛，边缘全缘；花瓣 5，长卵形，开花时反曲；雄蕊 5，子房 4 ~ 2 室，花柱 4 ~ 2，基部合生，中部以上离生，反曲。果实球形或略长，熟时黑色。花期 5 ~ 7 月，果期 8 ~ 10 月。

分布与生境：分布于八大公山杉木界，生于海拔 500 ~ 1000 m 的陡峭的山坡林中。

用途：根皮入药；庭院观赏。

荚叶五加 Gamblea ciliata

（六）常春藤属 Hedera Linnaeus

常绿攀缘灌木，有气生根。叶为单叶，叶片在不育枝上的通常有裂片或裂齿，在花枝上的常不分裂。伞形花序单个顶生，或几个组成顶生短圆锥花序；苞片小；花梗无关节；花两性；萼筒近全缘或有 5 小齿；花瓣 5，在花芽中镊合状排列；雄蕊 5；子房 5 室，花柱合生成短柱状。果实球形。

4 种，我国均有，湖南产 1 种，八大公山亦产。

1. 常春藤 Hedera nepalensis K. Koch var. sinensis (Tobler) Rehder

常春藤 Hedera nepalensis var. sinensis

攀缘灌木。有气生根。叶革质，在不育枝上通常为三角状卵形或三角状长圆形，花枝上的叶片通常为椭圆状卵形，略歪斜而带菱形，先端渐尖，基部楔形，全缘或有 1 ~ 3 浅裂。伞形花序单个顶生，或 2 ~ 7 个总状排列成圆锥花序，花药紫色。果实球形，红色或黄色。花期 7 ~ 11 月，果期次年 3 ~ 6 月。

分布与生境：分布于八大公山各地，生于海拔 1700 m 以下的山地林下或林缘路旁。

用途：庭院观赏；全株入药。

（七）鹅掌柴属 Heptapleurum Gaertn.

直立无刺乔木或灌木，有时攀缘状。小枝粗壮，被星状茸毛或无毛。叶为单叶或掌状复叶，托叶和叶柄基部合生成鞘状。花组成圆锥花序，子房通常 5 室，花柱离生，或基部合生而顶端离生。果实球形。

1100 种，我国产 35 种，湖南产 4 种，八大公山有 2 种。

分种检索表

1. 小叶片两面无毛……………………………………………………… **1. 短序鹅掌柴 H. bodinieri**
1. 小叶片下面密生星状茸毛，将网脉掩盖…………………………………**2. 穗序鹅掌柴 H. delavayi**

1. 短序鹅掌柴 Schefflera bodinieri (H. Leveille) Rehder

常绿灌木。小枝棕紫色或红紫色，被很快脱净星状短柔毛。叶有小叶 6 ~ 9，叶片长椭圆形至线状披针形，（11 ~ 15）cm ×（1 ~ 5）cm，两面均无毛。圆锥花序顶生，长不超过 15 cm，花白色，萼片有灰白色星状短柔毛，边缘有 5 齿；花瓣 5，有羽状脉纹；子房 5 室；花柱合生成柱状。果实球形，几无毛，红色。花期 11 月，果期次年 4 月。

短序鹅掌柴 Schefflera bodinieri

分布与生境：分布于八大公山五道水，生于海拔 300 ~ 500 m 的沟边常绿阔叶林中。

2. 穗序鹅掌柴 Heptapleurum delavayi Franch.

常绿灌木。小枝粗壮，幼时密生黄棕色星状茸毛；髓白色，薄片状。掌状复叶叶有小叶 4 ~ 7，小叶片椭圆状或长圆状披针形，下面密生灰白色或黄棕色星状茸毛，边缘全缘或疏生不规则的牙齿。花无梗，密集成穗状花序，再组成大圆锥花序，主轴和分枝幼时均密生星状茸毛，花白色。果实球形，熟时紫黑色。花期 10 ~ 11 月，果期次年 1 月。

分布与生境：分布于八大公山各地，生于海拔 200 ~ 800 m 的山坡林下。

用途：根可药用；全株供观赏。

穗序鹅掌柴 Heptapleurum delavayi

（八）天胡荽属 Hydrocotyle Linnaeus

多年生草本。茎细长，匍匐或直立。叶片心形、圆形、肾形或五角形，有裂齿或掌状分裂。花序通常为单伞形花序，细小，有多数小花，密集呈头状；花序梗通常生自叶腋，短或长过叶柄；花白色、绿色或淡黄色；无萼齿；花瓣卵形，在花蕾时镊合状排列。果实心状圆形，两侧扁压，背部圆钝，背棱和中棱显著，侧棱常藏于合生面，表面无网纹，油管不明显。

约 75 种，我国有 14 种，湖南有 7 种，八大公山产 3 种。

分种检索表

1. 花序梗短或长于叶柄，花序单生，光滑或有毛。
  2. 叶较大，花序梗长于或近等长于叶柄……………………… **1. 中华天胡荽 H. hookeri** subsp. **chinensis**
  2. 叶较小，花序无梗或短于叶柄……………………………………………… **3. 天胡荽 H. sibthorpioides**
1. 花序梗短于叶柄，花序数个族生于枝顶端，密生柔毛……………………… **2. 红马蹄草 H. nepalensis**

1. 中华天胡荽 Hydrocotyle hookeri subsp. **chinensis** (Dunn ex R.H.Shan & S.L.Liou) M.F.Watson & M.L.Sheh

匍匐草本，被柔毛，有时在叶背具紫色疣基的毛。叶圆肾形，掌状 5 ~ 7 浅裂；裂片阔卵形或近三角形，叶柄长 4 ~ 23 cm。伞形花序腋生或与叶对生，花序梗通常长过叶柄，小伞形花序有花 25 ~ 50；小总苞片膜质。花白色，有淡黄色至紫褐色的腺点。果实近圆形，两侧扁压，侧面二棱明显隆起，表面平滑或皱折。花期 6 ~ 7 月，果期 8 ~ 9 月。

分布与生境：分布于八大公山各地，生于海拔 500 ~ 1600 m 的沟边阴湿处。

用途：全草入药。

中华天胡荽 Hydrocotyle hookeri subsp. chinensis

2. 红马蹄草 Hydrocotyle nepalensis Hooker

红马蹄草 Hydrocotyle nepalensis

草本。叶圆形或肾形，5～7 浅裂，掌状脉 7～9，疏生短硬毛。伞形花序数个簇生于茎端叶腋，花序梗短于叶柄，有柔毛；小伞形花序有花 20～60，常密集成球形的头状花序；花柄极短，小总苞片膜质、卵形或倒卵形；无萼齿；花白色，时有紫红色斑点。果两侧扁压，光滑或有紫色斑点，中棱和背棱显著。花期 6～7 月，果期 8～9 月

分布与生境：分布于八大公山各地，生于海拔 200～1000 m 的沟边潮湿处。

用途：全草入药。

3. 天胡荽 Hydrocotyle sibthorpioides Lamarck

分变种检索表

1. 叶片不裂或掌状 5 ～ 7 浅裂……………**3a. 天胡荽（原变种） H. sibthorpioides** var. **sibthorpioides**

1. 叶片掌状 5 ～ 7 深裂，几达基部……………**3b. 破钱铜（变种） H. sibthorpioides** var. **batrachium**

3a. 天胡荽（原变种） Hydrocotyle sibthorpioides Lamarck var. **sibthorpioides**

草本。叶圆形或肾圆形，背面脉上疏被粗伏毛，叶柄长 0.7～9.0 cm，无毛或顶端有毛；托叶略呈半圆形。伞形花序与叶对生；小总苞片卵形至卵状披针形，有黄色透明腺点，背部有 1 条不明显的脉；小伞形花序有花 5～18，花无柄或有极短的柄，花瓣白色，有腺点。果实心形，两侧扁压，中棱在果熟时极为隆起，有紫色斑点。花期 6～7 月，果期 8～9 月。

分布与生境：分布于八大公山各地，生于海拔 200～1000 m 的溪边或沟谷草地。

用途：全草入药。

天胡荽（原变种） Hydrocotyle sibthorpioides var. sibthorpioides

3b. 破铜钱（变种） Hydrocotyle sibthorpioides var. **batrachium** (Hance) Handel-Mazzetti ex R.H.Shan

本变种与天胡荽的区别为叶片 3～5 深裂几达基部。花期 6～7 月，果期 8～9 月。

分布与生境：分布于八大公山各地，生于海拔 200 ~ 1000 m 的山坡沟边潮湿处。

用途：全草入药。

破铜钱（变种）Hydrocotyle sibthorpioides var. batrachium

（九）刺楸属 Kalopanax Miquel

落叶乔木。树皮暗灰棕色，小枝散生粗刺；叶圆形或近圆形，直径 9 ~ 25 cm，掌状 5 ~ 7 浅裂，裂片阔三角状卵形至长圆状卵形，无毛或几无毛。叶为单叶，在长枝上疏散互生，在短枝上簇生；叶柄长，无托叶。花两性，聚生为伞形花序，再组成顶生圆锥花序；花梗无关节；萼筒边缘有 5 小齿；花瓣 5，在花芽中镊合状排列；子房 2 室；花柱 2，合生成柱状，柱头离生。果实近球形。

单种属。分布于亚洲东部，八大公山亦产。

1. 刺楸 Kalopanax septemlobus (Thunberg) Koidzumi

形态特征见刺楸属的描述。

刺楸 Kalopanax septemlobus

分布与生境：分布于八大公山各地，生于海拔 200 ~ 800 m 的山坡林中。

用途：茎皮、根、根皮入药；用材树种；庭院观赏；蜜源植物。

（十）大参属 Macropanax Miquel

常绿乔木或小乔木，无刺。叶为掌状复叶，托叶和叶柄基部合生或不存在。花杂性，聚生为伞形花序，再组成顶生圆锥花序；苞片小，早落；花梗有关节；萼筒边缘有 5 小齿，稀 7 ~ 10 小齿，或近全缘；花瓣 5，稀 7 ~ 10，在花芽中镊合状排列；雄蕊与花瓣同数；子房 2 室，稀 3 室，花柱合生成柱状，稀先端离生。果实球形或卵球形。

20 种，我国产 7 种，湖南产 1 种，八大公山亦产。

1. 短梗大参 Macropanax rosthornii (Harms) C. Y. Wu ex G. Hoo

灌木或小乔木。叶有小叶 3 ~ 7，稀达 9，倒卵状披针形，先端短渐尖或长渐尖，基部楔形，边缘疏生钝齿或锯齿，侧脉 8 ~ 10 对。圆锥花序顶生，主轴和分枝无毛；花白色；萼齿 5，花瓣 5，雄蕊 5，子房 2 室，花柱合生成柱状。果实卵球形，宿存花柱长 1.5 ~ 2.0 mm。花期 7 ~ 9 月，果期 10 ~ 12 月。

分布与生境：分布于八大公山各地，生于海拔 200 ~ 600 m 的山坡林中。

用途：根、叶入药；庭院观赏。

短梗大参 Macropanax rosthornii

（十一）梁王茶属 Metapanax J.Wen & Frodin

常绿灌木。叶为单叶或掌状复叶；叶柄细长；无托叶或在叶柄基部有小形附属物。花聚生为伞形花序，再组成顶生圆锥花序；花梗有明显的关节；萼筒边缘全缘或有 5 小齿；花瓣 5，在花芽中镊合状排列；雄蕊 5；子房 2 室，稀 3 ~ 4 室；花柱 2，稀 3 ~ 4，离生或中部以下合生。果实球形，侧扁。

2 种，我国均产，湖南产 1 种，八大公山亦产。

1. 异叶梁王茶 Metapanax davidii (Franchet) J. Wen & Frodin

灌木或乔木。叶为单叶，稀在同一枝上有 3 小叶的掌状复叶；叶长圆状卵形至长圆状披针形，不分裂、掌状 2 ~ 3 浅裂或深裂，有主脉 3 条，边缘疏生细锯齿，侧脉 6 ~ 8 对。圆锥花序顶生；花梗有关节；花白色或淡黄色，芳香；萼齿 5；花瓣 5；雄蕊 5；子房 2 室，花盘稍隆起；花柱 2，上部离生，反曲。果实球形，侧扁，黑色；花柱宿存。花期 7 ~ 9 月，果期 8 ~ 11 月。

分布与生境：分布于八大公山各地，生于海拔 200 ~ 1800 m 的山地疏林中。

用途：根入药。

异叶梁王茶 Metapanax davidii

（十二）人参属 Panax Linnaeus

多年生草本，具肉质根或直立而短的根状茎，或肉质根不发达，根状茎长而呈竹鞭状或串珠状。地上茎单一。掌状复叶轮生枝顶。花两性或杂性，排成顶生的伞形花序；花萼 5；花瓣 5；子房下位，2 室，花盘肉质。核果状浆果。

8 种，我国产 7 种，湖南产 2 种，八大公山产 1 种。

1. 竹节参 Panax japonicus (T. Nees) C. A. Meyer

多年生草本。根状茎竹鞭状或串珠状，或兼有竹鞭状和串珠状，根通常不膨大，纤维状，稀侧根膨大成圆柱状肉质根，中央小叶片椭圆形至倒卵状椭圆形，最宽处常在中部，上面脉上无毛或疏生刚毛，下面无毛或脉上疏生刚毛或密生柔毛。花期 7 ~ 8 月，果期 8 ~ 9 月。

分布与生境：分布于八大公山斗篷山、天平山，生于海拔 1500 ~ 1800 m 的山地林下。

用途：根入药；庭院观赏。

竹节参 Panax japonicus

（十三）通脱木属 **Tetrapanax** (K. Koch) K. Koch

无刺灌木或小乔木，地下有匍匐茎。叶为单叶，叶片大，掌状分裂；叶柄长；托叶和叶柄基部合生，锥形。花两性，聚生为伞形花序，再组成顶生的圆锥花序；花梗无关节；萼筒全缘或有齿；花瓣 5 ~ 4，在花芽中镊合状排列；雄蕊 5 ~ 4；子房 2 室；花柱 2，离生。果实浆果状核果。

2 种，我国特产属，湖南产 1 种，八大公山亦产。

1. 通脱木 Tetrapanax papyrifer (Hooker) K. Koch

常绿灌木或小乔木。小枝幼时密生黄色星状厚茸毛。叶大，集生茎顶，（50 ~ 75）cm ×（50 ~ 70）cm，掌状 5 ~ 11 裂，裂片倒卵状长圆形或卵状长圆形，通常再分裂为 2 ~ 3 小裂片。圆锥花序；密生白色星状茸毛；花淡黄白色；萼密生白色星状茸毛；花瓣 4，稀 5，外面密生星状厚茸毛；雄蕊和花瓣同数；子房 2 室；花柱 2，离生，先端反曲。果实球形，紫黑色。花期 8 ~ 10 月，果期 11 ~ 12 月。

分布与生境：分布于八大公山各地，生于海拔 200 ~ 500m 的山坡、沟谷林下或林缘。

用途：茎髓入药；庭院观赏。

通脱木 Tetrapanax papyrifer

一百六十七、伞形科 Apiaceae

草本，常含挥发油。茎常中空，有纵棱。叶互生，多为羽状分裂或羽状复叶，叶柄基部膨大呈鞘状。复伞形花序，有时单伞形或成头状；花两性，辐射对称；萼齿 5 或不明显；雄蕊、花瓣均 5 枚；子房下位，2 心皮，2 室，子房顶端有盘状或圆锥状的花柱基。双悬果，成熟时分裂为两个分果，分果外面有 5 条主棱（背棱 1、中棱 2、侧棱 2），有时主棱不发育而棱槽隆起成为副棱，合生面及棱槽下面有纵向油管 1 至多个；分果背腹压扁或两侧压扁。

275 属约 2800 种。我国有 95 属 600 种，湖南有 23 属 62 种，八大公山有 20 属 35 种。

分属检索表

1. 单伞形花序。
  2. 花序无叶状总苞片…………………………………………………………………… **5. 积雪草属 Centella**
  2. 总苞片 2，着生茎的顶端，叶状，对生 ……………………………………… **11. 马蹄芹属 Dickinsia**
1. 复伞形花序。
  3. 单叶，掌状或三出式 3 裂……………………………………………………… **19. 变豆菜属 Sanicula**
  3. 羽状复叶。
    4. 果实具主棱、次棱，次棱凸出，多刺…………………………………………… **10. 胡萝卜属 Daucus**

4. 果实有主棱，无次棱。
5. 分生果的合生面深陷或中空。
6. 心皮柄周围的薄膜组织内无结晶簇……………………………… **7. 芫荽属 Coriandrum**
6. 心皮柄周围的薄膜组织内有结晶簇。
7. 果实圆筒形……………………………………………………… **3. 峨参属 Anthriscus**
7. 果实圆卵形至扁球形………………………………………… **20. 窃衣属 Torilis**
5. 分生果的合生面平直。
8. 果实侧棱翅状，宽于背棱和中棱，双悬果轻微至强烈背腹压扁。
9. 侧棱在成熟时展开，宽约为背棱 2 倍…………………………… **2. 当归属 Angelica**
9. 成熟时侧棱贴伏或靠紧，侧棱宽不及背棱 2 倍。
10. 侧棱膜质 ……………………………………………… **16. 前胡属 Peucedanum**
10. 侧棱加厚，边缘坚硬 ……………………………………… **12. 独活属 Heracleum**
8. 果棱同形，双悬果球形或在横切面近五边形，常两侧稍压。
11. 果实主棱丝状，结合面窄。
12. 花瓣纤细或在基部加厚，或在顶端呈线状 ……………**18. 囊瓣芹属 Pternopetalum**
12. 花瓣基部不加厚，顶端不呈尾尖状。
13. 果实矩状椭圆形或椭圆形，基部圆形。
14. 油管模糊：柱头长，极度反卷 ……………………… **1. 羊角芹属 Aepopodium**
14. 油管显著：柱头短或长，反卷或不反卷 ………… **8. 鸭儿芹属 Cryptotaenia**
13. 果实卵球形，基部常心形。
15. 每棱槽油管 2 至数个，合生面油管 4 ～ 6。
16. 总苞膜质，白色 ……………………………… **14. 白苞芹属 Nothsmyrnium**
16. 总苞披针形至线形，绿色 ………………………… **17. 茴芹属 Pimpinella**
15. 每棱槽油管，合生面油管 2。
17. 叶一至二回羽状分裂，裂片卵形或圆形 ……………………**4. 芹属 Apium**
17. 叶三至四回状多裂，裂片丝线形 …………… **9. 细叶旱芹属 Cyclospermum**
11. 果棱凸出或呈狭翅状，合生面稍宽。
18. 伞形花序边缘花常有明显辐射瓣 ………………………… **15. 水芹属 Oenanthe**
18. 伞形花序边缘花无辐射瓣。
19. 双悬果横切面不为五边形 ……………………………… **13. 藁本属 Ligusticum**
19. 双悬果横切面为五边形 ………………………………………**6. 蛇床属 Cnidium**

（一）羊角芹属 **Aegopodium** Linnaeus

多年生草本。有匍匐状根茎。叶三出或三出式二至三回羽状分裂，末回裂片卵形或卵状披针形，边缘有锯齿，或浅裂。复伞形花序顶生或侧生，伞辐略开展；无总苞片和小总苞片；萼齿细小或无；

花瓣白色或淡红色，倒卵形，先端微凹，有内折的小舌片；花柱基圆锥形，花柱细长，顶端叉开呈羊角状。果实长圆形或卵形，主棱丝状；油管无；心皮柄顶端2浅裂。

7种，我国产5种，湖南产2种，八大公山均产。

分种检索表

1. 较下部的茎生叶三至四回羽状分裂；果实表面稍褶皱……………………… **1. 湘桂羊角芹 A. handelii**

1. 较下部的茎生叶二至三回羽状分裂………………………………………………**2. 巴东羊角芹 A. henryi**

1. 湘桂羊角芹 Aegopodium handelii H. Wolff

直立草本。茎较粗壮，圆柱形，中空。叶片轮廓呈阔三角形，三出式三至四回羽状分裂，末回裂片呈卵形或阔卵形，（1.5 ~ 2.5）cm ×（1.0 ~ 1.5）cm，先端渐尖，基部楔形，边缘有不规则的浅裂或呈缺刻状的裂齿。复伞形花序，无总苞片和小总苞片，小伞形花序有多数小花，萼齿退化，花瓣白色，倒卵圆形或近圆形，先端微凹，有内折的小舌片。果实长圆状卵形以至长卵形，主棱呈丝状。花果期7 ~ 8月。

分布与生境：分布于八大公山斗篷山，生于海拔1900 m的山坡密林下。

湘桂羊角芹 Aegopodium handelii

2. 巴东羊角芹 Aegopodium henryi Diels

直立草本。基生叶有长柄，柄的下部有膜质的叶鞘；叶阔三角形，三出式二至三回羽状分裂；末回裂片披针形，边缘有不规则的锯齿；最上部的茎生叶一回羽状分裂，叶柄鞘状。复伞形花序顶生或侧生；无总苞片和小总苞片；伞辐8 ~ 18；萼齿退化；花瓣白色，先端有内折的小舌片；花柱向下反折。果实长圆状卵形，主棱纤细；心皮柄顶端2浅裂。

分布与生境：分布于八大公山斗篷山，生于海拔 1700 ~ 1900 m 的山坡草丛中。

用途：全草入药。

巴东羊角芹 Aegopodium henryi

（二）当归属 **Angelica** Linnaeus

大型草本。茎常中空。叶柄基部常膨大成囊状的鞘，叶三出羽状分裂或羽状多裂，或羽状复叶。复伞形花序，多具总苞片和小总苞片；花白色或紫色。果背腹压扁，背棱及主棱多条，突起，侧棱有阔翅，分果横剖面半月形，每棱槽内油管 1 至多个。合生面 2 至数个。

约 90 种，我国产 45 种，湖南产 10 种，八大公山产 4 种。

分种检索表

1. 叶为二至三回羽状复叶，小叶裂片卵形、椭圆形或狭披针形，有毛或无毛。
  2. 小叶卵圆形或宽披针形，边缘有锯齿……………………………… **1. 重齿当归 A. biserrate**
  2. 小叶卵形或卵状披针形，边缘有锐齿。
    3. 叶无毛；果长圆形，果侧棱的翅不发达…………………………… **3. 拐芹 A. polymorpha**
    3. 叶具毛；果椭圆形，果侧棱的翅发达……………………………………… **4. 当归 A. sinensis**
1. 叶为一至二回羽状复叶，或羽状分裂……………………………………… **2. 紫花前胡 A. decursiva**

1. 重齿当归 Angelica biserrata (R.H.Shan & C.Q.Yuan) C.Q.Yuan & R.H.Shan

多年生草本，茎有短糙毛。叶二回三出式羽状全裂，茎生叶基部膨大成半抱茎膜质叶鞘，边缘有尖锯齿或重锯齿，顶生的末回裂片多 3 深裂，基部常沿叶轴下延成翅状，两面沿叶脉及边缘有短柔毛。复伞形花序，伞辐 10 ~ 25，伞形花序有花 17 ~ 30 朵，小总苞片 5 ~ 10，花白色，无萼齿，花瓣顶端内凹。果实椭圆形，侧翅与果体等宽或略狭。花期 7 ~ 8 月，果期 9 ~ 10 月。

分布与生境：分布于八大公山各地，生于海拔 900 ~ 1800m 的山谷沟边或草丛中。

用途：根入药。

重齿当归 Angelica biserrata

2. 紫花前胡 Angelica decursiva (Miquel) Franchet & Savatier

多年生草本。茎紫色。叶三角形至卵圆形，三全裂或一至二回羽状分裂，末回裂片卵形或长圆状披针形，脉上有短糙毛，表面脉上有短糙毛；茎上部叶简化成囊状膨大的紫色叶鞘。复伞形花序，

紫花前胡 Angelica decursiva

总苞片 1～3，阔鞘状，小总苞片 3～8，线形至披针形，花深紫色。果实背棱线形隆起，尖锐，侧棱有较厚的狭翅。花期 7～8 月，果期 9～11 月。

分布与生境：分布于八大公山各地，生于海拔 800～1800 m 的山坡林下，也有栽培。

用途：根入药。

3. 拐芹 **Angelica polymorpha** Maximowicz

多年生草本。节处常为紫色。叶二至三回三出式羽状分裂，叶卵形至三角状卵形；茎上部叶简化为略膨大的叶鞘，末回裂片有短柄或近无柄、卵形或菱状长圆形，3 裂，两侧裂片多为不等的 2 深裂，边缘有粗锯齿或缺刻状深裂，脉疏被短糙毛。复伞形花序，密生短糙毛，小苞片 7～10，紫色，花瓣白色。果实基部凹入，背棱短翅状，侧棱膨大成膜质的翅。花期 7～8 月，果期 8～10 月。

分布与生境：分布于八大公山各地，生于海拔 1000～2400 m 的山地林下或沟边湿地。

用途：根入药。

拐芹 Angelica polymorpha

4. 当归 **Angelica sinensis** (Oliver) Diels

多年生草本。叶三出式二至三回羽状分裂，叶柄基部膨大成管状的薄膜质鞘，叶卵形，小叶片 3 对，近顶端的 1 对无柄，末回裂片卵形或卵状披针形，2～3 浅裂，边缘有缺刻状锯齿。复伞形花序，密被细柔毛，伞辐 9～30，总苞片 2，线形，或无，小总苞片 2～4，线形，花白色，萼齿 5，花瓣内折。果实椭圆至卵形，背棱线形，隆起，侧棱成宽而薄的翅，与果体等宽或略宽，翅边缘淡紫色。花期 7～9 月，果期 8～10 月。

分布与生境：分布于八大公山各地，生于海拔 1200～1800 m 的山坡林下。

用途：根入药。

当归 Angelica sinensis

（三）峨参属 **Anthriscus** Persoon

二或多年生草本。叶膜质，三出式羽状分裂或羽状多裂；叶柄有鞘。复伞形花序疏散；无总苞片；小总苞片通常反折；花杂性，萼齿不明显；花瓣白色或黄绿色，顶端内折，外缘花常有辐射瓣；花柱基圆锥形；心皮柄通常不裂。果实顶端狭窄成喙状，两侧扁压，果棱不明显或仅上部明显；果柄顶端有白色小刚毛。

15 种，我国产 1 种，湖南产 1 种，八大公山亦产。

1. 峨参 Anthriscus sylvestris (Linnaeus) Hoffmann

峨参 Anthriscus sylvestris

叶卵形，二回羽状分裂，一回羽片有长柄，卵形至宽卵形，二回羽片 3 ~ 4 对，卵状披针形，羽状全裂或深裂，末回裂片卵形或椭圆状卵形，有粗锯齿，背面疏生柔毛；茎上部叶基部呈鞘状毛。复伞形花序，伞辐 4 ~ 15，小总苞片 5 ~ 8，反折，边缘有睫毛或近无毛；花白色，通常带绿或黄色。果实长卵形，光滑或疏生小瘤点，顶端渐狭成喙状。花期 3 ~ 4 月，果期 5 ~ 6 月。

分布与生境：产于八大公山各地，生于海拔 200 ~ 1400 m 的山坡林下、沟边。

用途：根入药。

（四）芹属 **Apium** Linnaeus

一年生、二年生或多年生草本，全体无毛。茎直立，具脊和浅槽。叶具膜质鞘，叶片羽状到三尾羽状复叶。伞形花序复合，松散到近紧密，小伞形花序密集，花瓣白色或黄绿色，卵形到近圆形，先端狭窄，内折。果球形到椭圆体，在两端圆形，侧面稍压扁，分生果皮在横截面上近圆形。

20 种，我国栽培 1 种，八大公山亦有栽培。

1. 旱芹 **Apium graveolens** Linnaeus

二年生或多年生草本，有强烈香气。根圆锥形，褐色。根生叶有柄，基部略扩大成膜质叶鞘；叶片轮廓为长圆形至倒卵形，通常 3 裂达中部或 3 全裂，裂片近菱形。复伞形花序顶生或与叶对生；花瓣白色或黄绿色，顶端有内折的小舌片。

分布与生境：原产地中海，八大公山广为栽培。

用途：茎叶作蔬菜；带根全草入药。

旱芹 Apium graveolens

（五）积雪草属 **Centella** Linnaeus

多年生草本，有匍匐茎。叶有长柄，圆形、肾形或马蹄形。单伞形花序，梗极短，伞形花序通常有花 3 ~ 4；花草黄色、白色至紫红色；苞片 2；萼齿细小；花瓣 5；雄蕊 5 枚，与花瓣互生；花柱与花丝等长。果实肾形或圆形，两侧扁压，分果有主棱 5，棱间有小横脉，表面网状。种子侧扁，棱槽内油管不显著。

约 20 种 . 我国产 1 种，湖南产 1 种，八大公山亦产。

1. 积雪草 **Centella asiatica** (Linnaeus) Urban

草本。茎匍匐，节上生根。叶片圆形、肾形或马蹄形，边缘有钝锯齿，基部阔心形，两面无毛或在背面脉上疏生柔毛。伞形花序梗 2 ~ 4 个，聚生于叶腋；苞片通常 2；每一伞形花序有花 3 ~ 4，聚集呈头状；花瓣卵形，紫红色或乳白色。果实两侧扁压，圆球形。花期 4 ~ 5 月，果期 6 ~ 7 月。

分布与生境：分布于八大公山各地，生于海拔 200 ~ 1200 m 的路旁、沟边阴湿处。

用途：全草入药；嫩茎叶可作野菜。

积雪草 Centella asiatica

（六）蛇床属 **Cnidium** Cusson

一年生至多年生草本。叶通常为二至三回羽状复叶，稀为一回羽状复叶，末回裂片线形、披针形至倒卵形。复伞形花序顶生或侧生；总苞片线形至披针形；小总苞片线形、长卵形至倒卵形，常具膜质边缘；花白色，稀带粉红色；萼齿不明显；花柱 2，向下反曲。果实卵形至长圆形，果棱翅状，常木栓化；分生果横剖面近五角形；每棱槽内油管 1，合生面油管 2。

6 种，我国产 5 种，湖南产 2 种，八大公山产 1 种。

1. 蛇床 **Cnidium monnieri** (Linnaeus) Cusson

草本，表面具深条棱。下部叶具短柄，上部叶柄全部鞘状；叶卵形至三角状卵形，二至三回三出式羽状全裂，羽片卵形至卵状披针形，末回裂片线形至线状披针形。复伞形花序；总苞片 6 ~ 10，线形至线状披针形，具细睫毛；伞辐 8 ~ 20，不等长；小总苞片多数，线形，边缘具细睫毛；小伞形花序具花 15 ~ 20；花瓣白色，先端具内折小舌片；花柱向下反曲。果长圆状，横剖面近五角形，主棱 5，均扩大成翅。花期 7 月，果期 8 ~ 9 月。

分布与生境：分布于五道水、龙潭坪，生于海拔 200 m 的溪边河漫滩中。

用途：根、果实入药。

蛇床 Cnidium monnieri

（七）芫荽属 Coriandrum Linnaeus

草本，有强烈气味。茎多分枝，有条纹。基生叶一或二回羽状全裂，茎生叶三回或多回羽状分裂，末回裂片狭线形。伞形花序顶生或与叶对生，伞辐 3 ~ 7，小总苞片 2 ~ 5，线形；小伞形花序有孕花 3 ~ 9，花白色或带淡紫色；萼齿通常大小不等；花瓣顶端有内凹的小舌片，辐射瓣（2.0 ~ 3.5）cm ×（1 ~ 2）mm，全缘。果实圆球形，背面主棱及相的次棱明显。

1 种，我国栽培 1 种，八大公山也有栽培。

1. 芫荽 Coriandrum sativum Linnaeus

形态特征见芫荽属的描述。花期 5 ~ 7 月，果期 7 ~ 9 月。

芫荽 Coriandrum sativum

分布与生境：原产于地中海沿岸，八大公山各地有栽培。

用途：茎叶为重要调味蔬菜；带根全草和果实入药。

（八）鸭儿芹属 Cryptotaenia de Candolle

叶柄下部有膜质叶鞘；叶三出式分裂，小叶片倒卵状披针形、菱状卵形或近心形，边缘有重锯齿，缺刻或不规则的浅裂。复伞形花序或呈圆锥状，总苞片和小总苞片存在或无；伞辐少数，不等长；萼齿细小或不明显；花瓣白色，顶端内折；花柱基圆锥形。果实长圆形，主棱5条，圆钝，光滑；横剖面近圆形，每棱槽内油管1～3，合生面油管4。

5种，我国产1种，湖南产1种，八大公山亦产。

1. 鸭儿芹 **Cryptotaenia japonica** Hasskarl

多年生草本。叶片三角形至广卵形，通常为3小叶；中间小叶片呈菱状倒卵形或心形，两侧小叶片斜倒卵形至长卵形，近无柄，小叶片边缘有不规则的尖锐重锯齿。复伞形花序呈圆锥状，总苞片1，呈线形或钻形，小总苞片1～3，小伞形花序有花2～4，花瓣白色，顶端有内折的小舌片。分生果线状长圆形。花期7～8月，果期8～9月。

分布与生境：产于八大公山各地，生于海拔200～1500 m的山坡林缘、路旁草丛中。

用途：茎叶、根、果实入药；嫩茎叶为常见野菜。

鸭儿芹 Cryptotaenia japonica

（九）细叶旱芹属 Cyclospermum Lagascay Segura

一年生草本。叶长圆形至长圆状卵形，三至多回羽状分裂，裂片线形至丝状；茎生叶通常三出式羽状多裂，裂片线形。复伞形花序，花瓣白色或略带粉红色，顶端内折。果实圆心脏形或圆卵形，果棱5条，圆钝，每棱槽内有油管1条，合生面油管2条。花期4～5月，果期5～6月。

3种，我国逸生1种，湖南产1种，八大公山亦产。

1. 细叶旱芹 Cyclospermum leptophyllum (Persoon) Sprague ex Britton et P. Wilson

草本。叶基部边缘略扩大成膜质叶鞘；叶长圆形至长圆状卵形，三至多回羽状分裂，裂片线形至丝状；茎生叶通常三出式羽状多裂，裂片线形。复伞形花序，无总苞片和小总苞片；小伞形花序有花5～23；无萼齿；花瓣白色或略带粉红色，顶端内折；花丝短于花瓣，很少与花瓣同长；花柱基扁压，花柱极短。果实圆心脏形或圆卵形，果棱5条，圆钝。心皮柄顶端2浅裂。花期4～5月，果期5～6月。

分布与生境：分布于美洲、大洋洲、日本、马来西亚和印度尼西亚的爪哇，八大公山各地逸生。

细叶旱芹 Cyclospermum leptophyllum

（十）胡萝卜属 Daucus Linnaeus

草本，具肥大肉质的圆锥根。叶二至三回羽状深裂，末回裂片窄小，叶柄基部扩大成鞘状。花序为疏松的复伞形花序；总苞具多数羽状分裂或不分裂的苞片；小总苞片多数，3裂、不裂或缺乏；花两性，萼齿不明显；花瓣5，有1内折的小舌片，靠外缘的花瓣为辐射瓣。果实多少背腹压扁，主棱不显著，4条次棱翅状，棱上有刺毛，每棱槽内有油管1条，合生面油管2条。

20种，我国产1种，八大公山亦产。

1. 野胡萝卜 Daucus carota Linnaeus

分变种检索表

1. 根肉质，小圆锥形，多分枝，近白色………………**1a. 野胡萝卜（原变种）D. carota** var. **carota**
1. 根肉质，为粗壮圆锥形，红色或黄色………………………**1b. 胡萝卜（变种）D.carota** var.**saitiva**

1a. 野胡萝卜（原变种） **Daucus carota** Linnaeus var. **carota**

草本。全体有白色粗硬毛。基生叶长圆形，二至三回羽状全裂，末回裂片线形或披针形，光滑或有糙硬毛；茎生有叶鞘。复伞形花序，有糙硬毛；总苞有多数苞片，呈叶状，羽状分裂，裂片线形；伞辐多数；小总苞片 5～7，线形。具纤毛；花白色，有时带淡红色。果实圆卵形，棱上有白色刺毛。花期 6～7 月，果期 7～8 月。

分布与生境：分布于八大公山各地，生于海拔 1800 m 以下的山坡、路旁。

用途：根、果实入药。

野胡萝卜（原变种） Daucus carota var. carota

1b. 胡萝卜（变种） **Daucus carota** var. **sativa** Hoffmann

本变种与原变种的区别在于根肉质，长圆锥形，粗肥，呈红色或黄色。

分布与生境：原产亚洲西部，八大公山各地有栽培。

用途：根、果实入药；根、叶为重要蔬菜。

胡萝卜（变种） Daucus carota var. sativa

（十一）马蹄芹属 **Dickinsia** Franchet

一年生草本，根状茎短。茎柔弱，直立，无节。叶有长柄，叶柄基部有鞘，无托叶。总苞片 2，叶状，无柄，对生。花序梗 3～6，生于二叶状苞片之间；伞形花序有多数小花；萼齿微小或不显著；花瓣卵形，复瓦状排列；雄蕊 5，花丝短于花瓣；花柱短，向外反曲，基部圆锥形。果实背腹扁压，近四棱形，分果近方形，背部稍突起，边缘扩大呈翅状，背部主棱 5 条，丝状，中棱稍隆起；心皮柄宿存；无油管。种子扁，长圆形。

1 种。八大公山也有分布。

1. 马蹄芹 **Dickinsia hydrocotyloides** Franchet

特征见马蹄芹属的描述。

分布与生境：分布于八大公山天平山，生于海拔 1400 m 的林下沟边阴湿地。

用途：全草入药；庭院观赏。

马蹄芹 Dickinsia hydrocotyloides

（十二）独活属 **Heracleum** Linnaeus

多年生草本。叶片三出式或羽状多裂，边缘有锯齿以至不同程度的半裂和分裂。叶柄有宽展的叶鞘。复伞形花序，总苞片少数或无，小总苞数片，伞辐多数，花白色、黄色或淡红色，萼齿细小或不显，花瓣先端凹陷有窄狭的内折小舌片。果实背部扁平，背棱和中棱丝线状，侧棱通常有翅；每棱槽内有油管 1，合生面油管 2～4。

70 种，我国产 29 种，湖南产 7 种，八大公山产 1 种。

1. 短毛独活 **Heracleum moellendorffii** Hance

草本。叶片轮廓广卵形，薄膜质，三出式分裂；茎上部叶有显著宽展的叶鞘。复伞形花序；总苞片少数，线状披针形；伞辐 12～30；小总苞片 5～10，披针形；萼齿不显著；花瓣白色，二型；

花柱叉开。分生果背部扁平，有稀疏的柔毛或近光滑，背棱和中棱线状突起，侧棱宽阔；每棱槽内有油管 1，合生面油管 2，棒形。花期 7 ~ 8 月，果期 8 ~ 9 月。

分布与生境：分布于八大公山各地，生于海拔 1200 ~ 1900 m 的山坡林下、草丛中。

用途：根入药。

短毛独活 Heracleum moellendorffii

（十三）藁本属 **Ligusticum** Linnaeus

多年生草本。叶片二至多回羽状全裂，末回裂片卵形、长圆形以至线形；茎上部叶简化。复伞形花序；总苞片少数，早落或无；伞辐后期常呈弧形弯曲；小总苞片多数，线形至披针形，或为羽状分裂；萼齿线形、钻形、卵状三角形，或极不明显；花白色或紫色，先端具内折小舌片。分生果椭圆形至长圆形，横剖面近五角形至背腹扁压。

60 种，我国约产 40 种，湖南产 12 种，八大公山产 1 种。

1. 藁本 **Ligusticum sinense** Oliver

草本。茎具条纹。叶宽三角形，二回三出式羽状全裂，第一回羽片长圆状卵形，下部羽片具柄，基部略扩大，顶生小羽片先端渐尖至尾状，茎中部叶较大，上部叶简化。复伞形花序，总苞片 6 ~ 10，线形；小总苞片 10，线形，花白色，萼齿不明显，花瓣具内折小尖头。分生果稍两侧扁压，侧棱略扩大呈翅状。花期 7 ~ 8 月，果期 9 ~ 10 月。

分布与生境：分布于八大公山，生于海拔 1200 ~ 1800 m 的山坡林缘。

用途：根茎入药。

藁本 Ligusticum sinense

（十四）白苞芹属 **Nothosmyrnium** Miquel

多年生草本。茎有纵长条纹。叶二至三回羽状分裂，末回裂片卵形、长圆状卵形或披针状长圆形，边缘有不规则的锯齿；叶柄基部有鞘。复伞形花序；总苞数片，披针形或卵形；小总苞数片，圆卵形，边缘膜质；花白色；萼齿不显。果实双球状卵形，侧面扁平，合生面收缩，背棱和中棱线形，侧棱通常不明显，油管多数。

2 种，我国均产，湖南产 1 种，八大公山亦产。

1. 川白苞芹（变种） Nothosmyrnium japonicum var. **sutchuenense** H.de Boissieu

草本。茎有纵纹。叶卵状长圆形，二回羽状分裂，一回裂片有柄，长 2 ~ 5 mm，二回裂片有或无柄，披针形或披针状椭圆形，边缘有不规则的深裂齿，下面有疏柔毛；叶柄基部有鞘；茎上部的叶羽状分裂，有鞘。复伞形花序，总苞片 3 ~ 4，边缘膜质，小总苞片 4 ~ 5，淡黄色，伞辐 7 ~ 15；花白色。果实球状卵形，果棱线形；油管多数；分生果侧面扁平。

分布与生境：分布于八大公山各地，生于海拔 1000 ~ 1500 m 的山坡林下或路边草丛中。

用途：根入药。

（十五）水芹属 **Oenanthe** Linnaeus

二年生至多年生草本。叶片羽状分裂至多回羽状分裂，羽片或末回裂片卵形至线形，边缘有锯齿呈羽状半裂，或叶片有时简化成线形管状的叶柄。复伞形花序；总苞缺或有少数窄狭的苞片；小总苞片狭窄；花白色；萼齿披针形，宿存；小伞形花序外缘花的花瓣通常增大为辐射瓣。果实圆卵形至长圆形，果棱钝圆。分生果背部扁压。

川白苞芹（变种）Nothosmyrnium japonicum var. sutchuenense

25 ~ 30 种，我国产 5 种，湖南有产 4 种，八大公山产 3 种。

分种检索表

1. 果实棱槽不显著；叶裂片宽。
    2. 叶裂片小，（2.5 ~ 4.0）cm×（1.5 ~ 2.0）cm ……………………………… **1. 水芹 O. javanica**
    2. 叶裂片大，（4 ~ 5）cm×（2 ~ 3）cm ……………………………… **2. 卵叶水芹 O. rosthornii**
1. 果实棱槽显著；叶裂片狭窄，末回裂片线形………… **3. 窄叶水芹 O. thomsonii** subsp. **stenophylla**

1. 水芹 Oenanthe javanica (Blume) de Candolle

草本。叶片三角形，一至二回羽状分裂，末回裂片卵形至菱状披针形，边缘有牙齿或圆齿状锯齿。复伞形花序；无总苞；伞辐 6 ~ 16；小总苞片 2 ~ 8，线形；小伞形花序有花 20 余朵；萼齿线状披针形；花瓣白色，有一长而内折的小舌片。果实近于四角状椭圆形或筒状长圆形，侧棱较背棱和中棱隆起，木栓质，分果横剖面近于五边状半圆形；每棱槽内油管 1，合生面油管 2。花期 7 ~ 8 月，果期 8 ~ 9 月。

分布与生境：分布于八大公山各地，生于海拔 200 ~ 1800 m 以下的水沟、水塘边。

用途：全草入药；嫩茎叶可为野菜。

2. 卵叶水芹 Oenanthe rosthornii Diels

多年生草本。茎下部匍匐，上部直立。叶片轮廓为广三角形或卵形，末回裂片菱状卵形或长圆形。复伞形花序顶生和侧生，无总苞，小总苞片披针形，萼齿披针形，花瓣白色。果实椭圆形或长圆形，侧棱较背棱和中棱隆起。花期 8 ~ 9 月，果期 10 ~ 11 月。

分布与生境：分布于八大公山各地，生于海拔 500 ~ 800 m 的山谷林下、沟边草丛中。

用途：根茎入药。《FOC》将其处理为水芹的亚种显然是不能收受的。

水芹 Oenanthe javanica

卵叶水芹 Oenanthe rosthornii

3. 窄叶水芹 Oenanthe thomsonii subsp. **stenophylla** (H. de Boissieu) F. T. Pu

多年生草本。全体无毛。茎直立或匍匐，下部节上生根。叶片轮廓为三角形，二至四回羽状分裂，末回羽片条裂成短而钝的线形小裂片，（2~12）cm×（1~2）cm。花序与叶对生，无总苞，小总苞片线形，少数，较花柄为短，小伞形花序有花 13~30，萼齿细小，卵形，花瓣白色，倒卵形，顶端凹陷，有内折的小舌片。果实长圆形或近圆球形，背棱和中棱明显，侧棱较膨大，棱槽显著。花期 6~8 月，果期 8~10 月。

分布与生境：分布于八大公山各地，生于海拔 500~800 m 的林下、沟边草丛中。

用途：全草入药。

窄叶水芹 Oenanthe thomsonii subsp. stenophylla

（十六）前胡属 **Peucedanum** Linnaeus

多年生草本。茎有细纵条纹。叶基部有叶鞘，茎生叶鞘稍膨大。复伞形花序，伞辐多数或少数；总苞片多数或缺，小总苞片多数；花瓣顶端微凹，有内折的小舌片，白色，少为粉红色和深紫色；萼齿短或不明显；花柱基短圆锥形。果实椭圆形或近圆形，背部扁压，光滑或有毛，中棱和背棱丝线形稍突起，侧棱扩展成较厚的窄翅，合生面紧紧锲合，不易分离；棱槽内油管 1 至数个，合生面油管 2 至多数。

100~200 种，我国产 40 种，湖南产 4 种，八大公山产 3 种。

分种检索表

1. 萼齿显著。
   2. 叶三出式三回分裂……………………………………………………………**1. 鄂西前胡 P. henryi**
   2. 叶三出式二至三回分裂或二回羽状分裂……………………………… **2. 华中前胡 P. medicum**
1. 萼齿无或细小而不明显…………………………………………………………… **3. 前胡 P. sp.**

1. 鄂西前胡 Peucedanum henryi H.Wolff

草本。茎略呈空管状。叶三出式三回分裂，小叶楔状倒卵形或卵形，无柄或具短柄，近于深裂。伞形花序很少，花序梗和伞辐等长；无总苞片和小总苞片；伞辐 5～6；小伞形花序有花近 20；萼齿显著，细小；花淡黄色至黄绿色；花柱基非常发达，圆锥形。果实椭圆形，背部十分扁压，分生果有时弯曲，略呈肾形，背棱线形，侧棱极狭窄，棱槽内油管 3～4，合生面油管 4。花期 7～8 月，果期 9～11 月。

分布与生境：分布于八大公山各地，生于海拔 1500 m 以下的山坡草地。

用途：根入药。

鄂西前胡 Peucedanum henryi

2. 华中前胡 Peucedanum medicum Dunn

草本，根茎有明显环状叶痕。叶片广三角状卵形，二至三回三出式分裂或二回羽状分裂，第一回羽片 3 全裂，两侧的裂片斜卵形，中间裂片卵状菱形，3 浅裂或深裂，边缘具粗大锯齿，主脉上有短毛。伞形花序大，总苞大，早落，小总苞片多数，线状披针形，花瓣白色。果实椭圆形，背部扁压，中棱和背棱线形突起，侧棱呈狭翅状。花期 7 ~ 8 月，果期 9 ~ 10 月。

分布与生境：分布于八大公山各地，生于海拔 600 ~ 1200 m 的山坡疏林下或岩石上。

用途：根入药。

华中前胡 Peucedanum medicum

3. 前胡 Peucedanum sp.

多年生草本。基生叶具长柄，叶片轮廓宽卵形或三角状卵形，三出式三回分裂，末回裂片菱状倒卵形，边缘具不整齐的 2 ~ 3 尖锯齿。果实柱状，无毛，萼齿极。花期、果期 7 ~ 8 月。

分布与生境：分布于八大公山天平山，生于海拔 400 ~ 1400 m 的山坡草地。

前胡 Peucedanum sp.

（十七）茴芹属 **Pimpinella** Linnaeus

或极不等长；小伞形花序通常有多数花；萼齿通常不明显；花白色，稀为淡红色或紫色，有内折小舌片。果实卵形、长卵形或卵球形，基部心形，两侧扁压，有毛或无毛，果棱线形或不明显；分生果横剖面五角形或近圆形。

150 种，我国产 44 种，湖南产 11 种，八大公山产 2 种。

分种检索表

1. 果实有毛；无萼齿……………………………………………………………… **1. 异叶茴芹 P. diversifolia**
1. 果实无毛；萼齿明显或无…………………………………………………… **2. 菱叶茴芹 P. rhomboidea**

1. 异叶茴芹 Pimpinella diversifolia de Candolle

多年生草本。叶异形，基生叶有长柄；叶三出分裂；茎中、下部叶片三出分裂或羽状分裂；茎上部叶较小，具叶鞘，叶片羽状分裂或3裂。通常无总苞片，伞辐6~15，小总苞片1~8，小伞形花序有花6~20，无萼齿，花白色，小舌片内折，背面有毛。果实卵球形，果棱线形；每棱槽内油管2~3，合生面油管4~6。花期9~10月，果期10~11月。

分布与生境：分布于八大公山各地，生于海拔1800 m以下的山坡林下草丛中或沟边。

用途：全草入药。

异叶茴芹 Pimpinella diversifolia

2. 菱叶茴芹 Pimpinella rhomboidea Diels

多年生草本。基生叶二回三出分裂，两侧的裂片卵形或长卵形，中间的裂片宽卵形或菱形；茎中、下部叶向上逐渐变小。无总苞片，或偶有1~5片，线形，小总苞片2~5，线形。小伞形花序有花15~30；无萼齿。果实果棱不明显，无毛，每棱槽内油管3，合生面油管6。花期7~8月，果期9~10月。

分布与生境：分布于八大公山各地，生于海拔1000~1800 m的林下或沟边草丛中。

用途：根入药。

菱叶茴芹 Pimpinella rhomboidea

（十八）囊瓣芹属 **Pternopetalum** Franchet

草本。叶片通常膜质，一至三回三出分裂或三出式羽状分裂；基生叶和茎生叶同形或异形。复伞形花序，无总苞；有 1 ~ 4 个小总苞片，呈线状披针形；伞形花序有花 2 ~ 4；萼齿钻形、三角形，花瓣白色或带浅紫色，基部狭长，下端通常呈小袋状，有一内折的小舌片；花柱基圆锥形。果实圆卵形至长卵形，果棱光滑或粗糙，有的有丝状细齿；每棱槽中有油管 1 ~ 3，合生面油管 2 ~ 6，心皮柄 2 裂至基部。

25 种，我国产 23 种，湖南产 8 种，八大公山产 4 种。

分种检索表

1. 植株较高大；茎生叶和基生叶同形，一至二回三出分裂或三出式羽状分裂。
  2. 叶全部基生，无茎生叶…………………………………………………… **1. 裸茎囊瓣芹 P. nudicaule**
  2. 叶基生和茎生叶都存在。
    3. 叶片一至二回三出分裂，顶端的裂片不呈尖尾状………………………… **4. 五匹青 P. vulgare**
    3. 叶片三出羽状分裂，或一至二回三出分裂，顶端裂片呈尖尾状… **2. 川鄂囊瓣芹 P. rosthornii**
1. 植株纤细；叶形变化大，茎生叶和基生叶通常异形…………… **3. 膜蕨囊瓣芹 P. trichomanifolium**

1. 裸茎囊瓣芹 Pternopetalum nudicaule (H. de Boissieu) Handel-Mazzetti

多年生草本。叶全部基生，叶柄细长，基部有褐色宽膜质叶鞘，叶片三出分裂，小叶有短柄，小叶片卵形或菱形，沿叶脉两侧、叶缘和小叶柄上密被粗伏毛。无茎生叶。复伞形花序无总苞；伞辐 10～30，小总苞片 2～3，线状披针形，不等长，花瓣白色，长倒卵形，顶端凹缺内折。果实长卵形。

分布与生境：分布于八大公山各地，生于海拔 200～700 m 的林下潮湿地。

裸茎囊瓣芹 Pternopetalum nudicaule

2. 川鄂囊瓣芹 Pternopetalum rosthornii (Diels) Handel-Mazzetti

多年生草本。茎 1～2，不分枝，有时 1～2 分枝或二歧式分枝。基生叶有长柄，基部有褐色膜质叶鞘，叶 2 回三出分裂，两侧的裂片卵状披针形或长卵形，中间的裂片狭长，长（7～11）cm×（1.5～2.5）cm，顶端长尾状，裂片有短柄或无柄，边缘都有微向内弯的圆齿状锯齿或重锯齿；茎生叶与基生叶同形，最上部的茎生叶 1～2 回三出分裂。复伞形花序无总苞，花瓣倒卵形，顶端凹缺，有内折小舌片。果实卵形至广卵形。花果期 4～8 月。

川鄂囊瓣芹 Pternopetalum rosthornii

分布与生境：分布于八大公山各地，生于海拔 800 ~ 1600 m 的山坡林下阴湿处。

用途：根入药。

3. 膜蕨囊瓣芹 Pternopetalum trichomanifolium (Franchet) Handel-Mazzetti

多年生草本。叶几乎全部基生，基部有深褐色阔膜质叶鞘；叶菱形，近于三出式三至多回羽状分裂，末回裂片狭窄，宽不及 1mm。花无总苞，小总苞片 2 ~ 4，线状披针形，小伞形花序通常有花 2 ~ 4，萼齿钻形，花瓣白色，有内折的小舌片。果实狭长卵形，仅 1 个心皮发育，每棱槽内油管 1 ~ 3。花果期 4 ~ 8 月。

分布与生境：产于八大公山各地，生于海拔 600 ~ 1000 m 的山地林下、沟边阴湿处。

用途：全草入药。

膜蕨囊瓣芹 Pternopetalum trichomanifolium

4. 五匹青 Pternopetalum vulgare (Dunn) Handel-Mazzetti

多年生草本。茎中部以上 1 个叶片。基生叶通常 2 ~ 5，基部有宽膜质叶鞘，叶片一回三出分裂，或近于二回三出分裂，沿叶脉和叶缘有粗伏毛，茎生叶和基生叶同形。复伞形花序，小总苞片 1 ~ 4，线状披针形，小伞形花序有花 2 ~ 5，萼齿大小不等，花瓣白色至浅紫色。果棱微粗糙或有丝状细齿，每棱槽内油管 1 ~ 3。花期 4 ~ 5 月，果期 6 ~ 7 月。

分布与生境：产于八大公山各地，生于海拔 800 ~ 1200 m 的山谷林下或沟谷阴湿处。

用途：全草入药。

五匹青 *Pternopetalum vulgare*

（十九）变豆菜属 **Sanicula** Linnaeus

草本。叶柄基部有宽的膜质叶鞘；叶近圆形或圆心形至心状五角形，掌状或三出式3裂。单伞形花序或为不规则伸长的复伞形花序；总苞片叶状；小伞形花序中有两性花和雄花；雄花有柄，两性花无柄或有短柄；萼齿卵形，线状披针形或呈刺芒状，外露或为皮刺所掩盖；花瓣顶端内凹而有狭窄内折的小舌片。果实表面密生皮刺或瘤状凸起，顶端尖直或呈钩状；果棱不显著或稍隆起；果实横剖面近圆形或背面扁平，通常在合生面有两个较大的油管。

40种，我国产17种，湖南产7种，八大公山产3种。

分种检索表

1. 果实圆卵形或倒圆锥形，皮刺顶端钩状……………………………………………**1. 变豆菜 S. chinensis**
1. 果实卵形，皮刺短而直立，顶端不呈钩状。
  2. 总苞片条形；皮刺基部连成薄片……………………………………………**2. 薄片变豆菜 S. lamelligera**
  2. 总苞片钻形；皮刺基部少连成薄膜…………………………………………**3. 野鸭脚板 S. orthacantha**

1. 变豆菜 **Sanicula chinensis** Bunge

多年生草本。基生叶，近圆形、圆肾形至圆心形，通常3裂，中间裂片倒卵形，两侧裂片通常各有1深裂；茎生叶逐渐变小，通常3裂。伞形花序2～3出，总苞片叶状，常3深裂，小总苞片8～10，小伞形花序有花6～10，雄花3～7枚，稍短于两性花，萼齿窄线形，花白色，顶端内折，两性花3～4。果实顶端萼齿成喙状突出，皮刺顶端钩状，基部膨大。花期6～7月，果期8～9月。

分布与生境：分布于八大公山各地，生于海拔300～1800 m的山坡或及溪边林下。

用途：全草入药。

变豆菜 Sanicula chinensis

2. 薄片变豆菜 Sanicula lamelligera Hance

草本。基生叶圆心形或近五角形，掌状 3 裂，中间裂片楔状倒卵形或椭圆状倒卵形至菱形，侧面裂片阔卵状披针形或斜倒卵形；基部有膜质鞘。花序通常二至多回二歧分枝或 2 ~ 3 叉；总苞片线状披针形；伞辐 3 ~ 7；小总苞片 4 ~ 5，线形；小伞形花序有花 5 ~ 6；雄花 4 ~ 5；萼齿线形或呈刺毛状；花瓣顶端内凹；两性花 1。幼果表面有啮蚀状或微波状的薄层，成熟后成短而直的皮刺，刺不成钩状，基部连成薄片。

薄片变豆菜 Sanicula lamelligera

分布与生境：分布于八大公山各地，生于海拔 200 ~ 1000 m 的山谷密林下。

用途：全草入药。

3. 直刺变豆菜 Sanicula orthacantha S. Moore

多年生草本。基生叶少至多数，圆心形或心状五角形，掌状 3 全裂，中间裂片楔状倒卵形或菱状楔形，侧面裂片斜楔状倒卵形，顶端 2 ~ 3 浅裂，边缘有不规则的锯齿或刺毛状齿；叶柄细弱，基部有阔的膜质鞘；茎生叶略小于基生叶，有柄，掌状 3 全裂。花序通常 2 ~ 3 分枝；伞形花序 3 ~ 8；小伞形花序有花 6 ~ 7；花瓣白色、淡蓝色或紫红色，倒卵形；果实卵形，外面有直而短的皮刺；分生果侧扁，横剖面略呈圆形。花果期 4 ~ 9 月。

分布与生境：分布于八大公山各地，生于海拔 200 ~ 1000 m 的山坡林下。

用途：全草入药。

直刺变豆菜 Sanicula orthacantha

（二十）窃衣属 Torilis Adanson

草本，全体被刺毛、粗毛或柔毛。叶一至二回羽状分裂或多裂，末回裂片狭窄。复伞形花序，总苞片数枚或无；小总苞片 2 ~ 8 线形或钻形；伞辐 2 ~ 12；花白色或紫红色，萼齿三角形；花瓣倒卵形，背部中间至基部有粗伏毛。果实主棱线状，棱间有直立或呈钩状的皮刺，皮刺基部阔展、粗糙；在每一次棱下方有油管 1 条，合生面油管 2 条。

20 种，我国产 2 种，湖南产 2 种，八大公山产 2 种。

分种检索表

1. 总苞片 3 ~ 6，伞辐 4 ~ 12，果实圆卵形……………………………………………… **1. 小窃衣 T. japonica**

1. 总苞片通常无，很少有 1 线形的苞片，伞辐 2 ~ 4 ……………………………………**2. 窃衣 T. scabra**

1. 小窃衣 Torilis japonica (Houttuyn) de Candolle

一年或多年生草本。主根细长，圆锥形，棕黄色，支根多数。茎有纵条纹及刺毛。叶片长卵形，一至二回羽状分裂，两面疏生紧贴的粗毛，第一回羽片卵状披针形，长 2 ~ 6 cm，宽 1.0 ~ 2.5 cm，边缘羽状深裂至全缘，末回裂片披针形以至长圆形。复伞形花序顶生或腋生，花瓣白色，倒圆卵形，顶端内折。果实圆卵形，通常有内弯或呈钩状的皮刺；皮刺基部阔展，粗糙；胚乳腹面凹陷，每棱槽有油管 1。花果期 4 ~ 10 月。

分布与生境：分布于八大公山各地，生于海拔 200 ~ 1800 m 的山坡或荒地中。

用途：果实入药。

小窃衣 Torilis japonica

2. 窃衣 Torilis scabra (Thunberg) de Candolle

一年生草本。茎有纵条纹及刺毛。叶下部有窄膜质的叶鞘；叶长卵形，一至二回羽状分裂，两面疏生紧贴的粗毛，第一回羽片边缘羽状深裂至全缘。复伞形花序，有倒生的刺毛；总苞片通常无，很少有 1 钻形或线形的苞片；伞辐 2 ~ 4，粗壮，有纵棱及向上紧贴的粗毛；小总苞片 5 ~ 8，线形或钻形；伞形花序；花白色、紫红或蓝紫色，有紧贴的粗毛。果实长圆形。花期 4 ~ 9 月，果期 9 ~ 11 月。

分布与生境：分布于八大公山各地，生于海拔 200 ~ 1500 m 的山坡或荒地中。

用途：果实入药。

窃衣 Torilis scabra

“十四五”国家重点出版物出版规划项目

湖南八大公山国家级自然保护区植物志

（第二卷）

主　编　邓　涛　谷志容
副主编　蒋　龙　张梦华
　　　　向建军　程宜清

山东科学技术出版社
·济南·

图书在版编目（CIP）数据

湖南八大公山国家级自然保护区植物志：全三卷 / 邓涛, 谷志容主编. -- 济南：山东科学技术出版社, 2024.9

ISBN 978-7-5723-1980-8

Ⅰ. ①湖… Ⅱ. ①邓… ②谷… Ⅲ. ①自然保护区－植物志－湖南 Ⅳ. ①Q948.526.4

中国国家版本馆 CIP 数据核字 (2024) 第 046618 号

湖南八大公山国家级自然保护区植物志（全三卷）

HUNAN BADAGONGSHAN GUOJIAJI ZIRAN BAOHUQU ZHIWUZHI (QUAN SAN JUAN)

责任编辑：陈 昕 张 琳

主管单位：山东出版传媒股份有限公司

出 版 者：山东科学技术出版社

地址：济南市市中区舜耕路 517 号

邮编：250003 电话：（0531）82098088

网址：www.lkj.com.cn

电子邮件：sdkj@sdcbcm.com

发 行 者：山东科学技术出版社

地址：济南市市中区舜耕路 517 号

邮编：250003 电话：（0531）82098067

印 刷 者：山东彩峰印刷股份有限公司

地址：潍坊市潍城经济开发区玉清西街 7887 号

邮编：261031 电话：（0536）8311811

规格： 16 开（210 mm × 285 mm）

印张： 138.5 **字数：** 3090 千

版次： 2024 年 9 月第 1 版 **印次：** 2024 年 9 月第 1 次印刷

定价： 1280.00 元（全 3 册）

《湖南八大公山国家级自然保护区植物志》
编委会

主　任　廖操元

副主任　蔡双林　黄　清　王　威　张娅妮　杨群英

顾　问　陈功锡　秦位强　严岳鸿

主　编　邓　涛　谷志容

副主编　蒋　龙　张梦华　向建军　程宜清

编　委　廖春林　向武凡　罗　舜　胡小东　谭红艳
向　鑫　黄　超　胡　位　谭　黎　杨　山
覃金科　苏　曼　贺　辉　程宜清　朱辉红
吴　情　廖　韦　尚　佳　向建军　张　云
鲁承虎　黎安根　王秀英　谷聪聪　刘　巍
杜昌永　李兴江　覃正秀　王武明　吴国荣
王卫红　刘文林　赵海滨　韦先雄　覃遵平
周天明　王家福　向国祥　谷志容　邓　涛
蒋　龙　张梦华　何贤勤　刘振华

摄　影　张代贵　周建军　秦位强　谷志容　向祖恒
向建军　程宜清

学术支持单位　中国科学院昆明植物研究所
吉首大学
湘西土家族苗族自治州林业局

第二卷编著者

谷志容（八大公山国家级自然保护区）

被子植物：昆栏树科、连香树科、莲科、扯根菜科、小二仙草科、葡萄科、胡颓子科、鼠李科、榆科、大麻科、桑科、壳斗科、杨梅科、胡桃科、桦木科。

邓　涛（中国科学院昆明植物研究所）

被子植物：葡萄科、豆科、蔷薇科。

蒋　龙（湘西土家族苗族自治州林业局）

被子植物：杨柳科、堇菜科、金丝桃科、牻牛儿苗科、马桑科。

张梦华（吉首大学）

被子植物：荨麻科、葫芦科、秋海棠科、卫矛科、酢浆草科、杜英科、大戟科、叶下珠科、锦葵科、瑞香科、十字花科。

向建军（八大公山国家级自然保护区）

被子植物：防己科、小檗科、千屈菜科、柳叶菜科、桃金娘科、野牡丹科、省沽油科、旌节花科。

程宜清（八大公山国家级自然保护区）

被子植物：堇菜科、景天科、虎耳草科、锦葵科、檀香科。

张玉洁（吉首大学）

被子植物：毛茛科、清风藤科、悬铃木科、山龙眼科、黄杨科、蕈树科、漆树科、无患子科、芸香科、苦木科、楝科、瘿椒树科、十齿花科；拉丁名索引。

刘美希（吉首大学）

被子植物：金缕梅科、虎皮楠科、鼠刺科、虎耳草科。

韦　程（吉首大学）

被子植物：景天科。

彭敬宜（吉首大学）

统计、目录、中文名索引。

四十三、防己科 Menispermaceae

攀缘或缠绕藤本，稀直立木本。叶螺旋状排列，无托叶，单叶互生，稀复叶，全缘或掌状分裂，通常具掌状脉。花小，单性，雌雄异株，单生、簇生或成总状、圆锥或伞形花序。花萼与花冠常均存在，常6数，2轮排列；雄蕊2至多数；花柱顶生，柱头分裂。核果。

72属525种，我国有19属77种，湖南产8属19种，八大公山产7属11种。

分属检索表

1. 叶盾状着生；雄蕊合生。
  2. 萼片离生…………………………………………………………… **6. 千斤藤属 Stephania**
  2. 萼片合生……………………………………………………………**2. 轮环藤属 Cyclea**
1. 叶不为盾状；雄蕊离生。
  3. 子叶为叶状，柔软而薄……………………………………………… **7. 青牛胆属 Tinospora**
  3. 子叶不为叶状，厚肉质。
    4. 胎座迹非双片状。
      5. 花药纵裂……………………………………………………**4. 细圆藤属 Pericampylus**
      5. 花药横裂。
        6. 胎座迹隔膜状……………………………………………… **3. 秤钩风属 Diploclisia**
        6. 胎座迹非隔膜状……………………………………………**1. 木防己属 Cocculus**
    4. 胎座迹双片状…………………………………………………… **5. 风龙属 Sinomenium**

（一）木防己属 Cocculus Candolle

木质藤本。叶非盾状。聚伞花序或聚伞圆锥花序。雄花：萼片6或9枚，排成2(3)轮；花瓣6枚；花丝分离，药室横裂。雌花：萼片和花瓣与雄花的相似；退化雄蕊6枚或无；心皮6或3裂。核果倒卵形或近圆形，稍扁；果核骨质，背肋二侧有小横肋状雕纹。

本属8种。我国有2种，湖南产1种，八大公山也有分布。

1. 木防己 Cocculus orbiculatus (Linnaeus) Candolle

木质藤本。叶片厚纸质，形状变异极大，通常卵形，顶端短尖，边全缘或3（5）裂。聚伞花序或排成狭窄聚伞圆锥花序，被柔毛。雄花：小苞片2（1）枚，萼片6枚，花瓣6枚，雄蕊6枚。雌花：萼片和花瓣与雄花相同；退化雄蕊6枚；心皮6枚。核果近球形，红色至紫红色。

分布与生境：分布于八大公山各地，生于海拔200 ~ 600 m的山坡路边、林缘或沟边。

用途：根茎入药。

木防己 Cocculus orbiculatus

（二）轮环藤属 Cyclea Arnott ex Wight

木质藤本。单叶互生，叶柄盾状着生。花雌雄异株，腋生的总状或聚伞圆锥花序。雄花：萼片常 4～5 枚，稀 6 枚，通常合生成筒状；花瓣 4～5 枚，常合生；雄蕊合生成盾状聚药雄蕊，花药 4～5 枚，横裂。雌花：萼片和花瓣均 1～2 枚，彼此对生，稀无花瓣；心皮 1 枚，花柱很短，柱头 3 裂或较多裂。核果倒卵状球形。

29 种。我国有 13 种，湖南产 2 种，八大公山均产。

分种检索表

1. 花序轴和核果均被毛……………………………………………………………… **1. 轮环藤 C. racemosa**
1. 花序轴和核果均无毛…………………………………………………… **2. 四川轮环藤 C. sutchuenensis**

1. 轮环藤 Cyclea racemosa Oliver

草质藤本。叶卵状三角形，顶端渐尖，基部截平至心形，全缘。总状聚伞花序，密被柔毛。雄花：萼钟形，深裂近达基部；花冠碟状或浅杯状；聚药雄蕊。雌花：萼片 2（1）枚；花瓣 2（1）枚；子房密被刚毛，柱头 3 裂。核果扁球形，被刚毛。花期 4～5 月，果期 8 月。

分布与生境：分布于八大公山各地，生于海拔 200～600 m 的山坡灌木丛中或阴沟边。

用途：根有小毒，可入药。

轮环藤 Cyclea racemosa

2. 四川轮环藤 *Cyclea sutchuenensis* Gagnepain

草质藤本。叶纸质，披针形或卵形，顶端渐尖，基部圆，全缘。花序腋生，总状花序或穗状花序状，花序轴无毛。雄花：萼片 4 枚，基部合生；花瓣 4 枚，通常合生；聚药雄蕊；雌花：萼片 2 枚，花瓣 2 枚，心皮无毛。核果红色。花期夏季，果期秋季。

分布与生境：分布于八大公山五道水，生于海拔 200 ~ 4000 m 的山坡林下。

用途：根、茎藤入药。

四川轮环藤 Cyclea sutchuenensis

（三）秤钩风属 Diploclisia Miers

木质藤本。单叶互生，叶柄非盾状着生。聚伞花序腋生，或由聚伞花序组成的圆锥花序生于老枝或茎上。雄花：萼片6枚，排成2轮，覆瓦状排列；花瓣6枚；雄蕊6枚，分离，药室横裂。雌花：萼片和花瓣与雄花相似，花瓣顶端常2裂；退化雄蕊6枚；心皮3枚，花柱短。核果倒卵形或狭倒卵形而弯；果核骨质，背部有棱脊。

本属仅2种。我国全产，湖南产1种，八大公山也有分布。

1. 秤钩风 Diploclisia affinis (Oliver) Diels

木质藤本。叶革质，宽卵形，基部近截平至浅心形，边缘具明显或不明显的波状圆齿；叶柄与叶片近等长或较长。聚伞花序腋生，有花3至多朵。雄花：萼片6枚，椭圆形至阔卵圆形；花瓣6枚，卵形。核果红色，倒卵圆形。花期4～5月，果期7～9月。

分布与生境：分布于八大公山海拔200～400 m的山坡灌木丛中。

用途：根和茎藤入药。

秤钩风 Diploclisia affinis

（四）细圆藤属 Pericampylus Miers

木质藤本。叶非盾状或稍呈盾状，具掌状脉。聚伞花序腋生，单生或2～3个簇生；雄花萼片9，最外轮小，苞片状，花瓣6，楔形或菱状倒卵形；雌花：萼片和花瓣与雄花相似；退化雄蕊6，棒状；心皮3，花柱短，柱头深2裂，或裂片再2裂，裂片或小裂片叉开。核果扁球形，果核骨质，背部中肋两侧有圆锥状或短刺状凸起，胎座迹隔膜状。

2～3种，我国有1种，八大公山亦产。

1. 细圆藤 Pericampylus glaucus (Lamarck) Merrill

木质藤本。小枝通常被灰黄色茸毛。叶三角状卵形至三角状近圆形，基部近截平至心形，边缘有圆齿或近全缘，两面被茸毛或上面被疏柔毛至近无毛，很少两面近无毛；叶柄通常生叶片基部，极少稍盾状着生。聚伞花序伞房状，被茸毛。核果红色或紫色，果核径 5 ~ 6 mm。花期 4 ~ 6 月，果期 9 ~ 10 月。

分布与生境：分布于八大公山各地，生于海拔 200 ~ 400 m 的山坡林缘。

用途：枝条细长，可作制藤器的原料。

细圆藤 Pericampylus glaucus

（五）风龙属 Sinomenium Diels

木质藤本。单叶互生，叶柄非盾状着生。花小，雌雄异株，腋生圆锥花序。雄花：花萼和花瓣各为 6 枚，雄蕊分离，花药 4 室。雌花：萼片和花瓣与雄花的相似，退化雄蕊 9 枚；心皮 3 枚，柱头分裂。核果扁球形。种子半月形，有丰富的胚乳。

本属仅 1 种，分布于我国及日本，八大公山亦产。

1. 风龙 **Sinomenium acutum** (Thunberg) Rehder & E.H.Wilson

特征见风龙属的描述。

风龙 Sinomenium acutum

分布与生境：分布于八大公山各地，生于海拔 400 ~ 1000 m 的山坡林缘。

用途：根、茎入药；枝条细长，可作制藤器的原料。

（六）千斤藤属 **Stephania** Loureiro

草质或木质藤本。叶盾状着生，全缘，掌状脉。雌雄异株，组成腋生的聚伞花序或再作伞形花序排列。雄花萼片 6 ~ 10 枚，离生；花瓣常 3 ~ 5 枚；雌花萼片和花瓣各 1 轮，每轮常 3 ~ 5 枚，花柱 3 ~ 6 裂。核果光滑无毛，近球形。

本属约 60 种。我国有 37 种，湖南产 6 种，八大公山产 4 种。

分种检索表

1. 雌花花被片辐射对称…………………………………………………… **3. 千斤藤 S. japonica**
1. 雌花花被片左右对称。
  2. 木质藤本…………………………………………………………………… **4. 汝兰 S. sinica**
  2. 草质藤本。
    3. 花序伞形或聚伞状伞形，单生或数个聚生………………………… **2. 江南地不容 S. excentrica**
    3. 花序腋排成头状聚伞花序，再成总状花序……………………… **1. 金线吊乌龟 S. cephalantha**

1. 金线吊乌龟 Stephania cephalantha Hayata

草质藤本。具块根。叶纸质，三角状扁圆形，顶端具小凸尖，基部圆或近截平，边全缘或多少浅波状。雌雄花序同形，均为头状花序。雄花萼片 6（偶有 4 或 8）枚；花瓣 3 枚或 4 枚。雌花萼片 1 枚，偶有 2 ~ 5 枚；花瓣 2 ~ 4 枚，比萼片小。核果成熟时红色。花期 4 ~ 5 月，果期 6 ~ 7 月。

分布与生境：分布于八大公山各地，生于海拔 200 ~ 1000 m 的林缘沟边或灌木丛中。

用途：块根入药。

金线吊乌龟 Stephania cephalantha

2. 江南地不容 Stephania excentrica Lo

草质藤本。有块根。叶纸质，三角状近圆形，顶端钝，具凸尖，基部微凹至浅心形，全缘，稀波状。花序腋生，常为复伞形聚伞花序。雄花萼片 6 枚；花瓣 3 枚，内面有 2 个大型腺体；聚药雄蕊比花瓣稍长。雌花萼片常 1 枚；花瓣通常 2 枚。核果成熟时红色。花期 6 月。

分布与生境：分布于八大公山各地，生于海拔 1300 ~ 1600 m 的山坡灌木丛中。

用途：块根入药。

江南地不容 Stephania excentrica

3. 千斤藤 Stephania japonica (Thunberg) Miers

草质藤本。叶纸质，常三角状近圆形，顶端有小凸尖，基部通常微圆，下面粉白。复伞形聚伞花序腋生，小聚伞花序近无柄，密集呈头状。雄花：萼片 6（8）枚，花瓣 3（4）枚，黄色，聚药雄蕊。雌花萼片和花瓣各 3 ~ 4 枚，心皮卵状。果倒卵形至近圆形，成熟时红色。

分布与生境：分布于八大公山各地，生于海拔 800 ~ 1000 m 的林缘沟边或灌木丛。

用途：根和茎藤入药。

千斤藤 Stephania japonica

4. 汝兰 Stephania sinica Diels

木质藤本。叶宽三角形状卵形，顶端钝，有小凸尖，基部近截平，边缘浅波状至全缘；掌状脉5条。复伞形聚伞花序腋生。雄花：萼片6枚，花瓣3（4）枚，花瓣内有2个大腺体，聚药雄蕊。雌花：萼片1枚，花瓣2枚。核果。花期6月，果期8~9月。

分布与生境：分布于八大公山各地，生于海拔1300~1600 m的山坡灌木丛中。

用途：块根入药。

汝兰 Stephania sinica

（七）青牛胆属 Tinospora Miers

草质藤本。单叶互生，叶基心形或戟形。雌雄异株，腋生或顶生的总状或圆锥花序、或单生和簇生。雄花：萼片通常6枚；花瓣6（3）枚；雄蕊6枚，分离。雌花：萼片与雄花相似；花瓣较小；退化雄蕊6枚；心皮3枚。核果1~3枚，近球形；果核近骨质，背部具棱脊。

本属30余种。我国有6种，湖南产2种，八大公山产1种。

1. 青牛胆 Tinospora sagittata (Oliver) Gagnepain

草质藤本。叶纸质，披针状箭形或戟形。花序腋生，常数个簇生，聚伞花序或分枝成疏花的圆锥状花序。雄花：萼片6枚；花瓣6枚；雄蕊6枚。雌花：萼片与雄花相似；花瓣楔形；退化雄蕊6枚；心皮3核，近无毛。核果红色，近球形；果核近半球形。花期4月，果期秋季。

分布与生境：分布于八大公山各地，生于海拔200~500 m的山坡林下。

用途：块根入药。

青牛胆 Tinospora sagittata

四十四、小檗科 Berberidaceae

灌木或多年生草本，稀小乔木。有时具根状茎或块茎，茎具刺或无。叶互生，稀对生或基生，单叶或一至三回羽状复叶。花两性，整齐，单生或排成聚伞、总状、聚伞状圆锥花序；萼片常 2 至数枚；花瓣 4 ~ 6 枚，偶多数，或变为腺叶，稀无花瓣。果为浆果、蒴果、蓇葖果或瘦果。

15 属约 650 种，我国有 11 属 303 种，湖南有 8 属 54 种，八大公山有 6 属 21 种。

分属检索表

1. 木本。
  2. 枝上通常具针刺；单叶；花黄色，花药 2 瓣裂……………………………… **1. 小檗属 Berberis**
  2. 枝上无针刺；羽状复叶；花白色或黄色，花药纵裂或瓣裂。
    3. 叶为三回羽状复叶，小叶全缘；花白色，花药纵裂……………………… **6. 南天竹属 Nandina**
    3. 叶为一回羽状复叶，小叶有刺齿；花黄色，花药瓣裂…………………**5. 十大功劳属 Mahonia**
1. 草本。
  4. 叶为单叶……………………………………………………………………**3. 鬼臼属 Dysosma**
  4. 叶为三出复叶。
    5. 小叶片边缘有刺齿………………………………………………… **4. 淫羊藿属 Epimedium**
    5. 小叶片边缘全缘……………………………………………… **2. 红毛七属 Caulophyllum**

（一）小檗属 Berberis Linnaeus

落叶或常绿灌木。枝通常具刺，单生或 3 ~ 5 分叉；老枝内皮层和木质部均为黄色。单叶互生，叶片与叶柄连接处常有关节。花序为单生、簇生、总状、圆锥或伞形花序；花 3 数，小苞片早落；萼片通常 6 枚，稀 3 或 9 枚；花瓣 6 枚，黄色，内侧近基部具 2 枚腺体；柱头头状。浆果球形、椭圆形、长圆形、卵形或倒卵形，通常红色或蓝黑色。

约 500 种，我国有 215 种，湖南产 8 种，八大公山产 6 种。

分种检索表

1. 花单生或 2 ~ 4 朵簇生。
  2. 叶线形、披针形、椭圆状披针形或倒披针形。
    3. 萼片 3 轮。
      4. 叶长圆状披针形或狭椭圆形。
        5. 叶背有白粉……………………………………………………… **1. 华东小檗 B. chingii**
        5. 叶背灰绿色……………………………………………… **5. 芒齿小檗 B. triacanthophora**
      4. 叶披针形或狭椭圆形……………………………………………… **6. 巴东小檗 B. veitchii**
    3. 萼片 2 轮………………………………………………………………… **2. 豪猪刺 B. julianae**
  2. 叶椭圆形、矩圆形、卵形或倒卵形………………………………… **4. 刺黑珠 B. sargentiana**
1. 花序伞形状总状或圆锥状……………………………………… **3. 石门小檗 B. oblanceifolia**

1. 华东小檗 Berberis chingii S. S. Cheng

常绿灌木。叶薄革质，长圆状倒披针形或长圆状狭椭圆形，（2 ~ 8）cm ×（0.8 ~ 2.5）cm，背面被白粉，中部以上每边具 2 ~ 10 刺齿或偶有全缘。花 4 ~ 14 朵簇生；萼片 2 轮，花瓣倒卵形，先

华东小檗 Berberis chingii

端缺裂，基部缢缩呈爪，胚珠 2 ~ 3 枚。浆果椭圆状或倒卵状椭圆形，顶端明显具宿存花柱，被白粉。花期 4 ~ 5 月，果期 6 ~ 9 月。

分布与生境：分布于八大公山天平山，生于海拔 1300 ~ 1800 m 的山坡灌丛中。

用途：根皮和茎皮入药。

2. 豪猪刺 Berberis julianae C. K. Schneider

常绿灌木。茎刺粗壮，三分叉。叶革质，椭圆形或披针形，先端渐尖，基部楔形；叶缘每边具 10 ~ 20 枚刺齿；叶柄短。花 10 ~ 25 朵簇生；花黄色；小苞片卵形，萼片 2 轮，花瓣长圆状椭圆形，雄蕊 6 枚，胚珠单生。浆果长圆形，蓝黑色，顶端具明显宿存花柱，被被白粉。花期 3 月，果期 5 ~ 11 月。

分布与生境：分布于八大公山各地，生于海拔 400 ~ 1200 m 的山坡林缘或灌丛中。

用途：根或茎叶入药；庭院观赏；民间常用于作刺篱围园。

豪猪刺 Berberis julianae

3. 石门小檗 Berberis oblanceifolia C. M. Hu

半常绿小灌木。叶簇生，倒卵状披针形，（0.8 ~ 2.4）cm ×（0.3 ~ 0.7）cm，全缘，先端钝圆，且骤尖头，基部渐狭成楔形，无柄，背面灰绿色，被白粉。花序由 2，7 朵花集合成小伞形花序，再组成（2）4.0 ~ 4.5（6）cm 的圆锥状花序，萼片 2 轮，菱状椭圆形至椭圆形，先端钝圆，外轮较小，花瓣倒卵形，先端钝圆，浅 2 裂，雌蕊具 2 胚珠。果球形，先端具短的宿存花柱，熟时红色。

分布与生境：分布于八大公山海拔 1000 ~ 1600 m 的山坡、山顶林下。

用途：根入药；庭院观赏。

4. 刺黑珠 Berberis sargentiana C. K. Schneider

常绿灌木。叶厚革质，长圆状椭圆形，先端急尖，基部楔形；叶缘每边具 15 ~ 25 刺齿；近无柄。花 4 ~ 10 朵簇生；花黄色，萼片 3 轮，花瓣倒卵形，雄蕊 6 枚，子房具胚珠 1 ~ 2 枚。浆果长圆形或长圆状椭圆形，黑色，具宿存花柱，不被白粉。花期 4 ~ 5 月，果期 6 ~ 11 月。

分布与生境：分布于八大公山核心区，生于海拔 800 ~ 1300 m 的山坡灌丛中。

用途：根皮或茎皮入药。

石门小檗 Berberis oblanceifolia

刺黑珠 Berberis sargentiana

5. 芒齿小檗 Berberis triacanthophora Fedde

常绿灌木。叶长圆状披针形或狭椭圆形，先端渐尖，常有刺尖头，基部楔形；叶缘每边具 2 ~ 8 刺齿，偶全缘，近无柄。花 2 ~ 4 朵簇生；花黄色，小苞片卵形，萼片 3 轮，花瓣倒卵形。浆果椭圆形，蓝黑色，微被白粉。花期 5 ~ 6 月，果期 6 ~ 10 月。

分布与生境：分布于八大公山各地，生于海拔 800 ~ 1800 m 的山坡杂木林中。

用途：根入药。

芒齿小檗 Berberis triacanthophora

6. 巴东小檗 Berberis veitchii C. K. Schneider

常绿灌木。叶薄革质，披针形，基部楔形；叶缘略呈波状。花 2 ~ 10 朵簇生，花梗光滑无毛；花粉红色或红棕色；小苞片卵形；花瓣倒卵形，先端圆形，锐裂，基部缢缩呈爪，具 2 枚紧靠的腺体；雄蕊长约 4 mm，药隔略延伸，先端圆钝。浆果卵形至椭圆形。花期 5 ~ 6 月，果期 8 ~ 10 月。

巴东小檗 Berberis veitchii

分布与生境：分布于八大公山核心区，生于海拔 1000 ~ 1400 m 的山坡林中。

用途：茎皮、根皮入药；庭院观赏。

（二）红毛七属 Caulophyllum Michaux

多年生草本。根状茎粗壮，横走，结节状，多须根。叶互生，二至三回三出复叶，轮廓阔卵形；小叶片卵形，倒卵形或阔披针形，全缘或分裂。复聚伞花序顶生，花 3 数；小苞片 3 ~ 4 枚，早落；萼片 6 枚，花瓣状；花瓣 6 枚，蜜腺状，扇形。种子熟时蓝色，微具白霜。

3 种，分布于北美和东亚，我国产 1 种，八大公山亦产。

1. 红毛七 Caulophyllum robustum Maximowicz

茎生 2 枚叶片，互生，二至三回三出复叶；小叶卵形至阔披针形，先端渐尖，基部宽楔形，全缘。圆锥花序顶生；花淡黄色；苞片 3 ~ 6；花瓣状萼片 6 枚；花瓣 6 枚，蜜腺状。种子浆果状，外被肉质假种皮。花期 5 ~ 6 月，果期 7 ~ 9 月。

分布与生境：分布于八大公山天平山，生于海拔 1400 ~ 1500 m 的山坡林下。

用途：根及根茎入药。

红毛七 Caulophyllum robustum

（三）鬼臼属 Dysosma Woodson

多年生草本。根状茎粗短而横走，多须根；茎直立。叶大，盾状。花数朵簇生或组成伞形花序，两性，下垂；萼片 6 枚，早落；花瓣 6 枚，暗紫红色；雄蕊 6 枚，花丝扁平，花药内向开裂，药隔宽而常延伸；雌蕊单生，花柱显著，柱头膨大。浆果，红色。

本属约 7 种，我国有 7 种，湖南产 4 种，八大公山产 2 种。

分种检索表

1. 叶较小，常不裂或浅裂，叶偏心盾状着生…………………………………… **1. 小八角莲 D. difformis**
1. 叶较大，4 ~ 9 浅裂或深裂，叶盾状 ……………………………………………… **2. 八角莲 D. versipellis**

1. 小八角莲 Dysosma difformis (Hemsl. et Wils.) T. H. Wang ex Ying

多年生草本。根状茎圆柱形，横走；茎直立。茎生叶通常 2 枚，互生，不等大，形状多样，偏心盾状着生，叶片不分裂或浅裂，基部常呈圆形，边缘疏生细齿。花 2 ~ 5 朵着生于叶基部，簇生状；萼片 6 枚；花瓣 6 枚，淡赭红色，长圆状条带形；雄蕊 6 枚。浆果小，圆球形。花期 4 ~ 6 月，果期 6 ~ 9 月。

分布与生境：分布于八大公山各地，生于海拔 800 ~ 1800 m 的山坡林下阴湿处。

用途：根状茎供药用；全株供观赏。

小八角莲 Dysosma difformis

2. 八角莲 Dysosma versipellis (Hance) M. Cheng ex Ying

多年生草本。根状茎粗状，横走。茎生叶 2 枚，互生，盾状，近圆形， 4 ~ 9 掌状浅裂，裂片阔三角形或卵状长圆形，先端锐尖，背面被柔毛。花深红色，5 ~ 8 朵簇生于离叶基部不远处；萼片 6 枚；花瓣 6 枚，勺状倒卵形；雄蕊 6 枚；子房椭圆形，花柱短。浆果椭圆形。花期 3 ~ 6 月，果期 5 ~ 9 月。

分布与生境：分布于八大公山各地，生于海拔 400 ~ 1200 m 的山坡林下。

用途：根状茎供药用；全株供观赏。

八角莲 *Dysosma versipellis*

（四）淫羊藿属 **Epimedium** Linnaeus

多年生草本。根状茎粗短或横走。叶革质；单叶或一至三回羽状复叶；小叶卵形、卵状披针形或近圆形，基部心形，两侧基部通常不对称，叶缘具刺毛状细齿。总状花序或圆锥花序顶生；花两性；萼片 8 枚，两轮排列，内轮花瓣状；花瓣 4 枚，通常有距或囊；雄蕊 4 枚；花柱宿存。蒴果。种子具肉质假种皮。

本属约 50 种，中国约有 41 种；湖南有 15 种，八大公山产 7 种。

分种检索表

1. 花瓣无距或距短而不明显。
  2. 花瓣白色。
    3. 叶边缘无分裂的裂片…………………………………………………… **7. 三枝九叶草 E. sagittatum**
    3. 叶边缘常有不规则的裂片……………………………………………… **5. 裂叶淫羊藿 E. lobophyllum**
  2. 花瓣紫色………………………………………………………………… **6. 天平山淫羊藿 E. myrianthum**
1. 花瓣有明显的距。
  4. 花茎具 1 叶。
    5. 根状茎横走……………………………………………………………… **4. 黔岭淫羊藿 E. leptorrhizum**
    5. 根状茎簇生状…………………………………………………………… **2. 短茎淫羊藿 E. brachyrrhizum**
  4. 花茎具 2 叶。
    6. 花淡黄色………………………………………………………………… **1. 保靖淫羊藿 E. baojingensis**
    6. 花暗红色或淡紫红色…………………………………………………… **3. 紫距淫羊藿 E. epsteinii**

1. 保靖淫羊藿 Epimedium baojingensis Q.L.Chen et B.M.Yang

多年生草本。地下根状茎短粗。茎被腺毛和长柔毛，节上尤密。单叶或三出复叶对生，叶片卵形至卵状椭圆形，（5.0 ~ 8.5）cm ×（2.5 ~ 5.5）cm，顶生小叶先端渐尖，基部心形，两侧近相等，侧生小叶基部不对称，边缘具刺齿，背面密被长柔毛。总状花序具 8 ~ 24 朵花，花茎和花序轴被暗黄色柔毛，萼片 2 轮，外萼片 4，狭卵形，内萼片形状和大小与外萼片相同；花瓣 4，呈角状距，黄色。花期 4 ~ 5 月，果期 5 ~ 6 月。

分布与生境：分布于八大公山各地，生于海拔 500 ~ 700 m 的山坡林下。

用途：地上部分入药；庭院观赏。

保靖淫羊藿 Epimedium baojingensis

2. 短茎淫羊藿 Epimedium brachyrrhizum Stearn

多年生草本。本种极近黔岭淫羊藿，但地下根状茎细短，不伸长；叶缘刺齿较密；内萼片披针形；花丝较窄，宽仅 0.3 mm。 花期 4 ~ 5 月。

分布与生境：分布于八大公山斗篷山，生于海拔 1000 ~ 1500 m 的山坡林下。

用途：地上部分入药；庭院观赏。

3. 紫距淫羊藿 Epimedium epsteinii Stearn

多年生草本。匍匐地下根状茎细长。一回三出复叶基生和茎生，具 3 枚小叶；小叶革质，狭卵形，（4 ~ 5）cm ×（2 ~ 3）cm，叶背面苍白色，疏生平卧细毛，叶缘具细密刺齿。花茎具 2 枚对生叶或具 1 叶。总状花序具 6 ~ 15 朵花，花大，直径约 3 cm；萼片 2 轮，外萼片近圆形，淡绿色，早落，内萼片卵形，先端急尖，白色；花瓣稍长于内萼片，呈钻状距，伸长，稍弯曲，淡紫色，瓣片紫色，高约 5 mm。花期 4 月。

分布与生境：分布于八大公山各地，生于海拔 300 ~ 1500 m 的山坡林下。

用途：地上部分入药；庭院观赏。

短茎淫羊藿 Epimedium brachyrrhizum

紫距淫羊藿 Epimedium epsteinii

4. 黔岭淫羊藿 Epimedium leptorrhizum Stearn

多年生草本。具有节匍匐根状茎。一回三出复叶基生或茎生，叶柄被棕色柔毛；小叶 3 枚，狭卵形或卵形，先端长渐尖，基部深心形；背面沿主脉被棕色柔毛，被白粉，边缘具刺齿；花茎具叶 2 枚。总状花序具 4 ~ 8 花，被腺毛；花淡红色；萼片 2 轮，8 枚；花瓣呈角距状；雄蕊 4 枚。蒴果长圆形。花期 4 月，果期 4 ~ 6 月。

分布与生境：分布于八大公山各地，生于海拔 1200 ~ 2800 m 的山顶密林下。

用途：叶和根状茎入药；庭院观赏。

黔岭淫羊藿 Epimedium leptorrhizum

5. 裂叶淫羊藿 Epimedium lobophyllum L. H. Liu et B. G. Li

多年生草本。根状茎粗短，节结状。一回三出复叶基生和茎生，小叶 3 枚；小叶革质，卵形至卵状披针形，先端渐尖，基部心形，背面疏被毛，叶缘具刺齿；花茎具 2 枚对生叶。圆锥花序具多花，常无毛；花较小，白色；萼片 2 轮，8 枚；花瓣囊状，雄蕊 4 枚；花柱长于子房。蒴果。花期 4 ~ 5 月，果期 5 ~ 7 月。

分布与生境：分布于八大公山各地，生于海拔 400 ~ 1000 m 的山坡林下。

用途：地上部分药用。

裂叶淫羊藿 Epimedium lobophyllum

6. 天平山淫羊藿 Epimedium myrianthum Stearn

多年生草本。根状茎粗短。一回三出复叶基生和茎生，具 3 小叶，基生叶的小叶革质，通常卵形，背面苍白色，被细小伏毛，叶缘平展，具细密刺齿；花茎具 2 枚对生叶或 3 ~ 4 枚轮生。圆锥花序具 70 ~ 210 朵花，萼片 2 轮，外萼片 4 枚，早落，不等大，内萼片 4 枚，狭卵形，急尖，白色；花瓣较内萼片短，睡袋状，无距，红色和橘红色。花期 4 月，果期 4 ~ 5 月。

分布与生境：分布于八大公山各地，生于海拔 400 ~ 1000 m 的山坡林下。

用途：地上部分药用。

天平山淫羊藿 Epimedium myrianthum

7. 三枝九叶草 Epimedium sagittatum (Siebold & Zuccarini) Maximowicz

多年生草本。根状茎粗短，节结状。一回三出复叶基生和茎生，小叶 3 枚；小叶革质，卵形至卵状披针形，先端渐尖，基部心形，背面疏被毛，叶缘具刺齿；花茎具 2 枚对生叶。圆锥花序具多花，常无毛；花较小，白色；萼片 2 轮，8 枚；花瓣囊状，雄蕊 4 枚；花柱长于子房。蓇果。花期 4 ~ 5 月，果期 5 ~ 7 月。

三枝九叶草 Epimedium sagittatum

分布与生境：分布于八大公山各地，生于海拔 400 ~ 1000 m 的山坡林下。

用途：地上部分药用。

（五）十大功劳属 Mahonia Nuttall

常绿木本。枝无刺。奇数羽状复叶，互生，无叶柄或具叶柄；小叶 3 ~ 41 对；小叶边缘具粗疏或细锯齿，稀全缘。花序顶生，由 1 至多个簇生的总状花序或圆锥花序组成；苞片较花梗短或长；花黄色；萼片 3 轮，9 枚；花瓣 2 轮，6 枚，基部具 2 枚腺体或无；雄蕊 6 枚，花药瓣裂；子房含基生胚珠 1 ~ 7 枚，花柱极短或无花柱，柱头盾状。浆果。

本属约 60 种，我国约有 31 种，湖南产 8 种，八大公山产 4 种。

分种检索表

1. 叶柄长在 2 cm 以下或近无柄。
 2. 小叶背面被白粉；浆果直径 10 ~ 12 mm ……………………………… **1. 阔叶十大功劳 M. bealei**
 2. 小叶背面黄绿色，不被白粉；浆果直径 10 mm 以下 ……………… **2. 小果十大功劳 M. bodinieri**
1. 叶柄长在 2.5 ~ 9.0 cm。
 3. 总状花序 1 ~ 2 个簇生，小叶卵形或卵状椭圆形 ………………… **3. 鄂西十大功劳 M. decipiens**
 3. 总状花序 4 ~ 10 个簇生 ……………………………………………… **4. 宽苞十大功劳 M. eurybracteata**

1. 阔叶十大功劳 Mahonia bealei (Fortune) Carriére

灌木。叶狭倒卵形至长圆形，具小叶 4 ~ 10 对，背面被白霜；小叶厚革质，自下部往上小叶渐次变长而狭，小叶近圆形至卵形，（2.0 ~ 10.5）cm ×（2 ~ 6）cm，基部阔楔形或圆形，偏斜，边缘每边具 2 ~ 6 枚粗锯齿，先端具硬尖。总状花序直立，通常 3 ~ 9 个簇生；花黄色；萼片 9 枚；花瓣 6 枚；

阔叶十大功劳 Mahonia bealei

雄蕊 6 枚；子房长圆状卵形，胚珠 2 枚。浆果卵形，被白粉。花期 9 月至翌年 1 月，果期 3 ~ 5 月。

分布与生境：分布于八大公山各地，生于海拔 1000 ~ 1700 m 的山坡灌丛中。

用途：根及果实可入药；庭院观赏。

2. 小果十大功劳 Mahonia bodinieri Gagnepain

常绿灌木。羽状复叶具小叶 8 ~ 13 对，最下一对小叶生于叶柄基部，背面黄绿色，侧生小叶无叶柄，最下一对小叶近圆形，以上小叶长圆形至阔披针形，(5 ~ 17) cm × (2.5 ~ 5.5) cm，基部偏斜、平截至楔形，叶缘每边具 3 ~ 10 粗大刺锯齿。花序为 5 ~ 11 个总状花序簇生，苞片狭卵形，外萼片卵形，中萼片椭圆形，内萼片狭椭圆形，花瓣长圆形，子房长约 2 mm，花柱不显，胚珠 2 枚。浆果球形，直径 4 ~ 6 mm，紫黑色，被白霜。花期 6 ~ 9 月，果期 8 ~ 12 月。

分布与生境：分布于八大公山各地，生于海拔 200 ~ 700 m 溪边灌丛中。

用途：庭园观赏；全株可供药用。

小果十大功劳 Mahonia bodinieri

3. 鄂西十大功劳 Mahonia decipiens C. K. Schneider

灌木。叶椭圆形，具 2 ~ 7 对小叶；小叶卵形至卵状椭圆形，小叶基部近截形，边缘每边具 3 ~ 6 枚刺锯齿，先端急尖，顶生小叶较大。总状花序单 1 或 2 个簇生；芽鳞卵形或狭卵形；苞片卵形，花黄色；萼片 9 枚；花瓣 6 枚；雄蕊 6 枚；胚珠 2 枚；浆果。花期 4 ~ 8 月。

分布与生境：分布于八大公山各地，生于海拔 800 ~ 1700 m 的山坡灌丛中。

用途：根及果实可入药；庭院观赏。

4. 宽苞十大功劳 Mahonia eurybracteata Fedde

灌木。叶长圆状倒披针形，具小叶 6 ~ 9 对；小叶椭圆状披针形，基部楔形，每边具 3 ~ 9 枚刺齿，先端渐尖，顶生小叶稍大。总状花序 4 ~ 10 个簇生，花黄色，萼片 9 枚；花瓣 6 枚，子房胚珠 2 枚。浆果倒卵状或长圆状，被白粉。花期 8 ~ 11 月，果期 11 月。

分布与生境：分布于八大公山各地，生于海拔 200 ~ 700 m 溪边灌丛中。

用途：庭园观赏；全株可供药用。

鄂西十大功劳 Mahonia decipiens

宽苞十大功劳 Mahonia eurybracteata

（六）南天竹属 Nandina Thunberg

常绿灌木。叶互生，二至三回羽状复叶；小叶全缘；无托叶。大型圆锥花序顶生或腋生；花两性，3 数，具小苞片；花瓣 6 枚，基部无蜜腺；雄蕊 6 枚，与花瓣对生，花药纵裂；子房倾斜椭圆形，近边缘胎座，花柱短。浆果球形，红色或橙红色，顶端具宿存花柱。种子 1 ~ 3 枚，无假种皮。

本属仅有 1 种，八大公山有分布。

1. 南天竹 Nandina domestica Thunberg

属特征见南天竹的描述。

分布与分布与生境：分布于八大公山各地，生于海拔 200 ~ 800 m 的沟谷林下。

用途：根、茎、果实及叶均可入药；庭院观赏。

南天竹 Nandina domestica

四十五、毛茛科 Ranunculaceae

一年生或多年生草本，少灌木或木质藤本。花两性，稀单性，花辐射对称，稀两侧对称，单生或组成各种聚伞花序或总状花序。花萼 4 ~ 5 枚，绿色或呈花瓣状。花瓣 4 ~ 5 枚，常有蜜腺，或特化为分泌器官，或无花瓣。果实为蓇葖果或瘦果，少蒴果或浆果。

66 属 2500 种，我国有 38 属 921 种，湖南有 26 属 135 种，八大公山 14 属 62 种。

分属检索表

1. 子房具 1 胚株，瘦果。
  2. 花序具总苞。
    3. 总苞紧接于花萼之下，呈花萼状…………………………………………… **10. 獐耳细辛属 Hepatica**
    3. 总苞与花分开……………………………………………………………… **3. 银莲花属 Anemone**
  2. 花序无总苞。
    4. 花无花瓣。
      5. 柱头的果期显著伸长且羽状，茎生叶常对生，少互生…………………**6. 铁线莲属 Clematis**
      5. 柱头在果期不伸长，茎生叶常互生…………………………………… **13. 唐松草属 Thalictrum**
    4. 花有花瓣…………………………………………………………………… **11. 毛茛属 Ranunculus**
1. 子房具多个胚株，果为蓇葖果，少为蒴果或浆果。
  6. 花两侧对称；总状花序，花梗有 2 小苞片。
    7. 上萼片无距；花瓣具爪………………………………………………………… **1. 乌头属 Aconitum**
    7. 上萼片有距；花瓣无爪……………………………………………………… **8. 翠雀属 Delphinium**
  6. 花辐射对称；单歧聚伞花序，如为总状花序，小苞片不存在。
    8. 花多数组成复聚伞花序、圆锥花序或总状花序。
      9. 单叶，为分裂；退化雄蕊和花瓣均不存在…………………………………**5. 铁破锣属 Beesia**
      9. 叶为一回或二回以上三出或近羽状复叶；退化雄蕊或花瓣存在………**2. 类叶升麻属 Actaea**
    8. 花单生或少数组成单岐聚伞花序。
      10. 心皮在基部合生 ……………………………………………………**9. 人字果属 Dichocarpum**
      10. 心皮离生。
        11. 心皮有细柄 ………………………………………………………………**7. 黄连属 Coptis**
        11. 心皮无细柄。
          12. 萼片白色；花柱长为子房的 1/5 左右。
            13. 叶基着 ……………………………………………………… **12. 天葵属 Semiaquilegia**
            13. 叶盾着 ……………………………………………………… **4. 星果草属 Asteropyrum**
          12. 萼片蓝紫色；花柱长为子房的 1/2 以上 ………………………… **14. 尾囊草属 Urophysa**

（一）乌头属 Aconitum Linnaeus

一年生或多年生草本。茎直立或缠绕。单叶互生，掌状分裂或不裂。花序通常总状，具苞片。花两性，两侧对称。萼片 5。花瓣 2 枚，有爪，瓣片通常有唇和距。雄蕊多数；心皮 3～13 枚，花柱短，胚珠多数。蓇葖果，宿存花柱短，种子四面体形。

本属约 400 种，我国有 211 种，湖南产 12 种，八大公山有 6 种。

分种检索表

1. 茎缠绕。
  2. 叶全裂。
    3. 叶裂片密生锯齿……………………………………………… **1. 大麻叶乌头 A. cannabifolium**
    3. 叶裂片疏生牙齿……………………………………………………**4. 川鄂乌头 A. henryi**
  2. 叶深裂……………………………………………………………… **3. 瓜叶乌头 A. hemsleyanum**
1. 茎直立。
  4. 叶全裂或几全裂……………………………………………………… **2. 乌头 A. carmichaelii**
  4. 叶掌状深裂。
    5. 小苞片生花梗基部，卵形；同一花中的 3 个心皮不等大…………… **5. 花葶乌头 A. scaposum**
    5. 小苞片生花梗下部至上部，线形；同一花中的 3 个心皮成熟时等大…………………………
    ……………………………………………………………………………… **6. 高乌头 A. sinomontanum**

1. 大麻叶乌头 Aconitum cannabifolium Franchet ex Finet & Gagnepain

大麻叶乌头 Aconitum cannabifolium

多年生草本。叶片草质，五角形，三全裂，全裂片具细长柄；两面几无毛或表面疏生短柔毛；叶柄比叶片短。总状花序有 3 ~ 6 朵花；萼片淡绿带紫色；花瓣无毛，具向后弯的距。蓇葖果。花期 8 ~ 9 月。

分布与生境：分布于八大公山斗篷山，生于海拔 800 ~ 1400 m 的山坡林下。

用途：根入药。

2. 乌头 *Aconitum carmichaelii* Debeaux

多年生草本。叶片薄革质，五角形，基部浅心形，3 裂近基部，中央全裂片宽菱形，急尖，末回裂片卵形或三角形；侧全裂片不等二深裂；表面疏被短伏毛，背面沿脉疏被短柔毛。总状花序顶生；萼片蓝紫色；花瓣无毛，距长 2.0 ~ 2.5 mm；雄蕊多数。蓇葖果。种子三棱形。花期 9 ~ 10 月。

分布与生境：分布于八大公山各地，生于海拔 800 ~ 1400 m 的山坡草丛中。

用途：根入药；庭院观赏。

乌头 *Aconitum carmichaelii*

3. 瓜叶乌头 *Aconitum hemsleyanum* E. Pritzel

多年生草本。茎中部叶的叶片五角形或卵状五角形，基部心形，三深裂，中裂片梯状菱形，先端渐尖，3 浅裂，背面基部及叶柄疏被柔毛。总状花序有 2 ~ 12 朵花；萼片深蓝色；花瓣 2 枚，具距。蓇葖果；种子三棱形。花果期 7 ~ 10 月。

分布与生境：分布于八大公山各地，生于海拔 1400 ~ 1800 m 的山坡林缘或林下。

用途：块根入药。

4. 川鄂乌头 *Aconitum henryi* E.Pritzel

多年生草本。叶片坚纸质，卵状五角形，三全裂，中央全裂片披针形，渐尖，边缘具钝牙齿，两面无毛；叶柄长为叶片的 1/3 ~ 2/3。花序有 3 ~ 6 朵花；萼片蓝色；花瓣无毛，距向内弯曲；子房无毛或疏被短柔毛。花期 9 ~ 10 月。

分布与生境：分布于八大公山各地，生于海拔 1400 ~ 1800 m 的山坡林下、林缘。

用途：块根入药。

瓜叶乌头 Aconitum hemsleyanum

川鄂乌头 Aconitum henryi

5. 花莛乌头 Aconitum scaposum Franchet

多年生草本。茎生叶 2 ~ 4，叶肾状五角形基部心形，叶掌状深裂，中裂片倒梯状菱形，不明显 3 浅裂，边缘有粗齿；茎生叶小，在茎上稍均匀着生。总状花序有 15 ~ 40 朵花；萼片蓝紫色；

花瓣具距，比瓣片长 2 ~ 3 倍。蓇葖果。花期 8 ~ 9 月，果期 9 ~ 10 月。

分布与生境：分布于八大公山各地，生于海拔 1300 ~ 2100 m 的山坡林下或沟边。

用途：根入药。

花葶乌头 Aconitum scaposum

6. 高乌头 Aconitum sinomontanum Nakai

多年生草本。叶片肾形或圆肾形，基部宽心形，3 深裂。总状花序，花密集；萼片蓝紫色或淡紫色；花瓣的距向后拳卷；心皮 3 枚。蓇葖果不等长。种子具 3 棱。花期 6 ~ 9 月。

分布与生境：分布于八大公山各地，生于海拔 1500 ~ 1900 m 的山坡林下湿润地中。

用途：根入药。

高乌头 Aconitum sinomontanum

（二）类叶升麻属 **Actaea** Linnaeus

多年生草本。根状茎横走。茎单一，直立。基生叶鳞片状，茎生叶互生，为二至三回三出复叶，有长柄。花序为简单或分枝的总状花序。花小，辐射对称。萼片通常 4 枚，花瓣状，早落。花瓣 1 ~ 6 枚，匙形。心皮 1 枚。果实浆果状，近球形。种子卵形，具三棱。

33 种，我国有 17 种，湖南产 3 种，八大公山也有分布。

1. 类叶升麻 **Actaea asiatica** Hara

多年生草本。叶 2 ~ 3 枚，二至三回三出复叶；顶生小叶卵形至宽卵状菱形，边缘有锐锯齿，侧生小叶卵形至斜卵形，两面近无毛。总状花序密被短柔毛；萼片倒卵形，花瓣匙形。果实紫黑色。种子约 6 粒，卵形，有 3 纵棱。花期 5 ~ 6 月，果期 7 ~ 9 月。

分布与生境：分布于八大公山天平山，生于海拔 1200 ~ 1800 m 的山坡密林下。

用途：根状茎或全草入药。

类叶升麻 Actaea asiatica

2. 升麻 **Actaea cimicifuga** Linnaeus

多年生草本。叶为二至三回三出状羽状复叶；顶生小叶具长柄，菱形，常浅裂，边缘有锯齿，侧生小叶具短柄或无柄，斜卵形；表面无毛，背面沿脉疏被柔毛。花序具分枝 3 ~ 20 条，轴密被腺毛及短毛；花两性；萼片 4 枚，白色或绿白色。蓇葖长圆形，有伏毛。花期 7 ~ 9 月，果期 8 ~ 10 月。

分布与生境：分布于八大公山各地，生于海拔 1000 m 以上的山坡林下。

用途：根状茎入药。

升麻 Actaea cimicifuga

3. 小升麻 Actaea japonica Thunberg

多年生草本。叶 1 或 2 枚，三出复叶；顶生小叶卵状心形，掌状浅裂，边缘有锯齿；表面叶缘处被短糙伏毛，背面沿脉被柔毛。花序顶生，轴密被短柔毛；花小；萼片白色；退化雄蕊基部具蜜腺；心皮 1 或 2 枚。蓇葖果，种子椭圆状卵球形。花期 8 ~ 9 月，果期 10 月。

分布与生境：分布于八大公山各地，生于海拔 1400 ~ 1800 m 的山坡密林下。

用途：根状茎有小毒，可入药。

小升麻 Actaea japonica

（三）银莲花属 Anemone Linnaeus

多年生草本。叶基生，掌状3裂或三出复叶，稀羽状；叶脉掌状。花直立或渐升；聚伞状或伞形，稀单花；叶状苞片数个，形成总苞。萼片5枚至多数，花瓣状，白色、蓝紫色；无花瓣。雄蕊多数。聚合果球形，瘦果卵球形或近球形，少有两侧扁，具喙。

本属约有183种，我国约64种，湖南约有9种，八大公山产4种。

分种检索表

1. 心皮无毛或具长毛。
  2. 苞片有柄。
    3. 苞片的柄细长，不呈鞘状……………………………………………… **1. 西南银莲花 A. davidii**
    3. 苞片的柄鞘状…………………………………… **4. 小花草玉梅 A. rivularis** var. **flore-minore**
  2. 苞片无柄……………………………………………………………………… **2. 鹅掌草 A. flaccida**
1. 心皮被短柔毛………………………………………………………………**3. 打破碗花花 A. hupehensis**

1. 西南银莲花 Anemone davidii Franchet

多年生草本。基生叶1枚，心状五角形，3全裂，中全裂片菱形，3深裂，边缘有粗齿；侧全裂片不等2深裂；两面疏被短毛。花葶直立；苞片3枚，似基生叶；萼片5枚，白色；雄蕊多数。瘦果卵球形。花期5～6月，果期8～9月。

分布与生境：分布于八大公山各地，生于海拔1000～1800 m的沟边或草丛中。

用途：根状茎入药；庭院观赏。

西南银莲花 Anemone davidii

2. 鹅掌草 **Anemone flaccida** F. Schmidt

分变种检索表

1. 苞片分裂至中部或较深，花药顶端无尖头……………… **2a. 鹅掌草（原变种）A.flaccida** var. **flaccida**
1. 苞片深裂至近基部，花药顶端有小尖头……… **2b. 鹤峰银莲花（变种）A.flaccida** var. **hofengensis**

2a. 鹅掌草（原变种）**Anemone flaccida** F. Schmidt var. **flaccida**

多年生草本。根状茎近圆柱形，节间缩短。基生叶 1 ~ 2 枚，五角形，3 全裂，中全裂片菱形，3 裂；侧裂片不等 2 深裂；表面有疏毛，背面通常无毛。花葶直立；苞片 3 枚，似基生叶；萼片 5 枚，白色；雄蕊多数；心皮约 8 枚，子房密被淡黄色短柔毛，无花柱，柱头近三角形。花期 4 月，果期 5 ~ 6 月。

分布与生境：分布于八大公山各地，生于海拔 200 ~ 1200 m 的山坡林下阴湿处。

用途：根状茎入药。

鹅掌草（原变种）Anemone flaccida var. flaccida

2b. 鹤峰银莲花（变种）**Anemone flaccida** var. **hofengensis** (W. T. Wang) Ziman & B. E. Dutton

本变种与原变种的区别在于：苞片深裂至近基部，花药顶端有小尖头。

分布与生境：分布于八大公山海拔 900 ~ 1200 m 的山坡林下阴湿处。

用途：根状茎入药；庭院观赏。

鹤峰银莲花（变种）Anemone flaccida var. hofengensis

3. 打破碗花花 Anemone hupehensis (Lemoine) Lemoine

多年生草本。基生叶 3 ~ 5 枚，三出复叶；中央小叶卵形或宽卵形，不分裂或 3 ~ 5 浅裂，边缘有锯齿，两面疏生柔毛。花葶直立，聚伞花序二至三回分枝，多花；苞片 3 枚，似基生叶；萼片 5 枚，紫红色或粉红色；雄蕊多数，心皮多数。聚合果球形，瘦果密被绵毛。花期 6 ~ 8 月，果期 8 ~ 10 月。

分布与生境：分布于八大公山各地，生于海拔 200 ~ 2000 m 的山坡、沟边、路边草丛中。

用途：全草入药；花供观赏。

打破碗花花 Anemone hupehensis

4. 小花草玉梅 Anemone rivularis var. **flore-minore** Maximowicz

多年生草本。基生叶 3～5 枚，叶片肾状五角形，3 全裂。花葶 1 个，直立；聚伞花序 2～3 回分枝；苞片 3 枚，似基生叶，苞片的深裂片通常不再分裂，披针形至披针状线形；花较小，萼片 5～6 枚，白色；雄蕊多数；子房狭长圆形，花柱拳卷。瘦果狭卵球形。花期 5～6 月，果期 8～9 月。

分布与生境：分布于八大公山海拔 1800～2200 m 的山坡草丛中。

用途：根和全草入药。

小花草玉梅 Anemone rivularis var. flore-minore

（四）星果草属 Asteropyrum J.R.Drumm. & Hutch.

多年生小草本。叶为单叶，全部基生，有长柄；叶片轮廓圆形或五角形；叶柄盾状着生，基部具鞘。花茎 1-3 条；苞片对生或轮生，卵形至宽卵形。花辐射对称，单一，顶生，中等大。萼片 5，白色，花瓣状，倒卵形。花瓣 5，小，长约为萼片之半，金黄色，瓣片倒卵形或近圆形，下部具细爪。雄蕊多数，花药宽椭圆形，花丝狭线形，中部以下微变宽。心皮 5～8，初直立，无毛。蓇葖成熟时星状展开，卵形，几革质，顶端有尖喙。

2 种，我国特有，湖南产 1 种，八大公山也有分布。

1. 裂叶星果草 Asteropyrum cavaleriei (H. Leveille et Vaniot) J. R. Drummond et Hutchinson

多年生草本。叶 2～7 枚，叶片轮廓五角形，宽 4～14 cm，3～5 浅裂或近深裂，无毛。花葶 1～3 条，花直径 1.3～1.6 cm；萼片椭圆形至倒卵形，花瓣长约为萼片的 1/2，瓣片近圆形，下部具细爪，心皮 5～8。5～6 月开花，6～7 月结果。

分布与生境：分布于八大公山天平山，生于海拔 1400～1500 m 的山坡林下阴湿地。

用途：地下部分可入药。

裂叶星果草 Asteropyrum cavaleriei

（五）铁破锣属 Beesia I.B.Balfour & W.W.Smith

多年生草本。单叶基生，心形。花葶不分枝；聚伞花序几无柄，含少数花，外形似总状花序；苞片及小苞片钻形。花辐射对称。萼片 5，花瓣状，白色，椭圆形。花瓣不存在。心皮 1 个，胚珠约 10 枚，排成二列而着生于腹缝线上。蓇葖果，具横脉；种子少数，卵球形，种皮具皱褶。

本属有 2 种，我国产 2 种，湖南产 1 种，八大公山也有分布。

1. 铁破锣 Beesia calthifolia (Maximowicz ex Oliver) Ulbrich

多年生草本。叶 2 ~ 4 个基生，肾形或心脏形，顶端圆形，基部深心形，边缘密生圆锯齿，两面无毛。复聚伞花序；花小，萼片 5 枚，白色或带粉红色；心皮 1 枚，基部疏被短柔毛。蓇葖果；种皮具纵皱褶。花期 6 ~ 7 月，果期 7 ~ 8 月。

铁破锣 Beesia calthifolia

分布与生境：分布于八大公山各地，生于海拔 1400 m 的山坡密林下。

用途：全草入药。

（六）铁线莲属 **Clematis** Linnaeus

多年生木质或草质藤本，或直立灌木或草本。叶对生，具柄，单叶、羽状复叶或三出复叶。花两性，稀单性；单生或簇生，或成聚伞、总状、圆锥花序；萼片常 4 枚，直立成钟状，花瓣状；花瓣不存在；雄蕊多数，花丝有毛或无毛；退化雄蕊有时存在；心皮多数，分离，有毛或无毛，每心皮内有 1 枚胚珠。瘦果。

约 300 种。我国有 147 种，湖南产 51 种，八大公山产 25 种。

分种检索表

1. 叶为复叶。
  2. 花丝被毛。
    3. 叶为三出复叶。
      4. 直立草本或半灌木……………………………………………**11. 大叶铁线莲 C. heracleifolia**
      4. 木质或草质藤本。
        5. 叶柄基部膨大，抱茎…………………………………………**16. 宽柄铁线莲 C. otophora**
        5. 叶柄基部不膨大，不抱茎。
          6. 植株被毛；聚伞花序 1 至多花。
            7. 茎、叶密被绣色长柔毛；聚伞花序腋生…………**14. 锈毛铁线莲 C. leschenaultiana**
            7. 茎、叶微被柔毛；聚伞花序腋生或顶生……………………**25. 尾叶铁线莲 C. urophylla**
          6. 植株无毛；叶片椭圆状披针形或长卵状披针形；花 1 ~ 3 腋生。
            8. 花梗无苞片…………………………………………………**18. 须蕊铁线莲 C. pogonandra**
            8. 花梗上有一叶状苞片。
              9. 叶全部为三出羽状复叶……………………………**19. 华中铁线莲 C. pseudootophora**
              9. 幼叶为单叶，成长枝上为三出羽状复叶。
                10. 叶片全缘，老后变成厚革质 ……………………………**22. 曲柄铁线莲 C. repens**
                10. 叶片常膜质，边缘有稀疏牙齿 ……………**12. 贵州铁线莲 C. kweichowensis**
    3. 叶为二回三出复叶或羽状复叶…………………………………………**13. 毛蕊铁线莲 C. lasiandra**
  2. 花丝无毛。
    11. 花常单生而与叶簇生，基部有宿存芽鳞，少具 2 ~ 4 花。
      12. 花常单生或 2 ~ 4 花而与叶簇生，小叶不再分裂 ……………………**15. 绣球藤 C. montana**
      12. 花多朵而与叶簇生，小叶再次不规则分裂至全裂 ……………………**9. 戟状铁线莲 C. hastata**
    11. 花或花序腋生或顶生。
      13. 叶全缘。
        14. 叶为三出复叶。

15. 花枝基部芽鳞小，长 0.5 ~ 0.8 cm ……………………………**5. 山木通 C. finetiana**
15. 花枝基部芽鳞大，长 0.8 ~ 3.5 cm …………………………… **2. 小木通 C. armandii**
14. 一至二回羽状复叶或二回三出复叶。
16. 瘦果圆柱状锥，无毛 …………………………………………… **24. 柱果铁线莲 C. uncinata**
16. 瘦果卵形至卵圆形，被毛。
17. 叶片干后变黑色，萼处顶端凸尖或尖 ……………………… **4. 威灵仙 C. chinensis**
17. 叶片干后不为黑色，若变黑，则萼片顶端常为截形或钝。
18. 花序多少为聚伞花序 …………………………**21. 五叶铁线莲 C. quinquefoliolata**
18. 圆锥花序多花。
19. 小叶基部宽楔形至浅心形 ……………………………**23. 圆锥铁线莲 C. terniflora**
19. 小叶基部常为圆形 …………………………………………… **6. 小蓑衣藤 C. gouriana**
13. 叶缘具锯齿。
20. 叶为三出复叶 ……………………………… **1. 钝齿铁线莲 C. apiifolia** var. **argentilucida**
20. 中为一至二回羽状复叶或二回三出复叶。
21. 叶为二回羽状复叶或二回三出复叶。
22. 花梗长 1.5 cm 以上 ……………………………………………**20. 扬子铁线莲 C. puberula**
22. 花梗长 1.0 ~ 1.5 cm ……………………………………**3. 短尾铁线莲 C. brevicaudata**
21. 叶为一回羽状复叶。
23. 花梗上具小苞片显著 ………………………………………… **8. 金佛铁线莲 C. gratopsis**
23. 花梗上的小苞片小，钻形或不存在。
24. 花较大，腋生花序为聚伞花序 ……………… **7. 粗齿铁线莲 C. grandidentata**
24. 花较小，腋生花序为圆锥花序 ……………………**17. 钝萼铁线莲 C. peterae**
1. 叶为单叶…………………………………………………………… **10. 单叶铁线莲 C. henryi**

1. 钝齿铁线莲 Clematis apiifolia var. **argentilucida**（H.Léveillé & Vaniot）W.T. Wang

木质藤本。小枝和花序梗、花梗密生贴伏短柔毛。三出复叶，小叶片卵形或宽卵形，不明显 3 浅裂，边缘有锯齿。圆锥状聚伞花序多花；萼片 4 枚，白色，两面有短柔毛；雄蕊无毛。瘦果纺锤形或狭卵形。花期 7 ~ 9 月，果期 9 ~ 10 月。

分布与生境：分布于八大公山各地，生于海拔 300 ~ 1300 m 的沟边、山坡灌丛中。

用途：茎叶入药。

2. 小木通 Clematis armandii Franchet

分变种检索表

1. 花较小，花被片 4 ……………………………………… **2a. 小木通（原变种）C. armandii** var.**armandii**
1. 花较大，花被片 5 ~ 6 ……………………… **2b. 大花小木通（变种）C. armandii** var. **farquhariana**

钝齿铁线莲 Clematis apiifolia var. argentilucida

2a. 小木通（原变种）**Clematis armandii** Franchet var. **armandii**

木质藤本。三出复叶，革质，小叶卵状披针形至卵形，先端渐尖，基部宽楔形至心形，全缘。聚伞花序 7 至多花，腋生或顶生；萼片 4～5 枚，开展，白色，偶带淡红色，外面边缘密生短茸毛

小木通（原变种）Clematis armandii var. armandii

至稀疏，雄蕊无毛。瘦果扁，卵形至椭圆形，疏生柔毛。花期 3 ~ 4 月，果期 4 ~ 7 月。

分布与生境：分布于八大公山各地，生于海拔 900 ~ 1300 m 的山坡林缘。

用途：花供观赏；茎藤入药。

2b. 大花小木通（变种）Clematis armandii var. **farquhariana** (Rehder & E. H. Wilson) W. T. Wang

本变种的叶厚革质，花序通常少花，萼片 5 或 6，较大，（2.1 ~ 4.0）cm ×（0.6 ~ 1.2）cm，萼片上面脉纹明显。

分布与生境：分布于八大公山各地，生于海拔 500 ~ 1300m 的山坡林缘。

用途：花供观赏；茎藤入药。

大花小木通（变种）Clematis armandii var. farquhariana

3. 短尾铁线莲 Clematis brevicaudata de Candolle

藤本。枝有棱，小枝疏生短柔毛或近无毛。一至二回羽状复叶或二回三出复叶，有 5 ~ 15 小叶，有时茎上部为三出叶；小叶片长卵形、卵形至宽卵状披针形或披针形，（1.5 ~ 6.0）cm ×（0.7 ~ 3.5）cm，顶端渐尖或长渐尖，基部圆形、截形至浅心形，有时楔形，边缘疏生粗锯齿或牙齿，有时 3 裂，两面近无毛或疏生短柔毛。圆锥状聚伞花序腋生或顶生，常比叶短；花梗长 1.0 ~ 1.5 cm，有短柔毛；花直径 1.5 ~ 2 cm；萼片 4，开展，白色，狭倒卵形，长约 8 mm，两面均有短柔毛，内面较疏或近无毛；雄蕊无毛，花药长 2.0 ~ 2.5 mm。瘦果卵形，长约 3 mm，宽约 2 mm，密生柔毛，宿存花柱长 1.5 ~ 3.0 cm。花期 7 ~ 9 月，果期 9 ~ 10 月。

分布与生境：分布于八大公山各地，生于海拔 400 ~ 1200 m 的山坡疏林地或林缘。

用途：根状茎入药。

短尾铁线莲 Clematis brevicaudata

4. 威灵仙 **Clematis chinensis** Osbeck

木质藤本。一回羽状复叶有 5 枚小叶，稀 3 或 7 枚；小叶片纸质，卵形至卵状披针形，先端渐尖，基部宽楔形至浅心形，全缘。圆锥状聚伞花序，多花；萼片 4 ~ 5 枚，白色，边缘密生茸毛。瘦果扁，3 ~ 7 个，卵形至宽椭圆形，被柔毛。花期 6 ~ 9 月，果期 8 ~ 11 月。

分布与生境：分布于八大公山各地，生于海拔 400 ~ 1200 m 的山坡疏林地或林缘。

用途：根状茎入药。

威灵仙 Clematis chinensis

5. 山木通 Clematis finetiana H.Léveillé & Vaniot

木质藤本。三出复叶，小叶片卵状披针形至卵形，先端渐尖，基部圆形至浅心形，全缘。花常单生，或为聚伞花序、总状聚伞花序，有 1 ~ 3 朵花或多花；萼片 4 ~ 6 枚，开展，白色，外面边缘密生短茸毛。瘦果狭卵形，有柔毛。花期 4 ~ 6 月，果期 7 ~ 11 月。

分布与生境：分布于八大公山各地，生于海拔 300 ~ 800 m 的山坡林缘。

用途：根和叶入药。

山木通 Clematis finetiana

6. 小蓑衣藤 Clematis gouriana Roxburgh ex de Candolle

木质藤本。一回羽状复叶，常有 5 枚小叶；小叶片纸质，卵形至披针形，先端渐尖，基部圆形或浅心形，常全缘。圆锥状聚伞花序多花；萼片 4 枚，开展，白色，两面有短柔毛；雄蕊无毛。瘦果纺锤形或狭卵形。花期 9 ~ 10 月，果期 11 ~ 12 月。

分布与生境：分布于八大公山各地，生于海拔 200 ~ 1000 m 的山坡疏林地或林缘。

用途：藤茎入药。

7. 粗齿铁线莲 Clematis grandidentata (Rehder et E.H.Wilson) W.T.Wang

木质藤本。一回羽状复叶，常 5 枚小叶；小叶片卵形或椭圆状卵形，基部圆形至微心形。腋生聚伞花序常有 3 ~ 7 朵花，或成顶生圆锥状聚伞花序多花；萼片 4 枚，白色；雄蕊无毛。瘦果扁卵圆形。花期 5 ~ 7 月，果期 7 ~ 10 月。

分布与生境：分布于八大公山各地，生于海拔 1800 m 以下的山坡林缘。

用途：根和茎藤入药。

小蓑衣藤 Clematis gouriana

粗齿铁线莲 Clematis grandidentata

8. 金佛铁线莲 Clematis gratopsis W.T.Wang

木质藤本。一回羽状复叶，常 5 枚小叶；小叶片宽卵形至卵状披针形，基部心形，中部以下 3 浅裂至深裂。聚伞花序常有 3 ~ 9 朵花，或成顶生圆锥状聚伞花序；萼片 4 枚，白色；雄蕊无毛。瘦果卵形，密生柔毛。花期 8 ~ 10 月，果期 10 ~ 12 月。

分布与生境：分布于八大公山各地，生于海拔 600 ~ 1100 m 的山坡林下草丛中、沟边。

用途：茎能入药。

金佛铁线莲 Clematis gratopsis

9. 戟状铁线莲 Clematis hastata Finet et Gagnep.

木质藤本。小枝无毛；老时外皮剥落。三出复叶，数叶与花簇生，或对生；小叶片卵形、宽卵形至椭圆形，边缘全缘至缺刻状钝锯齿，或顶端 3 浅裂至深裂，叶面叶脉常呈淡白色，两面无毛。花 5 ~ 15 朵与叶簇生，萼片 4，开展，长圆形，两面无毛；雄蕊无毛。瘦果扁，卵形或卵圆形，无毛。花期 3 ~ 4 月，果期翌年 4 ~ 5 月。

分布与生境：分布于八大公山五道水芭茅溪村，生于海拔 200 ~ 300 m 的灌丛中。

戟状铁线莲 Clematis hastata

10. 单叶铁线莲 *Clematis henryi* Oliver

木质藤本。单叶对生，卵状披针形，先端渐尖，基部浅心形，边缘具刺头状的浅齿，两面无毛。花常单生叶腋，稀 2 ~ 5 花成聚伞花序；花钟状；萼片 4 枚，白色或淡黄色；雄蕊多数，花丝被长柔毛；心皮被短柔毛。瘦果狭卵形，被短柔毛。花期 11 ~ 12 月，果期翌年 3 ~ 4 月。

分布与生境：分布于八大公山各地，生于海拔 800 ~ 1400 m 的山坡林中或沟谷阴湿处。

用途：块根和叶入药；庭院观赏。

单叶铁线莲 Clematis henryi

11. 大叶铁线莲 *Clematis heracleifolia* de Candolle

直立草本或半灌木。茎具纵条纹，密生糙茸毛。三出复叶，小叶片厚纸质，卵圆形，先端短尖，基部圆形；边缘具粗锯齿，上面无毛，下面有曲柔毛。聚伞花序顶生或腋生；花杂性，花萼下半部呈管状；萼片 4 枚，蓝紫色；雄蕊多数，花丝无毛。瘦果卵圆形，被短柔毛。花期 8 ~ 9 月，果期 10 月。

分布与生境：分布于八大公山五道水，生于海拔 300 ~ 1000 m 的悬崖石缝中。

用途：全草入药；庭院观赏。

12. 贵州铁线莲 *Clematis kweichowensis* Pei

常绿藤本。叶披针形，（8 ~ 12）cm ×（3 ~ 7）cm，顶端有尖尾，基部楔形，边缘全缘。聚伞花序腋生，常 1 ~ 3 花，花梗仅下部有时被开展的柔毛和 1 至数对鳞状苞片；花下垂，钟状，萼片 4 枚，黄绿色，卵状椭圆形或长方卵圆形，外面无毛，内面有短茸毛，边缘具白色茸毛；雄蕊花丝宽线形，基部宽，无毛，上部及花药、药隔均密被长柔毛；心皮被黄色绢状毛。瘦果纺锤形，被黄色短柔毛。花期 9 月，果期 10 月。

分布与生境：分布于八大公山杉木界、楠木坪，生于海拔 400 ~ 1000 m 的沟边、山坡灌丛中。

大叶铁线莲 Clematis heracleifolia

贵州铁线莲 Clematis kweichowensis

13. 毛蕊铁线莲 Clematis lasiandra Maximowicz

攀缘草质藤本。叶常为二回三出复叶；小叶卵状披针形，端渐尖，基部阔楔形。聚伞花序腋生，常 1 ~ 3 花，花钟状；萼片 4 枚，粉红色至紫红色；花丝两侧被柔毛；心皮被绢状毛。瘦果卵形或纺锤形，被疏短柔毛。花期 10 月，果期 11 月。

分布与生境：分布于八大公山各地，生于海拔 800 ~ 1800m 沟边、山坡灌从中。

用途：全草入药。

14. 锈毛铁线莲 Clematis leschenaultiana de Candolle

木质藤本。茎密被金黄色长柔毛。三出复叶；小叶片纸质，卵圆形至卵状披针形，顶端渐尖，基部圆形。聚伞花序腋生，常具 3 花；花萼直立成壶状；萼片 4 枚，黄色；子房卵形。瘦果狭卵形，被棕黄色短柔毛。花期 1 ~ 2 月，果期 3 ~ 4 月。

分布与生境：分布于八大公山各地，生于海拔 500 m 的山坡疏林地。

用途：全株入药。

毛蕊铁线莲 Clematis lasiandra

锈毛铁线莲 Clematis leschenaultiana

15. 绣球藤 Clematis montana Buchanan-Hamilton ex de Candolle

木质藤本。三出复叶，小叶片卵形至椭圆形，边缘缺刻状锯齿，顶端 3 裂或不明显，两面疏生短柔毛。花 1 ~ 6 朵与叶簇生；萼片 4 枚，开展，白色或外面带淡红色；雄蕊无毛。瘦果扁，卵形或卵圆形，无毛。花期 4 ~ 6 月，果期 7 ~ 9 月。

分布与生境：分布于八大公山各地，生于海拔 1600 ~ 2300 m 的林缘、灌丛上。

用途：茎藤入药。

绣球藤 Clematis montana

16. 宽柄铁线莲 Clematis otophora Franchet ex Finet & Gagnepain

木质藤本。三出复叶；小叶片纸质，矩圆状披针形，先端渐尖，基部心形至宽楔形，上部有稀浅锯齿。聚伞花序腋生，常 1 ~ 3 花；萼片 4 枚，黄色；雄蕊多数，花丝和心皮被黄色绢状毛。瘦果狭倒卵形，被淡黄色长柔毛。花期 7 ~ 8 月。果期 9 ~ 10 月。

分布与生境：分布于八大公山各地，生于海拔 1800 ~ 2100 m 的山坡林中。

用途：藤茎入药。

宽柄铁线莲 Clematis otophora

17. 钝萼铁线莲 Clematis peterae Handel-Mazzetti

木质藤本。一回羽状复叶，常 5 枚小叶；小叶片卵形或长卵形，基部圆形或浅心形，边缘疏生一至数个锯齿或全缘。圆锥状聚伞花序多花；萼片 4 枚，白色，两面有短柔毛。瘦果卵形。花期 6 ~ 8 月，果期 9 ~ 12 月。

分布与生境：分布于八大公山各地，生于海拔 400 ~ 1700 m 的山坡、沟边、路边灌丛中。

用途：茎藤入药。

钝萼铁线莲 Clematis peterae

18. 须蕊铁线莲 Clematis pogonandra Maximowicz

无毛草质藤本。三出复叶，小叶卵状披针形，先端渐尖，基部圆形，全缘。单花腋生，花钟状；萼片 4 枚，淡黄色；雄蕊与萼片近于等长，花丝被长柔毛；心皮被短柔毛。瘦果倒卵形。花期 6 ~ 7 月，果期 7 ~ 8 月。

分布与生境：分布于八大公山各地，生于海拔 1800 ~ 2300 m 的山坡灌丛中。

用途：藤茎入药。

19. 华中铁线莲 Clematis pseudootophora M.Y.Fang

攀缘草质藤本。三出复叶，小叶长椭圆状披针形，先端渐尖，基部宽楔形。聚伞花序腋生，常 1 ~ 3 花；花钟状，下垂；萼片 4 枚，淡黄色；雄蕊花丝被柔毛；心皮被短柔毛。瘦果棕色，被短柔毛。花期 8 ~ 9 月，果期 9 ~ 10 月。

分布与生境：分布于八大公山各地，生于海拔 500 ~ 2200 m 的山坡林缘。

用途：藤茎入药。

须蕊铁线莲 Clematis pogonandra

华中铁线莲 Clematis pseudootophora

20. 扬子铁线莲 Clematis puberula J. D. Hooker et Thomson

藤本。二回三出复叶，有 5 ~ 21 小叶，茎上部有时为三出叶；小叶片长卵形或宽卵形，（1.5 ~ 10.0）cm ×（0.8 ~ 5.0）cm，顶端锐尖至长渐尖，基部圆形或宽楔形，边缘有粗锯齿、牙齿或为全缘。圆锥状聚伞花序或单聚伞花序，多花或少至 3 花，萼片 4，开展，白色，雄蕊无毛。瘦果无毛，宿存花柱长达 3 cm。花、果期 7 ~ 9 月。

分布与生境：分布于八大公山各地，生于海拔 1800 ~ 1900 m 的山坡林缘。

用途：藤茎入药。

扬子铁线莲 Clematis puberula

21. 五叶铁线莲 Clematis quinquefoliolata Hutchinson

木质藤本。一回羽状复叶，有 5 小叶，长圆状披针形至长卵形或卵形，基部圆形至浅心形，全缘，两面无毛。聚伞花序或总状、圆锥状聚伞花序，有 3 ~ 10 朵花或更多；萼片 4 枚，开展，白色。瘦果卵形或椭圆形。花期 6 ~ 8 月，果期 7 ~ 10 月。

分布与生境：分布于八大公山各地，生于海拔 900 m 的山坡灌丛中山谷沟边。

用途：藤茎入药。

五叶铁线莲 Clematis quinquefoliolata

22. 曲柄铁线莲 Clematis repens Finet et Gagnepain

攀缘藤本，常攀于树上或匍伏地上。幼枝被黄色柔毛，以后逐渐脱落至近于无毛，当年生枝基部不具鳞片。单叶，叶片卵圆形或卵状椭圆形，（5～13）cm×（2～6）cm，顶端短尖，有稀疏牙齿，基部全缘，心形或圆形，两面无毛，基出弧形中脉 3～5 条，上部植株常为三深裂或形成三小叶；叶柄常扭曲。花单生于叶腋，花梗细瘦，具一对鳞状或钻状苞片，花萼钟状，萼片 4 枚，黄色，两面光滑无毛，雄蕊全体被黄色柔毛。瘦果被短柔毛，宿存花柱细瘦，长达 6 cm，被黄色长柔毛。花期 7～8 月，果期 9～10 月。

分布与生境：分布于八大公山楠木坪，生于海拔 900 m 的山坡灌丛中山谷沟边。

用途：藤茎入药。

曲柄铁线莲 Clematis repens

23. 圆锥铁线莲 Clematis terniflora de Candolle

木质藤本。一回羽状复叶，通常 5 枚小叶；小叶片狭卵形至宽卵形，基部楔形至浅心形，全缘。圆锥状聚伞花序，多花；萼片常 4 枚，白色；雄蕊无毛。瘦果橙黄色，常 5～7 个，倒卵形至宽椭圆形。花期 6～8 月，果期 8～11 月。

分布与生境：分布于八大公山各地，生于海拔 600～800 m 的山沟灌木林中。

用途：根入药。

圆锥铁线莲 Clematis terniflora

24. 柱果铁线莲 *Clematis uncinata* Champion ex Bentham

木质藤本。一至二回羽状复叶，有 5 ~ 15 枚小叶；小叶片纸质，宽卵形至卵状披针形，先端渐尖，基部宽楔形，或浅心形，全缘。圆锥状聚伞花序，多花；萼片 4 枚，开展，白色。瘦果圆柱状钻形。花期 6 ~ 7 月，果期 7 ~ 9 月。

分布与生境：分布于八大公山各地，生于海拔 1200 m 以下的山坡疏林地。

用途：根和叶入药。

柱果铁线莲 Clematis uncinata

25. 尾叶铁线莲 *Clematis urophylla* Franchet

尾叶铁线莲 Clematis urophylla

木质藤本，茎微有六棱。三出复叶，小叶片卵状披针形，尖端有尖尾，基部宽楔形至微心形。聚伞花序腋生，常 1 ~ 3 花；花钟状；萼片 4 枚，白色；雄蕊花丝被长柔毛；子房及花柱被绢状毛。瘦果纺锤形，被短柔毛。花期 11 ~ 12 月，果期翌年 3 ~ 4 月。

分布与生境：分布于八大公山各地，生于海拔 2700 m 的石缝中。

用途：藤茎入药。

（七）黄连属 **Coptis** Salisbury

多年生草本。有黄色根状茎。叶基生，3 或 5 全裂，或为一至三回三出复叶。花序为单歧或多歧聚伞花序，稀单花，具苞片。花小，两性，辐射对称。萼片 5 枚，黄绿色或白色，花瓣状；花瓣比萼片短，基部有时下延成爪，中央通常具蜜槽；雄蕊多数；心皮 5 ~ 14 枚，基部有柄。蓇葖具柄，在花托顶端作伞形状排列。种子少数，长椭圆球形。

本属约 15 种，我国有 6 种，湖南产 1 种，八大公山也有分布。

1. 黄连 Coptis chinensis Franchet

多年生草本。根状茎黄色。叶片卵状三角形，三全裂，中央全裂片卵状菱形，羽状深裂，边缘具细刺尖的锐锯齿。花葶 1 ~ 2 条，二歧或多歧聚伞花序有 3 ~ 8 花；萼片黄绿色；花瓣线形，中央有蜜槽；雄蕊约 20 枚；心皮 8 ~ 12 枚。蓇葖果。种子长椭圆形。花期 2 ~ 3 月，果期 4 ~ 6 月。

分布与生境：分布于八大公山各地，生于或栽培于海拔 1000 ~ 1500 m 的山坡密林下。

用途：根状茎入药。

黄连 Coptis chinensis

（八）翠雀属 **Delphinium** Linnaeus

一年生或多年生草本。单叶互生，掌状分裂或羽状分裂。花两性，两侧对称，总状或聚伞花序；萼片 5，花瓣状，离生或基部合生，上萼片有距，2 侧萼片和 2 下萼片无距。花瓣 4，上方 2 片为蜜叶，基部有距；雄蕊多数；心皮 3 ~ 7，子房上位。蓇葖果，种子沿棱生狭翅或密生横翅。

本属约有 300 种，我国约有 147 种，湖南产 1 种，八大公山也产。

分变种检索表

1. 花较大，长 2.3 ~ 3.4 cm ·············· **1a. 还亮草（原变种）D.anthriscifolium** var. **anthriscifolium**
1. 花较小，长 1.0 ~ 1.8 cm ······················ **1b. 卵瓣还亮草（变种）D.anthriscifolium** var. **savatieri**

1a. 还亮草（原变种） **Delphinium anthriscifolium** Hance var. **anthriscifolium**

一年生草本。叶为二至三回近羽状复叶，叶片菱状卵形或三角状卵形，末回裂片狭卵形或披针形。总状花序有 2 ~ 15 花，萼片堇色或紫色，距钻形或圆锥状钻形，花瓣紫色，退化雄蕊与萼片同色，无毛，瓣片斧形，二深至本身长度的 1/3 ~ 1/4 处，偶达中部。种子上部有螺旋状生长的横膜翅，下部约有 5 条同心的横膜翅。花期 3 ~ 5 月。

分布与生境：分布于八大公山各地，生于海拔 400 m 的路边草丛中。

用途：全草供药用。

还亮草（原变种） Delphinium anthriscifolium var. anthriscifolium

1b. 卵瓣还亮草（变种） Delphinium anthriscifolium var. **savatieri** (Franchet) Munz

本变种与还亮草相近，唯退化雄蕊的瓣片卵形，顶端微凹或 2 浅裂，偶而不分裂或分裂达中部。花期 3 ~ 5 月。

分布与生境：分布于八大公山各地，生于海拔 400 ~ 1000 m 的路边草丛中。

用途：全草供药用。

卵瓣还亮草（变种） Delphinium anthriscifolium var. savatieri

（九）人字果属 Dichocarpum W.T.Wang & P.K.Hsiao

多年生草本。叶基生及茎生，鸟趾状复叶或一回三出复叶。单歧或二歧聚伞花序；苞片 3 浅裂至 3 全裂。花两性，辐射对称。萼片 5 枚，花瓣状；花瓣 5 枚，具细长的爪；雄蕊多数。心皮 2 枚，直立，基部合生；胚珠多数，排成 2 列着生于腹缝线上。蓇葖 2 枚。种子圆球形，通常光滑，偶有小疣状突起或纵脉。

本属约有 15 种，我国有 11 种，湖南产 4 种，八大公山产 3 种。

分种检索表

1. 花瓣合生至中部，呈漏斗形……………………………………………………… **1. 纵肋人字果 D. fargesii**
1. 花瓣下部不合生成漏斗状。
    2. 小叶较小，中央指片长 6 ~ 12 mm，宽 9 ~ 14 mm ……………… **2. 小花人字果 D. franchetii**
    2. 小叶较大，中央指片长 5 ~ 23 mm，宽 6 ~ 25 mm ………………**3. 人字果 D. sutchuenense**

1. 纵肋人字果 Dichocarpum fargesii (Franchet) W.T.Wang & P.K.Hsiao

多年生草本。叶基生及茎生，为一回三出复叶，具长柄；中央指片肾形或扇形，顶端具 5 浅牙齿；

侧生指片轮廓斜卵形，具2枚不等大的小叶；茎生叶似基生叶，渐变小。聚伞花序，花小；萼片白色；花瓣金黄色，中部合生成漏斗状；雄蕊10枚。蓇葖线形。种子椭圆球形，具纵肋。花果期5～7月。

分布与生境：分布于八大公山核心区，生于海拔1000～1800 m的山谷阴湿处。

用途：全草入药。

纵肋人字果 Dichocarpum fargesii

2. 小花人字果 Dichocarpum franchetii (Finet & Gagnepain) W.T.Wang & P.K.Hsiao

多年生草本。基生叶少数，为鸟趾状复叶；中央指片近扇形或近圆形。茎生叶似基生叶，渐变

小花人字果 Dichocarpum franchetii

小。复单歧聚伞花序，有 3 ~ 7 花；花小；萼片白色；花瓣金黄色；雄蕊多数。蓇葖倒人字状广叉开。种子圆球形。花期 4 ~ 5 月，果期 5 ~ 6 月。

分布与生境：分布于八大公山各地，生于海拔 600 m 的山谷密林下阴湿处。

用途：全草入药。

3. 人字果 Dichocarpum sutchuenense (Franchet) W.T.Wang & P.K.Hsiao

多年生草本。茎单一，基生叶少数，为鸟趾状复叶；茎生叶通常 1 枚，似基生叶。复单歧聚伞花序，常 3 ~ 8 花；花大；萼片白色；花瓣金黄色；雄蕊 20 ~ 45 枚。蓇葖狭倒卵状披针形。种子圆球形。花期 4 ~ 5 月，果期 5 ~ 6 月。

分布与生境：分布于八大公山各地，生于海拔 400 m 以下的山谷密林下阴湿处。

用途：根状茎入药；庭院观赏。

人字果 Dichocarpum sutchuenense

（十）獐耳细辛属 Hepatica Miller

多年生草本。叶基生，为单叶，有长柄，不明显或明显地 3 ~ 5 浅裂，裂片边缘全缘或有牙齿。花葶不分枝；苞片 3 枚，轮生，形成总苞，分生，与花靠近而呈萼片状。花单生花葶顶端，两性；萼片 5 ~ 10 枚，稀更多，花瓣状。瘦果卵球形。

约 7 种。我国有 2 种，湖南产 1 种，八大公山产 1 种。

1. 川鄂獐耳细辛 Hepatica henryi (Oliver) Steward

多年生草本。基生叶约 6 枚，有长柄；叶片宽卵形或圆肾形，基部心形，不明显三浅裂，裂片顶端急尖，边缘有 1 ~ 2 个牙齿，两面有长柔毛，后脱落。花葶 1 ~ 2 条；苞片 3 枚；萼片 6 枚，倒卵状长圆形。瘦果卵球形。4 ~ 5 月开花，果期 6 ~ 7 月。

分布与生境：分布于八大公山各地，生于海拔 1000 ~ 1500 m 的山坡林下。

用途：全草入药；庭院观赏。

川鄂獐耳细辛 Hepatica henryi

（十一）毛茛属 Ranunculus Linnaeus

一年生或多年生草本。叶大多基生并茎生，单叶或三出复叶，3 浅裂至 3 深裂，或全缘；叶柄基部扩大成鞘状。花单生或成聚伞花序；具苞片，花两性，萼片 5 枚，绿色；花瓣常 5 枚，黄色，具爪基部有 1 蜜槽；雄蕊多数；心皮多数，离生，含 1 枚胚珠，花柱短。聚合果球形或长圆形；瘦果卵球形或两侧压扁，背腹线有纵肋。

本属约有 570 种。我国有 133 种，湖南产 9 种，八大公山产 5 种。

分种检索表

1. 植株具须根。
 2. 茎直立。
  3. 叶裂片渐尖或急尖；瘦果少。
   4. 花托被毛；基生叶有 3 小叶，小叶全部或仅中央小叶有小叶柄…… **1. 禺毛茛 R. cantoniensis**
   4. 花托无毛，基生叶 3 深裂，有时几全裂，裂片无柄…………………… **2. 毛茛 R. japonicus**
  3. 叶裂片先端圆钝；瘦果极多，达 70 ~ 130 …………………… **3. 石龙芮 R. sceleratus**
 2. 茎柔软而平卧，或仅初时直立………………………………………… **4. 扬子毛茛 R. sieboldii**
1. 根为簇生肉质小块根，块根卵球形或纺锤形…………………………… **5. 猫爪草 R. ternatus**

1. 禺毛茛 Ranunculus cantoniensis de Candolle

多年生草本。茎与叶柄均密生糙毛。叶为3出复叶，小叶卵形至宽卵形，2 ~ 3中裂，边缘密生锯齿。花序有较多花，疏生；萼片5枚，卵形；花瓣5枚，椭圆形。聚合果近球形；瘦果扁平，无毛，边缘有宽约0.3 mm的翼，喙基部宽扁，顶端弯钩状。花果期4 ~ 7月。

分布与生境：分布于八大公山各地，生于海拔800 m以下的沟边潮湿处。

用途：全草入药。

禺毛茛 Ranunculus cantoniensis

2. 毛茛 Ranunculus japonicus Thunberg

毛茛 Ranunculus japonicus

多年生草本。茎中空，有槽，被柔毛。数叶基生，圆心形或五角形，通常 3 深裂不达基部；两面贴生柔毛。聚伞花序有多数花，疏散；萼片 5 枚；花瓣 5 枚，黄色。聚合果近球形，瘦果扁平，边缘有宽约 0.2 mm 的棱，无毛，喙短直或外弯。花果期 4 ~ 9 月。

分布与生境：分布于八大公山各地，生于海拔 700 ~ 2200 m 的山坡、沟边草丛中。

用途：全草入药。

3. 石龙芮 **Ranunculus sceleratus** Linnaeus

一年生草本。基生叶多数；叶片肾状圆形，基部心形，3 深裂不达基部。茎生叶多数，与基生叶相似。聚伞花序有多花；花小；萼片 5 枚，外面有短柔毛；花瓣 5 枚，倒卵形，等长或稍长于花萼，基部有短爪；雄蕊 10 至多数。聚合果长圆形，瘦果极多数，近百枚。花果期 5 ~ 8 月。

分布与生境：分布于八大公山各地，生于沟边、田边沼泽地或水塘中。

用途：根状茎入药。

石龙芮 Ranunculus sceleratus

4. 扬子毛茛 **Ranunculus sieboldii** Miquel

多年生草本。基生叶与茎生叶相似，为 3 出复叶；叶片圆肾形至宽卵形，基部心形，3 浅裂至较深裂，边缘有锯齿。花与叶对生；萼片 5 枚，花期向下反折；花瓣 5 枚，黄色。聚合果圆球形；瘦果扁平，无毛，边缘有宽约 0.4 mm 的宽棱。花果期 5 ~ 10 月。

分布与生境：分布于八大公山各地，生于海拔 500 ~ 800 m 的沟边、路边草丛中。

用途：全草入药。

5. 猫爪草 **Ranunculus ternatus** Thunberg

一年生草本。簇生多数肉质小块根，块根卵球形或纺锤形。茎铺散，无毛。基生叶有长柄；叶片形状多变，单叶或 3 出复叶，宽卵形至圆肾形，小叶 3 浅裂至 3 深裂或多次细裂，末回裂片倒卵形至线形，无毛，茎生叶无柄，叶片较小，全裂或细裂，裂片线形。花单生茎顶和分枝顶端，花瓣

5～7 或更多，黄色或后变白色。聚合果近球形，瘦果卵球形，无毛，边缘有纵肋，喙细短。花期早，春季 3 月开花，果期 4～7 月。

分布与生境：分布于八大公山各地，生于海拔 700 m 以下的路边、荒地、土坎上。

用途：全草入药。

扬子毛茛 Ranunculus sieboldii

猫爪草 Ranunculus ternatus

（十二）天葵属 **Semiaquilegia** Makino

多年生草本。具块根。叶掌状三出复叶，基生和茎生。单歧或蝎尾状聚伞花序；具小苞片。花小，辐射对称；萼片 5 枚，白色，花瓣状；花瓣 5 枚，基部囊状；雄蕊 8 ~ 14 枚；退化雄蕊约 2 枚；心皮 3 ~ 5 枚。蓇葖微呈星状展开。种子多数，有许多小瘤状突起。

1 种，八大公山有分布。

1. 天葵 Semiaquilegia adoxoides (de Candolle) Makino

特征见天葵属的描述。

分布与生境：分布于八大公山各地，生于海拔 700 m 以下的路边、荒地、土坎上。

用途：全草入药。

天葵 Semiaquilegia adoxoides

（十三）唐松草属 **Thalictrum** Linnaeus

多年生草本。叶三出复叶或多回复叶，叶柄基部稍变宽成鞘；有或无托叶。花序通常为由少数或较多花组成的单歧聚伞花序、或圆锥状、总状或伞房状。花两性或单性。萼片 4 ~ 5 枚，花瓣状，早落；无花瓣；雄蕊多数，花丝棒状。心皮多数。瘦果多数，常聚集成头状。

本属约 200 种。我国约有 76 种，湖南产 13 种，八大公山产 9 种。

分种检索表

1. 小叶盾形……………………………………………………………… **4. 盾叶唐松草 T. ichangense**

1. 小叶非盾形。

  2. 植株被毛…………………………………………………………… **3. 西南唐松草 T. fargesii**

  2. 植株无毛。

3. 花柱反折或下弯，经常盔状；柱头不明显。
4. 瘦果具柄……………………………………………… **6. 长喙唐松草 T. macrorhynchum**
4. 瘦果无柄或近无柄。
5. 小叶卵形，先端锐尖或短渐尖……………………………… **2. 大叶唐松草 T. faberi**
5. 小叶楔形、圆形或宽卵形，先端圆形、截形或钝。
6. 单歧聚伞花序常多回两歧状分枝……………………………… **5. 爪哇唐松草 T. javanicum**
6. 花序分枝少，有少数花 ……………………………………… **9. 多枝唐松草 T. ramosum**
3. 花柱直立，不为盔状；柱头明显，稀不明显。
7. 花丝上部明显增大。
8. 小叶背面有短柔毛………………………………………… **1. 尖叶唐松草 T. acutifolium**
8. 植株无毛………………………………………………… **7. 小果唐松草 T. microgynum**
7. 花丝线形或上部略增大………………………………**8. 东亚唐松草 T. minus** var. **hypoleucum**

1. 尖叶唐松草 Thalictrum acutifolium (Handel-Mazzetti) B. Boivin

根肉质，胡萝卜形。基生叶 2 ~ 3，有长柄，为二回三出复叶；小叶草质，顶生小叶有较长柄，卵形，顶端急尖或钝，基部圆形、圆楔形或心形，不分裂或不明显三浅裂，边缘有疏牙齿。花序稀疏，萼片 4，白色或带粉红色，早落，雄蕊多数；心皮 6 ~ 12，有细柄，花柱短，腹面生柱头组织。瘦果扁，狭长圆形，心皮柄长 1.0 ~ 2.5 mm。4 ~ 7 月开花。

分布与生境：分布于八大公山各地，生于海拔 700 ~ 1000 m 的山沟阴湿处。

用途：全草入药。

尖叶唐松草 Thalictrum acutifolium

2. 大叶唐松草 Thalictrum faberi Ulbrich

多年生草本。叶二至三回三出复叶，小叶大，坚纸质，顶生小叶宽卵形。花序圆锥状；萼片白色，早落；雄蕊多数，花药长圆形，上部倒披针形，下部丝形；心皮 3 ~ 6 枚。瘦果狭卵形，约有 10 条细纵肋。7 ~ 8 月开花。

分布与生境：分布于八大公山各地，生于海拔 700 m 的山沟阴湿处。

用途：根状茎入药。

大叶唐松草 Thalictrum faberi

3. 西南唐松草 Thalictrum fargesii Franchet ex Finet & Gagnepain

多年生草本。三至四回三出复叶；小叶草质或纸质，顶生小叶菱状倒卵形、宽倒卵形或近圆形。单歧聚伞花序；萼片 4 枚，白色或带淡紫色，脱落；雄蕊多数；心皮 2 ~ 5 枚，花柱直，柱头狭椭圆形或近线形。瘦果纺锤形。5 ~ 6 月开花。

分布与生境：分布于八大公山各地，生于海拔 400 ~ 1500 m 的山坡林下阴湿石壁上。

用途：全草入药。

4. 盾叶唐松草 Thalictrum ichangense Lecoyer ex Oliver

多年生草本。叶三出复叶或多回复叶，有或无托叶。花序通常为由少数或较多花组成的单歧聚伞花序、或圆锥状、总状或伞房状。萼片 4 ~ 5 枚，花瓣状，早落；无花瓣。瘦果多数，常聚集成头状，常具宿存花柱。

分布与生境：分布于八大公山各地，生于海拔 1300 m 以下的悬崖石壁流水处。

用途：全草入药。

西南唐松草 Thalictrum fargesii

盾叶唐松草 Thalictrum ichangense

5. 爪哇唐松草 **Thalictrum javanicum** Blume

多年生草本。茎生叶三至四回三出复叶；顶生小叶倒卵形、椭圆形，3 浅裂，有圆齿，背面脉网明显。花序近二歧状分枝，伞房状或圆锥状；萼片 4 枚，早落；雄蕊多数；心皮 8 ~ 15 枚。瘦果狭椭圆形，有 6 ~ 8 条纵肋。4 ~ 7 月开花。

分布与生境：分布于八大公山各地，生于海拔 700 m 以下的山坡灌丛地。

用途：全草及根入药。

爪哇唐松草 Thalictrum javanicum

6. 长喙唐松草 Thalictrum macrorhynchum Franchet

多年生草本。二至三回三出复叶；小叶草质，顶生小叶圆菱形，3 浅裂，具圆牙齿；叶柄基部稍增宽成鞘。圆锥状花序有稀疏分枝；萼片白色，早落；雄蕊多数；心皮 10 ~ 20 枚，拳卷。瘦果

长喙唐松草 Thalictrum macrorhynchum

狭卵球形，有 8 条纵肋。6 月开花。

分布与生境：分布于八大公山各地，生于海拔 1200 ~ 1600 m 的林下、沟边阴湿处。

用途：根茎入药。

7. 小果唐松草 Thalictrum microgynum Lecoyer ex Oliver

多年生草本。基生叶 1 枚，为二至三回三出复叶；小叶薄草质，顶生小叶楔状倒卵形、菱形，3 浅裂。茎生叶 1 ~ 2 枚，似基生叶。花序似复伞形花序；萼片白色，早落；雄蕊多数；心皮 6 ~ 15 枚，有柄，柱头小，无花柱。瘦果下狭椭圆球形，有 6 条细纵肋。4 ~ 7 月开花。

分布与生境：分布于八大公山各地，生于海拔 200 ~ 600 m 的悬崖流水处。

用途：全草入药。

小果唐松草 Thalictrum microgynum

8. 东亚唐松草 Thalictrum minus var. **hypoleucum** (Siebold & Zuccarini) Miquel

多年生草本。茎生叶为为四回三出羽状复叶，顶生小叶楔状倒卵形、近圆形或狭菱形，3 浅裂或有疏牙齿。圆锥花序长；萼片 4 枚，淡黄绿色，脱落；雄蕊多数；心皮 3 ~ 5 枚，无柄，柱头正三角状箭头形。瘦果膨胀，卵球形，有 8 条纵肋。花期 6-7 月。

分布与生境：分布于八大公山各地，生于海拔 800 ~ 1700 m 的山坡林下草丛中。

用途：根可入药。

9. 多枝唐松草 Thalictrum ramosum B. Boivin

本种最近华东唐松草，区别在于萼片较小，心皮数目较多，瘦果为狭卵球形。也近爪哇唐松草 T，但后者较高大，花序分枝较多，有较多花，萼片较长，花丝比花药宽，可以区别。

分布与生境：分布于八大公山各地，生于海拔 2300 m 的山坡草丛中。

用途：全草入药。

东亚唐松草 Thalictrum minus var. hypoleucum

多枝唐松草 Thalictrum ramosum

（十四）尾囊草属 Urophysa Ulbrich

多年生草本。具根状茎。单叶，基生，呈莲座状，掌状3全裂或近一回三出复叶，具长柄。聚伞花序有1或3花；花辐射对称，美丽。萼片5枚，花瓣状，天蓝色或粉红白色，基部有短爪。花瓣5枚，基部囊状或有短距；雄蕊多数；退化雄蕊约7枚；心皮5～8枚，子房及花柱下部被短柔毛。蓇葖卵形，肿胀，具长而宿存的花柱。种子密生小疣状突起。

2种，特产于我国，湖南有2种，八大公山有1种。

1. 尾囊草 Urophysa henryi (Oliver) Ulbrich

多年生草本。具根状茎。叶多数，基生；叶片宽卵形，掌状3全裂，中裂片扇状倒卵形，上部3裂，二回裂片有少数钝齿。聚伞花序常有3花；萼片天蓝色或粉红白色；花瓣5枚；雄蕊多数；心皮5～8枚。蓇葖有短柔毛。种子狭肾形，密生小疣状突起。花期3～4月，果期5～6月。

分布与生境：分布于八大公山各地，生于海拔800 m以下的悬崖石壁上。

用途：根可入药；庭院观赏。

尾囊草 Urophysa henryi

四十六、清风藤科 Sabiaceae

落叶或常绿，灌木、乔木或攀缘木质藤本。叶互生，羽状复叶或单叶，无托叶。花两性或杂性异株，常成顶生或腋生的圆锥花序或聚伞花序；萼片 4 ~ 5，基部合生或离生；花瓣 4 ~ 5，覆瓦状排列；雄蕊 5，与花瓣对生，基部附着花瓣上或分离，全部发育或外面 3 枚不发育；子房上位，2 ~ 3 室，每室 1 ~ 2 枚胚珠。果实为核果状或干果，不开裂。

3 属，约 100 余种，我国有 2 属 46 种，湖南有 2 属 16 种，八大公山有 3 属 12 种。

分属检索表

1. 直立乔木或灌木；圆锥花序，雄蕊只有 2 枚发育。
  2. 萼片 4，顶端的小叶柄具节 ……………………………………………… **1. 珂楠树属 Kingsboroughia**
  2. 萼片 5，顶端的小叶柄无关节 ……………………………………………… **2. 泡花树属 Meliosma**
1. 攀缘灌木；聚伞花序，雄蕊全部发育……………………………………………… **3. 清风藤属 Sabia**

（一）珂楠树属 Kingsboroughia Liebm.

乔木。羽状复叶，小叶 5 ~ 13 片，卵形或狭卵形，顶端的卵状椭圆形，（5 ~ 15）cm ×（2.5 ~ 3.5）cm，先端渐尖，基部阔楔形或圆钝，偏斜，有稀疏小锯齿，很少近全缘，嫩叶面、叶背、小叶柄及叶轴均被褐色短柔毛，脉腋有明显的黄色髯毛；侧脉每边 8 ~ 10 条，远离叶缘开叉网结，顶端的小叶柄具节。圆锥花序生于枝上部叶腋，常数个集生近枝端，广展而下垂，花淡黄色；萼片 4，卵形；外面 3 片花瓣宽肾形，先端凹，子房无毛。核果球形，直径 6 ~ 7 mm，核扁球形。

1 种，八大公山也有。

1. 珂楠树 Meliosma alba (Schlechtendal) Walpers

形态特征见珂楠树属的描述。

珂楠树 Meliosma alba

分布与生境：分布于八大公山各地，生于海拔 300 ~ 900 m 的山坡林中。

用途：用材树种。

（二）泡花树属 Meliosma Blume

常绿、落叶乔木或灌木。单叶或为近对生单数羽状复叶，小叶边缘有锯齿或全缘。花小，两性，成顶生或腋生的多花圆锥花序；萼片 4 ~ 5；花瓣 5，外面 3 片较大，凹陷，内面 2 片极小；雄蕊 5，外面 3 枚为退化雄蕊，与外面花瓣对生；内面 2 枚为发育雄蕊，与内面小花瓣对生；子房多 2 室，少 3 室，每室 2 胚珠。核果小，梨形或近球形，1 室。

约 70 种，我国有 28 种，湖南有 9 种，八大公山有 6 种。

分种检索表

1. 叶为奇数羽状复叶。
  2. 花轴具明显的皮孔……………………………………………………… **6. 暖木 M. veitchiorum**
  2. 花轴皮孔不明显……………………………………………………… **4. 红柴枝 M. oldhamii**
1. 叶为单叶。
  3. 圆锥花序直立。
    4. 叶侧脉劲直，有时曲折，但不弯拱……………………………**3. 多花泡花树 M. myriantha**
    4. 叶侧脉明显弯拱上升。
      5. 叶背、叶柄及花序疏被长柔毛……………………………………… **5. 笔罗子 M. rigida**
      5. 幼枝、叶柄、叶背及花序被疏散短柔毛…………………………**2. 香皮树 M. fordii**
  3. 圆锥花序下垂…………………………………………………………**1. 垂枝泡花树 M. flexuosa**

1. 垂枝泡花树 Meliosma flexuosa Pampanini

小乔木。单叶，膜质，倒卵状长椭圆形或倒卵状椭圆形，先端突渐尖，基部渐狭至叶柄，边缘具疏离锐尖的锯齿。圆锥花序顶生；萼片 5，不等大，具缘毛；花白色。核果球形，具明显凸起稀网纹，黑色。花期 6 ~ 7 月，果期 7 ~ 9 月。

分布与生境：分布于八大公山各地，生长在海拔 600 ~ 1700 m 的灌木林内。

用途：树皮、叶入药。

2. 香皮树 Meliosma fordii Hemsley

常绿乔木。小枝、叶柄、叶背及花序被褐色平伏柔毛。单叶，叶近革质，倒披针形或披针形，［9 ~ 18（25）］cm ×［2.5 ~ 5.0（8.0）］cm，基部狭楔形，下延，全缘或近顶部有数锯齿，侧脉每边 11 ~ 20 条，无髯毛。圆锥花序，总轴细而有圆棱；萼片（5），外面 3 片花瓣近圆形，内面 2 片花瓣长约 0.5 cm，2 裂达中部，裂片线形，广叉开。果近球形或扁球形。花期 5 ~ 7 月，果期 8 ~ 10 月。

分布与生境：分布于八大公山五道水，生长在海拔 200 ~ 600 m 的灌木林内。

用途：树皮、叶入药。

垂枝泡花树 Meliosma flexuosa

香皮树 Meliosma fordii

3. 多花泡花树 Meliosma myriantha Siebold & Zuccarini

分变种检索表

1. 叶缘基部至顶端均有锯齿…………………… **3a. 多花泡花树（原变种）M. myriantha** var. **myriantha**
1. 叶缘锯齿通常在中部以上……………………… **3b. 柔毛泡花树（原变种）M. myriantha** var. **pilosa**

3a. 多花泡花树（原变种）Meliosma myriantha Siebold & Zuccarini var. **myriantha**

落叶乔木。单叶，薄纸质或膜质，先端锐渐尖，基部钝圆，基部至顶端有侧脉伸出的刺状锯齿。圆锥花序直立，顶生；萼片 4 ~ 5；外面 3 片花瓣近圆形，内面 2 片披针形；子房无毛。核果球形或倒卵形，核中肋稍钝隆起，从腹孔一边不延至另一边，两侧具细网纹。花期 4 月，果期 5 ~ 9 月。

分布与生境：分布于八大公山各地，生于海拔 1000 m 以下的山地林中。

用途：根皮入药；庭院观赏；用材树种。

多花泡花树（原变种）Meliosma myriantha var. myriantha

3b. 柔毛泡花树（变种）Meliosma myriantha var. **pilosa** (Lecomte) Y. W. Law

本变种与多花泡花树及异色泡花树不同之处在于叶缘锯齿通常在中部以上；侧脉每边 10 ~ 20 条，叶背密被长柔毛，叶面亦多少被毛。

分布与生境：分布于八大公山各地，生于海拔 1000 m 以下的山地林中。

用途：庭院观赏；用材树种。

柔毛泡花树（变种）Meliosma myriantha var. pilosa

4. 红柴枝 Meliosma oldhamii Miquel ex Maximowicz

落叶乔木。奇数羽状复叶，小叶 3 ~ 7 对，对生或互生，下部的卵形，上部的依次渐大，长椭圆形，先端锐尖，基部阔楔形或圆，边缘上半部被疏离锐锯齿。圆锥花序顶生，与叶同时开放；花白色；花瓣外面 3 片近圆形，内面 2 片稍短于花丝；核果球形，具明显凸起网纹。花期 4 ~ 5 月，果期 7 ~ 8 月。

分布与生境：分布于八大公山各地，生长在海拔 500 ~ 1200 m 的林缘或向阳山坡灌木丛中。

用途：根皮入药；用材树种。

红柴枝 Meliosma oldhamii

5. 笔罗子 Meliosma rigida Siebold et Zuccarini

常绿乔木。芽、幼枝、叶背中脉、花序均被锈色茸毛。单叶，革质，倒披针形，或狭倒卵形，（8 ~ 25）×（2.5 ~ 4.5）cm，先端 1/3 或 1/2 以下狭楔形，全缘或中部以上有数个尖锯齿，叶背被锈色柔毛，侧脉每边 9 ~ 18 条。圆锥花序顶生，萼片 5 或 4，卵形或近圆形，背面基部被毛，有缘毛；外面 3 片花瓣白色，近圆形，内面 2 片花瓣裂片锥尖，从基部稍叉开，顶端具数缘毛。核果球形。花期夏季，果期 9 ~ 10 月。

分布与生境：分布于八大公山各地，生于海拔 300 ~ 600 m 的林缘或向阳山坡灌木丛中。

笔罗子 Meliosma rigida

6. 暖木 Meliosma veitchiorum Hemsley

暖木 Meliosma veitchiorum

乔木。复叶叶轴圆柱形，基部膨大；小叶纸质，7 ~ 11 片，卵形或卵状椭圆形，先端尖或渐尖，基部圆钝，偏斜，全缘或有粗锯齿。圆锥花序顶生，直立；花白色；萼片 4（5），椭圆形或卵形；外面 3 片花瓣倒心形，内面 2 片花瓣 2 裂约达 1/3。核果近球形；核近半球形，平滑或不明显稀疏纹，中肋显著隆起，常形成钝嘴。花期 5 月，果期 8 ~ 9 月。

分布与生境：分布于八大公山各地，生于海拔 1400 ~ 2500 m 的山坡林中。

用途：庭院观赏；用材树种。

（三）清风藤属 Sabia Colebrooke

常绿或落叶、攀缘灌木或藤本。冬芽小，小枝基部有鳞芽宿存。单叶互生，全缘，无托叶，边缘干膜质。花小，两性，稀杂性，聚伞花序腋生，稀单生；萼片 4 ~ 5；花瓣常 4 ~ 5，与萼片近对生；雄蕊 4 ~ 5，附着于花盘基部；子房上位，2 ~ 3 室，每室胚珠 1 ~ 2 枚；基部为肿胀的或齿裂的花盘所围绕。核果状或干果。有种子 1 或 2，近肾形。

约 20 种，我国有 17 种，湖南有 7 种，八大公山有 5 种。

分种检索表

1. 花盘肿胀，肥厚，枕状或短圆柱状。
  2. 花单生于叶腋，很少 2 朵并生……………………… **1. 鄂西清风藤 S. campanulata** subsp. **ritchieae**
  2. 花排成聚伞花序，通常有花 1 ~ 5 朵。
    3. 萼片较小，近相等，无明显条纹……………………………… **4. 四川清风藤 S. schumanniana**
    3. 萼片较大，不相等或相等，有明显条纹……………………………**2. 凹萼清风藤 S. emarginata**
1. 花盘不肿胀，不肥厚，浅杯状。
  4. 花单生于叶腋…………………………………………………………………………**3. 清风藤 S. japonica**
  4. 花排成聚伞花序或再组成圆锥花序式………………………………………**5. 尖叶清风藤 S. swinhoei**

1. 鄂西清风藤 Sabia campanulata subsp. **ritchieae**(Rehder & E.H.Wilson) Y.F.Wu

常绿攀缘木质藤本。叶膜质，长圆状椭圆形，先端尾状渐尖或渐尖，基部圆或楔形。花黄绿色或绿色；花瓣 5，深紫色；雄蕊 5，花丝扁平。分果瓣阔倒卵形，深蓝色；果核中肋明显，凹穴在中肋两边，蜂窝状，两侧边具长块状或块状凹穴，腹部稍凸出。花期 3 ~ 4 月，果期 7 ~ 9 月。

分布与生境：分布于八大公山各地，生于海拔 500 ~ 1200 m 的山坡及湿润的山谷林中。

用途：茎藤入药。

2. 凹萼清风藤 Sabia emarginata Lecomte

落叶木质攀缘藤本。叶纸质，长圆状椭圆形，先端急尖或渐尖，基部急尖至钝。花腋生，聚伞花序有花 2 或单花；花瓣 5，近圆形至倒卵形，整齐；雄花 5，花丝细；花盘显著肿胀。分果瓣近圆形，基部萼片宿存；核有明显中肋，两边 2 行凹穴呈蜂窝状。花期 4 月，果期 6 ~ 8 月。

分布与生境：分布于八大公山各地，生于海拔 1000 ~ 1500 m 的山坡灌丛中。

用途：全株入药。

鄂西清风藤 *Sabia campanulata* subsp. *ritchieae*

凹萼清风藤 *Sabia emarginata*

3. 清风藤 Sabia japonica Maximowicz

落叶缠绕木质藤本。叶近纸质，卵状长圆形至卵状椭圆形，先端短尖，基部急狭。花单生或数朵排成聚伞花序，先叶开放，黄绿色；萼片 5 裂，具缘毛；花瓣 5 片，倒卵形，淡黄绿色，具脉纹；雄蕊 5；子房卵形。分果瓣近圆形或肾形；核有明显的中肋，核状果基部偏斜，有皱纹，碧蓝色。花期 3 月，果期 5 月。

分布与生境：分布于八大公山杉木界，生于海拔 300 ~ 700 m 的湿润山谷林中。

用途：藤茎入药。

清风藤 Sabia japonica

4. 四川清风藤 Sabia schumanniana Diels

攀缘木质藤本。叶纸质，披针形或长圆状披针形，先端渐尖或急尖，基部阔楔形或圆形，两面均无毛，边缘干膜质。聚伞花序 1 ~ 3 朵花，淡绿色；雄蕊 5，与花瓣对生等长；花盘肿胀，花柱先端弯曲。分果瓣到卵形，无毛。果肾形至近圆形，有粗网纹，蓝色。花期 4 月，果期 7 ~ 8 月。

分布与生境：分布于八大公山各地，生长在海拔 1000 ~ 1400 m 的路边或山谷沟边树冠上。

用途：根、茎入药。

5. 尖叶清风藤 Sabia swinhoei Hemsley

常绿攀缘木质藤本。叶纸质，卵状椭圆形、椭圆形、卵形或阔卵形，基部圆或楔形。聚伞花序有 2 ~ 7 朵花，被柔毛；萼片 5，外面略显红色腺点，有缘毛；花瓣 5，浅绿色；子房无毛。分果瓣倒卵形或近圆形，深蓝色；核中肋不明显，不规则的条块状，腹部凸出。花期 3 ~ 4 月，果期 7 ~ 9 月。

分布与生境：分布于八大公山各地，生于海拔 200 ~ 800 m 的山谷林间。

用途：全株入药。

四川清风藤 *Sabia schumanniana*

尖叶清风藤 *Sabia swinhoei*

四十七、莲科 Nelumbonaceae

多年生水生草。根状茎粗壮，横走，节间膨大，内有多数气孔通道，节部缢缩。叶互生，挺水或漂浮，具长柄；叶片盾形，全缘，叶脉放射状。花单生叶腋，具长花序梗，伸出水面；花两性，辐射对称。花被片多数，离生，外部的小，内部的花瓣较大；雄蕊多数；雌蕊多数，单生于松软的花托内；子房 1 室，具胚珠 1 枚，下垂；花柱很短；柱头头状。果为坚果状。

1 属 2 种，我国产 1 种，湖南产 1 种，八大公山也有分布。

（一）莲属 **Nelumbium** A.L.Jussieu.

特征见莲科的描述。

本属有 2 种。我国产 1 种，湖南有野生，八大公山有栽培。

1. 莲 **Nelumbo nucifera** Gaertner

多年生水生草本。根状茎横生，肥厚，节间膨大，内有多数纵行通气孔道，节部缢缩，上生黑色鳞叶。叶圆形，盾状，全缘稍波状；叶柄圆柱形，中空，外面散生小刺。花梗与叶柄近等长，疏生小刺；花瓣红色、粉红色或白色。坚果椭圆形或卵形。花期 6 ~ 8 月，果期 8 ~ 10 月。

分布与生境：世界广布种，八大公山各地栽培。

用途：根、种子可食；叶可作食品包装材料；根状茎、叶基部、叶、花蕾、花托、雄蕊、种子、幼叶及胚根可入药。

莲 Nelumbo nucifera

四十八、悬铃木科 Platanaceae

乔木。单叶互生，掌状分裂，裂片边缘有缺刻状粗齿；托叶边缘开张，基部鞘状，早落。花单性同株，各排成雌雄花序，花序头状，仅雌性的有苞片；萼片 3 ~ 8；花瓣与萼片同数；雌花有 3 ~ 8 枚离生心皮，子房长卵形，花柱伸长出花序外。聚花果，含多个聚合坚果，坚果呈狭长倒锥形，基部围以长毛。

仅 1 属，约 11 种，我国栽培 3 种，湖南栽培 2 种，八大公山栽培 1 种。

（一）悬铃木属 **Platanus** Linn.

科特征见悬铃木科的描述。

11 种，我国栽培 3 种，湖南栽培 2 种，八大公山栽培 1 种。

1. 二球悬铃木 Platanus acerifolia (Aiton) Willdenow

落叶大乔木。落叶大乔木。树皮光滑，大片块状脱落。嫩枝密生灰黄色茸毛，老枝秃净。叶阔卵形，（12 ~ 25）cm ×（10 ~ 24）cm，上下两面嫩时有灰黄色毛被，成长叶仅在背脉腋内有毛，基部截形或微心形，上部掌状 5 裂，有时 7 裂或 3 裂，掌状脉 3 条，叶柄长 3 ~ 10 cm，密生黄褐色毛被，托叶基部鞘状，包裹幼芽。花通常 4 数，雄花的萼片卵形，被毛，花瓣矩圆形。果枝有头状果序 1 ~ 2 个，稀为 3 个，常下垂，宿存花柱刺状。

分布与生境：园艺杂交种，八大公山有栽培。

用途：庭院及行道绿化树种；木材可作用材。

二球悬铃木 Platanus acerifolia

四十九、山龙眼科 Proteaceae

乔木或灌木，稀草本。单叶互生，全缘或有锯齿。花两性或单性，同株或异株，单生或成对着生，成穗状或头状花序，花被片 4 枚，下部成管状，上部 4 裂；雄蕊 4 枚，着生花被片上花药 2 室，纵裂；心皮 1 枚，子房上位，1 室，侧膜胎座、基生胎座或顶生胎座，胚珠 1 至多数。蓇葖果、坚果、核果或蒴果。

约 60 属 1050 种。我国连栽培有 3 属 25 种，湖南有 1 属 3 种，八大公山也有。

（一）山龙眼属 Helicia Loureiro

乔木或灌木。单叶互生，稀近对生或近轮生，全缘或边缘具齿。总状花序腋生，稀近顶生。花两性，辐射对称；苞片小，常钻形，宿存或早落；花被管直立细长，在蕾期顶部棒状至近球形，萼片 4 枚，开放时向外反卷；雄蕊 4 枚；腺体 4 枚。坚果长圆形至近球形，不分裂或不规则开裂。

约 97 种。我国产 20 种，湖南产 3 种，八大公山也有分布。

1. 小果山龙眼 Helicia cochinchinensis Loureiro

乔木或灌木。叶薄革质，狭椭圆形至倒卵状披针形，先端短渐尖，基部楔形，全缘或上半部具疏浅锯齿；侧脉 6 ~ 7 对。总状花序；花常双生，雄蕊 4 枚，腺体 4 枚，子房无毛。果椭圆状，蓝黑色。花期 7 ~ 8 月，果期 10 ~ 12 月。

分布与生境：分布于八大公山五道水，生于海拔 200 ~ 400 m 的河谷林中。

用途：根、叶和种子入药；庭院观赏。

小果山龙眼 Helicia cochinchinensis

五十、昆栏树科 Trochodendraceae

乔木。单叶，单生于短枝顶端，具掌状脉，边缘具齿；托叶与叶柄合生。花小，两性，呈穗状花序，着生于短枝顶端，与叶对生或互生，多花；苞片极小，花被片 4，覆瓦状排列；雄蕊 4，与花被片对生，与心皮互生；雌蕊单 1，子房上位，心皮 4，沿腹缝合生；花柱 4，柱头点尖。蓇葖果，背缝开裂，宿存花柱位于果基部；种子条状长圆形，小，有棱脊。

2 属 2 种。我国有 2 属 2 种，湖南有 1 属 1 种，八大公山有 1 属 1 种。

（一）水青树属 Tetracentron Oliver

落叶乔木。叶片卵状心形，顶端渐尖，基部心形，边缘具细锯齿，齿端具腺点。花小，呈穗状花序，花序下垂，着生于短枝顶端，多花；花被淡绿色或黄绿色；雄蕊与花被片对生，长为花被的 2.5 倍；心皮沿腹缝线合生。果长圆形，棕色，沿背缝线开裂；种子 4 ~ 6，条形。

1 种，分布我国及东南亚，八大公山也有分布。

1. 水青树 Tetracentron sinense Oliver

特征见水青树属的描述。

分布与生境：分布于八大公山各地，生长于海拔 1100 ~ 1900 m 的山坡林中。

用途：水青树的木材无导管，对研究中国古代植物区系的演化、被子植物系统和起源具有重要科学价值；用材树种；庭院观赏。

水青树 Tetracentron sinense

五十一、黄杨科 Buxaceae

常绿灌木或小乔木，稀草本。单叶，互生或对生，全缘或具齿。花序总状或穗状，腋生或顶生。花单性，雌雄同株或异株，无花瓣，常小而不鲜艳；雄花萼片 4 片，雌花萼片（4）6 片，2 轮；雄蕊 4 枚，与萼片对生，离生。蒴果，室背开裂，或核果状不裂。种子黑色。

5 属约 100 种，我国有 3 属约 28 种，湖南产 3 属 10 种，八大公山产 3 属 6 种。

分属检索表

1. 叶对生，全缘，果实为室背开裂的蒴果……………………………………………… **1. 黄杨属 Buxus**
1. 叶互生，全缘中有锯齿；雌花生于花序下部：果实多少带肉质。
  2. 叶多上半部有锯齿；果上宿存花柱长而挺出呈角钩 ……………………… **2. 板凳果属 Pachysandra**
  2. 叶全缘，果上宿存花柱短 ………………………………………………………… **3. 野扇花属 Sarcococca**

（一）黄杨属 **Buxus** Linnaeus

常绿灌木或小乔木。小枝具 4 棱。叶对生，革质，全缘。花序腋生或顶生，总状、穗状或头状。花小，单性，雌雄同株，雌花单生花序顶端，雄花多朵生花序下部或围绕雌花；雄花萼片 4 片，2 轮，不育雌蕊 1 枚；雌花萼片 6 片，2 轮，不育雄蕊小，雌蕊具 3 枚心皮，子房 3 室，花柱 3。蒴果球形或卵球形，室背 3 瓣裂，果瓣具宿存角状花柱。

约 70 种，我国有 17 种，湖南产 5 种，八大公山产 2 种。

分种检索表

1. 雌花在受粉期间，花柱远较子房为长……………………………………………… **1. 大花黄杨 B. henryi**
1. 雌花在受粉期间，花柱和子房等长，或稍超过，或短于子房……………………… **2. 黄杨 B. sinica**

1. 大花黄杨 **Buxus henryi** Mayr

常绿灌木。叶薄革质或革质，披针形、长圆状披针形或卵状长圆形。花密集；雄花约 8 朵，萼片长圆形或倒卵状长圆形；雌花外萼片长圆形，内萼片卵形。蒴果近球形。花期 4 月，果期 7 月。

分布与生境：分布于八大公山各地，生于海拔 600 ~ 2200 m 的山坡林下。

用途：根皮、全株入药；庭院观赏；木材为雕刻良材。

大花黄杨 Buxus henryi

2. 黄杨 Buxus sinica (Rehder & E. H. Wilson) M. Cheng

分变种检索表

1. 叶阔椭圆形至长圆形，枝叶扶疏……………………………… **2a. 黄杨（原变种）B. sinica** var. **sinica**
1. 叶阔椭圆形至长圆形，枝叶密集…………………………**2b. 尖叶黄杨（变种）B. sinica** var. **aemulans**

2a. 黄杨（原变种）Buxus sinica (Rehder & E. H. Wilson) M. Cheng var. **sinica**

常绿灌木或小乔木。叶革质，阔椭圆形、阔倒卵形、卵状椭圆形或长圆。雄花：约10朵，无花梗，外萼片卵状椭圆形，内萼片近圆形；雌花：子房较花柱稍长，无毛，花柱粗扁，柱头倒心形，下延达花柱中部。蒴果近球形，具宿存花柱。花期3月，果期5～6月。

分布与生境：分布于八大公山各地，生于海拔550～1200 m的沟谷或山顶林中。

用途：树皮、根、茎、叶、果实入药；木材可供雕刻；庭院观赏树木。

黄杨（原变种）Buxus sinica var. sinica

2b. 尖叶黄杨（变种） Buxus sinica var. **aemulans** (Rehder & E. H. Wilson) P. Brückner & T. L. Ming

本变种叶椭圆状披针形或披针形，两端均渐尖，顶尖锐或稍钝，中脉两面均凸出，叶面侧脉多而明显。

分布与生境：分布于八大公山各地，生于海拔200～500 m的溪边灌丛中。

用途：树皮入药；庭院观赏树木。

尖叶黄杨（变种）Buxus sinica var. aemulans

（二）板凳果属 **Pachysandra** A.Michaux

常绿亚灌木。叶互生，纸质或薄革质，具粗齿，羽状脉或离基三出脉。花序腋生或顶生，穗状，具苞片；花单性，雌雄同株，雄花生于花序上部，稀雌雄花分别组成花序。雄花萼片 4 片，2 轮；雄蕊 4 枚，与萼片对生，伸出，不育雌蕊具 4 个棱角；雌花萼片 4 或 6 片，子房 2～3 室，花柱 2～3 个，长于子房。果核果状，具较长角状宿存花柱。

约 3 种，我国有 2 种，湖南产 2 种，八大公山全有。

分种检索表

1. 叶卵状长圆形……………………………………………………… **1. 多毛板凳果 P. axillaris** var. **stylosa**

1. 叶菱状倒卵形…………………………………………………………………… **2. 顶花板凳果 P. terminalis**

1. 多毛板凳果 Pachysandra axillaris var. **stylosa** (Dunn) M. Cheng

亚灌木。叶坚纸质，卵形、阔卵形或卵状长圆形，甚至近圆形，先端渐尖或急尖，基部圆或急尖，稀楔形，全缘，或中部以上有稀疏圆齿、波状齿或浅锯齿。花序腋生，下垂，或初期斜上，花大多数红色；雄花 10～20，雌花 3～6。果熟时紫红色，球形，具宿存花柱。

分布与生境：分布于八大公山各地，生于海拔 1500～1900 m 的山坡密林下。

2. 顶花板凳果 Pachysandra terminalis Siebold & Zuccarini

亚灌木。叶薄革质，菱状倒卵形，上部具粗齿，基部楔形。花序顶生。花白色；雄花多于 15 朵，萼片宽卵形；雌花 1～2 朵，生于花序轴基部，萼片卵形。果卵球形，具宿存花柱。花期 4～5 月，果期 9～10 月。

分布与生境：分布于八大公山各地，生于海拔 1500～2400 m 的沟边密林下。

用途：带根全草入药；庭院观赏。

多毛板凳果 Pachysandra axillaris var. stylosa

顶花板凳果 Pachysandra terminalis

（三）野扇花属 Sarcococca Lindley

常绿灌木。叶互生，全缘，羽状脉或三出脉。花序腋生或顶生，头状或总状，具苞片；花单性，雌雄同株。雄花具 2 枚小苞片，萼片 4 片，2 轮，雄蕊与萼片同数且对生，不育雌蕊长圆形，具 4 棱；雌花小苞片多枚，覆瓦状排列，萼片 2 ~ 6 片，交互对生或成 2 轮，子房 2 ~ 3 室，花柱 2 ~ 3 个。核果状，卵球形或球形，萼片及花柱均宿存。

20 余种，我国有 9 种，湖南产 3 种，八大公山产 2 种。

分种检索表

1. 叶披针形或倒披针形，羽状侧脉，蒴果黑色………………… **1. 双蕊野扇花 S. hookeriana** var. **digyna**
1. 叶卵形、卵状披针形或披针形，离基三出脉，蒴果红色……………………… **2. 野扇花 S. ruscifolia**

1. 双蕊野扇花 Sarcococca hookeriana var. digyna Franchet

灌木或小乔木。叶互生，或在枝梢的对生或近对生，长圆状披针形、椭圆状披针形、披针形、狭披针形或倒披针形，叶变化甚大，较长大的，基部渐狭，叶面中脉常平坦或凹陷，侧脉羽状。雄花：无小苞片，或下部雄花具类似萼片的 2 枚小苞片，并有花梗，萼片常 4 片，或外萼片较短。雌花小苞片疏生。宿存花柱 2 个。蒴果黑色或蓝黑色。

分布与生境：分布于八大公山各地，生于海拔 1500 ~ 2200 m 的山坡密林下。

用途：根入药。

双蕊野扇花 Sarcococca hookeriana var. digyna

2. 野扇花 Sarcococca ruscifolia Stapf

灌木。幼枝被毛。叶革质，卵形、宽椭圆状卵形、椭圆状披针形或窄披针形，基部楔形或圆，离基三出脉。花白色，雄花萼片 3 ~ 5，宽椭圆形或卵形；雌花具小苞片多枚，窄卵形。果红至暗红色，球形，宿存花柱 3（稀 2）。花期 10 月，果期翌年 2 月。

分布与生境：分布于八大公山各地，生于海拔 200 ~ 1000 m 的山坡林下、灌丛中。

用途：根、果实入药；庭院观赏。

野扇花 Sarcococca ruscifolia

五十二、芍药科 Paeoniaceae

灌木或多年生草本。根圆柱形或具纺锤形的块根。叶通常为二回三出复叶或下部羽状复叶。单花顶生、或数朵生枝顶或叶腋，花大型；苞片 2 ~ 6 枚，叶状，宿存；萼片 3 ~ 5 枚；花盘杯状或盘状，完全包裹或半包裹心皮或仅包心皮基部；心皮多为 2 ~ 3 枚或更多，离生。蓇葖成熟时沿心皮的腹缝线开裂。种子数颗，光滑无毛。

仅 1 属约 30 种，我国有 1 属 15 种，湖南产 1 属 4 种，八大公山有 1 属 3 种。

（一）芍药属 **Paeonia** Linnaeus

特征见芍药科的描述。

约 30 种。我国有 15 种，湖南有 4 种，八大公山有 3 种。

分种检索表

1. 多年生草本。
  2. 小叶 9 片以上，叶片边缘具骨质细齿…………………………………………………**1. 芍药 P. lactiflora**
  2. 小叶片不超过 9，全缘 ……………………………………………………………**2. 草芍药 P. obovata**
1. 小灌木…………………………………………………………………………………**3. 牡丹 P. suffruticosa**

1. 芍药 Paeonia lactiflora Pallas

多年生草本。根粗壮。下部茎生叶为二回三出复叶，小叶狭卵形，椭圆或披针形，先端渐尖，基部楔形或偏斜，两面无毛。花数朵，生茎顶和叶腋，花大型；苞片 4 ~ 5 枚；萼片 4 枚；花瓣 9 ~ 13 枚或更多，颜色丰富；雄蕊多数；花盘浅杯状，包裹心皮基部；心皮 4 ~ 5 枚，无毛。蓇葖果，顶端具喙。花期 5 ~ 6 月；果期 8 月。

分布与生境：原产我国及东北亚一带，八大公山有栽培。

用途：中国的传统名花；花还可供食用；根皮入药。

芍药 Paeonia lactiflora

2. 草芍药 Paeonia obovata Maximowicz

分亚种检索表

1. 叶下面无毛或沿脉疏生柔毛…………………………**2a. 草芍药（原亚种）P. obovata** subsp. **obovata**
1. 叶下面密被柔毛，幼时更多…………………… **2b. 毛叶草芍药（亚种）P. obovata** subsp. **willmottiae**

2a. 草芍药（原亚种）Paeonia obovata Maximowicz subsp. **obovata**

多年生草本。根粗壮。茎下部叶为二回三出复叶；顶生小叶倒卵形，先端短尖，基部楔形，全缘，叶背无毛或沿叶脉疏生柔毛；侧生小叶比顶生小叶小，同形。单花顶生，大型；萼片 3 ~ 5 枚；

花瓣6枚，白色、红色、紫红色；雄蕊多数；心皮2~3枚，无毛。蓇葖卵圆形，成熟时果皮反卷呈红色。花期5~6月中旬，果期9月。

分布与生境：分布于八大公山各地，生于海拔900~1900 m的山坡林下。

用途：美丽的观赏植物；根可入药。

草芍药（原亚种）Paeonia obovata subsp. obovata

2b. 毛叶草芍药（亚种）Paeonia obovata subsp. **willmottiae** (Stapf) D.Y.Hong

本变种与草芍药的区别：叶背面密生长柔毛或茸毛。

毛叶草芍药（亚种）Paeonia obovata subsp. willmottiae

分布与生境：分布于八大公山各地，生于海拔 1200 ~ 1900 m 的山坡林下。

用途：美丽的观赏植物；根可入药。

3. 牡丹 Paeonia suffruticosa Andrews

灌木。叶通常为二回三出复叶；顶生小叶 3 裂至中部，背面沿叶脉疏生短柔毛或近无毛；侧生小叶狭卵形或长圆状卵形。花大型，单生枝顶；苞片和萼片均为 5 枚；花瓣 5 枚或为重瓣，玫瑰色、红紫色、粉红色至白色，变异很大；雄蕊多数；花盘杯状，完全包住心皮；心皮 5 枚。蓇葖长圆形，密生硬毛。花期 5 月，果期 6 月。

分布与生境：原产我国，八大公山有栽培。

用途：牡丹为中国传统名花；根皮药用，亦是我国 34 种名贵药材之一。

牡丹 Paeonia suffruticosa

五十三、蕈树科 Altingiaceae

常绿或落叶乔木，叶具掌状脉或羽状脉，常为掌状裂，托叶线形。花单性，同株，常聚成头状花序；萼筒与子房合生，萼齿针状或缺；无花瓣；雄蕊多数，花药 2 室；子房半下位，2 室，花柱 2，胚珠多数，种子有棱或窄翅。

3 属 15 种，我国有 3 属 10 种，湖南有 1 属 3 种，八大公山有 1 属 2 种。

（一）枫香树属 Liquidambar Linnaeus

常绿或落叶乔木。叶互生，掌状分裂间有不裂叶，或全为不裂叶而有锯齿，具羽状脉或掌状脉，托叶线形。花单性，同株，常聚成头状花序；萼筒与子房合生，萼齿针状或缺；无花瓣；雄蕊多数，花药 2 室；子房半下位，2 室，花柱 2。种子有棱或窄翅。

15 种，我国有 10 种，湖南有 2 种，八大公山均有。

分种检索表

1. 小枝及嫩叶无毛…………………………………………………………… **1. 缺萼枫香树 L. acalycina**
1. 小枝及嫩叶有毛…………………………………………………………………… **2. 枫香树 L. formosana**

1. 缺萼枫香树 Liquidambar acalycina H.T.Chang

落叶乔木。小枝无毛。叶阔卵形，掌状3裂，中央裂片较长，先端尾状渐尖，两侧裂片三角卵形，上下两面均无毛。雌性头状花序单生于短枝的叶腋内，萼齿不存在，或为鳞片状，花柱先端卷曲。头状果序的宿存花柱粗而短，稍弯曲，不具萼齿。

分布与生境：分布于八大公山各地，生于海拔 800 ~ 1400 m 的山坡或村寨边。

用途：用材树种；庭院观赏；树脂、根、叶及果实入药。

缺萼枫香树 Liquidambar acalycina

2. 枫香树 Liquidambar formosana Hance

落叶乔木。小枝有柔毛，鳞芽具光泽。叶薄革质，阔卵形，掌状3裂，先端渐尖，基部近心形，掌状脉3 ~ 5条，边缘具腺齿，长成叶两面无毛，或下面被疏柔毛，两面网脉明显。雄花为短穗状花序，常多个排成总状；雌花头状。头状果序球形，宿存花柱及萼齿刺状。种子多数，褐色，有棱或具翅。花期3 ~ 4月，果期9 ~ 10月。

分布与生境：分布于八大公山各地，生于海拔 200 ~ 800 m 的山坡林中。

用途：用材树种；庭院观赏；树脂、根、叶及果实入药。

枫香树 Liquidambar formosana

五十四、金缕梅科 Hamamelidaceae

乔木和灌木。单叶互生，具羽状脉或掌状脉，全缘或具锯齿，基部常偏斜，被常星状或鳞片状毛；具托叶。头状花序、穗状花序或总状花序，两性，辐射对称，少数无花被，萼裂片 4 ~ 5 数；花瓣与萼裂片同数；雄蕊 4 ~ 5 数，有为不定数的；退化雄蕊存在或缺；子房半下位或下位，2 室；胚珠多数，中轴胎座。蒴果。

约 27 属 106 种，我国有 15 属 61 种，湖南有 6 属 10 种，八大公山有 5 属 7 种。

分属检索表

1. 花有花瓣。

  2. 花瓣匙形或退化为鳞片状…………………………………………………… **1. 蜡瓣花属 Corylopsis**

  2. 花瓣线形。

    3. 叶全缘，常绿…………………………………………………………… **4. 檵木属 Loropetalum**

    3. 叶缘有齿，落叶……………………………………………………………**3. 金缕梅属 Hamamelis**

1. 花无花瓣。

4. 萼筒花后增大，包住蒴果…………………………………………………………………… **5. 水丝梨属 Sycopsis**

4. 萼筒花后脱落，蒴果无宿萼………………………………………………………………… **2. 蚊母树属 Distylium**

（一）蜡瓣花属 **Corylopsis** Siebold & Zuccarini

灌木或小乔木。叶互生，革质，羽状脉，边缘有锯齿；托叶叶状，早落。花两性，先叶开放，总状花序常下垂，苞片大；萼齿5个卵状三角形，宿存或脱落；花瓣5片，黄色；雄蕊5，互生退化雄蕊5；子房半下位，少数上位并与萼筒分离，2室，花柱2，胚珠每室1。蒴果木质，卵圆形，室间及室背离开为4片，具宿存花柱。

29种，我国有20种，湖南有6种，八大公山有2种。

分种检索表

1. 退化雄蕊不分裂…………………………………………………………………… **1. 瑞木 C. multiflora**

1. 退化雄蕊2裂……………………………………………………………**2. 秃蜡瓣花 C. sinensis** var. **calvescens**

1. 瑞木 **Corylopsis multiflora** Hance

落叶或半常绿灌木；嫩枝有茸毛；老枝秃净。叶薄革质，倒卵形或为卵圆形，先端尖锐或渐尖，基部心形，近于等侧；下面带灰白色，有星毛。总状花序，基部有1～5片叶；花瓣倒披针形。果序长5～6 cm；蒴果硬木质，果皮厚，有短柄。

分布与生境：分布于八大公山各地，生于海拔300～800 m的山坡林中。

用途：木材可作小型用材；种子可榨油；庭院观赏。

瑞木 Corylopsis multiflora

2. 秃蜡瓣花 Corylopsis sinensis var. **calvescens** Rehder & E. H. Wilson

嫩枝及芽体无毛。叶阔卵形或矩圆状倒卵形，先端尖或渐尖，基部不等侧心形，或近于平截，下面带灰色，秃净无毛，或仅在背脉上有毛，边缘有刺状齿突。总状花序长 3 ~ 4 cm，花序柄及花序轴均有茸毛，总苞状鳞片有毛，萼筒及子房有毛，萼齿无毛。蒴果有星毛。

分布与生境：分布于八大公山各地，生于海拔 600 ~ 1400 m 的山坡林中。

用途：根皮入药；庭院观赏。

秃蜡瓣花 Corylopsis sinensis var. calvescens

（二）蚊母树属 Distylium Siebold & Zuccarini

常绿灌木或乔木，嫩枝有星状茸毛或鳞毛。叶革质，互生。花单性或杂性，雄花常与两性花同株，排成腋生穗状花序；苞片及小苞片披针形，早落；萼筒极短，花后脱落，萼齿 2 ~ 6 个，无花瓣，雄蕊 4 ~ 8 个，雄花不具退化雌蕊，或有相当发达的子房。雌花及两性花的子房上位，2 室，有鳞片或星状茸毛，花柱 2，柱头尖锐，胚珠每室 1 个。蒴果木质，基部无宿存萼筒。种子 1 个，褐色，有光泽。

约 18 种，我国有 12 种，湖南有 4 种，八大公山有 2 种。

分种检索表

1. 叶卵形或卵状披针形，全缘……………………………………………………**1. 小叶蚊母树 D. buxifolium**
1. 叶倒卵披针形，先端有 2 ~ 3 个尖齿……………………………………**2. 杨梅叶蚊母树 D. myricoides**

1. 小叶蚊母树 Distylium buxifolium (Hance) Merrill

常绿灌木。本种与中华蚊母树难以区分，但嫩枝纤细，稍压扁，秃净无毛，节间稍伸长，长 1.0 ~ 2.5 cm，叶倒披针形，先端锐尖，基部狭窄而下延，全缘，偶在最先端有 1 个小尖突，叶脉不明显，叶柄极短。花期早春。

分布与生境：分布于八大公山各地，生于海拔 200 ~ 600 m 的溪河两岸灌丛中。

用途：优良盆景材料。

小叶蚊母树 Distylium buxifolium

2. 杨梅叶蚊母树 Distylium myricoides Hemsley

杨梅叶蚊母树 Distylium myricoides

常绿乔木，嫩枝有鳞垢。叶革质，矩圆形或倒披针形，（5 ~ 11）cm ×（2 ~ 4）cm，先端锐尖，基部楔形，边缘上半部有数个小齿突。总状花序腋生，雄花与两性花同在 1 个花序上，两性花位于花序顶端，花序轴有鳞垢，苞片披针形，萼筒极短，萼齿 3 ~ 5 个，雄蕊 3 ~ 8 个，红色，子房上位，有星毛。蒴果卵圆形，有黄褐色星毛，先端尖，裂为 4 片，基部无宿存萼筒。

分布与生境：分布于八大公山各地，生于海拔 200 ~ 600 m 的常绿阔叶林中。

用途：用材树种。

（三）金缕梅属 Hamamelis Linnaeus

落叶灌木或小乔木。叶阔卵形，薄革质或纸质，不等侧，常为心形，羽状脉，托叶披针形，早落。花聚成头状或短穗状花序，两性，4 数；萼筒与子房多少合生；花瓣带状，4 片，黄色或淡红色，在花芽时皱折；雄蕊 4 个，花药卵形，2 室，单瓣裂开；退化雄蕊 4 个，鳞片状，与雄蕊互生。蒴果木质，卵圆形，上半部 2 片裂开，每片 2 浅裂。

6 种，我国有 5 种，湖南有 1 种，八大公山也有分布。

1. 金缕梅 Hamamelis mollis Oliver

落叶灌木或小乔木。嫩枝及棵芽被茸毛。叶阔倒卵形，基部歪斜，具脉羽状，基部一对侧脉强劲，叶全缘或具波状齿。花两性，先叶开放，4 数，花序近头状，萼筒常与子房合生，被星状毛，花瓣狭条形，金黄色，子房有茸毛。蒴果卵圆形，密被黄褐色星状茸毛，萼筒长为蒴果的 1 / 3。花期 3 ~ 4 月，果期 7 ~ 8 月。

分布与生境：分布于八大公山各地，生于海拔 1200 ~ 1800 m 的山坡林中。

用途：花供观赏；根入药。

金缕梅 Hamamelis mollis

（四）檵木属 Loropetalum R.Brown

常绿乔木。全体被星状毛。叶脉羽状，全缘；有短柄；托叶膜质，早落。花两性，组成近头状花序；萼筒与子房合生，萼齿脱落；花瓣4，条形，花丝极短，花药瓣裂，药隔突起；子房半下位，花柱钻形。蒴果木质，开裂为2瓣，果梗极短。种子2，黑色，有光泽。

3种，我国全有，湖南有1种，八大公山也有分布。

1. 檵木 Loropetalum chinense (R.Brown) Oliver

分变种检索表

1. 叶背灰绿色，花白色…………………………………… **1a. 檵木（原变种）L.chinense** var. **chinense**

1. 叶背淡紫色或深紫色，花红色…………………… **1b. 红花檵木（原变种）L.chinense** var.**rubrum**

1a. 檵木（原变种）Loropetalum chinense (R.Brown) Oliver var. **chinense**

常绿乔木。叶革质，卵形，先端尖锐，基部钝，不等侧，下面被星状毛，稍带灰白色，全缘。花3～8朵簇生，有短花梗，萼筒杯状，被星状毛，花瓣4片，带状，白色，雄蕊4个，花丝极短，药隔突出成角状。蒴果卵圆形，被褐色星状茸毛，萼筒长为蒴果的2/3。花期3～4月，果期8～10月。

分布与生境：分布于八大公山各地，生于海拔200～800 m的山坡灌丛地或林缘。

用途：观赏花木；花、叶根入药。

檵木（原变种）Loropetalum chinense var. chinense

1b. 红花檵木（变种）Loropetalum chinense var. **rubrum** Yieh

本变种新叶红色，叶背紫红色，花瓣淡红色至紫红色，余与原变种相同。

分布与生境：原产我国，八大公山各地栽培。

用途：观赏花木；花、叶根入药。

红花檵木（变种） Loropetalum chinense var. rubrum

（五）水丝梨属 Sycopsis Oliver

常绿灌木或小乔木。叶革质，互生，具柄，全缘或有小锯齿。花杂性，通常雄花和两性花同株，排成穗状或总状花序，有时雄花排成短穗状或假头状花序；总苞片卵圆形，3～4 片，被毛，苞片及小苞片披针形。两性花或雌花的萼筒壶形，有鳞垢或星毛；花瓣不存在。蒴果木质，2 片裂开。

2～3 种，我国有 2 种，湖南有 1 种，八大公山也有分布。

1. 水丝梨 Sycopsis sinensis Oliver

常绿乔木。叶革质，长卵形或披针形，先端渐尖，基部楔形或钝，下面略有稀疏星状柔毛。雄花穗状花序密集，近似头状，有花 8～10 朵；苞片红褐色，卵圆形，有星毛；萼筒极短。雌花或两性花 6～14 朵排成短穗状花序；萼筒壶形。蒴果有长丝毛。

分布与生境：分布于八大公山各地，生于海拔 800～1500 m 的山坡林中。

用途：庭院观赏；木材可培育香菇。

水丝梨 Sycopsis sinensis

五十五、连香树科 Cercidiphyllaceae

落叶乔木。枝有长枝、短枝之分，长枝具稀疏对生或近对生叶，短枝有重叠环状芽鳞片痕，有1个叶及花序。叶纸质，边缘有钝锯齿，具掌状脉，托叶早落。花单性，雌雄异株，先叶开放，每花有1苞片，无花被，雄花丛生，雄蕊8~13，花丝细长，花药条形，红色，药隔延长成附属物；雌花4~8朵，心皮4~8，离生，花柱红紫色，每心皮有数胚珠。蓇葖果2~4个。种子扁平，一端或两端有翅。

1属2种，我国有1属2种，湖南有1属1种，八大公山有1属1种。

（一）连香树属 **Cercidiphyllum** Siebold & Zuccarini

特征和种数见连香树科的描述。

1. 连香树 **Cercidiphyllum japonicum** Siebold & Zuccarini

落叶大乔木。短枝上的叶近圆形或心形，长枝上的椭圆形或三角形，先端圆钝或急尖，基部心形或截形，边缘有圆钝锯齿。雄花常4朵丛生，近无梗，苞片在花期红色，雌花2~8朵，丛生。蓇葖果2~4个，荚果状。种子数个，扁平四角形，先端有透明翅。花期4月，果期8月。

分布与生境：分布于八大公山天平山，生于海拔1200~1600 m的山坡林中。

用途：枝条扶疏，可栽作行道树；果实入药；用材树种。

连香树 Cercidiphyllum japonicum

五十六、虎皮楠科 Daphniphyllaceae

常绿乔木或小乔木。髓心片状分隔。单叶，互生，全缘，羽状脉，叶柄无端常膨大，无托叶。花单性，雌雄异株，总状花序腋生，基部具苞片，花萼 3 ~ 6 裂，无花瓣，雄蕊 5 ~ 12(~ 18)，雌花具 5 ~ 10 不育雄蕊环绕子房或无，花柱 1 ~ 2，通常宿存。核果椭圆形或卵圆形，具 1 种子，外部常有疣状突起或疣状皱纹，外果皮肉质，内果皮骨质坚硬。

1 属，约 30 种，我国有 10 种，湖南产 3 种，八大公山有 3 种。

（一）虎皮楠属 Daphniphyllum Blume

科特征见虎皮楠科的描述。

30 种，我国有 10 种，湖南产 3 种，八大公山有 3 种。

分种检索表

1. 叶背略被白粉。
   2. 叶狭长圆伏披针形……………………………………………………… **1. 狭叶虎皮楠 D. angustifolium**
   2. 叶倒卵状披针形或长圆形……………………………………………………… **3. 虎皮楠 D. oldhamii**
1. 叶背绿色…………………………………………………………………………**2. 交让木 D. macropodum**

1. 狭叶虎皮楠 Daphniphyllum angustifolium Hutchinson

常绿小乔木。叶坚狭长圆状披针形，（11.5 ~ 15.0）cm ×（2.5 ~ 3.0）cm，叶背略被白粉。雄花序长 2 ~ 3 cm，无花萼；雄蕊 8 ~ 10，雌花序长 1.0 ~ 1.5 cm，花梗长约 1 mm；花萼早落；子房卵形，

狭叶虎皮楠 Daphniphyllum angustifolium

花柱长约 0.5 mm，柱头 2，外弯，具多数小疣体。果序长约 2.5 cm，序轴粗壮，幼果偏斜，椭圆形，长 5 ~ 6 mm，表面平滑，花柱早落，果梗长 3 ~ 4 mm。花期 4 ~ 5 月，果期 8 ~ 10 月。

分布与生境：分布于八大公山各地，生于海拔 800 ~ 1400 m 的山坡及山顶林中。

2. 交让木 Daphniphyllum macropodum Miquel

常绿乔木。叶革质，长椭圆形或倒披针形，先端渐尖，下面淡绿色，侧脉两面清晰，叶柄紫红色，粗壮。雄花序长 5 ~ 7 cm，雄蕊 8 ~ 10，花丝短，雌花序长 4.5 ~ 8.0 cm，子房基部具大小不等的不育雄蕊 10，子房卵形，多少被白粉，花柱极短，柱头 2，外弯，扩展。果椭圆形，蓝黑色，被白粉，柱头宿存。花期 4 ~ 5 月，果期 8 ~ 10 月。

分布与生境：分布于八大公山各地，生于海拔 800 ~ 1800 m 的山坡及山顶林中。

用途：种子、叶入药；庭院观赏。

交让木 Daphniphyllum macropodum

3. 虎皮楠 Daphniphyllum oldhamii (Hemsley) K. Rosenthal

常绿乔木。叶集生枝顶，薄革质，倒卵状披针形或长圆形，先端急尖，基部楔形，下面通常被白粉和乳突体，侧脉每边 8 ~ 14 条。雄花序较短，子房被白粉。核果椭圆形或卵圆形，黑色。花期 4 ~ 5 月，果期 8 ~ 11 月。

分布与生境：分布于八大公山各地，生于海拔 600 ~ 1400 m 的多石的山地林中。

用途：根、叶入药；庭院观赏。

虎皮楠 Daphniphyllum oldhamii

五十七、鼠刺科 Iteaceae

灌木或乔木，常绿或落叶。单叶互生，具柄，边缘常具腺齿或刺状齿，稀圆齿状或全缘；托叶小，早落；羽状脉。花小，白色，辐射对称，两性或杂性，多数，排列成顶生或腋生总状花序或总状圆锥花序；萼筒杯状，基部与子房合生；萼片 5，宿存；花瓣 5，镊合状排列。蒴果先端 2 裂，仅基部合生，具宿存的萼片及花瓣。

2 属 21 ~ 30 种，我国有 1 属 15 种，湖南有 1 属 2 种，八大公山有 1 属 1 种。

（一）鼠刺属 Itea Linnaeus

单叶互生，托叶小，早落。花小，白色，辐射对称，两性或杂性，多数，排列成顶生或腋生总状花序或总状圆锥花序；萼筒杯状，基部与子房合生；萼片 5，宿存，花瓣 5，雄蕊 5，子房上位或半下位，具 2（3）心皮，紧贴或仅下部紧贴花盘。蒴果先端 2 裂，具宿存的萼片及花瓣；种子多数。

21 ~ 27 种，我国有 15 种，湖南有 2 种，八大公山有 1 种。

1. 峨眉鼠刺 Itea omeiensis C. K. Schneider

常绿灌木。幼枝黄绿色，无毛。叶薄革质，长圆形，［6 ~ 12（16）］cm ×［2.5 ~ 5.0（6.0）］cm，

先端尾状尖或渐尖，基部圆形或钝，边缘有极明显的密集细锯齿，两面无毛，侧脉 5 ~ 7 对。腋生总状花序，直立，基部有叶状苞片，苞片三角状披针形或倒披针形，萼筒浅杯状，花瓣白色，披针形，子房上位，密被长柔毛。蒴果被柔毛。花期 3 ~ 5 月，果期 6 ~ 12 月。

分布与生境：分布于八大公山海拔 200 ~ 500 m 的沟谷林中。

用途：庭院观赏。

峨眉鼠刺 Itea omeiensis

五十八、茶藨子科 Grossulariaceae

灌木。单叶互生，常掌状分裂。花两性或单性异株，5 数，稀 4 数；多为总状花序，或花数朵簇生，稀单生；萼筒形状多变，与子房合生；花萼片多与花瓣同色；花瓣 5(4)，小，稀缺。浆果。

1 属约 160 种，我国有 1 属 59 种，湖南有 1 属 7 种，八大公山 1 属 3 种。

（一）茶藨子属 Ribes Linnaeus

特征见茶藨子科的描述。

160 余种，我国产 59 种，湖南产 7 种，八大公山有 3 种。

分种检索表

1. 花单性，雌雄异株。
  2. 叶基部圆形至近截形；萼筒浅杯形…………………………………………… **1. 冰川茶藨子 R. glaciale**
  2. 叶基部截形至心脏形；萼筒碟形……………………………………………… **3. 细枝茶藨子 R. tenue**
1. 花两性……………………………………………………………………………… **2. 宝兴茶藨子 R. moupinense**

1. 冰川茶藨子 Ribes glaciale Wallich

灌木。叶长卵圆形，掌状 3 ~ 5 裂，边缘具粗大锯齿或混生少数重锯齿。花单性，雌雄异株，总状花序；雄花序长于雌花序；花萼红褐色；萼筒浅杯形；花瓣近扇形或楔状匙形，短于萼片。果实红色。花期 4 ~ 6 月，果期 7 ~ 9 月。

分布与生境：分布于八大公山各地，生于海拔 1800 ~ 1900 m 的山坡灌丛中。

用途：根入药；果实可食；庭院观赏。

冰川茶藨子 Ribes glaciale

2. 宝兴茶藨子 Ribes moupinense Franchet

灌木。叶卵圆形或宽三角状卵圆形，基部心脏形，稀近截形，上面无柔毛或疏生粗腺毛，下面沿叶脉或脉腋间具短柔毛或混生少许腺毛，常 3 ~ 5 裂。花两性；总状花序，下垂，具 9 ~ 25 朵疏松排列的花；萼筒钟形；花瓣倒三角状扇形。果实球形，黑色，无毛。花期 5 ~ 6 月，果期 7 ~ 8 月。

分布与生境：分布于八大公山斗篷山，生于海拔 1700 ~ 1900 m 的山坡林下。

用途：根入药；果实可食；庭院观赏。

3. 细枝茶藨子 Ribes tenue Janczewski

灌木。叶长卵圆形，掌状 3 ~ 5 裂，顶生裂片比侧生裂片长 1 ~ 2 倍，侧生裂片卵圆形或菱状卵圆形。花单性，雌雄异株，总状花序；雄花序具花 10 ~ 20 朵；雌花序较短，具花 5 ~ 15 朵；花萼红褐色毛；萼筒碟形；花瓣楔状匙形或近倒卵圆形，暗红色。果实暗红色。花期 5 ~ 6 月，果期 8 ~ 9 月。

分布与生境：分布于八大公山斗篷山，生于海拔 1700 ~ 1900 m 的山坡林下。

用途：根入药；果实可食；庭院观赏。

宝兴茶藨子 Ribes moupinense

细枝茶藨子 Ribes tenue

五十九、虎耳草科 Saxifragaceae

草本或木本。单叶或复叶，互生或对生，常无托叶。通常为聚伞状、圆锥状或总状花序；花两性，稀单性，常为重被；花被片 4 ~ 5 基数，稀 6 ~ 10 基数；萼片有时花瓣状；花冠辐射对称，稀两侧对称；雄蕊（4）5 ~ 10，或多数，有时具退化雄蕊；心皮 2，稀 3 ~ 5（10），通常多少合生；花柱离生或多少合生。蒴果，浆果，小蓇葖果或核果。

约 30 属，近 500 种，我国有 13 属 279 种，湖南有 6 属 23 种，八大公山有 5 属 15 种。

分属检索表

1. 叶为复叶……………………………………………………………………………**1. 落新妇属 Astilbe**
1. 叶为单叶。
  2. 花无花瓣。
    3. 雄蕊 4 ~ 8 ……………………………………………………………… **2. 金腰属 Chrysosplenium**
    3. 雄蕊 10 ~ 14 ……………………………………………………………… **3. 独根草属 Oresitrophe**
  2. 花有花瓣。
    4. 基生叶不分裂，蒴果由相等的 2 心皮组成……………………………… **4. 虎耳草属 Saxifraga**
    4. 基生叶掌状分裂，蒴果由大小不等的 2 心皮组成……………………… **5. 黄水枝属 Tiarella**

（一）**落新妇属 Astilbe** Buchanan-Hamilton ex D. Don

多年生草本。茎基部具褐色膜质鳞片状毛或长柔毛。叶互生，二至四回三出复叶，稀单叶；托叶膜质；小叶片披针形、卵形、阔卵形至阔椭圆形，边缘具齿。圆锥花序顶生，具苞片；花白色、淡紫色或紫红色，两性或单性，稀杂性或雌雄异株；萼片 5，稀 4，花瓣通常 1 ~ 5；雄蕊通常 8 ~ 10，稀 5；心皮 2（3）。蒴果或蓇葖果。

约 18 种，我国有 7 种，湖南有 5 种，八大公山有 2 种。

分种检索表

1. 花序轴密被褐色卷曲长柔毛……………………………………………… **1. 落新妇 A. chinensis**
1. 花序轴被腺毛……………………………………………………………… **2. 大落新妇 A. grandis**

1. 落新妇 Astilbe chinensis (Maximowicz) Franchet & Savatier

多年生草本。茎无毛。基生叶为二至三回三出羽状复叶；顶生小叶菱状椭圆形，侧生小叶卵形至椭圆形，腹面沿脉生硬毛，背面沿脉疏生硬毛和小腺毛；叶轴仅于叶腋部具褐色柔毛；茎生叶 2 ~ 3，较小。圆锥花序；花序轴密被褐色卷曲长柔毛；苞片卵形；萼片 5，边缘中部以上生微腺毛；花瓣 5，淡紫色至紫红色，线形；雄蕊 10；心皮 2。蒴果。花果期 6 ~ 9 月。

分布与生境：分布于八大公山各地，生长于海拔 700 ~ 1500 m 的山坡林下。

用途：根状茎入药；庭院观赏。

落新妇 Astilbe chinensis

2. 大落新妇 Astilbe grandis Stapf ex Wilson

多年生草本。二至三回三出复叶至羽状复叶；叶轴与小叶柄均多少被腺毛，叶腋近旁具长柔毛；小叶卵形、狭卵形至长圆形，侧生小叶小，背面被糙伏腺毛，沿脉生短腺毛。圆锥花序顶生；花序

大落新妇 Astilbe grandis

轴与花梗均被腺毛；小苞片狭卵形；萼片 5，先端钝或微凹且具微腺毛；花瓣 5，白色或紫色；雄蕊 10；心皮 2，基部合生，子房半下位。花果期 6 ~ 9 月。

分布与生境：分布于八大公山各地，生长于 1300 ~ 1900 m 的林下阴湿处。

用途：根状茎入药。

（二）金腰属 Chrysosplenium Linnaeus

多年生肉质小草本。单叶互生或对生。常为聚伞花序；花绿色、黄色、白色或带紫色；萼片 4 ~ 5；无花瓣，花盘极不明显或无，或明显（4）8 裂；雄蕊 4 ~ 10；2 心皮，子房近上位、半下位或近下位，1 室，胚珠多数，侧膜胎座，花柱 2，离生，柱头具斑点。蒴果。种子多数。

约 65 种，我国有 35 种，湖南有 12 种，八大公山有 9 种。

分种检索表

1. 叶互生，或仅具茎生叶 1 枚，或无茎生叶。
  2. 花盘极不明显或无；子房通常半下位。
    3. 无不育枝；基生叶近椭圆形…………………………………………… **2. 舌叶金腰 C. glossophyllum**
    3. 不育枝出自茎基部叶腋；基生叶倒卵状椭圆形………………… **6. 大叶金腰 C. macrophyllum**
  2. 有花盘；如花盘退化，其周围必密生褐色乳头突起；子房近下位，或有时半下位。
    4. 花盘通常退化，其周围密生褐色乳头突起………………………… **5. 绵毛金腰 C. lanuginosum**
    4. 花盘存在，其周围无褐色乳头突起。
      5. 基生叶大型，（2.3 ~ 8.5）cm×（2.4 ~ 8.5）cm ………………………………………………………………………………………… **3. 峨眉金腰 C. hydrocotylifolium** var. **emeiense**
      5. 基生叶较小，（0.6 ~ 2.2）cm×（0.9 ~ 2.5）cm ……………… **4. 日本金腰 C. japonicum**
1. 叶对生。
  5. 蒴果之 2 果瓣明显不等大。
    6. 种子具纵沟和纵肋，肋上具微乳头突起… **7. 柔毛金腰（变种）C. pilosum** var. **valdepilosum**
    6. 种子具微乳头突起或微柔毛。
      7. 花盘明显…………………………………………………………………… **8. 桑植金腰 C. sangzhiense**
      7. 花盘极不明显或无………………………………………………………… **9. 中华金腰 C. sinicum**
  5. 蒴果先端近平截而微凹，2 果瓣近等大 …………………………………… **1. 肾萼金腰 C. delavayi**

1. 肾萼金腰 Chrysosplenium delavayi Franchet

多年生草本。不育枝出自茎下部叶腋，叶对生，边缘具圆齿。叶片阔卵形至扇形，边缘圆齿，背面疏生褐色乳头突起。单花或为聚伞花序；苞叶边缘具 6 ~ 9 圆齿，背面疏生褐色乳头突起；花黄绿色；萼片先端微凹，具 1 褐色乳头突起；雄蕊 8；子房下位；花盘周围疏生褐色乳头突起。蒴果，

2 果瓣水平状叉开。种子黑褐色。花果期 3 ~ 6 月。

分布与生境：分布于八大公山各地，生于海拔 1500 ~ 1800 m 的林下阴湿处。

用途：全草入药。

肾萼金腰 Chrysosplenium delavayi

2. 舌叶金腰 Chrysosplenium glossophyllum Hara

多年生草本。基生叶近椭圆形，先端钝圆，边缘具圆齿，基部楔形，腹面被灰色糙毛。多歧聚

舌叶金腰 Chrysosplenium glossophyllum

伞花序，萼片先端钝圆，无毛，雄蕊 8，花柱短。蒴果先端近平截而微凹，2 果瓣近等大且水平状叉开。花果期 4 ~ 7 月。

分布与生境：分布于八大公山各地，生于海拔 1000 m 左右的山谷阴湿处。

3. 峨眉金腰 Chrysosplenium hydrocotylifolium var. **emeiense** J. T. Pan

多年生草本。茎匍匐，具多数叶，叶不等大，具长柄，叶片圆肾形，基部心形，边缘具圆钝锯齿，叶面具灰色刚毛。多歧聚伞花序排成圆锥状，苞叶卵圆形，先端具粗牙齿。蒴果先端近平截而微凹，2 果瓣近等大。花果期 4 月。

分布与生境：分布于八大公山各地，生于海拔 600 m 沟谷林下流水处。

峨眉金腰 Chrysosplenium hydrocotylifolium var. emeiense

4. 日本金腰 Chrysosplenium japonicum (Maximowicz) Makino

多年生草本。茎基具珠芽。茎疏生柔毛。基生叶肾形，茎生叶与基生叶同形，1.1 cm × 1.3 cm，边缘约具 11 浅齿，腹面疏生柔毛，背面近无毛。聚伞花序；苞叶阔卵形至近扇形，（5 ~ 12）mm ×（5 ~ 14）mm，边缘具 3 ~ 9 浅齿，基部宽楔形，无毛；花密集，绿色，萼片在花期直立，阔卵形，雄蕊通常 4，稀 8 或 2，子房近下位，花柱长 0.2 ~ 0.3 mm；花盘通常 4 裂。蒴果先端近平截而微凹，2 果瓣近等大而水平状叉开。种子被微柔毛。花果期 3 ~ 6 月。

分布与生境：分布于八大公山龙潭坪（红军村），生于海拔 300 m 的山谷阴湿处。

5. 绵毛金腰 Chrysosplenium lanuginosum Hooker f. & Thomson

多年生草本。不育枝具褐色长柔毛，具互生叶，叶片卵形、阔卵形，边缘具圆齿，具褐色长柔毛。基生叶卵形、阔卵形，被褐色柔毛；茎生叶 1 ~ 3，互生，阔卵形、至椭圆形，边缘具圆齿。聚伞花序；

花绿色；萼片具褐色斑点；雄蕊 8；子房近下位；花盘退化，周围具 1 圈褐色乳头突起。蒴果；种子黑褐色，具微乳头突起。花果期 4 ~ 6 月。

分布与生境：分布于八大公山各地，生于海拔 1100 ~ 1600 m 的山谷流水阴湿处。

用途：全草入药。

日本金腰 Chrysosplenium japonicum

绵毛金腰 Chrysosplenium lanuginosum

6. 大叶金腰 **Chrysosplenium macrophyllum** Oliver

多年生草本。不育枝具互生叶，阔卵形至近圆形，边缘具 11 ~ 13 圆齿，腹面及叶柄具褐色柔毛。基生叶，革质，全缘或具不明显微波状小圆齿，腹面疏生褐色柔毛；茎生叶通常 1 枚，狭椭圆形，边缘通常具 13 圆齿，腹面和边缘疏生褐色柔毛。多歧聚伞花序；苞叶卵形；子房半下位。蒴果。种子黑褐色，密被微乳头突起。花果期 4 ~ 6 月。

分布与生境：分布于八大公山各地，生于海拔 700 ~ 1700 m 的山坡林下阴湿地。

用途：全草入药；也可栽培供观赏。

大叶金腰 Chrysosplenium macrophyllum

7. 柔毛金腰（变种）**Chrysosplenium pilosum** var. **valdepilosum** Ohwi

本变种与原变种之区别在于其茎生叶和苞叶边缘具明显钝齿（原变种具不明显之波状圆齿），腹面无毛，背面和边缘具褐色柔毛（原变种两面均无毛），种子之纵沟较浅（原变种纵沟较深）。花果期 4 ~ 7 月。

分布与生境：分布于八大公山各地，生于海拔 1500 ~ 1900 m 的林下阴湿处。

8. 桑植金腰 **Chrysosplenium sangzhiense** Hong Liu

多年生草本。不育枝具对生叶，边缘具钝齿，两面疏生盾状腺毛，叶腋具褐色乳头突起，边缘具 19 ~ 25 钝齿。茎生叶对生，边缘具 14 ~ 19 钝齿，疏生褐色乳头突起。多歧聚伞花序；苞叶阔卵形，边缘具 5 ~ 15 钝齿；花黄绿色；雄蕊 8；子房半下位；花盘明显。蒴果，2 果瓣不等大。种子黑褐色，密生微乳头突起。花果期 4 ~ 7 月。

分布与生境：分布于八大公山天平山，生于海拔 1400 ~ 1500 m 的潮湿林下。

用途：全草入药。

柔毛金腰（变种）Chrysosplenium pilosum var. valdepilosum

桑植金腰 Chrysosplenium sangzhiense

9. 中华金腰 Chrysosplenium sinicum Maximowicz

多年生草本。叶对生，顶生叶的叶腋部具褐色髯毛。花茎无毛，叶对生，近圆形至阔卵形，先端钝圆，边缘具钝齿，基部宽楔形。聚伞花序；苞叶阔卵形、卵形至近狭卵形，近苞腋部具褐色乳头突起；花黄绿色；萼片在花期直立，阔卵形至近阔椭圆形；雄蕊 8；子房半下位；无花盘。蒴果 2 果瓣明显不等大。种子黑褐色，被微乳头突起。花果期 4～8 月。

分布与生境：分布于八大公山各地，生于海拔 1700～2300 m 的山坡林中或沟谷边。

用途：全草入药。

中华金腰 Chrysosplenium sinicum

（三）独根草属 Oresitrophe Bunge

多年生草本。根状茎粗壮，有鳞片。叶基生，具柄，卵形至心形，边缘有不规则齿牙。多歧聚伞花序圆锥状，无苞片；托杯内壁之基部与子房愈合；萼片 5～7，花瓣状；花瓣不存在；雄蕊 10～14；心皮 2，下部合生；子房近上位，1 室，具 2 侧膜胎座，胚珠少数。蒴果革质，1 室，具 2 喙。

1 种，我国特有，八大公山也有。

1. 独根草 Oresitrophe rupifraga Bunge

特征见属的描述。花果期 5～9 月。

分布与生境：分布于八大公山五道水、杉木界，生于海拔 300～400 m 的悬崖石壁上。

用途：庭院观赏。

独根草 Oresitrophe rupifraga

（四）虎耳草属 **Saxifraga** Linnaeus

多年生、稀一年生或二年生草本。单叶全部基生或兼茎生；茎生叶常互生。花两性，稀单性，多辐射对称，多组成聚伞花序，有时单生，具苞片；花托杯状（内壁完全与子房下部愈合），或扁平；萼片 5；花瓣 5；雄蕊 10，花丝棒状或钻形；心皮 2，通常下部合生，有时近离生；子房近上位至半下位，中轴胎座，稀边缘胎座，胚珠多数。蒴果，稀蓇葖果。

约 450 种，我国有 216 种，湖南有 7 种，八大公山有 2 种。

分种检索表

1. 无鞭匐枝，花无明显花盘……………………………………**1. 扇叶虎耳草 S. rufescens** var. **flabellifolia**
1. 具鞭匐枝；花有花盘………………………………………………………………**2. 虎耳草 S. stolonifera**

1. 扇叶虎耳草 Saxifraga rufescens var. **flabellifolia** C. Y. Wu & J. T. Pan

多年生草本。叶基生，肾形或心形，基部基部楔形至截形，9 ~ 11 浅裂，两面和边缘均被腺毛。花葶密被红褐色长腺毛。多歧聚伞花序；萼片背面和边缘具腺毛，3 脉于先端汇合；花瓣白色至粉红色，5 枚，通常 4 枚较短，边缘多少具腺睫毛，基部具爪，弧曲脉序；子房上位。蒴果弯垂。

分布与生境：分布于八大公山各地，生于海拔 200 ~ 800 m 的林下流水石壁上。

用途：全草入药。

2. 虎耳草 Saxifraga stolonifera Curtis

多年生草本。鞭匐枝细长，密被卷曲长腺毛，具鳞片状叶。茎被长腺毛，具 1 ~ 4 枚苞片状叶。基生叶近心形、肾形至扁圆形，浅裂，裂片边缘具不规则齿牙，叶两面均有腺毛，沿各脉常有白色斑纹；茎生叶披针形。聚伞花序；萼片卵形，3 脉于先端汇合成 1 疣点；花瓣白色，具羽状脉序，基部具爪。花盘半环状，边缘具瘤突；2 心皮下部合生。花果期 4 ~ 11 月。

分布与生境：分布于八大公山各地，生于海拔 200 ~ 1000 m 的沟谷、林下阴湿岩上。

用途：全草入药；亦供观赏。

扇叶虎耳草 Saxifraga rufescens var. flabellifolia

虎耳草 Saxifraga stolonifera

（五）黄水枝属 Tiarella Linnaeus

多年生草本。根状茎短，具鳞片。叶多基生，为掌状分裂单叶，或三出复叶；茎生叶少；托叶小型。花序总状或圆锥状；花小；托杯内壁下部与子房愈合；萼常呈花瓣状；花瓣5，或缺；雄蕊10；心皮2，大部合生；子房1室，花柱丝状。蒴果，具不等大2果瓣。

3种，我国产1种，八大公山也有。

1. 黄水枝 Tiarella polyphylla D. Don

多年生草本。茎密被腺毛。基生叶具长柄，叶片心形，3～5掌状浅裂，边缘具不规则浅齿，两面密被腺毛；叶柄基部扩大呈鞘状，密被腺毛；托叶褐色；茎生叶通常2～3枚，与基生叶同型。总状花序，密被腺毛；萼片卵形，背面和边缘具短腺毛；花瓣缺；花丝钻形；心皮2，下部合生；子房近上位，花柱2。蒴果。种子黑褐色。花果期4～11月。

分布与生境：分布于八大公山各地，生于海拔1000～1800 m的林下阴湿地或山坡草丛。

用途：全草入药；庭院观赏。

黄水枝 Tiarella polyphylla

六十、景天科 Crassulaceae

多为草本。茎、叶多肉质。单叶互生、对生或轮生。聚伞花序；花两性，稀为单性而雌雄异株，常为5基数；萼片自基部分离，少有在基部以上合生，宿存；花瓣分离，或多少合生；雄蕊与萼片或花瓣同数或为其2倍，分离，或与花瓣或花冠筒部多少合生；心皮常与萼片或花瓣同数，分离或基部合生，常在基部外侧有1鳞片状腺体。蓇葖果。

约35属，近1500种，我国有13属233种，湖南有5属29种，八大公山有5属17种。

分属检索表

1. 心皮有柄或基部渐狭，全部分离……………………………………………… **1. 八宝属 Hylotelephium**
1. 心皮无柄，常为基部合生，在景天属中有少数为分离。
  2. 根生叶鳞片状；花单性或两性；心皮直立……………………………………**3. 红景天属 Rhodiola**
  2. 基部茎生或根生的鳞片状叶缺；花多两性，极少为单性，心皮先端反曲。
    3. 基生的茎生叶在花茎上形成明显的莲座……………………………… **5. 石莲属 Sinocrassula**
    3. 基生的茎生叶少有呈莲座状的，如植株有莲座，则莲座叶根生。
      4. 叶扁平，有锯齿，种子有翅……………………………………………… **2. 费菜属 Phedimus**
      4. 叶圆柱状，无锯齿，种子无翅……………………………………………**4. 景天属 Sedum**

（一）八宝属 Hylotelephium H.Ohba

多年生草本。根状茎肉质。叶互生、对生或3～5叶轮生。伞房花序排列为多种类型；花两性，多5基数；萼片常较花瓣为短，基部多少合生；花瓣多离生，白色、粉红色、紫色，或淡黄色、绿黄色，雄蕊10，对瓣雄蕊着生于花瓣近基处；鳞片长圆状楔形至线状长圆形，先端圆或稍有微缺；心皮直立。蓇葖果。种子具狭翅。

约33种，我国有16种，湖南有3种，八大公山有1种。

1. 八宝 Hylotelephium erythrostictum (Miquel) H.Ohba

多年生草本。块根胡萝卜状。茎直立。叶对生，长圆形，边缘有疏锯齿，无柄。伞房状花序，顶生；萼片5；花瓣5，白色或粉红色；雄蕊10，花药紫色；鳞片5，长圆状楔形，先端有微缺；心皮5，基部几分离。花期8～10月。

八宝 Hylotelephium erythrostictum

分布与生境：分布于八大公山海拔 1700～1800 m 的山坡草地中。

用途：全草药用；庭院观赏。

（二）费菜属 **Phedimus** Rafinesque

多年生肉质草本。叶狭扁平或扁平，边缘有锯齿或圆齿；叶近革质。聚伞花序，不具总苞片；花 5 基数，鳞片 5，近正方形，花瓣黄色，心皮 5，基部合生。蓇葖果。种子种皮纵向具中脉或近平滑。

约 20 种，我国有 8 种，湖南有 2 种，八大公山全有。

分种检索表

1. 叶互生，狭披针形、椭圆状披针形至卵状倒披针形……………………………… **1. 费菜 P. aizoon**
1. 叶互生或对生，卵形或椭圆形………………………………………………… **2. 齿叶费菜 P.odontophyllus**

1. 费菜 **Phedimus aizoon** (Linnaeus)' t Hart

多年生草本。叶互生，狭披针形、椭圆状披针形至卵状倒披针形，先端渐尖，基部楔形，叶缘具齿；叶近革质。聚伞花序。萼片 5，线形，不等长；花瓣 5，黄色；雄蕊 10；鳞片 5，近正方形；心皮 5，卵状长圆形，基部合生，腹面凸出，花柱长钻形。蓇葖果。花期 6～7 月，果期 8～9 月。

分布与生境：分布于八大公山各地，生于海拔 1000 m 以上的山坡林缘、路边、疏林下。

用途：根或全草入药，亦栽培供观赏。

费菜 Phedimus aizoon

2. 齿叶费菜 Phedimus odontophyllus (Fröderström)' t Hart

多年生草本。不育枝斜升，叶对生或 3 叶轮生，卵形或椭圆形，边缘有疏而不规则的牙齿，基部急狭。聚伞状花序，蝎尾状；萼片 5 ~ 6，三角状线形；花瓣 5 ~ 6，黄色，披针状长圆形，或几为卵形，基部稍狭；鳞片 5 ~ 6，近四方形，先端稍扩大，有微缺，心皮 5 ~ 6，基部合生，腹面稍呈浅囊状。蓇葖果，腹面囊状隆起。花期 4 ~ 6 月，果期 6 月。

分布与生境：分布于八大公山各地，生于海拔 200 ~ 1000 m 的山坡林缘阴湿石壁上。

用途：全草药用。

齿叶费菜 Phedimus odontophyllus

（三）红景天属 Rhodiola Linnaeus

多年生草本。花茎发自基生叶或鳞片状叶的腋部。茎生叶互生。伞房花序，顶生。花两性或雌雄异株；萼较花瓣为短，4 数；花瓣几分离，与萼片同数；雄蕊 2 轮，常为花瓣数的 2 倍，开花前花药紫色，花药开裂后黄色；心皮基部合生，与花瓣同数，子房上位。蓇葖果。种子有翅。

约 90 种，我国有 55 种，湖南有 2 种，八大公山有 1 种。

1. 云南红景天 Rhodiola yunnanensis (Franchet) S. H. Fu

多年生草本。3 叶轮生，卵状披针形至宽卵形，边缘有疏锯齿，顶端钝，无柄。聚伞圆锥花序；雌雄异株，雄花萼片 4，花瓣 4，黄绿色，匙形，雄蕊 8，鳞片 4，楔状四方形；雌花萼片、花瓣各 4，绿色或紫色；鳞片 4，近半圆形；心皮 4，基部合生。蓇葖果。花期 5 ~ 7 月，果期 7 ~ 8 月。

分布与生境：分布于八大公山各地，生于海拔 1200 ~ 2400 m 的山顶石缝中。

用途：根状茎药用。

云南红景天 Rhodiola yunnanensis

（四）景天属 **Sedum** Linnaeus

一年生或多年生草本。叶对生、互生或轮生，全缘或有锯齿。花序聚伞状或伞房状；花白色、黄色、红色、紫色；常为两性，稀退化为单性；常为不等 5 基数，少有 4 ~ 9 基数；花瓣分离或基部合生；雄蕊通常为花瓣数的 2 倍；鳞片全缘或有微缺；心皮分离，或基部合生，无柄，花柱短。蓇葖果。

470 种，我国有 121 种，湖南有 19 种，八大公山有 12 种。

分种检索表

1. 花有梗。心皮直立，基部多少合生，蓇葖果腹面不呈浅囊状。
  2. 植株被腺状毛。
    3. 花黄色…………………………………………………………… **11. 繁缕景天 S. stellariaefolium**
    3. 花白色……………………………………………………………**3. 大叶火焰草 S. drymarioides**
  2. 植株不被腺毛。
    4. 心皮密被微乳头状突起，基部宽广…………………………………… **4. 细叶景天 S. elatinoides**
    4. 心皮无毛，长圆形……………………………………………………………… **8. 山飘风 S. majur**
1. 花无梗或几无梗，心皮基部合生，成熟时至少上部叉开至星芒状，蓇葖果腹面浅囊状。
  5. 植株直立，叶通常不具距或有距，萼不具距………………………… **9. 大苞景天 S. oligospermum**
  5. 植株多少为平卧的、上升的或外倾的，叶常有距，萼有距或无距，常不等。
    6. 叶常为轮生。
      7. 叶长度在 12 mm 以上。
        8. 叶狭，线形至椭圆状线形或披针状线形…………………………………… **7. 佛甲草 S. lineare**

8. 叶倒卵形、线形至长圆形，3 叶轮生 ………………………… **10. 垂盆草 S. sarmentosum**

7. 叶长度在 11 mm 以下 ……………………………………………**12. 短蕊景天 S. yvesii**

6. 叶互生或对生。

9. 植株上部的叶腋有珠芽……………………………………………**2. 珠芽景天 S. bulbiferum**

9. 植株叶腋不具珠芽。

10. 叶对生 ……………………………………………………**5. 凹叶景天 S. emarginatum**

10. 叶互生或少有为 3 叶轮生。

11. 叶楔形，扁平，长 15 ～ 20 mm ……………………………… **1. 东南景天 S. alfredii**

11. 叶线状匙形至匙形，略呈圆柱形，长 5 ～ 10 mm ………… **6. 日本景天 S. japonicum**

1. 东南景天 Sedum alfredii Hance

多年生草本。叶互生，下部叶常脱落，上部叶常聚生，线状楔形、匙形至匙状倒卵形，先端钝，有时有微缺，基部狭楔形，有距，全缘。聚伞花序，有多花；苞片似叶而小；花无梗，萼片基部有距；花瓣 5，黄色，披针形至披针状长圆形，雄蕊 10，心皮 5，卵状被针形，直立，基部合生。蓇葖斜叉开。花期 4 ~ 5 月，果期 6 ~ 8 月。

分布与生境：分布于八大公山各地，生于海拔 1200 ~ 1800 m 的山坡沟边潮湿石壁上。

东南景天 Sedum alfredii

2. 珠芽景天 Sedum bulbiferum Makino

一年生草本。叶腋常小珠芽。叶在基部常对生，在上部互生，下部叶卵状匙形，上部叶匙状倒披针形，顶端钝，基部渐狭，有短距。聚伞花序常有分枝三个，再成两歧分枝；花无梗；萼片 5，有短距；花瓣 5，黄色，披针形，雄蕊 10，较花瓣为短；心皮 5，基部合生，略叉开。蓇葖成熟后成星芒状排列。花期 4 ~ 5 月。

分布与生境：分布于八大公山各地，生于海拔 400 m 以上的山坡沟边潮湿石壁上。

珠芽景天 Sedum bulbiferum

3. 大叶火焰草 Sedum drymarioides Hance

一年生草本，植株全部有腺毛。下部叶对生或 4 叶轮生，上部叶互生，卵形至宽卵形，基部宽楔形并下延成柄。花序疏圆锥状；花少数；花瓣 5，白色，矩圆形，雄蕊 10，心皮 5，略叉开。

分布与生境：分布于八大公山各地，生于海拔 200 ~ 300 m 的山坡林缘潮湿处。

用途：庭院观赏。

大叶火焰草 Sedum drymarioides

4. 细叶景天 Sedum elatinoides Franchet

一年生草本。3～6叶轮生，叶狭倒披针形，全缘，无柄或几无柄。花序圆锥状或伞房状；萼片5；花瓣5，白色；雄蕊10，较花瓣短；鳞片5，宽匙形，顶端微缺；心皮5。蓇葖果。花期5～7月，果期8～9月。

分布与生境：分布于八大公山各地，生于海拔200～1000 m的山坡岩石缝中。

用途：带根全草入药。

细叶景天 Sedum elatinoides

5. 凹叶景天 Sedum emarginatum Migo

多年生草本。叶对生，匙状倒卵形至宽卵形，先端圆，有微缺，基部渐狭，有短距。花序聚伞状，顶生；萼片5，披针形至狭长圆形；基部有短距；花瓣5，黄色；鳞片5，长圆形；心皮5，基部合生。蓇葖果略叉开。花期5～6月，果期6月。

凹叶景天 Sedum emarginatum

分布与生境：分布于八大公山各地，生于海拔 400 m 以上的山坡沟边潮湿石壁上。

用途：全草药用；庭院观赏。

6. 日本景天 Sedum japonicum Siebold ex Miquel

多年生草本。叶互生，覆瓦状排列，条状匙形，顶端钝，无柄，有短距。花序顶生，聚伞状，苞片与叶同形，花无梗或几无梗；萼片 5，基部有短距；花瓣 5，黄色，披针形，雄蕊 10，心皮 5，基部合生，果时成星芒状水平展开。花期 5 ~ 6 月，果期 7 ~ 8 月。

分布与生境：分布于八大公山各地，生于海拔 500 ~ 1400 m 的山坡潮湿石壁上。

日本景天 Sedum japonicum

7. 佛甲草 Sedum lineare Thumb

多年生草本。叶轮生，叶线形，先端钝尖。聚伞状花序，顶生，中央有一朵有短梗的花，2 ~ 3 歧分枝，分枝常再 2 歧分枝；萼片 5，线状披针形，不等长，无距，或具短距；花瓣 5，黄色；雄蕊 10，较花瓣短；鳞片 5，宽楔形至近四方形。蓇葖果，略叉开。花期 4 ~ 5 月，果期 6 ~ 7 月。

分布与生境：分布于八大公山各地，生于海拔 200 ~ 1800 m 的山坡林下阴湿处。

用途：全草入药。

8. 山飘风 Sedum majus (Hemsley) Migo

小草本，高俟 10 cm 左右。4 叶轮生，叶圆形至卵状圆形，一对大的长宽各 4 cm，小的一对常稍小或较小，先端圆或钝，基部急狭，入于假叶柄，或几无柄，全缘。伞房状花序，萼片 5，近正三角形，花瓣 5，白色，长圆状披针形，雄蕊 10，长 3 mm；鳞片 5，长方形，心皮 5，椭圆状披针形，长 3 ~ 4 mm，直立，基部 1 mm 合生。花、果期 7 ~ 10 月。

分布与生境：分布于八大公山各地，生长于海拔 200 ~ 1500 m 的山坡林下阴湿处。

用途：全草入药。

佛甲草 Sedum lineare

山飘风 Sedum majus

9. 大苞景天 Sedum oligospermum Maire

一年生草本。叶互生至3叶轮生，叶菱状椭圆形。苞片圆形或稍长，与花略同长。聚伞花序，萼片5，宽三角形，花瓣5，黄色；雄蕊10或5，较花瓣稍短；鳞片5，近长方形至长圆状匙形；心皮5，略叉开，基部合生。蓇葖果。种子1~2，纺锤形，有微乳头状突起。花期6~9月，果期8~11月。

分布与生境：分布于八大公山各地，生于海拔1400~2000 m的山坡林下。

用途：全草入药；庭院观赏。

大苞景天 Sedum oligospermum

10. 垂盆草 Sedum sarmentosum Bunge

多年生草本。叶轮生，叶倒披针形至长圆形，先端近急尖，基部急狭，有距。聚伞花序；萼片 5，披针形至长圆形，先端钝；花瓣 5，黄色，先端有稍长的短尖；雄蕊 10，较花瓣为短；鳞片 10，楔状四方形，先端微缺；心皮 5，略叉开。种子卵形。花期 5 ~ 7 月，果期 8 月。

分布与生境：分布于八大公山各地，生于海拔 400 m 以上的山坡沟边潮湿石壁上。

用途：全草入药；细嫩植株可作野菜。

垂盆草 Sedum sarmentosum

11. 繁缕景天 **Sedum stellariaefolium** Franchet

多年生草本。叶互生，倒卵状菱形，全缘。聚伞状总状花序；萼片 5，披针形至长圆形；花瓣 5，黄色；雄蕊 10；鳞片宽匙形至宽楔形，顶端微缺；心皮 5。蓇葖果，顶端略叉开。种子有纵纹。花期 6~7 月，果期 8~9 月。

分布与生境：分布于八大公山各地，生于海拔 1000 m 以下的路边石壁上、墙上。

用途：全草入药。

繁缕景天 Sedum stellariaefolium

12. 短蕊景天 **Sedum yvesii** Raymond-Hamet

短蕊景天 Sedum yvesii

多年生草本。不育枝长 4 ~ 8 cm，根须状。4 叶轮生，宽线形至倒披针状线形，（5 ~ 10）mm ×（1 ~ 2）mm，先端钝，基部有距，无柄，全缘。伞房状花序，苞片与叶相似；萼片 5，宽线形至倒披针形，不等长，花瓣 5，黄色，长圆状卵形，雄蕊 10，鳞片 10，长方状楔形；心皮 5，长圆形，基部 0.5 ~ 1.0 mm 合生。蓇葖稍叉开，腹面浅囊状隆起，种子多数。花期 4 ~ 5 月，果期 5 月。

分布与生境：分布于八大公山各地，生于海拔 1000 m 以下的路边石壁上、墙上。

（五）石莲属 Sinocrassula A.Berger

多年生草本。具莲座状基生叶，多少遍布红棕色细条纹或斑点。叶厚。聚伞花序圆锥状，少数总状；花 5 基数；花萼合生，裂片三角形；花瓣上部向外弓状弯曲，有时在先端以下变厚而基部凹入；雄蕊 5，着生于花瓣上；鳞片四方形或半圆形。

7 种，我国有 7 种，湖南有 1 种，八大公山也有分布。

1. 绿花石莲 Sinocrassula indica var. viridiflora K.T.Fu

一年生草本。基生叶莲座状，匙状长圆形，先端尖；茎生叶倒披针形，先端尖，基部渐狭，无柄。花序圆锥状或伞房状；萼片 5，三角形至卵形；花瓣 5，绿黄色，先端钝或近尖；雄蕊 5；鳞片 5，近长方形，先端钝；心皮 5，基部稍合生。蓇葖果。种子有纵纹。花期 9 月，果期 10 月。

分布与生境：分布于八大公山各地，生于海拔 500 ~ 1500 m 的山坡石壁上。

用途：全草入药。

绿花石莲 Sinocrassula indica var. viridiflora

六十一、扯根菜科 Penthoraceae

多年生草本。叶膜质。萼片 5（8）；花瓣 5（8），通常退化或不存在；雄蕊 2 轮，10（16）；心皮 5（8），下部合生；子房通常 5 室，胚珠具厚珠心，珠被 2 层；花柱短。蒴果。

仅 1 属 2 种，我国有 1 属 1 种，湖南有 1 属 1 种，八大公山也有。

（一）扯根菜属 Penthorum Linnaeus

特征见扯根菜科的描述。

本属 2 种，我国有 1 种，湖南有 1 种，八大公山也有。

1. 扯根菜 Penthorum chinense Pursh

多年生草本。茎直立。叶互生，膜质，狭披针形或披针形。螺状聚伞花序；花两性，多数，小形；萼片 5（8）；花瓣 5（8），或不存在；雄蕊 2 轮，10（16）；心皮 5（8），下部合生，花柱短，胚珠多数。蒴果 5（8），浅裂，裂瓣先端喙形，成熟后喙下环状横裂。种子多数，细小。花果期 7～10 月。

分布与生境：分布于八大公山各地，生于海拔 200～1000 m 的水田、沼泽或沟边草丛中。

用途：全草入药；嫩苗可供野菜。

扯根菜 Penthorum chinense

六十二、小二仙草科 Haloragaceae

水生或陆生草本。叶互生、对生或轮生，水生叶常呈蓖齿状分裂；托叶缺。花小，两性或单性，腋生、单生、簇生或顶生成穗状、圆锥或伞房花序；萼片 2 ~ 4 或缺，萼筒与子房合生；花瓣 2 ~ 4，早落或缺；雄蕊 2 ~ 8，排成 2 轮；子房下位，柱头 2 ~ 4 裂，无柄或具短柄；胚珠倒垂于其顶端。坚果或核果状，或具翅。

约 8 属 145 种，我国有 2 属 13 种，湖南有 2 属 3 种，八大公山有 2 属 2 种。

分属检索表

1. 陆生植物，叶对生或互生，具叶柄，不分裂…………………………………… **1. 小二仙草属 Haloragis**
1. 水生植物，叶轮生或互生，无柄，分裂……………………………………… **2. 狐尾藻属 Myriophyllum**

（一）狐尾藻属 **Myriophyllum** Linnaeus

水生或半湿生草本。叶互生，轮生，无柄或近无柄，线形至卵形。花水上生，很小，无柄；苞片 2。花单性同株或两性，稀雌雄异株。雄花具短萼筒；花瓣 2 ~ 4，早落。雌花：萼筒与子房合生，具 4 深槽，萼裂 4 或不裂；花瓣小，早落或缺；退化雄蕊存在或缺；子房下位。果实成熟后分裂成 4（2）小坚果状的果瓣，果皮光滑或有瘤状物。

约 35 种，我国有 11 种，湖南有 2 种，八大公山有 1 种。

1. 穗状狐尾藻 Myriophyllum spicatum Linnaues

多年生沉水草本。叶常 5 片轮生，丝状全细裂。花两性，单性或杂性，雌雄同株，单生于苞片状叶腋内，常 4 朵轮生，由多数花排成近裸颓的顶生或腋生的穗状花序。如为单性花，则上部为雄花，下部为雌花，中部有时为两性花。雄花：萼筒广钟状；花瓣 4，粉红色；雄蕊 8。雌花：萼筒管状，花瓣缺，或不明显。分果，具 4 纵深沟。花果期 3 ~ 9 月。

分布与生境：分布于八大公山各地，生于海拔 200 ~ 1000 m 的小溪静水中。

用途：全草入药；植株亦可作养猪、养鱼、养鸭的饲料。

（二）小二仙草属 **Haloragis** Thunberg

多年生草本，稀亚灌木。叶小，下部和幼枝上的叶常对生，上部的有时互生，革质或薄革质，全缘或具锯齿，具叶柄或近无叶柄。花小，单生或簇生于上部叶腋，成假二歧聚伞花序，有时生于苞腋内为短穗状花序，多为总状花序或圆锥花序，具 2 小苞片；萼管圆柱形，具棱，4 裂，宿存；花瓣 4-8 或缺；雄蕊 4 或 8。果小，坚果状，不开裂，具纵条纹。

约 35 种，我国有 2 种，湖南有 1 种，八大公山也有分布。

1. 小二仙草 Haloragis micrantha (Thunberg) R. Brown

多年生草本。叶对生，茎上部的叶有时互生；叶片卵形或卵圆形，基部圆形，先端短尖或钝，边缘具稀锯齿。圆锥花序顶生；花两性；萼筒 4 深裂，宿存；花瓣 4，淡红色；雄蕊 8，花丝短，花药线状椭圆形；子房下位，2 ~ 4 室。坚果，有 8 纵钝棱。花期 4 ~ 8 月，果期 5 ~ 10 月。

分布与生境：分布于八大公山各地，生于海拔 500 ~ 1400 m 的荒山草丛中。

用途：全草入药。

穗状狐尾藻 Myriophyllum spicatum

小二仙草 Haloragis micrantha

六十三、葡萄科 Vitaceae

木本，具有卷须，与叶对生。单叶或羽状和掌状复叶，常有透明点，多互生，具托叶。常排列成伞房状穗状、总状、圆锥状或聚伞状花序，花两性或杂性同株或异株，辐射对称，4～5 基数；萼呈碟形或浅杯状；雄蕊 4～5，与花瓣对生；花盘呈环状或分裂；子房上位，通常 2 室，柱头头状或盘状。浆果，种子 1 或多粒。

15 属，约 900 种，我国有 9 属 149 种，湖南有 8 属 55 种，八大公山有 7 属 27 种。

分属检索表

1. 花瓣在顶部相互粘着，花谢时整个脱落，狭圆锥花序……………………………………**6. 葡萄属 Vitis**
1. 花瓣各自分离脱落，聚伞花序。
  2. 花通常 5 基数。
    3. 卷须常扩大成吸盘；果梗顶端增粗，有时有瘤状突起……………… **4. 地锦属 Parthenocissus**
    3. 卷须通常不扩大为吸盘；果梗不增粗，无瘤状突起。
      4. 花盘发育不明显；花序为复二歧聚伞花序……………………………………………… **7. 俞藤属 Yua**
      4. 花盘发达；花序为伞房状多歧聚伞花序。
        5. 叶为单叶或掌状分裂、全裂……………………………………………………**1. 蛇葡萄属 Ampelopsis**
        5. 叶为羽状复叶………………………………………………………………… **3. 牛果藤属 Nekemias**
  2. 花通常 4 基数。
    6. 花柱明显，柱头不分裂………………………………………………………………**2. 乌蔹莓属 Cayratia**
    6. 花柱不明显或较短，少有不规则分裂………………………………… **5. 崖爬藤属 Tetrastigma**

（一）蛇葡萄属 **Ampelopsis** Michaux

木质藤本。卷须 2～3 分枝。叶为单叶或掌状复叶，互生。花 5 基数，两性或杂性同株，组成伞房状多歧聚伞花序或复二歧聚伞花序；花瓣 5，各自分离脱落；雄蕊 5，花盘发达；子房 2 室，每室含 2 颗胚珠。浆果，种子 1～4 粒，倒卵圆形，背面呈椭圆中间具有带形的种脐，两边的沟呈狭倒卵状，从底端延伸近种子长近一半。

34 种，我国有 10 种，湖南有 4 种，八大公山有 3 种。

分种检索表

1. 叶为单叶。
  2. 小枝、叶柄和叶片完全无毛或仅下面脉腋有簇毛……………………… **1. 蓝果蛇葡萄 A. bodinieri**
  2. 小枝、叶柄和叶片多少被柔毛或茸毛……………………………………………**3. 蛇葡萄 A. glandulosa**
1. 叶为掌状全裂形成的掌状复叶…………………………………………… **2. 三裂蛇葡萄 A. delavayana**

1. 蓝果蛇葡萄 **Ampelopsis bodinieri** (H.Léveillé & Vaniot) Rehder

分变种检索表

1. 叶片两面无毛…………………………………… **1a. 蓝果蛇葡萄（原变种）A. bodinieri** var. **bodinieri**
1. 叶片下面被灰色短柔毛………………………… **1b. 灰毛蛇葡萄（变种）A. humulifolia** var. **cinerea**

1a. 蓝果蛇葡萄（原变种）**Ampelopsis bodinieri** (H.Léveillé & Vaniot) Rehder var. **bodinieri**

木质藤本。小枝有纵棱纹。叶片卵状椭圆形，叶缘有急尖锯齿，基出脉 5，侧脉 4 ~ 6 对。花序复二歧聚伞状；萼浅碟形；花瓣 5；雄蕊 5。果实近球形。花期 4 ~ 6 月，果期 7 ~ 8 月。

分布与生境：分布于八大公山各地，生于海拔 400 ~ 1200 m 的林缘或山坡灌丛中。

用途：根入药。

蓝果蛇葡萄（原变种）Ampelopsis bodinieri var. bodinieri

1b. 灰毛蛇葡萄（变种）**Ampelopsis humulifolia** var. **cinerea** (Gagnepain) Rehder

木质藤本。小枝有纵棱纹。叶片卵状椭圆形，叶缘有急尖锯齿；下面被灰色短柔毛；基出脉 5，侧脉 4 ~ 6 对。花序疏散，复二歧聚伞状；萼浅碟形，波状边缘；花瓣 5；雄蕊 5；花药黄色；子房圆锥形，基部略粗。果实近球圆形。花期 4 ~ 6 月，果期 7 ~ 8 月。

分布与生境：分布于八大公山各地，生于海拔 1300 ~ 2200 m 的山坡疏林中。

用途：根入药。

灰毛蛇葡萄（变种）Ampelopsis humulifolia var. cinerea

2. 三裂蛇葡萄 Ampelopsis delavayana Planchon ex Franchet

分变种检索表

1. 小叶和花序梗被灰色短柔毛……………… **2a. 三裂蛇葡萄（原变种）A.delavayana** var. **delavayana**
1. 小叶和花序梗密被锈色短柔……………… **2b. 毛三裂叶蛇葡萄（变种）A.delavayana** var. **setulosa**

2a. 三裂蛇葡萄（原变种）Ampelopsis delavayana Planchon ex Franchet var. **delavayana**

木质藤本。3 小叶，中间小叶椭圆披针形，侧面小叶卵状披针形，叶缘有粗锯齿；上面被稀疏柔毛，后脱落；侧脉 5 ~ 7 对；叶柄被稀疏柔毛。花序与叶对生，多歧聚伞状；花序被短柔毛；萼碟形，波状边缘浅裂；花瓣 5；雄蕊 5；子房下部与花盘合生。果实近球形。花期 6 ~ 8 月，果期 9 ~ 11 月。

分布与生境：分布于八大公山各地，生于海拔 300 ~ 800 m 的山坡灌木丛中。

用途：根和根皮入药。

2b. 毛三裂叶蛇葡萄（变种） Ampelopsis delavayana var. **setulosa** (Diels & Gilg) C.L.Li

本变种与原变种不同是的小枝密被锈色短柔毛，小叶两面被稀疏柔毛，后脱落。花期 6 ~ 7 月，果期 9 ~ 11 月。

分布与生境：分布于八大公山各地，生于海拔 500 ~ 800 m 的山坡地边或林中。

用途：根皮入药。

三裂蛇葡萄（原变种）Ampelopsis delavayana var. delavayana

毛三裂叶蛇葡萄（变种）Ampelopsis delavayana var. setulosa

3. 蛇葡萄 Ampelopsis glandulosa (Wallich) Momiyama

分变种检索表

1. 叶背面被锈色短柔毛…………………………… **3a. 蛇葡萄（原变种）A.glandulosa** var. **glandulosa**

1. 叶背面无毛或被灰色疏短柔毛。

2. 小枝、叶柄和叶片无毛或被极稀疏的短柔毛…**3b. 光叶蛇葡萄（变种）A.glandulosa** var. **hancei**

2. 小枝被疏柔毛，叶上面无毛，脉上有疏柔毛………………………………………………………………………………**3c. 异叶蛇葡萄（变种）A.glandulosa** var. **heterophylla**

3a. 蛇葡萄（原变种）Ampelopsis glandulosa (Wallich) Momiyama var. **glandulosa**

落叶木质藤本。小枝被毛。叶片卵状椭圆形，叶缘有急尖锯齿；两面被灰色短柔毛；基出脉 5，侧脉 4 ~ 6 对。花序疏散，复二歧聚伞状；花瓣 5；雄蕊 5；花药黄色；子房圆锥形，基部略粗。果实近球圆形。花期 4 ~ 6 月，果期 7 ~ 8 月。

分布与生境：分布于八大公山各地，生于海拔 200 ~ 1000 m 的山坡空旷地。

用途：幼茎液汁和鲜叶入药。

蛇葡萄（原变种）Ampelopsis glandulosa var. glandulosa

3b. 光叶蛇葡萄（变种）Ampelopsis glandulosa var. **hancei** Planch.

落叶木质藤本。本变种与原变种区别在于，小枝、叶柄和叶片无毛或被极稀疏的短柔毛。花期 4 ~ 6 月，果期 8 ~ 10 月。

分布与生境：分布于八大公山各地，生于海拔 200 ~ 1000 m 的山坡空旷地。

3c. 异叶蛇葡萄（变种）Ampelopsis glandulosa var. **heterophylla** (Thunberg) Momiyama

木质藤本。单叶心形或卵形，3 ~ 5 中裂，叶缘有急尖锯齿，下面沿脉上被疏柔毛；基出脉 5，侧脉 4 ~ 5 对；叶柄被疏柔毛。花序被疏柔毛；萼碟形，波状边缘具浅齿，外面被疏短柔毛。果实近球形。花期 4 ~ 6 月，果期 7 ~ 10 月。

分布与生境：分布于八大公山各地，生于海拔 400 ~ 1800 m 的山坡灌丛中。

用途：根皮入药。

光叶蛇葡萄（变种）Ampelopsis glandulosa var. hancei

异叶蛇葡萄（变种）Ampelopsis glandulosa var. heterophylla

（二）乌蔹莓属 Cayratia Jussieu

木质藤本。卷须通常 2 ~ 3 叉分枝。叶为 3 小叶或鸟足状 5 小叶，互生。花 4 数，两性或杂性同株；伞房状多歧聚伞花序或复二歧聚伞花序；雄蕊 5；花盘发达，边缘 4 浅裂或波状浅裂；柱头微扩大或不明显扩大；子房 2 室，每室含 2 颗胚珠。浆果球形或近球形，有种子 1 ~ 4 颗。种子呈半球形，有一被膜的圆孔，两边的沟呈倒卵形。拟乌蔹莓属 Pseudocayratia 与本属区别不明显，暂不采用。

约 60 种，我国有 17 种，湖南有 3 种，八大公山全有。

分种检索表

1. 小枝、花序梗、叶柄和叶片或多或少被短柔毛。
  2. 小枝、叶柄和叶片下面密被柔毛……………………………………………… **1. 白毛乌蔹莓 C. albifolia**
  2. 小枝、叶柄和叶片下面仅脉上被疏柔毛………………………………………………**2. 乌蔹莓 C. japonica**
1. 小枝、花序梗、叶柄和叶片下面被灰色节状长柔毛……………………… **3. 华中乌蔹莓 C. oligocarpa**

1. 白毛乌蔹莓 Cayratia albifolia C.L.Li

草质藤本。小枝有纵棱纹。鸟足状 5 小叶，侧生叶近圆形；叶缘有 20 多个钝齿，急尖；上面仅脉上被稀短柔毛，下面密被灰色平展短柔毛；侧脉 6 ~ 10 对；托叶膜质。花序腋生，伞房状多歧聚伞花序，被柔毛；萼浅碟形，外面被乳突状柔毛；花瓣 4，外面被乳突状毛；雄蕊 4；子房下部与花盘合生。果实球形。花期 5 ~ 6 月，果期 7 ~ 8 月。

分布与生境：分布于八大公山各地，生于海拔 200 ~ 2000 m 的山坡林缘或路边荒地。

用途：全草入药。

白毛乌蔹莓 Cayratia albifolia

2. 乌蔹莓 **Cayratia japonica** (Thunberg) Gagnepain

分变种检索表

1. 叶为鸟足状 5 小叶，稀混生有 3 小叶……………… **2a. 乌蔹莓（原变种）C.japonica** var. **japonica**
1. 叶为 3 小叶……………………………………**2b. 尖叶乌蔹莓（变种）C.japonica** var. **pseudotrifolia**

2a. 乌蔹莓（原变种）**Cayratia japonica** (Thunberg) Gagnepain var. **japonica**

草质藤本。幼枝柔毛，后变无毛。鸟足状复叶，5 小叶，狭卵状椭圆形形，下面微被毛；侧脉 5～9 对。花序常腋生，聚伞状；萼碟形，波状浅裂或全缘，外面被乳突状毛或几无毛；花瓣 4，三角状卵圆形，外面被乳突状毛；雄蕊 4；子房下部与花盘合生；柱头微扩大。果实近球形。花期 3～8 月，果期 8～11 月。

分布与生境：分布于八大公山各地，生于海拔 200～1900 m 的山坡林缘或路边荒地。

用途：全草入药；叶可作饲料。

乌蔹莓（原变种）Cayratia japonica var. japonica

2b. 尖叶乌蔹莓（变种）**Cayratia japonica** var. **pseudotrifolia** (W.T.Wang) C.L.Li

草质藤本。鸟足状复叶，多为 3 小叶，狭卵状椭圆形，侧边小叶边缘有锯齿。花序腋生，聚伞状；花蕾被粉状柔毛或近无毛；萼碟形，外面被乳突状毛；花瓣 4，三角状卵圆形，外面被乳突状毛；雄蕊 4；子房下部与花盘合生；柱头微扩大。果实近球形。花期 5～8 月，果期 9～10 月。

分布与生境：分布于八大公山各地，生于海拔 200～1500 m 的山坡林缘或路边荒地。

用途：根入药。

尖叶乌蔹莓（变种）Cayratia japonica var. pseudotrifolia

3. 华中乌蔹莓 Cayratia oligocarpa (H.Léveillé & Vaniot) Gagnepain

草质藤本。小枝有纵棱，被褐色节状长柔毛。叶为鸟足状，5 小叶，中间叶先端尾状渐尖，侧边叶卵状椭圆形，下面密被节状毛；侧脉 4 ~ 9 对；托叶膜质，狭披针形。花序腋生，复二歧聚伞状；萼浅碟形，外面被褐色节状毛；花瓣 4，外面被节状毛；雄蕊 4；子房下部与花盘合生；柱头略为扩大。果近球形。花期 5 ~ 7 月，果期 8 ~ 9 月。

分布与生境：分布于八大公山各地，生于海拔 800 ~ 1700 m 的山谷林缘。

用途：全草入药。

华中乌蔹莓 Cayratia oligocarpa

（三）牛果藤属 Nekemias Raf.

木质藤本。卷须 2 ~ 3 分枝。叶为羽状复叶，互生。花 5 基数，两性或杂性同株，组成伞房状多歧聚伞花序或复二歧聚伞花序；花瓣 5，各自分离脱落；雄蕊 5，花盘发达；花柱明显，柱头不明显扩大；子房 2 室，每室含 2 颗胚珠。浆果，种子 1 ~ 4 粒，倒卵圆形，背面呈椭圆中间具有带形的种脐。

8 种，我国有 6 种，湖南有 5 种，八大公山有 3 种。

分种检索表

1. 小枝、叶柄和花序均无毛。
  2. 叶多为一回羽状…………………………………………………… **1. 羽叶牛果藤 N. chaffanjonii**
  2. 叶为二回羽状。
    3. 叶较小，卷须 2 分枝……………………………………………… **2. 显齿牛果藤 A. grossedentata**
    3. 叶较大，卷须 3 分枝………………………………………………**3. 大叶牛果藤 A. megalophylla**

1. 羽叶牛果藤 Nekemias chaffanjonii (H. Lév. & Vaniot) J. Wen & Z. L. Nie

木质藤本。小枝有纵棱纹。卷须 2 叉分枝，相隔 2 节间断与叶对生。叶为一回羽状复叶，通常有小叶 2 ~ 3 对，小叶长椭圆形或卵椭圆形；侧脉 5 ~ 7 对。伞房状多歧聚伞花序，顶生或与叶对生；萼碟形，萼片阔三角形，无毛；花瓣 5，卵椭圆形；雄蕊 5；花盘发达，波状浅裂；子房下部与花盘合生。果实近球形。花期 5 ~ 7 月，果期 7 ~ 9 月。

羽叶牛果藤 Nekemias chaffanjonii

分布与生境：分布于八大公山各地，生于海拔 200 ~ 500 m 的沟谷林缘。

用途：枝叶入药；幼叶可作茶；庭院观赏。

2. 大齿牛果藤 Nekemias grossedentata (Hand.-Mazz.) J. Wen & Z. L. Nie

木质藤本。小枝圆柱形，有显著纵棱纹，无毛。卷须 2 叉分枝，相隔 2 节间断与叶对生。叶为一至二回羽状复叶，二回羽状复叶者基部一对为 3 小叶，小叶卵圆形，卵椭圆形或长椭圆形，顶端急尖或渐尖，基部阔楔形或近圆形，边缘每侧有 2 ~ 5 个锯齿，两面均无毛；侧脉 3 ~ 5 对；叶柄无毛；花序为伞房状多歧聚伞花序，与叶对生；花序梗长 1.5 ~ 3.5 cm，无毛；花瓣 5，卵椭圆形，无毛。果近球形，有种子 2 ~ 4 颗。花期 5 ~ 8 月，果期 8 ~ 12 月。

分布与生境：分布于八大公山各地，生于海拔 200 ~ 700 m 的山坡林缘。

用途：叶可作茶，是湘西莓茶的主要原料。

大齿牛果藤 Nekemias grossedentata

3. 大叶牛果藤 Nekemias megalophylla (Diels & Gilg) J. Wen & Z. L. Nie

落叶木质藤本。小枝无毛。卷须 3 分枝，相隔 2 节间断与叶对生。叶为二回羽状复叶，基部一对小叶常为 3 小叶或稀为羽状复叶，小叶长椭圆形，顶端惭尖，基部微心形至近截形，边缘每侧有 3 ~ 15 个粗锯齿，下面粉绿色，两面无毛，侧脉 4 ~ 7 对。花序为伞房状多歧聚伞花序或复二歧聚伞花序，顶生或与叶对生。果实倒卵圆形。花期 6 ~ 8 月，果期 7 ~ 10 月。

分布与生境：分布于八大公山斗篷山，生于海拔 800 ~ 1800 m 的山坡林缘。

用途：枝叶入药。

大叶牛果藤 Nekemias megalophylla

（四）地锦属 Parthenocissus Planchon

木质藤本。卷须多分枝，顶端多膨大成吸盘。单叶，或掌状 5 小叶，互生。花 5 数，两性，组成圆锥状或伞房状疏散多歧聚伞花序；花瓣展开，各自分离脱落；雄蕊 5；花盘不明显或偶有 5 个蜜腺状的花盘；子房 2 室，每室含 2 颗胚珠。浆果球形。

13 种，我国有 9 种，湖南有 6 种，八大公山全有。

分种检索表

1. 叶为单叶…………………………………………………………………… **6. 地锦 P. tricuspidata**
1. 叶为复叶。
  2. 花序为圆锥状多歧聚伞花序。
    3. 花序梗被短柔毛，花瓣椭圆形…………………………………………… **4. 绿叶地锦 P. laetevirens**
    3. 花序梗无毛，花瓣长椭圆形…………………………………………… **3. 花叶地锦 P. henryana**
  2. 花序为聚伞花序或多歧聚伞花序。
    4. 花序主轴明显，花柱明显，基部略粗………………………………………… **2. 长柄地锦 P. feddei**
    4. 花序主轴不明显，花柱短，柱头不扩大或不明显扩大。
      5. 两型叶，营养枝上生单叶，生殖枝上为 3 小叶……………………… **1. 异叶地锦 P. dalzielii**
      5. 三小叶组成的复叶………………………………………………… **5. 三叶地锦 P. semicordata**

1. 异叶地锦 Parthenocissus dalzielii Gagnepain

木质藤本。卷须短，吸盘状。叶大小异形，长枝上单叶卵圆形，叶缘有细齿；短枝上中间叶长椭圆形，叶缘上半部有细齿，侧边叶卵椭圆，不对称；基出脉 3 ~ 5，侧脉 2 ~ 3 对。聚伞花序；萼碟形，波状边缘或近全缘；花瓣 4；雄蕊 5；花丝下部略宽；子房近球形。果实近球形，成熟时紫黑色。花期 5 ~ 7 月，果期 7 ~ 11 月。

分布与生境：分布于八大公山各地，生于海拔 400 ~ 1400 m 的林中树上或石壁上。

用途：根茎或叶入药；庭院观赏。

异叶地锦 Parthenocissus dalzielii

2. 长柄地锦 Paethenocissus feddei (H. Léveillé) C.L.LI

木质藤本。卷须吸盘状。三出复叶，3 小叶，倒卵状椭圆形，上半部边缘有钝粗锯齿。花序顶生，多歧聚伞状；萼碟形，波状 5 裂；花瓣 5，内面顶部有舌状附属物向下生长；雄蕊 5；子房卵圆形。

长柄地锦 Paethenocissus feddei

果实近球形。花期 6 ~ 7 月，果期 8 ~ 10 月。

分布与生境：分布于八大公山各地，生于海拔 600 ~ 1100 m 的树上或石壁上。

用途：根茎或叶入药；庭院观赏。

3. 花叶地锦 Parthenocissus henryana (Hemsley) Graebner ex Diels & Gilg

木质藤本。小枝显著四棱形。卷须吸盘状。掌状复叶，5 小叶，叶缘上部有锯齿；侧脉 3 ~ 7 对。花序常假顶生，圆锥多歧聚伞状；萼碟形；花瓣 5；雄蕊 5；花药长椭圆形；子房卵状椭圆形；柱头不显著或微扩大。果实近球形。花期 5 ~ 7 月，果期 8 ~ 10 月。

分布与生境：分布于八大公山各地，生于海拔 600 ~ 1400 m 的沟谷或山坡树上或石壁上。

用途：藤及叶入药；庭院观赏。

花叶地锦 Parthenocissus henryana

4. 绿叶地锦 Parthenocissus laetevirens Rehder

木质藤本。卷须吸盘状。掌状 5 小叶，上面显著泡状隆起，下面仅脉上被短柔毛；侧脉 4 ~ 9 对；叶柄被短柔毛。花序为多歧聚伞圆锥状；花序梗被短柔毛；萼碟形；花瓣 5；雄蕊 5；花丝下部略宽；子房近球形；花柱基部略粗。花期 7 ~ 8 月，果期 9 ~ 11 月。

分布与生境：分布于八大公山各地，生于海拔 200 ~ 1100 m 的林中树上或石壁上。

用途：藤茎入药；庭院观赏。

5. 三叶地锦 Parthenocissus semicordata (Wallich) Planchon

木质藤本。卷须短而分枝，顶端成吸盘。小叶 3，中间小叶卵状披针形，两侧的小叶卵状椭圆形，下面脉上被短柔毛。聚伞花序，在短枝上与叶对生；萼碟形；花瓣 5；雄蕊 5，与花瓣对生；子房扁球形。果实近球形。花期 5 ~ 7 月，果期 9 ~ 10 月。

分布与生境：分布于八大公山各地，生于海拔 500 ~ 900 m 的山坡灌丛中。

用途：根、茎入药。

绿叶地锦 Parthenocissus laetevirens

三叶地锦 Parthenocissus semicordata

6. 地锦 Parthenocissus tricuspidata (Siebold & Zuccarini) Planchon

木质藤本。卷须顶端有吸盘，分枝较多。单叶，叶缘有粗锯齿；下面无毛或仅脉上疏生短柔毛；基出脉 5，侧脉 3 ~ 5 对。聚伞花序；萼碟形；花瓣 5；雄蕊 5；花药长椭圆卵形；子房椭球形；花柱基部粗，柱头不扩大。果实球形。花期 5 ~ 8 月，果期 9 ~ 10 月。

分布与生境：分布于八大公山各地，生于海拔 300 ~ 1000 m 的山坡林中树上或石壁上。

用途：根茎入药；庭院观赏。

地锦 Parthenocissus tricuspidata

（五）崖爬藤属 Tetrastigma (Miquel) Planchon

木质藤本。卷须不分枝或 2 叉分枝。叶通常掌状 3 ~ 5 小叶或鸟足状 5 ~ 7 小叶，稀单叶，互生。花 4 数，通常杂性异株，组成多歧聚伞花，或伞形或复伞形花序；雄蕊在雌花中败育，短小或仅残存呈龟头形；雄花中花盘发达，雌花中较小或不明显；柱头通常 4 裂，稀不规则分裂，子房 2 室，每室含 2 颗胚珠。浆果球形、椭圆形或倒卵形，有种子 1 ~ 4 颗。

约 100 余种，我国有 44 种，湖南有 3 种，八大公山全有。

分种检索表

1. 掌状复叶。
   2. 卷须不分枝，3 小叶 ………………………………… **1. 三叶崖爬藤 T. hemsleyanum**
   2. 卷须 4 ～ 7 裂，5 小叶 ……………………………………… **2. 崖爬藤 T. obtectum**
1. 鸟足状复叶，5 小叶 ………………………………………… **3. 狭叶崖爬藤 T. serrulatum**

1. 三叶崖爬藤 Tetrastigma hemsleyanum (Miquel) Planchon

草质藤本。卷须不分枝。3 小叶，卵状披针形或长椭圆形；侧脉 5 ~ 6 对。花序腋生或假顶生，花序被短柔毛；萼碟形，齿细小，卵状三角形；花瓣 4，顶端有外展的小角；雄蕊 4；子房陷在花盘中呈短圆锥状。果实近球形。花期 4 ~ 6 月，果期 8 ~ 11 月。

分布与生境：分布于八大公山各地，生于海拔 200 ~ 800 m 的山坡岩石缝中。

用途：块根入药。

三叶崖爬藤 Tetrastigma hemsleyanum

2. 崖爬藤 Tetrastigma obtectum (Wallich ex M.A.Lawson) Planchon ex Franchet

分变种检索表

1. 小枝、叶柄、叶片和花梗下面被疏柔毛………… **2a. 崖爬藤（原变种）T.obtectum** var. **obtectum**
1. 全株无毛……………………………………………… **2b. 无毛崖爬藤（变种）T.obtectum** var. **glabrum**

2a. 崖爬藤（原变种）Tetrastigma obtectum (Wallich ex M.A.Lawson) Planchon ex Franchet var. **obtectum**

草质藤本。卷须伞状集生。掌状 5 小叶，披针状椭圆形，叶缘有细齿；侧脉 4 ~ 5 对；叶柄无毛或被疏柔毛；托叶褐色，卵圆形，常宿存。花序顶生或假顶生于假顶生，集生成单伞形；萼浅碟形，波状边缘浅裂；花瓣 4；雄蕊 4；子房锥形；柱头扩大呈碟形，边缘不规则分裂。果实球形。花期 4 ~ 6 月，果期 8 ~ 11 月。

分布与生境：分布于八大公山各地，生于海拔 200 ~ 1000 m 的山坡岩石上或树上。

用途：全草或根入药。

崖爬藤（原变种）Tetrastigma obtectum var. obtectum

2b. 无毛崖爬藤（变种）Tetrastigma obtectum var. glabrum (H.Léveillé) Gagnepain

本变种与原变种不同在于，本变种植株完全无毛。花期 3 ~ 5 月，果期 7 ~ 11 月。

分布与生境：分布于八大公山各地，生于海拔 600 ~ 1500 m 的山坡杂木林中或陡壁处。

无毛崖爬藤（变种）Tetrastigma obtectum var. glabrum

3. 狭叶崖爬藤 Tetrastigma serrulatum (Roxburgh) Planchon

草质藤本。卷须不分枝。鸟足状 5 小叶，卵状披针形，叶缘常呈波状，凹处有细锯齿，侧脉 4 ~ 8 对，网脉明显。花序腋生，下部有节和苞片，或在侧枝上与叶对生，下部无节和苞片，集生成伞形；萼齿不明显；花瓣4，有外展小角；雄蕊4；子房下部与花盘合生；柱头盘形扩大。果实紫黑色。花期3～6月，果期7～10月。

分布与生境：分布于八大公山天平山，生于海拔1000～1500 m的山谷林中。

用途：全草入药。

狭叶崖爬藤 Tetrastigma serrulatum

（六）葡萄属 Vitis Linnaeus

藤本，具卷须。单叶，或掌状复叶。常聚伞圆锥花序；花杂性异株，5基数；萼片小；花瓣凋谢时呈帽状黏合脱落；花盘明显，上位，5裂；雄蕊与花瓣对生，败育；子房2室，每室含2颗胚珠；花柱圆锥形。浆果，有种子2～4粒。种子底部有短喙。

60余种，我国有37种，湖南有16种，八大公山有8种。

分种检索表

1. 小枝有皮刺……………………………………………………………………… **3. 刺葡萄 V. davidii**
1. 小枝无刺。
  2. 叶下面密被白色或锈色蛛丝状或毡状茸毛。
    3. 小枝和花序轴或多或少被短柔毛……………………… **1. 华南美丽葡萄 V. bellula** var. **pubigera**
    3. 小枝和花序轴或多或少被蛛丝状毛，但不被直毛……………………… **5. 毛葡萄 V. heyneana**
  2. 叶下面绿色或淡绿色，无毛或被柔毛，但不为茸毛所覆盖。
    4. 叶下面或多或少被柔毛或至少在脉上被柔毛或蛛丝状毛。
      5. 叶不分裂，少有不明显浅裂。
        6. 叶下面至少脉上被蛛丝状毛，少有老后脱落近乎无毛………… **8. 网脉葡萄 V. wilsoniae**
        6. 叶下面至少脉上被直毛，有时混生蛛丝状毛。
          7. 叶基部浅心形或近截形…………………………………………… **2. 桦叶葡萄 V. betulifolia**
          7. 叶基部显著心形……………………………………… **6. 华东葡萄 V. pseudoreticulata**
      5. 叶显著3～5裂或混有不明显分裂叶…………………………………………… **7. 葡萄 V. vinifera**
    4. 叶下面完全无毛或仅有脉腋有簇毛，幼时被毛者后脱落………………… **4. 葛藟葡萄 V. flexuosa**

1. 华南美丽葡萄 Vitis bellula var. **pubigera** C. L. Li

木质藤本。小枝纤细，卷须不分枝或混生有 2 叉分枝。叶卵圆形或卵状椭圆形，（3 ~ 7）cm ×（2 ~ 4）cm，下面密被灰白色或灰褐色蛛丝状茸毛。圆锥花序狭窄，圆柱形，萼浅碟形，萼齿不明显，外面无毛，花瓣 5，呈帽状黏合脱落。果实球形，熟时紫黑色。花期 5 ~ 6 月，果期 7 ~ 8 月。

分布与生境：分布于八大公山各地，生于海拔 300 ~ 500 m 的山坡林缘。

用途：果实可食。

华南美丽葡萄 Vitis bellula var. pubigera

2. 桦叶葡萄 Vitis betulifolia Diels & Gilg

木质藤本。小枝纵棱纹显著。叶卵状椭圆形，叶缘具急尖锯齿；下面密生茸毛，后脱落；基出脉 5，侧脉 4 ~ 6 对。托叶披针形。圆锥花序，被蛛丝状茸毛，后脱落无毛；萼边缘膜质；花瓣 5，呈帽状黏合脱落；雄蕊 5；子房卵圆形；花柱短，柱头微扩。果实紫黑色。花期 3 ~ 6 月，果期 6 ~ 11 月。

分布与生境：分布于八大公山斗篷山，生于海拔 1500 ~ 1800 m 的山地林边或沟边。

用途：根能入药；果可鲜食。

3. 刺葡萄 Vitis davidii (Romanet du Caillaud) Föex

木质藤本。茎具刺。叶卵圆形；基生脉 5 出，侧脉 4 ~ 5 对，网脉明显；具托叶。圆锥花序；萼片 5，碟形；花瓣 5，黏合脱落；雄蕊 5；花药黄色；雌蕊 1；子房圆锥形。浆果紫红色。花期 6 ~ 7 月，果期 7 ~ 10 月。

分布与生境：分布于八大公山各地，生于海拔 300 ~ 1300 m 的山坡灌丛中。

用途：枝叶入药；果可鲜食；果还能酿造葡萄酒。

桦叶葡萄 Vitis betulifolia

刺葡萄 Vitis davidii

4. 葛藟葡萄 Vitis flexuosa Thunberg

木质藤本。小枝有纵棱纹。叶卵状三角形或椭圆形，下面被稀疏蛛丝状茸毛，后脱落；基生脉5出，侧脉4～5对。圆锥花序，几无毛或被蛛丝状茸毛；萼浅碟形；花瓣5，呈帽状黏合脱落；雄蕊5，花药黄色，卵圆形；雌蕊1；子房卵圆形。浆果球形。种子底部有短喙。花期3～5月，果期7～11月。

分布与生境：分布于八大公山各地，生于海拔400～1300 m的山坡灌丛或疏林中。

用途：藤汁、根、果实入药；果可鲜食。

葛藟葡萄 Vitis flexuosa

5. 毛葡萄 Vitis heyneana Roemer & Schultes

木质藤本。小枝被白色或豆沙色蛛丝状茸毛。叶长卵状椭圆形，叶缘有尖锐锯齿；上面被疏散

毛葡萄 Vitis heyneana

蛛丝状茸毛，后渐脱落，下面密生灰褐色茸毛；基生脉 3 ~ 5 出，侧脉 4 ~ 6 对；托叶膜质。圆锥花序；萼碟形；花瓣 5，帽状黏合脱落；雄蕊 5；花药黄色，子房卵圆形。果实紫黑色。花期 4 ~ 6 月，果期 6 ~ 10 月。

分布与生境：分布于八大公山各地，生长于海拔 400 ~ 1000 m 的山坡灌丛或林中。

用途：枝叶入药；果可鲜食。

6. 华东葡萄 Vitis pseudoreticulata W. T. Wang

木质藤本。小枝嫩枝疏被蛛丝状茸毛，以后脱落近无毛。卷须 2 叉分枝。叶卵圆形或肾状卵圆形，顶端急尖或短渐尖，稀圆形，基部心形，基缺凹成圆形或钝角，每侧边缘 16 ~ 25 个锯齿，叶下面被时疏被蛛丝状茸毛，以后脱落，基生脉 5 出，中脉有侧脉 3 ~ 5 对。圆锥花序疏散。果实成熟时紫黑色。花期 4 ~ 6 月，果期 6 ~ 10 月。

分布与生境：分布于八大公山各地，生于海拔 200 ~ 700 m 的沟谷、溪边林缘。

用途：果可鲜食。

华东葡萄 Vitis pseudoreticulata

7. 葡萄 Vitis vinifera Linnaeus

木质藤本。小枝有纵棱纹。叶卵圆形；叶缘有 20 多个深的粗大锯齿，齿端急尖；基生脉 5 出，侧脉 4 ~ 5 对。圆锥花序；萼浅碟形；花瓣 5，呈帽状黏合脱落；雄蕊 5，花药黄色；雌蕊 1。浆果，被白粉。花期 4 ~ 5 月，果期 8 ~ 9 月。

分布与生境：原产亚洲西部，八大公山各地栽培。

用途：著名水果；果、根、叶能入药；庭院观赏植物。

8. 网脉葡萄 Vitis wilsoniae H.J.Veitch

木质藤本。小枝被稀疏褐色蛛丝状茸毛，后渐脱落。叶心形或卵状椭圆形，下面仅沿脉被褐色蛛丝状茸毛；基生脉 5 出，侧脉 4 ~ 5 对。圆锥花序，被疏茸毛；萼浅碟形；花瓣 5，黏合脱落；雄蕊 5；花药黄色；雌蕊 1；子房卵圆形。果实圆球形。花期 5 ~ 7 月，果期 6 月至翌年 1 月。

分布与生境：分布于八大公山各地，生长于海拔 1400 ~ 1900 m 的山坡灌丛或路旁。

用途：根及枝叶入药；果可鲜食。

葡萄 Vitis vinifera

网脉葡萄 Vitis wilsoniae

（七）俞藤属 Yua C.L.Li.

木质藤本。树皮有皮孔，髓白色。卷须2叉分枝。叶互生，掌状复叶，5小叶。复二歧聚伞花序与叶对生，最后一级分枝顶端近乎集生成伞形，花两性；萼杯形；花瓣常5；雄蕊通常5枚，花盘发育不明显；雌蕊1；子房2室，每室含2颗胚珠，胚乳横切面呈M形。浆果圆球形。种子梨形，基部有喙状突起；腹面具有占种子全场2/3的沟。

2种，我国全有，湖南有1种，八大公山也有分布。

1. 俞藤 Yua thomsonii (M.A.Lawson) C.L.Li

木质藤本。掌状复叶，5小叶，小叶卵状披针形，叶缘上半部有细锐锯齿；下面常被白色粉霜；侧脉4~6对。花序与叶对生，复二歧聚伞状；萼碟形；花瓣5；雄蕊5；花药长椭圆形。果实近球形，紫黑色。花期5~6月，果期7~9月。

分布与生境：分布于八大公山各地，生于海拔200~800 m的山坡疏林中。

用途：根茎入药；果可鲜食。

俞藤 Yua thomsonii

六十四、豆科 Fabaceae

乔木至草本，直立或攀缘，根部有能固氮的根瘤。叶常绿或落叶，一回或二回羽状复叶，互生，稀为掌状复叶或 3 小叶或单叶。花两性，稀单性，辐射对称或两侧对称，萼片分离或连合成管，花瓣分离或连合成具花冠裂片的管，多数构成蝶形花冠，雄蕊通常 10 枚，单体或二体雄蕊。果为荚果，成熟后沿缝线开裂或不裂，或断裂成含单粒种子的荚节。

650 属 18 000 种，我国有 172 属 1485 种，湖南有 58 属 121 种，八大公山有 54 属 94 种。

分属检索表

1. 花辐射对称，雄蕊多数 (含羞草亚科 Mimosaceae)。
  2. 花丝联合成管状……………………………………………………………… **2. 合欢属 Albizia**
  2. 花丝分离…………………………………………………………………… **46. 儿茶属 Senegalia**
1. 花两侧对称，雄蕊通常为定数 10 或较少。
  3. 花为假蝶形花冠，呈上升覆瓦状排列（云实亚科 Caesalpiniaceae）。
    4. 叶通常为二回羽状复叶；花托盘状。
      5. 花杂性或单性异株；落叶乔木…………………………………… **21. 皂荚属 Gleditsia**
      5. 花两性；常绿或落叶藤状灌木。
        6. 花不整齐，两侧对称；胚珠 2 至多颗。
          7. 雄蕊和花瓣近等长……………………………………………**6. 云实属 Biancaea**
          7. 雄蕊和花瓣近等长……………………………………… **7. 小凤花属 Caesalpinia**
        6. 花近整齐，胚珠 1 颗……………………………………………**41. 老虎刺属 Pterolobium**
    4. 叶为一回羽状复叶或仅具单叶。
      8. 单叶，全缘或 2 裂。
        9. 荚果腹缝具狭翅，能育雄蕊 10 枚 ………………………………… **11. 紫荆属 Cercis**
        9. 荚果无翅，能育雄蕊通常 3 枚或 5 枚。
          10. 萼片合生，萼顶部截平或具裂齿；花盘通常肥厚，肉质 …… **38. 火索藤属 Phanera**
          10. 萼片分离或粘合；花盘不肥厚 ……………………………… **13. 首冠藤属 Cheniella**
      8. 叶为一回羽状复叶。
        11. 小苞片宿存；花瓣不对称；荚果弹开，果实裂片反卷 …… **12. 山扁豆属 Chamaecrista**
        11. 小苞片脱落； 花瓣近似相等； 荚果不开裂或开裂不会翻卷………… **47. 决明属 Senna**
  3. 花为蝶形花冠，成下降覆瓦状，旗瓣最大在最外方（蝶形花亚科 Papilionaceae）。
    12. 雄蕊花丝全部分离，或基部稍连合。
      13. 荚果圆柱形，串珠状。
        14. 柄下芽 ………………………………………………………… **49. 槐属 Styphnolobium**
        14. 芽腋生 ……………………………………………………………… **48. 苦参属 Sophora**
      13. 荚果扁平，串珠状。

15. 荚果两侧压扁，或多少隆起，两缝线无翅，也不明显增厚 ……… **36. 红豆属 Ormosia**

15. 荚果扁平，沿缝线一侧或两侧具翅或稍增厚 ……………………**14. 香槐属 Cladrastis**

12. 雄蕊花丝全部或大部分连合成雄蕊管，雄蕊单体或 2 体。

16. 荚果如含有 2 枚种子以上时，不在种子间裂为节荚，通常 2 瓣开裂或不裂。

17. 多为草本植物，荚果含 1 至多数种子，裂开或不裂开。

18. 雄蕊连合成单体，花药二型 ………………………………… **15. 猪屎豆属 Crotalaria**

18. 雄蕊连合成单体或 2 体，花药一型。

19. 花序伞形或头状，其下托以叶状苞片 ………………………**30. 百脉根属 Lotus**

19. 花序各式，如为伞形或头状，其下无托以叶状苞片。

20. 叶为 3 小叶组成的羽状复叶，稀为 1 或多至 9。

21. 叶为掌状或羽状复叶，小叶边缘有锯齿，托叶与叶柄连合。

22. 叶为具 3 小叶的羽状复叶。

23. 荚果直或微弯曲 …………………………………… **32. 草木犀属 Melilotus**

23. 荚果弯曲成马蹄开或螺旋形 ……………………… **31. 苜蓿属 Medicago**

22. 叶为具 3 小叶的掌状复叶 …………………………… **50. 车轴草属 Trifolium**

21. 叶为羽状或或有时为掌状复叶，小叶全缘或珍裂片，托叶不与叶柄连合。

24. 花单生或簇生，但常为总状花序，花序轴无节瘤。

25. 叶下面不具腺体斑点，小托叶通常存在，苞片宿存。

26. 子房基部不具由鞘状腺体构成之花盘或花盘极不发达 …………………
……………………………………………………………**22. 大豆属 Glycine**

26. 子房基部有由鞘状腺体构成之花盘。

27. 花分为有花瓣和无花瓣的二种类型，萼齿明显 ………………………
…………………………………………………… **3. 两型豆属 Amphicarpaea**

27. 花为有花瓣的一型花，无萼齿 ……………… **18. 山黑豆属 Dumasia**

25. 叶下面常具腺体斑点，小托叶通常不存在，苞片无或早落。

28. 胚珠 3 颗及至多颗 ……………………………… **19. 野扁豆属 Dunbaria**

28. 胚珠 1 ～ 2 颗 …………………………………… **44. 鹿藿属 Rhynchosia**

24. 花多为总状花序，花序轴在花的着生处常凸出为节，或隆起如瘤。

29. 花柱不具须毛。

30. 旗瓣和龙骨瓣较其它各瓣为大。

31. 花药二型，5 枚较长，5 枚较短……………… **34. 油麻藤属 Mucuna**

31. 花药一型 ……………………………………………… **4. 土圞儿属 Apios**

30. 各花瓣的长度均相等 ……………………………… **42. 葛属 Pueraria**

29. 花柱玕部于后方具纵列的须毛，或于柱头周围具毛茸。

32. 龙骨瓣先端具螺旋卷曲的长喙 ……………… **39. 菜豆属 Phaseolus**

32. 龙骨瓣先端钝圆或具喙，不螺旋卷曲。
33. 柱头倾斜，其下方具须毛 …………………………… **52. 豇豆属 Vigna**
33. 柱头顶生，其周围或下方具须毛 ………………… **27. 扁豆属 Lablab**
20. 叶为 4 小叶组成的羽状复叶，稀为 1 至 3。
34. 偶数羽状复叶，叶轴顶端多具卷须或变成刚毛状。
35. 花柱圆柱形 ………………………………………………… **51. 野豌豆属 Vicia**
35. 花柱扁 ……………………………………………………… **40. 豌豆属 Pisum**
34. 单数羽状复叶，叶轴顶端不具卷须，稀为单叶或 3 ～ 5 掌状复叶。
36. 植株具贴生的丁字形毛茸，药隔顶端通常具腺体 … **25. 木蓝属 Indigofera**
36. 植株无丁字形毛茸，药隔顶端不具任何附属物。
37. 花序通常为总状，顶生或腋生。
38. 花萼后 2 片较短，前 3 片较长，子房多少具柄 … **54. 紫藤属 Wisteria**
38. 花萼 5 片等长，子房无柄。
39. 荚果极度肿胀，种子少数 ……………………… **33. 崖豆藤属 Millettia**
39. 荚果扁平或稍肿胀，种子多数。
40. 荚果稍肿胀，有毛 ………………………………… **8. 鸡血藤属 Callerya**
40. 荚果扁平，无毛 ………………………………… **53. 夏藤属 Wisteriopsis**
37. 花序总状或穗状，亦为伞形或头状，稀单生或簇生，通常均腋生。
41. 荚果扁平 ……………………………………………………**45. 刺槐属 Robinia**
41. 荚果膨大或肿胀，圆筒形。
42. 落叶灌木，通常为偶数羽状复叶 …………… **10. 锦鸡儿属 Caragana**
42. 草本稀为灌木，通常为单数羽状复叶 ………… **5. 黄芪属 Astragalus**
17. 乔木或灌木，有时为木质藤本，荚果含 1 ～ 2 枚种子而不裂开。
43. 小叶通常互生 ……………………………………………… **16. 黄檀属 Dalbergia**
43. 小叶通常对生。
44. 木质藤本，荚果扁平，干燥 …………………………… **17. 鱼藤属 Derris**
44. 灌木，荚果肿胀如卵形，几成核果状 ……………**20. 山豆根属 Euchresta**
16. 荚果如含有 2 枚种子以上时，则在种子间裂为节荚，果实不开裂或退化而具 1 节。
45. 雄蕊合为单体 ……………………………………………… **1. 合萌属 Aeschynomene**
45. 雄蕊通常为 9+1 的 2 体。
46. 小托叶通常存在，荚果 2 至数节。
47. 荚果背缝线深凹入达腹缝线，形成缺口 ………… **24. 长柄山蚂蝗属 Hylodesmum**
47. 荚果背腹两缝线稍经缩或劲直。
48. 二体雄蕊，对着旗瓣 1 枚雄蕊与其他 9 枚完全离生。
49. 叶柄两侧具狭翅 ……………………………………… **35. 小槐花属 Ohwia**

49. 叶柄两侧无翅。
50. 顶生小叶较大，通常长在 2.5 cm 以上 ………………… **23. 假地豆属 Grona**
50. 顶生小叶较小，通常长在 2.5 cm 以下 ………… **28. 细蚂蟥属 Leptodesmia**
48. 单体雄蕊，对着旗瓣 1 枚雄蕊与其他 9 枚雄蕊花丝中下部以上联合。
51. 龙骨瓣与翼瓣等长；荚果近念珠状 …………………… **43. 瓦子草属 Puhuaea**
51. 龙骨瓣较翼瓣短；荚果扁平 …………………………… **37. 饿蚂蟥属 Ototropis**
46. 小托叶不存在，荚果通常 1 节，含 1 种子。
52. 小叶侧脉近叶缘处弧状弯曲；托叶细小，锥形，脱落。
53. 苞片内具 1 花，花梗具关节，龙骨瓣近镰刀形，尖锐 ……………………………
………………………………………………………………… **9. 杭子梢属 Campylotropis**
53. 苞片内具 2 花，花梗不具关节，龙骨瓣直，钝 …………**29. 胡枝子属 Lespedeza**
52. 小叶侧脉直；托叶大，膜质，宿存 …………………… **26. 鸡眼草属 Kummerowia**

（一）合萌属 Aeschynomene Linnaeus

草本或灌木。奇数羽状复叶；小叶多数，小，线形。花小，数朵排成总状花序；萼深 2 唇形；花冠黄色；雄蕊二体（5 + 5），花药一式；子房具柄，有胚珠 2 至多颗；荚果线形，具柄，扁平，有具 1 种子的荚节 2 至数个；荚节平滑或具小疣点，不开裂或很少沿背缝开裂。

150 种，我国有 2 种，湖南有 1 种，八大公山有 1 种。

1. 合萌 Aeschynomene indica Linnaeus

一年生草本或亚灌木状。羽状复叶，小叶 20 ~ 30 对小叶，托叶膜质，卵形至披针形，基部下延成耳状，小叶近无柄，线状长圆形，上面密布腺点，下面稍带白粉，先端钝圆或微凹，具细刺尖

合萌 Aeschynomene indica

头，基部歪斜。总状花序比叶短，腋生，花瓣淡黄色，具紫色的纵脉纹。荚果线状长圆形，背缝多少呈波状，不开裂，成熟时逐节脱落。花期 7 ~ 8 月，果期 8 ~ 10 月。

分布与生境：分布于八大公山各地，生长在海拔 200 ~ 1200 m 的田边或沟边或荒地中。

用途：全草入药。

（二）合欢属 **Albizia** Durazzini

落叶乔木或灌木。二回羽状复叶，总叶柄及叶轴上有腺体。花小，常两型，5 基数，两性，稀杂性，组成头状、聚伞或穗状花序，再排成圆锥花序；花萼钟状或漏斗状，具 5 齿或 5 浅裂；花瓣合生成漏斗状，上部具 5 裂片；雄蕊 20 ~ 50 枚。荚果带状。

120 ~ 140 种，我国有 16 种，湖南有 2 种，八大公山有 2 种。

分种检索表

1. 叶小，中脉位于小叶边缘…………………………………………………… **1. 合欢 A. julibrissin**
1. 叶大，中脉位于小叶 1/3 处 ………………………………………………… **2. 山槐 A. kalkora**

1. 合欢 Albizia julibrissin Durazzini

落叶乔木。枝有棱角，被短柔毛。二回羽状复叶，羽片 4 ~ 12 对，小叶 10 ~ 30 对，线形至长圆形，向上偏斜，有缘毛，中脉紧靠上边缘。头状花序于枝顶成圆锥花序，花萼管状，花丝红色。荚果带状，嫩荚有柔毛，老时无毛。花期 6 ~ 7 月；果期 8 ~ 10 月。

合欢 Albizia julibrissin·

生境：分布于八大公山各地，生于海拔 200 ~ 1500 m 的山坡疏林中或林缘。

用途：木材可作小型用材；庭院绿化树种；花、树皮入药。

2. 山槐 Albizia kalkora (Roxburgh) Prain

落叶乔木。二回羽状复叶，羽片 2 ~ 4 对，小叶长圆形或长圆状卵形，基部不等侧，中脉位于小叶 1/3 处。头状花序再成圆锥花序；花初白色，后变黄；花萼和花冠管状，上部 5 裂，雄蕊基部连合呈管状。荚果嫩荚密被短柔毛，老时无毛。花期 5 ~ 6 月；果期 8 ~ 10 月。

分布与生境：分布于八大公山各地，生于海拔 200 ~ 1500 m 的山坡疏林中或林缘。

用途：木材可作小型用材；庭院绿化树种；树皮入药。

山槐 Albizia kalkora

（三）两型豆属 Amphicarpaea Elliot ex Nuttall

缠绕草本。羽状复叶有小叶 3 枚，有小托叶．花常二型，有开花受精与闭花受精两种，后者无花瓣，其荚果于地下成熟，数至多朵组成腋生的短总状花序，或在植株下部的单生于叶腋；苞片具线纹，宿存；萼管长，裂齿不相等；花冠远伸出于萼外；花瓣等长；雄蕊 10，二体（9+1），花药同型；子房有胚珠多颗；荚果扁平，线形或镰刀状。

5 种，我国产 3 种，湖南有 1 种，八大公山有 1 种。

1. 两型豆 Amphicarpaea edgeworthii Bentham

一年生缠绕草本。叶为 3 小叶羽状复叶，托叶和小托叶常有脉纹。花两性，常两型，一为闭锁花(闭花受精)式，无花瓣，生于茎下部，于地下结实；二为正常花，生于茎上部，通常 3 ~ 7 朵排成腋生的短总状花序。荚果线状长圆形，扁平，微弯，在地下结的果通常圆形或椭圆形，不开裂，具 1 种子。花、果期 8 ~ 11 月。

分布与生境：分布于八大公山各地，生于海拔 200 ~ 1000 m 的山坡林缘、灌丛地带。

用途：种子入药。

两型豆 Amphicarpaea edgeworthii

（四）土圞儿属 Apios Fabricius

草本。有块根。羽状复叶；小叶 5 ~ 7 片，少有 3 或 9 片，全缘；小托叶小。腋生总状花序或顶生圆锥花序；花萼钟形，上面 2 个萼齿合生，最下面的 1 个线形；旗瓣反折，卵形或圆形，翼瓣斜倒卵形，比旗瓣短，龙骨瓣最长，内弯，内卷或螺旋状卷曲；雄蕊二体，花药一式。荚果线形，近镰刀形，扁，2 瓣裂。种子无种阜。

8 种，我国约 6 种，湖南有 3 种，八大公山 1 种。

1. 土圞儿 Apios fortunei Maximowic

多年生缠绕草本。具球状或卵状块根。奇数羽状复叶，小叶 3 ~ 7，卵形或菱状卵形，先端急尖，有短尖头，基部宽楔形或圆形。总状花序腋生，较长，花带黄绿色或淡绿色，龙骨瓣最长，卷成半圆形，花柱卷曲。荚果倒披针状带形。花期 6 ~ 8 月，果期 9 ~ 10 月。

分布与生境：分布于八大公山各地，生于海拔 200～800 m 的山坡灌丛中或林缘、疏林中。

用途：块根入药，亦可食用。

土圞儿 Apios fortunei

（五）黄耆属 **Astragalus** Linnaeus

多年生草本，稀为半灌木。羽状复叶，托叶与叶柄离生或贴生，无小托叶。总状花序或密集呈穗状、头状与伞形花序式，花萼管状或钟状，或在花期前后呈肿胀囊状，具 5 齿，包被或不包被荚果，雄蕊二体。荚果形状多样，由线形至球形，一般肿胀，果瓣膜质、革质或软骨质。

约 3000 多种，我国有 278 种，湖南有 6 种，八大公山有 2 种。

分种检索表

1. 花冠紫色……………………………………………………………………… **1. 紫云英 A. sinicus**
1. 花冠黄色或淡黄色……………………………………………………… **2. 武陵黄耆 A. wulingensis**

1. 紫云英 Astragalus sinicus Linnaeus

二年生草本。茎匍匐，奇数羽状复叶，小叶 7～13 片，小叶倒卵形或椭圆形，先端钝圆或微凹，基部宽楔形。总状花序呈伞形，总花梗较叶长，花梗短，花萼钟状，萼齿披针形，长约为萼筒的 1/2，花冠紫红色或橙黄色。荚果线状长圆形，稍弯曲，具喙，黑色。花期 2～6 月，果期 3～7 月。

分布与生境：分布于八大公山各地，生长在海拔 200～1500 m 的山坡、溪边及潮湿处。

用途：全草作绿肥；全草和种子入药。

紫云英 Astragalus sinicus

2. 武陵黄蓍 Astragalus wulingensis Jia X. Li & X. L. Yu

多年生草木。小叶 4 对（稀 3 或 5 对），长 10 ~ 17 cm；总状花序短于叶，小花在总状花序顶端簇生且下垂；花冠白色或在先端略显黄色；花萼管状，裂片线形；翼瓣长 10 ~ 13 mm，龙骨瓣长 7 ~ 15 mm，瓣柄与瓣片的等长；柱头光滑；荚果长 3 ~ 4 cm，短喙长约 1 cm，果柄向上。花期 4 ~ 5 月，果期 6 ~ 7 月。

武陵黄蓍 Astragalus wulingensis

分布与生境：分布于八大公山各地，生长在海拔 500 ~ 2000 m 的山坡草地或沟边。

用途：全草作绿肥；全草及种子可代紫云英入药。

（六）云实属 **Biancaea** Tod.

落叶乔木。主干和枝通常具粗刺。一回偶数羽状复叶，小叶 6 ~ 7 对，近对生，基部两侧稍不对称，边缘具细锯齿或全缘。花杂性或单性异株，组成腋生或少有顶生的穗状花序或总状花序，萼裂片 3 ~ 5，近相等，花瓣 3 ~ 5，稍不等。荚果厚，劲直、弯曲或扭转，不裂或迟开裂。花期 5 月，果期 9 月。

3 种，我国均有，湖南有 1 种，八大公山也有分布。

1. 云实 Biancaea decapetala (Roth) O. Deg.

落叶蔓生灌木。枝和叶轴具弯刺。二回羽状复叶，羽片 6 ~ 16 对，小叶 12 ~ 24 对，长椭圆形，先端圆。总状花序顶生，萼片离生，覆瓦状排列，下方一片较大，花瓣 5，黄色，花丝下部密生白色长柔毛。荚果长圆形，扁平，种子卵圆形。

分布与生境：产于八大公山各地，生于海拔 900 m 以下的山坡灌丛地。

价值：繁花满枝，供观赏；根、茎、果、果皮、树皮药用；民间也用于围园。

云实 Biancaea decapetala

（七）小凤花属 **Caesalpinia** Plum. ex L.

大灌木或小乔木。二回羽状复叶；羽片对生。总状花序近伞房状，顶生或腋生，疏松，花托凹陷成陀螺形，无毛；萼片 5，无毛，花瓣的柄与瓣片几乎等长；花丝红色，远伸出于花瓣外，基部粗，被毛；子房无毛，花柱长，橙黄色。荚果狭而薄，倒披针状长圆形，无翅，先端有长喙，无毛，不开裂，成熟时黑褐色。

40 种，我国有 21 种，湖南有 1 种，八大公山有 1 种。

1. 鸡嘴簕 Caesalpinia sinensis (Hemsley)J.E.Vidal

常绿藤本。主干和小枝具分散、粗大的倒钩刺；嫩枝上或多或少具锈色柔毛，老时无毛或近无毛。二回羽状复叶；羽片 2 ~ 3 对；小叶 2 对，革质，长圆形至卵形，基部圆形。圆锥花序腋生或顶生；萼片 5；花瓣 5，黄色；雄蕊 10。荚果革质，压扁，表面有明显网脉，栗褐色，腹缝线稍弯曲，具狭翅。花期 4 ~ 5 月；果期 7 ~ 8 月。

分布与生境：产于八大公山芭茅溪，生于海拔 200 m 的山坡灌丛地。

用途：花可供观赏。

鸡嘴簕 Caesalpinia sinensis

（八）鸡血藤属 Callerya Endlicher

常绿藤本。奇数羽状复，互生，小叶至多对，通常对生，全缘。圆锥花序大，顶生或腋个，花萼阔钟状，萼齿 5，上方 1 齿较小，花冠紫色、粉红色、白色或，旗瓣内面常具色纹。荚果扁平或肿胀，线形或园柱形，单粒种子时卵圆形或球形，开裂。种子凸镜形至肾形。

10 种，我国有 9 种，湖南有 2 种，八大公山有 1 种。

1. 香花鸡血藤 Callerya dielsiana (Harms)P.K.Lôc ex Z.Wei & Pedley

常绿藤本。一回羽状复叶，小叶 2 对，长圆形，先端急尖至渐尖，基部钝圆，侧脉 6 ~ 9 对，网脉两面均明显隆起。圆锥花序顶生，常下垂，花密集，花冠红紫色，旗瓣被柔毛。荚果圆柱形，密被柔毛，狭长，有种子 3 ~ 5 粒。花期 6 月，果期 9 月。

分布与生境：产于八大公山各地，生于海拔 200 ~ 1200 m 的山地灌丛及山坡林缘。

用途：根入药；庭院观赏；花可食，民间作酸菜。

香花鸡血藤 Callerya dielsiana

（九）杭子梢属 **Campylotropis** Bunge

落叶灌木。羽状复叶具 3 小叶，托叶 2，通常为狭三角形至钻形，宿存或有时脱落，在小叶柄基部常有 2 枚脱落性的小托叶。花序通常为总状，单一腋生或有时数个腋生并顶生，常于顶部排成圆锥花序，在每枚苞片腋内生有 1 花，小苞片 2，生于花梗顶端，通常早落，龙骨瓣瓣片上部向内弯成直角。荚果压扁，不开裂，种子 1 颗。

37 种，我国有 32 种，湖南有 1 种，八大公山也有分布。

1. 杭子梢 Campylotropis macrocarpa (Bunge) Rehder

落叶灌木。羽状复叶具 3 小叶，小叶椭圆形或宽椭圆形，有时过渡为长圆形，先端圆形、钝或微凹，具小凸尖，基部圆形。总状花序单一腋生并顶生，花冠紫红色。荚果长近长圆形或椭圆形，先端具短喙尖，无毛，具网脉，边缘生纤毛。花、果期 6 ~ 10 月。

分布与生境：分布八大公山各地，生于海拔 200 ~ 1800 m 的山坡灌丛中。

用途：根入药。

（十）锦鸡儿属 **Caragana** Fabricius

落叶灌木。偶数羽状复叶；总轴顶常有一刺或刺毛；花单生，很少为 2 ~ 3 朵组成小伞形花序，着生于老枝的节上或腋生于幼枝的基部。花冠黄色，稀白带红色，旗瓣卵形或近圆形，直展，边微卷，基部渐狭为长柄，翼瓣斜长圆形，龙骨瓣直，钝头；雄蕊 10，二体（9+1）；子房近无柄，荚果线形，成熟时圆柱状，2 瓣裂。种子横长圆形或近球形，无种阜。

杭子梢 Campylotropis macrocarpa

约 100 种，我国有 66 种，湖南有 1 种，八大公山有 1 种。

1. 锦鸡儿 Caragana sinica (Buc'hoz) Rehder

落叶灌木。小校有棱，托叶三角形，硬化成针刺，叶轴脱落或硬化成针刺。羽状复叶，有时假掌状，小叶 2 对，上部 1 对常较下部的为大，倒卵形或长圆状倒卵形，先端圆形或微缺，基部楔形或宽楔形。花单生，花梗中部有关节，花冠黄色，常带红色。荚果圆筒状。花期 4 ~ 5 月，果期 7 月。

分布与生境：原产我国，八大公山各地均有栽培。

用途：花、根或根皮入药，亦供观赏；花可食用。

锦鸡儿 Caragana sinica

（十一）紫荆属 **Cercis** Linnaeus

落叶灌木或乔木。枝上无刺。单叶互生，全缘，具掌状叶脉，基部心形，叶柄先端膨大。总状花序单生或聚生成花束生于老枝或主干上，花两侧对称，两性，紫红色或粉红色，具梗，通常先于叶开放，花萼短钟状，红色，花瓣 5，近蝶形，具柄，不等大，雄蕊 10 枚，分离。荚果扁狭长圆形，两端渐尖或钝，于腹缝线一侧常有狭翅，不开裂。

11 种，我国有 5 种，湖南有 3 种，八大公山有 2 种。

分种检索表

1. 花簇生，无总花梗…………………………………………………… **1. 紫荆 C. chinensis**
1. 花序总状，有明显的总花梗………………………………………… **2. 湖北紫荆 C. glabra**

1. 紫荆 **Cercis chinensis** Bunge

落叶灌木。树皮和小枝灰白色。叶纸质，近圆形，先端急尖，基部浅至深心形，两面通常无毛，叶缘膜质透明。花紫红色或粉红色，2 ~ 10 朵成束，簇生于老枝和主干上，先于叶开放。荚果扁狭长形。种子 2 ~ 6 颗，黑褐色，光亮。花期 3 ~ 4 月；果期 8 ~ 10 月。

分布与生境：原产我国东南部，八大公山各地均有栽培。

用途：园林观赏树种；树皮、根皮、木部、花、果均可入药。

紫荆 Cercis chinensis

2. 湖北紫荆 **Cercis glabra** Pampanini

落叶乔木。叶较大，厚纸质或近革质，心形，先端钝或急尖，基部心形，幼叶常呈紫红色，成长后绿色，上面光亮，下面无毛，基脉 5 ~ 7 条。总状花序短，花淡紫红色或粉红色。荚果狭长圆形，紫红色。种子 1 ~ 8 颗，近圆形，扁。花期 3 ~ 4 月；果期 9 ~ 11 月。

分布与生境：分布于八大公山各地；生于海拔 600 ~ 1500 m 的山地林中。

用途：园林观赏树种；根和根皮入药；木材可作用材。

湖北紫荆 Cercis glabra

（十二）山扁豆属 Chamaecrista Moench

亚灌木或草本。偶数羽状复叶，叶柄和叶轴上常有腺体。花近辐射对称，黄色或红色，萼筒很短，裂片 5，覆瓦状排列，花瓣通常 5 片，近相等或下面 2 片较大，雄蕊 5 ~ 10 枚，常不相等，其中有些花药退化。荚果圆柱形或扁平，2 瓣裂。

约 350 种，我国有 11 种，湖南有 1 种，八大公山也有分布。

1. 含羞草山扁豆 Chamaecrista mimosoides (Linnaeus) Greene

一年生或多年生亚灌木状草本。枝条被微柔毛。叶柄的上端、最下一对小叶的下方有圆盘状腺

含羞草山扁豆 Chamaecrista mimosoides

体 1 枚；小叶 20 ~ 50 对，线状镰形，中脉靠近叶的上缘；托叶线状锥形，有明显肋条，宿存。花序腋生，1 或数朵聚生不等，花瓣黄色，不等大；雄蕊 10 枚，5 长 5 短相间而生。荚果镰形，扁平。花果期通常 8 ~ 10 月。

分布与生境：产于八大公山各地，生长在海拔 300 ~ 500 m 的山坡路边草地中。

用途：嫩茎叶可食；根可入药；全草可作绿肥。

（十三）首冠藤属 Cheniella R.Clark & Mackinder

常绿乔、灌木或攀缘藤本。单叶，全缘，先端凹缺或 2 裂，基出脉 3 至多条，中脉常伸出于 2 裂片间形成一小芒尖。花两性，组成总状、伞房或圆锥花序，花萼杯状，佛焰状或于开花时分裂为 5 萼片，花瓣 5 片，略不等，常具瓣柄，白色至紫红色。荚果长圆形、带状或线形，通常扁平，开裂。

7 种，我国全有，湖南有 1 种，八大公山也有。

1. 粉叶首冠藤 Cheniella glauca (Bentham) R. Clark & Mackinder

常绿木质藤木。叶纸质，近圆形，2 裂达中部或更深裂，罅口狭窄，裂片卵形，内侧近平行，先端圆钝，基部圆心形至截平，基出脉 9 ~ 11 条。伞房花序式的总状花序顶生，萼片卵形，急尖，外被锈色茸毛；花瓣玫瑰红色，倒卵形，近相等，具长柄，边缘皱波状。荚果带状，薄，无毛，不开裂。花期 4 ~ 6 月，果期 7 ~ 9 月。

分布与生境：分布于八大公山，生于海拔 800 m 以下的山坡疏林中或林缘。

用途：园林观赏植物；根、叶入药；根皮可制火绳。

粉叶首冠藤 Cheniella glauca

（十四）香槐属 Cladrastis Rafinesque

落叶乔木。芽叠生，无芽鳞，包裹于膨大的叶柄内。奇数羽状复叶。圆锥花序或近总状花序，顶生，常下垂。花萼钟形，5 齿，近等大，花冠白色，旗瓣圆形，翼瓣斜长椭圆形，有两耳，龙骨瓣稍内弯，雄蕊 10，花丝分。荚果扁平，两侧无翅或具翅。

8 种，我国有 6 种，湖南有 3 种，八大公山有 3 种。

分种检索表

1. 荚果两侧无翅，稍增厚。
  2. 花序长达 30 cm，花小，长 15 mm 以内 ………………………………… **1. 小花香槐 C. delavayi**
  2. 花序长 15 cm 以内，花长 2 cm ………………………………………………… **3. 香槐 C. wilsonii**
1. 荚果两侧具翅，不开裂……………………………………………………………… **2. 翅荚香槐 C. platycarpa**

1. 小花香槐 Cladrastis delavayi (Franchet) Prain

落叶乔木。幼枝、叶轴、小叶柄被灰褐色或锈色柔毛。奇数羽状复叶，小叶 4 ~ 7 对，互生或近对生，卵状披针形或长圆状披针形，（6 ~ 10）cm ×（2.0 ~ 3.5）cm，先端渐尖、钝尖或圆钝，基部圆或微心形，上面深绿色，无毛，下面苍白色，被灰白色柔毛，常沿中脉被锈色毛。圆锥花序顶生，花冠白色或淡黄色，偶为粉红色。荚果扁平，椭圆形或长椭圆形，两端渐狭，两侧无翅，稍增厚，长 3 ~ 8 cm，宽 1.0 ~ 1.2 cm，有种子 1 ~ 5 粒。花期 6 ~ 8 月、果期 8 ~ 10 月。

分布与生境。分布于八大公山各地，生于海拔 500 ~ 1000 m 的山坡林中。

用途：庭院观赏；木材可作用材；根及果实可入药。

小花香槐 Cladrastis delavayi

2. 翅荚香槐 Cladrastis platycarpa (Maximowicz) Makino

落叶乔木。奇数羽状复叶；小叶 3 ~ 4 对，互生或近对生，长椭圆形或卵状长圆形，先端渐尖，基部钝圆或宽楔形，侧生小叶基部稍偏斜。圆锥花序；花冠白色，芳香。荚果扁平，两侧具翅，不开裂，有种子 1 ~ 2 粒，稀 4 粒。花期 4 ~ 6 月、果期 7 ~ 10 月。

分布与生境。分布于八大公山各地，生于海拔 400 ~ 700 m 的山坡林中。

用途：庭院观赏；可作建筑用材或提取黄色染色。

翅荚香槐 Cladrastis platycarpa

3. 香槐 Cladrastis wilsonii Takeda

落叶乔木。奇数羽状复叶；小叶 4 ~ 5 对，纸质，互生，卵形或长圆状卵形，顶生小叶较大，先端急尖，基部宽楔形，下面苍白色。圆锥花序顶生或腋生，花萼钟形，花冠白色。荚果长圆形，

香槐 Cladrastis wilsonii

扁平，先端圆形，两侧无翅，稍增厚。花期 5 ~ 7 月、果期 8 ~ 9 月。

分布与生境。分布于八大公山海拔 500 ~ 1000 m 的山坡林中。

用途：庭院观赏；木材可作用材；根及果实可入药。

（十五）猪屎豆属 Crotalaria Linnaeus

草本、亚灌木或灌木。单叶或三出复叶。总状花序顶生或腋生，花萼二唇形或近钟形，花冠黄色或深紫蓝色，旗瓣通常为圆形或长圆形，翼瓣长圆形或长椭圆形，龙骨瓣中部以上通常弯曲，具喙，雄蕊连合成单体，花药二型，一为长圆形，以底部附着花丝，一为卵球形，以背部附着花丝。荚果长圆形、圆柱形或卵状球形，膨胀。

700 种，我国有 42 种，湖南有 5 种，八大公山有 2 种。

分种检索表

1. 叶片倒卵形、长圆状椭圆形或倒披针形，（1.0 ~ 2.5）cm×（0.5 ~ 1.2）cm …**1. 响铃豆 C. albida**

1. 叶片椭圆形，（2 ~ 6）cm×（1 ~ 3）cm …………………………………… **2. 假地蓝 C. ferruginea**

1. 响铃豆 Crotalaria albida Heyne ex Roth

多年生草本。叶倒卵状披针形或倒披针形，先端钝圆，有小凸尖，基部楔形，上面光滑，下面生疏柔毛，托叶细小。总状花序顶生或腋生，小苞片着生花萼基部，花萼深裂，上面 2 萼齿椭圆形，下面 3 萼齿披针形，均有短柔毛；花冠黄色，稍长于萼。荚果圆柱形，膨胀，光滑，种子 6 ~ 12 粒。

分布与生境：分布于八大公山海拔 200 ~ 400 m 的路旁荒地。

用途：全草可供药用。

响铃豆 Crotalaria albida

2. 假地蓝 Crotalaria ferruginea Graham ex Bentham

多年生草本，基部常木质。茎直立或铺地蔓延，具多分枝，被棕黄色伸展的长柔毛。托叶披针形或三角状披针形，长 5 ~ 8 mm；单叶，叶片椭圆形，（2 ~ 6）cm ×（1 ~ 3）cm，两面被毛，尤以叶下面叶脉上的毛更密，先端钝或渐尖，基部略楔形。总状花序顶生或腋生，有花 2 ~ 6 朵；花冠黄色。荚果长圆形，无毛，长 2 ~ 3 cm；种子 20 ~ 30 颗。花果期 6 ~ 12 月。

分布与生境：分布于八大公山各地，生长在海拔 200 ~ 400 m 的路旁荒地。

用途：全草可供药用；植株为绿肥，牧草及水土保持植物。

假地蓝 Crotalaria ferruginea

（十六）黄檀属 **Dalbergia** Linnaeus

落叶稀常绿乔木或木质藤本。奇数羽状复叶，小叶互生。花小，组成顶生或腋生圆锥花序，花萼钟状，裂齿 5，花瓣白色、淡绿色，雄蕊 10 或 9 枚，通常合生为上侧边缘开口的鞘(单体雄蕊)。荚果不开裂，长圆形成带状，翅果状。

100 ~ 120 种，我国有 28 种，湖南有 6 种，八大公山有 6 种。

分种检索表

1. 乔木。
    2. 小叶 6 ~ 10 对；托叶大，叶状 ······ **1. 秧青 D. assamica**
    2. 小叶较少，3 ~ 8 对；托叶小，非叶状 ······ **4. 黄檀 D. hupeana**
1. 藤本。
    2. 小叶小，长 2 cm 以下，通常在 10 对以上。
        3. 小苞片宿存；旗瓣圆形；荚果全部有网纹 ······ **6. 象鼻藤 D. mimosoides**
        3. 小苞片脱落；旗瓣长圆状倒卵形；荚果仅于对种子部分有网纹 ······ **5. 香港黄檀 D. millettii**

2. 小叶较大，长 2 cm 以上，少数，通常为 1 ~ 7 对。

4. 小叶椭圆形……………………………………………………………………… **2. 大金刚藤 D. dyeriana**

4. 小叶长椭圆形……………………………………………………………………… **3. 藤黄檀 D. hancei**

1. 秧青 Dalbergia assamica Bentham

落叶乔木。托叶大，叶状，卵形至卵状披针形。羽状复叶，小叶 6 ~ 10 对，长圆形或长圆状椭圆形，（3 ~ 5）cm ×（1.5 ~ 2.5）cm，先端钝、圆或凹入，基部圆形或楔形，两面疏被伏贴短柔毛。圆锥花序顶生，花密集，花萼钟状，萼齿 5，花冠白色。长圆形至带状，顶端急尖，基部渐狭成果颈，种子部分有不显著网纹，有 1 ~ 2 稀 4 粒种子。花期 4 月，果期 10 月。

分布与生境：分布于八大公山各地，生于海拔 500 m 以下的山坡及沟谷林中。

用途：木材为珍贵用材。

秧青 Dalbergia assamica

2. 大金刚藤 Dalbergia dyeriana Prain

落叶藤本。部分枝条先端卷曲，老枝具粗枝刺。幼枝无毛。一回羽状复叶，小叶 4 ~ 7 对，倒卵状长圆形，排列较松，先端圆或钝，有时凹缺，基部圆楔形。圆锥花序腋生，花冠黄白色。荚果无毛，长圆形至带状，扁平，顶端圆钝或急尖，对种子部分有网纹，种子 1 ~ 2 粒。花期 5 ~ 6 月，果期 9 ~ 10 月。

分布与生境：分布于八大公山各地，生于海拔 1200 m 以下的多石山坡灌丛中或林缘。

3. 藤黄檀 Dalbergia hancei Bentham

落叶藤本。部分枝条先端卷曲，老枝具粗枝刺。幼枝无毛。一回羽状复叶，小叶 2 ~ 4 对，长圆形，排列较松，先端圆或钝，有时凹缺，基部圆楔形。总状花序集生成短圆锥花序，腋生，花冠白色。

荚果无毛，长圆形至带状，扁平，顶端圆钝或急尖，包种子部分有网纹，种子 1 ~ 2 粒。花期 4 ~ 5 月，果期 9 ~ 10 月。

分布与生境：分布于八大公山各地，生于海拔 1000 m 以下的沟谷林缘。

用途：根、茎入药。

大金刚藤 Dalbergia dyeriana

藤黄檀 Dalbergia hancei

4. 黄檀 Dalbergia hupeana Hance

落叶乔木。树皮暗灰色，呈薄片状脱落。幼枝淡绿色，无毛。羽状复叶，小叶 3 ~ 5 对，椭圆形，先端钝或稍凹人，基部圆形或阔楔形，两面无毛。圆锥花序顶生，花密集，花萼钟状，萼齿 5，花冠白色。荚果长圆形或阔舌状，顶端急尖，基部渐狭成果颈，种子部分有网纹，有 1 ~ 2 稀 3 粒种子。花期 5 ~ 7 月，果期 8 ~ 10 月。

分布与生境：分布于八大公山各地，生于海拔 1200 m 以下的山坡林中。

用途：木材为珍贵用材；根皮入药。

黄檀 Dalbergia hupeana

5. 香港黄檀 Dalbergia millettii Bentham

藤本。枝无毛，部分短枝钩状。羽状复叶，托叶狭披针形，小叶 12 ~ 17 对，紧密，线形或狭长圆形，［（4）10 ~ 15］mm ×（3 ~ 5）mm，先端截形，有时微凹缺，基部圆或钝，两侧略不等，两面无毛。圆锥花序腋生，总花梗、花序轴和分枝被极稀疏的短柔毛；花微小，花梗极短；基生副萼状小苞片卵形，宿存。荚果长圆形至带状，全部有网纹，对种子部分网纹较明显，有种子 1 (2) 粒。花期 5 月。

分布与生境：分布于八大公山各地，生于海拔 1500 m 以下的多石山坡灌丛中。

6. 象鼻藤 Dalbergia mimosoides Franchet

落叶藤本。部分枝条先端卷曲，老枝具粗枝刺。幼枝密被褐色短毛。一回羽状复叶，小叶 10 ~ 17 对，线状长圆形，排列紧密，先端截形或凹缺，基部圆或阔楔形。圆锥花序腋生，分枝聚伞花序状，花小，稍密集，花冠白色或淡黄色。荚果无毛，长圆形至带状，扁平，顶端急尖，对种子部分有网纹，种子 1 ~ 2 粒。花期 5 ~ 6 月，果期 9 ~ 10 月。

分布与生境：分布于八大公山各地，生于海拔 1500 m 以下的多石山坡灌丛中。

用途：叶可入药。

香港黄檀 Dalbergia millettii

象鼻藤 Dalbergia mimosoides

（十七）鱼藤属 **Derris** Loureiro

木质藤本，稀直立灌木或乔木。奇数羽状复叶；托叶小；小叶对生，全缘；无小托叶。花组成腋生或顶生的总状花序或圆锥花序，花簇生于缩短的分枝上；苞片小，早落；花萼钟状或杯状；花冠白色、紫红色或粉红色，长于花萼。荚果薄而硬，扁平，不开裂，圆形、长椭圆形至舌状长椭圆形，沿腹缝线有狭翅或腹、背两缝线均有狭翅。

约 50 种，我国有 16 种，湖南有 1 种，八大公山也有。

1. 中南鱼藤 Derris fordii Oliver

木质藤本。羽状复叶；小叶 2 ~ 3 对，厚纸质或薄革质，卵状椭圆形、卵状长椭圆形或椭圆形，先端渐尖，略钝，基部圆形，两面无毛，侧脉 6 ~ 7 对，纤细两面均隆起。圆锥花序腋生，稍短于复叶；花数朵生于短小枝上；小苞片 2；花萼钟状，上部被极稀疏的柔毛；花冠白色。荚果具翅，有种子 1 ~ 4 粒；种子褐红色。花期 4 ~ 5 月，果期 10 ~ 11 月。

分布与生境：分布于八大公山，生长在海拔 200 ~ 400 m 的河谷灌丛中。

用途：茎可入药；根可提取杀虫剂。

中南鱼藤 Derris fordii

（十八）山黑豆属 Dumasia Candolle

缠绕草本或攀缘状亚灌木。叶具羽状 3 小叶，具托叶和小托叶。总状花序腋生；花萼圆筒状，管口斜截形；花冠突出萼外，旗瓣常倒卵形，雄蕊二体（9+1），花药一式；子房线形，具短柄，有胚珠数颗，花柱长，上部扁平，弯曲，柱头顶生，头状。荚果线形，扁平或近念珠状，基部有圆筒状、膜质的宿存花萼。

约 10 种，我国有 9 种，湖南有 4 种，八大公山有 2 种。

分种检索表

1. 茎及叶柄密被黄褐色、基部分枝的长硬毛…………………………………… **1. 硬毛山黑豆 D. hirsuta**
1. 茎及叶柄无毛或多少被伏毛，但毛不分枝………………………………………**2. 山黑豆 D. truncata**

1. 硬毛山黑豆 Dumasia hirsuta Craib

攀缘状缠绕草本。茎密被基部分枝的褐色长硬毛。叶具羽状 3 小叶；托叶小，披针形，具脉纹；小叶膜质，卵形或宽卵形，基部截形、宽楔形或圆形；小托叶刚毛状。总状花序腋生；花萼管状，膜质，淡绿色，管口斜截形，无毛；花冠黄色或淡黄色，旗瓣，具瓣柄和耳；翼瓣和龙骨瓣近椭圆形。荚果线形。花期 8 ~ 9 月，果期 10 ~ 11 月。

分布与生境：分布于八大公山各地，生于海拔 200 ~ 800 m 的山坡及山谷水旁湿润地。

用途：种子、根及全草入药。

硬毛山黑豆 Dumasia hirsuta

2. 山黑豆 Dumasia truncata Siebold & Zuccarini

攀缘状缠绕草本。茎具细纵纹，通常无毛。叶具羽状 3 小叶；托叶小，线状披针形，具 3 脉；小叶膜质，长卵形或卵形，基部截形或圆形；小托叶刚毛状。总状花序腋生；花萼管状，膜质，淡绿色，管口斜截形，无毛；花冠黄色或淡黄色，旗瓣，具瓣柄和耳；翼瓣和龙骨瓣近椭圆形。荚果倒披针形至披针状椭圆形。花期 8 ~ 9 月，果期 10 ~ 11 月。

分布与生境：分布于八大公山各地，生于海拔 200 ~ 800 m 的山坡及山谷水旁湿润地。

用途：种子、根及全草入药。

（十九）野扁豆属 Dunbaria Wight & Arnott

草质或木质藤本。羽状 3 小叶；托叶常缺；花单生于叶腋内或数朵排成总状花序；萼齿 5，长而狭，上面 2 枚合生；花冠通常黄色，多少伸出萼外，花瓣具柄，旗瓣和翼瓣基部具耳；子房无柄，有胚珠多颗；荚果线形，扁平，开裂后果瓣扭曲。

约 20 种，我国有 8 种，湖南有 2 种，八大公山有 1 种。

山黑豆 Dumasia truncata

1. 野扁豆 Dunbaria villosa (Thunberg) Makino

多年生缠绕草木。叶具羽状 3 小叶，托叶细小，小叶薄纸质，顶生小叶较大，菱形或近三角形，侧生小叶较小，偏斜，先端渐尖或急尖，尖头钝，基部圆形，宽楔形或近截平，两面微被短柔毛。总状花序或复总状花序腋生，着花 2 ~ 7 朵，花冠黄色。荚果带状长圆形，扁平，稍弯，被短柔毛，先端具喙，果无果颈或具极短果颈。花果期 9 ~ 10 月。

野扁豆 Dunbaria villosa

分布与生境：分布于八大公山各地，生长在海拔 200 ~ 700 m 的山坡灌丛地。

用途：种子和叶入药。

（二十）山豆根属 Euchresta Bennett

常绿灌木。叶互生，小叶 3 ~ 7 枚，全缘。总状花序，花萼膜质，钟状或管状，基部略呈囊状，边缘通常 5 裂，萼齿短；花冠伸出萼外，通常白色，翼瓣和龙骨瓣有瓣柄；雄蕊 (9+1) 两体，花药背着；子房有长柄，胚珠 1 ~ 2 枚，花柱 1，线形；荚果核果状，肿胀，不裂，椭圆形，果壳薄，通常亮黑色，具果颈，有种子 1 枚。

4 种，我国均有，湖南有 1 种，八大公山也产。

1. 管萼山豆根 Euchresta tubulosa Dunn

常绿灌木。叶具小叶 3 ~ 7 枚，小叶纸质，椭圆形或卵状椭圆形，先端短渐尖至钝，基部楔形至圆形，顶生小叶和侧生小叶近等大。总状花序顶生；花萼管状，下半部狭。果椭圆形，黑褐色，两端钝圆而先端有一极短的小尖头。花期 5 ~ 6 (7) 月，果期 7 ~ 9 月。

分布与生境：分布于八大公山楠木坪，生长在海拔 200 ~ 400 m 的沟谷密林下。

用途：根可入药；庭院观赏。

管萼山豆根 Euchresta tubulosa

（二十一）皂荚属 Gleditsia Linnaeus

落叶乔木。干和枝有单生或分枝的粗刺。叶互生，一回或二回羽状复叶；小叶多数，近对生或互生，常有不规则的钝齿或细齿。花杂性或单性异株，组成侧生的总状花总状花序或穗状花序，很少为圆锥花序；萼片和花瓣 8～5；雄蕊 6～10，伸出，花药丁字着生；子房有胚珠 2 至多颗，柱头大 2 荚果扁平，大而不开裂或迟裂。有种子 1 至多颗。

约 16 种，我国有 6 种，湖南有 4 种，八大公山有 1 种。

1. 皂荚 Gleditsia sinensis Lamarck

落叶乔木。主干和枝通常具分枝的粗刺。一回偶数羽状复叶，小叶 6～7 对，近对生，基部两侧稍不对称，边缘具细锯齿或全缘。花杂性或单性异株，组成腋生或少有顶生的穗状花序或总状花序，萼裂片 3～5，近相等，花瓣 3～5，稍不等。荚果厚，劲直、弯曲或扭转，不裂或迟开裂。花期 5 月，果期 9 月。

生境：分布于八大公山各地，多生于村寨旁、溪边。

用途：荚果、种子、枝刺等均可入药；庭院观赏；木材可作用材。

皂荚 Gleditsia sinensis

（二十二）大豆属 Glycine Willdenow

一年生或多年生草本。根通常具根瘤。羽状复叶通常具 3 小叶，具托叶和小托叶。总状花序腋生，在植株下部的常单生或簇生，花萼膜质，钟状，花冠微伸出萼外，通常紫色、淡紫色或白色，无毛，各瓣均县长瓣柄，雄蕊单体或二体。荚果线形或长椭圆形，具果颈，果瓣于开裂后扭曲，具种子 1～5 颗。

9 种，我国产 6 种，湖南有 2 种，八大公山有 2 种。

分种检索表

1. 茎直立或在庇荫的条件下先端缠绕；栽培植物……………………………………………… **1. 大豆 G. max**
1. 茎缠绕或不完全缠绕；野生植物……………………………………………………………… **2. 野大豆 G. soja**

1. 大豆 Glycine max (Linnaeus) Merril

一年生草本。全株密被褐色长硬毛。叶通常具 3 小叶，小叶纸质，顶生小叶宽卵形至椭圆状披针形，先端渐尖或近圆形，稀有钝形，具小尖头，基部宽楔形或圆形，侧生小叶较小。短总状花序，少花，花紫色、淡紫色或白色。荚果长圆形，黄绿色，密被褐黄色长毛。种子 2 ~ 5 颗，椭圆形或近球形。花期 6 ~ 7 月，果期 7 ~ 9 月。

分布与生境：原产我国，八大公山广泛栽培。

用途：种子为重要粮食和油料作物。叶、花、种子、种皮可入药。

大豆 Glycine max

2. 野大豆 Glycine soja Siebold & Zuccarini

一年生缠绕草本。茎枝纤细，全体疏被褐色长硬毛。叶具 3 小叶，顶生小叶卵圆形或卵状披针形，先端锐尖至钝圆，基部近圆形，侧生小叶斜卵状披针形。总状花序通常短，花小，花冠淡红紫色或白色。荚果长圆形，密被长硬毛，具种子 2 ~ 3 颗。种子椭圆形，稍扁，褐色至黑色。花期 7 ~ 8 月，果期 8 ~ 10 月。

野大豆 Glycine soja

分布与生境：分布于八大公山各地，生于海拔 200 ~ 1400 m 的田边、园边、沟旁、河岸、草地及灌丛中。

用途：全草入药和种子入药。

（二十三）假地豆属 Grona Lour.

多年生草本、亚灌木或灌木。叶为羽状三出复叶或退化为单小叶，具托叶和小托叶，托叶通常干膜质，有条纹，小托叶钻形或丝状，小叶全缘或浅波状。总状花序，花密生，2 朵生于每节上；花萼上部裂片先端 2 裂；花冠紫红色；子房被毛。荚果被短柔毛和小钩状毛，腹缝线直，背缝浅波状，有 3 ~ 6 荚节；果柄下弯。

42 种，我国有 4 种，湖南有 1 种，八大公山也有。

1. 假地豆 Grona heterocarpos (L.) H. Ohashi & K. Ohashi

落叶小灌木或亚灌木。叶为羽状三出复叶，托叶宿存，狭三角形，小叶纸质，小叶椭圆形或宽倒卵形，先端圆或钝，微凹，具短尖，基部钝，下面被白色短柔毛，小托叶丝状，小叶柄密被糙伏毛。总状花序顶生或腋生，花冠紫红色，紫色或白色。荚果密集，狭长圆形，腹背两缝线被钩状毛，有荚节 4 ~ 7。花期 7 ~ 10 月，果期 10 ~ 11 月。

分布与生境：分布于八大公山各地，生于海拔 200 ~ 800 m 的山坡林缘。

用途：全株药用。

假地豆 Grona heterocarpos

（二十四）长柄山蚂蟥属 Hylodesmum H.Ohashi & R.R.Mill

多年生草本或亚灌木状。叶为羽状复叶，小叶 3 ~ 7。总状花序，少为稀疏的圆锥花序，顶生或腋生，或有时从能育枝的基部单独发出，每节通常着生 2 ~ 3 花；花梗通常有钩状毛和短柔毛。荚果具细长或稍短的果颈（子房柄），有荚节 2 ~ 5，背缝线于荚节间凹入几达腹缝线而成一深缺口，荚节通常为斜三角形。

14 种，我 10 种，湖南有 7 种，八大公山有 4 种。

分种检索表

1. 小叶 7 片，偶有 3 ~ 5 片…………………………………………………… **3. 羽叶长柄山蚂蟥 H. oldhamii**
1. 小叶全为 3 片。
  2. 翼瓣、龙骨瓣有明显的瓣柄，托叶三角状披针形。
    3. 荚果的荚节斜三角形，较大，（12 ~ 14）mm ×（4 ~ 6）mm …**2. 细长柄山蚂蟥 H. leptopus**
    3. 荚果的荚节略呈宽的半倒卵形，较小，（6 ~ 9）mm × 4 mm …**1. 疏花长柄山蚂蟥 H. laxum**
  2. 龙骨瓣无瓣柄；托叶线状披针形…………………………………………… **4. 长柄山蚂蟥 H. podocarpum**

1. 疏花长柄山蚂蟥 Hylodesmum laxum (Candolle) H.Ohashi & R.R.Mill

多年生草本。叶为羽状三出复叶，通常簇生于枝顶部；托叶三角状披针形；小叶纸质，顶生小叶卵形，基部圆形，全缘，两面近无毛或下面薄被柔毛，侧脉每边 4 ~ 6 条；小托叶丝状。总状花序顶生或顶生和腋生，通常有分枝，有时从茎基部抽出；花萼宽钟状；花冠粉红色。荚果通常有荚节 2 ~ 4。花、果期 8 ~ 10 月。

分布与生境：分布于八大公山，生于海拔 300 ~ 800 m 的山坡林下。

疏花长柄山蚂蟥 Hylodesmum laxum

2. 细长柄山蚂蟥 Hylodesmum leptopus (A.Gray ex Bentham) H.Ohashi & R.R.Mill

常绿亚灌木。叶为羽状三出复叶，托叶披针形，小叶纸质，卵形至卵状披针形，先端长渐尖，基部楔形或圆形，侧生小叶基部极偏斜。花序顶生，总状花序或具少数分枝的圆锥花序，花冠粉红色。荚果扁平，稍弯曲，背缝线于荚节间深凹而接近腹缝线，有荚节 2 ~ 3，被小钩状毛。花、果期 8 ~ 9 月。

分布与生境：分布于八大公山各地，生于海拔 300 ~ 800 m 的山坡林下。

细长柄山蚂蟥 Hylodesmum leptopus

3. 羽叶长柄山蚂蟥 Hylodesmum oldhamii (Oliver) H.Ohashi & R.R.Mill

多年生草本。叶为羽状复叶，小叶 7，偶为 3 ~ 5，小叶披针形或卵状椭圆形，先端渐尖，基部楔形或钝。总状花序顶生和腋生，花冠紫红色。荚果扁平，自背缝线深凹至腹缝，通常有荚行 2，稀 1 ~ 3，荚节斜三角形。花期 8 ~ 9 月，果期 9 ~ 10 月。

分布与生境：分布于八大公山各地，生于海拔 300 ~ 800 m 的山坡林下。

用途：根及全草入药。

羽叶长柄山蚂蟥 Hylodesmum oldhamii

4. 长柄山蚂蟥 Hylodesmum podocarpum (Candolle) H.Ohashi & R.R.Mill

分亚种检索表

1. 顶生小叶非狭披针形，长为宽的 1 ～ 3 倍。
  2. 顶生小叶宽倒卵形，最宽处在叶片中上部 …**4a. 长柄山蚂蟥（原亚种） H. p.** subsp. **podocarpum**
  2. 顶生小叶宽卵形、卵形或菱形，最宽处在叶片中部或中下部。
    3. 顶生小叶最宽处在叶片下部……………… **4b. 宽卵叶长柄山蚂蟥（亚种） H. p.** subsp. **fallax**
    3. 顶生小叶最宽处在叶片中部…………… **4c. 尖叶长柄山蚂蟥（亚种） H. p.** subsp. **oxyphyllum**
1. 顶生小叶狭披针形，长 4 ～ 6 倍于宽…… **4d. 四川长柄山蚂蟥（亚种） H. p.** subsp. **szechuenense**

4a. 长柄山蚂蟥（原亚种） Hylodesmum podocarpum (Candolle) H.Ohashi & R.R.Mill subsp. **podocarpum**

多年生草本。茎被短柔毛。叶为羽状三出复叶，小叶纸质，顶生小叶宽倒卵形，先端凸尖，基部楔形或宽楔形，侧生小叶斜卵形，偏斜。总状花序或圆锥花序，顶生兼具腋生，总花梗被柔毛和钩状毛，花冠紫红色。荚果有荚节 2，背缝线弯曲，节间深凹入腹缝线；荚节略呈宽半倒卵形。花、果期 8 ~ 9 月。

分布与生境：分布于八大公山各地，生于海拔 200 ~ 1000 m 的山坡林下。

用途：根和叶入药。

长柄山蚂蟥（原亚种） Hylodesmum podocarpum subsp. podocarpum

4b. 宽卵叶长柄山蚂蟥（亚种） Hylodesmum podocarpum subsp. **fallax** (Schindler) H.Ohashi & R.R.Mill

多年生草本。与原变种主要区别在于顶生小叶宽卵形或卵形，先端渐尖或急尖，基部阔楔形或圆。

分布与生境：分布于八大公山各地，生于海拔 200 ~ 1000 m 的山坡林下。

用途：全草可入药。

宽卵叶长柄山蚂蟥（亚种） Hylodesmum podocarpum subsp. fallax

4c. 尖叶长柄山蚂蟥（亚种） Hylodesmum podocarpum subsp. **oxyphyllum** (Candolle) H. Ohashi & R. R. Mill

多年生草本。与原变种不同之处在于顶生小叶菱形，基部楔形。

分布与生境：分布于八大公山各地，生于海拔 200 ~ 1000 m 的山坡林下。

用途：全草可入药。

尖叶长柄山蚂蟥（亚种） Hylodesmum podocarpum subsp. oxyphyllum

4d. 四川长柄山蚂蟥（亚种） Hylodesmum podocarpum subsp. **szechuenense** (Craib) H. Ohashi et R. R. Mill

多年生草本。与原变种不同之处在于顶生小叶狭披针形，（4.2 ~ 6.8）cm ×（1.0 ~ 1.3）cm，较窄。

分布与生境：分布于八大公山各地，生于海拔 200 ~ 1000 m 的山坡林下。

用途：全草可入药。

四川长柄山蚂蟥（亚种）Hylodesmum podocarpum subsp. szechuenense

（二十五）木蓝属 **Indigofera** Linnaeus

落叶或常绿灌木。全株多少被平贴丁字毛。奇数羽状复叶，偶为掌状复叶至单叶。小叶通常对生，全缘。总状花序腋生，少数成头状、穗状或圆锥状，花萼钟状或斜杯状，花冠紫红色或淡红色，雄蕊二体。荚果线形或圆柱形。

约 800 种，我国有 79 种，湖南有 8 种，八大公山有 2 种。

分种检索表

1. 花冠短于 1 cm ……………………………………………………… **1. 河北木蓝 I. bungeana**

1. 花冠长于 1 cm ……………………………………………… **2. 宜昌木蓝 I. decora** var. **ichangensis**

1. 河北木蓝 **Indigofera bungeana** Walpers

落叶灌木。一回羽状复叶，小叶 3 ~ 5 对，对生，椭圆形至倒卵状椭圆形，先端圆或微凹，有小尖头，两面有白色丁字毛。总状花序，花开后较复叶为长，花密集，花冠淡红色或紫红色。荚果线状圆柱形，幼时密生短丁字毛。花期 5 ~ 8 月，果期 9 ~ 10 月。

分布与生境：八大公山各地广布，生于海拔 200 ~ 1500 m 的山坡疏林中。

用途：全草、根、叶入药；枝叶可作牛羊饲料；公路边坡绿化树种。

2. 宜昌木蓝（变种） **Indigofera decora** var. **ichangensis** (Craib)Y.Y.Fang & C.Z.Zheng

落叶灌木。一回羽状复叶，叶轴无毛或疏被丁字毛，小叶 3 ~ 7 对，对生或近对生，稀互生或下部互生，叶形变异大，通常卵状披针形，先端渐尖或急尖，具小尖头，基部楔形或阔楔形。总状花序直立，花冠淡紫色或粉红色，稀白色。荚果棕褐色，圆柱形，近无毛，内果皮有紫色斑点，有种子 7 ~ 8 粒。花期 4 ~ 6 月，果期 6 ~ 10 月。

分布与生境：分布于八大公山各地，生于海拔 200 ~ 700 m 的山坡疏林中或土坎上。

用途：庭院观赏。

河北木蓝 Indigofera bungeana

宜昌木蓝（变种）Indigofera decora var. ichangensis

（二十六）鸡眼草属 Kummerowia Schindler

一年生草本。叶为三出羽状复叶。花通常 1 ~ 2 朵簇生于叶腋，稀 3 朵或更多，小苞片 4 枚生于花萼下方，其中有一枚较小；花小，正常花的花冠和雄蕊管在果时脱落，闭锁花或不发达花的花冠、雄蕊管和花柱在成果时与花托分离，连在荚果上，至后期才脱落；雄蕊二体（9 + 1）；子房有 1 胚珠。荚果扁平，具 1 节，1 种子，不开裂。

本属共 2 种，八大公山皆产。

分种检索表

1. 小叶长圆形或倒卵形，先端通常圆形……………………………………………… **2. 鸡眼草 K. striata**
1. 小叶常为倒卵形，先端微凹……………………………………………………… **1. 长萼鸡眼草 K. stipulacea**

1. 长萼鸡眼草 Kummerowia stipulacea (Maximowicz) Makino

一年生草本。本种外形极似鸡眼草，唯小叶常为倒卵形，先端微凹；花梗有毛；荚果较萼长 1.5 ~ 3 倍而与之区别。花期 7 ~ 9 月，果期 8 ~ 10 月。

分布与生境：分布于八大公山各地，生于海拔 300 ~ 1000 m 的路旁或山坡林缘。

用途：全草入药。

长萼鸡眼草 Kummerowia stipulacea

2. 鸡眼草 Kummerowia striata (Thunberg) Schindler

一年生草本。茎披散或平卧，多分枝，茎枝上被倒生的白色细毛。叶为三出羽状复叶；托叶大，膜质，卵状长圆形，比叶柄长，小叶纸质，倒卵形、长倒卵形或长圆形，小，先端圆形，稀微缺，基部近圆形或宽楔形，全缘，两面沿小脉及边缘有白色粗毛。花小，花冠粉红色或紫色。荚果圆形或倒卵形，被小柔毛。花期 7 ~ 9 月，果期 8 ~ 10 月。

分布与生境：分布于八大公山各地，生于海拔 200 ~ 1500 m 的路旁、田边、溪岸草地中。

用途：全草入药。

鸡眼草 Kummerowia striata

（二十七）扁豆属 Lablab Adanson

一年生缠绕藤本。羽状复叶具 3 小叶，小叶宽三角状卵形，先端急尖或渐尖，基部近截平。总状花序直立，花序轴粗壮，花冠白色或紫色。荚果长圆状镰形，扁平，顶端有弯曲的尖喙，基部渐狭。种子 3 ~ 5 颗，扁平，长椭圆形，白色或紫黑色。

1 种，原产我国及非洲，八大公山亦有栽培。

1. 扁豆 Lablab purpureus (Linnaeus) Sweet

形态特征同扁豆属。

分布与生境：原产我国及非洲，八大公山各地均有栽培。

用途：荚果作蔬菜；种子入药。

扁豆 Lablab purpureus

（二十八）细蚂蟥属 Leptodesmia (Benth.) Benth.

多年生草本。茎纤细，多分枝，根茎木质。叶为羽状三出复叶，小叶 3，纸质，小型。花单生或 2 ~ 3 朵簇生于叶腋；苞片狭卵形，花梗结果时延长，花萼 5 深裂，花冠紫红色，与萼近相等，雄蕊二体；子房线形，多少被毛，花柱内弯，无毛。荚果扁平，狭长圆形，略呈镰刀状，有荚节 3-5，荚节近方形，被钩状短毛，具网脉。

5 种，我国有 2 种，湖南有 1 种，八大公山也有。

1. 小叶细蚂蟥 Leptodesmia microphylla (Thunberg) H. Ohashi & K. Ohashi

多年生草本。茎纤细，平卧状。叶为羽状三出复叶，或有时仅为单小叶，小叶较大的为倒卵状长椭圆形或长椭圆形，较小的为倒卵形或椭圆形，先端圆形，少有微凹入，基部宽楔形或圆形。总状花序顶生或腋生，花冠粉红色。荚果通常有荚节 3 ~ 4，有时 2 或 5，荚节近圆形，扁平。花期 5 ~ 9 月，果期 9 ~ 11 月。

分布与生境：分布于八大公山各地，生于海拔 200 ~ 600 m 的灌丛地或溪边林缘。

用途：根、果实及全草入药。

小叶细蚂蟥 Leptodesmia microphylla

（二十九）胡枝子属 Lespedeza Michaux

多年生草本、半灌木或灌木。羽状复叶具 3 小叶，小叶全缘，先端有小刺尖。花 2 至多数组成腋生的总状花序，苞片小，宿存，小苞片 2，着生于花基部，花常二型；一种有花冠；另一种为闭锁花，花冠退化，不伸出花萼，雄蕊 10，二体 (9+1)。荚果卵形、倒卵形或椭圆形；种子 1 颗，不开裂。

60 余种，我国有 25 种，湖南有 11 种，八大公山有 10 种。

分种检索表

1. 无闭锁花。
  2. 小叶先端急尖至长渐尖或稍尖，稀稍钝……………………………… **2. 绿叶胡枝子 L. buergeri**
  2. 小叶先端通常钝圆或凹。
    3. 花萼深裂。
      4. 小叶先端通常钝圆或凹………………………………………………… **5. 大叶胡枝子 L. davidii**
      4. 小叶先端通常钝圆或凹……………………………… **8. 美丽胡枝子 L. thunbergii** subsp. **formosa**
    3. 花萼浅裂至中裂…………………………………………………………………… **1. 胡枝子 L. bicolor**
1. 有闭锁花。
  5. 茎平卧………………………………………………………………………………… **7. 铁马鞭 L. pilosa**
  5. 茎直立。
    6. 总花梗纤细。
      7. 花黄白色，总花梗毛发状………………………………………………… **10. 细梗胡枝子 L. virgata**
      7. 花紫色，总花梗稍粗而不呈毛发状……………………………………… **6. 多花胡枝子 L. floribunda**
    6. 总花梗粗壮。
      8. 花萼裂片狭披针形，花萼为花冠长的 1/2 以上 ………………… **9. 绒毛胡枝子 L. tomentosa**
      8. 花萼裂片披针形或三角形，花萼长不及花冠之半。
        9. 小叶倒卵状长圆形…………………………………………………… **3. 中华胡枝子 L. chinensis**
        9. 小叶狭披针形至长圆状披针形…………………………………………… **4. 截叶铁扫帚 L. cuneata**

1. 胡枝子 Lespedeza bicolor Turczaninow

直立灌木。小枝被疏短毛。羽状复叶具 3 小叶；托叶 2 枚，线状披针形，小叶卵形、倒卵形或

胡枝子 Lespedeza bicolor

卵状长圆形，先端钝圆或微凹，具短刺尖，基部近圆形或宽楔形，全缘，上面绿色，无毛，下面色淡，被疏柔毛，老时渐无毛。总状花序腋生，比叶长，常构成大型、较疏松的圆锥花序，花冠红紫色，极稀白色。荚果斜倒卵形，稍扁，表面具网纹，密被短柔毛。花期 7 ~ 9 月，果期 9 ~ 10 月。

分布与生境：分布于八大公山各地，生于海拔 500 ~ 1000 m 的山坡林缘。

用途：可作绿肥及饲料；根可药用。

2. 绿叶胡枝子 Lespedeza buergeri Miquel

落叶灌木。3 小叶羽状复叶，小叶卵状椭圆形，先端急尖，上面鲜绿色，光滑无毛，下面灰绿色，密被贴生的毛。总状花序腋生，花冠淡黄绿色，瓣片先端稍带紫色。荚果长圆状卵形，表面具网纹和长柔毛。花期 6 ~ 7 月，果期 8 ~ 9 月。

分布与生境：分布于八大公山各地，生于海拔 500 ~ 1000 m 的山坡林缘。

用途：根、茎皮、叶入药。

绿叶胡枝子 Lespedeza buergeri

3. 中华胡枝子 Lespedeza chinensis G.Don

落叶小灌木。全株被白色伏毛。3 小叶羽状复叶，托叶钻状，小叶倒卵状长圆形或倒卵形，光端截形、近截形、微凹或钝头，具小刺尖，边缘稍反卷，上面无毛或疏生短毛，下面密被白色伏毛。总状花序腋生，不超出叶，少花，总花梗极短，花冠白色或黄色。荚果卵圆形，先端具喙，基部稍偏斜，表面有网纹，密被白色伏毛。花期 8 ~ 9 月，果期 10 ~ 11 月。

分布与生境：分布于八大公山各地，生于海拔 200 ~ 600 m 的山坡林缘。

用途：根或全草入药。

中华胡枝子 Lespedeza chinensis

4. 截叶铁扫帚 Lespedeza cuneata (Dumont de Courset) G.Don

落叶小灌木。茎被毛，上部分枝。3 小叶羽状复叶，叶密集，小叶楔形或线状楔形，先端截形成近截形，具小刺尖，基部楔形，上面近无毛，下面密被伏毛。总状花序腋生，具 2 ~ 4 朵花，总花梗极短，花冠淡黄色或白色，旗瓣基部有紫斑，有时龙骨瓣先端带紫色。荚果宽卵形或近球形，被伏毛。花期 7 ~ 8 月，果期 9 ~ 10 月。

分布与生境：分布于八大公山各地，生于海拔 200 ~ 1000 m 的山坡林缘。

用途：根或全草入药。

截叶铁扫帚 Lespedeza cuneata

5. 大叶胡枝子 *Lespedeza davidii* Franchet

落叶灌木。枝条较粗壮，稍曲折，有明显的条棱，密被长柔毛。3 小叶羽状复叶，托叶 2，卵状披针形，小叶宽卵圆形或宽倒卵形，先端圆或微凹，基部圆形或宽楔形，两面密被灰白色绢毛。总状花序腋生或于枝顶形成圆锥花序，花红紫色。荚果卵形，稍歪斜，先端具短尖，基部圆，表面具网纹和稍密的绢毛。花期 7 ~ 9 月，果期 9 ~ 10 月。

分布与生境：分布于八大公山各地，生于海拔 200 ~ 1200 m 的山坡林缘。

用途：全草入药。

大叶胡枝子 Lespedeza davidii

6. 多花胡枝子 *Lespedeza floribunda* Bunge

落叶小灌木。茎常近基部分枝，枝有条棱。羽状复叶具 3 小叶，小叶倒卵形、宽倒卵形或长圆形。总状花序腋生，花多数，小苞片卵形，花冠紫色、紫红色或蓝紫色，旗瓣椭圆形。荚果宽卵形。花期 6 ~ 9 月，果期 9 ~ 10 月。

分布与生境：分布于八大公山，生于海拔 500 ~ 1000 m 的山坡林缘。

用途：全草入药。

7. 铁马鞭 *Lespedeza pilosa* (Thunberg) Siebold & Zuccarini

多年生草本。全株密被长柔毛，茎平卧，细长。3 小叶羽状复叶，托叶钻形，小叶宽倒卵形，先端圆形、近截形或微凹，有小刺尖，基部圆形或近截形，两面密被长毛，顶生小叶较大。总状花序腋生，比叶短，总花梗极短，花冠黄白色或白色。荚果广卵形，凸镜状，两面密被长毛，先端具尖喙。花期 7 ~ 9 月，果期 9 ~ 10 月。

分布与生境：分布于八大公山各地，生于海拔 200 ~ 500 m 的山坡林缘。

用途：全草入药。

多花胡枝子 Lespedeza floribunda

铁马鞭 Lespedeza pilosa

8. 美丽胡枝子 Lespedeza thunbergii subsp. **formosa** (Vogel) H. Ohashi

直立灌木。托叶披针形至线状披针形，小叶椭圆形或卵形，两端稍尖或稍钝，（2.5 ~ 6.0）cm ×（1 ~ 3）cm，下面淡绿色，贴生短柔毛。总状花序单一，腋生，比叶长，或构成顶生的圆锥花序；花冠红紫色。荚果倒卵形或倒卵状长圆形，8 mm × 4 mm，表面具网纹且被疏柔毛。花期 7 ~ 9 月，果期 9 ~ 10 月。

分布与生境：分布于八大公山各地，生于海拔 500 ~ 1000 m 的山坡林缘。

用途：全草入药。

美丽胡枝子 Lespedeza thunbergii subsp. formosa

9. 绒毛胡枝子 Lespedeza tomentosa (Thunberg) Siebold ex Maximowicz

落叶灌木。全株密被黄褐色茸毛。3 小叶羽状复叶，托叶线形，小叶质厚，椭圆形或卵状长圆形，先端钝或微心形，边缘稍反卷，上面被短伏毛，下面密被黄褐色茸毛或柔毛。总状花序顶生或于茎上部腋生，总花梗粗壮，花冠黄色或黄白色。荚果倒卵形，先端有短尖，表面密被茸毛。花期 9 月，果期 10 月。

分布与生境：分布于八大公山各地，生于海拔 300 ~ 800 m 的山坡林缘。

用途：根药用。

绒毛胡枝子 Lespedeza tomentosa

10. 细梗胡枝子 *Lespedeza virgata* (Thunberg) Candolle

落叶小灌木。枝细，带紫色，被白色伏毛。3 小叶羽状复叶，托叶线形，小叶椭圆形，稀近圆形，先端钝圆，有时微凹，有小刺尖，基部圆形，上面无毛，下面密被伏毛。总状花序腋生，通常具 3 朵稀疏的花，总花梗纤细，毛发状，显著超出叶。荚果近圆形，通常不超出萼。花期 7 ~ 9 月，果期 9 ~ 10 月。

分布与生境：分布于八大公山各地，生于海拔 200 ~ 800 m 的山坡林缘。

用途：全草入药。

细梗胡枝子 *Lespedeza virgata*

（三十）百脉根属 **Lotus** Linnaeus

一年生或多年生草本。羽状复叶通常具 5 小叶，托叶退化成黑色腺点；小叶全缘，下方 2 枚常和上方 3 枚不同形，基部的一对呈托叶状，但决不贴生于叶柄。花序具花 1 至多数，多少呈伞形，基部有 1 ~ 3 枚叶状苞片，也有单生于叶腋，无小苞片；萼钟形，萼齿 5，等长或下方 1 齿稍长，稀呈二唇形。荚果开裂，圆柱形至长圆形。

约 125 种，我国有 8 种，湖南有 1 种，八大公山也有分布。

1. 百脉根 *Lotus corniculatus* Linnaeus

多年生草本。具主根。茎丛生，平卧或上升。羽状复叶，小叶 5 枚，顶端 3 小叶，基部 2 小叶呈托叶状，纸质，斜卵形至倒披针状卵形，中脉不清晰。伞形花序，花冠黄色或金黄色，干后常变蓝色。荚果直，线状圆柱形。花期 4 ~ 5 月，果期 7 ~ 10 月。

分布与生境：分布于八大公山各地，生长在海拔 600 ~ 1800 m 的山坡草地中。

用途：根、全草及花入药。

百脉根 Lotus corniculatus

（三十一）苜蓿属 **Medicago** Linnaeus

一年生或多年生草本。羽状复叶，托叶部分与叶柄合生，小叶 3，边缘通常具锯齿，侧脉直伸至齿尖。总状花序腋生，有时呈头状或单生，花小，花冠黄色、紫色等。荚果螺旋形转曲或挺直，背缝常具棱或刺，有种子 1 至多数。种子小。

约 85 种，我国有 15 种，湖南有 4 种，八大公山有 2 种。

分种检索表

1. 荚果不作螺旋转曲……………………………………………………………… **1. 天蓝苜蓿 M. lupulina**
1. 荚果呈螺旋转曲……………………………………………………………… **2. 南苜蓿 M. polymorpha**

1. 天蓝苜蓿 Medicago lupulina Linnaeus

多年生草本。全株被柔毛和腺毛。茎平卧或上升，多分枝。羽状三出复叶，小叶倒卵形或倒心形，先端多少截平或微凹，具细尖，基部楔形，边缘在上半部具不明显尖齿，两面均被毛，顶生小叶较大。花序小，头状，总花梗细，挺直，比叶长，花冠黄色。荚果肾形，表面具同心弧脉纹。花期 7 ~ 9 月，果期 8 ~ 10 月。

分布与生境：分布于八大公山各地，生长在海拔 200 ~ 1500 m 的路边、田野及林缘。

用途：全草入药。

2. 南苜蓿 Medicago polymorpha Linnaeus

二年生草本。茎平卧或直立。羽状三出复叶，托叶大，脉纹明显，小叶倒卵形或三角状倒卵形，几等大，先端钝，近截平或凹缺，具细尖，基部阔楔形，边缘在三分之一以上具浅锯齿。花序头状伞形，花冠黄色。荚果盘形，旋转，边缘具棘刺或瘤突。花期 3 ~ 5 月，果期 5 ~ 6 月。

分布与生境：分布于八大公山各地，生长在海拔 200 ~ 700 m 的河岸、路边、荒地。

用途：全草入药。

天蓝苜蓿 Medicago lupulina

南苜蓿 Medicago polymorpha

（三十二）草木樨属 **Melilotus** (Linnaeus) Miller

多年生草本。茎直立、匍匐或上升。掌状复叶，小叶通常 3 枚，托叶显著，通常全缘，部分合生于叶柄上。花具梗或近无梗，集合成头状或短总状花序，萼筒形或钟形，花冠无毛，宿存，旗瓣离生或基部和翼瓣、龙骨瓣连合，雄蕊 10 枚，两体，上方 1 枚离生，全部或 5 枚花丝的顶端膨大。

荚果不开裂，包藏于宿存花萼或花冠中。

20 种，我国栽培 4 种，湖南有 3 种，八大公山有 1 种。

1. 草木樨 Melilotus officinalis (Linnaeus) Lamarck

一年生草本。茎直立。羽状三出复叶，托叶镰状线形，中央有 1 条脉纹，小叶倒卵形至线形，先端钝圆或截形，基部阔楔形，边缘具不整齐疏浅齿，侧脉 8 ~ 12 对直达齿尖。总状花序，初时稠密，花开后渐疏松，花序轴在花期显著伸展，花冠黄色。荚果卵形，先端具宿存花柱，表面具网纹，棕黑色。有种子 1 ~ 2 粒。花期 5 ~ 9 月，果期 6 ~ 10 月。

分布与生境：分布于八大公山各地，生长在海拔 200 ~ 1000 m 的山坡路旁。

用途：全草入药；全株为优质牧草。

草木樨 Melilotus officinalis

（三十三）崖豆藤属 Millettia Wight & Arnott

藤本、直立或攀缘灌木或乔木。奇数羽状复叶互生，小叶 2 至多对，通常对生，全缘。圆锥花序大型；花萼阔钟状，雄蕊二体，花药一式，花丝顶端不膨大；具花盘有是不发达，子房无柄或具短柄，花柱基部常被毛。荚果开裂。种子 2 至多数。

100 种，我国有 18 种，湖南有 1 种，八大公山有 1 种。

1. 厚果崖豆藤 Millettia pachycarpa Bentham

常绿巨大藤本米。幼年时直立如灌木状。老枝黑色，散布褐色皮孔，茎中空。羽状复叶，小叶 6 ~ 8 对，椭圆形至长圆状披针形，下面被绢毛。总状圆锥花序，花冠淡紫。荚果深褐黄色，肿胀，长圆形，单粒种子时卵形，密布浅黄色疣状斑点，多粒种子时圆柱形，甚厚，迟裂。种子黑褐色，肾形，或挤压呈棋子形。花期 4 ~ 6 月，果期 6 ~ 11 月。本书不采用将此种放入鱼藤属的方式。

分布与生境：分布于八大公山各地，生于海拔 200 ~ 500 m 的沟谷灌丛中或林缘。

用途：种子和根含鱼藤酮，磨粉可作杀虫药；茎皮纤维可供利用；庭院观赏。

厚果崖豆藤 Millettia pachycarpa

（三十四）油麻藤属 **Mucuna** Adanson

草质或木质藤本。羽状复叶，小叶 3 枚，侧生小叶两侧不对称，有小托叶。花序为总状花序或为紧缩的圆锥花序和伞房状总状花序，腋生或生于老茎上，花萼钟状，5 裂；花冠伸出萼外，雄蕊二体（9+1），花柱丝状，内弯。荚果膨胀或略扁，边缘常具翅，外面通常被褐黄色刺毛、刚毛或螯毛。种子肾形、圆形或椭圆形。

约 100 种，我国有 18 种，湖南有 2 种，八大公山有 1 种。

1. 油麻藤 **Mucuna sempervirens** Hemsley

常绿木质藤本。羽状复叶具 3 小叶，小叶纸质或革质，顶生小叶椭圆形卵状椭圆形，先端渐尖，基部稍楔形，侧生小叶极偏斜，小叶柄膨大。总状花序生于老茎上，无香气或有臭味，花萼密被暗褐色伏贴短毛，花冠深紫色，干后黑色。荚果本质，带形，长 30 ~ 60 cm，被伏贴红褐色短毛。花期 4 ~ 5 月，果期 8 ~ 10 月。

分布与生境：分布于八大公山各地，生于海拔 200 ~ 800 m 的多石山坡灌丛中。

用途：茎藤药用和种子药用；庭院观赏；茎皮富含纤维。

油麻藤 Mucuna sempervirens

（三十五）小槐花属 Ohwia H.Ohashi

直立灌木或亚灌木，多分枝。叶具 3 小叶；叶柄两侧具狭翅。总状花序较长，具小苞片；花瓣纸质，有明显脉纹；二体雄蕊。荚节长圆形，长为宽的 3～4 倍。

2 种，我国全有，湖南有 1 种，八大公山也有。

1. 小槐花 Ohwia caudata (Thunberg) H.Ohashi

常绿灌木。羽状三出复叶，小叶 3，托叶披针状线形，宿存，叶柄两侧具极窄的翅，小叶近革质，小叶披针形或长圆形，先端渐尖，急尖或短渐尖，基部楔形，全缘，侧脉不达叶缘，小托叶丝状。总状花序顶生或腋生，苞片钻形，花冠绿白或黄白色。荚果线形，扁平，被伸展的钩状毛，有荚节

小槐花 Ohwia caudata

4～8。花期 7～9 月，果期 9～11 月。

分布与生境：八大公山各地广布，生于海拔 200～1000 m 的山谷阴湿地及林缘。

用途：全草入药。

（三十六）红豆属 **Ormosia** Jackson

常绿乔木。奇数羽状复叶互生，稀单叶或为 3 小叶。圆锥花序，花萼钟形，雄蕊 10，花丝分离或基部有时稍连，内弯，子房花柱长，线形，上部内卷，柱头偏斜。荚果木质或革质，2 瓣裂，花萼宿存；种子 1 至数粒，种皮鲜红色、暗红色。

130 种，我国有 37 种，湖南有 3 种，八大公山有 2 种。

分种检索表

1. 荚果长椭圆形，有种子 4 ～ 8 粒…………………………………………………… **1. 花榈木 O. henryi**

1. 荚果近圆形，有种子 1 ～ 2 粒……………………………………………………… **2. 红豆树 O. hosiei**

1. 花榈木 **Ormosia henryi** Prain

常绿乔木 . 树皮灰绿色。小枝、叶轴、花序密被茸毛。奇数羽状复叶，小叶 2～3 对，革质，椭圆形或长圆状椭圆形，下面及叶柄均密被黄褐色茸毛。圆锥花序顶生，花萼钟形，5 齿裂，内外均密被褐色茸毛；花冠中央淡绿色，边缘绿色微带淡紫。荚果扁平，长椭圆形，有种子 4～8 粒。花期 7～8 月，果期 10～11 月。

分布与生境：分布于八大公山各地，生于海拔 400～700 m 的山坡林中、山脊上。

用途：木材为优良的木雕工艺及高级家具等用材；根、枝、叶入药；庭园观赏

花榈木 Ormosia henryi

2. 红豆树 Ormosia hosiei Hemsley & E. H. Wilson

常绿或落叶乔木。小枝绿色。奇数羽状复叶，小叶 2 ~ 4 对，薄革质，卵形或卵状椭圆形，基部圆形或阔楔形。圆锥花序顶生或腋生，花萼钟形，紫绿色，花冠白色或淡紫色。荚果近圆形，扁平，先端有短喙，有种子 1 ~ 2 粒。花期 4 ~ 5 月，果期 10 ~ 11 月。

分布与生境：分布于八大公山芭茅溪，生于海拔 400 ~ 700 m 的山坡林中。

用途：木材为优良的木雕工艺及高级家具等用材；根与种子入药；树姿优雅，为很好的庭园树种。

红豆树 Ormosia hosiei

（三十七）饿蚂蟥属 Ototropis Nees

多分枝灌木。叶为羽状三出复叶，小叶 3，较大。花序顶生或腋生，顶生者多为圆锥花序，腋生者为总状花序，花通常 2 ~ 3 朵生于每一节上，花萼钟形，4 裂，裂片三角形；花冠紫色或紫红色。荚果扁平，线形，疏被贴伏短柔毛，有荚节 4 ~ 6。

13 种，我国有 7 种，湖南有 1 种，八大公山也有。

1. 饿蚂蟥 Ototropis multiflora (DC.) H. Ohashi & K. Ohashi

常绿灌木。幼枝具棱角。叶为羽状三出复叶，小叶 3，椭圆形或倒卵形，侧生小叶较小，先端钝或急尖，具硬细尖，基部楔形、钝或稀为圆形，干时常呈黑色，下面多少灰白，被贴伏或伸展丝状毛。花序顶生或腋生，花冠紫色。荚果有荚节 4 ~ 7，荚节倒卵形，密被贴伏褐色丝状毛。花期 7 ~ 9 月，果期 8 ~ 10 月。

分布与生境：分布于八大公山各地，生于海拔 200 ~ 500 m 的山坡灌丛或林缘。

用途：全株药用。

饿蚂蟥 Ototropis multiflora

（三十八）火索藤属 **Phanera** Lour.

粗壮木质藤本。叶厚纸质，近圆形，基部深或浅心形，先端分裂达叶长的1/3 ~ 1/2，裂片顶端圆钝，很少为急尖。伞房花序顶生或侧生，有花十余朵，花开放前花蕾密集于花序总轴先端使花序呈头状，全部密被褐色丝质茸毛；花托短；萼片披针形，开花时向下反折，外面被毛；花瓣白色，匙形，具瓣柄，能育雄蕊3，花柱上半部无毛，柱头大，盘状。荚果带状，果瓣木质，坚硬。

92种，我国有27种，湖南有1种，八大公山也有分布。

1. 龙须藤 **Phanera championii** Bentham

龙须藤 Phanera championii

常绿藤本。叶纸质，卵形或心形，先端锐渐尖、圆钝、微凹或2裂，裂片长度不一，基部截形、微凹或心形。总状花序狭长，或数个聚生于枝顶而成复总状花序，花瓣白色，具瓣柄，瓣片匙形。荚果倒卵状长圆形或带状，扁平。花期6~10月；果期7~12月。

分布与生境：分布于八大公山海拔400 m以下的沟谷林中。

用途：园林观赏植物；藤茎入药。

（三十九）菜豆属 **Phaseolus** Linnaeus

缠绕或直立草本。羽状复叶具3小叶；托叶基着，宿存。总状花序腋生；花萼5裂，2唇形，旗瓣圆形，反折，翼瓣阔，倒卵形，顶端兜状；龙骨瓣狭长，顶端喙状，并形成一个1~5圈的螺旋。荚果线形或长圆形，2瓣裂。种子2至多颗，长圆形或肾形。

约50种，我国有3种，湖南有3种，八大公山栽培2种。

分种检索表

1. 小苞片不显著，远较花萼为短……………………………………………… **1. 棉豆 P. lunatus**
1. 小苞片显著，通常与花萼等长或稍较长；宿存……………………………… **2. 菜豆 P. vulgaris**

1. 棉豆 Phaseolus lunatus Linnaeus

一年生或多年生缠绕草本。羽状复叶具3小叶，托叶三角形，基着，小叶卵形，先端渐尖或急尖，基部圆形或阔楔形，侧生小叶常偏斜。总状花序腋生，花冠白色、淡黄或谈红色。荚果镰状长圆形，扁平，顶端有喙，内有种子2~4颗，种子近菱形或肾形，白色或紫色或其他颜色，种脐白色，凸起。花期夏秋季。

分布与生境：原产美洲，八大公山高海拔山区广为种植。

用途：种子作蔬菜。

棉豆 Phaseolus lunatus

2. 菜豆 Phaseolus vulgaris Linnaeus

一年生缠绕。羽状复叶具3小叶，托叶披针形，基着，小叶宽卵形或卵状菱形，侧生的偏斜，先端长渐尖，有细尖，基部圆形或宽楔形。总状花序比叶短，数朵生于花序顶部，花冠白色或红色，龙骨瓣先端旋卷。荚果带形，稍弯曲，通常无毛，顶有喙。种子 3 ~ 6，长椭圆形或肾形，白色或褐色，种脐白色。花果期春夏季。

分布与生境：原产美洲，八大公山广为种植。

用途：嫩荚作蔬菜；种子入药。

菜豆 Phaseolus vulgaris

（四十）豌豆属 **Pisum** Linnaeus

一年生或多年生草本。偶数羽状复叶，小叶 1 ~ 3 对，叶轴顶端有分枝的卷须；托叶大，叶状；花单生或数朵排成总状花序于叶腋内；萼钟状，偏斜，或基部偏凸，5 裂，裂片近相等或上部 2 片较阔；花冠白色、紫色或红色，伸出萼外，旗瓣大，龙骨瓣短于翼瓣；雄蕊 10，二体（9+1）；荚果长圆形，肿胀，有球形的种子数颗。

2 ~ 3 种，我国广泛栽培 1 种，八大公山也有。

1. 豌豆 **Pisum sativum** Linnaeus

一年生草本。羽状复叶具小叶 4 ~ 6 片，托叶比小叶大，叶状，心形，小叶卵圆形。花于叶腋单生或数朵排列为总状花序，花萼钟状，深 5 裂，裂片披针形；花冠颜色多样，随品种而异，但多为白色和紫色，雄蕊两体 (9+1)。荚果肿胀，长椭圆形，顶端斜急尖。种子 2 ~ 10 颗，圆形，青绿色，有皱纹或无，干后变为黄色。花期 3 ~ 4 月，果期 4 ~ 5 月。

豌豆 Pisum sativum

分布与生境：原产高加索南部至伊朗，八大公山广为栽培。

用途：嫩荚作蔬菜；种子作粮食；种子和叶还可入药。

（四十一）老虎刺属 **Pterolobium** R.Brown ex Wight & Arnott

木质藤本。枝有下弯的钩刺。二回偶数羽状复叶。花小，组成总状花序或圆锥花序；萼 5 裂；花瓣 5，白色（或变黄色），长圆形或倒卵形，与萼片同为覆瓦状排列；雄蕊 10，分离。荚果无柄，扁平，翅果状。

约 10 种，我国有 2 种，湖南有 1 种，八大公山有 1 种。

1. 老虎刺 **Pterolobium punctatum** Hemsley

常绿蔓生灌木。枝和叶轴具下弯的钩刺。二回偶数羽状复叶，羽片 10 ~ 13 对，小叶片 14 ~ 16 对，排列密集，长椭圆形。花小，白色，萼片 5，最下面的一片较大，花瓣 5 片，略不等，覆瓦状排列，最上面的一片在最里面，雄蕊 10 枚，离生。荚果平扁，不开裂，具斜长圆的红色膜质翅。花期 6 月，果期 8 月。

分布与生境：产于八大公山各地，生于海拔 600 m 以下的溪边或山坡多石的灌丛地。

用途：果皮和树皮可供药用；民间亦用于围园。

老虎刺 Pterolobium punctatum

（四十二）葛属 **Pueraria** Candolle

缠绕藤本。叶为具 3 小叶的羽状复叶；托叶基部着生或盾状着生，有小托叶；小叶大，卵形或菱形，全裂或具波状 3 裂片。总状花序或圆锥花序腋生。小苞片小而近宿存或微小而早落；花通常数朵簇生于花序轴的每一节上，花萼钟状；花冠伸出于萼外。荚果线形，2 瓣裂；果瓣薄革质。种子扁，近圆形或长圆形。

约 20 种，我国有 10 种，湖南有 2 种，八大公山有 1 种。

1. 葛 Pueraria montana (Loureiro) Merrill

落叶藤本。全体被黄色长硬毛，有粗大的块状根。羽状复对具 3 小叶；托叶背着，卵状长圆形，小托叶线状披针形，小叶三裂或全缘，顶生小叶宽卵形或斜卵形，先端长渐尖，侧生小叶斜卵形，稍小。总状花序，直立，具线状披针形苞片和小苞片长，花冠紫色。荚果长椭圆形，被褐色长硬毛。花期 9 ~ 10 月，果期 11 ~ 12 月。

分布与生境：分布于八大公山各地，生于海拔 200 ~ 500 m 的山坡菜荒地及林缘。

用途：葛根富含淀粉；亦供药用。

葛 Pueraria montana

（四十三）瓦子草属 **Puhuaea** H. Ohashi & K. Ohashi

落叶灌木。叶为三出复叶，小叶 3，边缘全缘至浅圆齿状，侧脉直达叶缘。花序腋生或顶生，顶生者多为大的圆锥花序，腋生者为总状或圆锥花序，花 2 ~ 3 朵生于每节上，花萼钟形，顶端 4 裂，裂片三角形，与萼筒等长，上部裂片全缘或先端有时微 2 裂。荚果扁平，腹、背缝线浅缢缩，有荚节 6 ~ 8，浅褐色，具小钩状毛，有时混有直毛。

2 种，我国均有，湖南有 1 种，八大公山也有。

1. 瓦子草 Puhuaea sequax (Wall.) H. Ohashi & K. Ohashi

落叶灌木。叶为羽状三出复叶，托叶线形，小叶纸质，卵状椭圆形或圆菱形，先端急尖，基部楔形至钝，边缘自中部以上呈被状。总状花序顶生和腋生，顶生者通常分枝成圆锥花序，花冠紫色。荚果腹背缝线纽缩呈念珠状，有荚节 6 ~ 10，荚节近方形，密被开展褐色小钩状毛。花期 7 ~ 9 月，果期 9 ~ 10 月。

分布与生境：分布于八大公山各地，生于海拔 200 ~ 600 m 的灌丛地或溪边林缘。

用途：根、果实及全草入药。

瓦子草 Puhuaea sequax

（四十四）鹿藿属 Rhynchosia Loureiro

一至多年生缠绕藤本。叶具羽状 3 小叶，小叶下面通常有腺点，托叶常早落。花组成腋生的总状花序或复总状花序，稀单生于叶腋，花萼钟状，5 裂，上面两裂齿多少合生，下面 1 裂齿较长，花冠内藏或突出，花柱常于中部以上弯曲。荚果长圆形、倒卵状椭圆形，扁平或膨胀，先端常有小喙。种子 2 颗，稀 1 颗，通常近圆形或肾形。

200 种，我国有 13 种，湖南有 3 种，八大公山有 3 种。

分种检索表

1. 顶生小叶先端渐尖，长渐尖或急尾状渐尖。
   2. 顶生小叶披针形至卵状披针形，（10 ~ 15）cm×（4.5 ~ 8.0）cm⋯ **1. 中华鹿藿 R. chinensis**
   2. 顶生小叶卵形、宽椭圆形或菱状卵形，（5 ~ 9）cm×（2.5 ~ 5.0）cm⋯ **2. 菱叶鹿藿 R. dielsii**
1. 顶生小叶先端钝，稀为短急尖，小叶下面和茎密被灰色至淡黄色柔毛⋯⋯⋯⋯ **3. 鹿藿 R. volubilis**

1. 中华鹿藿 Rhynchosia chinensis Hung T. Chang ex Y. T. Wei & S. K. Lee

缠绕草本。茎密被灰色短柔毛或有时混生疏长柔毛。叶具羽状 3 小叶；小叶薄革质，顶生小叶披针形至卵状披针形，（10 ~ 15）cm×（4.5 ~ 8.0）cm，先端长尾状渐尖，基部阔楔形或圆形，下面具黄褐色腺点。花常为复总状花序，花序轴均被灰褐色短柔毛；花萼钟状，5 齿裂，裂片三角形；

花冠黄色，各瓣近等长；子房微被毛，花柱线形，无毛，柱头头状，胚珠 2 颗。荚果长圆形，红紫色，无毛或近无毛，种子间略缢缩；种子近圆形，黑紫色。花、果期夏秋。

分布与生境：分布于八大公山各地，生长在海拔 200 ~ 600m 的山坡、沟谷灌丛中。

中华鹿藿 Rhynchosia chinensis

2. 菱叶鹿藿 Rhynchosia dielsii Harms

多年生缠绕草本。叶具指状 3 小叶，顶生小叶卵形至菱状卵形，先端渐尖或尾状渐尖，基部圆形，两面密被短柔毛，下面有松脂状腺点，侧生小叶稍小，斜卵形。总状花序腋生，花疏生，黄色。荚果长圆形或倒卵形，扁平，成熟时红紫色，被短柔毛。种子 2 颗，近圆形。花期 6 ~ 7 月，果期 8 ~ 11 月。

分布与生境：分布于八大公山各地，生长在海拔 200 ~ 600 m 的山坡、沟谷灌丛中。

用途：茎叶和根入药。

3. 鹿藿 Rhynchosia volubilis Loureiro

一年生缠绕草质藤本。叶为羽状或有时近指状 3 小叶，小叶纸质，顶生小叶菱形或倒卵状菱形，先端钝至急尖，有小凸尖，基部圆形或阔楔形，两面被灰色或淡黄色柔毛，下面尤密，并被黄褐色腺点。总状花序，花冠黄色。荚果长圆形，红紫色，极扁平，先端有小喙。种子通常 2 颗，椭圆形或近肾形，黑色，光亮。花期 5 ~ 8 月，果期 9 ~ 12 月。

分布与生境：分布于八大公山各地，生长在海拔 200 ~ 600 m 的山坡草丛中。

用途：根、叶入药。

菱叶鹿藿 Rhynchosia dielsii

鹿藿 Rhynchosia volubilis

（四十五）刺槐属 **Robinia** Linnaeus

落叶乔木。无顶芽，腋芽为柄下芽。奇数羽状复叶，托叶刺状。总状花序腋生，下垂；苞片早落。花冠白、粉红或玫瑰红色，旗瓣反折，翼瓣弯曲，龙骨瓣内弯；雄蕊二体，对旗瓣的 1 枚分离。荚果扁平，沿腹缝线具窄翅。

4 种，我国栽培 2 种，湖南有 1 种，八大公山也有。

1. 刺槐 Robinia pseudoacacia Linnaeus

落叶乔木。树皮灰褐色，纵裂，小枝具托叶刺。一回羽状复叶，小叶 2 ~ 12 对，常对生，椭圆形或卵形，先端圆，具小尖头，基部圆至阔楔形，下面灰绿色。总状花序花序腋生，下垂，花芳香，花冠白色。荚果褐色，有种子 2 ~ 15 粒。花期 4 ~ 6 月，果期 8 ~ 9 月。

分布与生境：原产于美国东部，八大公山各地栽植。

用途：茎皮、根、叶及槐花入药；花可食；公路绿化树种；木材可作用材。

刺槐 Robinia pseudoacacia

（四十六）儿茶属 Senegalia Raf.

小乔木或藤本，常绿或落叶，植株具皮刺或托叶刺。二回羽状复叶，总叶柄近基部及叶轴顶部数对羽片间有腺体。头状花序圆球形，单生或 2 ~ 3 个聚生，排成腋生或顶生的圆锥花序或穗状花序，花淡黄或白色；花萼钟状，齿三角形，被毛。荚果带状，棕色，有光泽，开裂。

220 种，我国连栽培的共有 27 种，湖南有 1 种，八大公山也有。

1. 皱荚藤儿茶 Senegalia rugata (Lam.) Britton & Rose

落叶攀缘藤本；小枝、叶轴被灰色短茸毛，有散生、多而小的倒刺。托叶卵状心形，早落。二回羽状复叶，总叶柄近基部及最顶 1 ~ 2 对羽片之间有 1 个腺体；小叶 15 ~ 25 对，线状长圆形下面粉白。头状花序球形，花白色或淡黄，芳香。荚果带形。花期 4 ~ 6 月；果期 7 ~ 12 月。

分布与生境：分布于八大公山，生于海拔 200 ~ 500 m 的沟谷灌丛中。

用途：树皮入药；民间常栽作果园或菜园防护绿篱。

皱荚藤儿茶 Senegalia rugata

（四十七）决明属 **Senna** Miller

亚灌木或草本。叶为一回偶数羽状复叶，叶柄和叶轴上常有腺体；小叶对生，无柄或具短柄。花近辐射对称，黄色，组成腋生的总状花序或顶生的圆锥花序，或有时 1 至数朵簇生于叶腋，萼筒很短，裂片 5，覆瓦状排列，花瓣通常 5 片，近相等或下面 2 片较大，雄蕊 10 枚，常不相等，其中有些花药退化。荚果圆柱形或扁平，很少具棱或有翅，2 瓣裂或不开裂。

约 280 种，我国有 27 种，湖南有 5 种，八大公山有 1 种。

1. 决明 Senna tora (Linnaeus) Roxburgh

一年生亚灌木状草木。一回羽状复叶，叶轴上每对小叶间有棒状的腺体 1 枚；小叶 3 对，膜质，倒卵形或倒卵状长椭圆形，顶端圆钝而有小尖头，基部渐狭，偏斜。花腋生，通常 2 朵聚生，花梗丝状，萼片稍不等大，花瓣黄色，下面二片略大。荚果纤细，线形，种子约 25 颗，菱形，光亮。花果期 8 ~ 10 月。

决明 Senna tora

分布与生境：原产于我国华南地区，八大公山有栽培。

用途：嫩荚可食；种子入药。

（四十八）苦参属 **Sophora** Linnaeus

灌木、亚灌木或多年生草本，稀攀缘状。奇数羽状复叶。花序总状或圆锥状，顶生、腋生或与叶对生；常无小苞片；花萼钟状或杯状，萼齿5，等大，或上方2齿近合生而成为近二唇形；雄蕊10，分离或基部有不同程度的连合。荚果圆柱形或稍扁，果皮革质或壳质，有时具翅，不裂或有不同的开裂方式。

70种，我国有20种，湖南有3种，八大公山有1种。

1. 苦参 **Sophora flavescens** Aiton

多年生草本或亚灌木。一回羽状复叶，小叶6～12对，互生或近对生，椭圆形至披针状线形，先端钝或急尖，基部宽楔形。总状花序顶生，花冠白色或淡黄白色。荚果长圆柱状，种子间稍缢缩。花期6～8月，果期7～10月。

分布与生境：八大公山各地均有分布，生于海拔600～1000 m的山坡林缘或灌丛中。

用途：根入药。

苦参 Sophora flavescens

（四十九）槐属 **Styphnolobium** Schott

落叶乔木。奇数羽状复叶；小叶多数，全缘。花序总状或圆锥状，顶生，花白色，花萼钟状或杯状，萼齿 5，等大，雄蕊 30，分离或基部有不同程度的连合。荚果圆柱形，串珠状，果皮肉质，不裂。

单种属，八大公山也有分布。

1. 槐 Styphnolobium japonicum (Linnaeus) Schott

落叶乔木。当年生枝绿色，具明显的白色皮孔。一回羽状复叶，叶柄基部膨大，包裹着芽，小叶 4 ~ 7 对，对生或近对生，卵状披针形或卵状长圆形，基部宽楔形成近圆形。圆锥花序顶生，花冠白色或淡黄色。荚果串珠状，肉质不裂。花期 7 ~ 8 月，果期 8 ~ 10 月。

分布与生境：八大公山各地均有分布；生于海拔 300 ~ 1000 m 的山坡或村寨旁。

用途：树叶、枝、树根、角果入药；花可食用；观赏树木。

槐 Styphnolobium japonicum

（五十）车轴草属 **Trifolium** Linnaeus

多年生草本。茎直立、匍匐或上升。掌状复叶，小叶通常 3 枚，托叶显著，通常全缘，部分合生于叶柄上。花具梗或近无梗，集合成头状或短总状花序，萼筒形或钟形，花冠无毛，宿存，旗瓣离生或基部和翼瓣、龙骨瓣连合，雄蕊 10 枚，两体，上方 1 枚离生，全部或 5 枚花丝的顶端膨大。荚果不开裂，包藏于宿存花萼或花冠中。

250 种，我国连栽培的有 14 种，湖南有 3 种，八大公山有 2 种。

分种检索表

1. 花较大，无苞片，无花梗，花紫红色……………………………………………… **1. 红车轴草 T. pratense**
1. 花较小，具苞片，有花梗，花淡紫红色或白色………………………………**2. 白车轴草 T. repens**

1. 红车轴草 Trifolium pratense Linnaeus

多年生草本。主根发达。茎粗壮，具纵棱，直立或平卧上升。掌状三出复叶，托叶膜质，具脉纹，基部抱茎，小叶卵状椭圆形，先端钝，有时微凹，基部阔楔形，叶面常有 V 字形白斑，侧脉伸出形成不明显的钝齿。花序球状或卵状，顶生，无总花梗或具短总花梗，包于顶生叶的焰苞状托叶内，花冠紫红色。荚果卵形。花果期 5 ~ 9 月。

分布与生境：原产于欧洲中部，八大公山有种植。

用途：全草为优良牧草；花序及带花枝叶入药。

红车轴草 Trifolium pratense

2. 白车轴草 Trifolium repens Linnaeus

多年生草本。茎匍匐蔓生，上部稍上升，节上生根，全株无毛。掌状三出复叶；托叶卵状披针形，膜质，基部抱茎成鞘状，小叶倒卵形至近圆形，先端凹头至钝圆。花序球形，顶生，花密集，无总苞，花萼钟形，具脉纹 10 条，萼齿 5，披针形，稍不等长，短于萼筒，花冠白色。荚果长圆形，种子通常 3 粒。

白车轴草 Trifolium repens

分布与生境：原产于欧洲中部，八大公山各地均有种植。

用途：全草为优良牧草；亦可栽作地被植物供观赏；全草入药。

（五十一）野豌豆属 Vicia Linnaeus

一、二年生或多年生草本。茎细长，具棱，但不呈翅状，多分枝，攀缘、蔓生或匍匐。偶数羽状复叶，叶轴先端具卷须，托叶通常半箭头形，无小托叶，小叶 2 ~ 12 对。花序腋生，总状或复总状，花多数，密集着生于长花序轴上部，花萼近钟状，花冠淡蓝色，蓝紫色或紫红色。荚果扁，两端渐尖，种子 2 ~ 7，球形或扁圆柱形。

约 160 种，我国有 40 种，湖南有 11 种，八大公山有 4 种。

分种检索表

1. 总花梗短。
  2. 直立植株，荚果肥厚…………………………………………………… **1. 蚕豆 V. faba**
  2. 茎缠绕，荚果不肥厚………………………………………………… **4. 救荒野豌豆 V. sativa**
1. 总花梗长。
  3. 花淡蓝色或蓝紫白色，荚果无毛………………………………… **3. 四籽野豌豆 V. tetrasperma**
  3. 花白色或紫白色，荚果被褐色长硬毛………………………………… **2. 小巢菜 V. hirsuta**

1. 蚕豆 Vicia faba Linnaeus

一年生草本。茎粗壮，直立，具四棱，中空，无毛。叶轴顶端卷须短缩为短尖头，小叶通常 1 ~ 3 对，互生，椭圆形，先端圆钝，具短尖头，基部楔形。总状花序腋生，花梗近无，花冠白色，具紫色脉纹及黑色斑晕。荚果肥厚，表皮被茸毛，成熟后表皮变为黑色。种子 2 ~ 4，长方圆形，中间内凹，种皮革质，青绿色。花期 4 ~ 5 月，果期 5 ~ 6 月。

分布与生境：原产于欧洲地中海沿岸、亚洲西南部至北非，八大公山有栽培。

用途：种子供食用；种子、茎、花、叶、果皮均可入药；全株亦可做绿肥。

蚕豆 Vicia faba

2. 小巢菜 Vicia hirsuta (Linnaeus) Gray

一年生草本。茎细柔，攀缘或蔓生。偶数羽状复叶，末端卷须分枝，托叶线形，基部有 2 ~ 3 裂齿，小叶 4 ~ 8 对，线形或狭长圆形，先端平截，具短尖头，基部渐狭，无毛。总状花序明显短于叶，花冠白色、淡蓝青色或紫白色，稀粉红色。荚果长圆菱形，表皮密较棕褐色长硬毛。种子 2，扁圆形。花果期 2 ~ 7 月。

分布与生境：分布于八大公山，生长在海拔 200 ~ 800 m 的山坡草地或沟边。

用途：全草入药。

小巢菜 Vicia hirsuta

3. 救荒野豌豆 Vicia sativa Linnaeus

一年生或二年生草本。茎斜升或攀缘。偶数羽状复叶，叶轴顶端卷须有 2 ~ 3 分枝，托叶戟形，通常 2 ~ 4 裂齿，小叶 2 ~ 7 对，长椭圆形或近心形，先端圆或平截有凹，具短尖头，基部楔形，侧脉不甚明显。花 1 ~ 2 朵腋生，近无梗，花冠紫红色或红色。荚果线状长圆形，成熟时背腹开裂，果瓣扭曲。种子 4 ~ 8，圆球形，棕色或黑褐色。花期 4 ~ 7 月，果期 7 ~ 9 月。

分布与生境：原产于欧洲南部、亚洲西部，八大公山逸生，长于荒地、麦田中。

用途：全草入药。

4. 四籽野豌豆 Vicia tetrasperma (Linnaeus) Schreber

一年生草本。茎纤细，柔软，攀缘或蔓生。偶数羽状复叶，顶端为卷须，小叶 2 ~ 6 对，长圆形或线形，先端圆，具短尖头，基部楔形。总状花序，花 1 ~ 2 朵着生于花序轴先端，花甚小，花冠淡蓝色或紫白色。荚果长圆形，表皮棕黄色。种子 4，扁圆形，种皮褐色。花期 3 ~ 4 月，果期 5 ~ 6 月。

分布与生境：分布于八大公山，生长在海拔 200 ~ 900 m 的山坡草地或沟边。

用途：全草入药。

救荒野豌豆 Vicia sativa

四籽野豌豆 Vicia tetrasperma

（五十二）豇豆属 Vigna Savi

一年生或多年生缠绕或直立草木。羽状复叶具 3 小叶，托叶盾状着生或基着。总状花序或 1 至多花簇生叶腋或顶生，花序轴上花梗着生处常增厚并有腺体，花冠小或小等大，白色、黄色、蓝或紫色。荚果线状长圆形，圆柱形或扁平。种子肾形或近四方形。

约 100 种，我国有 14 种，湖南有 8 种，八大公山有 5 种。

分种检索表

1. 托叶基部着生……………………………………………………………… **5. 野豇豆 V. vexillata**
1. 托叶盾状着生。
  2. 荚果被毛…………………………………………………………………… **2. 绿豆 V. radiata**
  2. 荚果无毛。
    3. 托叶小，长 4 ~ 6 mm ………………………………………………… **1. 贼小豆 V. minima**
    3. 托叶较大，长 1.0 ~ 1.7 cm。
      4. 茎被毛……………………………………………………………… **3. 赤小豆 V. umbellata**
      4. 茎无毛……………………………………………………………… **4. 豇豆 V. unguiculata**

1. 贼小豆 Vigna minima (Roxburgh) Ohwi & H.Ohashi

一年生缠绕草本。茎纤细，无毛或被疏毛。羽状复叶具 3 小叶，托叶披针形，盾状着生，小叶的形状和大小变化大，卵形至线形，先端急尖或钝，基部圆形或宽楔形。总状花序柔弱，通常有花 3 ~ 4 朵，花瓣黄色。荚果圆柱形，无毛，开裂后旋卷。种子 4 ~ 8 颗，长圆形，深灰色。花、果期 8 ~ 10 月。

分布与生境：分布于八大公山各地，生长在海拔 200 ~ 600 m 的山坡或溪边灌丛中。

贼小豆 Vigna minima

2. 绿豆 Vigna radiata (Linnaeus) R.Wilczek

一年生草本。茎被褐色长硬毛。羽状复叶具 3 小叶，小叶卵形，先端渐尖，基部阔楔形。总状花序腋生，花瓣黄色。荚果线状圆柱形，被长硬毛。种子 8 ~ 14 颗，淡绿色或黄褐色。花期初夏，果期 7 ~ 8 月。

分布与生境：原产于印度、缅甸，八大公山广泛栽培。

用途：粮食作物；种子、叶、种皮、芽、花均可入药。

绿豆 Vigna radiata

3. 赤小豆 Vigna umbellata (Thunberg) Ohwi & H.Ohashi

一年生草本。茎纤细，幼时被黄色长柔毛，老时无毛。羽状复叶具 3 小叶；托叶盾状着生，披针形或卵状披针形，小叫纸质，卵形或披针形，先端急尖，基部宽楔形或钝，全缘或微 3 裂。总状花序腋生，短，有花 2 ~ 3 朵，花黄色。荚果线状圆柱形，下垂，无毛。种子 6 ~ 10 颗，长椭图形，通常暗红色、有时为褐色、黑色或草黄色。花期 5 ~ 8 月。

分布与生境：原产于亚洲热带地区，八大公山有栽培。

用途：粮食作物；种子入药。

赤小豆 Vigna umbellata

4. 豇豆 Vigna unguiculata (Linnaeus) Walpers

一年生草本。羽状复叶具 3 小叶，托叶披针形，着生处下延成一短距，小叶卵状菱形，先端急尖，无毛。总状花序腋生，具长梗，花 2 ~ 6 朵聚生于花序的顶端，花梗间常有肉质密腺，花冠黄白色而略带青紫。荚果下垂，直立或斜展，线形，稍肉质而膨胀，有种子多颗。种子长椭圆形或圆柱形，黄白色或暗红色。花期 5 ~ 8 月。

分布与生境：原产于印度和缅甸，八大公山广为栽培。

用途：荚果可作蔬菜；种子、根、叶、荚壳均可入药。

豇豆 Vigna unguiculata

5. 野豇豆 Vigna vexillata (Linnaeus) A.Richard

多年生缠绕草本。根纺锤形，肉质，味甜。羽状复叶具 3 小叶，小叶膜质，形状变化较大，卵形至披针形，先端急尖或渐尖，基部圆形或楔形，有时具 3 裂片。花序腋生，2 ~ 4 朵生于花序轴顶部，花瓣粉红色。荚果直立，线状圆柱形，被刚毛。花果期 7 ~ 9 月。

分布与生境：分布于八大公山各地，生于海拔 200 ~ 900 m 的溪边或山坡灌丛中、林缘。

用途：根可鲜食，亦可入药。

野豇豆 Vigna vexillata

（五十三）夏藤属 **Wisteriopsis** J. Compton & Schrire

常绿藤本。奇数羽状复，互生，小叶至多对，通常对生，全缘。圆锥花序大，顶生或腋个，花萼阔钟状，萼齿 5，上方 1 齿较小，花冠紫色、粉红色、白色或绿色，旗瓣无毛。荚果扁平，开裂。种子凸镜形至肾形。

4 种，我国全有，湖南有 3 种，八大公山有 1 种。

1. 网络夏藤 Wisteriopsis reticulata (Benth.) J. Compton & Schrire

常绿藤本。一回羽状复叶，叶轴上面有狭沟，小叶 3 ~ 4 对，硬纸质，卵状椭圆形或长圆形，先端钝，渐尖，基部圆形，侧脉 6 ~ 7 对。圆锥花序顶生，常下垂，花密集，花冠红紫色，旗瓣无毛。荚果带形，狭长，有种子 3 ~ 6 粒。花期 6 月，果期 9 月。

分布与生境：分布于八大公山各地，生于海拔 200 ~ 700 m 的山地灌丛及沟谷。

用途：根、茎入药；庭院观赏。

（五十四）紫藤属 Wisteria Nuttall

落叶藤本。奇数羽状复叶互生；小叶多数。总状花序顶生，下垂，花萼宽钟形，萼齿 5，略呈二唇形，上方 2 齿大部合生，最下 1 齿较长，钻形；花冠紫、堇青或白色，旗瓣圆形。荚果线状倒披针形，伸长，基部具颈。

6 种，我国有 4 种，湖南有 2 种，八大公山有 1 种。

1. 紫藤 Wisteria sinensis (Sims) Sweet

落叶藤木。茎左旋，较粗壮。奇数羽状复叶，小叶 3 ~ 6 对，卵状椭圆形至卵状披针形，基部 1 对最小，先端渐尖至尾尖，基部钝圆或楔形。总状花序发自去年短枝，花下垂，芬香，花萼杯状，花瓣紫色。荚果倒披针形，密被茸毛。花期 4 月，果期 8 月。

分布与生境：分布于八大公山各地，生于海拔 200 ~ 1200 m 的山地灌丛及山坡林缘。

用途：叶、种子、根入药；庭院观赏。

网络夏藤 Wisteriopsis reticulata

紫藤 Wisteria sinensis

六十五、远志科 Polygalaceae

草本或木本。单叶多互生。花两性，两侧对称，白色、黄色或紫红色，排成总状花序、圆锥花序或穗状花序，基部具苞片或小苞片；花萼 5，内面 2 枚大且花瓣状，花瓣 5，稀全部发育，通常仅 3 枚；雄蕊 8（4～7），花丝合生成鞘（管），或分离，花药顶孔开裂；子房上位，2 室，每室具 1 倒生胚珠，柱头头状。蒴果、翅果、坚果或核果。

约 21 属 1000 种，我国有 5 属 53 种，湖南有 1 属 6 种，八大公山均有。

（一）远志属 Polygala Linnaeus

草本或木本。单叶互生，或被柔毛。总状花序顶生、腋生；花两性，左右对称，具苞片 1～3 枚；萼片 5，不等大，宿存或脱落；花瓣 3，侧瓣与龙骨瓣常于中部以下合生；雄蕊 8，花丝连合成鞘，并与花瓣贴生，花药孔裂。果为蒴果，两侧压扁，具翅或无。种子黑色，被短柔毛或无毛。

约 600 种，我国有 42 种，湖南有 8 种，八大公山有 6 种。

分种检索表

1. 灌木。
   2. 落叶灌木；叶膜质至薄纸质……………………………………………… **1. 荷包山桂花 P. arillata**
   2. 常绿灌木，叶革质。
      3. 花黄色……………………………………………………………………………… **6. 长毛籽远志 P. wattersii**
      3. 花紫色……………………………………………………………………………… **2. 尾叶远志 P. caudata**
1. 草本。
   4. 穗状花序顶生…………………………………………………………………… **5. 小扁豆 P. tatarinowii**
   4. 总状花序腋外生。
      5. 叶卵形至卵状长圆形，无柄………………………………………………… **4. 瓜子金 P. japonica**
      5. 叶披针形，叶柄长约 2 mm ……………………………………………… **3. 香港远志 P. hongkongensis**

1. 荷包山桂花 Polygala arillata Buchanan-Hamilton ex D. Don

落叶灌木。小枝密被短柔毛，具纵棱；芽密被黄褐色毡毛。单叶互生，两面均疏被短柔毛；叶柄被短柔毛。总状花序与叶对生，密被短柔毛；萼片 5，具缘毛；花瓣 3，黄色；雄蕊 8，花丝基部连合成鞘，并与花瓣贴生，花药孔裂；子房具狭翅及缘毛，基部具肉质花盘。蒴果浆果状。花期 5 ~ 10 月，果期 6 ~ 11 月。

分布与生境：分布于八大公山斗篷山，生于海拔 900 ~ 1800 m 的山坡灌木丛中。

用途：根入药；花供观赏。

荷包山桂花 Polygala arillata

2. 尾叶远志 Polygala caudata Rehder & E. H. Wilson

常绿灌木。叶近革质，长圆形或披针形，先端尾尖，基部楔形，叶缘波状，无毛。总状花序密集呈伞房状或圆锥花序，萼片早落，外 3 枚卵形，内 2 枚花瓣状，花瓣白、黄或紫色，龙骨瓣具盾状附属物；花丝 3/4 以下合生；花盘杯状。蒴果长圆状倒卵形，顶端凹，具窄翅。种子长 1.5 mm，密被红褐色长毛。花期 11 月至翌年 5 月，果期 5 ~ 12 月。

分布与生境：分布于八大公山各地，生于海拔 300 ~ 500 m 的山沟灌木林中。

用途：根和树皮、叶入药。

尾叶远志 Polygala caudata

3. 香港远志 Polygala hongkongensis Hemsley

直立草本至亚灌木。单叶互生，茎下部叶小，卵形，上部叶披针形，先端渐尖，基部圆形，全缘，背面淡绿色至苍白色，两面均无毛。总状花序顶生，萼片 5，宿存，具缘毛，外面 3 枚舟形或椭圆形，内凹，中间 1 枚沿中脉具狭翅，内萼片花瓣状，斜卵形，花瓣 3，白色或紫色。蒴果近圆形，具阔翅，先端具缺刻，基部具宿存萼片。花期 5 ~ 6 月，果期 6 ~ 7 月。

分布与生境：分布于八大公山各地，生于海拔 600 ~ 800 m 的山坡草丛中。

用途：全草药用。

4. 瓜子金 Polygala japonica Houttuyn

多年生草本。茎被卷曲短柔毛。单叶互生，叶片卵形或卵状披针形，先端钝，基部阔楔形至圆形，全缘，背面淡绿色，两面无毛或被短柔毛。总状花序与叶对生，或腋外生，萼片 5，宿存，外面 3 枚披针形，里面 2 枚花瓣状，卵形至长圆形，花瓣 3，白色至紫色。蒴果圆形，短于内萼片，顶端凹陷，具喙状突尖，边缘具有横脉的阔翅。花期 4 ~ 5 月，果期 5 ~ 8 月。

分布与生境：分布于八大公山各地，生于海拔 300～1500 m 的山坡草丛中。

用途：全草药用。

香港远志 Polygala hongkongensis

瓜子金 Polygala japonica

5. 小扁豆 Polygala tatarinowii Regel

一年生草本。单叶互生，叶柄稍具翅。总状花序顶生，萼片 5，外面 3 枚小，内面 2 枚花瓣状；花瓣 3，红色至紫红色；雄蕊 8，花丝 3/4 以下合生成鞘；花柱顶端呈喇叭状，具倾斜裂片。蒴果，顶端具短尖头，具翅，疏被短柔毛。种子近长圆形，黑色，被白色短柔毛。花期 8～9 月，果期 9～11 月。

分布与生境：分布于八大公山各地，生于海拔 900～1500 m 的山坡草丛中。

用途：全草药用。

小扁豆 Polygala tatarinowii

6. 长毛籽远志 **Polygala wattersii** Hance

常绿灌木。叶密集地排于小枝顶部，叶互生。总状花序 2 ~ 5 个成簇生于小枝近顶端，被白色腺毛状短细毛；雄蕊 8，花丝 3/4 以下连合成鞘，并与花瓣贴生，花药孔裂；花柱顶部增厚并弯曲，先端 2 浅裂。蒴果倒卵形或楔形，具短尖头，边缘具由下而上逐渐加宽的狭翅。种子棕黑色。花期 4 ~ 6 月，果期 5 ~ 7 月。

分布与生境：分布于八大公山各地，生于海拔 200 ~ 1500 m 的山坡林缘。

用途：根和树皮、叶入药。

长毛籽远志 Polygala wattersii

六十六、蔷薇科 Rosaceae

乔木、灌木或草本。单叶或复叶，互生，稀对生，常有托叶。单花，数花簇生，伞房、总状或聚伞状圆锥花序；花常辐射对称，两性，稀单性。花萼与子房分离或合生，萼筒短或圆筒状，萼片 5，稀较少或较多，有时具副萼片；花瓣与萼片同数，有时无花瓣；雄蕊常 5 至多数，稀 1 或 2。蓇葖果、瘦果、梨果或核果，稀蒴果。

108 属 3000 种，我国有 53 属 930 余种，湖南有 37 属 334 种，八大公山 29 属 130 种。

分属检索表

1. 蓇葖果，稀蒴果，开裂；叶有或无托叶 (亚科 1. 绣线菊亚科 Spiraeoideae)。
  2. 果为蓇葖果。
    3. 心皮 5，稀较少或多达 8 枚；单叶或复叶；托叶宿存或无。
      4. 单叶……………………………………………………………………………………**27. 绣线菊属 Spiraea**
      4. 羽状复叶或叶具 3 小叶…………………………………………………………… **2. 假升麻属 Aruncus**
    3. 心皮 1 或 2，稀多达 5 枚；单叶，托叶早落。
      5. 萼筒钟状或筒状……………………………………………………………… **15. 绣线梅属 Neillia**
      5. 萼筒杯状………………………………………………………………… **28. 小米空木属 Stephanandra**
  2. 果为蒴果…………………………………………………………………………………**9. 白鹃梅属 Exochorda**
1. 果不裂；叶有托叶。
  6. 子房下位、半下位，稀上位 (亚科 2. 苹果亚科 Maloideae)。
    7. 心皮成熟时骨质；果内有 1 ~ 5 枚小核。
      8. 叶全缘；枝条无刺……………………………………………………………… **5. 栒子属 Cotoneaster**
      8. 叶有锯齿或裂片，稀全缘；枝条常具刺。
        9. 植株常绿；心皮 5，每心皮 2 成熟胚珠 ……………………………… **20. 火棘属 Pyracantha**
        9. 植株凋落，稀半常绿；心皮 1 ~ 5，每心皮 1 成熟胚珠 …………… **6. 山楂属 Crataegus**
    7. 心皮成熟时革质或纸质；梨果 1 ~ 5 室，每室 1 或多枚种子。
      10. 复伞房状、总状或圆锥状花序，稀伞形，具多花。
        11. 单叶，植株常绿，稀落叶。
          12. 心皮部分离生，子房半下位。
            13. 花梗和果梗上具瘤状突起 ……………………………………… **16. 石楠属 Photinia**
            13. 花梗和果梗上无瘤状突起 …………………………………… **29. 红果树属 Stranvaesia**
          12. 心皮合生，子房下位。
            14. 果期萼片宿存，叶片侧脉直出 ……………………………………… **8. 枇杷属 Eriobotrya**
            14. 果期萼片宿存，叶片侧脉直出 ………………………… **22. 石斑木属 Rhaphiolepis**
        11. 单叶或复叶，植株常落叶；果期萼片宿存或脱落 ……………………… **26. 花楸属 Sorbus**
      10. 伞形或总状花序，花单生或簇生。

15. 每心皮多数胚珠。萼片无毛；果期脱落 ………………………… **3. 木瓜属 Chaenomeles**

15. 每心皮 1-2 胚珠。

16. 花柱离生；果肉常具多数石细胞 ………………………………………… **21. 梨属 Pyrus**

16. 花柱基部合生；果肉常无石细胞 ……………………………………… **14. 苹果属 Malus**

6. 子房上位，稀下位。

17. 心皮常多数；瘦果，稀小核果状；萼宿存；复叶或单叶 (亚科 3. 蔷薇亚科 Rosoideae)。

18. 瘦果或小核果状，着生于扁平、微凹或隆起的花托上。

19. 托叶不与叶柄连合；雌蕊 4 ～ 15，生于扁平或微凹的花托上 …… **12. 棣棠花属 Kerria**

19. 托叶常于叶柄连合，稀不连合；雌蕊数枚至多数，生于球形或圆锥形花托上。

20. 聚合果由小核果聚合而成；每心皮 2 胚珠 ……………………… **24. 悬钩子属 Rubus**

20. 瘦果分离；每心皮 1 胚珠。

21. 花柱顶生或近顶生，果期延长。

22. 花柱在果实上宿存 ……………………………………………… **11. 路边青属 Geum**

22. 花柱在果期凋落 ………………………………………………… **4. 无尾果属 Coluria**

21. 花柱侧生或基生，稀近顶生，果期不延长或稍延长。

23. 花托在果期干燥；草本或灌木，小叶 3 至多数 ………… **17. 委陵菜属 Potentilla**

23. 花托在果期肉质；草本，小叶 3，稀 5 枚。

24. 花白色，副萼片比萼片小 ……………………………… **10. 草莓属 Fragaria**

24. 花黄色，副萼片比萼片大 …………………………… **7. 蛇莓属 Duchesnea**

18. 瘦果，着生杯状或坛状花托内。

25. 花托果期肉质而有色泽；灌木，枝条常具皮刺 ………………………… **23. 蔷薇属 Rosa**

25. 花托果期干燥坚硬。多年生草本；枝条不具皮刺。

26. 花瓣宿存；花萼具钩刺 ……………………………………… **1. 龙芽草属 Agrimonia**

26. 花瓣无；萼片覆瓦状排列 ………………………………… **25. 地榆属 Sanguisorba**

17. 心皮 1，稀 2 或 5；核果；萼片常脱落；单叶 (亚科 4. 李亚科 Prunoideae)。

27. 落叶，花单生或数朵着生在短总状或伞房状花序，基部常有明显苞片 … **18. 李属 Prunus**

27. 常绿，花 10 朵至多朵着生在总状花序上，苞片小形。

28. 花瓣和萼片均大形，5 数 ……………………………………… **13. 桂樱属 Lauro**

28. 花瓣和萼片多细小，通常不易分清，10 ～ 12（5） …………**19. 臀果木属 Pygeum**

（一）龙芽草属 Agrimonia Linnaeus

多年生草本。奇数羽状复叶，有托叶。花小，两性；成顶生穗状总状花序。萼筒陀螺状，有棱，顶端有数层钩刺，花后靠合，开展或反折；萼片 5 片，覆瓦状排列；花瓣 5 片，黄色；花盘边缘增厚，环萼筒口部；雄蕊 5 ~ 15 枚或更多，着生花盘外缘；雌蕊常 2 枚，包在萼筒内。瘦果 1 ~ 2 个，包在具钩刺的萼筒内，有 1 枚种子。

10 ~ 15 种，我国有 4 种，湖南有 2 种，八大公山有 1 种。

1. 龙芽草 Agrimonia pilosa Ledebour

多年生草本。茎被疏柔毛及短柔毛，稀下部被长硬毛。叶为间断奇数羽状复叶，常有 3 ~ 4 对小叶；小叶倒卵形、倒卵状椭圆形或倒卵状披针形，上面被柔毛，稀脱落近无毛。穗状总状花序。萼片三角状卵形；花瓣黄色，长圆形；雄蕊 5 ~ 8 ~ 15 枚；花柱 2 个。瘦果倒卵状圆锥形，有 10 条肋，顶端有数层钩刺。花果期 5 ~ 12 月。

分布与生境：分布于八大公山各地，生于海拔 1900 m 以下的溪边、路旁。

用途：地上部分、芽入药。

龙芽草 Agrimonia pilosa

（二）假升麻属 Aruncus Linnaeus

多年生草本。叶大型，互生，一至三回羽状复叶；无托叶。花单性，雌雄异株；排成大型穗状花序，花无梗或近无梗；被丝托杯状，萼片 5 片，花瓣 5 片，白色，雄花具雄蕊 15 ~ 30 枚，雌花有退化雄蕊，花丝短，花药不发育。蓇葖果沿腹缝线开裂。

3 ~ 6 种，我国有 2 种，湖南有 1 种，八大公山也有。

1. 假升麻 Aruncus sylvester Kosteletzky ex Maximowicz

多年生草本。二至三回羽状复叶；小叶 3 ~ 9 片，菱状卵形、卵状披针形或长椭圆形。穗状圆锥花序，被丝托杯状，萼片三角形，花瓣白色，倒卵形。蓇葖果直立，萼片宿存。花期 6 月，果期 8 ~ 9 月。

分布与生境：分布于八大公山，生于海拔 1000 ~ 1900 m 的山坡林下或沟边草丛中。

用途：根入药。

假升麻 Aruncus sylvester

（三）木瓜属 Chaenomeles Lindley

落叶或半常绿灌木或小乔木。单叶，互生，有托叶。花单生或簇生，先于叶开放或迟于叶开放。被丝托钟状，萼片 5 片，全缘或有齿，花瓣 5 片，大形；雄蕊 20 枚或多数，排成 2 轮；花柱 5 个，基部合生，子房下位，5 室。梨果大形，萼片脱落，种子多数。

5 种，我国有 4 种，湖南有 5 种，八大公山有 2 种。

分种检索表

1. 幼时下面密被褐色茸毛，叶边有刺芒状锯齿……………………………… **1. 木瓜海棠 C. cathayensis**
1. 幼时下面无毛或有短柔毛，叶边有尖锐锯齿………………………………… **2. 贴梗海棠 C. speciosa**

1. 木瓜海棠 Chaenomeles cathayensis (Hemsley) C. K. Schneider

落叶灌木。枝条具短枝刺。叶片椭圆形、披针形至倒卵披针形，（5～11）cm×（2～4）cm，先端急尖或渐尖，基部楔形至宽楔形，边缘有芒状细尖锯齿，幼时下面密被褐色茸毛，以后脱落近于无毛；托叶肾形、耳形或半圆形。花先叶开放，2～3 朵簇生于二年生枝上，花梗短粗或近于无梗；花萼筒钟状，外面无毛或稍有短柔毛；萼片直立，卵圆形至椭圆形，花瓣倒卵形或近圆形，淡红色或白色；雄蕊 45～50，花柱 5，基部合生，下半部被柔毛或绵毛，柱头头状。果实卵球形或近圆柱形，先端有突起，（8～12）cm×（6～7）cm，黄色有红晕，味芳香。花期 3～5 月，果期 9～10 月。

分布与生境：原产于我国，八大公山斗篷山有栽培。

用途：花果供观赏；果实可供食用，亦可入药。

2. 贴梗海棠 Chaenomeles speciosa (Sweet) Nakai

落叶灌木。枝条有刺。叶片卵形至椭圆形，先端急尖稀圆钝，基部楔形至宽楔形，边缘具有尖锐锯齿，托叶大形，草质，肾形或半圆形。花先叶开放，3～5 朵簇生于二年生老枝上；花梗短粗，花瓣倒卵形或近圆形，猩红色，稀淡红色或白色。果实球形或卵球形，熟时黄色或带黄绿色，果梗短或近于无梗。花期 3～5 月，果期 9～10 月。

分布与生境：原产于我国及缅甸，八大公山各地均有栽培。

用途：花果供观赏；果实可入药。

木瓜海棠 Chaenomeles cathayensis

贴梗海棠 Chaenomeles speciosa

（四）无尾果属 Coluria R. Brown

多年生草本。大头羽状复叶，基生，具与叶柄合生的托叶。聚伞花序有花 1-3 朵，两性，花萼 5，具副萼，花瓣 5，白色，雄蕊多数，雌蕊多数，离生，每心皮 1 胚珠。瘦果，花丝宿存，包于宿存花萼内。

4～5 种，我国有 4 种，湖南有 1 种，八大公山也有。

1. 大头叶无尾果 Coluria henryi Batalin

多年生草本。基生叶有裂片 4～10 对；顶生小叶宽卵形或卵形，先端圆钝，基部心形，边缘有圆钝锯齿，两面有黄褐色长柔毛；侧生小叶卵形或矩圆卵形，边缘有少数三角状锯齿；茎生叶卵形。花茎具 1～4 朵花；花瓣倒卵形，黄色或白色，先端微凹，有短爪。瘦果卵形或倒卵形，褐色，有乳头状疣。花期 4～6 月，果期 5～7 月。

分布与生境：分布于八大公山各地，生于海拔 800 ~ 1900 m 的山坡向阳岩石石缝中。

用途：庭院观赏。

大头叶无尾果 Coluria henryi

（五）栒子属 Cotoneaster Medikus

灌木，稀小乔木状。单叶互生，全缘；托叶常钻形，早落。花两性，聚伞状伞房花序或数花簇生或单生。花萼 5 裂，萼筒钟形或陀螺形，稀圆筒形，与子房合生；萼片 5 片，短小，宿存，花瓣 5 片，白色、粉红或红色；雄蕊常 20 枚；花柱 2 ~ 5 个，离生，顶端膨大。果梨果状，顶端具宿存萼片，具 2 ~ 5 个小核；小核骨质，常具 1 枚种子。

约 90 种，我国有 59 种，湖南有 25 种，八大公山有 8 种。

分种检索表

1. 密集聚伞状复伞房花序，具花 20 朵以上 ……………… **6. 皱叶柳叶栒子 C. salicifolius** var. **rugosus**
1. 聚伞状复伞房花序，具花 20 朵以下，或花单生。
  2. 花序具 3 ～ 15 花，稀达 20 朵。
    3. 花瓣白色，开花时平展……………………………………… **7. 华中栒子 C. silvestrii**
    3. 花瓣粉红色，开花时直立。
      4. 叶下面被茸毛。
        5. 叶片先端圆钝……………………………………… **8. 西北栒子 C. zabelii**
        5. 叶片先端钝尖。
          6. 果实橘红色至深红色……………………………… **2. 木帚栒子 C. dielsianus**
          6. 果实暗红色至紫红色……………………………… **5. 暗红栒子 C. obscurus**
      4. 叶下面无毛或被稀疏柔毛……………………………… **3. 麻核栒子 C. foveolatus**
  2. 花单生，稀 2 ～ 5 朵簇生或形成花序。

7. 茎水平散开，呈规则的两列分枝………………………………………… **4. 平枝栒子 C. horizontalis**

7. 茎丛生地上，不规则分枝………………………………………………… **1. 匍匐栒子 C. adpressus**

1. 匍匐栒子 Cotoneaster adpressus Bois

落叶灌木。本种与平枝栒子 C. horizontalis 的主要异点，在于后者茎水平展开，呈规则地二列分枝，叶片近圆形或宽椭圆形，稀倒卵形，边缘不呈波状，果实直径 4 ~ 6 mm，有 3 小核。花期 5 ~ 6 月，果期 8 ~ 9 月。

分布与生境：分布于八大公山天平山，生于海拔 1600 ~ 1900 m 的山坡顶部灌丛中。

匍匐栒子 Cotoneaster adpressus

2. 木帚栒子 Cotoneaster dielsianus E. Pritzel

落叶灌木。叶椭圆形或卵形，先端尖，稀钝圆或缺凹，全缘；下面密被灰黄或灰色茸毛。聚伞状伞房花序具 3 ~ 7 朵花；花萼被柔毛，萼筒钟状，萼片三角形；花瓣直立，几圆形或宽倒卵形，浅红色；雄蕊 15 ~ 20 枚，子房顶部有柔毛。果近球形或倒卵圆形，成熟时红色，小核 3 ~ 5 个。花期 6 ~ 7 月，果期 9 ~ 10 月。

分布与生境：分布于八大公山各地，生于海拔 1600 ~ 1900 m 的山坡林中。

用途：枝叶入药。

3. 麻核栒子 Cotoneaster foveolatus Rehder & E. H. Wilson

落叶灌木。叶片椭圆形或椭圆倒卵形，先端渐尖或急尖，基部宽楔形或近圆形，全缘，上面被短柔毛，老时脱落，下面被短柔毛，在叶脉上毛较多，后脱落，老时近无毛，叶脉显著突起。聚伞花序有花 3 ~ 7 朵，总花梗和花梗被柔毛，花瓣粉红色。果实近球形，黑色，小核 3 ~ 4 个。花期 6 月，果期 9 ~ 10 月。

分布与生境：分布于八大公山斗篷山，生于海拔 1600 ~ 1900 m 的密林中。

木帚栒子 Cotoneaster dielsianus

麻核栒子 Cotoneaster foveolatus

4. 平枝栒子 Cotoneaster horizontalis Decaisne

落叶或半常绿匍匐灌木。叶近圆形或宽椭圆形，稀倒卵形，全缘，上面无毛，下面有疏平贴柔毛。花 1 ~ 2 朵，近无梗；花萼具疏柔毛，萼筒钟状，萼片三角形；花瓣直立，倒卵形，粉红色；雄蕊约 12 枚；子房顶端有柔毛。果近球形，成熟时鲜红色，小核（2）3 个。

分布与生境：分布于八大公山斗篷山，生长于海拔 1200 ~ 1900 m 山顶岩缝或灌丛中。

用途：枝叶、根入药。

5. 暗红栒子 Cotoneaster obscurus Rehder & E. H. Wilson

落叶灌木。叶片椭圆卵形或菱状卵形，先端渐尖，基部宽楔形，全缘，上面微具柔毛，侧脉 5 ~

7对，稍下陷，下面具黄灰色茸毛，侧脉突起。聚伞花序生于侧生短枝上，具花3～7朵，总花梗和花梗具短柔毛；花瓣带红色。果实卵形，暗红色，通常有3小核。花期5～6月，果期9～10月。

分布与生境：分布于八大公山杉木界，生于海拔1600～1900 m的沟边林中。

平枝栒子 Cotoneaster horizontalis

暗红栒子 Cotoneaster obscurus

6. 皱叶柳叶栒子 Cotoneaster salicifolius var. **rugosus** (E. Pritzel) Rehder & E. H. Wilson

常绿灌木。叶片长圆形，具深皱纹，叶脉深陷，叶边反卷，下面叶脉显著突起，密被茸毛。复聚伞花序，总花梗和花梗密被灰白色茸毛，花瓣白色，花药紫色。果实近球形，深红色。花期6月，果期9～10月。

分布与生境：分布于八大公山各地，生于海拔1600～1900 m的山坡林中。

用途：全株入药；木材可作器具柄。

皱叶柳叶栒子 Cotoneaster salicifolius var. rugosus

7. 华中栒子 Cotoneaster silvestrii Pampanini

落叶灌木。叶片椭圆形至卵形，先端急尖或圆钝，稀微凹。基部圆形或宽楔形；侧脉 4-5 对，上面微陷，下面突起；叶柄细，具茸毛；托叶线形，微具细柔毛，早落。聚伞花序有花 3-9 朵，总花梗和花梗被细柔毛；萼筒钟状，外被细长柔毛；萼片三角形；花瓣平展，近圆形，白色；雄蕊 20，花药黄色。果实近球形，红色。花期 6 月，果期 9 月。

分布与生境：分布于八大公山斗篷山，生于海拔 1600 ~ 1900 m 的山坡林中。

华中栒子 Cotoneaster silvestrii

8. 西北栒子 Cotoneaster zabelii C. K. Schneider

落叶灌木。叶椭圆形或卵形，先端钝圆，稀微缺，基部圆或宽楔形，全缘，下面密被带黄色或带灰色茸毛。花 3 ~ 10 余朵成下垂聚伞状伞房花序，被柔毛花萼具柔毛，萼筒钟状，萼片三角形；

花瓣直立，倒卵形或近圆形，浅红色；雄蕊 18 ~ 20 枚，子房顶端具柔毛。果倒卵圆形或近球形，成熟时鲜红色，小核 2 个。花期 5 ~ 6 月，果期 8 ~ 9 月。

分布与生境：分布于八大公山斗篷山，生于海拔 1600 ~ 1900 m 的山坡灌丛中或沟边。

用途：枝叶、果实入药。

西北栒子 Cotoneaster zabelii

（六）山楂属 **Crataegus** Linnaeus

落叶稀半常绿灌木或小乔木。冬芽卵圆形或近圆形。单叶互生，有齿，深裂或浅裂，稀不裂，有叶柄与托叶。伞房花序或伞形花序，极稀单生。被丝托钟状，萼片 5 片；花瓣 5 片，白色，稀粉红色；雄蕊 5 ~ 25 枚；雌蕊 1 ~ 5 枚；大部与被丝托合生，仅先端和腹面分离。梨果顶端有宿存萼片；具 5 个骨质小核。

100 ~ 200 种，我国有 18 种，湖南有 5 种，八大公山有 1 种。

1. 野山楂 **Crataegus cuneata** Siebold & Zuccarini

野山楂 Crataegus cuneata

落叶灌木。叶宽倒卵形至倒卵状长圆形，先端急尖，基部楔形，下延叶柄，有不规则重锯齿，先端常有 3 或稀 5 ~ 7 浅裂。伞房花序具 5 ~ 7 朵花，花瓣白色，近圆形或倒卵形；雄蕊 20 枚。果近球形或扁球形，红或黄色，常有宿存反折萼片或 1 枚苞片；小核 4 ~ 5 个。花期 5 ~ 6 月，果期 9 ~ 11 月。

分布与生境：分布于八大公山各地，生于海拔 200 ~ 800 m 的向阳灌丛中。

用途：果实入药；庭院观赏。

（七）蛇莓属 **Duchesnea** Smith

多年生草本。基生叶数个，茎生叶互生，三出复叶；托叶宿存，贴生叶柄。花多单生叶腋，无苞片。副萼片、萼片及花瓣各 5 片；副萼片大形，和萼片互生，宿存，先端有 3 ~ 5 锯齿；萼片宿存；花瓣黄色；雄蕊 20 ~ 30 枚；心皮多数，离生；花托半球形或陀螺形，果期增大，海绵质，红色。瘦果微小，扁卵圆形。种子 1 枚，肾形。

2 种，我国有 2 种，湖南有 1 种，八大公山也有。

1. 蛇莓 Duchesnea indica (Andrews) Focke

多年生草本。匍匐茎多数。小叶倒卵形或菱状长圆形。花单生叶腋；萼片卵形，副萼片倒卵形，比萼片长；花瓣倒卵形，黄色；雄蕊 20 ~ 30 枚；心皮多数，离生，花托在果期膨大，海绵质，鲜红色，有光泽。瘦果卵圆形。花期 6 ~ 8 月，果期 8 ~ 10 月。

分布与生境：分布于八大公山各地，生于海拔 200 ~ 1900 m 的山坡、草地或潮湿之地。

用途：全草入药，全草可作观赏草。

蛇莓 Duchesnea indica

（八）枇杷属 Eriobotrya Lindley

常绿乔木或灌木。单叶互生，有锯齿或近全缘，羽状网脉明显；常有叶柄或近无柄，有托叶；多早落。顶生圆锥花序，常被茸毛。被丝托杯状或倒圆锥状，萼片 5 片，宿存；花瓣 5 片，倒卵形或圆形；雄蕊 10～40 枚；花柱 2～5 个，基部合生，常有毛，子房下位，合生，2～5 室，每室 2 枚胚珠。梨果肉质或干燥，内果皮膜质，有 1～2 枚种子。

约 20 种，我国有 14 种，湖南有 2 种，八大公山有 2 种。

分种检索表

1. 幼叶下面有棕色或棕黄色茸毛，老时脱落近无毛……………………………… **1. 大花枇杷 E. cavaleriei**
1. 幼叶下面有疏柔毛或茸毛，老时仍不脱落…………………………………………**2. 枇杷 E. japonica**

1. 大花枇杷 **Eriobotrya cavaleriei** (H. Léveillé) Rehder

常绿乔木。小枝粗壮，灰黑色，无毛。叶片集生枝顶，长圆形、长圆披针形或长圆倒披针形，（7～18）cm×（2.5～7.0）cm，先端渐尖，基部渐狭，边缘具疏生内曲浅锐锯齿。圆锥花序顶生，总花梗和花梗有稀疏棕色短柔毛；萼筒浅杯状，萼片三角卵形；花瓣白色，倒卵形，微缺，无毛；雄蕊 20；花柱 2～3，基部合生，子房无毛。果实椭圆形或近球形，橘红色，肉质，顶端有反折宿存萼片。花期 4～5 月，果期 7～8 月。

分布与生境：分布于八大公山五道水、杉木界，生于海拔 200～600 m 的山坡林中。

用途：果实味酸甜，可生食，亦可酿酒；庭院观赏。

大花枇杷 Eriobotrya cavaleriei

2. 枇杷 Eriobotrya japonica (Thunberg) Lindley

常绿小乔木。叶革质，披针形、倒披针形、倒卵形或椭圆状长圆形，上部边缘有疏锯齿，下面密被灰棕色茸毛。圆锥花序；花序梗和花梗均密被锈色茸毛；苞片钻形，密生锈色茸毛。萼片三角状卵形；花瓣白色，长圆形或卵形；雄蕊 20 枚，花柱 5 个，离生，柱头头状，子房 5 室，每室 2 枚胚珠。果球形或长圆形。花期 10 ~ 12 月，果期 5 ~ 6 月。

分布与生境：分布于八大公山各地，生于海拔 200 ~ 1200 m 的山坡，也有栽培。

用途：果树；庭院观赏树木；叶和果实入药；木材可作用材。

枇杷 Eriobotrya japonica

（九）白鹃梅属 Exochorda Lindley

落叶灌木。单叶互生，边全缘，无明显托叶。总状花序顶生，花大型，两性，花瓣白色，具爪，雄蕊 15 ~ 20，心皮 5，合生，花柱 5，分裂。蒴果倒圆锥形，无毛，具 5 脊。

4 种，我国有 3 种，湖南有 1 种，八大公山也有。

1. 红柄白鹃梅 Exochorda giraldii Hesse

落叶灌木。叶片椭圆形，先端急尖或圆钝，基部楔形至圆形，全缘，稀中部以上有钝锯齿，叶柄常呈红色。总状花序，有花 6 ~ 10 朵，无毛；萼筒浅钟状，萼片半圆形；花瓣倒卵形或长圆倒卵形，先端圆钝，基部有长爪，白色；雄蕊 25 ~ 30。蒴果倒圆锥形，具 5 脊，无毛。花期 5 月，果期 7 ~ 8 月。

分布与生境：分布于八大公山杉木界，生于海拔 600 ~ 800 m 的山坡林中。

用途：花供观赏；嫩花序可食。

红柄白鹃梅 Exochorda giraldii

（十）草莓属 **Fragaria** Linnaeus

多年生草本。叶为三出或羽状 5 小叶；托叶膜质，基部与叶柄合生。花两性或单性，杂性异株。花萼倒卵状圆锥形或陀螺形，裂片 5 片，宿存，副萼片 5 片；花瓣 5 片，白色；雄蕊 18～25 枚；雌蕊多数，离生。瘦果小，聚生于花托上，花托球形或椭圆形，熟时肥厚肉质，紫红色。

10～20 种，我国约 8 种，湖南有 5 种，八大公山有 1 种。

1. 黄毛草莓 Fragaria nilgerrensis Schlechtendal ex J. Gay

多年生草本。叶三出，小叶倒卵形或椭圆形，叶柄密被黄棕色绢状柔毛。聚伞花序具（1）2～5（6）朵花，花两性；萼片卵状披针形，副萼片披针形；花瓣白色，圆形，基部有短爪。聚合果圆形，宿萼直立，紧贴果实。花、果期 4～8 月。

分布与生境：分布于八大公山各地，生于海拔 1000～1500 m 的山坡草丛、沟边或林下。

用途：果可食；全草入药。

（十一）路边青属 **Geum** Linnaeus

多年生草本。基生叶为奇数羽状复叶；茎生叶常 3 出或单出如苞片状；托叶常与叶柄合生。花两性，花萼陀螺状或半球形，萼片 5 片，副萼片 5 片；花瓣 5 片，黄、白或红色；雌蕊多数，离生。瘦果小，果喙顶端具钩。

30～70 余种，我国有 3 种，湖南有 2 种，八大公山有 2 种。

黄毛草莓 Fragaria nilgerrensis

分种检索表

1. 茎生叶变化大，有时重复羽裂……………………………………………………… **1. 路边青 G. aleppicum**
1. 上部茎生叶常单叶，不裂或 3 浅裂……………………… **2. 柔毛路边青 G. japonicum** var. **chinense**

1. 路边青 Geum aleppicum Jacquin

多年生草本。基生叶为大头羽状复叶，小叶 2 ~ 6 对；茎生叶羽状复叶，有时重复分裂，顶生小叶披针形或倒卵披针形，先端常渐尖，基部楔形；托叶卵形。花序顶生，花瓣黄色，近圆形。聚合果倒卵状球形，宿存花柱顶端有小钩。花果期 7 ~ 10 月。

分布与生境：分布于八大公山各地，生于海拔 1200 ~ 1800 m 的山坡草地或林缘。

用途：根、全草入药。

2. 柔毛路边青（变种） Geum japonicum var. **chinense** F. Bolle

多年生草本。基生叶为大头羽状复叶，有 1 ~ 2 对小叶；上部茎生叶为单叶，3 浅裂，裂片圆钝或急尖，托叶绿色，有粗齿。花序疏散。萼片三角状卵形，副萼片被短柔毛；花瓣黄色，近圆形，花柱顶生，在上部 1/4 处扭曲，后自扭曲处脱落。聚合果圆卵形或椭球形；瘦果被长硬毛，宿存花柱有小钩。花果期 5 ~ 10 月。

分布与生境：分布于八大公山各地，生于海拔 200 ~ 800 m 的荒地、路边。

用途：全草、根入药。

路边青 Geum aleppicum

柔毛路边青（变种）Geum japonicum var. chinense

（十二）棣棠花属 Kerria Candolle

落叶灌木。小枝绿色。单叶互生，三角状卵形或卵形。花两性，单生当年生侧枝顶端；萼片 3 片，宿存；花瓣黄色，宽椭圆形或近圆形；花盘环状，被疏柔毛；心皮 5～8 片，分离。瘦果侧扁，倒卵圆形或半球形，成熟时黑褐色。

单种属，湖南有 1 种，八大公山有产。

1. 棣棠花 Kerria japonica (Linnaeus) Candolle

属特征见棣棠花的描述。

分布与生境：分布于八大公山各地，生于海拔 500 ~ 1800 m 的沟边灌丛中，也有栽培。

用途：重瓣品种为民间喜栽的花卉；枝叶、花可入药。

棣棠花 Kerria japonica

（十三）桂樱属 Lauro-cerasus Torn.ex Duh.

常绿乔木或灌木。叶互生，托叶小，早落。花常两性，有时雌蕊退化而形成雄花，排成总状花序；总状花序无叶，生于叶腋或去年生小枝叶痕的腋间，位于花序下部的苞片苞腋内常无花；萼 5 裂，裂片内折；花瓣白色；雄蕊 10 ~ 50，排成两轮；心皮 1，花柱顶生，柱头盘状。果实为核果，干燥。

13 种，我国均有，湖南有 4 种，八大公山有 4 种。

分种检索表

1. 叶片下面布满黑色小腺点…………………………………………………… **1. 腺叶桂樱 L. phaeosticta**

1. 叶片下面无腺点。

  2. 叶边全缘或中部以上有少数针状锯齿……………………………………… **2. 刺叶桂樱 L. spinulosa**

  2. 叶边具粗锯齿。

    3. 叶长 6 ~ 15 cm，叶边全缘，稀在中部以上有少数锯齿 …………… **3. 尖叶桂樱 L. undulata**

    3. 叶长 10 ~ 19 mm，叶边具粗锯齿 ……………………………………… **4. 大叶桂樱 L. zippeliana**

1. 腺叶桂樱 Lauro-cerasus phaeosticta (Hance) C. K. Schneider

常绿乔木。叶片近革质，狭椭圆形或长圆状披针形，（6 ~ 12）cm×（2 ~ 4）cm，先端长尾尖，基部楔形，叶边全缘，两面无毛，下面散生黑色小腺点。总状花序单生于叶腋，具花数朵至 10 余朵，萼筒杯形，花瓣近圆形，白色。果实近球形或横向椭圆形，直径 8 ~ 10 mm，紫黑色，无毛。花期 4 ~ 5 月，果期 7 月 ~ 10 月。

分布与生境：分布于八大公山各地，生长于海拔 200 ~ 500 m 的山坡林中。

用途：木材可作用材。

腺叶桂樱 Lauro-cerasus phaeosticta

2. 刺叶桂樱 Lauro-cerasus spinulosa (Siebold et Zuccarini) C. K. Schneider

刺叶桂樱 Lauro-cerasus spinulosa

常绿乔木。叶草质或薄革质，长圆形或倒卵状长圆形，先端渐尖或尾尖，边缘常波状，中部以上或近顶端常具少数针状锐锯齿。总状花序生于叶腋，单生，具 10 至 20 余朵花。苞片早落，花序下部的苞片常无花；萼筒钟形或杯形，萼片卵状三角形；花瓣圆形，白色；子房无毛，有时雌蕊败育。核果椭圆形。花期 9 ~ 10 月，果期 11 ~ 次年 3 月。

分布与生境：分布于八大公山各地，生长于海拔 300 ~ 1000 m 的山坡林中。

用途：木材可作用材；种子入药。

3. 尖叶桂樱 Lauro-cerasus undulata (D. Don) Roem.

常绿小乔木。叶片薄革质，椭圆形至长圆状披针形，（6 ~ 15）cm ×（3 ~ 5）cm，先端渐尖，基部宽楔形至近圆形，叶边全缘，稀在中部以上有少数锯齿。总状花序单生或 2 ~ 4 个簇生于叶腋，具花 10 ~ 30 余朵，花萼外面无毛；萼筒宽钟形；花瓣椭圆形或倒卵形，浅黄白色。果实卵球形或椭圆形，（0.6 ~ 1.6）cm ×（0.7 ~ 1.1）cm，顶端急尖或稍钝，紫黑色，无毛。花期 8 ~ 10 月，果期冬季至翌年春季。

分布与生境：分布于八大公山五道水、楠木坪，生长于海拔 300 ~ 500 m 的山谷林中。

尖叶桂樱 Lauro-cerasus undulata

4. 大叶桂樱 Lauro-cerasus zippeliana (Miquel) Browicz

常绿乔木。叶革质，宽卵形至宽长圆形，先端急尖或短渐尖，具粗锯齿。总状花序单生或 2 ~ 4 个簇生叶腋。花序下部苞片常先端 3 裂而无花。萼筒钟形，萼片卵状三角形；花瓣近圆形，白色；子房无毛。核果长圆形或卵状长圆形。花期 7 ~ 10 月，果期冬季。

分布与生境：分布于八大公山各地，生于海拔 600 m 以下的山坡林中。

用途：观赏树木；果实、种仁及叶入药。

大叶桂樱 Lauro-cerasus zippeliana

（十四）苹果属 Malus Miller

乔木或灌木。单叶互生，叶有齿或分裂，在芽中席卷状或对折状；有叶柄和托叶。伞形总状花序；花瓣近圆形或倒卵形，白、浅红或艳红色；雄蕊 15 ~ 50 枚，花药红色，花丝白色；花柱 3 ~ 5 个，基部合生，子房下位，3 ~ 5 室，每室 2 枚胚珠。梨果，无石细胞或少数种类有少量石细胞；萼片宿存或脱落，子房壁软骨质，3 ~ 5 室，每室 1 ~ 2 枚种子。

30 ~ 55 种，我国约 26 种，湖南有 13 种，八大公山有 3 种。

分种检索表

1. 叶片不分裂，果实内无石细胞…………………………………………… **1. 湖北海棠 M. hupehensis**

1. 叶片常分裂，果实内无石细胞或有少数石细胞。

  2. 萼片脱离…………………………………………………………………… **2. 三叶海棠 M. toringo**

  2. 萼片宿存…………………………………………… **3. 川鄂滇池海棠 M. yunnanensis** var. **veitchii**

1. 湖北海棠 Malus hupehensis (Pampanini) Rehder

落叶小乔木。叶卵形至卵状椭圆形，先端渐尖，基部宽楔形，稀近圆形，边缘有细锐锯齿。花 4 ~ 6 朵组成伞房花序。萼片三角状卵形，先端渐尖或急尖，内面有柔毛；花粉白或近白色，倒卵形；雄蕊 20 枚；花柱 3（4）个，基部有长茸毛，稍长于雄蕊。果椭圆形或近球形，黄绿色，稍带红晕，萼片脱落。花期 4 ~ 5 月，果期 8 ~ 9 月。

分布与生境：分布于八大公山各地，生于海拔 500 ~ 1900 m 的山坡林中。

用途：果实食用；叶作茶饮；观赏树木；果实、叶、根入药。

2. 三叶海棠 Malus toringo (Siebold) Siebold ex de Vriese

落叶灌木。本种与湖北海棠 Malus hupehensis 相近，区别在于具有 3 裂或 5 裂的叶片，叶片在芽中呈对折状，叶边锯齿较粗，上下两面有毛，萼片与萼筒等长，两种易于区别。花期 4 ~ 5 月，果期 8 ~ 9 月。

分布与生境：分布于八大公山天平山（西莲），生于海拔 1500 ~ 1900 m 的山坡杂木林或灌丛中。

用途：果实食用；观赏树木；果实入药。

湖北海棠 Malus hupehensis

三叶海棠 Malus toringo

3. 川鄂滇池海棠（变种） Malus yunnanensis var. veitchii (Osborn) Rehder

落叶乔木。叶片卵形、宽卵形至长椭卵形，先端急尖，基部圆形至心形，边缘有尖锐重锯齿，通常上半部两侧各有 3 ~ 5 浅裂。伞形总状花序，总花梗和花梗均被茸毛；苞片膜质，边缘有疏生腺齿；萼筒钟状，外面密被茸毛；萼片三角卵形；花瓣近圆形，基部有短爪，白色；雄蕊 20 ~ 25。果实球形，红色，有白点，萼片宿存。花期 5 月，果期 8 ~ 9 月。

分布与生境：产于八大公山斗篷山，生长于海拔 1500 ~ 1900 m 的山坡杂木林或灌丛中。

用途：果实食用；观赏树木；果实入药。

川鄂滇池海棠（变种）Malus yunnanensis var. veitchii

（十五）绣线梅属 **Neillia** D. Don

落叶灌木。单叶互生，有重锯齿或分裂；托叶显著。总状或圆锥花序顶生。花两性，被丝托钟状或筒状；萼片 5 片，直立；花瓣 5 片，白或粉红色；雄蕊 10 ~ 30 枚，生于被丝托边缘；雌蕊 1(2 ~ 5)。蓇葖果包于宿存的被丝托内，成熟时腹缝开裂。

12 ~ 17 种，我国有 15 种，湖南有 1 种，八大公山有 1 种。

1. 中华绣线梅 **Neillia sinensis** Oliver

中华绣线梅 Neillia sinensis

落叶灌木。叶卵形至卵状长圆形，有重锯齿，两面无毛或下面脉腋有柔毛：叶柄微被柔毛或近无毛。总状花序。花梗无毛：被丝托筒状；萼片三角形；花瓣淡粉色，倒卵形；雄蕊 10 ~ 15 枚；心皮 1 ~ 2 枚，子房具 4 ~ 5 枚胚珠，顶端有毛。蓇葖果长椭圆形，外被长腺毛。花期 5 ~ 6 月，果期 8 ~ 9 月。

分布与生境：八大公山各地广布，生长于海拔 300 ~ 1900 m 山谷或沟边林中。

用途：观赏花木；根入药。

（十六）石楠属 **Photinia** Lindley

常绿乔木或灌木，稀落叶。叶互生，多有锯齿，稀全缘。花两性，多数；顶生伞形、伞房或复伞房花序，稀聚伞花序。被丝托杯状、钟状或筒状，萼片 5 片；花瓣 5 片；雄蕊 20 枚；心皮 2 枚，稀 3 ~ 5 枚，花柱离生或基部合生。梨果 2 ~ 5 室，微肉质，成熟时不裂，先端或 1/3 部分与被丝托分离，有宿存萼片，每室 1 ~ 2 枚种子。

60 种，我国有 43 种，湖南有 15 种，八大公山有 7 种。

分种检索表

1. 叶常绿；花多数，组成复伞房状；花梗和花序梗果期无疣点。
  2. 叶柄长 2 ~ 4 cm ………………………………………………………… **7. 石楠 Ph. serratifolia**
  2. 叶柄长 2 cm 以下。
    3. 花瓣内面无毛……………………………………………………………… **2. 贵州石楠 Ph. bodinieri**
    3. 花瓣内面有毛……………………………………………………………… **3. 光叶石楠 Ph. glabra**
1. 叶冬季凋落；花多数至数朵；花梗和花序梗果期有明显疣点。
  4. 花常 10 朵以上，组成复伞房或复伞形花序。
    5. 花序无毛……………………………………………………………… **1. 中华石楠 Ph. beauverdiana**
    5. 花序有毛……………………………………………………………… **6. 绒毛石楠 Ph. schneideriana**
  4. 花常不超过 10 朵，组成伞房、伞形或聚伞状花序。
    6. 花梗线形，直立或横生…………………………………………………**5. 小叶石楠 Ph. Parvifolia**
    6. 花梗丝状，下垂……………………………………………………… **4. 垂丝石楠 Ph. komarovii**

1. 中华石楠 **Photinia beauverdiana** C. K. Schneider

落叶乔木。叶薄纸质，长圆形、倒卵状长圆形或卵状披针形，长 5 ~ 10 cm，下面沿中脉疏生柔毛。复伞房花序；花序梗和花梗均密生疣点。萼片三角状卵形；花瓣白色，卵形或倒卵形；雄蕊 20 枚；花柱（2)3 个。果卵圆形，微有疣点，顶端有宿存萼片；果柄密生疣点。花期 5 月，果期 7 ~ 8 月。

分布与生境：八大公山各地广布，生长于海拔 600 ~ 1750 m 的山坡或山谷林中。

用途：果实入药；木材可作用材；庭院观赏。

中华石楠 Photinia beauverdiana

2. 贵州石楠 Photinia bodinieri H. Léveillé

常绿乔木。叶片长圆形，椭圆形或倒卵形到倒披针形或狭披针形。复伞房花序顶生；花序梗和花梗被短柔毛。萼片宽三角形，先端锐尖或钝。花瓣白色，近圆形，先端钝或微缺；雄蕊 20 枚；花柱 2 或 3 个。果球状或卵球形。种子 2 ~ 4 枚，卵球形。花期 4 ~ 5 月，果期 9 ~ 10 月。

贵州石楠 Photinia bodinieri

分布与生境：分布于八大公山低海拔地区，生长于海拔 200 ~ 800 m 的山坡林缘或灌丛中。

用途：观赏树木；根及叶入药；木材可作用材。

3. 光叶石楠 Photinia glabra (Thunberg) Maximowicz

常绿乔木。叶片革质，椭圆形或长圆倒卵形，（5 ~ 9）cm ×（2 ~ 4）cm，先端渐尖，基部楔形，边缘有疏生浅钝细锯齿，两面无毛。花多数，成顶生复伞房花序，总花梗和花梗均无毛；花瓣白色，反卷。果实卵形，红色，无毛。花期 4 ~ 5 月，果期 9 ~ 10 月。

分布与生境：分布于八大公山低海拔地区，生长于海拔 200 ~ 600m 的山坡灌丛中。

光叶石楠 Photinia glabra

4. 垂丝石楠 Photinia komarovii (H. Léveillé & Vaniot) L. T. Lu & C. L. Li

落叶灌木。本种与小叶石楠形态近似，原为小叶石楠的一个变种提升为种，主要区别在于花数较少，2 ~ 3 朵，花梗和果梗丝状，长 3 ~ 5 cm，下垂。花期 4 ~ 5 月，果期 7 ~ 8 月。

分布与生境：分布于八大公山杉木界，生长于海拔 500 m 的林下灌丛中。

5. 小叶石楠 Photinia parvifolia (E. Pritzel) C. K. Schneider

落叶灌木。叶草质，椭圆形、椭圆状卵形或菱状卵形。花 2 ~ 9 朵组成伞形花序，生于侧枝顶端，无花序梗；花梗细，无毛，有疣点；萼片卵形：花瓣白色，圆形；雄蕊 20 枚；花柱 2 ~ 3 个，中部以下合生。果椭圆形或卵圆形，宿存萼片直立；果柄密生疣点。花期 4 ~ 5 月，果期 7 ~ 8 月。

分布与生境：分布于八大公山各地，生长于海拔 300 ~ 1500 m 的林下灌丛中。

用途：观赏树木；根入药。

垂丝石楠 Photinia komarovii

小叶石楠 Photinia parvifolia

6. 绒毛石楠 Photinia schneideriana Rehder & E. H. Wilson

落叶灌木或小乔木。幼枝有稀疏长柔毛，后脱落近无毛，老枝灰褐色，具皮孔。叶片长圆披针形，先端渐尖，基部宽楔形，边缘有锐锯齿，侧脉 10 ~ 15 对。复伞房花序，总花梗和分枝疏生长柔毛；花梗无毛；萼筒杯状，外面无毛，花瓣白色。果实卵形，带红色，无毛，有小庞点，顶端具宿存萼片。花期 5 月，果期 10 月。

分布与生境：分布于八大公山各地，生长于海拔 1300 m 以下的山坡林中。

绒毛石楠 Photinia schneideriana

7. 石楠 Photinia serratifolia (Desfontaines) Kalkman

常绿乔木。叶革质，长椭圆形至长倒卵形，基部阔楔形，先端突尖，边缘具细密而尖锐的锯齿，表面深绿色有光泽，背面黄绿色。花序大形平阔圆锥状，无毛；花白色。梨果红色，近圆形。花期4～5月，果期10月。

分成与生境：分布于八大公山低海拔地区，生长于海拔200～600 m的山坡林中。

用途：观赏树木；叶、果实可入药。

石楠 Photinia serratifolia

（十七）委陵菜属 **Potentilla** Linnaeus

多年生草本至灌木。叶为奇数羽状复叶或掌状复叶；有托叶，托叶与叶柄多少合生。花常两性，单生、聚伞状或聚伞圆锥花序。花萼下凹，多半球形，萼片5片，黄色，稀白或紫红色；雄蕊11～30枚。瘦果多数，着生于干燥花托，具宿存萼片。

300～500余种，我国有88种，湖南有22种，八大公山有4种。

分种检索表

1. 基生叶为羽状复叶。
  2. 小叶边缘分裂成小裂片……………………………………………………**1. 委陵菜 P. chinensis**
  2. 小叶边缘具齿，不裂……………………………………………………**2. 翻白草 P. discolor**
1. 基生叶为3～5掌状复叶。
  3. 基生叶为3小叶……………………………………………………**3. 三叶委陵菜 P. freyniana**
  3. 基生叶为掌状5小叶或3小叶，下面2小叶分裂为两部分…………**4. 蛇含委陵菜 P. kleiniana**

1. 委陵菜 **Potentilla chinensis** Seringe

多年生草本。基生叶为羽状复叶，有小叶5～15对；小叶片对生或互生，长圆形、倒卵形或长圆披针形，边缘羽状中裂，裂片三角卵形，三角状披针形或长圆披针形，顶端急尖或圆钝；茎生叶与基生叶相似，唯叶片对数较少。伞房状聚伞花序；萼片三角卵形；花瓣黄色，宽倒卵形。瘦果卵球形，有明显皱纹。花果期4～10月。

分布与生境：分布于八大公山各地，生长于海拔500～900 m的路旁及山坡草丛中。

用途：全草入药。

委陵菜 Potentilla chinensis

2. 翻白草 **Potentilla discolor** Bunge

多年生草本。基生叶有2～4对小叶，小叶长圆形或长圆状披针形，具圆钝稀急尖锯齿，下面密被白或灰白色绵毛；茎生叶1～2片，掌状3～5小叶。聚伞花序，萼片三角状卵形，副萼片披针形片；花瓣黄色，倒卵形。瘦果近肾形。花果期 5 ~ 9 月。

分布与生境：分布于八大公山各地，生长于海拔 200 ~ 1000 m 的山坡草地或疏林下。

用途：全草入药；块根可食。

翻白草 Potentilla discolor

3. 三叶委陵菜 Potentilla freyniana Bornmüller

多年生草本。基生叶掌状 3 出复叶，小叶长圆形、卵形或椭圆形，有多数急尖锯齿，两面绿色，疏生柔毛，下面沿脉较密；茎生叶 1 ~ 2 片，小叶与基生叶小叶相似，叶柄很短，叶缘锯齿少。伞

三叶委陵菜 Potentilla freyniana

房状聚伞花序顶生。萼片三角状卵形；花瓣淡黄色，长圆状倒卵形。瘦果卵圆形，有脉纹。花果期3～6月。

分布与生境：分布于八大公山各地，生长于海拔200～1200 m的山坡草地或疏林下。

用途：根及全草入药。

4. 蛇含委陵菜 Potentilla kleiniana Wight & Arnott

多年生宿根草本。基生叶为近鸟足状5小叶，小叶倒卵形或长圆状倒卵形，有锯齿；下部茎生叶有5小叶，上部茎生叶有3小叶，小叶与基生小叶相似。聚伞花序密集枝顶如假伞形，花瓣黄色，倒卵形。瘦果近圆形，具皱纹。花果期4～9月。

分布与生境：分布于八大公山各地，生长于海拔200～1200 m的田边、水旁或山坡草地。

用途：全草入药。

蛇含委陵菜 Potentilla kleiniana

（十八）李属 **Prunus** Linnaeus

乔木或灌木，有时具刺。单叶，有托叶。花单生、伞形或总状花序，花瓣常白色或粉红色，稀缺，雄蕊10至多数，心皮1，稀2～5，子房上位，1室，内含2悬垂胚珠。果实为核果，含1稀2种子，外果皮和中果皮肉质，内果皮骨质，成熟时不裂开或极稀开裂。

400种，我国有148种，湖南有47种，八大公山有21种。

分种检索表

1. 花无花瓣……………………………………………………………… **11. 锐齿臭樱 P. incisoserrata**

1. 花有花瓣。

　2. 幼叶多席卷，稀对折；果具沟，被毛或蜡粉。

3. 侧芽3，两侧为花芽，具顶芽 …………………………………………………… **15. 桃 P. persica**

3. 侧芽单生，无顶芽。

4. 子房和果常被柔毛；花常无梗或有短梗。

5. 一年生枝绿色……………………………………………………………………… **13. 梅 P. mume**

5. 一年生枝灰褐色至红褐色………………………………………………………… **1. 杏 P. armeniaca**

4. 子房和果均无毛，常被蜡粉；花常具梗………………………………………… **17. 李 P.salicina**

2. 幼叶多对折；果无沟，无蜡粉。

6. 花序伞形、伞房状或短总状，稀单生。

7. 腋芽单生。

8. 萼片直立或开张。

9. 花叶同放……………………………………………………………………… **18. 山樱花 P.serrulata**

9. 先花后叶。

10. 花瓣粉红色，果熟时果柄顶端常膨大 ……………………… **6. 钟花樱桃 P. campanulata**

10. 花瓣白色，果熟时果柄顶端不膨大 ……………………………**5. 华中樱桃 P. conradinae**

8. 萼片反折。

11. 花序总状 ………………………………………………………………… **19. 四川樱桃 P. szechuanica**

11. 花序伞形。

12. 花序上有绿色苞片，果期宿存 …………………………………… **4. 微毛樱桃 P. clarofolia**

12. 花序上苞片大多为褐色，常果期脱落。

13. 萼片较萼筒短或近等长 …………………………………………… **16. 樱桃 P. pseudocerasus**

13. 萼片比萼筒长 0.5 ～ 2 倍。

14. 叶片下面及花梗无毛 ……………………………………… **7. 襄阳山樱桃 P. cyclamina**

14. 叶片下面及花梗被柔毛 …………………………………………**8. 尾叶樱桃 P. dielsiana**

7. 腋芽三个并生，中间为叶芽，两侧为花芽。

15. 萼片反折，萼筒杯状或陀螺状，长宽近相等 ……………………………… **9. 麦李 P. glandulosa**

15. 萼片直立或开展，萼筒管状长大于宽 …………………… **12. 沼生矮樱 P. jingningensis**

6. 总状花序。

16. 花序基部无叶 ……………………………………………………………………… **3. 橉木 P.buergeriana**

16. 花序基部有叶。

17. 花梗在果期不增粗，也无增大的皮孔。

18. 花柱长，伸出花瓣和雄蕊之外 ……………………………………………**10. 灰叶稠李 P.grayana**

18. 花柱短，不伸出花瓣和雄蕊之外。

19. 叶边有带短芒锯齿 …………………… **2. 短梗稠李 P. brachypoda** var. **microdonta**

19. 叶边锯齿不呈芒尖 ……………………………………………………… **20. 细齿稠李 P. obtusata**

17. 花梗和总花梗在果期增粗，并有明显增大的浅色皮孔。

20. 小枝密被短柔毛，叶片下面密被白色或棕褐色有光泽的绢状柔毛 ……………………………………………………………………………………………… **21. 绢毛稠李 P. wilsonii**

20. 叶片下面和小枝均无毛 ……………………………………… **14. 粗梗稠李 P. napaulensis**

1. 杏 Prunus armeniaca Linnaeus

落叶乔木。叶宽卵形或圆卵形，有钝圆锯齿，两面无毛或下面脉腋具柔毛；叶柄基部常具 1 ~ 6 个腺体。花单生，花瓣圆形或倒卵形，白色带红晕；花柱下部具柔毛。核果球形，稀倒卵圆形。花期 3 ~ 4 月，果期 6 ~ 7 月。

分布与生境：原生种仅我国新疆有分布，八大公山各地栽培。

用途：果实及种仁可食；观赏植物；种子入药；木材可作用材。

杏 Prunus armeniaca

2. 细齿短梗稠李 Prunus brachypoda var. **microdonta** Koehne

落叶乔木。老枝黑褐色，小枝红褐色，无毛。叶片椭圆形，先端尾状渐尖，下面淡绿色，两面无毛，叶柄无腺体，有时在叶片基部边缘两侧各有 1 个腺体。总状花序具多花，花瓣白色。核果近球形或卵球形，黑褐色，无毛，果梗无毛，萼片宿存。花期 4 ~ 5 月。果期 5 ~ 10 月。

分布与生境：分布于八大公山杉木界，生于海拔 1800 ~ 1900 m 的山坡林中。

用途：庭院观赏；木材可作用材。

3. 橉木 Prunus buergeriana Miquel

落叶乔木。老枝黑褐色，小枝红褐色，无毛。叶片椭圆形，先端尾状渐尖，下面淡绿色，两面无毛，叶柄无腺体，有时在叶片基部边缘两侧各有 1 个腺体。总状花序具多花，花瓣白色。核果近球形或卵球形，黑褐色，无毛，果梗无毛，萼片宿存。花期 4 ~ 5 月，果期 5 ~ 10 月。

分布与生境：分布于八大公山各地，生于海拔 800 ~ 1500 m 的山坡林中。

用途：庭院观赏；木材可作用材；果实可食。

细齿短梗稠李 Prunus brachypoda var. microdonta

橉木 Prunus buergeriana

4. 微毛樱桃 Prunus clarofolia C. K. Schneider

落叶小乔木。叶片基部圆形，边缘有单或重锯齿。花序伞形，有花 2 ~ 4 朵，花叶同开；苞片绿色，果时宿存，近卵形、卵状长圆形或近圆形；萼筒钟状，无毛或几无毛；花瓣白色或粉红色；雄蕊 20 ~ 30 枚。核果红色。花期 4 ~ 6 月，果期 6 ~ 7 月。

分布与生境：分布于八大公山各地，生长于海拔 200 ~ 1500 m 的山坡林中。

用途：果可食；花可观赏。

微毛樱桃 Prunus clarofolia

5. 华中樱桃 **Prunus conradinae** Koehne

落叶乔木。叶倒卵形、长椭圆形或倒卵状长椭圆形，有前伸锯齿，两面无毛。伞形花序，有 3 ~ 5 朵花；总苞片褐色，倒卵状椭圆形，外面无毛，内面密被疏柔毛；苞片褐色，宽扇形，果时脱落。萼筒管形钟状，萼片三角状卵形；花瓣白或粉红色，卵形或倒卵形；花柱无毛。核果卵圆形；核棱纹不显著。花期 3 月，果期 4 ~ 5 月。

华中樱桃 Prunus conradinae

分布与生境：分布于八大公山各地，生长于海拔 200 ~ 1500 m 的山坡林中。

用途：果可食；花可观赏。树皮和叶入药。

6. 钟花樱桃 Prunus campanulata (Maxim.) Yü et Li

落叶乔木。嫩枝无毛。叶片卵形至倒卵状椭圆形，薄革质，（4 ~ 7）cm ×（2.0 ~ 3.5）cm，先端渐尖，基部圆形，边有急尖锯齿，下面淡绿色，无毛或脉腋有簇毛。伞形花序，有花 2 ~ 4 朵，先叶开放，花直径 1.5 ~ 2.0 cm；总苞片长椭圆形，两面伏生长柔毛，总梗短，长 2 ~ 4 mm；苞片褐色，稀绿褐色，长 1.5 ~ 2 mm，边有腺齿，萼筒钟状，无毛或被极稀疏柔毛，基部略膨大，花瓣倒卵状长圆形，粉红色，先端颜色较深，雄蕊 39 ~ 41 枚。核果卵球形；果梗长 1.5 ~ 2.5 cm，先端稍膨大并有萼片宿存。花期 2 ~ 3 月，果期 4 ~ 5 月。

分布与生境：分布于八大公山杉木界、五道水，生长于海拔 200 ~ 1500 m 的山坡林中。

用途：花可观赏。

钟花樱桃 Prunus campanulata

7. 襄阳山樱桃 Prunus cyclamina Koehne

落叶乔木。树皮灰黑褐色。小枝灰褐色或紫褐色，无毛。叶片倒卵状长圆形，先端骤渐尖，基部圆形或宽楔形，边有单锯齿或尖锐重锯齿，齿端有圆钝腺体。花序近伞形，有花 3 ~ 4 朵，花叶同开；总苞大，倒卵形，苞片圆形，萼筒钟状，萼片反折，披针形，先端圆钝；花瓣粉红色，长圆形，先端 2 裂。核果红色。花期 4 月，果期 5 ~ 6 月。

分布与生境：分布于八大公山各地，生长于海拔 600 ~ 1900 m 的山坡林中。

用途：果可食；花可观赏。

8. 尾叶樱桃 Prunus dielsiana C. K. Schneider

落叶乔木或灌木。嫩枝无毛或密被褐色长柔毛。叶片长椭圆形或倒卵状长椭圆形，先端尾状渐尖，基部圆形至宽楔形，叶边有尖锐单齿或重锯齿，齿端有圆钝腺体，下面中脉和侧脉密被开展柔毛。花序伞形或近伞形，有花 3 ~ 6 朵，先叶开放或近先叶开放；总苞褐色，长椭圆形，内面密被伏生柔毛；苞片卵圆形，边缘撕裂状，有长柄腺体，萼筒钟形，花瓣白色或粉红色，先端 2 裂。核果红色，近球形。花期 3 ~ 4 月，果期 7 ~ 8 月。

分布与生境：分布于八大公山各地，生长于海拔 800 ~ 2000 m 的山坡林中。

用途：果可食；花可观赏；果实、种子、根入药。

襄阳山樱桃 *Prunus cyclamina*

尾叶樱桃 *Prunus dielsiana*

9. 麦李 **Prunus glandulosa** Thunberg

落叶灌木。叶卵形或卵状披针形，有缺刻状尖锐重锯齿。花 1 ~ 3 朵，簇生，萼筒陀螺形，无毛；萼片椭圆形，比萼筒稍长；花瓣白或粉红色，倒卵状椭圆形；花柱与雄蕊近等长，无毛。核果近球形；核光滑。花期 5 月，果期 7 ~ 8 月。

分布与生境：原产我国华东到东北，八大公山有栽培。

用途：果可食；花可观赏；种仁入药。

麦李 Prunus glandulosa

10. 灰叶稠李 **Prunus grayana** Maximowicz

落叶小乔木。老枝黑褐色，小枝红褐色或灰绿色，幼时被短茸毛，以后脱落无毛。叶片带灰绿色，卵状长圆形，先端长渐尖或长尾尖，叶柄无腺体。总状花序具多花，基部有 2 ~ 4(5) 叶，叶片与枝生叶同形，通常较小，花瓣白色。核果卵球形，顶端短尖，黑褐色，光滑。花期 4 ~ 5 月，果期 9 ~ 10 月。

分布与生境：分布于八大公山各地，生于海拔 1000 ~ 1900 m 的山坡林中。

用途：庭院观赏树木；木材为珍贵硬木。

灰叶稠李 Prunus grayana

11. 锐齿臭樱 Prunus incisoserrata (Yu et Ku) J.Wen

落叶灌木。当年生小枝密被棕褐色柔毛。冬芽的鳞片可随个体长大，长可达 1.5 cm，宽可达 8 cm，先端急尖，边缘有密腺齿，很迟脱落。叶片卵状长圆形或长圆形，先端急尖或尾尖，基部近圆形或宽楔形，边缘有缺刻状重锯齿，下面淡绿色，无毛。总状花序，萼筒钟状，外面有毛，萼片长圆形。核果卵球形，熟时紫黑色，果梗密被棕褐色长柔毛；萼片宿存。花期 4 月，果期 6 月。

分布与生境：分布于八大公山斗篷山、天平山，生于海拔 1500 ~ 1800 m 的山坡林中、林缘。

锐齿臭樱 Prunus incisoserrata

12. 沼生矮樱 Prunus jingningensis (Z. H. Chen, G. Y. Li & Y. K. Xu) D. G. Zhang & Y. Wu

沼生矮樱 Prunus jingningensis

落叶灌木。叶片倒卵状长圆形，先端骤渐尖，基部圆形或宽楔形，边有单锯齿重锯齿，齿端有圆钝腺体，侧脉 7 ~ 10 对；叶柄先端或中部有 2 腺体。花芽和叶芽并生，花芽位于中央，花序伞形，有花 3 ~ 4 朵，先叶开放，萼筒管状，无毛，萼片平展；花瓣粉红色，长圆形，先端 2 裂。核果红色。花期 4 月，果期 7 ~ 8 月。

分布与生境：分布于八大公山杉木界，生于海拔 1500 ~ 1800 m 的山坡林中、林缘。

13. 梅 Prunus mume Koehne

落叶小乔木。小枝绿色，无毛。叶卵形或椭圆形，具细小锐锯齿，幼时两面被柔毛，老时下面脉腋具柔毛；叶柄常有腺体。花单生或 2 朵生于 1 芽内，花萼常红褐色，萼筒宽钟形，花瓣倒卵形，白或粉红色。果近球形。花期冬春，果期 5 ~ 6 月。

分布与生境：分布于八大公山各地，生长于海拔 200 ~ 1500 m 的山坡，也有栽培。

用途：种仁入药。观赏植物；花蕾、果实入药。

梅 Prunus mume

14. 粗梗稠李 Prunus napaulensis (Ser.) Steud.

粗梗稠李 Prunus napaulensis

落叶乔木。老枝黑褐色，有明显浅色皮孔。叶片长椭圆形，叶边有粗锯齿，下面淡绿色，无毛。总状花序具有多数花朵，基部有 2 ~ 3 叶片，花瓣白色。核果卵球形，顶端有骤尖头，黑色或暗紫色，无毛，果梗显著增粗，有明显淡色皮孔。花期 4 月，果期 7 月。

分布与生境：分布于八大公山天平山，生长于海拔 1200 ~ 1600 m 的山坡。

用途：庭院观赏；木材可作用材。

15. 桃 Prunus persica（Linnaeus）Batsch

落叶乔木。叶长圆状披针形或倒卵状披针形，下面有脉腋具少数短柔毛或无毛，边缘具细锯齿，叶柄常具 1 至数枚腺体。花单生；萼筒钟形，萼片卵形或长圆形，被柔毛；花瓣长圆状椭圆形或宽倒卵形，粉红色。核果卵圆形。花期 3 ~ 4 月，果期常 8 ~ 9 月。

分布与生境：分布于八大公山各地，生长于海拔 200 ~ 1200 m 的山坡，也有栽培。

用途：果树；庭院观赏；种仁、幼果、花、叶、树胶入药。

桃 Prunus persica

16. 樱桃 Cerasus pseudocerasus (Lindley) Loudon

樱桃 Cerasus pseudocerasus

落叶乔木。叶卵形或长圆状倒卵形，有尖锐重锯齿。花序伞房状或近伞形，有 3 ~ 6 朵花；总苞倒卵状椭圆形，褐色。萼筒钟状，萼片三角状卵形或卵状长圆形，全缘；花瓣白色，卵形；花柱与雄蕊近等长，无毛。核果近球形。花期 3 ~ 4 月，果期 5 ~ 6 月。

分布与生境：原产于我国华东到华北、东北，八大公山各地栽培。

用途：果可食；花可观赏；果实、根、枝、叶、果核均可入药。

17. 李 Prunus salicina Lindley

落叶乔木。叶长圆状倒卵形、长椭圆形，稀长圆状卵形，侧脉 6 ~ 10 对，两面无毛或下面沿中脉有疏柔毛。花常 3 朵簇生。萼筒钟状，萼片长圆状卵形，和萼筒外面均无毛；花瓣白色，长圆状倒卵形。核果球形、卵圆形或近圆锥形，径 3.5 ~ 5.0 cm，果熟时黄或红色，被腊粉；核卵圆形或长圆形。花期 4 月，果期 7 ~ 8 月。

分布与生境：产于八大公山各地，生于海拔 200 ~ 1900 m 的山坡、沟边灌丛中，也有栽培。

用途：果实、根、根皮、叶、种子均入药；重要水果；亦可栽培观赏。

李 Prunus salicina

18. 山樱花 Prunus serrulata Lindley

分变种检索表

1. 花单瓣，先叶开放……………………………… **18a. 山樱花（原变种） P. serrulata** var. **serrulata**
1. 花重瓣，花叶同时开放……………………… **18b. 日本晚樱（原变种） P. serrulata** var. **lannesiana**

18a. 山樱花（原变种） Prunus serrulata (Lindl.) G. Don ex London var. **serrulata**

落叶乔木。叶卵状椭圆形或倒卵状椭圆形，有渐尖单锯齿及重锯齿，两面无毛。花序伞房总状或近伞形，有 2 ~ 3 朵花；总苞片褐红色，倒卵状长圆形；萼筒管状；花瓣常白色，倒卵形；花柱无毛。核果球形或卵圆形。花期 4 ~ 5 月，果期 6 ~ 7 月。

分布与生境：分布于八大公山各地，生长于海拔 1000 ~ 1800 m 的山谷林中。

用途：果可食；花可观赏。

18b. 日本晚樱（变种） Prunus serrulata var. **lannesiana** (Carri.) Makino

本变种叶边有渐尖重锯齿，齿端有长芒，花常有香气。花期 3 ~ 5 月。

分布与生境：原产日本，八大公山各地栽培。

用途：花供观赏。

山樱花（原变种） Prunus serrulata var. serrulata

日本晚樱（变种） Prunus serrulata var. lannesiana

19. 四川樱桃 Prunus szechuanica Batalin

落叶乔木或灌木。叶片卵状椭圆形或长椭圆形，边有重锯齿或单锯齿。花序近伞房总状，有花 2 ~ 5 朵，下部苞片大多不孕或仅顶端 1 ~ 3 枚苞片腋内着花；苞片近圆形、宽卵形至长卵形，绿色；萼筒钟状，萼片三角披针形；花瓣白色或淡红色，近圆形；雄蕊 40 ~ 47 枚；柱头盘状。核果紫红色，卵球形。花期 4 ~ 6 月，果期 6 ~ 8 月。

分布与生境：分布于八大公山各地，生长于海拔 1500 ~ 1900 m 的山坡林中。

用途：果可食；花可观赏。

20. 细齿稠李 Prunus obtusata Koehne

落叶乔木。老枝紫褐色，有明显密而浅色皮孔，当年生小枝红褐色，被短柔毛。叶片椭圆形，叶边缘疏生圆钝锯齿，叶柄具腺体。总状花序，基部有 3 ~ 4 叶片，花瓣白色。核果球形或卵球形，顶端有短尖头，无毛，幼果红褐色，老时黑紫色，果梗明显增粗，被短柔毛，皮孔显著变大。花期 4 ~ 5 月，果期 6 ~ 10 月。

分布与生境：分布于八大公山斗篷山，生于海拔 1000 ~ 1900 m 的山坡林中。

用途：庭院观赏树木；木材为优质硬木。

四川樱桃 Prunus szechuanica

细齿稠李 Prunus obtusata

21. 绢毛稠李 Prunus wilsonii C. K. Schneider

落叶乔木。叶片椭圆形，下面淡绿色，幼时密被白色绢状柔毛，叶柄顶端两侧各有 1 个腺体。总状花序，基部有 3 ~ 4 叶片，总花梗和花梗随花成长而增粗，花瓣白色。核果球形或卵球形，顶端有短尖头，无毛，幼果红褐色，老时黑紫色，果梗明显增粗，皮孔显著变大。花期 4 ~ 5 月，果期 6 ~ 10 月。

分布与生境：产于八大公山，生于海拔 8000～1200 m 的山坡林中。

用途：观赏树木。

绢毛稠李 Prunus wilsonii

（十九）臀果木属 **Pygeum** Gaertner

常绿乔木或灌木。叶互生，叶边全缘。总状花序腋生，单一或分枝或数个簇生；花两性或单性，有时杂性异株；萼筒倒圆锥形、钟形或杯形，果时脱落，仅残存环形基部；花被片 5～10（15）枚，形小，多数种类的萼片与花瓣不易区分；花瓣与萼片同数或缺，着生于花萼口部；雄蕊 10～30（85），一列或多列，与花瓣同生；子房无毛或被毛，顶端细缩成花柱，花柱顶生，柱头头状；胚珠 2，下垂，并生。果实为核果，干燥，革质，典型的果实为横向长圆形；种子 1 枚，光滑无毛或有毛。

40 种，我国有 6 种，湖南有 1 种，八大公山也有分布。

1. 臀果木 **Pygeum topengii** Merrill

臀果木 Pygeum topengii

常绿乔木。臀果木属的花被片为 5 ~ 12 枚，形小，萼片与花瓣常无显著差别，花瓣长度通常不超出萼片的 1.5 倍；叶边全缘；果实均为干燥小核果。于李属植物近缘，但后者的花被明显地分为萼片与花瓣两轮，常各为 5 枚；花瓣通常长于萼片 2 倍或更长；叶边常有锯齿稀全缘；核果肉质或干燥。花期 6 ~ 9 月，果期冬季。

分布与生境：分布于八大公山杉木界，生于海拔 300 m 的山坡或疏林中。

用途：庭院观赏；果实可榨油。

（二十）火棘属 **Pyracantha** M. Roemer

常绿灌木或小乔木。芽细小，被短柔毛。单叶互生，边缘有圆钝锯齿、细齿或全缘：叶柄短，托叶细小，早落。花白色，成复伞房花序。被丝托短，钟状，萼片 5 片，花瓣 5 片，近圆形，开展；雄蕊 15 ~ 20 枚，花药黄色；心皮 5 枚，腹面离生，背面约 1/2 与被丝托相连，每心皮有 2 枚胚珠，子房半下位。梨果小，球形，小核 5 个，萼片宿存。

3 ~ 10 种，我国有 7 种，湖南有 4 种，八大公山 3 种。

分种检索表

1. 叶片常倒卵形至倒卵状长圆形，先端圆钝或微凹。
  2. 叶片常全缘，中部或近中部最宽…………………………………… **1. 全缘火棘 P. atalantioides**
  2. 叶片有圆钝锯齿，中部以上最宽……………………………………………… **3. 火棘 P. fortuneana**
1. 叶片长圆形至倒披针形，先端常急尖或有尖刺………………………… **2. 细圆齿火棘 P. crenulata**

1. 全缘火棘 **Pyracantha atalantioides** (Hance) Stapf

常绿灌木或小乔木。叶椭圆形或长圆形，稀长圆状倒卵形，先端微尖或圆钝，有时刺尖，基部楔形或圆，全缘或有不明显细齿，幼时有黄褐色柔毛，老时无毛，下面微带白霜。复伞房花序。萼片宽卵形；花瓣白色，卵形；雄蕊 20 枚；花柱 5 个，与雄蕊近等长。梨果扁球形。花期 4 ~ 5 月，果期 9 ~ 11 月。

分布与生境：分布于八大公山各地，生于海拔 200 ~ 1400 m 的山坡或疏林中。

用途：根、叶、果入药；果实可食。

2. 细圆齿火棘 **Pyracantha crenulata** (D. Don) M. Roemer

常绿灌木或小乔木。叶长圆形或倒披针形，稀卵状披针形，先端尖或圆钝，有时具小尖头，基部宽楔形或稍圆，边缘有细圆锯齿或疏锯齿，两面无毛；叶柄短，幼时有黄褐色柔毛，老时无毛。复伞房花序；萼片三角形，微具柔毛；花瓣白色，圆形；雄蕊 20 枚；子房上部密被白色柔毛，花柱 5 个，离生。梨果近球形。花期 3 ~ 5 月，果期 9 ~ 12 月。

分布与生境：分布于八大公山各地，生于海拔 200 ~ 1400 m 的山坡林缘。

用途：果实入药。

全缘火棘 Pyracantha atalantioides

细圆齿火棘 Pyracantha crenulata

3. 火棘 Pyracantha fortuneana (Maximowicz) H. L. Li

常绿灌木。叶倒卵形或倒卵状长圆形，先端圆钝或微凹，有时具短尖头，基部楔形，下延至叶柄，有钝锯齿，齿尖内弯，近基部全缘，两面无毛；叶柄短，无毛或幼时有柔毛。复伞房花序；萼片三角状卵形；花瓣白色，近圆形；雄蕊 20 枚；子房密被白色柔毛，花柱 5 个，离生。果近球形。花期 3 ~ 5 月，果期 8 ~ 11 月。

分布与生境：分布于八大公山各地，生于海拔 200 ~ 1400 m 的山坡灌丛或疏林中。

用途：根、叶、果入药；亦栽培供观赏。

（二十一）梨属 Pyrus Linnaeus

落叶乔木或灌木，稀半常绿乔木。单叶，互生，有锯齿或全缘，稀分裂；有叶柄与托叶。伞形总状花序。被丝托钟状，萼片 5 片，反折或开展；花瓣 5 片，白色，稀粉红色，基部具爪；雄蕊 15 ~ 30 枚，花药常深红或紫色；花柱 2 ~ 5 个，离生，子房下位，2 ~ 5 室，每室 2 枚胚珠。梨果，果肉多汁，富含石细胞，子房壁软骨质。种子黑或黑褐色，种皮软骨质。

火棘 Pyracantha fortuneana

10 ~ 25 种，我国有 15 种，湖南有 5 种，八大公山有 3 种。

分种检索表

1. 果实上萼片多数脱落或少数部分宿存；花柱 2 ～ 5。
   2. 叶缘有尖锐锯齿……………………………………………………… **1. 杜梨 P. betulifolia**
   2. 叶缘有带刺芒尖锐锯齿；花柱 4 ～ 5 ……………………………………… **2. 沙梨 P. pyrifolia**
1. 果实上萼片多数脱落或少数部分宿存；花柱 2 ～ 5 ………………………………**3. 麻梨 P. serrulata**

1. 杜梨 Pyrus betulifolia Bunge

落叶乔木。叶片菱状卵形至长圆卵形，先端渐尖，基部宽楔形，稀近圆形，边缘有粗锐锯齿。伞形总状花序，有花 10 ~ 15 朵，总花梗和花梗均被灰白色茸毛；萼片三角卵形；花瓣宽卵形，白色；雄蕊 20 枚；花柱 2 ~ 3 个，基部微具毛。果实近球形， 2 ~ 3 室，褐色，有淡色斑点，萼片脱落，基部具带茸毛果梗。花期 4 月，果期 8 ~ 9 月。

分布与生境：分布于八大公山斗篷山，生长在海拔 900 ~ 1200 m 的路边向阳处。

用途：枝叶、树皮、果实入药；庭院观赏。

2. 沙梨 Pyrus pyrifolia (N. L. Burman) Nakai

落叶乔木。叶卵状椭圆形或卵形，先端长尖，基部圆或近心形，稀宽楔形，有刺芒锯齿，微向内合拢，两面无毛或幼时有褐色绵毛。花 6 ~ 9 朵组成伞形总状花序；花序梗和花梗幼时被柔毛。

萼片三角状卵形；花瓣白色，卵形；雄蕊 20 枚；花柱 4 ~ 5 个，无毛。果近球形，浅褐色，有浅色斑点，顶端微下陷，萼片脱落。种子卵圆形。花期 4 月，果期 8 月。

分布与生境：分布于八大公山各地，生长在海拔 200 ~ 1200 m 的山坡林中，也有栽培。

用途：果实、根、树皮、枝、叶、果皮入药；果为著名水果；亦栽培供观赏。

杜梨 Pyrus betulifolia

沙梨 Pyrus pyrifolia

3. 麻梨 Pyrus serrulata Rehder

落叶乔木。本种边缘有细锐锯齿。果近球形或倒卵球形，中等大小，深褐色，有浅色斑点，3 ~ 4 室，萼片宿存或部分脱落。花期 4 月，果期 6 ~ 8 月。

分布与生境：分布于八大公山各地，生长在海拔 200 ~ 1200 m 的山坡林中。

用途：庭院观赏。

麻梨 Pyrus serrulata

（二十二）石斑木属 **Rhaphiolepis** Lindley

常绿灌木或小乔木。单叶互生，革质。花成直立总状花序、伞房花序或圆锥花序；萼筒钟状至筒状，下部与子房合生；萼片 5，直立或外折，脱落；花瓣 5，有短爪；雄蕊 15 ~ 20；子房下位，2 室，每室有 2 直立胚珠，花柱 2 或 3，离生或基部合生。梨果核果状，近球形，肉质，萼片脱落后顶端有一圆环或浅窝；种子 1 ~ 2。

15 种，我国有 7 种，湖南有 2 种，八大公山有 1 种。

1. 石斑木 **Rhaphiolepis indica** (Linnaeus) Lindley

常绿灌木。幼枝初被茸毛，后变无毛。叶片集生于枝顶，卵形至长圆披针形，（4 ~ 8）cm ×（1.5 ~ 4.0）cm，先端圆钝、急尖、渐尖或长尾尖，基部渐狭连于叶柄，边缘具细钝锯齿。顶生圆锥花序或总状花序，总花梗和花梗被锈色茸毛，萼筒筒状，边缘及内外面有褐色茸毛，或无毛；萼片 5，三角披针形至线形，花瓣 5，白色或淡红色，倒卵形或披针形，雄蕊 15，与花瓣等长或稍长；花柱 2 ~ 3，基部合生，近无毛。果实球形，紫黑色。花期 4 月，果期 7 ~ 8 月。

分布与生境：分布于八大公山各地，生长在海拔 200 ~ 600 m 的山坡林中。

用途：木材带红色，质重坚韧，可作器物；果实可食；根、叶可入药；花朵白里透红，具有较高的观赏价值。

石斑木 Rhaphiolepis indica

（二十三）蔷薇属 Rosa Linnaeus

灌木。多数被皮刺、针刺或刺毛，稀无刺。叶互生，奇数羽状复叶，稀单叶。花单生或成伞房状，稀复伞房状或圆锥状花序。萼筒球形、坛形或杯形，萼片（4）5；花瓣（4）5，白、黄、粉红或红色；雄蕊多数，分离，着生花盘周围；心皮多数，稀少数，着生萼筒内部，离生；花柱顶生或侧生，离生或上部合生；胚珠单生，下垂。蔷薇果，其内瘦果木质化。

100～200 种，我国有 95 种，湖南有 36 种，八大公山有 8 种。

分种检索表

1. 萼筒杯状；瘦果着生萼筒突起基部；花柱离生，不外伸……………………**8. 缫丝花 R. roxburghii**
1. 萼筒坛状；瘦果着生萼筒边周及基部。
  2. 托叶大部贴生叶柄，宿存。
    3. 花柱离生，短于雄蕊，小叶 3 ～ 5 ……………………………………………… **2. 月季花 R. chinensis**
    3. 花柱合生，结合成柱，约与雄蕊等长，小叶 5 ～ 9。
      4. 托叶篦齿状……………………………………………… **7. 粉团蔷薇 R. multiflora var. cathayensis**
      4. 托叶全缘，常有腺毛。
        5. 小叶两面被毛或仅下面被毛……………………………………………… **4. 卵果蔷薇 R. helenae**
        5. 小叶两面无毛或下面沿脉微被柔毛…………………………………… **5. 软条七蔷薇 R. henryi**
  2. 托叶离生或近离生，早落。
    6. 花梗和萼筒光滑，托叶钻形。

7. 伞房花序；萼片全缘……………………………… **1. 单瓣白木香 R. banksiae** var. **normalis**

7. 复伞房花序，萼片羽状分裂………………………………………………… **3. 小果蔷薇 R. cymosa**

6. 花梗和萼筒被针刺，托叶有齿……………………………………………… **6. 金樱子 R. laevigata**

1. 单瓣白木香（变种）Rosa banksiae var. **normalis** Regel

攀缘小灌木。小枝有短小皮刺。小叶 3 ~ 5，稀 7；小叶片椭圆状卵形或长圆披针形，先端急尖或稍钝，基部近圆形或宽楔形，边缘有紧贴细锯齿。花小形，多朵成伞形花序；萼片卵形，先端长渐尖，全缘，萼筒和萼片外面均无毛，内面被白色柔毛；花瓣重瓣至半重瓣，白色，倒卵形，先端圆，基部楔形。花期 4 ~ 5 月。

分布与生境：分布于八大公山各地，生长在海拔 500 ~ 1500 m 的沟谷灌丛中。

用途：根皮入药。

单瓣白木香（变种）Rosa banksiae var. normalis

2. 月季花 Rosa chinensis Jacquin

直立灌木。小叶 3 ~ 5 片；宽卵形或卵状长圆形，，有锐锯齿，两面近无毛，顶生小叶有柄，侧生小叶近无柄，托叶大部贴生叶柄，边缘常有腺毛。花几朵集生，稀单生；萼片卵形；花瓣重瓣至半重瓣，红、粉红或白色，倒卵形；花柱离生，伸出花萼，约与雄蕊等长。蔷薇果卵圆形或梨形；萼片脱落。花期 4 ~ 9 月，果期 6 ~ 11 月。

分布与生境：原产我国，八大公山各地均有栽培。

用途：著名观赏花木；花蕾和根入药。

月季花 Rosa chinensis

3. 小果蔷薇 Rosa cymosa Trattinnick

攀缘灌木。小叶 3 ~ 5 片，稀 7 片，卵状披针形或椭圆形，稀长圆状披针形，有紧贴或尖锐细锯齿，两面无毛，下面沿中脉有稀疏长柔毛；托叶离生，早落。花多朵或复伞房花序；萼片卵形，常羽状分裂；花瓣白色，倒卵形；花柱离生，稍伸出萼筒口，与雄蕊近等长。蔷薇果球形，萼片脱落。花期 5 ~ 6 月，果期 7 ~ 11 月。

分布与生境：产于八大公山各地，生长在海拔 1300 m 以下的山坡或沟边向阳处。

用途：根、果实、花、叶入药；根皮可提取鞣料。

小果蔷薇 Rosa cymosa

4. 卵果蔷薇 Rosa helenae Rehder & E. H. Wilson

落叶灌木。小叶（5）7 ~ 9 片，长圆状卵形或卵状披针形，有紧贴尖锐锯齿，下面有毛，沿叶脉较密，托叶大部贴生叶柄，边缘有腺毛。顶生伞房花序，花瓣白色，倒卵形；花柱结合成束。蔷薇果卵圆形、椭圆形或倒卵圆形。花期 5 ~ 7 月，果期 9 ~ 10 月。

分布与生境：分布于八大公山各地，生长在海拔 700 ~ 1800 m 的山坡、沟边或灌丛中。

用途：根、嫩叶、果实入药；庭院观赏。

卵果蔷薇 Rosa helenae

5. 软条七蔷薇 **Rosa henryi** Boulenger

落叶灌木。小叶常 5 片，近花序小叶片常 3 片；小叶长圆形或椭圆状卵形，有锐锯齿，两面无毛；托叶大部贴生叶柄，离生部分披针形，全缘。花 5 ~ 15 朵伞房状花序；花瓣白色，宽倒卵圆形；花柱结合成柱。蔷薇果近球形。花期 5 ~ 7 月，果期 9 ~ 10 月。

软条七蔷薇 Rosa henryi

分布与生境：分布于八大公山各地，生长于海拔 500 ~ 1200 m 林边、田边或灌丛中。

用途：根、果实入药；花可供观赏。

6. 金樱子 Rosa laevigata Michaux

常绿攀缘灌木。小叶革质，常 3 片，稀 5 片；小叶椭圆状卵形或披针卵形，有锐锯齿，下面幼时沿中肋有腺毛；托叶离生或基部与叶柄合生。花单生叶腋，花梗和萼筒密被腺毛，花瓣白色，宽倒卵形。蔷薇果坛状。花期 4 ~ 6 月，果期 7 ~ 11 月。

分布与生境：分布于八大公山各地，生于海拔 400 ~ 1600 m 向阳山野、田边或溪畔灌丛中。

用途：根、叶、果均入药；花供观赏。

金樱子 Rosa laevigata

7. 粉团蔷薇（变种） Rosa multiflora var. **cathayensis** Rehder & E. H. Wilson

攀缘灌木。小叶 5 ~ 9 片，近花序小叶有时 3 片，小叶倒卵形、长圆形或卵形，有尖锐单锯齿，稀混有重锯齿，托叶篦齿状，大部贴生叶柄。圆锥花序；花瓣多种颜色。蔷薇果近球形，萼片脱落。花期 4 ~ 5 月。

分布与生境：分布于八大公山各地，生长于海拔 400 ~ 1800 m 的山坡灌丛。

用途：根、叶、花和种子均入药；花可供观赏。

8. 缫丝花 Rosa roxburghii Trattinnick

落叶灌木。小叶 9 ~ 15 片，小叶椭圆形或长圆形，有细锐锯齿。花单生或 2 ~ 3 朵生于短枝顶端。萼片宽卵形，有羽状裂片；花瓣重瓣至半重瓣，淡红或粉红色，倒卵形。蔷薇果扁球形，外面密生针刺；宿萼直立。花期 5 ~ 7 月，果期 8 ~ 10 月。

分布与生境：分布于八大公山各地，生于海拔 200 ~ 800 m 的路边、田边。

用途：果实、根、叶入药；花可供观赏。

粉团蔷薇（变种）Rosa multiflora var. cathayensis

缫丝花 Rosa roxburghii

（二十四）悬钩子属 Rubus Linnaeus

灌木、亚灌木或多年生草本。茎常具皮刺或针状刺，稀无刺。单叶、羽状复叶或掌状复叶，互生；托叶与叶柄合生或离生。花常两性，花序各式或单生。花萼（4）5（8）裂；果期宿存；花瓣常 5，白或红色；雄蕊常多数，宿生于花萼口部。由小核果或小核果状瘦果集生花托形成聚合果。

250 ~ 700 余种，我国约 208 种，湖南有 73 种，八大公山有 37 种。

分种检索表

1. 灌木，稀亚灌木。
  2. 托叶着生于叶柄基部，或多或少与叶柄合生，常较窄，不裂。
    3. 复叶。
      4. 托叶和苞片狭窄，线形、线状披针形、披针形或钻形。
        5. 心皮 10 ～ 70 或稍多，着生于无柄的花托上。
          6. 顶生圆锥花序或近总状花序。
            7. 叶下面密被茸毛……………………………………………… **13. 白叶莓 R. innominatus**
            7. 叶下面密被柔毛…………………………………………………… **1. 腺毛莓 R. adenophorus**
          6. 顶生伞房状花序，极稀短总状花序，或花少数簇生及单生。
            8. 叶片下面被茸毛。
              9. 果卵圆形，红色…………………………………………………… **22. 茅莓 R. parvifolius**
              9. 果扁球形，紫黑色………………………………………… **19. 喜阴悬钩子 R. mesogaeus**
            8. 叶片下面具柔毛或无毛。
              10. 小叶 7 ～ 15 枚…………………………………………… **14. 红花悬钩子 R. inopertus**
              10. 小叶 3 ～ 7 枚，极稀 9。
                11. 植株具红褐色刺毛 ……………………………… **35. 红毛悬钩子 R. wallichianus**
                11. 植株无刺毛。
                  12. 花数朵至 30 余朵成顶生伞房花序……………………… **7. 插田泡 R. coreanus**
                  12. 花 2 ～ 4 朵或稍多成顶生伞房花序，或数花簇生，有时单生 ……………
                  ……………………………………………………………………… **26. 香莓 R. pungens**
        5. 心皮数约 100 或更多，着生于有柄的花托上。
          13. 植株被紫红色腺毛 ………………………………………**31. 红腺悬钩子 R. sumatranus**
          13. 植株无腺毛 ………………………………………………………… **8. 大红泡 R. eustephanos**
      4. 托叶和苞片宽大，卵形或卵状披针形或近圆形……………… **17. 绵果悬钩子 R. lasiostylus**
    3. 单叶。
      14. 叶盾状 ………………………………………………………………… **24. 盾叶莓 R. peltatus**
      14. 叶非盾状。
        15. 植株全体具柔毛，花单生或数朵簇生 ……………………… **6. 山莓 R. corchorifolius**
        15. 植株全体无毛；花常 3 朵簇生 ………………………………… **34. 三花悬钩子 R. trianthus**
  2. 托叶着生于近叶柄基部茎上，离生，较宽大，常分裂。
    16. 植株具刺毛，托叶宿存。
      17. 蔓性小灌木，高 0.3 ～ 1.0 m ………………………………… **2. 周毛悬钩子 R. amphidasys**
      17. 大型蔓生灌木，高 3 ～ 5 m ……………………………… **36. 务川悬钩子 R. wuchuanensis**

16. 植株具皮刺，托叶早落。
18. 圆锥花序或圆锥花序分枝短而近总状花序，稀数朵簇生叶腋。
19. 托叶和苞片较狭小，长在 2 cm 以下，宽不足 1 cm，分裂或全缘。
20. 叶片下面无毛或多少被柔毛 ………………………………… **16. 高粱泡 R. lambertianus**
20. 叶片下面密被茸毛，稀具疏柔毛或无毛。
21. 叶片狭长，不裂，稀近基部有浅裂片，具羽状脉。
22. 叶片下面密被茸毛 ……………………………………………**21. 乌泡子 R. parkeri**
22. 叶片下面无毛 ………………………………………… **12. 宜昌悬钩子 R. ichangensis**
21. 叶片宽大，浅裂，基部有掌状 5 出脉。
23. 叶片下面被灰白色至浅黄灰色茸毛，稀具柔毛。
24. 顶生圆锥花序宽大。
25. 植株无腺毛，或仅花梗和花萼有腺毛。
26. 叶片近圆形 …………………………………………… **5. 毛萼莓 R. chroosepalus**
26. 叶片长卵形至卵状披针形 ……………………… **37. 黄脉莓 R. xanthoneurus**
25. 枝、叶柄、花梗和花萼有腺毛 ……………………**33. 灰白毛莓 R. tephrodes**
24. 顶圆锥花序狭窄，有时近总状。
27. 直立攀缘灌木，叶下面茸毛不脱落 ……………… **29. 川莓 R. setchuenensis**
27. 匍匐灌木；叶下面茸毛老时脱落。
28. 外萼片仅顶端浅裂。
29. 边缘 5 ~ 7 浅裂，裂片圆钝 ……………………**3. 寒莓 R. buergeri**
29. 边缘 5 裂，裂片三角披针形，顶端急尖 …… **28. 棕红悬钩子 R. rufus**
28. 外萼片边缘羽状条裂 ………………………… **11. 湖南悬钩子 R. hunanensis**
23. 叶片下面密被锈色茸毛。
30. 叶片边缘 3 ~ 5 裂 ………………………………………… **27. 锈毛莓 R. reflexus**
30. 叶片边缘不分裂或仅基部 2 裂 ……………………… **9. 攀枝莓 R. flagelliflorus**
19. 托叶和苞片宽大，常长 2 ~ 5 cm，宽 1 ~ 2 cm，分裂或有锯齿。
31. 叶片宽卵形至长卵形，顶端渐尖 ……………………………… **15. 灰毛泡 R. irenaeus**
31. 叶片近圆形，顶端急尖或圆钝 ……………………………… **20. 太平莓 R. pacificus**
18. 花序为简单的总状花序或单花。
32. 掌状复叶具 3 ~ 5 小叶 ………………………………… **25. 五叶鸡爪茶 R. playfairianus**
32. 单叶。
33. 叶片 3 ~ 5 深裂 ……………………………………………………… **10. 鸡爪茶 R. henryi**
33. 叶片不裂或浅裂。
34. 嫩叶下面密被锈色茸毛 ……………………………**4. 尾叶悬钩子 R. caudifolius**
34. 嫩叶下面无毛。

35. 总花梗和花梗被较密茸毛状长柔毛 ……………………**18. 棠叶悬钩子 R. malifolius**

35. 总花梗和花梗被腺毛 ……………………………………………… **32. 木莓 R. swinhoei**

1. 草本或半灌木。

36. 叶为单叶 ……………………………………………………………… **23. 黄泡 R. pectinellus**

36. 叶为三出复叶 ………………………………………………………… **30. 单茎悬钩子 R. simplex**

1. 腺毛莓 Rubus adenophorus Rolfe

攀缘灌木。小叶 3 片，宽卵形或卵形，上下两面均疏被柔毛。总状花序顶生或腋生。花梗、苞片和花萼均密被带黄色长柔毛和紫红色腺毛，花瓣倒卵形或近圆形，紫红色。果球形，核具皱纹。花期 6 ~ 7 月，果期 6 ~ 7 月。

分布与生境：分布于八大公山各地，生长于海拔 300 ~ 1000 m 的山沟边或林缘。

腺毛莓 Rubus adenophorus

2. 周毛悬钩子 Rubus amphidasys Focke

小灌木。枝常无皮刺。单叶，宽长卵形，先端短渐尖或尖，两面均被长柔毛，3 ~ 5 浅裂；托叶离生，羽状深条裂，被长腺毛和长柔毛。花常 5 ~ 12 朵成近总状花序，稀 3 ~ 5 朵簇生。苞片与托叶相似；萼片窄披针形，果期直立开展；花瓣宽卵形或长圆形，白色；花丝宽扁，短于花柱。果扁球形，包在宿萼内。花期 5 ~ 6 月，果期 7 ~ 8 月。

分布与生境：分布于八大公山各地，生长于海拔 500 ~ 1400 m 的山坡林下。

用途：全草入药。

周毛悬钩子 Rubus amphidasys

3. 寒莓 Rubus buergeri Miquel

常绿小灌木。单叶，卵形至近圆形，基部心形，下面密被茸毛，5 ~ 7 浅裂，裂片钝圆，基脉掌状 5 出；托叶离生，掌状或羽状深裂。短总状花序顶生或腋生，花瓣倒卵形，白色；雄蕊多数。果近球形，核具皱纹。花期 7 ~ 8 月，果期 9 ~ 10 月。

分布与生境：分布于八大公山各地，生长于海拔 500 ~ 1900 m 的山坡林内或灌丛中。

用途：根及全草入药。

寒莓 Rubus buergeri

4. 尾叶悬钩子 Rubus caudifolius Wuzhi

攀缘灌木；幼枝密被灰黄色至灰白色茸毛，老时逐渐脱落，疏生微弯短皮刺。单叶，革质，长圆状披针形或卵状披针形，（7 ~ 14）cm ×（3 ~ 5）cm，顶端尾尖，基部圆形，上面无毛，下面密被铁锈色短茸毛，具脉 5 ~ 8 对，边缘具浅细突尖锯齿，营养枝上的叶片边缘具较粗大锯齿；托叶长圆披针形，长 1.0 ~ 1.5 cm，全缘。花成顶生或腋生总状花序，总花梗、花梗和花萼均密被灰黄色茸毛状柔毛；花萼带紫红色；萼片三角状卵形至三角状披针形，顶端短尾尖，全缘；花瓣长圆形，红色，稍短于萼片，两面微具柔毛。果实扁球形，未熟时红色，熟时黑色，无毛。花期 5 ~ 6 月，果期 7 ~ 8 月。

分布与生境：分布于八大公山斗篷山，生长于海拔 1700 ~ 1900 m 的山坡林中。

尾叶悬钩子 Rubus caudifolius

5. 毛萼莓 Rubus chroosepalus Focke

灌木。单叶，近圆形或宽卵形，先端短尾尖，下面密被灰白或黄白色茸毛，基部有 5 条掌状脉；

毛萼莓 Rubus chroosepalus

托叶离生，披针形，不裂或顶端浅裂，早落。圆锥花序顶生，花序轴和花梗均被绢状长柔毛。苞片披针形，两面均被柔毛，全缘或常 3 浅裂，早落；萼片卵形或卵状披针形，全缘，无花瓣；雄蕊多数。果球形，核具皱纹。花期 5 ~ 6 月，果期 7 ~ 8 月。

分布与生境：分布于八大公山各地，生长于海拔 400 ~ 1800 m 的山坡灌丛中或林下。

用途：根入药。

6. 山莓 Rubus corchorifolius Linnaeus f.

灌木。单叶，卵形或卵状披针形，上面沿叶脉有柔毛，下面幼时密被柔毛，老时近无毛；叶柄长幼时密生柔毛，托叶线状披针形，具柔毛。花单生或少数簇生；花萼密被柔毛，萼片卵形或三角状卵形；花瓣长圆形或椭圆形，白色；雄蕊多数；雌蕊多数，子房有柔毛。果近球形或卵圆形，密被柔毛；核具皱纹。花期 2 ~ 3 月，果期 4 ~ 6 月。

分布与生境：分布于八大公山各地，生长于海拔 200 ~ 1800 m 的灌丛中、林缘、荒地中。

用途：未成熟的果实、根和根皮、茎、叶均可入药；果实可鲜食。

山莓 Rubus corchorifolius

7. 插田泡 Rubus coreanus Miquel

分变种检索表

1. 小叶疏被柔毛或下面沿叶脉被柔毛………………… **7a. 插田泡（原变种） R. coreanus** var. **coreanus**
1. 小叶下面密被茸毛……………………………… **7b. 毛叶插田泡（变种） R. coreanus** var. **tomentosus**

7a. 插田泡（原变种） Rubus coreanus Miquel var. **coreanus**

落叶灌木。小叶常 5 片，卵形、菱状卵形或宽卵形，下面被稀疏柔毛或仅沿叶脉被短柔毛。伞房花序具花数朵至 30 几朵；苞片线形，有短柔毛；萼片长卵形至卵状披针形，花瓣倒卵形，淡红色至深红色；雄蕊比花瓣短或近等长；雌蕊多数；花柱无毛，子房被稀疏短柔毛。果实近球形，无毛或近无毛；核具皱纹。花期 4 ~ 6 月，果期 6 ~ 8 月。

分布与生境：分布于八大公山各地，生长于海拔 200 ~ 1800 m 的山坡灌丛中。

用途：根入药；果实可鲜食。

插田泡（原变种）*Rubus coreanus* var. *coreanus*

7b. 毛叶插田泡（变种）*Rubus coreanus* var. *tomentosus* Cardot

本变种与原变种插田泡的区别：小叶下面密被茸毛。

分布与生境：分布于八大公山各地，生长于海拔 200 ~ 1800 m 的山坡灌丛中。

用途：根入药；果实可鲜食。

毛叶插田泡（变种）*Rubus coreanus* var. *tomentosus*

8. 大红泡 *Rubus eustephanos* Focke

常绿灌木。小叶 3 ~ 5（7）枚，卵形、椭圆形、稀卵状披针形，老时仅下面沿叶脉有柔毛；托叶披针形，顶端尾尖，无毛或边缘稍有柔毛。花常单生，稀 2 ~ 3 朵；花梗无毛，常无腺毛；苞片和托叶相似；花萼无毛；萼片长圆披针形；花瓣椭圆形或宽卵形，白色；雄蕊多数；雌蕊很多，子房和花柱无毛。果实近球形，核较平滑或微皱。花期 4 ~ 5 月，果期 6 ~ 7 月。

分布与生境：分布于八大公山各地，生长于海拔 1900 m 以下的林缘或沟边灌丛中。

用途：根、叶入药；果实可鲜食。

大红泡 Rubus eustephanos

9. 攀枝莓 *Rubus flagelliflorus* Focke

攀缘或匍匐小灌木；枝褐色，幼时密被灰白色茸毛。单叶，革质，叶片卵形或长卵形，顶端急尖至短渐尖，基部深心形，上面无毛，下面密被黄色茸毛，边缘常不分裂或微波状，有不整齐圆钝锯齿，幼时密被灰白色茸毛。花成腋生短总状花序或数朵簇生；萼片卵状披针形，内面紫红色，花

攀枝莓 Rubus flagelliflorus

后常反折；花瓣小，白色。果实半球形，熟时黑色。花期 5 ~ 6 月，果期 7 ~ 8 月。

分布与生境：分布于八大公山各地，生长于海拔 800 ~ 1200 m 的林下或沟边灌丛中。

10. 鸡爪茶 Rubus henryi Hemsley & Kuntze

分变种检索表

1. 叶片分裂至叶的 2/3 以下 ……………………………… **10a. 鸡爪茶（原变种） R. henryi** var. **henryi**
1. 叶片分裂至叶的 1/3 以下至中部 ……………… **10b. 大叶鸡爪茶（变种） R. henryi** var. **sozostylus**

10a. 鸡爪茶（原变种） Rubus henryi Hemsley & Kuntze var. **henryi**

常绿灌木。单叶，基部宽楔形或近圆，稀近心形，3（5）深裂，下面密被灰白或黄白色茸毛，有时疏生小皮刺。花常 9 ~ 20 朵组成总状花序；苞片和托叶相似；萼片长三角形；花瓣窄卵圆形，粉红色；雄蕊多数；雌蕊多数。果近球形，核稍有网纹。花期 5 ~ 6 月，果期 7 ~ 8 月。

分布与生境：分布于八大公山各地，生长于海拔 600 ~ 1000 m 的山坡林中。

用途：根入药。

鸡爪茶（原变种） Rubus henryi var. henryi

10b. 大叶鸡爪茶（变种） Rubus henryi var. **sozostylus** (Focke) T. T. Yu & L. T.Lu

本变种叶片基部宽，近楔形或心形，掌状 5 裂或 3 裂约至叶片中部或 1/3 处，裂片较宽短，卵状披针形，边缘具粗锐锯齿；花萼常无腺毛。

分布与生境：分布于八大公山斗篷山、杉木界，生长于海拔 800 ~ 1200 m 的山坡林中。

用途：根入药。

大叶鸡爪茶（变种）Rubus henryi var. sozostylus

11. 湖南悬钩子 Rubus hunanensis Handel-Mazzetti

攀缘小灌木。单叶，近圆形或宽卵形，边缘 5 ~ 7 浅 裂；托叶离生，褐色。花数朵生于叶腋或成顶生短总状花序，萼片宽卵形，外萼片较宽大，花瓣倒卵形，白色。果实半球形，黄红色，包藏在宿萼内，无毛。花期 7 ~ 8 月，果期 9 ~ 10 月。

分布与生境：分布于八大公山各地，生长于海拔 600 ~ 1200 m 的山坡林中。

湖南悬钩子 Rubus hunanensis

12. 宜昌悬钩子 Rubus ichangensis Hemsley & Kuntze

落叶或半常绿攀缘灌木。单叶，近革质，卵状披针形，两面均无毛，下面沿中脉疏生小皮刺，托叶钻形或线状披针形，全缘或先端浅条裂，脱落。顶生圆锥花序窄，腋生花序有时似总状；苞片与托叶相似，有腺毛；萼片卵形；花瓣直立，椭圆形，白色；雄蕊多数，雌蕊 12 ~ 30 枚，无毛。果近球形；核有细皱纹。花期 7 ~ 8 月，果期 10 月。

生境：八大公山，生于海拔 600 ~ 1500 m 的山坡、山谷林内或灌丛中。

用途：根、叶入药。

宜昌悬钩子 Rubus ichangensis

13. 白叶莓 Rubus innominatus S. Moore

落叶灌木。小叶 3（5）片，顶生小叶斜卵状披针形或椭圆形，上面疏生平贴柔毛或几无毛，下面密被灰白色茸毛；托叶线形，被柔毛。总状或圆锥状花序，腋生花序常为短总状，花序梗和花梗密被茸毛状长柔毛和腺毛。苞片线状披针形，被柔毛；花萼密被长柔毛和腺毛；萼片卵形；花瓣倒卵形或近圆形，紫红色；花柱无毛。果近球形。花期 5 ~ 6 月，果期 7 ~ 8 月。

分布与生境：分布于八大公山，生长于海拔 200 ~ 800 m 的山坡疏林、灌丛中。

用途：根入药。

14. 红花悬钩子 Rubus inopertus (Focke) Focke

灌木。小叶（5）7 ~ 11 片，卵状披针形形或卵形，上面疏生柔毛，下面沿叶脉具柔毛，具粗锐重锯齿；托叶线状披针形。花数朵簇生或成顶生伞房花序；花序轴和花梗均无毛。苞片线状披针形；花萼无毛，萼片卵形或三角状卵形；花瓣倒卵形，粉红或紫红色，花丝线形或基部增宽；花柱基部和子房有柔毛。果球形，被柔毛。

分布与生境：分布于八大公山各地，生长于海拔 1000 ~ 1800 m 的山坡林缘。

用途：根及果实入药。

白叶莓 Rubus innominatus

红花悬钩子 Rubus inopertus

15. 灰毛泡 **Rubus irenaeus** Focke

常绿灌木。单叶，近圆形，上面无毛，下面密被灰或黄灰色茸毛，具 5 出掌状脉；托叶长圆形，被茸毛状柔毛，近先端缺刻状条裂。花数朵成顶生伞房状或近总状花序，常单花或数朵生于叶腋；苞片与托叶相似，具茸毛状柔毛，先端分裂；萼片宽卵形；花瓣近圆形，白色；雄蕊多数；雌蕊 30 ~ 60 枚，无毛。果球形，核具网纹。花期 5 ~ 6 月，果期 8 ~ 9 月。

分布与生境：分布于八大公山各地，生长于海拔 800 ~ 1200 m 的山坡林下。

用途：根和全株入药。

灰毛泡 Rubus irenaeus

16. 高粱泡 Rubus lambertianus Seringe

灌木。单叶，宽卵形，稀长圆状卵形，上面疏生柔毛或沿叶脉有柔毛，下面被疏柔毛；托叶离生，线状深裂，有柔毛或近无毛，常脱落。圆锥、近总状花序或簇生；花序轴、花梗和花萼均被柔毛。苞片与托叶相似；萼片卵状披针形；花瓣倒卵形，白色；雄蕊多数；雌蕊 15 ~ 20 枚，无毛。果近球形，有皱纹。花期 7 ~ 8 月，果期 9 ~ 11 月。

高粱泡 Rubus lambertianus

分布与生境：分布于八大公山各地，生长于海拔 1000 ~ 1800 m 的山坡灌丛中或林缘。

用途：根、叶、全株可入药。

17. 绵果悬钩子 Rubus lasiostylus Focke

灌木。小叶 3（5）片，叶卵形或椭圆形，下面密被灰白色茸毛，沿叶脉疏生小皮刺，托叶卵状披针形或卵形，膜质，无毛，渐尖。花 2 ~ 6 朵成顶生伞房状花序，有时 1 ~ 2 朵腋生。苞片卵形或卵状披针形，膜质，无毛；花萼紫红色，萼片宽卵形；花瓣近圆形，红色；花丝白色；花柱下部和子房上部密被长茸毛。果球形，密被长茸毛和宿存花柱。

分布与生境：分布于八大公山天平山，生长于海拔 1800 m 以上的山坡林下或灌丛中。

用途：根和果实入药；果实可鲜食。

绵果悬钩子 Rubus lasiostylus

18. 棠叶悬钩子 Rubus malifolius Focke

常绿攀缘灌木。一年生枝、不育枝和结果枝（或花枝）幼时均具柔毛，老时渐脱落。单叶，椭圆形或长圆状椭圆形，基部近圆形，下面具平贴灰白色茸毛，不育枝和老枝上叶片下面的茸毛不脱落，结果枝上的叶片下面茸毛脱落；托叶和苞片线状披针形，膜质，早落。花成顶生总状花序，花瓣宽，白色或白色有粉红色斑。果实扁球形，无毛，熟时紫黑色。花期 5 ~ 6 月，果期 6 ~ 8 月。

分布与生境：分布于八大公山各地，生长于海拔 1000 ~ 1800 m 的山坡林下或灌丛中。

19. 喜阴悬钩子 Rubus mesogaeus Focke

灌木。小叶 3(5) 片，顶生小叶宽菱状卵形或椭圆状卵形，常羽状分裂，侧生小叶斜椭圆形或斜卵形，下面密被灰白色茸毛。伞房花序具花数朵至 20 几朵；苞片线形，被柔毛。花萼密被柔毛，萼片披针形；花瓣倒卵形、近圆形或椭圆形，白或浅粉红色；花柱无毛。果扁球形，成熟时紫黑色，无毛。花期 4 ~ 5 月，果期 7 ~ 8 月。

分布与生境：分布于八大公山各地，生长于海拔 1000 ~ 1800 m 的山坡林下或灌丛中。

棠叶悬钩子 Rubus malifolius

喜阴悬钩子 Rubus mesogaeus

20. 太平莓 Rubus pacificus Hance

常绿灌木。单叶，革质，宽卵形至长卵形，顶端渐尖，基部心形，基部具掌状 5 出脉，侧脉 2 ~ 3 对，边缘不明显浅裂，有不整齐而具突尖头的锐锯齿，托叶大，棕色，叶状。花 3 ~ 6 朵成顶生短总状或伞房状花序，或单生于叶腋，花梗和花萼密被茸毛状柔毛，萼片在果期常反折，花瓣白色。果实球形，红色，无毛。花期 6 ~ 7 月，果期 8 ~ 9 月。

分布与生境：分布于八大公山各地，生于海拔 300 ~ 700 m 的山坡林下。

太平莓 Rubus pacificus

21. 乌泡子 Rubus parkeri Hance

灌木。单叶，卵状披针形或卵状长圆形，下面密被灰色茸毛，沿叶脉被长柔毛，侧脉 5 ~ 6 对，有细锯齿和浅裂片；托叶脱落，常掌状条裂，裂片线形，被长柔毛。圆锥花序。苞片与托叶相似，有长柔毛和腺毛；萼片卵状披针形；花瓣白色，常无花瓣；雄蕊多数；雌蕊少数。果球形，无毛。

乌泡子 Rubus parkeri

花期 5～6 月，果期 7～8 月。

分布与生境：分布于八大公山五道水，生于海拔 200～300 m 的溪边灌丛。

用途：根入药。

22. 茅莓 Rubus parvifolius Linnaeus

灌木。小叶 3（5）片，菱状圆卵形或倒卵形，下面密被灰白色茸毛；托叶线形，被柔毛。伞房花序被柔毛和细刺。花梗被柔毛和稀疏小皮刺；苞片线形，被柔毛；花萼密被柔毛和疏密不等的针刺，萼片卵状披针形或披针形；花瓣卵圆形或长圆形，粉红或紫红色；子房被柔毛。果卵圆形，成熟时红色；核有浅皱纹。花期 5～6 月，果期 7～8 月。

分布与生境：分布于八大公山各地，生于海拔 300～500 m 的路旁、田边。

用途：根及全草入药；果实可鲜食。

茅莓 Rubus parvifolius

23. 黄泡 Rubus pectinellus Maximowicz

草本或亚灌木。单叶，叶心状近圆形，两面疏生长柔毛，下面沿叶脉有针刺；托叶离生，有长柔毛，二回羽状深裂，裂片线状披针形。花单生，稀 2～3 朵簇生，苞片和托叶相似；萼片不等大，卵形或卵状披针形；花瓣窄倒卵形，白色；雄蕊多数；雌蕊多数，子房顶端和花柱基部微具柔毛。果球形，小核近光滑或微皱。花期 5～7 月，果期 7～8 月。

分布与生境：分布于八大公山各地，生于海拔 300～500 m 的山坡林下。

用途：根叶入药。

24. 盾叶莓 Rubus peltatus Maximowicz

灌木。叶盾状，卵状圆形，基部心形，两面均有贴生柔毛，下面毛较密沿中脉有小皮刺，3～5

掌状分裂，裂片三角状卵形，托叶膜质，卵状披针形，无毛。单花顶生；苞片与托叶相似；萼片卵状披针形；花瓣近圆形，白色；雄蕊多数，花丝钻形或线形；雌蕊达 100 枚，被柔毛。果圆柱形或圆筒形，密被柔毛；核具皱纹。花期 4 ~ 5 月，果期 6 ~ 7 月。

分布与生境：分布于八大公山天平山，生于海拔 1400 ~ 1500 m 的山坡阴湿地。

用途：果实入药；果实可鲜食。

黄泡 Rubus pectinellus

盾叶莓 Rubus peltatus

25. 五叶鸡爪茶 **Rubus playfairianus** Hemsley ex Focke

半常绿灌木。枝疏生钩状小皮刺。掌状复叶具 3 ~ 5 枚小叶，小叶片椭圆披针形或长圆披针形，顶生小叶远较侧生小叶大，顶端渐尖，基部楔形，边缘有不整齐尖锐锯齿，侧生小叶片有时在近基部 2 裂。花成顶生或腋生总状花序，花瓣白色。果实近球形，幼时红色，有长柔毛，老时转变为黑色。花期 4 ~ 5 月，果期 6 ~ 7 月。

分布与生境：分布于八大公山各地，生于海拔 200 ~ 600 m 的溪边灌丛中。

五叶鸡爪茶 Rubus playfairianus

26. 香莓 Rubus pungens var. **oldhamii** (Miquel) Maximowicz

灌木。小叶 5 ~ 7 片，卵形、三角状卵形或卵状披针形，下面有柔毛或脉上有柔毛，托叶有柔毛。花单生或 2 ~ 4 朵成伞房花序。花萼具柔毛和腺毛，具疏密不等的针刺或近无刺，萼筒半球形，萼片披针形或三角状披针形；花瓣长圆形、倒卵形或近圆形，白色；雄蕊长短不等；雌蕊多数。果近球形，具柔毛或近无毛。花期 4 ~ 5 月，果期 7 ~ 8 月。

分布与生境：产于八大公山斗篷山，生于海拔 1500 ~ 1900 m 的山坡灌丛中。

用途：根入药。

香莓 Rubus pungens var. oldhamii

27. 锈毛莓 Rubus reflexus Ker Gawler

分变种检索表

1. 叶片心状长卵形，边缘微波状或 3 ～ 5 浅裂………… **27a. 浅裂锈毛莓（变种）S. reflexus** var. **hui**
1. 叶片心状宽卵形或近圆形，边缘裂至中部……… **27b. 长叶锈毛莓（变种）S. reflexus** var.**orogenes**

27a. 浅裂锈毛莓（变种） Rubus reflexus var. **hui** (Diels ex Hu) F. P. Metcalf

灌木。叶片心状宽卵形或近圆形，边缘较浅裂，裂片急尖，顶生裂片比侧生者仅稍长或近等长。花单生或 2 ~ 4 朵成伞房花序。花萼具柔毛和腺毛，密被直立针刺，萼筒半球形，萼片披针形或三角状披针形；花瓣长圆形、倒卵形或近圆形，白色；雄蕊长短不等；雌蕊多数。果近球形，具柔毛或近无毛。花期 4 ~ 5 月，果期 7 ~ 8 月。

分布与生境：分布于八大公山各地，生于海拔 200 ~ 500 m 的山坡灌丛中。

用途：根入药。

浅裂锈毛莓（变种） Rubus reflexus var. hui

27b. 长叶锈毛莓（变种）Rubus reflexus var. **orogenes** Handel-Mazzetti

灌木。本变种叶片心状长卵形，长达 20 cm，边缘微波状或 3 ~ 5 浅裂；苞片长达 2.5 cm；花梗长 0.6 ~ 1.3 cm；萼片披针形或卵状披针形，长约 15 mm。花期 4 ~ 5 月，果期 7 ~ 8 月。

分布与生境：分布于八大公山龙潭坪，生于海拔 200 ~ 500 m 的山坡灌丛中。

用途：根入药。

长叶锈毛莓（变种）Rubus reflexus var. orogenes

28. 棕红悬钩子 Rubus rufus Focke

攀缘灌木。枝具柔毛、棕褐色软刺毛和稀疏针刺。单叶，心状近圆形，9 ~ 15 cm，下面密被棕褐色茸毛，沿叶脉有长硬毛和针刺，边缘 5 裂，裂片三角披针形，顶端急尖，基部具掌状五出脉，托叶宽大，2.0 cm × 1.5 cm，梳齿状或掌状深裂，裂片线形或线状披针形，具软刺毛，脱落迟。花

棕红悬钩子 Rubus rufus

较少数，成顶生狭圆锥花序或近总状花序，或团集生于叶腋；总花梗、花梗、花萼外密被棕褐色茸毛和软刺毛；花瓣宽椭圆形或近圆形，白色，无毛。果实由少数小核果组成，包藏在宿萼内，橘红色，无毛。花期 6 ~ 8 月，果期 9 ~ 10 月。

分布与生境：分布于八大公山五道水，生于海拔 300 ~ 800 m 的山坡灌丛中。

用途：全株、根、叶入药。

29. 川莓 Rubus setchuenensis Bureau & Franchet

落叶灌木。单近圆形或宽卵形，基部心形，下面密被灰白色茸毛，基脉掌状 5 出，5 ~ 7 浅裂，托叶离生，卵形、卵状披针形，稀长倒卵形，顶端条裂，早落。窄圆锥花序或少花簇生；苞片与托叶相似；萼片卵状披针形；花瓣倒卵形或近圆形，紫红色；雄蕊较短；雌蕊无毛。果半球形，无毛。花期 7 ~ 8 月，果期 9 ~ 10 月。

分布与生境：分布于八大公山各地，生于海拔 300 ~ 1300 m 的山坡灌丛中。

用途：全株、根、叶入药。

川莓 Rubus setchuenensis

30. 单茎悬钩子 Rubus simplex Focke

低矮半灌木，高 40 ~ 60 cm。茎单一，直立，无毛，有稀疏钩状短小皮刺，花枝自匍匐根上长出。小叶 3 枚，卵形至卵状披针形，（6.0 ~ 9.5）cm ×（2.5 ~ 5.0）cm，顶生小叶稍长于侧生者，侧生小叶几无柄或具极短柄，微被柔毛和钩状小皮刺；托叶基部与叶柄连生，线状披针形，全缘。花 2 ~ 4 朵腋生或顶生，稀单生；花萼外有稀疏钩状小皮刺和细柔毛；萼片长三角形至卵圆形，顶端钻状长渐尖，外面边缘及内面被茸毛；花瓣倒卵圆形，白色，被细柔毛，具短爪，几与萼片等长。果实橘红色，球形，常无毛，小核果多数。花期 5 ~ 6 月，果期 8 ~ 9 月。

分布与生境：分布于八大公山斗篷山，生于海拔 1200 ~ 1600 m 的路边灌丛中。

用途：果可鲜食。

单茎悬钩子 Rubus simplex

31. 红腺悬钩子 Rubus sumatranus Miquel

落叶灌木。小枝、叶轴、叶柄、花梗和花序均被紫红色腺毛、柔毛和皮刺。小叶 5 ~ 7 枚，卵状披针形，顶端渐尖，基部圆形，两面疏生柔毛，沿中脉较密，下面沿中脉有小皮刺，边缘具不整

红腺悬钩子 Rubus sumatranus

齐的尖锐锯齿。伞房状花序，花萼被长短不等的腺毛和柔毛，萼片在果期反折，花瓣白色。果实长圆形，红色，无毛。花期 4 ~ 6 月，果期 7 ~ 8 月。

分布与生境：分布于八大公山，生于海拔 200 ~ 600 m 的林缘或路边灌丛中。

用途：果可鲜食。

32. 木莓 Rubus swinhoei Hance

灌木。单叶，宽卵形或长圆状披针形，下面密被灰白色茸毛或近无毛，有不整齐粗锐锯齿；托叶卵状披针形，稍有柔毛，全缘或有齿，早落。花常 5 ~ 6 朵组成总状花序。苞片与托叶相似；萼片卵形或三角状卵形；花瓣白色，宽卵形或近圆形；雄蕊无毛；雌蕊多数。果球形，无毛；核具皱纹。花期 5 ~ 6 月，果期 7 ~ 8 月。

分布与生境：分布于八大公山各地，生于海拔 200 ~ 600 m 的林缘或路边灌丛中。

用途：根、叶入药。

木莓 Rubus swinhoei

33. 灰白毛莓 Rubus tephrodes Hance

常绿灌木。植株具腺毛和刺毛。单叶，近圆形，下面密被灰白色茸毛，侧脉 3 ~ 4 对，基部有掌状 5 出脉；托叶小，离生，脱落，深条裂或梳齿状深裂，有茸毛状柔毛。大型圆锥花序顶生；苞片与托叶相似；萼片卵形；花瓣白色，近圆形至长圆形；雄蕊多数；雌蕊 30 ~ 50 枚。果实球形，无毛，多个小核果；核有皱纹。花期 6 ~ 8 月，果期 8 ~ 10 月。

分布与生境：分布于八大公山各地，生于海拔 1500 m 以下的山坡、路旁或灌丛中。

用途：根及果实入药。

34. 三花悬钩子 Rubus trianthus Focke

灌木。单叶，卵状披针形或长圆状披针形，先端渐尖，基部心形，稀近截形，两面无毛，3 裂或不裂，托叶披针形或线形，无毛。花常 3 朵，有时 3 朵以上成短总状花序，常顶生。苞片披针形或线形；花萼无毛，萼片三角形；花瓣长圆形或椭圆形，白色；雄蕊多数；雌蕊 10 ~ 50 枚。果近球形，无毛；核具皱纹。花期 4 ~ 5 月，果期 5 ~ 6 月。

分布与生境：分布于八大公山各地，生于海拔 1500 ~ 1900 m 的向阳山坡及林缘。

用途：根、叶入药。

灰白毛莓 Rubus tephrodes

三花悬钩子 Rubus trianthus

35. 红毛悬钩子 **Rubus wallichianus** Wight & Arnott

灌木。植株具红褐色刺毛。小叶 3 片，椭圆形、卵形，稀倒卵形，下面沿叶脉疏生柔毛、刺毛和皮刺，托叶线形，被柔毛和稀疏刺毛。花数朵在叶腋团聚成束，稀单生。苞片线形或线状披针形，被柔毛；花萼密被柔毛，萼片卵形；花瓣长倒卵形，白色；花丝稍宽扁；花柱基部和子房顶端具柔毛。果球形，成熟时金黄或红黄色，无毛。花期 3 ~ 4 月，果期 5 ~ 6 月。

分布与生境：分布于八大公山各地，生于海拔 200 ~ 600 m 的山坡或沟边林缘。

红毛悬钩子 Rubus wallichianus

36. 务川悬钩子 Rubus wuchuanensis S. Z. He

务川悬钩子 Rubus wuchuanensis

藤状蔓性灌木。枝密被紫红色长刺毛和腺毛，疏生皮刺。单叶，革质，卵状披针形，（10～16）cm×（2.5～3.5）cm，顶端长尾尖，基部心形，两面均无毛，灰绿色，叶脉上面平坦，下面突起，中脉疏生钩状皮刺，叶离生，早落，长圆形。花 8～10 朵组成稀疏顶生总状花序，总花梗和花梗均密被紫红色长刺毛和腺毛，疏生小皮刺，花萼外面密被浅黄色茸毛和紫红色长刺毛及腺毛，内面密被浅黄色茸毛，萼片卵状披针形，顶端长尾状，外萼片先端条裂，边缘具疏生长软刺毛和有柄腺毛，花瓣卵形，顶端具突尖头，外面密被柔毛，内面疏生柔毛，几无爪。心皮多数，花柱长于雄蕊，无毛。果实近球形，直径达 1.5 cm，黑紫色，无毛。花期 5～6 月，果期 7～8 月。

分布与生境：分布于八大公山五道水，生于海拔 200～1400 m 的山坡或沟边林缘。

37. 黄脉莓 *Rubus xanthoneurus* Focke

常绿攀缘灌木。小枝具灰白色或黄灰色茸毛，老时脱落，疏生微弯小皮刺。单叶，长卵形至卵状披针形，顶端渐尖，基部浅心形或截形，下面密被灰白色或黄白色茸毛，托叶离生。圆锥花序顶生或腋生，花瓣小，白色，倒卵圆形。果实近球形，暗红色，无毛。花期 6～7 月，果期 8～9 月。

分布与生境：分布于八大公山各地，生于海拔 200～1200 m 的公路或沟边林缘。

黄脉莓 *Rubus xanthoneurus*

（二十五）地榆属 ***Sanguisorba*** Linnaeus

多年生草本。奇数羽状复叶。花两性，稀单性；密集成穗状或头状花序；萼筒喉部缢缩，有 4(～7) 片萼片，覆瓦状排列，紫、红或白色，稀带绿色，花瓣状；花瓣无；雄蕊 4 枚，稀更多，花丝分离，稀下部联合，花盘贴生萼筒喉部；心皮 1 枚，稀 2 枚，包在萼筒内，花柱顶生，柱头画笔状；胚珠 1 枚，下垂。瘦果小，包藏宿存萼筒内。种子 1 枚。

15～30 余种，我国有 7 种，湖南有 2 种，八大公山有 1 种。

1. 地榆 *Sanguisorba officinalis* Linnaeus

多年生草本。基生叶为羽状复叶，小叶 4～6 对，卵形或长圆状卵形，先端圆钝稀急尖，基部心形或浅心形；茎生叶长圆形或长圆状披针形，基部微心形或圆，先端急尖。穗状花序椭圆形、圆柱形或卵圆形，直立。萼片4片，紫红色，椭圆形或宽卵形，雄蕊4枚，与萼片近等长或稍短；柱头盘形。瘦果包藏宿存萼筒内，有4棱。花果期7~10月。

分布与生境：分布于八大公山各地，生于海拔600~1200 m的山坡草地或疏林下。

用途：根可入药。

地榆 Sanguisorba officinalis

（二十六）花楸属 Sorbus Linnaeus

落叶乔木或灌木。单叶或奇数羽状复叶互生，托叶膜质或草质。花两性；复伞房花序，稀伞房花序或圆锥花序。花萼5裂，萼筒钟形，稀倒圆锥形或坛状，萼片边缘有时具腺体；花瓣具爪，稀无爪；雄蕊15~20，常不等长，2~3轮；心皮2~5，子房半下位或下位，2~5室。梨果小形。

100~150种，我国约67种，湖南有13种，八大公山有7种。

分种检索表

1. 单叶。
  2. 果具宿存萼片。
    3. 叶片无毛或仅下面脉腋间有少数柔毛…………………………… **6. 大果花楸 S. megalocarpa**
    3. 叶片下面密被茸毛…………………………………………………………… **5. 江南花楸 S. hemsleyi**
  2. 果无宿存萼片。
    4. 叶背面无毛或微被毛。
      5. 叶脉10 ~ 24对，直达叶缘锯齿。
        6. 果椭圆形或卵形，不具或具少数不明显小斑点…………………… **1. 水榆花楸 S. alnifolia**
        6. 果球形，具明显斑点……………………………………………… **2. 美脉花楸 S. caloneura**

5. 叶脉 7 ～ 11 对，常在叶缘弯曲并结成网状 ………………………… **4. 毛序花楸 S. keissleri**

4. 叶背面密被灰白色茸毛……………………………………………… **3. 石灰花楸 S. folgneri**

1. 羽状复叶………………………………………………………………… **7. 华西花楸 S. wilsoniana**

1. 水榆花楸 Sorbus alnifolia (Siebold & Zuccarini) K. Koch

落叶乔木。叶片卵形至椭圆卵形，边缘有不整齐的尖锐重锯齿，有时微浅裂，上下两面无毛或在下面的中脉和侧脉上微具短柔毛，侧脉 6 ~ 10 (14) 对，直达叶缘锯齿。复伞房花序，花瓣卵形或近圆形，白色；雄蕊 20 枚；花柱 2 个。果实椭圆形或卵形，不具斑点或具极少数细小斑点，萼片脱落后果实先端残留圆斑。花期 5 月，果期 8 ~ 9 月。

分布与生境：分布于八大公山斗篷山，生于海拔 1800 m 的山顶混交林中。

用途：果实入药；花供观赏。

水榆花楸 Sorbus alnifolia

2. 美脉花楸 Sorbus caloneura (Stapf) Rehder

乔木或灌木。叶长椭圆形、卵状长椭圆形或倒卵状长椭圆形，具圆钝锯齿，上面常无毛，下面脉疏生柔毛，侧脉 10 ~ 12（18）对，直达叶缘锯齿。复伞房花序；萼片三角卵形，花瓣宽卵形至倒卵形，白色；雄蕊 20 枚；花柱 4 ~ 5 个。果球形，稀倒卵圆形，被明显斑点，4 ~ 5 室，萼片脱落后残留圆穴。花期 4 ~ 5 月，果期 8 ~ 10 月。

分布与生境：分布于八大公山各地，生于海拔 600 ~ 1800 m 的山坡林中或山谷沟边。

用途：果实入药；花供观赏。

美脉花楸 Sorbus caloneura

3. 石灰花楸 Sorbus folgneri (C. K. Schneider) Rehder

分变种检索表

1. 叶边缘具单锯齿…………………………………… **3a. 石灰花楸（原变种）S. folgneri** var. **folgneri**
1. 叶边缘具单锯齿……………………… **3b. 齿叶石灰花楸（变种）S. folgneri** var. **duplicatodentata**

3a. 石灰花楸（原变种） Sorbus folgneri (C. K. Schneider) Rehder var. **folgneri**

落叶乔木。叶长卵形、椭圆形或长圆形，具细锯齿或具重锯齿和浅裂片，上面无毛，下面密被灰白色茸毛，侧脉 8 ~ 15 对。复伞房花序；萼片三角状卵形；花瓣卵形，白色；雄蕊 18 ~ 20 枚；花柱 2 ~ 3 个。果长圆形或倒卵状长圆形，近平滑或具极少数不明显小皮孔，2 ~ 3 室，萼片脱落后留有圆穴。花期 4 ~ 5 月，果期 7 ~ 8 月。

分布与生境：分布于八大公山各地，生于海拔 600 ~ 1500 m 的山坡林中。

用途：果实入药；花供观赏。

3b. 齿叶石灰花楸（变种） Sorbus folgneri var. **duplicatodentata** T. T. Yu & L. T. Lu

落叶乔木。本种极近似石灰花楸. 但本种叶较大，侧脉每边 13 ~ 14 条，略具重锯齿，偶有浅裂，叶柄长约 2.5 cm。果序伞房状，果长圆形，顶部截形或圆形，基部骤收缩为柄状而有区别。花期 4 ~ 5 月，果期 7 ~ 8 月。

分布与生境：分布于八大公山各地，生于海拔 1000 ~ 1500 m 的山坡林中。

用途：花供观赏。

石灰花楸（原变种）Sorbus folgneri var. folgneri

齿叶石灰花楸（变种）Sorbus folgneri var. duplicatodentata

4. 毛序花楸 Sorbus keissleri (C. K. Schneider) Rehder

乔木。叶倒卵形或长圆状倒卵形，有圆钝细锯齿，两面均有茸毛，旋脱落，或下面中脉疏被茸毛，侧脉 8 ~ 10 对，常在叶缘弯曲并分枝结成网状。复伞房花序具皮孔。萼片三角状卵形；花瓣卵形或近圆形，白色；雄蕊 20 枚；花柱 2 ~ 3 个，中部以下合生。果卵圆形或稍扁桔形，具少数小皮孔，2 ~ 3 室，顶端具圆穴。花期 5 ~ 6 月，果期 8 ~ 9 月。

分布与生境：分布于八大公山斗篷山，生于海拔 1200 ~ 1800 m 的山坡林中。

用途：花、叶、果实入药；树形优美，可供观赏。

毛序花楸 Sorbus keissleri

5. 江南花楸 Sorbus hemsleyi (C. K. Schneider) Rehder

乔木或灌木。叶卵形或长椭圆状倒卵形，具细锯齿，上面无毛，下面除中脉和侧脉外均具灰白色茸毛，侧脉 12 ~ 14 对。复伞房花序。萼片三角状卵形，花瓣宽卵形；雄蕊 20 枚，长短不齐，长者几与花瓣等长；花柱 2 ~ 3 给，基部合生，有灰白色茸毛，短于雄蕊。果近球形，具少数皮孔，萼片脱落后留有圆穴。花期 5 ~ 7 月，果期 8 ~ 9 月。

分布与生境：分布于八大公山天平山，生于海拔 1500 ~ 2000 m 的山地林中。

用途：根、树皮、果实入药；树形优美，可供观赏。

江南花楸 Sorbus hemsleyi

6. 大果花楸 Sorbus megalocarpa Rehder

乔木或灌木。叶片长椭圆形或长圆卵形，先端急尖，基部圆形或宽楔形，边缘多数具浅裂片，裂片上有尖锐锯齿或重锯齿，有时不具裂片而有重锯齿，幼时上面有短柔毛，老时脱落，下面被白色茸毛，逐渐脱落，侧脉 10 ~ 14 对，直达叶边锯齿。复伞房花序具多数花。果实长卵形至长椭圆形，有稀疏细小斑点，2 室，萼片宿存，外被白色茸毛。果期 7 ~ 8 月。

分布与生境：分布于八大公山斗篷山，生于海拔 1200 ~ 1600 m 的山地林中。

用途：树形优美，可供观赏。

大果花楸 Sorbus megalocarpa

7. 华西花楸 Sorbus wilsoniana C. K. Schneider

落叶乔木。奇数羽伏状复叶，小叶片 6 ~ 7 对，长椭圆形或长圆披针形，先端急尖或渐尖，基部宽楔形或圆形，边缘有细锯齿，基部近于全缘，两面无毛或仅在下面沿中脉附近有短柔毛，托叶发达，草质，半圆形，有锐锯齿。复伞房花序，总花梗和花梗均被短柔毛，花瓣白色。果实卵形，橘红色，先端有宿存闭合萼片。花期 5 月，果期 9 月。

分布与生境：分布于八大公山天平山、斗篷山，生于海拔 1200 ~ 1800 m 的山地林中。

用途：树形优美，可供观赏。

（二十七）绣线菊属 Spiraea Linnaeus

落叶灌木。单叶，互生，具锯齿或缺刻，有时分裂，稀全缘；无托叶。花常两性，伞形、伞形总状、伞房或圆锥花序。花萼 5 裂，萼筒钟形或杯形，萼片宿存；花瓣 5；雄蕊 15 ~ 60，着生花盘和萼片之间；子房上位，花柱顶生或近顶生，柱头头状或盘状；心皮 5，分离，每心皮具数枚胚珠。

华西花楸 Sorbus wilsoniana

蓇葖果 5，常沿腹缝开裂，具数枚细小种子。

80～100 种，我国有 70 种，湖南有 32 种，八大公山有 4 种。

分种检索表

1. 花序生于去年生枝上的芽，着生在有叶或无叶的侧生短枝顶端。
   2. 叶片下面密被茸毛……………………………………………………**1. 中华绣线菊 S. chinensis**
   2. 叶片下面被短柔毛……………………………………………………**3. 疏毛绣线菊 S. hirsute**
1. 花序着生在当年生具叶长枝顶端，长枝生于植株基部或老枝上，或生于去年生枝上。
   3. 复伞形花序着生于去年生侧生短枝上……………………………………**2. 翠蓝绣线菊 S. henryi**
   3. 复伞形花序顶生于多年生直立新枝上……………………………………**4. 粉花绣线菊 S. japonica**

1. 中华绣线菊 Spiraea chinensis Maximowicz

灌木。叶菱状卵形或倒卵形，先端急尖或圆钝，基部宽楔形或圆，有缺刻状粗齿，或不明显 3 裂，上面被柔毛，下面密被黄色茸毛。伞形花序具 16～25 花，萼片卵状披针形；花瓣近圆形，白色；雄蕊 22～25 枚。蓇葖果开张，被柔毛，宿存萼片直立，稀反折。花期 3～6 月，果期 6～10 月。

分布与生境：分布于八大公山各地，生于海拔 200～700m 的山坡灌丛中、山谷溪边。

用途：根入药；花供观赏。

2. 翠蓝绣线菊 Spiraea henryi Hemsley

灌木。叶或倒卵状长圆形，先端急尖或稍钝圆，基部楔形，中部以上具少数粗齿，稀全缘，下面密被长柔毛。复伞房花序密集侧生短枝顶端，花瓣宽倒卵形或近圆形，白色。蓇葖果开张，被细长柔毛，宿存萼片直立。花期 4 ~ 5 月，果期 7 ~ 8 月。

分布与生境：分布于八大公山各地，生于海拔 1200 ~ 1800 m 的山坡林下。

用途：花、叶入药；花供观赏。

中华绣线菊 Spiraea chinensis

翠蓝绣线菊 Spiraea henryi

3. 疏毛绣线菊 Spiraea hirsuta (Hemsley) C. K. Schneider

灌木。叶片倒卵形、椭圆形，稀卵圆形，先端圆钝，基部楔形，边缘自中部以上或先端有钝锯齿或稍锐锯齿，叶脉明显。伞形花序被短柔毛；花梗密集；萼片三角形或卵状三角形；花瓣宽倒卵形，稀近圆形，白色；雄蕊 18 ~ 20 枚。蓇葖果稍开张，具稀疏短柔毛，花柱顶生于背部，倾斜开展，常具直立萼片。花期 5 月，果期 7 ~ 8 月。

分布与生境：分布于八大公山各地，生于海拔 1200 ~ 1900 m 的沟边、林缘的灌木丛中。

用途：花、叶入药；花供观赏。

疏毛绣线菊 Spiraea hirsuta

4. 粉花绣线菊 Spiraea japonica Linnaeus f.

分变种检索表

1. 叶下面有短柔毛……………………………… **4a. 渐尖粉花绣线菊（变种）S. japonica** var. **acuminate**

1. 叶两面无毛…………………………………… **4b. 光叶粉花绣线菊（变种）S. japonica** var. **fortunei**

4a. 渐尖粉花绣线菊（变种）Spiraea japonica var. **acuminata** Franchet

灌木。叶卵形或卵状椭圆形，先端急尖或短渐尖，基部楔形，具缺刻状重锯齿或单锯齿。复伞房花序生于当年生直立新枝顶端，密被短柔毛。萼片三角形；花瓣卵形或圆形，粉红色；雄蕊 25 ~ 30 枚。蓇葖果无毛或沿腹缝有疏柔毛，宿存花柱顶生，稍倾斜开展，宿存萼片常直立。花期 6 ~ 7 月，果期 8 ~ 9 月。

分布与生境：分布于八大公山各地，生于海拔 500 ~ 1900 m 的山坡林缘、沟边灌丛中。

用途：根、叶入药；花供观赏。

4b. 光叶粉花绣线菊（变种）Spiraea japonica var. **fortunei** (Planchon) Rehder

本变种与原变种的区别：此变种较高大，叶片长圆披针形，先端短渐尖，基部楔形，边缘具尖锐重锯齿，上面有皱纹，两面无毛，下面有白霜。花粉红色。

分布与生境：分布于八大公山各地，生于海拔 800 ~ 1900 m 的山坡或沟谷灌木丛中。

用途：根、叶、果实入药；花供观赏。

渐尖粉花绣线菊（变种）*Spiraea japonica* var. *acuminata*

光叶粉花绣线菊（变种）*Spiraea japonica* var. *fortunei*

（二十八）小米空木属 **Stephanandra** Siebold & Zuccarini

落叶灌木。单叶互生，有锯齿和分裂。顶生圆锥花序，稀伞房花序。花小，两性；被丝托钟状；雄蕊 10～20 枚，雌蕊 1 枚，花柱顶生。蓇葖果偏斜，近球形，成熟时自基部开裂，有 1～2 枚种子。

3～5 种，我国有 2 种，湖南有 1 种，八大公山也有分布。

1. 野珠兰 Stephanandra chinensis Hance

灌木。叶卵形至长椭圆形，基部近心形或圆，常浅裂，有锯齿，侧脉 7 ~ 10 对；托叶线状披针形或椭圆披针形。圆锥花序疏散，花瓣白色，倒卵形，稀长圆形；雄蕊 10 枚。蓇葖果近球形。花期 5 月，果期 7 ~ 8 月。

分布与生境：分布于八大公山各地，生于海拔 1000 ~ 1500 m 阔叶林林缘或灌丛中。

用途：根入药。

野珠兰 Stephanandra chinensis

（二十九）红果树属 Stranvaesia Lindley

常绿灌木。单叶，互生，草质，全缘或有锯齿。顶生伞房花序，苞片早落，萼筒钟状，萼片 5 枚，花瓣 5 枚，白色，基部有短爪，雄蕊 20 枚，花柱 5 枚，大部分连合成束，仅顶端部分离生，子房半下位，基部与萼筒合生，上半部离生。梨果小，成熟后心皮与萼筒分离。

6 种，我国有 5 种，湖南有 3 种，八大公山有 2 种。

分种检索表

1. 叶边缘有锯齿，落叶……………………………………………………**1. 毛萼红果树 S. amphidoxa**

1. 叶全缘或边缘皱波状，常绿……………………………………………… **2. 红果树 S. davidiana**

1. 毛萼红果树 Stranvaesia amphidoxa C.K.Schneider

分变种检索表

1. 花梗、花萼及果实密被黄色茸毛……… **1a. 毛萼红果树（原变种） S. amphidoxa** var. **amphidoxa**
1. 花梗、花萼及果实均无毛…………………… **1b. 毛萼红果树（变种） S. amphidoxa** var. **amphileia**

1a. 毛萼红果树（原变种） Stranvaesia amphidoxa C.K.Schneider var. **amphidoxa**

常绿灌木或小乔木。叶片椭圆形，先端渐尖，基部楔形或宽楔形，边缘有带短芒的细锐锯齿。伞房花序顶生，花梗密被褐黄色茸毛，萼筒钟伏，萼筒和萼片外面密被黄色茸毛，花瓣白色。果实卵形，红黄色，萼片宿存，外被柔毛。花期 5 ~ 6 月，果期 9 ~ 10 月。

分布与生境：分布于八大公山各地，生于海拔 500 ~ 800 m 的阔叶林林缘或灌丛中。

毛萼红果树（原变种） Stranvaesia amphidoxa var. amphidoxa

1b. 毛萼红果树（变种） Stranvaesia amphidoxa var. **amphileia** (Handel-Mazzetti)T. T. Yu

本变种与原变种不同的是花序近伞形，花梗、花萼及果实均无毛。

分布与生境：分布于八大公山各地，生于海拔 500 ~ 800 m 的阔叶林林缘或灌丛中。

2. 红果树 Stranvaesia davidiana Decaisne

分变种检索表

1. 叶边缘全缘……………………………………… **2a. 红果树（原变种） S. davidiana** var. **davidiana**
1. 叶边缘表背波浪状…………………………… **2b. 波叶红果树（变种） S. amphidoxa** var. **undulata**

毛萼红果树（变种）Stranvaesia amphidoxa var. amphileia

2a. 红果树（原变种）Stranvaesia davidiana Decaisne var. **davidiana**

常绿灌木或小乔木。叶片长圆形或倒披针形，先端急尖或突尖，基部楔形至宽楔形，全缘，侧脉 8 ~ 16 对。复伞房花序，密具多花，萼筒外面有稀疏柔毛，花瓣近圆形，白色，雄蕊 20，花药紫红色。果实近球形，橘红色。花期 5 ~ 6 月，果期 9 ~ 10 月。

分布与生境：分布于八大公山各地，生于海拔 1000 ~ 1900 m 的山坡林缘。

用途：木材可作器柄；观赏树木。

红果树（原变种）Stranvaesia davidiana var. davidiana

2b. 波叶红果树（变种）Stranvaesia davidiana var. undulata (Decaisne) Rehder & E.H.Wilson

本变种叶片较小，椭圆长圆形至长圆披针形，边缘波皱起伏；花序近无毛。

分布与生境：分布于八大公山各地，生于海拔 1000 ~ 1900 m 的山坡林缘。

分布区几与原变种相同。按现代分类看来，本变种与原变种区别甚微，分布区重叠，生境重叠，可并入原变种中。

波叶红果树（变种）Stranvaesia davidiana var. undulata

六十七、胡颓子科 Elaeagnaceae

灌木或乔木。单叶互生或对生，全缘，无托叶。总状花序；花萼常连合成筒，顶端 4 裂；无花瓣；雄蕊着生于萼筒喉部或上部，通常为丁字药，花粉粒钝三角形；子房上位，包被于花萼管内，柱头棒状。果实为增厚的萼管所包围，核果状，红色或黄色；种皮骨质或膜质。

3 属 90 种，我国有 2 属 74 种，湖南有 1 属 19 种，八大公山有 1 属 10 种。

（一）胡颓子属 Elaeagnus Linnaeus

常绿或落叶灌木。单叶互生，披针形至椭圆形或卵形，全缘，密被鳞片或星状茸毛。花多为两性，单生或簇生于叶腋内；花萼管状或钟状，裂片 4。雄蕊 4。坚果，为膨大肉质化的萼管所包围，呈核果状，矩圆形或椭圆形、稀近球形、红色或黄红色；果核椭圆形，具 8 肋，内面通常具白色丝状毛。

本属 13 种，我国有 74 种，湖南有 19 种，八大公山有 10 种。

分种检索表

1. 常绿灌木；果实春夏季成熟。
  2. 成熟叶背面锈褐色，密被淡黄色和锈褐色两层鳞片…　**1. 八大公山胡颓子 E. badagongshanensis**
  2. 成熟叶背面不为锈褐色，鳞片只一层较密，表面一层较稀疏。
    3. 花柱具星状柔毛。
      4. 果实密被银白色鳞片和少数褐色鳞片……………………………………**2. 长叶胡颓子 E. bockii**
      4. 果实密被褐色和银白色鳞片……………………………………**6. 披针叶胡颓子 E. lanceolata**
    3. 花柱无毛。
      5. 侧脉与中脉开展成 50 ~ 60° 的角，网状脉在上面明显可见。
        6. 叶片卵状椭圆形，萼筒长 4.5 ~ 5.5 mm　………………………………**4. 蔓胡颓子 E.glabra**
        6. 叶片椭圆形或阔椭圆形，萼筒长 5 ~ 7 mm　…………………………**9. 胡颓子 E.pungens**
      5. 侧脉与中脉开展成 40 ~ 50° 的角，网状脉在上面不明显。
        7. 叶片倒卵状阔椭圆形，下面银白色……………………………………**5. 宜昌胡颓子 E.henryi**
        7. 叶片椭圆形至椭圆状披针形，下面灰褐色……………………**3. 巴东胡颓子 E. difficilis**
1. 落叶或半常绿灌木；果实夏秋季成熟。
  8. 幼枝和花各部均被星状毛……………………………………………**10. 星毛牛奶子 E. stellipila**
  8. 幼枝和花各部均无毛。
    9. 果梗直立……………………………………………………………**7. 银果牛奶子 E.magna**
    9. 果梗下垂…………………………………………………………………**8. 木半夏 E.multiflora**

1. 八大公山胡颓子 Elaeagnus badagongshanensis W.Q.Qing et al.

常绿灌木。幼枝密被锈褐色鳞片。叶革质或纸质，椭圆形，最宽处在中部或稍上处，两端突尖，基部圆纯，下面密被两层鳞片，第一层鳞片为淡黄色，第二层鳞片为锈褐色，叶片比同属植物均大，最大者可达 22 cm × 10 cm，银白色间褐色鳞片，侧脉每边 8 ~ 10 条，在成熟叶背面隐没于鳞片之下而不可见，在叶上面明显，略下陷，边缘网结。果椭圆状，被锈褐色鳞片。果期次年 3 ~ 4 月。

分布与生境：分布于八大公山芭茅溪、龙潭坪，生于海拔 300 m 左右的陡峭的河谷灌木林中。

用途：果实可食；庭院观赏。

八大公山胡颓子 Elaeagnus badagongshanensis

2. 长叶胡颓子 Elaeagnus bockii Diels

常绿灌木。幼枝密被褐色鳞片。叶革质或纸质，窄披针形至窄长圆形，两端渐尖，基部稀圆纯，边缘略下卷，下面密被银白色间褐色鳞片，侧脉每边 5 ~ 7 条。花 3 ~ 7 簇生叶腋短枝上，花萼筒漏斗状圆筒形，密被褐色鳞片；花柱密被星状柔毛。果椭圆状，密被银白色间褐色鳞片。花期 10 ~ 11 月，果期次年 4 月。

分布与生境：分布于八大公山五道水，生于海拔 300 m 左右的河谷灌木林中。

用途：果实可食。

3. 巴东胡颓子 Elaeagnus difficilis Servettaz

灌木。叶纸质，椭圆形或椭圆状披针形，顶端渐尖，基部圆形或楔形，边缘全缘，稀微波状，侧脉 6 ~ 9 对。花深褐色，密被鳞片，数花生于叶腋短小枝上成伞形总状花序，花枝锈色；萼筒钟形或圆筒状钟形。果实长椭圆形，被锈色鳞片，成熟时橘红色。花期 11 月至次年 3 月，果期 4 ~ 5 月。

分布与生境：分布于八大公山各地，生于海拔 400 ~ 1400 m 的山坡灌木丛中。

用途：果实可食。

长叶胡颓子 Elaeagnus bockii

巴东胡颓子 Elaeagnus difficilis

4. 蔓胡颓子 Elaeagnus glabra Thunberg

常绿蔓性灌木。无刺。外形与胡颓子相近，区别在于本种为蔓性或攀缘灌木，叶卵形，在本属中为最薄的，花常多数簇生叶腋短枝上，萼筒漏斗形，近子房处明显收缩。果长圆形。花期 9 ~ 11 月，果期次年 4 ~ 5 月。

分布与生境：分布于八大公山各地，生于海拔 400 ~ 1400 m 的山坡灌木丛中。

用途：果实可食。

蔓胡颓子 Elaeagnus glabra

5. 宜昌胡颓子 Elaeagnus henryi Warburg ex Diels

宜昌胡颓子 Elaeagnus henryi

常绿灌木。具粗刺。幼枝被鳞片，老枝灰黑色。叶厚革质，宽椭圆形，基部宽圆，边缘略下卷，下面密被银白色间少数褐色鳞片，侧脉每边 5 ~ 7 条。短总状花序生叶腋，具 1 ~ 5 花，萼筒筒状漏斗形。果长椭圆状，被褐色鳞片。花期 10 月，果期翌年 4 月。

分布与生境：分布于八大公山各地，生于海拔 300 ~ 1400 m 的山坡灌木丛中。

用途：果实可食。

6. 披针叶胡颓子 Elaeagnus lanceolata Warburg ex Diels

灌木。叶革质，常呈披针形，边缘反卷，上面幼时被褐色鳞片，具光泽。花淡黄白色，伞形总状花序；花梗纤细，锈色；萼筒圆筒形；在子房上骤收缩，裂片宽三角形，内面疏生白色星状柔毛，包围子房的萼管椭圆形，被褐色鳞片；花药椭圆形，淡黄色。果实椭圆形，成熟时红黄色。花期 8 ~ 10 月，果期次年 4 ~ 5 月。

分布与生境：分布于八大公山各地，生于海拔 300 ~ 1800 m 的山坡灌木丛中。

用途：果实可食。

披针叶胡颓子 Elaeagnus lanceolata

7. 银果牛奶子 Elaeagnus magna (Servettaz) Rehder

落叶灌木。幼枝被银色鳞片。叶倒卵状长圆形或卵状披针形，基部宽楔形，下面灰白色，密被银白色鳞片，间少数褐色鳞片。花银白色，单生新枝基部叶腋，萼筒圆筒形，向下渐窄。果长圆形，密被银白色间褐色鳞片，果梗直立。花期 4 ~ 5 月，果期 6 月。

分布与生境：分布于八大公山各地，生于海拔 300 ~ 1800 m 的山坡灌木丛中。

用途：果实可食。

银果牛奶子 Elaeagnus magna

8. 木半夏 Elaeagnus multiflora Thunberg

落叶灌木。幼枝细弱伸长，密被锈色或深褐色鳞片，稀具淡黄褐色鳞片。叶膜质或纸质，全缘，上面幼时具白色鳞片或鳞毛，成熟后脱落；叶柄锈色。花白色；花梗纤细；萼筒圆筒形；雄蕊着生花萼筒喉部稍下面，花丝极短，花柱稍伸出萼筒喉部，长不超雄蕊。果实密被锈色鳞片，成熟时红色；果梗在花后伸长。花期 5 月，果期 6 ~ 7 月。

分布与生境：分布于八大公山各地，生于海拔 700 ~ 1800 m 的山坡灌木丛中。

用途：果实可食。

9. 胡颓子 Elaeagnus pungens Thunberg

常绿灌木。具刺。幼枝微扁，略具棱，密被褐色鳞片。叶革质，椭圆形，两端纯，基部稍圆，边缘下卷或呈波状，下面密被银白色间褐色鳞片，侧脉每边 7 ~ 8 条，在上面略明显。1 ~ 3 花生叶腋短枝上，萼筒被银白色鳞片，圆筒形，花柱无毛。果椭圆形，具褐色鳞片，熟时红色。花期 10 ~ 12 月，果期翌年 4 ~ 6 月。

分布与生境：分布于八大公山各地，生于海拔 600 ~ 1600 m 的山坡灌木丛中。

用途：果实可食。

木半夏 Elaeagnus multiflora

胡颓子 Elaeagnus pungens

10. 星毛羊奶子 Elaeagnus stellipila Rehder

灌木。无刺或老枝具刺。单叶互生，叶柄具星状柔毛；叶纸质，宽卵形或卵状椭圆形，先端钝或短急尖，基部圆形或近心形。花淡白色，外被银色或散生褐色星状茸毛；雄蕊 4；花柱直立，无毛或微被星状柔毛。果长椭圆形或圆柱形，被褐色鳞片，成熟时红色，果梗极短。花期 3～4 月，果期 7～8 月。

分布与生境：分布于八大公山龙潭坪，生于海拔 300～600 m 的山坡灌木丛中。

用途：果实可食。

星毛羊奶子 Elaeagnus stellipila

六十八、鼠李科 Rhamnaceae

多为木本，常具刺。单叶多互生；托叶早落或宿存；叶脉常为羽状脉，有时3～5基出脉。聚伞状花序常单生或簇生；花小，多两性；花萼呈筒状，4～5裂，有时有喙状突起；花瓣4～5，有时无；雄蕊4～5。核果顶部有翅，底部常被萼筒包围，有2～4个分核。

58属900种，我国有15属135种，湖南有8属39种，八大公山有8属22种。

分属检索表

1. 果实为核果，具1核或无分核，有时有翅；花盘填塞于萼筒。
  2. 叶具基生三出脉，托叶常成刺；花序常腋生。
    3. 果实周围具水平展开的翅…………………………………………… **4. 马甲子属 Paliurus**
    3. 果实无翅，为肉质核果…………………………………………………… **8. 枣属 Ziziphus**
  2. 叶常为羽状脉，托叶不成刺；花序常顶生或腋生。
    4. 腋生聚伞花序；花盘浅杯状…………………………………………… **5. 猫乳属 Rhamnella**
    4. 顶生聚伞总状或圆锥花序；花盘壳斗状……………………… **1. 勾儿茶属 Berchemia**
1. 果实为核果，具3核，或少数具2～4核，无翅；花盘衬贴于萼筒或同时附着于子房。
  5. 花盘薄，腋生聚伞花序。
    6. 顶芽裸露，无鳞片…………………………………………………**2. 裸芽鼠李属 Frangula**
    6. 芽有芽鳞…………………………………………………………………… **6. 鼠李属 Rhamnus**
  5. 花盘厚，穗状圆锥花序或聚伞圆锥花序。
    7. 结果时花序轴不膨大成肉质；叶为羽状脉，对称…………………… **7. 雀梅藤属 Sageretia**
    7. 结果时花序轴膨大成肉质；叶为基生三出脉，有时偏斜………………… **3. 枳椇属 Hovenia**

（一）勾儿茶属 Berchemia Necker ex Candolle

灌木。叶互生，全缘；叶脉为羽状平行脉，侧脉4～18对；托叶钻形，基部合生，宿存。花序顶生或兼腋生，圆锥状；花两性，5基数；萼筒短，盘状，萼片长三角形，内面顶端增厚；花瓣匙形或兜状，两侧内卷，短于萼片或与萼片等长，基部具短爪；雄蕊与花瓣等长或稍短；花盘厚且结果时增大。核果近紫红色或紫黑色，内果皮硬骨质。

31种，我国有18种，湖南有7种，八大公山产2种。

分种检索表

1. 通常簇生成聚伞圆锥花序；花序通常具分枝…………………………… **2. 多花勾儿茶 B.floribunda**
1. 通常簇生成聚伞总状花序；花序通常无分枝……………**3. 光枝勾儿茶 B.polyphylla** var.**leioclada**

1. 多花勾儿茶 Berchemia floribunda (Wallich) Brongniart

落叶藤状灌木。枝皮具黑色块斑。叶互生，上部叶较小，卵状椭圆形，先端锐尖，下部叶较大，椭圆形，先端钝圆；或仅下面脉基部被疏短柔毛；侧脉 9 ~ 12 对；托叶狭披针形。花序常为顶生，宽聚伞圆锥状；花粉绿色；萼片 5，三角形；花瓣 5；雄蕊 5。核果。花期 7 ~ 10 月，果期翌时年 4 ~ 7 月。

分布与生境：分布于八大公山各地，生于海拔 500 ~ 1500 m 的山坡林中。

用途：茎入药；果可食。

多花勾儿茶 Berchemia floribunda

2. 光枝勾儿茶 Berchemia polyphylla var. **leioclada** (Handel-Mazzetti) Handel-Mazzetti

光枝勾儿茶 Berchemia polyphylla var. leioclada

灌木。叶互生，卵状椭圆形，先端钝圆，常有小尖头，底端圆形；侧脉每边7~9条，上面明显凸起；叶柄被疏短柔毛；托叶小，基部合生，宿存。花序簇生和顶生，聚伞总状或窄聚伞圆锥状；花浅绿色或白色；萼片卵状三角形；花瓣5。核果，红色，后变黑色。花期5~9月，果期7~11月。

分布与生境：分布于八大公山，生于海拔200~1000 m的山坡疏林或灌丛中。

用途：根入药；果可食。

（二）裸芽鼠李属 Frangula Mill

落叶灌木或小乔木，小枝顶端不变态为刺状，顶芽裸露，无鳞片，被锈色或棕褐色茸毛。叶互生，全缘或具细锯齿，花两性，5基数，种子背面无沟。

45种，中国产5中，湖南有1种，八大公山也产。

1. 长叶冻绿 Frangula crenata (Siebold & Zuccarini) Miquel

落叶灌木。幼枝被褐色短柔毛。叶互生，椭圆状披针形，叶缘有圆齿或细锯齿，下面被褐色柔毛；侧脉7~12对；叶柄密被柔毛或有稀疏的褐色柔毛。花序腋生，聚伞状；总梗、花梗被毛；萼片5，三角形，外面被疏微毛；花瓣5，顶端2裂；雄蕊5，与花瓣等长。核果，成熟后紫黑色。花期5~8月，果期8~10月。

分布与生境：产于八大公山各地，海拔1200~1900 m的山坡或灌丛中。

用途：根和根皮入药。

长叶冻绿 Frangula crenata

（三）枳椇属 **Hovenia** Thunberg

乔木，稀灌木。幼枝常被短柔毛。叶互生，基生3出脉，侧脉4~8对。花序密集，顶生或兼腋生，聚伞圆锥状；花序轴果时膨大，肉质；花白色或黄绿色，5基数；萼片三角形；花瓣与萼片互生，两边向内卷起，基部具爪；雄蕊为花瓣抱持；花盘肉质，有毛；柱头3裂。浆果状核果顶端有3室，外果皮有光泽。种子底部常有白色凸起。

5种，中国共3种；湖南有2种，八大公山全产。

分种索引表

1. 萼片和果实无毛，稀果被疏柔毛……………………………………………… **1. 枳椇 H. acerba**
1. 萼片和果实被锈色密茸毛……………………………………………………… **2. 毛果枳椇 H. trichocarpa**

1. 枳椇 **Hovenia acerba** Lindley

乔木。小枝被褐色柔毛，有白色皮孔。叶互生，厚纸质，宽卵形，叶基心形；叶缘有浅锯齿，三出脉；两面无毛或仅下面沿脉被短柔毛。花序顶生和腋生，二歧是聚伞圆锥状，被棕色柔毛；花淡黄绿色，花瓣椭圆状匙形；花柱半裂。浆果状核果黄褐色或棕色。花期5~7月，果期8~10月。

分布与生境：分布于八大公山，生于海拔200~1000 m的山坡疏林中。

用途：果梗可食；果及种子能入药；用材树种；蜜源植物。

枳椇 Hovenia acerba

2. 毛果枳椇 **Hovenia trichocarpa** Chun & Tsiang

乔木。小枝有明显的皮孔。叶卵状椭圆形，缘有钝圆锯齿；两面无毛或仅下面沿脉被疏柔毛；三出脉，侧脉6~10对，下面横状脉明显。花序顶生或兼腋生，二歧式聚伞状，密被黄褐色短茸毛；

花黄绿色；萼片具明显的网脉，被褐色柔毛；花瓣卵圆状匙形，具爪；花柱自基部 3 深裂。浆果状核果，被褐色柔毛。花期 5 ~ 6 月，果期 8 ~ 10 月。

分布与生境：分布于八大公山各地，生于海拔 500 ~ 800 m 的山地林中。

毛果枳椇 Hovenia trichocarpa

（四）马甲子属 **Paliurus** Miller

乔木或灌木。单叶互生；叶脉为基生三出脉；托叶常成刺。聚伞状或聚伞圆锥状花序，腋生或顶生；花两性；花梗果时常增长；花萼 5 裂，中央下陷与子房上部分离；花瓣 5，匙形或扇形，两侧内凹；雄蕊基部与瓣爪离生；花盘厚，贴于萼筒上生长。核果，杯状或草帽状，周围具翅，基部有宿存的萼筒。

6 种，我国有 5 种，湖南有 2 种，八大公山产 2 种。

分种检索表

1. 花序无毛或仅总花梗被短柔毛；核果……………………………………… **1. 铜钱树 P. hemsleyanus**
1. 花序被毛；核果小，密被褐色短毛……………………………………………**2. 马甲子 P. ramosissimus**

1. 铜钱树 Paliurus hemsleyanus Rehder ex Schirarend & Olabi

乔木。小枝具皮孔。树皮呈剥落状。叶互生，椭圆形或卵形，底端不对称；叶缘具钝锯齿；基生三出脉，底端有 2 刺。花序顶生兼腋生，聚伞状或聚伞圆锥状；花黄绿色；萼片 5；花瓣 5，匙形；雄蕊 5，比花瓣长。核果，紫红色或红褐色，周围有翅。花期 4 ~ 6 月，果期 7 ~ 10 月。

分布与生境：分布于八大公山各地，生于海拔 200 ~ 1600 m 的山地林中。

用途：根入药；用材树种。

2. 马甲子 Paliurus ramosissimus (Loureiro) Poiret

灌木。叶互生，椭圆形或卵形，上面叶脉处有褐色柔毛，下面密生褐色柔毛并渐脱落；基生三出脉；叶柄被毛。花序腋生，聚伞状；花黄绿色；萼片 5；花瓣 5，匙形，较萼片短；雄蕊 5，长于花瓣相近或较花瓣长。核果，被褐色茸毛，有窄翅。花期 5~8 月，果期 9~10 月。

分布与生境：产于八大公山各地，海拔 1900 m 以下的山地或平地。

用途：根入药。

铜钱树 Paliurus hemsleyanus

马甲子 Paliurus ramosissimus

（五）猫乳属 **Rhamnella** Miquel

灌木或小乔木。冬芽外覆鳞片。叶互生，叶缘有细锯齿；羽状脉；托叶钻形，与茎离生，常宿存。聚伞状花序腋生；花黄绿色，5基数；萼片三角形，中肋内面凸起且有喙状突起；花瓣两侧内卷；花丝基部与爪部离生；花盘杯状。核果，红色后变紫黑色，顶端有残留的花柱，基部有宿存萼筒。

10种，我国有9种，湖南有3种，八大公山有2种。

分种检索表

1. 幼枝、叶背面和叶柄被柔毛……………………………………………………**1. 猫乳 R. franguloides**
1. 幼枝、叶背面和叶柄近无毛……………………………………………………**2. 多脉猫乳 R. martini**

1. 猫乳 Rhamnella franguloides (Maximowicz) Weberbauer

灌木或小乔木。小枝被密短柔毛。叶互生，倒卵圆形或长椭圆形，下面脉腋处有柔毛；侧脉7～10对；叶柄被密柔毛。花序腋生，聚伞状；花黄绿色；萼片5，卵状三角形，边缘被疏短毛；花瓣5，顶端微凹；雄蕊5。核果，成熟时红色。花期5～7月，果期7～10月。

分布与生境：分布于八大公山各地，生于海拔1100 m以下的山坡、路旁或林中。

用途：根入药。

猫乳 Rhamnella franguloides

2. 多脉猫乳 Rhamnella julianae C. K. Schneider

灌木或小乔木。幼枝纤细，黄绿色，无毛，老枝黑褐色，具多数黄色皮孔。叶长椭圆形或矩圆状椭圆形，（4～11）cm×（1.5～4.2）cm，顶端锐尖或渐尖，基部圆形或近圆形，稍偏偏斜，边缘具细锯齿，两面无毛，稀下面沿脉被疏柔毛，侧脉每边 6 ~ 8 条。腋生聚伞花序，无毛，花小，黄绿色，萼片卵状三角形，花瓣倒卵形，顶端微凹。核果近圆柱形，成熟时或干后变黑紫色。花期 4 ~ 6 月，果期 7 ~ 9 月。

分布与生境：分布于八大公山各地，生于海拔 200 ~ 1000 m 的山坡、路旁或林中。

用途：根入药；用材树种。

多脉猫乳 Rhamnella julianae

（六）鼠李属 **Rhamnus** Linnaeus

灌木或常绿乔木。小枝顶端常成刺。叶互生或近对生；托叶小，早落。花序腋生，聚伞状；花黄绿色，两性或单性异株；花萼钟状，里面中肋突起；花瓣 4 ~ 5，兜状，较萼片短，基部具短爪，顶端常 2 浅裂，有时无花瓣；雄蕊 4 ~ 5 枚，与花瓣等长或短于花瓣；花盘杯状。浆果状核果近球形，基部为宿存萼筒所包围，具 2 ~ 4 骨质分核。

148 种，我国有 73 种，湖南有 17 种，八大公山产 7 种。

分种检索表

1. 茎仅具长枝而无短枝…………………………………………………………… **4. 尼泊尔鼠李 R. napalensis**

1. 茎具长枝和短枝，短枝先端呈棘刺状。

  2. 枝、叶对生或近对生。

    3. 种子背面或背侧具长为种子 1/2 以上的纵沟。

      4. 叶上面无毛，下面仅脉腋有簇毛……………………………………… **3. 薄叶鼠李 R. leptophylla**

4. 叶上面沿脉被疏柔毛，下面沿脉或脉腋窝孔被簇毛…………………… **1. 刺鼠李 R. dumetorum**

3. 种子背面基部仅有长为种子 1/3 以下的短沟 …………………………………… **5. 冻绿 R. utilis**

2. 枝、叶均互生。

5. 叶狭小而长，宽在 1.2 cm 以下 …………………………………………… **6. 小冻绿树 R. rosthornii**

5. 叶较宽大，宽在 3 cm 以上。

6. 叶顶端尾状渐尖或长渐尖…………………………………………………… **7. 山鼠李 R. wilsonii**

6. 叶顶端渐尖…………………………………………………………………**2. 湖北鼠李 R. hupehensis**

1. 刺鼠李 Rhamnus dumetorum Schneid.

灌木。枝对生或近对生，枝端和分叉处有细针刺。叶对生或近对生，或在短枝上簇生，椭圆形，顶端锐尖或渐尖，基部楔形，边缘具不明显的波状齿或细圆齿，侧脉每边 4 ~ 6 条。花单性，雌雄异株，4 基数。核果球形，基部有宿存的萼筒，具 2 或 1 分核。花期 4 ~ 5 月，果期 6 ~ 10 月。

分布与生境：分布于八大公山各地，生于海拔 1600 m 以下的山坡杂林下或灌丛中。

用途：根皮、茎、叶入药。

刺鼠李 Rhamnus dumetorum

2. 湖北鼠李 Rhamnus hupehensis C.K.Schneider

灌木或小乔木。顶芽较大。叶互生，椭圆形，叶缘锯齿内钩；侧脉 5 ~ 8 对，弧状内弯；叶柄长有沟；托叶早落。核果，成熟时黑色；种子紫黑色，有光泽，背面有纵沟。果期 6 ~ 10 月。

分布与生境：分布于八大公山各地，生于海拔 700 ~ 1900 m 的山坡灌丛或林下。

用途：枝叶入药。

湖北鼠李 Rhamnus hupehensis

3. 薄叶鼠李 Rhamnus leptophylla C.K.Schneider

灌木。稀小乔木。叶对生或在短枝上簇生，倒卵状椭圆形，叶缘具钝圆锯齿；两面沿脉被疏毛；侧脉 3 ~ 5 对；叶柄具小沟；托叶线形，早落。花序在短枝上束生，聚伞状；花绿色，4 基数；雄花在短枝端簇生；雌花簇生于短枝或长枝下部；柱头 2 裂。核果成熟时微黑色。花期 5 月，果期 8 ~ 9 月。

薄叶鼠李 Rhamnus leptophylla

分布与生境：分布于八大公山各地，生于海拔 200 ~ 1200 m 的山沟灌丛中。

用途：果实、根能入药；民间常用于围园。

4. 尼泊尔鼠李 Rhamnus napalensis (Wallich) M.A.Lawson

常绿蔓性灌木。小枝有突起的褐色皮孔。叶互生，大小不同，较小的叶近圆形，较大的叶宽椭圆形，叶缘具钝圆锯齿，下面脉上有毛；侧脉 5 ~ 9 对。花序腋生，聚伞总状或聚伞圆锥状，花序轴被短柔毛。核果红黑色。花期 5 ~ 9 月，果期 8 ~ 11 月。

分布与生境：分布于八大公山各地，生于海拔 200 ~ 700 m 的山坡或沟谷林下。

用途：叶民间常用以染布或制纸；果实及叶煎水洗疮疥。

尼泊尔鼠李 Rhamnus napalensis

5. 冻绿 Rhamnus utilis Decaisne

灌木或小乔木。枝端具针刺。腋芽小，有鳞片，边缘有白色缘毛。叶对生或簇生于短枝上，椭圆形，叶基楔形；两面沿脉偶被柔毛；侧脉 5 ~ 6 对，网脉显著；叶柄具小沟，被柔毛；托叶宿存，被疏毛。花黄绿色，4 基数；雄花簇生于叶腋，或聚生于小枝下部；雄蕊 4，退化；花柱 2 浅裂或半裂。核果。花期 4 ~ 6 月，果期 5 ~ 8 月。

分布与生境：产于八大公山各地，生于海拔 500 ~ 1500 m 的灌木丛中。

用途：根、根皮和树皮入药。

6. 小冻绿树 Rhamnus rosthornii E.Pritzel

常绿灌木。小枝灰褐色，枝端有刺。叶互生或簇生于短枝，匙形或倒卵状椭圆形，叶缘具钝圆状锯齿；两面沿脉被柔毛；侧脉 2 ~ 4 对；叶柄被短柔毛；托叶线状披针形，宿存，被微毛。花序在叶腋处单生或数多聚生，聚伞状；花瓣 4；雌花在短枝端簇生；雄蕊 4；花柱 2 浅裂。核果球形，成熟时黑色。花期 4 ~ 5 月，果期 6 ~ 9 月。

分布与生境：分布于八大公山各地，生于海拔 600 m 以下的石灰岩山坡灌丛中。

冻绿 Rhamnus utilis

小冻绿树 Rhamnus rosthornii

7. 山鼠李 Rhamnus wilsonii C. K. Schneider

灌木。叶纸质或薄纸质，互生或稀兼近对生，在当年生枝基部或短枝顶端簇生，顶端渐尖或长渐尖，尖头直或弯，基部楔形，边缘具钩状圆锯齿，两面无毛，侧脉每边 5 ~ 7 条。花单性，雌雄异株，黄绿色，4 基数。核果倒卵状球形，成熟时紫黑色或黑色，具 2 ~ 3 分核。花期 4 ~ 5 月，果期 6 ~ 10 月。

分布与生境：分布于八大公山各地，生于海拔 400 ~ 800 m 以下的石灰岩山坡灌丛中。

山鼠李 Rhamnus wilsonii

（七）雀梅藤属 Sageretia Brongniart

藤状灌木。小枝互生或近对生。叶互生或近对生，幼叶常被毛，平行羽状脉；托叶小，脱落。穗状圆锥花序，少有总状；花白色，5 基数；萼片三角形，内面前端常增厚，中肋有喙状突起；花瓣匙形，顶端 2 裂；雄蕊与花瓣等长或略长于花瓣；花盘肉质，壳斗状；子房上位，基部与花盘合生；柱头不分裂或 2 ~ 3 裂。浆果状核果，有 2 ~ 3 分核。

39 种，我国有 16 种，湖南有 6 种，八大公山产 5 种。

分种检索表

1. 花一般无梗，排成穗状花序或穗状圆锥花序。
  3. 叶下面被茸毛，不脱落或少脱落……………………………………………………**4. 皱叶雀梅藤 S. rugosa**
  3. 叶下面无毛，或仅沿脉被柔毛或脉腋具髯毛。
    4. 小枝常具有钩状下弯的长刺；叶柄无毛………………………………… **1. 钩枝雀梅藤 S. hamosa**
    4. 小枝具直刺或无刺；叶柄被短柔毛或疏柔毛。

5. 叶革质，下面无毛，侧脉每边 5 ~ 7 条…………………………… **3. 刺藤子 S. smelliana**

5. 叶纸质或薄革质，下面沿脉被柔毛，侧脉每边 7 ~ 10 条 ……**5. 尾叶雀梅藤 S. subcaudata**

1. 花具明显的梗，排成总状或圆锥花序………………………………………**2. 梗花雀梅藤 S. henryi**

1. 钩枝雀梅藤 Sageretia hamosa (Wallich) Brongniart

攀缘藤本。小枝有弯曲且粗的钩刺。叶近对生，披针形，下面仅沿脉具毛；侧脉 5 ~ 9 对。花序顶生或腋生，疏散圆锥状；无花梗；花黄绿色，被灰白色或褐色茸毛；花 5 基数；柱头头状。核果红色或紫黑色，常有白粉覆盖。花期 7 ~ 8 月，果期 8 ~ 10 月。

分布与生境：分布于八大公山各地，生于海拔 1600 m 以下的山坡林中。

用途：根入药。

钩枝雀梅藤 Sageretia hamosa

2. 梗花雀梅藤 Sageretia henryi J.R.Drummond & Sprague

攀缘灌木。叶互生或近对生，长卵状椭圆形，侧脉 5 ~ 6 对；托叶钻形。花序腋生或顶生，常为穗状圆锥花序；花序轴无毛；花白色或白绿色；萼片 5，卵状三角形；花瓣 5，匙形，稍短于雄蕊；雄蕊 5。核果近球形，成熟时红色。花期 7 ~ 11 月，果期翌年 3 ~ 6 月。

分布与生境：分布于八大公山各地，生于海拔 400 ~ 1000 m 处的山坡林下或路边。

用途：果实入药。

3. 刺藤子 Sageretia melliana Handel-Mazzetti

常绿藤状灌木；具枝刺；小枝圆柱状，褐色，被黄色短柔毛。叶革质，通常近对生，卵状椭圆形或矩圆形，稀卵形，（5 ~ 10）cm ×（2 ~ 3.5）cm，顶端渐尖，基部近圆形，稍不对称，边缘具细锯齿，两面无毛，侧脉每边 5 ~ 7 条，上升，近边缘弧状弯，上面明显下陷，下面凸起。花无梗，白色，单生或数个簇生圆锥状穗状花序，花序轴被黄色或黄白色贴生密短柔毛或茸毛。核果浅红色。花期 9 ~ 11 月，果期翌年 4 ~ 5 月。

分布与生境：分布于八大公山各地，生于海拔 200 ~ 600 m 处的山坡林缘灌丛中。

梗花雀梅藤 Sageretia henryi

刺藤子 Sageretia melliana

4. 皱叶雀梅藤 *Sageretia rugosa* Hance

藤状灌木。小枝密被褐色短茸毛，具刺。叶互生或近对生，卵圆形；侧脉 6 ~ 8 对；叶柄具沟，被密短柔毛。花序常顶生或腋生，穗状或穗状圆锥状；萼片 5，花 5 基数，有香味。核果成熟时紫红色。花期 6 ~ 12 月，果期翌年 3 ~ 4 月。

分布与生境：分布于八大公山各地，生于海拔 200 ~ 1300 m 以下的山地灌丛或林缘。

用途：枝叶入药。

皱叶雀梅藤 Sageretia rugosa

5. 尾叶雀梅藤 *Sageretia subcaudata* C.K.Schneider

尾叶雀梅藤 Sageretia subcaudata

藤状或直立灌木。叶近对生或互生，卵圆形；叶缘有浅齿；下面被柔毛，渐脱落；侧脉 6 ~ 9 对，网脉明显；叶柄有沟，被柔毛。花序常顶生或腋生，穗状圆锥状；花序轴被黄色茸毛；花黄白色；萼片三角形；花瓣倒卵形，比萼片短，顶端微凹。核果球形，黑色。花期 7 ~ 11 月，果期翌年 4 ~ 5 月。

分布与生境：分布于八大公山各地，生于海拔 400 ~ 1800 m 的山地林中或灌丛。

（八）枣属 **Ziziphus** Miller

乔木或灌木。枝常具皮刺。冬芽外覆有少数鳞片。叶互生，三出脉或五出脉；托叶常成针刺。聚伞花序；花黄绿色，5 基数；萼片卵状三角形，内面中肋凸起；花瓣与雄蕊等长，具爪，有时无花瓣；花盘肉质，5 或 10 裂。核果，顶端有小尖头，基部有宿存的萼筒，中果皮肉质或木栓质，内果皮硬骨质或木质。

约 170 种，我国有 12 种，湖南有 1 种，八大公山也有栽培。

1. 枣 **Ziziphus jujube** Miller

小乔木。幼枝弯曲具细长直立或沟状刺。单叶互生，卵形或卵状椭圆形，底端近圆形，稍不对称；无毛或下面脉有疏毛；基生三出脉；托叶细刺状。聚伞状花序，腋生；花黄绿色；萼片 5，卵状三角形；花瓣与雄蕊等长；雄蕊 5。核果，红色或紫红色。花期 5 ~ 7 月，果期 8 ~ 9 月。

分布与生境：原产我国，八大公山栽培且有逸生。

用途：著名干果；蜜源植物；木材可作器具；果实入药。

枣 Ziziphus jujube

六十九、榆科 Ulmaceae

乔木或灌木。单叶互生，具锯齿，稀全缘，基部偏斜，羽状脉或 3 出脉；膜质托叶常早落。花小，两性、杂性或单性异株；腋生聚伞花序、总状花序或单生或簇生；花被裂片常 4 ~ 8，覆瓦状（稀镊合状）排列。雄蕊常与花被裂片同数而对生，花药 2 室。雌蕊由 2 枚心皮连合而成，柱头 2 裂。果为翅果、核果或小坚果。

8 属 35 种，我国有 3 属 25 种，湖南有 2 属 11 种，八大公山产 2 属 8 种。

分属检索表

1. 果为翅果；叶常有重锯齿…………………………………………………………… **1. 榆属 Ulmus**
1. 果为核果；叶常有单锯齿………………………………………………………… **2. 榉属 Zelkova**

（一）榆属 **Ulmus** Linnaeus

落叶乔木或灌木。单叶互生，2 列状；羽状脉，直达叶缘；托叶条形，早落。花两性，簇生或成聚伞花序；花萼钟形，4 ~ 9 裂；雄蕊与花被片同数而对生；子房由 2 枚心皮合成，1 室，内有 1 枚倒生胚珠，花柱短，柱头 2 裂。翅果扁平。种子位于中部及上部，顶端有缺口及宿存花柱；胚直立，子叶扁平。

约 40 种，我国有 21 种，湖南产 8 种，八大公山产 6 种。

分种检索表

1. 秋冬开花，花簇生于叶腋，叶缘具单锯齿…………………………………… **5. 榔榆 U. parvifolia**
1. 春季花开，花芽生于头年枝上，叶常有显著的重锯齿。
  2. 叶冬季常绿或半常绿…………………………………………………………… **3. 杭州榆 U.changii**
  2. 叶冬季落叶。
    3. 种子位于翅果的上部。
      4. 叶下面及叶柄密被柔毛…………………………………………… **2. 多脉榆 U.castaneifolia**
      4. 叶背无毛或有疏毛，但绝不密被柔毛…………………………**4. 春榆 U.davidiana** var. **japonica**
    3. 种子位于翅果的中部或近中部，不接近顶端弯缺处。
      5. 翅果宽倒卵形或倒卵状圆形，叶侧脉 14 ~ 23 对……………… **1. 兴山榆 U. bergmanniana**
      5. 翅果宽椭圆形、近圆形或倒卵形；叶侧脉 5 ~ 16 对 ……………………… **6. 榆树 U. pumila**

1. 兴山榆 **Ulmus bergmanniana** C.K.Schneider

落叶乔木。当年生枝无毛，无木栓翅。叶椭圆形，先端渐尖，基部楔形，偏斜，边缘具重锯齿；表面微粗糙，背面仅脉腋有簇生毛，侧脉每边 14 ~ 23 条。花在去年生枝上排成簇状聚伞花序。翅果宽倒卵形或倒卵状圆形，先端浅凹或近圆形，基部楔形，两面近无毛。种子位于中部。花果期 3 ~ 5 月。

分布与生境：分布于八大公山各地，生于海拔 500 ~ 1500 m 的山坡及沟谷林中。

用途：用材树种；树皮和叶可入药；庭院观赏。

兴山榆 Ulmus bergmanniana

2. 多脉榆 Ulmus castaneifolia Hemsley

落叶乔木。叶长椭圆形或倒卵状椭圆形，先端渐尖；基部明显偏斜，一边耳状，一边圆或楔形；叶面幼时被硬毛，后脱落，叶背密被长柔毛，脉腋有簇毛，边缘具重锯齿，侧脉每边 16 ~ 35 条。

多脉榆 Ulmus castaneifolia

花在去年生枝上排成簇状聚伞花序。翅果长圆状倒卵形、倒三角状倒卵形或倒卵形。花果期 3 ~ 4 月。

分布与生境：分布于八大公山各地，生于海拔 600 ~ 1400 m 的山坡。

用途：树皮入药；用材树种；庭院观赏。

3. 杭州榆 Ulmus changii Cheng

常绿或半常绿乔木。叶卵形或卵状椭圆形，（3 ~ 11）cm ×（1.7 ~ 4.5）cm，先端渐尖或短尖，基部偏斜，圆楔形、圆形或心脏形，叶面幼时有散生的短硬毛，叶背无毛或脉上有毛，侧脉每边 12 ~ 20 条，边缘常具单锯齿。花常自花芽抽出，在去年生枝上排成簇状聚伞花序。翅果长圆形或椭圆状长圆形，全被短毛，果核部分位于翅果的中部或稍向下，宿存花被钟形。花果期 3 ~ 4 月。

分布与生境：分布于八大公山，生于海拔 200 ~ 600 m 的沟谷林中。

用途：木材可作用材；庭院观赏。

杭州榆 Ulmus changii

4. 春榆 Ulmus davidiana var. **japonica** (Rehder) Nakai

落叶乔木或灌木状。树皮浅灰色或灰色，纵裂成不规则条状。叶倒卵形或倒卵状椭圆形，稀卵形或椭圆形，先端尾状渐尖或渐尖，基部歪斜，一边楔形或圆形，一边近圆形至耳状，侧脉每边 12 ~ 22 条。花在去年生枝上排成簇状聚伞花序。翅果倒卵形或近倒卵形，果翅通常无毛，稀具疏毛，果核部分常被密毛，或被疏毛，位于翅果中上部或上部。花果期 4 ~ 5 月。

分布与生境：分布于八大公山各地，生于海拔 200 ~ 1400 m 的山坡林缘。

用途：庭院观赏；用材树种。

春榆 Ulmus davidiana var. japonica

5. 榔榆 Ulmus parvifolia Jacquin

落叶乔木。树皮裂成不规则鳞状薄片剥落，露出红褐色内皮；当年生枝密被短柔毛。叶披针状卵形或窄椭圆形，先端渐尖，基部偏斜，楔形；叶缘具单锯齿，侧脉每边 10～15 条。花 3～6 朵簇

榔榆 Ulmus parvifolia

生叶腋，花被上部杯状，下部管状，花被片 4 枚。翅果椭圆形，两侧的翅较果核部分为窄，果核部分位于翅果的中上部，上端接近缺口。花果期 8 ~ 10 月。

分布与生境：分布于八大公山各地，生于海拔 200 ~ 700 m 的山坡林中。

用途：树皮或根皮、茎叶入药；叶型小，枝柔软易于造型，为优良盆景材料。

6. 榆树 Ulmus pumila Linnaeus

落叶乔木。叶椭圆状卵形或椭圆状披针形，先端渐尖，基部偏斜称，边缘具重锯齿或单锯齿，侧脉 9 ~ 16 对，上面无毛，下面无毛或脉腋微有簇毛。花先叶开放，簇生于去年枝的叶腋。翅果近圆形，种子位于翅果的中部或近上部。花果期 3 ~ 6 月。

分布与生境：原产我国及朝鲜、俄罗斯、蒙古，八大公山有栽培。

用途：树皮或根皮、叶、花、果实或种子可入药；果实和叶可食用；用材树种；庭院观赏。

榆树 Ulmus pumila

（二）榉属 Zelkova Spach

落叶乔木。叶互生，边缘具锯齿，羽状脉；托叶成对离生，早落。花杂性，花叶同期，雄花数朵簇生于幼枝的下部叶腋，雌花或两性花通常单生于幼枝的上部叶腋。雄花钟形，4 ~ 6 浅裂，雄蕊与花被裂片同数，无退化子房。雌花或两性花的花被 4 ~ 6 深裂，退化雄蕊缺或多少发育，子房无柄，柱头2枚。果为核果，偏斜，宿存的柱头呈喙状。

10种，我国有3种，湖南产3种，八大公山有2种。

分种检索表

1. 当年生枝灰色或灰褐色，密生灰白色柔毛…………………………… **1. 大叶榉 Z. schneideriana**
1. 当年生枝紫褐色或棕褐色，无毛或疏被短柔毛……………………………………… **2. 榉树 Z. serrata**

1. 大叶榉 Zelkova schneideriana Handel-Mazzetti

乔木。树皮片状剥落。当年生枝密生柔毛。叶厚纸质，卵形至椭圆状披针形，先端渐尖，基部稍偏斜，圆形、宽楔形，叶面被糙毛，叶背密被柔毛，边缘具圆齿状锯齿，侧脉8～15对。雄花1～3朵簇生于叶腋。雌花或两性花常单生于小枝上部叶腋。核果斜卵状圆锥形，上面偏斜，凹陷。花期4月，果期9～11月。

分布与生境：分布于八大公山，生于海拔900～1200 m的山坡林中。

用途：树皮和叶可入药；用材树种；庭院观赏。

大叶榉 Zelkova schneideriana

2. 榉树 Zelkova serrata (Thunberg) Makino

落叶乔木。树皮呈不规则的片状剥落。当年生枝疏被短柔毛，后脱落。叶卵形至卵状披针形，先端渐尖，基部稍偏斜、圆形或浅心形，边缘具锯齿，侧脉7～14对。雄花具短梗，花被6～7枚，裂至中部。雌花近无梗，花被片4～5核算，子房被毛。核果几无梗，斜卵状圆锥形，上面偏斜，凹陷，表面被柔毛，具宿存花被。花期4月，果期9～11月。

分布与生境：分布于八大公山各地，生于海拔200～1200 m的山坡林中。

用途：珍贵用材树种；树皮和叶可入药；叶秋季变红，可作观赏。

榉树 Zelkova serrata

七十、大麻科 Cannabaceae

直立或攀缘草本。单叶互生或对生，掌状分裂或幼叶不分裂，边缘有锯齿；托叶宿存。花单性异株（稀同株），花序腋生。雄花呈圆锥花序，花被片 5，覆瓦状排列；雄蕊 5。雌花无柄，聚生成球果状穗状花序，每 1 或 2 朵花有 1 枚显著的宿存苞片；花被片膜质，全缘，紧包子房。瘦果包以宿存花被。种子有少量肉质胚乳。

7 属 91 种，我国产 7 属 25 种，湖南有 6 属 15 种，八大公山产 5 属 9 种。

分属检索表

1. 草质藤本……………………………………………………………………**3. 葎草属 Humulus**

1. 乔木或灌木。

  2. 果为小坚果，有翅…………………………………………………………… **4. 青檀属 Pteroceltis**

  2. 果为核果，无翅。

    3. 叶侧脉先端伸入锯齿…………………………………………………… **1. 糙叶树属 Aphananthe**

    3. 叶侧脉先端未达叶缘叶曲。

      4. 雌花单生或两朵着生……………………………………………………… **2. 朴属 Celtis**

      4. 花成聚伞花序………………………………………………………………**5. 山黄麻属 Trema**

（一）糙叶树属 Aphananthe Planchon

落叶或半常绿乔木或灌木。叶互生，纸质或革质，有锯齿或全缘，具羽状脉或基出 3 脉。花与叶同时生出，单性，雌雄同株，雄花排成密集的聚伞花序，腋生，雌花单生于叶腋；雄花的花被 5 ~ 4 深裂，裂片多少成覆瓦状排列，雄蕊与花被裂片同数；雌花的花被 4 ~ 5 深裂，裂片较窄，覆瓦状排列，花柱短，柱头 2，条形。核果卵状或近球状。

本属 5 种，我国产 2 种，湖南产 1 种，八大公山也有分布。

1. 糙叶树 Aphananthe aspera (Thunberg) Planchon

落叶乔木。树皮平滑，老时纵裂。叶片卵形或卵状长圆形，先端渐尖至长渐尖，基部近圆形或宽楔形，对称或稍斜，边缘有细尖的单锯齿，两面有平伏硬毛，通常于背面较密，基部 3 出脉，侧脉 6 ~ 8 对，斜直伸达齿尖。核果近球形，熟时黑色，被糙伏毛。花期 4 ~ 5 月，果期 7 ~ 8 月。

分布与生境：分布于八大公山各地，海拔 500 ~ 700 m 的溪边或沟谷林中。

用途：庭院观赏；茎皮可制纤维；叶可做土农药；木材可作用材。

糙叶树 Aphananthe aspera

（二）朴属 Celtis Linnaeus

落叶乔木。叶互生，有柄，全缘或有锯齿，具 3 出脉，托叶早落。花小，两性或单性，具柄，集成小聚伞花序或圆锥花序，或簇生状，稀单生。雄花序多生于当年生枝的下部无叶处或叶腋，两性花或雌花多生于花序顶端；花被片 4 ~ 5 枚，仅基部合生；雄蕊与花被片同数；雌蕊具短花柱，柱头 2 裂，子房 1 室。果为核果。

本属约 60 种，我国产 11 种，湖南产 9 种，八大公山产 5 种。

分种检索表

1. 冬芽的内层芽鳞密被较长的柔毛。
 2. 果较小，直径约 5 mm ………………………………………………………… 1. 紫弹树 C. biondii
 2. 果较大，长 10 ~ 17 mm。
  3. 当年生小枝和叶下面密生短柔毛 ……………………………………… 3. 珊瑚朴 C. julianae
  3. 当年生小枝和叶下面无毛 ……………………………………………5. 西川朴 C. vandervoetiana
1. 冬芽的内层芽鳞无毛或仅被微毛。
 4. 果梗长为果长的 2 倍以上 ………………………………………………… 2. 小果朴 C. cerasifera
 4. 果梗短，长不到果长的 2 倍，通常更短 ……………………………………… 4. 朴树 C. sinensis

1. 紫弹树 Celtis biondii Pampanini

落叶乔木。叶宽卵形至卵状椭圆形，基部近圆形，稍偏斜，先端渐尖，中部以上疏具浅齿，两面被微糙毛；托叶早落。果序单生叶腋，通常具 2 果，总梗极短；果幼时疏被柔毛，后脱净，成熟时黄色至橘红色，近球形，核两侧稍压扁。花期 4 ~ 5 月，果期 9 ~ 10 月。

分布与生境：分布于八大公山各地，生于海拔 200 ~ 1200 m 的山坡林中。

用途：根皮、茎枝和叶均可入药；用材树种。

紫弹树 Celtis biondii

2. 小果朴 Celtis cerasifera C.K.Schneider

落叶乔木。叶革质，卵形至卵状椭圆形，基部近圆形，稍偏斜，先端长渐尖至具短尾尖，边缘具整齐锯齿可几达基部，无毛或仅叶背脉腋间有少量柔毛。果通常单生叶腋（极少情况下，有 2 ~ 3 个果生于一极短的总梗上），果近球形，成熟时为蓝黑色；核近球形，具 4 条肋，表面有浅网孔状凹陷。花期 4 月，果期 9 ~ 10 月。

分布与生境：分布于八大公山各地，海拔 900 ~ 1300 m 的山坡林中。

用途：庭院观赏；木材可作用材；茎皮为造纸和人造棉原料；果实榨油作润滑油；树皮、根皮入药。

小果朴 Celtis cerasifera

3. 珊瑚朴 **Celtis julianae** C. K. Schneider

落叶乔木。当年生小枝密生茸毛，后脱净，冬芽褐棕色。叶厚纸质，宽卵形至尖卵状椭圆形，基部近圆形或稍不对称，先端短渐尖至尾尖，叶面粗糙，叶背密生短柔毛，近全缘至上部以上具浅钝齿。果单生叶腋，果梗粗壮，被毛；果椭圆形至近球形，金黄色至橙黄色。花期 3 ~ 4 月，果期 9 ~ 10 月。

珊瑚朴 Celtis julianae

分布与生境：分布于八大公山各地，海拔 200 ~ 1500 m 的山坡林中。

用途：庭院观赏；木材可作用材；茎皮为造纸和人造棉原料；果实榨油作润滑油；树皮、根皮入药。

4. 朴树 Celtis sinensis Persoon

落叶乔木。树皮光滑，灰色。一年生枝条密被毛。叶革质，宽卵形至狭卵形，中部以上边缘有浅锯齿，三出脉，下面无毛或有毛。花杂性，1 ~ 3 朵生于当年生枝的叶腋；花被片 4 枚，被毛；雄蕊 4 枚，柱头 2 裂。核果近球形，红褐色；果柄较叶柄近等长。花期 3 ~ 4 月，果期 9 ~ 10 月。

分布与生境：分布于八大公山各地，生于海拔 400 ~ 1000 m 的山坡林中。

用途：用材树种；树皮和叶入药；庭院观赏。

朴树 Celtis sinensis

5. 西川朴 Celtis vandervoetiana C.K.Schneider

落叶乔木。树皮灰色，光滑，幼枝无毛，冬芽的内部芽鳞被较密的毛。叶片近革质，卵状椭圆形或卵形，先端渐尖或尾尖，基部近圆形或宽楔形，稍偏斜，边缘近基部或中部以上有粗锯齿，腹面稍粗糙，无毛，背面仅在脉腋内有疏毛。核果单生叶腋，卵状椭圆形，成熟时橙黄色，无毛。果期 6 ~ 8 月。

分布与生境：分布于八大公山各地，生于低海拔 500 ~ 1100 m 的山坡林中。

用途：用材树种；庭院观赏。

西川朴 Celtis vandervoetiana

（三）葎草属 **Humulus** Linnaeus

一年生或多年生草本。茎粗糙，具棱。叶对生，3 ~ 7 裂。花单性，雌雄异株；雄花为圆锥花序式的总状花序；花被 5 裂，雄蕊 5 枚，雌花少数，生于宿存覆瓦状排列的苞片内，排成一假柔荑花序，结果时苞片增大，变成球果状体，每花有一全缘苞片包围子房，花柱 2 裂。果为扁平的瘦果。

本属 3 种，我国产 3 种，湖南产 1 种，八大公山也有分布。

1. 葎草 **Humulus scandens** (Loureiro) Merrill

多年生草本。茎、枝、叶柄均具倒钩刺。叶纸质，肾状五角形，常掌状 5 ~ 7 深裂，基部心脏形，表面粗糙，背面有柔毛和黄色腺体，裂片卵状三角形，边缘具锯齿。雄花为圆锥花序。雌花序球果

葎草 Humulus scandens

状，苞片三角形，顶端渐尖，具白色茸毛；子房为苞片包围，柱头 2 裂，伸出苞片外。瘦果成熟时露出苞片外。花期春夏，果期秋季。

分布与生境：分布于八大公山各地，生于海拔 200 ~ 1000 m 的山坡草丛或路边，为常见杂草。

用途：全草和花、果穗能入药。

（四）青檀属 **Pteroceltis** Maximowicz

落叶乔木。叶互生，有锯齿，基部 3 出脉，托叶早落。花单性同株。雄花数朵簇生于当年生枝的下部叶腋，花被 5 深裂，裂片覆瓦状排列，雄蕊 5 枚，退化子房缺。雌花单生于当年生枝的上部叶腋，花被 4 深裂，子房侧向压扁，花柱短，柱头 2 裂，胚珠倒垂。坚果具长梗，近球状，周围具翅，内果皮骨质。

单种属，我国特产；八大公山也有分布。

1. 青檀 **Pteroceltis tatarinowii** Maximowicz

形态特征见青檀属的描述。

分布与生境：分布于八大公山各地，生于海拔 1000 m 以下的石灰岩山坡林中。

用途：树皮为造纸原料；茎和叶入药；用材树种；庭院观赏。

青檀 Pteroceltis tatarinowii

（五）山黄麻属 Trema Loureiro

小乔木或灌木。叶互生，卵形至狭披针形，边缘有细锯齿，基部3(5)出脉，稀羽状脉；托叶早落。花单性或杂性，多数密集成聚伞花序；雌雄花的花被片5(4)，雄蕊与花被片同数，雄花具退化子房，雌花子房无柄，花柱短，柱头2，胚珠单生。核果小，卵圆形或近球形，常具宿存的花被片和柱头，外果皮多少肉质，内果皮骨质。种子具肉质胚乳。

约15种，我国有6种，湖南产2种，八大公山产1种。

1. 山油麻 **Trema cannabina** var. **dielsiana** (Handel-Mazzetti) C.J.Chen

灌木或小乔木。小枝被柔毛，后脱落。叶卵状披针形，先端尾状渐尖，基部圆或浅心形，边缘具圆齿状锯齿，叶面疏生糙毛，常脱落，叶背脉上疏生柔毛；三出脉，侧脉2(3)对。花单性同株，雌花序常生于花枝的上部叶腋，雄花序常生于花枝的下部叶腋，或雌雄同序。核果近球形，微压扁，熟时橘红色。花期3~6月，果期9~10月。

分布与生境：分布于八大公山各地，生于海拔200~600 m的沟谷林缘或灌丛间。

用途：根和嫩叶可入药；茎皮可提取纤维。

山油麻 Trema cannabina var. dielsiana

七十一、桑科 Moraceae

乔木、灌木或藤本，稀为草本，通常具白色乳液。单叶，稀复叶，互生稀对生，全缘、具锯齿或分裂；托叶2枚，通常早落。花小，单性，雌雄同株或异株，无花瓣；花序腋生，形状多样；萼片常4，稀较多或较少；雄蕊通常与花被片同数而对生；子房上位或下位，1～2室，每室具胚珠1枚，柱头1～2裂。果为瘦果或核果状。

37～43属1100～1400种，我国有9属144种，湖南有5属28种，八大公山有5属18种。

分属检索表

1. 草本，疏松的聚伞花序……………………………………………………………… **3. 水蛇麻属 Fatoua**
1. 乔木、灌木或木质藤本，葇荑或头状花序。
  2. 托叶合生，脱落后有环状托叶痕………………………………………………………… **4. 榕属 Ficus**
  2. 托叶离生，脱落后无环状托叶痕。
    3. 枝无刺；叶缘有锯齿；雄花及雌花集生成葇荑花序或头状花序。
      4. 雄花与雌花均成葇荑花序…………………………………………………………**5. 桑属 Morus**
      4. 雄花多为葇荑花序，雌花密生成球状头状花序………………………… **1. 构属 Broussonetia**
    3. 枝有刺；叶全缘或3浅裂；雄花与雌花均成头状花序…………………… **2. 橙桑属 Cudrania**

（一）构属 **Broussonetia** L' Héritier ex Ventenat

乔木、灌木或为攀缘藤状灌木。叶互生，分裂或不分裂，托叶侧生，早落。花雌雄异株或同株。雄花为下垂柔荑花序或球形头状花序，花被片4或3裂，雄蕊与花被裂片同数而对生，退化雄蕊小。雌花密集成球形头状花序，苞片棍棒状，宿存，花被管状，顶端3～4裂或全缘，宿存，子房内藏。聚花果球形。

本属约4种，我国均产，湖南产3种，八大公山均产。

分种检索表

1. 灌木或攀缘状蔓性灌木。
  2. 叶基部偏斜……………………………………………… **1. 藤构 B. kaempferi** var. **australis**
  2. 叶基部对称……………………………………………………………………………**2. 楮 B. kazinoki**
1. 乔木…………………………………………………………………………………… **3. 构树 B. papyrifera**

1. 藤构 **Broussonetia kaempferi** var. **australis** Suzuki

蔓生藤状灌木。小枝缠绕。叶互生，螺旋状排列，近对称的卵状椭圆形，先端渐尖，基部心形或截形，边缘锯齿细。花雌雄异株。雄花序短穗状，雄花花被片4。退化雌蕊小，雌花集生为球形头状花序。聚花果，花柱线形，延长。花期4～6月，果期5～7月。

分布与生境：分布于八大公山各地，生于海拔200～1000 m的沟边灌丛中。

用途：根皮、嫩枝叶、树汁可入药；叶可作饲料；树皮富含纤维。

藤构 Broussonetia kaempferi var. australis

2. 楮 **Broussonetia kazinoki** Siebold

蔓状灌木。叶卵形至斜卵形，先端渐尖，基部近圆形或斜圆形，边缘具三角形锯齿。花雌雄同株。雄、雄花序球形头状。聚花果球形。花期 4 ~ 5 月，果期 5 ~ 6 月。

分布与生境：分布于八大公山各地，生于海拔 200 ~ 1500 m 的山坡林中、村边。

用途：根皮、嫩枝叶、树汁可入药；叶可作饲料；树皮富含纤维。

楮 Broussonetia kazinoki

3. 构树 Broussonetia papyrifera (Linnaeus) LíHÈritier ex Ventenat

乔木。叶螺旋状排列，广卵形至长椭圆状卵形，先端渐尖，基部心形，两侧常不相等，边缘具粗锯齿，不分裂或 3 ~ 5 裂；表面粗糙，背面密被茸毛，基生叶脉三出；托叶大，卵形。花雌雄异株。雄花序为柔荑花序。雌花序球形头状。聚花果，成熟时橙红色，肉质。花期 4 ~ 5 月，果期 6 ~ 7 月。

分布与生境：分布于八大公山各地，生于海拔 200 ~ 1800 m 的山坡林缘、灌丛间。

用途：果实、根、皮、树枝可入药品；树皮可作造纸原料；叶可作饲料。

构树 Broussonetia papyrifera

（二）水蛇麻属 **Fatoua** Gaudichaud-Beaupré

草本。单叶互生，边缘具锯齿；托叶早落。花单性同株，雌雄花混生，组成腋生头状聚伞花序。雄花花被片 4 深裂，裂片镊合状排列；雄蕊 4 枚；退化雌蕊很小。雌花花被 4 ~ 6 裂，裂片排列与雄花同，子房歪斜，柱头 2 裂，丝状，胚珠倒生。瘦果小，斜球形，微扁，为宿存花被包围。种皮膜质，无胚乳。

本属 2 种，我国全产，湖南产 1 种，八大公山产 1 种。

1. 水蛇麻 Fatoua villosa (Thunberg) Nakai

一年生草本。叶膜质，卵圆形至宽卵圆形，先端急尖，基部心形至楔形，基部稍下延成柄，边缘锯齿三角形，两面被粗糙贴伏柔毛，侧脉每边 3 ~ 4 条。花单性，聚伞花序腋生。雄花钟形，雄蕊 4 枚，与花被片对生。雌花花被片宽舟状；子房近扁球形，花柱侧生，丝状。瘦果略扁，具三棱，表面散生细小瘤体。种子 1 枚。花期 5 ~ 8 月。

分布与生境：分布于八大公山各地，生于海拔 200 ~ 1500 m 以下的路边、旱地中。

用途：全株及叶可入药。

水蛇麻 Fatoua villosa

（三）榕属 Ficus Linnaeus

乔木、灌木或攀缘状。叶互生，稀对生，全缘、具锯齿或分裂；托叶合生，早落，遗留环状痕。花雌雄同株或异株，生于肉质壶形花序托内壁成隐头花序，雄花花被片 2 ~ 6 枚，雄蕊 1 ~ 3 枚，雌花花被片与雄花同数或不完全，瘿花相似于雌花。聚花果腋生或生于老茎上。

约 1000 种，我国有 99 种，湖南产 14 种，八大公山产 8 种。

分种检索表

1. 直立乔木或灌木。
  2. 叶全缘。
    3. 叶基部楔形或圆楔形。
      4. 榕果直径 7 ~ 8mm ………………………………………… **1. 冠毛榕 F. gasparriniana**
      4. 榕果直径 10 ~ 12mm ……………………………………… **6. 竹叶榕 F. stenophylla**
    3. 叶基部心形………………………………………………… **3. 异叶榕 F. heteromorpha**
  2. 叶缘全部或至少上部具锯齿。
    5. 叶缘上部边缘有波状疏齿，下部全缘………………………… **2. 尖叶榕 F. henryi**
    5. 叶缘有牙齿……………………………………………………… **8. 岩木瓜 F. tsiangii**
1. 攀缘或匍匐灌木或木质藤本。
  6. 茎匍匐地面，叶缘有细锯齿………………………………………… **7. 地果 F. tikoua**
  6. 茎用气生根攀缘，叶全缘。
    7. 叶 2 型，生殖叶比营养叶大全厚……………………………… **4. 薜荔 F. pumila**
    7. 叶 1 型，生殖叶和营养叶大小、质地相同……………… **5. 匍茎榕 F. sarmentosa**

1. 长叶冠毛榕 Ficus gasparriniana var. **esquirolii** (H. Léveillé &Vaniot) Corner

常绿灌木。叶纸质，披针形，微钝，全缘，表面粗糙。榕果成对腋生或单生叶腋，具柄，幼时卵状椭圆形，被柔毛，后成椭圆状球形，有白斑，成熟时紫红色，顶生苞片脐状凸起，红色；雄花具柄，花被片 3，被毛，雄蕊 2 ~ 3；瘿花花被片 3 ~ 4，被毛，倒披针形，子房斜卵圆形；雌花花被片 4，先端被毛。花期 5 ~ 7 月。

分布与生境：分布于八大公山五道水，生于海拔 200 ~ 400 m 潮湿的沟谷林中。

用途：果实可食。

长叶冠毛榕 Ficus gasparriniana var. esquirolii

2. 尖叶榕 Ficus henryi Warburg ex Diels

常绿小乔木。叶倒卵状长圆形至长圆状披针形，先端渐尖，基部楔形，两面被点状钟乳体，全缘或中部以上有疏锯齿。雄花生于榕果内壁，瘿花生于雌花下部，雌花生于雌株榕果内壁，子房卵

尖叶榕 Ficus henryi

圆形，柱头 2 裂。榕果单生叶腋，球形至椭圆形，成熟橙红色。花期 5 ~ 6 月，果期 7 ~ 9 月。

分布与生境：分布于八大公山各地，生于海拔 200 ~ 500 m 的沟谷林中。

用途：果实入药；庭院观赏。

3. 异叶榕 Ficus heteromorpha Hemsley

落叶灌木或小乔木。叶卵状矩圆形、琴形、椭圆状披针形，先端渐尖，基部圆形或浅心形，全缘，常带红色。雄花和瘿花生于同一榕果中；雄花花被片 4 ~ 5 枚，雄蕊 2 ~ 3 枚；瘿花花被片 5 ~ 6 枚。雌花花被片 4 ~ 5 枚，花柱侧生，柱头画笔状。瘦果光滑。榕果球形，成对生短枝叶腋，稀单生。花期 4 ~ 5 月，果期 5 ~ 7 月。

分布与生境：分布于八大公山各地，海拔 500 ~ 1900 m 的山坡林中或沟谷边。

用途：果实和根可入药。

异叶榕 Ficus heteromorpha

4. 薜荔 Ficus pumila Linnaeus

攀缘或匍匐灌木。不育枝有不定根，叶卵状心形，基部稍不对称，尖端渐尖，叶柄很短；能育枝无不定根，卵状椭圆形，先端急尖至钝形，基部圆形至浅心形，全缘，上面无毛，背面被柔毛。榕果单生叶腋，瘿花果梨形，雌花果近球形。榕果幼时被黄色短柔毛，成熟黄绿色或微红。花果期 5 ~ 8 月。

分布与生境：分布于八大公山各地，附生于海拔 500 ~ 700 m 的山坡林间树上、石上。

用途：茎、叶、根、花托及果实可入药；果实可做凉粉。

薜荔 Ficus pumila

5. 匍茎榕 Ficus sarmentosa Buchanan-Hamilton ex Smith

分变种检索表

1. 叶被毛。
   2. 隐头花序圆锥形……………………………………………**5a. 珍珠莲（变种）F. sarmentosa** var. **henryi**
   2. 隐头花序近球形……………………………………… **5b. 爬藤榕（变种）F. sarmentosa** var. **impressa**
1. 叶无毛……………………………………………… **5c. 尾尖爬藤榕（变种）F. sarmentosa** var. **lacrymans**

5a. 珍珠莲（变种）Ficus sarmentosa var. **henryi** (King ex Oliver) Corner

常绿藤本。幼枝密被褐色长柔毛。叶革质，椭圆形至披针状椭圆形，先端渐尖或尾尖，基部圆形至宽楔形，有时不对称，全缘或微波状，腹面无毛，背面密被褐色柔毛，基生脉 3 条，侧脉 5 ~ 8 对，网脉在背面隆起呈蜂窝状。隐头花序成对腋生，有时单生，无总梗或具极短的总梗，圆锥形或卵圆形，表面密被棕褐色长柔毛。花期 5 ~ 7 月。

分布与生境：分布于八大公山各地，生于海拔 200 ~ 1000 m 的山坡灌丛中或沟边岩石上。

用途：根和藤茎、花托可入药。

5b. 爬藤榕（变种）Ficus sarmentosa var. **impressa** (Champion ex Bentham) Corner

藤状灌木。叶革质，披针形，先端渐尖，基部钝，背面白色至浅灰褐色，侧脉 6 ~ 8 对，网脉明显。榕果成对腋生或生于落叶枝叶腋，球形，幼时被柔毛。花期 4 ~ 5 月，果期 6 ~ 7 月。

分布与生境：分布八大公山各地，生于海拔 200 ~ 1000 m 的山坡岩石上。

用途：根状茎可入药。

珍珠莲（变种）Ficus sarmentosa var. henryi

爬藤榕（变种）Ficus sarmentosa var. impressa

5c. 尾尖爬藤榕（变种）**Ficus sarmentosa** var. **lacrymans** (H.LÈveillÈ) Corner

藤状灌木。叶薄革质，披针状卵形，先端渐尖至尾尖，基部楔形，两面绿色，干后绿白色至黄绿色，侧脉 5 ~ 6 对，网脉两面平。榕果成对腋生或生于落叶枝叶腋，球形，表面无毛或薄被柔毛。花期 4 ~ 5，果期 6 ~ 7 月。

分布与生境：分布于八大公山各地，生于海拔 200 ~ 600 m 的山坡林缘岩石上。

用途：根、藤和种子能入药。

尾尖爬藤榕（变种）Ficus sarmentosa var. lacrymans

6. 竹叶榕 Ficus stenophylla Hemsley

常绿小灌木。叶革质，披针形，先端渐尖，基部楔形至近圆形，表面无毛，背面有小瘤体，全缘背卷，侧脉 7 ~ 17 对；托叶披针形，红色，无毛。榕果椭圆状球形，表面稍被柔毛，直径 7 ~ 8 mm，成熟时深红色，顶端脐状突起，总梗长 20 ~ 40 mm；雄花和瘿花同生于雄株榕果中；雌花生于另一植株榕果中，近无柄。花果期 5 ~ 7 月。

分布与生境：分布于八大公山五道水，生于海拔 200 ~ 400 m 潮湿的的沟谷林中。

竹叶榕 Ficus stenophylla

7. 地果 *Ficus tikoua* Bureau

木质藤本。茎匍匐，具不定根。叶倒卵状椭圆形，先端急尖，基部圆形至浅心形，边缘具波状疏浅圆锯齿。榕果成对或簇生于匍匐茎上，常埋于土中，球形至卵球形，基部收缩成狭柄，成熟时深红色，表面多圆形瘤点。花期 5 ~ 6 月，果期 7 月。

分布与生境：分布于八大公山各地，生于海拔 200 ~ 1500 m 以下的山坡林缘或溪边。

用途：果可鲜食；茎叶、根、花、果实可入药；庭院观赏。

地果 Ficus tikoua

8. 岩木瓜 *Ficus tsiangii* Merrill ex Corner

常绿灌木或小乔木。小枝密生硬毛。叶螺旋状排列，卵形至倒卵椭圆形，先端尾尖，基部圆形至浅心形，两面被粗糙硬毛。雄花两型，无柄雄花生于口部，有柄雄花散生，雌花子房无柄，柱头浅 2 裂；不育花小。榕果球状椭圆形，被粗糙短硬毛，成熟红色。花期 5 ~ 8 月。

分布与生境：分布于八大公山五道水、杉木界，生于海拔 200 ~ 300 m 的沟谷林中。

用途：叶和茎皮可入药。

岩木瓜 Ficus tsiangii

（四）橙桑属 **Maclura** Nuttall

乔木或为攀缘藤状灌木。有乳液。具枝状刺。叶互生。花雌雄异株，均为具苞片的球形头状花序，每花常 2 ~ 4 枚苞片，附着于花被片上；花被片通常为 4 枚，分离或下半部合生，覆瓦状排列；雄蕊与花被片同数；雌花无梗，花被片肉质，盾形，花柱短，2 裂或不分裂。聚花果肉质；小核果卵圆形，果皮壳质，为肉质花被片包围。

约 6 种，我国产 5 种，湖南产 2 种，八大公山均产。

分种检索表

1. 叶常绿椭圆形或倒卵状椭圆形，侧脉 7 ～ 10 对 ……………………………**1. 构棘 C. cochinchinensis**
1. 叶冬季凋落，卵形，侧脉 4 ～ 6 对…………………………………………………… **2. 柘 C. tricuspidata**

1. 构棘 Maclura cochinchinensis (Loureiro) Corner

直立或攀缘状灌木。具枝状刺。叶革质，椭圆状披针形或长圆形，全缘，先端钝，基部楔形，两面无毛。花雌雄异株，雌雄花序均为具苞片的头状花序，每花具 2 ~ 4 枚苞片。雄花序，花被片 4 枚，雄蕊 4 枚。雌花序微被毛。聚合果肉质，成熟时橙红色，核果卵圆形，成熟时褐色，光滑。花期 4 ~ 5 月，果期 6 ~ 7 月。

分布与生境：分布于八大公山各地，生于海拔 200 ~ 1100 m 的沟边或山坡灌木丛中。

用途：根、棘刺和果实可入药。

构棘 Maclura cochinchinensis

2. 柘 Maclura tricuspidata CarriËre

落叶灌木或小乔木。树皮灰褐色，呈不规则薄片状脱落，小枝无毛，有枝刺。叶卵圆形、倒卵形或菱形，先端钝或渐尖，基部楔形或圆形，全缘，不裂或常 3 裂。花单性异株，雌雄花序均为球形头状花序。聚花果近球形，肉质，成熟时橘红色。花期 4 ~ 5 月，果期 6 ~ 7 月。

分布与生境：分布于八大公山各地，生于海拔 200 ~ 1400 m 的山坡林中。

用途：根、棘刺、木材、树干内皮、茎叶、果实可入药；果实可食，味极甜。

柘 Maclura tricuspidata

（五）桑属 **Morus** Linnaeus

落叶乔木或灌木。叶互生，边缘具锯齿，全缘至深裂，叶脉 3 ~ 5 出，侧脉羽状；托叶早落。花雌雄异株或同株，或同株异序，雌雄花序均为穗状；雄花花被片 4 枚，覆瓦状排列，雄蕊 4 枚，退化雌蕊陀螺形；雌花花被片4，覆瓦状排列，子房1室，柱头2裂。聚花果为多数包藏于内质花被片内的核果组成，外果皮肉质，内果皮壳质。

约16种，我国产11种，湖南产5种，八大公山产4种。

分种检索表

1. 叶下面光滑，或有微细柔毛。
  2. 叶上面光滑，下面脉腋有须状毛；花柱甚短……………………………………… **1. 桑 M. alba**
  2. 叶下面光滑无毛，或仅有微细毛，无腋生须状毛；花柱明显。
    3. 叶先端渐尖，基部圆形或近心形，边缘有锐利或钝圆锯齿……………… **2. 鸡桑 M. australis**
    3. 叶先端长尾渐尖，基部心形，有时偏斜……………………………………**4. 蒙桑 M. mongolica**
1. 叶上面粗糙，下面密被细柔毛……………………………………………………**3. 华桑 M. cathayana**

1. 桑 Morus alba Linnaeus

乔木或为灌木。叶卵形或广卵形，先端渐尖或圆钝，基部圆形至浅心形，边缘粗锯齿，有时叶为各种分裂，叶下脉腋有簇毛。花单性，腋生或生于芽鳞腋内，与叶同时生出。雄花序下垂。聚花果卵状椭圆形，成熟时红色或暗紫色。花期4～5月，果期5～8月。

分布与生境：分布于八大公山各地，生于海拔1000 m以下有沟谷林中，也有栽培。

用途：根皮、嫩枝、叶、果穗可入药；叶可饲蚕或作饲料；果可食用。

桑 Morus alba

2. 鸡桑 Morus australis Poiret

灌木或小乔木。叶卵形，先端急尖或尾状，基部楔形或心形，边缘具粗锯齿，或3～5裂，表面粗糙，密生短刺毛，背面疏被粗毛；托叶早落。雄花序被柔毛。雌花序球形，密被白色柔毛。聚花果短椭圆形，成熟时红色或暗紫色。花期3～4月，果期4～5月。

分布与生境：分布于八大公山各地，生于海拔500～1800 m的山坡、沟边林中。

用途：根皮和叶入药。

鸡桑 Morus australis

3. 蒙桑 Morus mongolica (Bureau) C.K.Schneider

小乔木或灌木。叶长椭圆状卵形，先端尾尖，基部心形，边缘具三角形单锯齿，稀重锯齿，齿尖有长刺芒，两面无毛。雄花序较雌花序长，总花梗纤细。聚花果，成熟时红色至紫黑色。花期3～4月，果期4～5月。

分布与生境：分布于八大公山各地，生于海拔500～1200 m的山坡林中。

用途：根皮和叶入药。

4. 华桑 Morus cathayana Hemsley

小乔木或灌木。叶广卵形或近圆形，先端渐尖，基部心形或截形，边缘具疏浅锯齿，表面疏生短伏毛，背面密被柔毛。花雌雄同株异序，雄花序较雌花序长。聚花果圆筒形。花期4～5月，果期5～6月。

分布与生境：分布于八大公山各地，生于海拔400～1700 m的山坡林中或沟谷中。

用途：根皮和叶能入药；用材树种；叶可作饲料。

蒙桑 Morus mongolica

华桑 Morus cathayana

七十二、荨麻科 Urticaceae

草本，稀木本。茎常具坚韧纤维。单叶对生或互生，左右不对称，常具托叶。花小，绿色，单生，雌雄同株或异株，稀两性，常腋生集成聚伞花序，稀单生。雄花被 2～5 裂，雄蕊与其裂片同数而对生。雌花被 2～5 裂，果时常增大。果实为瘦果或核果。

47 属 1300 种，我国有 25 属 341 种，湖南有 16 属 64 种，八大公山有 14 属 54 种。

分属检索表

1. 植株有螯毛；雌花被片多为 4 片或 4 裂。
  2. 叶对生……………………………………………………………… **14. 荨麻属 Urtica**
  2. 叶互生。
    3. 雌雄同株；瘦果直立，包在宿存花被内………………………… **9. 花点草属 Nanocnid**
    3. 雌雄同株或异株；瘦果倾斜，不包在花被内。
      4. 雌花被 4 片或 4 裂，外面 2 片通常较小，有时无花被片…………**7. 艾麻属 Laportea**
      4. 雌花管状，2 裂，其中一裂片明显较大 ………………………… **5. 蝎子草属 Girardinia**
1. 植株无螯毛；雄花被片大多数为 3 片或 3 裂，少数无花被。
  5. 子房无花柱，柱头有多数放射状的细毛，呈画笔状；自子房顶端生出。
    6. 叶对生，叶基两侧对称或近对称。
      7. 瘦果边缘无鸡冠状附属物……………………………………………… **12. 冷水花属 Pilea**
      7. 瘦果顶端或上部边缘有马蹄形或鸡冠状突起的附属物…………… **8. 假楼梯草属 Lecanthus**
    6. 叶互生，如对生则相对叶大小极不相等。
      8. 叶全为互生；雄花和雌花皆成聚伞花序…………………………… **11. 赤车属 Pellionia**
      8. 叶有时为对生；雄花和雌花皆生在肉质盘状的花托上…………… **4. 楼梯草属 Elatostema**
  5. 子房大多数有花柱，柱头多样，有毛，不呈笔画状。
    9. 草本、灌木或小乔木；雌花被管状，在果时干燥或膜质。
      10. 柱头宿存。
        11. 花成穗状或圆锥状花序 ………………………………………… **1. 苎麻属 Boehmeria**
        11. 花成腋生团集聚伞花序 ……………………………………… **2. 微柱麻属 Chamabainia**
      10. 柱头脱落。
        12. 叶基出脉侧面 2 脉在上部分枝，不达叶先端 ……………… **13. 雾水葛属 Pouzolzia**
        12. 叶基出脉侧面 2 脉上部不分枝，直达叶先端 ……………… **5. 糯米团属 Gonostegia**
    9. 灌木或小乔木；雌花被管状或杯状，或无，花被在果时稍呈肉质。
      13. 雌雄异株；柱头盾状；瘦果出附着于宿存的肉质花被上 ……………**10. 紫麻属 Oreocnide**
      13. 雌雄同株或异株，柱头刷状；瘦果包在肉质花被内 ……………… **3. 水麻属 Debregeasia**

（一）苎麻属 Boehmeria Jacquin

木本或多年生草本。叶互生或对生，边缘有牙齿，常不分裂，表面平滑或粗糙，基出脉 3 条。团伞花序生于叶腋，或成穗状花序或圆锥花序。雄花花被片常 4 枚，下部常合生；雄蕊与花被片同数；具退化雌蕊。雌花花被管状，顶端缢缩，有 2 ~ 4 个小齿，在果期稍增大；子房通常卵形，柱头丝形，密被柔毛，宿存。瘦果卵形，包于宿存花被之中。

约 65 种，我国有 25 种，湖南产 10 种，八大公山产 7 种。

分种检索表

1. 叶互生（序叶苎麻苗期时叶对生）。
  2. 多年生大型直立草本……………………………………………………………………… **5. 苎麻 B. nivea**
  2. 多年生披散草本…………………………………………………… **1. 序叶苎麻 B. clidemioides** var.**diffusa**
1. 叶对生。
  3. 叶缘有较规则的锯齿，叶先端无 3 浅裂或 3 尖裂。
    4. 叶卵形或近圆形。
      5. 团伞花序互相邻接…………………………………………………… **2. 密球苎麻 B. densiglomerata**
      5. 团伞花序有间距。
        6. 叶卵形或宽卵形………………………………………………………………… **4. 野线麻 B. japonica**
        6. 叶宽披针形或披针形…………………………………………………… **3. 海岛苎麻 B. formosana**
    4. 叶卵状菱形或近菱形，每侧有 3 ~ 8 个狭三角形牙齿…………………… **6. 小赤麻 B. spicata**
  3. 叶缘有较大不规则的锯齿，先端 3 浅裂或 3 尖裂……………………………… **7. 八角麻 B. tricuspis**

1. 序叶苎麻 **Boehmeria clidemioides** var. **diffusa** (Weddell) Handel-Mazzetti

序叶苎麻 Boehmeria clidemioides var. diffusa

多年生草本或亚灌木，常多分枝。叶互生，纸质，卵形或长圆形，先端长渐尖，基部圆形，稍偏斜，中部以上具锯齿，两面有短伏毛，上面常粗糙，基出脉 3 条。穗状花序单生叶腋，通常雌雄异株，长 4.0 ~ 12.5 cm，顶部有 2 ~ 4 叶。瘦果卵圆形，有宿存花被。花期 6 ~ 8 月，果期 9 ~ 10 月。

分布与生境：分布于八大公山各地，生于海拔 200 ~ 1200 m 的水边、林缘、旷野荒地。

2. 密球苎麻 Boehmeria japonica (Linnaeus f.) Miquel

多年生草本。叶对生，叶片心形或圆卵形，基部近心形或心形，边缘具牙齿。两性花序下部或近基部有少数分枝；雄团伞花序雌团伞花序互相邻接，花被片 4，椭圆形，基部合生，外面疏被短糙伏毛；雄蕊 4；退化雌蕊倒卵球形。花被纺锤形，狭倒卵形或倒卵形，顶端有 2 小齿，外面被短糙伏毛；瘦果卵球形或狭倒卵球形，光滑。

分布与生境：分布于八大公山五道水，生于海拔 200 ~ 400 m 的山谷林下沟边。

用途：全草药用。

密球苎麻 Boehmeria japonica

3. 海岛苎麻 Boehmeria formosana Hayata

多年生草本。叶对生或近对生；叶片长圆状卵形、长圆形或披针形，（8 ~ 15）cm ×（2.5 ~ 6.5）cm，顶端尾状或长渐尖，基部钝或圆形，边缘在基部之上有多数牙齿，两面疏被短伏毛或近无毛。穗状花序通常单性，雌雄异株，有时同株。雄花无梗：花被片 4，椭圆形，退化雌蕊倒卵形。雌花花被椭圆形，顶端有 2 小齿，外面有短毛，果期呈菱状倒卵形至宽菱形。瘦果近球形，光滑。花期 7 ~ 8 月。

分布与生境：分布于八大公山五道水，生于海拔 200 ~ 700 m 的山谷林下沟边。

海岛苎麻 Boehmeria formosana

4. 野线麻 Boehmeria japonica (Linnaeus f.) Miquel

亚灌木或多年生草本。叶对生，纸质，圆卵形或卵形，先端渐尖或尾尖，基部宽楔形或截形，边缘有锯齿；上面有短糙伏毛，下面沿脉网有短柔毛，侧脉 1～2 对。团伞花序集成腋生穗状花序，单一或有分枝；雄花被 4 枚，雄蕊 4 枚；雌花序比叶长。瘦果倒卵球形，长约 1 mm，光滑。花果期 6～9 月。

分布与生境：分布于八大公山各地，生于海拔 400～1800 m 的山沟林下。

用途：叶供药用。

野线麻 Boehmeria japonica

5. 苎麻 Boehmeria nivea (Linnaeus) Gaudichaud ~ Beaupré

灌木或亚灌木。茎上部与叶柄密被长硬毛和短糙毛。叶互生，草质，通常宽卵形，（6 ~ 15）cm ×（4 ~ 11）cm，先端骤尖，基部近截形或宽楔形，边缘有牙齿，上面稍粗糙，下面密被毡毛，托叶钻状披针形。花雌雄同株，圆锥状，雄花序位于雌花序之下。雌花簇球形，萼管状。瘦果近球形，光滑。花期 8 ~ 10 月。

分布与生境：分布于八大公山各地，生于海拔 400 ~ 1500 m 的山沟或山坡林缘。

用途：纤维植物；根、叶入药；叶可饲料。

苎麻 Boehmeria nivea

6. 小赤麻 Boehmeria spicata (Thunberg) Thunberg

多年生草本或亚灌木。叶对生，草质，卵状菱形，先端长骤尖，基部宽楔形，边缘有 3 ~ 8 个大锯齿；两面疏被短伏毛或近无毛，基脉 3 出。团伞花伞聚成穗状，单生叶腋，长达 10 cm；雌雄异株，或雌雄同株时雌花序位于雄花序之上。雄花被片管状。瘦果倒卵形，花被宿存。花期 6 ~ 8 月。

分布与生境：分布于八大公山各地，生于海拔 1200 ~ 1800 m 的山坡林下、沟边或草丛中。

用途：全草入药。

7. 八角麻 Boehmeria tricuspis (Hance) Makino

亚灌木或多年生草木，茎中上部密被短毛。叶对生，扁五角形或扁圆卵形，茎上部叶为卵形，先端 3 骤尖，中央骤尖成三角形，甚部截形至宽楔形，两面密生短糙伏毛。花序穗状或穗状圆锥花序，通常比叶长，绿色或带紫色；雌花簇球形，位于雄花簇上方。瘦果狭倒卵形，常数个聚集成球状。花期 6 ~ 7 月，果期 8 ~ 10 月。

分布与生境：八大公山各地广布，生于海拔 500 ~ 1850 m 的山坡、沟谷或沟边阴湿处。

用途：叶、根及全株入药。

小赤麻 Boehmeria spicata

八角麻 Boehmeria tricuspis

（二）微柱麻属 Chamabainia Wight

多年生草本。叶对生，边缘有牙齿，基出脉 3 条，钟乳体点状；托叶宿存。团伞花序单性，雌雄同株或异株，稀两性。雄花花被片 3～4 枚，镊合状排列，下部合生；雄蕊与花被片对生；退化雌蕊倒卵形。雌花花被管状；子房包于花被内，柱头近无柄，小，近卵形，有密毛。瘦果近椭圆球形，包于宿存花被内，果皮硬壳质，稍带光泽。

单种属，八大公山也有分布。

1. 微柱麻 Chamabainia cuspidata Wight

形态特征见微柱麻属的描述。

分布与生境：分布于八大公山各地，生于海拔 500 ~ 1500 m 的山坡林缘。

用途：全草入药。

微柱麻 Chamabainia cuspidata

（三）水麻属 **Debregeasia** Gaudichaud-Beaupré

灌木，无刺毛。叶互生，边缘具细牙齿或细锯齿，基出 3 脉，下面被白色或灰白色毡毛，托叶早落。花单性，雌雄同株或异株，雄花序为团伞状，雌花序球形；雄花被片 3 ~ 4 枚，雄蕊 3 ~ 4 枚；雌花被合生成管状，顶端有 3 ~ 4 齿，包被着子房，柱头画笔头状。瘦果浆果状，常梨形或壶形，在下部常紧缩成柄，宿存花被贴生于果实而在柄处则离生。种子倒卵形，多压扁，胚乳常丰富。

本属 6 种，我国 6 种均产，湖南有 2 种，八大公山有 1 种。

1. 水麻 Debregeasia orientalis C.J.Chen

灌木。小枝暗红色。叶长圆状狭披针形，先端渐尖，基部宽楔形，边缘具细牙齿，上面常有泡状隆起，背面被毡毛，基出脉 3 条。雌雄异株，稀同株，生上年生枝和老枝的叶腋，雄的团伞花簇直径 4 ~ 6 mm，雌的直径 3 ~ 5 mm。瘦果小浆果状，倒卵形，鲜时橙黄色，宿存花被肉质紧贴生于果实。花期 3 ~ 4 月，果期 5 ~ 7 月。

分布与生境：八大公山各地广布，生于海拔 200 ~ 1000 m 的山坡沟边。

用途：茎、皮、叶能入药。

水麻 Debregeasia orientalis

（四）楼梯草属 Elatostema J.R.Forster & G.Forster

灌木，亚灌木或草本。叶互生，二列，具短柄或无，两侧不对称；边缘具齿，具三出脉、半离基三出脉或羽状脉，常具钟乳体，托叶存在。花极小，单性，雌雄同株或异株，雌花和雄花均生于肉质盘状或杯状花序托上。雄花花被片 3～5 枚，雄蕊与花被片对生且同数。雌花花被片 3～5 枚，短于子房；子房椭圆形，柱头小，画笔头状，花柱不存在。瘦果狭卵球形或椭圆球形。

约 300 种，我国约有 146 种，湖南产 19 种，八大公山产 16 种。

分种检索表

1. 雄花序分枝，无花序托……………………………………………… **10. 长圆楼梯草 E. oblongifolium**

1. 雄花序不分枝，形成不明显或明显的花序托。

  2. 雄花序极小，不明显，不呈盘状或梨状。

    3. 雌花序的花序托不明显，有花 1 ～ 20 朵 ………………………… **11. 钝叶楼梯草 E. obtusum**

    3. 雌花序托有明显的花序托和多数密集雌花（30 朵以上）和小苞片。

      4. 叶具 3 出脉或半离基 3 出脉。

        5. 雄花序无梗或具短梗。

          6. 退化叶不存在………………………………………………… **5. 宜昌楼梯草 E. ichangense**

          6. 退化叶存在…………………………………………………… **13. 对叶楼梯草 E.sinense**

        5. 雄花序有超过花序本身的长花序梗……………………… **16. 疣果楼梯草 E. trichocarpum**

      4. 叶具羽状脉。

7. 雄花序无梗或近无梗。

8. 叶纸质，边缘下部全缘…………………………………………… **14. 庐山楼梯草 E. stewardii**

8. 叶草质，边缘有齿。

9. 毛为白色柔毛…………………………………………… **15. 条叶楼梯草 E. sublineare**

9. 毛为钙质硬毛…………………………………………… **8. 南川楼梯草 E. nanchuanense**

7. 雄花序有长梗，其长度超过花序本身…………………………… **6. 楼梯草 E.involucratum**

2. 雄花序的花序托明显，呈盘状或梨状。

10. 雄花序托呈梨形。

11. 叶纸质，干时变淡棕色，雌花序长方形或方形 ……… **1. 短齿楼梯草 E. brachyodontum**

11. 叶草质，干时绿色或稍变黑色，雌花序圆形 ……………………… **4. 梨序楼梯草 E. ficoides**

10. 雄花序托平，通常盘状或无花序托。

12. 雄无花序托。

13. 茎无瘤状突起，叶的侧脉明显 ………………………… **12. 密齿楼梯草 E. pycnodontum**

13. 茎具瘤状突起，叶的侧脉不明显 …………………………… **7. 瘤茎楼梯草 E. myrtillus**

12. 雄花序托平。

14. 托叶宽 2 ～ 8 mm，中脉明显 ………………………… **2. 骤尖楼梯草 E. cuspidatum**

14. 托叶宽 1 mm 以下，中脉不明显。

15. 叶基部宽侧宽楔形或圆形 …………………… **3. 锐齿楼梯草 E. cyrtandrifolium**

15. 叶基部宽侧耳形 …………………………………………**9. 托叶楼梯草 E. nasutum**

1. 短齿楼梯草 Elatostema brachyodontum (Handel-Mazzetti) W.T.Wang

多年生草本。全体无毛。叶片斜长圆形，稍镰状弯曲，（7 ~ 17）cm×（2.4 ~ 5.2）cm，顶端突渐尖，基部在狭侧楔形或钝，在宽侧楔形，下部全缘，上部有浅钝牙齿，上面稀生短毛，钟乳体明显，叶脉羽状；叶柄极短或无；托叶钻形，早落。雌雄同株或异株，单生叶腋。雄花序托呈梨形，具长梗。雌花序具极短梗，有多花。瘦果狭卵球形。花期 6 ~ 9 月。

分布与生境：分布于八大公山各地，生于海拔 300 ~ 1000 m 的山坡林下。

用途：全草入药。

2. 骤尖楼梯草 Elatostema cuspidatum Wight

多年生草本，无毛。叶片草质，斜椭圆形或斜长圆形，稍镰状弯曲，长 4.5 ~ 13.5 cm，宽 1.8 ~ 5 cm，顶端骤尖，基部在狭侧楔形或钝，在宽侧宽楔形或近耳形，边缘有尖牙齿，上面疏被短伏毛，钟乳体稍明显；半离基 3 出脉；叶柄极短或无柄；托叶条状披针形。雌雄同株或异株，单生叶腋，雌、雄花序具短梗。瘦果狭椭圆球形，有纵肋。花期 5 ~ 8 月。

分布与生境：产于八大公山各地，生于海拔 200 ~ 1200 m 的山坡林下。

用途：全草入药。

短齿楼梯草 Elatostema brachyodontum

骤尖楼梯草 Elatostema cuspidatum

3. 锐齿楼梯草 **Elatostema cyrtandrifolium** (Zollinger & Moritzi) Miquel

多年生草本，疏被短柔毛。叶片草质，斜椭圆形，（5 ~ 12）cm ×（2.2 ~ 4.7）cm，顶端渐尖，基部在狭侧楔形，在宽侧宽楔形或圆形，边缘有牙齿；上面散生短硬毛，下面沿中脉及侧脉有少数短毛，钟乳体稍明显；3 出脉；叶柄极短；托叶狭披针形或钻形。雄花序单生叶腋，有梗。雌花序近无梗或有短梗。瘦果卵球形，有纵肋。花期 4 ~ 9 月。

分布与生境：分布于八大公山各地，生于海拔 300 ~ 1800 m 的山坡林下或沟边。

用途：全草入药。

锐齿楼梯草 Elatostema cyrtandrifolium

4. 梨序楼梯草 Elatostema ficoides Weddell

分变种检索表

1. 雄花序分枝，无花序托……………………………… **4a. 梨序楼梯草（原变种）E. ficoides** var.**ficoides**
1. 雄花序分枝，无花序托……………………… **4b. 毛茎梨序楼梯草（变种）E. ficoides** var. **puberulum**

4a. 梨序楼梯草（原变种）Elatostema ficoides Weddell var. **ficoides**

多年生草本。茎被微茸毛。叶片薄草质，斜倒披针状长圆形，斜长圆形或狭椭圆形；叶柄无毛；托叶膜质。雄花序单生或与雌花序同生叶腋，有长梗；花序托初期梨形或似无花果，无毛，边缘苞

梨序楼梯草（原变种）Elatostema ficoides var. ficoides

片不明显；小苞片多数，条形或狭条形。雄花有短梗，无毛；花被片长圆形；雄蕊 4 ~ 5；退化雌蕊小。雌花序常成对生茎上部叶腋，近圆形；花序托明显，边缘有多数苞片；苞片正三角形、狭卵形或三角形；小苞片多数，密集。子房椭圆形，柱头小。花期 8 ~ 9 月。

分布与生境：分布于八大公山，生于海拔 300 ~ 500 m 的山地林下或林缘阴湿地。

用途：茎叶可作猪饲料。

4b. 毛茎梨序楼梯草（变种）Elatostema ficoides var. **puberulum** W. T. Wang

多年生草本。与原变种梨序楼梯草的主要区别：茎和叶背面被短柔毛。花期 8 ~ 9 月。

分布与生境：分布于八大公山，生于海拔 300 ~ 500 m 的山地林下或林缘阴湿地。

用途：茎叶可作猪饲料。

毛茎梨序楼梯草（变种）Elatostema ficoides var. puberulum

5. 宜昌楼梯草 Elatostema ichangense H.Schroeter

多年生小草本，茎无毛。叶片草质，斜倒卵状长圆形或斜长圆形，顶端尾状渐尖，基部在狭侧楔形或钝，在宽侧钝或圆形，中下全缘，上部有浅牙齿，钟乳体明显，3 出脉；叶具短柄或无柄；

宜昌楼梯草 Elatostema ichangense

托叶条形或长圆形。雌雄异株或同株，雄花序无梗或近无梗，雌花序有梗。瘦果椭圆球形，有纵肋。花期 8 ~ 9 月。

分布与生境：分布于八大公山各地，生于海拔 300 ~ 500 m 的山地林下或林缘阴湿地。

用途：茎叶可作猪饲料；全草入药。

6. 楼梯草 Elatostema involucratum Franchet & Savatier

多年生草本，茎肉质，常无毛。叶片草质，斜倒披针状长圆形，稍镰状弯曲，（4.5 ~ 19.0）cm ×（2.2 ~ 6.0）cm，顶端骤尖，基部在狭侧楔形，在宽侧圆形或浅心形，边缘有较多牙齿，上面散生糙伏毛，下面沿脉有短毛，钟乳体明显，叶脉羽状；叶近无柄；托叶狭条形。雌雄同株或异株，雄花序有长梗，雌花序具极短梗。瘦果卵球形。花期 5 ~ 10 月。

分布与生境：分布于八大公山各地，生于海拔 200 ~ 900 m 的山坡草丛中。

用途：全草入药。

楼梯草 Elatostema involucratum

7. 瘤茎楼梯草 Elatostema nanchuanense W.T.Wang

多年生草本。茎下部有密的锈色小软鳞片，后鳞片呈小瘤状突起状，无毛。叶无柄，无毛；叶片草质，斜狭卵形，（1.3 ~ 2.8）cm ×（6 ~ 10）mm，顶端渐尖，基部在狭侧楔形，在宽侧耳形，边缘下部全缘，其上有锯齿，基出脉 3 条，侧脉不明显；托叶钻形。花序雌雄异株或同株，无梗，单生叶腋。雄花序花序托不明显。雌花序直径约 2 mm；花序托不明显。瘦果狭卵球形。花期 5 ~ 10 月。

分布与生境：分布于八大公山五道水，生于海拔 200 ~ 500 m 的沟谷阔叶林下。

8. 南川楼梯草 Elatostema nanchuanense W.T.Wang

多年生草本。叶斜狭长圆形。花序雌雄同株或异株，成对腋生。雄花序具极短梗；花序托椭圆形，中部稍二浅裂。雄花具梗：花被片 5，狭椭圆形，基部合生；退化雌蕊小。雌花序具短梗或无梗，有多数花；花序托近椭圆形或圆形；瘦果狭卵球形或椭圆球形，约有 8 条纵肋。花期 6 月。

分布与生境：分布于八大公山各地，生于海拔 200 ~ 500 m 的沟谷阔叶林下。

瘤茎楼梯草 Elatostema nanchuanense

南川楼梯草 Elatostema nanchuanense

9. 托叶楼梯草 Elatostema nasutum J.D.Hooker

分变种检索表

1. 雄花序花序托小…………………………………**9a. 托叶楼梯草（原变种）E. nasutum** var. **nasutum**

1. 花序托宽椭圆形，（4 ~ 9）mm×（3 ~ 7）mm ……………………………………………………
……………………………………………**9b. 盘托托叶楼梯草（变种）E. nasutum** var. **discophorum**

9a. 托叶楼梯草（原变种）Elatostema nasutum J.D.Hooker var. **nasutum**

多年生草本。叶片草质，斜椭圆形，顶端渐尖，基部在狭侧近楔形，在宽侧心形或近耳形，中部以上在宽侧有牙齿，钟乳体不太明显；叶脉 3 出；叶柄短；托叶狭卵形至条形。雌雄异株，雌、雄花序头状，雄花序有长达 3.6 cm 的梗，雌花序无梗或具极短梗。瘦果椭圆球形，有 10 纵肋。花期 7 ~ 10 月。

分布与生境：产于八大公山低海拔地区，生于海拔 200 ~ 800 m 的山坡林下。

用途：全草入药。

托叶楼梯草（原变种）Elatostema nasutum var. nasutum

9b. 盘托托叶楼梯草（变种）Elatostema nasutum var. **discophorum** W. T. Wang

多年生草本。与原变种区别在于雄花序成对腋生，具短梗，直径 0.8 ~ 1.3 cm；花序梗长 3 ~ 5 mm，无毛；花序托宽椭圆形，长 4 ~ 9 mm，宽 3 ~ 7 mm，无毛。

分布与生境：分布于八大公山五道水，生于海拔 200 ~ 500 m 的山坡林下潮湿处。

盘托托叶楼梯草（变种）Elatostema nasutum var. discophorum

10. 长圆楼梯草 Elatostema oblongifolium Fu ex W.T.Wang

多年生草本，茎无毛。叶纸质，斜狭长圆形，顶端渐尖，基部在狭侧钝或楔形、在宽侧圆形或浅心形，下部全缘，上部有浅钝齿，叶面散生的糙伏毛，钟乳体稍明显，叶脉羽状。雌雄同株或异株，雄花序具极短梗，聚伞状；雌花成对腋生。瘦果椭圆球形或卵球形。花期 4 ~ 5 月。

分布与生境：分布于八大公山各地，生于海拔 200 ~ 1000 m 的山坡林下。

用途：全草入药。

长圆楼梯草 Elatostema oblongifolium

11. 钝叶楼梯草 Elatostema obtusum Weddell

小草本。茎平卧或渐升，被短糙毛。叶片草质，斜倒卵形，顶端钝，基部在狭侧楔形，在宽侧心形或近耳形，中部以上部具钝齿，两面无毛或上面疏被短伏毛，钟乳体明显或不明显，基出脉 3 条；叶柄极短。雌雄异株。雄花 1 至数花组成腋生头状花序。雌花序无梗，生茎上部叶腋。瘦果狭卵球形。花期 6 ~ 9 月。

分布与生境：分布于八大公山斗篷山，生于海拔 1800 ~ 1900 m 的山坡林下。

用途：全草入药。

钝叶楼梯草 Elatostema obtusum

12. 密齿楼梯草 Elatostema pycnodontum W. T. Wang

多年生草本。茎渐升，无毛。叶具短柄；叶片斜长圆状披针形或斜狭菱形，钟乳体明显或稍明显，密，基出脉 3 条；叶柄无毛；托叶纸质，宿存。花序雌雄异株或同株。雄花序单生茎或分枝顶部叶腋，具极短梗，约有 3 朵花；苞片 2，狭卵形，被睫毛；小苞片条形。花梗无毛；花被片 5，下部合生；雄蕊 5。雌花序有短梗，花序托很小；苞片狭三角形或披针状条形，。雌花有短梗；花被极小。瘦果椭圆状卵球形。花期 9 月。

分布与生境：分布于八大公山各地，生于海拔 300 ~ 600 m 的山地林缘。

密齿楼梯草 Elatostema pycnodontum

13. 对叶楼梯草 Elatostema sinense H.Schroeter

多年生草本。叶斜椭圆形至斜长圆形，顶端渐尖或尾状渐尖，上面散生少数短硬毛，下面或全部或只在脉上疏被短毛。退化叶小，椭圆形。花序雌雄异株。雄花序腋生。雄花：花无毛；花被片 5，狭椭圆形，基部合生，外面无突起；雄蕊 5。雌花序有多数花；花序托小，近椭圆形，所有苞片的在外面顶端之下均有短突起。瘦果卵球形，约有 5 条不明显的纵肋。花期 6 ~ 9 月。

分布与生境：分布于八大公山各地，生于海拔 200 ~ 800 m 的山坡林下。

14. 庐山楼梯草 Elatostema stewardii Merrill

多年生草本。常具球形珠芽。叶片草质，斜椭圆状倒卵形至或斜长圆形，（7.0 ~ 12.5）cm ×（2.8 ~ 4.5）cm，先端骤尖，基部在狭侧楔形，在宽侧耳形，下部全缘，上部有牙齿，钟乳体明显，羽状脉，托叶狭三角形。雌雄异株，单生叶腋；雄花序具短梗，雌花序无梗。瘦果卵球形，纵肋不明显。花期 7 ~ 9 月。

分布与生境：分布于八大公山各地，生于海拔 800 ~ 1800 m 的山坡林下。

用途：全草入药。

对叶楼梯草 Elatostema sinense

庐山楼梯草 Elatostema stewardii

15. 条叶楼梯草 **Elatostema sublineare** W. T. Wang

多年生草本。被开展的白色长柔毛和锈色圆形小鳞片。叶无柄；叶片斜倒披针形或斜条状倒披针形；托叶膜质，披针形或条状披针形。花序雌雄异株或同株，单生叶腋。雄花序有稍长梗；花序梗有柔毛；苞片6，三角状卵形；苞片三角形或狭三角形；小苞片密集，条形或匙状条形。花被不明显；子房卵形，光滑。瘦果椭圆状卵球形，约有8条纵肋。花期3～5月。

分布与生境：分布于八大公山各地，生于海拔300～700 m的山地林缘。

用途：茎叶可作猪饲料。

条叶楼梯草 Elatostema sublineare

16. 疣果楼梯草 Elatostema trichocarpum Handel-Mazzetti

多年生草本。茎直立或渐升，无毛或有伏毛，不分枝或分枝。叶具短柄；叶片草质，茎下部叶小，上部的较大，斜椭圆状卵形或斜椭圆形，（2.0 ~ 4.8）cm ×（1.2 ~ 1.7）cm，顶端微尖或微钝，基部在狭侧钝，在宽侧心形或近耳形，边缘下部或中部之下全缘，其上有小牙齿，上面散生少数糙伏毛，下面无毛，钟乳体不明显，半离基三出脉，侧脉在狭侧约 2 条，在宽侧约 3 条。花序雌雄同株或异株，单生叶腋。雄花序无梗，雌花序上部的无梗，下部的具长梗。瘦果狭卵球形。花期 5 ~ 6 月。

分布与生境：分布于八大公山各地，生于海拔 300 ~ 700 m 的山地林缘。

疣果楼梯草 Elatostema trichocarpum

（五）蝎子草属 **Girardinia** Gaudichaud-Beaupré

一年生或多年生草本。具螫毛；叶互生，边缘有齿或分裂，通常具异形叶。花单性，雌雄同株或异株；花序成对生于叶腋，雄花序穗状；雌团伞花序密集或稀疏呈蝎尾状着生于序轴上，小团伞花序轴上密生刺毛。雄花花被片 4 ~ 5 枚，雄蕊 4 ~ 5 枚，具退化雌蕊。雌花花被片 3 ~ 4 枚，子房直立，花后渐变偏斜；柱头线形。果为瘦果，压扁，稍偏斜，宿存花被包被着增粗的雌蕊柄。

本属有 2 种，我国有 1 种，湖南有 1 种，八大公山也有。

1. 大蝎子草 Girardinia diversifolia (Link) Friis

分亚种检索表

1. 叶为阔卵形，通常 5 ~ 7 深裂 ················ **1b. 蝎子草（亚种）G. diversifolia** subsp. **suborbiculata**
1. 叶倒卵形，常 3 浅裂 ······································ **1c. 红火麻（亚种）G. diversifolia** subsp. **triloba**

1b. 蝎子草（亚种）Girardinia diversifolia subsp. **suborbiculata** (C.J.Chen) C.J.Chen & Friis

一年生草本。枝、叶均被粗毛和尖锐刺状螫毛，具 5 棱。叶互生，阔卵圆形至扁圆形，先端 3 ~ 5(~ 7) 深裂，裂片近三角形，两侧 2 裂片通常有粗大齿裂，裂片边缘均有牙齿或重牙齿，基部圆形或裁形，腹面散生粗毛及密布点状钟乳体，背面被细长毛，托叶阔卵形。花雌雄异株或同株。瘦果扁圆形，表面有粗沈点，顶端有宿存线状花柱。花期 6 ~ 7 月，果期 8 ~ 9 月。

分布与生境：分布于八大公山各地，生于海拔 200 ~ 1500 m 的山坡林下或沟边。

用途：全草和根入药。

蝎子草（亚种）Girardinia diversifolia subsp. suborbiculata

1c. 红火麻（亚种）Girardinia diversifolia subsp. **triloba** (C.J.Chen) C.J.Chen & Friis

一年生草本，茎疏生螫毛。叶二型，宽卵形，但大多倒梯形，在中部 3 裂，裂片三角形，边缘具多数较整齐的牙齿，有时下部的为重牙齿，中下部的齿较大，基部截形或心形；茎、叶柄和下面的叶脉常带紫红色。雌花序轴密生伸展的粗毛。

分布与生境：分布于八大公山各地，生于海拔 200 ~ 1000 m 的路边或沟边。

用途：全草入药。

红火麻（亚种）Girardinia diversifolia subsp. triloba

（六）糯米团属 Gonostegia Turczaninow

多年生草本或亚灌木。叶对生或上部互生，边缘全缘，基出脉 3 条，2 侧生基脉不分枝。雌雄同株，簇生为团伞花序生于叶腋；雄花花片 4 ~ 5 枚，离生，雄蕊与花被同数并对生。雌花花被管状，有 2 ~ 4 小齿，在果期有数条至 12 条纵肋，有时有纵翅；子房卵形，柱头丝形，有密柔毛，脱落。瘦果卵球形，果皮硬壳质，常有光泽。

约 3 种，我国有 3 种，湖南有 1 种，八大公山有分布。

1. 糯米团 Gonostegia hirta (Blume ex Hasskarl) Miquel

多年生草本。茎蔓生，茎略四棱形，有短柔毛。叶对生，宽披针形至狭披针形，（3 ~ 10）cm ×（1.2 ~ 2.8）cm，先端长渐尖，基部浅心形或圆形，全缘，上面稍粗糙，下面沿脉有疏毛，基出脉 3 ~ 5 条。团伞花序腋生，通常两性，稀单性，雌雄异株，直径 2 ~ 9 mm。瘦果卵球形。花期 5 ~ 9 月。

分布与生境：分布于八大公山各地，生于海拔 200 ~ 1500 m 的山坡、沟边草丛中。

用途：幼苗可食或作饲料；全草入药。

糯米团 Gonostegia hirta

（七）艾麻属 Laportea Gaudichaud-Beaupré

草本或半灌木，稀灌木，有刺毛。叶互生，边缘有齿，基出 3 脉或具羽状脉，钟乳体点状或短杆状；托叶于叶柄处合生，后脱落。花单性，雌雄同株，稀雌雄异株；花序聚伞圆锥状，稀总状或穗状。雄花花被片 4 或 5 枚，雄蕊 4 或 5 枚，具退化雌蕊。雌花花被片 4 枚，极不等大，离生，稀下部合生，无退化雄蕊；子房直立，后偏斜。瘦果偏斜，两侧压扁；花柄常成翅状。

本属约 28 种，我国有 7 种，湖南产 2 种，八大公山均产。

分种检索表

1. 雌花花梗果时在两侧膨大成明显的膜质翅……………………………… **1. 珠芽艾麻 L. bulbifera**
1. 雌花花梗在果时只稍膨大，不成翅状……………………………………… **2. 艾麻 L. cuspidata**

1. 珠芽艾麻 Laportea bulbifera (Siebold & Zuccarini) Weddell

多年生草本。茎具柔毛和刺毛。珠芽 1～3 个生于不生花序的叶腋。叶互生，卵形至披针形，（6～16）cm×（3～8）cm，先端渐尖，基部宽楔形，边缘具牙齿，两面疏生毛；基出脉 3。花序圆锥状，雄花序长 3～10 cm，雌花序生近顶部叶腋；花梗果时膨大成膜质翅。瘦果圆状倒卵形或近半圆形，偏斜。花期 6～8 月，果期 8～12 月。

分布与生境：分布于八大公山各地，生于海拔 400 ~ 1900 m 的山坡、沟谷林下潮湿地。

用途：块根及全草可入药。

珠芽艾麻 Laportea bulbifera

2. 艾麻 Laportea cuspidata (Weddell) Friis

多年生草本。茎疏生刺毛和短柔毛。叶互生，宽卵形或近圆形，（6.5 ~ 22.0）cm×（3.5 ~ 17.0）cm，先端长尾状，基部心形或圆形，边缘具锐牙齿，两面疏生毛；基出脉 3 条。雌雄同株，雄花序生于雌花序之下。雄花花被片 5 枚，雄蕊 5 枚。雌花序生于茎稍叶腋；雌花花被片 4 枚，柱头丝形。花梗在果期膨大，无翅。瘦果斜卵形。花期 6 ~ 7 月，果期 8 ~ 9 月。

分布与生境：分布于八大公山杉木界，生于海拔 300 ~ 600 m 的山坡林下。

用途：根可入药。

艾麻 Laportea cuspidata

（八）假楼梯草属 **Lecanthus** Weddell

草本，无螯毛。叶对生，具柄，边缘有锯齿，具基出 3 脉，钟乳体条形；托叶草落。花单性，花序盘状，花生于多少肉质的花序托上，稀雄花序不具花序托；总苞片呈一或二列生于花序托盘的边缘。雄花花被片 4 ~ 5 枚，雄蕊 4 ~ 5 枚，退化雌蕊小，不明显。雌花花被片常 4 枚，不等大，柱头画笔头状。瘦果椭圆状卵形，表面常有疣状突起。

3 种，我国均产，湖南产 1 种，八大公山也有分布。

1. 假楼梯草 Lecanthus peduncularis (Wallich ex Royle) Weddell

草本。茎肉质，上部有短柔毛。叶同对的常不等大，卵形，先端渐尖，基部稍偏斜，宽楔形，边缘有锯齿，上面疏生硬毛，下面脉上疏生短柔毛，具基出 3 脉。花序雌雄同株或异株，单生叶腋，具盘状花序托。瘦果椭圆状卵形，表面散生疣点。花期 7 ~ 8 月，果期 9 ~ 10 月。

分布与生境：分布于八大公山各地，生于海拔 1000 m 的山坡林下阴湿地。

用途：全草入药。

假楼梯草 Lecanthus peduncularis

（九）花点草属 **Nanocnide** Blume

一年生或多年生草本，丛生状，茎具毛。叶互生，边缘具粗齿，基出脉不规则 3 ~ 5 出。花单性，雌雄同株；雄聚伞花序，疏松，具梗，腋生；雌花序团伞状，无梗或具短梗，腋生。雄花花被 5 裂，稀 4 裂，雄蕊与花被裂片同数，退化雌蕊宽倒卵形。雌花花被 不等 4 深裂，子房直立，椭圆形；花柱缺，柱头画笔头状。瘦果宽卵形，两侧压扁，有疣点状突起。

本属有 2 种，我国均产，湖南产 2 种，八大公山均有分布。

分种检索表

1. 茎上的细螯毛向上生长；花粉红色……………………………………………………**1. 花点草 N. japonica**
1. 茎上的细螯毛向下生长；花淡黄绿色…………………………………………………**2. 毛花点草 N. lobata**

1. 花点草 Nanocnide japonica Blume

多年生直立小草本，被向上倾斜的螫毛。叶互生，三角状卵形，（1.5 ~ 4.0）cm×（1.3 ~ 4.0）cm，边缘有圆齿，两面疏生短柔毛和螫毛；叶柄长 0.3 ~ 2.0 cm；托叶膜质。雌雄同株或异株；花序于茎上部叶腋；雄花序具长梗，花被 5 枚，雄蕊 5 枚。雌花序近无梗，分枝短而密集，雌花花被片 4 枚，柱头画笔状。瘦果卵形，有疣点状突起。花期 4 ~ 5 月，果期 6 ~ 7 月。

分布与生境：分布于八大公山各地，生于海拔 200 ~ 1500 m 的山坡或沟谷林下潮湿地。

用途：全草入药。

花点草 Nanocnide japonica

2. 毛花点草 Nanocnide lobata Weddell

毛花点草 Nanocnide lobata

多年生小草本。茎丛生状，上部多分枝，茎上有向下生的螫毛；叶互生，有长柄，叶片三角状卵形或扇形，先端钝圆，基部宽楔形，边缘有粗钝圆齿，腹面有点状白色钟乳体，两面均具白色长柔毛，有 3 ~ 5 条主脉。花单性同株。瘦果卵形，有点状突起。花期 4 月，果期 6 月。

分布与生境：分布于八大公山各地，生于海拔 400 ~ 1300 m 以下的山坡林下。

用途：全草入药。

（十）紫麻属 Oreocnide Mique

灌木和乔木。叶互生，基出 3 脉或羽状脉，全缘或具波状齿，托叶早落。花单性，雌雄异株；小型头状花序，无梗或成束生于一总梗上。雄花花被片 3 ~ 4 枚，雄蕊与花被片同数而对生，花丝在蕾中内曲。雌花花被片合生成管状，与子房合生，先端具不明显 3 ~ 4 小齿；柱头盘状或盾状，四周具纤毛，无柄。瘦果小，附着于宿存的肉质花被上。

本属约 18 种，我国有 10 种，湖南产 1 种，八大公山也有分布。

1. 紫麻 Oreocnide frutescens (Thunberg) Miquel

灌木。小枝常褐紫色。叶卵形或狭卵形，先端渐尖，基部圆形，边缘有锯齿或粗牙齿，上面疏生糙伏毛，下面常被灰白色毡毛，后脱落，基出脉 3 条。花序生于上年生枝和老枝上，几无梗，呈簇生状，团伞花簇径 3 ~ 5 mm。瘦果卵球状，两侧稍压扁。花期 3 ~ 5 月，果期 6 ~ 10 月。

分布与生境：分布于八大公山各地，生于海拔 200 ~ 1000 m 的沟谷灌木丛中或林缘。

用途：根、茎、叶能入药。

紫麻 Oreocnide frutescens

（十一）赤车属 Pellionia Gaudichaud-Beaupré

草本或亚灌木。叶 2 列，互生，两侧不相等。花序雌雄同株或异株，排成腋生的聚伞花序，或雌花组成无或有总花梗的团伞花序，无膨大或肉质的花托。雄花花被片 4 枚或 5 枚，常不等大，雄蕊与花被片同数且对生。雌花花被片 4 枚或 5 枚，具退化雄蕊；子房椭圆形，柱头画笔头状。瘦果小，卵形或椭圆形，稍扁，常有小瘤状突起。

本属约 60 种，我国有 20 种，湖南产 5 种，八大公山产 4 种。

分种检索表

1. 茎无毛……………………………………………………………………………… **2. 赤车 P. radicans**
1. 茎具毛。
  2. 托叶披针形或三角形，宽 1 ~ 3 mm …………………………………… **3. 曲毛赤车 P. retrohispida**
  2. 托叶钻形，宽 0.2 ~ 0.3（1）mm。
    3. 叶顶端钝或圆形………………………………………………………… **1. 短叶赤车 P. brevifolia**
    3. 叶顶端渐尖或尾尖…………………………………………………………… **4. 蔓赤车 P. scabra**

1. 短叶赤车 Pellionia brevifolia Bentham

小草本。茎平卧，下部节上生根，分枝，有反曲或近开展的短糙毛。叶片草质，斜椭圆形或斜倒卵形，（5 ~ 32）mm ×（4 ~ 20）mm，顶端钝或圆形，基部在狭侧钝或楔形，在宽侧耳形，边缘在狭侧中部之上、在宽侧基部之上有稀疏浅钝齿，上面无毛或疏被短伏毛，下面沿脉有短毛，钟乳体不明显，半离基三出脉，侧脉在狭侧 1 ~ 2 条，在宽侧 2 ~ 3 条。花序雌雄异株或同株。雄花序有长梗，雌花序具短梗或无梗。花期 5 ~ 7 月。

分布与生境：分布于八大公山斗篷山，生于海拔 800 ~ 1000 m 的山坡林下阴湿地。

短叶赤车 Pellionia brevifolia

2. 赤车 Pellionia radicans (Siebold & Zuccarini) Weddell

多年生草本。茎下部卧地，常无毛。叶片斜狭菱状卵形或披针形，顶端渐尖，基部在狭侧钝，在宽侧耳形，边缘有小牙齿，两面无毛或近无毛，半离基 3 出脉。花序通常雌雄异株。雄花序为稀疏的聚伞花序。雌花序通常有短梗，花密集多数。瘦果近椭圆球形，有小瘤状突起。5 ~ 10 月开花。

分布与生境：分布于八大公山各地，生于海拔 200 ~ 1200 m 的山坡林下阴湿地。

用途：全草入药。

赤车 Pellionia radicans

3. 曲毛赤车 Pellionia retrohispida W. T. Wang

多年生草本。叶具短柄；叶片草质，斜椭圆形，钟乳体不明显，密，半离基三出脉；叶柄被糙伏毛；托叶绿色，三角形或狭三角形。花序雌雄异株。雄花序具长梗，具密集的花；花序梗被短伏毛；苞

曲毛赤车 Pellionia retrohispida

片卵状长圆形或三角形。雄花花被片 5，椭圆形，上部有疏柔毛；雄蕊 5；退化雌蕊小。雌花序具梗；花序梗密被反曲糙毛。雌花花被片 4 ~ 5；退化雄蕊披针形，与花被片等长；子房椭圆形，柱头小。瘦果狭卵球形，有小瘤状突起。花期 4 ~ 6 月。

分布与生境：分布于八大公山各地，生于 300 ~ 1000 m 的山谷林下湿地。

4. 蔓赤车 Pellionia scabra Bentham

亚灌木，上部有开展的糙毛。叶片斜狭菱状倒披针形，顶端渐尖，基部在狭侧微钝，在宽侧宽楔形或耳形，上部有少数小牙齿，两面具短糙毛，半离基 3 出脉。花常雌雄异株，雄花为稀疏的聚伞花序；雌花序近无梗，有多数密集的花。瘦果近椭圆球形，有小瘤状突起。花期春季至夏季。

分布与生境：分布于八大公山各地，生于海拔 200 ~ 500 m 的林下阴湿地。

用途：全草入药。

蔓赤车 Pellionia scabra

（十二）冷水花属 Pilea Lindley

多年生草本，稀灌木。茎无螯毛。叶对生，同对近等大或极不等大，边缘具齿或全缘；托叶合生，早落。花单性，雌雄同株或异株，腋生团伞状或聚伞花序，稀圆锥状。雄花花被片 4 ~ 5 枚，雄蕊与花被片同数而对生，退化雌蕊小。雌花花被片 3 枚或 5 枚，子房直立，柱头呈画笔头状。瘦果卵形或近圆形，多少压扁，常稍偏斜。

本属约有 400 种，我国产 80 种，湖南产 21 种，八大公山产 14 种。

分种检索表

1. 雌花花被片 5，近等大，覆瓦状排列 ………………………………………… **5. 山冷水花 P. japonica**
1. 雌花花被片 4、3 或 2，常不等大，常镊合状排列。
  2. 雌花花被片 2 ………………………………………………………………… **9. 苔水花 P. peploides**
  2. 雌花花被片 3。
    3. 雄花花被片与雄蕊 2，稀 3 或 4；聚伞花序蝎尾状 ………………… **11. 透茎冷水花 P. pumila**
    3. 雄花花被片与雄蕊 4；花序各式，但不为蝎尾聚伞状。

4. 雄花序为聚伞花序，常密集成近头状。
5. 雄花花被片外面近先端处有 2 个很明显的囊状突起…… **12. 厚叶冷水花 P. sinocrassifolia**
5. 雄花花被片外面无囊状突起………………………………………… **3. 石油菜 P. cavaleriei**
4. 雄花序二歧聚伞状，但不为头状。
6. 雄花序呈串珠状………………………………………………………… **7. 念珠冷水花 P. monilifera**
6. 雄花序为二歧聚伞状或聚伞圆锥状。
7. 雌花花被片等大或近等大，多少合生，先端常钝圆。
8. 托叶小，三角形………………………………………………… **13. 粗齿冷水花 P. sinofasciata**
8. 托叶较大，长圆形。
9. 叶草质或膜质……………………………………**1. 华中冷水花 P. angulata** subsp. **latiuscula**
9. 叶纸质……………………………………………………………………………… **8. 冷水花 P. notate**
7. 雌花花被片不等大，常离生，先端常锐尖。
10. 雌花序二歧聚伞状。
11. 叶椭圆形、卵形或披针形 ……………………………… **2. 湿生冷水花 P. aquarum**
11. 叶倒卵状长圆形。
12. 茎无翅，密被短毛 ……………………………… **4. 心托冷水花 P. cordistipulata**
12. 茎无翅，密被短毛 ………………………………… **14. 翅茎冷水花 P. subcoriacea**
10. 雌花序聚伞圆锥状。
13. 托叶长圆形或长圆状披针形 ……………………………… **6. 大叶冷水花 P. martini**
13. 托叶小，三角形 …………………………………………………… **10. 石筋草 P. plataniflora**

1. 华中冷水花 Pilea angulata subsp. **latiuscula** C.J.Chen

多年生草本，具匍匐地下茎。叶卵形或圆卵形，下部的常心形，先端渐尖，基部心形，稀圆形；托叶薄膜质，褐色，长圆形，近宿存。花雌雄异株；雄花较小，红色，花被片外面近先端无短角状突起；宿存的雌花被片长仅及果的 1/4。花期 6 ~ 7 月，果期 10 月。

分布与生境：分布于八大公山各地，生于海拔 200 ~ 1500 m 的林下阴湿处。

用途：全草入药。

2. 湿生冷水花 Pilea aquarum Dunn

多年生草本，茎地下部分匍匐，地上部分高 10 ~ 50 cm；叶卵状披针形或椭圆状披针形，有时卵形，先端渐尖，边缘有圆齿状锯齿；花雌雄异株或同株，雌聚伞花序具梗，一般 5 ~ 15 mm；瘦果熟时有短刺状突起。花期 3 ~ 5 月，果期 5 ~ 6 月。

分布与生境：分布于八大公山各地，生于海拔 200 ~ 500 m 的林下阴湿处。

3. 石油菜 Pilea cavaleriei H.Léveillé

无毛直立小草本，茎肉质。叶对生，集生于枝顶部，同对常不等大，宽卵形或菱状卵形，先端

华中冷水花 Pilea angulata subsp. latiuscula

湿生冷水花 Pilea aquarum

钝或近圆形，基部宽楔形，边缘全缘或稍呈波状，钟乳体密生，3出脉不明显；托叶小，三角形，宿存。雌雄同株，聚伞花序常密集成近头状，偶具少数分枝。瘦果卵形，稍扁，顶端稍歪斜。花期5~8月，果期8~10月。

分布与生境：分布于八大公山各地，生于海拔400~1500 m的阴湿岩石上。

用途：全草入药。

石油菜 Pilea cavaleriei

4. 心托冷水花 Pilea cordistipulata C. J. Chen

心托冷水花 Pilea cordistipulata

多年生草本，具匍匐根茎。茎带红色，密被短毛，不分枝或少分枝。叶同对的不等大，倒卵状长圆形或卵状长圆形，稀圆卵形，（1.2～7.0）cm×（1.0～3.8）cm，下面紫红色；托叶薄膜质，褐色，近心形，宿存。雌雄异株或同株；雄花序聚伞圆锥状，雌花小，近无梗。花期 11 月至次年 4 月，果期 5～6 月。

分布与生境：分布于八大公山各地，生于海拔 400～1500 m 的阴湿岩石上。

用途：全草入药。

5. 山冷水花 Pilea japonica (Maximovicz) Handel ～ Mazzetti

一年生草本。茎肉质，无毛。叶对生，常在茎顶部集生，同对叶不等大，菱状卵形或卵形，先端锐尖，基部楔形，稍不对称，基部以上具锯齿，基出脉 3 条，钟乳体细条形。花单性，雌雄同株或异株，雄聚伞花常紧缩成头状或近头状；雌聚伞花序具长梗，团伞花簇常紧缩成头状或近头状。瘦果卵形。花期 7～9 月，果期 8～11 月。

分布与生境：分布于八大公山各地，生于海拔 500～1500 m 的山坡路边或沟谷边。

用途：全草入药。

山冷水花 Pilea japonica

6. 大叶冷水花 Pilea martini (H.Léveillé) Handel ～ Mazzetti

多年生草本。茎肉质。叶同对的常不等大，卵形或卵状披针形，两侧常不对称，先端长渐尖，基部圆形或浅心形，边缘具牙齿，钟乳体条形，基出脉 3 条。花雌雄异株，有时雌雄同株；花序聚伞圆锥状，单生于叶腋，有时雌花序呈聚伞总状。瘦果狭卵形，顶端歪斜，两侧微扁。花期 5 ~ 9 月，果期 8 ~ 10 月。

分布与生境：分布于八大公山各地，生于海拔 1400 ~ 2000 m 的林下阴湿地。

用途：全草入药。

大叶冷水花 Pilea martini

7. 念珠冷水花 *Pilea monilifera* Handel-Mazzetti

一年生无毛草本。叶同对不等大，椭圆形或卵状椭圆形，常不对称，先端长渐尖，基部圆形或浅心形，基部以上有粗锯齿；钟乳体条形；基出脉 3 条。雌雄异株或同株。团伞花序簇 2 ~ 8 个稀疏着生于花序轴上，呈串珠状排列。雌花序具团伞花簇数个，呈串珠状，或成穗状。瘦果卵形，扁。花期 6 ~ 8 月，果期 7 ~ 9 月。

分布与生境：分布于八大公山各地，生于海拔 400 ~ 1500 m 的林下阴湿处。

用途：全草入药。

8. 冷水花 *Pilea notata* C.H.Wright

多年生无毛草本。叶纸质，同对近等大，卵状披针形或卵形，先端长渐尖，基部圆形，边缘有浅锯齿，钟乳体条形，两面明显；基出脉 3 条；叶柄纤细；托叶长圆形，脱落。花雌雄异株，雄花序聚伞总状，雌聚伞花序较短而密集。瘦果小，圆卵形，顶端歪斜，宿存花被片 3 深裂。花期 6 ~ 9 月，果期 9 ~ 11 月。

分布与生境：分布于八大公山各地，生于海拔 800 ~ 1800 m 的林下。

用途：全草入药。

念珠冷水花 Pilea monilifera

冷水花 Pilea notata

9. 苔水花 Pilea peploides (Gaudichaud-Beaupré) W.J.Hooker & Arnott

一年生小草本。茎肉质，带红色；叶膜质，常集生于茎和枝的顶部，同对的近等大，菱状圆形，稀扁圆状菱形或三角状卵形。雌雄同株，雌花序与雄花序常同生于叶腋，或分别单生于叶腋，有时雌雄花混生；聚伞花序密集成头状。雄花淡黄色；花被片 4，卵形，外面近先端无短角状突起。雌花淡绿色；花被片 2，不等大。瘦果卵形，熟时黄褐色，光滑。花期 4 ~ 7 月，果期 7 ~ 8 月。

分布与生境：分布于八大公山各地，生于海拔 200 ~ 1000 m 的阴湿岩石上。

苔水花 *Pilea peploides*

10. 石筋草 **Pilea plataniflora** C.H.Wright

多年生草本。茎肉质。叶同对的不等大或近等大，卵形或椭圆状披针形，先端长渐尖，基部常偏斜，圆形至心形，稀楔形；全缘；钟乳体梭形；基出脉 3（5）条。花雌雄同株或异株，有时雌雄同序；花序聚伞圆锥状或总状。瘦果卵形，顶端稍歪斜。花期（4）6 ~ 9 月，果期 7 ~ 10 月。

分布与生境：分布于八大公山各地，生于海拔 200 ~ 1000 m 的山坡林缘岩石上。

用途：全草和根入药。

石筋草 *Pilea plataniflora*

11. 透茎冷水花 Pilea pumila (Linnaeus) A.Gray

一年生草本。茎肉质，无毛。叶近膜质，同对的近等大，菱状卵形或宽卵形，先端渐尖、短渐尖或锐尖，基部常宽楔形，边缘在基部上具密生牙齿，两面疏生透明硬毛，钟乳体条形，基出脉 3 条。雌雄同株并常同序，雄花常生于花序的下部。瘦果三角状卵形，扁。花期 6 ~ 8 月，果期 8 ~ 10 月。

分布与生境：分布于八大公山各地，生于海拔 200 ~ 1000 m 的沟边阴湿处。

用途：全草和叶入药。

透茎冷水花 Pilea pumila

12. 厚叶冷水花 Pilea sinocrassifolia C. J. Chen

波缘冷水花 P. cavaleriei Levl. 近似，但本种植物匍匐生，雄花花被片外面近先端处有 2 个很明显的囊状突起，易于区别。花期 11 月至次年 3 月。

分布与生境：分布于八大公山五道水，生于海拔 500 m 的山坡石壁上。

13. 粗齿冷水花 Pilea sinofasciata C.J.Chen

无毛草本。茎肉质。叶同对近等大，卵形、宽卵形或椭圆形，先端长渐尖，基部宽楔形或近圆形，边缘在基部以上密生粗牙；钟乳体疏生，狭条形；基出脉 3 条。花雌雄异株或同株，花序聚伞圆锥状。雄花花被片 4 枚，先端钝圆，雄蕊 4 枚。雌花小，花被片 3 枚，近等大。瘦果圆卵形，顶端歪斜。花期 6 ~ 7 月，果期 8 ~ 10 月。

分布与生境：分布于八大公山各地，生于海拔 200 ~ 1200 m 的山坡林下阴湿处。

用途：全草入药。

厚叶冷水花 *Pilea sinocrassifolia*

粗齿冷水花 *Pilea sinofasciata*

14. 翅茎冷水花 *Pilea subcoriacea* (Handel-Mazzetti) C. J. Chen

多年生草本。茎肉质，带紫红色，常有数条波状膜质翅，几不分枝。叶同对的近等大，纸质，倒卵状长圆形，有时椭圆形，（3 ~ 10）cm ×（1.5 ~ 5.5）cm，先端渐尖，基部圆形或钝形，边缘下部全缘，下部以上有圆齿状锯齿，上面深绿，下面带紫红色或浅绿，钟乳体极细，不明显；托叶薄膜质，褐色，心形，宿存。雌雄异株；雄花序聚伞圆锥状，具长梗，雌花小，具短梗或无。瘦果近圆形或圆卵形，凸透镜状。花期 4 月，果期 5 ~ 6 月。

分布与生境：分布于八大公山各地，生于海拔 200 ~ 500 m 的山坡林下阴湿处。

用途：全草入药。

翅茎冷水花 *Pilea subcoriacea*

（十三）雾水葛属 **Pouzolzia** Gaudichaud-Beaupré

灌木、亚灌木或多年生草本。叶常互生，边缘有牙齿或全缘，基出脉 3 条；托叶宿存。团伞花序通常两性，稀单性，生于叶腋，稀形成穗状花序。雄花花被片 3 ~ 5，镊合状排列，基部合生，雄蕊与花被片对生；退化雌蕊倒卵形或棒状。雌花花被管状，顶端缢缩，有 2 ~ 4 个小齿，果期多少增大，有时具纵翅。瘦果卵球形，果皮壳质，常有光泽。

37 种，我国有 4 种，湖南产 2 种，八大公山产 1 种。

1. 雾水葛 Pouzolzia zeylanica (Linnaeus) Bennett

多年生草本，枝具伏毛。叶对生，卵形或宽卵形，顶端短渐尖，基部圆形，全缘，两面有疏伏毛；叶柄长 0.3 ~ 1.6 cm。团伞花序通常两性，直径 1.0 ~ 2.5 mm。雄花有短梗，花被片 4 枚，雄蕊 4 枚，退化雌蕊狭倒卵形。雌花花被椭圆形或近菱形，顶端有 2 小齿，外面密被柔毛，果期呈菱状卵形；柱头长 1.2 ~ 2.0 mm。瘦果卵球形。花期秋季。

分布与生境：分布于八大公山各地，为荒地或田埂上常见杂草。

用途：全草入药。

雾水葛 Pouzolzia zeylanica

（十四）荨麻属 **Urtica** Linnaeus

一年或多年生草本。具刺毛。茎常具 4 棱。叶对生，边缘有齿或分裂，基出脉 3 ~ 5 条，钟乳体点状或条形；托叶离生或合生。花单性，雌雄同株或异株；花序单性或雌雄同序，成对腋生，数花聚成团伞花簇，排成穗状、总状或圆锥状。雄花花被片 4，雄蕊 4，具退化雌蕊。雌花花被片 4，不等大，花后紧包果实。瘦果直立，两侧压扁。

本属约有 30 种，我国产 14 种，湖南产 3 种，八大公山产 2 种。

分种检索表

1. 托叶每节 2 枚，合生，花序常圆锥状…………………………………………………… **1. 荨麻 U. fissa**
1. 托叶每节 4 枚，彼此分生，花序穗状或圆锥状……………………………**2. 宽叶荨麻 U. laetevirens**

1. 荨麻 Urtica fissa E.Pritzel

多年生草本。茎四棱形，密生螫毛和被微柔毛。叶对生，宽卵形或近五角形，先端渐尖，基部截形或心形，近掌状浅裂，裂片三角形，有不规则牙齿，下面生微柔毛，沿脉生螫毛；托叶在叶柄间合生。雌雄同株或异株。雄花序在雌雄同株时生雌花序之下，雄花花被片 4 枚。雌花小，柱头画笔状。瘦果近圆形。花期 8 ~ 10 月，果期 9 ~ 11 月。

分布与生境：分布于八大公山各地，生于海拔 200 ~ 1600 m 的沟边、林缘或旷野阴湿处。

用途：全草及根入药。

荨麻 Urtica fissa

2. 宽叶荨麻 Urtica laetevirens Maximowicz

多年生草本。疏生螫毛和柔毛。叶对生，狭卵形至宽卵形，先端渐尖，基部圆形或宽楔形，边缘具锐牙齿，两面疏短毛，基出脉 3 条；托叶每节 4 枚，离生。雌雄同株。雄花序生于茎上部，长达 8 cm；雄花被片 4 枚，雄蕊 4 枚。雌花序生下部叶腋，较短，花被片 4 枚，柱头画毛状。瘦果卵形，稍扁。花期 6 ~ 8 月，果期 8 ~ 9 月。

分布与生境：分布于八大公山各地，生于海拔 200 ~ 800 m 的山坡林下或沟边。

用途：全草入药。

宽叶荨麻 Urtica laetevirens

七十三、壳斗科 Fagaceae

常绿或落叶乔木，稀灌木。单叶互生，具叶柄，全缘或锯齿，或羽状裂，叶脉羽状，托叶早落。花单性同株，稀异株，单被，4~8裂，基部合生；雄花为细长葇荑花序，稀头状，苞片腋内有1个雄花，雄蕊4~20枚，花丝纤细；雌花1~3（5）朵聚生于总苞内，总苞单生或2~3集生，或在短轴上成穗状，子房下位，3~7室，每室有1~2枚胚珠，仅1枚发育，中轴胎座。坚果部分或全部包于有刺或鳞状总苞内。

7属900余种，我国有7属约320种，湖南产6属49种，八大公山有5属36种。

分属检索表

1. 雄花排列成下垂的头状花序……………………………………………… **4. 水青冈属 Fagus**
1. 雄花排列成多花的直立或下垂的葇荑花序，雌花单生或成穗状花序。
  2. 雄花序直立。
    3. 雌花单生，总苞杯状，部分或全部包被坚果……………………… **5. 柯属 Lithocarpus**
    3. 雌花序多花，总苞球形，外被以分枝的刺或疣状突起。
      4. 冬季落叶，枝无顶芽……………………………………………………**1. 栗属 Castanea**
      4. 常绿，枝有顶芽………………………………………………………… **2. 锥属 Castanopsis**
  2. 雄花序为下垂的葇荑花序……………………………………………………… **6. 栎属 Quercus**

（一）栗属 **Castanea** Miller

落叶乔木，小枝无顶芽。叶互生，通常二列，羽状脉，叶缘具锯齿，齿尖常呈刺毛状。穗状花序直立。雄花单生或2~3朵簇生于花序轴上。雌花单生或2~5朵生于壳斗中，壳斗数个生于花序轴上或雄花序的基部。雌雄花花被5~6裂，雄蕊10~20枚，子房6室，花柱6~9裂。壳斗球形，外被针状长刺，4瓣裂，有坚果1~3（5）枚。坚果圆锥形或扁卵形，暗褐色，有光泽。

本属约10种，我国产4种，湖南产3种，八大公山全产。

分种检索表

1. 总苞内具1枚坚果，叶下面不背毛，雌花单独成花序…………………… **1. 锥栗 C. henryi**
1. 总苞内具2 ~ 3枚坚果，叶下面密被茸毛或腺鳞；雌花常生于雄花序基部。
  2. 叶背密被茸毛或老后无毛……………………………………………………**2. 板栗 C. mollissima**
  2. 叶背有褐黄色或浅黄色的腺鳞…………………………………………… **3. 茅栗 C. seguinii**

1. 锥栗 Castanea henryi (Skan) Rehder & E.H.Wilson

落叶乔木，高达20 m。小枝无毛，具皮孔。单叶互生，纸质，披针形或长圆状披针形，长7~19 cm，宽3~6 cm，先端长渐尖，基部圆形或楔形，边缘有疏锯齿，齿端有刺毛状尖头，叶背无毛。

雄花序穗状，直立，生于小枝下部。雌花序常生于小枝上部。总苞有针刺，内有坚果 1 枚。坚果圆锥形，具尖头。

分布与生境：分布于八大公山各地，生于海拔 800 ~ 1900 m 以下的山坡林中。

用途：果可食；果实、果壳及鲜叶能入药；木材可作用材；庭院观赏。

锥栗 Castanea henryi

2. 板栗 Castanea mollissima Blume

落叶乔木。小枝被灰色茸毛。叶互生，椭圆形至长圆状披针形，（9 ~ 22）cm ×（5 ~ 9）cm，先端渐尖，基部宽楔形，边缘疏生锯齿，下面被白色茸毛。花单性，雌雄同株。雄花序穗状，直立，

板栗 Castanea mollissima

花被6裂，雄蕊10～20枚。雌花生于枝条上部的雄花序基部，3朵聚生于有刺的总苞内，子房下位，柱头6～9裂。总苞直径6～8 cm，常具2～3枚坚果，总苞外的刺常被柔毛。

分布与生境：分布于八大公山各地，生于海拔200～1800 m的山坡林中。

用途：果可食；果实、栗花、果壳、栗壳、栗树皮、栗树根、栗叶、栗荴（栗子的内果皮）可入药；木材可作用材。

3. 茅栗 Castanea seguinii Dode

小乔木。幼枝被微毛，皮孔显著。叶互生，纸质，椭圆状长圆形或倒卵状长圆形，（8～16）cm ×（3～8）cm，先端渐尖，基部圆形或楔形，边缘有疏锯齿，有小尖头，下面苍白色，密被褐黄色或淡黄色腺鳞。壳斗生于雄花序的基部，总苞直径3～4 cm，有刺，刺上疏生毛或几无毛，内有坚果2～3枚。

分布与生境：分布于八大公山各地，生于海拔500～1500 m的山坡林中。

用途：叶、果实、根可入药。

茅栗 Castanea seguinii

（二）锥属 Castanopsis (D.Don) Spach

常绿乔木。枝有顶芽。叶二列，互生或螺旋状排列，叶背被毛或鳞腺；托叶早落。花雌雄异序或同序，花序直立，穗状或圆锥花序；花被裂片常5～6枚。雄花单生或3～7朵簇生，雄蕊8～12枚，退化雌蕊小。雌花单生或2～5朵聚生，子房3室，柱头3裂，稀具退化雄蕊。壳斗全包或包着坚果的一部分，外壁有疏或密的刺。坚果1～3枚，坚果翌年成熟，稀当年成熟。

约120种，我国有58种，湖南产6种，八大公山产5种。

分种检索表

1. 叶卵状椭圆形至长椭圆形，长 18 ~ 30 cm ……………………………………………… **5. 钩锥 C. tibetana**
1. 叶长 15 cm 以下。
  2. 总苞外面被以疣状鳞片，排列成环形…………………………………………… **1. 苦槠 C. sclerophylla**
  2. 总苞外面被刺。
    3. 叶背红褐色或黄棕色………………………………………………………………… **2. 栲树 C. fargesii**
    3. 叶背银灰色或灰黄色。
      4. 叶背面银灰色，叶基部偏斜……………………………………………………… **1. 甜槠 C. eyrei**
      4. 叶背面灰黄色，叶基不偏斜…………………………………………………**3. 湖北锥 C. hupehensis**

1. 甜槠 Castanopsis eyrei (Champion ex Bentham) Tutcher

乔木。树皮块状剥落，枝叶无毛。叶革质，披针形或长椭圆形，（5 ~ 13）cm ×（1.5 ~ 5.5）cm，先端渐尖，常向一侧弯斜，基部偏斜，全缘或顶部有少数锯齿，侧脉每边 8 ~ 11 条，二年生叶的叶背淡银灰色。雄花序穗状或圆锥花序。壳斗刺状，内有 1 枚坚果。坚果阔圆锥形，顶部锥尖，连刺径长 20 ~ 30 mm，成熟时 2 ~ 4 瓣裂。花期 4 ~ 6 月，果次年 9 ~ 11 月成熟。

分布与生境：分布于八大公山各地，生于海拔 800 m 以下的河谷林中。

用途：种子可食；根皮入药；用材树种。

甜槠 Castanopsis eyrei

2. 栲树 Castanopsis fargesii Franchet

乔木叶长椭圆形或披针形，（7 ~ 15）cm ×（2 ~ 5）cm，先端渐尖，基部宽楔形，稍偏斜，全缘或先端具 1 ~ 3 对浅齿，下面密生锈褐色鳞秕，侧脉 11 ~ 15 对。雄花序穗状或圆锥状，雄蕊 10 枚。

雌花单生于花序轴上。壳斗近球形或宽卵形，连刺径 25 ~ 30 mm，成熟时不规则瓣裂，苞片刺形，鹿角状。每壳斗有 1 坚果。坚果球形。花期 4 ~ 6 月，果期 8 ~ 10 月。

分布与生境：分布于八大公山各地，生于海拔 800 m 以下的河谷林中。

用途：种子可食；总苞入药；用材树种；庭院观赏。

栲树 Castanopsis fargesii

3. 湖北锥 Castanopsis hupehensis C. S. Chao

常绿乔木。小枝无毛。叶薄革质，卵状披针形至椭圆状披针形，先端渐尖，基部楔形，叶缘中部以上有锯齿，稀全缘，叶背无毛，被灰色至淡褐色鳞秕。壳斗近球形，苞片针刺形，基部合生成

湖北锥 Castanopsis hupehensis

束，疏生，被灰色毛。坚果单生，卵状球形，被淡黄色毛。

分布与生境：分布于八大公山各地，生于海拔 800 m 以下的山坡林中。

用途：果实脱涩后可食；木材可作用材；庭院观赏。

4. 苦槠 Castanopsis sclerophylla (Lindley & Paxton) Schottky

乔木。叶革质，二列，椭圆状披针形，长 7 ~ 15 cm，宽 3 ~ 6 cm，先端渐尖，基部宽楔形，常偏斜，中部以上具疏锯齿，老叶叶背淡银灰色；叶柄长 1.5 ~ 2.5 cm。雄穗状花序常单穗腋生，雄蕊 12 ~ 10 枚。雌花序长达 15 cm。果序长 8 ~ 15 cm，壳斗有坚果 1 枚，壳斗全包或半包坚果；小苞片鳞片状，大部分退化并横向连生成脊肋状圆环。坚果近圆球形。花期 4 ~ 5 月，果期 10 ~ 11 月。

分布与生境：分布于八大公山各地，生于海拔 200 ~ 700 m 的山坡林中。

用途：种子、树皮和叶可入药。

苦槠 Castanopsis sclerophylla

5. 钩锥 Castanopsis tibetana Hance

乔木。小枝无毛。叶厚革质，卵状椭圆形至长椭圆形，（15 ~ 30）cm ×（5 ~ 10）cm，先端渐尖，基部宽楔形，中部以上具锐齿，上面无毛，下面密被棕褐色鳞秕。雄花序穗状或圆锥状，雄蕊常 10 枚。雌花序长 5 ~ 25 cm，花柱 3 枚。壳斗具 1 枚坚果，圆球形，苞片针刺形，常在基部合生成束。坚果扁圆锥形。花期 4 ~ 5 月，果次年 8 ~ 10 月成熟。

分布与生境：分布于八大公山各地，生于海拔 800 m 以下的河谷林中。

用途：叶可做食品包装材料；果实入药；果实可食；用材树种；庭院观赏。

钩锥 Castanopsis tibetana

（三）水青冈属 Fagus Linnaeus

落叶乔木，芽具长而尖的鳞片。叶互生，2 列。雄花序为下垂头状花序同，有长梗，着花 7 ~ 11 朵；雄花萼 5 ~ 7 裂，雄蕊 8 ~ 16 枚。雌花常成对生于叶腋具梗的总苞内，雌花花萼 5 ~ 6 裂，子房 3 室，花柱 3 裂。壳斗 3 ~ 4 裂，具瘤状、鳞状、舌状、钻形的苞片，每壳斗内具 1 ~ 2 枚坚果。果卵状三棱形。

约 10 种，我国有 4 种，湖南有 4 种，八大公山产 3 种。

分种检索表

1. 叶缘锯齿不明显，壳斗苞片 2 型………………………………………………… **1. 米心水青冈 F. engleriana**
1. 叶缘锯齿明显。
2. 壳斗的苞片钻形，竖直……………………………………………………………**2. 水青冈 F. longipetiolata**
2. 壳斗的苞片鳞形，紧贴总苞……………………………………………………… **3. 光叶水青冈 F. lucida**

1. 米心水青冈 Fagus engleriana Seemen

落叶乔木，常自基部分叉。叶互生，纸质，卵形至椭圆状卵形，长 4 ~ 10 cm，宽 3 ~ 5 cm，先端渐尖，基部楔形先端截形，边缘浅波状，下面灰绿色，除中脉外均被长柔毛。果柄长 1.5 ~ 7.0 cm；总苞直径 1.5 ~ 2.0 cm，被柔毛，有极多向外弯的钝刺，刺长约 6 mm。坚果有 3 棱，被黄褐色微柔毛。

分布与生境：分布于八大公山各地，生于海拔 1300 ~ 1800 m 的山坡林中。

用途：茎皮入药；用材树种。

米心水青冈 Fagus engleriana

2. 水青冈 Fagus longipetiolata Seemen

落叶乔木，高达 25 m。叶互生，厚纸质；叶片卵形或卵状披针形，（6 ~ 15）cm ×（3 ~ 6）cm，先端渐尖，基部楔形，略偏斜，边缘具锯齿，下面苍白色，侧脉直达齿端。雄花序头状，下垂，壳斗 4 瓣裂，长 1.8 ~ 3.0 cm，密被褐色茸毛，有极多向外弯的锐刺，刺长 4 ~ 6 mm，下弯或呈“S”形，果梗长 3 ~ 6 cm。坚果具 3 棱，有黄褐色的微柔毛，花柱宿存。

分布与生境：分布于八大公山各地，生于海拔 600 ~ 1800 m 的山坡林中。

用途：珍贵用材树种；种子可食；树皮和种子入药。

水青冈 Fagus longipetiolata

3. 亮叶水青冈 **Fagus lucida** Rehder & E. H. Wilson

落叶乔木。叶卵形至卵状披针形，先端渐尖至锐尖，基部楔形至近圆形，叶缘疏生小锯齿，侧脉 7 ~ 11 对，直达齿端。壳斗 3 ~ 4 裂，小苞片鳞片状，紧贴，总梗无毛，每壳斗有果 1 ~ 2 个坚果三棱形，被黄褐色柔毛。花期 4 ~ 5 月，果期 8 ~ 9 月。

分布与生境：分布于八大公山天平山、斗篷山，生于海拔 1200 ~ 1800 m 的山坡林中。

用途：用材树种；庭院观赏。

亮叶水青冈 Fagus lucida

（四）柯属 **Lithocarpus** Blume

常绿乔木。叶互生，背面常有鳞秕或鳞腺。穗状花序直立，雄花 3 ~ 4 朵簇生于花序轴上，花被 4 ~ 6 深裂。雌花序生于雄花序之下或另成一花序，雌花 1 朵或 2 ~ 5 朵生于总苞内，花被 4 ~ 6 裂，子房 3 室，花柱 3 裂。壳斗单生或 3 个集生，盘状、杯状或碗状，苞片鳞片状，覆瓦状排列或结合成同心环带，每壳斗有坚果 1 个，全包或包着坚果一部分。

本属约 300 余种，我国有 123 种，湖南产 9 种，八大公山产 5 种。

分种检索表

1. 壳斗球形，包坚果大部至全部……………………………………………… **2. 包槲柯 L. cleistocarpus**
1. 壳斗杯状，包坚果一半以下。
  2. 当年生枝、花序轴及叶背被毛……………………………………… **3. 枇杷叶柯 L. eriobotryoides**
  2. 当年生枝、花序轴及叶背无毛。
    3. 叶下面有灰白色蜡层……………………………………………………………**5. 灰柯 L. henryi**
    3. 叶下面有无蜡层或及不明显。

4. 叶基部楔形，下延至叶柄……………………………………………………**4. 硬壳柯 L. hancei**

4. 叶基部宽楔形至圆形，不下延或略下延………………………… **1. 短尾柯 L. brevicaudatus**

1. 短尾柯 Lithocarpus brevicaudatus (Skan) Hayata

常绿乔木。叶革质，通常卵形，有时椭圆形或近圆形，萌发枝的嫩叶有时长带状 20 cm×（2～3）cm，通常（6～15）cm×（4.0～6.5）cm，顶部短突尖至长尾状，基部宽楔形或近于圆，叶背有细粉末状但紧实的蜡鳞层，中脉在叶面平坦或下半段稍凸起，侧脉每边 9～13 条，叶柄长 2～3 cm。花序轴及壳斗外壁均被棕或灰黄色微柔毛；雄穗状花序多个组成圆锥花序；雌花每 3 朵一簇。壳壁碟状或浅碗状，小苞片鳞片状，坚果宽圆锥形，顶部短锥尖或平坦。花期 5～7 月，果次年 9～11 月成熟。

分布与生境：分布于八大公山各地，生于海拔 800～1200 m 的山坡林中。

用途：用材树种；庭院观赏。

短尾柯 Lithocarpus brevicaudatus

2. 包槲柯 Lithocarpus cleistocarpus (Seemen) Rehder et E. H. Wilson

常绿乔木。幼枝被灰黄色蜡质鳞秕。叶厚革质，卵状椭圆形至长椭圆形，先端渐尖，基部楔形，全缘，叶背灰绿色，有细小鳞秕。果密集，壳斗近球形，几全包坚果，鳞片三角形，近于环状排列，坚果球形至扁球形。花期 6～8 月，果期翌年 8～9 月。

分布与生境：分布于八大公山各地，生于海拔 1200～1800 m 的山坡林中。

包槲柯 Lithocarpus cleistocarpus

3. 枇杷叶柯 Lithocarpus eriobotryoides C.C.Huang & Y.T.Chang

常绿乔木。幼枝被毛，后脱落。叶革质，倒卵形至椭圆形，先端突尖至渐尖，基部楔形，下延，全缘，两面同色，幼叶背面有疏毛，老时脱落。壳斗杯状至碟状，鳞片宽卵形，贴生，坚果椭球形至圆锥形。花期 5 ~ 6 月，果期翌年 8 ~ 10 月。

分布与生境：分布于八大公山各地，生于海拔 200 ~ 500 m 的山坡林中。

用途：用材树种；庭院观赏。

枇杷叶柯 Lithocarpus eriobotryoides

4. 硬壳柯 Lithocarpus hancei (Bentham) Rehder

常绿乔木。叶硬革质，卵形至披针形，全缘。雄穗状花序通常多穗排成圆锥花序；雌花序 2 至多穗聚生于枝顶部，花柱 3 或 2 或 4 枚，壳斗浅碗状，小苞片鳞片状三角形，壳斗通常 3 ~ 5 个一簇；坚果扁圆形。花期 4 ~ 6 月，果次年 9 ~ 12 月成熟。

分布与生境：分布于八大公山各地，生于海拔 300 ~ 1400 m 的山坡林缘、林中。

用途：木树可供用材；树皮和壳斗可制栲胶；果实可酿酒。

硬壳柯 Lithocarpus hancei

5. 灰柯 Lithocarpus henryi (Seemen) Rehder & E.H.Wilson

常绿无毛乔木。叶革质，狭长椭圆形，（12 ~ 22）cm ×（3 ~ 6）cm，先端渐尖，基部楔形，常偏斜，全缘，叶背有较厚的蜡鳞层。雄穗状花序单穗腋生。雌花序长达 20 cm，其顶部常有少数雄花；

灰柯 Lithocarpus henryi

雌花每 3 朵一簇。壳斗浅碗斗，包着坚果很少到一半，小苞片三角形，覆瓦状排列。坚果常椭圆形或卵形，果脐内陷。花期 8 ~ 10 月，果次年同期成熟。

分布与生境：分布于八大公山杉木界，生于海拔 800 ~ 1900 m 的山坡林中。

用途：用材树种；果实入药。

（五）栎属 Quercus Linnaeus

常绿或落叶木本。冬芽具芽鳞。叶常聚生枝顶，叶缘具锯齿或全缘或羽状缺裂。花单性同株。雄花序为下垂的葇荑花序，花被 4 ~ 7 裂，雄蕊常 4 ~ 6 枚。雌花单生或数个排成穗状花序，单生于总苞内，萼 6 裂，子房 3 ~ 5 室，每室有 2 枚胚珠。壳斗盘状、杯状、钟状，包着坚果一部分，稀全包坚果，小苞片鳞形、线形或钻形，紧贴或开展，覆瓦状排排列或愈合成为同心环带。每壳斗内具 1 坚果，果皮内壁无毛。

本属约 450 种，我国有 104 种，湖南产 27 种，八大公山有 20 种。

分种检索表

1. 小苞片愈合成为同心环带。
  2. 叶缘中部以上有锯齿。
    3. 小枝密生灰黄色或黄褐色星状茸毛…………………………………………………… **8. 青冈 C. glauca**
    3. 小枝无毛………………………………………………………………………………… **9. 青冈 C. glauca**
  2. 叶全缘或基部以上有锯齿。
    4. 叶全缘，叶背绿色。
      5. 叶片长 14 cm 以上，宽 3.5 cm……………………………………… **10. 大叶青冈 C. jenseniana**
      5. 叶片长 14 cm 以下，宽 1 ~ 3.5 cm。
        6. 小枝仅初时被微柔毛，后变无毛……………………………… **17. 云山青冈 C. sessilifolia**
        6. 小枝密被褐色短茸毛……………………………………………………… **4. 福建青冈 C. chungii**
    4. 叶基部以上有锯齿，叶背多少粉绿色。
      7. 叶片宽 3 cm 以下。
        8. 成熟叶下面无毛………………………………………………………**12. 小叶青冈 C. myrsinifolia**
        8. 成熟叶下面被灰黄色丁字毛……………………………………… **18. 细叶青冈 C. shennongii**
      7. 叶片宽 3 cm 以上。
        9. 叶片长 14 cm 以上，宽 5 ~ 10 cm。
          10. 叶背被平伏单毛和分叉毛 ………………………………………… **14. 曼青冈 C. oxyodon**
          10. 叶背被平伏单毛，易脱落 ……………………………………… **11. 多脉青冈 C. multinervis**
        9. 叶片长 14 cm 以下，宽 5 cm 以下，稀较宽 ……………… **13. 宁冈青冈 C. ningangensis**
1. 小苞片鳞形、线形或钻形，紧贴或开展，覆瓦状排列。
  11. 常绿乔木或灌木。

12. 侧脉在叶表面强度下陷 ……………………………………………… **19. 刺叶高山栎 Q. spinose**

12. 侧脉在叶表面平。

13. 壳斗小苞片线状披针形或钻形，弯或反曲 …………………… **5. 匙叶栎 Q. dolicholepis**

13. 壳斗鳞片状，紧贴壳斗壁。

14. 叶柄短于 10mm。

15. 成长叶背面被灰黄色星状毛 ………………………………… **1. 岩栎 Q. acrodonta**

15. 成长叶背面几无毛 …………………………………………… **15. 乌岗栎 Q. phillyreoides**

14. 叶柄长 10 ~ 30 mm ………………………………………………… **6. 巴东栎 Q. engleriana**

11. 落叶乔木或灌木。

16. 叶缘有刺芒状锯齿；壳斗小苞片钻形、扁条形或线形，常反曲。

17. 成熟叶背面密被灰白色星状毛 ……………………………… **20. 栓皮栎 Q. variabilis**

17. 成长叶两面无毛或仅叶背脉上有柔毛 …………………………… **2. 麻栎 Q. acutissima**

16. 叶缘具粗锯齿或波状齿；壳斗小苞片窄披针形、三角形或瘤状。

18. 成长叶背被星状毛或兼有单毛 ………………………………………… **7. 白栎 Q. fabri**

18. 成长叶背无毛或有极少毛。

19. 叶缘有腺状锯齿 ……………………………………………………… **16. 枹栎 Q. serrata**

19. 叶缘锯齿无腺点 ……………………………………………………… **3. 槲栎 Q. aliena**

1. 岩栎 Quercus acrodonta Seemen

常绿乔木。小枝密被灰黄色星状毛。叶革质，椭圆形至椭圆状披针形，先端短渐尖，基部圆形至近心形，叶缘中部以上疏生刺状锯齿，叶背密生灰黄色星状毛，侧脉 7 ~ 11 对。壳斗杯状，小苞

岩栎 Quercus acrodonta

片鳞片状，椭图形，被毛；坚果长椭球形，顶端被灰黄色毛。花期 5 月，果期 10 月。

分布与生境：分布于八大公山各地，生于海拔 200 ~ 1200 m 的山顶林中。

用途：珍贵用材树种；庭院观赏。

2. 麻栎 Quercus acutissima Carruthers

落叶乔木。树皮深纵裂。幼枝被柔毛，后脱落。叶片长椭圆状披针形，先端渐尖，基部宽楔形，叶缘有芒状锯齿，幼时被柔毛，老时仅叶背脉上被毛；叶柄长 1 ~ 3 cm。穗状雄花序数个集生，下垂。雌花常 1 ~ 3 朵生于前年生枝叶腋。壳斗杯形，包着坚果约 1/2，连小苞片直径 2 ~ 4 cm；小苞片钻形，反曲，被茸毛。坚果卵形。花期 3 ~ 4 月，果期翌年 9 ~ 10 月。

分布与生境：分布于八大公山各地，生于海拔 200 ~ 800 m 的山坡或村边风水林中。

用途：果实、树皮、壳斗可入药；用材树种；庭院观赏。

麻栎 Quercus acutissima

3. 槲栎 Quercus aliena Blume

分变种检索表

1. 叶先端钝圆……………………………………………… **3a. 槲栎（原变种）Q. aliena** var. **aliena**
1. 叶先端微尖………………………………………… **3b. 锐齿槲栎（变种）Q. aliena** var. **acuteserrata**

3a. 槲栎（原变种）Quercus aliena Blume var. **aliena**

落叶乔木。叶片长椭圆状倒卵形至倒卵形，先端微钝或短渐尖，基部楔形或圆形，叶缘具波状钝齿，叶背被细茸毛，侧脉每边 10 ~ 15 条。雌花序生于新枝叶腋，单生或 2 ~ 3 朵簇生。壳斗杯形，包着坚果 1/2。坚果椭圆形至卵形。花期 3 ~ 5 月，果期 9 ~ 10 月。

分布与生境：分布于八大公山各地，生于海拔 500 m 的山坡林中。

用途：根、树皮、壳斗及叶可入药。

槲栎（原变种）Quercus aliena var. aliena

3b. 锐齿槲栎（变种）Quercus aliena var. **acutiserrata** Maximowicz ex Wenzig

本变种与原变种不同处在于叶缘具粗大锯齿，齿端尖锐，内弯。花期 3 ~ 4 月，果期 10 ~ 11 月。

分布与生境：分布于八大公山各地，生于海拔 1500 ~ 1900 m 的山坡林中。

用途：果壳入药；用材树种。

锐齿槲栎（变种）Quercus aliena var. acutiserrata

4. 福建青冈 Quercus chungii F. P. Metcalf

常绿乔木。小枝密被褐色短茸毛，后渐脱落。叶片椭圆形稀为倒卵状椭圆形，［6 ~ 10（12）］cm ×（1.5 ~ 4.0）cm，顶端突尖或短尾状，顶端有数对不明显浅锯齿，侧脉每边 10 ~ 15 条，叶密生灰褐色星状短茸毛。雌花序长 1.5 ~ 2.0 cm，有花 2 ~ 6 朵。壳斗盘形，包着坚果基部，小苞片合生成 6 ~ 7 条同心环带，除下部 2 环具裂齿外均全缘，坚果扁球形，果脐平坦或微凹陷。花期 4 ~ 5 月，果期 10 ~ 11 月。

分布与生境：分布于八大公山楠木坪，生于海拔 800 m 以下的山坡林中。

用途：木材可作用材。

福建青冈 Quercus chungii

5. 匙叶栎 Quercus dolicholepis A. Camus

常绿乔木。幼枝被星状毛，后渐脱落。叶革质，倒卵状匙形至倒卵形，先端圆至短钝尖，基部宽楔形，叶缘上部有锯齿，稀全缘，老叶背面有星状毛或脱落，侧脉 7 ~ 8 对。壳斗杯状，小苞片

匙叶栎 Quercus dolicholepis

线状披针形，被毛，外曲；坚果卵球形至近球形。花期 4 ~ 5 月，果期翌年 10 月。

分布与生境：分布于八大公山各地，生于海拔 500 ~ 1800 m 的山顶林中。

用途：用材树种。

6. 巴东栎 *Quercus engleriana* Seemen

常绿乔木。幼枝被毛，后渐脱落。叶厚革质，卵形至卵状披针形，先端渐尖，基部圆形至宽楔形，叶缘中部以上有锯齿或全缘，幼叶被毛，老叶无毛或仅叶背脉腋间有毛，侧脉 9 ~ 13 对；壳斗半球形，小苞片卵状披针形，被毛，坚果长卵球形。花期 5 ~ 6 月，果期 10 ~ 11 月。

分布与生境：分布于八大公山各地，生于海拔 800 ~ 1900 m 的山坡或山顶常绿阔叶林中。

用途：用材树种。

巴东栎 Quercus engleriana

7. 白栎 *Quercus fabri* Hance

落叶乔木或灌木状。小枝密被茸毛。叶片倒卵形或椭圆状倒卵形，（7 ~ 15）cm ×（3 ~ 8）cm，先端钝或短渐尖，基部楔形或圆形，叶缘具波状锯齿或粗锯齿，幼时两面被星状毛，侧脉每边 8 ~ 12 条。雄花序长 6 ~ 9 cm。雌花序长 1 ~ 4 cm，生 2 ~ 4 朵花。壳斗杯形，包着坚果约 1/3，直径约 1 cm；小苞片卵状披针形，排列紧密。坚果长椭圆形。花期 4 月，果期 10 月。

分布与生境：分布于八大公山各地，生于海拔 800 m 以下的山坡灌丛地。

用途：带虫瘿的总苞可入药；果实淀粉可作饲料；用材或薪炭材树种。

8. 赤皮青冈 *Quercus gilva* Blume

常绿乔木。小枝密生灰黄色或黄褐色星状茸毛。叶片倒披针形或倒卵状长椭圆形，（6 ~ 12）cm ×（2.0 ~ 2.5）cm，顶端渐尖，基部楔形，叶缘中部以上有短芒状锯齿。壳斗碗形，包着坚果约 1/4，直径 1.1 ~ 1.5 cm，高 6 ~ 8 mm，被灰黄色薄毛；小苞片合生成 6 ~ 7 条同心环带，环带全缘或具浅裂。坚果倒卵状椭圆形，果脐微凸起。花期 5 月，果期 10 月。

分布与生境：分布于八大公山各地，生于海拔 200 ~ 1800 m 的山坡林中。

用途：珍贵用材树种；庭院观赏。

白栎 Quercus fabri

赤皮青冈 Quercus gilva

9. 青冈 Quercus glauca Thunberg

常绿乔木。叶片革质，长椭圆形，先端渐尖，基部宽楔形，中部以上有疏锯齿，侧脉每边 9 ~ 13 条，叶面无毛，叶背多少被绢毛，常有白色鳞秕；叶柄长 1 ~ 3 cm。雄花序长 5 ~ 6 cm，果序长 1.5 ~ 3.0 cm，着生果 2 ~ 3 个。壳斗碗形，包着坚果 1/3 ~ 1/2，小苞片合生成 5 ~ 6 条同心环带。坚果卵形或椭圆形。花期 4 ~ 5 月，果期 10 月。

分布与生境：分布于八大公山各地，生于海拔 1800 m 以下的山坡林中。

用途：珍贵用材树种；种仁、树皮和叶可入药；庭院观赏。

青冈 Quercus glauca

10. 大叶青冈 Quercus jenseniana Handel-Mazzetti

常绿乔木。小枝无毛。叶片革质，长椭圆形，（17 ~ 25）cm ×（5 ~ 13）cm，顶端渐尖，基部楔形，全缘，侧脉每边 18 ~ 24 条。壳斗杯形，包着坚果约 1/3，直径 1.2 cm，高 1 cm，壁薄，微被灰棕色短茸毛；小苞片合生成 8 ~ 9 条同心环带，除 2 ~ 3 环全缘外，其余有小裂齿。坚果卵状圆锥形，顶端削尖，被灰黄色短茸毛；果脐平坦。果期 10 月。

分布与生境：分布于八大公山各地，生于海拔 500 ~ 800 m 的山坡林中。

用途：珍贵用材树种；庭院观赏。

11. 多脉青冈 Quercus multinervis J. Q. Li

常绿乔木。芽被毛。叶革质，长椭圆形至椭圆状披针形，先端渐尖，基部窄楔形至近圆形，叶缘基部以上有芒状锯齿，叶背具白粉和平伏毛，侧脉 11 ~ 16 对。壳斗碗状，具 7 条近全缘的同心环带；坚果长卵球形。花期 6 ~ 7 月，坚果次年 9 ~ 10 月成熟。

分布与生境：分布于八大公山各地，生于海拔 1800 m 以下的山坡林中。

用途：用材树种；庭院观赏。

大叶青冈 Quercus jenseniana

多脉青冈 Quercus multinervis

12. 小叶青冈 Quercus myrsinifolia Blume

常绿乔木。叶卵状披针形或椭圆状披针形，先端渐尖，基部楔形或近圆形，叶缘中部以上有细锯齿，叶背粉白色。壳斗杯形，包着坚果 1/3 ~ 1/2，小苞片合生成 6 ~ 9 条同心环带，环带全缘。坚果卵形或椭圆形，直径 1.0 ~ 1.5 cm，高 1.4 ~ 2.5 cm；果脐平坦。花期 6 月，果期 10 月。

分布与生境：分布于八大公山各地，生于海拔 200 ~ 1200 m 的山坡林中。

用途：珍贵用材树种；种仁、树皮和叶可入药。

13. 宁冈青冈 Quercus ningangensis (W. C. Cheng et Y. C. Hsu) C. C. Huang

常绿乔木。叶片长椭圆形，椭圆状披针形或卵状披针形，顶端渐尖或尾尖，基部圆形或宽楔形，叶缘具腺状锯齿，叶背密被灰色短星状毛。壳斗杯形，外壁被灰色薄毛，内壁被灰色丝状毛；小苞片合生成 6 ~ 7 条同心环带。坚果长椭圆形，黄褐色，无毛，柱座明显；果脐近圆形。

分布与生境：分布于八大公山各地，生于海拔 300 ~ 1000 m 的山谷林中。

用途：木树可供工业用材；树皮和壳斗可制栲胶；全株供观赏。

小叶青冈 Quercus myrsinifolia

宁冈青冈 Quercus ningangensis

14. 曼青冈 Quercus oxyodon Miquel

常绿乔木。幼枝被毛，后渐脱落。叶革质，长椭圆形至长椭圆状毗针形，先端渐尖至尾尖，基部圆形至宽楔形，稍不对称，叶缘基部以上有锯齿，幼叶背面具白粉和平伏毛，后脱落无毛，侧脉16 ~ 24 对。壳斗杯状，具 6 ~ 8 条同心环带，坚果卵球形至近球形。花期 5 ~ 6 月，果期 9 ~ 10 月。

分布与生境：分布于八大公山各地，生于海拔 800 ~ 1800 m 以下的山坡林中。

用途：用材树种；庭院观赏。

曼青冈 Quercus oxyodon

15. 乌冈栎 Quercus phillyreoides A. Gray

常绿乔木。幼枝被毛，后渐脱落。叶革质，倒卵状椭圆形至椭圆形，先端急尖或钝尖，基部圆形至浅心形，叶缘中部以上疏生锯齿，老叶叶背无毛成沿脉有疏毛，侧脉 8 ~ 13 对。壳个杯状，小苞片三角形，坚果长椭球形。花期 3 ~ 4 月，果期 9 ~ 10 月。

分布与生境：分布于八大公山各地，生于海拔 500 ~ 1800 m 的山顶林中。

用途：用材树种。

乌冈栎 Quercus phillyreoides

16. 枹栎 Quercus serrata Murray

落叶乔木。幼枝被柔毛，后脱落。叶片薄革质，倒卵形或倒卵状椭圆形，先端渐尖，基部楔形或近圆形，叶缘有腺状锯齿，幼时被伏贴单毛，老时及叶背被平伏单毛或无毛，侧脉每边 7 ~ 12 条。壳斗杯状，包着坚果 1/4 ~ 1/3，直径约 1 cm；小苞片长三角形，贴生。坚果卵形至卵圆形。花期 3 ~ 4 月，果期 9 ~ 10 月。

分布与生境：分布于八大公山各地，生于海拔 200 ~ 1400 m 以下的山坡。

用途：花、壳斗入药；用材树种。

枹栎 Quercus serrata

17. 云山青冈 Quercus sessilifolia Blume

常绿乔木。幼枝被毛。叶革质，长椭圆形至椭圆状披针形，先端急尖至短渐尖，基部窄楔形，全缘或顶部有 2 ~ 4 细齿，叶背绿色。壳斗杯状，具 5 ~ 8 条近同心环带；坚果长椭圆状倒卵球形。花期 4 ~ 5 月，坚果 10 ~ 11 月。

分布与生境：分布于八大公山各地，生于海拔 800 m 的山坡林中。

云山青冈 Quercus sessilifolia

用途：用材树种；庭院观赏。

18. 细叶青冈 Quercus shennongii C. C. Huang et S. H. Fu

常绿乔木。幼枝被毛，后渐脱落。叶革质，长卵形至卵状披针形，先端渐尖至尾尖，基部窄楔形至圆形，叶缘基部以上有芒状锯齿，叶背灰白色，被平伏毛。壳斗碗状，具 6 ~ 9 条常有裂齿的同心环带；果椭球形，顶端被毛。花期 4 ~ 6 月，果期 9 ~ 10 月。

分布与生境：分布于八大公山各地，生于海拔 1000 ~ 1800 m 的山坡林中。

用途：用材树种。

细叶青冈 Quercus shennongii

19. 刺叶高山栎 Quercus spinosa David ex Franchet

常绿乔木或灌木。小枝初被星状毛，后脱落。叶面皱褶不平，叶片倒卵形至椭圆形，先端圆钝，基部圆形或心形，叶缘有刺状锯齿或全缘，侧脉每边 4 ~ 8 条。壳斗杯形，包着坚果 1/4 ~ 1/3，直径 1 ~ 1.5 cm；小苞片三角形，排列紧密。坚果卵形至椭圆形。花期 5 ~ 6 月，果期翌年 9 ~ 10 月。

分布与生境：分布于八大公山斗篷山，生于海拔 1500 ~ 1900 m 以上的山坡林中。

用途：树皮和叶能入药；庭院观赏。

20. 栓皮栎 Quercus variabilis Blume

落叶乔木。树皮木栓层发达。小枝无毛。叶片卵状披针形或长椭圆形，先端渐尖，基部宽楔形，叶缘具刺芒状锯齿，叶背被茸毛，侧脉每边 13 ~ 18 条。壳斗杯形，包着坚果 2/3，小苞片钻形，反曲。坚果近球形或宽卵形。花期 3 ~ 4 月，果期翌年 9 ~ 10 月。

分布与生境：分布于八大公山各地，生于海拔 600 ~ 1800 m 的山坡林中。

用途：树皮可剥制栓皮；果壳及种子入药；用材树种；庭院观赏。

刺叶高山栎 Quercus spinosa

栓皮栎 Quercus variabilis

七十四、杨梅科 Myricaceae

灌木或乔木。单叶，互生。花单性，雌雄异株，无花被，外有苞片。雄花集成圆柱状的葇荑花序，先叶开放或与叶同时开放，雄蕊 4～6，稀 2 或多数，花药 2 室。雌花序球形或卵形，子房 1 室，下有 2～4 小苞片，胚珠 1，花柱短，柱头 2。核果球形或卵形，外果皮干燥或肉质，常有具树脂的颗粒或腊被，内果皮硬。

3 属 5 种，我国有 1 属 4 种，湖南有 1 属 1 种，八大公山也有。

（一）杨梅属 Myrica Linneaus

常绿或落叶乔木或灌木。幼嫩部分被有盾状腺体。单叶，常密集于小枝上端，无托叶，全缘或具锯齿。穗状花序单一或分枝，雄花具雄蕊 2～8（20）枚，有或没有小苞片。雌花具 2～4 枚小苞片，贴生于子房而与子房一同增大，子房外表面具略成规则排列的凸起，每 1 雌花序上的雌花全部或少数或者仅顶端 1 朵能发育成果实。核果，坚果状而具薄的果皮，或为较大的核果而具多少肉质的外果皮及坚硬的内果皮。

1. 杨梅 Myrica rubra Siebold & Zuccarini

常绿乔木。叶革质，倒披针形或宽倒披针形，全缘或仅上部有稀锯齿，下面有明显的黄色腺点。雄花序单生或数个丛生叶腋，雌花序单生叶腋。核果球形，外果皮多汁，密生乳头状凸起，成熟时紫红色，核坚硬粗糙。花期 3～4 月，果熟期 5～6 月。

分布与生境：原产我国，八大公山有栽培。

用途：果实可食；果实、根、根皮还可入药；木材可作用材；庭院观赏。

杨梅 Myrica rubra

七十五、胡桃科 Juglandaceae

落叶稀常绿乔木或灌木。叶为羽状复叶，常互生，无托叶。花单性，雌雄同株。雄花序成下垂的葇荑花序，具苞片及2枚小苞片及3~6枚花被片，有时花被片及小苞片均退化；雄蕊3至多枚。雌花序穗状，顶生，常直立，或成下垂的葇荑花序；每花具1枚苞片和2枚小苞片，花被与子房贴生，顶端分离成4齿，雌蕊1枚，由2枚心皮合生，子房下位。果为核果状坚果或具翅坚果。

8属70种，我国产8属28种，湖南有6属10种，八大公山产6属8种。

分属检索表

1. 小枝髓心层片状。
  2. 果小，具翅坚果。
    3. 果具2个向两侧伸展的翅…………………………………………………… **6. 枫杨属 Pterocarya**
    3. 果周围具翅……………………………………………………………… **2. 青钱柳属 Cyclocarya**
  2. 果大，核果状，无翅。
    4. 枝条髓部成薄片状分隔……………………………………………………… **4. 胡桃属 Juglans**
    4. 枝条髓部不成薄片状分隔而为实心………………………………………… **1. 山核桃属 Carya**
1. 小枝髓心充实。
  5. 常绿，果序为总状…………………………………………………………… **3. 黄杞属 Engelhardtia**
  5. 落叶，坚果两侧具狭翅，果序为球状………………………………………… **5. 化香树属 Platycarya**

（一）山核桃属 Carya Nuttall

落叶乔木。髓部不成薄片状分隔而为实心。雌雄同株。雄性葇荑花序具多数雄花，下垂，雄花苞片1枚；小苞片2枚，无花被片。雌性穗状花序顶生，直立，具少数雌花。雌花无花柄；苞片1枚，较小苞片长，无花被片；子房下位，柱头盘状，2浅裂。果序直立。果为假核果，外果皮干后革质或木质，通常4瓣裂开；果核基部不完全2~4室；内果皮骨质，坚硬。

本属17种，我国有5种，湖南有2种，八大公山有1种。

1. 湖南山核桃 Carya hunanensis W. C. Cheng & R. H. Chang ex Chang & Lu

落叶乔木。当年生小枝密生锈褐色腺体；芽裸露，密被锈褐色腺体。奇数羽状复叶，小叶5~7枚，长椭圆形至长椭圆状披针形。雌花序顶生，直立，生1~2花，花序轴和总苞均密被腺体，子房有4条纵棱，长约4 mm。果实倒卵形，外果皮密被黄色腺体，4条纵棱由顶端仅达果实中部。

分布与生境：分布于八大公山各地，生于海拔500~800 m的山坡林中。

用途：果可榨油，油供食用；用材树种。

（二）青钱柳属 Cyclocarya Iljinskaya

落叶乔木。冬芽裸露，具柄。枝条髓心片状分离。叶互生，奇数羽状复叶，小叶边缘有锯齿，

湖南山核桃 Carya hunanensis

叶轴无狭翅。雌雄同株，排成下垂的葇荑花序。雄花序 2 ~ 4 条成束，花被片 4 枚，雄蕊 20 ~ 30 枚。雌花序单生枝顶，花被片 4 枚，位于子房上端；花柱短，子房下位，1 室，柱头 2 枚。果为坚果，周围具盘状的圆翅。

本属仅 1 种，为我国特有。八大公山亦产。

1. 青钱柳 Cyclocarya paliurus (Batalin) Iljinskaya

形态特征见青钱柳属的描述。

青钱柳 Cyclocarya paliurus

分布与生境：分布于八大公山各地，生于海拔 700 ~ 1500 m 的山坡林中。

用途：庭院观赏；树皮和叶入药；用材树种；叶可作茶。

（三）黄杞属 **Engelhardia** Leschenault ex Blume

常绿乔木。芽无芽鳞。枝条髓部为实心。叶互生，常偶羽状复叶。雌性和雄性花序均为葇荑状，长而具多花，常为一条顶生的雌花序及数条雄花序排列成圆锥式花序束。雄花苞片常 3 裂，小苞片有或无，花被片 4 枚或退化，雄蕊 3 ~ 15 枚。雌花苞片 3 裂，小苞片 2 枚，花被片 4 枚；子房下位，2 枚心皮合生。果实坚果状，有膜质翅，3 裂。

本属约 7 种，我国产 4 种，湖南产 1 种，八大公山也有分布。

1. 黄杞 Engelhardia roxburghiana Wallich

常绿无毛乔木。偶数羽状复叶，小叶 3 ~ 5 对，近对生，（6 ~ 14）cm ×（2 ~ 5）cm，长椭圆形，全缘，基部歪斜。雌花序 1 条及雄花序数条长而俯垂，花被片 4 枚，子房近球形，柱头 4 裂。果实坚果状，果实基部具 3 裂的苞片。花期 5 ~ 6 月，果期 8 ~ 9 月。

分布与生境：分布于八大公山各地，生于海拔 200 ~ 800 m 的山坡。

用途：树皮和叶能入药；叶可煮水作茶饮，味甜；用材树种；庭院观赏。

黄杞 Engelhardia roxburghiana

（四）胡桃属 **Juglans** Linnaeus

落叶乔木，稀灌木。枝具片状髓心。叶互生，奇数羽状复叶。雌雄同株。雄花成侧生下垂葇荑花序，具 1 枚苞片、2 枚小苞片和 1 ~ 4 枚花被片，雄蕊 8 ~ 40 枚。雌花数朵集生成顶生总状花序，具 1 枚不明显的苞片、2 枚小苞片和 4 枚的花被片；子房下位，1 室，每室具 1 枚胚珠，花柱 2 枚。

果实为不开裂的核果状坚果，外果皮肉质；内果皮骨质，具不规则槽纹；果核不完全 2 ~ 4 室。

本属约 20 种，我国产 3 种，湖南产 3 种，八大公山产 2 种。

分种检索表

1. 小叶 9 ～ 25，具明显锯齿 …………………………………………… **2. 胡桃楸 J. mandshurica**
1. 小叶通常 5 ～ 11，全缘 ……………………………………………………… **1. 胡桃 J. regia**

1. 胡桃 Juglans regia Linnaeus

落叶乔木。树皮灰白色而浅纵裂。幼枝具毛，后无毛；枝条髓部片状。奇数羽状复叶，小叶 5 ~ 11 枚，椭圆状卵形至长椭圆形，（6 ~ 15）cm ×（3 ~ 6）cm，基部歪斜，先端渐尖，全缘，除侧脉腋内具簇毛外，其余无毛。雄性葇荑花序长 5 ~ 15 cm，雄蕊 6 ~ 30 枚。雌性穗状花序通常具 1 ~ 4 朵花。果实近球形，具 2 条纵棱和不规则浅纹。花期 4 ~ 5 月，果期 9 ~ 10 月。

分布与生境：原产于中亚、西亚、南亚和欧洲，八大公山有栽培。

用途：著名干果；种仁、嫩枝、内果皮、种隔、种仁油可入药；用材树种。

胡桃 Juglans regia

2. 胡桃楸 Juglans mandshurica Maximowicz

落叶乔木。幼枝有毛。羽状复叶，小叶 9 ~ 25 枚，卵状或长圆状椭圆形，先端渐尖，基部圆形或浅心脏形，边缘有细锯齿，（6 ~ 18）cm ×（2 ~ 7）cm，上面仅中脉有毛，下面被毛，后变无毛。雄花序长 9 ~ 20 cm，每花雄蕊 12 枚。雌花序穗状，有 4 ~ 10 朵花，密被毛。果卵形或椭圆形，果核有 8 条纵棱，各棱间有不规则皱折及凹沉。花期 4 ~ 5 月，果期 8 ~ 9 月。

分布与生境：分布于八大公山各地，生于海拔 600 ~ 1900 m 的山坡、沟谷林中。

用途：种仁和叶可入药；用材树种；果核可做工艺品。

胡桃楸 Juglans mandshurica

（五）化香树属 **Platycarya** Siebold & Zuccarini

落叶乔木。枝髓部不实心。叶互生，奇数羽状复叶，边缘有锯齿。雌雄葇荑花序均直立，雄花序常排成总状。雌花序单生或2～3个簇生，有时雌花序位于雄花序的下部；雄蕊生于苞腋内，无花被，雌花生于苞腋内，无花被；小苞片与子房合生，发育后变为坚果的翅。果序球果状，直立，有多数木质而有弹性的宿存苞片。

单种属，分布于我国及朝鲜和日本，八大公山也有分布。

1. 化香树 **Platycarya strobilacea** Siebold & Zuccarini

化香树 Platycarya strobilacea

形态特征见属的描述。

分布与用途：分布于八大公山各地，生于海拔 800 ~ 1800 m 以下的山坡林中。

用途：叶和果序入药；还可用嫁接核桃的砧木；用材树种。

（六）枫杨属 Pterocarya Kunth

落叶乔木。枝具片状髓。冬芽具柄，裸露或具数个脱落的芽鳞。奇数羽状复叶，互生，无托叶。花雌雄同株，葇荑花序下垂。雄花由 1 个伸长的苞片及 2 个小苞片与 1 ~ 4 花被片构成，雄蕊 6 ~ 18 枚。雌花具 1 枚线形苞片和 2 枚小苞片，花被片 4 片，子房下位，1 室，花柱 2 枚。果为坚果，基部具 1 宿存的鳞状苞片及具 2 枚革质翅。

本属约 6 种，我国有 5 种，湖南产 2 种，八大公山也产。

分种检索表

1. 叶轴无翅；小坚果翅较宽，椭圆状卵形……………………………………… **1. 湖北枫杨 P. hupehensis**

1. 叶轴具翅；小坚果翅狭窄，条形或阔条形……………………………………………… **2. 枫杨 P. stenoptera**

1. 湖北枫杨 Pterocarya hupehensis Skan

落叶乔木，芽裸出，密被腺体。奇数羽状复叶，叶轴无翅；小叶 5 ~ 11 枚，长椭圆形至卵状椭圆形，叶缘具单锯齿，中脉具星芒状短毛，下面侧脉腋内具 1 束星芒状短毛。雄花序长 8 ~ 12 cm，雄花无柄，花被片仅 2（3）片发育，雄蕊 10 ~ 13 枚。雌花序顶生，下垂，长 20 ~ 40 cm。果序总状；果翅椭圆状卵形，平展。花期 4 ~ 5 月，果期 8 ~ 9 月。

分布与生境：分布于八大公山各地，生于海拔 800 ~ 1800 m 的山坡或沟谷林中。

用途：速生用材树种；叶捣汁能治脚气。

湖北枫杨 Pterocarya hupehensis

2. 枫杨 Pterocarya stenoptera C.de Candolle

落叶乔木。树皮老时深纵裂。芽密被腺体。偶数羽状复叶，叶轴具狭翅，小叶 10 ~ 25 枚，长椭圆形至长椭圆状披针形，长 8 ~ 12 cm，宽 2 ~ 3 cm，顶端常钝圆，基部歪斜，边缘有细锯齿。雄性葇荑花序长 6 ~ 10 cm，雄花常具 1 枚发育的花被片，雄蕊 5 ~ 12 枚。雌花序顶生，长约 10 ~ 15 cm，具 2 枚不孕性苞片。果序长 20 ~ 45 cm，果实长椭圆形；果翅条形或阔条形。花期 4 ~ 5 月，果期 8 ~ 9 月。

分布与生境：分布于八大公山各地，生于海拔 200 ~ 1800 m 的溪边、山谷林中。

用途：河道绿化树种；枝、叶入药；用材树种。

枫杨 Pterocarya stenoptera

七十六、桦木科 Betulaceae

落叶乔木或灌木。单叶，互生，叶脉羽状，叶缘常有锯齿；托叶早落。花单性，雌雄常同株。雄花为下垂葇荑花序，顶生或侧生，常在叶前开放，每苞腋聚生雄花3~6朵；萼膜质，4裂；雄蕊2~4枚；雌花序为球果状、穗状、总状或头状，具多数苞鳞。雌花2~3朵生于苞鳞内，无花被或具花被并与子房贴生，子房2室，花柱2枚。果苞木质、革质、厚纸质或膜质，宿存或脱落。果为小坚果或坚果；胚直立，子叶扁平或肉质，无胚乳。

约6属150~200种，我国有6属89种，湖南有5属23种，八大公山有5属16种。

分属检索表

1. 小坚果扁平，具翅，包藏于木质鳞片状的总苞内，组成球状或葇荑状果序。
  2. 果苞厚，木质，5裂，宿存 ………………………………………… **1. 桤木属 Alnus**
  2. 果苞薄，3裂，常与果实同落 ………………………………………… **2. 桦木属 Betula**
1. 小坚果卵形或球形，无翅，包藏于叶状或囊状的草总苞内，组成簇生或穗状果序。
  3. 坚果簇生，果序呈头状 ………………………………………… **3. 榛属 Corylus**
  3. 坚果聚生为穗状或总状，下垂。
    4. 果苞叶状 ………………………………………… **4. 鹅耳枥属 Carpinus**
    4. 果苞囊状 ………………………………………… **5. 铁木属 Carpinus**

（一）桤木属 **Alnus** Miller

落叶木本。芽具柄。单叶互生，边缘具锯齿，羽状脉；托叶早落。花单性，雌雄同株。雄葇荑花序夏季出现，每3朵生于1苞鳞内；花被片常4，雄蕊4。雌花序单生或聚成总状或圆锥状，秋季出现；苞鳞覆瓦状排列，每2朵花生于1苞鳞内，无花被；子房2室，每室具1枚胚珠。果序球果状，果苞与小苞片愈合，木质，鳞片状，每个果苞内具2枚两侧具狭翅的小坚果。

本属约40种，我国有10种，湖南有2种，八大公山有1种。

1. 桤木 **Alnus cremastogyne** Burkill

乔木。树皮平滑。幼枝被毛，后脱落，老时密生皮孔。叶倒卵形、倒卵状椭圆形，长4~14 cm，宽2.5~8.0 cm，先端锐尖，基部楔形，边缘具不规则锯齿，上面无毛，下面脉腋幼时被簇生柔毛，后脱落；叶柄长1~2 cm。雄花序单生叶腋，下垂，长3~5 cm。果序矩圆形，长1.0~3.5 cm，序梗细瘦，下垂；果苞木质，长4~5 mm，顶端具5枚浅裂片，小坚果卵形，长约3 mm，具膜质宽翅。

分布与生境：原产我国西南部，八大公山有栽培。

用途：树皮可入药；薪炭材树种。

桤木 Alnus cremastogyne

（二）桦木属 Betula Linnaeus

落叶木本。树皮块状剥裂。冬芽无柄，具数枚芽鳞。树干具横条状皮孔。单叶，互生，边缘具锯齿，羽状脉；托叶早落。花单性同株。雄花序 2 ~ 4 条簇生于小枝顶端或侧生；每苞鳞内具 3 朵花，雄蕊 2 枚。雌花序单 1 或 2 ~ 5 枚排成总状短枝的顶端，每苞鳞内有 3 朵雌花，无花被，子房扁平，2 室，每室有 1 枚胚珠。果苞革质，鳞片状，脱落，坚果小，扁平，具膜质翅。

本属 50 ~ 60 种，我国有 32 种，湖南有 8 种，八大公山有 2 种。

分种检索表

1. 果序直立……………………………………………………………… **1. 香桦 B. insignis**
1. 果序下垂…………………………………………………………… **2. 亮叶桦 B. luminifera**

1. 香桦 Betula insignis Franchet

乔木。树皮纵裂；小枝初被短柔毛，后无毛。叶椭圆形或卵状披针形，先端渐尖，基部圆形或近心形，边缘具细而密的尖锯齿，上面幼时疏被毛，下面密被腺点，沿脉密被长柔毛，脉腋疏生髯毛或无，侧脉 12 ~ 15 对；叶柄长 8 ~ 20 mm。果序单生，直立或下垂，长 2.5 ~ 4 cm，直径 1.5 ~ 2 cm；果苞长 7 ~ 12 mm，上部具 3 枚披针形裂片。小坚果狭矩圆形，膜质翅极狭。

分布与生境：分布于八大公山斗篷山，生于海拔 1900 m 的山坡林中。

2. 亮叶桦 Betula luminifera H. Winkler

乔木。树皮具明显横条纹皮孔。叶矩圆形或矩圆披针形，先端渐尖，基部圆形至近心形，边缘具刺毛状重锯齿，幼叶两面被柔毛，下面沿脉疏生长柔毛，侧脉 12 ~ 14 对；叶柄长 1 ~ 2 cm。雄花序 2 ~ 5 枚簇生。果序常单生，长圆柱形，下垂。具翅小坚果倒卵形，膜质翅宽为果的 1 ~ 2 倍。

分布与生境：分布于八大公山各地，生于海拔 800 ~ 1400 m 的山坡林中。

用途：荒山造林的先锋树种；根、皮、叶可入药。

香桦 Betula insignis

亮叶桦 Betula luminifera

（三）鹅耳枥属 Carpinus Linnaeus

落叶乔木。单叶互生，边缘具重锯齿或单齿，羽状脉，托叶常早落。花单性同株。雄柔荑花序生于上年生枝顶，每苞鳞内具1朵花，无花被，雄蕊3～13枚。雌花序生于上部的枝顶，单生，每苞鳞内具2朵；雌花基部具1枚苞片和2枚小苞片，三者愈合成叶状总苞，花被与子房贴生，顶端具不规则的浅裂。果实为小坚果，着生于果苞之基部。

本属约50种，我国有33种，湖南有10种，八大公山产9种。

分种检索表

1. 果苞紧密排列成覆瓦状，果苞的两侧近于对称………………… **2. 华千金榆 C. cordata** var. **chinensis**
1. 果苞不紧密排列成覆瓦状，果苞中脉多偏于一侧。
  2. 果苞内、外侧的基部均具裂片。
    3. 果苞外侧具粗齿……………………………………………………………… **9. 雷公鹅耳枥 C. viminea**
    3. 果苞外侧近全缘……………………………………………………… **5. 短尾鹅耳枥 C. londoniana**
  2. 果苞外侧的基部无明显的裂片。
    4. 叶缘有整齐或不整齐重锯齿。
      5. 果序轴和果苞背面的脉上均密被长粗毛……………………………… **1. 粤北鹅耳枥 C. chuniana**
      5. 果序轴和果苞背面的脉上疏被长柔毛或短柔毛。
        6. 小坚果被柔毛和茸毛…………………………………………………… **7. 云贵鹅耳枥 C. pubescens**
        6. 小坚果无毛或仅顶部有长柔毛。
          7. 叶背面和果苞通常无疣状突起………………………………… **3. 川陕鹅耳枥 C. fargesiana**
          7. 叶背面和果苞通常有疣状突起…………………………………… **4. 湖北鹅耳枥 C. hupeana**
    4. 叶缘具刺毛状重锯齿或单锯齿。
      8. 果苞大，小坚果无毛………………………………………………… **8. 昌化鹅耳枥 C. tschonoskii**
      8. 果苞小，小坚果被短柔毛……………………………………………… **6. 多脉鹅耳枥 C. polyneura**

1. 粤北鹅耳枥 Carpinus chuniana Hu

落叶乔木。小枝紫褐色，初时密被黄色长柔毛，后渐无毛。叶厚纸质，椭圆形或倒卵状矩圆形，边缘具规则或不规则的细密重锯齿，侧脉14～18对。果序序梗、序轴均密被短柔毛和长粗毛；果苞半宽卵形，两面沿脉疏被长柔毛。小坚果宽卵圆形，上部具稀疏的长柔毛，疏被褐色树脂腺体。

分布与生境：分布于八大公山五道水，生于海拔200～500 m的河谷林中。

用途：木材可作用材。

2. 华千金榆 Carpinus cordata var. **chinensis** Franchet

乔木。小枝小枝密被短柔毛及稀疏长柔毛，后脱落。叶卵形，先端渐尖，基部浅心形，边缘具刺毛状重锯齿；上面疏被长柔毛或无毛，下面沿脉疏被短柔毛，侧脉15～20对。果序长5～

12 cm，果苞卵状矩圆形，有 5 条显著的纵脉，上部具不整齐的锯齿，外侧的基部无裂片，内侧基部具一矩圆形内折的裂片，全盖小坚果；小坚果矩圆形。

分布与生境：分布于八大公山各地，生于海拔 1300 ~ 1800 m 的山坡林中。

用途：根皮和果穗可入药。

粤北鹅耳枥 Carpinus chuniana

华千金榆 Carpinus cordata var. chinensis

3. 川陕鹅耳枥 Carpinus fargesiana H.Winkler

落叶乔木。树皮灰色，光滑；枝条细瘦，无毛，小枝棕色，疏被长柔毛。叶厚纸质，卵状披针形、或卵状椭圆形，（2.5 ~ 6.5）cm ×（2.0 ~ 2.5）cm，基部近圆形或微心形，顶端渐尖，下面沿脉疏被长柔毛，边缘具重锯齿。果序长约 4 cm，序梗、序轴均疏被长柔毛；果苞半卵形或半宽卵形，背面沿脉疏被长柔毛，外侧的基部无裂片，内侧的基部具耳突或仅边缘微内折。小坚果无毛，无树脂腺体，具数肋。

分布与生境：分布于八大公山各地，生于海拔 1300 ~ 1800m 的山坡林中。

用途：木材可作用材。

川陕鹅耳枥 Carpinus fargesiana

4. 湖北鹅耳枥 Carpinus hupeana Hu

落叶乔木。树皮淡灰棕色；枝条灰黑色有小而凸起的皮孔。叶卵状披针形、卵状椭圆形、长椭圆形，顶端锐尖或渐尖，上面沿中脉被长柔毛，下面除沿中脉与侧脉被长柔外，脉腋间尚具髯毛，密生疣状突起。果序梗、序轴均密被长柔毛；果苞半卵形，沿脉疏被长柔毛，外侧的基部无裂片，内侧的基部具耳突或边缘微内折，中裂片半宽卵形、半三角状矩圆形，内侧的边缘全缘或上部有疏生而不明显的细齿，外侧边缘具疏锯齿或具齿牙状粗锯齿。小坚果宽卵圆形。

分布与生境：分布于八大公山各地，生于海拔 1300 ~ 1800 m 的山坡林中。

湖北鹅耳枥 Carpinus hupeana

5. 短尾鹅耳枥 Carpinus londoniana H. Winkler

落叶乔木。枝条下垂，小枝棕色，无毛，密生灰白色皮孔。叶厚纸质，狭椭圆形，（6 ~ 12）cm ×（2.5 ~ 3.0）cm，顶端长渐尖或尾状渐尖，基部通常圆楔形，边缘具重锯齿，下面仅在脉腋间具髯毛。果序长 5 ~ 10 cm，序梗、序轴均密被短柔毛；果苞无毛，内外侧的基部均具明显的裂片，内侧基部的裂片卵形，外侧基部的裂片与之近相等或稍短而宽，中裂片矩圆形或微作镰状弯曲，内侧边缘全缘，外侧边缘具不明显的波状细齿。小坚果宽卵圆形，被褐色树脂腺体并有无色透明的树脂分泌物，无毛。

分布与生境：分布于八大公山五道水（红鱼洞）生于海拔 300 ~ 400 m 的沟谷林中。

短尾鹅耳枥 Carpinus londoniana

6. 多脉鹅耳枥 Carpinus polyneura Franchet

乔木。小枝初被长柔毛，后脱落。叶长卵形或卵状披针形，（4 ~ 8）cm×（1.5 ~ 2.5）cm，先端长渐尖，基部圆楔形，边缘具刺毛状重锯齿，上面幼时被柔毛，后变无毛，下面脉腋具髯毛，侧脉 16 ~ 20 对；叶柄长 5 ~ 10 mm。果序长 3 ~ 6 cm；果苞半卵形或半卵状披针形，外侧基部无裂片，

多脉鹅耳枥 Carpinus polyneura

内侧基部的边缘微内折，中裂片外侧边缘仅具 1 ~ 2 疏锯齿或近全缘，内侧边缘直，全缘；小坚果卵圆形。

分布与生境：分布于八大公山各地，生于海拔 800 ~ 1500 m 的山坡林中。

7. 云贵鹅耳枥 Carpinus pubescens Burkill

落叶乔木。幼枝被毛，后脱落。叶卵形或卵状披针形，先端渐尖，基部圆楔形，边缘具细密重锯齿，下面沿脉疏被长柔毛，脉腋具髯毛，侧脉 12 ~ 14 对；果苞半卵形，两面沿脉被长柔毛，外侧基部无裂片，内侧基部边缘微内折或具耳突，中裂片内侧边缘直或微内弯，外侧边缘具锯齿；小坚果宽卵圆形，密被短柔毛。

分布与生境：分布于八大公山各地，生于海拔 800 ~ 1500 m 的山坡林中。

云贵鹅耳枥 Carpinus pubescens

8. 昌化鹅耳枥 Carpinus tschonoskii Maximowicz

昌化鹅耳枥 Carpinus tschonoskii

落叶乔木。小枝疏被长柔毛，后脱落无毛。叶椭圆形至倒卵形，先端渐尖至尾状，基部圆楔形或近圆形，叶缘具刺毛状重锯齿，两面均疏被长柔毛，后脱落无毛。果苞外侧基部无裂片，内侧基部仅边缘微内折，很少具耳突，中裂片外侧边缘具疏锯齿，小坚果宽卵球形，顶端疏被长柔毛。果期 8 ~ 9 月。

分布与生境：分布于八大公山各地，生于海拔 1400 ~ 1900 m 的山坡。

9. 雷公鹅耳枥 Carpinus viminea Lindley

落叶乔木。小枝棕褐色，密被显著隆起的白色皮孔，无毛。叶卵状椭圆形至长椭圆形，先端尾状渐尖，基部圆形至宽楔形，有时心形，叶缘具重锯齿，叶背沿中脉及侧脉疏生长柔毛。果序下垂，果苞内外测基部均具裂片，中裂片长卵状披针形至矩圆形，小坚果宽卵球形，无毛，具少数细肋。花期 4 ~ 5 月，果期 7 ~ 10 月。

分布与生境：分布于八大公山各地，生于海拔 400 ~ 1500 m 以上的山坡林中。

雷公鹅耳枥 Carpinus viminea

（四）榛属 Corylus Linnaeus

落叶木本。单叶，互生，边缘具重锯齿或浅裂，羽状脉，托叶早落。花单性，雌雄同株。雄葇荑花序 2 ~ 3 枚生于上一年的侧枝顶端，每苞鳞内具 2 枚与苞鳞贴生的小苞片及 1 朵雄花；雄花无花被，雄蕊 4 ~ 8 枚。雌花序头状；每苞鳞内具 2 枚雌花，每朵雌花具 1 枚苞片和 2 枚小苞片；子房下位，2 室，每室具 1 枚胚珠。坚果球形，大部或全部为钟状或管状的果苞所包，种子 1 枚。

本属约 20 种，我国有 7 种，湖南有 8 种，八大公山有 3 种。

分种检索表

1. 果总苞外面被刺，刺分枝……………………………………………………**2. 藏刺榛 C. ferox** var.**thibetica**
1. 果苞不被刺，呈管状或钟状及杯状。
   2. 果苞管状……………………………………………………………………… **1. 华榛 C. chinensis**
   2. 果苞杯状或钟状…………………………………………… **3. 川榛 C. heterophylla** var. **sutchuanensis**

1. 华榛 Corylus chinensis Franchet

落叶乔木。小枝密被长柔毛和刺状腺体。叶椭圆形或宽卵形，（8 ~ 18）cm ×（6 ~ 12）cm，先端骤尖至短尾状，基部心形，两侧显著不对称，边缘具不规则的重锯齿，上面无毛，下面沿脉疏被长柔毛，侧脉 7 ~ 11 对，叶柄长 1.0 ~ 2.5 cm。雄花序 2 ~ 8 枚排成总状。果 2 ~ 6 枚簇生成头状，果苞管状，上部缢缩，较果长 2 倍，外面疏被长柔毛及刺状腺体，上部具 3 ~ 5 枚裂片。坚果球形，无毛。

分布与生境：产于八大公山各地，生于海拔 800 ~ 1500 m 的山坡林中。

用途：种仁入药。

华榛 Corylus chinensis

2. 藏刺榛 Corylus ferox var. **thibetica** (Batalin) Franchet

小乔木。小枝疏被长柔毛。叶宽椭圆形，（5 ~ 15）cm ×（3 ~ 9）cm，先端尾状，基部近心形或近圆形，边缘具刺毛状重锯齿，上面幼时疏被长柔毛，脉腋有时具簇髯毛；叶柄长 1 ~ 3.5 cm。雄花序 1 ~ 5 枚排成总状；苞鳞背面密被长柔毛。果常 3 ~ 6 枚簇生，果总苞外有密集的分枝针刺。坚果扁球形，直径约 1.5 cm。花期 3 ~ 4 月，果期 8 ~ 10 月。

分布与生境：广布于八大公山斗篷山、天平山，生于海拔 1500 m 以上的山坡林中。

用途：果实食用，也可入药。

藏刺榛 Corylus ferox var. thibetica

3. 川榛 **Corylus heterophylla** var. **sutchuanensis** Franche

川榛 Corylus heterophylla var. sutchuanensis

灌木或小乔木。小枝密被短柔毛。叶椭圆形、宽卵形或几圆形，顶端尾状；叶柄长 1 ~ 2 cm。雄花序单生，长约 4 cm。果单生或 2 ~ 6 枚簇生成头状；果苞钟状，密被柔毛和刺状腺体，较果长但不超过 1 倍，果苞裂片的边缘具疏齿，很少全缘；花药红色。

分布与生境：分布于八大公山斗篷山，生于海拔 1300 ~ 1900 m 的山坡林中。

用途：种仁入药。

（五）铁木属 **Ostrya** Scopoli

落叶乔木。叶边缘具不规则的重锯齿，有时具浅裂；叶脉羽状，侧脉向叶缘直伸至齿端。花单性，雌雄同株；雄花序呈葇荑花序状，着生于上一年的枝条的顶端，雄花无花被，具 3 ~ 14 枚雄蕊，雌花序呈总状，直立，每苞鳞内具 2 朵雌花，子房 2 室，每室具 2 枚倒生胚珠。果序穗状；果苞呈囊状，膜质，具网纹。小坚果卵圆形，稍扁，具数肋，完全为囊状的果苞所包。

本属 8 种，我国产 5 种，湖南产 1 种，八大公山也有。

1. 多脉铁木 **Ostrya multinervis** Rehder

落叶乔木。小枝有稀疏平伏长柔毛。叶长卵形至卵状披针形，先端渐尖至尾状，基部圆形至宽楔形，叶缘有不规则的刺毛状细锐重锯齿，叶面有稀疏平伏长毛，叶背密被短柔毛，叶柄密被短柔毛。总状果序直立，果苞膜质，椭圆形，有长毛；小坚果顶端有毛。

分布与生境：分布于八大公山天平山，生于海拔 1800 m 的山坡顶部林中。

多脉铁木 Ostrya multinervis

七十七、马桑科 Coriariaceae

灌木或草本。小枝具棱角。单叶，对生或轮生，全缘，托叶早落。花两性或单性，单生或排列成总状花序。萼片 5 片，覆瓦状排列；花瓣 5 片，比萼片小，肉质，宿存，果期增大；雄蕊 10 枚，分离，或与花瓣对生的雄蕊贴生于龙骨状突起上，花药大，纵裂；心皮 5 ~ 10 枚，分离，子房上位，各有 1 枚悬垂的倒生胚珠，花柱分离，线形。浆果状瘦果。

1 属 15 种，我国有 3 种，湖南有 1 种，八大公山也产。

（一）马桑属 **Coriaria** Linnaeus

属特征见马桑科。

15 种，我国有 3 种，湖南有 1 种，八大公山也产。

1. 马桑 **Coriaria nepalensis** Wallich

落叶灌木。小枝四棱形。叶对生，椭圆形或宽椭圆形，（2.5 ~ 8.0）cm ×（1.5 ~ 4.0）cm，先端急尖，基出 3 脉。总状花序腋生，雄花序先叶开放，花瓣卵形，花丝线形，不育雌蕊存在，雌花序与叶同出，萼片与雄花同，花瓣肉质，龙骨状；心皮 5 枚，耳形。果球形。花期 2 ~ 5 月，果期 5 ~ 8 月。

分布与生境：分布于八大公山各地，生于海拔 200 ~ 1300 m 的山坡灌丛中。

用途：种子榨油；茎叶可提栲胶；全株含马桑碱，可作土农药。

马桑 Coriaria nepalensis

七十八、葫芦科 Cucurbitaceae

藤本。茎通常具纵沟纹，匍匐或借助卷须攀缘。叶互生，无托叶；叶片不分裂或掌裂，边缘具锯齿，具掌状脉。花单性（罕两性），总状花序、圆锥花序或近伞形花序，稀单生；雄花：花萼5裂；花冠5裂，裂片全缘或边缘成流苏状；雄蕊5或3，花丝分离或合生成柱状；雌花：子房下位或稀半下位，通常由3心皮合生而成，3室，稀1～2室或假4～6室，侧膜胎座，胚珠通常多数。果实常为肉质浆果状或果皮木质。种子扁压状。

95属960种，我国有30属147种，湖南有16属33种，八大公山有10属23种。

分属检索表

1. 花丝多少贴合成柱状…………………………………………………………… **3. 绞股蓝属 Gynostemma**
1. 花丝分离或仅在基部联合，有时花药靠合。
  2. 雄蕊5，极稀3，若为3枚则药室S形折曲。
    3. 胚珠和种子水平生…………………………………………………… **8. 赤瓟属 Thladiantha**
    3. 胚珠和种子下垂生…………………………………………………… **4. 雪胆属 Hemsleya**
  2. 雄蕊3，极稀2或1。
    4. 花药之药室通直或稍弓曲；种子多数水平生。
      5. 胚珠和种子直立或下垂；果实3裂爿纵裂………………… **7. 裂瓜属 Schizopepon**
      5. 胚珠和种子水平生……………………………………………… **10. 马瓟儿属 Zehneria**
    4. 花药的药室S形折曲或多回折曲。
      6. 花冠钟状，5裂片仅达花冠中部或中部之上 ………………… **2. 南瓜属 Cucurbita**
      6. 花冠具5片分离的花瓣或深5裂。
        7. 花冠裂片流苏状…………………………………………… **9. 栝楼属 Trichosanthes**
        7. 花冠裂片全缘。
          8. 花梗上有盾状苞片；果实表面常有瘤状突起………………… **6. 苦瓜属 Momordica**
          8. 花梗上无苞片。
            9. 雄花组成总状花序………………………………………………… **5. 丝瓜属 Luffa**
            9. 雄花单生或簇生…………………………………………………… **1. 黄瓜属 Cucumis**

（一）黄瓜属 **Cucumis** Linnaeus

一年生攀缘或蔓生草本。卷须不分歧。叶片近圆形、肾形或心状卵形，不分裂或3～7浅裂，具锯齿。雌雄同株。雄花：簇生；花萼5裂；花冠黄色，5裂；雄蕊3，离生，着生在花被筒上；退化雌蕊腺体状；雌花单生或稀簇生；花萼和花冠与雄花相同；退化雄蕊缺如；子房纺锤形或近圆筒形，具3～5胎座，胚珠多数。果实多形，不开裂。种子多数。

32种，我国有4种，湖南栽培2种，八大公山栽培1种。

1. 黄瓜 Cucumis sativus Linnaeus

一年生蔓生或攀缘草本。叶片膜质，宽卵状心形，3 ~ 5 个角或浅裂，裂片三角形，边缘有齿。雌雄同株。雄花：常数朵在叶腋簇生；花萼筒狭钟状，花萼裂片钻形，开展；花冠黄白色，花冠裂片披针形；雄蕊 3，花丝近无；雌花：单生或稀簇生；子房纺锤形，粗糙，有小刺状突起。果实长圆形，熟时黄绿色，表面粗糙，有突起。花果期夏季。

分布与生境：原产印度，八大公山各地栽培。

用途：根、茎藤、叶、幼苗、果实、黄瓜霜入药；果实为夏季重要水果和蔬菜。

黄瓜 Cucumis sativus

（二）南瓜属 Cucurbita Linnaeus

一年生蔓生草本。卷须多歧。花雌雄同株。花单生，花萼筒钟状，裂片 5；花冠合瓣，钟状，5 裂仅达中部；雌花有退化雄蕊 3；子房长圆状或球状，具 3 胎座，胚珠多数。果实通常大型，肉质，不开裂。种子多数，扁平，光滑。

15 种，我国栽培 3 种，湖南栽培 2 种，八大公山常见栽培 1 种。

1. 南瓜 Cucurbita moschata Duchesne

一年生草质藤本。叶片卵形，有 5 角或 5 浅裂。花萼裂片条形，上部扩大成叶状，雌花单生；子房 1 室，花柱短，柱头 3，膨大，顶端 2 裂。果梗粗壮，果蒂扩大成喇叭状；瓠果形状多样。花果期 4 ~ 11 月。

南瓜 Cucurbita moschata

分布与生境：原产墨西哥到中美洲一带，八大公山各地栽培。

用途：全株入药；果实可作蔬菜；种子可炒食；一些品种供观赏。

（三）绞股蓝属 Gynostemma Blume

多年生攀缘草本。卷须2歧。叶互生，鸟足状。花雌雄异株，组成腋生或顶生圆锥花序；雄花：花萼筒短，5裂，裂片狭卵形；花冠绿色或白色，辐状，5深裂；雄蕊5，花丝短，合生成柱；雌花：花萼与花冠同雄花；具退化雄蕊；子房球形，2~5室；胚珠每室2枚。浆果或蒴果，具2~3枚种子。种子阔卵形、压扁、无翅。

17种，我国有14种，湖南4种，八大公山有3种。

分种检索表

1. 果为浆果，无毛，成熟后不开裂。
   2. 叶具3小叶……………………………………………………………**1. 光叶绞股蓝 G. laxum**
   2. 叶具5～9小叶…………………………………………………………**3. 绞股蓝 G. pentaphyllum**
1. 果为蒴果，具长毛…………………………………………………………**2. 五柱绞股蓝 G. pentagynum**

1. 光叶绞股蓝 Gynostemma laxum (Wallich) Cogniaux

攀缘草本。叶纸质，鸟足状，中央小叶片长圆状披针形，侧生小叶卵形，边缘具阔钝齿，无毛。花雌雄异株；雄花花萼5裂，裂片狭三角状卵形；花冠，裂片狭卵状披针形；雄蕊5，花丝合生；雌花序同雄花；花冠裂片狭三角形；子房球形，花柱3，离生，顶端2裂。浆果球形。花期8月，果期8~9月。

分布与生境：分布八大公山各地，生于海拔800~1800 m的山坡密林下。

用途：全草入药。

光叶绞股蓝 Gynostemma laxum

2. 五柱绞股蓝 Gynostemma pentagynum Z. P. Wang

草质攀缘植物。全株被白色长柔毛。叶膜质或纸质，鸟足状，小叶片卵状长圆形或披针形，边缘具波状齿。花雌雄同株；雄花生于植株上部，排成圆锥花序，雌花序生于植株下部，花冠淡绿色或白色，5深裂，裂片卵状披针形，先端丝状。蒴果球形，无毛。花期3～11月，果期4～12月。

分布与生境：分布于八大公山各地，生于海拔200～600 m的山谷密林下阴湿地。

五柱绞股蓝 Gynostemma pentagynum

3. 绞股蓝 **Gynostemma pentaphyllum** (Thunberg) Makino

绞股蓝 Gynostemma pentaphyllum

草质攀缘植物。叶为鸟足状复叶，小叶片卵状长圆形或披针形，边缘具波状齿。花雌雄异株，雌花花萼及花冠似雄花。浆果球形，无毛。花期 3 ~ 11 月，果期 4 ~ 12 月。

分布与生境：分布于八大公山各地，生于海拔 200 ~ 1800 m 的山谷坡林下。

用途：全草入药；叶可作茶饮。

（四）雪胆属 **Hemsleya** Cogniaux ex F. B. Forbes & Hemsley

多年生攀缘草本。根具膨大块茎。叶为趾状小叶组成。花雌雄异株，聚伞总状花序至圆锥花序，腋生；萼筒短，裂片 5；雄花：花冠 5 裂，裂片草质或近肉质，雄蕊 5，伸出；雌花：通常与雄花同型或等大，子房近圆形至楔形。果实球形、圆锥形，具 9 ~ 10 条纵棱或细纹，花柱常宿存。种子轮廓椭圆形，通常外环生木栓质翅。

27 种，我国有 25 种，湖南有 3 种，八大公山有 2 种。

分种检索表

1. 花开放后花冠裂片向后反卷或反折…………………………………………………… **1. 雪胆 H. chinensis**
1. 花开放后花冠裂片平展或平展上翘……………………………………………… **2. 马铜铃 H. graciliflora**

1. 雪胆 Hemsleya chinensis Cogniaux ex F. B. Forbes & Hemsley

多年生攀缘草本。鸟足复叶由 5 ~ 9 小叶组成，小叶片边缘圆锯齿状。花雌雄异株；雄花：疏散聚伞总状花序或圆锥花序；花萼裂片 5，卵形，反折；花冠橙红色，由于花瓣反折围住花萼成灯笼状，裂片长圆形，无毛；雄蕊 5；雌花：稀疏总状花序，花萼、花冠同雄花；花柱 3，柱头 2 裂。果椭圆形，单生。花期 7 ~ 9 月，果期 9 ~ 11 月。

雪胆 Hemsleya chinensis

分布与生境：分布于八大公山各地，生于海拔 1200 ~ 1800 m 的杂木林缘和沟边。

用途：块根及全草入药；庭院观赏。

2. 马铜铃 Hemsleya graciliflora (Harms) Cogniaux

多年生攀缘草本。卷须 2 歧。趾状复叶多为 7 小叶，小叶披针形，边缘圆锯齿状。雌雄异株。雄花：腋生聚伞圆锥花序；花萼裂片三角形，平展，自花冠裂片间伸出；花冠淡黄色或淡黄绿色，平展，裂片倒卵形，薄膜质；雄蕊 5，花丝短；雌花：子房狭圆筒状，花柱 3，柱头 2 裂。果实筒状倒圆锥形。花期 6 ~ 9 月，果期 8 ~ 11 月。

分布与生境：分布于八大公山各地，生于海拔 200 ~ 1800 m 的灌丛及林缘。

用途：块根及果实入药；庭院观赏。

马铜铃 Hemsleya graciliflora

（五）丝瓜属 Luffa Miller

一年生攀缘草本，须多歧。叶片通常 5 ~ 7 裂。花黄色或白色，雌雄异株。雄花萼筒倒锥形，裂片 5；花冠裂片 5，开展；雄蕊 3 或 5，离生；退化雌蕊缺；雌花单生，花被与雄花同；退化雄蕊 3；子房圆柱形，柱头 3，3 胎座，胚珠多数。果实长圆形或圆柱状，未成熟时肉质，熟后变干燥，里面呈网状纤维。种子多数，长圆形，扁压。

6 种，我国有 2 种，均为栽培，湖南栽培 2 种，八大公山常见栽培 1 种。

1. 丝瓜 Luffa aegyptiaca Miller

一年生攀缘藤本。叶片三角形或近圆形，掌状 5 ~ 7 裂，裂片三角形，缘有锯齿。雌雄同株。雄花：生于总状花序上部；花萼筒宽钟形，裂片卵状披针形或近三角形，上端向外反折；花冠黄色，辐状，裂片长圆形；雄蕊通常5；雌花：单生，子房长圆柱状，有柔毛，柱头3，膨大。果实圆柱状，表面平滑，通常有深色纵条纹。花果期夏、秋季。

分布与生境：原产印尼，八大公山各地栽培。

用途：根、藤、果实维管束、果柄、果皮、种子入药；果作蔬菜。

丝瓜 Luffa aegyptiaca

（六）苦瓜属 **Momordica** Linnaeus

攀缘或匍匐草本。须不分歧或2歧。叶片近圆形或卵状心形，掌状3～7裂。花雌雄异株或稀同株；雄花单生或成总状花序；萼筒短；花冠黄色或白色，5裂；雄蕊3，着生在花萼筒喉部，花丝离生；雌花单生；花萼和花冠同雄花；子房椭圆形或纺锤形，三胎座，胚珠多数。果实多形，不开裂或3瓣裂，常具瘤状、刺状突起。种子卵形或长圆形。

45种，我国有3种，湖南有2种，八大公山均有。

分种检索表

1. 花雌雄同株；苞片生于雄花花梗的中部或中部以下……………………………… **1. 苦瓜 M. charantia**
1. 花雌雄异株；苞片生于雄花花梗的顶部……………………………… **2. 木鳖子 M. cochinchinensis**

1. 苦瓜 Momordica charantia Linnaeus

一年生攀缘状草本。叶片轮廓卵状肾形，5～7深裂，裂片卵状长圆形，边缘具粗齿。花雌雄同株。雌花子房纺锤形，密生瘤状突起，柱头3，膨大，2裂。果实纺锤形或圆柱形，多瘤皱，成熟后橙黄色。花果期5～10月。

分布与生境：原产亚洲热带地区，八大公山各地栽培。

用途：根、藤、叶及果实入药；果作蔬菜；庭院观赏。

2. 木鳖子 Momordica cochinchinensis (Loureiro) Sprengel

粗壮大藤本。具块状根。叶柄粗壮，在基部或中部有2～4个腺体；叶片卵状心形或宽卵状圆形，长、宽均 10 ~ 20 cm，3 ~ 5 中裂至深裂或不分裂边缘有波状小齿或稀近全缘。卷须不分歧。雌雄异株。雄花：单生于叶腋或有时 3 ~ 4 朵着生在极短的总状花序轴上，苞片无梗，兜状，圆肾形，花萼筒漏斗状，花冠黄色，裂片卵状长圆形，基部有黑斑；雄蕊 3，2 枚 2 室，1 枚 1 室。雌花：单生于叶腋，近中部生一苞片；苞片兜状，花冠、花萼同雄花；子房密生刺状毛。果实卵球形，成熟时红色，肉质，密具刺尖的突起。种子多数，卵形或方形，具雕纹。花期 6 ~ 8 月，果期 8 ~ 10 月。

分布与生境：分布于八大公山各地，生于海拔 200 ~ 1000 m 的山坡林缘、村边。

用途：根、藤、叶及果实入药；果作蔬菜；庭院观赏。

苦瓜 Momordica charantia

木鳖子 Momordica cochinchinensis

（七）裂瓜属 **Schizopepon** Maximowicz

攀缘草质藤本。卷须分 2 歧；叶片卵状心形，边缘有不规则锯齿。花小型，两性或单性；两性花或雄花生于伸长的或稀短缩的总状花序上；雌花单生或稀少数花生于缩短的总状花序上；花萼裂片 5；花冠裂片 5，白色；雄蕊 3；子房卵形或圆锥形。果实小型，卵状或圆锥状，成熟后自顶端向下部 3 瓣裂或不开裂。种子卵形，扁压。

8 种，我国全产，湖南有 1 种，八大公山也有分布。

1. 湖北裂瓜 Schizopepon dioicus Cogniaux ex Oliver

一年生草质藤本。叶片膜质，宽卵状心形或阔卵形，通常每边有 2～3 个三角形裂片，边缘具锯齿。雌雄异株。雌花在叶腋内单生或少数花聚生；子房卵形，3 室，柱头稍膨大，2 裂。果实阔卵形，表面常有疣状突起。花、果期 6～10 月。

分布与生境：分布于八大公山斗篷山，生于海拔 1000～1800 m 的山坡林下、山沟草丛中。

用途：根状茎入药。

湖北裂瓜 Schizopepon dioicus

（八）赤瓟属 **Thladiantha** Bunge

多年生草质藤本。卷须单一或 2 歧。花雌雄异株。雄花序总状或圆锥状；雄花：花萼筒短，裂片 5；花冠钟状，黄色，5 深裂；雄蕊 5，插生于花萼筒部，分离，通常 4 枚两两成对，第 5 枚分离；退化子房腺体状；雌花：花萼和花冠同雄花；子房具 3 胎座，胚珠多数。果实浆质，不开裂。种子多数。

23 种，我国全产，湖南有 8 种，八大公山有 6 种。

分种检索表

1. 叶均为单叶。
  2. 雄花序上具覆瓦状排列的扇形苞片；花序不分枝…………………… **1. 大苞赤瓟 T. cordifolia**
  2. 雄花序不具覆瓦状排列的扇形苞片。
    3. 子房和果实决无瘤状凸起。
      4. 果实无毛…………………………………………………………………… **2. 齿叶赤瓟 T. dentata**
      4. 果实柔毛状硬毛……………………………………………………………… **6. 南赤瓟 T. nudiflora**
    3. 子房有瘤状凸起；果实亦有瘤状凸起或成皱褶状。
      5. 卷须 2 歧；果皮不规则隆起成皱褶状……………………………………**3. 皱果赤瓟 T. henryi**
      5. 卷须单一；果实有瘤状凸起但不成皱褶状………………………… **5. 长叶赤瓟 T. longifolia**
1. 叶片多型，单叶、分裂或成鸟足状 5 ～ 7 小叶………………………………… **4. 异叶赤瓟 T.hookeri**

1. 大苞赤瓟 Thladiantha cordifolia (Blume) Cogniaux

一年生草质藤本。本种雄花序上具覆瓦状排列的扇形苞片，花序不分枝，苞片边缘不锐裂，具不规则的三角形小齿，花萼裂片宽披针形或狭长卵形，长 15 mm，宽 4 ~ 6 mm，先端常 2 ~ 3 齿裂；子房狭长圆形，外面密被黄色长柔毛，基部渐狭，顶端近截平。果实椭圆形，两端钝、圆、果皮粗糙，有疏长柔毛，并有 10 条纵纹。花果期 5 ~ 11 月。

分布与生境：分布于八大公山各地，生于海拔 900 ~ 1800 m 的山坡、沟谷或路旁。

大苞赤瓟 Thladiantha cordifolia

2. 齿叶赤瓟 Thladiantha dentata Cogniaux

多年生草质藤本。叶片宽卵状心形，膜质，边缘有胼胝质小齿。雌雄异株。雄花：多数花聚生于花序总梗上端；花萼筒宽钟形，裂片线形，反折；花冠黄色，裂片卵状长圆形，外面生暗黄色腺点；雄蕊 5，花药长圆形；雌花：通常单生或双生；花萼和花冠同雄花，子房卵形，平滑无毛，柱头膨大，肾形。果实卵形，有暗绿色纵条纹。花果期 5 ~ 10 月。

分布与生境：分布于八大公山各地，生于海拔 200 ~ 1500 m 的山坡灌丛中。

用途：根与果实能入药。

齿叶赤瓟 Thladiantha dentata

3. 皱果赤瓟 Thladiantha henryi Hemsley

攀缘藤本。根块状。叶片膜质，宽卵状心形，边缘具胼胝质小齿。雌雄异株；雄花：排成总状花序或圆锥花序；花萼筒宽钟形，裂片披针形；花冠黄色，裂片长圆状椭圆形；雄蕊 5 枚；花丝的基部有 3 枚鳞片状附属物；雌花：子房长卵形，多瘤状突起成皱褶状。果实椭圆形，果皮隆起呈皱褶状。花果期 6 ~ 11 月。

分布与生境：分布于八大公山各地，生于海拔 900 ~ 1800 m 的山坡、沟谷或路旁。

用途：块根入药。

4. 异叶赤瓟 Thladiantha hookeri C. B. Clarke

攀缘草本；块根扁圆形，重可达数十斤。叶片不分裂或不规则 2 ~ 3 裂，卵形，（8 ~ 12）×（4 ~ 8）cm，先端渐尖，基部心形，边缘微波状，有稀疏小齿，上面有白色的疣状小点，卷须纤细，单一。雌雄异株。雄花序总状，或与一单花并生，无苞片，花萼筒宽钟形，花冠黄色，裂片卵形，雄蕊 5。雌花单生，花梗丝状，花萼和花冠与雄花同，子房纺锤形，外面密被黄褐色柔毛。果实长圆形，果皮光滑。花果期 4 ~ 10 月。

分布与生境：分布于八大公山斗篷山，生于海拔 900 ~ 1200 m 的山坡林下。

用途：块根入药。

皱果赤瓟 Thladiantha henryi

异叶赤瓟 Thladiantha hookeri

5. 长叶赤瓟 Thladiantha longifolia Cogniaux ex Oliver

攀缘草本。叶片膜质，卵状披针形或长卵状三角形，边缘具胼胝质小齿。雌雄异株。雄花：排成总状花序；花萼筒浅杯状，裂片三角状披针形；花冠黄色，裂片长圆形；雄蕊5枚。雌花：单生或2 ~ 3朵生于一短的总花梗上；花萼和花冠与雄花同；子房长卵形，表面多皱褶。果实阔卵形，果皮有瘤状突起。花期4 ~ 7月，果期8 ~ 10月。

分布与生境：分布于八大公山各地，生于海拔 500 ~ 1200 m 的山坡杂林、沟边或灌丛中。

用途：根与果实入药。

长叶赤瓟 Thladiantha longifolia

6. 南赤瓟 Thladiantha nudiflora Hemsley

攀缘草本。根块状。叶片卵状心形，边缘具胼胝状小尖头的细锯齿。雌雄异株。雄花排成总状

南赤瓟 Thladiantha nudiflora

花序；雌花单生，子房狭长圆形，柱头膨大，圆肾形，2 浅裂。果实长圆形，成熟时红色或红褐色。花期 5 ~ 8 月，果期 8 ~ 11 月。

分布与生境：分布于八大公山各地，生于海拔 200 ~ 700 m 的沟边、林缘、山坡灌丛中。

用途：根、果实入药；庭院观赏。

（九）栝楼属 Trichosanthes Linnaeus

攀缘或匍匐藤本。卷须 2 ~ 5 歧。单叶互生，叶形多变。花雌雄异株或同株。雄花通常排列成总状花序；花萼筒筒状，延长， 5 裂；花冠白色，5 裂，先端具流苏；雄蕊 3，着生于花被筒内，花丝短，分离；雌花单生；花萼与花冠同雄花；子房下位，1 室，具 3 个侧膜胎座，胚珠多数。果实肉质。种子褐色，压扁。

约 100 种，我国有 33 种，湖南有 5 种，八大公山有 4 种。

分种检索表

1. 种子 3 室，叶片通常有短茸毛……………………………………………………**1. 王瓜 T. cucumeroides**
1. 种子 1 室，叶片通常无茸毛。
  2. 成熟的瓜瓤墨绿色……………………………………………………… **3. 长萼栝楼 T. laceribractea**
  2. 成熟的瓜瓤黄色。
    3. 叶片通常浅裂至中裂，裂片常再分裂；苞片大……………………………… **2. 栝楼 T. kirilowii**
    3. 叶片通常 5 深裂，几达基部；苞片小………………………………… **4. 中华栝楼 T. rosthornii**

1. 王瓜 Trichosanthes cucumeroides (Seringe) Maximowicz

王瓜 Trichosanthes cucumeroides

多年生攀缘藤本。块根纺锤形。叶片纸质，轮廓阔卵形或圆形，常 3 ~ 5 裂，边缘具细齿或波状齿。花雌雄异株；雄花组成总状花序，或单花与之并生；花萼筒喇叭形，裂片线状披针形；花冠白色，裂片长圆状卵形；雌花单生，子房长圆形。果实卵圆形或球形，成熟时橙红色，平滑，具喙。花期 5 ~ 8 月，果期 8 ~ 11 月。

分布与生境：分布于八大公山各地，生于海拔 300 ~ 800 m 的山谷密林或灌丛中。

用途：根及种子入药。

2. 栝楼 Trichosanthes kirilowii Maximowicz

攀缘藤本。块根圆柱状。叶片纸质，轮廓近圆形，常 3 ~ 5 浅裂至中裂，边缘常再浅裂。花雌雄异株；雄花成总状花序，或与一单花并生，或单生；花萼筒筒状，顶端扩大，裂片披针形；花冠白色，裂片倒卵形；花药靠合，花丝分离；雌花单生；子房椭圆形，绿色，柱头 3。果实椭圆形，成熟时黄色。花期 5 ~ 8 月，果期 8 ~ 10 月。

分布与生境：分布于八大公山各地，生于海拔 200 ~ 1000 m 的山坡林缘。

用途：根、果实、果皮、种子均入药。

栝楼 Trichosanthes kirilowii

3. 长萼栝楼 Trichosanthes laceribractea Hayata

攀缘草本；茎无毛或疏被短刚毛状刺毛。单叶互生，叶片纸质，轮廓近圆形或阔卵形，掌状脉 5 ~ 7 条；叶柄被短刚毛状刺毛。卷须 2 ~ 3 歧。花雌雄异株。雄花总状花序腋生；小苞片阔卵形，内凹；花萼筒狭线形，先端渐尖；花冠白色，边缘具纤细长流苏。雌花单生，被微柔毛；花萼筒圆柱状，全缘；花冠同雄花；子房卵形。果实球形，成熟时橙黄色至橙红色。果瓤墨绿色。花期 7 ~ 8 月，果期 9 ~ 10 月。

分布与生境：分布于八大公山杉木界，生于海拔 300 ~ 500 m 的山坡林缘。

用途：果、种子、根均可入药；种子可食。

长萼栝楼 Trichosanthes laceribractea

4. 中华栝楼 Trichosanthes rosthornii Harms

攀缘藤本。块根条状。叶片纸质，轮廓阔卵形至近圆形，通常 5 深裂，裂片披针形，边缘具短

中华栝楼 Trichosanthes rosthornii

尖头状细齿。花雌雄异株；雄花单生，或为总状花序，或两者并生；花萼筒狭喇叭形，裂片线形；花冠白色，裂片倒卵形；雌花单生；子房椭圆形。果实球形或椭圆形，光滑无毛，成熟时果皮及果瓤均橙黄色。花期6～8月，果期8～10月。

分布与生境：分布于八大公山各地，生于海拔400～850 m的山谷林中。

用途：根、果实、果皮、种子均入药。

（十）马㼎儿属 Zehneria Endlicher

攀缘或匍匐草本。卷须单一或稀2歧。叶片膜质或纸质，形状多变，全缘或3～5裂。雌雄同株或异株。雄花序总状或近伞房状；花萼钟状，裂片5；花冠钟状，黄色或黄白色，裂片5；雄蕊3枚，着生在筒的基部；雌花单生或几朵呈伞房状；花萼和花冠同雄花；子房卵球形或纺锤形，3室，胚珠多数。果实球形或纺锤形，不开裂。种子卵形，扁平。

55种，我国有4种，湖南有2种，八大公山均有分布。

分种检索表

1. 雄花序总状或同时有单生，果实具长梗；花丝极短……………………………**1. 马㼎儿 Z. japonica**
1. 数朵雄花生于伸长的总梗顶端呈伞房状花序；花丝较长………………… **2. 钮子瓜 Z. maysorensis**

1. 马㼎儿 *Zehneria japonica* (Thunberg) H. Y. Liu

马㼎儿 Zehneria japonica

草质藤本。叶片膜质，多型，边缘微波状或有疏齿，脉掌状。雌雄同株。雄花：单生或稀 2 ~ 3 朵生于短的总状花序上；花萼宽钟形；花冠淡黄色，裂片长圆形；雄蕊 3，花药长圆形；雌花：在与雄花同一叶腋内单生或稀双生；子房狭卵形，有疣状凸起，柱头 3 裂。果实两端钝，外面无毛，成熟后橘红色或红色。花期 4 ~ 7 月，果期 7 ~ 10 月。

分布与生境：分布于八大公山各地，生于海拔 500 ~ 1600 m 的林中阴湿处、灌丛、林缘。

用途：根与叶及全草入药。

2. 钮子瓜 Zehneria bodinieri (H. Léveillé) W. J. de Wilde & Duyfjes

草质藤本。卷须单一。叶片膜质，宽卵形或稀三角状卵形，边缘有小齿或深波状锯齿，脉掌状。雌雄同株。雄花：常 3 ~ 9 朵生于总梗顶端呈近头状或伞房状花序；花萼筒宽钟状，裂片狭三角形；花冠白色，裂片卵形；雄蕊 3 枚，花药卵形；雌花：单生，稀几朵生于总梗顶端；子房卵形。果实浆果状，光滑无毛。花期 4 ~ 8 月，果期 8 ~ 11 月。

分布与生境：分布于八大公山各地，生于海拔 500 ~ 1000 m 的林缘、山坡路旁阴湿处。

用途：全草、果实入药。

钮子瓜 Zehneria bodinieri

七十九、秋海棠科 Begoniaceae

肉质草本。单叶互生，边缘具齿或分裂极稀全缘，通常基部偏斜，两侧不相等；托叶早落。花单性，雌雄同株，通常组成聚伞花序；花多辐射对称，花被片花瓣状；雄花被片 2~4，离生极稀合生，雄蕊多数，花丝离生或基部合生；雌花被片 2~5，离生，稀合生；雌蕊由 2~5 心皮形成；子房下位，中轴胎座，花柱离生或基部合生；柱头带刺状乳头。蒴果，有时呈浆果状。

5 属 1000 多种，我国有 1 属 130 多种，湖南有 1 属 4 种，八大公山有 1 属 2 种。

（一）秋海棠属 **Begonia** Linnaeus

肉质草本，具根状茎。茎直立、匍匐、稀攀缘状或常短缩而无地上茎。单叶，互生或全部基生；叶片常偏斜，基部两侧不相等；托叶早落。花单性，雌蕊同株，极稀异株，聚伞花序；花被片花冠状；雄花花被片 2~4，雄蕊多数，花丝离生或仅基部合生，稀合成单体；雌花：雌蕊由 2~4 心皮形成；子房下位，中轴胎座，柱头膨大，扭曲呈螺旋状或 U 字形，常有带刺状乳头。蒴果浆果状，3~4 棱或角状突起。

1000 多种，我国约 130 多种，湖南有 4 种，八大公山有 2 种。

分种检索表

1. 植株具地上茎；叶不分裂……………………………………………………… **1. 秋海棠 B.grandis**
1. 植株无地上茎；叶呈掌状深裂……………………………………………… **2. 掌裂叶秋海棠 B.pedatifida**

1. 秋海棠 Begonia grandis Dryander

分变种检索表

1. 植株分枝多；叶较大，下面带紫红色…………………… **1a. 秋海棠（原变种）B.grandis** var.**grandis**
1. 植株分枝少；叶较小，下面淡绿色…………………… **1b. 中华秋海棠（变种）B.grandis** var.**sinensis**

1a. 秋海棠（原变种）Begonia grandis Dryander var. **grandis**

草本。茎有纵棱。叶互生；叶两侧不相等，基部心形，偏斜，边缘具不等大的三角形浅齿。花葶有纵棱；二歧聚伞花序，花序梗基部常有 1 小叶；苞片长圆形，花粉红色，雄花：花被片 4，外面 2 枚宽卵形或近圆形，内面 2 枚倒卵形至倒卵长圆形；雄蕊多数，基部合生；雌花：花被片 3，外面 2 枚近圆形或扁圆形，内面 1 枚倒卵形，子房 3 室，中轴胎座。蒴果下垂，具不等 3 翅。花期 7 月开始，果期 8 月。

分布与生境：分布于八大公山各地，生于海拔 300~800 m 的沟谷悬崖石壁上。

用途：花、茎叶、根可入药；庭院观赏。

1b. 中华秋海棠（变种）Begonia grandis subsp. **sinensis** (A. Candolle) Irmscher

肉质草本。本变种植株较小，分枝较少；叶较小，下面淡绿色而与原变种不同。花期 7~8 月，果期 9 ~ 10 月。

分布与生境：分布于八大公山各地，生于海拔 300 ~ 900 m 山谷阴湿岩石上。

用途：花、茎叶、根可入药。

秋海棠（原变种）Begonia grandis var. grandis

中华秋海棠（变种）Begonia grandis subsp. sinensis

2. 掌裂叶秋海棠 Begonia pedatifida H.Léveillé

多年生草本。叶自根状茎抽出，偶在花葶中部有 1 小叶；叶扁圆形至宽卵形，基部截形至心形，5～6 深裂，中间 3 裂片再中裂，裂片均披针形，两侧裂片再浅裂，边缘有三角形齿，上面散生短硬毛，下面沿脉有短硬毛，掌状 6～7 条脉；叶柄密被或疏被褐色卷曲长毛。花葶疏被或密被长毛；花白色或粉红，呈二歧聚伞状；花被片 4，外面 2 枚宽卵形，有疏毛，内面 2 枚长圆形；雄蕊多数；子房 2 室。蒴果。花期 6～7 月，果期 10 月。

分布与生境：分布于八大公山各地，生于海拔 200～1200 m 林下多石的潮湿处。

用途：根状茎入药；庭院观赏。

掌裂叶秋海棠 Begonia pedatifida

八十、卫矛科 Celastraceae

乔木、灌木或藤本，常绿或落叶。单叶互生或对生，少为三叶轮生，托叶较小，早落或宿存。花整齐，常两性或退化为功能性不育的单性花，杂性同株，聚伞花序顶生或腋生，少数单生；萼片宿存，覆瓦状排列；花瓣 4 ~ 5，覆瓦状或镊合状排列；雄蕊 4 ~ 5，稀 10，花盘平扁或稍隆起；子房上位，基部与花盘愈合或分离，2 ~ 5 室，稀 1 室，花柱 1，极短。果为蒴果，少数为浆果、翅果或核果；种子常具假种皮。

约 60 属 920 种以上，我国有 13 属 261 种，湖南有 6 属 48 种，八大公山有 3 属 24 种。

分属检索表

1. 木质藤本、灌木或乔木。
  2. 藤本，叶互生……………………………………………………………… **1. 南蛇藤属 Celastrus**
  2. 藤本、灌木或小乔木至乔木，叶对生……………………………………… **2. 卫矛属 Euonymus**
1. 多年生草本……………………………………………………………………… **3. 梅花草属 Parnassia**

（一）南蛇藤属 **Celastrus** Linnaeus

藤状灌木，落叶或常绿。芽有数枚覆瓦状鳞片，有时最外 1 对芽鳞宿存，并坚硬变成刺状物。叶互生。花小，杂性或异株，常单性，少数两性，聚伞状圆锥花序或总状花序顶生及腋生，花 5 数；花盘的边缘着生，花盘全膜质；子房上位，不藏于花盘内，通常 3 室，有时 4 或 1 室，花柱短，柱头 3 裂。蒴果近球形，黄色，室背 3 瓣裂开裂，果轴宿存，每瓣有种子 1 ~ 2。假种皮肉质红色，全包种子。

约 50 种，我国有 30 种，湖南有 11 种，八大公山有 7 种。

分种检索表

1. 蒴果 3 室，种子 3 ~ 6 颗。
  2. 花序顶生，圆锥状…………………………………………………………… **1. 苦皮藤 C. angulatus**
  2. 花序聚伞状，腋生，或顶生与腋生并存。
    3. 花序顶生及腋生；种子通常椭圆形。
      4. 叶下面被白粉，通常呈灰白色……………………………… **3. 灰叶南蛇藤 C. glaucophyllus**
      4. 叶下面不被白粉，通常呈浅绿色。
        5. 小脉显著突起，形成长方状脉网；叶背脉上被毛……………… **6. 皱叶南蛇藤 C. rugosus**
        5. 小脉不成长方状脉网；叶背无毛或仅有时脉上具稀疏短毛。
          6. 冬芽大，长卵形，长可达 7 ~ 12 mm ……………………… **2. 大芽南蛇藤 C. gemmatus**
          6. 冬芽小，长 2 ~ 3 mm ……………………………… **5. 短梗南蛇藤 C. rosthornianus**
    3. 花序顶生及腋生；种子通常椭圆形……………………………… **7. 显柱南蛇藤 C. stylosus**
1. 蒴果 1 室，种子 1 颗………………………………………………………… **4. 青江藤 C. hindsii**

1. 苦皮藤 Celastrus angulatus Maximowicz

落叶藤状灌木。叶大，革质，长圆装卵形或近圆形，（7 ~ 15）cm ×（6 ~ 12）cm，基部园或钝，边缘有圆锯齿，中央具尖头。聚伞状圆锥花序顶生；花小，黄绿色；雄蕊着生花盘之下。子房球状。蒴果球状黄色，每室 2 枚有种子，为褐红色椭圆形，有条纹，外有橘红色假种皮。花期 5 ~ 6 月，果期 8 ~ 10 月。

分布与生境：分布于八大公山各地，生于海拔 200 ~ 1200 m 的山坡灌木丛中或空旷处。

用途：根皮入药，亦可作土农药。

苦皮藤 Celastrus angulatus

2. 大芽南蛇藤 Celastrus gemmatus Loesener

落叶藤状灌木。叶卵状椭圆形，长方形或椭圆形，长 6 ~ 12 cm，宽 4 ~ 7 cm，先端渐尖，基部钝圆，边缘具浅锯齿。顶生或腋生聚伞花序，侧生花序花少且短；雄蕊于花冠近等长；雌蕊杯状，子房球状。蒴果球状，小果梗具明显凸起皮孔。种子长方椭圆状到阔椭圆状，红棕色，有光泽，两端钝。花期 4 ~ 9 月，果期 8 ~ 10 月。

分布与生境：分布于八大公山各地，生于海拔 400 ~ 1200 m 的山坡灌木丛中或林缘空旷处。

用途：根、茎、叶入药。

3. 灰叶南蛇藤 Celastrus glaucophyllus Rehder & E.H.Wilson

落叶藤状灌木。叶果期半革质，近倒卵椭圆形、长方椭圆形或椭圆形，长 5 ~ 10 cm，宽 2 ~ 7 cm，先端短渐尖，基部阔楔形或圆，边缘有稀疏细锯齿，顶生及腋生花序，顶生成总状圆锥花序，花序梗常很短。花盘稍肉质，浅杯状，裂片近半圆形；雄蕊比花冠稍短，花药阔椭圆形到近圆形。果实近球形，黑色。花期 3 ~ 6 月，果期 9 ~ 10 月。

分布与生境：分布于八大公山斗篷山，生于海拔 600 ~ 1900 m 的山坡林缘灌丛中。

用途：根入药。

大芽南蛇藤 Celastrus gemmatus

灰叶南蛇藤 Celastrus glaucophyllus

4. 青江藤 Celastrus hindsii Bentham

常绿藤状灌木。叶革质或纸质，椭圆披针形或长椭圆形，（7 ~ 14）cm ×（3 ~ 4）cm，先端急尖或渐尖，基部楔形或圆形，边缘有向内弯的锯齿。聚伞状圆锥花序狭长顶生，腋生花序为 3 花聚伞花序；花淡绿色；雄蕊着生杯状花盘边缘，雌蕊瓶状。子房近球状。蒴果黄色，卵状。种子 1 枚，长圆形，外有橙黄色假种皮。花期 5 月，果期 9 ~ 10 月。

分布与生境：分布于八大公山各地，生于海拔 200 ~ 800 m 的溪边灌木丛中或乔木林下。

用途：根、根皮、叶入药。

青江藤 Celastrus hindsii

5. 短梗南蛇藤 Celastrus rosthornianus Loesener

短梗南蛇藤 Celastrus rosthornianus

落叶藤状灌木。叶纸质，倒卵状长圆形或狭椭圆形，(4 ~ 11)cm × (3 ~ 6)cm，先端急尖或短渐尖，基部阔楔形，边缘疏浅锯齿。雄花序顶生者为总状聚伞花序，腋生花序仅 1 ~ 3 朵。雌花序为 3 ~ 7 花腋生的聚伞花序，花黄绿色；子房球状。蒴果橙黄色，近球形。种子紫褐色，阔卵圆状，外有橙红色假种皮。花期 4 ~ 5 月，果期 9 ~ 10 月。

分布与生境：分布于八大公山各地，生于海拔 300 ~ 800 m 的沟边阔叶林中。

用途：根、根皮入药。

6. 皱叶南蛇藤 Celastrus rugosus Rehder & E.H.Wilson

藤状灌木。叶椭圆形，倒卵形或长方椭圆形。花序顶生及腋生；萼片卵形，先端钝，有细缘毛；花瓣稍倒卵长方形；花盘浅杯状稍肉质，裂片近半圆形或稍窄；花丝丝状，花药长方椭圆形，在雌花中雄蕊短小不育；雌蕊瓶状，子房球状，花柱细长，柱头 3 浅裂，在雄花中退化。蒴果球状；种子椭圆状，棕褐色。花期 5 ~ 6 月，果期 8 ~ 10 月。

分布与生境：分布于八大公山天平山、斗篷山，生于海拔 400 ~ 1800 m 的山坡林中。

用途：根、茎、叶入药。

皱叶南蛇藤 Celastrus rugosus

7. 显柱南蛇藤 Celastrus stylosus Wallich

落叶藤状灌木。冬芽最外面的芽鳞不成硬刺状；小枝光滑，稀被疏短硬毛，且通常不为棕褐色。叶较大，(6.5 ~ 12.5) cm ×（3.0 ~ 6.5）cm，多成长方椭圆形或倒卵长方形到倒椭圆形。花序具较多小花，通常 3 ~ 7 朵，花序梗及小花梗均较细长，被极短黄白色硬毛。花瓣较宽，(3.5 ~ 4.0) mm × 2 mm，花盘浅杯状，裂片浅，半圆形。果序梗及果梗细，宿萼不明显增大和加厚；种子平凸状到新月形。花期 3 ~ 5 月，果期 8 ~ 10 月。

分布与生境：分布于八大公山各地，生于海拔 400 ~ 1000 m 的山坡林中、灌丛中。

显柱南蛇藤 Celastrus stylosus

（二）卫矛属 **Euonymus** Linnaeus

乔木或灌木，常绿或落叶，有时以气根攀缘，有时匍匐。叶对生，少数轮生或互生；托叶早落。花两性，成腋生具柄的聚伞花序；萼4～5裂；花瓣4～5片；雄蕊4～5，花丝着生于花盘上，极短，花药2室；花盘4～5裂，肉质；子房3～5室，上位，每室胚珠1～2枚，花柱无或短，柱头3～5裂。蒴果分裂3～5室，有棱或翅，每室1～2枚种子，黑色、红色或白色，外有苍白色或橙红色的假种皮。

约200余种，我国有90种，湖南有34种，八大公山有15种。

分种检索表

1. 蒴果无翅。
  2. 果实发育时心皮顶端生长迟缓，其余部分生长超过顶端，便果实呈现浅裂至深裂状。
    3. 蒴果上端呈浅裂至半裂状。
      4. 胚珠每室4 ～ 12 …………………………………………………… **13. 大果卫矛 E. myrianthus**
      4. 胚珠每室2。
        5. 雄蕊具明显花丝。
          6. 落叶小乔木…………………………………………………… **10. 西南卫矛 E. hamiltonianus**
          6. 常绿乔木…………………………………………………… **12. 小果卫矛 E. microcarpus**
        5. 雄蕊无花丝或具极短花丝…………………………………………… **14. 中华卫矛 E. nitidus**
    3. 蒴果呈深裂状。
      7. 茎枝具4条木栓翅…………………………………………………………… **3. 卫矛 E. alatus**

7. 枝和小枝无木栓翅。

8. 茎四棱形，叶椭圆形或倒卵状椭圆形……………………………**7. 双歧卫矛 E. distichus**

8. 茎圆形。

9. 叶柄较长，长 6 mm 以上 ……………………………………… **6. 裂果卫矛 E. dielsianus**

9. 叶柄较长，长 5 mm 以下 ……………………………………… **4. 百齿卫矛 E. centidens**

2. 蒴果不分裂或浅裂至果实的 1/2。

10. 蒴果无刺。

11. 栽培种，直立灌木，叶片有香味 ………………………………… **11. 冬青卫矛 E. jponicus**

11. 野生植物，附生藤本，叶片无香味 ………………………………… **9. 扶芳藤 E. fortunei**

10. 蒴果有刺。

12. 刺长 4 ～ 7 mm ……………………………………………… **2. 小千金 E. aculeatus**

12. 刺长 1 ～ 2 mm。

13. 叶柄长 1 ～ 2 cm ………………………………………… **1. 刺果卫矛 E. acanthocarpus**

13. 叶柄极短或近无柄 ……………………………………………… **8. 棘刺卫矛 E. echinatus**

1. 蒴果各心皮背部薄而外展成翅状。

14. 叶披针形或条状披针形 ……………………………………………**5. 角翅卫矛 E. cornutus**

14. 叶狭卵形至长圆形 ……………………………………………… **15. 石枣子 E. sanguineus**

1. 刺果卫矛 Euonymus acanthocarpus Franchet

刺果卫矛 Euonymus acanthocarpus

常绿藤状灌木。叶对生，革质，长椭圆形或卵状披针形，（5～12）cm×（3～5）cm，先端短渐尖或急尖，基部宽楔形或稍近圆形，边缘有圆锯齿。聚伞花序较疏大，有5至多花；花黄绿色；萼片近圆形，花瓣近倒卵形；花盘近圆形；雄蕊有明显花丝。蒴果圆球形，红棕褐色，密生短刺。种子黑色，有橙黄色假种皮。花期6月，果期9～10月。

分布与生境：产于八大公山各地，生于海拔400～1200 m的沟边、丛林或山坡较潮湿处。

用途：叶、茎皮入药。

2. 小千金 Euonymus aculeatus Hemsley

常绿灌木。小枝黄绿色，具4棱，有瘤突。叶革质，长圆形，渐尖，边缘有锯齿，略下卷，两面无毛，侧脉每边5～6条，网脉均不明显；叶柄具构。花序3～4次分歧，花淡黄绿色。果扁球形，密被扁尖的黄色软刺。

分布与生境：产于八大公山各地，生于海拔900～1400 m的水沟边或山谷岩石上。

用途：根入药。

小千金 Euonymus aculeatus

3. 卫矛 Euonymus alatus (Thunberg) Siebold

落叶灌木。枝坚硬，开张，有木栓质的宽翅2～4条。叶对生，椭圆形至倒卵形，（3～6）cm×（2～4）cm，先端短渐尖，基部楔尖，边缘具细锯齿。聚伞花序1～3花腋生，花淡白绿色；雄蕊着生花盘边缘。蒴果1～4深裂，每裂瓣有种子1～2，椭圆状或阔椭圆状，紫棕色，外有橙红色假种皮。花期5～6月，果期9～10月。

分布与生境：产于八大公山各地，生于海拔200～1500 m的山坡溪边、林下、林缘。

用途：枝条、枝叶、木栓翅入药；庭院观赏。

卫矛 Euonymus alatus

4. 百齿卫矛 Euonymus centidens H. Leveille

落叶灌木。叶近革质或纸质，狭长椭圆形或近长倒卵形，（3～10）cm×（1.5～4.0）cm，先端长渐尖，边缘具密且深的尖锯齿，齿端有黑色腺点。聚伞花序稀 1～3 花；花序 4 棱状；花淡黄色；雄蕊无花丝。蒴果 4 深裂，成熟裂瓣 1～4。种子长圆状，假种皮黄红色，覆盖于种子向轴面的一半，末端窄缩成脊状。花期 6 月，果期 9～10 月。

百齿卫矛 Euonymus centidens

分布与生境：产于八大公山各地，生于海拔 900 ~ 1300 m 的山坡疏林下。

用途：根、茎皮、果实入药。

5. 角翅卫矛 Euonymus cornutus Hemsley

落叶小灌木，高达 1 ~ 3 m。叶对生，薄革质或厚纸质，线状披针形或披针形，（6 ~ 13）cm ×（0.5 ~ 2.5）cm，先端狭长渐尖，基部阔楔形或楔形，边缘有细密浅锯齿。聚伞花序常 1 次分支，3 花；花紫红色或暗紫带绿；雄蕊于花盘边缘着生，无花丝。蒴果紫红色，有有 4 ~ 5 花盘，近圆形，子房 4 棱锥状。蒴果 4 深裂，裂瓣近球状。花期 6 ~ 7 月，果期 9 月。

分布与生境：分布于八大公山各地，生于海拔 500 ~ 1700 m 的沟边灌木丛中。

角翅卫矛 Euonymus cornutus

6. 裂果卫矛 Euonymus dielsianus Loesener ex Diels

常绿灌木。小枝具 4 棱。叶革质，长圆形或倒卵状椭圆形，全缘或上半部疏具浅锯齿，侧脉每边 5 ~ 6 条，网脉不明显。花序具花 3 ~ 7，黄绿色。蒴果 4 深裂，常 1 ~ 3 心皮发育，种子具褐色假种皮。

分布与生境：产于八大公山各地，生于海拔 200 ~ 600 m 的山坡林下。

用途：根、茎皮入药。

7. 双歧卫矛 Euonymus distichus H. Léveillé

常绿灌木。小枝细，四棱状。叶 2 列，对生，椭圆形、窄椭圆形或长椭圆形，（2 ~ 7）cm ×（1 ~ 3）cm，先端短渐尖，叶缘具细密浅锯齿或重锯齿，锯齿长稍呈钩状，齿端常具黑色腺点；叶柄短或近无。花 1 ~ 3 成短序对生；花序梗极细短，花 4 数，淡黄色，花瓣近圆形。蒴果 4 深裂，裂瓣近球状，种子长圆状，假种皮红色。花期 6 ~ 7 月，果期 9 月。

分布与生境：分布于八大公山各地，生于海拔 200 ~ 500 m 的沟边灌木丛中。

裂果卫矛 Euonymus dielsianus

双歧卫矛 Euonymus distichus

8. 棘刺卫矛 Euonymus echinatus Wallich

常绿藤本。外形极似刺果卫矛，区别在于本种小枝具明显的翅棱，叶柄极短，叶披针形至卵状椭圆形。果球形，红棕色，密生突尖的刺。

分布与生境：产于八大公山各地，生于海拔 200 ~ 600 m 的山坡林下。

用途：根、茎皮入药。

棘刺卫矛 Euonymus echinatus

9. 扶芳藤 Euonymus fortunei (Turczaninow) Handel-Mazzetti

常绿藤本灌木，匍匐或攀缘，高 1 至数米。叶对生，薄革质，椭圆卵状形或椭圆形，（2.5 ~ 9.0）cm ×（1.5 ~ 4.0）cm，先端急尖或或钝，基部阔楔形，边缘有不明显细锯齿。聚伞花序 3 ~ 4 分支，每枝有多花，组成球形状小聚伞花序，有花 4 ~ 7 朵，分支中央有单花；花白绿色。蒴果球形，粉红色；种子棕褐色，外有鲜红色假种皮。花期 6 ~ 7 月，果熟期 10 月。

分布与生境：产于八大公山各地，生于海拔 200 ~ 1400 m 的林缘或岩石上。

用途：茎叶入药；可栽作地被植物。

扶芳藤 Euonymus fortunei

10. 西南卫矛 *Euonymus hamiltonianus* Wallich

落叶小乔木。枝条无栓翅，小枝的棱上有时有 4 条极窄的木栓翅。叶对生，较大，长方椭圆形或椭圆披针形，（7 ~ 12）cm ×（3 ~ 7）cm，先端短渐尖或急尖，基部阔楔形。聚花伞序有 5 至多花；花淡绿色；花丝细长，花药紫色。蒴果倒三角形，粉红色，上部 4 浅裂。种子红棕色，假种皮橙红色。花期 5 ~ 6 月，果期 8 ~ 10 月。

分布与生境：分布于八大公山各地，生于海拔 500 ~ 1900 m 的山坡、沟边灌木丛中。

用途：枝叶、根、根皮、果实入药；庭院观赏。

西南卫矛 Euonymus hamiltonianus

11. 冬青卫矛 *Euonymus hupehensis* (Loesener) Loesener

常绿灌木。小枝近圆柱形，枝叶具香味。叶革质，倒卵形至椭圆形，钝尖，两面绿色，无毛，上面有光泽，边缘有细钝锯齿，侧脉每边 5 ~ 6 条，弯拱网结。花序具花 5 至多数，花淡绿色，4 数。果扁球形，具 3 ~ 4 横沟，种子有格红色假种皮。

冬青卫矛 Euonymus hupehensis

分布与生境：原产日本，八大公山各地栽培。

用途：根可入药；庭院观赏。

12. 小果卫矛 Euonymus microcarpus（Oliver ex Loesener）Sprague

常绿小乔木或灌木。叶薄革质，对生，卵状长圆形或卵形，（5～8）cm×（1.5～3.0）cm，先端急尖或短渐尖，基部楔形或阔楔形。聚伞花序腋生，花黄绿色；雄蕊在花盘边缘处着生，子房具极短花柱。蒴果扁球形，较小，4浅裂，先端微凹入。种子棕红色，长圆状，外有橘红色假种皮。

分布与生境：产于八大公山五道水、杉木界，生于海拔300～800m的河边或山坡密林中。

用途：根入药；庭院观赏。

小果卫矛 Euonymus microcarpus

13. 大果卫矛 Euonymus myrianthus Hemsley

常绿灌木或小乔木。叶对生，革质，倒披针形至长圆形，（5～11）cm×（2.5～4.0）cm，先端渐尖，基部楔形，边缘常呈波状或具明显钝锯齿。近顶生聚伞圆锥花序，2～4次分枝；花黄色；雄蕊在裂片中央小突起上着生，具极短花丝；子房锥状，花柱短壮。蒴果倒卵形，有4棱，成熟时金黄色。种子有橘黄色假种皮。花期4～5月，果期9～10月。

分布与生境：产于八大公山各地，生于海拔600～1400 m的山坡林下。

用途：果实、根入药；庭院观赏。

14. 中华卫矛 Euonymus nitidus Bentham

常绿乔木或小乔木。叶革质，质地坚实，常略有光泽，倒卵形或长方阔披针形，（4～13）cm×（2.0～5.5）cm，先端有长8 mm渐尖头，近全缘。聚伞花序1～3次分枝，3～15花，花白色或黄绿色，4数，花盘较小，4浅裂。蒴果三角卵圆状，4裂较浅成圆阔4棱，棕红色，假种皮橙黄色，全包种子，上部两侧开裂。花期3～5月，果期6～10月。

分布与生境：产于八大公山各地，生于海拔200～400 m的山坡林中。

用途：木材可作小型用材；庭院观赏。

大果卫矛 Euonymus myrianthus

中华卫矛 Euonymus nitidus

15. 石枣子 Euonymus sanguineus Loesener

落叶灌木。小枝紫红色，当年枝淡褐色，略具棱，芽长尖，紫褐色。叶纸质，卵形或卵状椭圆形，基部略圆，具细密齿，侧脉每边 5 ~ 7 条，在近叶缘处分叉网结。花序长而松散，1 ~ 2 回分歧，花紫绿色。蒴果四菱扁球形，紫红色，4 棱，棱延伸为扁平的翅，种子具红色假种皮。

分布与生境：产于八大公山各地，生于海拔 800 ~ 1900 m 的山坡林下。

用途：庭院观赏。

石枣子 Euonymus sanguineus

（三）梅花草属 Parnassia Linnaeus

草本。具根状茎。茎单一，或分枝。基生叶具长柄，有托叶，全缘；茎生叶无柄，常半抱茎。花单生茎顶；萼 5，离生或下半部与子房合生；花瓣 5，白色或淡黄色，边缘流苏状或啮蚀状，或下部全缘；雄蕊 5；退化雄蕊 5，形状多样；子房 3 ~ 4 室。上位或半下位，蒴果。种子多数，褐色。

约 70 余种，我国约 60 种，湖南有 3 种，八大公山有 2 种。

分种检索表

1. 茎单一，雄蕊具伸长的药隔……………………………………………………… **1. 突隔梅花草 P.delavayi**
1. 茎多条，雄蕊不具伸长的药隔…………………………………………………… **2. 鸡肫梅花草 P.wightiana**

1. 突隔梅花草 Parnassia delavayi Franchet

多年生草本。基生叶 3 ~ 7，叶片肾形或近圆形，全缘；叶柄长达 16 cm，具窄膜质边缘；托叶膜质，边缘有褐色流苏状毛。茎单一；中部或以下具 1 茎生叶，与基生叶同形，半抱茎。花单生于茎顶；萼片有明显褐色小点；花瓣白色，基部渐窄成爪，上半部 1/3 有疏流苏状毛，通常有 5 条紫褐色脉，密被紫褐色斑点；雄蕊 5，花丝不等长；退化雄蕊 5；子房上位。蒴果。花期 7 ~ 8 月，果期 9 月。

分布与生境：分布于八大公山各地，生于海拔 1400 ~ 1900 m 的沟边疏林中。

用途：全草入药。

突隔梅花草 Parnassia delavayi

2. 鸡肫草 Parnassia wightiana Wallich ex Wight & Arnott

多年生草本。基生叶2～4，叶片宽心形，（4～6）cm×（4～7）cm；托叶膜质，边有疏的流苏状毛。茎2～7，近中部或偏上具单个茎生叶，与基生叶同形。花单生于茎顶；萼片密被紫褐色小点，花瓣白色，长圆形、倒卵形或似琴形，边缘上半部波状或齿状，下半部（除去爪）具长流苏状毛；退化雄蕊5，扁平，5浅裂至中裂，裂片深度不超过1/2。蒴果倒卵球形。花期7～8月，果期9月开始。

分布与生境：分布于八大公山各地，生于海拔800～1700 m的山坡林下或溪边。

用途：全草入药；庭院观赏。

鸡肫草 Parnassia wightiana

八十一、酢浆草科 Oxalidaceae

草本，稀为灌木或乔木。叶互生，掌状复叶或羽状复叶，小叶倒心形。花序常为聚伞状或总状花序；花两性，辐射对称；5基数，花萼分离或基部合生；花瓣分离，有时基部合生；雄蕊10，有内外2轮，外轮与花瓣对生；花丝基部合生；子房上位，5室，中轴胎座，柱头头状。蒴果，少数为肉质浆果。

7属1000余种，我国有3属约13种，湖南有1属5种，八大公山有1属4种。

（一）酢浆草属 **Oxalis** Linnaeus

草本，少数为灌木。复叶有3小叶，互生或基生，被柔毛。伞形花序；花呈白色、黄色、粉红色；萼片5；花瓣5，有时基部合生；雄蕊基部合生，长短间隔排列；子房5室，每室具多个胚珠；花柱5，常分离。蒴果，胞背开裂。

约800种，我国有5种，湖南连栽培的有6种，八大公山有4种。

分种检索表

1. 花黄色……………………………………………………………………… **1. 酢浆草 O.cornicu**
1. 花白色或紫红色。
  2. 根部具白色小块茎……………………………………………… **2. 红花酢浆草 O.corymbosa**
  2. 植株无白色小块茎，叶柄突破为根茎。
    3. 掌状复叶羽状排列…………………………………………… **3. 山酢浆草 O.leucolepis**
    3. 掌状复叶羽状排列………………………………………… **4. 武陵酢浆草 O.wulingensis**

1. 酢浆草 Oxalis corniculata Linnaeus

草本。根茎细长，被柔毛。叶基生或茎上互生；小叶3，宽倒心形，叶背疏生平伏毛，脉上毛较密，边缘具贴服缘毛；托叶明显。伞形花序，腋生，先端有小苞片2；花黄色；萼片被柔毛；花瓣黄色；雄蕊5长5短，花丝基部合生成筒状；子房5室，柱头头状。蒴果。种子具沟槽。花期5～8月，果期6～9月。

分布与生境：分布于八大公山各地，生于海拔200～1200 m的路边、田边、地旁。

用途：全草入药。

2. 红花酢浆草 Oxalis corymbosa Candolle

草本。有数个小鳞茎聚生，鳞片褐色。叶基生，掌状复叶；小叶3，扁圆状倒心形，通常两面有棕红色瘤状的小腺；托叶长圆形，与叶柄基部合生。花序近伞形，基生；萼片5，先端有两个暗红色长圆形的小腺体；花瓣5，淡紫色至紫红；雄蕊10，5长5短；花花丝上部被白色柔毛，下部合生成筒状；子房5室；柱头头状。蒴果，有毛。花期5月，果期6～7月。

分布与生境：原产南美洲，八大公山各地逸生。

用途：全草及鳞茎入药；庭院观赏。

酢浆草 Oxalis corniculata

红花酢浆草 Oxalis corymbosa

3. 山酢浆草 Oxalis leucolepis Diels

草本。小叶 3，复叶，基生，倒三角形，顶端凹缺，两面均被柔毛；叶柄密被长柔毛。花单生，白色或淡黄色；苞片 1，被毛；萼片 5 裂；花瓣倒卵形；雄蕊 10，5 短 5 长，花丝的基部合生；子房 5 室，花柱 5。蒴果。花期 5 ~ 9 月，果期 1 ~ 10 月。

分布与生境：分布于八大公山各地，生于海拔 600 ~ 1500 m 的林下阴湿处。

用途：全草入药；庭院观赏。

4. 武陵酢浆草 Oxalis wulingensis T. Deng. D. G. Zhang & Z. L. Nie

多年生草本。小叶 3，掌状复叶羽状排列（即小叶间着生的角度约为 90° ），基生，狭长的倒三角形，顶端凹缺，中脉在叶端呈钩状，两面均被柔毛；叶柄密被长柔毛。花单生，红色或粉红色；苞片 1，被毛；萼片 5 裂；花瓣倒卵形；雄蕊 10，5 短 5 长，花丝的基部合生；子房 5 室，花柱 5。蒴果。花期 3 ~ 4 月，果期 5 ~ 6 月。

分布与生境：分布于八大公山五道水，生于海拔 900 ~ 1000 m 的林下阴湿处。

用途：庭院观赏。

山酢浆草 Oxalis leucolepis

武陵酢浆草 Oxalis wulingensis

八十二、杜英科 Elaeocarpaceae

常绿或半落叶，乔木或灌木。单叶互生或对生；具柄，具托叶或缺。花单生或排成总状花序，两性或杂性；萼片 4 ~ 5；花瓣 4 ~ 5，镊合状或覆瓦状排列，先端常撕裂，稀无花瓣；雄蕊多数，分离，花药 2 室，顶孔开裂或纵裂，药隔常芒状，或有毛丛，子房上位，2 至多室，花柱连合或分离，每室 2 至多个胚珠。核果或蒴果，有时果皮有针刺。

12 属约 400 种，我国有 2 属 51 种，湖南有 2 属 4 种，八大公山有 2 属 6 种。

分属检索表

1. 花排成总状花序；核果…………………………………………………………… **1. 杜英属 Elaeocarpus**
1. 花单生或数朵腋生；果为具刺蒴…………………………………………………… **2. 猴欢喜属 Sloanea**

（一）杜英属 Elaeocarpus Linnaeus

常绿乔木。叶互生，全缘或有锯齿，下面常有黑色腺点。总状花序腋生，花两性或杂性；萼片 4 ~ 6 片；花瓣 4 ~ 6 片，白色，先端常撕裂或有浅齿，稀全缘；雄蕊多数，花丝极短，花药 2 室，顶孔开裂，药隔突出，常呈芒状，或为毛丛状；花盘常裂为 5 ~ 10 腺体，稀杯状；子房 2 ~ 5 室，每室 2 ~ 6 胚珠。核果 1 ~ 5 室，内果皮骨质，每室 1 种子。

约 200 种，我国有 38 种，湖南有 3 种，八大公山有 3 种。

分种检索表

1. 花瓣先端撕裂成流苏状。
   2. 核果大，长 2 ~ 4 cm，宽 1.5 ~ 3.0 cm…………………………………… **1. 褐毛杜英 E. duclouxii**
   2. 核果小，长 1 ~ 2 cm，宽 1 cm ……………………………………… **2. 秃瓣杜英 E. glabripetalus**
1. 花瓣先端全缘或有数个浅齿…………………………………………………… **3. 薯豆 E. japonicus**

1. 褐毛杜英 Elaeocarpus duclouxii Gagnepain

常绿乔木。嫩枝被褐色茸毛。叶聚生于枝顶，长圆形，（6 ~ 15）cm ×（3 ~ 6）cm，下面被褐色茸毛。总状花序常生于无叶的去年枝上，花瓣 5，白色，上半部撕裂，裂片 10 ~ 12 条；雄蕊 28 ~ 30 枚，花药顶端无芒刺。核果椭圆形，长 2.5 ~ 3.0 cm，宽 1.7 ~ 2.0 cm，内果皮薄骨质，表面多沟纹，状如桃核。花期 6 ~ 7 月，果期翌年 4 月。

分布与产地：分布于八大公山各地，生于海拔 300 ~ 500 m 的山坡常绿阔叶林中。

用途：用材树种；庭院观赏。

2. 秃瓣杜英 Elaeocarpus glabripetalus Merrill

常绿乔木。叶倒披针形。总状花序常生于无叶的去年枝上，萼片 5 片，披针形，外面有微毛；花瓣 5，白色；雄蕊 20 ~ 30 枚，花药顶端无附属物但有毛丛；子房 2 ~ 3 室，被毛，花柱长 3 ~ 5 mm，有微毛。核果椭圆形，长 1.0 ~ 1.5 cm，内果皮薄骨质，表面有浅沟纹。花期 7 月，果期 10 月。

分布与产地：分布于八大公山五道水，生于海拔 200 ~ 400 m 的山坡林中。

用途：木材可作用材；庭院观赏树木。

褐毛杜英 Elaeocarpus duclouxii

秃瓣杜英 Elaeocarpus glabripetalus

3. 日本杜英 **Elaeocarpus japonicus** Siebold & Zuccarini

常绿乔木。叶椭圆形狭椭圆形，基部圆形或近圆形，边缘有浅锯齿，两面老时无毛，侧脉 6 ~ 7 对；叶柄长 2.5 ~ 5.2 cm，顶端稍膨大。总状花序腋生，花杂性，绿白色，下垂，有香味。核果椭圆形，熟时蓝绿色。

分布与生境：分布于八大公山各地，生于海拔 200 ~ 600 m 的沟谷常绿阔叶林中。

用途：庭院观赏树木。

日本杜英 Elaeocarpus japonicus

（二）猴欢喜属 **Sloanea** Linnaeus

常绿乔木。叶互生，具柄，羽状脉，无托叶。花单生或排成总状花序，花有梗，常两性；萼片 4 ~ 5 片，镊合状或覆瓦状排列，基部稍连合；花瓣 4 ~ 5 片，倒卵形，有时缺，全缘或齿裂；雄蕊多数，生于肥厚花盘上，花药顶孔开裂，药隔常突出成喙，花丝短；子房 3 ~ 7 室，有沟；胚珠每室数个。蒴果球形，多刺，室背 3 ~ 7 爿裂。种子 1 至数枚，垂生。常有假种皮包种子下半部。

约 120 种，我国有 13 种，湖南有 3 种，八大公山全产。

分种检索表

1. 蒴果的针刺长 6 ~ 25 mm。
  2. 叶边缘从基部以上具锯齿……………………………………………… **1. 仿栗 S. hemsleyana**
  2. 叶基部全缘，中部以上具少数锯齿……………………………………… **3. 猴欢喜 S. sinensis**
1. 蒴果的针刺长 1 ~ 4 mm ………………………………………………… **2. 薄果猴欢喜 S. leptocarpa**

1. 仿栗 **Sloanea hemsleyana** (Ito) Rehder et E.H.Wilson

常绿大乔木。叶常窄倒卵形或卵形，长 10 ~ 15 cm，宽 3 ~ 5 cm，侧脉 7 ~ 9 对，具波状钝齿；叶柄长 1 ~ 2.5 cm。总状花序生于枝顶，萼片 4 片，卵形，长 6 ~ 7 mm；花瓣白色，与萼片等长，先端有撕裂状缺齿；雄蕊与花瓣等长，花药长 3 mm；花柱突出雄蕊之上，长 5 ~ 6 mm。蒴果 4 ~ 5 瓣裂，针刺长 1 ~ 2 cm。种子黑褐色，长 1.2 ~ 1.5 cm，下半部有假种皮。花期 7 月，果期 9 月。

分布与生境：分布于八大公山各地，生于海拔 200 ~ 600 m 的沟谷常绿阔叶林下。

用途：根入药；种子可榨油供食用；园林观赏树木；木材可作用材。

仿栗 Sloanea hemsleyana

2. 薄果猴欢喜 Sloanea leptocarpa Diels

常绿乔木。叶形变化较大，从披针形、倒披针形到狭窄长圆形；（7 ~ 14）cm ×（2.0 ~ 3.5）cm，

薄果猴欢喜 Sloanea leptocarpa

老叶上面秃净，下面脉上有毛，脉腋间有毛丛，先端渐尖，基部窄而钝。花生于当年枝顶的叶腋内，单生或数朵丛生；萼片 4 ~ 5 片；卵圆形，大小不相等，花瓣 4 ~ 5 片，宽度不等，上端齿状撕裂，被短柔毛；雄蕊多数；子房被褐色毛，花柱尖细。蒴果圆球形，果爿薄；针刺短，长 1 ~ 2 mm，有柔毛，成熟时黑色，假种皮淡黄色，长为种子之半。花期 4 ~ 5 月，果实 9 月成熟。

分布与生境：产于八大公山杉木界，生于海拔 300 ~ 600 m 的沟谷常绿阔叶林下。

用途：种子可榨油供食用；园林观赏树木；木材可作用材。

3. 猴欢喜 *Sloanea sinensis* (Hance) Hemsley

常绿乔木。叶边缘在中部以上有少数小齿或近全缘，无毛，侧脉 5 ~ 6 对，下面脉网明显；叶柄顶端变粗。花数朵生小枝顶端或小枝上部叶腋，绿白色，下垂；萼片 4，卵形，花瓣比萼片稍短，上部浅裂；雄蕊多数，子房密生短毛。蒴果木质，球形，裂成 5 ~ 6 瓣，刺毛密；种子有黄色假种皮。

分布与生境：产于八大公山各地，生于海拔 300 ~ 600 m 的沟谷常绿阔叶林下。

用途：根入药；种子可榨油供食用；园林观赏树木；木材可作用材。

猴欢喜 Sloanea sinensis

八十三、金丝桃科 Hypericaceae

灌木或草本。单叶全缘，对生或有时轮生。花序各式，或为单花；小苞片通常生于花萼之紧接下方，与花萼难以区分，花两性或单性，花瓣离生，覆瓦状排列或旋卷，雄蕊多数，子房上位，通常有5或3个多少合生的心皮，1～12室，花柱1～5或不存在；柱头1～12，常呈放射状。果为蒴果。

6属，约1200种，我国有4属95种，湖南有2属17种，八大公山有1属9种。

（一）金丝桃属 **Hypericum** Linnaeus

灌木或草本，无毛或被柔毛，具腺体。单叶对生，全缘。花两性；花序聚伞状顶生或腋生。萼片（4）5，覆瓦状排列。花瓣（4）5，金黄色或白色，或脉上带红色。雄蕊联合成束或不成束；花药药隔上有腺体；无退化及不育雄蕊束。子房1（3～5）室，侧膜或中轴胎座；花柱（2）3～5，离生或合生；柱头小或呈头状。蒴果。

约460种，我国有64种，湖南有18种，八大公山有9种。

分种检索表

1. 花瓣及雄蕊花后脱落；灌木，植株常无黑色腺点。
  2. 叶下面网脉密；花柱稍合生，较子房长1.5倍以上。
    3. 叶下面网脉明显，叶长3 ～ 11 cm；花序具1 ～ 15（30）花………**6. 金丝桃 H. monogynum**
    3. 叶下面网脉不明显，叶长1 ～ 3 cm；花序具1花 ……………**5. 长柱金丝桃 H. longistylum**
  2. 叶下面网脉稀疏不明显；花柱离生，长不及子房1.5倍 ………………………**7. 金丝梅 H. patulum**
1. 花瓣及雄蕊果期宿存；草本或亚灌木；植株常具黑色腺点或无。
  4. 花柱5，雄蕊5 ……………………………………………………………**1. 黄海棠 H. ascyron**
  4. 花柱3，雄蕊5束或不成束。
    5. 雄蕊不规则排列，侧膜胎座；植株各部无黑色腺点……………………**4. 地耳草 H. japonicum**
    5. 雄蕊规则排列，中轴胎座；叶、萼片、花药、花瓣及茎具黑色腺点。
      6. 萼片，苞片及小苞片边缘具小刺齿，齿端具黑色腺体…………**2. 挺茎遍地金 H. elodeoides**
      6. 萼片、苞片及小苞片边缘无小刺齿。
        7. 茎圆柱形。
          8. 对生叶基部合生；蒴果具囊状腺体……………………………**9. 元宝草 H. sampsonii**
          8. 对生叶基部不合生；蒴果无囊状腺体…………………………**3. 扬子小连翘 H. faberi**
        7. 茎具2或4纵棱……………………………………………**8. 贯叶连翘 H. perforatum**

1. 黄海棠 **Hypericum ascyron** Linnaeus

草本。茎具4纵棱。叶全缘，下面具淡色腺点；无叶柄。聚伞花序顶生；花瓣金黄色，有或无腺斑。雄蕊5束，花药金黄色，具松脂状腺点。子房具中央空腔；自基部或至上部4/5处分离。蒴果棕。花期 7 ~ 8 月，果期 8 ~ 9 月。

分布与生境：分布于八大公山各地，生于海拔 600 ~ 1800 m 的山坡草丛中。

用途：全草入药。

黄海棠 Hypericum ascyron

2. 挺茎遍地金 Hypericum elodeoides Choisy

多年生草本或亚灌木状，茎圆柱形。叶披针状长圆形或长圆形，近无柄，微抱茎，边缘疏生黑色腺点。二歧聚伞花序，萼片边缘具小刺齿，齿端具黑色腺体；雄蕊 3 束，花柱 3，基部离生叉开。蒴果卵球形，密被腺纹。花期 7 ~ 8 月，果期 9 ~ 10 月。

挺茎遍地金 Hypericum elodeoides

分布与生境：分布于八大公山各地，生于海拔 800 ~ 1000 m 的山坡草丛中。

用途：全草入药。

3. 扬子小连翘 *Hypericum faberi* R. Keller

草本。茎具 2 条隆起线。叶无柄，全缘，具黑色腺点。伞房状聚伞花序顶生，具腋生花枝；萼片具黑腺点；花瓣黄色，上半部有黑色条线。雄蕊 3 束，花药具黑色腺点。子房上位，花柱基部离生。蒴果，具纵向条纹。花期 7 ~ 8 月，果期 8 ~ 9 月。

分布与生境：分布于八大公山各地，生于海拔 800 ~ 1000 m 的山坡草丛中。

用途：全草入药。

扬子小连翘 Hypericum faberi

4. 地耳草 *Hypericum japonicum* Thunberg ex Murray

草本。茎具 4 纵线棱及淡色腺点。叶无柄，叶全缘，具透明腺点。两岐状或呈单岐状聚伞花序；萼片有透明腺点或腺条纹；花瓣白色、淡黄至橙黄色宿存。雄蕊 5 ~ 30 枚，基部连合成 3 束，花丝基部合生。子房上位，1 室；花柱基部离生。蒴果无腺条纹。花期 5 ~ 6 月，果期 9 ~ 10 月。

分布与生境：分布于八大公山各地，生于海拔 200 ~ 1800 m 的田边、沟边草地。

用途：全草入药。

5. 长柱金丝桃 *Hypericum longistylum* Oliver

落叶灌木。单叶对生，近无柄或具短柄，叶片椭圆形或近圆形，基部楔形，下面多少密生白霜，主侧脉纤弱。花序 1 花，在短侧枝上顶生，苞片叶状，宿存，花瓣金黄色至橙色，无腺体，雄蕊 5 束；花柱长约为子房 3.5 ~ 6 倍，合生几达顶端然后开张。蒴果卵球形。花期 5 ~ 7 月，果期 8 ~ 9 月。

分布与生境：分布于八大公山各地，生于海拔 200 ~ 1000 m 的山坡林缘石缝中。

用途：全株及果实入药；花供观赏。

地耳草 Hypericum japonicum

长柱金丝桃 Hypericum longistylum

6. 金丝桃 **Hypericum monogynum** Linnaeus

小灌木。茎红色，幼时具 2 ~ 4 纵棱。叶全缘，脉网密集，无腹腺体，叶片腺体小点状。花单生或成聚伞花序顶生；萼片全缘；花瓣鲜黄色。雄蕊 5 束，花丝与花瓣几等长。子房上位，花柱纤细，柱头 5 裂。蒴果卵圆形，先端室间开裂，花柱和萼片宿存。花期 6 ~ 7 月，果期 8 ~ 9 月。

分布与生境：分布于八大公山各地，生于海拔 200 ~ 800 m 的山坡疏林地或林缘。

用途：全株及果实入药；花供观赏。

金丝桃 Hypericum monogynum

7. 金丝梅 Hypericum patulum Thunberg

灌木。茎具 2 或 4 纵棱；叶先端钝形至圆形。花序聚伞状或单生；花呈盃状；花瓣金黄色。雄蕊 5 束，每束 50 ~ 70 枚，子房卵球形，花柱合生长约为子房 4/5 或与子房近等长。花期 5 ~ 6 月，果期 7 ~ 8 月。

金丝梅 Hypericum patulum

分布与生境：分布于八大公山各地，生于海拔 600 ~ 1900m 的山坡疏林地或林缘。

用途：全株入药；花供观赏。

8. 贯叶连翘 Hypericum perforatum Linnaeus

草本。茎具 1 纵棱。叶全缘，具淡色或黑色腺点。花二岐聚伞状；萼片边缘有黑色腺点，全面有 2 行腺条和腺斑；花瓣黄色，边缘及上部有黑色腺点。雄蕊 3 束，花丝长短不一，花药具黑腺点。子房上位。蒴果，具背生腺条及侧生黄褐色囊状腺体。花期 6 ~ 7 月，果期 8 ~ 9 月。

分布与生境：分布于八大公山各地，生于海拔 900 ~ 1900 m 的沟边或路边草丛中。

用途：全草或带根全草入药。

贯叶连翘 Hypericum perforatum

9. 元宝草 Hypericum sampsonii Hance

草本。叶无柄，具透明或黑色腺点，脉网细而稀疏，边缘密生黑色腺点。二岐聚伞花序顶生或腋生；萼片具黑色腺点及腺斑，边缘疏生黑腺点；花瓣黄色，具淡色或黑色腺点和腺条纹，边缘有黑腺体。雄蕊 3 束，花药淡黄色，具黑腺点。子房 3 室；花柱自基部分离。蒴果，有黄褐色囊状腺体。花期 6 ~ 7 月，果期 8 ~ 9 月。

分布与生境：分布于八大公山各地，生于海拔 500 ~ 1000 m 的山坡、沟边草丛中。

用途：全草入药。

元宝草 Hypericum sampsonii

八十四、堇菜科 Violaceae

多年生草本、半灌木或小灌木。单叶互生，全缘、有锯齿或分裂，托叶小或叶状。花两性、单性或杂性，单生或花序腋生或顶生呈穗状、总状或圆锥状；萼片覆瓦状，同或异形；花瓣覆瓦状或旋转状，异形，基部囊状或有距；雄蕊 5，下位，药隔至药室顶端延伸成膜质附属物，花丝很短或无；子房上位，1 室，具 3 ~ 5 侧膜胎座；花柱单一，稀分裂，柱头形状各异，胚珠倒生。果为蒴果或浆果。

约 22 属 900 ~ 1000 种，我国有 3 属 101 种，湖南有 1 属 28 种，八大公山有 1 属 15 种。

（一）堇菜属 Viola Linnaeus

草本。单叶互生或基生，全缘、具齿或分裂；托叶叶状。花两性，单生；萼片略同形，基部延伸成可见的附属物；花瓣异形，下方 1 瓣稍大且基部延伸成距；雄蕊花丝极短，花药药隔顶端延伸成膜质附属物，下方 2 枚雄蕊基部有距状蜜腺；子房 1 室，侧膜胎座；花柱棍棒状，前方有或无喙，柱头孔位于喙端或柱头上。蒴果。

550 余种，我国有 96 种，湖南有 28 种，八大公山有 15 种。

分种检索表

1. 果梗弯曲……………………………………………………………………**4. 球果堇菜 V. collina**
1. 果梗直立。
  2. 柱头前方延伸成钩状喙。
    3. 柱头有乳头状突起…………………………………………………………**1. 鸡腿堇菜 V. acuminate**
    3. 柱头无乳头状突起。
      4. 基生叶三角状卵形，基部宽楔形下延于叶柄………………………**14. 庐山堇菜 V. stewardiana**
      4. 基生叶卵形至心形，基部浅心形，不下延于叶柄…………………**8. 紫花堇菜 V. grypoceras**
  2. 柱头前方不延伸成钩状喙。
    5. 地上茎明显……………………………………………………………………**2. 如意草 V. arcuata**
    5. 具缩短的地上茎或无地上茎。
      6. 托叶离生或仅基部与叶柄合生。
        7. 花较大，匍匐茎缺乏或后期生出，叶大型。
          8. 叶三角形或三角状卵形…………………………………………**11. 犁头叶堇菜 V. magnifica**
          8. 叶心形或近肾形……………………………………………………**12. 萱 V. moupinensis**
        7. 花较小，植株具发达的匍匐枝。
          9. 匍匐枝枝顶端簇生莲座状叶…………………………………………**6. 七星莲 V. diffusa**
          9. 匍匐枝上具均匀散生的叶。
            10. 植株常具柔毛。
              11. 洞穴生矮小草本，叶片长 1 ~ 3 cm，宽 0.5 ~ 1.3 cm … **10. 亮毛堇菜 V. lucens**
              11. 地生草本，叶片长 2 ~ 6 cm，宽 2.0 ~ 4.5 cm ………… **7. 柔毛堇菜 V. fargesii**

10. 植株通常无毛，稀散生短毛 ………………………………… **5. 深圆齿堇菜 V. davidii**

6. 托叶 1/2 ～ 2/3 与叶柄合生。

12. 叶较宽，卵形至三角状卵形。

13. 叶三角形至三角状卵形 …………………………………… **9. 长萼堇菜 V. inconspicua**

13. 叶卵形至长圆状卵形 ………………………………………**15. 心叶堇菜 V. yunnanfuensis**

12. 叶较狭长，舌形至披针形。

14. 托叶褐色，花白色或淡紫色 ……………………………… **3. 戟叶堇菜 V. betonicifolia**

14. 托叶苍白色或淡绿色，花紫堇色或淡紫色 …………………**13. 紫花地丁 V. philippica**

1. 鸡腿堇菜 Viola acuminata Ledebour

草本。具根状茎。茎无毛或被白柔毛。无基生叶，茎生叶具短缘毛及褐色腺点，沿脉被疏柔毛；托叶大，具褐色腺点，边缘及沿脉有毛。花淡紫色或近白色；花瓣有褐色腺点和紫色脉纹；距直，呈囊状；雄蕊距短而钝；花柱基部膝曲，顶部具乳头状凸起，先端具短喙，喙端微向上噘，具较大的柱头孔。蒴果，有黄褐色腺点。花果期 5 ~ 9 月。

分布与生境：分布于八大公山各地，生于海拔 200 ~ 800 m 的沟边草丛中。

用途：全草入药。

鸡腿堇菜 Viola acuminata

2. 如意草 Viola arcuata Blume

多年生草本。根状茎横走，地上茎通常数条丛生。基生叶三角状心形或卵状心形；茎生叶与基生叶的叶片相似。花淡紫色或白色；萼片卵状披针形，先端尖，基部附属物极短呈半圆形，具狭膜质边缘；花瓣狭倒卵形，侧方花瓣具暗紫色条纹。蒴果长圆形。

分布与生境：分布于八大公山各地，生于海拔 1200 ~ 1800 m 的山坡沼泽地中。

用途：全草入药。

如意草 Viola arcuata

3. 戟叶堇菜 Viola betonicifolia J. E. Smith

草本。无地上茎。基生叶莲座状；叶边缘具疏而浅的波状齿；叶柄上半部有狭翅，或下部有细毛；托叶约 3/4 与叶柄合生。花白色或淡紫色，有深色条纹；距管状；下方雄蕊距短；子房卵球形，无毛，花柱棍棒状，基部膝曲，柱头两侧及后方略增厚成狭缘边，具短喙，喙端具柱头孔。蒴果。花果期 4 ~ 9 月。

分布与生境：分布于八大公山各地，生于海拔 200 ~ 1200 m 田野、路边、山坡林缘等处。

用途：全草入药；花可供观赏。

戟叶堇菜 Viola betonicifolia

4. 球果堇菜 *Viola collina* Besser

多年生草本。具根状茎。基生叶呈莲座状，叶具浅而钝的锯齿，两面密生白色短柔毛，叶柄具狭翅，被倒生短柔毛；托叶膜质。花淡紫色；花瓣基部微带白色；子房被毛，花柱基部膝曲，疏生乳头状凸起，顶部向下方弯曲成钩状喙，喙端具较细的柱头孔。蒴果，密被白色柔毛，成熟时果梗常向下弯曲。花果期 5 ~ 8 月。

分布与生境：分布于八大公山各地，生于海拔 1200 ~ 1800 m 的山坡密林下及沟旁草丛中。

用途：全草入药。

球果堇菜 *Viola collina*

5. 深圆齿堇菜 *Viola davidii* Franchet

草本，几无或无地上茎或具匍匐枝。基生叶边缘具较深圆齿；托叶离生或仅基部与叶柄合生。花白色或淡紫色；花瓣倒卵状长圆形，距囊状；下方雄蕊之距钝角状；子房有褐色腺点，花柱棍棒状，基部膝曲，柱头两侧及后方有狭缘边，前方具短喙。蒴果，具褐色腺点。花期 3 ~ 6 月，果期 5 ~ 8 月。

分布与生境：分布于八大公山各地，生于海拔 1500 m 的山坡林下石上阴蔽处。

6. 七星莲 *Viola diffusa* Gingins

草本，全体被糙毛或白柔毛或近无毛。基生叶呈莲座状，叶片具钝齿及缘毛，两面具白柔毛；叶柄具翅，有毛；托叶基部与叶柄合生，具疏细齿或流苏状齿。花淡紫色或浅黄色；雄蕊背部的距短而宽，呈三角形；花柱棍棒状，基部稍膝曲，柱头具缘边及短喙。蒴果，顶端具宿存的花柱。花期 3 ~ 5 月，果期 5 ~ 8 月。

分布与生境：分布于八大公山各地，生于海拔 200 ~ 1400 m 的山坡、路边草丛中。

用途：全草入药。

深圆齿堇菜 Viola davidii

七星莲 Viola diffusa

7. 柔毛堇菜 Viola fargesii H. Boissieu

草本，全体被白柔毛。具根状茎及匍匐枝。叶下面沿脉有毛；托叶大部分离生，具长流苏状齿。花白色；距短粗呈囊状；下方2枚雄蕊具角状距；子房圆锥状，花柱棍棒状，基部稍膝曲，顶端略平，具缘边及短喙，喙端具柱头孔。花期3～6月，果期6～9月。

分布与生境：分布于八大公山各地，生于海拔200～1600 m的山坡林下多石地。

用途：全草入药。

8. 紫花堇菜 Viola grypoceras A. Gray

草本。具根状茎。基生叶具褐色腺点，叶柄长；茎生叶叶柄较短；托叶具流苏状长齿。花淡紫色；花瓣具褐色腺点，边缘呈波状；距向下弯；雄蕊具长距；花柱基部稍膝曲，呈棒状，柱头无乳头状凸起，向前弯曲成短喙；喙端具较宽柱头孔。蒴果，密生褐色腺点。花期4～5月，果期6～8月。

分布与生境：分布于八大公山各地，生于海拔1000 m的山坡草丛中。

用途：全草入药。

柔毛堇菜 Viola fargesii

紫花堇菜 Viola grypoceras

9. 长萼堇菜 Viola inconspicua Blume

草本。根状茎较粗壮。基生叶莲座状，叶边缘具圆锯齿，无毛或下面少有短毛，上面具乳头状小白点；托叶 3/4 与叶柄合生，边缘疏生流苏状短齿，有褐色锈点。花淡紫色，有暗色条纹；距管状；雄蕊背部的距呈角状；花柱棍棒状，顶端平，基部稍膝曲，具较宽的缘边及短喙，喙端具柱头孔。蒴果。花果期 3 ~ 11 月。

分布与生境：分布于八大公山各地，生于海拔 1200 ~ 1900 m 的路边荒地中。

用途：全草入药。

长萼堇菜 Viola inconspicua

10. 亮毛堇菜 Viola lucens W. Becker

洞穴生低矮小草本，全体被白色长柔毛，无地上茎，具匍匐枝。根状茎垂直，密生结节，生多条

亮毛堇菜 Viola lucens

细根。匍匐枝细，顶端常形成新植株。叶基生，莲座状；叶长圆状卵形或长圆形，长（1 ~ 3）cm ×（0.5 ~ 1.3）cm，先端钝，基部心形或圆，边缘具圆齿，两面密生白色状长柔毛；托叶褐色，披针形，边缘具流苏状齿。花淡紫色；花梗细弱，远高出于叶丛，萼片狭披针形。蒴果卵圆形，无毛。

分布与生境：分布于八大公山五道水（芭茅溪），生于海拔 300 m 石灰岩洞穴中。

11. 犁头叶堇菜 Viola magnifica C. J. Wang ex X. D. Wang

多年生草本。根状茎粗壮；叶均基生，三角形、三角状卵形或长卵形；托叶大形，1/2 ~ 2/3 与叶柄合生，分离部分线形或狭披针形，边缘近全缘或疏生细齿。花未见。蒴果椭圆形，无毛；果梗长 4 ~ 15 cm，在近中部和中部以下有两枚小苞片；小苞片线形或线状披针形；宿存萼片狭卵形，基部附属物长 3 ~ 5 mm，末端齿裂。果期 7 ~ 9 月。

分布与生境：分布于八大公山各地，生于海拔 1500 ~ 1900 m 的山坡林下。

用途：全草入药

犁头叶堇菜 Viola magnifica

12. 萱 Viola moupinensis Franchet

多年生草本。根状茎粗，垂直，无地上茎，有时具匍匐枝。叶基生，叶片心形或肾状心形，花后增大呈肾形，先端急尖或渐尖，基部弯缺狭或宽三角形，边缘有具腺体的钝锯齿，叶柄有翅，托叶离生，卵形，淡褐色边缘疏生细锯齿或全缘。花较大，淡紫色或白色，具紫色条纹；花梗长不超出于叶。蒴果椭圆形。花期 4 ~ 6 月，果期 5 ~ 7 月。

分布与生境：分布于八大公山各地，生于海拔 800 ~ 1900 m 的山坡林下。

用途：全草或根状茎可入药。

萱 Viola moupinensis

13. 紫花地丁 *Viola philippica* Cavanilles

草本。根状茎短。基生叶莲座状，边缘具圆齿；叶柄具极狭翅；托叶 2/3 ~ 4/5 与叶柄合生，边缘疏生具腺体的细齿或近全缘。花紫堇色或淡紫色，具紫色条纹；雄蕊背部的距细管状；花柱棍棒状，基部稍膝曲，柱头三角形，具缘边及短喙。蒴果长圆形，无毛。花果期 4 月中旬至 9 月。

分布与生境：分布于八大公山各地，生于海拔 200 ~ 1000 m 田野、路旁。

用途：全草入药；花可供观赏。

紫花地丁 Viola philippica

14. 庐山堇菜 Viola stewardiana W. Becker

多年生草本。茎地下部分横卧。基生叶莲座状，叶片三角状卵形；茎生叶叶片长卵形、菱形或三角状卵形；托叶披针形。花淡紫色，生于茎上部叶的叶腋；花瓣先端具明显微缺；下方2枚雄蕊无距，子房卵球形，无毛，花柱基部稍向前膝曲，向上方逐渐增粗，顶部无附属物，具钩状短喙，喙稍向上嘬，顶端具较大的柱头孔。蒴果近球形，散生褐色腺体，先端具短尖。花期4～7月，果期5～9月。

分布与生境：分布于八大公山各地，生于海拔200～800 m的溪沟旁草丛中。

庐山堇菜 Viola stewardiana

15. 心叶堇菜 Viola yunnanfuensis W. Becker

草本。根状茎粗短。基生叶边缘具圆钝齿，两面无毛或疏生短毛；叶柄具极狭翅；托叶下部与叶柄合生。花淡紫色；上方与侧方花瓣倒卵形，下方花瓣长倒心形，顶端微缺；距圆筒状；雄蕊的距细长；子房圆锥状，花柱棍棒状，基部稍膝曲，柱头顶部平坦，具缘边及短喙，柱头孔较粗。蒴果。果期4～5月。

分布与生境：分布于八大公山各地，生于海拔1400～1800 m的山坡林缘、林下开阔草地间。

用途：全草入药。

心叶堇菜 Viola yunnanfuensis

八十五、杨柳科 Salicaceae

落叶乔木或直立、垫状和匍匐灌木。单叶互生，不分裂或浅裂，全缘或具锯齿。花单性，雌雄异株，稀杂性；葇荑花序，直立或下垂，先叶开放，或与叶同时开放，花着生于苞片与花序轴间，苞片脱落或宿存；基部有杯状花盘或腺体；雄蕊2枚至多枚，花药2室；雌花子房无柄或有柄，雌蕊由2～5枚心皮合成，子房1室，侧膜胎座，胚珠多数，柱头2～4裂。蒴果2～5瓣裂。种子微小，胚直立，无胚乳。

50属约1800种，我国有13属385种，湖南有10属34种，八大公山有6属19种。

分属检索表

1. 种子具毛。
  2. 萌生枝髓心五角状，有顶芽，芽鳞多数…………………………………………………… **4. 杨属 Populus**
  2. 萌枝髓心圆形，无顶芽，芽鳞1枚…………………………………………………………… **5. 柳属 Salix**
1. 种子无毛。
  3. 果为浆果；种子无翅。
    4. 叶大型，掌状叶脉，叶柄有腺体…………………………………………………… **2. 山桐子属 Idesia**
    4. 叶小型，羽脉，叶柄无腺体………………………………………………………… **6. 柞木属 Xylosma**
  3. 果为蒴果；种子具翅。
    5. 蒴果大型，长2～6 cm；种子一端具翅 ……………………………… **1. 山羊角树属 Carrierea**
    5. 蒴果长不超过3 cm；种子周边具翅 ……………………………………… **3. 山拐枣属 Poliothyrsis**

（一）山羊角树属 Carrierea Franchet

落叶乔木。单叶互生。圆锥花序顶生或腋生；花单性，雌雄异株；花梗基部有苞片；花萼5，反卷；花瓣缺；雄花大，雄蕊多数，着生于花托上，有退化雌蕊；雌花小，侧膜胎座，胚珠多数；柱头3裂，有退化雄蕊。蒴果，羊角状，有茸毛。种子有翅。

本属2种，我国均产，湖南有1种，八大公山也有。

1. 山羊角树 Carrierea calycina Franchet

乔木，小枝有皮孔。叶片边缘有疏锯齿，齿尖有腺体，沿脉有疏茸毛。花白色，圆锥花序顶生，有密茸毛，无花瓣；雌花比雄花小，有退化雄蕊；子房上位，有棕色茸毛；雄蕊多数，花丝丝状，花药2室，有退化雌蕊。蒴果木质，羊角状，有喙，有棕色茸毛。种子四周有膜质翅。花期5～6月，果期7～10月。

分布与生境：分布于八大公山各地，生于海拔700～1600 m的山坡林中和林缘。

用途：种子入药；庭院观赏。

山羊角树 Carrierea calycina

（二）山桐子属 **Idesia** Maximowicz

落叶乔木。单叶互生；叶柄细长，有腺体；托叶小。花雌雄异株或杂株，圆锥花序顶生；花瓣无；雄花花萼 3 ~ 6，有柔毛；雄蕊多数，着生在花盘上，有软毛，花药纵裂，有退化子房；雌花淡紫色，花萼 3 ~ 6，两面有密柔毛；子房 1 室，侧膜胎座，柱头膨大。浆果。种子红棕色，外种皮膜质。

单种属，八大公山有分布。

1. 山桐子 **Idesia polycarpa** Maximowicz

形态特征见山桐子属的描述。

山桐子 Idesia polycarpa

分布与生境：分布于八大公山各地，生于海拔 500 ~ 1500 m 的山坡林中。

用途：种子油供药用；园林观赏树木。

（三）山拐枣属 **Poliothyrsis** Oliver

乔木。单叶互生，叶片卵形，两侧有腺体，有 3 ~ 5 条基出脉。花单性，圆锥花序顶生，花多数；雌花在花序顶端，雄花在花序的下部；萼片 5；花瓣无；雄花雄蕊多数，退化子房小；雌花退化雄蕊多数，子房 1 室，胚珠多数，花柱 3，柱头 2 裂。蒴果，有毛。种子有翅。

单种属，特产我国，八大公山也有。

1. 山拐枣 **Poliothyrsis sinensis** Oliver

形态特征见山拐枣属的描述。

分布与生境：分布于八大公山各地，生于海拔 400 ~ 1500 m 的山坡常绿落叶混交林中。

山拐枣 Poliothyrsis sinensis

（四）杨属 **Populus** Linnaeus

落叶乔木。常有顶芽，芽鳞多数，常有黏脂。枝有长短枝之分，萌生枝髓心五角形。叶互生，多为卵圆形、卵圆状披针形或三角状卵形，齿状缘；叶柄长，侧扁或圆柱形，先端有或无腺点。葇荑花序下垂，常先叶开放；苞片膜质，早落，花盘斜杯状；雄花有雄蕊 4 至多枚，着生于花盘内；花柱短，柱头 2 ~ 4 裂。蒴果 2 ~ 5 裂。种子小，多数。

约 100 多种，我国有 71 种，湖南有 8 种，八大公山有 5 种。

分种检索表

1. 叶片具半透明的边缘…………………………………………………………………… **1. 加杨 P. × canadensis**

1. 叶片不具半透明的边缘。

  2. 叶柄扁平；叶卵状三角形，基部宽楔形或裁形。

    3. 枝叶及芽被毛…………………………………………………………………… **2. 响叶杨 P. adenopoda**

    3. 枝叶及芽无毛…………………………………………………………………… **4. 小叶杨 P. simonii**

  2. 叶柄圆筒形或有角棱，叶心形，大，基部心形。

    4. 芽、叶柄与蒴果无毛或近无毛………………………………………………… **5. 椅杨 P. wilsonii**

    4. 芽、叶柄与蒴果被毛……………………………………………………………… **3. 大叶杨 P. lasiocarpa**

1. 响叶杨 Populus adenopoda Maximowicz

乔木，高达 30 m。树皮灰白色。芽圆锥形，有粘质。叶卵状圆形，（5 ~ 15）cm ×（4 ~ 7）cm，先端长渐尖，基部截形或心形，边缘有圆锯齿，齿端有腺点，上面无毛或沿脉有柔毛，下面灰绿色，幼时被密柔毛；叶柄侧扁，被毛，长 2 ~ 12 cm，顶端有 2 显著腺点。雄花序长 6 ~ 10 cm。果序长 12 ~ 30 cm，花序轴有毛，蒴果卵状长椭圆形。花期 3 ~ 4 月，果期 4 ~ 5 月。

分布与生境：分布于八大公山各地，生于海拔 200 ~ 500 m 的山坡沟旁。

用途：木材可作用材；树皮、根皮或叶入药。

响叶杨 Populus adenopoda

2. 加杨 Populus canadensis Moench

落叶乔木，树干散生菱形皮孔。芽卵形，花芽卵圆形或近球形。长枝叶阔卵形或三角状卵形，（10 ~ 15）cm ×（8 ~ 13）cm，先端渐尖，基部常心形，边缘具牙齿；下面密生毡毛，后渐脱落；叶柄长 3 ~ 7 cm，顶端通常有 2 ~ 4 腺点；短枝叶通常较小。雄花序长 10 ~ 20 cm，雄蕊 6 ~ 12 枚。雌花序长 4 ~ 7 cm；子房长椭圆形，柱头 2 裂。花期 3 月，果期 4 ~ 5 月。

分布与生境：原产欧洲，八大公山有栽培。

用途：速生用材树种，多用于湖区造林；树皮和花序入药；行道绿化树种。

加杨 Populus canadensis

3. 大叶杨 Populus lasiocarpa Olivier

落叶乔木。芽大，卵状圆锥形，具黏质。叶卵形，（15 ~ 30）cm ×（10 ~ 15）cm，先端渐尖，基部深心形，常具 2 腺点，边缘具腺锯齿，上面无毛，下面具柔毛，沿脉尤为显著；叶柄圆，长 8 ~ 15 cm，通常与中脉同为红色。雄花序长 9 ~ 12 cm，花轴具柔毛。果序长 15 ~ 24 cm，轴具毛，蒴果卵形，密被茸毛。种子棒状。花期 4 ~ 5 月，果期 5 ~ 6 月。

分布与生境：分布于八大公山各地，生于海拔 1500 ~ 1900 m 的山坡林中。

用途：根皮入药；木材可作用材；庭院观赏。

4. 小叶杨 Populus simonii Carrière

落叶乔木。树皮暗灰色，沟裂。芽细长，先端长渐尖，有粘质。叶菱状卵形或菱状倒卵形，（3 ~ 12）cm ×（2 ~ 8）cm，中部以上较宽，先端渐尖，基部楔形或窄圆形，边缘具细锯齿，无毛，上面淡绿色，下面灰绿；叶柄圆筒形，黄绿色或带红色。雄花序长 2 ~ 7 cm，雌花序长 2.5 ~ 6 cm。果序长达 15 cm，蒴果小，无毛。花期 3 ~ 5 月，果期 4 ~ 6 月。

分布与生境：原产我国华北，八大公山有栽培。

用途：树皮入药；庭院观赏或作行道树种。

大叶杨 Populus lasiocarpa

小叶杨 Populus simonii

5. 椅杨 Populus wilsonii C. K. Schneider

落叶乔木。小枝粗壮，圆柱形，无毛，顶芽卵圆形，红褐色，微具黏质。叶宽卵形、近圆形至宽卵状长椭圆形，先端钝尖，基部心形，边缘有腺状圆齿牙，背面灰绿色，初被茸毛，后渐脱落，叶脉隆起，叶柄圆，紫色，先端有时具腺点。花期 4～5 月，果期 5～6 月。

分布与生境：分布于八大公山各地，生于海拔 1200～1800 m 的山坡。

用途：木材用于制椅；叶柄红色，叶色灰绿，可栽做观赏。

椅杨 Populus wilsonii

（五）柳属 **Salix** Linnaeus

乔木或灌木。枝圆柱形，髓心近圆形，无顶芽。叶互生，稀对生，通常狭而长，多为披针形，羽状脉，有锯齿或全缘；叶柄短；具托叶，常早落。葇荑花序直立或斜展，先叶开放，或与叶同时开放；苞片全缘，宿存；雄蕊 2 至多枚，花丝离生或部分或全部合；腺体 1～2 枚；雌蕊由 2 枚心皮组成，子房无柄或有柄，花柱单 1 或分裂，柱头 1～2 裂。蒴果 2 瓣裂，种子小。多暗褐色。

约 520 种，我国有 275 种，湖南有 25 种，八大公山有 10 种。

分种检索表

1. 子房柄较长，果柄亦长。
  2. 花柱无或短于 0.5 mm。
    3. 腹腺马蹄形，常半抱柄（繁柳组）。
      4. 叶背无毛，雄花只有腹腺…………………………………………………… **2. 中华柳 S. cathayana**
      4. 叶下面有茸毛，雄花有背、腹腺………………………………………………… **4. 巴柳 S. etosia**
    3. 腹腺不为马蹄形，不半抱柄（紫柳组）。
      5. 叶先端有腺点。
        6. 叶椭圆形至椭圆状披针形……………………………………………… **3. 腺柳 S. chaenomeloides**
        6. 叶长圆形至宽披针形………………………………………………………… **8. 南川柳 S. rosthornii**
      5. 叶先端无腺点或有时具腺点……………………………………………………… **10. 紫柳 S. wilsonii**
  2. 花柱明显，长于 0.5 mm ……………………………………………………………… **9. 皂柳 S. wallichiana**
1. 子房柄极短或无柄，果柄极短。
  7. 腹腺狭长圆形至条形，长多在 0.5 mm 以上（裸柱头柳组）。

8. 小枝光滑无毛……………………………………………………………… **5. 川鄂柳 S.fargesii**

8. 小枝密被灰色卷曲柔毛……………………………………………………**7. 纤柳 S.phaidima**

7. 腹腺不为条形，一般下部宽而粗，长一般在 0.5 mm 以内。

9. 枝下垂……………………………………………………………………… **1. 垂柳 S. babylonica**

9. 枝直立或开展，不下垂…………………………………………………… **6. 旱柳 S. matsudana**

1. 垂柳 Salix babylonica Linnaeus

落叶乔木。树皮不规则开裂。枝细，下垂。叶狭披针形，（9 ~ 16）cm ×（0.5 ~ 1.5）cm，先端长渐尖，基部楔形，两面无毛，上面绿色，下面色较淡，边缘具锯齿。花序先叶开放，或与叶同时开放，雄花序长 1.5 ~ 3.0 cm，雄蕊 2 枚；腺体 2；雌花序长达 2 ~ 5 cm，轴有毛；子房椭圆形，花柱短，柱头 2 ~ 4 深裂。蒴果长 3 ~ 4 mm。花期 3 ~ 4 月，果期 4 ~ 5 月。

分布与生境：原产我国长江流域与黄河流域，八大公山各地栽培。

用途：著名园林观赏植物；根皮及枝条入药。

垂柳 Salix babylonica

2. 中华柳 Salix cathayana Diels

灌木，当年生小枝具茸毛。叶长椭圆形或椭圆状披针形，（1.5 ~ 5.2）mm ×（6 ~ 15）mm，两端钝或急尖，上面深绿色，下面苍白色，无毛，全缘。雄花序长 2.0 ~ 3.5 cm，密花，有长柔毛，雄蕊 2 枚，花丝下部有疏长柔毛，花药黄色。雌花序狭圆柱形，长 2 ~ 5 cm，密花；子房无柄，无毛，花柱短，顶端 2 裂。蒴果近球形，无柄或近无柄。花期 5 月，果期 6 ~ 7 月。

分布与生境：分布于八大公山各地，生于海拔 800 ~ 1500 m 的山坡疏林地或灌丛地。

用途：枝叶入药。

3. 腺柳 Salix chaenomeloides Kimura

落叶乔木。枝暗褐色或红褐包，有光泽。叶椭圆形、卵圆形至椭圆状披针形，先端锐尖或急尖。基部楔形，稀为圆形，边缘具有腺锯齿，两面无毛，叶柄先端具腺点，托叶 2，呈半圆形或长圆形，边缘具有腺锯齿。雄花有卵圆形小苞片，雄蕊 5；雌花序下垂，圆柱形，子房有柄，无毛，背腹面各具 1 腺体，柱头 2 裂，每裂片又 2 分裂，无毛。花期 4 月，果期 5 月。

分布与生境：分布于八大公山各地，生于海拔 200 ~ 700 m 的河边林中。

用途：庭院观赏。

中华柳 Salix cathayana

腺柳 Salix chaenomeloides

4. 巴柳 Salix etosia C. K. Schneider

灌木或小乔木。当年生和一年生枝较粗壮，密被污色柔毛或茸毛，后无毛，褐色或棕色。芽卵形，污褐色，有毛。叶椭圆形或长圆状椭圆形，（4.0 ~ 6.5）cm ×（1.8 ~ 2.5）cm，两端急尖或基部楔圆形，下面浅绿色或稍发白色，两面除中脉上有短柔毛外，无毛，幼叶下面被长柔毛，后脱落。花先叶开放或近同时开放，花序梗具 2 ~ 4 个小叶；雄蕊 2，子房卵状长圆形至圆锥形，有柄，花柱明显，柱头卵形，腺体 1，腹生，长圆形，比子房柄稍短。花期 3 月下旬 ~ 4 月中下旬，果期 5 月。

分布与生境：分布于八大公山各地，生于海拔 1400 ~ 1700 m 的河边林中。

巴柳 Salix etosia

5. 川鄂柳 Salix fargesii Burkill

乔木或灌木。芽顶端有疏毛。叶椭圆形或狭卵形，长达 11 cm，宽达 6 cm，先端急尖至圆形，基部圆形至楔形，边缘有细腺锯齿，上面暗绿色，下面淡绿色，脉上被长柔毛；叶柄长达 1.5 cm，通常有数枚腺体。花序长 6 ~ 8 cm；雄蕊 2 枚；子房有长毛，有短柄，花柱长约 1 mm，上部 2 裂，柱头 2 裂。果序长 12 cm，蒴果长圆状卵形，有毛，有短柄。

分布与生境：分布于八大公山各地，生于海拔 700 ~ 1500 m 的山坡疏林中或悬崖石缝中。

用途：根和叶均能入药；幼芽红色，小枝紫红色，可作观芽植物。

川鄂柳 Salix fargesii

6. 旱柳 Salix matsudana Koidzumi

乔木。树皮具裂沟。叶披针形，（5 ~ 10）cm ×（1 ~ 1.5）cm，先端长渐尖，基部宽楔形，上面绿色，无毛，下面苍白色，有细腺锯齿缘；叶柄短。花序与叶同时开放。雄花序圆柱形，长 1.5 ~ 3 cm；雄蕊 2 枚，花丝基部有长毛。雌花序较雄花序短，长达 2 cm，轴有长毛；子房长椭圆形，无毛，柱头卵形，近圆裂。果序长达 2（2.5）cm。花期 4 月，果期 4 ~ 5 月。

分布与生境：原产我国，八大公山有栽培。

用途：园林观赏植物；根、皮、枝、种子能入药。

旱柳 Salix matsudana

7. 纤柳 Salix phaidima C.K.Schneider

落叶乔木或灌木。小枝多少被灰色毛。叶线状披针形至卵状披针形，先端急尖，基部圆至楔形，背面初密被白色丝状茸毛，有光泽，中脉隆起，全缘，稀有不规则的细腺锯齿。花序纤细，序轴被丝状皱曲毛，苞片长圆形，先端钝，雄蕊 2，花丝分离或下部连合，被长毛，具背腹腺体，雌花子

纤柳 Salix phaidima

房无柄。蒴果无柄，被丝状毛。花期 5 月，果期 6 月。

分布与生境：分布于八大公山各地，生于海拔 1500 ~ 1700 m 的山坡林中。

8. 南川柳 Salix rosthornii Seemen

落叶乔木或灌木。幼枝被毛，后无毛。叶披针形或长圆形，先端渐尖，基部楔形，上面亮绿色，下面浅绿色，两面无毛，边缘有整齐的腺锯齿，叶柄上端或有腺点，萌枝上的托叶发达，肾形或偏心形。花与叶同时开放，花序梗基部有 3 ~ 6 小叶，雄蕊 3 ~ 6，基部被短柔毛；苞片卵形，基部有柔毛，子房无毛，有长柄，花柱短，2 裂，腺体 2。花期 3 ~ 4 月，果期 5 月。

分布与生境：分布于八大公山杉木界，生于海拔 800 m 的山坡林中。

南川柳 Salix rosthornii

9. 皂柳 Salix wallichiana Andersson

灌木或小乔木。芽卵形，无毛。叶披针形，长 4 ~ 10 cm，宽 1 ~ 3 cm，先端渐尖，基部宽楔形，上面初有毛，下面有短柔毛或无，全缘；叶柄长约 1 cm；托叶小。花序先叶开放或近同时开放。雄花序长 1.5 ~ 2.5（3）cm，雄蕊 2 枚，花丝离生。雌花序圆柱形，2.5 ~ 4 cm 长，果序可伸长至 12 cm；子房狭圆锥形，密被短柔毛，花柱短至明显，2 ~ 4 裂。蒴果开裂后果瓣反卷。花期 4 月，果期 5 月。

分布与生境：分布于八大公山各地，生于海拔 500 ~ 1900 m 的山坡林中。

用途：根能入药。

10. 紫柳 Salix wilsonii Seemen ex Diels

乔木。嫩枝有毛，后无毛。叶广椭圆形至长圆形，长 4 ~ 6 cm，宽 2 ~ 3 cm，先端渐尖，基部楔形至圆形，幼叶常发红色，上面绿色，下面苍白色，边缘有锯齿；叶柄长 7 ~ 10 mm，通常上端无腺点；托叶早落。花与叶同时开放。雄花序长 2 ~ 6 cm，疏花，轴密白柔毛；雄蕊 3 ~ 6 枚。雌花序长 2 ~ 4 cm（果期达 6 ~ 8 cm）；子房狭卵形或卵形，有长柄。蒴果卵状长圆形。花期 3 ~ 4 月，果期 5 月。

分布与生境；分布于八大公山各地，生于海拔 200 ~ 500 m 的山坡、溪边疏林地。

用途：根皮可入药；庭院观赏。

皂柳 Salix wallichiana

紫柳 Salix wilsonii

（六）柞木属 Xylosma G. Forster

小乔木或灌木，树枝有刺。叶薄革质；托叶缺。花小，单性，雌雄异株，稀杂性，花序总状或圆锥状腋生；花萼小；花瓣缺；雄花花盘 4 ~ 8 裂；雄蕊多数，花丝丝状，顶端无附属物；雌花花盘环状，子房 1 室，侧膜胎座，花柱短或缺，柱头头状或 2 ~ 6 裂。浆果核果状，黑色。种皮骨质，光滑。

100 种，我国有 3 种，湖南有 2 种，八大公山有 1 种。

1. 柞木 Xylosma congesta (Loureiro) Merrill

常绿乔木。叶片卵状椭圆形，基部楔形或圆形，两面无毛或中脉有污毛。总状花序腋生，花梗极短，花瓣无；雄花花丝细长；花盘由多数腺体组成；雌花花盘圆盘状；侧膜胎座，花柱短，柱头 2 裂。浆果。种子卵形，有黑色条纹。花期春季，果期冬季。

分布与生境：分布于八大公山各地，生于海拔 800 m 以下的村边附近灌丛中。

用途：树皮、树枝、叶、根入药；园林观赏树木；木材为珍贵用材。

柞木 Xylosma congesta

八十六、大戟科 Euphorbiaceae

乔木、灌木或草本。叶常互生，单叶，具羽状脉或掌状脉；叶柄基部或顶端有时具腺体。雌雄同株或异株，单花或组成各式花序，多为聚伞或总状花序；萼片分离或在基部合生，花瓣有或无；花盘环状或分裂成为腺体状；雄蕊1枚至多数，花丝分离或合生成柱状；雄花常有退化雌蕊；子房上位，3室，胚珠1～2，中轴胎座，花柱顶端常2至多裂。蒴果，或为浆果状或核果状。

约180属3800种，我国有50属370种，湖南有13属32种，八大公山有12属28种。

分属检索表

1. 子房每室2颗胚珠；植株无内生韧皮部；叶柄和叶片均无腺体……………… **9. 守宫木属 Sauropus**
1. 子房每室1颗胚珠；植株通常存在内生韧皮部；叶柄上部或叶片基部通常具有腺体。
  2. 花有花被，不包藏在总苞内，也不组成杯状聚伞花序。
    3. 有花瓣…………………………………………………………………………… **12. 油桐属 Vernicia**
    3. 无花瓣或花瓣退化。
      4. 花有花盘。
        5. 叶互生……………………………………………………………………… **10. 地构叶属 Speranskia**
        5. 叶对生……………………………………………………………………… **6. 山靛属 Mercurialis**
      4. 花无花盘。
        6. 叶盾状着生，掌状5～11深裂 ………………………………………… **8. 蓖麻属 Ricinus**
        6. 叶非盾状着生，极稀浅盾状，但叶不作掌状深裂。
          7. 草本，稀为灌木……………………………………………………… **1. 铁苋菜属 Acalypha**
          7. 乔木或灌木。
            8. 植株有星状毛……………………………………………………… **5. 野桐属 Mallotus**
            8. 植株无星状毛。
              9. 植株有白色乳汁。
                10. 种子被厚薄不等的蜡质层，无棕褐色斑纹 ……………… **11. 乌桕属 Triadica**
                10. 种子有雅致的棕褐色斑纹，但无蜡质层 ………………… **7. 乌桕属 Neoshirakia**
              9. 植株无白色乳汁。
                11. 萼片3～8裂，通常为4裂，花柱不分裂 …………… **2. 山麻杆属 Alchornea**
                11. 萼片5裂，花柱2裂至中部 ………………………… **3. 丹麻秆属 Discocleidion**
  2. 花无花被，组成杯状聚伞花序……………………………………………… **4. 大戟属 Euphorbia**

（一）铁苋菜属 Acalypha Linnaeus

草本或灌木。叶互生，膜质或纸质。雌雄同株，稀异株，花序腋生或顶生，雌雄花同序或异序；雄花序穗状，多朵簇生于苞腋或在苞腋排成团伞花序；雌花序总状或穗状花序，通常每苞腋具雌花1～3朵，雌花的苞片具齿或裂片，花后增大；雌花和雄花同序（两性的），雌花1～3朵，位于花序下部。子房 3 或 2 室，每室具胚珠 1 颗，花柱离生或基部合生。蒴果。

450 种，我国有 18 种，湖南有 4 种，八大公山有 2 种。

分种检索表

1. 雌花苞片边缘具圆钝齿……………………………………………………………**1. 铁苋菜 A. australis**

1. 雌花苞片具齿，不分裂…………………………………………………………… **2. 裂苞铁苋菜 A. supera**

1. 铁苋菜 Acalypha australis Linnaeus

一年生草本。叶长卵形，边缘具圆锯，下面沿中脉具柔毛。雌雄花同序，花序腋生，花序轴具短毛，雌花苞片 1 ~ 2 枚，卵状心形，花后增大，苞腋具雌花 1 ~ 3 朵；花梗无；雄花生于花序上部，雄花苞片卵形，苞腋具雄花 5 ~ 7 朵，簇生。雄花：花蕾时近球形，无毛，花萼裂片 4 枚，卵形，雄蕊 7 ~ 8 枚。雌花：萼片 3 枚，具疏毛；子房具疏毛。

分布与生境：分布于八大公山各地，生于海拔 200 ~ 1200 m 的旷野、荒地、路边。

用途：全草入药。

铁苋菜 Acalypha australis

2. 裂苞铁苋菜 Acalypha supera Forsskål

一年生草本。叶膜质，卵形或菱状卵形，顶端急尖或短渐尖。雌雄花同序，花序 1 ~ 3 个腋生；苞腋具 1 朵雌花；雄花密生于花序上部，呈头状或短穗状；雌花：萼片 4 枚；子房陀螺状，1 室，被柔毛。蒴果具 3 个分果爿，果皮具疏生柔毛和毛基变厚的小瘤体；种子卵状，种皮稍粗糙；假种阜细小。花、果期 5 ~ 12 月。

分布与生境：分布于八大公山各地，生于海拔 200 ~ 1000 m 的荒地或路旁。

裂苞铁苋菜 Acalypha supera

（二）山麻杆属 **Alchornea** Swartz

灌木。叶互生，边缘具腺齿，基部具斑状腺体。花雌雄同株或异株，花序穗状或总状或圆锥状，雄花多朵簇生于苞腋，雌花 1 朵生于苞腋，花无花瓣。雌花：萼片 4 ~ 8 枚，有时基部具腺体。蒴果具 2 ~ 3 个分果爿。

50 种，我国有 8 种，湖南有 3 种，八大公山有 2 种。

分种检索表

1. 雌花苞片卵形……………………………………………………………………… **1. 山麻杆 A. davidii**
1. 雌花苞片三角形…………………………………………………………… **2. 红背山麻杆 A. trewioides**

1. 山麻杆 Alchornea davidii Franchet

灌木。叶阔卵形或近圆形，边缘具粗锯齿或具细齿，基部具斑状腺体 2 或 4 个；小托叶线状。雌雄异株，雄花序穗状，花序梗几无，呈葇荑花序状，苞片卵形；雌花序总状，顶生，具花 4 ~ 7 朵，苞片三角形，小苞片披针形，子房被茸毛。蒴果近球形。花期 4 ~ 5 月，果期 6 月。

分布与生境：分布于八大公山各地，生于海拔 200 ~ 500 m 的多石的荒地、路旁、林缘。

用途：茎皮及叶入药；庭院观赏；叶可饲料；茎皮纤维为制纸原料。

2. 红背山麻杆 Alchornea trewioides (Bentham) Müller Argoviensis

落叶灌木。叶阔卵形，基部浅心形或近截平，边缘疏生具腺小齿，基部具斑状腺体 4 个。雌雄异株，雄花序穗状，生或生于一年生小枝已落叶腋部，苞片三角形，长约 1 mm，雄花 11 ~ 15 朵簇生于苞腋，雌花序总状，顶生。蒴果球形，具3圆棱，果皮平坦，被微柔毛。花期3～5月，果期6～8月。

分布与生境：产于八大公山各地，生于海拔250～400 m的石灰岩山灌丛中。

用途：茎皮纤维为制纸原料；叶可作饲料；庭院观赏；枝、吐入药。

山麻杆 Alchornea davidii

红背山麻杆 Alchornea trewioides

（三）丹麻杆属 Discocleidion (Müller Argoviensis) Pax & K. Hoffmann

灌木或小乔木。叶互生，基出脉 3～5 条；具小托叶 2 枚。总状花序或圆锥花序，顶生或腋生；花雌雄异株，无花瓣，雄花 3～5 朵簇生于苞腋，花萼裂片 3～5，花盘具腺体，腺体靠近雄蕊；雌花 1～2 朵生于苞腋；花萼裂片 5；花盘环状，具小圆齿；子房 3 室，花柱 3，2 裂至中部或几达基部。蒴果具 3 个分果爿。

3 种，我国有 2 种，湖南有 1 种，八大公山也有分布。

1. 毛丹麻杆 Discocleidion rufescens (Franchet) Pax & K. Hoffmann

落叶灌木。叶卵形或卵状椭圆形，顶端渐尖，基部圆形或近截平，稀浅心形或阔楔形。总状花序或下部多分枝呈圆锥花序，雄花 3～5 朵簇生于苞腋；雌花 1～2 朵生于苞腋，子房被黄色糙伏毛，花柱外反，2 深裂至近基部，密生羽毛状突起。蒴果扁球形，被柔毛。花期 4～8 月，果期 8～10 月。

分布与生境：分布于八大公山各地，生于海拔 200～700 m 的河谷及山地灌木丛中。

用途：茎皮纤维可作编织物；叶有毒。

毛丹麻杆 Discocleidion rufescens

（四）大戟属 Euphorbia Linnaeus

草本、灌木、或乔木。植物体具乳状液汁。叶常互生或对生，少轮生，常全缘；叶常无叶柄；托叶常无。杯状聚伞花序，单生或组成复花序，多生于枝顶或植株上部，少数腋生；每个杯状聚伞花序由 1 枚位于中间的雌花和多枚位于周围的雄花同生于 1 个杯状总苞内而组成；雄花无花被，仅有 1 枚雄蕊，花丝与花梗间具不明显的关节；子房 3 室，每室 1 个胚株；花柱 3，常分裂或基部合生；柱头 2 裂或不裂。蒴果。

2000 种，我国有 77 种，湖南有 15 种，八大公山有 8 种。

分种检索表

1. 匍匐状小草本。
  2. 茎无毛，叶上面无斑纹……………………………………………………… **4. 地锦草 E. humifusa**
  2. 茎有柔毛，叶上面有点暗红色斑纹…………………………………………… **7. 斑地锦 E. maculata**
1. 直立草本或多刺灌木。
  3. 叶对生………………………………………………………………………… **5. 通奶草 E. hypericifolia**
  3. 叶互生。
    4. 有粗大的根。
      5. 腺体半圆形，两端无角尖。
        6. 茎上被白色卷曲的柔毛………………………………………………… **8. 大戟 E. pekinensis**
        6. 茎无毛或仅上部稍有毛…………………………………………… **6. 湖北大戟 E. hylonoma**
      5. 腺体钩状，两端有角尖………………………………………………… **3. 长圆叶大戟 E. henryi**
    4. 无粗大的根。
      7. 枝一型，无营养枝和生殖枝之分，叶型相同……………………………… **2. 泽漆 E. helioscopia**
      7. 枝二型，有营养枝和生殖枝之分，营养枝和生殖枝上叶不同形……… **1. 乳浆大戟 E. esuls**

1. 乳浆大戟 **Euphorbia esula** Linnaeus

多年生草本。根圆柱状，常曲折。叶线形至卵形，先端尖或钝尖，基部楔形至平截；无叶柄；不育枝叶常为松针状；无柄；总苞叶 3 ~ 5 枚，与茎生叶同形；苞叶 2 枚，常为肾形，先端渐尖或近圆，基部近平截。花序单生于二歧分枝的顶端；总苞钟状，边缘 5 裂，裂片半圆形至三角形。雌花 1 枚，子房柄明显伸出总苞之外；花柱 3，分离；柱头 2 裂。蒴果三棱状球形。

分布与生境：产于八大公山五道水，生于海拔 200 ~ 500 m 的溪边草丛中。

乳浆大戟 Euphorbia esula

用途：根入药。

2. 泽漆 *Euphorbia helioscopia* Linnaeus

越年生草本。叶互生，倒卵形或匙形，先端具牙齿；总苞叶 5 枚，倒卵状长圆形，先端具牙齿，无柄；苞叶 2 枚，卵圆形，先端具牙齿，基部呈圆形。花序单生；总苞钟状，边缘 5 裂，裂片半圆形，边缘和内侧具柔毛；腺体 4，盘状中部内凹，基部具短柄，淡褐色。蒴果三棱状阔圆形。

分布与生境：产于八大公山各地，生于海拔 200 ~ 1000 m 的荒地、路边草丛中。

用途：全草入药；种子可榨油。

泽漆 Euphorbia helioscopia

3. 长圆叶大戟 *Euphorbia henryi* Hemsley

多年生草本。根状茎较粗状。茎自基部多分枝，每个分枝向上再分枝。叶互生，椭圆形或倒卵状披针形，长（2 ~ 6）cm ×（0.5 ~ 1.5）cm，先端钝或尖或渐尖。总苞叶 3 ~ 5 枚，椭圆形或卵状椭圆形，先端钝尖，基部近平截；苞叶 2 枚，常呈肾状圆形；总苞杯状，腺体 4，新月形，两端具角，角尖钝或长刺芒状。蒴果三棱状，光滑。花期 4 月，果期 5 ~ 6 月。

分布与生境：产于八大公山各地，生于海拔 200 ~ 500 m 的溪边、路边草丛中。

用途：全草入药；庭院观赏。

4. 地锦草 *Euphorbia humifusa* Willdenow

草本。茎匍匐，被柔毛或疏柔毛。叶对生，矩圆形或椭圆形，中部以上具细锯齿；叶两面被疏柔毛；叶柄极短。花序单生于叶腋，基部具 1 ~ 3 mm 的短柄；总苞陀螺状，边缘 4 裂；腺体 4，矩圆形。雄花数枚，近与总苞边缘等长。雌花 1 枚，子房柄伸出至总苞边缘；子房三棱状卵形；花柱 3，分离；柱头 2 裂。蒴果三棱状卵球形。

分布与生境：分布于八大公山各地，生于海拔 200 ~ 800 m 的溪边、路边旷地。

用途：全草入药。

长圆叶大戟 Euphorbia henryi

地锦草 Euphorbia humifusa

5. 通奶草 *Euphorbia hypericifolia* Linnaeus

一年生草本。茎直立。叶互生，狭长圆形或倒卵形，先端钝或圆，基部偏斜。苞叶 2 枚，与茎生叶同形。花序数个簇生于叶腋或枝顶。蒴果三棱状，无毛，成熟时分裂为 3 个分果片。花果期 8～12 月。

分布与生境：分布于八大公山各地，生于海拔 200～500 m 的路边荒地。

用途：全草入药。

6. 湖北大戟 *Euphorbia hylonoma* Handel-Mazzetti

多年生草本，全株光滑无毛，具指状块根。茎直立。叶互生，长圆形至椭圆形，变异较大，先端圆，基部渐狭，叶背有时淡紫色或紫色，总苞叶 3 ~ 5 枚，同茎生叶；苞叶 2 ~ 3 枚，常为卵形，无柄。花序单生于二歧分枝顶端，无柄；总苞钟状，腺体 4，圆肾形。蒴果球状。花期 4 ~ 7 月，果期 6 ~ 9 月。

分布与生境：产于八大公山各地，生于海拔 800 ~ 1000 m 的山坡林下。

用途：根入药。

通奶草 Euphorbia hypericifolia

湖北大戟 Euphorbia hylonoma

7. 斑地锦 Euphorbia maculata Linnaeus

一年生草本。茎匍匐，被白色疏柔毛。叶对生，长椭圆形或肾状长圆形，基部偏斜，微圆，中上部常疏生细齿，上面中部常有长圆形紫色斑点，下面新鲜时可见紫斑，两面无毛。花序单生叶腋；

总苞窄杯状。蒴果三角状卵形，疏被柔毛，熟时伸出总苞。花果期 4 ~ 9 月。

分布与生境：分布于八大公山各地，生于海拔 200 ~ 1200 m 的路边荒地。

用途：全草入药。

斑地锦 Euphorbia maculata

8. 大戟 Euphorbia pekinensis Ruprecht

多年生草本。叶互生，常为椭圆形，变异较大，边缘全缘；总苞叶 4 ~ 7 枚，长椭圆形，先端尖，基部近平截；苞叶 2 枚，近圆形，先端具短尖头，基部平截或近平截。花序单生于二歧分枝顶端，无柄；总苞杯状，边缘 4 裂，裂片半圆形；腺体 4，半圆形或肾状圆形。蒴果球状。

分布与生境：原产我国，八大公山有栽培。

用途：全草入药；庭院观赏。

大戟 Euphorbia pekinensis

（五）野桐属 Mallotus Loureiro

乔木或灌木；通常被星状毛。叶互生或对生。花雌雄异株或稀同株；花序顶生或腋生，总状花序，穗状花序或圆锥花序；雄花在每一苞片内有多朵，花萼 3 ~ 4 裂。雌花在每一苞片内 1 朵，花萼 3 ~ 5 裂或佛焰苞状，裂片镊合状排列；子房 3 室，稀 2 ~ 4 室，每室具胚珠 1 颗，花柱分离或基部合生。蒴果常具软刺或颗粒状腺体。

150 种，我国有 28 种，湖南有 8 种，八大公山有 6 种。

分种检索表

1. 蒴果无软刺。
  2. 攀缘灌木；蒴果密被黄褐或橙黄色毛及腺体………… **5. 杠香藤 M. repandus** var. **chrysocarpus**
  2. 乔木或灌木状；蒴果密被红色粉状毛…………………………………… **4. 粗糠柴 M. philippinensis**
1. 蒴果具软刺。
  3. 叶基部盾状或稍盾状着生。
    4. 幼枝、叶及花序均密被星状长茸毛；蒴果软刺密被星状毛……………………**2. 毛桐 M. barbata**
    4. 幼枝、叶及花序均被星状短茸毛；蒴果软刺疏被星状毛……………… **3. 东南野桐 M. lianus**
  3. 叶基部非盾状着生。
    5. 蒴果具密生线形的软刺…………………………………………………………… **1. 白背叶 M. apelta**
    5. 蒴果具稀疏、粗短的软刺……………………………………………………………**6. 野桐 M. tenuifolius**

1. 白背叶 Mallotus apelta (Loureiro) Müller Argoviensis

落叶灌木或小乔木。叶互生，卵形或阔卵形，稀心形，基部截平或稍心形，边缘具疏齿，上面

白背叶 Mallotus apelta

干后黄绿色或暗绿色，无毛或被毛，下面被灰白色星状茸毛，散生橙黄色颗粒状腺体；基部近叶柄处有褐色斑状腺体 2 个。花雌雄异株，雄花序为开展的圆锥花序或穗状，雌花序穗状。蒴果近球形，密生被灰白色星状毛的软刺，软刺线形，黄褐色或浅黄色。花期 6 ~ 9 月，果期 8 ~ 11 月。

分布与生境：产于八大公山各地，生于海拔 200 ~ 1000 m 的山坡灌丛、林缘、竹林中。

用途：根和叶可入药；茎皮可供纺织；种子含油率达 36%，可作工业原料。

2. 毛桐 Mallotus barbatus Müller Argoviensis

落叶小乔木。幼枝、叶及花序均密被黄褐色星状茸毛。叶互生，卵状三角形或卵状菱形，基部圆或平截，具锯齿或波状，上部有时具粗齿或 2 裂片，下面散生黄色腺体，掌状脉 5 ~ 7，侧脉 4 ~ 6 对；叶柄离叶基 0.5 ~ 5 cm 处盾状着生。花雌雄异株，总状花序。蒴果球形，密被淡黄色星状毛及紫红色软刺。花期 4 ~ 5 月，果期 9 ~ 10 月。

分布与生境：产于八大公山各地，生于海拔 200 ~ 500 m 的山坡灌丛、林缘。

用途：根和茎皮可入药；茎皮可供纺织；种子油可作工业原料；庭院观赏。

毛桐 Mallotus barbatus

3. 东南野桐 Mallotus lianus Croizat

落叶乔木。幼枝、叶及花序均密被红褐色星状茸毛。叶卵形或心形，基部圆或平截，全缘，下面被毛及散生紫红色腺体，基脉 5 出，侧脉 5 ~ 6 对；叶柄盾状着生或基生。花雌雄异株；总状或圆锥花序，直立。蒴果球形，密被黄色星状毛及橙黄色腺体，具线形软刺。花期 8 ~ 9 月，果期 11 ~ 12 月。

分布与生境：分布于八大公山各地，生于海拔 200 ~ 300 m 的常绿阔叶林中。

用途：树皮、根和叶入药；庭院观赏；种子油可供工业用。

4. 粗糠柴 Mallotus philippensis (Lamarck) Müller Argoviensis

常绿乔木，小枝、嫩叶和花序均密被黄褐色短星状柔毛。叶互生或有时小枝顶部的对生，长圆形，基部圆形或楔形，上面无毛，下面被灰黄色星状短茸毛，叶脉上具长柔毛，散生红色颗粒状腺体；基出脉 3 条，侧脉 4 ~ 6 对；近基部有褐色斑状腺体 2 ~ 4 个。花雌雄异株，花序总状。蒴果扁球形，具 2（3）个分果片，密被红色颗粒状腺体和粉末状毛。花期 4 ~ 5 月，果期 5 ~ 8 月。

分布与生境：分布于八大公山各地，生于海拔 200 ~ 500 m 的山坡林中。

用途：粉状毛茸和根入药；庭院观赏；种子油可供工业用；木材可作用材。

东南野桐 Mallotus lianus

粗糠柴 Mallotus philippensis

5. 杠香藤 Mallotus repandus var. **chrysocarpus** (Pampanini) S. M. Hwang

攀缘状灌木；嫩枝、叶柄、花序和花梗均密生黄色星状柔毛；老枝无毛，常有皮孔。叶卵形或椭圆状卵形，基部楔形或圆形，边全缘或波状，嫩叶两面均被星状柔毛，成长叶仅下面叶脉腋部被毛和散生黄色颗粒状腺体；基出脉 3 条，有时稍离基，侧脉 4 ~ 5 对。花雌雄异株，总状花序或下部有分枝。蒴果具 2 ~ 3 个分果片，密生黄色粉末状毛和具颗料状腺体。花期 3 ~ 5 月，果期 8 ~ 9 月。

分布与生境：产于八大公山各地，生于海拔 200 ~ 1200 m 的山坡、林缘灌木丛中。

用途：根、茎、叶均入药；种子油可供工业用。

杠香藤 Mallotus repandus var. chrysocarpus

6. 野桐 Mallotus tenuifolius Pax

落叶灌木，嫩枝、叶柄和花序梗均被黄色星状短茸毛。叶卵状三角形，基部圆形或截平，稀心形，

野桐 Mallotus tenuifolius

边缘具不规则锯齿，上部常有 1 ~ 2 个裂片或粗齿，下面被灰白色星状茸毛和散生橘红色颗粒状腺体；基出脉 5 条，基部近叶柄外常具褐色斑状腺体 2 个。花雌雄异株，花序总状。蒴果球形，被星状毛和散生橙红色颗粒状腺体；软刺紫红色或红棕色。花期 4 ~ 6 月，果期 7 ~ 8 月。

分布与生境：分布于八大公山各地，生于海拔 200 ~ 500 m 的山坡林中。

用途：根可入药；庭院观赏；种子油可供工业用；木材可作小型用材。

（六）山靛属 Mercurialis Linnaeus

一年生草本或多年生草本。具根状茎。叶对生，羽状脉。托叶 2 枚。花雌雄异株，稀同株，无花瓣，雄花序穗状，腋生，雄花多朵在苞腋排成团伞花序，雌花簇生于叶腋，或数朵排成穗状或总状花序，雌花：萼片 3 枚，覆瓦状排列；腺体 2 枚，线状；子房 2 室。蒴果具 2 个分果爿，双球形。

8 种，我国有 1 种，八大公山也有分布。

1. 山靛 Mercurialis leiocarpa Siebold & Zuccarini

多年生草本、具根状茎，无毛。叶对生，羽状脉，叶缘通常具锯齿；托叶 2 枚。花雌雄异株，稀同株，无花瓣，雄花序穗状，腋生，雄花多朵在苞腋排成团伞花序，在花序轴上稀疏排列，花梗几无；雌花簇生于叶腋，或数朵排成穗状总状花序，有时具雄花。蒴果具 2 个分果片，双球形。

分布与生境：分布于八大公山各地，生于海拔 400 m 的溪边草丛中。

山靛 Mercurialis leiocarpa

（七）白木乌桕属 Neoshirakia Esser

乔木或灌木。树汁白色。叶互生，叶柄无腺体；全缘，背面有一排边缘腺体，脉羽状。花序顶生或腋生，雌雄同株，或异株；长总状花序状聚伞圆锥花序，不分枝，无花瓣，无花盘，苞片下面基部有 2 大的腺体；雄花黄色，每苞腋 3 朵，雄蕊 3，退化雌蕊缺，雌花每苞腋 1 朵，子房 3 室，光滑，每室1胚珠，花柱3，柱头外卷，无腺体。蒴果，室间开裂3室，中央果轴宿存，种子干燥，无蜡质假种皮。

23种，我国有2种，湖南有1种，八大公山也有分布。

1. 白木乌桕 Neoshirakia japonica (Siebold et Zuccarini) Esser

灌木或乔木。各部均无毛。叶互生，卵形至椭圆形，（7～16）×（4～8）cm，顶端短尖或凸尖，基部钝、截平或有时呈微心形，基部靠近中脉之两侧亦具2腺体。花单性，雌雄同株常同序，聚集成顶生，雌花数朵生于花序轴基部，雄花数朵生于花序轴上部。雌花：苞片3深裂几达基部，萼片3，子房卵球形，平滑，3室，花柱基部合生，柱头3，外卷。蒴果三棱状球形，种子扁球形。花期5～6月，果期9月。

分布与生境：分布于八大公山各地，生于海拔400 m的溪边草丛中。

用途：根皮入药。

白木乌桕 Neoshirakia japonica

（八）蓖麻属 Ricinus Linnaeus

草本至小乔木状。小枝通常被白霜，茎多液汁。叶近圆形，掌状7～11裂，叶柄中空，顶端具2枚盘状腺体，托叶长三角形，长2～3 cm，早落。总状花序或圆锥花序；苞片阔三角形，膜质，早落。雄花：花萼裂片卵状三角形；雄蕊束众多。雌花：萼片卵状披针形，长5～8 mm，凋落；子房卵状，直径约5 mm，花柱红色，长约4 mm，顶部2裂，密生乳头状突起。蒴果卵球形或近球形。

单种属，八大公山有栽培或逸生。

1. 蓖麻 Ricinus communis Linnaeus

特征同蓖麻属。

分布与生境：原产地可能在非洲，八大公山有栽培或逸生。

用途：种子入药；种子油供工业用。

蓖麻 Ricinus communis

（九）守宫木属 **Sauropus** Blume

灌木或草本。单叶互生，全缘。雌雄同株或异株，无花瓣；雄花簇生或单生，腋生或茎花，稀总状花序或聚伞花序；雌花 1 ~ 2 朵腋生或与雄花混生。雄花花萼盘状、壶状或陀螺状，全缘或 6 裂，花盘 6 ~ 12 裂，裂片与萼片对生，雄蕊 3，与外轮萼片对生 2 室；雌花花萼 6 深裂，裂片覆瓦状排列，2 轮，无花盘，子房 3 室，每室 2 胚珠，花柱 3。蒴果成熟时分裂为 3 个 2 裂的分果。

2 种，我国特有，湖南有 1 种，八大公山也有。

1. 苍叶守宫木 Sauropus garrettii Craib

苍叶守宫木 Sauropus garrettii

落叶灌木。除幼枝和叶脉被微柔毛外，全株均无毛。叶片膜质或薄纸质，卵状披针形，（2～13）cm×（1.0～3.5）cm，下面苍绿色。花雌雄同株，1～2朵腋生，或雌花和雄花同簇生于叶腋，花萼6深裂，裂片卵形或近菱形，果时增大呈倒卵形。蒴果倒卵状，种子黑色，三棱状。

分布与生境：分布于八大公山五道水，生于海拔200～500 m的路边或沟旁灌木丛中。

（十）地构叶属 **Speranskia** Baillon

草本或半灌木，茎直立。叶互生，具粗齿。花雌雄同株；总状花序，顶生，雄花常生于花序上部，雌花生于花序下部，雄花：花蕾球形；花萼裂片5，膜质，镊合状排列；花瓣5枚，有时无花瓣；花盘5裂或为5个离生的腺体；雄蕊8～10枚，2～3轮排列于花托上，花药纵裂。雌花：花萼裂片5；花瓣5或缺；花盘盘状；子房3室，胚珠1，花柱3～2裂几达基部。蒴果具3个分果片。

2种，我国特有，湖南有1种，八大公山也有。

1. 广东地构叶 Speranskia cantonensis (Hance) Pax & Hoffmann

落叶的半灌木。叶纸质，卵形，顶端急尖，基部圆形或阔楔形，边缘具齿，齿端有黄色腺体，叶柄顶端常有黄色腺体。通常上部有雄花5～15朵，下部有雌花4～10朵，子房球形，具疣状突起和疏柔毛。蒴果扁球形。

分布与生境：分布于八大公山各地，生于海拔200～500 m的路边或沟旁灌木丛中。

用途：全草入药。

广东地构叶 Speranskia cantonensis

（十一）乌桕属 **Triadica** Loureiro

乔木或灌木。叶互生；托叶小。花单性，雌雄同株或有时异株，雄花小，黄色，或淡黄色，数朵聚生于苞腋内，无退化雌蕊；花萼膜质，杯状；雄蕊 2～3 枚，花丝离生，常短，花药 2 室，纵裂；雌花比雄花大，每一苞腋内仅 1 朵雌花；花萼杯状，3 深裂或管状而具 3 齿，稀为 2～3 萼片；子房 2～3 室，每室具 1 胚珠，花柱通常 3 枚，分离或下部合生，柱头外卷。蒴果，稀浆果状，通常 3 室。

3 种，我国全有，湖南有 2 种，八大公山也有。

分种检索表

1. 叶片椭圆形或长卵形……………………………………………………… **1. 山乌桕 T.cochinchinensis**
1. 叶菱形……………………………………………………………………………… **2. 乌桕 T.sebifera**

1. 山乌桕 Triadica cochinchinensis Loureiro

落叶乔木。叶互生，嫩时呈红色，叶片椭圆形或长卵形，顶端钝或渐尖，基部急尖，背面灰绿色，叶柄顶端具 2 毗连的腺体。花单性，雌雄同株，密集成顶生总状花序，雌花生于花序轴下部，雄花生于花序轴上部或有时整个花序全为雄花。蒴果黑色，球形，种子球形，外薄被蜡质的假种皮。花期 4～6 月，果期 10～11 月。

分布与生境：分布于八大公山各地，生于海拔 300～400 m 的山坡林缘或疏林中。

用途：根皮或茎皮、叶、种子入药；庭院观赏；种子油供工业用。

山乌桕 Triadica cochinchinensis

2. 乌桕 Triadica sebifera (Linnaeus) Small

落叶乔木，具乳状汁液。枝具皮孔。叶互生，纸质，叶片菱形、菱状卵形，全缘。花单性，雌雄同株，聚集成顶生的总状花序。雄花：苞片阔卵形，顶端略尖，基部两侧各具一近肾形的腺体；花萼杯状，3 浅裂；雄蕊 2 枚，花丝分离。雌花；苞片深 3 裂，裂片渐尖，每一苞片内仅 1 朵雌花，间有 1 雌花和数雄花同聚生于苞腋内；花萼 3 深裂，子房卵球形，平滑。蒴果梨状球形。

分布与生境：分布于八大公山各地，生于海拔 200 ~ 700 m 的路旁、村寨边。

用途：根皮或茎皮、叶、种子入药；庭院观赏；种子油供工业用。

乌桕 Triadica sebifera

（十二）油桐属 **Vernicia** Loureiro

乔木，嫩枝被短柔毛。叶互生，全缘；叶柄顶端有 2 枚腺体。雌雄同株或异株，聚伞花序。雄花花萼花蕾时卵状，开花时多少佛焰苞状；花瓣 5，基部爪状；腺体 5 枚；雄蕊 8 ~ 12 枚，2 轮，外轮花丝离生，内轮花丝较长且基部合生；雌花：萼片、花瓣与雄花同；子房密被柔毛，3 ~ 8 室，胚珠 1，花柱 3 ~ 4 枚，各 2 裂。果核果状，顶端有喙尖。

3 种，我国有 2 种，湖南有 2 种，八大公山均有。

分种检索表

1. 果皮平滑…………………………………………………………………… **1. 油桐 V.fordii**
1. 果皮皱褶……………………………………………………………… **2. 木油桐 V.montana**

1. 油桐 **Vernicia fordii** (Hemsley) Airy-Shaw

落叶乔木，树皮灰色，具明显皮孔。叶卵圆形，全缘；掌状脉；叶柄与叶片近等长，顶端有 2 枚扁平、无柄腺体。花雌雄同株；花瓣白色，有淡红色脉纹，倒卵形。雄花：雄蕊 8 ~ 12 枚，2 轮；外轮离生，内轮花丝中部以下合生。雌花：子房密被柔毛，3 ~ 5（8）室，每室有 1 颗胚珠，花柱与子房室同数，2 裂。蒴果近球状。

分布与生境：分布于八大公山海拔 500 ~ 900 m 的山坡或沟谷中，也有栽培。

用途：种子、根、叶、花、未成熟果实、桐油均可入药；庭院观赏树木；种子油供工业用；叶可做食品包装材料。

油桐 Vernicia fordii

2. 木油桐 Vernicia montana Loureiro

落叶乔木。叶阔卵形，（8 ~ 20）cm×（6 ~ 18）cm，全缘或 2 ~ 5 裂。裂缺常有杯状腺体，两面初被短柔毛，成长叶仅下面基部沿脉被短柔毛，掌状脉 5 条；叶柄顶端有 2 枚具柄的杯状腺体。

木油桐 Vernicia montana

雌雄异株或有时同株异序；花萼 2 ~ 3 裂；花瓣白色或基部紫红色且有紫红色脉纹，雄花的雄蕊 8 ~ 10 枚，外轮离生，内轮花丝下半部合生；雌花；子房密被棕褐色柔毛。核果卵球状，具 3 条纵棱，棱间有粗疏网状皱纹。花期 4 ~ 5 月，果期 10 月。

分布与生境：分布于八大公山海拔 500 ~ 900 m 的山坡或沟谷中，也有栽培。

用途：庭院观赏树木；种子油供工业用。

八十七、叶下珠科 Phyllanthaceae

乔木、灌木、草本，稀藤本；植物体无内生韧皮部，大多数无乳汁管组织。单叶，稀三出复叶，通常全缘，基部和叶柄均无腺体，稀具有腺体；有托叶。花序各式；有花瓣及花盘，或只有花瓣，或花瓣及花盘均缺；萼片通常 5，覆瓦状排列，稀镊合状排列；雄蕊少数至多数，通常分离；花粉粒双核；子房 3 ~ 12 室，每室有 2 颗胚珠。果实为蒴果、核果或浆果状，爿裂或不开裂；种子无种阜，胚乳丰富，肉质，胚直立，子叶宽而扁。

8 属 1200 余种，我国有 19 属 140 种，湖南有 7 属 15 种，八大公山有 5 属 10 种。

分属检索表

1. 叶为单叶。
  2. 有花瓣，花盘分裂为 5 个腺体，腺体全缘或 2 裂…………………………**4. 雀舌木属 Leptopus**
  2. 无花瓣，有花盘或无花盘。
    3. 有花盘。
      4. 雄蕊着生在花盘边缘或凹缺处…………………………………………**1. 五月茶属 Antidesma**
      4. 雄蕊着生在花盘内面…………………………………………………**5. 叶下珠属 Phyllanthus**
    3. 无花盘……………………………………………………………………**3. 算盘子属 Glochidion**
1. 叶为单叶……………………………………………………………………………**2. 秋枫属 Bischofia**

（一）五月茶属 **Antidesma** Burman ex Linnaeus

常绿灌木。单叶互生，全缘，羽状脉；托叶 2 枚，小。花小，雌雄异株，组成顶生或腋生的穗状花序或总状花序，无花瓣，雄蕊着生在环状或垫状的花盘内面或花盘裂片之间，子房 1 室，花柱顶生或侧生。核果，通常卵球状，核果干时具有网状窝孔。

100 种，我国有 17 种，湖南有 2 种，八大公山有 1 种。

1. 日本五月茶 Antidesma japonicum Siebold et Zuccarini

常绿灌木。叶片纸质至近革质，椭圆形至长圆状披针形，稀倒卵形，（3.5 ~ 13.0）cm ×

（1.5 ~ 4.0）cm，顶端通常尾状渐尖；托叶线形，早落。总状花序顶生，雄花：雄蕊 2 ~ 5，伸出花萼之外，着生于花盘之内；雌花：子房卵圆形，无毛，花柱顶生，柱头 2 ~ 3 裂。核果椭圆形，长 5 ~ 6 mm。花期 4 ~ 6 月，果期 7 ~ 9 月。

分布与生境：产于八大公山五道水，生于海拔 200 ~ 500 m 的山地林中。

用途：种子含油量 48%，为以亚麻酸为主的油脂；果可鲜食。

日本五月茶 Antidesma japonicum

（二）秋枫属 **Bischofia** Blume

乔木，有红色或淡红色乳汁。叶互生，三出复叶，边缘具有细锯齿；托叶小，早落。雌雄异株，组成腋生圆锥花序或总状花序；无花瓣及花盘；萼片 5。雄花：雄蕊 5，与萼片对生；退化雌蕊短而宽；雌花：子房上位，3 室，每室有胚珠 2 颗。果实小，浆果状，不分裂，外果皮肉质，内果皮坚纸质。

2 种，我国均有；湖南有 2 种，八大公山有 1 种。

1. 重阳木 Bischofia polycarpa (Léveillé) Airy-Shaw

落叶乔木，皮孔明显。三出复叶；顶生小叶通常较两侧的大，小叶片纸质，卵形或椭圆状卵形，顶端突尖或短渐尖，基部圆或浅心形；托叶早落。花雌雄异株，春季与叶同时开放。雌花：子房 3 ~ 4 室，每室 2 胚珠。果实浆果状，成熟时褐红色。花期 4 月，果期 11 月。

分布与生境：分布于八大公山各地，生于海拔 200 ~ 500 m 河谷疏林中。

用途：根、树皮和叶入药。

重阳木 Bischofia polycarpa

（三）算盘子属 Glochidion J. R. Forster & G. Forster

乔木或灌木。单叶互生，2 列似羽状复叶。花单性，雌雄同株，聚伞花序或簇生成花束；雌花束常位于雄花束上部或雌雄花束分生于不同小枝叶腋。无花瓣；常无花盘；雄花花梗常纤细；萼片 5～6，覆瓦状排列；雄蕊 3～8，合生呈柱状。雌花花梗粗短或几无梗，子房 3～15 室，每室 2 胚珠，花柱合生。蒴果球形或扁球形，具多条纵沟。

约 200 种，我国有 28 种，湖南有 4 种，八大公山有 3 种。

分种检索表

1. 小枝及叶下面密被短柔毛。
  2. 叶片基部两侧相等，下面粉绿色…………………………………………… **1. 算盘子 G. puberum**
  2. 叶片基部两侧相等，下面苍白色………………………………………**2. 里白算盘子 G. triandrum**
1. 全株无毛或仅叶柄被极短柔毛…………………………………………… **3. 湖北算盘子 G. wilsonii**

1. 算盘子 Glochidion puberum (Linnaeus) Hutchinson

落叶灌木，枝、叶、萼、子房和果实均密被短柔毛。叶长圆形或倒卵状长圆形，基部楔形至钝，中脉被疏短柔毛或几无毛。雌雄同株或异株，2～5 朵簇生于叶腋内，雄花束常着生于雌花束下部，或雌花和雄花同生于一叶腋内。蒴果成熟时带红色。

分布与生境：分布于八大公山各地，生于海拔 200～1000 m 的山坡或沟边灌木丛中。

用途：根、枝叶入药。

2. 里白算盘子 Glochidion triandrum (Blanco) C. B. Robinson

灌木或小乔木。小枝具棱，被褐色短柔毛。叶片长椭圆形或披针形，（4～13）cm×（2.0～4.5）cm，顶端渐尖或钝，基部宽楔形或钝，两侧略不对称，上面绿色，下面带苍白色，被白色短柔毛。花 5 ~ 6 朵簇生于叶腋内，雌花生于小枝上部，雄花生在下部，花柱合生呈圆柱状，顶端膨大。蒴果扁球状，直径 5 ~ 7 mm，高约 4 mm，有 8 ~ 10 条纵沟，基部萼片宿存。花期 3 ~ 7 月，果期 7 ~ 12 月。

分布与生境：分布于八大公山各地，生于海拔 200 ~ 1000 m 的山坡或沟边灌木丛中。

用途：根、枝叶入药。

算盘子 Glochidion puberum

里白算盘子 Glochidion triandrum

3. 湖北算盘子 Glochidion wilsonii Hutchinson

落叶灌木。除叶柄外，全株无毛。叶披针形，基部钝或宽楔形，上面绿色，下面带灰白色，侧脉 5 ~ 6

对，两面中脉凸起。花绿色，雌雄同株，簇生叶腋，雌花生于小枝上部，雄花生于下部。蒴果扁球状，萼片宿存。花期 4 ~ 7 月，果期 6 ~ 9 月。

分布与生境：分布于八大公山各地，生于海拔 700 ~ 1500 m 的山坡灌木丛中。

用途：根、枝叶入药。

湖北算盘子 Glochidion wilsonii

（四）雀舌木属 **Leptopus** Decaisne

灌木。单叶互生，全缘，羽状脉；托叶 2，着生于叶柄基部的两侧。花雌雄同株，单生或簇生于叶腋；花 5 基数，具花盘、腺体，花瓣比萼片短小，并与之互生；雄花萼片覆瓦状排列，离生或基部合生；花盘腺体扁平，离生或与花瓣贴生；退化雌蕊小或无；雌花：萼片较雄花的大，花瓣小，有时不明显；花盘腺体与雄花的相同；子房 3 室，胚珠 2，花柱 3 裂。蒴果，成熟时开裂为 3 个 2 裂的分果爿。种子表面光滑或有斑点。

21 种，我国有 9 种，湖南有 1 种，八大公山也有。

1. 雀儿舌头 Leptopus chinensis (Bunge) Pojarkova

灌木，幼时被疏短柔毛。叶卵形、近圆形、椭圆形或披针形，顶端钝或急尖，基部圆或宽楔形，边缘被睫毛。花小，雌雄同株，单生或 2 ~ 4 朵簇生于叶腋；萼片、花瓣和雄蕊均为 5。雄花：萼片卵形或宽卵形，膜质；花瓣白色，匙形，雄蕊离生；雌花花瓣倒卵形；萼片与雄花的相同。子房 3 室，每室有胚珠 2 颗。蒴果，基部有宿存萼。

分布与生境：产于八大公山各地，生于海拔 200 ~ 1400 m 的河谷两岸灌丛中。

用途：枝条入药。

雀儿舌头 Leptopus chinensis

（五）叶下珠属 Phyllanthus Linnaeus

灌木或草本，无乳汁。单叶，互生，常在侧枝上排成 2 列，托叶 2，着生叶柄基部两侧。花单性，雌雄同株或异株，单生、簇生，花梗纤细；无花瓣；雄花萼片（2）3～6，离生，1～2 轮，覆瓦状排列；雄蕊 2～6，花丝离生或合生成柱状，花药 2 室，雌花萼片与雄花同数或较多；子房 3 室，每室 2 胚珠。蒴果，常开裂 3 个 2 裂的分果爿。

750～800 种，我国有 32 种，湖南有 6 种，八大公山有 4 种。

分种检索表

1. 灌木，果实为浆果状。
  2. 叶背面灰绿色……………………………………………………………………**1. 落萼叶下珠 P. flexuosus**
  2. 叶背面灰白色…………………………………………………………………… **2. 青灰叶下珠 P. glaucus**
1. 一年生草本。
  3. 蒴果表面有小瘤体…………………………………………………………………… **3. 叶下珠 P. urinaria**
  3. 蒴果表面平滑………………………………………………………………………… **4. 蜜柑草 P. ussuriensis**

1. 落萼叶下珠 Phyllanthus flexuosus (Siebold et Zuccarini) Muller Argoviensis

落叶灌木，枝条弯曲，小枝褐色，全株无毛。叶片椭圆形至卵形，下面稍带白绿色。雄花数朵和雌花 1 朵簇生于叶腋；雄花暗紫红色，雄蕊 5，花丝分离；雌花子房卵 3 室，花柱 3，顶端 2 深裂。蒴果浆果状，扁球形，3 室，每室 1 颗种子，基部萼片脱落。花期期 4～5 月，果期 6～9 月。

分布与生境：产于八大公山各地，生于海拔 200～500 m 的山坡灌丛中或林缘。

落萼叶下珠 Phyllanthus flexuosus

2. 青灰叶下珠 Phyllanthus glaucus Wallich ex Muller Argoviensis

落叶灌木。全株无毛。叶片膜质，椭圆形或长圆形，（2.5 ~ 5.0）cm ×（1.5 ~ 2.5）cm，顶端急尖，有小尖头，基部钝至圆，下面稍苍白色；侧脉每边 8 ~ 10 条。花数朵簇生于叶腋，雄花萼片 6，卵形；花盘腺体 6；雄蕊 5；雌花通常 1 朵与数朵雄花同生于叶腋，萼片 6，卵形；花盘环状；子房卵圆形，3 室，每室 2 颗胚珠，花柱 3，基部合生。蒴果浆果状，直径约 1 cm，紫黑色，基部有宿存的萼片。花期 4 ~ 7 月，果期 7 ~ 10 月。

分布与生境：产于八大公山各地，生于海拔 200 ~ 500 m 的山坡灌丛中或林缘。

青灰叶下珠 Phyllanthus glaucus

3. 叶下珠 Phyllanthus urinaria Linnaeus

一年生草本，枝具翅状纵棱。叶片长圆形或倒卵形，叶柄扭转而呈羽状排列，下面灰绿色。花雌雄同株，雄花 2 ~ 4 朵簇生于叶腋，雄蕊 3，花丝合生成柱状；雌花单生叶腋，子房卵状，有鳞片状凸起，花柱分离，顶端 2 裂，裂片弯卷。蒴果圆球状，红色，表面具小凸刺，有宿存的花柱和萼片，开裂后轴柱宿存。花期 4 ~ 6 月，果期 7 ~ 11 月。

分布与生境：产于八大公山各地，生于海拔 1200 m 以下的荒地、路边。

用途：全草入药。

叶下珠 Phyllanthus urinaria

4. 蜜柑草 Phyllanthus ussuriensis Ruprecht et Maximowicz

一年生草本，全株无毛。叶片线状披针形，几无叶柄；托叶膜质，褐红色。花通常 2 ~ 4 朵雄

蜜柑草 Phyllanthus ussuriensis

花和1朵雌花同簇生于叶腋；雄蕊3，花丝分离，雌花花萼紫红色，外折，子房圆球形，3室，具鳞片状凸起，花柱分离，2深裂几达基部，反卷。蒴果扁球形，紫红色，有鳞片状凸起；果梗丝状，长5~12 mm；萼片宿存。花期4~5月，果期6~11月。

分布与生境：产于八大公山各地，生于海拔1000 m以下的荒地、路边。

用途：全草及根入药。

八十八、牻牛儿苗科 Geraniaceae

草本或灌木。叶互生或对生，分裂或为复叶，具托叶。聚伞花序腋生或顶生；花两性，辐射对称或为两侧对称；花萼4~5，宿存；花瓣5或稀为4；雄蕊10~15，2轮，外轮与花瓣对生，子房上位，3~5室，每室具1~2倒生胚珠。蒴果，室间开裂，开裂的果瓣常由基部向上反卷或成螺旋状卷曲。

11属约750种，我国有4属67种，湖南有3属15种，八大公山有1属4种。

（一）老鹳草属 **Geranium** Linnaeus

草本，稀为亚灌木或灌木，通常被倒向毛。茎具明显的节。叶对生或互生，具托叶；叶片掌状分裂，稀二回羽状。花序聚伞状或单生，每总花梗通常具2花；总花梗具腺毛或无腺毛；花整齐，花萼和花瓣5，腺体5，每室具2胚珠。蒴果，具长喙，5果瓣，每果瓣具1种子，果瓣在喙顶部合生，成熟时沿主轴从基部向上端反卷开裂。

约400种，我国有55种，湖南有7种，八大公山有4种。

分种检索表

1. 茎生叶3裂。
  2. 顶生总花梗常数个集生，花序呈伞形状…………………………… **1. 野老鹳草 G. carolinianum**
  2. 花序腋生和顶生…………………………………………………………………… **4. 老鹳草 G. wifordii**
1. 茎生叶5裂，稀3裂。
  3. 叶裂片先端锐尖………………………………………………………… **3. 鼠掌老鹳草 G. sibiricum**
  3. 叶裂片先端卵圆…………………………………………………… **2. 尼泊尔老鹳草 G. nepalense**

1. 野老鹳草 **Geranium carolinianum** Linnaeus

一年生草本。基生叶早枯，茎生叶互生或最上部对生，叶片圆肾形，基部心形，掌状5~7裂近基部，裂片上部羽状深裂，小裂片条状矩圆形。花序腋生和顶生，每总花梗具2花，花瓣淡紫红色。蒴果被短糙毛。花期4~7月，果期5~9月。

分布与生境：分布于八大公山各地，生于海拔 200 ~ 600 m 的路边荒地。

用途：全草入药。

野老鹳草 Geranium carolinianum

2. 尼泊尔老鹳草 Geranium nepalense Sweet

多年生草本。根为直根，多分枝，纤维状。茎仰卧，被倒向柔毛。叶对生或偶为互生，基生叶和茎下部叶具长柄，叶片五角状肾形，基部心形，掌状 5 深裂，裂片菱形，上部叶叶短柄，通常 3 裂。总花梗腋生，每花梗具 2 花，花瓣紫红色，等于或稍长于萼片，先端截平或圆形，雄蕊下部扩大成披针形，具缘毛。花期 4 ~ 9 月，果期 5 ~ 10 月。

分布与生境：分布于八大公山各地，生于海拔 300 ~ 1600 m 的山坡或沟边草丛中。

用途：全草入药。

尼泊尔老鹳草 Geranium nepalense

3. 鼠掌老鹳草 **Geranium sibiricum** Linnaeus

多年生草本。根为直根，茎纤细，仰卧或近直立，被倒向疏柔毛。基生叶和茎下部叶具长柄，肾状五角形，掌状 5 深裂，裂片倒卵形，中部以上齿状羽裂或齿状深缺刻，上部叶 3 ~ 5 裂。总花梗丝状，单生于叶腋，具 1 花或偶具 2 花，花瓣淡紫色或白包，先端微凹。蒴果被疏柔毛，果梗下垂。花期 6 ~ 7 月，果期 8 ~ 9 月。

分布与生境：分布于八大公山各地，生于海拔 400 ~ 1200 m 的山坡林下草丛中。

用途：全草入药；茎叶可作饲料。

鼠掌老鹳草 Geranium sibiricum

4. 老鹳草 **Geranium wilfordii** Maximowicz

多年生草本。基生叶圆肾形，5 深裂达 2/3 处，茎生叶 3 裂至 3/5 处，表面被短伏毛，背面沿脉被短糙毛。花序腋生和顶生，萼片长卵形，背面沿脉和边缘被短柔毛，有时混生开展的腺毛；花

老鹳草 Geranium wilfordii

瓣白色或淡红色，内面基部被疏柔毛；雄蕊花丝被缘毛；雌蕊被短糙毛，花柱分枝紫红色。蒴果，被短柔毛和长糙毛。花期 6 ~ 8 月，果期 8 ~ 9 月。

分布与生境：分布于八大公山各地，生于海拔 500 ~ 1600 m 的山坡林下草丛中。

用途：全草入药。

八十九、千屈菜科 Lythraceae

草本或木本。叶对生，稀轮生或互生，全缘。花两性，通常辐射对称，单生或簇生；花萼筒状或钟状；花瓣与萼裂片同数或无花瓣；子房上位，2 ~ 6 室，胚珠多数，极少 1 ~ 3，着生于中轴胎座上，其轴有时不到子房顶部，柱头头状，稀 2 裂。蒴果革质或膜质，2 ~ 6 室，常横裂或瓣裂。种子多数，形状不一，有翅或无翅。

31 属 625 ~ 650 种，我国有 10 属 43 种，湖南有 6 属 12 种，八大公山有 4 属 8 种。

分属检索表

1. 乔木或灌木状。
  2. 花萼纸质，不形成萼管，与子房离生…………………………………… **2. 紫薇属 Lagerstroemia**
  2. 花萼革质，萼管与子房贴生……………………………………………………………**3. 石榴属 Punica**
1. 草本或亚灌木。
  3. 蒴果不规则开裂…………………………………………………………………… **1. 水苋菜属 Ammannia**
  3. 蒴果 2 ～ 4 瓣裂……………………………………………………………………**4. 节节菜属 Rotala**

（一）水苋菜属 Ammannia Linnaeus

一年生草本，枝通常具 4 棱。叶对生或互生，有时轮生，近无柄，无托叶。花小，单生或组成腋生的聚伞花序或稠密花束；萼筒钟形或管状钟形，花后常变为球形或半球形。蒴果球形或长椭圆形，下半部为宿存萼管包围。

5 种，我国有 4 种，湖南有 2 种，八大公山有 1 种。

1. 水苋菜 *Ammannia baccifera* Linnaeus

一年生草本。茎直立，具狭翅。叶生于下部的对生，生于上部的或侧枝的有时略成互生，长椭圆形、圆形或披针形。花数朵组成腋生的聚伞花序或花束，结实时稍疏松，几无总花梗；花绿色或淡紫色；花萼蕾期钟形；子房球形，花柱极短或无花柱。蒴果球形，紫红色，中部以上不规则周裂。花期 8 ~ 10 月，果期 9 ~ 12 月。

分布与生境：分布于八大公山各地，生于海拔 1200 m 以下的荒芜稻田中或田埂上。

用途：全草入药。

水苋菜 Ammannia baccifera

（二）紫薇属 Lagerstroemia Linnaeus

落叶乔木。叶近对生，全缘；托叶极小，圆锥状，脱落。花两性，顶生或腋生的圆锥花序，花萼常具棱或翅，5 ~ 9 裂，花瓣通常 6，具爪，边缘波状或有皱纹，花丝长短不一。蒴果基部被宿存的花萼包围，室背开裂为 3 ~ 6 果瓣，种子顶端有翅。

55 种，我国有 15 种，湖南有 4 种，八大公山有 4 种。

分种检索表

1. 花萼裂片内无毛，树皮灰色至灰褐色。
  2. 叶的侧脉在叶缘处不互相连接。
    3. 花萼无脉纹，小枝 4 棱，常有狭翅；叶无柄或极短……………………………… **3. 紫薇 L. indica**
    3. 花萼具 10 ~ 12 条脉纹，小枝圆柱形或具不明显的棱，叶柄长 2 ~ 5 mm ……………………………………………………………………………………………… **4. 南紫薇 L. subcostata**
  2. 叶的侧脉在近边缘处分叉而明显连接……………………………………… **1. 尾叶紫薇 L. caudata**
1. 花萼裂片内无毛，树皮暗红色或深褐色……………………………………… **2. 川黔紫薇 L. excelsa**

1. 尾叶紫薇 Lagerstroemia caudata Chun & F. C. How ex S. K. Lee &L. F. Lau

落叶乔木，全体无毛；树皮光滑，褐色，成片状剥落；小枝圆柱形。叶互生，稀近对生，顶端尾尖或短尾状渐尖，侧脉 5 ~ 7 对，在近边缘处分叉而互相连接，叶柄长 6 ~ 10 mm。花萼内面无毛，花瓣 5 ~ 6，白色，雄蕊 18 ~ 28。蒴果成熟时带红褐色，5 ~ 6 裂。花期 4 ~ 5 月，果期 7 ~ 10 月。

分布与生境：分布于八大公山五道水，生于海拔 400 ~ 800 m 的村寨边。

用途：用材树种；庭院观赏。

尾叶紫薇 Lagerstroemia caudata

2. 川黔紫薇 Lagerstroemia excelsa (Dode) Chun ex S. K. Lee & L. F. Lau

落叶乔木，全体被毛；树皮光滑，红褐色，成长片状剥落；小枝圆柱形，无棱。叶互生，侧脉 8 ~ 10 对，在近叶边缘处互相连接，两面被毛。花萼内面有毛，花瓣 5，白色，雄蕊 10。蒴果 4 裂。花期 6 ~ 7 月，果期 8 ~ 9 月。

分布与生境：分布于八大公山杉木界，生于海拔 600 m 的溪边阔叶林中。

用途：庭院观赏；木材可作用材。

川黔紫薇 Lagerstroemia excelsa

3. 紫薇 Lagerstroemia indica Linnaeus

落叶灌木或小乔木，树皮平滑，灰色或灰谒色，小枝具 4 棱，略成翅状。叶互生或近对生，顶端短尖或钝形，有时微凹，无柄或叶柄很短。花红色至紫色，花萼外面平滑无棱，但鲜时萼筒有微突起短棱，两面无毛，花瓣 6，皱缩，具长爪；雄蕊 36 ~ 42。蒴果成熟时呈紫黑色，种子有翅。花期 6 ~ 9 月，果期 9 ~ 12 月。

分布与生境：原产我国华中及华东地区，八大公山各地均有栽培。

用途：花供观赏；树皮、根、叶及花均可入药。

紫薇 Lagerstroemia indica

4. 南紫薇 Lagerstroemia subcostata Koehne

木本，树皮薄，灰白色或茶褐色。叶矩圆形，矩圆状披针形，有时脉腋间有丛毛，中脉在上面略下陷，在下面凸起。花小，白色或玫瑰色，组成顶生圆锥花序，具灰褐色微柔毛，花密生；花萼有棱，5 裂，裂片三角形；花瓣皱缩，有爪；雄蕊着生于萼片或花瓣上，花丝细长。蒴果椭圆形，3 ~ 6 瓣裂。种子有翅。花期 6 ~ 8 月，果期 7 ~ 10 月。

分布与生境：分布于八大公山各地，生于海拔 300 ~ 700 m 的溪边林缘。

用途：花供观赏，也可入药；木材可作用材。

南紫薇 Lagerstroemia subcostata

（三）石榴属 **Punica** Linnaeus

落叶乔木或灌木。单叶，通常对生或簇生。花顶生或近顶生，单生或几朵簇生或组成聚伞花序，两性；萼革质，萼管与子房贴生，且高于子房，近钟形，裂片 5 ~ 9，镊合状排列，宿存；花瓣 5 ~ 9，多皱褶，覆瓦状排列；雄蕊生萼筒内壁上部，多数，胚珠多数。浆果球形，顶端有宿存花萼裂片，果皮厚；种子多数，种皮外层肉质，内层骨质。

2 种，我国栽培 1 种，八大公山也有栽培。

1. 石榴 **Punica granatum** Linnaues

落叶灌木或乔木。枝顶常成尖锐长刺，幼枝具棱角，老枝近圆柱形。叶通常对生，纸质，矩圆状披针形。花大，1 ~ 5 朵生枝顶；萼筒长 2 ~ 3 cm，通常红色或淡黄色，花瓣通常大，红色、黄色或白色，（1.5 ~ 3）cm ×（1 ~ 2）cm，顶端圆形。浆果近球形，直径 5 ~ 12 cm。种子多数，钝角形，红色至乳白色，肉质的外种皮供食用。

分布与生境：原产于巴尔干半岛至伊朗及其邻近地区，八大公山有栽培。

用途：花供观赏；果实可食；果皮入药；树皮、根皮和果皮均含可提制栲胶。

石榴 Punica granatum

（四）节节菜属 **Rotala** Linnaeus

一年生草本，无毛。叶交互对生或轮生，无柄。花小，3 ~ 6 基数，单生叶腋，或组成项生的穗状花序或总状花序，常无花梗。蒴果不完全为宿存的萼管包围。

46 种，我国有 9 种，湖南有 2 种，八大公山有 2 种。

分种检索表

1. 叶片倒卵状椭圆形，长度大于宽度；蒴果开裂成 2 ~ 3 瓣………………………**1. 节节菜 R. indica**
1. 叶片近圆形，长宽相等，蒴果开裂成 3 ~ 4 瓣……………………… **2. 圆叶节节菜 R. rotundifolia**

1. 节节菜 **Rotala indica** (Willdenow) Koehne

一年生草本，茎略具 4 棱，基部匍匐，上部直立或稍披散。叶对生，无柄或近无柄，倒卵状椭圆形或矩圆状倒卵形，基部楔形或渐狭。花小，组成腋生的穗状花序。蒴果椭圆形，常 2 瓣裂。花期 9 ~ 10 月，果期 10 月至次年 4 月。

分布与生境：分布于八大公山各地，生于海拔 1200 m 以下的水塘、稻田中或田埂上。

用途：嫩苗可食；全草入药。

节节菜 Rotala indica

2. 圆叶节节菜 Rotala rotundifolia (Buchanan-Hamilton ex Roxburgh) Koehne

一年生草本，无毛；根茎细长，匍匐地上；茎直立，丛生，带紫红色。叶对生，近圆形、阔倒卵形或阔椭圆形，基部钝形，或无柄时近心形。花单生于苞片内，组成顶生稠密的穗状花序，花瓣 4，倒卵形，淡紫红色。蒴果椭圆形，3 ~ 4 瓣裂。花、果期 12 月至次年 6 月。

分布与生境：分布于八大公山各地，生于海拔 800 m 以下的水塘、稻田中。

用途：水生观赏植物；全草入药。

圆叶节节菜 Rotala rotundifolia

九十、柳叶菜科 Onagraceae

草本。单叶互生或对生。花两性，辐射对称或两侧对称，单生，或排成穗状或总状花序；花萼2～6，管状；花瓣4，稀2或缺，常旋转或覆瓦状排列，花管（由花萼、花冠、有时还有花丝之下部合生而成）存在或不存在；雄蕊与花瓣同数，或为花瓣的倍数；子房下位，2～6室；胚珠1至多数，中轴胎座。蒴果，稀为浆果或坚果。

17属约650种，我国有6属64种，湖南有6属26种，八大公山有4属12种。

分属检索表

1. 萼片、花瓣、雄蕊各2，子房1～2室；果实坚果状 ………………………… **1. 露珠草属 Circaea**
1. 萼片4～6，花瓣4～6，雄蕊4枚以上，子房4～5室，果实为蒴果或浆果。
  2. 种子有种缨……………………………………………………………… **2. 柳叶菜属 Epilobium**
  2. 种子无种缨。
    3. 花管不存在；萼片4或5，花后宿存 ………………………………… **3. 丁香蓼属 Ludwigia**
    3. 花管不存在；萼片4，花后脱落 ………………………………………**4. 月见草属 Eucalyptus**

（一）露珠草属 Circaea Linnaeus

多年生草本。叶对生，花序轴上的叶则互生并呈苞片状。总状花序或具分枝。花白色或粉红色，2基数，子房1室或2室，蜜腺环生于花管内，或延伸而突出于花管之外而形成一具肉质柱状或环状花盘；花柱与雄蕊等长或稍长；柱头二裂。蒴果，外被硬钩毛。

8种，我国有7种，湖南有6种，八大公山有4种。

分种检索表

1. 蜜腺藏于花管中，不伸出于花管之外而呈柱状或环状花盘。
  2. 花序轴混生腺毛和非腺毛…………………………………………………… **1. 露珠草 C. cordata**
  2. 花序轴混生腺毛和非腺毛……………………………………… **3. 秃梗露珠草 C. glabrescens**
1. 蜜腺伸出花管之外，形成一环状或柱状的肥厚花盘。
  3. 花序轴与花梗无毛……………………………………………………………**2. 谷蓼 C. erubescens**
  3. 花序轴及花梗常被毛…………………………………………………**4. 南方露珠草 C. mollis**

1. 露珠草 Circaea cordata Royle

草本，密被毛。叶卵形至宽卵形，基部常心形，先端短渐尖，边缘具锯齿至近全缘。总状花序顶生；花梗基部有一刚毛状小苞片。萼裂片2，开花时反曲；花瓣2，白色，短于萼裂片，先端倒心形；雄蕊2；蜜腺藏于花管内；子房下位，2室。果实斜倒卵形至透镜形。花期6～8月，果期7～10月。

分布与生境：分布于八大公山各地，生于海拔600～1500 m的山坡林缘或路旁。

用途：全草入药。

露珠草 Circaea cordata

2. 谷蓼 Circaea erubescens Franchet & Savatier

草本。叶披针形至卵形，边缘具锯齿。总状花序。萼片矩圆状椭圆形至披针形，红色至紫红色，开花时反曲；花瓣狭倒卵状菱形至阔倒卵状菱形，粉红色，先端凹缺至花瓣长度的 1/10 至 1/5；雄蕊短于花柱；蜜腺伸出于花管之外。果实倒卵形至阔卵形，有一狭槽至果梗之延伸部分。花期 7 ~ 8 月，果期 8 ~ 9 月。

分布与生境：分布于八大公山各地，生于海拔 200 ~ 1000 m 的山坡林下。

用途：全草入药。

谷蓼 Circaea erubescens

3. 秃梗露珠草 Circaea glabrescens (Pampanini) Handel-Mazzetti

植株被镰状弯曲的短柔毛。根状茎上无块茎。叶狭卵形至阔卵形，（3.7 ~ 11.0）cm×（1.8 ~ 5.0）cm，基部圆形稀近心形，先端渐尖至短渐尖，边缘具锯齿。单总状花序或基部具分枝，花梗无毛，基部有一刚毛状小苞片；萼片粉红或缘白色，开花时反曲；花瓣粉红色。果实具 2 种子，倒卵状至梨形，基部对称地渐狭向果梗，果实上无纵沟，果梗无毛。花期 7 ~ 8 月，果期 8 ~ 9 月。

分布与生境：分布于八大公山各地，生于海拔 800 ~ 1000 m 的山坡林下。

秃梗露珠草 Circaea glabrescens

4. 南方露珠草 Circaea mollis Siebold & Zuccarini

草本。被镰状弯曲毛。叶狭披针形至狭卵形，边缘近全缘。总状花序，花梗与花序轴稀具1枚极小的刚毛状小苞片，花梗常被毛；花萼或略带白色；花瓣白色，先端下凹至花瓣长度的1/4 ~ 1/2；雄蕊短于花柱；蜜腺明显，突出于花管外。果狭梨形或球形，纵沟极明显。花期7 ~ 8月，果期8 ~ 10月。

分布与生境：分布于八大公山各地，生于海拔200 ~ 800 m的山坡林下。

南方露珠草 Circaea mollis

（二）柳叶菜属 **Epilobium**Linnaeus

草本或亚灌木。叶多对生，花辐射对称，单一，或成总状或穗状花序，花管存在；花瓣 4，紫红色或白色；雄蕊 8 枚，排成不等的二轮，内轮 4 枚较短，外轮 4 枚较长；柱头棍棒状、头状或 4 裂；胚珠多数。蒴果或浆果，具不明显的 4 棱；种子多数，表面具乳突或网状，其上生一簇种缨。

约 165 种，我国有 33 种，湖南有 15 种，八大公山有 6 种。

分种检索表

1. 柱头 4 裂。
  2. 茎密生开展的白色长柔毛及短腺毛；叶两面被长柔毛……………………… **3. 柳叶菜 E. hirsutum**
  2. 茎密生曲柔毛；叶两面密生曲柔毛……………………………………… **4. 小花柳叶菜 E. parviflorum**
1. 柱头不裂。
  3. 茎周围被毛，无毛棱线或毛棱线不明显。
    4. 茎基部无宿存的芽鳞……………………… **2. 腺茎柳叶菜 E. brevifolium** subsp. **trichoneurum**
    4. 茎基部常有宿存的芽鳞……………………………………… **5. 长籽柳叶菜 E. pyrricholophum**
  3. 茎近无毛，花序下只有 2 条或 4 条毛棱线。
    5. 花序不被腺毛……………………………………………………………… **6. 中华柳叶菜 E. sinense**
    5. 花序多少混生腺毛…………………………………………………… **1. 毛脉柳叶菜 E. amurense**

1. 毛脉柳叶菜 **Epilobium amurense** Haussknecht

分亚种检索表

1. 茎上混生腺毛，叶卵形………………… **1a. 毛脉柳叶菜（原亚种） E. amurense** subsp. **amurense**
1. 茎上无腺毛，叶长圆状披针形至狭卵形……………………………………………………………………
……………………………………… **1b. 光滑柳叶菜（亚种） E. amurense** subsp. **cephalostigma**

1a. 毛脉柳叶菜（原亚种）**Epilobium amurense** Haussknecht subsp. **amurense**

草本。茎上部有曲柔毛与腺毛，中下部有明显的毛棱线。叶对生，花序上的互生，卵形或披针形。花序常被曲柔毛与腺毛。萼片 4，疏被曲柔毛；花管喉部有一环长柔毛；花瓣白色、粉红色或玫瑰紫色；雄蕊 8 枚，4 长 4 短，外轮较内轮长；柱头近头状。蒴果，疏被柔毛。种子具不明显短喙，表面具粗乳突；种缨污白色。

分布与生境：分布于八大公山各地，生于海拔 1200 ~ 1700 m 的山地林缘、草地。

用途：全草入药。

1b. 光滑柳叶菜（变种）**Epilobium amurense** subsp. **cephalostigma** (Haussknecht) C. J. Chen et al.

与原亚种区别：上部周围只被曲柔毛，无腺毛，中下部具不明显的棱线，但不贯穿节间，棱线上近无毛；叶长圆状披针形至狭卵形，基部楔形。花期 6 ~ 8 月，果期 8 ~ 9 月。

分布与生境：分布于八大公山各地，生于海拔 1500 ~ 1900 m 的山坡沼泽地。

毛脉柳叶菜（原亚种）Epilobium amurense subsp. amurense

光滑柳叶菜（变种）Epilobium amurense subsp. cephalostigma

2. 腺茎柳叶菜 Epilobium brevifolium subsp. **trichoneurum** (Haussknecht) P. H. Raven

多年生草本，直立，自茎基部生出越冬的根出条。茎周围被曲柔毛，常在上部混生有腺毛，无棱线。叶对生，花序上的互生，宽卵形或卵形，（2.5 ~ 4.5）cm ×（1.5 ~ 2.2）cm，先端锐尖或近钝形，基部近心形，边缘每边有 15 ~ 22 枚锐锯齿或不明显的浅锯齿。花蕾狭卵状，萼片披针状长圆形，龙骨状，长被曲柔毛和腺毛；花瓣粉红色至玫瑰紫色，倒心形；柱头宽棍棒状或棍棒状。种子长圆状倒卵形，顶端具短喙，种缨灰白色。花期 6 ~ 7 月，果期 8 ~ 9 月。

分布与生境：分布于八大公山斗篷山，生于海拔 700 ~ 1400 m 的路边或溪沟边草丛。

腺茎柳叶菜 Epilobium brevifolium subsp. trichoneurum

3. 柳叶菜 Epilobium hirsutum Linnaeus

多年生草本。茎密被长柔毛与腺毛。叶对生，上部互生，披针状椭圆形至狭倒卵形或椭圆形，边缘具细锯齿，两面被长柔毛，基部抱茎。总状花序，花萼4，被毛；花瓣4，粉红或紫红色；雄蕊8枚，4长4短；子房下位，被柔毛或短腺毛。蒴果，被短腺毛。种子表面具粗乳突，顶端有种缨。花期8～9月，果期8～10月。

分布与生境：分布于八大公山各地，生于海拔300～1100 m的路边潮湿处或荒田中。

用途：根或带根全草入药。

柳叶菜 Epilobium hirsutum

4. 小花柳叶菜 Epilobium parviflorum Schreber

草本，茎密被长柔毛与短腺毛。叶对生，上部的互生，狭披针形或长圆状披针形，边缘具细牙齿，两面被长柔毛。总状花序，萼片4，被毛；花瓣4，粉红色至玫瑰红色；雄蕊雄蕊8枚，4长4短；雌蕊与外轮雄蕊等长，子房下位，柱头4深裂。蒴果，被毛。种子表面具粗乳突，种缨长5～9 mm。花期7～8月，果期8～9月。

分布与生境：分布于八大公山各地，生于海拔500～1200 m的山坡沟边。

小花柳叶菜 Epilobium parviflorum

5. 长籽柳叶菜 Epilobium pyrricholophum Franchet & Savatier

多年生草本，自茎基部生出纤细的越冬匍匐枝条，其节上叶小，近圆形。茎密被曲柔毛与腺毛。叶对生，花序上的互生，边缘每边具 7 ~ 15 枚锐锯齿，侧脉下面隆起。花瓣粉红色至紫红色，先端凹缺，柱头棍棒状或近头状，稍高出外轮雄蕊或近等高。蒴果被腺毛。花期 (5）7 ~ 8 月，果期（6）8 ~ 10（12）月。

分布与生境：分布于八大公山各地，生于海拔 1000 ~ 1500 m 的路边、林缘、林下草丛。

长籽柳叶菜 Epilobium pyrricholophum

6. 中华柳叶菜 Epilobium sinense H.Léveillé

草本，茎具明显棱线，其上有曲柔毛。基部叶对生，上部互生，线状披针形，边缘有不明显的齿凸，叶脉及边缘有毛。花单生或成总状花序。花萼 4，花管喉部有一环长毛；花瓣 4，粉红或紫红色；雄蕊 8 枚，4 长 4 短，子房下位，柱头头状。蒴果，疏被曲柔毛或变无毛。种子顶端具短喙，表面有细乳突；种缨淡黄色。

分布与生境：分布于八大公山各地，生于海拔 1000 ~ 1500 m 的路边、林缘、林下草丛。

中华柳叶菜 Epilobium sinense

（三）丁香蓼属 **Ludwigia** Linnaeus

直立或匍匐草本，多为水生植物。水生植物的茎常膨胀成海绵状；节上生根，常束生白色海绵质根状浮水器。叶互生或对生，稀轮生，常全缘。花单生于叶腋，或组成顶生的穗状花序或总状花序，萼片（3）4 ~ 5，花后宿存；花瓣与萼片同数，黄色，稀白色，柱头头状，常浅裂。蒴果。种子多数。

82 种，我国有 9 种，湖南有 2 种，八大公山有 1 种。

1. 假柳叶菜 **Ludwigia epilobioides** Maximowicz

一年生草本。茎四棱形，带紫红色。叶狭椭圆形至狭披针形，先端渐尖，基部狭楔形。萼片三

假柳叶菜 Ludwigia epilobioides

角状卵形，被微柔毛；花瓣黄色，倒卵形，先端圆形，柱头球状。蒴果，表面瘤状隆起，熟时淡褐色。花期 8 ~ 10 月，果期 9 ~ 11 月。

分布与生境：分布于八大公山各地，生于海拔 200 ~ 1000 m 的田边、塘边、沟渠边水湿地。

（四）月见草属 **Oenothera** Linnaeus

草本。叶在未成年植株常具基生叶，以后具茎生叶，螺旋状互生，托叶不存在。花大，美丽，4 数，辐射对称，生于茎枝顶端叶腋或退化叶腋，排成穗状花序、总状化序或伞房花序，通常花期短，常傍晚开放，至次日日出时萎雕；花管发达，萼片 4，反折，花瓣 4，黄色，紫红色或白色，雄蕊 8，子房 4 室，胚珠多数；柱头深裂成 4 线形裂片。蒴果圆柱状，常具 4 棱或翅。

121 种，我国有 10 种，湖南有 2 种，八大公山栽培 1 种。

1. 待霄草 Oenothera stricta Ledebour ex Link

二年生草本，具长硬毛和腺毛。基生叶呈莲座状，茎生叶，螺旋状互生。花大，4 数，生于茎枝顶端叶腋或退化叶腋，排成穗状花序，单花花期短，常傍晚开放，至次日日出时萎焉，花管发达，花后迅速雕落，薄片 4，反折，绿色，花瓣 4，黄色，柱头深裂成 4 线形裂片。蒴果圆柱状，直立。

分布与生境：原产于南美、智利与阿根廷，八大公山有栽培。

用途：本种的花香美丽，常栽培观赏用；花可提制芳香油；种子可榨油食用和药用；茎皮纤维可制绳；根可入药。

待霄草 Oenothera stricta

九十一、桃金娘科 Myrtaceae

乔木或灌木。单叶对生或互生，全缘，常有腺点。花两性，单生或排成花序；萼片4~5枚，花瓣4~5片，分离或连成帽状体；雄蕊多数，稀定数，插生于花盘边缘，在蕾中内弯或折曲，花丝分离或多少连成短管，或成束而与花瓣对生，花药2室，药隔末端常有1腺体；子房下位或半下位，心皮2至多个，1室或多室，胚珠1至多枚，柱头1个，有时2裂。蒴果、浆果、核果或坚果，顶端常有突起的萼檐。

约130属4500~5000种，我国有10属121种，湖南有2属5种，八大公山有1属3种。

（一）蒲桃属 Syzygium Gaertner

乔木或灌木。叶对生稀轮生，叶片革质，有透明腺点；花常排成聚伞花序，或再集成圆锥状；萼片常4~5枚，多钝而短；花瓣常4~5片，分离或连合成帽状，早落；雄蕊多数，生于花盘外围，花药细小，顶端常有腺体；子房下位，花柱线形。浆果或核果，顶部有残存的萼檐；常含种子1~2颗，种皮多少与果皮粘合。

1200种，我国有80种，湖南有4种，八大公山有3种。

分种检索表

1. 叶柄长1 ~ 2 mm；果实球形 ………………………………………………… **2. 赤楠 S. buxifolium**

1. 叶柄长3 ~ 10 mm，果实球形或椭圆状卵形。

  2. 叶片披针形……………………………………………………………… **3. 贵州蒲桃 S. handeli**

  2. 叶片椭圆形或长圆形………………………………………… **1. 华南蒲桃 S. austrosinense**

1. 华南蒲桃 Syzygium austrosinense（Merrill &Perry）Chang & Miau

灌木至小乔木。叶片椭圆形，先端尖锐或稍钝，基部阔楔形，两面有腺点，下面的突起，侧脉相隔1.6~2 mm，以70度开角斜出，边脉离边缘不到1 mm；叶柄长3~5 mm。聚伞花序顶生或近顶生，萼片4，短三角形；花瓣分离，倒卵形；雄蕊和花柱均长3~4 mm。果实球形。花期6~8月。

分布与生境：分布于用八大公山五道水，生于海拔300~500 m的溪边灌丛中。

用途：庭院观赏。

2. 赤楠 Syzygium buxifolium Hooker & Arnott

灌木或小乔木。叶片阔椭圆形至椭圆形，有时阔卵形，先端圆或钝，稀具钝尖头，基部阔楔形或钝，下面有腺点，侧脉多而密，斜行向上，离边缘1.0~1.5 mm处结成边脉；叶柄长2 mm。聚伞花序顶生，长约1 cm，花柄长1~2 mm；花托倒圆锥形；萼片短而钝，花瓣4片，分离；雄蕊长2.5 mm；花柱与雄蕊等长。果球形。花期6~8月。

分布与生境：分布于八大公山各地，生于海拔300~700 m的溪边或山坡灌丛中。

用途：根或根皮及叶入药；庭院观赏。

华南蒲桃 Syzygium austrosinense

赤楠 Syzygium buxifolium

3. 贵州蒲桃 Syzygium handelii Merrill & Perry

常绿灌木。嫩枝有4棱，干后黄褐色。叶片革质，披针形或狭窄长圆形，(3.0 ~ 6.5)cm ×(1.0 ~ 1.8)cm，先端渐狭窄而有一钝头，基部楔形，上面干后褐绿色，略有光泽，下面黄褐色，有腺点，侧脉多而密，脉间相隔约1 mm，以45° 开角斜向上，在靠近边缘0.5 mm处相结合成边脉，干后在上下两面均明显。圆锥花序顶生，花序轴有棱；花蕾长卵形，萼管倒圆锥形，平滑，上部截形，萼齿不明显；花瓣通常4，分离，阔倒卵形，雄蕊长5 ~ 8 mm。果实球形。花期5 ~ 6月。

分布与生境：分布于八大公山五道水，生于海拔200 ~ 300 m的溪边灌丛中。

用途：庭院观赏。

贵州蒲桃 Syzygium handelii

九十二、野牡丹科 Melastomataceae

草本或木本。单叶对生，稀轮生，全缘，基出脉有 3~9 条，无托叶。聚伞、伞形或伞房花序，或由上述某花序组成的圆锥花序，稀单生、簇生或成穗状花序；花两性，辐射对称，常 4~5 数；花托内凹，常具四棱；萼片有时无；雄蕊与花瓣同数或为其 2 倍，与萼片及花瓣两两对生，或仅与萼片对生，花丝内弯，花药孔裂，药隔常膨大，下延成长柄或短距；子房常下位。蒴果或浆果，蒴果常顶孔开裂。

156~166 属 4500 余种，我国有 21 属 114 种，湖南有 5 属 9 种，八大公山有 3 属 4 种。

分属检索表

1. 种子不弯曲，叶片被毛常较疏或无。
  2. 雄蕊异型，不等长……………………………………………………………**1. 野海棠属 Bredia**
  2. 雄蕊同型，等长或近等长…………………………………………………**3. 肉穗草属 Sarcopyramis**
1. 种子马蹄形弯曲；叶片常密被紧贴的糙伏毛或刚毛…………………………**2. 金锦香属 Osbeckia**

（一）野海棠属 Bredia Blume

草本或亚灌木。聚伞花序或由聚伞花序组成的圆锥花序，花 4 数，极少 3 数，花萼漏斗形、陀螺形或几钟形；花瓣粉红色至紫红色，有时略偏斜，雄蕊为花瓣的 1 倍，异型，不等长，大与小各半，长者花药通常基部无小瘤，药隔下延呈短柄，无距；短者花药基部通常具小瘤，药隔下延呈短距。蒴果陀螺形，宿存萼与果同形。

6 种，我国有 4 种，湖南有 6 种，八大公山有 1 种。

1. 匍匐野海棠 Bredia repens Renchao Zhou, Qiujie Zhou & Ying Liu

常绿亚灌木。茎四棱形，具匍匐茎，逐节生根，基部木质化，不分枝或少数分枝，密被柔毛及平展的腺毛，以后腺毛成刺毛。叶片卵形或椭圆状卵形，顶端急尖或短渐尖，基部钝至浅心形，蒴果杯形，顶端具膜质冠，冠缘具疏腺毛，为宿存萼所包，宿存萼杯形，具四棱，被微柔毛及疏腺毛，顶端冠以宿存萼片。花期 8 ~ 10 月，果期约 10 月。

分布与生境：分布于八大公山五道水、龙潭坪，生于海拔 300 ~ 500 m 的沟谷密林下。

匍匐野海棠 Bredia repens

（二）金锦香属 Osbeckia Linnaeus

草本、亚灌木或灌木，茎四或六棱柱形，常被毛。叶对生或轮生，常被毛，基出脉 3 ~ 7 亲；头状或总状花序，或再组成圆锥状；花 4 ~ 5 基数，花托坛状或长坛状，常具刺毛突、突、蓖状鳞片或分枝状毛；萼片具缘毛，花瓣也具或无；雄蕊为花瓣倍数，同形，等长，药隔向前或后下方伸延成小疣或短距；子房半下位，顶端常具 1 圈刚毛。蒴果先顶孔开裂后纵裂。种子马蹄形弯曲。

约 100 种，我国有 12 种，湖南有 2 种，八大公山有 2 种。

分种检索表

1. 叶片线形、线状披针形或长圆状卵形至椭圆状卵形…………………………… **1. 金锦香 O. chinensis**
1. 叶片长圆状披针形…………………………………………………………………… **2. 星毛金锦香 O. stellata**

1. 金锦香 Osbeckia chinensis Linnaeus

直立草本或亚灌木。茎四棱形，具紧贴的糙伏毛。叶片坚纸质，线形或线状披针形，极稀卵状披针形，两面被糙伏毛，3 ~ 5 基出脉。头状花序顶生，基部具叶状总苞 2 ~ 6 枚，无花梗，萼管长约 6 mm，通常带红色，无毛或具 1 ~ 5 枚刺毛突起，裂片 4，花瓣 4，淡紫红色或粉红色，倒卵形，具缘毛；雄蕊常偏向1侧，花丝与花药等长，花药顶部具长喙，喙长为花药的1/2，药隔基部微膨大呈盘状。蒴果紫红色，4纵裂，宿存萼坛状，外面无毛或具少数刺毛突起。花期7~9月，果期9~11月。

分布与生境：分布于八大公山各地，生于海拔300~600 m的山坡草丛中。

用途：全草入药。

金锦香 Osbeckia chinensis

2. 星毛金锦香 Osbeckia stellata Buchanan-Hamilton ex Kew Gawler

落叶灌木，茎四棱形，被刺毛。叶片长圆状披针形，基部钝或近心形，全缘，具缘毛，叶面及

星毛金锦香 Osbeckia stellata

叶背脉上被糙伏毛，5 基出脉。总状花序顶生，花瓣紫红色，倒卵形，雄蕊常偏向 1 侧，花药黄色，顶部具长喙，喙与药室等长，药隔基部微膨大，向后呈短距。蒴果卵形，宿存萼筒紫色或黑紫色，坛状。花期 8 ~ 11 月，果期 10 ~ 12 月。

分布与生境：分布于八大公山各地，生于海拔 600 ~ 1400 m 的山坡密林下。

用途：根及果实入药；庭院观赏。

（三）肉穗草属 Sarcopyramis Wallich

草本，四棱柱形。叶片具 3 ~ 5 基出脉，边缘常具细锯齿；聚伞花序顶生，基部具 2 枚叶状苞片，花 3 ~ 5 朵；花柄四棱形，棱上常具狭翅；花托有四棱，棱上也常具狭翅；萼片 4，顶端具刺状小尖头或具边缘呈流苏状长毛的膜质盘；花瓣 4 片；雄蕊 8 枚，同形，等长，花药倒心形或倒心状卵形；子房下位，顶端具冠檐不整齐的膜质冠。蒴果。

6 种，我国有 4 种，湖南有 1 种，八大公山也有分布。

1. 楮头红 Sarcopyramis napalensis Wallich

直立草本。叶片广卵形或卵形，顶端渐尖，基部微下延，边缘具细锯齿，基出脉 3 ~ 5 条。聚伞花序，生于分枝顶端，苞片卵形，花 1 ~ 3 朵；花瓣粉红色；蒴果杯状，具 4 棱，膜质冠伸出花托 1 倍长，冠缘浅波状。萼宿存。花期 8 ~ 10 月，果期 9 ~ 12 月。

分布与生境：分布于八大公山各地，生于海拔 800 ~ 1000 m 的山坡密林下。

用途：全草入药；庭院观赏。

楮头红 Sarcopyramis napalensis

九十三、省沽油科 Staphyleaceae

乔木或灌木。叶对生或互生，奇数羽状复叶或稀为单叶，有托叶或稀无托叶；叶有锯齿。花整齐，两性或杂性，稀为雌雄异株，在圆锥花序上花少；萼片 5，分离或连合，覆瓦状排列；花瓣 5；子房上位，3 室，稀 2 或 4，联合，或分离，每室有 1 至几个倒生胚珠，花柱各式分离到完全联合。果实为蒴果状，常为多少分离的蓇葖果或不裂的核果或浆果；种子数枚，肉质或角质。

8 属约 20 种，我国有 5 属 21 种，湖南有 3 属 6 种，八大公山有 3 属 4 种。

分属检索表

1. 果为蓇葖果或浆果状。
  2. 蓇葖果，熟时红色……………………………………………………………… **1. 野鸦椿属 Euscaphis**
  2. 浆果状，熟时黑色………………………………………………………………… **3. 山香圆属 Turpinia**
1. 果为 1 膜质肿胀的蒴果……………………………………………………………… **2. 省沽油属 Staphylea**

（一）野鸦椿属 **Euscaphis** Siebold & Zuccarini

落叶灌木，枝无毛。奇数羽状复叶，对生，小叶 2 ~ 5 对，小叶革质，有细锯齿。圆锥花序顶生，花两性；整齐；花萼宿存，5 裂；花瓣 5；雄蕊 5，着生于花盘基部外缘；子房上位，3 室，心皮仅基部合生，裂片全裂成一室，花柱 3，顶端合生。蓇葖果有 1 ~ 3，革质心皮，基部有宿存的花萼，沿内面腹缝线开裂。种子 1 ~ 2，有薄假种皮。

4 种，我国有 2 种，湖南有 1 种，八大公山有分布。

1. 野鸦椿 Euscaphis japonica（Thunberg）Kanitz

落叶灌木或小乔木，高 3 ~ 8 m。枝叶揉碎后有恶臭气味。叶对生，奇数羽状复叶，小叶厚纸质，

野鸦椿 Euscaphis japonica

狭卵形或卵圆形长（4～8）cm×（2～4）cm，先端渐尖，基部圆形，边缘有疏短细锯齿，齿尖有腺体。顶生圆锥花序；花多，黄白色。圆形，黑色，有光泽，假种皮肉质。花期 5～6 月，果期 8～9 月。

分布与生境：分布于八大公山海拔 200～1700m 以下的山坡灌木丛中。

用途：根、果实、种子入药；可栽培供观赏。

（二）省沽油属 **Staphylea** Linnaeus

落叶灌木或小乔木。枝条光滑，有条纹。叶对生，有托叶，小叶 3～5 或羽状分裂。圆锥花序腋生或顶生，花两性，整齐，5 数，子房由 2 或 3 心皮组成，分离或基部连合，花柱 2～3，胚珠多数。蒴果膀胱状，果皮膜质。

约 10 种，我国有 4 种，湖南有 2 种，八大公山有 1 种。

1. 膀胱果 Staphylea holocarpa Hemsley

分变种检索表

1. 花白色或花蕾淡粉色…………………………… **1a. 膀胱果（原变种） S. holocarpa** var. **holocarpa**
1. 花玫瑰红…………………………………………… **1b. 玫红膀胱果（变种） S. holocarpa** var. **rosea**

1a. 膀胱果（原变种）Staphylea holocarpa Hemsley var. **holocarpa**

落叶小乔木或灌木。三小叶复叶对生，无毛，小叶椭圆形至长圆状披针形，先端突渐尖，（5～7）cm×（2.5～3.5）cm，基部钝，边缘有硬细锯齿。圆锥花序生于叶腋间；花先叶开放或叶与花同时开放，花蕾粉红色，开放后白色。蒴果，3 裂，基部狭，顶平截。花期 4～5 月，果期 8～9 月。

分布与生境：分布于八大公山各地，生于海拔 1000～1600 m 的山坡林中。

用途：根、果实入药；庭院观赏。

膀胱果（原变种）Staphylea holocarpa var. holocarpa

1b. 玫红膀胱果（变种）Staphylea holocarpa var. **rosea** Rehder & E.H.Wilson

落叶灌木。本变种与原变种的区别在于：叶背中脉两侧有灰白色长柔毛，花瓣玫瑰红色，柱头长于花被片雄蕊。蒴果膀胱状，先端和分裂。花期 4 ~ 5 月，果期 8 ~ 9 月。

分布与生境：分布于八大公山各地，生于海拔 800 ~ 1300m 的山坡林中。

用途：庭院观赏。

玫红膀胱果（变种）Staphylea holocarpa var. rosea

（三）山香圆属 Turpinia Ventenat

乔木或灌木，枝圆柱形。叶对生，无托叶，奇数羽状复叶或为单叶。圆锥花序开展，顶生或腋生，分枝对生，花小。白色，整齐，两性，稀为单性；萼片 5；子房无柄，3 裂，3 室，花柱 3，合生或分裂，柱头近头形。果实近圆球形，有疤痕，花柱分离，革质，不裂，3 室，每室有几个或多数种子。

30 种，我国有 13 种，湖南有 2 种，八大公山均有分布。

分种检索表

1. 羽状复叶，果熟后黑色……………………………………………… **1. 硬毛山香圆 T. affinis**
1. 花玫瑰红…………………………………………………………………**2. 锐尖山香圆 T. arguta**

1. 硬毛山香圆 Turpinia affinis Merrill & L.M.Perry

常绿乔木。羽状复叶，5 ~ 7 片，幼树叶片较多，小叶革质，椭圆状长圆形。圆锥花序长分枝开展，被短柔毛，花瓣倒卵状椭圆形，具缘毛，子房和花柱具长硬毛。浆果近圆形，有疤痕，花柱宿存，多数有硬毛。花期 3 ~ 4 月，果期 8 ~ 11 月。

分布与生境：产于八大公山各地，生于海拔 200 ~ 400 m 的山坡密林中。

用途：庭院观赏。本种与产于云南的硬毛山香圆形态上有区别，可能为华中地区的特化出的新种。

硬毛山香圆 Turpinia affinis

2. 锐尖山香圆 *Turpinia arguta* (Lindley) Seemann

常绿灌木，枝无毛，具斑点。单叶对生，近革质，椭园形或长椭圆形，少数近于披针形，先端渐尖，基部钝圆，边缘具疏锯齿，齿端具硬腺体，侧脉每边 9 ~ 11 条。圆锥花序顶生，花白色。果近球形，熟时红色。花期 4 ~ 5 月，果期 9 ~ 10 月。

分布与生境：产于八大公山各地，生于海拔 200 ~ 400 m 的山坡密林中。

用途：枝叶入药；庭院观赏。

锐尖山香圆 Turpinia arguta

九十四、旌节花科 Stachyuraceae

木本。小枝明显具髓。单叶互生；托叶线状披针形，早落。总状或穗状花序腋生；花两性或雌雄异株；花梗基部具苞片 1 枚，花基部具小苞片 2 枚；萼片和花瓣各 4；雄蕊 8，2 轮；子房上位，4 室，胚珠多数，中轴胎座；柱头头状，4 浅裂。浆果，外果皮革质。种子多数，具柔软的假种皮。

为东亚特有科，仅 1 属 8 种，我国有 7 种，湖南有 4 种，八大公山有 4 种。

（一）旌节花属 **Stachyurus** Siebold & Zuccarini

属特征见科的描述。

分种检索表

1. 落叶，叶片纸质或膜质，边缘具粗齿或细齿。
  2. 叶片长圆状卵形或宽卵形，长宽近相等……………………………………**2. 中国旌节花 S. chinensis**
  2. 叶片长圆形或长圆状披针形，长为宽的 2 倍以上……………………… **3. 西域旌节花 S. himalaicus**
1. 常绿，叶片革质，边缘具细而密的锐齿。
  3. 嫩叶绿色…………………………………………………………………… **1. 椭圆叶旌节花 S. callosus**
  3. 嫩叶红色………………………………………………………………… **4. 云南旌节花 S. yunnanensis**

1. 椭圆叶旌节花 Stachyurus callosus C. Y. Wu

常绿灌木。小枝圆柱形，幼枝灰褐色。叶坚纸质，椭圆形或长圆状椭圆形，（8 ~ 11）cm ×（4 ~ 5）cm，先端渐尖，基部钝，边缘具密伸展且不规则的锐齿，齿尖骨质。总状花序腋生，具短梗，苞片 1 枚，三角形，顶端急尖，小苞片 2 枚，卵形，基部联合，边缘具缘毛；萼片 4 枚，宽卵形，内凹，顶端具短尖头，具缘毛；花瓣倒卵形，淡黄色；雄蕊 8 枚，两轮，外轮 4 枚较长，内轮 4 枚较短；雌蕊与外轮雄蕊等长；子房瓶状，花柱短，具纵棱，柱头头状。花期 3 ~ 4 月，果期 7 ~ 8 月。

分布与生境：分布于八大公山龙潭坪，生于海拔 200 ~ 300 m 的沟谷林中或林缘。本种树皮的皮孔、幼叶颜色、叶形态、叶片大小、花序长短均与云南旌节花有差别，两者不宜归并。

椭圆叶旌节花 Stachyurus callosus

2. 中国旌节花 Stachyurus chinensis Franchet

落叶灌木。叶互生，叶片长圆状卵形或椭圆形，基部钝圆至近心形，边缘为圆齿状锯齿。穗状花序腋生；花黄色；苞片 1；小苞片 2；萼片 4，黄绿色；花瓣 4；雄蕊 8，与花瓣等长；子房瓶状，被微柔毛。果实圆球形，近无梗，基部具残留物。花期 3 ~ 4 月，果期 6 ~ 7 月。

分布与生境：分布于八大公山各地，生于海拔 1000 ~ 1900 m 的山坡林中或林缘。

用途：茎髓入药；庭院观赏。

中国旌节花 Stachyurus chinensis

3. 西域旌节花 Stachyurus himalaicus J. D. Hooker & Thomson ex Bentham

灌木或小乔木。叶片坚纸质或薄革质，披针形至长圆状披针形，基部钝圆，边缘具细而密的锐锯齿。穗状花序腋生；花黄色；苞片 1；小苞片 2；萼片 4，宽卵形；花瓣 4；雄蕊 8，常短于花瓣；子房卵状长圆形。浆果近球形，无梗或近无梗，花柱宿存。花期 3 ~ 4 月，果期 5 ~ 8 月。

分布与生境：分布于八大公山各地，生于海拔 300 ~ 1500 m 的山坡林中或林缘。

用途：茎髓入药；庭院观赏。

4. 云南旌节花 Stachyurus yunnanensis Franchet

灌木。叶互生，叶片革质或薄革质，椭圆状长圆形至长圆状披针形，基部楔形或钝圆，儿边缘具细尖锯齿，齿尖骨质。穗状花序腋生，花序轴之字形；苞片 1，三角形，急尖；小苞片三角状卵形；萼片 4；花瓣 4，黄色至白色；雄蕊 8；柱头头状。浆果球形，无梗，花柱宿存。花期 3 ~ 4 月，果期 7 ~ 8 月。

分布与生境：分布于五八大公山五道水、龙潭坪、杉木界，生于海拔 200 ~ 400 m 的常绿阔叶林林缘。

用途：庭院观赏。

西域旌节花 Stachyurus himalaicus

云南旌节花 Stachyurus yunnanensis

九十五、瘿椒树科 Tapisciaceae

乔木，单数羽状复叶，互生，有托叶。花两性，或雌雄异株，整齐，圆锥花序腋生，雄花序细长而纤弱，两性花花序较短；花单生于苞腋内；萼5裂，管状；花瓣5；雄蕊5；子房1室，1胚珠；雄花较小，有退化子房。果不开裂，浆果状，果皮肉质或革质。种子有硬壳质种皮。

2属6种，我国有1属2种，湖南有1属1种，八大公山有1属1种。

（一）瘿椒树属 Tapiscia Oliver

落叶乔木；叶互生，奇数羽状复叶。花极小，黄色，两性或雌雄异株，辐射对称，为腋生的圆锥花序，雄花序由长而纤弱的总状花序组成，花密聚，花单生于苞腋内；萼管状，5裂，花瓣5，雄蕊5，突出，花盘小或缺，子房1室，有胚珠1颗，雄花较小，有退化子房。果实不开裂，为核果状的浆果或浆果。

2种，湖南有2种，八大公山有1种。

1. 瘿椒树 Tapiscia sinensis Oliver

落叶乔木。叶互生，单数羽状复叶，互生，小叶5～9，卵形至狭卵形，有锯齿。圆锥花序腋生，花两性或单性异株，整齐，雄花序长达25 cm，两性多长达10 cm，花黄色，花萼钟状，5浅裂，子房1室，雄花具退化雌蕊。果近球形。花期6～7月，果期8～9月。

分布与生境：产于八大公山各地，生于海拔800～1400 m的山坡沟边林中或林缘。

用途：用材树种；庭院观赏。

瘿椒树 Tapiscia sinensis

九十六、十齿花科 Dipentodonitaceae

灌木或小乔木。叶互生，具柄，有小锯齿；花两性或杂性，排成腋生伞形花序或聚伞状圆锥花序；花萼 5 裂，管壶状或圆柱状；花瓣 5，与萼片相似；雄蕊 5，生于花盘上或边缘；子房 2 室，或上部 1 室基部 3 室，每室胚珠 2。蒴果或小浆果。

2 属 16 种，我国有 2 属 3 种，湖南有 1 属 1 种，八大公山有 1 属 1 种。

（一）核子木属 Perrottetia Kunth

无刺灌木。叶卵形，有锯齿。花杂性，很小，雌雄异株，腋生聚伞状圆锥花序；花萼 5，萼管圆柱状；花瓣 5，似花萼裂片；雄蕊 5，着生在花盘边缘；雄花花盘平坦，雌花花盘环状；子房不与花盘黏贴，2 室，每室胚珠 2。浆果，球形。种子 2 ~ 4 枚。

2 种，中国全有；湖南有 1 种，八大公山也产。

1. 核子木 Perrottetia racemosa (Oliver) Loesener

蔓生灌木。树皮深红色，有灰白色皮孔。叶互生，长椭圆形或长卵形，锯齿细锐密生。聚伞圆锥花序腋生；雌雄异株，花萼 5，萼管圆柱状；花瓣 5，似花萼裂片；雄花直径约 3 mm，雄蕊 5，着生在花盘边缘，花盘平坦，退化子房细小，花盘环状，子房上位，2 室，胚珠 2。浆果球形，种子 2 ~ 4 粒。花期 5 ~ 6 月，果期 8 ~ 9 月。

分布与生境：分布于八大公山各地，生于海拔 250 ~ 600 m 的山林下。

用途：根皮入药。

核子木 Perrottetia racemosa

九十七、漆树科 Anacardiaceae

木本。树皮具树脂或白色乳汁。单叶互生，掌状三小叶或奇数羽状复叶，无托叶或托叶不明显。圆锥花序；花辐射对称，两性、单性或杂性；花萼多少合生，3～5 裂；花瓣 3～5，覆瓦状或镊合状排列，雄蕊与花瓣同数或为其倍数，着生于花盘基部或有时着生在花盘边缘，花丝线形或钻形，花盘环状或坛状或杯状；心皮 1～5，子房上位，常 1（2～5）室，胚珠 1，倒生，核果。

81 属 800 余种，我国有 17 属 55 种，湖南有 5 属 12 种，八大公山有 5 属 10 种。

分属检索表

1. 复叶。
  2. 子房 5 室……………………………………………………………**1. 南酸枣属 Choerospondias**
  2. 子房 1 室。
    3. 花只有花萼而无瓣…………………………………………………… **3. 黄连木属 Pistacia**
    3. 花有花萼及花瓣。
      4. 花序腋生……………………………………………………… **5. 漆树属 Toxicodendron**
      4. 花序顶生…………………………………………………………… **4. 盐肤木属 Rhus**
1. 单叶……………………………………………………………………… **2. 黄栌属 Cotinus**

（一）南酸枣属 Choerospondias B.L.Burtt & A.W.Hill

落叶大乔木。树皮片状剥落，幼枝被微柔毛。奇数羽状复叶，小叶 7～13，小叶卵状披针形至长圆形，先端长渐尖，基部近圆形，不对称，全缘或波状，幼树之叶具粗锯齿，两面无毛。核果肉质，熟时黄色，果核骨质，顶部具 5 个小孔。

1 种，主产我国，八大公山也有分布。

1. 南酸枣 Choerospondias axillaris (Roxburgh) B.L.Burtt & A.W.Hill

分变种检索表

1. 叶背仅脉腋有毛或皆无毛……………………………… **1a. 南酸枣（原变种） C. axillaris** var. **axillaris**
1. 小叶背面脉上以及小叶柄、叶轴皆有毛……… **1b. 毛脉南酸枣（变种） C. axillaris** var. **pubinervis**

1a. 南酸枣 Choerospondias axillaris (Roxburgh) B.L.Burtt & A.W.Hill var. **axillaris**

形态特征见南酸枣属描述。

分布与生境：分布于八大公山各地，生于海拔 400～1200 m 的山坡林中。

用途：树皮及果入药；用材树种；庭院观赏；果皮可食。

1b. 毛脉南酸枣 Choerospondias axillaris var. **pubinervis** (Rehder & E. H.Wilson) B. L. Burtt & A. W. Hill

落叶乔木。本变种小叶背面脉上以及小叶柄、叶轴及幼枝被灰白色微柔毛而与原变种相区别。

分布与生境：分布于八大公山各地，生于海拔 200 ~ 500 m 的山沟林中。

用途：树皮及果入药；用材树种；庭院观赏；果皮可食。

南酸枣 Choerospondias axillaris var. axillaris

毛脉南酸枣 Choerospondias axillaris var. pubinervis

（二）黄栌属 Cotinus Miller

灌木或小乔木。单叶互生，无托叶。圆锥花序顶生；花小，杂性，仅少数发育，多数不孕花花后花梗伸长，被长柔毛；花萼 5 裂，卵状披针形，宿存；花瓣 5，长为萼片的 2 倍；雄蕊 5，着生在环状花盘的下部；子房偏斜，压扁，1 室，1 胚珠，花柱 3，侧生。核果，暗红色至褐色。

约 5 种，我国有 3 种，湖南有 1 种，八大公山亦有。

1. 毛黄栌 Cotinus coggygria var. **pubescens** Engler

落叶灌木，高 3 ~ 5 m。叶多为阔椭圆形，稀圆形，叶背、尤其沿脉上和叶柄密被柔毛；花序无毛或近无毛。

分布与生境：分布于八大公山各地，生于海拔 300 ~ 1500 m 的山坡灌丛中。

用途：观赏树木；根入药。

毛黄栌 Cotinus coggygria var. pubescens

（三）黄连木属 Pistacia Linnaeus

乔木或灌木，具树脂。叶互生，奇数或偶数羽状复叶，稀单叶或 3 小叶。总状花序或圆锥花序腋生；雌雄异株。雄花：花被片 3 ~ 9，雄蕊 3 ~ 5，花丝极短，与花盘连合或无花盘，花药药隔伸出。雌花：花被片 4 ~ 10，花盘小或无，3 心皮合生，子房上位，1 室，1 胚珠，柱头 3 裂，外弯。核果，无毛，外果皮薄，内果皮骨质。

约 10 种，我国有 3 种，湖南有 1 种，八大公山也有分布。

1. 黄连木 Pistacia chinenis Bunge

落叶大乔木。树皮呈鳞片状倒向开裂。奇数羽状复叶互生，小叶 5 ~ 6 对，披针形，全缘，背面被卷曲微柔毛或近无毛。花单性异株，圆锥花序，花序、花均被微柔毛，苞片外面被微柔毛，边缘具睫毛。雄花和雌花的花被片 7 ~ 9，大小不等，外面被柔毛，边缘具睫毛。核果。

分布与生境：分布于八大公山各地，生于海拔 200 ~ 800 m 的山坡林中。

用途：叶芽入药，亦作茶饮；用材树种；庭院观赏。

黄连木 Pistacia chinenis

（四）盐肤木属 **Rhus** Linnaeus

落叶灌木或乔木。叶互生，奇数羽状复叶、3小叶或单叶，叶轴具翅或无翅。花小，杂性或单性异株，排列成顶生聚伞圆锥花序或复穗状花序，苞片宿存或脱落；花萼5裂，裂片覆瓦状排列，宿存；花瓣5，覆瓦状排列；雄蕊5，着生在花盘基部，在雄花中伸出，花药卵圆形，背着药，内向纵裂；花盘环状；子房无柄，1室，1胚珠，花柱3，基部多少合生。核果球形，被腺毛，成熟时红色，外果皮与中果皮连合。

约250种，我国有6种，湖南有3种，八大公山有2种。

分种检索表

1. 圆锥花序直立，叶轴有翅，叶边有锯齿…………………………………………… **1. 盐肤木 R. chinensis**
1. 圆锥花序下垂，叶轴无翅，或在上部有狭翅，叶边全缘……… **2. 红麸杨 R. punjabensis** var. **sinica**

1. 盐肤木 **Rhus chinensis** Miller

落叶小乔木，小枝被锈色柔毛。奇数羽状复叶，小叶（2）3～6对，叶轴具宽的叶状翅，叶轴和叶柄密被锈色柔毛；小叶卵形或椭圆状卵形或长圆形，边缘具粗锯齿或圆齿，叶背被白粉，叶面沿中脉疏被柔毛或近无毛。圆锥花序，花雌雄异株，被毛，边缘具细睫毛。核果，略压扁，被具节柔毛和腺毛。花期8～9月，果期10月。

分布与生境：分布于八大公山各地，生于海拔200～1900 m的各种生境。

用途：寄生在叶翅上的虫瘿入药入药；叶可作饲料；庭院观赏；蜜源植物。

盐肤木 Rhus chinensis

2. 红麸杨 Rhus punjabensis var. **sinica** (Diels) Rehder & E.H.Wilson

落叶乔木，小枝被微柔毛。奇数羽状复叶，小叶 3 ~ 6 对，叶轴上部具狭翅，叶卵状长圆形或长圆形，全缘，叶背疏被微柔毛或仅脉上被毛，侧脉较密，约 20 对。圆锥花序，密被微茸毛；苞片钻形，花白色；花萼、花瓣外面疏被微柔毛，边缘具细睫毛，花瓣花时先端外卷。核果，略压扁，成熟时暗紫红色，被具节柔毛和腺毛。

红麸杨 Rhus punjabensis var. sinica

分布与生境：分布于八大公山各地，生于海拔 300 ~ 1900 m 的山坡林中。

用途：寄生在叶轴翅上的虫瘿入药及根入药。

（五）漆属 **Toxicodendron** Miller

乔木或灌木。有乳状液汁或树脂状液汁。叶互生，常为奇数羽状复叶，有时单叶或 3 小叶，全缘或有锯齿；花杂性或单性异株，为腋生或顶生的圆锥花序；萼 5 裂；花瓣 5，覆瓦状排列；雄蕊 5，着生于一淡褐色的花盘下；子房 1 室，上位，有胚珠 1 颗，花柱 3；核果小，平滑或被毛。

约 20 种，我国有 16 种，湖南有 5 种，八大公山有 5 种。

分种检索表

1. 藤本……………………………………………………………… **1. 刺果毒漆藤 T. radicans** subsp. **hispidum**
1. 乔木或灌木。
  2. 叶下面无毛而稍呈灰绿色；小枝及叶柄无毛……………………………**2. 野漆树 T. succedanea**
  2. 叶下面被毛，至少脉上有毛；小枝至少在幼时被毛。
    3. 花序长不超过叶长之半。
      4. 核果无毛………………………………………………………………… **3. 木蜡树 T. sylvestris**
      4. 核果具刺毛……………………………………………………………… **4. 毛漆树 T. trichocarpum**
    3. 花序与叶等长或近等长或超过………………………………………… **5. 漆树 T. verniciflua**

1. 刺果毒漆藤 Toxicodendron radicans subsp. **hispidum** (Engler) Gillis

落叶藤本。幼枝被锈色柔毛。3 小叶复叶，被黄色柔毛，侧生小叶长圆形或椭圆形，基部圆，偏斜，

刺果毒漆藤 Toxicodendron radicans subsp. hispidum

全缘，下面脉腋有淡褐色毛，无柄，顶生小叶倒卵状椭圆形。花序短，被锈褐色微硬毛。果序密集似簇生状，核果稍偏斜，外果皮淡黄色，被刺毛。果期 8 ~ 9 月。

分布与生境：分布于八大公山斗篷山，生于海拔 1000 ~ 1900 m 的山坡林中。

本种为漆属植物毒性最大者。

2. 野漆 Toxicodendron succedaneum (Linnaeus) Kuntze

落叶乔木，顶芽大，紫褐色。奇数羽状复叶，互生，常集生小枝顶端，小叶 4 ~ 7 对，长圆状椭圆形或卵状披针形，基部多少偏斜，全缘，叶背常具白粉，侧脉 15 ~ 22 对，两面略突。圆锥花序；花黄绿色；花萼裂片阔卵形；花瓣长圆形，花时外卷；花盘 5 裂。核果，偏斜，先端偏离中心。

分布与生境：分布于八大公山各地，生于海拔 200 ~ 1300 m 的山坡林中。

用途：观赏树木；根或根皮入药；木材可作用材。

野漆 Toxicodendron succedaneum

3. 木蜡树 Toxicodendron sylvestre (Siebold & Zuccarini) Kuntze

乔木，幼枝和芽被黄褐色茸毛。奇数羽状复叶，互生，小叶 9 ~ 13，全缘，卵形或卵状椭圆形或长圆形，密被黄褐色茸毛，侧脉 15 ~ 25 对，两面突起。圆锥花序，密被锈色茸毛；花黄色，被卷曲微柔毛；花萼裂片卵形，花瓣长圆形，具暗褐色脉纹，具花盘。核果，扁圆形，果核坚硬。

分布与生境：分布于八大公山各地，生于海拔 1000 m 以下的山坡疏林中。

用途：乳汁可作油漆；叶入药；用材树种。

4. 毛漆树 Toxicodendron trichocarpum (Miquel) Kuntze

落叶灌木。幼枝被黄褐色微硬毛；顶芽大，密被黄色茸毛。奇数羽伏复叶互生，有小叶 4 ~ 7 对，小叶纸质，卵形或倒卵状长圆形或椭圆形，自下而上逐渐增大，（4 ~ 10）cm ×（2.5 ~ 4.5）cm，

木蜡树 Toxicodendron sylvestre

毛漆树 Toxicodendron trichocarpum

先端渐尖，具钝头，基部略偏斜，圆形至截形，全缘，叶背沿中侧脉密被黄色柔毛。圆锥花序为叶长之半，密被黄褐色微硬毛，但花萼和花瓣无毛。核果扁圆形，熟时黄色，疏被短刺毛。花期 6 月，果期 7 ~ 9 月。

分布与生境：分布于八大公山天平山、杉木界，生于海拔 800 ~ 1800 m 的山坡疏林中。

5. 漆树 Toxicodendron vernicifluum (Stokes)F.A.Barkley

乔木，小枝被棕黄色柔毛，后无毛。奇数羽状复叶，互生，小叶 9 ~ 11，卵形或长圆状卵形，全缘，幼时被柔毛，老时脉疏被柔毛，侧脉 8 ~ 16 对。圆锥花序，被灰黄色微柔毛；雌雄异株，花黄绿色，花萼先端钝；花瓣具细密的褐色羽状脉纹，花时外卷；花盘 5 浅裂。核果，略压扁。花期 5 ~ 6 月，果期 7 ~ 10 月。

分布与生境：分布于八大公山各地，生于海拔 800 ~ 1900 m 的山坡林中，也有栽培。

用途：乳汁可作油漆；种子可榨油供食用；根入药。

漆树 Toxicodendron vernicifluum

九十八、无患子科 Sapindaceae

乔木或灌木，少数为攀缘状草本或木质藤本。叶多互生，常为掌状复叶或羽状复叶；无托叶。花小，杂性或退化为单性，少两性，排成顶生或腋生的圆锥花序或总状花序；花瓣 4 ~ 5 或缺，覆瓦状排列，内侧基部常有絮状毛或小鳞片；花盘着生于雄蕊的外部；雄蕊通常 8，花丝分离，常被疏柔毛；子房上位，通常 3 室，花柱线状，胚珠每室 1 ~ 2 或更多。果为核果、浆果、蒴果或翅果。种子无胚乳，种皮膜质至革质，有或无假种皮。

约 141 属 1900 种，我国有 25 属约 158 种，湖南有 7 属 61 种，八大公山有 6 属 31 种。

分属检索表

1. 叶互生，复叶。
  2. 果不开裂，核果状或浆果状。
    3. 叶为单数羽状复叶……………………………………………………………**6. 无患子属 Sapindus**
    3. 叶为双数羽状复叶………………………………………………………… **4. 伞花木属 Eurycorymbus**

2. 蒴果，室背开裂，果皮膜质或纸质有脉纹……………………………… **5. 栾树属 Koelreuteria**
1. 叶对生，单叶或复叶。。
4. 蒴果……………………………………………………………………………… **2. 七叶树属 Aesculus**
4. 翅果。
5. 果实周围具圆形的翅……………………………………………………… **3. 金钱槭属 Dipteronia**
5. 果实仅先端有 2 裂的翅……………………………………………………………… **1. 槭属 Acer**

（一）槭属 **Acer** Linnaeus

灌木或乔木，常绿或落叶。冬芽外常被多数覆瓦状的鳞片。叶对生，单叶或复叶（小叶最多达 11 枚），掌状分裂或不分裂。花小，整齐，雄花与两性花同株或异株，少数雌雄异株，成伞房、聚伞、总状或圆锥花序；萼片和花瓣均为 5 数或 4 数，稀缺花瓣；花盘环状或微裂，少数缺；雄蕊 4 ~ 12；子房 2 室，花柱 2 裂，稀不裂。果为翅果。

约 126 种，我国有 99 种，湖南有 52 种，八大公山有 26 种。

分种检索表

1. 花常 5 数，稀 4 数，各部分发育良好，有花瓣和花盘，两性或杂性。叶常系单叶，稀复叶。
2. 叶为单叶。
3. 花两性或杂性，雄花与两性花同株或异株有叶的小枝顶端。
4. 冬芽通常无柄，鳞片较多，覆瓦状排列，花序位房状或圆锥状。
5. 落叶，叶纸质，通常 3 ~ 5 裂，稀 7 ~ 11 裂。
6. 翅果扁平，叶裂片全缘或波状，叶柄有乳汁。
7. 果序的总果梗较长，通常 1 ~ 2 cm。
8. 叶较小，长度与宽度近于相等……………………………… **25. 薄叶槭 A. tenellum**
8. 叶较大，宽度大于长度。
9. 叶下面无毛。
10. 小枝灰色或灰褐色 ……………………………………… **19. 色木槭 A. pictum**
10. 小枝紫绿色 ………………… **2. 小叶青皮槭 A. cappadocicum** subsp. **sinicum**
9. 叶下面有淡黄色柔毛………………………………………… **13. 长柄槭 A. longipes**
7. 果序的总果梗较短，通常在 1 cm 以内 ……………………… **1. 阔叶槭 A. amplum**
6. 翅果凸起，叶裂片边缘有齿，叶柄无乳汁。 11. 花序伞房状，每花序只有少数几朵花。
12. 翅果较小，张开成钝角 ………………………………… **18. 鸡爪槭 A. palmatum**
12. 翅果较大，张开近水平 ……………………………………… **3. 蜡枝槭 A. ceriferum**
11. 花序伞房状圆锥状或总状圆锥形，每花序有多数花。
13. 叶 5 ~ 7 裂。
14. 叶常 7 裂。

15. 萼片内侧无毛，小坚果无脉纹 ………………… **9. 扇叶槭 A. flabellatum**

15. 萼片内侧有长柔毛，小坚果脉纹显著 …………… **7. 毛花槭 A. erianthum**

14. 叶常 5 裂，或兼有 3 裂。

16. 翅果张开成锐角或直角 ……………………………… **20. 中华槭 A. sinense**

16. 翅果张开成钝角或平角 ………………………………**17. 五裂槭 A. oliverianum**

13. 叶 3 裂 ……………………………………………………………**26. 三峡槭 A. wilsonii**

5. 常绿，叶革质或纸质，通常不分裂，稀 3 裂。

17. 叶基部生出的 1 对侧脉较长于由中脉生出的侧脉，常达于叶片的中部。

18. 小枝、叶柄和叶下面有黄色茸毛 ………………… **4. 樟叶槭 A. coriaceifolium**

18. 小枝、叶柄和叶下面无毛。

19. 叶革质，翅果张开成锐角或近于直角 ……………**16. 飞蛾树 A. oblongum**

19. 叶革质，翅果张开成钝角或近于水平 …………………… **5. 紫果槭 A. cordatum**

17. 叶基部生出的 1 对侧脉和中脉生出的侧脉近等长，彼此平行而成羽状。

20. 侧脉 7 ~ 8 对，果翅绿白色 ……………………………… **12. 光叶槭 A. laevigatum**

20. 侧脉 4 ~ 5 对，果翅红色 ………………………………………… **8. 罗浮槭 A. fabri**

4. 冬芽有柄，鳞片通常 2 对，镊合状排列，花序总状。

21. 叶的长度显著大于宽度 ………………………………………… **6. 青榨槭 A. davidii**

21. 叶的长度略大于宽度 …………………………………… **14. 五尖槭 A. maximowiczii**

3. 花单性稀杂性小枝旁边。

22. 花 4 基数 ……………………………… **22. 四蕊槭 A. stachyophyllum** subsp. **betulifolium**

22. 花 5 基数。

23. 叶下面有密被短柔毛，在叶脉上极密 …… **23. 房县槭 A. sterculiaceum** subsp. **franchetii**

23. 叶下面疏被淡黄色短柔毛，在叶脉上稍密 ………………… **21. 秦岭槭 A. tsinglingense**

2. 叶为羽状复叶，有 3 ~ 7 小叶。

24. 嫩枝、花序和小叶下面和翅果通常有毛。

25. 翅果有短柔毛，张开成钝角 ………………………………………… **15. 毛果槭 A. nikoense**

25. 翅果有茸毛，张开成锐角或直角 ……………………………… **10. 血皮槭 A. griseum**

24. 嫩枝、花序和小叶下面和翅果无毛 ………………………… **24. 四川槭 A. sutchuenense**

1. 花单性雌雄异株，通常 4 数，花盘和花瓣不发育………………………… **11. 建始槭 A. henryi**

1. 阔叶槭 Acer amplum Rehder

落叶乔木。叶基部近心形或截形，通常 5 裂，稀 3 裂，裂片钝尖，全缘，裂片中间的凹缺钝形，下脉脉腋有黄色丛毛，主脉 5。伞房花序生于有叶小枝顶端，总花梗很短。翅果张开成钝角，翅上部宽，下部窄，小坚果压扁。花期 4 月，果期 9 月。

分布与生境：分布于八大公山各地，生于海拔 800 ~ 1800 m 的山坡林中。

用途：庭院观赏。

阔叶槭 Acer amplum

2. 小叶青皮槭（亚种）Acer cappadocicum subsp. **sinicum** (Rehder) Handel-Mazzetti

落叶乔木。小枝平滑紫绿色，无毛。叶纸质，基部心脏形、稀近于截形，常 5 ~ 7 裂，裂片三角卵形，先端，锐尖或狭长锐尖，边缘全缘，上面深绿色、无毛，下面淡绿色，除脉腋被丛毛外其余部分无毛。花序伞房状，无毛。花杂性，雄花与两性花异株，两性花黄绿色。小坚果压扁状，翅宽 1.5 ~ 1.8 cm，张开近于水平或成钝角，常略反卷。花期 4 月，果期 8 月。

分布与生境：分布于八大公山各地，生于海拔 1200 ~ 1800 m 的山坡林中。

用途：用材树种；庭院观赏。

小叶青皮槭（亚种）Acer cappadocicum subsp. sinicum

3. 蜡枝槭 *Acer ceriferum* Rehder

落叶乔木，叶圆形，基部截形，稀近于心脏形，常 7 裂，稀 5 裂；裂片长圆卵形稀披针形，先端锐尖，边缘具尖锐的细锯齿，裂片间的凹缺很狭窄，深达叶片的 1/2；除脉腋被丛毛外，其余部分无毛；叶柄被长柔毛。果实紫黄色，常成小的伞房果序；小坚果凸起，被长柔毛；翅镰刀形，张开近于水平；宿存的萼片长圆形或长圆披钎形，两面均被长柔毛。花期不明，果期 9 月。

分布与生境：分布于八大公山各地，生于海拔 1800 ~ 1900 m 的山坡林中。

用途：庭院观赏。

蜡枝槭 Acer ceriferum

4. 樟叶槭 *Acer coriaceifolium* H.Léveillé

常绿乔木。当年生小枝密被浓密的茸毛，以后近无毛。叶革质，长圆形或长圆披针形，先端钝形，有短尖头，基部圆，全缘，下面淡绿色，被白粉和淡褐色茸毛，侧脉每边 3 ~ 4 条，最下 1 对侧脉基出，强劲而呈 3 出脉，叶柄被褐色茸毛。伞房花序，翅果张开成锐角或近直立，小坚果凸起，被茸毛。

分布与生境：分布于八大公山各地，生于海拔 200 ~ 600 m 的山坡林中。

用途：庭院观赏；用材树种。

5. 紫果槭 *Acer cordatum* Pax

落叶小乔木。小枝细瘦，紫色，无毛。叶卵状长圆形或卵形，先端短渐尖或渐尖，基部近心形，近全缘，下面脉腋有丛毛，主脉 3。伞房花序有 3 ~ 5 花。翅果张开成钝角或近于水平，小坚果凸起，无毛。花期 4 月，果期 9 月。

分布与生境：分布于八大公山各地，生于海拔 500 ~ 1200 m 的山坡林中。

用途：庭院观赏。

樟叶槭 Acer coriaceifolium

紫果槭 Acer cordatum

6. 青榨槭 Acer davidii Franchet

分亚种检索表

1. 叶大，叶缘通常不分裂…………………………………… **6a. 青榨槭（原亚种）A. davidii** subsp. **davidii**

1. 叶较小，边缘 3 ~ 5 浅裂，侧裂片较小…………… **6b. 葛萝槭（亚种）A. davidii** subsp. **grosseri**

6a. 青榨槭（原亚种）Acer davidii Franchet subsp. **davidii**

落叶乔木。枝皮绿色，有白色条状斑纹。叶纸质，长圆状卵形或近心形，先端锐尖或尾状渐尖，基部圆形或近心形，边缘具不整齐的锯齿。花黄绿色，雄花与两性花同株，顶生于有叶的嫩枝上，与叶同时开放；花瓣 5，雄蕊 8。翅果嫩时淡绿色，熟后黄褐色。小坚果扁平，两翅展开成钝角或几成水平。花期 4 ~ 5 月，果期 9 月。

分布与生境：分布于八大公山各地，生于海拔 400 ~ 1600 m 的山坡林中。

用途：用材树种；庭院观赏。

青榨槭（原亚种）Acer davidii subsp. davidii

6b. 葛罗槭（亚种）Acer davidii subsp. **grosseri** (Pax) P. C. de Jong

落叶乔木。本亚种叶较小，卵形，（7 ~ 9）cm ×（5 ~ 6）cm，边缘具密而尖锐的重锯齿，基部近于心脏形，5 裂；侧裂片较小，或不发育。花序和果序较短而原亚种不同。花期 4 月，果期 9 月。

分布与生境：分布于八大公山各地，生于海拔 800 ~ 1700 m 的山坡林中。

用途：用材树种；庭院观赏。

葛罗槭（亚种）Acer davidii subsp. grosseri

7. 毛花槭 Acer erianthum Schwerin

落叶乔木。叶基部近于圆形或截形，常 5 裂；裂片卵形或三角卵形；裂片间的凹缺钝尖。花单性，多数成直立而被柔毛或无毛的圆锥花序，萼片 5 或 4，黄绿色，内侧被长柔毛，近边缘处更密，花瓣白色微带淡黄色，倒卵形；雄蕊 8，在雌花中略短，花药黄褐色；子房密被淡黄色长柔毛，柱头平展或反卷 . 翅果成熟时黄褐色，翅张开近于水平或微向外侧反卷。花期 5 月，果期 9 月。

分布与生境：分布于八大公山各地，生于海拔 1800 ~ 1900 m 的山坡林中。

用途：庭院观赏。

毛花槭 Acer erianthum

8. 罗浮槭 Acer fabri Hance

常绿乔木。叶革质，先端锐尖或短锐尖，基部楔形，边全缘。花紫色，杂性，雄花与两性花同株，常成无毛或嫩时被茸毛的圆锥花序；萼片 5，花瓣 5，雄蕊 8。子房无毛，花柱短。翅果嫩时紫色，熟时淡褐色或黄褐色；小坚果凸起，两翅张开成钝角，无毛，细瘦。花期 4 ~ 5 月，果期 9 月。

分布与生境：分布于八大公山各地，生于海拔 200 ~ 600 m 的沟谷林中。

用途：庭院观赏。

9. 扇叶槭 Acer flabellatum Rehder

落叶乔木。小枝深褐色，无毛。叶基部深心形，长宽近相等，通常 7 裂，裂片卵状长圆形，先端锐尖，稀尾状锐尖，边缘具不整齐的钝尖锯齿，裂片间的凹缺狭窄而锐尖，下面沿脉上有长柔毛，脉腋有丛毛。花杂性，雄花与两性花同株，组成圆锥花序。翅果张开近水平，小坚果凸起。花期 6 月，果期 10 月。

分布与生境：分布于八大公山各地，生于海拔 1800 ~ 1900 m 的山坡林中。

用途：庭院观赏。

罗浮槭 Acer fabri

扇叶槭 Acer flabellatum

10. 血皮槭 Acer griseum (Franchet) Pax

落叶乔木。小枝深褐色，无毛。叶基部深心形，长宽近相等，通常 7 裂，裂片卵状长圆形，先端锐尖，稀尾状锐尖，边缘具不整齐的钝尖锯齿，裂片间的凹缺狭窄而锐尖，下面沿脉上有长柔毛，脉腋有丛毛。花杂性，雄花与两性花同株，组成圆锥花序。翅果张开近水平，小坚果凸起。花期 6 月，果期 10 月。

分布与生境：分布于八大公山各地，生于海拔 1000 ~ 1800 m 的山坡林中。

用途：庭院观赏。

11. 建始槭 Acer henryi Pax

落叶乔木。复叶有 3 小叶，叶椭圆形或长椭圆形，先端渐尖，基部楔形或阔楔形，全缘或具 3 ~ 5 个稀疏锯齿，侧生小叶具柄，有短柔毛，侧脉每边 11 ~ 14 条，沿脉上密被毛。花单性，雌雄异株，组成下垂的穗状花序。翅果张开成锐角或近于直立。花期 4 月，果期 9 月。

分布与生境：分布于八大公山各地，生于海拔 600 ~ 1300 m 的山坡林中。

用途：庭院观赏。

血皮槭 Acer griseum

建始槭 Acer henryi

12. 光叶槭 Acer laevigatum Wallich

常绿乔木。叶革质，长圆状披针形或披针形，（8 ~ 15）cm ×（3 ~ 5）cm，先端渐尖或短渐尖，基部楔形，全缘或近先端有稀疏的细锯齿。花杂性，白色，雄花与两性花同株，无毛的伞房花序顶生。雄蕊 6 ~ 8，花盘紫色，无毛。翅果嫩时紫色，成熟时淡黄褐色。小坚果特别凸起，两翅展开成钝角或锐角。花期 4 月，果期 7 ~ 8 月。

分布与生境：分布于八大公山各地，生于海拔 200 ~ 600 m 的沟谷林中。

用途：庭院观赏。

光叶槭 Acer laevigatum

13. 长柄槭 Acer longipes Franchet ex Rehder

落叶乔木。树皮灰色或紫灰色，微现裂纹。叶基部近于心脏形，通常 3 裂，稀 5 裂或不裂；裂片三角形；下面淡绿色，有灰色短柔毛，在叶脉上更密。伞房花序，顶生，无毛。花淡绿色，杂性，雄花与两性花同株；花瓣 5 枚，黄绿色，长圆倒卵形，与萼片等长；雄蕊 8 枚，无毛雄花中者长于花瓣，在两性花中较短。小坚果压扁状，嫩时紫绿色，成熟时黄色或黄褐色；翅张开成锐角。花期 4 月，果期 9 月。

分布与生境：分布于八大公山各地，生于海拔 800 ~ 1000 m 的山坡林中。

用途：庭院观赏；用材树种。

长柄槭 Acer longipes

14. 五尖槭 Acer maximowiczii Pax

落叶乔木。小枝紫色或红紫色，无毛。叶卵形或三角状卵形，边缘具紧贴的重锯齿，齿端有小尖头，基部近心形，叶 5 裂，中央裂片三角卵形，先端尾尖，侧裂片和基部两个小裂片卵形，裂片间的凹缺锐尖，下面沿主脉的基部和侧脉的脉腋有短柔毛。翅果带紫色，张开成钝角。

分布与生境：分布于八大公山各地，生于海拔 1500 ~ 1800 m 的山坡林中。

用途：庭院观赏。

五尖槭 Acer maximowiczii

15. 毛果槭 Acer nikoense Maximowicz

落叶乔木。复叶具 3 小叶；小叶长圆椭圆形或长圆披针形，边缘具很稀疏的钝锯齿，下面被长柔毛。聚伞花序，具 3 ~ 5 花；萼片 5，黄绿色，花瓣 5，雄蕊 8，子房密被短柔毛，柱头 2 裂。翅果黄褐色，小坚果密被短柔毛，两翅略向内弯，张开近于直角或钝角。花期 4 月，果期 9 月。

毛果槭 Acer nikoense

分布与生境：分布于八大公山杉木界，生于海拔 800 ~ 1200 m 的山坡林中。

用途：庭院观赏。

16. 飞蛾树 Acer oblongum Wallich ex Candolle

常绿乔木。叶革质，卵形或卵状长圆形，长 5 ~ 11 cm，宽 2 ~ 4 cm，先端短尖或渐尖，基部宽楔形或圆形，有 3 条主脉，全缘，无毛，上面绿色，下面被白粉；叶柄长 1.5 ~ 3.0 cm。花黄绿色或绿色，杂性，雄花与两性花同株，伞房花序顶生，被毛。翅果棕黄色；小坚果凸起，两翅近于直角张开。花期 4 月，果熟期 9 月。

分布与生境：分布于八大公山各地，生于海拔 300 ~ 800 m 的山坡林中。

用途：庭院观赏。

飞蛾树 Acer oblongum

17. 五裂槭 Acer oliverianum Pax

落叶小乔木。叶纸质，5 裂，裂片长圆形卵形或三角状卵形，先端锐尖，基部近截形或近心形。花白色，雄花与两性花同株，杂性，常生成顶生无毛的伞房花序，开花与叶的生长同时。翅果幼时淡紫色，熟时黄褐色，镰刀形，小坚果凸出，脉纹显著，两翅张开近水平。花期 5 月，果期 9 月。

分布与生境：分布于八大公山各地，生于海拔 800 ~ 1500 m 的山坡林中。

用途：庭院观赏；用材树种。

五裂槭 Acer oliverianum

18. 鸡爪槭 Acer palmatum Thunberg

落叶乔木，高 5 ~ 10 m。叶纸质，外貌圆形，直径 7 ~ 10 cm，5 ~ 9 掌状深裂，常 7 裂，先端锐尖或长锐尖，基部心形或近心形，稀截形，边缘具紧贴的锐锯齿。花紫色，杂性，雄花与两性花同株无毛的伞房花序，花瓣 5；雄蕊 8；子房无毛，花柱 2 裂。翅果幼嫩时紫红色，熟时淡棕黄色，小坚果凸出，球形，两翅张开成钝角。花期 5 月，果期 10 月。

分布与生境：分布于八大公山斗篷山，生于海拔 1700 ~ 1900 m 的山坡林中。

用途：枝叶入药；庭院观赏。

鸡爪槭 Acer palmatum

19. 色木槭 Acer pictum Thunberg

落叶乔木。树皮粗糙纵裂。叶 5 ~ 7 浅裂，或裂至中部，近圆形或心形，先端狭长渐尖或尾状锐尖，基部近心形或截形，叶背面有直短毛。花杂性，雄花与两性花同株，组成圆锥状伞房花序，萼片 5，花瓣 5，雄蕊 8。翅果嫩时紫绿色，熟时淡黄色，两翅张开成钝角或近锐角。花期 4 ~ 5 月，果期 9 月。

分布与生境：分布于八大公山斗篷山，生于海拔 1700 ~ 1900 m 的山坡林中。

用途：枝叶入药；庭院观赏；用材树种。

20. 中华槭 Acer sinense Pax

落叶小乔木。小枝细瘦，紫绿色。叶近革质，常 5 裂，（10 ~ 14）cm ×（12 ~ 15）cm，先端锐尖，基部心形或近心形，稀截形。花白色，杂性，雄花与两性花同株，多花组成下垂的顶生圆锥花序，萼片 5，花瓣 5，雄蕊 5 ~ 8。翅果淡黄色，无毛，小坚果特别凸出，椭圆形，两翅张开成钝角或近水平。花期 5 月，果期 9 月。

分布与生境：分布于八大公山各地，生于海拔 800 ~ 1500 m 的山坡林中。

用途：庭院观赏。

色木槭 Acer pictum

中华槭 Acer sinense

21. 秦岭槭 Acer tsinglingense W. P. Fang & C. C. Hsieh

落叶乔木。叶纸质，长与宽均为 4 ~ 6 cm，基部圆形稀近于心脏形，3 裂，各裂片先端锐尖，中裂片长圆卵形，边缘波状稀有圆齿 1 ~ 2 枚；侧生的裂片三角状卵形，边缘浅波状或近于全缘，下面淡绿色，有淡黄色短柔毛。总状花序，花单性异株，淡绿色；萼片 5，花瓣 5，雄蕊 8。小坚果黄色，被淡黄色疏柔毛，翅镰刀形，张开近于直立。花期 4 月，果期 8 ~ 9 月。

分布与生境：分布于八大公山杉木界、龙潭坪，生于海拔 1300 m 的山坡林中。

用途：庭院观赏。

秦岭槭 Acer tsinglingense

22. 四蕊槭 Acer stachyophyllum subsp. **betulifolium** (Maximowicz) P. C. de Jong

落叶乔木。叶卵形或长圆卵形，边缘有大小不等的锐尖锯齿；侧脉 4 ~ 6 对；花黄绿色；雄花的总状花序很短，具 3 ~ 5 花；雌花的总状花序长，有 5 ~ 8 花；萼片 4，长圆卵形；花瓣 4，长椭圆形；雄花中有雄蕊 4，较花瓣长 1/3 ~ 1/2；花盘位于雄蕊的内侧，现裂痕；子房紫色，柱头反卷。

四蕊槭 Acer stachyophyllum subsp. betulifolium

小坚果长卵圆形，有显著的脉纹；翅长圆形，张开成直角至近于直立。花期 4 月下旬至 5 月上旬，果期 9 月。

分布与生境：分布于八大公山斗篷山，海拔 1800 ~ 1900 m 的山坡林中。

用途：庭院观赏。

23. 房县槭 Acer sterculiaceum subsp. **franchetii** (Pax) A. E. Murray

落叶乔木。小枝粗壮。叶基部心形，通常 3 裂，边缘有不规则粗大锯齿，中裂片卵形，侧裂片较小，向前直伸，脉腋有丛毛。总状花序或圆锥花序，花序密生柔毛，花单性，雌雄异株。翅果张开成锐角，稀近于直立，小坚果特别凸起，近球形，嫩时有黄色疏柔毛。花期 4 月，果期 8 月。

分布与生境：分布于八大公山各地，生于海拔 1000 ~ 1900 m 的山坡林中。

用途：庭院观赏。

房县槭 Acer sterculiaceum subsp. franchetii

24. 四川槭 Acer sutchuenense Franchet

落叶乔木。小枝光滑无毛，淡紫色。复叶有小叶，小叶纸质，长圆披针形稀披针形，先端锐尖，边缘具齿牙状钝锯齿，上面绿色，无毛，下面沿叶脉被疏柔毛，脉腋被丛毛，侧脉 9 ~ 10 对，叶柄淡紫色。花序伞房状，花杂性，花瓣 5，淡黄色。小坚果紫褐色，特别凸起，张开近于直立。花期 5 月，果期 9 月。

分布与生境：分布于八大公山天平山，生于海拔 1700 m 的山坡林中。

用途：庭院观赏。

25. 薄叶槭 Acer tenellum Pax

落叶小乔木。叶卵形或近圆形，基部心形或近圆形，通常 3 裂，中裂片钝形，稀锐尖，全缘或浅波状，两侧裂片钝形，先端锐尖，有时不发育，全缘，裂片间的凹缺常钝，主脉 3 或 5。花杂性，雄花与两性花同株，组成无毛的伞房花序。翅果张开成水平，小坚果压扁。

分布与生境：分布于八大公山各地，生于海拔 1000 ~ 1500 m 山沟林中。

用途：庭院观赏。

四川槭 Acer sutchuenense

薄叶槭 Acer tenellum

26. 三峡槭 Acer wilsonii Rehder

落叶乔木。小枝绿色或紫绿色，无毛。叶近卵形，基部圆形，少数截形或近心形，常 3 裂，稀基部有 2 裂而成 5 裂，裂片卵状长圆形或三角状卵形，先端尾状渐尖，近全缘或先端有少数细锯齿，两面无毛。圆锥花序，雄花与两性花同株。翅果张开几成水平，小坚果特别凸起，脉网明显。花期 4 ~ 5 月，果期 9 ~ 10 月。

分布与生境：分布于八大公山各地，生于海拔 800 ~ 1500 m 的山坡林中。

用途：用材树种；庭院观赏。

三峡槭 Acer wilsonii

（二）七叶树属 **Aesculus** Linnaeus

落叶乔木稀灌木。叶对生，小叶组成掌状复叶；小叶长圆形，倒卵形抑或披针形。聚伞圆 . 锥花序顶生，直立，侧生小花序系蝎尾状聚伞花序。花杂性，雄花与两性花同株，大形，不整齐；花萼钟形或管状，花瓣 4 ~ 5，倒卵形、倒披针形或匙形，基部爪状，大小不等；花盘全部发育成环状或仅一部分发育，微分裂或不分裂。蒴果 1 ~ 3 室，平滑稀有刺，胞背开裂；种子仅 1 ~ 2 枚发育良好，近于球形或梨形。

约 25 种，我国有 8 种，湖南有 1 种，八大公山有 1 种。

用途：种子入药；庭院观赏树种。

1. 天师栗（变种）**Aesculus chinensis** var. **wilsonii** (Rehder) Turland & N.H.Xia

落叶乔木。冬芽大，具几对鳞片。叶对生，掌状复叶具小叶 3 ~ 9(通常 5 ~ 7)，有长柄。聚伞圆锥花序顶生，小花序为蝎尾状聚伞花序，花杂性，雄花与两性花同株，形大，不整齐，花萼钟形或管状，4 ~ 5 裂，雄蕊 7(5 ~ 8)，子房上位，3 室，花柱细长，不分裂，每室 2 胚珠。蒴果 1 ~ 3 室。

分布与生境：分布于八大公山各地，生于海拔 800 ~ 1500 m 山林中，也有栽培。

用途：种子入药；庭院观赏树种。

天师栗（变种）Aesculus chinensis var. wilsonii

（三）金钱槭属 Dipteronia Oliver

落叶乔木。冬芽很小、卵圆形，裸露，叶系对生的奇数羽状复叶。花小，杂性，雄花与两性花同株，成顶生或腋生的圆锥花序；萼片 5，卵形或椭圆形；花瓣 5，肾形、基部很窄；花盘盘状，微凹缺；雄花与雄蕊 8 花盘内侧、花丝细长，常伸出于花外，子房不发：育；两性花具扁形的子房，2 室、花柱的顶端 2 裂，反卷。果实为扁形的小坚果，通常 2 枚，在基部联合，周围环绕着圆形的翅，形状很似古代的钱。

2 种，我国特有；湖南有 1 种，八大公山也有。

1. 金钱槭 Dipteronia sinensis Oliver

金钱槭 Dipteronia sinensis

落叶乔木。小枝具皮孔。奇数羽状复叶，小叶7～13，长圆形或长圆状披针形，先端锐尖或长锐尖，具稀疏钝锯齿，侧脉每边10～12条。圆锥花序，萼片5，花瓣5，雄花雄蕊8，子房不发育，两性花子房扁平，2室，花柱顶端2裂，反卷。翅果，周围有圆形或卵圆形的翅，果翅上具放射状脉纹。花期3～4月，果期9～10月。

分布与生境：分布于八大公山天平山，生于海拔1000～1500 m的山坡林中。

用途：庭院观赏。

（四）伞花木属 **Eurycorymbus** Handel ～ Mazzetti

落叶乔木。偶数羽状复叶，小叶有齿。圆锥花序近伞房状，呈半球形，花单性异株，萼片和花瓣5，雄花具雄蕊8，雌花子房3裂。蒴果深裂为3果瓣，果皮革质，每果瓣具1种子。果期10月。

1种，我国特有；八大公山也有分布。

1. 伞花木 Eurycorymbus cavaleriei (H. Léveillé) Rehder & Handel-Mazzetti

形态特征见伞花木属描述。

分布与生境：分布于八大公山各地，生于海拔200～600 m的山坡林缘或住屋附近。

用途：木材可作小型用材；庭院观赏。国家二级保护植物。

伞花木 Eurycorymbus cavaleriei

（五）栾树属 **Koelreuteria** Laxmann

落叶乔木或灌木。奇数羽状复叶互生，小叶浅裂或有锯齿，少有全缘的，通常被毛。聚伞圆锥花序大，顶生；花杂性同珠或异株，整齐或不对称；萼5裂，镊合状排列；花瓣多为4，内面基部有深2裂的鳞片；雄蕊常8；子房上位，3室，胚珠每室有2枚，花柱3。蒴果肿胀，囊状，室背开裂为3果瓣，果瓣膜质，有网纹。种子单生，球形。

5种，我国有4种，湖南有3种，八大公山有1种。

1. 复羽叶栾树 **Koelreuteria bipinnata** Franchet

落叶乔木。叶平展，二回单数羽状复叶，互生；小叶互生，少对生，纸质或近革质，长 3 ~ 8 cm，宽 1 ~ 3 cm，顶端短渐尖，基部圆形，边缘有不整齐小锯齿。圆锥花序大型顶生；花黄色；花瓣 4；雄蕊较花瓣稍短，花丝有长柔毛。蒴果近球形或卵形，顶端有小凸尖，熟时紫红色。种子近球形，黑色。花期 6 ~ 7 月，果期 9 ~ 10 月。

分布与生境：分布于八大公山各地，生于海拔 200 ~ 400 m的山坡疏林中，亦有栽培。

用途：根皮和花入药；庭院观赏；木材可作用材。

复羽叶栾树 Koelreuteria bipinnata

（六）无患子属 **Sapindus** Linnaeus

落叶或常绿，乔木或灌木。叶互生，偶数羽状复叶，少单叶，无托叶；小叶全缘，少数有锯齿。花杂性或两性，成宽大顶生或腋生的聚伞圆锥花序；萼片 5；花瓣 5，内面基部有 2 个耳状被毛的小鳞片或缺；雄蕊 8，着生于花盘内侧；子房上位，倒卵形或陀螺形，3 室，每室 1 胚珠。核果球形，革质或肉质。种子球形或椭圆形，黑色，无假种皮。

约 13 种，我国有 4 种，湖南有 1 种，八大公山也有。

1. 无患子 **Sapindus saponaria** Linnaeus

落叶或半常绿乔木。小叶 4 ~ 8 对，互生或近对生，卵状披针形至长椭圆状披针形，长 7 ~ 18 cm，宽 2.5 ~ 6.0 cm，先端短尖或渐尖，基部斜或圆形楔形，全缘。圆锥花序顶生，总轴和分支均有小茸毛；花通常两性。核果球形，肉质，直径约 2 cm，熟时黄色或橙黄色；种子球形，肉质。种子球形，黑色，质硬。花期 5 ~ 6 月，果期 9 ~ 10 月。

分布与生境：分布于八大公山各地，生于海拔 200 ~ 400 m的山坡疏林中，亦有栽培。

用途：种子入药；庭院观赏；木材可作用材；果实可供洗涤。

无患子 Sapindus saponaria

九十九、芸香科 Rutaceae

乔木、灌木或草本，稀攀缘性灌木。通常有油点，有或无刺，无托叶。叶互生或对生，单叶或复叶。花两性或单性，稀杂性同株；聚伞花序、总状或穗状花序，稀单花或叶上生花；萼片 4 或 5 片，离生或部分合生；花瓣 4 或 5 片或少无花瓣与萼片之分；雄蕊常 4 或 5 枚；雌蕊通常由 4 枚或 5 枚或更多心皮组成，心皮离生或合生；子房上位，稀半下位，每心皮胚珠 2 枚，稀 1 枚或较多。果为蓇葖、蒴果、翅果、核果、浆果。

约 155 属 1600 种，我国有 23 属 127 种，湖南有 14 属 44 种，八大公山有 9 属 29 种。

分属检索表

1. 叶对生。
   2. 腋芽裸露；子房在心皮基部合生；蓇葖果……………………………… **7. 四数花属 Tetradium**
   2. 腋芽隐藏于叶柄的基部；子房合生；核果浆果状……………………… **5. 黄檗属 Phellodendron**

1. 叶互生。
 3. 多年生草本植物……………………………………………………………**1. 石椒草属 Boenninghausenia**
 3. 木本植物。
  4. 蓇葖果果或核果。
   5. 植物体多具刺；叶多为复叶。
    6. 三出复叶；浆果核果状……………………………………………………**8. 飞龙掌血属 Toddalia**
    6. 羽叶复叶；蓇葖果…………………………………………………………**9. 花椒属 Zanthoxylum**
   5. 植物体不具刺；叶为单叶。
    7. 雄花序总状，着生于新枝基部；雌花单生；蓇葖果……………………**4. 臭常山属 Orixa**
    7. 顶生聚伞圆锥花序；花单性、两性或杂性；核果………………………**6. 茵芋属 Skimmia**
  4. 浆果或柑果。
   8. 奇数羽状复叶；浆果…………………………………………………………**3. 黄皮属 Clausena**
   8. 单身复叶或三出羽状复叶；柑果……………………………………………**2. 柑橘属 Citrus**

（一）石椒草属 **Boenninghausenia** Reichenbach ex Meisner

多年生草本，有浓裂刺激气味。叶互生，二至三回三出复叶；全缘，各部有油点。顶生聚伞圆锥花序，花枝基部有小叶片；花多，两性；萼片及花瓣均 4 枚；花瓣覆瓦状排列；雄蕊 8 枚，着生于花盘基部四周，花丝分离；雌蕊由 4 枚心皮组成，花柱 4 枚，每心皮有 6 ~ 8 枚胚珠。蓇葖果，内果皮与外果皮分离，每分果瓣有种子数粒。种子肾脏形。

本属仅 1 种，八大公山也有分布。

1. 臭节草 Boenninghausenia albiflora (Hooker) Reichenbach ex Meisner

形态特征见石椒草属描述。

臭节草 Boenninghausenia albiflora

分布与生境：分布于八大公山各地，生于海拔 400 ~ 1500 m 的山谷林下草丛。

用途：全草入药。

（二）柑橘属 **Citrus** Linnaeus

具刺小乔木。单身复叶或三出复叶，翼叶通常明显，稀单叶；叶缘有细钝裂齿，密生透明油点。花两性，单花腋生或数花簇生，或为少花的总状花序；花萼杯状，3 ~ 5 浅裂；花瓣 5 片；雄蕊 20 ~ 25 枚；子房 7 ~ 15 室或更多，每室有 4 ~ 8 枚胚珠或更多，花盘明显，有密腺。柑果，球形或扁球形，外果皮具油细胞，内果皮由 8 ~ 15 枚心皮发育而成，多汁。

20 ~ 25 种，我国有 11 种，湖南有 8 种，八大公山有 6 种。

分种检索表

1. 落叶植物；3 出复叶 ……………………………………………………………**6. 枳 C. trifoliate**
1. 常绿植物；单身复叶稀单叶。
  2. 叶柄的翅与叶片近等大…………………………………………………… **3. 宜昌橙 C. cavaleriei**
  2. 叶柄的翅远较叶片为小或无叶片。
    3. 子叶乳白色。
      4. 总状花序，有时兼有腋生单花；果皮不易剥离。
        5. 成熟果的直径 10 ~ 25 cm ……………………………………………… **4. 柚 C. maxima**
        5. 成熟果的直径常不超过 10 cm ………………………………………… **1. 酸橙 C. × aurantium**
      4. 腋生单花，果皮颇易剥离……………………………………………………… **2. 香橙 C. × junos**
    3. 子叶绿色……………………………………………………………………… **5. 柑橘 C. reticulata**

1. 酸橙 **Citrus × aurantium** Linnaeus

具刺小乔木，枝叶密茂。翼叶倒卵形，基部狭尖，长 1 ~ 3 cm，宽 0.6 ~ 1.5 cm。总状花序有少花，稀花单生；花萼 5 或 4 浅裂；花径 2.0 ~ 3.5 cm；雄蕊 20 ~ 25 枚，通常基部合生成多束。果圆球形或扁圆形，果皮稍厚至甚厚，难剥离，橙黄至朱红色，油胞大小不均匀，凹凸不平，果心实或半充实，瓢囊 10 ~ 13 瓣，果肉味酸，有时有苦味或兼有特异气味。种子多且大。花期 4 ~ 5 月，果期 9 ~ 12 月。

分布与生境：原产我国，八大公山各地有栽培。

用途：未成熟果实入药；庭院观赏。

2. 香橙 **Citrus × junos** Siebold ex Tanaka

小乔木或灌木。本种外表看，大翼香橙与宜昌橙，小翼香橙与宽皮橘类，都各有相似之处。我国柑橘园艺学者多年观察，认为宜昌橙的花梗短，花芽形成于去年的秋梢上，与当年的柚出春梢同时开花，花期 3 月间，果皮较紧贴，种子有明显的棱角，以单胚为主。香橙的花梗较长，棍合芽，花期多在 5 月间，果皮比甜橙易但较橘类难剥离，种子圆滑无棱，属多单胚混合型。说明宜昌橙与香橙明显有别。香橙与温州蜜柑的区别，无论在花、果的形态方面、尤其是子叶的颜色，更非同类。

分布与生境：分布于八大公山杉木界，生于海拔 600 ~ 800 m 的山坡林缘、溪边、村寨边。

用途：果皮含有芳香气味，可作薰香代品；果作中药，是枳实或枳壳的代品；耐旱且耐寒，常用作柑橘类的砧木。

酸橙 Citrus × aurantium

香橙 Citrus × junos

3. 宜昌橙 Citrus cavaleriei Léveillé ex Cavaler

小乔木或灌木。枝干多具锐刺，刺长 1.0 ~ 2.5 cm。叶身卵状披针形，顶部渐狭尖，全缘或具细小的钝裂齿；翼叶与叶身近相等。花常单生于叶腋，萼 5 浅裂，花瓣淡紫红色或白色；雄蕊 20 ~ 30 枚，花丝常合生成多束。果扁圆形或圆球形，熟时淡黄色，果心实，瓢囊 7 ~ 10 瓣。花期 5 ~ 6 月，果期 10 ~ 11 月。

分布与生境：分布于八大公山各地，生于海拔 200 ~ 600 m 的山坡林缘。

用途：果实和根入药；庭院观赏。

宜昌橙 Citrus cavaleriei

4. 柚 Citrus maxima (Burman) Merrill

常绿乔木。叶互生，阔卵形或椭圆形，连翼叶（9～16）cm×（4～8）cm，顶端钝或圆，基部圆。总状花序，花萼不规则5～3浅裂；花瓣白色；雄蕊25～35枚。果圆球形，扁圆形，梨形；直径通常10 cm以上，淡黄或黄绿色；果皮甚厚，海绵质，油胞大，果心实但松软，瓢囊10～15或多至19瓣。花期4～5月，果期9～12月。

分布与生境：原产我国，八大公山各地栽培。

用途：著名水果；外层果皮、根、叶、种子入药；庭院观赏。

柚 Citrus maxima

5. 柑橘 Citrus reticulata Blanco

小乔木。分枝多，刺较少。单身复叶，翼叶通常狭窄，叶片披针形，椭圆形或阔卵形，大小变异较大，顶端常有凹口，叶缘至少上半段通常有钝或圆裂齿，稀全缘。花单生或2～3朵簇生；花萼不规则3～5浅裂；花瓣通常长1.5 cm以内；雄蕊20～25枚。果常扁圆形至近圆球形；瓢囊7～14瓣，稀较多；果肉酸或甜。花期4～5月，果期10～12月。

分布与生境：原产我国，八大公山各地栽培。

用途：著名水果；成熟果皮、幼果、种子、叶皆可入药；庭院观赏。

柑橘 Citrus reticulata

6. 枳 Citrus trifoliate Linnaeus

落叶小乔木。枝绿色，嫩枝扁，具长达4 cm刺。叶柄有狭长的翼叶，3出复叶，小叶叶缘有细钝裂齿或全缘。花单朵或成对腋生，常先叶开放；萼片长5～7 mm；花瓣白色；雄蕊通常20枚，子房有毛。果近圆球形或梨形，果皮平滑，具油胞，瓢囊6～8瓣。花期5～6月，果期10～11月。

分布与生境：原产我国，八大公山各地栽培。

用途：幼果及成熟果实入药；常用作嫁接柑、橙、柚水果的砧木。

枳 Citrus trifoliate

（三）黄皮属 Clausena N. L. Burman

无刺灌木或乔木，各部常有油点，小枝及花序轴常兼有丛状短毛。奇数羽状复叶，小叶两侧不对称。圆锥花序；花两性；花萼5或4裂，花瓣5或4枚；雄蕊10或8枚；子房5或4室，每室有胚珠2枚，稀1枚，中轴胎座，花柱短而增粗，稀较子房长，柱头与花柱等宽或稍增大。浆果。

15～30种，我国约10种，湖南有1种，八大公山亦有分布。

1. 毛齿叶黄皮 Clausena dunniana var. **robusta** (Tanaka) Huang

落叶小乔木，各部具油点。羽状复叶有小叶 5 ~ 15 枚；小叶卵形至披针形，基部不对称，叶缘有圆钝裂齿，两面均被长柔毛。花序顶生或近顶部叶腋；花萼裂片及花瓣均 4 数，稀 5 数；雄蕊 8 枚，稀 10 枚；子房近圆球形。浆果近圆球形；熟时蓝黑色。花期 6 ~ 7 月，果期 10 ~ 11 月。

分布与生境：分布于八大公山五道水，生于海拔 200 m 左右的河谷灌丛中。

用途：根、叶入药。

毛齿叶黄皮 Clausena dunniana var. robusta

（四）臭常山属 Orixa Thunberg

落叶灌木或小乔木，有顶芽。单叶，互生，有油点。花单性，雌雄异株，着生于二年生枝上。雄花成下垂的总状花序；花细小，淡黄绿色；萼片与花瓣片各 4 枚；萼片甚小；花瓣覆瓦状排列；雄蕊 4 枚，花丝分离。雌花单生，花梗短，雌蕊由 4 枚心皮组成，心皮彼此贴合，花柱甚短，每心皮有 1 枚胚珠。蓇葖果具 4 个分果瓣。种子 1，圆球形。

1 种，产于我国、朝鲜、日本，八大公山也有分布。

1. 臭常山 Orixa japonica Thunberg

形态特征见臭常山属描述。

分布与生境：分布于八大公山各地，生于海拔 800 ~ 1500 m 的山坡灌丛中。

用途：根、茎入药。

臭常山 *Orixa japonica*

（五）黄檗属 **Phellodendron** Ruprecht

落叶乔木。树皮具发达的木栓层，内皮黄色，味苦；无顶芽，侧芽为叶柄基部包盖。叶对生，奇数羽状复叶，叶缘常有锯齿。花单性，雌雄异株，圆锥状聚伞花序顶生；萼片、花瓣、雄蕊及心皮均为5数；萼片基部合生；花瓣覆瓦状排列；子房5室，每室有胚珠2枚，花柱短，柱头头状。核果蓝黑色，近圆球形，有小核4~10个。

4种，我国有2种，湖南有1种，八大公山也有分布。

1. 秃叶黄檗（变种）**Phellodendron chinense** var. **glabriusculum** Schneider

落叶乔木。木栓层发达，内皮黄色。叶轴及叶柄粗壮，通常密被褐锈色或棕色柔毛，有小叶7~15枚，小叶纸质，长圆状披针形或卵状椭圆形，顶部渐尖，基部阔楔形。两侧通常略不对称，边全缘或浅波浪状，叶轴、叶柄及小叶柄无毛或被疏毛，小叶叶面仅中脉有短毛。花序顶生，花密集，花序轴粗壮，密被短柔毛。果密集成团，蓝黑色。花期5~6月，果期9~11月。

分布与生境：原产我国，八大公山栽培。

用途：树皮入药或提黄连素。

（六）茵芋属 **Skimmia** Thunberg

常绿灌木或小乔木。单叶，互生，全缘，常聚生于枝的上部，密生透明油点。花单性或杂性；顶生聚伞圆锥花序；萼片和花被片5枚或4枚；雄蕊5枚或4枚，花丝分离。雌花的退化雄蕊比

秃叶黄檗（变种）Phellodendron chinense var. glabriusculum

子房短。雄花的退化雌蕊棒状或垫状；杂性花的雄蕊有早熟性；子房 5 ~ 2 室，每室有 1 枚胚珠。核果浆果状，红或蓝黑色。种子 2 ~ 5 枚，种子细小，扁卵形。

5 ~ 6 种，我国有 5 种，湖南有 2 种，八大公山有 1 种。

1. 茵芋 Skimmia reevesiana Fortune

茵芋 Skimmia reevesiana

灌木，小枝常中空。叶有柑橘叶的香气，革质，集生于枝上部，叶片卵形至披针形，顶部短尖或钝，基部阔楔形。花序轴及花梗均被短细毛，花芳香，顶生圆锥花序，花密集，花梗甚短；萼片及花瓣片常 5 枚；花瓣黄白色；雄蕊与花瓣同数。果圆或椭圆形或倒卵形，红色。有种子 2 ~ 4 粒，种子扁卵形。花期 3 ~ 5 月，果期 9 ~ 11 月。

分布与生境：分布于八大公山各地，生于海拔 1000 ~ 1500 m 的山坡林中。

用途：茎叶入药；庭院观赏。

（七）四数花属 **Tetradium** Loureiro

常绿或落叶灌木或乔木，无刺。叶及小叶均对生，常有油点。聚伞圆锥花序；花单性，雌雄异株；萼片及花瓣均 4 或 5 枚；雄花的雄蕊 4 或 5 枚，退化雌蕊短棒状；雌蕊由 4 或 5 枚离生心皮组成，每心皮有胚珠 2 枚。蓇葖果，每分果瓣种子 1 或 2 枚，外果皮有油点，内果皮干后薄壳质或呈木质。种子蓝黑色，有光泽。

约 9 种，分布于亚洲。我国约 7 种，湖南有 3 种，八大公山全有。

分种检索表

1. 果先端有喙；每果瓣有 2 枚种子……………………………………………… **1. 臭檀吴萸 T. daniellii**
1. 果先端无喙；每果瓣有 1 枚种子。
   2. 乔木；小叶无腺点……………………………………………………………… **2. 楝叶吴萸 T. glabrifolium**
   2. 灌木；小叶有粗大腺点……………………………………………………………… **3. 吴茱萸 T. ruticarpum**

1. 臭檀吴萸 **Tetradium daniellii** (Bennett) T.G. Hartley

落叶乔木。小叶 5 ~ 11 片，小叶纸质，阔卵形或卵状椭圆形，顶部长渐尖，基部阔楔形，叶缘有细钝裂齿，叶面中脉被疏短毛，叶背中脉两侧被长柔毛或仅脉腋有丛毛。伞房状聚伞花序；萼片及花瓣均 5 片；雄花的退化雌蕊圆锥状，雌花的退化雄蕊鳞片状。分果瓣紫红色，顶端具芒尖，每分果瓣有 2 枚种子。花期 6 ~ 8 月，果期 9 ~ 11 月。

分布与生境：分布于八大公山各地，生于海拔 800 ~ 1500 m 的山坡林中。

用途：果实入药。

2. 楝叶吴萸 **Tetradium glabrifolium** (Champion ex Bentham) T. G. Hartley

落叶乔木。叶有小叶 5 ~ 9（11）枚，小叶斜卵形至斜披针形，基部通常一侧圆，另一侧楔形；叶面无毛，叶背沿中脉两侧有卷曲长毛；腺点不显或无。花序顶生，多花；萼片 5 片，花瓣 5 片，雄蕊 5 枚；雄花退化雌蕊顶部 5 深裂；雌花的退化雄蕊甚短；子房近圆球形。成熟心皮 5 ~ 4 枚、稀 3 枚，每分果瓣有 1 枚种子。种子褐黑色，有光泽。花期 6 ~ 8 月，果期 8 ~ 10 月。

分布与生境：分布于八大公山各地，生于海拔 300 ~ 600 m 的山坡林中。

用途：果实入药。

臭檀吴萸 Tetradium daniellii

楝叶吴萸 Tetradium glabrifolium

3. 吴茱萸 Tetradium ruticarpum (A. Jussieu) T. G. Hartley

灌木，嫩枝暗紫红色。叶有小叶 5 ~ 11 枚，卵形至椭披针形，两侧对称或一侧的基部稍偏斜，边全缘或浅波浪状，小叶两面及叶轴被长柔毛，油点大且多。花序顶生；萼片及花瓣均 5（4）枚。雄花的退化雌蕊 4 ~ 5 深裂，雄蕊伸出花瓣之上。雌花的退化雄蕊鳞片状。果暗紫红色，有大油点，每分果瓣有 1 枚种子。种子近圆球形。花期 4 ~ 6 月，果期 8 ~ 11 月。

分布与生境：分布于八大公山各地，生于海拔 300 ~ 700 m 的山坡林缘，栽培的为不孕品种。

用途：栽培的品种产生的不孕果实可入药。

吴茱萸 Tetradium ruticarpum

（八）飞龙掌血属 **Toddalia** A. Jussieu

木质攀缘藤本。枝干多钩刺。叶互生，指状 3 出叶，密生透明油点。花单性，近于平顶的伞房状聚伞花序或圆锥花序；萼片及花瓣均 5 枚或有时 4 枚；萼片基部合生；花瓣镊合状排列；雄花的雄蕊 5 或 4 枚，退化雌蕊短棒状；雌花的退化雄蕊短小，心皮合生，5 或 4 室，每室有胚珠 2 枚。核果近圆球形，有种子 4～8 枚。花期 3 月，果期 8 月。

本属仅 1 种，分布于亚洲及非洲，中国分布广泛，八大公山也有分布。

1. 飞龙掌血 Toddalia asiatica (Linnaeus) Lamarck

形态特征见飞龙掌血属的描述。

飞龙掌血 Toddalia asiatica

分布与生境：分布于八大公山各地，生于海拔 200 ~ 1000 m 以下的山坡林缘或灌丛地。

用途：茎入药。

（九）花椒属 Zanthoxylum Linnaeus

乔木或灌木，或木质藤本。茎枝常有皮刺。叶互生，奇数羽叶复叶，稀单叶或 3 小叶，全缘或通常叶缘有小裂齿，齿缝处常有较大的油点。圆锥花序或伞房状聚伞花序；花单性，花被片 4 ~ 8 枚。雄花的雄蕊 4 ~ 10 枚，具退化雌蕊。雌花无退化雄蕊，雌蕊由 2 ~ 5 枚离生心皮组成，每心皮有胚珠 2 枚。蓇葖果，外果皮有油点。每分果瓣有种子 1 枚，外种皮褐黑色，有光泽。

约 200 多种，我国有 41 种，湖南有 17 种，八大公山有 14 种。

分种检索表

1. 花被片 2 轮，不规则排列，或 1 轮；花被片 5 ~ 9 枚；雄花雄蕊 8 枚。
  2. 蓇葖果具柄。
    3. 羽状复叶有小叶 11 ~ 17 片………………………… **13. 梗花椒 Z. stipitatum**
    3. 羽状复叶有小叶 5 ~ 9 片………………………… **11. 野花椒 Z. simulans**
  2. 蓇葖果无柄。
    4. 叶轴通常显著具翅………………………… **2. 竹叶花椒 Z. armatum**
    4. 叶轴不具翅或仅有极狭窄的叶质边缘。
      5. 羽状复叶有小叶 1 ~ 3 片………………………… **5. 异叶花椒 Z. dimorphophyllum**
      5. 羽状复叶有小叶 5 ~ 7 片。
        6. 叶边缘有浅锯齿。
          7. 叶轴两侧有狭翼………………………… **4. 花椒 Z. bungeanum**
          7. 叶轴两侧无翼………………………… **3. 毛叶岭南花椒 Z. austrosinense** var. **pubescens**
        6. 叶边缘为波状………………………… **14. 浪叶花椒 Z. undulatifolium**
1. 花被片 2 轮，花萼和花瓣片枚片。
  8. 乔木。
    9. 叶背绿色………………………… **8. 小花花椒 Z. micranthum**
    9. 叶背有白粉。
      10. 叶背有毛 ………………………… **9. 朵花椒 Z. mole**
      10. 叶背无毛 ………………………… **1. 椿叶花椒 Z. ailanthoides**
  8. 木质藤本。
    11. 伞房状聚伞花序顶生；花梗至少长 1 cm； ………………………… **12. 狭叶花椒 Z. stenophyllum**
    11. 花序腋生和顶生；花梗很少到 1 cm。
      12. 蓇葖果表面具刺 ………………………… **7. 刺壳花椒 Z. echinocarpum**
      12. 蓇葖果表面无刺。

13. 蓇葖呈蚌壳状 ………………………………………………………… **6. 蚬壳花椒 Z. dissitum**

13. 蓇葖呈球状 ………………………………………………………… **10. 花椒簕 Z. scandens**

1. 椿叶花椒 Zanthoxylum ailanthoides Siebold et Zuccarini

落叶乔木。茎干有鼓钉状锐刺，当年生枝的髓部甚大，常空心，花序轴及小枝顶部常散生短直刺，各部无毛。叶有小叶 11 ~ 27 片或稍多；小叶整齐对生，狭长披针形或位于叶轴基部的近卵形，（7 ~ 18）cm ×（2 ~ 6）cm，顶部渐狭长尖，基部圆，对称或一侧稍偏斜，叶缘有明显裂齿，油点多，肉眼可见，叶背灰绿色或有灰白色粉霜。花序顶生，多花，几无花梗；萼片及花瓣均 5 片。花期 8 ~ 9 月，果期 10 ~ 12 月。

分布与生境：分布于八大公山各地，生于海拔 200 ~ 700 m 的山坡林中。

用途：根皮及树皮均作草药。

椿叶花椒 Zanthoxylum ailanthoides

2. 竹叶花椒 Zanthoxylum armatum de Candolle

分变种检索表

1. 小枝和嫩叶无毛 ……………………………………… **2a. 竹叶花椒（原变种）Z. armatum** var. **armatum**

1. 小枝和嫩叶被卷曲柔毛 ……………………… **2b. 毛竹叶花椒（变种）Z. armatum** var. **ferrugineum**

2a. 竹叶花椒（原变种）Zanthoxylum armatum de Candolle var. **armatum**

常绿灌木，茎枝多锐刺。小叶 3 ~ 9 枚，稀 11 枚，翼叶明显；小叶对生，披针形，先端尖，基部宽楔形；小叶背面中脉上常有小刺，中脉两侧有丛状柔毛。花序近腋生或同时生于侧枝之顶；花被片 6 ~ 8 枚。雄花的雄蕊 5 ~ 6 枚，不育雌蕊顶端 2 ~ 3 浅裂。雌花有心皮 2 ~ 3 枚，不育雄蕊短线状。果紫红色。种子褐黑色。花期 4 ~ 5 月，果期 8 ~ 10 月。

分布与生境：分布于八大公山各地，生于海拔 200 ~ 600 m 的山坡林缘或灌丛中。

用途：果、根或根皮、叶可入药；叶可作野菜；果实可作辛香料。

竹叶花椒（原变种）Zanthoxylum armatum var. armatum

2b. 毛竹叶花椒（变种）Zanthoxylum armatum var. **ferrugineum** (Rehder & E. H. Wilson) C. C. Huang

常绿灌木。外形似竹叶椒，但本变种嫩枝、花序轴、有时叶轴均有褐锈色短柔毛。该种形态上与原变种竹叶花椒的差异甚大，是否是一独立的种，有待进一步研究。

分布与生境：分布于八大公山各地，生于海拔 200 ~ 500 m 的山谷林缘或灌丛中。

毛竹叶花椒（变种）Zanthoxylum armatum var. ferrugineum

3. 毛叶岭南花椒 *Zanthoxylum austrosinense* var. *pubescens* C. C. Huang

小乔木或灌木。叶轴浑圆，叶有小叶 5 ~ 11 片；小叶除位于顶部中央的一片有长 1 ~ 3 cm 的小川柄外其余无或几无柄，整齐对生，很少位于基部的 2 片为互生状，披针形，位于叶轴基部的通常卵形，（6 ~ 11）cm ×（3 ~ 5）cm，顶部渐尖，基部圆或近心脏形，或一侧圆而另一侧斜向上展，油点清晰，干后暗红褐至褐黑色，叶缘有裂齿，中脉在叶面稍凹陷或平坦，侧脉每边 11 ~ 15 条。花序顶生，花单性，有时两性（则杂性同株）；花被片 7 ~ 9 片，近似两轮排列，各片的大小稍有差异。花期 3 ~ 4 月，果期 8 ~ 9 月。

分布与生境：分布于八大公山天平山，生于海拔 1700 m 的山坡林中。

毛叶岭南花椒 Zanthoxylum austrosinense var. pubescens

4. 花椒 *Zanthoxylum bungeanum* Maximowicz

落叶小乔木。茎干上的刺常早落，小枝上的刺长三角形。小叶 5 ~ 13 枚，叶轴常有甚狭窄的叶翼；小叶对生，无柄，卵形或椭圆形，叶缘有细裂齿，齿缝有油点。花序顶生或生于侧枝之顶；花被片 6 ~ 8 枚。雄花的雄蕊 5（8）枚，退化雌蕊顶端浅裂。雌花很少有发育雄蕊，有心皮 2 ~ 4 枚。果紫红色。花期 4 ~ 5 月，果期 8 ~ 9 月。

分布与生境：原产我国，八大公山各地栽培。

用途：果、根或根皮、叶可入药；叶可作野菜；果实可作辛香料。

花椒 Zanthoxylum bungeanum

5. 异叶花椒 Zanthoxylum dimorphophyllum Hemsley

落叶乔木，枝很少有刺。单叶、3 出复叶，稀羽状复叶；小叶椭圆形，顶部常有浅凹缺，叶缘有明显的钝裂齿，或有针状小刺，油点多，网状叶脉明显。花序顶生；花被片 6 ~ 8 枚、稀 5 枚。雄花的雄蕊常 6 枚，退化雌蕊垫状。雌花的退化雄蕊 5 或 4 枚，心皮 2 ~ 3 枚。分果瓣紫红色，基部有甚短的狭柄，顶侧有短芒尖。种子径 5 ~ 7 mm。花期 4 ~ 6 月，果期 9 ~ 11 月。

分布与生境：分布于八大公山各地，生于海拔 200 ~ 1000 m 的山坡向阳灌丛中。

本种小叶的叶缘有针状锐刺，有时果枝的叶亦如此，故刺异叶花椒 Z.d.var. spinifolium 不宜另立变种。

异叶花椒 Zanthoxylum dimorphophyllum

6. 蚬壳花椒 Zanthoxylum dissitum Hemsley

攀缘藤本。老茎的皮灰白色，枝干上的刺多劲直，叶轴及小叶中脉也具刺。小叶 5 ~ 9 片，稀 3 片；小叶形状多样，，全缘或叶边缘有裂齿，两侧对称；顶部渐尖至长尾状，厚纸质或近革质。花序腋生，花序轴有短细毛；萼片及花瓣均 4 片。雄花的花梗长 1 ~ 3 mm；雄蕊 4 枚，具退化雌蕊。雌花无退化雄蕊。果密集于果序上，果梗近无。

分布与生境：分布于八大公山各地，生于海拔 300 ~ 1400 m 的山坡灌丛中。

用途：果实或种子、茎叶入药。

7. 刺壳花椒 Zanthoxylum echinocarpum Hemsley

攀缘藤本。嫩枝的髓部大，枝、叶有刺，嫩枝、叶轴、小叶柄及小叶叶面中脉均密被短柔毛。叶有小叶 5 ~ 11 枚；小叶卵形，卵状椭圆形或长椭圆形，基部圆，全缘。花序腋生或顶生；萼片及花瓣片均 4 枚。雄花的雄蕊 4 枚。雌花常有 4 枚心皮，花后不久长出芒刺。分果瓣密生长短不等且有分枝的刺，刺长可达 1 cm。花期 4 ~ 5 月，果期 10 ~ 12 月。

分布与生境：生于八大公山海拔各地，400 ~ 1300 m 的山坡杂木林中。

用途：根入药。

蚬壳花椒 Zanthoxylum dissitum

刺壳花椒 Zanthoxylum echinocarpum

8. 小花花椒 Zanthoxylum micranthum Hemsley

落叶乔木。茎具疏短锐刺。当年生枝的髓部甚小；叶轴腹面常有狭窄的叶质边缘。小叶 9 ~ 17 枚；小叶披针形，顶部渐狭长尖，基部宽楔形；两面无毛，油点多，对光透视清晰可见，叶缘有钝或圆裂齿。花序顶生，多花；萼片及花瓣均 5 枚，花瓣淡黄白色。雄花的雄蕊 5 枚，退化雌蕊极短。雌花的心皮 3 枚，稀 4 枚。分果瓣淡紫红色。花期 7 ~ 8 月，果期 10 ~ 11 月。

分布与生境：分布于八大公山各地，生于海拔 200 ~ 1000 m 的山坡林中。

用途：根皮入药；木材可作用材。

小花花椒 Zanthoxylum micranthum

9. 朵花椒 Zanthoxylum molle Rehder

落叶乔木。茎干有鼓钉状锐刺，嫩枝暗紫红色髓部大且中空。叶有小叶 13 ~ 19 片，小叶对生，几无柄，阔卵形或椭圆形，(8 ~ 15)cm × (4 ~ 9)cm，侧脉每边 11 ~ 17 条，叶背密被白灰色毡状茸毛。花序顶生，多花，总花梗常有锐刺，萼片及花瓣均 5 片，花瓣白色，心皮 3 个。果柄及分果瓣紫红色。花期 6 ~ 8 月，果期 10 ~ 11 月。

分布与生境：分布于八大公山各地，生于海拔 500 ~ 800 m 的山坡林中。

用途：木材可作用材；果壳、种子、叶及根均作药用；庭院观赏。

10. 花椒簕 Zanthoxylum scandens Blume

植株常绿。幼龄植株呈直立灌木状，其小枝细长而披垂，成龄植株攀缘于它树上，枝干有短沟刺，叶轴上的刺较多。叶有小叶 5 ~ 25 片，近花序的叶有小叶较少，萌发枝上的叶有小叶较多；小叶互生或位于叶轴上部的对生，卵形，卵状椭圆形或斜长圆形，（4 ~ 10）cm ×（1.5 ~ 4.0）cm。花序腋生或兼有顶生；萼片及花瓣均 4 片。分果瓣紫红色，油点通常不甚明显。花期 3 ~ 5 月，果期 7 ~ 8 月。

分布与生境：分布于八大公山各地，生于海拔 700 ~ 1500 m 的山坡灌丛中。

朵花椒 Zanthoxylum molle

花椒簕 Zanthoxylum scandens

11. 野花椒 **Zanthoxylum simulans** Hance

灌木或小乔木，枝干散生锐刺。小叶 5 ~ 15 枚；叶轴有狭窄的叶质边缘；小叶对生，卵状椭圆形或披针形，长 2.5 ~ 7.0 cm，宽 1.5 ~ 4.0 cm，两侧略不对称，顶部急尖，常有凹口，油点多，叶缘有钝裂齿。花序顶生，花被片 5 ~ 8 枚；雄花的雄蕊 5 ~ 10 枚，具退化雌蕊；雌花心皮 2 ~ 3 枚。果红褐色，分果瓣基部变狭窄且略延长 1 ~ 2 mm 呈柄状，油点多。花期 3 ~ 5 月，果期 7 ~ 9 月。

分布与生境：分布于八大公山各地，生于海拔 200 ~ 500 m 的山坡灌丛中。

用途：根、叶、果皮、种子均可入药。

野花椒 Zanthoxylum simulans

12. 狭叶花椒 Zanthoxylum stenophyllum Hemsley

常绿蔓生。小枝多刺，小叶背面中脉上常有锐刺。小叶 9 ~ 23 枚，互生，披针形或卵形，顶部渐尖，基部楔形至近于圆，叶缘有锯齿状裂齿。伞房状聚伞花序顶生；萼片及花瓣均 4 枚。雄花的雄蕊 4 枚，具退化雌蕊。雌花无退化雄蕊，花柱甚短。果梗长 1 ~ 3 cm；分果瓣淡紫红色或鲜红色，顶端的芒尖长达 2.5 mm。种子径约 4 mm。花期 5 ~ 6 月，果期 8 ~ 9 月。

分布与生境：分布于八大公山各地，生于海拔 800 ~ 1600 m 的山坡杂木林中。

用途：根皮入药。

狭叶花椒 Zanthoxylum stenophyllum

13. 梗花椒 Zanthoxylum stipitatum C. C. Huang

灌木或小乔木。茎具三角形的刺。叶有小叶 11 ~ 17 片；小叶对生，小叶披针形或卵形，散生油点；叶缘有细裂齿。花序顶生；花被片 6 ~ 8 枚。雄花的雄蕊 5 ~ 8 枚，药隔顶端有 1 油点。雌花有 3 ~ 4 枚心皮。果轴、果梗、分果瓣均紫红色，分果瓣长干后的油点稍凸起，基部狭窄且延长

1～3 mm 的短柄状体。花期 4～5 月，果期 7～8 月。

分布与生境：分布于八大公山各地，生于海拔 300～600 m 的山坡向阳林缘。

用途：果实入药或作辛香料；庭院观赏。

梗花椒 Zanthoxylum stipitatum

14. 浪叶花椒 Zanthoxylum undulatifolium Hemsley

小乔木。当年生新枝及叶轴被褐锈色微柔毛。叶有小叶 3～7 枚；小叶卵形或卵状披针形，顶部短渐尖，基部宽楔形，叶缘波浪状，有钝或圆裂齿，齿缝处有 1 油点；叶背无毛，叶面有松散的微柔毛。顶生的伞房状聚伞花序；花被片 5～8 枚。果梗及分果瓣红褐色，果梗长 7～14 mm；分果瓣径约 5 mm，油点大，凹陷；种子径约 4 mm。花期 4～5 月，果期 8～10 月。

分布与生境：分布于八大公山各地，生于海拔 1100～1300m 的山坡向阳林缘。

用途：根皮入药。

浪叶花椒 Zanthoxylum undulatifolium

一百、苦木科 Simaroubaceae

落叶或常绿的乔木或灌木，树皮通常有苦味。叶互生稀对生，羽状复叶稀单叶。总状、圆锥状或聚伞花序腋生；花小，辐射对称，单性、杂性或两性；萼片 3 ~ 5 枚；花瓣 3 ~ 5 枚，分离；雄蕊与花瓣同数或为花瓣的 2 倍，花丝分离，花药 2 室，纵裂；子房通常 2 ~ 5 裂，2 ~ 5 室，或者心皮分离，花柱 2 ~ 5 裂，分离或多少结合，柱头头状，每室有胚珠 1 ~ 2 枚，中轴胎座。果为翅果、核果或蒴果。

约 20 属 95 种，我国有 3 属 10 种，湖南有 2 属 3 种，八大公山有 2 属 2 种。

分属检索表

1. 小叶基部粗齿背面具大腺体；圆锥花序顶生；果为翅果…………………………… **1. 臭椿属 Ailanthus**
1. 小叶基部锯齿无腺体；聚伞花序腋生；果为核果………………………………… **2. 苦木属 Picrasma**

（一）臭椿属 **Ailanthus** Desfontaines

落叶或常绿乔木或小乔木。小枝被柔毛，有髓。羽状复叶叶互生，小叶 13 ~ 41 枚，近基部二侧各有 1 ~ 2 大锯齿，锯齿尖端的背面有腺体。花杂性或单性异株，圆锥花序生于枝顶的叶腋；萼片 5 枚；花瓣 5 枚；花盘 10 裂；雄蕊 10，在雌花中不发育或退化；2 ~ 5 枚心皮分离或仅基部稍结合，每室有胚珠 1 颗，花柱 2 ~ 5 裂，雄花中退化。翅果。种子 1 颗生于翅的中央。

约 10 种，我国有 6 种，湖南有 3 种，八大公山有 1 种。

1. 臭椿 Ailanthus altissima (Miller) Swingle

落叶乔木。枝幼时被柔毛，后脱落。叶为奇数羽状复叶，有小叶 13 ~ 27 枚；小叶纸质，卵状披针形，先端长渐尖，基部偏斜，两侧各具 1 或 2 个粗锯齿，齿背有腺体 1 枚；叶柔碎后具臭味。圆

臭椿 Ailanthus altissima

锥花序长 10 ~ 30 cm；花淡绿色；花萼片 5 枚，花瓣 5 枚，雄蕊 10 枚；心皮 5 个，柱头 5 裂。翅果长椭圆形。花期 4 ~ 5 月，果期 8 ~ 10 月。

分布与生境：产于八大公山各地，生于海拔 200 ~ 1300 m 的山坡林中。

用途：根皮和果实入药；行道绿化树种。

（二）苦木属 **Picrasma** Blume

乔木，全株有苦味。枝条有髓部。奇数羽状复叶。聚伞花序腋生，花单性或杂性，萼片 4 ~ 5 枚，宿存；花瓣 4 ~ 5 枚于芽中镊合状排列；雄蕊 4 ~ 5 枚，着生于花盘的基部；心皮 2 ~ 5 个，分离；花柱基部合生，上部分离，柱头分离；每心皮有胚珠 1 颗，基生。果为核果。

约 9 种，我国有 2 种，湖南有 1 种，八大公山也有。

1. 苦树 **Picrasma quassioides** (D. Don) Bennett

落叶乔木。奇数羽状复叶互生；小叶 9 ~ 15 枚，小叶片卵状披针形，边缘具粗锯齿。腋生聚伞花序，雌雄异株，花盘 4 ~ 5 裂，心皮 2 ~ 5 个，分离。核果。花期 4 ~ 5 月，果期 6 ~ 9 月。

分布与生境：产于八大公山各地，生于海拔 400 ~ 1000 m 的山地林中。

用途：木材可作用材；树皮及根皮可入药；庭院观赏。

苦树 Picrasma quassioides

一百零一、楝科 Meliaceae

乔木或灌木，稀为亚灌木。羽状复叶，稀 3 枚小叶或单叶。花两性或杂性异株，通常组成圆锥花序，常 5 基数；萼小，常浅杯状或短管状，4 ~ 5 裂；花瓣 4 ~ 5 枚；雄蕊 4 ~ 10 枚，花丝合生成一短于花瓣的管或分离，花盘生于雄蕊管的内面或缺；子房上位，1 ~ 5 室，每室有胚珠 1 ~ 2 枚或更多；花柱单生或缺。果为蒴果、浆果或核果。种子常有假种皮。

约 50 属 650 种，我国有 17 属 49 种，湖南有 4 属 66 种，八大公山有 2 属 3 种。

分属检索表

1. 果为核果或浆果；种子圆形，无翅……………………………………………………… **1. 楝属 Melia**

1. 蒴果；种子具翅………………………………………………………………………… **2. 香椿属 Toona**

（一）楝属 **Melia** Linnaeu

落叶乔木或灌木，小枝有叶痕和皮孔。叶互生，一至三回羽状复叶；小叶具锯齿或全缘。圆锥花序腋生；花两性；花萼 5 ~ 6 深裂，覆瓦状排列；花瓣白色或紫色，5 ~ 6 片，分离；雄蕊管圆筒形，管顶有 10 ~ 12 齿裂，花盘环状；子房近球形，3 ~ 6 室，每室有叠生的胚珠 2 颗，花柱细长，柱头头状，3 ~ 6 裂。果为核果。

3 种，我国有 1 种，湖南栽培 1 种，八大公山也有栽培。

1. 楝 Melia azedarach Linnaeus

落叶乔木，树皮纵裂。叶为二至三回奇数羽状复叶，小叶卵形至披针形，（3 ~ 7）cm ×（2 ~ 3）cm，先端短渐尖，基部楔形或宽楔形，多少偏斜，边缘有钝锯齿。圆锥花序约与叶等长；花芳香；花萼

楝 Melia azedarach

5深裂；花瓣淡紫色；雄蕊10枚；子房近球形，5～6室，每室有胚珠2颗。核果球形至椭圆形，果核骨质。花期4～5月，果期10～12月。

分布与生境：原产我国华中，八大公山各地栽培。

用途：花、叶、树皮、根皮及果实均可入药；种子油供工业用庭院观赏；木材可作用材。

（二）香椿属 Toona Roemer

乔木。羽状复叶互生；小叶全缘，很少有稀疏的小锯齿。顶生或腋生的大圆锥花序，花小，两性；花萼短，管状，5裂；花瓣片5枚；雄蕊5枚，分离，与花瓣互生，着生于肉质花盘上，退化雄蕊5或不存在；子房5室，每室胚珠8～12枚，花柱单生，线形。果为蒴果。

5种，我国有4种，湖南有2种，八大公山均有。

分种检索表

1. 花白色；种子仅上端具膜质翅……………………………………………………… **1. 香椿 T. sinensis**
1. 花紫黑色色；种子两端具膜质翅…………………………………………………… **2. 紫椿 T. sureni**

1. 香椿 Toona sinensis (A.Jussieu) Roemer

落叶乔木。偶数羽状复叶，小叶16～20枚，对生或互生，卵状披针形，基部一侧圆形，另一侧楔形，边缘常有小锯齿。圆锥花序，下垂；花萼5；花瓣5枚，白色；雄蕊10枚，5枚能育，5枚退化；

香椿 Toona sinensis

花盘无毛；子房 5 室，每室有胚珠 8 枚。蒴果狭椭圆形。种子上端有膜质的长翅，下端无翅。花期 6 ~ 8 月，果期 9 ~ 10 月。

分布与生境：产于八大公山各地，生于海拔 200 ~ 1400 m 的山坡、地旁、房前屋后。

用途：树皮或根皮、果实可入药；用材树种；幼芽可作蔬菜。

2. 紫椿 *Toona sureni* (Blume) Merrill

落叶乔木，树皮灰黑色或褐色，微纵裂。偶数羽状复叶，小叶 6 ~ 9(12)对，长圆形或长圆状卵形，中部的稍大，（8 ~ 15）cm ×（3.5 ~ 6）cm，基部圆形或阔楔形，明显偏斜，边全缘，两面无毛或仅于背面叶脉和脉腋内被毛。圆锥花序顶生或腋生，萼片圆形，外面被短硬毛并有睫毛；花瓣紫黑色，花丝下端被开展的长柔毛。蒴果椭圆形，无毛，种子椭圆形，两端均具膜质的翅。花期 3 ~ 5 月，果期 8 ~ 10 月。

分布与生境：产于八大公山各地，生于海拔 200 ~ 500 m 的河谷林中。

用途：木材可用作材。

紫椿 Toona sureni

一百零二、锦葵科 Malvaceae

草本或木本。单叶互生，常具星状毛，具托叶。花两性，辐射对称；花腋生或顶生，单生、簇生、聚伞花序至圆锥花序；萼片 5，分离或合生；下面附有总苞状的小苞片；花瓣 5 片；雄蕊多数，单体雄蕊，花药 1 室，花粉被刺；子房上位，2 至多室，通常以 5 室较多，中轴胎座，每室被胚珠 1 ~ 多枚，花柱与心皮同数或为其 2 倍。蒴果，常几枚果爿分裂，很少浆果状。

约 300 属约 2850 种，我国有 51 属 261 种，湖南有 16 属 33 种，八大公山有 15 属 22 种。

分属检索表

1. 雄蕊通常离生，稀为基部略连合，花药 2 室，顶孔裂开；有或无黏液组织。
  2. 花瓣内侧基部无腺体；有或无雌雄蕊柄。
    3. 木本；花有花瓣状退化雄蕊；子房每室有胚珠 2 颗；核果……………………… **13. 椴树属 Tilia**
    3. 草本；无花瓣状退化雄蕊；胚珠多数；蒴果。
      4. 蒴果无棱…………………………………………………………………………… **5. 田麻属 Corchoropsis**
      4. 蒴果有棱或突起…………………………………………………………………… **4. 黄麻属 Corchoru**
  2. 花瓣基部有腺体；有雌雄蕊柄。
    5. 果为核果，表面平滑无突起；木本………………………………………………… **7. 扁担杆属 Grewia**
    5. 果为蒴果，表面有刺或钩刺；草本……………………………………………… **14. 刺蒴麻属 Triumfetta**
1. 雄蕊常为各式连生，花药 1 室，稀 2 室，直裂；常有黏液组织。
  6. 雄蕊连成单体，花药 1 室，花粉有杆状突起。
    7. 果裂成分果，子房由数个分离心皮组成。
      8. 柱头分枝与心皮同数。
        9. 每室仅有胚珠 1 个。
          10. 花无副萼 ………………………………………………………………………… **12. 黄花棯属 Sida**
          10. 花具副萼。
            11. 小苞片 3，分离 …………………………………………………………… **9. 锦葵属 Malva**
            11. 小苞片 6 ~ 9，基部合生 ………………………………………………… **3. 蜀葵属 Alcea**
        9. 每室有胚珠 2 个或更多………………………………………………………… **2. 苘麻属 Abutilon**
      8. 花柱分枝为心皮数 2 倍………………………………………………………… **15. 梵天花属 Urena**
    7. 果为室背开裂蒴果，子房由数个合生心皮组成。
      12. 萼钟状或杯形，5 裂或 5 齿裂，宿存 ………………………………………… **8. 木槿属 Hibiscus**
      12. 萼佛焰苞状，花后一边开展，早落 …………………………………………… **1. 秋葵属 Abelmoschus**
  6. 雄蕊连成管状或束状，花药 2 室或 1 室，花粉平滑。
    13. 乔木，果为蓇葖果。
      14. 花无花瓣，单性或杂性 ……………………………………………………… **6. 梧桐属 Firmiana**

14. 花有花瓣，两性 …………………………………………………………… **11. 梭罗树属 Reevesia**

13. 草本；果为蒴果 ………………………………………………………… **10. 马松子属 Melochia**

（一）秋葵属 **Abelmoschus** Medikus

一年生、二年生或多年生草本。叶全缘或掌状分裂。花单生于叶腋；小苞片 5 ~ 15，线形，很少为披针形；花萼佛焰苞状，一侧开裂，先端具 5 齿，早落；花黄色或红色，漏斗形，花瓣 5；雄蕊柱较花冠为短，基部具花药；子房 5 室，每室具胚珠多颗，花柱 5 裂。蒴果长尖，室背开裂，密被长硬毛；种子肾形或球形，多数，无毛。

本属 15 种，我国有 6 种，湖南有 2 种，八大公山有 1 种。

1. 黄蜀葵 **Abelmoschus manihot** (Linnaeus) Medikus

一年生草本或半灌木状，全株被长硬毛。叶掌状 5 ~ 9 深裂，裂片长圆状披针形，具粗钝锯齿，两面疏被长硬毛，托叶披针形。花单生于枝端叶腋；小苞片 4 ~ 5，卵状披针形，萼佛焰苞状，5 裂，花大，淡黄色，内面基部紫色。蒴果卵状椭圆形。花期 8 ~ 10 月。

分布与生境：产于八大公山各地，生于海拔 200 ~ 600 m 的山谷草丛、田边或沟旁灌丛间。

用途：庭院观赏；根含黏质，可作造纸糊料；种子、根和花作药用。

黄蜀葵 Abelmoschus manihot

（二）苘麻属 **Abutilon** Miller

草本、亚灌木状或灌木。叶互生，心形，叶脉掌状。花顶生或腋生，单生或排列成圆锥花序状；小苞片缺；花萼钟状，裂片 5；花瓣 5，基部合生，与雄蕊柱相连；子房具心皮 5 ~ 20，花柱与心皮同数，子房每室具胚珠 2 ~ 9。蒴果近球形。种子肾形。

150 ~ 200 种，我国有 9 种，湖南有 2 种，八大公山有 1 种。

1. 苘麻 Abutilon theophrasti Medikus

亚灌木状草本，茎枝被柔毛。叶互生，边缘具细圆锯齿，两面均密被星状柔毛；托叶早落。花单生于叶腋，被柔毛，近顶端具节；花萼杯状，密被短茸毛，裂片5；花黄色，花瓣倒卵形；心皮15～20，排列成轮状，密被软毛。蒴果半球形，分果爿15～20。种子肾形。花期7～8月。

分布与生境：产于八大公山各地，生于海拔200～500 m的路边荒地、垃圾场。

用途：全草、根、种子入药；茎皮纤维可编织麻袋、搓绳索、编麻鞋等纺织材料；种子油供制皂、油漆和工业用润滑油。

苘麻 Abutilon theophrasti

（三）蜀葵属 Althaea Linnaeus

多年生草本，全体有毛。花单生或排列成总状花序式生于枝端；小苞片6～9，基部合生，密被绵毛和刺；萼钟形，5齿裂，基部合生，被绵毛和密刺；子房室多数，每室具胚珠1个，柱头分枝。果盘状。

60余种，我国有2种，湖南有1种，八大公山也有栽培。

1. 蜀葵 Althaea rosea Linnaeus

多年生草本。叶近圆心形，掌状5～7浅裂或波状棱角，上面粗糙，下面被长硬毛或茸毛。花腋生，单生或近簇生，排列成总状花序式，具叶状苞片；小苞片杯状，常6～7裂；萼钟状，密被星状粗硬毛；花大，单瓣或重瓣；花柱分枝多数，微被细毛。果盘状，分果爿近圆形，具纵槽。花期2～8月。

分布与生境：原产我国西南地区，八大公山各地栽培。

用途：观赏花卉；花、根、茎叶、种子均可入药。

蜀葵 Althaea rosea

（四）黄麻属 **Corchorus** Linnaeus

草本或亚灌木。叶纸质，基部有3出脉，两侧常有伸长的线状小裂片，边缘有锯齿，叶柄明显；托叶2片，线形。花两性，黄色，单生或数朵排成腋生或腋外生的聚伞花序；萼片4~5片；花瓣与萼片同数；腺体不存在；雄蕊多数，着生于雌雄蕊柄上，离生，缺退化雄蕊；子房2~5室，每室有多个胚珠，花柱短，柱头盾状或盘状，全缘或浅裂。蒴果长筒形或球形，有棱或有短角，室背开裂为2~5爿；种子多数。

40种，我国有4种，湖南有2种，八大公山有1种。

1. 甜麻 Corchorus aestuans Linnaeus

一年生草本。叶卵形或阔卵形，（4.5~6.5）cm×（3~4）cm，顶端短渐尖或急尖，基部圆形，

甜麻 Corchorus aestuans

两面均有稀疏的长粗毛，边缘有锯齿，近基部一对锯齿往往延伸成尾状的小裂片，基出脉 5 ~ 7 条。花单独或数朵组成聚伞花序生于叶腋或腋外，萼片 5 片，狭窄长圆形，花瓣 5 片，黄色，子房长圆柱形，被柔毛，花柱圆棒状，柱头如喙，5 齿裂。蒴果长筒形，具 6 条纵棱，其中 3 ~ 4 棱呈翅状突起，顶端有 3 ~ 4 条向外延伸的角，角二叉。花期夏季。

分布与生境：分布于八大公山各地，生于海拔 1200 m 以下的荒地、路边、林缘多种生境中。

用途：纤维可作为黄麻代用品，用作编织及造纸原料；嫩叶可供食用；入药可作清凉解热剂。

（五）田麻属 **Corchoropsis** Siebold & Zuccarini

一年生草本。叶卵形或狭卵形，边缘有钝牙齿，两面均密生星状短柔毛。花单生于叶腋；萼片 5 片，狭窄披针形；花瓣 5 片，黄色，倒卵形；发育雄蕊 15 枚，每 3 枚成一束，退化雄蕊 5 枚；子房被短茸毛。蒴果角状圆筒形，有星状柔毛。

单种属，八大公山有分布。

1. 田麻 **Corchoropsis crenata** Siebold & Zuccarini

特征见田麻属的描述。

分布与生境：分布于八大公山各地，生于海拔 1200 m 以下的路边、林缘多种生境中。

用途：全草入药。

田麻 Corchoropsis crenata

（六）梧桐属 **Firmiana** Marsili

落叶乔木。韧皮纤维发达。单叶，掌状缺裂。花单性或杂性，圆锥花序；萼片 5；无花瓣；雌雄蕊柄长；雄花有花药 10 ~ 15，聚集在雌蕊柄的顶端，雌蕊 5 心皮，5 室，基部分离，花柱基部联合，柱头与心皮同数而分离。蓇葖果，裂开为叶状；种子圆球形，着生在叶状心皮的内缘。

约 15 种，我国有 3 种，湖南有 1 种，八大公山也有。

1. 梧桐 Firmiana simplex (Linnaeus) W.Wight

落叶乔木。叶心形，掌状 3 ~ 5 裂，裂片三角形，顶端渐尖，基部心形，基生脉 7 条，叶柄与叶片等长。圆锥花序顶生，花淡黄绿色；萼 5 深裂几至基部，萼片条形，外面被淡黄色短柔毛；花梗与花几等长；雌花的子房圆球形，被毛。蓇葖果膜质，有柄，成熟前开裂成叶状，每蓇葖果有种子 2 ~ 4 个；种子圆球形，表面有绉纹。花期 6 月，果期 8 ~ 9 月。

分布与生境：产于八大公山各地，生于海拔 900 m 以下的悬崖林中，亦有栽培。

用途：庭院观赏树木；种子、根、树皮、叶、花皆可入药；木材轻软，为制木匣和乐器的良材；种子炒熟可食或榨油；树皮纤维可用一造纸和编绳等；木材刨片可浸出粘液，可润发；叶做土农药，或食品包装材料。

梧桐 Firmiana simplex

（七）扁担杆属 Grewia Linnaeus

灌木或小乔木。幼枝常被星状柔毛。叶互生，具基出脉。花两性，或单性雌雄异株，常 3 朵组成腋生聚伞花序。萼片 5 片，离生，花瓣 5 片，短于萼片，腺体常为鳞片状，生于花瓣基部，常有长毛；雄蕊多数，离生；子房 2 ~ 4 室，每室胚珠 2 ~ 8 枚，花柱单生，柱头盾形或分裂。核果有纵沟，收缩成 2 ~ 4 分核，具假隔膜。

约 90 余种，我国有 26 种，湖南有 1 种，八大公山也有。

1. 扁担杆 Grewia biloba G.Don

灌木或小乔木，高达 4 m。幼枝被星状柔毛。叶窄菱状卵形，椭圆形或倒卵状椭圆形，两面疏被星状柔毛，基出脉3条。聚伞花序腋生。苞片钻形，萼片窄长圆形，被毛，花瓣长1.5 mm；雄蕊长2 mm；子房被毛，柱头盘状，有浅裂。核果橙红色，有2~4分核。花期5~7月，果期10月。

分布与生境：产于八大公山各地，生于海拔200~800 m以下的山坡林缘或灌丛地。

用途：观果树种；根及茎叶入药；树皮可作人造棉；去皮的茎可作编织用。

扁担杆 Grewia biloba

（八）木槿属 Hibiscus Linnaeus

草本、灌木或小乔木。叶互生，掌状分裂或不分裂，具托叶。花两性，5数，花常单生于叶腋间；小苞片5或多数，分离或于基部合生；花萼5，宿存；花瓣5，基部与雄蕊柱合生；雄蕊柱顶端平截或5齿裂；子房5室，每室具胚珠3至多数，花柱5裂，柱头头状。蒴果开裂成5果爿。种子肾形。

约300种，我国有24种，湖南有4种，八大公山有2种。

分种检索表

1. 小枝密被星状毛……………………………………………………… **1. 木芙蓉 H. mutabilis**
1. 小枝无毛…………………………………………………………………… **2. 木瑾 H. syriacus**

1. 木芙蓉 Hibiscus mutabilis Linnaeus

落叶小乔木。小枝、叶柄、花梗和花萼均密被星状毛与直毛相混的细绵毛。叶宽卵形至圆卵形或心形，5~7裂，具钝圆锯齿，上面疏被星状细毛和点，下面密被星状细茸毛。花单生于叶腋；小苞片8，线形，基部合生；花瓣外面被毛。蒴果被刚毛和绵毛，果爿5。种子肾形，背面被长柔毛。花期7~10月。

分布与生境：分布于八大公山各地，生于海拔 200 ~ 400 m 的河谷林缘，也有栽培。

用途：庭院观赏；花、叶、根入药。

木芙蓉 Hibiscus mutabilis

2. 木槿 Hibiscus syriacus Linnaeus

落叶灌木，小枝密被黄色星状茸毛。叶三角状卵形或卵状菱形，边缘具不整齐齿缺，下面沿叶脉微被毛。花单生于叶腋；小苞片 6 ~ 8，线形，有星状毛；花萼钟形，密被星状毛，裂片 5；花钟形，有毛；雄蕊柱长约 3 cm。蒴果，密被黄色星状茸毛。种子背部有白色长柔毛。花期 7 ~ 10 月。

分布与生境：原产我国华中，八大公山各地栽培。

用途：庭院观赏；花可食用；茎皮或根皮入药。

木槿 Hibiscus syriacus

（九）锦葵属 **Malva** Linnaeus

草本。叶互生，有角或分裂。花单生于叶腋间或簇生成束；小苞片 3，线形，分离，萼杯状，5 裂；花瓣 5；单体雄蕊；子房有心皮 9 ~ 15，每室有胚珠 1 个，柱头与心皮同数。果由数个心皮组成，成熟时各心皮彼此分离，且与中轴脱离而成分果。

约 30 种，我国有 3 种，湖南有 4 种，八大公山有 2 种。

分种检索表

1. 花大型，直径 3 ~ 5 cm ………………………………………………………… **1. 锦葵 M. cathayensis**
1. 花小型，直径约 1 cm ………………………………………………… **2. 冬葵 M. verticillata** var. **crispa**

1. 锦葵 **Malva cathayensis** M.G.Gilbert

一年生或越年生草本，有粗毛。叶心形或肾形，具 5 ~ 7 浅裂，基部心形，边缘具圆锯齿。花 3 ~ 11 朵簇生；小苞片卵形；萼钟形，萼裂片 5；花瓣 5；单体雄蕊，被刺毛，花丝无毛；花柱分枝 9 ~ 11，被微细毛。果扁圆形。花期 5 ~ 10 月。

分布与生境：原产我国及印度，八大公山各地栽培。

用途：叶供蔬食；花供观赏；种子、花入药。

锦葵 Malva cathayensis

2. 冬葵 **Malva verticillata** var. **crispa**

一年生草本，高 1 m；不分枝，茎被柔毛。叶圆形，基部心形，裂片三角状圆形，边缘具细锯齿，并极皱缩扭曲，两面无毛至疏被糙伏毛或星状毛，在脉上尤为明显；裂片三角形，疏被星状柔毛；花瓣 5，较萼片略长。果扁球形，径约 8 mm，具细柔毛；种子肾形。花期 6 ~ 9 月。

分布与生境：原产我国，八大公山各地栽培。

用途：叶供蔬食；花供观赏。

冬葵 Malva verticillata var. crispa

（十）马松子属 Melochia Linnaeus

草本或亚灌木。叶互生，单叶；花小，排成腋生的头状花序或圆锥花序；萼片基部合生；花瓣 5，匙形或长圆形，宿存；雄蕊 5，与花瓣对生，基部合生成 1 短管；子房 5 室，有胚珠 10 颗；花柱 5；蒴果室背开裂为 5 瓣，每室有种子 1 颗；种子倒卵形。

50 ~ 60 种，我国有 1 种，八大公山也有。

1. 马松子 Melochia corchorifolia Linnaeus

半灌木状草本。枝黄褐色，略被星状短柔毛。叶卵形、矩圆状卵形或披针形，稀有不明显的 3

马松子 Melochia corchorifolia

浅裂。花排成顶生或腋生的密聚伞花序或团伞花序；小苞片条形；萼钟状，5浅裂，花瓣5片，白色，后变为淡红色，矩圆形；雄蕊5枚，下部连合成筒，子房密被柔毛，花柱5枚，线状。蒴果圆球形，被长柔毛。花期夏秋。

分布与生境：产于八大公山各地，生于海拔800 m以下的荒地中。

用途：茎、叶入药。

（十一）梭罗树属 Reevesia Lindley

乔木或灌木。叶为单叶，通常全缘。花两性，多花且密集，排成聚伞状伞房花序或圆锥花序；萼钟状或漏斗状，不规则的3～5裂；花瓣5片，具爪；雄蕊的花丝合生成管状，并与雌蕊柄贴生而形成雌雄蕊柄，雄蕊管顶端扩大并包围雌蕊，5裂，花药约15个，2室，药室分歧，着生于雄蕊管顶端的裂片外面成头状；子房5室，有5条纵沟，每室有倒生胚珠2个，柱头5裂。蒴果木质，成熟后分裂为5个果瓣，果瓣室背开裂，有种子1～2个；种子具膜质翅，翅向果柄。

18种，我国有14种，湖南有2种，八大公山有1种。

1. 雪峰山梭罗树 Reevesia xuefengensis (C. J. Qi) C. J. Qi

落叶乔木。叶矩圆形或矩圆状卵形，长（7～15）cm×（3～6）cm，顶端钝或急尖，基部急尖，两面均光亮无毛；侧脉每边8～12条；叶柄长1.5～3.5 cm，两端膨大，无毛。聚伞状伞房花序顶生，密被星状短柔毛，花萼倒卵状钟形，外面被星状短柔毛，花瓣5片，白色，倒披针形，具爪。蒴果矩圆状梨形，有5棱，略被短茸毛；种子具翅。花期4～5月。

分布与生境：产于八大公山五道水，生于海拔800 m的山地林中。

用途：用材树种。

雪峰山梭罗树 Reevesia xuefengensis

（十二）黄花棯属 Sida Linnaeus

草本或亚灌木，具星状毛。叶为单叶或稍分裂。花单生，簇生或几圆锥花序式，腋生或顶生；无小苞片；萼钟状或杯状，5 裂；花瓣黄色，5 片，分离，基部合生；雄蕊柱顶端着生多数花药；子房具心皮 5，花柱枝与心皮同数，柱头头状，每心皮具 1 胚珠。蒴果盘状或球形，分果爿顶端具 2 芒或无芒，成熟时与中轴分离。

18 种，我国有 14 种，湖南有 5 种，八大公山有 1 种。

1. 湖南黄花棯 Sida cordifolioides K. M. Feng

直立、多枝亚灌木状草本。茎和小枝疏被星状柔毛或近于无毛。叶卵形，长（1.5 ~ 4）cm ×（6 ~ 22）mm，先端钝，基部心形，偶有圆形，具圆锯齿，上面近无毛或疏被星状柔毛，下面被星状柔毛。花单生于叶腋或近簇生，花梗长 4 ~ 7 mm，疏被星状柔毛，近端具节；萼钟形，长约 4 mm，5 齿裂，被星状柔毛；花冠黄色，直径约 8 mm，花瓣倒卵楔形；雄蕊柱疏被长硬毛。分果爿 5，密被星状柔毛，端具 2 芒尖，连芒尖长约 4 mm。花、果期 7 ~ 10 月。

分布与生境：产于八大公山五道水，生于海拔 200 ~ 800 m 的路边、旱地中。

用途：用材树种。

湖南黄花棯 Sida cordifolioides

（十三）椴树属 Tilia Linnaeus

落叶乔木。单叶，互生，基部常斜心形，基出脉有二次支脉。花两性，白或黄色，排成聚伞花序，花序梗下部常与舌状苞片连生。萼片 5 片；花瓣 5 片，覆瓦状排列，基部有小鳞片；雄蕊多数，离生或连生成 5 束，退化雄蕊花瓣状，与花瓣对生；子房 5 室，每室枚 2 胚珠，花柱合生，柱头 5 裂。核果，球形，稀浆果；不裂．稀干后开裂。

23 ~ 40 种，我国有 19 种，湖南有 8 种，八大公山有 5 种。

分种检索表

1. 果实干后不开裂。
  2. 果实有明显的 5 棱。
    3. 苞片无柄或近无柄，花序有花 1 ～ 3 朵……………………………………… **1. 华椴 T. chinensis**
    3. 苞片有短柄，花序有花 3 ～ 15 朵 ………………………………………………**3. 鄂椴 T. oliveri**
  2. 果实表面无棱。
    4. 叶边缘疏生小刺状齿，常在中部以下全缘…………………………………… **5. 椴 T. tuan**
    4. 叶边缘几全部有齿……………………………………………………………… **4. 少脉椴 T. paucicostata**
1. 果实干后裂开为 5 爿…………………………………………………………… **2. 白毛椴 T. endochrysea**

1. 华椴 Tilia chinensis Maximowicz

落叶乔木。叶宽卵形，长 5 ~ 10 cm，下面被灰色星状茸毛，侧脉 7 ~ 8 对，有细密锯齿；叶柄长 3 ~ 5 cm。聚伞花序长 4 ~ 7 cm，有 3 花，下部与苞片合生；苞片窄长圆形，长 4 ~ 8 cm，无柄。花梗长 1 ~ 1.5 cm；萼片长卵形，长 6 mm；花瓣长 7 ~ 8 mm；退化雄蕊较雄蕊短，雄蕊长 5 ~ 6 mm。果椭圆形，长 1 cm，两端略尖，有棱 5 条。花期夏初。

分布与生境：产于八大公山各地，生于海拔 1000 ~ 1800 m 的山坡林中。

用途：树皮入药；用材树种；蜜源植物；庭院观赏。

华椴 Tilia chinensis

2. 白毛椴 Tilia endochrysea Handel-Mazzetti

落叶乔木。叶卵形或阔卵形，（9 ~ 16）cm ×（6 ~ 13）cm，先端渐尖或锐尖，基部斜心形或截形，下面被灰色或灰白色星状茸毛，侧脉 5 ~ 6 对，边缘有疏齿，齿刻相隔 5 ~ 12 mm。聚伞花序有花 10 ~ 18 朵，花序柄近秃净；苞片窄长圆形，（7 ~ 10）cm ×（2 ~ 3）cm，下面被灰白色星状柔毛，先端圆或钝，基部心形或楔形，下部 1.0 ~ 1.5 cm 与花序柄合生，有柄长 1 ~ 3 cm；萼片长卵形，被灰褐色柔毛；子房被毛，花柱长 4 ~ 5 mm，无毛，先端 5 浅裂。果实球形，5 爿裂开。花期 7 ~ 8 月。

分布与生境：产于八大公山各地，海拔 1200 ~ 1800 m 的山坡林中。

用途：用材树种；蜜源植物；庭院观赏。

白毛椴 Tilia endochrysea

3. 鄂椴 *Tilia oliveri* Szyszylowicz

分变种检索表

1. 叶下面被白色星状茸毛…………………………………… **3a. 鄂椴（原变种）*T. oliveri*** var. ***oliveri***
1. 叶下面被灰色的星状茸毛……………………………… **3b. 灰背椴（变种）*T. oliveri*** var. ***cinerascens***

3a. 鄂椴（原变种）*Tilia oliveri* Szyszylowicz var. ***oliveri***

落叶乔木。叶卵形或阔卵形，基部斜心形或截形，下面被白色星状茸毛，边缘密生细锯齿。聚伞花序有花 6 ~ 15 朵，花序柄有灰白色星状茸毛，下部 3.0 ~ 4.5 cm 与苞片合生；苞片窄倒披针形，有短柄，子房有星状茸毛。果实椭圆形，被毛。花期 7 ~ 8 月。

分布与生境：产于八大公山各地，生于海拔 1000 ~ 1900 m 的山坡林中。

用途：树皮入药；庭院观赏；用材树种；蜜源植物。

3b. 灰背椴（变种）*Tilia oliveri* var. ***cinerascens*** Rehder & E.H.Wilson

本变种和原变种的区别在于叶下面被灰色的星状茸毛。

分布与生境：产于八大公山各地，生于海拔 1200 ~ 1800 m 的山坡林中。

用途：树皮入药；庭院观赏；用材树种；蜜源植物。

鄂椴（原变种）Tilia oliveri var. oliveri

灰背椴（变种）Tilia oliveri var. cinerascens

4. 少脉椴 Tilia paucicostata Maximowicz

少脉椴 Tilia paucicostata

落叶乔木。小枝纤细，褐色，无毛。叶膜质，卵圆形，（4 ~ 9）cm ×（3.5 ~ 8）cm，先端急短尖，基部正心形或略偏，边缘有整齐细锯齿，两面无毛，或下面脉腋有毛丛，侧脉每边 4 ~ 5 条；叶柄纤细，暗红色，无毛。聚伞花序有花 5 ~ 9；花序梗纤细，下部与苞片中部以下合生，苞片倒披针形，有长 7 ~ 12 mm 的短柄。果倒卵形。花期 7 月，果期 8 月。

分布与生境：产于八大公山各地，生于海拔 1500 ~ 1700 m 的山坡上部落叶阔叶林中。

用途：庭院观赏；蜜源植物；用材树种。

5. 椴树 Tilia tuan Szyszylowicz

分变种检索表

1. 叶下面被白色星状茸毛……………………………………………… **5a. 椴树（原变种） T. tuan** var. **tuan**
1. 叶下面被灰色的星状茸毛……………………………… **5b. 毛芽椴（变种） T. oliveri** var. **chinensis**

5a. 椴树（原变种）Tilia tuan Szyszylowicz var. **tuan**

落叶大乔木。叶宽卵形，长 7 ~ 14 cm，下面被毛，后变无毛，边缘上半部疏生细齿；叶柄长 3 ~ 5 cm。聚伞花序长 8 ~ 13 cm；苞片窄倒披针形，长 10 ~ 16 cm，无柄，下半部 5 ~ 7 cm 与花序梗合生。花梗长 7 ~ 9 mm；萼片长圆状披针形，长 5 mm；花瓣长 7 ~ 8 mm；退化雄蕊长 6 ~ 7 mm，雄蕊长约 5 mm；果球形，径 0.8 ~ 1.0 cm，无棱，有小突起。花期 7 月。

分布与生境：产于八大公山各地，生于海拔 800 ~ 1900 m 的山坡林中。

用途：带果苞片入药；庭院观赏；用材树种；蜜源植物。

椴树（原变种）Tilia tuan var. tuan

5b. 毛芽椴（变种） Tilia tuan var. **chinensis** (Szyszylowicz) Rehder & E. H.Wilson

落叶乔木。嫩枝及顶芽有茸毛；叶阔卵形，（10～12）cm×（7～10）cm，下面有灰色星状茸毛，边缘有明显锯齿；花序有花 16～22 朵；苞片长 8～12 cm，无柄。果实球形。花期 6 月。

分布与生境：产于八大公山各地，生于海拔 1400～1800 m 的山坡林中。

用途：庭院观赏；用材树种；蜜源植物。本种曾命名为桑植椴，它与椴树区别较大，应恢复湖北毛椴 Tilia hupehensis 为宜。

毛芽椴（变种） Tilia tuan var. chinensis

（十四）刺蒴麻属 Triumfetta Linnaeus

一年生草本或为亚灌木。叶互生，不分裂或掌状 3～5 裂。花两性，单生或数朵排成聚伞花序；萼片 5 片，离生。镊合状排列，顶端常有突起的角；花瓣与萼片同数，离生，内侧基部有增厚的腺体；雄蕊 5 枚至多数，离生，子房 2～5 室，花柱单一，柱头 2～5 浅裂，胚珠每室 2 颗。蒴果近球形，表面具针刺；刺的先端尖细劲直或有倒钩。

约 100～160 种，我国有 7 种，湖南有 2 种，八大公山全有。

分种检索表

1. 全部叶不分裂……………………………………………………………… **1. 单毛刺蒴麻 T. annua**
1. 茎下部叶边缘 3 浅裂………………………………………………………… **2. 刺蒴麻 T. rhomboidea**

1. 单毛刺蒴麻 Triumfetta annua Linnaeus

一年生草本或亚灌木；嫩枝被黄褐色茸毛。叶纸质，卵形或卵状披针形，（5～11）cm×（3～

7）cm，先端尾状渐尖，基部圆形或微心形，边缘有细锯齿。聚伞花序腋生，花序柄极短；萼片先端有角，花瓣比萼片稍短，倒披针形；雄蕊 10 枚；子房被刺毛，3 ~ 4 室，花柱短，柱头 2 ~ 3 浅裂。蒴果扁球形，刺长 5 ~ 7 mm，先端弯勾，基部有毛。花期秋季。

分布与生境：产于八大公山各地，生于海拔 200 ~ 800 m 的路边、河边、荒地草丛中。

用途：茎皮纤维可作绳索及织物。

单毛刺蒴麻 Triumfetta annua

2. 刺蒴麻 Triumfetta rhomboidea Jacquin

亚灌木；嫩枝被灰褐色短茸毛。叶纸质，生于茎下部的阔卵圆形，（3 ~ 8）cm ×（2 ~ 6）cm，先端常 3 裂，基部圆形；生于上部的长圆形；上面有疏毛，下面有星状柔毛，边缘有不规则的粗锯

刺蒴麻 Triumfetta rhomboidea

齿，基出脉 3 ~ 5 条。聚伞花序数枝腋生，花序柄及花柄均极短；萼片狭长圆形，顶端有角，被长毛；花瓣比萼片略短，黄色，边缘有毛；雄蕊 10 枚；子房有刺毛。果球形，不开裂，被灰黄色柔毛，针刺先端具钩。花期夏秋季间。

分布与生境：产于八大公山各地，生于海拔 200 ~ 500 m 的路边、河边、荒地草丛中。

用途：茎皮纤维可作绳索及织物；全草入药。

（十五）梵天花属 **Urena** Linnaeus

草本或灌木，被星状柔毛。叶互生，圆形或卵形，掌状分裂或深波状。花粉红色，腋生，或集生于小枝端；花萼穹窿状，深 5 裂；小苞片 5；花瓣 5，外面被星状柔毛；雄蕊柱平截或微齿裂；子房 5 室，每室胚珠 1 颗，花柱分枝 10，反曲，柱头盘状，顶端具睫毛。分果爿（成熟心皮）具钩刺，不开裂，但与中轴分离。种子无毛。

本属 6 种，我国有 3 种，湖南有 2 种，八大公山有 1 种。

1. 地桃花 **Urena lobata** Linnaeus

直立亚灌木状草本，小枝被星状茸毛。茎下部的叶近圆形，先端浅 3 裂，边缘具锯齿；中部的叶卵形；上部的叶长圆形至披针形；叶上面被柔毛，下面被灰白色星状茸毛。花腋生，单生或数朵丛生，花萼杯状，裂片 5，两者均被星状柔毛；花瓣 5，粉红色，倒卵形，外面被星状柔毛；花柱枝 10，微被长硬毛。果扁球形，分果爿被星状短柔毛和锚状刺。花期 7 ~ 10 月。

分布与生境：产于八大公山各地，生于海拔 700m 以下的路边、河谷、荒地草丛中。

用途：根可入药。

地桃花 Urena lobata

一百零三、瑞香科 Thymelaeaceae

木本或草本，单叶互生或对生，全缘。花两性或单性，整齐，伞形花序或总状花序，稀单生。花萼呈花辨状，合生成钟状或管状，顶端 4～5 裂；花瓣缺或鳞片状；雄蕊 8，2 轮，着生于花萼筒上；子房上位，1 室 1 胚珠，具花盘。核果、浆果或坚果。

48 属 650 种，我国有 9 属 115 种，湖南有 5 属 20 种，八大公山有 3 属 7 种。

分属检索表

1. 下位花盘环状偏斜或杯状，叶多为互生，稀对生。
  2. 花柱及花丝极短或近于无，柱头头状，较大……………………………………… **1. 瑞香属 Daphne**
  2. 花柱长，柱头圆柱状线形，其上密被疣状突起………………………… **2. 结香属 Edgeworthia**
1. 下位花盘鳞片状或狭舌状，叶多为对生………………………………………… **3. 荛花属 Wikstroemia**

（一）瑞香属 **Daphne** Linnaeus

灌木或亚灌木。叶互生，稀近对生，具短柄。花常两性，稀单性，整齐，常为头状花序，顶生，具苞片，花白色、玫瑰色、黄色；花萼筒钟形、筒状，外面具毛或无毛，萼 4～5 裂，裂片开展，大小不等；无花瓣；雄蕊 8～10，2 轮，常包藏于花萼筒的近顶部和中部；子房 1 室，胚珠 1，柱头头状。浆果肉质或干燥而革质，具宿存花萼。

约 95 种，我国有 52 种，湖南有 8 种，八大公山有 4 种。

分种检索表

1. 花序腋生或侧生…………………………………………………………………… **2. 芫花 D. genkwa**
1. 花序顶生或顶生与腋生并存。
  2. 花萼筒外面无毛………………………………………………………… **1. 尖瓣瑞香 D. acutiloba**
  2. 花萼筒外面有毛。
    3. 苞片外面无毛……………………………………………… **3. 毛瑞香 D. kiusiana** var. **atrocaulis**
    3. 苞片外面散生黄色丝状毛……………………………………………… **4. 白瑞香 D. papyracea**

1. 尖瓣瑞香 **Daphne acutiloba** Rehder

常绿灌木。嫩枝薄被贴生短柔毛。叶互生，长圆状披针形至椭圆状技针形，先端短渐尖或钝，两面无毛；叶柄甚短。花白色，5～7 成顶生头状花序，苞片卵形或长圆状披针形，外面密被淡黄色细柔毛，花梗极短，萼筒无毛。核果球形，熟时红色。

分布与生境：分布于八大公山各地，生于海拔 500～1800 m 的山坡林下。

用途：庭院观赏；树皮和根皮入药。

尖瓣瑞香 Daphne acutiloba

2. 芫花 **Daphne genkwa** Siebold & Zuccarini

灌木，多分枝。幼枝黄绿色或紫褐色，密被淡黄色丝状柔毛，老枝紫褐色或紫红色，无毛。叶对生，卵形或卵状披针形至椭圆状长圆形，全缘，幼时密被绢状黄色柔毛，老时仅叶脉基部散生绢

芫花 Daphne genkwa

状黄色柔毛，花柱短或无，柱头头状，橘红色。果实肉质，白色，椭圆形，包藏于宿存的花萼筒的下部。花期 3 ~ 5 月，果期 6 ~ 7 月。

分布与生境：分布于八大公山各地，生于海拔 600 ~ 800 m 的山坡灌丛中。

用途：花供观赏；花蕾药用；根可毒鱼；全株可作农药；茎皮纤维柔韧，可作造纸和人造棉原料。

3. 毛瑞香 Daphne kiusiana var. **atrocaulis** (Rehder) F. Maekawa

常绿灌木。幼枝及小枝深紫色或紫褐色，无毛。叶厚纸质，椭圆形至长椭圆形，两面无毛。头状花序，花白色，芳香；花萼管外面被灰白色或灰黄色绢质毛。核果卵状桶圆形，肉质，成熟时红色。花期 2 ~ 4 月，果期 7 ~ 8 月。

分布与生境：分布于八大公山各地，生于海拔 600 ~ 1100 m 的山坡林下。

用途：花供观赏；花蕾药用；根可毒鱼；全株可作农药；茎皮可作造纸和人造棉原料。

毛瑞香 Daphne kiusiana var. atrocaulis

4. 白瑞香 Daphne papyracea Wallich ex G. Don

常绿灌木。小枝纤细，灰褐色至灰黑色，当年生枝被黄褐色粗茸毛。叶互生，密集于小枝顶端，长椭圆形至倒披针形，（6 ~ 16）cm ×（1.5 ~ 4.0）cm，基部楔形，两面无毛。花白色，多花簇生于小枝顶端成头状花序；苞片绿色，早落，外面散生淡黄色丝状毛，边缘具淡白色长纤毛；花萼筒漏斗状，外面具淡黄色丝状柔毛，裂片 4。果实为浆果，成熟时红色，卵形或倒梨形。花期 11 月至次年 1 月，果期 4 ~ 5 月。

白瑞香 Daphne papyracea

分布与生境：分布于八大公山各地，生于海拔 500 ~ 1500 m 的山坡林下。

用途：树皮入药；花供观赏；茎皮纤维柔韧，可作造纸和人造棉原料。

（二）结香属 **Edgeworthia** Meisner

灌木。叶互生，窄椭圆形至倒披针形，常簇生于枝顶。花两性，头状花序，花梗基部具关节，先叶开放或与叶同时开放；花萼常内弯，外面密被银色长柔毛；裂片 4，宿存或凋落；雄蕊 8，着生于花萼筒喉部，子房 1 室，被长柔毛。果干燥或稍肉质，基部为宿存萼所包被。

5 种，我国有 4 种，湖南有 1 种，八大公山也有。

1. 结香 **Edgeworthia chrysantha** Lindley

结香 Edgeworthia chrysantha

落叶灌木，常作三叉分枝，叶痕大。叶长圆形，两面均被银灰色绢状毛。头状花序，总苞早落，花萼外面密被白色丝状毛，黄色，顶端4裂；雄蕊8，花丝短。子房顶端被丝状毛，柱头棒状，具乳突，花盘浅杯状。果椭圆形，顶端被毛。

分布与生境：原产我国，八大公山各地栽培。

用途：花和树皮入药；花供观赏。

（三）荛花属 **Wikstroemia** Endlicher

灌木或亚灌木。叶对生。花两性或单性，花序总状、穗状或头状，顶生；萼筒顶端通常4裂；无花瓣；雄蕊8枚少有为10枚，排列为2轮，上轮多在萼筒喉部着生，下轮着生于萼筒的中上部，花盘裂成鳞片状，1～5枚，分离或合生；子房被毛、无毛或仅于顶部被毛，1室，具1胚珠，花柱短，柱头头状。核果或浆果状，萼筒凋落或在基部残存包果。

70种，我国有49种，湖南有11种，八大公山有2种。

分种检索表

1. 花萼及花序被毛……………………………………………………………**1. 头序荛花 W. capitata**
1. 花萼无毛…………………………………………………………………**2. 小黄构 W. micrantha**

1. 头序荛花 Wikstroemia capitata Rehder

落叶灌木。叶膜质，对生或近对生，椭圆形或倒卵状椭圆形，两面均无毛，下面稍苍白色，叶

头序荛花 Wikstroemia capitata

柄极短。头状花序有 3 ~ 7 花，总花梗丝状；花黄色，无梗，外面被绢状糙伏毛，顶端 4 裂，子房被糙伏毛状柔毛，柱头头状，紫色。果卵圆形，黄色，略被糙伏毛，外为宿存花萼所包被。花期夏秋间。

分布与生境：产于八大公山各地，生于海拔 400 ~ 700 m 的山坡疏林下。

用途：茎皮纤维柔韧，可作造纸和人造棉原料。

2. 小黄构 Wikstroemia micrantha Hemsley

常绿灌木。叶对生，长圆形或长椭圆形，下面灰白色，无毛。花黄色，裂片卵形，长为管状的 1/4 ~ 1/3，雄蕊 8，二轮，几无花丝。子房倒卵形，先端被长硬毛，柱头头状。果卵形，紫黑色。花期 6 ~ 9 月，果期 7 ~ 10 月。

分布与生境：分布于八大公山各地，生于海拔 200 ~ 700 m 的山坡林缘、灌丛中。

用途：茎皮、根入药；茎皮纤维是制蜡纸、钱币的主要原料。

小黄构 Wikstroemia micrantha

一百零四、伯乐树科 Bretschneideraceae

乔木。羽状复叶，互生，全缘。花大，两性，两侧对称，组成顶生、直立的总状花序；花萼阔钟状，5浅裂；花瓣5枚，覆瓦状排列，不等大，后面的2枚较小，着生于花萼上部；雄蕊8枚，基部连合，较花瓣略短，花丝丝状，花药背着；雌蕊1枚，子房上位，3～5室，中轴胎座，胚珠2枚，柱头头状。蒴果，3～5瓣裂，果瓣厚，木质。

1属1种，八大公山也有分布。

（一）伯乐树属 **Bretschneidera** Hemsley

特征、种数和分布同科。

1. 伯乐树 Bretschneidera sinensis Hemsley

落叶乔木。小枝有明显皮孔。小叶7～15枚，狭椭圆形、菱状长圆形、长圆状披针形或卵状披针形，多少偏斜，全缘，下面粉绿或灰白色，有短柔毛；花序长20～36 cm，总花梗、小花柄和花萼的外面有棕色短茸毛；花粉红色，阔匙形或倒卵状楔形，内面有红色纵条纹；雌蕊有柔毛。果被极短棕色毛且常混生小白毛。花期3～5月，果期9月至10。

分布与生境：产于八大公山各地，生于海拔800～1500 m的山地林中。

用途：花美丽，可供观赏；树皮可入药；用材树种。

伯乐树 Bretschneidera sinensis

一百零五、十字花科 Brassicaceae

一年生、二年生或多年生植物，多数是草本，稀亚灌木状。叶有二型：基生叶呈旋叠状或莲座状；茎生叶通常互生，单叶或羽状复叶；通常无托叶。花整齐，两性；花多数聚集成一总状花序；萼片4，分离，排成2轮；花瓣4片，分离，成十字形排列；雄蕊6枚，四强雄蕊；雌蕊1枚，子房上位，由于假隔膜的形成，子房常为2室，每室有胚珠1至多枚。果实为长角果或短角果。

约330属3500种，我国产105属18种，湖南有15属46种，八大公山有10属26种。

分属检索表

1. 短角果。
  2. 叶羽状半裂、深裂、全裂或大头羽裂或复叶。
    3. 果实倒三角形或倒心状三角形…………………………………………………………**3. 荠属 Capsella**
    3. 果实卵形或椭圆形……………………………………………………………………**10. 阴山荠属 Yinshania**
  2. 单叶全缘或有锯齿。
    4. 短角果顶端稍有翅或翅不显明…………………………………………………… **6. 独行菜属 Lepidium**
    4. 短角果常有显明的翅…………………………………………………………………… **9. 菥蓂属 Thlaspi**
1. 长角果。
  5. 叶羽状半裂、深裂、全裂或大头羽裂或复叶。
    6. 叶为大头羽裂。
      7. 花白色、淡红色或紫色………………………………………………………………… **7. 萝卜属 Raphanus**
      7. 花黄色或乳黄色……………………………………………………………………………**2. 芸苔属 Brassica**
    6. 叶为浅裂或羽状分裂……………………………………………………………………**8. 焊菜属 Rorippa**
  5. 单叶全缘或有锯齿。
    8. 植株无毛或有单毛。
      9. 花茎上部无叶…………………………………………………………………………**4. 碎米荠属 Cardamine**
      9. 花茎从基部到上部皆有苞片状叶……………………………………………………**5. 山萮菜属 Eutrema**
    8. 植株有单毛及分叉毛或星状毛……………………………………………………………**1. 南芥属 Arabis**

（一）南芥属 Arabis Linnaeus

一年生、二年生或多年生草本。基生叶簇生；叶多为长椭圆形，全缘、有齿牙或疏齿；茎生叶基部楔形。总状花序顶生或腋生；萼片直立，卵形至长椭圆形，内轮基部呈囊状；花瓣白色、粉红色或紫色，倒卵形至楔形，基部呈爪状；雄蕊6，花药顶端常反曲；子房具多数胚珠，柱头头状或2浅裂。长角果线形，果瓣扁平，开裂。

约70种，我国产14种，湖南有5种，八大公山有1种。

1. 圆锥南芥 Arabis paniculata Franchet

二年生草本。茎直立，自中部以上常呈圆锥状分枝。基生叶簇生，叶片长椭圆形，边缘具疏锯齿；茎生叶多数，叶片长椭圆形至倒披针形；无柄。总状花序顶生或腋生呈圆锥状；萼片长卵形至披针形；花瓣白色，稀淡粉红色，长匙形，基部呈爪状；柱头头状。长角果线形，顶端宿存花柱短。花期 5 ~ 6 月，果期 7 ~ 9 月。

分布与生境：分布于八大公山，生于海拔 600 ~ 1500 m 的山坡草地中、溪沟边。

用途：种子入药。

圆锥南芥 Arabis paniculata

（二）芸苔属 **Brassica** Linnaeus

一年、二年或多年生草木。基生叶常成莲座状，茎生有柄或抱茎。总状花序伞房状，花黄色，少数白色；萼片近相等，内轮基部囊状，柱头头状，近 2 裂。长角果线形或长圆形，圆筒状，喙多为锥状。种子每室 1 行，球形或少数卵形，棕色。

40 种，我国产 6 种，湖南有 10 种；八大公山有 4 种。

分种检索表

1. 二年或多年生草本；叶厚，肉质，粉蓝色或蓝绿色……………………………… **3. 野甘蓝 B. oleracea**
1. 多为一年生草本；花小，鲜黄色或浅黄色，花瓣具不明显爪。
  2. 种子具显明窠孔，植株有辛辣味……………………………………………… **1. 芥菜 B. juncea**
  2. 种子不具显明窠孔，植株无辛辣味。
    3. 块根下部生根………………………………………………………………… **4. 蔓菁 B. rapa**
    3. 无块根……………………………………………………………………… **2. 欧洲油菜 B. napus**

1. 芥菜 Brassica juncea (Linnaeus) Czernajew

一年生草本，带粉霜，有辣味。基生叶宽卵形至倒卵形；茎下部叶较小，边缘有缺刻或牙齿，不抱茎；茎上部叶窄披针形。总状花序顶生，花后延长；花黄色；萼片淡黄色，长圆状椭圆形，直立开展；花瓣倒卵形。长角果线形，果瓣具 1 突出中脉。花期 3 ~ 5 月，果期 5 ~ 6 月。

分布与生境：原产亚洲，八大公山栽培。

用途：叶作蔬菜；种子及叶入药。

芥菜 Brassica juncea

2. 欧洲油菜 Brassica napus Linnaeus

一年或二年生草本。茎直立，分枝，幼叶有少数散生刚毛。下部叶大头羽裂，侧裂片约 2 对，中部及上部茎生叶基部心形，抱茎。总状花序伞房状，花瓣浅黄色。长角果线形。花期 3 ~ 4 月，果期 4 ~ 5 月。

分布与生境：园艺品种，八大公山有栽培。

用途：叶和嫩花葶供蔬食；种子榨油供食用及工业用。

欧洲油菜 Brassica napus

3. 野甘蓝 **Brassica oleracea** Linnaeus

分变种检索表

1. 叶不包裹成球状体……………………………………… **3a. 花椰菜（变种） B. oleracea** var. **botrytis**
1. 叶层层包裹成球状体………………………………………… **3b. 甘蓝（变种） B. oleracea** var. **capitata**

3a. 花椰菜（变种）Brassica oleracea var. **botrytis** Linnaeus

二年生草本，被粉霜。基生叶及下部叶长圆形至椭圆形，开展，不卷心，全缘或具细牙齿；茎中上部叶较小且无柄，长圆形至披针形，抱茎。茎顶端有 1 个由总花梗、花梗和未发育的花芽密集成的乳白色肉质头状体；总状花序顶生及腋生；花淡黄色，后变成白色。长角果圆柱形。花期 4 月，果期 5 月。

分布与生境：园艺变种，栽培于八大公山。

用途：花序作蔬菜，还可入药。

花椰菜（变种）Brassica oleracea var. botrytis

3b. 甘蓝（变种）Brassica oleracea var. **capitata** Linnaeus

二年生或多年生草本，被粉霜。下部叶大，大头羽状深裂，具有色叶脉，有柄，边缘波状，具细圆齿，顶裂片 3～5 对，倒卵形；上部叶长圆形，全缘，抱茎，所有叶肉质，无毛，具白粉霜。

甘蓝（变种）Brassica oleracea var. capitata

花序总状；花浅黄色；萼片长圆形，直立；花瓣倒卵形，有爪。长角果圆筒形；种子球形，灰棕色。花期 4 月，果期 5 月。

分布与生境：园艺品种，八大公山各地栽培。

用途：叶作蔬菜；叶、种子入药。

4. 蔓菁 Brassica rapa Linnaeus

分变种检索表

1. 植物绿色或稍具粉霜；基生叶丛发育。
   2. 基生叶茎生叶的叶柄厚，但无显明的翅……………………… **4a. 青菜（变种） B. rapa** var. **chinensis**
   2. 基生叶茎生叶的叶柄扁平，边缘有具缺刻的翅…………… **4b. 白菜（变种） B. rapa** var. **glabra**
1. 植物具粉霜；基生叶丛不太发育或长存………………………**4c. 芸苔（变种） B. rapa** var. **oleifera**

4a. 青菜（变种）Brassica rapa var. **chinensis** (Linnaeus) Kitamura

一年或二年生草本，无毛，带粉霜。基生叶倒卵形，坚实，深绿色，基部渐狭成宽柄；下部茎生叶和基生叶相似；上部茎生叶倒卵形或椭圆形，基部抱茎，全缘，微带粉霜。总状花序顶生，呈圆锥状；花浅黄色；萼片长圆形，直立开展；花瓣长圆形，有脉纹，具宽爪。长角果线形。种子球形，紫褐色，有蜂窝纹。花期 4 月，果期 5 月。

分布与生境：园艺品种，八大公山各地栽培。

用途：叶和嫩花葶供蔬食；叶、种子入药。

青菜（变种）Brassica rapa var. chinensis

4b. 白菜（变种）Brassica rapa var. **glabra** Regel

二年生草本。基生叶多数，大形，宽倒卵形，顶端圆钝，边缘皱缩，波状；叶柄白色，扁平，边缘有具缺刻的宽薄翅；上部茎生叶长圆状卵形至长披针形，有粉霜。花鲜黄色；萼片长圆形或卵状披针形，直立；花瓣倒卵形，基部渐窄成爪。长角果较粗短，两侧压扁，直立。种子球形，棕色。花期 5 月，果期 6 月。

分布与生境：原产我国，八大公山各地栽培。

用途：叶和嫩花葶供蔬食；叶还可入药。

白菜（变种）Brassica rapa var. glabra

4c. 芸苔（变种）Brassica rapa var. **oleifera** de Candolle

二年生草本。基生叶大头羽裂，边缘有不整齐弯缺牙齿，叶柄宽，基部抱茎；下部茎生叶羽状半裂，基部扩展且抱茎；上部茎生叶基部抱茎。总状花序在花期成伞房状，以后伸长；花鲜黄色；萼片长圆形，直立开展，顶端圆形，边缘透明；花瓣倒卵形，基部有爪。长角果线形。种子球形，紫褐色。花期 3～4 月，果期 5 月。

分布与生境：园艺品种，八大公山各地栽培。

用途：种子可榨油；嫩花葶供蔬食；根、叶入药。

芸苔（变种）Brassica rapa var. oleifera

（三）荠属 Capsella Medikus

一年或二年生草本。基生叶丛生呈莲座状，大头羽状分裂；茎生叶披针形，基部箭形，抱茎，边缘有缺刻或锯齿。总状花序顶生及腋生；萼片长圆形；花瓣白色，卵形，有短爪。短角果倒三角形或倒心状三角形，扁平，裂瓣具网脉。

单种属，八大公山有分布。

1. 荠 Capsella bursa-pastoris (Linnaeus) Medic

形态特征同荠属。

分布与生境：分布于八大公山各地，生于海拔 1900 m 以下的田园及路旁。

用途：全草及种子入药；幼嫩植株可食。

荠 Capsella bursa-pastoris

（四）碎米荠属 Cardamine Linnaeus

一年生、二年生或多年生草本。叶为单叶或为各种羽裂，或为羽状复叶，具叶柄，很少无柄。总状花序通常无苞片，花初开时排列成伞房状；萼片卵形或长圆形，边缘膜质，基部等大，内轮萼片的基部多呈囊状；花瓣倒卵形或倒心形，有时具爪；雄蕊花丝直立；雌蕊柱状。长角果线形，扁平，果瓣平坦。种子压扁状，椭圆形或长圆形。

约 200 种；我国产 48 种，湖南有 18 种，八大公山有 10 种。

分种检索表

1. 花粉红色或紫色。
   2. 叶多数为 3 小叶，偶有 5 小叶或间有单叶……………………………… **5. 莓叶碎米荠 C. fragariifolia**
   2. 叶为羽状复叶，小叶 3 对以上………………………………………… **10. 大叶碎米荠 C. macrophylla**
1. 花白色。
   3. 基生叶和茎生叶皆为单叶……………………………………………………**2. 露珠碎米荠 C. circaeoides**
   3. 基生叶和茎生叶为羽状复叶，间有 3 小叶或单叶。
      4. 叶片无柄，至少茎上部叶无柄，最下 1 对小叶耳状抱茎。

5. 植株基部无匍匐茎……………………………………………………**8. 湿生碎米荠 C. hygrophila**

5. 植株基部具匍匐茎…………………………………………………**3. 光头山碎米荠 C. engleriana**

4. 叶片具明显的叶柄。

6. 叶质地厚，多少呈肉质，花瓣基部心形………………… **7. 壶瓶山碎米荠 C. hupingshanensis**

6. 叶质地薄，纸质，花瓣基部楔形。

7. 茎生叶基部有线形的叶耳……………………………………………… **9. 弹裂碎米荠 C. impatiens**

7. 茎生叶基部有线形的叶耳。

8. 羽状复叶顶生小叶近圆形…………………………………………**1. 安徽碎米荠 C. anhuiensis**

8. 羽状复叶顶生小叶近卵形或菱状卵形。

9. 茎曲折，尤其是花枝明显曲折……………………………………**4. 弯曲碎米荠 C. flexuosa**

9. 茎不明显曲折………………………………………………………… **6. 硬毛碎米荠 C. hirsute**

1. 安徽碎米荠 Cardamine anhuiensis D. C. Zhang & J. Z. Shao

多年生草本。根状茎无匍匐茎。基生叶为羽状复叶，有小叶 1 对，顶生小叶圆形；茎生羽状复叶具 1 ~ 2 对小叶，顶生小叶圆形或卵形，全部小叶上面有贴伏的知毛，下面无毛。总状花序顶生和腋生，萼片长圆形，花瓣白色，倒卵状匙形。长角果线形。种子棕色，长圆形，无翅。

分布与生境：分布于八大公山五道水，生于海拔 200 ~ 300 m 的路旁潮湿处。

安徽碎米荠 Cardamine anhuiensis

2. 露珠碎米荠 Cardamine circaeoides J. D. Hooker & Thomson

一年或多年生草木。根状茎细长，向下倾斜或匍匐生长。茎无毛。叶全为单叶，膜质，基生叶心形或卵状心形，边缘有浅波状圆齿，下面有时为紫色，茎生叶与基生叶相似。总状花序花少数；花萼边缘膜质，花瓣白色。长角果线形，果瓣于种子间下陷。花、果期 4 ~ 10 月。

分布与生境：分布于八大公山各地，生于海拔 1400 m 以上的山坡阴湿地。

露珠碎米荠 Cardamine circaeoides

3. 光头山碎米荠 Cardamine engleriana O. E. Schulz

多年生草本，有 1 至数条线形根状匍匐茎，匍匐茎上的叶小，单叶，肾形，边缘波状，质薄弱；基生叶亦为单叶，肾形，边缘波状；茎生叶无柄，3 小叶，边缘有波状圆齿。总状花序有花 3 ~ 10 朵；萼片卵形，内轮萼片基部呈囊状；花瓣白色，倒卵状楔形；雌蕊柱头头状。长角果稍扁平。花期 4 ~ 6 月，果期 6 ~ 7 月。

分布与生境：分布于八大公山各地，生于海拔 500 ~ 1500 m 的山坡林下沟边或路旁潮湿地。

4. 弯曲碎米荠 Cardamine flexuosa Withering

一年或二年生草本。基生叶有叶柄，小叶 3 ~ 7 对；茎生叶有小叶 3 ~ 5 对。总状花序多数，生于枝顶，花小；萼片长椭圆形，边缘膜质；花瓣白色，倒卵状楔形；雌蕊柱状，花柱极短，柱头扁球状。长角果线形，扁平，与果序轴近于平行排列，果序轴左右弯曲。花期 2 ~ 5 月，果期 4 ~ 7 月。

分布与生境：分布于八大公山各地，生于海拔 1000 m 以下的田埂、河边、山谷阴湿地。

用途：全草入药。

光头山碎米荠 Cardamine engleriana

弯曲碎米荠 Cardamine flexuosa

5. 莓叶碎米荠 Cardamine fragariifolia O. E. Schulz

多年生草本。叶少数，茎下部的叶小叶 1 对，边缘上端呈微波状 3 钝裂；中部叶有小叶 2 对。

总状花序生于枝端，萼片长卵形，边缘白色膜质，花瓣粉红色或紫色，倒卵形；子房圆柱形，被有单毛。长角果线形，果瓣平。花、果期 5 ~ 6 月。

分布与生境: 产于八大公山天平山、杉木界，生于海拔 1200 ~ 2000 m 的山坡林下、山沟水边草地。

用途：全草入药。

莓叶碎米荠 Cardamine fragariifolia

6. 硬毛碎米荠 Cardamine hirsuta Linnaeus

一年生小草本。茎被密柔毛，上部毛渐少。基生叶具叶柄，有小叶 2 ~ 5 对，顶生小叶肾形或肾圆形，边缘有 3 ~ 5 圆齿，侧生小叶较顶生叶形小，边缘有 2 ~ 3 圆齿，茎生叶有小叶 3 ~ 6 对，生于茎下部的与基生叶相似，生于茎上部的顶生小叶顶端 3 齿裂，侧生小叶全缘。总状花序生于枝顶，花小，花瓣白色。长角果线形。种子椭圆形，顶端有翅。花期 2 ~ 4 月，果期 4 ~ 6 月。

分布与生境：产于八大公山各地，生于海拔 1200 m 以下的山坡林缘、荒地中。

用途：嫩叶可做蔬菜；全草入药。

硬毛碎米荠 Cardamine hirsuta

7. 壶瓶山碎米荠 Cardamine hupingshanensis K.M.Liu

二年生草木。全体无毛。基生叶大头羽裂，顶生裂片远大于侧裂片，圆心形，边缘不规则浅裂，侧裂片数对，最顶端 1 ~ 2 对裂片下倾，茎生叶质厚，肉质，圆心形，边缘具不规则尖锯齿。总状花序腋生及顶生，组成圆锥花序，花瓣白色，圆心形，基部心形或截平。长角果线形。花期 5 月，果期 6 ~ 7 月。

分布与生境：分布于八大公山天平山，生于海拔 1200 ~ 1600 m 的山坡溪沟边。

用途：嫩叶可作野菜。

壶瓶山碎米荠 Cardamine hupingshanensis

8. 湿生碎米荠 Cardamine hygrophila T. Y. Cheo & R. C. Fang

一年或多年生草本。茎直立，自基部分枝，无匍匐枝。基生叶为羽状复叶，小叶 1 ~ 2(3) 对，顶生小叶肾状圆形，（9 ~ 15）mm ×（11 ~ 19）mm，顶端钝圆或微凹，边缘具波状圆齿，茎生小叶无柄，羽状复叶，小叶 1 ~ 3 对，与基生叶形态相似，全部小叶两面均无毛。总状花序有花 5 ~ 13 朵，萼片卵形，花瓣白色，倒卵状楔形，花丝扁平而扩大。花、果期 3 ~ 5 月。

分布与生境：分布于八大公山各地，生于海拔 700 ~ 1500 m 的山坡林下溪沟旁。

9. 弹裂碎米荠 Cardamine impatiens Linnaeus

二年或一年生草本。茎表面有沟棱。基生叶叶柄基部稍扩大，有 1 对托叶状叶，小叶 2 ~ 8 对，顶生小叶卵形，侧生小叶与顶生的相似，全缘，都有显著的小叶柄，茎生叶基部有抱茎线形弯曲的耳。总状花序顶生和腋生，花多数，花瓣白色。长角果狭条形而扁，种子边缘有极狭的翅。花期 4 ~ 6 月，果期 5 ~ 7 月。

分布与生境：产于八大公山各地，生于海拔 400 ~ 1900 m 的山坡林缘、沟边或高山湿地中。

湿生碎米荠 Cardamine hygrophila

弹裂碎米荠 Cardamine impatiens

10. 大叶碎米荠 Cardamine macrophylla Willdenow

多年生草本。根状茎粗壮，通常匍匐，其上密生须根。茎粗壮，直立，表面有沟棱。茎生叶有小叶 4 ~ 5 对，顶生小叶与侧生小叶相似，卵状披针形，边缘有不整齐的锯齿，顶生小叶无小叶柄，侧生小叶基部多少下延成翅状。总状花序多花，花瓣紫色。长角果条形而微扁。花期 4 ~ 7 月，果期 6 ~ 8 月。

分布与生境：产于八大公山各地，生于海拔 1000 ~ 1800 m 的山坡林下、山沟边草地。

用途：嫩叶可做蔬菜；种子入药；庭院观赏。

大叶碎米荠 Cardamine macrophylla

（五）山萮菜属 Eutrema R. Brown

多年生草本。叶为单叶，不裂，基生叶具长柄。萼片直立，花瓣白色，卵形，顶端钝，基部具短爪；柱头扁头状，稍 2 裂。角果短，2 室，开裂；果瓣中脉明显，常呈龙骨状隆起。种子椭圆形。

26 种，我国有 21 种，湖南有 4 种，八大公山有 3 种。

分种检索表

1. 角果弯曲，紧贴地面。
　2. 花莛上无叶片…………………………………………………………… **1. 堇叶芥 E. violifoliums**
　2. 花莛基部具叶片……………………………………………………… **2. 永顺堇叶芥 E. yungshunense**
1. 角果直或稍弯，远离地面………………………………………………… **3. 南山萮菜 E. yunnanense**

1. 堇叶芥 Eutrema violifolium (H. Lév.) Al-Shehbaz & Warwick

一年生或多年生矮小草本。根茎短，主根粗壮。无茎。叶全部基生，有长柄；单叶，心形至肾形，边缘具圆齿，顶端微凹，有凸尖。总状花序，花排列疏松；萼片分离，卵形；花瓣白色，倒卵形，顶端深凹，向基部渐尖；雄蕊 6，基部呈翅状；侧生蜜腺半环状，中央蜜腺近似圆形突起。长角果线形。种子每室 1 行，卵形至圆形，无边缘。

分布与生境：产于八大公山各地，生于海拔 200 ~ 500 m 的悬崖石壁上。

堇叶芥 Eutrema violifolium

2. 永顺堇叶芥 **Eutrema yungshunense** (W. T. Wang) Al-Shehbaz & Warwick

永顺堇叶芥 Eutrema yungshunense

多年生草本。根茎短，主根粗壮，茎花莛状。叶基生和茎生，基生叶有长柄；单叶，心形至肾形，边缘具圆齿，顶端微凹，有凸尖，背面紫红色，茎生叶 2 或 3 片，叶形变小，叶柄变短。总状花序，花排列疏松；萼片分离，卵形；花瓣白色，倒卵形，顶端深凹，向基部渐尖；雄蕊 6，基部呈翅状；侧生蜜腺半环状，中央蜜腺近似圆形突起。长角果线形。种子每室 1 行，卵形至圆形，无边缘。

分布与生境：产于八大公山各地，生于海拔 200 ~ 500 m 的林下潮湿地。

3. 南山葑菜 Eutrema yunnanense Franchet

多年生草本。茎直立或斜上升。茎生叶具柄，向上渐短；叶片长卵形或卵状三角形，顶端渐尖，基部浅心形，边缘有波状齿或锯齿。花序密集呈伞房状，果期伸长，萼片卵形；花瓣白色，长圆形，有短爪。角果长圆筒状，果梗纤细，向下反折。种子长圆形，褐色。

分布与生境：产于八大公山各地，生于海拔 600 ~ 1000 m 的溪边密林下。

用途：根茎可作芥末；嫩茎叶可食。

南山葑菜 Eutrema yunnanense

（六）独行菜属 **Lepidium** Linnaeus

一年至多年生草本或半灌木。叶草质至纸质，线状钻形至宽椭圆形，全缘至羽状深裂，有叶柄或抱茎。总状花序顶生及腋生；萼片长方形或线状披针形，具白色或红色边缘；花瓣白色，线形至匙形，有时退化或无花瓣；雄蕊 6，常退化成 2 或 4，基部间具微小蜜腺；柱头头状，有时稍 2 裂；子房常有 2 胚珠。短角果扁平，开裂，有窄隔膜。

约 184 种，我国产 17 种，湖南有 3 种，八大公山有 2 种。

分种检索表

1. 短角果成 2 半球形室……………………………………………………… **1. 臭荠 L. didymum**
1. 短角果近圆形……………………………………………………**2. 北美独行菜 L. virginicum**

1. 臭荠 Lepidium didymum Linnaeus

一年或二年生匍匐草本，全体有臭味；主茎短且不显明，基部多分枝，无毛或有长单毛。叶为一回或二回羽状全裂，裂片 3 ~ 5 对，线形或窄长圆形，顶端急尖，基部楔形，全缘，两面无毛。花极小，萼片具白色膜质边缘；花瓣白色，长圆形，比萼片稍长，或无花瓣；雄蕊通常 2。短角果肾形，2 裂，果瓣半球形，表面有粗糙皱纹，成熟时分离成 2 瓣。花期 3 月，果期 4 ~ 5 月。

分布与生境：分布于八大公山五道水，生于海拔 200 ~ 800 m 的田野、荒地及路旁。

臭荠 Lepidium didymum

2. 北美独行菜 Lepidium virginicum Linnaeus

一年或二年生草本。基生叶倒披针形，羽状分裂或大头羽裂，边缘有锯齿；茎生叶有短柄，倒披针形或线形，边缘有尖锯齿或全缘。总状花序顶生；萼片椭圆形；花瓣白色，倒卵形；雄蕊 2 或 4。短角果近圆形，扁平，有窄翅。种子卵形，光滑，红棕色。花期 4 ~ 6 月，果期 6 ~ 9 月。

分布与生境：分布于八大公山各地，生于海拔 400 ~ 800 m 的田野、荒地及路旁。

用途：种子含油，可供食用；种子入药，作葶苈子用；全草可作饲料。

北美独行菜 *Lepidium virginicum*

（七）萝卜属 **Raphanus** Linnaeus

一年或多年生草本。叶大头羽状半裂，上部多具单齿。总状花序伞房状；无苞片；花大，白色或紫色；萼片直立，长圆形，内轮基部稍成囊状；花瓣倒卵形，常有紫色脉纹，具长爪；子房钻状，2 节，柱头头状。长角果圆筒形，下节极短，无种子，上节伸长，在相当种子间处稍缢缩，顶端成 1 细喙，成熟时裂成多节。

3 种，我国产 2 种，湖南有 1 种，八大公山也有栽培。

1. 萝卜 **Raphanus sativus** Linnaeus

一年或二年生草本；直根肉质。基生叶和下部茎生叶大头羽状半裂，有钝齿；上部叶长圆形，有锯齿或近全缘。总状花序顶生及腋生；花白色或粉红色；萼片长圆形；花瓣倒卵形，具紫纹。长角果圆柱形，在相当种子间处缢缩，并形成海绵质横隔。种子卵形，微扁，红棕色，有细网纹。花期 4 ~ 5 月，果期 5 ~ 6 月。

分布与生境：原产我国，八大公山广泛栽培。

用途：根、叶、苗作蔬菜食用；种子、鲜根、枯根、叶皆入药；种子榨油工业用及食用。

萝卜 Raphanus sativus

（八）蔊菜属 **Rorippa** Scopoli

一、二年生或多年生草本。叶全缘，浅裂或羽状分裂。总状花序顶生或侧生，有时每花生于叶状苞片腋部；萼片 4，开展，长圆形或宽披针形；花瓣 4 或有时缺，黄色，有时白色或粉红色，倒卵形，基部较狭，稀具爪；雄蕊 6 或较少。角果细圆柱形、椭圆形或球形，直立或微弯，果瓣凸出。

约 75 种，我国产 9 种，湖南省 5 种，八大公山有 1 种。

1. 蔊菜 **Rorippa indica** (Linnaeus) Hiern

一年或二年生直立草本。叶互生，基生叶及茎下部叶具长柄，叶形多变化，通常大头羽状分裂；

蔊菜 Rorippa indica

茎上部叶片宽披针形或匙形，边缘具疏齿。总状花序无苞片；萼片 4，卵状长圆形；花瓣 4，黄色，匙形，基部渐狭成短爪。长角果线状圆柱形，短而粗，成熟时果瓣隆起。种子多数，卵圆形而扁，褐色，具细网纹。花果期全年。

分布与生境：产于八大公山各地，生于海拔 400 ~ 1900 m 的河边、房舍墙角及山坡路旁湿地。

用途：全草入药；嫩苗可食。

（九）菥蓂属 **Thlaspi** Linnaeus

一年、二年或多年生草本，无毛。基生叶莲座状，茎生叶多为卵形或披针形，基部心形，抱茎，全缘或有锯齿。总状花序伞房状，在果期常延长；萼片直立，基部不成囊状，常有宽膜质边缘；花瓣白色、粉红色或带黄色，长圆状倒卵形，长为萼片的 2 倍，下部楔形；子房 2 室，柱头头状，近 2 裂，花柱短或长。短角果倒卵状长圆形或近圆形，压扁，微有翅或有宽翅，顶端常稍凹缺，开裂，隔膜窄椭圆形，膜质，无脉。

约 60 种，我国有 6 种，湖南省 1 种，八大公山有 1 种。

1. 菥蓂 **Thlaspi arvense** Linnaeus

一年生草本。基生叶倒卵状长圆形，顶端圆钝或急尖，基部抱茎，两侧箭形，边缘具疏齿。总状花序顶生；花白色，萼片直立，卵形，顶端圆钝；花瓣长圆状倒卵形，顶端圆钝或微凹。短角果倒卵形或近圆形，扁平，顶端凹入，边缘有翅宽约 3 mm。种子黄褐色，有同心环状条纹。花期 3 ~ 4 月，果期 5 ~ 6 月。

分布与生境：产于八大公山五道水，生于海拔 400 ~ 1000 m 的路旁荒地。

用途：种子油供制肥皂，也作润滑油，还可食用；全草、嫩苗和种子均入药；嫩苗用水炸后，浸去酸辣味，加油盐调食。

菥蓂 Thlaspi arvense

（十）阴山荠属 Yinshania Ma & Y.Z.Zhao

茎直立，上部分枝多。叶羽状全裂或深裂，具柄。萼片展开，基部不成囊状；花瓣白色，倒卵状楔形；雄蕊离生；侧蜜腺三角状卵形，外侧汇合成半环形，向内开口，另一端延伸成小凸起，中蜜腺无。短角果披针状椭圆形，开裂，果瓣舟状。种子每室 1 行，卵形，表面具细网纹。

13 种，我国特有，湖南有 6 种，八大公山有 2 种。

分种检索表

1. 植株洞穴生，小型，全株被柔毛……………………………………………………**1. 柔毛阴山荠 Y. henryi**

1. 植株沼生，大型，全株无毛………………………………………………… **2. 黎川阴山荠 Y. lichuanensis**

1. 柔毛阴山荠 Yinshania henryi (Oliver) Y. H. Zhang

一年生草本，具白色长柔毛；茎有分枝。基生叶为具 3 或 5 小叶的羽状复叶，顶生小叶菱状卵形，羽状深裂，裂片卵形或椭圆形，顶端圆钝，基部宽楔形，边缘有钝齿，侧生小叶较小。总状花序顶生，总梗之字形；花白色；花梗长 2 ~ 3 mm；萼片长圆形；花瓣倒卵形，顶端圆形。短角果长圆形或长圆状卵形，初有毛，后脱落；果瓣舟形；果梗开展。种子每室 2 个，卵形，棕色。花、果期 6 ~ 7 月。

分布与生境：产于八大公山各地，生于海拔 500 ~ 800 m 的悬崖基部石缝中。

柔毛阴山荠 Yinshania henryi

2. 黎川阴山荠 Yinshania lichuanensis (Y. H. Zhang) Al-Shehbaz & al.

一年生草本，疏松平铺，全株无毛。复叶具 3 小叶，下部小叶卵形，长 3 ~ 5 cm，顶端圆钝，基部心形，边缘具弯缺，叶脉延伸；上部小叶相似但较大，具弯缺，有短的小叶柄。总状花序腋生，常超出叶；苞片 1 ~ 2，心状卵形，长 4 ~ 6 cm；花小，白色，彼此靠近；萼片及花瓣均长 1.5 ~ 2.0 mm；子房卵形，扁平，花柱单一，比子房长 3 倍，柱头球形，胚珠约 12，成 2 行。花期 4 ~ 5 月。

分布与生境：产于八大公山杉木界，生海拔 1000 ~ 1200 m 的山坡溪沟边。

黎川阴山荠 Yinshania lichuanensis

一百零六、蛇菰科 Balanophoraceae

一年生或多年生肉质草本，常寄生于植物的根上。根茎直立，圆柱形。叶退化呈鳞片状，无叶绿素和气孔，互生或轮生。花单性，同株或异株，形成头状花序或肉穗花序；雌雄花同序时，雄花常混杂于雌花丛中或着生于花序顶部、中部或基部；花被存在时3～6裂；雄蕊与花被片同数而对生，在无花瓣花中仅1～2枚。雌花微小，无花被或花被与子房合生；子房上位。坚果小，有种子1枚。

18属约50种，我国产2属13种，湖南产1属6种，八大公山有1种。

（一）蛇菰属 Balanophora J.R.Forster & G.Forster

肉质草本，寄生于其他植物根上，茎退化为块状茎。叶和苞片退化为鳞片，无叶绿素。肉穗花序雌雄同株，花序轴卵圆形、球形、穗状或圆柱状。雄花常位于花序轴基部；雄花花被裂片3～6枚；雄蕊常与花被裂片同数且对生，聚药雄蕊。雌花密集于花序轴上，无花被，子房椭圆形，1室，花柱细长，宿存。果坚果状。

约19种，我国产12种，湖南产6种，八大公山产1种。

1. 红菌 Balanophora involucrata Hook. f.

肉质草本。根茎肥厚，近球形，黄褐色，表面密集颗粒状小疣瘤和皮孔，顶端裂鞘2～4裂；花茎长3～10 cm，直径0.6～1 cm，大部呈红色；鳞苞片2～5枚，轮生，基部连合呈筒鞘状，顶端离生呈撕裂状，常包着花茎至中部。花雌雄异株（序）；花序均呈卵球形，雄花3数，雌花子房卵圆形，有细长的花柱和子房柄。花期7～8月。

分布与生境：产于八大公山天平山，生于海拔1400～1500 m的山坡林下。

用途：全草入药。

红菌 Balanophora involucrata

一百零七、檀香科 Santalaceae

草本、灌木或小乔木，有些为寄生或半寄生。单叶互生或对生，或退化呈鳞片状，全缘；无托叶。花两性或单性，雌雄异株稀同株，集成聚伞花序、伞形花序、圆锥花序、总状花序、穗状花序或簇生；花被一轮，常肉质。雄花花被裂片 3 ~ 4 枚；雄蕊与花被裂片同数且对生，花药 2 室。雌花或两性花具下位或半下位子房，子房 1 室或 5 ~ 12 室。核果或小坚果。种子 1 枚，无种皮，胚乳丰富。

39 ~ 44 属 450 ~ 900 种，我国有 10 属 51 种，湖南有 4 属 7 种，八大公山有 3 属 4 种。

分属检索表

1. 木本植物。
  2. 落叶灌木或小乔木……………………………………………………… **1. 檀梨属 Pyrularia**
  2. 寄生性树生半灌木或亚灌木……………………………………………… **3. 槲寄生属 Viscum**
1. 寄生性地生草本………………………………………………………………… **2. 百蕊草属 Thesium**

（一）檀梨属 **Pyrularia** Michaux

落叶灌木或小乔木。叶互生。花两性或单性集成腋生或顶生总状花序或聚伞花序，稀单生；两性花通常位于花序顶部，成对或单生，有苞片；花被管陀螺形，花被裂片 5（6）枚，雄蕊 5 枚，花丝很短，花药室平行纵裂；花盘稍明显，垫状环形，通常分裂；子房下位，花柱圆筒状，柱头扁头状，胚珠 2 ~ 3 枚；雄花：花被管很短。核果颇大，顶端常冠以环状的花被残痕；外果皮厚肉质，内果皮脆骨质。

2 种，我国产 1 种，八大公山亦有。

1. 檀梨 Pyrularia edulis (Wallich) A. Candolle

小乔木或灌木。小枝粗壮，绿色，圆柱状。叶纸质或带肉质，卵状长圆形，（7 ~ 15）×（3 ~ 6）cm，顶端渐尖或短尖，基部阔楔形至近圆形，侧脉 4 ~ 6 对。雄花集成总状花序，顶生或腋生；雌花或两性花单生。核果梨形，长 3.8 ~ 5 cm，基部骤狭与果柄相接，顶端近截形。果期 8 ~ 10 月。

分布与生境：产于八大公山天平山，生于海拔 900 ~ 1500 m 的山坡林中。

檀梨 Pyrularia edulis

用途：种子油可供食用，亦可用于制皂和入药；茎皮入药治跌打。

（二）百蕊草属 Thesium Linnaeus

多年生或一年生半寄生草本，偶呈亚灌木状。叶互生，线形，具1～3脉，有时呈鳞片状。花小，两性；通常为总状花序，常集成圆锥花序式、小聚伞花序或单生叶腋；苞片叶状；花被与子房合生，花被管钟状、或管状，常5深裂；雄蕊5枚；子房下位，花柱长或短，柱头头状或不明显3裂；胚珠2～3枚。坚果小，顶端有宿存花被。

245种，我国产16种，湖南产1种，八大公山亦有。

1. 百蕊草 Thesium chinense Turczaninow

多年生草本。全株无毛。茎细长，簇生，柔弱，常倾卧。叶（1.5～3.5）cm×（0.5～1.5）mm，线形。花单生叶腋，具短梗；苞片1枚，线状披针形；小苞片2枚，线形；花绿白色，花被管呈管状，上部5裂，顶端锐尖，内弯；雄蕊5枚，子房无柄，花柱很短。坚果椭圆状球形，表面有明显、隆起的网脉，花被宿存。花期4～5月，果期6～7月。

分布与生境：产于八大公山各地，生于海拔500～1400 m的山坡草丛中。

用途：全草入药。

百蕊草 Thesium chinense

（三）槲寄生属 Viscum Linnaeus

寄生性灌木或草本。茎具明显的节。叶对生，常退化为鳞片，无托叶，叶柄常不明显；叶片存在时，多是3～5脉，边缘全缘。圆锥花序、穗状花序或聚伞花序顶生或腋生，或单花；苞片不明显；花单性，雌雄同株或异株，2～4花；花被萼片状，雄蕊与花被片对生，花药1至多室，有时合生成聚药雄蕊；子房下位，1室，无真正胚珠，花柱短或无。浆果。

约70种，我国产12种，湖南产5种，八大公山有2种。

分种检索表

1. 茎枝扁平……………………………………………………………… **1. 槲寄生 V. coloratum**

1. 茎枝圆柱形………………………………………………………… **2. 柿寄生 V. diospyrosicola**

1. 槲寄生 Viscum coloratum (Komarov) Nakai

灌木。茎、枝均圆柱状，节稍膨大。叶对生，稀 3 枚轮生，厚革质或革质，长椭圆形至椭圆状披针形，（3～7）cm ×（0.7～2.0）cm，基出脉 3～5 条。雌雄异株；花序顶生或腋生于茎叉状分枝处；雄花序聚伞状，雌花序聚伞式穗状。果球形，具宿存花柱，成熟时淡黄色或橙红色，果皮平滑。花期 4～5 月，果期 9～11 月。

分布与生境：产于八大公山五道水，寄生在海拔 300～500 m 的枫杨属植物树枝上。

用途：茎枝入药。

槲寄生 Viscum coloratum

2. 柿寄生 Viscum diospyrosicola Hayata

寄生灌木。茎圆柱状，枝具 4 棱，节稍膨大。叶退化呈鳞片状。花雌雄异株，花序聚伞状，总花梗几无，雄花花蕾时卵球形，萼片 4 枚，卵形，雌花序聚伞式穗状，具花 3～5 朵，花蕾时长卵球形，萼片 4 枚，三角形。果球形，具宿存花柱，成熟时淡黄色或橙红色，果皮平滑。花期 4～5 月，果期 9～11 月。

分布与生境：产于八大公山各地，寄生在海拔 700～1000 m 的壳斗科植物树枝上。

用途：茎枝入药。

柿寄生 Viscum diospyrosicola

“十四五”国家重点出版物出版规划项目

湖南八大公山国家级自然保护区植物志

（第一卷）

主　编　邓　涛　谷志容

副主编　蒋　龙　张梦华
向建军　程宜清

山东科学技术出版社
·济南·

图书在版编目（CIP）数据

湖南八大公山国家级自然保护区植物志 : 全三卷 / 邓涛, 谷志容主编. -- 济南 : 山东科学技术出版社, 2024.9

ISBN 978-7-5723-1980-8

Ⅰ. ①湖… Ⅱ. ①邓… ②谷… Ⅲ. ①自然保护区－植物志－湖南 Ⅳ. ①Q948.526.4

中国国家版本馆 CIP 数据核字 (2024) 第 046618 号

湖南八大公山国家级自然保护区植物志（全三卷）

HUNAN BADAGONGSHAN GUOJIAJI ZIRAN BAOHUQU ZHIWUZHI (QUAN SAN JUAN)

责任编辑：陈　昕　张　琳

主管单位：山东出版传媒股份有限公司

出 版 者：山东科学技术出版社

地址：济南市市中区舜耕路 517 号

邮编：250003　电话：（0531）82098088

网址：www.lkj.com.cn

电子邮件：sdkj@sdcbcm.com

发 行 者：山东科学技术出版社

地址：济南市市中区舜耕路 517 号

邮编：250003　电话：（0531）82098067

印 刷 者：山东彩峰印刷股份有限公司

地址：潍坊市潍城经济开发区玉清西街 7887 号

邮编：261031　电话：（0536）8311811

规格：16 开（210 mm × 285 mm）

印张：138.5　　**字数**：3090 千

版次：2024 年 9 月第 1 版　　**印次**：2024 年 9 月第 1 次印刷

定价：1280.00 元（全 3 册）

《湖南八大公山国家级自然保护区植物志》
编委会

第一卷编著者

谷志容（八大公山国家级自然保护区）

裸子植物：银杏科、柏科、红豆杉科、松科；被子植物：木通科、马兜铃科、胡椒科、三白草科。

邓　涛（中国科学院昆明植物研究所）

前言；被子植物：樟科、番荔枝科、莎草科、禾本科、金鱼藻科、领春木科、五味子科、三白草科、胡椒科、木兰科、金粟兰科、菖蒲科、天南星科、泽泻科、水鳖科、眼子菜科、沼金花科、薯蓣科、百部科、藜芦科、秋水仙科。

蒋　龙（湘西土家族苗族自治州林业局）

被子植物：菝葜科、百合科、兰科、仙茅科、鸢尾科、阿福花科、石蒜科、天门冬科、棕榈科、鸭跖草科、雨久花科、芭蕉科、美人蕉科、姜科、香蒲科、谷精草科、灯芯草科。

张梦华（吉首大学）

石松类植物：石松科、卷柏科；蕨类植物：木贼科、瓶尔小草科、合囊蕨科、紫萁科、膜蕨科、里白科、海金沙科、槐叶苹科、苹科、瘤足蕨科、桫椤科、鳞始蕨科、凤尾蕨科、碗蕨科、冷蕨科、轴果蕨科、肠蕨科、铁角蕨科、岩蕨科、球子蕨科、乌毛蕨科、蹄盖蕨科、金星蕨科、肿足蕨科、鳞毛蕨科、肾蕨科、水龙骨科。

向建军（八大公山国家级自然保护区）

被子植物：罂粟科。

张玉洁（吉首大学）

拉丁名索引。

韦　程（吉首大学）

统计、目录、中文名索引。

编写说明

1. 本志系记载八大公山国家级自然保护区维管束植物2786种及200变（亚）种，隶属200科1020属，其中石松类和蕨类植物29科89属356种，裸子植物4科19属25种，被子植物167科912属2405种，分三卷出版。上卷含石松类和蕨类植物、裸子植物及被子植物五味子科至木通科，共75科330属928种，第二卷为被子植物防己科至檀香科，共65科323属928种，第三卷为被子植物青皮木科至伞形科，共60科367属930种。

2. 本志科采用的分类系统：蕨类植物按PPPG系统；裸子植物按Christenhusz（2011）分类系统；被子植物按APG IV（2016）系统。属和种的顺序则按应用上的方便，并不反映科内的进化顺序和编著者的学术观点。

3. 本志中植物种的记载内容包括中文名称和拉丁学名、识别特征、花果期、生长环境和用途等项，非单种和科属则有分属、种的检索表。图片多为自主拍摄，少量非编著者拍摄的图片则标明其摄影作者或图片出处。

4. 本志中植物中文名基本采用《植物智》的名称，少量种采用《湖南植物志》的名称，拉丁名采用《植物智》版本。

5. 分布项中，国内外、湖南省内的分布区省略，只记载在八大公山的分布地点，八大公山各地则代表广布种，非广布种则写到分布区大区域（如杉木界、天平山等），生长环境和海拔只表示该种植物在八大公山的生境和海拔，并不代表该种植物在其他地区的生境和海拔。

6. 石松和蕨类植物引证有凭证标本，含采集人、标本存放地，分布地点意即标本采集地点。种子植物没有引证凭证标本，分布地点为照片拍摄地点。

7. 在编写本志时发现的新分类群或新组合在卷末附录中发表拉丁名特征记要，并列出模式标本或凭证标本的采集人、采集号、收藏地点。

序

湖南八大公山国家级自然保护区（简称八大公山保护区）作为国务院批准的首批20个国家级自然保护区之一，也是湖南省第一个国家级自然保护区，以其独特的自然环境和丰富的生物多样性闻名于世。由于受第四纪冰川的影响较小，这片土地保留了众多珍稀濒危和孑遗物种，被誉为“华中地区弥足珍贵的物种基因库”。1993年，八大公山被纳入“中国人与生物圈”保护网络；1998年，世界自然基金会（WWF）将其列为全球200个重要生态区之一，2022年入选世界自然保护联盟绿色名录。

自八大公山保护区成立以来，多个科研院所及高校的研究人员深入八大公山，进行了系统的植物多样性调查。1982年，由中国科学院昆明植物研究所吴征镒院士和李恒研究员等专家组成的科考队对八大公山进行了深入考察，采集了1500余号植物标本。这些标本如今保存在中国科学院昆明植物研究所标本馆（KUN），成为国内外学者研究八大公山植物的重要资源。2018年10月，我有幸对八大公山进行了短暂的考察，被该地区保存完好的低海拔原生性常绿阔叶林和中山常绿落叶阔叶混交林所吸引。这片区域不仅是我国重要的植物基因库，还是水杉植物区系的核心组成部分，具备无可替代的生态价值和科学意义。

在前人调查的基础上，邓涛研究员及其团队经过十余年的野外调查、标本采集和分类学研究，最终完成了《湖南八大公山国家级自然保护区植物志》的编撰。该志书不仅对八大公山保护区内2700多种维管束植物进行了详细的分类和系统整理，还结合了最新的植物分类学研究成果，对部分疑难物种进行了深入研究和分类订正。此外，书中收录了1万余张精美的植物照片，图文并茂，极大地提升了该志书的学术价值和应用价值。

《湖南八大公山国家级自然保护区植物志》不仅是一部翔实的植物分类学文献，更是水杉植物区系研究的重要基础资料。该书为自然保护区的植物多样性管理和保护提供了科学依据，对于提升保护区的管理水平、促进科学研究和国际合作具有深远意义。

欣然作序。

中国科学院院士
2024年2月

前 言

湖南八大公山国家级自然保护区（简称八大公山保护区）位于湖南省张家界市桑植县西北侧，地理位置为29º39′18″~29º49′48″ N，109º41′50″~110º09′50″E，总面积23 200 hm^2，最高峰斗篷山海拔1890 m，最低为楠木坪溪与黄连台溪交汇处，海拔395 m，相对高差近1500 m。

八大公山保护区的森林植被是湖南省中山山地保存面积最大、类型最多的原始次生林区，是一处极为珍贵的植物宝库。在整个武陵山脉，八大公山是植被垂直带保存最完整的区域之一，森林植物表现为亚热带种类与暖温带种类的混交。海拔500 m以下的地区属于常绿阔叶林地带，本区气候条件突出的特点是温、湿，降雨量接近热带季雨林区，而又无热带和亚热带平丘区的高温酷热，亚热带代表性植物有福建观音座莲、芭蕉、臀形果、雷公连、鳞斑荚蒾、密脉木等。海拔1400 m以上的地区属于常绿落叶阔叶混交林地带，气候特点为夏季热量与温带地区相近，冬季又不如温带地区寒冷，代表性植物有铁杉、光叶水青冈、珙桐、连香树、水青树、人参木、华西花楸。八大公山独特的气候条件为喜潮又不耐高温的亚热带珍贵稀有植物的生长提供了极为有利的气候生态环境。

2016年出版的《八大公山科考报告》记录了维管束植物2498种（包括亚种、变种和少许变型），隶属202科933属（包括变种和变型），其中石松类和蕨类植物25科81属338种，裸子植物7科21属25种，被子植物170科831属2135种。2022—2024年，在编写本书时又进行了维管束植物补充调查，结合科考报告记录的植物进行核实，最终确定八大公山共有维管束植物2786种及200变（亚）种，隶属200科1020属，其中石松类和蕨类植物29科89属356种，裸子植物4科19属25种，被子植物167科912属2405种。

依据《国家重点保护野生植物名录》(国家林业和草原局 农业农村部公告2021年第15号），八大公山保护区共有国家重点保护野生植物78种（表1），其中国家一级保护野生植物6种，国家二级保护野生植物72种。

根据湖南省林业局、湖南省农业农村厅2023年8月联合发布的《湖南省地方重点保护野生植物名录》，桑植县共有湖南省地方重点保护野生植物47种（表2）。

表1 八大公山保护区国家重点保护野生植物

序号	中文名	拉丁名	濒危等级	保护级别
1	银杏	*Ginkgo biloba*	CR	一级
2	红豆杉	*Taxus wallichiana* var. *chinensis*	VU	一级
3	水杉	*Metasequoia glyptostroboides*	EN	一级
4	南方红豆杉	*Taxus wallichiana* var. *mairei*	VU	一级
5	曲茎石斛	*Dendrobium flexicaule*	LC	一级
6	珙桐	*Davidia involucrata*	LC	一级
7	厚叶石杉	*Huperzia crassifolia*	EN	二级
8	皱边石杉	*Huperzia crispata*	VU	二级
9	长柄石杉	*Huperzia longipetiolata*	EN	二级
10	四川石杉	*Huperzia sutchueniana*	NT	二级
11	金发石杉	*Huperzia quasipolytrichoides*	VU	二级
12	柳杉叶马尾杉	*Phlegmariurus cryptomerianus*	NT	二级
13	福建观音座莲	*Angiopteris fokiensis*	LC	二级
14	黄杉	*Pseudotsuga sinensis*	LC	二级
15	篦子三尖杉	*Cephalotaxus oliveri*	VU	二级
16	白豆杉	*Pseudotaxus chienii*	VU	二级
17	巴山榧树	*Torreya fargesi*	VU	二级
18	榧树	*Torreya grandis*	LC	二级
19	鹅掌楸	*Liriodendron chinense*	LC	二级
20	闽楠	*Phoebe bournei*	VU	二级
21	楠木	*Phoebe zhennan*	VU	二级
22	龙舌草	*Ottelia alismoides*	VU	二级
23	高平重楼	*Paris caobangensis*	NT	二级
24	凌云重楼	*Paris cronquistii*	VU	二级
25	金线重楼	*Paris delavayi*	VU	二级
26	球药隔重楼	*Paris fargesii*	NT	二级
27	七叶一枝花	*Paris polyphylla*	VU	二级
28	白花重楼	*Paris polyphylla* var. *alba*	VU	二级
29	华重楼	*Paris polyphylla* var. *chinensis*	VU	二级
30	长药隔重楼	*Paris polyphylla* var. *pseudothibetica*	NT	二级
31	狭叶重楼	*Paris polyphylla* var. *stenophylla*	NT	二级
32	滇重楼	*Paris polyphylla* var. *yunnanensis*	VU	二级
33	荞麦叶大百合	*Cardiocrinum cathayanum*	LC	二级
34	天目贝母	*Fritillaria monantha*	EN	二级
35	白及	*Bletilla striata*	EN	二级
36	独花兰	*Changnienia amoena*	EN	二级
37	杜鹃兰	*Cremastra appendiculata*	NT	二级
38	建兰	*Cymbidium ensifolium*	VU	二级
39	蕙兰	*Cymbidium faberi*	LC	二级

（续表）

序号	中文名	拉丁名	濒危等级	保护级别
40	多花兰	*Cymbidium floribundum*	VU	二级
41	春兰	*Cymbidium goeringii*	VU	二级
42	春剑	*Cymbidium goeringii* var. *longibracteatum*	VU	二级
43	寒兰	*Cymbidium kanran*	VU	二级
44	绿花杓兰	*Cypripedium henryi*	NT	二级
45	扇脉杓兰	*Cypripedium japonicum*	LC	二级
46	钩状石斛	*Dendrobium aduncum*	VU	二级
47	罗河石斛	*Dendrobium lohohense*	EN	二级
48	细茎石斛	*Dendrobium moniliforme*	DD	二级
49	大花石斛	*Dendrobium wilsonii*	CR	二级
50	天麻	*Gastrodia elata*	DD	二级
51	独蒜兰	*Pleione bulbocodioides*	LC	二级
52	拟高粱	*Sorghum propinquum*	LC	二级
53	石生黄堇	*Corydalis saxicola*	LC	二级
54	小八角莲	*Dysosma difformis*	VU	二级
55	八角莲	*Dysosma versipellis*	VU	二级
56	黄连	*Coptis chinensis*	VU	二级
57	水青树	*Tetracentron sinense*	LC	二级
58	连香树	*Cercidiphyllum japonicum*	LC	二级
59	云南红景天	*Rhodiola yunnanensis*	LC	二级
60	野大豆	*Glycine soja*	LC	二级
61	花榈木	*Ormosia henryi*	VU	二级
62	红豆树	*Ormosia hosiei*	EN	二级
63	大叶榉树	*Zelkova schneideriana*	NT	二级
64	长穗桑	*Morus wittiorum*	LC	二级
65	伞花木	*Eurycorymbus cavaleriei*	LC	二级
66	道县野橘	*Citrus daoxianensis*	LC	二级
67	宜昌橙	*Citrus cavaleriei*	LC	二级
68	红椿	*Toona ciliata*	VU	二级
69	伯乐树	*Bretschneidera sinensis*	NT	二级
70	金荞	*Fagopyrum dibotrys*	LC	二级
71	茶	*Camellia sinensis*	—	二级
72	长果秤锤树	*Sinojackia dolichocarpa*	EN	二级
73	狭果秤锤树	*Sinojackia rehderiana*	EN	二级
74	软枣猕猴桃	*Actinidia arguta* var. *arguta*	LC	二级
75	中华猕猴桃	*Actinidia chinensis*	LC	二级
76	香果树	*Emmenopterys henryi*	NT	二级
77	呆白菜	*Triaenophora rupestris*	EN	二级
78	竹节参	*Panax japonicus*	VU	二级

表2　桑植县湖南省地方重点保护野生植物

序号	中文名	拉丁名	濒危等级	保护级别
1	卷柏	*Selaginella tamariscina*	LC	省重点
2	大平鳞毛蕨	*Dryopteris bodinieri*	LC	省重点
3	铁坚油杉	*Keteleeria davidiana*	LC	省重点
4	铁杉	*Tsuga chinensis*	LC	省重点
5	巴东木莲	*Manglietia patungensis*	VU	省重点
6	多花含笑	*Michelia floribunda*	LC	省重点
7	黄心夜合	*Michelia martini*	NT	省重点
8	乐东拟单性木兰	*Parakmeria lotungensis*	VU	省重点
9	武当玉兰	*Yulania sprengeri*	LC	省重点
10	沉水樟	*Cinnamomum micranthum*	VU	省重点
11	川桂	*Cinnamomum wilsonii*	LC	省重点
12	湖北百合	*Lilium henryi*	NT	省重点
13	南川百合	*Lilium rosthornii*	LC	省重点
14	药百合	*Lilium speciosum* var. *gloriosoides*	LC	省重点
15	叉唇虾脊兰	*Calanthe hancockii*	VU	省重点
16	兔耳兰	*Cymbidium lancifolium*	LC	省重点
17	长叶山兰	*Oreorchis fargesii*	NT	省重点
18	黄花鹤顶兰	*Phaius flavus*	LC	省重点
19	仙茅	*Curculigo orchioides*	LC	省重点
20	卵叶山葱	*Allium ovalifolium*	LC	省重点
21	领春木	*Euptelea pleiosperma*	LC	省重点
22	管萼山豆根	*Euchresta tubulosa*	VU	省重点
23	榆叶樱	*Prunus sunhangii*	LC	省重点
24	榉树	*Zelkova serrata*	LC	省重点
25	米心水青冈	*Fagus engleriana*	LC	省重点
26	水青冈	*Fagus longipetiolata*	LC	省重点
27	光叶水青冈	*Fagus lucida*	LC	省重点
28	福建青冈	*Quercus chungii*	EN	省重点
29	赤皮青冈	*Quercus gilva*	LC	省重点
30	云山青冈	*Quercus sessilifolia*	LC	省重点
31	青钱柳	*Cyclocarya paliurus*	LC	省重点
32	华南桦	*Betula austrosinensis*	LC	省重点
33	坚桦	*Betula chinensis*	LC	省重点
34	香桦	*Betula insignis*	LC	省重点
35	雪胆	*Hemsleya chinensis*	LC	省重点
36	尾叶紫薇	*Lagerstroemia caudata*	NT	省重点
37	川黔紫薇	*Lagerstroemia excelsa*	VU	省重点
38	血皮槭	*Acer griseum*	VU	省重点
39	毛果槭	*Acer nikoense*	LC	省重点
40	天师栗	*Aesculus chinensis* var. *wilsonii*	LC	省重点

（续表）

序号	中文名	拉丁名	濒危等级	保护级别
41	金钱槭	*Dipteronia sinensis*	LC	省重点
42	雪峰山梭罗树	*Reevesia pubescens* var. *xuefengensis*	CR	省重点
43	厚皮香	*Ternstroemia gymnanthera*	LC	省重点
44	灵香草	*Lysimachia foenum-graecum*	LC	省重点
45	紫茎	*Stewartia sinensis*	LC	省重点
46	五棱苦丁茶	*Ilex pentagona*	LC	省重点
47	人参木	*Chengiopanax fargesii*	LC	省重点

八大公山地质属扬子准地台八面山褶皱带，白垩纪燕山运动奠定了现今的地貌骨架，经第三纪地壳的剥蚀和抬升，形成了今日的中山山原地貌。第四纪冰川期对该地影响较小，因此自第三纪以来，该地植物生长在一个较为稳定的环境中，经过漫长的生存和演化、繁衍，形成了当今的八大公山植物区系。该地起源古老的裸子植物有4科19属26种，其中松杉类于晚石炭世开始出现，中生代非常繁盛，第四纪冰川期有些被灭绝，大多已缩小分布区，部分种在武陵山地继续繁衍下来。被子植物APG分类系统认为被子植物基部类群在该保护区非常丰富，如三白草科有2属2种，胡椒科有1属2种，马兜铃科有3属12种，木兰科有7属17种，番荔枝科有1属1种，蜡梅科有1属1种，樟科有9属46种，金粟兰科有2属4种。

八大公山保护区分布有植物区系地理成分属15类分布型中的14类，仅缺少中亚分布，说明该处植物区系与邻近地区植物区系均有联系。因地理位置和大面积的山原地貌，本区属的温带性分布明显多于热带性分布，与八大公山地处中亚热带北缘相一致。从种的分布情况来看，八大公山不但与全国各大植物区有联系，而且与全世界主要植物区也有不同程度的联系，这体现出八大公山保护区植物区系地理成分的多样性和复杂性。

八大公山保护区植物区系的一个重要特点是特有成分高。这里具有43个中国特有属，占全国种子植物特有属214属的20.10%，特有现象还体现在该处具有湖南特有种13种，占湖南特有种152种的8.55%。八大公山保护区植物特有性还表现为模式标本较多，到目前为止采于此处的模式标本有9种。

通过新老一辈林业和植物学工作者多年来的不懈努力，最终编写完成了这套《湖南八大公山国家级自然保护区植物志》。本书资料搜集整理由张代贵、秦位强、谷志容完成，补充调查由张代贵、秦位强、向祖恒、向建军、蒋龙完成，章节编撰由邓涛、张代贵、谷志容、张梦华、蒋龙完成，秦位强对全书进行了审校。陈功锡、廖博儒及湖南八大公山国家级自然保护区管理处多位领导和技术人员为本书的编写提供了帮助。

《湖南八大公山国家级自然保护区植物志》涉及2700余种植物的分布区界定和图片鉴定，编书难度大，加之编写人员水平有限，难免有错误和遗漏之处，恳请各位专家和读者不吝指教。

编　者

2024年7月

目 录

石松类植物

一、石松科 Lycopodiaceae

多年生草本。主茎长，匍匐生于地面或地下，或短而直立，侧枝攀缘状或较短而直立。叶小型，一型，通常螺旋状排列，仅具主脉。孢子囊穗圆柱形，通常生于孢子枝顶端，或孢子囊肾形，2瓣开裂，着生于茎、枝的全长或仅限于枝上部的叶腋，或在枝端成细长线形的孢子囊穗。

有5属，共360~400种，我国有5属66种，湖南有8属20种，八大公山有6属10种。

分属检索表

1. 孢子囊着生茎枝的全部或枝上部的叶腋，不形成孢子囊穗。
  2. 植株直立，叶片草质，边缘或前端具锯齿或全缘……………………………… **3. 石杉属 Huperzia**
  2. 植株直立下垂，叶片革质，边缘全缘…………………………………… **6. 马尾杉属 Phlegmariurus**
1. 孢子囊形成孢子囊穗单生或着生于分枝的孢子枝顶端。
  3. 小枝或多或少呈扁压状……………………………………………… **2. 扁枝石松属 Diphasiastrum**
  3. 小枝圆柱状。
    4. 孢子囊穗下垂……………………………………………………… **5. 垂穗石松属 Palhinhaea**
    4. 孢子囊穗直立。
      5. 主茎直立……………………………………………… **1. 笔直石松属 Dendrolycopodium**
      5. 主茎横卧……………………………………………………… **4. 石松属 Lycopodium**

（一）笔直石松属 *Dendrolycopodium* A. Haines

多年生草本。主茎匍匐地下生，侧枝直立，粗壮，树状，上部分枝繁密成扇形或半圆形二叉分枝。叶在主茎上疏生，线形，在小枝上近生，密集，线状披针形，呈镰刀状，先端渐尖，有短尖头，基部楔形，下延，无柄，全缘。孢子囊穗单生于末回分枝的顶端，孢子囊圆肾形，着生在孢子叶腋，不外露。

本属有2种，我国均有，湖南有1种，八大公山有1种。

1. 笔直石松 *Dendrolycopodium verticale* (Li Bing Zhang) Li Bing Zhang & X.M.Zhou

多年生常绿草本。匍匐茎地下生，向上生出直立的侧枝，高20~50 cm，下部不分枝，上部分枝，侧枝斜伸或直立，彼此密接呈树冠状。叶螺旋状排列，线状披针形，3.0 mm × 0.6 mm，先端渐尖，具短尖头，质坚。孢子叶穗圆柱状，直立，单生侧枝顶端，无柄；孢子叶苞片状，阔卵形，先端长渐尖，边缘具钝齿；孢子囊圆肾形。

分布与生境：产于八大公山天平山，生于海拔1400~1500 m的日本柳杉林下。严岳鸿 070405（HUST）。

用途：全草入药。

笔直石松 Dendrolycopodium verticale

（二）扁枝石松属 **Diphasiastrum** Holub

小型至中型土生蕨类。主茎伸长，呈匍匐状，侧枝近直立，多回不等位二叉分枝，小枝扁平或为扁压状。叶螺旋状排列或4行排列，密集，三角形或钻形，基部贴生在枝上，下延，无柄，先端尖锐，略内弯，边缘全缘，中脉不明显，厚草质或革质。孢子囊穗生于孢子枝顶端，圆柱形，淡黄色；孢子叶宽卵形，覆瓦状排列，先端急尖，尾状，边缘膜质，具不规则锯齿；孢子囊生于孢子叶腋，内藏，圆肾形，黄色。

约23种，我国有3种，湖南有1种，八大公山也有分布。

1. 扁枝石松 Diphasiastrum complanatum (Linnaeus) Holub

小型至中型土生植物。主茎匍匐状，侧枝近直立，多回不等位二叉分枝，小枝明显扁平状，灰绿色或绿色。叶4行排列，密集，三角形，基部贴生在枝上，无柄，先端尖锐，略内弯，边缘全缘，中脉不明显，草质。孢子囊穗圆柱形，淡黄色；孢子叶宽卵形，覆瓦状排列，先端急尖，尾状，边缘膜质，具不规则锯齿；孢子囊生于孢子叶腋，内藏，圆肾形，黄色。

分布与生境：产于珙垌湾、砂地坪（罗家台）等地，生于海拔1400～1600 m的山地林下。吴世福645（PE）；刘林翰9069（PE）。

用途：全草及孢子可入药。

扁枝石松 Diphasiastrum complanatum

（三）石杉属 **Huperzia** Bernhardi

多年生草本。茎直立或斜升，高 3 ~ 32 cm，二叉分枝，枝上部通常有芽胞。叶螺旋状排列，线形、线状披针形、披针形或狭披针形至倒披针形，全缘或有锯齿。孢子囊肾形，着生茎、枝的全长或枝上部的叶腋，不形成孢子囊穗，2 瓣开裂；孢子球状四面体形，极面观三棱形，三面内凹。

本属约 55 种，我国有 27 种，湖南有 8 种，八大公山有 5 种。

分种检索表

1. 叶片边缘全缘……………………………………………………… **4. 金发石杉 H. quasipolytrichoides**
1. 叶片边缘有不规则锯齿。
  2. 叶片卵形至椭圆状披针形，向基部明显变狭，边缘具粗齿。
    3. 叶片边缘极度皱曲……………………………………………………… **2. 皱边石杉 H. crispata**
    3. 叶片边缘平直或稍皱曲。
      4. 叶片椭圆状披针形，最宽度在中部……………………………… **3. 长柄石杉 H. longipetiolata**
      4. 叶片椭圆状披针形，最宽度在中部以上………………………… **1. 厚叶石杉 H. crassifolia**
  2. 叶片钻形至披针形，向基部变狭或不变狭，边缘具较细锯齿………**5. 四川石杉 H. sutchueniana**

1. 厚叶石杉 *Huperzia crassifolia* W.M. Chu et B.Y.Zhang ex Z.Y.Guo

多年生土生植物。茎直立或斜生，高 10 ~ 30 cm，二至四回二叉分枝，枝上部常有芽胞。叶螺旋状排列，疏生，平伸，倒卵状椭圆形，向基部明显变狭，通直，最宽部在中部以上，基部楔形，下延有柄，先端急尖或渐尖，边缘平直不皱曲，有粗大不整齐的尖齿，两面光滑，有光泽，中脉突出明显，薄革质。孢子叶与不育叶同形；孢子囊生于孢子叶腋，两端露出，肾形，黄色。

分布与生境：产于五道水（红鱼洞），生于海拔 1300 ~ 1500 m 的山地林下阴湿处。

厚叶石杉 *Huperzia crassifolia*

2. 皱边石杉 *Huperzia crispata* (Ching) Ching

多年生土生植物。茎直立或斜生，高 16 ~ 32 cm，二至四回二叉分枝，枝上部常有芽胞。叶螺旋状排列，疏生，平伸，狭椭圆形或倒披针形，向基部明显变狭，通直，（1.2 ~ 2.0）mm ×（2.0 ~ 3.5）mm，基部楔形，下延，有柄，先端急尖，边缘皱曲，有粗大或略小而不整齐的尖齿，两面光滑，有光泽，中脉突出明显，薄革质。孢子叶与不育叶同形；孢子囊生于孢子叶腋，两端露出，肾形，黄色。

分布与生境：产于天平山等地，生于海拔 1200 ~ 1400 m 的山地林下或岩石边阴湿处。

3. 长柄石杉 *Huperzia longipetiolata* (Spring) Chun-yu Yang

多年生草本。茎直立或下部平卧，单一或一至数回二叉分枝。叶螺旋状排列，平展，椭圆状披针形、狭椭圆形至倒披针形，先端锐尖或渐尖，基部楔形并下延呈柄状或具短柄，边缘有不整齐的尖锯齿。叶纸质。主脉两面突起。孢子囊肾形。

分布与生境：产于八大公山各地，生于海拔 500 ~ 1400 m 的山地林下或岩石边阴湿处。

用途：全草入药。本种原为蛇足石杉，俗称千层塔。从蛇足石杉中提取的生物碱——石杉碱甲，为天然、高效、低毒、可逆、高选择性的乙酰胆碱酯酶抑制剂，可用于改善记忆力、治疗重症肌无力和老年性痴呆等疾病。

皱边石杉 *Huperzia crispata*

长柄石杉 *Huperzia longipetiolata*

4. 金发石杉 Huperzia quasipolytrichoides (Hayata) Ching

多年生土生植物。茎高 9 ~ 13 cm，枝上部有很多芽胞。叶螺旋状排列，密生，强度反折或略斜下，线形，基部与中部近等宽，明显镰状弯曲，（6.0 ~ 9.0）mm × 0.8 mm，基部截形，下延，无柄，先端渐尖，边缘平直不皱曲，全缘，两面光滑，中脉背面不明显，腹面略可见。孢子叶与不育叶同形；孢子囊生于孢子叶腋，外露，肾形，黄色或灰绿色。

分布与生境：产于天平山等地，生于海拔 1300 ~ 1400 m 的山地林下或岩石边阴湿处。刘炳荣 870815（HUST）。

金发石杉 Huperzia quasipolytrichoides

5. 四川石杉 Huperzia sutchueniana (Herter) Ching

多年生土生植物。茎直立，高 8 ~ 15（18）cm，二至三回二叉分枝，枝上部常有芽胞。叶螺旋状排列，密生，平伸，上弯或略反折，披针形，向基部不明显变狭，通直或镰状弯曲，（5.0 ~ 10.0）mm ×（0.8 ~ 1.0）mm，基部楔形或近截形，无柄，先端渐尖，边缘平直不皱曲，疏生小尖齿。孢子叶与不育叶同形；孢子囊生于孢子叶腋，两端露出，肾形，黄色。

分布与生境：产于天平山、五道水（杉木界）等地，生于海拔 1300 ~ 1400 m 的山地林下或岩石边阴湿处。刘炳荣 870513（HUST）、050813（HUST）；严岳鸿 000304（HUST）。

四川石杉 *Huperzia sutchueniana*

（四）石松属 **Lycopodium** Linnaeus

多年生草本。主茎伸长而匍匐地面和地面下，侧枝直立或斜升，通常二至多回二叉分枝，小枝圆柱形，扁平或近扁平。叶在侧枝和小枝上螺旋状排列。孢子囊穗着生于孢子枝顶部；孢子叶较不育叶宽阔，卵形至阔披针形，覆瓦状排列，边缘膜质，常有不规则锯齿，先端尾状；孢子囊圆肾形，成熟后 2 瓣开裂，腋生。

约 127 种，我国有 8 种，湖南有 2 种，八大公山有 1 种。

1. 石松 **Lycopodium japonicum** Thunberg

多年生草本。主茎匍匐蔓生，侧枝直立，多回二叉分枝。叶螺旋状排列，披针形或线状披针形，先端渐尖，基部楔形，下延，无柄，全缘。孢子囊穗圆柱形，3 ~ 8 个着生于孢子枝上部或顶部，孢子囊肾形，着生在孢子叶腋，外露。

分布与生境：产于八大公山各地，生于海拔 500 ~ 2000 m 的山坡林缘。

用途：全草入药。

石松 Lycopodium japonicum

（五）垂穗石松属 **Palhinhaea** Franco & Vasconcellos

多年生草本。主茎伸长而匍匐地面和地面下，侧枝直立或斜升，通常二至多回二叉分枝，小枝圆柱形，扁平或近扁平。叶在侧枝和小枝上螺旋状排列。孢子囊穗着生于孢子枝顶部；孢子叶较不育叶宽阔，卵形至阔披针形，覆瓦状排列，边缘膜质，常有不规则锯齿，先端尾状；孢子囊圆肾形，成熟后 2 瓣开裂，腋生。

约 10 种，我国有 2 种，湖南有 1 种，八大公山有 1 种。

1. 垂穗石松 Palhinhaea cernua (Linnaeus) Vasconcellos et Franco

多年生草本。地下茎横走，侧枝为多回不等位二叉分枝，基部的侧枝枝端常伸长下弯而匍匐地面，着地生根而成一新植株。叶螺旋状排列，钻形，先端渐尖，内弯，基部圆形，下延，无柄，全缘。孢子囊穗单生于小枝顶端，通常下垂，孢子囊圆肾形，不外露。

分布与生境：产于楠木坪、五道水等地，生于海拔 200 ~ 600 m 的山地林缘阴湿处。

用途：全草及孢子可入药；亦适于盆栽或作阴湿环境的地被植物。

垂穗石松 *Palhinhaea cernua*

（六）马尾杉属 **Phlegmariurus** Herter

多年生草本。茎短而簇生，成熟枝下垂或近直，多回二叉分枝。叶螺旋状排列，披针形，椭圆形，卵形或鳞片状，革质或近革质，全缘。孢子囊穗比不育部分细瘦或为线形。孢子叶与营养叶明显不同或相似。孢子叶较小，孢子囊生在孢子叶腋。孢子囊肾形，2 瓣开裂。

约 250 种，我国有 22 种，湖南有 4 种，八大公山有 1 种。

1. 柳杉叶马尾杉 **Phlegmariurus cryptomerinus** (Maximowicz) Satou

多年生草本。茎簇生，成熟枝下垂，二至多回二叉分枝。叶螺旋状排列。营养叶披针形，疏生，（1.1 ~ 1.5）cm ×（1.5 ~ 2.5）mm，基部楔形，下延，无柄，有光泽，顶端尖锐，中脉不显，草质，全缘。孢子叶椭圆状披针形，排列稀疏，基部楔形，先端尖，中脉不甚明显，全缘。孢子囊生在孢子叶腋，肾形，2 瓣开裂，黄色。

分布与生境：产于天平山等地，附生于海拔 1500 m 的山地林中树上。张灿明 8808205（PE）。

柳杉叶马尾杉 *Phlegmariurus cryptomerinus*

二、卷柏科 Selaginellaceae

多年生草本。主茎伸长，匍匐或直立或斜升，茎枝通常扁平，呈背腹状。叶为单叶，鳞片状，仅具中脉，通常二型，在枝上下两个平面上 4 行排列，上面的 2 行为中叶（又称腹叶），下面的 2 行为侧叶（又称背叶）。孢子囊穗通常四棱柱形或扁圆柱形，间或无明显的孢子囊穗，生于小枝顶端，单一或双生；孢子叶一型或二型；孢子囊异型。

本科现存 1 属，约 700 种，我国有 72 种，湖南有 24 种，八大公山有 14 种。

（一）卷柏属 Selaginella P. Beauvois

属的特征与科相同。

分种检索表

1. 孢子叶排列较疏松，孢子叶穗疏松…………………………………………… **10. 伏地卷柏 S. nipponica**
1. 孢子叶排列紧密，孢子叶穗呈四棱形。
  2. 孢子叶穗方形，上下孢子叶近同形。
    3. 植株呈莲座状……………………………………………………………… **12. 卷柏 S. tamariscina**
    3. 植株不呈莲座状。
      4. 主茎直立，或基部匍匐，上部斜升。
        5. 根托只生主茎基部或匍匐的根状茎上；主茎上的叶一型。
          6. 茎枝被毛…………………………………………………………… **2. 布朗卷柏 S. braunii**
          6. 茎枝光滑无毛。
            7. 不分枝的主茎上的叶排列紧密……………………………… **7. 兖州卷柏 S. involvens**
            7. 不分枝的主茎上的叶排列较疏松………………………… **9. 江南卷柏 S. moellendorffii**
        5. 根托生主茎中下部，亦可达中上部。
          8. 侧枝上小枝排列成整齐的一回羽状，叶全缘或先端略有微齿…………………………………………………………………………………… **4. 薄叶卷柏 S. delicatula**
          8. 侧枝多回分枝，分枝不排列成整齐的一回羽状；叶缘有细齿…………………………………………………………………………………… **5. 深绿卷柏 S. doederleinii**
      4. 主茎匍匐或攀缘生长；根托生茎枝各部。
        9. 茎枝被毛…………………………………………………………… **13. 毛枝卷柏 S. trichoclada**
        9. 茎枝无毛。
          10. 叶全缘 …………………………………………………………… **14. 翠云草 S. uncinata**
          10. 叶缘具细齿或睫毛状齿。
            11. 茎无节，根托由枝条分枝的下面生出 ………………………… **3. 蔓出卷柏 S. davidii**
            11. 茎具节，根托由枝条分枝的上面生出 ……………………… **11. 疏叶卷柏 S. remotifolia**

2. 孢子叶穗上下压扁，上下孢子叶不同形。

12. 植株主茎直立或近直立；根托只生主茎基部或下部 ……………………**1. 大叶卷柏 S. bodinieri**

12. 植株具匍匐的主茎，分枝直立或匍匐；根托断续着生。

13. 植株主茎直立或近直立 ………………………………………………… **8. 细叶卷柏 S. labordei**

13. 植株具匍匐的主茎，分枝直立或匍匐 …………………………**6. 异穗卷柏 S. heterostachys**

1. 大叶卷柏 Selaginella bodinieri Hieronymus

多年生草本。茎直立或近直立，高 30 ~ 40 cm，具横走的地下根状茎和游走茎。根托只生于茎的下部，自主茎分叉处下方生出。主茎自中下部羽状分枝，不呈“之”字形，侧枝 6 ~ 7 对，二回羽状分枝。叶全部交互排列，二型。分枝上的腋叶不对称，卵圆形到三角形，边缘具细齿，或具睫毛（下半部分）。孢子叶穗紧密，略背腹压扁。孢子叶二型或略二型，上侧的孢子叶宽卵圆形，边缘具短睫毛状齿或具细齿；下侧的孢子叶宽卵形，边缘具细齿或具睫毛状齿。

分布与生境：产于五道水（连家湾）、芭茅溪（小溪沟）等地，生于海拔 500 ~ 800 m 的山地林下阴湿处。金摄郎、张九兵 BDGS663（CSH）；周喜乐、严岳鸿、金冬梅 ZXL9682（CSH）。

大叶卷柏 Selaginella bodinieri

2. 布朗卷柏 Selaginella braunii Baker

多年生草本。具有长的不分枝的主茎，上部羽状，呈复叶状。主茎通常禾秆色或偶呈红色，基部具沿地面匍匐的根状茎和游走茎。叶除主茎上的以外全部交互排列，二型，质地较厚，表面光滑，皱缩，不具白边。孢子叶穗紧密，四棱柱形，单生于小枝末端。孢子叶一型，不具白边，上侧孢子叶阔卵形，边缘具细齿；下侧孢子叶阔卵形，边缘近全缘或具细齿。

分布与生境：产于八大公山大坪原等地，生于海拔 800 ~ 1000 m 的山地林下阴湿处。

布朗卷柏 Selaginella braunii

3. 蔓出卷柏 Selaginella davidii Franch.

多年生草本。主茎伏地蔓生，多回分枝。分枝上的叶二型；中叶长卵形，先端有芒刺，基部斜心形，边缘有膜质白边并有疏细齿；侧叶卵状阔披针形，边缘白色为膜质，有睫毛状齿。孢子囊穗单生于小枝顶端。孢子叶卵状三角形，呈龙骨状，先端长渐尖，基部近圆形，边缘有微齿。

分布与生境：产于八大公山五道水（楠木坪）等地，生于海拔 300 ~ 500 m 的山坡林下阴湿处。金摄郎、张九兵 BDGS848（CSH）。

蔓出卷柏 Selaginella davidii

4. 薄叶卷柏 Selaginella delicatula (Desvaux ex Poiret) Alston

多年生草本。茎生叶一型，螺旋状互生或近 2 列；分枝上的叶 4 列，中叶指向枝端，斜卵形，全缘，有白边；侧叶平展，斜卵状长圆形，边缘有白边，全缘或下侧边先端略有微齿。孢子囊穗着生枝端，四棱柱形。孢子叶卵圆形，龙骨状，先端渐尖，全缘。

分布与生境：产于八大公山五道水等地，生于海拔 500 ~ 700 m 的山坡林下阴湿处。周喜乐、严岳鸿、金冬梅 ZXL9687（CSH）；L.H.Liu 10184（NAS）。

薄叶卷柏 Selaginella delicatula

5. 深绿卷柏 Selaginella doederleinii Hieronymus

多年生草本。茎生叶一型，螺旋状互生或近 2 列；分枝上的叶 4 列，中叶指向枝端，斜卵形，全缘，有白边；侧叶平展，斜卵状长圆形，边缘有白色狭边，全缘或下侧边先端略有微齿。孢子囊穗着生枝端。孢子叶卵圆形，龙骨状，先端渐尖，全缘。

分布与生境：产于楠木坪等地，生于海拔 200 ~ 400 m 的山坡林下阴湿处。Anonymous 201（PE）。

用途：全草入药；亦供观赏。

深绿卷柏 Selaginella doederleinii

6. 异穗卷柏 **Selaginella heterostachys** Baker

多年生草本。叶全部交互排列，二型。中叶不对称，卵形，边缘具微齿。侧叶不对称，长圆形，边缘有细齿。孢子叶穗单生于小枝末端，孢子叶明显二型，中叶卵状披针形，边缘具缘毛或具细齿，不呈龙骨状；侧叶卵状披针形，边缘具缘毛，龙骨状，脊上具睫毛状齿；大孢子叶分布于孢子叶穗上下两侧的基部。

分布与生境：产于八大公山五道水（楠木坪）等地，生于海拔 200 ~ 400 m 的山坡林下阴湿处。周喜乐、严岳鸿、金冬梅 ZXL9739（CSH）。

异穗卷柏 Selaginella heterostachys

7. 兖州卷柏 **Selaginella involvens** (Swartz) Spring

多年生草本。叶二型，4 列，中叶交互覆瓦状并列，指向枝端，斜卵形，先端渐尖，基部斜心形，边缘略有细齿；侧叶斜卵状披针形，先端渐尖或尖，基部上侧圆形，下侧浅心形，内缘略有细齿，外缘全缘。孢子囊穗着生枝端，四棱柱形，孢子叶卵圆形，龙骨状，先端长渐尖，基部近圆形，边缘有疏细齿。

分布与生境：产于八大公山各地，生于海拔 1300 ~ 1500 m 的山坡林下岩石上。金摄郎、张九兵 BDGS468（CSH）；周喜乐、严岳鸿、金冬梅 ZXL9737（CSH）。

用途：全草入药。

兖州卷柏 Selaginella involvens

8. 细叶卷柏 Selaginella labordei Hieronymus ex Christ

多年生草本。茎生叶一型，长卵圆形，分枝上的叶二型，4 列；中叶卵形，边缘有细齿；侧叶狭卵形，边缘有疏细齿。孢子囊穗着生于枝端，扁长圆形，孢子叶二型，中叶卵状披针形，龙骨状，侧叶卵形；小孢子囊圆肾形，生在囊穗上部，大孢子囊近圆球形，位于囊穗下部。

分布与生境：产于八大公山五道水（黄连台）等地，生于海拔 500 ~ 700 m 的山坡林下阴湿处。金摄郎、张九兵 BDGS864（CSH）。

细叶卷柏 Selaginella labordei

9. 江南卷柏 Selaginella moellendorffii Hieronymus

多年生草本。主茎直立，下部不分枝，叶螺旋状疏生，卵形或卵状三角形，上部呈复羽状分枝，叶二型，腹背叶各 2 列，中叶指向枝端，斜卵圆形，先端急尖呈芒状，侧叶斜展，与中叶几同形，基部斜心形，边缘有膜质狭白边并有细齿。孢子叶卵状三角形，龙骨状，先端锐尖，边缘有膜质白边和细齿。

分布与生境：产于八大公山五道水（黄连台）等地，生于海拔 500 ~ 700 m 的山坡林下阴湿处。严岳鸿 4360（HUST）。

江南卷柏 Selaginella moellendorffii

10. 伏地卷柏 *Selaginella nipponica* Franchet & Savatier

多年生草本。植株细弱，伏地蔓生，各分枝节部有断续不定根，叶二型，互生，4 列，中叶与侧叶相似而较狭小，卵状长圆形，先端渐尖，边缘有微齿；侧叶平展，斜卵形，先端渐尖，基部近心形，边缘有微齿。孢子叶二型，螺旋状疏生，长卵形，先端渐尖，边缘有微齿，布满整个孢子枝，形成长而松散的不明显的孢子囊穗。

分布与生境：产于八大公山各地，生于海拔 200 ~ 1000 m 的山坡草丛中或岩石上，也生于溪边湿地。金摄郎、张九兵 BDGS636（CSH）。

伏地卷柏 *Selaginella nipponica*

11. 疏叶卷柏 *Selaginella remotifolia* Spring

多年生草本。能育枝直立，无横走地下茎。叶全部交互排列，二型，草质，表面光滑，边缘近全缘，不具白边，主茎上的叶远生，较分枝上的大，二型，绿色，侧叶外展，中叶基部呈单耳状，边缘具微齿或近全缘。孢子叶穗紧密，孢子叶一型，卵状披针形，边缘有细齿，不具白边，先端渐尖，龙骨状。

分布与生境：产于八大公山各地，生于海拔 500 ~ 1000 m 的山坡林下阴湿处。严岳鸿 4372（HUST）。

疏叶卷柏 Selaginella remotifolia

12. 卷柏 Selaginella tamariscina (P. Beauvois) Spring

多年生草本。主茎直立，顶端分枝丛生，辐射斜展，全株呈莲座状，干时内卷如拳。叶二型，4 列，中叶斜向上，卵状长圆形，先端呈芒状，边缘膜质并有睫毛状齿；侧叶斜展，长卵圆形，先端具长芒，边缘膜质有睫毛状齿。

分布与生境：产于八大公山五道水（黄连台、楠木坪）等地，生于海拔 500 m 左右的山坡林下石壁上。金摄郎、张九兵 BDGS791（CSH）；周喜乐、严岳鸿、金冬梅 ZXL9718（CSH）。

用途：全草可入药；栽培供观赏。

卷柏 Selaginella tamariscina

13. 毛枝卷柏 *Selaginella trichoclada* Alston

多年生土生草本。茎直立，长可达 150 cm，具一横走的地下根状茎和游走茎。主茎自中下部分枝，明显呈“之”字形，侧枝 5 ~ 7 对，二至三回羽状分枝，小枝较密，排列规则，主茎被毛。叶交互排列，二型，边缘全缘，具白边，不分枝主茎上的叶排列稀疏，一型，绿色，卵形，背腹压扁，背部不呈龙骨状，边缘全缘。孢子叶穗紧密，四棱柱形，单生于小枝末端；孢子叶一型，宽卵形或近圆形，边缘全缘，具白边，先端急尖或渐尖，略呈龙骨状。

分布与生境：产于芭茅溪（黄连台）、天平山（楠木坪）等地，生于海拔 200 ~ 500 m 的山坡林下潮湿处。吴世福 2027（HGAS）。

毛枝卷柏 *Selaginella trichoclada*

14. 翠云草 Selaginella uncinata (Desvaux ex Poiret) Spring

多年生草本。主茎伏地蔓生或攀附它物上升，多回分枝。叶交互疏生，卵形，有膜质狭白边，全缘；分枝上的叶二型，4 列，中叶长卵形，边缘有白色膜质边，全缘；侧叶长圆形，有白色膜质边，全缘。叶在阴湿条件下有金属翠绿色光泽。孢子叶一型，卵状披针形或卵状三角形，龙骨状，先端渐尖呈芒状，有白色膜质边，全缘。

分布与生境：八大公山各地均有分布，生于海拔 200 ~ 700 m 的山地林下阴湿处。

用途：全草入药；植株会发出蓝宝石般的光泽，可作为地被植物或盆栽观赏。

翠云草 Selaginella uncinata

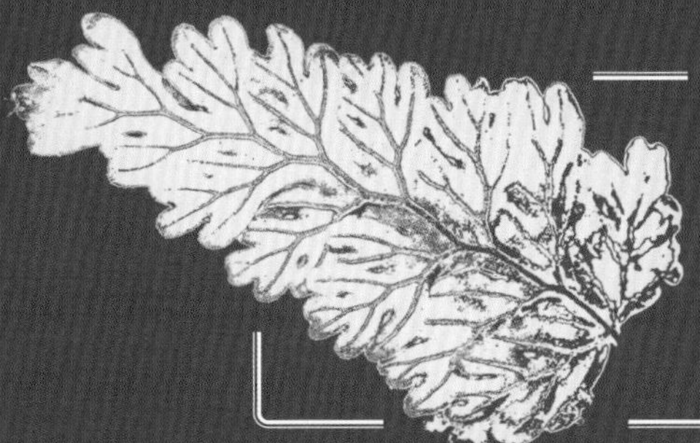

蕨类植物

一、木贼科 Equisetaceae

陆生，稀水生。茎有节，通常中空，具管状中柱，单一或在节上有轮生的分枝，节间有纵棱脊，棱脊上通常有硅质的疣状突起。叶退化成鳞片状，在节上轮生，相互连合成筒状的叶鞘；叶鞘顶部裂成狭齿。孢子囊穗由盾形的孢子叶组成，每孢子叶下面着生孢子囊 5 ~ 10 个；孢子囊长圆形，悬在孢子叶下面边缘排成 1 圈。

本科现存 1 属，约 15 种，我国有 10 种，湖南有 6 种，八大公山有 2 种。

（一）木贼属 Equisetum Linnaeus

属的特征与科相同。

分种检索表

1. 主枝常常有规则的轮生分枝…………………………………………………… **1. 犬问荆 E. palustre**
1. 主枝常常不分枝………………………………………………………… **2. 节节草 E. ramosissimum**

1. 犬问荆 Equisetum palustre Linnaeus

根状茎横走，无毛或有少数黄棕色长毛。地上枝当年枯萎，能育枝与不育枝同型，分枝而轮生。主枝有脊 5 ~ 10 条，脊光滑，有小横纹；叶鞘筒长 5 ~ 10 mm，鞘齿狭三角形背部有浅沟，边缘膜质，宿存。侧枝纤细，有脊 4 ~ 6 条，具小横纹；鞘齿狭三角形，宿存。

分布与生境：产于八大公山（毛农台），生于海拔 750 ~ 1000 m 的山坡潮湿的草地中。

用途：全草入药。

犬问荆 Equisetum palustre

2. 节节草（原亚种）Equisetum ramosissimum Desfontaines

分亚种检索表

1. 鞘齿上部宿存，基部隆起呈弧形………………… **2a. 节节草 H. ramosissimum** subsp. **ramosissimum**
1. 鞘齿上部早落，基部扁平扁平……………………………… **2b. 笔管草 H. ramosissimum** subsp. **debile**

2a. 节节草（原亚种）Equisetum ramosissimum Desfontaines subsp. **ramosissimum**

根状茎横走，黑色。地上枝多年生，能育枝与不育枝同型，多在基部分枝。主枝有脊 6 ~ 12 条，脊的背部有 1 行粗糙的疣状突起。叶鞘略呈漏斗状，鞘片背部弧形，鞘齿短三角形，黑色有宿存的膜质尖尾。侧枝有棱脊 5 ~ 6 条，背部平滑或有 1 行瘤状突起。孢子囊穗椭圆形，顶端有小尖突，无柄。

分布与生境：产于八大公山各地，生于海拔 200 ~ 1500 m 的沟边、林缘或河流岸边湿润处。

用途：全草入药；节节草体内可积累金元素，有助于矿藏勘探。

节节草（原亚种）Equisetum ramosissimum subsp. ramosissimum

2b. 笔管草（亚种）Equisetum ramosissimum subsp. **debile** (Roxburgh ex Vaucher) Hauke

根状茎横走，黑色，节和根上疏生黄棕色长毛；地上枝多年生，能育枝与不育枝同型，多在基部分枝。主枝有脊 6 ~ 12 条，脊的背部有 1 行粗糙的疣状突起。叶鞘略呈漏斗状，鞘片背部弧形，鞘齿短三角形，黑色，有易落的膜质尖尾。侧枝有棱脊 5 ~ 6 条，背部平滑或有 1 行瘤状突起。孢子囊穗椭圆形，顶端有小尖突，无柄。

分布与生境：产于八大公山各地，生于海拔 200 ~ 1500 m 的沟边或林缘湿润处。

用途：全草入药。

笔管草（亚种）Equisetum ramosissimum subsp. debile

二、瓶尔小草科 Ophioglossaceae

土生，少为附生。根状茎短而直立或长而横走，无鳞片。能育叶与不育叶二型，同生一总梗上。不育叶为单叶，全缘，1 ~ 2 片或一至多回分裂，能育叶有柄，自总柄或不育叶的基部或中部生出或出自总叶柄或出自营养叶的基部或中轴，聚生成圆锥状。孢子囊扁球形，横裂，陷入叶片两侧之内形成线形的能育穗或沿小穗两侧成两行排列。

11 属，约 80 种，我国有 11 属 22 种，湖南有 3 属 10 种，八大公山有 3 属 4 种。

分属检索表

1. 能育叶为单叶，不育叶为单叶，叶脉网状……………………………… **1. 瓶尔小草属 Ophioglossum**
1. 能育叶羽状分枝，不育叶羽状分裂，叶脉分离。
  2. 孢子叶自不育叶片的基部抽出……………………………………………… **2. 阴地蕨属 Sceptridium**
  2. 孢子叶自第一和第二对羽片之间的叶轴上生出………………**3. 绒毛阴地蕨属 Japanobotrychum**

（一）瓶尔小草属 Ophioglossum Linnaeus

小型蕨类，土生。根状茎短，直立。叶二型，不育叶 1 ~ 3 片，自根状茎顶部生出，有柄，常为单叶，披针形、卵形至椭圆形或近圆形，叶脉网状，主脉不明显；孢子囊穗具长柄，从不育叶的基部生出。孢子球状四面体形，三裂缝短而直。

约 28 种，我国有 9 种，湖南有 4 种，八大公山有 1 种。

1. 心叶瓶尔小草 Ophioglossum reticulatum Linnaeus

植株高 20 ~ 40 cm。根状茎短而直立，根肉质，较长。总梗 1 ~ 2 个， 长 5 ~ 13 cm；营养叶宽卵形或近圆形，（4.0 ~ 8.0）cm ×（4.0 ~ 7.5）cm，基部心形，先端钝或具短尖，有短柄，边缘多少呈波状。孢子叶柄长 10 ~ 16 cm。孢子囊穗长 3.5 ~ 7.0 cm，顶端具尖头。

心叶瓶尔小草 Ophioglossum reticulatum

分布与生境：产于八大公山天平山，生于海拔 1200 ~ 1800 m 的林下草丛中。

用途：全草入药。

（二）阴地蕨属 Sceptridium Lyon

根状茎短而直立。不育叶片（或营养叶片）一回羽状，羽片 4 ~ 6 对，对生或近于对生，初生时彼此密接，以后分开，扇形、肾圆形或半圆形，基部楔形，无柄，外边缘全缘、波状或多少分裂。叶脉扇状分离，不甚明显或隐约可见。孢子叶自不育叶片的基部抽出，柄长 4 ~ 7 cm，孢子囊穗长 3 ~ 6 cm，2 ~ 3 次分裂，为狭圆锥形。

我国有 17 种，湖南有 4 种，八大公山有 2 种。

分种检索表

1. 不育叶片为薄草质或草质，干后叶肉平坦，不为显著的皱凸不平…　**1. 薄叶阴地蕨 S. daucifolium**
1. 不育叶片为肉质，干后叶肉呈显著的皱凸而不平滑……………………………　**2. 阴地蕨 S. ternatum**

1. 薄叶阴地蕨 Sceptridium daucifolium (Wall. ex Hook. et Grev.) Y. X. Lin

多年生草本。根状茎短粗，直立，有很粗的肉质根。总叶柄高 10 ~ 12 cm，颇粗大，多汁嫩草质。下部三回羽状；中部二回羽状；羽片 5 ~ 7 对，几互生。孢子叶自总叶柄中部以上生出，孢子囊穗圆锥状，二至三回羽状，散开，无毛。

分布与生境：产于八大公山（蒋家湾），生于海拔 1000 ~ 1400 m 的山坡林下。

用途：全草入药；嫩叶可作野菜。

薄叶阴地蕨 Sceptridium daucifolium

2. 阴地蕨 Sceptridium ternatum (Thunb.) Y. X. Lin

多年生草本。根状茎短而直立，有一簇粗健肉质的根。总叶柄短，长仅 2 ~ 4 cm，细瘦，淡白色。叶片为阔三角形，三回羽状分裂；侧生羽片 3 ~ 4 对，几对生或近互生。孢子叶柄长 12 ~ 25 cm，黄绿色或淡红棕色；孢子囊穗棕黄色。

分布与生境：产于八大公山各地，生于海拔 400 ~ 1000 m 的山坡林下。

用途：全草入药。

阴地蕨 Sceptridium ternatum

（三）绒毛阴地蕨属 Japanobotrychum Masam.

根状茎短而直立，有一簇不分枝的粗健肉质的长根。总叶柄几光滑无毛。不育叶片为阔三角形，三回羽状，基部下方为四回羽裂。孢子囊穗自第一和第二对羽片之间的叶轴上生出或有时由第二对羽片分枝点附近生出，孢子囊穗为复圆锥状，成熟后高出不育叶片，直立，几光滑或略具疏长毛。

1 种，我国有 1 种，八大公山有分布。

1. 绒毛阴地蕨 Japanobotrychum lanuginosum (Wallich ex Hooker & Greville) M. Nishida ex Tagawa

形态特征同属的描述。

分布与生境：产于八大公山（斗篷山），生于海拔 1200 ~ 1400 m 的山坡林下。

用途：全草入药。

绒毛阴地蕨 Japanobotrychum lanuginosum

三、合囊蕨科 Marattiaceae

中型或大型蕨类，少数为树形。根状茎直立，树干状或斜升，粗壮。土生，茎直立，球状。叶片 2~4 回羽状；叶脉分离。孢子囊群两排汇合成聚合囊群，沿叶脉着生，成熟后两瓣开裂，露出孢子囊群。孢子椭圆形，单裂缝。

本科 6 属 300 种，我国有 3 属 30 种，湖南有 1 属 1 种，八大公山有 1 属 1 种。

（一）莲座蕨属 Angiopteris G. F.Hoffmann

大型草本，土生。根状茎直立或横卧，肉质。叶柄长而粗壮，基部有托叶状附属物。叶一至二回羽状复叶，小羽片披针形，有短柄或无柄，上面光滑，下面沿中肋常疏被线形小鳞片，边缘有粗齿或具尖锯齿；叶脉分离，单一或分叉，近小羽片边缘常有倒行假脉。孢子囊群圆形或短线形，近小羽片边缘生或生于叶缘与中肋间，无隔丝。

200 种，我国有 28 种，八大公山有 1 种。

1. 福建观音座莲 Angiopteris fokiensis Hieronymus

根状茎块状，直立，下面簇生有圆柱状的粗根。叶片宽广，宽卵形，长与阔各 60 cm 以上；羽片 5~7 对，互生，狭长圆形，基部不变狭，小羽片 35~40 对，对生或互生，平展，上部的稍斜向上，具短柄，叶缘全部具有规则的浅三角形锯齿。两面光滑。叶轴干后呈淡褐色，光滑，腹部具纵沟，羽轴基部粗约 3.5 mm，顶部粗约 1 mm，向顶端具狭翅，宽不到 1 mm。孢子囊群棕色，长圆形，彼此接近。

分布与生境：分布于八大公山五道水，生于海拔 200 m 的沟谷林中。

用途：根状茎供药用或提取淀粉；庭院观赏。

福建观音座莲 Angiopteris fokiensis

四、紫萁科 Osmoundaceae

中型或大型蕨类，少数为树形。根状茎直立，树干状或斜升，粗壮。植物体无鳞片，幼时叶片上被棕色黏质腺状长茸毛，老时脱落。叶二型或一型，簇生。叶柄基部膨大，两侧有狭翅；营养叶一至二回羽状，革质，具分离的羽状脉。孢子叶一至二回羽状，叶片退化；孢子囊大，球形，着生在孢子叶的羽片边缘。

本科 5 属，约 30 种，我国有 5 属 11 种，湖南有 3 属 8 种，八大公山有 2 属 2 种。

分属检索表

1. 叶片二型；孢子叶位于植株中部…………………………………………… **1. 桂皮紫萁属 Osmundastrum**
1. 叶片二型或一型；能育羽片位于孢子叶上部、中部或下部……………………… **2. 紫萁属 Osmounda**

（一）桂皮紫萁属 **Osmundastrum** C. Presl

中型或大型蕨类，土生。根状茎粗壮，直立，木质化，无鳞片。叶簇生；叶柄基部膨大；叶片二型；营养叶二回羽状深裂，幼时被茸毛；孢子叶的叶片退化，孢子囊生在羽轴或小羽轴上。孢子囊群大，裸露。

1 种，我国有 1 种，八大公山有分布。

1. 桂皮紫萁 Osmundastrum cinnamomeum (Linnaeus) C. Presl

形态特征见属的描述。

分布与生境：产于八大公山（凤凰山），生于海拔 1200 m 的山坡、水塘、沼泽中。

用途：根状茎供药用。

桂皮紫萁 Osmundastrum cinnamomeum

（二）紫萁属 **Osmounda** Linnaeus

中型或大型蕨类，土生。根状茎粗壮，直立或斜升，常形成树干状主轴。叶簇生；叶柄基部膨大，覆瓦状排列；叶片二型或同一叶片的羽片为二型；营养叶一至二回羽状，幼时被棕色茸毛，羽片基部有关节；孢子叶的叶片退化，孢子囊生在羽轴或小羽轴上。孢子近圆球形，外壁具疣状、短棒状纹饰。

20种，我国有6种，湖南有1种，八大公山有分布。

1. 紫萁 Osmunda japonica Thunberg

植株高40～70 cm，根状茎粗短，斜升。叶二型，簇生。营养叶叶柄禾秆色；叶片三角状广卵形，二回羽状，小羽片4～9对，近无柄边缘有极细的齿。叶坚纸质，幼时被黄棕色绵毛；孢子囊穗二回羽状，二回羽片退化呈线形，孢子囊在二回羽轴两侧着生。

分布与生境：产于八大公山各地，生于海拔200～1400 m的林缘或沟谷边草丛中。

用途：幼叶可供食用；根状茎及其幼叶上的绵毛可入药。

紫萁 Osmunda japonica

五、膜蕨科 Hymenophyllaceae

多为附生植物。叶通常细小，形状多种，叶片一至多回羽状分裂，叉状分裂、扇状分裂或为全缘单叶。叶膜质，多数由一层细胞组成，无胞间隙和气孔。叶脉分离，二叉分枝或羽状分枝，有时沿叶缘或在叶片中部有假脉。孢子囊群单生在末回裂片先端或单叶或羽状分裂叶片边缘的叶脉顶端；囊苞杯状至深2裂达基部，囊群托顶生在叶脉上，短，头状或棍棒状或长而凸出；孢子囊近球形，有短柄或近无柄。

9属，约600种，我国有7属50种，湖南有5属18种，八大公山有3属8种。

分属检索表

1. 孢子囊群的囊苞为两瓣形…………………………………………………… **2. 膜蕨属 Hymenophyllum**
1. 孢子囊群囊苞常为管状、喇叭状、漏斗状。
  2. 叶为单叶，有假脉……………………………………………………… **1. 假脉蕨属 Crepidomanes**
  2. 叶为羽状复叶，无假脉…………………………………………………… **3. 瓶蕨属 Vandenboschia**

（一）假脉蕨属 Crepidomanes Presl

矮小的附生植物。根状茎细长，铁丝状，横走，被短密毛，通常无根。叶细小，多回羽裂或很少为指裂，末回裂片有一条叶脉，沿叶缘有或无一条连续不断的边内假脉，边内假脉和叶脉之间还有断续的假脉不整齐地分散于叶肉中，断续的假脉与叶脉斜交或并行。孢子囊群生于裂片的腋间或着生于向轴的短裂片顶端；囊苞倒圆锥形至椭圆形、钟形或漏斗形，囊群托凸出。

30种，我国有11种，湖南有6种，八大公山有3种。

分种检索表

1. 叶为团扇形…………………………………………………………… **1. 团扇蕨 C. minutum**
1. 叶为细裂复叶。
  2. 叶有假脉……………………………………………………… **3. 西藏假脉蕨 C. schmidianum**
  2. 叶无假脉………………………………………………………… **2. 翅柄假脉蕨 C. latealatum**

1. 团扇蕨 Crepidomanes minutum (Blume) K. Iwatsuk

植株高1.5 ~ 2.0 cm。根状茎纤细，丝状，交织成毡状，横走，黑褐色，密被暗褐色片状短毛。叶远生，叶片团扇形至圆肾形，长与宽不及1 cm，宽略过于长，扇状分裂达1/2，基部心脏形或短楔形。叶脉多回叉状分枝，两面明显，暗绿褐色，末回裂片有小脉1 ~ 2条。叶为薄膜质，半透明，干后呈暗绿色，两面光滑无毛。孢子囊群着生于短裂片的顶部；囊苞瓶状，两侧有翅，口部膨大而有阔边。

分布与生境：分布于八大公山各地，生于海拔200 ~ 300 m的溪边岩石上。

用途：可栽培供观赏。

团扇蕨 Crepidomanes minutum

2. 翅柄假脉蕨 Crepidomanes latealatum(v. D. B.) Cop.

植株高 5 ~ 10 cm。根茎丝状，横走，分枝，暗褐色，密被褐色短毛。叶片长卵形或宽披针形，二回羽裂；羽片 3 ~ 6 对，褐色，无柄，斜上，长斜卵形或长圆形；叶脉叉状分枝，暗褐色，两面稍隆起。孢子囊群生于叶片上部，顶生于向轴裂片，每裂片有 2 ~ 5 个；囊苞漏斗形，两侧有窄翅，口部浅裂为 2 唇瓣；唇瓣三角形。

分布与生境：分布于八大公山天平山，生于海拔 1362 m 的岩石上。金摄郎、张九兵 BDGS696（CSH）。

翅柄假脉蕨 Crepidomanes latealatum

3. 西藏假脉蕨 Crepidomanes schmidianum (Zenker ex Taschner) K. Iwatsuki

植株高 3 ~ 5 cm。根状茎细长横走，密被深棕色短毛。叶疏生，叶柄长约 1 cm，纤细，粗仅 1/3 mm，光滑、无翅；叶片长 2 ~ 4（6）cm，宽 1.0 ~ 1.8 cm，膜质，光滑，暗绿色，披针形至长圆状披针形，基部不变狭，二回羽裂；羽片 4 ~ 14 对，斜向上，长约 1（1.4）cm，宽 3 ~ 4 mm，羽裂成 2 ~ 3 对长圆形、圆头的裂片。孢子囊苞生于裂片顶部，倒圆锥形，顶部阔圆，全缘，两侧有狭翅，囊托不露出或短露出。

分布与生境：分布于八大公山天平山和斗篷山，生于海拔 1400 ~ 1800 m 的岩石上。斗篷山，1820 m，金摄郎、张九兵 BDGS658（CSH）；天平山，1401 m，金摄郎、张九兵 BDGS738（CSH）。

西藏假脉蕨 Crepidomanes schmidianum

（二）膜蕨属 Hymenophyllum J. Smith

植物体细小，膜质，附生或石生。根状茎纤细，长而横走或短而直立，常被柔毛，下面疏生纤维状根。叶羽状分裂，细胞壁不加厚，裂片边缘有明显的尖齿，叶轴上面常有红棕色节状毛，变无毛或无毛。囊苞深裂或为两唇瓣状，瓣顶有锯齿或全缘；囊群托不伸出或略伸出囊苞之外。

250 种，我国有 22 种，湖南有 4 种，八大公山有 3 种。

分种检索表

1. 叶缘和囊苞具锯齿……………………………………………………… **1. 华东膜蕨 H. barbatum**
1. 叶缘和囊苞全缘。

2. 叶柄全部具阔翅，每边的翅大于 0.6 mm ……………………………………… **2. 蕗蕨 H. badium**

2. 叶柄无翅或具狭翅，每边的翅小于 0.4 mm ………………………………**3. 长柄蕗蕨 H. polyanthos**

1. 华东膜蕨 Hymenophyllum barbatum (Bosch) Baker

苔藓状草本。根状茎丝状，疏生褐色节状毛。叶柄纤细，有狭翅，叶片卵形，三回羽状分裂，末回裂片线形，边缘有尖齿，叶膜质，叶脉二叉分枝，两面明显突起，与叶轴及羽轴上面同被褐色节状毛，末回裂片具小脉 1 条。孢子囊群生于末回裂片顶部；囊苞杯状，顶端有尖齿。

分布与生境：产于八大公山各地，生于海拔 1000 ~ 1300 m 的林下阴暗处岩石及树干上。

华东膜蕨 Hymenophyllum barbatum

2. 蕗蕨 Hymenophyllum badium Hooker & Greville

植株附生。根状茎长而横走，细丝状，近无毛。叶远生，叶柄两侧有皱曲的翅下延达基部，叶片卵形至狭椭圆形，三回羽状分裂，彼此以狭翅相连，膜质，无毛，具羽状脉，末回裂片具小脉 1 条。孢子囊群位于末回裂片顶端；囊苞扁圆形或圆形，全缘。

分布与生境：分布于八大公山（芭茅溪），生于海拔 300 ~ 1000 m 的山坡密林下树干上。

蕗蕨 Hymenophyllum badium

3. 长柄蕗蕨 Hymenophyllum polyanthos (Swartz) Swart

植株高 3 ~ 5 cm。根状茎纤细，丝状，长而横走，疏生纤维状的根。叶远生，叶柄长纤细，丝状，深褐色，光滑无毛，全部有翅达到基部，翅连叶柄宽约 0.8 mm；叶片三角状卵形，（2.5 ~ 4.0）cm ×（1.5 ~ 2.0）cm，先端钝，基部近心脏形，二回羽裂，叶轴及羽轴深褐色，无毛，全部有翅。孢子囊群位于叶片上部 1/3；囊苞卵形，全缘，唇瓣深裂几达基部。

分布与生境：分布于八大公山斗篷山，生于海拔 300 ~ 500 m 的山坡密林下较为阴暗的树干上。

长柄蕗蕨 Hymenophyllum polyanthos

（三）瓶蕨属 Vandenboschia

通常为附生植物。根状茎粗壮，通常很长，横走，常被褐色多细胞的节状毛。叶为二列生，羽状复叶，全缘。叶脉一般多回叉状分枝，叶片上无假脉。孢子囊群可从各脉先端生出；囊苞长管状至杯状，突出于叶边之外，孢子囊细小。

10 种，我国有 8 种，湖南有 3 种，八大公山有 2 种。

分种检索表

1. 叶片一回羽状或二回羽裂……………………………………………………… **1. 瓶蕨 V. auriculata**

1. 叶片二至三回羽状分裂或羽裂………………………………………………… **2. 南海瓶蕨 V. striata**

1. 瓶蕨 Vandenboschia auriculata (Blume) Copeland

植株高 15 ~ 30 cm。根状茎长而横走，被黑褐色节状毛，叶柄腋间有 1 个密被节状毛的芽。叶远生，相距 3 ~ 5 cm，沿根状茎在同一平面上排成两行，互生，平展或稍斜出；叶片披针形，（15 ~ 30）cm ×（3 ~ 5）cm，略为二型，能育叶与不育叶相似，仅较狭及分裂较细，一回羽状，叶轴灰褐色，有狭翅或几无翅，几无毛，上面有浅沟。孢子囊群顶生于向轴的短裂片上，每个羽片有 10 ~ 14 个；囊苞狭管状，长 2.0 ~ 2.5 mm。

分布与生境：分布于八大公山（芭茅溪），生于海拔 300 ~ 1000 m 的山坡密林下树干上。金摄郎、张九兵 BDGS827（CSH）。

用途：全草可入药。

瓶蕨 Vandenboschia auriculata

2. 南海瓶蕨 Vandenboschia striata (D. Don) Ebihara

植株高 25 ~ 40 cm。根状茎长，横走，黑褐色，密被节状毛。叶远生，叶柄两侧有阔翅几达基部，翅连叶柄宽 2.5 ~ 3.0 mm；叶片阔披针形至卵状披针形，（20 ~ 30）cm ×（6 ~ 8）cm，三回羽裂；羽片 19 ~ 20 对，互生，三角状斜卵形至长卵状披针形，（3 ~ 7）cm ×（1.5 ~ 2.5）cm。叶轴暗绿褐色，下部有阔翅，向上翅渐狭，疏被黑褐色的节状毛；一回羽轴两侧有狭翅，二回羽轴两侧有阔翅，连轴宽 2 ~ 3 mm，曲折。孢子囊群生在叶片的上半部，位于二回小羽片的腋间，在一回小羽片上有 2 ~ 8 个；囊苞管状，直立或稍弯弓，两侧有极狭的翅，其下的裂片缩狭如柄，口部截形并稍膨大。

分布与生境：分布于八大公山（芭茅溪），生于海拔 300 ~ 1000 m 的山坡密林下树干上。金摄郎、张九兵 BDGS827（CSH）。

用途：全草可入药。

南海瓶蕨 Vandenboschia striata

六、里白科 Gleicheniaceae

中型或大型蕨类。根状茎长，横走，常分枝。叶远生，一型，叶柄无关节，具长柄；叶片一回羽状或常常由于顶芽不发育而主轴成叉状，或多回叉状分枝，或假二叉分枝；羽片羽状深裂或二回羽状深裂，末回裂片具羽状脉，侧脉叉状分枝，分离，稀联结。孢子囊群圆形，无盖。

5 属，150 余种，我国有 3 属 15 种，湖南有 2 属 5 种，八大公山有 2 属 4 种。

分属检索表

1. 主轴一至多回二歧分枝……………………………………………………**1. 芒萁属 Dicranopteris**
1. 主轴单一，不分枝………………………………………………………**2. 里白属 Diplopterygium**

（一）里白属 **Diplopterygium** (Diels) Nakai

大型蕨类。根状茎粗壮，长而横走，分枝，密被棕色披针形鳞片。叶远生，分叉点的腋间生有 1 个大的休眠芽，并有 1 对羽片状的苞片包被，可延续生长，两侧有 1 至数对侧生的大型羽片；羽片二回羽状深裂；叶柄和叶轴幼时密被披针形鳞片，并有星状或分枝的毛混生。孢子囊群小，通常 2 ~ 4 个孢子囊，着生在羽片背面侧脉中部，无盖。

约 20 种，我国有 9 种，湖南有 3 种，八大公山有 3 种。

分种检索表

1. 羽轴、小羽轴和裂片的背面无鳞片，或有淡棕色星状毛疏生；轴面平滑。
  2. 裂片水平或近水平伸展；羽片背面灰白色………………………………**1. 里白 D. glaucum**
  2. 裂片斜展；羽片背面绿色……………………………………………**2. 光里白 D. laevissimum**
1. 羽轴、小羽轴或裂片背面密被流苏状的鳞片，轴面呈粗糙的疣状突起……**3. 中华里白 D. chinense**

1. 光里白 **Diplopterygium laevissimum** (Christ) Nakai

根状茎棕褐色，横走，被披针形鳞片。顶芽为多枚棕色鳞片所包被；苞片二回羽状细裂；羽片对生，狭披针形，裂片三角状披针形，边缘全缘，叶下面绿色，无毛。主脉在下面突起，侧脉两面明显，二叉状。孢子囊群由 4 ~ 5 个孢子囊组成，着生于羽片下面侧脉中部。

分布与生境：产于八大公山（蒋家湾），生于海拔 500 ~ 1100 m 的山坡或路旁林下。金摄郎、张九兵 BDGS634（CSH）。

用途：叶形秀丽，可供观赏。

2. 里白 **Diplopterygium glaucum** (Thunberg ex Houttuyn) Nakai

根状茎横走，被宽披针形鳞片。顶芽密被棕红色披针形鳞片，苞片二回羽状细裂；羽片对生，具柄，二回羽状深裂，裂片长圆形，叶下面灰白色，沿小羽轴及中脉疏被锈色短星状毛，后变无毛。孢子囊群圆形，生于上侧小脉上。

分布与生境：产于八大公山各地，生于海拔 200 ~ 800 m 的林下、林缘或山坡灌丛中。

用途：根状茎入药。

光里白 Diplopterygium laevissimum

里白 Diplopterygium glaucum

3. 中华里白 Diplopterygium chinense (Rosenstock) De Vol

根茎横走，径约 5 mm，深棕色，密被棕色鳞片。叶片二回羽状；叶柄深棕色，径 5 ~ 6 mm 或过之，密被红棕色鳞片，后光滑。孢子囊群圆形，1 列，位于中脉和叶缘之间。

分布与生境：产于八大公山各地，生于海拔 400 ~ 800 m 的林下、林缘或山坡灌丛中。

用途：根状茎入药。

中华里白 Diplopterygium chinense

（二）芒萁属 Dicranopteris Bernhardi

根状茎细长而横走，被多细胞的棕色节状毛。叶远生，直立或多少蔓生，叶轴多回二歧分枝，每回主轴分叉处有一休眠芽，密被棕色节状毛，外面有 1 对叶状小苞片，除末回主轴顶端有 1 对一回羽状羽片外，其余主轴的分叉处有 1 对侧生的小羽片；末回羽片二叉状，披针形或阔披针形，羽状深裂，裂片线形，全缘。孢子囊群背生小脉上。

约 10 种，我国有 5 种，湖南有 2 种，八大公山有 1 种。

1. 芒萁 Dicranopteris pedata (Houttuyn) Nakaike

根状茎细长而横走，密被棕色节状毛。叶柄圆柱形，栗色或禾秆色，幼时密被棕色节状毛，叶轴一至三回二歧分枝；休眠芽密被棕色节状毛并外包 1 对卵形叶状小苞片；末回分枝顶端的羽片披针形至狭卵形，羽状深裂，羽片 20 ~ 40 对，线形，叶下面呈灰白色或灰蓝色，幼时被锈黄色星状毛。

分布与生境：分布于八大公山各地，生于海拔 400 ~ 700 m 的山坡林下。

用途：根状茎可入药，全草可作为薪柴。

芒萁 Dicranopteris pedata

七、海金沙科 Lygodiaceae

攀缘型蕨类。根状茎长，横走。叶一型，常具二型羽片；叶柄细长，可无限生长，缠绕攀缘，沿叶轴有互生的短枝，顶上有一个不发育的被毛的休眠芽，其两侧生有 1 对羽片；羽片一至二回二歧掌状，或为一至二回羽状，边缘全缘或具齿。能育羽片位于叶轴上部，边缘生有流苏状孢子囊穗。

本科仅 1 属，八大公山也有分布。

（一）海金沙属 **Lygodium** Swartz

属的特征与科相同。

26 种，我国有 9 种，湖南有 3 种，八大公山有 1 种。

1. 海金沙 Lygodium japonicum (Thunberg) Swartz

植株攀缘。根状茎连同叶柄基部密被黑褐色的节状毛。叶二型，二至三回羽状；羽片对生于叶轴上的短枝上，顶端有一个被黄色柔毛的休眠芽；不育羽片狭卵形，二回羽状，小羽片掌状或为 3 裂；裂片披针形，边缘有浅锯齿。孢子叶卵状三角形，末回小羽片边缘生有流苏状的孢子囊穗。

分布与生境：产于八大公山各地，生于海拔 200 ~ 1000 m 灌丛中。

用途：茎叶及孢子入药。

海金沙 Lygodium japonicum

八、槐叶苹科 Salviniaceae

小型漂浮水生蕨类植物。根状茎细长，横走，被毛，具原生中柱。叶无柄或有极短的柄；3 叶轮生，排成 3 列，其中 2 列叶漂浮水面，绿色，为正常叶片，长圆形，全缘，被毛，上面密布乳头状突起，主脉略明显；另 1 列叶特化细裂成须根状，悬垂于水中，称沉水叶，起着根的作用，又称假根或叶互生，排成 2 列。孢子果簇生于沉水叶的基部或沿沉水叶的主脉排成 2 行，一型或二型。

2 属，约 17 种，我国有 2 属 4 种，湖南有 2 属 3 种，八大公山有 2 属 2 种。

分属检索表

1. 3 叶轮生，其中 2 叶漂浮水面 ························ **1. 槐叶苹属 Salvinia**
1. 叶互生，通常覆瓦状排列成 2 行························ **2. 满江红属 Azolla**

（一）槐叶苹属 Salvinia Séguier

小型漂浮水生植物。根状茎横走，无根，被毛。叶无柄或有极短的柄；3 叶轮生，排成 3 列，其中 2 列叶漂浮水面，绿色，为正常叶片；另 1 列叶特化细裂成须根状，悬垂于水中。孢子果簇生于沉水叶的基部或沿沉水叶的主脉排成 2 行；小孢子果大，壁薄，内含多个具长柄的小孢子囊。

约 10 种，我国有 2 种，湖南 1 种，八大公山也有。

1. 槐叶苹 Salvinia natans (Linnaeus) Allioni

小型漂浮植物。茎细长，横走，被褐色节状毛。3 叶轮生；叶柄长 1 mm 或近无柄；上面 2 叶片漂浮水面，形如槐叶，椭圆形，全缘，下面 1 叶片特化，细裂成须根状，被细毛，悬垂于水中，起着根的作用。孢子果 4 ~ 8 个聚生于沉水叶基部，表面疏被短毛。

分布与生境：分布于八大公山各地，生于海拔 200 ~ 1500 m 的水田、池塘中。

用途：全草入药。

槐叶苹 Salvinia natans

（二）满江红属 **Azolla** Lamarck

小型漂浮水生蕨类植物。根状茎横卧或直立，侧枝呈羽状分枝，漂浮于水面，下有悬垂水中的须根。叶无柄，每叶片深裂为上下（背腹）2 裂片，上裂片浮在水面，绿色，营光合作用；下裂片贝壳状，沉于水中。孢子果二型。

约 7 种，我国有 2 种，湖南 2 种，八大公山 1 种。

1. 满江红 *Azolla pinnata* subsp. *asiatica* R. M. K. Saunders & K. Fowler

小型漂浮植物。植物体呈卵形，直径约 1 cm。根状茎横走，侧枝呈假二歧分枝，向下生根，悬于水中。叶小，无柄；叶片深裂为上下 2 裂片，上裂片浮于水面，长圆形或卵形，肉质，绿色，秋后常变成紫红色；下裂片贝壳状，斜沉于水中。孢子果成对着生于分枝处。

分布与生境：分布于八大公山海拔 200 ~ 1500 m 的池塘、沟渠、水田等水面上。

用途：全草入药。

满江红 Azolla pinnata subsp. asiatica

九、苹科 Marsileaceae

水生蕨类。根状茎细长，横走，被短毛。不育叶为单叶，线形，或由 2 ~ 4 片倒三角形的小叶组成，生于叶柄顶端，漂浮或伸出水面；能育叶有柄或无柄，通常接近根状茎，着生于不育叶的叶柄基部或近叶柄基部的根状茎上，能育叶特化为球形或椭圆状球形的孢子果。每个孢子果内含有 2 至多数孢子囊；孢子囊二型，有大、小孢子囊之分。

3 属，约 60 种，我国有 1 属 3 种，湖南有 2 种，八大公山有 1 种。

（一）苹属 Marsilea Linnaeus

浅水生植物。根状茎分节，节上生根，向上生出单生或簇生的叶。叶片十字形，由 4 片倒三角形小叶组成，着生于叶柄顶端；叶脉呈放射状二叉分枝，向叶边组成狭长网眼。孢子果椭圆状肾形或圆形，开裂时呈 2 瓣。

约 52 种，我国有 3 种，湖南有 2 种，八大公山有 1 种。

1. 苹 Marsilea quadrifolia Linnaeus

根状茎细长横走，有腹背之分，分节，节上生根，向上长出单生或簇生的叶。不育叶近生或远生，沉水时叶柄细长柔弱，湿生时柄短而坚挺；叶片十字形，由 4 片倒三角形的小叶组成，着生于叶柄顶端，漂浮水面或挺立。孢子果圆形或椭圆状肾形，外壳坚硬，开裂时呈两瓣。

分布与生境：分布于八大公山各地，生于海拔 200 ~ 1200 m 的稻田、水渠中。

用途：全草可作饲料，亦供药用。

苹 Marsilea quadrifolia

十、瘤足蕨科 Plagiogyriaceae

小型至中型蕨类，土生。根状茎粗短直立，无鳞片和真正的毛。叶簇生，二型；叶柄基部膨大，腹面扁平，背面隆起，两侧面各有 1 ~ 2 个或多个成一纵列的疣状气囊体，营养叶一回羽状或羽裂深达叶轴。孢子叶具较长的柄，叶片一回羽状，羽片强度收缩成线形；孢子囊群近孢子叶的羽片边缘生，幼时为特化的反卷叶边所覆盖。

本科仅 1 属，我国有 8 种，湖南有 5 种，八大公山有 4 种。

（一）瘤足蕨属 **Plagiogyria** (Kunze) Mettenius

属的特征、种数与科相同。

分种检索表

1. 气囊体少数，羽片向基部渐短小…………………………………………… **1. 耳形瘤足蕨 P. stenoptera**
1. 气囊体大，基部羽片与中部羽片同形。
  2. 羽片基部上侧上延。
    3. 顶生羽片渐尖头，与侧生羽片不同形…………………………………… **4. 瘤足蕨 P. adnata**
    3. 顶生羽片全缘，与侧生羽片同形…………………………………… **2. 华东瘤足蕨 P. japonica**
  2. 羽片基部两侧对称…………………………………………………………… **3. 华中瘤足蕨 P. euphlebia**

1. 耳形瘤足蕨 Plagiogyria stenoptera (Hance) Diels

多年生草本。根茎粗壮，直立，绿色。叶二型，簇生，不育叶柄三棱形，基部有 1 对气囊体，叶片狭倒卵形，一回羽状深裂，羽片 30 ~ 38 对，线状披针形，先端渐尖或尾状，边缘近全缘，近顶处有粗齿，中部的较大，基部多对羽片缩小呈耳形。能育叶较长，羽片 20 ~ 24 对，线形，下部常有数对不育的小耳形羽片。

分布与生境：分布于八大公山（中沟湾），生于海拔 200 ~ 500 m 的山坡密林下。金摄郎、张九兵 BDGS500（CSH）；天平山，1360 m，刘炳荣 84098（HUST）。

用途：根状茎入药；全株可供观赏。

2. 华东瘤足蕨 Plagiogyria japonica Nakai

多年生草本。叶簇生；营养叶叶柄近四方形，暗褐色；叶片长圆形，侧生羽片 6 ~ 12 对，互生，披针形，无柄或近无柄，下部几对羽片的基部为短楔形，近分离；叶边缘具疏钝的锯齿，向顶端锯齿较粗。孢子叶较长，奇数一回羽状；羽片 9 ~ 12 对，有短柄。

分布与生境：分布于八大公山天平山，生于海拔 200 ~ 800 m 的山坡林下。金摄郎、张九兵 BDGS705（CSH）。

用途：根状茎可入药。

耳形瘤足蕨 Plagiogyria stenoptera

华东瘤足蕨 Plagiogyria japonica

3. 华中瘤足蕨 Plagiogyria euphlebia (Kunze) Mettenius

多年生草本。叶簇生；营养叶叶柄近四方形，叶片椭圆形，侧生羽片 7 ~ 25 对，互生，线状披针形，下部的较大，下部的有短柄，先端渐尖呈尾状，基部上侧楔形，下侧圆楔形，叶边缘有小圆齿，近顶处有粗齿。孢子叶羽状，羽片 7 ~ 25 对，有短柄。

分布与生境：分布于八大公山各地，生于海拔 200 ~ 800 m 的山坡林下。

用途：茎可以入药；植株全株碧绿，株形整齐，可作室内盆栽观叶。

4. 瘤足蕨 Plagiogyria adnata (Blume) Beddome

多年生草本。根茎直立或斜生。叶二型，簇生，不育叶柄有 1 ~ 2 对气囊体，叶片狭长三角形，一回羽状深裂；羽片 15 ~ 20 对，第 1 对斜向下，小羽片基部不对称，上侧沿叶轴上延，下侧圆形，边缘近全缘或有小钝齿。能育叶较长，羽片一回羽状；羽片线形。

分布与生境：分布于五道水黄连台，生于海拔 200 ~ 500 m 的山坡密林下。金摄郎、张九兵 BDGS769（CSH）；天平山，1500 m，北京队 2425（PE）；黄连台，600 m，覃海宁等 4007（PE）。

华中瘤足蕨 Plagiogyria euphlebia

瘤足蕨 Plagiogyria adnata

十一、桫椤科 Cyatheaceae

陆生蕨类植物，通常为乔木状或灌木状，茎粗壮，圆柱形，高耸，直立，通常不分枝或仅具短而平卧的根状茎，有复杂的网状中柱。叶大型，多数，簇生于茎干顶端，成对称的树冠；叶柄两侧具有淡白色气囊体，条纹状，排成 1 ~ 2 行；叶片通常为二至四回羽状。孢子囊群圆形，生于隆起的囊托上，囊群盖形状不一，一般为圆球形，孢子囊卵形。

5 属 600 种，我国有 2 属 14 种，湖南有 1 属 2 种，八大公山有 1 属 1 种。

（一）桫椤属 Alsophila R. Brown

植株为乔木状或灌木状，主茎短而不露出地面或稍高出地面，或平卧。叶大型，叶柄平滑或有刺及疣突，基部的鳞片坚硬。叶片一回羽状至多回羽裂；羽轴上通常被柔毛，偶无毛。叶脉分离（偶有略网结），小脉单一或二至三叉。孢子囊群圆形，背生于叶脉上，囊托凸出，半圆形或圆柱形；囊群盖无，或囊群盖圆球形，仅孢生于孢子囊群的靠近末回小羽片主脉的一侧，全部或部分包被着孢子囊群。

23 种，我国有 12 种，湖南有 2 种，八大公山有 1 种。

1. 粗齿桫椤 Alsophila denticulata Baker

植株高 0.6 ~ 1.4 m。主干短而横卧。叶簇生；叶片披针形，长 35 ~ 50 cm，二至三回羽状；羽片 12 ~ 16 对，互生，斜向疣，有短柄，长圆形，叶脉分离，每裂片有小脉 5 ~ 7 对，单一或很少分叉，羽轴红棕色，有疏的疣状突起，疏生狭线形的鳞片，较大的鳞片边缘有刚毛。孢子囊群圆形，生于小脉中部或分叉疣；囊群盖缺。

分布与生境：分布于五道水（杉木界），生于海拔 200 ~ 500 m 的山坡密林下。刘炳荣 050833（HUST）。

用途：株形美观别致，可供观赏。

粗齿桫椤 Alsophila denticulata

十二、鳞始蕨科 Lindsaeaceae

多年生草本。叶一型，羽状分裂，稀二型；叶片一至四回羽状，稀单叶，无毛，叶脉二叉分枝或羽状，分离。孢子囊群为叶缘生的长形汇生囊群，生在叶缘或叶缘内，囊群盖2层，内层为膜质，向外开口，外层即为绿色的叶边。

9属，约200种，我国有4属18种，湖南有2属2种，八大公山有3属3种。

分属检索表

1. 叶片一至二回羽状分裂，孢子囊群近叶缘生。
  2. 状茎具原始中柱；叶片无香味：孢子三裂缝……………………………… **1. 鳞始蕨属 Lindsaea**
  2. 状茎具管状中柱；叶片有香味：孢子单裂缝……………………… **2. 香鳞始蕨属 Osmolindsaea**
1. 叶片三至四回羽状分裂，孢子囊群生末回裂片顶端……………………… **3. 乌蕨属 Odontosoria**

（一）鳞始蕨属 **Lindsaea** Dryand. ex Smith

多年生草本。根状茎短或长，横走，具原生中柱或管状中柱。叶近生或远生；叶常一回羽状或二回羽状分裂；羽片或小羽片为对开形或扇形，草质，互生或对生；叶脉分离，少有网状联结，不具主脉，无内藏小脉，二叉。孢子囊群近叶缘汇生，生于小脉的结合线上或顶生于小脉端，圆形、长圆形；囊群盖线形，二层，内层膜质，外层为绿色叶边，以基部着生，向叶边开口。孢子钝三角形或椭圆形，辐射对称，三裂缝。

本属约150种，我国有13种，湖南有2种，八大公山有1种。

1. 爪哇鳞始蕨 *Lindsaea javanensis* Blume

多年生草本。根状茎短而横走。叶近生；叶片三角形，14 cm × 11 cm，基部为二回羽状，其余为一回羽状；基部羽片近对生，上部互生，接近，水平开展，有柄，柄长2 mm，长圆披针形，6.0 cm × 2.5 cm，一回羽状，顶生一片不分裂，小羽片4对，有短柄，对开式，长圆形，12 mm ×（7 ~ 9）mm，边缘有许多锯齿（在不育羽片上），或大圆齿（在能育羽片上）。孢子囊群短线形或长圆形，着生在1 ~ 2条小脉顶端；囊群盖横线形或长圆形。

分布与生境：产于八大公山（黄连台），生于海拔500 ~ 700 m的山坡林缘。金摄郎、张九兵 BDGS773（CSH）。

爪哇鳞始蕨 *Lindsaea javanensis*

（二）香鳞始蕨属 Osmolindsaea (K. U. Kramer) Lehtonen & Christenhus

陆生或附生植物。植物体小型，根状茎横走，被菱形鳞片，向上部变为菱状毛。叶近生或远生，一回或二回羽状，羽片或小羽片为对开式，或扇形，不具主脉 (实际主脉靠近下缘)，叶脉分离或少有稀疏细脉联结。孢子囊群近叶缘生，连接 2 至多条细脉顶端而为线形，或顶生于 1 条细脉上而近圆形。

4 种，我国有 2 种，湖南有 1 种，八大公山也有分布。

1. 香鳞始蕨 Osmolindsaea odorata (Roxburgh) Lehtonen & Christenhusz

多年生草本。根状茎横走，栗色，密被鳞片，鳞片栗红色。叶近生，叶柄禾秆色或基部栗黑色，有光泽，叶片线状披针形，一回羽状，羽片斜三角形，叶脉二叉分枝。孢子囊沿羽片上缘着生，每缺刻有一个囊群。

分布与生境：产于八大公山五道水（杉木界），生于海拔 1200 ~ 1470 m 的山坡林缘。刘炳荣 05081（HUST）；天平山，1470 m，刘炳荣 870820（HUST）。

用途：全草入药。

香鳞始蕨 Osmolindsaea odorata

（三）乌蕨属 Odontosoria Fée

多年生草本。根状茎短而横走，密被深褐色的钻形鳞片。叶近生，无毛，叶片三至四回羽状，末回小羽片楔形或线形。叶脉分离。孢子囊群近叶缘生，生在 1 条小脉顶端或联结 2 ~ 3 条小脉；囊群盖卵形；孢子囊有细柄，环带宽。孢子椭圆形周壁具不明显的颗粒状纹饰。

本属约 20 种，我国有 2 种，湖南有 1 种，八大公山也有。

1. 乌蕨 *Odontosoria chinensis* (Linnaeus) J. Smith

多年生草本。根状茎密被深褐色的钻形鳞片。叶近生，叶柄禾秆色或深禾秆色，无毛；叶片狭卵形，三至四回羽状，三回羽片 2 ~ 3 对，近菱形，叶脉在下面明显，在小裂片上二叉分枝。孢子囊群边缘生，每裂片上 1 ~ 2 枚，顶生于细脉上；囊群盖半杯形，宿存。

分布与生境：产于八大公山各地，生于海拔 200 ~ 1700 m 的山坡林缘或沟边灌丛中。刘炳荣 870902（HUST）。

用途：全草入药。

乌蕨 *Odontosoria chinensis*

十三、凤尾蕨科 Pteridaceae

多年生草本。根状茎短，直立或斜升至长而横走，密被毛被或鳞片。叶一型，稀二型或近二型，簇生，叶柄无毛，叶片羽状、鸟足状、掌状或辐射状，全缘或一至五回羽状分裂。孢子囊群无盖，线形，沿叶脉分布或几乎布满叶片的下面或着生于羽片边缘的边脉上，由反卷变质的叶边所遮盖。

50 属 950 种，我国有 20 属 233 种，湖南有 11 属 50 种，八大公山有 8 属 37 种。

分属检索表

1. 孢子囊沿叶脉分布或几乎布满叶片的下面。
  2. 单叶，全缘。
    3. 孢子囊着生于叶下面中肋两侧…………………………………………… **6. 书带蕨属 Haplopteris**
    3. 孢子囊着生于叶脉上………………………………………………………… **3. 车前蕨属 Antrophyum**
  2. 叶片一至三回羽状……………………………………………………………… **5. 凤了蕨属 Coniogramme**
1. 孢子囊通常位于叶片边缘。
  4. 叶片五角形（即基部羽片的下侧小羽片伸长）…………………………**2. 粉背蕨属 Aleuritopteris**
  4. 叶片披针形或三角状披针形，或为细裂的长圆形。
    5. 小羽片明显有柄，常具关节…………………………………………………… **1. 铁线蕨属 Adiantum**
    5. 小羽片无柄或近无柄，无关节。
      6. 末回裂片宽 1 ~ 2 mm …………………………………………………… **7. 金粉蕨属 Onychium**
      6. 末回裂片较大，宽超过 5 mm。
        7. 孢子囊沿羽片叶缘连续着生……………………………………………… **8. 凤尾蕨属 Pteris**
        7. 孢子囊着生在羽片叶脉先端…………………………………………… **4. 碎米蕨属 Cheilanthes**

（一）铁线蕨属 **Adiantum** Linnaeus

多年生草本。根状茎短，直立或细长而横走，被棕色至黑色鳞片。叶簇生或远生；叶柄无关节，黑色或棕色，光亮，细圆而坚硬，基部着生鳞片；叶片一至三回羽状或为一至三回二叉掌状分枝，稀为单叶，羽片或末回羽片为对开式或为扇形，基部有时具关节。孢子囊群长椭圆形，位于反卷叶缘（假囊群盖）的叶脉上。

本属约 200 种，我国有 34 种，湖南有 18 种，八大公山有 6 种。

分种检索表

1. 叶片扇形，掌状，一至三回二叉分枝或二至四回羽状复叶。
  2. 叶片一至三回二叉分枝…………………………………………………… **6. 灰背铁线蕨 A. myriosorum**
  2. 叶片为二至四回羽状复叶。
    3. 叶片细裂，末回小羽片上端不分裂…………………………**3. 肾盖铁线蕨 A. erythrochlamys**

3. 叶裂片较宽，末回小羽片上端有不同程度的分裂。

4. 小羽片的裂片全缘……………………………………………… **2. 月芽铁线蕨 A. refractum**

4. 小羽片的裂片浅裂……………………………………………… **1. 铁线蕨 A. capillus-veneris**

1. 叶为一回羽状。

5. 羽片全缘…………………………………………………………… **4. 白垩铁线蕨 A. gravesii**

5. 羽片边缘多少分裂……………………………………………… **5. 假鞭叶铁线蕨 A. malesianum**

1. 铁线蕨 Adiantum capillus-veneris Linnaeus

多年生草本。根状茎密被棕色披针形鳞片。叶柄栗黑色，有光泽，基部被与根状茎上同样的鳞片；叶片狭卵形，中部以下常为二回羽状，叶轴和羽轴略向左右曲折。叶脉多回二歧分叉。孢子囊群着生在能育羽片上缘，3 ~ 9 枚。

分布与生境：产于八大公山各地，生于海拔 200 ~ 800 m 湿润的岩石缝隙中或滴水的崖壁上。金摄郎、张九兵 BDGS661（CSH）；周喜乐、严岳鸿、金冬梅 ZXL9677（CSH）。

用途：全草民间作药用；庭院观赏。

铁线蕨 Adiantum capillus-veneris

2. 月芽铁线蕨 Adiantum refractum Christ

多年生草本。叶簇生；叶柄红棕色或深棕色，有光泽，基部被鳞片；叶片狭卵形，二至三回羽状；羽片 5 ~ 7 对，互生，狭卵形，基部 1 对较大，一至二回羽状；小羽片 4 ~ 6 对；末回小羽片扇形，先端常 1 ~ 3 浅裂、半裂或中部有 1 深裂。叶两面无毛；叶轴略向左右曲折。孢子囊群每羽片（1 ~ ）2 ~ 4 枚，着生于羽片上缘凹缺内。

分布与生境：产于八大公山斗篷山，生于海拔 1800 m 的山顶岩石缝中。吴世福 739（PE）。

用途：全草入药。

月芽铁线蕨 Adiantum refractum

3. 肾盖铁线蕨 Adiantum erythrochlamys Diels

多年生草本。根状茎密被深棕色狭披针形鳞片。叶柄棕色，基部密被鳞片；叶片狭卵形，三回羽状；羽片 4 ~ 7 对，互生，卵形，中部以下或仅基部为二回羽状；末回小羽片倒卵形，先端圆形，全缘或有小钝齿；能育小羽片的先端中央具缺刻，两侧有小钝齿。叶两面无毛。孢子囊群着生在羽片顶端凹缺内，通常 1 枚，稀可 2 枚。

分布与生境：分布于八大公山五道水，生于海拔 800 ~ 1500 m 的溪沟旁岩石上。周喜乐、严岳鸿、金冬梅 ZXL9723（CSH）。

用途：全草入药。

4. 白垩铁线蕨 Adiantum gravesii Franchet

多年生草本。根状茎被浅棕色或深褐色宽披针形鳞片。叶远生；叶柄红棕色或深棕色，有光泽，基部被鳞片；叶片三角状卵形，三回奇数羽状，末回小羽片 1 ~ 3 对，互生，扇形，具三角形锯齿；顶生末回小羽片较大。叶两面无毛，各回羽柄基部有时具棕色多细胞节状软毛。孢子囊群着生在末回小羽片上缘，通常 1 枚，稀 2 枚。

分布与生境：产于八大公山五道水，生于海拔 200 ~ 400 m 岩石缝隙中或滴水崖壁上。周喜乐、严岳鸿、金冬梅 ZXL9685（CSH）。

用途：全草入药。

肾盖铁线蕨 Adiantum erythrochlamys

白垩铁线蕨 Adiantum gravesii

5. 假鞭叶铁线蕨 Adiantum malesianum J. Ghatak

多年生草本。根状茎先端密被棕色披针形鳞片。叶簇生；叶柄长 5 ~ 8 cm，深棕色，基部被鳞片；叶片线状披针形，一回羽状；羽片 10 ~ 16 对，基部 1 对羽片团扇形，反折向下，其余羽片斜扇形。叶上面疏被短硬毛，下面密被白色短硬毛间有棕色多细胞长硬毛；叶轴先端延长成鞭状，先端落地后可生根。孢子囊群生于羽片上缘裂片上，囊群盖肾形。

分布与生境：产于八大公山五道水，生于海拔 200 ~ 300 m 的河谷岩石缝隙中。

用途：叶形奇特、青翠碧绿的，具有较高的商业观赏潜质。

假鞭叶铁线蕨 Adiantum malesianum

6. 灰背铁线蕨 Adiantum myriosorum Baker

多年生草本。根状茎先端密被深棕色宽披针形鳞片。叶柄长，红棕色至深栗色，有光泽，基部被鳞片；叶片宽扇形，叶柄顶端二叉分枝，每枝上侧再分出 4 ~ 6 枚羽片；羽片线状披针形，有柄，一回奇数羽状，中央羽片最大，侧生羽片较小。叶纸质，无毛，下面灰白色。孢子囊群生小羽片上缘裂片先端的浅缺刻内，4 ~ 6 枚。

分布与生境：产于八大公山天平山，生于海拔 800 ~ 1500 m 的山坡密林下。金摄郎、张九兵 BDGS482（CSH）；周喜乐、严岳鸿、金冬梅 ZXL9721（CSH）；刘炳荣 050054（HUST）。

用途：全草入药；庭院观赏。

灰背铁线蕨 Adiantum myriosorum

（二）粉背蕨属 Aleuritopteris Fée

旱生小型或中型蕨类，常绿。根状茎短，直立或斜升，密被棕色或黑褐色鳞片。叶簇生；叶柄棕色或黑棕色；叶片五角形至三角状长圆形，二至三回羽状分裂，羽片基部 1 对最大，其基部下侧小羽片较大。叶下面通常具由腺体分泌的黄色或白色的蜡质粉末状物，无毛。孢子囊群在叶边小脉顶端着生，圆形，成熟后彼此靠合。

本属约 40 种，我国有 29 种，湖南有 5 种，八大公山 2 种。

分种检索表

1. 叶片三角状披针形，囊群盖阔，连续或在裂片间断裂…………………………**1. 粉背蕨 A. anceps**

1. 叶片五角形，长宽几相等，囊群盖狭，连续………………………………**2. 银粉背蕨 A. argentea**

1. 粉背蕨 Aleuritopteris anceps (Blanford) Panigrahi

多年生草本。根状茎顶端密被淡黑色、边缘棕色的鳞片。叶簇生，叶柄栗褐色，基部疏被鳞片；

叶片三角状卵圆披针形，基部最宽，基部三回羽裂；小羽片 5 ~ 8 对，羽轴下侧的远较上侧的为长，基部下侧的一片小羽片最长。叶下面被白色粉末。孢子囊群由多个孢子囊组成，汇合成线形；囊群盖断裂，膜质，棕色，边缘撕裂成睫毛状。

分布与生境：产于八大公山核心区王家湾，生于海拔 600 m 的林缘石缝中。刘炳荣 871009（HUST）；刘炳荣 05060（HUST）。

用途：全草入药；庭院观赏。

粉背蕨 Aleuritopteris anceps

2. 银粉背蕨 Aleuritopteris argentea (S. G. Gmelin) Fée

多年生草本。根状茎先端被鳞片；叶簇生；叶柄红棕色或黑棕色，基部稍被鳞片；叶片五角形，长宽几相等，基部三回羽裂；小羽片 3 ~ 4 对，羽轴具狭翅，基部下侧一片最大，有裂片 3 ~ 4 对。叶上面褐色，下面被淡黄色或乳白色粉末，裂片边缘具钝齿。孢子囊群圆形，成熟后靠合；囊群盖连续，边缘波状，膜质，全缘。

分布与生境：产于八大公山各地，生于海拔 200 ~ 1000 m 的山坡岩石缝中。

用途：全草入药；庭院观赏。

银粉背蕨 Aleuritopteris argentea

（三）车前蕨属 Antrophyum

附生植物。根状茎短，直立或横卧，密被黑色、披针形鳞片。叶常簇生，一型，单叶，全缘，叶柄通常较短或不明显，中肋中途消失，小脉重复二歧分叉，形成网眼。孢子囊群长线形，无囊群盖。

40 种，我国有 9 种，湖南有 2 种，八大公山有 1 种。

1. 长柄车前蕨 Antrophyum obovatum Baker

多年生附生草本。根茎短，直立或斜立，密被披针形、先端尾状、边缘有睫毛状齿的棕色鳞片。叶密生，叶柄略扁平，叶片倒卵形或狭倒卵形，基部楔形，先端急尖或短尾状，肥厚，叶脉不明显，联结成长条形网孔，无主脉。孢子囊群生在叶背，沿叶脉着生呈网状或线形，无囊群盖。

分布与生境：分布于八大公山天平山，生于海拔 300 ~ 500 m 的山坡密林下。刘炳荣 870653（HUST）。

用途：全草入药；庭院观赏。

长柄车前蕨 Antrophyum obovatum

（四）碎米蕨属 Cheilanthes Swartz

多年生草本。根状茎直立或斜升，被同色或两色鳞片。叶一型，簇生，叶柄栗色至栗黑色；叶片披针形，长圆状披针形或卵状五角形，一至三回羽状细裂；叶草质、纸质或革质，无毛或有短节状毛；末回裂片无柄或有短柄；叶脉羽状，分离。孢子囊群小，圆形，生小脉顶端；囊群盖由反折的叶边多少变质而成。

本属约 100 种，我国有 17 种，湖南有 6 种，八大公山 3 种。

分种检索表

1. 叶轴直。
  2. 叶背密被褐色至锈色茸毛……………………………………………… **1. 中华隐囊蕨 C. chinensis**
  2. 叶背绿色……………………………………………………………………… **2. 毛轴碎米蕨 C. chusana**
1. 叶轴波浪状曲折………………………………………………………………**3. 平羽碎米蕨 C. patula**

1. 中华隐囊蕨 Cheilanthes chinensis (Baker) Domin

多年生草本。根状茎横走，密被鳞片，下部深栗色，上部棕色。叶远生或近生，长圆披针形或披针形，二回羽状或二回羽裂，裂片 5～8 对，下侧下部 2～4 片远较上侧的为长，第 2 对羽片向上略渐缩短，顶部羽片全缘。叶下面密被棕黄色厚绒毛。孢子囊群生小脉顶端，由少数孢子囊组成，隐没于茸毛中；成熟时略可见。

分布与生境：产于八大公山各地，生于海拔 200 ~ 1250 m 的石灰岩石缝中。周喜乐、严岳鸿、金冬梅 ZXL9698（CSH）；刘炳荣 870812（HUST）。

用途：全草入药。

中华隐囊蕨 Cheilanthes chinensis

2. 毛轴碎米蕨 Cheilanthes chusana Hooker

毛轴碎米蕨 Cheilanthes chusana

多年生草本。根状茎被栗黑色披针形鳞片。叶簇生；叶轴的腹面有纵沟，沟两侧有隆起的狭边，栗色，生棕色的披针形鳞片，间有少数短粗毛；叶片狭椭圆形，二回羽状全裂；裂片长圆形，无柄，边缘有圆齿。孢子囊群生叶边小脉顶端，圆形。

分布与生境：产于八大公山各地，生于海拔 200 ~ 600 m 的石灰岩石缝中。金摄郎、张九兵 BDGS812（CSH）；周喜乐、严岳鸿、金冬梅 ZXL9691（CSH）；刘炳荣 8701005（HUST）。

用途：全草入药。

3. 平羽碎米蕨 Cheilanthes patula Baker

多年生草本。根状茎短而直立。叶簇生；叶柄栗色或栗褐色，下面圆，上面平而有 2 条隆起的锐边，基部密被黑色钻状披针形鳞片，向上光滑；叶片长三角形，二至三回羽状；末回小羽片或裂片长圆形，钝头，全缘，叶轴多少左右曲折，连同羽轴均为栗色，上面有平阔的纵沟，沟两侧有隆起的锐边。孢子囊群沿叶缘生于小脉顶端。

分布与生境：产于八大公山五道水，生于海拔 200 ~ 500 m 的石灰岩石缝中。

平羽碎米蕨 Cheilanthes patula

（五）凤了蕨属 Coniogramme Fée

多年生草本。根状茎被稀疏的鳞片。叶一型，叶柄禾秆色或带有棕色，叶片卵状三角形或长卵形，一至二回羽状，稀三回羽状，末回羽片边缘软骨质，有锯齿或全缘，叶脉羽状，分离，稀，在主脉两侧联结成 1 ~ 3 行网眼，小脉顶部有水囊。孢子囊群线形或网状，沿侧脉着生，无盖。

约 30 种，我国有 22 种，湖南有 11 种，八大公山 7 种。

分种检索表

1. 主脉两侧的小脉分离。
  2. 叶为一回羽状……………………………………………………………… **5. 黑轴凤了蕨 C. robusta**
  2. 叶为二至三回羽状。
    3. 叶片上面有毛……………………………………………………………… **6. 乳头凤了蕨 C. rosthornii**
    3. 叶片上面无毛。
      4. 小羽片顶端成线形长尾……………………………………………… **1. 尖齿凤了蕨 C. affinis**
      4. 小羽片顶端渐尖。
        5. 水囊仅达锯齿基部或有时略伸入………………………………… **2. 峨眉凤了蕨 C. emeiensis**
        5. 水囊伸入锯齿，但不到齿缘……………………………………**3. 普通凤了蕨 C. intermedia**
1. 主脉两侧有 1 ～ 2 行连续的网眼。
  6. 羽片基部楔形……………………………………………………………**4. 凤了蕨 C. japonica**
  6. 羽片基部圆形至心形……………………………………………………… **7. 疏网凤了蕨 C. wilsonii**

1. 尖齿凤了蕨 Coniogramme affinis（C. Presl）Hieronymus

多年生草本。叶柄下部紫褐色或禾秆色而饰有紫色，基部疏被鳞片；叶片卵状长圆形，二回羽状，侧生小羽片 1 ~ 2 对，长圆披针形或卵状披针形，尾头，基部近圆形，侧脉先端的水囊棍棒形，略伸入锯齿。

分布与生境：产于八大公山天平山，生于海拔 1400 m 的林下阴湿处。刘炳荣 870145（HUST）。

用途：庭院观赏。

2. 峨眉凤了蕨 Coniogramme emeiensis Ching & K. H. Shing

根状茎粗短，横卧，被深棕色披针形鳞片。叶柄禾秆色，基部略被鳞片；叶片阔卵状长圆形，二回羽状；侧生羽片 7 ~ 10 对，下部 1 ~ 2 对最大，侧生小羽片 1 ~ 3 对，披针形，先端尾状长渐尖，向基部变狭，楔形，有短柄，顶生小羽片同形；羽片边缘有向前伏贴的三角形粗齿，往往呈浅缺刻状或波状。叶脉分离，侧脉一至二回分叉，顶端有棒形水囊，伸达锯齿基部。

分布与生境：产于八大公山天平山，生于海拔 500 ~ 1400 m 的林下阴湿处。金摄郎、张九兵 BDGS704（CSH）；周喜乐，张九兵 ZXL5600（CSH）；刘炳荣 051092（HUST）。

用途：庭院观赏。

3. 普通凤了蕨 Coniogramme intermedia Hieronymus

多年生草本。叶片卵形，二回羽状，侧生小羽片 1 ~ 3 对，披针形两侧稍不对称，顶生小羽片较大，基部不对称或叉裂；小羽片边缘有锯齿。叶下面被短柔毛。叶脉羽状，侧脉分离，一至二回二叉状，小脉顶端的水囊伸入锯齿。孢子囊群沿侧脉着生，几达叶缘。

分布与生境：产于八大公山各地，生于海拔 800 m 以下的林下阴湿处。金摄郎、张九兵 BDGS436（CSH）；金摄郎、张九兵 BDGS496（CSH）。

用途：全草入药。

尖齿凤了蕨 Coniogramme affinis

峨眉凤了蕨 Coniogramme emeiensis

普通凤了蕨 Coniogramme intermedia

4. 凤了蕨 Coniogramme japonica (Thunberg) Diels

多年生草本。根状茎同叶柄基部均被黄褐色披针形鳞片。叶柄禾秆色或栗色；叶片长圆状卵形，二回羽状；侧生小羽片 1 ~ 3 对，长圆状披针形，顶生羽片较大，有长柄；小羽片边缘具短锯齿。叶两面无毛。叶脉网状，在羽轴两侧形成 2 ~ 3 行狭长的网眼，小脉分离，顶端具水囊，不达锯齿基部。孢子囊群沿叶脉生长，靠近叶边缘。

分布与生境：产于八大公山各地，生于海拔 300 ~ 2000 m 的林下、沟边等阴湿生境中。

用途：全草入药；庭院观赏。

凤了蕨 Coniogramme japonica

5. 黑轴凤了蕨 Coniogramme robusta (Christ) Christ

分变种检索表

1. 叶轴和羽轴栗色……………………………………… **5a. 黑轴凤了蕨（原变种）C. robusta** var.**robusta**
1. 叶轴和羽轴下面为禾秆色………………………… **5b. 黄轴凤了蕨（变种）C. robusta** var.**rependula**

5a. 黑轴凤了蕨（原变种）Coniogramme robusta (Christ) Christ var. **robusta**

多年生草本。根状茎横走，连同叶柄基部疏被褐棕色披针形鳞片。叶远生，叶柄亮栗黑色，叶片长圆形或阔卵形，几与叶柄等长，单数一回羽状；侧生羽片 2～4 对，披针形或长圆披针形，羽片边缘具软骨质矮钝的疏齿。叶脉明显，一至二回分叉，顶端有棒形或长卵形水囊，伸达锯齿基部以下。

分布与生境：产于八大公山各地，生于海拔 300～800 m 的林下阴湿处。金摄郎、张九兵 BDGS702（CSH）；刘炳荣 050701（HUST）；张灿明 8808297（PE）；吴世福 616（PE）。

用途：庭院观赏。

黑轴凤了蕨（原变种）Coniogramme robusta var. robusta

5b. 黄轴凤了蕨（变种）Coniogramme robusta var. **rependula** Ching & K. H. Shing

多年生草本。与原变种黑轴凤了蕨不同点在于叶轴和羽轴下面为禾秆色。

分布与生境：产于八大公山斗篷山，生于海拔 1040 m 的林下阴湿处。金摄郎、张九兵 BDGS492（CSH）。

用途：庭院观赏。

黄轴凤了蕨（变种）Coniogramme robusta var. rependula

6. 乳头凤了蕨 Coniogramme rosthornii Hieronymus

多年生草本。叶远生；叶柄禾秆色或下部饰有棕色斑点；叶片几与柄等长或较短，长卵形，二回羽状；侧生羽片 4 ~ 6 对，下部的有柄，羽状；侧生小羽片 1 ~ 3 对，披针形，先端尾状渐尖，基部圆楔形或近圆形；下面淡绿色，密生乳头突起，突起上生灰白色短毛，水囊伸达锯齿基部。孢子囊群伸达离叶边不远处。

分布与生境：产于八大公山栗子坪，生于海拔 300 ~ 800 m 的林下阴湿处。

乳头凤了蕨 Coniogramme rosthornii

7. 疏网凤了蕨 Coniogramme wilsonii Hieronymus

多年生草本。叶柄禾秆色或枯禾秆色；叶片卵状三角形或卵状长圆形，二回羽状；侧生小羽片 1 ~ 3 对，披针形，先端尾状渐尖，基部不对称，略为心脏形或圆楔形，有短柄或与羽轴合生，叶脉仅靠羽轴两侧有少数不连续的网眼，其余分离，水囊略加厚，线形，不到锯齿基部。

分布与生境：产于八大公山各地，生于海拔 300 ~ 1800 m 的林下阴湿处。

疏网凤了蕨 Coniogramme wilsonii

（六）书带蕨属 Haplopteris C. Presl

多年生草本。根状茎横走或近直立，密被须根和披针形鳞片。叶近生，单叶；叶片狭线形，全缘。叶脉单一，在叶缘内联结成一单行狭长的网眼，无内藏小脉。孢子囊群线形，着生于叶下面与主脉平行的沟槽中，或着生于叶缘双唇状夹缝中。

约 40 种，我国有 13 种，湖南有 2 种，八大公山也有分布。

分种检索表

1. 叶片上面主脉凹下成一狭缝，下面隆起……………………………………………… **1. 书带蕨 H. flexuosa**
1. 叶片上面主脉隆起，两侧叶肉凹陷成沟槽………………………………… **2. 平肋书带蕨 H. fudzinoi**

1. 书带蕨 Haplopteris flexuosa (Fée) E. H. Crane

多年生草本。根状茎密被粗筛孔状的鳞片。叶近生；叶柄极短或几无柄，下部浅褐色，基部被纤细的小鳞片；叶片线形边缘反卷。叶薄革质。主脉上面凹下成一狭缝，下面隆起。叶片先端和下部不育，孢子囊群线形，着生于叶边缘的浅沟内，孢子囊群和主脉之间有宽的不育带，幼时被反卷的叶缘所遮盖。

分布与生境：产于八大公山各地，生于海拔 500 ~ 1800 m 的树桩上或崖壁上。金摄郎、张九兵 BDGS817（CSH）；周喜乐、严岳鸿、金冬梅 ZXL9733（CSH）；李丙贵 万绍宾 750178（PE）。

用途：全草入药。

书带蕨 Haplopteris flexuosa

2. 平肋书带蕨 Haplopteris fudzinoi (Makino) E. H. Crane

多年生草本。根状茎密被扭曲的鳞片。叶近生；叶柄长 1 ~ 5 cm 或近无柄；叶片线形，基部长下延至叶柄基部，边缘反卷。叶革质，肥厚。主脉上面隆起，两侧叶肉凹陷成纵沟，下面通常宽扁，粗壮，与孢子囊群接近，或较狭窄则两侧有宽的不育带。孢子囊群线形，着生于近叶缘的沟槽中，被反卷的叶缘所遮盖。

分布与生境：产于八大公山斗篷山，生于海拔 800 ~ 1800 m 的林下岩石上或树干上。金摄郎、张九兵 BDGS448（CSH）。

用途：全草入药。

平肋书带蕨 Haplopteris fudzinoi

（七）金粉蕨属 **Onychium** Kaulfuss

多年生草本。根状茎长而横走，稀较短而横卧，被棕褐色鳞片。叶远生或近生，叶柄光滑，禾秆色或间为栗棕色，腹面有纵沟；叶片卵形或披针形，二至五回羽状细裂，叶脉在不育裂片上 1 条，在能育羽片上羽状，并有边脉与侧脉相连。孢子囊群圆形，沿叶边生在边脉上呈线形；囊群盖由反折的叶边特化而成，宽几达主脉，形状似荚果。

本属约 10 种，我国有 8 种，湖南有 2 种，八大公山有 1 种。

1. 野稚尾金粉蕨 Onychium japonicum (Thunberg) Kunze

分变种检索表

1. 叶柄仅在基部栗棕色……………………… **1a. 野稚尾金粉蕨（原变种）O. japonicum** var. **japonicum**
1. 叶柄上部也为栗棕色……………………………… **1b. 栗柄金粉蕨 (变种) O. japonium** var. **lucidum**

1a. 野雉尾金粉蕨（原变种）Onychium japonicum var. **japonicum**

多年生草本。根状茎密被棕色的卵状披针形鳞片。叶柄禾秆色，基部棕色；叶片卵形，四回羽状细裂；末回能育小羽片线状披针形，先端为不育的短尖头；末回不育裂片较能育裂片短而狭。叶无毛。叶轴和各回羽轴上面有浅沟，能育裂片为羽状脉并有边脉，不育裂片仅有主脉 1 条。囊群盖线形、膜质、全缘、灰白色。

分布与生境：产于八大公山各地，生于海拔 200 ~ 2200 m 的林下或林缘。

用途：全草药用。

野雉尾金粉蕨（原变种）Onychium japonicum var. japonicum

1b. 栗柄金粉蕨（变种）Onychium japonicum var. **lucidum** (D. Don) Christ

多年生草本。本变种与原变种的区别在于植株较高大，叶柄栗色或棕色，末回羽片或裂片通常长 7 ~ 10 mm。

分布与生境：产于八大公山各地，生于海拔 300 ~ 1400 m 的山坡路旁岩石缝中和草丛中。

用途：全草药用。

栗柄金粉蕨（变种） Onychium japonicum var. lucidum

（八）凤尾蕨属 Pteris Linnaeus

多年生草本。根状茎直立或斜生，被狭披针形或线形鳞片。叶簇生；叶柄腹面扁平有纵沟，内有 1 个 V 形维管束；叶片一回羽状或为二至三回羽状分裂，稀单叶。能育羽片边缘具边脉。孢子囊群线形，生在羽片边缘的边脉上；囊群盖线形，由反卷的膜质叶缘形成，孢子囊有长柄。

约 250 种，我国有 78 种，湖南有 31 种，八大公山 15 种。

分种检索表

1. 叶二型或近二型；羽轴上面无纵沟，或有纵沟但沟两侧无刺或小齿。
  2. 侧生羽片不分叉，叶为奇数一回羽状。
    3. 侧生羽片 1 ~ 2 对，长圆形或椭圆形……………………………………… **3. 岩凤尾蕨 P. deltodon**
    3. 侧生羽片 30 ~ 50 对，线形……………………………………………… **14. 蜈蚣凤尾蕨 P. vittata**
  2. 侧生羽片分叉。
    4. 侧生羽片基部下延，在叶轴两侧形成明显的翅……………………… **10. 井栏边草 P. multifida**
    4. 侧生羽片基部不在叶轴下延。
      5. 侧生羽片 1 对，靠近顶生羽片使叶呈掌状。
        6. 叶柄禾秆色，基部褐色；不育羽片边缘有细锯齿…………… **7. 鸡爪凤尾蕨 P. gallinopes**
        6. 叶柄栗色，不育羽片边缘有粗尖锯齿………………………… **12. 栗柄凤尾蕨 P. plumbea**
      5. 侧生羽片 2 对以上，远离顶生羽片使叶呈羽状

7. 能育羽片较狭，宽 3 mm 以下 ……………………………… **1. 猪鬃凤尾蕨 P. actiniopteroides**

7. 能育羽片较宽，通常在 4 mm 以上。

8. 叶柄及叶轴有疣状刺头突起………………… **5. 刺柄凤尾蕨 P. esquirolii** var. **muricatula**

8. 叶柄及叶轴光滑或粗糙，不具刺头突起………………………… **2. 欧洲凤尾蕨 P. cretica**

1. 叶一型；羽轴上面有纵沟，沟两侧有刺或小齿。

9. 叶柄顶端不为三叉分枝。

10. 侧生羽片单侧羽状分裂 ………………………………………………… **4. 刺齿半边旗 P. dispar**

10. 侧生羽片的羽轴两侧均为同样的篦齿状深羽裂。

11. 羽片薄革质。

12. 裂片镰刀状长披针形 …………………………………………… **13. 溪边凤尾蕨 P. terminalis**

12. 裂片阔披针形 …………………………………………………… **8. 中华凤尾蕨 P. inaequalis**

11. 羽片纸或草质。

13. 侧生羽片斜向上。

14. 侧生羽片的基部最宽或基部与中部等宽 ……………… **11. 斜羽凤尾蕨 P. oshimensis**

14. 侧生羽片中部最宽，基部裂片多少缩短 ………………………6. **傅氏凤尾蕨 P. fauriei**

13. 侧生羽片平展或略斜展 ………………………………………… **9. 平羽凤尾蕨 P. kiuschiuensis**

9. 叶柄顶端三叉分枝……………………………………………………… **15. 西南凤尾蕨 P. wallichiana**

1. 猪鬃凤尾蕨 Pteris actiniopteroides Christ

多年生草本。根状茎密被黑棕色线形鳞片。叶簇生，二型，叶柄棕色或栗褐色，叶片长圆状卵形，一回奇数羽状；侧生羽片 1 ~ 2 对，对生，线形，边缘有尖锯齿，二叉或基部 1 对三分叉。能育叶叶片卵形，奇数一回羽状；侧生羽片 2 ~ 4 对，线形，基部 1 对 2 ~ 4 分叉并有短柄，向上渐为单一而无柄，顶生羽片三分叉，仅在不育部分有尖锯齿。

分布与生境：产于八大公山各地，生于海拔 200 ~ 1200 m 的山坡路边及河边草丛中。金摄郎、张九兵 BDGS837（CSH）。

用途：全草入药。

2. 欧洲凤尾蕨 Pteris cretica Linnaeus

多年生草本。根状茎先端被黑褐色鳞片。叶簇生，二型；营养叶叶柄禾秆色；叶片阔卵形，一回奇数羽状；侧生羽片 2 ~ 5 对，对生，披针形，边缘有锯齿，具软骨质边，第 1 对有短柄并为二叉状深裂；孢子叶羽片 2 ~ 5 对，基部 1 对有短柄并为二叉，线形，仅在不育部分有尖锯齿。

分布与生境：产于八大公山各地，生于海拔 200 ~ 1500 m 的山坡林缘、林下、荒地、草丛。刘炳荣 8710117（HUST）。

用途：全草入药；庭院观赏。

猪鬃凤尾蕨 Pteris actiniopteroides

欧洲凤尾蕨 Pteris cretica

3. 岩凤尾蕨 Pteris deltodon Baker

多年生草本。根状茎密被棕色披针形鳞片。叶一型，簇生；叶柄禾秆色，基部棕色，无毛；叶片卵形，奇数一回羽状；侧生羽片 1 ~ 2 对，长圆形，边缘不育处有三角形锯齿。叶脉羽状，主脉两面隆起，侧脉二分叉或单一，明显。孢子囊群线形，生在羽片边缘的边脉上；囊群盖线形，全缘，膜质，灰白色。

分布与生境：产于渔洋关柴埠溪，生于海拔 200 ~ 800 m 的石灰岩山地岩壁上。金摄郎、张九兵 BDGS648（CSH）；周喜乐、严岳鸿、金冬梅 ZXL9697（CSH）；周喜乐，张九兵 ZXL5621（CSH）。

用途：全草入药。

岩凤尾蕨 Pteris deltodon

4. 刺齿半边旗 Pteris dispar Kunze

多年生草本。根状茎先端和叶柄基部被黑褐色、先端纤毛状并稍卷曲的鳞片。叶簇生，近二型；叶柄与叶轴均为栗色；叶片卵状长圆形，二回深羽裂或二回半边深羽裂；顶生羽片披针形，篦齿状深羽裂几达叶轴，不育叶边缘有长尖刺状的锯齿；羽轴基部栗色，上部禾秆色，上面有纵沟，纵沟两旁有啮蚀状的浅灰色狭翅状的边。

分布与生境：产于八大公山各地，生于海拔 200 ~ 1000 m 的林缘或疏林下。刘炳荣 0510113（HUST）；刘炳荣 871326（HUST）。

用途：全草入药。

刺齿半边旗 Pteris dispar

5. 刺柄凤尾蕨 Pteris esquirolii var. **muricatula** （Ching）Ching & S.H.Wu

高大蕨类，植株高 1.0 ~ 1.5 m。叶簇生，二型，不育叶叶柄表面粗糙，自中部向上直达叶轴全部有稀疏的疣状刺头突起；不育叶片一回羽状，羽片 3 ~ 4（6）对，斜向上，近对生，基部 1 对有短柄并分叉，其余的无柄，单一，披针形至长圆披针形，基部阔楔形，叶缘有软骨质的边，下部全缘，中部以上有锐锯齿；能育叶羽片 5 ~ 6 对，对生，下部 2 ~ 3 对羽片通常分叉。

分布与生境：产于八大公山五道水（汪家坪、黄连台、杉木界），生于海拔 400 ~ 800 m 的林下或阴湿的沟边灌丛中。金摄郎、张九兵 BDGS675（CSH）；514m，金摄郎、张九兵 BDGS862（CSH）；刘炳荣 050031（HUST）。

6. 傅氏凤尾蕨 Pteris fauriei Hieronymus

多年生草本。根状茎短，斜升，先端密被鳞片。叶簇生；叶柄暗褐色并被鳞片，向上与叶轴均为禾秆色，光滑，上面有狭纵沟；叶片卵形至卵状三角形，二回深羽裂，最下一对羽片的基部下侧有 1 片篦齿状深羽裂的小羽片。羽轴下面隆起，禾秆色，光滑，上面有狭纵沟，两旁有针状扁刺，裂片的主脉上面有少数小刺。孢子囊群线形，沿裂片边缘延伸，仅裂片先端不育；囊群盖线形，灰棕色，膜质，全缘，宿存。

分布与生境：产于八大公山各地，生于海拔 400 ~ 1500 m 的山坡林下。刘炳荣 871039（HUST）。

用途：庭院观赏；全草还可药用。

刺柄凤尾蕨 Pteris esquirolii var. muricatula

傅氏凤尾蕨 Pteris fauriei

7. 鸡爪凤尾蕨 Pteris gallinopes Ching

多年生草本。根状茎短而直立，先端被黑褐色鳞片。叶簇生；叶柄禾秆色，基部浅褐色，无光泽，光滑，上面有浅纵沟；叶片掌状，羽片通常 5 片，偶有 7 ~ 9 片，集生于叶柄顶端，中央一片稍长，狭线形，先端渐尖并有浅锐锯齿，基部楔形，能育羽片全缘，不育羽片的叶缘有浅锯齿。孢子囊群线形，沿叶缘延伸，仅羽片的基部及先端不育。

分布与生境：产于八大公山各地，生于海拔 200 ~ 1100 m 的石灰岩岩壁上。周喜乐、严岳鸿、金冬梅 ZXL9688（CSH）；刘炳荣 050143（HUST）。

鸡爪凤尾蕨 Pteris gallinopes

8. 中华凤尾蕨 Pteris inaequalis Baker

多年生草本。本种与溪边凤尾蕨相似，但形体较小，植株高 80 ~ 100 cm；侧生羽片的分裂度变化颇大，从近二叉、羽轴下侧深羽裂（裂片披针形或阔披针形）至羽轴两侧均为篦齿形羽裂；裂片阔披针形，通常长 2.5 ~ 4.0（5.0）cm。

分布与生境：产于八大公山各地，生于海拔 750 m 以下的林下沟边。吴世福 1076（PE）。

用途：全草入药；庭院观赏。

9. 平羽凤尾蕨 Pteris kiuschiuensis Hieron

叶簇生。叶片卵形，二回深羽裂，基部三回深羽裂；侧生羽片 4 ~ 9 对，对生，下部的无柄，以近直角从叶轴开展，线状披针形，通直或多少呈镰刀状，先端渐尖或具长 2 ~ 4 cm 的尖尾，基部近截形或圆截形，篦齿状深羽裂达到羽轴两侧的狭翅上部羽片渐短小，平展或斜展，最下一对羽片的基部下侧有篦齿状深羽裂的小羽片 1 ~ 2 片，形状与羽片相同但较短小，羽轴下面隆起，禾秆色，光滑，上面有狭纵沟，沟两旁的狭边上有短扁刺，主脉上面有少数针状刺或近无刺。

分布与生境：产于八大公山各地，生于海拔 400 m 以下的溪边密林下。金摄郎、张九兵 BDGS830（CSH）。

用途：庭院观赏。

中华凤尾蕨 Pteris inaequalis

平羽凤尾蕨 Pteris kiuschiuensis

10. 井栏边草 Pteris multifida Poiret

多年生草本。根状茎先端密被黑褐色线形鳞片。叶簇生，二型；营养叶叶柄禾秆色，基部棕色，无毛；叶片卵状长圆形，一回奇数羽状；侧生羽片 1 ~ 4 对，线状披针形，边缘有不整齐的小尖锯齿；孢子叶较大，羽片 2 ~ 4 对，狭线形，仅在不育部分有小尖锯齿，下部 2 ~ 3 对通常 2 ~ 3 分叉，顶生羽片和上部羽片基部下延，在叶轴两侧形成翅。

分布与生境：产于八大公山各地，生于海拔 1000 m 以下的井边、荒地、沟坎或石壁上。刘炳荣 70918（HUST）。

用途：全草入药；庭院观赏。

井栏边草 Pteris multifida

11. 斜羽凤尾蕨 Pteris oshimensis Hieron.

分变种检索表

1. 羽片尖尾长 1 ~ 2 cm ························ **11a. 斜羽凤尾蕨（原变种）P. oshimensis** var.**oshimensis**

1. 羽片尖尾长 1.7 ~ 3.5 cm ················· **11b. 尾头凤尾（变种）蕨 P. oshimensis** var.**paraemeiensis**

11a. 斜羽凤尾蕨（原变种）Pteris oshimensis Hieron var. **oshimensis**

多年生草本。根状茎直立，基部红棕色，向上与叶轴为禾秆色。叶片长圆形，二至三回深羽裂，侧生羽片斜向上，无柄，篦齿状深羽裂几达羽轴，顶生羽片的形状、大小及分裂度与中部的侧生羽片相同，小羽片先端有长 1 ~ 2 cm 的短尾尖。

分布与生境：产于八大公山各地，生于海拔 400 m 以下的溪边密林下。金摄郎、张九兵 BDGS679（CSH）；周喜乐、严岳鸿、金冬梅 ZXL9662（CSH）；刘炳荣 050001（HUST）；吴世福 771（PE）。

用途：庭院观赏。

斜羽凤尾蕨（原变种）Pteris oshimensis var. oshimensis

11b. 尾头凤尾蕨（变种）Pteris oshimensis Hieron var. **paraemeiensis** Ching

多年生草本。与原变种的区别 在于下部侧生羽片长 14 ~ 25 cm，宽通常为 1.7 ~ 3.5 cm，先端有长尾头，尾头通常长 4 ~ 9 cm，偶有 3 cm。

尾头凤尾蕨（变种）Pteris oshimensis var. paraemeiensis

分布与生境：产于八大公山五道水，生于海拔 400 m 以下的溪边密林下。金摄郎、张九兵 BDGS687（CSH）。

用途：庭院观赏。

12. 栗柄凤尾蕨 Pteris plumbea Christ

根状茎直立或稍偏斜，先端被黑褐色鳞片。叶簇生；叶柄四棱形，连同叶轴为栗色，边缘有时呈禾秆色，有光泽，光滑；叶片（成长叶）近一型，长圆形或卵状长圆形，（20～25）cm×（10～15）cm，一回羽状；羽片通常 2 对，对生，斜向上，基部羽片有栗色的短柄，通常 2～3 叉，顶生小羽片线状披针形，先端渐尖，两侧的小羽片远短于顶生小羽片，第 2 对羽片偶为二叉，无柄，不下延，顶生羽片通常与其下 1 对侧生羽片合生而成三叉，基部多少下延，叶缘有软骨质的边，能育部分全缘，不育部分有锐锯齿。

分布与生境：产于八大公山五道水（杉木界），生于海拔 400 m 以下的溪边密林下。刘炳荣 050034（HUST）。

栗柄凤尾蕨 Pteris plumbea

13. 溪边凤尾蕨 Pteris terminalis Wallich ex J. Agardh

多年生草本。根状茎先端密生黑褐色披针形鳞片。叶一型，簇生；叶柄基部暗褐色，向上为禾秆色，无毛；羽轴腹面有纵沟，沟两侧有短刺；叶片阔三角形，二回深羽裂；侧生羽片 5～8 对，基部 1 对最大，有时基部下侧分叉，上部的羽片较小，无柄；裂片 15～25 对，线状披针形，基部下侧略下延，顶部边缘不育处有前倾的小钝齿。

分布与生境：产于八大公山各地，生于海拔 600 ~ 1700 m 的林下或阴湿的沟边灌丛中。刘炳荣 8710558（HUST）、吴世福 903（PE）；金摄郎、张九兵 BDGS707（CSH）。

用途：全草供药用。

溪边凤尾蕨 Pteris terminalis

14. 蜈蚣凤尾蕨 Pteris vittata Linnaeus

多年生草本。根状茎密被黄褐色鳞片。叶一型，近簇生；叶柄深禾秆色，基部有与根状茎上一样的鳞片；叶片倒披针状长圆形，奇数一回羽状；侧生羽片 20 ~ 50 对，下部羽片较小，基部仅为耳形，中部羽片较大，两侧稍呈耳状，不育羽片叶缘有细锯齿；顶生羽片与侧生羽片同形。

分布与生境：产于八大公山各地，生于海拔 2000 m 以下的岩石缝中或沟边草丛中。

用途：全草入药；庭院观赏；（硫黄）矿山修复植物。

15. 西南凤尾蕨 Pteris wallichiana J. Agardh

多年生草本。叶一型，簇生；叶柄栗红色，上面有阔纵沟；叶片五角状阔卵形，三回羽状深裂，从叶柄顶端分为三枝，中央一枝最大，二回深羽裂；侧生两枝较小；小羽片 15 对以上，互生，披针形，羽状深裂；裂片 20 ~ 25 对，互生，向基部渐宽，边缘不育处有浅锯齿；小羽轴上面有浅纵沟，沟两侧有短刺，无毛。叶近无毛。

分布与生境：产于八大公山各地，生于海拔 200 ~ 300 m 的沟谷常绿阔叶林密林下。

用途：全草药用；庭院观赏。

蜈蚣凤尾蕨 Pteris vittata

西南凤尾蕨 Pteris wallichiana

十四、碗蕨科 Dennstaedtiaceae

中型蕨类，土生。根状茎横走，外被多细胞的白色或褐色针状刚毛，无鳞片。叶一型，叶片一至四回羽状复叶，末回羽片或裂片偏斜，基部不对称。孢子囊群小，圆形，叶缘生或近叶缘生在小脉的顶端；囊群盖条形或碗形，生于叶缘，或为圆肾形，仅以基部着生。

10 属 265 种，我国有 7 属 52 种，湖南有 7 属 27 种，八大公山有 5 属 10 种。

分属检索表

1. 植物体不具真正的毛和鳞片……………………………………………………**4. 稀子蕨属 Monachosorum**
1. 植物体被单细胞的针形刚毛。
  2. 孢子囊群裸露或为反折的边缘遮盖。
    3. 孢子囊群在脉端顶生，圆形或卵圆形……………………………………**2. 姬蕨属 Hypolepis**
    3. 孢子囊群沿叶脉边缘生，线形……………………………………………**5. 蕨属 Pteridium**
  2. 孢子囊群被杯状或半杯状囊群盖遮盖。
    4. 孢子囊群在叶缘着生………………………………………………………**1. 碗蕨属 Dennstaedtia**
    4. 孢子囊群在叶缘内着生……………………………………………………**3. 鳞盖蕨属 Microlepia**

（一）碗蕨属 Dennstaedtia Bernhardi

多年生草本。根状茎横走，被多细胞的白色或褐色刚毛。叶远生，一型，叶柄腹面有浅纵沟；叶片三角形至椭圆形，一至四回羽状细裂，多少被毛。叶脉羽状，侧脉分叉，先端有水囊。囊群盖碗形、杯形或近筒状，有时向下反折，生于叶缘小脉顶端。

本属约 45 种，我国有 8 种，湖南有 3 种，八大公山有 2 种。

分种检索表

1. 植物体远高大，叶片三至四回羽状……………………………………………**1. 碗蕨 D. scabra**
1. 中小形植物，叶片二至三回羽裂…………………………………………**2. 细毛碗蕨 D. hirsuta**

1. 碗蕨 Dennstaedtia scabra (Wallich ex Hooker) T. Moore

分变种检索表

1. 叶两面均被灰色透明的节状长毛…………………………**1a. 碗蕨（原变种）D. scabra** var.**scabra**
1. 叶片光滑无毛或略有疏毛…………………………**1b. 光叶碗蕨（变种）D. scabra** var.**glabrescens**

1a. 碗蕨（原变种）Dennstaedtia scabra (Wallich ex Hooker) T. Moore var. **scabra**

多年生草本。根状茎长而横走，密被棕色透明的节状毛，叶疏生；叶柄红棕色或淡栗色，和叶轴密被与根状茎同样的长毛。叶片三角状披针形或长圆形，三至四回羽状深裂，末回小羽片全绿或1~2裂，小裂片钝头，边缘无锯齿。叶两面沿各羽轴及叶脉均被灰色透明的节状长毛。孢子囊群圆形，位于裂片的小脉顶端；囊群盖碗形，略有毛。

分布与生境：产于八大公山（斗篷山）、天平山（小庄坪），生于海拔1400 m的山坡林下阴湿处。金摄郎、张九兵 BDGS426（CSH）；周喜乐、金冬梅 ZXL9749（CSH）。

用途：全草入药。

碗蕨（原变种）Dennstaedtia scabra var. scabra

1b. 光叶碗蕨（变种）Dennstaedtia scabra var. **glabrescens** (Ching) C. Christensen

多年生草本。本变种叶片光滑无毛或略有一二疏毛而有别于原变种。

分布与生境：产于八大公山各地，生于海拔200~500 m的山坡林下阴湿处。

用途：全草入药。

光叶碗蕨（变种）Dennstaedtia scabra var. glabrescens

2. 细毛碗蕨 Dennstaedtia hirsuta (Swartz) Mettenius ex Miquel

多年生草本。根状茎密被黄褐色节状刚毛。叶柄禾秆色，粗糙，被黄褐色节状长毛；叶片长圆状披针形，二回羽状深裂，裂片 4 ~ 8 对，长圆状披针形，边缘浅裂，小裂片先端具 1 ~ 3 枚尖齿，叶两面密被黄褐色节状毛。孢子囊群圆形，生于裂片缺刻间的小脉顶端；囊群盖浅碗形，有毛。

分布与生境：产于八大公山（斗篷山）、天平山，生于海拔 1100 ~ 1500 m 的山坡岩壁上。金摄郎、张九兵 BDGS469（CSH）；天平山（种子园），1380 m，吴世福 351（PE）。

细毛碗蕨 Dennstaedtia hirsuta

（二）姬蕨属 **Hypolepis** Bernhardi

多年生草本。根状茎长而横走，外被节状长毛，无鳞片。叶一型，叶柄粗壮，有毛，粗糙；叶片一至四回羽状细裂，两面被多细胞毛，尤以叶轴和羽轴较多。孢子囊群圆形，在叶下面近边缘的小脉顶端着生，无囊群盖，被反折的叶缘锯齿或小裂片覆盖。

本属约 50 种，我国有 8 种，湖南有 1 种，八大公山也有。

1. 姬蕨 **Hypolepis punctata** (Thunberg) Mettenius

多年生草本。根状茎横走，密被棕色节状长毛。叶柄棕色，向上为禾秆色，粗糙有毛。叶片卵状三角形，四回羽状浅裂，三回羽片 5 ~ 10 对，无柄，长圆形，边缘有钝锯齿，叶两面有灰白色节状毛。孢子囊群圆形，生在小裂片近边缘的小脉顶端，主脉两侧 1 ~ 4 对，无盖，常被反折的裂片边缘覆盖。

分布与生境：产于八大公山各地，生于海拔 200 ~ 1200 m 的溪旁沟边。周喜乐，张九兵 ZXL5624（CSH）。

用途：嫩叶入药。

姬蕨 Hypolepis punctata

（三）鳞盖蕨属 Microlepia C. Presl

多年生草本。根状茎长而横走，被淡灰色节状刚毛。叶柄腹面有浅纵沟；叶片椭圆形至长卵形，一至四回羽状；叶脉羽状，小脉不达叶边。孢子囊群在叶背面边缘内的小脉顶端着生；囊群盖杯形，以基部及两侧着生于叶肉，或肾圆形，仅以基部着生。

本属约 45 种，我国有 25 种，湖南有 11 种，八大公山有 3 种。

分种检索表

1. 叶一回羽状……………………………………………………………**1. 边缘鳞盖蕨 M. marginata**

1. 叶二回羽状。

  2. 囊群盖肾形，仅基部着生……………………………………**3. 假粗毛鳞盖蕨 M. pseudostrigosa**

  2. 囊群盖杯形，基部和两侧着生 ……………………………………**2. 粗毛鳞盖蕨 M. strigose**

1. 边缘鳞盖蕨 Microlepia marginata (Panzer) C. Christensen

分变种检索表

1. 叶一回羽状。
   2. 叶背面近无毛…………………………… **1a 边缘鳞盖蕨（原变种）M. marginata** var. **marginata**
   2. 叶背面多毛……………………………… **1b. 毛叶边缘鳞盖蕨（变种）M. marginata** var. **villosa**
1. 叶二回羽裂……………………………… **1c. 二回边缘鳞盖蕨（变种）M. marginata** var. **bipinnata**

1a. 边缘鳞盖蕨（原变种）Microlepia marginata (Panzer) C. Christensen var. **marginata**

多年生草本。根状茎密被锈色节状刚毛。叶片长圆状三角形，一回羽状，羽片 22 ~ 25 对，有短柄，披针形，稍呈镰刀状弯曲，边缘有钝齿或有时呈浅裂状，下部的较大。孢子囊群圆形，在羽片近边缘的小脉顶端着生，每裂片上 5 ~ 7 枚；囊群盖杯状，被短硬毛。

分布与生境：产于八大公山各地，生于海拔 200 ~ 1300 m 的林下或沟边。金摄郎、张九兵 BDGS507（CSH）；金摄郎、张九兵 BDGS795（CSH）；刘炳荣 851135（HUST）；吴世福 759（PE）。

用途：全草入药。

边缘鳞盖蕨（原变种）Microlepia marginata var.marginata

1b. 毛叶边缘鳞盖蕨（变种）Microlepia marginata var. **villosa** (C. Presl) Y. C. Wu

多年生草本。本变种与原种的区别在于：羽片羽状浅裂，羽轴及叶下面密被污砂色长柔毛。

分布与生境：产于八大公山各地，生海拔 200 ~ 1400 m 的林下或沟边。金摄郎、张九兵 BDGS487（CSH）；刘炳荣 870559（HUST）。

1c. 二回边缘鳞盖蕨（变种）Microlepia marginata var. **bipinnata** Makino

多年生草本。本变种与原种的区别在于：叶片为二回羽状浅裂至深裂。

分布与生境：产于八大公山各地，生于海拔 200 ~ 800 m 的林下或沟边。

毛叶边缘鳞盖蕨（变种）Microlepia marginata var. villosa

二回边缘鳞盖蕨（变种）Microlepia marginata var. bipinnata

2. 粗毛鳞盖蕨 Microlepia strigosa (Thunberg) C. Presl

多年生草本。根茎长而横走，密被灰棕色长针状毛。叶远生；叶柄基部褐棕色，下部被灰棕色长针状毛，易脱落，有粗糙的斑痕；叶片长圆形，二回羽状。本种与假粗毛鳞盖蕨近似，但本种叶片上面光滑，下面沿各细脉疏被灰棕色短硬毛。

分布与生境：产于八大公山五道水（李下河、黄连台），生于海拔 200 ~ 500 m 的山坡密林下或沟边。周喜乐、严岳鸿、金冬梅 ZXL9693（CSH）；（HUST）；金摄郎、张九兵 BDGS859（CSH）。

粗毛鳞盖蕨 Microlepia strigosa

3. 假粗毛鳞盖蕨 **Microlepia pseudostrigosa** Makino

多年生草本。根状茎长而横走，密被红棕色长针状毛。叶远生，叶柄褐棕色，叶片长圆形，二回羽状，小羽片 20 ~ 22 对，接近，有极短柄，开展，近菱形，基部不对称，下侧狭楔形，上侧截形，而与羽轴并行，羽状深裂，叶轴及羽轴下面密被褐色短毛，上面光滑，叶两面光滑无毛。孢子囊群小形，每裂片上 3 枚，顶生于分叉相脉向顶的一条上。

分布与生境：分布于八大公山各地，生于海拔 200 ~ 1100 m 的山坡密林下或沟边。刘炳荣 05040（HUST）；周喜乐、严岳鸿、金冬梅 ZXL9671（CSH）；吴世福 762（PE）。

假粗毛鳞盖蕨 Microlepia pseudostrigosa

（四）稀子蕨属 Monachosorum

土生、喜阴、娇嫩的草本。根状茎短而平卧或斜升。叶簇生，横切面有 2 条成八字形的椭圆形维管束，向上部融合成 U 字形，叶片一型，一至五回羽状细裂，幼时各部疏被纤细易落的锈棕色腺状毛，叶脉不达叶边。孢子囊群小，圆形，叶下面生，位于稍加厚的小脉顶部或接近顶端，无囊群盖。

6 种，我国有 3 种，湖南有 2 种，八大公山有 2 种。

分属检索表

1. 叶三回羽状…………………………………………………………………… **1. 尾叶稀子蕨 M. flagellare**
1. 叶一回羽状…………………………………………………………………… **2. 岩穴蕨 M. maximowiczii**

1. 尾叶稀子蕨 Monachosorum flagellare (Maximowicz ex Makino) Hayata

多年生草本。根状茎短，平卧，斜升。叶簇生，直立，柄细瘦，禾秆色或棕禾秆色；叶片长卵圆形，三回羽状，顶端尾形长渐尖，有时着地生根，羽片互生或下部近于对生，基部 1 对常略短，小羽片无柄，有狭翅相汇合。孢子囊群小，每小羽片有 2 ~ 3 个。

分布与生境：分布于八大公山（斗篷山），生于海拔 1000 ~ 1500 m 的山坡密林下或沟边。金摄郎、张九兵 BDGS473（CSH）。

用途：全草入药。

尾叶稀子蕨 Monachosorum flagellare

2. 岩穴蕨 Monachosorum maximowiczii (Baker) Hayata

多年生草本。根状茎短而斜升。叶簇生，倒伏，柄为红棕色至黑褐色，叶片为披针形，一回羽状，叶轴顶部常延伸成鞭状，先端着地生根，裂片披针形，无柄。孢子囊群圆形，生于侧脉顶部，每齿内有 1 枚。

分布与生境: 分布于八大公山（斗篷山），生于海拔 1400 ~ 1800 m 的山坡密林下石缝中。金摄郎、张九兵 BDGS467（CSH）。

用途：全草入药。

岩穴蕨 Monachosorum maximowiczii

（五）蕨属 Pteridium Gleditsch ex Scopoli

多年生草本。根状茎粗壮，长而横走，被锈黄色节状毛，无鳞片。叶远生，具长柄，叶片通常卵形或卵状三角形，三回羽状，背面多少被柔毛。孢子囊群沿叶边成线形分布，生于羽片边缘的边脉上；囊群盖 2 层，内层膜质，有时为撕裂状或毛状。

13 种，我国有 6 种，湖南有 2 种，八大公山也有。

分种检索表

1. 叶片下面近无毛或仅主脉有白色节状毛 ………………………… **1. 蕨 P. aquilinum** var. **latiusculum**
1. 叶片下面密生黄色卷曲的节状毛 ……………………………………………… **2. 毛轴蕨 P. revolutum**

1. 蕨（变种）Pteridium aquilinum var. **latiusculum** (Desvaux) Underwood ex A. Heller

多年生草本。根状茎被黑褐色节状毛。叶柄基部棕色，上部禾秆色，叶轴及羽轴上面有纵沟，无毛；叶片阔三角形，三回羽状或四回羽状分裂，末回裂片无柄，长圆形，全缘或下部的有 1 ~ 3 对浅裂片或波状圆齿，下面沿羽轴被白色节状毛。孢子囊群生小脉顶端的联结脉上，沿叶缘分布；囊群盖条形，有变质的叶缘反折而成的假盖。

分布与生境：分布于八大公山各地，生于海拔 200 ~ 1200 m 的山坡草丛中或林缘。

用途：全草入药；根亦可提蕨粉；嫩叶可为山野菜。

蕨（变种）Pteridium aquilinum var. latiusculum

2. 毛轴蕨 Pteridium revolutum (Blume) Nakai

多年生草本。根状茎被锈色卷曲的节状毛。叶柄基部棕色，上部禾秆色，叶轴及羽轴上面有纵沟，着生锈黄色卷曲的节状毛；叶片阔三角形，三回羽状分裂，末回裂片镰状披针形，下面密被锈黄色卷曲的节状毛。孢子囊群生小脉顶端的联结脉上，沿叶缘分布；囊群盖二层，线形，有变质的叶缘反折而成的假盖。

分布与生境：分布于八大公山各地，生于海拔 400 ~ 1900 m 的山坡草丛中或林下阴处。金摄郎、张九兵 BDGS420（CSH）；周喜乐、金冬梅 ZXL9743（CSH）。

用途：根状茎入药；亦可提蕨粉。

毛轴蕨 Pteridium revolutum

十五、冷蕨科 Cystopteridaceae

小型或中型陆生植物，地下茎细长横走，或斜升，被棕色膜质鳞片，鳞片基部着生，叶柄具关节或无，叶一至四回羽状或羽裂，叶脉分离。孢子囊群圆形或长圆形，生于叶脉远轴面，囊群盖有或无，卵圆形或圆形，贴生于囊托上。

3 属 30 种，我国有 3 属 20 种，湖南有 3 属 5 种，八大公山有 2 属 3 种。

分属检索表

1. 叶片或羽片无关节…………………………………………………… **1. 亮毛蕨属 Acystopteris**

1. 叶片或羽片以关节着生……………………………………………… **2. 羽节蕨属 Gymnocarpium**

（一）亮毛蕨属 Acystopteris Nakai

根状茎横走。叶近生，叶片阔卵形至卵状披针形，二至三回羽状，末回小羽片羽状浅裂至全裂，叶两面和各回羽轴以及叶脉均多少被有节状透明长毛，羽轴还多少有鳞片状毛混生。孢子囊群小，圆形. 生干小脉背部，囊托凸起，在小羽轴两侧各成一列。

3 种，我国全产，湖南有 2 种，八大公山也有分布。

分种检索表

1. 叶柄和叶轴及羽轴栗黑色或紫褐色…………………………………… **1. 亮毛蕨 A. japonica**

1. 叶柄和叶轴禾秆色或叶柄和叶轴带红褐色但羽轴为禾秆色…………… **2. 禾秆亮毛蕨 A. tenuisecta**

1. 亮毛蕨 Acystopteris japonica (Luerssen) Nakai

多年生草本。叶近生，叶柄栗黑色或紫褐色；叶片阔卵形至卵状长圆形，二至三回羽状；羽片 10 ~ 15 对左右，基部 1 对不缩短，水平开展或斜展，几无柄，对生或近对生，小羽片 10 ~ 24 对，两面沿叶脉和各回羽轴、叶轴以及叶柄均疏被透明节状长毛。孢子囊小，圆形，着生于裂片基部上侧小脉背部，在主脉两侧各排成整齐的一列。

分布与生境：分布于八大公山各地，生于海拔 500 ~ 1000 m 的林下潮湿之地。

用途：根状茎可入药。

2. 禾秆亮毛蕨 Acystopteris tenuisecta (Blume) Tagawa

根状茎横走。叶近生。叶柄浅禾秆色，上面有一条纵沟，基部被浅褐色披针形的鳞片和稀疏的节状毛；叶片卵形至卵状披针形，渐尖头，基部圆心形，二至三回羽状，末回羽片羽状全裂，叶片下面及囊群盖边缘具橘黄色或黄色细微腺体，两面沿叶脉和各回羽轴、叶轴以及叶柄均密被透明的节状长毛；羽轴、叶轴和叶柄同色，上面还被有许多由 2 ~ 3 行细胞组成的钻状鳞片。孢子囊群小，圆形，着生于裂片基部上侧小脉背部，囊群盖群小，膜质，灰绿色，卵圆形，仅以基部一点着生于囊托。

分布与生境：分布于八大公山天平山，生于海拔 500 ~ 1000 m 的林下潮湿之地。周喜乐、严岳鸿、金冬梅 ZXL9731（CSH）。

用途：根状茎可入药。

亮毛蕨 Acystopteris japonica

禾秆亮毛蕨 Acystopteris tenuisecta

（二）羽节蕨属 Gymnocarpium Newman

小型陆生夏绿植物。根状茎细长横走，黑褐色，几光滑，被鳞片；叶远生。叶柄纤细，远较叶片长，基部深褐色，向上禾秆色，上面有一条U字形纵沟；叶片为三角状卵形至五角状广卵形，先端渐尖，基部以关节着生于叶柄先端，并与叶柄呈倾斜面，单叶羽状深裂至三回羽状，顶部羽裂。孢子囊群长圆形或圆形，无盖，生于小脉背上。

10种，我国有5种，湖南有1种，八大公山也有。

1. 东亚羽节蕨 Gymnocarpium oyamense (Baker) Ching

多年生草本。根状茎细长横走，被红褐色阔披针形鳞片，老时几光滑；叶远生，能育叶叶片卵状三角形，一回羽状深裂，裂片阔披针状镰刀形，基部以阔翅彼此相连，叶轴基部与叶柄先端之间具有明显的关节。孢子囊群长圆形，生于裂片上的小脉中部，位于主脉两侧，彼此远离。

分布与生境：产于八大公山天平山、（楠木坪），生于海拔500～2000 m的山坡向阳而湿润的石壁上。刘炳荣870909（HUST）；吴世福782（PE）。

用途：庭院观赏。

东亚羽节蕨 Gymnocarpium oyamense

十六、轴果蕨科 Rhachidosoraceae

多年生草本。根状茎直立或横走，先端和叶柄基部被鳞片；叶簇生，少为远生至近生，叶片二至三回羽状，末回裂片边缘略有小锯齿或浅圆齿，有时全缘。孢子囊群短线形，或略呈新月形，单生于末回裂片基部上出小脉上侧，囊群盖与孢子囊群同形。

1 属 7 种，我国有 5 种，湖南有 1 种，八大公山也有。

（一）轴果蕨属 Rhachidosorus Ching

特征与种数同科。

1. 轴果蕨 Rhachidosorus mesosorus (Makino) Ching

多年生草本。根状茎长而横走，先端及叶柄基部密生褐色鳞片，叶近生，叶柄浅栗色或红褐色，基部以上无鳞片；叶片阔卵形至三角形，二至三回羽状，裂片略斜展，卵状三角形或矩圆形，圆钝头，羽状浅裂至深裂或近羽状，彼此以狭翅相连。孢子囊群及囊群盖略呈新月状，成熟时为长椭圆形，单生于末回裂片基部上侧小脉下部，紧靠小羽片中肋或裂片主脉。

分布与生境：产于八大公山天平山，生于海拔 1400 ~ 1500 m 的山坡林下。

轴果蕨 Rhachidosorus mesosorus

十七、肠蕨科 Diplaziopsidaceae

中型或大型草本植物，生林下或溪边，根状茎横卧或直立，粗壮。羽片一回奇数羽状，羽片全缘，光滑，小脉向边缘网结成 2 ~ 4 行网眼，无内藏小脉。孢子囊群弯弓形或腊肠形，紧靠中肋，囊群盖同形。

3 属 5 种，我国有 1 属 3 种，湖南有 1 属 1 种，八大公山也有。

（一）肠蕨属 Diplaziopsis C. Christensen

多年生草本。根状茎粗而斜升或直立，略被厚鳞片；叶族生。叶片椭圆形，基数一回羽状；羽片 5 ~ 10 对，互生，近无柄，披针形，顶端渐尖或成尾状，基部对称，圆截形，全缘或略呈浅波状，侧脉网状，在主脉两侧各形成 2 ~ 4 行无内藏小脉的网孔。孢子囊群短线形，通直或略呈新月形，在主脉两侧各列成整齐的一行，囊群盖腊肠形。

3 种，我国全产，湖南 1 种，八大公山也有。

1. 川黔肠蕨 Diplaziopsis cavaleriana (Christ) C. Christensen

多年生草本。根状茎短而直立，顶端连同叶柄基部有少数褐色鳞片。叶簇生，叶柄禾秆色或绿禾秆色，基部以上无鳞片，叶片长圆阔披针形，一回羽状，侧生羽片披针形，顶端渐尖，互生，基部 1 ~ 3 对常缩短，呈卵形或长卵形，两侧全缘，顶生羽片比其下 1 对侧生羽片稍大，同形，基部不对称。孢子囊群粗线形，通常生于侧脉基部上侧。

分布与生境：产于八大公山五道水（黄连台），生于海拔 200 ~ 1500 m 的山坡密林下。金摄郎、张九兵 BDGS871（CSH）；周喜乐，张九兵 ZXL5610（CSH）；刘炳荣 870384（HUST）；吴世福 578（PE）。

川黔肠蕨 Diplaziopsis cavaleriana

十八、铁角蕨科 Aspleniaceae

多年生草本。根状茎长，横走或短而直立或斜生，被鳞片。叶远生，近生或簇生，常为一至三回(稀可四回)羽状复叶，少数为单叶或羽状深裂。孢子囊群线形，沿小脉上侧着生；囊群盖线形，全缘，一边着生小脉上，另一边开向主脉。

2 属 700 余种，我国有 2 属 108 种，湖南有 2 属 41 种，八大公山有 2 属 22 种。

分属检索表

1. 叶革质至纸质，旱生或阴生植物…………………………………………………… **1. 铁角蕨属 Asplenium**
1. 叶膜质，湿生植物……………………………………………………… **2. 膜叶铁角蕨属 Hymenasplenium**

（一）铁角蕨属 **Asplenium** Linnaeus

多年生草本。根状茎长而横走或短而直立，密被黑色或黑褐色披针形小鳞片。叶片一至三回羽状，稀单叶，末回小羽片或裂片基部不对称，边缘有钝锯齿或撕裂状，叶轴顶端或上部有时具 1 个芽孢。孢子囊群线形，沿小脉上侧着生；囊群盖线形，开向主脉，稀开向叶边；孢子囊柄细长。

本属约 700 余种，我国有 90 种，湖南有 37 种，八大公山有 20 种。

分种检索表

1. 叶为单叶。
  2. 主脉下面不呈显著隆起…………………………………………………… **5. 江南铁角蕨 A. holosorum**
  2. 主脉下面显著圆形隆起…………………………………………………… **4. 剑叶铁角蕨 A. ensiforme**
1. 叶为复叶，一至四回羽状或羽裂。
  3. 叶近肉质，干后表面略皱缩，末回小羽片或裂片线…………… **10. 长叶铁角蕨 A. prolongatum**
  3. 叶草质、纸质或革质，干后表面不皱缩，末回裂片或羽片不为线形。
    4. 一回羽状复叶。
      5. 叶柄两侧各有 1 条翅…………………………………………………**16. 铁角蕨 A. trichomanes**
      5. 叶柄三棱形，每条棱上有翅……………………………………… **17. 三翅铁角蕨 A. tripteropus**
    4. 叶一至四回羽状或羽裂。
      6. 叶一回羽状，羽片为近对开式的不等边四边形……………………**8. 倒挂铁角蕨 A. normale**
      6. 叶一至四回羽状或羽裂，羽片不为对开式的不等边四边形。
        7. 叶一回羽状，羽片披针形。
          8. 中轴两侧的狭翅下达中部，羽片边缘有单锯齿或重锯齿… **19. 狭翅铁角蕨 A. wrightii**
          8. 中轴两侧的狭翅仅出现于顶部…………………………**20. 疏齿铁角蕨 A. wrightioides**
        7. 叶一至四回羽状，羽片形状多样，绝不为披针形。
          9. 叶柄浅绿色、青灰色至褐色。
            10. 叶为一回羽状或二回羽裂 ………………………………… **7. 胎生铁角蕨 A. indicum**

10. 叶为二至三回羽状或四回羽裂。
11. 叶为二回羽状至三回羽裂 ……………………… **1. 华南铁角蕨 A. austrochinense**
11. 叶为三回羽状至四回羽裂。
12. 叶脉两面不隆起，也不呈沟脊状 ………………… **2. 大盖铁角蕨 A. bullatum**
12. 叶脉两面不隆起，也不呈沟脊状 … **11. 假大羽铁角蕨 A. pseudolaserpitiifolium**
9. 叶柄栗色、近黑色或浅绿色，通常向基部为栗色。
13. 叶为一回羽状或二回羽裂 ……………………………… **6. 虎尾铁角蕨 A. incisum**
13. 叶为二至三回羽状或四回羽裂。
14. 叶为二回羽状至三回羽裂。
15. 下部羽片逐渐缩短，基部羽片通常为小耳形 ……… **6. 虎尾铁角蕨 A. incisum**
15. 下部羽片不缩短或略缩短，基部羽片和其上的同形。
16. 末回小羽片近卵形、圆形或阔斜方形，全缘 ……………………………………………… **12. 卵叶铁角蕨 A. ruta-muraria**
16. 末回小羽片不同形，边缘有明显的锯齿。
17. 叶干后为坚草质或纸质。
18. 叶下部 1 ～ 2 对羽片显著缩短 …………… **9. 北京铁角蕨 A. pekinense**
18. 叶下部羽片不缩短或略缩短 ……………… **13. 华中铁角蕨 A. sarelii**
17. 叶干后为薄草质。
19. 小羽片顶端有少数钝齿或圆齿。
20. 小羽片顶端有 2 ～ 3 个粗钝齿 ……… **14. 钝齿铁角蕨 A. tenuicaule**
20. 小羽片顶端略有波状圆齿 …………… **15. 细裂铁角蕨 A. tenuifolium**
19. 小羽片顶端有尖锯齿或齿牙 …………… **18. 变异铁线蕨 A. varians**
14. 叶为三回羽状或四回羽裂。
21. 叶柄及叶轴乌木色 ……………………………… **3. 线裂铁角蕨 A. coenobiale**
21. 叶柄及叶轴淡绿色 …………………………… **15. 细裂铁角蕨 A. tenuifolium**

1. 华南铁角蕨 Asplenium austrochinense Ching

多年生草本。根状茎短粗，横走，先端密被褐棕色鳞片。叶近生，叶柄下部为青灰色，向上为灰禾秆色，叶片阔披针形，二回羽状，小羽片 3 ~ 5 对，互生，上先出，斜向上，基部上侧一片较大，匙形，钝头或圆头，基部长楔形，与羽轴合生，下侧沿羽轴下延，两侧全缘，顶部浅裂为 2 ~ 3 个裂片，裂片顶端近撕裂，羽轴两侧有狭翅。

分布与生境：分布于八大公山（中沟湾），生于海拔 1080 m 山坡林下石壁上。金摄郎、张九兵 BDGS517（CSH）。

用途：全草入药；庭院观赏。

华南铁角蕨 Asplenium austrochinense

2. 大盖铁角蕨 Asplenium bullatum Wallich ex Mettenius

分变种检索表

1. 叶为三回羽状…………………………………… **2a. 大盖铁角蕨（原变种）A. bullatum** var.**bullatum**
1. 叶为二回羽状……………………………………**2b. 稀羽铁角蕨（变种）A. bullatum** var.**shikokianum**

2a. 大盖铁角蕨（原变种）Asplenium bullatum Wallich ex Mettenius var. **bullatum**

多年生草本。根状茎斜升，木质，先端密被褐棕色鳞片。叶簇生，叶柄青灰色，叶片大，椭圆形，三回羽状，羽片有长柄，长三角形，多少呈镰刀状，尾头，基部近圆形，上侧紧靠或略覆盖叶轴，末回小羽片互生，基部上侧一片较大，舌形，钝头并有参差不齐的锯齿，或为倒三角状卵形并为掌状深裂，基部楔形，下延，有短柄，裂片狭舌形。

分布与生境：分布于八大公山五道水（小溪沟）、天平山，生于海拔 400 ~ 1300 m 山坡林下。周喜乐、严岳鸿、金冬梅 ZXL9668（CSH）；刘炳荣 870569（HUST）。

用途：庭院观赏。

大盖铁角蕨（原变种）Asplenium bullatum var.bullatum

2a. 稀羽铁角蕨（变种）Asplenium bullatum var. **shikokianum** (Makino) Ching &S.H.Wu

多年生草本。本变种与原变种的区别在于叶为二回羽状。

分布与生境：分布于八大公山五道水（黄连台）、天平山，生于海拔 500 ~ 800 m 山坡林下。金摄郎、张九兵 BDGS786（CSH）；周喜乐、金冬梅 ZXL9754（CSH）。

用途：庭院观赏。

稀羽铁角蕨（变种）Asplenium bullatum var. shikokianum

3. 线裂铁角蕨 Asplenium coenobiale Hance

多年生草本。根状茎直立，先端密被黑色鳞片。叶簇生，叶柄圆形，乌木色，有光泽，光滑；叶片长三角形，细裂，三回羽状；羽片有短柄或近无柄，基部1对略长，长三角形，尖头，基部圆截形，上侧覆盖叶轴，末回小羽片2～4对，互生，斜向上，通常上侧的较大，不育裂片为狭线形，能育裂片稍阔，尖头，全缘。

分布与生境：分布于八大公山五道水（庄耳坪）、天平山，生于海拔650～1320 m的林缘石壁上。金摄郎、张九兵 BDGS685（CSH）；刘炳荣 870822（HUST）。

用途：庭院观赏。

线裂铁角蕨 Asplenium coenobiale

4. 剑叶铁角蕨 Asplenium ensiforme Wallich ex Hooker & Greville

多年生草本。根状茎短而直立，密被厚膜质、黑色、有光泽的鳞片。单叶，簇生；叶柄禾秆色，基部密被与根状茎上同样的鳞片，向上逐渐稀疏；叶片披针形，长18～25（50）cm，中部宽1.5～2.0（4.0）cm，两边近平行，长渐尖头，基部缓下延呈狭翅，全缘，干后略反卷。主脉明显，粗壮，禾秆色，下面显著地圆形隆起，上面近圆形，有浅纵沟，小脉两面均不明显，极斜向上，二叉，劲直，不达叶边。囊群盖线形，淡黄棕色或淡棕绿色，后变褐色，纸质，全缘，开向主脉，宿存。

分布与生境：分布于八大公山五道水（楠木坪）、天平山，生于海拔650～1320 m的林缘石壁上。周喜乐、严岳鸿、金冬梅 ZXL9732（CSH）；刘炳荣 871132（HUST）。

用途：全草入药；庭院观赏。

剑叶铁角蕨 Asplenium ensiforme

5. 江南铁角蕨 Asplenium holosorum Christ

多年生草本。根状茎短而直立，先端密被鳞片，单叶，簇生；叶柄短，灰禾秆色，密被与根状茎上同样的鳞片；叶片披针形，长 15 ~ 36 cm，宽 3 ~ 4 cm，中部较宽，长渐尖头或尖头，基部长下延，呈狭翅状，边缘多少呈波状，有时为全缘，有厚膜质的狭边；主脉明显，但两面均不显著隆起，淡棕色，小脉两面均不明显或仅上面可见，极斜向上，二叉，通直，不达叶边。孢子囊群线形，深棕色，极斜向上，通直，自主脉向外行达离叶边不远处。

分布与生境：分布于八大公山五道水（楠木坪），生于海拔 600 m 的林缘石壁上。金摄郎、张九兵 BDGS843（CSH）。

用途：全草入药；庭院观赏。

江南铁角蕨 Asplenium holosorum

6. 虎尾铁角蕨 Asplenium incisum Thunberg

多年生草本。根状茎顶端密被棕色狭披针形鳞片。叶簇生；叶柄亮栗色，腹面具纵沟；叶片狭椭圆形，二回羽状；羽片 15 ~ 20 对，具短柄，下部羽片逐渐缩小为卵圆形或半圆形，3 深裂，裂片先端具钝齿；中部羽片较大，阔披针形，羽状分裂或基部有 1 对分离的小羽片，小羽片顶端具粗圆齿。孢子囊群生小脉中部；囊群盖长圆形。

分布与生境：产于八大公山各地，生于海拔 200 ~ 1600 m 林下阴湿处岩石缝隙中。金摄郎、张九兵 BDGS471（CSH）；刘炳荣 850765（HUST）；吴世福 335（PE）。

用途：全草药用。

虎尾铁角蕨 Asplenium incisum

7. 胎生铁角蕨 Asplenium indicum Sledge

多年生草本。植株高 20 ~ 45 cm。根状茎短而直立，密被鳞片。叶簇生；叶柄长 10 ~ 20 cm，灰绿色或灰禾秆色，上面有纵沟，疏被红棕色狭披针形小鳞片；叶片阔披针形，（12 ~ 30）cm ×（4 ~ 7）cm，顶部渐尖，一回羽状；羽片 8 ~ 20 对，互生或下部的对生，菱形或菱状披针形，通直或多少呈镰刀状，渐尖头，基部极不对称，上侧截形，有显著的耳状突起，下侧斜切而呈长楔形，边缘有不规则的片裂，裂片顶部有钝齿牙。在羽片的腋间往往有 1 枚被鳞片的芽胞，并能在母株上萌发。孢子囊群线形，成熟时为褐棕色。

分布与生境：分布于八大公山各地，生于海拔 200 ~ 400 m 的林缘石壁上。

用途：全草入药。

8. 倒挂铁角蕨 Asplenium normale D. Don

多年生草本。根状茎直立或斜升，黑色，密被黑褐色鳞片。叶簇生，叶柄紫黑色，有光泽，略呈四棱形，基部疏被鳞片，向上光滑，叶片披针形，一回羽状，羽片互生，无柄，三角状椭圆形，钝头，基部不对称，上侧截形并略呈耳状，紧靠或稍覆盖叶轴，下侧楔形，边缘除内缘外有粗锯齿。

分布与生境：分布于五道水（杉木界、楠木坪），生于海拔 200 ~ 1000 m 的林缘石壁上。金摄郎、张九兵 BDGS822（CSH）；刘炳荣 051003（HUST）。

用途：全草入药。

胎生铁角蕨 Asplenium indicum

倒挂铁角蕨 Asplenium normale

9. 北京铁角蕨 Asplenium pekinense Hance

多年生草本。根状茎顶端密被黑褐色披针形鳞片。叶簇生；叶柄绿色，连同叶轴下部疏生小鳞片；叶片披针形，二回羽状或三回羽裂，裂片顶端尖或有2~3个尖齿，每齿具小脉1条。叶无毛。孢子囊群在每1裂片上着生1枚，沿小脉着生；囊群盖近长圆形，全缘。

分布与生境：产于八大公山天平山（楠木坪），生于海拔500~1250 m的路边岩石缝隙中。金摄郎、张九兵 BDGS757（CSH）；金摄郎、张九兵 BDGS854（CSH）。

用途：全草入药。

北京铁角蕨 Asplenium pekinense

10. 长叶铁角蕨 Asplenium prolongatum Hooker

多年生草本。根状茎顶端被披针形鳞片。叶簇生；叶柄与叶轴和叶片同为淡绿色；叶片线状披针形，二回羽状，二回羽片2~4对，互生，狭条形，钝头，全缘，上侧第1片有时分叉。叶厚，近肉质，无毛，叶轴先端延伸，具顶生芽孢。孢子囊群生小脉中部；囊群盖条形，膜质、全缘。

分布与生境：产于八大公山各地，生于海拔200~1400 m的林下枯树上或石壁上。刘炳荣 050039（HUST）；刘炳荣 051168（HUST）。

用途：全草入药；庭院观赏。

11. 假大羽铁角蕨 Asplenium pseudolaserpitiifolium Ching

植株高可达1 m。根状茎斜升，粗壮，木质，先端密被鳞片。叶簇生；叶柄青灰色或深青灰色，上面有浅纵沟，基部疏被与根状茎上同样的鳞片，向上渐变光滑；叶片大，椭圆形，长（15~

70）cm×（9～25）cm，渐尖头，三回羽状；羽片 12～15 对，基部的对生，向上互生，斜展，有长柄（基部的长于 1 cm），长三角形，多少呈镰刀状，尾头，末回小羽片 4～6 对，互生，斜展，彼此疏离，基部上侧一片 较大。孢子囊群狭线形，棕色，极斜向上。

分布与生境：产于八大公山五道水（楠木坪），生于海拔 200～1400 m 的林下枯树上或石壁上。

用途：庭院观赏。

长叶铁角蕨 Asplenium prolongatum

假大羽铁角蕨 Asplenium pseudolaserpitiifolium

12. 卵叶铁角蕨 Asplenium ruta-muraria Linnaeus

多年生草本。根状茎横走，先端斜上并密被鳞片。叶密集簇生；叶柄禾秆色或灰绿色，基部栗色，叶片卵形，二回羽状，侧生小羽片 2 ~ 3 片，卵形或近斜方形，近圆头或钝头，基部阔楔形，下延，边缘有不整齐的尖齿牙。孢子囊群线形，深棕色。

分布与生境：产于八大公山斗篷山，生于海拔 1800 ~ 1900 m 的石壁石缝中。

卵叶铁角蕨 Asplenium ruta-muraria

13. 华中铁角蕨 Asplenium sarelii Hooker

多年生草本。根状茎顶端密被棕色鳞片。叶簇生；叶柄纤细，绿色；叶片卵形，先端渐尖，基部最宽，三回羽状分裂，末回裂片线形，有细齿 1 枚。叶脉羽状，侧脉分叉。孢子囊群线形，沿小脉着 生，每 1 裂片上通常着生 1 枚；囊群盖线形，全缘。

分布与生境：产于八大公山五道水，生于海拔 200 ~ 1200 m 的山坡岩石缝隙中。

用途：全草入药。

14. 钝齿铁角蕨 Asplenium tenuicaule var. **subvarians** (Ching) Viane

多年生草本。根状茎短而直立，先端密被鳞片。叶簇生；叶柄暗绿色，或基部为淡栗色并疏被与根状茎上同样的鳞片，两侧有绿色的狭翅状边缘；叶片披针形，二回羽状，小羽片阔倒卵形，圆截头，基部圆楔形。孢子囊群椭圆形，生于小脉中部。

分布与生境：产于八大公山五道水（楠木坪），生于海拔 1800 ~ 2200 m 山坡崖壁上。

华中铁角蕨 Asplenium sarelii

钝齿铁角蕨 Asplenium tenuicaule var. subvarians

15. 细裂铁角蕨 Asplenium tenuifolium D. Don

多年生草本。根状茎短而直立，先端密被鳞片。叶簇生，叶柄淡绿色，偶或下部为红棕色；叶片阔披针形，（12 ~ 30）cm ×（6 ~ 13）cm，长渐尖头，四回羽裂；羽片 14 ~ 16 对，互生，略斜向上，有短柄，下部各对相距 2 ~ 3 cm，彼此疏离，上部的接近，基部 1 对几不缩短，并与其上数对同大，镰状披针形。孢子囊群阔椭圆形，棕色，每裂片或末回小羽片 1 枚，生于小脉的下部。

分布与生境：产于八大公山天平山，生于海拔 300 ~ 1400 m 的林下沟边草丛和岩石缝隙中。刘炳荣 870823（HUST）。

细裂铁角蕨 Asplenium tenuifolium

16. 铁角蕨 Asplenium trichomanes Linnaeus

多年生草本。根状茎短，直立，密生黑褐色线状披针形鳞片。叶簇生；叶柄亮栗色，沿上面纵沟两侧有全缘的膜质狭翅；叶片线形或狭椭圆形，一回羽状；羽片 20 ~ 30 对，互生或近生，近无柄，长圆形或卵形，两侧不对称，先端钝圆，边缘有小钝齿。孢子囊群沿侧脉的上侧小脉着生；囊群盖条形，全缘。

分布与生境：产于八大公山斗篷山、天平山，生于海拔 1200 ~ 1600 m 的林下沟边草丛和岩石缝隙中。金摄郎、张九兵 BDGS470（CSH）；刘炳荣 870833（HUST）。

用途：全草入药。

铁角蕨 Asplenium trichomanes

17. 三翅铁角蕨 Asplenium tripteropus Nakai

多年生草本。根状茎密生线状披针形鳞片。叶簇生；叶柄三棱形，亮栗色，3 条棱脊上均有 1 条膜 质狭翅；叶片线形或狭椭圆形，中部较宽，一回羽状；羽片 20 ~ 40 对，互生或近对生，几无柄，长圆 形或卵形，先端圆形，边缘有小钝齿，中部的羽片较大。孢子囊群线形，沿侧脉的上侧小脉着生；囊群盖线形，全缘。

分布与生境：产于八大公山各地，生于海拔 300 ~ 1400 m 的林下沟边草丛和岩石缝隙中。金摄郎、张九兵 BDGS838（CSH）；刘炳荣 870831（HUST）。

用途：全草入药。

18. 变异铁角蕨 Asplenium varians Wallich ex Hooker & Greville

多年生草本。根状茎先端被鳞片。叶簇生；叶柄下面亮栗色，疏被鳞片，上面有浅阔纵沟；叶片三角状卵形，二回羽状；小羽片 2 ~ 3 对，扇形至圆倒卵形，叶片腺毛；叶轴近无毛。孢子囊群短线形，生于小脉下部，每小羽片有 2 ~ 4 枚，成熟后汇合；囊群盖短线形。

分布与生境：产于八大公山天平山，生于海拔 1000 ~ 1500 m 的林下潮湿岩石壁上。金摄郎、张九兵 BDGS709（CSH）；金摄郎、张九兵 BDGS734（CSH）；刘炳荣 8710514（HUST）。

用途：全草入药。

三翅铁角蕨 Asplenium tripteropus

变异铁角蕨 Asplenium varians

19. 狭翅铁角蕨 Asplenium wrightii Eaton ex Hooker

多年生草本。根状茎先端连同叶柄基部密生全缘的棕褐色披针形鳞片。叶簇生；叶柄下部密被与根状茎上同样的鳞片，上面有纵沟；叶片椭圆形，一回羽状；羽片互生，中部羽片较大，披针形，基部两侧突起呈耳状，边缘有稀疏的粗锯齿，叶轴中部以上两侧有狭翅。孢子囊群线形，长 5～6 mm，沿上侧小脉着生；囊群盖线形。

分布与生境：产于八大公山各地，生于海拔 200～1200 m 林下溪边阴湿处。金摄郎、张九兵 BDGS788（CSH）；刘炳荣 0510695（HUST）。

用途：根状茎供药用；庭院观赏。

狭翅铁角蕨 Asplenium wrightii

20. 疏齿铁角蕨 Asplenium wrightioides Christ

多年生草本。本种株形小，中轴两侧的狭翅仅出现于顶部而与狭翅铁角蕨中轴两侧的狭翅下达中部有明显区别。根状茎先端连同叶柄基部密生全缘的棕褐色披针形鳞片。最新的分类系统将本种并入狭翅铁角蕨，本书暂不认可这种归并。

分布与生境：产于八大公山五道水，生于海拔 200～500 m 林下溪边阴湿处。

用途：庭院观赏。

疏齿铁角蕨 Asplenium wrightioides

（二）膜叶铁角蕨属 Hymenasplenium Hayata

多年生草本。叶簇生或散生，草质或薄草质，一回羽状，叶柄和叶轴为栗色、乌木色或浅绿色，上 面的纵沟两侧边光滑，无翅也无锯齿，羽片为近对开式的不等边四边形或菱形，先端渐尖或钝。

本属约 30 余种，我国有 18 种，湖南有 4 种，八大公山有 2 种。

分种检索表

1. 中部羽片的基部下侧的小脉缺失通常大于 3 条……………… **1. 阴湿膜叶铁角蕨 H. obliquissimum**
1. 中部羽片基部下侧的小脉缺失小于 3 条……………………… **2. 培善膜叶铁角蕨 H. wangpeishanii**

1. 阴湿膜叶铁角蕨 Hymenasplenium obliquissimum (Hayata) Sugimoto

多年生草本。植株形体细弱，根状茎长而横走，褐色，先端密被鳞片。羽片较小，为透明的膜质，干后常呈暗绿色。叶疏生或远生；叶柄栗褐色，叶片披针形，一回羽状，羽片 20 ~ 25 对，半开式的披针状不等边四边形，基部不对称，斜楔形，上侧平截并与叶轴平行，略呈耳状，下侧斜切，呈狭楔形，两面均无毛。孢子囊群线形，生于小脉中部，位于主脉与叶边之间。

分布与生境：产于八大公山低海拔地区，生于海拔 500 m 以下的滴水石壁上。

2. 培善膜叶铁角蕨 Hymenasplenium wangpeishanii Li Bing Zhang & K.W. Xu

多年生草本。根状茎长而横走，褐色，先端密被鳞片。叶疏生或远生；叶柄栗褐色，叶片披针形，一回羽状，羽片 20 ~ 25 对，半开式的披针状不等边四边形，基部不对称，斜楔形，上侧平截并与叶轴平行，略呈耳状，下侧斜切，呈狭楔形，两面均无毛。孢子囊群线形，生于小脉中部，位于主脉与叶边之间。

分布与生境：产于八大公山各地，生于海拔 600 m 以下的滴水石壁上。天平吴世福 792（PE）；金摄郎、张九兵 BDGS839（CSH）；周喜乐、严岳鸿、金冬梅 ZXL9926（CSH）。

用途：庭院观赏。

阴湿膜叶铁角蕨 Hymenasplenium obliquissimum

培善膜叶铁角蕨 Hymenasplenium wangpeishanii

十九、岩蕨科 Woodsiaceae

多年生草本。根状茎短，直立或斜升，被鳞片。叶簇生；叶柄被鳞片或节状长毛，有的具关节；叶片长圆状披针形至狭披针形，一回羽状至二回羽裂。叶脉羽状，分离，小脉顶端常有水囊，不达叶缘。孢子囊群圆形，着生在囊托上；囊群盖下位，碟形或杯状，边缘有流苏状的睫毛。

4属约43种，我国有3属24种，湖南有2属5种，八大公山有2属2种。

分属检索表

1. 孢子囊群包于球形的囊群盖内……………………………………………**1. 二羽岩蕨属 Physematium**
1. 孢子囊包于许多有间隔的卷发状长毛内，或完全裸露………………………………**2. 岩蕨属 Woodsia**

（一）二羽岩蕨属 **Physematium** Kaulf.

多年生草本。根状茎直立，先端密被鳞片。叶簇生或近簇生；柄短，无关节，易断而下部宿存；叶片草质，披针形，二回羽状深裂，无毛或略被腺毛。叶脉分离，羽状，小脉不达叶边。孢子囊群小，圆形，囊群盖大，下位，球圆形或膀胱形，膜质。

3种，我国均产，湖南1种，八大公山也有分布。

1. 膀胱蕨 Physematium manchuriense (Hooker) Nakai

多年生草本。根状茎先端密被鳞片。叶簇生；叶片草质，疏被腺毛，披针形，（12～18）cm×（1.5～4.0）cm，先端渐尖，向基部变狭，二回羽状深裂；裂片长圆形，两侧为波状或有小锯齿。叶脉分离，小脉不达叶边。孢子囊群圆形，囊群盖大，球圆形，黄白色，薄膜质。

分布与生境：产于八大公山斗篷山，生于海拔1560 m的山坡石上。周喜乐，张九兵 ZXL5627（CSH）。

用途：全草入药；庭院观赏。

（二）岩蕨属 **Woodsia** R. Brown

多年生草本。根状茎短，直立或斜升，被边缘全缘或流苏状的披针形鳞片。叶簇生；叶柄具关节，叶片常由此脱落，基部被鳞片，向上被毛或光滑；叶片披针形，向基部常变狭，一至二回羽状分裂。孢子囊群圆形，孢子囊大，球形。

本属约38种，我国有20种，湖南有2种，八大公山有1种。

1. 耳羽岩蕨 Woodsia polystichoides D. C. Eaton

多年生草本。根状茎先端密被鳞片。叶簇生；叶片披针形，二回羽状深裂；裂片长圆形，两侧为波状或有小锯齿。叶脉分离，小脉不达叶边。孢子囊群圆形，位于小脉的中部或近顶部；囊群盖大，球圆形，黄白色，薄膜质，从顶部开口。

分布与生境：产于八大公山斗篷山，生于海拔900～2200 m的山坡石上。金摄郎、张九兵 BDGS461（CSH），吴世福683（PE）。

用途：全草入药；庭院观赏。

膀胱蕨 Physematium manchuriense

耳羽岩蕨 Woodsia polystichoides

二十、球子蕨科 Onocleaceae

多年生草本。根状茎短粗，直立或横走，被棕色鳞片。叶二型，簇生或远生，营养叶椭圆状披针形，一回羽状至二回羽裂；孢子叶椭圆形至线形，一回羽状，羽片反卷成荚果状。孢子囊球形，背生脉上；囊群盖下位或无盖，为反卷的变质的叶片包被。

4 属 5 种，我国有 3 属 4 种，湖南有 2 属 3 种，八大公山有 1 属 2 种。

（一）东方荚果蕨属 Pentarhizidium Hayata

多年生草本。根状茎粗壮，直立或短的横走，被褐色鳞片。叶簇生，营养叶卵状三角形或椭圆形，二回羽状分裂；孢子叶椭圆形，一回羽状，羽片线形，靠近，深紫色。孢子囊群成熟时汇合成线形。

2 种，我国全有，湖南有 2 种，八大公山有 2 种。

分种检索表

1. 羽片宽 1.5 ~ 1.8 cm，孢子囊群无盖 ………………………………… **1. 中华荚果蕨 P. intermedium**

1. 羽片宽 2.0 ~ 3.5 cm，孢子囊群有盖 ………………………………………… **2. 东方荚果蕨 P. orientale**

1. 中华荚果蕨 Pentarhizidium intermedium (C. Christensen) Hayata

多年生草本。根状茎密被鳞片。叶簇生，二型；营养叶二回羽状深裂，羽片互生，线状披针形，中部的羽片最大，羽状半裂；裂片舌形；孢子叶一回羽状，羽片向背面反卷成荚果状，深紫色。孢子囊群球形，背生脉上，成熟时汇合成线形，无囊群盖。

分布与生境：产于八大公山斗篷山，生于海拔 1500 ~ 1800 m 的林下草丛中。

用途：全草入药。

中华荚果蕨 Pentarhizidium intermedium

2. 东方荚果蕨 Pentarhizidium orientale (Hooker) Hayata

多年生草本。根状茎连同叶柄基部密被棕色披针形大鳞片。叶簇生，二型；营养叶二回羽状深裂；下部的羽片较大，羽状深裂；孢子叶叶片长圆形，一回羽状；羽片向背面反卷成荚果状，深紫色。孢子囊群球形，成熟时汇合成线形，具白色膜质囊群盖。

分布与生境：产于八大公山各地，生于海拔 800 ~ 1800 m 的林缘、林下阴湿地。金摄郎、张九兵 BDGS429（CSH）；周喜乐、金冬梅 ZXL9747（CSH）；刘炳荣 850548（HUST）。

用途：全草入药；嫩芽可食。

东方荚果蕨 Pentarhizidium orientale

二十一、乌毛蕨科 Blechnaceae

多年生草本。根状茎短，直立或斜升，稀细长而横走，被棕色鳞片。叶簇生或近生，一型或二型，叶片一至二回羽状分裂，稀为单叶，厚纸质至革质，常被鳞片。孢子囊群长圆形，着生于与主脉平行的小脉上或网眼外侧边。

14 属 250 种，我国有 8 属 14 种，湖南有 3 属 6 种，八大公山有 2 属 3 种。

分属检索表

1. 叶近二型，叶片一回羽状……………………………………………………… **1. 荚囊蕨属 Struthiopteris**
1. 叶一型，叶片二回深羽裂………………………………………………………… **2. 狗脊属 Woodwardia**

（一）荚囊蕨属 **Struthiopteris** Scopoli

多年生草本。根状茎直立或斜升，顶部密生棕色鳞片。叶簇生，近二型；叶片倒披针形，向下渐缩短，一回羽状；羽片平伸，镰刀状披针形，篦齿状排列，孢子叶较营养叶狭窄。孢子囊群线形，连续不中断，沿羽片主脉两侧各一个。

10 种，我国有 2 种，湖南有 1 种，八大公山亦有分布。

1. 荚囊蕨 Struthiopteris eburnea (Christ) Ching

荚囊蕨 Struthiopteris eburnea

多年生草本。根状茎被棕色披针形鳞片。叶近生或近簇生，二型，营养叶叶柄禾秆色，基部黑褐色，疏被鳞片。叶片倒披针形，基部变狭，边缘羽状浅裂或波状，一回羽状全裂；羽片镰刀状披针形，边缘全缘略内卷；孢子叶的羽片较营养叶的羽片短而狭。

分布与生境：产于八大公山各地，生于海拔 200 ~ 1000 m 干旱或湿润的崖壁上。金摄郎、张九兵 BDGS683（CSH）；张灿明 00178（HUST）；严岳鸿 010201（HUST）。

用途：全草入药。

（二）狗脊属 **Woodwardia** J. E. Smith

多年生草本。根状茎短粗，直立或斜升，被棕色披针形鳞片。叶簇生；叶柄禾秆色，有鳞片；叶片二回羽状分裂，羽片半裂或深裂几达羽轴，裂片边缘有锯齿，叶脉羽状，沿主脉两侧各形成一行长圆形网眼，靠近叶缘的网眼外侧有分离的小脉，伸向叶边。孢子囊群长圆形，不连续，位于近主脉网眼的外侧。

10 种，我国有 5 种，湖南有 5 种，八大公山有 2 种。

分种检索表

1. 羽片腋中无芽胞…………………………………………………………… **1. 狗脊 W. japonica**
1. 近顶部的羽片腋中有 1 个着棕色鳞片的芽胞……………………………… **2. 单芽狗脊 W. unigemmata**

1. 狗脊 Woodwardia japonica (Linnaeus f.) Smith

多年生草本。根状茎密生红棕色披针形大鳞片。叶簇生或近生，叶柄深禾秆色，连同叶轴疏被小鳞片；叶片长圆形，二回羽状分裂，羽片披针形，羽状半裂，裂片三角形，边缘有细小锯齿。孢子囊群长圆形，生于主脉两侧相对的网脉上。

分布与生境：产于八大公山各地，生于海拔 200 ~ 1200 m 的山坡林下。周喜乐、严岳鸿、金冬梅 ZXL9707（CSH）。

用途：全草入药。

2. 顶芽狗脊 Woodwardia unigemmata (Makino) Nakai

多年生草本。根状茎连同叶柄基部被红棕色披针形大鳞片。叶近生或簇生，叶柄禾秆色；叶片长圆形，近顶部的羽片腋中有 1 个着棕色鳞片的芽胞，二回羽状深裂，羽片长圆形，羽状深裂，裂片镰刀状披针形。孢子囊群长圆形，位于靠近主脉两侧的网脉上。

分布与生境：产于八大公山各地，生于海拔 200 ~ 1300 m 的林下、林缘、土坎上。金摄郎、张九兵 BDGS501（CSH）。

用途：全草入药。

狗脊 Woodwardia japonica

顶芽狗脊 Woodwardia unigemmata

二十二、蹄盖蕨科 Athyriaceae

多年生草本。根状茎直立，斜升或横走，被大型鳞片。叶簇生；稀远生或近生，叶柄基部黑色，被鳞片，向上光滑，禾秆色或稀为栗色；上面具纵沟，叶片一至三回羽状或四回羽状分裂，或罕为单叶。孢子囊群着生囊托上，有盖或无盖；囊群盖各式。

5属，约600种，我国有5属278种，湖南有5属45种，八大公山有5属47种。

分属检索表

1. 孢子囊群线形或矩圆形，通直，从不弯曲……………………………………… **5. 双盖蕨属 Diplazium**
1. 孢子囊群圆形、粗线形或马蹄形，多少弓弯。
  2. 孢子囊群粗线形或马蹄状。
    3. 孢子囊群马蹄状弓弯………………………………………………… **2. 蹄盖蕨属 Athyrium**
    3. 孢子囊群粗线形，稍弯曲…………………………………………… **3. 角蕨属 Cornopteris**
  2. 孢子囊群圆形或半月形。
    4. 囊群盖边缘无毛………………………………………………………… **4. 对囊蕨属 Deparia**
    4. 囊群盖边缘有睫毛…………………………………………………… **1. 安蕨属 Anisocampium**

（一）安蕨属 **Anisocampium** C. Presl

多年生草本。根状茎横走，先端连同叶柄基部被棕色全缘的披针形鳞片。叶片一回羽状或二回羽状浅裂。孢子囊群圆形、长圆形、弯钩形或马蹄形，生小脉的中部，3 ~ 5枚成一行，位于主脉两侧；囊群盖小，圆肾形，早落，边缘有睫毛，或无盖。

4种，我国有4种，湖南有2种，八大公山全有。

分种检索表

1. 叶一型…………………………………………………………………… **1. 日本安蕨 A. niponicum**
1. 叶二型…………………………………………………………………… **2. 华东安蕨 A. sheareri**

1. 日本安蕨 Anisocampium niponicum (Mettenius) Yea C.Liu

多年生草本。根状茎横卧，斜升，先端和叶柄基部密被浅褐色鳞片。叶簇生，叶柄基部黑褐色，向上禾秆色，疏被鳞片；叶片卵状长圆形，中部以上二回羽状至三回羽状，小羽片阔披针形或长圆状披针形，两侧有粗锯齿或羽裂几达小羽轴两侧的阔翅，裂片边缘有向内紧靠的尖锯齿。孢子囊群长圆形、弯钩形或马蹄形，每末回裂片4 ~ 12对。

分布与生境：产于八大公山各地，生于海拔400 ~ 1500 m的山坡林下。金摄郎、张九兵BDGS833（CSH）；周喜乐、严岳鸿、金冬梅ZXL9738（CSH）。

2. 华东安蕨 Anisocampium sheareri (Baker) Ching

多年生草本。根状茎长，横走，被披针形鳞片。叶柄禾秆色，基部为褐色，叶片狭卵形，一回羽状，羽片披针形或呈镰刀状，基部 1 对羽片最大，边缘浅羽裂，有刺状尖锯齿。孢子囊群圆形，着生在小脉的中部；囊群盖小，肾形，边缘有长睫毛，早落。

分布与生境：产于八大公山各地，生于海拔 800 m 以下的山坡林下。周喜乐、严岳鸿、金冬梅 ZXL9669（CSH）；周喜乐、金冬梅 ZXL9756（CSH）；刘炳荣 050889（HUST）；刘炳荣 850606（HUST）。

日本安蕨 Anisocampium niponicum

华东安蕨 Anisocampium sheareri

（二）蹄盖蕨属 **Athyrium** Roth

多年生草本。叶簇生，叶柄基部通常加厚，两侧边缘各有瘤状气囊体一列，叶柄基部密被鳞片，叶片二至三回羽状或深羽状分裂，稀四回羽状分裂，各回羽轴下面圆形，上面以深纵沟彼此相通，沟两侧通常有刺状突起。孢子囊群为圆形、马蹄形、长圆形或短线形等；囊群盖同形，边缘有流苏状睫毛或呈啮蚀状，宿存，罕有不具盖。

220 种，我国有 123 种，湖南有 30 种，八大公山有 11 种。

分种检索表

1. 囊群盖边缘撕裂状或有睫毛……………………………………………… **1. 大叶假冷蕨 A. atkinsonii**
1. 囊群盖边缘全缘。
  2. 孢子周壁表面有明显的褶皱……………………………………………… **6. 疏叶蹄盖蕨 A. dissitifolium**
  2. 孢子周壁表面无褶皱。
    3. 囊群盖通常为弯钩、马蹄、圆肾、椭圆、短线形，叶柄基部鳞片黄褪色至深褪色。
      4. 叶中部以上羽片之小羽片或羽裂片上先出……………………… **5. 薄叶蹄盖蕨 A. delicatulum**
      4. 叶中部以上羽片之小羽片或羽裂片下先出或近对生……………………**9. 尖头蹄盖蕨 A. vidalii**
    3. 囊群盖通常为线形或长圆形，叶柄基部鳞片黑色至黑褪色。
      5. 羽轴上面的刺突钻形，小羽轴和中肋上无刺突，有也极短。
        6. 羽片通常有明显的柄。
          7. 叶下部 2 ~ 3 对羽片上先出………………………………………… **3. 坡生蹄盖蕨 A. clivicola**
          7. 叶基部 1 对羽片上先出，其它羽片近对生或下先出。
            8. 小羽片边缘有锯齿…………………………………………………… **11. 华中蹄盖蕨 A. wardii**
            8. 小羽片边缘全缘……………………………………………………**2. 短柄蹄盖蕨 A. brevistipes**
        6. 羽片通常无柄………………………………………………………… **8. 贵州蹄盖蕨 A. pubicostatum**
      5. 小羽轴和中肋上面同样有刺状突起。
        9. 叶轴近顶部常有芽胞………………………………………………… **10. 胎生蹄盖蕨 A. viviparum**
        9. 叶轴近顶部无芽胞。
          10. 中部羽片的小羽片上先出 …………………… **4. 合欢山蹄盖蕨 A. cryptogrammoides**
          10. 中部羽片的小羽片近对生 ……………………………………… **7. 长江蹄盖蕨 A. iseanum**

1. 大叶假冷蕨 Athyrium atkinsonii Beddome

多年生草本。根状茎粗而横卧，先端被有褐色鳞片。叶近生或远生，叶柄基部黑褐色，向上渐变为禾秆色，叶片通常较大，阔卵形或卵状三角形，二回至四回羽状，末回裂片卵状长圆形，先端圆钝或近方头，并有 2 ~ 3 个不整齐的短锯齿，两面无毛。孢子囊群圆形或椭圆形，背生或半侧生于裂片基部上侧之小脉上，每裂片通常一枚。

分布与生境：产于八大公山斗篷山，生于海拔 1900 m 的山坡疏林下。

2. 短柄蹄盖蕨 Athyrium brevistipes Ching

多年生草本。根状茎短，直立，先端和叶柄基部密被浅褐色鳞片。叶簇生，叶柄基部黑褐色，向上禾秆色，略带淡紫红色，光滑；叶片卵状长圆形，二回羽状，羽片披针形，先端尾状渐尖，基部对称，两侧略有耳状凸起，边缘有浅圆锯齿，叶轴和羽轴下面淡紫红色，上面有贴伏的钻状短硬刺。孢子囊群长圆形或短线形。

分布与生境：产于八大公山各地，生于海拔 1400 m 的山坡草地中。刘炳荣 850899（HUST）。

大叶假冷蕨 Athyrium atkinsonii

短柄蹄盖蕨 Athyrium brevistipes

3. 坡生蹄盖蕨 Athyrium clivicola Tagawa

根状茎短，直立。叶簇生。叶片三角状卵形，二回羽状；侧生羽片 6 ~ 7 对，互生，密接，斜展，有柄，下部的阔披针形，先端长渐尖，基部截形，对称，一回羽状；小羽片约 12 对，互生，几平展，有短柄或无柄，下部的长圆状三角形。叶轴和羽轴下面禾秆色，有时带淡紫红色，光滑，上面沿沟边两侧边上有贴伏的钻状短硬刺。孢子囊群长圆形或短线形，孢子周壁表面无褶皱。

分布与生境：产于八大公山斗篷山，生于海拔 1600 m 的山坡疏林下。张灿明 8808215（PE）。

坡生蹄盖蕨 Athyrium clivicola

4. 合欢山蹄盖蕨 Athyrium cryptogrammoides Hayata

根状茎短，直立。叶簇生。叶片卵状披针形，二回羽状，小羽片羽状细裂；羽片 10～12 对，互生，略斜展，有柄，小羽片羽裂；小羽片 10～12 对，中部羽片的基部小羽片上先出，互生，近平展，近无柄，阔披针形，裂片约 4 对，卵状披针形，钝头，边缘有重锯齿。叶轴和羽轴下面禾秆色，上面连同小羽轴（或主脉）有贴伏的针状长软刺。孢子囊群长圆形或圆肾形，生于上侧小脉，每裂片 1～4 枚。孢子周壁表面无褶皱。

合欢山蹄盖蕨 Athyrium cryptogrammoides

分布与生境：产于八大公山斗篷山，生于海拔 1685 m 的山坡疏林下。金摄郎、张九兵 BDGS413（CSH）。

5. 薄叶蹄盖蕨 Athyrium delicatulum Ching & S. K. Wu

叶片卵形，二回深羽裂至三回深羽裂；羽片约 12 对，基部的对生或近对生，上部的互生，略斜展，有柄，基部 1 对阔披针形，基部略变狭，一回羽状（二回深羽裂）；小羽片约 15 对，上先出，互生，彼此远离；裂片 5 ~ 6 对，略斜展，长圆形，从第二对羽片起，以上各对羽片与基部 1 对同形而逐渐缩短，但基部不变狭或最阔。叶轴和羽轴下面禾秆色，光滑无毛，上面近顶部有贴伏的刺状突起。孢子囊群椭圆形或近圆形，下部裂片 3 ~ 5 枚，上部裂片 1 枚；囊群盖长圆形，少为圆肾形或弯钩形。

分布与生境：产于八大公山斗篷山，生于海拔 1685 m 的山坡疏林下。金摄郎、张九兵 BDGS452（CSH）。

薄叶蹄盖蕨 Athyrium delicatulum

6. 疏叶蹄盖蕨 Athyrium dissitifolium (Baker) C. Christensen

根状茎短，横卧或斜升。叶簇生。能育叶长 20 ~ 65 cm；叶柄禾秆色，叶片阔披针形，先端长渐尖，基部不变狭，一回羽状，羽片浅裂至二回羽状；羽片 12 ~ 25 对，互生，近平展，几无柄，披针形，两侧深羽裂至全裂；小羽片或裂片约 12 对，互生，彼此密接，长圆形。叶轴和羽轴下面禾秆色，光滑无毛。孢子囊群圆形或椭圆形，生于小脉中上部，略靠近叶边，每小羽片或裂片 5 ~ 6 对；无囊群盖。

疏叶蹄盖蕨 Athyrium dissitifolium

分布与生境：产于八大公山天平山，生于海拔 1400 m 的山坡疏林下。周喜乐、金冬梅 ZXL9763（CSH）。

7. 长江蹄盖蕨 Athyrium iseanum Rosenstock

多年生草本。根状茎短，直立，先端和叶柄基部密被深褐色鳞片。叶簇生，叶柄基部黑褐色，向上淡绿禾秆色，光滑；叶片长圆形，二回羽状，小羽片卵状长圆形，基部不对称，上侧截形，下侧楔形，叶轴和羽轴上面连同主脉有贴伏的针状软刺。孢子囊群长圆形、弯钩形、马蹄形或圆肾形。

分布与生境：产于八大公山天平山（黄连台、楠木坪），生于海拔 400 ~ 700 m 的山坡林下。张灿明 8808085（PE）；吴世福 787（PE）。

长江蹄盖蕨 Athyrium iseanum

8. 贵州蹄盖蕨 Athyrium pubicostatum Ching et Z.Y.Liu

多年生草本。根状茎短，直立，先端和叶柄基部密被深褐色鳞片。叶簇生，叶柄基部黑褐色，向上禾秆色；叶片近长三角形，二回羽状，小羽片下部 2 ~ 3 对小羽片与羽轴合生，叶轴和羽轴上面有贴伏的钻状短硬刺。孢子囊群长圆形或短线形。

分布与生境：产于八大公山各地，生于海拔 1000 ~ 1800 m 的山坡密林下。金摄郎、张九兵 BDGS652（CSH）；刘炳荣 871559（HUST）；吴世福 612（PE）。

9. 尖头蹄盖蕨 Athyrium vidalii (Franchet & Savatier) Nakai

多年生草本。根状茎短，直立，先端密被深褐色鳞片。叶簇生，叶柄基部黑褐色，密被与根状茎上同样的鳞片，向上禾秆色；叶片长卵形或三角状卵形，二回羽状，小羽片尖头，基部不对称，上侧截形，并有钝圆的耳状凸起，下侧楔形，两侧边缘常有波状浅裂，或有尖锯齿，羽轴上面有贴伏的短硬刺。孢子囊群长圆形或短线形。

分布与生境：产于八大公山天平山，生于海拔 1500 m 的山坡草地中。金摄郎、张九兵 BDGS849（CSH）；1500 m，吴世福 613（PE）。

贵州蹄盖蕨 Athyrium pubicostatum

尖头蹄盖蕨 Athyrium vidalii

10. 胎生蹄盖蕨 Athyrium viviparum (Hooker) Makino

根状茎短，直立。叶簇生。叶片长圆状披针形，先端渐尖，基部略变狭，圆形，二回羽状，小羽片羽裂；羽片 15 ~ 18 对，下部数对近对生，向上的互生，斜展，有柄，基部 1 ~ 2 对略缩短，基部几不变狭，中部羽片披针形，一回羽状；小羽片约 15（20）对，基部 1 对对生，向上的互生，斜展，基部 1 对较大。叶轴和羽轴下面禾秆色，疏被腺毛，上面有贴伏的针状软刺，小羽片主脉上面也有刺，叶轴先端以下往往有 1 个被鳞片的腋生芽胞，能着地生根行营养繁殖。孢子囊群长圆形或短线形，生于上侧小脉上，紧靠主脉，每裂片 1 枚，基部上侧裂片 1 ~ 2 对；囊群盖同形，浅褐色，膜质，全缘，宿存。

分布与生境：产于八大公山五道水，生于海拔 600 ~ 1400 m 的山坡草地中。金摄郎、张九兵 BDGS651（CSH）；周喜乐、严岳鸿、金冬梅 ZXL9742（CSH）。

胎生蹄盖蕨 Athyrium viviparum

11. 华中蹄盖蕨 Athyrium wardii (Hooker) Makino

多年生草本。根状茎短，直立，先端密被深褐色鳞片。叶簇生，叶柄基部密被与根状茎上同样的鳞片；叶片三角状卵形或卵状长圆形，一至二回羽状，小羽片基部偏斜，上侧截形，并稍成耳状凸起，下侧下延，边缘有细锯齿。孢子囊群长圆形或短线形。

分布与生境：产于八大公山各地，生于海拔 600 ~ 1600 m 的山坡草地中。金摄郎、张九兵 BDGS440（CSH）；金摄郎、张九兵 BDGS657（CSH）；周喜乐、严岳鸿、金冬梅 ZXL9714（CSH）；吴世福 331（PE）。

华中蹄盖蕨 Athyrium wardii

（三）角蕨属 Cornopteris Nakai

多年生草本。根状茎大多粗而横卧，顶部及叶柄基部有黑褐色鳞片；叶近生，叶柄向基部加厚，近肉质，叶片卵状椭圆形，二回羽状至三回羽裂，叶轴和各回羽轴上面有纵沟，两侧有隆起的狭边，相交处有一肉质角状扁粗刺，叶脉分离，不达叶边。孢子囊群短线形，背生于小脉中部以下。

15 种，我国有 11 种，湖南有 1 种，八大公山也有分布。

1. 角蕨 Cornopteris decurrenti-alata (Hooker) Nakai

多年生草本。根状茎细长横走或横卧，黑褐色，顶部被褐色披针形鳞片。叶近生，叶柄暗禾秆色，基部被鳞片，向上近光滑，上面有纵沟两条；叶片卵状椭圆形，一至二回羽状，裂片或小羽片卵形或长椭圆形，叶无毛或几无毛。孢子囊群短线形或长椭圆形，背生于小脉中部或较接近中脉。

角蕨 Cornopteris decurrenti-alata

分布与生境：产于八大公山核心区，生于海拔 600 ~ 1500 m 的山坡草地中。金摄郎、张九兵 BDGS427（CSH）；周喜乐、严岳鸿、金冬梅 ZXL9726（CSH）；吴世福 764（PE）。

（四）对囊蕨属 Deparia Hooker & Greville

多年生草本。根状茎长而横走，先端连同叶柄基部密被膜质鳞片。叶一至二回羽状复叶，末回羽片羽状分裂或裂片的基部往往以狭翅与羽轴或小羽轴相连，叶轴和羽轴上面有 1 条宽的纵沟，但在交叉点并不开口相通。孢子囊群背生于小脉中部，长圆形、J 形或马蹄形。

70 种，我国有 53 种，湖南有 24 种，八大公山有 14 种。

分种检索表

1. 叶为单叶……………………………………………………………………**6. 单叶双盖蕨 D. lancea**
1. 叶为一至二回羽状复叶。
  2. 叶有蠕虫状或粗毛状小鳞片，罕见混生单行细胞短节毛。
    3. 叶脉在羽片及裂片中肋每侧联结形成 3 ~ 4 行偏斜的长网孔………**3. 全缘网蕨 D. formosana**
    3. 叶脉分离。
      4. 孢子囊群大多数为圆形或椭圆形；囊群盖圆肾形、马蹄形、弯钩形或新月形。
        5. 叶为一回羽状，羽片羽状深裂。
          6. 叶柄和叶轴被相当多的黑褐色、有光泽的阔披针形鳞片… **12. 峨眉介蕨 D. unifurcata**
          6. 叶柄和叶轴被深褐色、卵状披针形鳞片………………… **11. 川东介蕨 D. stenopterum**
        5. 叶为二回羽状，羽片羽状半裂至深裂。
          7. 小羽片基部与羽轴多少合生，无柄。
            8. 小羽片基部近方形，羽裂深达 1/2 ……………………… **7. 华中介蕨 D. okuboana**
            8. 小羽片基部阔楔形，羽裂深达 2/3 以上 ……………… **14. 绿叶介蕨 D. viridifrons**
          7. 小羽片基部与羽轴分离，有短柄…………………………………… **1. 介蕨 D. boryana**
      4. 孢子囊群长圆形或短线形，有时弯弓；囊群盖长圆形、新月形、弯钩形或马蹄形。
        9. 叶片上面疏被褐色刺状粗毛……………………………………… **9. 刺毛介蕨 D. setigera**
        9. 叶片上面近光滑，无刺状粗毛…………………………………… **4. 鄂西介蕨 D. henryi**
  2. 叶有单行细胞白色或淡棕色透明长节毛，有时混生蠕虫状毛。
    10. 叶柄基部加厚削尖呈纺缍形。
      11. 裂片先端钝圆或钝尖 ……………………………………**10. 华中蛾眉蕨 D. shennongensis**
      11. 裂片先端截平 ………………………………………… **13. 湖北蛾眉蕨 D. vermiformis**
    10. 叶柄基部不呈纺缍形。
      12. 羽片先端通常渐尖至长渐尖 …………………………………**5. 假蹄盖蕨 D. japonica**
      12. 羽片先端钝圆或急尖。
        13. 叶两面通常有甚多卷曲的长节毛 ……………………… **8. 毛轴假蹄盖蕨 D. petersenii**
        13. 叶两面疏生节状毛 ………………………………………**2. 钝羽假蹄盖蕨 D. conilii**

1. 介蕨 Deparia boryana (Willdenow) M. Kato

根状茎横走，斜升；叶近簇生。叶柄疏被深褐色鳞片，向上淡褐禾秆色，近光滑；叶片阔卵形，二回羽状，小羽片深羽裂，叶脉在裂片上为羽状，侧脉单一或二叉，叶轴、羽轴和小羽轴上疏被小鳞片和蠕虫状毛。孢子囊群小，圆形，背生于侧脉中部或小脉分叉处。

分布与生境：分布于八大公山五道水，生于海拔 200 ~ 500 m 的山坡林下。

介蕨 Deparia boryana

2. 钝羽假蹄盖蕨 Deparia conilii (Franch. et Sav.) M. Kato

根状茎细长横走。叶远生至近生。叶明显近二型，不育叶的柄显著较短。叶片狭披针形至披针形，（15 ~ 25）cm ×（4 ~ 7）cm，先端渐尖，基部略宽或与中部等宽至略缩狭，一回羽状；侧生羽片 12 ~ 15 对，矩圆形至短披针形，平展或基部的略向下反折，先端钝圆、急尖或短渐尖，基部不对称，上侧略呈耳状突起。孢子囊群短线形，在侧生羽片的裂片上 1 ~ 3 对，单生或在基部上出一脉双生；

钝羽假蹄盖蕨 Deparia conilii

囊群盖褐色，膜质，边缘通常啮蚀状，有时呈撕裂状，孢子囊群成熟前大多不内弯，少见内弯。

分布与生境：分布于八大公山天平山，生于海拔 500 ~ 1400 m 的山坡林下。金摄郎、张九兵 BDGS855（CSH）。

3. 全缘网蕨 Deparia formosana (Rosenst.) R. Sano

叶片长三角形，基部心形，下部裂片椭圆披针形或短阔披针形，先端短渐尖；充分成长的植株能育叶椭圆形，下部有 1 ~ 3 对侧生分离羽片，顶部均显著急缩，浅羽裂渐尖或两侧波状至全缘；分离羽片对生或近对生，镰状长椭圆形，先端渐尖，基部圆形，略不对称，无柄或有不明显的短柄；羽片及裂片均全缘，偶呈波状。叶片两面几光滑，叶轴、主脉下面中部以下及上面近基部疏生锈黄色短节毛及蠕虫状或粗毛状小鳞片。孢子囊群长短不等，在主脉两侧排列成不规则的 1 ~ 3 行。

分布与生境：分布于八大公山五道水（汪家坪），生于海拔 500 m 的山坡林下。金摄郎、张九兵 BDGS669（CSH）。

全缘网蕨 Deparia formosana

4. 鄂西介蕨 Deparia henryi (Baker) M. Kato

多年生草本。根状茎横走，被棕色披针形鳞片。叶柄禾秆色，基部被鳞片，向上渐光滑；叶片长圆形，二回羽状分裂，羽片互生，披针形，中下部的羽片较大，羽状深裂，裂片长圆形，边缘浅圆裂或近全缘，基部下延彼此以狭翅相连。孢子囊群长圆形，生于分叉脉的上侧小脉上，每个裂片上有 3 ~ 6 对。

分布与生境：产于八大公山斗篷山，生于海拔 1450 m 的山坡林下。刘炳荣 850391（HUST）。

5. 假蹄盖蕨 Deparia japonica (Thunberg) M. Kato

多年生草本。根状茎细长横走，先端被鳞片。叶远生至近生，叶柄禾秆色，基部被与根状茎上同样的鳞片，叶片矩圆形至矩圆状阔披针形，有时呈三角形，二回羽状，羽片先端渐尖至尾状长渐尖，基部阔楔形，两侧羽状半裂至深裂。孢子囊群短线形，通直，大多单生于小脉中部上侧，在基部上出 1 脉有时双生于上下两侧。

分布与生境：产于八大公山各地，生于海拔 600 ~ 1400 m 的山坡草地。天平金摄郎、张九兵 BDGS730（CSH）；金摄郎、张九兵 BDGS860（CSH）。

鄂西介蕨 Deparia henryi

假蹄盖蕨 Deparia japonica

6. 单叶双盖蕨 Deparia lancea (Thunberg) Fraser-Jenkins

多年生草本，叶常绿。根状茎细长，横走，被黑色形鳞片。叶远生，叶柄基部被褐色鳞片，叶片披针形或线状披针形，两端渐狭，边缘全缘或稍呈波状，中脉两面均明显。孢子囊群线形，沿小脉斜展。

分布与生境：产于八大公山各地，生于海拔 200 ~ 400 m 的山坡密林下。金摄郎、张九兵 BDGS835（CSH）；周喜乐、严岳鸿、金冬梅 ZXL9701（CSH）；刘炳荣 850483（HUST）。

用途：庭院观赏。

单叶双盖蕨 Deparia lancea

7. 华中介蕨 Deparia okuboana (Makino) M.Kato

多年生草本。根状茎横走，疏被褐色披针形鳞片。叶柄深禾秆色；叶片阔卵形，三回羽状分裂，小羽片互生，披针形，中部的稍大，裂片近长圆形，全缘，先端平截。孢子囊群圆形，每个裂片上通常有 1 枚。

分布与生境：产于八大公山各地，生于海拔 300～1400 m 的山坡林下。金摄郎、张九兵 BDGS478（CSH）；刘炳荣 850389（HUST）；1380 m，吴世福 332（PE）。

华中介蕨 Deparia okuboana

8. 毛轴假蹄盖蕨 Deparia petersenii (Kunze) M. Kato

多年生草本。根状茎细长横走，先端密被红褐色鳞片。叶远生至近生，叶柄禾秆色，疏被鳞片及卷曲的节状短毛，叶片通常卵状阔披针形或矩圆阔披针形，二回羽状，羽片披针形或矩圆披针形，羽状半裂至深裂，下面有长节毛。孢子囊群短线形。

分布与生境：产于八大公山各地，生于海拔 500 ~ 1400 m 的山坡草地。金摄郎、张九兵 BDGS865（CSH）；吴世福 330（PE）。

毛轴假蹄盖蕨 Deparia petersenii

9. 刺毛介蕨 Deparia setigera (Ching ex Y. T. Hsieh) Z. R. Wang

根状茎横走，先端斜升；叶簇生。叶柄基部密被深褐色披针形鳞片，向上禾秆色，叶片长圆形，

刺毛介蕨 Deparia setigera

（30～35）cm×（16～20）cm，先端渐尖，基部变狭，一回羽状，羽片深羽裂；羽片 10～14 对，基部的近对生，边缘深羽裂；裂片长圆形，钝圆头或截头，全缘或边缘略有波状齿。孢子囊群长圆形、弯钩形或马蹄形，生于小脉中部或基部，每裂片 4～6 对。

分布与生境：分布于八大公山杉木界，长于海拔 1100 m 的山坡密林下。1100 m，刘炳荣 05121（HUST）。

10. 华中蛾眉蕨 Deparia shennongensis (Ching, Boufford & K. H. Shing) X. C. Zhang

多年生草本。根状茎粗而直立或斜升，先端连同叶柄基部被有褐色或带黑褐色的阔披针形大鳞片。叶簇生，叶柄禾秆色或带褐红色，叶片倒披针形，一回羽状，羽片深羽裂，裂片长圆形，圆钝头，有小圆齿，边缘近全缘或具矮钝齿。孢子囊群椭圆形或短线形，每裂片有 4～5 对。

分布与生境：产于八大公山斗篷山、天平山，生于海拔 1000～1500 m 的山坡林下。金摄郎、张九兵 BDGS437（CSH）；金摄郎、张九兵 BDGS650（CSH）；刘炳荣 850755（HUST）。

华中蛾眉蕨 Deparia shennongensis

11. 川东介蕨 Deparia stenopterum (Christ) Z.R.Wang

多年生草本。根状茎横走，先端斜升。叶近生，叶柄基部疏被深褐色狭披针形鳞片，向上禾秆色，近光滑；叶片卵状长圆形，一回羽状，羽片深羽裂，裂片 15～18 对，镰刀状长圆形，基部 1 对较短，钝圆头或短头头，边缘有浅圆锯齿，深羽裂至半裂，裂片近全缘或略有小圆锯齿。孢子囊群小，圆形，生于小脉中部，在主脉两侧各排列成 1 行。

分布与生境：产于八大公山斗篷山，生于海拔 1000～1500 m 的山坡林下。金摄郎、张九兵 BDGS479（CSH）；金摄郎、张九兵 BDGS514（CSH）。

12. 峨眉介蕨 Deparia unifurcata (Baker) M. Kato

多年生草本。根状茎长而横走。叶远生，叶柄基部疏被黑褐色鳞片，向上禾秆色，近光滑；叶片卵状长圆形，一回羽状，羽片羽裂，裂片 12 ~ 15 对，长圆形，基部 1 对缩短，钝圆头或截头，全缘，深羽裂至半裂，裂片长圆形或近方形，钝圆头或截头。孢子囊群小，圆形，背生于小脉中部，在主脉两侧各排列成 1 行。

分布与生境：产于八大公山各地，生于海拔 1200 ~ 1500 m 的山坡林下。周喜乐、严岳鸿、金冬梅 ZXL9660（CSH）；刘炳荣 850385（HUST）；刘炳荣 871229（HUST）；吴世福 615（PE）。

川东介蕨 *Deparia stenopterum*

峨眉介蕨 *Deparia unifurcata*

13. 湖北蛾眉蕨 Deparia vermiformis (Ching, Boufford & K. H. Shing) Z. R. Wang

多年生草本。状茎短而直立，先端连同叶柄基部被有深褐色鳞片。叶簇生，叶柄基部被鳞片较密，向上暗禾秆色，逐渐几无鳞片；叶片长圆状披针形，一回羽状，羽片深羽裂，裂片长圆形，近全缘，先端斜截形或钝圆形。孢子囊群短线形，即使在叶片顶部或羽片顶部也从不弯弓，每裂片上有3~4对。

分布与生境：产于八大公山天平山，生于海拔1200~1470 m的山坡林下。刘炳荣 850820（HUST）。

湖北蛾眉蕨 Deparia vermiformis

14. 绿叶介蕨 Deparia viridifrons (Makino) M. Kato

多年生草本。根状茎横走，粗壮；叶近生。叶柄疏被浅褐色鳞片，向上禾秆色，光滑；叶片长圆形，二回羽状，小羽片深羽裂，叶轴、羽轴和小羽轴上疏被小鳞片和蠕虫状毛。孢子囊群小，圆

绿叶介蕨 Deparia viridifrons

形或近圆形，背生于小脉上。

分布与生境：产于八大公山天平山，生于海拔 1360 m 的沟谷林下。刘炳荣 850415（HUST）。

（五）双盖蕨属 Diplazium Swartz

多年生草本。根状茎直立或斜升，罕为细长横走，先端被黑色鳞片。叶通常簇生或近生，罕为远生，叶柄基部近黑色，略被鳞片，叶片奇数一回羽状或间为三出复叶或披针形的单叶，或有时同一种兼有三种形态的能育叶。孢子囊群线形，多生于每组小脉的基部上出和下出一脉，或仅生于上出一脉，较少见生于中部小脉。

400 种，我国有 86 种，湖南有 30 种，八大公山有 19 种。

分种检索表

1. 相邻裂片下部的一至多对小脉先端靠合或联结………………………………… **7. 菜蕨 D. esculentum**

1. 叶脉分离。

  2. 叶片奇数一回羽状，顶生羽片与侧生羽片同形………………………… **15. 薄叶双盖蕨 D. pinfaense**

  2. 叶片顶部羽裂渐尖。

    3. 孢子囊群卵圆形至长圆形，着生小脉基部。

      4. 根状茎上横卧，先端密被鳞片，羽片对生或近对生…………………**14. 卵果短肠蕨 D. ovatum**

      4. 根状茎横走，先端疏被鳞片，羽片互生……………………… **5. 光脚短肠蕨 D. doederleinii**

    3. 孢子囊群短线形至长线形，囊群盖不膨胀。

      5. 孢子囊群通常粗短矩圆形。

        6. 孢子囊群靠近小羽片或裂片边缘………………………… **3. 边生短肠蕨 D. conterminum**

        6. 孢子囊群生于小脉中部或下部…………………………………… **17. 淡绿短肠蕨 D. virescens**

      5. 孢子囊群及囊群盖短线形至长线形。

        7. 叶片一回羽状。

          8. 羽片上侧有明显的耳状突起。

            9. 根茎短，斜展至直立；叶簇生……………………… **9. 异果短肠蕨 D. heterocarpum**

            9. 根茎横走；叶远生。

              10. 羽柄有狭翅 ……………………………………**13. 假耳羽短肠蕨 D. okudairai**

              10. 羽柄无翅 ………………………………………… **19. 耳羽短肠蕨 D. wichurae**

          8. 羽片上侧无耳状突起。

            11. 叶片顶端骤缩，形成与侧生羽片不同的顶生羽片 ……… **2. 中日短肠蕨 D. × kidoi**

            11. 叶片渐尖头。

              12. 根茎斜升至直立，叶簇生 ……………………… **10. 鳞轴短肠蕨 D. hirtipes**

              12. 根茎长横走；叶远生 ……………………… **12. 江南短肠蕨 D. mettenianum**

        7. 叶片二回羽状或基部近三回羽状。

13. 小羽片和裂片先端大多圆或急尖状卵形 ·············· **16. 鳞柄短肠蕨 D. squamigerum**

13. 小羽片常为披针形，渐尖头或长渐尖头。

14. 叶厚纸质或近革质，有光泽 ································ **4. 毛柄短肠蕨 D. dilatatum**

14. 叶片大多草质，无光泽。

15. 根茎先端和叶柄基部的鳞片紧贴或叶柄几无鳞片 ··· **11. 异裂短肠蕨 D. laxifrons**

15. 根茎先端和叶柄基部的鳞片松散。

16. 根茎直立在地上形成显著的茎 ························ **6. 大型短肠蕨 D. giganteum**

16. 根茎直立或横走，不在地上形成显著的茎。

17. 根茎斜升至直立，鳞片边缘具齿 ··········· **18. 深绿短肠蕨 D. viridissimum**

17. 根茎横走，鳞片全缘。

18. 叶片基部近三回羽状，小羽片全裂至深裂 ······**1. 中华短肠蕨 D. chinense**

18. 叶片二回羽状，小羽片羽状浅裂至半裂 ··· **8. 薄盖短肠蕨 D. hachijoense**

1. 中华短肠蕨 Diplazium chinense (Baker) C. Christensen

夏绿中型植物。根状茎横走，黑褐色，先端密被鳞片；叶近生，叶柄基部黑褐色，疏被鳞片，向上变为深禾秆色；叶片三角形，（30 ~ 60）cm ×（25 ~ 40）cm，三回羽裂；侧生小羽片约达 13 对，小羽片的裂片达 15 对，略斜向上，下部小羽片的稍疏离，上部小羽片的接近或密接，矩圆形至线状披针形，先端钝圆或急尖，边缘有粗齿，或下部几对羽状半裂。孢子囊群细短线形，生于小脉中部或接近主脉。

分布与生境：产于八大公山天平山，生于海拔 800 ~ 1200 m 的沟谷林下。

中华短肠蕨 Diplazium chinense

2. 中日短肠蕨 Diplazium × kidoi Sa. Kurata

根状茎长而横走。叶近生，叶柄光滑，基部被有棕黄色鳞片，叶片与叶柄近等长，叶片卵形，一回羽状，羽片 6 ~ 10 对，基部羽片略收缩，羽裂渐尖头，披针形，互生，基部不对称，上部羽片无柄，边缘有锯齿。孢子囊群线状，单生于初级小脉的上侧中部，偶有双生。囊群盖膜质，全缘，黄褐色，孢子囊成熟时囊群盖上侧开裂或背向开裂；孢子囊卵形，具有囊柄。

分布与生境：产于八大公山五道水乡汪家坪村，生于海拔 450 m 的沟谷林下。周喜乐，张九兵 ZXL5620（CSH）；金摄郎、张九兵 BDGS671（CSH）；金摄郎、张九兵 BDGS766（CSH）；金摄郎、张九兵 BDGS894（CSH）。

中日短肠蕨 Diplazium × kidoi

3. 边生短肠蕨 Diplazium conterminum Christ

常绿中大型林下植物。根状茎横走至横卧或斜升，黑色，在斜升的根状茎上连同残存的叶柄基部直径可达 5 cm，先端及叶柄基部密被黑色或黑褐色鳞片。叶远生至近生或簇生；叶片三角形，羽裂渐尖的顶部以下二回羽状，叶轴和羽轴绿禾秆色或禾秆色，光滑，上面有浅槽。孢子囊群椭圆形，在小羽片的裂片上可达 6 对，多数生于小脉中部以上，较近边缘；囊群盖薄膜质，灰白色，成熟时呈极膨胀的椭圆形或柱状，由外侧张开，易破碎。

分布与生境：产于八大公山五道水（小溪沟），生于海拔 640 m 的沟谷常绿阔叶林下阴湿处。周喜乐、严岳鸿、金冬梅 ZXL9670（CSH）。

4. 毛柄短肠蕨 Diplazium dilatatum Blume

常绿大型林下植物。根状茎横走、横卧至斜升或直立，直径可达 10 cm，先端密被深褐色或黄褐色鳞片。叶片三角形，长可达 2 m，宽达 1 m，羽裂渐尖的顶部以下二回羽状或二回羽状；叶轴和羽轴绿禾秆色，光滑。孢子囊群线形，在小羽片的裂片上可达 7 对，多数单生于小脉上侧，少数双生，由小脉基部向上达其长度的 1/2；囊群盖褐色，膜质，边缘睫毛状，从一侧张开，宿存。

分布与生境：产于八大公山天平山（种子园），生于海拔 1300 m 的山坡阔叶林林下。，吴世福 378（PE）。

边生短肠蕨 Diplazium conterminum

毛柄短肠蕨 Diplazium dilatatum

5. 光脚短肠蕨 Diplazium doederleinii (Luerssen) Makino

多年生草本。根状茎横走，黑褐色，先端疏被紧贴的褐色鳞片，其余部分光滑。叶疏生或近生，叶柄基部黑褐色，常有少数小肉质突起，向上绿禾秆色或淡褐禾秆色，通体被易脱落的小鳞片，叶片三角形，二回羽状，顶部羽裂，渐尖，侧生羽片矩圆阔披针形，裂片矩圆形或近矩圆形，先端钝圆或圆截形，边缘近全缘或有稀疏的浅锯齿。孢子囊群粗短线形或矩圆形。

分布与生境：产于八大公山五道水，生于海拔 200 ~ 600 m 的沟谷常绿阔叶林下阴湿处。

光脚短肠蕨 Diplazium doederleinii

6. 大型短肠蕨 Diplazium giganteum (Baker) Ching

夏绿大型林下植物。根状茎横卧，先端密被蓬松的黑鳞片；鳞片褐色，披针形或线状披针形，先端线形长尾状，膜质，边缘有稀疏的小齿；叶簇生。叶片三角形，长达 1.5 m，基部宽达 1 m，二回羽状。叶轴和羽轴禾秆色或绿禾秆色，嫩时下面有浅褐色的短节毛及系数的小鳞片，后变光滑。孢子囊群多呈粗短线形，在小羽片的裂片上可达 7 对，囊群盖成熟时褐色，膜质，外侧张开，常近部分残存，有时早落。

分布与生境：产于八大公山五道水，生于海拔 200 ~ 800 m 的沟谷林下阴湿处。金摄郎、张九兵 BDGS758（CSH）。

大型短肠蕨 Diplazium giganteum

7. 菜蕨 Diplazium esculentum (Retz.) Sw

根状茎直立。叶族生。叶片三角形或阔披针形，下部一回或二回羽状；羽片 12 ~ 16 对，互生，斜展，下部的有柄，阔披针形。叶轴平滑，无毛，羽轴上面有浅沟，光滑或偶被浅褐色短毛。孢子囊群多数，线形，稍弯曲，几生于全部小脉上，达叶缘；囊群盖线形，膜质，黄褐色，全缘。

分布与生境：产于八大公山五道水，生于海拔 200 ~ 500 m 的溪边林下阴湿处。

用途：嫩叶可作野菜。

菜蕨 Diplazium esculentum

8. 薄盖短肠蕨 Diplazium hachijoense Nakai

常绿中型至大型林下植物。根状茎横走，黑褐色。叶片三角形或卵状三角形，一回羽状；侧生羽片约 10 对，侧生小羽片约 10 对，互生，平展，无柄或下部的略有短柄，通常披针形，渐尖头。叶轴和羽轴与叶柄同色，上面有浅纵沟，纵沟中生长甚多细小腺体，下面有易脱落的多细胞短腺毛。孢子囊群粗线形或矩圆形，在小羽片的裂片上达 5 ~ 6 对，生于小脉中部，在基部上侧 1 条小脉常为双生；囊群盖浅褐色，膜质，全缘，成熟时从一侧张开，宿存。

分布与生境：产于八大公山五道水（黄连台、李下河、连家湾），生于海拔 600 m 的山坡林下阴湿处。金摄郎、张九兵 BDGS690（CSH）；金摄郎、张九兵 BDGS805（CSH）；周喜乐、严岳鸿、金冬梅 ZXL9664（CSH）。

9. 异果短肠蕨 Diplazium heterocarpum Ching

石灰岩山地中小型植物。根状茎短而直立，叶簇生。叶片矩圆披针形一回羽状；侧生羽片 8 ~ 24 对，互生或下部的对生，近平展，披针形，急渐尖，基部不对称，下侧楔形，上侧有几与叶轴平行的三角形大耳状突起，边缘（尤其上侧）有波状浅圆裂片，圆裂片上有细锯齿；叶轴绿禾秆色，光滑，上面有深纵沟。孢子囊群线形，斜向上。稍弯曲，在羽片上达 7 对，囊群盖线形，浅褐色，膜质，全缘，宿存。

分布与生境：产于八大公山天平山（楠木坪、黄连台），生于海拔 600 ~ 1300 m 的山坡林下阴湿处。金摄郎、张九兵 BDGS853（CSH）；张灿明 8808102（PE）。

薄盖短肠蕨 Diplazium hachijoense

异果短肠蕨 Diplazium heterocarpum

10. 鳞轴短肠蕨 Diplazium hirtipes Nakai

常绿中型林下植物。叶簇生。叶片矩圆形，二回羽状；侧生羽片可达 22 对，互生或下部的对生，披针形，先端渐尖，基部截形或阔楔形，两侧常膨大成耳片状，无柄，叶轴禾秆色，密被线形褐色小鳞片，上面有浅纵沟。孢子囊群线形，稍弯弓，每组小脉通常有 1 ~ 3 条，单生或双生，囊群盖线形，膜质，全缘，宿存。

分布与生境：产于八大公山斗篷山、天平山，生于海拔 1600 m 的山坡林下阴湿处。金摄郎、张九兵 BDGS409（CSH）；金摄郎、张九兵 BDGS751（CSH）；吴世福 317（PE）。

鳞轴短肠蕨 Diplazium hirtipes

11. 异裂短肠蕨 Diplazium laxifrons Rosenst.

常绿中型至大型林下植物。根状茎兼有横走、横卧、斜升至直立各种形态，有时长成树干状。叶远生至簇生。叶片三角形或卵状三角形，二回羽状，侧生羽片达 20 对，互生，平展，披针形，先端渐尖或长渐尖，基部浅心形、平截形或阔楔形，不对称，上侧裂片显著较小，两侧羽状深裂或几全裂；小羽片的裂片可达 15 对以上，略斜向上，矩圆形或长方形。叶轴及羽轴绿禾秆色或浅褐色，羽轴和中肋下面略被易脱落的短细毛及小鳞片。孢子囊群线形或短线形，在小羽片的裂片上可达 7 对，囊群盖成熟时褐色。

异裂短肠蕨 Diplazium laxifrons

分布与生境：产于八大公山天平山，生于海拔 550 ~ 1400 m 的山坡林下阴湿处。金摄郎、张九兵 BDGS409（CSH）；金摄郎、张九兵 BDGS751（CSH）；吴世福 317（PE）。

12. 江南短肠蕨 Diplazium mettenianum (Miq.) C. Chr.

根状茎长而横走，黑褐色，先端密被鳞片；叶远生。叶片三角形或三角状阔披针形，一回羽状，羽片羽状浅裂至深裂；侧生羽片约 10 对，互生或近对生，近平展，镰状披针形或矩圆披针形，两侧羽状浅裂至深裂，基部截形或阔楔形，向上的柄渐短至无柄或贴生。叶轴禾秆色，光滑，上面有浅纵沟。孢子囊群线形，略弯曲，在侧生羽片的裂片上有 2 ~ 5 对，在基部上侧 1 脉常为双生；囊群盖浅褐色，薄膜质，全缘，宿存。

分布与生境：产于八大公山天平山，生于海拔 1400 m 的沟谷林下阴湿处。金摄郎、张九兵 BDGS748（CSH）；吴世福 637（PE）。

江南短肠蕨 Diplazium mettenianum

13. 假耳羽短肠蕨 Diplazium okudairai Makino

多年生草本。根状茎长而横走，褐色，先端密被褐色鳞片。叶远生，叶柄基部深褐色，向上绿禾秆色，下部或全部疏被披针形的褐色鳞片；叶片矩圆状阔披针形至长卵形，一回羽状，羽片镰状披针形，两侧浅羽裂，裂片三角形。孢子囊群粗线形，生于各组小脉基部上出 1 脉的中部，下端不达中肋，上端远离羽片边缘，单生于小脉上侧，少数双生。

分布与生境：产于八大公山天平山，生于海拔 1380 m 的山坡林下阴湿处。金摄郎、张九兵 BDGS712（CSH）。

14. 卵果短肠蕨 Diplazium ovatum (W. M. Chu ex Ching & Z. Y. Liu) Z. R. He

多年生草本。根状茎横卧，褐色，先端密被鳞片。叶近生至簇生，叶柄基部深褐色，密被鳞片，上部浅褐色至深禾秆色，光滑，叶片三角形，二回羽状，顶部羽裂，渐尖，侧生矩圆状阔披针形，侧生小羽片边缘有疏锯齿或几全缘。孢子囊群卵形，长稍过于宽，生于小脉基部。

分布与生境：产于八大公山天平山（李下河、黄连台），生于海拔 600 m 的沟谷林下阴湿处。金摄郎、张九兵 BDGS820（CSH）；周喜乐、严岳鸿、金冬梅 ZXL9657（CSH）；周喜乐，张九兵 ZXL5594（CSH）。

假耳羽短肠蕨 Diplazium okudairai

卵果短肠蕨 Diplazium ovatum

15. 薄叶短肠蕨 Diplazium pinfaense Ching

根状茎斜升或直立；叶簇生。叶片卵形，奇数一回羽状；侧生羽片羽片 2 ~ 3 对，斜展，镰状披针形，长渐尖，两侧自基部向上通体有较尖的锯齿或重锯齿，有时略呈浅羽裂状，叶轴禾秆色或绿禾秆色，上面具浅纵沟。孢子囊群与囊群盖长线形，略向后弯曲，彼此远离，通常生于每组叶脉基部上出 1 脉，大多单生，少数双生，下出小脉有时能育，但孢子囊群远较短。

分布与生境：产于八大公山五道水（黄连台、罗家坪、杉木界、楠木坪），生于海拔 550 ~ 1100 m 的山坡林下阴湿处。金摄郎、张九兵 BDGS768（CSH）；周喜乐、严岳鸿、金冬梅 ZXL9929（CSH）；刘炳荣 871212（HUST）；刘炳荣 050008（HUST）；吴世福 780（PE）。

薄叶短肠蕨 Diplazium pinfaense

16. 鳞柄短肠蕨 Diplazium squamigerum (Mett.) C. Hope

根状茎横走，斜升至直立，叶远生至簇生。叶片阔卵状三角形，二回羽状，侧生羽片 5 ~ 10 对，侧生小羽片 5 ~ 10 对，互生，平展，无柄或略有短柄，卵形或卵状三角形至披针形，两侧羽状浅至深半裂，基部 1 对较小，上侧 1 片尤小，小羽片的裂片矩圆形。叶轴及羽状禾秆色，疏被披针形的黑褐色或黄褐色鳞片，上面有浅纵沟。孢子囊群线形，略弯弓，大多生于小脉上侧中部，在基部上出 1 条通常双生；囊群盖灰褐色。

分布与生境：产于八大公山斗篷山，生于海拔 1550 m 的山坡林下阴湿处。金摄郎、张九兵 BDGS459（CSH）。

鳞柄短肠蕨 Diplazium squamigerum

17. 淡绿短肠蕨 Diplazium virescens Kunze

多年生草本。根状茎横走至横卧，基部黑色，先端密被鳞片。叶近生或远生，叶柄基部黑褐色并疏被黑褐色鳞片，向上禾秆色，变光滑，叶片三角形，二回羽状，小羽片长方形或矩圆形，先端近平截或钝圆，边缘有波状小齿或近全缘。孢子囊群矩圆形。

分布与生境：产于八大公山五道水（黄连台），生于海拔 500 m 的山坡林下阴湿处。金摄郎、张九兵 BDGS783（CSH）。

淡绿短肠蕨 Diplazium virescens

18. 深绿短肠蕨 Diplazium viridissimum Kunze

常绿大型林下植物。根状茎斜升至直立，粗状；叶簇生。叶片长可达 2 m 以上；叶片三角形，二回羽状，小羽片羽状深裂；羽片达 15 对左右，羽片羽状深裂；小羽片达 15 对左右，叶轴和羽轴绿禾秆色或禾秆色，下面疏被褐色线形小鳞片。孢子囊群短线形，由小脉基部上行可达 2/3 左右，在侧生小羽片的裂片上可达 7 对，通常单生于小脉上侧，或在裂片基部上侧常为双生（上端常沿小脉分叉）；囊群盖在囊群成熟前破碎。

分布与生境：产于八大公山五道水（李家包村），生于海拔 500 m 的山坡林下阴湿处。金摄郎、张九兵 BDGS892（CSH）。

19. 耳羽短肠蕨 Diplazium wichurae (Mettenius) Diels

多年生草本。根状茎细长横走，褐色，先端密被鳞片。叶远生，叶柄基部深褐色，疏被褐色线形鳞片，向上绿禾秆色，光滑，叶片阔披针形，一回羽状，顶部羽裂，尾状长渐尖，羽片镰状披针形，先端渐尖至尾尖，两侧不对称，下侧楔开，上侧有三角形的耳状突起，边缘有重锯齿。孢子囊群粗线形，成 1 行排列于中肋两侧。

分布与生境：产于八大公山五道水，生于海拔 500 ~ 1000 m 的山坡林下阴湿处。金摄郎、张九兵 BDGS767（CSH）；周喜乐、严岳鸿、金冬梅 ZXL9659（CSH）。

深绿短肠蕨 Diplazium viridissimum

耳羽短肠蕨 Diplazium wichurae

二十三、金星蕨科 Thelypteridaceae

多年生草本。根状茎直立，斜升或横走，并有针状毛。叶簇生，远生或近生，叶片多为长圆形或倒披针形，通常二回羽状分裂，有时为多回羽状或罕为一回羽状或单叶。叶脉分离，小脉单一或分叉，稀为网状；叶两面或至少在叶轴上被刚毛；羽轴及侧脉上常为针状毛，罕无毛。孢子囊群圆形或椭圆形，通常背生于小脉中部或近顶端处。

20 属，约 1000 种，我国有 18 属 199 种，湖南有 17 属 40 种，八大公山有 12 属 28 种。

分属检索表

1. 叶脉分离。
  2. 孢子囊群无盖。
    3. 孢子囊群圆形。
      4. 叶片卵状三角形，三回羽状至四回羽裂……………………… **5. 针毛蕨属 Macrothelypteris**
      4. 叶片狭长圆形或披针形，二回羽状深……………………………… **2. 钩毛蕨属 Cyclogramma**
        5. 羽片着生处下面叶轴上无褐色疣状气囊体………………**3. 方秆蕨属 Glaphyropteridopsis**
    3. 孢子囊群短线形或长圆形。
      6. 孢子囊群短线形……………………………………………………… **4. 茯蕨属 Leptogramma**
      6. 孢子囊群短长圆形。
        7. 叶柄禾秆色，侧生羽片基部沿叶轴两侧合生下延……………… **8. 卵果蕨属 Phegopteris**
        7. 叶柄红棕色，侧生羽片基部不下延……………………… **11. 紫柄蕨属 Pseudophegopteris**
  2. 孢子囊群有盖。
    8. 羽轴上面凹陷成一条纵沟。
      9. 叶轴下面着生处无疣状气囊体………………………………… **7. 金星蕨属 Parathelypteris**
      9. 叶轴下面着生处有疣状突起的气囊体……………………… **10. 假毛蕨属 Pseudocyclosorus**
    8. 羽轴上面圆形隆起……………………………………………………… **6. 凸轴蕨属 Metatchelypteris**
1. 叶脉联结。
  10. 除近叶边的少数叶脉外，所有侧脉均联结成方形或长方形网眼 ………… **1. 毛蕨属 Cyclosorus**
  10. 相邻裂片的基部 1 对侧脉或羽片侧脉间基部的 1 对小脉顶端交接成一个三角形网眼。
    11. 叶片下面往往有腺体；孢子囊群有盖 …………………………………**9. 新月蕨属 Pronephrium**
    11. 叶片下面无腺体；孢子囊群无盖 ………………………………… **12. 溪边蕨属 Stegnogramma**

（一）毛蕨属 Cyclosorus Link

多年生草本。根状茎横走，疏被鳞片。叶柄禾秆色或浅灰色，基部疏被鳞片，向上被针状毛或柔毛； 叶片二回羽裂，两面或至少在叶轴、羽轴、主脉及裂片上面被针状毛，下面通常具腺体。孢子囊群圆形，背生侧脉中部；囊群盖圆肾形，上面常用粗短毛或柔毛或腺体。

250 种，我国有 40 种，湖南有 13 种，八大公山有 4 种。

分种检索表

1. 最下 1 对或 1 对半细脉联结于弯曲处…………………………………………**3. 华南毛蕨 C. parasiticus**

1. 基部 2 对或更多侧脉联结。

  2. 羽片具微小的毛或背面近光滑……………………………………………**2. 展羽毛蕨 C. evolutus**

  2. 羽片背面通常多少被毛。

    3. 裂口下的小脉约 2 对………………………………………………**1. 渐尖毛蕨 C. acuminatus**

    3. 裂口下的小脉较多…………………………………………………**4. 武陵毛蕨 C. wulingshanensis**

1. 渐尖毛蕨 Cyclosorus acuminatus (Houttuyn) Nakai

多年生草本。根状茎顶部被棕色披针形鳞片。叶远生；叶柄枯禾秆色，基部疏生鳞片，略被柔毛；叶片阔披针形，二回羽裂；羽片互生，裂片长圆形，全缘，基部上侧一片较大。叶两面近无毛或上面被短毛，下面具小腺点，叶轴、羽轴和主脉被短毛或针状毛。孢子囊群生于侧脉上部，圆形；囊群盖圆肾形，被短柔毛。

分布与生境：产于八大公山各地，生于海拔 1200 m 以下林下、灌丛中、路旁或田埂上。吴世福 783（PE）。

用途：全草入药。

渐尖毛蕨 Cyclosorus acuminatus

2. 展羽毛蕨 Cyclosorus evolutus (C. B. Clarke & Baker) Ching

根状茎粗短，直立或横卧。叶片长圆披针形，先端渐尖，顶部狭缩成一羽裂的大型顶生羽片，基部常突然变狭，二回羽裂；羽片 12 ~ 15 对，下部 2 ~ 3 对突然或逐渐缩小，基部 1 对三角形耳状。

侧脉向上，每裂片 7 ~ 9 对，基部 1 对出自主脉基部稍上处，相邻裂片的基部 1 对侧脉顶端彼此交结成钝三角形网眼。孢子囊群生叶脉下部，靠近主脉，或生于侧脉中部，位于主脉和叶边之间；囊群盖通常无毛，宿存。

分布与生境：产于八大公山五道水（李下河、罗家坪），生于海拔 600 m 以下溪边灌丛中。周喜乐、严岳鸿、金冬梅 ZXL9709（CSH）；周喜乐、严岳鸿、金冬梅 ZXL9931（CSH）。

展羽毛蕨 Cyclosorus evolutus

3. 华南毛蕨 Cyclosorus parasiticus (Linnaeus) Farwell

根状茎横走。叶近生，叶片长圆披针形，先端羽裂，尾状渐尖头，基部不变狭，二回羽裂；羽片 12 ~ 16 对，无柄，顶部略向上弯弓或斜展，中部羽片披针形，先端长渐尖，基部平截，略不对称，羽裂达 1/2 或稍深，裂片 20 ~ 25 对，基部上侧一片特长，下面沿叶轴、羽轴及叶脉密生具一二分隔的针状毛，脉上并饰有橙红色腺体。孢子囊群圆形，生侧脉中部以上，每裂片 4 ~ 6 对；囊群盖小，膜质，棕色，上面密生柔毛，宿存。

华南毛蕨 Cyclosorus parasiticus

分布与生境：产于八大公山五道水，生于海拔 200 ~ 500 m 的溪边灌木林中。

4. 武陵毛蕨 Cyclosorus wulingshanensis C. M. Zhang

根状茎横走。叶远生，叶柄深禾秆色，无毛，叶片长圆形，二回羽裂，先端狭缩，具一尾状渐尖的顶生羽片，下部突然狭缩，下部 4 ~ 6 对羽片突然缩小成耳片，披针形，渐尖头，几无柄，基部 1 对出自主脉基部以上，顶端交结成钝三角形网眼，并自交结点延伸出一条外行小脉和缺刻下透明膜质联线相连，其余均伸到缺刻以上的叶边。

分布与生境：产于八大公山五道水（汪家坪），生于海拔 400 ~ 600 m 的山坡林下。金摄郎、张九兵 BDGS677（CSH）。

武陵毛蕨 Cyclosorus wulingshanensis

（二）钩毛蕨属 Cyclogramma Tagawa

根状茎短粗，直立或长而横走，被灰白色针状毛和棕色鳞片。叶簇生或疏生，叶柄多少被毛或近光滑，二回羽状深裂，裂片多数，边缘全线，叶两面多少有灰白色针状毛和少数顶端呈钩状的粗长毛，在叶轴下面羽片着生处具黑褐色气囊体。孢子囊群小，圆形，背生于侧脉中部或中部以下。

10 种，我国有 9 种，湖南有 4 种，八大公山有 2 种。

分种检索表

1. 叶片向基部不变狭，即基部 1 对羽片和其上的同大……………………………**1. 小叶钩毛蕨 C. flexilis**

1. 叶片向基部明显变狭，即下部 1 至数对羽片缩短………………………………**2. 狭基钩毛蕨 C. leveillei**

1. 小叶钩毛蕨 Cyclogramma flexilis (Christ) Tagawa

多年生草本。根状茎长而横走或斜升，黑色，疏被鳞片。叶近生，叶柄基部黑色，疏被黑棕色鳞片，并密生灰白色短针毛，向上为禾秆色，近光滑，叶片狭披针形，二回羽状深裂，裂片长圆形，圆钝头，边缘全缘，叶下面疏被灰白色短毛，沿羽轴和主脉较密，叶轴两面密生短针毛，下面混生少数粗长针状毛。

分布与生境：分布于八大公山五道水（汪家坪、黄连台），生于海拔 400 ~ 600 m 的山坡密林下。金摄郎、张九兵 BDGS665（CSH）；周喜乐、张九兵 ZXL5604（CSH）；周喜乐、张九兵 ZXL5618（CSH）。

小叶钩毛蕨 Cyclogramma flexilis

2. 狭基钩毛蕨 Cyclogramma leveillei (Christ) Ching

根状茎长而横走。叶近生，叶片长圆披针形，先端渐尖并羽裂，向基部突然变狭，二回羽状深裂；羽片 12 ~ 20 对，下部的往往对生，中部的互生，基部 1 对明显缩短，中部羽片长圆披针形，先端短尾状渐尖，基部明显变狭，第二对和其上的各对等长或略缩短。叶下面沿羽轴和主脉被较密而开展的灰白色针状刚毛。孢子囊群小，圆形，每裂片 5 ~ 7 对；孢子囊体近顶部通常具 2 ~ 3 根刚毛。

分布与生境：分布于八大公山五道水（汪家坪、黄连台），生于海拔 400 ~ 600 m 的山坡密林下。金摄郎、张九兵 BDGS665（CSH）；周喜乐、张九兵 ZXL5604（CSH）；周喜乐、张九兵 ZXL5618（CSH）。

狭基钩毛蕨 Cyclogramma leveillei

（三）方秆蕨属 Glaphyropteridopsis Ching

多年生草本。根状茎短粗，横卧或斜升，无毛，稍被鳞片。叶簇生或近生；叶柄粗壮，基部疏被棕色的披针形鳞片；叶片椭圆形，二回羽状深裂；羽片基部与叶轴相连处下面不具疣状突起的气囊体，叶轴下面方形，扁平，羽轴上面有一条纵沟，沟内生密毛。孢子囊群圆形，生于侧脉基部。

12 种，我国有 11 种，湖南有 2 种，八大公山有 1 种。

1. 粉红方秆蕨 Glaphyropteridopsis rufostraminea (Christ) Ching

多年生草本。根状茎粗壮，横卧，光滑。叶近生；叶柄禾秆色；叶片狭长圆形，二回羽裂，裂片披针形，略呈镰刀状，上面仅沿主脉上有短刚毛，下面沿叶轴、羽轴和叶脉均密被灰白色针状毛。

粉红方秆蕨 Glaphyropteridopsis rufostraminea

孢子囊群圆形，彼此接近，着生于侧脉基部，紧靠主脉两侧各成 1 行。

分布与生境：产于八大公山各地，生于海拔 600 ~ 1200 m 的山坡林下有流水的潮湿处。金摄郎、张九兵 BDGS676（CSH）；周喜乐、张九兵 ZXL5616（CSH）。

（四）茯蕨属 **Leptogramma** J. Smith

根状茎短而直立或斜升，疏被红棕色鳞片。叶簇生，叶柄深禾秆色，下部疏被鳞片，通体被灰白色针状长毛和短刚毛，叶片二回羽裂，基部 1 对不缩短或略缩短，有时伸长，裂片圆形或长圆形，全缘，两面常被针状毛或短刚毛。孢子囊群细长，沿侧脉着生。

15 种，我国有 10 种，湖南有 4 种，八大公山有 3 种。

分种检索表

1. 叶脉部分网结……………………………………………………………… **1. 溪茯蕨 L. cyrtomioides**
1. 叶脉分离。
  2. 基部 1 对羽片其上的长度相似，叶片非戟状……………………………… **2. 峨眉茯蕨 L. scallanii**
  2. 基部 1 对羽片长于其上的，因此叶片戟状…………………………………**3. 小叶茯蕨 L. tottoides**

1. 溪茯蕨 Leptogramma cyrtomioides (C. Chr.) Yi H. Chang & L. Y. Kuo

根状茎短而直立。叶簇生。叶片披针形，羽裂渐尖头，基部不缩小，一回羽状；羽片 8 ~ 10 对，互生，近平展，基部 1 对略缩短，下部 3 ~ 4 对分离，无柄，其上的多少与叶轴合生。叶脉明显，侧脉间的小脉 3 ~ 2 对，斜向上，仅基部 1 对先端交结，有时交结脉上延和第二对小脉的上侧一脉在边缘相交，形成一个三角形和另一个菱形网眼。孢子囊群线形，沿小脉着生，无盖，孢子囊群着生处在孢子囊散落后残留下丛生和直立的短毛；孢子囊体上有 2 ~ 3 根短毛 。

溪茯蕨 Leptogramma cyrtomioides

分布与生境：产于八大公山五道水，生于海拔 500 ~ 800 m 的山坡密林下。

2. 峨眉茯蕨 Leptogramma scallanii (Christ) Ching

多年生草本。根状茎短而直立，连同叶柄下部疏被红棕色鳞片和密的针状毛。叶簇生，叶柄深禾秆色，上部密被针状长毛，叶片长圆形，一回羽状，基部 1 对羽片比其上各对稍大，披针形，渐尖头，深羽裂，裂片卵圆形，全缘，下面沿羽轴主脉疏被针状粗毛。孢子囊群长圆形或线形，沿小脉下面着生。

分布与生境：产于八大公山天平山（楠木坪 - 小庄坪），生于海拔 500 ~ 800 m 的山坡密林下。周喜乐、张九兵 ZXL5601（CSH）；吴世福 775（PE）。

峨眉茯蕨 Leptogramma scallanii

3. 小叶茯蕨 Leptogramma tottoides H. Ito

根状茎短而直立。叶簇生；叶片戟状披针形，基部戟形向顶端渐变狭，渐尖头，一回羽状；羽片 16 ~ 20 对，近对生，下部 2 ~ 3 对分离，向上的多少与叶轴合生，彼此接近，基部 1 对最大，长圆披针形，钝头或短急尖头，基部平截，对称，羽裂达 1/2；裂片 4 ~ 6 对，卵圆形，全缘。羽片上

小叶茯蕨 Leptogramma tottoides

面布满针状毛，下面沿羽轴连同叶轴有开展的灰白色针状细毛，沿叶脉疏被柔毛。孢子囊群线形，通常沿基部 1 对小脉的下半部着生；孢子囊体近顶处有 3 ~ 4 根刚毛。

分布与生境：产于八大公山天平山（黄连台—小庄坪），生于海拔 500 ~ 1050 m 的山坡密林下。金摄郎、张九兵 BDGS706（CSH）；金摄郎、张九兵 BDGS779（CSH）。

（五）针毛蕨属 Macrothelypteris (H. Itô)Ching

多年生草本。根状茎短而直立，被鳞片。叶簇生；叶柄禾秆色或酒红色，基部疏生鳞片，向上光滑；叶片卵状三角形，三回羽状至四回羽裂；各回羽片披针形，一回小羽片沿羽轴两侧以狭翅相连，各回羽轴上面圆而隆起，多少被灰白色针状毛。孢子囊群小，圆形，生于近小脉近顶端，无盖或盖不发育，易脱落。

10 种，我国有 7 种，湖南有 3 种，八大公山均有分布。

分种检索表

1. 羽片下面光滑或被单细胞的针状毛。
  2. 小羽片斜上，与羽轴以锐角相交……………………… **1. 雅致针毛蕨 M. oligophlebia** var. **elegans**
  2. 小羽片平展，与羽轴以直角相交…………………………………… **3. 翠绿针毛蕨 M. viridifrons**
1. 羽片下面被有开展的多细胞针状毛……………………………………… **2. 普通针毛蕨 M. torresiana**

1. 雅致针毛蕨 Macrothelypteris oligophlebia var. elegans (Koidzumi) Ching

多年生草本。根状茎疏生鳞片。叶近生，叶柄禾秆色，基部疏生鳞片；叶片卵状三角形，三回羽状深裂，裂片长圆形，全缘或具钝齿，先端圆钝或具小尖头。叶两面光滑无毛，仅下面有头状腺

雅致针毛蕨 Macrothelypteris oligophlebia var. elegans

毛，或沿小羽轴及主脉的近顶端偶有少数单细胞的针状毛，上面沿羽轴及小羽轴被灰白色的短针毛。孢子囊群圆形，生侧脉顶端。

分布与生境：产于八大公山天平山（楠木坪），生于海拔 500 m 的溪沟边、林缘或林下阴湿处。吴世福 786（PE）。

用途：全草入药。

2. 普通针毛蕨 Macrothelypteris toressiana (Gaudichaud) Ching

根状茎短，直立或斜升，顶端密被红棕色鳞片。叶簇生；叶柄干后禾秆色，叶片三角状卵形，三回羽状；羽片约 15 对，基部 1 对最大，叶草质，下面被较多的灰白色针状毛和短腺毛。孢子囊群小，圆形，每裂片 2 ~ 6 对，生于侧脉的近顶部。

分布与生境：分布于八大公山天平山，生于海拔 1400 m 的山坡林缘。张灿明 8808274（PE）。

用途：根茎入药。

普通针毛蕨 Macrothelypteris toressiana

3. 翠绿针毛蕨 Macrothelypteris viridifrons (Tagawa) Ching

根状茎短而直立，先端被红棕色、披针形鳞片。叶簇生；叶柄禾秆色，基部被灰白色的短针毛，叶片四回羽裂；羽片 10 ~ 12 对，互生或近对生，叶为薄草质，下面被开展的针状毛，上面沿小羽轴有较多的短针毛。孢子囊群小，圆形，每裂片 1 ~ 2 枚，生于基部侧脉的近顶端；囊群盖小，圆肾形，绿色，膜质，背面略有 1 ~ 2 根长柔毛。

分布与生境：分布于八大公山天平山（种子园），生于海拔 1400 m 的山坡林缘。吴世福 373（PE）。

翠绿针毛蕨 Macrothelypteris viridifrons

（六）凸轴蕨属 **Metathelypteris** (H. Itô) Ching

多年生草本。根状茎短，横卧、斜升或直立，被棕色鳞片和灰白色的短毛。叶近生或簇生；叶柄基部近褐色，向上为禾秆色，光滑或疏被毛；叶片二回羽状深裂，稀三回羽状，两面多少被有灰白色的针状毛，沿叶轴和羽轴的毛较密。孢子囊群小，圆形，生于侧脉中部以上；囊群盖圆肾形，以缺刻着生，膜质，通常绿色。

12 种，我国有 11 种，湖南有 4 种，八大公山有 3 种。

分种检索表

1. 叶片卵状三角形，羽片基部不明显变狭。
    2. 下部羽片和一回小羽片均无柄……………………………………………… **1. 林下凸轴蕨 M. hattorii**
    2. 下部羽片和一回小羽片均具明显的柄………………………………… **3. 有柄凸轴蕨 M. petiolulata**
1. 叶片长圆形或披针形，羽片基部几不变狭……………………………………… **2. 疏羽凸轴蕨 M. laxa**

1. 林下凸轴蕨 Metathelypteris hattori (H. Ito) Ching

多年生草本。根状茎短，横卧，顶部连同棕褐色的叶柄基部密被易脱落的红棕色鳞片和灰白色刚毛。叶近簇生，叶柄基部以上禾秆色，近光滑，叶片卵状三角形，三回羽状深裂，裂片长圆形，圆钝头，全缘，两面被较密的灰白色短柔毛。孢子囊群小，圆形，每裂片通常 1 枚，生于基部上侧小脉的近顶处。

分布与生境：分布于八大公山天平山、斗篷山，生于海拔 1400 ~ 1750 m 的山坡林缘、旷地。金摄郎、张九兵 BDGS439（CSH）；金摄郎、张九兵 BDGS445（CSH）；吴世福 311（PE）。

林下凸轴蕨 Metathelypteris hattori

2. 疏羽凸轴蕨 Metathelypteris laxa (Franchet & Savatier) Ching

多年生草本。根状茎细长，横走，连同叶柄柄基部疏被灰白色的短毛和红棕色鳞片。叶近生，叶柄浅禾秆色，基部以上近光滑，叶片矩圆形或卵状披针形，二回羽状深裂，裂片长圆披针形，先端钝尖或急尖，全缘或具粗圆齿状缺刻，叶下面遍布灰白色的短毛，上面沿叶轴、羽轴和叶脉被针状毛。

疏羽凸轴蕨 Metathelypteris laxa

分布与生境：分布于八大公山斗篷山、天平山，生于海拔 600 ~ 1400 m 的山坡林缘、溪边草地。金摄郎、张九兵 BDGS416（CSH）。

3. 有柄凸轴蕨 Metathelypteris petiolulata Ching ex Shing

多年生草本。本种近林下凸轴蕨，但叶片远较宽大，三回羽状至四回羽裂，下部羽片和一回小羽片均具明显的柄，一回小羽片先端尾状长渐尖，故易区别。

分布与生境：分布于八大公山五道水，生于海拔 600 m 的山坡林缘。

有柄凸轴蕨 Metathelypteris petiolulata

（七）金星蕨属 Parathelypteris (H. Itô) Ching

多年生草本。根状茎长，横走或短而斜升，近无鳞片。叶片二回羽状深裂；羽片披针形，互生，下面逐渐缩短成小耳形或基部 1 对不缩短，但其基部变狭，不与羽轴合生，羽状深裂或几裂至羽轴，叶两面被针状毛，下面常有橙色腺体。孢子囊群圆形。

约 60 种，我国有 24 种，湖南有 6 种，八大公山有 4 种。

分种检索表

1. 孢子囊群通常生于侧脉的近顶端，较近叶边。
  2. 叶片下部数对羽片明显缩短。
    3. 羽片下面沿羽轴被较多的多细胞细长针状毛………………………… **1. 长根金星蕨 P. beddomei**
    3. 羽片下面沿羽轴通常被单细胞针状毛……………………………… **4. 中日金星蕨 P. nipponica**
  2. 叶片下部数对羽片和缩短或略缩短……………………………………… **2. 金星蕨 P. glanduligera**
1. 孢子囊群通常背生于侧脉中部，位于主脉和叶边之间…………………… **3. 光脚金星蕨 P. japonica**

1. 长根金星蕨 Parathelypteris beddomei (Baker) Ching

多年生草本。本种形体似中日金星蕨，但更为细瘦，根状茎极细长，羽片下面被较多的多细胞的长针毛，生于潮湿生境。

分布与生境：分布于八大公山五道水，生于海拔 300 ~ 500 m 的山坡林缘。

长根金星蕨 Parathelypteris beddomei

2. 金星蕨 Parathelypteris glanduligera (Kunze) Ching

多年生草本。根状茎长而横走，先端略被披针形鳞片。叶近生，叶柄禾秆色，多少被短毛，叶片披针形或阔披针形，先端渐尖并羽裂，向基部不变狭，二回羽裂，裂片长圆状披针形，圆钝头或钝尖头，全缘，羽片下面除密被橙黄色圆球形腺体外，光滑或疏被短毛，上面沿羽轴的纵沟密被针状毛，叶轴多少被灰白色柔毛。孢子囊群小，圆形。

分布与生境：分布于八大公山各地，生于海拔 300 ~ 1000 m 的山坡林缘。金摄郎、张九兵 BDGS800（CSH）；吴世福 1129（PE）。

用途：叶可入药。

金星蕨 Parathelypteris glanduligera

3. 光脚金星蕨 Parathelypteris japonica (Baker) Ching

多年生草本。根状茎短，横卧或斜升。叶近生或近簇生；叶柄基部近黑色，略被鳞片，向上为栗褐色，无毛；叶片卵状长圆形，二回羽状深裂，裂片披针形，略呈镰刀状，先端钝或急尖，全缘。叶下面沿羽轴、主脉和叶缘被灰白色的疏柔毛，并被有较多的红棕色、圆球形的大腺体。孢子囊群圆形，背生于侧脉中部稍上处。

分布与生境：产于八大公山各地（种子园），生于海拔 1380 m 的山坡林下。吴世福 363（PE）。

光脚金星蕨 Parathelypteris japonica

4. 中日金星蕨 Parathelypteris nipponica (Franchet & Savatier) Ching

中日金星蕨 Parathelypteris nipponica

多年生草本。根状茎长而横走。叶近生或远生，叶柄基部紫褐色，向上为禾秆色，基部有红棕色阔卵形鳞片；叶片披针形，二回羽状深裂，裂片长圆形，全缘。叶两面被短毛。孢子囊群小，圆形，背生于小脉上部，囊群盖圆肾形，有少数长毛。

分布与生境：产于八大公山各地，生于海拔 400 ~ 1800 m 的山坡林下或路旁草丛等多种生境。

用途：全草入药。

（八）卵果蕨属 **Phegopteris** (C. Presl) Fée

多年生草本。根状茎横走或直立，密被鳞片和毛。叶远生或簇生；叶柄基部密被棕色披针形鳞片；叶片二回羽状分裂；羽片披针形，基部与叶轴合生，两面有针状毛，叶轴、羽轴及主脉两面隆起。孢子囊群椭圆形，无盖；孢子囊上被直立的针状毛。

4 种，我国有 3 种，湖南有 2 种，八大公山有 1 种。

1. 延羽卵果蕨 Phegopteris decursive-pinnata (H. C. Hall) Fée

多年生草本。叶簇生，叶柄禾秆色，连同叶轴和羽轴被披针形具缘毛的鳞片；叶片椭圆形，一回羽状；羽片狭椭圆形，基部以耳状或钝三角状的翅彼此相连，羽状半裂至深裂，下部的羽片逐渐缩短成三角状耳形。孢子囊群近圆形或长圆形，生于侧脉顶部以下，无盖。

分布与生境：产于八大公山各地，生于海拔 500 ~ 1500 m 的林缘、路边阴湿处。吴世福 784（PE）。

用途：全草入药。

延羽卵果蕨 Phegopteris decursive-pinnata

（九）新月蕨属 **Pronephrium** C. Presl

多年生草本。根状茎长，横走，略被棕色披针形鳞片。叶柄基部疏生鳞片，向上仅被单细胞针状毛；叶片通常一回奇数羽状。叶脉新月蕨型，即小脉在侧脉之间连结成斜方形的网眼，直达叶边，小脉顶端有水囊。孢子囊群圆形，在侧脉间排成 2 行，背生于小脉中部；无盖或罕有盖。

61 种，我国有 18 种，湖南有 1 种，八大公山也有分布。

1. 披针新月蕨 Pronephrium penangianum (Hooker) Holttum

多年生草本。根状茎疏生披针形鳞片。叶近生；叶柄基部黑褐色，向上淡红棕色，腹面具沟槽，无毛；叶片长圆状披针形，基部不缩短，一回羽状；羽片互生，披针形，边缘具细尖齿或大锯齿。孢子囊群圆形，在侧脉之间排成 2 行，无盖。

分布与生境：产于八大公山各地，生于海拔 200 ~ 1000 m 的林下阴湿处或小溪旁草丛中。500 m，吴世福 719（PE）。

用途：根状茎入药；叶在冬季可做牲畜青饲料。

披针新月蕨 Pronephrium penangianum

（十）假毛蕨属 Pseudocyclosorus Ching

多年生草本。根状茎横走、横卧或直立，基部疏生棕色鳞片。叶远生、近生或簇生；叶柄禾秆色；叶片二回深羽裂，下部羽片通常逐渐缩成耳状、蝶形或突然收缩成瘤状，叶脉分离，相邻裂片基部 1 对小脉有时伸达软骨质的缺刻。孢子囊群圆形，通常生于侧脉中部，囊群盖圆肾形。

50 种，我国有 38 种，湖南有 4 种，八大公山有 3 种。

分种检索表

1. 叶片基部的羽片不逐渐缩小，也不突然退化成瘤状………………………… **1. 溪边假毛蕨 P. ciliatus**

1. 叶片下部羽片突然退化成气囊体或退化成耳状或蝶形。

  2. 叶轴下面多少被有长的针状毛…………………………………………… **2. 西南假毛蕨 P. esquirolii**

  2. 叶轴、羽轴和叶脉下面仅被细毛………………………………………**3. 普通假毛蕨 P. subochthodes**

1. 溪边假毛蕨 Pseudocyclosorus ciliatus (Wall. ex Benth.) Ching

根状茎短而直立。叶簇生。叶片披针形，二回深羽裂；羽片约 15 对，基部 1 对略缩短，对生，斜向下，其余各对斜向上，互生，无柄，披针形，裂片 9 ~ 12 对，斜向上，以极狭的间隔分开。叶脉两面明显，侧脉斜上，每裂片 4 ~ 6 对，基部 1 对出自主脉基部以上处，其上侧一脉伸达缺刻底部，下侧一脉伸至缺刻以上的叶边，有时两条侧脉相连后再延伸至缺刻底部。孢子囊群圆形，着生于侧下部，靠近主脉；囊群盖圆肾形，深棕色，厚膜质，上面密被针状毛，宿存。

分布与生境：产于八大公山天平山（楠木坪），生于海拔 700 m 的溪边草丛中。周喜乐、严岳鸿、金冬梅 ZXL9730（CSH）。

溪边假毛蕨 Pseudocyclosorus ciliatus

2. 西南假毛蕨 Pseudocyclosorus esquirolii (Christ) Ching

根状茎横走。叶选生。叶片阔长圆披针形，先端羽裂渐尖，基部渐变狭，二回深羽裂；羽片多对，下部 9 ~ 11 对互生，向下渐变成三角形耳状，向上各对互生，无柄，平展，披针形，长尾渐尖头，基部圆截形，对称，羽裂达离羽轴不远处；裂片 30 ~ 35 对。叶脉可见，主脉两面隆起，侧脉斜上，每裂片 8 ~ 12 对，基部 1 对出自主脉基部，上侧一脉伸达缺刻底部，下侧一脉伸至缺刻以上的叶边。孢子囊群圆形，着生于侧脉中部，每裂片 10 ~ 12 对；囊群盖圆肾形，厚膜质，棕色，无毛，宿存。

分布与生境：产于八大公山斗篷山、天平山，生于海拔 700 ~ 1100 m 的溪边草丛中。金摄郎、张九兵 BDGS477（CSH）。

西南假毛蕨 Pseudocyclosorus esquirolii

3. 普通假毛蕨 Pseudocyclosorus subochthodes (Ching) Ching

多年生草本。根状茎短而横卧，黑褐色，疏被鳞片。叶近生或近簇生；叶柄基部深棕色，疏被棕色鳞片，向上禾秆色，光滑无毛；叶片长圆披针形，二回深羽裂；下部有 3 ~ 4 对羽片突然缩小成三角形耳片，裂片披针形，基部 1 对裂片的上侧一片略伸长。孢子囊群圆形，着生于侧脉中上部，稍近叶边。

分布与生境：产于八大公山各地，生于海拔 200 ~ 700 m 以下的溪边草丛中。金摄郎、张九兵 BDGS642（CSH）；周喜乐，张九兵 ZXL5614（CSH）；吴世福 910（PE）。

普通假毛蕨 Pseudocyclosorus subochthodes

（十一）紫柄蕨属 Pseudophegopteris Ching

多年生草本。根状茎直立、斜升或长而横走，连同叶柄基部被灰白色针状毛和棕色鳞片。叶簇生、疏生或远生；叶柄栗棕色、栗红色或红棕色，少为禾秆色，叶片二至三回羽状分裂，叶脉分离，侧脉单一或分叉，先端多少变粗成纺锤形的水囊，不伸达叶边。孢子囊群长圆形、卵圆形或近圆形，背生于侧脉中部或中部以上，无盖。

25 种，我国有 12 种，湖南有 3 种，八大公山有 2 种。

分种检索表

1. 叶片向基部不变狭，即下部 1 ～ 2 对羽片最大……………………………… **1. 耳状紫柄蕨 P. aurita**
1. 叶片向基部变狭，即下部 1 ～ 2 对羽片较上部羽片为小……………… **2. 紫柄蕨 P. pyrrhorhachis**

1. 耳状紫柄蕨 Pseudophegopteris aurita (Hooker) Ching

多年生草本。根状茎长而横走。叶远生；叶柄栗红色，有光泽；叶片卵状披针形，二回羽状深裂，裂片披针形，边缘羽状浅裂或具圆齿，其上侧一片较短，与叶轴并行，叶脉下面明显，侧脉二叉或单一，顶端有较明显的细纺锤状水囊，不达叶边。孢子囊群长圆形，背生于侧脉中部以上，远离主脉。

分布与生境：产于八大公山五道水（黄连台），生于海拔 200 ~ 550 m 的林下阴湿处或小溪旁草丛中。金摄郎、张九兵 BDGS765（CSH）。

用途：庭院观赏。

耳状紫柄蕨 Pseudophegopteris aurita

2. 紫柄蕨 Pseudophegopteris pyrrhorhachis (Kunze) Ching

多年生草本。根状茎长而横走，顶部密被长柔毛和棕色鳞片。叶远生；叶柄栗红色，叶片卵状披针形，二回羽状深裂，裂片长圆形，圆钝头，全缘或为浅波状，叶脉下面明显，侧脉二叉或单一，顶端有较明显的细纺锤状水囊，不达叶边。孢子囊群长圆形，背生于侧脉中部以上，远离主脉。

分布与生境：产于八大公山各地，生于海拔 600 ~ 1400 m 的林下阴湿处。金摄郎、张九兵 BDGS411（CSH）；吴世福 546（PE）。

紫柄蕨 Pseudophegopteris pyrrhorhachis

（十二）溪边蕨属 Stegnogramma Blume

根状茎短而直立，密被鳞片和针状毛。叶簇生，叶柄禾秆色，幼时通体密被灰白色多细胞的长针状毛，老时渐脱落，叶片披针形，一回羽状，羽片互生，近平展，基部 1 对略缩短，下部 3 ~ 4 对分离，无柄，其上的多少与叶轴合生，叶轴下面密被多细胞的长针状毛，羽轴和叶脉下面被短毛，上面被刚毛。孢子囊群线形，沿小脉着生，无盖。

10 种，我国全产，湖南有 6 种，八大公山有 1 种。

1. 羽裂圣蕨 Stegnogramma wilfordii (Hook.) Seriz.

根状茎短粗，斜升。叶簇生。叶片三角形，渐尖头，基部心脏形，下部羽状深裂几达叶轴，向上为深羽裂，顶部呈波状；侧生裂片通常 3 对，基部 1 对最大，阔披针形，略向上弯弓，渐尖头，全缘或呈波状，以阔翅和上一对相连（有时近分开），其余的裂片同形，但向上逐渐缩短，最上的呈三角形，裂片的主脉两面均隆起，并有针状毛密生。孢子囊沿网脉疏生，无盖。

分布与生境：产于八大公山天平山，生于海拔 500 ~ 1000 m 的林下阴湿处。刘炳荣 870443A（HUST）。

羽裂圣蕨 Stegnogramma wilfordii

二十四、肿足蕨科 Hypodematiaceae

多年生草本。根状茎横卧或斜生，连同叶柄基部的膨大部分密被浅褐色鳞片。叶近生，叶柄禾秆色，基部膨大，隐没于鳞片中，向上近光滑或疏被柔毛，叶片三至四回羽状分裂，通常通体密被柔毛或针状毛。孢子囊群圆形，生于小脉中部或顶部。

3 属，约 20 种，我国有 2 属 13 种，湖南有 1 属 4 种，八大公山有 1 属 2 种。

（一）肿足蕨属 **Hypodematium** Kunze

多年生草本。根状茎横卧或斜生，连同叶柄基部的膨大部分密被鳞片。叶近生，叶柄禾秆色，基部膨大，向上近光滑或疏被柔毛。叶片三至四回羽状分裂，末回小羽片羽状深裂，密被柔毛和针状毛。孢子囊群圆形，生于小脉中部；囊群盖肾形或马蹄形。

16 种，我国有 12 种，湖南有 3 种，八大公山有 2 种。

分种检索表

1. 囊群盖背面密被灰白色长针毛……………………………………………………… **1. 肿足蕨 H. crenatum**
1. 囊群盖背面疏被短柔毛………………………………………………………… **2. 修株肿足蕨 H. gracile**

1. 肿足蕨 Hypodematium crenatum (Forsskål) Kuhn & Decken

根状茎粗壮，横走，连同叶柄膨大的基部密被鳞片，鳞片长 0.5 ~ 3.0 cm，狭披针形，先端渐狭成线形，全缘，膜质，亮红棕色。叶近生，叶柄禾秆色，基部被鳞片，向上被灰白色柔毛；叶片三回羽状，末回小羽片长长圆形，先端钝尖，基部多少与小羽轴合生，羽状深裂。孢子囊群圆形，背生于侧脉中部。

分布与生境：分布于白溢寨、柴埠溪等地，生于海拔 200 ~ 1400 m 的石灰岩石缝中。

用途：全草入药。

肿足蕨 Hypodematium crenatum

2. 修株肿足蕨 Hypodematium gracile Ching

植株高 22 ~ 40 cm。根状茎长而横走，连同叶柄膨大的基部密被鳞片；鳞片长 5 ~ 15 mm，披针形，膜质，红棕色，有光泽。叶近生，叶柄近基部有时疏被小鳞片，向上光滑或偶有灰白色细长柔毛疏生；叶片长（14 ~ 20）cm ×（8 ~ 14）cm，三角状卵形，四回羽裂；叶上面除沿叶脉疏被灰白色的细柔毛外光滑，下面连同叶脉和各回羽轴的毛较密，并混生较多的、短而密的金黄色球杆状腺毛，沿叶轴较疏。孢子囊群圆形，背生于侧脉中部，每裂片 1 ~ 3 枚，囊群盖中等大，圆肾形，膜质，背面疏被短柔毛，近中央有腺毛。

分布与生境：分布于八大公山天平山（楠木坪），生于海拔 200 ~ 400 m 的石灰岩石缝中。周喜乐、金冬梅 ZXL9761（CSH）。

用途：全草入药。

修株肿足蕨 Hypodematium gracile

二十五、鳞毛蕨科 Dryopteridaceae

根状茎粗短，直立或斜升，偶为横走，密被鳞片。叶一型或二型，叶柄上有纵沟，基部常密被与根状茎同样的鳞片。叶片一至五回羽状或羽裂，稀单叶，沿叶轴和各回羽轴及小羽轴下面被鳞片，有时鳞片下部呈泡状。孢子囊群圆形，背生或顶生于小脉，囊群盖棕色或褐色，圆肾形，以弯缺处着生，或为圆形而盾状着生，罕无盖。

25 属 2100 种，我国有 10 属 493 种，湖南有 7 属 185 种，八大公山有 6 属 100 种。

分属检索表

1. 孢子囊沿侧脉着生，成熟时满布于能育叶的下面…………………………… **5. 舌蕨属 Elaphoglossum**

1. 孢子囊沿侧脉着生顶生或背生于小脉，成熟时在能育叶下面呈点状分布。

  2. 叶脉网状………………………………………………………………… **3. 贯众属 Cyrtomium**

  2. 叶脉分离。

    3. 孢子囊群有圆肾形的盖（稀无盖），以深缺刻着生。

4. 根状茎直立或斜升；叶簇生。

5. 羽片中肋圆柱形，上面无纵沟…………………………………………………… **2. 肋毛蕨属 Ctenitis**

5. 羽片中肋上面有一条纵沟……………………………………………………… **4. 鳞毛蕨属 Dryopteris**

4. 根状茎横走；叶散生……………………………………………………… **1. 复叶耳蕨属 Arachniodes**

3. 孢子囊群通常有圆盾形或圆形的盖，盾状着生……………………………… **6. 耳蕨属 Polystichum**

（一）复叶耳蕨属 Arachniodes Blume

多年生草本。根状茎粗壮、横走，稀斜升，密被鳞片。叶远生或近生；有柄，基部被与根状茎相同的鳞片；叶片三至四回羽状，稀二至四回羽状。孢子囊群圆形，着生于小脉顶端或近顶端，稀背生，位于主脉与叶边之间或近叶边生；囊群盖棕色，圆肾形。

60 种，我国有 40 种，湖南有 25 种，八大公山有 12 种。

分种检索表

1. 轴和主脉上面具淡灰色单细胞的针状毛。

2. 囊群盖边缘无睫毛……………………………………………………………**6. 毛枝蕨 A. miqueliana**

2. 囊群盖边缘有睫毛……………………………………………… **7. 四回毛枝蕨 A. quadripinnata**

1. 各回羽轴光滑无毛。

3. 叶片长圆状披针形，一回羽状。

4. 羽片边缘有小尖锯齿……………………………………………………… **11. 黔蕨 A. tsiangiana**

4. 羽片边缘浅羽裂，裂片顶部有 1 ~ 5 个尖锯齿……………………………… **3. 粗齿黔蕨 A. blinii**

3. 叶片三角形、五角形、卵形或长圆形，大都为三回至四回羽状。

5. 叶片顶部急狭缩呈长尾状，与其下侧生羽片同形。

6. 叶为二至三回羽状。

7. 叶为二回羽状，基部羽片与上侧同形，披针形………………**1. 斜方复叶耳蕨 A. amabilis**

7. 叶为三回羽状，基部羽片与其上的不同形。

8. 孢子囊群生于叶边和叶脉之间…………………………………… **2. 刺头复叶耳蕨 A. aristata**

8. 孢子囊群近叶边和生…………………………………………… **8. 长尾复叶耳蕨 A. simplicior**

6. 叶为四回羽状………………………………………… **12. 紫云山复叶耳蕨 A. ziyunshanensis**

5. 叶片顶部渐尖或多少急狭缩呈三角形，渐尖头，若有顶生羽片则与其下的侧生羽片不同形。

9. 孢子囊群中生或略近中脉生。

10. 小羽片或末回裂片镰刀形 ………………………………… **4. 中华复叶耳蕨 A. chinensis**

10. 小羽片或末回裂片不为镰刀形。

11. 叶薄草质，干后软而薄 ………………………………………… **5. 华南复叶耳蕨 A. festina**

11. 叶片近革质，干后坚硬 ……………………………………… **10. 美丽复叶耳蕨 A. speciosa**

9. 孢子囊群近叶边生……………………………………………………**9. 华西复叶耳蕨 A. simulans**

1. 斜方复叶耳蕨 Arachniodes amabilis (Blume) Tindale

多年生草本。根状茎密被棕色、质薄的阔披针形或披针形鳞片。叶远生；叶柄禾秆色，基部密被与根状茎同样的鳞片；叶片长卵形，二回羽状。孢子囊群着生于小脉顶端，靠近叶边，每末回裂片 1 ~ 7 对；囊群盖棕色，圆肾形，膜质，边缘有睫毛。

分布与生境：产于八大公山各地，生于海拔 500 ~ 1060 m 的山坡林下。金摄郎、张九兵 BDGS502（CSH）；吴世福 794（PE）。

用途：全草入药；庭院观赏。

斜方复叶耳蕨 Arachniodes amabilis

2. 刺头复叶耳蕨 Arachniodes aristata (G. Forster) Tindale

多年生草本。叶柄禾秆色，基部密被棕色披针形鳞片。叶片三角形，顶部略狭缩呈三角形，渐尖头，四回羽状。叶干后纸质，褐绿色，光滑，叶轴和各回羽轴下面略被暗棕色披针形小鳞片。孢子囊群每二回小羽片或裂片 3 ~ 5 枚，囊群盖黄棕色，厚膜质，脱落。

分布与生境：产于八大公山天平山，生于海拔 800 ~ 1000 m 的山坡林下。吴世福 677（PE）。

3. 粗齿黔蕨 Arachniodes blinii (H. Lév.) T. Nakaike

根状茎长，横走。叶片长圆状披针形，顶部羽裂，向下一回羽状；羽片 9 对，下部 3 对近对生，向上的互生，有柄，斜展，阔披针形，（10 ~ 12）cm ×（2.0 ~ 2.8）cm，短尖头，基部不对称，上侧圆形，下侧楔形，边缘浅羽裂，裂片先端有 1 ~ 3 个小尖锯齿。叶轴和主脉下面偶被棕色、线形小鳞片。孢子囊群圆形，生小脉顶端，在主脉两侧各排成 2（1）行，稀疏；囊群盖圆肾形，以缺刻处着生，棕色，膜质，脱落。

分布与生境：产于八大公山各地，生于海拔 500 ~ 1360 m 的山坡林下。金摄郎、张九兵 BDGS484（CSH）；金摄郎、张九兵 BDGS761（CSH）；吴世福 713（PE）；刘炳荣 870556（HUST）。

刺头复叶耳蕨 Arachniodes aristata

粗齿黔蕨 Arachniodes blinii

4. 中华复叶耳蕨 Arachniodes chinensis (Rosenstock) Ching

多年生草本。叶柄禾秆色，基部密被褐棕色线状钻状，顶部毛髯状鳞片，向上连同叶轴被有相当多的黑褐色线状钻形小鳞片。叶片卵状三角形，羽状羽片 8 对，基部 1 对较大，三角状披针形。叶干后纸质，暗棕色，光滑，羽轴下面被有相当多的黑褐色线状钻形小鳞片。孢子囊群每小羽片 5 ~ 8 对，位于中脉与叶边之间，囊群盖棕色，近革质，脱落。

分布与生境：产于八大公山各地，生于海拔 650 ~ 1500 m 的山坡林下。金摄郎、张九兵 BDGS489（CSH）；金摄郎、张九兵 BDGS794（CSH）。

中华复叶耳蕨 Arachniodes chinensis

5. 华南复叶耳蕨 Arachniodes festina (Hance) Ching

多年生草本。叶片卵状三角形或长圆形，（32 ~ 65）cm ×（18 ~ 30）cm，顶部渐尖，四回羽状；羽状羽片 7 ~ 9 对，互生，有柄，斜展，接近，基部 1 对最大，三角形，渐尖头，基部近对称，阔楔形，三回羽状；一回小羽片 12 ~ 16 对，互生，有短柄，基部下侧一片略较大，长圆披针形，（6 ~ 12）cm ×（2 ~ 4）cm，末回小羽片 3 ~ 4 对，下部的分离，卵状三角形，（5 ~ 12）mm × 4 mm，钝头，基部不对称，楔形，边缘具有 3 ~ 5 个粗尖牙齿。孢子囊群每末回小羽片或裂片 2 ~ 4（5）枚；囊群盖暗棕色，厚膜质，脱落。

分布与生境：产于八大公山各地，生于海拔 460 ~ 850m 的山坡林下。金摄郎、张九兵 BDGS640（CSH）；金摄郎、张九兵 BDGS776（CSH）；金摄郎、张九兵 BDGS883（CSH）。

华南复叶耳蕨 Arachniodes festina

6. 毛枝蕨 Arachniodes miqueliana (Maximowicz ex Franchet & Savatier) Ohwi

多年生草本。根状茎长，横长，连同叶柄基部被棕色、披针形鳞片。叶远生，叶柄红棕色或向上达叶轴为棕禾秆色，疏被较小形鳞片；叶片阔卵形，四回或五回羽状；各回羽轴下面疏被棕色、披针形小鳞片。孢子囊群小，圆形，背生小脉上，每末回小羽片 1 ~ 3 枚；囊群盖圆肾形，棕色。

分布与生境：产于八大公山天平山、斗篷山，生于海拔 1500 ~ 1600 m 的山坡林下。金摄郎、张九兵 BDGS475（CSH）；金摄郎、张九兵 BDGS747（CSH）；吴世福 622（PE）。

毛枝蕨 Arachniodes miqueliana

7. 四回毛枝蕨 Arachniodes quadripinnata (Hayata) Serizawa

多年生草本。根状茎长，横长，连同叶柄基部被棕色、卵状披针形鳞片。叶远生，叶柄红棕色或向上达叶轴为棕禾秆色，疏被较小形鳞片；叶片阔卵形，四回或五回羽状；各回羽轴下面疏被棕色、披针形小鳞片。孢子囊群小，圆形，背生小脉上，每末回小羽片 1 ~ 3 枚；囊群盖圆肾形，棕色，边缘有睫毛。

分布与生境：产于八大公山天平山、斗篷山，生于海拔 1500 ~ 1600 m 的山坡林下。金摄郎、张九兵 BDGS458（CSH）；金摄郎、张九兵 BDGS741（CSH）。

8. 长尾复叶耳蕨 Arachniodes simplicior (Makino) Ohwi

多年生草本。叶柄禾秆色，基部被褐棕色披针形鳞片。叶片卵状五角形，顶部有一片具柄的顶生羽状羽片，三回羽状，末回小羽片互生，几无柄，长圆状齿，叶干后纸质，灰绿色，光滑。孢子囊群略近叶边生，囊群盖深棕色，膜质，脱落。

分布与生境：产于八大公山五道水（连家湾、黄连台），生于海拔 500 ~ 700 m 的山坡林下。金摄郎、张九兵 BDGS693（CSH）；金摄郎、张九兵 BDGS867（CSH）。

用途：庭院观赏。

四回毛枝蕨 Arachniodes quadripinnata

长尾复叶耳蕨 Arachniodes simplicior

9. 华西复叶耳蕨 Arachniodes simulans (Ching) Ching

多年生草本。叶柄禾秆色，基部密被棕色鳞片。叶片阔卵状三角形，四回羽状；叶轴和各回羽轴下面偶被 1、2 棕色、披针形小鳞片。孢子囊群每二回小羽片或裂片 4 ~ 6 对，靠近叶边生；囊群盖棕色，厚膜质，边缘有睫毛，以后脱落。

分布与生境：产于八大公山斗篷山、天平山（鸳鸯垭），生于海拔 600 ~ 1600 m 的山坡林下。金摄郎、张九兵 BDGS424（CSH）；1400m，吴世福 498（PE）。

华西复叶耳蕨 Arachniodes simulans

10. 美丽复叶耳蕨 Arachniodes speciosa (D. Don) Ching

叶柄棕禾秆色，基部密被褐棕色、卵状披针形鳞片，向上近光滑。叶片阔卵状五角形，35 cm × 28 cm，顶部略狭缩呈长三角形，渐尖头，三回羽状，末回小羽片约 16 对，互生，长圆形，尖头，基部圆楔形，边缘浅裂至半裂，基部上侧一裂片全裂。孢子囊群每末回小羽片 3 ~ 5 对，位于中脉与叶边中间；囊群盖棕色，膜质，脱落。

分布与生境：分布于八大公山天平山（黄连台、李下河），生于海拔 200 ~ 500 m 的山坡林下。金摄郎、张九兵 BDGS792（CSH）；周喜乐、严岳鸿、金冬梅 ZXL9711（CSH）。

美丽复叶耳蕨 Arachniodes speciosa

11. 黔蕨 Arachniodes tsiangiana (Ching) T. Nakaike

根状茎长，横走，连同叶柄密被鳞片；鳞片棕色，卵形，先端尖，全缘。叶近生；叶柄禾秆色，叶片阔披针形，（20 ~ 33）cm ×（10 ~ 12）cm，一回羽状；顶生羽片基部有 1 裂片，侧生羽片 6 ~ 8 对，下部的近对生，上部的互生，披针形，（7 ~ 8）cm ×（1.5 ~ 2.0）cm，渐尖头，基部近对生，楔形，边缘有稀疏缺刻，先端有 1 小尖齿。孢子囊群圆形，生小脉顶端，在主脉两侧各排成 2 行；囊群盖圆肾形，以缺刻处着生，棕色，膜质，脱落。

分布与生境：分布于八大公山芭茅溪（小溪沟），生于海拔 500 ~ 800 m 的山坡林下。周喜乐、严岳鸿、金冬梅 ZXL9686（CSH）。

黔蕨 Arachniodes tsiangiana

12. 紫云山复叶耳蕨 Arachniodes ziyunshanensis Y. T. Hsieh

多年生草本。叶柄禾秆色，近光滑。叶片卵状五角形，顶部有一片具柄的羽状羽片，与其下侧

紫云山复叶耳蕨 Arachniodes ziyunshanensis

生羽片同形，基部近圆形，四回羽状。叶干后厚纸质，淡绿色，光滑，叶轴和各回羽轴下面略被1～2暗棕色、线形小鳞片。孢子囊群近叶边生于小脉顶端，囊群盖暗棕色，厚膜质，全缘，脱落。

分布与生境：分布于八大公山斗篷山（蒋家湾），生于海拔800～1500 m的山坡林下。金摄郎、张九兵 BDGS644（CSH）。

（二）肋毛蕨属 **Ctenitis** (C. Christensen) C. Christensen

多年生草本。根状茎短粗，直立或斜升，与叶柄基部均密被鳞片。叶簇生；叶柄基部以上和叶轴及羽轴下面多少被鳞片；叶片披针形、椭圆披针形、卵状三角形或近五角形，二至四回羽状。孢子囊群圆形，着生于小脉中部或很少近顶部；囊群盖通常细小(有时缺如)，圆形至圆肾形，棕色。

100～150种，我国有10种，湖南有3种，八大公山均有。

分种检索表

1. 叶轴和叶柄基部以上的鳞片先端纤维状，具六角形粗筛孔。
   2. 植株较矮，叶片基部以上近二回羽状…………………………………… **1. 直鳞肋毛蕨 C. eatonii**
   2. 植株较高，叶片基部以上近三回羽状……………………………… **3. 亮鳞肋毛蕨 C. subglandulosa**
1. 叶轴和叶柄基部以上的鳞片先端渐尖，具狭长筛孔…………………… **2. 二型肋毛蕨 C. dingnanensis**

1. 直鳞肋毛蕨 **Ctenitis eatonii** (Baker) Ching

多年生草本。根状茎短而直立，顶部密被淡棕色鳞片。叶簇生；叶柄基部褐棕色，向上灰禾秆色，叶片三角形，三回羽裂，裂片4～5对，斜向上，彼此接近，长圆形，钝头，全缘，叶轴及羽

直鳞肋毛蕨 Ctenitis eatonii

轴两面均密被有关节的淡棕色毛，下面疏被鳞片，小羽轴两面均密被有关节的淡棕色毛。孢子囊群小，圆形，每裂片有 1 ~ 2 对，生于小脉中部以上。

分布与生境：分布于八大公山天平山（楠木坪、杉木界），生于海拔 350 ~ 900 m 的溪边悬崖底部。周喜乐、金冬梅 ZXL9758（CSH）；周喜乐、金冬梅 ZXL9759（CSH）；刘炳荣 051013（HUST）。

2. 二型肋毛蕨 Ctenitis dingnanensis Ching

根状茎直立，顶部及叶柄基部密被鳞片；鳞片线形，先端纤维状并卷曲，锈黄色。叶簇生；叶柄深禾秆色，上面有两条纵沟，基部以上密被鳞片；叶片三角形，（40 ~ 50）cm ×（35 ~ 45）cm，三回羽状至四回羽裂；羽片 8 ~ 10 对，下部几对近对生，斜展，基部 1 对羽片最大，三角形；叶轴及羽轴禾秆色，上面密被有关节的棕色毛，两面均被披针形的鳞片。孢子囊群圆形，每末回小羽片有 4 ~ 6 对，生小脉下部或分叉处，较近主脉。

分布与生境：分布于八大公山天平山、五道水（杉木界），生于海拔 200 ~ 1000 m 的溪边密林下。刘炳荣 050021（HUST）；刘炳荣 8708001（HUST）。

二型肋毛蕨 Ctenitis dingnanensis

3. 亮鳞肋毛蕨 Ctenitis subglandulosa (Hance) Ching

多年生草本。根状茎粗壮，直立或斜升，顶部及叶柄基部密被鳞片。叶簇生；叶柄棕色，基部以上密被鳞片；叶片三角状卵形，四回羽裂；叶轴及羽轴禾秆色，密被与叶柄上部的同样的鳞片。孢子囊群圆形，每末回小羽片有 3 ~ 5 对，生于小脉中部。

分布与生境：产于八大公山各地，生于海拔 300 ~ 1200 m 的山坡林下。周喜乐，张九兵 ZXL5599（CSH）；周喜乐，张九兵 ZXL5619（CSH）；刘炳荣 0510121（HUST）。

亮鳞肋毛蕨 Ctenitis subglandulosa

（三）贯众属 **Cyrtomium** C. Presl

多年生草本。根状茎短粗，斜升或直立，连同叶柄基部密被鳞片。叶簇生，有柄，上面有浅纵沟，幼时密被鳞片；叶片一回羽状，稀单叶或具三小叶。孢子囊群圆形，背生于网眼内的小脉上，沿主脉两侧各有 1 至多行；囊群盖大，圆盾形，盾状着生，全缘或有齿。

35 种，我国有 31 种，湖南有 19 种，八大公山有 11 种。

分种检索表

1. 叶片革质，羽片全缘无齿，或偶成波状。
  2. 侧生羽片基部两侧多少内凹成心形。
    3. 侧生羽片卵形，中部的长 1 ～ 2 cm ………………………… **4. 低头贯众 C. nephrolepioides**
    3. 侧生羽片卵形三角状披针形，中部的长 2.0 ～ 2.5 cm …………… **10. 武陵贯众 C. wulingense**
  2. 侧生羽片一般不内凹而成圆楔形截心形……………………………… **6. 新宁贯众 C. sinningense**
1. 叶片纸质，羽片有齿或在近顶部有齿。
  4. 羽片有前倾的小齿或至少在顶部有齿，有时全缘。
    5. 侧生羽片基部近对称，宽楔形、圆楔形或楔形。
      6. 侧生羽片卵形或基部 1 ～ 2 对为卵形。
        7. 囊群盖全缘无齿…………………………………………………… **3. 大叶贯众 C. macrophyllum**
        7. 囊群盖边缘有齿……………………………………………………… **8. 齿盖贯众 C. tukusicola**
      6. 侧生羽片为宽披针形、矩圆状披针形。

8. 囊群着生处叶面平坦…………………………………………………… **5. 峨眉贯众 C. omeiense**

8. 囊群着生处背面下凹成小穴………………………………………… **9. 线羽贯众 C. urophyllum**

5. 侧生羽片基部不对称，上下侧不同形。

9. 侧生羽片较小，一般长 8 cm 以下 …………………………………………… **2. 贯众 C. fortunei**

9. 侧生羽片较大，一般长 8 ~ 12 cm ……………………………… **11. 阔羽贯众 C. yamamotoi**

4. 羽片有开张的刺状齿。

10. 侧生羽片上侧有耳状穿越 ………………………………………… **1. 刺齿贯众 C. caryotideum**

10. 侧生羽片上侧无耳状穿越 ……………………………………………… **7. 秦岭贯众 C. tsinglingense**

1. 刺齿贯众 Cyrtomium caryotideum (Wallich ex Hooker & Greville) C. Presl

多年生草本。根状茎密被鳞片。叶簇生；叶柄禾秆色，基部密被鳞片；叶片长圆形，奇数一回羽状；羽片卵状披针形，常向上弯成镰状；顶生羽片卵形或菱状卵形，二叉或三叉状；叶下面疏被小鳞片；叶轴上面疏被鳞片。孢子囊群满布羽片下面；囊群盖圆盾形。

分布与生境：产于八大公山各地，生于海拔 300 ~ 1500 m 的山坡林下。金摄郎、张九兵 BDGS778（CSH）；周喜乐、严岳鸿、金冬梅 ZXL9717（CSH）。

用途：庭院观赏；根茎入药。

刺齿贯众 Cyrtomium caryotideum

2. 贯众 Cyrtomium fortunei J. Smith

多年生草本。根状茎密被鳞片。叶簇生；叶柄禾秆色，基部密被鳞片；叶片长圆形，奇数一回羽状；顶生羽片狭卵形，下部有时有 1 或 2 个浅裂片；叶两面光滑；叶轴上面疏被鳞片。孢子囊群散布羽片下面；囊群盖圆盾形，全缘。

分布与生境：产于八大公山各地，生于海拔 200～1400 m 的山坡或沟谷林下。金摄郎、张九兵 BDGS804（CSH）；吴世福 768（PE）。

用途：根状茎入药；庭院观赏。

贯众 Cyrtomium fortunei

3. 大叶贯众 Cyrtomium macrophyllum (Makino) Tagawa

多年生草本。根状茎密被鳞片。叶簇生；叶柄禾秆色，下部密被鳞片；叶片长圆状卵形，奇数一回羽状；侧羽叶基部 1 或 2 对为卵形常较大，其他为矩圆卵形；顶生羽片卵形或菱状卵形，二叉

大叶贯众 Cyrtomium macrophyllum

或三叉状；叶下面疏被小鳞片；叶轴上面被鳞片。孢子囊群满布羽片下面；囊群盖圆盾形，全缘。

分布与生境：产于八大公山斗篷山、天平山，生于海拔 500 ~ 1350 m 的沟谷林下或溪沟边草丛中。金摄郎、张九兵 BDGS499（CSH）；周喜乐、严岳鸿、金冬梅 ZXL9679（CSH）；刘炳荣 870495（HUST）；吴世福 306（PE）。

用途：根状茎入药；庭院观赏。

4. 低头贯众 Cyrtomium nephrolepioides (Christ) Copeland

多年生草本。根茎直立，密被披针形棕色鳞片。叶簇生，叶柄禾秆色，腹面有浅纵沟，下部密被披针形及狭披针形棕色有时中间黑棕色鳞片，鳞片边缘有流苏状齿，上部渐稀疏，叶片矩圆披针形，奇数一回羽状；叶为革质，两面光滑，叶轴腹面有浅纵沟，有线形棕色鳞片。孢子囊群遍布羽片背面，囊群盖圆形，盾状，边缘有啮蚀状齿。

分布与生境：产于八大公山五道水（庄耳坪），生于海拔 715 m 的悬崖石缝中。

用途：根状茎入药；庭院观赏。

低头贯众 Cyrtomium nephrolepioides

5. 峨眉贯众 Cyrtomium omeiense Ching & K. H. Shing

根茎直立，密被披针形黑棕色鳞片。叶簇生，叶柄基部禾秆色，下部密生鳞片，鳞片边缘有齿，向上部渐秃净；叶片矩圆形或矩圆披针形，先端钝，基部不变狭，奇数一回羽状；侧生羽片 4 ~ 9 对，互生，斜向上，有短柄，椭圆形或矩圆披针形，中部的（12 ~ 15）cm ×（3.0 ~ 3.5）cm，先端渐尖，基部楔形或宽楔形，边缘全缘或上部有前倾的小齿。孢子囊群遍布羽片背面；囊群盖圆形，盾状，边缘有小齿。

分布与生境：产于八大公山五道水（楠木坪、黄连台）及天平山，生于海拔 200 ~ 400 m 的沟谷林下。金摄郎、张九兵 BDGS771（CSH）；周喜乐、严岳鸿、金冬梅 ZXL9719（CSH）；吴世福 550（PE）。

用途：根状茎入药；庭院观赏。

峨眉贯众 Cyrtomium omeiense

6. 新宁贯众 Cyrtomium sinningense Ching & K. H. Shing

多年生草本。根茎直立，密被披针形棕色鳞片。叶簇生，叶柄禾秆色，腹面有浅纵沟，下部密被棕色鳞片；叶片线状披针形，奇数一回羽状，侧生羽片 10 对以上，互生，平伸或略斜向上，具短柄，椭圆形，先端圆钝形，基部近圆截形，边缘全缘。孢子囊群在羽片背面 2 行。

新宁贯众 Cyrtomium sinningense

分布与生境：产于八大公山五道水，生于海拔 600 ~ 1000 m 悬崖石缝中。

用途：庭院观赏。

7. 秦岭贯众 *Cyrtomium tsinglingense* Ching & K. H. Shing

根茎直立，密被披针形棕色鳞片。叶簇生，叶柄基部密生鳞片，鳞片边缘有齿，常扭曲，向上部渐秃净；叶片矩圆形或矩圆披针形，（30 ~ 60）cm ×（15 ~ 26）cm，先端钝，基部不变狭或略宽，奇数一回羽状；侧生羽片 5 ~ 7 对，互生，斜向上，有短柄，基部 1 或 2 对卵形常较大，其他为矩圆披针形，上侧微有耳状凸，边缘有开张的小尖齿。孢子囊群遍布羽片背面；囊群盖圆形，盾状，全缘。

分布与生境：产于八大公山五道水（李家包村），生于海拔 200 ~ 400 m 的沟谷林下。金摄郎、张九兵 BDGS893（CSH）。

秦岭贯众 *Cyrtomium tsinglingense*

8. 齿盖贯众 *Cyrtomium tukusicola* Tagawa

多年生草本。根茎直立，密被披针形黑棕色鳞片。叶簇生，叶柄禾秆色，下部密生卵形及披针形黑棕色鳞片，鳞片边缘有齿，常扭曲，向上部渐秃净，叶片矩圆卵形至矩圆披针形，奇数一回羽状，具羽状脉。叶为坚纸质，两面光滑，叶轴腹面有浅纵沟，疏生披针形及线形棕色鳞片。孢子囊群遍布羽片背面囊群盖圆形，盾状，边缘有细齿。

分布与生境：产于八大公山五道水，生于海拔 1100 m 的山地林下。

9. 线羽贯众 *Cyrtomium urophyllum* Ching

多年生草本。根茎直立，密被披针形棕色鳞片。叶簇生，叶柄禾秆色，腹面有浅纵沟，叶片矩圆披针形，奇数一回羽状，具羽状脉。叶为纸质，两面光滑，囊群着生处叶腹面常凸出，背面下凹成小穴，叶轴腹面有纵沟，疏生披针形及线形棕色鳞片。孢子囊群遍布羽片背面，囊群盖圆形，盾状，边缘有小齿或近全缘。

分布与生境：产于八大公山各地，生于海拔 500～1460 m 的沟谷林下。金摄郎、张九兵 BDGS772（CSH）；金摄郎、张九兵 BDGS856（CSH）；金摄郎、张九兵 BDGS889（CSH）；刘炳荣 870505（HUST）。

用途：根状茎入药；庭院观赏。

齿盖贯众 Cyrtomium tukusicola

线羽贯众 Cyrtomium urophyllum

10. 武陵贯众 Cyrtomium wulingense S. F. Wu

本种是以湖南桑植（现湖南张家界市武陵源区）为模式产地发表的特有种，与低头贯众近似，但侧生羽片三角形，目前在 *Flora of China* 中处理为低头贯众的异名。《武陵山蕨类植物》的作者经查看该种的模式标本，并在野外采集和观察该种的形态变化，在湖南永定天门山、湖南桑植中里大峡谷等地均有新的采集，认为该种是一个独立的物种，与低头贯众具有明显的区别，故恢复该种的分类学地位。

分布与生境：产于八大公山各地，生于海拔 500 ~ 1460 m 的沟谷林下。金摄郎、张九兵 BDGS772（CSH）；金摄郎、张九兵 BDGS856（CSH）；金摄郎、张九兵 BDGS889（CSH）；刘炳荣 870505（HUST）。

用途：根状茎入药；庭院观赏。

武陵贯众 Cyrtomium wulingense

11. 阔羽贯众 Cyrtomium yamamotoi Tagawa

多年生草本。根茎直立，密被披针形黑棕色鳞片。叶簇生，叶柄禾秆色，密生黑棕色鳞片；叶片卵形或卵状披针形，奇数一回羽状；叶轴腹面有浅纵沟，疏生披针形黑棕色或棕色鳞片。孢子囊群遍布羽片背面；囊群盖圆形，盾状。

分布与生境：产于八大公山斗篷山、天平山，生于海拔 200 ~ 1000 m 的沟谷林下。金摄郎、张九兵 BDGS434（CSH）；刘炳荣 850114（HUST）。

用途：根状茎入药；庭院观赏。

阔羽贯众 Cyrtomium yamamotoi

（四）鳞毛蕨属 Dryopteris Adanson

多年生草本。根状茎粗短，直立或斜升，顶端密被大鳞片。叶柄被与根状茎同样的鳞片；叶片一回羽状或二至四回羽裂，被鳞片，末回羽片基部圆形对称，边缘通常有锯齿。孢子囊群圆形，着生于叶脉背部，稀为顶部着生；囊群盖大，棕色，圆肾形。

400 种，我国有 167 种，湖南有 65 种，八大公山有 41 种。

分种检索表

1. 囊群盖下位，圆球形。
  2. 各回羽轴基部着生处有 1 枚通常宿存的心脏形大鳞片……………………… **21. 鱼鳞蕨 D. paleolata**
  2. 各回羽轴基部着生处无鳞片…………………………………………… **41. 东亚柄盖蕨 D. zhuweimingii**
1. 囊群盖上位，杯形。
  3. 小羽轴和主脉上面具红棕色的肉质粗刺。
    4. 孢子囊群有盖………………………………………………………………… **31. 肉刺蕨 D. squamiseta**
    4. 孢子囊群无盖……………………………………………………………… **27. 无盖肉刺蕨 D. shikokiana**
  3. 小羽轴和主脉上面不具红棕色的肉质粗刺。
    5. 羽片主脉上面的纵沟不与主轴的纵沟相通。
      6. 羽轴下面的鳞片为泡状…………………………………………… **14. 泡鳞轴鳞蕨 D. kawakamii**
      6. 羽轴下面的鳞片平直不为泡状。
        7. 叶轴和叶柄基部的鳞片质地厚……………………… **35. 巢形鳞毛蕨 D. transmorrisonense**

7. 叶轴和叶柄基部的鳞片质地厚……………………………**18. 阔鳞轴鳞蕨 D. maximowicziana**

5. 羽片主脉上面的纵沟不与主轴的纵沟相通。

8. 叶为奇数羽状复叶，顶生羽片与侧生羽片同形。

9. 侧生羽片 8 ～ 14 对 …………………………………………… **2. 大坪鳞毛蕨 D. bodinieri**

9. 侧生羽片 1 ～ 5 对…………………………………………… **28. 奇羽鳞毛蕨 D. sieboldii**

8. 叶为一至四回羽状复叶，顶生羽片与侧生羽片不同形。

10. 叶轴、羽轴和小羽轴下面不具泡囊状鳞片。

11. 小羽片基部对称。

12. 叶片一回羽状，羽片全缘、浅裂或深裂。

13. 孢子囊群无盖，鳞片全缘 ………………………………… **25. 无盖鳞毛蕨 D. scottii**

13. 孢子囊群有盖，鳞片边缘流苏状或全缘。

14. 孢子囊群靠近羽片边缘，羽轴两侧有宽的不育带。

15. 孢子囊群紧靠羽片边缘着生 ………………… **11. 边生鳞毛蕨 D. handeliana**

15. 孢子囊群靠近羽片边缘着生。

16. 叶柄上的鳞片黑色，线状披针形 …… **19. 黑鳞远轴鳞毛蕨 D. namegatae**

16. 叶柄上的鳞片棕色或淡褪色 ……………………**6. 远轴鳞毛蕨 D. dickinsii**

14. 孢子囊群靠近羽轴两边，羽轴两侧无宽的不育带。

17. 叶柄被黑色或褐黑色鳞片。

18. 最基部的羽片不缩短或略缩短，不反折 …………**1. 暗鳞鳞毛蕨 D. atrata**

18. 下部羽片缩短，通常反折 …………………… **4. 桫椤鳞毛蕨 D. cycadina**

17. 叶柄被棕色鳞片 ………………………… **23. 密鳞鳞毛蕨 D. pycnopteroides**

12. 叶片二至三回羽状或四回羽裂。

19. 叶片二回羽状。

20. 叶轴的鳞片棕色 ………………………………………… **38. 大羽鳞毛蕨 D. wallichiana**

20. 叶轴的鳞片棕色至栗黑色。

21. 叶片在中部为羽状半裂 ……………………… **24. 川西鳞毛蕨 D. rosthornii**

21. 叶片羽状深裂至羽状全裂 ……………………**10. 哈巴鳞毛蕨 D. habaensis**

19. 叶片二回羽状或三至四回羽裂。

22. 叶片三至四回羽裂 ……………………… **39. 武陵山鳞毛蕨 D. wulingshanensis**

22. 叶片二回羽状分裂。

23. 小羽片渐尖头 ………………………………………… **16. 狭顶鳞毛蕨 D. lacera**

23. 小羽片钝头。

24. 小羽片钝头，全缘至具缺刻状（锯）齿状。

25. 叶柄和叶轴的鳞片大多棕色 ………………**32. 半育鳞毛蕨 D. sublacera**

25. 叶柄和叶轴的鳞片暗黑色 …………………**36. 同形鳞毛蕨 D. uniformis**

24. 小羽片先端略狭，锐（锯）齿状 ………… **22. 半岛鳞毛蕨 D. peninsulae**

11. 小羽片基部两侧不对称。

26. 叶柄上部和叶轴禾秆色，下部棕色 ……………………… **30. 稀羽鳞毛蕨 D. sparsa**

26. 叶柄上部和叶轴亮栗色 ………………………………… **40. 栗柄鳞毛蕨 D. yoroii**

10. 叶轴、羽轴和小羽轴下面具泡囊状鳞片。

27. 叶片一至二回羽状，披针形或卵状披针形。

28. 叶柄基部的鳞片披针形或阔披针形，棕色。

29. 鳞片狭披针形，边缘全缘。

30. 叶片一回羽状 ……………………………………… **5. 迷人鳞毛蕨 D. decipiens**

30. 叶片二回羽状。

31. 小羽片三角状卵形，顶端圆钝 ……………………… **8. 黑足鳞毛蕨 D. fuscipes**

31. 小羽片披针形，顶端渐尖 ……………………… **7. 红盖鳞毛蕨 D. erythrosora**

29. 叶柄基部的鳞片卵状披针形，边缘具疏齿。

32. 叶轴鳞片卵形，具齿。

33. 叶片二回羽状，小羽片全缘或具锯齿 ………**17. 轴鳞鳞毛蕨 D. lepidorachis**

33. 叶片二或三回羽状，小羽片具锯齿至羽状分裂…… **34. 观光鳞毛蕨 D. tsoongii**

32. 叶轴鳞片披针形或线状披针形，全缘或具齿。

34. 叶轴鳞片具齿 ……………………………… **3. 阔鳞鳞毛蕨 D. championii**

34. 叶轴鳞片通常全缘 ………………………………… **29. 高鳞毛蕨 D. simasakii**

28. 叶柄基部的鳞片狭披针形或线状披针形，黑色或黑棕色。

35. 孢子囊群无盖 ……………………………………**9. 裸果鳞毛蕨 D. gymnosora**

35. 孢子囊群有盖。

36. 侧生羽片无柄。

37. 下部羽片的小羽片缩短且平行于叶轴，覆盖叶轴 ………………………………………………………………………… **13. 平行鳞毛蕨 D. indusiata**

37. 下部羽片的小羽片不缩短，不平行于叶轴，不覆盖叶轴 ………………………………………………………………… **33. 华南鳞毛蕨 D. tenuicula**

36. 侧生羽片有明显的短柄 ………………………… **15. 齿头鳞毛蕨 D. labordei**

27. 叶片二至三回羽状，通常五角状卵形。

38. 根状茎顶端及叶柄基部的鳞片全部为黑色或近黑色 … **20. 太平鳞毛蕨 D. pacifica**

38. 根状茎顶端及叶柄基部的鳞片全部为棕色或两色。

39. 叶柄基部的鳞片基部棕色，先端毛状。

40. 孢子囊群大而少，在羽轴两侧通常 2 行 ………… **12. 假异鳞毛蕨 D. immixta**

40. 孢子囊群大而少，在羽轴两侧通常呈不规则多行 ……**37. 变异鳞毛蕨 D. varia**

39. 叶柄基部的鳞片基部两色 ……………………… **26. 两色鳞毛蕨 D. setosa**

1. 暗鳞鳞毛蕨 Dryopteris atrata (Wallich ex Kunze) Ching

多年生草本。根状茎直立，密被棕色披针形大鳞片。叶簇生，叶柄禾秆色，基部密被黑褐色披针形鳞片，向上连同叶轴密被黑褐色鳞片；叶片阔披针形，一回羽状，末回裂片边缘浅裂有粗锯齿，叶下面沿羽轴和叶脉疏被深黑色小鳞片。孢子囊群圆形，着生于小脉中部，满布于主脉两侧，无不育带。

分布与生境：产于八大公山五道水（楠木坪），生于海拔 500 m 的沟谷常绿阔叶林下。吴世福 770（PE）。

用途：全草入药；庭院观赏。

暗鳞鳞毛蕨 Dryopteris atrata

2. 大平鳞毛蕨 Dryopteris bodinieri (Christ) C. Chr

高大蕨类。根状茎短而直立。叶簇生；叶柄禾秆色，叶片长圆披针形，先端渐尖，奇数一回羽状；羽片 6 ~ 10 对，斜展，长圆披针形，（16 ~ 30）cm ×（2.5 ~ 6.0）cm，先端短渐尖，基部具短柄，上部数对羽片无柄，沿叶轴下延与叶轴合生，边缘具缺刻状锯齿，顶端一片羽片与两侧的羽片同形，叶两面光滑；羽轴上面凹下，成一沟槽，背面凸起，侧脉羽状，最基部 1 ~ 2 对只达羽片中下部，其余可直达叶边，孢子囊群不整齐散布羽轴两侧，靠近羽轴，背生于侧脉中部，无囊群盖。

分布与生境：产于八大公山五道水，生于海拔 200 ~ 300 m 的山坡林下。周喜乐，张九兵 ZXL5622（CSH）。

用途：庭院观赏。

3. 阔鳞鳞毛蕨 Dryopteris championii (Bentham) C. Christensen exChing

多年生草本。根状茎顶端连同叶柄基部密被大鳞片。叶簇生，叶柄禾秆色，密被鳞片；叶片卵状披针形，二回羽状。叶轴密被鳞片，羽轴被较密的泡状鳞片。孢子囊群大，圆形，着生于小羽片主脉两侧或裂片两侧各排成 1 行，位于主脉与叶边之间或略近叶边；囊群盖圆肾形，全缘。

分布与生境：产于八大公山各地，生于海拔 200 ~ 1200 m 的山坡林缘或灌丛中。金摄郎、张九兵 BDGS829（CSH）。

用途：全草入药。

大平鳞毛蕨 Dryopteris bodinieri

阔鳞鳞毛蕨 Dryopteris championii

4. 桫椤鳞毛蕨 Dryopteris cycadina (Franch. et Sav.) C. Chr

根状茎粗短，直立，连同叶柄基部一起密被黑褐色的狭长披针形鳞片。叶簇生；叶片披针形或椭圆状披针形，顶端长渐尖，基部稍缩狭，一回羽状半裂至深裂；羽片约 20 对，互生，略斜展，镰刀状披针形，中部的较长，顶端长渐尖，基部圆截形，具极短的柄，边缘羽状半裂至深裂，下部的数对羽片略缩短，并稍向下反折，裂片近长方形，顶端圆截形，疏具细齿。孢子囊群小，圆形，着生于小脉中部，散布在中脉两侧，通常无不育带；囊群盖圆肾形，全缘。

分布与生境：产于八大公山斗篷山（中沟湾），生于海拔 1000 ~ 1500 m 的山坡林下。金摄郎、张九兵 BDGS419（CSH）；金摄郎、张九兵 BDGS480（CSH）；金摄郎、张九兵 BDGS659（CSH）；周喜乐、张九兵 ZXL5629（CSH）。

桫椤鳞毛蕨 Dryopteris cycadina

5. 迷人鳞毛蕨 Dryopteris decipiens (Hook.) Kuntze

分变种检索表

1. 囊群盖下位，圆球形。
   2. 边缘波状浅裂或具浅锯齿…………………… **5a. 迷人鳞毛蕨（原变种） D. decipiens** var. **decipiens**
   2. 各回羽轴基部着生处无鳞片………… **5b. 深裂迷人鳞毛蕨（变种） D. decipiens** var. **diplazioides**

5a. 迷人鳞毛蕨（原变种） Dryopteris decipiens (Hook.) Kuntze var. **decipiens**

多年生草本。根状茎斜升或直立。叶簇生；叶柄除最基部为黑色外，其余部分为禾秆色，基部密被鳞片；羽片 10 ~ 15 对，互生或对生，有短柄，长约 2 mm，基部通常心形，顶端渐尖，边缘波状浅裂或具浅锯齿，中部的羽片较大。孢子囊群圆形，较靠近中脉着生；囊群盖圆肾形，边缘全缘。

分布与生境：产于八大公山天平山，生于海拔 500～1300 m 的山坡林下。金摄郎、张九兵 BDGS717（CSH）；周喜乐、严岳鸿、金冬梅 ZXL9715（CSH）。

用途：庭院观赏。

迷人鳞毛蕨（原变种）Dryopteris decipiens var. decipiens

5b. 深裂迷人鳞毛蕨（变种）Dryopteris decipiens var. **diplazioides**(Christ) Ching

多年生草本。根状茎斜升或直立。叶簇生；叶柄除最基部为黑色外，其余部分为禾秆色，基部密被鳞片；羽片羽状半裂至羽状深裂，少数达全裂而呈二回羽状复叶。孢子囊群圆形，较靠近中脉

深裂迷人鳞毛蕨（变种）Dryopteris decipiens var. diplazioides

着生；囊群盖圆肾形，边缘全缘。

分布与生境：产于八大公山五道水，生于海拔 200 ~ 450 m 的山坡林下。金摄郎、张九兵 BDGS744（CSH）。

用途：庭院观赏。

6. 远轴鳞毛蕨 Dryopteris dickinsii (Franchet & Savatier) C. Christensen

多年生草本。根状茎短而直立，密被棕色鳞片。叶簇生，叶柄禾秆色或褐色，基部被鳞片，一回羽状；羽片边缘具粗钝齿或羽裂达 1/3；叶轴和羽轴下面疏被线状披针形褐色小鳞片。孢子囊群圆形，着生于小脉中部以上或近顶端，沿中脉两侧有阔的不育带；囊群盖圆肾形，全缘。

分布与生境：产于八大公山各地，生于海拔 800 ~ 1400 m 的山坡林下。金摄郎、张九兵 BDGS512（CSH）；金摄郎、张九兵 BDGS672（CSH）；周喜乐、金冬梅 ZXL9768（CSH）；吴世福 549（PE）。

远轴鳞毛蕨 Dryopteris dickinsii

7. 红盖鳞毛蕨 Dryopteris erythrosora (A. A. Eaton) Kuntze

多年生草本。根状茎横卧或斜升。叶簇生，叶柄禾秆色或略呈淡紫色，基部密被栗黑色披针形鳞片，叶片长圆状披针形，二回羽状；叶片上面无毛，下面疏被淡棕色毛状小鳞片。孢子囊群较小，在小羽片中脉两侧各一行至不规则多行，靠近中脉着生；囊群盖圆肾形，全缘，中央红色，边缘灰白色，干后常向上反卷而不脱落。

分布与生境：产于八大公山各地，生于海拔 200 ~ 1100 m 的山坡林缘或灌丛中。金摄郎、张九兵 BDGS716（CSH）；金摄郎、张九兵 BDGS790（CSH）；周喜乐、严岳鸿、金冬梅 ZXL9716（CSH）。

用途：庭院观赏。

红盖鳞毛蕨 Dryopteris erythrosora

8. 黑足鳞毛蕨 Dryopteris fuscipes C. Christensen

多年生草本。根状茎密被鳞片。叶簇生，叶柄深禾秆色，基部黑色，密被与根状茎相同的鳞片；叶片卵状披针形，二回羽状；叶轴、羽轴和小羽轴具浅沟，沿叶轴被较密的披针形鳞片和稀疏的泡状鳞片，羽轴则被较密的泡状鳞片和稀疏的小鳞片。孢子囊群大，在小羽片主脉两侧各排列 1 行，略靠近主脉；囊群盖圆肾形，全缘。

黑足鳞毛蕨 Dryopteris fuscipes

分布与生境：产于八大公山各地，生于海拔 200 ~ 800 m 的常绿阔叶林下或灌丛中。天平山，1579 m，金摄郎、张九兵 BDGS754（CSH）；上河溪，700 m，向良考 07079（HUST）；天平山，600 m，吴世福 767（PE）。

用途：全草入药。

9. 裸果鳞毛蕨 Dryopteris gymnosora (Makino) C. Christensen

根状茎横卧或斜升，顶端及叶柄基部密被黑棕色鳞片。叶簇生，叶柄深禾秆色或淡紫色；叶片卵圆形或卵状披针形，羽轴和小羽片中脉的下面具稀疏的棕色泡状鳞片。孢子囊群大，位于小羽片中脉与边缘之间中脉两侧；囊群盖圆肾形，深棕色。

分布与生境：产于八大公山（蒋家湾），生于海拔 500 ~ 1050 m 的山坡林下。金摄郎、张九兵 BDGS646（CSH）。

裸果鳞毛蕨 Dryopteris gymnosora

10. 哈巴鳞毛蕨 Dryopteris habaensis Ching

多年生草本。根状茎短而直立，顶部密被鳞片。叶簇生，叶柄禾秆色，与叶轴均密被鳞片。叶片椭圆披针形，三回羽裂；叶轴禾秆色，下面被鳞片，上面有浅沟并密被有关节的淡棕色毛。孢子囊群圆形，生于上侧小脉近顶部；囊群盖圆形，近全缘，薄膜质，灰棕色。

分布与生境：产于八大公山斗篷山，生于海拔 1800 m 的山坡林下。植化室样品凭证标本 131（PE）。

11. 边生鳞毛蕨 Dryopteris handeliana C. Christensen

多年生草本。根状茎直立，连同叶柄基部密被鳞片。叶簇生，叶柄禾秆色，疏被鳞片；叶片长矩圆披针形，一回羽状；羽片边缘具缺刻状锯齿；叶片中部以上能育。孢子囊群圆形，紧靠羽片边缘着生；囊群盖小，圆肾形，棕色。

分布与生境：产于八大公山天平山（鸳鸯垭），生于海拔 1300 ~ 1400 m 的山坡林下。金摄郎、张九兵 BDGS718（CSH）；刘炳荣 870821（HUST）；吴世福 504（PE）。

哈巴鳞毛蕨 Dryopteris habaensis

边生鳞毛蕨 Dryopteris handeliana

12. 假异鳞毛蕨 **Dryopteris immixta** Ching

多年生草本。根状茎横卧或斜升，顶端被黑棕色或褐色鳞片。叶簇生；叶柄禾秆色，基部鳞片，向上鳞片稀疏。叶片卵状披针形，二回羽状，基部下侧小羽片羽状深裂，叶片顶端羽裂渐尖；裂片短渐尖头，叶轴具棕色鳞片，羽轴和小羽片中脉下面具棕色泡状鳞片。孢子囊群大，靠近小羽片或裂片的边缘着生。

分布与生境：产于八大公山五道水，生于海拔 600 ~ 700 m 的山坡林下。严岳鸿 4416B（HUST）；严岳鸿 4416A（HUST）；向良考 04031（HUST）。

用途：根茎可入药。

假异鳞毛蕨 Dryopteris immixta

13. 平行鳞毛蕨 Dryopteris indusiata (Makino) Makino et Yamam.

根状茎横卧或斜升。叶簇生；叶柄基部密被狭披针形黑色鳞片；叶片卵状披针形，二回羽状，羽片羽状深裂；羽片 10 ~ 15 对，近对生，基部几无柄，卵状披针形，（12 ~ 17）cm ×（3 ~ 5）cm，基部略收缩；小羽片 10 ~ 12 对，长圆状披针形，（2 ~ 3）cm ×（1.0 ~ 1.2）cm，顶端圆钝，基部近截形，无柄，边缘羽状深裂或半裂，最基部小羽片略缩短并平行叶轴；裂片 5 ~ 7 对，圆头，边缘全缘，顶端前方具 1 ~ 2 齿。孢子囊群大，着生于小羽片中脉两侧或裂片边缘，靠近小羽片中脉着生；囊群盖圆肾形，红棕色，边缘全缘。

分布与生境：产于八大公山斗篷山（蒋家湾），生于海拔 780 ~ 1670 m 的山坡林下。金摄郎、张九兵 BDGS444（CSH）；金摄郎、张九兵 BDGS637（CSH）。

14. 泡鳞轴鳞蕨 Dryopteris kawakamii Hayata

多年生草本。根状茎短而直立，顶部密被褐棕色并稍有光泽鳞片。叶簇生；叶柄深禾秆色，上面有浅沟，与叶轴均密被鳞片，鳞片披针形，稍卷曲，薄膜质，淡棕色；叶片阔披针形，先端渐尖，向基部略变狭，二回羽状，羽轴禾秆色，下面密被淡棕色的泡状披针形淡棕色小鳞片。孢子囊群圆形，每小羽片有 2 ~ 4 对，生于上侧小脉近顶部，靠近叶缘；囊群盖心脏形，边缘有疏睫毛，膜质，棕色，脱落。

分布与生境：产于八大公山斗篷山，生于海拔 1200 ~ 1670 m 的山坡林下。金摄郎、张九兵 BDGS405（CSH）；金摄郎、张九兵 BDGS454（CSH）。

平行鳞毛蕨 Dryopteris indusiata

泡鳞轴鳞蕨 Dryopteris kawakamii

15. 齿头鳞毛蕨 Dryopteris labordei (Christ) C. Christensen

多年生草本。根状茎先端密被鳞片。叶簇生，叶柄基部密被与根状茎同样的鳞片；叶片卵状披针形，二回羽状；叶两面近无毛，叶轴和羽轴禾秆色，叶轴近无毛，仅沿羽轴、小羽轴下面疏被泡状鳞片。孢子囊群大，着生于小羽轴与小羽片边缘之间或裂片的主脉两侧；囊群盖深棕色，圆肾形，全缘。

分布与生境：产于八大公山各地，生于海拔 540 ~ 1580 m 的山坡林下。金摄郎、张九兵 BDGS417（CSH）；金摄郎、张九兵 BDGS510（CSH）；金摄郎、张九兵 BDGS692（CSH）；吴世福 772（PE）。

用途：根茎可入药。

齿头鳞毛蕨 Dryopteris labordei

16. 狭顶鳞毛蕨 Dryopteris lacera (Thunberg) Kuntze

多年生草本。根状茎粗短，直立或斜升。叶簇生，叶柄禾秆色，基部密被大鳞片；叶片长圆形，二回羽状；羽片阔披针形，基部羽片不缩短或略缩短，一回羽状或羽裂；小羽片长卵状披针形，基部与羽轴合生，但基部小羽片通常离生或近离生，边缘有齿；叶轴上面着生披针形鳞片，下面残存有小鳞片。孢子囊群圆形。

分布与生境：产于八大公山天平山，生于海拔 1300 m 的山坡林下。天平金摄郎、张九兵 BDGS719（CSH）。

用途：根状茎入药。

狭顶鳞毛蕨 Dryopteris lacera

17. 轴鳞鳞毛蕨 Dryopteris lepidorachis C. Chr.

根状茎横卧或斜升。叶簇生；叶柄密被暗棕色鳞片；最基部的鳞片披针形；叶片卵状披针形，二回羽状；羽片 10～12 对，基部的近对生，上部互生，披针形，（8～15）cm×（2～4）cm，彼此接近；小羽片 10～13 对，长圆状披针形，（1～2）cm×5 mm，边缘有浅锯齿或羽状浅裂，顶端钝圆但有细锯齿，基部心形并有短柄；叶轴密被与叶柄中上部相同的鳞片，羽轴下面具有较密的披针形鳞片和泡状鳞片。孢子囊群小，靠近小羽片边缘着生；囊群盖圆肾形，褐棕色。

分布与生境：产于八大公山天平山、五道水（楠木坪），生于海拔 700～1360 m 的山坡林下。金摄郎、张九兵 BDGS752（CSH）；吴世福 961（PE）。

轴鳞鳞毛蕨 Dryopteris lepidorachis

18. 阔鳞轴鳞蕨 Dryopteris maximowicziana (Miq.) C. Chr

根状茎短而直立。叶簇生；叶柄禾秆色，上面有两条浅沟，密被鳞片，叶柄下部的鳞片卵形，长约 1 cm，先端长渐尖并稍卷曲，薄膜质，叶柄上部的鳞片渐变为披针形；叶片三角状卵形，三回羽状；羽片 8～10 对，一回小羽片 12～15 对，末回小羽片 7～8 对，叶轴和羽轴禾秆色，上面有纵沟并密被有关节的淡棕色长毛，下面被与叶柄上部的同样而较小的鳞片。孢子囊群圆形，每末回小羽片有 2～4 对，生于小脉顶部，位于叶缘与主脉之间；囊群盖边缘撕裂，膜质，红棕色，宿存。

分布与生境：产于八大公山天平山，生于海拔 1400～1470 m 的山坡林下。金摄郎、张九兵 BDGS714（CSH）；刘炳荣 8710276（HUST）。

19. 黑鳞远轴鳞毛蕨 Dryopteris namegatae (Sa. Kurata) Sa. Kurata

多年生草本。根状茎短而直立，密被褐棕色阔披针形鳞片。叶簇生，叶柄褐禾色，连同叶轴被黑色鳞片；叶片长圆状披针形一回羽状；羽片边缘具粗锯齿。孢子囊群圆形，着生于小脉中上部；囊群盖小，圆肾形，棕色，全缘。

分布与生境：产于八大公山各地，生于海拔 1400 ~ 2000 m 的山坡林下。

阔鳞轴鳞蕨 Dryopteris maximowicziana

黑鳞远轴鳞毛蕨 Dryopteris namegatae

20. 太平鳞毛蕨 Dryopteris pacifica (Nakai) Tagawa

多年生草本。根状茎横卧或斜升，顶端密被黑色披针形鳞片。叶簇生；叶柄禾秆色，密被与根状茎顶端相同的黑色披针形鳞片；叶片五角状卵形，三回羽状，叶轴和羽轴密被小鳞片。孢子囊群着生小羽片或末回裂片的中脉与边缘之间，略靠近边缘着生；中群盖圆肾形，棕色。

分布与生境：产于八大公山各地，生于海拔 200 ~ 800 m 的山坡林下。金摄郎、张九兵 BDGS686（CSH）。

太平鳞毛蕨 Dryopteris pacifica

21. 鱼鳞蕨 Dryopteris paleolata (Pichi Sermolli) Li Bing Zhang

根状茎直立或斜上。叶簇生；叶片大，卵形，长宽各 50 ~ 80 cm，先端渐尖，四回羽裂，偶有五回羽裂；羽片 10 对左右，对生，基部 1 对最大，三回羽裂；小羽片约 15 对，基部 1 对对生并缩短，二回羽裂；末回小羽片 14 ~ 16 对，羽裂深达末回小羽轴；裂片 6 ~ 8 对，平展，彼此接近；叶轴及各回羽轴禾秆色，有光泽，上面有狭纵沟，除基部外均光滑，基部上面密被节状毛，下面有 1 枚心脏形的棕色膜质鳞片。孢子囊群小，圆形，生于小脉顶端，每裂片有 3 ~ 5 枚。

分布与生境：产于八大公山五道水，生于海拔 200 ~ 800 m 的沟谷林下。

用途：庭院观赏。

鱼鳞蕨 Dryopteris paleolata

22. 半岛鳞毛蕨 Dryopteris peninsulae Kitagawa

多年生草本。根状茎粗短，近直立。叶簇生，叶柄淡棕褐色，基部密被鳞片，向上连同叶轴疏被小鳞片；叶片长圆形，二回羽状；羽片披针形，基部不对称，一回羽状或羽裂，基部几对小羽片的基部呈耳状突起；羽轴禾秆色，疏被易脱落的线形小鳞片。孢子囊群较大，圆形，在小羽片主脉两侧各排成 1 行；囊群盖圆肾形至马蹄形，近全缘。

分布与生境：产于八大公山各地，生于海拔 500 ~ 1300 m 的沟谷林下。

用途：全草入药。

半岛鳞毛蕨 Dryopteris peninsulae

23. 密鳞鳞毛蕨 Dryopteris pycnopteroides (Christ) C. Christensen

多年生草本。根状茎直立，密被亮棕色鳞片。叶簇生，叶柄基部棕褐色或禾秆色，密被亮棕色鳞片；叶片披针形，一回羽状；羽片羽状浅裂。叶轴和羽轴背面被棕色披针形或线形鳞片。孢子囊群圆形，生于叶脉背部；囊群盖圆肾形，全缘。

分布与生境：产于八大公山斗篷山、天平山，生于海拔 1400 ~ 1500 m 的沟谷林下。金摄郎、张九兵 BDGS431（CSH）；金摄郎、张九兵 BDGS743（CSH）。

24. 川西鳞毛蕨 Dryopteris rosthornii (Diels) C. Christensen

多年生草本。根状茎直立，密被黑色或褐棕色鳞片。叶簇生，叶柄基部密被深棕色鳞片；叶片椭圆披针形，二回羽裂。孢子囊群圆形，生于叶片上半部，位于裂片的主脉与叶边之间；囊群盖圆肾形，棕色，膜质。

分布与生境：产于八大公山斗篷山、天平山，生于海拔 1500 ~ 1600 m 的山坡林下。周喜乐、金冬梅 ZXL9765（CSH）；1500 m，吴世福 641（PE）。

密鳞鳞毛蕨 Dryopteris pycnopteroides

川西鳞毛蕨 Dryopteris rosthornii

25. 无盖鳞毛蕨 Dryopteris scottii (Beddome) Ching ex C. Christensen

多年生草本。根状茎粗短，直立，连同叶柄下部密生鳞片。叶簇生，叶柄禾干色，中部向上达叶轴疏生褐黑色、钻状披针形、下部边缘有刺状齿的小鳞片；叶片长圆形或三角状卵形，一回羽状；羽片边缘有前伸的波状圆齿。孢子囊群圆形，生于小脉中部稍下处，无盖。

分布与生境：产于八大公山各地，生于海拔 500 ~ 1040 m 的沟谷密林下。金摄郎、张九兵 BDGS491（CSH）；金摄郎、张九兵 BDGS796（CSH）；周喜乐，张九兵 ZXL5606（CSH）；吴世福 962（PE）。

无盖鳞毛蕨 Dryopteris scottii

26. 两色鳞毛蕨 Dryopteris setosa (Thunb.) Akasawa

根状茎横卧或斜升。叶片卵状披针形，三回羽状，羽片 10～15 对，互生，基部具短柄，顶端羽裂渐尖，基部 1 对羽片最大，披针形；小羽片 10～13 对，披针形，下侧小羽片较大，基部 1 对最大，羽状全裂；末回小羽片 5～8 对，披针形，顶端短渐尖，边缘具粗齿至全缘；小羽轴和末回裂片中脉下面密被棕色泡状鳞片。孢子囊群大，靠近小羽片中脉或末回裂片中脉着生；囊群盖大，棕色，圆肾形，边缘全缘或有短睫毛。

分布与生境：产于八大公山各地，生于海拔 1080～1600 m 的山坡林下。金摄郎、张九兵 BDGS414（CSH）；金摄郎、张九兵 BDGS511（CSH）；金摄郎、张九兵 BDGS847（CSH）；吴世福 318（PE）。

两色鳞毛蕨 Dryopteris setosa

27. 无盖肉刺蕨 Dryopteris shikokiana (Makino) C. Chr

根状茎粗，直立。叶簇生，叶柄向上直达叶轴被暗棕色、卵状披针形鳞片；叶片卵状五角形，三回羽状；羽片约 16 对，二回羽状；小羽片 15 对；末回小羽片约 10 对，圆钝头，基部阔楔形，边缘浅裂至深裂；裂片 4～5 个，长圆形，近截头，全缘；各回羽轴下面被棕色小鳞片。孢子囊群圆形，生小脉顶部，每末回小羽片 4 ~ 5 对，在主脉两侧各排成 1 行；无囊群盖。

分布与生境：产于八大公山各地，生于海拔 500 ~ 1050 m 的山坡林下。金摄郎、张九兵 BDGS488（CSH）；金摄郎、张九兵 BDGS781（CSH）；金摄郎、张九兵 BDGS882（CSH）；周喜乐、严岳鸿、金冬梅 ZXL9663（CSH）。

无盖肉刺蕨 Dryopteris shikokiana

28. 奇羽鳞毛蕨 *Dryopteris sieboldii* (Van Houtte ex Mettenius) Kuntze

根状茎粗壮，直立，连同叶柄下部密生淡棕色的披针形鳞片。叶簇生，叶柄深禾秆色，叶片长圆形或三角状卵形；叶厚革质，下面偶有纤维状小鳞片。孢子囊群圆形，生于小脉的中部稍下处，沿羽轴两侧各排列成不整齐的 3 ~ 4 行，近叶边处不育。

分布与生境：产于八大公山天平山，生于海拔 530 ~ 1360 m 的沟谷密林下。周喜乐、严岳鸿、金冬梅 ZXL9712（CSH）；刘炳荣 870561（HUST）。

用途：庭院观赏。

奇羽鳞毛蕨 Dryopteris sieboldii

29. 高鳞毛蕨 Dryopteris simasakii (Makino) C. Chr

根状茎横卧或斜升。叶簇生；叶片卵状披针形，二回羽状，羽片 12 ~ 15 对，近对生，基部几对羽片的羽轴几乎垂直叶轴，长圆状披针形，顶端渐尖，基部的 1 对小羽片略覆盖叶轴；小羽片 10 ~ 15 对，披针形，顶端短渐尖或钝圆，边缘羽状浅裂至羽状全裂；裂片 5 ~ 8 对，圆头；叶轴具有较密的披针形、棕色鳞片，边缘具疏齿；羽轴具有较密的泡状鳞片。孢子囊群靠近裂片边缘着生；囊群盖圆肾形，全缘。

分布与生境：产于八大公山各地，生于海拔 650 ~ 1000 m 的山坡林下。金摄郎、张九兵 BDGS481（CSH）；金摄郎、张九兵 BDGS803（CSH）。

高鳞毛蕨 Dryopteris simasakii

30. 稀羽鳞毛蕨 Dryopteris sparsa (D. Don) Kuntze

多年生草本。根状茎短，直立或斜升，连同叶柄基部密被棕色的披针形鳞片。叶簇生，叶柄淡栗褐色或上部为棕禾秆色，基部以上连同叶轴、羽轴均无鳞片；叶片卵状长圆形至三角状卵形，二回羽状至三回羽裂。孢子囊群圆形；囊群盖圆肾形，全缘。

分布与生境：产于八大公山各地，生于海拔 200 ~ 600 m 的山坡林下。金摄郎、张九兵 BDGS870（CSH）；周喜乐、严岳鸿、金冬梅 ZXL9661（CSH）。

用途：庭院观赏。

31. 肉刺蕨 Dryopteris squamiseta (Hooker) Kuntze

根状茎粗，直立。叶簇生；叶片卵形，先端短尖，基部不变狭，三回羽状，羽片约 16 对，基部 1 对较大，阔披针形，小羽片约 16 对，互生，有柄，基部下侧 1 ~ 2 片较大，长圆状披针形，短尖头，基部近圆形，一回羽状；末回小羽片 9 ~ 10 对，下部的近对生，卵状长圆形，圆头，基部阔楔形，边缘羽裂；裂片 3 ~ 5 对，基部 1 对长圆形，圆头，全缘；羽轴和小羽轴下面被棕色、钻形小鳞片。孢子囊群大，圆形，生小脉顶部，在主脉两侧各排成 1 行；囊群盖圆肾形，棕色，厚膜质，脱落。

分布与生境：产于八大公山天平山（楠木坪），生于海拔 720 m 的山坡林下。周喜乐、严岳鸿、金冬梅 ZXL9725（CSH）。

稀羽鳞毛蕨 Dryopteris sparsa

肉刺蕨 Dryopteris squamiseta

32. 半育鳞毛蕨 Dryopteris sublacera Christ

多年生草本。根状茎短而直立，连同叶柄基部密被亮红棕色长圆，披针形鳞片。叶簇生；叶柄禾秆色，基部被长圆披针棕色或者深棕色鳞片；叶片狭长圆披针形，二回羽状。孢子囊群圆肾形，生于叶边和中肋之间；囊群盖大，圆肾形。

分布与生境：产于八大公山五道水，生于海拔 400 ~ 500 m 的山坡林下。

33. 华南鳞毛蕨 Dryopteris tenuicula Matthew et Christ

多年生草本。根状茎斜升。叶簇生，叶柄深禾秆色，基部密被狭披针形黑色鳞片，上部鳞片稀疏或鳞片脱落后近光滑，叶片卵状披针形，二回羽状；叶纸质，干后褐绿色，上面光滑，下面羽轴和小羽片中脉具有较多的棕色泡状鳞片。孢子囊群着生于小羽片的中脉两侧中裂边缘上，略靠近边缘着生；囊群盖圆肾形，棕色，边缘全缘。

分布与生境：产于八大公山斗篷山、天平山，生于海拔 600 ~ 800 m 的山坡林下。金摄郎、张九兵 BDGS443（CSH）；金摄郎、张九兵 BDGS753（CSH）。

半育鳞毛蕨 Dryopteris sublacera

华南鳞毛蕨 Dryopteris tenuicula

34. 观光鳞毛蕨 Dryopteris tsoongii Ching

根状茎斜升或直立，叶簇生；叶片卵状披针形，二回羽状，小羽片羽状深裂；羽片 15 ~ 18 对，互生，披针形，基部有柄，顶端羽裂；小羽片 10 ~ 15 对，披针形，顶端短渐尖或钝圆，基部的小羽片羽状深裂，上部的羽状浅裂或边缘具锯齿；裂片圆钝头，在顶端前方具一尖齿。孢子囊群小，在小羽片的中脉两侧或裂片的中脉两侧各一行，靠近边缘着生；囊群盖小，圆肾形。

分布与生境：产于八大公山各地，生于海拔 200 ~ 800 m 的山坡林缘石壁上。

35. 巢形鳞毛蕨 Dryopteris transmorrisonense (Hayata) Hayata

多年生草本。根状茎直立，顶部密被鳞片。叶簇生，叶柄深禾秆色，上面有浅沟，基部偶有和根状茎上同样的鳞片；叶片长圆披针形，二回深羽裂；羽片边缘有钝锯齿；叶轴与羽轴被毛。孢子囊群圆形，生于上侧小脉近顶部，位于主脉与叶缘之间；囊群盖圆形，棕色。

分布与生境：产于八大公山天平山，生于海拔 1550 m 的山坡林下。刘炳荣 050065（HUST）。

观光鳞毛蕨 Dryopteris tsoongii

巢形鳞毛蕨 Dryopteris transmorrisonense

36. 同形鳞毛蕨 Dryopteris uniformis (Makino) Makino

根状茎直立，先端密被棕色鳞片。叶簇生，叶片卵圆披针形，先端羽裂渐尖，基部不变狭，近截形，二回羽状深裂或全裂；羽片约 17 对，平展，互生，彼此以等宽间隔分开，基部羽片不缩短与中部的同形，披针形，一回深羽裂几达羽轴；小羽片或裂片约 15 对，斜展，近卵形或卵圆披针形，圆钝头，具浅锯齿，基部 1 对稍大，紧靠叶轴。孢子囊群生于叶片中部以上，每裂片 3 ~ 6 对；囊群盖大，膜质，红棕色，早落。

分布与生境：产于八大公山五道水，生于海拔 200 ~ 800 m 的山坡林下。

同形鳞毛蕨 Dryopteris uniformis

37. 变异鳞毛蕨 Dryopteris varia (Linnaeus) Kuntze

多年生草本。根状茎横卧或斜升，顶端密被褐棕色狭披针形鳞片。叶簇生，叶柄禾秆色，最基部密被与根状茎顶端相同的鳞片；叶片五角状卵形，叶脉下面明显；叶近革质，叶轴和羽轴疏被黑色毛状小鳞片，小羽轴和裂片中脉背面疏被棕色泡状鳞片。孢子囊群较大，靠近小羽片或裂片边缘着生；囊群盖圆肾形，棕色，全缘。

变异鳞毛蕨 Dryopteris varia

分布与生境：产于八大公山各地，生于海拔 700 ~ 1030 m 的山坡林下。金摄郎、张九兵 BDGS802（CSH）；周喜乐、严岳鸿、金冬梅 ZXL9665（CSH）。

用途：根茎入药。

38. 大羽鳞毛蕨 Dryopteris wallichiana (Spreng.) Hyl.

根状茎粗壮直立，密被红棕色或褐色全缘的鳞片。叶簇生；叶柄禾秆色，基部密被黑色的鳞片，向上渐稀疏；叶片卵圆披针形或披针形，先端羽裂渐尖，基部略狭缩，二回羽状深裂；侧生羽片 25 ~ 30 对；裂片斜展，先端平截或少有圆头，疏具三角形齿牙，侧边近全缘或疏具缺刻，有半透明的软骨质狭边。孢子囊群圆形，每裂片 4 ~ 6 对，生于叶边与中肋之间，靠近中肋。

分布与生境：产于八大公山斗篷山，生于海拔 1600 ~ 1800 m 的山坡林下。金摄郎、张九兵 BDGS421（CSH）；金摄郎、张九兵 BDGS433（CSH）；周喜乐、金冬梅 ZXL9764（CSH）。

大羽鳞毛蕨 Dryopteris wallichiana

39. 武陵山鳞毛蕨 Dryopteris wulingshanensis Y. H. Yan

根状茎短，直立或斜升。叶片三角状卵形，顶端长渐尖并为羽裂，基部不狭缩，一至二回羽状；羽片 3 ~ 8 对，近对生或互生，斜向上，有短柄，基部 1 对羽片最大，三角状披针形，（2.5 ~ 6.0）cm ×（1.5 ~ 3.0）cm，顶端尾状渐尖，向上其余各对羽片逐渐缩短，披针形，深羽裂至羽状，裂片长圆形，顶端钝圆；边缘全缘。孢子囊群圆形，着生于小脉背部；囊群盖圆肾形，边缘啮蚀状，早落。

分布与生境：产于八大公山天平山，生于海拔 600 ~ 800 m 的悬崖石壁上。

40. 栗柄鳞毛蕨 Dryopteris yoroii Seriz

根状茎短。叶簇生，常二型；叶片卵状长圆形至三角状卵形，顶端渐尖并为羽裂，基部不缩狭，二回羽状至三回浅羽裂；羽片 7 ~ 9 对，对生或近对生，基部 1 对最大，三角状披针形，多呈镰刀状，小羽片 7 ~ 9 对，互生，长圆披针形，基部阔楔形，通常不对称，基部 1 对的基部下侧 1 片小羽片较长；裂片长圆形，顶端钝圆并有几个尖齿。孢子囊群圆形，着生于小脉中部；囊群盖圆肾形，全缘。不育叶通常较宽较大。

分布与生境：产于八大公山斗篷山，生于海拔 1500 ~ 1800 m 的山坡林下。金摄郎、张九兵 BDGS403（CSH）；周喜乐，张九兵 ZXL5626（CSH）。

武陵山鳞毛蕨 Dryopteris wulingshanensis

栗柄鳞毛蕨 Dryopteris yoroii

41. 东亚柄盖蕨 Dryopteris zhuweimingii Li Bing Zhang

根状茎直立。叶簇生；叶片大，长卵形，三回羽状至四回羽裂，末回小羽片仅上面疏被短粗的栗色节状毛；羽轴及各回小羽轴均被小鳞片及短粗的节状毛，上面有纵沟；叶脉羽状，小脉不达叶边，先端有明显的水囊。孢子囊群球圆形，有细长柄，背生于末回小羽片基部上侧一小脉上，每片末回小羽片 1 枚；囊群盖下位，球圆形，革质，栗色，着生于细长柄的顶端。

分布与生境：产于八大公山天平山，生于海拔 1400 ~ 1500 m 的悬崖石壁上。

东亚柄盖蕨 Dryopteris zhuweimingii

（五）舌蕨属 **Elaphoglossum** Schott ex J. Smith

附生草本。根状茎直立或斜升。叶簇生或近生，少为远生或疏生，二型；叶柄与膨大的叶足间有关节相连或无明显的关节；单叶，全缘，有时具软骨质狭边；能育叶通常较狭，有较长的柄。叶硬革质，有时质较薄，多少被小鳞片或近光滑。孢子囊群为卤蕨型，孢子囊沿侧脉着生，成熟时满布于能育叶的下面，不具隔丝。

400 种，我国有 6 种，湖南有 3 种，八大公山有 1 种。

1. 华南舌蕨 Elaphoglossum yoshinagae (Yatabe) Makino

根状茎短，横卧或斜升，与叶柄下部密被鳞片；鳞片大，卵形或卵状披针形，渐尖头或急尖头，

华南舌蕨 Elaphoglossum yoshinagae

边缘有睫毛，棕色，膜质。叶簇生或近生，二型；不育叶近无柄或具短柄，披针形，先端短渐尖，基部楔形，长而下延，几达叶柄基部，全缘，有软骨质狭边，平展或略内卷，叶脉仅可见，叶质肥厚，革质，干后棕色，两面均疏被褐色的星芒状小鳞片，通常主脉下面较多；能育叶与不育叶等高或略低于不育叶，柄较长，叶片略短而狭，孢子囊沿侧脉着生，成熟时满布于能育叶下面。

分布与生境：产于八大公山（黄连台、杉木界），生于海拔 500 ~ 720 m 的沟谷密林下。金摄郎、张九兵 BDGS775（CSH）；刘炳荣 050900（HUST）。

用途：全草入药；庭院观赏。

（六）耳蕨属 Polystichum Roth

多年生草本。根状茎短，直立或斜升，通常被鳞片。叶簇生；叶有柄，基部被与根状茎同样的鳞片；叶片一回羽状至三回羽裂；羽片基部上侧常有三角形耳状突起；叶轴上部或顶端有时有芽胞。孢子囊群圆形；囊群盖圆形，盾状着生。

500 种，我国有 208 种，湖南有 55 种，八大公山有 32 种。

分种检索表

1. 叶片一回羽状，基部近对称。
  2. 侧生羽片与顶生羽片相似。
    3. 叶脉联结，在主脉两侧各有 1（2）行斜长方形的网眼 ………… **12. 柳叶耳蕨 P. fraxinellum**
    3. 叶脉分裂，侧脉分叉………………………………………………… **23. 斜基柳叶耳蕨 P. minimum**
  2. 顶生羽片为渐尖头，与侧生羽片不相似……………………………… **28. 离脉柳叶耳蕨 P. tenuius**
1. 叶片一至四回羽状，基部极不对称。
  4. 叶脉网状，网眼内有内藏小脉。
    5. 顶生羽片羽裂渐尖状………………………………………………………… **5. 镰羽耳蕨 P. balansae**
    5. 顶生羽片不呈羽状分裂……………………………………………… **15. 尖羽耳蕨 P. hookerianum**
  4. 叶脉分离。
    6. 叶轴上具芽胞。
      7. 囊群盖全缘………………………………………………………… **6. 鞭叶耳蕨 P. craspedosorum**
      7. 囊群盖边缘啮齿状……………………………………………………… **9. 蚀盖耳蕨 P. erosum**
    6. 叶轴上无芽胞。
      8. 叶较坚实，纸质至革质，末回裂片不为线形。
        9. 叶革质或近革质。
          10. 鳞片钻形，黑色或深棕色，形状单一。
            11. 叶为一回羽状………………………………………… **32. 剑叶耳蕨 P. xiphophyllum**
            11. 叶为二回羽裂、二回羽状或三回羽裂。
              12. 叶为二回羽裂、二回羽状。

13. 羽片羽状深离，无或在基部有 1 ～ 2 对分离的小羽片 ……………………………………………………………………………………………………… **19. 浪穹耳蕨 P. langchungense**

13. 羽片具多数分离的小羽片。

14. 仅基部羽片上侧有耳状突。

15. 羽片短渐尖头 ……………………… **27. 中华对马耳蕨 P. sinotsussimense**

15. 羽片尾状或长渐尖头 …………… **26. 洪雅耳蕨 P. pseudoxiphophyllum**

14. 全部小羽片上侧有耳状突。

16. 小羽片较狭，披针形或狭椭圆形，排列疏稀 ……………………………………………………………………………………… **14. 草叶耳蕨 P. herbaceum**

16. 小羽片较宽，矩圆形或三角卵形，排列较密……………………………………………………………………………………… **30. 对马耳蕨 P. tsus-simense**

12. 叶为三回羽裂 …………………………………… **17. 深裂耳蕨 P. incisopinnulum**

10. 鳞片多种形状，棕色或红棕色 ……………………………… **24. 革叶耳蕨 P. neolobatum**

9. 叶草质至厚纸质。

17. 叶片二回羽裂、二回羽状，小羽片基部近对称。

18. 中上部羽片的小羽片上侧无明显的耳状突 ………… **21. 长鳞耳蕨 P. longipaleatum**

18. 中上部羽片的小羽片上侧有明显的耳状突。

19. 叶轴鳞片一色。

20. 小羽片先端锐尖 ……………………………………… **2. 尖头耳蕨 P. acutipinnulum**

20. 小羽片先端圆钝 ………………………………… **25. 假黑鳞耳蕨 P. pseudomakinoi**

19. 叶轴鳞片二色 …………………………………………………… **22. 黑鳞耳蕨 P. makinoi**

17. 叶片一回羽状，小羽片基部不对称。

21. 羽片边缘具密而整齐的细长刺 ……………………… **13. 芒刺耳蕨 P. hecatopterum**

21. 羽片边缘具短小刺或全缘。

22. 叶轴具繁殖芽胞，先端具一枚顶生羽片 ……… **4. 小狭叶芽胞耳蕨 P. atkinsonii**

22. 叶轴无繁殖芽胞。

23. 基部 1 对羽片不显著伸长。

24. 羽片顶端通常钝、圆形、圆截形或截形。

25. 羽片边缘浅波状或具浅齿 ……………………………… **8. 圆顶耳蕨 P. dielsii**

25. 羽片边缘具芒刺齿，截头。

26. 羽片上面有光泽，下面疏被短节毛 ……… **18. 亮叶耳蕨 P. lanceolatum**

26. 羽片上面无光泽，下面疏被短节毛及鳞片 …………**20. 正宇耳蕨 P. liui**

24. 羽片顶端通常急尖或渐尖。

27. 近所有羽片明显斜展 ……………… **3. 上斜刀羽耳蕨 P. assurgentipinnum**

27. 大多数羽片平展或反折，仅上部羽片斜展。

28. 羽片通常卵形至短阔弯刀形，中部羽片的长度与基部宽度的比例为 2∶1 或更宽。

29. 羽片矩圆形 …………………………………………… **7. 对生耳蕨 P. deltodon**

29. 羽片镰状披针形 ……………………………… **1. 尖齿耳蕨 P. acutidens**

28. 羽片披针形，中部羽片的长宽比例约为 3∶1 或更长…………………………………………………………………………… **10. 尖顶耳蕨 P. excellens**

23. 基部 1 对羽片羽状或羽裂 ……………………………… **29. 戟叶耳蕨 P. tripteron**

8. 叶柔软草质或厚纸质，小羽片顶端或边缘无尖刺。

30. 叶片一回羽状，小羽片羽状浅裂至全裂。

31. 羽片先端圆；大多数羽片反折 ……………………… **31. 武陵山耳蕨 P. wulingshanense**

31. 羽片先端急尖；大多数羽片平展或斜展 ………………… **16. 宜昌耳蕨 P. ichangense**

30. 叶片二回羽状，小羽片羽状浅裂至深裂 ……………………… **11. 杰出耳蕨 P. excelsius**

1. 尖齿耳蕨 Polystichum acutidens Christ

根状茎先端密被鳞片。叶簇生；叶柄禾秆色，基部密被鳞片；叶片披针形，一回羽状；羽片镰状披针形，边缘具锯齿；叶轴禾秆色，下面疏被小鳞片。孢子囊群小，着生于较短的小脉顶端，在主脉两侧各排成 1 行；囊群盖小，深棕色，圆盾形。

分布与生境：产于八大公山五道水，生于海拔 200 ~ 1360 m 的沟谷密林下。金摄郎、张九兵 BDGS680（CSH）；金摄郎、张九兵 BDGS823（CSH）；刘炳荣 870508（HUST）。

用途：全草入药。

尖齿耳蕨 Polystichum acutidens

2. 尖头耳蕨 Polystichum acutipinnulum Ching & K. H. Shing

多年生草本。根状茎短而直立或斜升，密生棕色鳞片。叶簇生；叶柄黄棕色，腹面有纵沟，密生鳞片；叶片矩圆披针形或三角状披针形，二回羽状；叶轴和羽轴上常被黑粉而呈黑褐色，叶轴、羽轴背面有深棕色鳞片。孢子囊群每小羽片 5 ~ 7 对，主脉两侧各 1 行；囊群盖圆形，盾状。

分布与生境：产于八大公山天平山，生于海拔 1380 m 的山坡林下。吴世福 343（PE）；吴世福 358（PE）。

尖头耳蕨 Polystichum acutipinnulum

3. 上斜刀羽耳蕨 Polystichum assurgentipinnum W. M. Chu & B. Y. Zhang

多年生草本。根状茎斜升。叶少数簇生；叶片近线状披针形，顶端羽裂尾状长渐尖，基部略缩狭，一回羽状；羽片 30 ~ 35 对，互生或近对生，显著向上斜展，矩圆状镰刀形，顶端锐尖，具芒刺。孢子囊群小，在羽片主脉上侧 1 ~ 6 个，生于较短的小脉顶端，略接近边缘，大多 4 ~ 6 个自基部向上排列成 1 行，主脉下侧不育。

分布与生境：产于八大公山五道水，生于海拔 400 m 的山坡林下。

上斜刀羽耳蕨 Polystichum assurgentipinnum

4. 小狭叶芽胞耳蕨 Polystichum atkinsonii Bedd.

小型蕨类。根状茎短而直立。叶簇生；叶片通常为线状长椭圆披针形，中部较宽，一回羽状；羽片 12 ~ 20 对，互生或近对生，卵状矩圆形或矩圆形，顶端通常钝，较少急尖，基部上侧突起呈耳状，其外侧截形；叶轴通常浅紫色，顶端通常生长 1 个小芽胞；羽片下面疏被卵状阔披针、边缘有齿的棕色小鳞片。孢子囊群生于小脉顶端，在羽片主脉两侧中生，上侧 1 ~ 5 个，下侧 1 ~ 2 个或不育。

分布与生境：产于八大公山斗篷山，生于海拔 1648 m 的山坡林下。金摄郎、张九兵 BDGS400（CSH）。

小狭叶芽胞耳蕨 Polystichum atkinsonii

5. 镰羽耳蕨 Polystichum balansae Christ

多年生草本。根茎直立，密被披针形棕色鳞片。叶簇生；叶柄禾秆色，腹面有浅纵沟，有狭卵形及披针形棕色鳞片，鳞片边缘有小齿，上部秃净；叶片披针形，一回羽状；叶为纸质，腹面光滑，背面疏生披针形棕色小鳞片或秃净；叶轴腹面有浅纵沟，羽柄着处有鳞片。孢子囊群位于中脉两侧

镰羽耳蕨 Polystichum balansae

各成 1 行；囊群盖圆形，盾状，边缘全缘。

分布与生境：产于八大公山天平山，生于海拔 600 ~ 1500 m 的山坡林下。刘炳荣 85076（HUST）；吴世福 766（PE）。

用途：根茎入药。

6. 鞭叶耳蕨 Polystichum craspedosorum (Maximowicz) Diels

多年生草本。根状茎密被棕色的披针形鳞片。叶簇生；叶柄禾秆色，密被鳞片；叶片线状披针形，一回羽状，叶缘有内弯的尖齿牙。孢子囊群圆形，着生于羽片上侧边缘，排列成 1 行，稀下侧也有；囊群盖大，圆盾形，全缘。

分布与生境：产于八大公山各地，生于海拔 300 ~ 800 m 的悬崖岩缝中。

用途：全草入药。

鞭叶耳蕨 Polystichum craspedosorum

7. 对生耳蕨 Polystichum deltodon (Baker) Diels

多年生草本。根状茎先端密被鳞片。叶簇生；叶柄禾秆色，基部密被与根状茎相同鳞片；叶片披针形，一回羽状；羽片先端有 1 短芒刺；叶轴禾秆色，通体疏被小鳞片。孢子囊群小，着生于小脉的顶端，位于主脉上侧排成 1 行，多达 10 枚，下侧仅上部有 1 ~ 3 枚或不育；囊群盖棕色，圆盾形。

分布与生境：产于八大公山五道水，生于海拔 200 ~ 1230 m 的山坡密林下多石处。金摄郎、张九兵 BDGS840（CSH）；周喜乐、严岳鸿、金冬梅 ZXL9681（CSH）；刘炳荣 85098（HUST）。

用途：全草入药。

8. 圆顶耳蕨 Polystichum dielsii Christ

多年生草本。根状茎短而直立，密被棕色至深棕色或栗黑色鳞片。叶常多数簇生；叶柄浅禾秆色，被鳞片；叶片狭长椭圆披针形，一回羽状；羽片边缘波状或有3～4个与上侧相同的锯齿。孢子囊群小，生于较短的小脉顶端，接近羽片边缘，下侧在上部有1～3个或不育；圆盾形的囊群盖灰棕色，全缘。

分布与生境：产于八大公山天平山、五道水（汪家坪），生于海拔430～1270 m的山坡林下石缝中。金摄郎、张九兵 BDGS662（CSH）；周喜乐，张九兵 ZXL5617（CSH）；刘炳荣 870500（HUST）。

对生耳蕨 Polystichum deltodon

圆顶耳蕨 Polystichum dielsii

9. 蚀盖耳蕨 Polystichum erosum Ching & K. H. Shing

多年生草本。根茎直立。密生披针形深棕色中央带黑色的鳞片。叶簇生，叶柄禾秆色，腹面有纵沟，密生披针形红棕色鳞片；叶片线状披针形或倒披针形，一回羽状；羽片三角卵形或矩圆形。孢子囊群生在主脉两侧，各成一行；囊群盖大，圆形，边缘啮蚀状，盾状。

分布与生境：产于八大公山各地，生于海拔 420 ~ 1525 m 的山坡林下岩缝中。金摄郎、张九兵 BDGS463（CSH）；金摄郎、张九兵 BDGS698（CSH）；周喜乐、严岳鸿、金冬梅 ZXL9692（CSH）。

蚀盖耳蕨 Polystichum erosum

10. 尖顶耳蕨 Polystichum excellens Ching

根状茎短而直立。叶簇生；叶片线状披针形或近线状披针形，基部不缩狭或略缩狭，一回羽状；羽片 9 ~ 30 对，近镰刀形或矩圆状披针形，顶端急尖，有 1 芒刺状短尖头，两侧不对称，基部上侧显著较宽，略凸起呈扁宽三角形耳状，顶端有 1 ~ 3 个浅齿，耳状凸起以上近通直，边缘有疏浅钝锯齿或近波状。孢子囊群生于较短的小脉顶端，在主脉两侧各有 1 行，中生，上侧有 1 ~ 15 个，下侧较少，8 个以下或不育。

分布与生境：产于八大公山天平山，生于海拔 420 ~ 1525 m 的山坡林下岩缝中。金摄郎、张九兵 BDGS725（CSH）。

11. 杰出耳蕨 Polystichum excelsius Ching & Z. Y. Liu

多年生草本。根状茎斜升。叶少数簇生；叶柄禾秆色，通体至叶轴被相当多的鳞片；叶片卵形或卵状阔披针形，二回羽状；叶草质，干后绿色，上面色较深。孢子囊群小，直径约 1 mm，生于小脉顶端，靠近上羽片边缘；圆盾形的囊群盖灰棕色或灰色，全缘，厚膜质，易脱落。

分布与生境：产于八大公山五道水（黄连台），生于海拔 200 ~ 400 m 的悬崖岩缝中。529 m，金摄郎、张九兵 BDGS857（CSH）。

用途：庭院观赏。

尖顶耳蕨 Polystichum excellens

杰出耳蕨 Polystichum excelsius

12. 柳叶耳蕨 Polystichum fraxinellum (Christ) Diels

多年生草本。根状茎短，直立，先端连同叶柄密被鳞片。叶簇生；叶片长卵圆形，一回羽状；顶生羽片全缘或羽裂，基部近对称，近全缘或上部边缘呈波状。孢子囊群大，圆形，生内藏小脉顶端，在主脉两侧各排成 1 行；囊群盖圆形，盾状着生，棕色。

分布与生境：产于八大公山五道水（李下河），生于海拔 300 ~ 600 m 的山谷林下岩缝阴湿处。周喜乐、严岳鸿、金冬梅 ZXL9700（CSH）。

13. 芒刺耳蕨 Polystichum hecatopterum Diels

多年生草本。根茎短，斜升或直立，顶端密被鳞片；叶簇生；叶轴禾秆色，密被大小两种鳞片；叶片窄长椭圆披针形，羽裂渐尖头，一回羽状，羽片 35 ~ 66 对，具短柄，基部的极斜向下，镰刀形或矩圆状镰刀形，中部的（1 ~ 2）cm ×（3 ~ 8）mm，具短芒刺，两侧不对称，上侧具三角形耳状凸起，除基部下侧外，边缘具芒刺的整齐锯齿。孢子囊群在主脉两侧各有 1 行。

分布与生境：产于八大公山天平山、斗篷山，生于海拔 1300 ~ 1600m 的林缘石缝中。金摄郎、张九兵 BDGS408（CSH）；周喜乐、金冬梅 ZXL9769（CSH）；刘炳荣 850116（HUST）；吴世福 499（PE）。

柳叶耳蕨 Polystichum fraxinellum

芒刺耳蕨 Polystichum hecatopterum

14. 草叶耳蕨 Polystichum herbaceum Ching & Z. Y. Liu

多年生草本。根茎直立，密被狭卵形深棕色鳞片。叶簇生；叶柄禾秆色，腹面有纵沟，下部密生披针形及线形深棕色鳞片，上部为线形鳞片，叶片卵形或狭卵形，二回羽状；叶为纸质或薄革质，背面疏生毛状黄棕色的鳞片；叶轴腹面有纵沟。孢子囊群位于小羽片主脉两侧，每个小羽片 2 ~ 10 个，囊群盖圆形，盾状，全缘。

分布与生境：产于八大公山五道水（楠木坪），生于海拔 800 ~ 1300 m 的林缘石缝中。周喜乐、严岳鸿、金冬梅 ZXL9713（CSH）；周喜乐，张九兵 ZXL5623（CSH）。

用途：庭院观赏。

15. 尖羽耳蕨 Polystichum hookerianum (C. Presl) C. Christensen

根茎直立。叶簇生；叶片卵状披针形，（42 ~ 78）cm ×（12 ~ 20）cm，先端渐尖，基部变狭，一回羽状；羽片 15 ~ 20 对，互生，略斜向上，有短柄，披针形，先端渐尖有时尾状，基部楔形近对称，边缘全缘，有时略成波状近顶处有前倾的小齿；具羽状脉，小脉联结成 1 ~ 2 行网眼；叶轴腹面有浅纵沟，疏生披针形棕色鳞片。孢子囊群位于中脉两侧各成 1 ~ 3 行；囊群盖圆形，盾状，全缘。

分布与生境：产于八大公山天平山，生于海拔 1130 ~ 1520 m 的林缘石缝中。金摄郎、张九兵 BDGS708（CSH）；金摄郎、张九兵 BDGS745（CSH）；刘炳荣 870837（HUST）。

草叶耳蕨 *Polystichum herbaceum*

尖羽耳蕨 *Polystichum hookerianum*

16. 宜昌耳蕨 *Polystichum ichangense* Christ

根状茎斜升或近直立。叶簇生；叶片长椭圆披针形，（10 ~ 34）cm ×（1.5 ~ 3.5）cm，顶端尾状长渐尖，中部以下渐缩狭，基部宽 1 ~ 2 cm，一回羽状；羽片 17 ~ 35 对，互生或近对生，无柄或基部的略有短柄，大部分均不同程度地向下反折斜展，近矩圆形，顶端急尖并略呈斜向上方的截形，两侧显著不对称，上侧基部凸起呈近三角形的急尖头或短刺头耳状凸。孢子囊群小，在羽片主脉上侧 1 ~ 8 个，中生或略近边缘，主脉下侧大多不育。

分布与生境：产于八大公山天平山，生于海拔 1100 ~ 1300 m 的林缘石缝中。金摄郎、张九兵 BDGS724（CSH）。

宜昌耳蕨 Polystichum ichangense

17. 深裂耳蕨 Polystichum incisopinnulum H.S. Kung & L.B. Zhang

根茎直立；叶簇生；叶柄禾秆色，腹面有浅纵沟，叶片三角状卵形或狭椭圆形，（40 ~ 42）cm ×

深裂耳蕨 Polystichum incisopinnulum

（12 ~ 26）cm，先端长渐尖，基部圆楔形或近截形，三回羽状分裂，裂片椭圆形，先端有小刺尖头，全缘或有少数不明显的小齿。孢子囊群位于裂片主脉两侧或小羽片主脉两侧。

分布与生境：产于八大公山五道水，生于海拔 200 ~ 800 m 的林缘石缝中。

18. 亮叶耳蕨 Polystichum lanceolatum (Baker) Diels

多年生草本。根状茎被鳞片。叶簇生；叶柄深禾秆色，基部被与根状茎相同鳞片；叶片线状披针形，一回羽状；羽片先端有 1 ~ 3 个具短硬刺尖的牙状齿；叶轴下面疏被小鳞片。孢子囊群着生于小脉分枝顶端，位于叶缘与主脉之间；囊群盖深棕色，圆盾形，全缘。

分布与生境：产于八大公山天平山，生于海拔 600 ~ 1400 m 的山谷林下岩石上。金摄郎、张九兵 BDGS726（CSH）；周喜乐、严岳鸿、金冬梅 ZXL9722（CSH）；刘炳荣 870502（HUST）。

用途：全草入药。

亮叶耳蕨 Polystichum lanceolatum

19. 浪穹耳蕨 Polystichum langchungense Ching ex H.S. Kung

根茎直立，密被卵形棕色或黑棕色鳞片。叶簇生；叶柄禾秆色，腹面有浅纵沟，密生狭披针形深棕色鳞片；叶片狭卵形或宽披针形，（30 ~ 45）cm ×（10 ~ 16）cm，先端渐尖，基部圆楔形或截形，二回羽状分裂；羽片 16 ~ 25 对，裂片 10 ~ 14 对，矩圆形或卵形，先端急尖有小刺头，边缘有小尖齿或近全缘。孢子囊群位于裂片或小羽片主脉两侧。

分布与生境：产于八大公山五道水，生于海拔 500 ~ 800 m 的林缘石缝中。

用途：庭院观赏。

20. 正宇耳蕨 Polystichum liui Ching

多年生草本。根状茎短而直立，密被红棕色。叶簇生；叶柄禾秆色，基部以上疏被鳞片；叶片长椭圆披针形，一回羽状；边缘有至多 10 个顶端芒刺状或具短硬刺头的牙状齿。孢子囊群小，生于较短的小脉顶端，接近羽片边缘，下侧 1 ~ 3 个或不育；圆盾形的囊群盖深棕色。

分布与生境：产于八大公山斗篷山、五道水，生于海拔 1000 ~ 1700 m 的山坡林下石缝中。斗篷山，1706 m，周喜乐、金冬梅 ZXL9771（CSH）。

浪穹耳蕨 Polystichum langchungense

正宇耳蕨 Polystichum liui

21. 长鳞耳蕨 **Polystichum longipaleatum** Christ

根状茎短而直立或斜升，密生线形棕色鳞片。叶簇生；叶柄黄棕色，腹面有纵沟，密生鳞片，鳞片卵形和卵状披针形，具光泽，密生，13 mm × 6 mm，先端尾状，边缘近全缘或具细齿；叶片矩圆状披针形或矩圆形，二回羽状；羽片 25 ~ 40 对。孢子囊群圆形，小而不明显，早落，每小羽片 2 ~ 5 对，主脉两侧各一行，靠近主脉，生于小脉末端。

分布与生境：产于八大公山斗篷山，生于海拔 1600 m 的山坡林下。金摄郎、张九兵 BDGS425（CSH）；金摄郎、张九兵 BDGS441（CSH）；周喜乐、金冬梅 ZXL9767（CSH）。

长鳞耳蕨 Polystichum longipaleatum

22. 黑鳞耳蕨 Polystichum makinoi (Tagawa) Tagawa

多年生草本。根状茎密被鳞片。叶簇生；叶柄黄棕色，基部密被大鳞片；叶片长圆状披针形，二回羽状；叶轴上面被鳞片；羽轴上面被鳞片。孢子囊群每小羽片 5 ~ 6 对，着生于小脉顶端，在主脉两侧各排成 1 行，靠近主脉；囊群盖圆盾形。

黑鳞耳蕨 Polystichum makinoi

分布与生境：产于八大公山斗篷山、天平山，生于海拔 1500 ~ 1650 m 的山坡林下或林缘岩石上。金摄郎、张九兵 BDGS406（CSH）；金摄郎、张九兵 BDGS731（CSH）；林亲众 010941（HUST）；吴世福 572（PE）。

用途：根状茎入药；庭院观赏。

23. 斜基柳叶耳蕨 Polystichum minimum (Y. T. Hsieh) Li Bing Zhang

多年生草本。根状茎短，直立，先端连同叶柄密被鳞片。叶簇生；叶柄禾秆色，叶片线状披针形，一回羽状；叶厚革质，叶轴和主脉下面疏被棕色、卵形，先端渐尖的小鳞片。孢子囊群大，圆形，生小脉顶端，在主脉两侧各排成 1 行。

分布与生境：产于八大公山天平山，生于海拔 1400 m 的山坡林下岩石上。刘炳荣 870444（HUST）；刘炳荣 870442（HUST）。

斜基柳叶耳蕨 Polystichum minimum

24. 革叶耳蕨 Polystichum neolobatum Nakai

多年生草本。根状茎先端密被鳞片。叶簇生；叶柄禾秆色，基部密被鳞片；叶片阔披针形，二回羽状；羽片线状披针形；叶两面疏被鳞片，叶轴下面密被鳞片。孢子囊群着生于主脉两侧；囊群盖圆盾形，全缘。

分布与生境：产于八大公山斗篷山、天平山，生于海拔 1380 ~ 1600 m 的山坡林下腐质土或岩石上。金摄郎、张九兵 BDGS656（CSH）；刘炳荣 87505（HUST）。

用途：全草入药；庭院观赏。

25. 假黑鳞耳蕨 Polystichum pseudomakinoi Tagawa

根状茎短，直立或斜升，密生线形棕色鳞片。叶簇生；叶柄黄棕色，密生鳞片，大鳞片卵形或卵状披针形，二色，中间黑棕色，有光泽，先端尾状，边缘近全缘；叶片三角状卵形或三角状披针形，（32～60）cm×（14～23）cm，二回羽状；羽片 14～21 对。孢子囊群每小羽片 1～9 个，主脉两侧各 1 行或仅上侧有 1 行，靠近小羽片边缘，生于小脉末端。

分布与生境：产于八大公山斗篷山、天平山，生于海拔 1000～1620 m 的山坡林下。金摄郎、张九兵 BDGS423（CSH）；谭策铭、张丽萍、易发彬、胡兵、易桂花、桑植样 082（HUST）。

革叶耳蕨 Polystichum neolobatum

假黑鳞耳蕨 Polystichum pseudomakinoi

26. 洪雅耳蕨 Polystichum pseudoxiphophyllum Ching ex H. S. Kung

多年生草本。根茎粗短直立，密被窄卵形棕色鳞片；叶簇生；叶片宽披针形或窄卵形，二回羽状，羽片 18 ~ 20 对，互生，具短柄，线状披针形，长渐尖头或尾状头，羽状；小羽片 6 ~ 12 对，互生，下部的具短柄，宽卵形或宽倒卵形，先端具小尖刺，基部下侧宽楔形，上侧无或有不明显耳状凸起，全缘或具少数不明显小齿。孢子囊群位于小羽片主脉两侧，每个小羽片 2 ~ 8 个；囊群盖圆形，盾状，边缘波状。

分布与生境：产于八大公山五道水（汪家坪、小溪沟、楠木坪），生于海拔 360 ~ 520 m 的山坡林下。金摄郎、张九兵 BDGS678（CSH）；周喜乐、严岳鸿、金冬梅 ZXL9683（CSH）；周喜乐、金冬梅 ZXL9757（CSH）。

洪雅耳蕨 Polystichum pseudoxiphophyllum

27. 中华对马耳蕨 Polystichum sinotsussimense Ching et Z. Y. Liu ex Z. Y. Liu

多年生草本。根状茎直立，连同叶柄基部被深棕色鳞片。叶簇生；叶柄禾秆色，叶片披针形，二回羽状，小羽片斜阔卵形，先端钝而有一小尖头，基部斜的宽楔形其上侧无明显的耳状凸起，边缘全缘或具不明显的小齿；叶和叶轴背面疏生毛状黄棕色鳞片。

分布与生境：产于八大公山五道水，生于海拔 400 ~ 1320 m 的山坡林下。金摄郎、张九兵 BDGS715（CSH）；周喜乐、严岳鸿、金冬梅 ZXL9729（CSH）。

用途：根茎或嫩叶入药。

28. 离脉柳叶耳蕨 Polystichum tenuius (Ching) Li Bing Zhang

多年生草本。根状茎短，直立，先端连同叶柄密被鳞片。叶簇生；叶柄禾杆色；叶片披针形，一回羽状；顶部尾状渐尖，羽裂，基部对称，全缘或顶部边缘呈波状；叶轴和主脉下面疏被棕色、线形小鳞片。孢子囊群圆形，生上侧小脉顶端，在主脉两侧各排成 1 行；囊群盖圆形，盾状着生，棕色。

分布与生境：产于八大公山五道水（连家湾、李下河），生于海拔 1000 m 以下的山谷林下。

金摄郎、张九兵 BDGS695（CSH）；周喜乐、严岳鸿、金冬梅 ZXL9690（CSH）。

中华对马耳蕨 Polystichum sinotsussimense

离脉柳叶耳蕨 Polystichum tenuius

29. 戟叶耳蕨 Polystichum tripteron (Kunze) C. Presl

多年生草本。根状茎先端密被鳞片。叶簇生；叶柄禾秆色，基部密被与根状茎相同鳞片；叶片戟状披针形，具三出长椭圆状披针形的羽片；叶下面叶脉疏被小鳞片。孢子囊群圆形，着生于上侧小脉顶端；囊群盖圆盾形。

分布与生境：产于八大公山斗篷山，生于海拔1520 m的沟谷林下。金摄郎、张九兵 BDGS455（CSH）。

用途：根状茎入药。

戟叶耳蕨 Polystichum tripteron

30. 对马耳蕨 Polystichum tsus-simense (Hooker) J. Smith

多年生草本。根状茎密被鳞片。叶簇生；叶柄禾秆色，基部密被与根状茎相同鳞片；叶片阔披针形，二回羽状；羽片线状披针形；小羽斜长圆形，先端有尖刺；叶下面疏被鳞片，叶轴下面密被

对马耳蕨 Polystichum tsus-simense

鳞片。孢子囊群着生于主脉两侧，每小羽片 3 ~ 9 枚；囊群盖圆盾形，全缘。

分布与生境：产于八大公山各地，为最常见的一种耳蕨，生于海拔 300 ~ 1200 m 的各种生境。周喜乐、张九兵 ZXL5609（CSH）。

用途：全草入药。

31. 武陵山耳蕨 **Polystichum wulingshanense** S.F. Wu

根状茎短，直立，被棕色、阔卵形、全缘的薄鳞片。叶簇生；叶柄禾秆色，叶片披针形，（5 ~ 27）cm ×（1.5 ~ 4.5）cm，顶端羽裂渐尖，基部近截形，不缩狭或略缩狭，一回羽状；侧生羽片 8 ~ 30 对，互生或对生，平展或略向上斜展，几无柄，斜卵形至矩圆状披针形，常略向后弯弓。孢子囊群小，生于小脉顶端，接近羽片边缘，每个羽片有 1 ~ 7 枚。

分布与生境：产于八大公山五道水（沙园、楠木坪），生于海拔 520 m 的悬崖石壁上。北京队 003775（PE）；北京队 003759（PE）。

武陵山耳蕨 Polystichum wulingshanense

32. 剑叶耳蕨 **Polystichum xiphophyllum** (Baker) Diels

多年生草本。根茎直立，密被狭卵形棕色或黑棕色鳞片。叶簇生；叶柄禾秆色，腹面有纵沟，密生披针形黑棕色鳞片；叶片宽披针形，一回羽状；叶为厚革质，背面疏生纤毛状基部扩大的黄棕色鳞片；叶轴腹面有纵沟，背面密生鳞片。孢子囊群位于主脉两侧，各 1 行；囊群盖圆形，近全缘，盾状。

分布与生境：产于八大公山各地，生于海拔 400 ~ 800 m 的林缘石缝中。

用途：庭院观赏。

剑叶耳蕨 Polystichum xiphophyllum

二十六、肾蕨科 Nephrolepidaceae

多年生草本。根状茎被盾状鳞片，长而横走，有腹背之分，具匍匐枝或有小块茎。叶簇生或为远生，叶片披针形或椭圆状披针形，一回羽状，羽片无毛或稀被毛，以关节着生于叶轴，小脉先端具明显的水囊。孢子囊群圆形，生于小脉顶端，或背生于小脉中部。

单种属，约 20 种，我国有 5 种，湖南有 2 种，八大公山有 1 种。

（一）肾蕨属 Nephrolepis Schott

形态特征见肾蕨科的描述。

20 种，我国有 5 种，湖南有 2 种，八大公山有 1 种。

1. 肾蕨 Nephrolepis cordifolia (Linnaeus) C. Presl

多年生草本。根状茎直立，短，被淡黄褐色狭披针形鳞片，匍匐茎上生有小块茎，密被鳞片。叶柄密被鳞片，叶片线状披针形或狭披针形，一回羽状；羽片披针形，基部不对称，以关节着生于叶轴；叶缘有细锯齿或圆齿，耳状急尖，下部的羽片钝，向上羽片渐短；羽轴疏被纤维状鳞片。孢子囊群新月形，稀圆肾形；囊群盖肾形，褐色。

分布与生境：产于八大公山五道水（杉木界），生于海拔 200 ~ 700 m 的溪边乱石堆上。刘炳荣 0510655（HUST）。

用途：根状茎入药；全草可供观赏。

肾蕨 Nephrolepis cordifolia

二十七、水龙骨科 Polypodiaceae

多年生草本。根状茎横走，被鳞片。叶一型或二型，叶柄基部常以关节与根状茎相连，单叶，全缘、分裂或为一回羽状，稀为二回深羽裂，叶脉网状，少有分离，网眼内通常有分叉的内藏小脉，小脉顶端有 1 水囊。孢子囊群通常为圆形、近圆形、长圆形或为线形，囊群盖缺如而具隔丝。

50 余属，1200 余种，我国有 39 属 267 种，湖南有 13 属 59 种，八大公山有 12 属 40 种。

分属检索表

1. 叶被星状毛……………………………………………………………………… **11. 石韦属 Pyrrosia**

1. 叶被鳞片、不分枝的毛、腺毛、叉状毛或无毛。

  2. 植株具有槲叶状特化的腐殖质积聚叶………………………………………………**2. 槲蕨属 Drynaria**

  2. 植株具有无槲叶状特化的腐殖质积聚叶。

3. 叶片二回羽状分裂…………………………………………………… **10. 睫毛蕨属 Pleurosoriopsis**

3. 叶为单叶，全缘、分裂或为一回羽状。

4. 叶脉在羽轴两侧形成 1 ~ 3 行网眼，内藏小脉不分叉………… **3. 棱脉蕨属 Goniophlebium**

4. 叶脉联结成各式网眼，网眼内通常有分叉的内藏小脉。

5. 孢子囊群幼时有盾状隔丝覆盖，成熟后脱落。

6. 叶下面和孢子囊群通常被星状毛。

7. 孢子囊群圆形或长圆形。

8. 攀缘蕨类植物；叶片纸质……………………… **5. 鳞果星蕨属 Lepidomierosorium**

8. 非攀缘蕨类植物；叶片革质或肉质…………………………… **6. 瓦韦属 Lepisorus**

7. 孢子囊群线形或粗线形。

9. 孢子囊着生在主脉与叶边之间并与主脉平行…………**4. 伏石蕨属 Lemmaphyllum**

9. 孢子囊着生在主脉与叶边之间并与主脉斜交………………**8. 剑蕨属 Loxogramme**

6. 叶下面密被星状毛；孢子囊群也被星状毛覆盖…………………… **11. 石韦属 Pyrrosia**

5. 孢子囊群无星状毛和明显的隔丝覆盖。

10. 孢子囊群较大，圆形和长圆形，有规则地沿羽轴或主脉两侧各排列。

11. 羽片不以关节着生于叶轴 ……………………………………… **12. 修蕨属 Selliguea**

11. 羽片以关节着生于叶轴 ……………………………………**1. 节肢蕨属 Arthrromeris**

10. 孢子囊群小，常不规则地散布于叶片下面。

12. 孢子囊群圆形，常成多行不规则地散布 …………………… **9. 星蕨属 Microsorum**

12. 孢子囊群线形，连续不断地着生 ………………………… **7. 薄唇蕨属 Leptochilus**

（一）节肢蕨属 Arthromeris (T. Moore) J. Smith

多年生草本。根状茎粗状，肉质，长而横走，有白粉或无白粉，密被形态各式的鳞片。叶一型；叶柄基部以关节着生于根状茎上，叶片为奇数一回羽状；羽片多对，边缘有软骨质或膜质白边。孢子囊群圆形，分离，沿主脉两侧排成 1 至多行。

20 种，我国有 17 种，湖南有 2 种，八大公山有 1 种。

1. 龙头节肢蕨 Arthromeris lungtauensis Ching

多年生草本。根状茎密被鳞片，鳞片脱落处露出白粉。叶远生；叶柄长淡紫色，无毛；叶片长椭圆状披针形，一回羽状，羽片披针形，先端渐尖，基部圆形或浅心形，下侧耳片常抱盖叶轴，全缘；叶两面被柔毛，侧脉两面明显，小脉网状，不明显。孢子囊群圆形，沿主脉两侧排列成不规则多行。

分布与生境：产于八大公山天平山（楠木坪），生于海拔 600 ~ 1470 m 的山坡、溪边岩石上或树干上。金摄郎、张九兵 BDGS825（CSH）；刘炳荣 870900（HUST）。

用途：全草入药。

龙头节肢蕨 Arthromeris lungtauensis

（二）槲蕨属 **Drynaria** (Bory) J. Smith

根状茎横走，粗大如姜，肉质，密被鳞片。叶二型，稀一型；基生不育叶无柄，枯棕色，宿存，覆盖于根状茎上；能育叶和营养叶，有柄，绿色，叶片羽状深裂几达叶轴或一回羽状。孢子囊群圆形，在主脉两侧各排成整齐的 1 行或不整齐的数行。

约 16 种，我国有 9 种，湖南有 1 种，八大公山也有分布。

1. 槲蕨 **Drynaria roosii** Nakaike

多年生草本。根状茎横走或螺旋状攀缘，密被金黄色鳞片。叶二型；基生不育叶无柄，圆形或卵圆形，浅裂至深羽裂，叶干黄绿色或枯棕色；正常能育叶叶柄两侧有明显的狭翅，叶片长圆状卵形，深羽裂，裂片披针形，边缘有疏钝齿；叶上面主脉上疏被短毛。孢子囊群圆形，椭圆形，散布于叶片下面，沿主脉两侧各排成 2 ~ 4 行。

分布与生境：产于八大公山各地，附生于海拔 200 ~ 1800 m 的山坡、溪边岩石或树干上。

用途：根状茎入药；庭院观赏。

（三）棱脉蕨属 **Goniophlebium** (Blume) C. Presl

多年生草本。根状茎长、横走，被鳞片，有时被白粉。叶远生，叶柄基部以关节着生于根状茎上，叶片羽状深裂，裂片基部与叶轴汇合形成狭翅，边缘有缺刻或锯齿。孢子囊群圆形，着生于网眼内的内藏小脉顶端，表面生或略凹陷，在主脉两侧各排成 1 行，幼时有盾状隔丝。

17 种，我国有 11 种，湖南有 5 种，八大公山有 3 种。

槲蕨 Drynaria roosii

分种检索表

1. 根状茎密被鳞片，无白粉或白粉被鳞片完全覆盖而不显露。
   2. 根状茎密被棕色鳞片，孢子囊群位于主脉与边缘之间…………………… **1. 友水龙骨 G. amoenum**
   2. 根状茎被乌黑色鳞片，孢子囊群靠近主脉……………………………………**3. 中华水龙骨 G. chinense**
1. 根状茎灰绿色或灰白色，鳞片极稀疏或无鳞片…………………………… **2. 日本水龙骨 G. niponicum**

1. 友水龙骨 Goniophlebium amoenum K.Schum

多年生草本。根状茎密被鳞片。叶远生，叶柄禾秆色，无毛；叶片长圆状披针形，基部略缩狭，羽状深裂，裂片 15 ~ 25 对，线状披针形，边缘有缺刻状锯齿，基部 1 ~ 2 对常向下反折，叶两面无毛或疏被毛，下面沿叶轴和羽轴（主脉）疏被鳞片。孢子囊群圆形，着生于内藏小脉顶端，沿主脉两侧各排成整齐的 1 列，位于主脉与叶边之间。

分布与生境：产于八大公山斗篷山（中沟湾），生于海拔 1000 ~ 1200 m 的沟谷岩石上。金摄郎、张九兵 BDGS508（CSH）。

用途：全草入药；庭院观赏。

2. 中华水龙骨 Goniophlebium chinense (Christ) X.C.Zhang

多年生草本。根状茎密被鳞片。叶远生或近生，叶柄禾秆色，无毛；叶片卵状披针形，羽状深裂，裂片线状披针形，边缘有锯齿，基部 1 对略缩短并斜出，略反折，叶两面近无毛，下面疏被小鳞片，尤以叶轴和裂片主脉稍多些。孢子囊群圆形，着生于内藏小脉顶端较近或靠近主脉。

分布与生境：产于八大公山天平山（小庄坪），生于海拔 1000 ~ 1500 m 的山坡林中岩壁上。1450 m，周喜乐、金冬梅 ZXL9750（CSH）。

用途：根状茎入药。

友水龙骨 Goniophlebium amoenum

中华水龙骨 Goniophlebium chinense

3. 日本水龙骨 Goniophlebium niponicum (Mett.) Bedd.

多年生草本。根状长而横走，肉质，灰绿色，疏被鳞片。叶远生，叶柄，禾秆色，疏被毛柔毛或毛脱落后近光滑，叶片卵状被针形至长椭圆状披针形，叶脉网状，裂片的侧脉和小脉小明显。叶草质，干后灰绿色，两面密被白色短柔毛或背面的毛被更密。孢子囊群圆形，在裂片中脉两侧各1行，着生于内藏小脉顶端，靠近裂片中脉着生。

分布与生境：产于八大公山五道水（黄连台），附生在海拔300～600 m的树干和石上。519 m，金摄郎、张九兵 BDGS797（CSH）。

用途：全草入药。

日本水龙骨 Goniophlebium niponicum

（四）伏石蕨属 **Lemmaphyllum** C. Presl

多年生草本。根状茎细长而横走，被卵状披针形鳞片。叶疏生，一型或二型；叶柄以关节与根状茎相连，不育叶的叶片倒卵形至披针形，全缘，能育叶的叶片线形或线状倒披针形，叶近肉质。孢子囊群线形或圆形，与主脉平行，连续；隔丝盾形。

9种，我国有5种，湖南有4种，八大公山有3种。

分种检索表

1. 能育叶披针形、狭长圆形、倒披针形或至舌形，较不育叶窄。
  2. 不育叶长3～10 cm，直立至下垂 ·· **1. 披针骨牌蕨 L. diversum**
  2. 不育叶长1～3 cm，通常贴伏地面 ···································· **2. 抱石莲 L. drymoglossoides**
1. 能育叶卵形至椭圆形，与不育叶相似··· **3. 骨牌蕨 L. rostratum**

1. 披针骨牌蕨 Lemmaphyllum diversum (Rosenstock) Tagawa

多年生草本。根状茎细长而横走，密被棕色或棕褐色鳞片。叶一型或二型，不育叶叶柄禾秆色，光滑；叶片阔卵状披针形，全缘；叶柄淡禾秆色，光滑，叶片披针形。孢子囊群圆形，着生于叶片中部以上，在主脉两侧各排成 1 行，幼时有盾状隔丝覆盖。

分布与生境：产于八大公山各地，生于海拔 200 ~ 1600 m 的山坡、沟谷的岩石或大树上。金摄郎、张九兵 BDGS462（CSH）。

用途：全草入药。

披针骨牌蕨 Lemmaphyllum diversum

2. 抱石莲 Lemmaphyllum drymoglossoides (Baker) Ching

多年生草本。根状茎长而横走，被棕色鳞片。叶二型，近无柄；不育叶叶片圆形至倒卵状圆形，先端圆，基部楔形，全缘，能育叶有短柄，叶片舌形或倒披针形，先端钝圆，基部缩狭。孢子囊群圆形，在主脉两侧各排成 1 行，位于主脉与叶边之间，幼时有盾状隔丝覆盖。

抱石莲 Lemmaphyllum drymoglossoides

分布与生境：产于八大公山斗篷山，生于海拔 600 ~ 2200 m 的山坡、沟谷的岩石或大树上。金摄郎、张九兵 BDGS464（CSH）。

用途：全草入药。

3. 骨牌蕨 Lemmaphyllum rostratum (Beddome) Tagawa

多年生草本。根状茎细长而横走，被钻状披针形鳞片。叶远生，一型；叶片阔披针形或椭圆状披针形，（6 ~ 10）cm ×（1.7 ~ 2.2）cm，中部以下最宽，先端钝圆，基部楔形下延，全缘。孢子囊群圆形，通常位于叶片最宽处上方，在主脉两侧各排成 1 行，稍近主脉，幼时有盾状隔丝覆盖。

分布与生境：产于八大公山天平山，附生于海拔 200 ~ 1500 m 的山坡林下树干上或岩石上。金摄郎、张九兵 BDGS759（CSH）。

用途：全草入药。

骨牌蕨 Lemmaphyllum rostratum

（五）鳞果星蕨属 Lepidomicrosorium Ching & K. H. Shing

多年生草本。根状茎长，呈鞭状，密被红棕色鳞片。叶疏生，一型或二型；叶片披针形或戟形，全缘或呈波状或撕裂成不规则的小裂片，主脉两面隆起，侧脉可见，小脉不明显，网状，有内藏小脉。孢子囊群圆形，较小，星散分布，少有在主脉两侧排列成不规则 1 ~ 2 行，幼时为盾状隔丝覆盖。

3 种，我国有 3 种，湖南有 1 种，八大公山也有。

1. 鳞果星蕨 Lepidomicrosorium buergerianum (Miquel) Ching & K.H. Shing ex S. X. Xu

根状茎长，攀缘，密被深棕色鳞片。叶片卵状三角形、披针形或三角状披针形，先端渐尖，向下渐变宽，通常两侧扩大成戟形，基部心形、耳形或截形、楔形，略下延于叶柄成狭翅，全缘。孢子囊群小，星散分布于能育叶下面，幼时为盾状隔丝所覆盖。

分布与生境：产于八大公山各地，生于海拔 400 ~ 1200 m 的山坡沟谷林下石壁或树干上。

金摄郎、张九兵 BDGS494（CSH）；金摄郎、张九兵 BDGS649（CSH）；周喜乐、严岳鸿、金冬梅 ZXL9678（CSH）。

用途：全草入药。

鳞果星蕨 Lepidomicrosorium buergerianum

（六）瓦韦属 Lepisorus (J. Smith) Ching

多年生草本。根状茎粗短，横走，密被黑褐色鳞片。叶通常为单叶，主脉明显，侧脉不明显，小脉连成网状，网眼内有顶端呈棒状的内藏小脉。孢子囊群大，通常分离，在主脉与叶边之间排成 1 行，幼时被隔丝覆盖。

80 种，我国有 49 种，湖南有 18 种，八大公山有 13 种。

分种检索表

1. 孢子囊群线形，着生在主脉与叶边之间并与主脉平行……………………… **7. 丝带蕨 L. miyoshianus**

1. 孢子囊群圆形或长圆形。

  2. 叶片狭披针形，长 18 ~ 25 cm。

    3. 叶纸质。

      4. 叶远生，孢子囊在叶背面呈多行不规则排列………… **10. 滇鳞果星蕨 L. subhemionitideum**

      4. 叶近生，孢子囊在叶背面呈 2 行规则排列。

        5. 叶片线状披针形或披针形……………………………………………… **4. 江南星蕨 L. fortunei**

        5. 叶片卵形至宽卵状三角形…………………………………………………**9. 盾蕨 L. ovatus**

    3. 叶革质………………………………………………………………………… **11. 表面星蕨 L. superficiale**

  2. 叶片卵状披针形至狭披针形，长约 15 cm 以下。

6. 根状茎的鳞片不透明，仅边缘 1 ~ 2 行网眼透明。
7. 叶线形，宽在 5 mm 左右 ……………………………………………………**1. 狭叶瓦韦 L. angustus**
7. 叶披针形，宽在 10 mm 以上 ……………………………………………**12. 瓦韦 L. thunbergianus**
6. 根状茎鳞片的网眼中间具不透明狭带外，其余大部或全部透明。
8. 根状茎鳞片的网眼中间具不透明狭带。
9. 根茎长横走，叶远生…………………………………………………… **8. 粤瓦韦 L. obscurevenulosus**
9. 根茎短横走，叶簇生……………………………………………………… **13. 阔叶瓦韦 L. tosaensis**
8. 根状茎鳞片的网眼全部透明。
10. 根状茎上的鳞片卵圆形。
11. 孢子囊群靠近叶边着生，侧脉明显可见 …………………… **6. 大瓦韦 L. macrosphaerus**
11. 孢子囊群生于主脉和叶边之间，侧脉明显可见。
12. 叶片宽 1.5 ~ 4.0 cm ……………………………………………… **2. 黄瓦韦 L. asterolepis**
12. 叶片宽 1 ~ 2 cm ………………………………………………………**5. 鳞瓦韦 L. kawakamii**
10. 根状茎上的鳞片披针形 …………………………………………………… **3. 二色瓦韦 L. bicolor**

1. 狭叶瓦韦 Lepisorus angustus Ching

根状茎横走，密被棕色鳞片，鳞片边缘有 1~2 行狭长透明网眼。叶近生；叶柄长 1.5~3.0 cm，禾秆色；叶片狭长披针形，向基部渐变狭并长下延。孢子囊群椭圆形或圆形，聚生于叶片上半部，位于主脉和叶边之间，幼时被深棕色近的圆形隔丝覆盖。

分布与生境：产于八大公山天平山，生于海拔 1200 m 的沟谷石壁或树干上。金摄郎、张九兵 BDGS733（CSH）。

用途：全草入药。

狭叶瓦韦 Lepisorus angustus

2. 黄瓦韦 Lepisorus asterolepis (Baker) Ching

根状茎长而横走，褐色，密被披针形鳞片；鳞片网眼细密，透明，棕色，老时易从根状茎脱落。叶远生或近生；叶片阔披针形，（10 ~ 25）cm ×（1.2 ~ 3.0）cm，向基部突然狭缩成契形并下延，干后两面通常呈黄色或淡黄色，光滑。孢子囊群圆形或椭圆形，聚生在叶片的上半部，位于主脉与叶边之间，在叶片下面隆起，在叶片背面成穴状凹陷，相距较近。

分布与生境：产于八大公山各地，生于海拔 600 ~ 1200 m 的沟谷石壁或树干上。八大公山（中沟湾），1058 m，金摄郎、张九兵 BDGS505（CSH）；天平山，1396 m，金摄郎、张九兵 BDGS729（CSH）。

用途：全草入药。

黄瓦韦 Lepisorus asterolepis

3. 二色瓦韦 Lepisorus bicolor (Takeda) Ching

根状茎横走，密被鳞片。叶片披针形，中部以下最宽，先端渐尖或圆钝，基部楔形，长下延，全缘，主脉隆起，侧脉和小脉不明显。孢子囊群大，近圆形或椭圆形，着生于叶片上半部，位于主脉与叶边之间；幼时有膜质透明的近圆盾形隔丝覆盖。

分布与生境：产于八大公山斗篷山，生于海拔 1600 ~ 1800 m 的山坡树干上或岩石上。金摄郎、张九兵 BDGS407（CSH）；金摄郎、张九兵 BDGS447（CSH）；周喜乐、金冬梅 ZXL9770（CSH）。

用途：全草入药。

4. 江南星蕨 Lepisorus fortunei (T. Moore) Li Wang

多年生草本。根状茎先端被鳞片。叶远生，叶柄禾秆色，基部疏被鳞片；叶片线状披针形，基部下延于叶柄形成狭翅，全缘，有软骨质的边，两面无毛，主脉两面明显隆起，侧脉不明显，小脉网状，略可见，网眼内的内藏小脉分叉。孢子囊群大，圆形，沿主脉两侧排成较整齐的 1 行，靠近主脉。

分布与生境：产于八大公山各地，生于海拔 200 ~ 1200 m 的山坡林下、林缘、溪边石壁上。金摄郎、张九兵 BDGS852（CSH）。

用途：全草入药；庭院观赏。

二色瓦韦 Lepisorus bicolor

江南星蕨 Lepisorus fortunei

5. 鳞瓦韦 Lepisorus kawakamii (Hayata) Tagawa

多年生草本。根状茎横走，密被鳞片。叶柄禾秆色，叶片披针形至卵状披针形，先端渐尖，向基部渐狭并下延，全缘，主脉两面隆起，侧脉和小脉不见。孢子囊群大，圆形或椭圆形，沿主脉两侧各排成 1 行，着生于叶片上半部，最先端不育。

分布与生境：产于八大公山五道水（黄连台），生于海拔 1500 ~ 1400 m 的山顶岩缝中或树干上。金摄郎、张九兵 BDGS807（CSH）。

用途：全草入药。

鳞瓦韦 Lepisorus kawakamii

6. 大瓦韦 Lepisorus macrosphaerus (Baker) Ching

多年生草本。根状茎横走，密被鳞片。叶柄禾秆色；叶片披针形，中部最宽，先端尾状渐尖，基部渐狭，下延，全缘或略呈波状，主脉两面隆起，小脉清晰可见。孢子囊群较小，椭圆形或圆形，明显隆起，远离叶边着生，在叶片上面成穴状凹陷；幼时有圆盾形隔丝覆盖。

分布与生境：产于八大公山五道水（汪家坪），附生于海拔 430 m 的山坡林下岩石上或树干上。金摄郎、张九兵 BDGS668（CSH）。

用途：全草入药。

大瓦韦 Lepisorus macrosphaerus

7. 丝带蕨 **Lepisorus miyoshianus** (Makino) Fraser-Jenkins & Subh.Chandra

多年生草本。根状茎短而横卧，被黑褐色或黑色鳞片。叶近生，叶柄禾秆色，叶片长线形，革质，坚挺，光滑无毛，通常明显外卷，主脉上面凹陷，下面隆起，小脉不明显，隐没于叶肉中，在主脉两侧联接成 1 ~ 2 行网眼，具少数内藏小脉。孢子囊群线形，着生于主脉两侧的纵沟内，靠近主脉，幼时有盾状隔丝覆盖。

分布与生境：产于八大公山斗篷山，附生于海拔 800 ~ 1800 m 的山坡或沟谷林下树干上。

用途：全草入药。

丝带蕨 Lepisorus miyoshianus

8. 粤瓦韦 **Lepisorus obscurevenulosus** (Hayata) Ching

多年生草本。根状茎横走，密被鳞片。叶柄褐栗色或禾秆色；叶片披针形或阔披针形，在下部 1/3 处为最宽，先端长尾状，向基部渐变狭并下延，干后淡绿色或淡黄绿色，薄革质，下面沿主脉疏被鳞片。孢子囊群圆形，体大，直径达 5 mm，近密接。

分布与生境：产于八大公山各地，生于海拔 800 ~ 1200 m 的林下岩石上。

用途：全草入药。

粤瓦韦 Lepisorus obscurevenulosus

9. 盾蕨 Lepisorus ovatus (Wall. ex Bedd.) Ching

多年生草本。根状茎长而横走，密被褐棕色鳞片。叶远生，叶柄密被鳞片；叶片不规则羽状分裂、3 裂、卵状分裂或卵形，先端渐尖，基部圆形至楔形，全缘。孢子囊群圆形，在主脉两侧排成不整齐的 2 ~ 4 行，幼时有盾状隔丝覆盖。

分布与生境：产于八大公山各地，生于海拔 200 ~ 1200 m 的石灰岩山地或林下阴湿处。

用途：全草入药；庭院观赏。

盾蕨 Lepisorus ovatus

10. 滇鳞果星蕨 Lepisorus subhemionitideum (Christ) P. S. Wang

多年生草本。根状茎细长攀缘，密被棕色披针形鳞片。叶疏生，近二型，叶柄粗壮，能育叶披针形或三角状披针形，全缘；不育叶远较短，卵状三角形，干后纸质，褐绿色，沿主脉下面两侧有 1 ~ 2 小鳞片，全缘。孢子囊群小，星散分布于主脉下面两侧，幼时被盾状隔丝覆盖。

分布与生境：产于八大公山各地，生于海拔 400 ~ 1200 m 的山坡沟谷林下石壁或树干上。金摄郎、张九兵 BDGS509（CSH）；金摄郎、张九兵 BDGS728（CSH）。

用途：全草入药。

11. 表面星蕨 Lepisorus superficiale (Blume) Li Wang

状茎长而横走，攀缘，疏生淡棕色鳞片。叶近生；叶柄绿禾秆色；叶片长椭圆状披针形，顶端渐尖，基部渐狭，下延于叶柄，全缘，有软骨质的边；叶革质，中脉两面明显隆起，侧脉不明显，小脉网状，叶两面无毛。孢子囊群沿中脉两侧散生。

分布与生境：产于八大公山各地，生于海拔 600 ~ 1000 m 的沟谷石壁或树干上。金摄郎、张九兵 BDGS667（CSH）；周喜乐、严岳鸿、金冬梅 ZXL9680（CSH）。

用途：全草入药；庭院观赏。

滇鳞果星蕨 Lepisorus subhemionitideum

表面星蕨 Lepisorus superficiale

12. 瓦韦 Lepisorus thunbergianus (Kaulfuss) Ching

多年生草本。根状茎横走，密被褐棕色鳞片。叶近生；叶柄禾秆色；叶片线状披针形或狭披针形，先端渐尖，偶二叉，基部渐狭，下延，全缘。孢子囊群大，圆形或椭圆形，位于主脉与叶边之间，彼此接近，成熟后几密接；幼时有褐棕色圆盾形隔丝覆盖。

分布与生境：产于八大公山各地，附生于海拔 1500 ~ 1800 m 的顶岩石上或树干上。金摄郎、张九兵 BDGS412（CSH）；金摄郎、张九兵 BDGS460（CSH）；金摄郎、张九兵 BDGS655（CSH）；金摄郎、张九兵 BDGS811（CSH）。

用途：全草入药。

13. 阔叶瓦韦 Lepisorus tosaensis (Makino) H. Itô

根状茎短促横卧，密被卵状披针形鳞片；鳞片深棕色，大部分不透明，仅边缘有 1 ~ 2 行淡棕色透明的细胞。叶簇生或近生；叶柄长 1 ~ 5 cm，禾秆色；叶片披针形，中部为最宽 1 ~ 2 cm，向两端渐变狭，顶端渐尖头，基部渐狭并下延，干后淡棕色或灰绿色，革质，两面光滑无毛。主脉上下均隆起，小脉不见。孢子囊群圆形，位于主脉与叶缘之间，聚生于叶片上半部，幼时被淡棕色圆形的隔丝覆盖。

分布与生境：产于八大公山天平山（楠木坪），附生于海拔 600 m 的顶岩石上或树干上。金摄郎、张九兵 BDGS846（CSH）。

用途：全草入药。

瓦韦 Lepisorus thunbergianus

阔叶瓦韦 Lepisorus tosaensis

（七）薄唇蕨属 Leptochilus Kaulfuss

根状茎长，横走，被鳞片。叶远生，一型或二型，叶柄与根状茎连接处的关节不明显，通常有翅；叶为单叶、指状或羽状深裂，叶脉网状，侧脉通常仅下部明显而不达叶边，在每对侧脉之间形成网眼，内藏小脉单一或呈钩状。孢子囊群圆形或线形，连续或少有间断，着生于网脉上，在每对侧脉之间排成线形并与侧脉平行而与主脉斜交。

25 种，我国有 13 种，湖南有 3 种，八大公山有 2 种。

分种检索表

1. 叶片为一回羽裂…………………………………………………………… **1. 线蕨 L. ellipticus**
1. 叶片为不分离的单叶………………………………………………………**2. 矩圆线蕨 L. henryi**

1. 线蕨 Leptochilus ellipticus (Thunberg) Nooteboom

分变种检索表

1. 小羽片和羽轴上翅边缘不呈波状…………………………**1a. 线蕨（原变种） C. ellipticus** var. **elliptica**
1. 小羽片和羽轴上翅边缘波状……………………… **1b. 曲边线蕨（变种） C. ellipticus** var. **flexilobus**

1a. 线蕨（原变种） Leptochilus ellipticus (Thunberg) Nooteboom var. elliptica

多年生草本。根状茎长而横走，密生鳞片。叶远生，近二型，不育叶禾秆色，能育叶和不育叶近同形，但叶柄较长，叶纸质，较厚，干后稍呈褐棕色，两面无毛。孢子囊群线形，斜展，在每对

线蕨（原变种） Leptochilus ellipticus var. elliptica

侧脉间各排列成一行，伸达叶边，无囊群盖，周壁表面具球形颗粒和缺刻状刺，有时脱落，则表面光滑。

分布与生境：产于八大公山五道水，生于海拔 200 ~ 400 m 的山坡密林下。

1b. 曲边线蕨（变种） Leptochilus ellipticus var. **flexilobus** (Christ) X. C. Zhang

多年生草本。本变种叶轴两侧具有宽翅，翅宽达 1(0.2 ~ 3.2)cm，羽片边缘有较明显的波状褶皱，易与原变种区别。

分布与生境：产于八大公山各地，生于海拔 200 ~ 600 m 的山坡密林下。金摄郎、张九兵 BDGS844（CSH）。

曲边线蕨（变种）Leptochilus ellipticus var. flexilobus

2. 矩圆线蕨 Leptochilus henryi (Baker) X. C. Zhang

矩圆线蕨 Leptochilus henryi

多年生草本。根状茎横走，密被鳞片。叶远生，一型或近二型；叶柄禾秆色；叶片椭圆形或卵状披针形，先端渐尖或钝圆，向基部急变狭并下延成狭翅，全缘或略呈浅波状，侧脉斜展，略可见，小脉网状，在每对侧脉间有2行网眼，内藏小脉单一或1～2次分叉。孢子囊群线形，着生于网脉上，在每对侧脉间排成1行。

分布与生境：产于八大公山各地，生于海拔200～1400 m的山坡林下阴湿地。周喜乐、严岳鸿、金冬梅ZXL9676（CSH）；刘炳荣870897（HUST）；刘炳荣050028（HUST）。

用途：全草入药；庭院观赏。

（八）剑蕨属 **Loxogramme** (Blume) C. Presl

多年生草本。根状茎长而横走、短而横卧，或直立，密被鳞片。单叶，一型，稀二型；叶关节不明显，或基部不以关节着生于根状茎上，主脉粗壮，下面明显，小脉网状，网眼大，通常无内藏小脉。孢子囊群线状长圆形，着生于主脉两侧，与主脉斜交，多少下陷于叶肉中。

33种，我国有12种，湖南有4种，八大公山有4种。

分种检索表

1. 植株小型，高3 ～ 10 cm。
   3. 叶片披针形或倒披针形……………………………………………… **1. 中华剑蕨 L. chinensis**
   3. 叶片匙形，倒披针形或线状披针形…………………………… **3. 匙叶剑蕨 L. grammitoides**
1. 植株中型，高20 ～ 30 cm。
   2. 叶柄基部变黑……………………………………………………… **2. 褐柄剑蕨 L. duclouxii**
   2. 叶柄基部不变黑…………………………………………………… **4. 柳叶剑蕨 L. salicifolia**

1. 中华剑蕨 **Loxogramme chinensis** Ching

多年生草本。根状茎长而横走，密生鳞片；鳞片褐棕色，披针形，先端钻状。叶远生或近生，有短柄；叶片线状披针形，顶端锐尖，基部下延于叶柄基部，全缘或微波状，干后略反卷；中肋两面明显，侧脉不见；叶肉质，干后厚纸质，黄绿色。孢子囊群长圆形，通常5～8对，斜向上，有时近与中肋平行，分布于叶片中部以上，下部不育，无隔丝。

分布与生境：产于八大公山天平山，生于海拔800～1400 m的山坡林下石中。金摄郎、张九兵BDGS727（CSH）。

2. 褐柄剑蕨 **Loxogramme duclouxii** Christ

多年生草本。根状茎长而横走，黑色，叶柄基部常留一簇黑色鳞片。叶柄有明显的关节；叶片线状倒披针形，向两端渐狭缩，先端短尾尖或渐尖，基部下延于叶柄。叶片上部能育，孢子囊群线与中肋夹角较小，密接，下部不育，无隔丝。

分布与生境：产于八大公山各地，生于海拔800～1400 m的山坡林下石中。金摄郎、张九兵BDGS727（CSH）。

中华剑蕨 Loxogramme chinensis

褐柄剑蕨 Loxogramme duclouxii

3. 匙叶剑蕨 Loxogramme grammitoides (Baker) C. Christensen

多年生草本。根状茎长而横走，密被褐棕色鳞片。叶远生或近生；叶柄短或近无柄，淡绿色，基部被鳞片；叶片匙形或倒披针形，中部以上最宽，基部渐缩狭并长下延至叶柄基部，全缘。孢子囊群长圆形，斜向上，沿中肋两侧各排成 1 行，通常仅分布于叶片上部，下部不育，无隔丝。

分布与生境：产于八大公山各地，生于海拔 800 ~ 1400 m 的山谷密林中。金摄郎、张九兵 BDGS457（CSH）；周喜乐、金冬梅 ZXL9752（CSH）；谷中村 0016（HUST）。

匙叶剑蕨 Loxogramme grammitoides

4. 柳叶剑蕨 Loxogramme salicifolia (Makino) Makino

多年生草本。根状茎被鳞片。叶远生；叶柄基部疏被鳞片；叶片披针形，基部渐变狭并长下延至叶柄下部或基部，全缘；叶稍肉质，表面皱缩，边缘稍反卷，主脉明显，小脉网状，网眼斜上，无内藏小脉。叶片中部以上能育，孢子囊群线形，与主脉斜交，稍密接，无囊群盖，也无隔丝。

分布与生境：产于八大公山各地，附生于海拔 800 ~ 1600 m 的山坡林下岩石上。金摄郎、张九兵 BDGS703（CSH）；金摄郎、张九兵 BDGS880（CSH）。

用途：全草入药。

柳叶剑蕨 Loxogramme salicifolia

（九）星蕨属 **Microsorum** Link

多年生草本。根状茎粗壮，横走，被棕褐色鳞片。叶柄基部有关节；单叶，披针形，少为戟形或羽状深裂，叶脉网状，联结成不整齐的网眼，内藏小脉分叉，顶端有 1 水囊。孢子囊群圆形，着生于网脉连接处，通常不规则散布，少有在主脉两侧排成不规则的 1 ~ 2 行。

40 种，我国有 5 种，湖南有 2 种，八大公山有 1 种。

1. 羽裂星蕨 Microsorum insigne (Blume) Copeland

多年生草本。根状茎粗短，横走，疏被鳞片。叶羽状分裂，稀为单叶，叶柄禾秆色，两侧有翅，下延近达基部，基部疏被鳞片，向上光滑，裂片 1 ~ 12 对，线状披针形，基部 1 对较大，全缘或略呈波状，其余各对向上逐渐缩短。孢子囊群近圆形或长圆形，小而散生，2 ~ 8 行着生于叶片网脉连接处。

分布与生境：产于八大公山五道水（黄连台），生于海拔 200 ~ 600 m 的沟谷林下。金摄郎、张九兵 BDGS876（CSH）；周喜乐，张九兵 ZXL5598（CSH）。

用途：全草入药；庭院观赏。

羽裂星蕨 Microsorum insigne

（十）睫毛蕨属 **Pleurosoriopsis** Fomin

小型草本，附生或石生。根状茎纤细，长而横走，表面密被极长（1 ~ 3 mm）而开展的红棕色单细胞线状毛，近顶部还被狭长的线形鳞片；叶片披针形，长达 6 cm，二回深羽裂裂片近舌形，钝头，全缘或近全缘。叶脉分离，每裂片有小脉 1 条条，不达叶边。叶草质，两面均密被棕色节状毛，边缘有密睫毛。孢子囊群粗线形，沿叶脉着生，不达叶脉先端，无盖；孢子囊有短柄，环节由 14（16）个增厚细胞组成。

单种属，八大公山也有分布。

1. 睫毛蕨 Pleurosoriopsis makinoi (Maxim. ex Makino) Fomin

形态特征见睫毛蕨属的描述。

分布与生境：产于八大公山天平山，生于海拔 1400 m 的山坡谷林下。金摄郎、张九兵 BDGS764（CSH）；刘炳荣 870804（HUST）。

睫毛蕨 Pleurosoriopsis makinoi

（十一）石韦属 Pyrrosia Mirbel

多年生草本。根状茎长，横走或短粗而横卧，密被鳞片。叶一型或二型，基部以关节与根状茎相连；单叶全缘或稀为戟形或掌状分裂，主脉明显，侧脉明显或隐没于叶肉中，小脉连结成各式网眼，有内藏小脉，小脉顶端有膨大的水囊并在叶片上面常形成洼点。孢子囊群圆形，着生于内藏小脉顶端，成熟时多少汇合，沿主脉两侧排成 1 至多行，无囊群盖。

约 60 种，我国有 32 种，湖南有 10 种，八大公山有 6 种。

分种检索表

1. 孢子囊群纵向伸长………………………………………………………… **1. 石蕨 P. angustissima**
1. 孢子囊群圆形，纵向不伸长。
    2. 叶片下面被上下两层星状毛……………………………………………… **2. 光石韦 P. calvata**
    2. 叶片下面被一层星状毛。
        3. 叶片长圆状披针形或线状披针形或披针形，通常中部最宽…………… **3. 华北石韦 P. davidii**
        3. 叶片阔披针形或长圆形，基部或中部最宽。
            4. 叶片长圆形，中部最宽，基部两侧对称，平截或圆截形。
                5. 叶柄短于叶片……………………………………………………… **4. 石韦 P. lingua**
                5. 叶柄等于或远长于叶片的长度……………………………… **5. 有柄石韦 P. petiolosa**
            4. 叶片阔披针形，基部最宽……………………………………… **6. 庐山石韦 P. sheareri**

1. 石蕨 Pyrrosia angustissima (Giesenhagen ex Diels) Tagawa & K. Iwatsuki

多年生草本。根状茎细长而横走，密被红棕色至淡棕色鳞片。叶柄短，基部以关节着生于根状茎上；叶片线形，先端钝尖，基部渐缩狭，边缘强度向下反卷，两面被星状毛，上面毛早落，叶脉不明显。孢子囊群线形，沿主脉两侧各排成 1 行，位于主脉与叶缘之间，幼时为反卷的叶边覆盖，成熟时露出孢子囊群。

分布与生境：产于八大公山各地，生于海拔 500 ~ 1800 m 的山坡岩石上或树干上。谷中村 072（HUST）；Anonymous 239（PE）。

用途：全草入药。

石蕨 Pyrrosia angustissima

2. 光石韦 Pyrrosia calvata (Baker) Ching

多年生草本。根状茎横卧，密被棕色鳞片。叶一型；叶柄禾秆色，基部密被鳞片星状毛，向上疏被星状毛；叶片狭披针形，全缘，上面棕色，光滑，有黑色小凹点，下面淡棕色，幼时被两层星状毛。孢子囊群小，近圆形，聚生于叶片上半部；无盖，幼时略被星状毛覆盖。

分布与生境：产于八大公山各地，生于海拔 200 ~ 600 m 的山坡岩石上。

用途：全草入药，庭院观赏。

3. 华北石韦 Pyrrosia davidii (Giesenhagen ex Diels) Ching

根状茎横卧，密被棕色鳞片。叶一型；叶柄禾秆色，基部密被鳞片，向上被星状毛；叶片狭披针形，基部楔形并长下延成狭翅，全缘，下面棕色，密被星状毛，主脉上面略凹下，下面明显隆起，侧脉和小脉均不明显。孢子囊群布满叶片下面，幼时为星状毛覆盖，成熟时孢子囊开裂呈砖红色。

分布与生境：产于八大公山各地，附生于海拔 200 ~ 700 m 的山坡林缘岩石上或树干上。

用途：全草入药。

光石韦 Pyrrosia calvata

华北石韦 Pyrrosia davidii

4. 石韦 Pyrrosia lingua (Thunberg) Farwell

多年生草本。根状茎长而横走，密被淡棕色鳞片。叶近二型；不育叶叶片长圆形，全缘，上面疏被星状毛，下面淡棕色或砖红色，被星状毛；能育叶叶片最宽处在中部或中部以下。孢子囊群近椭圆形，布满叶片下面，幼时有淡棕色星状毛覆盖。

分布与生境：产于八大公山各地，生于海拔 300 ~ 1400 m 山坡林缘的岩石上或树干上。金摄郎、张九兵 BDGS493（CSH）；吴世福 556（PE）；刘炳荣 8310070（HUST）；刘炳荣 900115（HUST）。

用途：全草入药；庭院观赏。

石韦 Pyrrosia lingua

5. 有柄石韦 Pyrrosia petiolosa (Christ) Ching

多年生草本。根状茎长，横走，幼时密被棕色鳞片。不育叶叶片长圆形至卵形，全缘，上面初时疏被棕色星状毛，下面密被淡棕色星状毛；能育叶叶片长圆形至卵状长圆形，全缘，上面有凹点，疏被星状毛，下面密被砖红色星状毛，叶片通常向上卷曲。孢子囊群布满叶片下面，成熟时扩散并汇合。

分布与生境：产于八大公山各地，生于海拔 200 ~ 1500 m 的林缘暴露的岩石上。刘炳荣 850938（HUST）。

用途：全草入药。

6. 庐山石韦 Pyrrosia sheareri (Baker) Ching

多年生草本。根状茎横卧，密被棕色鳞片。叶一型；叶柄禾秆色或灰禾秆色，疏被星状毛，基部密被鳞片；叶片长圆状披针形或披针形，全缘，上面疏被星状毛或近无毛，布满凹点，下面密被厚层星状毛。孢子囊群呈点状在侧脉间排成不整齐的多行，满布基部以上的叶片下面；无盖，幼时有星状毛覆盖。

分布与生境：产于八大公山各地，附生于海拔 500 ~ 1600 m 的山坡林下岩石上或树干上。金摄郎、张九兵 BDGS435（CSH）；周喜乐、严岳鸿、金冬梅 ZXL9720（CSH）；刘炳荣 050043（HUST）；李丙贵、万绍宾 750198（PE）。

用途：全草入药；庭院观赏。

有柄石韦 Pyrrosia petiolosa

庐山石韦 Pyrrosia sheareri

（十二）修蕨属 **Selliguea** Bory

多年生草本。根状茎细长，横走，被各色鳞片。叶远生或近生，一型、二型或近二型，叶片为单叶不分裂或 2～3 裂，或掌状分裂或为羽状分裂，稀为一回羽状，叶片或裂片边缘全缘或有缺刻或锯齿，主脉和侧脉明显，小脉网状，有内藏小脉。孢子囊群圆形，在主脉两侧各排成 1 行。

75 种，我国有 48 种，湖南有 9 种，八大公山有 4 种。

分种检索表

1. 叶片戟状 2 ~ 3 分裂或羽状深裂，间有不分裂叶。
   3. 叶片掌状分裂或羽状分裂……………………………………………………… **1. 掌叶假瘤蕨 S. digitata**
   3. 叶片常为戟状 2 ~ 3 分裂，间有不分裂叶，叶片边缘有缺刻……… **3. 金鸡脚假瘤蕨 S. hastata**
1. 叶片为单叶，不分裂。
   2. 叶片基部楔形………………………………………………………………**2. 大果假瘤蕨 S. griffithiana**
   2. 叶片基部截形或圆形……………………………………………………… **4. 宽底假瘤蕨 S. majoensis**

1. 掌叶假瘤蕨 Selliguea digitata (Ching) S. G. Lu

附生植物。根状茎长而横走，密被鳞片；鳞片披针形，淡棕色，边缘全缘。叶远生；叶柄最基部密被与根状茎上相同的鳞片，上部深禾秆色或栗黑色，光滑无毛；单叶，掌状五分裂，长和宽几乎相等，长 5 ~ 9 cm，基部心形或圆形，裂片通常 5 片，幼小植株偶有 2 ~ 3 片，顶端尖头或圆钝头，边缘全缘或波状，中间裂片长 5 ~ 10 cm，宽 1.0 ~ 1.2 cm，侧生裂片较短小。主脉明显、侧脉和小脉不明显。叶片下面灰白色，两面无毛。孢子囊群圆形，靠近裂片边缘或略靠近裂片边缘着生。

分布与生境：产于八大公山天平山，生于海拔 1500 m 的山顶石壁上。

用途：庭院观赏。

掌叶假瘤蕨 Selliguea digitata

2. 大果假瘤蕨 Selliguea griffithiana (Hooker) Fraser-Jenkins

根状茎长而横走，密被鳞片；鳞片披针形，棕色，边缘全缘。叶远生；叶柄禾秆色，光滑无毛；叶片披针形，（10 ~ 25）cm ×（3 ~ 4）cm，通常中下部或近基部最宽，基部阔楔形，顶端短渐尖，边缘全缘或波状，背面灰绿色，两面光滑无毛。孢子囊群大，圆形，在中脉两侧各一行，紧靠近中脉或较靠近中脉着生。

分布与生境：产于八大公山各地，生于海拔 300 ~ 1600 m 的河谷石壁上。金摄郎、张九兵 BDGS465（CSH）；金摄郎、张九兵 BDGS506（CSH）；吴世福 686（PE）。

用途：全草入药；庭院观赏。

大果假瘤蕨 Selliguea griffithiana

3. 金鸡脚假瘤蕨 Selliguea hastata (Thunberg) Fraser-Jenkins

根状茎密被鳞片。叶远生；叶柄禾秆色，无毛；叶片为单叶，单叶不分裂或戟状 2 ~ 3 裂，罕有 4 裂，分裂的叶片形态多变，通常为戟状 2 ~ 3 裂，裂片长短不等，宽窄不一，但常以中裂片较大，叶片或裂片边缘有缺刻和加厚的软骨质边，通常呈波状，叶两面无毛，下面灰白色。孢子囊群大，圆形，沿主脉两侧各排成 1 行，位于主脉与叶边之间。

分布与生境：产于八大公山各地，生于海拔 200 ~ 1320 m 的山坡林下。金摄郎、张九兵 BDGS806（CSH）；金摄郎、张九兵 BDGS845（CSH）；刘炳荣 852140（HUST）。

用途：全草入药；庭院观赏。

4. 宽底假瘤蕨 Selliguea majoensis (C. Christensen) Fraser-Jenkins

多年生草本。根状茎长，横走，密被棕色或红棕色鳞片。叶远生；叶柄禾秆色，光滑无毛；叶片长圆状披针形或披针形，稀长圆形，先端短渐尖，基部圆截形至圆形，边缘有加厚的软骨质叶边，全缘或近先端有少数浅缺刻，两面无毛，下面灰白色。孢子囊群圆形，沿主脉两侧各排成 1 行，靠近主脉。

分布与生境：产于八大公山斗篷山、天平山，生于海拔 1500 ~ 1700 m 的林中树干上或岩石上。周喜乐、张九兵 ZXL5625（CSH）；刘炳荣 850267（HUST）；李丙贵、万绍宾 750193（PE）。

用途：根状茎和孢子入药。

金鸡脚假瘤蕨 Selliguea hastata

宽底假瘤蕨 Selliguea majoensis

裸子植物

一、银杏科 Ginkgoaceae

落叶乔木。有长枝和短枝。叶在长枝上螺旋状排列，在短枝上簇生状，扇形，叶脉叉状并列。雌雄异株，雌、雄球花生于短枝顶端的叶腋或苞腋；雄球葇荑状；雌球花叉状双生，有长梗，顶端通常有 2 珠座，每珠座着生 1 直立胚珠。种子核果状，外种皮肉质，中种皮骨质，内种皮膜质。

单种科，中国特产，八大公山有分布。

（一）银杏属 **Ginkgo** Linnaeus

属形态特征与地理分布同科。

1. 银杏 *Ginkgo biloba* Linnaeus

落叶乔木，高达 40 m。叶扇形，先端常 2 裂，绿色，秋天变金黄色；种子椭圆形，外种皮黄或橙黄色，熟时有臭味，内种皮白色。花期 3 ~ 4 月中旬，种子 9 ~ 10 月成熟。

分布与生境：分布于八大公山，生于海拔 300 ~ 1000 m 的村寨边。

用途：庭院观赏；种子可食；叶和种子可供药用。

银杏 Ginkgo biloba

二、柏科 Cupressaceae

常绿乔木或灌木。叶、芽鳞、雄蕊、苞鳞、珠鳞及种鳞均螺旋状排列，稀交叉对生。叶披针形、锥形、鳞形或线形。雌雄同株；雄球花小，单生或簇生枝顶，稀生叶腋，或排成花序；雌球花顶生，珠鳞与苞鳞大部分结合而生或完全合生，或珠鳞甚小，或苞鳞退化。球果当年或翌年成熟，种鳞（或苞鳞）扁平或盾形。种子扁平或三棱形，周围或两侧有翅。

30 属 130 种，我国有 17 属 49 种，湖南有 10 属 20 种，八大公山有 7 属 8 种。

分属检索表

1. 叶冬季凋落………………………………………………………………… **6. 水杉属 Metasequoia**
1. 叶常绿。
  2. 种鳞和叶螺旋状排列。
    3. 球果的种鳞盾形……………………………………………………… **2. 柳杉属 Cryptomeria**
    3. 球果的种鳞扁平…………………………………………………… **3. 杉木属 Cunninghamia**
  2. 种鳞和叶螺旋状交互对生。
    4. 球果的种鳞木质或近革质。
      5. 种鳞扁平或鳞背隆起，薄或较厚，但不为盾形；球果当年成熟………**7. 侧柏属 Platycladus**
      5. 种鳞盾形；球果第 2 年或当年成熟。
        6. 球果当年成熟；发育种鳞各具 2 ～ 5（通常 3）粒种子 ………**1. 扁柏属 Chamaecyparis**
        6. 球果第二年成熟；发育种鳞各具 5 至多粒种子………………………**4. 柏木属 Cupressus**
    4. 球果肉质，熟时不张开…………………………………………………**5. 刺柏属 Juniperus**

（一）扁柏属 Chamaecyparis Spach

常绿乔木。生鳞叶的小枝扁平，排成一平面。叶鳞形，通常二型，稀同型，交叉对生，下面的叶有白粉或无，侧面的叶对折呈船形。雌雄同株，雌球花圆球形，有 3 ~ 6 对交叉对生的珠鳞，胚珠 1 ~ 5 枚，直立，着生于珠鳞内侧。球果圆球形，当年成熟，种鳞 3 ~ 6 对，木质，盾形，顶部中央有小尖头，发育种鳞有种子 1 ~ 5（通常 3）粒。

6 种，我国连栽培有 5 种，湖南栽培 2 种，八大公山栽培 1 种。

1. 日本花柏 Cryptomeria japonica (Siebold & Zuccarini) Endlicher

常绿乔木。生鳞叶小枝条扁平，排成一平面。鳞叶先端锐尖，侧面之叶较中间之叶稍长，小枝上面中央之叶深绿色，下面之叶有明显的白粉。球果圆球形，径约 6 mm，熟时暗褐色；种鳞 5 ~ 6 对，顶部中央稍凹，有凸起的小尖头，发育的种鳞各有 1 ~ 2 粒种子；种子三角状卵圆形，有棱脊，两侧有宽翅，径 2 ~ 3 mm。

分布与生境：原产日本，八大公山天平山有栽培。

用途：用材树种；庭院观赏。

日本花柏 Cryptomeria japonica

（二）柳杉属 Cryptomeria D. Don

常绿乔木。叶螺旋状排列，略成5列，锥形，基部下延。雄球花多数密集成穗状；雌球花近球形，单生枝顶，无梗，珠鳞螺旋状排列，胚珠2~5，苞鳞与珠鳞合生，仅先端分离。球果近球形，当年成熟；发育的种鳞具2~5种子。

1种，我国也产，湖南栽培1种，八大公山也有栽培。

1. 日本柳杉 Cryptomeria japonica (Thunberg ex Linnaeus f.) D. Don

分变种检索表

1. 叶直伸；种鳞20 ~ 30片…………………………… **1a. 日本柳杉（原变种）C. japonica** var.**japonica**
1. 叶先端向内弯曲；种鳞20片以内 ……………………… **1b. 柳杉（变种）C. japonica** var.**sinensis**

1a. 日本柳杉（原变种）Cryptomeria japonica (Thunberg ex Linnaeus f.) D. Don var. **japonica**

常绿乔木。叶钻形略向内弯曲，四边有气孔线。球果圆球形或扁球形，种鳞20~30枚，上部常有4~5枚短三角形裂齿，鳞背中部或中下部有一个三角状分离的苞鳞尖头，尖头长6~7 mm，能育的种鳞有2粒种子。花期4月，球果10月成熟。

分布与生境：原产日本，八大公山各地栽培。

用途：用材树种；树皮入药；庭院观赏。

1b. 柳杉（变种）Cryptomeria japonica var. **sinensis** Miquel

常绿乔木。叶钻形略向内弯曲，先端内曲。球果种鳞20左右，种鳞上部的裂齿较长（长6~7 mm），每种鳞有2~5粒种子。花期4月，球果10月成熟。

分布与生境：我国特有变种，八大公山天平山栽培。

用途：用材树种；树皮入药；庭院观赏。

日本柳杉（原变种）Cryptomeria japonica var.japonica

柳杉（变种）Cryptomeria japonica var.sinensis

（三）杉木属 Cunninghamia R. Brown ex Richard & A. Richard

常绿乔木。叶螺旋状排列，侧枝之叶基部扭转排成 2 列，披针形或线状披针形，两面中脉两侧有气孔线。雄球花多数，簇生枝顶；雌球花 1 ~ 3 生于枝顶，苞鳞与珠鳞合生，螺旋状排列，苞鳞大，边缘有锯齿，珠鳞小，3 浅裂，腹面基部有 3 枚倒生胚珠。球果近球形或卵圆形；苞鳞革质，扁平，边缘有细锯齿，宿存。种子扁平，两侧边缘有窄翅。

1 种，我国特有，湖南有 1 种，八大公山也有。

1. 杉木 Cunninghamia lanceolata (Lambert) Hooker

特征同杉木属的描述。花期 4 月，球果 10 月成熟。

分布与生境：分布于八大公山各地，生于海拔 1200 m 以下的山坡或山谷，也有栽培。

用途：重要用材树种；树皮、根、叶、种子等入药。

杉木 Cunninghamia lanceolata

（四）柏木属 **Cupressus** Linnaeus

常绿乔木。生鳞叶的小枝四棱形或圆柱形，不排成一平面。鳞叶交叉对生，仅幼苗或萌芽枝上具刺状叶。雌雄同株，雄球花具多数雄蕊；雌球花具 4 ~ 8 对珠鳞，中部珠鳞具 5 至多数排成一至数行胚珠。球果翌年成熟，球形或近球形，种鳞 4 ~ 8 对，木质，盾形，中部种鳞各具 5 至多数种子。种子长圆形或长圆状倒卵形，两侧具窄翅。

17 种，我国有 5 种，湖南连栽培共 4 种，八大公山有 1 种。

1. 柏木 Cupressus funebris Endlicher

常绿乔木。鳞叶二型，中央之叶的背部有条状腺点，两侧的叶对折，背部有棱脊。雄球花椭圆形或卵圆形，雄蕊常 6 对；雌球花近球形。球果圆球形，径 8 ~ 12 mm；种鳞 4 对，能育种鳞有 5 ~ 6 粒种子；种子宽倒卵状菱形或近圆形，边缘具窄翅。花期 3 ~ 5 月，种子翌年 5 ~ 6 月成熟。

分布与生境：分布于八大公山各地，生于海拔 1400 m 以下山坡林中。

用途：用材树种；全株可提取芳香油；根、树干、叶、果实、树脂可入药。

柏木 Cupressus funebris

（五）刺柏属 **Juniperus** Linnaeus

乔木或灌木；冬芽显著。叶刺形，3 叶轮生，基部有关节，不下延，披针形或近线形。雌雄异株或同株，球花单生叶腋；雄球花约具 5 对雄蕊；雌球花具珠鳞 3，胚珠 3，生于珠鳞之间。球果近球形，2 ~ 3 年成熟；种鳞 3，合生，肉质，苞鳞与种鳞合生，仅顶端尖头分离，熟时不张开或仅球果顶端微张开。种子通常 3，有棱脊及树脂槽。

67 种，我国有 23 种，湖南有 4 种，八大公山 2 种。

分种检索表

1. 叶具刺叶和鳞叶 2 种或仅具鳞叶，基部具关节……………………………………**1. 圆柏 J. chinensis**
1. 叶全为刺叶，基部无关节………………………………………………………………… **2. 刺柏 J. formosana**

1. 圆柏 Juniperus chinensis Linnaeus

常绿乔木。叶二型，刺叶生于幼树之上，老龄树则全为鳞叶，壮龄树兼有刺叶与鳞叶；一年生小枝的一回分枝的鳞叶三叶轮生，近披针形，背面近中部有椭圆形微凹的腺体；刺叶三叶交互轮生，披针形，有两条白粉带。雌雄异株，稀同株，雄球花黄色，椭圆形，雄蕊 5 ~ 7 对。球果近圆球形，两年成熟，有 1 ~ 4 粒种子。

分布与生境：原产我国，八大公山各地栽培。

用途：用材树种；行道和陵园风景树；树皮、枝叶可入药。

圆柏 Juniperus chinensis

2. 刺柏 Juniperus formosana Hayata

常绿乔木。叶线形或线状披针形，先端渐尖、具锐尖头，上面微凹，中脉隆起，绿色，两侧各有一条白色、稀为紫或淡绿色气孔带，气孔带较绿色边带稍宽，在叶端汇合，下面绿色，有光泽，具纵钝脊。球果近球形或宽卵圆形，熟时淡红或淡红褐色，被白粉或白粉脱落。

分布与生境：分布于八大公山各地，生于海拔 600 ~ 1000 m 山坡或山脊。

用途：可制成盆景供观赏；根、枝、叶入药。

刺柏 Juniperus formosana

（六）水杉属 Metasequoia Hu & W. C. Cheng

落叶乔木。叶、芽鳞、雄球花、雄蕊、珠鳞与种鳞均交互对生。叶线形，质软，在侧枝上排成羽状。雄球花排成总状或圆锥状花序；雌球花单生侧生小枝顶端，珠鳞 9 ~ 14 对，各具 5 ~ 9 胚珠。球果下垂，当年成熟，近球形，种鳞木质，盾形，顶部扁菱形。种子扁平，周围有窄翅，先端有凹缺。花期 4 ~ 5 月，球果 10 ~ 11 月成熟。

1 种，特产我国，湖南有 1 种，八大公山有栽培。

1. 水杉 Metasequoia glyptostroboides Hu et W.C.Cheng

特征同水杉属的描述。

分布与生境：原产我国华中，八大公山各地栽培。

用途：用材树种；树冠尖塔形，供观赏；叶、果实可入药。

水杉 Metasequoia glyptostroboides

（七）侧柏属 **Platycladus** Spach

常绿乔木，生鳞叶的小枝直展，扁平，排成一平面，两面同形。鳞叶二型，交互对生，背面有腺点。雌雄同株，球花单生枝顶，雌球花具 4 对珠鳞，仅中部 2 对珠鳞各具 1～2 胚珠。球果当年成熟，卵状椭圆形，成熟时褐色，中部 2 对发育，各具 1～2 种子。种子椭圆形或卵圆形，无翅，或顶端有短膜。花期 3～4 月，球果 10 月成熟。

1 种，八大公山有栽培。

1. 侧柏 **Platycladus orientalis** (Linnaeus) Franco

特征同侧柏属的描述。

分布与生境：原产我国及东北亚，八大公山各地栽培。

用途：用材树种；庭院观赏；种子、根、枝叶、树皮均可供药用。

侧柏 Platycladus orientalis

三、红豆杉科 Taxaceae

常绿乔木。叶线形或披针形，螺旋状排列或交互对生，下面沿中脉两侧各有一条气孔带。雌雄异株，稀同株；雄球花单生叶腋或苞腋，花药 3 ~ 9，花粉无气囊；雌球花单生或成对生于叶腋或苞片腋部，基部具多数覆瓦状排列或交叉对生的苞片。种子核果状，全部为肉质假种皮所包，或包于囊状肉质假种皮中，顶端尖头露出。

6 属 32 种，我国有 5 属 22 种，湖南有 4 属 8 种，八大公山有 3 属 5 种。

分属检索表

1. 核果部分包于肉质假种皮中，先端露出…………………………………………… **3. 红豆杉属 Taxus**
1. 核果全部包于肉质假种皮中。
   2. 珠托囊状……………………………………………………………………**1. 三尖杉属 Cephalotaxus**
   2. 珠托盘状或杯状………………………………………………………………… **2. 榧树属 Torreya**

（一）三尖杉属 **Cephalotaxus** Siebold & Zuccarini ex Endlicher

常绿乔木或灌木 . 叶线形或线状披针形，交互对生或近对生，在侧枝上基部扭转而排成 2 列，背面有白粉带 2 条，中脉上面凸起。球花单性异株或同株；雄球花 6 ~ 11 聚成头状；雌球花有多对交互对生的苞片（大孢子叶）组成，顶端数对苞片腋内有 2 枚胚珠，基部苞片成珠托，花后胚珠 1 枚发育成种子，珠托发育成肉质假种皮，包围种子。种子核果状。

8 或 9 种，我国有 6 种，湖南有 4 种，八大公山有 3 种。

分种检索表

1. 叶排列紧密，基部心状截形……………………………………………………**2. 篦子三尖杉 C. oliveri**
1. 叶排列较疏，基部楔形、宽楔形、圆或圆截形。
2. 叶长 4 ～ 13 cm，先端渐尖成长尖头 ……………………………………… **1. 三尖杉 C. fortunei**
2. 叶长 2 ～ 4 cm 先端急尖或渐尖 ………………………………………………… **3. 粗榧 C. sinensis**

1. 三尖杉 **Cephalotaxus fortunei** Hooker

常绿乔木。叶排成两列，披针状线形，基部楔形或宽楔形，中脉隆起，下面气孔带白色。雄球花 8 ~ 10 聚生成头状，基部及总花梗上部有 18 ~ 24 苞片，每一雄球花有 6 ~ 16 雄蕊，花药 3；雌球花的胚珠 3 ~ 8 发育成种子。种子椭圆状卵形或近圆形，假种皮成熟时紫或红紫色。球花期 4 月，种子 8 ~ 10 月成熟。

分布与生境：分布于八大公山各地，生于海拔 300 ~ 1000 m 山坡林中。

用途：根皮、枝、叶、种子入药。

三尖杉 Cephalotaxus fortunei

2. 篦子三尖杉 Cephalotaxus oliveri Masters

常绿灌木。本种叶排列紧密，平展成两列，基部心状截形，上面微拱圆，下面气孔带白色，可与三尖杉相区别。球花期 3 ~ 4 月，种子 8 ~ 10 月成熟。

分布与生境：主产于八大公山核心区和柴埠溪，生于海拔 200 ~ 600 m 的山谷林下。

用途：全株可提取植物碱，对治疗白血病及淋巴肉瘤等有一定疗效。

篦子三尖杉 Cephalotaxus oliveri

3. 粗榧 Cephalotaxus sinensis (Rehder & E.H.Wilson) H.L.Li

常绿灌木。本种形态与三尖杉非常接近，仅叶较短，稍密集，先端急尖或短渐尖，差甚微。球花期 4 月，种子 8 ~ 9 月成熟。

分布与生境：分布于八大公山天平山，生于海拔 700 ~ 1200 m 的山坡疏林中。

用途：根皮、枝、叶、种子入药；庭院观赏。

粗榧 Cephalotaxus sinensis

（二）榧树属 Torreya Arn.

常绿乔木。叶交叉对生或近对生，基部扭转排列成两列，条形或条状披针形，坚硬，先端有刺状尖头。雌雄异株，稀同株；雄球花单生叶腋，椭圆形或短圆柱形；雌球花无梗，两个成对生于叶腋，每一雌球花具两对交叉对生的苞片和一枚侧生的苞片，胚珠 1 个，直立，生于漏斗状珠托上，通常仅一个雌球花发育，受精后珠托增大发育成肉质假种皮。种子第二年秋季成熟，核果状，全部包于肉质假种皮中，基部有宿存的苞片。

7 种，我国有 5 种，湖南有 3 种，八大公山有 2 种。

分种检索表

1. 灌木，种子的胚乳周围向内深皱…………………………………………………… **1. 巴山榧树 T. fargesii**
1. 乔木，种子的胚乳周围向内微皱…………………………………………………………… **2. 榧树 T. grandis**

1. 巴山榧树 Torreya fargesii Franchet

常绿灌木。叶条形，通常直，(1.3 ~ 3.0) cm × (2 ~ 3) mm，先端微凸尖或微渐尖，具刺状短尖头，基部微偏斜，宽楔形，下面淡绿色，中脉不隆起，气孔带较中脉带为窄，干后呈淡褐色，绿色边带较宽，约为气孔带的一倍。种子卵圆形、圆球形或宽椭圆形，肉质假种皮微被白粉，径约 1.5 cm，顶端具小凸尖，基部有宿存的苞片；胚乳周围显著地向内深皱。球花期 4 ~ 5 月，种子 9 ~ 10 月成熟。

分布与生境：分布于八大公山龙潭坪，生于海拔 600 ~ 1200m 山坡林中。

用途：种子可食或榨油。

巴山榧树 Torreya fargesii

2. 榧树 Torreya grandis Fortune ex Lindley

榧树 Torreya grandis

常绿乔木。树皮不规则纵裂。叶条形，列成两列，通常直，（1.1 ~ 2.5）cm×（2.5 ~ 3.5）mm，先端凸尖，下面淡绿色，气孔带常与中脉带等宽，绿色边带与气孔带等宽或稍宽。种子椭圆形、卵圆形、倒卵圆形或长椭圆形，长 2.0 ~ 4.5 cm，径 1.5 ~ 2.5 cm，熟时假种皮淡紫褐色，有白粉，顶端微凸，基部具宿存的苞片，胚乳微皱。球花期 4 月，种子翌年 9 ~ 10 月成熟。

分布与生境：原产我国，八大公山天平山有栽培。

用途：木材为建筑、造船、家具等的优良木材；种子为著名的干果（香榧），亦可榨食用油；其假种皮可提炼芳香油。

（三）红豆杉属 Taxus Linnaeus

常绿乔木，小枝不规则互生。叶线形，螺旋状着生，基部扭转排成 2 列，叶内无树脂道。雌雄异株，球花单生叶腋，有短梗；雄球花花轴上部的侧生短轴顶端的苞片腋生。胚珠直立，基部托以圆盘状的珠托，受精后珠托发育成肉质、杯状的假种皮。种子坚果状，当年成熟，生于杯状肉质的假种皮中，成熟时肉质假种皮红色。

11 种，我国有 4 种，湖南有 2 种，八大公山有 1 种。

1. 喜马拉雅红豆杉 Taxus wallichiana

分变种检索表

1. 叶线形，较短直，长 1.5 ~ 2.2 cm ……………………**1b. 红豆杉（变种）T. wallichiana** var.**chinensis**
1. 叶披针状线形，稍弯，长 2.0 ~ 3.5 cm …………**1c. 南方红豆杉（变种）T. wallichiana** var. **mairei**

1b. 红豆杉（变种）Taxus wallichiana var. chinensis (Pilger) Florin

常绿乔木。小枝基部的芽鳞脱落或部分宿存。叶线形，较短直，常为 1.5 ~ 2.2 cm，宽约 3 mm，上部微窄，先端微急尖或急尖，下面中脉带与气孔带同色，密生细小的乳头状突起。种子生于肉质杯状的假种皮中，卵圆形，微扁，成熟时假种皮红色。

分布与生境：分布于八大公山天平山，生于海拔 1500 ~ 1900 m 山坡林中。

用途：庭院观赏树种；叶、种子、树皮入药。

红豆杉（变种）Taxus wallichiana var.chinensis

1c. 南方红豆杉（变种）Taxus wallichiana var. **mairei** (Le mée & H.Léveillé) L.K.Fu & Nan Li

本变种与与红豆杉外形极似，但叶较宽长，披针状条形或条形，常呈弯镰状，通常（2.0 ~ 3.5）mm ×（3.0 ~ 4.5）mm，上部渐窄或微窄，先端通常渐尖，边缘不卷曲，下面中脉带的色泽与气孔带不同，其上无角质乳头状突起点，或与气孔带相邻的中脉带两边有 1 至数行或成片状分布的角质乳头状突起点。

分布与生境：产于八大公山各地，也广为栽培，野生者生于海拔 450 ~ 950 m 山地林中。

用途：庭院观赏树种；叶、种子、树皮入药。

南方红豆杉（变种）Taxus wallichiana var. mairei

四、松科 Pinaceae

常绿或落叶乔木，稀为灌木。叶螺旋状排列，或在短枝上端成簇生状，线形、锥形或针形。雌雄同株；雄球花具多数螺旋状排列的雄蕊，每雄蕊具 2 花药；雌球花具多数螺旋状排列的珠鳞和苞鳞，每珠鳞具 2 倒生胚珠，苞鳞与珠鳞分离。球果成熟时种鳞张开，稀不张开，发育的种鳞具 2 种子。种子上端具一 膜质的翅，稀无翅。

10 ~ 11 属，约 235 种，我国有 10 属 108 种，湖南有 9 属 32 种，八大公山有 8 属 10 种。

分属检索表

1. 叶针形，2、3、5（稀 1 或多至 8）针一束，生于退化短枝顶端 ························ **5. 松属 Pinus**
1. 叶线形，稀针形，螺旋状排列，或在短枝上端成簇生状，均不成束。
  2. 叶线形扁平或具四棱；仅具长枝，无短枝；球果当年成熟。
    3. 球果直立
      4. 球果成熟后（或干后）种鳞自宿存的中轴上脱落································ **1. 冷杉属 Abies**
      4. 球果成熟后（或干后）种鳞宿存··· **3. 油杉属 Keteleeria**
    3. 球果通常下垂，稀直立。
      5. 球果较大，苞鳞伸出，先端 3 裂··· **7. 黄杉属 Pseudotsuga**
      5. 球果较小，苞鳞不露出，稀微露出·· **8. 铁杉属 Tsuga**
  2. 叶线形扁平、柔软，或针形、坚硬；有长枝和短枝。
    6. 叶扁平，柔软，线形；落叶性；球果当年成熟。
      7. 雄球花单生于短枝顶端·· **4. 落叶松属 Larix**
      7. 雄球花数个簇生于短枝顶端·· **6. 金钱松属 Pseudolarix**
    6. 叶针形，坚硬；常绿性；球果翌年成熟·· **2. 雪松属 Cedrus**

（一）冷杉属 Abies Miller

常绿乔木。叶线形，上面中脉凹下，稀微隆起，下面中脉隆起，两侧各有 1 条气孔带；树脂道 2，稀 4 个，中生或边生；叶柄短。球花单生于二年生枝叶腋；雄球花初期斜伸或近直立，后下垂；雌球花直 立，苞鳞大于珠鳞。球果当年成熟，直立，长卵圆形至圆柱形；种鳞木质，排列紧密，熟时或干后自中轴脱落。

50 种，我国有 19 种，湖南有 2 种，八大公山栽培 1 种。

1. 资源冷杉 Abies ziyuanensis L.K.Fu & S.L. Mo

常绿乔木。一年生枝红褐色。叶先端钝，有凹缺，稀尖，上面无气孔线，下面有 2 条白色气孔带；树脂道 2，中生。球果圆柱状长圆形；苞鳞倒卵状楔形，先端有急尖的短尖头，露出或微露出。种子倒三角状卵圆形，翅楔形。花期 4 ~ 5 月，种子成熟期 10 月。

分布与生境：原产我国广西、湖南、江西，八大公山天平山有栽培。

用途：庭院观赏树种；木材可作用材。

资源冷杉 Abies ziyuanensis

（二）雪松属 **Cedrus** Trew

常绿乔木。枝有长枝和短枝。叶针形，长枝上螺旋状排列，短枝上簇生状。雌雄同株，雌、雄球花均单生短枝顶端，直立；雌球花的珠鳞背面托1短小苞鳞，腹面基部具2胚珠。球果翌年（稀第3年）成熟，直立；种鳞木质，宽大，种子有翅。

4种，我国有1种，湖南栽培1种，八大公山也有栽培。

1. 雪松 **Cedrus deodara** (Roxburgh) G.Don

常绿乔木。一年生长枝淡灰黄色，密被短茸毛，二至三年生长枝灰色。针叶上面两侧各有2~3条气孔线，下面有4~6条气孔线。球果卵圆形、宽椭圆形或近球形，熟前淡绿色，微被白粉，熟时褐或栗褐色。花期10~11月，种子成熟期翌年10月。

分布与生境：原产阿富汗至印度，八大公山各地栽培。

用途：庭院观赏树种；木材可作用材。

雪松 Cedrus deodara

（三）油杉属 Keteleeria Carrière

常绿乔木。叶线形或线状披针形，扁平，螺旋状排列，在侧枝上排成 2 列，两面中脉隆起，下面有两条气孔带；叶内有 1 ~ 2 维管束，两侧下方靠近皮下细胞各有 1 边生树脂道。雄球花 4 ~ 8 簇生侧枝顶端，花粉有气囊；雌球花单生侧枝顶端，直立，苞鳞大于珠鳞。球果当年成熟，较大，圆柱形，直立。

11 种，我国有 9 种，湖南有 3 种，八大公山有 1 种。

1. 铁坚油杉 Keteleeria davidiana（Bertrand）Beissner

常绿乔木，高达 50 m。小枝淡黄灰色、黄色或亮灰色，无毛。叶通常羽状排列，扁线形，先端钝或微凹。球果圆柱形，果鳞上缘微向外反卷。花期 4 月，球果 10 月成熟。

分布与生境：分布于采花乡白溢寨，生于海拔 600 ~ 1500 m 山地常绿阔叶林中。

用途：重要用材；亦可栽作庭院观赏树；种子入药。

铁坚油杉 Keteleeria davidiana

（四）落叶松属 Larix Miller

落叶乔木。具长短枝。叶在长枝上螺旋状散生，在短枝上呈簇生状，倒披针状窄条形，扁平，稀呈四棱形，柔软，横切面有 2 个树脂道，常边生。球花单性，雄球花和雌球花均单生于短枝顶端，春季与叶同时开放，基部具膜质苞片。球果当年成熟，直立，具短梗，幼嫩球果通常紫红色或淡红紫色，稀为绿色，成熟前绿色或红褐色。种子上部有膜质长翅。

15 种，我国产 11 种。湖南栽培 2 种，八大公山也有栽培。

分种检索表

1. 球果种鳞的上部边缘显著地向外反曲………… **1. 华北落叶松 L. gmelinii** var. **principis-rupprechtii**
1. 球果种鳞的上部边缘不向外反曲或微反曲……………………………… **2. 日本落叶松 L. kaempferi**

1. 华北落叶松 Larix gmelinii var. principis-rupprechtii (Mayr) Pilger

落叶乔木。苞鳞暗紫色，近带状矩圆形，基部宽，中上部微窄，先端圆截形，中肋延长成尾状尖头，仅球果基部苞鳞的先端露出。种子斜倒卵状椭圆形，灰白色，具不规则的褐色斑纹，长 3 ~ 4 mm，径约 2 mm，种翅上部三角状，中部宽约 4 mm，种子连翅长 1.0 ~ 1.2 cm。花期 4 ~ 5 月，球果 10 月成熟。

分布与生境：我国华北地区高山针叶林带中的主要森林树种，八大公山天平山有栽培。

用途：木材可作用材；高山区可作栽庭观赏树。

华北落叶松 Larix gmelinii var. principis-rupprechtii

2. 日本落叶松 Larix kaempferi (La mbert) Carrière

落叶乔木。树皮暗褐色，纵裂成鳞状块片脱落。幼枝被褐色柔毛，后渐脱落，一年生长枝淡红褐色，有白粉，顶端叶枕之间疏生柔毛。叶倒披针状窄线形，先端微尖或钝，上面稍平，下面中脉两侧各有 5 ~ 8 条气孔线。球果广卵圆形或圆柱状卵形，熟时黄褐色，种鳞显著向外反曲，苞鳞不露出。花期 4 ~ 5 月，球果 10 月成熟。

分布与生境：原产于日本，八大公山天平山有栽培。

用途：木材可作用材；高山区可作栽庭观赏树。

日本落叶松 Larix kaempferi

（五）松属 **Pinus** Linnaeus

常绿乔木。枝明显二型。叶二型：鳞叶单生，螺旋状排列；针叶 2 ~ 5 针一束，生于不发育短枝的顶端，叶内具 1 ~ 2 条维管束和 2 至多数的树脂道。雌雄同株，雄蕊的花药花粉有气囊；雌球花珠鳞腹面基部 有 2 倒生胚珠。球果的种鳞木质，宿存，鳞盾的先端或中央有瘤状突起的鳞脐；球果翌年秋季成熟。

110 余种，我国有 39 种，湖南有 16 种，八大公山有 6 种。

分种检索表

1. 针叶常 5 针一束，叶内具 1 条维管束……………………………………………… **1. 华山松 P. armandii**
1. 针叶常 2 ~ 3 针一束，叶内具 2 条维管束……………………………………… **2. 马尾松 P. massoniana**

1. 华山松 Pinus armandii Franchet

常绿乔木。针叶常 5 针一束，腹面两侧各具 4 ~ 8 条白色气孔线；树脂道常 3 个，中生或中生与边生兼有。球果圆锥状长卵圆形，中部种鳞斜方状倒卵形，鳞盾近斜方形或宽三角状斜方形，鳞脐不明显。种子倒卵圆形。花期 4 ~ 5 月，球果翌年 9 ~ 10 月成熟。

分布与生境：原产我国，八大公山天平山有栽培。

用途：用材树种；种子可食；松节可入药。

2. 马尾松 Pinus massoniana La mbert

常绿乔木。针叶 2 针一束，极稀 3 针一束，细柔，下垂或微下垂，两面有气孔线，边缘有细齿，树脂道 4 ~ 7，边生。球果卵圆形或圆锥状卵圆形，鳞盾菱形，微隆起或平，横脊微明显，鳞脐微凹，无刺。花期 4 ~ 5 月，球果翌年 10 ~ 12 月成熟。

分布与生境：分布于八大公山各地，生于海拔 1200 m 以下的山坡林中。

用途：用材树种；幼根或根皮、幼枝顶端、枝干结节、松叶、花粉、球果、松脂均可入药；花粉和松针可食。

华山松 Pinus armandii

马尾松 Pinus massoniana

（六）金钱松属 Pseudolarix Gordon

落叶乔木。枝有长枝与短枝。叶条形，柔软，在长枝上螺旋状散生，叶枕下延，微隆起，矩状短枝之叶呈簇生状，辐射平展呈圆盘形，叶脱落后有密集成环节状的叶枕。雌雄同株，球花生于短枝顶端；雄球花穗状，多数簇生；雌球花单生，具短梗，有多数螺旋状着生的珠鳞与苞鳞，苞鳞较珠鳞为大，珠鳞的腹面基部有 2 枚胚珠。球果当年成熟，直立，有短梗；种鳞木质，苞鳞小，基部与种鳞结合而生，熟时与种鳞一同脱落，发育的种鳞各有 2 粒种子；种子有宽大种翅，种子连同种翅几与种鳞等长。

1 种，我国特有，湖南有 1 种，八大公山有栽培。

1. 金钱松 Pseudolarix amabilis (J.Nelson) Rehder

形态特征见属有描述。花期 4 月，球果 10 月成熟。

分布与生境：原产我国，八大公山天平山有栽培。

用途：用材树种；树皮可提栲胶，以及入药；根皮亦可药用，也可作造纸胶料；树姿优美，秋后叶呈金黄色，颇为美观，可作庭园树。

金钱松 Pseudolarix amabilis

（七）黄杉属 **Pseudotsuga** Carriere

常绿乔木。叶条形，扁平，螺旋状着生，基部窄而扭转排成两列。雌雄同株，球花单性；雄球花圆柱形，单生叶腋，雄蕊各有 2 个花药，花粉无气囊；雌球花单生于侧枝顶端，下垂，卵圆形，有多数螺旋状着生的苞鳞与珠鳞，苞鳞显著，直伸或向后反曲，先端三裂，珠鳞小，生于苞磷基部，其上着生两枚侧生胚珠。球果下垂，苞鳞显著露出，先端三裂。

18 种，我国有 5 种，湖南有 1 种，八大公山也有。

1. 黄杉 Pseudotsuga sinensis Dode

常绿乔木。一年生枝淡黄色或淡黄灰色，二年生枝灰色。叶条形，排列成两列，先端钝圆有凹缺，下面有 2 条白色气孔带。球果卵圆形，成熟前微被白粉，中部种鳞近扇形或扇状斜方形，上部宽圆，苞鳞露出部分向后反伸。种子三角状卵圆形，上面密生褐色短毛，具翅。花期 4 月，球果 10 ~ 11 月成熟。

分布与生境：分布于八大公山龙潭坪（四方溪），生于海拔 400 ~ 600 m 的山坡瘠薄处。

用途：用材树种；庭院观赏。

黄杉 Pseudotsuga sinensis

（八）铁杉属 Tsuga（Endlicher）Carriere

常绿乔木。叶线形，下面有两条粉白、灰白或灰绿色气孔带，树脂道 1 个，位于维管束鞘的下方；叶柄短。雄球花单生叶腋，有短梗，雄蕊的花药药室横裂；雌球花单生侧枝顶端，珠鳞较苞鳞为大或较小。球果下垂，稀直立；当年成熟；种鳞薄木质，宿存；苞鳞小，不露出，或较长而先端露出。种子连翅较种鳞为短，腹面有树脂囊。

14 种，我国有 5 种，湖南有 2 种，八大公山有 1 种。

1. 铁杉 Tsuga chinensis (Franchet) E.Pritzel

常绿乔木。一年生小枝细，淡黄色，凹槽内被短毛。叶线形，排成 2 列，先端钝圆，有凹缺，全缘，上面光绿色，下面淡绿色，气孔带灰绿色，初被白粉，后则脱落。球果卵圆形或长卵圆形，中部种鳞五边状卵形、近方形或近圆形。花期 4 月，球果 10 月成熟。

分布与生境：产于八大公山天平山，生于海拔 1400 m 的山坡落叶阔叶林中。

用途：用材树种；树干可割取树脂，树皮含鞣质，可提栲胶；种子可榨油。

铁杉 Tsuga chinensis

被子植物

一、五味子科 Schisandraceae

乔木、灌木或木质藤本。单叶互生。花单性，两性或单性异株，常单生叶腋；花被片 6 ~ 24 枚，排成 2 至多轮；雄蕊多数，稀 4 或 5 枚，分离或部分或全部合生成肉质的雄蕊群；心皮多数，离生，开花时聚生于短的肉质花托上，果时聚生于伸长或不伸长的花托上而成穗状或球状聚合果，或单轮排列呈星状的蓇葖果。

3 属 89 种，我国有 3 属 57 种，湖南有 3 属 23 种，八大公山有 3 属 12 种。

分属检索表

1. 乔木或灌木，成熟心皮为蓇葖果…………………………………………………… **1. 八角属 Illicium**
1. 木质藤本，成熟心皮为肉质小浆果。
  2. 雌蕊群的花托倒卵形或椭圆形，发育时不伸长…………………………… **2. 南五味子属 Kadsura**
  2. 雌蕊群的花托圆柱形或圆锥形，发育时伸长………………………………… **3. 五味子属 Schisandra**

（一）八角属 **Illicium** Linnaeus

常绿乔木或灌木，植株常有芳香气味。单叶互生，常集生枝顶，革质，全缘。花两性，腋生或近顶生，常单生或 2 ~ 3 朵簇生，花被片多数，常成数轮；雄蕊 4 枚至多数；心皮通常 7 ~ 15 枚，稀较多，离生，单轮排列于花托上，侧向压扁，每心皮具胚珠 1 枚。聚合果由数个至十余个单轮排列的蓇葖组成，呈星状。

本属 42 种，我国有 28 种，湖南产 11 种，八大公山产 4 种。

分种检索表

1. 花被片淡黄色或白色………………………………………………………………… **4. 野八角 I. simonsii**
1. 花被片红色。
  1. 心皮 7 ~ 9 ………………………………………………………………………… **2. 红茴香 I. henryi**
  1. 心皮 10 ~ 14。
    2. 聚合果直径常为 1.5 ~ 3.0 cm ………………………………………… **1. 红花八角 I. dunnianum**
    2. 聚合果直径常为 4.0 ~ 4.5 cm ………………………………………………… **3. 大八角 I. majus**

1. 红花八角 **Illicium dunnianum** Tutcher

常绿灌木。叶密集生近枝顶，呈假轮生状，狭披针形或狭倒披针形，先端急尾状渐尖或渐尖，基部渐狭，下延至叶柄成明显狭翅，中脉在叶上面稍凹下，在下面凸起。花单生于叶腋或 2 ~ 3 朵簇生于枝梢叶腋；花被片 12 ~ 20，粉红色到紫红色，最大的花被片椭圆形到近圆形，雄蕊 19 ~ 31 枚，心皮 8 ~ 13。果梗纤细，蓇葖通常 7 ~ 8 枚，偶有 13 枚，有明显钻形尖头，略弯曲。花期 3 ~ 7 月，果期 7 ~ 10 月。

分布与生境：分布于八大公山各地，生于海拔 200 ~ 500 m 的山坡林中。

用途：树形美观，可供观赏；果实可代供食用，但种子有毒，慎食。

红花八角 Illicium dunnianum

2. 红茴香 Illicium henryi Diels

常绿灌木或小乔木。叶互生或 2 ~ 5 片簇生，革质，倒披针形至长披针形，先端长渐尖，基部楔形。花粉红至深红，腋生或近顶生，单生或 2 ~ 3 朵簇生；花被片 10 ~ 15 片；雄蕊 11 ~ 14 枚；心皮通常 7 ~ 9 枚，花柱钻形。蓇葖 7 ~ 9 个，先端明显钻形，细尖。花期 4 ~ 6 月，果期 8 ~ 10 月。

分布与生境：分布于八大公山天平山，生于海拔 200 ~ 500 m 的林下、林缘或灌丛中。

用途：根和根皮入药。

3. 大八角 Illicium majus J.D.Hooker et Thomson

常绿乔木。叶互生或 3 ~ 6 成轮生状，革质，长圆状披针形或倒披针形，先端渐尖，基部楔形，上面中脉凹下，侧脉 6 ~ 9 对。花单生或 2 ~ 4 朵簇生，内层花被片肉质，最内层花被片 6 ~ 10 片，雄蕊 12 ~ 21 枚，心皮 11 ~ 14 枚。果径 4.0 ~ 4.5 cm，蓇葖 10 ~ 14 枚，先端钻形尖头。花期 4 ~ 6 月，果期 7 ~ 10 月。

分布与生境：分布于八大公山五道水，生于海拔 500 ~ 1300 m 的山坡林中。

用途：叶、根和根皮可入药。

红茴香 Illicium henryi

大八角 Illicium majus

4. 野八角 Illicium simonsii Maxi mowicz

常绿小乔木。叶近对生或互生，有时 3 ~ 5 片聚生，革质，披针形至椭圆形，（5 ~ 10）cm ×（1.5 ~ 3.5）cm，中脉在叶面凹下，侧脉常不明显。花淡黄色，有时为奶油色或白色，很少为粉红色，腋生，常密集于枝顶端聚生；花被片 18 ~ 23 片，雄蕊 16 ~ 28，心皮 8 ~ 13 枚。蓇葖 8 ~ 13 枚，先端具钻形尖头。花期几乎全年，多为 2 ~ 5 月（少数是 12 ~ 6 月），果期 6 ~ 10 月。

分布与生境：分布于八大公山天平山，生于海拔 1200 ~ 1400 m 的山坡林中。

用途：果、叶、花均有毒，可入药；叶、果含芳香油，但不能食用。

野八角 Illicium simonsii

（二）南五味子属 Kadsura Jussieu

常绿木质藤本。叶互生，全缘或具锯齿。花单性，单生或 2 ~ 4 朵聚生叶腋；花被片 7 ~ 24 枚，雄蕊 12 ~ 80 枚，雌蕊 20 ~ 300 枚，花托倒卵形或椭圆形，发育时不伸长，每心皮具胚珠 2 ~ 11 枚；果实由多数小浆果生于短棒状的花托上，形成球状的聚合果，熟时红色。

22 种，我国有 10 种，湖南产 5 种，八大公山产 3 种。

分种检索表

1. 叶全缘；雄蕊的花丝与药隔连成细棍棒状，药隔顶端圆钝……………………**1. 黑老虎 K. coccinea**

1. 叶全缘；雄蕊的花丝与药隔连成细棍棒状，药隔顶端圆钝。

  2. 叶卵状椭圆形、披针状椭圆形或宽椭圆形…………………………**2. 异形南五味子 K. heteroclita**

  2. 叶长圆状披针形或倒卵状披针形……………………………**3. 南五味子 K. longipedunculata**

1. 黑老虎 Kadsura coccinea (Lemaire) A. C. Smith

常绿木质藤本。全株无毛。叶革质，长圆形至卵状披针形，（7 ~ 18）cm ×（3 ~ 8）cm，先端钝或短渐尖，基部宽楔形或近圆形，全缘。花单生于叶腋，雌雄异株；雄花：花被片红色，10 ~ 16 片，中轮最大 1 片椭圆形；具雄蕊 14 ~ 48 枚。雌花：花被片与雄花相似，心皮长圆形，50 ~ 80 枚。聚合果近球形，红色或暗紫色，径 6 ~ 10 cm 或更大。花期 4 ~ 7 月，果期 7 ~ 11 月。

分布与生境：分布于八大公山天平山，生于海拔 1400 m 的山坡林缘。

用途：果实可食；根入药。

黑老虎 Kadsura coccinea

2. 异形南五味子 Kadsura heteroclita (Roxburgh) Craib

常绿木质藤本。叶卵状椭圆形，先端渐尖，基部阔楔形，全缘或上半部边缘有疏离的小锯齿。花单生于叶腋，雌雄异株，花被片白色或浅黄色，11 ~ 15 枚；雄蕊多数；雌蕊群近球形，具雌蕊 30 ~ 55 枚。聚合果近球形，较大。花期 5 ~ 8 月，果期 8 ~ 12 月。

分布与生境：分布于八大公山，生于海拔 400 ~ 1400 m 的山坡林缘。

用途：果实可食；藤及根入药。

异形南五味子 Kadsura heteroclita

3. 南五味子 **Kadsura longipedunculata** Finet & Gagnepain

常绿木质藤本。叶长圆状披针形或倒卵状披针形，先端渐尖，基部楔形，边有疏齿，侧脉每边5～7条。花单生叶腋，雌雄异株；雄花花被片8～17枚，雄蕊群球形，具雄蕊30～70枚；雌花花被片与雄花相似，雌蕊群椭圆体形或球形，具雌蕊40～60枚。聚合果球形，果梗长3～13 cm。花期6～9月，果期9～12月。

分布与生境：分布于八大公山各地，生于海拔200～600 m的山坡林缘、路边。

用途：果实可食；根、茎、叶、种子均可入药。

南五味子 Kadsura longipedunculata

（三）五味子属 **Schisandra** Michaux

木质藤本。单叶互生，全缘或具稀疏锯齿。花单性，雌雄异株，常单生短枝的叶腋，少有2～8朵花呈聚伞状花序；花被片5～20枚，中轮的最大；雄蕊5枚至多数，常合成圆柱形或近球形；雌蕊12～120枚，离生，螺旋状紧密排列于花托上，花托花后明显伸长。成熟心皮为小浆果，形成疏散或紧密的长穗状的聚合果。

25种，我国有19种，湖南有7种，八大公山有5种。

分种检索表

1. 小枝具狭翅……………………………………………………………**2. 翼梗五味子 S. henryi**
1. 小枝不具翅。
  2. 叶线形、狭披针形或狭卵状长圆形…………………………**3. 铁箍散 S. propinqua** subsp.**sinensis**
  2. 叶常为倒卵形或卵形，基部楔形或圆形。
    3. 叶两面无毛。
      4. 叶下面粉白色……………………………………………**1. 金山五味子 S. glaucescens**
      4. 下面绿色，无白粉……………………………………**5. 华中五味子 S. sphenanthera**
    3. 叶两面被柔毛……………………………………………**4. 毛叶五味子 S. pubescens**

1. 金山五味子 Schisandra glaucescens Diels

落叶木质藤本，全株无毛。叶 3 ~ 7 片聚生短枝上，倒卵状椭圆形，先端渐尖，基部楔形，上半部具浅锯齿，基部下延成狭翅，叶下面粉白色。花被片 6（7）枚，粉红色；雄蕊群近球形，具离生的雄蕊 18 ~ 25 枚；雌蕊群近球形，心皮不超过 60 枚。成熟心皮红色。花期 5 ~ 6 月，果期 7 ~ 8 月。

分布与生境：分布于八大公山，生于海拔 1000 ~ 1600 m 的林缘或疏林中。

用途：茎和果实入药。

金山五味子 Schisandra glaucescens

2. 翼梗五味子 Schisandra henryi C.B.Clarke

落叶木质藤本，小枝具翅棱。叶宽卵形，先端渐尖，基部阔楔形，上部边缘浅锯齿。雄花：花被片黄色，8 ~ 10 枚，雄蕊群倒卵圆形；雌花：花被片与雄花的相似；雌蕊群长圆状卵圆形，具雌蕊约 50 枚。聚合果红色。花期 5 ~ 7 月，果期 8 ~ 9 月。

分布与生境：分布于八大公山各地，生于海拔 500 ~ 1500 m 山坡林下或灌丛中。

用途：茎和果药用。

3. 铁箍散 Schisandra propinqua subsp. **sinensis** (Oliver) R.M.K.Saunders

落叶木质藤本，全株无毛。叶长圆状卵形，先端渐尖，基部阔楔形，下面带苍白色，边缘具疏离的胼胝质齿。花橙黄色，常单生或 2 ~ 3 朵聚生于叶腋。花被片 9（15）枚；雄蕊群淡红色至紫红色，近球形，雌蕊群卵球形，心皮 25 ~ 45 枚。聚合果熟时红色。花期 6 ~ 7 月，果期 10 ~ 12 月。

分布与生境：分布于八大公山各地，生于海拔 200 ~ 700 m 的灌木丛中、林缘路边。

用途：果实可食，根、茎和种子入药。

翼梗五味子 Schisandra henryi

铁箍散 Schisandra propinqua subsp. sinensis

4. 毛叶五味子 **Schisandra pubescens** He msley & E.H.Wilson

落叶木质藤本。叶背、叶柄被短柔毛。叶卵形至近椭圆形，先端短急尖，基部宽圆或宽楔形，上部边缘具稀疏胼胝质尖的浅钝齿，侧脉每边 4 ~ 6 条，侧脉和网脉两面凸起。花雌雄同株或异株，花被片黄色，雄蕊群近球形或倒卵形，上部雄蕊贴生于花托顶端，无花丝，雌蕊群近球形。花期 5 ~ 6 月，果期 7 ~ 9 月。

分布与生境：分布于八大公山，生于海拔 1200 ~ 1800 m 的山坡林缘。

用途：果实可食。

毛叶五味子 Schisandra pubescens

5. 华中五味子 Schisandra sphenanthera Rehder & E.H.Wilson

落叶木质藤本，全株无毛。叶纸质，倒卵形，先端渐尖，基部楔形，中部以上具波状齿。花生于叶腋，花被片 5 ~ 9 枚，淡黄色；雄蕊群倒卵圆形，有雄蕊 11 ~ 23 枚；雌蕊群卵球形，心皮 30 ~ 60 枚。聚合果成熟时红色。花期 4 ~ 7 月，果期 7 ~ 9 月。

分布与生境：分布于八大公山各地，生于海拔 400 ~ 1500 m 的林缘或疏林中。

用途：果实可食，藤茎及果实可入药。

华中五味子 Schisandra sphenanthera

二、三白草科 Saururaceae

多年生草本。茎直立或匍匐状，具明显的节。单叶互生，托叶贴生于叶柄上。花两性，聚集成稠密的穗状花序或总状花序，具总苞或无总苞，苞片显著，无花被；雄蕊3、6或8枚；雌蕊由3~4枚心皮所组成，离生或合生；离生心皮每心皮有胚珠2~4枚，侧膜胎座，每一胎座上有胚珠6枚至多数，花柱离生。蒴果，顶端开裂。

4属6种，我国有3属4种，湖南有3属3种，八大公山有2属2种。

分属检索表

1. 花序下无总片，雄蕊6；每心皮中有胚珠1 ~ 2枚 ……………………………1. 蕺菜属 **Houttuynia**
1. 花序下有总苞片4 ~ 6，雄蕊3；每心皮有胚珠多数 ……………………… 2. 三白草属 **Saururus**

（一）蕺菜属 **Houttuynia** Thunberg

多年生草本。叶全缘，具柄；托叶贴生于叶柄上，膜质。花小，聚集成顶生或与叶对生的穗状花序，花序基部有4片白色花瓣状的总苞片；雄蕊3枚，下部与子房合生；雌蕊由3个部分合生的心皮所组成，子房上位，1室，侧膜胎座。蒴果近球形，顶端开裂。

单种属，八大公山有分布。

1. 蕺菜 Houttuynia cordata Thunberg

形态特征同蕺菜属。

分布与生境：八大公山广布，生于海拔200 ~ 1200 m的田埂、草丛及沟边潮湿处。

用途：全草入药；嫩茎叶、根可作野菜；花叶品种供观赏。

蕺菜 Houttuynia cordata

（二）三白草属 **Saururus** Linnaeus

多年生草本。根状茎。叶全缘，具柄；托叶着生在叶柄边缘上。花小，聚集成与叶对生或兼有顶生的总状花序，无总苞片；雄蕊通常 6 枚，有时 8 枚，稀有退化为 3 枚，花丝与花药等长；雌蕊由 3 ~ 4 枚心皮所组成，分离或基部合生，子房上位，每心皮有胚珠 2 ~ 4 枚，花柱 4 裂，内向具柱头面。蒴果，分裂为 3 ~ 4 分果爿。

单种属，八大公山有分布。

1. 三白草 Saururus chinensis (Loureiro) Baillon

形态特征同三白草属。

分布与生境：分布于八大公山五道水，生于海拔 200 ~ 500 m 的路边湿地。

用途：全株入药；湿地观赏植物。

三白草 Saururus chinensis

三、胡椒科 Piperaceae

草本、灌木或攀缘藤本，稀乔木，常有香气。单叶互生，两侧常不对称，具掌状脉或羽状脉。花小，两性、单性雌雄异株或间有杂性，密集成穗状花序或由穗状花序再排成伞形花序，苞片小，无花被，雄蕊 1 ~ 10 枚，花丝离生，雌蕊由 2 ~ 5 枚心皮所组成，子房上位，1 室，胚珠 1 枚。浆果小，具肉质、薄或干燥的果皮。

5 属 3100 种，我国有 3 属 70 种，湖南有 2 属 5 种，八大公山有 1 属 2 种。

（一）胡椒属 **Piper** Linnaeus

灌木或攀缘藤本。茎、枝有膨大的节。叶互生，全缘，托叶早落。花单性，雌雄异株，或稀有两性或杂性，聚集成穗状花序；苞片常离生，盾状或杯状；雄蕊 2 ~ 6 枚，花药 2 室，2 ~ 4 裂；子房离生或有时嵌生于花序轴中而与其合生，胚珠 1 枚，柱头 2 ~ 5 裂。浆果球形。

约 2000 种，我国有 60 种，湖南有 4 种，八大公山有 2 种。

分属检索表

1. 叶两面无毛……………………………………………………………………………**1. 山蒟 P. hancei**
1. 叶背面被疏粗毛………………………………………………………………… **2. 石南藤 P. wallichii**

1. 山蒟 **Piper hancei** Maximowicz

常绿攀缘藤本，全株无毛或被微柔毛。叶卵状披针形或椭圆形，叶脉 5 ~ 7 条，最上 1 对离基从中脉发出，叶鞘长约为叶柄之半。花单性，雌雄异株，聚集成与叶对生的穗状花序。浆果球形，黄色。花果期 3 ~ 8 月。

分布与生境：产于八大公山，生于海拔 200 ~ 600 m 的林下巨石或树上。

用途：茎藤可入药。

山蒟 Piper hancei

2. 石南藤 **Piper wallichii** (Miquel) Handel-Mazzetti

常绿藤本。叶硬纸质，卵形至椭圆形，先端渐尖，基部短狭或钝圆，背面被疏粗毛。花单性，雌雄异株，穗状花序与叶对生；雄花序轴被毛，苞片圆形；雄蕊 2 枚；雌花序苞片柄密被白色长毛；子房离生，柱头 3 ~ 4 裂。浆果球形。花期 4 ~ 6 月。

分布与生境：产于八大公山各地，生于海拔 200 ~ 600 m 的悬崖石壁或树上。

用途：茎藤可入药。

石南藤 Piper wallichii

四、马兜铃科 Aristolochiaceae

直立或缠绕草本或木本。单叶互生或基生，常为心形，全缘，稀分裂，无托叶。花单生或数朵集生成总状花序，花被单层，合生，常扩大为花瓣状、管状，上部为 3～6 裂，暗紫色或绿黄色；花两性，雄蕊 6～12 枚；心皮 4～6 枚，合生；子房下位或半下位，少有近上位；中轴胎座，胚珠多数，蒴果或浆果状。

约 10 属 500～600 种，我国有 5 属 86 种，湖南有 4 属 21 种，八大公山有 3 属 12 种。

分属检索表

1. 多年生草本或灌木，茎攀缘；花不整齐。

  2. 草质藤本；花被管直或稍弯，基部或其稍上方急遽扩大呈球形……… **1. 马兜铃属 Aristolochia**

  2. 木质藤本，花被管中部急速弯曲，基部或其稍上方不呈球形………………**3. 关木通属 Isotrema**

1. 多年生直立草本；花整齐，花萼呈钟状…………………………………………… **2. 细辛属 Asarum**

（一）马兜铃属 **Aristolochia** Linnaeus

木质藤本。叶互生，常为心形，全缘或 3～5 裂。花单生或排成总状花序，常腋生。花两侧对称，具有长而弯曲的筒部；筒的口部缩小，由此伸展或扩大而成檐部，不裂或 2～6 裂。雄蕊常为 6 枚，围绕合蕊柱排成一轮；子房下位，6 室，柱头 3～6 裂。果为开裂的蒴果，裂成 6 瓣。种子常多颗。

本属约 350 种，我国有 39 种，湖南有 6 种，八大公山有 2 种。

分种检索表

1. 叶三角状长卵形或戟形，中部以上渐狭……………………………………………**1. 马兜铃 A. debilis**
1. 叶卵状心形……………………………………………………………………**2. 管花马兜铃 A. tubiflora**

1. 马兜铃 **Aristolochia debilis** Siebold & Zuccarini

草质藤本。叶纸质，三角形长卵形或戟形，先端钝圆或短渐尖，基部心形，两侧裂片圆形，两面无毛。花单生或 2 朵聚生于叶腋，花喇叭状，基部膨大呈球形，顶端具向一边偏斜的侧片。蒴果近球形，具 6 棱。花期 7～8 月，果期 9～10 月。

分布与生境：原产我国，八大公山五道水有栽培。

用途：根、地上部分和果实可入药。

马兜铃 Aristolochia debilis

2. 管花马兜铃 **Aristolochia tubiflora** Dunn

草质藤本。叶纸质，卵状心形，先端钝而具凸尖，基部心形，两侧裂片下垂，全缘，下面粉绿色。花单生或 2 朵聚生于叶腋，花喇叭状，基部膨大呈球形，上端渐扩大成向一边偏的侧片。蒴果倒卵形，6 棱。花期 4～8 月，果期 10～12 月。

分布与生境：分布于八大公山，生于海拔 300～700 m 的山坡林中。

用途：根可入药。

管花马兜铃 *Aristolochia tubiflora*

（二）细辛属 **Asarum** Linnaeus

多年生草本。具横走或斜伸的根状茎。根有芳香气和辛辣味。叶 1 至数枚，基生、互生或对生，叶片通常心形，全缘。花单生于叶腋，多紫色或带紫色，花被钟状，檐部 3 裂；雄蕊通常 12，2 轮，中轴胎座，胚珠多数。蒴果浆果状，近球形。

约 90 种，我国有 39 种，湖南产 12 种，八大公山产 8 种。

分种检索表

1. 花被仅在子房以下合生，在子房以上大部分不成管状。
  2. 花萼裂片先端有长尾。
    3. 叶面绿色无斑纹…………………………………………………… **1. 尾花细辛 A. caudigerum**
    3. 叶面具白色不规则斑纹………………………………………… **2. 花叶细辛 A. cardiophyllum**
  2. 花萼裂片先端无长尾尖。
    4. 植株全体被白色长柔………………………………………………… **8. 长毛细辛 A. pulchellum**
    4. 植株疏被柔毛或几无毛。
      5. 花萼裂片反折……………………………………………………… **3. 双叶细辛 A. caulescens**

5. 花萼裂片直立或横展但不反折…………………………………………………… **5. 铜钱细辛 A. debile**

1. 花被在子房以上合成明显的管，花丝较花药短或稍长，花柱离生或在基部合生。

6. 雄蕊着生在子房上，花丝明显，与花药等长……………………………**6. 细辛 A. heterotropoides**

6. 雄蕊不着生在子房上，花丝远比花药短。

7. 花柱顶端不裂………………………………………………………………………**4. 川北细辛 A. chinense**

7. 花柱顶端二叉状分枝……………………………………………………………… **7. 大叶细辛 A. maximum**

1. 尾花细辛 Asarum caudigerum Hance

多年生草本。全株被散生柔毛。叶片阔卵形或卵状心形，先端渐尖，基部耳状，叶面中脉疏被长柔毛，叶背浅绿色，被较密的毛。花单生叶腋，花被在子房以上完全分离，裂片狭长，先端线状尾尖，雄蕊 12 枚；子房下位，花柱合生，柱头顶生。果近球状。花期 3 ~ 5 月。

分布与生境：分布于八大公山各地，生于海拔 200 ~ 800 m 的山坡密林下。

用途：全草入药；庭院观赏。

尾花细辛 Asarum caudigerum

2. 花叶细辛 Asarum cardiophyllum Franchet

多年生草本。本种形态与尾花细辛极相似，仅叶面有白色点状花斑相区别。或许这是尾花细辛湿生环境下的生态型，不足以另立为种。花期 3 月。

分布与生境：分布于八大公山五道水，生于海拔 200 ~ 300 m 的山坡密林下。

用途：庭院观赏；全草入药。

花叶细辛 Asarum cardiophyllum

3. 双叶细辛 Asarum caulescens Maximowicz

多年生草本。根状茎横走，地上茎匍匐。叶 1 ~ 2 对，叶片近心形，先端具尾尖头，基部心形，两面散生柔毛，叶背较密。花紫色，花被裂片三角状卵形，上部反折，雄蕊和花柱上部常伸出花被之外，子房近下位，花柱合生，顶端 6 裂。花期 4 ~ 5 月。

分布与生境：分布于八大公山斗篷山，生于海拔 1500 ~ 1900 m 的山坡林下。

用途：全草入药。

双叶细辛 Asarum caulescens

4. 川北细辛 Asarum chinense Franchet

多年生草本。叶片椭圆形或卵形，稀心形，先端渐尖，基部耳状心形，叶面绿色，或叶脉周围白色，形成白色网纹，叶背浅绿色或紫红色。花紫色或紫绿色，花被管球状或卵球状，喉部缢缩并逐渐扩展成一短颈。花期 4 ~ 5 月。

分布与生境：分布于八大公山龙潭坪，生于海拔 400 ~ 600 m 的林下石壁上。

用途：全草入药。

川北细辛 Asarum chinense

5. 铜钱细辛 Asarum debile Franchet

多年生草本。根状茎横走，根纤维状。叶 2 片对生于枝顶，叶片心形，先端急尖或钝，基部心形，叶面深绿色，散生柔毛，脉上较密，叶背浅绿色，脉上有毛。花紫色，花被裂片宽卵形，雄蕊 12 枚子房下位，具 6 棱，花柱合生，顶端 6 裂，柱头顶生。蒴果近球形。花期 5 ~ 6 月。

分布与生境：分布于八大公山，生于海拔 1000 ~ 1800 m 的山坡密林下。

用途：全草入药。

铜钱细辛 Asarum debile

6. 细辛 Asarum heterotropoides F.Schmidt

多年生草本。叶通常 2 枚，叶片心形，先端渐尖，基部深心形，叶面疏生短毛，脉上较密，叶背仅脉上被毛。花紫黑色，花被管钟状，花被裂片三角状卵形，雄蕊 12 枚，子房半下位或几近上位，球状，花柱 6 裂。果近球状。花期 4 ~ 5 月。

分布与生境：分布于八大公山各地，生于海拔 1200 ~ 1800 m 的山坡林下。

用途：全草入药。

细辛 Asarum heterotropoides

7. 大叶细辛 Asarum maximum Hemsley

多年生草本。根状茎匍匐。叶片长卵形、阔卵形或近戟形，先端急尖，基部心形，叶面偶有白色云斑。花紫黑色，花被管钟状，在与花柱等高处向外膨胀形成一带状环突，喉部不缢缩或稍缢缩，药隔伸出，花柱 6，顶端 2 裂，柱头侧生。花期 4 ~ 5 月。

分布与生境：分布于八大公山，生于海拔 200 ~ 300 m 的山坡林下。

用途：全草入药。

8. 长毛细辛 Asarum pulchellum Hemsley

多年生草本。全株密生白色长柔毛，地上茎多分枝。叶对生，1 ~ 2 对，叶片卵状心形或阔卵形，先端渐尖，基部心形成耳状，两面密生长柔毛。花紫绿色，具毛，花被裂片 3 枚，上部反折，子房半下位，具 6 棱，被柔毛；花柱合生，顶端 6 裂，柱头顶生。果近球状。花期 4 ~ 5 月。

分布与生境：分布于八大公山，生于海拔 200 ~ 700 m 的山坡林下。

用途：全草入药。

大叶细辛 Asarum maximum

长毛细辛 Asarum pulchellum

（三）关木通属 Isotrema sotrema Rafinesque

木质藤本，稀草质藤本或亚灌木；花被管中部急速弯曲，檐部顶端或边缘常3裂，稀2裂或具5～6齿；合蕊柱顶端3裂，裂片顶端极少再二裂；花药长圆形，成对与合蕊柱裂片对生；果长圆柱形至卵球形，由上而下开裂。

本属约80种，我国有80种，湖南有3种，八大公山有2种。

分种检索表

1. 叶多型，稀单型，边缘深裂或浅裂……………………………………………… **1. 日本关木通 I. kaempferi**
1. 叶单型，边缘全缘…………………………………………………………………… **2. 宝兴关木通 I. moupinensis**

1. 日本关木通 Isotrema kaempferi（Willdenow）H.Huber

草质藤本。嫩枝密被长柔毛，后脱落。叶纸质，叶形各式，卵形、卵状心形、卵状披针形或戟状耳形，先端渐尖，基部浅心形或耳形，边全缘。花单生，稀2朵聚生于叶腋，花被管黄色，中部呈U形，顶端开展成花瓣状，子房密被长绒毛。蒴果长圆状或卵形。花期4～5月，果期6～8月。

分布与生境：分布于八大公山各地，生于海拔700～1500 m的山坡林中。

用途：根可入药。

日本关木通 Isotrema kaempferi

2. 宝兴关木通 Isotrema moupinense（Franchet）X.X.Zhu, S.Liao & J.S.Ma

木质藤本。嫩枝密被长柔毛，老茎基部增厚的木栓层。叶卵形或卵状心形，顶端短尖，基部深心形，边全缘，下面密被黄棕色长柔毛。花1～2朵聚生于叶腋，花梗近基部向下弯垂，中部以下具卵形小苞片，花被管中部急遽弯曲而略扁，内面黄色，有紫红色斑点。蒴果长圆形，有 6 棱，棱通常波状弯曲。花期 5 ~ 6 月，果期 8 ~ 10 月。

分布与生境：分布于八大公山斗篷山、天平山，生于海拔 1400 ~ 1800 m 的山坡林中。

用途：根可入药。

宝兴关木通 Isotrema moupinense

五、木兰科 Magnoliaceae

落叶或常绿乔木或灌木。植物体有油细胞。单叶互生，全缘，稀分裂，羽状脉，托叶大，包被着幼芽，早落。花大，常单生；通常两性，稀杂性或单性异株；花被片 2 至多轮，常每轮 3 枚，雌蕊和雄蕊均多数，分离，螺旋状排列在伸长的花托上。聚合蓇葖果，稀带翅坚果。

19 属 200 ~ 300 余种，我国有 13 属约 100 种，湖南有 7 属 30 种，八大公山有 7 属 17 种。

分属检索表

1. 叶马褂形，先端截平，两侧边缘各有 1 ~ 2 裂…………………………… **2. 鹅掌楸属 Liriodendron**

1. 叶全缘。

  2. 花腋生，雌蕊群具显著的柄………………………………………………………… **5. 含笑属 Michelia**

2. 花顶生，雌蕊群无柄或具柄。
3. 花两性或单性异珠，小枝节间密而呈竹节状…………………… **6. 拟单性木兰属 Parakmeria**
3. 花两性，小枝节间不呈竹节状。
4. 叶聚生枝顶呈轮生状……………………………………………………………… **1. 厚朴属 Houpoea**
4. 叶在枝上互生。
5. 落叶植物……………………………………………………………………………… **7. 玉兰属 Yulania**
5. 常绿植物。
6. 每心皮具4至多枚胚珠…………………………………………………… **4. 木莲属 Manglietia**
6. 每心皮具2胚珠……………………………………………………… **3. 北美木兰属 Magnolia**

（一）厚朴属 Houpoea N.H.Xia & C.Y.Wu

落叶乔木或灌木。小枝具环状托叶痕。叶常假轮生，全缘，稀先端2浅裂；托叶膜质；幼叶在芽中直立，对折。花大而美丽，单生枝顶，两性；花被片9~12片，每轮3片，近相等；雄蕊多数，花丝扁平；雌蕊群和雄蕊群相连接，无雌蕊群柄，每心皮通常具2枚胚珠。聚合果常为圆柱形。

本属9种，我国有3种，湖南有1种，八大公山也产。

1. 厚朴 Houpoea officinalis (Rehder & E.H.Wilson) N.H.Xia & C.Y.Wu

落叶乔木。顶芽大，狭卵状圆锥形。叶7~9片聚生于枝端，长圆状倒卵形，先端具短急尖或圆钝，或幼叶先端急尖，成长叶先端凹缺，边缘全缘；下面灰绿色，被灰色柔毛。花白色至红色，或花被片基部红色，花被片常9~12片，外轮3片淡绿色，长圆状倒卵形，内两轮白色至红色，倒卵状匙形；雄蕊多数；雌蕊群椭圆状卵圆形。聚合果长圆状卵圆形，蓇葖具喙。

分布及生境：原产我国，八大公山各地栽培。

用途：著名木本药材，树皮、根皮、花、种子及芽可入药；庭院观赏；木材可作小型用材。

厚朴 Houpoea officinalis

（二）鹅掌楸属 **Liriodendron** Linnaeus

落叶乔木。单叶互生，托叶与叶柄离生，叶片先端平截或微凹，近基部具 1 对或 2 列侧裂。花单生枝顶，与叶同时开放，两性，花被片 9 ~ 17 枚，雄蕊多数；雌蕊群无柄，心皮多数，分离，最下部不育，每心皮具 2 枚胚珠。聚合果纺锤状，成熟心皮木质，种皮与内果皮愈合，顶端延伸成翅状，成熟时自花托脱落。

本属仅 2 种，我国有 1 种，湖南产 1 种，八大公山也有分布。

1. 鹅掌楸 Liriodendron chinense (Hemsley) Sargent

落叶乔木。叶互生，先端截形，两侧各有一裂片，形似“马褂”。花单生枝顶，杯状，花被片 9，外轮 3 片绿色，内两轮 6 片，花瓣状，绿色，具黄色纵条纹，直径 5 ~ 8 cm。聚合果长 7 ~ 9 cm，小坚果具翅。

生境：野生种生于八大公山斗篷山海拔 1400 ~ 1700 m 的山坡林中，各地多栽培。

用途：庭院观赏；茎皮和根能入药。

鹅掌楸 Liriodendron chinense

（三）北美木兰属 **Magnolia** Linnaeus

常绿乔木或灌木。叶互生，常聚生枝顶。花顶生，两性；花被片 9 ~ 12 枚，雄蕊多数，每心皮通常具胚珠 2 枚。聚合果常为卵球形。

约 20 种，我国引种 1 种，八大公山亦有栽培。

1. 荷花木兰 Magnolia grandiflora Linnaeus

常绿乔木。小枝、芽、叶下面，叶柄、均密被褐色或灰褐色短茸毛。叶厚革质，椭圆形或倒卵状椭圆形，（10～20）cm×（4～10）cm，先端钝或短钝尖，基部楔形，叶面深绿色，有光泽；侧脉每边 8～10 条；叶柄无托叶痕，具深沟。花白色，有芳香，直径 15～20 cm；花被片 9～12 片，厚肉质，倒卵形，（6～10）cm×（5～7）cm；雄蕊花丝扁平，紫色；雌蕊群椭圆体形，密被长茸毛，花柱呈卷曲状。聚合果圆柱状长圆形或卵圆形，长 7～10 cm，径 4～5 cm，密被褐色或淡灰黄色茸毛。花期 5～6 月，果期 9～10 月。

分布与生境：原产于北美洲，八大公山有栽培。

用途：庭院绿化树种；花和树皮可入药。

荷花木兰 Magnolia grandiflora

（四）木莲属 **Manglietia** Blume

常绿乔木。叶柄上留有托叶痕。花单生枝顶，两性；花被片通常 9～13 片，3 片 1 轮；每心皮具 4 枚或更多胚珠。聚合果球形、卵状球形和圆柱形。

约 40 余种，我国有 27 种。湖南产 6 种，八大公山产 3 种。

分种检索表

1. 常绿乔木。
  2. 花梗纤细，花下垂……………………………………………………………… **1. 桂南木莲 M. chingii**
  2. 花梗粗壮，花直立………………………………………………………… **3. 巴东木莲 M. patungensis**
1. 落叶乔木………………………………………………………………………………… **2. 落叶木莲 M. decidua**

1. 桂南木莲 Manglietia chingii Dandy

常绿乔木。芽、嫩枝有红褐色短毛。叶革质，倒披针形或狭倒卵状椭圆形，（12～15）cm×（2～5）cm，先端短渐尖或钝，上面无毛，下面灰绿色，嫩叶被微硬毛或具白粉；侧脉每边 12～14 条；叶柄托叶痕长 3～5 mm。花蕾卵圆形，花梗细长，向下弯垂，长 4～7 cm，花被片 9～11 片，每轮 3 片，外轮 3 片常绿色，质较薄，椭圆形，中轮和内轮肉质，雄蕊花药的药隔伸出成三角形的尖头。聚合果卵圆形，长 4 ~ 5 cm；蓇葖具疣点凸起，顶端具短喙。花期 5 ~ 6 月，果期 9 ~ 10 月。

分布与生境：原产我国，八大公山有栽培。

用途：庭院绿化树种。

桂南木莲 Manglietia chingii

2. 落叶木莲 Manglietia decidua Q. Y. Zheng

落叶乔木，高达 25 m。芽及小枝无毛。叶薄革质，长圆状倒卵形或椭圆形，先端钝或短尖，基部楔形，上面深绿色，无毛，下面粉绿色，初被白色丝状柔毛，后渐脱落，边缘微反卷。花淡黄色，花被片 15 ~ 16，披针形至狭倒卵形，螺旋状排列成 5 ~ 6 轮。聚合果卵圆形或近球形，成熟时沿果轴从顶部至基部开裂，后反卷。花期 5 ~ 6 月，果期 9 ~ 10 月。

分布与生境：原产我国，八大公山有栽培。

用途：庭院绿化树种。

落叶木莲 Manglietia decidua

3. 巴东木莲 Manglietia patungensis Hu

常绿乔木。叶薄革质，倒卵状椭圆形，（14 ~ 20）cm×（3.5 ~ 7.0）cm，先端尾状渐尖，基部楔形。两面无毛，上面绿色，有光泽，下面淡绿色；侧脉每边 13 ~ 15 条，叶面中脉凹下；叶柄长 2.5 ~ 3 cm；叶柄上的有托叶痕。花白色，有芳香，花被片下 5 ~ 10 mm 处具 1 苞片脱落痕，花被片 9，外轮 3 片近革质，花药紫红色，药隔伸出成钝尖头，长约 1 mm；雌蕊群圆锥形，每心皮有胚珠 4 ~ 8。聚合果圆柱状椭圆形，长 5 ~ 9 cm，径 2.5 ~ 3.0 cm，淡紫红色。蓇葖露出面具点状凸起。花期 5 ~ 6 月，果期 7 ~ 10 月。

分布及生境：分布于八大公山五道水，生于海拔 500 m 的山谷林中。

用途：庭院观赏植物；木材可作用材；花可入药。

巴东木莲 Manglietia patungensis

（五）含笑属 **Michelia** Linnaeus

常绿乔木或灌木。单叶，互生，全缘；托叶膜质，与叶柄贴生或离生。花单生于叶腋，稀 2 ~ 3 花。花两性，花被片 6 ~ 21 片，雄蕊多数；雌蕊群有柄，心皮多数，通常部分不发育，每心皮有胚珠 2 至数颗。聚合果常因部分蓇葖不发育形成疏松的穗状聚合果。

本属约 70 种，我国有 39 种，湖南产 16 种，八大公山有 6 种。

分种检索表

1. 花被片白色。

  2. 植株无毛……………………………………………………………………… **6. 深山含笑 M. maudiae**

  2. 小枝和叶片及花梗有毛………………………………………………………**4. 多花含笑 M. floribunda**

1. 花被片黄色或淡紫色。

3. 灌木，叶片小型，长度在 10 cm 以内……………………………………………… **3. 含笑花 M. figo**

3. 乔木，叶片中、大型，长度远超过 10 cm。

4. 叶背面灰白色…………………………………………… **1. 阔瓣含笑 M. cavaleriei** var. **platypetala**

4. 叶背面绿色。

5. 网脉在叶背面明显………………………………………………………… **2. 乐昌含笑 M. chapensis**

5. 网脉在叶背面几不可见………………………………………………………… **5. 黄心夜合 M. martini**

1. 阔瓣含笑 Michelia cavaleriei var. **platypetala** (Handel-Mazzetti)N. H. Xia

常绿乔木。嫩枝、芽、嫩叶均被红褐色绢毛。叶薄革质，长圆形，（11 ~ 20）cm ×（4 ~ 7）cm，先端渐尖，或骤狭短渐尖，基部宽楔形或圆钝，下面被灰白色或杂有红褐色平伏微柔毛，侧脉每边 8 ~ 14 条；叶柄上无托叶痕，被红褐色平伏毛。花梗被平伏毛；花被片 9，白色，外轮倒卵状椭圆形或椭圆形。聚合果长 5 ~ 15 cm。花期 3 ~ 4 月，果期 8 ~ 9 月。

分布与生境：原产我国华南各省区，八大公山有栽培。

用途：庭院观赏花木；叶、花可入药。

阔瓣含笑 Michelia cavaleriei var. platypetala

2. 乐昌含笑 Michelia chapensis Dandy

常绿乔木。叶薄革质，倒卵形，狭倒卵形或长圆状倒卵形，长（6.5 ~ 16.0）cm ×（3.5 ~ 7.0）cm，先端骤狭短渐尖，基部楔形或阔楔形，上面深绿色，有光泽，侧脉每边 9 ~ 15 条，网脉稀疏；叶柄上无托叶痕。花梗被平伏灰色微柔毛，花被片淡黄色，6 片，芳香，2 轮，外轮倒卵状椭圆形，内轮较狭；雌蕊群狭圆柱形，雌蕊群柄密被银灰色平伏微柔毛。聚合果长约 10 cm。花期 3 ~ 4 月，果期 8 ~ 9 月。

分布与生境：分布于八大公山五道水（杉木界），生于海拔 400 m 的山谷林中。

用途：著名庭院观赏花木；木材可作用材。

3. 含笑花 Michelia figo (Loureiro) Sprengel

常绿灌木。芽、嫩枝、叶柄和花梗均密被黄褐色茸毛。叶倒卵状椭圆形，先端钝短尖，基部楔形，下面中脉上留有褐色平伏毛。花淡黄色而边缘有时红色或紫色，芳香，花被片 6 片。聚合果的蓇葖卵圆形或球形，顶端有短尖的喙。花期 3 ~ 5 月，果期 7 ~ 8 月。

分布与生境：原产华我国南部各省区，八大公山有栽培。

用途：著名庭院观赏花木；叶、花可入药。

乐昌含笑 Michelia chapensis

含笑花 Michelia figo

4. 多花含笑 Michelia floribunda Finet & Gagnepain

常绿乔木。幼枝纤细，被灰白色平伏毛。叶革质，狭卵状椭圆形至狭倒卵状椭圆形，（7 ~ 12）cm ×（2 ~ 4）cm，先端渐尖或尾状渐尖，基部阔楔形或圆，下面苍白色，被白色长平伏毛；托叶痕长为叶柄长之半或过半。花蕾狭椭圆体形，稍弯曲，被金黄色平伏柔毛，花被片白色，11 ~ 13 片，匙形或倒披针形，雄蕊药隔伸出成长尖头。聚合果长 2 ~ 6 cm；扭曲，蓇葖扁球形或长球体形。花期 2 ~ 4 月，果期 8 ~ 9 月。

分布与生境：分布于八大公山杉木界（庄耳坪），生于海拔 800 m 的山坡林中。

用途：木材可作用材；庭院观赏。

多花含笑 Michelia floribunda

5. 黄心夜合 Michelia martini (H.Léveillé) Finet & Gagnepain ex H.Léveillé

常绿乔木。小枝无毛，芽密毛或无毛。叶革质，倒披针形或狭倒卵状椭圆形，表面有光泽，两面无毛，叶柄上无托叶痕。花黄色。花期 2 ~ 3 月，果期 8 ~ 9 月。

分布与生境：分布于八大公山各地，生于海拔 800 m 的山坡林中。

用途：木材可作用材；庭院观赏。

黄心夜合 Michelia martini

6. 深山含笑 Michelia maudiae Dunn

常绿乔木。各部均无毛，芽、嫩枝无毛。叶革质，长圆状椭圆形，上面深绿色，有光泽，下面灰绿色，被白粉。花梗具佛焰苞状苞片，花被片 9 片，纯白色，基部稍呈淡红色，雄蕊药隔伸出长，花丝宽扁，淡紫色。聚合果熟时红色。花期 2 ~ 3 月，果期 9 ~ 10 月。

分布：原产我国华中、华南至西南，八大公山有栽培。

用途：庭院观赏；花、根可入药。

深山含笑 Michelia maudiae

（六）拟单性木兰属 Parakmeria Hu & W. C. Cheng

常绿乔木。单叶互生，全缘，托叶离生。花杂性（雄花、两性花异株），单生于枝顶，花被片 12，内轮的稍小，雄花的雄蕊约 30 枚，着生于圆锥状的短轴上，花丝短，花药内向开裂；两性花的雄蕊与雄花同，雌蕊群具短柄，心皮 10 ~ 20 枚，成熟心皮背缝开裂。

5 种，我国均产，湖南 2 种，八大公山 1 种。

1. 乐东拟单性木兰 Parakmeria lotungensis (Chun et C.Tsoong) Law

常绿乔木，全株无毛。叶革质，倒卵状椭圆形至狭倒卵状椭圆形，叶面有光泽，叶柄上无托叶痕。花单生枝项，雄花及两性花异株，花被片约 12，两性花雌蕊 10 ~ 20 枚，具雌蕊群柄，心皮发育时全部互相愈合。聚合果倒卵球形。花期 4 ~ 5 月，果期 8 ~ 9 月。

分布与生境：原产我国华中，八大公山有栽培。

用途：庭院观赏树种。

乐东拟单性木兰 Parakmeria lotungensis

（七）玉兰属 Yulania Spach

落叶乔木或灌木。叶互生，常全缘；托叶膜质，幼叶在芽中直立，对折。花大而美丽，常单生枝顶，两性，花被片 9 ~ 21（45）片，每轮 3 ~ 5 片，外轮花被片萼片状；雄蕊多数；雌蕊群和雄蕊群相连接，无雌蕊群柄。心皮分离，多数，每心皮有胚珠 2 颗。聚合果成熟时通常为长圆状圆柱形。

约 25 种，我国有 18 种，湖南有 6 种，八大公山有 4 种。

分种检索表

1. 花被片不等长，外轮花被片似花萼，比内部花被片小得多。
   2. 花叶前开放；叶基不下延……………………………… **1. 望春玉兰 Y. biondii**
   2. 花与叶同时开放或迟于叶；叶基明显下延……………… **3. 二乔玉兰 Y. × soulangeana**
1. 花被片近相似，外轮与内轮近等长，外轮花被片不似花萼。
   3. 小枝具毛；花被片 9 ~ 12 ……………………………… **2. 玉兰 Y. denudate**
   3. 小枝无毛；花被片 12 ~ 14 ……………………………… **4. 武当玉兰 Y. sprengerii**

1. 望春玉兰 Yulania biondii (Pampanini) D.L.Fu

落叶乔木。顶芽卵圆形，密被淡黄色展开长柔毛。叶椭圆状披针形，先端有尖头。花先叶开放，直径 6 ~ 8 cm，花被片 9 片，外轮 3 片近狭倒卵状条形，中内两轮近匙形，白色，外面基部常紫红色。聚合果圆柱形，长 8 ~ 14 cm。蓇葖近圆形，具凸起瘤点。

分布与生境：原产湖北，八大公山各地栽培。

用途：庭院观赏花木或作荷花木兰的嫁接砧木；花蕾入药。

望春玉兰 Yulania biondii

2. 玉兰 Yulania denudata (Desrousseaux) D. L. Fu

落叶乔木。冬芽密被淡灰黄色长绢毛。叶纸质，倒卵形，先端具短突尖。花单生枝顶，先叶开放，白色、直立、芳香，花被片 9 片，长圆状倒卵形，基部常带粉红色。聚合果圆柱形，成熟时果皮常带红色。

分布与生境：原产我国，八大公山各地栽培。

用途：我国的传统名花；花蕾、花、树皮可入药。

玉兰 Yulania denudata

3. 二乔玉兰 Yulania × soulangeana (Soulange-Bodin) D. L. Fu

落叶灌木。叶椭圆状倒卵形，先端渐尖，基部渐狭；叶上面幼嫩时疏生短柔毛，下面沿脉有短柔毛，托叶痕约为叶柄的 1/2。花叶同期，花被片 9 ~ 12 片，外轮 3 片萼片状，内两轮外面紫色或紫红色，内面带白色，雄蕊多数，雌蕊群。聚合果圆柱形，长 7 ~ 10 cm。成熟蓇葖近圆球形。花期 3 ~ 4 月，果期 8 ~ 9 月。

分布：本种是玉兰与辛夷的杂交种，八大公山有栽培。

用途：园林观赏花木；花蕾和树皮入药。

4. 武当玉兰 Yulania sprengeri (Pampanini) D.L.Fu

落叶乔木。叶倒卵形，先端急尖，基部楔形，上面仅沿中脉及侧脉疏被柔毛，下面初被平伏细柔毛，叶柄长 1 ~ 3 cm；托叶痕细小。花蕾直立，被淡灰黄色绢毛，花先叶开放，花被片 12（14）片，外面玫红色，倒卵状匙形。聚合果圆柱形，长 6 ~ 18 cm。花期 3 ~ 4 月，果期 8 ~ 9 月。

分布与生境：分布于八大公山各地，生于海拔 1900 m 以下的山坡林中。

用途：观赏花木；树皮、花蕾可入药。

二乔玉兰 Yulania × soulangeana

武当玉兰 Yulania sprengeri

六、番荔枝科 Annonaceae

乔木，灌木或攀缘灌木。单叶互生，全缘，羽状脉，无托叶。花通常两性，少数单性，辐射对称，单生，或几朵至多朵组成各式花序或簇生，萼片3（2），离生或基部合生，花瓣6片，2轮，每轮3片，雄蕊多数，螺旋状着生，药隔凸出，花丝短；心皮1至多个，离生，少数合生，花柱短，柱头头状至长圆形，顶端全缘或2裂，每心皮有胚珠1至多颗，花托通常凸起呈圆柱状或圆锥状。成熟心皮离生，少数合生成一肉质的聚合浆果，果通常不开裂，少数呈蓇葖状开裂，有果柄，少数无果柄。

110属2440种，我国有25属120种，湖南有3属8种，八大公山有1属1种。

（一）瓜馥木属 Fissistigma Griffith

攀缘灌木。单叶互生；侧脉明显，斜升至叶缘。花单生或多朵集成密伞花序或圆锥花序，萼片3，基部合生，被毛；花瓣6片，2轮，镊合状排列，外轮稍大于内轮，外轮的通常扁平三角形或外面扁平而内面凸起，内轮的上部三角形，雄蕊多数药隔卵形或三角形；心皮多数，分离，通常被毛，柱头顶端2裂或全缘。成熟心皮被短柔毛或茸毛，有柄。

75种，我国有23种，湖南有4种，八大公山有1种。

1. 凹叶瓜馥木 Fissistigma retusum (H. Léveillé) Rehder

常绿藤本。小枝被褐色茸毛。叶革质或近革质，广卵形、倒卵形或倒卵状长圆形，（9～26）cm ×（4.5～13.0）cm，顶端圆形或微凹，基部圆形至截形，有时呈浅心形，叶面仅中脉和侧脉被短茸毛，叶背被褐色茸毛，侧脉每边15～20条，在叶面凹陷，在叶背凸起。花多朵组成团伞花序，花序与叶对生，几无花梗；萼片卵状披针形，顶端渐尖，外面被短茸毛，内面无毛；外轮花瓣卵状长圆形，外

凹叶瓜馥木 Fissistigma retusum

面被短绒毛，内面无毛，内轮花瓣卵状披针形，比外轮花瓣短，基部稍内弯，两面无毛，药隔阔三角形，心皮密被绢质柔毛。果圆球状，直径约 3 cm，被金黄色短茸毛。花期 5 ~ 11 月，果期 6 ~ 12 月。

分布与生境：分布于八大公山五道水（楠木坪），生于海拔 200 ~ 400 m 的山谷林中。

用途：根皮入药。

七、蜡梅科 Calycanthaceae

灌木，有油细胞。单叶对生，全缘。花两性，辐射对称，腋生或单生于枝顶；花被片多数，螺旋状着生于杯状花托外围；雄蕊两轮，内轮败育，外轮能育雄蕊 5 ~ 30 枚，螺旋状着生于杯状花托顶端，花丝短而离生，花药 2 室，心皮离生。聚合瘦果，包被于肉质坛状果托内。

3 属 10 种，我国有 2 属 7 种，湖南有 1 属 3 种，八大公山有 1 属 1 种。

（一）蜡梅属 **Chimonanthus** Lindley

落叶灌木。小枝方形至近圆柱形，鳞芽裸露。叶对生，叶面粗糙。花腋生，芳香，花被片多数，黄色而有紫红色条纹，膜质，雄蕊 5 ~ 6，心皮 5 ~ 15，离生。瘦果长圆形。

6 种，我国特产。湖南 3 种，野生或栽培，八大公山 1 种。

1. 蜡梅 Chimonanthus praecox (Linnaeus) Link

蜡梅 Chimonanthus praecox

落叶灌木。幼枝方形，老枝近圆柱形。叶卵状披针形至椭圆状卵形，顶端急尖至渐尖，基部圆形至宽楔形，叶脉上稍被毛。花黄色，芳香，花被片卵状椭圆形，无毛，内部花被渐短，基部有紫晕。花期 12 月至翌年 2 月，果期 4 ~ 11 月。

分布与生境：分布于八大公山各地，生于海拔 700 m 以下的山坡土壤瘠薄处。

用途：观赏花木，我国的传统名花；花可提取芳香油；根、叶、花可入药。

八、樟科 Lauraceae

多为乔木。具油细胞，有香味。单叶，互生，全缘，羽状三出脉或离基三出脉。花两性或单性，排成顶生或腋生的伞形花序、总状花序或圆锥花序。花常 3 基数，花被排成二轮。雄蕊 9 ~ 12 枚，排成三轮，花丝基部常具腺体，花药 4 室或 2 室，瓣裂；子房上位，1 室，胚珠单一。果为浆果或核果，具 1 种子，果托常肉质。

45 属约 2500 种，我国有 20 属 423 种，湖南有 12 属 110 种，八大公山有 9 属 46 种。

分属检索表

1. 花序通常圆锥状，疏松，均无明显的总苞。
  2. 果着生于无宿存花被的果梗上，若花被宿存，则绝不成果托。
    3. 果时花被直立而坚硬，紧抱果上…………………………………………………… **8. 楠属 Phoebe**
    3. 果时花被脱落，若宿存则绝不紧抱果上……………………………………………**6. 润楠属 Machilus**
  2. 果着生于由花被筒发育而成的果托上，果托只部分地包被果。
    4. 花序在开花前有小而早落的苞片。
      5. 果时花被片完全脱落；芽鳞明显，覆瓦状；叶互生，羽状脉或离基三出脉……………………
      ………………………………………………………………………………………… **2. 樟属 Camphora**
      5. 果时花被片宿存；芽裸露或芽鳞不明显；叶近对生，三出脉或离基三出脉…………………
      ……………………………………………………………………………………… **3. 桂属 Cinnamomum**
    4. 花序在开花前有大而迟落的苞片。
      6. 叶互生，常具浅裂………………………………………………………………… **9. 檫木属 Sassafras**
      6. 叶通常轮生稀对生，全缘……………………………………………**1. 黄肉楠属 Actinodaphne**
1. 花序成假伞或簇状，稀为单花或总状至圆锥状，总苞片大，常宿存。
  7. 花 3 基数。
    8. 花药 2 室……………………………………………………………………………… **4. 山胡椒属 Lindera**
    8. 花药 4 室……………………………………………………………………………… **5. 木姜子属 Litsca**
  7. 花 2 基数………………………………………………………………………………**7. 新木姜子属 Neolitsea**

（一）黄肉楠属 Actinodaphne Nees

常绿乔木或灌木。叶簇生成近轮生，少数为互生或对生，羽状叶脉，少数为离基三出脉。伞形花序，或由伞形花序组成圆锥状或总状花序，苞片覆瓦状排列，早落，花单性，雌雄异株，花被裂片 6，排成 2 轮，每轮 3 枚，雄花能育雄蕊 9 枚，排成 3 轮，每轮 3 枚，花药 4 室，内向瓣裂。果着生于杯状或盘状果托内。

约 100 种，我国有 19 种，湖南有 4 种，八大公山有 1 种。

1. 红果黄肉楠 Actinodaphne cupularis (Hemsley) Gamble

常绿灌木或小乔木。叶通常 5 ~ 6 片簇生于枝端成轮生状，长圆形至长圆状披针形，两端渐尖或急尖，革质，下面粉绿色，有灰色短柔毛，后脱落，羽状脉。伞形花序单生或数个簇生于枝侧，无总梗。果卵形或卵圆形，成熟时红色，着生于杯状果托上，果托外面有皱褶。花期 10 ~ 11 月，果期翌年 8 ~ 9 月。

分布与生境：分布于八大公山各地，生于海拔 500 m 以下河谷林中。

用途：种子含油脂，榨油可供制皂及机器润滑等用；根、叶辛凉可入药；果实红艳，可供观赏。

红果黄肉楠 Actinodaphne cupularis

（二）樟属 Camphora Fabr.

常绿乔木或灌木，具芳香味。芽鳞明显，覆瓦状；叶互生，羽状脉或近离基三出脉，侧脉脉腋通常在下面有腺窝上面有明显或不明显的泡状隆起。果时花被片完全脱落，果肉质，有杯状、钟状或圆锥状果托。

18 种，我国均有，湖南有 6 种，八大公山有 3 种。

分种检索表

1. 叶脉羽状……………………………………………………………… **1. 猴樟 C. bodinieri**

1. 叶具离基三出脉。

  2. 果球形，直径 0.6 ~ 0.8 cm ……………………………………………… **3. 樟 C. officinarum**

  2. 果椭圆形，长 1.5 ~ 2.2 cm，直径 1.5 ~ 2.0 cm ……………………… **2. 沉水樟 C. micrantha**

1. 猴樟 Camphora bodinieri (H.Lév.) Y.Yang, Bing Liu & Zhi Yang

常绿乔木。叶互生，卵圆形或椭圆状卵圆形，先端短渐尖，基部宽楔形至圆形，下面苍白。圆锥花序腋生，花被筒倒锥形，花被裂片 6，反折，很快脱落，能育雄蕊 9，退化雄蕊 3，子房卵形，柱头头状。果球形，果托浅杯状。花期 5 ~ 6 月，果期 7 ~ 8 月。

分布与生境：分布于八大公山，生于海拔 400 ~ 1400 m 的沟谷林中。

用途：木材为珍贵用材；根皮及茎皮、果实入药；树皮和叶可提取樟脑；庭院观赏树种。

猴樟 Camphora bodinieri

2. 沉水樟 Camphora micrantha (Hayata) Y.Yang, Bing Liu & Zhi Yang

常绿大乔木。本种树干砍倒后干下部有多量水液流出，树皮外皮硬，内皮褐色，香气很快消失。叶两面近同色。花期秋季。果椭圆形，较大，长 1.5 ~ 2.2 cm，直径 1.5 ~ 2.0 cm，不同于樟属其它种。花期 7 ~ 10 月，果期 10 ~ 11 月。

分布与生境：分布于八大公山五道水（楠木坪），生于海拔 450 m 的山谷林中。

用途：木材为珍贵用材；庭院观赏树种。

3. 樟 Camphora officinarum Nees ex Wall.

常绿乔木。枝条圆柱形，无毛。叶互生，卵状椭圆形，先端急尖，基部宽楔形至近圆形，有时呈微波状，两面无毛，具离基三出脉。圆锥花序腋生，花绿白或带黄色，能育雄蕊 9，花丝被短柔毛。

果卵球形或近球形，熟时紫黑色，果托杯状，顶端截平。花期 4 ~ 5 月，果期 8 ~ 11 月。

分布与生境：分布于八大公山各地，多为栽培。

用途：木材为珍贵用材；根皮及茎皮、果实入药；庭院观赏树种。

沉水樟 Camphora micrantha

樟 Camphora officinarum

（三）桂属 **Cinnamomum** Schaeff.

常绿乔木或灌木，具芳香味。芽裸露或芽鳞不明显。叶近对生或对生，三出脉或离基三出脉，侧脉脉腋下面无腺窝上面无明显泡状隆起。花被片宿存，或上部脱落下部留存在花被筒的边缘上。

约 270 种。我国有 37 种，湖南有 10 种，八大公山有 3 种。

分种检索表

1. 叶两面尤其是下面幼时无毛或略被毛老时明显无毛或变无毛…………… **2. 少花桂 C. pauciflorum**

1. 叶两面尤其是下面幼时明显被毛，毛被各式。

  2. 叶下面及叶柄被污黄色硬毛状柔………………………………………………… **1. 毛桂 C. appelianum**

  2. 面灰绿色，幼时明显被白色丝毛但最后变无毛……………………………… **3. 川桂 C. wilsonii**

1. 毛桂 Cinnamomum appelianum Schewe

常绿小乔木或灌木。当年生枝密被污黄色硬毛状茸毛。叶近对生，椭圆形、椭圆状披针形、卵形或卵状椭圆形，（4.5 ~ 11.5）cm ×（1.5 ~ 4.0）cm，先端骤然短渐尖，基部楔形至近圆形，革质，幼时上面沿脉上下面各处密被皱波状污黄色疏柔毛，老时上面无毛，下面密被皱波状污黄色疏柔毛，离基三出脉。圆锥花序生于当年生枝条基部叶腋内，大多短于叶很多，各级序轴被黄褐色微硬毛状短柔毛或柔毛。花白色，花被两面被黄褐色绢状微柔毛或柔毛，但内面毛较长，花被筒倒锥形。果椭圆形，长约 6 mm，宽 4 mm，果托增大，漏斗状，长达 1 cm，顶端具齿裂。花期 4 ~ 6 月，果期 6 ~ 8 月。

分布与生境：分布于八大公山各地，生于海拔 200 ~ 800 m 的山坡林中。

用途：树皮可作桂皮入药；木材作一般用材，并可作造纸糊料。

毛桂 Cinnamomum appelianum

2. 少花桂 **Cinnamomum pauciflorum** Nees

常绿乔木。芽卵珠形，芽鳞坚硬，外面略被微柔毛。枝条近圆柱形。叶互生，卵圆形或卵圆状披针形；叶柄近无毛。圆锥花序腋生，常呈伞房状。花黄白色。花被两面被灰白短丝毛，花被筒倒锥形，花被长圆形。能育雄蕊 9，花丝略被柔毛，花药卵圆状长圆形。子房卵球形，花柱弯曲，柱头盘状。果椭圆形，成熟时紫黑色，具栓质斑点；果托浅杯状，边缘具整齐的截状圆齿；果梗先端略增宽。花期 3 ~ 8 月，果期 9 ~ 10 月。

分布与生境：分布于八大公山各地，生于海拔 200 ~ 800 m 的沟谷林中。

用途：树皮可作桂皮入药；根皮及茎皮、果实入药；庭院观赏树种；枝叶可提取香料。

少花桂 Cinnamomum pauciflorum

3. 川桂 **Cinnamomum wilsonii** Gamble

常绿乔木。叶互生或近对生，卵圆形或卵圆状长圆形，先端渐尖，基部渐狭下延至叶柄，边缘软骨质而内卷，下面灰绿色，离基三出脉。圆锥花序腋生，少花，花白色，花被内外两面被丝状微柔毛，花被裂片卵圆形，能育雄蕊 9，退化雄蕊 3，子房卵形。果长椭圆形，果托顶端截平。花期 4 ~ 5 月，果期 6 月以后。

分布与生境：八大公山各地均有分布，生于海拔 400 ~ 800 m 的山谷林中；亦有栽培。

用途：树皮、树枝入药；树皮还可作佐料；庭院观赏树种。

川桂 Cinnamomum wilsonii

（四）山胡椒属 Lindera Thunberg

常绿或落叶乔木或灌木。叶互生，全缘稀三裂，羽状脉、三出脉或离基三出脉。花单性，雌雄异株，伞形花序在叶腋单生或簇生，总苞片 4，花被片 6，常脱落，雄花能育雄蕊 9，常 3 轮，花药 2 室，内向。浆果或核果，熟时红色，后变紫黑色，花被管稍膨大成果托于果实基部或膨大成杯状包被果实基部以上至中部。

200 种，我国有 74 种，湖南有 21 种，八大公山产 12 种。

分种检索表

1. 叶脉基部三出或离基三出。
  2. 叶常绿，革质或近革质。
    3. 幼枝、叶下面近无毛，老叶下面几无毛。
      4. 叶脉在叶上面较下面更为凸出，至少两面相等……………… **12. 菱叶钓樟 L. supracostata**
      4. 叶脉在叶下面较上面更为凸出……………………………… **10. 西藏钓樟 L. pulcherrima**
    3. 幼枝、叶下面密被毛，老叶下面仍有毛……………………………… **2. 绒毛钓樟 L. floribunda**
  2. 叶脱落，膜质。
    5. 叶全缘………………………………………………………………… **8. 绿叶甘橿 L. neesiana**
    5. 叶先端有 3 浅裂…………………………………………………… **9. 三桠乌药 L. obtusiloba**

1. 叶脉羽状。
  6. 叶常绿，厚革质。
    7. 果熟时红色。
      8. 叶下面疏被毛……………………………………………………………… **1. 香叶树 L. communis**
      8. 叶下面密被灰黄色茸毛……………………………………………………… **7. 绒毛山胡椒 L. nacusua**
    7. 果熟时黑色。
      9. 果球形，直径 5 ~ 6 mm，果梗长 4 ~ 6 mm ………… **5. 广东山胡椒 L. kwangtungensis**
      9. 椭圆形至卵形，长 18 mm，直径 13 mm，果梗长 15 mm ……… **6. 黑壳楠 L. megaphylla**
  6. 叶脱落，膜质、纸质至薄革质。
    10. 果熟时红色。
      11. 幼枝条光滑、绿色，叶为椭圆形或宽椭圆形 ………………………… **11. 山橿 L. reflexa**
      11. 幼枝条灰白色或灰黄色，粗糙，叶为倒披针形或倒卵形 …**4. 红果山胡椒 L. erythrocarpa**
    10. 果熟时黑色 ……………………………………………………………**3. 山胡椒 L. glauca**

1. 香叶树 Lindera communis Hemsley

常绿灌木或小乔木。大树树皮不规则纵裂。叶互生，常卵状披针形，先端渐尖或急尖，基部宽楔形或近圆形，羽状脉。伞形花序具 5 ~ 8 朵花，总梗极短，总苞片 4，早落，花被片黄色，花被片 6，雄蕊 9，第三轮基部有 2 具角突宽肾形腺体。果卵形，成熟时红色。花期 3 ~ 4 月，果期 9 ~ 10 月。

分布与生境：分布于八大公山，生于海拔 200 ~ 1400 m 的山坡林下。

用途：树皮、叶可入药。

香叶树 Lindera communis

2. 绒毛钓樟 Lindera floribunda (C.K.Allen) H.P.Tsui

常绿乔木。幼枝条密被灰褐色茸毛。叶互生，倒卵形或椭圆形，先端渐尖，下面灰白色，密被黄褐色茸毛，三出脉，第一对侧脉弧曲上伸至叶先端，第二对侧脉自叶中上部展出，下面较上面突出。果椭圆形，幼果时被茸毛，果托盘状膨大。花期 3 ~ 4 月，果期 4 ~ 8 月。

分布与生境：分布于八大公山，生于海拔 200 ~ 8800 m 的山坡灌木丛或疏林下。

用途：根或枝叶入药。

绒毛钓樟 Lindera floribunda

3. 山胡椒 Lindera glauca (Siebold & Zuccarini) Blum

落叶灌木。叶冬季枯黄，但越冬宿存，春季凋落。叶互生，宽椭圆形、椭圆形，被白色柔毛，羽状脉。伞形花序腋生，雄花花被片黄色，雄蕊 9，第三轮的基部着生 2 具角突宽肾形腺体，柄基部与花丝基部合生。果球形，熟时黑色。花期 3 ~ 4 月，果期 7 ~ 8 月。

分布与生境：八大公山广布，生于海拔 200 ~ 1500 m 的山坡阔叶林中。

用途：果实、根、叶均可入药。

4. 红果山胡椒 Lindera erythrocarpa Makino

落叶灌木或小乔木。幼枝条通常灰白或灰黄色，其木栓质突起致皮甚粗糙。互生，通常为倒披针 形，基部狭楔形，常下延，（5 ~ 9）cm ×（4 ~ 6）cm，下面带绿苍白色，被贴服柔毛，叶脉羽状，每边 4 ~ 5 条。伞形花序着生于腋芽两侧各一，雄花花被片 6，雄蕊 9，雌花较小，花被片 6，子房狭椭圆形，花柱粗，与子 房近等长，柱头盘状。果球形，熟时红色。花期 4 月，果期 9 ~ 10 月。

分布与生境：八大公山广布，生于海拔 200 ~ 1500 m 的山坡阔叶林中。

用途：庭院观赏。

山胡椒 *Lindera glauca*

红果山胡椒 *Lindera erythrocarpa*

5. 广东山胡椒 *Lindera kwangtungensis* (H. Liu) C. K. Allen

常绿乔木。叶互生，椭圆状披针形，先端渐尖，基部楔形，（6～12）cm×（5～3）cm，上面绿色，有光泽，下面苍白绿色，两面无毛，羽状脉，侧脉每边 5～6 条。伞形花序 2～3 生于腋生短枝枝端，先叶发出；花被片长圆形或卵状长圆形，近等长，两面被棕黄色毛；退化雌蕊细小，长不及 1 mm，卵形，雌花退化雄蕊条形，子房卵形，花柱长约 3 mm，与子房均无毛，柱头两裂。果球形，直径 5 ~ 6 mm。花期 3 ~ 4 月，果期 8 ~ 9 月。

分布与生境：分布于八大公山五道水（楠木坪），生于海拔 300 ~ 500 m 的山坡阔叶林中。

用途：木材可作建筑用材；叶和果实可提芳香油；果核和种仁可榨油。

广东山胡椒 Lindera kwangtungensis

6. 黑壳楠 Lindera megaphylla Hemsley

常绿乔木。枝条黑褐色，有近圆形纵裂皮孔。叶互生，倒披针形，羽状脉。伞形花序，雄花序多达 16 朵，雌花序多达 12 朵，均密被黄褐色柔毛。花黄绿色，花被片 6，花丝被疏柔毛，第三轮的基部有二个具柄的三角漏斗状腺体，雌花密被黄褐色柔毛。果成熟时紫黑色，宿存果托杯状。花期 2 ~ 3 月，果期 9 ~ 12 月。

分布与生境：分布于八大公山各地，生于海拔 1000 m 以下的沟谷或山坡林缘。

用途：根枝及树皮入药；庭院观赏树种。

7. 绒毛山胡椒 Lindera nacusua (D. Don) Merrill

常绿乔木。枝条密被黄褐色长柔毛。叶互生，宽卵形至长圆形，基部两侧常不相等，下面密被黄褐色长柔毛。果近球形，成熟时红色。花期 5 ~ 6 月，果期 9 ~ 10 月。

分布与生境：八大公山各地均有分布，生于海拔 200 ~ 1000 m 的山坡林中。

用途：树形优美，树姿健壮，为优良的景观树和庭园观赏树。

黑壳楠 Lindera megaphylla

绒毛山胡椒 Lindera nacusua

8. 绿叶甘橿 Lindera neesiana (Wallich ex Nees) Kurz

落叶灌木或小乔木。小枝绿色，无毛。叶互生，卵形至宽卵形，基部多为圆形，三出脉或离基三出脉，灰绿色。伞形花序，总苞片 4，具缘毛，内有花 7~9 朵，花被片黄色，第三轮基部着生二个具柄阔三角状肾形腺体，有时第一、二轮花丝也有 1 个腺体。果近球形。花期 4 月，果期 9 月。

分布与生境：八大公山各地均有分布，生于海拔 800 ~ 1800 m 的山坡林中。

用途：果实入药。

绿叶甘橿 Lindera neesiana

9. 三桠乌药 Lindera obtusiloba Blume

三桠乌药 Lindera obtusiloba

落叶乔木或大灌木。枝有纵纹。叶互生，近圆形，先端常明显 3 裂，基部常近圆形或心形，三出脉。花序在腋生混合芽，花芽内有花序 5 ~ 6，混合芽内有花芽 1 ~ 2，总苞片 4，膜质，内有花 5 朵，雄花花被片 6，能育雄蕊 9，第三轮的基部着生 2 个具长柄宽肾形具角突的腺体。果成熟时红色，后变紫黑色。花期 3 ~ 4 月，果期 8 ~ 9 月。

生境及分布：分布于八大公山各地，生于海拔 1500 ~ 1900 m 的山坡林中。

用途：树皮入药；叶入秋变红，可观赏。

10. 西藏钓樟 Lindera pulcherrima (Nees) J. D. Hooker

分变种检索表

1. 芽鳞密被白色贴伏柔毛…………………………… **10a. 香粉叶（变种）L. pulcherrima** var. **attenuata**
1. 芽鳞无毛……………………………………………… **10b. 川钓樟（变种）L. pulcherrima** var. **hemsleyana**

10a. 香粉叶（变种）Lindera pulcherrima var. **attenuata** C.K.Allen

本变种与香粉叶不同在于：叶通常椭圆形，少有椭圆状披针形，不为卵形或披针形，偶具长尾尖。我们观察到的情况是，两个变种分布海拔有差异，香粉叶在海拔 800 m 以下，川钓樟在海拔 800 m 以上。

分布及生境：产于八大公山各地，生于海拔 200 ~ 1200 m 的山坡疏林地。

用途：枝、叶、树皮可提取芳香油；树皮药用。

香粉叶（变种）Lindera pulcherrima var. attenuata

10b. 川钓樟（变种）Lindera pulcherrima var. hemsleyana (Diels) H. P. Tsui

常绿灌木。枝条初被白色柔毛，后渐脱落。叶互生，长卵形到长圆状披针形，叶先端渐尖或有时尾状渐尖，基部圆或宽楔形，下面蓝灰色，幼叶两面被白色疏柔毛，不久脱落，三出脉。伞形花序无总梗或具极短总梗，花被片 6，椭圆形，外面背脊部被白色疏柔毛，内面无毛。果椭圆形，幼果顶部及未脱落的花柱密被白色柔毛。果期 6 ~ 8 月。

分布及生境：产于八大公山各地，生于海拔 900 ~ 1600 m 的山坡疏林地。

用途：枝、叶、树皮可提取芳香油；树皮药用。

川钓樟（变种）Lindera pulcherrima var. hemsleyana

11. 山橿 Lindera reflexa Hemsley

山橿 Lindera reflexa

落叶乔木或灌木。幼枝有绢状短柔毛，老叶脱落。叶互生，纸质，圆卵形，倒卵状椭圆形，有时略为心脏形，上面无毛，下面带苍绿白色，有柔毛，脉羽状，侧脉 6 对。花先叶开放，花被片黄色。果实球形，熟时红色，果梗细长，有疏柔毛。花期 2 ~ 3 月，果期 8 ~ 10 月。

分布及生境：八大公山各地均有分布，生于海拔 200 ~ 800 m 的山坡林下或林缘。

用途：果实入药。

12. 菱叶钓樟 Lindera supracostata Lecomte

分变种检索表

1. 芽鳞被毛…………………………………… **11a. 菱叶钓樟（原变种）L. supracostata** var. **supracostata**
1. 芽鳞无毛………………………………………… **11b. 线叶钓樟（变种）L. pulcherrima** var. **hemsleyana**

12a. 菱叶钓樟（原变种）Lindera supracostata Lecomte var. **supracostata**

常绿灌木或小乔木。叶互生，椭圆形至卵形，略成菱形，基部楔形，三出脉或近离基三出脉。伞形花序，每伞形花序具花 3 ~ 8 朵。果成熟时黑紫色。花期 3 ~ 5 月，果期 7 ~ 9 月。

分布及生境：分布于八大公山各地，生于海拔 1000 ~ 1500 m 的山坡林中。

菱叶钓樟（原变种）Lindera supracostata var.supracostata

12b. 线叶钓樟（变种）Lindera supracostata var. **attenuate** Allen

本变种叶窄披针形至线形，三出脉或近离基三出脉完全消失而为羽状脉，其变化程度显然比香粉叶和川钓樟为大，从属的分类统一尺度出发，我们保留了这一变种。

分布及生境：分布于八大公山各地，生于海拔 1000 ~ 1500 m 的山坡林中。

线叶钓樟（变种）Lindera supracostata var. attenuate

（五）木姜子属 Litsea Lamarck

落叶或常绿乔木或灌木。叶多为互生，羽状脉。花单性，雌雄异株，伞形花序或再排成聚伞或圆锥花序，苞片 4～6，交互对生，花被裂片常 6，排成 2 轮，早落，雄花能育雄蕊 9 或 12，每轮 3 个，第 3 轮和最内轮若存在时两侧有腺体，花药 4 室，内向瓣裂。果着生于多少增大的浅盘状或深杯状果托上。

约 200 种，我国有 74 种，湖南有 22 种，八大公山有 10 种。

分种检索表

1. 常绿，叶片革质或薄革质。
  2. 果托扁平呈浅碟状……………………………………………… **1. 毛豹皮樟 L. coreana var. lanuginosa**
  2. 果托增大呈杯状。
    3. 嫩枝红褐色…………………………………………………………… **6. 红皮木姜子 L. pedunculata**
    3. 嫩枝黄褐色。
      4. 小枝灰黄色，二年生枝灰白色，具木栓质皮…………………………**9. 栓皮木姜子 L. suberosa**
      4. 一至二年生枝黄褐至灰褐色，无木栓质皮………………………… **2. 黄丹木姜子 L. elongate**
1. 落叶，叶片纸质或膜质。
  5. 小枝无毛。
    6. 叶片下面无毛。
      7. 每一伞形花序有花 4 ～ 6 朵………………………………………………… **4. 秃净木姜子 L. kingii**
      7. 每一伞形花序有花 10 ～ 18 朵…………………………………………… **8. 红叶木姜子 L. rubescens**
    6. 叶片下面有毛……………………………………………………………… **3. 宜昌木姜子 L. ichangensis**
  5. 小枝有毛。
    8. 小枝、叶下面具柔毛或茸毛……………………………………………………… **5. 毛叶木姜子 L. mollis**
    8. 小枝、叶下面具绢毛。

9. 嫩枝、叶下面被灰色短绢状毛……………………………………………… **7. 木姜子 L. pungens**

9. 嫩枝、叶下面被黄色或棕色长绢毛…………………………………… **10. 钝叶木姜子 L. veitchiana**

1. 毛豹皮樟 Litsea coreana var. **lanuginosa** (Migo) Yen C. Yang & P. H. Huang

常绿乔木。树皮斑块状脱落，幼枝红褐色，被灰色短柔毛。叶下面淡绿色，具白粉。果近球形，熟时红色，果托扁平。花期 8 ~ 9 月，果期 5 ~ 6 月。

分布与生境：分布于八大公山，生于海拔 200 ~ 400 m 的山坡林中。

用途：叶常绿，树皮斑块状脱落，果红色，可为庭院观赏树；叶可作茶，是重庆地区“老鹰茶”的原料，有除湿祛火之功效。

毛豹皮樟 Litsea coreana var. lanuginosa

2. 黄丹木姜子 Litsea elongata (Nees) J. D. Hooker

分变种检索表

1. 叶多为椭圆状披针形………………………………**2a. 黄丹木姜子（原变种） L. elongata** var. **elongata**

1. 叶长圆状披针形或窄披针形…………………………………**2b. 石木姜子（变种） L. elongata** var. **faberi**

2a. 黄丹木姜子（原变种）Litsea elongata (Nees) J. D. Hooker var. **elongata**

常绿小乔木或灌木。树皮红褐色；幼枝、叶柄和花序密生锈色茸毛。叶互生，革质，叶形变异大，一般为椭圆状披针形，罕有倒卵形或倒披针形，上面无毛，下面中脉及侧脉上有长柔毛，小脉上有短柔毛，侧脉 5 ~ 20 对。果实矩圆形，熟时红色转为黑紫色，果托浅杯状。花期 5 ~ 11 月，果期 2 ~ 6 月。

分布及生境：分布于八大公山各地，生于海拔 700 ~ 1800m 的山坡林中。

用途：木材可供小型用材；种子可榨油，供工业用。

黄丹木姜子（原变种）Litsea elongata var. elongata

2b. 石木姜子（变种）Litsea elongata var. **faberi** (Hemsley) Yen C. Yang & P. H. Huang

常绿灌木。本变种与原变种区别明显，树皮灰黄色，叶长圆状披针形或窄披针形。花期 8 ~ 9 月，果期翌年 4 ~ 5 月。

石木姜子（变种）Litsea elongata var. faberi

分布及生境：分布于八大公山各地，生于海拔 200 ~ 1000 m 的山坡林下。

用途：种子红色可供观赏；种子可榨油，供工业用。

3. 宜昌木姜子 Litsea ichangensis Gamble

落叶灌木或小乔木。叶互生，倒卵形或近圆形，先端急尖或圆钝，基部楔形，下面粉绿色。伞形花序单生或 2 个簇生，每花序常有花 9 朵，花被裂片 6，黄色，能育雄蕊 9，第 3 轮基部腺体小，黄色。果近球形，成熟时黑色。花期 4 ~ 5 月，果期 7 ~ 8 月。

分布及生境：分布于八大公山各地，生于海拔 300 ~ 1200 m 的山坡林中。

用途：叶柄红色，可供庭院观赏；果实入药。

宜昌木姜子 Litsea ichangensis

4. 秃净木姜子 Litsea kingii J. D. Hooker

落叶灌木或小乔木。叶互生，披针形或长圆形，先端渐尖，基部楔形，下面粉绿色，羽状脉。伞形花序单生或簇生，每一花序有花 4 ~ 6 朵，先叶开放或与叶同时开放，花被裂片 6，能育雄蕊 9，雌花子房卵形，柱头头状。果近球形，成熟时黑色。花期 2 ~ 3 月，果期 7 ~ 8 月。

分布及生境：分布于八大公山各地，生生海拔 500 ~ 1700 m 的山地、灌丛、疏林中。

5. 毛叶木姜子 Litsea mollis Hemsley

落叶灌木或小乔木。叶椭圆形，先端突尖，基部楔形，下面苍白色，密被白色柔毛，叶脉羽状。伞形花序腋生，花序有花 4 ~ 6 朵，先叶开放或与叶同时开放，花被裂片 6，黄色，能育雄蕊 9，退化雌蕊无。果球形，成熟时蓝黑色。花期 3 ~ 4 月，果期 9 ~ 10 月。

分布及生境：分布于八大公山各地，生于海拔 200 ~ 800 m 的山坡林中。

用途：果实入药；花蕾可作香辛料；果实可提取芳香油。

秃净木姜子 Litsea kingii

毛叶木姜子 Litsea mollis

6. 红皮木姜子 Litsea pedunculata (Diels) Yang et P. H. Huang

常绿灌木或小乔木。树皮褐色，内皮紫红色。幼枝红褐色，无毛或近于无毛，老枝灰色或灰褐色，无毛。叶互生，长圆状披针形至椭圆形，（3.5 ~ 7.0）cm ×（1.5 ~ 3.0）cm，基部楔形，钝或近圆形，下面粉绿色，两面均无毛，羽状脉，侧脉每边 8 ~ 12 条。伞形花序单生叶腋，花序梗长，纤细，长 5 ~ 7 mm，花被裂片 6，有时 3 或 4，能育雄蕊 9，腺体心形，无柄；退化子房卵形，长 1.0 ~ 1.5 mm，无毛。果长圆形，先端有尖头；果托盘状；果梗长约 2 mm。花期 5 月，果期 7 ~ 8 月。

分布及生境：八大公山各地均有分布，生于海拔 500 ~ 1900 m 的山坡林内。

用途：植株可供观赏；种子可榨油，供工业用。

红皮木姜子 Litsea pedunculata

7. 木姜子 **Litsea pungens** Hemsley

木姜子 Litsea pungens

落叶小乔木。叶互生，常聚生于枝顶，披针形或倒卵状披针形，先端短尖，基部楔形，幼叶下面具绢状柔毛。果球形，成熟时蓝黑色。花期 3 ~ 5 月，果期 7 ~ 9 月。

分布及生境：产于八大公山，生于海拔 1500 ~ 1900 m 的山坡灌木丛中。

用途：果实、根、叶入药。

8. 红叶木姜子 Litsea rubescens Lecomte

落叶灌木或小乔木。小枝无毛。叶互生，纸质，椭圆形或披针状椭圆形，初两面有疏柔毛，后渐脱落，干时变为红色，具羽状脉，侧脉 5 ~ 6 对，两面隆起。果实椭圆形。花期 3 月，果期 7 ~ 8 月。

分布及生境：八大公山各地均有分布，生于海拔 500 ~ 1900 m 的山坡林内。

用途：黄花繁茂，种子红色可供观赏；种子可榨油，供工业用。

红叶木姜子 Litsea rubescens

9. 栓皮木姜子 Litsea suberosa Yen C. Yang et P. H. Huang

常绿小乔木。树皮灰色或灰褐色。幼枝灰黄色，无毛或有稀疏毛，老枝灰白色，无毛，具薄的木栓质皮层，皮孔显著。顶芽卵圆形，鳞片外被丝状短柔毛。叶互生，倒披针形或狭长椭圆形，(6 ~ 17) cm × (1.5 ~ 5.0) cm，先端突尖，基部楔形，下面浅绿色，沿脉有稀疏长柔毛或无毛，羽状脉，侧脉每边 13 ~ 15 条。伞形花序腋生，无总梗或有极短的总梗；苞片 4，外面有灰色丝状短柔毛；花被裂片 6，卵圆形，外面有丝状柔毛，内面无毛；能育雄蕊 9，花丝有长柔毛；腺体小，圆形，无退化雌蕊。果椭圆形，长 1.0 ~ 1.2 cm；果托杯状，幼时果托外面与果梗均被柔毛。花期 7 ~ 9 月，果期 10 ~ 11 月。

分布及生境：八大公山各地均有分布，生于海拔 500 ~ 1900 m 的山坡林内。

栓皮木姜子 Litsea suberosa

10. 钝叶木姜子 Litsea veitchiana Gamble

落叶灌木或小乔木。本种叶片倒卵状长圆形或倒卵形，先端急尖或钝，叶下面绢毛同色，花序总梗有毛，而后者叶片长圆状披针形，先端渐尖，叶下面脉上绢毛的颜色较深，褐色，花序总梗无毛，可以区别。花期 4 ~ 5 月，果期 8 ~ 9 月。

分布及生境：八大公山各地均有分布，生于海拔 800 ~ 1500 m 的山坡灌木丛中。

用途：果实可榨油供工业用。

钝叶木姜子 Litsea veitchiana

（六）润楠属 Machilus Nees

常绿乔木或灌木。叶脉羽状。圆锥花序顶生或近顶生，花被裂片 6，排成 2 轮，近等大或外轮的较小，能育雄蕊 9 枚，排成 3 轮，花药 4 室，外面 2 轮无腺体，第三轮雄蕊有腺体，腺体有柄。果肉质，熟时果梗变为红色，果下有宿存反曲的花被裂片。

约 100 种，我国有 82 种，湖南有 10 种，八大公山有 5 种。

分种检索表

1. 花被裂片外面有绒毛或有小柔毛、绢毛。
  2. 小枝下面有小柔毛、微柔毛或绢毛，在放大镜下可见…………………**3. 宜昌润楠 M. ichangensis**
  2. 小枝下面有柔毛、小柔毛，肉眼可见………………………………………**4. 利川润楠 M. lichuanensis**
1. 花被裂片外面无毛。
  3. 花序短于叶，长度在 5 cm 以内 ………………………………………**1. 灰岩润楠 M. calcicola**
  3. 花序与叶等长，长度在 5 cm 以上。
    4. 果梗绿色………………………………………………………………**5. 木姜润楠 M. litseifolia**
    4. 果梗红色……………………………………………………………………**2. 竹叶楠 M. faberi**

1. 灰岩润楠 Machilus calcicola C.J.Qi

常绿乔木。小枝无毛，顶芽卵形，上部鳞片有棕红色绢毛。叶革质，倒卵状长圆形或长圆状椭圆形，先端渐尖或短尾尖，基部楔形，下面淡绿色，两面无毛且网脉明显，中脉及侧脉在上面平伏，

灰岩润楠 Machilus calcicola

在下面突起。果序总状，生新枝下方腋部，果近成熟时总果梗红色，无毛，果序短于叶片，果球形，蓝黑色，微被白粉，花被片全部脱落。

分布及生境：八大公山有分布，生于海拔 300 ~ 600 m 的山谷林内。

用途：木材可作用材；果梗红色，可供观赏。

2. 竹叶楠 Machilus faberi Hemsl.

常绿乔木，有叶呈灌木状。本种形态上与润楠属各种相似，树皮不裂、果梗红色亦与润楠属植物同。唯宿存花被片卵形，革质，略紧贴或松散，先端外倾与楠属有关联。花期 4 ~ 5 月，果期 6 ~ 7 月。

分布及生境：八大公山各地均有分布，生于海拔 200 ~ 800 m 的沟谷林中。

用途：木材可作小型用材；果梗红色可供庭院观赏。

竹叶楠 Machilus faberi

3. 宜昌润楠 Machilus ichangensis Rehder & E.H.Wilson

常绿乔木。顶芽外面有灰白色很快脱落小柔毛。叶长圆状披针形至长圆状倒披针形，上面无毛，下面带粉白色，有贴伏小绢毛或变无毛。圆锥花序生自当年生枝基部脱落苞片的腋内，总梗纤细，带紫红色，花梗长 5 ~ 9 mm，有贴伏小绢毛；花白色，花被裂片长 5 ~ 6 mm，外面和内面上端有贴伏小绢毛，先端钝圆，退化雄蕊三角形，稍尖，基部平截，子房近球形，无毛；花柱长 3 mm，柱头小，头状。果序长 6 ~ 9 cm；果近球形，直径约 1 cm，黑色，有小尖头；果梗不增大。花期 4 月，果期 8 月。

分布及生境：八大公山各地均有分布，生于海拔 300 ~ 1400 m 的山谷疏林内。

用途：茎、叶、皮药用；果梗红色，可供观赏。

宜昌润楠 Machilus ichangensis

4. 利川润楠 Machilus lichuanensis W.C.Cheng ex S.K.Lee et al.

常绿乔木。嫩枝、叶柄、叶下面. 花序密被淡棕色柔毛，当年生枝的基部和其下肿胀的节有锈色茸毛，芽有锈色茸毛。叶椭圆形或狭倒卵形，上面绿色，下面幼时密被棕色柔毛，老叶下面的毛被渐薄，但中脉和侧脉的两侧仍密被柔毛。聚伞状圆锥花序生当年生枝下端。聚伞状圆锥花序生当年生枝下端，自中部或上端分枝，有灰黄色小柔毛；花被裂片等长，长约 4 mm，两面都密被小柔毛；花丝无毛，花梗纤细，长 5 ~ 7 mm，有小柔毛。果序长 5 ~ 10 cm，果扁球形，直径约 7 mm。花期 5 月，果期 9 月。

分布及生境：八大公山各地均有分布，生于海拔 200 ~ 1400 m 的山谷疏林内。

用途：木材可作用材；果梗红色，可供观赏。

5. 木姜润楠 Machilus litseifolia S. K. Lee

常绿乔木。本种在没有花的情况下与宜昌润楠难以区分，可从基部钝或不等侧，下面粉绿色，嫩时下面密被贴伏小柔毛，老时两面无毛。花被裂片外面无毛，极少有疏生微柔毛，内面有小柔毛的特征来细分。花期 3 ~ 5 月，果期 6 ~ 7 月。

分布与生境：八大公山各地均有分布，生于海拔 300 ~ 700 m 的山坡或沟谷林中。

用途：果梗红色，可供观赏。

利川润楠 Machilus lichuanensis

木姜润楠 Machilus litseifolia

（七）新木姜子属 Neolitsea (Bentham & J.D.Hooker) Merrill

常绿乔木或灌木。叶互生或簇生成轮生状，离基三出脉。花单性，雌雄异株，伞形花序单生或簇生，苞片大，交互对生，花被片 4，内外轮各 2 片，雄花能育雄蕊 6，排成 3 轮，每轮 2 枚，花药 4 室，内向瓣裂。果着生于稍扩大的盘状或内陷的果托上，果梗常略增粗。

85 种，我国有 45 种，湖南有 11 种，八大公山有 6 种。

分种检索表

1. 羽状叶脉或间有近似远离基三出脉。
  2. 幼枝无毛。
    3. 叶背面有白粉…………………………………………………………… **6. 巫山新木姜子 N. wushanica**
    3. 叶背面无明显白粉…………………………………………………… **5. 羽脉新木姜子 N. pinninervis**
  2. 幼枝有锈色绒毛或贴伏短柔毛……………………………………… **2. 簇叶新木姜子 N. confertifolia**
1. 离基三出脉或基部三出脉。
  4. 叶背面有白粉…………………………………………………………………… **4. 大叶新木姜子 N. levinei**
  4. 叶背面无白粉。
    5. 幼叶的叶背面无毛……………………………………………… **3. 湘桂新木姜子 N. hsiangkweiensis**
    5. 幼叶的叶背面密被金黄色绢毛……………………………………………… **1. 新木姜子 N. aurata**

1. 新木姜子 Neolitsea aurata (Hayata) Koidzumi

分变种检索表

1. 下面密被金黄色绢毛…………………………………… **1a. 新木姜子（原变种） N. aurata** var.**aurata**
1. 叶片下面被白粉，有密生贴伏的白色绢状毛………………………………………………………………
………………………………………………………… **1b. 云和新木姜子（变种）N. aurata** var.**paraciculata**

1a. 新木姜子（原变种）Neolitsea aurata (Hayata) Koidzumi var. **aurata**

常绿乔木。幼枝有锈色短柔毛。叶互生或聚生枝顶呈轮生状，长圆形至长圆状倒卵形，先端镰刀状渐尖或渐尖，基部楔形或近圆形，下面密被金黄色绢毛，离基三出脉。伞形花序 3 ~ 5 个簇生于枝顶或节间，苞片圆形。果椭圆形，果托浅盘状，先端略增粗。花期 2 ~ 3 月，果期 9 ~ 10 月。

分布及生境：八大公山有分布，生于海拔 200 ~ 700 m 的山谷密林中。

用途：叶形秀丽，叶背金光闪闪，可供观赏。

1b. 云和新木姜子（变种）Neolitsea aurata var. **paraciculata** (Nakai) Yen C. Yang et P. H. Huang

常绿小乔木或灌木。与原变种不同在于幼枝、叶柄均无毛，叶片通常略较窄，下面疏生黄色丝状毛，易脱落，近于无毛，具白粉。花期 2 ~ 3 月，果期 9 ~ 10 月。

分布及生境：八大公山斗篷山有分布，生于海拔 200 ~ 700 m 的山谷密林中。

用途：枝叶可制蚊香。

新木姜子（原变种）Neolitsea aurata var. aurata

云和新木姜子（变种）Neolitsea aurata var. paraciculata

2. 簇叶新木姜子 Neolitsea confertifolia (Hemsley) Merrill

常绿小乔木。小枝常轮生。叶密集呈轮生状，长圆形、披针形至狭披针形，先端渐尖或短渐尖，基部楔形，边缘微呈波状，下面带绿苍白色，幼时有短柔毛，羽状脉。伞形花序常 3 ~ 5 个簇生于叶腋，苞片 4；每一花序有花 4 朵。雄花能育雄蕊 6，退化雌蕊柱头头状。雌花子房卵形，柱头膨大，2 裂。果卵形或椭圆形，成熟时灰蓝黑色。花期 4 ~ 5 月，果期 9 ~ 10 月。

分布及生境：八大公山各地均有分布，生于海拔 900 ~ 1300 m 的沟谷或山坡密林下。

用途：枝叶入药。

簇叶新木姜子 Neolitsea confertifolia

3. 湘桂新木姜子 Neolitsea hsiangkweiensis Yen C. Yang & P. H. Huang

常绿乔木。本种外形上与大叶新木姜子相似，但叶稍小，背面无白粉，幼树之叶倒披针形，结果枝上的叶倒卵状椭圆形。果球形可卵球形，成熟时紫黑色。花期 10 月，果期翌年 6 ~ 7 月。

分布及生境：八大公山有分布，生于海拔 200 ~ 700 m 的山谷密林中。

用途：木材可作用材；叶形秀丽，可供观赏。

4. 大叶新木姜子 Neolitsea levinei Merrill

常绿乔木。冬芽棍棒状，芽鳞锈褐色。本种叶大型，轮生，革质，下面有白粉和贴伏微柔毛，离基三出脉，侧脉两面隆起。果实椭圆形，黑色，果梗顶部稍增粗。花期 3 ~ 4 月，果期 8 ~ 10 月。

分布及生境：分布于八大公山各地，生于海拔 400 ~ 700 m 的河谷林中。

用途：叶形秀丽，可作观赏。

湘桂新木姜子 Neolitsea hsiangkweiensis

大叶新木姜子 Neolitsea levinei

5. 羽脉新木姜子 Neolitsea pinninervis Yen C. Yang & P. H. Huang

常绿小乔木，小枝黄色或黄绿色，无毛，小枝和叶呈轮生状。叶两面绿色，表面光亮，均无毛，羽状叶脉。伞形花序 2 ~ 3 个集生叶腋，总梗短。果近球形，成熟时黑色。花期 3 ~ 4 月，果期 8 ~ 9 月。

分布及生境：八大公山斗篷山有分布，生于海拔 800 ~ 1200 m 的山谷林中。

用途：枝干绿色，叶轮生，黄绿色，可供观赏。

羽脉新木姜子 Neolitsea pinninervis

6. 巫山新木姜子 Neolitsea wushanica (Chun) Merrill

常绿小乔木。叶互生或聚生于枝顶，椭圆形或长圆状披针形，先端急尖或近于渐尖，偶有长渐尖，基部渐尖，薄革质，上面深苍绿色，下面粉绿，具白粉，两面均无毛，羽状脉或有时近于离基三出脉，侧脉每达 8 ~ 12 条。果球形，成熟时紫黑色，果托浅盘状。花期 10 月，果期翌年 6 ~ 7 月。

分布及生境：产于八大公山各地，生于海拔 500 ~ 1200 m 的山坡林中。

用途：枝干绿色，叶轮生，可供观赏。

巫山新木姜子 Neolitsea wushanica

（八）楠属 Phoebe Nees

常绿乔木。叶互生，全缘，羽状脉。聚伞状圆锥花序或近总状花序，腋生或顶生，花两性，花被裂片 6 枚，花后直立，宿存，能育雄蕊 9 枚，排成 3 轮，花药 4 室，第 1、2 轮雄蕊的花药内向，第 3 轮的外向，基部有腺体 1 对。果卵球形、椭球形或球形，基部为宿存花被片所包围，宿存花被裂片紧贴或开展，但不反卷。

近 100 种，我国有 35 种，湖南有 8 种，八大公山有 5 种。

分种检索表

1. 花被外面及花序完全无毛或被紧贴微柔毛。
  2. 嫩叶下面密被紧贴白色绢状毛……………………………………………………**2. 湘楠 P. hunanensis**
  2. 嫩叶下面绝不为紧贴白色绢状毛……………………………………… **4. 光枝楠 P. neuranthoides**
1. 花被外面及花序密被短柔毛、长柔毛或茸毛。
  3. 果较大，长 1.1 ~ 1.5 cm，宿存花被片紧贴果的基部 ………………………… **1. 闽楠 P. bournei**
  3. 果较小，长 1 cm 以下，宿存花被片多少松散或明显松散。
    4. 老叶下面（包括中脉）、小枝、花序及果梗通常密被长柔毛或茸毛……… **5. 紫楠 P. sheareri**
    4. 老叶下面中脉和果梗近于无毛或疏被短柔毛……………………………… **3. 白楠 P. neurantha**

1. 闽楠 **Phoebe bournei** (Hemsley) Yen C. Yang

闽楠 Phoebe bournei

常绿高大乔木。树干通直圆满，树皮细条状开裂。小枝略粗，幼枝被毛，后脱落或部分脱落。叶较小至较大，披针形或倒披针形，革质或厚革质，叶背密被柔毛。花梗、花被片亦被短柔毛。叶背中脉、侧脉、横脉及小脉明显，结成网格状。花期 5 ~ 6 月，果期 10 ~ 11 月。

分布及生境：八大公山有分布，生于海拔 300 ~ 700 m 的河谷林中。

用途：树干通直，木材纹理细密，可作造船、建筑、家具等用材，传统的金丝楠木亦指本种；优良的庭院观赏树。

2. 湘楠 Phoebe hunanensis Handel-Mazzetti

常绿乔木或小乔木。干形多不良，分枝低矮。叶大，倒阔披针形，老叶下面无毛或有紧贴短柔毛，苍白色或被白粉，幼叶下面密被绢状柔毛。本种宿存花被片紧贴或松散先端外倾比例大致相等，性状上亦支持楠属与润楠属合并。花期 5 ~ 6 月，果期 8 ~ 9 月。

分布及生境：八大公山各地有分布，生海拔 400 ~ 800 m 的山坡沟谷林中。

用途：庭院观赏。

湘楠 Phoebe hunanensis

3. 白楠 Phoebe neurantha (Hemsley) Gamble

常绿大灌木至乔木。树皮灰黑色。小枝初时疏被短柔毛或密被长柔毛，后变近无毛。叶革质，狭披针形、披针形或倒披针形，（8 ~ 16）cm ×（1.5 ~ 4.5）cm，先端尾状渐尖或渐尖，基部渐狭下延，下面绿色或有时苍白色。圆锥花序，花梗被毛，花被片卵状长圆形，外轮较短而狭，内轮较长而宽，先端钝，两面被毛，内面毛被特别密；各轮花丝被长柔毛；子房球形，花柱伸长，柱头盘状。果卵形，果梗不增粗或略增粗；宿存花被片革质，松散，有时先端外倾，具明显纵脉。花期 5 月，果期 8 ~ 10 月。

分布及生境：八大公山龙潭坪有分布，生于海拔 200 ~ 800 m 的石灰岩山地沟谷林中。

用途：木材供建筑、家具等用。

白楠 Phoebe neurantha

4. 光枝楠 Phoebe neuranthoides S.K.Lee & F.N.Wei

常绿大灌木至小乔木。小枝有棱，无毛。叶薄革质，倒披针形或披针形，先端渐尖或长渐尖，基部渐狭，有时下延，上面完全无毛，下面近于无毛或被贴伏小柔毛，通常为苍白色，侧脉纤细，上面不明显，下面明显。花被片卵形，外面完全无毛，内面密被长柔毛。果卵形，宿存花被片卵形，松散。花期 4 ~ 5 月，果期 9 ~ 10 月。

分布及生境：八大公山各地均有分布，生海拔 400 ~ 800 m 的石灰岩山地沟谷林中。

光枝楠 Phoebe neuranthoides

5. 紫楠 Phoebe sheareri (Hemsley) Gamble

常绿乔木。有时呈小乔木状。本种小枝、叶柄及花序密被黄褐色或灰黑色柔毛或绒毛，老枝毛被不脱落，叶形较大，侧脉每边 8 ~ 13 条，弧形，在边缘联结，横脉及小脉多而密集，结成明显网格状。宿存花被片卵形，两面被毛，松散。果柄略膨大，全体被毛较密是它与楠木属其他种的区别特征。花期 4 ~ 6 月，果期 9 ~ 11 月。

分布及生境：八大公山有分布，生于海拔 300 ~ 600 m 的河谷林中。

用途：木材可作金丝楠木代用品，唯出材率不高；庭院观赏树木。

紫楠 Phoebe sheareri

（九）檫木属 Sassafras J.Presl

落叶乔木。叶互生，聚集于枝顶。常雌雄异株，总状花序顶生，下垂，具总苞，苞片线形至丝状，花黄色，花被裂片 6，排成二轮，雄花能育雄蕊 9，着生于花被筒喉部，呈三轮排列，第三轮花丝基部有 1 对腺体，退化雄蕊 3 或无，雌花退化雄蕊 6（12）。核果，深蓝色，基部有浅杯状的果托。

3 种，我国有 2 种，湖南有 1 种，八大公山也有。

1. 檫木 Sassafras tzumu (Hemsley) Hemsley

落叶乔木。叶卵形或倒卵形，全缘或 2 ~ 3 浅裂，裂片先端略钝，叶最下方一对侧脉对生，发达。花先叶开放，花黄色，雌雄异株，花梗具柔毛。果近球形，着生于浅杯状的果托上。花期 3 ~ 4 月，果期 5 ~ 9 月。

分布及生境：八大公山各地均有分布，生于海拔 200 ~ 1000 m 的山坡林中。

用途：珍贵用材树种；根和树皮入药。

檫木 Sassafras tzumu

九、金粟兰科 Chloranthaceae

多年生草本、灌木或小乔木。单叶对生，羽状叶脉，边缘具锯齿，叶柄基部常合生。花小，两性或单性，排成穗状花序、头状花序或圆锥花序，无花被或在雌花中有浅杯状 3 齿裂的花被，两性花具雄蕊 1（3）枚，雌蕊 1 枚；单性花其雄花多数，雄蕊 1 枚，雌花少数，有与子房贴生的 3 齿萼状花被。核果卵形或球形。

5 属约 70 种，我国有 3 属 15 种，湖南有 2 属 8 种，八大公山有 2 属 4 种。

分属检索表

1. 木质部无导管；果成熟时红色或橙色……………………………………………… **1. 草珊瑚属 Sarcandra**
1. 木质部有导管；果成熟时白色…………………………………………………… **2. 金粟兰属 Chloranthus**

（一）草珊瑚属 Sarcandra Gardner

常绿半灌木。叶对生，椭圆形至椭圆状披针形，边缘具锯齿，叶柄短，基部合生。穗状花序顶生，常分枝，多少成圆锥花序状，花两性，无花被和花梗，苞片 1 枚，三角形，雄蕊 1 枚，棒状至背腹压扁，花药 2 室（稀 3 室），药室侧向至内向，纵裂，子房卵形，含 1 枚颗下垂的直生胚珠。核果球形或卵形。

3 种，我国产 2 种，湖南产 2 种，八大公山 1 种。

1. 草珊瑚 Sarcandra glabra(Thunberg) Nakai

常绿半灌木。节常膨大。叶革质，椭圆形至卵状披针形，先端渐尖，基部楔形，边缘具粗锐锯齿，两面均无毛，叶柄基部合生成鞘状，托叶钻形。穗状花序顶生，苞片三角形，花黄绿色，雄蕊 1 枚，花药 2 室，子房球形或卵形。核果球形，熟时亮红色。花期 6 月，果期 8 ~ 10 月。

分布与生境：分布于八大公山五道水，生于海拔 500 m 的山谷林下。

用途：全株入药；亦可栽作观赏。

草珊瑚 Sarcandra glabra

（二）金粟兰属 Chloranthus Swartz

多年生草本或半灌木。叶对生或呈轮生状，边缘具锯齿，叶柄基部通常合生，托叶小。花序穗状或圆锥花序状，顶生或腋生，花小，两性，无花被，雄蕊通常 3 枚，稀 1 枚，具短肉质花丝或无，连合，中间花药 2 室，侧生花药 1 室，子房上位，1 室，内有胚珠 1 枚，通常无花柱。核果球形、倒卵形或梨形。

17 种，我国有 13 种，湖南有 6 种，八大公山产 3 种。

分种检索表

1. 叶背面无毛………………………………………………………………………… **3. 及己 C. serratus**
1. 叶背面脉上有毛。
  2. 穗状花序单一，顶生；雄蕊 3 枚，药隔长为药室的 1 ~ 3 倍………… **1. 宽叶金粟兰 C. henryi**
  2. 穗状花序多条，腋生和顶生；雄蕊 1 ~ 3 枚，药隔与药室等长或略长……………………………
  ………………………………………………………………………………… **2. 多穗金粟兰 C. multistachys**

1. 宽叶金粟兰（原变种）Chloranthus henryi Hemsley

多年生直立草本。叶对生，通常 4 片生于茎上部，宽椭圆形、卵状椭圆形或倒卵形，顶端渐尖，基部楔形，边缘具锯齿。花序有长达 16 cm 的总梗，穗状，顶生，通常两歧或总状分枝，花白色，雄蕊 3 枚，子房卵形。核果球形。花期 4 ~ 6 月，果期 7 ~ 8 月。

分布及生境：分布于八大公山各地，生于海拔 1400 m 以下的山坡林下。

用途：全株舒筋活血，消肿止痛，消肿解毒。

宽叶金粟兰（原变种）Chloranthus henryi

2. 多穗金粟兰 Chloranthus multistachys Pei

多年生草本。根状茎粗壮，生多数细长须根；茎直立，单生，下部节上生一对鳞片叶。叶对生，通常 4 片，椭圆形至宽卵形，（10 ~ 20）cm ×（6 ~ 11）cm，顶端渐尖，基部宽楔形至圆形，边缘具粗锯齿或圆锯齿，齿端有一腺体，背面沿叶脉有鳞屑状毛。穗状花序多条，粗壮，顶生和腋生，单一或分枝，连总花梗长 4 ~ 11 cm，花小，白色，排列稀疏；雄蕊 1 ~ 3 枚，药隔与药室等长或稍长，子房卵形，无花柱，柱头截平。核果球形，绿色，长 2.5 ~ 3.0 mm，具长 1 ~ 2 mm 的柄，表面有小腺点。花期 5 ~ 7 月，果期 8 ~ 10 月。

分布与生境：分布于八大公山各地，生于海拔 300 ~ 600 m 的山坡栎林下。

用途：全株入药；庭院观赏。

多穗金粟兰 Chloranthus multistachys

3. 及己 *Chloranthus serratus* (Thunberg) Roemer & Schultes

多年生直立草本。根状茎横生，单生或数个丛生，具明显的节。叶对生，常 4 ~ 6 片，纸质，卵形或卵状披针形，先端渐尖，基部楔形，边缘具密锯齿，两面无毛。穗状花序顶生或间有腋生，单 1 或 2 ~ 3 分枝，总花梗长 1.0 ~ 3.5 cm，苞片三角形或近半圆形，花白色，雄蕊 3 枚，子房卵形。核果近球形或梨形。花期 4 ~ 5 月，果期 6 ~ 8 月。

分布及生境：产于八大公山各地，生于海拔 600 m 以下的山坡林下。

用途：全草入药。

及己 Chloranthus serratus

十、菖蒲科 Acoraceae

多年生常绿草本。根茎匍匐，肉质。叶2列，剑形，有叶鞘。花序柄长，佛焰苞与花序柄合生，花序生于叶腋，柄长，常为三棱形，肉穗花序密，自下而上开放，密生，花两性，花被片6，雄蕊6，子房倒圆锥状长圆形，每室胚珠多数。浆果长圆形，红色，2~3室。

1属，2~4种，我国全有，湖南1属2种，八大公山均产。

（一）菖蒲属 Acorus Linnaeus

属特征及种数见菖蒲科。

分种检索表

1. 挺水植物，叶具中肋，叶片剑状线形，长而宽……………………………………………… **1. 菖蒲 A. calamus**
1. 湿生植物，叶不具中肋，叶片线形，较狭而短………………………………………… **2. 金钱蒲 A. gramineus**

1. 菖蒲 Acorus calamus Linnaeus

多年生草本。根茎横走，稍扁，分枝，外皮黄褐色，芳香，肉质根多数。叶基生，叶片剑状线形，草质，绿色，光亮，中肋在两面均明显隆起。花序柄三棱形，叶状佛焰苞剑状线形，肉穗花序斜向上或近直立，狭锥状圆柱形，花黄绿色。浆果长圆形，红色。花果期4~9月。

分布与生境：分布于八大公山各地，生于海拔400~1400 m的水塘边、田边、沟边沼泽地。

用途：全株芳香，可作香料或驱蚊虫；茎、叶可入药；水体绿化植物。

菖蒲 Acorus calamus

2. 金钱蒲 Acorus gramineus Solander ex Aiton

多年生草本。根茎芳香，根肉质，根茎上部分枝甚密，植株因而成丛生状，分枝常被纤维状宿存叶基。叶无柄，叶片暗绿色，线形。花序柄腋生，三棱形，叶状佛焰苞长 3 ~ 9 cm；肉穗花序圆柱状，花黄绿色。成熟果序粗达 1 cm。幼果绿色，成熟时黄绿色或黄白色。花果期 4 ~ 7 月。

分布与生境：分布于八大公山，生于海拔 200 ~ 1800 m 山沟、溪边及潮湿的石壁上。

用途：根茎入药；水体绿化植物。

金钱蒲 Acorus gramineus

十一、天南星科 Araceae

多年生草本。具块茎或伸长的根茎。叶单 1 或少数，常基生，叶片全缘时多分裂。花为肉穗花序，花序外面有佛焰苞包围，花两性或单性，雄蕊多数，分离或合生为雄蕊柱，假雄蕊常存在，子房上位或稀陷入肉穗花序轴内，1 至多室。果为浆果。

112 属，3300 ~ 3500 种，我国有 30 属 189 种，湖南有 16 属 34 种，八大公山有 10 属 23 种。

分属检索表

1. 细小的水生漂浮植物，无茎，无根或有简单的线形根。
  2. 植物体无根，叶状体具 1 个侧囊，从中孕育新的叶状体························ **10. 无根萍属 Wolffia**

2. 植物体有根，叶状体具 2 个侧囊，幼叶状体逐渐长大从小囊中浮出。

3. 植株体有 1 条根，叶状体下面绿色或有褪色条纹…………………………………… **5. 浮萍属 Lemna**

3. 植株体有多条根，叶状体下面通常紫色…………………………………………… **9. 紫萍属 Spirodela**

1. 陆生（极少为水生）植物，通常有很显著的肉穗花序和佛焰苞；须根多数。

4. 花全部两性………………………………………………………………………… **2. 雷公连属 Amydrium**

4. 花全部单性。

5. 胚珠倒生，开花时无叶…………………………………………………… **1. 磨芋属 Amorphophallua**

5. 胚珠直立，开花时有叶。

6. 雄蕊分离。

7. 佛焰苞管喉部张开。

8. 佛焰苞边缘合生，筒状无缝………………………………………… **8. 斑龙芋属 Sauromatum**

8. 佛焰苞边缘席卷，但不闭合………………………………………… **3. 天南星属 Arisaema**

7. 佛焰苞管喉部闭合………………………………………………………………… **7. 半夏属 Pinellia**

6. 雄蕊合生成一体。

9. 植株有块茎…………………………………………………………………………… **4. 芋属 Calocasia**

9. 植株无块茎而有根茎………………………………………………………… **6. 大野芋属 Leucocasia**

（一）磨芋属 **Amorphophallus** Blume ex Decaisne

多年生草本。有球形块茎。叶为叉指状复叶，于花后抽出，阔大。花序高大，上部的为雄花，下部的为雌花，开时发出一种奇臭；佛焰苞大，肉穗花序内藏或突出，顶端有大的附属体，花单性，无花被。浆果肉质。有种子 1 ~ 4 颗。

100 种，我国有 19 种，湖南有 4 种，八大公山有 1 种。

1. 磨芋 **Amorphophallus konjac** K. Koch

多年生草本。块茎扁球形，暗红褐色，颈部周围生多数肉质根及纤维状须根。叶柄长黄绿色，光滑，有绿褐色或白色斑块。花序柄色泽同叶柄；佛焰苞漏斗形，苍绿色，杂以暗绿色斑块，边缘紫红色；肉穗花序比佛焰苞长 1 倍，雌花序圆柱形，深紫色。浆果球形或扁球形，成熟时黄绿色。花期 4 ~ 6 月，果 8 ~ 9 月成熟。

分布：原产我国，八大公山各地栽培。

磨芋 Amorphophallus konjac

用途：块茎可加工成磨芋豆腐供蔬食；块茎淀粉可用作浆纱、造纸、瓷器或建筑等的胶黏剂；块茎入药。

（二）雷公连属 **Amydrium** Schott

常绿攀缘藤本。叶远离，叶柄基部或几全部鞘状；叶片全缘，具穿孔或羽状分裂。花序柄单生；佛焰苞卵形，反折；肉穗花序花两性，雄蕊 4 ~ 6，花药卵形，雌蕊倒金字塔形或倒圆锥形。浆果近球形，顶部平截。

6 种，我国有 2 种，湖南有 2 种，八大公山有 1 种。

1. 雷公连 Amydrium sinense (Engler) H. Li

常绿藤本。茎较细弱，附生。叶柄上面具槽，基部扩大；叶片革质，表面亮绿色，背面黄绿色。佛焰苞肉质，蕾时绿色，盛花时展黄绿色至黄色。浆果绿色，成熟时黄色或红色。花期 6 ~ 7 月，果期 7 ~ 11 月。

分布及生境：分布于八大公山，附生于海拔 200 ~ 500 m 的河谷树干上或石崖上。

用途：茎叶入药；垂直绿化植物。

雷公连 Amydrium sinense

（三）天南星属 **Arisaema** Martius

多年生草本，具块茎。叶柄多少具长鞘；叶片 3 浅裂至 3 深裂，卵形至披针形，全缘或有时啮齿状，无柄或具柄。佛焰苞管部席卷；肉穗花序单性或两性，雌花序花密，雄花序稀疏，附属器仅达佛焰苞喉部。浆果倒卵圆形，倒圆锥形，1 室。

约 170 种，我国有 78 种，湖南有 12 种，八大公山有 10 种。

分种检索表

1. 叶片掌状 3 裂。
  2. 叶柄和花序柄具疣突或弯刺……………………………………………………**1. 刺柄南星 A. asparatum**
  2. 叶柄和花序柄光滑。
    3. 叶中裂片无柄………………………………………………………………**6. 象头花 A. franchetianum**
    3. 叶中裂片具明显的柄。
      4. 佛焰苞喉部两侧具圆形宽耳………………………………………………**10. 双耳南星 A. wattii**
      4. 佛焰苞喉部斜截形，无耳……………………………………………………**8. 花南星 A. lobatum**
1. 叶片鸟足状、掌状或辐射状 5 至多裂。
  5. 叶放射状分裂………………………………………………………………**5. 一把伞南星 A. erubescens**
  5. 叶片鸟足状或掌状分裂。
    6. 附属器上部延长，无柄，呈之字形上升…………………………………**7. 天南星 A. heterophyllum**
    6. 附属器短缩，直。
      7. 植物具球形块茎。
        8. 附属器无柄，基部具中性花。
          9. 附属器密生向上的肉质棒状突起 ……………………………**3. 棒头南星 A. clavatum**
          9. 附属器光滑…………………………………………………………………**9. 鄂西南星 A. silvestrii**
        8. 附属器明显具柄，基部截形，无中性花…………………………………**2. 灯台莲 A. bockii**
      7. 植物具圆柱形根茎………………………………………………………**4. 奇异南星 A. decipiens**

1. 刺柄南星 Arisaema asperatum N. E. Brown

多年生草本。块茎扁球形，鳞叶宽线状披针形，带紫红色。叶 1，叶片 3 全裂，裂片无柄，中裂片宽倒卵形，先端微凹，具细尖头，基部楔形。佛焰苞暗紫黑色，具绿色纵纹，管部圆柱形，檐部倒披针形或卵状披针形，近直立；肉穗花序黄绿色。花期 5 ~ 6 月。

分布与生境：分布于八大公山天平山、斗篷山，生于海拔 1400 ~ 1900 m 的山坡草丛。

用途：块茎入药；亦作观赏。

2. 灯台莲 Arisaema bockii Engler

多年生草本。块茎扁球形，鳞叶 2，内面的披针形，膜质。叶 2，侧裂片与中裂片相距 1 ~ 4 cm，与中裂片近相等，具短柄或否。花序柄略短于叶柄或几与叶柄等长；佛焰苞淡绿色至暗紫色，具淡紫色条纹；肉穗花序单性。果序长 5 ~ 6 cm，圆锥状。花期 5 月，果 8 ~ 9 月成熟。

分布及生境：分布于八大公山各地，生于海拔 200 ~ 1500 m 的山坡林下。

用途：块茎入药；亦作观赏。

刺柄南星 Arisaema asperatum

灯台莲 Arisaema bockii

3. 棒头南星 **Arisaema clavatum** Buchet

多年生草本。块茎近球形或卵球形。叶二型，叶片鸟足状分裂，裂片无柄，中间5枚裂片近等大，其他侧裂片依次渐小。佛焰苞绿色，管部带紫色，檐部内面有5条苍白色条纹；肉穗花序的附属器向上渐狭，先端骤然扩大为棒头或圆锥体，棒头密生向上的肉质棒状突起。花期2~4月，果期4~6月。

分布及生境：产于八大公山五道水，生于海拔200~500 m的沟谷密林下。

用途：块茎入药；亦作观赏。

棒头南星 Arisaema clavatum

4. 奇异南星 **Arisaema decipiens** Schott

多年生草本。根茎横卧，圆锥形或圆柱形，长5~9 cm，粗2~3 cm，具节，节上生根。鳞叶2~3，披针形。叶二型，叶柄纤细，下部1/2~1/3具鞘，散布紫色或白色斑块；叶片鸟足状分裂，裂片5，

奇异南星 Arisaema decipiens

表面绿色，背面常有紫色斑块，长椭圆形至长圆披针形，中裂片具长 5 mm 的柄，（8 ~ 20）cm ×（3 ~ 7）cm；侧裂片具短柄或无柄至基部联合，较小。花序柄远短于叶柄；佛焰苞黄绿色、黄色、淡红色，具暗紫色或黑色斑点；肉穗花序单性，附属器稍伸出喉外，暗紫色，有黑斑，长 2.0 ~ 3.5 cm，具长 5 mm 的细柄，圆柱形，中部以上缢缩为颈状，先端棒状，顶部有肉质钻形凸起。花期 8 ~ 11 月，果 1 ~ 2 月成熟。

分布及生境：分布于八大公山斗篷山，生于海拔 150 ~ 1800 m 的山坡林下。

用途：块茎入药；亦作观赏。

5. 一把伞南星 Arisaema erubescens (Wallich) Schott

多年生草本。块茎扁球形，鳞叶绿白色、粉红色、有紫褐色斑纹。叶一型，极稀二型，叶片放射状分裂。花序柄比叶柄短，直立，果时下弯或否；佛焰苞绿色，背面有清晰的白色条纹，或淡紫色至深紫色而无条纹，管部圆筒形；肉穗花序单性。果序柄下弯或直立，浆果红色。花期 5 ~ 7 月，果 9 月成熟。

分布及生境：生于八大公山海拔 300 ~ 1500 m 的山坡林下及灌丛中。

用途：块茎入药；亦作观赏。

一把伞南星 Arisaema erubescens

6. 象头花 Arisaema franchetianum Engler

多年生草本。块茎扁球形，常具多数小球茎，鳞叶 3，褐色。叶片 3 深裂至 3 全裂，裂片无柄，干时膜质，全缘，中裂片近菱形，卵状长圆形至卵形，凸尖或急尖，基部短楔形或与侧裂片联合。佛焰苞紫色，盔状，附属器由中部以上开始下弯。花期 5 ~ 7 月，果 9 ~ 10 月成熟。

分布及生境：分布于八大公山斗篷山，生于海拔 1200 ~ 1500 m 的山坡多石处。

用途：块茎入药；亦作观赏。

象头花 Arisaema franchetianum

7. 天南星 Arisaema heterophyllum Blume

多年生草本。块茎扁球形，顶部扁平，周围生根。鳞芽 4 ~ 5，膜质。叶常单 1，叶片鸟足状分裂，裂片 13 ~ 19。佛焰苞管部圆柱形，粉绿色，内面绿白色，喉部截形，外缘稍外卷；檐部卵形或卵状披针形；肉穗花序两性和雄花序单性。浆果黄红色、红色，圆柱形。花期 4 ~ 5 月，果期 7 ~ 9 月。

分布及生境：分布于八大公山各地，生于海拔 600 m 以上的山坡林下或灌丛中。

用途：块茎入药。

8. 花南星 Arisaema lobatum Engle

多年生草本。块茎近球形。叶一型或二型，叶片 3 全裂，中裂片具长柄，长圆形或椭圆形，侧裂片无柄，极不对称，长圆形。佛焰苞外面淡紫色，檐部披针形，下弯或垂立；肉穗花序的附属器具细柄，向上增粗为棒状，先端钝圆。花期 4 ~ 7 月，果期 8 ~ 9 月。

分布及生境：分布于八大公山各地，生于海拔 200 ~ 800 m 的山坡林下。

用途：块茎入药；亦作观赏。

天南星 *Arisaema heterophyllum*

花南星 *Arisaema lobatum*

9. 鄂西南星 Arisaema silvestrii Pampanini

多年生草本。鳞叶 3，下部管状，上部略分离，钝，膜质。叶二型，叶片鸟足状分裂，裂片 7 ~ 9，倒披针形或披针形，背面略呈粉绿色。佛焰苞淡白绿色。花期 4 ~ 5 月。

分布及生境：分布于八大公山各地，生于海拔 200 ~ 600 m 的沟谷密林下。

用途：块茎入药。

鄂西南星 Arisaema silvestrii

10. 双耳南星 Arisaema wattii J. D. Hooker

多年生草本。本种与花南星相似，区别在于叶裂片无柄，佛焰苞淡褐紫色或紫色，喉部两侧具长 1.5 cm，宽 2.5 cm 的圆形宽耳。花期 4 ~ 5 月，果期 5 ~ 6 月。

分布及生境：分布于八大公山五道水（黑槽），生于海拔 800 ~ 900 m 的山坡林下。

双耳南星 Arisaema wattii

（四）芋属 **Colocasia** Schott

多年生草本。具块茎、根茎或直立的茎。叶柄延长，叶片盾状着生。花序柄通常多数；佛焰苞管部短；肉穗花序短于佛焰苞，雌花序短；花单性、无花被，子房1室。浆果绿色，1室。种子多数，长圆形。

8种，我国有6种，湖南有2种，八大公山有2种。

分种检索表

1. 附属器延长，约与雄花序等长；块茎球形；叶柄常紫色……………………… **1. 野芋 C. antiquorum**
1. 附属器短，长约为雄花序之半；块茎卵形；叶柄绿色……………………………… **2. 芋 C. esculenta**

1. 野芋 Colocasia antiquorum Schott

多年生草本。块茎球形匍匐茎常从块茎基部外伸。叶柄肥厚，紫色；叶片薄革质，表面略发亮，盾状卵形，基部心形。花序柄比叶柄短许多；佛焰苞苍黄色，长15～25 cm，管部淡绿色，长圆形，为檐部长的1/2～1/5；檐部狭长的线状披针形，先端渐尖；肉穗花序短于佛焰苞，雌花序与不育雄花序等长，能育雄花序和附属器各长4～8 cm。

分布与生境：分布于八大公山各地，生于海拔200～800 m的溪流、沟渠边。

用途：块茎和叶柄供食用；茎、叶、花入药。

野芋 Colocasia antiquorum

2. 芋 Colocasia esculenta (Linnaeus) Schott

多年生草本。块茎通常卵形，常生多数小球茎，均富含淀粉。叶2～3枚或更多，叶柄长于叶片，绿色，叶片卵状。花序柄常单生，短于叶柄；佛焰苞长短一般为20 cm左右，淡黄色至绿白色。花期2～4月至8～9月。

分布与生境：原产我国南方和印度，八大公山有栽培或逸生。

用途：块茎和叶柄供食用；茎、叶、花入药。

芋 Colocasia esculenta

（五）浮萍属 Lemna Linnaeus

飘浮或悬浮水生草本。叶状体扁平，两面绿色，具 1 ~ 5 脉；根 1 条，无维管束。叶状体基部两侧具囊。花单性，雌雄同株；佛焰苞膜质；每花序有雄花 2，雌花 1，雄蕊花丝细，花药 2 室，子房 1 室，胚珠 1 ~ 6，直立或弯生。果实卵形，种子 1，具肋突。

13 种，我国有 5 种，湖南有 2 种，八大公山产 2 种。

分种检索表

1. 飘浮植物，叶状体无柄…………………………………………………………… **1. 浮萍 L. minor**
1. 浮悬植物，叶状体具细长的柄……………………………………………………… **2. 品藻 L. trisulca**

1. 浮萍 Lemna minor Linnaeus

飘浮植物。叶状体对称，表面绿色，背面常为紫色，近圆形，全缘，上面稍凸起或沿中线隆起，脉 3，不明显，背面垂生丝状根 1 条，根白色，根冠钝头，根鞘无翅。叶状体背面一侧具囊。

分布与生境：产于八大公山各地，生于海拔 200 ~ 1800 m 的水田、池沼或其他静水水域。

用途：全草入药；亦可作猪、鸭、草鱼饲料。

2. 品藻 Lemna trisulca Linnaeus

水生植物，悬浮于水面附近，常聚成堆团或层片。叶状体薄，膜质或纸质，二面暗绿色，有时带紫色，多少透明，椭圆形、长圆形、披针形或倒披针形，先端钝圆，全缘或有时具不规则的细齿，向基部渐狭，具长 5 ~ 10 mm 的细柄，借以与母体相连经数代不脱落；脉 3 条，背面生 1 细根，根端尖，常连根脱落，幼叶状体于母体基部两侧的囊中萌发，浮出后与母体构成品字形。果实卵形，种子具凸起脉纹。

分布与生境：产于八大公山各地，生于海拔 200 ~ 1800 m 的水田、池沼或其他静水水域。

用途：全草入药；亦可作猪、鸭、草鱼饲料。

浮萍 Lemna minor

品藻 Lemna trisulca

（六）大野芋属 **Leucocasia** Schott

多年生草本。根茎倒圆锥形，直立。叶丛生，叶柄淡绿色，具白粉，闭合，叶片长圆状心形、卵状心形。花序柄近圆柱形，佛焰苞长 12 ~ 24 cm，肉穗花序长 9 ~ 20 cm，雌花序圆锥状，奶黄色，基部斜截形，不育雄花序长圆锥状。浆果圆柱形。花期 4 ~ 6 月，果 9 月成熟。

单种属，我国特有；八大公山也有分布。

1. 大野芋 Leucocasia gigantea (Blume) Schott

形态特征同大野芋属。

分布及生境：产于八大公山各地，生于海拔 200 ~ 600 m 的村边、溪边草丛中，也有栽培。

用途：叶及叶柄供食用；根茎入药；庭院观赏。

大野芋 Leucocasia gigantea

（七）半夏属 **Pinellia** Tenore

多年生草本。具块茎。叶和花序同时抽出。叶片全缘，基部常有珠芽，3深裂、3全裂或鸟足状分裂。花序柄单生；佛焰苞宿存，雌花序内藏于佛焰苞管部，雄花序位于隔膜之上；花单性，雄蕊2，短，子房卵圆形，1室，1胚珠。浆果长圆状卵形。

9种，我国有9种，湖南有4种，八大公山有3种。

分种检索表

1. 叶片全缘，长三角形至戟形，背面紫色，基部心形……………………………… **1. 滴水珠 P. cordata**
1. 叶片3裂或鸟足状分裂。
   2. 叶为单叶至全3裂…………………………………………………………… **3. 半夏 P. ternata**
   2. 叶片鸟足状分裂……………………………………………………………**2. 虎掌 P. pedatisecta**

1. 滴水珠 **Pinellia cordata** N. E. Brown

多年生草本。叶1，下部及顶头各有珠芽1枚。叶片心形或心状戟形，背面绿色或红紫色。花序柄短于叶柄；佛焰苞绿色或紫色；肉穗花序。花期3～6月，果期8～9月。

分布及生境：分布于八大公山各地，生于海拔400～800 m的岩壁缝隙中。

用途：块茎入药；庭院观赏。

滴水珠 Pinellia cordata

2. 虎掌 Pinellia pedatisecta Schott

多年生草本。圆球形块茎四周常生若干小球茎呈虎掌状。鸟足状复叶。佛焰苞淡绿色，管部长圆形。浆果卵圆形，绿色至黄白色，藏于宿存的佛焰苞管部内。花期 6 ~ 7 月，果 9 ~ 11 月成熟。

分布及生境：产于八大公山各地，生于海拔 200 ~ 1200 m 的荒地边或屋角。

用途：块茎入药。

虎掌 Pinellia pedatisecta

3. 半夏 Pinellia ternata (Thunberg) Tenore ex Breitenbach

多年生草本。块茎圆球形。叶 2 ~ 5 枚，有时 1 枚；叶柄长 15 ~ 20 cm，基部具鞘，鞘内、鞘部以上或叶片基部（叶柄顶头）有珠芽。花序柄长于叶柄；佛焰苞绿色或绿白色；肉穗花序。浆果卵圆形，黄绿色。花期 5 ~ 7 月，果 8 月成熟。

分布及生境：生于八大公山海拔 400 ~ 1500 m 的草坡、荒地、田边或疏林下。

用途：块茎入药。

半夏 Pinellia ternata

（八）斑龙芋属 Sauromatum Schott

多年生草本。叶片鸟足状全裂或深裂。佛焰苞管部长圆形，檐部长披针形，内面深紫色，常具斑块，肉穗花序比佛焰苞短，下部为雌花序，上部是近圆柱形的雄花序，雌雄花序之间存在一段长达 4 倍的间隔（中性花序），顶生附属器圆柱形，伸长，远长于整个具花的肉穗花序。浆果倒圆锥状。

8 种，我国有 7 种，湖南有 1 种，八大公山也有。

1. 独角莲 Sauromatum giganteum (Engler) Cusimano & Hetterscheid

多年生草本。通常 1 ~ 2 年生的只有 1 叶，3 ~ 4 年生的有 3 ~ 4 叶，叶与花序同时抽出，叶柄圆柱形，密生紫色斑点，中部以下具膜质叶鞘，叶片幼时内卷如角状，后即展开，箭形，先端渐尖，基部箭状。佛焰苞紫色。花期 5 ~ 8 月，果期 7 ~ 9 月。

分布及生境：分布于八大公山海拔 800 m 的路边及耕地中。

用途：球茎供药用。

独角莲 Sauromatum giganteum

（九）紫萍属 **Spirodela** Schleiden

水生飘浮草本。叶状体盘状，具 3 ~ 12 脉，背面的根多数，束生，具薄的根冠和 1 维管束。花序藏于叶状体的侧囊内。佛焰苞袋状，含 2 个雄花和 1 个雌花。花药 2 室。子房 1 室，胚珠 2，倒生。果实球形，边缘具翅。

3 种，我国有 2 种，湖南有 2 种，八大公山有 1 种。

1. 紫萍 Spirodela polyrhiza (Linnaeus) Schleiden

水生草本，漂浮水面。叶状体倒卵状圆形，单生或 2 ~ 5 个簇生，扁平，深绿色，具掌状脉 5 ~ 11 条，下面着生 5 ~ 11 条细根。果实圆形，有翅缘。花期 6 ~ 7 月。

分布与生境：产于八大公山各地，生于水田、池沼或其他静水水域。

用途：全草入药；亦可作猪、鸭、草鱼饲料。

紫萍 Spirodela polyrhiza

（十）无根萍属 **Wolffia** ex Schleiden

飘浮草本。植物体细小如沙。叶状体具 1 个侧囊，从中孕育新的叶状体，通常背面强裂凸起，单 1 或 2 个相连。花生长于叶状体上面的囊内，无佛焰苞；花序含 1 个雄花和 1 个雌花，花药无柄，1 室；花柱短，子房具 1 个直立胚珠。果实圆球形，光滑。

11 种，中国有 1 种，八大公山亦有分布。

1. 无根萍 Wolffia globosa (Roxburgh) Hartog & Plas

飘浮水面或悬浮，细小如沙，为世界上最小的种子植物。叶状体卵状半球形，单 1 或 2 代连在一起，直径 0.5 ~ 1.5 mm，上面绿色，扁平，具多数气孔，背面明显凸起，淡绿色，表皮细胞五至六边形；无叶脉及根。

分布及生境：分布于八大公山各地，生于海拔 200 ~ 1800 m 的水塘、稻田中。

用途：全草可供蔬食；又为鱼类幼鱼的优良饵料，也是鸭、鹅喜食的饲料。

无根萍 Wolffia globosa

十二、泽泻科 Alismataceae

多年生沼生或水生草本。具根状茎、匍匐茎、球茎、珠芽。叶基生，直立，挺水、浮水或沉水；叶片条形、披针形、卵形、椭圆形、箭形等，全缘；叶脉平行；叶柄长短随水位深浅有明显变化，基部具鞘。花序总状、圆锥状或呈圆锥状聚伞花序，稀 1 ~ 3 花单生或散生；花被片 6，外轮花被片宿存，内轮花被片易枯萎、凋落。瘦果两侧压扁。

18 属，90 ~ 100 种，我国有 6 属 18 种，湖南有 4 属 9 种，八大公山有 1 属 2 种。

（一）慈姑属 **Sagittaria** Linnaeus

多年生草本。具根状茎和匍匐茎及球茎。叶沉水、浮水、挺水；叶片条形至箭形。花序总状、圆锥状；花基部具 3 枚苞片，分离或基部合生；花两性，或单性；雄花生于上部，花梗细长；雌花位于下部，花梗短粗，或无；雌雄花被片相近似，通常花被片 6 枚，外轮 3 枚绿色，反折或包果；内轮花被片花瓣状，白色。瘦果两侧侧压扁，通常具翅。

25 种，我国有 7 种，湖南有 5 种，八大公山有 2 种。

分种检索表

1. 植株矮小，叶片如有箭形叶则和披针形叶同在……………………………………**1. 矮慈姑 S. pygmaea**

1. 植株高大，粗壮；叶片箭形或深心形…………………………………………………… **2. 野慈姑 S. trifolia**

1. 矮慈姑 **Sagittaria pygmaea** Miquel

一年生草本。叶条形。花葶直立，通常挺水；花序总状；花单性，外轮花被片绿色，内轮花被片白色。瘦果两侧压扁，具翅。花果期 5 ~ 11 月。

矮慈姑 Sagittaria pygmaea

分布及生境：分布于八大公山海拔 1000m 以下的沼泽、水田、溪沟浅水处。

用途：全草入药。

2. 野慈姑 Sagittaria trifolia Linnaeus

分亚种检索表

1. 叶片较小，顶端裂片披针形…………………………… **2a. 野慈姑（原亚种） S. trifolia** subsp. **trifolia**
1. 叶片较大，顶端裂片广卵形………………………………**2b. 慈姑（亚种） S. trifolia** subsp.**leucopetala**

2a. 野慈姑（原亚种）Sagittaria trifolia Linnaeus subsp. **trifolia**

多年生水生或沼泽草本。根状茎横走，较粗壮。挺水叶箭形。花葶直立，挺水；花序总状或圆锥状。花单性；花被片反折，外轮花被片椭圆形或广卵形；内轮花被片白色或淡黄色。瘦果两侧压扁，倒卵形，具翅；果喙短。种子褐色。花果期 5 ~ 10 月。

生境及分布：产于八大公山海拔 1000 m 以下的池塘及水田中。

用途：全草入药。

野慈姑（原亚种） Sagittaria trifolia subsp. trifolia

2b. 慈姑（亚种）Sagittaria trifolia subsp. **leucopetala** (Miquel) Q. F. Wang

多年生水生或沼泽草本。本亚种与原亚种不同在于：植株粗壮，叶片宽大，顶裂片先端钝圆，卵形至宽卵形。

分布及生境：分布于八大公山各地，生于海拔 400 ~ 800 m 的沟渠、池塘、水田中。

用途：全草入药；块茎可食。

慈姑（亚种）Sagittaria trifolia subsp.leucopetala

十三、水鳖科 Hydrocharitaceae

一年生或多年生淡水或海水草本。沉水或漂浮水面。根扎于泥里或浮于水中。茎短缩，直立，少有匍匐。叶基生或茎生，基生叶多密集，茎生叶对生、互生或轮生。佛焰苞合生，稀离生，无梗或有梗，常具肋或翅，先端多为 2 裂，其内含 1 至数朵花；花单性，稀两性，花被片离生，3 枚或 6 枚，有或无花萼花瓣之分。果实肉果状。

17 属 120 种，我国有 11 属 34 种，湖南有 5 属 9 种，八大公山有 3 属 3 种。

分属检索表

1. 一年生或多年生水生草本，沉水至漂浮，果为肉质浆果或蒴果。
  2. 叶茎生……………………………………………………………………………… **1. 黑藻属 Hydrilla**
  2. 叶全部基生……………………………………………………………………… **3. 苦草属 Vallisneria**
1. 一年生沉水草本，果为瘦果…………………………………………………………… **2. 茨藻属 Najas**

（一）黑藻属 Hydrilla Richard

多年生沉水草本。休眠芽长卵圆形。叶 3 ~ 8 枚轮生，线形或长条形，先端锐尖，边缘锯齿明显，无柄，主脉 1 条，明显。花单性，雄佛焰苞近球形，绿色，表面具明显的纵棱纹，顶端具刺凸；雄花萼片 3，白色，花瓣 3，白色或粉红色。果实圆柱形，表面常有 2 ~ 9 个刺状凸起。花果期 5 ~ 10 月。

单种属，八大公山也有分布。

1. 黑藻 Hydrilla verticillata (Linnaeus f.) Royle

形态特征见黑藻属的描述。

分布及生境：分布于八大公山海拔 1200 m 以下、溪流、沼池或水沟中。

用途：全株入药；水族箱的观赏水草；全草可做猪饲料，亦可作为绿肥使用。

黑藻 Hydrilla verticillata

（二）茨藻属 Najas Linnaeus

一年生沉水草本。茎细长，柔软，分枝多，光滑或具刺；维管组织高度退化，所有器官中均无导管。叶近对生或假轮生，无柄，叶片细线形、线形至线状披针形，无气孔，具 1 中脉，叶缘具锯齿或全缘，叶基扩展成鞘。花单性，雌雄同株或异株，单生或簇生于叶腋。果为瘦果，具 1 层膜质果皮，常为膜质的叶鞘所包围。

40 种，我国有 11 种，湖南有 5 种，八大公山有 1 种。

1. 草茨藻 Najas graminea Delile

一年生沉水草本。植株较柔软，纤弱，呈黄绿色或深绿色，茎基部分枝较多，上部分枝较少，呈二叉状。叶 3（至多）枚假轮生，或 2 枚近对生，无柄；叶片狭线形至线形，（1.0 ~ 2.5）cm × 1 mm，中脉 1 条，明显，背面沿脉无锯齿，先端渐尖，边缘每侧有较密而微小的细齿 30 ~ 50 枚，齿端为黄褐色刺细胞，叶基扩大成鞘，抱茎，叶耳长三角形。花单性，腋生，常单生，或 2 ~ 3 朵聚生，雄花浅黄绿色，无佛焰苞，雌花无佛焰苞和花被。瘦果黄褐色至褐色，长椭圆形。花果期 6 ~ 9 月。

分布与生境：分布于八大公山海拔 1200 m 以下的静水池塘、藕田、水稻田和缓流中。

草茨藻 Najas graminea

（三）苦草属 **Vallisneria** Linnaeus

沉水草本。无直立茎而具匍匐茎。叶基生，线形或带形基部稍呈鞘状，基出叶脉 3 ~ 9 条。雄佛焰苞卵形，含极多具短柄的雄花，雄花浮出水面开放；雄花小，萼片 3 枚，大小不等；花瓣 3，极小；雄蕊 1 ~ 3 枚；雌佛焰苞管状，先端 2 裂，花梗甚长，直至将花托出水面，受精后螺旋状收缩；内含雌花 1 朵，萼片 3，质较厚；花瓣 3，极小，膜质；子房下位，胚珠多数；花柱 3，2 裂。果实圆柱形或三棱长柱形，光滑或有翅。

18 种，我国有 3 种，湖南有 2 种，八大公山有 1 种。

1. 苦草 Vallisneria natans (Loureiro) H. Hara

苦草 Vallisneria natans

沉水草本。匍匐茎白色，先端芽浅黄色。叶基生，线形或带形，（20 ~ 200）cm ×（0.5 ~ 2.0）cm，绿色或略带紫红色，先端圆钝，边缘全缘或具不明显的细锯齿；无叶柄；叶脉 5 ~ 9 条。花单性；雌雄异株，雄佛焰苞卵状圆锥形，每佛焰苞内含雄花 200 余朵或更多，成熟的雄花浮在水面开放；萼片 3，大小不等，两片较大，成舟形浮于水上，中间一片较小；雄蕊 1 枚；雌佛焰苞筒状，先端 2 裂，花梗纤细，绿色或淡红色，长 30 ~ 50 cm，甚至更长，随水深而改变，受精后螺旋状卷曲；雌花单生于佛焰苞内，萼片 3，先端钝；花瓣 3，极小，白色，与萼片互生；子房下位。果实圆柱形。

分布与生境：分布于八大公山海拔 200 ~ 1200 m 的溪沟、河流、池塘、湖泊中。

用途：全草药用；观赏水草；植株为鱼、鸭、猪等的饲料，其匍匐枝末端膨大的球块是鸟的主要饵料。

十四、眼子菜科 Potamogetonaceae

沉没或漂浮于淡水中的多年生草本。常有匍匐的茎或根茎，单轴或合轴型，以不定根着生于泥土中，分枝直立上升水中。叶带状，互生，基部具鞘，鞘内有小鳞片。穗状花序，顶生，具花轴，花两性，整齐，花被片 4，分离，圆形，具短爪，雄蕊 4，心皮 4，子房上位，各有一弯生胚珠。果实为 1 ~ 4 个的小形核果或瘦果。

7 属，90 ~ 100 种，我国有 3 属 25 种，湖南有 3 属 12 种，八大公山有 1 属 4 种。

（一）眼子菜属 Potamogeton Linnaeus

一年生或多年生水生草本。具根茎或匍匐茎，节上生须根和直立茎，稀无根茎。叶沉水、浮水或挺水，或两型，兼具沉水叶与浮水叶，互生或基生，稀对生或轮生；叶片形态各异。花序顶生或腋生，多呈简单的穗状或聚伞花序，开花时花序挺出水面，花小或极简化，花被有或无。果实多为小核果状或小坚果状，顶端具喙。

约 80 种，我国有 20 种，湖南有 10 种，八大公山有 4 种。

分种检索表

1. 叶单型，全为沉水叶。
  2. 有明显特化的休眠芽；果实顶端具长达 1 ~ 2 mm 的喙 ………………………… **1. 菹草 P. crispus**
  2. 无特化休眠芽；果实喙长不超过 0.5 mm。
    3. 叶无柄，基部心形或近心形，呈耳状抱茎………………………… **3. 穿叶眼子菜 P. perfoliatus**
    3. 叶条形至长椭圆形，具长柄……………………………………… **4. 竹叶眼子菜 P. wrightii**
1. 叶两型，有浮水叶和沉水叶之分………………………………………… **2. 眼子菜 P. distinctus**

1. 菹草 Potamogeton crispus Linnaeus

多年生沉水草本，具近圆柱形的根茎。茎稍扁，多分枝，近基部常匍匐地面。叶条形，无柄，与托叶合生，但不形成叶鞘；托叶薄膜质，早落。穗状花序顶生；花序梗棒状；花小，淡绿色。果实卵形，果喙向后稍弯曲。花果期 4 ~ 7 月。

分布及生境：产于八大公山各地，生于海拔 400 ~ 1200 m 的湖泊、池塘等静水水体中。

用途：草食性鱼类的良好天然饵料，亦作猪饲料。

菹草 Potamogeton crispus

2. 眼子菜 Potamogeton distinctus A. Bennett

多年生水生草本。根茎发达，白色，多分枝，常于顶端形成纺锤状休眠芽体。茎圆柱形，通常不分枝。浮水叶革质，披针形、宽披针形至卵状披针形；沉水叶披针形至狭披针形，草质，具柄；托叶膜质。穗状花序顶生，具花多轮。果实宽倒卵形。花果期 5 ~ 10 月。

分布及生境：生于海拔 400 ~ 600 m 的池塘、水田和水沟等静水中。

用途：全草入药；适合静水水面观赏水草，水族箱栽培供观赏。

3. 穿叶眼子菜 Potamogeton perfoliatus Linnaeus

多年生沉水草本。叶卵形、卵状披针形或卵状圆形，无柄，先端钝圆，基部心形，呈耳状抱茎，边缘波状，常具极细微的齿；基出 3 脉或 5 脉，弧形，顶端连接，次级脉细弱；托叶膜质，早落。穗状花序顶生，具花 4 ~ 7 轮，密集或稍密集，花小，被片 4，淡绿色或绿色；雌蕊 4 枚，离生。果实倒卵形，顶端具短喙，背部 3 脊。花果期 5 ~ 10 月。

分布及生境：产八大公山各地，生于海拔 400 ~ 600 m 的溪河流水水体中。

用途：观赏水草；全草还可作为饲料，亦能入药。

眼子菜 Potamogeton distinctus

穿叶眼子菜 Potamogeton perfoliatus

4. 竹叶眼子菜 Potamogeton wrightii Morong

多年生沉水草本。叶条形或条状披针形，先端钝圆而具小凸尖，基部钝圆或楔形，边缘浅波状，有细微的锯齿，中脉显著，托叶大而明显，近膜质，无色或淡绿色，与叶片离生，鞘状抱茎。穗状花序顶生，具花多轮，花小，被片 4，绿色，雌蕊 4 枚，离生。果实倒卵形，背部明显 3 脊，中脊狭翅状，侧脊锐。花果期 6 ~ 10 月。

分布及生境：产于八大公山各地，生于海拔 400 ~ 600m 的溪水、河流水体中。

用途：观赏水草；全草还可作为饲料，亦能入药。

竹叶眼子菜 Potamogeton wrightii

十五、沼金花科 Nartheciaceae

多年生草本。叶通常基生，带形、条形或条状披针形。花葶从叶簇中抽出，总状花序，花被钟形或坛状，下部与子房合生，从中部以上6裂，雄蕊6，花柱具3裂的柱头。蒴果，包被于宿存的花被内，室背开裂。

5属，32~42种，我国连栽培共2属16种，湖南有1属3种，八大公山有1属2种。

（一）粉条儿菜属 Aletris Linnaeus

多年生草本。根状茎短，具细长的纤维根，较少根肉质。叶通常基生，成簇，带形、条形或条状披针形，无明显叶柄，中脉通常较粗。花葶从叶簇中抽出，较长，不分枝，通常中下部具几枚苞片状叶，花小，花梗短或极短，花被钟形或坛状，下部与子房合生。蒴果，无毛或有毛，包被于宿存的花被内。

30种，我国有15种，湖南4种，八大公山2种。

分种检索表

1. 花被裂至全长的1/3 ~ 1/2；蒴果有棱角 …………………………………… **1. 粉条儿菜 A. spicata**
1. 花被裂至全长的1/2或更深；蒴果无棱角 ……………………………… **2. 狭瓣粉条儿菜 A. stenoloba**

1. 粉条儿菜 Aletris spicata(Thunberg) Franchet

粉条儿菜 Aletris spicata

多年生草本。植株具多数须根，根毛局部膨大。叶簇生，纸质，条形，有时下弯，先端渐尖。花葶有棱，密生柔毛，中下部有苞片状叶；总状花序疏生多花；花梗极短，有毛；花被黄绿色，上端粉红色，外面有柔毛。蒴果倒卵形，有棱角，密生柔毛。花期 4 ~ 5 月，果期 6 ~ 7 月。

分布及产地：产于八大公山各地，生于海拔 200 ~ 1900 m 的山坡林下、林缘或草丛中。

用途：全草及根入药。

2. 狭瓣粉条儿菜 *Aletris stenoloba* Franchet

多年生草本。植株具多数须根，少数根毛局部膨大。叶簇生，条形，先端渐尖。花葶有毛，中下部有苞片状叶；总状花序疏生多花；花梗极短；花被白色，有毛，分裂到中部或中部以下；裂片条状披针形，开展，膜质。蒴果卵形，有毛，光滑无棱角。花期 4 ~ 5 月，果期 6 ~ 7 月。

分布及生境：分布于八大公山海拔 1000 ~ 1200 m 的山坡林缘草丛中。

用途：全草及根入药。

狭瓣粉条儿菜 Aletris stenoloba

十六、薯蓣科 Dioscoreaceae

多年生草本或为缠绕草质或木质藤本。地下部分为根状茎或块茎，形状多样。茎左旋或右旋。叶互生，有时中部以上对生，或全部基生，单叶或掌状复叶，具网状叶脉。花单性或两性，雌雄异株，很少同株，花单生、簇生或排列成花序，花被片 6，离生或合生，雄蕊，子房下位，3 室或 1 室。果实为蒴果、浆果或翅果。

4 属，650 ~ 700 种，我国有 3 属 57 种，湖南有 1 属 26 种，八大公山有 1 属 11 种。

（一）薯蓣属 Dioscorea Linnaeus

缠绕藤本。地下有根状茎或块茎。单叶或掌状复叶，互生，有时中部以上对生；叶腋内有珠芽或无。花单性，雌雄异株，很少同株；雄花有雄蕊 6 枚，有时其中 3 枚退化；雌花有退化雄蕊 3 ~ 6 枚或无。蒴果三棱形，每棱翅状，成熟后顶端开裂。种子有膜质翅。

600 余种，我国有 52 种，湖南有 26 种，八大公山有 11 种。

分种检索表

1. 复叶，地下茎为块茎……………………………………………… **6. 毛芋头薯蓣 D. kamoonensis**
1. 单叶，地下茎为根状茎或块茎。
  2. 地下部分为根状茎。
    3. 种子着生果轴基部，种翅向顶端延伸。
      4. 叶边缘作不等大的三角状浅裂、中裂或深裂，雄花无柄………………………………………………………………………………………… **7. 柴黄姜亚种 D. nipponica** subsp. **rosthornii**
      4. 叶边缘全缘或微波状，雄花有柄…………………………………… **10. 山萆薢 D. tokoro**
    3. 种子着生果轴中部，四周有薄膜状翅。
      5. 雄蕊 6 枚均发育………………………………………… **11. 盾叶薯蓣 D. zingiberensis**
      5. 雄蕊 3 枚发育，3 枚不发育或退化成花丝状 ……… **4. 粉背薯蓣 D. collettii** var. **hypoglauca**
  2. 地下茎为块茎。
    6. 种子着生于中轴胎座顶部，种翅向基部延伸………………………… **2. 黄独 D. bulbifera**
    6. 种子着生于中轴胎座中部或中部以下，种翅周生。
      7. 茎无翅。
        8. 叶常革质或近革质，茎木质…………………………………………… **3. 薯莨 D. cirrhosa**
        8. 叶常纸质，茎草质。
          9. 叶缘常 3 浅裂至 3 深裂………………………………………… **9. 薯蓣 D. polystachya**
          9. 叶缘无明显 3 裂。
            10. 雄的穗状花序通常 2 至数个或单个着生于叶腋 ……………**5. 日本薯蓣 D. japonica**
            10. 雄的穗状花序通常排列呈圆锥花序 …… **8. 毛褐苞薯蓣 D. persimilis** var. **pubescens**
      7. 茎有翅………………………………………………………………… **1. 参薯 D. alata**

1. 参薯 Dioscorea alata Linnaeus

绕草质藤本。块茎为不规则圆柱形，外皮为褐色或紫黑色。茎右旋，有 4 条狭翅，基部有时有刺。单叶，在茎下部的互生，中部以上的对生；叶片卵形至卵圆形，两面无毛。蒴果不反折，三棱状扁圆形。花期 11 月至翌年 1 月，果期 12 月至翌年 1 月。

分布及生境：原产孟加拉湾，八大公山有栽培。

用途：块茎食用；亦可入药。

参薯 Dioscorea alata

2. 黄独 Dioscorea bulbifera Linnaeus

缠绕草质藤本。块茎卵圆形或梨形，表面密生须根。茎左旋，光滑无毛。叶腋内有珠芽。单叶互生；叶片宽卵状心形或卵状心形，两面无毛。蒴果反折下垂，三棱状长圆形，成熟时草黄色，表面密被紫色小斑点，无毛。花期 7 ~ 10 月，果期 8 ~ 11 月。

分布及生境：分布于八大公山各地，生于海拔 200 ~ 1400 m 的河谷边。

用途：块茎药用。

黄独 Dioscorea bulbifera

3. 薯莨 Dioscorea cirrhosa Loureiro

常绿木质藤本。块茎切面淡红色，密布紫色斑点。茎绿色，无毛，右旋，有分枝，下部有刺。单叶，在茎下部的互生，中部以上的对生；叶片革质或近革质，长椭圆状卵形至狭披针形。蒴果近三棱状扁圆形。花期 4 ~ 6 月，果期 7 月至翌年 1 月。

分布及生境：分布于八大公山各地，生于海拔 400 ~ 800 m 的河谷杂木林中。

用途：块茎药用。

薯莨 Dioscorea cirrhosa

4. 粉背薯蓣 Dioscorea collettii var. **hypoglauca** (Palibin) C. T. Ting et al.

粉背薯蓣 Dioscorea collettii var. hypoglauca

根状茎横生，竹节状。茎左旋，长圆柱形，无毛，有时密生黄色短毛。单叶互生，叶为三角形或卵圆形，顶端渐尖，基部心形或有时近截形，有时背面灰褐色有白色刺毛，沿叶脉较密。花单性，雌雄异株，雄蕊开放后药隔宽约为花药的一半。蒴果两端平截，顶端与基部通常等宽。蒴果三棱形，两端平截，顶端与基部通常等宽，表面栗褐色，成熟后反曲下。花期 5 ~ 8 月，果期 6 ~ 10 月。

分布及生境：分布于八大公山各地，生于海拔 1000 ~ 1800 m 的山坡林下。

用途：根状茎入药。

5. 日本薯蓣 Dioscorea japonica Thunberg

分变种检索表

1. 叶片三角状披针形至狭三角形至长卵形………… **5a. 日本薯蓣（原变种）D. japonica** var. **japonica**
1. 叶片较狭长为线形、披针状线形至披针形… **5b. 细叶日本薯蓣（变种）D. japonica** var. **oldhamii**

5a. 日本薯蓣（原变种）Dioscorea japonica Thunberg var. **japonica**

缠绕草质藤本。块茎长圆柱形。茎绿色，右旋。单叶，在茎下部的互生中部以上的对生；叶片纸质，两面无毛；叶腋内有珠芽。雌雄异株。蒴果不反折，三棱状扁圆形或三棱状圆形。花期 5 ~ 10 月，果期 7 ~ 11 月。

分布及生境：分布于八大公山各地，生于海拔 200 ~ 1100 m 的向阳山坡杂木中。

用途：块茎入药；亦供食用。

日本薯蓣（原变种）Dioscorea japonica var.japonica

5b. 细叶日本薯蓣（变种）Dioscorea japonica var. oldhamii Uline ex R. Knuth

本变种叶片较狭长为线形、披针状线形至披针形，（6 ~ 12）cm ×（1 ~ 3）cm，基部近截形、心形至戟形外，叶表皮细胞的特征而与原变种不同。花期 6 月，果期 9 月。

分布及生境：分布于八大公山各地，生于海拔 200 ~ 1100 m 的向阳山坡杂木中。

用途：块茎入药；亦供食用。

细叶日本薯蓣（变种）Dioscorea japonica var. oldhamii

6. 毛芋头薯蓣 Dioscorea kamoonensis Kunth

缠绕草质藤本。块茎卵圆形。茎左旋，密生棕褐色短柔毛。掌状复叶有 3 ~ 5 小叶，小叶两面疏生贴伏柔毛。花序轴、小苞片、花被外面密生短柔毛。蒴果三棱状长圆形，疏生短柔毛。种子着生于中轴顶部，种翅向基部伸长。花期 7 ~ 9 月，果期 9 ~ 11 月。

分布及生境：分布八大公山各地，生于海拔 200 ~ 1000 m 的山坡林中。

用途：块茎入药。

7. 柴黄姜（亚种）Dioscorea nipponica subsp. **rosthornii** (Prain & Burkill) C. T. Ting

缠绕草质藤本。根状茎横生，圆柱形，多分枝。茎左旋，近无毛。单叶互生；叶片掌状心形，基部叶边缘作不等大的三角状浅裂、中裂或深裂，顶端叶片小，近于全缘，叶表面黄绿色。花雌雄异株。蒴果成熟后枯黄色，三棱形。花期 6 ~ 8 月，果期 8 ~ 10 月。

分布及生境：分布于八大公山各地，生海拔 800 ~ 1800 m 的山坡灌木丛中及林缘。

用途：根状茎药用。

毛芋头薯蓣 Dioscorea kamoonensis

柴黄姜（亚种）Dioscorea nipponica subsp. rosthornii

8. 毛褐苞薯蓣 Dioscorea persimilis var. **pubescens** C.T.Ting et M.C.Chang

缠绕草质藤本。块茎长圆柱形，断面新鲜时白色。茎右旋，常有棱4～8条。单叶，在茎下部的互生，中部以上的对生；叶片卵形、三角形至长椭圆状卵形，（4~15）cm×（2~13）cm，基部宽心形、深心形、箭形或戟形，两面网脉明显，背面有短柔毛。雌雄异株。雌、雄花序为穗状花序，雌花的外轮花被片为卵形，较内轮大。蒴果不反折，三棱状扁圆形，种子着生于每室中轴中部，四周有膜质翅。花期7月至翌年1月，果期9月至翌年1月。

分布及生境：分布于八大公山五道水，生于海拔400~500 m的山坡林中。

用途：块茎入药。

毛褐苞薯蓣 Dioscorea persimilis var. pubescens

9. 薯蓣 Dioscorea polystachya Turczaninow

缠绕草质藤本。块茎长圆柱形。茎通常带紫红色，右旋，无毛。单叶，在茎下部的互生，中部以上的对生。蒴果不反折，三棱状扁圆形或三棱状圆形，外面有白粉。花期6~9月，果期7~11月。

分布及生境：分布于八大公山海拔200~1200 m的山坡林缘、山谷林下。

用途：块茎入药；亦供食用。

10. 山萆薢 Dioscorea tokoro Makino

缠绕草质藤本。根状茎横生，近圆柱形，有不规则分枝。茎光滑，有纵沟。单叶互生；茎下部的叶深心形，中部以上渐成三角状浅心形，顶端渐尖或尾状，边缘全缘，有时浅波状，表面光滑，绿色，背面沿叶脉有时密生乳头状小突起。花单性，雌雄异株；雄花序为总状或圆锥花序，通常着生于基部的花2~4朵集成伞状；雌花序为穗状或圆锥花序，单生，少数2个着生。蒴果长大于宽，顶端微凹，种翅由两侧向上方渐扩大，上端翅宽于种子1倍以上。花期6~8月，果期8~10月。

分布及生境：分布于八大公山各地，生于海拔400~1000 m的阳坡灌丛中。

用途：根茎入药。

薯蓣 Dioscorea polystachya

山萆薢 Dioscorea tokoro

11. 盾叶薯蓣 Dioscorea zingiberensis C. H. Wright

缠绕草质藤本。根状茎横生，近圆柱形。茎左旋，光滑无毛。单叶互生；叶片厚纸质，三角状卵形、心形或箭形，两面光滑无毛，表面绿色，叶脉白色。花被紫红色，干后黑色。蒴果三棱形，表面常有白粉。花期 5 ~ 8 月，果期 9 ~ 10 月。

分布及生境：分布于八大公山各地，生于海拔 400 ~ 1000 m 的杂木林间。

用途：根茎入药；亦可食用。

盾叶薯蓣 Dioscorea zingiberensis

十七、百部科 Stemonaceae

多年生直立或攀缘或缠绕草本。具根状茎或具块根。叶互生，对生或轮生，有明显的基出脉和平行、致密的横脉。花两性，辐射对称，腋生；花被片 4，花瓣状，大小近相等，排列为 2 轮；雄蕊 4，花丝分离或基部稍合生，花药 2 室，内向纵裂，药隔通常延伸于药室之上成一细长的附属物或无附属物；子房上位至半下位，1 室。蒴果开裂为 2 瓣。

4 属 32 种，我国有 2 属 8 种，湖南有 2 属 2 种，八大公山有 1 属 1 种。

（一）百部属 Stemona Loureiro

多年生草本或草质藤本。块根肉质，纺锤状，成簇。茎攀缘或直立。叶通常 3 ~ 5 枚轮生，较少对生或互生，主脉基出。花两性，辐射对称，单朵或数朵排成总状、聚伞状花序；花被片 4 枚，雄蕊 4 枚，花柱不明显，柱头极小。果顶端具短喙。

25 种，我国有 7 种，湖南有 1 种，八大公山有 1 种。

1. 大百部 Stemona tuberosa Loureiro

多年生草质藤本。块根通常纺锤状。叶对生或轮生，极少兼有互生，卵状或宽卵形，纸质或薄革质。花单生或 2 ~ 3 朵排成总状花序，生于叶腋或偶而贴生于叶柄上。蒴果倒卵形、扁的，顶端钝尖，表面光滑，具多数种子。花期 4 ~ 7 月，果期 5 ~ 8 月。

分布及生境：产于八大公山各地，生于海拔 300 ~ 800 m 的山坡丛林缘、溪边石缝中。

用途：根入药；庭院观赏。

大百部 Stemona tuberosa

十八、藜芦科 Melanthiaceae

多年生草本。植株具根状茎，稀具鳞茎。叶基生或茎生，或数枚轮生于茎顶。花序多式，或花单生；花被片 6 枚，稀 3 枚至多枚，离生或基部合生；雄蕊与花被片同数；子房上位，3 室，稀 3 ~ 10 室，每室具 2 枚至多数胚珠。蒴果，稀为浆果。

约 18 属 160 种。我国有 7 属 47 种，湖南有 4 属 15 种，八大公山有 3 属 7 种。

分属检索表

1. 植株具或长或短的根状茎，决不具鳞茎…………………………………… **1. 重楼属 Paris**

1. 植株具鳞茎。

  3. 花药球形或肾形………………………………………………………… **2. 藜芦属 Veratrum**

  3. 花药马蹄状，开裂后呈 Y 字形 ……………………………………… **3. 丫蕊花属 Ypsilandra**

（一）重楼属 Paris Linnaeus

多年生草本。根状茎肉质，细长或粗厚。茎直立不分枝，基部有膜质鞘状叶。叶 4 至多枚，轮生于茎顶部，排成一轮，具 3 主脉和网状细脉。花单生于叶中央，花梗似为茎的延续，花被片离生，排成二轮，外轮花被片通常叶状，绿色，内轮花被片条形至丝状，药隔突出，子房近球形成圆锥形，顶端具盘状花柱基。浆果状蒴果，光滑或具棱。

24 种，我国有 22 种，湖南有 7 种，八大公山有 4 种。本属植物均为国家二级保护植物。

分种检索表

1. 雄蕊药隔的突出部分球形，黑色…………………………………………………… **3. 球药隔重楼 P. fargesii**
1. 雄蕊药隔的突出部分尖头形至线形，黄绿色。
  2. 外轮花被片和药隔紫色………………………………………………………………… **2. 金线重楼 P. delavayi**
  2. 外轮花被片和药隔绿色。
    3. 叶背面紫色，表面脉纹白色…………………………………………………… **1. 凌云重楼 P. cronquistii**
    3. 叶背面绿紫色稀紫色，表面无白色脉纹……………………………… **4. 七叶一枝花 P. polyphylla**

1. 凌云重楼 Paris cronquistii (Takhtajan) H. Li

多年生草本。植株高可达 1 m。叶 4 ~ 6 枚，叶片卵形，正面或有紫斑，背面紫色或具紫斑。外轮花被片 5 或 6，绿色，卵状披针形或披针形，内轮花被片黄绿色，狭线形，雄蕊通常 15 ~ 18；药隔离生部分 1 ~ 2 mm，子房绿色或浅紫色，柱头裂片 5 或 6。成熟时蒴果红色，开裂。花期 5 ~ 6 月，果期 10 ~ 11 月。

凌云重楼 Paris cronquistii

分布及生境：分布于八大公山天平山，生于海拔 1500 m 以下的山坡林下。

用途：根茎入药；全株可供观赏。

2. 金线重楼 Paris delavayi Franchet

多年生草本。本种内、外轮花被片和药隔均为紫色而不同于八大公山重楼属各种。

分布及生境：产于八大公山天平山，生于海拔 1400 m 以下的山坡林下。

用途：根茎入药；全株可供观赏。

金线重楼 Paris delavayi

3. 球药隔重楼 Paris fargesii Franchet

球药隔重楼 Paris fargesii

多年生草本。叶（3）4～6 枚，宽卵圆形，先端短尖，基部略呈心形。外轮花被片通常 5 枚，卵状披针形，先端具长尾尖，基部变狭成短柄，花药短条形，稍长于花丝，药隔突出部分圆头状，肉质，呈紫黑色。花期 5 月。

分布及生境：产于八大公山各地，生于海拔 1500 m 以下的山坡林下。

用途：根茎入药；全株可供观赏。

4. 七叶一枝花 Paris polyphylla Smith

分变种检索表

1. 叶 10 ～ 14 枚，线形至狭椭圆形………………**4e. 狭叶重楼（变种）P. polyphylla** var. **stenophyllla**
1. 叶 4 ～ 11 枚，长圆形、倒披针形至倒卵形。
  2. 内轮花被片中部以上宽达 1.5 ～ 2.0 mm。
    3. 花瓣长不及萼片的 1/2 ……………………………… **4c. 华重楼（变种）P. polyphylla** var. **chinensis**
    3. 花瓣比萼片等长或更长。
      4. 花柱基及子房白色…………………………………… **4b. 白花重楼（变种）P. polyphylla** var.**alba**
      4. 花柱基及子房紫色或绿色。
        5. 雄蕊药隔长 0.3 cm 以上 ……**4d. 长药隔重楼（变种）P. polyphylla** var. **pseudothibetica**
        5. 雄蕊药隔长 0.2 cm 以内 ……… **4a. 七叶一枝花（原变种）P. polyphylla** var. **polyphylla**
  2. 内轮花被片中部以上宽达 3 ～ 6 mm …………**4f. 滇重楼（变种）P. polyphylla** var. **yunnanensis**

4a. 七叶一枝花（原变种）Paris polyphylla var. **polyphylla**

七叶一枝花（原变种）Paris polyphylla var. polyphylla

多年生草本。根状茎粗厚，茎通常带紫红色，基部膜质鞘 1 ~ 3 枚。叶（5）7 ~ 10 枚，矩圆形、椭圆形或倒卵状披针形，先端短尖或渐尖，基部圆形或宽楔形，叶柄明显，带紫红色。外轮花被片绿色，（3）4 ~ 6 枚，狭卵状披针形，内轮花被片狭条形，通常比外轮长，雄蕊药隔突出部分短。蒴果紫色。花期 4 ~ 7 月，果期 8 ~ 11 月。

分布及生境：产于八大公山海拔 1000 m 以上的林下，也有栽培。

用途：根茎入药；全株可供观赏。

4b. 白花重楼（变种）Paris polyphylla var. **alba** H. Li & R. J. Mitchell

多年生草本。与原变种的区别是本变种植株高大，内轮花被片短于外轮。花期 5 ~ 7 月，果期 8 ~ 10 月。

分布及生境：产于八大公山海拔 1000 m 以上的林下，也有栽培。

用途：根茎入药；全株可供观赏。

白花重楼（变种）Paris polyphylla var. alba

4c. 华重楼（变种）Paris polyphylla var. **chinensis** (Franchet) H. Hara

多年生草本。与原变种的区别是本变种植株高大，内轮花被片短于外轮。花期 5 ~ 7 月，果期 8 ~ 10 月。

分布及生境：产于八大公山海拔 1000 m 以上的林下，也有栽培。

用途：根茎入药；全株可供观赏。

4d. 长药隔重楼（变种） Paris polyphylla var. **pseudothibetica** H. Li

多年生草本。花瓣较长，与叶片近等长或稍长，长 3.5 ~ 7.0 cm，药隔凸出部分长 0.3 ~ 1.5 cm；种子近球形，外种皮红色多汁。花期 4 ~ 7 月，果期 8 ~ 11 月。

分布及生境：分布于八大公山天平山，生于海拔 1900 m 以下的山坡林下。

用途：根茎入药；全株可供观赏。

华重楼（变种）*Paris polyphylla* var. *chinensis*

长药隔重楼（变种）*Paris polyphylla* var. *pseudothibetica*

4e. 狭叶重楼（变种）*Paris polyphylla* var. ***stenophylla*** Franchet

多年生草本。叶披针形、倒披针形或条状披针形，基部楔形，具短叶柄。外轮花被片叶状，狭披针形或卵状披针形，内轮花被片狭条形，远比外轮花被片长，药隔突出部分极短，子房近球形，暗紫色，花柱明显。

分布及生境：分布于八大公山天平山，生于海拔 1000 ~ 1800 m 的密林下。

用途：根茎入药；全株可供观赏。

4f. 滇重楼（变种）*Paris polyphylla* var. ***yunnanensis*** (Franchet) Handel-Mazzetti

多年生草本。植株较高大。叶（6）8 ~ 10（12）枚，披针形、卵状矩圆形或倒卵状披针形。外轮花被片披针形或狭披针形，内轮花被片 6 ~ 8（12）枚，条形，中部以上宽达 3 ~ 6 mm，长为外轮的 1/2 或近等长；雄蕊（8）10 ~ 12 枚，花丝极短，药隔突出部分长 1 ~ 2（3）mm；子房球形，花柱粗短，上端具 5 ~ 6（10）分枝。花期 6 ~ 7 月，果期 9 ~ 10 月。

分布及生境：分布于八大公山天平山，生于海拔 1900 m 以下的山坡林下。

用途：根茎入药；全株可供观赏。

狭叶重楼（变种）Paris polyphylla var. stenophylla

滇重楼（变种） Paris polyphylla var. yunnanensis

（二）藜芦属 **Veratrum** Linnaeus

多年生草本。根茎短粗。叶基部常残存叶鞘裂成纤维状；叶常宽阔，抱茎，脉粗显而具折；花绿白色或暗紫色，两性或杂性，顶生大圆锥花序，花被6，宿存，雄蕊6，花被片对生，花药心形，子房3室，花柱3，宿存。蒴果3裂，种子多数。

40种，我国有13种，湖南有4种，八大公山有2种。

分种检索表

1. 包裹茎基部的叶鞘只具平行纵脉，无横脉……………………………**1. 毛叶藜芦 V. grandiflorum**
1. 包裹茎基部的叶鞘具纵脉与横脉……………………………………………**2. 藜芦 V. nigrum**

1. 毛叶藜芦 **Veratrum grandiflorum** (Maximowicz ex Baker) Loesener

多年生草本。茎基部具无网眼的纤维束。叶宽椭圆形至矩圆状披针形，背面密生褐色或淡灰色短柔毛。圆锥花序塔状，花大，花被片宽矩形圆形或椭圆，绿白色，先端钝，边缘具啮蚀状牙齿，子房密生短柔毛。蒴果。花果期7～8月。

分布及生境：分布于八大公山斗篷山，生于海拔1500～1900 m的山坡草地上。

用途：根及根茎入药；庭院观赏。

毛叶藜芦 Veratrum grandiflorum

2. 藜芦 **Veratrum nigrum** Linnaeus

多年生草本。茎粗壮，基部具有网眼的黑色纤维网。叶椭圆形或卵状披针形，先端锐尖或渐尖，基部无柄或生于茎上部的具短柄。圆锥花序密生黑紫色花，侧生总状花序近直立伸展，通常具雄花，顶生总状花序常较侧生花序长2倍以上，几乎全部着生两性花，花被片矩圆形，先端钝或浑圆，全缘。

分布及生境：分布于八大公山天平山，生于海拔900～1850 m的山坡或沟谷。

用途：根及根茎入药。

藜芦 Veratrum nigrum

（三）丫蕊花属 Ypsilandra Franchet

多年生草本。叶基生，莲座状，匙形至近条形，基部渐狭成柄。花葶从叶簇的侧面腋部抽出，上面生有几枚鞘状或苞片状叶，总状花序顶生，无苞片，花被片 6，离生，宿存，雄蕊 6，花药马蹄状，基着，药室汇合成一室，开裂后呈 Y 状或盾状，子房 3 裂，3 室。蒴果深 3 裂，三棱状。

5 种，我国全产，湖南有 2 种，八大公山有 1 种。

1. 丫蕊花 Ypsilandra thibetica Franchet

多年生草本。总状花序具数朵至 20 余朵花，花被片白色、淡红色至紫色，近匙状倒披针形，雄蕊长 10 ~ 18 mm，至少有 1/3 伸出花被，子房上部 3 裂，柱头小，头状，稍 3 裂。蒴果，花被宿存。花期 3 ~ 4 月，果期 5 ~ 6 月。

分布及生境：产于八大公山各地，生于海拔 1200 ~ 1800 m 的山坡林缘。

用途：全草入药。

丫蕊花 Ypsilandra thibetica

十九、秋水仙科 Colchicaceae

多年生草木。通常具短的根状茎或球茎。茎直立，有时攀缘。叶互生、近对生或轮生。花两性，稀单性，花被片 6 枚，排成 2 轮，离生或基部合生，雄蕊 6，子房 3 室。果实为蒴果，稀浆果而不裂。

15 属，约 245 种，我国有 3 属 16 种，湖南有 1 属 10 种，八大公山有 1 属 6 种。

（一）万寿竹属 **Disporum** Salisbury ex D. Don

多年生草本。通常具短的根状茎。叶互生，有 3 ~ 7 主脉，叶柄短或无。伞形花序有花 1 至数朵，着生于茎和分枝顶端，或着生于与中上部与叶相对生的短枝顶端，无苞片，花被狭钟形或近筒状，通常多少俯垂，花被片 6，离生。浆果通常近球形，熟时黑色。

20 种，我国有 14 种，湖南有 10 种，八大公山有 6 种。

分种检索表

1. 花白色、黄色、绿黄色，花被片基部有长 1 ~ 2 mm 的短距。
  2. 花黄绿色，雄蕊和柱头明显伸出于花被片之外…………………………… **1. 长蕊万寿竹 D. bodinieri**
  2. 花黄色或白色雄雄雌蕊内藏，不伸出花被片外。
    3. 花较小，长 7 ~ 13 mm；花丝通常稍短于花药 …………… **4. 南川万寿竹 D. nanchuanense**
    3. 花大，长 20 ~ 38 mm；花丝比花药长 5 ~ 6 倍。
      4. 花 1 ~ 3 朵生产茎的分枝顶端。
        5. 花黄色………………………………………………………………… **6. 少花万寿竹 D. uniflorum**
        5. 花白色…………………………………………………………… **5. 山东万寿竹 D. smilacinum**
      4. 花 4 ~ 8 朵着生于茎的分枝顶端及短……………………… **3. 大花万寿竹 D. megalanthum**
1. 花紫色，花被片基部有长 3 ~ 5 mm 的长距 ……………………………… **2. 万寿竹 D. cantoniense**

1. 长蕊万寿竹 Disporum longistylum (H. Léveillé & Vaniot) H. Hara

多年生草本。根状茎横出，呈结节状。叶厚纸质，椭圆形、卵形至卵状披针形，先端渐尖至尾状渐尖，下面脉上和边缘稍粗糙，基部近圆形。伞形花序生于茎和分枝顶端，花梗有乳头状突起，花被片白色或黄绿色，倒卵状披针形，先端尖，基部有短距。浆果。花期 4 月，果期 10 月至翌年 4 月。

分布与生境：分布于八大公山海拔 200 ~ 1200 m 的林下阴湿地。

用途：根入药；花供观赏。

2. 万寿竹 Disporum cantoniense (Loureiro) Merrill

多年生草本。根状茎横出，呈结节状。茎上部有较多的叉状分枝。叶纸质，披针形至狭椭圆状披针形，先端渐尖至长渐尖，基部近圆形，下面脉上和边缘有乳头状突起。伞形花序着生在与上部叶对生的短枝顶端，花紫色，花被片倒披针形，先端尖，边缘有乳头状突起。花期 5 月。

分布与生境：分布于八大公山各地，生于海拔 1000 ~ 1900 m 的山坡林下。

用途：根及根入药；花供观赏。

长蕊万寿竹 Disporum longistylum

万寿竹 Disporum cantoniense

3. 大花万寿竹 Disporum megalanthum F. T. Wang & Tang

多年生草本。茎直立，中部以上生叶，有少数分枝。叶纸质，卵形、椭圆形或宽披针形，先端渐尖，基部近圆形，常稍对折抱茎，有短柄，边缘有乳头状突起。伞形花序着生在茎和分枝顶端，以及与上部叶对生的短枝顶端，花大，白色，花被片狭倒卵状披针形，先端稍钝。

分布与生境：分布于八大公山海拔 1800 ~ 1900 m 的林下阴湿地。

用途：根及根茎入药；花供观赏。

大花万寿竹 Disporum megalanthum

4. 南川万寿竹 Disporum nanchuanense X.X.Zhu & S.R.Yi

多年生草本。茎不分枝或上部分枝。叶椭圆形至卵形，先端急尖或有小尖头，基部圆形。伞形花序通常生于茎和分枝的顶端，花被片白色或淡红色，先端尖或微凹，边缘有乳头状突起。果实球形，成熟时蓝黑色。花期 3 月，果期 9 月。

分布与生境：分布于八大公山各地，生于海拔 600 m 左右的山坡密林下。

用途：根及根茎入药；花供观赏。

5. 山东万寿竹 Disporum smilacinum A. Gray

植株高 15 ~ 35 cm。叶卵形至椭圆形，（3 ~ 6）cm ×（1.5 ~ 3.0）cm，先端渐尖，横脉不明显，边缘有乳头状突起，基部近圆形。花白色，单朵生于茎顶端，有时为 2 花；花被片稍张开，基部略为囊状，花丝 2 或 3 倍长于子房。浆果球形，黑色。花期 4 ~ 5 月。

分布与生境：分布于八大公山海拔 400 ~ 1000 m 的林下阴湿地。

用途：根及根茎入药；花供观赏。

南川万寿竹 Disporum nanchuanense

山东万寿竹 Disporum smilacinum

6. 少花万寿竹 Disporum uniflorum Baker ex S. Moore

多年生草本。根状茎肉质，横出。茎直立，上部叉状分枝。叶纸质，矩圆形至披针形，脉上和边缘有乳头状突起，具横脉，基部圆形或宽楔形，有短柄或近无柄。花黄色、绿黄色或白色，花被片近直出，倒卵状披针形，边缘有乳头状突起。花期 4 月。

分布与生境：分布于八大公山海拔 400 ~ 1000 m 的林下阴湿地。

用途：根及根茎入药；花供观赏。

少花万寿竹 Disporum uniflorum

二十、菝葜科 Smilacaceae

攀缘状灌木。茎有刺或无刺。叶多互生，具弧形脉和网状细脉，叶柄两侧常有翅状鞘，鞘的上方有 1 对卷须。花单性异株，排成伞形花序，花被裂片 6，离生或合生，雄蕊 3 ~ 18，雌花子房上位，3 室。果为浆果状。

1 属 310 种，我国有 1 属 88 种，湖南有 1 属 34 种，八大公山有 1 属 22 种。

（一）菝葜属 Smilax Linnaeus

藤本或直立小灌木，稀草本。具坚硬的根状茎。枝条常有刺。叶互生，全缘，具 3 ~ 7 主脉和网状细脉，叶柄两侧具翅状鞘，鞘的上方有 1 对卷须或无卷须，向上至叶片基部一段有一色泽较暗的脱落点，由于脱落点位置不同，在叶片脱落时或带着一段叶柄，或几乎不带叶柄。花小，单性异株，通常排成单个腋生的伞形花序。浆果通常球形。

310 种，我国有 88 种，湖南有 34 种，八大公山有 22 种。

分种检索表

1. 花被片离生。
 2. 伞形花序单生叶腋或苞片腋部，花梗无关节。
  3. 叶脱落点位于叶柄中部至上部，叶脱落时带有一段叶柄。
   4. 草本，茎无刺，根为须根状，稍粗。
    5. 叶背面绿色……………………………………………………………… **18. 牛尾菜 S. riparia**
    5. 叶背面灰白色………………………………………………………… **15. 白背牛尾菜 S. nipponica**
   4. 藤本或灌木，茎多少具刺，根为块状，坚硬。
    6. 茎上密生刺，刺针状…………………………………………… **19. 短梗菝葜 S. scobinicaulis**
    6. 茎上疏生刺或无刺，有时具疣状突起。
     7. 叶鞘与叶柄等长或稍长，近半圆形或卵形，叶基部心形……… **6. 托柄菝葜 S. discotis**
     7. 叶柄无鞘或部分有窄鞘，叶基部圆或楔形，稀浅心形。
      8. 叶背绿色。
       9. 叶草质；果实成熟时紫黑色………………………… **16. 武当菝葜 S. outanscianensis**
       9. 叶坚纸质或革质；果实成熟时红色。
        10. 叶柄 2/3 ～ 4/5 具鞘 ……………………………………… **7. 长托菝葜 S. ferox**
        10. 叶柄 1/2 ～ 2/3 具鞘 ………………………………………… **4. 菝葜 S. china**
      8. 叶背白色。
       11. 果实成熟时紫黑色 …………………………………… **9. 黑果菝葜 S. glaucochina**
       11. 果实成熟时红色 ……………………………………… **17. 红果菝葜 S. polycolea**
  3. 叶脱落点位于叶柄顶部，叶脱落时不带或带有极短的一段叶柄。
   12. 叶和花序干后呈黑色 …………………………………………… **14. 黑叶菝葜 S. glaucochina**
   12. 叶和花序干后不为黑色。
    13. 直立或披散灌木，极少攀缘状，但叶柄决无卷须或其痕迹。
     14. 常绿灌木。果梗下弯 ………………………………………… **1. 弯梗菝葜 S. aberrans**
     14. 落叶灌木。果梗伸直。
      15. 叶下面无毛，也无乳突或粉尘状附属物 ………………… **21. 鞘柄菝葜 S. stans**
      15. 叶下面多少有毛或有粉尘状皱纹 ……………………… **22. 糙柄菝葜 S. trachypoda**
    13. 藤本，叶柄具卷须。
     16. 花明显六棱状球形 …………………………………………………… **8. 土茯苓 S. glabra**
     16. 花其它形状，决不为六棱状球形。
      17. 总花梗短于叶柄或近等长。
       18. 植株具刺 ………………………………………………… **13. 小叶菝葜 S. microphylla**
       18. 植株无刺 ………………………………………… **12. 防己叶菝葜 S. menispermoidea**

17. 总花梗远长于叶柄 ………………………………………………… **2. 尖叶菝葜 S. arisanensis**

2. 伞形花序常 2 至多个组成圆锥状或穗状花序。

19. 枝具疣状突起 ………………………………………………………… **3. 密疣菝葜 S. chapaensis**

19. 枝无疣状突起。

20. 雄蕊极短，长不及 1 mm，约为花被片长的 1/3 ～ 1/5 …………**5. 银叶菝葜 S. cocculoides**

20. 雄蕊较长，长 3 ～ 6 mm，达到花被片长度的一半以上 ………**11. 马甲菝葜 S. lanceifolia**

1. 花被片合生。

21. 在雄花中有 9 ～ 12 枚雄蕊…………………………………… **20. 短柱肖菝葜 S. septemnerria**

21. 在雄花中有 3 枚雄蕊 ……………………………………………………… **10. 肖菝葜 S. japonica**

1. 弯梗菝葜 Smilax aberrans Gagnepain

常绿灌木。茎无刺而稍具槽或钝棱。叶薄纸质，椭圆形或卵状椭圆形，（7 ~ 12）cm×（2.5 ~ 6.5）cm，先端渐尖，基部近楔形或圆形，下面苍白色，具乳突状短柔毛，网脉上尤多，极少只呈粉尘状粗糙的；叶柄具半圆形的膜质鞘，无卷须，脱落点位于上部。伞形花序常生于刚从叶腋抽出的幼枝上（生于其上幼嫩的叶腋或苞片腋部），具几朵至 20 多朵花；总花梗长 3 ~ 5 cm。浆果直径 8 ~ 11 mm，果梗下弯。花期 3 ~ 4 月，果期 12 月。

分布及生境：产于八大公山五道水（楠木坪），生于海拔 200 ~ 600 m 的山坡林缘。

用途：根茎入药。

弯梗菝葜 Smilax aberrans

2. 尖叶菝葜 Smilax arisanensis Hayata

攀缘灌木，具粗短的根状茎。茎无刺或具疏刺。叶纸质，矩圆形或卵状披针形，先端渐尖或长渐尖，基部圆形；叶柄约占全长的 1/2 具狭鞘，一般有卷须，脱落点位于近顶端。浆果熟时紫黑色。花期 4 ~ 5 月，果期 10 ~ 11 月。

分布及生境：产于八大公山五道水（楠木坪），生于海拔 800 m 的沟谷密林下。

尖叶菝葜 Smilax arisanensis

3. 密疣菝葜 Smilax chapaensis Gagnepain

落叶藤本。枝条密生疣状突起。叶卵状矩圆形、狭椭圆形至披针形。伞形花序通常单个生于叶腋，具几十朵花，极少两个伞形花序生于一个共同的总花梗上，总花梗通常短于叶柄，果期可与叶柄等长。浆果熟时黑色。花期 2 ~ 3 月，果期 10 ~ 11 月。

分布及生境：产于八大公山各地，生于海拔 200 ~ 600 m 的山坡林缘。

用途：根茎入药。

密疣菝葜 Smilax chapaensis

4. 菝葜 Smilax china Linnaeus

攀缘灌木；根状茎粗厚，坚硬，为不规则的块状。茎疏生刺。叶圆形、卵形或其他形状，下面通常淡绿色，较少苍白色；叶柄约占全长的 1/2 ~ 2/3 具鞘，几乎都有卷须，少有例外，脱落点位于靠近卷须处。浆果熟时红色，有粉霜。花期 2 ~ 5 月，果期 9 ~ 11 月。

分布及生境：产于八大公山斗篷山，生于海拔 400 ~ 1000 m 的灌丛中。

用途：根茎入药。

菝葜 Smilax china

5. 银叶菝葜 Smilax cocculoides Warburg

常绿灌木，多少攀缘，具粗短的根状茎。茎长 0.5 ~ 2.0 m，枝条常有不明显的钝棱，无刺。叶纸质或近革质，卵形、椭圆状卵形或近披针形，下面浅绿色，且稍有光泽。伞形花序通常单生于叶腋，极少两个生于一个共同的总花梗上，花序托几不膨大。浆果，熟时黑蓝色。花期 2 ~ 4 月，果期 11 月。

分布及生境：产于八大公山各地，生于海拔 800 ~ 1100 m 的山坡密林下。

用途：根状茎入药。

6. 托柄菝葜 Smilax discotis Warburgt

落叶灌木，多少攀缘。茎疏生刺或近无刺。叶纸质，通常近椭圆形，下面苍白色，鞘与叶柄等长或稍长。伞形花序生于叶梢幼嫩的小枝上，通常具几朵花，总花梗长 1 ~ 4 cm，花序托稍膨大；花绿黄色。浆果，熟时黑色，具粉霜。花期 4 ~ 5 月，果期 10 月。

分布及生境：产于八大公山海拔 500 ~ 1200 m 的山坡灌丛中。

用途：根茎入药。

银叶菝葜 Smilax cocculoides

托柄菝葜 Smilax discotis

7. 长托菝葜 Smilax ferox Wallich ex Kunth

攀缘灌木。疏生刺。叶椭圆形、卵状椭圆形至矩圆形；通常只有少数叶柄具卷须，少有例外，脱落点位于鞘上方。伞形花序生于叶尚幼嫩的小枝上，具几朵至10余朵花；花黄绿色或白色。浆果熟时红色。花期5月，果期9月。

分布及生境：产于八大公山海拔1500～1900 m的山坡灌丛地或林下、林缘。

用途：根状茎入药。

长托菝葜 Smilax ferox

8. 土茯苓 Smilax glabra Roxburgh

落叶藤本。根状茎块状，常由匍匐茎相连接。枝条无刺。叶狭椭圆状披针形至狭卵状披针形，下面绿色，有时带苍白色。伞形花序通常具10余朵花，总花梗明显短于叶柄，花六棱状球形。浆果熟时紫黑色，具粉霜。花期7～11月，果期11月至次年4月。

分布及生境：产于八大公山各地，生于海拔1000 m以下的山坡林缘或灌丛地。

用途：根状茎入药。

9. 黑果菝葜 Smilax glaucochina Warburg

落叶藤本。具粗短的根状茎。茎通常疏生刺。叶厚纸质，通常椭圆形下面苍白色。伞形花序通常生于叶稍幼嫩的小枝上，具几朵或10余朵花，总花梗长1～3 cm，花序托稍膨大，花绿黄色。浆果，熟时黑色，具粉霜。花期3～5月，果期10～11月。

分布及生境：产于八大公山海拔500～1600 m的各种生境。

用途：根茎能入药；块茎能酿酒。

土茯苓 Smilax glabra

黑果菝葜 Smilax glaucochina

10. 肖菝葜 **Smilax japonica** Kunth

常绿藤本。本种与短柱肖菝葜几不可分，雄花中有 9 ~ 12 枚雄蕊而可区分。花期 6 ~ 8 月，果期 7 ~ 11 月。

分布及生境：产于八大公山，生于海拔 1000 m 以下的山坡。

用途：根状茎入药，嫩茎叶可作野菜；根茎还能酿酒。

肖菝葜 Smilax japonica

11. 马甲菝葜 **Smilax lanceifolia** Roxburgh

攀缘灌木。枝条具细条纹，无刺或少有具疏刺。叶卵状矩圆形至披针形，叶柄全长的 1/4 ~ 1/5 具狭鞘，一般有卷须，脱落点位于近中部。伞形花序通常单个生于叶腋，花黄绿色。浆果熟时暗褐色。花期 10 月至次年 3 月，果期 10 月。

马甲菝葜 Smilax lanceifolia

分布及生境：产于八大公山各地，生于海拔 400 ~ 1400 m 的山坡林下。

用途：根状茎入药。

12. 防己叶菝葜 Smilax menispermoidea A. de Candolle

攀缘灌木。枝条无刺。叶纸质，卵形或宽卵形，先端急尖，基部浅心形至近圆形，下面苍白色；叶柄全长的 2/3 ~ 3/4 具狭鞘，脱落点位于近顶端。伞形花序具几朵至 10 余朵花；花序托稍膨大，花紫红色。浆果熟时紫黑色。花期 5 ~ 6 月，果期 10 ~ 11 月。

分布及生境：产于八大公山海拔 1100 ~ 1600 m 的山坡林下。

防己叶菝葜 Smilax menispermoidea

13. 小叶菝葜 Smilax microphylla C. H. Wright

落叶藤本。茎长 1 ~ 5 m，枝条平滑或稍粗糙，多少具刺，叶革质，披针形、卵状披针形或近条状披针形。总花梗稍扁或近圆柱形，宽约 0.5 mm，常稍粗糙，明显短于叶柄，花淡绿色，雌花比雄花稍小，具 3 枚退化雄蕊。花期 6 ~ 8 月，果期 10 ~ 11 月。

分布及生境：产于八大公山各地，生于海拔 800 m 以下的山坡灌丛中。

用途：根能入药。

14. 黑叶菝葜 Smilax nigrescens F. T. Wang & Tang ex P. Y. Li

攀缘灌木。枝条疏生刺或近无刺。叶纸质，干后近黑色，通常卵状披针形或卵形，先端渐尖，基部近圆形至浅心形，下面通常苍白色，较少淡绿色；叶柄全长的 1/2 ~ 2/3 具狭鞘，脱落点位于近顶端。浆果成熟时蓝黑色。花期 4 ~ 6 月，果期 9 ~ 10 月。

分布及生境：产于八大公山各地，生于海拔 400 ~ 1400 m 的山坡林下。

用途：根状茎入药。

小叶菝葜 Smilax microphylla

黑叶菝葜 Smilax nigrescens

15. 白背牛尾菜 Smilax nipponica Miquel

多年生草本。茎直立或稍攀缘，有根状茎。茎中空，无刺。叶卵形至矩圆形，下面苍白色且通常具粉尘状微柔毛。伞形花序通常有几十朵花，花绿黄色或白色，盛开时花被片外折。浆果，熟时黑色，有白色粉霜。花期 4 ~ 5 月，果期 8 ~ 9 月。

分布及生境：产于八大公山各地，生于海拔 900 ~ 1400 m 的山坡林下。

用途：根及根茎入药；嫩茎叶可作野菜。

白背牛尾菜 Smilax nipponica

16. 武当菝葜 Smilax outanscianensis Pampanini

攀缘灌木。疏生刺或近无刺。叶椭圆形至矩圆形，先端急尖或渐尖，基部近宽楔形，下面淡绿色；叶柄中部以下具鞘（一侧），脱落点位于近中部。伞形花序生于叶尚幼嫩的小枝上，花绿黄色。浆果熟时紫黑色。花期 5 月，果期 9 ~ 10 月。

分布及生境：分布于八大公山斗篷山，生于海拔 1400 ~ 1900 m 的山坡。

用途：根茎入药。

17. 红果菝葜 Smilax polycolea Warburg

落叶灌木，攀缘。枝条多少具纵棱，疏生刺或近无刺。叶椭圆形、矩圆形至卵形，先端渐尖，基部楔形或近截形，下面苍白色；叶柄基部至中部具鞘，部分有卷须，脱落点位于近中部。伞形花序生于叶尚幼嫩的小枝上，花黄绿色。浆果熟时红色，有粉霜。花期 4 ~ 5 月，果期 9 ~ 10 月。

分布及生境：分布于八大公山各地，生于海拔 200 ~ 500 m 的山坡林缘及灌丛中。

武当菝葜 Smilax outanscianensis

红果菝葜 Smilax polycolea

18. 牛尾菜 Smilax riparia A. de Candolle

分变种检索表

1. 叶下面光滑，叶的先端突尖或短渐尖……………… **18a. 牛尾菜（原变种） S. riparia** var. **riparia**
1. 叶背脉上具乳突状微柔毛，叶先端尾状渐尖… **18b. 尖叶牛尾菜（变种） S. riparia** var. **acuminata**

18a. 牛尾菜（原变种）Smilax riparia A. de Candolle var. **riparia**

多年生草质藤本。茎中空，干后凹瘪并具槽。叶形状变化较大，但多为卵状椭圆形，先端突尖，叶柄在中部以下有卷须。伞形花序，总花梗较纤细，小苞片长 1 ~ 2 mm，在花期一般不落，雌花比雄花略小，不具或具钻形退化雄蕊。花期 6 ~ 7 月，果期 10 月。

分布及生境：产于八大公山各地，生于海拔 1400 m 以下的山坡林缘。

用途：根及根茎入药；嫩茎叶可作野菜。

牛尾菜（原变种）Smilax riparia var. riparia

18b. 尖叶牛尾菜（变种）Smilax riparia var. **acuminata** (C. H. Wright) F. T. Wang & Tang

多年生草本。本变种和原变种牛尾菜相似，但叶卵状披针形，先端渐尖或长渐尖。

分布及生境：产于八大公山海拔 1100 m 以下的山坡林缘。

用途：根及根茎入药；嫩茎叶可作野菜。

尖叶牛尾菜（变种）Smilax riparia var. acuminata

19. 短梗菝葜 Smilax scobinicaulis C. H. Wright

落叶藤本。茎和枝条通常疏生刺或近无刺，刺针状，稍黑色，茎上的刺有时较粗短。叶卵形或椭圆状卵形，干后有时变为褐色，基部钝或浅心形。总花梗很短，一般不到叶柄长度的一半。花期5月，果期10月。

分布及生境：产于八大公山海拔300 ~ 1200 m的山坡沟谷林下。

用途：根茎入药。

短梗菝葜 Smilax scobinicaulis

20. 短柱肖菝葜 Smilax septemnervia F. T. Wang & Tang

常绿藤本。叶卵形、卵状心形或卵状披针形，先端三角状短渐尖，基部心形或近圆形，主脉 5 ~ 7 条，在下面隆起。伞形花序具 20 ~ 60 朵花，花序托球形，花被筒卵圆形。果实近球形，紫色。花期 5 ~ 6 月，果期 9 ~ 11 月。

分布及生境：产于八大公山海拔 200 ~ 900 m 的山坡或沟谷。

用途：根状茎入药，亦可供酿酒。

短柱肖菝葜 Smilax septemnervia

21. 鞘柄菝葜 Smilax stans Maximowicz

落叶灌木或半灌木，直立或披散。茎和枝条稍具棱，无刺。叶纸质，卵形、卵状披针形或近圆形，下面稍苍白色或有时有粉尘状物。花序具 1 ~ 3 朵或更多的花；总花梗纤细，花绿黄色，有时淡红色。浆果，熟时黑色，具粉霜。花期 5 ~ 6 月，果期 10 月。

分布及生境：产于八大公山海拔 1200 ~ 1900 m 的山坡林下。

用途：根茎入药。

22. 糙柄菝葜 Smilax trachypoda J. B. Norton

落叶灌木。本种和鞘柄菝葜极相似，但在叶下面的主脉和支脉的下半部或近基部，以及叶柄的上半部都具有乳突状毛。

分布及生境：产于八大公山斗篷山，生于海拔 1600 ~ 1900 m 的山坡林下。

用途：根茎能入药。

鞘柄菝葜 Smilax stans

糙柄菝葜 Smilax trachypoda

二十一、百合科 Liliaceae

多年生草本。具根状茎或鳞茎。叶基生或茎生，少对生或轮生。花常两性，通常辐射对称，成总状、穗状或圆锥花序。花被片 6，排成 2 轮，雄蕊 6，子房上位，3 室。蒴果或浆果。

15 属 640 种，我国有 12 属 146 种。湖南有 7 属 22 种，八大公山有 4 属 13 种。

分属检索表

1. 植株具或长或短的根状茎，决不具鳞茎…………………………………………………… **4. 油点草属 Tricyrtis**
1. 植株具鳞茎。
  2. 叶心形，具网状脉……………………………………………………………………… **1. 大百合属 Cardiocrinum**
  2. 叶不为心形，无网状脉。
    3. 鳞茎由白粉质的鳞片组成，花被片基部有蜜腺窝………………………………… **2. 贝母属 Fritillaria**
    3. 鳞茎通常不具白粉质鳞片，花被片基部无蜜腺窝…………………………………**3. 百合属 Lilium**

（一）大百合属 Cardiocrinum (Endlicher) Lindley

多年生草本。植株常高大，其鳞茎由几片基生叶的叶柄基部膨大而形成。叶卵状心形，具网状脉。茎花葶状，花序总状，花被片合生成一轮。蒴果，直立，无明显的棱。

3 种，我国有 3 种，湖南有 2 种，八大公山均有。

分种检索表

1. 叶在中部密集，总状花序具花 3 ～ 5 朵……………………………… **1. 荞麦叶大百合 C. cathayanum**
1. 叶从茎基部以上均匀着生，总状花序具花 10 ～ 16 朵………………………… **2. 大百合 C. giganteum**

1. 荞麦大百合 Cardiocrinum cathayanum (E. H. Wilson) Stearn

多年生草本。除基生叶外，茎基部上处开始有茎生叶，最下面的几枚常聚集在一处，其余散生；叶纸质，具网状脉，卵状心形或卵形，先端急尖，基部近心形。总状花序；每花具一苞片，苞片矩圆形；花狭喇叭形，乳白色或淡绿色，内具紫色条纹。蒴果近球形。种子扁平，红棕色，周围有膜质翅。

分布及生境：产于八大公山天平山、斗篷山，生于海拔 500 ~ 1500 m 的沟谷林下。

用途：鳞茎入药；全株供观赏。国家二级保护植物。

2. 大百合 Cardiocrinum giganteum (Wallich) Makino

多年生草本。基生叶的叶柄基部膨大形成鳞茎。茎高大。叶基生和茎生，后者散生，卵状心形，向上渐小，叶脉网状，具叶柄。花序总状，有花 10 ~ 16 朵；花狭喇叭形，白色，具紫色条纹。蒴果矩圆形，顶端有一小尖突。花期 5 ~ 6 月，果期 10 月。

分布及生境：产于八大公山海拔 600 ~ 1500 m 的沟谷密林下。

用途：鳞茎入药；全株供观赏。

荞麦大百合 Cardiocrinum cathayanum

大百合 Cardiocrinum giganteum

（二）贝母属 Fritillaria Linnaeus

多年生草本。鳞茎由 2～3 枚鳞片组成，近卵形或球形。叶基生叶和茎生，茎生叶对生、轮生或散生，先端卷曲或不卷曲。花钟形，俯垂，单朵顶生或多朵排成总状、伞形花序，具叶状苞片。蒴果具 6 棱，棱上常有翅。种子多数，扁平，边缘有狭翅。

130 种，我国约有 24 种，湖南有 3 种，八大公山有 2 种。

分种检索表

1. 花被片紫红色；蒴果翅宽 6 ～ 8 mm ············ **1. 天目贝母 F. monantha**
1. 花被片白色；蒴果翅宽 1.0 ～ 1.5 m ············ **2. 浙贝母 F. thunbergii**

1. 天目贝母 Fritillaria monantha Migo

多年生草本。鳞茎由 2～3 枚鳞片组成。叶在最下面的对生或散生，向上常兼有散生或 3 叶轮生的，矩圆状披针形至披针形，先端不卷曲。花单朵，淡紫色，具黄色小方格，有 3～5 枚先端不卷曲的叶状苞片，蜜腺窝在花被背面明显凸出。蒴果棱上有翅。

分布及生境：原产湖北、湖南、浙江等地，八大公山各地栽培，野生种群已不见。

用途：鳞茎入药；全株供观赏。

天目贝母 Fritillaria monantha

2. 浙贝母 Fritillaria thunbergii Miquel

多年生草本。叶在最下面的对生或散生，向上常兼有散生、对生和轮生的，近条形至披针形，先端不卷曲或稍弯曲。花 1 ~ 6 朵，淡黄色，顶端的花具 3 ~ 4 枚叶状苞片，其余的具 2 枚苞片；苞片先端卷曲。蒴果棱上有翅。花期 3 ~ 4 月，果期 5 月。

分布及生境：原产江苏、浙江和湖南，八大公山有栽培。

用途：鳞茎入药；全株供观赏。

浙贝母 Fritillaria thunbergii

（三）百合属 Lilium Linnaeus

多年生草本。具鳞茎，鳞片多数，肉质，卵形或披针形，无节或有节，白色或紫黑色。叶通常散生，较少轮生，披针形至条形。花单生或排成总状花序，少有近伞形或伞房状排列，苞片叶状，花被片 6，2 轮，离生，常多少靠合而成喇叭形或钟形，有时强烈反卷，柱头膨大，3 裂。蒴果矩圆形。种子多数，扁平，周围有翅。

110 种，我国有 55 种，湖南有 11 种，八大公山有 7 种。

分种检索表

1. 花喇叭形，花被片先端外弯，雄蕊上部向上弯…………………………………… **1. 野百合 L. brownii**

1. 花钟形，有斑点；雄蕊四面张开。

2. 花被片蜜腺两边无乳头状突起，有流苏状突起或无。
3. 叶无柄，花被片蜜腺两边无流苏状突起，花白色…………………………… **6. 大理百合 L. taliense**
3. 叶有短柄，花被片蜜腺两边有流苏状突起，花红色或黄红色。
4. 叶近同形；花白色，花被片边缘呈波状…………… **5. 药百合 L. speciosum** var.**gloriosoides**
4. 叶明显两型；花黄色或桔黄色；花被片全缘。
5. 叶矩圆状披针形，蒴果矩圆形…………………………………………………**3. 湖北百合 L. henryi**
5. 叶条状披针形蒴果长矩圆形……………………………………………… **4. 南川百合 L. rosthornii**
2. 花被片蜜腺两边有乳头状突起。
6. 茎上部的叶腋间无珠芽………………………………………………………… **2. 川百合 L. davidii**
6. 茎上部的叶腋间有珠芽……………………………………………………… **7. 卷丹 L. lancifolium**

1. 野百合 Lilium brownii F.E.Brown ex Miellez

分变种检索表

1. 叶披针形或狭披针形………………………………… **1a. 野百合（原变种）L. brownii** var. **brownii**
1. 叶倒被针形至倒卵形…………………………………………**1b. 百合（变种）L. brownii** var.**viridulum**

1a. 野百合（原变种）Lilium brownii F.E.Brown ex Miellez var. **brownii**

多年生草本。鳞茎球形，鳞片披针形，白色。叶散生，通常自下身上渐小，披针形至条形。花单生或几朵排成近伞形，花喇叭形，乳白色，外面稍带紫色，无斑点，向外张开或先端外弯而不卷。蒴果矩圆形，有棱，具多数种子。花期 6 月，果期 10 月。

野百合（原变种）Lilium brownii var.brownii

分布及生境：产于八大公山各地，生于海拔 1000 m 以下的山坡荒地。

用途：鳞茎入药，亦可食用；花供观赏。

1b. 百合（变种）Lilium brownii var. **viridulum** Baker

多年生草本。本变种与野百合的区别在于叶倒披针形至倒卵形。

分布及生境：产八大公山各地，生于海拔 1000 m 以下的山坡荒地或林缘。

用途：鳞茎入药，亦可食用；花供观赏。·

百合（变种）Lilium brownii var. viridulum

2. 川百合 Lilium davidii Duchartre

多年生草本。鳞茎扁球形，鳞片白色。茎带紫色，密被小乳头状突起。叶多数，散生，在中部较密集，条形，先端急尖，叶腋有白色绵毛。花单生或总状花序，花下垂，橙红色，基部有紫黑色斑点。蒴果长矩圆形。花期 8 月。

分布及生境：生于八大公山斗篷山，生于海拔 1200 m 左右的悬崖石缝中。

用途：鳞茎入药，亦可食用；花供观赏。

3. 湖北百合 Lilium henryi Baker

多年生草本。鳞茎近球形，鳞片矩圆形，先端尖，紫色。叶两型，中、下部的矩圆状披针形，先端渐尖，基部近圆形，全缘，上部的卵圆形，先端急尖，基部近圆形，无柄。总状花序，苞片卵圆形，叶状。花被片披针形，反卷，橙色，具稀疏的黑色斑点，全缘，蜜腺两边具多数流苏状突起。蒴果矩圆形，褐色。

分布及生境：产于八大公山各地，生海拔 200 ~ 1000 m 的的山坡石缝中。

用途：鳞茎入药及食用；花供观赏。

川百合 Lilium davidii

湖北百合 Lilium henryi

4. 南川百合 Lilium rosthornii Diels

多年生草本。鳞茎球形，鳞片白色。叶散生，中、下部的为条状披针形，先端渐尖，基部渐狭成短柄，全缘，上部的为卵形，先端急尖，基部渐狭，中脉明显，全缘。总状花序，花被片反卷，黄色或黄红色，有紫红色斑点，全缘，蜜脉两边具多数流苏状突起。蒴果长矩圆形，棕绿色。

分布及生境：分布于八大公山各地，生于海拔 400 ~ 600 m 的的溪边石缝中。

用途：鳞茎入药及食用；花供观赏。

南川百合 Lilium rosthornii

5. 药百合 Lilium speciosum var. **gloriosoides** Baker

鳞片宽披针形，白色。叶散生，宽披针形、矩圆状披针形或卵状披针形，（2.5～10）cm×（2.5～4.0）cm，先端渐尖，基部渐狭或近圆形，具3～5脉，两面无毛。花1～5朵，排列成总状花序或近伞形花序；苞片叶状，卵形，花下垂，花被片长6.0～7.5 cm，反卷，边缘波状，白色，下

药百合 Lilium speciosum var. gloriosoides

部 1/2 ~ 1/3 有紫红色斑块和斑点，蜜腺两边有红色的流苏状突起和乳头状突起。蒴果近球形，宽 3 cm，淡褐色，成熟时果梗膨大。花期 7 ~ 8 月，果期 10 月。

分布及生境：分布于八大公山海拔 400 ~ 600 m 的的溪边石缝中。

用途：鳞茎入药，亦可食用；花供观赏。

6. 大理百合 Lilium taliense Franchet

多年生草本。鳞茎卵形，鳞片披针形，白色。叶散生，条形或条状披针形，中脉明显，无毛。总状花序，苞片叶状，花下垂，花被片反卷，矩圆形或矩圆状披针形，内轮花被片较外轮稍宽，白色，有紫色斑点，蜜腺两边无突起。蒴果矩圆形。

分布及生境：产于八大公山斗篷山，生于海拔 1500 ~ 1900 m 的山坡草丛中。

用途：鳞茎入药，亦可食用；花供观赏。

大理百合 Lilium taliense

7. 卷丹 Lilium lancifolium Ker Gawler

多年生草本。鳞茎近宽球形，鳞片白色。茎具白色绵毛。叶散生，矩圆状披针形或披针形，先端有白毛，上部叶腋有珠芽。苞片叶状，卵状披针形，先端钝，有白绵毛，花梗紫色，有白色绵毛，花下垂，花被片披针形，反卷，橙红色，有紫黑色斑点，内轮花被片蜜月腺两边有乳头状突起。蒴果狭长卵形。

分布及生境：产于八大公山各地，生于海拔 700 ~ 1600 m 的山坡或林下。

用途：鳞茎入药，亦可食用；花供观赏。

卷丹 Lilium lancifolium

（四）油点草属 Tricyrtis Wallich

多年生草本。叶近无柄，抱茎。花单生或簇生，顶生或生于上部叶腋，花被片 6，离生，开放后花被片直立，斜展或反折，外轮三片在基部囊状或具短距，雄蕊 6 枚，花丝扁平，下部常多少靠合成筒，柱头 3 裂，向外弯垂，裂片上端又二深裂，密生腺毛，子房 3 室。蒴果狭矩圆形，具三棱。

18 种，我国有 9 种，湖南有 2 种，八大公山均产。

分种检索表

1. 花被片反折（盛花期）……………………………………………………**1. 油点草 T. macropoda**

1. 花被片水平开展或约 45° 延展 ………………………………………… **2. 黄花油点草 T. pilosa**

1. 油点草 Tricyrtis macropoda Miquel

多年生草本。茎上部疏生或密生短的糙毛。叶卵状椭圆形至矩圆状披针形，先端渐尖或急尖，两面疏生短糙伏毛，基部心形抱茎或圆形而近无柄，边缘具短糙毛。二歧聚伞花序顶生或生于上部叶腋，花序轴和花梗生有淡褐色短糙毛，花被片绿白色或白色，内面具多数紫红色斑点，开放后自中下部向下反折。蒴果直立。

分布及生境：分布于八大公山各地，生于海拔 1800 m 以下的林下或沟边。

用途：根茎入药；全株供观赏。

油点草 Tricyrtis macropoda

2. 黄花油点草 Tricyrtis pilosa Wallich

多年生草本。植株的体态和花的结构与油点草极相似，但花通常黄绿色，花被片向上斜展或近水平伸展，但决不向下反折。

分布及生境：产于八大公山各地，生于海拔 600 ~ 1900 m 的山坡或沟谷边。

用途：全草入药；全株供观赏。

黄花油点草 Tricyrtis pilosa

二十二、兰科 Orchidaceae

地生、附生或较少为腐生草本。叶基生或茎生，后者通常互生或生于假鳞茎顶端或近顶端处，扁平或有时圆柱形或两侧压扁，基部具或不具关节。花葶或花序顶生或侧生；花常排列成总状花序或圆锥花序；花被片 6，2 轮；萼片离生或不同程度的合生；中央 1 枚花瓣的形态常有较大的特化，明显不同于 2 枚侧生花瓣，花粉通常粘合成团块。蒴果。具极多的种子，种皮常在两端延长成翅状。

700 属 20000 种，我国有 171 属 1247 种，湖南有 46 属 103 种，八大公山有 31 属 73 种。

分属检索表

1. 能育雄蕊 2，位于蕊柱两侧，与侧生花瓣对生 ………………………… **11. 杓兰属 Cypripedium**
1. 能育雄蕊 1，若为 2 则位于蕊柱近顶端的前后两侧，分别与中萼片和唇瓣对生。
  2. 花粉块粒状，其基部有柄和粘盘。
    3. 柱头 1 个，花柱不存在………………………………………………… **26. 舌唇兰属 Platanthera**
    3. 柱头 2 个，分离。
      4. 粘盘卷成角状………………………………………………………… **19. 角盘兰属 Herminium**
      4. 粘盘不卷有时稍卷但不为角状。
        5. 蕊喙没有臂，为鸟喙状或四方形…………………………… **1. 无柱兰属 Amitostigma**
        5. 蕊喙有臂，不为鸟喙状，也不为四方形…………………… **18. 玉风花属 Habenaria**
  2. 花粉块顶部有柄和粘盘。
    6. 花粉块为粒状、线状，花序常顶生。
      7. 药多少向前倾斜并向内曲。
        8. 根为簇状或直出，较短。
          9. 唇瓣分上下两部，叶脉褶扇状。
            10. 花或多或少下垂，唇瓣无距 ………………………… **14. 火烧兰属 Epipactis**
            10. 花直立，唇瓣多有距 ……………………………… **5. 头蕊兰属 Cephalanthera**
          9. 唇瓣不分上下两部，叶脉在叶面平坦。
            11. 绿色植物，花单生，花苞片叶状 ………………………**28. 朱兰属 Pogonia**
            11. 腐生植物，花序多花，无苞片 ………………………… **15. 山珊瑚属 Galeola**
        8. 根为球茎状。
          12. 绿色植物，叶脉褶扇状 ………………………………………… **2. 白及属 Bletilla**
          12. 腐生植物，无绿色叶片，绿色植物的叶脉在叶平 ……………… **16. 天麻属 Gastrodia**
      7. 药多少直立。
        13. 根束状，花在花序上螺旋状着生 ……………………………… **30. 绶草属 Spiranthes**
        13. 根从根茎部长出，非束状，花在花序上不螺旋状着生。
          14. 柱头 1 个 ……………………………………………………… **17. 斑叶兰属 Goodyera**
          14. 柱头 2 个。
            15. 腐生植物 ……………………………………………… **6. 叠鞘兰属 Chamaegastrodia**

15. 自养植物。
16. 子房无毛 ………………………………………………… **29. 菱兰属 Rhomboda**
16. 子房被毛 ………………………………………………… **21. 齿唇兰属 Odontochilus**
6. 花粉块蜡质或骨质，花序常顶生或倒生。
17. 花序一般为顶生。
18. 花粉块没有柄和粘盘。
19. 蕊柱较长，向前弓曲；唇瓣位于下方 ………………………… **20. 羊耳蒜属 Liparis**
19. 蕊柱一般很短，直立；唇瓣通常位于上方 ……………………… **9. 沼兰属 Crepidium**
18. 花粉块的粘盘有时不发育，有时花粉块柄有粘盘。
20. 幼叶卷叠式为席卷式。
21. 叶无节，有叶柄 ………………………………………… **7. 独花兰属 Changnienia**
21. 叶有节。
22. 唇瓣不为 S 形，无囊或无距 ………………………………… **27. 独蒜兰属 Pleione**
22. 唇瓣褶成 S 形，囊状或有距 ……………………………… **25. 石仙桃属 Pholidota**
20. 幼叶卷叠式为二重。
23. 植株无匍匐茎，茎明显具节 ………………………………**12. 石斛属 Dendrobium**
23. 根茎细长，具匍匐茎和假鳞茎 ……………………………… **13. 厚唇兰属 Epigeneium**
17. 花序侧生，生在靠近假鳞茎的基部，或茎下部的叶腋间。
24. 茎为合轴式，茎的最末端为叶，因而不能无限生长。
25. 花粉块无柄或有柄，粘盘一般不发达。
26. 根状茎短，一般为球茎状。
27. 唇瓣大部贴生于合蕊柱上，合蕊柱粗短 ……………………**4. 虾脊兰属 Calanthe**
27. 唇瓣稍贴生于合蕊柱上，合蕊柱细长 ……………………… **23. 鹤顶兰属 Phaius**
26. 根状茎较长，假鳞茎有 1 个节间 ………………………… **3. 石豆兰属 Bulbophyllum**
25. 花粉块明显有柄，粘盘明显。
28. 幼叶卷叠式为席卷式。
29. 叶 1 ~ 2 枚，通常剑形 …………………………………………**22. 山兰属 Oreorchis**
29. 叶 1 枚，披针形 ……………………………………………… **8. 杜鹃兰属 Cremastra**
28. 幼叶卷叠式为二重 ……………………………………………… **10. 兰属 Cymbidium**
24. 茎单一轴式，能无限生长。
30. 每个花粉团半裂或具沟 ……………………………………… **24. 蝴蝶兰属 Phalaenopsis**
30. 每个花粉团劈裂为不等大的 2 片 ………………………… **31. 白点兰属 Thrixspermum**

（一）无柱兰属 **Amitostigma** Schlechter

多年生草本。块茎圆球形或卵圆形，肉质，不裂。叶通常 1 枚，罕为 2 ~ 3 枚，基生或茎生。花序顶生，总状，常具多数花，少为 1 ~ 2 朵花，花多偏向一侧，少数由于花序轴的缩短而呈近头状，子房圆柱形至纺锤形，扭转，花淡紫色、粉红色或白色，唇瓣通常较萼片和花瓣长而宽，向前伸展，基部具距，前部3裂或4裂。蒴果近直立。

30种，我国有22种，湖南有4种，八大公山有1种。

1. 无柱兰 Amitostigma gracile (Blume) Schlechter

多年生草本。块茎卵形，肉质。茎光滑，基部具1～2枚筒状鞘，近基部具1枚大叶，在叶之上具1～2枚苞片状小叶。叶片椭圆形或卵状披针形。总状花序具5～20余朵花，花粉红色或紫红色，唇瓣倒卵形，具距，中部之上3裂，中裂片倒卵状楔形，先端截形、圆形或圆形而具短小或中间凹缺，距纤细，圆筒状，下垂。花期6～7月，果期9～10月。

分布及生境：分布于八大公山海拔1000～1500 m的山坡岩石上。

无柱兰 Amitostigma gracile

（二）白及属 Bletilla H. G. Reichenbach

地生植物。茎基部具膨大的的假鳞茎，具荸荠似的环带，肉毛绒，富黏性。总状花序顶生；花紫红色至白色，倒置；萼片与花瓣相似近等长，离生；唇瓣中部以上常明显3裂；侧裂片直立；蕊柱细长，两侧具翅；花药着生于药顶的齿状中裂片上，帽状，内屈或者近悬垂；花粉团8个，成2群，无粘盘；柱头1。蒴果长圆状纺锤形，直立。

6种，我国有4种，湖南有3种，八大公山有2种。

分种检索表

1. 萼片和花瓣黄白色，罕为近白色……………………………………………… **1. 黄花白及 B. ochracea**
1. 萼片和花瓣紫红色或粉红色………………………………………………………**2. 白及 B. striata**

1. 黄花白及 Bletilla ochracea Schlechter

多年生草本。假鳞茎扁斜卵形，较大。茎常具 4 枚叶。叶长圆状披针形，先端渐尖或急尖，基部收狭成鞘并抱茎。花序具 3 ~ 8 朵花；花黄色或萼片和花瓣外侧黄绿色，内面黄白色，罕近白色；萼片和花瓣近等长，长圆形；唇瓣椭圆形，白色或淡黄色，在中部以上 3 裂；唇盘上面具 5 条纵脊状褶片；褶片仅在中裂片上面为波状。花期 6 ~ 7 月。

分布及生境：分布于八大公山海拔 400 ~ 1200 m 的路边草丛或山坡岩石缝中。

用途：块茎入药；花供观赏。

黄花白及 Bletilla ochracea

2. 白及 Bletilla striata (Thunberg) H. G. Reichenbach

多年生草本。假鳞茎扁球形。叶 4 ~ 6 枚，狭长圆形或披针形，先端渐尖，基部收狭成鞘并抱茎。花序具 3 ~ 10 朵花，花苞片长圆状披针形；花大，紫红色或粉红色；唇瓣较萼片和花瓣稍短，倒卵状椭圆形，白色带紫红色；唇盘上面具 5 条纵褶片，从基部伸至中裂片近顶部，仅在中裂片上面为波状；蕊柱柱状，具狭翅，稍弓曲。花期 4 ~ 5 月。

分布及生境：分布于八大公山各处，生于海拔 200 ~ 1200 m 的溪边岩石缝中。

用途：块茎入药；花供观赏。国家二级保护植物。

白及 Bletilla striata

（三）石豆兰属 **Bulbophyllum** Thouars

多年生草本。假鳞茎生于细长的根状茎上，顶端具 1 叶，极罕 2 叶。通常具头状花序、总状花序或伞形花序，罕有减退为单花。花小至中等大；萼片近相等或侧萼片远比中萼片长，全缘或边缘具齿、毛或其他附属物，唇瓣肉质，比花瓣小，向外下弯。

约 1900 种，我国有 103 种，湖南有 10 种，八大公山有 4 种。

分种检索表

1. 侧萼片明显比中萼片长，常超过 1 倍。
  2. 两侧萼片的上下侧边缘彼此分别有不同程度的粘合或靠合…………**1. 梳帽卷瓣兰 B. andersonii**
  2. 两侧萼片彼此离生。
    3. 蕊柱齿中上部弯曲呈钩状或镰刀状似锚状…………………………**2. 锚齿卷瓣兰 B. hamatum**
    3. 蕊柱齿三角形…………………………………………………………**4. 毛药卷瓣兰 B. omerandrum**
1. 侧萼片约等长于中萼片或长不超过中萼片长的 1 倍……………**3. 广东石豆兰 B. kwangtungense**

1. 梳帽卷瓣兰 **Bulbophyllum andersonii** (Hook. f.) J. J. Smith

假鳞茎卵状圆锥形或狭卵形，顶生 1 枚叶。叶革质，长圆形，（7 ~ 21）cm ×（1.6 ~ 4.3）cm，先端钝并且稍凹入。花浅白色密布紫红色斑点；中萼片卵状长圆形，具 5 条带紫红色小斑点的脉，边缘紫红色，侧萼片长圆形，比中萼片长 3 ~ 4 倍，花瓣长圆形或多少呈镰刀状长圆形，唇瓣肉质，茄紫色，蕊柱齿三角形，先端边缘篦齿状。花期 2 ~ 10 月。

分布及生境：分布于八大公山五道水，生于海拔 400 ~ 800 m 的悬崖石壁中。

用途：全草入药。

梳帽卷瓣兰 Bulbophyllum andersonii

2. 锚齿卷瓣兰 Bulbophyllum hamatum Q.Yan, Xin W.Li & J.Q.Wu

多年生草本。假鳞茎卵状球形，顶生 1 枚叶，基部被鞘腐烂后残存的纤维，干后表面具许多皱纹。叶厚革质，长圆形，先端钝并且稍凹入，基部楔形，具短柄或无柄，边缘下弯，上面中肋下陷。伞形花序具 1 ~ 3 朵花，花黄色；萼片先端稍钝并且具 2 ~ 3 条髯毛，边缘全缘，蕊柱齿中上部弯曲呈钩状或镰刀状，似锚状。花期 3 ~ 4 月。

分布及生境：分布于八大公山龙潭坪，生于海拔 400 ~ 800 m 的悬崖石壁中。

用途：全草入药。

锚齿卷瓣兰 Bulbophyllum hamatum

3. 广东石豆兰 Bulbophyllum kwangtungense Schlechter

多年生草本。假鳞茎直立，圆柱状，顶生 1 枚叶，叶革质，长圆形。花葶 1 个，从假鳞茎基部或靠近假鳞茎基部的根状茎节上发出，直立，纤细，总状花序缩短呈伞状，具 2 ~ 7 朵花，花淡黄色，萼片离生，狭披针形，花瓣狭卵状披针形，先端长渐尖，具 1 条脉或不明显的 3 条脉，仅中肋到达先端，边缘全缘，唇瓣肉质，狭披针形，向外伸展。花期 5 ~ 8 月。

分布及生境：分布于八大公山海拔 400 ~ 800m 的山坡悬崖石壁上。

用途：全草入药。

广东石豆兰 Bulbophyllum kwangtungense

4. 毛药卷瓣兰 Bulbophyllum omerandrum Hayata

假鳞茎卵状球形，顶生 1 枚叶。叶厚革质，长圆形，（1.5 ~ 8.5）cm ×（8 ~ 14）mm，先端钝

毛药卷瓣兰 Bulbophyllum omerandrum

并且稍凹入，基部楔形，具短柄或无柄，边缘下弯，在上面中肋下陷。伞形花序具1～3朵花；花黄色；中萼片卵形，侧萼片披针形，花瓣卵状三角形，唇瓣肉质，舌形，蕊柱齿三角形，先端急尖呈尖牙齿状，药帽前缘具短流苏。

分布及生境：分布于八大公山各地，生于海拔200～800 m的山坡石壁上。

用途：全草入药。

（四）虾脊兰属 **Calanthe** R. Brown

地生草本。根密被淡灰色长茸毛。假鳞茎通常粗短，圆锥状。叶少数，常较大，少有狭窄而呈剑形，基部收窄为长柄或近无柄，柄下为鞘，在叶柄与梢相连接处有一个关节或无。总状花序具少数至多数花，花通常张开，萼片近相似，离生，花瓣比萼片小，唇瓣常比萼片大而短，基部与部分或全部蕊柱翅合生而形成管。

150种，我国有51种，湖南有20种，八大公山有15种。

分种检索表

1. 唇瓣无距，3裂。
  2. 花很小，萼片长不及8 mm ………………………………… **15. 无距虾脊兰 C. tsoongiana**
  2. 花大，萼片长10 mm以上。
    3. 中裂片近肾形，具3 ～ 5条鸡冠状褶片，边缘皱波状………… **13. 三棱虾脊兰 C. tricarinata**
    3. 中裂片菱状三角形至倒卵状楔形，无褶片，边缘常具细齿………… **12. 反瓣虾脊兰 C. reflexa**
1. 唇瓣具距。
  4. 唇瓣前缘具流苏……………………………………………… **3. 流苏虾脊兰 C. alpina**
  4. 唇瓣边缘无流苏。
    5. 距长1 ～ 4 mm。
      6. 花小，萼片长不及1 cm ………………………………… **11. 细花虾脊兰 C. mannii**
      6. 花大，萼片长1 cm以上。
        7. 叶宽1.5 ～ 3.5 cm；花瓣线形，宽2 ～ 3 mm …………………… **4. 弧距虾脊兰 C. arcuata**
        7. 叶宽5 cm以上；花瓣非线形，中部宽4 ～ 6 mm
          8. 中裂片肾形或近圆形……………………………… **5. 肾唇虾脊兰 C. brevicornu**
          8. 中裂片狭倒卵状长圆形……………………………… **9. 叉唇虾脊兰 C. hancockii**
    5. 距长4 mm以上。
      9. 叶剑形或带状，花苞片反折……………………………… **6. 剑叶虾脊兰 C. davidii**
      9. 叶椭圆形、椭圆状披针形、狭披针形至倒卵状披针形，花苞片不反折。
        10. 中裂片先端2裂 ……………………………… **1. 泽泻虾脊兰 C. alismatifolia**
          11. 唇瓣侧裂片线形或狭长圆形 ……………………………… **6. 剑叶虾脊兰 C. davidii**
          11. 唇瓣侧裂片卵状椭圆形至倒卵状楔形 ………………… **14. 三褶虾脊兰 C. triplicata**

10. 中裂片不裂或微凹。

12. 唇盘上具 3 条褶片，唇瓣中裂片先端凹缺或 2 浅裂 ……………… **7. 虾脊兰 C. discolor**

12. 唇盘上具 2 ~ 7 条脊突；唇瓣中裂片先端渐尖、稍钝或微凹并具短尖。

13. 唇瓣侧裂片的整个基部或大部分合生于蕊柱翅的外侧边缘 …………………………………………………………………………… **10. 疏花虾脊兰 C. henryi**

13. 唇瓣侧裂片的基部仅部分与蕊柱翅的外侧边缘合生。

14. 萼片和花瓣白色或白色带淡紫色 ………………… **2. 翘距虾脊兰 C. aristulifera**

14. 萼片和花瓣柠檬黄色或黄色带褐色 ………………… **8. 钩距虾脊兰 C. graciliflora**

1. 泽泻虾脊兰 Calanthe alismatifolia Lindley

多年生草本。假鳞茎圆柱形，具数枚叶。叶椭圆形至卵状椭圆形，两面无毛。总状花序具 3 至 10 余朵花，花苞片宿存，草质，花白色或有时带浅紫堇色，花瓣近菱形，具 3 条脉，无毛；唇辨基部两侧裂片之间具数个瘤状的附属物和密被灰色长毛。花期 6 ~ 7 月。

分布及生境：分布于八大公山各地，生于海拔 400 ~ 1200 m 的山坡密林下。

用途：全株供观赏。

泽泻虾脊兰 Calanthe alismatifolia

2. 翘距虾脊兰 Calanthe aristulifera H. G. Reichenbach

假鳞茎近球形，具 3 枚鞘和 2 ~ 3 枚叶。叶倒卵状椭圆形或椭圆形，（15 ~ 30）cm ×（4 ~ 8）cm，先端急尖，基部收狭为柄，背面密被短毛。花葶 1 ~ 2 个，出自假茎上端，密被短毛；总状花序疏生约 10 朵花；花苞片宿存，狭披针形；花白色或粉红色，有时白色带淡紫色，半开放；中萼片长圆状披针形，背面被短毛；侧萼片斜长圆形，与中萼片等长，但较狭；花瓣狭倒卵形或椭圆形，唇瓣的轮廓为扇形，侧裂片近圆形的耳状或半圆形。花期 2 ~ 5 月。

分布及生境：分布于八大公山各地，生于海拔 500 ~ 1200 m 的山坡林下。

用途：全株供观赏。

翘距虾脊兰 Calanthe aristulifera

3. 流苏虾脊兰 Calanthe alpina Lindley

多年生草本。假鳞茎短小，狭圆锥状。叶3枚，椭圆形或倒卵状椭圆形。总状花序疏生3~10朵花，萼片和花瓣白色带绿色先端或浅紫堇色，先端急尖或渐尖而呈芒状，无毛，唇瓣浅白色，后部黄色，前部具紫红色条纹，先端微凹并具细尖。花期6~9月，果期11月。

分布及生境：分布于八大公山海拔1200~1600 m的山坡林下。

用途：全株供观赏。

流苏虾脊兰 Calanthe alpina

4. 弧距虾脊兰 Calanthe arcuata Rolfe

多年生草本。假鳞茎短，圆锥形。叶3~4枚，狭椭圆状披针形或狭披针形，先端急尖或渐尖，基部收狭成鞘状柄，边缘常波状，两面无毛。总状花序疏生约10朵花，花梗和子房呈弧形弯曲，密被短毛，唇瓣白色，先端带紫色，后变为黄色，3裂。花期5~9月。

分布及生境：分布于八大公山各地，生于海拔 1500 ~ 1800 m 的山坡林下。

用途：全株供观赏。

弧距虾脊兰 Calanthe arcuata

5. 肾唇虾脊兰 *Calanthe brevicornu* Lindley

多年生草本。假鳞茎粗短，圆锥形。叶 3 ~ 4 枚，椭圆形或倒卵状披针形，先端锐尖或短急尖，基部收狭为长的鞘状柄，边缘多少波状。总状花序疏生多数花，花梗和子房被短毛；萼片和花瓣黄绿色，唇瓣基部具短爪，3 裂；侧裂片镰刀状长圆形，先端斜截形，两侧裂片先端之间的距离等于或小于中裂片的宽。花期 5 ~ 6 月。

分布及生境：分布于八大公山海拔 1200 ~ 1600 m 的山坡林下。

用途：全株供观赏。

肾唇虾脊兰 Calanthe brevicornu

6. 剑叶虾脊兰 Calanthe davidii Franchet

多年生草本。叶 3 ~ 4 枚，剑形或带状，两面无毛。总状花序密生许多小花，花苞片宿存，草质，背面被短毛，花黄绿色、白色或带紫色；唇瓣与整个蕊柱翅合生，唇盘外面疏生毛，内面密生毛。蒴果卵球形，花期 6 ~ 7 月，果期 9 ~ 10 月。

分布及生境：分布于八大公山海拔 400 ~ 1200 m 的山坡林下。

用途：根茎入药。

剑叶虾脊兰 Calanthe davidii

7. 虾脊兰 Calanthe discolor Lindley

多年生草本。根状茎不甚明显。假鳞茎粗短，具 3 ~ 4 枚鞘和 3 枚叶。叶在花期全部未展开，背面密被短毛。花葶从假茎上端的叶间抽出，密被短毛，总状花序疏生约 10 朵花；花苞片宿存，膜质，花梗和子房密被短毛，萼片和花瓣褐紫色；唇瓣白色，唇盘上具 3 条膜片状褶片；花粉团棒状。花期 4 ~ 5 月。

分布及生境：分布于八大公山海拔 800 ~ 1000 m 的常绿阔叶林下。

用途：根茎入药；全株供观赏。

8. 钩距虾脊兰 Calanthe graciliflora Hayata

多年生草本。假鳞茎短，具 3 ~ 4 枚鞘和 3 ~ 4 枚叶。总状花序疏生多数花，花梗白色，密被短毛；萼片和花瓣在背面褐色，内面淡黄色；唇瓣浅白色，唇盘上具 4 个褐色斑点和 3 条平行的肉质龙骨状脊；外面疏被短毛，内面密被短毛。花期 3 ~ 5 月。

分布及生境：分布于八大公山海拔 1600 m 的山坡林下。

用途：根入药；全株供观赏。

虾脊兰 Calanthe discolor

钩距虾脊兰 Calanthe graciliflora

9. 叉唇虾脊兰 Calanthe hancockii Rolfe

多年生草本。假鳞茎圆锥形。叶在花期尚未展开，椭圆形或椭圆状披针形，边缘波状。花葶出自假茎上端的叶间，总状花序疏生少数至20余朵花；花大，稍垂头，具难闻气味；萼片和花瓣黄褐色；中萼片长圆状披针形，唇瓣柠檬黄色，基部具短爪，与整个蕊柱翅合生，3裂；侧裂片镰状长圆形，唇盘上具3条平行的波状褶片。花期4～5月。

分布及生境：分布于八大公山海拔1400 m的山坡阔叶林下。

用途：全株供观赏。

叉唇虾脊兰 Calanthe hancockii

10. 疏花虾脊兰 Calanthe henryi Rolfe

多年生草本。根状茎不明显。假鳞茎圆锥形。叶在花期尚未全部展开，椭圆形或倒卵状披针形，先端急尖，基部收狭为柄，边缘稍波状，具3条脉，背面密被短毛。花葶从假茎上端的叶丛间抽出，总状花序疏生少数花；花浅黄绿色；唇瓣3裂；侧裂片长圆形，向外伸展，先端斜截形，基部大部分或全部贴生在蕊柱翅的外侧边缘；中裂片近长圆形，唇盘上具3条龙骨状突起，距圆筒形，纤细，伸直或稍弧曲。花期5月。

分布及生境：分布于八大公山各地，生于海拔1000 m的山坡林下。

用途：根入药；全株供观赏。

11. 细花虾脊兰 Calanthe mannii J. D. Hooker

多年生草本。假鳞茎粗短，圆锥形。叶3～5枚，倒披针形或长圆形，背面被短毛。花葶密被短毛，总状花序，疏生或密生10余朵小花，花梗和子房密被短毛，萼片和花瓣暗褐色，唇瓣金黄色。花期5月。

分布及生境：分布于八大公山海拔800～1500 m的山坡林下。

用途：全草入药。

疏花虾脊兰 Calanthe henryi

细花虾脊兰 Calanthe mannii

12. 反瓣虾脊兰 Calanthe reflexa Maximowicz

假鳞茎粗短，具 1 ~ 2 枚鞘和 4 ~ 5 枚叶。叶椭圆形，（15 ~ 20）cm ×（3.0 ~ 6.5）cm，两面无毛，花时全体展开。花葶 1 ~ 2 个，直立，远高出叶层之外，被短毛；花粉红色，开放后萼片和花瓣反折并与子房平行；唇瓣基部与蕊柱中部以下的翅合生，3 裂，无距。花期 5 ~ 6 月。

分布及生境：分布于八大公山天平山，生于海拔 1400 m 的山坡阔叶林下。

用途：全株供观赏。

反瓣虾脊兰 Calanthe reflexa

13. 三棱虾脊兰 Calanthe tricarinata Lindley

多年生草本。根状茎不明显。假鳞茎圆球状，具 3 枚鞘和 3 ~ 4 枚叶。叶在花期未展开，薄纸质，背面密被短毛。花葶从假茎顶端的叶间发出，被短毛，花序之下具 1 至多枚膜质、卵状披针形的苞片状叶；总状花序，花苞片宿存，膜质，花梗和子房密被短毛，萼片和花瓣浅黄色；唇瓣红褐色，基部合生于整个蕊柱翅上，唇盘上具 3 ~ 5 条鸡冠状褶片，无距。花期 5 ~ 6 月。

分布及生境：分布于八大公山各地，生于海拔 1000 ~ 1200 m 的山坡林下。

用途：根及根状茎入药；全株供观赏。

14. 三褶虾脊兰 Calanthe triplicata (Willemet) Ames

假鳞茎卵状圆柱形，具 2 ~ 3 枚鞘和 3 ~ 4 枚叶。叶在花期全部展开，椭圆形或椭圆状披针形，30 cm × 10 cm，先端急尖，边缘常波状，两面无毛。总状花序密生许多花；花白色或偶见淡紫红色，后来转为桔黄色；萼片和花瓣常反折，唇瓣基部与整个蕊柱翅合生，比萼片长，向外伸展，基部具 3 ~ 4 列金黄色或橘红色小瘤状附属物，3 深裂；侧裂片卵状椭圆形至倒卵状楔形；中裂片深 2 裂；小裂片叉开，与侧裂片近等大。花期 4 ~ 5 月。

分布及生境：分布于八大公山各地，生于海拔 1000 ~ 1200 m 的山坡林下。

用途：根及根状茎入药；全株供观赏。

三棱虾脊兰 Calanthe tricarinata

三褶虾脊兰 Calanthe triplicata

15. 无距虾脊兰 Calanthe tsoongiana Tang & F. T. Wang

假鳞茎近圆锥形，具 3 ~ 4 枚鞘和 2 ~ 3 枚叶。叶倒卵状披针形或长圆形，长（27 ~ 37）cm × 6 cm，先端渐尖，背面被短毛。花葶出自当年生的叶丛中，总状花序疏生许多小花；花苞片宿存，膜质，卵状披针形，花淡紫色；萼片相似，花瓣近匙形，唇瓣基部合生于整个蕊柱翅上，基部上方 3 深裂，侧裂片向前伸，中裂片长圆形，先端稍扩大，截形并微凹，在凹缺中央具细尖；唇盘上无褶片和其他附属物，无距。花期 4 ~ 5 月。

分布及生境：分布于八大公山各地，生于海拔 1000 ~ 1200m 的山坡林下。

无距虾脊兰 Calanthe tsoongiana

（五）头蕊兰属 Cephalanthera Richard

多年生草本。通常具缩短的根状茎和成簇的肉质纤维根，腐生类有较长的根状茎和稀疏的肉质根。茎直立，不分枝。叶互生，折扇状。总状花序，通常具数花，花苞片通常较小，有时最下面近叶状，极少全部叶状；花两侧对称，多少扭转；萼片离生，相似；唇瓣常近直立，3裂，基部成囊状或有短距。退化雄蕊2枚，白色而有银色斑点。

20种，我国有10种，湖南有2种，八大公山均有。

分种检索表

1. 花白色……………………………………………………………………………………**1. 银兰 C. erecta**
1. 花黄色…………………………………………………………………………………**2. 金兰 C. falcata**

1. 银兰 Cephalanthera erecta (Thunberg) Blume

多年生草本。茎纤细，直立。叶片椭圆形至卵状披针形，长2～8 cm，背面平滑，先端急尖或渐尖，基部收狭并抱茎。总状花序，具共3～10朵；花序轴有棱；花白色；萼片长圆状椭圆形，花瓣与萼片相似，但稍短，基部有距，距圆锥形，末端锐尖。蒴果狭椭圆形或宽圆筒形。花期4～6月，果期8～9月。

分布及生境：分布于八大公山各地，生于海拔1400～2000 m的山坡林下草地上。

用途：全草入药。

银兰 Cephalanthera erecta

2. 金兰 Cephalanthera falcata (Thunberg) Blume

多年生草本。茎直立，下部具鞘。叶 4 ~ 7 枚，椭圆形至卵状披针形，先端渐尖或钝，基部收狭并抱茎上。总状花序，通常有花 5 ~ 10 朵；花黄色，花苞片很小，长 1 ~ 2 mm，非绿色；萼片菱状椭圆形，与花瓣相似。蒴果狭椭圆状。花期 4 ~ 5 月，果期 8 ~ 9 月。

分布及生境：分布于八大公山各地，生于海拔 1400 ~ 1900 m 的山坡林下。

用途：全草入药；庭院观赏。

金兰 Cephalanthera falcata

（六）叠鞘兰属 Chamaegastrodia Makino & F. Maekawa

腐生草本。根粗壮，短，肥厚、肉质。茎黄色浅褐红色或带紫红色，无绿色叶，具多数密集或稍疏离、与茎同色的鞘状膜质鳞片，鞘状鳞片彼此多少套叠，背面无毛或被毛。总状花序顶生，花苞片与茎同色；子房不扭转；花较小，不倒置（唇瓣位于上方），唇瓣前部扩大，2 裂，呈 T 字形。

3 种，我国均有，湖南有 1 种，该种八大公山有分布。

1. 川滇叠鞘兰 Chamaegastrodia inverta (W. W. Smith) Seidenfaden

腐生草本。根粗壮，白色，肥厚，肉质，排生于长的根状茎上。茎具密集褐黄色膜质的鞘状鳞片，彼此多少叠生。总状花序，花序轴无毛，花苞片卵状披针形，较子房稍短；子房圆柱形，不扭转，褐黄色，无毛，花带橙黄色，唇瓣轮廓 T 字形。花期 7 ~ 8 月。

分布及生境：分布于八大公山各地，生于海拔 1800 m 的山坡林下阴湿地。

川滇叠鞘兰 Chamaegastrodia inverta

（七）独花兰属 Changnienia S. S. Chien

多年生草本。假鳞茎近椭圆形或宽卵球形，肉质，淡黄色。叶 1 枚，宽卵状椭圆形至宽椭圆形。花葶长 10 ~ 17 cm，紫色，花苞片小，凋落，花大，白色而带肉红色或淡紫色晕，唇瓣有紫红色斑点，萼片长圆状披针形；花瓣狭倒卵状披针形，略歪斜。

1 种，我国特有，八大公山亦有分布。

1. 独花兰 Changnienia amoena S. S. Chien

特征见独花兰属描述。

分布及生境：分布于八大公山各地，生于海拔 1200 ~ 1700 m 的山坡林下。

用途：全草入药；庭院观赏。国家二级保护植物。

独花兰 Changnienia amoena

（八）杜鹃兰属 Cremastra Lindley

多年生草本。地下具根状茎与假鳞茎，假鳞茎球茎状或近块茎状。叶 1 ~ 2 枚，生于假鳞茎顶端，通常狭椭圆形，有时有紫色粗斑点，基部收狭成较长的叶柄。花葶从假鳞茎上部一侧节上发出；总状花序具多朵花；萼片与花瓣离生，唇瓣下部或上部 3 裂，基部有爪并具浅囊；侧裂片常较狭而呈线形或狭长圆形；中裂片基部有 1 枚肉质突起。

4 种，我国有 3 种，湖南有 2 种，八大公山产 1 种。

1. 杜鹃兰 Cremastra appendiculata (D. Don) Makino

多年生草本。假鳞茎卵球形或近球形。叶 1 枚，生于假鳞茎顶端。花葶近直立，总状花序，花苞片披针形至卵状披针形，花淡紫褐色，萼片倒披针形，侧萼片略斜歪，花瓣倒披针形或狭披针形。蒴果近椭圆形，下垂。花期 5 ~ 6 月，果期 9 ~ 12 月。

分布及生境：分布于分布于八大公山各地，生于海拔 1000 ~ 1600 m 的山坡林下。

用途：假鳞茎入药；庭院观赏。国家二级保护植物。

杜鹃兰 Cremastra appendiculata

（九）沼兰属 Crepidium Blume

地生。常具多节的肉质茎，外面常被有膜质鞘。叶基部收狭成明显的柄。总状花序具数或数十花；萼片离生；花瓣一般丝状或线形；唇瓣常位于上方，基部常有一对向蕊柱两侧延伸的耳；蕊柱短，直立，顶端常有 2 齿；花粉团 4，成 2 对，蜡质，无明显的花粉团柄和黏盘。

280 种，我国有 17 种，湖南有 2 种，八大公山有 1 种。

1. 浅裂沼兰 Crepidium acuminatum (D. Don) Szlachetko

地生或半附生草本，具肉质茎。肉质茎圆柱形，具数节，大部分包藏于叶鞘之内。叶 3 ~ 5 枚，斜卵形、卵状长圆形或近椭圆形，［（4）6 ~ 12］cm ×（2.5 ~ 6.0）cm，先端渐尖，基部收狭成柄。

浅裂沼兰 Crepidium acuminatum

花葶直立，总状花序具 10 余朵或更多的花；花紫红色，花瓣狭线形，唇瓣位于上方，整个轮廓为卵状长圆形或倒卵状长圆形，由前部和一对向后方延伸的尾组成，先端 2 浅裂，裂口深 1 ~ 2 mm。花期 5 ~ 7 月。

分布及生境：分布于八大公山楠木坪，生于海拔 200 ~ 500m 的山坡林缘石壁上。

（十）兰属 Cymbidium Swartz

附生或地生草本，罕有腐生。具假鳞茎，卵球形至梭形。叶数枚至多枚，通常生于假鳞茎基部或下部节上，二列，带状，有关节。花葶侧生，直立、外弯或下垂；总花序具数花或多花，花苞片长或短，花期不落；花较大或中等大；萼片与花瓣离生，多少相似；唇瓣 3 裂；唇盘上有 2 条纵褶片；蕊柱较长；花粉团蜡质。

55 种，我国有 49 种，湖南有 8 种，八大公山有 5 种。

分种检索表

1. 花淡紫红色……………………………………………………………………… **2. 多花兰 C. floribundum**
1. 花绿色、淡绿色、白色或淡褐色。
  2. 花序具单朵花，极罕 2 朵……………………………………………………………… **3. 春兰 C. goeringii**
  2. 花序具 3 至十余朵花。
    3. 叶倒披针状长圆形至狭椭圆形………………………………………………… **5. 兔耳兰 C. lancifolium**
    3. 叶禾草状，线形。
      4. 叶片基部常对折而呈 v 形，叶脉透亮，边缘常有粗锯齿……………………… **1. 蕙兰 C. faberi**
      4. 叶片基部平，叶脉非透亮，边缘先端才有细锯齿…………………………… **4. 寒兰 C. kanran**

1. 蕙兰 Cymbidium faberi Rolfe

多年生草本。假鳞茎不明显。叶 5 ~ 8 枚，带形，直立性强，基部常对折而呈 V 形，叶脉常透明。花葶略外弯，总状花序，花序中部苞片短于花梗和子房，花常为浅黄绿色，唇瓣有紫红色斑，有香气，花瓣与萼片相似，唇瓣长圆状卵形，蕊柱稍向前弯曲，两侧有狭翅。蒴果近狭椭圆形。花期 3 ~ 5 月。

分布及生境：分布于八大公山各地，生于海拔 400 ~ 1000 m 的山坡林下。

用途：根入药；全株供观赏。国家二级保护植物。

2. 多花兰 Cymbidium floribundum Lindley

多年生草本。附生植物。假鳞茎近卵球形，稍压扁，包藏于叶基内。叶通常 5 ~ 6 枚，带形，坚纸质，先端钝或急尖。花葶自假鳞茎基部穿鞘而出，近直立或外弯，花苞片小，花较密集，萼片与花瓣红褐色或偶见绿黄色。蒴果近长圆形。花期 4 ~ 8 月。

分布及生境：分布于八大公山各地，生于海拔 400 ~ 700 m 的溪边岩壁上。

用途：根入药；全株供观赏。国家二级保护植物。

蕙兰 Cymbidium faberi

多花兰 Cymbidium floribundum

3. 春兰 **Cymbidium goeringii** (H. G. Reichenbach) H. G. Reichenbach

多年生草本。假鳞茎较小，卵球形，包藏于叶基内。叶 4 ~ 7 枚，带形，通常较短小，叶脉不透明；花葶直立；花序具单朵花，花序中部苞片长于花梗和子房；花色通常为绿色或淡褐色而有紫褐色脉纹，有香气；花瓣与萼片近等宽；唇瓣近卵形，不明显 3 裂。蒴果狭椭圆形。花期 1 ~ 3 月。

分布及生境：分布于八大公山各地，生于海拔 200 ~ 1000 m 的山顶或山坡林下。

用途：全株供观赏。国家二级保护植物。

春兰 Cymbidium goeringii

4. 寒兰 **Cymbidium kanran** Makino

寒兰 Cymbidium kanran

地生兰；假鳞茎狭卵球形，包藏于叶基之内。叶带形。花苞片狭披针形，一般与花梗和子房近等长；花常为淡黄绿色，萼片近线形或线状狭披针形；花瓣常为狭卵形或卵状披针形，唇盘上 2 条纵褶片形成短管。花期 8～12 月。

分布与生境：分布于八大公山各地，生于海拔 600～1000 m 的山坡林下。

用途：花供观赏。国家二级保护植物。

5. 兔耳兰 Cymbidium lancifolium Hooker

腐生植物，无绿叶，亦无假鳞茎，地下有根状茎；根状茎肉质，白色，斜生或近直立，常分枝，具节，具不规则疣状突起。花葶紫红色，总状花序具 2～5 朵花；花白色带黄色至淡黄色，唇瓣上有紫红色斑，略 3 裂，稍下弯。花期 6～8 月。

分布与生境：分布于八大公山五道水，生于海拔 400～600 m 的山坡林缘。

用途：国家二级保护植物。

兔耳兰 Cymbidium lancifolium

（十一）杓兰属 Cypripedium Linnaeus

多年生草本，地生。茎直立，基部常有数枚鞘。叶 2 至数枚，互生至对生，叶通常椭圆形至卵形，具折扇状脉、放射状脉或 3～5 条主脉，有时有黑紫色斑点。花序顶生，通常具单花或少数具 2～3 花，苞片通常叶状，明显小于叶，花大，较美丽，蕊柱短，圆柱形，常下弯，具 2 枚侧生的能育雄蕊。蒴果。

50 种，我国有 36 种，湖南有 5 种，八大公山有 2 种。

分种检索表

1. 根状茎粗短；叶 2 至数枚，互生，具平行脉…………………………………… **1. 绿花杓兰 C. henryi**
1. 根状茎细长；叶 2 枚，扇形；对生或近对生，具辐射状脉………………… **2. 扇脉杓兰 C. japonicum**

1. 绿花杓兰 Cypripedium henryi Rolfe

多年生草本。茎直立。叶片椭圆状至卵状披针形，无毛或在背面近基部被短柔毛。花序顶生，具 2 ~ 3 朵花；花瓣长 3.5 ~ 5.0 cm，几达唇瓣长度的 1 倍，花柱和子房，密被白色腺毛；花绿色至绿黄色；花瓣线状披针形，通常稍扭转，内蒴果近椭圆形或狭椭圆形，被毛。花期 4 ~ 5 月，果期 7 ~ 9 月。

分布及生境：分布于八大公山各地，生于海拔 800 ~ 1500 m 山坡林下。

用途：根及根状茎入药；全株供观赏。

绿花杓兰 Cypripedium henryi

2. 扇脉杓兰 Cypripedium japonicum Thunberg

多年生草本。茎直立，被褐色长柔毛。叶通常 2，近对生，扇形，上半部边缘呈钝波状，基部近楔形，两面被毛。花序顶生，具花 1 朵，花序柄被长柔毛；萼片与花瓣绿黄色；唇瓣囊口前端有多条槽状凹陷。蒴果近纺锤形，疏被柔毛。花期 4 ~ 5 月，果期 6 ~ 10 月。

分布及生境：分布于八大公山海拔 1200 ~ 1500 m 的林下湿润的土壤上。

用途：全草入药；全株供观赏。国家二级保护植物。

扇脉杓兰 Cypripedium japonicum

（十二）石斛属 Dendrobium Swartz

附生草本。茎丛生，具节，具少数或多数叶。叶互生，扁平，圆柱状或两侧压扁，基部有关节和通常具抱茎的鞘。总状花序或有时伞形花序，生于茎的中部以上节上，萼片离生，侧萼片宽阔的基部着生在蕊柱足上，与唇瓣基部共同形成萼囊，花瓣比萼片狭或宽，唇瓣着生于蕊柱足末端，3裂或不裂，蕊柱粗短，顶端两侧各具1枚蕊柱齿，基部具蕊柱足，蕊喙很小。

1100种，我国有78种，湖南有15种，八大公山有6种。

分种检索表

1. 萼片和花瓣淡黄色…………………………………………………… **4. 罗河石斛 D. lohohense**
1. 萼片和花瓣白色、粉红色或黄绿色。
  2. 花大，萼片长 2.5 ~ 4.0 cm ……………………………………… **6. 大花石斛 D. wilsonii**
  2. 花小，萼片长不及 2.5 cm。
    3. 花序轴多少弯曲。
      4. 茎鲜时带黄色……………………………………………… **2. 黄石斛 D. catenatum**
      4. 茎鲜时带灰黑色…………………………………………… **1. 钩状石斛 D. aduncum**
    3. 花序轴不弯曲。
      5. 茎折状弯曲………………………………………………… **3. 曲茎石斛 D. flexicaule**
      5. 茎不弯曲或上部不明显弯曲……………………………… **5. 细茎石斛 D. moniliforme**

1. 钩状石斛 Dendrobium aduncum Wallich ex Lindley

茎下垂，有时上部多少弯曲，不分枝，具多个节，节间长 3.0 ~ 3.5 cm，干后淡黄色。叶长圆形或狭椭圆形，（7.0 ~ 10.5）cm ×（1.0 ~ 3.5）cm，先端急尖并且钩转，基部具抱茎的鞘。总状花序通常数个，花序轴多少回折状弯曲，疏生 1 ~ 6 朵花，萼片和花瓣淡粉红色；花瓣长圆形，唇瓣白色，朝上，凹陷呈舟状，展开时为宽卵形，前部骤然收狭而先端为短尾状并且反卷。花期 5 ~ 6 月。

分布及生境：分布于八大公山各地，生于海拔 400 ~ 700 m 的沟谷林中树上。

用途：茎可入药；全株供观赏。国家二级保护植物。

钩状石斛 Dendrobium aduncum

2. 黄石斛 Dendrobium catenatum Lindley

茎直立，圆柱形，具多节，常在中部以上互生 3 ~ 5 枚叶；叶二列，长圆状披针形，先端钝并且多少钩转，基部下延为抱茎的鞘。总状花序常从落了叶的老茎上部发出，具 2 ~ 3 朵花；萼片和花瓣黄绿色，近相似，长圆状披针形，唇瓣白色，唇盘密布细乳突状的毛。花期 3 ~ 6 月。

分布及生境：原产我国，八大公山有栽培。

用途：茎可入药；全株供观赏。国家二级保护植物。

3. 曲茎石斛 Dendrobium flexicaule Z. H. Tsi

多年生草本。茎圆柱形，稍回折状弯曲，不分枝，具数节，干后淡棕黄色。叶 2 ~ 4 枚，二列，互生于茎的上部，近革质，长圆状披针形。花序从落了叶的老茎上部发出，具 1 ~ 2 朵花，花开展，花瓣下部黄绿色，上部近淡紫色，唇瓣淡黄色，先端边缘淡紫色，不明显 3 裂，上面密布短茸毛。花期 5 月。

分布及生境：分布于八大公山天平山，生于海拔 1450 m 的悬崖岩壁上。

用途：茎可入药；全株供观赏。国家一级保护植物。

黄石斛 Dendrobium catenatum

曲茎石斛 Dendrobium flexicaule

4. 罗河石斛 Dendrobium lohohense Tang & F. T. Wang

多年生草本。茎圆柱形，具多节，干后金黄色。叶薄革质，二列，长圆形，先端急尖，基部具抱茎的鞘，叶鞘干后松松抱茎，鞘口常张开。花蜡黄色，唇瓣不裂，倒卵形，前端边缘具不整齐的细齿。蒴果椭圆状球形。花期 6 月，果期 7 ~ 8 月。

分布及生境：分布于八大公山海拔 400 ~ 800m 的山坡林中树上或石壁上。

用途：全株供观赏；茎供药用。国家二级保护植物。

罗河石斛 Dendrobium lohohense

5. 细茎石斛 Dendrobium moniliforme (Linnaeus) Swartz

茎直立，细圆柱形，具多节。叶数枚，二列，常互生于茎的中部以上，披针形或长圆形。总状花序 2 至数个，生于茎中部以上具叶和落了叶的老茎上，通常具 1 ~ 3 朵花；花黄绿色、白色或白色带淡紫红色，有时芳香；萼片和花瓣相似，卵状长圆形或卵状披针形，具 5 条脉；唇瓣白色、淡黄绿色或绿白色，带淡褐色或紫红色至浅黄色斑块，整体轮廓卵状披针形，比萼片稍短，基部楔形，3 裂。花期通常 3 ~ 5 月。

分布及生境：分布于八大公山五道水，生于海拔 400 ~ 800m 的山坡林中树上或石壁上。

用途：全株供观赏；茎供药用。国家二级保护植物。

6. 大花石斛 Dendrobium wilsonii Rolfe.

多年生草本。茎圆柱形，具多节，干后金黄色或灰黄色。叶数枚，二列，常互生于茎的中部以上，披针形或长圆形。总状花序 2 至数个，生于茎中部以上具叶和落了叶的老茎上，通常具 1 ~ 3 朵花，花黄绿色、白色带淡紫红色，萼片和花瓣相似，唇瓣基部 3 裂，侧裂片半圆形。花期 3 ~ 5 月。

分布及生境：分布于八大公山五道水，生于海拔 300 ~ 1000m 的林中树上或石壁上。

用途：茎入药；全株供观赏。国家二级保护植物。

细茎石斛 Dendrobium moniliforme

大花石斛 Dendrobium wilsonii

（十三）厚唇兰属 Epigeneium Gagnepain

附生兰，具根状茎；假鳞茎着生于根状茎上，顶端具 1 ~ 2 枚叶，中央抽出花葶，有花 1 至数朵；侧萼片与蕊柱足合生成短的萼囊；唇瓣 3 裂，唇盘上有纵褶片；蕊柱长，具短的蕊柱足；花粉块 4，蜡质，无花粉块柄。

35 种，我国有 11 种，湖南有 1 种，八大公山亦有。

1. 单叶厚唇兰 Epigeneium fargesii (Finet) Gagnepain

多年生草本。根状茎匍匐，密被栗色筒状鞘，假鳞茎斜立，近卵形，顶生 1 枚叶，基部被膜质栗色鞘。叶厚革质，干后栗色，卵形或宽卵状椭圆形。花序生于假鳞茎顶端，具单朵花；花不甚张开，萼片和花瓣淡粉红色；花瓣卵状披针形，比侧萼片小，先端急尖，具 5 条脉，唇瓣几乎白色，小提琴状。花期通常 4 ~ 5 月。

分布及生境：分布于八大公山五道水，生于海拔 600 ~ 1200 m 的山坡石壁上。

用途：全草入药。

单叶厚唇兰 Epigeneium fargesii

（十四）火烧兰属 Epipactis Zinn

多年生草本。根状茎粗短。茎直立。叶无柄，抱茎。总状花序顶生，具多数花，花黄绿色、紫褐色或黄褐色，唇瓣通常无距，分为上下两部分，上唇三角形或心形，下唇常为囊状或杯状，上下唇之间缢缩，子房扭转。蒴果椭圆状，无毛。

20 种，我国有 10 种，湖南有 2 种，八大公山皆产。

分种检索表

1. 花序轴被短柔毛，花绿色至淡紫色…………………………………………………**1. 火烧兰 E. helleborine**

1. 花序轴被锈色毛，花紫色或黄褪色…………………………………………………**2. 大叶火烧兰 E. mairei**

1. 火烧兰 Epipactis helleborine (Linnaeus) Crantz

多年生草本。根状茎粗短，茎上部被短柔毛，下部无毛，具 2 ~ 3 枚鳞片状鞘。叶 4 ~ 7 枚，互生，叶片卵圆形、卵形至椭圆状披针形。总状花序通常具 3 ~ 40 朵花，花绿色或淡紫色，下垂，较小，花瓣椭圆形，先端急尖或钝，唇瓣中部明显缢缩。花期 7 月，果期 9 月。

分布及生境：分布于八大公山斗篷山，生于海拔 1500 ~ 1800 m 的山坡林下。

用途：根入药。

火烧兰 Epipactis helleborine

2. 大叶火烧兰 Epipactis mairei Schlechter

大叶火烧兰 Epipactis mairei

多年生草本。根状茎粗短。茎直立，上部和花序轴被锈色柔毛，下部无毛。叶 5 ~ 8 枚，互生；叶片卵圆形至椭圆形，基部延伸成鞘状，抱茎。总状花序 10 ~ 20 朵花；花黄绿带紫色、紫褐色或黄褐色；花瓣长椭圆形或椭圆形。蒴果椭圆状，无毛。花期 6 ~ 7 月，果期 9 月。

分布及生境：分布于八大公山各地，生于海拔 1000 ~ 1500 m 的山坡灌丛中。

用途：根状茎及根入药；花供观赏。

（十五）山珊瑚属 **Galeola** Loureiro

腐生草本或半灌木状，常具较粗厚的根状茎。茎常较粗壮，直立或攀缘，稍肉质，黄褐色或红褐色，无绿叶，节上具鳞片。总状花序或圆锥花序顶生或侧生，花黄色或带红褐色，唇瓣不裂，通常凹陷成杯状或囊状。果实为荚果状蒴果，干燥，开裂。

10 种，我国有 4 种，湖南有 1 种，八大公山亦有。

1. 毛萼山珊瑚 Galeola lindleyana (J. D. Hooker & Thomson) H. G. Reichenbach

高大半灌木状无叶腐生植物。根状茎粗厚，疏被卵形鳞片。茎直立，红褐色，节上具鳞片。圆锥花序由顶生与侧生总状花序组成；侧生总状花序较短；花苞片卵形，背面密被锈色短绒毛；花黄色；萼片椭圆形至卵状椭圆形；侧萼片常比中萼片略长；花瓣宽卵形至近圆形，无毛。果实近长圆形，淡棕色。花期 5 ~ 8 月，果期 9 ~ 10 月。

分布及生境：分布于八大公山各地，生于海拔 1000 ~ 1800 m 山坡林下。

用途：全草药用。

毛萼山珊瑚 Galeola lindleyana

（十六）天麻属 Gastrodia R. Brown

地下具肥厚的块状茎，块状茎通常肉质，平卧，偶有直立者，具节，节上轮生膜质鳞片。地上茎直立，一般淡褐色至肉黄色，节上生有筒状抱茎的鞘，顶端为总状花序。总状花序疏生数朵室多朵花。花苞片宿存、膜质，萼片与花瓣合生成花被筒，唇瓣通常不裂，略短于花被筒。蒴果直立，倒卵形至椭圆状纺锤形。

20 种，我国有 15 种，湖南有 1 种，八大公山有 1 种。

1. 天麻 Gastrodia elata Blume

多年生草本。根状茎肥厚，块茎状，椭圆形至近哑铃形，肉质。茎直立，橙黄色至蓝绿色，无绿叶，下部被数枚膜质鞘。总状花序具花 30～50 朵；花苞片长圆状披针形，膜质；花扭转，橙黄至黄白色，近直立；萼片和花瓣合生成，近斜卵状斜圆筒形，顶端具 5 裂；唇瓣长圆状卵圆形，3 裂，上部离生。蒴果倒卵状椭圆形。花果期 5～7 月。

分布及生境：分布于八大公山各地，生于海拔 1000～1800 m 的竹林或阔叶林下。

用途：块茎入药。国家二级保护植物。

天麻 Gastrodia elata

（十七）斑叶兰属 Goodyera R. Brown

地生草本。根状茎常伸长，匍匐，具节，上生根。茎直立，短或长，具叶。叶互生，稍肉质，具柄，上面常具杂色的斑纹。花序顶生，具小数至多数花，总状；花常较小或小，倒置；萼片离生，近相似，背面常被毛；花瓣较萼片薄，膜质；唇瓣围绕蕊柱基部，不裂，基部呈囊状，囊内常有毛；蕊柱短，无附属物。蒴果直立，无喙。

100 种，我国有 29 种，湖南有 5 种，八大公山有 4 种。

分种检索表

1. 叶上面具白或黄色网状脉纹或斑纹。
  2. 叶上面具均匀网状脉纹……………………………………………………… **1. 大花斑叶兰 G. biflora**
  2. 叶上面具不均匀细脉和有色斑纹…………………………………………**4. 斑叶兰 G. schlechtendaliana**
1. 叶上面无网状脉纹和斑纹。
  3. 萼片光滑无毛……………………………………………………………………… **3. 光萼斑叶兰 G. henryi**
  3. 萼片有毛…………………………………………………………………………… **2. 多叶斑叶兰 G. foliosa**

1. 大花斑叶兰 Goodyera biflora (Lindley) J. D. Hooke

多年生草本，植株高 5 ~ 15 cm。根状茎伸长，匍匐，具节。茎直立，绿色。叶片卵形或椭圆形，上面绿色，具白网状脉纹，背面淡绿色，有时带紫红色。花序通常具 2 朵花，罕 3 ~ 6 朵花，花较大，长管状，白色或带粉红色；花瓣白色，无毛，中萼片线状披针形，背面被短柔毛；子房被短柔毛。花期 2 ~ 7 月。

分布及生境：分布于八大公山各地，生于海拔 700 ~ 1400 m 的密林下阴湿处。

用途：全草入药。

大花斑叶兰 Goodyera biflora

2. 多叶斑叶兰 Goodyera foliosa (Lindley) Bentham ex C. B. Clarke

根状茎伸长，茎状，匍匐，具节。茎直立，具 4 ~ 6 枚叶。叶疏生于茎上或集生于茎的上半部，叶片卵形至长圆形，偏斜，（2.5 ~ 7.0）cm ×（1.6 ~ 2.5）cm，绿色，仅三出脉颜色稍淡。花茎直立，总状花序具几朵至多朵密生而常偏向一侧的花，花半张开，白带粉红色；萼片背面被毛；花瓣斜菱形，与中萼片粘合呈兜状；唇瓣基部凹陷呈囊状，囊半球形，内面具多数腺毛。花期 7 ~ 9 月。

分布及生境：分布于八大公山五道水（黄连台），生于海拔 400 ~ 500 m 的山坡林下阴湿处。

用途：全草入药；全株供观赏。

多叶斑叶兰 Goodyera foliosa

3. 光萼斑叶兰 **Goodyera henryi** Rolfe

地生兰类。根状茎伸长、茎状、匍匐，具节。茎直立，绿色，具 4 ~ 6 枚叶。叶常集生于茎的上半部，叶片偏斜的卵形至长圆形，绿色，先端急尖，基部钝或楔形。总状花序具 3 ~ 9 朵密生的花；花中等大，白色，或略带浅粉红色，萼片背面无毛，花瓣菱形，唇瓣白色。花期 8 ~ 9（10）月。

分布及生境：分布于八大公山海拔 400 ~ 600 m 的山坡林下阴湿地。

光萼斑叶兰 Goodyera henryi

4. 斑叶兰 Goodyera schlechtendaliana H. G. Reichenbach

多年生草本。根状茎伸长，匍匐，具节，茎直立，绿色，具 4 ~ 6 枚叶。叶片卵形或卵状披针形，上面绿色，具白色不规则的点状斑纹，基部近圆形或宽楔形，具柄。总状花序，花较小，白色或带粉红色，半张开，花瓣菱状倒披针形，无毛，唇瓣卵形，基部呈囊状，内面具多数腺毛。花药卵形，渐尖。花期 8 ~ 10 月。

分布及生境：分布于八大公山海拔 600 ~ 1200 m 的山坡林下。

用途：全草入药；全株供观赏。

斑叶兰 Goodyera schlechtendaliana

（十八）玉凤花属 Habenaria Willdenow

地生草本。块茎肉质，椭圆形或长圆形，不裂，颈部生几条细长的根。茎直立，基部常具 2 ~ 4 枚筒状鞘，鞘以上具 1 至多枚叶。叶散生或集中生于茎的中总、下部或基部。总状花序顶生，具少数或多数花；花苞片直立，伸展；子房扭转；花瓣不裂或分裂。花小，中等大或大，倒置；萼片离生；柱头 2，分离，凸出或延长。

600 种，我国有 54 种，湖南有 8 种，八大公山有 2 种。

分种检索表

1. 叶密生于茎中部以下，但不为基生，子房被星状毛……………………………**1. 毛莛玉凤花 H. ciliolaris**

1. 叶在茎上散生，或密生于茎中部，子房无毛……………………………… **2. 裂瓣玉凤花 H. petelotii**

1. 毛莛玉凤花 Habenaria ciliolaris Kraenzlin

多年生草本。块茎肉质，长椭圆形或长圆形。茎粗，直立，圆柱形，叶片椭圆状披形至椭圆形。总状花序具 6 ~ 15 朵花，花葶具棱，上有柔毛；花白色或绿白色，中等大；花瓣直立，斜披针形，不裂。花期 7 ~ 9 月。

分布及生境：分布于八大公山各地，生于海拔 300 ~ 700 m 的石灰岩山坡林下。

用途：块茎入药；全株供观赏。

毛莛玉凤花 Habenaria ciliolaris

2. 裂瓣玉凤花 Habenaria petelotii Gagnepain

地生兰类。块茎长圆形，肉质。茎直立，中部集生 5 ~ 6 枚叶。叶片椭圆形或椭圆状披针形。总状花序具 3 ~ 12 朵疏生的花；花淡绿色或白色，中等大；中萼片卵形；花瓣从基部 2 深裂，裂片线形；下裂片与唇瓣的侧裂片并行；唇瓣基部之上 3 深裂，裂片线形；距圆筒状棒形，下垂；药室

裂瓣玉凤花 Habenaria petelotii

基部伸长的沟与蕊喙臂伸长的沟两者靠合成细的管；柱头突起 2 个，长圆形。花期 7 ~ 9 月。

分布及生境：分布于八大公山各地，生于海拔 300 ~ 1200 m 的山坡林下。

用途：块茎入药。

（十九）角盘兰属 **Herminium** Linnaeus

地生草本。具块茎。茎直立，具 1 至数枚叶。花序顶生，具多数花，总状或似穗状；花小，密生，通常为黄绿色，萼片离生，花瓣通常较萼片狭小，一般增厚而带肉质；唇瓣贴生于蕊柱基部，前部 3 裂或不裂，通常无距，少数具短距者其粘盘卷成角状。

25 种，我国有 17 种，湖南有 1 种，此种八大公山也有。

1. 叉唇角盘兰 Herminium lanceum (Thunberg ex Swartz) Vuijk

块茎圆球形或椭圆形，肉质。茎直立，常细长，无毛，基部具 2 枚筒状鞘，中部具 3 ~ 4 枚疏生的叶。叶互生，叶片线状披针形，直立伸展。总状花序具多数密生的花，圆柱形，最长可达 43 cm；花小，黄绿色或绿色；花瓣直立，线形，长 2 ~ 4 mm，宽 0.2 ~ 1.0 mm，较萼片狭很多，与中萼片相靠，先端钝或近急尖，具 1 脉；唇瓣轮廓为长圆形。花期 6 ~ 8 月。

分布及生境：分布于八大公山各地，生于海拔 600 ~ 1200 m 的山坡草丛中。

叉唇角盘兰 Herminium lanceum

（二十）羊耳蒜属 **Liparis** Richard

地生或附生草本。通常具假鳞茎或有时具多节的肉质茎。假鳞茎密集或疏离，外面常被有膜质鞘。叶 1 至数枚，基生或茎生，多脉，基部多少具柄，具或不具关节。花葶顶生；总状花序疏生或密生多花；花苞片小，宿存；花小或中等大，扭转；萼片相似；花瓣通常比萼片狭，线形至丝状；唇瓣不裂或偶3裂；花粉团4个，2对，蜡质。蒴果，常多少具3钝棱。

320种，我国有63种，湖南有16种，八大公山有6种。

分种检索表

1. 叶在假鳞茎上无明显的关节可见。
  2. 肉质茎圆筒状，多节…………………………………………………………………… **4. 见血青 L. nervosa**
  2. 无圆筒状、多节的肉质茎，具包于叶鞘的假鳞茎。
    3. 叶卵形或心形……………………………………………………………………**6. 柄叶羊耳蒜 L. petiolata**
    3. 叶椭圆形或卵状椭圆形。
      4. 唇瓣基部不具胼胝体或褶片状附属物……………………………… **2. 羊耳蒜 L. campylostalix**
      4. 唇瓣基部具胼胝体或褶片状附属物…………………………………………**5. 长唇羊耳蒜 L. pauliana**
1. 叶在假鳞茎上具明显可见的关节。
  5. 叶卵状长圆形为主…………………………………………………………………… **3. 小羊耳蒜 L. fargesii**
  5. 叶狭长圆状倒披针形为主……………………………………………… **1. 镰翅羊耳蒜 L. bootanensis**

1. 镰翅羊耳蒜 Liparis bootanensis Griffith

附生草本。假鳞茎密集，卵形至狭卵状圆柱形，顶端生1叶。叶狭长圆状倒披针形（5～22）cm×（0.5～3.3）cm，先端渐尖，基部收狭成柄，有关节。花序柄略压扁，两侧具很狭的翅，总状花序外弯或下垂，具数朵至20余朵花花通常黄绿色，有时稍带褐色，花瓣狭线形，唇瓣近宽长圆状倒卵形，先端近截形并有凹缺或短尖，通常整个前缘有不规则细齿，蕊柱上部两侧各有1翅，在前部下弯成

镰翅羊耳蒜 Liparis bootanensis

钩状或镰状。花期 8 ~ 10 月，果期 3 ~ 5 月。

分布及生境：分布于八大公山五道水（严家屋场），生于海拔 400 ~ 800 m 的林下石缝中。

2. 羊耳蒜 Liparis campylostalix H. G. Reichenbach

多年生草本。假鳞茎卵形，外面有白色膜质的鞘。叶 2 片，对生，膜质或草质，卵形至椭圆形，先端急尖或钝，边缘皱波状或近全缘，基部狭成鞘状叶柄。总状花序顶生，花少数疏生，淡绿色，或淡紫、粉红色；萼片披针形；花瓣丝状，唇瓣有不明显细齿或近全缘，基部无胼胝体或褶片状附属物。蒴果倒卵状长圆形。花期 6 ~ 8 月，果期 9 ~ 10 月。

分布及生境：分布于八大公山海拔 400 ~ 800 m 的山坡林下或灌丛中。

用途：全草入药；庭院观赏。

羊耳蒜 Liparis campylostalix

3. 小羊耳蒜 Liparis fargesii Finet

多年生附生草本，很小，常成丛生长。假鳞茎近圆柱形，叶椭圆形或长圆形，坚纸质。花序柄扁圆柱形，两侧具狭翅，下部无不育苞片，总状花序，通常具 2 ~ 3 朵花，花淡绿色。蒴果倒卵形。花期 9 ~ 10 月，果期次年 5 ~ 6 月。

分布及生境：分布于八大公山五道水，生于海拔 300 ~ 500 m 的溪边巨石上。

用途：全草入药。

4. 见血青 Liparis nervosa (Thunberg) Lindley

茎（或假鳞茎）圆柱状，肥厚，肉质，有数节，通常包藏于叶鞘之内，上部有时裸露。叶（2）3 ~ 5 枚，卵形至卵状椭圆形，基部收狭并下延成鞘状柄，无关节。总状花序通常具数朵至 10 余朵花，花序轴有时具很狭的翅，花紫色，花瓣丝状，唇瓣长圆状倒卵形，先端截形并微凹。蒴果倒卵状长圆形或狭椭圆形。花期 2 ~ 7 月，果期 10 月。

分布及生境：分布于八大公山各地，生于海拔 400 ~ 1200 m 的山坡草丛中。

用途：全草入药；庭院观赏。

小羊耳蒜 Liparis fargesii

见血青 Liparis nervosa

5. 长唇羊耳蒜 Liparis pauliana Handel-Mazzetti

多年生草本。假鳞茎卵形或卵状长圆形，叶通常 2 枚，极少为 1 枚（仅见于假鳞茎很小的情况下），卵形至椭圆形，膜质或草质，边缘呈皱波状。花葶通常比叶长 1 倍以上，花序柄扁圆柱形，两侧有狭翅，总状花序通常疏生数朵花，较少多花或减退为 1 ~ 2 朵花，花淡紫色，但萼片常为淡黄绿色，蒴果倒卵形，花期 5 月，果期 10 ~ 11 月。

分布及生境：分布于八大公山各地，生于海拔 1000 ~ 1500 m 的山坡密林下。

长唇羊耳蒜 Liparis pauliana

6. 柄叶羊耳蒜 Liparis petiolata (D. Don) P. F. Hunt et Summerhayes

柄叶羊耳蒜 Liparis petiolata

假鳞茎卵形，外被白色的薄膜质鞘。叶 2 枚，宽卵形，膜质或草质，（5 ~ 11）cm ×（3.5 ~ 8.0）cm，先端近渐尖或骤然收狭成短尾状，边缘略有不规则钝圆齿或近全缘，基部近截形或浅心形，有鞘状柄，无关节。总状花序具数朵至 10 余朵花；花绿白色，仅唇瓣带紫绿色；萼片线状披针形，花瓣狭线形，唇瓣椭圆形至近圆形，近基部有 2 个胼胝体。花期 5 ~ 6 月，果期 9 ~ 10 月。

分布及生境：分布于八大公山斗篷山，生于海拔 400 ~ 1600 m 的悬崖石壁上。

（二十一）齿唇兰属 Odontochilus Blume

本属和开唇兰属两者的区别很小，主要据前者的唇瓣基部延伸成圆锥状的距，距较长，伸出于两侧萼片基部之外，不被侧萼片基部包着，柱头 2 个，位于蕊喙基部之两侧；后者唇瓣基部凹陷呈圆球状囊，其囊小，藏于两侧萼片基部之内、被包着；柱头 2 个（罕为 1 个），2 个柱头位于蕊喙基部两侧至基部的前方，极罕 2 个柱头紧靠一起合生成 1 个，位于蕊喙前面之下正中央。多数学者主张将此两属合并，《中国植物志》采用的是大属概念，《FCO》作分开处理，本志从之。

40 种，我国有 11 种，湖南有 5 种，八大公山有 1 种。

1. 西南齿唇兰 Odontochilus elwesii C. B. Clarke ex J. D. Hooker

多年生草本。根状茎匍匐，肉质。茎无毛，具 6 ~ 7 枚叶。叶片卵形，上面暗紫色或深绿色，有时具 3 条带红色的脉，背面淡红色或淡绿色。总状花序具 2 ~ 4 朵较疏生的花，子房圆柱形，扭转，被短柔毛，花大，倒置（唇瓣位于下方）；萼片绿色或为白色，花瓣白色，唇瓣白色，中部爪，它的前部两侧各具 4 ~ 5 条不整齐的短流苏状锯齿。花期 7 ~ 8 月。

分布及生境：分布于八大公山五道水（楠木坪），生于海拔 1200 m 的山坡林下。

用途：全草入药；花供观赏。

西南齿唇兰 Odontochilus elwesii

（二十二）山兰属 Oreorchis Lindley

陆生兰。一年生草本植物。根肉质肥大，无根毛，有共生菌，能充分与。具有假鳞茎，假鳞茎有数节，球茎状，顶端具 1 ~ 2 叶；总状花序从假鳞茎上部节上抽出，花较小，花被张开；唇瓣 3 裂，无距；花粉块 4，蜡质，具花粉块柄与粘盘。

16种，我国有11种，湖南有2种，八大公山有1种。

1. 长叶山兰 Oreorchis fargesii Finet

多年生草本。假鳞茎椭圆形至近球形，外被撕裂成纤维状的鞘。叶2枚，偶有1枚，生于假鳞茎顶端，线状披针形或线形，有关节，关节下方由叶柄套迭成假茎状。花葶从假鳞茎侧面发出，总状花序通常多少缩短，花通常白色并有紫纹，花瓣花瓣狭卵形至卵状披针形，唇瓣轮廓为长圆状倒卵形，近基部处3裂。花期5～6月，果期9～10月。

分布及生境：分布于八大公山天平山，生于海拔1000～1800 m的山坡草丛中。

用途：假鳞茎入药；全株供观赏。

长叶山兰 Oreorchis fargesii

（二十三）鹤顶兰属 Phaius Loureiro

多年生草本。假鳞茎丛生，具少至多数节，常被鞘。叶大，数枚，互生于假鳞茎上部，基部收狭为柄并下延为长鞘，具折扇状脉，叶鞘紧抱于茎或互相套迭而形成假茎。花葶1～2个，侧生于假鳞茎节上或从叶腋中发出，花苞片大，早落或宿存；花通常大，萼片和花瓣近等大；唇瓣近3裂或不裂。

40种，我国有9种，湖南有2种，八大公山有1种。

1. 黄花鹤顶兰 Phaius flavus (Blume) Lindley

多年生草本。假鳞茎圆锥形，被鞘。叶 2 至数枚，互生于假鳞茎的上部，长圆状披针形，先端渐尖，叶面多具黄色斑块。总状花序具多数花，花瓣长圆形，唇瓣贴生于蕊柱基部，背面白色带茄紫色的前端，内面茄紫色带白色条纹。花期 3 ~ 6 月。

分布及生境：分布于八大公山各地，生于海拔 300 ~ 1200 m 的山坡林下阴湿处。

用途：假鳞茎药用；全株供观赏。

黄花鹤顶兰 Phaius flavus

（二十四）蝴蝶兰属 Phalaenopsis Blume

附生草本。茎短，具数枚叶。叶二列，稍肉质或厚革质，扁平，狭长，无叶柄。总状花序从叶腋中发出，疏生数朵花；萼片和花瓣近相似，唇瓣基部以 1 个活动关节与蕊柱基部或蕊柱足末端连接，3 裂，侧裂片直立，中裂片下弯，基部有距；距长，向前弯曲并且向末端变狭。

114 种，我国有 83 种，湖南有 1 种，八大公山也有分布。

1. 东亚蝴蝶兰 Phalaenopsis subparishii (Z. H. Tsi) Kocyan & Schuit.

叶近基生，长圆形或倒卵状披针形，先端钝并且不等侧 2 浅裂，基部具关节和抱茎的鞘，具多数平行细脉，但仅中脉明显。总状花序疏生数朵花；花具香气，稍肉质，开展，黄绿色带淡褐色斑点；唇瓣 3 裂，基部与蕊柱足末端结合而形成关节。花期 5 月。

分布与生境：分布于八大公山各地，生于海拔 800 ~ 1200 m 的密林树上。

东亚蝴蝶兰 Phalaenopsis subparishii

（二十五）石仙桃属 Pholidota Lindley ex Hooker

多年生草本。假鳞茎疏离或密集。顶端具 1 ~ 2 叶。花葶生于假鳞茎顶端，与幼叶同时出现；总状花序具多花，花序轴常多少曲折；侧萼片背面通常具龙骨状突起；唇瓣基部无耳状小裂片，但有囊。

30 种，我国有 12 种，湖南有 2 种，八大公山有 1 种。

1. 云南石仙桃 Pholidota yunnanensis Rolfe

多年生草本。根状茎匍匐、分枝，常相距 1 ~ 3 cm 生假鳞茎；假鳞茎近圆柱状。叶披针形，坚纸质。总状花序具 15 ~ 20 朵花，花白色或浅肉色，花瓣不凹陷，背面无龙骨状突起。蒴果倒卵状椭圆形，有 3 棱。花期 5 月，果期 9 ~ 10 月。

分布及生境：分布于八大公山各地，生于海拔 300 ~ 1200 m 的山坡悬崖石壁上。

用途：假鳞茎入药。

云南石仙桃 Pholidota yunnanensis

（二十六）舌唇兰属 **Platanthera** Richard

陆生兰。常有块茎。叶基生或茎生，1 至数枚；总状花序顶生，具数朵花；中萼片常与花瓣靠合成兜；唇瓣一般不裂，舌状，基部常呈耳状，有距；蕊柱贴生于唇瓣基部；药室平行或叉开；柱头 1 个；花粉块 2，由许多松散小块组成，有短的花粉块柄与粘盘。

200 种，我国有 42 种，湖南有 11 种，八大公山有 3 种。

分种检索表

1. 柱头隆起，肥厚…………………………………………………………… **3. 小花蜻蜓兰 P. ussuriensis**
1. 柱头常不隆起，不肥厚。
   3. 花大，中萼片长 6 ~ 8 mm，花瓣线形 …………………………………… **1. 舌唇兰 P. japonica**
   3. 花小，中萼片长 4 ~ 5 mm，花瓣常较宽，非线形 ………………………… **2. 小舌唇兰 P. minor**

1. 舌唇兰 Platanthera japonica (Thunberg) Lindley

多年生草本。根状茎指状，肉质、近平展。茎粗壮，直立，无毛。总状花序，具 10 ~ 28 朵花；花大，白色；花瓣直立，线形，先端钝，具 1 脉，与中萼片靠合呈兜状；唇瓣线形，不分裂，肉质，先端钝；距下垂，细长，细圆筒状至丝状；药室平行；蕊缘矮，宽三角形，直立。花期 6 ~ 7 月。

分布及生境：分布于八大公山各地，生于海拔 1400 ~ 1900 m 的山坡林下或草地。

用途：全草入药。

舌唇兰 Platanthera japonica

2. 小舌唇兰 Platanthera minor (Miquel) H. G. Reichenbach

多年生草本。块茎椭圆形。茎粗壮，下部具 1 ~ 2 枚较大的叶，上部具 2 ~ 5 枚逐渐变小为披针形或线状披针形的苞片状小叶，叶片椭圆形或长圆状披针形。总状花序具多数疏生的花，花黄绿色，萼片具 3 脉，边缘全缘，花瓣直立，斜卵形，唇瓣舌状，肉质，下垂，距细圆筒状，下垂。花期 5 ~ 7 月。

分布及生境：分布于八大公山斗篷山，生于海拔 1600 ~ 1800 m 的山坡林下或草地。

用途：全草入药。

小舌唇兰 Platanthera minor

3. 小花蜻蜓兰 Platanthera ussuriensis (Regel) Maximowicz

多年生草本。根状茎指状，肉质，细长，弓曲。茎较基部具 1 ~ 2 枚筒状鞘，鞘之上具叶，下部的 2 ~ 3 枚叶较大，中部至上部具 1 至几枚苞片状小叶。总状花序具 10 ~ 20 余朵较疏生的花，花苞片狭披针形，花较小，淡黄绿色，唇瓣向前伸展，多少向下弯曲，舌状披针形。花期 7～8 月。果期 9～10 月。

分布及生境：分布于八大公山斗篷山，生于海拔 1500～1800 m 的山坡林下或草地。

小花蜻蜓兰 Platanthera ussuriensis

（二十七）独蒜兰属 Pleione D. Don

多年生草本。假鳞茎常较密集，卵形，向顶端逐渐收狭成长颈或短颈，叶脱落后顶端通常有皿状或浅杯状的环。叶 1～2 枚，生于假鳞茎顶端。花序具 1～2 花，花苞片常有色彩，较大，宿存，唇瓣不裂或不明显 3 裂，有时贴生于蕊柱基部而呈囊状，上部边缘啮蚀状或撕裂状，上面具 2 至数条纵褶片或沿脉具流苏状毛。

26 种，我国有 23 种，湖南有 2 种，八大公山有 1 种。

1. 独蒜兰 Pleione bulbocodioides (Franchet) Rolfe

独蒜兰 Pleione bulbocodioides

半附生草本。假鳞茎卵形至卵状圆锥形。叶狭椭圆状披针形或近倒披针形，纸质。花葶直立；花粉红色至淡紫色，唇瓣上有深色斑；中萼片近倒披针形；侧萼片稍斜歪；花瓣倒披针形，稍斜歪。蒴果近长圆形。花期 4 ~ 6 月。

分布及生境：分布于八大公山天平山，生于海拔 1200 ~ 1500 m 的林下石上。

用途：假鳞茎入药；花供观赏。国家二级保护植物。

（二十八）朱兰属 **Pogonia** Jussieu

多年生草本。有时有纤细的走茎。茎直立，在中上部具 1 枚叶。叶扁平，椭圆形至长圆状披针形，基部具抱茎的鞘，无关节。花通常单朵顶生，少有 2 ~ 3 朵，花苞片明显小于叶，宿存，萼片离生，花瓣通常较萼片略宽而短，唇瓣 3 裂或近于不裂，基部无距。

4 种，我国有 3 种，湖南有 1 种，八大公山亦有。

1. 朱兰 **Pogonia japonica** H. G. Reichenbach

多年生草本。根状茎直生。茎直立，纤细。叶稍肉质，近长圆形或长圆状披针形，抱茎。花单朵顶生，向上斜展，常紫红色或淡紫红色；萼片狭长圆状倒披针形；花瓣与萼片相似，近等长。蒴果长圆形。花期 5 ~ 7 月，果期 9 ~ 10 月。

分布及生境：分布于八大公山天平山，生于海拔 1400 ~ 1500 m 的山坡林缘、路边草丛。

用途：庭院观赏。

朱兰 Pogonia japonica

（二十九）菱兰属 Rhomboda Lindley

多年生草本。本属亦是从开唇兰属分出，其区别在于：叶片中肋常具颜色。唇瓣的爪部短，长不及 2 mm，两侧几乎全缘；蕊柱前面的 2 枚附属物宽大，顶部圆形且向下伸至囊内，囊内具 2 枚卵圆形或近椭圆形、具短柄的胼胝体，胼胝体顶部稍具细齿或圆齿；唇瓣前部片大，2 深裂成 180 度角叉开，或片很小，不裂。

25 种，我国有 4 种，湖南有 1 种，八大公山也有分布。

1. 艳丽菱兰 Rhomboda moulmeinensis (E. C. Parish & H. G. Reichenbach)Ormerod

多年生草本。根状茎伸长，匍匐，肉质，具节，节上生根。茎直立，粗壮，无毛，具 5 ~ 7 枚叶。叶片长圆形或狭椭圆形，上面绿色，沿中肋具 1 条白色的宽条纹，背面灰绿色。总状花序具几朵至 10 余朵较疏散的花，花序轴和花序梗被短柔毛，花序梗上具 1 ~ 3 枚淡红色的鞘状苞片，萼片和花瓣的背面均为淡红色，唇瓣白色，呈 T 字形，前部明显扩大并 2 裂，其裂片近倒卵形、外侧边缘具不整齐的细齿，它们彼此叉开成 180 度叉开。花期 8 ~ 10 月，果期 12 翌年 3 月。产于我国贵州梵净山的贵州菱兰（Rhomboda fanjingensis），《中国植物志》认为其属于本种，但 *Flora of China* 处理为 2 个种。我们没有见到贵州的标本，故暂按 *Flora of China* 将八大公山的标本鉴定为本种。

分布与生境：分布于八大公山五道水（楠木坪），生于海拔 200 ~ 800 m 的沟谷密林下。

用途：庭院观赏。

艳丽菱兰 Rhomboda moulmeinensis

（三十）绶草属 Spiranthes Richard

陆生兰，具肉质、肥大的根；茎短，叶多少肉质而近基生；总状花序的轴常作螺旋状旋转；中萼片一般与花瓣靠合成盔状；唇瓣具短爪，边缘常呈皱波状；蕊柱基部稍扩大，但不形成蕊柱足；花粉块 2，粒粉质，或多或少具花粉块柄，有粘盘。

50 种，我国有 3 种，湖南有 2 种，八大公山均有。

分种检索表

1. 花乳白色；子房绿色，具腺短柔毛…………………………………… **1. 香港绶草 S. hongkongensis**

1. 花紫红、粉红或白色；子房无腺毛……………………………………………………… **2. 绶草 S. sinensis**

1. 香港绶草 Spiranthes hongkongensis S. Y. Hu & Barretto

多年生草本。根肉质或短小呈块根状。叶 2 ~ 6，直立平展，线形至倒披针形，（4 ~ 12）×（0.5 ~ 0.9）cm，先端锐尖。花序直立，花苞片披针形，疏生腺状短柔毛，先端渐尖。背萼片形成有花瓣的帽状物，外表面腺状短柔毛，花瓣白色，有时呈淡粉红色，唇瓣宽长圆形，喙三角形披针形；柱头稍突起，盾形，明显 3 裂。

分布及生境：分布于八大公山五道水，生于海拔 300 ~ 400 m 的溪边湿润草地中。

香港绶草 Spiranthes hongkongensis

2. 绶草 Spiranthes sinensis (Persoon) Ames

多年生草本。根数条，指状，肉质，簇生于茎基部。花茎直立，上部被腺状柔毛至无毛，总状花序具多数密生的花，花小，紫红、粉红或白色，螺旋状排生，花瓣斜菱状长圆形。花期 7 ~ 8 月。

分布及生境：分布于八大公山各地，生于海拔 500 ~ 1200 m 的湿润草地中。

用途：根及全草入药。

绶草 Spiranthes sinensis

（三十一）白点兰属 **Thrixspermum** Loureiro

多年生草本。叶排成二列。叶扁平，密生而斜立于短茎或较疏散地互生在长茎上。总状花序侧生于茎，具少数至多数花，唇瓣贴生在蕊柱足上，3 裂；侧裂片直立，中裂片较厚，基部囊状或距状。蒴果圆柱形，细长。

120 种，我国有 12 种，湖南有 2 种，八大公山有 1 种。

1. 小叶白点兰 Thrixspermum japonicum (Miquel) H. G. Reichenbach

多年生草本。茎纤细，密生多数二列的叶。叶长圆形或有时倒披针形，先端稍钝并且微 2 裂。花序疏生少数花，花淡黄色，花瓣狭长圆形，先端钝，唇瓣 3 裂，侧裂片近直立而向前弯曲。花期 9 ~ 10 月。

分布及生境：分布于八大公山五道水，生于海拔 200 ~ 800 m 的林下石上或树上。

小叶白点兰 Thrixspermum japonicum

二十三、仙茅科 Hypoxidaceae

多年生草本。有块状根或球茎。叶常基生，有明显的纵脉。花两性或单性，辐射对称，常黄色，单生或排成稠密的头状花序，花被管长或缺，6 裂，雄蕊 6，子房下位，3 室，每室有胚珠多颗。果为一环裂或纵裂的蒴果或肉质浆果。

7～9 属，100～200 种，我国 2 属 8 种；湖南 2 属 2 种，八大公山 1 属 1 种。

（一）小金梅草属 **Hypoxis** Linnaeus

多年生草本。具块茎或近球形的根状茎。基生叶 3～20 枚，狭长，无柄。花茎纤细，短于叶；花 1 至数朵，单生或呈顶生的近伞形花序、总状花序，花被片 6，宿存；雄蕊着生于花被片基部，花丝短，花药近基着；子房下位，3 室，花柱较短，柱头 3 裂。蒴果。

500～100 种，我国有 1 种，湖南有 1 种，八大公山也有分布。

1. 小金梅草 **Hypoxis aurea** Loureiro

多年生矮小草本。根状茎肉质，球形或长圆形，内面白色，外面包有老叶柄的纤维残迹。叶基生，4～12 枚，狭线形，顶端长尖，有黄褐色疏长毛。花序有花 1～2 朵，苞片小，2 枚，刚毛状，花黄色，花被片 6，柱头 3 裂，直立。蒴果棒状，成熟时 3 瓣开裂；种子多数，近球形，表面具瘤状突起。

分布与生境：分布于八大公山各地，生于海拔 200～500 m 的山坡草丛中、田埂上。

用途：全草入药。

小金梅草 Hypoxis aurea

二十四、鸢尾科 Iridaceae

多年生草本。地下部分具根状茎、球茎或鳞茎。叶多基生，条形、剑形或为丝状。花两性，辐射对称，少为左右对称，单生、数朵簇生或多花排列成总状、穗状、聚伞及圆锥花序；花或花序下有 1 至多个草质或膜质的苞片，簇生、对生、互生或单一，雄蕊 3，子房下位，3 室，中轴胎座，胚珠多数。蒴果。种子多数，半圆形或为不规则的多面体。

80 属 1800 种，我国有 13 属 61 种，湖南有 3 属 8 种，八大公山有 3 属 4 种。

分属检索表

1. 地下部分为根状茎。
  2. 根状茎为不规则的块状，花橙红色……………………………………………… **1. 射干属 Belamcanda**
  2. 根状茎圆柱形，花紫色或白色…………………………………………………………… **3. 鸢尾属 Iris**
1. 地下部分为球茎…………………………………………………………………………… **2. 唐菖蒲属 Gladiolus**

（一）射干属 **Belamcanda** Adanson

多年生草本。根状茎为不规则的块状。茎直立，实心。叶剑形，扁平，互生，嵌迭状 2 列。二歧状伞房花序顶生，花橙红色，花被管甚短，花被裂片 6，2 轮排列，雄蕊 3，花柱圆柱形，柱头 3 浅裂。蒴果倒卵形，黄绿色，成熟时 3 瓣裂。种子球形，黑紫色，有光泽，着生在果实的中轴上。

2 种，我国有 1 种，该种八大公山有分布。

1. 射干 Belamcanda chinensis (Linnaeus) Redouté

多年生草本。根状茎为不规则的块状，斜伸，黄色或黄褐色；须根多数，带黄色，茎实心。叶

射干 Belamcanda chinensis

互生，嵌迭状排列，剑形。花序顶生，叉状分枝，花梗及花序的分枝处均包有膜质披针形苞片。蒴果倒卵形或长椭圆形，顶端无喙。花期 6 ~ 8 月，果期 7 ~ 9 月。

分布与生境：分布于八大公山海拔 400 ~ 1500 m 的山坡林缘草丛中。

用途：根状茎药用；全株供观赏。

（二）唐菖蒲属 Gladiolus Linnaeus

多年生草本。地下部分为球茎，外有薄膜质的包被。叶剑形或条形，2 列，互相套迭。花茎下部常有数枚茎生叶，花被管较短而弯曲，花被裂片 6，2 轮排列，椭圆形或卵圆形，顶端钝或有短尖，上面 3 枚较宽大；雄蕊 3，花柱细长，顶端 3 裂。蒴果长圆形或倒卵形。

250 种，我国栽培 1 种；八大公山也有栽培。

1. 唐菖蒲 Gladiolus gandavensis Van Houtte

多年生草本。球茎扁圆球形。叶基生或在花茎基部互生，互相套迭，剑形，灰绿色。花茎直立，顶生穗状花序，无花梗。蒴果椭圆形或倒卵形，成熟时室背开裂。花期 7 ~ 9 月，果期 8 ~ 10 月。

分布与生境：原产非洲南部，八大公山有栽培。

用途：球茎入药；庭院观赏。

唐菖蒲 Gladiolus gandavensis

（三）鸢尾属 Iris Linnaeus

多年生草本。根状茎长条形，横走或斜伸，纤细或肥厚。叶多基生，相互套迭，排成 2 列，叶剑形，条形或丝状。只有花茎而无明显的地上茎；花序仅生 1 朵花；花较大，蓝紫色、白色等；雄蕊 3；雌蕊的花柱单一，上部 3 分枝，子房下位，3 室，胚珠多数。蒴果椭圆形、或圆球形，顶端有喙或无。种子梨形。

300 种，我国有 60 种，湖南有 9 种，八大公山有 2 种。

分种检索表

1. 花茎分枝呈总状排列……………………………………………………………… **1. 蝴蝶花 I. japonica**

1. 花茎不分枝或有 1 ~ 2 个侧枝……………………………………………………… **2. 鸢尾 I. tectorum**

1. 蝴蝶花 Iris japonica Thunberg

多年生草本。直立的根状茎圆形，具多数较短的节间，棕褐色，横走的根状茎节间长，须根生于根状茎的节上，分枝多。叶基生，暗绿色，有光泽。花茎直立。蒴果椭圆状柱形，顶端微尖，基部钝，无喙。花期 3 ~ 4 月，果期 5 ~ 6 月。

分布与生境：分布于八大公山各地，生于海拔 200 ~ 1800 m 的山坡林缘、灌丛间。

用途：全草入药；花供观赏。

蝴蝶花 Iris japonica

2. 鸢尾 Iris tectorum Maximowicz

多年生草本。植株基部围有老叶残留的膜质叶鞘及纤维。根状茎粗状，斜伸；须根较细而短。叶基生，黄绿色。花茎光滑；苞片 2 ~ 3 枚，绿色，草质，边缘膜质；花蓝紫色。蒴果长椭圆形或倒卵形。花期 4 ~ 5 月，果期 6 ~ 8 月。

分布与生境：分布于八大公山各地，生于海拔 200 ~ 1800 m 的向阳坡地及水边湿地，也有栽培。

用途：根状茎入药；花供观赏。

鸢尾 Iris tectorum

二十五、阿福花科 Asphodelaceae

多年生草本或灌木状。茎茛茎状或在地面成树状。叶纸质到肉质，呈莲座状簇生或有时二列着生，叶鞘闭合。花葶从叶丛中央抽出，花多朵排成总状、伞形或假二歧状的圆锥花序，花梗具关节，花下部具花被管，裂片 6，雄蕊 6，子房 3 室，花柱细长，柱头小。蒴果或浆果。

41 属 900 种，我国有 4 属 17 种，湖南有 2 属 4 种，八大公山有 1 属 2 种。

（一）萱草属 **Hemerocallis** Linnaeus

多年生草本。具很短的根状茎，根多少肉质，中下部有时有纺锤状膨大。叶基生，二列，带状。花葶从叶丛中央抽出，顶端具总状或假二歧状的圆锥花序，较少花序缩短或只具单花，苞片存在，花直立或平展，近漏斗状，下部具花被管，裂片 6，雄蕊 6，子房 3 室，花柱细长，柱头小。蒴果钝三棱状，表面常略具横皱纹。种子黑色，有棱角。

15 种，我国有 7 种，湖南有 3 种，八大公山有 2 种。

分种检索表

1. 花淡黄色……………………………………………………………………… **1. 黄花菜 H. citrina**
1. 花橘红色、橘黄色至暗金黄色……………………………………………………… **2. 萱草 H. fulva**

1. 黄花菜 **Hemerocallis citrina** Baroni

多年生草本。根近肉质，中下部常有纺锤状膨大。花葶一般稍长于叶，基部三棱形，有分枝，苞片披针形，自下向上渐短，花多朵，花被淡黄色，有时在花蕾时顶端带黑紫色。蒴果钝三棱状椭

黄花菜 Hemerocallis citrina

圆形。种子黑色，有棱。

分布与生境：原产我国，八大公山有栽培。

用途：花供蔬食；块根和花蕾入药。

2. 萱草 Hemerocallis fulva (Linnaeus) Linnaeus

多年生草本。根近肉质，中下部有纺锤状膨大。叶较宽。花橘红色至橘黄色，内花被裂片下部有“V”字形彩斑。

分布与生境：分布于八大公山各地，生于海拔 200 ~ 1600 m 的沟边湿地。

用途：嫩叶及花蕾供蔬食；根入药；庭院观赏。

萱草 Hemerocallis fulva

二十六、石蒜科 Amaryllidaceae

多年生草本。具鳞茎、根状茎或块茎。叶多数基生，全缘或有刺状锯齿。花单生或排列成伞形花序、总状花序或穗状花序等，通常具佛焰苞状总苞；花两性；花被片 6，2 轮；雄蕊通常 6，子房下位，3 室，每室具有胚珠多数或少数。蒴果背裂或不整齐开裂，少为浆果状。

100 余属，1200 种，我国 17 属 34 种；湖南 2 属 15 种，八大公山 2 属 11 种。

分属检索表

1. 子房上位……………………………………………………………………………**1. 葱属 Allium**

1. 子房下位，或花被多少有些和子房相愈合…………………………………… **2. 石蒜属 Lycoris**

（一）葱属 Allium Linnaeus

多年生草本，绝大部分的种具特殊的葱蒜气味。具圆柱状直到球状鳞茎，鳞茎外皮膜质、革质或纤维质；须根细长。叶形多样，从扁平的狭条形到卵圆形，从实心到空心的圆柱状，基部直接与闭合的叶鞘相连，无叶柄或少数种类叶片基部收狭为叶柄，叶柄再与闭合的叶鞘相连。花葶从鳞茎基部长出，伞形花序生于花葶的顶端，开放前为一闭合的总苞所包。

约 660 种，我国有 138 种，湖南有 9 种，八大公山有 8 种。

分种检索表

1. 叶常 2 枚，稀 1 ~ 3 枚，对生状，倒披针形或卵形…………………… **6. 卵叶山葱 A. ovalifolium**

1. 叶数枚，条形，中空或实心。

  2. 根粗壮，叶条形，具明显的中脉……………………………………………… **4. 宽叶韭 A. hookeri**

  2. 根纤细，绳索状；叶无明显的中脉，花葶常不具纵棱。

    3. 鳞茎圆柱状、圆锥状或卵状圆柱形稀卵形，常数枚聚生，根状茎明显…… **8. 韭 A. tuberosum**

    3. 根茎球状、卵球状，常单生，根状茎不明显。

      4. 叶圆形，中空。

        5. 鳞茎圆柱状至卵状圆柱形；小花梗基部无小苞片……………………… **3. 葱 A. fistulosum**

        5. 鳞茎扁球状或为基部增粗的圆柱状，小花梗基部具小苞片………………………………………………………………………………………… **1. 火葱 A. cepa** var. **aggregatum**

      4. 叶条形、三棱状条形、棱柱状或半圆柱状。

        6. 内轮花丝全缘或基部每侧各具 1 齿或齿片。

          7. 鳞茎狭卵状或卵状……………………………………………………… **2. 藠头 A. chinensnse**

          7. 鳞茎近球状…………………………………………………………**5. 薤白 A. macrostemon**

        6. 内轮花丝基部每侧各具 1 齿……………………………………………… **7. 蒜 A. sativum**

1. 火葱（变种）Allium cepa var. **aggregatum** G.Don

多年生草本。鳞茎聚生，矩圆状卵形、狭卵形或卵状圆柱形；鳞茎外皮红褪色、紫红色、黄红色色至黄白色，膜质或薄革质。叶为中空的圆筒状，向顶端渐尖，深绿色，常略带白粉。栽培条件下不抽葶开花，用鳞茎分株繁殖。

分布与生境：原产亚洲西部，八大公山各地栽培。

用途：全草入药；全株可作蔬菜或调料。

火葱（变种）Allium cepa var. aggregatum

2. 藠头 Allium chinensnse G.Don

多年生草本。鳞茎数枚聚生，狭卵状；鳞茎外皮白色或带红色，膜质。叶圆柱状，中空。花葶侧生，下部被叶鞘；伞形花序近半球状；花淡紫色至暗紫色；花被片宽椭圆形至近圆形，顶端钝圆，内轮的稍长；子房倒卵球状，腹缝线基部具凹陷蜜穴。

分布与生境：原产我国华中一带，八大公山各地栽培。

用途：叶能入药；全株可作蔬菜。

藠头 Allium chinensnse

3. 葱 Allium fistulosum Linnaeus

多年生草本。鳞茎单生；鳞茎外皮白色，稀淡红褐色，膜质至薄革质，不裂。叶圆筒状，中空，向顶端渐狭。花葶中空，中部以下膨大，向顶端渐狭，被叶鞘；伞形花序球状，多花；花白色；花被片近卵形，先端渐尖，具反折的尖头，外轮的稍短；子房倒卵状，腹缝线基部具不明显的蜜穴。

分布与生境：原产西伯利亚，八大公山各地栽培。

用途：全草入药；嫩叶可作蔬菜。

葱 Allium fistulosum

4. 宽叶韭 Allium hookeri Thwaites

多年生草本。鳞茎具粗壮的根；鳞茎外皮白色，膜质。叶条形至宽条形，稀为倒披针状条形，比花葶短或近等长，具明显中脉。花葶下部被叶鞘；伞形花序近球状，多花；花白色，星芒状开展；花被片等长，披针形至条形；花丝等长，在最基部合生并与花被片贴生。

分布与生境：原产我国，八大公山各地栽培。

用途：全草入药；嫩叶可作蔬菜。

宽叶韭 Allium hookeri

5. 薤白 Allium macrostemon Bunge

多年生草本。鳞茎近球状，基部常具小鳞茎；鳞茎外皮带黑色，纸质或膜质。叶半圆柱状，或因背部纵棱发达而为三棱状半圆柱形，中空，上面具沟槽，比花葶短。花葶被叶鞘；伞形花序半球状至球状，具多而密集的花，或间具珠芽或有时全为珠芽；珠芽暗紫色，基部亦具小苞片；花淡紫色或淡红色；花被片矩圆状卵形至矩圆状披针形，子房近球状，腹缝线基部具有帘的凹陷蜜穴。花果期 5 ~ 7 月。

分布与生境：分布于八大公山海拔 200 ~ 1500 m 的山坡、路边、耕地或草地上。

用途：鳞茎入药；全草可作野菜。

薤白 Allium macrostemon

6. 卵叶山葱 Allium ovalifolium Handel-Mazzetti

多年生草本。鳞茎外皮黑褐色，破裂成纤维状，呈明显的网状。叶 2 片，披针状矩圆形至卵状矩圆形，先端渐尖或近短尾状，基部圆形至浅心形。花葶圆柱状，下部被叶鞘；总苞 2 裂，宿存，稀早落；伞形花序球状，具多而密集的花；花白色，内轮花被片先端钝或凹陷，或具不规则小齿。

分布与生境：分布于八大公山各地，生于海拔 1800 ~ 2100 m 的山坡林下或草丛中。

用途：全草入药；嫩叶可作野菜。

卵叶山葱 Allium ovalifolium

7. 蒜 Allium sativum Linnaeus

多年生草本。鳞茎球状至扁球状，通常由多数肉质、瓣状的小鳞茎紧密地排列而成，外面被数层白色至带紫色的膜质鳞茎外皮。叶宽条形至条状披针形，扁平，先端长渐尖。花葶实心，中部以下被叶鞘；伞形花序密具珠芽；花常为淡红色；花被片披针形至卵状披针形，内轮的较短；子房球状；花柱不伸出花被外。

分布与生境：原产亚洲西部或欧洲，八大公山各地栽培。

用途：鳞茎入药；全株可作蔬菜。

蒜 Allium sativum

8. 韭 Allium tuberosum Rottler ex Sprengel

多年生草本。鳞茎簇生；鳞茎外皮暗黄色至黄褐色，破裂成纤维状，呈网状或近网状。叶条形，扁平，实心，边缘平滑。花葶具 2 纵棱，下部被叶鞘；伞形花序半球状或近球状；花白色，内轮的矩圆状倒卵形，先端具短尖，矩圆状卵形至矩圆状披针形，先端具短尖头。

分布与生境：原产我国及亚洲东南部，八大公山各地栽培。

用途：种子入药；嫩叶、花序、种子可作蔬菜。

韭 Allium tuberosum

（二）石蒜属 Lycoris Herbert

多年生草本。具地下鳞茎，鳞茎近球形或卵形。叶带状。花茎单一，直立，实心；总苞片 2 枚，膜质；顶生一伞形花序，有花 4～8 朵；花白色、金黄、粉红至鲜红色；雄蕊 6 枚，着生于喉部；雌蕊 1 枚，子房下位，3 室，每室胚珠少数。蒴果通常具三棱，室背开裂。种子近球形，黑色。

20 种，我国有 15 种，湖南有 4 种，八大公山有 3 种。

分种检索表

1. 雄蕊比花被长 1/6 倍左右，花黄色 ………………………… **1. 忽地笑 L. aurea**
1. 雄蕊比花被长 1/3 ～ 1 倍，花鲜红色或稻草色。
 2. 雄蕊比花被长 1 倍左右；花鲜红色 ………………………… **2. 石蒜 L. radiata**
 2. 雄蕊比花被长 1/3 左右；花稻草色 ………………………… **3. 湖南石蒜 L. × hunanensis**

1. 忽地笑 Lycoris aurea (L' Héritier) Herbert

多年生草本。鳞茎卵形。秋季出叶，叶剑形，顶端渐尖，中间淡色带明显。花茎高约 60 cm；伞形花序有花 4～8 朵，花黄色。蒴果具三棱。花期 8～9 月，果期 10 月。

分布与生境：分布于八大公山海拔 200～1000 m 的山坡和溪沟边石缝中。

用途：鳞茎入药；花供观赏。

忽地笑 Lycoris aurea

2. 石蒜 Lycoris radiata (L' Héritier) Herbert

多年生草本。鳞茎近球形。秋季出叶，叶狭带状，顶端钝，深绿色，中间有粉绿色带。总苞片 2 枚，披针形；伞形花序有花 4 ~ 7 朵，花鲜红色；花被裂片狭倒披针形，强度皱缩和反卷，花被筒绿色；雄蕊显著伸出于花被外。花期 8 ~ 9 月，果期 10 月。

分布与生境：分布于八大公山各地，生于海拔 200 ~ 600 m 的山坡林下阴湿处和溪沟边的石缝中。

用途：鳞茎入药；花供观赏。

石蒜 Lycoris radiata

3. 湖南石蒜 Lycoris × hunanensis M.H.Quan, L.J.Ou & C.W.She

多年生草本。鳞茎近球形。秋季出叶，叶带状，顶端钝，绿色，中间淡色带明显。总苞片 2 枚，披针形，伞形花序有花 5 ~ 7 朵，花稻草色，花被裂片倒披针形，强度反卷和皱缩，雄蕊明显伸出于花被外，比花被长 1/3。花期 8 月。

分布与生境：分布于八大公山各地，生于海拔 200 ~ 800 m 的溪边林下石缝处。

用途：花供观赏。

湖南石蒜 Lycoris × hunanensis

二十七、天门冬科 Asparagaceae

草本、灌木或攀缘植物，具根状茎和稍肉质的根，有时有纺锤状的块根。叶互生，螺旋状排列，全缘，或叶退化，小枝近叶状，称叶状枝，扁平、锐三棱形或近圆柱形而有几条棱或槽，常多枚成簇，叶退化成鳞片伏，基部多少延伸成距或刺。花小，每 1 ~ 4 朵腋生或多朵排成总状花序或伞形花序，两性或单性，有时杂性，花梗一般有关节。花被片 6，常分离，花瓣状。浆果较小，球形，基部有宿存的花被片。

153 属 2500 种，我国有 25 属 258 种，湖南有 15 属 53 种，八大公山有 12 属 32 种。

分属检索表

1. 叶退化为极不明显的鳞片状，茎具绿色扁平的叶状枝…………………………**1. 天门冬属 Asparagus**
1. 茎生叶为正常叶，茎上绝无绿色扁平的叶状枝。
  2. 果实在未成熟前，已作不整齐开裂，露出幼嫩的种子，成熟种子为小核果状。
    3. 叶脉褶扇状，花被具副花冠…………………………………………………**9. 球子草属 Peliosanthes**
    3. 叶脉在叶面平，花被无副花冠。
      4. 花近直立；子房上位……………………………………………………………**6. 山麦冬属 Liriope**
      4. 花多少俯垂，子房半下位……………………………………………………**8. 沿阶草属 Ophiopogon**
  2. 浆果或蒴果，成熟前决不开裂，成熟种子也不为小核果状。
    5. 果实为蒴果。
      6. 叶宽大，心状卵形至倒卵状长圆形……………………………………………**5. 玉簪属 Hosta**
      6. 叶带状或条形，禾叶形…………………………………………………………**3. 绵枣儿属 Barnardia**
    5. 果实为浆果或浆果状。
      7. 叶多枚，基生或近基生，茎极短，茎生叶不发达。
        8. 花单朵，坛状，直接从根状茎抽出，花接近地面………………**2. 蜘蛛抱蛋属 Aspidistra**
        8. 花排成种种花序，通常从叶丛抽出，高举于地面之上。
          9. 花被片仅基部合生，花柱明显……………………………………**11. 吉祥草属 Reineckea**
          9. 花被片下部合生较多，花柱近不存在………………………………**12. 万年青属 Rohdea**
      7. 茎生叶发达。
        10. 花或花序腋生。
          11. 花被没有副花冠，雄蕊贴生于花被筒上 ……………………**10. 黄精属 Polygonatum**
          11. 花被有副花冠，雄蕊生于副花冠上 ……………………………**4. 竹根七属 Disporopsis**
        10. 花或花序顶生 ……………………………………………………………**7. 舞鹤草属 Maianthemum**

（一）天门冬属 Asparagus Linnaeus

多年生草本。茎直立或攀缘，具根状茎和稍肉质的根，有时有纺锤状的块根。小枝近叶状，称叶状枝，扁平、锐三棱形或近圆柱形而有几条棱或槽，常多枚成簇，叶退化成鳞片伏，基部多少延伸成距或刺。花小，每 1 ~ 4 朵腋生或多朵排成总状花序或伞形花序，两性或单性，有时杂性，花梗一般有关节。浆果较小，球形，基部有宿存的花被片。

160 ~ 300 种，我国有 31 种，湖南有 4 种，八大公山有 3 种。

分种检索表

1. 花梗长 8 ~ 20 mm ………………………………………………………… **2. 羊齿天门冬 A. filicinus**
1. 花梗长 1 ~ 6 mm。
   2. 植株直立，有时上部攀缘状；茎上无硬刺…………………………… **3. 短梗天门冬 A. lycopodineus**
   2. 植株攀缘或披散状，茎上具硬刺……………………………………… **1. 天门冬 A. cochinchinensis**

1. 天门冬 Asparagus cochinchinensis (Loureiro) Merrill

多年生草本。根在中部或近末端成纺锤状膨大。茎平滑，常弯曲或扭曲，分枝具棱或狭翅。叶状枝通常成簇，扁平或中脉龙骨状而略呈锐三棱形，稍镰刀状；茎上的鳞片状叶基部延伸为硬刺，在分枝上的刺较三或不明显。花通常腋生，淡绿色。浆果熟时红色。

分布与生境：分布于八大公山海拔 200 ~ 1500 m 的山坡林下。

用途：块根入药；全株供观赏。

天门冬 Asparagus cochinchinensis

2. 羊齿天门冬 Asparagus filicinus D.Don

多年生草本。茎直立，根成簇，成纺锤状膨大。茎近平滑，分枝通常有棱，有时稍具软骨质齿。叶状枝成簇，扁平，镰刀状，有中脉；鳞片状叶基部无刺。花淡绿色，有时稍带紫色。浆果。

分布与生境：分布于八大公山斗篷山，生于海拔 1500 ~ 1900 m 的山坡林下。

用途：块根入药；庭院观赏。

羊齿天门冬 Asparagus filicinus

3. 短梗天门冬 Asparagus lycopodineus (Baker) F.T. Wang & Tang

多年生草本。茎直立，先端稍下顷，根通常成纺锤状膨大，较少近于不膨大。茎平滑或略有条纹，上部有时具翅，分枝全部有翅。叶状枝通常成簇，扁平，镰刀状，有中脉；鳞片状叶基部近无距。花白色。浆果成熟后黑色。

分布与生境：分布于八大公山各地，生于海拔 600 m 以下的林下。

用途：块根入药；全株供观赏。

短梗天门冬 Asparagus lycopodineus

（二）蜘蛛抱蛋属 Aspidistra Ker Gawler

多年生常绿草本；根状茎横走。叶单生或 2 ~ 4 枚簇生于根状茎上，从卵形至带状；叶柄明显或不明显，基部有 3 ~ 4 枚叶鞘，叶鞘通常紫褐色。花单生于总花梗顶端；花被钟状或坛状，肉质，紫色或带紫色，少有带黄色，顶端通常 6 ~ 8 裂，少有 4 裂或 10 裂；柱头多数 呈盾状膨大，裂或不裂。浆果。

55 种，我国有 49 种，湖南有 7 种，八大公山有 2 种。

分种检索表

1. 柱头 8 深裂……………………………………………………………… **1. 凤凰蜘蛛抱蛋 A. fenghuangensis**
1. 柱头 8 浅裂…………………………………………………………………… **2. 四川蜘蛛抱蛋 A. sichuanensis**

1. 凤凰蜘蛛抱蛋 Aspidistra fenghuangensis K. Y. Lang

多年生草本。叶片矩圆状披针形、披针形至近椭圆形，边缘多少皱波状。总花梗长 0.5 ~ 2.0 cm，苞片 3 ~ 4 枚，其中 2 枚位于花的基部，宽卵形，花被钟状，外面带紫色或暗紫色，内面下部淡紫色或深紫色，花被筒裂片近三角形，向外扩展或外弯，柱头盾状膨大，圆形，上面具（3）4 深裂，裂片先端微凹，边缘常向上反卷。

分布与生境：分布于八大公山各地，生于海拔 200 ~ 500 m 的山坡密林下。

用途：根状茎入药；全株供观赏。

凤凰蜘蛛抱蛋 Aspidistra fenghuangensis

2. 四川蜘蛛抱蛋 Aspidistra sichuanensis K. Y. Lang et Z. Y. Zhu

多年生草本。根状茎具节和鳞片。叶单生，矩圆状披针形；花被近钟状；花被筒内面褐紫色，裂片矩圆状三角形，先端钝，向外扩展，内面淡橙绿色或带紫色，具明显或不明显的脊状隆起和多数小乳突。柱头 8 浅裂。果皮平滑。

分布与生境：分布于八大公山海拔 200 ~ 800 m 的山坡林下。

用途：根状茎入药；全株供观赏。

四川蜘蛛抱蛋 Aspidistra sichuanensis

（三）绵枣儿属 **Barnardia** Lindley

多年生草本。鳞茎具膜质鳞茎皮。叶基生，条形或卵形。花葶不分枝，直立，具总状花序，花梗有关节，花被片 6，离生或基部稍合生，子房 3 室，花柱丝状，柱头很小。蒴果室背开裂，近球形或倒卵形。

约 80 种，我国有 1 种，该种八大公山有分布。

1. 绵枣儿 Barnardia japonica (Thunberg) Schultes & J. H. Schultes

多年生草本。具卵形或近球形鳞茎，鳞茎皮黑褐色。基生叶狭带状。花葶比叶长；总状花序，花紫红色、粉红色至白色，在花梗顶端脱落，花被片近椭圆形、倒卵形或狭椭圆形，基部稍合生而成盘状，先端钝而且增厚。蒴果近倒卵形。种子黑色，矩圆状狭倒卵形。

绵枣儿 Barnardia japonica

分布与生境：分布于八大公山海拔 200 ~ 700 m 的山坡林缘、灌丛地中。

用途：全草入药。

（四）竹根七属 **Disporopsis** Hance

多年生草本。根状茎肉质，圆柱状或链珠伏，横走。茎直立，无毛。叶互生，具弧形脉，有短柄，通常下延。花两性，1 至数簇生叶腋下部，通常俯垂；花梗在顶端具关节，花被片下部合生成筒，上部离生，副花冠裂片 6，花柱短，柱头头状。浆果。

约 4 种，我国全产，湖南有 3 种，八大公山有 2 种。

分种检索表

1. 根状茎连珠状，花较大……………………………………………………………… **1. 竹根七 D. fuscopicta**
1. 根状茎圆柱状；花较小…………………………………………………………… **2. 深裂竹根七 D. pernyi**

1. 竹根七 **Disporopsis fuscopicta** Hance

多年生草本。根状茎链珠状。叶纸质，卵形、椭圆形或矩圆状披针形，先端渐尖，基部钝、宽楔形或稍心形，具柄。花生于叶腋，白色，内带紫色，稍俯垂；花被钟形；花被筒口部不缢缩，裂片近矩圆形；副花冠裂片膜质，与花被裂片互生，卵状披针形。浆果近球形。

分布与生境：分布于八大公山各地，生于海拔 1000 m 以下的山坡密林下。

用途：根茎入药。

竹根七 Disporopsis fuscopicta

2. 深裂竹根七 Disporopsis pernyi (Hua) Diels

多年生草本。根状茎圆柱状。叶纸质，披针形、椭圆形或近卵形，（5 ~ 13）cm ×（1.2 ~ 6.0）cm，先端渐尖或近尾戈状，基部圆形或钝。花 1 ~ 2（3）朵生于叶腋，白色；花被钟形，花被筒长约为花被的 1/3 或略长，口部不缢缩，裂片近矩圆形；副花冠裂片膜质，与花被裂片对生，先端为程度不同的 2 深裂。浆果近球形，熟时暗紫色，具 1 ~ 3 颗种子。花期 4 ~ 5 月，果期 11 ~ 12 月。

分布与生境：分布于八大公山各地，生于海拔 1000 m 以下的山坡密林下。

用途：根状茎及全草入药。

深裂竹根七 Disporopsis pernyi

（五）玉簪属 Hosta Trattinnick

多年生草本。具粗短的根状茎，有时有走茎。叶基生，具弧形脉和纤细的横脉，叶柄长。花葶从叶丛中央抽出，常生有 1 ~ 3 片苞片状叶，顶端具总状花序，花通常单生，极少 2 ~ 3 朵簇生，常平展，具苞片，花被近漏斗状，下半部窄管状，上半部近钟状，6 裂片，雄蕊 6，子房 3 室。蒴果近圆柱状。种子多数，黑色，有扁平的翅。

45 种，我国有 4 种，湖南有 2 种，八大公山均有。

分种检索表

1. 花白色……………………………………………………………… **1. 玉簪 H. plantaginea**
1. 花紫色……………………………………………………………… **2. 紫萼 H. ventricosa**

1. 玉簪 Hosta plantaginea (Lamarck) Ascherson

多年生草本。根状茎粗厚。叶卵状心形、卵形或卵圆形，先端近渐尖，基部心形，具 6 ~ 10 对侧脉。花葶具几朵至十几朵花；花的外苞片卵形或披针形，花单生或簇生，白色，芬香，雄蕊与花被近等长或略短。蒴果圆柱状，有三棱。

分布与生境：原产我国，八大公山各地栽培。

用途：花、叶、根入药；叶可作食品包装材料；庭院观赏。

玉簪 Hosta plantaginea

2. 紫萼 Hosta ventricosa (Salisbury) Stearn

多年生草本。叶卵状心形、卵形至卵圆形，先端通常近短尾状骤尖，基部心形或近截形，极少

紫萼 Hosta ventricosa

叶片基部下延而略呈楔形，具侧脉。苞片矩圆状披针形，花单生，开时从花被管向上骤然作近漏斗状扩大，淡紫色，雄蕊伸出花被之外，完全离生。蒴果圆柱状，有三棱。

分布与生境：分布于八大公山海拔 1100 ~ 1500 m 的山坡林下、林缘。

用途：全草入药；庭院观赏。

（六）山麦冬属 Liriope Loureiro

多年生草本。根状茎根短，有的具地下匍匐茎，根细长，有时近末端呈纺锤状膨大，茎很短。叶基生，密集成丛，禾叶状，基部常为具膜质边缘的鞘所包裹。花葶从叶丛小央抽出，通常较长，总状花序，花簇生于苞片内，花被片 6，分离，雄蕊 6 枚，花柱三棱柱形。果实在发育的早期外果皮即破裂，浆果状，球形，早期绿色，成熟后暗蓝色。

8 种，我国有 6 种，湖南有 6 种，八大公山有 2 种。

分种检索表

1. 无地下走茎，叶宽 8 ～ 22 mm …………………………………………… **1. 短莛山麦冬 L. muscari**
1. 具地下走茎，叶宽 5 ～ 8 mm ……………………………………………………… **2. 山麦冬 L. spicata**

1. 短莛山麦冬 Liriope muscari (Decaisne) L. H. Bailey

多年生草本。根细长，分枝多，有时局部膨大成纺锤形的小块根，肉质；根状茎短，木质。叶密集成丛，革质，先端急尖或钝，基部渐狭，有明显的横脉。花葶通常长于叶；总状花序具多花；花被片矩圆状披针形或近矩圆形，先端钝，紫色或红紫色。

分布与生境：分布于八大公山各地，生于海拔 800 ~ 1200 m 的山坡或沟谷林下。

用途：块根入药；全株供观赏。

短莛山麦冬 Liriope muscari

2. 山麦冬 Liriope spicata (Thunberg) Loureiro

多年生草本。植株有时丛生；根近末端处常膨大成矩圆形、椭圆形或纺锤形的肉质小块根；根状茎短，木质，具地下走茎。叶先端急尖或钝，基部常包以褐色的叶鞘，上面深绿色，背面粉绿色，中脉较明显，边缘具细锯齿。总状花序具多数花；花被片矩圆形、矩圆状披针形，先端钝圆，淡紫色或淡蓝色。

分布与生境：分布于八大公山各地，生于海拔 500 ~ 1800 m 的山坡或沟谷林下。

用途：块根入药；全株供观赏。

山麦冬 Liriope spicata

（七）舞鹤草属 Maianthemum F. H. Wiggers

多年生草本；根茎匍匐状；茎单生，上部生叶，下部有鳞片；叶互生，几无柄；花小，两性或单性，可雌雄异株，总状或圆锥花序，花被片 6，离生或不同程度的合生；雄蕊 4 或 6 枚，子房 3 室，每室胚珠 1 ~ 2；浆果球形。

35 种，我国有 19 种，湖南有 6 种，八大公山有 3 种。

分种检索表

1. 花被片合生，筒状…………………………………………………………… **1. 管花鹿药 M. henryi**

1. 花被片离生。

  2. 植株有毛…………………………………………………………………… **2. 鹿药 M. japonicum**

  2. 植株无毛………………………………………………………………… **3. 窄瓣鹿药 M. tatsienense**

1. 管花鹿药 Maianthemum henryi (Baker) LaFrankie

多年生草本。具根状茎。茎中部以上有短硬毛，稀无毛。叶纸质，椭圆形、卵形或矩圆形，先端渐尖或具短尖，两面有伏毛或近无毛，基部具短柄或风无柄。花淡黄色驱遣带紫褐色，单生，通常排成总状花序，有时成圆锥花序。花被高脚碟状，裂片开展。浆果球形，未成熟时绿色而带紫斑点，熟时红色。

分布与生境：分布于八大公山天平山，生于海拔 1200 ~ 1500 m 的山坡林下。

用途：根及根茎入药。

管花鹿药 Maianthemum henryi

2. 鹿药 Maianthemum japonicum (A. Gray) LaFrankie

多年生草本。根状茎横走。叶纸质，卵状椭圆形或矩圆形，先端近短尖，两面疏生粗毛或近无毛。

鹿药 Maianthemum japonicum

圆锥花序有毛，花单生，白色；花被片分离或仅基部稍合生，矩圆形或矩圆状倒卵形。浆果近球形，熟时红色。

分布与生境：分布于八大公山各地，海拔 1400 ~ 1900 m 的山坡林下。

用途：根及根茎入药。

3. 窄瓣鹿药 Maianthemum tatsienense (Franchet)LaFrankie

多年生草本。根状茎近块状或有结节状膨大。茎无毛，具叶。叶纸质，卵形或近椭圆形，先端渐尖，基部圆形。通常为圆锥花序，花单生，淡绿色，花被片仅基部合生，窄披针形；浆果近球形，熟时红色。

分布与生境：分布于八大公山斗篷山，生于海拔 1400 m 以上的山坡林下。

用途：根及根茎入药。

窄瓣鹿药 Maianthemum tatsienense

（八）沿阶草属 Ophiopogon Ker Gawler

多年生草本。根细而多，近末端膨大成小块根，根状茎通常很短，不明显，少数长而木质，有时具细长的地下匍匐茎，茎常为叶鞘所包。叶基生，成丛成散生于茎上，禾叶状，少为椭圆形，没有明显的叶柄。总状花序生于花葶顶端，花单生成 2 ~ 7 朵簇生。果实在发育早期外果皮即破裂而露出种子。种子浆果状，球形，成熟后常呈暗蓝色。

65 余种，我国有 47 种，湖南有 14 种，八大公山有 7 种。

分种检索表

1. 叶矩圆形至倒披针形，但决不为禾叶状或剑形，有明显的叶柄。
  2. 花梗关节位于近顶端，即近花被基部处……………………………………**3. 棒叶沿阶草 O. clavatus**
  2. 花梗关节位于近中部或中部以下…………………………………………**4. 异药沿阶草 O. heterandrus**
1. 叶多少禾叶状或剑形，基部渐狭成不明显的柄或无柄。
  3. 植物有明显茎。
    4. 花药分离；花被开放后顶端不外卷………………………………………**7. 西南沿阶草 O. mairei**

4. 花药联合，或后期分离；花被在花开放后顶端常外卷……………… **2. 连药沿阶草 O. bockianus**

3. 茎很短，根状茎不明显，多数具块根。

5. 无横生细长的地下茎………………………………………………… **5. 间型沿阶草 O. intermedius**

5. 有横生细长的地下茎。

6. 花葶通常稍短于叶或近等长………………………………………… **1. 沿阶草 O. bodinieri**

6. 花葶通常比叶短的多，极少例外………………………………………… **6. 麦冬 O. japonicus**

1. 沿阶草 Ophiopogon bodinieri H. Léveillé

多年生草本。地下走茎长。茎很短。叶基生成丛，禾叶状。花葶较叶稍短或几等长，总状花序；花常单生或 2 朵簇生于苞片腋内，花被片卵状披针形、披针形或近矩圆形，白色或稍带紫色；花药狭披针形，常呈绿黄色。种子近球形或椭圆形。

分布与生境：分布于八大公山各地，生于海拔 200 ~ 1600 m 的山坡林下或林缘。

用途：块根入药；全株供观赏。

沿阶草 Ophiopogon bodinieri

2. 连药沿阶草 Ophiopogon bockianus Diels

多年生草本。根末端有时膨大成纺锤形小块根。茎较短，叶丛生，多少呈剑形，［20 ~ 30（80）］cm ×［（7）14 ~ 22］mm，背面粉绿色，具多数脉，边缘具细齿。总状花序长 5 ~ 14 cm，具 10 余朵至多数花，花每 2 朵着生于苞片腋内，苞片披针形，花梗节位于中部以下，花被片卵形，先端常向外卷，淡紫色，花丝很短，几不明显，花药卵形，连合成短圆锥形。种子椭圆形或近球形。花期 6 ~ 7 月，果期 8 月。

分布与生境：分布于八大公山海拔 200 ~ 800 m 的山坡林下。

用途：块茎入药；庭院观赏。

连药沿阶草 Ophiopogon bockianus

3. 棒叶沿阶草 Ophiopogon clavatus C. H. Wright ex Oliver

植株由地下细长的走茎相连接。茎短。叶基生成丛，狭矩圆状倒披针形，（5 ~ 12）cm ×（5 ~ 13）mm，先端钝或钝圆，基部渐狭成叶柄，上面绿色，背面粉绿色，具 5 ~ 7 条明显的脉。总状花序具 1 ~ 3（4）朵花，苞片卵形，边缘膜质，花梗关节位于近顶端，花被片矩圆形，白色稍带淡紫色，开花时花被片不向外张开，花丝明显。种子椭圆形，长约 8 mm，绿色，成熟时呈深蓝色。花期 5 ~ 6 月。

分布与生境：分布于八大公山天平山，生于海拔 1400 ~ 1600 m 山谷的密林下或水边。

用途：庭院观赏。

棒叶沿阶草 Ophiopogon clavatus

4. 异药沿阶草 Ophiopogon heterandrus F. T. Wang & L. K. Dai

多年生草本。根细长，生于茎下部的每个叶簇下。茎细，匍匐，节上生灰白色膜质的鞘，每隔几节生叶。叶簇生，矩圆形至狭矩圆形，先端急尖，基部渐狭。总状花序生于茎先端叶簇中。花单生于苞片腋内。苞片披针形；花被片三角状披针形，白色，开花时向外卷。花期 7 月。

分布与生境：分布于八大公山海拔 200 ~ 1200 m 的山坡林下阴湿处。

用途：块根入药；全株供观赏。

异药沿阶草 Ophiopogon heterandrus

5. 间型沿阶草 Ophiopogon intermedius D. Don

多年生草本。叶基生成丛，禾叶状，背面中脉明显隆起，边缘具细齿；总状花序；花常单生或 2 ~ 3 朵簇生于苞片腋内；苞片钻形或披针形；花被片矩圆形，先端钝圆，白色或淡紫色；花丝极短；花药条状狭卵形；花柱细。种子椭圆形。

分布与生境：分布于八大公山各地，生于海拔 200 ~ 800 m 的山坡林下。

用途：块根入药；庭院观赏。

6. 麦冬 Ophiopogon japonicus (Linnaeus f.) Ker Gawler

多年生草本。根较粗，中间或近末端常膨大成椭圆形或纺锤形的小块根；小块根淡褐黄色；地下走茎细长，节上具膜质的鞘。茎很短，叶基生成丛，禾叶状，边缘具细锯齿。花葶通常比叶短很多；总状花序；花单生或成对着生于苞片腋内，花被片常稍下垂而不展开，披针形，白色或淡紫色。

分布与生境：分布于八大公山各地，生于海拔 200 ~ 1600 m 以下的山坡、林下、溪旁。

用途：块根入药；全株供观赏。

间型沿阶草 Ophiopogon intermedius

麦冬 Ophiopogon japonicus

7. 西南沿阶草 Ophiopogon mairei H. Léveillé

多年生草本。茎较短或中等长，每年稍延长，老茎上叶枯萎后残留叶鞘撕裂成的纤维，并生根，形如根状茎。叶丛生，近禾叶状或稍带剑形，上面绿色，背面粉绿色，边缘具细齿。花葶较叶短很多；总状花序，密生许多花；花被片卵形，白色或蓝色；花药卵形。种子椭圆形或卵圆形，蓝灰色。

分布与生境：分布于八大公山各地，生于海拔 200 ~ 1700 m 的山坡溪沟岩石边。

用途：块根入药；庭院观赏。

西南沿阶草 Ophiopogon mairei

（九）球子草属 Peliosanthes Andrews

多年生草本。叶 2～5 枚，基生，具褶扇状主脉 5～7 条，横脉明显。总状花序通常短于叶片，花单生或 2～5 朵簇生于一枚苞片腋内，花被片下部合生成筒，上部离生，裂片 6，花丝短，合生成肉质内弯的环，花柱短，柱头短 3 裂。蒴果具 1～3 颗具肉质外种皮，蓝绿色或绿色，发育后迅速推出果皮顶部，貌似浆果。

16 种，我国有 6 种，湖南有 1 种，该种八大公山有分布。

1. 大盖球子草 Peliosanthes macrostegia Hance

大盖球子草 Peliosanthes macrostegia

多年生草本。叶 2 ~ 5 枚，披针状狭椭圆形。总状花序，花紫色，花被筒短，部分与子房合生，裂片三角状卵形，花丝合生的肉质环，顶端波状，花柱粗短，柱头三裂。种子近圆形，种皮肉质，蓝绿色。花期 4 ~ 6 月，果期 7 ~ 9 月。

分布与生境：分布于八大公山各地，生于海拔 200 ~ 400 m 的山坡密林下。

用途：根状茎及根入药；庭院观赏。

（十）黄精属 **Polygonatum** Miller

多年生草本。具肥厚、圆柱形或姜状根状茎。茎不分枝，基部具膜质的稍，直立，或上端向一侧弯拱而叶偏向另一侧（某些具互生叶的种类），或上部有时作攀缘状。叶互生、对生或轮生，全缘。花生叶腋间，通常集生似成伞形、伞房或总伏花序；花被片 6，下部合生成筒，雄蕊 6，内藏。浆果近球形。

60 种，我国有 39 种，湖南有 6 种，八大公山有 5 种。

分种检索表

1. 花被长 15 ~ 30 mm。
  2. 植株常绿……………………………………………………………… **3. 湘黄精 P. hunanense**
  2. 植株冬季枯萎。
    3. 根状茎圆柱状……………………………………………………………… **4. 玉竹 P. odoratum**
    3. 根状茎姜状。
      4. 叶下面有短毛；总花梗细长，长 3 ~ 8 cm ……………………………… **2. 长梗黄精 P. filipes**
      4. 叶下面无毛，总花梗较粗短，长 1 ~ 4 cm ……………………… **1. 多花黄精 P. cyrtonema**
1. 花被长 6 ~ 12 mm ……………………………………………**5. 湖北黄精 P. zanlanscianense**

1. 多花黄精 **Polygonatum cyrtonema** Hua

多年生草本。根状茎肥厚，通常连珠状或结节成块，少有近圆柱形。叶互生，椭圆形、卵状披针形于矩圆状披针形，少有稍作镰状弯曲，先端尖至渐尖。花被黄绿色。浆果黑色。花期 5 ~ 6 月，果期 8 ~ 10 月。

分布与生境：分布于八大公山海拔 1500 m 以下的山坡林下。

用途：根状茎入药；庭院观赏。

2. 长梗黄精 **Polygonatum filipes** Merrill ex C. Jeffrey & McEwan

多年生草本。根状茎连珠状或有时“节间”稍长。叶互生，矩圆状披针形至椭圆形，先端尖至渐尖，下面脉上有短毛。花被淡黄绿色，筒内花丝贴生部分稍具短绵毛。浆果。

分布与生境：分布于八大公山海拔 1000 ~ 1500 m 的山坡林下。

用途：根茎入药。

多花黄精 Polygonatum cyrtonema

长梗黄精 Polygonatum filipes

3. 湘黄精 Polygonatum hunanense H.H.Liu&B.Z.Wang

多年生草本。根状茎链珠状或姜块状，肥厚。茎直立或上部多少有些攀缘。叶轮生，叶形变异大，椭圆形、矩圆状披针形、披针形至条形，先端拳卷至稍弯曲。花被白色或淡黄绿色或淡紫色，花被筒近喉部稍缢缩。浆果紫红色或黑色。

分布与生境：分布于八大公山海拔 1500 m 以下的山坡林下。

用途：根茎入药；庭院观赏。

湘黄精 Polygonatum hunanense

4. 玉竹 Polygonatum odoratum (Miller) Druce

多年生草本。根状茎圆柱形。叶互生，椭圆形至卵状矩圆形，先端尖，下面带灰白色，下面脉上平滑至呈乳头状粗糙。花被黄绿色至白色，花被筒较直。浆果蓝黑色。

分布与生境：分布于八大公山海拔 1000 m 以下的山坡林缘，也有栽培。

用途：根茎入药。

玉竹 Polygonatum odoratum

5. 湖北黄精 Polygonatum zanlanscianense Pampanini

多年生草本。根状茎连珠状或姜块状，肥厚。茎直立或上部多少有些攀缘。叶轮生，叶形变异大，椭圆形、矩圆状披针形、披针形至条形，先端拳卷至稍弯曲。花被白色或淡黄绿色或淡紫色，花被筒近喉部稍缢缩。浆果紫红色或黑色。

分布与生境：分布于八大公山海拔 1500 m 以下的山坡林下。

用途：根茎入药；庭院观赏。

湖北黄精 Polygonatum zanlanscianense

（十一）吉祥草属 Reineckea Kunth

多年生草本。茎蔓延于地面，逐年向前延长或发出新枝，每节上有一残存的叶鞘。叶条形至披针形，先端渐尖，向下渐狭成柄，深绿色。穗状花序；花芳香，粉红色；花被片 6，雄蕊 6，子房上位，3 室。浆果熟时鲜红色。

本属仅 1 种，分布于我国及日本，八大公山有分布。

1. 吉祥草 Reineckea carnea (Andrews) Kunth

特征见吉祥草属的描述。

吉祥草 Reineckea carnea

分布与生境：分布于八大公山海拔 1600 m 以下的山坡林下。

用途：全草入药；全株供观赏。

（十二）万年青属 Rohdea Roth

多年生草本。根状茎粗厚，根较粗，并密生白色绵毛。叶通常基生或聚生于短茎上，窄椭圆形至带形，下部渐狭成柄或柄不明显，基部扩展，抱茎。花葶由叶丛中抽出，侧生，直立或外弯，基部有鞘叶；穗状花序具密集的花；苞片全缘或为流苏状；花被钟状或圆筒状，中部或上部 6 裂。浆果。

30 种，我国有 22 种，湖南有 5 种，八大公山有 3 种。

分种检索表

1. 花被裂片占花被筒的一半左右，内折展开或弯曲。
  2. 雄蕊长 2 ~ 3 mm，花柱不明显 ……………………………………………… **1. 开口箭 R. chinensis**
  2. 雄蕊长 5 mm 以上，花柱明显，长 2 ~ 5 mm …………………………… **2. 筒花开口箭 R. delavayi**
1. 花被裂片小，不明显，内折……………………………………………………………… **3. 万年青 R. japonica**

1. 开口箭 Rohdea chinensis (Baker) N.Tanaka

多年生草本。根状茎多节，绿色至黄色。叶基生，近革质或纸质，倒披针形、条状披针形、条形或矩圆状披针形，先端渐尖，基部渐狭；鞘叶 2 枚，披针形或矩圆形。穗状花序直立，少有弯曲，密生多花；花短钟状；花被筒裂片卵形，先端渐尖，肉质，黄色或黄绿色；浆果球形，熟时紫红色。

分布与生境：分布于八大公山海拔 1000 ~ 2400 m 的山坡林下。

用途：根茎入药；庭院观赏。

开口箭 Rohdea chinensis

2. 筒花开口箭 Campylandra delavayi (Franchet) M. N. Tamura et al.

多年生草本。根状茎淡褐色。叶基生，纸质或近革质，矩圆形或长椭圆形，先端急尖或渐尖，基部渐狭成明显或不明显的柄，边缘微波状；穗状花序密生多花；花筒状钟形，黄色，肉质；浆果近球形，紫红色。

分布与生境：分布于八大公山各地，生于海拔 500 ~ 1700 m 的山坡沟谷。

用途：根茎入药；全株供观赏。

筒花开口箭 Campylandra delavayi

3. 万年青 Rohdea japonica (Thunberg) Roth

多年生草本。具粗根状茎。叶近两列套叠，厚纸质，矩圆形、披针形或倒披针形，先端急尖，基部稍狭，绿色，纵脉明显浮凸；鞘叶披针形。花葶短于叶；穗状花序具几十朵宽密集的花；苞片卵形，膜质；花被球状钟形，6 裂，淡黄色，裂片厚；雄蕊 6，子房球形，3 室。浆果熟时红色。

分布与生境：原产我国及日本，八大公山各地栽培。

用途：根及根茎入药；庭院观赏。

万年青 Rohdea japonica

二十八、棕榈科 Arecaceae

灌木或乔木。茎通常不分枝，单生或丛生。叶互生，羽状或掌状分裂。花小，单性或两性；雌雄同株或异株，佛焰花序（或肉穗花序）分枝或不分枝；花萼和花瓣各 3 片，离生或合生；雄蕊通常 6 枚，2 轮排列；退化雄蕊通常存在或稀缺；子房 1 ~ 3 室或 3 个心皮离生或于基部合生；每个心皮内有 1 ~ 2 个胚珠。果实为核果或硬浆果。种子通常 1 个。

183 属 2450 种，我国有 18 属 77 种，湖南连栽培有 4 属 6 种，八大公山有 1 属 1 种。

（一）棕榈属 Trachycarpus H. Wendland

乔木状或灌木状。叶片呈半圆或近圆形，掌状分裂成许多具单折的裂片。花雌雄异株，雌雄花序相似，佛焰苞数个，雄花雄蕊 6 枚，花丝分离，雌花雄蕊的花药不育，心皮 3，分离，有毛。果实阔肾形或长圆状椭圆形。种子形如果实。

8 种，我国有 3 种，湖南有 1 种，八大公山也有分布。

1. 棕榈 Trachycarpus fortunei (Hooker) H. Wendland

常绿乔木状。树干圆柱形。花序粗壮，多次分枝，从叶腋抽出，通常是雌雄异株。果实阔肾形，成熟时由黄色变为淡蓝色，有白粉。花期 4 ~ 7 月，果期 12 月。

分布与生境：分布于八大公山各地，生于海拔 200 ~ 800 m 的山坡林中，亦有栽培。

用途：棕皮及叶柄、果实、叶、花、根等均可入药；纤维植物；庭院观赏。

棕榈 Trachycarpus fortunei

二十九、鸭跖草科 Commelinaceae

一年生或多年生草本。茎肉质，有明显的节和节间。叶互生，具叶鞘。花通常在蝎尾状聚伞花序上，聚伞花序单生或集成圆锥花序，两性，萼片 3，常为舟状或龙骨状，花瓣 3，分离，雄蕊 6，子房 3 室，或退化为 2 室。果实多蒴果，稀为浆果状而不裂。

40 属 650 种，我国有 15 属 59 种，湖南有 8 属 12 种，八大公山有 5 属 7 种。

分属检索表

1. 藤状或蔓生草本。
  2. 叶心形……………………………………………………………………… **5. 竹叶子属 Streptolirion**
  2. 叶椭圆形……………………………………………………………… **4. 竹叶吉祥草属 Spatholirion**
1. 直立或匍匐草本。
  4. 果为浆果状，不裂…………………………………………………………… **3. 杜若属 Pollia**
  4. 果为开裂蒴果。
    5. 总苞片佛焰苞状……………………………………………………**1. 鸭跖草属 Commelina**
    5. 无总苞片……………………………………………………………**2. 水竹叶属 Murdannia**

（一）鸭跖草属 **Commelina** Linnaeus

一年生或多年生草本。茎上升或匍匐生根，通常具分枝。蝎尾状聚伞花序藏于佛焰苞状总苞片内，总苞片漏斗状或僧帽状，萼片 3 枚，膜质，内方 2 枚基部常合生，花瓣 3，蓝色，其中内方 (前方)2 枚较大，明显具爪，能育雄蕊 3 枚，子房无柄，无毛，3 或 2 室，背面一室含 1 颗胚珠。蒴果藏于总苞片内。

170 种，我国有 8 种，湖南有 2 种，八大公山全产。

分种检索表

1. 佛焰苞因下缘连合而成漏斗状或风帽状…………………………… **1. 饭包草 C. benghalensis**
1. 佛焰苞边缘分离……………………………………………………… **2. 鸭跖草 C. communis**

1. 饭包草 Commelina benghalensis Linnaeus

多年生披散草本。茎大部分匍匐，节上生根，根先端具白色球形珠芽，上部及分枝上部上升。叶有明显的叶柄；叶片卵形，近无毛。总苞片漏斗状，与叶对生；花序下面一枝具细长梗，具 1 ~ 3 朵不孕的花，伸出佛焰苞，上面一枝有花数朵，结实，不伸出佛焰苞，萼片膜质；花瓣蓝色。蒴果椭圆状。花期夏秋。

分布与生境：分布于八大公山各地，生于海拔 200 ~ 600 m 的荒地、屋边及路边。

用途：全草药用。

饭包草 Commelina benghalensis

2. 鸭跖草 Commelina communis Linnaeus

一年生披散草本。茎匍匐生根，多分枝。叶披针形至卵状披针形。总苞片佛焰苞状，与叶对生，折叠状，边缘常有硬毛；聚伞花序。花梗花期长仅 3 mm，果期弯曲，长不过 6 mm，萼片膜质，花瓣深蓝色。蒴果椭圆形。

分布与生境：分布于八大公山海拔 400 ~ 1200 m 的路边、沟边湿地。

用途：全草药用；嫩苗可食。

鸭跖草 Commelina communis

（二）水竹叶属 Murdannia Royle

多年生草本。通常具狭长、带状的叶子，许多种的根纺锤状加粗。茎花葶状或否，蝎尾状聚伞花序单生或复出而组成圆锥花序，有时缩短为头状，有时退化为单花，萼片 3 枚，浅舟状，花瓣 3 枚，分离。蒴果 3 室，室背 3 爿裂，每室有种子 2 至数颗，极少一颗，排成 1 或 2 列。

50 种，我国有 20 种，湖南有 3 种，八大公山有 2 种。

分种检索表

1. 退化雄蕊顶端 3 全裂；顶生圆锥花序……………………………………… **1. 裸花水竹叶 M. nudiflora**
1. 退化雄蕊顶端戟状而不分裂；花 1 ~ 5 朵簇生于叶腋……………………… **2. 水竹叶 M. triquetra**

1. 裸花水竹叶 Murdannia nudiflora (Linnaeus) Brenan

一年生草本。茎多条自基部发出，披散。茎生叶叶鞘长通常全面被长刚毛，或仅口部一侧密生长刚毛而别处无毛。叶片禾叶状或披针形，顶端钝或渐尖，两面无毛或疏生刚毛，（2 ~ 10）cm ×（5 ~ 10）mm。蝎尾状聚伞花序数个，排成顶生圆锥花序，或仅单个，花瓣紫色。蒴果卵圆状三棱形。花果期 6 ~ 10 月。

分布与生境：分布于八大公山海拔 200 ~ 800 m 的水边、沟边潮湿处。

用途：全草入药。

裸花水竹叶 Murdannia nudiflora

2. 水竹叶 Murdannia triquetra (Wallich ex C. B. Clarke) Brückner

一年生或多年生草本。茎上升或匍匐生根，通常具分枝。蝎尾状聚伞花序藏于佛焰苞状总苞片内，总苞片漏斗状或僧帽状，萼片 3 枚，膜质，内方 2 枚基部常合生，花瓣 3，蓝色，其中内方（前方）2 枚较大，明显具爪，能育雄蕊 3 枚，子房无柄，无毛，3 或 2 室，背面一室含 1 颗胚珠。蒴果藏于总苞片内。

分布与生境：分布于八大公山水稻田边或湿地上。

用途：全草药用。

水竹叶 Murdannia triquetra

（三）杜若属 Pollia Thunberg

多年生草本。具走茎或根状茎；茎近于直立，通常不分枝。圆锥花序顶生，粗大而坚挺，或披散成伞状。蝎尾状聚伞花序，总苞片下部的近叶状，上部的很小，萼片 3 枚，分离，椭圆形，中间凹人而稍呈舟状，常宿存，花瓣 3 枚，分离。果实不裂，浆果状，果皮黑色或蓝黑色。

15 种，我国有 7 种，湖南有 2 种，八大公山有 1 种。

1. 杜若 Pollia japonica Thunberg

多年生草本。根状茎长而横走；茎直立或上升，粗壮，不分枝，被短柔毛。叶无柄或叶基渐狭，而延成带翅的柄；叶片长椭圆形。蝎尾状聚伞花序，常多个成轮排列；花瓣白色，倒卵状匙形。果球状，果皮黑色。种子灰色。花期 7 ~ 9 月，果期 9 ~ 10 月。

分布与生境：分布于八大公山海拔 200 ~ 800 m 的山谷林下。

用途：全草药用；庭院观赏。

杜若 Pollia japonica

（四）竹叶吉祥草属 Spatholirion Ridley

缠绕草本，茎细长。侧枝穿鞘而出。圆锥花序具长柄。与叶对生，并自叶鞘口内伸出，而不是穿透叶鞘而出，圆锥花序由多个聚伞花序组成，在最下一个聚伞花序基部有一个叶状总苞片，其余聚伞花序基部无总苞片。花在圆锥花序中最下一个聚伞花序上的为两性，在其余聚伞花序上的均为雄性；片 3 枚，分离，舟状，草质；花瓣宽条形；雄蕊 6 枚，相等而且全育，花丝被绵毛；子房 3 室，每室有 8 颗胚珠。果实卵状三棱形。

2 种，我国有 1 种，八大公山亦有分布。

1. 竹叶吉祥草 Spatholirion longifolium (Gagnepain) Dunn

多年生缠绕草本，全体近无毛或被柔毛。根须状，数条，粗壮。叶具 1 ~ 3 cm 长的叶柄；叶片披针形至卵状披针形，（10 ~ 20）cm ×（1.5 ~ 6.0）cm，顶端渐尖。圆锥花序总梗长达 10 cm；总苞片卵圆形，（4 ~ 10）cm ×（2.5 ~ 6.0）cm。花无梗，萼片草质，花瓣紫色或白色，略短于萼片。蒴果卵状三棱形，长 12 mm，顶端有芒状尖，每室有种子 6 ~ 8 颗。花期 6 ~ 8 月，果期 7 ~ 9 月。

分布与生境：分布于八大公山各地，生于海拔 1200 m 以下的山坡林缘或荒地。

用途：花序入药；叶可作猪饲料。

竹叶吉祥草 Spatholirion longifolium

（五）竹叶子属 Streptolirion Edgew

多年生攀缘草本。叶片心状圆形，上面多少被柔毛。蝎尾状聚伞花序有花 1 至数朵，集成圆锥状，圆锥花序下面的总苞片叶状，花无梗；萼片顶端急尖；花瓣白色、淡紫色而后变白色，线形，略比萼长。蒴果顶端芒状突尖。种子褐灰色。

单种属，分布于我国及东亚各国，八大公山亦有分布。

1. 竹叶子 Streptolirion volubile Edgeworth

形态特征见竹叶子属的描述。

分布与生境：分布于八大公山海拔 1200 m 以下的山坡林缘或荒地。

用途：全草入药；叶可作猪饲料。

竹叶子 Streptolirion volubile

三十、雨久花科 Pontederiaceae

多年生或一年生的水生或沼泽生草本。具根状茎或匍匐茎，富于海绵质和通气组织。叶片卵形或宽心形，具平行脉，浮水、沉水或露出水面，叶柄充满通气组织，膨大呈葫芦状。花序为顶生总状、穗状或聚伞圆锥花序，生于佛焰苞状叶鞘的腋部，花被片 6 枚，排成 2 轮，花瓣状，蓝色，淡紫色。蒴果。

6 属 40 种，我国有 2 属 5 种，湖南有 2 属 3 种，八大公山有 2 属 2 种。

分属检索表

1. 花无梗，花被片两侧对称……………………………………………………………**1. 凤眼蓝属 Eichhornia**

1. 花具梗，花被片辐射对称…………………………………………………………… **2. 雨久花属 Monochoria**

（一）凤眼蓝属 Eichhornia Kunth

一年生或多年生浮水草本。叶基生，莲座状或互生，叶片宽卵状菱形或线状披针形，通常具长柄，叶柄常膨大，基部具鞘。花序顶生，花两侧对称或近辐射对称，花被漏斗状，中、下部连合成或长或短的花被筒，裂片淡紫蓝色，有的裂片常具 1 黄色斑点。蒴果卵形、长圆形至线形，包藏于凋存的花被筒内，室背开裂；果皮膜质。种子多数，卵形，有棱。

7 种，我国引入 1 种；八大公山也有引栽。

1. 凤眼蓝 Eichhornia crassipes (Martius) Solms

一年生或多年生浮水草本。须根发达，棕黑色。茎极短，具长匍匐枝。叶在基部丛生，莲座状排列；叶片圆形，宽卵形或宽菱形；叶柄长短不等，中部膨大成囊状或纺锤形。穗状花序，通常具 9 ~ 12 朵花；花被裂片 6 枚，花瓣状，卵形、长圆形或倒卵形，紫蓝色。蒴果卵形。花期 7 ~ 10 月，果期 8 ~ 11 月。

分布与生境：原产巴西，八大公山有引栽，或逸生于水塘、沟渠及稻田中。

用途：全草入药；亦可作饲料；观赏水草。

凤眼蓝 Eichhornia crassipes

（二）雨久花属 Monochoria C.Presl

叶基生，具长柄；总状花序短，有花数朵排成总状花序，由最上部的叶鞘内抽出；花被片 6，离生，辐射对称；雄蕊 6，其中一枚常较大；子房 3 室，每室有胚珠多颗；蒴果室背开裂为 3 果瓣。

5 种，我国有 3 种，湖南有 2 种，八大公山有 1 种。

1. 鸭舌草 Monochoria vaginalis (N.L.Burman) C.Presl ex Kunth

多年生草本。根状茎极短，具柔软须根。茎直立或斜上，全株光滑无毛。叶基生和茎生；叶柄长 10 ~ 20 cm，基部扩大成开裂的鞘。总状花序从叶柄中部抽出，该处叶柄扩大成鞘状；花序梗短；花序在花期直立，果期下弯；花通常 3 ~ 5 朵，蓝色。蒴果卵形至长圆形。花期 8 ~ 9 月，果期 9 ~ 10 月。

分布与生境：分布于八大公山海拔 200 ~ 800 m 的稻田、沟旁、浅水池塘等水湿处。

用途：全草入药；嫩茎和叶可作蔬食，也可做猪饲料。

鸭舌草 Monochoria vaginalis

三十一、芭蕉科 Musaceae

多年生草本。具根茎。叶螺旋状排列，叶鞘层层重叠包成假茎；叶片大，长圆形至椭圆形，具粗壮之中脉及多数平行之横脉。花单性或两性，一或二列簇生于大型、常有颜色的苞片内，下部苞片内的花为雌性或两性花，上部苞片内的花为雄花；花被片连合呈管状。果为肉质浆果或革质，不开裂。

3 属 40 种，我国有 3 属 14 种，湖南栽培有 1 属 2 种，八大公山栽培有 1 属 1 种。

（一）芭蕉属 **Musa** Linnaeus

大型草本。假茎厚而粗，由叶鞘覆叠而成。叶巨大，长椭圆形。花序由叶鞘内抽出，为直立或下垂的穗状花序，花单性，在总轴上部的花束为雄性，下部的为雌性而结成果束；花被片合生成管，管顶部 5 齿裂，其中外面 3 裂齿为萼片，内面 2 裂齿为花瓣，后面一枚花瓣离生，较大，与花被管对生。果为圆柱形的浆果。

30 种，我国有 11 种，湖南栽培 2 种，八大公山栽培 1 种。

1. 芭蕉 Musa basjoo Siebold & Zuccarini

多年生草本。具叶柄包裹形成的树状假茎。叶片长圆形，先端钝，基部圆形或不对称，叶面鲜绿色，有光泽；叶柄粗。花序顶生，下垂；苞片红褐色或紫色；雄花生于花序上部，雌花生于花序下部。浆果三棱状，内具多数种子。花期 7 月，果期 10 月。

分布与生境：原产我国及日本，八大公山各地栽培或逸生。

用途：根茎、叶、花、种子可入药；叶纤维可织布，亦为造纸原料；假茎可作饲料；嫩叶可蔬食，成熟叶还可作食品包装材料。

芭蕉 Musa basjoo

三十二、美人蕉科 Cannaceae

多年生草本。茎直立、粗壮。块状地下茎。叶大，有明显的羽状平行脉，具叶鞘。花两性，大而美丽，不对称，排成顶生的穗状花序或狭圆锥花序，有苞片，萼片3，绿色，宿存，花瓣3枚，萼状，通常披针形，绿色或其它颜色，退化雄蕊花瓣状，红色或黄色，发育雄蕊的花丝亦增大呈花瓣状。蒴果，3瓣裂，多少具3棱，有小瘤体或柔刺。

1属，10~12种，我国常见栽培6种；湖南栽培5种，八大公山常见栽培1种。

（一）美人蕉属 **Canna** Linnaeus

属特征和种数同科。

1. 美人蕉 **Canna indica** Linnaeus

多年生草本。植株全部绿色。叶片卵状长圆形。总状花序疏花，花红色，单生，苞片卵形，绿色，萼片披针形，绿色而有时染红，花柱扁平，一半和发育雄蕊的花丝连合。蒴果绿色，长卵形，有软刺。花果期3~12月。

分布与生境：原产印度，八大公山各地栽培。

用途：根茎入药；茎叶纤维可制人造棉、织麻袋、搓绳，其叶提取芳香油后的残渣还可做造纸原料；庭院观赏。

美人蕉 Canna indica

三十三、姜科 Zingiberaceae

多年生草本。茎基部通常具鞘。叶基生或茎生，通常二行排列，少数螺旋状排列，叶片通常为披针形或椭圆形，具有闭合或不闭合的叶鞘；叶鞘的顶端有明显的叶舌。花单生或组成穗状、总状或圆锥花序，生于具叶的茎上或单独由根茎发出，花两性，两侧对称，具苞片，花被片 6 枚，2 轮，外轮萼状，内轮花冠状。蒴果，或呈浆果状。

50 属 1300 种，我国有 20 属 216 种，湖南有 5 属 18 种，八大公山有 3 属 5 种。

分属检索表

1. 花序生于假茎顶部。
  2. 侧生退化雄蕊小或不存在…………………………………………………………… **1. 山姜属 Alpinia**
  2. 侧生退化雄蕊大，花瓣状，与唇瓣分离………………………………………… **2. 舞花姜属 Globba**
1. 花序生于单独由根茎发出的花葶………………………………………………………… **3. 姜属 Zingiber**

（一）山姜属 **Alpinia** Roxburgh

多年生草本。有根茎，茎具叶。花小或大，排成顶生的穗状花序或圆锥花序，蕾时常包藏于佛焰苞状的总苞片中，花冠管圆柱形，通常不长于萼，裂片狭；唇瓣广展，大而美丽；侧生退化雄蕊缺或极小，呈齿状，且与唇瓣的基部合生；花药隔有时具附属体；子房 3 室。蒴果不开裂或不规则开裂或 3 裂，干燥或肉质。种子多数，有假种皮。

250 种，我国有 51 种，湖南有 4 种，八大公山有 1 种。

1. 山姜 Alpinia japonica (Thunberg) Miquel

山姜 Alpinia japonica

多年生草本。具横生、分枝的根茎。叶片通常 2 ~ 5 片，叶片披针形，倒披针形或狭长椭圆形，两面，特别是叶背被短柔毛，近无柄至具长达 2 cm 的叶柄。总状花序顶生，花序轴密生绒毛；花通常 2 朵聚生。果球形或椭圆形，熟时橙红色，顶有宿存的萼筒。种子多角形，有樟脑味。花期 4 ~ 8 月，果期 7 ~ 12 月。

分布与生境：分布于八大公山海拔 700 m 以下的山坡林下。

用途：果实供药用；全株供观赏。

（二）舞花姜属 **Zingiber** MillerGlobba Linnaeus

多年生草本。根茎纤细，匍匐。茎直立。叶披针形或长圆形，无柄或柄极短；叶舌不裂。圆锥花序或总状花序，顶生，苞片通常脱落，稀宿存，下部苞片的腋间常有珠芽；花萼陀螺形或钟状，花冠管纤细，远较花萼为长，裂片 3，卵形或长圆形，后方的 1 枚常较大，内凹，通常具小尖头；侧生退化雄蕊花瓣状，有时较花冠裂片大；唇瓣常位于侧生退化雄蕊和花冠裂片之上，反折，全缘，微凹或深 2 裂，基部和花丝相连成管状；花丝很长，弯曲；花柱丝状，柱头陀螺形，子房 1 室；胚珠多数，生于 3 侧膜胎座上。果球形或椭圆形。种子小，具白色假种皮。

100 种，我国有 5 种，湖南有 2 种，八大公山有 1 种。

1. 舞花姜 **Globba racemosa** Smith

多年生草本。叶片长圆形或卵状披针形，（12 ~ 20）cm ×（4 ~ 5）cm，顶端尾尖，基部急尖，叶片二面的脉上疏被柔毛或无毛，无柄或具短柄；叶舌及叶鞘口具缘毛。圆锥花序顶生，长 15 ~ 20 cm，苞片早落，小苞片长约 2 mm；花黄色，各部均具橙色腺点；花萼管漏斗形，长 4 ~ 5 mm，顶端具 3 齿；花冠管长约 1 cm，裂片反折，长约 5 mm；侧生退化雄蕊披针形，与花冠裂片等长；唇瓣倒楔形，长约 7 mm，顶端 2 裂，反折，生于花丝基部稍上处，花丝长 10 ~ 12 mm。蒴果椭圆形，无疣状突起。花期：6 ~ 9 月。

分布与生境：分布于八大公山海拔 200 ~ 1800 m 的山谷阴湿处，农户多有栽培。

用途：根状茎入药。

舞花姜 Globba racemosa

（三）姜属 Zingiber Miller

多年生草本。根茎块状，具芳香。叶二列，叶片披针形至椭圆形。穗状花序球果状，通常生于由根茎发出的总花梗上，或无总花梗，花序贴近地面，总花梗被鳞片状鞘，苞片绿色或其他颜色，覆瓦状排列，宿存，小苞片佛焰苞状，花萼管状，具 3 齿，通常一侧开裂，花冠白色或淡黄色。蒴果 3 瓣裂或不整齐开裂。种子黑色，被白色假种皮。

100 ~ 150 种，我国有 42 种，湖南有 4 种，八大公山有 3 种。

分种检索表

1. 花序梗无或短，如较长则较柔弱。
   2. 花淡黄色，唇瓣卵形……………………………………………………………… **1. 蘘荷 Z. mioga**
   2. 花紫色，唇瓣倒卵形…………………………………………………………… **2. 阳荷 Z. striolatum**
1. 花序梗长，粗壮……………………………………………………………………… **3. 姜 Z. officinale**

1. 蘘荷 *Zingiber mioga* (Thunberg) Roscoe

多年生草本。根茎淡黄色。叶片披针状椭圆形或线状披针形，叶背无毛或被稀疏的长柔毛，顶端尾尖；叶舌膜质，2 裂。穗状花序椭圆形；总花梗 0 ~ 17 cm，被长圆形鳞片状鞘。果倒卵形，熟时裂成 3 瓣，果皮里面鲜红色。种子黑色，被白色假种皮。花期 8 ~ 10 月。

分布与生境：分布于八大公山海拔 200 ~ 1800 m 的山谷阴湿处，农户多有栽培。

用途：根状茎入药；嫩花序及嫩叶可食。

蘘荷 *Zingiber mioga*

2. 阳荷 *Zingiber striolatum* Diels

多年生草本。根茎似姜，味辛。叶片披针形，叶面无毛，背基部被疏长柔毛，无柄，叶舌 2 裂。总花梗极短，生于地下，花序卵形，花紫色，花萼管状，子房被柔毛。

分布与生境：分布于八大公山各地，生于 200 ~ 600 m 的山谷林下阴湿处。

用途：根茎入药；嫩花序及嫩叶可食。

阳荷 *Zingiber striolatum*

3. 姜 *Zingiber officinale* Roscoe

多年生草本。根茎肥厚，多分枝，有芳香及辛辣味。叶片披针形或线状披针形，无毛，无柄；叶舌膜质。总花梗长达 25 cm；穗状花序球果状；花冠黄绿色，裂片披针形；雄蕊暗紫色；药厢附属体钻状。花期秋季。

分布与生境：原产地不详，八大公山多有栽培。

用途：根茎供药用及食用。

姜 *Zingiber officinale*

三十四、香蒲科 Typhaceae

多年生沼生草本。有伸长的根状茎，上部出水。叶直立，长线形，常基出。花单性，成狭长的肉穗花序，雄花集生上方，雌花集生下方，花被成刚毛，雄花有 2 ~ 5 雄蕊，花丝分离或结合，雌花具 1 雌蕊，子房由 1 心皮所成，1 室，有 1 下垂胚珠。果实为小坚果，被丝状毛或鳞片。

2 属 35 种，我国有 2 属 23 种，湖南有 2 属 4 种，八大公山有 1 属 1 种。

（一）香蒲属 Typha Linnaeus

多年生沼生或水生。根状茎横走；地上茎直立。叶二列，鞘状叶很短，条形叶直立。花单性，雌雄同株，花序穗状，雄花序生于上部至顶端，花期时比雌花序粗壮，雌性花序位于下部，与雄花序紧密相接，或相互远离，苞片叶状，着生于雌雄花 序基部，亦见于雄花序中。

16 种，我国有 11 种，湖南有 2 种，八大公山有 1 种。

1. 香蒲 Typha orientalis C.Presl

多年生水生或沼生草本。根状茎横走，乳白色；地上茎粗壮。叶二列，鞘状叶很短，基生，条形叶直立。花单性，雌雄同株，花序穗状，雄花序生于上部至顶端，雌性花序位于下部，与雄花序紧密相接，苞片叶状，着生于雌雄花序基部，亦见于雄花序中，无花被，雄花由 1 ~ 3 枚雄蕊组成，雌花子房柄基部至下部具白色丝状毛。花果期 5 ~ 8 月。

分布与生境：分布于八大公山海拔 200 ~ 1200 m 的池塘、沟渠、沼泽边。

用途：花粉和果穗入药；水体绿化植物。

香蒲 Typha orientalis

三十五、谷精草科 Eriocaulaceae

一年生草本。沼泽生或水生。叶狭，禾草状丛生。头状花序外有总苞包围，花序柄细长，不分枝，基部有鞘；花小，多数，单性，3 或 2 基数，花被膜质或透明，花瓣顶端内侧常有棕黑色腺体，雄蕊常与花被同数。蒴果，室背开裂。

10 属 1150 种，我国有 1 属 35 种，湖南有 1 属 5 种，八大公山有 1 属 1 种。

（一）谷精草属 **Eriocaulon** Linnaeus

沼泽生，稀水生草本植物，通常多年生。叶狭，基生。头状花序生于花茎之顶，花单性，同序，聚生为头状花序，有总苞，花着生在每一苞片的腋内，中央花为雄性，雌花边生，花被片 2 轮，雄花常有退化雌蕊，雌花具 1 心皮，子房上位，2～3 室，花柱顶生，柱头 2～3 裂，雌花少有退化雄蕊。蒴果。

400 种，我国有 35 种，湖南有 5 种，八大公山有 1 种。

1. 谷精草 Eriocaulon buergerianum Körnicke

一年生草本。须根细软稠密。叶基生，长披针状条形。头状花序呈半球形，底部有苞片层层紧密排列，苞片淡黄绿色，上部边缘密生白色短毛，花序顶部灰白色。花茎纤细，长短不一，淡黄绿色，有光泽，稍扭曲，有棱线数条。蒴果 3 裂。

分布与生境：分布于八大公山各地，生于海拔 200～1000 m 的稻田和水湿地中。

用途：全草入药。

谷精草 Eriocaulon buergerianum

三十六、灯心草科 Juncaceae

多年生或稀为一年生草本。须根纤维状。茎多丛生，圆柱形或压扁，表面常具纵沟棱，内部具充满或 间断的髓心或中空，常不分枝，绿色。叶全部基生成丛而无茎生叶，或具茎生叶数片，常排成 3 列，叶片线形、圆筒形、披针形，扁平或稀为毛鬃状，有时退化呈芒刺状或仅存叶鞘。花序圆锥状、聚伞状或头状，顶生、腋生或有时假侧生，花小型，两性。蒴果。

8 属 400 种，我国有 2 属 92 种，湖南有 2 属 15 种，八大公山有 2 属 5 种。

分属检索表

1. 叶片边缘无毛，叶鞘开放…………………………………………………… **1. 灯心草属 Juncus**
1. 叶片边缘具缘毛，叶鞘闭合………………………………………………… **2. 地杨梅属 Luzula**

（一）灯心草属 Juncus Linnaeus

多年生稀为一年生草本。根状茎横走或直伸。茎直立或斜上，圆柱形或压扁，具纵沟棱。叶基生和茎生，或仅具基生叶，有些种类具有低出叶，叶片扁平或圆柱形，披针形，线形或毛发状，有明显或不明显的横隔膜或无横隔，有时叶片退化为刺芒状而仅存叶鞘，叶鞘开放。复聚伞花序或由数至多朵小花集成头状花序，有时为假侧生，花序下常具叶状总苞片，有时总苞片圆柱状，似茎的延伸；被片 6 枚，2 轮，颖状，雄蕊 6 枚，稀 3 枚，子房 3 或 1 室，或具 3 个隔膜，柱头 3；胚珠多数。蒴果常为三棱状卵形或长圆形，顶端常有小尖头。种子多数，表面常具条纹，有些种类具尾状附属物。

240 种，我国有 76 种，湖南有 13 种，八大公山有 4 种。

分种检索表

1. 叶基生和茎生，花序顶生，若为假侧生，其总苞片叶状或稍扁平，或具沟。
   5. 雄蕊 6，茎扁平，两侧具宽翅 ………………………………………… **1. 翅茎灯心草 J. alatus**
   5. 雄蕊 3，茎稍扁，两侧具狭翅或无翅 ……………………………… **3. 笄石菖 J. prismatocarpus**
1. 叶仅有低出叶，呈鞘状或鳞片状，花序假侧生。
   2. 花被片线状披针形，外轮稍长于内轮……………………………………**2. 灯心草 J. effusus**
   2. 花被片卵状披针形，外轮等长于内轮………………………………… **4. 野灯心草 J. setchuensis**

1. 翅茎灯心草 Juncus alatus Franchet & Savatier

多年生草本。茎丛生，直立，扁平，两侧有狭翅。叶基生或茎生，前者多枚，后者 1 ~ 2 枚；叶片扁平，线形，顶端尖锐，叶鞘两侧压扁，边缘膜质，松弛抱茎，叶耳小。花序由 7 ~ 27 个头状花序排列成聚伞状，花淡绿或黄褐色。蒴果三棱状圆柱形，顶端具短钝的突尖。花期 4 ~ 7 月，果期 5 ~ 10 月。

分布与生境：分布于八大公山海拔 200 ~ 1800 m 的水沟边、田边、湿草地。

用途：茎髓入药。

翅茎灯心草 Juncus alatus

2. 灯心草 *Juncus effusus* Linnaeus

多年生草本。根状茎短而横走，具黄褐色稍粗的须根。茎丛生，直立，圆柱形，有较深而明显的纵沟。叶全部为低出叶，呈鞘状或鳞片状，包围在茎的基部；叶片退化为刺芒状。聚伞花序假侧生；花多朵排列 紧密或疏散；总苞片生于顶端，圆柱形；花淡绿色；花被片线状披针形，外轮稍长于内轮。蒴果通常卵形。花期 6 ~ 7 月，果期 7 ~ 10 月。

分布与生境：分布于八大公山各地，生于海拔 800 ~ 1200 m 的溪边湿地。

用途：茎髓及全草入药；水体观赏植物。

灯心草 Juncus effusus

3. 笄石菖 *Juncus prismatocarpus* R.Brown

多年生草本。茎丛生，圆柱形，或稍扁。叶基生和茎生，短于花序，基生叶少，茎生叶 2 ~ 4 枚，

叶片 线形通常扁平，具不完全横隔，叶鞘边缘膜质，叶耳稍钝。头状花序排列成顶生复聚伞花序，花序常分枝，具长短不等的花序梗。蒴果三棱状圆锥形。花期 3 ~ 6 月，果期 7 ~ 8 月。

分布与生境：分布于八大公山海拔 500 ~ 1800 m 的水边、田边、湿草地。

笄石菖 *Juncus prismatocarpus*

4. 野灯心草 *Juncus setchuensis* Buchenau ex Diels

多年生草本。根状茎短而横走。茎丛生，直立，圆柱形，有明显的纵沟。叶全部为低出叶，呈鞘状或鳞片状，包围在茎的基部；叶片退化为刺芒状。聚伞花序假侧生；花多朵排列紧密或疏散；总苞片生于顶端，圆柱形；花淡绿色；花被片卵状披针形。蒴果通常卵形。花期 5 ~ 7 月，果期 6 ~ 9 月。

分布与生境：分布于八大公山海拔 500 ~ 2000m 的山沟、山顶浅水湿地处。

用途：水体绿化植物；茎髓及全草入药。

野灯心草 *Juncus setchuensis*

（二）地杨梅属 Luzula de Candolle

多年生草本。茎直立，多丛生，通常圆柱形。叶基生和茎生，常具低出叶，最下面几片常于花期干枯而宿存，茎生叶较少，常较短而窄，叶片边缘常具白色丝状缘毛，叶鞘闭合，常呈筒状包茎，鞘口部常密生丝状长毛，无叶耳。花序为复聚伞状，花单生或簇生分枝顶端，花下具2枚小苞片，小苞片边缘常具缘毛或撕裂状。蒴果1室，3瓣裂。

75种，我国有16种，湖南有3种，八大公山有1种。

1. 羽毛地杨梅 Luzula plumosa E.Meyer

多年生草本。根状茎横走，须根纤细褐色。茎直立，丛生，圆柱形。叶基生和茎生，禾草状；基生叶数枚；叶片线状桩针形，扁平；叶鞘筒状紧包茎，鞘口部密生丝状长柔毛。花序顶生，2~3花列为简单聚伞花序，再排列成伞形复聚伞状。蒴果三棱状宽卵形。花期3~4月，果期5~6月。

分布与生境：分布于八大公山海拔1800~2500 m的山坡林缘、路旁、水边潮湿处。

羽毛地杨梅 Luzula plumosa

三十七、莎草科 Cyperaceae

多年生草本，较少为一年生。大多数具有三棱形的秆。叶基生和秆生，一般具闭合的叶鞘和狭长的叶片，或有时仅有鞘而无叶片。花序各样，小穗单生，簇生或排列成穗状或头状，具2至多数花，花两性或单性，同株，无花被或花被退化成下位鳞片或刚毛，有时雌花为先出叶所形成的果囊所包裹，雄蕊3个，花柱单一，柱头2~3个。果实为小坚果。

106属5400种，我国有33属865种，湖南有13属156种，八大公山有11属60种。

分属检索表

1. 花两性或单性，而无先出叶所形成的果囊。
  2. 花两性。
    3. 鳞片螺旋状排列；下位刚毛存在或因减退趋向缺如。
      4. 花柱基部不膨大，其与小坚果连接处界限不分明。
        5. 下位刚毛不分生，一般6条，粗短，呈刚毛状。
          6. 花序下有禾叶状苞片…………………………………………………… **9. 藨草属 Scirpus**
          6. 花序下无禾叶状苞片，而有鳞片状苞片或由秆延长形成的秆状苞片。
            7. 苞片为秆的延长，三棱柱状或圆柱状，花序假侧生……… **8. 水葱属 Schoenoplectus**
            7. 苞片为鳞片状，花序顶生…………………………………… **11. 蔺藨草属 Trichophorum**
        5. 下位刚毛分生，一般为极多数，细长，呈丝状……………… **4. 羊胡子草属 Eriophorum**
      4. 花柱基部膨大，因而花柱基和小坚果连接处一般界限分明。
        8. 小穗单一，下位刚毛3 ~ 8条，有时缺如；无叶………………… **3. 荸荠属 Heleocharia**
        8. 小穗多数，下位刚毛缺如；叶一般存在………………………… **5. 飘拂草属 Fimbristylis**
    3. 鳞片不为螺旋状而为两行排列；下位刚毛缺如（莎草族）。
      9. 小穗轴连续，基部无关节。
        10. 柱头3；小坚果三棱形 ……………………………………………… **2. 莎草属 Cyperus**
        10. 柱头2；小坚果双凸状、平凸或凹凸状 …………………………… **7. 扁莎草属 Pycreus**
      9. 小穗轴基部上面具关节…………………………………………………… **6. 水蜈蚣属 Kyllinga**
  2. 花单性……………………………………………………………………………… **10. 珍珠茅属 Scleria**
1. 每小穗仅具1花，单性，雌花有先出叶，合生成果囊……………………………… **1. 薹草属 Carex**

（一）薹草属 Carex Linnaeus

多年生草。秆丛生成散生，三棱形，基部常具无叶片的鞘。叶基生或兼具秆生叶。苞片叶状，花单性，由1朵雌花或1朵雄花组成1个支小穗，雌性支小穗外面包以边缘完全合生的先出叶，即果囊，小穗由多数支小穗组成，单性或两性，雌花具1个雌蕊，柱头2~3个。果囊具或长或短的喙，小坚果较紧或较松地包于果囊内。

2000多种，我国有527种，湖南有67种，八大公山有36种。

分种检索表

1. 小穗多数，两性或单性，具柄，圆锥状，少为总状或穗状，枝先出叶发育成囊状或鞘状。
  2. 小穗两性，雄雌顺序，极少单性，小穗基部的先出叶囊状。
    3. 秆中生；秆生叶发达；苞片叶状。
      4. 果囊肿胀，球形，近革质，成熟时血红色…………………………… **4. 浆果薹草 C.baccans**
      4. 果囊不为上述情况。
        5. 小穗较小，长圆形，长不逾 2 cm，具少数花。
          6. 雌花鳞片顶端具芒，花柱基部通常增粗…………………………**11. 十字薹草 C.cruciata**
          6. 雌花鳞片顶端无芒，花柱基部不增粗或稍增粗…………………… **16. 蕨状薹草 C.filicina**
        5. 小穗较大，圆柱形，长 2 ~ 8 cm，具多数花 ………………… **14. 显异薹草 C.eminens**
    3. 秆侧生；秆生叶退化呈佛焰苞状；苞片亦为佛焰苞状…………………… **30. 花莛薹草 C.scaposa**
  2. 小穗单性与两性兼有，罕为两性，小穗基部的先出叶鞘状。
    7. 果囊三棱形，柱头 3 个。
      8. 果囊近于无喙或具短喙，喙口截形、微缺或微呈两齿。
        9. 果囊被毛，少数无毛。
          10. 苞片具短苞叶；小坚果顶端常膨大成环状；花柱基部膨大呈各种形状。
            11. 小坚果顶端凹陷，宿存花柱基部不膨大呈僧帽状尖端 … **3. 宜昌薹草 C. ascocetra**
            11. 小坚果，顶端不凹陷，宿存花柱基部膨大，形似僧帽状尖端。
              12. 小坚果在棱上或棱面上具凹陷 ……………………… **17. 穿孔薹草 C. foraminata**
              12. 小坚果在棱上和棱面上均不具凹陷 ……………………**6. 青绿薹草 C.breviculmis**
          10. 苞片通常佛焰苞状；小坚果顶端不膨大呈环状；花柱基部稍增粗。
            13. 秆侧生；雌小穗具 2 ~ 10 余朵花……………………… **23. 披针薹草 C.lancifolia**
            13. 秆中生；雌小穗具 10 余朵至多数花。
              14. 苞鞘仅下部 1 ~ 2 枚的顶端具刚毛状苞叶 …………**22. 大披针薹草 C.lanceolata**
              14. 苞鞘顶端具短苞叶 ……………………………………… **27. 柄状薹草 C.pediformis**
        9. 果囊无毛或微粗糙。
          15. 秆侧生，叶片一般较宽，宽 6 ~ 30 mm；小穗两性，雄雌顺序。
            16. 苞叶近等长或长于苞鞘 ……………………………… **19. 大舌薹草 C.grandiligulata**
            16. 近于无苞叶或苞叶甚短于苞鞘 ……………………… **33. 宽叶薹草 C.siderosticta**
          15. 秆中生；叶片通常较狭，宽 2 ~ 5 mm；小穗单性。
            17. 雌小穗通常具疏生的花；苞片明显具鞘 ……… **5. 卷柱头薹草 C.bostrychostigma**
            17. 雌小穗具密生的多数花；苞片通常无鞘或具很短的鞘… **31. 硬果薹草 C.sclerocarpa**
      8. 果囊具长喙或中等长喙，喙口具或长或短的两齿，少数近截形或微具两齿。
        18. 叶片上无小横隔脉。
          19. 秆中生，小坚果棱上不缢缩或不具刻痕。

20. 雌花鳞片具长芒 ……………………………………………**26. 条穗薹草 C.nemostachys**

20. 雌花鳞片具短尖或无短尖。

21. 小穗两性或单性兼具 ……………………………………… **1. 葱状薹草 C.alliiformis**

21. 小穗单性 ………………………………………………………………**13. 签草 C.doniana**

19. 秆侧生，小坚果棱上缢缩或不刻痕。

22. 小坚果中部不缢缩。

23. 雌小穗基部具雄花 ……………………………………… **10. 中华薹草 C.chinensis**

23. 雌小穗基部无雄花 ……………………………………… **12. 秦岭薹草 C.diplodon**

22. 小坚果中部缢缩。

24. 秆侧生

25. 雌小穗顶端雄花部分通常近等长于雌花部分 ………… **36. 藏薹草 C.thibetica**

25. 雌小穗顶端雄花部分极短，短于雌花部分 ………… **20. 长囊薹草 C.harlandii**

24. 秆中生。

26. 雌花鳞片白绿色或淡黄色 ……………………………**9. 陈氏薹草 C.cheniana**

26. 雌花鳞片褐色 ………………………………………………**7. 短尖薹草 C.brevicuspis**

18. 叶片上有小横隔脉。

27. 叶鞘上下不互相套叠，较疏松地包着秆 ……………………… **24. 舌叶薹草 C.ligulata**

27. 叶鞘上下互相套叠，较紧地包着秆 …………………… **25. 套鞘薹草 C.maubertiana**

7. 果囊平凸状或双凸状；柱头 2 个。

28. 苞片无鞘，雌小穗具密生的花。

29. 小穗具柄，多少下垂。

30. 果囊具紫红色锈点 ……………………………………………… **15. 川东薹草 C.fargesii**

30. 果囊密生乳头状突起 ………………………………………………**28. 镜子薹草 C.phacota**

29. 小穗近无柄或仅基部小穗具长柄 ………… **29. 大理薹草 C.rubrobrunnea** var. **taliensis**

28. 苞片具鞘，雌小穗具疏生的花。

31. 果囊（喙除外）长圆形或狭长圆形 ……………………… **35. 长柱头薹草 C.teinogyna**

31. 果囊（喙除外）宽卵形、椭圆形或近于圆形。

32. 小穗多数，全部为两性，雄雌顺序。

33. 小穗排列成圆锥花序或总状花序 ……………………………… **21. 亨氏薹草 C.henryi**

33. 小穗单生于或几个出自一苞片鞘内，小穗不分枝，不组成圆锥花序或总状花序。

34. 果囊被白色短硬毛或脉上和边缘被短硬毛 ……………… **8. 褐果薹草 C.brunnea**

34. 果囊仅边缘被短硬毛 ………………………………………… **32. 仙台薹草 C.sendaica**

32. 顶生小穗雄性，侧生小穗两性，或为单性，全部为雌花 … **34. 柄果薹草 C.stipitinux**

1. 小穗多数，两性，无柄，排列成穗状，枝先出叶不发育。

35. 柱头 3 个 ……………………………………………………………………**18. 穹隆薹草 C.gibba**

35. 柱头 3 个 ……………………………………………………………………… **2. 高秆薹草 C.alta**

1. 葱状薹草 **Carex alliiformis** C. B. Clarke

多年生草本。根状茎短，具细长的地下匍匐茎，地下匍匐茎常包以红棕色无叶片的鞘。秆疏丛生，基部包以少数无叶片的鞘。叶长于秆，宽 7 ~ 14 mm，平张，具两条明显的侧脉；叶鞘紫红色。苞片叶状，下面的长于小穗，上面的较狭而短于小穗，具稍长的苞鞘短。小穗 5 ~ 8 个，顶端 1 ~ 2 个小穗为雄小穗，其余小穗为雌小穗，雄花和雌花鳞片褐红色，具 1 条中脉。果囊斜展，较鳞片稍长，倒卵状长圆形，鼓胀三棱形，绿色或淡黄绿色，无毛，具多条脉，顶端急缩成较短的喙，喙口具两短齿。花果期 5 ~ 7 月。

分布与生境：分布于八大公山各地，生于海拔 1400 ~ 1600 m 的溪边草丛中。

葱状薹草 Carex alliiformis

2. 高秆薹草 **Carex alta** Boott

根状茎短。秆密丛生，中部以下具叶，基部具少数淡褐色无叶片的叶鞘。叶短于秆，宽 2 ~ 3 mm。苞片下部的叶状，长于花序，上部的刚毛状至鳞片状。小穗 9 ~ 22 个，卵形至长圆状卵形，雌雄顺序。雌花鳞片卵形，狭卵形至披针形，苍白色，中间绿色。果囊稍长于鳞片，椭圆形或椭圆状卵形，顶端急缩成极短的喙，喙口 2 齿裂。小坚果稍松地包于果囊中，位于果囊基部，椭圆形具小尖头；花柱基部稍膨大，柱头 2 个。花果期 5 ~ 7 月。

分布与生境：分布于八大公山各地，生于海拔 1400 ~ 1600 m 的溪边草丛中。

高秆薹草 Carex alta

3. 宜昌薹草 Carex ascotreta C. B. Clarke ex Franchet

多年生草本。苞片叶状。小穗4~6个，顶生小穗雄性，侧生小穗雌性，长圆形至圆柱形。雄花鳞片长圆形，雌花鳞片椭圆形。果囊稍长于或近等长于鳞片，长3.5~4.0 mm，膜质，小坚果紧包于果突中，黄褐色。花果期4~5月。

分布与生境：分布于八大公山各地，生于海拔800~1000 m的山坡林下。

宜昌薹草 Carex ascotreta

4. 浆果薹草 Carex baccans Nees

根状茎木质。秆密丛生，直立而粗壮，三棱形，无毛，中部以下生叶。叶基生和秆生，长于秆，平张，宽8~12 mm，下面光滑，上面粗糙，基部具红褐色、分裂成网状的宿存叶鞘。苞片叶状，长于花序，基部具长鞘。圆锥花序复出。小苞片鳞片状，披针形；小穗多数，全部从内无花的囊状枝先出叶中生出，圆柱形，两性，雄雌顺序。雄花鳞片宽卵形，顶端具芒，膜质，栗褐色；雌花鳞片宽卵形，顶端具长芒，纸质，紫褐色或栗褐色，边缘白色膜质。果囊倒卵状球形或近球形，肿胀，近革质，成熟时鲜红色或紫红色，有光泽，具多数纵脉，上部边缘与喙的两侧被短粗毛，基部具短柄，顶端骤缩呈短喙，喙口具2小齿。小坚果椭圆形，三棱形。花果期8~12月。

分布与生境：分布于八大公山各地，生于海拔300~600 m的溪边林缘草丛中。

5. 卷柱头薹草 Carex bostrychostigma Maximowicz

根状茎长。秆密丛生。叶短于秆或有的几与秆等长，宽3~4 mm。苞片下面的1~2个为叶状，上面的呈刚毛状，稍粗糙，具鞘。小穗5~8个，顶生小穗为雄小穗，线状圆柱形，侧生小穗为雌小穗，狭圆柱形；雌花鳞片卵状披针形，顶端急尖，淡褐黄色，具宽的白色半透明的边，背面具3条脉，两侧脉不很明显，中脉上粗糙。果囊近于直立，长于鳞片，狭披针形，三棱形，淡黄绿色，基部渐狭，上部渐狭成长喙，喙口斜截形，边缘干膜质。小坚果紧包于果囊内，狭长圆形，三棱形；柱头3个，较果囊长得多。花果期5~7月。

分布与生境：分布于八大公山天平山，生于海拔1400~1600 m的山地林缘草丛中。

浆果薹草 Carex baccans

卷柱头薹草 Carex bostrychostigma

6. 青绿薹草 Carex breviculmis R. Brown

多年生草本。秆丛生，三棱形。苞片最下部的叶状，长于花序，具短鞘。小穗 2 ~ 5 个；侧生小穗雌性，具稍密生的花。果囊近等长于鳞片，倒卵形，钝三棱形。小坚果紧包于果囊中，卵形，栗色，顶端缢缩成环盘；花柱基部膨大成圆锥状，柱头 3 个。花果期 3 ~ 6 月。

分布与生境：分布于八大公山各地，生于海拔 400 ~ 600 m 的溪边林下。

青绿薹草 Carex breviculmis

7. 短尖薹草 Carex brevicuspis C. B. Clarke

根状茎短粗。秆三棱形，坚硬，平滑，基部具深棕色分裂成纤维状的老叶鞘。叶长于秆，宽 5 ~ 10 mm，平张，顶端渐狭。苞片短叶状，具长鞘。小穗 4 ~ 5 个，彼此远离，顶生 1 个雄性，窄圆柱形，侧生小穗大部分为雌花，顶端有少数雄花，圆柱形。雌花鳞片线状披针形，先端具短尖，黄褐色，背面 3 条脉绿色。果囊长于或近等长于鳞片，斜展，卵形或倒卵形，基部收缩，先端急缩成长喙，喙口具 2 尖齿。小坚果紧包于果囊中，三棱状卵形，中部棱上缢缩，下部棱面凹陷。果期 4 ~ 5 月。

分布与生境：分布于八大公山各地，生于海拔 400 ~ 1000 m 的溪边林缘草丛里。

短尖薹草 Carex brevicuspis

8. 褐果薹草 Carex brunnea Thunberg

多年生草本。秆锐三棱形，基部具较多叶。叶下部对折，具鞘。苞片下面的叶状，上面的刚毛状，具鞘。小穗几个至十几个，常 1 ~ 2 个出自同一苞片鞘内，多数不分枝，全部为雄雌顺序，雄花部分较雌花部分短很多，圆柱形。果囊近于直立，椭圆形或近圆形，扁平凸状，膜质，褐色。小坚果紧包于果囊内，近圆形，扁双凸状，黄褐色；柱头 2 个。

分布与生境：分布于八大公山各地，生于海拔 500 ~ 800 m 的山坡草丛中。

褐果薹草 Carex brunnea

9. 陈氏薹草 Carex cheniana Tang et Wang ex S. Y. Liang

多年生草本。根状茎短。叶长于秆，宽 5 ~ 9 mm，平张，边缘反卷，上部边缘粗糙。苞片短叶状，具长鞘。小穗 4 ~ 5 个，顶生 1 个雄性，侧生 3 ~ 4 个雌性，顶端有极少数的雄花，圆柱形，花密生。雌花鳞片椭圆状披针形，光亮，无毛，苍白色，背面 3 条脉绿色，延伸成长芒。果囊短于鳞片菱状椭圆形，被疏柔毛，下部狭窄，上部急缩成长喙，喙扁。小坚果紧包于果囊中，三棱形，中部棱上缢缩，上下部棱面凹陷。果期 4 ~ 5 月。

分布与生境：分布于八大公山各地，生于海拔 200 ~ 800 m 的山坡林下。

10. 中华薹草 Carex chinensis Retzius

多年生草本。秆丛生，钝三棱形，基部具老叶鞘。叶革质。苞片叶状，具长鞘。小穗 4 ~ 5 个，顶生 1 个雄性，窄圆柱形；侧生小穗雌性，顶端和基部常具几朵雄花，花稍密。果囊长于鳞片，膜质，疏被短柔毛。坚果紧包于果突中，菱形，三棱形，花柱基部膨大，柱头 3 个。花果期 4 ~ 6 月。

分布与生境：分布于八大公山各地，生于海拔 400 ~ 700 m 的山坡林缘湿润草地中。

陈氏薹草 Carex cheniana

中华薹草 Carex chinensis

11. 十字薹草 Carex cruciata Wahlenberg

多年生草本。根状茎粗壮，木质，具匍匐枝。秆丛生，坚挺，三棱形，平滑。叶基生和秆生，下面粗糙，上面光滑，边缘具短刺毛，叶鞘宿存。苞片叶状。圆锥花序，雄花鳞片被针形，膜质。淡褐白色，雌花鳞片卵形，膜质，淡褐色。小坚果卵状椭圆形，三棱形，成熟时暗褐色。花果期 5 ~ 11 月。

分布与生境：分布于八大公山海拔 1100 m 以下的山坡林缘或疏林地中。

十字薹草 Carex cruciata

12. 秦岭薹草 Carex diplodon Nelmes

多年生草本。秆钝三棱形，坚硬，基部具老叶鞘。苞片叶状，短于小穗，具长鞘。小穗 4 ~ 5 个，顶生 1 个雄性，窄圆柱形，棕色；侧生的雌性，直立，圆柱状，花密生。果囊长于和宽于鳞片，披针状卵形，膜质，被稀疏糙硬毛，喙圆锥状圆筒形。小坚果紧包于果囊中，椭圆形，三棱形，柱头 3 个。果期 4 月。

分布与生境：分布于八大公山海拔 1000 ~ 1500 m 的山坡林下湿润草地中。

秦岭薹草 Carex diplodon

13. 签草 **Carex doniana** Sprengel

多年生草本。秆扁锐三棱形，基部具叶鞘。叶质较柔软，平张。苞片叶状，不具鞘。小穗 3 ~ 6 个，顶生小穗为雄小穗，线状圆柱形；侧生小穗为雌小穗，有时顶端具少数雄花，长圆柱形，密生多数花。果囊后期近水平展开，长圆状卵形，稍鼓胀三棱形，淡绿黄色。小坚果稍松地包于果囊内，倒卵形，三棱形，深黄色；柱头 3 个。花果期 4 ~ 10 月。

分布与生境：分布于八大公山海拔 500 ~ 800 m 的山坡湿润草地中。

签草 Carex doniana

14. 显异薹草 **Carex eminens** Nees

根状茎木质。秆高大而粗壮。叶基生和秆生，长于秆，宽 5 ~ 8 mm，边缘具刺毛或全缘。圆锥花序复出，支花序为简单圆锥花序，单生或双生，轮廓为宽卵形，小穗单生或 2 ~ 3 个簇生，两性，雄雌顺序，圆柱形；雌花鳞片长圆形或长圆状披针形，褐色或紫褐色，有 1 条中脉，中脉光滑或粗糙，边缘白色膜质。果囊倒卵状披针形或狭椭圆形，黄绿色，有褐点，两侧脊上被短粗毛，顶端骤缩成微外弯的短喙，喙口具 2 小齿。小坚果紧包于果囊中，椭圆形，花柱基部微增粗，柱头 3 个。花果期 7 ~ 11 月。

分布与生境：分布于八大公山五道水，生于海拔 200 ~ 300 m 的山地林缘草丛里。

15. 川东薹草 **Carex fargesii** Franchet

多年生草本。秆锐三棱形，基部具叶鞘。叶基生或秆生。苞片最下部的 1 枚叶状，无鞘，其余为刚毛状。小穗 5 ~ 8 个，顶生 1 个雄性，有时顶端或中部具少数雌花，线形；侧生的雌性，长圆柱形。果囊稍长于鳞片，卵形或披针状长圆形，膜质，淡红色。小坚果稍松地包于果囊中，卵形或倒卵形，平凸状，栗色；柱头 2 个。花果期 5 ~ 7 月。

显异薹草 Carex eminens

川东薹草 Carex fargesii

16. 蕨状薹草 Carex filicina Nees

多年生草本。秆密丛生，锐三棱形。叶，平张，边缘密生短刺毛，基部具宿存叶鞘。苞片叶状。圆锥花序复出。小穗多数，全部从囊状、内无花的支先出叶中生出，开展或微开展，两性；雄花，具 3 ~ 7 朵花；雌花，具 2 ~ 16 朵花。果囊椭圆形或狭椭圆形，三棱形。小坚果椭圆形，三棱形，成熟时黄褐色；柱头 3 个。花果期 5 ~ 11 月。

分布与生境：分布于八大公山各地，生于海拔 1100 m 以下的山坡林缘或疏林地中。

17. 穿孔薹草 Carex foraminata C. B. Clarke

根状茎粗壮，外被撕裂的纤维。秆较粗壮，三棱形，平滑，基部具暗褐色无叶片的叶鞘，后者多分裂成纤维状。叶长于或等长于秆，宽 4 ~ 7 mm，平张，革质，两面平滑，边缘粗糙。苞片下部的短叶状，上部的刚毛状，短于小穗，具长鞘。小穗 4 ~ 6 个，顶生小穗雄性，侧生小穗雌性，疏远，圆柱形，具密花，顶端多少下垂。雄花鳞片匙形，栗色，背面中部白色，具1条明显的中脉；雌花鳞片长圆形，顶端急尖，上部两侧淡栗色，背面中部略带淡绿色，并具1条明显的中脉，侧脉不显。果囊短于鳞片，倒卵形，具多条隆起的脉，疏被微毛，基部具短柄，具极短的喙，略向外弯，喙口微凹。小坚果紧包于果囊中，短长方形。花果期4～5月。

分布与生境：分布于八大公山各地，生于海拔400～1000 m的溪边林缘草丛里。

蕨状薹草 Carex filicina

穿孔薹草 Carex foraminata

18. 穹隆薹草 Carex gibba Wahlenberg

多年生草本。茎直立，三棱形，基部具褐色、纤维状分裂的老叶鞘。苞片叶状。小穗卵形或长圆形，穗状花序，雌雄顺序，花密生。雌花鳞片圆卵形或倒卵状圆形，两侧白色膜质。小坚果，圆卵形，淡绿色。花果期4～8月。

分布与生境：分布于八大公山各地，生于海拔 200 ~ 800 m 的林下或林缘草丛中。

穹隆薹草 Carex gibba

19. 大舌薹草 Carex grandiligulata Kükenthal

多年生草本。花茎近基部的叶鞘具叶片，营养茎的叶片狭条形，草质。花茎中部以上各节具小穗。小穗雄雌顺序，1 ~ 2 个生于各节，线状圆柱形，雄花部分通常约等长于雌花部分，具较密集的雄花；雌花部分具 2 ~ 3 朵雌花。果囊椭圆形，具锈点。小坚果紧包于果囊中，椭圆形，三棱形，柱头 3 个。花果期 4 ~ 5 月。

分布与生境：分布于八大公山各地，生于海拔 800 ~ 1500 m 的林缘草丛中。

大舌薹草 Carex grandiligulata

20. 长囊薹草 Carex harlandii Boott

多年生草本。秆侧生，三棱形。不育叶平展，基部对折，革质。苞片叶状，具鞘。小穗 3 ~ 4 个，顶端 1 个雄性，线状圆柱形；侧生小穗大部分为雌花，顶端有少数雄花，圆柱形，花密生。果囊长于鳞片 1 倍多，黄绿色或绿色。小坚果紧包于果囊中，菱状椭圆形，三棱形，黄褐色，柱头 3 个。花果期 4 ~ 7 月。

分布与生境：分布于八大公山各地，生于海拔 1000 ~ 1300 m 的林缘草丛中。

长囊薹草 Carex harlandii

21. 亨氏薹草 Carex henryi (C. B. Clarke) L. K. Dai

多年生草本。秆密丛生，钝三棱形，具基生叶和秆生叶。叶基部常对折，具长鞘。苞片下部的呈叶状，上部的呈刚毛状，具鞘。小穗多数，排列成稀疏的圆锥花序，雄雌顺序，顶端具少数几朵雄花，其余为疏生的雌花。果囊近于直立，长于鳞片，椭圆形，平凸状，黄绿色。小坚果紧包于果囊内，椭圆形，扁双凸状；柱头 2 个。花果期 8 ~ 10 月。

分布与生境：分布于八大公山各地，生于海拔 500 ~ 1500 m 的山坡林下草丛中。

亨氏薹草 Carex henryi

22. 大披针薹草 Carex lanceolata Boott

根状茎粗壮，斜生。秆密丛生。叶与秆近等长或超出，宽 1.0 ~ 2.5 mm。苞片佛焰苞状，苞鞘背部淡褐色。小穗 3 ~ 6 个，彼此疏远；顶生的 1 个雄性，侧生的 2 ~ 5 个小穗雌性，长圆形或长圆状圆柱形；雌花鳞片披针形或倒卵状披针形，顶端急尖或渐尖，具短尖，纸质，两侧紫褐色，有宽的白色膜质边缘，中间淡绿色，有 3 条脉。果囊明显短于鳞片，倒卵状长圆形，钝三棱形，淡绿色，密被短柔毛，具 2 侧脉及若干隆起的细脉，基部骤缩成长柄，顶端圆，具短喙，喙口截形。小坚果倒卵状椭圆形，三棱形；花柱基部稍增粗，柱头 3 个。

分布与生境：分布于八大公山各地，生于海拔 1500 ~ 1900 m 的山坡草丛中。

大披针薹草 Carex lanceolata

23. 披针薹草 Carex lancifolia C. B. Clarke

多年生草本。秆密丛生，侧生，稍扁，下部为具紫红色长鞘之短叶所包围。叶，平张；叶鞘紫红色，宿存叶鞘黑褐色。苞片鞘状，仅下部的 1 枚顶端具芒状苞叶；小穗 4 ~ 5 个；顶生的 1 个雄性，线形；侧生的 3 ~ 4 个小穗雌性，线状圆柱形。果囊长于鳞片，长圆形，三棱形，绿色。小坚果长圆形，三棱形，成熟时褐色，柱头 3 个。

分布与生境：分布于八大公山各地，生于海拔 1500 ~ 1900 m 的山坡草丛中。

披针薹草 Carex lancifolia

24. 舌叶薹草 Carex ligulata Nees

多年生草本。秆疏丛生，三棱形，基部具鞘。叶平张，有时边缘稍内卷，具明显锈色的叶舌。苞片叶状。小穗6~8个，顶生小穗为雄小穗，圆柱形或长圆状圆柱形，密生多数花。果囊近直立，长于鳞片，倒卵形，钝三棱形，绿褐色，具锈色短条纹。小坚果紧包于果囊内，椭圆形，三棱形，棕色；柱头3个。花果期5~7月。

分布与生境：分布于八大公山各地，生于海拔600~1800 m的山坡林下。

舌叶薹草 Carex ligulata

25. 套鞘薹草 Carex maubertiana Boott

多年生草本。秆丛生，钝三棱形，基部具鞘。叶较密生，较坚挺，边缘稍外卷，叶鞘口具明显的紫红色叶舌。苞片叶状，长于花序，具鞘。小穗6~9个；顶生小穗为雄小穗，狭圆柱形；其余小穗为雌小穗，圆柱形，密生多数花。小坚果紧包于果囊内，宽椭圆形，二棱形，基部急狭成短柄，顶端急尖。花果期6~9月。

分布与生境：产于八大公山各地，生于海拔300~1200 m的山坡林下。

26. 条穗薹草 Carex nemostachys Steude

多年生草本。秆粗壮，三棱形，基部具叶鞘。叶较坚挺，下部常折合。苞片下面的叶状。小穗5~8个，常聚生于秆的顶部，顶生小穗为雄小穗，线形；其余小穗为雌小穗，长圆柱形，密生多数花。果囊后期向外张开，卵形或宽卵形，褐色。小坚果较松地包于果囊内，三棱形，淡棕黄色；柱头3个。花果期9~12月。

分布与生境：分布于八大公山各地，生于海拔600~1800 m的山沟边或林下湿润地。

套鞘薹草 Carex maubertiana

条穗薹草 Carex nemostachys

27. 柄状薹草 Carex pediformis C. A. Meyer

多年生草本。叶基部具褐色或暗褐色分裂成纤维状的宿存叶鞘。苞片佛焰苞状，苞鞘下部褐色，上部边缘白色膜质，苞叶短，或呈刚毛状。小穗 3～4 个，顶生的 1 个雄性，棒状圆柱形，具少数或多数密生的花；侧生的 2 ~ 3 个小穗雌性，长圆形或长圆状圆柱形，具多数稍密生或疏生的花。果囊稍短于鳞片，密被白色短柔毛。小坚果倒卵形，成熟时黄褐色。

分布与生境：分布于八大公山各地，生于海拔 1000 m 以下的山坡草丛中。

柄状薹草 Carex pediformis

28. 粉被薹草 Carex pruinosa Boott

多年生草本。秆丛生，平滑，基部具红褐色的叶鞘。叶与秆近等长或短于秆，平张，边缘反卷。苞片叶状。小穗 3 ~ 5 个，顶生 1 个雄性，有时其上有数朵雌花，窄圆柱形；侧生小穗雌性，有时其顶端具雄花，圆柱形。果囊等长或稍长于鳞片，长圆状卵形，密生乳头状突起和红棕色树脂状小突起。小坚果宽卵形，黄褐色，柱头 2。花果期 3 ~ 6 月。

分布与生境：分布于八大公山各地，生于海拔 200 ~ 1500 m 的沟边草丛里。

29. 大理薹草 Carex rubrobrunnea var. **taliensis** (Franchet) Kükenthal

多年生草本。秆丛生，三棱形。基部具褐色呈网状分裂的老叶鞘。叶革质，边缘粗糙。苞片最下部的 1 ~ 2 枚叶状，上部的刚毛状，无鞘。小穗 4 ~ 6 个，顶生 1 个雄性或雌雄顺序，线状圆柱形或近棒状，花密生；侧生小穗雌性，有时顶端具雄花，圆柱形，具多而密生的花。果囊黄绿色，密生锈色树脂状的点线。柱头长约为果囊的 2 倍。花果期 3 ~ 5 月。

分布与生境：分布于八大公山海拔 1600 ~ 2400 m 的湖边草丛里。

粉被薹草 Carex pruinosa

大理薹草 Carex rubrobrunnea var. taliensis

30. 花莛薹草 Carex scaposa C. B. Clarke

秆侧生。叶基生和秆生；基生叶数枚丛生，狭椭圆形至椭圆状带形，（10 ~ 35）cm ×（2 ~ 5）cm，秆生叶退化呈佛焰苞状，生于秆的下部或中部以下，褐色 纸质，无毛。圆锥花序复出，具 3 至数枚支花序；支花序圆锥状，轮廓为三角状卵形。小穗 10 ~ 20 个，全部从囊状、内无花的支先出叶中生出，开展，两性，雄雌顺序，长圆状圆柱形。果囊椭圆形，三棱形，密生褐色斑点腹面具 2 侧脉，无毛，基部几无柄，顶端渐渐收缩成中等长的喙，喙稍短于果囊的 1/2 喙口微凹。小坚果椭圆形，三棱形，花柱基部不增粗或微增粗，柱头 3 个。花果期 5 ~ 11 月。

分布与生境：分布于八大公山各地，生于海拔 300 ~ 800 m 的山坡林下。

花莛薹草 Carex scaposa

31. 硬果薹草 Carex sclerocarpa Franchet

根状茎斜升。秆丛生，基部常包以褐红色叶鞘。叶短于秆，宽 5～6 mm，具两条明显的侧脉。苞片叶状，短于秆，通常具长的苞片鞘。小穗 6～7 个，顶生小穗为雄小穗，线形，其余小穗为雌小穗，很狭的圆柱形；雌花鳞片披针形，顶端渐尖，具短芒，苍白色，具淡绿色中脉。果囊斜展开，长于鳞片，椭圆形，钝三棱形，膜质，褐绿色，具 5 条不明显的脉，脉上被短硬毛，基部楔形，顶端急缩成中等长的喙，喙口斜截形。小坚果较紧地包于果囊内，近椭圆形，三棱形，花柱基部稍增粗，柱头 3 个，通常较短。花果期 5～6 月。

分布与生境：分布于八大公山海拔 500～1200 m 的山坡草丛中。

硬果薹草 Carex sclerocarpa

32. 仙台薹草 **Carex sendaica** Franchet

多年生草本。秆三棱形。叶基生，平展或有的折合，具鞘。苞片下面的线形，上面的呈刚毛状，具鞘。小穗 3 ~ 4 个，雄雌顺序，顶生小穗雄花部分较雌花部分长，侧生小穗常雌花部分长于雄花部分，小穗长圆形。果囊近于直立，宽椭圆形或宽卵形，平凸状，膜质，红棕色。小坚果紧包于果囊内，近圆形，扁平凸状，淡黄色，无柄。花果期 8 ~ 10 月。

分布与生境：分布于八大公山海拔 500 ~ 1200 m 的山坡草丛中。

仙台薹草 Carex sendaica

33. 宽叶薹草 **Carex siderosticta** Hance

多年生草本。花茎近基部的叶鞘无叶片，营养茎的叶长圆状披针形。花苞鞘上部膨大似佛焰苞状。小穗 3 ~ 6（10）个，雄雌顺序。雄花鳞片及雌花鳞片椭圆状长圆形至披针状长圆形，两侧透明膜质，遍生稀疏锈点。果囊具多条明显凸起的细脉。小坚果紧包于果囊中，椭圆形，三棱形，花柱宿存，柱头 3 个。花果期 4 ~ 5 月。

分布与生境：分布于八大公山各地，生于海拔 1500 ~ 1900 m 的山坡松林下。

宽叶薹草 Carex siderosticta

34. 柄果薹草 Carex stipitinux C. B. Clarke ex Franchet

多年生草本。秆丛生，三棱形，平滑，基部为深褐色无叶片的鞘所包裹。叶片背面中脉上和边缘均粗糙，具长鞘。苞片最下面一片为叶状，正面的为针状或刚毛状，短于花序。小穗多数，1 ~ 3 个出自同一苞片鞘内。小坚果紧包于果囊内，椭圆形，扁双凸状，无柄。花果期 6 ~ 9 月。

分布与生境：分布于八大公山各地，生于海拔 500 ~ 1500 m 的山坡草丛中。

柄果薹草 Carex stipitinux

35. 长柱头薹草 Carex teinogyna Boott

多年生草本。秆密丛生，三棱形，基部具叶鞘。叶片下部折合，向上渐成平展。苞片下部的叶状，上部的刚毛状，具鞘。小穗多数，1 ~ 3 个出自同一苞片鞘内，线形，雄雌顺序，雄花部分较雌部分短很多。果囊短于鳞片，长圆形或狭椭圆形，平凸状，膜质，暗棕色。小坚果紧包于果囊内，椭圆形，扁双凸状，淡黄色；柱头 2 个。花果期 9 ~ 12 月。

分布与生境：分布于八大公山各地，生于海拔 400 ~ 1000 m 的溪边林缘草丛里。

36. 藏薹草 Carex thibetica Franchet

多年生草本。秆侧生，钝三棱形，平滑，基部叶鞘无叶片，褐色。叶长于秆，上部边缘粗糙，先端渐狭，淡绿色，革质。苞片短叶状，短于小穗，具长鞘。小穗 4 ~ 6 个，顶生 1 个雄性，窄圆柱形，具柄；侧生小穗雄雌顺序。果囊长于鳞片，倒卵形，近膨胀三棱形，膜质，黄褐色。花果期 4 ~ 5 月。

分布与生境：分布于八大公山各地，生于海拔 500 ~ 1800 m 的山坡林下湿润处。

长柱头薹草 Carex teinogyna

藏薹草 Carex thibetica

（二）莎草属 **Cyperus** Linnaeus

一年生或多年生草本。仅基部生叶，叶具鞘。长侧枝聚伞花序简单或复出，或有时短缩成头状，基部具叶状苞片数枚，小穗几个至多数，成穗状、指状、头状排列于辐射枝上端，小穗轴宿存，常具翅，最下面1～2枚鳞片为空的，其余均具一朵两性花，无下位刚毛，雄蕊3，少数1～2，花柱基部不增大，柱头3，极少2个，成熟时脱落。小坚果三棱形。

600种，我国有62种，湖南有15种，八大公山有9种。

分种检索表

1. 小穗无关节，后期小穗不脱落，鳞片从基部向顶端逐渐脱落。
  2. 柱头 2 ······ **9. 水莎草 C. serotinus**
  2. 柱头 3。
    3. 小穗穗状排列辐射枝顶端。
      4. 小穗轴具翅······ **8. 香附子 C. rotundus**
      4. 小穗轴无翅。
        5. 穗状花序伸长，小重排列稀疏。
          6. 长侧枝聚伞花序复出，小穗直立或斜展。
            7. 小穗轴无翅······ **6. 碎米莎草 C. iria**
            7. 小穗轴无翅······ **7. 具芒碎米莎草 C. microiria**
          6. 长侧枝聚伞花序简单，小穗近平展······ **1. 阿穆尔莎草 C. amuricus**
        5. 穗状花序短缩，小穗排列紧密近头状······ **2. 扁穗莎草 C. compressus**
    3. 小穗指状排列或簇生于极短缩的花序轴上。
      8. 一年生草本，秆基部通常有叶······ **4. 异型莎草 C. difformis**
      8. 多年生草本，秆基部有少数叶或仅有叶鞘······ **5. 畦畔莎草 C. haspan**
1. 小穗有关节，后期小穗脱落，鳞片宿存······ **3. 砖子苗 C. cyperoides**

1. 阿穆尔莎草 Cyperus amuricus Maximowicz

多年生草本。叶多基生，叶状苞片 3 ~ 5 枚，简单长侧枝聚伞花序具 2 ~ 10 个辐射枝，穗状花序蒲扇形、宽卵形或长圆形，具 5 至多数小穗，具 8 ~ 20 朵花，鳞片膜质，具 5 条脉，两侧紫红色或褐色，雄蕊 3，花药短。小坚果倒卵形或长圆形，黑褐色。花果期 7 ~ 10 月。

分布与生境：分布于八大公山各地，生于海拔 400 ~ 1200 m 的稻田中或水边潮湿处。

阿穆尔莎草 Cyperus amuricus

2. 扁穗莎草 Cyperus compressus Linnaeus

一年生草本。叶多基生，叶鞘紫褐色。苞片 3 ~ 5 枚，叶状，穗状花序具 3 ~ 10 个小穗；小穗具 8 ~ 20 朵花；鳞片复瓦状排列，稍厚，脉 9 ~ 13 条；雄蕊 3，花柱长。小坚果倒卵形，深棕色。花果期 7 ~ 12 月。

分布与生境：分布于八大公山各地，生于海拔 200 ~ 1200 m 的稻田中或水边潮湿处。

用途：全草药用。

扁穗莎草 Cyperus compressus

3. 砖子苗 Cyperus cyperoides (Linnaeus) Kuntze

多年生草本。根状茎短。秆疏丛生，锐三棱形，平滑，基部膨大。叶短于秆或与秆等长，下部常折合，向上渐成平张，叶鞘褐色或红棕色。叶状苞片 5 ~ 8 枚，通常长于花序，斜展，长侧枝聚伞花序简单，具 6 ~ 12 个或更多些福射枝，辐射枝长短不等，小穗轴具宽翅，白色透明。小坚果狭长圆形，三棱形。花果期 4 ~ 10 月。

分布与生境：分布于八大公山各地，生于海拔 200 ~ 800 m 的稻田中或水边潮湿处。

用途：全草入药。

砖子苗 Cyperus cyperoides

4. 异型莎草 Cyperus difformis Linnaeus

一年生草本。秆丛生。叶鞘褐色。苞片 2 枚，少 3 枚，叶状，长侧枝聚伞花序简单，具 3 ~ 9 个辐射枝，头状花序球形，具多数小穗，小稻轴无翅：鳞片膜质，雄蕊 2，有时 1 枚。小坚果倒卵状椭圆形，淡黄色。花果期 7 ~ 10 月。

分布与生境：分布于八大公山各地，生于海拔 400 ~ 1200 m 的稻田中或水边潮湿处。

用途：全草入药。

异型莎草 Cyperus difformis

5. 畦畔莎草 Cyperus haspan Linnaeus

一年生草本。草秆丛生或散生，三棱形。叶片线形，两边内卷。长侧枝聚伞花序简单或复出；小穗通常 3 ~ 6 个，于辐射枝顶呈指状排列。小坚果倒卵形，有 3 棱，淡黄色。

畦畔莎草 Cyperus haspan

分布与生境：分布于八大公山各地，生于海拔 400 ~ 1200 m 的稻田中或水边潮湿处。

用途：全草入药。

6. 碎米莎草 Cyperus iria Linnaeus

一年生草本，无根状茎，具须根。秆丛生，基部具少数叶，叶鞘红棕色或棕紫色。叶状苞片 3 ~ 5 枚，长侧枝聚伞花序复出，具 4 ~ 9 个辐射枝，每个辐射枝具 5 ~ 10 个穗状花序，稻状花序卵形或长圆状卵形，具 6 ~ 22 朵花，鳞片膜质，有 3 ~ 5 条脉，雄蕊 3，花丝着生在环形的胼胝体上。小坚果倒卵形或椭圆形，褐色。花果期 6 ~ 10 月。

分布与生境：分布于八大公山各地，生于海拔 400 ~ 1200 m 的稻田中或水边潮湿处。

碎米莎草 Cyperus iria

7. 具芒碎米莎草 Cyperus microiria Steudel

一年生草本。秆丛生，锐三棱形。叶短于秆，平张；叶鞘红棕色，表面稍带白色。叶状苞片 3 ~ 4 枚；穗状花序卵形或宽卵形或近于三角形，具多数小穗；小穗排列稍稀，具 8 ~ 24 朵花；小穗轴直，具白色透明的狭边；鳞片排列疏松，膜质；雄蕊 3，柱头 3。小坚果倒卵形，三棱形，深褐色，具密的微突起细点。花果期 8 ~ 10 月。

分布与生境：分布于八大公山各地，生于海拔 400 ~ 1200 m 的稻田中或水边潮湿处。

8. 香附子 Cyperus rotundus Linnaeus

多年生草本。叶较多，鞘棕色。叶状苞片 2 ~ 3(5) 枚，常长于花序，穗状花序，具 3 ~ 10 个小穗；小穗具 8 ~ 28 朵花，小穗轴具较宽的白色透明的翅，鳞片膜质，两侧紫红色或红棕色，具 5 ~ 7 条脉，雄蕊 3，花药长。小坚果长圆状倒卵形。花果期 5 ~ 11 月。

分布与生境：分布于八大公山各地，生于海拔 800 m 的山坡荒地草丛中。

用途：块状茎入药。

具芒碎米莎草 Cyperus microiria

香附子 Cyperus rotundus

9. 水莎草 Cyperus serotinus Rottboll

多年生草本。秆丛生或散生，基部具叶；苞片叶状；长侧枝聚繖花序简单或复出，疏展或密聚成头状；辐射枝延长或短缩或有时近于无；小穗排列成穗状或头状；小穗轴延续，基部亦无关节，宿存；鳞片二列，后期渐向顶端脱落，最下面 1 ~ 2 枚鳞片内无花，其余均具 1 朵两性花；无下位刚毛或鳞片状花被，雄蕊 3，少数 2（1）个，药隔突出或不突出；花柱短或长，基部不膨大，脱落，柱头 2。小坚果背腹压扁面向小穗轴，双凸状、平凸状或凹凸状。花果期 7 ~ 10 月。

分布与生境：分布于八大公山各地，生于海拔 200 ~ 800 m 的山坡荒地草丛中。

用途：全草入药。

水莎草 Cyperus serotinus

（三）荸荠属 Eleocharis R. Brown

多年生或一年生草本。根状茎不发育或很短，通常具匍匐枙状茎。秆丛生或单生。叶一般只有叶鞘而无叶片。苞片缺如，小穗 1，项生，直立，通常有多数两性花或有时仅有少数两性花，下位刚毛一般存在，4 ~ 8 条，雄蕊 1 ~ 3 个，柱头 2 ~ 3 个，丝状。

250 种，我国有 35 种，湖南有 7 种，八大公山有 2 种。

分种检索表

1. 柱头 2 ………………………………………………………… **1. 紫果蔺 E. atropurpurea**
1. 柱头 3 ………………………………………………………… **2. 牛毛毡 E. yokoscensis**

1. 紫果蔺 Eleocharis atropurpurea (Retzius) J. Presl & C. Presl

无匍匐根状茎。秆多数，丛生，细若毫发，在秆的基部有 1 ~ 2 个叶鞘；鞘的上部淡绿色，下部紫红色，管状，膜质，鞘口斜，顶端钝或急尖。小穗卵形、球形或长圆状卵形，顶端钝，（2.0 ~ 5.5）mm ×（1.5 ~ 2.5）mm，褐色；在小穗基部的二片鳞片中空无花，背部较宽部分为绿色，最下一片抱小穗基部 1/2 周多；其余鳞片全有花，松散地复瓦状排列，长圆形或椭圆形，顶端钝圆，背部绿色，中脉一条不大明显，两侧血红色，边缘狭，干膜质；下位刚毛 4 ~ 6 条，细，白色，有稀而细的倒刺；柱头 2。小坚果倒卵形或宽倒卵形，双凸状，初紫红色，后来紫黑色。花果期 6 ~ 10 月。

分布与生境：分布于八大公山在海拔 400 ~ 1200 m 的水田中、池塘边。

2. 牛毛毡 Eleocharis yokoscensis (Franchet & Savatier) Tang & F. T. Wang

多年生草本。秆多数。叶鳞片状，具膜质鞘。小穗卵形，淡紫色，只有几朵花，所有鳞片全有花；鳞片膜质，下位刚毛 1 ~ 4 条，有倒刺；柱头 3。小坚果狭长圆形。花果期 4 ~ 11 月。

分布与生境：分布于八大公山各地，生于海拔 400 ~ 1200 m 的水田中、池塘边。

用途：全草入药。

紫果蔺 Eleocharis atropurpurea

牛毛毡 Eleocharis yokoscensis

（四）羊胡子草属 **Eriophorum** Linnaeus

多年生草本。基部老叶鞘褐色；基生叶三棱形，狭窄，上部的鞘膨大部分及鞘口部附近甚薄，膜质状，常带黑色。苞片鳞片状，卵形，灰黑色，顶端渐尖；花序单一，生于秆之顶端，花期长圆形，灰褐色，果期近球形；鳞片灰色或暗灰色，边缘苍白色，三角状披针形；下位刚毛多数，白色；雄蕊 3。小坚果倒卵形，扁三棱状。

25 种，我国有 7 种，湖南有 1 种，八大公山亦有。

1. 丛毛羊胡子草 Eriophorum comosum (Wallich) Nees

多年生草本。具短而粗的根状茎。秆密丛生，钝三棱形，少有圆筒状，无毛，基部有宿存的黑色或褐色的鞘。秆生叶不存在，具多数基生叶，叶片线形，边操向内卷，具细锯齿，向上惭狭成刚毛状。叶状苞片长超过花序。花果期 6 ~ 11 月。

分布与生境：分布于八大公山海拔 400 ~ 1200 m 的山坡潮湿石壁上。

用途：全草入药。

丛毛羊胡子草 Eriophorum comosum

（五）飘拂草属 Fimbristylis Vahl

多年生草本。花序顶生，为单生或复生的伞形花序或退化为一单生小穗；小穗有花多朵；鳞片螺旋排列于小穗轴的四周或下部的多少 2 列，下位刚毛缺；花柱基部收缩成一小球体；柱头 2 ~ 3；坚果平滑或有条纹。

200 种，我国有 53 种，湖南有 10 种，八大公山有 4 种。

分种检索表

1. 花柱不扁，上部有缘毛，柱头 2 ·· **1. 两歧飘拂草 F. dichotoma**
1. 花柱不扁，无毛，柱头 3，很少 2。
  2. 秆下部叶鞘有叶片，苗期有无叶片有叶鞘·· **3. 宜昌飘拂草 F. henryi**
    3. 叶鞘侧扁，叶侧扁剑状·· **4. 水虱草 F. littoralis**
    3. 叶鞘管状，叶禾草状·· **2. 拟二叶飘拂草 F. diphylloides**

1. 两歧飘拂草 *Fimbristylis dichotoma* (Linnaeus) Vahl

多年生草本。秆丛生，无毛或被疏柔毛。叶线形，略短于秆或与秆等长；鞘革质，上端近于截形，膜质部分较宽而呈浅棕色。苞片 3 ~ 4 枚，叶状；小穗单生于辐射枝顶端，卵形、椭圆形或长圆形，具多数花；鳞片卵形、长圆状卵形或长圆形；雄蕊 1 ~ 2 个，柱头 2。小坚果宽倒卵形，双凸状，具 7 ~ 9 显著纵肋，具褐色的柄。花果期 7 ~ 10 月。

分布与生境：分布于八大公山各地，生于海拔 1800 m 以下的水田中或沟边。

两歧飘拂草 Fimbristylis dichotoma

2. 拟二叶飘拂草 *Fimbristylis diphylloides* Makino

多年生草本。秆丛生，由叶腋间抽出，扁四棱形。叶短于或几等长于秆，边缘具疏细齿；鞘前面膜质，锈色，无叶舌。苞片 4 ~ 6 枚，较花序短很多，刚毛状；小穗单生于辐射枝顶端，卵形或长圆状卵形，顶端钝或近于急尖，密生多数花；鳞片膜质；雄蕊 2，柱头 2 ~ 3 个。小坚果宽倒卵形，三棱形或为不等的双凸状。花果期 6 ~ 9 月。

分布与生境：分布于八大公山各地，生于海拔 400 ~ 700 m 的水田中或沟边。

拟二叶飘拂草 Fimbristylis diphylloides

3. 宜昌飘拂草 *Fimbristylis henryi* C. B. Clarke

多年生草本。秆丛生，三棱形，有沟槽，基部生 2 叶；叶长于秆；鞘前面膜质，鞘口斜裂，锈色；

叶舌截形，具缘毛。苞片叶状，2～3 枚，少有 4 枚；小苞片钻状，下部较宽，边缘膜质；小穗单生，有 8～10 余朵花；鳞片卵形或卵状披针形；雄蕊 1，柱头 2。小坚果椭圆状倒卵形、倒卵形或椭圆形，平凸状，淡黄色。花果期 8～11 月。

分布与生境：分布于八大公山各地，生于海拔 600～1800 m 的水田中或沟边。

用途：水体绿化植物。

宜昌飘拂草 Fimbristylis henryi

4. 水虱草 Fimbristylis littoralis Gaudichaud

多年生草本。秆丛生，扁四棱形，具纵棱，基部包着1～3 个无叶片的鞘，鞘口斜裂，向上渐狭窄，有时成刚毛状。叶长于成短于秆或与秆等长，侧扁，套褶，剑状，边上有稀疏细齿，向顶端渐狭成刚毛状，无叶舌。苞片 2～4 枚，刚毛状，基部宽，具锈色、膜盾的边。小坚果倒卵形或宽倒卵形，钝三棱形。

分布与生境：分布于八大公山各地，生于海拔 200～1800 m 的水田中或沟边。

用途：全草入药。

水虱草 Fimbristylis littoralis

（六）水蜈蚣属 **Kyllinga** Rottbøll

多年生草本。秆丛生或散生，直立。叶基生，线形，最下面 1 ~ 2 片通常退化只有叶鞘。苞片叶状，开展，穗状花序 1 ~ 3 个，头状，小穗压扁，小穗轴近基部有关节，于下面 2 空鳞片上面脱落，并遗存 1 节在总轴上，花柱 2。小坚果双凸状。

75 种，我国有 7 种，湖南有 1 种，八大公山亦有。

1. 短叶水蜈蚣 **Kyllinga brevifolia** Rottbøll

多年生草本。根状茎长而匍匐，外被膜质、褐色的鳞片，具多数节间，每一节长一秆。秆散生，扁三棱形，平滑，基部不膨大，具 4 ~ 5 个圆筒状叶鞘，鞘口斜截形，上面 2 ~ 3 个叶鞘顶端具叶片，叶短于或稍长于秆。叶状苞片 3 枚，极展开，后期常向下反折。花果期 5 ~ 9 月。

分布与生境：分布于八大公山各地，生于海拔 200 ~ 1200 m 的山坡荒地、路旁及田边草地。

用途：全草入药。

短叶水蜈蚣 Kyllinga brevifolia

（七）扁莎属 **Pycreus** P. Beauvois

一年生草本。秆多丛生。基部具叶。苞片叶状；长侧枝聚伞花序简单或复出，疏展或密集成头状；辐射枝长短不等；小穗排列成穗状或头状；小穗轴延续；鳞片二列，逐渐向顶端脱落，最下面 1 ~ 2

个鳞片内无花，其余均具 1 朵两性花；无下位刚毛或鳞片状花被；雄蕊 1 ~ 3 个药隔突出或不突出；花柱基部不膨大，脱落，柱头 2。小坚果两侧压扁。

70 种，我国有 11 种，湖南有 2 种，八大公山均有。

分种检索表

1. 鳞片两侧具宽槽…………………………………………………… **1. 红鳞扁莎 P. sanguinolentus**
1. 鳞片两侧无宽槽………………………………………………………… **2. 球穗扁莎 P. flavidus**

1. 球穗扁莎 Pycreus flavidus (Retzius) T. Koyama

一年生草本。根状茎短，具须根。秆丛生，钝三棱形。叶少，叶鞘长，下部红棕色。苞片 2 ~ 4 枚，简单长侧枝聚伞花序具 1 ~ 6 个辐射枝，每一辐射枝具 2 ~ 20 余个小穗；小穗密聚于辐射枝上端呈球形，小坚果倒卵形，褐色。花果期 6 ~ 11 月。

分布与生境：分布于八大公山各地，生于海拔 400 ~ 1200 m 的稻田中或水边潮湿处。

2. 红鳞扁莎 Pycreus sanguinolentus (Vahl) Nees ex C. B. Clarke

一年生草本。秆密丛生，扁三棱形，平滑。叶边缘具白色透明的细刺。苞片 3 ~ 4 枚，叶状，简单长侧枝聚伞花序具 3 ~ 5 个辐射枝，辐射枝由 4 ~ 12 个或更多的小穗密聚成短的穗状花序，小穗长圆形至长圆状披针形，具 6 ~ 24 朵花；雄蕊 3，少 2，柱头 2。小坚果倒卵形或长圆状倒卵形，成熟时黑色。 花果期 7 ~ 12 月。

分布与生境：分布于八大公山各地，生于海拔 400 ~ 1200 m 的山谷、田边、河旁潮湿处，或长于浅水处。

用途：根和全草入药。

球穗扁莎 Pycreus flavidus

红鳞扁莎 Pycreus sanguinolentus

（八）水葱属 **Schoenoplectus** (Reichenbach) Palla

多年生草本。丛生或散生，具根状茎或无，有时具匍匐根状茎或块茎。秆三棱形。叶扁平，很少为半圆柱状。聚散花序简单或复出，假侧生；苞片为秆的延伸，小穗具少数至多数花；每鳞片内均其 1 朵两性花；下位刚毛，较小坚果长或短，常有倒刺，少数有顺刺 ，或有时只有上部有刺；雄蕊 3 ~ 1 个；花柱与子房速生，柱头 2 ~ 3 个。小坚果三棱形或双凸状。

77 种，我国有 22 种，湖南有 6 种，八大公山有 1 种。

1. 萤蔺 **Schoenoplectus juncoides** (Roxburgh) Palla

多年生草本。秆丛生，根状茎短，具许多须根；秆稍坚挺，圆柱状，少数近于有棱角，平滑，基部无叶片。苞片1枚；小穗聚成头状，假侧生，卵形，棕色或淡棕色，具多数花，鳞片宽卵形或卵形，具1条中肋，两侧棕色或具深棕色条纹；下位刚毛 5 ~ 6 条，有倒刺；雄蕊 3，柱头 2，极少 3 个。小坚果宽倒卵形成熟时黑褐色，具光泽。花果期 8 ~ 11 月。

分布与生境：分布于八大公山各地，生于海拔 800 m 以下的荒地或水田、沼泽中。

用途：全草入药。

萤蔺 Schoenoplectus juncoides

（九）藨草属 **Scirpus** Linnaeus

多年生草本。丛生或散生，具根状茎或无，有时具匍匐根状茎或块茎。秆三棱形。叶扁平，很少为半圆柱状。聚散花序简单或复出，顶生圆锥花序；苞片叶状，小穗具少数至多数花；每鳞片内均其 1 朵两性花；下位刚毛，较小坚果长或短，常有倒刺，少数有顺刺，或有时只有上部有刺；雄蕊 3 ~ 1 个；花柱与子房速生，柱头 2 ~ 3 个。小坚果三棱形或双凸状。

35 种，我国有 12 种，湖南有 5 种，八大公山有 2 种。

分种检索表

1. 下位刚毛 6 条，长而弯曲……………………………………………………**1. 庐山藨草 S. lushanensis**
1. 下位刚毛 2 ～ 3 条，短而微弯曲…………………………………………… **2. 百球藨草 S. rosthornii**

1. 庐山藨草 **Scirpus lushanensis** Ohwi

多年生草本。秆粗壮，坚硬，呈不明显的三棱形，有 5 ~ 7 个节。具基生叶和秆生叶，少数基生叶仅具叶鞘而无叶片，鞘常红棕色，叶坚硬，一般短于秆。叶状苞片 1 ~ 4 枚，较花序长，小穗 5 ~ 10 个聚合成头状，着生于辐射枝顶端，长圆形或卵形，鳞片披针形或长圆状卵形，顶端急尖，膜质，红棕色。小坚果长圆形或倒卵形，扁三棱形。

分布与生境：分布于八大公山各地，生于海拔海拔 700 ~ 1000 m 的山坡湿地中。

用途：全草入药。

庐山藨草 Scirpus lushanensis

2. 百球藨草 *Scirpus rosthornii* Diels

多年生草本。秆粗壮，坚硬，三棱形。具秆生叶，叶较坚挺，秆上部的叶高出花序。叶状苞片3～5枚，常长于花序，长侧枝聚伞花序大，顶生，小穗无柄，卵形或椭圆形，鳞片宽卵形，顶端钝，两侧脉间黄缘色，其余为麦秆黄色或棕色，后来变为深褐色。小坚果椭圆形或近于圆形，双凸状，黄色。花果期5～9月。

分布与生境：分布于八大公山各地，生于海拔700～2000 m的沟边湿地或荒田中。

用途：全草入药

百球藨草 Scirpus rosthornii

（十）珍珠茅属 *Scleria* P. J. Bergius

秆直立，三棱形，少数为圆柱状，具秆生叶或同时具基生叶。叶线形，常具3条较粗的脉，具鞘，在秆中部的叶鞘具翅或无翅，大多具叶舌。圆锥花序顶生，复出，苞片叶状，具鞘；小苞片通常刚毛状，很少为鳞片状；花全为单性；小穗最下面的2～4片鳞片内无花；雄小穗通常具数朵雄花；雌小穗仅具1朵雌花；两性小穗则在下面1朵为雌花，以上数朵为雄花；雄蕊3～1个，药隔常突出成钻状；花柱基部不扩大，柱头3。小坚果球形或卵形，多数有光泽，通常具3裂或全缘的下位盘。

150种，我国有16种，湖南有2种，八大公山有1种。

1. 黑鳞珍珠茅 *Scleria hookeriana* Boeckeler

匍匐根状茎短，木质，密被紫红色、长圆状卵形的鳞片。秆直立，三棱形，高60～100 cm。叶线形，（4～35）cm ×（4～8）mm，叶鞘纸质，紫红色或淡褐色。圆锥花序顶生，小苞片刚毛状，小穗通常2～4个紧密排列，全部小花鳞片黑色，子房被长柔毛，柱头3。小坚果卵珠形，钝三棱形，顶端具短尖，白色，表面有网纹。花果期5～7月。

分布与生境：分布于八大公山五道水，生于海拔200～500 m的山坡草丛中。

用途：全草入药。

黑鳞珍珠茅 Scleria hookeriana

（十一）藨蔗草属 **Trichophorum** Persoon

多年生草本，茎丛生，叶基具舌状叶鞘，总包苞片 1，颖片状，近直立，先端锐尖或具芒。穗状花序，椭球状。颖片浅棕色，螺旋状排列，膜状，脱落，腋部具花，花两性或单性；花被片刚毛 6，丝状，开花之后会有所延长。雄蕊 2，3 或 6；花柱基部合生，轻微加厚。小坚果倒卵球形，三棱形，光滑。

10 种，我国有 6 种，湖南有 2 种，八大公山有 1 种。

1. 玉山针蔺 Trichophorum subcapitatum (Thwaites & Hooker) D. A. Simpson

多年生草本。秆细长，无秆生叶，叶鞘棕黄色。苞片鳞片状，卵形或长圆形，顶端具较长的短尖；蝎尾状聚伞花序小，具 2 ~ 4（6）小穗；小穗卵形或披针形，具几朵至十几朵花；鳞片排列疏松；下位刚毛 6 条，上部具顺向短刺；雄蕊 3，柱头 3。小坚果长圆形或长圆状倒卵形，三棱形，棱明显隆起，黄褐色。花果期 3 ~ 6 月。

分布与生境：分布于八大公山各地，生于海拔 800 ~ 1200 m 的山坡潮湿石壁上。

玉山针蔺 *Trichophorum subcapitatum*

三十八、禾本科 Gramineae

木本或草本。根多数为须根，有或无地下茎，地上茎多通称秆，秆单生、散生或丛生，通常中空，具节。单叶互生，无柄或具短柄，平行脉，具叶鞘、叶舌和叶耳。花序由小穗组成，排成穗状、总状或圆锥状，小穗由两行苞片和苞片腋内的小花组成，具颖片、外稃、内稃、浆片，小花单性或两性，雄蕊 3，子房 1 室，花柱 2，柱头羽毛状或刷状。颖果，稀囊果。

700 属 11000 种，我国有 227 属 1797 种，湖南有 107 属 351 种，八大公山有 74 属 117 种。

分属检索表

1. 植物体木质化，叶二型，有茎生叶（秆箨）与营养叶两类型（竹亚科）
  2. 秆丛生或散生，秆每节具 1 分枝、3 分枝或多分枝，雄蕊 3 或 6。
    3. 续次发生花序，呈头状或穗状。
      4. 秆每节具 2 分枝……………………………………………………**5. 刚竹属 Phyllostachys**
      4. 秆每节具 3 分枝…………………………………………………**2. 寒竹属 Chimonobambusa**
    3. 单次发生花序，呈总状或圆锥状。
      5. 秆丛生。
        6. 地下茎具假鞭……………………………………………………**8. 玉山竹属 Yushania**
        6. 地下茎不具假鞭，秆柄略延伸………………………………………**3. 箭竹属 Fargesia**
      5. 秆散生。
        7. 主秆的每节通常 1 分枝，叶片大型。
          8. 叶片干后仍平整，不呈波状起伏式皱缩………………………**4. 箬竹属 Indocalamus**
          8. 叶片干后呈波状起伏式的皱缩…………………………………**7. 雷文竹属 Ravenochloa**
        7. 主秆的每节通常 3 个以上分枝，叶片小型…………………………**6. 苦竹属 Pleioblastus**
  2. 秆丛生，秆每节具 1 多分枝，雄蕊 6 ………………………………………**1. 簕竹属 Bambusa**
1. 植物体多为草质，叶单型（禾亚科）
  9. 小穗含 2 花，背腹扁或为圆筒形，小穗轴从不延伸。
    10. 小穗的 2 颖退化为半月形至无，残留在小穗轴的顶端。
      11. 小穗两性，两侧明显压扁而具脊。
        12. 小穗的 2 颖退化为半月形 ……………………………………**51. 稻属 Oryza**
        12. 小穗的 2 颖完全退化 …………………………………………**43. 假稻属 Leersia**
      11. 小穗单性，雌性小穗圆柱形，雄性小生穗略扁 ……………………**73. 菰属 Zizania**
    10. 小穗的 2 颖发达，有时第一颖微小或缺。
      13. 第二小花的外稃及内稃质地坚硬，较颖为厚。
        14. 小穗单生或孪生，脱节于颖之下。
          15. 花序中有不育小枝形成的刚毛，或穗轴延伸而成 1 尖头或 1 刚毛。
            16. 小穗成熟后与刚毛分离而独自脱落 ………………………**65. 狗尾草属 Setaria**

16. 小穗成熟后与刚毛一起脱落 ………………………………… **54. 狼尾草属 Pennisetum**

15. 花序中无不育小枝形。

17. 小穗排列为开展或紧缩的圆锥花序。

18. 小穗脱节于颖之上 ……………………………………………… **41. 柳叶箬属 Isachne**

18. 小穗脱节于颖之下。

19. 圆锥花序通常紧缩呈穗状 ……………………………… **63. 囊颖草属 Sacciolepis**

19. 圆锥花序开展。

20. 小穗两侧压扁；第二外稃背部隆起呈驼背状 …………… **52. 黍属 Panicum**

20. 小穗背复压扁 …………………………………… **24. 弓果黍属 Cyrtococcum**

17. 小穗排列为穗轴的一侧组成穗状花序。

21. 颖或第一外稃顶端有芒，如无芒则第二外稃与内稃顶端多少分离。

22. 叶片披针形 ………………………………………………… **50. 求米草属 Oplismenus**

22. 叶片线形 ……………………………………………………………… **28. 稗属 Echinochloa**

21. 颖或第一外稃无芒，第二外稃紧抱内稃，顶端不分离。

23. 第一颖显著存在 ………………………………………… **17. 臂形草属 Brachiaria**

23. 第一颖缺失或微小。

24. 小穗基部有球状或环状基盘 ……………………………… **33. 野黍属 Eriochloa**

24. 小穗基部无球状或环状基盘。

25. 总状花序稀疏互生于主轴上部 ………………………… **53. 雀稗属 Paspalum**

25. 总状花序紧密簇生于主轴顶端 ………………………… **27. 马唐属 Digitaria**

14. 小穗孪生稀单生，脱节于颖之上 ………………………… **12. 野古草属 Arundinella**

13. 第二小花的外稃及内稃膜质透明，较颖为薄。

26. 小穗通常仅含 1 花 …………………………………………………… **74. 结缕草属 Zoysia**

26. 小穗含 2 花。

27. 小穗通常两性。

28. 穗轴每节上的成对小穗均成熟且同形。

29. 无柄小穗的第一颖先端截平 ………………………… **60. 金发草属 Pogonatherum**

29. 无柄小穗的第一颖先端狭窄。

30. 穗轴延续而无关节，各节的小穗均有柄，而自其柄上脱落。

31. 植株高大，圆锥花序开展 ……………………………………… **48. 芒属 Miscanthus**

31. 植株中等大小，圆锥花序紧密成圆柱状 ………………… **40. 白茅属 Imperata**

30. 穗轴有关节，各节常带小穗均一起脱落。

32. 总状花序多数组成顶生圆锥花序。

33. 总状花序近无梗，秆实心 ……………………………… **62. 甘蔗属 Saccharum**

33. 总状花序有梗，秆空心 ………………………………… **68. 大油芒属 Spodiopogon**

32. 总状花序通常单生，或在秆顶端指状排列 ……… **46. 莠竹属 Microstegum**

28. 穗轴每节上的成对小穗和同形，有柄小穗退化不孕。

34. 穗轴节间和小穗柄粗短。

35. 有柄小穗发育良好，总状花序轴坚韧不易逐节断落 … **37. 牛鞭草属 Hemarthria**

35. 有柄小穗多少退化；总状花序轴易逐节断落。

36. 总状花序压扁有背腹之分 ………………………… **32. 蜈蚣草属 Eremochloa**

36. 总状花序呈圆柱形 ……………………………… **36. 球穗草属 Hackelochloa**

34. 穗轴节间和小穗柄通常细长，有时上端变粗或肿胀。

37. 总状花序少数至多数组成指状花序，其下无舟形佛焰苞。

38. 叶披针形或卵状披针形，秆细弱，基部倾卧 ………… **11. 荩草属 Arthraon**

38. 叶片线形，秆粗壮。

39. 秆实心，无柄小穗第二外稃发育正常 ……………… **67. 高粱属 Soghum**

39. 秆空心，无柄小穗第二外稃退化成线形。

40. 秆草质，上部少分枝 ……………………… **16. 孔颖草属 Bothriochloa**

40. 秆坚硬如细竹，上部多分枝 ……………… **21. 细柄草属 Capilipedum**

37. 总状花序单生或成对生于主秆或分枝顶端，其下有或无舟形佛焰苞。

41. 总状花序其下有舟形佛焰苞 ……………………………… **70. 菅属 Themeda**

41 总状花序其下无舟形佛焰苞。

42. 植株低矮，秆细弱 …………………………**64. 裂稃草属 Schizachyrium**

42. 植株高大，秆粗壮 ………………………… **38. 黄茅属 Heteropogon**

27. 小穗单性，雌小穗与雄小穗分别生于不同花序上或花序不同部位。

43. 雄小穗与雌小穗分别生于不同的花序上 ………………………… **72. 玉蜀黍属 Zea**

43. 雄小穗与雌小穗分别生于同一花序上 ……………………………… **22. 薏苡属 Coix**

9. 小穗含多花，两侧压扁，通常脱节于颖之上，小穗轴大都延伸。

44. 小穗无柄或几无柄，排列成穗状或穗形总状花序。

45. 小穗位于穗轴的两侧。

46. 小穗通常 2 ～ 3 生于穗轴的各节。

47. 颖存在，小穗通常 2 ～ 3 枚簇生，排列较紧密 ………………… **30. 披碱草属 Elmus**

47. 颖缺失或退化成短芒，小穗通常双生，排列较稀疏 ……………… **39. 猬草属 Hytrix**

46. 小穗单生于穗轴的各节 ………………………………………… **71. 小麦属 Triticum**

45. 小穗位于穗轴的一侧。

48. 小穗仅有 1 枚两性小花，稀可 2 枚。

49. 花序指状，小穗脱节于颖之上 ……………………………… **23. 狗牙根属 Cynodon**

49. 花序狭长圆锥状，小穗脱节于颖之下 ……………………… **15. 茵草属 Beckmania**

48. 小穗仅有 2 至数枚两性小花。

50. 穗状花序多数，在延长主轴上排列成圆锥花序 ………………… **44. 千金子属 Letchloa**

50. 穗状花序 2 至数枚在秆顶排列成指状 ……………………………… **29. 䅟属 Eleusine**

44. 小穗具柄，排列开展或紧缩的圆锥花序稀为总状花序。

51. 小穗通常仅含 1 小花，外稃具 1 ~ 5 枚。

52. 圆锥花序紧缩成圆柱状或穗状。

53. 颖片和和外稃基部的两边缘互相连合 ……………………… **10. 看麦娘属 Alopecurus**

53. 颖片和和外稃基部的两边缘互相连合 ……………………… **61. 棒头草属 Polypogon**

52. 圆锥花序紧缩或开展，但不呈圆柱状或穗状。

54. 颖不等长，有时极退化，远短于外稃。

55. 小穗脱节于颖之下 ………………………………………**55. 显子草属 Phaenosperma**

55. 小穗脱节于颖之上。

56. 外稃顶端无芒，囊果 ………………………………… **49. 乱子草属 Muhlenbergia**

56. 外稃顶端具细长的芒，颖果 ………………………… **69. 鼠尾粟属 Sporobolus**

54. 颖几等长，较长于外稃。

57. 外稃质地薄于颖，或颖同为草质。

58. 外稃基盘有长柔毛。

59. 小穗轴不延伸于内稃之后，或稀有极短的延伸 … **20. 拂子茅属 Calamagrostis**

59. 小穗轴延伸于内稃之后 …………………………………… **26. 野青茅属 Deyeuxia**

58. 外稃基盘无毛或仅有微毛 ………………………………………… **9. 剪股颖属 Agrostis**

57. 外稃质地厚于颖，或至颖背部较为坚硬。

60. 外稃无芒，基盘不显著 ……………………………………………… **47. 粟草属 Milium**

60. 外稃有芒，基盘尖锐或钝圆 ……………………………**58. 落芒草属 Piptatherum**

51. 小穗通常仅含 2 小花，外稃具数脉至多枚。

61. 小穗含 1 顶生的两性小花及附于其下的退化外稃 ………………… **56. 虉草属 Phalaris**

61. 小穗含 1 至数枚两性小花，顶生小花通常发育不全。

62. 第 2 颖通常与第 1 小花等长或较长。

63. 圆锥花序紧缩呈穗状 ……………………………………………… **42. 洽草属 Koeleria**

63. 圆锥花序紧较开展。

64. 小穗长不及 1 cm，子房无毛 ……………………………… **66. 三毛草属 Trisetum**

64. 小穗长达 1 cm 以上，子房有毛………………………………… **14. 燕麦属 Avena**

62. 第 2 颖通常短于第 1 小花。

65. 高大多年生禾草。

66. 外稃基盘细长，且有长丝状毛 ………………………… **57. 芦苇属 Phragmites**

66. 外稃基盘呈短柄状，仅边脉上有柔毛 …………………… **13. 芦竹属 Arundo**

65. 中小型禾草。

67. 外稃有 1 ～ 5 脉，脉通常明显。
68. 叶片披针形，有显著的小横脉 …………………… **45. 淡竹叶属 Lophatherum**
68. 叶片线形，无小横脉 ……………………………… **31. 画眉草属 Eragrostis**
67. 外稃有 5 至多脉，脉通常不明显。
69. 小穗紧密簇生成球形 …………………………………… **25. 鸭茅属 Dactylis**
69. 小穗不簇生成球形。
70. 顶生总状花序 …………………………………… **18. 短柄草属 Brachypodium**
70. 开展或紧缩的圆锥花序。
71. 叶鞘至少中部以上闭合。
72. 水生或沼生草本 ………………………………… **35. 甜茅属 Glyceria**
72. 陆生草本 ………………………………………… **19. 雀麦属 Bromus**
71. 叶鞘不闭合。
73. 外稃背圆无脊，基盘无绵毛 ………………………… **34. 羊茅属 Festuca**
73. 外稃背圆隆起成脊，基盘多少有绵毛 ……………… **59. 早熟禾属 Poa**

A 竹亚科 Bambusoideae Nees

（一）簕竹属 Bambusa Schreber

灌木或乔木状竹类，地下茎合轴型。竿丛生，竿每节分枝为数枝，竿下部分枝上所生的小枝或可短缩为硬刺或软刺。箨鞘常具箨耳两枚。小穗含 2 至多朵小花。颖果通常圆柱状，顶部被毛。笋期夏秋两季。

100 余种，我国有 80 种，湖南有 6 种，八大公山有 3 种。

分种检索表

1. 箨鞘顶端呈“山”字形……………………………………………… **1. 慈竹 B. emeiensis**
1. 箨鞘顶端不呈“山”字形。
2. 箨片基底之宽约与箨鞘顶端近相等，箨片大都直立……………………… **2. 孝顺竹 B. multiplex**
2. 箨片基底之宽常仅为箨鞘顶端的一半或更窄，通常能外翻………………… **3. 青皮竹 B. textilis**

1. 慈竹 Bambusa emeiensis L. C. Chia & H. L. Fung

乔木型丛生竹。节间圆筒形，表面贴生灰白色或褐色疣基小刺毛，竿环平坦，箨环显著，箨鞘革质，箨舌流苏状，箨片两面被毛，具多脉，竿每节有 20 以上的分枝。叶鞘无毛，具纵肋，叶舌截形，棕黑色，叶片披针形。笋期 6 ~ 9 月，花期 7 ~ 9 月。

分布与生境：原产我国，八大公山各地多栽培或有逸生。

用途：花、竹芯、竹叶、竹笋、竹根均可入药；庭院观赏竹类。

慈竹 Bambusa emeiensis

2. 孝顺竹 Bambusa multiplex (Loureiro) Raeuschel ex Schultes & J.H. Schultes

秆幼时薄被白蜡粉，老则光滑，竿壁稍薄。竿箨幼时薄被白蜡粉，早落；箨鞘呈梯形，背面无毛，箨耳极微小以至不明显，箨舌高 1.0 ~ 1.5 mm，边缘呈不规则的短齿裂；箨片直立，易脱落，狭三角形。叶鞘无毛，叶舌圆拱形。叶片线形，（5 ~ 16）mm ×（7 ~ 16）mm。假小穗单生或以数枝簇生于花枝各节，并在基部托有鞘状苞片，线形至线状披针形；小穗含小花 5 ~ 13 朵，中间小花为两性；颖

孝顺竹 Bambusa multiplex

不存在，外稃两侧稍不对称，无毛，具 19 ~ 21 脉，内稃线形。

分布与生境：原产中国、东南亚及日本，八大公山各地多栽培。

用途：秆材为优良的造纸原料，可代绳索捆扎脚手架；竹叶供药用；庭院观赏。

3. 青皮竹 Bambusa textilis McClure

幼时被白粉，贴生淡棕色刺毛，后脱落；节不隆起，箨环倾斜；秆箨脱落，秆箨顶端斜拱形，背面贴生柔毛，后脱落；箨耳小，不等大，大耳披针形，小耳长圆形；有细齿或细条裂；箨叶直立，窄长三角形，易脱落；笋期 5 月下旬至 9 月。

分布与生境：原产我国，八大公山各地多栽培。

用途：秆材为一般用材，还可秆供药用；庭院观赏。

青皮竹 Bambusa textilis

（二）寒竹属 Chimonobambusa Makino

地下茎为复轴型。秆中部以下或仅近基部数节的节内环生有刺状气生根；不具分枝的节间圆筒形或在竿基部者略呈四方形，当节具分枝时则节间在具分枝的一侧有 2 纵脊和 3 沟槽（系与竿每节具 3 主枝相呼应），竿环平坦或隆起；箨环常具箨鞘基部残留物；秆芽每节 3 枚，嗣后成长为 3 主枝，并在更久之后成为每节具多枝，枝节多强隆起。箨鞘薄纸质而宿存，箨耳不发达，箨舌不甚显著，箨片常极小，呈三角锥状或锥形。

20 余种，我国均有，湖南有 3 种，八大公山有 2 种。

分种检索表

1. 地下茎复轴混生型，秆下部节偶有刺状气生根…………………………………… **1. 三月竹 C. opienensis**
1. 地下茎单轴型，秆下部节绝无刺状气生根…………………………………… **2. 冷竹 C. sangzhiensis**

1. 三月竹 Chimonobambusa opienensis (Hsueh & T. P. Yi) T. H. Wen & Ohrnberger

秆圆筒形或有时基部数节间略呈四方形，无毛，不具白粉，每节具 2 或 3 枝，或因次生枝发生可为 5 枝，枝环显著隆起。笋紫褐色；箨鞘早落，无箨耳；箨片三角形或锥形，干后边缘常内卷，基部与箨鞘顶端无明显的关节。小枝纤细，顶端具叶 1 ~ 2 片，叶鞘无毛。笋期 4 ~ 5 月。

分布与生境：分布于八大公山斗篷山，生于海拔 1500 ~ 1800 m 的山坡疏林中，常有成片纯林。

用途：笋可食用。

三月竹 Chimonobambusa opienensis

2. 冷竹 Chimonobambusa sangzhiensis (B.M.Yang) N.H.Xia & Z.Y.Niu

地下茎为单轴型。秆圆筒形，中部以下中空，以上实心，不具白粉，近节处密被易脱落的毛。每节具3枝，枝环显著隆起。笋紫褐色，背部无毛；无箨耳和鞘口刚毛；箨片较小，三角形，直立。小枝纤细，顶端具叶1～2片，叶鞘无毛。笋期5～6月。

分布与生境：分布于八大公山斗篷山、杉木界，生于海拔1570 m的山坡疏林中。

用途：笋可食用。

冷竹 Chimonobambusa sangzhiensis

（三）箭竹属 **Fargesia** Franchet

灌木状竹类。地下茎合轴型；竿柄假鞭粗短，节间实心，鳞片（假鞭之箨）为正三角形；竿直立，节间中空或实心，竿环平坦，竿每节分数枝。箨鞘革质，箨舌圆拱形或截形，箨片三角状披针形或带状，末级小枝具数叶。花序呈圆锥状或总状，着生于具叶小枝的顶端，花序下方托以由叶鞘扩大而成或大或小的一组佛焰苞。颖果细长。

90 余种，我国 78 余种，湖南有 6 种，八大公山有 1 种。

1. 拐棍竹 **Fargesia robusta** T. P. Yi

小乔木状。竿丛生或近散生，高 3 ~ 5 m，粗 1 ~ 3 cm，幼时被白粉，髓呈锯屑状，箨环通常显著隆起呈圆脊状，竿环微隆起或隆起。竿每节分 15 ~ 20 枝。笋紫红色，被黄褐色刺毛，箨鞘早落或迟落，三角状椭圆形，常略短于其节间，背部被刺毛，基部刺毛密集，箨耳无或偶有极微小箨耳，鞘口无繸毛或初时具繸毛 2 ~ 8 条，箨舌截形，箨片位于竿之下部箨者直立，上部者外翻，三角形或线状披针形，平直，无毛。小枝具 2 ~ 4 叶，叶片披针形或线状披针形。总状花序顶生，紧密排列。笋期 5 月，花期 6 ~ 8 月。

分布与生境：分布于八大公山斗篷山，生于海拔 1600 ~ 1800 m 的山顶疏林下。

用途：笋食用；竿供编织。

拐棍竹 Fargesia robusta

（四）箬竹属 **Indocalamus** Nakai

灌木或小灌木状竹类。地下茎复轴型，秆混生，圆筒形。每节有 1 ~ 4 分枝，与主秆同粗。箨鞘宿存。叶片大型，有多条次脉和小横脉。花序呈总状或圆锥状。

23 种，我国有 22 种，湖南有 5 种，八大公山有 3 种。

分种检索表

1. 秆中部箨上的箨片为窄披针形。
  2. 叶下面中脉之一侧密生成 1 纵行的茸毛……………………………… **1. 湖南箬竹 I. hunanensis**
  2. 叶下面中脉之两侧均无茸毛……………………………………………… **2. 阔叶箬竹 I. latifolius**
1. 秆中部箨上的箨片为为三角形至卵状披针形……………………………… **3. 箬叶竹 I. longiauritus**

1. 湖南箬竹 Indocalamus hunanensis B. M. Yang

灌木状竹类。节间圆筒形，竿环较箨环略隆起，节下方有红棕色贴竿的毛环。箨鞘长于节间，无毛，密被紫褐色伏贴疣基刺毛；箨耳无；箨舌厚膜质，截形，背部有棕色伏贴微毛。叶鞘紧密抱竿，背面无毛或被微毛；无叶耳；叶舌截形；叶片宽披针形或长圆状披针形，下表面灰绿色，密被贴伏的短柔毛。圆锥花序。笋期 4 ~ 5 月，花期 6 ~ 7 月。

分布与生境：分布于八大公山各地，生于海拔 400 ~ 1200 m 的山坡、林缘或疏林下。

用途：叶可入药，亦作食品包装材料。

湖南箬竹 Indocalamus hunanensis

2. 阔叶箬竹 Indocalamus latifolius (Keng) McClure

灌木状竹类。节间被微毛，竿环略高，箨环平。箨鞘硬纸质或纸质，背部常具棕色疣基小刺毛，箨耳无，箨舌截形，先端无毛或有时具短縫毛而呈流苏状，箨片直立、或狭披针形。叶鞘无毛，先端稀具极小微毛，质厚，坚硬，叶舌截形，叶耳无，叶片长圆状披针形。笋期 4 ~ 5 月。

分布与生境：分布于八大公山各地，生于海拔 400 ~ 1200 m 的山坡林缘或疏林下。

用途：叶可入药，亦作食品包装材料。

3. 箬叶竹 Indocalamus longiauritus Handel-Mazzetti

灌木状竹类。节间暗绿色有白毛，节下方有一圈淡棕带红色并贴竿而生的毛环。箨鞘宿存，箨耳显著，箨舌截形，边缘具縫毛。叶鞘重叠包裹，上邻近边缘处被棕色伏贴毛，边绿有淡质坚硬，无毛或幼时背部贴生棕色小刺毛，叶舌截平，叶耳显著，叶大型。花期 7 月，果期 4 ~ 5 月。

分布与生境：分布于八大公山海拔 400 ~ 800 m 的山坡林下。

用途：叶可入药，亦作食品包装材料。

阔叶箬竹 Indocalamus latifolius

箬叶竹 Indocalamus longiauritus

（五）刚竹属 **Phyllostachys** Siebold & Zuccarini

乔木或灌木状竹类。地下茎为单轴散生。秆圆筒形，在分枝的一侧扁平或具浅纵沟，髓呈薄膜质封闭的囊状，易与秆的内壁相剥离，秆环多少明显隆起，秆每节分 2 枝，一粗一细，秆箨早落，箨片狭长三角形成带状，平直或波状或皱缩，直立至外翻。末级小枝具（1）2~4（7）叶，通常为2或3叶，叶片披针形至带状披针形，小横脉明显。

50余种，我国均产，湖南有18种，八大公山有7种。

分种检索表

1. 箨鞘背部具斑点。
  2. 箨鞘无箨耳及繸毛，箨鞘背部无刺毛。
    3. 秆的表面在放大镜下可见晶体状颗粒或小凹穴……………… **7. 刚竹 P. sulphurea** var. **viridis**
    3. 秆的表面无晶体状颗粒或小凹穴…………………………………………… **3. 美竹 P. mannii**
  2. 箨鞘有箨耳及繸毛，或具鞘口繸毛，箨鞘背部多少被刺毛。
    4. 箨耳小或不明显，具长繸毛…………………………………………………… **1. 毛竹 P. edulis**
    4. 箨耳较长，镰形，繸毛较短。
      5. 新秆箨环有毛，箨舌强烈隆起………………………………………………… **5. 紫竹 P. nigra**
      5. 新秆箨环无毛…………………………………………………………… **6. 桂竹 P. reticulata**
1. 箨鞘背部无斑点。
  6. 箨耳宽大，三角形…………………………………………………………… **4. 篌竹 P. nidularia**
  6. 箨耳小形…………………………………………………………………… **2. 水竹 P. heteroclada**

1. 毛竹 Phyllostachys edulis (Carrière) J. Houzeau

乔木状竹类。本种是刚竹属秆最大的种。幼竿密被细柔毛及厚白粉，箨环有毛，竿环不明显。箨鞘背面黄褐色或紫褐色，箨耳微小，繸毛发达，箨舌宽短，箨片长三角形至披针形，绿色，笋期

毛竹 Phyllostachys edulis

4月，花期5～8月。

分布与生境：分布于八大公山各地，生于海拔200～800 m的山坡，亦有栽培。

用途：毛竹是我国分布和栽培面积最广、经济价值最重要的竹种。其竿型粗大，宜供建筑用材，篾性优良，供编织各种粗细的用具及工艺品，枝梢作扫帚；嫩竹及竿箨作造纸原料；笋味美，鲜食或加工制成玉兰片、笋干、笋衣等；竹茹、竹叶、竹沥、竹根、竹实均可入药。

2. 水竹 Phylostachys heteroclada Oliver

灌木状竹类。幼竿具白粉并疏生短柔毛；分枝角度大。箨鞘背面深绿带紫色，无斑点，被白粉，边缘生白色或淡褐色纤毛；箨耳小，淡紫色；箨舌低；箨片直立，三角形至狭长三角形，绿色，绿紫色或紫色。叶片披针形或线状披针形。花枝头状；颖0～3片。笋期5月，花期4～8月。

分布与生境：分布于八大公山各地，生于海拔400～1200 m的河流两岸及山谷中，村边有栽培。

用途：秆中层入药；竹笋可食；竹材可供制作小型家具及工艺品用材。

水竹 Phylostachys heteroclada

3. 美竹 Phyllostachys mannii Gamble

乔木状竹类。竿无白粉；竿环稍高于掉环。箨鞘革质，背面黄褐色；箨耳小形或大形而呈镰状，紫褐色；箨舌拱形，淡褐色或带绿色，边缘生较长或较短的纤毛；箨片带状，外翻。花枝穗状；佛焰苞6～8片，叶舌小形或仅无，有繸毛。叶舌明显，拱形或有时截形。笋期5月下旬。

分布与生境：分布于八大公山海拔400～1200 m的山坡，常成纯林或生于阔叶林下。

用途：叶、花入药；竹笋可食；竹材可供制作小型家具及工艺品用材。

4. 篌竹 Phyllostachys nidularia Munro

乔木状竹类。竿无白粉；竿环稍高于掉环。箨鞘革质，背面黄褐色；箨耳小形或大形而呈镰状，紫褐色；箨舌拱形，淡褐色或带绿色，边缘生较长或较短的纤毛；箨片带状，外翻。花枝穗状；佛焰苞 6～8 片，叶舌小形或仅无，有繸毛。叶舌明显，拱形或有时截形。笋期 5 月下旬。

分布与生境：分布于八大公山各地，生于海拔 400～1200 m 的山坡，常成纯林或生于阔叶林下。

用途：叶、花入药；竹笋可食；竹材可供制作小型家具及工艺品用材。

美竹 Phyllostachys mannii

篌竹 Phyllostachys nidularia

5. 紫竹 Phyllostachys nigra Munro

分变种检索表

1. 秆黑色………………………………………………………… **5a. 紫竹（原变种）P. nigra** var. **nigra**
1. 秆幼时绿色，老后淡黄色……………………………… **5b. 毛金竹（变种）P. nigra** var. **henonis**

5a. 紫竹（原变种）Phyllostachys nigra Munro var. **nigra**

乔木状竹类。幼竿绿色，老时黑色；竿环与箨环均隆起。箨稍背面红褐或更带绿色，被微量白粉及较密的淡褐色刺毛；箨耳长圆形至镰形，紫黑色；箨舌拱形至尖拱形，紫色，边缘生有长纤毛；箨片三角形至三角状披针形，绿色。佛焰苞 4 ~ 6 片，叶耳不存在。笋期 4 月下旬。

分布与生境：分布于八大公山各地，生于海拔 200 ~ 600 m 的山坡林缘，亦有栽培。

用途：根及叶入药；庭院观赏；竹笋可食；竹材可供制作小型家具及工艺品用材。

紫竹（原变种）Phyllostachys nigra var. nigra

5b. 毛金竹（变种）Phyllostachys nigra var. **henonis** (Mitford) Stapf ex Rendle

本变种与原变种的区别在于竿不为紫黑色，较高大，竿壁厚，箨鞘顶端极少合深褐色微小斑点。

分布与生境：原产我国黄河流域以南，八大公山有栽培。

用途：秆内层、叶入药；多栽培供观赏；竹笋可食；竹材可供制作小型家具及工艺品用材。

6. 桂竹 Phyllostachys reticulata (Ruprecht) K. Koch

乔木状竹类。竿无白粉；竿环稍高于掉环。箨鞘革质，背面黄褐色；箨耳小形或大形而呈镰状，紫褐色；箨舌拱形，淡褐色或带绿色，边缘生较长或较短的纤毛；箨片带状，外翻。花枝穗状；佛焰苞 6 ~ 8 片，叶舌小形或仅无，有繸毛。叶舌明显，拱形或有时截形。笋期 5 月下旬。

分布与生境：分布于八大公山各地，生于海拔 200 ~ 1000 m 的村寨边。

用途：庭院观赏；竹笋可食；竹材可供制作小型家具及工艺品用材。

毛金竹（变种）Phyllostachys nigra var. henonis

桂竹 Phyllostachys reticulata

7. 刚竹 Phyllostachys sulphurea var. **viridis** R. A. Young

乔木状竹类。竿微被白粉，绿色；竿环在较粗大的竿中于不分枝的各节上不明显；箨环微隆起。箨鞘无毛，微被白粉，有斑点及斑块；箨耳及鞘口繸毛俱缺；箨舌绿黄色；箨片外翻。末级小枝有

2 ~ 5 叶；叶鞘几无毛或仅上部有细柔毛；叶耳及鞘口繸毛均发达；叶片长圆状披针形或披针形。花枝未见。笋期 5 月中旬。

分布与生境：分布于八大公山各地，生于海拔 200 ~ 800 m 的山坡混交林中或成纯林，亦有栽培。

用途：竹笋、竹茹、竹叶、竹沥、竹根、竹实均可入药；用材及庭院观赏竹类；竹笋可食；竹汗可作饮料。

刚竹 Phyllostachys sulphurea var. viridis

（六）苦竹属 Pleioblastus Nakai

小乔木或灌木型竹类。地下茎有时呈单轴型。髓作笛膜状或棉絮状。箨鞘宿存；箨舌截形至弧形；箨片常外翻。每小枝通常生 3 ~ 5 叶，少数种类多可多达 13 叶；叶舌截形或拱形；叶片长圆状披针形或狭长披针形。圆锥花序由少数乃至多枚小穗组成；小穗细长形或窄披针形，具数朵乃至多朵小花；颖 2 片，或可多至 5 片。笋期 5 ~ 6 月。

40 余种，我国有 17 种，湖南有 4 种，八大公山有 1 种。

1. 苦竹 **Pleioblastus amarus** (Keng) P. C. Keng

灌木状竹类。幼竿具白粉，老后渐转绿黄色，被灰白色粉斑。箨鞘绿色，被较厚白粉，背部无毛或具棕红色或白色微细刺毛，基部密生棕色刺毛，边缘密生金黄色纤毛。笋期 6 月，花期 4 ~ 5 月。

分布与生境：分布于八大公山海拔 200 ~ 700 m 的村边疏林中。

用途：竹篾可用于编篮筐；竿材还能作伞柄或菜园的支架以及旗竿、帐竿等用；庭院观赏；竹笋可食。

苦竹 Pleioblastus amarus

（七）雷文竹属 **Ravenochloa** (Nakai) D. Z. Li & Y. X. Zhang

小灌木状竹类。节间平滑无毛或幼时有白色柔毛；箨环平，竿环亦平或稍隆起。箨鞘紧抱竿；箨耳无；箨舌短；箨片长卵状披针形或长三角形；枝箨干后呈橙红色。每枝条之顶端生有 3 叶，稀 4 或 5 叶；叶鞘黄绿色稍带红；叶耳及鞘口繸毛均缺如；叶舌发达；叶片长椭圆状披针形。圆锥花序；小穗常带紫色，含 3 ~ 7 朵小花。花期 8 ~ 9 月。

1 种，我国有 1 种，该种八大公山也有分布。

1. 雷文竹 Ravenochloa wilsonii (Rendle) D. Z. Li & Y. X. Zhang

形态特征见属的描述。

分布与生境：分布于八大公山斗篷山，生于海拔 1800 ~ 1900 m 的山坡林下。

（八）玉山竹属 **Yushania** P. C. Keng

灌木状竹类。节间圆筒形，髓呈锯屑状，箨环隆起，竿环不明显或微隆起。箨鞘宿存或迟落，革质或软骨质。每小枝具数叶至十余叶，叶片小型或大型。总状或圆锥花序，小穗含 2 ~ 8(14) 朵小花，圆柱形，紫色或紫褐色，顶端小花常不孕，小穗轴脱节于颖之上及各花之间，外稃卵状披针形，内稃等长或略短于其外稃。颖果长椭圆形。

80 余种，我国有 58 种，湖南有 10 种，八大公山有 2 种。

雷文竹 Ravenochloa wilsonii

分种检索表

1. 竿每节分 (1) 2 ~ 5 (6) 枝 ·· **1. 灰绿玉山竹 Y. canoviridis**

1. 枝条在竿中下部各节为 1 或 2，在竿上部则通常为 3 ~ 5 ··················· **2. 鄂西玉山竹 Y. confusa**

1. 灰绿玉山竹 Yushania canoviridis G. H. Ye & Z. P. Wang

灰绿玉山竹 Yushania canoviridis

灌木状竹类。秆幼时微被白粉，纵向细肋不明显，空腔小。箨环隆起，无毛；竿环微隆起或在有分枝的节中稍肿起。箨鞘宿存，背面被灰色疣基刺毛，此毛在鞘基部较密，且多向下生长，箨耳镰形，箨舌圆拱形，箨片线状披针形或带。叶鞘常为紫色。

分布与生境：分布于八大公山各地，生于海拔 1400 ~ 1500 m 的山坡林下。

用途：庭院观赏。

2. 鄂西玉山竹 Yushania confusa (McClure) Z. P. Wang & G. H. Ye

灌木状竹类。节间圆筒形，具紫色小斑点；箨环隆起，无毛；竿环平坦或微隆起；箨鞘宿存，革质，长三角形；箨耳不存在，鞘口具数条长 1 ~ 2 mm 黄褐色繸毛；箨舌截形；箨片线状披针形或线形，外翻；无叶耳；叶舌截形；叶片披针形。圆锥花序位于具叶小枝顶端；小穗含（2）4 ~ 5（6）朵小花，绿紫色或紫色。笋期 6 ~ 9 月，花期 4 ~ 8 月。

分布与生境：分布于八大公山各地，生于海拔 1500 ~ 1700 m 的山坡林下及林缘。

用途：庭院观赏。

鄂西玉山竹 Yushania confusa

B 禾亚科 Pooideae Macf. et Wats.

（九）剪股颖属 Agrostis Linnaeus

一年生或多年生草本；小穗有 1 小花，脱节于颖之上，为开展或紧缩的圆锥花序，小枝毛状；颖近相等，约与外稃相等或更长；外稃钝头，质地较颖为薄，无芒或背部有芒；内稃小于外稃或缺；果离生，但为外稃所包藏。

200 种，我国有 25 种，湖南有 5 种，八大公山有 2 种。

分种检索表

1. 叶片线形或针状，先端渐尖；植株直立…………………………………… **1. 华北剪股颖 A. clavata**
1. 叶片披针形，宽而短，先端急尖；植株下部一般偃卧………………… **2. 多花剪股颖 A. micrantha**

1. 华北剪股颖 **Agrostis clavata** Trinius

多年生草本。秆丛生，直立或基部微膝曲。叶鞘无毛，一般短于节间，叶舌膜质，先端钝或撕裂。圆锥花序疏松开展，分枝纤细，小穗黄绿色或带紫色，两颖近等长，无芒，脉不明显，内稃先端平截，明显具齿。颖果扁平，纺锤形。花果期夏秋季。

分布与生境：分布于八大公山海拔 1000 m 以下的山坡沟边湿润之地。

用途：全草入药。

华北剪股颖 Agrostis clavata

2. 多花剪股颖 **Agrostis micrantha** Steudel

多年生草本。秆具 4 ~ 5（8）节，基部各节着土生根。叶鞘平滑，基部长于和上部短于节间；叶舌

多花剪股颖 Agrostis micrantha

干膜质，先端截平或破裂；叶片披针形，扁平，先端急尖，边缘和背面微粗糙。圆锥花序幼时常成线形或长圆形，绿色或稍带紫色；两颖相等或第一颖稍长；外稃无芒，先端急尖；内稃常为外稃长度的 1/3 以下。颖果纺锤形，红褐色。花果期 7 ~ 9 月。

分布与生境：分布于八大公山海拔 1000 ~ 1800 m 的山坡草地。

用途：植株可作饲料；庭院观赏。

（十）看麦娘属 **Alopecurus** Linnaeus

一年生或多年生草本；小穗强两侧压扁，有 1 小花，密聚，排成穗状花序式的圆锥花序；颖相等，无芒，基部连结，脊被毛；外稃 5 脉，钝头，边于基部连结，背面中部以下有芒；内稃缺。

40 ~ 50 种，我国有 8 种，湖南有 2 种，八大公山均有。

分种检索表

1. 芒长 2 ~ 3 mm，隐藏或稍外露 ………………………………………… **1. 看麦娘 A. aequalis**
1 芒长 6 ~ 12 mm，显著外露 ……………………………………………… **2. 日本看麦娘 A. japonicus**

1. 看麦娘 **Alopecurus aequalis** Sobolewski

一年生草本。秆光滑，节处常膝曲。叶鞘光滑，短于节间；叶舌膜质；叶片扁平。圆锥花序圆柱状，灰绿色；小穗椭圆形或卵状长圆形；颖膜质，基部互相连合，具 3 脉，脊上有细纤毛，侧脉下部有短毛；外稃膜质，先端钝，等大或稍长于颖，下部边缘互相连合，具芒。颖果。花果期 4 ~ 8 月。

分布与生境：分布于八大公山各地，生于海拔 200 ~ 1200 m 的荒芜稻田中。

用途：全草入药。

看麦娘 Alopecurus aequalis

2. 日本看麦娘 **Alopecurus japonicus** Steudel

一年生草本。秆少数丛生，直立或基部膝曲，具 3 ~ 4 节。叶鞘松弛；叶舌膜质；叶片上面粗糙，下面光滑。圆锥花序圆柱状；小穗长圆状卵形；颖仅基部互相连合，具 3 脉；外稃略长于颖，厚膜质。颖果半椭圆形。花果期 2 ~ 5 月。

分布与生境：分布于八大公山各地，生于海拔 200 ~ 1200 m 的田边及湿地。

日本看麦娘 Alopecurus japonicus

（十一）荩草属 **Arthraxon** P. Beauvois

一年生或多年生草本；叶片扁平，心形；总状花序指状排列或紧接；小穗成对或单生，一无柄而结实，常有芒，与轴节一起脱落，有柄的倘存在时中性，但常退化成一柄着生于无柄小穗的基部；实性外稃膜质或基部稍硬，全缘或 2 齿裂，常有一背生的芒由近基部发出。

26 种，我国有 12 种，湖南有 3 种，八大公山有 1 种。

1. 荩草 *Arthraxon hispidus* (Thunberg) Makino

一年生草本。秆无毛。叶舌膜质，边缘具纤毛，叶片卵状披针形，无毛。总状花序，花序轴节间无毛。无柄小穗卵状披针形，呈两侧压扁；第一颖草质，边缘膜质，包住第二颖 2/3，具 7 ~ 9 脉；

荩草 Arthraxon hispidus

第二颖近膜质，与第一颖等长，舟形。有柄小穗退化仅到针状刺。颖果长圆形。花果期 9 ~ 11 月。

分布与生境：分布于八大公山海拔 200 ~ 1500 m 的旷野草地中。

用途：全草入药。

（十二）野古草属 **Arundinella** Raddi

一年生或多年生草本。秆直立或基部倾斜。叶舌短小至近缺如，膜质，具纤毛；叶片线形至披针形。圆锥花序开，小穗孪生稀单生，含 2 小花；颖草质，3 ~ 5（7）脉，宿存或迟缓脱落；第一小花常为雄性或中性，外稃膜质至坚纸质，3 ~ 7 脉；第二小花两性，短于第一小花，外稃花时纸质；内稃膜质，为外稃紧包。颖果长卵形至长椭圆形。

175 种，我国有 25 种，湖南有 6 种，八大公山有 2 种。

分种检索表

1. 叶鞘光滑，边缘膜质，无毛或有纤毛……………………………………… **1. 溪边野古草 A. fluviatilis**
1. 叶鞘被疣毛……………………………………………………………………… **2. 毛秆野古草 A. hirta**

1. 溪边野古草 *Arundinella fluviatilis* Handel-Mazzetti

多年生草本。常成密集的大丛。秆直立或近地面数节斜升而着生不定根及分蘖。叶鞘光滑，边缘膜质，无毛或有纤毛；叶片通常挺直，无毛。圆锥花序狭窄，分枝简短而疏，小穗无毛，常带淡紫色；第一颖具 5 脉；第二颖等长或略短于小穗，先端尖，具 5 脉。花果期 9 ~ 11 月。

分布与生境：分布于八大公山各地，生于海拔 200 ~ 500 m 的溪流中石上。

溪边野古草 *Arundinella fluviatilis*

2. 毛秆野古草 Arundinella hirta (Thunberg) Tanaka

多年生草本。秆直立，被白色疣毛及疏长柔毛，后变无毛。叶鞘被疣毛，边缘具纤毛；叶舌具长纤毛；叶片先端长渐尖，两面被疣毛。圆锥花序，小穗孪生；第一颖先端渐尖，具 3 ~ 7 脉，常为 5 脉；第二颖具 5 脉；第一小花雄性，外稃具 3 ~ 5 脉，内稃略短；第二小花长卵形，外稃无芒，常具小尖头。花果期 8 ~ 10 月。

分布与生境：分布于八大公山各地，生于海拔 200 ~ 1400 m 的山坡疏林下。

用途：幼嫩植株可作饲料；根茎密集，可固堤；茎秆可作造纸原料。

毛秆野古草 Arundinella hirta

（十三）芦竹属 Arundo Linnaeus

多年生草本。具长匍匐根状茎。秆直立。叶鞘平滑无毛，叶片宽大，线状披针形。圆锥花序大型，分枝密生，具多数小穗。小穗含 2 ~ 7 花；小穗轴脱节于孕性花之下；两颖近相等，约与小穗等长或稍短，披针形，具 3 ~ 5 脉；外稃宽披针形，厚纸质，背部近圆形，通常具 3 条主脉，顶端具芒；内稃短，长为其外稃之半；雄蕊 3。颖果较小。

12 种，12 种，我国有 2 种，湖南有 1 种，八大公山亦有。

1. 芦竹 Arundo donax Linnaeus

多年生草本。秆多节，常生分枝。叶鞘长于节间，无毛或颈部具长柔毛，叶舌平截，先端具纤毛，叶片扁平，上面与边缘微粗糙，基部白色，抱茎。圆锥花序长，分枝稠密，斜升，小穗具 2 ~ 4 小花，外稃中脉延伸成长芒，背面中部以下密生长柔毛，基盘两侧上部具柔毛。颖果细小黑色。花果期 9 ~ 12 月。

分布与生境：分布于八大公山各地，生于海拔 300 ~ 700 m 的溪边湿地上。

用途：根茎、嫩苗入药；秆可为制管乐器中的簧片；茎纤维是制优质纸浆和人造丝的原料；幼嫩枝叶是牲畜的良好青饲料。

芦竹 Arundo donax

（十四）燕麦属 **Avena** Linnaeus

一年生草本。秆直立或基部稍倾斜，常光滑无毛。圆锥花序；小穗含 2 至数小花，其柄常弯曲，颖草质，具 7 ~ 11 脉，长于下部小花，外稃质地多坚硬，顶端软纸质，齿裂，裂片有时呈芒状，具 5 ~ 9 脉，常具芒，少数无芒，芒常自稃体中部伸出，膝曲而具扭转的芒柱，雄蕊 3，子房具毛。

25 种，我国有 5 种，湖南有 2 种，八大公山有 1 种。

1. 野燕麦 Avena fatua Linnaeus

一年生草本。秆直立，通常具 2 ~ 4 节。叶鞘松弛，基生者长于节间，常被微毛，鞘缘透明膜质；叶舌透明膜质；叶片扁平，质软，微粗糙。圆锥花序疏松开展，小穗含 1 ~ 2 小花；小穗轴近于无毛或疏生短毛，不易断落；第一外稃背部无毛，基盘仅具少数短毛或近于无毛，无芒，或仅背部有 1 较直的芒，第二外稃无毛，通常无芒。

分布与生境：原产我国及欧亚大陆温寒带地区，八大公山有栽培或野生于田间。

用途：茎叶、果实入药；果实淀粉可食；秆可作饲料。

野燕麦 Avena fatua

（十五）菵草属 Beckmannia Host

一年生草本。圆锥花序顶生，长而狭；小穗近无柄，排列于近三角形的穗轴两侧，两侧压扁，有 1 ~ 2 小花；颖膜质，钝或凸尖；外稃膜质，内稃透明，与外稃近等长。

2 种，我国有 1 种，八大公山也有。

1. 菵草 Beckmannia syzigachne (Steudel) Fernald

一年生草本。秆直立，具 2 ~ 4 节。叶鞘无毛，多长于节间，叶舌透明膜质。圆锥花序分枝稀疏，

菵草 Beckmannia syzigachne

直立或斜升，小穗扁平，圆形，灰绿色，常含1小花，颖草质；边缘质薄，白色，背部灰绿色，具淡色的横纹，外稃披针形，具5脉，常具伸出颖外之短尖头，花药黄色。颖果黄褐色，长圆形，先端具丛生短毛。花果期4～10月。

分布与生境：分布于八大公山各地，生于海拔200～1400 m的沟边湿地。

用途：全草入药；植株可作饲料。

（十六）孔颖草属 **Bothriochloa** Kuntze

多年生草本。秆实心，分枝或不分枝。叶鞘背部具脊或圆形；叶舌短，先端钝圆或截形；叶片线形或披针形，通常秆生。总状花序呈圆锥状、伞房状或指状排列于秆顶；小穗孪生，一有柄，一无柄，均为披针形，背部压扁；无柄小穗水平脱落，基盘钝，通常具髯毛，两性。有柄小穗形似无柄小穗，但无芒，为雄性或中性；第一外稃和内稃通常缺。

30种，我国有3种，湖南有2种，八大公山有1种。

1. 白羊草 **Bothriochloa ischaemum** (Linnaeus) Keng

多年生草本。秆具3至多节，节上无毛或具白色髯毛；叶鞘无毛，多密集于基部而相互跨覆，常短于节间；叶舌膜质；叶片线形，顶生者常缩短，先端渐尖，基部圆形。总状花序4至多数着生于秆顶呈指状，灰绿色或带紫褐色。无柄小穗长圆状披针形。有柄小穗雄性。花果期秋季。

分布与生境：分布于八大公山各地，生于海拔500 m以下的路边草丛中。

用途：全草可作牧草；根可制各种刷子。

白羊草 Bothriochloa ischaemum

（十七）臂形草属 **Brachiaria** (Trinius) Grisebach

一年生或多年生草本。叶片平展。圆锥花序顶生，由2至数枚总状花序组成；小穗单生或孪生，交互成两行排列于穗轴之一侧，有1～2小花；第一小花雄性或中性；第二小花两性；第一颖长大都为小穗之半，向轴而生，基部包卷小穗；第二颖与第一外稃等长，同质同形；第二外稃骨质，背部突起，背面离轴而生；尤以单生小穗为明显，边缘稍内卷，包着同质的内稃。

100 种，我国有 9 种，湖南有 1 种，八大公山亦有。

1. 毛臂形草 Brachiaria villosa (Lamarck) A. Camus

一年生草本。秆全体密被柔毛。叶鞘被柔毛；叶具纤毛，叶片卵状披针形，两面密被柔毛，基部钝圆。圆锥花序由 4～8 枚总状花序组成，小穗卵形，常被短柔毛或无毛；第一颖，具 3 脉，第二颖等长或略短于小穗，具 5 脉，第一小花中性，其外稃与小穗等长，具 5 脉，内稃膜质，第二外稃革质，具横细皱纹。花果期 7～10 月。

分布与生境：分布于八大公山各地，生于海拔 1400 m 以下的旱地、水沟边及水田中。

用途：全草入药。

毛臂形草 Brachiaria villosa

（十八）短柄草属 Brachypodium P. Beauvois

多年生草本。秆直立，节生柔毛。叶鞘无毛或柔毛；叶舌膜质；叶片线形，扁平，粗糙或有毛。穗形总状花序顶生。具 3～10 枚小穗；小穗单生于穗轴之各节，含 3 至多数小花；小穗轴脱节于颖之上和各小花之间，粗糙或生短毛；颖片披针形，纸质；外稃长圆状披针形，厚纸质，有 5～9 脉，顶端具芒；内稃等长或稍短于外稃。颖果狭长圆形。

20 种，我国有 7 种，湖南有 1 种，该种八大公山有分布。

1. 短柄草 Brachypodium sylvaticum (Hudson) P. Beauvois

多年生草本。秆具 6～7 节，节密生细毛。叶片两面散生柔毛或仅上面脉上有毛。穗形总状花序，着生 10 余枚小穗；小穗圆筒形，含 6～12(16) 小花；颖披针形，顶端尖或具尖状短芒，上部与边缘被短毛；外稃长圆状披针形，具 7～9 脉，具芒；内稃短于外稃。花果期 7～9 月。

分布与生境：分布于八大公山各地，生于海拔 1500～1800 m 的山坡林下。

用途：植株可刈割也可放牧，属良等牧草。

短柄草 Brachypodium sylvaticum

（十九）雀麦属 **Bromus** Linnaeus

一年生或多年生草本。圆锥花序，有时为总状花序。小穗含数花至多花，上部小花常发育不全，小穗轴脱节于颖之上及小花之间；颖不等或近于等长，较短或等于第一花，先端尖或渐尖至成芒状，外稃背部圆形或具脊，芒顶生或由外稃先端稍凹下处伸出；内稃窄，短于外稃；雄蕊 3 枚。颖果线状长圆形，成熟后贴于内外稃。

250 种，我国有 71 种，湖南有 2 种，八大公山均有。

分种检索表

1. 一年生植物；外稃具芒长为其 1 ～ 6 倍……………………………… **1. 雀麦 B. japonicus**
1. 多年生植物；外稃具长或短芒或无芒…………………………………… **2. 疏花雀麦 B. remotiflorus**

1. 雀麦 Bromus japonicus Thunberg et Murray

一年生草本。叶鞘闭合，被柔毛，叶舌先端近圆形，两面生柔毛。圆锥花序疏展，向下弯垂，小穗黄绿色，颖近等长，脊粗糙，边缘膜质，外稃椭圆形，边缘膜质，芒自先端下部伸出，成熟后外弯，内稃两脊疏生细纤毛。花果期 5 ~ 7 月。

分布与生境：分布于八大公山各地，生于海拔 400 ~ 600 m 的荒地。

用途：全草入药。

2. 疏花雀麦 Bromus remotiflorus (Steudel) Ohwi

多年生草本。秆节生柔毛。叶鞘闭合，密被倒生柔毛；具叶舌；叶片上面生柔毛。圆锥花序疏松开展，每节具 2 ~ 4 分枝；小穗疏生 5 ~ 10 枚小花；颖窄披针形，顶端渐尖至具小尖头；外稃窄披针形，边缘膜质，具 7 脉，顶端具芒；内稃狭，短于外稃。颖果贴生于稃内。花果期 6 ~ 7 月。

分布与生境：分布于八大公山各地，生于海拔 400 ~ 1500 m 的山坡或荒地。

用途：植株是牛、羊均喜食牧草，可用于建立人工割草场。

雀麦 Bromus japonicus

疏花雀麦 Bromus remotiflorus

（二十）拂子茅属 **Calamagrostis** Adanson

多年生草本。叶片线形，先端长渐尖。圆锥花序紧缩或开展。小穗线形，常含 1 小花，小穗轴脱节于颖之上，通常不延伸于内稃之后，或稍有极短的延伸；两颖近于等长，有时第一颖稍长，锥状狭披针形，先端长渐尖，具 1 脉或第二颖具 3 脉；外稃透明膜质，短于颖片，先端有微齿或 2 裂；内稃细小而短于外稃。

20 种，我国有 6 种，湖南有 3 种，八大公山有 1 种。

1. 拂子茅 **Calamagrostis epigeios** (Linnaeus) Roth

多年生草本。秆直立，平滑无毛或花序下稍粗糙。叶鞘平滑或稍粗糙，短于或基部者长于节间，叶舌膜质，长圆形，先端易破裂，叶片上面及边缘粗糙，下面较平滑。圆锥花序紧密，圆筒形，劲直、具间断，小穗淡绿色或带淡紫色，颖先端渐尖，外稃透明膜质，芒自稃体背中部附近伸出，细直。花果期 5 ~ 9 月。

分布与生境：分布于八大公山各地，生于海拔 500 ~ 1250 m 的山坡疏林地。

用途：全草入药；植株为牲畜喜食的牧草。

拂子茅 Calamagrostis epigeios

（二十一）细柄草属 Capillipedium Stapf

多年生草本。秆实心，常丛生。叶舌膜质，具纤毛；叶片狭窄，线形，干时边缘常内卷。圆锥花序由具 1 至数节的总状花序组成；小穗孪生，一无柄，另一有柄，或 3 枚同生于每一总状花序之顶端，其一无柄，另 2 枚有柄，无柄者两性，有柄者雄性或中性。无柄小穗水平脱落，基盘钝而具髯毛。有柄小穗无芒，长于或短于无柄小穗。

14 种，我国有 5 种，湖南有 2 种，八大公山均有。

分种检索表

1. 秆质坚硬似小竹，叶片线状披针形，常具白粉……………………………… **1. 硬秆子草 C. assimile**

1. 秆质较柔软，叶片多为线形，不具白粉……………………………………… **2. 细柄草 C. parviflorum**

1. 硬秆子草 Capillipedium assimile (Steudel) A. Camus

多年生草本。秆坚硬，叶片线状披针形，无毛或被糙毛。圆锥花序，枝腋内有柔毛，小枝顶端有 2 ~ 5 节总状花序，花序轴节间易断落，被纤毛。无柄小穗长圆形，淡绿色至淡紫色，有被毛的基盘。花果期 8 ~ 12 月。

分布与生境：分布于八大公山各地，生于海拔 400 ~ 700 m 以下的水边草地中。

用途：细嫩植株和花序可作饲料。

硬秆子草 Capillipedium assimile

2. 细柄草 *Capillipedium parviflorum* (R. Brown) Stapf

多年生草本。秆直不分枝或具数直立、贴生的分枝。叶舌干膜质，边缘具短纤毛；叶片线形，顶端长渐尖，基部收窄，近圆形，两面无毛或被糙毛。圆锥花序长圆形，分枝簇生，可具 1 ~ 2 回小枝，小枝为具 1 ~ 3 节的总状花序。无柄小穗基部具髯毛。有柄小穗中性或雄性，等长或短于无柄小穗，无芒。花果期 8 ~ 12 月。

分布与生境：分布于八大公山各地，生于海拔 400 ~ 1400 m 以下的山坡草地中。

用途：植株为黄牛、水牛、山羊喜食的牧草。

细柄草 Capillipedium parviflorum

（二十二）薏苡属 Coix Linnaeus

一年生草本。秆直立，常实心。叶片扁平宽大。总状花序腋生成束，通常具较长的总梗。小穗单性，雌雄小穗位于同一花序之不同部位；雄小穗含 2 小花，雌小穗 2 ~ 3 枚生于一节，常仅 1 枚发育，孕性小穗之第一颖宽，下部膜质，上部质厚渐尖；第二颖与第一外稃较窄；第二外稃及内稃膜质。颖果大，近圆球形。

4 种，我国有 2 种，湖南有 1 种，该种八大公山有分布。

1. 薏苡 Coix lacryma-jobi Linnaeus

一年生草本。叶鞘无毛，叶舌干膜质，叶片基部圆形或近心形，无毛。总状花序，雌小穗被总苞包被，第一颖卵圆形，包围第二颖及第一外稃，第二外稃短于颖，具 3 脉，第二内稃小；雄蕊常退化，雌蕊具细长柱头，颖果含淀粉少，不饱满。雄小穗 2 ~ 3 对，第一颖草质，第二颖膜质，第一及第二小花具雄蕊 3 枚，花药橘黄色。花果期 6 ~ 12 月。

分布与生境：分布于八大公山各地，生于海拔 200 ~ 1200 m 湿润的屋旁、池塘、河沟、山谷、溪涧。

用途：种仁可食，亦能入药；种子可作工艺品；秸秆是优良的牲畜饲料。

薏苡 Coix lacryma-jobi

（二十三）狗牙根属 Cynodon Richard

多年生草本。秆常纤细，叶鞘近似对生，叶片较短而平展。穗状花序 2 至数枚指状着生，覆瓦状排列于穗轴之一侧，无芒，含 1 ~ 2 小花；颖狭窄，近等长，均为 1 脉或第二颖具 3 脉；小穗轴脱节于颖之上；第一小花外稃舟形，具 3 脉，内稃膜质，具 2 脉，与外稃等长。颖果长圆柱形或稍两侧压扁，外果皮潮湿后易剥离。

10 种，我国有 2 种，湖南有 1 种，八大公山有 1 种。

1. 狗牙根 Cynodon dactylon (Linnaeus) Persoon

多年生草本。秆细而坚韧，下部匍匐地面蔓延甚长，节上常生不定根，光滑无毛。叶鞘微具脊，无毛或有疏柔毛，鞘品常具有柔毛；叶舌仅为一轮纤毛；叶片线形，通常两面无毛。穗状花序；小穗灰绿色或带紫色；外稃舟形；内稃与外稃近等长。鳞被上缘截平；花药淡紫色；子房无毛，柱头紫红色。颖果长圆柱形。花果期 5 ~ 10 月。

分布与生境：分布于八大公山各地，生于海拔 200 ~ 1500 m 的村庄附近、道旁河岸、荒地山坡。

用途：全草及根状茎入药；植株可作护坡、球场、观赏草坪；为良好的固堤保土植物；茎叶可作牲畜饲料。

狗牙根 Cynodon dactylon

（二十四）弓果黍属 Cyrtococcum Stapf

一年生或多年生草本。秆下部多平卧地面，节上生根，上部直立。叶片线状披针形至披针形。圆锥花序开展或紧缩；小穗两侧压扁，斜卵形或半卵形，成熟后整个脱落，有 2 小花，第一小花不孕，第二小花两性；颖不等长，膜质或较厚，顶端钝或尖，具 3 ~ 5 脉，第一颖较小，卵形，第二颖舟形；第一外稃与小穗等长，具 5 脉，顶端钝或尖；第一内稃短小或缺；第二外稃在花后变硬，背部隆起呈驼背状，顶端略呈喙状，边缘质硬，包卷着同质而背部微凸的内稃。

10 种，中国 2 种；湖南 1 种，八大公山也有分布。

1. 散穗弓果黍 Cyrtococcum patens var. **latifolium** (Honda) Ohwi

一年生。秆较纤细。叶鞘常短于节间，边缘及鞘口被疣基毛或仅见疣基，脉间亦散生疣基毛。叶舌长 1.0 ~ 1.2 mm，顶端近圆形，无毛；叶片常宽大而薄，线状椭圆形或披针形，（7 ~ 15）cm ×（1 ~ 2）cm，两面近无毛，脉间具小横脉，近基部边缘被疣基长纤毛。圆锥花序大而开展，长可达 30 cm，宽达 15 cm，分枝纤细；小穗柄远长于小穗。花果期 9 月至次年 2 月。

分布与生境：分布于八大公山天平山，生于海拔 200 ~ 1500 m 村庄附近、道旁河岸、荒地山坡。

散穗弓果黍 Cyrtococcum patens var. latifolium

（二十五）鸭茅属 **Dactylis** Linnaeus

多年生草本。具开展或紧缩的圆锥花序；小穗仅含 2 至数花，两侧压扁，几无柄，紧密排列于圆锥花序分枝上端之一侧；小穗轴无毛，脱节于颖片之上及各小花之间；颖几相等，短于第一小花，具 1 ~ 3 脉，顶端尖或渐尖；外稃硬纸质，具 5 脉，顶端具短芒，脊粗糙或具纤毛；内稃短于外稃，脊具纤毛；雄蕊 3 枚，花柱顶生分离，颖果长圆而略呈三角形。

5 种，我国有 1 种，八大公山也有分布。

1. 鸭茅 **Dactylis glomerata** Linnaeus

多年生草本。秆直立或基部膝曲。叶鞘无毛，通常闭合达中部以上；叶舌薄膜质，顶端撕裂；叶片边缘或背部中脉均粗糙。圆锥花序开展；小穗多聚集于分枝上部，含 2 ~ 5 花，绿色或稍带

鸭茅 Dactylis glomerata

紫色；颖片披针形，先端渐尖，边缘膜质；外稃背部粗糙或被微毛，脊具毛，顶端具芒；内稃狭窄，约等长于外稃，具2脊，脊具纤毛。花果期5～8月。

分布与生境：分布于八大公山各地，生于海拔500～1200 m的山坡或路边草丛。

用途：幼嫩植株可作饲料。

（二十六）野青茅属 Deyeuxia ex P. Beauvois

高大或细弱的多年生草本，具紧缩或开展的圆锥花序；小穗通常含1小花，稀含2小花，脱节于颖之上，小穗轴延伸于内稃之后而常被丝状柔毛；颖近等长或第一颖较长，先端尖或渐尖，具1～3脉，外稃稍短于颖，草质或膜质，具3～5脉，中脉自稃体之基部或中部以上延伸成1芒，稀无芒，基盘两侧的毛通常短于稀可长于外稃；内稃质薄，具2脉，近等长或较短于外稃。

200种，我国有34种，湖南有6种，八大公山也1种。

1. 野青茅 **Deyeuxia pyramidalis** (Host) Veldkamp

多年生草本。秆直立，其节膝曲，丛生，基部具被鳞片的芽，平滑。叶鞘疏松裹茎，长于或上部者短于节间，无毛或鞘颈具柔毛；叶舌膜质，顶端常撕裂；叶片扁平或边缘内卷，无毛，两面粗糙，带灰白色。圆锥花序紧缩似穗状，小穗草黄色或带紫色，基盘两侧的柔毛长为稃体之1/5～1/3，芒自外稃近基部或下部1/5处伸出，近中部膝曲。花果期6～9月。

分布与生境：分布于八大公山各地，生于海拔200～1200 m的山坡或路边草丛。

用途：幼嫩植株可作饲料。

野青茅 Deyeuxia pyramidalis

（二十七）马唐属 Digitaria Haller

一年生或多年生草本。秆直立或基部横卧地面，节上生根。叶片线状披针形至线形，质地大多柔软扁平。总状花序纤细，2至多枚呈指状排列于茎顶或着生于短缩的主轴上。小穗含1两性花，背腹压扁，椭圆形至披针形，顶端尖，2或3~4枚着生于穗轴之各节，互生或成4行排列于穗轴的一侧，第一外稃与小穗等长或稍短，有3~9脉。

约250余种，我国有22种，湖南有7种，八大公山有3种。

分种检索表

1. 小穗孪生，第一颖小，三角形，有时缺；第二小花成熟后浅绿色或带铅色。
  2. 第一外稃之脉平滑，不具锯齿状粗糙……………………………… **1. 十字马唐 D. cruciata**
  2. 第一外稃之侧脉上部具锯齿状粗糙…………………………………… **2. 马唐 D. sanguinalis**
1. 小穗三枚簇生，第一颖不存在，第二小花成熟后多为黑紫色……………… **3. 紫马唐 D. violascens**

1. 十字马唐 Digitaria cruciata (Nees ex Steudel) A. Camus

一年生草本。秆具多数节，节生髭毛，着土后向下生根并向上抽出花枝。叶鞘常短于其节间，疏生柔毛或无毛，鞘节生硬毛；叶片线状披针形，（5~20）cm×（3~10）mm，两面生疣基柔毛或上面无毛，边缘较厚成微波状，稍粗糙。总状花序5~8枚着生于主轴上。本种以第二外稃顶端渐尖成明显裸露的小尖头，以及第二颖钝圆较短而近无毛，易与邻近种相区别花果期6~10月。

分布与生境：分布于八大公山各地，生于海拔200~1400 m的荒地中。

用途：为一种优良牧草；谷粒可供食用。

十字马唐 Digitaria cruciata

2. 马唐 Digitaria sanguinalis (Linnaeus) Scopoli

一年生草本。秆无毛或节生柔毛。叶鞘无毛或散生疣基柔毛；叶片线状披针形，具柔毛或无毛。总状花序，小穗椭圆状披针形，第一颖小，短三角形，无脉；第二颖具3脉，披针形，第一外稃具7脉，无毛，第二外稃近革质，灰绿色。花果期6~9月。

分布与生境：分布于八大公山各地，生于海拔400~1000 m的路旁、田野。

用途：全草入药。

马唐 Digitaria sanguinalis

3. 紫马唐 Digitaria violascens Link

一年生草本。秆具分枝，无毛。叶鞘无毛或生柔毛；叶片线状披针形，质地较软，扁平，粗糙，无毛或上面基部及鞘口生柔毛。总状花序，小穗椭圆形，小穗柄稍粗糙，第一颖不存在，第二颖具3脉，第一外稃具5～7脉，第二外稃紫褐色，革质，有光泽。花果期7～11月。

分布与生境：分布于八大公山各地，生于海拔1000～1800 m的路边荒野中。

紫马唐 Digitaria violascens

（二十八）稗属 Echinochloa P. Beauvois

一年生或多年生草本。叶片扁平，线形。圆锥花序由穗形总状花序组成，小穗含1～2小花，背腹压扁呈一面扁平，一面凸起，单生或2～3个不规则地聚集于穗轴的一侧，近无柄，颖草质，第一颖小，三角形，第二颖与小穗等长或稍短，第一小花，其外稃革质，内稃膜质，罕或缺，第二小花两性，其外稃成熟时变硬，顶端具极小尖头，平滑，光亮。

约35种，我国有8种，湖南有2种，八大公山有2种。

分种检索表

1. 圆锥花序开展……………………………………………………………………**2. 稗 E. crusgalli**
1. 圆锥花序狭窄，其分枝不再具小枝……………………………………………**1. 光头稗 E. colona**

1. 光头稗 Echinochloa colona (Linnaeus) Link

一年生草本。叶鞘压扁而背具脊，无毛；叶舌缺；叶片扁平，线形，（3 ~ 20）cm ×（0.3 ~ 0.7）cm，无毛，边缘稍粗糙。圆锥花序狭窄，主轴具棱，通常无疣基长毛，棱边上粗糙。花序分枝排列稀疏，直立上升或贴向主轴，穗轴无疣基长毛或仅基部被 1 ~ 2 根疣基长毛；小穗卵圆形，具小硬毛，无芒，较规则的成四行排列于穗轴的一侧。花果期夏秋季。

分布与生境：分布于八大公山各地，生于海拔 1400 m 以下的沼泽地、沟边及水稻田中。

用途：根及苗叶入药。

光头稗 Echinochloa colona

2. 稗 Echinochloa crusgalli (Linnaeus) P. Beauvois

一年生草本。秆光滑无毛。叶鞘平滑无毛，下叶舌缺；叶片扁平，线形，无毛，边缘粗糙。圆锥花序主轴具棱，小穗卵形，具短柄或近无柄，第一颖三角形，具 3 ~ 5 脉，第二颖先端渐尖或具

稗 Echinochloa crusgalli

小尖头，具 5 脉第一小花通常中性，其外稃草质，具 7 脉，脉上具疣基刺毛，顶端延伸成一粗壮的芒，内稃薄膜质，第二外稃椭圆形，平滑，光亮。花果期夏秋季。

分布与生境：分布于八大公山各地，生于海拔 1400 m 以下的沼泽地、沟边及水稻田中。

用途：根及苗叶入药。

（二十九）䅟属 **Eleusine** Gaertner

一年生或多年生草本。秆硬，叶片平展或卷折。穗状花序，小穗轴含数小花；雄蕊 3 枚。种子黑褐色，成熟时具有波状花纹，疏松地包裹于质薄的果皮内。

9 种，我国有 2 种，湖南有 2 种，八大公山有 1 种。

1. 牛筋草 Eleusine indica (Linnaeus) Gaertner

一年生草本。根系极发达。秆丛生，基部倾斜。叶鞘两侧压扁而具脊，松弛，无毛或疏生疣毛；叶片平展，线形，无毛或上面被疣基柔毛。穗状花序生于秆顶，很少单生；颖披针形，具脊，脊粗糙；囊果卵形，基部下凹，具明显的波状皱纹。鳞被 2，折叠，具 5 脉。花果期 6 ~ 10 月。

分布与生境：八大公山各地广布，生于海拔 1500 m 以下的路边及荒地中。

用途：全草入药。

牛筋草 Eleusine indica

（三十）披碱草属 **Elymus** Linnaeus

多年生草本。叶扁平或内卷。穗状花序顶生，直立或下垂；小穗常 2 ~ 4(6）枚同生于穗轴的每节，或在上、下两端每节可有单生者，含 3 ~ 7 小花；颖锥形，线形以至披针形，先端尖以至形成长芒，具 3 ~ 5（7）脉，脉上粗糙；外稃先端延伸成长芒或短芒以至无芒，芒多少反曲。

170 种，我国有 88 种，湖南有 7 种，八大公山有 1 种。

1. 柯孟披碱草 Elymus kamoji (Ohwi) S. L. Chen

多年生草本。秆直立或基部倾斜。叶鞘外侧边缘常具纤毛；叶片扁平。穗状花序，弯曲，小穗含 3 ~ 10 小花；颖卵状披针形至长圆状披针形，边缘为宽膜质；外稃披针形，具膜质边缘，具 5 脉；内稃约与外稃等长，先端钝头，脊显著具翼，翼缘具有细小纤毛。

分布与生境：分布于八大公山各地，生于海拔 1400 m 的山坡和湿润草地。

用途：幼嫩植株可作饲料；全草入药。

柯孟披碱草 Elymus kamoji

（三十一）画眉草属 Eragrostis Wolf

多年生或一年生草本。叶片线形。圆锥花序开展或紧缩，小穗两侧压扁，有数个至多数小花，小花常疏松地或紧密地覆瓦状排列，小穗轴常作“之”字形曲折，逐渐断落或延续而不折断，颖不等长，通常短于第一小花，具 1 脉，宿存，或个别脱落，外稃无芒，具 3 条明显的脉，或侧脉不明显，内稃具 2 脊，常弓形弯曲，宿存，或与外稃同落。

350 种，我国有 32 种，湖南有 7 种，八大公山有 4 种。

分种检索表

1. 小穗轴节间自上而下逐节断落……………………………………………………………**2. 乱草 E. japonica**

1. 小穗轴节间并不断落。

  2. 植物体具腺体。

    3. 叶舌退化为一圈短毛………………………………………………………… **1. 知风草 E. ferruginea**

    3. 叶舌退化为一圈长柔毛…………………………………………………………**3. 小画眉草 E. minor**

  2. 植物体无腺体………………………………………………………………………… **4. 画眉草 E. pilosa**

1. 知风草 Eragrostis ferruginea (Thunberg) P. Beauvois

多年生草本。叶鞘两侧极压扁；叶舌退化为一圈短毛；叶片平展或折叠。圆锥花序大而开展，分枝节密，每节生枝 1 ~ 3 个；小穗长圆形，有 7 ~ 12 小花，多带黑紫色，有时也出现黄绿色；颖开展，具 1 脉；外稃卵状披针形，先端稍钝；内稃短于外稃，脊上具有小纤毛，宿存。颖果棕红色。花果期 8 ~ 12 月。

分布与生境：分布于八大公山各地，生于海拔 400 ~ 600 m 的路边荒地中。

用途：根可入药。

知风草 Eragrostis ferruginea

2. 乱草 Eragrostis japonica (Thunberg) Trinius

一年生草本。秆直立或膝曲丛生，具 3 ~ 4 节。叶鞘一般比节间长，松裹茎，无毛；叶舌干膜质，长约 0.5 mm；叶片平展，（3 ~ 25）cm ×（3 ~ 5）mm，光滑无毛。圆锥花序长圆形，61.5 cm × 1.56 cm，整个花序常超过植株一半以上，分枝纤细，簇生或轮生。颖果棕红色并透明，卵圆形。花果期 6 ~ 11 月。

乱草 Eragrostis japonica

分布与生境：分布于八大公山各地，生于海拔 400 ~ 600 m 的路边荒地中。

用途：根可入药。

3. 小画眉草 Eragrostis minor Host

一年生草本。秆纤细，具 3 ~ 4 节，节下具有一圈腺体。叶鞘较节间短，松裹茎，叶鞘脉上有腺体，鞘口有长毛，叶舌为一圈长柔毛，叶片下面光滑，上面粗糙并疏生柔毛，主脉及边缘都有腺体。圆锥花序开展而疏松，花序轴、小枝以及柄上都有腺体，小穗绿色或深绿色。颖果红褐色，近球形。花果期 6 ~ 9 月。

分布与生境：分布于八大公山各地，生于海拔 400 ~ 1300 m 的山坡草丛。

用途：全草入药。

小画眉草 Eragrostis minor

4. 画眉草 Eragrostis pilosa (Linnaeus) P. Beauvois

一年生草本。秆丛生，通常具 4 节，光滑。叶鞘松裹茎，长于或短于节间，扁压，鞘缘近膜质，鞘口有长柔毛；叶舌为一圈纤毛；叶片线形扁平或卷缩，无毛。圆锥花序开展或紧缩，分枝单生，簇生或轮生，多直立向上，腋间有长柔毛，小穗具柄；颖为膜质，披针形，先端渐尖。颖果长圆形。花果期 8 ~ 11 月。

分布与生境：分布于八大公山各地，生于海拔 400 ~ 1500 m 的山坡或路边草丛。

用途：全草入药。

画眉草 Eragrostis pilosa

（三十二）蜈蚣草属 Eremochloa Buse

多年生草本。秆直立。叶线形，扁平。总状花序单生于秆顶，背腹压扁；总状花序轴节间常作棒状，迟缓脱落。无柄小穗扁平，不嵌入轴中，常覆瓦状排列于总状花序轴之一侧；第二小花两性或雌性，外稃透明膜质，全缘，无脉或中脉在上部消失；内稃较狭窄。颖果长圆形。

11 种，我国有 5 种，湖南有 1 种，八大公山也有。

1. 假俭草 Eremochloa ophiuroides (Munro) Hackel

假俭草 Eremochloa ophiuroides

多年生草本。秆斜升。叶鞘压扁，多密集跨生于秆基，鞘口常有短毛；叶片条形，顶端钝，无毛，顶生叶片退化。总状花序顶生。无柄小穗长圆形，覆瓦状排列于总状花序轴一侧；第一颖硬纸质，无毛，5～7 脉，顶端具宽翅；第二颖舟形，厚膜质，3 脉。有柄小穗退化或仅存小穗柄，披针形，与总状花序轴贴生。花果期夏秋季。

分布与生境：分布于八大公山各地，生于海拔 200～600 m 的溪边河漫滩草丛中。

用途：植株为优质饲料；全草耐踏，可作运动草坪。

（三十三）野黍属 **Eriochloa** Kunth

一年生或多年生草本。叶片平展或卷合。圆锥花序顶生而狭窄，由数枚总状花序组成；小穗单生或孪生，成两行复瓦状排列于穗轴之一侧，有 2 小花；第一颖极退化而与第二颖下之穗轴愈合膨大而成环状或珠状的小穗基盘；第二颖与第一外稃等长于小穗；第一小花中性或雄性；第二小花两性，背着穗轴而生，第二外稃革质，包着同质而钝头的内稃。

30 种，我国有 2 种，湖南有 1 种，八大公山也有。

1. 野黍 Eriochloa villosa (Thunberg) Kunth

一年生草本。叶鞘无毛，叶舌具纤毛，叶片表面具微毛，背面光滑，边缘粗糙。圆锥花序由 4～8 枚总状花序组成总状花序密生柔毛，小穗卵状椭圆形，小穗柄极短，密生长柔毛；第一颖微小，第二颖与第一外稃皆为膜质，等长于小穗，均被细毛，前者具 5～7 脉，后者具 5 脉，第二外稃革质，具细点状皱纹。颖果卵圆形。花果期 7～10 月。

野黍 Eriochloa villosa

分布与生境：分布于八大公山各地，生于海拔 400 ~ 1200 m 的山坡或潮湿地带。

用途：全草入药。

（三十四）羊茅属 Festuca Linnaeus

多年生草本。叶片扁平、对折或纵卷，基部两侧具披针形叶耳或无；叶舌膜质或革质；叶鞘开裂或新生枝叶鞘闭合但不达顶部。圆锥花序开展或紧缩；小穗含 2 至多数小花，顶花常发育不全；颖短于第一外稃，顶端钝或渐尖；外稃背部圆形或略成圆形；内稃等长或略短于外稃，脊粗糙或近于平滑。颖果长圆形或线形。

450 种，我国有 55 种，湖南有 8 种，八大公山有 2 种。

分种检索表

1. 外稃顶端无芒或具短尖至短芒；子房顶端通常具毛……………………………… **1. 日本羊茅 F. japonica**
1. 外稃顶端具长芒或短芒，如无芒，则子房顶端大都无毛……………… **2. 小颖羊茅 F. parvigluma**

1. 日本羊茅 Festuca japonica Makino

多年生草本。秆具 2 ~ 3 节。叶鞘均短于节间；叶舌膜质，截平或撕裂状；叶片扁平，无毛，上面光滑，下面及边缘微粗糙。圆锥花序开展，直立或顶端弯垂；小穗灰绿色，含（1）2 ~ 4 小花；颖片背部平滑，边缘膜质；外稃背部粗糙，具 5 脉；内稃近等长或稍短于外稃，顶端 2 裂，具 2 脊。颖果顶端有毛。花果期 5 ~ 8 月。

分布与生境：分布于八大公山各地，生于海拔 500 ~ 1500 m 的山坡草地。

日本羊茅 Festuca japonica

2. 小颖羊茅 Festuca parvigluma Steudel

多年生草本。秆基部残存枯鞘。叶鞘开口几达基部，平滑；叶舌截平，具纤毛；叶片内卷成针状。圆锥花序紧缩呈穗状；小穗淡绿色或紫红色，含 3 ~ 5 (6) 小花；颖片披针形，顶端尖或渐尖，平滑或顶端以下稍糙涩；外稃背部粗糙或中部以下平滑，具 5 脉，顶端具芒，芒粗糙；内稃近等长于外稃，顶端微 2 裂，脊粗糙。花果期 6 ~ 9 月。

分布与生境：分布于八大公山各地，生于海拔 2000 ~ 2400 m 的山坡草地。

小颖羊茅 Festuca parvigluma

（三十五）甜茅属 **Glyceria** R. Brown

多年生草本。秆直立，具叶鞘。圆锥花序开展或紧缩；小穗含数个至多数小花，两侧压扁或多少呈圆柱形，小穗轴无毛或粗糙，脱节于颖之上及各小花之间。颖果倒卵圆形或长圆形，与内外稃分离或粘合。

50 种，我国有 10 种，湖南有 3 种，八大公山有 1 种。

1. 甜茅 **Glyceria acutiflora** subsp. **japonica** (Steud.) T.Koyana et Kawano

甜茅 Glyceria acutiflora subsp. japonica

多年生。秆质地柔软，光滑，压扁，常单生，直立，基部常横卧并于节处生根。叶鞘闭合达中部或中部以上，通常长于节间，光滑；叶舌透明膜质，顶端钝圆或尖，有时呈齿牙状；叶片柔软质薄，扁平，（5～15）mm ×（0.4～0.5）mm，两面及边缘微粗糙。圆锥花序退化几呈总状，狭窄，基部常隐藏于叶鞘内，下部各节具直立的分枝；小穗线形，颖质薄，边缘膜质，长圆形至披针形，具 1 脉。花期 3～6 月。

分布与生境：分布于八大公山各地，生于海拔 200～1000 m 的山坡草地。

用途：叶片柔软，可作饲料。

（三十六）球穗草属 **Hackelochloa** Kuntze

一年生草本。秆直立，分枝。叶片扁平，线形或线状披针形。总状花序较短小，串珠形，顶生或腋生；小穗孪生，序轴易逐节脱落。无柄小穗呈球形，两性，第一颖革质，背面具蜂窝状浅穴，腹面具半圆形的凹口；第二颖厚纸质，紧贴于序轴节间而一同嵌入第一颖腹面的凹口中；内、外稃均为透明膜质，无脉。有柄小穗卵形，雄性或中性，颖厚纸质，雄蕊 3。颖果阔椭圆形。

2 种，我国有 2 种，湖南有 1 种，八大公山也有分布。

1. 球穗草 Hackelochloa granularis (Linnaeus) Kuntze

一年生草本。秆直立，多分枝，无毛或被稀疏疣基毛。叶鞘被疣基糙毛；叶舌短，膜质，边缘具纤毛；叶片线状披针形，（5 ~ 15）cm × 1 cm，两面被疣基毛，先端渐尖，基部近心形。总状花序纤弱，下部常藏于顶生叶鞘中，其柄被毛；有柄小穗与无柄小穗分别交互排列于序轴一侧而成两行。无柄小穗半球形。花果期自夏季至初冬。

分布与生境：分布于八大公山各地，生于海拔 200 ~ 1000 m 的玉米地中。

用途：可作饲料。

球穗草 Hackelochloa granularis

（三十七）牛鞭草属 **Hemarthria** R. Brown

多年生草本。秆直立丛生或铺散斜升，柔软或稍硬。叶片扁平，线形。总状花序圆柱形而稍扁，常单独顶生或数枚成束腋生；小穗孪生，同形或有柄小穗较窄小。无柄小穗嵌生于总状花序轴凹穴中；第一颖背部扁平，先端钝或渐尖，第二颖多少与总状花序轴贴生，先端渐尖至具尾尖；仅含 1 两性小花，内、外稃均为膜质，无芒；雄蕊 3，花药常红色。颖果卵圆形或长圆形，稍压扁，胚长约达颖果的 2/3。

12 种，我国有 4 种，湖南有 1 种，八大公山也有分布。

1. 牛鞭草 Hackelochloa granularis (Linnaeus) Kuntze

多年生草本，有长而横走的根茎。叶鞘边缘膜质，鞘口具纤毛；叶舌膜质，白色，上缘撕裂状；叶片线形，（15 ~ 20）mm ×（4 ~ 6）mm，两面无毛。总状花序单生或簇生，无柄小穗卵状披针形，第一颖等长于小穗，背面扁平，具 7 ~ 9 脉，两侧具脊，先端尖或长渐尖；第二颖厚纸质，贴生于总状花序轴凹穴中，但其先端游离。花果期夏秋季。

分布与生境：分布于八大公山各地，生于海拔 200 ~ 1000 m 的沟边、溪边沼泽地。

用途：可作饲料。

牛鞭草 Hackelochloa granularis

（三十八）黄茅属 Heteropogon Persoon

一年生或多年生草本。秆粗壮，丛生。叶鞘常压扁而具脊；叶舌短，膜质；叶片扁平，线形。穗形总状花序，单生于主秆或分枝顶端，小穗对覆瓦状着生于花序轴各节，下部的 1 ~ 10 对（或更多），为同性对，全为雄性或中性，无芒，常宿存；上部的为异性对。无柄小穗近圆柱状，成熟时偏斜脱落，每小穗含 2 小花；有柄小穗披针状长圆形，雄性或中性。

6 种，我国有 3 种，湖南有 1 种，八大公山也有。

1. 黄茅 Heteropogon contortus (Linnaeus) P. Beauvois ex Roemer & Schultes

多年生草本。秆光滑无毛。叶鞘压扁而具脊；叶舌短，膜质；叶片线形，顶端渐尖或急尖，基部稍收窄，两面粗糙或表面基部疏生柔毛。总状花序单生于主枝或分枝顶；花序基部 3 ~ 10（12）小穗对，为同性，无芒，宿存。上部 7 ~ 12 对为异性对；无柄小穗线形（成熟时圆柱形），两性。

有柄小穗长圆状披针形，无芒，绿色或带紫色。花果期 4 ~ 12 月。

分布与生境：分布于八大公山各地，生于海拔 300 ~ 800 m 的山坡草地中。

黄茅 Heteropogon contortus

（三十九）猬草属 Hystrix Moench

多年生草本。叶片披针形。穗状花序；小穗常孪生，稀单生，各含 13 小花，顶端小花多不育，小穗轴脱节于颖上，延伸于内稃之后而成细柄；颖退化成短小之芒或缺如；外桴披针形，背圆形，具 57 脉，顶端延伸成长芒；内稃具 2 脊，脊具小纤毛；雄蕊 3，花柱极短。颖果狭长，顶端具毛，腹面具浅沟，与内稃粘合而不易分离。

10 种，我国有 4 种，湖南有 1 种，八大公山也有。

1. 猬草 Hystrix duthiei (Stapf ex J. D. Hooker) Bor

猬草 Hystrix duthiei

多年生草本。秆具45节。叶鞘光滑或被微毛；叶舌顶端截平；叶片无毛或下面疏生柔毛。穗状花序；小穗孪生，各含1小花而且延伸之小穗轴；颖大都退化，稀呈芒状，长16 mm，外侧之颖常留存，外稃披针形，具5脉，背部贴生小刺毛，基盘钝圆而常被短毛；内稃稍短于外稃，脊上疏生纤毛；鳞被及雌蕊均被细毛；花药黄色。花果期5~8月。

分布与生境：分布于八大公山各地，生于海拔1800~1900 m的山坡草地。

（四十）白茅属 Imperata Cirillo

多年生草本。叶片扁平；圆锥花序紧缩呈穗状，被白色丝状毛；小穗成对或有时单生，均具柄，有12小花，上部的小花两性，下部的不发育或缺如，成熟后不逐节脱落；小穗基部围以细长的丝状柔毛；颖无芒，被毛；外稃膜质，无脉，也无芒，第一外稃通常有齿，短于颖，第一内稃不存在，第二外稃较第一外稃稍短，第二内稃膜质；雄蕊1或2枚。

10种，我国有3种，湖南有1种，八大公山也有。

1. 大白茅 Imperata cylindrica (Linnaeus) Raeuschel

多年生草本。具横走多节被鳞片的长根状茎。节具白柔毛。叶鞘无毛或上部及边缘具柔毛，叶舌干膜质，叶片线形或线状披针形，边缘粗糙，上面被细柔毛。圆锥花序穗状，小穗柄顶端膨大成棒状，无毛或疏生丝状柔毛，披针形，雄蕊2枚，花药黄色，柱头2枚，紫黑色。颖果椭圆形。花果期5~8月。

大白茅 Imperata cylindrica

分布与生境：分布于八大公山各地，生于海拔 200 ~ 1800m 的多种生境。

用途：根入药；花供观赏。

（四十一）柳叶箬属 **Isachne** R. Brown

多年生或一年生草本。具扁平的叶片和疏散顶生的圆锥花序。小穗卵圆形或卵状球形，含 2 小花，均为两性或第一小花为雄性，第二小花为雌性，无芒，两小花的节间甚短，常连同两小花一起脱落；两颖近等长，草质，小花的背部拱凸，腹面扁平，两小花的内外稃均为革质，或第一小花的内外稃为草质，第二小花为革质，无毛或被毛。

90 种，我国有 18 种，湖南有 3 种，八大公山有 1 种。

1. 柳叶箬 **Isachne globosa** (Thunberg) Kuntze

多年生草本。节上无毛。叶鞘无毛，叶舌纤毛状，叶片披针形，两面均具微细毛而粗糙，边缘质地增厚，软骨质，全缘或微波状。圆锥花序卵圆形，分枝，每一分枝着生 1 ~ 3 小穗，分枝和小穗柄均具黄色腺斑，小穗椭圆状球形，淡绿色，或成熟后带紫褐色，两颖近等长，坚纸质，具 6 ~ 8 脉，无毛。颖果近球形。花果期夏秋季。

分布与生境：分布于八大公山各地，生于海拔 400 ~ 800 m 的缓坡、平原草地中。

用途：全草入药。

柳叶箬 Isachne globosa

（四十二）洽草属 **Koeleria** Persoon

多年生草本。叶鞘在基部分蘖者常闭合，秆上者常纵向裂开；叶片扁平或纵卷。顶生穗状圆锥花序，分枝常较短；小穗含 2 ~ 4 个两性小花，小穗轴脱节于颖以上，延伸于顶生内稃之后呈刺状；颖披针形或卵状披计形，宿存，边缘膜质而有光泽，具 1 ~ 3(5) 脉；外稃纸质，具 3 ~ 5 脉，基盘钝圆，顶具短芒；内稃与外稃几等长，膜质，具 2 脊。

35 种，我国有 4 种，湖南有 1 种，八大公山也有。

1. 洽草 Koeleria macrantha (Ledebour) Schultes

多年生草本。叶鞘大多长于节间或稍短子节间，遍布柔毛，上部叶鞘膨大；叶舌膜质，边缘须状；叶片扁平，边缘具较长的纤毛。圆锥花序穗状，草绿色或带淡褐色；小穗含 2 稀 3 个小花；颖长圆形至披针形；外稃披针形，具不明显的 5 脉；内稃稍短于外稃，先端 2 裂，脊上微粗糙。花果期 6 ~ 9 月。

分布与生境：分布于八大公山各地，生于海拔 400 ~ 700 m 的山坡及道旁。

洽草 Koeleria macrantha

（四十三）假稻属 **Leersia** Solander ex Swartz

本属和稻属 Oryza 相近，所不同者为颖及不育小花的外稃完全退化，外稃较薄，边有棱而具睫毛，雄蕊 6 或更少。

20 种，我国有 4 种，湖南有 2 种，八大公山有 1 种。

1. 秕壳草 Leersia sayanuka Ohwi

多年生草本。具根状茎。秆直立丛生，基部倾斜上升，具被有鳞片之芽体。叶鞘具小刺状粗糙，叶舌质硬，基部两侧下延与叶鞘边缘相结合。圆锥花序疏松开展，基部常为顶生叶鞘所包。颖果长圆形，种脐线形。花果期秋季。

分布与生境：分布于八大公山各地，生于海拔 200 ~ 800 m 的湿地草丛中。

用途：全草入药。

秕壳草 Leersia sayanuka

（四十四）千金子属 **Leptochloa** P. Beauvois

一年生或多年生草本。叶片线形。圆锥花序；小穗含 2 至数小花，两侧压扁，无柄或具短柄，在穗轴的一侧成两行覆瓦状排列，小穗轴脱节于颖之上和各小花之间；颖不等长，具 1 脉，无芒，或有短尖头，通常短于第一小花，偶有第二颖可长于第一小花；外稃具 3 脉，脉之下部具短毛，先端尖或钝，通常无芒；内稃与外稃等长或较之稍短，具 2 脊。

32 种，我国有 3 种，湖南有 3 种，八大公山有 2 种。

分种检索表

1. 叶鞘及叶片均无毛……………………………………………………………… **1. 千金子 L. chinensis**
1. 叶鞘及叶片均具有疣基的长柔毛……………………………………………………… **2. 虮子草 L. panicea**

1. 千金子 **Leptochloa chinensis** (Linnaeus) Nees

一年生草本。秆直立，基部膝曲或倾斜，平滑无毛。叶鞘无毛，大多短于节间；叶舌膜质，常撕裂具小纤毛；叶片扁平或多少卷折，先端渐尖，两面微粗糙或下面平滑。圆锥花序分枝及主轴均

千金子 Leptochloa chinensis

微粗糙；小穗多带紫色；颖具1脉，脊上粗糙；外稃顶端钝，无毛或下部被微毛。颖果长圆球形。花果期8～11月。

分布与生境：分布于八大公山各地，生于1300 m以下的沟边草地或沼泽草地中。

2. 虮子草 Leptochloa panicea (Retzius) Ohwi

一年生草本。秆较细弱。叶鞘疏生有疣基的柔毛；叶舌膜质，多撕裂，或顶端作不规则齿裂；叶片质薄，扁平，无毛或疏生疣毛。圆锥花序；小穗灰绿色或带紫色，含2～4小花；颖膜质，具1脉，脊上粗糙；外稃具3脉，脉上被细短毛；内稃稍短于外稃，脊上具纤毛。颖果圆球形。花果期7～10月。

分布与生境：分布于八大公山各地，生于海拔200～1300 m的旱地及荒草地中。

虮子草 Leptochloa panicea

（四十五）淡竹叶属 Lophatherum Brongniart

多年生草本。叶鞘长于其节间；叶舌短小；叶片披针形。圆锥花序由数枚穗状花序所组成；小穗圆柱形，含数小花，第一小花两性，其他均为中性小花；小穗轴脱节于颖之下；两颖不相等，均短于第一小花，具5～7脉，顶端钝；第一外稃硬纸质，具7～9脉；内稃较其外稃窄小；不育外稃数枚互相紧密包卷；内稃小或不存在。颖果与内、外分离

2种，我国均有，湖南有1种，八大公山也有。

1. 淡竹叶 Lophatherum gracile Brongniart

多年生草本。秆具5～6节。叶鞘平滑或外侧边缘具纤毛；叶舌质硬，褐色，背有糙毛；叶片披

针形，具横脉。圆锥花序，分枝斜升或开展；小穗线状披针形，极短柄；颖顶端钝，具 5 脉。第一外稃长具 5 脉，内稃较短；不育外稃；雄蕊 2 枚。颖果长椭圆形。

分布与生境：分布于八大公山各地，生于海拔 200 ~ 1200m 的山坡林下。

用途：带根全草入药。

淡竹叶 Lophatherum gracile

（四十六）荩竹属 Microstegium Nees

一年生或多年生草本。秆下部节着土后易生根。叶片披针形，基部圆形。总状花序数枚至多数呈指状排列，稀为单生。小穗两性，一有柄，一无柄，偶有两者均具柄；无柄小穗连同穗轴节间及小穗柄一并脱落，有柄小穗自柄上掉落；第一颖具 4 ~ 6 脉；第二颖舟形，具 1 ~ 3 脉；第一小花雄性，第一外稃常不存在；第一内稃稍短于颖或不存在。颖果长圆形。

20 种，我国有 13 种，湖南有 4 种，八大公山有 2 种。

分种检索表。

1. 总状花序轴节间细长，等长或长于其小穗，无毛，有时具散生毛…………… **1. 竹叶茅 M. nudum**
1. 总状花序轴节间粗短，较短于其小穗，两侧边缘具有纤毛……………………… **1. 荩竹 M. vimineum**

1. 竹叶茅 Microstegium nudum (Trinius) A. Camus

一年生蔓生草本。秆较细弱，下部节上生根。叶鞘上部边缘及鞘口具纤毛；叶片披针形，

（3~8）cm×（5~11）mm，无毛或上面基部贴生疣毛，边缘微粗糙。总状花序，3~5 枚着生于无毛的主轴上；总状花序轴节间细弱，两侧边缘微粗糙，无毛，每节着生一有柄与一无柄小穗；无柄小穗基盘具短毛；第一颖披针形，背部具一浅沟，平滑或上部有细毛，具 2 脊，脊间有 2~4 脉，脊上部微粗糙，无毛，顶端渐尖，具 2 齿；第二颖背部近圆形，或稍有脊，除脊粗糙外余无毛，顶端尖；第一外稃膜质，披针形，第二外稃线形，顶端延伸为细芒，芒直或稍弯；雄蕊 2 枚。颖果长圆形，棕色。花果期 8~10 月。

分布与生境：分布于八大公山海拔 400~800 m 的山坡疏林地。

竹叶茅 Microstegium nudum

2. 莠竹 Microstegium vimineum (Trinius) A. Camus

一年生草本。秆下部匍匐地面，节上生根。叶鞘短于其节间，鞘口具柔毛；叶舌截形；叶片边缘粗糙，顶端渐尖，基部狭窄，中脉白色。总状花序 2~6 枚，近指状排列；无柄小穗基盘具短毛

莠竹 Microstegium vimineum

或无毛；第一颖披针形，纸质，背部有凹沟；第二颖沿中脉粗糙，顶端渐尖，无芒。颖果长圆形。有柄小穗相似于无柄小穗或稍短。花果期 8 ~ 11 月。

分布与生境：分布于八大公山海拔 400 ~ 800 m 的山坡疏林地。

（四十七）粟草属 **Milium** Linnaeus

多年生草本。叶片扁平，质地较薄。圆锥花序顶生，稀疏开展。小穗含 1 小花，两性，背腹压扁，脱节于颖之上；颖草质，几等长，宿存，具 3 脉；外稃光滑无毛，略短于颖，在果实成熟时与内稃均变为软骨质，脉不明显，顶端无芒，基盘短而钝，边缘向内卷折扣裹同质内稃，其形状如黍的谷粒；雄蕊 3；雌蕊具分离的花柱。

5 种，我国有 1 种，八大公山也有分布。

1. 粟草 **Milium effusum** Linnaeus

多年生草本。秆光滑无毛。叶鞘无毛，有时稍带紫色；叶舌透明膜质，有时为紫褐色，披针形；叶片条状披针形，质软而薄，平滑。圆锥花序疏松开展，每节多数簇生，上部着生小穗；小穗椭圆形，灰绿色或带紫红色；颖纸质，光滑或微粗糙，具 3 脉；外稃软骨质，乳白色，光亮；内稃与外稃同质同长，内外稃成熟时深褐色，被微毛。花果期 5 ~ 7 月。

分布与生境：分布于八大公山斗篷山，生于海拔 1700 ~ 1900 m 的山坡溪沟旁。

粟草 Milium effusum

（四十八）芒属 **Miscanthus** Andersson

多年生草本。秆粗壮，中空。叶片扁平宽大。顶生圆锥花序大型，由多数总状花序沿一延伸的主轴排列而成。小穗含 1 两性花，具不等长的小穗柄，孪生于连续的总状花序轴之各节，基盘具长于其小穗的丝状柔毛。

14 种，我国有 7 种，湖南有 3 种，八大公山全有。

分种检索表

1. 小穗具芒。
   2. 圆锥花序的主轴伸达花序的 2 / 3 以上……………………………… **1. 五节芒 M. floridulus**
   2. 圆锥花序的主轴伸达花序的中部以下………………………………………… **3. 芒 M. sinensis**
1. 小穗无芒…………………………………………………………………… **2. 南荻 M. lutarioriparius**

1. 五节芒 Miscanthus floridulus (Labillardiere) Warburg ex K. Schumann et Lauterbach

多年生草本。秆无毛，节下具白粉，叶鞘无毛，叶舌顶端具纤毛，叶片披针状线形，两面无毛，边缘粗糙。圆锥花序主轴无毛，总状花序轴的节间无毛，小穗柄无毛，顶端稍膨大，小穗卵状披针形，黄色，基盘具较长于小穗的丝状柔毛；第一颖无毛，第二颖具 3 脉，粗糙，边缘具短纤毛。花果期 5 ~ 10 月。

分布与生境：分布于八大公山各地，生于海拔 200 ~ 500 m 的拓荒地与丘陵潮湿谷地和山坡或草地。

用途：花序、根状茎入药；花供观赏；叶可为饲料。

五节芒 Miscanthus floridulus

2. 南荻 Miscanthus lutarioriparius L. Liu ex Renvoize & S. L. Chen

多年生草本。具长匍匐根状茎。秆节生柔毛。叶鞘无毛，叶舌具纤毛，叶片除上面基部密生柔毛外两面无毛，边缘锯齿状粗糙。圆锥花序疏展成伞房状，小穗第一颖边缘和背部具长柔毛；第二颖膜质，具纤毛，3 脉，第一外稃具纤毛；第二外稃具小纤毛，无脉或具 1 脉，第二内稃具纤毛。雄蕊 3 枚，柱头紫黑色。颖果长圆形。花果期 8 ~ 10 月。

分布与生境：分布于八大公山各地，生于海拔 200 ~ 1500 m 的山坡草地和平原岗地、河岸湿地。

用途：根茎入药；花供观赏。

南荻 Miscanthus lutarioriparius

3. 芒 Miscanthus sinensis Andersson

多年生草本。秆无毛或在花序以下疏生柔毛。叶鞘无毛，叶舌膜质，叶片线形，下面疏生柔毛及被白粉，边缘粗糙。圆锥花序主轴无毛，小穗披针形，黄色有光泽，基盘具白色或淡黄色的丝状毛。雄蕊 3 枚，花药紫褐色，柱头羽状，紫褐色。颖果长圆形，暗紫色。花果期 7 ~ 12 月。

分布与生境：分布于八大公山各地，生于海拔 200 ~ 2000 m 的山地、丘陵和荒坡原野，常组成优势群落。

用途：茎、根茎入药；花供观赏；叶可为饲料。

芒 Miscanthus sinensis

（四十九）乱子草属 **Muhlenbergia** Schreber

多年生草本。秆直立或基部倾斜、横卧。圆锥花序狭窄或开展；小穗细小，含 1 小花，脱节于颖之上；颖质薄，宿存，常具 1 脉或第一颖无脉；外稃膜质，具铅绿色蛇纹，下部疏生软毛，基部具微小而钝的基盘，先端尖或具 2 微齿，具 3 脉，主脉延伸成芒；内稃膜质，与外稃等长，具 2 脉。颖果细长，圆柱形或稍扁压。

120 种，我国有 6 种，湖南有 3 种，八大公山均有 2 种。

分种检索表

1. 秆基部直立或倾斜上升，具长的匍匐根茎……………………………………… **1. 多枝乱子草 M. ramosa**
1. 秆基部伏卧或倾斜上升，常无匍匐根茎…………… **2. 日本乱子草 M. undulatifolius** var. **japonicus**

1. 多枝乱子草 Muhlenbergia ramosa (Hackel ex Matsumura) Makino

多年生草本。秆质较硬，基部直立，部分带紫色，平滑无毛。叶鞘松弛裹茎，平滑无毛；叶舌干膜毛绒，截平；叶片扁平，质较薄，两面及边缘均粗糙，先端渐尖。圆锥花序狭窄；小穗柄粗糙，短于小穗，与主轴贴生；小穗灰绿色稍带紫色，狭披针形；颖膜质，宽披针形，先端尖到渐尖。颖果狭长圆形，棕色。花果期 7 ~ 10 月。

分布与生境：分布于八大公山海拔 1300 m 以下的山坡林缘或土坎上。

2. 日本乱子草 Oplismenus undulatifolius var. **japonicus** (Steudel) G. Koidzumi

多年生草本。常无根茎。秆基部倾斜或横卧，光滑无毛，节上易生根。叶鞘光滑无毛，多数短于节间；叶舌膜质，先端截平，纤毛状；叶片扁平，狭披针形，两面及边缘粗糙，（2.0～9.5）cm×（1.5～4.0）mm。圆锥花序狭窄，稍弯曲，自基部即生多数小枝和小穗，小穗柄粗糙，大都短于小穗；小穗灰绿色带紫色，颖膜质，白色或稍带紫色，外稃先端尖或具2齿，具3脉，主脉延伸成芒，下部1/4具柔毛。花果期7～11月。

分布与生境：分布于八大公山各地，生于海拔500 m以下的河谷林缘灌丛中。

多枝乱子草 Muhlenbergia ramosa

日本乱子草 Oplismenus undulatifolius var. japonicus

（五十）求米草属 Oplismenus P. Beauvois

一年生或多年生草本。秆基部通常平卧地面而分枝。叶片薄，扁平，卵形至披针形，稀线状披针形。圆锥花序狭窄；小穗卵圆形或卵状披针形，多少两侧压扁，近无柄，孪生、簇生，少单生，含2小花；颖近等长，第一颖具长芒，第二颖具短芒或无芒；第一小花中性，外稃等长于小穗，无芒或具小尖头，内稃存在或缺；第二小花两性。

5～9种，我国有4种，湖南有2种，八大公山有1种。

1. 求米草 Oplismenus undulatifolius (Arduino) Roemer et Schultes

分变种检索表

1. 花序轴、叶鞘及叶片密被疣基毛……… **1a. 求米草（原变种） O. undulatifolius** var. **undulatifolius**

1. 花序轴、叶鞘及叶片无毛或仅粗糙………**1b. 日本求米草（变种） O. undulatifolius** var. **japonicus**

1a. 求米草（原变种） Oplismenus undulatifolius (Arduino) Roemer et Schultes var. **undulatifolius**

一年生草本。叶鞘密被疣基毛；叶舌膜质；叶片扁平，披针形至卵状披针形。圆锥花序主轴密被疣基长刺柔毛，小穗卵圆形，被硬刺毛，颖草质，第一颖顶端具硬直芒，具 3 ~ 5 脉，第二颖具 5 脉，第一外稃草质，与小穗等长，具 7 ~ 9 脉，第一内稃通常缺，第二外稃革质，平滑，边缘包着同质的内稃。花果期 7 ~ 11 月。

求米草（原变种） Oplismenus undulatifolius var. undulatifolius

1b. 日本求米草（变种） Oplismenus undulatifolius var. **japonicus** (Steudel) G. Koidzumi

与原变种主要区别为：叶鞘无毛，仅边缘生纤毛；叶片阔披针形或狭卵状椭圆形，（5 ~ 15）mm ×（12 ~ 30）mm；花序长达 15 cm，主轴无毛，小穗近无毛。

分布与生境：分布于八大公山海拔 600 ~ 900 m 的路边杂草丛中。

日本求米草（变种） Oplismenus undulatifolius var. japonicus

（五十一）稻属 **Oryza** Linnaeus

一年生或多年生草本。秆直立，丛生；叶鞘无毛；叶舌长膜质或具叶耳；叶片线形扁平，宽大。顶生圆锥花序疏松开展，常下垂。小穗含一两性小花，其下附有 2 枚退化外稃，两侧甚压扁；颖退化，内稃与外稃同质，有 3 脉。颖果长圆形，平滑。

24 种，我国有 5 种，湖南含栽培有 2 种，八大公山栽培 1 种。

1. 稻 Oryza sativa Linnaeus

一年生草本。叶鞘松弛，无毛，叶舌披针形，两侧基部延长成叶鞘边缘，具 2 枚镰形抱茎的叶耳，叶片线状披针形，无毛，粗糙。圆锥花序大型疏展，分枝多，棱粗糙，两侧孕性花外稃质厚，具 5 脉，厚纸质，有芒或无芒；内稃厚质，具 3 脉。

分布与生境：原产我国，八大公山各地栽培。

用途：果实为重要粮食；颖果亦入药；秆可供编织或制绳索。

稻 Oryza sativa

（五十二）黍属 **Panicum** Linnaeus

一年生或多年生草本，具根茎。秆直立或基部膝曲或匍匐。叶片线形至卵状披针形，通常扁平；叶舌膜质或顶端具毛，甚至全由一列毛组成。圆锥花序顶生，分枝常开展，小穗具柄，成熟时脱节于颖下或第一颖先落，背腹压扁，含 2 小花；第一小花雄性或中性；第二小花两性；第一颖通常较小穗短而小，第二颖等长。

500 种，我国有 18 种，湖南有 3 种，八大公山有 1 种。

1. 糠稷 Panicum bisulcatum Thunberg

一年生草本。秆纤细，较坚硬，高 0.5 ~ 1.0 m，直立或基部伏地，节上可生根。叶鞘松弛，边

糠稷 Panicum bisulcatum

缘被纤毛；叶舌膜质，顶端具纤毛；叶片质薄，狭披针形，（5～20）mm×（0.3～1.5）mm，顶端渐尖，基部近圆形，几无毛。圆锥花序分枝纤细，斜举或平展，无毛或粗糙；小穗椭圆形，绿色或有时带紫色，具细柄；第一颖近三角形，第二颖与第一外稃同形并且等长，均具5脉；第一内稃缺；第二外稃椭圆形，顶端尖，表面平滑，光亮，成熟时黑褐色。花果期9～11月。

分布与生境：分布于八大公山各地，生于海拔200～1400 m的沟边杂草丛中。

用途：种子入药。

（五十三）雀稗属 **Paspalum** Linnaeus

一年生或多年生草本。秆丛生，直立。叶舌短，膜质；叶片线形或狭披针形。穗形总状花序2至多枚呈指状或总状排列；穗轴扁平，具翼；小穗含一成熟小花在上，2至4行互生于穗轴之一侧；第一颖通常缺如；第二颖与第一外稃相似，具3～7脉，等长于小穗，有时第二颖较短或不存在，第一小花中性，内稃缺；第二外稃背部隆起，内稃背部外露甚多。

330种，我国有16种，湖南有4种，八大公山有3种。

分种检索表

1. 小穗边缘或顶端具长1 ～ 2 mm的丝状柔毛 ································ **1. 双穗雀稗 P. distichum**
1. 小穗无毛，有时被微毛，但不具丝状柔毛。
  2. 小穗与小穗柄均无毛······································· **2. 圆果雀稗 P. scrobiculatum** var. **orbiculare**
  2. 小穗被微毛或小穗柄具长柔毛··· **3. 雀稗 P. thunbergii**

1. 双穗雀稗 **Paspalum distichum** Linnaeus

多年生草本。节生柔毛。叶鞘短于节间，背部具脊，边缘或上部被柔毛；叶舌无毛；叶片披针形，无毛。总状花序2枚对连；小穗倒卵状长圆形，顶端尖，疏生微柔毛；第一颖退化或微小；第二颖贴生柔毛，具明显的中脉；第一外稃具3～5脉，通常无毛，顶端尖；第二外稃草质，等长于小穗，黄绿色，顶端尖，被毛。

分布与生境：分布于八大公山各地，生于海拔200～1200 m的水沟或稻田中。

2. 圆果雀稗 **Paspalum scrobiculatum** var. **orbiculare** (G. Forster) Hackel

多年生草本。节被长柔毛。叶鞘被柔毛，叶舌膜质，叶片线形，两面被柔毛。总状花序3～6枚，小穗椭圆状倒卵形，散生微柔毛，顶端圆或微凸；第二颖与第一外稃相等，膜质，具3脉，边缘有明显微柔毛。第二外稃等长于小穗，具光泽。花果期5～10月。

分布与生境：分布于八大公山海拔400～800 m的荒野湿地中。

用途：全草入药。

3. 雀稗 **Paspalum thunbergii** Kunth ex Steudel

多年生草本。节被长柔毛。叶鞘被柔毛，叶舌膜质，叶片线形，两面被柔毛。总状花序3～6枚，

双穗雀稗 Paspalum distichum

圆果雀稗 Paspalum scrobiculatum var. orbiculare

雀稗 Paspalum thunbergii

小穗椭圆状倒卵形，散生微柔毛，顶端圆或微凸；第二颖与第一外稃相等，膜质，具 3 脉，边缘有明显微柔毛。第二外稃等长于小穗，革质，具光泽。花果期 5 ~ 10 月。

分布与生境：分布于八大公山海拔 400 ~ 800 m 的荒野湿地中。

用途：全草入药。

（五十四）狼尾草属 **Pennisetum** Richard

一年生或多年生草本。叶片扁平，线形；圆锥花序状；小穗具短柄或无柄，单生或 2 ~ 3 个簇生，每簇下围有总苞状刚毛，与小穗一起脱落，有 2 小花；第一颖短于小穗，有时微小或缺；第二颖通常短于小穗；第二外稃纸质，边缘薄，平坦。

80 种，我国有 11 种，湖南有 3 种，八大公山有 1 种。

1. 狼尾草 Pennisetum alopecuroides (Linnaeus) Sprengel

多年生草本。叶鞘光滑，叶舌具纤毛，叶片线形。圆锥花序，主轴密生柔毛，刚毛粗糙，淡绿色或紫色，小穗线状披针形，第一颖微小或缺，膜质，脉不明显或具 1 脉，第二颖卵状披针形，具 3 ~ 5 脉，第一小花中性，第一外稃，具 7 ~ 11 脉；第二外稃，披针形，具 5 ~ 7 脉，边缘包着同质的内稃。颖果长圆形。花果期夏秋季。

分布与生境：分布于八大公山海拔 200 ~ 1800 m 的田岸、荒地、道旁及小山坡上。

用途：全草入药，花可供观赏。

狼尾草 Pennisetum alopecuroides

（五十五）显子草属 **Phaenosperma** Munro ex Bentham

多年生草本。根较稀疏而硬。秆单生或少数丛生，光滑无毛，直立，坚硬，具 4 ~ 5 节。叶鞘光滑；

叶舌质硬，两侧下延；叶片宽线形。圆锥花序；小穗背腹压扁；颖果倒卵球形，黑褐色，表面具皱纹，成熟后露出稃外。

单种属，八大公山有分布。

1. 显子草 Phaenosperma globosa Munro ex Bentham

特征见显子草属的描述。花果期 5～9 月。

分布与生境：分布于八大公山海拔 400～1600 m 的山坡林下、山谷溪旁及路边草丛。

用途：全草入药。

显子草 Phaenosperma globosa

（五十六）虉草属 **Phalaris** Linnaeus

一年生或多年生草本。圆锥花序紧缩成穗状；小穗两侧压扁，含 1 枚两性小花及附于其下的 2（有时为 1）枚退化为线形或鳞片状外稃；小穗轴脱节于颖之上，通常不延伸或很少延伸于内稃之后；颖草质，等长，披针形，有 3 脉，主脉成脊，脊常有翼；可育花的外稃短于颖，有 5 条不明显的脉，内稃与外稃同质。颖果紧包于稃内。

18 种，我国有 5 种，湖南有 1 种，八大公山亦有。

1. 虉草 Phalaris arundinacea Linnaeus

一年生或多年生草本。圆锥花序紧缩成穗状；小穗两侧压扁，含 1 枚两性小花及附于其下的 2（有时为 1）枚退化为线形或鳞片状外稃；小穗轴脱节于颖之上，通常不延伸或很少延伸于内稃之后；颖草质，等长，披针形，有 3 脉，主脉成脊，脊常有翼；可育花的外稃短于颖，有 5 条不明显的脉，内稃与外稃同质。颖果紧包于稃内。

分布与生境：分布于八大公山海拔 200～1500 m 的水洼地，也有栽培。

用途：全草入药；观赏水草。

虉草 Phalaris arundinacea

（五十七）芦苇属 **Phragmites** Adanson

多年生草本。茎直立，具多数节；叶舌厚膜质，边缘具毛；叶片宽大，披针形。圆锥花序；小穗含 3 ~ 7 小花，小穗轴节间短而无毛，脱节于第一外稃与成熟花之间；颖不等长，具 3 ~ 5 脉；第一外稃通常不孕，含雄蕊或中性，小花外稃向上逐渐变小，具 3 脉，顶端渐尖或呈芒状，外稃基盘延长具丝状柔毛，内稃狭小，甚短于其外稃。

6 种，我国有 3 种，湖南有 2 种，八大公山有 1 种。

1. 芦苇 **Phragmites australis** (Cavanilles) Trinius ex Steudel

多年生草本。秆直立，节下被腊粉。叶舌边缘密生短纤毛，易脱落；叶片披针状线形，无毛。圆锥花序大型，分枝多数，着生稠密下垂的小穗；第一不孕外稃雄性，第二外稃具 3 脉；内稃，两脊粗糙；雄蕊 3，黄色。颖果。

分布与生境：分布于八大公山各地，生于海拔 400 ~ 800 m 的溪边灌丛地带。

芦苇 Phragmites australis

用途：根状茎和叶入药；秆

为造纸原料或作编席织帘及建棚材料；茎、叶嫩时为饲料；为固堤造陆先锋环保植物。

（五十八）落芒草属 **Piptatherum** P. Beauvois

多年生草本。秆直立或基部稍倾斜。叶片扁平或内卷。圆锥花序开展或窄狭似穗状；小穗含 1 小花，两性，卵形至披针形，脱节于颖之上；颖几相等长，宿存，草质或膜质，先端渐尖或钝圆；外稃质地硬，背腹压扁或近于圆形；内稃扁平，同质。几全被外释所包裹或仅边缘被外稃所包。

6 种，我国有 3 种，湖南有 2 种，八大公山有 1 种。

1. 钝颖落芒草 Piptatherum kuoi S. M. Phillips et Z. L. Wu

多年生草本。秆直立，丛生，具 2 ~ 3 节。叶鞘无毛；叶舌质较硬，常齿裂；叶片质较硬，直立，多扁平或内卷，先端长渐尖而呈针状，分蘖叶上面被短毛。圆锥花序劲直，狭窄呈线形，孪生，基部分枝具 2 ~ 6 个小穗；小穗草绿色或枯黄色；颖宿存，近相等或第一颖稍短，具 5 ~ 7 脉；外稃椭圆形，褐色或黑棕色，具芒。颖果椭圆状球形。花果期 4 ~ 7 月。

分布与生境：分布于八大公山各地，生于海拔 400 ~ 800 m 的溪边灌丛地带。

钝颖落芒草 Piptatherum kuoi

（五十九）早熟禾属 **Poa** Linnaeus

一年生或多年生草本。叶鞘开放；叶舌膜质；叶片扁平。圆锥花序，小穗含 2 ~ 8 小花，上部小花不育或退化；小穗轴脱节于颖之上及诸花之间；两颖不等或近相等，均短于其外稃；外稃纸质或较厚，无芒，边缘多少膜质，具 5 脉，中脉成脊，背部大多无毛，脊与边脉下部具柔毛；内稃等长或稍短于其外稃，两脊微粗糙，稀具丝状纤毛。

500 种，我国有 231 种，湖南有 6 种，八大公山有 4 种。

分种检索表

1. 第一颖具 1 脉，颖与外稃质地较薄；外稃间脉大多明显。

2. 外稃基盘具有绵毛……………………………………………………… **1. 白顶早熟禾 P. acroleuca**

2. 外稃基盘具无绵毛……………………………………………………………… **2. 早熟禾 P. annua**

1. 第一颖具 3 脉，颖与外稃质地大多较厚；外稃间脉多不明显。

3. 植株丛生，圆锥花序疏松开展…………………………………………………… **3. 法氏早熟禾 P. faberi**

3. 植株密丛生，圆锥花序紧缩密集……………………………………… **4. 硬质早熟禾 P. sphondylodes**

1. 白顶早熟禾 Poa acroleuca Steudel

一年生或二年生。秆直立，高 30 ~ 50 cm，具 3 ~ 4 节。叶鞘闭合，平滑无毛，顶生叶鞘短于其叶片；叶舌膜质；叶片质地柔软，（7 ~ 15）mm ×（0.2 ~ 0.6）mm，平滑或上面微粗糙。圆锥花序金字塔形，分枝 2 ~ 5 枚着生于各节，细弱，微糙涩；小穗卵圆形，灰绿色；颖披针形，质薄，具狭膜质边缘，脊上部微粗糙。颖果纺锤形，长约 1.5 mm。花果期 5 ~ 6 月。

分布与生境：分布于八大公山各地，生于海拔 200 ~ 500 m 的路旁草地。

白顶早熟禾 Poa acroleuca

2. 早熟禾 Poa annua Linnaeus

一年生或二年生草本。秆直立，质软，全体平滑无毛。叶鞘稍压扁；叶舌圆头；叶片扁平或对折，质地柔软，有横脉纹。圆锥花序宽卵形，开展；分枝 1 ~ 3 枚着生各节，平滑；小穗卵形，绿色；颖质薄，具宽膜质边缘，顶端钝，第一颖披针形，具 1 脉，第二颖，具 3 脉；外稃卵圆形，具 5 脉；内稃与外稃近等长。花期 4 ~ 5 月，果期 6 ~ 7 月。

分布与生境：分布于八大公山海拔 400 ~ 1500 m 的路旁草地、田野水沟或阴蔽荒坡湿地。

用途：全草入药；观草坪草种。

早熟禾 Poa annua

3. 法氏早熟禾 **Poa faberi** Rendle

多年生。秆高 30 ~ 60 cm，基部稍倾斜，具 3 ~ 4 节，花序以下平滑或糙涩。叶鞘常具倒向粗糙毛，上部压扁成脊，顶生者长达 14 cm，稍长于其叶片；叶舌长 3 ~ 8 mm，先端尖；叶片（7 ~ 12）cm ×（1.5 ~ 2.5）mm，两面粗糙。圆锥花序较紧密，分枝每节 3 ~ 5 枚，下部 1/3 裸露；小穗绿色，长 4 ~ 5 mm，含 4 小花；颖片具 3 脉，粗糙，先端锐尖；外稃具 5 脉，基盘具中量绵毛。花果期 5 ~ 8 月。

分布与生境：分布于八大公山各地，生于海拔 400 ~ 1500m 的路旁草地。

法氏早熟禾 Poa faberi

4. 硬质早熟禾 **Poa sphondylodes** Trinius

多年生，密丛型草本。秆高 30 ~ 60 cm，具 3 ~ 4 节，顶节位于中部以下，上部长裸露，紧接花序以下和节下均多少糙涩。叶鞘基部带淡紫色，叶舌长约 4 mm，先端尖；叶片长 3 ~ 7 cm，宽 1 mm，稍粗糙。圆锥花序紧缩而稠密，4 ~ 5 枚着生于主轴各节，粗糙；小穗柄短于小穗，侧枝基部即着生小穗；小穗绿色，熟后草黄色，颖具 3 脉，先端锐尖，硬纸质，稍粗糙，第一颖稍短于第二颖；外稃坚纸质，具 5 脉，间脉不明显，先端极窄膜质下带黄铜色，脊下部 2/3 和边脉下部 1/2 具长柔毛，基盘具中量绵毛，第一外稃长约 3 mm；内稃等长或稍长于外稃，脊粗糙具微细纤毛，先端稍凹。花果期 6 ~ 8 月。

分布与生境：分布于八大公山各地，生于海拔 400 ~ 1500 m 的路旁草地。

硬质早熟禾 Poa sphondylodes

（六十）金发草属 **Pogonatherum** P. Beauvois

多年生草本。秆细长而硬。叶片线形或线状披针形，近直立。穗形总状花序单生于秆顶；小穗孪生，一有柄，一无柄，成覆瓦状排列于易逐节折断的总状花序轴一侧，无柄小穗有 1 ~ 2 小花。颖果长圆形。

4 种，我国有 3 种，湖南有 2 种，八大公山有 1 种。

1. 金丝草 **Pogonatherum crinitum** (Thunberg) Kunth

多年生草本。秆丛生，密集，节上被白色髯毛。叶鞘短于或长于节间，向上部渐狭，除鞘口或边缘被细毛外，余均无毛，叶舌短，纤毛状，叶片线形，扁平。穗形总状花序单生于秆顶，细弱而微弯曲，乳黄色，总状花序轴节间与小穗柄均压扁，第二小花外稃先端 2 裂，裂齿间伸出细弱而弯曲的芒。花果期 5 ~ 9 月。

分布与生境：分布于八大公山各地，生于海拔 600 m 的溪边滴水或流水石上。

用途：全草入药。

金丝草 Pogonatherum crinitum

（六十一）棒头草属 **Polypogon** Desfontaines

一年生草本。叶舌膜质，长圆形，常2裂或顶端呈不整齐的齿裂；叶片扁平，微粗糙或背部光滑。圆锥花序穗状，长圆形或兼卵形，较疏松，具缺刻或有间断；小穗灰绿色或部分带紫色；颖几乎相等，长圆形，全部粗糙，先端2浅裂；芒从裂口伸出，细直，微粗糙；颖果椭圆形。

25种，我国有6种，湖南有2种，八大公山有1种。

1. 棒头草 **Polypogon fugax** Nees ex Steudel

一年生草本。秆丛生，基部膝曲，大都光滑。叶鞘光滑无毛，大都短于或下部者长于节间，叶

棒头草 Polypogon fugax

舌膜质，长圆形，常 2 裂或顶端具不整齐的裂齿，叶片扁平，微粗糙或下面光滑。圆锥花序穗状，长圆形或卵形，较疏松，具缺刻或有间断，小穗灰绿色或部分带紫色，颖之芒从裂口处伸出，细直，外稃中脉延伸成长芒。颖果椭圆形。花果期 4 ~ 9 月。

分布与生境：分布于八大公山各地，生于海拔 1200 m 以下的农田水沟中。

用途：全草入药。

（六十二）甘蔗属 **Saccharum** Linnaeus

多年生草本。茎秆粗壮。具广阔、多分枝、被丝毛的圆锥花序，小穗小，有 1 小花，无芒，成对，一无柄，一有柄，孪生于易逐节断落的穗轴各节，均两性或上部的稀为雌性，下承托以长柔毛，颖稍硬，雄蕊 3，花柱长而羽毛状。果离生。

35 种，我国有 12 种，湖南有 5 种，八大公山有 3 种。

分种检索表

1. 小穗无芒。
   2. 花序的主轴及花序以下的秆均无毛……………………………………………… **1. 斑茅 S. arundinaceum**
   2. 花序的主轴及花序以下的秆均有毛…………………………………………………… **2. 甘蔗 S. officinarum**
1. 小穗有芒或具小尖头………………………………………………………………………… **3. 蔗茅 S. rufipilum**

1. 斑茅 Saccharum arundinaceum Retzius

多年生草本。秆具多数节，无毛。叶鞘基部或上部边缘和鞘口具柔毛，叶舌膜质，叶片线状披

斑茅 Saccharum arundinaceum

针形，无毛，边缘锯齿状粗糙。圆锥花序，主轴无毛，腋间被微毛；总状花序轴节间与小穗柄细线形，被长丝状柔毛，顶端稍膨大；无柄与有柄小穗狭披针形，黄绿色或带紫色，基盘具短柔毛，两颖草质或稍厚。颖果长圆形。花果期 8 ~ 12 月。

分布与生境：分布于八大公山各地，生于海拔 400 ~ 1200 m 的山坡和河岸溪涧草地。

用途：根入药；花供观赏。

2. 甘蔗 Saccharum officinarum Linnaeus

多年生草本。根状茎粗壮发达，茎高大实心，被白粉。叶鞘长于其节间，除鞘口具柔毛外余无毛，叶舌极短，生纤毛，叶片中脉粗壮，白色，边缘具锯齿状粗糙。圆锥花序大型，总状花序多数轮生，稠密，总状花序轴节间与小穗柄无毛，小穗线状长圆形。

分布与生境：原产广泛分布于热带及亚热带地区，八大公山有栽培。

用途：茎秆供鲜食或制糖；蔗渣可造张和纤维板；蔗梢、蔗叶、蔗渣糠、废糖蜜或酒精废液可作牛、羊饲料。

甘蔗 Saccharum officinarum

3. 蔗茅 Saccharum rufipilum Steudel

多年生草本。秆具髭毛的节，节下被白粉。叶鞘口生縌毛；叶舌具纤毛；叶片宽条形，扁平或内卷，下面被白粉。圆锥花序大型直立；小穗基盘具白色或浅紫色；第一颖厚纸质，脊间无脉，扁平；第二颖顶端膜质渐尖，具 3 脉；第一外稃披针形，顶端尖或芒状；第二外稃线状披针形，无毛，顶端延伸成芒；第二内稃小。花果期 6 ~ 10 月。

分布与生境：分布于八大公山各地，生于海拔 800 ~ 1000 m 的山坡疏林地。

蔗茅 Saccharum rufipilum

（六十三）囊颖草属 **Sacciolepis** Nash

一年生或多年生草本。秆直立或基部膝曲。叶片较狭窄。圆锥花序紧缩成穗状，小穗一侧偏斜，有 2 小花；颖不等长，第一颖较短，具透明的狭边和数条粗脉；第二颖较宽，三角状卵形，背部圆凸呈浅囊状，具 7 ~ 11 脉；第一小花雄性或中性；第一外稃较第二颖狭，但等长；第一内稃狭，膜质透明；第二小花两性；第二外稃长圆形。

30 种，我国有 3 种，湖南有 1 种，八大公山亦有。

1. 囊颖草 Sacciolepis indica (Linnaeus) Chase

一年生草本。秆有时下部节上生根。叶鞘具棱脊；叶舌膜质，顶端被短纤毛；叶片线形，基部较窄。圆锥花序紧缩成圆筒状，具棱；小穗卵状披针形；第一颖通常具 3 脉，基部包裹小穗，第二颖背部囊状，具明显的 7 ~ 11 脉；第一外稃通常 9 脉；第一内稃退化或短小；第二外稃平边缘包着较其小而同质的内稃。颖果椭圆形。花果期 7 ~ 11 月。

分布与生境：分布于八大公山各地，生于海拔 400 ~ 600 m 的溪边杂草丛中或水田中。

（六十四）裂稃草属 **Schizachyrium** Nees

多年生草本。秆直立或平卧。叶片通常线形或线状长圆形。总状花序单生，顶生或腋生，基部有鞘状总苞；小穗成对生于各节，一无柄，另一具柄。无柄小穗具 2 小花，第一小花退化仅存一外稃，

囊颖草 Sacciolepis indica

第二小花两性；第一颖长圆状披针形，具2脊；第二颖质较第一颖薄；外稃透明膜质。颖果狭线形。有柄小穗退化，常仅存一颖，其颖常具芒。

60种，我国有4种，湖南有1种，八大公山亦有。

1. 裂稃草 Schizachyrium brevifolium (Swartz) Nees ex Buse

一年生草本。秆基部常平卧或倾斜。叶鞘短于节间，具1脊；叶舌短，膜质，上缘撕裂并具睫毛；叶片线形或长圆形，顶端通常钝而有短尖头，基部近圆形，无毛，主脉在背部明显突出。总状花序。无柄小穗线状披针形；第一颖近革质，具4~5脉；第二颖厚膜质，有3脉；外稃透明膜质。颖果线形。有柄小穗退化仅剩1~2颖。花果期7~12月。

分布与生境：分布于八大公山各地，生于海拔800 m的山坡草地中。

裂稃草 Schizachyrium brevifolium

（六十五）狗尾草属 Setaria P. Beauvois

一年或多年生草本。秆直立或基部膝曲。叶片线形、披针形或长披针形，扁平或具折皱，基部钝圆或窄狭成柄状。圆锥花序通常呈穗状或总状圆柱形，少数疏散而开展至塔状，小穗含 1 ~ 2 小花，椭圆形或披针形，全部或部分小穗下托以 1 至数枚由不发育小枝而成的芒状刚毛，脱节于极短且呈杯状的小穗柄上，并与宿存的刚毛分离。

130 种，我国有 14 种，湖南有 11 种，八大公山有 7 种。

分种检索表

1. 圆锥花序疏松呈金字塔状，圆锥状，部分小穗或每小穗下有刚毛 1 ~ 2 枚。
  2. 叶片纺锤伏宽披针形或线状披针形，质厚，具明显的折襞，基部常窄缩成柄状。
    3. 叶片宽 1 ~ 2.5 cm，谷粒皱纹明显……………………………………………**5. 皱叶狗尾草 S. plicata**
    3. 叶片宽 2 ~ 6 cm，谷粒皱纹不显著 ……………………………………… **4. 棕叶狗尾草 S. palmifolia**
  2. 叶片线状披针形或线形，扁平不具折襞，基部不窄缩成柄状…………… **1. 莩草 S. chondrachne**
1. 圆锥花序紧缩呈穗形或圆柱形，每小穗下有数枚或多数刚毛。
  4. 野生植物，谷粒连同颖与第一外稃一起脱落。
    5. 花序主轴上每簇分枝通常有 3 至数个发育小穗。
      6. 花序直立或微弯曲，小穗成熟后稍肿胀……………………………………………**7. 狗尾草 S. viridis**
      6. 花序通常下垂，小穗成熟后甚肿胀…………………………………………… **2. 大狗尾草 S. faberi**
    5. 花序主轴上每簇分枝通常有 1 个发育小穗…………………………… **6. 金色狗尾草 S. pumila**
  4. 栽培植物，谷粒连同颖与第一外稃分离后脱落…………………………………………… **3. 粱 S. italica**

1. 莩草 Setaria chondrachne (Steudel) Honda

多年生草本。叶鞘边缘具密的纤毛；叶舌密具纤毛；叶片线形或线状披针形，基部钝圆或狭窄。圆锥花序狭尖塔形、披针形或呈穗状；小穗椭圆形或卵圆形，小穗下均具 1 枚刚毛；第一颖宽卵形，具 3 ~ 5 脉；第二颖具（5）7 ~ 9 脉；第一小花雄性或中性，第一外稃具 3 ~ 5 脉，有等长的而与第二小花等宽的内稃，常具 2 脉。花果期 7 ~ 10 月。

分布与生境：分布于八大公山海拔 400 ~ 600 m 的山坡或谷地林下阴湿处。

2. 大狗尾草 Setaria faberi R.A.W.Herrmann

一年生草本。秆光滑无毛。叶鞘边缘具细纤毛，叶舌具纤毛，叶片线状披针形，边缘具细锯齿。圆锥花序主轴具较密长柔毛，小穗椭圆形，第一颖宽卵形，具 3 脉，第二颖具 5 ~ 7 脉，第一外稃，具 5 脉，其内稃膜质，披针形，第二外稃具细横皱纹，鳞被楔形，花柱基部分离，颖果椭圆形。花果期 7 ~ 10 月。

分布与生境：分布于八大公山海拔 600 ~ 1000 m 的山坡路旁、水溪沟边。

用途：全草入药。

莩草 Setaria chondrachne

大狗尾草 Setaria faberi

3. 粱 Setaria italica var. **germanica** (Mill.) Schred.

一年生草本。叶鞘松裹茎秆，密具疣毛或无毛；叶舌为一圈纤毛；叶片长披针形或线状披针形，先端尖，基部钝圆。圆锥花序；小穗椭圆形或近圆球形，黄色、橘红色或紫色；第一颖具 3 脉；第二颖具 5 ~ 9 脉；第一外稃与小穗等长，具 5 ~ 7 脉，其内稃薄纸质，披针形，第二外稃等长于第一外稃，卵圆形或圆球形，成熟后，自第一外稃基部和颖分离脱落。

分布与生境：原产我国，八大公山有栽培。

用途：谷粒供食用，还可入药及酿酒；茎叶可作饲料。

粱 Setaria italica var. germanica

4. 棕叶狗尾草 Setaria palmifolia (J. König) Stapf

多年生草本。叶鞘具密或疏疣毛，叶舌具纤毛；叶片纺锤状宽披针形，两面具疣毛或无毛。圆锥花序主轴具棱角，甚粗糙，小穗卵状披针形，第一颖三角状卵形，具 3 ~ 5 脉；第二颖具 5 ~ 7 脉，第一外稃具 5 脉，内稃膜质，第二小花两性，第二外稃具不甚明显的横皱纹。颖果卵状披针形，具不甚明显的横皱纹。花果期 8 ~ 12 月。

分布与生境：分布于八大公山海拔 400 ~ 800 m 的山坡或谷地林下阴湿处。

用途：根、嫩芽、茎叶入药。

棕叶狗尾草 Setaria palmifolia

5. 皱叶狗尾草 Setaria plicata (Lamarck) T. Cooke

多年生草本。节和叶鞘与叶片交接处，常具白色短毛。叶鞘背脉常呈脊，密或疏生短毛，毛易脱落，边缘常密生纤毛或基部叶鞘边缘无毛而近膜质；叶舌边缘密生纤毛；叶片质薄，椭圆状披针形或线状披针形，先端渐尖，基部渐狭呈柄状，具较浅的纵向皱折，两面或一面具疏疣毛，边缘无毛。花果期 6 ~ 10 月。

分布与生境：分布于八大公山海拔 600 ~ 1000 m 的山坡林下、沟谷地阴湿处或路边杂草地上。

用途：须根入药。

6. 金色狗尾草 Setaria pumila (Poiret) Roemer & Schultes

一年生草本。秆光滑无毛。叶鞘光滑无毛，边缘薄膜质，叶舌具纤毛，叶片线状披针形或狭披针形，上面粗糙，下面光滑，近基部疏生长柔毛。圆锥花序紧密呈圆柱状或狭圆锥状，主轴具短细柔毛，刚毛金黄色或稍带褐色，粗糙，第一颖宽卵形或卵形，具 3 脉。花果期 6 ~ 10 月。

分布与生境：分布于八大公山海拔 600 ~ 1000 m 的路边和荒芜的园地及荒野。

用途：全草入药。

皱叶狗尾草 Setaria plicata

金色狗尾草 Setaria pumila

7. 狗尾草 Setaria viridis (Linnaeus) P. Beauvois

一年生草本。叶鞘边缘具较长的密绵毛状纤毛，叶舌边缘具纤毛，叶片长三角状狭披针形，边缘粗糙。圆锥花序主轴被较长柔毛，小穗 2 ~ 5 个簇生于主轴上或更多的小穗着生在短小枝上，第一颖卵形、宽卵形，具 3 脉，第二颖椭圆形，具 5 ~ 7 脉，第一外稃具 5 ~ 7 脉，第二外稃椭圆形，具细点状皱纹，鳞被楔形，花柱基分离。花果期 5 ~ 10 月。

分布与生境：分布于八大公山海拔 400 ~ 1800 m 的荒野、道旁，为常见杂草。

用途：全草入药。

狗尾草 Setaria viridis

（六十六）三毛草属 **Trisetum** Persoon

多年生草本。叶片窄狭而扁平。圆锥花序；小穗常含 2 ~ 3 小花，稀 4 ~ 5 小花，小穗轴节间具柔毛，并延伸于顶生内稃之后，呈刺状或具不育小花；颖草质或膜质，先端尖或渐尖，宿存，具 1 ~ 3 脉；外稃披针形，纸质而具膜质边缘，顶端常具 2 裂齿，基盘被微毛；内稃透明膜质，等长或较短于外稃，具 2 脊。

70 种，我国有 12 种，湖南有 1 种，八大公山有 1 种。

1. 湖北三毛草 Trisetum henryi Rendle

多年生草本。秆具 5 ~ 9 节。叶鞘大都长于节间，下部者闭合至顶端，无毛或被微毛；叶舌硬膜质，黄褐色；叶片扁平，宽线形，粗糙或上面被微毛。圆锥花序；小穗浅绿色或银褐色，含 2 ~ 3 小花；颖不等长，膜质；外稃背部稍粗糙，顶、端具 2 微齿；内稃略短于外稃，具 2 脊。花果期 6 ~ 9 月。

湖北三毛草 Trisetum henryi

分布与生境：分布于八大公山各地，生于海拔 1700 m 的山坡草丛中。

（六十七）高粱属 **Sorghum** Moench

一年生或多年生草本。圆锥花序直立，由多数含 1 ~ 5 节的总状花序组成；小穗孪生，一无柄，一有柄，总状花序轴节间与小穗柄线形；无柄小穗两性，有柄小穗雄性或中性，无柄小穗之第一颖革质；第二颖舟形；第一外稃膜质，第二外稃长圆形或椭圆状披针形，全缘，无芒，或具 2 齿裂，裂齿间具 1 长或短的芒。

30 种，我国有 5 种，湖南有 3 种，八大公山有 1 种。

1. 高粱 **Sorghum bicolor** (Linnaeus) Moench

一年生草本。秆粗状，叶鞘无毛或稍有白粉，叶舌硬膜质，叶片线形至线状披针形，背面淡绿色或有白粉，两面无毛，圆锥花序，主轴裸露，疏生细柔毛，分枝 3 ~ 7 枚，轮生，粗糙或有细毛，无柄小穗倒卵形或倒卵状椭圆形；两颖均革质，具毛。颖果淡红色至红棕色。花果期 6 ~ 9 月。

分布与生境：分布于八大公山各地。

用途：果实、根入药；高粱米为重要的粮食；还可制糖、酿酒和提取酒精；果穗可作扫帚。

高粱 Sorghum bicolor

（六十八）大油芒属 **Spodiopogon** Trinius

一年生或多年生草本。叶片线形或狭窄披针形；叶舌膜质。顶生圆锥花序开展，由多数具 1 ~ 3 节有梗的总状花序所组成。小穗孪生，一有柄，一无柄，第二小花皆为两性；总状花序轴节间及小穗柄的顶端膨大而呈棒状，成熟后逐节断落；小穗卵形，不明显压扁；颖草质；外稃透明膜质，有时具 1 ~ 3 脉，第一小花具 3 雄蕊或中性。颖果圆筒形。

15 种，我国有 9 种，湖南有 2 种，八大公山有 1 种。

1. 油芒 **Spodiopogon cotulifer** (Thunberg) Hackel

一年生草本。秆具 5 ~ 13 节，节下被白粉，平滑无毛。叶鞘无毛；叶舌膜质，褐色；叶片披针状线形，顶端渐尖，基部渐窄呈柄状，下面贴生疣基柔毛。圆锥花序；分枝轮生，上部具 6 ~ 15 节，节生短髭毛；每节具一长柄一短柄小穗；小穗线状披针形；第一颖通常具 9 脉；第二颖具 7 脉；第一外稃透明膜质；第二外稃窄披针形。花果期 9 ~ 11 月。

分布与生境：分布于八大公山各地，生于海拔 500 ~ 1000 m 的山坡疏林地。

油芒 Spodiopogon cotulifer

（六十九）鼠尾粟属 Sporobolus R. Brown

一年生或多年生草本。叶舌常极短，纤毛状；叶片狭披针形或线形。圆锥花序紧缩或开展。小穗含 1 小花，两性，近圆柱形或两侧压扁，脱节于颖之上；颖透明膜质，具 1 脉或第一颖无脉；外稃膜质，具 1 ~ 3 脉，无芒；内稃透明膜质，与外稃等长，较宽，具 2 脉。囊果成熟后裸露，易从稃体间脱落；果皮与种子分离，质薄，成熟后遇湿易破裂。

160 种，我国有 8 种，湖南有 1 种，八大公山亦有。

1. 鼠尾粟 Sporobolus fertilis (Steudel) Clayton

多年生草本。秆直立，丛生，质较坚硬，平滑无毛。叶鞘疏松裹茎，基部者较宽，平滑无毛或其边缘稀具极短的纤毛，下部者长于而上部者短于节间；叶舌极短，纤毛状；叶片质较硬，平滑无毛；圆锥花序；小穗灰绿色且带紫色；颖膜质；花药黄色。囊果成熟后红褐色，明显短于外稃和内稃，长圆状倒卵形或倒卵状椭圆形，顶端截平。花果期 3 ~ 12 月。

分布与生境：分布于八大公山各地，生于海拔 200 ~ 1200 m 的路边或荒地中。

用途：根入药。

鼠尾粟 Sporobolus fertilis

（七十）菅属 **Themeda** Forsskål

多年生或一年生草本，秆粗壮或纤细，近圆形，实心，坚硬，左右压扁或具棱。叶鞘具脊，近缘及鞘口常散生瘤基刚毛，边缘膜质，疏松或紧抱秆，上部的常短于节间；叶舌短，膜质，顶端密生纤毛或撕裂状；叶片线形，长而狭，边缘常粗糙。总状花序具长短不一的梗至几无梗，托以舟形佛焰苞。

27 种，我国有 13 种，湖南有 3 种，八大公山有 2 种。

分种检索表

1. 总状花序由 7 枚小穗组成，总苞状小穗着生在同一水平面……………………… **1. 黄背草 T. triandra**
1. 总状花序由 7 枚以上小穗组成，总苞状小穗着生在不同水平面……………………… **2. 菅 T. villosa**

1. 黄背草 **Themeda triandra** Forsskål

多年生草本。秆光滑无毛，具光泽，黄白色或褐色。叶鞘生硬毛；叶舌坚纸质，叶片两面无毛或疏被柔毛，背面常粉白色。圆锥花序由具佛焰苞的总状花序组成，雄花无柄，第一颖背面上面常生瘤基毛。无柄小穗两性，1 枚，基盘被褐色髯毛，锐利；第一颖革质，被短刚毛，第二颖革质。花果期 6 ~ 12 月。

分布与生境：分布于八大公山各地，生于海拔 200 ~ 700 m 的干燥山坡、草地、路旁、林缘。

用途：全草入药。

黄背草 Themeda triandra

2. 菅 **Themeda villosa** (Poiret) A. Camus

多年生草本。秆粗壮，两侧压扁或具棱，通常黄白色或褐色，实心，髓白色。叶鞘光滑无毛，下部具粗脊；叶舌膜质，短，顶端具短纤毛；叶片线形，基部渐狭，顶端渐尖，两面微粗糙。多回复出的大型伪圆锥花序，由具佛焰苞的总状花序组成；每总状花序由 9 ~ 11 小穗组成。颖果被毛或脱落，成熟时栗褐色。花果期 8 月至次年 1 月。

分布与生境：分布于八大公山各地，生于海拔 200 ~ 500 m 的溪边疏林地。

菅 Themeda villosa

（七十一）小麦属 **Triticum** Linnaeus

一年或越年生草本。穗状花序直立，顶生小穗发育或退化；小穗通常单生于穗轴各节，含（2）3 ~ 9(11) 小花；颖革质或草质，卵形至长圆形或披针形，具 3 ~ 7(9）脉，先端具 1 ~ 2 枚锐齿，亦有延伸为芒状者；外稃背部扁圆或多少具脊，顶端有 2 裂齿或无裂齿；内稃边缘内折。颖果卵圆形或长圆形，顶端具毛。

25 种，我国有 4 种，湖南栽培 1 种，八大公山也有栽培。

1. 小麦 **Triticum aestivum** Linnaeus

越年生草本。秆直立，丛生，具 6 ~ 7 节。叶鞘松弛包茎；叶舌膜质；叶片长披针形。穗状花序直立；小穗含 3 ~ 9 小花；颖卵圆形；外稃长圆状披针形，顶端具芒或无芒；内稃与外稃几等长。

分布与生境：原产西亚，八大公山各地栽培。

用途：果实、种皮可入药；果实淀粉供食用；秆供编织。

小麦 Triticum aestivum

（七十二）玉蜀黍属 **Zea** Linnaeus

一年生草本。秆具多数节，实心，下部数节生有一圈支柱根。叶片阔线形。小穗单性，雌、雄异序；雄花序由多数总状花序组成大型的顶生圆锥花序；雄小穗含 2 小花，孪生于一连续的序轴上；颖膜质，先端尖，具多数脉；外稃及内稃皆透明膜质；雄蕊 3 枚；雌花序生于叶腋内；雌小穗含 1 小花；颖宽大，先端圆形或微凹；外稃透明膜质。

5 种，我国栽培 1 种；八大公山也有栽培。

1. 玉蜀黍 **Zea mays** Linnaeus

一年生草本。杆基部各节具气生支柱根。叶鞘具横脉；叶舌膜质；叶片线状披针形，无毛；顶生雄性圆锥花序，主轴与总状花序轴及腋间均被细柔毛，两颖膜质，被纤毛；外稃内稃透明膜质，花药橙黄色；雌花序被鞘状苞片包藏；两颖被毛，外稃内稃透明膜质。颖果球形或扁球形。花果期秋季。

分布与生境：原产巴西，八大公山各地栽培。

用途：颖果为重要的粮食作物，用途极为广泛；花柱和柱头入药；秸秆可作饲料。

玉蜀黍 Zea mays

（七十三）菰属 **Zizania** Linnaeus

多年生草本。有时具长匍匐根状茎。秆直立，节生柔毛。叶舌长，膜质；叶片扁平，宽大。顶生圆锥花序大型，雌雄同株；小穗单性，含 1 小花；颖退化；外稃膜质，紧抱其同质之内稃；雌小穗圆柱形，位于花序上部的分枝上，脱节于小穗柄之上，其柄较粗壮且顶端杯状；颖退化；外稃厚纸质，具芒；内稃狭披针形；颖果圆柱形，为内外稃所包裹。

4 种，我国有 1 种，该种八大公山有分布。

1. 菰 **Zizania latifolia** (Grisebach) Turczaninow ex Stapf

多年生草本。具匍匐根状茎。秆高大直立，基部节上生不定根。叶鞘长于其节间，肥厚，有小横脉；叶舌膜质，顶端尖；叶片扁平宽大。圆锥花序，分枝多数簇生，上升，果期开展。外稃具 5 脉，内稃具 3 脉。颖果圆柱形。

分布与生境：八大公山广布，栽培或野生在海拔 400 ~ 2000 m 的池塘浅水中。

用途：根、茎、果实入药；被真菌寄生的畸形秆可作蔬菜，叶可作饲料或供编织。

菰 Zizania latifolia

（七十四）结缕草属 Zoysia Willdenow

多年生草本。具根状茎或匍匐枝。叶片质坚，常内卷而窄狭。总状花序穗形；小穗两侧压扁，呈紧密的覆瓦状排列，小穗通常只含 1 两性花，极稀为单性者；第一颖完全退化或稍留痕迹，第二颖硬纸质，成熟后革质，两侧边缘在基部连合，包裹膜质的外稃，内稃退化。颖果卵圆形，与稃体分离。

10 种，我国有 5 种，湖南有 1 种，八大公山亦有。

1. 细叶结缕草 Zoysia pacifica (Goudswaard) M. Hotta & S. Kuroki

多年生草本。具匍匐茎。秆纤细。叶鞘无毛，紧密裹茎；叶舌膜质，顶端碎裂为纤毛状，鞘口具丝状长毛；小穗窄狭，黄绿色，或有时略带紫色，披针形；第一颖退化，第二颖革质，顶端及边缘膜质，具不明显的 5 脉；外稃与第二颖近等长，内稃退化；无鳞被；花柱 2，柱头帚状。颖果与稃体分离。花果期 8 ~ 12 月。

分布与生境：原产我国华南，八大公山各地栽培。

用途：草坪观赏草。

细叶结缕草 Zoysia pacifica

三十九、金鱼藻科 Ceratophyllaceae

多年生沉水草本。叶 4 ~ 12 轮生，条形，边缘一侧有锯齿或微齿；无托叶。花单性，雌雄同株，单生叶腋，雌雄花异节着生，近无梗；总苞有 8 ~ 12 枚苞片；无花被；雄花有 10 ~ 20 枚雄蕊；雌蕊有 1 枚心皮，柱头侧生，子房 1 室，具 1 枚胚珠。坚果革质，卵形或椭圆形，边缘有或无翅，先端有长刺状宿存花柱，基部有 2 枚刺，有时上部还有 2 枚刺。

仅 1 属 6 种，我国有 3 属，湖南有 2 种，八大公山有 1 种。

（一）金鱼藻属 **Ceratophyllum** Linnaeus

属特征同和种数同科。

本属 6 种，我国产 3 种，湖南有 2 种，八大公山有 1 种。

1. 金鱼藻 **Ceratophyllum demersum** Linnaeus

多年生沉水草本。叶 4 ~ 12 轮生，1 ~ 2 次二叉状分歧。苞片 9 ~ 12 枚；雄蕊 10 ~ 16 枚，子房卵形，花柱钻状。坚果宽椭圆形，边缘有 3 枚刺。花期 6 ~ 7 月，果期 8 ~ 10 月。

分布与生境：分布于八大公山各地，生于海拔 200 ~ 500 m 的洁净的流水或静水中。

用途：全草可入药；亦可用作猪、鱼及家禽饲料；人工养殖鱼缸布景。

金鱼藻 Ceratophyllum demersum

四十、领春木科 Eupteleaceae

落叶乔木。芽常侧生，为扩展的近鞘状叶柄基部包裹。叶互生，圆形或近卵形，边缘有锯齿，具羽状脉，叶柄较长，无托叶。花先叶开放，两性，6 ~ 12 朵，单生于苞片腋部；无花被；雄蕊多数；花托扁平；心皮多数，离生，子房 1 室，有 1 ~ 3 枚倒生胚珠。翅果顶端圆，下端渐细成显明子房柄，有果梗。种子 1 ~ 3 个。

仅 1 属 2 种，我国产 1 属 1 种，八大公山也有分布。

（一）领春木属 **Euptelea** Siebold & Zuccarini

属特征同和种数同科。

本属 2 种，我国产 1 种，八大公山也有分布。

1. 领春木 **Euptelea pleiosperma** J.D.Hooker & Thomson

落叶小乔木。芽卵形，鳞片深褐色。叶纸质，卵形或近圆形，基部楔形，边缘疏生锯齿，上面无毛，下面脉上有伏毛，侧脉 6 ~ 11 对。花丛生，无花被，雄蕊 6 ~ 14 枚，花药红色；心皮 6 ~ 12 枚，子房具 1 ~ 4 枚胚珠。翅果，种子卵形。花期 4 ~ 5 月，果期 7 ~ 8 月。

分布与生境：分布于八大公山各地，生于海拔 1000 ~ 1600 m 的山坡林中。

用途：木材可作小型用材；庭院观赏。

领春木 Euptelea pleiosperma

四十一、罂粟科 Papaveraceae

草本或稀为灌木。常有乳汁或有色液汁。叶互生。花单生或排列成总状花序、聚伞花序或圆锥花序。花两性，辐射对称或两侧对称；萼片 2，稀 3，早脱；雄蕊多数，离生，排列成数轮，或 4 枚，分离，或 6 枚合生成 2 束；雌蕊由 2 至多数合生心皮组成，子房上位，1 室，侧膜胎座。蒴果，瓣裂或顶孔开裂，稀有蓇葖果或坚果。

40 属约 800 种，我国有 17 属 443 种，湖南有 6 属 24 种，八大公山有 5 属 16 种。

分属检索表

1. 雄蕊 4 枚；植株无浆。
  2. 花横轴两侧对称；蒴果 2 瓣裂或不开裂的坚果…………………………………… **1. 紫堇属 Corydalis**
  2. 花纵轴两侧对称；蒴果 2 瓣裂……………………………………………… **4. 黄药属 Ichtyoselmis**
1. 雄蕊多数；植株具浆汁。
  3. 花瓣 4，稀较多。
    4. 叶茎生和基生，叶片不为心形，边缘具齿至羽状分裂…………………**3. 荷青花属 Hylomecon**
    4. 叶全部基生，叶片心形，边缘浅波状………………………………………**2. 血水草属 Eomecon**
  3. 花瓣无；花极多……………………………………………………………… **5. 博落回属 Macleaya**

（一）紫堇属 **Corydalis** Candolle

草本。基生叶少数或多数，早凋或残留宿存的叶鞘或叶柄基。茎生叶 1 至多数，稀无叶，互生或稀对生，叶片一至多回羽状分裂或掌状分裂。花排列成总状花序；苞片分裂或全缘。萼片 2 枚，早落，花冠两侧对称，花瓣 4，上花瓣前端扩展成距，下花瓣大多具明显爪；雄蕊 6 枚，合生成 2 束；雌蕊由 2 心皮组成。蒴果分裂成两果瓣。

约 465 种，我国有 357 种，湖南有 19 种，八大公山有 12 种。

分种检索表

1. 具块茎……………………………………………………………………… **4. 夏天无 C. decumbens**
1. 不具块茎。具主根、根茎、须根或肉质膨大的贮藏须根。
  2. 花瓣长 1.2 cm 以上。
    3. 花瓣长达 2 cm 以上。
      4. 花紫色至紫红色或白色。
        5. 花瓣长达 3 cm ……………………………………………… **11. 大叶紫堇 C. temulifolia**
        5. 花瓣长 2.0 ~ 2.5（3）cm。
          6. 花瓣边缘有时反卷，距圆锥形，长为花瓣片的一倍半………… **10. 地锦苗 C. sheareris**
          6. 花瓣边缘波状，距圆筒形，与花瓣片近等长或略长………… **1. 川东紫堇 C. acuminata**
      4. 花瓣淡金黄色……………………………………………………………… **9. 岩黄连 C. saxicola**

3. 花瓣长不及 2 cm。
  7. 花黄色或黄白色。
    8. 距长 3 ～ 4 mm。
      9. 花黄色至黄白色，距约占花瓣全长的 1/4 ························**2. 北越紫堇 C. balansae**
      9. 花黄色，距约占花瓣全长的 1/3 ······························ **3. 地柏枝 C. cheilanthifotia**
    8. 距长 6 ～ 16 mm ·· **12. 川鄂黄堇 C. wilsonii**
  7. 花紫色、紫红色或花粉红色。
    10. 苞片全缘，花瓣顶端微凹 ·· **5. 紫堇 C. eduli**
    10. 苞片分裂或具缺刻。外花瓣顶端不下凹。
      11. 果实卵形，压扁 ··· **6. 巴东紫堇 C. hemsleyana**
      11. 果实线状圆柱形 ·· **7. 刻叶紫堇 C. incisa**

1. 川东紫堇 Corydalis acuminata Franchet

多年生草本。基生叶基部扩大成鞘，叶宽卵形，三回羽状分裂；茎生叶 2 ~ 3 枚，互生。总状花序。萼片鳞片状，白色；花瓣紫色，上花瓣舟状卵形；下花瓣上部舟状卵形，先端极尖；内花瓣提琴形；子房狭椭圆形，柱头双卵形，具 8 个乳突。蒴果狭椭圆形。花果期 4 ~ 8 月。

分布与生境：分布于八大公山天平山，生于海拔 1400 ~ 1500 m 的山坡草地。

用途：根状茎（宿存叶柄基部）入药。

川东紫堇 Corydalis acuminata

2. 北越紫堇 Corydalis balansae Prain

多年生草本。茎具棱，常对叶生。叶二回羽状全裂。总状花序，苞片披针形至长圆状披针形，花黄色至黄白色，萼片卵圆形，边缘具小齿，外花瓣勺状，具龙骨状突起，上花瓣距短囊状，内花瓣爪长于瓣片。蒴果线状长圆形。种子黑亮，具印痕状凹点，具大而舟状的种阜。

分布与生境：分布于八大公山各地，生于海拔 200 ~ 800 m 路边或土边荒地中。

用途：全草药用。

北越紫堇 Corydalis balansae

3. 地柏枝 **Corydalis cheilanthifolia** Hemsley

丛生草本。基生叶具长柄，披针形，二回羽状全裂。总状花序；苞片狭披针形；花黄色，有时伴生有较小的败育的无距花；外花瓣渐尖，距向上斜伸，约占花瓣全长的 1/3；内花瓣具浅鸡冠状

地柏枝 Corydalis cheilanthifolia

突起，爪短于瓣片；柱头具 4 乳突，顶生 2 枚广角状叉分。蒴果线形，具 1 列种子。

分布与生境：分布于八大公山各地，生于海拔 1000 ~ 1500 m 的林下岩石上。

用途：根入药。

4. 夏天无 Corydalis decumbens (Thunberg) Persoon

多年生草本。块茎小，圆形或多少伸长。叶二回三出，小叶片倒卵圆形，全缘或深裂成卵圆形或披针形的裂片。总状花序疏具 3 ~ 10 花。苞片小，卵圆形，全缘。花近白色至淡粉红色或淡蓝色。萼片早落。外花瓣顶端下凹，常具狭鸡冠状突起。上花瓣距稍短于瓣片，渐狭，平直或稍上弯，下花瓣宽匙形。蒴果线形，多少扭曲。

分布与生境：分布于八大公山各地，生于海拔 200 ~ 400 m 的路边荒地。

用途：块茎入药。

夏天无 Corydalis decumbens

5. 紫堇 Corydalis edulis Maximowicz

一年生草本。基生叶具长柄，叶片近三角形，背面苍白色，一至二回羽状全裂，茎生叶与基生叶同形。总状花序，疏具 3 ~ 10 花，苞片全缘，有时下部的疏具齿，花粉红色至紫红色。蒴果线形，下垂。

分布与生境：分布于八大公山五道水，生于海拔 300 ~ 500 m 的路旁草地。

用途：全草及根入药。

6. 巴东紫堇 Corydalis hemsleyana Franchet ex Prain

一年生草本。茎具球形地下块茎。叶具长柄，基部具鞘，叶片二回三出，裂片具缺刻状齿。总状花序，少花，花小，苞片具缺刻状齿，花淡蓝色至白色，距约与瓣片等长或稍短。蒴果矩圆形，具突破存花柱。花果期 3 ~ 4 月。

分布与生境：分布于八大公山斗篷山，生于海拔 300 ~ 900 m 的山坡草地。

紫堇 Corydalis edulis

巴东紫堇 Corydalis hemsleyana

7. 刻叶紫堇 Corydalis incisa (Thunberg) Persoon

一年生草本。叶具长柄，基部具鞘，叶片二回三出，裂片具缺刻状齿。总状花序，多花，先密集，后疏离，苞片具缺刻状齿。花紫红色，稀淡蓝色至白色，距约与瓣片等长或稍短。蒴果线形至长圆形。

分布与生境：分布于八大公山各地，生于海拔 200 ~ 500 m 的路边、荒地草丛中。

刻叶紫堇 Corydalis incisa

8. 小花黄堇 Corydalis racemosa (Thunberg) Persoon

一年生草本。茎生叶叶片三角形，二回羽状全裂。总状花序，苞片披针形至钻形，花淡黄色，萼片卵圆形，外花瓣不宽展，无鸡冠状突起。上花瓣距短囊状。子房线形；柱头具 4 乳突。蒴果线形，种子近肾形，具短刺状突起。花期 4 ~ 8 月，果期 5 ~ 9 月。

分布与生境：分布于八大公山各地，生于海拔 200 ~ 1500 m 的山坡路旁或沟边。

小花黄堇 Corydalis racemosa

9. 岩黄连 Corydalis saxicola Bunting

多年生草本。叶二回至一回羽状全裂，末回羽片楔形至倒卵形。总状花序；苞片椭圆形至披针形，花金黄色，平展；外花瓣较宽展，渐尖，鸡冠状突起仅限于龙骨状突起之上；上花瓣距约占花瓣全长的 1/4；下花瓣基部具小瘤状突起；内花瓣具厚而伸出顶端的鸡冠状突起。柱头 2 叉状分裂，各枝顶端具 2 裂的乳突。蒴果线形，具 1 列种子。

分布与生境：分布于八大公山各地，生于海拔 600 ~ 800 m 的岩石缝中。

用途：根入药。

岩黄连 Corydalis saxicola

10. 地锦苗 Corydalis sheareris S.Moore

地锦苗 Corydalis sheareris

多年生草本。叶三角形，二回羽状全裂；茎生叶互生，与基生叶同形。总状花序；萼片鳞片状，具缺刻状流苏；花瓣紫红色，上花瓣舟状卵形；下花瓣长匙形；内花瓣提琴形，花瓣片倒卵形；子房狭椭圆形，柱头具 8 ~ 10 乳突。蒴果狭圆柱形。种子表面具多数乳突。花、果期 3 ~ 6 月。

分布与生境：分布于八大公山各地，生于海拔 200 ~ 1800 m 的山坡林下阴湿地。

用途：全草和根入药。

11. 大叶紫堇 Corydalis temulifolia Franchet

分亚种检索表

1. 叶小裂片通常较小，边缘多为撕裂状；花瓣北部珍鸡冠状突起…………………………………………………………………………………………… **11a. 大叶紫堇（原变种）C.temulifolia ssp. temulifolia**

1. 叶小裂片通常较大，边缘多为浅圆齿；花瓣无鸡冠状突起…………………………………………………………………………………………… **11b. 鸡血七 C.temulifolia ssp. aegopodioides**

11a. 大叶紫堇（原变种） Corydalis temulifolia Franchet ssp. **temulifolia**

多年生草本。叶三角形，二回三出羽状全裂；茎生与基生叶同形。总状花序，萼片鳞片状，撕裂状分裂；花瓣紫蓝色，上花瓣舟状菱形，下花瓣匙形，背部具鸡冠状突起，内花瓣提琴形，花瓣具短尖；子房线形，柱头具 10 个乳突。蒴果，近念珠状。

分布与生境：分布于八大公山各地，生于海拔 600 ~ 1800 m 的山坡、沟边或岩堆中。

用途：全草入药。

大叶紫堇（原变种） Corydalis temulifolia ssp. temulifolia

11b. 鸡血七 Corydalis temulifolia ssp. aegopodioides (H. Lév. & Vaniot) C. Y. Wu

多年生草本。与原亚种的区别在于：叶小裂片通常较大，常仅二回三出全裂，第一回裂片菱状卵圆形，渐尖，边缘多为浅圆齿；花瓣无鸡冠状突起。

分布与生境：分布于八大公山各地，生于海拔 600 ~ 1800 m 的山坡、沟边或岩堆中。

用途：全草入药。

鸡血七 Corydalis temulifolia ssp. aegopodioides

12. 川鄂黄堇 Corydalis wilsonii N.E.Brown

川鄂黄堇 Corydalis wilsonii

多年生草本。基生叶莲座状丛生，叶二回羽状全裂。总状花序；苞片披针形。花黄色，外花瓣顶端带绿色；顶端常反卷，通常无至具浅而全缘的伸达顶端的鸡冠状突起；内花瓣匙状倒卵形，具粗厚的伸出顶端的鸡冠状突起；柱头 2 叉状分裂，顶端具 2 乳突。蒴果，具 4 棱。花期 4 ~ 5 月，果期 5 ~ 7 月。

分布与生境：分布于八大公山各地，生于海拔 800 ~ 1500 m 的山坡草丛中。

用途：全草入药。

（二）血水草属 Eomecon Hance

多年生草本。具红黄色液汁。叶基生，叶片心形或心状肾形，先端渐尖或急尖，基部耳垂，边缘呈波状；叶柄基部略扩大成狭鞘。花葶灰绿色略带紫红色，有 3 ~ 5 花，排列成聚伞状伞房花序；萼早落；花瓣 4，白色；柱头 2 裂。蒴果狭椭圆形。

单种属，八大公山也有分布。

1. 血水草 Eomecon chionantha Hance

形态特征见血水草的描述。

分布与生境：分布于八大公山各地，生于海拔 500 ~ 1200 m 的山坡阴湿地。

用途：全草入药；庭院观赏。

血水草 Eomecon chionantha

（三）荷青花属 **Hylomecon** Maximowicz

多年生草本。具黄色液汁，疏生柔毛。叶羽状全裂，裂片 2 ~ 3 对，宽披针状菱形、倒卵状菱形或近椭圆形，边缘具不规则的圆齿状锯齿或重锯齿，具长柄；茎生叶通常 2，叶片同基生叶，具短柄。花 12 朵，稀 3 朵，排列成伞房状；萼片 2；花瓣 4，金黄色，基部具短爪；柱头 2 裂。蒴果 2 瓣裂。

1 种，八大公山也有分布。

1. 荷青花 **Hylomecon japonica** (Thunberg) Prantl

分变种检索表

1. 小叶边缘具不整齐的重锯齿……………………………… **1a. 荷青花（原变种）H. japonica** var.**japonica**
1. 小叶边缘有锐裂或深裂………………………………**1b. 锐裂荷青花（变种）H. japonica** var.**subincisa**

1a. 荷青花（原变种）**Hylomecon japonica** (Thunberg) Prantl var. **japonica**

形态特征见荷青花属的描述。

分布与生境：分布于八大公山各地，生于海拔 700 ~ 1800 m 的山坡沟谷阴湿处。

用途：根茎药用；庭院观赏。

荷青花（原变种）Hylomecon japonica var. japonica

1b. 锐裂荷青花（变种）**Hylomecon japonica** var. **subincisa** Fedde

本变种与荷青花的区别在于叶最下部的全裂片通常一侧或两侧具深裂或缺刻。花期 7 ~ 8 月，果期 8 ~ 9 月。

分布与生境：分布于八大公山各地，生于海拔 1500 ~ 1900 m 的山坡林下阴湿处。

用途：根入药。

锐裂荷青花（变种）Hylomecon japonica var. subincisa

（四）黄药属 **Ichtyoselmis** Lidén & Fukuhara

多年生草本。根状茎横走，色黄，味苦。叶 2 ~ 4，互生于茎上部，叶片轮廓卵形，三回三出分裂，边缘具 4 ~ 6 粗齿，背面具白粉。总状花序聚伞状，花下垂，花淡黄绿色或绿白色。蒴果椭圆形，具宿存花柱。

单种属，八大公山也分布。

1. 黄药 Ichtyoselmis macrantha (Oliver) Lidén

特征见黄药属的描述。

分布与生境：分布于五道水天平山，生于海拔 1400 ~ 1500 m 的山坡林下潮湿地。

用途：根状可入药；庭院观赏。

（五）博落回属 **Macleaya** R.Brown

多年生草本。具黄色乳汁，有剧毒。茎中空，具白色腊被。叶互生，基部心形，通常 7 或 9 裂，背面多白粉，具茸毛或无毛，基出脉通常 5。圆锥花序；萼片 2，乳白色；花瓣无；雄蕊 8 ~ 12 或 24 ~ 30，花丝丝状；子房 1 室，2 心皮，胚珠 1 ~ 6 枚。蒴果卵形或近圆形，具短柄，2 瓣裂。

2 种，我国全有，湖南有 1 种，八大公山也有。

1. 博落回 Macleaya cordata (Willdenow) R. Brown

直立草本，基部木质化，具乳黄色浆汁。茎绿色，中空。叶片宽卵形或近圆形，通常 7 或 9 深裂或浅裂，表面绿色，无毛；叶柄上面具浅沟槽。大型圆锥花序多花，顶生和腋生；苞片狭披针形。

黄药 Ichtyoselmis macrantha

博落回 Macleaya cordata

萼片倒卵状长圆形，舟状，黄白色；花瓣无；雄蕊 24 ~ 30，花丝丝状，花药条形，与花丝等长；子房倒卵形至狭倒卵形，柱头 2 裂，下延于花柱上。蒴果狭倒卵形或倒披针形，无毛。种子 4 ~ 6（8）枚，卵珠形，有狭的种阜。

分布与生境：分布于八大公山各地，生于海拔 200 ~ 1400 m 的荒地、林缘。

用途：全草入药（外用）；植株亦可作土农药。

四十二、木通科 Lardizabalaceae

木质藤本，稀灌木。叶互生，掌状或三出复叶，少羽状复叶，无托叶。花辐射对称，单性，雌雄同株或异株，稀杂性，常组成总状花序或伞房状的总状花序，稀圆锥花序。萼片 6（3）枚，花瓣状；花瓣 6 枚；雄蕊 6 枚，花药 2 室，纵裂；子房上位，离生，柱头显著。果为肉质的蓇葖果或浆果。种子多数，或仅 1 枚。

11 属 51 种，我国有 7 属 37 种，湖南有 7 属 11 种，八大公山有 6 属 12 种。

分属检索表

1. 心皮多数，种子 1 ……………………………………………………………**4. 大血藤属 Sargentodoxa**
1. 心皮 3 ~ 12，种子多数。
  2. 直立木本；叶为奇数羽状复叶；花杂性………………………………… **2. 猫儿屎属 Decaisnea**
  2. 茎攀缘；叶为掌状复叶；花单性。
    3. 花萼 3 ………………………………………………………………………… **1. 木通属 Akebia**
    3. 花萼 6。
      4. 雄蕊合生……………………………………………………………………**6. 野木瓜属 Stauntonia**
      4. 雄蕊分离。
        5. 花序近伞房状，无退化雌雄蕊………………………………… **3. 八月瓜属 Holboellia**
        5. 花序总状，具退化雌雄蕊……………………………………… **5. 串果藤属 Sinofranchetia**

（一）木通属 Akebia Decaisne

落叶或半常绿木质藤本。掌状复叶，具长柄。花单性，雌雄同株同序，花多数组成腋生的总状花序或花序伞房状；雄花较小而多数，生于花序上部；雌花远较雄花大，1 至数朵生于花序轴基部；萼片 3 枚（稀 4 ~ 6 枚），花瓣状；无花瓣。雄花：雄蕊 6 枚；退化心皮小。雌花：心皮 3 ~ 12 枚，胚珠多数。肉质蓇葖果圆柱形，成熟时沿腹缝开裂。

本属 5 种，我国有 4 种，湖南产 2 种，八大公山均产。

分种检索表

1. 小叶 5 ……………………………………………………………………………… **1. 木通 A. quinata**

1. 小叶 3 ……………………………………………………………………………**2. 三叶木通 A. trifoliata**

1. 木通 Akebia quinata (Houttuyn) Decaisne

落叶木质藤本。掌状复叶，小叶 5 枚；小叶纸质，倒卵形，先端圆或凹入，基部阔楔形，全缘。总状花序腋生，花单性，雌雄同株。雄花紫红色，雄蕊 6 枚，分离；雌花暗紫色，比雄花稍大。果实为浆果，椭圆形或长圆形，成熟时暗紫色，纵裂。种子黑色。花期 4 ~ 5 月，果期 6 ~ 8 月。

分布与生境：分布于八大公山各地，生于海拔 500 ~ 800 m 的山坡灌丛中。

用途：果可食；果实、根、木质、种子可入药；庭院观赏。

木通 Akebia quinata

2. 三叶木通 Akebia trifoliata (Thunberg) Koidzumi

分亚种检索表

1. 小叶边缘具明显的波状浅圆齿…………………… **2a. 三叶木通（原变种）A. trifoliata** subsp.**trifoliata**

1. 小叶全缘或近全缘……………………………………… **2b. 白木通（变种）A. trifoliata** subsp.**australis**

2a. 三叶木通（原变种）Akebia trifoliata (Thunberg) Koidzumi subsp. **trifoliata**

木质藤本。掌状复叶，小叶 3 枚，卵形至阔卵形，先端钝或略凹入，基部圆形，边缘具波状齿。总状花序，下部生 1 ~ 2 朵雌花，约有 15 ~ 30 朵雄花。雄花：萼片 3 枚，雄蕊 6 枚；退化心皮 3 枚。雌花：萼片 3 枚，退化雄蕊 6 枚或更多；心皮 3 ~ 9 枚。果长圆形，种子黑褐色。花期 4 ~ 5 月，果期 7 ~ 8 月。

分布与生境：分布于八大公山各地，生于海拔 300 ~ 1900 m 的山坡或林缘灌丛中。

用途：果可食；果实、根、木质、种子可入药；庭院观赏。

三叶木通（原变种）Akebia trifoliata subsp. trifoliata

2b. 白木通（亚种）Akebia trifoliata subsp. **australis** (Diels) T. Shimizu

与原变种不同的是小叶 3 边缘通常全缘。花期 4 ~ 5 月，果期 6 ~ 9 月。

分布与生境：分布于八大公山各地，生于海拔 500 ~ 1300 m 的山坡灌丛中。

用途：果可食；果实、根、木质、种子可入药；庭院观赏。

（二）猫儿屎属 Decaisnea J.D.Hooker & Thomson

落叶灌木。奇数羽状复叶，无托叶。花杂性，组成总状花序或顶生的圆锥花序；萼片 6 枚，花瓣状；花瓣不存在。雄花：雄蕊 6 枚，合生为单体。雌花：退化雄蕊 6 枚，离生或基部合生；心皮 3 枚，离生，胚珠多数。肉质蓇葖果圆柱形。种子多数，倒卵形或长圆形，压扁，外种皮骨质，黑色。

本属仅 1 种，八大公山亦有分布。

白木通（亚种）Akebia trifoliata subsp. australis

1. 猫儿屎 Decaisnea insignis(Griffith) J.D.Hooker & Thomson

特征见猫儿屎属的描述。

分布与生境：分布八大公山各地，生于海拔 1500 ~ 1900 m 的山坡、路旁、沟边。

用途：果可食；根和果实入药。

猫儿屎 Decaisnea insignis

（三）八月瓜属 Holboellia Wallich

常绿木质藤本。掌状复叶，互生，全缘。花单性，雌雄同株，少数花排成腋生总状花序。萼片6枚，排成2轮，花瓣状，近肉质，先端钝圆；蜜腺6枚，细小，圆形；雄花的雄蕊6枚，分离；雌花的心皮3枚，退化雄蕊6枚，细小。果实为肉质的蓇葖果，通常长圆形或椭圆形，不开裂。种子多数，排成数列藏于果肉中。

本属约20种，我国有9种，湖南产4种，八大公山有4种。

分种检索表

1. 小叶3 ~ 9。
  2. 茎圆柱形……………………………………………………………… **1. 五月瓜藤 H. angustifolia**
  2. 茎具棱角…………………………………………………………… **4. 棱茎八月瓜 H. pterocaulis**
1. 小叶3。
  3. 花暗紫色，果熟果红色…………………………………………………… **2. 鹰爪枫 H. coriacea**
  3. 花黑色，果熟果灰褐色…………………………………………… **3. 小花鹰爪枫 H. parviflora**

1. 五月瓜藤 Holboellia angustifolia Wallich

常绿木质藤本。掌状复叶，小叶3 ~ 9枚；小叶近革质，长圆状披针形，基部钝。花雌雄同株，雄花淡绿色，萼片长椭圆形，雄蕊短于萼片。雌花紫色。果紫色，长圆形，顶端圆而具凸头。种子椭圆形。花期4 ~ 5月，果期7 ~ 8月。

分布与生境：分布于八大公山各地，生于海拔600 ~ 1600 m的山坡灌丛中。

用途：果可食用；根、茎藤、果实可入药；庭院观赏。

五月瓜藤 Holboellia angustifolia

2. 鹰爪枫 Holboellia coriacea Diels

常绿木质藤本。掌状复叶，小叶3枚，厚革质，椭圆形，基部圆形；基部三出脉。花雌雄同株，组成短的伞房状总状花序。雄花白色，雌花紫色，萼片萼片长圆形；雄蕊6枚，离生。果长圆状柱形，熟时紫色。种子椭圆形。花期4~5月，果期6~8月。

分布与生境：分布于八大公山各地，生于海拔200~800 m的山坡林中。

用途：果可食用；根、茎藤、果实可入药；庭院观赏。

鹰爪枫 Holboellia coriacea

3. 小花鹰爪枫 Holboellia parviflora (Hemsley) Gagnepain

常绿藤本。全株无毛。叶具羽状3小叶；叶柄圆柱状，先端有关节。小叶厚革质，披针形、长圆状披针形或卵形，（7~11）cm×（3~5）cm，先端渐尖，基部阔楔形或圆形而中间折叠。花小，黑色，雌雄同株。雄花多朵组成具短梗的伞房花序，外轮萼片厚，近肉质，广卵形，内轮3片较薄，披针形，花瓣极小，椭圆形。雌花：数朵组成短的伞房花序；外轮萼片卵形，内轮的较狭且较短。果椭圆形，熟时不开裂。花期11~12月，果期翌年9~10月。

分布与生境：分布于八大公山杉木界，生于海拔300~400 m的沟谷林中。

用途：果可食用。

4. 棱茎八月瓜 Holboellia pterocaulis T. Chen et Q. H. Chen

茎有5条棱状狭翅。掌状复叶有小叶5~7片，叶片革质，椭圆形或倒卵状长圆形，（7~12）cm×（3~5）cm，下面淡黄绿色。伞房花序式的总状花序数个簇生于叶腋，基部为芽鳞片所包托，雄花萼片紫红色，花瓣小，与雄蕊对生，近圆形或倒卵形，退化心皮棒状。雌花比雄花的略大，心皮 3，瓶状柱形。果长圆状柱形。花期 4 ~ 5 月，果期 8 ~ 9 月。

分布与生境：分布于八大公山各地，生于海拔 800 ~ 1800 m 的山坡林中。

用途：果可食用。

小花鹰爪枫 Holboellia parviflora

棱茎八月瓜 Holboellia pterocaulis

（四）大血藤属 **Sargentodoxa** Rehder & E.H.Wilson

落叶木质藤本。叶互生，三出复叶，具长柄，无托叶。花单性，雌雄同株，排成下垂的总状花序。雄花：萼片 6 枚，两轮，花瓣状；花瓣 6 枚；雄蕊 6 枚；退化雌蕊 4 ~ 5 枚。雌花：萼片及瓣片与雄花同数相似，具 6 枚退化雄蕊；心皮多数，每心皮具 1 枚胚珠；花托在果期膨大，肉质。果实为多数小浆果合成的聚合果，每一小浆果具梗。

本属仅 1 种，我国产 1 种，八大公山亦产。

1. 大血藤 Sargentodoxa cuneata (Oliver) Rehder & E. H. Wilson

特征见大血藤属描述。

分布与生境：分布于八大公山各地，生于海拔 500 ~ 1500 m 的山坡林中。

用途：茎藤入药。

大血藤 Sargentodoxa cuneata

（五）串果藤属 Sinofranchetia (Diels) Hemsley

落叶木质藤本。三出复叶，互生，具长柄。花单性，雌雄同株或异株，总状花序细长，多花，花小；萼片 6 枚，内、外轮萼片近等大；蜜腺状花瓣 6 片，与萼片对生；雄蕊 6 枚，离生；雌蕊具 3 枚倒卵形的心皮，无花柱，胚珠 10 ~ 20 枚。浆果椭圆状，单生、孪生或 3 个聚生于果序的每节上。

1 种，特产我国，八大公山亦产。

1. 串果藤 Sinofranchetia chinensis (Franchet) Hemsley

特征见串果藤属的描述。

分布与生境：分布于八大公山各地，生于海拔 1500 ~ 1800 m 的山坡林中。

用途：茎藤入药。

串果藤 Sinofranchetia chinensis

（六）野木瓜属 **Stauntonia** de Candolle

常绿木质藤本。叶互生，掌状复叶。花单性，同株或异株，萼片 6 枚，花瓣状；无花瓣。雄花花瓣不存在或仅有 6 枚小而不显著的蜜腺状花瓣。雌花：退化雄蕊 6 枚；心皮 3 枚，胚珠多数；成熟心皮浆果状，3 个聚生、孪生或单生，卵状球形或长圆形。

25 种，我国有 20 种，湖南产 3 种，八大公山均有分布。

分种检索表

1. 花有蜜腺状花瓣 6 枚……………………………………………………… **1. 三叶野木瓜 S. brunoniana**

1. 花无蜜腺状花瓣。

  2. 叶先端圆…………………………………………………………………… **2. 倒卵叶野木瓜 S. obovata**

  2. 叶先端尾状长尖………………………………………… **3. 尾叶那藤 S. obovatifoliola** subsp. **urophylla**

1. 三叶野木瓜 **Stauntonia brunoniana** Wallich ex Hemsley

木质藤本，全株无毛。叶具羽状 3 小叶，小叶纸质，椭圆形至倒卵形，（3 ~ 11）cm×（2 ~ 5）cm，两端均钝或顶端急尖，基部圆，下面浅绿或灰绿色。总状花序数个簇生于叶腋，花雌雄同株，同序或异序，淡绿色至近白色。雄花有退化心皮，雌花花瓣披针形，与锥尖的退化雄蕊对生。果长圆形或近球形，淡褐色。花期 7 ~ 10 月。

分布与生境：分布于八大公山各地，生于海拔 200 ~ 600 m 的沟谷林中。

用途：果实可食。

三叶野木瓜 Stauntonia brunoniana

2. 倒卵叶野木瓜 *Stauntonia obovata* Hemsley

木质大藤本。本种的典型特征是掌状复叶有小叶 3～5（6）片；叶柄纤细，长 2～6（8）cm；小叶薄革质，形状和大小变化很大，通常倒卵形，有时为长圆形、阔椭圆形或倒披针形，侧生小叶

倒卵叶野木瓜 Stauntonia obovata

有时略偏斜，［3.5 ~ 6.0（11.0）］cm ×［1.5 ~ 3.0（6.0）］cm，先端圆，有时急尖或渐尖，基部楔形至阔楔形，边缘略背卷，上面深绿色，有光泽，下面粉白绿色。花期 2 ~ 4 月，果期 9 ~ 10 月。

分布与生境：分布于八大公山各地，生于海拔 200 ~ 500 m 的沟谷林中。

用途：果可食用。

3. 尾叶那藤 Stauntonia obovatifoliola subsp. **urophylla** (Handel-Mazzetti) H. N. Qin

常绿木质藤本。掌状复叶有 5 ~ 7 小叶，小叶纸质，倒卵形至倒卵状长圆形，先端猝然收窄而具短尾尖，基部钝或圆，具不明显的三出脉。花雌雄同株，组成伞房式的总状花序；总花梗和花梗纤细。雄花：萼片淡黄绿色，内面稍呈紫红色，雄蕊花丝合生为管。雌花：萼片与雄花的相似但稍较大；心皮 3，瓶状圆柱形。果椭圆形。

分布与生境：分布于八大公山五道水，生于海拔 200 ~ 400 m 的山坡林中。

用途：果实入药，熟后可食，庭院观赏。

尾叶那藤 Stauntonia obovatifoliola subsp. urophylla